环境工程技术手册

固体废物处理
工程技术手册

Handbook on Solid Waste
Management and Technology

聂永丰　主编　　金宜英　刘富强　副主编

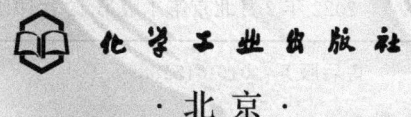

化学工业出版社

·北京·

本书是关于固体废物处理工程技术的手册类工具书。本书全面系统地讨论了固体废物，包括工业固体废物、城市生活垃圾以及危险废物在内的来源、性质、分类、运输、贮存、前处理、后处理（包括物理、化学、微生物、焚烧等）和最终处置及实例，以及固体废物的资源化等。共分为六篇：第一篇是概论，第二篇是污染源，第三篇是固体废物的收集、运输及贮存，第四篇是固体废物处理技术，第五篇是固体废物的资源化技术，第六篇是固体废物的最终处置技术。

本书收纳的内容较全面和丰富，可参考性强；在编写上力求通俗易懂，便于查阅；尽量多地采用了图形，使读者一目了然，加深认识。本书可供环境工程、环境科学及相关专业的设计、研究和管理人员参考，也可供高等学校相关专业师生使用。

图书在版编目（CIP）数据

固体废物处理工程技术手册/聂永丰主编. —北京：
化学工业出版社，2012.10（2022.2重印）
（环境工程技术手册）
ISBN 978-7-122-15396-8

Ⅰ.①固…　Ⅱ.①聂…　Ⅲ.①固体废物处理-技术手册　Ⅳ.①X705-62

中国版本图书馆 CIP 数据核字（2012）第 227229 号

责任编辑：管德存　刘兴春　左晨燕　　　　　文字编辑：刘莉珺
责任校对：吴　静　　　　　　　　　　　　　装帧设计：王晓宇

出版发行：化学工业出版社（北京市东城区青年湖南街 13 号　邮政编码 100011）
印　　装：北京捷迅佳彩印刷有限公司
787mm×1092mm　1/16　印张 81½　字数 2198 千字　2022 年 2 月北京第 1 版第 12 次印刷

购书咨询：010-64518888　　　　　　　　　售后服务：010-64518899
网　　址：http://www.cip.com.cn
凡购买本书，如有缺损质量问题，本社销售中心负责调换。

定　　价：245.00 元

前言 FOREWORD

　　随着我国经济的高速发展，城市化进程速度不断加快，人民生活水平的不断提高，固体废物，特别是城市生活垃圾的产生量不断增加，对环境造成的污染日益严重，成为阻碍我国经济可持续发展的障碍之一，引起了全社会的关注。固体废物的处理、处置问题，已成为政府有关部门、环境保护和环境卫生管理单位、设计部门、科研院所和产业界等所密切关心的热点，并迫切需要了解国内外有效的固体废物管理经验和先进适用的无害化、减量化和资源化技术。

　　本书依据近十多年来在固体废物科研、教学和工程实践中积累的最新知识和成果，系统描述了各类固体废物的组成特性、无害化处理、资源化利用和最终处置技术，对解决我国各行业和各领域固体废物污染问题，具有很好的针对性和适用性。同时本书融合了当前最新的研究成果，对推广普及固体废物处理、处置和资源化利用知识，指导广大固体废物处理领域的从业人员完成各项工作具有较好的参考作用。书中列举了大量成功的工程应用实例，对解决一些相同或类似的固体废物处理和管理问题具有很好的参照借鉴意义。

　　本书共分六篇。第一篇是概论，主要说明固体废物的定义和分类、对环境的影响和管理体系；第二篇是污染源，主要对包括城市生活垃圾、工业固体废物和危险废物的来源、性质、类型和危害等有所介绍，并对固体废物的采样与分析列出专门一章加以讨论；第三篇是固体废物的收集、运输及贮存，主要介绍城市生活垃圾及危险废物的集运与中转等问题；第四篇是固体废物处理技术，共分九章，分别论及不同废物的破碎、分选技术，污泥的浓缩、脱水技术，有机固体废物堆肥化技术、厌氧发酵技术和城市生活垃圾的机械生物处理及综合处理技术，固体废物的焚烧技术、热解气化处理技术，危险废物水泥窑协同处置技术和固化/稳定化技术；第五篇是固体废物的资源化技术，首先讨论了固体废物资源化途径、原则、限制因素和常用资源化技术，其余各章分别论及生活垃圾和社会源固体废物、矿业固体废物、工业固体废物和危险废物的资源化技术；第六篇是固体废物的最终处置技术，分为四章，较详细论述了固体废物地质处置方法的原理及要求，填埋场选址准则和方法，固体废物填埋处置技术和放射性废物处置技术。

　　本书的主要特点是：首先，作为一本手册，本书收纳的内容较全面和丰富，可参考性强；其次在文字编写上力求通俗易懂，使之便于查阅；最后则是尽量多地采用了图形，使读者能一目了然，加深认识。

　　希望本书的编写和出版对解决我国当前出现的各类型工业固体废物、城市固体废物和危险废物处理、处置和资源化利用问题具有较好的参考指导作用。

　　限于编者编写时间和水平，书中不足和疏漏之处在所难免，敬希广大读者不吝指正。

编者

2012 年 8 月

目 录
CONTENTS

第四篇　　　　固体废物处理技术　　　　189

Chapter ④

第五篇　固体废物的资源化技术　　659

Chapter 4 | 第四章 放射性固体废物的处置

第一篇

概　论

固体废物处理工程技术手册

Handbook on Solid Waste Management and Technology

第一章
固体废物的定义和分类

第一节　固体废物的定义及特征

固体废物是指人类在生产建设、日常生活和其他活动中产生的，在一定时间和地点无法利用而被丢弃的污染环境的固态、半固态废弃物质。

从广义上讲，根据物质的形态划分，废物包括固态、液态和气态废物。在液态和气态废物中，大部分为废弃的污染物质混掺在水和空气中，直接或经处理后排入水体或大气。在我国，它们被习惯地称为废水和废气，而纳入水环境或大气环境管理体系管理。其中不能排入水体的液态废物和不能排入大气的置于容器中的气态废物，由于多具有较大的危害性，在我国归入固体废物管理体系。

固体废物一词中的"废"具有鲜明的时间和空间特征。从时间方面讲，它仅仅相对于目前的科学技术和经济条件，随着科学技术的飞速发展，矿物资源的日逐枯竭，生物资源滞后于人类需求，昨天的废物势必又将成为明天的资源。从空间角度看，废物仅仅相对于某一过程或某一方面没有使用价值，而并非在一切过程或一切方面都没有使用价值。某一过程的废物，往往是另一过程的原料。我国目前已建立了许多废物回收利用工厂，如用粉煤灰制砖，用煤矸石发电，用高炉渣生产水泥，从电镀污泥中回收贵重金属等。所以固体废物又有"放错地方的资源"之称。

固体废物主要来源于人类的生产和消费活动，人们在开发资源和制造产品的过程中，必然产生废物；任何产品经过使用和消耗后，最终将变成废物。物质和能源消耗量越多，废物产生量就越大。进入经济体系中的物质，仅有10%～15%以建筑物、工厂、装置、器具等形式积累起来，其余都变成了废物。以美国为例，投入使用的食品罐头盒、饮料瓶等，平均几周就变成了废物，家用电器和小汽车平均7～10年变成废物，建筑物使用期限最长，但经过数十年至数百年后也将变成废物。

第二节　固体废物的分类

固体废物分类的方法有多种，按其组成可分为有机废物和无机废物；按其形态可分为固态废物、半固态废物和液态（气态）废物；按其污染特性可分为危险废物和一般废物等。根据《中华人民共和国固体废物污染环境防治法》可分为城市生活垃圾、工业固体废物和危险废物。

一、城市生活垃圾

城市生活垃圾又称为城市固体废物，它是指在城市居民日常生活中或为城市日常生活提供服务的活动中产生的固体废物，其主要成分包括厨余物、废纸、废塑料、废织物、废金属、废玻璃、陶瓷碎片、砖瓦渣土、粪便，以及废家用什具、废旧电器、庭园废物等。城市生活垃圾主要产自城市居民家庭、城市商业、餐饮业、旅馆业、旅游业、服务业、市政环卫业、交通运输业、文教卫生业和行政事业单位、工业企业单位以及水处理企业等。它的主要特点是成分复杂，有机物含量高。影响城市生活垃圾成分的主要因素有居民生活水平、生活习惯、季节、气候等。

按照城市生活垃圾所含化学元素进行典型分析的数据列入表 1-1-1 中，可知其绝大部分为碳，其次为氧、氢、氮、硫等。根据其组分的不同，含有不等量的灰分。若以城市垃圾的组成进行组分及热值分析，得出的数值如表 1-1-2 所列。

表 1-1-1　城市生活垃圾所含化学元素典型数据

组　分	干基质量分数/%					
	碳	氢	氧	氮	硫	灰分
食物						
脂肪	73.0	11.5	14.8	0.4	0.1	0.2
混合食品废物	48.0	6.4	37.6	2.6	0.4	5.0
水果废物	48.5	6.2	39.5	1.3	0.2	4.2
肉类废物	59.6	9.4	24.7	1.2	0.2	4.9
纸制品						
卡片纸板	43.0	5.0	44.8	0.3	0.2	5.0
杂志	32.9	5.0	38.6	0.1	0.1	23.3
白报纸	49.1	6.1	43.0	<0.1	0.2	23.3
混合废纸	43.4	5.8	44.3	0.3	0.2	6.0
浸蜡纸板箱	59.2	9.3	30.1	0.1	0.1	1.2
塑料						
混合废塑料	60.0	7.2	22.8	—	—	10.0
聚乙烯	85.2	14.2	—	<0.1	<0.1	0.4
聚苯乙烯	87.1	8.4	4.0	0.2		0.3
聚氨酯	63.3	6.3	17.6	6.0	<0.1	4.3
聚乙烯氯化物	45.2	5.6	1.6	0.1	0.1	2.0
木材、树枝等						
花园修剪垃圾	46.0	6.0	38.0	3.4	0.3	6.3
木材	50.1	6.4	42.3	0.1	0.1	0.1
坚硬木材	49.6	6.1	43.2	0.1	<0.1	0.9
混合木材	49.6	6.0	42.7	0.2	<0.1	1.5
混合木屑	49.5	5.8	45.5	0.1	<0.1	0.4
玻璃、金属等						
玻璃和矿石	0.5	0.1	0.4	<0.1		98.9
混合金属	4.5	0.6	4.3	<0.1	—	90.5
皮革、橡胶、衣物等						
混合废皮革	60.0	8.0	11.6	10.0	0.4	10.0
混合废橡胶	69.7	8.7	—	—	1.6	20.0
混合废衣物	48.0	6.4	40.0	2.2	0.2	3.2
其他						
办公室清扫垃圾	24.3	3.0	4.0	0.5	0.2	68.0
油、涂料	66.9	9.6	5.2	2.0	—	16.9
垃圾衍生燃料(RDF)	44.7	6.2	38.4	0.7	<0.1	9.9

二、工业固体废物

工业固体废物是指在工业、交通等生产过程中产生的固体废物。工业固体废物主要包括以下几类。

（1）冶金工业固体废物　主要包括各种金属冶炼或加工过程中所产生的各种废渣，如高炉炼铁产生的高炉渣、平炉转炉电炉炼钢产生的钢渣、铜镍铅锌等有色金属冶炼过程产生的有色金属渣、铁合金渣及提炼氧化铝时产生的赤泥等。

（2）能源工业固体废物　主要包括燃煤电厂产生的粉煤灰、炉渣、烟道灰、采煤及洗煤过程中产生的煤矸石等。

（3）石油化学工业固体废物　主要包括石油及加工工业产生的油泥、焦油页岩渣、废催化剂、废有机溶剂等，化学工业生产过程中产生的硫铁矿渣、酸渣碱渣、盐泥、釜底泥、精（蒸）馏残渣以及医药和农药生产过程中产生的医药废物、废药品、废农药等。

（4）矿业固体废物　主要包括采矿废石和尾矿。废石是指各种金属、非金属矿山开采过程中从主矿上剥离下来的各种围岩，尾矿是指在选矿过程中提取精矿以后剩下的尾渣。

表 1-1-2　城市生活垃圾组成的典型组分及热值分析数据

组成	组分（质量分数）/%				热 值/（kJ/kg）		
	水分	挥发分	固定碳	不可燃分	湿基	干基	不含水分和灰分
食物							
脂肪	2.0	95.3	2.5	0.2	37530	38296	38374
混合食品废物	70.0	21.3	3.6	5.0	4175	13917	16700
水果废物	78.7	16.6	4.0	0.7	3970	18638	19271
肉类废物	38.8	56.4	1.8	3.1	17730	28970	30516
纸制品							
卡片纸板	5.2	77.5	12.3	5.0	16380	17278	18240
杂志	4.1	66.4	7.0	22.5	12220	12742	16648
白报纸	6.0	81.1	11.5	1.3	18550	19734	20032
混合废纸	10.2	75.9	8.4	5.4	15810	17611	18738
浸蜡纸板箱	3.4	90.9	4.5	1.2	26345	27272	27615
塑料							
混合废塑料	0.2	95.8	2.0	2.0	32000	32064	32720
聚乙烯	0.2	98.5	<0.1	1.2	43465	43552	44082
聚苯乙烯	0.2	98.7	0.7	0.5	38190	38266	38216
聚氨酯	0.2	87.1	8.3	4.4	26060	26112	27316
聚乙烯氯化物	0.2	86.9	10.8	2.1	22690	22735	23224
木材、树枝等							
花园修剪垃圾	60.0	30.0	9.5	0.5	6050	15125	15316
木材	50.0	42.3	7.3	0.4	4885	9770	9840
坚硬木材	12.0	75.1	12.4	0.5	17100	19432	19542
混合木材	20.0	67.9	11.3	0.8	15444	19344	19500
皮革、橡胶、衣物等							
混合废皮革	10.0	68.5	12.5	9.0	18515	20572	22858
混合废橡胶	1.2	83.9	4.9	9.9	25330	25638	28493
混合废衣物	10.0	66.0	17.5	6.5	17445	19383	20892
玻璃、金属等							
玻璃和矿石	2	—	—	96~99	196	200	200
金属、罐头听	2	—	—	96~99	1425	1500	1500
黑色金属	2	—	—	96~99	—	—	—
有色金属	2	—	—	96~99	—	—	—
其他							
办公室清扫垃圾	3.2	20.5	6.3	70.0	8535	8817	31847
城市废物	20	53	7	20	10470	13090	17450
	(15~20)	(30~60)	(5~15)	(9~30)			
工业废弃物	15	58	7	20	11630	13682	17892
	(10~30)	(30~60)	(5~15)	(10~30)			

（5）轻工业固体废物　主要包括食品工业、造纸印刷工业、纺织印染工业、皮革工业等工业加工过程中产生的污泥、动物残物、废酸、废碱以及其他废物。

（6）其他工业固体废物　主要包括机加工过程产生的金属碎屑、电镀污泥、建筑废料以及其他工业加工过程产生的废渣等。

表 1-1-3 中列举了若干工业固体废物的来源和产生的废物种类。由此可见不同工业类型所产生的固体废物种类和性质是迥然相异的。表 1-1-4 中列出了主要工业类型所产生的固体废物组分及含量。

表 1-1-3　工业固体废物来源和种类

工业类型	产废工艺	废物种类
军工及副产品	生产、装配	金属、塑料、橡胶、纸、木材、织物、化学残渣等
食品类产品	加工、包装、运送	肉、油脂、油、骨头、下水、蔬菜、水果、果壳、谷类等
织物产品	编织、加工、染色、运送	织物及过滤残渣
服装	裁剪、缝制、熨烫	织物、纤维、金属、塑料、橡胶
木材及木制品	锯床、木制容器、各类木制产品、生产	碎木头、刨花、锯屑，有时还有金属、塑料、纤维、胶、封蜡、涂料、溶剂等
木制家具	家庭及办公家具的生产、隔板、办公室和商店附属装置、床垫	除与"木材及木制品"栏相同种类外，还有织物及衬垫残余物等
金属家具	家庭及办公家具的生产、锁、弹簧、框架	金属、塑料、树脂、玻璃、木头、橡胶、胶黏剂、织物、纸等
纸类产品	造纸、纸和纸板制品、纸板箱及纸容器的生产	纸和纤维残余物、化学试剂、包装纸及填料、墨、胶、扣钉等
印刷及出版	报纸出版、印刷、平版印刷、雕版印刷、装订	纸、白报纸、卡片、金属、化学试剂、织物、墨、胶、扣钉等
化学试剂及其产品	无机化学制品的生产和制备（从药品和脂肪酸盐变成涂料、清漆和炸药）	有机和无机化学制品、金属、塑料、橡胶、玻璃油、涂料、溶剂、颜料等
石油精炼及其工业	生产铺路和盖屋顶的材料	沥青和焦油、毡、石棉、纸、织物、纤维
橡胶及各种塑料制品	橡胶和塑料制品加工业	橡胶和塑料碎料、被加工的化合物染料
皮革及皮革制品	鞣革和抛光、皮革和衬垫材料加工业	皮革碎料、线、染料、油、处理及加工的化合物
石头、黏土及玻璃制品	平板玻璃生产、玻璃加工制作，混凝土、石膏及塑料的生产，石头和石头产品、研磨料、石棉及各种矿物质的生产及加工	玻璃、水泥、黏土、陶瓷、石膏、石棉、石头、纸、研磨料
金属工业	冶炼、铸造、锻造、冲压、滚轧、成型、挤压	黑色及有色金属碎料、炉渣、尾矿、铁芯、模子、黏合剂
金属加工产品	金属容器、手工工具、非电加热器、管件附件加工产品、农用机械设备、金属丝和金属的涂层与电镀	金属、陶瓷制品、尾矿、炉渣、铁屑、涂料、溶剂、润滑剂、酸洗剂
机械（不包括电动）	建筑、采矿设备、电梯、移动楼梯、输送机、工业卡车、拖车、升降机、机床等的生产	炉渣、尾矿、铁芯、金属碎料、木材、塑料、树脂、橡胶、涂料、溶剂、石油产品、织物
电动机械	电动设备、装置及交换器的生产，机床加工、冲压成型、焊接用印模冲压、弯曲、涂料、电镀、烘焙工艺	金属碎料、炭、玻璃、橡胶、塑料、树脂、纤维、织物、残余物
运输设备	摩托车、卡车及汽车车体的生产，摩托车零件及附件、飞机及零件、船及造船、修理摩托车、自行车和零件等	金属碎料、玻璃、橡胶、塑料、纤维、织物、木材、涂料、溶剂、石油产品
专用控制设备	生产工程、实验室和研究仪器及有关的设备	金属、玻璃、橡胶、塑料、树脂、木材、纤维、研磨料
电力生产	燃煤发电工艺	粉煤灰（包括飞灰和炉渣）
采选工业	煤炭、铁矿、石英石等的开采	煤矸石、各种尾矿
其他生产	珠宝、银器、电镀制品、玩具、娱乐、运动物品、服饰、广告	金属、玻璃、橡胶、塑料、树脂、皮革、混合物、织物、胶黏剂、涂料、溶剂等

表 1-1-4 不同工业类型产生固体废物的成分分析（质量分数） 单位：%

工业类型	食品	纸	木材	皮革	橡胶	塑料	金属	玻璃	织物	其他
食品类产品	15~20	50~60	5~10	0~2	0~2	0~5	5~10	4~10	0~2	5~15
纺织产品	0~2	40~50	0~2	0~2	0~2	3~10	0~2	0~2	20~40	0~5
服装	0~2	40~60	0~2	0~2	0~2		0~2	0~2	30~50	0~5
木材及木制品	0~2	10~20	10~20	60~80	0~2		0~2	0~2	0~2	5~10
木制家具	0~2	20~30	30~50	0~2	0~2		0~2	0~2	0~5	0~5
金属家具	0~2	20~40	10~20	0~2	0~2		20~40	0~2	0~2	0~10
纸类产品	0~2	40~60	10~15	0~2	0~2		5~10	0~2	0~2	10~20
印刷及出版	0~2	60~90	5~10	0~2	0~2		0~2	0~2	0~2	0~5
化学试剂及其产品	0~2	40~60	2~10	0~2	0~2	5~15	5~10	0~10	0~2	15~25
石油精炼及其工业	0~2	50~80	5~15	0~2	0~2	10~20	2~10	0~12	0~2	2~10
橡胶及各种塑料制品	0~2	40~60	2~10	0~2	5~20	10~20	0~2	0~2	0~2	0~5
皮革及皮革制品	0~2	5~10	5~10	40~60	0~2	0~2	10~20	0~2	0~2	0~5
石头、黏土及玻璃制品	0~2	20~40	5~10	0~2	0~2	0~2	10~20	0~2	0~2	30~50
金属工业	0~2	30~50	5~10	0~2	0~2	2~10	0~5	0~2	0~2	20~40
金属加工产品	0~2	30~50	5~10	0~2	0~2	0~2	15~30	0~2	0~2	5~15
机械（不包括电动）	0~2	30~50	5~10	0~2	0~2	1~5	15~30	0~2	0~2	0~5
电动机械	0~2	60~80	5~10	0~2	0~2	2~5	2~5	0~2	0~2	0~5
运输设备	0~2	40~60	5~15	0~2	0~2	2~5	2~5	0~2	0~2	15~30
专用控制设备	0~2	30~50	2~10	0~2	0~2	5~10	5~15	0~2	0~2	0~5
其他生产	0~2	40~60	10~20	0~2	0~2	5~15	2~5	0~2	0~2	5~15
城市生活垃圾	10~20	40~60	1~4	0~2	0~2	2~10	3~15	4~16	0~4	5~30

三、危险废物

危险废物是指列入国家危险废物名录或是根据国家规定的危险废物鉴别标准和鉴别方法认定具有危险特性的废物。关于危险废物的定义、分类和鉴别标准，在本章第三节中专题讨论。

固体废物的分类除以上三者之外，还有来自农业生产、畜禽饲养、农副产品加工以及农村居民生活所产生的废物，如农作物秸秆、人及畜禽排泄物等。这些废物多产于城市郊区以外，一般多就地加以综合利用，或作沤肥处理，或作燃料焚化。在《中华人民共和国固体废物污染环境防治法》（2005 年版）中，做出第四十九条规定，"农村生活垃圾污染环境防治的具体办法，由地方性法规规定。"

第三节 危险废物的定义、分类和鉴别标准

危险废物的术语是在 20 世纪 70 年代初得到社会认可的。在 70 年代中期以后，这一术语广为流行。但是，这时对危险废物的定义仍然不明确。美国环保局于 1976 年国会通过《资源保护和回收法》（RCRA）后，又花了四年的时间，对危险废物做出了如下的定义："危险废物是固体废物，由于不适当的处理、贮存、运输、处置或其他管理方面，它能引起或明显地影响各种疾病和死亡，或对人体健康或环境造成显著的威胁。"这一定义也许是其最广为引用的定义之一。

联合国环境规划署（UNEP）在 1985 年 12 月举行的危险废物环境管理专家工作组会议上，对危险废物做出了如下的定义："危险废物是指除放射性以外的那些废物（固体、污泥、液体和用容器装的气体），由于它们的化学反应性、毒性、易爆性、腐蚀性或其他特性引起或可能引起对人类健康或环境的危害。不管它是单独的或是与其他废物混在一起的，也不管是产生的或是被处置的、正在运输中的，在法律上都称为危险废物。"

《中华人民共和国固体废物污染环境防治法》中规定:"危险废物是指列入国家危险废物名录或者根据国家规定的危险废物鉴别标准和鉴别方法认定的具有危险特性的固体废物。"

危险废物的特性通常包括急性毒性、易燃性、反应性、腐蚀性、浸出毒性和疾病传染性。根据这些性质,各国均制定了自己的鉴别标准和危险废物名录。联合国环境规划署《控制危险废物越境转移及其处置巴塞尔公约》列出了"应加控制的废物类别"共45类,"须加特别考虑的废物类别"共2类,同时列出了危险废物"危险特性的清单"共13种特性,分别见表1-1-5和表1-1-6。

表 1-1-5 巴塞尔公约列出的应加控制的和须加特别考虑的废物类别[1]

废物组别	废 物 来 源
应加控制的废物	
Y01	从医院、医疗中心和诊所的医疗服务中产生的临床废物
Y02	从药品的生产和制作中产生的废物
Y03	废药物和废药品
Y04	从生物杀伤剂和植物药物的生产、配制和使用中产生的废物
Y05	从木材防腐化学品的生产、配制和使用中产生的废物
Y06	从有机溶剂的生产、配制和使用中产生的废物
Y07	从含有氰化物的热处理和退火作业中产生的废物
Y08	不适合原来用途的废矿物油
Y09	废油/水、烃/水混合物乳化液
Y10	含有或沾染多氯联苯(PCBs)、多氯三联苯(PCTs)、多溴联苯(PBBs)的废物质和废物品
Y11	从精炼、蒸馏和任何热解处理中产生的废焦油状残留物
Y12	从油墨、染料、颜料、油漆、真漆、罩光漆的生产、配制和使用中产生的废物
Y13	从树脂、胶乳、增塑剂、胶水/胶合剂的生产、配制和使用中产生的废物
Y14	从研究和发展或教学活动中产生的尚未鉴定的、新的并(或)对人类、环境的影响未明的化学废物
Y15	其他立法未加管制的爆炸性废物
Y16	从摄影化学品和加工材料的生产、配制和使用中产生的废物
Y17	从金属和塑料表面处理产生的废物
Y18	从工业废物处置作业中产生的残余物
含有下列成分的物质	
Y19	金属羰基化合物
Y20	铍;铍化合物
Y21	六价铬化合物
Y22	铜化合物
Y23	锌化合物
Y24	砷;砷化合物
Y25	硒;硒化合物
Y26	镉;镉化合物
Y27	锑;锑化合物
Y28	碲;碲化合物

续表

废物组别	废 物 来 源
含有下列成分的物质	
Y29	汞;汞化合物
Y30	铊;铊化合物
Y31	铅;铅化合物
Y32	无机氟化合物(不包括氟化钙)
Y33	无机氰化物
Y34	酸溶液或固态酸
Y35	碱溶液或固态碱
Y36	石棉(尘和纤维)
Y37	有机磷化合物
Y38	有机氰化物
Y39	酚;酚化合物包括氯酚类
Y40	醚类
Y41	卤化有机溶剂
Y42	有机溶剂(不包括卤化溶剂)
Y43	任何多氯苯并呋喃同系物
Y44	任何多氯苯并二噁英同系物
Y45	有机卤化物(不包括其他在本附件内提到的物质,例如 Y39、Y41、Y42、Y43、Y44)
须加特别考虑的废物	
Y46	从住家收集的废物
Y47	从焚化住家废物产物中产生的残余物

表 1-1-6 巴塞尔公约危险特性的清单[1]

联合国编号	编号	特 征
1	H1	爆炸物 爆炸物或爆炸性废物是液态或固态物质(或混合物或混合废物),其本身能以化学反应产生足以对周围造成损害的温度、压力和速度的气体
3	H3	易燃液体 易燃液体是在温度不超过 60.5℃的闭杯实验或不超过 65.6℃敞杯实验中产生易燃蒸气的液体或混合液体,或含有溶解或悬浮固体的液体(如油漆、罩光漆、真漆等,但不包括由于其危险特性归为别类的物质或废物)
4.1	H4.1	易燃固体 易燃固体是在未归类为爆炸物的某些固体或固体废物中,运输时遇到某些情况容易起火,或由于摩擦可能引起或促成起火的固体或固体废物
4.2	H4.2	易于自燃的物质或废物 运输处于正常情况时易于自发生热,或在接触空气后易于生热,而后易于起火的物质或废物
4.3	H4.3	同水接触后产生易燃气体的物质或废物 与水相互作用后易于变为自发易燃或产生危险量的易燃气体的物质或废物
5.1	H5.1	氧化 此类物质本身不一定可燃,但通常可因产生氧化作用而引起或助长其他物质的燃烧
5.2	H5.2	有机过氧化物 含有两价—O—O—结构的有机物质或废物是热不稳定物质,可能发生放热自加速分解
6.1	H6.1	毒性(急性) 如果摄入或吸入体内或由于皮肤接触可使人致命,或严重伤害或损害人类健康的物质或废物

续表

联合国编号	编号	特　　征
6.2	H6.2	传染性物质 含有已知或怀疑能引起动物或人类疾病的活微生物或毒素的物质或废物
8	H8	腐蚀 同生物组织接触后可因化学作用引起严重伤害，或因渗漏，能严重损害或损坏其他物品或运输工具的物质或废物；它们还可能造成其他危害
9	H10	同空气或水接触后释放有毒气体 同空气或水相互作用后可能释放危险量的有毒气体的物质或废物
9	H11	毒性(延迟或慢性) 如果吸入或摄入体内或如果渗入体内能造成延迟或慢性伤害或损害人类健康的物质或废物
9	H12	生态毒性 如果释出能或可能因生物累积和(或)因对生物系统的毒性效应而对环境产生瞬时或延迟不利影响的物质和废物
9	H13	经处理后能以任何方式产生具有上列任一特性的另一种物质的物质或废物，如浸出液

根据《中华人民共和国固体废物污染环境防治法》，特制定《国家危险废物名录》，于 2008 年 8 月 1 日实施的《国家危险废物名录》中，我国危险废物共分为 49 类(见表 1-1-7)。同时国家制定《危险废物鉴别标准》。标准规定，"凡《名录》所列废物类别高于鉴别标准的属危险废物，列入国家危险废物管理范围；低于鉴别标准的，不列入国家危险废物管理。"

表 1-1-7　中国国家危险废物名录[2]

废物类别	行业来源	废物代码	危险废物	危险特性
HW01 医疗废物	卫生	851-001-01	医疗废物	In
	非特定行业	900-001-01	为防治动物传染病而需要收集和处置的废物	In
HW02 医药废物	化学药品原药制造	271-001-02	化学药品原料药生产过程中的蒸馏及反应残渣	T
		271-002-02	化学药品原料药生产过程中的母液及反应基或培养基废物	T
		271-003-02	化学药品原料药生产过程中的脱色过滤(包括载体)物	T
		271-004-02	化学药品原料药生产过程中废弃的吸附剂、催化剂和溶剂	T
		271-005-02	化学药品原料药生产过程中的报废药品及过期原料	T
	化学药品制剂制造	272-001-02	化学药品制剂生产过程中的蒸馏及反应残渣	T
		272-002-02	化学药品制剂生产过程中的母液及反应基或培养基废物	T
		272-003-02	化学药品制剂生产过程中的脱色过滤(包括载体)物	T
		272-004-02	化学药品制剂生产过程中废弃的吸附剂、催化剂和溶剂	T
		272-005-02	化学药品制剂生产过程中的报废药品及过期原料	T
	兽用药品制造	275-001-02	使用砷或有机砷化合物生产兽药过程中产生的废水处理污泥	T
		275-002-02	使用砷或有机砷化合物生产兽药过程中苯胺化合物蒸馏工艺产生的蒸馏残渣	T

续表

废物类别	行业来源	废物代码	危险废物	危险特性
HW02 医药废物	兽用药品制造	275-003-02	使用砷或有机砷化合物生产兽药过程中使用活性炭脱色产生的残渣	T
		275-004-02	其他兽药生产过程中的蒸馏及反应残渣	T
		275-005-02	其他兽药生产过程中的脱色过滤(包括载体)物	T
		275-006-02	兽药生产过程中的母液、反应基和培养基废物	T
		275-007-02	兽药生产过程中废弃的吸附剂、催化剂和溶剂	T
		275-008-02	兽药生产过程中的报废药品及过期原料	T
	生物、生化制品的制造	276-001-02	利用生物技术生产生物化学药品、基因工程药物过程中的蒸馏及反应残渣	T
		276-002-02	利用生物技术生产生物化学药品、基因工程药物过程中的母液、反应基和培养基废物	T
		276-003-02	利用生物技术生产生物化学药品、基因工程药物过程中的脱色过滤(包括载体)物与滤饼	T
		276-004-02	利用生物技术生产生物化学药品、基因工程药物过程中废弃的吸附剂、催化剂和溶剂	T
		276-005-02	利用生物技术生产生物化学药品、基因工程药物过程中的报废药品及过期原料	T
HW03 废药物、药品	非特定行业	900-002-03	生产、销售及使用过程中产生的失效、变质、不合格、淘汰、伪劣的药物和药品(不包括 HW01、HW02、900-999-49 类)	T
HW04 农药废物	农药制造	263-001-04	氯丹生产过程中六氯环戊二烯过滤产生的残渣;氯丹氯化反应器的真空汽提器排放的废物	T
		263-002-04	乙拌磷生产过程中甲苯回收工艺产生的蒸馏残渣	T
		263-003-04	甲拌磷生产过程中二乙基二硫代磷酸过滤产生的滤饼	T
		263-004-04	2,4,5-三氯苯氧乙酸(2,4,5-T)生产过程中四氯苯蒸馏产生的重馏分及蒸馏残渣	T
		263-005-04	2,4-二氯苯氧乙酸(2,4-D)生产过程中产生的含 2,6-二氯苯酚残渣	T
		263-006-04	乙烯基双二硫代氨基甲酸及其盐类生产过程中产生的过滤、蒸发及离心分离残渣及废水处理污泥;产品研磨和包装工序产生的布袋除尘器粉尘和地面清扫废渣	T
		263-007-04	溴甲烷生产过程中反应器产生的废水和酸干燥器产生的废硫酸;生产过程中产生的废吸附剂和废水分离器产生的固体废物	T
		263-008-04	其他农药生产过程中产生的蒸馏及反应残渣	T
		263-009-04	农药生产过程中产生的母液及(反应罐及容器)清洗液	T
		263-010-04	农药生产过程中产生的吸附过滤物(包括载体、吸附剂、催化剂)	T
		263-011-04	农药生产过程中的废水处理污泥	T
		263-012-04	农药生产、配制过程中产生的过期原料及报废药品	T
	非特定行业	900-003-04	销售及使用过程中产生的失效、变质、不合格、淘汰、伪劣的农药产品	T

续表

废物类别	行业来源	废物代码	危险废物	危险特性
HW05 木材防腐剂废物	锯材、木片加工	201-001-05	使用五氯酚进行木材防腐过程中产生的废水处理污泥，以及木材保存过程中产生的沾染防腐剂的废弃木材残片	T
		201-002-05	使用杂芬油进行木材防腐过程中产生的废水处理污泥，以及木材保存过程中产生的沾染防腐剂的废弃木材残片	T
		201-003-05	使用含砷、铬等无机防腐剂进行木材防腐过程中产生的废水处理污泥，以及木材保存过程中产生的沾染防腐剂的废弃木材残片	T
	专用化学产品制造	266-001-05	木材防腐化学品生产过程中产生的反应残余物、吸附过滤物及载体	T
		266-002-05 *	木材防腐化学品生产过程中产生的废水处理污泥	T
		266-003-05	木材防腐化学品生产、配制过程中产生的报废产品及过期原料	T
	非特定行业	900-004-05	销售及使用过程中产生的失效、变质、不合格、淘汰、伪劣的木材防腐剂产品	T
HW06 有机溶剂废物	基础化学原料制造	261-001-06	硝基苯-苯胺生产过程中产生的废液	T
		261-002-06	羧酸肼法生产1,1-二甲基肼过程中产品分离和冷凝反应器排气产生的塔顶流出物	T
		261-003-06	羧酸肼法生产1,1-二甲基肼过程中产品精制产生的废过滤器滤芯	T
		261-004-06	甲苯硝化法生产二硝基甲苯过程中产生的洗涤废液	T
		261-005-06	有机溶剂的合成、裂解、分离、脱色、催化、沉淀、精馏等过程中产生的反应残余物、废催化剂、吸附过滤物及载体	I, T
		261-006-06	有机溶剂的生产、配制、使用过程中产生的含有有机溶剂的清洗杂物	I, T
HW07 热处理含氰废物	金属表面处理及热处理加工	346-001-07	使用氰化物进行金属热处理产生的淬火池残渣	T
		346-002-07	使用氰化物进行金属热处理产生的淬火废水处理污泥	T
		346-003-07	含氰热处理炉维修过程中产生的废内衬	T
		346-004-07	热处理渗碳炉产生的热处理渗碳氰渣	T
		346-005-07	金属热处理过程中的盐浴槽釜清洗工艺产生的废氰化物残渣	R, T
		346-049-07	其他热处理和退火作业中产生的含氰废物	T
HW08 废矿物油	天然原油和天然气开采	071-001-08	石油开采和炼制产生的油泥和油脚	T, I
		071-002-08	废弃钻井液处理产生的污泥	T
	精炼石油产品制造	251-001-08	清洗油罐(池)或油件过程中产生的油/水和烃/水混合物	T
		251-002-08	石油初炼过程中产生的废水处理污泥，以及贮存设施、油-水-固态物质分离器、积水槽、沟渠及其他输送管道、污水池、雨水收集管道产生的污泥	T
		251-003-08	石油炼制过程中API分离器产生的污泥，以及汽油提炼工艺废水和冷却废水处理污泥	T
		251-004-08	石油炼制过程中溶气浮选法产生的浮渣	T, I
		251-005-08	石油炼制过程中的溢出废油或乳剂	T, I
		251-006-08	石油炼制过程中的换热器管束清洗污泥	T
		251-007-08	石油炼制过程中隔油设施的污泥	T

废物类别	行业来源	废物代码	危险废物	危险特性
HW08 废矿物油	精炼石油产品制造	251-008-08	石油炼制过程中贮存设施底部的沉渣	T,I
		251-009-08	石油炼制过程中原油贮存设施的沉积物	T,I
		251-010-08	石油炼制过程中澄清油浆槽底的沉积物	T,I
		251-011-08	石油炼制过程中进油管路过滤或分离装置产生的残渣	T,I
		251-012-08	石油炼制过程中产生的废弃过滤黏土	T
	涂料、油墨、颜料及相关产品制造	264-001-08	油墨的生产、配制产生的废分散油	T
	专用化学产品制造	266-004-08	黏合剂和密封剂生产、配置过程产生的废弃松香油	T
	船舶及浮动装置制造	375-001-08	拆船过程中产生的废油和油泥	T,I
	非特定行业	900-200-08	珩磨、研磨、打磨过程产生的废矿物油及其含油污泥	T
		900-201-08	使用煤油、柴油清洗金属零件或引擎产生的废矿物油	T,I
		900-202-08	使用切削油和切削液进行机械加工过程中产生的废矿物油	T
		900-203-08	使用淬火油进行表面硬化产生的废矿物油	T
		900-204-08	使用轧制油、冷却剂及酸进行金属轧制产生的废矿物油	T
		900-205-08	使用镀锡油进行焊锡产生的废矿物油	T
		900-206-08	锡及焊锡回收过程中产生的废矿物油	T
		900-207-08	使用镀锡油进行蒸汽除油产生的废矿物油	T
		900-208-08	使用镀锡油(防氧化)进行热风整平(喷锡)产生的废矿物油	T
		900-209-08	废弃的石蜡和油脂	T,I
		900-210-08	油/水分离设施产生的废油、污泥	T,I
		900-249-08	其他生产、销售、使用过程中产生的废矿物油	T,I
HW09 油/水、烃/水混合物或乳化液	非特定行业	900-005-09	来自于水压机定期更换的油/水、烃/水混合物或乳化液	T
		900-006-09	使用切削油和切削液进行机械加工过程中产生的油/水、烃/水混合物或乳化液	T
		900-007-09	其他工艺过程中产生的废弃的油/水、烃/水混合物或乳化液	T
HW10 多氯(溴)联苯类废物	非特定行业	900-008-10	含多氯联苯(PCBs)、多氯三联苯(PCTs)、多溴联苯(PBBs)的废线路板、电容、变压器	T
		900-009-10	含有PCBs、PCTs和PBBs的电力设备的清洗液	T
		900-010-10	含有PCBs、PCTs和PBBs的电力设备中倾倒出的介质油、绝缘油、冷却油及传热油	T
		900-011-10	含有或直接沾染PCBs、PCTs和PBBs的废弃包装物及容器	T
		900-012-10	含有或沾染PCBs、PCTS、PBBS和多氯(溴)萘,且含量≥50mg/kg的废物、物质和物品	T
HW11 精(蒸)馏残渣	精炼石油产品的制造	251-013-11	石油精炼过程中产生的酸焦油和其他焦油	T
	炼焦制造	252-001-11	炼焦过程中蒸氨塔产生的压滤污泥	T
		252-002-11	炼焦过程中澄清设施底部的焦油状污泥	T

续表

废物类别	行业来源	废物代码	危险废物	危险特性
HW11 精(蒸)馏残渣	炼焦制造	252-003-11	炼焦副产品回收过程中萘回收及再生产生的残渣	T
		252-004-11	炼焦和炼焦副产品回收过程中焦油贮存设施中的残渣	T
		252-005-11	煤焦油精炼过程中焦油贮存设施中的残渣	T
		252-006-11	煤焦油蒸馏残渣,包括蒸馏釜底物	T
		252-007-11	煤焦油回收过程中产生的残渣,包括炼焦副产品回收过程中的污水池残渣	T
		252-008-11	轻油回收过程中产生的残渣,包括炼焦副产品回收过程中的蒸馏器、澄清设施、洗涤油回收单元产生的残渣	T
		252-009-11	轻油精炼过程中的污水池残渣	T
		252-010-11	煤气及煤化工生产行业分离煤油过程中产生的煤焦油渣	T
		252-011-11	焦炭生产过程中产生的其他酸焦油和焦油	T
	基础化学原料制造	261-007-11	乙烯法制乙醛生产过程中产生的蒸馏底渣	T
		261-008-11	乙烯法制乙醛生产过程中产生的蒸馏次要馏分	T
		261-009-11	苄基氯生产过程中苄基氯蒸馏产生的蒸馏釜底物	T
		261-010-11	四氯化碳生产过程中产生的蒸馏残渣	T
		261-011-11	表氯醇生产过程中精制塔产生的蒸馏釜底物	T
		261-012-11	异丙苯法生产苯酚和丙酮过程中蒸馏塔底焦油	T
		261-013-11	萘法生产邻苯二甲酸酐过程中蒸馏塔底残渣和轻馏分	T
		261-014-11	邻二甲苯法生产邻苯二甲酸酐过程中蒸馏塔底残渣和轻馏分	T
		261-015-11	苯硝化法生产硝基苯过程中产生的蒸馏釜底物	T
		261-016-11	甲苯二异氰酸酯生产过程中产生的蒸馏残渣和离心分离残渣	T
		261-017-11	1,1,1-三氯乙烷生产过程中产生的蒸馏底渣	T
		261-018-11	三氯乙烯和全氯乙烯联合生产过程中产生的蒸馏塔底渣	T
		261-019-11	苯胺生产过程中产生的蒸馏底渣	T
		261-020-11	苯胺生产过程中苯胺萃取工序产生的工艺残渣	T
		261-021-11	二硝基甲苯加氢法生产甲苯二胺过程中干燥塔产生的反应废液	T
		261-022-11	二硝基甲苯加氢法生产甲苯二胺过程中产品精制产生的冷凝液体轻馏分	T
		261-023-11	二硝基甲苯加氢法生产甲苯二胺过程中产品精制产生的废液	T
		261-024-11	二硝基甲苯加氢法生产甲苯二胺过程中产品精制产生的重馏分	T
		261-025-11	甲苯二胺光气化法生产甲苯二异氰酸酯过程中溶剂回收塔产生的有机冷凝物	T
		261-026-11	氯苯生产过程中的蒸馏及分馏塔底物	T
		261-027-11	使用羧酸肼生产1,1-二甲基肼过程中产品分离产生的塔底渣	T
		261-028-11	乙烯溴化法生产二溴化乙烯过程中产品精制产生的蒸馏釜底物	T

续表

废物类别	行业来源	废物代码	危险废物	危险特性
HW11 精（蒸）馏残渣	基础化学原料制造	261-029-11	α-氯甲苯、苯甲酰氯和含此类官能团的化学品生产过程中产生的蒸馏底渣	T
		261-030-11	四氯化碳生产过程中的重馏分	T
		261-031-11	二氯化乙烯生产过程中二氯化乙烯蒸馏产生的重馏分	T
		261-032-11	氯乙烯单体生产过程中氯乙烯蒸馏产生的重馏分	T
		261-033-11	1,1,1-三氯乙烷生产过程中产品蒸汽汽提塔产生的废物	T
		261-034-11	1,1,1-三氯乙烷生产过程中重馏分塔产生的重馏分	T
		261-035-11	三氯乙烯和全氯乙烯联合生产过程中产生的重馏分	T
	常用有色金属冶炼	331-001-11	有色金属火法冶炼产生的焦油状废物	T
	环境管理业	802-001-11	废油再生过程中产生的酸焦油	T
	非特定行业	900-013-11	其他精炼、蒸馏和任何热解处理中产生的废焦油状残留物	T
HW12 染料、涂料废物	涂料、油墨、颜料及相关产品制造	264-002-12	铬黄和铬橙颜料生产过程中产生的废水处理污泥	T
		264-003-12	钼酸橙颜料生产过程中产生的废水处理污泥	T
		264-004-12	锌黄颜料生产过程中产生的废水处理污泥	T
		264-005-12	铬绿颜料生产过程中产生的废水处理污泥	T
		264-006-12	氧化铬绿颜料生产过程中产生的废水处理污泥	T
		264-007-12	氧化铬绿颜料生产过程中产生的烘干炉残渣	T
		264-008-12	铁蓝颜料生产过程中产生的废水处理污泥	T
		264-009-12	使用色素、干燥剂、肥皂以及含铬和铅的稳定剂配制油墨过程中，清洗池槽和设备产生的洗涤废液和污泥	T
		264-010-12	油墨的生产、配制过程中产生的废蚀刻液	T
		264-011-12	其他油墨、染料、颜料、油漆、真漆、罩光漆生产过程中产生的废母液、残渣、中间体废物	T
		264-012-12	其他油墨、染料、颜料、油漆、真漆、罩光漆生产过程中产生的废水处理污泥、废吸附剂	T
		264-013-12	油漆、油墨生产、配制和使用过程中产生的含颜料、油墨的有机溶剂废物	T
	纸浆制造	221-001-12	废纸回收利用处理过程中产生的脱墨渣	T
	非特定行业	900-250-12	使用溶剂、光漆进行光漆涂布、喷漆工艺过程中产生的染料和涂料废物	T,I
		900-251-12	使用油漆、有机溶剂进行阻挡层涂敷过程中产生的染料和涂料废物	T,I
		900-252-12	使用油漆、有机溶剂进行喷漆、上漆过程中产生的染料和涂料废物	T,I
		900-253-12	使用油墨和有机溶剂进行丝网印刷过程中产生的染料和涂料废物	T,I
		900-254-12	使用遮盖油、有机溶剂进行遮盖油的涂敷过程中产生的染料和涂料废物	T,I
		900-255-12	使用各种颜料进行着色过程中产生的染料和涂料废物	T
		900-256-12	使用酸、碱或有机溶剂清洗容器设备的油漆、染料、涂料等过程中产生的剥离物	T
		900-299-12	生产、销售及使用过程中产生的失效、变质、不合格、淘汰、伪劣的油墨、染料、颜料、油漆、真漆、罩光漆产品	T,I

续表

废物类别	行业来源	废物代码	危险废物	危险特性
HW13 有机树脂类 废物	基础化学原料制造	261-036-13	树脂、乳胶、增塑剂、胶水/胶合剂生产过程中产生的不合格产品、废副产物	T
		261-037-13	树脂、乳胶、增塑剂、胶水/胶合剂生产过程中合成、酯化、缩合等工序产生的废催化剂、母液	T
		261-038-13	树脂、乳胶、增塑剂、胶水/胶合剂生产过程中精馏、分离、精制等工序产生的釜残液、过滤介质和残渣	T
		261-039-13	树脂、乳胶、增塑剂、胶水/胶合剂生产过程中产生的废水处理污泥	T
	非特定行业	900-014-13	废弃黏合剂和密封剂	T
		900-015-13	饱和或者废弃的离子交换树脂	T
		900-016-13	使用酸、碱或溶剂清洗容器设备剥离下的树脂状、黏稠杂物	T
HW14 新化学药品 废物	非特定行业	900-017-14	研究、开发和教学活动中产生的对人类或环境影响不明的化学废物	T/C/In/I/R
HW15 爆炸性废物	炸药及火工产品制造	266-005-15	炸药生产和加工过程中产生的废水处理污泥	R
		266-006-15	含爆炸品废水处理过程中产生的废炭	R
		266-007-15	生产、配制和装填铅基起爆药剂过程中产生的废水处理污泥	T,R
		266-008-15	三硝基甲苯(TNT)生产过程中产生的粉红水、红水,以及废水处理污泥	R
	非特定行业	900-018-15	拆解后收集的尚未引爆的安全气囊	R
HW16 感光材料废 物	专用化学产品制造	266-009-16	显影液、定影液、正负胶片、相纸、感光原料及药品生产过程中产生的不合格产品和过期产品	T
		266-010-16	显影液、定影液、正负胶片、相纸、感光原料及药品生产过程中产生的残渣及废水处理污泥	T
	印刷	231-001-16	使用显影剂进行胶卷显影,定影剂进行胶卷定影,以及使用铁氰化钾、硫代硫酸盐进行影像减薄(漂白)产生的废显(定)影液、胶片及废相纸	T
		231-002-16	使用显影剂进行印刷显影、抗蚀图形显影,以及凸版印刷产生的废显(定)影液、胶片及废相纸	T
	电子元件制造	406-001-16	使用显影剂、氢氧化物、偏亚硫酸氢盐、醋酸进行胶卷显影产生的废显(定)影液、胶片及废相纸	T
	电影	893-001-16	电影厂在使用和经营活动中产生的废显(定)影液、胶片及废相纸	T
	摄影扩印服务	828-001-16	摄影扩印服务行业在使用和经营活动中产生的废显(定)影液、胶片及废相纸	T
	非特定行业	900-019-16	其他行业在使用和经营活动中产生的废显(定)影液、胶片及废相纸等感光材料废物	T
HW17 表面处理废 物	金属表面处理及热处理加工	346-050-17	使用氯化亚锡进行敏化产生的废渣和废水处理污泥	T
		346-051-17	使用氯化锌、氯化铵进行敏化产生的废渣和废水处理污泥	T
		346-052-17 *	使用锌和电镀化学品进行镀锌产生的槽液、槽渣和废水处理污泥	T
		346-053-17	使用镉和电镀化学品进行镀镉产生的槽液、槽渣和废水处理污泥	T
		346-054-17 *	使用镍和电镀化学品进行镀镍产生的槽液、槽渣和废水处理污泥	T

废物类别	行业来源	废物代码	危险废物	危险特性
HW17 表面处理废物	金属表面处理及热处理加工	346-055-17 *	使用镀镍液进行镀镍产生的槽液、槽渣和废水处理污泥	T
		346-056-17	硝酸银、碱、甲醛进行敷金属法镀银产生的槽液、槽渣和废水处理污泥	T
		346-057-17	使用金和电镀化学品进行镀金产生的槽液、槽渣和废水处理污泥	T
		346-058-17 *	使用镀铜液进行化学镀铜产生的槽液、槽渣和废水处理污泥	T
		346-059-17	使用钯和锡盐进行活化处理产生的废渣和废水处理污泥	T
		346-060-17	使用铬和电镀化学品进行镀黑铬产生的槽液、槽渣和废水处理污泥	T
		346-061-17	使用高锰酸钾进行钻孔除胶处理产生的废渣和废水处理污泥	T
		346-062-17 *	使用铜和电镀化学品进行镀铜产生的槽液、槽渣和废水处理污泥	T
		346-063-17 *	其他电镀工艺产生的槽液、槽渣和废水处理污泥	T
		346-064-17	金属和塑料表面酸（碱）洗、除油、除锈、洗涤工艺产生的废腐蚀液、洗涤液和污泥	T
		346-065-17	金属和塑料表面磷化、出光、化抛过程中产生的残渣（液）及污泥	T
		346-066-17	镀层剥除过程中产生的废液及残渣	T
		346-099-17	其他工艺过程中产生的表面处理废物	T
HW18 焚烧处置残渣	环境治理	802-002-18	生活垃圾焚烧飞灰	T
		802-003-18	危险废物焚烧、热解等处置过程产生的底渣和飞灰（医疗废物焚烧处置产生的底渣除外）	T
		802-004-18	危险废物等离子体、高温熔融等处置后产生的非玻璃态物质及飞灰	T
		802-005-18	固体废物及液态废物焚烧过程中废气处理产生的废活性炭、滤饼	T
HW19 含金属羰基化合物废物	非特定行业	900-020-19	在金属羰基化合物生产以及使用过程中产生的含有羰基化合物成分的废物	T
HW20 含铍废物	基础化学原料制造	261-040-20	铍及其化合物生产过程中产生的熔渣、集（除）尘装置收集的粉尘和废水处理污泥	T
HW21 含铬废物	毛皮鞣制及制品加工	193-001-21 *	使用铬鞣剂进行铬鞣、再鞣工艺产生的废水处理污泥	T
		193-002-21 *	皮革切削工艺产生的含铬皮革碎料	T
	印刷	231-003-21 *	使用含重铬酸盐的胶体有机溶剂、黏合剂进行旋流式抗蚀涂布（抗蚀及光敏抗蚀层等）产生的废渣及废水处理污泥	T
		231-004-21 *	使用铬化合物进行抗蚀层化学硬化产生的废渣及废水处理污泥	T
		231-005-21 *	使用铬酸镀铬产生的槽渣、槽液和废水处理污泥	T

续表

废物类别	行业来源	废物代码	危险废物	危险特性
HW21 含铬废物	基础化学原料制造	261-041-21	有钙焙烧法生产铬盐产生的铬浸出渣(铬渣)	T
		261-042-21	有钙焙烧法生产铬盐过程中,中和去铝工艺产生的含铬氢氧化铝湿渣(铝泥)	T
		261-043-21	有钙焙烧法生产铬盐过程中,铬酐生产中产生的副产废渣(含铬硫酸氢钠)	T
		261-044-21 *	有钙焙烧法生产铬盐过程中产生的废水处理污泥	T
	铁合金冶炼	324-001-21	铬铁硅合金生产过程中尾气控制设施产生的飞灰与污泥	T
		324-002-21	铁铬合金生产过程中尾气控制设施产生的飞灰与污泥	T
		324-003-21	铁铬合金生产过程中金属铬冶炼产生的铬浸出渣	T
	金属表面处理及热处理加工	346-100-21 *	使用铬酸进行阳极氧化产生的槽渣、槽液及废水处理污泥	T
		346-101-21	使用铬酸进行塑料表面粗化产生的废物	T
	电子元件制造	406-002-21	使用铬酸进行钻孔除胶处理产生的废物	T
HW22 含铜废物	常用有色金属矿采选	091-001-22	硫化铜矿、氧化铜矿等铜矿物采选过程中集(除)尘装置收集的粉尘	T
	印刷	231-006-22 *	使用酸或三氯化铁进行铜板蚀刻产生的废蚀刻液及废水处理污泥	T
	玻璃及玻璃制品制造	314-001-22 *	使用硫酸铜还原剂进行敷金属法镀铜产生的槽渣、槽液及废水处理污泥	T
	电子元件制造	406-003-22	使用蚀铜剂进行蚀铜产生的废蚀铜液	T
		406-004-22 *	使用酸进行铜氧化处理产生的废液及废水处理污泥	T
HW23 含锌废物	金属表面处理及热处理加工	346-102-23	热镀锌工艺尾气处理产生的固体废物	T
		346-103-23	热镀锌工艺过程产生的废弃熔剂、助熔剂、焊剂	T
	电池制造	394-001-23	碱性锌锰电池生产过程中产生的废锌浆	T
	非特定行业	900-021-23 *	使用氢氧化钠、锌粉进行贵金属沉淀过程中产生的废液及废水处理污泥	T
HW24 含砷废物	常用有色金属矿采选	091-002-24	硫砷化合物(雌黄、雄黄及砷硫铁矿)或其他含砷化合物的金属矿石采选过程中集(除)尘装置收集的粉尘	T
HW25 含硒废物	基础化学原料制造	261-045-25	硒化合物生产过程中产生的熔渣、集(除)尘装置收集的粉尘和废水处理污泥	T
HW26 含镉废物	电池制造	394-002-26	镍镉电池生产过程中产生的废渣和废水处理污泥	T
HW27 含锑废物	基础化学原料制造	261-046-27	氧化锑生产过程中除尘器收集的灰尘	T
		261-047-27	锑金属及粗氧化锑生产过程中除尘器收集的灰尘	T
		261-048-27	氧化锑生产过程中产生的熔渣	T
		261-049-27	锑金属及粗氧化锑生产过程中产生的熔渣	T
HW28 含碲废物	基础化学原料制造	261-050-28	碲化合物生产过程中产生的熔渣、集(除)尘装置收集的粉尘和废水处理污泥	T
HW29 含汞废物	天然原油和天然气开采	071-003-29	天然气净化过程中产生的含汞废物	T
	贵金属矿采选	092-001-29	"全泥氰化-炭浆提金"黄金选矿生产工艺产生的含汞粉尘、残渣	T
		092-002-29	汞矿采选过程中产生的废渣和集(除)尘装置收集的粉尘	T

续表

废物类别	行业来源	废物代码	危险废物	危险特性
HW29 含汞废物	印刷	231-007-29	使用显影剂、汞化合物进行影像加厚（物理沉淀）以及使用显影剂、氨氯化汞进行影像加厚（氧化）产生的废液及残渣	T
	基础化学原料制造	261-051-29	水银电解槽法生产氯气过程中盐水精制产生的盐水提纯污泥	T
		261-052-29	水银电解槽法生产氯气过程中产生的废水处理污泥	T
		261-053-29	氯气生产过程中产生的废活性炭	T
	合成材料制造	265-001-29	氯乙烯精制过程中使用活性炭吸附法处理含汞废水过程中产生的废活性炭	T,C
		265-002-29	氯乙烯精制过程中产生的吸附微量氯化汞的废活性炭	T,C
	电池制造	394-003-29	含汞电池生产过程中产生的废渣和废水处理污泥	T
	照明器具制造	397-001-29	含汞光源生产过程中产生的荧光粉、废活性炭吸收剂	T
	通用仪器仪表制造	411-001-29	含汞温度计生产过程中产生的废渣	T
	基础化学原料制造	261-054-29	卤素和卤素化学品生产过程产生中的含汞硫酸钡污泥	T
	多种来源	900-022-29	废弃的含汞催化剂	T
		900-023-29	生产、销售及使用过程中产生的废含汞荧光灯管	T
		900-024-29	生产、销售及使用过程中产生的废汞温度计、含汞废血压计	T
HW30 含铊废物	基础化学原料制造	261-055-30	金属铊及铊化合物生产过程中产生的熔渣、集（除）尘装置收集的粉尘和废水处理污泥	T
HW31 含铅废物	玻璃及玻璃制品制造	314-002-31	使用铅盐和铅氧化物进行显像管玻璃熔炼产生的废渣	T
	印刷	231-008-31	印刷线路板制造过程中镀铅锡合金产生的废液	T
	炼钢	322-001-31	电炉粗炼钢过程中尾气控制设施产生的飞灰与污泥	T
	电池制造	394-004-31	铅酸蓄电池生产过程中产生的废渣和废水处理污泥	T
	工艺美术品制造	421-001-31	使用铅箔进行烤钵试金法工艺产生的废烤钵	T
	废弃资源和废旧材料回收加工业	431-001-31	铅酸蓄电池回收工业产生的废渣、铅酸污泥	T
	非特定行业	900-025-31	使用硬脂酸铅进行抗黏涂层产生的废物	T
HW32 无机氟化物废物	非特定行业	900-026-32 *	使用氢氟酸进行玻璃蚀刻产生的废蚀刻液、废渣和废水处理污泥	T
HW33 无机氰化物废物	贵金属矿采选	092-003-33 *	"全泥氰化-炭浆提金"黄金选矿生产工艺中含氰废水的处理污泥	T
	金属表面处理及热处理加工	346-104-33	使用氰化物进行浸洗产生的废液	R,T
	非特定行业	900-027-33	使用氰化物进行表面硬化、碱性除油、电解除油产生的废物	R,T
		900-028-33	使用氰化物剥落金属镀层产生的废物	R,T
		900-029-33	使用氰化物和双氧水进行化学抛光产生的废物	R,T
HW34 废酸	精炼石油产品的制造	251-014-34	石油炼制过程产生的废酸及酸泥	C,T
	基础化学原料制造	261-056-34	硫酸法生产钛白粉（二氧化钛）过程中产生的废酸和酸泥	C,T

废物类别	行业来源	废物代码	危险废物	危险特性
HW34 废酸	基础化学原料制造	261-057-34	硫酸和亚硫酸、盐酸、氢氟酸、磷酸和亚磷酸、硝酸和亚硝酸等的生产、配制过程中产生的废酸液、固态酸及酸渣	C
		261-058-34	卤素和卤素化学品生产过程产生的废液和废酸	C
	钢压延加工	323-001-34	钢的精加工过程中产生的废酸性洗液	C,T
	金属表面处理及热处理加工	346-105-34	青铜生产过程中浸酸工序产生的废酸液	C
	电子元件制造	406-005-34	使用酸溶液进行电解除油、酸蚀、活化前表面敏化、催化、锡浸亮产生的废酸液	C
		406-006-34	使用硝酸进行钻孔蚀胶处理产生的废酸液	C
		406-007-34	液晶显示板或集成电路板的生产过程中使用酸浸蚀剂进行氧化物浸蚀产生的废酸液	C
	非特定行业	900-300-34	使用酸清洗产生的废酸液	C
		900-301-34	使用硫酸进行酸性碳化产生的废酸液	C
		900-302-34	使用硫酸进行酸蚀产生的废酸液	C
		900-303-34	使用磷酸进行磷化产生的废酸液	C
		900-304-34	使用酸进行电解除油、金属表面敏化产生的废酸液	C
		900-305-34	使用硝酸剥落不合格镀层及挂架金属镀层产生的废酸液	C
		900-306-34	使用硝酸进行钝化产生的废酸液	C
		900-307-34	使用酸进行电解抛光处理产生的废酸液	C
		900-308-34	使用酸进行催化(化学镀)产生的废酸液	C
		900-349-34 *	其他生产、销售及使用过程中产生的失效、变质、不合格、淘汰、伪劣的强酸性擦洗粉、清洁剂、污迹去除剂以及其他废酸液、固态酸及酸渣	C
HW35 废碱	精炼石油产品的制造	251-015-35	石油炼制过程产生的碱渣	C,T
	基础化学原料制造	261-059-35	氢氧化钙、氨水、氢氧化钠、氢氧化钾等的生产、配制中产生的废碱液、固态碱及碱渣	C
	毛皮鞣制及制品加工	193-003-35	使用氢氧化钙、硫化钙进行灰浸产生的废碱液	C
	纸浆制造	221-002-35	碱法制浆过程中蒸煮制浆产生的废液、废渣	C
	非特定行业	900-350-35	使用氢氧化钠进行煮炼过程中产生的废碱液	C
		900-351-35	使用氢氧化钠进行丝光处理过程中产生的废碱液	C
		900-352-35	使用碱清洗产生的废碱液	C
		900-353-35	使用碱进行清洗除蜡、碱性除油、电解除油产生的废碱液	C
		900-354-35	使用碱进行电镀阻挡层或抗蚀层的脱除产生的废碱液	C
		900-355-35	使用碱进行氧化膜浸蚀产生的废碱液	C
		900-356-35	使用碱溶液进行碱性清洗、图形显影产生的废碱液	C
		900-399-35 *	其他生产、销售及使用过程中产生的失效、变质、不合格、淘汰、伪劣的强碱性擦洗粉、清洁剂、污迹去除剂以及其他废碱液、固态碱及碱渣	C

续表

废物类别	行业来源	废物代码	危险废物	危险特性
HW36 石棉废物	石棉采选	109-001-36	石棉矿采选过程产生的石棉渣	T
	基础化学原料制造	261-060-36	卤素和卤素化学品生产过程中电解装置拆换产生的含石棉废物	T
	水泥及石膏制品制造	312-001-36	石棉建材生产过程中产生的石棉尘、废纤维、废石棉绒	T
	耐火材料制品制造	316-001-36	石棉制品生产过程中产生的石棉尘、废纤维、废石棉绒	T
	汽车制造	372-001-36	车辆制动器衬片生产过程中产生的石棉废物	T
	船舶及浮动装置制造	375-002-36	拆船过程中产生的废石棉	T
	非特定行业	900-030-36	其他生产工艺过程中产生的石棉废物	T
		900-031-36	含有石棉的废弃电子电器设备、绝缘材料、建筑材料等	T
		900-032-36	石棉隔膜、热绝缘体等含石棉设施的保养拆换、车辆制动器衬片的更换产生的石棉废物	T
HW37 有机磷化合物废物	基础化学原料制造	261-061-37	除农药以外其他有机磷化合物生产、配制过程中产生的反应残余物	T
		261-062-37	除农药以外其他有机磷化合物生产、配制过程中产生的过滤物、催化剂(包括载体)及废弃的吸附剂	T
		261-063-37 *	除农药以外其他有机磷化合物生产、配制过程中产生的废水处理污泥	T
	非特定行业	900-033-37	生产、销售及使用过程中产生的废弃磷酸酯抗燃油	T
HW38 有机氰化物废物	基础化学原料制造	261-064-38	丙烯腈生产过程中废水汽提器塔底的流出物	R,T
		261-065-38	丙烯腈生产过程中乙腈蒸馏塔底的流出物	R,T
		261-066-38	丙烯腈生产过程中乙腈精制塔底的残渣	T
		261-067-38	有机氰化物生产过程中,合成、缩合等反应中产生的母液及反应残余物	T
		261-068-38	有机氰化物生产过程中,催化、精馏和过滤过程中产生的废催化剂、釜底残渣和过滤介质	T
		261-069-38	有机氰化物生产过程中的废水处理污泥	T
HW39 含酚废物	炼焦	252-012-39	炼焦行业酚氰生产过程中的废水处理污泥	T
		252-013-39	煤气生产过程中的废水处理污泥	T
	基础化学原料制造	261-070-39	酚及酚化合物生产过程中产生的反应残渣、母液	T
		261-071-39	酚及酚化合物生产过程中产生的吸附过滤物、废催化剂、精馏釜残液	T
HW40 含醚废物	基础化学原料制造	261-072-40	生产、配制过程中产生的醚类残液、反应残余物、废水处理污泥及过滤渣	T
HW41 废卤化有机溶剂	印刷	231-009-41	使用有机溶剂进行橡皮版印刷,以及清洗印刷工具产生的废卤化有机溶剂	I,T
	基础化学原料制造	261-073-41	氯苯生产过程中产品洗涤工序从反应器分离出的废液	T
		261-074-41	卤化有机溶剂生产、配制过程中产生的残液、吸附过滤物、反应残渣、废水处理污泥及废载体	T
		261-075-41	卤化有机溶剂生产、配制过程中产生的报废产品	T
	电子元件制造	406-008-41	使用聚酰亚胺有机溶剂进行液晶显示板的涂敷、液晶体的填充产生的废卤化有机溶剂	I,T

续表

废物类别	行业来源	废物代码	危险废物	危险特性
HW41 废卤化有机溶剂	非特定行业	900-400-41	塑料板管棒生产中织品应用工艺使用有机溶剂黏合剂产生的废卤化有机溶剂	I, T
		900-401-41	使用有机溶剂进行干洗、清洗、油漆剥落、溶剂除油和光漆涂布产生的废卤化有机溶剂	I, T
		900-402-41	使用有机溶剂进行火漆剥落产生的废卤化有机溶剂	I, T
		900-403-41	使用有机溶剂进行图形显影、电镀阻挡层或抗蚀层的脱除、阻焊层涂敷、上助焊剂（松香）、蒸汽除油及光敏物料涂敷产生的废卤化有机溶剂	I, T
		900-449-41	其他生产、销售及使用过程中产生的废卤化有机溶剂、水洗液、母液、污泥	T
HW42 废有机溶剂	印刷	231-010-42	使用有机溶剂进行橡皮版印刷，以及清洗印刷工具产生的废有机溶剂	I, T
	基础化学原料制造	261-076-42	有机溶剂生产、配制过程中产生的残液、吸附过滤物、反应残渣、水处理污泥及废载体	T
		261-077-42	有机溶剂生产、配制过程中产生的报废产品	T
	电子元件制造	406-009-42	使用聚酰亚胺有机溶剂进行液晶显示板的涂敷、液晶体的填充产生的废有机溶剂	I, T
	皮革鞣制加工	191-001-42	皮革工业中含有有机溶剂的除油废物	T
	毛纺织和染整精加工	172-001-42	纺织工业染整过程中含有有机溶剂的废物	T
	非特定行业	900-450-42	塑料板管棒生产中织品应用工艺使用有机溶剂黏合剂产生的废有机溶剂	I, T
		900-451-42	使用有机溶剂进行脱碳、干洗、清洗、油漆剥落、溶剂除油和光漆涂布产生的废有机溶剂	I, T
		900-452-42	使用有机溶剂进行图形显影、电镀阻挡层或抗蚀层的脱除、阻焊层涂敷、上助焊剂（松香）、蒸汽除油及光敏物料涂敷产生的废有机溶剂	I, T
		900-499-42	其他生产、销售及使用过程中产生的废有机溶剂、水洗液、母液、废水处理污泥	T
HW43 含多氯苯并呋喃类废物	非特定行业	900-034-43 *	含任何多氯苯并呋喃同系物的废物	T
HW44 含多氯苯并二噁英废物	非特定行业	900-035-44 *	含任何多氯苯并二噁英同系物的废物	T
HW45 含有机卤化物废物	基础化学原料制造	261-078-45	乙烯溴化法生产二溴化乙烯过程中反应器排气洗涤器产生的洗涤废液	T
		261-079-45	乙烯溴化法生产二溴化乙烯过程中产品精制过程产生的废吸附剂	T
		261-080-45	α-氯甲苯、苯甲酰氯和含此类官能团的化学品生产过程中氯气和盐酸回收工艺产生的废有机溶剂和吸附剂	T
		261-081-45	α-氯甲苯、苯甲酰氯和含此类官能团的化学品生产过程中产生的废水处理污泥	T
		261-082-45	氯乙烷生产过程中的分馏塔重馏分	T
		261-083-45	电石乙炔生产氯乙烯单体过程中产生的废水处理污泥	T

废物类别	行业来源	废物代码	危险废物	危险特性
HW45 含有机卤化 物废物	基础化学原料制造	261-084-45	其他有机卤化物的生产、配制过程中产生的高浓度残液、吸附过滤物、反应残渣、废水处理污泥、废催化剂(不包括上述 HW39,HW41,HW42 类别的废物)	T
		261-085-45	其他有机卤化物的生产、配制过程中产生的报废产品(不包括上述 HW39,HW41,HW42 类别的废物)	T
		261-086-45	石墨作阳极隔膜法生产氯气和烧碱过程中产生的污泥	T
	非特定行业	900-036-45	其他生产、销售及使用过程中产生的含有机卤化物废物(不包括 HW41 类)	T
HW46 含镍 废物	基础化学原料制造	261-087-46	镍化合物生产过程中产生的反应残余物及废品	T
	电池制造	394-005-46 *	镍镉电池和镍氢电池生产过程中产生的废渣和废水处理污泥	T
	非特定行业	900-037-46	报废的镍催化剂	T
HW47 含钡 废物	基础化学原料制造	261-088-47	钡化合物(不包括硫酸钡)生产过程中产生的熔渣、集(除)尘装置收集的粉尘、反应残余物、废水处理污泥	T
	金属表面处理及热 处理加工	346-106-47	热处理工艺中的盐浴渣	T
HW48 有色金属冶 炼废物	常用有色金属冶炼	331-002-48 *	铜火法冶炼过程中尾气控制设施产生的飞灰和污泥	T
		331-003-48 *	粗锌精炼加工过程中产生的废水处理污泥	T
		331-004-48	铅锌冶炼过程中,锌焙烧矿常规浸出法产生的浸出渣	T
		331-005-48	铅锌冶炼过程中,锌焙烧矿热酸浸出黄钾铁矾法产生的铁矾渣	T
		331-006-48	铅锌冶炼过程中,锌焙烧矿热酸浸出针铁矿法产生的硫渣	T
		331-007-48	铅锌冶炼过程中,锌焙烧矿热酸浸出针铁矿法产生的针铁矿渣	T
		331-008-48	铅锌冶炼过程中,锌浸出液净化产生的净化渣,包括锌粉-黄药法、砷盐法、反向锑盐法、铅锑合金锌粉法等工艺除铜、锑、镉、钴、镍等杂质产生的废渣	T
		331-009-48	铅锌冶炼过程中,阴极锌熔铸产生的熔铸浮渣	T
		331-010-48	铅锌冶炼过程中,氧化锌浸出处理产生的氧化锌浸出渣	T
		331-011-48	铅锌冶炼过程中,鼓风炉炼锌锌蒸气冷凝分离系统产生的鼓风炉浮渣	T
		331-012-48	铅锌冶炼过程中,锌精馏炉产生的锌渣	T
		331-013-48	铅锌冶炼过程中,铅冶炼、湿法炼锌和火法炼锌时,金、银、铋、镉、钴、铟、锗、铊、碲等有价金属的综合回收产生的回收渣	T
		331-014-48 *	铅锌冶炼过程中,各干式除尘器收集的各类烟尘	T
		331-015-48	铜锌冶炼过程中烟气制酸产生的废甘汞	T
		331-016-48	粗铅熔炼过程中产生的浮渣和底泥	T
		331-017-48	铅锌冶炼过程中,炼铅鼓风炉产生的黄渣	T
		331-018-48	铅锌冶炼过程中,粗铅火法精炼产生的精炼渣	T
		331-019-48	铅锌冶炼过程中,铅电解产生的阳极泥	T
		331-020-48	铅锌冶炼过程中,阴极铅精炼产生的氧化铅渣及碱渣	T

续表

废物类别	行业来源	废物代码	危险废物	危险特性
HW48 有色金属冶炼废物	常用有色金属冶炼	331-021-48	铅锌冶炼过程中,锌焙烧矿热酸浸出黄钾铁矾法、热酸浸出针铁矿法产生的铅银渣	T
		331-022-48	铅锌冶炼过程中产生的废水处理污泥	T
		331-023-48	粗铝精炼加工过程中产生的废弃电解电池列	T
		331-024-48	铝火法冶炼过程中产生的初炼炉渣	T
		331-025-48	粗铝精炼加工过程中产生的盐渣、浮渣	T
		331-026-48	铝火法冶炼过程中产生的易燃性撇渣	R
		331-027-48 *	铜再生过程中产生的飞灰和废水处理污泥	T
		331-028-48 *	锌再生过程中产生的飞灰和废水处理污泥	T
		331-029-48	铅再生过程中产生的飞灰和残渣	T
	贵金属冶炼	332-001-48	汞金属回收工业产生的废渣及废水处理污泥	T
HW49 其他废物	环境治理	802-006-49	危险废物物化处理过程中产生的废水处理污泥和残渣	T
	非特定行业	900-038-49	液态废催化剂	T
		900-039-49	其他无机化工行业生产过程产生的废活性炭	T
		900-040-49 *	其他无机化工行业生产过程收集的烟尘	T
		900-041-49	含有或直接沾染危险废物的废弃包装物、容器、清洗杂物	T/C/In/I/R
		900-042-49	突发性污染事故产生的废弃危险化学品及清理产生的废物	T/C/In/I/R
		900-043-49 *	突发性污染事故产生的危险废物污染土壤	T/C/In/I/R
		900-044-49	在工业生产、生活和其他活动中产生的废电子电器产品、电子电气设备,经拆散、破碎、砸碎后分类收集的铅酸电池、镉镍电池、氧化汞电池、汞开关、阴极射线管和多氯联苯电容器等部件	T
		900-045-49	废弃的印刷电路板	T
		900-046-49	离子交换装置再生过程产生的废液和污泥	T
		900-047-49	研究、开发和教学活动中,化学和生物实验室产生的废物(不包括 HW03、900-999-49)	T/C/In/I/R
		900-999-49	未经使用而被所有人抛弃或者放弃的;淘汰、伪劣、过期、失效的;有关部门依法收缴以及接收的公众上交的危险化学品(优先管理类废弃危险化学品见附录 A)	T

注:1. 对来源复杂,其危险特性存在例外的可能性,且国家具有明确鉴别标准的危险废物,本《名录》标注以"＊"。所列此类危险废物的产生单位确有充分证据证明,所产生的废物不具有危险特性的,该特定废物可不按照危险废物进行管理。

2. 危险特性是指腐蚀性(Corrosivity,C)、毒性(Toxicity,T)、易燃性(Ignitability,I)、反应性(Reactivity,R)和感染性(Infectivity,In)。

由此可以看出,我国危险废物的鉴别、分类分为两个步骤:第一步,将《国家危险废物名录》中所列废物纳入危险废物管理体系;第二步,通过《危险废物鉴别标准》将危险性低于一定程度的废物排出危险废物之外,即加以豁免。

目前我国已制定的《危险废物鉴别标准》中包括通则、腐蚀性鉴别、急性毒性初筛、浸出毒性鉴别、易燃性鉴别、反应性鉴别及毒性物质含量鉴别七项，表 1-1-8 为无机有毒物质的浸出毒性、急性毒性初筛和腐蚀性的鉴别标准。

表 1-1-8　危险废物鉴别标准[3~5]

危险特性	项　　目		危险废物鉴别值
腐蚀性	浸出液 pH 值		≥12.5 或 ≤2.0
	在 55℃条件下，对 GB/T 699 中规定的 20 号钢材的腐蚀速率		≥6.35mm/a
急性毒性初筛	口服毒性半数致死量 LD_{50}，接触毒性半数致死量 LD_{50}，吸入毒性半数致死浓度 LC_{50}		经口 LD_{50}≤200mg/kg(固体)、≤500mg/kg(液体)，经皮肤接触 LD_{50}≤1000mg/kg，吸入 LC_{50} 10mg/L
浸出毒性	浸出液危害成分浓度限值 /(mg/L)	烷基汞	不得检出①
		汞(以总汞计)	0.1
		铅(以总铅计)	5
		镉(以总镉计)	1
		总铬	15
		铬(六价)	5
		铜(以总铜计)	100
		锌(以总锌计)	100
		铍(以总铍计)	0.02
		钡(以总钡计)	100
		镍(以总镍计)	5
		总银	5
		砷(以总砷计)	5
		硒(以总硒计)	1
		无机氟化物(不包括氟化钙)	100
		氰化物(以 CN^- 计)	5

① "不得检出"指甲基汞<10ng/L，乙基汞<20ng/L。

参　考　文　献

[1] 联合国环境规划署. 控制危险废物越境转移及其处置巴塞尔公约 (最后文件). 1989 年 3 月 20-22 日.
[2] 国家环境保护部. 国家危险废物名录. 2008.
[3] GB 5085.1—2007 危险废物鉴别标准—腐蚀性鉴别.
[4] GB 5085.2—2007 危险废物鉴别标准—急性毒性初筛.
[5] GB 5085.3—2007 危险废物鉴别标准—浸出毒性鉴别.

第二章
固体废物污染的环境影响

第一节　固体废物污染环境的途径

　　露天存放或置于处置场的固体废物，其中的化学有害成分可通过环境介质——大气、土壤、地表或地下水体等直接或间接传至人体，造成健康威胁。图 1-2-1 示出固体废物进入环境和其中化学物质致人类感染疾病的途径。其中有些是直接进入环境的，如通过蒸发进入大气，而更多的则是通过非直接途径如接触浸入、食用或咽入受沾染的饮用水或食物等进入人类体内。各种途径的重要程度，不仅取决于不同固体废物本身的物理、化学和生物特性，而且与固体废物所在场地的地质水文条件有关。

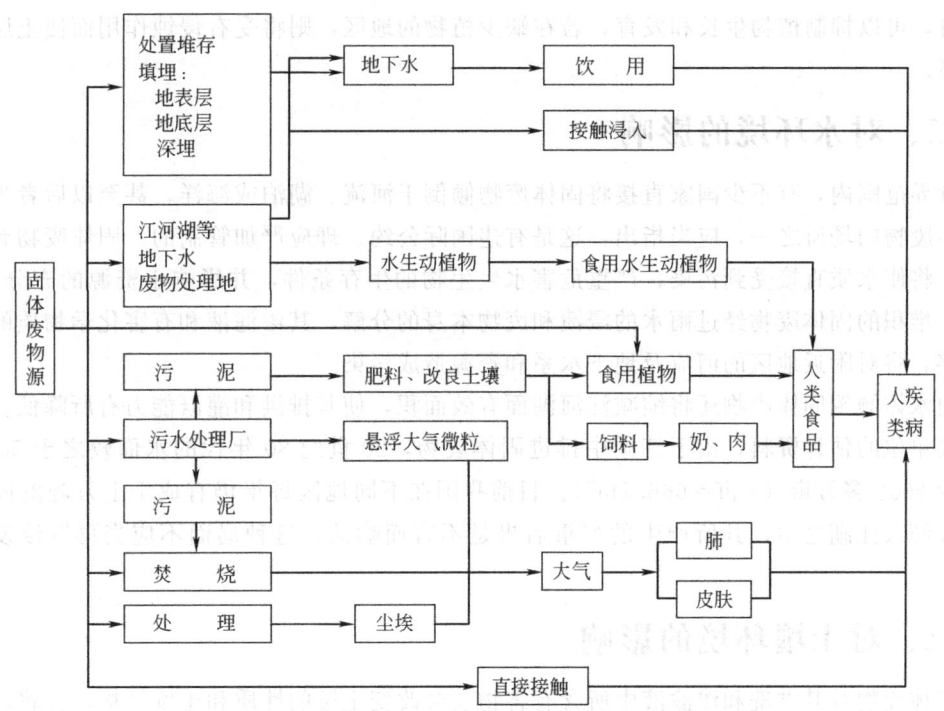

图 1-2-1　固体废物中化学物质致人疾病的途径

第二节　固体废物对自然环境的影响

　　固体废物的任意露天堆放，不但占用一定土地，而且其累积的存放量越多，所需的面积也越大，如此一来，势必使可耕地面积短缺的矛盾加剧。即使是固体废物的填埋处置，若不着眼于场地的选择评定以及场基的工程处理和埋后的科学管理，废物中的有害物质还会通过不同途径而释入环境中，乃至对生物包括人类产生危害。

生物群落，特别是一些水生动物的休克死亡，可以认作是废物（包括垃圾）处置场释出污染物质的前兆。例如雨季期间，由于填埋场处置不当，使地表径流或渗滤液中的化学毒素进入江河湖泊引起的大量鱼群死亡。这类危害效应可从个体发展到种群，直到生物链，并导致受影响地区营养物循环的改变或产量降低。

具体来说，固体废物污染对自然环境的影响分以下几方面。

一、对大气环境的影响

堆放的固体废物中的细微颗粒、粉尘等可随风飞扬，从而对大气环境造成污染。据研究表明：当发生 4 级以上的风力时，在粉煤灰或尾矿堆表层的 $\Phi = 1 \sim 1.5 cm$ 以上的粉末将出现剥离，其飞扬的高度可达 $20 \sim 50 m$ 以上。在风季期间可使平均视程降低 $30\% \sim 70\%$。更有甚者，由于堆积的废物中某些物质的分解和化学反应，可以产生不同程度上的毒气或恶臭，造成地区性空气污染。

另一种对地区环境的影响是废物填埋场中逸出的沼气，在一定程度上会消耗其上层空间的氧，从而使种植物衰败。若再植更新的某些植物，还会产生同样的结果。当废物中含有重金属时，可以抑制植物生长和发育，若在缺少植物的地区，则将受有侵蚀作用而使土层的表面剥离。

二、对水环境的影响

世界范围内，有不少国家直接将固体废物倾倒于河流、湖泊或海洋，甚至以后者当成处置固体废物的场所之一，应当指出，这是有违国际公约、理应严加管制的。固体废物弃置于水体，将使水质直接受到污染，严重危害水生生物的生存条件，并影响水资源的充分利用。此外，堆积的固体废物经过雨水的浸渍和废物本身的分解，其渗滤液和有害化学物质的转化和迁移，将对附近地区的河流及地下水系和资源造成污染。

向水体倾倒固体废物还将缩减江河湖面有效面积，使其排洪和灌溉能力有所降低。据我国有关单位的估计资料，由于江湖中排进固体废物，20 世纪 80 年代的水面较之于 50 年代的减少 2000 多万亩（1 亩 $= 666.7 m^2$）。目前我国在不同地区每年仍有成千上万吨的固体废物直接倾入江湖之中，其所产生的严重后果是不言而喻的，这种局面不应当再继续发展下去了！

三、对土壤环境的影响

固体废物及其淋洗和渗滤液中所含有害物质会改变土壤的性质和土壤结构，并将对土壤中微生物的活动产生影响。这些有害成分的存在，不仅有碍植物根系的发育和生长，而且还会在植物有机体内积蓄，通过食物链危及人体健康。

在固体废物污染的危害中，最为严重的是危险废物的污染。前一章中提到的危险废物特性，包括易燃易爆和腐蚀性等都是极需予以防范的，其中的剧毒性废物最易引起即时性的严重破坏，并会造成土壤的持续性危害影响。

第三节　固体废物污染对人体健康的影响

图 1-2-1 已指明了固体废物中有害物质以不同方式和途径进入人体的过程。图 1-2-2 示出环境中人畜排泄物传播疾病的途径。

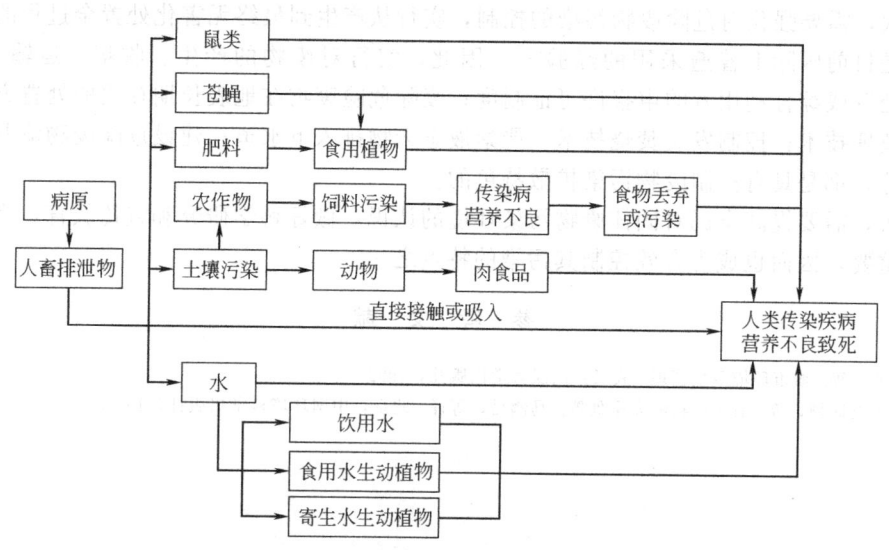

图 1-2-2　环境中病原体向人类传播疾病的途径

根据物质的化学特性，当某些不相容物相混时，可能发生不良反应，包括热反应（燃烧或爆炸）、产生有毒气体（砷化氢、氰化氢、氯气等）和产生可燃性气体（氢气、乙炔等），若人体皮肤与废强酸或废强碱接触，将发生烧灼性腐蚀作用。若误吸收一定量农药，能引起急性中毒，出现呕吐、头晕等症状。贮存化学物品的空容器，若未经适当处理或管理不善，能引起严重中毒事件。化学废物的长期暴露会产生对人类健康有不良影响的恶性物质。

20 世纪 30～70 年代，在近半个世纪中，国内外不乏因工业废渣处置不当，其中毒性物质在环境中扩散而引起祸及居民的公害事件[1]。如含镉废渣排入土壤引起日本富山县痛痛病事件；美国纽约州拉夫运河河谷土壤污染事件；以及我国发生在 20 世纪 50 年代的锦州镉渣露天堆积污染井水事件等。不难看出，这些公害事件已给人类带来灾难性后果。尽管近 10 多年来，严重的污染事件发生较少，但固体废物污染环境对人类健康将遭受的潜在危害和影响是难以估量的。

第四节　固体废物污染控制的特点

固体废物固有的特性表现在：①直接占用土地并具有一定空间；②品种繁多，数量巨大；③包括了有固体外形的危险液体及气体废物。其对环境的污染主要通过水、大气或土壤介质影响人类赖以生存的生物圈，给居民身体健康带来危害。因此，对固体废物污染的控制，关键在于解决好特别是危险废物的处理、处置和综合利用问题。我国经过多年实践证明，采用可持续发展战略，走减量化、资源化和无害化道路是唯一可行的。具体来说，固体废物污染控制的特点如下。

首先，需要从污染源头起始，改进或采用更新的清洁生产工艺，尽量少排或不排废物。

这是主要控制工业固体废物污染的根本措施。只有在工业生产中采用精料工艺，减少废渣排量和所含成分，在能源需求中，改变供求方式，提高燃烧热能利用率。在企业生产过程中，以前一种产品的废物作后一种产品的原料，并以后者的废物再生产第三种产品，如此循环和回收利用，既可使固体废物的排出量大为减少，还能使有限的资源得到充分的利用，满足良性的可持续发展要求，如此达到的污染控制才是最有效的。

其次，需要强化对危险废物污染的控制，实行从产生到最终无害化处置全过程的严格管理。这是目前国际上普遍采用的经验[2]。因此，实行对废物的产生、收集、运输、存贮、处理、处置或综合利用者的申报许可证制度；废除危险废物在地表长期存放的处置方式，发展安全填埋技术；控制发展焚烧技术；严禁液态废物排入下水道；建设危险废物泄漏事故应急设施等，都是具有控制废物污染扩散特色的。

再次，需要提高全民对固体废物污染环境的认识，做好科学研究和宣传教育，当前这方面尤显重要，因而也成为有效控制其污染的特点之一。

参 考 文 献

[1] 陈海滨，等. 城市环境卫生管理. 武汉：武汉大学出版社，1992.
[2] 罗杰·巴斯顿，等. 有害废物的安全处置. 马鸿昌，等译. 北京：中国环境科学出版社，1993.

第三章
固体废物管理体系、制度及标准

第一节 概　　述

　　由于固体废物污染环境的滞后性和复杂性，人们对固体废物污染防治的重视程度尚不如对废水和废气那样深刻，长期以来尚未形成一个完整的、有效的固体废物管理体系。随着固体废物对环境污染程度的加重，以及人们环境意识的不断加强，社会对固体废物污染环境的问题越来越关注，如媒体对"洋垃圾入境"、"城市垃圾分类"、"白色污染"的讨论以及相应的市场反应，就说明了这一点。因此，建立完整有效的固体废物管理体系就显得日益迫切。1995 年 10 月 30 日，经过十余年的讨论修改，《中华人民共和国固体废物污染环境防治法》（以下简称《固体法》）在第八届全国人大常委会第十六次会议上获得通过，于 1996 年 4 月 1 日起施行。《固体法》的施行为固体废物管理体系的建立和完善奠定了法律基础。

　　《固体法》中，首先确立了固体废物污染防治的"三化"原则，即固体废物污染防治的"减量化、资源化、无害化"原则。

　　减量化是指减少固体废物的产生量和排放量。目前固体废物的排放量十分巨大，例如我国工业固体废物年产 6×10^8 t 以上，城市垃圾年产近 10^8 t[1]。如果能够采取措施，最小限度地产生和排放固体废物，就可以从"源头"上直接减少或减轻固体废物对环境和人体健康的危害，可以最大限度地合理开发利用资源和能源。减量化的要求，不只是减少固体废物的数量和减少其体积，还包括尽可能地减少其种类、降低危险废物的有害成分的浓度、减轻或清除其危险特性等。减量化是对固体废物的数量、体积、种类、有害性质的全面管理，开展清洁生产。因此减量化是防止固体废物污染环境的优先措施。就国家而言，应当改变粗放经营的发展模式，鼓励和支持开展清洁生产，开发和推广先进的生产技术和设备，充分合理地利用原材料、能源和其他资源。

　　资源化是指采取管理和工艺措施从固体废物中回收物质和能源，加速物质和能量的循环，创造经济价值的广泛的技术方法。从便于固体废物管理的观点来说，资源化的定义包括以下三个范畴：①物质回收，处理废弃物并从中回收指定的二次物质如纸张、玻璃、金属等物质；②物质转换，利用废弃物制取新形态的物质，如利用废玻璃和废橡胶生产铺路材料，利用炉渣生产水泥和其他建筑材料，利用有机垃圾生产堆肥等；③能量转换，从废物处理过程中回收能量，作为热能或电能。例如通过有机废物的焚烧处理回收热量，进一步发电；利用垃圾厌氧消化产生沼气，作为能源向居民和企业供热或发电[2]。

　　无害化是指对已产生又无法或暂时尚不能综合利用的固体废物，经过物理、化学或生物方法，进行对环境无害或低危害的安全处理、处置，达到废物的消毒、解毒或稳定化，以防止并减少固体废物的污染危害。

　　《固体法》确立了对固体废物进行全过程管理的原则。所谓全过程管理是指对固体废物的产生、收集、运输、利用、贮存、处理和处置的全过程及各个环节都实行控制管理和开展污染防治。如对危险废物，包括对其鉴别、分析、监测、实验等环节；对其处理、处置，包括废物的接收、验查、残渣监督、操作和设施的关闭各环节的管理。由于这一原则包括了从固体废物的产生到最终处置的全过程，故亦称为"从摇篮到坟墓"的管理原则。实施这一原则，是基于固体废物从其产生到最终处置的全过程中的各个环节都有产生污染危害的可能性，如固体废物焚烧过程中产生的空气污染，固体废物土地填埋过程中产生的浸出液对地下水体的污染，因而有必要对整个过程及其每一个环节都实施控制和监督。

对危险废物而言，由于其种类繁多，性质复杂，危害特性和方式各有不同，则应根据不同的危险特性与危害程度，采取区别对待、分类管理的原则。即对具有特别严重危害性质的危险废物，要实行严格控制和重点管理。因此，《固体法》中提出了危险废物的重点控制原则，并提出较一般废物更严格的标准和更高的技术要求。

根据这些原则，确立了我国固体废物管理体系的基本框架。

第二节　固体废物管理体系

我国固体废物管理体系是：以环境保护主管部门为主，结合有关的工业主管部门以及城市建设主管部门，共同对固体废物实行全过程管理。为实现固体废物的"三化"，各主管部门在所辖的职权范围内，建立相应的管理体系和管理制度。《固体法》对各个主管部门的分工有着明确的规定。

各级环境保护主管部门对固体废物污染环境的防治工作实施统一监督管理。其主要工作包括：

① 指定有关固体废物管理的规定、规则和标准；
② 建立固体废物污染环境的监测制度；
③ 审批产生固体废物的项目以及建设贮存、处置固体废物的项目的环境影响评价；
④ 验收、监督和审批固体废物污染环境防治设施的"三同时"及其关闭、拆除；
⑤ 对与固体废物污染环境防治有关的单位进行现场检查；
⑥ 对固体废物的转移、处置进行审批、监督；
⑦ 进口可用作原料的废物的审批；
⑧ 制定防治工业固体废物污染环境的技术政策，组织推广先进的防治工业固体废物污染环境的生产工艺和设备；
⑨ 制定工业固体废物污染环境防治工作规划；
⑩ 组织工业固体废物和危险废物的申报登记；
⑪ 对所产生的危险废物不处置或处置不符国家有关规定的单位实行行政代执行审批、颁发危险废物经营许可证；
⑫ 对固体废物污染事故进行监督、调查和处理。

国务院有关部门、地方人民政府有关部门在各自的职责范围内负责固体废物污染环境防治的监督管理工作。其主要工作包括：

① 对所管辖范围内的有关单位的固体废物污染环境防治工作进行监督管理；
② 对造成固体废物严重污染环境的企事业单位进行限期治理；
③ 制定防治工业固体废物污染环境的技术政策，组织推广先进的防治工业固体废物污染环境的生产工艺和设备；
④ 组织、研究、开发和推广减少工业固体废物产生量的生产工艺和设备，限期淘汰产

生严重污染环境的工业固体废物的落后生产工艺及落后设备；

⑤ 制定工业固体废物污染环境防治工作规划；

⑥ 组织建设工业固体废物和危险废物贮存、处置设施。

各级人民政府环境卫生行政主管部门负责城市生活垃圾的清扫、贮存、运输和处置的监督管理工作。其主要工作包括：

① 组织制定有关城市生活垃圾管理的规定和环境卫生标准；

② 组织建设城市生活垃圾的清扫、贮存、运输和处置设施，并对其运转进行监督管理；

③ 对城市生活垃圾的清扫、贮存、运输和处置经营单位进行统一管理。

第三节　固体废物管理制度

根据我国国情，并借鉴国外的经验和教训，《固体法》制定了一些行之有效的管理制度。

分类管理制度　固体废物具有量多面广、成分复杂的特点，因此《固体法》确立了对城市生活垃圾、工业固体废物和危险废物分别管理的原则，明确规定了主管部门和处置原则；在 2004 年修订的《固体法》第 58 条中明确规定："收集、贮存危险废物，必须按照危险废物特性分类进行。禁止混合收集、贮存、运输、处置性质不相容而未经安全性处置的危险废物。"

工业固体废物申报登记制度　为了使环境保护主管部门掌握工业固体废物和危险废物的种类、产生量、流向以及对环境的影响等情况，进而有效地防治工业固体废物和危险废物对环境的污染，《固体法》要求实施工业固体废物和危险废物申报登记制度。

固体废物污染环境影响评价制度及其防治设施的"三同时"制度　环境影响评价和"三同时"制度是我国环境保护的基本制度，《固体法》进一步重申了这一制度。

排污收费制度　排污收费制度也是我国环境保护的基本制度。但是，固体废物的排放与废水、废气的排放有着本质的不同。废水、废气排放进入环境后，可以在自然环境当中通过物理、化学、生物等多种途径进行稀释、降解，并且有着明确的环境容量。而固体废物进入环境后，并没有形态相同的环境体接纳。固体废物对环境的污染是通过释放出的水和大气污染物进行的，而这一过程是长期的和复杂的，并且难以控制。因此，严格意义上讲，固体废物是严禁不经任何处置排入环境当中的。《固体法》规定，"企业事业单位对其产生的不能利用或者暂时不利用的工业固体废物，必须按照国务院环境保护主管部门的规定建设贮存或者处置的设施、场所"，这样，任何单位都被禁止向环境排放固体废物。而固体废物排污费的交纳，则是对那些在按照规定和环境保护标准建成工业固体废物贮存或者处置的设施、场所，或者经改造这些设施、场所达到环境保护标准之前产生的工业固体废物而言的。

限期治理制度　《固体法》规定，没有建设工业固体废物贮存或者处置设施、场所，或者已建设但不符合环境保护规定的单位，必须限期建成或者改造。实行限期治理制度是为了解决重点污染源污染环境问题。对于排放或处理不当的固体废物造成环境污染的企业者和责任者，实行限期治理，是有效的防治固体废物污染环境的措施。限期治理就是抓住重点污染源，集中有限的人力、财力和物力，解决最突出的问题。如果限期内不能达到标准，就要采取经济手段以至停产。

进口废物审批制度　2004 年修订的《固体法》明确规定，"禁止中华人民共和国境外的固体废物进境倾倒、堆放、处置"；"禁止进口不能用作原料或者不能以无害化方式利用的固体废物；对可以用作原料的固体废物实行限制进口和自动许可进口分类管理"；"禁止进口列入禁止进口目录的固体废物。进口列入限制进口目录的固体废物，应当经国务院环境保护行政主管部门会同国务院对外贸易主管部门审查许可。进口列入自动许可进口目录的固体废物，应当依法办理自动许可手续"。为贯彻《固体法》的这些规定，原国家环保总局与外经贸部、国家工商局、海关总署、国家商检局与 1996 年 4 月 1 日联合颁布了《废物进口环境保护管理暂行规定》，此后，原国家环保总局会同商务部、国家发改委、海关总署、质检总局于 2008 年 1 月 29 日发布《禁止进口固体废物目录》、《限制进口类可用作原料的固体废物目录》和《自动许可进口类可用作原料的固体废物目录》。在《暂行规定》中，规定了废物进口的三级审批制度、风险评价制度和加工利用单位定点制度；在这一规定的补充规定中，又规定了废物进口的装运前检验制度。通过这些制度的实施，有效地遏止了曾受到国内外瞩目的"洋垃圾入境"的势头，维护了国家尊严和国家主权，防止了境外固体废物对我国的污染。

危险废物行政代执行制度 由于危险废物的有害特性，其产生后如不进行适当的处置而任由产生者向环境排放，则可能造成严重危害。因此必须采取一切措施保证危险废物得到妥善的处理、处置。2004 年修订的《固体法》规定："产生危险废物的单位，必须按照国家有关规定处置危险废物，不得擅自倾倒、堆放；不处置的，由所在地县以上地方人民政府环境保护行政主管部门责令限期改正；逾期不处置或者处置不符合国家有关规定的，由所在地县以上地方人民政府环境保护行政主管部门指定单位按照国家有关规定代为处置，处置费由产生危险废物的单位承担。"行政代执行制度是一种行政强制执行措施，这一措施保证了危险废物能得到妥善、适当的处置。而处置费用由危险废物产生者承担，也符合我国"谁污染谁治理"的原则。

危险废物经营单位许可证制度 危险废物的危险特性决定了并非任何单位和个人都能从事危险废物的收集、贮存、处理、处置等经营活动[3]。从事危险废物的收集、贮存、处理、处置活动，必须既具备达到一定要求的设施、设备，又要有相应的专业技术能力等条件。必须对从事这方面工作的企业和个人进行审批和技术培训，建立专门的管理机制和配套的管理程序。因此，对从事这一行业的单位的资质进行审查是非常必要的。《固体法》规定："从事收集、贮存、处置危险废物经营活动的单位，必须向县级以上人民政府环境保护行政主管部门申请领取经营许可证。"许可证制度将有助于我国危险废物管理和技术水平的提高，保证危险废物的严格控制，防止危险废物污染环境的事故发生。

危险废物转移联单制度 2004 年修订的《固体法》规定："转移危险废物的，必须按照国家有关规定填写危险废物转移联单，并向危险废物移出地设区的市级以上地方人民政府环境保护行政主管部门提出申请。"危险废物转移联单制度的建立，是为了保证危险废物的运输安全，以及防止危险废物的非法转移和非法处置，保证危险废物的安全监控，防止危险废物污染事故的发生。

第四节 固体废物管理和污染控制标准

我国固体废物管理工作起步较晚，管理体系包括标准体系均在建立之中。在《固体法》实施之前，国家以及行业主管部门、地方人民政府颁布了一些有关固体废物的标准，如《含氰废物污染控制标准》（GB 12502—90）、《含多氯联苯废物污染控制标准》（GB 13015—91）、《有色金属工业固体废物污染控制标准》（GB 5085—85）等。《固体法》实施后，根据所载明的要求，国家在对旧有标准进行整理、修订的基础上，陆续组织编写、制定了有关固体废物的各类标准。目前，这些标准有些已经颁布实施，有些正在紧张制定、报批当中。随着这些标准的制定、颁布和实施，我国将基本形成自己的法定的固体废物标准体系。

有关固体废物的我国国家标准基本由国家环境保护总局（现为环保部）和建设部（现为住建部）在各自的管理范围内制定，建设部主要制定有关垃圾清扫、运输、处理处置的标准，国家环境保护总局制定有关污染控制、环境保护、分类、监测方面的标准。我国的有关固体废物的标准主要分为固体废物分类标准、固体废物监测标准、固体废物污染控制标准和固体废物综合利用标准四类。

一、固体废物分类标准

这类标准主要包括前面曾经叙述过的《国家危险废物名录》、《危险废物鉴别标准》（GB 5085.1～7—2007）。建设部颁布的《城市垃圾产生源分类及垃圾排放》（CJ/T 3033—1996）中关于城市垃圾产生源分类及其产生源的部分也是此类标准。另外，《进口可用作原料的固体废物环境保护控制标准》（GB 16487—2005）也应归入这一类。

根据规定，"凡《名录》中所列废物类别高于鉴别标准的属危险废物，列入国家危险废物管理范围；低于鉴别标准的，不列入国家危险废物管理"；"对需要制定危险废物鉴别标准的废物类别，在其鉴别标准颁布以前，仅作为危险废物登记使用"。

《国家危险废物名录》共涉及 49 类废物（参见表 1-1-7）[4]，其中编号为 HW01～HW18的废物名称具有行业来源特征，是以来源命名，亦即产生自《名录》中这些类别来源的废物均为危险废物，纳入危险废物管理；编号为 HW19～HW48 的废物名称具有成分特征，是以危害成分命名，HW49 为其他废物。但在《名录》中未限定危害成分的含量，需要一定的鉴别标准鉴别其危害程度。2008 年公布的《国家危险废物名录》为第二批执行《名录》。随着经济和科学技术的发展，《国家危险废物名录》将继续不定期修订。

目前已经制定颁布的《危险废物鉴别标准》（GB 5085.1～7—2007）中包括通则、腐蚀性鉴别、急性毒性初筛、浸出毒性鉴别、易燃性鉴别、反应性鉴别及毒性物质含量鉴别7 项。

《城市垃圾产生源分类及垃圾排放》（CJ/T 3033—1996）[5]规定了城市垃圾的分类原则和产生源的分类，即居民垃圾产生场所、清扫垃圾产生场所、商业单位、行政事业单位、医疗卫生单位、交通运输垃圾产生场所、建筑装修场所、工业企业单位和其他垃圾产生场所共九类。

《进口废物环境保护控制标准（试行）》（GB 16487.1～12—1996）[6]是根据《固体法》和《废物进口环境保护管理暂行规定》的要求以及为遏制"洋垃圾"入境而紧急制定的。这类标准的制定在国际上尚属首次，具有鲜明的中国特色。2005 年，对《进口废物环境保护控制标准（试行）》（GB 16487.1～12—1996）进行完善并正式制定的《进口可用作原料的固体废物环境保护控制标准》（GB 16487—2005），根据《限制进口类可用作原料的固体废物目录》分为 13 个分标准，即骨废料、冶炼渣、木及木制品废料、废纸或纸板、废纤维、废钢铁、废有色金属、废电机、废电线电缆、废五金电器、供拆卸的船舶及其他浮动结构体、废塑料和废汽车压件。根据《废物进口环境保护管理暂行规定》，国家商检部门依据这一标准对进口的可用作原料的废物进行商检，海关根据国家环保总局出具的进口废物审批证书和国家商检部门出具的检验合格证书放行，彻底堵住"洋垃圾"的入境通道。这一标准根据进口废物中的夹带废物的种类制定了废物的进口标准，不符合这一标准的废物禁止进口。进口废物中的夹带废物分为三类，即严格禁止夹带的废物、严格限制夹带的废物和一般夹带废物。严格禁止夹带的废物主要包括浸出毒性和腐蚀性超过我国鉴别标准的废物，放射性废物等危害严重的废物，这类废物严禁在进口废物中夹带入境；严格限制夹带的废物主要包括虽然危害比较严重，但是在进口废物的收集、运输过程中难以避免的废物，如卫生间废物、厨房废物、废船舶中的生活垃圾、废油船中的油泥等，标准严格规定了这类废物夹带量的限值；一般夹带废物主要是在进口废物收集、运输过程中难以避免，其危害性较小的废物，如废纸、废木料、渣土、废塑料、废玻璃以及其他与进口废物种类不同的一般废物，标准为这类废物的夹带量制定了较严格但又合理的限值。

二、监测标准

这类标准包括已经制定颁布的《固体废物浸出毒性测定方法》（GB/T 15555.1～11—1995）、《固体废物浸出毒性浸出方法　翻转法》（GB 5086.1—1997）、《固体废物浸出毒性浸出方法　水平振荡法》（HJ 557—2010）、《固体废物浸出毒性浸出方法　硫酸硝酸法》（HJ/T 299—2007）、《固体废物浸出毒性浸出方法　醋酸缓冲溶液法》（HJ/T 300—2007）、《工业固体废物采样制样技术规范》（HJ/T 20—1998），以及《固体废物监测技术规范》、《生活垃圾分拣技术规范》。另外建设部制定颁布的《生活垃圾采样和物理分析方法》（CJ/T 313—2009）、《生活垃圾填埋场环境监测技术标准》（CJ/T 3037—1995）、《生活垃圾卫生填埋场环境监测技术要求》（GB/T 18772—2008）也属于这类标准。这类标准主要是关于固体废物的样品采制，样品处理，以及样品分析方法的标准。目前还未制定有关固体废物成分分析的标准方法。

《固体废物浸出毒性测定方法》（GB/T 15555.1～11—1995）规定了固体废物浸出液中总汞、铜、锌、铅、镉、砷、六价铬、总铬、镍、氟化物以及浸出液腐蚀性的测定方法；《固体废物浸出毒性浸出方法》系列标准规定了固体废物浸出液的制取方法：固体废物浸出液采用100g固体废物样品按照液固比10∶1（L/kg）加入浸提剂振荡8h而后静置16h的方法制取；《危险废物鉴别标准—急性毒性初筛》（GB 5085.2—2007）中规定了危险废物急性毒性初筛指标的测定按照《化学品测试导则》（HJ/T 153—2004）指定方法进行；《工业固体废物采样制样技术规范》（HJ/T 20—1998）规定了工业固体废物采样制样方案设计、采样技术、制样技术、样品保存和质量控制。《生活垃圾采样和物理分析方法》（CJ/T 313—2009）规定了城市生活垃圾样品的采集、制备和物理成分、物理性质的分析方法。《生活垃圾填埋场环境监测技术标准》（CJ/T 3037—1995）规定了生活垃圾填埋场在填埋前和填埋后的水、气和土壤的监测内容和监测方法。

固体废物对环境的污染主要是通过渗滤液和散发气体等释放物进行的，因此对这些释放物的监测仍然应该遵照废水、废气的监测方法进行。浸出毒性的测定中没有制定标准测定方法的项目（如有机汞），暂时参照水质测定的国家标准。

三、污染控制标准

这类标准是固体废物管理标准中最重要的标准，是环境影响评价、"三同时"、限期治理、排污收费等一系列管理制度的基础。若没有标准，所有这些制度都将成为空文。

固体废物管理与废水、废气的最大区别在于固体废物没有与其形态相同的受纳体，其对环境的污染主要是通过其释放物（渗滤液、产生气体等）对水体和大气的污染，即使是对土壤的污染也是通过渗滤液进行的，而这一过程时间长，过程复杂，一旦形成污染将很难被消除[7]。如城市生活垃圾进入填埋场后，即使是在好氧条件下一般也要通过大约1年的时间才能基本达到稳定状态，而在厌氧状态下即使3年后仍不能达到稳态。如果不加处理直接在环境中完成这一过程，周围土壤和地下水将会受到极其严重的污染，如某城市垃圾场周围地下水中细菌总数达到10000～25000个/mL，大肠菌群达到2300～230000个/L，超过国家标准100～10000倍；而工业固体废物，特别是危险废物对环境的污染更是严重而且难以消除，如我国锦州铁合金厂 20 世纪 50 年代堆放的铬渣在其后数年内就对周围 35km^2 范围内的地下水造成严重污染，致使不能饮用，国家花费数千万元进行治理仍然难以达到理想效果。而美国著名的"拉夫运河"事件则因化学物质对周围地下水、空气和土壤的严重污染而让政府和公司赔偿 5000 万美元，并将当地 2000 户居民搬迁。因此，固体废物在严格意义上讲是不允许排放的。从这个角度上讲，固体废物的环境保护控制标准与废水、废气的标准是截然不同的，无法采用末端浓度控制的方法。我国固体废物控制标准采用处置控制的原则，在现有成熟处置技术的基础上，制定废物处置的最低技术要求，再辅以释放物控制，以达到固体废物污染环境防治的目的。

固体废物污染控制标准分为两大类。一类是废物处置控制标准，即对某种特定废物的处置标准、要求。目前，这类标准有《含多氯联苯废物污染控制标准》（GB 13015—91）。这一标准规定了不同水平的含多氯联苯废物的允许采用的处置方法。另外《城市垃圾产生源分类及其排放》（CJ/T 368—2011）中有关生活垃圾排放的内容应属于这一类，该标准对生活垃圾收集、运输和处置过程的管理要求做了明确规定。

另一类标准则是设施控制标准，目前已经颁布或正在制定的标准大多属这类标准，如《生活垃圾填埋污染控制标准》（GB 16889—2008）、《生活垃圾焚烧污染控制标准》（GB 18485—2001）、《一般工业固体废物贮存、处置场污染控制标准》（GB 18599—2001）、《危险废物填埋污染控制标准》（GB 18598—2001）、《危险废物焚烧污染控制标准》（GB 18484—2001）、《危险废物贮存污染控制标准》（GB 18597—2001）。这些标准中都规定了各种处置设施的选址、设计与施工、入场、运行、封场的技术要求和释放物的排放标准以及监测要求。这些标准在制定完成并颁布后将成为固体废物管理的最基本的强制性标准。在这之后建成的处置设施如果达不到相应要求将不能运行，或被视为非法排放；在这之前建成的处置设施如果达不到相应要求将被要求限期整改，并收取排污费。

除此之外，原国家环境保护总局和建设部制定并颁布的一些设备、设施的行业性技术标准亦应归入这一类，如《垃圾分选机垃圾滚筒筛》（CJ/T 5013.1—95）、《锤式垃圾粉碎机》（CJ/T 3051—95）等也属于设施控制标准。

四、固体废物综合利用标准

根据《固体法》的"三化"原则，固体废物的资源化将是非常重要的。为大力推行固体废物的综合利用技术并避免在综合利用过程中产生二次污染，国家环保部将制定一系列有关固体废物综合利用的规范、标准。首批将要制定的综合利用标准包括有关电镀污泥、含铬废渣、磷石膏等废物综合利用的规范和技术规定。以后，还将根据技术的成熟程度陆续制定有关各种废物综合利用的标准。

参 考 文 献

[1] 国家统计局，环境保护部编. 中国环境年鉴. 北京：中国环境科学出版社，2007～2011.
[2] Sosnowski P，Wieczorek A，Ledakowicz S. Anaerobic co-digestion of sewage sludge and organic fraction of municipal solid waste. Berkeley：Advances in Environmental Research，2003，7：609-616.
[3] George Tchobanoglous，Hilary Theisen，Samuel Vigil. 固体废物的全过程管理——工程原理及管理问题. 北京：清华大学出版社，2000.
[4] 国家环境保护部. 国家危险废物名录. 2008.
[5] CJ/T 3033—1996 城市垃圾产生源分类及垃圾排放.
[6] GB 16487.1～12—1996 进口废物环境保护控制标准（试行）.
[7] G T chobanoglous，H Theisen，S Vigil. Integrated solid waste management. McGraw-Hill，Inc.，1993.

第二篇

污染源

第一章
城市固体废物的来源、组成及性质

第一篇已明确，固体废物按来源可分为城市固体废物、矿业废物及工业固体废物。其中城市固体废物面很广，主要包括来自居民生活与消费、市政建设与维护、商业活动、市区的园林及耕种生产、医疗和娱乐场所等方面产生的一般性垃圾，人畜粪便，厨房废弃物，污水处理的污泥，垃圾处理收集的残渣和粉尘等固体物质。通常根据其主要组成，亦可简称为城市垃圾。由于我国城市下水道系统尚未完善，城市污水处理厂设施也未普及，故居民粪便需要收集、清运，亦是城市固体废物的组成部分，要由环卫部门负责其管理工作。本章将以城市垃圾为中心来展开论述。

第一节 城市固体废物的来源、组成

一、城市固体废物的来源及类型

城市固体废物种类繁多，各国的分类方法亦不尽相同。

（1）根据城市垃圾的性质，如可燃性能、化学成分、燃烧热值及容重等指标来进行分类。按可燃性能分为可燃性垃圾与不可燃性垃圾；按发热量分为高热值垃圾与低热值垃圾；按化学成分分为有机垃圾与无机垃圾；按可堆肥性分为可堆肥垃圾与不可堆肥垃圾；上述前两项性质可作焚烧处理垃圾质量的参考，后两项则可作选择处理方式，特别是选择堆肥化及其他生物处理方法时的主要参考依据。

此外，也可用三成分分析法、元素分析法或容重分析法等分析数据作为评价垃圾质量分类指标，将在后面专门论述。

（2）国内外常将城市垃圾按组成详细分类（具体见本节"城市固体废物的组成"部分）。但较多的是结合城市垃圾处理处置方式或资源回收利用可能性来作简易分类。如可分为可回收废品、易堆腐物、可燃物及其他无机废物等四大类，亦可将城市生活垃圾简易分为有机物、无机物和可回收物质三大类，即

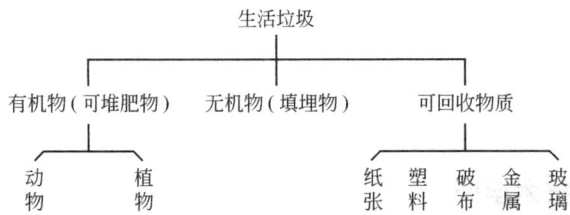

（3）用得更多的是根据城市垃圾产生或收集来源进行分类。通常可分为以下几种。
① 食品垃圾（亦称厨房垃圾），是居民住户排出垃圾的主要成分；

② 普通垃圾（亦称零散垃圾），指纸类、废旧塑料、罐头盒、玻璃、陶瓷、木片等日用废物；

③ 庭院垃圾，包括植物残余、树叶、树权及庭院其他清扫杂物；

④ 清扫垃圾，指城市道路、桥梁、广场、公园及其他露天公共场所由环卫系统清扫收集的垃圾；

⑤ 商业垃圾，指城市商业、各类商业性服务网点或专业性营业场所（如菜市场、饮食店等）产生的垃圾；

⑥ 建筑垃圾，指城市建筑物、构筑物进行维修或兴建的施工现场产生的垃圾；

⑦ 危险垃圾，包括医院传染病房、放射治疗系统、核试验室等场所排放的各种废物常称为危险垃圾（其定义及鉴别参见第一篇第一章第三节）；

⑧ 其他垃圾，是除以上各类产生源以外场所排放的垃圾的统称。

其中，①、②两项包括无机炉灰，亦可统称为家庭垃圾，是城市中可回收利用的主要对象。

城市固体废物（特别是城市垃圾）有以下特点[1,2]：

1. 数量剧增

随着生产力发展，居民生活水平提高，商品消费量迅速增加，城市垃圾的产生与排出量也随之增长。垃圾数量的增长还受社会经济因素及各国生产力发展水平及速度的影响。

世界各国垃圾年产量一般都逐年增长，大致维持在全球 1%～3% 的增长率。例如美国城市垃圾的增长比人口增长速度快 3 倍。每年递增率近 5%，在经济萧条时期增长率曾降到 2%～4%，近年又有增长趋势，恢复到 5%；发展中国家已达 6%～8% 的年增长率。随着经济发展，韩国已达 12% 的高增长率。

我国城市生活垃圾的平均日产量为人均 0.7～1kg。1980 年全国城市垃圾总清运量为 3132 万吨，1985 年就增长了 1 倍达到 6395 万吨。20 世纪 80 年代以来，我国城市垃圾每年以 10% 速度递增，近年已超过 1 亿 4 千多万吨。其中北京 80 年代每天排出垃圾为 5000～7000t，现已接近 1 万吨。

2. 成分多变

城市固体废物成分本来就复杂，由于各地气候、季节、生活水平与习惯、能源结构等差异，造成城市生活垃圾成分和产量更加多种多样、不均匀，而且变化幅度也很大。

例如我国近年来：a. 家庭燃料构成改变导致垃圾中无机炉灰比重大为降低；b. 冷冻食品、预制成品及半成品的逐年普及，有些大城市还做到净菜进市，使家庭垃圾成分也发生明显改变，食品废物明显减少；c. 随着包装技术与材料的改革，纸、塑料、金属、玻璃等废物则大大增加。

垃圾成分多变的另一原因是随着劳务费用及工业消费品维修费用的提高，使维修保养不合算，促使人们提前扔弃废旧物品，故废旧家庭工业消费品（如废旧家用电器等）呈现大幅度增加，这在发达国家尤为突出。

3. 产生量的不均匀性

主要指城市生活垃圾的排出量会随一年四季明显不同，并呈现一定的变化规律。以北京市为例，第一季度（尤其是 1 月）量最多，3 月到第二季度开始减少，三季度（约 7～8 月）出现最低点，然后随着天气变冷，第四季度逐渐增加，并迅速增加到元月份高峰产量。

另外，从居民生活习惯及每天排放垃圾经环卫部门收集数量看，一天之中也有明显波动，并呈现一定的规律，这和各城市收集垃圾时间、方式及居民习惯有一定关系。

4. 目前各地城市垃圾消纳处置方式仍以土地填埋为主

近年来已出现消纳场地由远及近，由农村向市郊推移的变化趋势，成为制约城市发展的重要因素，这个问题在北京及沿海大城市尤为严重。例如有资料表明，北京市每天排出的上万吨垃圾，大量地堆放在市郊形成了好几千个（占地面积在 $50m^2$ 以上）垃圾堆，小垃圾堆更数不胜数。

以上几点说明了城市固体废物处理的重要性与迫切性，这也是我国加快建设发展中需要解决的重大课题。

二、城市固体废物的组成

城市固体废物的组成很复杂。其组成（这里主要指物理成分）受到多种因素的影响，如自然环境、气候条件、城市发展规模、居民生活习性（食品结构）、家用燃料（能源结构）以及经济发展水平等都将对其有不同程度影响，故各国、各城市甚至各地区产生的城市垃圾组成都有所不同。一般来说工业发达国家垃圾成分是有机物多，无机物少；不发达国家无机物多，有机物少；南方城市较北方城市有机物多，无机物少。

表 2-1-1、表 2-1-2 列出不同国家和地区较典型的垃圾组成，供比较参考。

表 2-1-1　发达国家城市垃圾的平均组成（质量分数）　　　　单位：%

组成＼国家	美国	英国	日本	前苏联	法国	荷兰	德国	瑞士	瑞典	意大利	比利时
食品垃圾	12	27	22.7	23	22	21	15	20	20~30	25	21
纸类	50	38	38.2	26.9	34	25	28	45	45	20	30.1
细碎物	7	11	21.1	29	20	20	28	20	5	25	26
金属	9	9	4.1	6.9	8	3	7	5	7	3	2
玻璃	9	9	7.1	7.3	8	10	9	5	7	7	4
塑料	5	2.5	7.3	5.5	4	4	3	3	9	5	9
其他	8	3.5	0.5	2	4	17	10	2	5	15	10
平均含水量	25	25.0	23	24.7	3.5	25	35	35	25	30	28
含热量/(kcal/lb)	1260.0	1058.4	1109	1099	1008	907.2	908.2	1083.6	1001.0	796.0	765.0

注：1kcal/lb=9.2kJ/kg。

表 2-1-2　英国与中东及亚洲城市垃圾组成比较　　　　单位：%

组　成	英　国	亚洲城市	中东城市
蔬菜	28	75	50
纸	37	2	16
金属	9	0.1	5
玻璃	9	0.2	2
织物	3	3	3
塑料	2	1	1
其他	12	12.7	23
质量/[kg/(d·人)]	0.854	0.415	1.060

三、城市固体废物组成的测定

由于城市垃圾扩散性小，不易流动，成分又极不均匀，所以其组成的测定是一项极其复杂的工作，难以用机械分离开来，目前国内仍以人工取样分选后再分别称重进行测定。一般以各成分含量占新鲜湿垃圾的质量分数来表示。即以湿基率（%）表示，亦可烘干后，去掉水分再称重按干基率（%）表示。关于湿基、干基组成（%）换算方法见后面有关内容。

城市垃圾组成的测定可按环卫部门制定的技术规范进行。为了能够得到正确而可靠的测定数据，关键在于取样的代表性。城市垃圾取样方法有蛇形式、梅花点法、棋盘法等多种形式，但比较常用的是"四分法"。四分法取样是将垃圾卸在平整干净的土地上（水泥地或铁板上）将垃圾一分为四，按对角线取出其中两份，混合，再平均分为四份，再按对角线取两份混合，一直到最后样品的质量达到约90kg为止[3]。

下面介绍城市生活垃圾采样具体方法及步骤。城市垃圾调查分析的主要任务是为制定废物管理对策与规划，进行科学预测，无害化、资源化工艺选择与设计，以及收集运输和处理处置设备的研制与开发提供科学依据。其主要内容包括产量、组成成分、分布特征、理化及生物性状分析等。通常应用统计学原理进行抽样分析，只要方案设计合理，操作方法严格科学，即可通过对少量样品分析获得完整准确的总体资料。表2-1-3～表2-1-5为几个城市的垃圾组成情况。

表 2-1-3　一线城市生活垃圾物理组成　　单位：%

组成	有机质	纸	塑料	玻璃	金属	纺织物	木竹	灰土
北京	63.4	11.1	12.7	1.8	0.3	2.5	1.8	5.9
上海	66.7	4.5	20.0	2.7	0.3	1.8	1.2	2.8
广州	58.1	6.3	14.5	2.0	0.6	4.8	3.1	9.0
深圳	40.0	17.0	13.0	5.0	3.0	5.0	—	—
天津	56.9	8.7	12.1	1.3	0.4	2.5	1.9	16.2

表 2-1-4　二线城市生活垃圾物理组成　　单位：%

组成	有机质	纸	塑料	玻璃	金属	纺织物	木竹	灰土
沈阳	73.7	7.6	5.2	2.4	0.3	0.9	1.7	—
杭州	57.0	15.0	3.0	8.0	3.0	2.0	2.0	4.0
青岛	42.2	4.0	11.2	2.2	1.1	3.2	—	—
重庆	59.2	10.1	15.7	3.4	1.1	6.1	4.2	—

表 2-1-5　三线城市生活垃圾物理组成　　单位：%

组成	有机质	纸	塑料	玻璃	金属	纺织物	木竹	灰土
拉萨	72.0	6.0	12.0	—	1.0	7.0	—	—
宁波	53.7	5.4	7.9	2.4	1.0	3.6	1.1	—
广汉	50.7	8.8	6.1	0.6	0.2	0.6	0.2	32.8

在废物的统计抽样分析中，样品的采集是核心，也是关键，应做到实事求是，准确性与科学性相结合，随机性与代表性相结合[4]。只有依据这些原则采集样品，其分析的结果才具备总体性（即由样本推断总体）。这种抽样分析的优点在于经济，快速，方法简便易行，且所获资料准确。

（一）实验器材

0.5t小型手推货车；100kg磅秤；铁锹；竹夹；橡皮手套；剪刀；小铁锤。

（二）方法与步骤

1. 采样点的确定

为了使样品具有代表性，采用点面结合，确定几个采样点，在市区选择2～3个居民生活水平与燃料结构具代表性的居民生活区作为点；再选择一个或几个垃圾堆放场所作为面，定期采样。做生活垃圾全面调查分析时，点面采样时间定为半月一次。

2. 方法与步骤

采样点确定后即可按下列步骤采集样品。

① 将 50L 容器（搪瓷盘）洗净、干燥、称重、记录；然后布置于点上，每个点若干个容器；面上采集时，带好备用容器。

② 点上采样量为该点 24h 内的全部生活垃圾，到时间后收回容器，并将同一点上若干容器内的样品全部集中；面上的取样数量为 50L 为一个单位，要求从当日卸到垃圾堆放场的每车垃圾（即每车 5t）中进行采样，共取 1m³ 左右（约 20 个垃圾车，每车取 50L）。

③ 将各点集中或面上采集的样品中大块物料现场人工破碎，然后用铁锹充分混匀，此过程尽可能迅速完成，以免水分散失。

④ 混合后的样品现场用四分法，把样品缩分到 90～100kg 为止，即为初样品。

⑤ 将初样品装入容器，取回分析。

四、城市固体废物中可回收物质的类型

城市固体废物中可回收物质种类很多，其中量大面广的有纸类、塑料、金属、玻璃、破布等。我国传统的方法是由废品回收公司（其下设有各废品收购站）负责上述物质的回收，为有效地全面实现固体废物资源化工作，由环卫系统进行城市固体废物回收综合利用，我国在这一方面尚属起步阶段。

下面介绍国外的情况。

1. 美国废旧物资回收工作

多年来，美国在废旧物资回收工作方面取得很大进展，废旧汽车、废旧家电用品、贵重金属、铝质空罐、玻璃瓶、报纸等等的回收数量大，机械化程度高，如在处理电器废旧物料中，回收了大量贵金属，仅 AMAX 公司一年可回收：5 万磅白金、100 万盎司黄金、20 万～25 万磅白银。

2. 废纸、玻璃分类收集回收情况

由各国城市垃圾中纸张、玻璃收集情况调查资料表明：

（1）纸张分类收集相当普及、历史也悠久　但世界各国大多数仍是和塑料及其他成分混合一起收集，只有少数城市是专门收集纸张的。大多数收集的废纸去处是造纸厂。回收产生纸浆，可代替大量木材等纸浆原料。一般说来，纸张成分回收只能达到 2/3。因此，城市垃圾中纸张成分太低，如低于 10%，在经济上就不一定合算，美国某些城市纸张比例占垃圾成分的 40% 以上，经济效果就很好。

关于回收废纸，经济效益性好坏是关键问题，因为分类收集废纸的经济效益不能全部抵偿收集、运输费用，故影响到废纸的收集利用。有些国家倾向于将废纸回收与垃圾处理分为两个系统进行，利于废纸的回收利用。此外，还打破废纸作为造纸原料传统概念束缚，开发研究其他利用途径，如团成球状物作火力发电厂辅助燃料；用微生物处理生产葡萄糖及单细胞蛋白质等等。

（2）玻璃分类收集与回收利用　玻璃类的收集主要是玻璃容器（即各类可再利用的玻璃空瓶）的专门收集及其他碎旧玻璃材料的收集。可以采用透明玻璃和有色玻璃分类收集方式，也可采用两者混合一起收集方式。欧洲各国为促进玻璃的回收，常由政府出面与玻璃制

造业之间签订协议。有些地方市镇也对玻璃分类收集实行奖励，以利于增加就业的机会。有的国家玻璃回收与城市的垃圾处理无关，玻璃分类收集由民办公司经办，其活动范围不受行政区域约束，甚至在法律上规定所收集玻璃不算"废弃物"。由于取得居民的合作，玻璃分类收集特别是玻璃容器的回收利用，取得较好的社会效果和经济效益。

3. 罗马市固体垃圾的回收利用

（1）回收塑料薄膜　垃圾中的塑料成分主要是低压聚乙烯包装薄膜，可利用吸气法把薄膜选出，然后用压力打包机打成捆，送到塑料加工厂。这些回收的塑料材料所制成的塑料制品，颜色为灰色，如汽水箱、大桶盖等。近期又建成塑料精制车间，用湿法去掉其中杂质，可以加工成塑料颗粒。以50％左右的比例与新原料配料可以进行吹塑，制塑料垃圾袋，关键是去除沙粒，否则无法吹塑。

（2）回收纸张　在回收塑料的同时，把纸张分选出来，与塑料一样打捆等待进一步处理。在这些捆中含有不少杂质，特别是小的塑料膜，可以使用一种圆柱形的纸张消化器（高约三层楼），使纸在其内部消化。水是闭路循环的，可以把杂质（塑料等）去除到只余下1％左右。纸浆经过去杂后进行脱水成为成品（水分60％），用卡车运到造纸厂，可以加工成包装用的硬纸板、瓦楞纸等。在纸厂可以进一步去杂，把蜡质、油墨去除后，可以代替木纸浆，用于制造新闻纸、转印纸等，用作报纸和杂志的材料。

4. 比利时塑料产品的回收利用

比利时塑料产品回收工作很有特色。他们用回收塑料生产出诸如洗衣机机身、人造大理石、人造地板、墙面等有使用价值的产品。他们把废旧塑料通过注塑机，制成塑料小粒，再把这五颜六色的小塑料颗粒制成成品，美观实用。

总之，这些可回收物质，可采用资源化回收系统加以总结。资源回收系统见表2-1-6。

表 2-1-6　资源回收系统

（1）前期系统（分离提取型回收；用物理的，机械的方法）	（1）保持废物原形的回收：重复利用（分选、修补、清洁洗涤） （2）破坏废物原形回收素材：靠物理作用使废物原料化再生利用（破碎、物理或机械的分离精制）
（2）后期系统（转化回收；用化学的，生物学的方法）	（1）回收物质：用化学、生物学方法将废物原料化、产品化而再生利用（转化＋分离精制：热分解、催化分解、熔融、烧结、堆肥发酵） （2）回收能源：①可贮存，迁移型能源回收（热分解、发酵、破碎粉碎）：可得燃料气体、炭黑、粒状燃料、发电等）；②不能贮存，随即使用能源的回收（燃烧、发电、蒸气、热水等）

按照工艺分工，整个资源回收系统可分为两个分系统：前期系统和后期系统。前期系统不改变物质的性能，也叫分离回收，又可分为保持废物收集时原形的系统（即重复利用系统）及改变原形不改变物理性质的有用物质回收系统（即物理性原料化再利用系统）。前者如回收空瓶、空罐、家用电器中有用零件，通常采用手选，清洗，并对回收废物料进行简易修补或净化操作，修补再利用。后者如回收的金属、玻璃、纸张、塑料等素材，多采用破碎、分离、水洗后，根据各材质的物性，采用机械的、物理的方法分选后，收集回收。后期系统主要是将前期系统回收后残留物，用化学、生物学方法，改变废物的物性而进行回收利用。这个系统比分离回收技术要求高而困难，故成本较高。后期系统又分为以回收物质为目的的系统（即化学、生物法原料化、产品化、再利用系统）和以回收能源为目的的系统两大类。后者进一步分为可贮存可迁移型能源及燃料的回收系统和不可贮存（即随产随用型能源）的回收系统。即是将废料中有机物进行热分解，用来制造可燃气体、燃料油及炭黑，或

靠破碎及分离去除不可燃物的粉煤制造技术。另一种是将废物中可燃物燃烧发热产生蒸气、热水直接使用或进行发电。

第二节 城市固体废物的物理、化学及生物特性

城市固体废物的性质主要包括物理、化学、生物及感官性能。感官性能是指废物的颜色、臭味、新鲜或者腐败的程度等，往往可通过感官直接判断。下面将主要讨论前三种性质。

一、城市固体废物的物理性质[3]

城市垃圾的物理性质与城市垃圾的组成密切相关。组成不同，物理性质也不同。一般用组分、含水率和容重三个物理量来表示城市垃圾的物理性质。

关于物理组分在第一节中已谈到，其组分含量（％）常常是以湿基表示的。但化验分析常用烘干垃圾，故物理组分也可用干基表示。当垃圾的含水量已知时可用下式进行换算：

$$G = a(1 - W) \qquad (2-1-1)$$

式中 G——新鲜湿垃圾中某成分质量分数；

a——烘干垃圾中同类组分的质量分数；

W——垃圾的含水率。

（一）含水率

1. 定义

含水率是指单位质量垃圾的含水量，又称垃圾中水分或垃圾湿度，用质量分数（％）表示。其计算式为

$$W = (A - B)/A \times 100\% \qquad (2-1-2)$$

式中 A——新鲜垃圾（或湿垃圾）试样原始质量；

B——试样烘干后的质量。

2. 影响因素

垃圾的含水率随成分、季节、气候等条件而变化，其变化幅度在 $11\% \sim 53\%$ 之间（典型值 $15\% \sim 40\%$），如城市垃圾的含水率与食品垃圾的含量有关。据调查，影响垃圾含水率的主要因素是垃圾中动植物的含量和无机物的含量。当垃圾动植物的含量高、无机物的含量低时，垃圾含水率就高，反之则含水率低，这种变化是有一定规律的。如表 2-1-7 所列，按其变化可得出 $y = 0.67x + 12.38$ 的关系，式中，y 为含水率；x 为动植物含量。垃圾含水率还受到收运方式（如不同收集容器，是小车收集还是集装箱，有无盖子，密封好坏等）的影响。

表 2-1-7 垃圾中动植物含水率关系　　　　　　　　　单位：％

动植物	0	5	10	15	20	25	30	35	40	45
含水率	12.38	15.726	19.073	22.419	25.766	29.112	32.458	35.805	39.151	42.844
动植物含量	50	55	60	65	70	75	80	85	90	95	100
含水率	45.844	49.190	52.537	55.833	59.230	62.576	65.922	69.269	72.615	75.962	79.308

3. 含水率的测定

收集的垃圾中（与污泥中水分类似），除含有内部结合水外，还含有吸附水、膜状水、

毛细管水等。新鲜垃圾在收集容器中各成分的含水量因扩散、蒸发会随时间改变，而垃圾含水类型和总量则依垃圾组成成分及自然环境而定。一般将这种不定态的垃圾水含量称为自然含水量。垃圾中所含水分质量与垃圾总质量之比的百分数，就是垃圾含水率 W（％）。

测定垃圾含水率的目的主要有以下 3 个：

① 以垃圾干物质为基础，计算垃圾中各种成分的含量，故有时把含水率称为干燥质量换算系数；

② 及时了解垃圾中水的存在状况，以便科学地计算垃圾堆放场或填埋场产生的渗滤液数量；

③ 当垃圾直接送去堆肥化或焚烧时，可作为处理过程的重要调节控制参数。

因此，含水率参数是研究垃圾特性、调节确定垃圾处理过程中必不可少的测定项目。

（1）需用设备与材料

a. 烘箱；b. 干燥器；c. 天平（百分之一）；d. 大坩埚（或大铝盒、搪瓷盘）；e. 坩埚钳、剪刀、菜刀；f. 劳保用品（橡皮手套、口罩等）。

（2）测定方法与步骤

垃圾含水率的测定一般采用烘干法，温度通常控制在（105±1）℃。烘烤时间应以达到恒重为准。但当垃圾中有机物含量高时，完全达到恒重是困难的。所以一般以两次连续称重的误差小于总质量千分之四为标准，或根据经验烘烤 4～5h。另外，当垃圾主要为可燃物时，温度以 70～75℃ 为宜，烘烤时间 24h。

（二）容重

城市垃圾在自然状态下，单位体积的质量称为垃圾的容重，又叫视比重，以 kg/L、kg/m³ 或 t/m³ 表示。垃圾容重随成分和压实程度而有所不同，见表 2-1-8 和表 2-1-9。

表 2-1-8 垃圾不同压实情况的容重

生活垃圾	容重/(kg/m³)		生活垃圾	容重/(kg/m³)	
	范围	典型值		范围	典型值
压缩的普通垃圾	90～180	130	填埋场中良好压缩垃圾	600～740	600
未压缩的园林废物	60～150	100	加工后压缩成型	600～1070	710
未压缩的炉灰	650～830	740	粉碎但未压缩的垃圾	120～270	210
经运输车压缩的垃圾	180～440	300	粉碎且已压缩的垃圾	650～1070	770
填埋场中正常压缩垃圾	360～500	440			

表 2-1-9 某些垃圾成分的容重

物料	容重/(g/cm³)	物料	容重/(g/cm³)
轻的黑色金属	0.100	塑料	0.037
铝	0.038	硬纸板	0.030
玻璃	0.295	食物	0.368
杂纸	0.061	庭院废物	0.071
报纸	0.099	橡胶	0.238

垃圾的容重是垃圾的重要特性之一，它是选择和设计贮存容器，收运机具大小及计算，处理利用构筑物和填埋处置场规模等必不可少的参数。

测定原始垃圾容重的方法有全试样测定法和小样测定法，而测定填埋场垃圾容重则较多采用反挖法、钻孔法等。下面介绍常用的小样测定法是将经"四分法"缩分后的垃圾初试样，装满一定容积广口容器，按下式计算确定垃圾容重值。

$$D = (W_2 - W_1)/V \tag{2-1-3}$$

式中　D——垃圾容重，kg/L 或 kg/m^3；

　　　W_1——容器质量，kg；

　　　W_2——装有试样的容器总质量，kg；

　　　V——容器体积，L 或 m^3。

通常需测定 3 个以上试样，用平均值来求得垃圾的容重。

在我国环卫系统现场采用的是所谓"多次称重平均法"。此法是用一定体积的容器，在一年十二个月内，每月抽样称重一次，在年终时，将所有各次称得的质量相加除以称重次数，得到年平均城市垃圾的质量，再除以容器体积，即得垃圾的容重，其表达式为：

$$D = [(a_1 + a_2 + a_3 \cdots + a_n)/n]/V \tag{2-1-4}$$

式中　D——垃圾的容重，kg/m^3；

　　　a_n——每次称得的垃圾质量，kg；

　　　n——称重的次数；

　　　V——称重容器的体积，m^3。

二、城市固体废物的化学性质

城市垃圾的化学性质对选择加工处理和回收利用工艺十分重要，表示城市垃圾化学性质的特征参数有挥发分、灰分、灰分熔点、元素组成、固定碳及发热值。

（一）挥发分

挥发分又称挥发性固体含量，用 V_S（%）表示。

V_S 是反映垃圾中有机物含量近似值的指标参数，它以垃圾在 600℃ 温度下的灼烧减量作为指标。其测定方法是用普通天平称取一定量的烘干试样 W_3，装入坩埚内。

将坩埚置于马弗炉内，在 600℃ 温度下，灼烧 2h，取出后，置干燥器中冷却到室温再称重。计算式为：

$$V_S = (W_3 - W_4)/(W_3 - W_1) \times 100\% \tag{2-1-5}$$

式中　V_S——垃圾的挥发性固体含量，%；

　　　W_1——坩埚质量；

　　　W_3——烘干垃圾质量（W_2）＋坩埚质量；

　　　W_4——灼烧残留量＋坩埚质量。

注意：有的方法规定灼烧温度为 700℃。灼烧减量包括有机质和结合水，垃圾经 700℃ 高温灼烧后，其有机质和结合水能完全消失。

（二）灰分及灰分熔点

灰分是指垃圾中不能燃烧也不挥发的物质，即灰分是反映垃圾中无机物含量的参数，常用符号 A 表示。其数值即是灼烧残留量（%），测定方法同（一）。灰分质量分数计算式为：

$$A = 100\% - V_S \tag{2-1-6}$$

灰分熔点符号为 T_A，熔点高低受灰分的化学组成影响，垃圾的组成成分不同，则灰分含量及灰分熔点也不同，主要取决于 Si、Al 等元素含量的多少。

注意：亦有方法将垃圾放入高温炉内灰化，以（815±10）℃ 灼烧到恒重，取其残留物质量所占试样原质量的百分数作为灰分。

（三）元素组成

元素组成主要指 C、H、O、N、S 及灰分的百分含量。城市垃圾中化学元素组成是很重要的特性参数。测知垃圾化学元素组成可估算垃圾的发热值，以确定垃圾焚烧方法的适用性，亦可用于计算垃圾堆肥化等好氧处理方法中生化需氧量的估算。所以，对选择垃圾处理工艺是很必要的。

但垃圾的化学元素组成很复杂，其测定方法亦很烦琐，需要用到常规的化学分析方法和仪器分析方法，有的还要用到先进的精密仪器。其中，C、H 元素联合测定要用到碳氢全自动测定仪，全氮测定用凯氏消化蒸馏法，全磷测定用硫酸过氯酸铜蓝比色法，全钾测定用火焰光度法，有些金属元素测定更要用到原子吸收光度法等精密仪器，故垃圾化学元素测定较之物理组成分析难以普及。一般城市环卫系统较少进行这项工作，现将北京环卫科研所对北京市生活垃圾元素测定数据列于表 2-1-10。

表 2-1-10　垃圾中化学元素含量

大量营养元素			微量营养元素			有毒元素			其他元素（包括稀有元素）					
元素名称	元素符号	含量/%	元素名称	元素符号	含量/(mg/L)	元素名称	元素符号	含量/(mg/L)	元素名称	元素符号	含量/(mg/L)	元素名称	元素符号	含量/(mg/L)
碳	C	12～38	硅	Si	19.9	铅	Pb	14.51	铷	Rb	71.0	镓	Ga	15.9
氮	N	0.6～2.0	锰	Mn	350.6	汞	Hg	0.0262	钡	Ba	826.0	镧	La	40.5
磷	P	0.14～0.2	铁	Fe	2.57	铬	Cr	52.47	钽	Ta	0.84	铈	Ce	71.8
钾	K	0.6～2.0	钴	Co	14.1	镉	Cd	0.00442	钪	Sc	9.52	钕	Nd	35.7
钠	Na	0.65	镍	Ni	12.9	砷	As	10.21	铪	Hf	7.08	钐	Sm	6.2
镁	Mg	0.63	铜	Cu	37.09				锑	Sb	2.02	铕	Eu	2.36
钙	Ca	0.57	锌	Zn	86.72				铯	Cs	4.43	镱	Yb	2.07
			铝	Al	3.5				钍	Th	11.1	镥	Lu	0.154
			铍	Be	102.7×10⁻³				锆	Zr	119			

国外有资料报道，采用元素分析法测定垃圾的化学组成其成分（质量分数）大致为 C：10%～20%；H：1%～3%；O：10%～20%；N：0.5%～1.0%；S：0.1%～1.2%；灰分：10%～25%；水分：40%～60%；热值，约 700～1200kcal/kg。

（四）发热值

单位质量有机垃圾完全燃烧并使反应产物温度回到参加反应物质的起始温度时，能放出的热量称有机垃圾的发热值。根据燃烧产物中水分存在状态的不同又分为高位发热值与低位发热值。高位发热值（简称高热值）是指单位质量垃圾完全燃烧后燃烧产物中的水分冷凝成为 0℃ 的液态水时所放出的热量。低位发热值（简称低热值）是指单位质量垃圾完全燃烧后，燃烧产物中的水分冷却成为 20℃ 的水蒸气时所放出的热量。城市垃圾的发热值对分析燃烧性能，判断能否选用焚烧处理工艺提供重要依据。

根据经验，当城市垃圾的低热值大于 800kcal/kg 时，燃烧过程无需加助燃剂，易于实现自燃烧。

因此，垃圾热值的测定与工业生产中测定煤和石油的热值一样重要。垃圾热值的测定方法如下。

1. 原理

物质的燃烧热或热值，是指单位质量（g 或 kg）的物质完全燃烧并冷却到原来温度时所放出的热量（高热值）。

测定用的氧弹量热计是最常用的固液体燃烧测定仪器。有机物的燃烧在密闭容器（氧弹）中进行。氧弹放在量热器中，容器中盛有一定量的水。测量时，称取一定量的试样，压成小片，放在氧弹内。为使有机物燃烧完全，通常在氧弹中充以 2.5～3.0MPa 的氧气，然后通电点火，使压片燃烧。燃烧时放出的热传给水和量热仪器，由水温的升高值（Δt）即可求出试样燃烧时放出的热量：

$$Q = k\Delta t \tag{2-1-7}$$

式中　k——量热体系的水当量，即量热体系（水和量热仪器）温度升高 1℃时所需的热量。

由式（2-1-7）可知，欲求出试样的热值，必先知道 k 值。常用的方法是用已知热值的标准样品苯甲酸在氧弹中燃烧，从量热体系的温升即可求得 k。

$$k = Q_{已知}/\Delta t \tag{2-1-8}$$

所以整个方法是分两步进行的。即先由标准样品的燃烧测定 k，再测定试样的热值。

2. 仪器与试剂

氧弹量热计，放大镜，贝克曼温度计，0～100℃温度计，氧气钢瓶，氧气表，压片机，万用电表，坩埚，实验用变压器，苯甲酸（分析纯），燃烧丝，氧弹架，光电天平等（仪器设备请参看物理化学实验的有关部分）。

3. 实验步骤

（1）测 k 值

① 量取燃烧丝（已知热值）10cm。

② 压片：称取苯甲酸 1.0g，用压片机压成片，再将样片在分析天平上准确称重至 ±0.0002g。

③ 打开氧弹，将弹头放在弹头架上，将坩埚放在坩埚架上。取一根燃烧丝，将两端分别拴在两个电极上，中段置于样片上。氧弹中加蒸馏水 10mL（以吸收氮氧化物），再将弹头盖上并拧紧。用万用表检查电极是否通路，若是通路，即可进行第④步。

④ 充氧：取下氧弹上进氧阀螺帽，将钢瓶氧气管接在上面。小心开启钢瓶阀门，此时第一氧气表即有指示。再稍稍拧紧氧气表减压阀螺杆，使低压氧气表指针位于 0.3～0.5MPa，然后略微旋开氧弹放气阀门，以排除氧弹内原有的空气。如此反复一次后，就旋紧放气阀，再拧紧氧气表螺杆，让低压表指标在 2.5～3.0MPa，停留 1～2min 为止。放松减压阀螺杆，关闭氧气钢瓶阀门，取下采气管。装上螺帽，再次用万用表测量两电极是否通路。

⑤ 取 3000mL 蒸馏水，小心地注入量热器内（勿溅出），再将氧弹放进量热器内。断开变压器点火开关后就可接好点火电路。

⑥ 装好贝克曼温度计，并使水银球位于氧弹 1/2 处。盖好量热计盖子。用手转动搅拌器。检查桨叶是否碰壁。

⑦ 于外套内注入较量热器内的水温约高 0.7℃的水，接通电源，开动搅拌器搅拌 5min，使量热器与周围介质建立起均衡的热交换，然后可以开始记录温度。

⑧ 温度的测定（是关键步骤）：实验中温度的变化可分为三个阶段，即前期、主期和末期。

前期：试样尚未燃烧，在此阶段是观察和记录周围环境与量热体系在测定开始温度下的热交换关系，每隔 1min 读 1 次，共读 6 次。

主期：是试样燃烧并把热量传给量热器的阶段。在前期最末一次读取温度的同时，按电钮点火。每 0.5min 读取温度 1 次，直到温度不再上升并开始下降为止。

末期：在主期读取最后一次温度后，继续读取温度 10 次，作为实验末期温度。每 0.5min 读 1 次，目的是观察在试验终了温度下的热交换关系。读数据准确到 0.001℃。

⑨ 测温停止后，断开电源，从量热器中取出氧弹，慢慢旋松放气阀，使弹内气体放尽后取下弹盖，仔细检查试样燃烧是否完全（如弹中有黑烟或未燃尽的试样微粒，则要重做试验）。

⑩ 蒸馏水洗涤弹内各部分，把洗涤液连同弹内水溶液倒入锥形瓶中，加热微沸 5min，以排除 CO_2，然后用 0.1mol/L NaOH 溶液滴定，至粉红色保持 15s 不变，记下 NaOH 的毫升数。

⑪ 取下贝克曼温度计和搅拌器，用布擦干，将量热器内的水倒出，擦干，将氧弹内外及坩埚擦干，以备再用。

（2）测垃圾的热值　垃圾混合样热值的测量十分困难，一是热值低；二是取样难具代表性；三是样品加工困难，所以，需要经过一系列采样、烘干、磨细等步骤得到有代表性试样。

测定步骤与测 k 值完全一样，只是试样不同。

4. 热值计算

（1）k 值的计算

由式（2-1-8）知

$$k = Q/\Delta t$$

式中，Q 包括苯甲酸放出的热，燃烧丝放出的热，弹内空气中 N_2 氧化的生成热和溶解于水变成硝酸的溶解热；Δt 包括直接观测到的主期始末态温度差和量热计热交换校正系数，故式（2-1-8）可详写如下：

$$k = (W_1 g_1 + L g_2 + 1.43 V_{NaOH})/(t_2 + t_1 \Delta t') \qquad (2\text{-}1\text{-}9)$$

式中　W_1——苯甲酸质量，g；

g_1——苯甲酸热值，J/g；

L——烧掉的燃烧丝长度，cm；

g_2——燃烧丝的发热量，J/cm；

V——NaOH 消耗量，mL；

1.43——换算系数；

t_1——主期初温，℃；

t_2——主期终温，℃；

$\Delta t'$——量热计热交换校正值。

（2）校正值 $\Delta t'$ 的计算

$$\Delta t' = m(V_1 + V_2)/2 + r V_2 \qquad (2\text{-}1\text{-}10)$$

式中　V_1——前期温度平均变化率，℃/0.5min；

V_2——末期温度平均变化率，℃/0.5min；

m——主期快速升温（>0.3℃/0.5min）时间间隔数；

r——主期升温速度（<0.3℃/0.5min）时间间隔数。

（3）垃圾热值的计算

$$g_1 = [k(t_2 + t_1 + \Delta t') - L g_2]/W_1 \qquad (2\text{-}1\text{-}11)$$

式中　g_1——测定垃圾试样热值，J/g；

W_1——垃圾试样质量，g；

其他符号意义与测定结果计算与前两式相同。

5. 注意事项

① 通氧气的连接部分，禁止接触润滑油，以免发生爆炸事故；②接通电源前应检查控制器点火开关是否断开；③坩埚用后必须洗净并除去碳化物；④试样的测定和 k 值测定，应在完全相同的条件下进行。

由于测定过程中较难测得低热值，所以多以高热值计算，但实践中难以利用水蒸气释放出来的潜热，故常以低热值表示垃圾的有关性质。两者的换算关系是：

$$Q_L = Q_H - 600W \qquad (2-1-12)$$

式中　Q_L——低热值，kJ/kg；

　　　Q_H——高热值，kJ/kg；

　　　W——每千克物料燃烧时产生的水量，kg。

当垃圾元素组成或物理组成已知时，也可用经验公式估算垃圾的热值。

1. 经验公式一

$$Q_H = 81C + 300H - 26(O - S) \qquad (2-1-13)$$

$$Q_L = 81C + 300H - 26(O - S) - 6(W + 9H) \qquad (2-1-14)$$

式中　C、H、O、S——垃圾元素组成中碳、氢、氧、硫的质量分数，％；

　　　W——新鲜垃圾含水率，％（质量分数）。

2. 经验公式二

$$Q_L = [4400(1 - a) + 8500a]R - 600W \qquad (2-1-15)$$

式中　R——垃圾中可燃成分含率（质量分数），％；

　　　a——可燃成分中塑料的百分含量，％；

　　　W——垃圾含水率（质量分数），％。

表 2-1-11　城市垃圾热值及元素分析典型值

成　分	惰性残余物（燃烧后）		热值 /(kJ/kg)	质量分数/％				
	范围/％	典型值/％		碳	氢	氧	氮	硫
食品垃圾	2～8	5	4650	48.0	6.4	37.6	2.6	0.4
废纸	4～8	6	16750	43.5	6.0	44.0	0.3	0.2
废纸板	3～6	5	16300	44.0	5.9	44.6	0.3	0.2
废塑料	6～20	10	32570	60.0	7.2	22.8	—	—
破布等	2～4	25	17450	55.0	6.6	31.2	4.6	0.15
废橡胶	8～20	10	23260	78.0	10.0	—	2.0	—
破皮革	8～20	10	17450	60.0	8.0	11.6	10.0	0.4
园林废物	2～6	45	6510	47.8	6.0	38.0	3.4	0.3
废木料	0.6～2	15	18610	49.5	6.0	42.7	0.2	0.1
碎玻璃	6～99	98	140					
罐头盒	90～99	98	700					
非铁金属	90～99	96	—					
铁金属	94～99	98	700					
土、灰、砖	60～80	70	6980	26.3	3.0	2.0	0.5	0.3
城市垃圾			10470					

可以根据表 2-1-11 中各组分热值数据和城市垃圾的组成，确定出混合垃圾的总热值，如表 2-1-12 所列。

表 2-1-12　确定城市垃圾热值的计算表

成　分	数量/kg	热值/(kJ/kg)	总热值/kJ
食品垃圾	15	4650	69750
废纸	40	16750	670000
废纸板	4	16300	65200
废塑料	3	32570	97710
破布等	2	17450	34900
废橡胶	0.5	23260	11630
破皮革	0.5	17450	8725
园林废物	12	6510	78120
废木材	2	18610	37220
碎玻璃	8	140	1120
罐头盒	6	700	4200
非铁金属	1		—
铁金属	2	700	1400
土、灰、砖	4	6980	27920
总计	100		1107895

[**例 2-1-1**]　有 100kg 混合垃圾，其物理组成是食品垃圾 25kg、废纸 40kg、废塑料 13kg、破布 5kg、废木材 2kg、其余为土、灰、砖等。请利用表 2-1-11 数据求混合垃圾热值。

解：

(1) 先求其余灰、土、砖等数量为

$$100-25-40-13-5-2=15 \text{ （kg）}$$

(2) 采用加权公式可求出

$$Q = (25×4650+40×16750+13×32570+5×17450+2×18610+15×6980)/100$$
$$=14388 \text{ （kJ/kg）}$$

三、城市固体废物的生物特性

城市固体废物的生物特性可从两方面分析：①城市固体废物本身所有的生物性质及对环境的影响；②城市固体废物不同组成进行生物处理的性能，即所谓可生化性。

(1) 由于城市垃圾成分的复杂性，尤其包括人畜粪便、生活污水处理后污泥等，所以本身含有机生物体很复杂，其中有不少生物性污染物。城市垃圾中腐化的有机物也含有各种有害的病原微生物，还含有植物虫害、草籽、昆虫和昆虫卵，造成生物污染。

在生活污水污泥与粪便污泥中会发现更多病原细菌、病毒、原生动物及后生动物，尤其是肠道病原生物体。如典型的寄生物有阿米巴溶组织、各种线虫（如蛔虫、钓虫、血吸虫等），尤其是蛔虫卵在污水和污泥中广泛存在。

另外存在真菌生物体，其中的致病菌能在一定条件下传染到人体中引起疾病。

粪便对人体的最危险污染就是生物性污染，未经处理的粪便污染可进入水体，造成水体的生物性污染，有可能引起传染病的爆发流行并能传播多种疾病。

据报道，70%的疾病原因在于粪便没有无害化处理造成给水水体的生物性污染。总之，上述城市垃圾生物性污染对环境及人体健康带来有害影响。因此如何进行生物转化，使之稳定下来并消灭上述致病性生物体具有十分重要意义。

(2) 与废水处理类似，城市垃圾生物处理的可行性和其组成及微生物的生活条件有着密切的联系，即城市垃圾中有机物质的可生物降解性能如何、生物处理过程微生物所要求的环境条件及营养物质是否得到满足都关系到城市垃圾生物处理的可行性。

城市垃圾组成中含大量有机物，它能提供给生物体碳源和能源，是进行生物处理的物质基础。生活于动植物界的有机物大致分为碳水化合物、脂肪、蛋白质。各类物质的生化分解速度及分解产物也有所不同。以对污泥厌氧消化为例：脂肪产气量最大，且产气中甲烷含量很高；蛋白质产气量较少但产气中甲烷含量高，碳水化合物产气量及产气中甲烷含量均较低。但另一方面就分解速度而言，碳水化合物最快，其次是脂肪，蛋白质的分解速度最慢。城市垃圾中碳水化合物含量较多，且主要是纤维素，因其含大量的纸、布、蔬菜等纤维素。碳水化合物中，单糖、二糖类最容易被生物降解。多糖类中，淀粉极易分解，其分子组成为 $(C_6H_{10}O_5)_{100}$；而纤维素较难分解，其分子组成为 $(C_6H_{10}O_5)_{200}$；木质素则更难分解。有研究报道，城市垃圾中淀粉组分较低，一般为 $2\%\sim6\%$，在堆肥化过程中分解速度快、降解彻底。与此相反的是纤维素，它以相当慢的速度被微生物降解。实验结果表明，堆肥化不同阶段纤维素降解率如下：一次发酵中温阶段（反应的时间 $1\sim2d$），降解率 $7\%\sim11.4\%$；高温阶段（反应的时间 $2\sim6d$），降解率 $30.7\%\sim43.2\%$；一次发酵后期到二次发酵初期（反应的时间 $6\sim12d$），降解率 $4\%\sim13\%$。即纤维素的总降解率为 $34.7\%\sim68.2\%$，且高温阶段纤维素降解率占总降解率的 $63.3\%\sim88.5\%$。

总之，明确测定城市垃圾组成，分析其生物处理可行性是选择合理处理工艺的重要步骤，这方面的专门研究尚不多，考察研究工业废水生物处理可行性方法可供借鉴。

1. 测定废水 BOD$_5$ 与 COD 的比值法

通过 BOD$_5$/COD 值的测定，可大体了解废水中可生物降解的那部分有机物占全部有机物的比例。这个比值不能直接代表有机物中可生物降解部分占全部的比例[5]。但在工程实际中，人们一般还经常通过这个比值，去评定工业废水生物处理的可行性。表 2-1-13 中提供的数据可供这种评定时参考。

表 2-1-13 工业废水生物处理可行性的评定参考值

BOD$_5$/COD/%	>45	>30	<30	<25
生物处理的可行性	较好	可以	较难	不宜

上述方法尽管较粗糙，但比较简单实用，可配以下述生物处理可行性实验，更为妥当。

2. 测定微生物的呼吸耗氧过程法

当废水中的底物与微生物接触后，微生物对底物即进行代谢，同时呼吸耗氧。这个呼吸耗氧过程随底物性质而异，反映了底物被氧化分解的规律[6]。如底物主要为可生物降解的有机物，则微生物的呼吸耗氧（以累计值计）过程为一条犹如 BOD 测定的耗氧过程线（见图 2-1-1 中的 a 线）。起始，间隙反应器内有机物浓度高、微生物的呼吸耗氧速率快，随着反应器中尚存的有机物浓度的减少，耗氧速率亦随之减慢，直至最后等于内源呼吸速率。图中 a 线位于内源呼吸过程线（见图 2-1-1 中的 b 线）之上，说明废水中的底物是可以被微生物氧化分解的。如果这两条过程线之间的间距越大，说明该废水的可生物处理性愈好；反之则越差。

上述呼吸耗氧过程线测定中的耗氧累计量，是通过各个观测时段的耗氧量或耗氧速率测定求得的。

测定中一般常用仪器为瓦勃（Warburg）呼吸

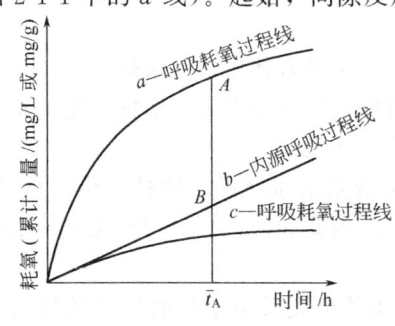

图 2-1-1 微生物垃圾耗氧过程线

仪。呼吸过程的耗氧量可用 mg（O_2）/L 表示。瓦勃呼吸仪原理是：在一定的密闭系统（包括反应瓶和测压计）内，气体量的任何改变表现为压力的改变，此压力可由测压计测得。因此当这个密闭系统内由于微生物的呼吸或发生其他生物化学反应而发生 CO_2 或 O_2 的产耗必然导致系统内的气压变化，通过测压计就可以推知系统的气体产耗量及反应过程。

若城市垃圾可生化性能较好，就可通过不同生物处理达到生物转化，以实现垃圾的无害化，消除对环境的有害影响。

此外，可通过生物转化及其他化学转化方法，将城市垃圾的某些组分转化为有用物质，这是将城市垃圾回收综合利用的重要途径。

各种转化方法可大致归纳为两大类：①化学转化，包括热分解、水解、加氢等（包括热分解回收热能）；②生物化学转化，主要有堆肥化、沼气发酵化，也包括纤维素糖化、蛋白化等微生物处理技术。详细可参见表 2-1-6 的下半部分。

第三节　城市固体废物产量及质量分析

一、城市垃圾产量分析

（一）城市垃圾产量单位及表示法

城市垃圾产量计量单位一般用质量表示，因其易于直接测定，不受压实程度影响，且与运输计量方法一致，使用方便。通常统计某城市或某地区城市垃圾总产量常用下述单位时间的垃圾单位产量表示，即 10^4 t/d、10^4 t/月、10^4 t/a。城市垃圾单位产量用每人每日（年）千克数表示，即 kg/（人·d）或 kg/（人·a）。另外常用的参数是平均年增长率（%）。

（二）城市垃圾产量概况

如前所述，影响城市垃圾产量的变化因素很多，如人口密度、能源结构、地理位置、季节变化、生活习俗（食品结构）、经济状况、废品回收习惯及回收率等。

一般城市垃圾产量与城市工业发展、城市规模、人口增长及居民生活水平的提高成正比。据某些统计资料，世界各国城市垃圾产量 20 世纪 70～80 年代增长较迅速，近年来总体上仍有增长的趋势。比较突出的是美国，20 世纪 80 年代垃圾产量已达（1.35～1.8）× 10^8 t/a。纽约等大城市人均产量达 3.6kg/d。我国目前全国城市垃圾总产生量已接近 1× 10^8 t/a。垃圾单位产量平均已超过 1kg/（人·d）。

发达国家垃圾产量及年增长率见表 2-1-14。

表 2-1-14　发达国家垃圾产量及年增长率

国　名	垃圾总量/（10^4 t/a）	年增长率/%	单位产量/[kg/（人·d）]
美国	160000	3.5	2.39
英国	200	3.2	0.87
日本	11365	5.0	2.46
前苏联	21900	4.1	1.25
法国	1200	2.9	0.75
荷兰	520	3.0	0.57
瑞士	378	2.0	0.66
瑞典	259	2.5	0.82
意大利	2100	3.0	0.59

其他的垃圾产量详细情况如前面垃圾特性中所述。

（三）城市垃圾产生量测定与计算

1. 一般计算法

对整个城市或大面积产量计算时，应当把各种类别的垃圾数量汇总在一起，再按统计人口平均计算。因此如有较准确而可靠的人均日产量数值，就可统计某城市或地区的城市垃圾的总产量，并预测若干年后的城市垃圾的产运量。

2. 载重实测法

如由城市环卫部门负责清运的生活垃圾量可用实测统计法确定，包括：a. 车队实际清运量；b. 各企业单位清运量；c. 街道清扫队清扫量。

以上各部分垃圾最后由环卫部门按日汇总，即得出每日垃圾清运量（清运量一般小于产量）。在日产日清情况下，清运的垃圾量可视作服务范围内的垃圾产量。年清运量是在日清运量基础上汇总统计（$10^4 t/a$），日平均清运量是年清运量按全年日数的平均值（$10^4 t/d$）。在日产日清的区域，城市垃圾单位产量可根据服务人口数计算。即：

垃圾人均日产量$[kg/(人 \cdot d)]$＝垃圾平均日产量$(10^4 t/d)$/服务人口$\times 10^3$

垃圾人均年产量$[kg/(人 \cdot a)]$＝垃圾年产量$(10^4 t/a)$/服务人口$\times 10^3$

3. 载重计数法

载重计数法用于测定垃圾单位产量，是统计一定时间内运出某服务区域的垃圾车数量（每车平均载重为已知），除以该区的服务人口而得。

[**例 2-1-2**] 从下列数据估算有 4000 住户的住宅区垃圾单位产量。统计地点为该区垃圾运站，时间一周。设每户平均 4 人。运入垃圾为：a. 手推车 65 辆次，平均载重 600kg/车；b. 三轮车 50 辆次，平均载重 500kg/车；c. 后装收集车 35 辆次，平均载重 1400kg/车。

解：

垃圾单位产量＝$(65 \times 600 + 50 \times 500 + 35 \times 1400)/(4000 \times 4 \times 7) = 1.01[kg/(人 \cdot d)]$

4. 物料平衡法

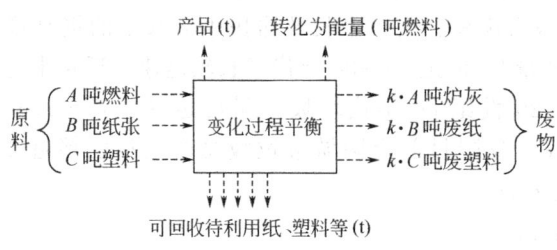

图 2-1-2　原料→废物变化平衡过程

所谓物料平衡法，是把运进某一计算单位的所有生产、生活物品，除去杂品、内部储藏、合理消耗外，确定可能转变为无用废物的数量。企业管理比较严格的工业生产单位可应用物料平衡法进行计算。此种方法计算适合于工厂企业，但十分复杂，一般情况较少使用。

应用此法的过程如图 2-1-2 所示。

用此法进行短期的宏观预测，简便适用，有一定精确度。但必须注意各类物料的流向及统计数据的搜集、处理。

（四）城市垃圾的产量与预测

根据已知的或者利用计算估算的垃圾人均年产量$[kg/(人 \cdot a)]$及其增长率和人口预测数，就可预测计算未来垃圾平均年产量。

推算式如下：

$$W = W_0(1+r)^n \tag{2-1-16}$$

式中　W_0——基准年份（一般为最近年份）的实际产量；

　　　　r——年平均递增率；

　　　　n——预测年份。

用此法计算受一定限制。需要注意：a. 如前提到的实际上年增长率受多种因素影响，往往开始较快，而后速度减慢，不一定呈线性关系变化；b. r 常受到经济增长水平、城市发展与人口变化及城市煤气化率突变性影响；c. 近年来，提倡蔬菜等净菜上市、食品行业包装材料的改革等因素也会影响到垃圾年增长率的降低或大幅度变化。

二、城市垃圾质量分析

城市垃圾的处理方法有多种，如焚烧、堆肥化、卫生填埋等。要有效地进行城市垃圾的技术管理，必须掌握好城市垃圾的特性，建全合理的处理方式。

但是城市垃圾来自城市生活的各个方面，涉及面非常广泛，性质很不稳定，受排放场合、季节、气候特别是收集方式的影响，所以较难掌握。

为了便于了解与掌握城市垃圾的特性，需制定出定量表示方法。

关于城市垃圾的特性，可结合第二篇第一章第一节内容，按其不同品种性质进行分类比较。下面具体说明几种常用方法。

（一）容重分析法

城市垃圾是从城市范围很广的各个地点收集的，城市垃圾的性质和运到处理场所的单位体积重量，即容重值有关系。

设运输车辆容积为 V（m^3），垃圾载重为 W（kg），则容重值可表示为

$$D = W/V (kg/m^3)$$

下面为实测举例，如表 2-1-15 所列。

表 2-1-15　容重（kg/m^3）实测举例

测定值及计算式	所得值
垃圾集装箱容积(m^3) 长×宽×高＝2650mm×1550mm×1500mm	$V＝6.16m^3$
垃圾净重(kg) 总重－箱重＝3900－2460	$W＝1440kg$
容重 $D＝W/V＝1440/6.16$	$D＝234kg/m^3$

一般城市垃圾容重值约为 $200\sim400kg/m^3$，其中厨房垃圾为 $500kg/m^3$，杂物为 $150kg/m^3$ 左右。国内城市垃圾由于纸、塑料等轻组分较少，且含水率偏高，故各相应数值均要比上列数值高。当垃圾作焚烧处理时，垃圾容重常作为垃圾焚烧性能评价指标。见表 2-1-16。

表 2-1-16　垃圾容重和焚烧率关系

容重/(kg/m^3)	100	200	300	400	500
焚烧率/[$kg/(m^2 \cdot h)$]	300	200	100		
感觉划分	良质垃圾	普通垃圾	劣质垃圾		
垃圾分类	高楼垃圾	城市垃圾	餐厅垃圾		
	杂芥	混合垃圾			厨房垃圾

城市垃圾的容重值，受到含水率的影响很大，含水率与发热值亦有相联关系。表 2-1-17

列出了垃圾质量及垃圾产地居民生活水平的重要指标。

表 2-1-17 不同类型国家垃圾性质

国家类型	容重/(kg/m³)	含水率/%	低热值/(kcal/kg)
发达国家	100~150	20~40	1500~2500
中等收入国家	200~400	40~60	一般小于1000
低收入国家	250~500	40~80	低于800

（二）三成分分析法

垃圾的焚烧性能及焚烧状态，不单纯是和容重、水分和热值有关，还与可燃分、灰分及垃圾本身性质有关。考虑到以上各种要素，采用三成分分析法作为表示垃圾质量的另一方法。

表示三种物性组成之间关系常采用等边三角形坐标（可参照物理化学三元相图分析法）。

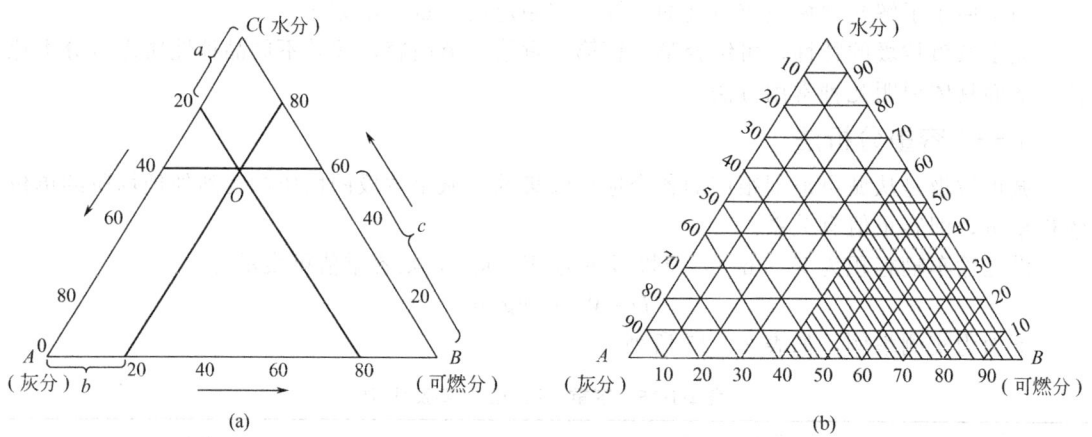

图 2-1-3 垃圾质量的三成分分析法

图 2-1-3 是等边三角形坐标，三角形三顶点分别表示三个物性 A、B、C 的状态。每边代表一个物性体系，由该边联结的两个纯物性所组成。见图 2-1-3（a），图中 A 代表灰分，B 代表可燃分，C 代表水分。将每边分为 100 等份，沿逆时针方向（也有沿顺时针方向的）在三边上标出 A、B、C 三个物性的组成（以质量分数表示），在三角形内任一点代表三物性体系，通过三角形内任一点 O 作平行于各边的平行线，根据几何学原理，平行线各边所截线段 a、b、c 长度之和应等于三角形一边之长，即 $a+b+c=AB=BC=CA=100\%$。

因此，O 点的物性组成可由这些平行线在各边上的截距 a、b、c 来表示。O 点三物体系的含量是：灰分 20%；可燃分 20%；水分 60%。

又如，AB 边中点表示灰分、可燃分各占 50% 的二元组成；BC 边中点表示可燃分、水分各占 50% 的二元组成；CA 边中点表示水分与灰分各占 50% 的二元组成；三角形中心则表示三组成各占 1/3（质量分数）。

图 2-1-3（b）斜线内表示水分 0~60%、灰分 0~60%、可燃分 40%~100% 的垃圾质量范围。

（三）元素分析法

若能掌握可靠的检测手段，亦可用城市垃圾的元素组成分析法作为城市垃圾的质量分析指标。如下所述。

① 主要元素组成数据可用来估算城市垃圾的发热值，为选择垃圾焚烧处理法提供依据。

② 元素组成数据可用于计算城市垃圾好氧生物处理工艺中理论耗氧量，进而确定合适的空气用量。

③ 测定城市垃圾的碳氮比（堆肥化工艺参数之一）可判断城市垃圾堆肥性能好坏。碳氮比一般不随季节变化，以北京市实测 C/N 数据为例，其范围在（10∶1）～（25∶1）之间，要取其平均值作为北京市垃圾典型值，C/N 比为 16.71∶1。

④ 亦可测定城市固体废物中营养元素数据，作为该城市固体废物堆肥产品肥效产品质量参考。表 2-1-18 为城市固体废物中养分含量实例。

表 2-1-18　城市固体废物中养分含量

废物类型	有机碳/%	全氮/%	水解氮/%	全P/%	速效P/(mg/L)	全K/%	缓效K/×10⁻⁶	速效K/×10⁻⁶
城市垃圾	12.98	0.41	22.5	0.144	99.4	1.49	380	1170
淤泥	8.07							
河中污泥	>15			0.8～0.9				
纯煤炭	—	0.15	5.4	0.18	30.0	1.67	580	360

⑤ 城市垃圾有害成分（重金属元素）的测定数据可作为无害化要求及环境影响评价的参考。

（四）物理组成分析法

垃圾亦可按照其构成如纸屑、金属、砂土等的质量比来表示垃圾的品种质量。其方法是用四分法采样，经干燥及风干后，将垃圾置入 80℃ 的保温槽内静置 3～4d，使其充分干燥，再放置空气中 5～6d，令其风干并与大气中的湿度平衡，然后分类称量。

采用物理组成分析法表示垃圾的品种质量，需要相当的工作时间。如果在现场想知道垃圾品种质量的概要，可将生活垃圾就地由人工分选后分类称量，但此法常因水分不稳定而不精确，仅适于工地使用。

参 考 文 献

[1] [日] 废弃物学会. 废弃物手册. 金东振译. 北京：科学出版社，2004.
[2] 赵由才. 生活垃圾处理与资源化技术手册. 北京：冶金工业出版社，2007.
[3] CJ/T 3039—95 城市生活垃圾采样和物理分析方法.
[4] 龚鉴尧. 抽样法浅说. 北京：中国财政经济出版社，1987.
[5] 环境科学编辑组. 环境工程学. 北京：中国大百科全书出版社，1984.
[6] 田禹，王树涛，等. 水污染控制工程. 北京：化学工业出版社，2011.

第二章

工业固体废物的来源、类型及性质

第一节 工业固体废物的来源及一般特性

一、工业固体废物分类

根据原国家环境保护总局污染控制司编制的《固体废物申报登记工作指南》，我国将工业固体废物按产生源和主要污染物划分为 77 类，见表 2-2-1。

表 2-2-1 固体废物名称和类别编号（类码）对应表[1]

类码	固体废物类别	说 明	废物名称（举例）
01	医院废物	从医院、医疗中心和诊所的 QD 医疗服务中产生的临床废物、医疗废物、化验废物、医院垃圾等	如废医用塑料制品、玻璃器皿、针管玻璃器皿、针管、有毒棉球、废敷料等
02	医药废物	从药物的生产和制作中产生的废物（不含中药类废物），包括化学药品原药制造中产生的各种残渣、废催化剂、各种废母液	如甲苯残渣、丁酯残渣、苯乙胺残渣、废铜催化剂、菌丝体、硼泥、废甲苯母液、氯化残渣
03	废药品（药物）	过期报废的药物和药品	如道诺霉素、磺胺
04	药和除草剂废物	从生物杀伤剂和植物药品生产和使用中产生的废物，包括杀虫剂、杀菌剂、除草剂、植物生物刺激素、农药、杀鼠剂产生的废物	如磷泥、砒霜、五氯酚、氟乐灵、酚醛渣、呋喃丹、黑药渣、甲苯残渣、异丁基萘废渣
05	含木材防腐剂废物	从木材防腐化学品的制造、配制和使用中产生的废物，木材防腐处理过程中产生的底部沉积污泥	如木馏油（杂酚油）、氯苯酚萘、蒽、苯并[a]芘等
06	含有机溶剂废物	从有机溶剂的生产、配制和使用中（如作清洗剂、原材料、载体）产生的废物	如废矾催化剂、甲乙酮残留物、甲基溶纤剂残物、铝催化剂等
07	含氰热处理中产生的废物	从含有氰化物的热处理和退火作业中产生的废物	如热处理氰渣、含氰污泥、热处理渗碳氰渣等
08	废矿物油	不适合原来用途的废矿物油（包括石油开采及其他工业部门产生的油泥和油脚）	如贮罐废矿物油泥、废润滑油、废机油、废柴油、船舱底泥、废液压油、废切削油等
09	废乳化液	在工业生产、金属切削、金属洗涤、皮革、纺织印染、农药乳化等产生的油/水或烃/水混合乳化物	如油水废清洗剂、废切削乳化油、含乳化剂废液、烃水混合废液等
10	含多氯联苯废物	含有沾染多氯联苯（PCB）、多氯三联苯（PCT）、多溴联苯（PPB）的废物质和废物品	如废 PCB 变压器油、废 PCB 电容器油、PCB 污染土壤、PCB 污染残渣、含 PCB 废溶剂和废染料等
11	精（蒸）馏残渣	从精炼、蒸馏和任何热解处理中产生的废焦油状残留物	如沥青渣、焦油渣、酸焦油、酚渣、蒸馏釜残渣、双乙烯酮残渣、甲苯渣、液化石油气残液等

续表

类码	废物类别	说　　明	废物名称（举例）
12	废油漆（颜料、涂料）	从油墨、染料、颜料、真漆、罩光漆的生产、配制和使用中产生的废渣、废溶剂、废涂料等废物	如浸漆槽渣、脂肪酸皂液、二甲苯溶剂、废油漆、硝基物、皂脚、废涂料等
13	有机树脂类废物	从树脂、乳胶、增塑剂、胶水、胶合剂的生产、配制和使用过程中产生的废物	如不饱和树脂渣、二乙醇残渣、聚合树脂、古泥酸废液、含酚废液、聚酯低沸物、废胶渣、环氧树脂废物等
14	新化学品废物	从研究和发展教学活动中产生的尚未鉴定的或新的并对人类和环境的影响未明的化学废物	研制新化学品废物
15	易爆废物	在常温、常压下或加热和有引发源时，或在机械冲击时容易发生爆炸的废物	如废火药、雷汞废渣、硝化甘油废液、易爆易燃化学品、废雷管、引火索等
16	感光材料废物	从摄影化学品和加工材料的生产、配制和使用光刻胶及其配套化学品（如添加剂、显影剂、增感剂溶剂）中产生的废物	如感光乳液、废显影液、落地药粉、废胶片头、负型光刻胶药剂、正型感光废液等
17	表面处理废物	从金属和塑料表面处理工业或工艺过程（如电镀、酸洗、氧化、磷化、抛光、镀层、喷涂、着色、发黑等）中产生的废物	如电镀镍渣、电镀渣、磷化渣、酸表面处理渣、抛光粉尘、亚硝酸钠废液、氧化槽渣、发黑槽渣等
18	焚烧处理残渣	从工业废物焚烧处置作业中产生的残余物	焚烧残渣
19	含金属羰基化合物废物	在金属羰基化合物制造以及使用过程中产生的含有羰基化合物成分的废物	如四羰基镍废物、五羰基铁废物、八羰基钴废物、羰基磷废物、羰基物容器废物等
20	含铍废物	在冶炼、生产和使用中产生的含铍和铍化合物废物。	如卤化铍废物、碲化铍废物、含铍粉尘、硫酸铍废物、硒化铍废物等
21	含铬废物	在冶炼、电镀、鞣料、染色剂生产和使用过程中产生的含有六价铬化合物的废渣和废液	如电镀含铬污泥、铬渣、含铬铝泥、含铬酸泥、含铬芒硝渣、含铬硫酸氢钠
22	含铜废物	在冶炼、生产、使用过程中产生的含铜化合物废物（不包括金属铜）	如冰铜渣、镀铜渣、铜泥、铜灰、含铜锌泥、含铜镍泥、铜锌铝催化剂等
23	含锌废物	在冶炼、生产、使用过程中产生的含锌化合物废物（不包括金属锌）	如氧化锌渣、锌污泥、锌灰、镀灰、镀锌液、锌槽液、氧化锌粉、含锌废料、蒸馏残渣等
24	含砷废物	在冶炼、生产、使用过程中产生的含砷及砷化合物废物	如砷钙渣、砷碲污泥、含脱砷剂废物、含砷酸泥、砷铁渣、高砷烟尘、阳极砷泥等
25	含硒废物	在冶炼、生产、使用过程中产生的含硒及硒化合物废物	含硒酸废物、含氧化硒废液、硒化铍废物、含亚硒酸废液、含硒脲废物等
26	含镉废物	在冶炼、生产、使用过程中产生的含镉及镉化合物废物	如镉锌渣、镉渣、镉液、镉泥等
27	含锑废物	在冶炼、生产、使用过程中产生的含锑及锑化合物废物	如含锑浮选尾矿、砷锑钙渣、湿法冶炼污泥、含锑化镓废物、含锑化铟废物、含硫化锑废物等
28	含碲废物	在冶炼、生产、使用过程中产生的含碲及碲化合物废物	如含碲尾矿、碲渣、废碲酸等
29	含汞废物	在冶炼、生产、使用过程中产生的含汞及汞化合物废物	如汞催化剂、硫化汞渣、含汞废活性炭、含汞垃圾、含汞污泥、有机汞废物等
30	含铊废物	在冶炼、生产、使用过程中产生的含铊及铊化合物废物	如炼锌含铊渣、含铊烟灰等
31	含铅废物	在冶炼、生产、使用过程中产生的含铅及碲铅化合物废物	如铅铜电镀废液、熔炼铅渣、电解铅泥、含铅铁渣、烟道铅尘、含铅污泥、含铅陶瓷废料、废铅蓄电池等

类码	废物类别	说　明	废物名称(举例)
32	无机氟化物废物	在冶炼及加工中产生的氟化合物废物(不含氟化钙)	如废氢氟酸、氟磷酸钙、磷石膏、氟化物盐废物等
33	无机氰化物废物	除含氰化合物处理废渣以外的无机氰化物废物	如电镀氰泥、提金废渣、含氰锰泥、含氰废液、废氢氰酸、电镀氰液等
34	废酸和固态酸	包括废酸、固态酸和酸渣	如废硫酸、废磷酸、废硝酸、废氢氟酸、废盐酸、氟硅酸、废有机酸、废铬酸、废硅酸、酸污泥、酸性废物、酸厂排污
35	废碱和固态碱	包括碱溶液和固态碱(碱渣、碱泥、碱液)	如废碱渣、盐泥、废碱液、碱性废物、碱清洗剂
36	石棉废物(尘和纤维)	包括石棉尘和石棉纤维废物	如石棉粉末、废隔热材料、废石棉隔板、石棉纤维废物、石棉绒、废石棉水泥
37	有机磷化合物废物	除农药以外的有机磷化合物废物	如三氯氧磷渣、含磷洗衣粉渣、甲拌磷、含磷有机物废渣、二硫代磷酸酯废液、硫代磷酸盐废渣
38	有机氰化合物废物	有机氰化合物废物的废液、废渣	如偶氮二异丁腈废液、乙腈废液、二甲氨基乙腈废液、丙烯腈废液、丙酮氰醇渣、废氰乙酸
39	含酚废物	含酚化合物(不包括氰酚类)废物	如酚类渣、含酚活性炭渣、废氯酚渣、含酚油泥、苯酚蒸馏残渣、含酚粉尘、焦化酚类残渣
40	含醚废物	在生产、配制和使用中产生的含醚废物	如有机合成残液、废含醚溶液、废醚乳剂、废醚溶剂
41	卤化有机溶剂废物	在工业、商业、家庭应用中产生的卤化有机溶剂废物	如废四氯化碳、全氯乙烯、三氯乙烯、废三氯甲烷、废五氯苯、废氯苯、废溴仿
42	有机溶剂废物	在工业、商业、家庭应用中产生的除卤化有机溶剂以外的有机溶剂废物	如废汽油、煤油、酯、废环烷酸、白酒精、废脱硫剂、废苯液、废甲醇液、废丙酮、废硝基苯液
43	含多氯苯并呋喃类废物	含任何多氯苯并呋喃同系物的废物	如含呋喃类药残渣、糠醛废渣、含吡啶焦化渣、含多氯二苯并呋喃类废渣
44	含多氯苯并二噁英类废物	含多氯苯并二噁英同系物的废物	如含甲氯苯并二噁英废物、含氯苯并二噁英废物、含六氯苯并二噁英废物
45	含有机卤化物废物	不包括39、41、43、44所列的有机卤化合物	如含有机卤化物废物、含对氯氰苄废物、含乙酸废物、含三氯乙酸废物、固体有机卤化物残渣
46	含镍废物	仅指含有镍化合物的废物(包括废液和污泥),不包括金属镍	
47	含钡废物	仅指含有钡化合物的废物(包括废液和污泥)	
51	含钙废物	包括电石渣、废石、造纸白泥、氧化钙等废物	
52	硼泥		
53	赤泥		
54	盐泥	从炼铝中产生的废物	
55	金属氧化物废物	铁、镁、铝等金属氧化物废物(包括铁泥)	
56	无机废水污泥	指含无机污染物质废水经处理后产生的污泥,但不包括本表中已提到过的污泥	
57	有机废水污泥	指含有机污染物废水经处理后产生的污泥,包括城市污水处理厂的生化活性污泥	

续表

类码	废物类别	说　明	废物名称(举例)
58	动物残渣	指动物(如鱼肉等)加工后的残余物	
59	粮食及食品加工废物	指粮食及食品加工中产生的废物(如造酒业中的酒糟、豆渣、食品罐头制造业的皮叶、茎等残物)	
60	皮革废物	包括皮革鞣制、皮革加工及其制品的废物	
61	废塑料	在塑料生产、加工和使用过程中产生的废物	
62	废橡胶		
63	中药残渣	从中药生产中产生的残渣类废物	
71	粉煤灰		
72	锅炉渣(煤渣)		
73	高炉渣	包括炼铁和化铁冲天炉产生的废渣	
74	钢渣		
75	煤矸石		
76	尾矿		
81	冶炼废物	指金属冶炼(干法和湿法)过程中产生的废物,不包括本表中已提到的钢渣、高炉渣和含有色金属化合物的废物	
82	有色金属废物	仅指各种有色金属,如铜、铝、锌、锡等金属在机械加工时产生的屑、灰和边脚废料	
83	矿物型废物	包括铸造型砂、金刚砂等矿物型废物	
84	工业粉尘	指以各种除尘设施收集的工业粉尘	
85	黑色金属废物		
86	工业垃圾		
99	其他废物	指不能与本表中上述各类对应的其他废物	

注：表中为73类物质，其余未给出。

1998年1月4日由原国家环境保护总局、国家经济贸易委员会、对外贸易经济合作部、公安部联合颁布，并于1998年7月1日起实施的《国家危险废物名录》规定了47类废物属于危险废物，2009年《国家危险废物名录》中由47类增加至49类。

二、工业固体废物产生、贮存与排放方式

1. 产生方式

工业固体废物的产生，根据生产工艺和废物形态有连续产生、定期批量产生、一次性产生和事故性排放等多种方式。

（1）连续产生　固体废物在整个生产过程中连续不断地产生出来，通过输送泵站和管道、传送带等排出，如热电厂粉煤灰浆、冶炼厂瓦斯泥、磁选尾矿浆、煤矸石等。这类废物在产生过程中，物理性质相对稳定，化学性质则有时呈现周期性变化。

（2）定期批量产生　固体废物在某一相对固定的时间段内（如一个生产班次、数日或数月）分批产生，如冶炼渣、食品加工废物、铸造型砂、电镀废液和污泥、废溶剂等。这是

比较常见的废物产生方式，通常定期批量产生的废物，批量（质量或体积）大体相等。同批产生的废物，物理化学性质相近，但批间有可能存在着较大的差异。

（3）一次性产生　多指产品更新或设备检修时产生废物的方式，如废催化剂、废吸附剂、设备检修或清洗废物等。这类废物的产生量大小不等，有时常混杂有相当数量的车间清扫废物和生活垃圾等，所以组成成分复杂，污染物含量变化无规律。

（4）事故性排放　因突发性事故或因停水、停电使生产过程被迫中断而产生报废原料和产品等废物。这类废物的污染物含量通常较高。

2. 贮存方式

（1）件装容器贮存　以这种方式贮存的废物，一般是产生批量不大的粉末状、泥状或液态废物，如废活性炭、工业粉尘、废油和废溶剂等，贮存容器有筒、罐、箱、槽、编织袋等多种形式。件装容器贮存的废物，因产生的时间和批次不同，各容器间废物中污染物含量存在差异。另外，容器在搬运过程中因震动、颠簸作用，会使所盛装废物发生物理分层现象（液态废物长期静置也会出现物理分层现象），从而造成污染物含量在容器内部呈现梯次变化。

（2）散状堆积贮存　以这种方式贮存的废物，大多是产生批量较大或一次性产生的固态不规则块、粒状废物，如尾矿、锅炉渣、冶炼渣、煤矸石等。有时可见到多批产生的废物堆倒在一起，形成一个散状堆积废物场。散状堆积贮存的废物，因堆倒方式和风吹雨淋，使废物堆出现粒径分布偏析，污染物含量分布也随之发生偏析。

（3）池（坑、塘）贮存　以这种方式贮存的废物大多是浆状废物和废水处理污泥，尾矿库、贮灰场、乙炔生产厂产生的电石渣、产生量较大的废酸碱等也多用此类贮存方式。以这种方式贮存的废物一般贮存时间较长，水分通过蒸发和下渗使废物得以干燥。在贮存过程中，因沉降作用，贮池中的废物颗粒的纵向分布呈下粗上细；而当贮池内多次排入废物时（这种情况比较普遍），废物颗粒的纵向分布则表现出多个层次。当废物的排入口在池的一端时，废物颗粒的水平分布为由粗到细的梯次变化。因此，池（坑、塘）贮存的废物中污染物含量一般表现出规律性变化。

3. 排放方式

固体废物的排放方式与产生方式相同，有连续排放（如连续产生的废液直接排入下水管道）、定期清运排放和集中一次性排放等。在清运中有散装在大、小车辆运出或装入容器中运出的方式，也有混入生活垃圾排出厂外的。定期清运废物的运输工具和包装容器相对固定，批次和批量变化不大。而一次性清运时，则往往出现有两种情况，即有可能是清运一次性产生的大批量的废物，也有可能是清运日常贮存的小批量多种废物，清运的运输工具和包装容器以及清运的批量参差不一，此时的废物种类和污染物含量均很复杂。

排放到环境中的废物，多数呈散状堆积状态，并且是数种废物的混合物。

三、工业固体废物形态与污染物特征

1. 固体废物形态

一般工业固体废物的物理形态有固态（如锅炉渣等）和半固态（如废水处理污泥），以固态为主。危险废物的物理形态，根据《中华人民共和国固体废物污染环境防治法》（以下简称《固体法》）则有固态（如石棉废物）、半固态（如精蒸馏残渣）和液态（如废酸、废碱等），并且液态废物所占比例较大。以北京地区为例，1992 年所产生的危险废物中，固态、半固态和液态废物所占比例分别为 30.01%、9.73% 和 60.26%。

2. 污染物含量特征

很明显，不同工业产品在生产过程中所产生的固体废物类别和主要污染物种类因所使用的原辅材料而不同；但相同工业产品的生产，因生产工艺和原辅材料的产地不同，主要污染物含量也存在着差异。同时还可以看到，即使是同一工业产品、相同生产工艺和原辅材料，但因生产工况条件和员工实际操作的变化，所产生的固体废物中污染物的含量也不是恒定的，见表2-2-2～表2-2-4。

表 2-2-2 我国部分铬渣中六价铬含量

铬渣名称	样本数	Cr^{6+} 含量范围/%	平均值/%	标准差/%
含铬铝泥	37	0.10～23.95	5.71	6.15
含铬芒硝	39	0.05～7.00	0.85	1.31
含铬硫酸氢钠	17	0.10～8.22	2.20	2.00

表 2-2-3 北京地区部分工业固体废物浸出毒性检验结果　　　　单位：mg/L

废物名称	样本数	Cu	Zn	Ni	As	Cr^{6+}	CN^-	Ba
炼金尾砂	4	2.20～51.5	3.20～42.5		0.10～0.53		2.60～95.0	
电镀污泥	5	0.75～325	0.91～351	1.80～52.7		0.08～305		
中和泥	5	0.60～16.2	0.28～5.68	0.70～6.10		0.004～0.544		
氯化钡渣	7							$10^3～10^4$

表 2-2-4 某厂每日所产生镉渣的含量分析结果　　　　单位：mg/kg

日 期	镉含量	日 期	镉含量	日 期	镉含量
1	3.46	11	2.50	21	2.98
2	2.50	12	3.99	22	3.25
3	2.40	13	4.55	23	3.15
4	4.55	14	2.50	24	3.00
5	3.33	15	4.00	25	4.50
6	3.25	16	3.50	26	4.35
7	4.25	17	2.50	27	2.60
8	2.50	18	4.55	28	2.75
9	3.50	19	4.50	29	3.40
10	4.50	20	3.50	30	2.90

由表2-2-4可见，某厂30天内所产生镉渣中镉含量范围为2.40～4.55mg/kg，平均值为3.62mg/kg，相对偏差在−33.7%～+25.7%之间。

3. 浸出液中污染物浓度概率分布类型

表2-2-5、表2-2-6是分别利用简单随机采样法和分层随机采样法对不同排放与贮存方式的废水处理污泥采样并进行浸出液中重金属元素浓度概率分布类型检验的结果，表2-2-7是利用系统随机采样法对炼金尾矿砂采样并进行浸出液中重金属元素浓度概率分布类型检验的结果。表2-2-8是污泥中重金属元素含量浓度概率分布类型检验的结果。上述检验结果表明，固体废物中污染物含量和浸出液中多数重金属元素浓度的概率分布类型为正态分布或对数正态分布类型。

表 2-2-5 污泥浸出液中重金属元素浓度概率分布类型检验（简单随机采样法）

产生与贮存方式	样品数	污染物名称	W 值		$W_{0.10}$	$W_{0.05}$	分布类型
			$W_{正态}$	$W_{对数正态}$			
管道连续排放	12	Zn	0.935		0.805		正态分布
		Mn	0.939				正态分布
		Ni	0.858				正态分布
		Cu	0.842				正态分布
污泥池贮存	24	Zn	0.918		0.884	0.916	正态分布
		Mn	0.902				正态分布
		Ni	0.904				正态分布
		Cu	0.792	0.889			对数正态分布
同批产生污泥	13	Cu	0.908		0.866		正态分布
		Cd	0.892				正态分布
		Ni	0.880				正态分布
多批量产生污泥	20	Cu	0.764	0.894	0.868	0.905	对数正态分布
		Cd	0.766	0.773			
		Ni	0.854	0.852			

表 2-2-6 污泥浸出液中重金属元素浓度概率分布类型检验（分层随机采样法）（n＝20）

污染物名称	W 值		$W_{0.10}$	$W_{0.05}$	分布类型
	$W_{正态}$	$W_{对数正态}$			
Cu	0.328	0.672	0.868	0.905	正态分布
Pb	0.942				对数正态分布
Zn	0.650	0.888			正态分布
Cd	0.946				近似对数正态分布
Mn	0.522	0.852			
Ni	0.256	0.760			
Cr^{6+}	0.725	0.910			对数正态分布

表 2-2-7 炼金尾矿砂浸出液中重金属元素浓度概率分布类型检验（系统随机采样法）（n＝17）

污染物名称	W 值		$W_{0.10}$	$W_{0.05}$	分布类型
	$W_{正态}$	$W_{对数正态}$			
Cu	0.906		0.851	0.897	正态分布
Pb	0.973				正态分布
Zn	0.931				正态分布
Cd	0.679	0.929			对数正态分布
Ni	0.904				正态分布
As	0.927				正态分布
Cr^{6+}	0.732	0.922			对数正态分布

表 2-2-8 污泥中重金属元素含量概率分布类型检验　　　　　　　　（n＝20）

污染物名称	W 值		$W_{0.10}$	$W_{0.05}$	分布类型
	$W_{正态}$	$W_{对数正态}$			
Cu	0.896		0.868	0.905	正态分布
Pb	0.912				正态分布
Zn	0.944				正态分布
Cd	0.976				正态分布
Ni	0.939				正态分布
Mn	0.944				正态分布
Cr	0.795	0.861			近似对数正态分布

第二节 工业固体废物的类型

一、矿山固体废物

（一）废物的来源

金属矿山的产品，一种是由矿床中直接开采出来的合格矿石；另一种是精矿，它是由低品位矿石通过破碎、磨矿、分选、富集而生产出来的。我国大多数金属矿山资源的品位较低，必须经过破碎、磨矿和分选等多道工序，分选出含有用金属的精矿后，便排弃出尾矿，这就是选矿过程中的固体废物。矿山固体废物主要是指各类矿山在开采过程中所产生的剥离物和废石，以及在选矿过程中所排弃的尾矿[2]。

有色金属矿石的金属含量一般的品位都较低，因而开采矿石统统都要经过选矿，才能得到高品位的各种金属精矿粉。在选矿过程中，又将排弃掉大量的尾矿，特别是随着矿产资源利用程度的提高，矿石的可开采品位相应降低，

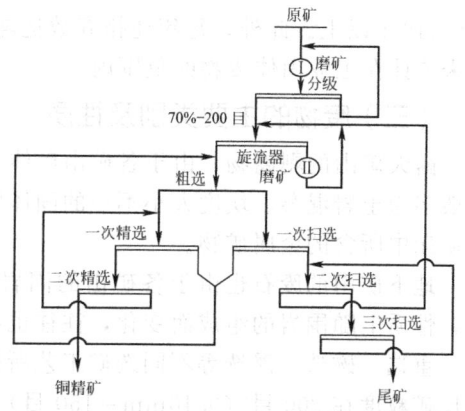

图 2-2-1 吉林某铜矿浮选流程示意

从而使尾矿量激增。选矿工艺以矿石采用两段磨矿、一次浮选的工艺流程为例，其工艺流程如图 2-2-1 所示。在原矿磨矿、粗选矿后，再经过两次精选可得到的铜品位为 25%～26% 的铜精矿，最后再经三次扫选即排弃出固体废物——尾矿。

（二）废物的产生量

矿石的开采方法有露天开采和地下开采两种。

露天矿山的开采，需要事先剥离矿体上方和周围大量的土岩，以揭露出矿体供开采矿石。剥离土岩的过程称作剥离工程，所剥离下来的土岩称为剥离物。通常露天开采对土岩的剥离量，有一个经济合理剥采比的限度，如表 2-2-9 所列。

表 2-2-9　露天开采的经济合理剥采比　　　　　　　单位：m³/m³

矿体类型	大型矿山	中型矿山	小型矿山
铁矿、锰矿、重有色金属矿	≤8～10	≤6～8	≤5～6
石灰石、白云石、硅石	≤1.5	≤1.5	≤1.0
铝土矿、黏土		13～16	

对大型露天有色金属矿来说，每采出 1m³ 矿石需要剥离掉 8～10m³ 的剥离物（土岩），而每采出 1m³ 铝土矿，甚至需要剥离 13～16m³ 的土岩。而且，当剥离工作接近矿体时，剥离物中往往会夹带有部分矿石，造成矿石的损失，降低矿石开采的回采量。同时留下的一些未能剥离的土岩，又会掺合到矿石中而使开采的矿石品位贫化，降低矿石的品质。

地下开采矿石，事先需要探矿、开拓、切割等各类井巷掘进工程，以弄清矿体情况，并通过矿体开采矿石。这些开凿工程，如在围眼帘中进行都将产生出一定数量的废石。按一般 10^4t 矿石的掘进量为 800m 左右计算，则开采每吨矿石的掘进量为 0.08m，开凿标准的井巷，其断面规格为 4m×4m，则在围岩中掘进，每掘进 1m 井巷排除石渣约 1.6m³，即每开

采 1t 矿石排出的石渣为 3.6t。这些废石主要由各种大小不同块度的岩石组成。当掘进工程接近矿体时，往往在掘进废石中也会掺入一些含有金属成分的矿石使矿石量受损失。同时，在开采矿石中也还会采下一些废石使矿石受到贫化。

我国的有色金属资源贫矿较多，品位低，目前的生产技术水平不高等原因，使单位产品产量的固体废物产生量大。一般大中型露天矿山年剥离量都在数百万吨，地下采矿井巷工程每年要产生数十万吨以上的废石；在选矿作业中每选出 1t 精矿，平均要产出几十吨或上百吨的尾矿，有的甚至要产出几千吨尾矿；每冶炼出 1t 金属也要产生数吨的冶炼渣。

因此，我国尾矿产生量很大，在工业固体废物产生量中占 30% 以上，最近几年一直在 1.8×10^8 t 以上。此外，每年还排弃数亿吨的露天矿山开采剥离物和地下采矿废石等，这些都未统计在工业固体废物的范围内。

（三）废物的主要类别及性质

露天矿山的剥离物，由于各矿山矿体上方的覆盖物不同，而在组成和性质上都有差异，一般多为土岩混杂、块度大小不一的固体废物，其性质随围岩的性质而变化，而且往往还含有矿床中所含的金属矿物。

地下矿山的废石也由于各矿山的围岩情况的不同而有所变化，形态上是大小不同的石块，性质上随围岩的组成而变化，往往也会含有矿体中所含的金属矿物。

重选、磁选、浮选等不同选矿工艺所排弃尾矿的粒度是有差别的，一般情况各种选矿方法尾矿粒度在 200 目（0.10mm＝150 目）以下所占的比重情况分别是：

<0.074mm（200 目）占 10%～60%

<0.074mm 占 50%～70%

<0.074mm 占 40%～80%

有色金属的尾矿一般由矿石、脉石及围岩中所含矿物组成，以脉石为主，其主要化学成分为 SiO_2、CaO、MgO、Fe_2O_3、K_2O、Na_2O 等。各种化学成分所占的百分比与矿石、脉石和围岩的矿物组成相关。现将几种不同脉石尾矿的化学成分列于表 2-2-10 ～表 2-2-12 中。

表 2-2-10　脉石矿物以长石、石英为主的矿山尾矿的化学成分

矿山名称	脉石矿物	尾矿化学成分/%							
		SiO_2	Al_2O_3	CaO	MgO	K_2O	Na_2O	Fe_2O_3	Fe
江西某稀有矿	钠、钾长石、石英	72.6	14.1	1.84	0.056	1.90	4.70		0.543
湖北某稀有矿	长石、石英	80	11.5	0.05	0.12	4.40	3.00	0.12	

表 2-2-11　脉石矿物以方解石为主的矿山尾矿的化学成分

矿山名称	脉石矿物	尾矿化学成分/%					
		MgO	K_2O	Na_2O	Fe	S	烧失量
凡　口	方解石	2.79			4.97	4.72	2.27
水口山	绿泥石	0.83				10.67	10.74
黄沙坪					0.26	2.45	

表 2-2-12　脉石矿物较复杂的矿山尾矿的化学成分

矿山名称	脉石矿物	尾矿化学成分/%							
		SiO_2	Al_2O_3	CaO	MgO	TiO_2	Cr_2O_3	Fe	S
铜官山	石榴石、透辉石	39.22	5.03	15.45	3.82	0.292	0.005	18.66	2.55
攀枝花	磷灰石	34.57	13.26	7.41	11.64	9.82		13.23	1.16
886 矿	辉石、滑石	33.67	1.33	1.19			0.52	11.25	1.7

二、冶金固体废物

（一）废物的来源

冶金固体废物主要包括高炉渣、钢渣、轧钢、铁合金渣、烧结、有色金属冶炼以及铝工业固体废物等[3]。

1. 炼铁固体废物

高炉炼铁过程中产生的固体废物主要有高炉渣，其次是经煤气净化塔净化下来的尘泥及原料场、出铁场收集的粉尘。

高炉冶炼生铁时，从炉顶加入的原料中除主要原料铁矿石和燃料（焦炭）外，还要加入助熔剂。因为大部分铁矿石中的脉石主要由酸性氧化物 SiO_2、Al_2O_3 等组成，它们熔化所需温度极高，炼铁的高炉温度很难将其熔化。为此，必须加入适量的助熔剂，如石灰石或白云石，使它们生成低熔点共熔化合物，这些化合物连同被熔蚀的炉衬一起构成流动性良好的非金属渣。由于渣比铁水轻而浮在铁水上面，从高炉的出渣口排出炉外。高炉炼铁工艺流程如图 2-2-2 所示。

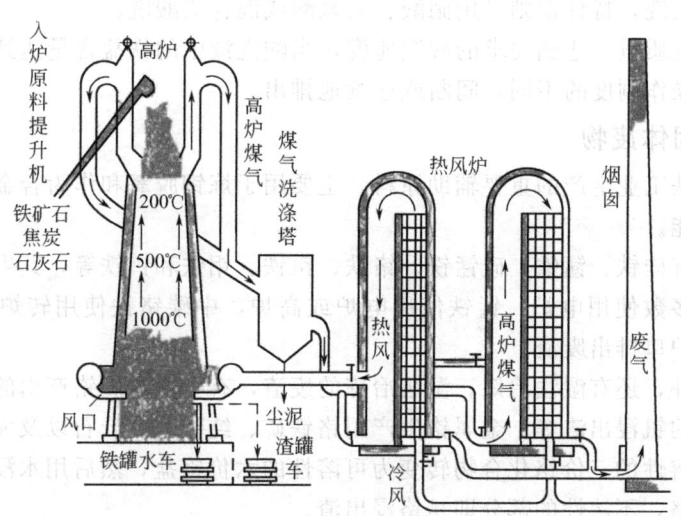

图 2-2-2　高炉炼铁工艺流程

2. 炼钢固体废物

炼钢是利用空气中的氧或氧气来氧化炉料（一般主要是生铁）所含的碳、硅、锰、磷等，这些元素被氧化后，有的在高温下与熔剂（主要是石灰石）起反应，形成炉渣。有的形成烟尘，经烟尘净化系统排出，留下的是钢水。

炼钢厂产出的固体废物，主要是钢渣、化铁炉渣和净化系统收集的含铁尘泥，以及少量的残铁、残钢、残渣、废耐火材料等。

钢渣就是炼钢过程所排出的熔渣。一般来说，熔渣的组成主要来源于铁水与废钢中所含铝、硅、锰、磷、硫、钒、铬、铁等元素氧化后形成的氧化物；金属料带入的泥砂等；加入的造渣剂，如石灰石、萤石等；作氧化剂或冷却剂使用的铁矿石、烧结矿、氧化铁皮等；侵蚀下来的炼钢炉炉衬材料；脱氧用合金的脱氧产物和熔渣的脱硫产物等。

当前，我国采用的炼钢方法主要有转炉、平炉和电炉炼钢。按炼钢方法分，可分为钢渣分转炉钢渣、平炉钢渣和电炉钢渣；按不同生产阶段分，可分为炼钢渣、浇铸渣与喷溅渣。

在炼钢渣中，平炉炼钢又分初期渣与末期渣（包括精炼渣与出钢渣），电炉炼钢分氧化渣与还原渣；按熔渣性质分，可分为碱性渣、酸性渣等。

3. 轧钢固体废物

炼钢厂生产的钢水，可以浇铸成钢锭，再经初轧、开坯轧机轧成坯料，或直接通过连铸机铸成坯料后，由成品轧机生产热轧钢材。某些热轧成品再经冷轧，可以得到冷轧产品。

钢锭或钢坯经热炉或加热炉加热后，进行热轧。在炉内，沿着轧制线，将产生大量的热轧氧化铁皮。

轧钢厂的固体废物，除上述主要由热轧厂产生的氧化铁皮外，还有用来清除钢材表面氧化铁皮时产生的硫酸、盐酸及氢氟酸、硝酸酸洗废液。

热轧产品在出厂前，为了暴露表面缺陷，提高表面质量，需要清除氧化铁皮，以热轧钢材为原料，进行冷轧、冷拔等冷加工前，为了防止轧辊损伤，影响钢材表面光洁度，以及钢材在镀层前，为保证镀层质量，也需要清除氧化铁皮。

清除氧化铁皮的方法有机械法和化学法两种。前者有抛丸法和利用钢材与氧化铁皮可塑性的不同而采用的拉伸矫直或平整法。化学法主要是对钢材进行酸洗的方法。其中，普通钢常用硫酸或盐酸酸洗，特种钢则多用硝酸、氢氟酸或混合酸酸洗。

为了保证酸洗质量，达到要求的酸洗速度，当酸洗液中的铁盐含量达到一定浓度后，就成为废酸，根据操作制度的不同，间断或连续地排出。

4. 铁合金固体废物

铁合金是钢铁工业生产的重要辅助原料，主要用于炼钢脱氧和作为合金剂加入钢中来提高钢的强度和性能。

铁合金主要有硅铁、锰铁、硅锰铁、铬铁、钒铁、钼铁和钨铁等，其生产大部分采用火法冶炼，其中大多数使用电炉，锰铁使用电炉或高炉，中碳铬铁使用转炉，钼铁采用炉外法。火法冶炼经炉口排出废渣。

除火法冶炼外，还有湿法冶炼。湿法冶炼的废渣，有生产金属铬产出的铬浸出渣、生产五氧化二钒产出的钒浸出渣等。金属铬生产用铬铁矿、纯碱、白云石以及大量惰性材料进行高温煅烧，将不溶性的三价铬化合物转变为可溶性的六价铬盐，然后用水浸取，可溶性的铬盐用以制备金属铬，不溶性的部分即是铬浸出渣。

5. 烧结固体废物

烧结是钢铁生产工艺中的一个重要环节，它是将铁矿粉、焦粉（无烟煤）和石灰，按一定配比混匀，经焙烧形成有足够强度和粒度的烧结矿，作为炼铁的熟料。

利用烧结熟料炼铁，对于提高高炉利用系数、降低铁焦比、提高高炉透气性、保证高炉运行有一定意义。

烧结粉尘和污泥同炼铁炼钢等工序产出的粉尘和污泥，再加上轧钢生产过程中产生的轧钢皮（氧化铁皮）等，统称为含铁尘泥，其主要成分均含有铁，是钢铁工业的一项可回收利用的大宗资源，其处理和综合利用技术大体相同。含铁尘泥主要包括烧结尘泥、高炉瓦斯灰、高炉瓦斯泥、转炉尘泥、平炉尘泥、化铁炉粉尘、电炉尘以及轧钢过程中的氧化铁皮。

6. 重有色金属冶炼固体废物

根据1958年我国对金属元素的正式划分和分类，将铁、锰、铬以外的64种金属和半金属，如铜、铅、镍、钴、锡、锑、镉、汞等划为有色金属。对这64种有色金属，根据其物理化学特性和提取方法，又分为轻有色金属、重有色金属、贵金属和稀有金属4大类。

轻有色金属，通常是指相对密度在4.5以下的有色金属，包括铝、镁、钛等。

重有色金属，指相对密度在4.5以上的有色金属，包括铜、铅、锌、镍、钴、锡、锑、汞、镉等。

稀有金属，主要指在地壳上含量稀少、分散，不易富集成矿和难以冶炼提取的一类金属，例如锂、铍、钨、钼、钒、镓、锗等。

冶炼过程中产生各类冶炼渣、各种泥状物以及随烟气一起排出被除尘器收集的烟尘。例如，铜鼓风炉的水淬渣，氧化铝生产中的赤泥，湿法除尘的尘泥等。

重有色金属冶炼固体废物是指重有色金属在冶炼和加工等生产过程及其环境保护设施中排出的固体或泥状的废弃物。

在重有色金属生产过程中，主要有以下固体废物产生：湿法冶炼有浸出渣、净化渣；火法冶炼有各种炉渣、浮渣及烟尘、粉尘等；电冶金有电炉渣，电解则有阳极泥。

火法冶炼是在精矿中加入各种熔剂、还原剂进行熔炼产生冰铜，金属品位在50%～60%，再经粗炼得到粗金属，其品位有了进一步提高，最后火法精炼或电解精炼制得纯金属。汞精矿和锌精矿通过直接还原挥发、冷凝来生产纯金属。有些精矿在熔炼前需要进行焙烧、烧结或制团等预处理。

在熔炼时产生炉渣，粗炼时产生粗炼渣，精炼时产生精炼渣，电解精炼时产生阳极泥。铜、锌、铅、镍、锑、锡的生产流程见图2-2-3～图2-2-8。

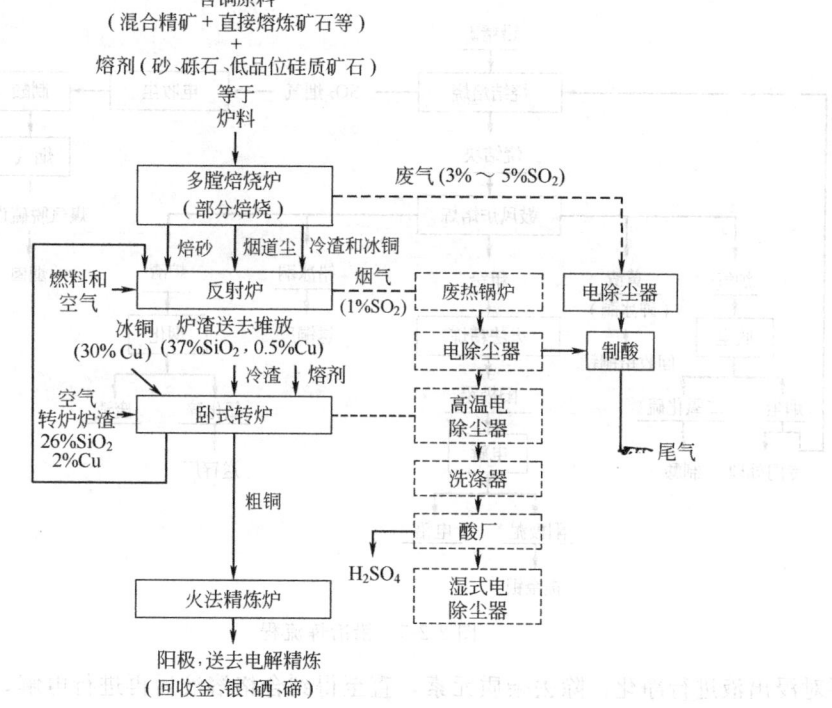

图 2-2-3 铜冶炼流程

湿法冶炼是将精矿经过焙烧后产生的焙砂（或不焙烧直接用精矿），用各种酸基或碱基溶剂进行浸出，使焙砂（或精矿）中的金属进入浸出液中，除主要的金属外还有其他金属，

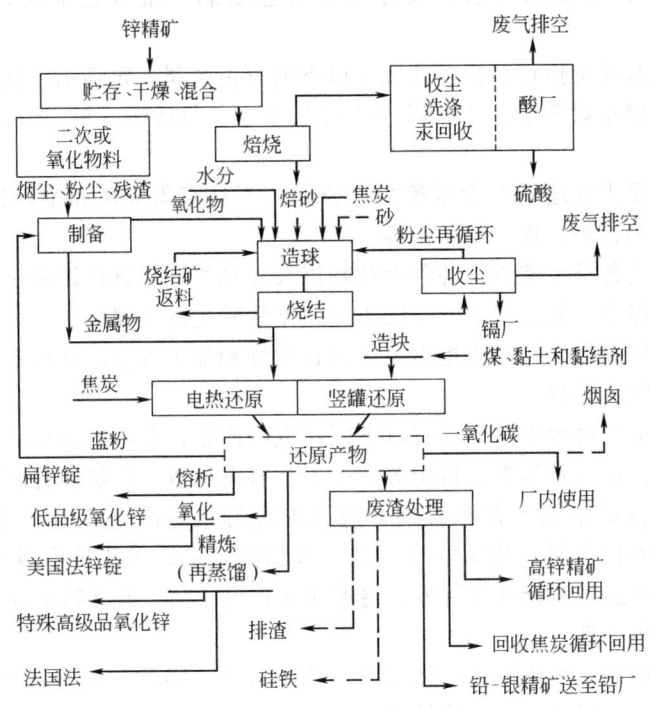

图 2-2-4 锌冶炼流程

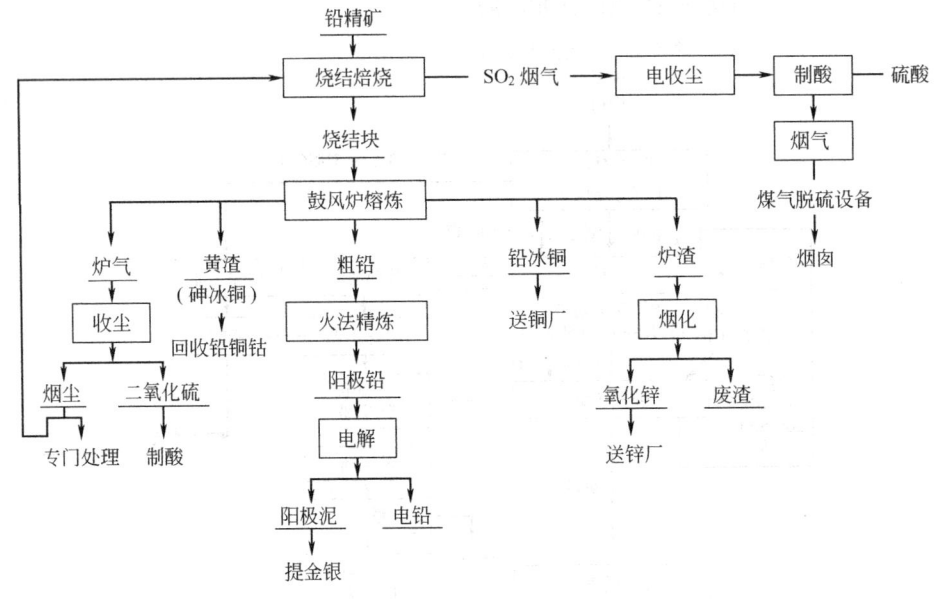

图 2-2-5 铅冶炼流程

所以要对浸出液进行净化,除去杂质元素,直至得到合格溶液后再进行电解,最后得到纯金属。湿法冶炼的焙烧(或精矿)浸出时产生各种浸出渣,浸出液净化时产生各种净化渣,电解时产生阳极泥。锌、镍的湿法生产流程示意分别见图 2-2-9 和图 2-2-10。

电冶金是用电炉处理精矿,经转炉粗炼,最后再精炼得到纯金属。在此过程中产生电炉渣、转炉渣、精炼渣或阳极泥。

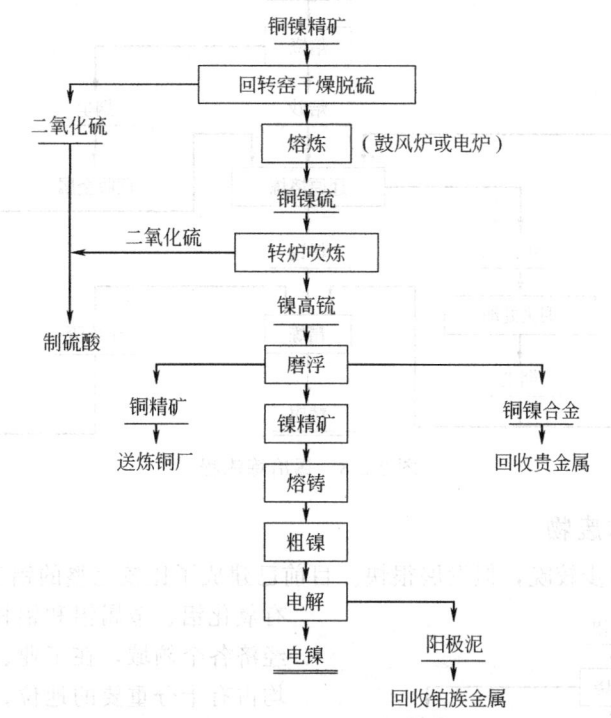

图 2-2-6　镍冶炼流程

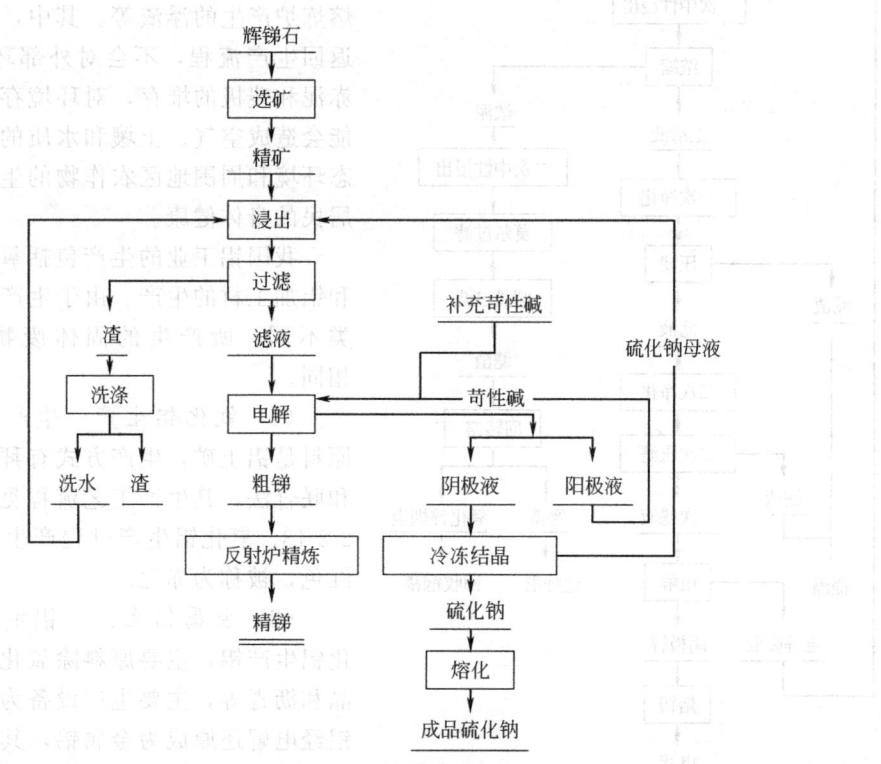

图 2-2-7　锑冶炼流程

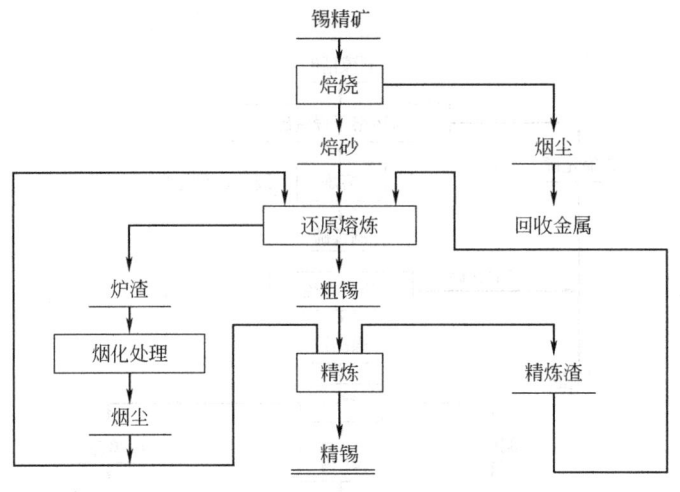

图 2-2-8 锡冶炼流程

7. 铝工业固体废物

铝工业在我国起步较晚，但发展很快。目前已建成了比较完整的铝工业体系。主要产品有氧化铝、金属铝和铝材，广泛应用于国民经济各个领域，在工业、国防和人民生活中均占有十分重要的地位，为我国有色金属中优先发展的品种。

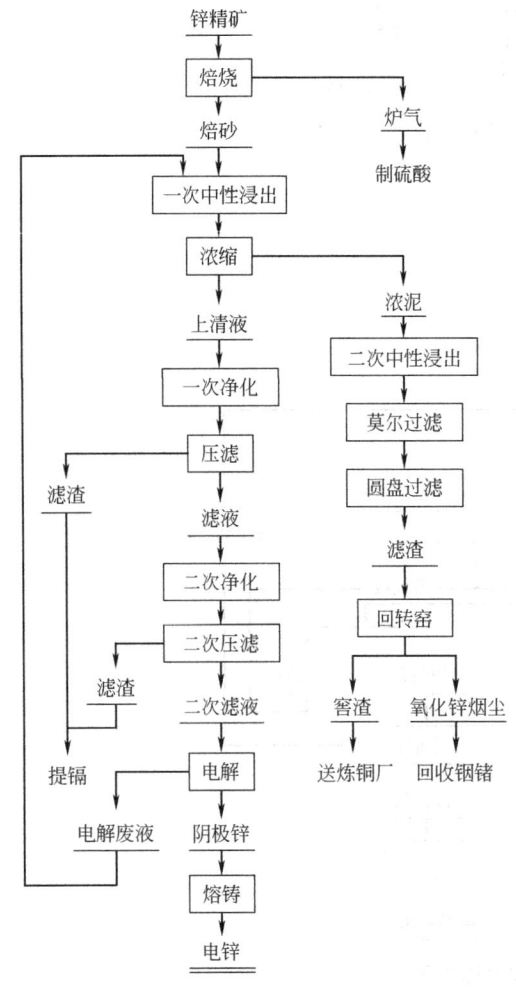

图 2-2-9 锌湿法冶炼流程

铝工业的固体废物主要有赤泥、残极及熔炼炉产生的浮渣等。其中，熔炼浮渣可以返回生产流程，不会对外部环境造成影响。赤泥和残极的堆存，对环境存在着危害，可能会造成空气、土壤和水质的污染，影响生态环境和周围地区农作物的生长，影响附近居民的身体健康。

我国铝工业的生产包括氧化铝、金属铝和铝加工材的生产。由于生产工艺与产品种类不同，所产生的固体废物赤泥亦各不相同。

(1) 氧化铝生产 生产氧化铝的主要原料是铝土矿，生产方式有拜尔法、烧结法和联合法，其生产工艺流程见图 2-2-11～图 2-2-13。氧化铝生产过程产生的固体废物呈红色，被称为赤泥。

(2) 金属铝生产 铝生产，就是用氧化铝生产铝，主要原料除氧化铝外，还有冰晶和沥青等，主要生产设备为电解槽。氧化铝经电解还原成为金属铝，其生产流程示于图 2-2-14。电解槽是由钢壳内衬耐火砖和炭素材料而成，该炭衬层即为电解槽的阴极。

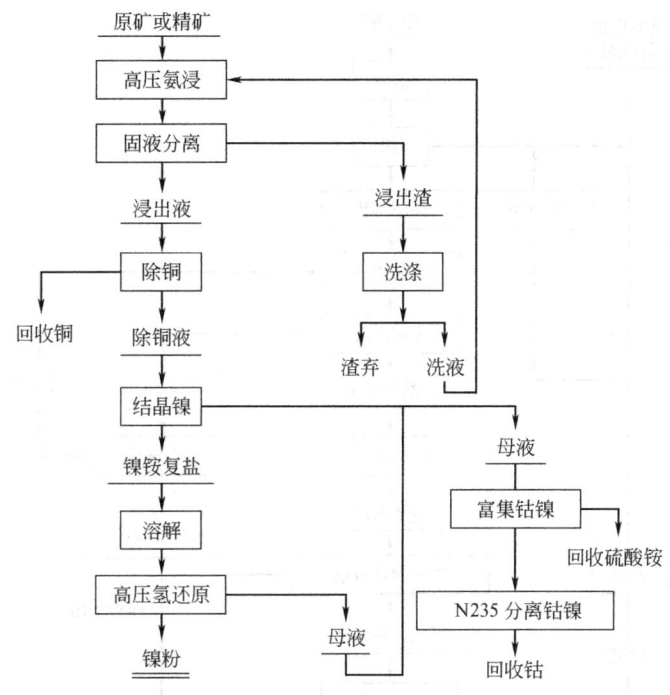

图 2-2-10 镍湿法冶炼流程

阳极是炭素电极,在电解过程中炭阳极不断被消耗,需要连续或间断地进行更换,残阳极还可再生循环使用。铝电解槽内衬的寿命约为 4~5a,在阴极内衬大修时,要清理出大量的废炭块、被浸蚀的耐火砖和保温材料等,是电解铝生产过程中产生的主要废渣。

8. 稀有金属冶炼固体废物

稀有金属主要是指在地壳中含量稀少、分散不易富集成矿、难以冶炼提取的一类金属。1958 年我国正式对金属元素进行分类,其中稀有金属共 40 多种。根据它们的物理化学性质、赋存状态和提取工艺等,又分为 5 个亚类:稀有轻金属,包括锂、铍等;稀有难熔金属,包括钨、钼、铌、钽、锆等;稀有分散金属,包括镓、铟、锗、铊等;稀土金属,包括钪、钇、镧系元素;稀有放射性金属,包括钍、铀等。

稀有金属冶炼的原料,有精矿、炉渣、浸取渣、烟尘、烟道灰和阳极泥等。

目前,稀有金属生产由于原料成分复杂,生产工业难于定型。但从含稀有金属的原料到生产出高纯金属,大致经过下列几个阶段。

(1)原料的分解 精矿分解有湿法和火法两种:湿法使用酸、碱等溶剂处理精矿;火法分解时要加入各种熔剂(包括还原剂)进行焙烧、烧结、熔炼等。

(2)稀有金属纯化合物的制取 主要是利用水溶液中的化学反应,如溶解、沉淀、再溶解、再沉淀或结晶以达到除杂质、提纯的目的。有时也使用挥发法或氧化升华法等火法工艺。

(3)从纯化合物生产金属或合金 主要是纯化合物的高温还原反应或在熔融介质中进行熔盐电解。对于稀有高熔点金属往往不是全部生产纯金属,而是根据使用要求生产合金。

(4)高纯金属的制取 从一般金属制取高纯金属,需要进一步分离和去除杂质,可采用离子交换法、熔剂萃取法、沉淀和结晶、蒸馏法等来制取高纯金属。

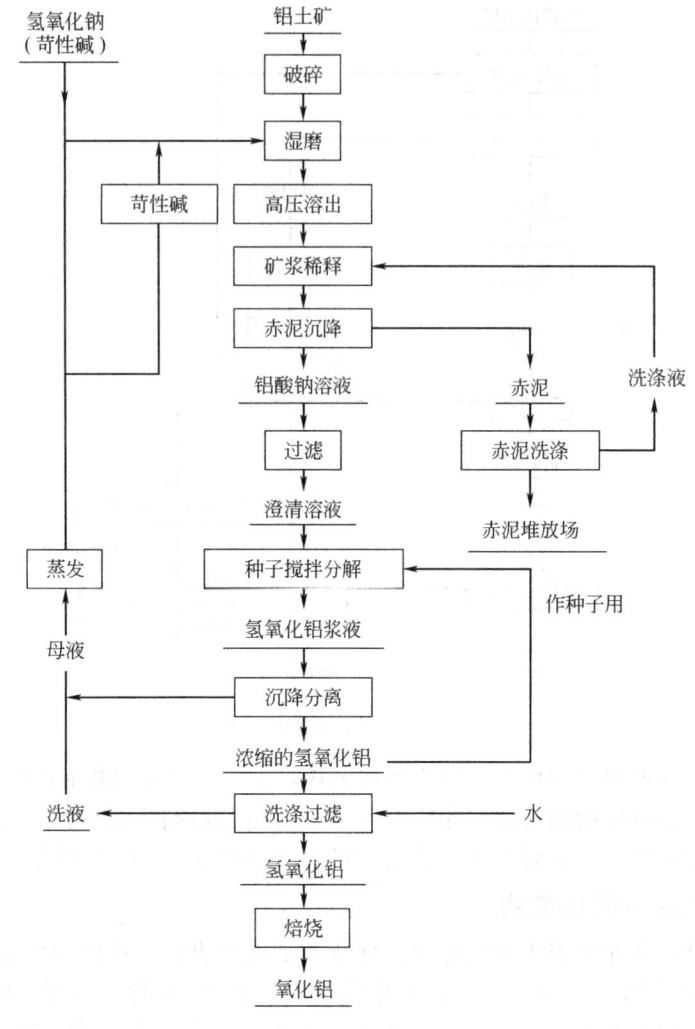

图 2-2-11 拜尔法流程

在稀有金属冶炼过程中将产生各种各样的固体废物。对含稀有金属的原料采用湿法冶炼时，有酸浸渣、碱浸渣、中和渣、铜钒渣、硅渣、铝铁渣等；采用火法冶炼时，则有还原渣、氧化熔炼渣、氯化挥发渣、浮渣、废熔盐及烟尘等。

稀有金属中有的生产工艺流程较为定型，如钨、钼等；稀有分散金属要依原料来源、性质和成分而采用不同的工艺，其流程不定型、变化较大。

（1）钨、钼生产工艺流程 以黑钨矿原料生产三氧化钨工艺流程示意如图 2-2-15 所示，以辉钼矿的精矿生产金属钼的工艺流程示意如图 2-2-16 所示。

（2）还原法生产铌、钽、钛 还原法包括碳还原、氢还原、金属热还原，还有萃取等。以钽铌铁矿或褐钇铌矿的钽铌精矿为原料生产钽、铌工艺流程示意如图 2-2-17 所示。钛从矿石到成品简要的工艺过程如图 2-2-18 所示。

（3）熔盐电解法 熔盐电解法是生产稀有金属常用的方法，可生产锂、铍、钍及混合稀土等。以锂辉石精矿为原料生产锂的工艺流程示意如图 2-2-19 所示。

以绿柱石为原料生产氧化铍的工艺流程示意如图 2-2-20 所示。

以稀土氯化物为原料生产稀土金属工艺流程示意如图 2-2-21 所示。

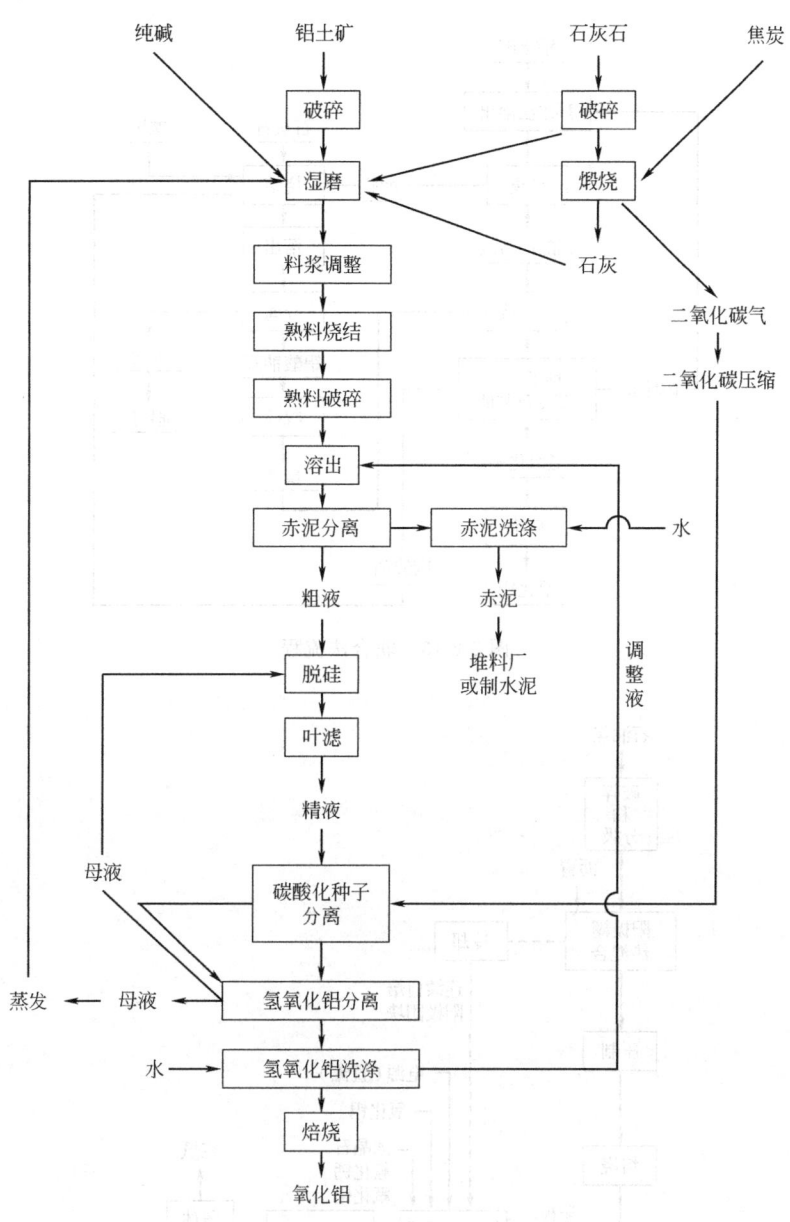

图 2-2-12　烧结法流程

（4）稀有分散金属回收流程　稀有分散金属很少有单一矿床，一般都是从其他有色金属冶炼的烟尘或烟道尘、炉渣、阳极泥及其他料液中回收，如镓、锗等。

镓可以从铝生产的氧化铝母液中回收，采用的工艺流程如图 2-2-22 所示。从铅锌冶炼副产品中用化学萃取法可回收镓。

我国以锗为主要成分的矿石尚未发现，通常伴生在铅锌矿、铁矿和煤矿中，在生产其他金属或煤燃烧时，锗挥发到烟尘中，经富集可以得到锗精矿，锗回收流程如图 2-2-23 所示。

（二）废物的产生量

1. 高炉渣固体废物

高炉渣的产生量与矿石品位的高低、焦炭中灰分的多少及石灰石、白云石的质量等因素

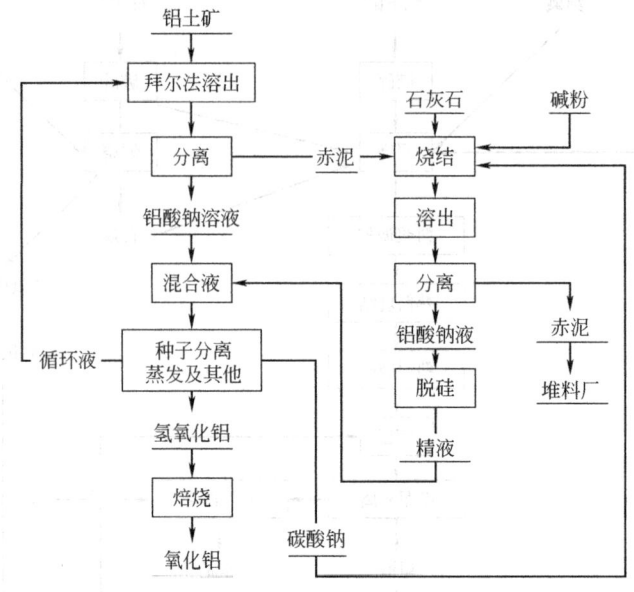

图 2-2-13 联合法流程

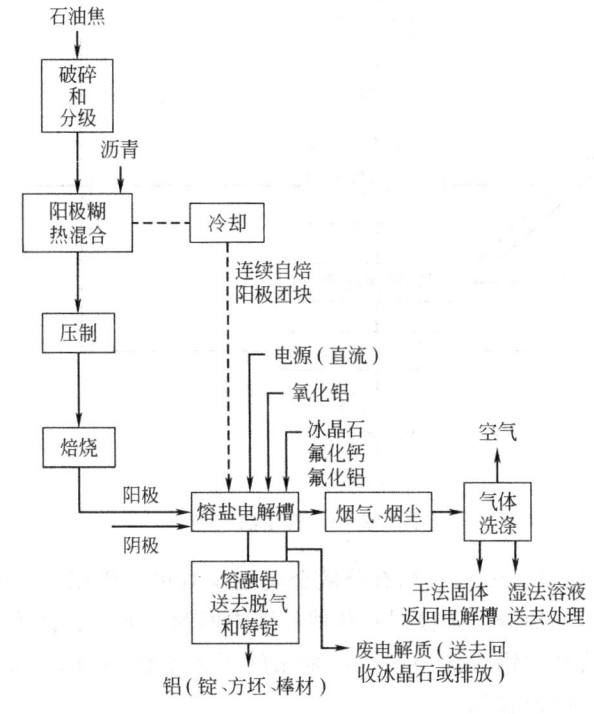

图 2-2-14 铝电解流程

有关，也和冶金工艺有关。通常每炼 1t 生铁可产生 300～900kg 渣。

2. 钢渣固体废物

当以不同的原料、不同的炼钢方法、不同的生产阶段、不同的钢种以及不同炉次等冶炼钢锭时，所排出的钢渣，其组成与产生量是不同的。

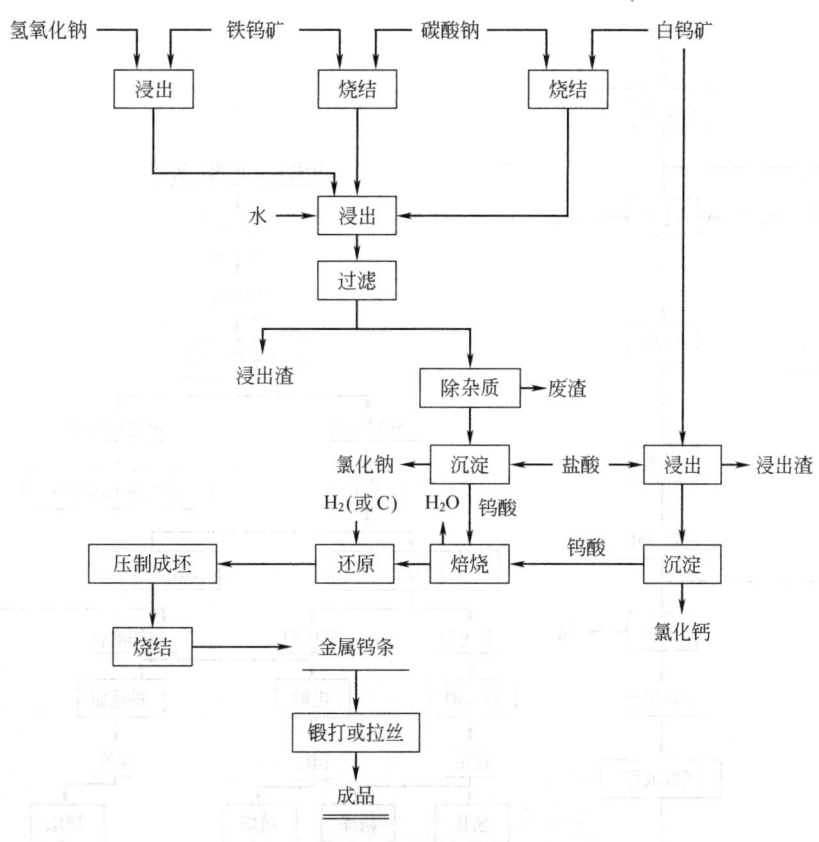

图 2-2-15 碳酸钠法生产钨工艺流程

(1) **转炉钢渣** 转炉吹氧炼钢，是现代炼钢的主要方法。吹氧炼钢生产周期短，大都一次出渣。以目前的炼钢技术和条件，生产 1t 转炉钢约产生 130～240kg 的钢渣。

(2) **平炉钢渣** 平炉炼钢周期比转炉长，分氧化期、精炼期与出钢期，并且每期终了都要出渣。

目前，每生产 1t 炉钢约产生钢渣 170～210kg，其中初期渣约占 60%、精炼渣占 10%、出钢渣占 30%。

(3) **电炉钢渣** 电炉炼钢是以废钢为原料，主要生产特殊钢。电炉生产周期也长，分氧化期和还原期，并分期出渣。氧化期的渣称氧化渣，还原期的渣称还原渣。电炉钢渣矿物组成规律与平炉钢渣相似。目前，每生产 1t 电炉钢约产生 150～200kg 的钢渣，其中氧化渣约占 55%。

3. 轧钢固体废物

轧钢厂产生的酸洗废液是钢铁厂具有代表性的污染物。其特点是浓度大、废液量大，并且废液温度也高达 50～100℃。根据国内 1988 年统计，钢铁工业年产生废硫酸 87685t（以浓度 98% 计），废酸处理量 64965t，处理率为 74.09%，年产再生酸 14208t，硫酸盐 17458t。1989 年产废盐酸 35917t（以浓度 35% 计），废酸处理量 25914t，处理率为 72.15%，年产再生酸 22780t，氧化铁约 1886t。1988 年产硝酸-氢氟酸废液 3524.8t，废酸处理量 2279.4t，处理率为 64.67%，年产再生酸 492.8t。

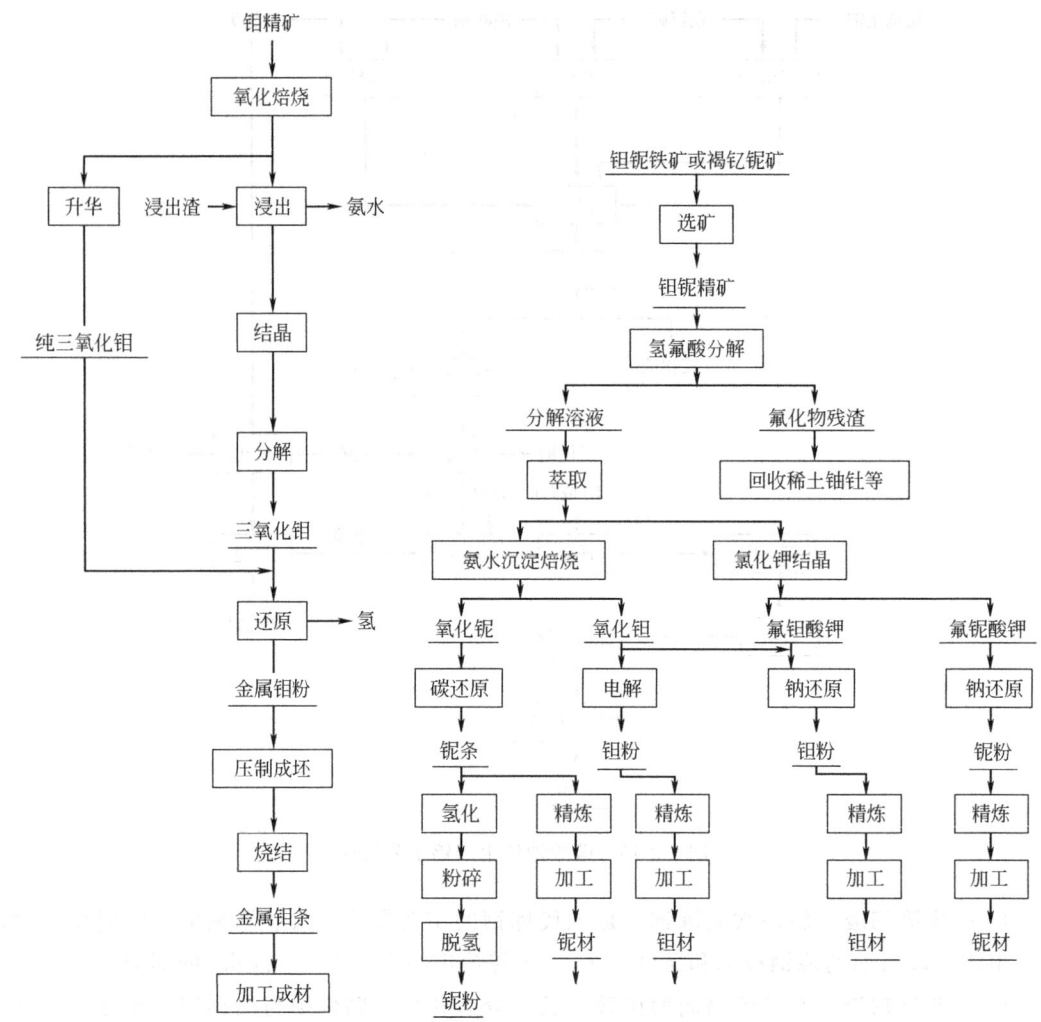

图 2-2-16 化学法生产 金属钼生产工艺流程

图 2-2-17 钽、铌生产工艺流程

4. 铁合金固体废物

一般火法冶炼，是将炉料加热熔融，经氧化还原反应，使杂质与铁合金分层，经炉口排出废渣和铁合金，每吨火法冶炼铁合金大体产出废渣 1t 左右。

5. 烧结固体废物

烧结工艺产生的铁尘泥，主要包括有烧结尘泥、高炉瓦斯灰、高炉瓦斯泥、转炉尘泥、平炉尘泥、化铁尘泥、电炉尘泥、电炉尘以及轧钢过程中的氧化铁皮。含铁尘泥的产生量见表 2-2-13。

6. 重有色金属冶炼固体废物

据 1990 年统计，重有色金属工业冶炼废渣的产生量为 $311.84 \times 10^4 t$，综合利用量为 $96.70 \times 10^4 t$，利用率为 31.0%。在冶炼过程中产生的烟尘和阳极泥不作为废物丢弃，而作为二次资源加以利用[4]。

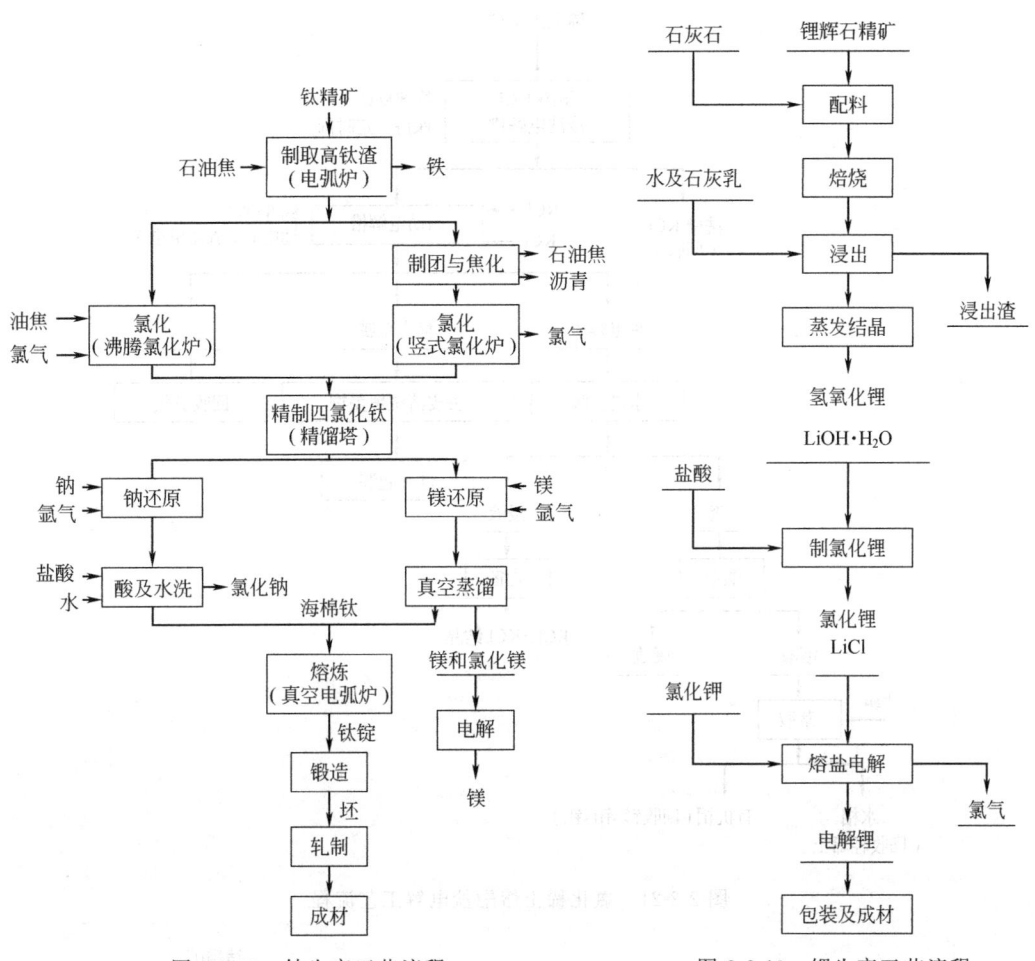

图 2-2-18 钛生产工艺流程

图 2-2-19 锂生产工艺流程

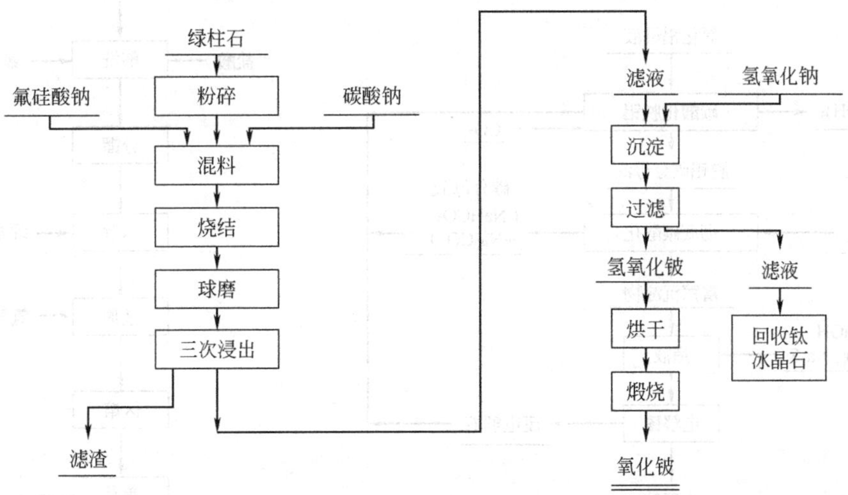

图 2-2-20 氧化铍生产工艺流程

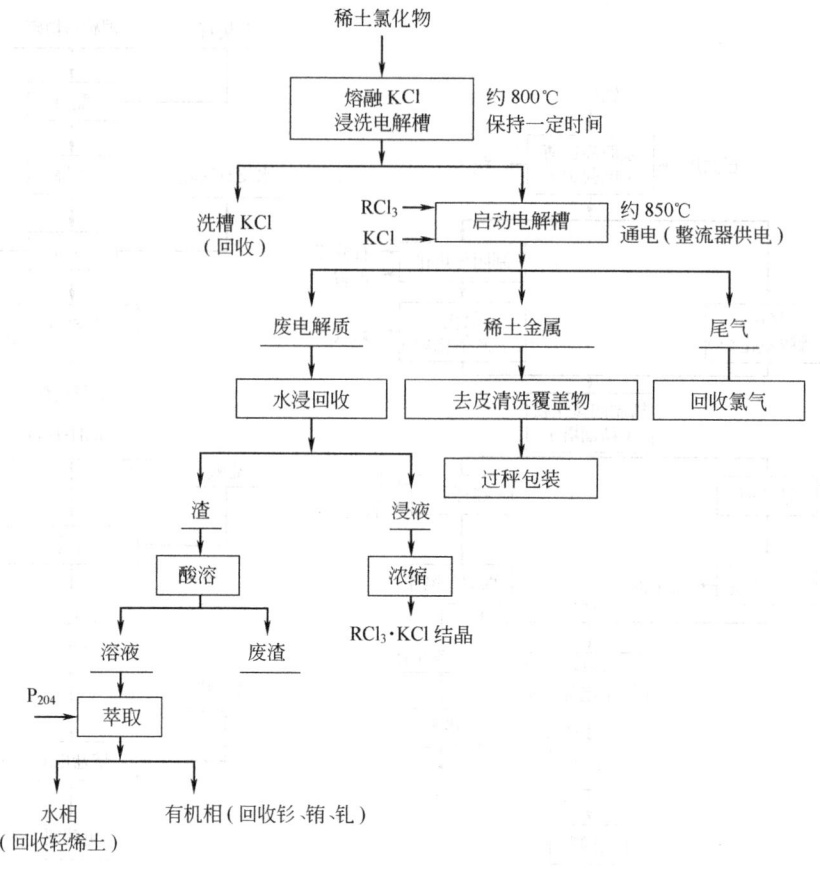

图 2-2-21 氯化稀土熔融盐电解工艺流程

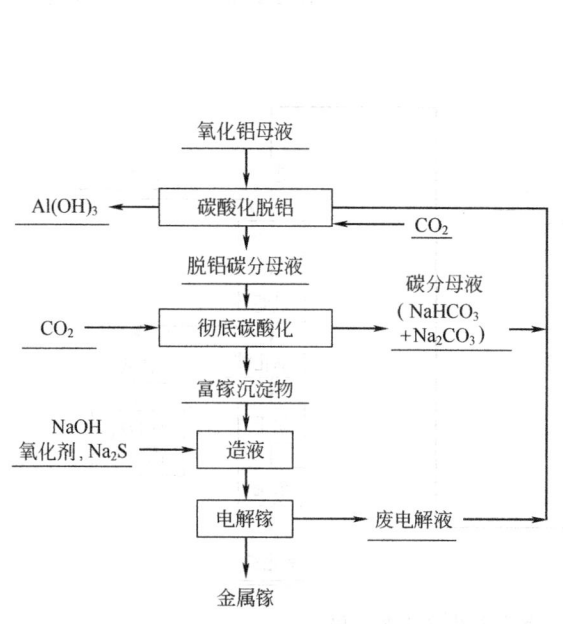

图 2-2-22 碳酸化法提镓流程

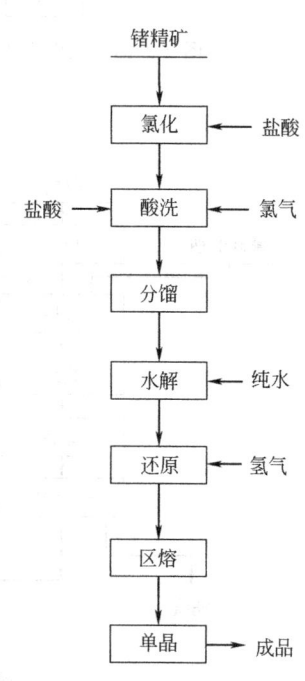

图 2-2-23 生产锗单晶的工艺流程

表 2-2-13　含铁尘泥产生量

粉 尘 来 源	产 生 量
烧结粉尘	20～40kg/t 烧结矿
高炉粉尘(干)(瓦斯灰)	10～20kg/t 铁
高炉粉尘(湿)(瓦斯灰)	10～20kg/t 铁
转炉尘泥	7～15kg/t 钢
电炉尘	10～20kg/t 钢
轧钢皮	20～60kg/t 钢
酸洗污泥	5～10kg/t 钢

7. 铝冶炼固体废物

一般，采用低品位铝土矿，每生产 1t 氧化铝要产生 1～1.75t 赤泥。1982 年山东铝厂、郑州铝厂和贵州铝厂的赤泥产生量、产出率列于表 2-2-14。而用氧化铝生产铝，电解槽的内衬耐火砖和炭素阳极需要定期更换，铝电解槽内衬的寿命约为 4～5a。一般采用 160～180kA 电解槽，每产 1t 铝约产生 40～45kg 的废内衬，其产生量见表 2-2-15。

表 2-2-14　几个主要氧化铝厂赤泥产生量

工厂名称	生产方式	产生量/(10^4t/a)	产出率/[t/t(Al_2O_3)]
山东铝厂	烧结法	59.7	1.65～1.75
郑州铝厂	联合法	35.6	0.65～0.75
贵州铝厂	拜尔法	16.5	1.0～1.2

表 2-2-15　铝电解厂阴极废内衬量　　　　　　　　单位：t/a

阴极炭块	1920	底糊	733
阴极棒	1320	氧化铝	132
生铁	368	耐火砖	2043
侧部炭块	380	被侵蚀后的产品	2040

8. 稀有金属冶炼固体废物

据 1990 年对 15 个稀有金属工厂统计，稀有金属冶炼固体废物产生量为 11.09×10^4t，其中冶炼渣 0.68×10^4t，炉渣 3.33×10^4t，粉煤灰 0.01×10^4t，其他渣 1.43×10^4t，综合利用量为 2.18×10^4t，详见表 2-2-16。

表 2-2-16　我国部分稀有金属工厂固体废物的产生量（1990 年统计数据）

单位名称	产生量/$\times 10^4$t				
	总 量	冶炼渣	粉煤灰	炉 渣	其他渣
九江有色金属冶炼厂	0.49			0.13	0.36
赣州有色金属冶炼厂	0.38	0.18	0.01	0.14	0.05
洛阳单晶硅厂	0.06			0.04	0.02
株洲硬质合金厂	1.14	0.24		0.77	0.13
桃江冶炼厂	0.05			0.05	
长沙半导体材料厂	0.08				0.08
珠江冶炼厂	0.22			0.16	0.06
从化冶炼厂	0.12	0.01		0.09	0.02
自贡硬质合金厂	0.10	0.10			
峨眉半导体材料厂	0.19			0.15	0.04
遵义钛厂	0.25	0.15		0.05	0.05
华山半导体材料厂	0.04			0.04	
甘肃稀土公司	0.67			0.44	0.23
宁夏有色金属冶炼厂	0.79			0.40	0.39
新疆锂盐厂	6.51			0.87	
小　计	11.09	0.68	0.01	3.33	1.43

我国稀有金属冶炼固体废物主要是废渣，其中数量相对较多的有钨渣（包括钨冶炼的钼渣、磷砷渣等）、锂渣和铍渣。

锂渣年排放量约为（2.5～3）×10⁴t，其中 1/4 为无害渣，可用于生产水泥，其余堆存。水口矿务局第六冶炼厂年排放铍渣（0.35～0.4）×10⁴t，其中含铍较高的浸出渣暂堆存，对于含铍为万分之二的低铍废渣可作脱氧剂出售。株洲硬质合金厂等单位对钨冶炼时产生的碱浸渣、氨浸渣、钼渣和磷砷渣等进行了大量的研究工作，获得了突出的成绩，可从渣中综合回收 Fe、Mn、W、Ta、Nb、Sc、U、Th 等十几种金属。

（三）废物的主要类别及性质

1. 高炉渣固体废物

高炉渣的矿物组成与生产原料和冷却方式有关。碱性高炉渣主要矿物是黄长石，它是由钙铝黄长石（$2CaO \cdot Al_2O_3 \cdot SiO_2$）和钙镁黄长石（$2CaO \cdot MgO \cdot SiO_2$）所组成的复杂固溶体；硅酸二钙（$2CaO \cdot SiO_2$）的含量仅次于黄长石；其次是假硅灰石（$CaO \cdot SiO_2$），钙长石（$CaO \cdot Al_2O_3 \cdot 2SiO_2$），钙镁橄榄石（$CaO \cdot MgO \cdot SiO_2$），镁蔷薇辉石（$3CaO \cdot MgO \cdot 2SiO_2$）以及镁方柱石（$2CaO \cdot MgO \cdot 2SiO_2$）等。

酸性高炉渣在冷却时，全部凝结成玻璃体。在弱酸性高炉渣中，尤其在缓冷条件下，其结晶矿物相有黄长石、假硅灰石、辉石和斜长石等。

高钛高炉中主要矿物是钙钛矿（$CaO \cdot TiO_2$）、安诺石（TiO_2、Ti_2O_3）、钛辉石（$7CaO \cdot 7MgO \cdot TiO_2 \cdot 7/2Al_2O_3 \cdot 27/2SiO_2$）、巴依石及尖晶石等。

锰铁高炉渣中主要矿物是锰橄榄石（$2MnO \cdot SiO_2$）。

（1）化学成分 高炉渣的化学成分与普通硅酸盐水泥相似，主要是 Ca、Mg、Al、Si、Mn 等的氧化物，个别渣中含 TiO_2、V_2O_5 等。由于矿石的品位及冶炼生铁的种类不同，高炉渣的化学成分波动较大。我国部分高炉渣的化学成分如表 2-2-17 所列。

（2）碱度 通常把高炉渣中碱性氧化物（CaO、MgO）与酸性氧化物（SiO_2、Al_2O_3）的质量比 M_0 称为碱度。

$$M_0 = \frac{CaO\% + MgO\%}{SiO_2\% + Al_2O_3\%}$$

可根据碱度的大小将高炉渣分为碱性渣（$M_0 > 1$）、酸性渣（$M_0 < 1$）和中性渣（$M_0 = 1$）。我国高炉大部分接近中性渣（$M_0 = 0.99 \sim 1.08$）。

（3）密度 高炉渣的密度见表 2-2-18。

（4）各种成品渣的特性 根据把液态渣处理成固态渣的方法不同，其成品渣的特性也各异。我国主要有三种成品渣：水淬渣、膨珠和重矿渣。

水淬渣 将高温熔渣用大量的水急冷成粒，使其中的各种化合物来不及形成结晶矿物，而以玻璃体状态将热能转化成化学能封存其内，这种潜在的活性在激发剂的作用下，与水化合可生成能具有水硬性的胶凝材料，是生产水泥的优质原料。

膨珠 将高温熔渣在控制的水量和机械的配合作用下，使其急冷、膨胀、甩开成珠，珠内存有气体和化学能，除具有与上述水淬渣相同的活性外，还具有隔热、保温、质轻（松散容重 400～1200kg/m³）等优点，是一种很好的建筑用轻骨料和生产水泥的原料。

重矿渣 将高温熔渣在空气中自然冷却或淋少量水加速冷却而形成的致密块渣，我国称之为重矿渣。重矿渣的性质与天然碎石相近，其块体容重大多在 1900kg/m³ 以上，抗压强度高于 49MPa，矿渣碎石的稳定性、坚固性、磨耗率及韧度均符合工程要求，如表 2-2-19 所列，因此可以代替碎石用于各种建筑工程中。

表 2-2-17 我国高炉渣的化学成分　　　　　　　　单位:%

名　称	普通渣	高钛渣	锰铁渣	含氟渣
CaO	38～49	23～46	28～47	35～45
SiO_2	26～42	20～35	21～37	22～29
Al_2O_3	6～17	9～15	11～24	6～8
MgO	1～13	2～10	2～8	3～7.8
MnO	0.1～1	<1	5～23	0.1～0.8
Fe_2O_3	0.15～2	—	0.1～1.7	0.15～0.19
TiO_2	—	20～29	—	—
V_2O_5	—	0.1～0.6	—	—
S	0.2～1.5	<1	0.3～3	—
F	—	—	—	7～8

表 2-2-18 高炉渣的密度　　　　　　　　单位：t/m³

种　类	液态渣	固态渣
普通生铁渣	2.20～2.50	2.30～2.60
含　氟　渣	2.62～2.75	3.25
含　钛　渣	3.00～3.20	

表 2-2-19 高炉重矿渣碎石的性质

名　称	粒　度 /mm	松散容重 /(kg/m³)	吸水率 /%	坚固性 /%	磨耗率 /%	韧　度 /(J/cm²)
矿渣碎石	5～20	1200～1300	2.47～1.25	0～0.2	30～25	50～70

2. 钢渣固体废物

转炉吹氧炼钢，是现代炼钢的主要方法。我国已由平炉炼钢为主逐渐转变到以转炉炼钢为主，并在逐步淘汰现有平炉。

平炉钢渣矿物组成与转炉钢渣组成规律基本相似，CaO 含量低、碱度小的初期钢渣，其矿物组成以橄榄石、蔷薇辉石为主，CaO 含量高、碱度大的末期渣，其矿物组成主要是 C_3S、C_2S 及 RO 相。

上海宝山钢铁总厂等转炉钢渣化学成分如表 2-2-20 所列。转炉钢渣的矿物组成取决于它的化学成分。当钢渣碱度[$CaO/(SiO_2+P_2O_5)$]为 0.78～1.8 时，主要矿物为 CMS（镁橄榄石）、C_3MS_2（镁蔷薇辉石）；碱度为 1.8～2.5 时，主要矿物为 C_2S（硅酸二钙）及 RO 相（二价金属氧化物固溶体）；碱度为 2.5 以上时，主要矿物为 C_3S（硅酸三钙）、C_2S 及 RO 相。不同碱度转炉钢渣的矿物组成如表 2-2-21 所示。平炉钢渣的化学成分与电炉钢渣相似，马鞍山钢铁公司等平炉钢渣与成都钢铁厂等电炉钢渣的化学成分分别如表 2-2-22 和表 2-2-23 所列。

表 2-2-20 宝钢等转炉钢渣化学成分　　　　　　　　单位：%

单位	CaO	MgO	SiO_2	Al_2O_3	FeO	Fe_2O_3	MnO	P_2O_5	f-CaO
宝钢	40～49	4～7	13～17	1～3	11～22	4～10	5～6	1～1.4	2～9.6
马钢	45～50	4～5	10～11	1～4	10～18	7～10	0.5～2.5	3～5	11～15
上钢	45～51	5～12	8～10	0.6～1	5～20	5～10	1.5～2.5	2～3	4～10
邯钢	42～54	3～8	12～20	2～6	4～18	2.5～13	1～2	0.2～1.3	2～10

表 2-2-21 不同碱度转炉钢渣的矿物组成 单位：%

碱度	C_3S	C_2S	CMS	C_3MS_2	C_2As	$CaCO_3$	RO
4.24	50～60	1～5					15～20
3.07	35～45	5～10					15～20
2.73	30～35	20～30					3～5
2.62	20～30	10～20					15～20
2.56	15～25	20～25					40～50
2.11	少量	20～30				5～10	15～20
1.24		5～10	20～25	20～30	5～10		7～15

表 2-2-22 马钢等平炉钢渣化学成分 单位：%

单位	渣 种	CaO	MgO	SiO_2	FeO	Fe_2O_3	MnO	Al_2O_3	P_2O_5
马钢	初期渣	18～30	5～8	9～34	27～31	4～5	2～3	1～2	6～11
	精炼渣	42～55	6～12	10～20	10～20	5～11	1～2	2～5	3～8
	出钢渣	50～60	4～7	10～18	6～10	4～6	1～2	2～3	3～7
武钢	初期渣	20～30	7～10	20～40	30～35		2～6.5	10～12	1～3
	精炼渣	40～50	9～12	16～18	8～14		0.5～1	7～8	0.5～1.5
湘钢	初期渣	10～50	5～8	20～25	40～50		5～7	2～6	1～1.8
	末期渣	35～50	5～15	10～25	8～18	2～18	1～5	3～10	0.2～1

表 2-2-23 电炉钢渣化学成分 单位：%

单 位	渣 种	CaO	MgO	SiO_2	FeO	Al_2O_3	MnO	P
成 钢	氧化渣	29～33	12～14	15～17	19～22	3～4	4～5	0.2～0.4
上 钢	还原渣	44～55	8～13	11～20	0.5～1.5	10～18		

钢渣是一种多种矿物组成的固体熔体，随化学成分的变化而变化，并且钢渣的性质又与它的化学成分有密切的关系。一般而言，钢渣有下列一些性质。

(1) 密度 由于钢渣含铁量较高，因此它比高炉渣密度大，一般在 $3.1～3.6g/cm^3$。

(2) 容重 钢渣容重不仅受其成分影响，还与粒度有关。通过 80 目标准筛的渣粉，平炉渣为 $2.17～2.20g/cm^3$，电炉渣为 $1.62g/cm^3$ 左右，转炉渣为 $1.74g/cm^3$ 左右。

(3) 易磨性 由于钢渣结构致密和它的组成关系，钢渣较耐磨，以易磨指数表示，标准砂为 1，高炉渣为 0.96，而钢渣仅为 0.7，这就意味着钢渣比高炉渣还难磨。

由于钢渣耐磨，做出的路面材料较高炉渣等好，但用于生产水泥，则会降低水泥磨研的生产能力。

(4) 活性 C_3S、C_2S 等为活性矿物，具有水硬胶凝性。当钢渣中 $CaO/(SiO_2+P_2O_5)$ 之比大于 1.8 时，便含有 60%～80% 的 C_2S 和 C_3S，并且随比值（碱度）的提高，C_3S 含量也提高，当碱度提高到 2.5 以上时，钢渣的主要矿物为 C_3S。用碱度高于 2.5 的钢渣与 10% 的石膏研磨，其强度可达到 32.5 级水泥的强度。因此，C_3S 和 C_2S 含量高的高碱度钢渣，可作水泥生产原料和制造建材制品。

(5) 稳定性 钢渣含游离氧化钙 (f-CaO)、MgO、C_3S 和 C_2S 等，这些组分在一定条件下都具有不稳定性。碱度高的熔渣在缓冷时，C_3S 会在 1250℃ 到 1100℃ 时缓慢分解为 C_2S 和 f-CaO；C_2S 在 675℃ 时，β-C_2S 要相变为 γ-C_2S，并且发生体积膨胀，其膨胀率达 10%。

另外，钢渣吸水后，f-CaO 要消解为氢氧化钙 $[Ca(OH)_2]$，体积将膨胀 100%～300%，MgO 会变成氢氧化镁，体积也要膨胀 77%。因此，含 f-CaO、MgO 的常温钢渣是不稳定的，只有 f-CaO、MgO 消解完或含量很少时才会稳定。

由于钢渣的这些变化，在处理和应用钢渣时必须注意的是：①用作生产水泥的钢渣要求 C_3S 含量要高，因此在处理时最好不采用缓冷技术；②含 f-CaO 高的钢渣不宜用作水泥和建筑制品生产及工程回填材料；③利用 f-CaO 消解膨胀的特点，可对含 f-CaO 高的钢渣采用余热自解的处理技术。

（6）抗压性　钢渣抗压性能好，压碎值为 20.4%～30.8%。

3. 轧钢固体废物

轧钢厂产生的酸洗液是钢铁厂具有代表性的污染物。其特点是浓度高废液量大，并且废液温度液高达 50～100℃。

由于以上特点，酸洗液必须进行处理，否则将造成严重的环境污染。另一方面，因为废酸的主要成分是游离酸、化合酸、金属离子和水，对某些有效成分的回收、利用不仅是可能的，有时也是必须的。在所有的处理方法中，对废液进行回收或再生的方法是最合理的方法。

轧钢氧化铁皮产生于轧钢过程中，如加热的钢坯经轧机轧制时，从钢坯表面上剥落下来的氧化铁皮，以及钢材在酸洗过程中溶解而成的渣泥的总称，其化学成分见表 2-2-24。轧钢氧化铁皮的质量分散度与初轧、型钢、钢板、钢管都不同，详见表 2-2-25。氧化铁皮的密度也不一样，初轧 5.85g/cm³、型钢 5.76g/cm³、钢板 4.41g/cm³、钢管 5.76g/cm³。

表 2-2-24　轧钢氧化铁皮的化学成分　　　　　　　　　单位：%

总 Fe	FeO	CaO	SiO₂	MgO	S
71	47	0.3	1.0	0.18	0.1

表 2-2-25　轧钢铁皮的质量分散度　　　　　　　　　单位：%

项目	>40μm	40～30μm	30～20μm	20～10μm	10～5μm	<5μm
初轧	59.5	12.8	8.0	7.1	0.7	11.9
型钢	15.9	29.4	24.2	14.2	2.9	13.4
钢板	34.8	22.4	22.1	5.7	2.5	12.5
钢管	17.9	16.8	44.5	3.2	3.1	14.5

4. 铁合金固体废物

铁合金渣的物质组成，随铁合金产品品种和生产工艺而异（见表 2-2-26），除含有与合金品种相同的元素外，一般均含有 SiO_2、MgO、CaO、FeO 等。铝热法生产的铝合金渣中含有较高的 Al_2O_3，如钛铁渣含 Al_2O_3 达 73%～75%。

由于部分铁合金渣系铬浸出渣，因其含有近 1% 的可溶性 Cr^{6+} 而具有毒性，对人体和环境造成危害。

因此，对有毒废渣进行安全处置处理，而处理时多采用水淬法、干渣处理法。在铁合金的综合利用方面，主要利用废渣作建材，返回冶炼工艺、回用渣中的金属，作耐火材料和耐磨材料、农肥、炼铁熔剂、玻璃着色剂，以及铸钢生产的硬化剂。

5. 烧结固体废物

烧结固体废物含铁尘泥的性质与其来源有关，如用除尘装置收集的烧结粉尘（表 2-2-27 和表 2-2-28），其堆积密度为 1.5～2.6g/cm³，烧结机尾粉尘（干）比电阻为 $5×10^9$～$1.3×10^{10}$Ω·cm。

表 2-2-26　铁合金工业废渣的主要化学成分　　　　单位：%

炉渣名称	MnO	SiO_2	Cr_2O_3	CaO	MgO	Al_2O_3	FeO	V_2O_5	CrO_3	TiO_2
高炉锰铁渣	5~10	25~30		33~37	2~7	14~19	1~2			
碳素锰铁渣	8~15	25~30		30~42	4~6	7~10	0.4~1.2			
锰硅合金渣	6~10	35~40		20~25	1.5~6	10~20	0.2~2			
中低碳锰铁渣（电硅热法）	15~20	25~30		30~36	1.4~7	1.5	0.4~2.5			
中低碳锰铁渣（转炉法）	49~65	17~23		11~20	4~5		1			
碳素合金渣		27~30	2.4~3	2.5~3.5	26~46	16~18	0.5~1.2			
硅铬合金渣（一步法）		14~34	0.1~5	7~27	2~10	7~26		Si 7~18	SiC 4~22	Cr 2~10.5
低微碳铬铁渣（电硅热法）		24~27	3~8	49~53	8~13					
中低碳铬铁渣（转炉法）		3.0	70.77	19	7.13					
硅铁渣		30~35		11~16	1	13~20	3~7	Si 7~10	SiC 20~29	
钨铁渣	20~25	35~50		5~15		5~15	3~9			
钼铁渣		48~60		6~7	2~4	10~13	13~15			
磷铁渣		37~40		37~44		2	1.2			
钒浸出渣	2~4	20~28		0.9~1.7	1.5~2.8	0.8~3	Fe_2O_3 46~90	1.1~1.4	0.49	
钒铁冶炼渣		25~28		—55	—10	8~10		0.35~0.5		
金属铬浸出渣	Na_2CO_3 3.5~7	5~10	2~7	23~30	24~30	3.7~8	Fe_2O_3 8~13			
金属铬冶炼渣	Na_2O 3~4	1.5~2.5	11~14	1	1.5~2.5	72~78				
钛铁渣		1		9.5~10.5	0.2~0.5	73~75	—1		0.3~1.5	
硼铁渣										13~15
电解锰渣	$MnSO_4$ 15.13	32.75			2.7	13	$Fe(OH)_3$ 30		$(NH_4)_2SO_4$ 6.5	
硅钙渣		30~33		63~68	0.2~0.6	0.3~0.7				

高炉粉尘分干、湿两种。干粉尘颗粒较粗，用干式除尘器收集，称高炉瓦斯灰；湿式尘颗粒较细，经煤气、洗涤塔及湿式除尘器收集，一般呈泥浆状，称高炉瓦斯泥。在通常情况下，干、湿尘泥比为1∶1，但由于工艺及收集方式不同，其比例也不同，其物理化学性质列于表2-2-29和表2-2-30，密度为 7.72~3.89g/cm^3，比电阻为 (2.2~3.4)×10^8Ω·cm。

而炼钢尘泥包括转炉炼钢尘泥、平炉炼钢粉尘及电炉炼钢粉尘。

转炉粉尘的收集方法有两种：其一是转炉烟尘经活动烟罩、冷却烟道、文丘里饱和器、文丘里洗涤器处理；其二是转炉烟尘经活动烟罩、蒸汽锅炉、蒸发冷却器、干式静电除尘器处理。其物理化学性质见表2-2-31和表2-2-32，密度为 4.41g/cm^3。

平炉粉尘由余热锅炉-电除尘系统、增湿雾化降温-电除尘系统和蒸汽喷射法除尘系统等三种方法收集，其密度为 5.0g/cm^3，比电阻为 2.08×10^{11}Ω·cm，具体物理化学性质如表2-2-33和表2-2-34所列。

电炉粉尘为电炉烟尘经收集器、烟道，最后经袋式除尘器处理，物理化学性质列于表2-2-35和表2-2-36。

表 2-2-27　烧结粉尘的化学成分　　单位：%

总 Fe	FeO	Fe₂O₃	CaO	SiO₂	Al₂O₃	MgO	MnO
约50	约50	约50	10	7	1.85	3.4	0.12

表 2-2-28　烧结粉尘质量分散度　　单位：%

740μm	40～20μm	20～10μm	10～5μm	＜5μm
10.42	47.77	17.86	21.39	2.56

表 2-2-29　高炉尘泥的化学成分　　单位：%

总 Fe	FeO	Fe₂O₃	CaO	SiO₂	Al₂O₃	MgO	S	固定碳
30～40	5～10	40	8～12	10～15	5～7	2～3	0.4～0.5	15～50

表 2-2-30　高炉尘泥的质量分散度　　单位：%

740μm	40～30μm	30～20μm	20～10μm	10～5μm	＜5μm
约52.0	16.0	8.0	11.9	8.1	4.0

表 2-2-31　转炉粉尘的化学成分　　单位：%

总 Fe	FeO	Fe₂O₃	CaO	SiO₂	Al₂O₃	MgO	P	S	MnO
50～62	35～65	13～16	8～14	2～5	0.6～1.3	1～6	0.55	0.2～0.5	0.8～3

表 2-2-32　转炉粉尘的质量分散度　　单位：%

700μm	40～30μm	30～20μm	20～10μm	10～5μm	＜5μm
20～30	约15	20～30	5～10	约3	10～35

表 2-2-33　平炉粉尘的化学成分　　单位：%

总 Fe	SiO₂	CaO	MgO	C	游离 SiO₂
67.86	0.84	1.47	0.66	34～42	5.29

表 2-2-34　平炉粉尘的质量分散度　　单位：%

30～20μm	20～10μm	10～5μm	＜5μm
9.9	17.1	43.6	29.4

表 2-2-35　电炉粉尘的化学成分　　单位：%

总 Fe	FeO	CaO	SiO₂	MgO	Zn	Pb	S	P	K₂O	Na₂O
36.9	2.1	7.18	3.6	1.57	13.32	3.13	0.63	0.14	0.79	0.63

表 2-2-36　电炉粉尘的质量分散度　　单位：%

＞25μm	25～11μm	11～3μm	3μm 以下
11	7	64	18

6. 重有色金属冶炼废物

　　重有色金属冶炼生产金属，由于原料产地、成分、组成以及生产方式的不同，因而产生的渣的成分有比较大的差别。国内重有色金属冶炼渣的成分见表 2-2-37。

重有色金属冶炼一般无害渣都应进行综合利用。对于有害渣在回收有价金属成分之后，也要进行综合利用，以达到无渣排出[4]。其废渣的综合利用主要用于以下方面。

① 生产建材。铜、铅、锌、镍等冶炼废渣在回收有价金属之后，剩下的主要是铁化合物。

② 作铁路道砟和公路路基。我国从 20 世纪 60 年代开始就使用铜鼓风炉水淬渣作铁路道砟。

③ 生产矿渣棉。矿渣棉是良好的隔热、隔声材料，具有耐腐蚀、不燃烧、不霉变等性能，我国用铜渣生产的矿渣棉板质量很好。

④ 生产磨石和铸石。

表 2-2-37　国内重有色金属冶炼废渣的成分　　　　　　单位：%

名称	Cu	Pb	Zn	Cd	As	Ni	Sn	Sb	Hg	S	Fe	SiO$_2$	CaO
铜鼓风炉渣	0.21	0.52	2.0	0.004	0.033						25~30	30~35	10~15
铜反射炉渣	0.4			0.0127	0.273					1.25	31~36	38~41	6~7
白银炼铜炉渣	0.6		2~3							0.6~0.8	34~36	34~36	4~6
铜闪速炉渣	4.5										21		
铅鼓风炉渣	0.228	3.097	8.17	0.01	0.17								
ISP 炉渣	0.26	0.6	7.76	0.0014	0.41								
竖罐炼锌炉渣		0.6	0.21~1.5	0.02						2.5~3			
湿法炼锌浸出渣	0.62~0.85	3.3~4.6	19.4~20.5		0.59~0.7			0.36~0.4		5~8.75	23~27		
镍电炉渣	0.1~0.2			0.14~0.17						0.3~0.5	24~26	41~43	2~3
锡反射炉渣		0.13		0.0037~0.007	0.3~0.4		0.07~0.15			0.36~0.81	30	29	2.3~4
锡电炉渣				0.112			6.48			0.918	14.7	34.64	1.96
锑碱渣		0.02			3~5			30~40		<0.02	<1	<3	<2
锑泡渣		0.022			0.15~0.35			36~40		0.1~0.7	2.5~3.8	23~28	2.1~3.0
汞渣									0.003				

7. 铝工业固体废物

赤泥的组成比较复杂，随矿石和氧化铝生产方式的不同而不同。一些工厂的赤泥的化学组成列于表 2-2-38。赤泥的物理性质列于表 2-2-39 中。赤泥中放射性物质按可比性放射强度计，总 α 值在 $3.7 \times 10^{10} \sim 1.1 \times 10^{11}$ Bq/kg，不属于放射性废渣，属于强碱性废渣。

铝生产其中含有氟化物和氰化物等有害物质，露天堆存会造成地表水、地下水与土壤的污染。电解槽废内衬的组成列于表 2-2-40。

根据铝工业固体废物的性质，对赤泥主要采用赤泥坝堆存和烧结法制造水泥、保护渣、废料及填充剂；而电解槽废内衬的处理主要有蒸汽处理法、热解法、浸出法、防水堆存法和土地填筑法。此外，国内铝工业还开展了废槽衬做水泥生产的补充燃料和废槽衬在炼铁炉中作萤石代用材料等研究，并取得了一定的成果。

表 2-2-38 几个主要氧化铝厂赤泥的化学成分

工厂名称	化学成分/%					
	SiO₂	Fe₂O₃	Al₂O₃	CaO	Na₂O	TiO₂
山东铝厂	21.8	9.5	6.0	47.1	2.1	2.4
郑州铝厂	20.4	8.2	7.6	44.7	3.0	7.3
贵州铝厂	12.8	4.1	26.4	26.2	4.4	8.0

表 2-2-39 赤泥物理性质

熔 点	1200～1250℃
碱 度	pH10～12
粒 度	0.08～0.25mm
密 度	2.7～2.9t/m³
表观密度	0.8～1.0t/m³

表 2-2-40 废内衬的成分

名 称	平均含量/%
氟化物	10
钠	12
钙	3.6
铝	2.6
铁	0.2
硫	0.2
氰化物(以 CN⁻ 计)	100mg/L

8. 稀有金属冶炼固体废物

部分稀有金属废渣成分见表 2-2-41，其废渣处理主要有以下几种方式。

表 2-2-41 部分稀有金属废渣成分　　　　　　　　　　单位：%

成 分	Fe	Mn	WO₃	Ta(Nb)₂O₅	ThO₂
钨 渣	30.53～35.36	14.64～18.79	3.25～5.00	0.073～0.93	0.01～0.015
磷砷渣		Sn 0.01～0.30	12.0～16.0		
含钪炉渣	1～4	20～40	0.1～0.5	0.05～0.07	0.018
铌钽渣	11.37	Sn 5.36	0.113	Mo 0.028	
钒 渣	28.04	V₂O₅ 15.72			
钇 渣		Ba 5	Li 8		
锡浸出渣		Sn 5.36	0.1		0.04
锂 渣	0.58～1.24	Li 0.08～0.14			

成 分	R₂O₃	UO₂	As	Ti	SiO₂
钨 渣	0.14～0.60	0.02～0.03	0.002～0.006	0.46～0.31	5.69～6.5
磷砷渣			0.3～2.0		0.70～8.0
含钪炉渣	0.2～0.5	0.019～0.038		2.4～3.60	20～30
铌钽渣					8.13
钒 渣				2.87	18.21
钇 渣	Y 45				
锡浸出渣		0.30			
锂 渣					

成 分	MgO	CaO	S	P	Al₂O₃
钨 渣		3.40～4.99	0.013～0.13	0.087～0.10	
磷砷渣	33～45			0.37～6.0	0.01～0.30
含钪炉渣	0.6～1.2	5～7	1.5～2		11.34～15.11
铌钽渣		1.6	12.32	F 6.75	13.93
钒 渣					
钇 渣	5			F 20	
锡浸出渣			12.32		
锂 渣	0.12～0.16	54～58			8～10

① 湿法处理。以各种酸、碱等为熔剂浸出废渣，使有价金属进入溶液加以回收。

② 火法处理。废渣在熔炼炉内加入还原剂、熔剂进行熔炼，产出金属或合金。

③ 焙烧-湿法处理。将废渣先进行焙烧，然后用湿法处理，实际上焙烧是湿法处理的预处理。

④ 浮选法。浮选法、还原熔炼法、氨浸出法、氯化法、冶金联合流程等都是治理稀有金属废渣的方法。

由于一部分稀土金属废渣具有放射性，因此必须进行妥善处置，主要有填埋法、深海抛弃法、化学法、固化法和焚烧法等。

三、化工固体废物

（一）废物的来源

化学工业是一个生产行业多，产品庞杂，既有基础原料工业又有加工工业的重要生产部门。化学工业生产的化学肥料、农药、橡胶、染料、无机盐及其他化工原材料对农业、工业、交通运输、国防工业以及人们生活都起着十分重要的作用。

化学工业固体废物是指在化学工业生产过程中产生的固态、半固态或浆状废物，包括化工生产过程中进行化合、分解、合成等化学反应所产生的不合格产品（包括中间产品）、副产物、失效催化剂、废添加剂、未反应的原料及原料中夹带的杂质等直接从反应装置排出的或在产品精制、分离、洗涤时由相应装置排出的工艺废物；此外，还包括空气污染控制设施排出的粉尘；废水处理产生的污泥；设备检修和事故泄漏产生的固体废物以及报废的设备、化学品容器和工业垃圾等[6]。

化学工业固体废物产生量较大，种类繁多。主要包括无机盐、氯碱、磷肥、氮肥、纯碱、硫酸、有机原料、染料以及感光材料等工业固体废物。

（二）废物的产生量

据统计，我国化工固体废物产生量也呈逐年增长的趋势（表 2-2-42）。1995 年全国共产生化工固体废物 2870×10^4 t，占全国工业固体废物产生量的 4.5% 左右，成为全国较大的工业污染源之一。

表 2-2-42 近年化工固体废物的产生量　　　　　　　　　　单位：10^4 t

1992 年	1993 年	1994 年	1995 年
2476	2275	2568	2870

化工固体废物的产生量和组成往往随着产品品种、生产工艺、装置规模和原料质量不同有较大差异。部分化工固体废物的单位产生量如表 2-2-43 所列。

表 2-2-43 部分化工固体废物单位产生量

行业名称及产品	生产方法	固体废物名称	产生量/(t/t 产品)
无机盐工业			
重铬酸钠	氧化焙烧法	铬渣	1.8~3
氰化钠	氨钠法	氰渣	0.057
黄磷	电炉法	电炉炉渣	8~12
		富磷泥	0.1~0.15
氯碱工业			
烧碱	水银法	含汞盐泥	0.04~0.05
聚氯乙烯	隔膜法	盐泥	0.04~0.05
	电石乙炔法	电石渣	1~2
磷肥工业			
黄磷	电炉法	电炉炉渣	8~12
磷酸	湿法	磷石膏	3~4

续表

行业名称及产品	生 产 方 法	固体废物名称	产生量/(t/t产品)
氮肥工业			
合成氨	煤造气	炉渣	0.7～0.9
纯碱工业			
纯碱	氨碱法	蒸馏废液	9～11m³/t
硫酸工业			
硫酸	硫铁矿制酸	硫铁矿烧渣	0.7～1
有机原料及合成材料工业			
季戊四醇	低温缩合法	高浓度废母液	2～3
环氧乙烷	乙烯氯化(钙法)	皂化废液	3
聚甲醛	聚合法	烯醛液	3～4
聚四氟乙烯	高温裂解法	蒸馏高沸残液	0.1～0.15
氯丁橡胶	电石乙炔法	电石渣	3.2
钛白粉	硫酸法	废硫酸亚铁	3.8
染料工业			
还原艳绿FFB	苯绕蒽酮缩合法	苯绕蒽酮缩合法	14.5
双倍硫化法	二硝基氯苯法	二硝基氯苯法	3.5～4.5
化学矿山			
硫铁矿	选矿	尾矿	0.6～1.1

由表 2-2-43 可见，化工生产固体废物产生量较大，一般生产 1t 产品产生 1～3t 固体废物，有的生产 1t 产品可高达 8～12t。

(三)废物的主要类别及性质

化工固体废物再资源化可能性较大。其组成中有相当一部分是未反应的原料和反应副产物，因此对于一些废物，只要采取适当的物理、化学、熔炼等加工方式，就可以将废物中有价值的物质加以回收利用，取得较好的经济效益和环境效益。

下面，逐一介绍无机盐等工业固体废物及其性质。

1. 无机盐工业固体废物

无机盐化学工业是一个多品种的基本原料工业。其特点是生产厂点多，布局分散，生产规模小，间歇操作多，设备密闭性差，"三废"治理跟不上。我国无机盐工业有 20 多个行业，近 800 种产品，年产量达数百万吨，居化工产品生产的第四位。

有些无机盐系列产品毒性大，如铬、氰、铅、磷、砷、镉、锌和汞等。生产过程排放出的"三废"，对周围环境污染严重。在无机盐工业中，产生量大、面广、危害严重的污染源有铬盐、黄磷、氰化物和锌盐等。在其生产过程中排放出的有毒固体废物主要有铬渣、磷泥、氰渣和钡渣等 20 余种。

铬渣是重铬酸钠生产中的主要工业废渣。因其中含有大量水溶性六价铬而具有很大毒性。铬渣不经处理露天堆放时，对环境污染很严重，含铬粉尘会随风扬散，污染周围大气和农田；受雨水淋洗时，含铬污水溢流或下渗，对地下水、河流和海域等造成不同程度的污染，危害各种生物和人类[7]。

我国铬盐生产年排出铬渣 (10～12)×10⁴t，六价铬含量 0.3%～2.9%[7]。迄今，积存铬渣 (150～200)×10⁴t。这些铬渣大部分是在工厂内堆放，长期受到雨水淋洗，到处流失或下渗，严重污染周围的土壤、河流和地下水系。

无机盐工业排出的有毒固体废物不仅严重污染环境，而且是危及自身能否得以发展的关键问题。

铬盐、黄磷、氰化物和锌盐是无机盐工业的主要组成部分，其生产过程产生的固体废物情况列于表 2-2-44。

表 2-2-44　铬盐、黄磷、氰化物和锌盐行业的主要固体废物产生量

行业名称	铬盐	黄磷	氰化钠	锌盐
固体废物产生量/(t/a)	10～12	24～36	1.3～2.0	0.6～1.2
固体废物中的主要污染物	Cr^{6+}	无机磷	CN^-	Zn^{2+}
主要污染物产生量/(t/a)	360～840	80～120	9～12	531～1000

① 铬盐行业的固体废物主要是指在重铬酸钠生产过程中，铬铁矿等配料经过煅烧、用水浸取出铬酸钠后的残渣，通称为铬渣。一般情况，每生产 1t 重铬酸钠产生 1.8～3.0t 的铬渣。铬渣的基本组成列于表 2-2-45。

铬盐生产排出的含铬固体废物含有含铬芒硝、铝泥、酸泥和含铬硫酸氢钠等。表 2-2-46 列出上述固体废物的排放工序及吨产品产生量。

表 2-2-45　铬渣基本组成 （质量分数）　　　　　　　　单位：%

组成	Cr_2O_3	Cr^{6+}	SiO_2	CaO	MgO	Al_2O_3	Fe_2O_3
含量	3～7	0.3～2.9	8～11	29～36	20～33	5～8	7～11

表 2-2-46　其他含铬固体废物来源及吨产品产生量

废物名称	排放的生产工序	吨产品产生量/t	Cr^{6+}含量(质量分数)/%
含铬芒硝	重铬酸钠生产的抽滤、分离	0.5～0.8	0.04～0.36
含铬铝泥	重铬酸钠生产的中和压滤	0.04～0.06	2.5～3.0
含铬硫酸氢钠	铬酸酐生产的分层	1.0～1.7	1.5～1.8
含铬酸泥	铬酸酐生产的酸泥处理	0.3～0.6	0.5～1.0

② 黄磷行业排出固体废物有电炉炉渣、磷泥和磷铁等。炉渣经水淬后的固体废物通称为电炉炉渣，其基本组成列于表 2-2-47。

表 2-2-47　电炉炉渣基本组成　　　　　　　　单位：%

组成	P_2O_5	SiO_2	CaO	Al_2O_3	Fe_2O_3	F^-	S^{2-}
含量	1.8	40.9	48.2	4.5	0.8	2.8	0.2

磷泥是黄磷生产过程中伴生的一种磷、水和固体粉尘杂质物，以块状或泥浆状的形态沉降在精制锅、沉降槽、磷泥沉淀池等处。其含磷量一般在 20%～70%，1t 黄磷产生 0.1～0.15t 富磷泥。沉淀在黄磷废水处理系统预沉池、平流池和沟道中的磷泥，含磷量较低，一般为 1%～10%，1t 黄磷产生 0.3～0.6t 的该种贫磷泥。贫磷泥的主要成分是硅化物、氧化钙、元素磷和水等。

③ 氰化钠生产排出的含氰固体废物的种类，依生产工艺而异。轻油裂解法生产氰化钠排放的废渣主要是从尾气除尘装置中回收的含氰石油焦粉和炭黑。氰熔体法的固体废物则是来自萃取工序的水不溶物和发生工序的硫酸钙。氨钠法的固体废物是石油焦、金属钠和氨经反应炉反应后的炉渣。

氰化钠生产过程排放的固体废物含氰量列于表 2-2-48。

表 2-2-48　氰化钠废渣的含氰量

生产方式	氨钠法	轻油裂解法	氰熔体法
废渣含氰量	1%～4%	40～500mg/kg	300～500mg/kg

④ 锌盐行业的固体废物，由于锌盐产品种类、生产工艺和原料来源不同，其种类、排放量及组成是不同的。氯化锌的固体废物是除杂渣；硫酸锌的固体废物是粗制工序排出的残渣。由矿石直接法生产的硫酸锌，其固体废物来自浸取渣、除砷渣、除镉渣和除铁渣等。锌盐行业年排出 $(0.6\sim1.2)\times10^4t$ 的固体废物，其中含有锌、镉、铅和砷等污染物质，属于毒性较大的固体废物。表 2-2-49 列出了锌盐行业产生的固体废物的污染组成。

表 2-2-49　锌盐行业固体废物主要污染物成分

主要污染物	Zn^{2+}	Cd^{2+}	Pb^{2+}	As^{3+}
含　量	7%~25%	50~500mg/kg	0.3%~2%	40~400mg/kg

2. 氯碱工业固体废物

氯碱工业是重要的基本化学工业，其产品烧碱及氯产品在国民经济中起着重要的作用。烧碱的生产方法有四种，即隔膜法、水银法、离子膜法和苛化法。我国以隔膜法生产为主，水银法由于存在汞污染，国家已决定不再发展，并确定以离子膜法烧碱为发展方向。

氯碱工业固体废物主要是含汞和非含汞盐泥、汞膏、废石棉隔膜、电石渣泥和废汞催化剂。随着氯碱工业的迅速发展，生产中排放的"三废"量增多，尤其是含汞废物的排出给环境带来严重的污染，已成为我国化学工业的主要污染行业之一。

我国烧碱生产工艺主要由盐水精制、电解和蒸发固碱组成。烧碱生产排放的固体废物盐泥来自化盐槽和沉降器，汞膏和废石棉隔膜来自电解槽。

乙炔法聚氯乙烯生产过程是在催化剂氯化汞作用下，将乙炔和氯化氢反应生成粗氯乙烯，再经水洗、碱洗，精馏分离制得精氯乙烯，最后经悬浮聚合得到产品聚氯乙烯，聚氯乙烯生产废物电石渣来自电石制乙炔的乙炔发生器，废汞催化剂来自氯乙烯合成反应器。

其他固体废物中，废石棉隔膜产生量为 $0.4\sim0.5kg/t$ 产品，主要成分为石棉。汞膏的排放量很小，其组成为 Hg 97%~99%，Fe 1%，以及少量的钙、镁和石墨粉。含汞废催化剂产生量为 1.43kg/t 产品，Hg 含量为 4%~6%。

我国氯碱工业固体废物产生量及组成如表 2-2-50 和表 2-2-51 所列。

表 2-2-50　盐泥产生量及组成　　　　单位：%

产生量＼组成	NaCl	Mg(OH)$_2$	CaCO$_3$	BaSO$_4$	不溶物	Hg[①]
40~50kg/t 产品	15~20	10~15	5~10	30~40	10~15	0.2~0.3

① 含汞盐泥中汞含量。

表 2-2-51　电石渣泥产生量及组成　　　　单位：%

产生量＼组成	CaC	SiO$_2$	Al$_2$O$_3$	Fe$_2$O$_3$	烧失量
1~2t/t 产品	65.04	1.94	2.45	0.12	24.58

3. 磷肥工业固体废物

我国磷肥生产目前以低浓度磷肥为主，主要品种是普钙和钙镁磷肥。为了逐步改变我国化肥中氮磷钾比例严重失调的局面，国家正在兴建一批大中型复肥厂和小磷铵厂，今后几年内我国高浓度磷肥将有较大增长。

磷肥工业固体废物主要是磷铵等高浓度磷肥的基础原料湿法磷酸生产中产生的磷石膏、普钙生产中产生的酸性硅胶、钙镁磷肥生产中炉气除尘装置收集的粉尘以及部分磷肥厂黄磷生产中产生的炉渣和磷泥等。磷肥工业固体废物占用大片土地，加上由于风吹雨淋，使废物中可溶性氟和元素磷进入水体造成环境污染。

（1）湿法磷酸 湿法磷酸生产工艺按石膏结晶形式可分为二水物流程、半水-二水物流程和二水-半水物流程。这些流程都是通过硫酸分解磷矿粉生成萃取料浆，然后过滤洗涤制得磷酸，过滤洗涤中同时产生磷石膏。磷石膏的典型组成见表 2-2-52。

表 2-2-52 磷石膏成分（质量分数） 单位：%

成分	CaO	SO_3	Fe_2O_3	Al_2O_3	SO_2	总 F	水溶性 F	总 P_2O_5	水溶性 P_2O_5	结晶水	游离水	MgO	pH 值
云南磷肥厂	29.0	41.5	0.07	0.105	8.5	0.304	0.154	2.0	1.4	18.8	25.0	—	—
南化公司磷肥厂													
摩洛哥、约旦矿	31.5	43	0.4	0.15	1.1	0.5	0.2	1.4	0.3	19.9	—	0.1	3
叙利亚矿	31	41	0.1	0.17	3.5	0.4	0.1	1.6	0.5	—	—	1.2	2.6
宜昌矿	30	40	0.1	0.02	5.2	0.3	0.1	1.8	0.7	19.8	—	0.2	4

（2）普通过磷酸钙 普钙是用约 70% 的硫酸与磷矿粉经混合、化成、熟化而制得。反应中逸出 HF 与 SiO_2 反应生成 SiF_4，在用水吸收时水解生成硅胶（SiO_2）。一般生产每吨普钙（P_2O_5）产生干硅胶约 7kg，实际硅胶中含有大量水分和氟硅酸。

（3）钙镁磷肥 高炉法钙镁磷肥是将磷矿石和蛇纹石按一定比例配合后加入高炉内，在 1350℃ 以上高温下进行熔融，并经水淬骤冷、干燥、磨细制得成品。由于我国磷矿开采中很大一部分是粉矿，在生产上大都是统矿入炉，造成大量粉尘由烟气带出，经除尘器收集下来的粉尘除含有磷矿外，还含有一些熔剂粉尘和焦末。粉尘量与投料中粉矿含量有关，一般每生产 1t 钙镁磷肥可收集粉尘 200kg 左右。

（4）黄磷 黄磷生产是利用电炉高温，用焦炭、硅石还原磷酸三钙制得。磷矿石中的钙与氧化硅化合成硅酸钙，经水骤冷、淬细作为炉渣排出。炉渣的化学成分见表 2-2-53。

黄磷炉渣量与磷矿品位有关，一般生产每吨黄磷产生炉渣 8～12t。同时，磷矿中的氧化铁在制磷过程中生成磷铁，磷矿中每含 1% 的 Fe_2O_3，生产 1t 黄磷要产生 80～120kg。磷铁的组成见表 2-2-54。

表 2-2-53 黄磷炉渣化学组成 单位：%

组成	CaO	SiO_2	Al_2O_3	Fe_2O_3	P_2O_5
含量	47～52	40～43	2～5	0.2～1.0	0.8～2.0

表 2-2-54 磷铁的化学组成 单位：%

组成	P	Fe	Mn	Ti	Si	S
含量	24.4	68.6	3.0	2.4	1.3	0.3

此外，黄磷生产中电炉气经冷凝塔用水吸收冷凝时，还产生黄磷与粉尘的胶状物，称为泥磷。当使用电除尘时，生产 1t 黄磷产生几十千克的带水磷泥。如果不使用电除尘，则磷泥量可达 500kg 左右。从精制锅和受磷槽来的磷泥 20%～40%，称为富磷泥，而污水沉降池磷泥含磷 1%～10%，称为贫磷泥。磷泥除元素磷外，还含有约 20% 固体杂质，主要为炭粉和无机物 SiO_2、CaO、Fe_2O_3、Al_2O_3。

4. 氮肥工业固体废物

氮肥工业主要固体废物为：①造气炉渣，包括煤造气炉渣，重油气化炭黑，以及锅炉炉渣；②废催化剂，包括变换、合成、联醇流程合成甲醇的废催化剂；③其他废渣，如铜洗工序的铜泥及 NH_4NO_3 生产中硝酸合成时的氧化炉灰。

氮肥工业固体废物（以下简称废渣）的来源，如图 2-2-24 所示。

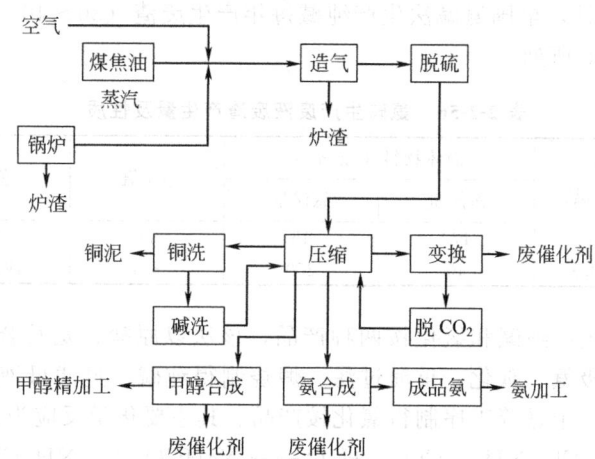

图 2-2-24 合成氨工艺流程及废渣来源

（以气为原料的工艺，除无造气工程外其他工序大致相同）

由于氮肥工业的原料路线复杂，如以煤为原料即有煤、褐煤、煤球、焦、土焦等。而且生产规模、工艺、操作不同，废渣的产生量及主要成分差异较大，其产生量及主要成分如表 2-2-55 所列。

表 2-2-55 氮肥工业主要废渣的产生量及主要成分

废渣名称	产生量	主要成分
煤（焦）造气炉渣	$0.7\sim0.9$t/t 氨	$SiO_2,Al_2O_3,Fe_2O_3,CaO,Mg$
油造气炭黑	$16\sim25$kg/t 氨	C
变换废催化剂	0.47kg/t 氨	$Fe_2O_3,MgO,Cr_2O_3,K_2O,Mo$
合成废催化剂	0.23kg/t 氨	Fe_2O_3,Al_2O_3,K_2O
甲醇废催化剂	$4\sim18$kg/t 甲醇	Cu,Zn,Al_2O_3,S^{2-}
硝酸氧化炉废渣	0.1kg/t 硝酸	$Pt,Rh,Pd,Fe_2O_3,SiO_2,Al_2O_3,CaO$

5. 纯碱工业固体废物

纯碱是我国经济各部门不可缺少的基本化工原料，广泛用于建材、轻工、化工、冶金、电子及食品工业等。

纯碱生产方法有氨碱法、联合制碱法、天然碱加工及电解烧碱碳化法等。我国纯碱生产主要采用氨碱法，也有少量的天然碱加工。

纯碱工业固体废物主要有氨碱法生产中产生的蒸氨废液，一、二次盐泥，苛化泥及石灰返砂、碎石等；联合制碱法生产中产生的洗盐泥、氨Ⅱ泥等。

氨碱工厂的废渣常年堆积，占去大片土地，排入海洋、河流，形成"白海"之患，已成为纯碱工业的主要污染源。

氨碱法生产是以食盐、石灰石为原料，借助氨的媒介作用，经过石灰石煅烧、盐水精制、吸氨、碳化、碳酸氢钠过滤、煅烧、母液蒸氨等工序制得纯碱。其主要化学反应为：

$$NaCl+NH_3+CO_2+H_2O \longrightarrow NH_4Cl+NaHCO_3$$

$$2NaHCO_3 \longrightarrow Na_2CO_3+CO_2+H_2O$$

$$2NH_4Cl + Ca(OH)_2 \longrightarrow 2NH_3 + CaCl_2 + 2H_2O$$

氨碱生产中蒸馏废液产生自母液氨过程；一、二次盐泥产生于盐水精制过程，废砂石产生于石灰石煅烧及乳化过程中。一般生产 1t 纯碱要产生 $9 \sim 11m^3$ 废液，其中含固体废物量约 $200 \sim 300kg$。据统计，全国氨碱法生产纯碱每年产生废渣 $(30 \sim 40) \times 10^4t$。氨碱废渣产生量及组成如表 2-2-56 所列。

表 2-2-56 氨碱生产废液废渣产生量及性质

废物种类	产生量 /(m³/t 碱)	固体物料/(kg/m³)		pH 值	色泽	排出时温度 /℃
		溶解量	悬浮量			
蒸馏废液	$9 \sim 11$	170	15	11	白	100
二次盐泥	$0.5 \sim 0.8$	40	250	8.4	浅灰色	常温

联合制碱法同时生产纯碱和氯化铵两种产品，该法以原盐、氨及合成氨副产 CO_2 为原料，经过洗盐、母液吸氨、碳化、重碱过滤、煅烧制得纯碱。过滤母液再经过吸氨、盐析、冷析结晶及离心分离、干燥等工序制得氯化铵产品。其主要化学反应为：

$$NaCl + NH_3 + CO_2 + H_2O \longrightarrow NaHCO_3 \downarrow + NH_4Cl$$

$$2NaHCO_3 \longrightarrow Na_2CO_3 + CO_2 \uparrow + H_2O$$

联合制碱法生产中，由于原盐带入系统的杂质，也产生少量的废泥渣。主要是母液澄清过程中产生的"氨 II 泥"，其产生量约为 $0.02 \sim 0.04m^3/t$ 碱。主要成分是 $CaCO_3$ 和 $MgCO_3$，还夹带少量的 NH_3 和 $NaCl$。

从上述废液废渣的组成可见，纯碱生产过程中排出的废液废渣全部来源于原料盐及石灰石，均系原料中未被利用的元素，具有排放量大、利用价值低等特点。虽然其化学组成全属无毒物质，但废液的 pH 值、悬浮物含量及排出温度等均不符合国家规定的"三废"排放标准，必须加以治理并善于利用。

6. 硫酸工业固体废物

硫酸工业产生的固体废物主要有硫铁矿烧渣、水洗净化工艺废水处理后的污泥，酸洗净化工艺含泥稀硫酸以及废催化剂。由于我国硫酸生产以硫酸矿为主要原料，生产技术上又以水洗净化和转化-吸收工艺为主，加上小型硫酸厂甚多，其产量占全国产量的 50% 以上，致使硫酸工业成为我国化学工业污染较重的行业之一。

以硫铁矿为原料接触法生产硫酸主要由原料、焙烧、净化、转化、吸收五个工序组成。一般习惯上按净化工艺流程，将硫酸生产分成干法和湿法两大类。湿法净化又有酸洗、热浓酸洗和水洗之分。目前我国硫铁矿制酸工厂约有五十家是酸洗流程，其余四百多家仍为水洗净化流程。

硫铁矿烧渣为硫铁矿石焙烧提取硫黄后由焙烧炉排出的残渣。

硫铁矿主要由硫和铁组成，有的还伴生少量的有色金属和稀贵金属，在生产硫酸时，硫铁矿中的硫被提取利用，铁及其他元素转入烧渣中，烧渣是炼铁、提取有色金属或制造建筑材料的重要资源。

硫酸生产水洗净化工艺生产 1t 硫酸排出 $5 \sim 15t$ 酸性废水，废水中含有大量矿尘，以及砷、氟、铅、锌、汞、铜等有害物质。此外，炉气经旋风除尘后进入净化系统时，含尘量一般为 $20 \sim 25kg/m^3$，这些粉尘净化中带入废水，生产 1t 硫酸带入废水中粉尘量约为 $46 \sim 57kg$。目前，酸性废水一般采用石灰石中和法处理，如达不到排放要求，则用石灰-铁盐法处理，废水处理后产生污泥渣，需进行处理。

对于硫铁矿焙烧后烧渣产生率计算式为：

$$x = \frac{160 - G_s}{160 - G_s(渣)}$$

式中 G_s——干矿中硫的实际含量，%；

G_s（渣）——矿渣中硫的含量，%。

当硫铁矿含量为35%～25%时，一般生产1t硫酸约产生0.7～1t的矿渣。烧渣组成如表2-2-57所列。

表 2-2-57 部分硫酸企业矿渣的组成 单位：%

矿渣组成 单位名称	Fe	FeO	Cu	Pb	S	SiO$_2$	Zn	P
大化公司化肥厂	35				0.25			
铜陵化工总厂	55～57	4～6	0.2～0.35	0.015～0.04	0.43	10.06	0.043～0.083	<0.1
吴泾化工厂	52		0.24	0.054	0.31	15.96	0.19	
淄博制酸厂	40				0.1			
南化氮肥厂	45.5				0.25			
四川硫酸厂	46.73	6.94		0.05	0.51	18.50		
南化磷肥厂	53				0.20			
湛江化工厂	52.5				0.15			
杭州硫酸厂	48.83		0.25	0.074	0.33		0.72	
广州氮肥厂	50				0.35			
衢州化工厂	41.99		0.23	0.0781	0.16		0.0952	
宁波硫酸厂	37.5				0.12			
厦门化肥厂	36				0.44			
广州硫酸厂	45							

硫酸生产水洗净化工艺废水处理后产生污泥量为130kg/t酸，主要成分为CaSO$_4$、CaSO$_3$、CaF$_2$、Ca(OH)AsO$_2$、Fe$_2$O$_3$、SiO$_2$等。酸洗净化工艺排出的污酸量一般为30～50L/t酸。若酸洗净化采用静电除尘器时，进入净化系统的含尘量一般为0.2g/m^3，这种生产1t硫酸带入污酸中尘量为0.46kg。对采用两级旋风除尘器的小硫酸为<15g/m^3，因而生产1t硫酸带入污酸中粉尘量一般为34.5kg。

7. 有机原料及合成材料工业固体废物

基本有机原料及合成材料工业是化学工业的重要组成部分，它利用石油、天然气和煤等原料，通过不同化学加工方法生产脂肪酸、芳香烃、醇、醛、酮、酸及烃类衍生物等基本有机化工产品，然后进一步加工成各种塑料、合成橡胶、合成纤维和精细化学品等。

有机原料及合成材料工业固体废物主要是有机原料合成以及合成材料单体生产中产生的反应副产物、蒸馏塔轻重组分、蒸馏塔釜残液、反应废催化剂以及废水生化处理的剩余活性污泥。

有机原料及合成材料工业产品种类多，工艺繁杂，废物来源、组成和产生量因生产工艺、规模而有很大差异。

基本有机原料生产工艺主要包括脱氢（有机物分子的C—H键断裂过程）、裂解（有机物分子的C—C键断裂过程）和合成（即由简单物质制成较复杂物质的方法）过程。

合成树脂生产工艺主要包括原料（单体）制备，催化剂配制，单体聚合、分离、回收精制和后处理等。

合成橡胶工艺包括单体制造和橡胶制造过程，后者又包括原料配制、聚合、脱气和单体回收、凝聚干燥和包装等几个主要生产步骤。

合成纤维一般由单体制造、单体聚合、纺丝和后处理工序组成。

主要有机原料和合成材料固体废物来源、产生量及组成如表 2-2-58 所列。从该表可见，有机原料和合成材料工业固体废物的特点是：①废渣产生量不大，一般生产每吨产品只有几千克；②废物组成复杂，大多含有高浓度有机物，有些是具有毒性、易燃性、爆炸性的物质，大部分蒸馏釜残液可通过蒸馏等方法分离回收利用或焚烧处理。

表 2-2-58 主要有机原料及合成材料固体废物情况

序号	产品	生产方法	废物名称	产生量/(t/t 产品)	废物组成/%	
1	甲醇	高压法	精馏残液	0.16～0.5	甲醇 0.1～1,其余为水	
2	丁辛醇	高压羰基合成法 高压羰基合成法	异丁醛副产物 丁醇蒸馏塔羟基组分残液	0.35 0.86	正丁醛 异丁醛 异丁酯 正丁醇 异丁醇	0.4 96 2 4.9 72.4
3	丁辛醇	乙醛缩合法	废催化剂	0.5～1.0kg/t	Ni,Cu,Zn,Cr 等	
4	季戊四醇	低温缩合法	离心母液	2～3	甲酸钠 季戊四醇	300～500g/L 50～100g/L
5	乙醛	乙烯氧化法	丁烯醛废液	0.005	乙醛 丁烯醛	5～10 50～60
6	醋酸	乙醛氧气氧化法	醋酸锰残液	0.5～1.2	醋酸锰	11
7	环氧乙烷	乙烯氯化(钙法)	皂化废渣	3	$CaCO_3$ SiO_2 MgO	63.8 10.8 4.7
8	环氧丙烷	钠法	蒸馏残液	3.2	环氧内烷 二氯丙烷 二氯异丙醚	1.53 1.42 0.59
9	环氧氯丙烷	钠法 钙法	氯丙烯精馏塔釜液 回收塔残液	0.166 0.13	1,3-二氯丙烯 1,3-二氯丙烷 1,2-二氯丙烷 环氧氯丙烷 三氯丙烷 二氯丙醇	20～30 25～30 20～30 16.9 40.5 38.1
10	苯酚	磺化法	精馏残渣	0.1	苯酚 苯基苯酚 苯磺酸钠	20～40 10～20 5～8
11	苯酐	萘氧化法	蒸馏残渣	0.06～0.08	苯酐	20～30
12	三氯乙烯	乙炔氧化法	精馏塔高沸物	0.1～0.3	C_2HCl_3 $C_4H_2Cl_4$ C_2Cl_4	40～90 5～15 5～30
13	聚氯乙烯	乙炔法	含汞催化剂渣 清釜残液	1.5～2kg/t 1kg/t	$HgCl_2$ 废树脂 氯乙烯	2～6 0.1
14	聚甲醛	聚合法	稀醛液	3～4	甲醛	8～10
15	聚四氟乙烯	F_{22}高温裂解法	蒸馏高沸残液	0.1～0.15	八氟环丁烷 四氟氯丁烷 四氟氯丙烷 全氟丙烯	42 20.5 13 6

续表

序号	产品	生产方法	废物名称	产生量 /(t/t产品)	废物组成/%
16	F-113	氟化氢、六氯乙烷合成法	废催化剂	0.13	有机高沸物 10～30 $SbCl_3$,SbF_3 70～90
17	苯乙烯	乙苯脱氢法	精馏塔焦油	0.04	聚苯乙烯 73 苯乙烯 27
18	聚乙烯醇	聚合法	精馏残液	0.0035	醋酸乙酯 60 醋酸乙烯 40
19	己内酰胺	环己酮羟胺法	精馏残液	0.054～0.16	己内酰胺 30～40
20	氯丁橡胶	电石、乙炔法	电石渣	3.2	$Ca(OH)_2$ 15 水 85
			高聚物	0.02	高聚物 60 二氯丁烯 35 氯丁二烯 5
21	综合污水处理厂	活性污泥法	沉淀池渣及剩余污泥	0.5kg/t废水	脱水污泥中有机物 40 热值 180kcal/kg

8. 染料工业固体废物

染料工业包括染料、纺织染整助剂和中间体生产。按应用分类法，染料可分为直接染料、酸性染料、还原染料、碱性染料和阳离子染料、硫化染料、活性染料、冰染料、分散染料、有机颜料等14类，近500个品种。

我国染料生产品种多、批量小、工艺复杂、技术落后和操作水平低，加上生产管理不善，致使产品收率低、副产物多，"三废"排放量大。

染料工业固体废物主要是染料合成过程中产生的固体废渣及高浓度废母液，产品分离、精制过程产生的滤渣及残液等。

这些固体废物中含有大量有机物质（如残余染料、重氮盐、低氯蒽醌、萘酚、硝基苯等）、无机盐（如氯化钠、碳酸铜、氯化铜、硫化铜、四氧化三铁等）等。

染料是由一种或两种以上的中间体合成制造的。染料中间体的制造工艺采用磺化、硝化、卤化、氧化、还原、碱熔、水解、重氮化、偶合、缩合等几乎全部有机合成所需要的基本反应。因此，由于染料中间体制造过程的特点，确定了染料工业合成过程的复杂性。

染料合成以苯、甲苯、萘、蒽、咔唑等芳香烃为原料及各种无机酸、碱、盐类等，这就决定了染料生产排出的固体废物成分的复杂化。

主要染料产品固体废物产生量及组成如表2-2-59所列。

表2-2-59　主要染料产品固体废物产生量及组成

染料品种	废物名称	产生量 /(t/t产品)	废物组成/%
还原染料 　还原灰BG	亚胺废渣	0.298	萘、甲酰亚胺20，H_2O 80，$CuCl_2$ 3.44
	硫化铜废渣	0.99	CuS 13.44，NaS 3.53，NaCl 3.26，重氮盐4.17，有机杂质50.0，水20.4
	含硝基苯废渣		杂质40，H_2O 60
还原咔叽2G	氯化母液	2.8	低氯蒽醌3.6，硫酸93
还原艳绿FFB	废浓硫酸	14.5	酸度80，含杂染料15.8g/L
碱性染料 　碱性紫	酸化铜渣	1	硫化亚铜27～30，有机物20～23

续表

染料品种	废物名称	产生量 /(t/t 产品)	废物组成/%
硫化染料 　双倍硫化青	氧化滤液	3.5~4.5	大苏打($Na_2S_2O_3 \cdot 5H_2O$)20
活性染料 　活性艳蓝 K-NR	含铜滤渣	1.25~1.5	有机物 8.3,无机盐 25.7,碳酸铜 5.3,水 55.4
冰染染料 　蓝色盐 VB 　色酚 AS	重氮化滤渣 有机树脂物	0.22 0.15	色盐蓝 VB 树脂物 0.3 2-萘酚 4~5
分散染料 　分散红玉 S-2GFL 　分散蓝 2BLN 　 　分散深蓝 HGL	重氮化滤渣 水解母液 二硝母液 偶合母液	0.01 6.75 10.5 5	重氮盐 3~4 2,4-二硝基酚钠 40~50g/L,NaOH 及有机物 硫酸 20~30 醋酸 5,硫酸 5
染料中间体 　双乙烯酮 　H 酸 　2-氯蒽醌 　苯胺,邻位甲苯胺 　氨基苯甲醚	蒸馏残液 T-酸滤液 铝盐废液 铁泥 还原母液	0.188 29 — 间歇排放 —	醋酐 12 硫酸铵 300~400g/L,有机物 7g/L,硫酸 3g/L 硫酸铝 25~27,硫酸、盐酸少量 Fe_3O_4 5,铁粉 1,氨基物 0.03 NaOH 120~130g/L,氨基物 3g/L,Na_2S 30~40g/L,$Na_2S_2O_3$ 260~280g/L,COD 110000~120000mg/L

由表 2-2-59 可见,染料生产固体废物主要是:①染料生产化学反应中如硝化、酸化、偶合、水解、氯化等反应中产生铁泥、铜渣、有机树脂、废母液、废酸等;②染料产品分离、精制过程中产生的过滤渣液、过滤液及蒸馏残液等。

染料工业固体废物具有成分复杂、浓度高、颜色深的特点。染料工业固体废物中含有大量有机物、无机盐、无机酸和杂染料等。例如还原灰 BG 含铜废渣中含有机物达 50%,其中重氮盐 41.7%,无机盐达 23.67%,如不适当处理会对环境造成一定的危害。但这些固体废物大多具有一定的回收价值,因此搞好综合利用是清除污染、保护环境的重要途径。

9. 感光材料工业固体废物

感光材料工业属精细化学工业,在感光材料工业生产中产生的固体废物主要有:胶片涂布及整理过程中产生的废胶片;乳剂制备及胶片涂布生产中产生的废乳剂;片基生产中产生的过滤用的废棉垫及废片基;涂布含银废水处理回收的银泥及废水生物化学处理剩余活性污泥等。

感光材料工业固体废物中含有的主要污染物有明胶、卤化银、照相有机物、三醋酸纤维素酯或聚对苯二甲酸乙二酯等,固体废物组成如表 2-2-60 所列。

表 2-2-60　感光材料工业固体废物组成

序号	产品及固体废物名称	产生量	固体废物组成	备注
1	胶片涂布及整理生产中产生的废胶片	16.4kg/10^4m 胶片	明胶、卤化银、照相有机物、三醋酸纤维素酯或聚对苯二甲酸乙二酯等	含银量为 0.85~9.00g/m^2 胶片
2	乳剂制备及胶片涂布生产中产生的废乳剂	0.8kg/10^4m 胶片	明胶、卤化银、照相有机物等	含银量为 2.61%~7.73%

续表

序号	产品及固体废物名称	产生量	固体废物组成	备　注
3	涂布含银废水絮凝沉淀回收银泥	$81.9kg/10^4 m$ 胶片	明胶、卤化银、照相有机物等	含银量为 1% 左右，含水率 98% 左右
4	片基生产中产生的废片基	$83.7kg/10^4 m$ 片基	三醋酸纤维素酯或聚对苯二甲酸乙二酯等	
5	片基生产中产生的废棉垫	$69.7kg/10^4 m$ 片基	脱脂棉、棉纱布、三醋酸纤维素酯或聚对苯二甲酸乙二酯等	
6	废水生化处理的污泥	$4.9kg/10^4 m$ 胶片	包括一沉池及剩余活性污泥	二胶废水处理二沉池污泥中含少量银

从表 2-2-60 可见，感光材料工业固体废物组成较为复杂，含有大量的有机物及重金属银等，如不适当处理会对环境造成一定危害。但这些固体废物大多具有很高的回收价值，搞好综合利用是消除污染、保护环境的重要途径。

四、其他工业固体废物

（一）废物的来源

本节所讲的其他工业固体废物主要是指煤矸石、粉煤灰、水泥厂窑灰及放射性废物。

1. 煤矸石

煤矸石是夹在煤层中的岩石，是采煤和选煤过程中排出的固体废物。煤矸石的产地分布和原煤产量有直接关系，目前我国年排矸量超过 $4 \times 10^6 t$ 的有东北三省、内蒙古、山东、河北、陕西、山西、安徽、河南和新疆等地，可见煤矸石产生量多的地区集中在北方。

煤矸石按其产生过程分为四类：①采煤过程产生的原矸；②洗煤厂产生的洗矸；③人工挑选的捡矸；④堆积在大气中经过自燃的红矸，它们的热值均很低，但具有一定的活性。

2. 粉煤灰

以煤粉为燃料的火力发电厂和城市集中供热的煤粉锅炉产生粉煤灰。粉煤灰按收集、排放和综合利用的需要分为湿灰、干灰、调湿灰、脱水灰和细灰等。湿灰是经文丘里-水膜等湿法除尘器收集的粉煤灰或经电除尘器等干式除尘器收集，用水力排放的，水分大于 30% 的粉煤灰；干灰是经旋风、多管、布袋、电除尘器等收集的，水分小于 1% 的粉煤灰；调湿灰是干灰经喷水调整湿度，含水量在 $10\% \sim 20\%$ 的调湿粉煤灰。经浓缩池沉淀，真空脱水或晾干的湿灰，水分小于 30% 的为脱水灰。

我国粉煤灰的排放以湿排灰为主，通常湿灰的活性较干灰低，且湿排灰费水、费电、污染环境，也不利于综合利用，考虑到除尘、干灰输送技术成熟，采用高效率除尘器，并设置分电厂的干灰收集装置，是今后火电厂粉煤灰收集、排放的发展趋势。因此，应尽量避免干除后湿排而降低粉煤灰的使用价值。对湿式除尘器收集的粉煤灰，应设置脱水装置或进行晾干，使含水率降低到 30% 左右，为综合利用创造条件。

3. 水泥厂窑灰

在回转窑生产水泥熟料时，有大量的窑灰从窑中随尾气排出，部分水泥厂通过收尘设备把窑灰收集起来，重新喂入窑内。但是，由于原料、设备和工艺的原因，窑灰往往不能全部重新入窑。在重喂入窑的工艺中，也存在着影响生料均匀性、烧成操作以及熟料的质和量等不利因素。因此，有相当多的水泥厂不能充分利用收尘器收集窑灰，而是将窑灰从烟囱中放空，造成了料耗增加、污染环境等许多问题。

在回转窑生产水泥工艺中有湿法、干法、半干法等，其中除窑外分解窑灰全部回窑（带有旁路放风的窑外分解窑除外），其他形式的窑灰，由收尘器收下。

4. 炉渣

我国的锅炉以燃煤锅炉为主。炉渣就是以煤为燃烧的锅炉燃烧过程产生的块状废渣，而沸腾炉渣又称沸渣，是沸腾锅炉燃烧时产生的炉渣。

5. 放射性废物

放射性废物来自三个大的领域，即核能开发领域、核技术应用领域、伴生放射性矿物开采利用领域。

（1）核能开发领域产生的放射性废物　核能开发主要是用核能发电。核电站自 20 世纪 50 年代诞生以来，虽然经历了曲折的历程，但在能源领域中还是占了重要地位。现在全世界的核电站已超过 400 座，有些国家核电站已成为主要能源。我国核电也已起步，如秦山核电站和大亚湾核电站已经开始并网发电。

（2）核技术应用领域产生的放射性废物　核技术应用范围很广，现在已遍及国民经济的各个领域。例如，医疗系统用同位素技术进行肿瘤的诊断和治疗，用 ^{198}Au 进行肝扫描诊断占位性病变，用 ^{60}Co 对肿瘤进行辐射照射治疗等。在农业上利用钴源辐射照射进行辐射育种、辐射保鲜；在工业中的辐射测厚、测料位、称重（核子秤）、静电消除等；地质部门用中子或 γ 射线测井；科研领域中的同位素示踪应用；公安系统的烟雾（火警）报警；仪（钟）表行业的发光涂料以及化工行业的材料的辐射改性等等。所有这些应用都必然或多或少地产生放射性废物和废放射源。对这类量大面广的废放射源，必须予以重视，否则不仅可能导致人员的伤亡、环境的污染，还会引发社会问题。

（3）伴生放射性矿物资源开采利用领域中产生的放射性废物　伴生放射性矿物资源开采利用是指某些有色金属、稀土等开采及加工活动。某些有色金属矿和稀土矿伴生有较高的天然放射性物质。伴生矿废物在我国是个突出的问题。我国稀土储、采量占世界第一，而稀土矿总是伴生较高的天然放射性物质。由于对这些矿物资源的开发利用，埋在地下的天然放射性物质被提升到地面，进入人类生活环境，使环境中的天然放射性本底水平增加，导致环境质量下降。这类活动与核工业的铀矿的开采不同，后者的活动目的是提取铀矿石中的铀——放射性物质，属放射性操作，对辐射防护和放射性废物都有严格的管理要求[8]。对伴有放射性的有色金属和稀土矿的开采目的全然不是要得到放射性物质，而有关部门也不把这些活动按放射性事业单位对待与管理，许多操作也不注意放射性的影响，但放射性的影响却是客观存在的。据调查，约 5% 的有色冶金渣中的放射性含量已达到国家规定的放射性废物标准。对这些废物如不进行有效管理，可能产生的环境问题将是严重的。

（二）废物的产生量

1. 煤矸石

煤炭是我国最主要的能源，其资源非常丰富。随着煤炭生产的不断发展，煤矸石的产生量与日俱增。煤矸石的产生情况如表 2-2-61 所列。

若以煤矸石产生量按原煤产量的 15% 计，每年煤矸石至少增加 1×10^8 t 以上，其中洗矸排矸率按入选原煤量的 25% 计，约 3.5×10^7 t 以上。历年积存的煤矸石已超过 1.3Gt，占地 5×10^4 亩以上，而且仍在继续增加。这样大量的煤矸石已严重污染了环境，并侵占了大量的土地和农田，因此，如何治理和综合利用煤矸石正在越来越受到人们的重视。

表 2-2-61　煤矸石的来源及产生情况

煤矸石的来源及产生情况	露天开采剥离及采煤巷道掘进排出的白矸	采煤过程选出的普矸	选煤厂产生的选矸
所占比例/%	45	35	20

2. 粉煤灰

电力工业是我国国民经济的重要支柱行业之一。电力生产 70% 以上都是靠煤炭燃烧进行热电转换的。目前，全国煤炭产量的 30% 用于发电，随着电力建设的高速发展，由此产生的粉煤灰及炉底渣急剧增加。1995 年已达 $1.2 \times 10^8 t$，而利用量只有 $5.6 \times 10^7 t$，还不到当年产生量的 1/2。目前，全国累计堆存的粉煤灰约 $6 \times 10^8 t$。由于未很好地进行处理和利用，导致了浪费资源、占用土地、污染环境、破坏生态平衡等后果。

3. 水泥厂窑灰

窑灰产生量一般为水泥熟料量的 10%~20%，按 1986 年的统计，我国已有 12 家大中型水泥厂采用了这一措施，每年掺入水泥的窑灰量约为 $11 \times 10^4 t$，约占全国窑灰总量的 4%。我国大中型水泥厂的窑灰总量为 300 多万吨，其中回喂入窑的约占 73%，生产砌筑水泥约占 3%，生产钾肥及工业副产品酸性中和物的约 2%，废弃的为 7% 左右。值得注意的是尚有占窑灰总量的 17% 的窑灰被废弃掉。

4. 炉渣

目前，全国有燃煤锅炉 11×10^4 多台，耗煤超过 $7 \times 10^8 t$，年产生炉渣近 $8 \times 10^7 t$，其产生量仅少于尾矿、煤矸石、粉煤灰而居第四位。燃煤工业锅炉使用较多的部门有纺织、化工、轻工和食品工业等，它们是炉渣产生量较大的部门；企事业单位的食堂、生活福利所需要的热水或蒸汽，北方冬季采暖也使用锅炉，均产生炉渣。

炉渣可分为工业燃煤锅炉底部排出的灰渣（粒径较粗），石煤和煤矸石等低热值燃料发电沸腾炉炉膛排出的沸腾炉渣和电厂燃煤锅炉底部排出的炉底渣三大类。

我国沸腾炉一般使用低热值的燃料，如石煤、煤矸石、劣质煤、油母页岩等，由于沸腾炉所用燃料灰分高，废渣产生量大，加之容重轻、颗粒小、粉状物含量多，对环境的污染较普通炉渣要严重得多。

5. 放射性废物

由于放射性物质的大量应用，我国放射性废渣的产生量占工业固体废物产生量的 3%~5%。通过采取一些有力措施，放射性废物的产生量已由 20 世纪 90 年代初的 200 多万吨（1992 年 $291 \times 10^4 t$，1993 年 $254 \times 10^4 t$）减少到 $170 \times 10^4 t$ 左右（1994 年 $169 \times 10^4 t$，1995 年 $171 \times 10^4 t$）。

放射性废渣集中产生于内蒙古，约占产生量的 90%；产生放射性废渣的行业非常集中，主要来源于黑色金属冶炼及压延行业，约占 90%，其次为矿业，占 10% 左右。

（三）废物的主要类别及性质

1. 煤矸石

煤矸石根据其岩石组成又可分为黏土岩矸石、砂岩矸石和石灰矸石，其中黏土岩矸石数量最多，这类煤矸石呈黑褐色，层状结构，易粉碎。煤矸石的组成和性质如下。

（1）化学成分　这里所讲的化学成分是煤矸石煅烧后灰渣的成分，如表 2-2-62 所列。

煤矸石的岩石种类和矿物组成直接影响煤矸石的化学成分，如砂岩矸石其 SiO_2 含量最高可达 70% 左右，铝质岩矸石 M_2O_3 含量大于 40%，钙质岩矸石 CaO 30%。

表 2-2-62　煤矸石化学成分　　　　　　　　　　　　单位：%

SiO_2	Al_2O_3	CaO	MgO	Fe_2O_3	R_2O	烧失量
40~65	15~35	1~7	1~4	2~9	1~2.5	2~17

（2）发热量　煤矸石发热量的大小和碳含量及挥发分多少有关，我国煤矸石发热量多在 6300kJ/kg 以下，热值高于 6300kJ/kg 的数量较少，约占 10%。据 20 世纪 80 年代的调查，热值为 3300~6300kJ/kg、1300~3300kJ/kg 和小于 1300kJ/kg 的煤矸石数量大体相当，各占 30% 左右。在小于 1300kJ/kg 的煤矸石中未计有些露天煤矿开采剥离的泥岩，如果加上这一部分，小于 1300kJ/kg 的煤矸石比例将大幅度增加。

（3）矿物组成　煤矸石与煤系地层共生，是多种矿岩组成的混合物，属沉积岩。煤矸石的岩石种类主要有黏土岩类、砂岩类、碳酸盐类、铝质岩类。

黏土岩中主要矿物组分为黏土矿物，其次为石英、长石、云母和黄铁矿、碳酸盐等自生矿物，此外还含有丰富的植物化石、有机质、碳质等。黏土矿物是非常细小的，常常不超过 1~2μm，多是板状、层状或纤维状结构。黏土岩类在煤矸石中占有相当大的比例。

砂岩类矿物多为石英、长石、云母、植物化石和菱铁矿结核等，并含有碳酸盐的黏土矿物或其他化学沉积物。采煤掘进巷道选出的黏土矿物、陆源碎屑矿物、有机物、黄铁矿等。

铝质岩类均含有高铝矿物：三水铝矿、一水软铝石、一水硬铝石，此外还常常含有石英、玉髓、褐铁矿、白云母、方解石等矿物。

（4）活性　黏土岩类煤矸石主要由黏土矿物组成，加热到一定温度时（一般为 700~900℃），原来的结晶相分解破坏，变成无定型的非结晶体，使煤矸石具有活性。活性的大小与矸石的物相组成有关，还和煅烧温度有关。自燃过的煤矸石都具有一定的活性，测定煤矸石的活性，可采用化学火山灰活性检验方法来进行比较。

由于煤矸石以上的性质，因此其综合利用主要集中在制砖、生产轻骨料、生产空心砌块、作原燃料生产水泥、作水泥混合材料以及作筑路和充填材料。

2. 粉煤灰

粉煤灰根据其化学成分又可分为低钙粉煤灰和高钙粉煤灰（一般氧化钙含量在 8% 以上者称为高钙粉煤灰）。当燃料用烟煤和无烟煤时，从煤粉燃烧炉烟气中收集的灰分多为低钙粉煤灰；当燃料用次烟煤和褐煤时所得多为高钙粉煤灰。

我国大中型电厂粉煤灰的主要物理化学性能如下所述。

（1）化学成分　多数电厂粉煤灰化学成分见表 2-2-63。由此可见，粉煤灰的化学成分与黏土也相似，但 SiO_2 含量偏低，Al_2O_3 含量偏高。

表 2-2-63　粉煤灰的化学成分　　　　　　　　　　　单位：%

名　称	SiO_2	Al_2O_3	CaO	MgO	Fe_2O_3	K_2O/Na_2O	SO_3	烧失量
粉煤灰	43~56	20~32	1.5~5.5	0.6~2.0	4~10	0.5~2	1.0~2.5	3~20

（2）含碳量　据调查，大中型电厂粉煤灰含碳情况如表 2-2-64 所列。大中型电厂粉煤灰含碳量少于 8% 的占 68%，今后随着锅炉燃烧技术的提高，含碳量还会趋向降低。

（3）活性　北京市建筑材料研究所曾对全国大中型电厂粉煤灰活性进行过测试。测定掺 30% 原状粉煤灰的水泥砂浆强度与同龄期的纯水泥砂浆强度的比值，即为粉煤灰活性值。

测定结果如表 2-2-65 所列。

表 2-2-64 粉煤灰含碳量统计表

含碳量/%	<5	5~8	8~15	15~20	>20
数量/万吨	1282	511	703	102	36
占总量比例/%	48.7	19.4	26.7	3.9	1.4

表 2-2-65 粉煤灰的活性值

活性值/%	<75	75~80	80~85	85~90	>90
数量/万吨	965	364	484	160	134
占总量比例/%	46	17	23	7.6	6.4

（4）细度 粉煤灰的细度随煤灰细度、燃烧条件和除尘方式不同而异，多数电厂粉煤灰细度为 4900 孔筛筛余 10%~20%。

（5）容重 各电厂粉煤灰容重差异较大，一般为 700~1000kg/m³。

3. 水泥厂窑灰

窑灰中的 SiO_2、Fe_2O_3、CaO、MgO 主要来源于生料和煤灰。我国 38 家大中型水泥厂窑灰的化学成分列于表 2-2-66。

表 2-2-66 38 家大中型水泥厂窑灰的化学成分

生产方式	数据统计类别	化学成分/%					
		烧失量	SiO₂	Al₂O₃	Fe₂O₃	CaO	MgO
湿法厂（22家）	范围	14.83~31.81	11.22~18.53	2.83~6.37	2.46~5.11	39.68~50.71	0.73~3.53
	平均	24.02	15.05	4.75	3.30	43.92	1.67
干法厂（9家）	范围	5.72~15.64	14.22~23.29	3.78~10.41	2.84~5.28	42.49~57.54	1.10~5.86
	平均	10.85	19.15	5.48	3.96	51.86	2.99
半干法厂（7家）	范围	16.12~30.02	12.52~24.55	2.84~10.68	2.05~7.29	37.65~47.87	0.95~3.70
	平均	21.41	18.80	5.82	4.02	43.62	1.92

生产方式	数据统计类别	化学成分/%					
		SO₃	K₂O	Na₂O	f-CaO	TiO₂	S
湿法厂（22家）	范围	1.09~16.43	0.59~7.71	0.12~0.64	0.33~10.77	0.16~0.72	0.00~2.83
	平均	4.36	2.18	0.28	4.91	0.30	0.54
干法厂（9家）	范围	1.16~4.09	0.93~5.66	0.14~0.55	8.12~21.73	0.20~0.50	0.00~0.32
	平均	2.80	2.32	0.29	16.63	0.31	0.08
半干法厂（7家）	范围	0.18~3.37	0.61~3.97	0.14~0.57	3.12~10.55	0.22~0.54	0.00~0.46
	平均	1.92	2.06	0.37	6.99	0.33	0.08

窑灰的矿物组成主要有未分解的石灰石、未化合的石灰、烧黏土质、熟料矿物、钾和钠的硫酸盐、石膏、煤灰玻璃球等。

在窑灰所含矿物中值得注意的是游离氧化钙、钾钠硫酸盐、石膏和碳酸钙，几家水泥厂的窑灰中这些物质的含量列于表 2-2-67。

表中 $CaCO_3$ 是由 CO_2% 计算而得，K_2SO_4、Na_2SO_4 和 $CaSO_4$ 是由 SO_3% 计算得出，f-CaO 是实测值。

表 2-2-67   几个水泥厂窑灰的部分矿物组成和细度

生产方式	水泥厂名称	窑灰的部分矿物/%						细度(0.080mm筛筛余 %)	比面积/(m²/kg)
		CaCO₃	K₂SO₄	Na₂SO₄	f-CaO	CaSO₄	(CaO)熟料①		
湿 法	广州	52.52	4.33	0.41	9.17	1.19	7.63	1.0	429
湿 法	湘乡	50.57	3.07	0.87	3.64	0	11.40	2.5	525
湿 法	渡口	48.59	5.42	0.44	6.72	1.92	8.66	2.5	597
湿 法	江西	54.30	1.55	0.44	8.54	1.67	8.06	51.0	140
半干法	松江	36.64	5.72	1.31	7.22	0	17.90	13.5	395
半干法	永安	68.11	0.44	0.23	4.42	0.27	—	20.0	504
干 法	本溪	15.57	4.40	0.92	18.76	1.75	12.40②	9.0	276
干 法	工源	9.75	4.60	0.55	19.10	15.42	24.37②	6.0	214

① 熟料矿物中所含的 CaO。
② 该厂采用矿渣配料,此值包括矿渣中的 CaO。

由表 2-2-67 可知,湿法水泥厂和半干法水泥厂窑灰中主要成分是 CaCO₃,可达 50% 左右,干法水泥厂窑灰中 CaCO₃ 含量较低,仅 10%~15% 左右,但其 f-CaO 含量较高。

窑灰的细度与生产工艺、窑型、原料燃料的种类、生料细度以及电除尘器效率等因素有关,所以各厂窑灰的细度差别较大,除个别厂外,一般是比较细的。

4. 炉渣

炉渣的化学成分和粉煤灰相似,但含碳量通常比粉煤灰高,一般在 15% 左右,有些还更高,因此炉渣的热值比粉煤灰高,一般为 3500~6000kJ/kg,有的高达 8000kJ/kg 以上。今后,随着锅炉热效率的提高,炉渣的热值会有所降低。炉渣的容重一般为 0.7~1.0t/m³。

沸渣的化学成分和普通炉渣相似,以 SiO₂ 和 Al₂O₃ 为主,但含碳量少,不能像炉渣那样作砖内燃料。但其活性较好,且易磨,各地的石煤和煤矸石成分及热值差别很大,沸渣的成分和性能变化也很大,能否利用必须通过试验才能确定。

5. 放射性废物

放射性废物是核能和核技术发展的必然产物,它不像其他废物那样可以通过物理的或化学的办法使其毒性减少、降低或变得无毒,唯一的办法是靠其自身衰变,即由放射性核素变成稳定核素。用于描述衰变速率的量叫半衰期。有些放射性核素的半衰期很长,如 ^{238}U 为 4.5×10^9a。这说明放射性废物安全管理不仅要考虑对当代人的影响,还要考虑对子孙后代的影响。这无疑增加了放射性废物环境管理的难度,也是引起人们对放射性核素尤为关注的原因。

参 考 文 献

[1] 国家环境保护总局污染控制司编制. 固体废物申报登记工作指南. 北京:国家环保总局,1994.
[2] 国家环境保护局,孟宪彬主编. 工业污染治理技术丛书:固体废弃物卷·有色金属工业固体废物治理. 北京:中国环境科学出版社,1992.
[3] 国家环境保护局,魏宗华主编. 工业污染治理技术丛书:固体废弃物卷·钢铁工业固体废物治理. 北京:中国环境科学出版社,1992.
[4] 张朝晖. 冶金资源综合利用. 北京:冶金工业出版社,2011.
[5] 国家环境保护局,毛怵和,李政禹主编. 工业污染治理技术丛书:固体废弃物卷·化学工业固体废物治理. 北京:中国环境科学出版社,1991.
[6] 兰嗣国,殷惠民,狄一安,等. 浅谈铬渣解毒技术. 环境科学研究,1998,11 (3):53-56.
[7] 石青. 国家环境保护局有毒化学品管理办公室/化工部北京化工研究院环境保护研究所编. 化学品毒性、法规、环境数据手册. 北京:中国环境科学出版社,1992.
[8] 赵宏圣,等. 工业污染治理技术丛书:放射性卷·铀矿冶污染治理. 北京:中国环境科学出版社,1996.

第三章
危险废物的特征及危害

危险废物具有毒害性（含急性毒性、浸出毒性等，如含重金属的废物）、爆炸性（如含硝酸铵、氮化铵等的废物）、易燃性（如废油和废溶剂）、腐蚀性（如废酸和废碱）、化学反应性（如含铬废物）、传染性（如医院临床废物）、放射性等一种或几种以上的危害特性，并以其特有的性质对环境产生污染。危险废物的危害具有长期性和潜伏性，可以延续很长时间。危险废物中含有的有毒有害物质对人体和环境构成很大威胁，一旦其危害性质爆发出来，不仅可以使人畜中毒，还可以引起燃烧和爆炸事故，也可因无控焚烧、风扬、升华、风化而污染大气。此外，还可通过雨雪渗透污染土壤、地下水，由地表径流冲刷污染江河湖海，从而造成长久的、难以恢复的隐患及后果。受到污染的环境的治理和生态破坏的恢复不仅需要较长时间，而且要耗费巨资，有的甚至无法恢复，所造成的后果有时难以用金钱来衡量。因此，国内外废物管理立法都把危险废物作为废物管理的重点，采取一切措施保证危险废物得到妥善的处理处置。

第一节　危险废物的来源及分类

根据《中华人民共和国固体废物污染环境防治法》，危险废物是指列入《国家危险废物名录》或者根据国家规定的危险废物鉴别标准和鉴别方法认定的具有危险特性的废物。为了掌握危险废物的产生和排放等情况，原国家环境保护局于1992年发布了《排放污染物申报登记管理规定》。同年，选择了北京、天津、上海、沈阳、武汉、南通、深圳等不同类型并各具一定代表性的17个城市进行了固体废物和危险废物申报登记试点，其中把危险废物分成45类进行统计。为了更为全面地、科学地管理危险废物并与国际接轨，1998年我国参考《巴塞尔公约》对危险废物的分类方法[1]（注：《巴塞尔公约》分类方法的基础是参考经济合作与发展组织的废物名录，为使读者更多地了解情况，正文中还以中英文对照的方式列出了该名录），从特定来源、生产工艺及特定物质等方面把危险废物分成49类（表1-1-7）。

工业固体废物中有很多种类的废物属于危险废物，城市垃圾中除医院临床废物外，废电池、废日光灯、某些日用化工产品等都属于危险废物。我国工业危险废物的产生量约占工业固体废物产生量的 $3\% \sim 5\%$，据估计，1995年全国产生的危险废物在 $(1.9 \sim 3.2) \times 10^7 t$ 之间，主要分布在化学原料及化学品制造业、采掘业、黑色金属冶炼及压延加工业、有色金属冶炼及压延加工业、石油加工及炼焦业、造纸及纸制品业等工业部门。

大部分化学工业固体废物具有急性毒性、化学反应性、腐蚀性等特性，对人体健康和环境有危害或潜在危害。几种化学工业危险废物化学组成及对人体与环境的危害如表2-3-1所列。由该表可见，这些废物中有害有毒物质浓度高，如果得不到有效处理处置，会对人体和环境造成很大影响。

表 2-3-1　几种化学工业危险废物的组成及危害

废渣名称	主要污染物及含量	对人体和环境的危害
铬渣	Cr^{6+} 0.3%～2.9%	对人体消化道和皮肤具有强烈的刺激和腐蚀作用,对呼吸道造成损害,有致癌作用。铬蓄积在鱼类组织中对水体中动物和植物区系均有致死作用,含铬废水影响小麦、玉米等作物生长
氰渣	含 CN^- 1%～4%	引起头痛、头晕、心悸、甲状腺肿大,急性中毒时呼吸衰竭致死,对人体、鱼类危害很大
含汞盐泥	Hg 含量 0.2%～0.3%	无机汞对消化道黏膜有强烈的腐蚀作用,吸入较高浓度的汞蒸气可引起急性中毒和神经功能障碍。烷基汞在人体内能长期滞留,甲基汞会引起水俣病。汞对鸟类、水生脊椎动物会造成有害作用
无机盐废渣	Zn^{2+} 7%～25% Pb^{2+} 0.3%～2% Cd^{2+} 100～500mg/kg As^{3+} 40～400mg/kg	铅、镉对人体神经系统、造血系统、消化系统、肝、肾、骨骼等都会引起中毒伤害。含砷化合物有致癌作用,锌盐对皮肤和黏膜有刺激腐蚀作用。重金属对动植物、微生物有明显的危害作用
蒸馏釜液	苯、苯酚、腈类、硝基苯、芳香胺类、有机磷农药等	对人体中枢神经、肝、肾、胃、皮肤等造成障碍与损害。芳香胺类和亚硝胺类有致癌作用,对水生生物和鱼类等也有致毒作用
酸、碱渣	各种无机酸碱 10%～30%,含有大量金属离子和盐类	对人体皮肤、眼睛和黏膜有强烈的刺激作用,导致皮肤和内部器官损伤和腐蚀,对水生生物、鱼类有严重的有害影响

第二节　危险废物的物理化学及生物特性

危险废物的物理化学及生物特性包括:与有毒有害物质释放到环境中的速率有关的特性;有毒有害物质在环境中迁移转化及富集的环境特征[2];有毒有害物质的生物毒性特征。所涉及的主要参数有:有毒有害物质的溶解度、挥发度、分子量、饱和蒸汽压、在土壤中的滞留因子、空气扩散系数、土壤/水分配系数、降解系数、生物富集因子、致癌性反应系数及非致癌性参考剂量等。这些参数值可从有关化学手册、联合国环境署管理的国际潜在有毒化学品登记数据库 IRPTC、美国国家环保局综合信息资源库 IRIS 等中查到。对于新出现的化学品和危险废物,其参数可用估值方法确定。

一、有毒有害物质释放特征参数

1. 溶解度

在影响有毒有害物质释放和迁移转化的各种特性中,有毒有害物质在水中的溶解度是一项重要的参数。没有哪一种物质是完全不溶于水的。在室温条件下,大多数的物质的溶解度在 1～100000mg/L 的范围。但某些化合物是无限可溶的。按照国际化学品安全手册的分类,把物质按溶解度分为如表 2-3-2 所列类别。

表 2-3-2　物质按溶解度的分类标准　　　　　　　　单位:mg/L

类别	不溶解	微溶	适度溶解	溶解	易溶
溶解度	<1	1～10	10～100	100～1000	>1000

溶解度作为物质的基本特性,可从化学手册及数据库中查得。常用估算溶解度的方法有五种,各自所需信息及方法的适用性见表 2-3-3。

表 2-3-3　常用估算溶解度方法

方法	方法基础	所需信息	注　释
1	回归方程	辛醇/水分配系数 K_{ow}，熔点 T_m	容易计算，其中 K_{ow} 可以根据物质结构估算，适用较为普遍
2	原子分裂的加算	结构，熔点 T_m	适用性较差，仅适用于烃类和卤代烃化合物
3	用估算活度系数的理论方程	结构，熔解热 ΔH_t，熔点 T_m	比较准确，适用性差
4	回归方程	水/纯有机碳分配系数 K_{oc}	计算简便，准确性差
5	方程	水生生物富集因子 BCF	计算简便，准确性差

2. 饱和蒸汽压

物质的饱和蒸汽压（p_0）是影响有毒有害物质挥发速率的重要因素。蒸汽压的估算方法一般需要以下四个参数中的三个：临界温度 T_c，临界压力 p_c，汽化热 ΔH_t，某温度下的蒸汽压 p_{vp}。由于目前大多数的估算与关联的方法是用来求沸点和临界温度之间的精确关系，对于环境学研究需要的低于沸点的情况，这些方法准确度都欠佳。

国际化学品安全规划署推荐了一种可以计算在 20℃ 时物质或化合物饱和蒸汽压的方法。

$$p_{20} = (1013/760) \times 10^C \tag{2-3-1}$$

式中　p_{20}——20℃ 时饱和蒸汽压，mbar；

$$C = 2.8808 - \frac{(a_n \times t_b + b_n)(t_b - 20)}{296.1 - 0.15 t_b} \tag{2-3-2}$$

t_b——此物质在 1013mbar 时的沸点，℃；

n——此物质或化合物的分组号。

物质或化合物得分组号可以从表 2-3-4 中查得，分组号确定后，a_n 和 b_n 值可以从表 2-3-5 中查得。

表 2-3-4　物质及化合物分组号

物　质　分　组	n
含有少量非碳和氢的烃类 醚类 聚硅氧烷 硫化物	2
醛类 环氧化合物 酯类（高级） 酮类 含氮化合物	3
酯类（低级，氧含量较高） 酚类（高级和多元酚）	4
羧酸 酸酐	5
醇类 乙二醇类 水	7

注：卤素衍生物分类为同一组；难以分类的物质选择 $n=4$；计算的 $p_{20} < 0.1$mbar 时可能偏离真值较大；1mbar = 0.1kPa。

表 2-3-5 计算在 20℃ 时物质或化合物饱和蒸汽压的系数

n	a_n	b_n	n	a_n	b_n
1	0.0021	4.31	5	0.0023	5.22
2	0.0021	4.54	6	0.0023	5.44
3	0.0021	4.77	7	0.0023	5.67
4	0.0022	5.00	8	0.0023	5.90

物质饱和蒸汽压一般取 20℃ 时的值。其值分布范围在 $10^{-5} \sim 300$ mmHg（1mmHg＝133.3224Pa）。

二、环境迁移及富集特征参数

1. 滞留因子

滞留因子 R_d 反映有毒有害物质在土壤中由于吸附作用产生的随水流迁移时的滞后现象。滞留因子定义为：

$$R_d = 1 + \frac{\rho_b K_d}{\theta} \qquad (2\text{-}3\text{-}3)$$

式中　ρ_b——土壤容重，g/cm^3；

　　　θ——土壤含水率，cm^3/cm^3；

　　　K_d——有毒有害物质的土壤/水分配系数，cm^3/g，对于无机物，如重金属的 K_d 根据实验数据取值，对于有机物，K_d 可以通过以下公式计算：

$$K_d = K_{oc} f_{oc} \qquad (2\text{-}3\text{-}4)$$

式中　K_{oc}——有机物在水与纯有机碳间的分配系数，cm^3/g；

　　　f_{oc}——土壤中有机碳含量，g/g。

K_{oc} 表示有毒有害物质在水与纯有机碳间的分配系数。土壤中的有毒有害物质在固相和液相之间，或者在径流和沉积物之间的分配系数由该物质和土壤（沉积物）的物理化学性质确定。大多数情况下，可以将一种有毒有害物质被吸附的倾向用参数 K_{oc} 表示。它与土壤或沉积物的性质几乎没有关系，而只与化合物本身特性有关。K_{oc} 可看作在土壤或沉积物中单位质量有机碳所吸附的有毒有害物质数量与该有毒有害物质在溶液中的平衡浓度的比值。

$$K_{oc} = \frac{被吸附物的量(\mu g)/有机碳(g)}{被吸附物的浓度(\mu g/mL)} \qquad (2\text{-}3\text{-}5)$$

K_{oc} 范围在 $1 \sim 10000000$ 之间。

所有估算 K_{oc} 的方法都和该化学物质某一特性相关，如溶解度 S，正辛醇/水分配系数 K_{ow}，生物富集因子 BCF 等有关。

$$\log K_{oc} = -0.55 \log S + 3.64 \qquad (2\text{-}3\text{-}6)$$

式中　S——物质溶解度，mg/L，范围 $0.0005 \sim 1000000$；

　　　K_{oc} 估值范围为 $1 \sim 1000000$。

$$\log K_{oc} = 0.544 \log K_{ow} + 1.377 \qquad (2\text{-}3\text{-}7)$$

式中　K_{ow}——正辛醇/水分配系数，范围 $0.001 \sim 4000000$；

　　　K_{oc} 估值范围为 $10 \sim 1000000$。

$$\log K_{oc} = 0.681 \log BCF + 1.963 \qquad (2\text{-}3\text{-}8)$$

式中　BCF——生物浓积因子，范围 $1 \sim 10000$；

　　　K_{oc} 估值范围为 $30 \sim 1000000$。

2. 有毒有害物质的空气扩散系数

空气扩散系数（D_a）是有毒有害物质的基本特性，有毒有害物质在土壤中的扩散系数就是通过 D_a 来计算的。空气扩散系数是密度、压力和温度的函数，反比于密度和压力。D_a 一般可以通过文献查得，其大小在 $0.08\text{cm}^2/\text{s}$ 左右。常用的估算方法是 FSG方法。

$$D_a = 1.858 \times 10^{-3} \left(\frac{T^{3/2}\sqrt{M_t}}{p\sigma^2_{AB}\Omega_{AB}} \right) \qquad (2\text{-}3\text{-}9)$$

式中　T——温度，K；

p——压力，atm；

$M_t = (M_A + M_B)/M_A M_B$，$M_A$，$M_B$ 为空气和待求物质的分子量；

σ_{AB}——分子 A、B 相互作用的特征长度；

Ω_{AB}——碰撞积分；

σ_{AB} 和 Ω_{AB} 除通过 Lennard-Jones 势能函数直接估算外，还可以通过不同化合物的扩散系数关联来求其中某一物质的扩散系数。扩散系数是通过分子量来关联的，即：

$$D_1/D_2 = \sqrt{M_1/M_2} \qquad (2\text{-}3\text{-}10)$$

3. 降解常数

有毒有害物质的空气中降解常数，水中降解常数以及土壤中的降解常数分别影响其在这三条途径中的浓度变化。其中有毒有害物质在空气中的降解考虑分解作用、氧化还原作用；水中降解考虑水解、化合、生物降解、氧化还原作用；而在土壤中的降解考虑生物降解、化合、氧化还原作用。

水解、分解、化合、氧化还原都属于化学反应，其降解速率一般靠实验得出。对这些降解速率的估算与物质的化学结构式有密切的关系，并且关系极其复杂。引起生物降解的生物种类很多，但在自然环境中，以微生物降解为主要作用。微生物降解的速率数值主要靠实验给出。降解数据在国际潜在有毒化学品登记数据库 IRPTC 中有登记。

4. 生物富集因子

有毒有害物质生物富集因子（BCF）反映此种有毒有害物质在生物体内的浓度累积作用。BCF 的范围为 $1\sim 1000000$。BCF 是通过大量生物实验，尤其是鱼类实验得到的，数据主要取自国际潜在有毒化学品登记数据库 IRPTC。如果未查得则可以通过估算公式，根据 K_{oc}、K_{ow} 等估算。

$$\log BCF = 0.76 \log K_{ow} - 0.23 \qquad (2\text{-}3\text{-}11)$$

式中　K_{ow}——正辛醇/水分配系数，范围 $(7.9 \sim 8.1) \times 10^6$。

$$\log BCF = 2.791 - 0.564 \log S \qquad (2\text{-}3\text{-}12)$$

式中　S——水溶解度，g/cm^3，范围 $0.001 \sim 50000$。

$$\log BCF = 1.119 \log K_{oc} - 1.579 \qquad (2\text{-}3\text{-}13)$$

式中　K_{oc}——有机物在水与纯有机碳间的分配系数，cm^3/g，范围 $< (1 \sim 1.2) \times 10^6$。

第三节　危险废物的生物毒性数据

目前，危险废物的毒性数据是判定废物是否是危险废物的依据，主要是参照《化学品毒性、法规、环境数据手册》，其毒性数据主要包括危险废物判定数据和风险分析生物毒性数据[3]。

一、危险废物判定数据

1. 刺激作用数据

刺激作用的试验方法主要有两种，即敞开试验和封闭试验。此外，还有用淋洗和非标准暴露等不太常用的试验方法。

2. 致突变作用数据

致突变作用数据主要为整体动物试验和体外试验数据，需列出致突变试验体系、试验物种、给药染毒部位、给药染毒途径及试验细胞的类型。可采用 20 种致突变试验体系，这些体系是用来检测由化学物质引起的遗传变异的体系。为避免重复，一般将"试验体系"字样省略，如"微生物突变"即为"微生物突变试验体系"。20 种致突试验体系具体如下所述。

（1）微生物突变　检测微生物受到化学物质作用后，对遗传物质所导致的遗传上的改变。

（2）微粒体致突变　利用体外试验方法，使突变源在指示微生物的存在下，加微粒体酶（活化 S_9），经酶的活化，然后测定突变作用发生的频率。

（3）微核试验　检测染色体及染色体片断，在细胞分裂期间，不能渗入子细胞核内的试验。

（4）特定位点试验　检测全部的和任何的隐性位点突变速率。

（5）DNA 损伤　检测 DNA 双链的损伤，包括链断裂、交链及其他异常变化。

（6）DNA 修复　检测 DNA 修复状况，用来检查遗传性损伤的修复。

（7）程序外的 DNA 合成　检测非合成期的 DNA 合成，以发现 DNA 的正常情况。

（8）DNA 抑制　检测 DNA 合成受到抑制的损伤。

（9）基因转换和有丝分裂重组　利用基因标记物，在基因重组期间，在交换区内的不均匀恢复。

（10）细胞遗传学分析　利用检测对培养细胞或细胞株由于加入化学物质后，引起染色体的畸变。

（11）姊妹染色单体交换　检测细胞标本期间染色体复制产物间 DNA 的交换。

（12）性染色体丢失和不分离性　测定有丝分裂及减数分裂时，同源染色体的不分离现象。

（13）显性致死试验　是指配子的基因改变，从而使该配子产生的合子致死，对哺乳动物是测定每窝产仔数的减少，对昆虫则测定未能孵化卵的数目。

（14）哺乳动物体细胞突变　利用鉴定基因变化的方法，检测培养的动物细胞突变种的诱导和分离。

（15）宿主间介试验　利用两种不同的生物——哺乳动物和细菌，以细菌作指示菌，检测可遗传的基因改变，这种改变是由于给动物的化学物质的代谢转化，引起微生物指标的变化。

（16）精子形态学试验　测定精子形态的异常。

（17）可遗传的移位试验　测定诱发的染色体易位和对子代的可遗传性，对哺乳动物以不孕和受孕率降低为指标。

（18）肿瘤性转化　利用形态学指标，检查正常的组织与转化变异的肿瘤细胞间，细胞形态学上的差异。

（19）噬菌体的抑制能力试验　利用一种溶原病毒，检查遗传特性的变化，即检查病毒由非传染性变为传染性的变化。

（20）体液测定试验　利用两种不同的生物，一般是哺乳动物和细菌。先将药物给宿主，再从宿主取体液（血、尿），在体外细菌试验中，检测其致突变作用。

3. 生殖作用数据

生殖作用影响数据分为七类：父系影响，母系影响，生育力的影响，胚胎及胎儿的影响，变态发育，致肿瘤影响，新生儿的影响等。其中列出了试验动物、给药途径、剂量类型（如 TDL_0、TCL_0）、总给药量、给药时间和持续时间等数据。

4. 致肿瘤数据

列出的试验动物、给药途径（经口、皮下、腹腔等）、剂量类型（TDL_0、TD 等）、总给药量、药物接触时间（包括给药方式，如连续给药、间断给药等）等致肿瘤数据包括阳性反应结果（致癌性、致肿瘤性）和可疑性致肿瘤结果（可疑致肿瘤性），分为三类即致癌物、致肿瘤物和可疑致肿瘤物。

5. 毒性数据

在毒性数据中，列出了试验动物、给药途径、剂量类型、产生毒性作用的给药量等。

6. 水生动物毒性数据

用"TLm_{96}"这一符号表示，其定义是在 96h 内引起 50% 试验动物死亡时，该种毒物的浓度范围。

二、风险分析生物毒性数据

1. 致癌性物质反应系数

致癌性物质反应系数（SF）用来计算人体吸收致癌性物质后的癌症增额风险。SF 是通过大量动物实验得到的实验数据。SF 的值一般可以通过查阅文献或检索国际潜在有毒化学品登记数据库 IRPTC、美国国家环保局综合信息资源库 IRIS 得到。中国预防科学研究院也拥有有毒有害物质的毒性数据库。对于无法查得实验数据的有毒有害物质，如果可以查得此种物质的动物半致死剂量 $LD_{50}[g/(kg \cdot d)]$，则可以通过 LD_{50} 来估算 SF 的值。

$$SF = 6.5(LD_{50})^{-1.1} \tag{2-3-14}$$

动物半致死剂量 LD_{50} 是一个实验数据，目前进行生物毒性实验时都提供半致死剂量数值。

2. 非致癌性物质参考剂量

非致癌性物质参考剂量（RfD）是有毒有害物质造成的健康风险在可接受水平的人群暴露剂量，目前被普遍用来进行非致癌物质的计量-反应评估。RfD 值的计算是非致癌物质剂量-反应评估的关键，尤其对于危险废物环境释放造成的人体低剂量暴露问题。RfD 的值同样可以通过查阅文献或检索国际潜在有毒化学品登记数据库 IRPTC、美国国家环保局综合信息资源库 IRIS 以及中国预防科学研究院的有毒有害物质毒性数据库得到。一般采用最大无可观察作用水平（NOAEL）推算 RfD 值。

$$RfD = NOAEL/K \tag{2-3-15}$$

K 为修正因子，与 NOAEL 的实验规模及可靠性有关。其取值原则为：
① 通过可靠的长期暴露人群研究数据推算健康人群 NOAEL 时，K 取作 10；
② 通过可靠的长期暴露动物实验数据推算健康人群 NOAEL 时，K 取作 100；
③ 通过非慢性动物实验数据推算健康人群 NOAEL 时，K 取作 1000；
④ 使用 LOAEL 替代 NOAEL 时，K 取作 10000。
使用 NOAEL 计算 RfD 存在一定的局限性。在不同实验中取得的 RfD 值相差比较大。

Crump 于 1984 年提出用标准剂量代替 NOAEL 计算 RfD。标准剂量是有害作用发生率增加到一个特定水平时有毒有害物质相对应的剂量的下限。例如，LED_{10} 是使反应增加 10％时有毒有害物质的有效作用剂量下限。同样，也可以使用 LED_{01} 作为标准剂量。用 LED_{01} 计算 RfD 时，K 取作 100：

$$RfD = LED_{01}/100 \tag{2-3-16}$$

目前 IRPTC 数据库中收录了有毒有害物质的 NOAEL，NOEL，LOAEL，LED_{01} 等值。在无法直接获得 RfD 数值时，进行估算的原则为：依次选用 LED_{01}，NOAEL（NOEL），LOAEL。在无法取得以上这些慢性参数的情况下，则通过急性效应参数半致死剂量 LD_{50} [g/(kg·d)] 来推算 RfD，则

$$RfD = LD_{50}/100000 \tag{2-3-17}$$

第四节　危险废物毒性鉴别及风险评价

一、危险废物鉴别标准

2007 年 10 月，国家开始实施《危险废物鉴别标准》（GB 5085.1～5085.7—2007，代替 GB 5085—85，GB 5088—85 和 GB 12502—90）。目前出台了腐蚀性鉴别、急性毒性初筛、浸出毒性鉴别等 7 项，其他特性可参考以前的有关测试方法。

1. 腐蚀性鉴别

本标准适用于任何生产、生活及其他活动中产生的固体废物的腐蚀性鉴别。通过玻璃电极法测定，当 pH 值大于或等于 12.5，或者小于或等于 2.0 时；或在 55℃条件下，对 GB/T 699—1999 中规定的 20 号钢材的腐蚀速率大于或等于 6.35mm/a 时，该固体废物是具有腐蚀性的危险废物。

2. 急性毒性初筛

本标准适用于任何生产、生活及其他活动中产生的固体废物的急性毒性初筛。急性毒性初筛鉴别值，按照《危险废物急性毒性初筛试验方法》进行试验，对小白鼠（或大白鼠）经口灌胃，经过 48h，死亡超过半数者，则该废物是具有急性毒性的危险废物。危险废物急性毒性初筛试验方法如下所述。

（1）样品的制备

浸出液制备：将样品 100g 置于锥形瓶中，加入 100mL 蒸馏水（即固液 1∶1），在常温下静止浸泡 24h，用滤纸过滤，滤液留待灌胃实验用。

（2）实验方法

① 实验动物：以体重 18～24g 的小白鼠（或体重 200～300g 的大白鼠）作为实验动物。

② 灌胃：按 GB 7919—87 中 5.2 规定的急性毒性经口的灌胃方法，对于 10 只小鼠（或大鼠）进行一次灌胃。

③ 灌胃量：小鼠不超过 0.4mL/20g（体重）大鼠不超过 1.0mL/100g（体重）。

（3）结果判定　对灌胃的小鼠（或大鼠）进行中毒症状的观察，记录 24h 内实验动物的死亡数。根据实验结果，对该废物的综合毒性做出初步评价，如出现半数以上的小鼠（或大鼠）死亡，则可判定该废物是具有急性毒性的危险废物。

3. 浸出毒性鉴别

该项适用范围扩展到任何过程产生的危险废物，在项目上包括无机元素及化合物、有机

农药类、非挥发性有机物及挥发性有机物的鉴别标准等共 50 个项目。在新的标准中，镍及其化合物的标准值有所提高，氰化物浸出毒性鉴别标准定为 5.0mg/L，不再按 GB 12502—90 分级指定标准值。

固态的危险废物过水浸沥，其中有害的物质迁移转化，污染环境。浸出的有害物质的毒性称为浸出毒性。无机元素及化合物的浸出液中任何一种有害成分的浓度超过表 2-3-6 所列的浓度值，则该废物是具有浸出毒性的危险废物。16 个项目的测定方法见表 2-3-7。

表 2-3-6　浸出毒性鉴别标准值

序　号	项　目	浸出液最高允许浓度/(mg/L)
1	烷基汞	不得检出
2	汞(以总汞计)	0.1
3	铅(以总铅计)	5
4	镉(以总镉计)	1
5	总铬	15
6	铬(六价)	5
7	铜(以总铜计)	100
8	锌(以总锌计)	100
9	铍(以总铍计)	0.02
10	钡(以总钡计)	100
11	镍(以总镍计)	5
12	总银	5
13	砷(以总砷计)	5
14	硒(以总硒计)	1
15	无机氟化物(不包括氟化钙)	100
16	氰化物(以 CN⁻ 计)	5

表 2-3-7　测定方法

序　号	项　目	方　法	来　源
1	烷基汞	气相色谱法[①]	GB/T 14204—93
2	汞(以总汞计)	电感耦合等离子体质谱法	GB 5085.3—2007
3	铅(以总铅计)	(1)电感耦合等离子体原子发射光谱法	GB 5085.3—2007
		(2)电感耦合等离子体质谱法	
		(3)石墨炉原子吸收光谱法	
		(4)火焰原子吸收光谱法	
4	镉(以总镉计)	同铅的测定方法	GB 5085.3—2007
5	总铬	同铅的测定方法	GB 5085.3—2007
6	铬(六价)	二苯碳酰二肼分光光度法	GB/T 15555.4—1995
7	铜(以总铜计)	同铅的测定方法	GB 5085.3—2007
8	锌(以总锌计)	同铅的测定方法	GB 5085.3—2007
9	铍(以总铍计)	同铅的测定方法	GB 5085.3—2007
10	钡(以总钡计)	同铅的测定方法	GB 5085.3—2007
11	镍(以总镍计)	同铅的测定方法	GB 5085.3—2007
12	总银	同铅的测定方法	GB 5085.3—2007
13	砷(以总砷计)	(1)石墨炉原子吸收光谱法	GB 5085.3—2007
		(2)原子荧光法	
14	硒(以总硒计)	(1)电感耦合等离子体质谱法	GB 5085.3—2007
		(2)石墨炉原子吸收光谱法	
		(3)原子荧光法	
15	无机氟化物(不包括氟化钙)	离子色谱法	GB 5085.3—2007
16	氰化物(CN⁻ 计)	离子色谱法	GB 5085.3—2007

① 暂时参照水质测定的国家标准，待有关固体废物的国家标准方法发布后执行相应国家标准。

二、危险废物环境风险评价

1989 年，我国规定凡是新建或扩建项目均需要做环境影响评价。但到目前为止，除对废物进口必须进行风险评价外，风险评价工作尚未全面展开。本节主要是参考 1996 年 5 月原国家环境保护局《废物进口环境风险评价内容提要及格式》（暂行）。

一般地说，环境风险可分为三大类。

（1）化学性风险　指有毒、易燃、易爆材料引起的风险。

（2）物理性风险　指在极端状况下引发的风险，如交通事故、大型机械设备倒塌等引起立即伤害的各种事故。

（3）自然灾害风险　指地震、台风、龙卷风、洪水、火灾等引发的上述化学性和物理性的风险。

在对具体项目本身引起的风险进行评价时，主要是考虑项目常规运行或正常运营产生的长期慢性危害；项目发生各种事故引起的短期急性和长期慢性危害；自然灾害等外界因素造成项目受到破坏而引发的各种事故及其短期和长期的危害。因此，这类环境风险评价一般要包括以下四个问题，即

① 项目可能出现什么不利的或危害事件——即相对于人类健康和环境发生什么变化？

② 这些不利影响的后果及程度如何？受到什么影响？多少人受到影响？多少经济损失？受到影响地域多大？

③ 出现这些不利事件的可能性有多大，或者不利事件发生的频率多大？

④ 为了避免或降低事故的发生，应该采取什么措施？经济代价多大？

三、环境风险的量化

环境风险的量化通常采用风险度和风险影响两个概念来表示，具体可用下面的公式计算，即风险度（P），表示不期望事件发生频率的乘积：

$$P = \prod_{I=0}^{n} \theta_I \tag{2-3-18}$$

式中　P——不期望事件发生的频率，次/时间；

　　　θ_I——事件链中每一个环节发生的概率；

　　　θ_0——一定时间内原发事件可能发生的次数。

而风险影响（R），表示风险事件影响的程度大小，即

$$R = PC \tag{2-3-19}$$

式中　R——风险，是从事生产或社会活动时可能发生有害后果的定量描述；

　　　P——风险度，不期望事件发生的频率；

　　　C——危害，事件影响后果的大小。

由式(2-3-19)可见，风险的评估既要看它的发生概率，也要看它的损失后果。对危险废物在运输、贮存、利用和处置过程中的风险评价，具体如下。

（1）运输过程风险评价　分析在正常情况下和非正常情况下对环境和人类的影响，可能发生的交通事故造成的危害及范围、发生的概率，当运输路线经过居民密集区、水源保护区、自然动物保护区和文物保护区等关键地域时，要着重对此类地域的影响进行分析，并提出应急防范措施。

（2）贮存过程风险评价　根据危险废物的特性及包装方式，分析在正常情况下对周围环境和人类有无影响。调查贮存场所的设施状况，找出发生事故的隐患，分析在遇到自然灾

害或风险事故时危险废物可能泄漏或释放污染物质对周围环境和人类的危害及其程度和范围等。

（3）利用过程　根据不同的利用工艺方法，在正常生产情况下，污染物排放、治理措施及对周围环境和人类的影响；分析生产工艺流程中可能发生的事故，及事故排放的污染物质、影响程度和范围；利用后产生的二次污染物或不能利用废物的数量、种类及处理处置方式。

四、风险的比较和可接受性

判断一个项目引起的风险是否能被接受，必须把它同已经存在的其他项目带来的风险进行比较，包括降低风险的费用比较。在环境风险评价中，可用下列四种风险比较方式，即：

① 与为了达到相同的目标而采用替代方案带来的风险进行比较，如铁路运输与公路运输的风险比较；

② 与一些熟悉的风险进行比较，包括对不同时间段内的同一种风险进行比较、不同地点相同项目的风险比较、与已有项目的风险比较；

③ 与承受风险所带来的好处比较；

④ 与降低风险措施所需的费用及其效益进行比较。环境风险评价可建议项目做一些改变、采取一些降低风险的措施。把采取措施所需的费用与效益进行比较，找出最有效的、所需费用最低的措施和方法等。

此外，还要注意环境风险对策分析以及环境风险评价中的环保措施等。

参 考 文 献

[1]　联合国环境规划署. 控制危险废物越境转移及其处置巴塞尔公约（最后文件）. 1989 年 3 月 20-22 日.

[2]　Organization For Economic Cooperation And Development，"Monitoring and Control of Transfrontier Movements of Hazardous Wastes"（Updated July，1993），Paris，1993.

[3]　石青. 国家环境保护局有毒化学品管理办公室/化工部北京化工研究院环境保护研究所编. 化学品毒性、法规、环境数据手册. 北京：中国环境科学出版社，1992.

第四章
固体废物的采样与分析

上述三章介绍的固体废物的类别及其一般组成和特性，对于制定固体废物管理规划，选择固体废物的处理、处置及资源化技术，具有一定的参考价值。但是，由于固体废物产生过程决定了其具有很大的不均匀性，对于特定城市或工厂产生的固体废物，只有通过采样分析才能确定其具体的组成和特性，制定出合理可行的无害化处理处置或资源化处理技术方案。

固体废物分析的目的通常有如下几点。

① 鉴别固体废物危险特性。如用于污染源监测、污染事故调查与监测、法律调查与仲裁。

② 分析固体废物某种物理的和（或）化学的特征值。如用于废物的综合利用与贮存、处置等。

③ 了解固体废物某种物理的和（或）化学的特征值变化规律。如用于工艺分析等。

④ 确定固体废物中某种污染物质的化学形态等。如用于环境影响评价等。

在固体废物的分析中，采取固体废物样品是一个十分重要的环节。所采取样本的质量如何直接关系到分析结果的可靠性，特别是在试验室对某些有毒有害物质的分析方法已能达到纳克（ng）级这样一个高水平的今天，采样可能是造成分析结果变异的主要原因，在某种情况下，它甚至起着决定性作用。

所谓采样，就是从总体中抽取若干单元，从中获取一项或数项信息，并通过对这些信息的分析，对总体进行数量特征和规律性的估价的方法。欲采取能够最大限度反映总体真实信息的样本，必须在对总体的物理、化学性质有所了解的基础上，制订采样计划、确定采样方法，以及进行针对性的样品分析。

第一节　采样计划

在对固体废物采样前，必须根据采样目的制定出详细、周密、严格、可操作的采样程序。采样计划应包括调查方法、采样方法、样品保存和运输方法、样品分析方法以及全程序质量保证与质量控制方法。

一、采样目的

如果采样目的是用于污染源监测、污染事故调查与监测、法律调查与仲裁的固体废物危险特性鉴别，则首先要考虑采样要符合哪一项环境法规和标准。如果是为了分析确定固体废物中某种污染物质的化学形态或固体废物的某种物理的和（或）化学的特征值及其变化规律，则要考虑的是：

① 采取的样品准备分析哪些参数，为什么分析这些而不是其他参数，可以用这些样品分析更多或更少的参数吗？

② 采取什么样的废物样品，新产生的还是贮存有一段时间的、原封不动的还是与其他废物混合或与稳定剂混合的、现场产生的还是处置或利用或排放现场的，等等。

③ 最终分析测定数据的用途是什么、要求什么样的准确度和精密度，等等。

二、采样计划中需要考虑的事项

合格的采样计划，应包括下述内容：

① 根据采样目的和统计学原理，设计合适的采样方法，提出对样品准确度与精密度的要求；

② 制订样品采集、分类、标记、保存和运送到分析试验室的细则；

③ 充分考虑到采样过程中各环节可能会发生的问题，做好应急准备工作。

显然，不同的采样目的，对采样的要求不同，对样品的准确度与精密度要求也不同，应根据人、财、物力和时间等因素，在采样计划中做出具体的限定。

1. 采样方法

固体废物的采样方法有简单随机采样法、分层随机采样法、系统随机采样法、多段式采样法和权威采样法等。应该根据采样目的、废物性质、采样现场条件等选用适宜的采样方法，最常选用的是简单随机采样法和分层随机采样法。

2. 废物性质

对废物本身及其性质的了解，是制订采样计划中最重要的因素之一。例如：

① 物理形态　废物的物理形态对采样工作的大多数环节都有影响。采样工具和样品容器的选择将根据样品是固态（粉状、块状、黏土状）、半固态（有无渗滤液、软的或黏稠的）、液态（均匀或有分层现象）或多项混合物而不同。

② 体积或占地面积　废物的体积或占地面积会影响到样品数、采样点位置、采样深度和采样工具的选择。

③ 组成与成分变化　废物的组成直接关系到采样方法的选择，所采取的样品应能反映废物总体在时间和空间上的均匀性、随机不均匀性和分层现象。

④ 物理与化学性质　根据废物中待测定成分的易挥发、分解、光分解、氧化还原性和废物的毒性、可燃性、腐蚀性、反应性、传染性等危险特性，采样及其样品运输时的安全与卫生防护措施与方法，将有很大差异。

3. 采样点

确定采样点位置时，除考虑采样误差外，还要考虑：

① 接近并采取样品的便利性　在采样现场，接近并采取废物样品的便利性差异很大。如有时只要简单打开阀门或使用简单工具就可以采样，有时则需要通过机械或其他手段建立作业工作面采样或选择笨重设备采样。

② 废物产生方式　产生废物的生产工艺与废物的产生位置，产生废物的批次和批量，废物组成是否会随工艺温度或压力的变化而有明显改变等。

③ 暂时事件　在没有特殊目的的前提下，开车、停车、减速和维修、事故排放时产生的废物不能代表正常情况下产生的废物，如果不了解情况采取到这些间隙期间的废物，则有可能得出不正确的结论。

④ 危险性　各采样点位置都可能有预料之中和始料未及的危险性，如失手或失脚、毒气泄漏、酸碱腐蚀、暴露皮肤接触等，所以应有相应的卫生与安全措施。

4. 采样设备和样品容器

采样设备和样品容器的选择取决于废物和采样点的考虑。所选择采样设备和样品容器的原则是：便于使用和洗涤，保证样品物理和（或）化学分析用体积，不造成样品交叉污染，以及节省成本与劳务费用。

5. 质量保证与质量控制

质量保证（QA）可简单定义为：确保全部数据以及根据这些数据做出的决定技术上可靠、统计学上有效、证明文件适当的过程。质量控制（QC）程序是用以衡量这些质量保证目的达到程度的工具。用来说明采样准确度和精密度的质量控制程序有：

① 运输空白　运输空白应伴随样品容器往返现场，它们可用来检测处置与运输当中的污染或交叉污染。

② 现场空白　应按规定的频数收集现场空白，该频数是根据污染或交叉污染的概率而变化的。现场空白常常是将不含待测污染物［如金属和（或）有机污染物］的水样，在现场条件下使它们与空气环境接触，然后分析检测有无来自采样现场条件的污染；也有将现场空白与采样设备接触，然后分析检测有无来自采样设备的污染或以前采取的样品的交叉污染。

③ 现场平行样品　按规定的频数，在所确定的采样位置处同时采取样品和现场平行样品，用以说明精密度。由现场平行样品获得的精密度，是废物组成、采样技术和分析技术三者变异的函数。

除上述质量控制样品外，还要有一套完整的质量保证计划。它包括采样的标准操作程序、容器与设备的校准和清洗、卫生与安全规定、完整的采样记录、样品的公正性考虑等。

三、监管链

确保样品从采集直到报告数据过程中的完整性，是采样计划中的一项重要内容。从采集之时到分析乃至最后抛弃，样品的获得与处置均应是可追踪的。这种关于样品的历史文件被称为监管链，它主要由以下部分组成。

（1）采样现场记录　采样人员在采样现场要详细记录废物名称、废物产生者、产生工艺、采样地点、产生（贮存、排放）批量、废物形态（固态、半固态、液态）和物理化学性状、废物组成与特性、主要污染物名称与浓度、采样现场情况、采样方法、采集的样品数和样品量、样品容器类型、采样人和被检测单位人员名单（或签字）、采样时间、样品编号、采样记录编号、采样目的等。

（2）样品标签　在所采集样品上应有对样品简单说明的标签。标签应在现场填写，其内容包括样品名称和编号、采样地点、采样时间、采样人等。

（3）样品交接记录　是将样品交付他人保管或处置时的记录，内容包括样品名称和编号、样品性质描述、样品数量、样品包装完好程度、交接日期、交接双方签字等。

（4）样品制备记录　是由制样者对样品的制备方法和过程的记录，内容包括样品名称和编号、制备方法、制备要求、制备数量、制备工具、制备日期等。

（5）样品分析记录

（6）样品分析报告单

四、采样误差

在采样计划中，首先要解决的是采样误差的问题。采样误差是因固体废物的不均匀性引起采样技术上的问题所造成的样品测定结果与其总体真值之间的差异。图 2-4-1 为常见的对同一固体废物采样分析所得到的不同结果。（a）种情况是最佳的，（b）、（c）、（d）种情况表现为不同性质与程度的采样误差。

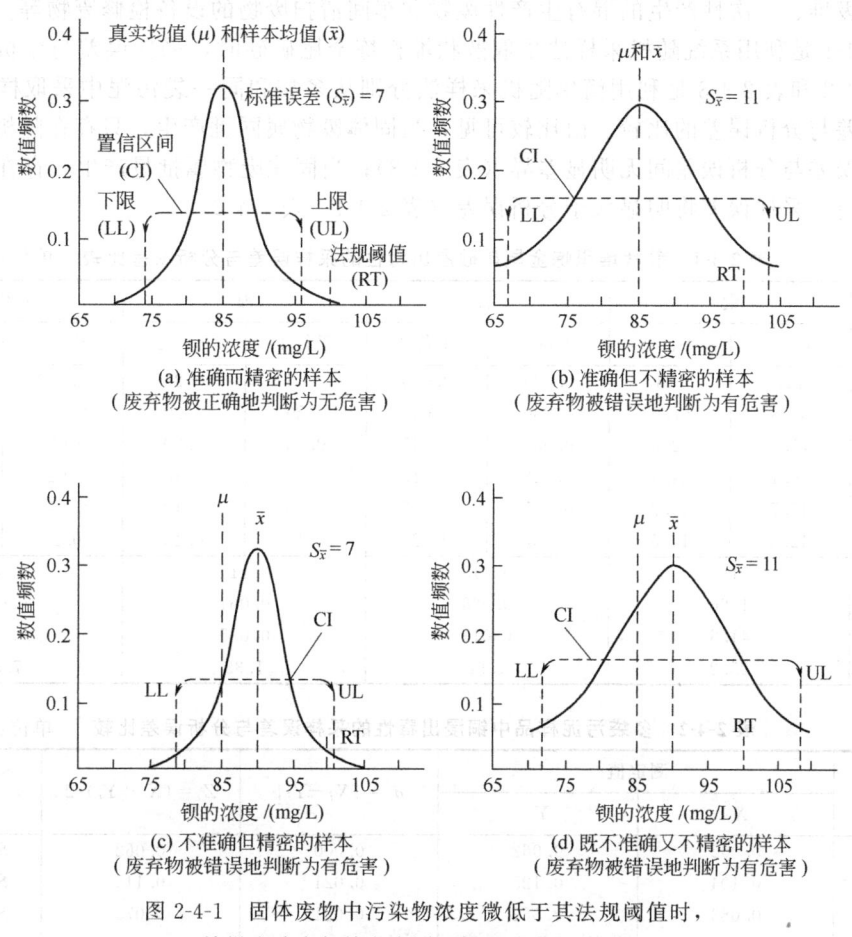

图 2-4-1　固体废物中污染物浓度微低于其法规阈值时，
抽样准确度与精密度同法规目的之间的关系

1. 误差来源

固体废物存在着很大的不均匀性，这种不均匀性因废物的种类、特性、形态和产生、贮存与排放方式等原因又分为随机不均匀性和非随机不均匀性。随机不均匀性是由废物自身的物理化学特性所带来的，非随机不均匀性则主要是由人为因素引起的[1]。非随机不均匀性的主要表现如下所述。

（1）废物的粒径大小与分布不均匀。例如，散状堆积的废物在堆倒过程中粒径分布发生偏析，粗大颗粒容易滚落到锥体的底边上，而细小颗粒则趋向在堆的顶部和中心部位，坡度陡的方向颗粒较细，坡度缓的方向则颗粒较粗。又例如，用传送带输送废物时，粗颗粒向带的外沿滚动，而细颗粒则向带的中心聚集。

（2）废物的物理与化学组成分布不均匀。例如，含有机溶剂废液在长期贮存过程中因各组分的密度不同会出现分层现象；固体废物在运输颠簸过程中由于各组分的密度和粒径也会出现分层现象；生活垃圾在长期堆放过程中，堆表面因风吹雨淋和生物分解作用无机成分较高，而在堆内部则有机成分较高等。

（3）废物中某种组分或污染物含量呈现定向或周期性变化。如尾矿坝和污泥池中的废物的粒径在入口处较粗，然后随废物流的方向逐渐变细等。

不同单元的废物中某种组分或污染物含量与总体间存在明显差异。例如，混有危险废物的生活垃圾堆、一次性产生的混有生产性废物和车间清扫废物的设备检修废物等。

表 2-4-1 是利用系统随机采样法采取散状堆积炼金尾矿砂时，采样误差与分析误差的比较；表 2-4-2 和表 2-4-3 是利用简单随机采样法分别从多袋和同一袋污泥中采取样品所进行的采样误差与分析误差的比较。由比较可见，当固体废物属同批产生，只存在随机不均匀性时，采样误差与分析误差间无明显差异（表 2-4-3）；当固体废物属批量产生，存在着非随机不均匀性时，采样误差将明显大于分析误差（表 2-4-1、表 2-4-2）。

表 2-4-1　散状堆积炼金尾矿砂浸出毒性的采样误差与分析误差比较　　单位：mg/L

样品编号	铜		镉		镍		六价铬	
	平行 1	平行 2	平行 1	平行 2	平行 1	平行 2	平行 1	平行 2
1	121	118	0.038	0.045	0.45	0.25	0.038	0.016
2	58.8	57.6	0.030	0.045	0.20	0.20	0.047	0.036
3	75.4	72.5	0.038	0.045	0.15	0.20	0.035	0.038
4	26.1	24.4	0.023	0.015	0.15	0.10	0.024	0.025
5	15.7	16.2	0.015	0.015	0.10	0.10	0.010	0.010
6	12.0	14.5	0.30	0.023	0.10	0.10	0.22	0.017
S_o	41.9		0.013		0.114		0.013	
S_a	1.66		0.006		0.061		0.002	
S_s	41.8		0.011		0.085		0.013	
S_s/S_a	25.2		1.92		1.39		7.32	

表 2-4-2　多袋污泥样品中铜浸出毒性的采样误差与分析误差比较　　单位：mg/L

样品编号	测定值		$d_i = \lvert X_i - Y_i \rvert$	$Z_i = (X_i + Y_i)/2$	
	X_i	Y_i			
1	0.062	0.062	0.000	0.062	$S_o = 0.036$
2	0.104	0.125	0.021	0.115	$S_a = 0.009$
3	0.083	0.062	0.021	0.073	$S_s = 0.034$
4	0.021	0.021	0.000	0.021	$S_s/S_a = 3.62$
5	0.062	0.062	0.000	0.062	

表 2-4-3　同一袋样品中铜浸出毒性的采样误差与分析误差比较　　单位：mg/L

样品编号	测定值		$d_i = \lvert X_i - Y_i \rvert$	$Z_i = (X_i + Y_i)/2$	
	X_i	Y_i			
1	0.062	0.062	0.000	0.062	
2	0.022	0.022	0.000	0.022	$S_o = 0.036$
3	0.026	0.022	0.004	0.024	$S_a = 0.0035$
4	0.031	0.026	0.005	0.028	$S_s = 0.0008$
5	0.031	0.022	0.009	0.026	$S_s/S_a = 0.23$
6	0.022	0.022	0.000	0.022	

非随机不均匀性所带来的采样误差，一般是固定偏差，可通过选择恰当的采样方法尽量加以避免。而随机不均匀性所造成的采样误差，无法通过采样方法加以消除，但可以通过适当样品数和样品量来提高样品的精密度，减小误差。

采样误差与样品数和样品量的关系为

$$S^2 = \frac{A}{w+n} + \frac{B}{n} \qquad (2\text{-}4\text{-}1)$$

式中 S^2——采样方差；

A——均匀性常数，它是样品质量的函数；

B——偏析常数；

w——样品量；

n——样品数。

2. 样品数

根据统计学原理，样品数的多少，由以下两个因素决定[2]：

（1）样品中组分的含量和固体废物总体中组分的平均含量间所容许的误差，亦即采样准确度的要求问题；

（2）固体废物总体的不均匀性，总体越不均匀，样品数应越多。

图 2-4-2、表 2-4-4 分别是利用简单随机采样法采取电镀污泥样品和利用系统随机采样法采取炼金尾矿砂样品，进行样品数与采样误差间关系的试验结果。由这两个检测实例可以说明：①当样品数较少时，随着样品数的增加，可有效提高固体废物检测结果的准确度和精密度；②当样品数达到一定数量时，尽管继续增加，但误差减小的趋势逐渐平缓，样品数的增加不是无限度的，过量的样品数不仅没有效益，而且造成人、财、物力的浪费。

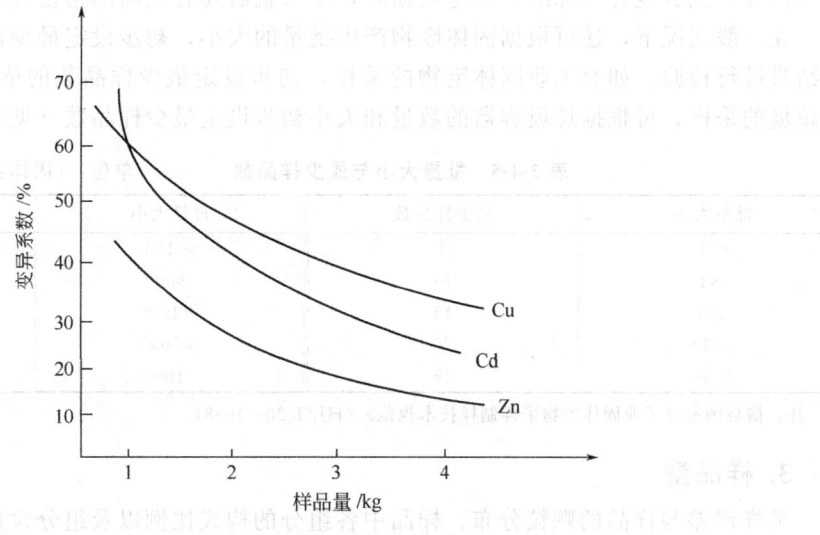

图 2-4-2 样品量与变异系数的关系

表 2-4-4 炼金尾矿砂浸出液中污染物浓度与样品量的关系

污染物名称	样品数	测定结果/(mg/L)		误 差	
		平均值	总体平均值	绝对差/(mg/L)	相对差/%
Cu	5	76.8	68.6	+8.2	+11.6
	10	66.8		−1.8	−2.6
	15	70.1		+1.5	−2.2
Zn	5	37.4	42.3	−4.9	−11.6
	10	43.3		+1.0	+2.4
	15	42.2		−0.1	−0.2
Cd	5	0.063	0.080	−0.017	−21.2
	10	0.084		+0.004	+5.0
	15	0.081		+0.001	+1.2

因此，在采样计划设计中应该有一个能够达到根据采样目的所规定精密度要求的，并且可以进行检验的最小样品数。

通常最少样品数的检验方法是：

$$n \geqslant \left(\frac{ts}{R\overline{X}} \right)^2 \tag{2-4-2}$$

式中　n——最小样品数；

　　　t——置信水平；

　　　$\overline{X}$——分析数据平均值；

　　　s——分析数据标准偏差；

　　　R——可接受的平均值的百分相对标准偏差。

美国环境保护局（EPA）对最少样品数的检验，是根据废物危险特性的鉴别标准确定的。即：

$$n \geqslant \left(\frac{ts}{RT - \overline{X}} \right)^2 \tag{2-4-3}$$

式中　RT——危险废物的危险特性鉴别标准，如钡的 EP 毒性为 100mg/L。

这种检验方法的目的在于，如果废物中某一污染物质的含量或浸出液浓度接近法定界限（标准）或其他有关标准、参考依据时，那么就需要有更高的精密度加以控制。

在一般情况下，还可根据固体废物产生批量的大小，初步设定最少样品数，然后再对分析结果进行检验。如对工业固体废物的采样，初步设定最少样品数的依据见表 2-4-5。对生活垃圾的采样，可根据垃圾容器的数量和大小初步设定最少样品数（见表 2-4-6）。

表 2-4-5　批量大小与最少样品数　　　　　　　单位：（固体：t；液体：1000L）

批量大小	最少样品数	批量大小	最少样品数
<1	5	≥100	30
≥1	10	≥500	40
≥5	15	≥1000	50
≥30	20	≥5000	60
≥50	25	≥10000	80

注：摘自国家《工业固体废物采样制样技术规范》（HJ/T 20—1998）。

3. 样品量

采样误差与样品的颗粒分布、样品中各组分的构成比例以及组分含量有关。因此，当废物组分单一、颗粒分布均匀、污染物成分变化不大时，样品量的大小对采样误差影响不大（见表 2-4-7）；反之，则样品量的大小将明显影响采样的精密度[3]。随着样品量的增加，采样误差也随之降低。

表 2-4-6　从固体垃圾和垃圾收集容器中提取固体试样

专用垃圾桶和容器数量	提取各类试样的专用桶或容器的最少数量
1~3	所有
4~64	4~5
65~125	5~6
217~343	6~7
344~517	7~8
730~1000	8~9
1001~1331	9~10

注：摘自联邦德国环境保护局编《生活垃圾特性分析指南》（1989 年）。

表 2-4-7　污泥样品量与浸出毒性分析结果的关系　　　　　单位：mg/L

样品量	0.05kg			0.10kg		
污染物名称	平均值	标准偏差	变异系数	平均值	标准偏差	变异系数
Cu	0.010	0.002	15.2	0.011	0.001	12.1
Ni	0.142	0.038	26.5	0.125	0.027	21.9
Cr^{6+}	0.019	0.001	6.8	0.016	0.001	6.5
样品量	0.20kg			0.30kg		
污染物名称	平均值	标准偏差	变异系数	平均值	标准偏差	变异系数
Cu	0.011	0.002	13.8	0.010	0.002	16.9
Ni	0.117	0.026	22.1	0.150	0.032	21.1
Cr^{6+}	0.018	0.001	8.1	0.012	0.001	6.8

与样品数相同，样品量的增加也不是无限度的，否则将给下一步的制样造成负担。样品量的大小主要取决于废物颗粒的粒径上限，废物颗粒越大，均匀性越差，要求样品量也应越大（见表 2-4-8）。在采样计划的设计过程中，可根据公式（2-4-4）计算求得最小样品量。

$$Q = Kd^{\alpha} \tag{2-4-4}$$

式中　Q——应采取的最小样品量，kg；

　　　d——废物最大颗粒直径，mm；

　　　K——缩分系数，废物越不均匀，K 值越大，一般取 $K=0.06$；

　　　α——经验常数，随废物均匀程度和易破碎程度定，一般取 $\alpha=1$。

表 2-4-8　根据废物最大颗粒直径采取最小样品量

废物最大颗粒直径/mm	最小样品量/kg	
	相当均匀的废物	很不均匀的废物
120	50	200
30	10	30
10	1	1.5
3	0.15	0.15

注：摘自联邦德国环境保护局编《生活垃圾特性分析指南》（1989 年）。

4. 采样部位

前已述及，固体废物因自身特性和人为因素的双重影响表现出很大的不均匀性，因此，当利用随机的方法确定采样点后，在采样点的什么部位采取样品是很重要的，特别是利用权威采样法确定采样点位时，选取正确的采样部位尤为必要。表 2-4-9 和表 2-4-10 分别反映了采样部位不同对分析结果的影响。

表 2-4-9　污泥池中上、下层污泥的浸出毒性试验结果比较　　　　　单位：mg/L

项目	层	1	2	3	4	5	平均值	标准差	变异系数/%
Cu	上层	0.231	0.231	0.231	0.263	0.289	0.249	0.026	10.6
	下层	0.103	0.218	0.141	0.237	0.237	0.187	0.062	32.9
Mn	上层	0.298	0.333	0.274	0.253	0.288	0.289	0.030	10.3
	下层	0.155	0.321	0.179	0.200	0.188	0.209	0.065	31.1
Ni	上层	0.111	0.111	0.111	0.151	0.127	0.122	0.018	14.3
	下层	0.111	0.167	0.083	0.129	0.128	0.124	0.031	24.7

表 2-4-10 炼金尾矿砂堆不同采样部位浸出毒性分析结果比较   单位：mg/L

采样部位	样品数	Pb	Zn	Cd	As	Cr^{6+}
堆顶部	4	0.142	43.19	0.029	0.074	0.055
堆　脚	4	0.109	28.41	0.018	0.057	0.042

五、采样程序

采样程序包括以下几个步骤。

1. 明确采样目的和要求

(1) 特性鉴别与分类；

(2) 综合利用或处置；

(3) 污染环境事故调查分析和应急监测；

(4) 科学研究；

(5) 环境影响评价；

(6) 环境保护验收；

(7) 污染治理、综合利用、处置设施的环境保护验收；

(8) 法律调查、法律责任、仲裁等。

2. 背景调查与现场踏勘

(1) 废物产生、贮存、排放的方式和时间；

(2) 废物的种类、形态、数量、特性（物理化学特性与污染物特征）；

(3) 废物产生工艺、原辅材料的种类、数量和污染成分分析；

(4) 待测组分的性质和历史分析资料；

(5) 废物产生、贮存、排放的现场与周围环境；

(6) 法规要求等。

3. 制订采样计划

(1) 采样计划内容包括采样目的和要求；

(2) 调查内容和方法；

(3) 采样方法、样品的准确度与精密度要求；

(4) 样品保存和运输方法的要求；

(5) 采样的公正性要求；

(6) 样品的待测项目和分析方法；

(7) 采样过程及全程序质量保证等。

4. 现场采样

(1) 采样人员的组成；

(2) 采样过程的公正性；

(3) 采取样品的有效性；

(4) 采样现场安全等。

5. 采样记录

(1) 采样工况条件；

(2) 采样过程；

（3）采样方法、最少样品数和最小样品量；

（4）采样时间与采样人员；

（5）采样地点、位置；

（6）样品名称、编号、数量；

（7）样品容器、标签；

（8）样品保存和运输方法；

（9）采样过程中的质量保证与质量控制方法；

（10）采样记录者单位、姓名等。

6. 样品的运输与保存

（1）样品运输方法；

（2）样品运输空白；

（3）样品保存方法等。

第二节　采 样 方 法

固体废物的采样方法有简单随机采样法、分层随机采样法、系统随机采样法、多段式采样法和权威采样法等[4]。

一、简单随机采样法

这是一种最常用、最基本的采样方法。基本原理是：总体中的所有个体成为样品的概率（机会）都是均等的和独立的。有抽签法和随机数表法两种方法。

抽签法：先将采样总体的各个独立单元顺序编号，同时将号码写在纸片上（纸片上的号码代表各采样单元），掺合混匀后从中随机抽取所需最少样品数的纸片，抽中的号码即为采样单元的号码。此法只宜用在采样单元较少时。

随机数表法：先将采样总体的各个独立单元顺序编号，然后从随机数表的任意一栏、任意一行的数字数起，小于或等于编号序列内的数码即作为采样单元（不重复），直至取到所需的最少样品数。

利用简单随机采样法所得样品测定结果的表示方法为：

$$\overline{X} = \frac{\sum\limits_{i=1}^{n} X_i}{n} \tag{2-4-5}$$

$$S^2 = \frac{\sum\limits_{i=1}^{n} X_i^2 - \left(\sum\limits_{i=1}^{n} X_i\right)^2 / n}{n-1} \tag{2-4-6}$$

式中　$\overline{X}$——样品测定结果的平均值；

$\quad S^2$——样品测定结果的方差；

$\quad X_i$——随机样品的测定结果；

$\quad n$——随机样品数。

1. 采样步骤

（1）当欲采取的固体废物样品有历史检测数据时，用式（2-4-5）和式（2-4-6）计算待测物质的$\overline{X}$和S^2，然后用式（2-4-2）或式（2 4 3）估算所需的最少样品数n_1（有多种待测物质时，取最大者）。

（2）利用简单随机采样法采取至少 n_1 个样品，最好额外多采取几个样品，以防止 $\overline{X}$ 和 S^2 的初步估计值质量不好时需要另外补充采样，并根据式（2-4-4）采取不小于最小样品量的样品数量。

（3）对 n_1 个样品进行分析测定，用式（2-4-5）和式（2-4-6）计算本次所采样品中待测物质的 $\overline{X}$ 和 S^2，然后用式（2-4-2）或式（2-4-3）推导所需的最少样品数 n_2。

（4）当 $n_2 \leqslant n_1$ 时，表示此次采样符合设计要求，测定结果可以接受，当 $n_2 > n_1$ 时，表示采样精密度不够，需增加样品数，此时如有预选多采取的样品，可重复步骤（3），直至达到 $n_2 \leqslant n_1$，如没有预选多采取的样品，则应重复步骤（1）至步骤（3），直至达到 $n_2 \leqslant n_1$。

2. 采样实例

[例 2-4-1]　对某厂电镀废水经酸化、碱化后生成的含 $Cr(OH)_3$ 的电镀污泥进行浸出毒性特性鉴别。该厂将每天产生的污泥装入数个编织袋中，露天码放，待达到一定数量后统一清运出厂，属批量产生、一次性排放方式。因废水处理中酸化、碱化工艺人为影响因素较大，且露天码放时日晒雨淋，故产生时间不同的污泥中 Cr^{6+} 的浸出浓度不同，但由于无法辨认各袋污泥的产生时间，所以采用简单随机采样法进行采样。采样分析步骤为：

（1）在采样现场对各袋污泥按 1、2、3…19、20 的顺序依次编号；

（2）采用抽签法抽取到 12、17、3、5、13、15 等六袋污泥作为采样单元（n_1），并多抽取了 9、20 两袋作为备用；

（3）打开袋子，用长铲式采样器分别垂直插入各袋中采取 20～30cm 深度处的污泥作为样品；

（4）经制样后试验室分析结果为，Cr^{6+}：$\overline{X}=0.005$mg/L，$s=0.001$；

（5）利用式（2-4-2）进行精密度检验，查 $d_f=6-1=5$ 时，$t_{0.10}=1.476$，则：

$$n=\left(\frac{t \cdot s}{R \cdot \overline{X}}\right)^2=\left(\frac{1.476 \times 0.001}{0.20 \times 0.005}\right)^2=2.18$$

$n_1 > n$，表示对污泥浸出毒性特性鉴别的采样与分析样品数符合精密度要求。

[例 2-4-2]　污泥的浸出毒性鉴别。某厂将镀铜废水处理后产生的泥浆通过污泥泵打入到 $2m \times 6m$ 面积的污泥池中，利用渗滤作用达到脱水干燥目的。输送污泥的管口位于池的上方正中，池中污泥厚度约 10cm，含水量为 80% 左右，粒径 <3mm。因池中污泥是从中间向四周扩散，不考虑污染物浓度、粒径和含水量的水平梯次变化，利用简单随机采样法采样。采样分析步骤如下。

（1）将污泥池等面积划分为 $1m \times 0.5m$ 的矩形网格 24 个，并依次顺序编号 1、2、3……22、23、24 号，见图 2-4-3。

| 1 | 2 | 3 • | 4 | 5 | 6 | 7 • | 8 | 9 | 10 | 11 | 12 |
| 13 | 14 • | 15 | 16 | 17 | 18 • | 19 | 20 • | 21 | 22 • | 23 | 24 • |

图 2-4-3　污泥池采样示意

（2）利用随机数表抽取 20、22、18、3、14、24、12、7 等编号的八个网格作为采样单元。

（3）在各采样单元的中心位置和两侧 20cm 的等距离处用采样铲各采取 0～10cm 深度

（全层）样品 0.5kg 后，混合组成一个样品。

（4）经制样后试验室分析结果见表 2-4-11。

表 2-4-11　污泥样品浸出毒性检测结果　　　　　　　单位：mg/L

项目	采样单元编号								平均值 $\overline{X}$	标准差 s
	20	22	18	3	14	24	12	7		
Cu	0.244	0.154	0.308	0.292	0.192	0.167	0.189	0.323	0.234	0.067
Mn	0.250	0.290	0.298	0.140	0.274	0.238	0.179	0.112	0.221	0.068

（5）利用式（2-4-2）进行精密度检验，查 $d_f = 8-1 = 7$ 时，$t_{0.10} = 1.415$，则：

$$n_{Cu} = \left(\frac{t \cdot s}{R \cdot \overline{X}} \right)^2 = \left(\frac{1.415 \times 0.067}{0.20 \times 0.234} \right)^2 = 4.10 \approx 5$$

$$n_{Mn} = \left(\frac{t \cdot s}{R \cdot \overline{X}} \right)^2 = \left(\frac{1.415 \times 0.068}{0.20 \times 0.221} \right)^2 = 4.7 \approx 5$$

$n > n_{Cu}$，$n > n_{Mn}$，表示电镀污泥 Cu、Mn 浸出毒性鉴别的采样与分析样品数均符合精密度要求。

[例 2-4-3]　废水池中污泥的钡元素浸出毒性鉴别。数年前曾对该污泥浸出液中钡元素浓度进行过 4 次毒性鉴别试验。初步结果为，从池的上 1/3 处采取的污泥，钡的浓度为 86mg/L 和 90mg/L；从池的下 2/3 处采取的污泥，钡的浓度为 98mg/L 和 104mg/L。这两组数据未能说明池内污泥存在非随机不均匀性，所以仍采用简单随机采样法采样。采样分析步骤如下。

（1）用式（2-4-5）和式（2-4-6）对历史数据进行钡浓度平均值 $\overline{X}$ 和标准差 S 的计算，然后进行最少样品数的估算。

$$\overline{X} = \frac{\sum\limits_{i=1}^{n} X_i}{n} = \frac{86+90+98+104}{4} = 94.50$$

$$S^2 = \frac{\sum\limits_{i=1}^{n} X_i^2 - \left(\sum\limits_{i=1}^{n} X_i \right)^2 / n}{n-1} = \frac{35916.00 - 35721.00}{3} = 65.00$$

因钡元素浸出毒性鉴别标准为 100mg/L，历史数据的平均值为 94.50mg/L，接近标准值，故要求有高的采样精密度。采用式（2-4-3）进行最少样品数估算，$d_f = 4-1$ 时，$t_{0.10} = 1.638$，则

$$n_1 = \left(\frac{t \cdot s}{RT - \overline{X}} \right)^2 = \frac{1.638^2 \times 65.00}{(100-94.50)^2} = 5.77（个）$$

以上计算结果说明，根据精密度要求，采取池中污泥的最少样品数为 6 个。

（2）将污泥池划分成 425 个等面积的网格，每个网格代表一个采样单元，用随机数表抽取 9 个采样单元采取样品（其中 3 个备用，以防 $\overline{X}$ 和 S^2 初步估计值不当）。

（3）对其中 6 个样品（n_1）进行浸出液中钡浓度的测定，结果为 89mg/L、90mg/L、87mg/L、96mg/L、93mg/L、113mg/L。

（4）利用式（2-4-5）和式（2-4-6）计算 $\overline{X}$ 和 S^2：

$$\overline{X} = \frac{\sum\limits_{i=1}^{n} X_i}{n_1} = \frac{89+90+87+96+93+113}{6} = 94.67$$

$$S^2 = \frac{\sum_{i=1}^{n} X_i^2 - (\sum_{i=1}^{n} X_i)^2/n}{n_1 - 1} = \frac{54224.00 - 53770.67}{5} = 90.67$$

（5）利用式（2-4-3）做最少样品数检验：$d_f = 6 - 1$ 时，$t_{0.10} = 1.476$，则

$$n_2 = \left(\frac{t \cdot s}{RT - \overline{X}}\right)^2 = \frac{1.476^2 \times 90.67}{(100 - 94.67)^2} = 6.95 \approx 7(\text{个})$$

$n_2 > n_1$，检验结果说明欲达到本次采样的精密度要求，最少样品数为 7 个。

（6）因已预先多采取了 3 个样品，所以不用重新采样，对这 3 个样品的分析测定结果为 93mg/L、90mg/L、91mg/L。

（7）重新做最少样品数检验，结果为：

$$\overline{X} = 93.56\text{mg/L}, \qquad S^2 = 60.03 \qquad n_3 = 2.82(\text{个})$$

$n_3 < n_2$，表示此时的采样精密度达到设计要求，测定结果可以报出。

在对固体废物中污染物含量分布状况一无所知或废物的特性不存在明显非随机不均匀性时，简单随机采样法是最为有效的方法。如从沉淀池、贮池和大量件装容器的固体废物中抽取有限单元采取废物样品时等。

二、分层随机采样法

这种方法是，将总体划分为若干个组成单元或将采样过程分为若干个阶段（均称之为"层"），然后从每一层中随机采取样品。与简单随机采样法相比，该法的优点是：当已知各层间物理化学特性存在差异，且层内的均匀性比总体要好时，通过分层采样，降低了层内的变异，使得在样品数和样品量相同的条件下，误差小于简单随机采样法。这种方法常用于批量产生的废物和当废物具有非随机不均匀性并且可明显加以区分时。

最少样品数在各层中的分配，可按式（2-4-7）计算获得：

$$n_i = \frac{n \cdot Q_i}{Q} \tag{2-4-7}$$

式中　n_i——第 i 层的样品数；

　　　n——最少样品数；

　　　Q_i——第 i 层的废物质量；

　　　Q——废物总体质量。

利用分层随机采样法所得样品的分析测定结果表示方法为：

$$\overline{X} = \sum_{k=1}^{r} W_k \overline{X_k} \tag{2-4-8}$$

$$S^2 = \sum_{k=1}^{r} W_k S_k \tag{2-4-9}$$

式中　$\overline{X_k}$，S_k——层均值和层方差；

　　　W_k——层 k 代表的总体的分数（层 k 从 $1 \sim r$）。

层可以是体积、质量也可以是容器个数或产生批次等。

1. 采样步骤

（1）当欲采取的固体废物样品有历史检测数据时，用式（2-4-8）和式（2-4-9）计算待测物质的 $\overline{X}$ 和 S^2，然后用式（2-4-2）或式（2-4-3）估算所需的最少样品数 n_1（有多种待测物质时，取最大者）。

（2）将最少样品数 n_1 在各层中优化分配（即从各层采取的样品数与该层的 S_k 成正比），当无法得到各层的 S_k 时，则按各层的大小（质量、体积、面积、个数等）分配。

（3）利用简单随机采样法分层采取各层内 n_1 个样品，最好额外多采取几个样品，以防止 $\overline{X}$ 和 S^2 的初步估计值质量不好时需要另外补充采样，并根据式（2-4-4）采取不小于最小样品量的样品数量。

（4）对 n_1 个样品进行分析测定，用式（2-4-8）和式（2-4-9）计算本次所采样品中待测物质的 $\overline{X}$ 和 S^2，然后用式（2-4-2）或式（2-4-3）推导所需的最少样品数 n_2。

（5）当 $n_2 \leqslant n_1$ 时，表示此次采样符合设计要求，测定结果可以接受，当 $n_2 > n_1$ 时，表示采样精密度不够，需增加样品数，此时如有预选多采取的样品，可重复步骤（3），直至达到 $n_2 \leqslant n_1$，如没有预选多采取的样品，则应重复步骤（1）至步骤（3），直至达到 $n_2 \leqslant n_1$。

2. 采样实例

[例 2-4-4] 对 [例 2-4-3] 的污泥采用分层随机采样法进行采样分析。分析步骤如下。

（1）初步确定采取 9 个样品（n_1），根据污泥塘面积比例，利用简单随机采样法从塘的上 1/3（作为一层）采取 3 个污泥样品，浸出液中钡浓度分别为 89mg/L、90mg/L、87mg/L；从塘的下 2/3（作为一层）采取 6 个污泥样品，浸出液中钡浓度分别为 96mg/L、93mg/L、113mg/L、93mg/L、90mg/L 和 91mg/L。

（2）利用式（2-4-5）和式（2-4-6）计算各层的平均值和方差。

第一层：

$$\overline{X_1} = \frac{\sum_{i=1}^{n} X_i}{n} = \frac{89+90+87}{3} = 88.68$$

$$S_1^2 = \frac{\sum_{i=1}^{n} X_i^2 - \left(\sum_{i=1}^{n} X_i\right)^2/n}{n-1} = \frac{23590.00-23585.33}{2} = 2.33$$

第二层：

$$\overline{X_2} = \frac{\sum_{i=1}^{n} X_i}{n} = \frac{96+93+113+93+90+91}{6} = 96.00$$

$$S_2^2 = \frac{\sum_{i=1}^{n} X_i^2 - \left(\sum_{i=1}^{n} X_i\right)^2/n}{n-1} = \frac{55664.00-55296.00}{5} = 73.60$$

（3）利用式（2-4-8）和式（2-4-9）计算总体平均值和总体方差。

$$\overline{X} = \sum_{k=1}^{2} W_k \cdot \overline{X_k} = \frac{1 \times 88.68}{3} + \frac{2 \times 96.00}{3} = 93.56$$

$$S^2 = \sum_{k=1}^{2} W_k \cdot S_k^2 = \frac{1 \times 2.33}{3} + \frac{2 \times 73.60}{3} = 49.84$$

（4）利用式（2-4-3）进行最少样品数的检验。

$$n_2 = \frac{t^2 \cdot S^2}{(RT-\overline{X})^2} = \frac{1.397^2 \times 49.84}{(100-93.56)^2} = 2.34 \approx 3$$

检验结果，$n_2 < n_1$，采样符合精密度要求。

[**例 2-4-5**] 判断某厂产生的酸性废水处理污泥的浸出毒性。该厂将连续产生的含锌、镍等重金属元素的酸性废水通过投放固定量石灰乳中和后，用真空吸滤的方法进行固液分离，每次产生含水 80%、粒径 0.3mm、体积约 1.2m³ 的中和泥，单班产生量为 4～5 批。由于场地狭小，对中和泥采取随时清运的办法处理。考虑到连续产生的酸性废水随生产原料和工况条件不同，特别是废水酸度的变化，使每批污泥的重金属含量值和 pH 值存在差异，从而出现浸出液中锌、镍等的浓度变化，故采用分层随机采样法。采样分析步骤如下。

（1）在堆倒中和泥的场地内预先划分出 0.5m×0.5m 等面积网格 16 个，并顺序编号。

（2）将每批产生的中和泥定义为一层，设每层采取 4 个样品，采样量 0.5kg。

（3）当每批中和泥倒在场地上后，用抽签的方法确定其中 4 个网格为采样单元，用勺式采样器在单元内三个不同位置处采取分样，混合成 1 个样品，每层采取 4 个样品。

（4）用同样方法共采取 $n_1 = 5$（层）×4（个）＝20（个）样品。

（5）经制样并试验室分析后，用式（2-4-8）和式（2-4-9）计算结果见表 2-4-12。

表 2-4-12 中和泥浸出液中 Zn、Ni 浓度分析结果 单位：mg/L

项目	分类	第一层	第二层	第三层	第四层	第五层	总体平均值	总体标准差
Zn	层平均值	0.004	0.021	0.027	0.009	0.004	0.013	0.002
	层标准差	0.001	0.002	0.003	0.002	0.001		
Ni	层平均值	0.138	1.089	0.880	0.214	0.198	0.502	0.039
	层标准差	0.009	0.118	0.009	0.024	0.009		

（6）用式（2-4-2）进行精密度检验，查 $d_f = 20 - 1 = 19$，$t_{0.20} = 1.328$ 时

Zn： $n_e = \left(\dfrac{t \cdot s}{R \cdot X}\right)^2 = \left(\dfrac{1.328 \times 0.002}{0.20 \times 0.013}\right)^2 = 1.04 \approx 2$

Ni： $n_e = \left(\dfrac{t \cdot s}{R \cdot X}\right)^2 = \left(\dfrac{1.328 \times 0.039}{0.20 \times 0.502}\right)^2 = 0.27 \approx 1$

Zn、Ni 的检验结果均为 $n_2 < n_1$，符合采样的精密度要求。

分层随机采样法也常用于生活垃圾的分类采样，如不同炊事燃料结构生活垃圾的组成、灰分、热值、渗滤液性质分析等。

三、系统随机采样法

这种方法是利用随机数表或其他目标技术从总体中随机抽取某一个体作为第一个采样单元，然后从第一个采样单元起按一定的顺序和间隔确定其他采样单元采取样品。对连续产生或排放的废物、较大数量件装容器存放的废物等常采用此法，有时也用于散状堆积的废物或渣山采样。这种方法与简单随机采样法比较，具有简便、迅速、经济的优点，但当废物中某种待测组分有未被认识的趋势或周期性变化时，将影响采样的准确度和精密度。

系统随机采样法的采样间隔，可采用式（2-4-10）计算：

$$T \leqslant \frac{Q}{n} \quad \text{或} \quad T' \leqslant \frac{t}{n} \quad \text{或} \quad T'' \leqslant \frac{N}{n} \tag{2-4-10}$$

式中　T——采样单元的质量（质量或体积）间隔；

　　　Q——废物产生量（质量或体积）；

　　　n——所确定的最少样品数；

　　　T'——采样单元的时间间隔，min；

t——设定的采样时间段；

　　　　T''——采样单元的件数间隔；

　　　　N——盛装废物容器的件数。

　　系统随机采样法所得样品分析测定结果的表示方法，同简单随机采样法。

1. 采样步骤

　　（1）当欲采取的固体废物样品有历史检测数据时，用式（2-4-5）和式（2-4-6）计算待测物质的 $\overline{X}$ 和 S^2，然后用式（2-4-2）或式（2-4-3）估算所需的最少样品数 n_1（有多种待测物质时，取最大者）。

　　（2）按废物产生的批量或时间进行等比例划分，每一个小单位作为一个采样单元顺序编号，然后用式（2-4-10）确定采样间隔。

　　（3）利用简单随机采样法抽取第一个采样单元，然后等间隔抽取其他采样单元，每个采样单元采取一个样品，最好额外多采取几个样品，以防止 $\overline{X}$ 和 S^2 的初步估计值质量不好时需要另外补充采样，并根据式（2-4-4）采取不小于最小样品量的样品数量。

　　（4）对 n_1 个样品进行分析测定，用式（2-4-5）和式（2-4-6）计算本次所采样品中待测物质的 $\overline{X}$ 和 S^2，然后用式（2-4-2）或式（2-4-3）推导所需的最少样品数 n_2。

　　（5）当 $n_2 \leqslant n_1$ 时，表示此次采样符合设计要求，测定结果可以接受，当 $n_2 > n_1$ 时，表示采样精密度不够，需增加样品数，此时如有预选多采取的样品，可重复步骤（4），直至达到 $n_2 \leqslant n_1$，如没有预选多采取的样品，则应重复步骤（1）至步骤（2），直至达到 $n_2 \leqslant n_1$。

2. 采样实例

　　[例 2-4-6]　判断废物的浸出毒性。某厂将气浮处理废水产生的泥浆用污泥泵通过管道输送排放，一个生产班次排放一次，排放时间约 30min。以这种排放方式的废物，其物理化学组成可能会有某种固定偏向趋势（如固形物逐渐增多），考虑到排放时间较短，如采用简单随机采样法，可能会出现两次随机抽取样品的时间间隔过短不便操作，故选择系统随机采样法。为避免因固定偏向造成大的采样误差，特加大采样数量。初步设定采取 12 个样品（n_1）。采样步骤如下。

　　（1）以污泥排放的全过程（30min）为采样时间段。

　　（2）利用式（2-4-10）计算采样的时间间隔为：

$$T' = \frac{t}{n} = \frac{30}{12} = 2.5 \text{ (min)}，即每隔 2.5min 采取一个样品。$$

　　（3）根据污泥泵管径和采样器容积测算，每个采样单元的采样时间为 15s，在第一个采样单元（15s）内，用随机数表抽取确定的采样时间为第 11 秒。

　　（4）从开始排放污泥的第 11 秒时，用勺式采样器采取第一个样品，然后在每隔 2.5min 后的第 11s 采取一个样品，共采取样品 12 个。

　　（5）经制样后试验室分析测定结果见表 2-4-13。

表 2-4-13　管道排放污泥浸出液测定结果（系统随机采样法）　　　单位：mg/L

项目	1	2	3	4	5	6	7	8	9	10	11	12
Zn	0.093	0.114	0.052	0.083	0.083	0.072	0.088	0.088	0.083	0.072	0.088	0.057
Mn	0.213	0.313	0.313	0.275	0.238	0.238	0.200	0.200	0.225	0.125	0.250	0.200
Ni	0.108	0.065	0.065	0.108	0.108	0.108	0.086	0.086	0.108	0.086	0.129	0.108

　　测定结果未发现有明显的趋势性变化。现用式（2-4-5）和式（2-4-6）计算各项目的平

均值和标准差为：

Zn：$\overline{X}=0.081$，　　$s=0.016$；

Mn：$\overline{X}=0.233$，　　$s=0.052$；

Ni：$\overline{X}=0.097$，　　$s=0.019$。

（6）用式（2-4-2）进行最少样品数检验，当 $d_f=12-1$ 时，$t_{0.10}=1.363$，检验结果为：

Zn：$n_2=\left(\dfrac{t\cdot s}{R\cdot \overline{X}}\right)^2=\left(\dfrac{1.363\times0.016}{0.20\times0.081}\right)^2=1.82\approx2$

Mn：$n_2=\left(\dfrac{t\cdot s}{R\cdot \overline{X}}\right)^2=\left(\dfrac{1.363\times0.052}{0.20\times0.233}\right)^2=2.31\approx3$

Ni：$n_2=\left(\dfrac{t\cdot s}{R\cdot \overline{X}}\right)^2=\left(\dfrac{1.363\times0.019}{0.20\times0.097}\right)^2=1.78\approx2$

$n_2\leqslant n_1$，采样符合精密度要求。

[例 2-4-7]　对铁矿山废矿石进行铁浸出含量分析。某铁矿位于水源保护区范围内，该矿将采剥下来的废矿石和岩土用汽车运输至山谷中后，再迅速用两台推土机进行堆填。因场地限制，运输车辆基本不在现场停留，所以很难在运输车辆上采样。但从现场情况看，沿山谷堆填出的作业场地平坦宽阔，渣堆外沿均为新堆倒的废矿石，可采用系统随机采样法进行采样。初步设定采取 8 个（n_1）废矿石样品，其中 2 个是预先多采取的样品，以防止因废物粒径分布不均匀而引起较大的采样误差。采样步骤如下。

（1）用皮尺丈量出正在进行的堆填作业面的边缘长度，并以 m 为单位等分后顺序编号，每 1 米长度的作业面为 1 个采样单元。

（2）根据式（2-4-10）用边缘长度除以所设定的样品数，得到每个采样单元的长度间隔后，从第一个采样单元开始采样。

（3）在第一个采样单元内，以 10cm 长度为单位进行等分，再用抽签的方法随机确定某一等分作为采样点的位置，然后在采样点用铁锹采取 0～20cm 深度的废矿石样品，并现场混合、缩分成试样。

（4）从第一个采样单元的采样点位置算起，按计算得到的长度间隔，等间隔采取其他样品。

（5）经制样和试验室分析测定的结果见表 2-4-14。

表 2-4-14　废矿石浸出液铁浓度测定结果（系统随机采样法）　　　单位：mg/L

编号	1	2	3	4	5	6	平均值	标准差
Fe	0.78	0.80	0.80	0.68	1.41	0.72	0.87	0.28

（6）用式（2-4-2）进行最少样品数检验，当 $d_f=6-1=5$ 时，$t_{0.10}=1.476$，则

$$n_2=\left(\frac{t\cdot s}{R\cdot \overline{X}}\right)^2=\left(\frac{1.476\times0.28}{0.20\times0.87}\right)^2=5.64\approx6$$

虽然 $n_2=n_1$，表示采样基本符合精密度要求，但为保证数据质量，又对 2 个预先采取的预备样品进行分析测定，得新的平均值和标准差为：$\overline{X}=0.85\mathrm{mg/L}$，$s=0.23$。

（7）重新用式（2-4-2）进行最少样品数检验，当 $d_f=8-1=7$ 时，$t_{0.10}=1.415$，则

$$n_2=\left(\frac{t\cdot s}{R\cdot \overline{X}}\right)^2=\left(\frac{1.415\times0.23}{0.20\times0.85}\right)^2=3.66\approx4$$

$n_2\leqslant n_1$，表示采样完全符合精密度要求。

[例 2-4-8]　废物浸出毒性鉴别。某民办炼金点有不规则圆锥体散状堆积的炼金尾矿砂

若干个（图 2-4-4），尾矿砂的最大颗粒直径约 5mm，并呈明显颗粒偏析现象，即堆顶部颗粒细、底部颗粒粗，坡度陡的方向细、坡度缓的方向粗，各堆的产生时间、体积大小不同。但受场地和时间的限制，无法将尾矿砂混匀后随机采样，也无法根据大小颗粒的比例进行分层采样。因此，本例采用了系统随机采样法。采样步骤如下。

（1）选择一高度约 1m 的新鲜渣堆，在距地面 0.3m 和 0.6m 处设两个横截面（见图 2-4-4），初步设定每个横截面上采取 4 个样品，共 8 个样品（n_1）。

（2）用皮尺分别丈量渣堆 0.3m 和 0.6m 高度处周长，并以 10cm 长度单位为一个采样单元，顺序编号。

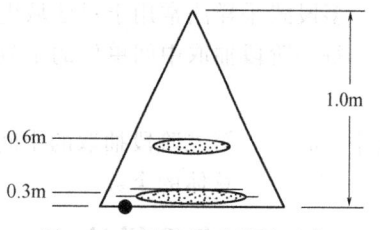

图 2-4-4　炼金尾矿砂堆示意

（3）用随机数表分别在两个横截面上抽取一个长度单位作为第一个采样单元，然后用横截面周长除以 4（个样品数），得到每个采样单元的间隔长度，等间隔采样。

（4）在各采样位置处，用长铲式采样器垂直于堆的中轴线水平插入尾矿砂堆中 10cm 深度采取样品。

（5）经制样和试验室分析，各层的测定结果见表 2-4-15。

表 2-4-15　炼金尾矿砂浸出毒性测定结果（系统随机采样法）　　　单位：mg/L

项目	采样位置	1	2	3	4	$\overline{X}$	S	平均值	标准差
Cu	0.6m 处	54.9	55.7	62.8	52.8	56.6	4.34	53.7	5.62
	0.3m 处	57.1	48.2	44.2	53.7	50.8	5.28		
Zn	0.6m 处	42.0	43.7	42.9	49.3	44.5	3.29	46.3	5.50
	0.3m 处	51.2	42.1	42.6	56.8	48.2	7.11		

（6）用式（2-4-3）进行最少样品数检验为：

Cu：
$$n_2 = \left(\frac{t \cdot s}{RT - \overline{X}}\right)^2 = \left(\frac{1.415 \times 5.62}{50.0 - 53.7}\right)^2 = 4.62 \approx 5$$

Zn：
$$n_2 = \left(\frac{t \cdot s}{RT - \overline{X}}\right)^2 = \left(\frac{1.415 \times 5.50}{50.0 - 46.3}\right)^2 = 4.42 \approx 5$$

Cu、Zn 均为 $n_2 \leqslant n_1$，采样符合精密度要求。

在工业固体废物的产生与排放中，像［例 2-4-8］这种散状堆积的现象是很普遍的，既有一堆的，也有数堆连成一片的。对散状堆积废物的采样，在一些标准分析方法中提出了从堆的顶部向四周引 4 条直线至堆底部，然后在顶部、中部、底部和 4 条直线的腰部采样的方法。日本对这种工业固体废物的标准采样方法是，首先将渣堆转变为矩形平堆，然后划分出等面积网格，利用简单随机采样法采样。前一种方法，简单易行，但没有考虑到废渣堆倒后通常不是标准的圆锥体，并且有颗粒偏析现象，简单从四个方向和腰部采样误差较大；后一种方法，随机性强，样品质量高，但要求采样时间长，作业场地宽阔，这在一般污染源监测中将受到很大限制，特别是渣堆体积较大，并且连成一片的情况下更难实施。

四、多段式采样法

所谓多段式采样法，就是将采样的过程分为两个或多个阶段来进行，先抽取大的采样单位，再从大的采样单位中抽取采样单元，而不是像前三种采样方法那样直接从总体中抽取采样单元的方法。需要注意的是，多段式采样法与分层采样法是不一样的。分层采样法中的"层"的概念，一般是按照一定属性和特征将总体划分为若干性质较为接近的类型、组、群等，再从其中抽取采样单元。因此，分层的意义在于缩小各采样单元之间的差异程度。而多段式采样则是由于总体范围太大，难以直接抽取采样单元，从而借助中间阶段作为过渡，即除了最后一个阶段是抽取采样单元外，其余阶段都是为了得到采样单元而抽取的中间单位。

多段式采样法常用于对区域生活垃圾产生量、垃圾分类和垃圾组分分析时的采样。

每一阶段抽取中间单位的个数，根据采样目的来确定。也可以采用以下公式：

$$n_1 \geqslant 3\sqrt[3]{N_0} \qquad\qquad (2\text{-}4\text{-}11)$$

式中　n_1——第二阶段抽取的中间单位个数；

　　　N_0——总体的个数。

五、权威采样法

这是一种依赖采样者对检测对象的认识（如特性结构、抽样结构）和判断，以及积累的工作经验来确定采样位置的方法，该方法所采取的样品为非随机样品。例如，根据某一容器的形状、大小，按照对角线形、梅花形、棋盘形、蛇形等确定采样位置采取样品。尽管该法有时也能采取到有效的样品，但在对大多数废物的化学性质鉴别来说，建议不采用这种方法。

综上所述，如果对废物的化学污染物性质和分布一无所知，则简单随机采样法是最适用的采样方法，随着对废物性质资料的积累，则可更多地考虑选用（按所需资料多少的顺序）分层随机采样法、系统随机采样法，有时还有权威采样法。各种采样方法既可以单独使用，在一定情况下也可以结合起来使用，如多段式采样法与权威采样法的结合使用等。

目前，一些工业产、商品的采样方法标准也可以等效引用在固体废物的采样方面。

第三节　样品采集、制备及运送

一、采样工具与样品容器

（一）采样工具

采样工具的选择，应当根据所需采取废物的种类、形态、特性和废物产生、贮存、排放方式以及工作场地条件等因素来确定。必须考虑：

① 不得污染样品或与样品发生化学反应；

② 应便于洗涤，尽量避免或减少在连续采样过程中发生的样品交叉污染；

③ 应能满足物理和（或）化学分析所需用的样品体积；

④ 应能方便用于采样点的现场工作条件，并安全可靠；

⑤ 应尽量不破坏废物原有的基本物理形态，不破坏废物原有的组分结构或原有组分结构造成的各类偏析等。

例如，在采取固态废物样品时，采样铲的宽度或直径应是废物最大颗粒直径的两倍以上，以防止在采样时丢失大粒径废物或造成样品的平均粒径与废物总体平均粒径出现较大偏差；在采取液态废物样品时，所选用的采样工具应能准确采集到所需液位的样品或无偏差的全液位样品。

采取生活垃圾样品的工具主要有锹、耙、锯、锤子、剪刀等。

采取固态工业废物样品的采样工具主要有锹、锤子、采样探子、采样钻、气动和真空探针、取样铲等。

采取液态工业废物样品的采样工具主要有采样勺、采样管、采样瓶（罐）、泵、搅拌器等。

（二）样品容器

盛放固体废物样品的容器应具备以下条件：

① 容器必须结实、隔潮，其材质不得污染样品或与样品发生化学反应、浸溶现象，并尽可能避免样品组分吸附、挥发等损失；

② 容器必须清洁，容器的洗涤方法必须考虑到所用于盛装样品的性质和待测组分的性质；

③ 盛装易挥发、分解或发生氧化还原反应样品的容器应能够密封，盛装易光分解样品的容器应是深色的或在容器外套有不透光套，盛装遇热分解或易挥发样品的容器应有保温套或降温套，盛装液态废物样品的容器应为小口瓶并备有带垫层的螺旋盖。

容器的外表面显著位置处必须有不易破损的标签或标志，标签或标志上应能清楚写出样品名称、样品编号、采样时间、采样地点和采样人。

二、采样操作方法

（一）生活垃圾采样

如果设立垃圾采样点，应首先考虑垃圾的产生范围。如果在垃圾堆放场采样，则应注意所采样品的真实性和代表性[5]。

进行垃圾采样作业时，主要采取下列方法。

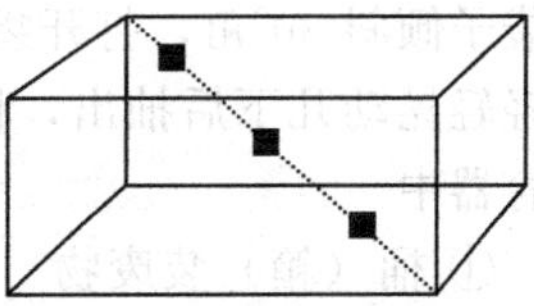

（1）大于 $3m^3$ 的垃圾池（坑、箱）　采用立体对角线布点法（见图 2-4-5），在等距离（不少于 3 个）点处采取垃圾样品，然后制备成混合样，共 100～200kg。

图 2-4-5　立体对角线
布点采样法

（2）小于 $3m^3$ 的垃圾箱（桶）　采用垂直分层的采样方法，层的数量和高度依照盛装垃圾量的多少确定（见表2-4-16），然后将各层样品等体积混合为一个混合样，每个混合样质量不少于20kg。

表 2-4-16　小于 $3m^3$ 垃圾箱（桶）的采样位置

按容器直径计算所装垃圾的高度/%	按容器直径计算采取垃圾样品的间隔高度/%			按混合样品的总体积计算各层份样的体积/%		
	上层	中层	下层	上层	中层	下层
100	80	50	20	30	40	30
90	75	50	20	30	40	30
80	70	50	20	20	50	30
70		50	20		60	40
60		50	20		50	50
50		40	20		40	60
40			20			100
30			15			100
20			10			100
10			5			100

（3）垃圾车　应采取当天收运到垃圾堆放场（焚烧厂、填埋场）的垃圾车内的垃圾，在间隔的每辆车内或在其卸下的垃圾堆中采用立体对角线法在 3 个等距离点采取份样，每份样不少于20kg，然后等量混合制备成混合样，混合样为 100～200kg。每次采样不少于 5 车。

（4）垃圾流　在垃圾焚烧厂、堆肥厂的垃圾输送过程中，利用系统随机采样法等时间间隔采取垃圾样品。采样工具的宽度应与输送带宽度相同，并能够接到垃圾流整个横截面的垃圾。每一次间隔内采取的份样品不少于20kg，混合样为100～200kg。

（二）工业固体废物采样

工业固体废物采样包括在不同产生、贮存和排放过程中对固态、半固态、液态废物的采样[6]。

1. 固态废物采样

（1）件装容器采样

① 袋装块、粒状废物　将盛装废物的袋子倾斜45°角并打开袋口，用长铲式采样器从袋中心处插入至袋底后抽出，所采取的废物样品作为1个样品。

② 袋装污泥状废物　打开袋口，将探针从袋的中心处垂直插入至袋底，旋转90°后抽出，用木片将探针槽内的泥状物刮入预先准备好的样品容器内，然后再在第一个采样位置半径10～15cm处按照相同的方法采取样品，直至采取到所需样品量。

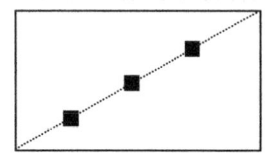 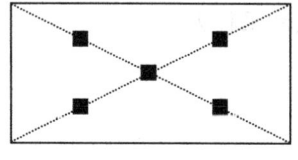

图 2-4-6　桶（箱）装废物采样点位置

③ 袋装干粉状废物　将盛装废物的袋子倾斜30°角，打开袋口，将套筒式采样器开口向下从袋中心处插入至袋底，旋转180°并轻轻晃动几下后抽出，将套筒式采样器内的样品倒入预先铺好的塑料布上，然后转移到样品容器中。

④ 桶（箱）装废物　打开桶（箱）盖子，根据废物颗粒直径大小选择采样器，按图2-4-6所示位置分层采取废物样品。分层的方法和每层采取的份样品量可参照表2-4-17。

（2）输送带（或连续产生、排放时）采样

① 停机采样　在所选取的采样时间段内按照简单随机采样法抽取采样时间或按照系统随机采样法等时间间隔停止输送带传送废物，在输送带的某一指定位置处采取样品。采样时，用挡板挡住输送带的一边以防止采样时废物从带上滚落，在输送带的另一边用采样铲或锹紧贴皮带并横穿皮带宽度至挡板，采取输送带横截面上的所有废物颗粒作为样品。

② 不停机采样　在所选取的采样时间段内按照简单随机采样法抽取采样时间或按照系统随机采样法等时间间隔从出料口采样，采样时，用勺式采样器从料口的一端匀速拉向另一端接取完整废物流，每接取一次作为一个样品。

（3）贮罐（仓）采样　对贮罐（仓）废物的采样，应尽可能在装卸废物过程中按"（2）输送带（或连续产生、排放时）采样"或按"（1）件装容器采样"中的"④桶（箱）装废物"采样方法进行操作。

当只能在卸料口采样时，应预先将卸料口灰尘等杂物清除干净，并根据卸料口的直径和长度放空适当量废物后再采取样品。采样时，用布袋或桶接住料口，按设定的样品数逐次放出废物，每次放料时间相等，然后将袋或桶中废物混匀，按"（1）件装容器采样"方法采取样品。每接取一次废物，作为一个采样单元，采取1个样品。

（4）池（坑、塘）采样　将池（坑、塘）划分为设定样品数的5倍数若干面积大小的相等网格，顺序编号后用随机数表抽取与样品数相等的网格作为采样单元采取样品。采样时，在网格的中心位置处用土壤采样器或长铲式采样器垂直插入到废物的指定深度并旋转90°后抽出，作为1个样品。当池（坑、塘）内废物较厚时，应分上、中、下层采取份样品，等量（体积或质量）混合后再作为 1 个样品。

当废物从池（坑、塘）的一端进入时，也可采用分层随机采样法采取样品。采样时，将池（坑、塘）按长度或面积单位分为上、中、下三个区，根据各区大小分配设定的样品数采样。

（5）车内采样 可按照桶（箱）装废物采样方法进行采样。一车废物既可以作为一个采样单元采取样品，也可以在车内采取多个样品。

（6）脱水机上采样

① 带式压滤机采样 可按照“（2）输送带（或连续产生、排放时）采样”方法进行采样。

② 离心机采样 可按照“（7）散状堆积废物采样”中有关方法进行采样。

③ 板框压滤机采样 将压滤机各板框顺序编号，用抽签的方法抽取不少于 30% 的板框数作为采样单元，在完成压滤脱水后取下，按照图 2-4-6 所示位置用小铲将废物刮下，每个板框采取的废物等量（体积或质量）混合后作为 1 个样品。

（7）散状堆积废物采样

① 堆积高度小于 0.5m 独立散状堆积废物 将废物堆摊平成 10cm 左右厚度的矩形后，等面积划分出设定样品数 5 倍数的网格，顺序编号，用随机数表抽取设定样品数的网格作为采样单元，在网格中心位置处用采样铲或锹垂直采取全层厚度的废物，一个网格采取的废物作为 1 个样品。

② 数个连在一起的散状堆积废物 首先选择最新堆积的废物堆，用系统随机采样法采样。当无法判断堆积时间时，用抽签方法抽取若干废物堆，然后对各堆用系统随机采样法采样，每堆各点采取的份样品等量（体积或质量）混合后组成 1 个样品。当堆积高度在 0.5～1.5m 时，在废物堆距地面的 1/3 和 2/3 高度处垂直于中轴各设一个横截面，以上下截面份样品数之比为 3∶5 的比例分配样品数，每堆采取的份样品数不少于 8 个；当堆积高度在 1.5m 以上时，在废物堆距地面的 1/3、1/2 和 2/3 高度处垂直于中轴各设一个横截面，以上中下截面份样品数之比为 3∶5∶7 的比例分配份样品数，每堆采取的份样品数不少于 15 个。采样时，量出各横截面的周长，以单位长度作为一个采样单元，随机抽取第一个采样单元后等长度间隔确定其他采样单元，用适宜的采样器垂直于中轴插入，采取距表面 10cm 深度的废物作为样品。

（8）渣山采样

① 在堆积过程中采样 当废物用输送带连续输送时，按“（2）输送带（或连续产生、排放时）采样”方法进行采样；当废物用运输车辆装卸时，用“（5）车内采样”方法进行采样，无法在车内采样时，可用“（7）散状堆积废物采样”的方法采取样品。

② 在填埋作业面边缘采样 首先用皮尺丈量填埋作业面的边缘长度，按设定样品数 5 倍数进行等分后顺序编号，并确定采样的长度间隔；在第一个等分长度内，用抽签的方法确定具体采样位置采取第一个样品，然后等长度间隔采取其他样品。采样时，在随机确定的采样位置处用土壤采样器或铁锹垂直插入到废物中采取样品。

2. 液态废物采样

（1）容器装废物采样 将容器内液态废物混匀（含易挥发组分的液态废物除外）后打开盖子，将玻璃采样管垂直缓缓插入液面至底部，待采样管内液面与容器内液面一致时，用拇指按紧管的顶部慢慢提出，在管外壁附着的液体流下后，将样品注入预先准备好的采样瓶中，重复上述操作至满足样品量要求。

（2）贮罐（槽）装废物采样　在顶部入口处，将闭盖的重瓶采样器缓缓放入指定的液位深度后启盖，待瓶中装满液体后（液面不再冒气泡），闭盖提出，在瓶外壁附着的液体流下后，将样品注入预先准备好的盛样容器中，重复上述操作至满足样品量要求。当采取混合样品时，各深度层份样品数的比例见表 2-4-17。

表 2-4-17　贮罐（槽）装废物采样时各深度层份样品数的比例　　　单位：%

液位深度 （容器直径百分比）	采样深度（距容器底直径百分比）			份样品数量百分比		
	上层	中层	下层	上层	中层	下层
100	80	50	20	3	4	3
90	75	50	20	3	4	3
80	70	50	20	2	5	3
70		50	20		6	4
60		50	20		5	5
50		40	20		4	6
40			20			10
30			15			10
20			10			10
10			5			10

三、样品制备

（一）生活垃圾样品制备

1. 分拣

将采取的生活垃圾样品摊铺在水泥地面上，按表 2-4-18 的分类方法手工分拣垃圾样品，并记录下各类成分的比例或质量。

表 2-4-18　垃圾成分分类

类别	有机物		无机物		可回收物						
	动物	植物	灰土	砖瓦陶瓷	纸类	塑料橡胶	纺织物	玻璃	金属	木竹	其他

2. 粉碎

分别对各类废物进行粉碎。对灰土、砖瓦陶瓷类废物，先用手锤将大块敲碎，然后用粉碎机或其他粉碎工具进行粉碎；对动植物、纸类、纺织物、塑料等废物，用剪刀剪碎。粉碎后样品的大小，根据分析测定项目确定。

3. 混合缩分

根据分拣得到的各类垃圾成分比例或质量，将粉碎后的样品混合缩分。混合缩分采用圆锥四分法，即将样品置于洁净、平整、不吸水的板面（玻璃板、聚乙烯板、木板等）上，堆成圆锥形，每铲由圆锥顶尖落下，使颗粒均匀沿锥尖散落，不要使圆锥中心错位，反复转堆至少三次，达到充分混合。将圆锥尖顶压平，用十字分样板自上压下，分成四等分，然后任取两个对角的等分，重复上述操作至所需分析试样的质量。

（二）工业固体废物样品制备

工业固体废物样品制备包括以下五个步骤，如图 2-4-7 所示。

① 干燥：使样品能够较容易制备。

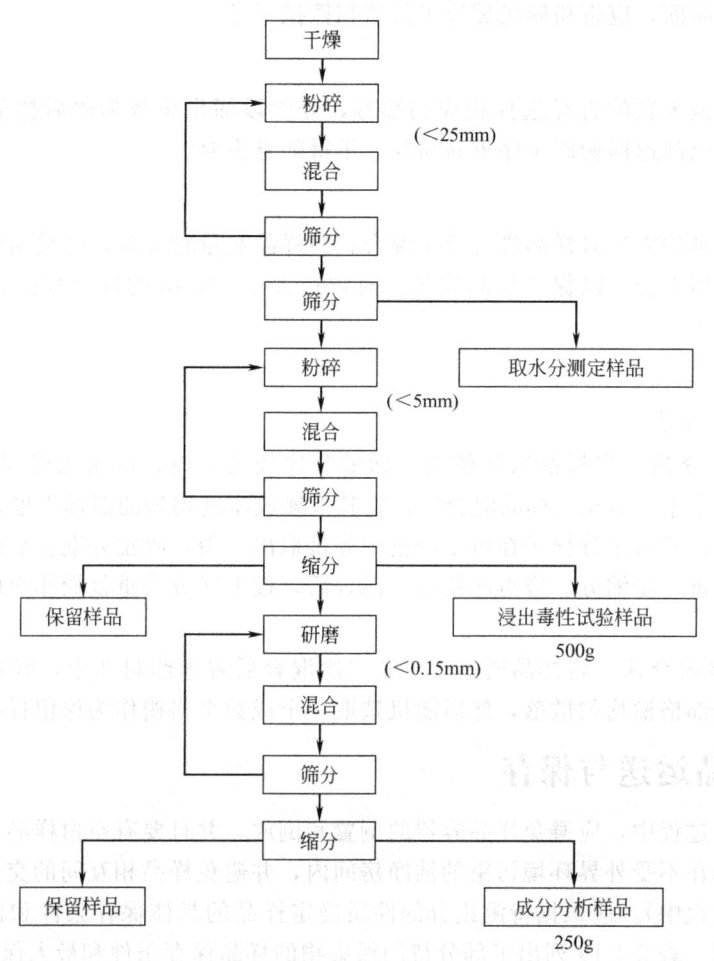

图 2-4-7　工业固体废物样品制备

② 粉碎：经破碎和研磨以减小样品的粒度。

③ 筛分：使样品保证 95％以上处于某一粒度范围。

④ 混合：使样品达到均匀。

⑤ 缩分：将样品缩分成两份或多份，以减少样品的质量。

1. 干燥

将采取的样品均匀平铺在洁净、干燥的搪瓷盘中，置于清洁、阴凉、干燥、通风的房间内自然干燥。当房间内晾晒有多个样品时，可用大张干净滤纸盖在搪瓷盘表面遮挡灰尘以避免样品受外界环境污染和交叉污染。

对颗粒较细的样品（如污泥），在干燥过程中应经常用玛瑙锤或木棒等物翻搅和敲打，以防止干燥后结块。

当样品中的待测组分不具备挥发或半挥发性质时，也可以采用控温箱干燥的方法，干燥温度保持在（105±2）℃。

2. 粉碎

粉碎可用机械或手工完成。将干燥后的样品根据其硬度和粒径的大小适宜的破碎机、粉碎机、研磨机和乳钵等分段粉碎至所要求的粒度。样品粉碎可一次完成，也可以分段完成。

在每粉碎一个样品前，应将粉碎机械或工具清扫擦拭干净。

3. 筛分

根据样品的最大颗粒直径选择相应的筛号，分阶段筛出全部粉碎后样品。在筛分过程中，筛上部分应全部返回粉碎工序重新粉碎，不得随意丢弃。

4. 混合

可以利用转堆的方法对样品进行手工混合；当样品数量较大时，应采用双锥混合器或V型混合器进行机械混合，以保证样品均匀。对粒径大于25mm的废物样品，未经粉碎不能混合。

5. 缩分

（1）圆锥四分法

（2）份样缩分法 当样品数量较大（即缩分比较大）时，应采用份样缩分法，此时，要求样品的粒径小于10mm。样品混合后，将其平摊成厚度均匀的矩形平堆，并划分出若干面积相等的网格，然后用分样铲在每个网格中等量取出一份，收集并混合后即为经过一次缩分的样品。如需进一步缩分，应再次粉碎、混合后，按上述方法重复操作至所要求的最小缩分留量。

（3）二分器缩分法 将样品通过二分器三次混合后置入给料斗中，轻轻晃动料斗，使样品沿二分器全部格槽均匀散落，然后随机选取一个或数个格槽作为保留样品。

四、样品运送与保存

样品在运送过程中，应避免样品容器的倒置和倒放，并且要有空白样品。

样品应保存在不受外界环境污染的洁净房间内，并避免样品相互间的交叉污染（特别是在样品的制备过程中）。应根据待测组分的性质确定样品的具体保存条件和保存时间，必要时可加入保护剂。表2-4-19列出了部分待测污染物的样品保存条件和最大保存时间。

表 2-4-19 部分待测污染物的样品保存条件和最大保存时间

名 称	容器	保存条件	最大保存时间
细菌实验			
粪大肠菌	P、G	低温4℃,0.008%$Na_2S_2O_3$	6h
总粪便链球菌	P、G	低温4℃,0.008%$Na_2S_2O_3$	6h
无机污染物			
酸度	P、G	低温4℃	14d
碱度	P、G	低温4℃	14d
氨	P、G	低温4℃,H_2SO_4调pH<2	28d
生化需氧量	P、G	低温4℃	48h
溴化物	P、G	无要求	28d
化学需氧量	P、G	低温4℃,H_2SO_4调pH<2	28d
氯化物	P、G	无要求	28d
总残渣	P、G	无要求	即时分析
色度	P、G	低温4℃	48h
氰化物	P、G	低温4℃,NaOH调pH>12,0.6g抗坏血酸	14d
氟化物	P	无要求	28d
硬度	P、G	HNO_3调pH<2,H_2SO_4调pH<2	6个月
pH值	P、G	无要求	即时分析
凯氏氮和有机氮	P、G	低温4℃,H_2SO_4调pH<2	28d

名　称	容器	保存条件	最大保存时间
硝酸盐	P、G	低温 4℃	48h
硝酸盐-亚硝酸盐	P、G	低温 4℃，H_2SO_4 调 pH<2	28d
亚硝酸盐	P、G	低温 4℃	48h
正磷酸盐	P、G	即时过滤，低温 4℃	48h
溶解氧	G	无要求	即时分析
总磷	P、G	低温 4℃，H_2SO_4 调 pH<2	28d
硅	P、G	低温 4℃	28d
电导率	P、G	低温 4℃	28d
硫酸盐	P、G	低温 4℃	28d
硫化物	P、G	低温 4℃，加醋酸锌和 NaOH 调 pH>9	7d
亚硫酸盐	P、G	无要求	即时分析
表面活性剂	P、G	低温 4℃	48h
铬（Ⅵ）	P、G	低温 4℃	24h
汞	P、G	HNO_3 调 pH<2	28d
金属类[除去铬（Ⅵ）和汞]	G，聚四氟乙烯盖	HNO_3 调 pH<2	6 个月
有机污染物			
油和脂	G，聚四氟乙烯密封垫	低温 4℃，H_2SO_4 调 pH<2	28d
有机碳	G，聚四氟乙烯密封垫	低温 4℃，HCl 或 H_2SO_4 调 pH<2	28d
酚类	G，聚四氟乙烯密封垫	低温 4℃，0.008% $Na_2S_2O_3$	7d 内萃取，萃取后可存 40d
可吹脱卤代烃类	G，聚四氟乙烯盖	低温 4℃，0.008% $Na_2S_2O_3$	14d
可吹脱芳香烃类	G，聚四氟乙烯密封垫	低温 4℃，0.008%，$Na_2S_2O_3$，HCl 调 pH<2	14d
丙烯醛和乙腈	G，聚四氟乙烯密封垫	低温 4℃，0.008% $Na_2S_2O_3$ 调 pH4~5	14d
联苯胺类	G，聚四氟乙烯盖	低温 4℃，0.008% $Na_2S_2O_3$	7 天内萃取
邻苯二甲酸酯类	G，聚四氟乙烯盖	低温 4℃	7d 内萃取，萃取后可存 40d
亚硝胺类	G，聚四氟乙烯盖	低温 4℃，暗处，0.008% $Na_2S_2O_3$	萃取后可存 40d
PCB，乙腈	G，聚四氟乙烯盖	低温 4℃	萃取后可存 40d
硝基芳香类和异佛尔酮	G，聚四氟乙烯盖	低温 4℃，暗处，0.008% $Na_2S_2O_3$	萃取后可存 40d
多环芳烃类	G，聚四氟乙烯盖	低温 4℃，暗处，0.008% $Na_2S_2O_3$	萃取后可存 40d
卤代醚类	G，聚四氟乙烯盖	低温 4℃，0.008% $Na_2S_2O_3$	萃取后可存 40d
氯代烃类	G，聚四氟乙烯盖	低温 4℃	萃取后可存 40d
四氯二苯二噁英（TCDD）	G，聚四氟乙烯盖	低温 4℃，0.008% $Na_2S_2O_3$	萃取后可存 40d
总有机卤化物	G，聚四氟乙烯盖	低温 4℃，H_2SO_4 调 pH<2	7d
农药	G，聚四氟乙烯盖	低温 4℃，pH4~5	萃取后可存 40d

注：P 为聚乙烯，G 为玻璃。

第四节　样品分析

一、生活垃圾分析

（一）物理性质分析

1. 物理成分分析

垃圾物理成分的分析步骤如下所述。

（1）取垃圾试样 25~50kg，按照表 2-4-20 的分类进行粗分拣。

（2）将粗分拣后的剩余物过 10mm 筛，筛上物细分拣各成分，筛下物按其主要成分分类，无法分类的为混合类。

（3）分类称量计算各成分组成。

表 2-4-20 生活垃圾分类

类别	有机物		无机物		可回收物						其他	混合
	动物	植物	灰土	砖瓦陶瓷	纸类	塑料橡胶	纺织物	玻璃	金属	木竹		

$$C_{i(湿)} = \frac{M_i}{M} \times 100\% \tag{2-4-12}$$

$$C_{i(干)} = C_{i(湿)} \times \frac{1 - C_{i(水)}}{1 - C_{(水)}} \tag{2-4-13}$$

式中 $C_{i(湿)}$ ——湿基某成分含量，%；

M_i ——某成分质量，kg；

M ——样品总质量，kg；

$C_{i(干)}$ ——干基某成分含量，%；

$C_{i(水)}$ ——某成分含水率，%；

$C_{(水)}$ ——样品含水率，%。

2. 含水率

生活垃圾含水率的分析步骤如下所述。

（1）将各垃圾成分试样破碎至粒径小于 15mm 后，置入干燥箱中，在（105±5）℃条件下烘 4~8h，取下冷却后称重。

（2）重复烘 1~2h，再称重，直至恒重。

（3）计算含水率

$$C_{i(水)} = \frac{1}{m} \sum_{j=1}^{m} \frac{M_{j(湿)} - M_{j(干)}}{M_{j(湿)}} \times 100\% \tag{2-4-14}$$

$$C_{(水)} = \sum_{i=1}^{n} C_{i(水)} \times C_{i(湿)} \tag{2-4-15}$$

式中 $C_{i(水)}$ ——某成分含水率，%；

$C_{(水)}$ ——样品含水率，%；

$C_{i(湿)}$ ——某成分湿重，g；

$M_{j(湿)}$ ——每次某成分湿重，g；

$M_{j(干)}$ ——每次某成分干重，g；

n ——各成分数；

m ——测定次数。

3. 容重

生活垃圾容重的分析步骤为：将采取的垃圾试样不加处理装满有效高度 1m，容积 100L 的硬质塑料圆桶内，稍加振动但不压实，称取并记录质量，重复 2~4 次后，结果按下式计算：

$$垃圾容重（kg/m^3） = \frac{1000}{称量次数} \sum \frac{每次称量质量（kg）}{样品体积（L）} \tag{2-4-16}$$

4. 灰分和可燃物含量

生活垃圾灰分是指垃圾试样在 815℃下灼烧而产生的灰渣量。在 815℃ 温度下，垃圾试样中的有机物质均被氧化，金属也成为氧化物，这样损失的质量也就是垃圾试样中的可燃物含量。其分析步骤如下所述。

（1）称取并记录下一系列坩埚质量。

（2）将粉碎后的各垃圾成分样品按物理组成的比例充分混合后，在每个坩埚中加入适当的量，称取并记录质量。

（3）将盛放有试样的坩埚放入到马弗炉（或燃烧炉），在（815±10）℃下灼烧1h，然后取下冷却。

（4）分别称重并计算含灰量，最后结果取平均值。

$$A = \frac{R-C}{S-C} \times 100\% \qquad (2\text{-}4\text{-}17)$$

式中　A——垃圾试样的含灰量，%；

　　　R——在815℃下灼烧后坩埚和试样质量；

　　　S——灼烧前坩埚和试样质量；

　　　C——坩埚的质量。

（5）垃圾的可燃物含量$=1-A$。

5. 粒度

生活垃圾粒度分析步骤如下所述。

（1）将一系列不同筛目的筛子分别称取质量并记录后，按筛目规格序列由小到大排放。

（2）称取并记录需筛分的试样质量。

（3）在最上面的筛子上放入需筛分的试样后，连续摇动15min。

（4）将每个带有试样的筛子称重后，计算各个筛子上微粒的百分比。

$$微粒百分比(\%) = \frac{(微粒质量+筛子质量)-筛子质量}{总试样质量} \qquad (2\text{-}4\text{-}18)$$

6. 热值

生活垃圾的热值，分为高位热值和低位热值。所谓高位热值，是指包括产生水蒸气的能量在内的燃烧热量；所谓低位热值则是比高位热值低的可用热量。其分析步骤为：

（1）将垃圾试样粉碎至粒径小于0.5mm的微粒；

（2）在（105±5）℃下烘干至恒重；

（3）用氧弹式热量计测定高位热值；

（4）用公式计算混合试样的高位热值和低位热值（kJ/kg）。

$$混合样高位热值_{(干基)} = \sum_{i=1}^{n}(i\ 成分高位热值 \times 质量百分比) \qquad (2\text{-}4\text{-}19)$$

$$混合样高位热值_{(湿基)} = 混合样高位热值_{(干基)} \times (1-含水率) \qquad (2\text{-}4\text{-}20)$$

$$混合样低位热值_{(湿基)} = 混合样高位热值_{(湿基)} - 24.4[含水率+9H_{(干)} \times (1-含水率)]$$
$$\qquad (2\text{-}4\text{-}21)$$

式中　24.4——水的汽化热常数，kJ/kg；

　　　$H_{(干)}$——干基氢元素含量，%，见表2-4-21。

（二）渗滤液分析

1. 色度——稀释倍数法

垃圾渗滤液色度的分析步骤如下所述。

（1）将试样置于 50mL 刻度比色管中，与装有同样高度蒸馏水的比色管相比较。

（2）比较时，比色管底部衬有白色瓷板，比色管和瓷板稍作倾斜，使光线反射入液柱底部向上透过。

表 2-4-21　生活垃圾各成分的干基高位热值和干基氢元素含量

城市生活垃圾成分	干基高位热值/(kJ/kg)	干基氢元素含量/%
塑料	32570	7.2
橡胶	23260	10.0
木、竹	18610	6.0
纺织物	17450	6.6
纸类	16600	6.0
灰土、陶瓷	6980	3.0
厨房有机物	4650	6.4
铁金属	700	
玻璃	140	

（3）颜色有差异时，将试液稀释 1 倍，摇匀，重复比较至刚好看不出颜色时为止，记下稀释的次数。

（4）取 100～150mL 试液，置于烧杯中，以白色瓷板为背景，与同体积蒸馏水比较，用文字描述呈现的颜色色调。

（5）用稀释倍数值和文字描述相结合表达结果。

$$稀释倍数值 = 2^n \qquad (2\text{-}4\text{-}22)$$

式中　n——稀释的次数。

颜色描述可用灰黑、深绿、浅绿、蓝绿、黄绿、暗灰、浅灰、土黄、橙黄等。

2. 总固体

垃圾渗滤液总固体的分析步骤如下所述。

（1）取 100mL 蒸发皿置于干燥箱内，在 103～105℃下烘干约 1h，取出冷却后称重，并重复至恒重。

（2）取 50mL 试样置于蒸发皿中，在水浴锅上蒸发至干后移入干燥箱内。

（3）在 103～105℃下烘干约 1h，取出冷却后称重，并重复至恒重。

（4）计算结果

$$总固体(mg/L) = \frac{(W_2 - W_1) \times 10^6}{V} \qquad (2\text{-}4\text{-}23)$$

式中　W_1——空蒸发皿质量，g；

　　　W_2——空蒸发皿和总固体质量，g；

　　　V——试样体积，mL。

3. 总溶解性固体和总悬浮性固体

总溶解性固体是指通过指定规格滤器的滤液于 103～105℃蒸发烘干后留下的全部残渣。总悬浮性固体则是指被滤器截留并于 103～105℃烘干后的全部固体。或者总固体减去总溶解性固体之差可作为总悬浮性固体的计算值。其分析步骤如下所述。

（1）取试液通过中速定量滤纸，得到滤液。

（2）取 50mL 滤液置于干燥并恒重的蒸发皿中，在水浴锅上蒸发至干后移入干燥箱内。

（3）在 103～105℃下烘干约 1h，取出冷却后称重，并重复至恒重。

（4）计算结果

$$总溶解性固体(mg/L) = \frac{(W_2 - W_1) \times 10^6}{V} \tag{2-4-24}$$

式中　W_1——空蒸发皿质量，g；

　　　W_2——空蒸发皿和总溶解性固体质量，g；

　　　V——滤液体积，mL。

$$总悬浮性固体(mg/L) = 总固体(mg/L) - 总溶解性固体(mg/L) \tag{2-4-25}$$

4. 硫酸盐　重量法

硫酸盐在盐酸酸化的热溶液中，与氯化钡反应生成硫酸钡沉淀，通过称取硫酸钡质量可换算得出硫酸盐含量。方法的适用范围在 $10 \sim 5000mg/L$（以 SO_4^{2-} ）计。其分析步骤如下所述。

（1）将瓷坩埚置于 105℃ 干燥箱内烘干后，放入马弗炉中于 800℃ 下灼烧 30min，取下冷却、称重，重复操作至恒重。

（2）取适宜量试样（250mL 中含硫酸盐 50mg/L 左右）入 400mL 烧杯中，稀释至总体积 250mL。

（3）加 2~3 滴甲基红指示剂，用盐酸调至微红色。

（4）再加入 2mL 盐酸，加热近沸后，逐滴加入温热的氯化钡溶液，并轻轻搅动，待沉淀完全后，再多加大约 2mL 氯化钡溶液静置过夜。

（5）用温热蒸馏水洗涤沉淀物，通过慢速定量滤纸，直至洗涤水中无氯离子。

（6）将盛有沉淀物的滤纸折成小包，放入恒重的瓷坩埚中，在干燥箱内干燥。

（7）将干燥后沉淀物在电炉上炭化和灰化。

（8）放入马弗炉中于 800℃ 下灼烧 1h，取下冷却、称重，重复操作至恒重。

（9）计算结果　硫酸盐含量以 SO_4^{2-}（mg/L）计。

$$SO_4^{2-} = \frac{(W_2 - W_1) \times 0.4116 \times 10^6}{V} \tag{2-4-26}$$

式中　W_1——空蒸发皿质量，g；

　　　W_2——空蒸发皿和硫酸钡 $BaSO_4$ 的质量，g；

　　　V——滤液体积，mL；

0.4116——$BaSO_4$ 转换成 SO_4^{2-} 的换算系数。

5. 氨态氮

用 pH 值为 7.4 磷酸盐缓冲液使试样处于微碱性状态，经加热蒸馏，将随水汽逸出的氨被硼酸溶液吸收，以甲基红-亚甲蓝混合液为指示剂，用标准酸滴定馏出液中铵。其分析步骤如下所述。

（1）取适宜量渗滤液于凯氏烧瓶内，加无氨水稀释至 350mL，在加入 10mL 磷酸盐缓冲溶液，并立即将烧瓶与冷凝管连接好。

（2）取 50mL 硼酸和甲基红-亚甲蓝指示剂混合液于锥形烧瓶内，置于冷凝管出口下，并保证蒸馏液导管出口尖端深入硼酸吸收液液面以下 2cm。

（3）加热凯氏烧瓶，使蒸馏速度控制在 6~8mL/min。

（4）用 0.02mol 盐酸标准滴定溶液滴定馏出液，溶液由绿色转变到紫色为终点，记录酸用量。

（5）计算结果

$$NH_3\text{-}N(mg/L)=\frac{V_1-V_2}{V_0}\times c\times 14.01\times 1000 \qquad (2\text{-}4\text{-}27)$$

式中 V_1——试样滴定时所消耗的盐酸标准滴定溶液体积，mL；

      V_2——空白试验滴定时所消耗的盐酸标准滴定溶液体积，mL；

      V_0——试样体积，mL；

      c——盐酸标准滴定溶液实际浓度，mol/L；

14.01——氨（N）的摩尔质量，g/mol。

6. 凯氏氮——硫酸汞催化消解法

垃圾渗滤液中的有机氮、游离铵和氨离子，在催化剂硫酸汞的存在下，转化为硫酸铵和汞铵络合物。通过加碱和硫代硫酸钠蒸馏，使硫酸铵和汞铵络合物分解，铵离子转化为氨，并随水蒸气蒸馏出来。经硼酸吸收，以甲基红-亚甲蓝混合液为指示剂，用标准酸滴定馏出液中铵。其分析步骤如下所述。

（1）取适宜量渗滤液于凯氏烧瓶内，加无氨水稀释至25mL。

（2）缓缓加入50mL硫酸钾-硫酸汞消解剂，混匀后加热，直至溶液颜色变清并不冒白烟时，再消解30min。

（3）待消解液冷却后，用无氨水稀释到300mL，加入0.5mL酚酞指示剂。

（4）缓缓加入50mL氢氧化钠-硫代硫酸钠溶液，使其呈上下两层（上层为紫红色，否则需增加碱量），将烧瓶与蒸馏装置连接。

（5）取50mL硼酸和甲基红-亚甲蓝指示剂混合液于锥形烧瓶内，置于冷凝管出口下，并保证蒸馏液导管出口尖端深入硼酸吸收液液面以下2cm。

（6）加热凯氏烧瓶，使蒸馏速度控制在6～8mL/min。

（7）用0.2mol盐酸标准滴定溶液滴定馏出液，溶液由绿色转变到紫色为终点，记录酸用量。

（8）计算结果

$$凯氏氮(mg/L)=\frac{V_1-V_2}{V_0}\times c\times 14.01\times 1000 \qquad (2\text{-}4\text{-}28)$$

式中 V_1——试样滴定时所消耗的盐酸标准滴定溶液体积，mL；

      V_2——空白试验滴定时所消耗的盐酸标准滴定溶液体积，mL；

      V_0——试样体积，mL；

      c——盐酸标准滴定溶液实际浓度，mol/L；

14.01——氨（N）的摩尔质量，g/mol。

7. 氯化物——硝酸银滴定法

在中性或弱碱性（pH6.5～10.5）溶液中，以铬酸钾做指示剂，用硝酸银标准溶液滴定。因氯化银沉淀的溶解度比铬酸银小，所以溶液中首先析出氯化银沉淀，待白色氯化银沉淀完全以后，稍过量的硝酸银与铬酸钾生成砖红色的铬酸银沉淀，从而指示到达终点。本方法的适宜范围在10～500mg/L。其分析步骤如下所述。

（1）取适宜试样，用1mol/L硫酸或1mol/L氢氧化钠调pH6.5～10.5，加水稀释至100mL。

（2）加入1mL铬酸钾溶液。

（3）在强烈摇动下，用硝酸银标准溶液滴定至带砖红的黄色为终点。

（4）计算结果

$$Cl^-(mg/L)=\frac{V_2-V_1}{V_0}\times c\times 35.45\times 1000 \qquad (2\text{-}4\text{-}29)$$

式中　V_1——试样滴定时所消耗的硝酸银标准滴定溶液体积，mL；

　　　V_2——空白试验滴定时所消耗的硝酸银标准滴定溶液体积，mL；

　　　V_0——试样体积，mL；

　　　c——硝酸银标准滴定溶液实际浓度，mol/L；

　　35.45——氯（Cl）的摩尔质量，g/mol。

8. 总磷——钒钼磷酸盐分光光度法

垃圾渗滤液中的有机磷和聚合磷酸盐，在硝酸-硫酸的联合氧化作用下，被转化为正磷酸盐。在酸性条件下，正磷酸盐与钼酸铵反应生成钼磷酸铵的杂多酸盐，当有钒酸盐时，便形成一种稳定的黄色钒钼磷酸盐，黄色的深度与正磷酸盐的浓度成正比。本方法的适宜范围在 2～10mg/L。其分析步骤如下所述。

（1）取适宜量试样置于微型凯氏烧瓶中。

（2）小心加入 2mL 硫酸，缓缓加热到产生白烟后取下冷却。

（3）小心加入 0.5mL 硝酸，加热到棕色烟雾停止产生后取下冷却，重复操作至溶液清亮无色，冷却。

（4）小心加入 10mL 水，加热至出现白色烟雾，取下冷却。

（5）小心加入 20mL 水，1 滴酚酞指示溶液后，滴加 6mol/L 氢氧化钠，使消解液变为淡粉红色，冷却后转移至 100mL 容量瓶中定容。

（6）取 25mL 消解试液于 50mL 容量瓶中，加入 10mL 钒酸盐—钼酸盐溶液，放置 10min。

（7）在 420nm 波长处测定吸光度。

（8）计算结果

$$总磷(mg/L)=\frac{(M-M_0)\times 50}{V} \qquad (2\text{-}4\text{-}30)$$

式中　M——从标准曲线上查得的试样中总磷微克数，μg；

　　　M_0——从标准曲线上查得的空白试液中总磷微克数，μg；

　　　V——试样体积，mL。

9. 钾、钠——火焰光度法

在硝酸-硫酸的联合氧化作用下，垃圾渗滤液中与有机物结合的以及与悬浮颗粒相结合的钾和钠被转化为盐溶液。将消解液以雾滴状引入火焰中，使钾、钠靠火焰的热能进行激发，并辐射出它们的特征谱线（钾 766.5nm，钠 589.0nm），其强度与钾、钠原子的浓度有定量关系。本方法的适宜范围在钾 0.1～25mg/L（以 K 计），钠浓度范围在与钾相应的比例含量。其分析步骤如下所述。

（1）取适宜试液入微型凯氏烧瓶。

（2）小心加入 2mL 硫酸，缓缓加热至冒白烟，取下冷却。

（3）小心加入 0.5mL 硝酸，加热至不再产生棕色烟雾，取下冷却。

（4）加入 50mL 水，并加热至近沸，取下冷却。

（5）将消解液转移到 100mL 容量瓶中，用水稀释定容。

（6）用火焰-原子吸收分光光度计在钾 766.5nm、钠 589.0nm 波长测定。

（7）结果计算

$$K(mg/L) = \frac{M_K \times 100}{V}$$

$$Na(mg/L) = \frac{M_{Na} \times 100}{V} \quad (2\text{-}4\text{-}31)$$

式中 M_K，M_{Na}——从标准曲线上查的消解液中钾、钠的微克数，μg；

V——试液体积，mL。

10. 生化需氧量（BOD_5）——稀释与培养法

将试液装满密封（水封）的培养瓶中，在20℃下培养5d。分别测定培养前、后的溶解氧，其差值即20℃5d的生化需氧量（BOD_5）。由于垃圾渗滤液中含有较多的需氧物质，其需氧量往往超过空气饱和水中可能有的溶解氧量，因此在培养前必须稀释试液，使其需氧和供氧达到平衡，稀释时细菌生成所需的营养物和合适的pH值范围都满足需要。本方法的适宜范围2~6000mg/L（以O_2计）。其分析步骤如下所述。

（1）通过测定试样的化学需氧量（COD）与BOD_5间的相关性求得稀释倍数，一般取3个稀释倍数。

（2）按选定的稀释倍数，将已知体积的试样移入到稀释容器中，再用虹吸法将所需量的稀释水沿器壁小心引入。

（3）用活塞型搅棒将试液混匀，不得产生气泡。

（4）将试液分装在两组培养瓶中，密封，瓶中不得有气泡。

（5）一组培养瓶置于保持20℃的培养箱中，5d后取出测定溶解氧。

（6）将另一组培养瓶即刻测定溶解氧。

（7）结果计算

$$BOD_5(O_2,mg/L) = \left[(C_1-C_2) - \frac{V_t-V_e}{V_t}(C_3-C_4)\right] \times \frac{V_t}{V_e} \quad (2\text{-}4\text{-}32)$$

式中 C_1——试液在培养前的溶解氧，mg/L；

C_2——试液在培养5d后的溶解氧，mg/L；

C_3——稀释水在培养前的溶解氧，mg/L；

C_4——稀释水在培养5d后的溶解氧，mg/L；

V_e——制备培养液时所取试样体积，mL；

V_t——所制备培养液总体积，mL。

11. 化学需氧量（COD_{Cr}）——重铬酸钾法

在试样中加入已知量的重铬酸钾溶液，并在强酸介质下以银盐为催化剂，经沸腾回流后，以试亚铁灵为指示剂，用硫酸亚铁铵滴定试液中未被还原的重铬酸钾，由消耗的硫酸亚铁铵的量换算成消耗氧的质量浓度。本方法的适用范围是30~700mg/L。其分析步骤如下所述。

（1）取适宜量试样于锥形烧瓶中，用水稀释到50mL。

（2）加入25mL含汞盐的重铬酸钾基准溶液，混匀。

（3）加入75mL 10%的硫酸银-硫酸溶液，接上冷凝管，回流2h后取下冷却。

（4）用水稀释到350mL，并冷却至室温。

（5）加2~3滴试亚铁灵为指示剂。

（6）用硫酸亚铁铵标准滴定溶液滴定，溶液的颜色由黄色经蓝绿色变为红棕色即为终点。

（7）计算结果

$$COD(O_2,mg/L)=\frac{(V_1-V_2)\times c\times 8\times 1000}{V_0}$$ (2-4-33)

式中 V_1——空白试验滴定时所消耗的硫酸亚铁铵标准滴定溶液体积，mL；

V_2——试样滴定时所消耗的硫酸亚铁铵标准滴定溶液体积，mL；

V_0——稀释前试样的体积，mL；

c——硫酸亚铁铵标准滴定溶液的实际浓度，mg/L；

8——0.25O_2的摩尔质量，g/mol。

12. 细菌总数——平板菌落计数法

用营养琼脂为培养基，在37℃24h培养条件下，测定在营养琼脂上发育的嗜中温性需氧和兼性厌氧的细菌菌落总数。其分析步骤如下所述。

（1）取充分混匀的试样10mL于盛有90mL灭菌生理盐水的稀释瓶中，混匀成1∶10的稀释液。

（2）取1∶10的稀释液1mL，沿管壁缓缓注入盛有9mL灭菌生理盐水的稀释瓶中，混匀成1∶100的稀释液。

（3）按上述操作进行10倍递增稀释。

（4）根据试样污染程度大小，选择合适的三个稀释度，取1mL稀释液于灭菌平皿中。

（5）将46℃的营养琼脂培养基倾注到平皿中，并立即转动或倾斜平皿，使稀释液与培养基充分混合。

（6）待琼脂凝固后，翻转平板，使底部朝上，置于（36±1）℃恒温培养箱中培养（24±2）h。

（7）按30~300个菌落计数规则计算平板的菌落数，乘以稀释倍数报告之。

13. 大肠菌群——多管发酵法

根据总大肠菌群具有的生物特性，如革兰阴性无芽孢杆菌，在37℃于乳糖内培养能发酵，并在24h内产酸、产气的特点，将不同稀释度的试样接种到具有选择性的乳糖培养基中，经培养后根据阳性反应结果，测出原试样中总大肠菌群的MPN值。其分析步骤如下所述。

（1）取充分混匀的试样10mL于盛有90mL灭菌生理盐水的稀释瓶中，混匀成1∶10的稀释液。

（2）取1∶10的稀释液1mL，沿管壁缓缓注入盛有9mL灭菌生理盐水的稀释瓶中，混匀成1∶100的稀释液。

（3）按上述操作进行10倍递增稀释。

（4）选择四个适宜连续稀释度稀释液1mL，接种到各装有10mL乳糖蛋白胨培养液的试管中，混匀后置于（36±1）℃恒温培养箱中培养18~24h。

（5）取出培养后发酵试管，将产酸、产气和只产酸的发酵管分别接种于品红亚硫酸钠平板培养基或伊红美蓝平板培养基上。

（6）再置于（36±1）℃恒温培养箱中培养18~24h。

（7）挑选符合下列特征的菌落，取菌落一半进行涂片，革兰氏染色、镜检。

品红亚硫酸钠培养基：紫红色——具有金属光泽的菌落；

深红色——不带或略带金属光泽的菌落；

淡红色——中心色较深的菌落。

伊红美蓝培养基：深紫黑色——具有金属光泽的菌落；

紫黑色——不带或略带金属光泽的菌落；

淡紫红色——中心色较深的菌落。

（8）上述涂片、镜检的菌落，如为革兰阴性无芽孢杆菌，则挑取该菌落的另一半再接种于装有 10mL 乳糖蛋白胨培养液的试管中，混匀后置于（36±1）℃恒温培养箱中培养（24±2）h。

（9）有产酸、产气者，证实有总大肠菌群存在。

（10）根据证实试验有总大肠菌群存在的阳性管数，查 MPN 检索表报告数据。

二、工业固体废物分析

1. 总汞——冷原子吸收分光光度法

汞原子蒸气对波长为 253.7nm 处的紫外光具有强烈的吸收作用，汞蒸气浓度与吸光度成正比。通过氧化分解试样中以各种形式存在的汞，使之转化为可溶态汞离子进入溶液，用盐酸羟胺还原过剩的氧化剂，用氯化亚锡将汞离子还原为汞原子，用净化空气做载体将汞原子载入冷原子吸收测汞仪的吸收池进行测定。该方法的最低检出限为 0.005mg/kg。其分析步骤如下所述。

（1）硫酸-硝酸-高锰酸钾消解法

① 取 0.5～2g 粉碎至 100 目（0.149mm）试样置于 150mL 锥形瓶中。

② 用少量水润湿，加（1+1）硫酸-硝酸混合液 5～10mL，待剧烈反应后加水 10mL，2％高锰酸钾溶液 10mL。

③ 低温加热近沸 30～60min 后取下冷却（若紫色褪去可补加高锰酸钾）。

④ 用 20％盐酸羟胺还原过剩的高锰酸钾，使其变为水合二氧化锰，溶液全部褪色。

⑤ 取适宜量消解液，加入 20％的氯化亚锡还原剂，以净化空气或氮气做载体，用冷原子吸收测汞仪测定汞量。

（2）硝酸-硫酸-五氧化二钒消解法

① 取 0.5～2g 试样置于 150mL 锥形瓶中。

② 用少量水润湿，加入 50mg 五氧化二钒。

③ 加 10～20mL 硝酸、5mL 硫酸。

④ 低温加热近沸 30～60min（至试样成浅灰白色），取下稍冷。

⑤ 加入 20mL 蒸馏水，加热煮沸 15min，取下冷却定容。

⑥ 取适宜量消解液，加入 20％的氯化亚锡还原剂，以净化空气或氮气做载体，用冷原子吸收测汞仪测定汞量。

（3）结果表示

$$汞(Hg,mg/kg)=\frac{m}{W(1-f)} \tag{2-4-34}$$

式中　m——测得试样的汞量，μg；

W——称取试样质量，g；

f——试样的水分含量，％。

2. 总砷

（1）二乙基二硫代氨基甲酸银分光光度法　通过化学氧化分解试样中各种形式存在的

砷，使之转化为可溶态砷离子进入溶液。在碘化钾和氯化亚锡存在下，使五价砷还原为三价砷，三价砷又被锌与酸作用而产生的新生态氢还原成气态砷化氢。用二乙基二硫代氨基甲酸银-三乙醇胺的三氯甲烷溶液吸收砷化氢，成为红色胶体银，在波长 510nm 处，测定吸收液的吸光度。该方法的检出限为 0.5mg/kg。其分析步骤如下所述。

① 取 0.5～2g 试样置于 150mL 的锥形砷发生瓶中。

② 加 7mL（1+1）硫酸、10mL 硝酸、2mL 高氯酸。

③ 加热分解至冒白烟，试样残渣成灰白色并近干，取下冷却。

④ 加蒸馏水 50mL。

⑤ 加 4mL15％碘化钾、2mL40％氯化亚锡，摇匀放置 15min。

⑥ 加 1mL15％硫酸铜和 4g 无砷锌粒后立即连接导气管，将砷化氢气体导入吸收液，在室温下反应 1h。

⑦ 将吸收液在 510nm 波长下测量吸光度。

（2）**硼氢化钾-硝酸银分光光度法**　通过化学氧化分解试样中各种形式存在的砷，使之转化为可溶态砷离子进入溶液。在一定酸度下，使五价砷还原为三价砷，进而又被硼氢化钾在酸性溶液中产生的新生态氢还原成气态砷化氢（胂）。用硝酸-硝酸银-聚乙烯醇-乙醇溶液为吸收液，银离子被砷化氢还原成单质银，使溶液呈黄色，在波长 400nm 处测量吸光度。该方法的检出限为 0.2mg/kg。其分析步骤如下所述。

① 取 0.1～0.5g 试样置于 100mL 锥形瓶中。

② 加少量水润湿，加 6mL 盐酸、2mL 硝酸、2mL 高氯酸。

③ 加热分解至近干，取下冷却。

④ 加 20mL0.5mol/L 的盐酸，加热 3～5min，取下冷却。

⑤ 加 0.2g 抗坏血酸。

⑥ 加入 0.1％甲基橙指示液 2 滴，用（1+1）氨水调至溶液转黄。

⑦ 加蒸馏水 50mL。

⑧ 加 5mL20％酒石酸溶液，摇匀。

⑨ 加一片硼氢化钾后立即连接导气管，将砷化氢气体导入吸收液。

⑩ 待反应完毕（约 3～5min）后，将吸收液在 400nm 波长下测量吸光度。

（3）**结果表示**

$$砷（As，mg/kg）=\frac{m}{W(1-f)} \qquad (2\text{-}4\text{-}35)$$

式中　m——测得试液中砷量，μg；

　　　W——试样质量，g；

　　　f——试样的水分含量，％。

3. 总铬

（1）**二苯碳酰二肼比色法**　在硫酸、磷酸消解作用下，试样中各种形式存在的铬，使之转化为可溶态铬离子进入溶液。经过离心或过滤分离后，用高锰酸钾将三价铬转化为六价铬。用叠氮化钠还原过量的高锰酸钾。在酸性条件下，铬与二苯碳酰二肼反应生成紫红色化合物，于波长 540nm 处测吸光度。该方法的最低检出限为 0.25μg 铬。其分析步骤如下所述。

① 取 0.5kg 试样置于 100mL 锥形瓶中，加少量水润湿。

② 加磷酸、硫酸各 1.5mL，加热至冒白烟，取下冷却。

③ 重复滴加硝酸至试样呈黄白色取下。

④ 用蒸馏水洗涤消解残渣到 50mL 离心管中，离心分离，溶液定容。

⑤ 取 10mL 消解液，滴加 1～2 滴 0.5% 高锰酸钾溶液。

⑥ 煮沸 15min 后趁热滴加 0.5% 叠氮化钠溶液至紫红色刚好褪去，迅速冷却。

⑦ 加 1mL（1＋1）磷酸，摇匀。

⑧ 加 1mL 0.25% 二苯碳酰二肼溶液，摇匀，放置 15min 后，在波长 540nm 处测定吸光度。

⑨ 结果表示

$$总铬（Cr,mg/kg）=\frac{mV_0}{VW} \tag{2-4-36}$$

式中　m——由标准曲线上查得试液中铬的质量，μg；

　　　V_0——消解液的定容体积，mL；

　　　V——消解液的测定体积，mL；

　　　W——试样质量，g。

（2）火焰原子吸收分光光度法　采用盐酸-硝酸-氢氟酸全分解的方法，破坏试样的矿物晶格，使试样中各种形式存在的铬，转化为可溶态 $Cr_2O_7^{2-}$ 进入溶液。$Cr_2O_7^{2-}$ 在富燃性空气-乙炔火焰中形成铬基态原子，并对 357.9nm 特征谱线产生选择性吸收。在选择最佳测定条件下，测定铬的吸光度。本方法的检出限为 5mg/kg。其分析步骤如下所述。

① 0.2～0.5mL 试样置于 50mL 的聚四氟乙烯坩埚中，用少量水润湿。

② 加入 5mL（1＋1）硫酸、10mL 硝酸，静置。

③ 待剧烈反应停止后，中温加热分解 1h 左右。

④ 加 5mL 氢氟酸，中温加热除硅。

⑤ 用（1＋1）盐酸溶解残渣，并加入 5mL 10% 氯化铵，定容至 50mL。

⑥ 利用火焰原子吸收分光光度计在 357.9nm 处测定吸光度。

⑦ 结果表示

$$总铬（Cr,mg/kg）=\frac{cV}{W(1-f)} \tag{2-4-37}$$

式中　c——从标准曲线上查得铬的含量，mg/L；

　　　V——试样的定容体积，mL；

　　　W——试样质量，g；

　　　f——试样的水分含量，%。

4. 铜、锌、镍——火焰原子吸收分光光度法

采用盐酸-硝酸-氢氟酸-高氯酸全分解的方法，破坏试样的矿物晶格，使试样中各种形式存在的待测元素，转化为离子态进入溶液。在空气-乙炔火焰中形成基态原子，并分别对 324.8nm、213.8nm 和 232.0nm 的特征谱线产生选择性吸收。在选择最佳测定条件下，测定吸光度。本方法的检出限分别为 1mg/kg、0.5mg/kg 和 5mg/kg。其分析步骤如下所述。

① 0.2～0.5mL 试样置于 50mL 的聚四氟乙烯坩埚中，用少量水润湿。

② 加入 10mL 盐酸低温加热至 3mL 左右，取下冷却。

③ 加入 5mL 硝酸，5mL 氢氟酸，3mL 高氯酸中温加热消解，除硅。

④ 加入 1mL（1＋1）硝酸溶解残渣，转移定容。

⑤ 利用火焰原子吸收分光光度计分别在特征谱线处测定吸光度。

⑥ 结果表示

$$总铬(Cr,mg/kg)=\frac{cV}{W(1-f)}$$

式中字母含义同前。

5. 铅、镉

（1）**KI-MIBK 萃取火焰原子吸收分光光度法** 采用盐酸-硝酸-氢氟酸-高氯酸全分解的方法，破坏试样的矿物晶格，使试样中各种形式存在的待测元素，转化为离子态进入溶液。在约 1％的盐酸介质中，加入适量的 KI，溶液中的 Pb^{2+}、Cd^{2+} 与 I^- 形成稳定的离子络合物，可被甲基异丁酮（MIBK）萃取。将有机相喷入火焰，在火焰高温下，铅、镉化合物离解为基态原子，并分别对 217.0nm 和 228.8nm 的特征谱线产生选择性吸收。在选择最佳测定条件下，测定吸光度。本方法的检出限分别为铅 0.2mg/kg 和镉 0.05mg/kg。其分析步骤如下所述。

① 0.2～0.5mL 试样置于 50mL 的聚四氟乙烯坩埚中，用少量水润湿。

② 加入 10mL 盐酸，低温加热至 3mL 左右，取下冷却。

③ 加入 5mL 硝酸，5mL 氢氟酸，3mL 高氯酸中温加热消解，除硅。

④ 加入 1mL0.2％盐酸溶解残渣，全量转移至 100mL 分液漏斗中。

⑤ 在分液漏斗中加入 2mL10％抗坏血酸溶液，2.5mL2mol/L 碘化钾溶液，摇匀。

⑥ 加入 5mL 甲基异丁酮（MIBK），振摇 1～2min，静置分层。取有机相备测。

⑦ 利用火焰原子吸收分光光度计分别在特征谱线处测定吸光度。

⑧ 结果表示

$$总铅、镉(mg/kg)=\frac{cV}{W(1-f)} \tag{2-4-38}$$

式中　c——从标准曲线上查得铅、镉的含量，mg/L；

　　　V——试液（有机相）体积，mL；

　　　W——试样质量，g；

　　　f——试样的水分含量，％。

（2）**石墨炉原子吸收分光光度法** 采用盐酸-硝酸-氢氟酸-高氯酸全分解的方法，破坏试样的矿物晶格，使试样中各种形式存在的待测元素，转化为离子态进入溶液。然后，将试液注入石墨炉中。经过预先设定的干燥、灰化、原子化等升温程序使共存基体成分蒸发除去，同时在原子化阶段的高温下铅、镉化合物离解为基态原子，并分别对 217.0nm 和 228.8nm 的特征谱线产生选择性吸收。在选择最佳测定条件下，通过背景扣除测定吸光度。本方法的检出限分别为铅 0.1mg/kg 和镉 0.01mg/kg。其分析步骤如下所述。

① 0.1～0.3mL 试样置于 50mL 的聚四氟乙烯坩埚中，用少量水润湿。

② 加入 5mL 盐酸，低温加热至 3mL 左右，取下冷却。

③ 加入 5mL 硝酸、4mL 氢氟酸、2mL 高氯酸中温加热消解，除硅。

④ 加入 1mL（1+5）硝酸溶解残渣，转移至 25mL 容量瓶中。

⑤ 加入 3mL 5％磷酸氢二铵溶液，定容。

⑥ 利用石墨炉原子吸收分光光度计分别在特征谱线处测定吸光度。

⑦ 结果表示

$$总铅、镉(mg/kg)=\frac{cV}{W(1-f)}$$

式中字母含义同前。

6. 氰化物——异烟酸-吡唑啉酮法

在 pH6.8~7.5 的水溶液中，氰化物被氯胺 T 氧化生成氯化氰（CNCl），然后与异烟酸作用并经水解生成戊烯二醛，此化合物再和吡唑啉酮进行缩合反应，生成稳定蓝色化合物。在一定浓度范围内，该化合物的颜色强度与氰含量呈线性关系。本方法的最低检出限为 0.05μg。其分析步骤如下所述。

① 取 10g 试样置于 500mL 蒸馏瓶中。

② 向蒸馏瓶中加入 100mL 水、1mL 10%乙酸锌溶液、10mL 15%的酒石酸溶液，立即连接好蒸馏装置。

③ 在 50mL 容量瓶中加入 5mL 氢氧化钠溶液，置于蒸馏装置的冷凝管下，接取馏出液。

④ 吸取适量馏出液于 25mL 比色管中。

⑤ 加入 5mL 磷酸盐缓冲液和 0.2mL 氯胺 T 溶液，摇匀，室温下静置 3~5min。

⑥ 加入 5mL 异烟酸-吡唑啉酮混合液，摇匀，定容，放置 40min。

⑦ 利用分光光度计在 638nm 处比色测定。

⑧ 结果表示

$$氰化物（CN，mg/kg）= \frac{mV_0}{VW} \tag{2-4-39}$$

式中　m——由标准曲线上查得试液中氰化物的质量，μg；

　　　V_0——馏出液的定容体积，mL；

　　　V——馏出液的测定体积，mL；

　　　W——试样质量，g。

7. 有机污染物分析——试样的预处理方法

（1）索氏提取法

① 将粉碎通过 1mm 筛目的试样用滤纸包好，置于索氏提取器中。

② 在含有 1~2 粒干净沸石的 500mL 圆底烧瓶中加入 300mL 提取剂。

③ 将烧瓶连接在提取器上，提取 8~24h（根据待测项目的分析方法确定）后，冷却。

④ 将提取液通过装有约 10cm 高的无水硫酸钠干燥柱干燥后，收集到 K-D 浓缩器中。

⑤ 将 K-D 浓缩器放在 80~90℃热水浴中，使浓缩管部分浸于热水中，并使整个烧瓶的下部表面可被热蒸汽加热。

⑥ 提取液浓缩至 1~2mL 时，取下冷却，盖紧浓缩管，冷冻贮存。

（2）超声波提取法

① 将粉碎通过 1mm 筛目的试样置于离心管中。

② 加入适量提取剂。

③ 将离心管置于超声波发生器内，锁定超声功率和时间，超声提取。

④ 将提取液离心分离，上清液转移定容。

⑤ 重复上述操作三次。

⑥ 合并提取液，用 K-D 浓缩器浓缩后分析测定。

三、固体废物危险特性鉴别方法

（一）急性毒性

急性毒性是指一次投给试验动物的毒性物质，半致死量（LD_{50}）小于规定值的毒性。对急性毒性的具体鉴别方法如下所述。

（1）将100g样品置于锥形瓶中，加入100mL蒸馏水（即固液1∶1），在常温下静止浸泡24h后用滤纸过滤，滤液留待灌胃实验用。

（2）以10只体重18～24g的小白鼠（或体重200～300g的大白鼠）作为实验对象，进行经口一次灌胃。

（3）灌胃量为小鼠不超过0.4mL/20g（体重），大鼠不超过1.0mL/100g（体重）。

（4）对灌胃后的小鼠（或大鼠）进行中毒症状的观察，记录48h内实验动物的死亡数。根据实验结果，如出现半数以上的小鼠（或大鼠）死亡，则可判定该废物是具有急性毒性的危险废物。

（二）易燃性

易燃性是指废物的闪点低于定值（60℃），或经过摩擦、吸湿、自发的化学变化有着火的趋势，或在加工、制造过程中发热，在点燃时燃烧剧烈而持续，以致会引起危险的特性。对易燃性的鉴别方法有Pensky-Martens闭杯法和Setaflash闭杯法。

1. Pensky-Martens 闭杯法

以缓慢而稳定的加热速度加热样品，同时不停的搅拌，每隔一定时间将一小团火焰引入杯中，与此同时暂停搅拌，引入试验火焰点燃样品上方蒸气时的最低温度即为该废物的闪点。

2. Setaflash 闭杯法

将密封的Setaflash试验器预热至比预期闪点低不到3℃的温度，用注射器将2mL样品经防漏入口引入，然后再逐渐缓慢升温至闪点温度并保持1min，将试验火焰引入杯中，观察受试样品是否闪燃。

（三）反应性

反应性是指在通常情况下废物不稳定，极易发生剧烈的化学反应，与水反应猛烈，或形成可爆性的混合物，或产生有毒气体，如含有氰化氢或硫化物的气体。

1. 氰化氢的测定

（1）加500mL 0.25mol/L氢氧化钠溶液于洗气瓶中，用蒸馏水稀释至合适浓度。

（2）通入氮气，流量调节为60mL/min。

（3）向圆底烧瓶中加入10g待测废物。

（4）加入0.005mol/L至烧瓶半满，并开始搅拌。

（5）保持氮气流量和搅拌30min后停止。

（6）测定洗气瓶中的氰化物量。

（7）结果表示

$$氰化氢的比释放率(R)=\frac{AL}{WS} \tag{2-4-40}$$

$$总有效氰化氢(HCN,mg/kg)=R\times1800 \tag{2-4-41}$$

式中　A——洗气瓶中HCN的浓度，mg/L；

　　　L——洗气瓶中溶液的体积，L；

　　　W——试样的质量，kg；

　　　S——测量时间，S＝关掉氮气的时刻－通入氮气的时刻，s。

2. 硫化氢

硫化氢气体的捕集步骤同氰化氢，最终测定洗气瓶中的硫化物量。其结果表示为：

$$总有效硫化氢(H_2S,mg/kg)=R\times1800 \tag{2-4-42}$$

（四）浸出毒性

浸出毒性是指固体废物在规定的浸出方法的浸出液中，有害物质的浓度超过规定值，从而可能会造成污染环境的特性。鉴别固体废物浸出毒性的浸出方法有水平振荡法和翻转法。

1. 水平振荡法

该法是取干基试样 100g，置于 2L 的容器中，加入 1L 去离子水后垂直固定在往复式振荡器上，在（110±10）次/min 的频率和室温下振荡浸取 8h，静置 16h 后取下，经过滤得到浸出液，测定污染物浓度。

2. 翻转法

该法是取干基试样 70g，置于 1L 的容器中，加入 700mL 去离子水后固定在翻转式搅拌机上，调节转速为（30±2）r/min，在室温下翻转搅拌浸取 18h，静置 30min 后过滤得到浸出液，测定污染物浓度。

（五）腐蚀性

腐蚀性是指对接触部位作用时，使细胞组织、皮肤有可见性破坏或不可治愈的变化；使接触物质发生质变，使容器泄漏等。腐蚀性的具体鉴别方法如下所述。

（1）以玻璃电极作为指示电极，饱和甘汞电极作为参比电极，测定固体废物浸出液的 pH 值。

（2）当 pH 值大于或等于 12.5 或者小于或等于 2.0 时，则可判定该废物是具有腐蚀性的危险废物。

参 考 文 献

[1] 朱桂珍，等. 固体废物样品采集过程中几种采样误差的研究. 环境卫生工程，1994，(2)：22-26.
[2] 蒋子刚. 实验设计中样本数的确定. 上海环境科学，1990，9 (2)：25-29.
[3] 徐谦，等. 工业污染源监测中固体废物采样的质量保证与质量控制. 中国环境监测，1995，11 (5)：10-15.
[4] 徐谦. 试论固体废物样品的采集. 中国环境监测，1990，6 (5)：6-8.
[5] CJ/T 3039—95 城市生活垃圾采样和物理分析方法.
[6] HJ/T 20—1998 工业固体废物采样制样技术规范.

第三篇

固体废物的收集、运输及贮存

第一章
城市固体废物的收集、贮存及运输

仍以城市垃圾为中心进行分析说明。城市垃圾收运是城市垃圾处理系统中的第一环节，其耗资最大，操作过程亦最复杂。据统计，垃圾收运费要占整个处理系统费用的 60%～80%。城市垃圾收运之原则是：首先应满足环境卫生要求，其次应考虑在达到各项卫生指标时，费用最低，并有助于降低后续处理阶段的费用。因此，必须科学地制定合理的收运计划和提高收运效率。

城市垃圾收运并非单一阶段操作过程，通常需包括三个阶段，构成一个收运系统[1]。第一阶段是搬运与贮存（简称运贮），是指由垃圾产生者（住户或单位）或环卫系统收集工厂从垃圾产生源头将垃圾送至贮存容器或集装点的运输过程。第二阶段是收集与清除（简称清运），通常指垃圾的近距离运输。一般用清运车辆沿一定路线收集清除容器或其他贮存设施中的垃圾，并运至垃圾中转站的操作，有时也可就近直接送至垃圾处理厂或处置场。第三阶段为转运，特指垃圾的远途运输。即在中转站将垃圾转载至大容量运输工具上，运往远处的处理处置场。

第一节　城市垃圾的搬运与贮存

在城市垃圾收集运输前，城市垃圾的产生者必须将各自所产生的城市垃圾进行短距离搬运和暂时贮存，这是整个垃圾收运管理系统的第一步。从改善垃圾收运管理系统的整体效益考虑，有必要对垃圾搬运和贮存进行科学的管理，以利于居民的健康，并能改善城市环境卫生及城市容貌，也为后续阶段操作打下好的基础。

一、垃圾产生源的搬运管理

（一）居民住宅区垃圾搬运

1. 低层居民住宅区垃圾搬运

有两种搬运方式：①由居民自行负责将产生的城市垃圾自备容器搬运至公共贮存容器、垃圾集装点或垃圾收集车内。前者对居民较为方便，可随时进行，但若管理不善或收集不及时会影响公共卫生。后二者有利于环境卫生与市容管理，但常有时间限制，有时于居民不便。②由收集工人负责从家门口或后院搬运垃圾至集装点或收集车。此种方式显然于居民极为方便（只需支付一定的费用），但环卫部门要耗费大量的劳动力和作业时间，在国内尚难推广。一般在发达国家的单户住宅区较多使用。

2. 中高层公寓垃圾搬运

一些老式中层公寓或无垃圾通道的公寓楼房的垃圾搬运方式类似于低层住宅区。多数中高层公寓都设有垃圾通道，住户只需将垃圾搬运至通道投入口内，垃圾靠重力落入通道低层的垃圾间。粗大垃圾需由居民自行送入底层垃圾间或附近的垃圾集装点。这种方式需要注意避免垃圾通道内发生起拱、堵塞现象。近年来，在国外正逐步推广使用小型家用垃圾磨碎机（国内少数大城市也已试点介绍应用），专门适合处理厨房食品垃圾（主要是脆而易裂解的物品），可将其卫生而迅速地磨碎后随水流排入下水道系统，减少了家庭垃圾的搬运量（约可减少15%）。

（二）商业区与企业单位垃圾搬运

商业区与单位垃圾一般由产生者自行负责，环境卫生管理部门进行监督管理。当委托环卫部门收运时，各垃圾产生者使用的搬运容器应与环卫部门的收运车辆相配套，搬运地点和时间也应和环卫部门协商而定。

二、贮存管理

由于城市垃圾产生量的不均性及随意性，以及对环境部门收集清除的适应性，需要配备城市垃圾贮存容器。

垃圾产生者或收集者应根据垃圾的数量、特性及环卫主管部门要求，确定贮存方式，选择合适的垃圾贮存容器，规划容器的放置地点和足够的数目。贮存方式大致分为家庭贮存、公共贮存、单位贮存和街道贮存[2]。

（一）贮存容器

1. 一般要求

城市垃圾贮存容器类型繁多，可按使用和操作方式、容量大小、容器形状及材质不同进行分类。

国外许多城市都制定有当地容器类型的标准化和使用要求。用于各家各户生活垃圾的贮存容器多为塑料和钢质垃圾桶、塑料袋和纸袋。

垃圾桶应该用耐腐的和不易燃材料制造，钢质的重而价昂，塑料轻而经济，但不耐热，使用寿命短。

为了减少垃圾桶脏污和清洗工作，已广泛提倡使用塑料袋和纸袋。

对于使用者来说一次性使用的垃圾袋比较理想，卫生清洁，搬运轻便，纸袋可用从垃圾中回收废纸来制造。其缺点是比较易燃，且输送，处理成本较高。

纸袋也有大小不同的容量（家用的为60～70L，商业和单位用常为110～120L），为装料方便需设置不同规格专门的纸袋架，装满垃圾后用夹子封口连袋送去处理。

国内目前各城市使用的容器规格不一。对于家庭贮存，除少数城市（如深圳、珠海等）规定使用一次性塑料袋外，通常由家庭自备旧桶、箩筐、簸箕等随意性容器；对于公共贮存，根据习惯叫法，常见的有固定式砖砌垃圾箱、活动式带车轮的垃圾桶、铁质活底卫生箱、车厢式集装箱等；对于街道贮存，除使用公共贮存容器外，还配置大量供行人丢弃废纸、果壳、烟蒂等物的各种类型的废物箱；对于单位贮存，则由产生者根据垃圾量及收集者的要求选择容器类型。

贮存容器除大小适当外，必须满足各种卫生要求，并要求使用时操作方便且美观耐用，造价适宜，便于机械化装车。

住宅区贮存家庭垃圾的垃圾箱或大型容器应设置在固定位置，该处应靠近住宅、方便居民，又要靠近马路，便于分类收集和机械化装车。同时要注意设置隐蔽，不妨碍交通路线和影响市容。

2. 容器设置数量

容器设置数量对费用影响甚大，应事先进行规划和估算。某地段需配置多少容器，主要应考虑的因素为服务范围内居民人数、垃圾人均产量、垃圾容重、容器大小和收集次数等。

我国规定容器设置数量按以下方法计算。首先按下式求出容器服务范围内的垃圾日产生量：

$$W = RCA_1 A_2 \tag{3-1-1}$$

式中　W——垃圾日产生量，t/d；

　　　R——服务范围内居住人口数，人；

　　　C——实测的垃圾单位产量，t/(人·d)；

　　　A_1——垃圾日产量不均匀系数，取 $1.10 \sim 1.15$；

　　　A_2——居住人口变动系数，取 $1.02 \sim 1.05$。

然后按式（3-1-2）和式（3-1-3）折合垃圾日产生体积：

$$V_{\text{ave}} = W/(A_3 D_{\text{ave}}) \tag{3-1-2}$$

$$V_{\text{max}} = K V_{\text{ave}} \tag{3-1-3}$$

式中　V_{ave}——垃圾平均日产生体积，m^3/d；

　　　A_3——垃圾容重变动系数，取 $0.7 \sim 0.9$；

　　　D_{ave}——垃圾平均容重，t/m^3；

　　　K——垃圾产生高峰时体积的变动系数，取 $1.5 \sim 1.8$；

　　　V_{max}——垃圾高峰时日产生最大体积，m^3/d。

最后以式（3-1-4）和式（3-1-5）求出收集点所需设置的垃圾容器数量：

$$N_{\text{ave}} = A_4 V_{\text{ave}}/(EF) \tag{3-1-4}$$

$$N_{\text{max}} = A_4 V_{\text{max}}/(EF) \tag{3-1-5}$$

式中　N_{ave}——平时所需设置的垃圾容器数量，个；

　　　E——单个垃圾容器的容积，$\text{m}^3/\text{个}$；

　　　F——垃圾容器填充系数，取 $0.75 \sim 0.90$；

　　　A_4——垃圾收集周期，d/次，当每日收集 1 次时，$A_4 = 1$，每日收集 2 次时，$A_4 = 0.5$，每两日收集 1 次时，$A_4 = 2$，以此类推；

　　　N_{max}——垃圾高峰时所需设置的垃圾容器数量。

当已知 N_{max} 时即可确定服务地段应设置垃圾贮存容器的数量，然后再适当地配置在各服务地点。容器最好集中于收集点，收集点的服务半径一般不应超过 70m。在规划建造新住宅区时，未设垃圾通道的多层公寓一般每四幢应设置一个容器收集点，并建造垃圾容器间，以利于安置垃圾容器。

（二）垃圾通道

为了方便居民搬送城市垃圾，中高层建筑常设垃圾通道，由投入口（倒口）、通道（圆形或矩形截面）、垃圾间（或大型接受容器）等组成。投入口通常设置在楼房每层楼梯平台，不能设置在生活用房内。投入口应注意密封，并便于使用与维修。有的在投入口设仓斗拉出后便把投入口与垃圾道切断，可防止臭气外溢。仓斗的尺寸远小于通道断面，使通道不易堵塞。

通道内壁应光滑无死角，通道截面大小应按楼房层数和居住人数而定。在 600mm×600mm（或 φ600mm）～1200mm×1200mm（或 φ1200mm）。通道上端为出气管，需高出屋面 1m 以上，并设置风帽，以挡灰及防雨水侵入。通道底层必须设专用垃圾间（或大型垃垃间），需注意密封，平时加盖加锁。高层建筑底层垃圾间宽大，有必要安装照明灯、水嘴、排水沟，通风窗等，便于清除垃圾死角及通风设施（北方地区垃圾间应有防冻措施）。

垃圾通道的设置方便了居民搬运垃圾，但也带来了一系列隐患。①通道易发生起拱、堵塞现象。当截面积设计较小、住户不慎倒入粗大废物时，容易发生以上情况，影响正常使用。②由于清除不及时、天气炎热、食物垃圾易腐败、倒口的腐蚀及密封不好、顶部通风不良等因素，常造成臭气外溢，影响环境卫生。③居民图方便，自觉性差，往往不利于城市垃圾就地分类贮存收集。

为了解决上述①、②不利因素，国外不少城市已采用管道化风力输送或水力输送来解决高层建筑垃圾的搬运与贮存问题。最早是瑞典开始用于医院垃圾的风力输送，进而推广到解决高层住宅，并有逐步推广到整个城市区垃圾的管道化收运系统的发展趋势。

气动垃圾输送装置主要由垃圾倾斜道下的底阀，用垃圾输送的管道和带有分离器、高压鼓风机、消声器的机械中心组成。风力吸送装置的每天运转次数由住宅区各户丢弃垃圾的数量而定，并根据垃圾量决定出料次数，由水准报警器报告每次出料时间。城市垃圾的管道收运方法是一种清洁卫生的收运方式。

鉴于③的不利因素，不少专家及环卫行业专业人士建议今后在新建中高层建筑时，不再设垃圾通道，并做好居民的宣传工作，配合开展城市垃圾的就地分类搬运贮存工作。这种新方式有待于达成共识，并用于实践。

（三）分类贮存

分类贮存是指根据对城市垃圾回收利用或处理工艺的要求由垃圾产生者，自行将垃圾分为不同种类进行贮存，也即就地分类贮存。

城市垃圾的分类贮存与收集是复杂的工作，国外有不同的分类方式。

（1）分两类贮存，按可燃垃圾（主要是纸类）和不可燃垃圾分开贮存。其中塑料通常作为不可燃垃圾，有时也作为可燃垃圾贮存。

（2）分三类贮存，按塑料除外的可燃物；塑料；玻璃、陶瓷、金属等不燃物三类分开贮存。

（3）分四类，按塑料除外可燃物；金属类；玻璃类、塑料、陶瓷及其他不燃物四类分开贮存。金属类和玻璃类作为有用物质分别加以回收利用。

（4）分五类，在上述四类外，再挑出含重金属的干电池、日光灯管、水银温度计等危险废物作为第五类单独贮存收集。

开展城市废物的就地分类，是减少投资提高回收物料纯度的好方法。适于分类贮存收集的城市垃圾成分主要是纸、玻璃、铁、有色金属、塑料、纤维材料等。

我国早就有传统的废品回收公司（下设各废品收购站）来回收城市垃圾的有用物质。国外很重视城市垃圾的分类贮存与回收利用。有的城市强调纸类的单独分离回收，大多数城市则是与玻璃等有用物质一起合并回收。纸类贮存收集形式可用袋、容器或直接用绳捆绑成"捆"。收集到的旧纸主要送去造纸厂，但也有的将旧纸团成小球，作为发电厂辅助燃料使用。

部分国家城市则重视玻璃的分类贮存与回收利用，主要强调可重复使用的玻璃容器的回收利用，对其他玻璃还细分为透明玻璃和有色玻璃，并分开收集。

要做到就地分类贮存，需设置（或配给）不同容器（如不同颜色的纸袋、塑料袋或塑胶容器）以便存放不同废物。在美国大多数城市已规定住户必须放置两个垃圾容器，一个贮存厨房垃圾，一个贮存其他废物。相应的垃圾收集车辆也有两分类或三分类车（即同一收集车上将槽分为两格或三格，分别收集废纸、塑料及堆积空瓶）。

我国少数城市正在试行分类贮存的方法，目前认识尚不一致，传统的城市垃圾分类主要在处理厂或中转站进行，家庭分类存放需增加容器数量、收集工人数及车辆，另外收集不及时，厨房垃圾易腐败发臭带来诸多不利，并且分类存放效果不好，分离效率只有70%～80%左右，因此垃圾处理厂仍然需设置破碎和分选工序，权衡得失，垃圾分类贮存利大于弊，应逐步加以推广。

但就地分类贮存的推广工作是一项长期和艰巨的系统工程。需要统一思想，大力开展宣传工作，提高全民意识，更需环卫主管部门先行制定相应规章制度及其他社会性强制手段，并采取相应的切实可行的技术措施，才能保障这项工程得以顺利开展。

另外，对于集贸市场废物和医院垃圾等特种垃圾，通常都不进行分类，前者可直接送到堆肥厂进行堆肥化处理，后者则必须立即送焚烧炉焚化。

对于危险性垃圾（有毒有害废物），按本篇第二章有关要求处理。

第二节　城市垃圾的收集与清除

垃圾清除阶段的操作，不仅是指对各产生源贮存的垃圾集中和集装，还包括收集清除车辆至终点往返运输过程和在终点的卸料等全过程。因此这一阶段是收运管理系统中最复杂的，耗资也最大。清运效率和费用之高低，主要取决下列因素：①清运操作方式；②收集清运车辆数量、装载量及机械化装卸程度；③清运次数、时间及劳动定员；④清运路线。

一、清运操作方法

清运操作方法分移动式和固定式两种[3]。

（一）移动容器操作方法

移动容器操作方法是指将某集装点装满的垃圾连容器一起运往中转站或处理处置场，卸空后再将空容器送回原处（一般法）或下一个集装点（修改法），其收集过程示意见图3-1-1。

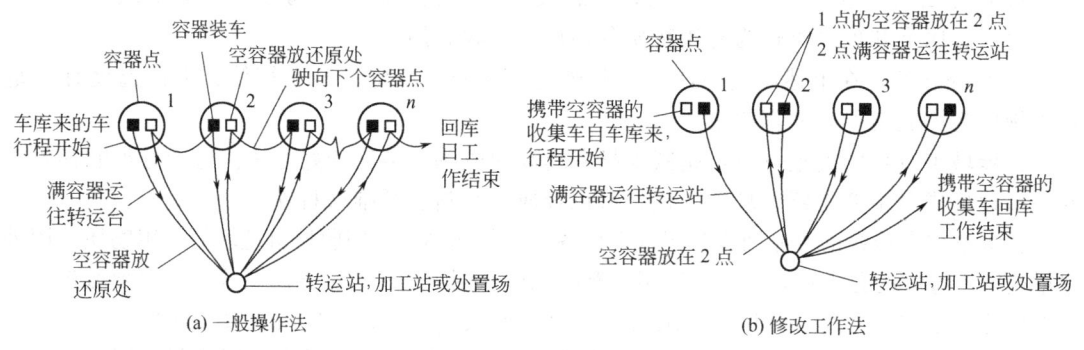

图 3-1-1　移动容器收集操作

1. 操作计算

收集成本的高低，主要取决于收集时间长短，因此对收集操作过程的不同单元时间进行分析，可以建立设计数据和关系式，求出某区域垃圾收集耗费的人力和物力，从而计算收集成本。可以将收集操作过程分为四个基本用时，即集装时间、运输时间、卸车时间和非收集时间（其他用时）。

（1）集装时间　对常规法，每次行程集装时间包括容器点之间行驶时间，满容器装车时间，及卸空容器放回原处时间三部分。用公式表示为：

$$P_{hcs} = t_{pc} + t_{uc} + t_{dbc} \tag{3-1-6}$$

式中　P_{hcs}——每次行程集装时间，h/次；

　　　t_{pc}——满容器装车时间，h/次；

　　　t_{uc}——空容器放回原处时间，h/次；

　　　t_{dbc}——容器间行驶时间，h/次。

如果容器行驶时间已知，可用运输时间公式［如式（3-1-7）］估算。

（2）运输时间　运输时间指收集车从集装点行驶至终点所需时间，加上离开终点驶回原处或下一个集装点的时间，不包括停在终点的时间。当装车和卸车时间相对恒定，则运输时间取决于运输距离和速度，从大量的不同收集车的运输数据分析，发现运输时间可以用下式近似表示

$$h = a + bx \tag{3-1-7}$$

式中　h——运输时间，h/次；

　　　a——经验常数，h/次；

　　　b——经验常数，h/km；

　　　x——往返运输距离，km/次。

（3）卸车时间　专指垃圾收集车在终点（转运站或处理处置场）逗留时间，包括卸车及等待卸车时间。每一行程卸车时间用符号 S（h/次）表示。

（4）非收集时间　非收集时间指在收集操作全过程中非生产性活动所花费的时间。常用符号 W（%）表示非收集时间占总时间百分数。

因此，一次收集清运操作行程所需时间（T_{hcs}）可用公式表示：

$$T_{hcs} = (P_{hcs} + S + h)/(1 - W) \tag{3-1-8}$$

也可用下式表示：

$$T_{hcs} = (P_{hcs} + S + a + bx)/(1 - W) \tag{3-1-9}$$

当求出 T_{hcs} 后，则每日每辆收集车的行程次数用下式求出：

$$N_d = H/T_{hcs} \tag{3-1-10}$$

式中　N_d——每天行程次数，次/d；

　　　H——每天工作时数，h/d；

其余符号意义同前。

每周所需收集的行程次数，即行程数可根据收集范围的垃圾清除量和容器平均容量，用下式求出：

$$N_w = V_w/(Cf) \tag{3-1-11}$$

式中　N_w——每周收集次数，即行程数，次/周，若计算值带小数时，需进到整数值；

　　　V_w——每周清运垃圾产量，m^3/周；

　　　C——容器平均容量，m^3/次；

　　　f——容器平均充填系数。

由此，每周所需作业时间 D_w（d/周）为：

$$D_w = t_w T_{hcs} \tag{3-1-12}$$

式中，t_w 为 N_w 值进到的最大整数值。应用上述公式，即可计算出移动容器收集操作条件下的工作时间和收集次数，并合理编制作业计划。

2. 计算实例

[例 3-1-1] 某住宅区生活垃圾量约 280m³/周。拟用一垃圾车负责清运工作，实行改良操作法的移动式清运。已知该车每次集装容积为 8m³/次，容器利用系数为 0.67，垃圾车采用八小时工作制。试求为及时清运该住宅垃圾，每周需出动清运多少次？累计工作多少小时？经调查已知：平均运输时间为 0.512h/次，容器装车时间为 0.033h/次；容器放回原处时间为 0.033h/次，卸车时间为 0.022h/次；非生产时间占全部工时 25%。

解：按公式（3-1-6）

$$P_{hcs} = t_{pc} + t_{uc} + t_{dbc} = 0.033 + 0.033 + 0 = 0.066(h/次)$$

清运一次所需时间，按公式（3-1-8）

$$T_{hcs} = (P_{hcs} + S + h)/(1-W) = (0.066 + 0.022 + 0.512)/(1-25\%) = 0.80(h/次)$$

清运车每日可以进行的集运次数，按公式（3-1-10）

$$N_d = H/T_{hcs} = 8/0.8 = 10(次/d)$$

根据清运车的集装能力和垃圾量，按公式（3-1-11）

$$N_w = V_w/(Cf) = 280/(8 \times 0.67) \approx 52.23(次/周) \quad (即\ t_w = 53\ 次/周)$$

每周所需要的工作时间为 $D_w = t_w T_{hcs} = 53 \times 0.8 = 42.4（h/周）$

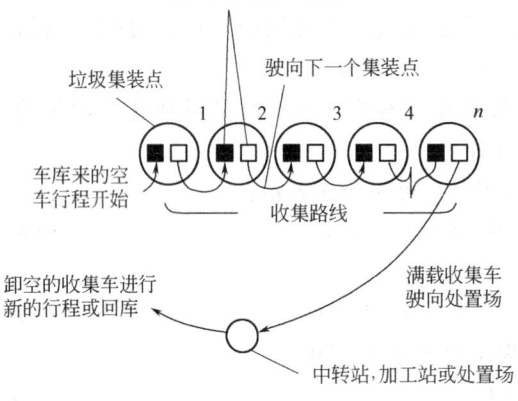

图 3-1-2 固定容器收集操作简图

（二）固定容器收集操作法

固定容器收集操作法是指用垃圾车到各容器集装点装载垃圾，容器倒空后固定在原地不动，车装满后运往转运站或处理处置场。固定容器收集法的一次行程中，装车时间是关键因素。因为装车有机械操作和人工操作之分，故计算方法也略有不同。固定容器收集过程参见图 3-1-2。

1. 机械装车

每一收集行程时间用下式表示：

$$T_{scs} = (P_{scs} + S + a + bx)/(1-W) \tag{3-1-13}$$

式中 T_{scs}——固定容器收集法每一行程时间，h/次；

P_{scs}——每次行程集装时间，h/次；

其余符号意义同前。

此处，集装时间为：

$$P_{scs} = C_t t_{uc} + (N_p - 1) t_{dbc} \tag{3-1-14}$$

式中 C_t——每次行程倒空的容器数，个/次；

t_{uc}——卸空一个容器的平均时间，h/个；

N_p——每一行程经历的集装点数；

t_{dbc}——每一行程各集装点之间平均行驶时间。如果集装点平均行驶时间未知，也可用式（3-1-7）进行估算，但以集装点间距离代替往返运输距离 x（km/次）。

每一行程能倒空的容器数直接与收集车容积与压缩比以及容器体积有关，其关系式：

$$C_t = Vr/(Cf) \tag{3-1-15}$$

式中 V——收集车容积，$m^3/$次；

   r——收集车压缩比；

  其余符号意义同前。

  每周需要的行程次数可用下式求出：

$$N_w = V_w/(Vr) \tag{3-1-16}$$

式中 N_w——每周行程次数，次/周；

  其余符号意义同前。

  由此每周需要的收集时间为：

$$D_w = [N_w P_{scs} + t_w(S+a+bx)]/[(1-W)H] \tag{3-1-17}$$

式中 D_w——每周收集时间，d/周；

  t_w——N_w 值进到的最大整数值；

  其余符号意义同前。

2. 人工装车

  使用人工装车，每天进行的收集行程数为已知值或保持不变。在这种情况下日工作时间为：

$$P_{scs} = (1-W)H/N_d - (S+a+bx) \tag{3-1-18}$$

符号意义同前。

  每一行程能够收集垃圾的集装点可以由下式估算：

$$N_p = 60P_{scs}n/t_p \tag{3-1-19}$$

式中 n——收集工人数，人；

  t_p——每个集装点需要的集装时间，人·min/点；

  其余符号意义同前。

  每次行程的集装点数确定后，即可用下式估算收集车的合适车型尺寸（载重量）：

$$V = V_p N_p/r \tag{3-1-20}$$

式中 V_p——每一集装点收集的垃圾平均量，$m^3/$次；

  其余符号意义同前。

  每周的行程数，即收集次数：

$$N_w = T_p F/N_p \tag{3-1-21}$$

式中 T_p——集装点总数，点；

  F——每周容器收集频率，次/周；

  其余符号意义同前。

3. 计算实例

  [例 3-1-2] 某住宅区共有 1000 户居民，由 2 个工人负责清运该区垃圾。试按固定式清运方式，计算清运时间及清运车容积，已知条件如下：每一集装点平均服务人数 3.5 人；垃圾单位产量 1.2kg/(d·人)；容器内垃圾的容重 120kg/m^3；每个集装点设 0.12m^3 的容器两个；收集频率每周一次；收集车压缩比为 2；来回运距 24km；每天工作 8h，每次行程 2次；卸车时间 0.10h/次；运输时间 0.29h/次；每个集装点需要的集装时间为 1.76 人·min/点；非生产时间占 15%。

  解：按公式（3-1-13）反求集装时间：

$$H = N_d(P_{scs} + S + h)/(1-W)$$

  所以 $P_{scs} = (1-W)H/N_d - (S+h) = (1-15\%) \times 8/2 - (0.10+0.29) = 3.01$(h/次)

一次行程能进行的集装点数目：
$$N_p = 60 P_{scs} n / t_p = 60 \times 3.01 \times 2 / 1.76 = 205 (点/次)$$

每集装点每周的垃圾量换成体积数为：
$$V_p = 1.2 \times 3.5 \times 7 / 120 = 0.245 (m^3/次)$$

清运车的容积应大于：
$$V = V_p N_p / r = 0.245 \times 205 / 2 = 25.11 (m^3/次)$$

每星期需要进行的行程数：
$$N_w = T_p F / N_p = 1000 \times 1 / 205 = 4.88 (次/周)$$

每周需要的工作时间参照式（3-1-17）：
$$D_w = [N_w (P_{scs} + S + h)] / (1-W) H = 2 \times [4.88 \times (3.01 + 0.10 + 0.29)] / [(1-15\%) \times 8]$$
$$= 4.89 (d/周)$$

每人每周工作日：
$$D_w / n = 4.89 / 2 = 2.44 [d/(周·人)]$$

二、收集车辆

（一）收集车类型

不同地域各城市可根据当地的经济、交通、垃圾组成特点、垃圾收运系统的构成等实际情况，开发使用与其相适应的垃圾收集车。国外垃圾收集清运车类型很多，许多国家和地区都有自己的收集车分类方法和型号规格。尽管各类收集车构造形式有所不同（主要是装车装置），但它们的工作原理有共同点，即规定一律配置专用设备，以实现不同情况下城市垃圾装卸车的机械化和自动化[4]。一般应根据整个收集区内不同建筑密度、交通便利程度和经济实力选择最佳车辆规格。按装车形式大致可分为前装式、侧装式、后装式、顶装式、集装箱直接上车等。车身大小按载重分，额定量约 10～30t，装载垃圾有效容积为 6～25m³（有效载重约 4～15t）。

我国目前尚未形成垃圾收集车的分类体系，型号规格和技术参数也无统一标准。近年来环卫部门引进配置了不少国外机械化自动化程度较高的收集车，并开发研制了一些适合国内具体情况的专用垃圾收集车。为了清运狭小里弄小巷内的垃圾，许多城市还有数量甚多的人力手推车、人力三轮车和小型机动车作为清运工具。

下面简要介绍几种国内常使用的垃圾收集车。

1. 简易自卸式收集车

这是国内最常用的收集车，一般是在解放牌或东风牌货车底盘上加装液压倾卸机构和垃圾车以改装而成（载重约 3～5t）。常见的有两种形式。一是罩盖式自卸收集车。为了防止运输途中垃圾飞散，在原敞口的货车上加装防水帆布盖或框架式玻璃钢罩盖，后者可通过液压装置在装入垃圾前启动罩盖。要求密封程度较高。二是密封式自卸车，即车厢为带盖的整体容器，顶部开有数个垃圾投入口。简易自卸式垃圾车一般配以叉车或铲车，便于在车厢上方机械装车，适宜于固定容器收集法作业。

2. 活动斗式收集车

这种收集车的车厢作为活动敞开式贮存容器，平时放置在垃圾收集点。因车厢贴地且容量大，适宜贮存装载大件垃圾，故亦称为多功能车，用于移动容器收集法作业。

3. 侧装式密封收集车

这种车型为车辆内侧装有液压驱动提升机构，提升配套圆形垃圾桶，可将地面上垃圾桶提升至车厢顶部，由倒入口倾翻，空桶复位至地面。倒入口有顶盖，随桶倾倒动作而启闭。国外这类车的机械化程度高，改进形式很多，一个垃圾桶的卸料周期不超过10s，保证较高的工作效率。另外提升架悬臂长、旋转角度大，可以在相当大的作业区内抓取垃圾桶，故车辆不必对准垃圾桶停放。

4. 后装式压缩收集车

这种车是在车厢后部开设投入口，装配有压缩推板装置。通常投入口高度较低，能适应居民中老年人和小孩倒垃圾，同时由于有压缩推板，适应体积大密度小的垃圾收集。这种车与手推车收集垃圾相比，工效提高6倍以上，大大减轻了环卫工人劳动强度，缩短了工作时间，另外还减少了二次污染，方便了群众。

（二）收集车数量配备

收集车数量配备是否得当，关系到费用及收集效率。某收集服务区需配备各类收集车辆，其数量多少可参照下列公式计算：

简易自卸车数＝该车收集垃圾日平均产生量/车额定吨位×日单班收集次数定额×完好率

式中，垃圾日平均产生量按式（3-1-1）计算；日单班收集次数定额按各省、自治区、直辖市环卫定额计算；完好率按85％计。

多功能车数＝收集垃圾日平均产生量/箱额定容量×

箱容积利用率×日单班收集次数定额×完好率

式中，箱容积利用率按50％～70％计；完好率按80％计；其余同前。

侧装密封车数＝该车收集垃圾日平均产生量/桶额定容量×桶容积利用率×

日单班装桶数定额×日单班收集次数定额×完好率

式中，日单班装桶数定额按各省、自治区、直辖市环卫定额计算；完好率按80％计。桶容积利用率按50％～70％计；其余同前。

（三）收集车劳力配备

每辆收集车配备的收集工人，需按车辆的型号与大小，机械化作业程度、垃圾容器放置地点与容器类型等情形而定，最终需从工作经验的逐渐改善而确定劳力。一般情况，除司机外，人力装车的3t简易自卸车配2人；人力装车的5t简易自卸车配3～4人；多功能车配1人；侧装密封车配2人。

三、收集次数与作业时间

垃圾收集次数，在我国各城市住宅区、商业区基本上要求及时收集，即日产日清。在欧美各国则划分较细，一般情形，对于住宅区厨房垃圾，冬季每周二、三次，夏季至少三次；对旅馆酒家、食品工厂、商业区等，不论夏冬每日至少收集一次；煤灰夏季每月收集两次，冬季改为每周一次；如厨房垃圾与一般垃圾混合收集，其收集次数可采取二者之折中或酌情而定。国外对废旧家用电器、家具等庞大垃圾则定为一月两次，对分类贮存的废纸，玻璃等亦有规定的收集周期。以利于居民的配合，垃圾收集时间，大致可分昼间、晚间及黎明三种。住宅区最好在昼间收集，晚间可能骚扰住户；商业区则宜在晚间收集，此时车辆行人稀少，可增快收集速度；黎明收集，可兼有白昼及晚间之利，但集装操作不便。总之，收集次数与时间，应视当地实际情况，如气候、垃圾产量与性质、收集方法、道路交通、居民生活习俗等而确定，不能一成不变，其原则是希望能在卫生、迅速、低价的情形下达到垃圾收集目的。

第三节　城市垃圾的收运路线

在城市垃圾收集操作方法、收集车辆类型、收集劳力、收集次数和作业时间确定以后，就可着手设计收运路线，以便有效使用车辆和劳力。收集清运工作安排的科学性、经济性关键在于合理的收运路线。

国外对此十分重视，为了提高垃圾收运水平，不少国家都制定了垃圾车收运线路图。例如德国的城市垃圾收运系统比较完善，各清扫局都有垃圾车收集运输路线图和道路清扫图，收运路线图和清扫图把全市分成若干个收集区，明确规定扫路机的清扫路线以及这个地区的垃圾收集日，收集容器的数量及其车辆行驶路线等，收集地区的容器数量和安放位置等在路线图上都有明确标记，司机只需按照路线图的标志，在规定的收集日按收运路线去收集垃圾或进行清扫作业。一般，收集线路的设计需要进行反复试算过程，没有能应用于所有情况的固定规则。

一、设计收运路线的一般步骤

一条完整的收集清运路线大致由"实际路线"和"区域路线"组成。前者指垃圾收集车在指定的街区内所遵循的实际收集路线，后者指装满垃圾后，收集车为运往转运站（或处理处置场）需走过的地区或街区。

在研究探索较合理的实际路线时，需考虑以下几点：①每个作业日每条路线限制在一个地区，尽可能紧凑，没有断续或重复的线路；②平衡工作量，使每个作业、每条路线的收集和运输时间都合理且大致相等；③收集路线的出发点从车库开始，要考虑交通繁忙和单行街道的因素；④在交通拥挤时间，避免在繁忙的街道上收集垃圾[5]。

设计收集路线的一般步骤包括：①准备适当比例的地域地形图，图上标明垃圾清运区域边界、道口、车库和通往各个垃圾集装点的位置、容器数、收集次数等，如果使用固定容器收集法，应标注各集装点垃圾量；②资料分析，将资料数据概要列为表格；③初步收集路线设计；④对初步收集路线进行比较，通过反复试算进一步均衡收集路线，使每周各个工作日收集的垃圾量、行驶路程、收集时间等大致相等，最后将确定的收集路线画在收集区域图上。

二、设计收集清运路线实例

[例 3-1-3]　图 3-1-3 所示为某收集服务小区（步骤 1 已在图上完成）。请设计移动式和固定式两种收集操作方法的收集路线。两种收集操作方法若在每日 8 小时中必须完成收集任务，请确定处置场距 B 点的最远距离可以是多少？

已知有关数据和要求如下：

（1）收集次数为每周 2 次的集装点，收集时间要求在周二、周五两天；

（2）收集次数为每周 3 次的集装点，收集时间要求在周一、周三、周五三天；

（3）各集装点容器可以位于十字路口任何一侧集装；

（4）收集车车库在 A 点，从 A 点早出晚归；

（5）移动容器收集操作从周一至周五每天进行收集；

（6）移动容器收集操作法按交换式进行［见图 3-1-1（b），即收集车不是回到原处而是到下一个集装点］；

（7）移动容器收集操作法作业数据，容器集装和放回时间为 0.033h/次；卸车时间为

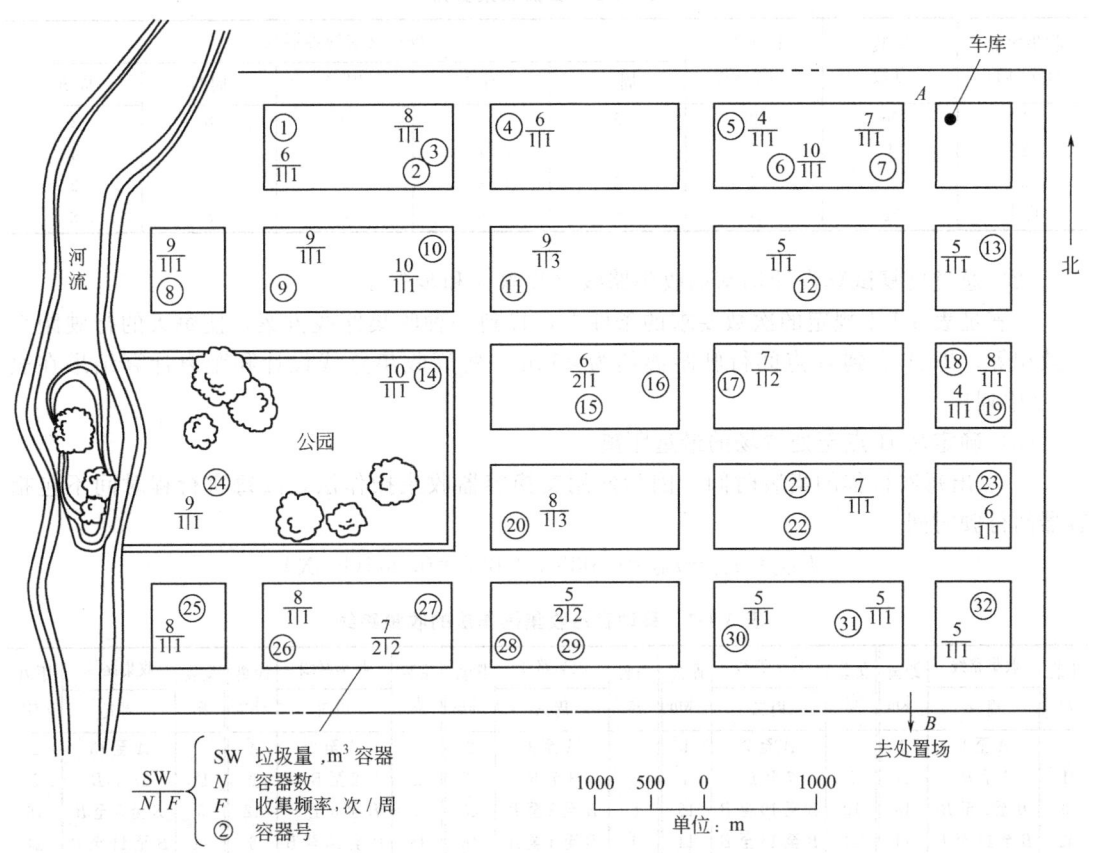

图 3-1-3　某住宅区地形图

0.053h/次；

（8）固定容器收集操作每周只安排四天（周一、周二、周三和周五），每天行程一次；

（9）固定容器收集操作的收集车选用容积 35m³ 的后装式压缩车，压缩比为 2；

（10）固定容器收集操作法作业数据，容器卸空时间为 0.050h/个；卸车时间为 0.10h/次；

（11）容器间估算行驶时间常数 $a=0.060$h/次，$b=0.067$h/km。

（12）确定两种收集操作的集装时间、运输时间、常数为 $a=0.080$h/次，$b=0.025$h/km；

（13）非收集时间系数两种收集操作均为 0.15。

解：1. 移动容器收集操作法的路线设计

（1）根据图 3-1-3 提供资料进行分析（步骤 2）。收集区域共有集装点 32 个，其中收集次数每周三次的有（11）和（20）两个点，每周共收集 3×2＝6 次行程，时间要求在周一、周三、周五 3 天；收集次数为两次的有（17）、（27）、（28）、（29）四个点，每周共收集 4×2＝8 次行程，时间要求在周二、周五两天；其余 26 个点，每周收集 1 次，其收集 1×26＝26 次行程，时间要求在周一至周五。合理的安排是使每周各个工作日集装的容器数大致相等以及每天的行驶距离相当。如果某日集装点增多或行驶距离较远，则该日的收集将花费较多时间并且将限制确定处置场的最远距离。三种收集次数的集装点，每周共需行程 40 次，因此，平均安排每天收集 8 次，分配办法列于表 3-1-1。

表 3-1-1 容器收集安排

收集次数 /(次/周)	集装点数	行程数 /(次/周)	每日倒空的容器数				
			周一	周二	周三	周四	周五
1	26	26	6	4	6	8	2
2	4	8	—	4	—	—	4
3	2	6	2	—	2	—	2
共计	32	40	8	8	8	8	8

（2）通过反复试算设计均衡的收集路线（步骤 3 和步骤 4）。

在满足表 3-1-1 规定的次数要求的条件下，找到一种收集路线方案，使每天的行驶距离大致相等，即 A 点到 B 点间行驶距离约为 86km。每周收集路线设计和距离计算结果在表 3-1-2 中列出。

（3）确定从 B 点至处置场的最远距离。

① 求出每次行程的集装时间。因为使用交换容器收集操作法，故每次行程时间不包括容器间行驶时间

$$P_{hcs} = t_{pc} + t_{uc} = 0.033 + 0.033 = 0.066(h/次)$$

表 3-1-2 移动容器收集操作法的收集路线

集装点	收集路线 周一	距离 /km	集装点	收集路线 周二	距离 /km	集装点	收集路线 周三	距离 /km	集装点	收集路线 周四	距离 /km	集装点	收集路线 周五	距离 /km
	A 至 1	6		A 至 7	1		A 至 3	2		A 至 2	4		A 至 13	2
1	1 至 B	11	7	7 至 B	4	3	3 至 B	7	2	2 至 B	9	13	13 至 B	5
9	B 至 9 至 B	18	10	B 至 10 至 B	16	8	B 至 8 至 B	20	6	B 至 6 至 B	12	5	B 至 5 至 B	16
11	B 至 11 至 B	14	14	B 至 14 至 B	14	4	B 至 4 至 B	16	18	B 至 18 至 B	6	11	B 至 11 至 B	14
20	B 至 20 至 B	10	17	B 至 17 至 B	8	11	B 至 11 至 B	14	15	B 至 15 至 B	8	17	B 至 17 至 B	8
22	B 至 22 至 B	4	26	B 至 26 至 B	10	12	B 至 12 至 B	8	16	B 至 16 至 B	8	20	B 至 20 至 B	10
30	B 至 30 至 B	6	27	B 至 27 至 B	10	20	B 至 20 至 B	10	24	B 至 24 至 B	16	27	B 至 27 至 B	10
19	B 至 19 至 B	6	28	B 至 28 至 B	8	21	B 至 21 至 B	4	25	B 至 25 至 B	16	28	B 至 28 至 B	8
23	B 至 23 至 B	4	29	B 至 29 至 B	8	31	B 至 31 至 B	0	32	B 至 32 至 B	2	29	B 至 29 至 B	8
	B 至 A	5		B 至 A	5		B 至 A	5		B 至 A	5		B 至 A	5
共计		84	共计		86	共计		86	共计		86	共计		86

② 利用式（3-1-10）求往返运距

$$H = N_d(P_{hcs} + S + a + bx)/(1-W)$$

即：$8 = 8 \times (0.066 + 0.053 + 0.080 + 0.025x)/(1-0.15)$

$$x = 26(km/次)$$

③ 最后确定从 B 点至处置场距离。

因为运距 x 包括收集路线距离在内，将其扣除后除以往返双程，便可确定从 B 点至处置场最远单程距离：

$$1/2 \times (26 - 86/8) = 7.63(km)$$

2. 固定容器收集操作法的路线设计

（1）用相同的方法可求得每天需收集的垃圾量，安排如表 3-1-3 中所列。

（2）根据所收集的垃圾量，经过反复试算制定均衡的收集路线，每日收集路线列于表 3-1-4；A 点和 B 点间每日的行驶距离列于表 3-1-5。

（3）从表 3-1-4 中可以看到，每天行程收集的容器数为 10 个，故容器间的平均行驶距

离为：25.5/10＝2.55（km）

表 3-1-3　每日垃圾收集量安排

收集次数/(次/周)	总垃圾量/m³	每日收集的垃圾量/m³				
		周一	周二	周三	周四	周五
1	1×178	53	45	52	0	28
2	2×24	—	24	—	0	24
3	3×17＝51	17	—	17	0	17
共计	277	70	69	69	0	69

利用式（3-1-14）可以求出每次行程的集装时间。

表 3-1-4　固定容器收集操作法收集路线的集装次序

周一		周二		周三		周五	
集装次序	垃圾量/m³	集装次序	垃圾量/m³	集装次序	垃圾量/m³	集装次序	垃圾量/m³
13	5	2	6	18	8	3	4
7	7	1	8	12	4	10	10
6	10	8	8	11	9	11	9
4	8	9	9	20	8	14	10
5	8	15	6	24	9	17	7
11	9	16	6	25	4	20	8
20	8	17	7	26	3	27	7
19	4	27	7	30	5	28	5
23	6	28	5	21	7	29	5
32	5	29	5	22	7	31	5
总计	70	总计	68	总计	69	总计	70

表 3-1-5　A 点和 B 点间每日的行驶距离

时间	行驶距离/km	时间	行驶距离/km
周一	26	周三	26
周二	28	周五	22

$$P_{scs}=C_t(t_{uc}+t_{dbc})=C_t(t_{uc}+a+bx)=10×(0.05+0.06+0.067×2.55)=2.81（h/次）$$

（4）利用式（3-1-18）求从 B 点到处置场的往返运距：

$$H=N_d(P_{scs}+S+a+bx)/(1-W)$$

$$8=1×(2.81+0.10+0.08+0.025x)/(1-0.15)$$

$$x=152.4（km）$$

（5）确定从 B 点至处置场的最远距离

$$152.4/2=76.2(km)$$

第四节　固体废物的压实

一、压实概念

通过外力加压于松散的固体物，以缩小其体积，使其变得密实的操作简称为压实。
以城市固体废物为例，压实前容重通常在 0.1～0.6t/m³ 范围内，经过压实器或一般压实机械压实后容重可提高到 $1t/m^3$ 左右，如果第一节中的实例通过高压压缩，垃圾容重可达 $1.125\sim1.38t/m^3$，体积则可减少为原体积的 $1/3\sim1/10$。因此，固体废物填埋前常需进行压实处理。尤其对大型废物或中空性废物事先压碎更显必要。压实操作的具体压力大小可根据处理废物的物理性质（如易压缩性、脆性等）而定。一般开始阶段，随压力增加，物料容重 D 较迅速增加，以后这种变化会逐渐减弱，且有一定限度。即使增加外压，并不能使废物容重无限增大（这是由于压实后垃圾会产生反弹力，类似于分子距离太近会使斥力大大增加的道理）。实践证明未经破碎的原状城市垃圾，压实容重极限值约为 $1.1t/m^3$。比较经济的办法是先破碎再压实，可提高压实效率，即用较小的压力取得相同的增加容重效果。固体废物经压实处理，增加容重，减少体积后，可以提高收集容器与运输工具的装载效率，在填埋处置时可提高场地的利用率。

国外采用垃圾高度压实成捆的处理工艺。

例如：生垃圾→预压缩→金属铁丝网包紧→主压缩（$160\sim200kgf/cm^2$，压缩比约 $1/5$）→捆扎→沥青（柏油）中浸渍约 $10s$ 进行沥青（$180\sim200℃$）包覆→约 $1t$ 重的垃圾捆包（容重可达 $1125\sim1380kg/m^3$）→填埋。

压缩捆包后填埋时更容易布料且均匀。将来场地沉降也较均匀，捆包填埋也大大减少了飞扬碎屑的危害。同时，城市生活垃圾经高压压实处理，由于过程的挤压和升温，可使垃圾中的 BOD_5 从 $6000mg/L$ 降至 $200mg/L$，COD 从 $8000mg/L$ 降到 $150mg/L$，大大降低了腐化性；不再滋生昆虫等，可减少疾病传播与虫害，从而减轻了对环境的污染。

二、压缩程度的度量

为判断压实效果，比较压实技术与压实设备的效率，常用下述指标来表示废物的压实程度。

（一）空隙比与空隙率

1. 空隙比

固体废物可设想为各种固体物质颗粒及颗粒之间充满气体空隙共同构成的集合体。由于固体颗粒中本身空隙较大，而且许多固体物料有吸收能力和表面吸附能力。因此，废物中水分主要都存在于固体颗粒中，而不存在于空隙中，不占据体积。故固体废物的总体积（V_m）就等于包括水分在内的固体颗粒体积（V_s）与空隙体积（V_v）之和，即

$$V_m = V_s + V_v$$

则废物的空隙比（e）可定义为：

$$e = V_v/V_s$$

2. 空隙率

用得更多的参数是空隙率（ε）。可定义为：

$$\varepsilon = V_v/V_m$$

空隙比或空隙率越低，则表明压实程度越高，相应的容重越大。顺便指出空隙率大小对堆肥化工艺供氧、透气性及焚烧过程物料与空气接触效率也是重要的评价参数。

（二）湿密度与干密度

忽略空隙中的气体质量，固体废物的总质量（W_h）就等于固体物质质量（W_s）与水分质量（W_w）之和，即

$$W_h = W_s + W_w$$

1. 湿密度

固体废物的湿密度可由下式确定：

$$D_w = W_w / V_m$$

2. 干密度

固体废物的干密度可用下式确定：

$$D_d = W_s / V_m$$

实际上，废物收运及处理过程中测定的物料质量常都包括水分，故一般容重均是湿密度。压实前后固体废物密度值及其变化率大小，是度量压实效果的重要参数，也容易测定，故比较实用。

（三）体积减小百分比

用下式表示：

$$R(\%) = (V_i - V_f)/V_i \times 100 \tag{3-1-22}$$

式中　R——体积减小百分比，%；

　　V_i——压实前废物的体积，m^3；

　　V_f——压实后废物的体积，m^3。

（四）压缩比与压缩倍数

1. 压缩比

可定义为：

$$r = V_f / V_i \quad (r \leqslant 1)$$

显然，压缩比 r 越小，说明压实效果越好。

2. 压缩倍数

可定义为：

$$n = V_i / V_f \quad (n \geqslant 1)$$

压缩倍数 n 与压缩比 r 互为例数，显然 n 越大，证明压实效果越好，工程上以习惯用 n 更普遍。体积减少百分比 R（%）与压缩倍数（n）可互相推算，其相互关系可如图 3-1-4

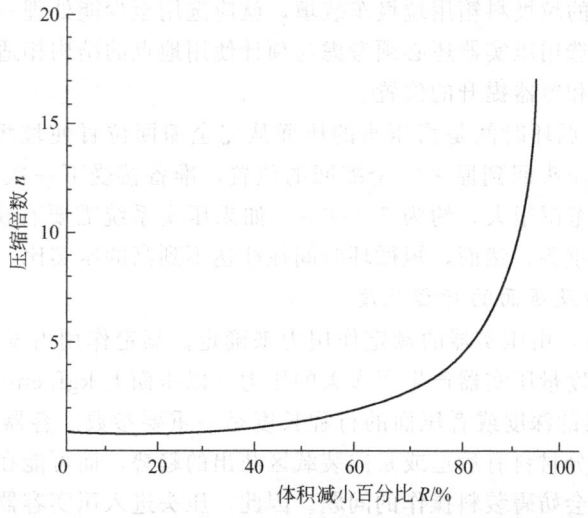

图 3-1-4　压缩倍数与体积减小百分比的关系

所示。由图看出，体积减小百分比在 80% 以下变化时，压缩倍数在 1～5 之间，变化幅度较小，当 R（%）值越过 80% 以上时，n 值急剧上升，几乎成直线变化。

例如：当 $R=90$% 时，可推出 $n=V_i/V_f=10$；$R=95$% 时 $n=V_i/V_f=20$。

三、压实设备类型

根据操作情况分，用于固体废物的压实设备可分为固定式和移动式两大类[6]。凡用人工或机械方法（液压方式为主）把废物送到压实机械里进行压实的设备称为固定式。各种家用小型压实器，废物收集车上配备的压实器及中转站配置的专用压实机等，均属固定式压实设备。而移动式是指在填埋现场使用的轮胎式或履带式压土机、钢轮式布料压实机以及其他专门设计的压实机具。

（一）固定式压实设备

1. 结构形式

压实器通常由一个容器单元和一个压实单元组成。容器单元通过料箱或料斗（视单位装料量大小而定）接受固体废物物料，并把它们供入压实单元，压实单元通常装有用液压（亦可用气压）控制操作的挤压头，利用一定的挤压力把固体废物压成致密的形式。目前使用的压实器，有的是为处理金属类废物设计的，有的是为处理城市普通垃圾设计的，有的适合于塑料类物质的处理。城市垃圾收集车或中转站通常采用上述固定式挤压操作。可以水平，亦可垂直进行，常用的是带水平压头的卧式压实器。

家用小型垃圾压实器，压实机械装在垃圾压缩箱内，常用电机驱动。例如某金属质长方体压缩箱，其尺寸为：

$$高×宽×长＝85cm×45cm×60cm$$

外观类似冰箱。可以掷入瓶子，玻璃制品、纸盒、纸板箱、塑料和纸包装器等，在家庭就地进行垃圾的压缩或破碎是比较经济的，可以节省垃圾容积，便于搬运。

2. 基本参数

固定式压实器的基本参数如下。

（1）装料截面尺寸　装料截面尺寸大小确定的原则是：所需压实的垃圾能毫无困难地被容纳。如果压实器的垃圾料箱用垃圾车装填，就应选用至少能处理一满车垃圾或一满容载荷的压实器。此外，选用压实器还必须考虑与预计使用地点的结构相适应。例如装载车辆能很容易地进入装料区和容器提升的位置。

（2）循环时间　循环时间是指压头的压面从完全缩回位置使垃圾由装料箱压入容器，然后进行挤压，并使压头回到原来完全缩回的位置，准备接受下一次装载垃圾所需要的时间。循环时间的变化范围很大，约为 20～60s。如果压实系统需要有快速接受垃圾的能力，则短的循环时间就很重要。然而，短循环时间往往达不到高的压实比。

（3）压面上压力及压面的行程长度

① 压面上的压力：由压实器的额定作用力来确定。额定作用力发生在压头的全部高度和全部宽度上，它将度量压实器产生了多大的压力（以压面上 kgf/cm² 表示）。

② 压面进入容器的深度或者压面的行程长度是一重要参数。容器开始被压实的垃圾填满时。靠近压头的部分材料有后退或是向装载区凸出的趋势，而可能在装载区留下相当多的废物，这可能是一个会妨碍装料操作的问题。因此，压头进入压实容器中越深，越容易往容器中干净且有效地装填废物。

体积排率：压实器的体积排率也是一个重要参数，它由压头每次把废物载荷推入容器可压缩的体积与 1h 内机器完成的循环次数的乘积来确定。体积排率是废物可被压入容器的速度的度量（以上参见图 3-1-5）。

（二）移动式压实设备

移动式压实设备主要用于填埋场压实所填埋的废物，详见本书第六篇第三章。

第五节　城市垃圾的转运及中转站设置

在城市垃圾收运系统中，第三阶段操作过程称为转运，它是指利用中转站将从各分散收集点较小的收集车清运的垃圾转装到大型运输工具并将其远距离运输至垃圾处理利用设施或处置场的过程。转运站（即中转站）就是指进行上述转运过程的建筑设施与设备。

一、转运的必要性

只要城市垃圾收集的地点距处理地点不远，用垃圾收集车直接运送垃圾是最常用而较经济的方法。但随着城市的发展，已越来越难在市区垃圾收集点附近找到合适的地方来设立垃圾处理工厂或垃圾处置场。而且从环境保护与环境卫生角度看，垃圾处理点不宜离居民区太近，土壤条件也不允许垃圾管理站离市区太近。因此城市垃圾要远运将是必然的趋势。垃圾要远运，最好先集中。因为垃圾收集车公认是专用的车辆，先进而成本高，常需 2～3 人操作的车辆，不是为进行长途运输而设计的，用于长途运输费用会变得很昂贵。还会造成几名工人无事干的"空载"行程，应限制使用。因此，设立中转站进行垃圾的转运就显得必要，其突出的优点是可以更有效地利用人力和物力，使垃圾收集车更好地发挥其效益；也使大载重量运输工具能经济而有效地进行长距离运输。然而，当处置场远离收集路线时，究竟是否设置中转站，主要视经济性而定。经济性取决于两个方面：一方面是有助于垃圾收运的总费用降低，即由于长距离大吨位运输比小车运输的成本低或由于收集车一旦取消长距离运输能够腾出时间更有效地收集；另一方面是对转运站、大型运输工具或其他必需的专用设备的大量投资会提高收运费用。因此，有必要对当地条件和要求进行深入经济性分析。一般来说，运输距离长，设置转运合算。那么运距的所谓"长"以何为依据呢？下面就运输的三种方式进行转运站设置的经济分析。

三种运输方式为：①移动容器式收集运输；②固定容器式收集运输；③设置中转站转运。三种运输方式的费用方程可以表示为：

$$C_1 = a_1 \cdot S \tag{1}$$

$$C_2 = a_2 \cdot S + b_2 \tag{2}$$

$$C_3 = a_3 \cdot S + b_3 \tag{3}$$

式中　　　S——运距；

a_1，a_2，a_3——各运输方式的单位运费；

b_2，b_3——各运输方式设置转运站后，增添的基建投资分期偿还费和操作管理费，方程（1）中 $b_1 = 0$；

C_1，C_2，C_3——各运输方式的总运输费。一般情况下，$a_1 > a_2 > a_3$，$b_3 > b_2$。

将三个方程作为三直线如图 3-1-5 所示。

从图中分析：$S > S_3$ 时，用方式（3）合理，即需设置转运站；$S < S_1$ 时，用方式（1）合理，不需设置转运站；$S_1 < S < S_3$ 时，用方式（2）合理，不需设置转运站。

下面例子可以定量分析在什么情况下，设立中转站经济上是最合理的。

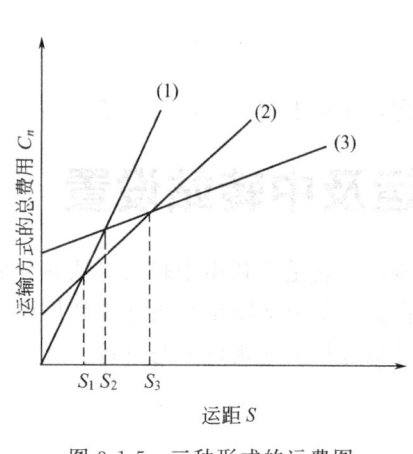

图 3-1-5 三种形式的运费图

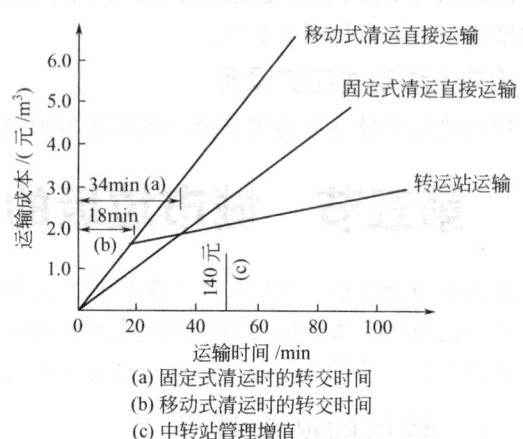

(a) 固定式清运时的转交时间
(b) 移动式清运时的转交时间
(c) 中转站管理增值

图 3-1-6 设置转运站的经济分析

[例 3-1-4] 设清运成本如下：移动式清运方式，使用自卸收集车，容积 $6m^3$，运输成本 32 元/h；固定式清运方式，使用 $15m^3$ 侧装带压缩装置密封收集车，运输成本 48 元/h；中转站采用重型带拖挂垃圾运输车，容积 $90m^3$，运输成本 64 元/h；中转站管理费用（包括基建投资偿还在内）1.2 元/m^3；第三种较其他车辆增加成本 0.20 元/m^3。

解：用 C 表示单位运输量成本（元/m^3），先求出三种运输方式的 C：①用自卸收集车，$C=32/(6\times60t)=0.089t$；②用侧装带压缩装置密封收集车，$C=48/(15\times60t)=0.053t$；③用重型带拖挂垃圾运输车，$(1.2+0.2)+64/(90\times60t)=1.4+0.012t$。根据上述方式，可以绘制运输时间与成本的关系曲线，如图 3-1-6 所示，横坐标表示需要的运输时间，纵坐标表示运输成本。当 $t<18\min$（可算出相应的运距），可以用方式①；当 $18\min<t<34\min$ 时，选定用方式②；当 $t>34\min$，则用方式③，即设中转站最经济。

二、中转站类型与设置要求

（一）中转站类型

中转站使用广泛、形式多样，可按不同方式进行分类。

1. 按转运能力分类

（1）小型中转站　日转运量 150t 以下。

（2）中型中转站　日转运量 150～450t。

（3）大型中转站　日转运量 450t 以上。

2. 按装载方式及有无压实分类

（1）直接倾斜装车（大型）　在大容量直接装车型中转站，垃圾收集车直接将垃圾倒进带拖挂的大型运输车或集装箱内（不带压实装置），如图 3-1-7 所示。

（2）直接倾斜装车（中、小型）　中小型中转站内设有一台固定式压实机和敞口料箱，经压实后直接推入大型运输工具上（例如封闭式半挂车），如图 3-1-8 所示，城市垃圾的直接倾斜转运优点是投资较低，装载方法简单，减少设备事故；缺点是无压实时，装载密度较低，运输费用较高，且对垃圾高峰期的操作适应性差。

（3）贮存待装　运到贮存待装型中转站的垃圾，先将垃圾卸到贮存槽内或平台上，再用辅助工具装到运输工具上。这种方法对城市垃圾的转运量的变化特别是高峰期适应性好，即操作弹性好。但需建大的平台贮存垃圾，投资费用较高，且易受装载机械设备事故影响。

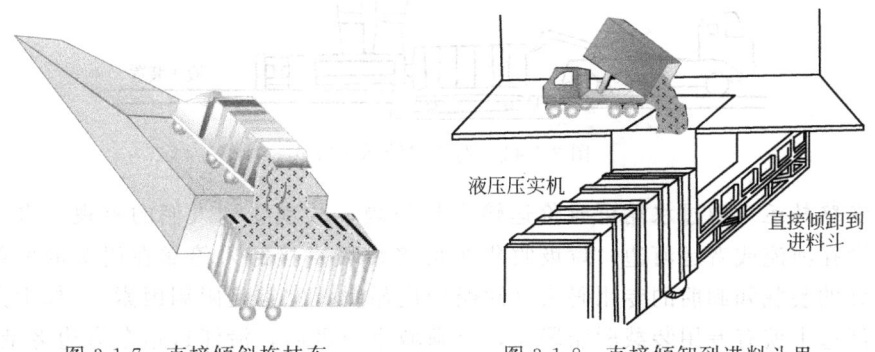

图 3-1-7　直接倾斜拖挂车　　　　　图 3-1-8　直接倾卸到进料斗里

（4）既可直接装车，又可贮存待装式中转站　这种多用途的中转站比单一用途的更方便于垃圾转运。

3. 按装卸料方法分类

（1）高低货位方式　利用地形高度的差来装卸料的，也可用专门的液压台将卸料台升高或大型运输工具下降，如图 3-1-7 和图 3-1-9 所示。

（2）平面传送方式　利用传送带、抓斗天车等辅助工具进行收集车的卸料和大型运输工具的装料，收集车和大型运输工具停在一个平面上，如图 3-1-10 所示。

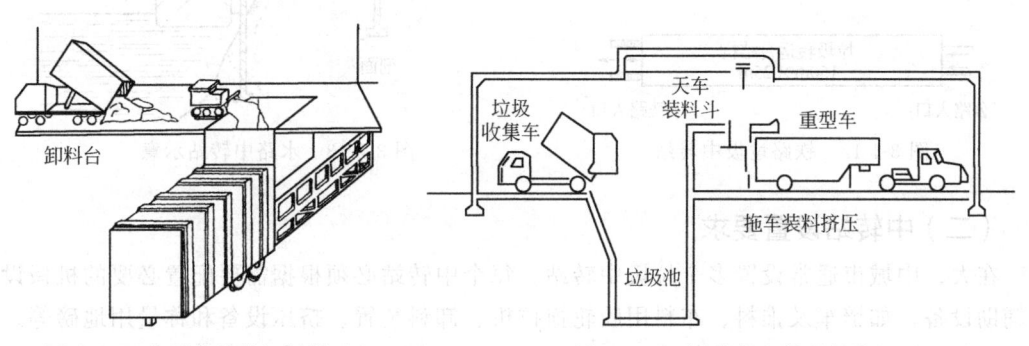

图 3-1-9　高低货位装卸料转运　　　　　图 3-1-10　抓斗作业传送方式

4. 按转运输方式不同分类

（1）公路转运　使用较多的公路转运车辆有半拖挂转运车、液压式集装箱转运车和卷臂式转运车，如图 3-1-11 所示。由于集装箱密封好，不散发臭气与流溢污水，故用集装箱收集和转运垃圾是较理想的方法。常用集装箱收集车是 2t，在卡车底盘上安装集装箱装置，而集装箱转运车则在 6t 卡车底盘上设置 3 个集装箱底板。一次可转运三个集装箱。

（2）铁路转运　对于远距离输送大量的城市垃圾来说，铁路转运是有效的解决方法。特别是在比较偏远地区，公路运输困难，但却有铁路线，且铁路附近有可供填埋场地时，铁路运输方式就比较实用。铁路运输城市垃圾常用的车辆有：设有专用卸车设备的普通卡车，有效负荷 10～15t；大容量专用车辆，其有效负荷 25～30t。图 3-1-12 为一种铁路中转站示意。

图 3-1-11　卷臂式转运车方式

（3）水路转运　通过水路可廉价运输大量垃圾，故也受到人们的重视。水路垃圾中转站需要设在河流或者运河边，垃圾收集车可将垃圾直接卸入停靠在码头的驳船里。需要设计良好的装载和卸船的专用码头（卸船费用昂贵，常常是限制因素）。如上海环卫系统在黄浦江边上就有专用装载驳船码头，装满城市垃圾后，沿江送达东海边老港填埋场，可接纳上海市大部分生活垃圾，取得了很好的效益。这种运输方式有下列优点：①提供了把垃圾最后处理地点设在远处的可能性；②省掉了不方便的公路运输，减轻了停车场的负担；③使用大容积驳船的同时保证了垃圾收集与处理之间的暂时存贮，图 3-1-13 为水路中转站示意。

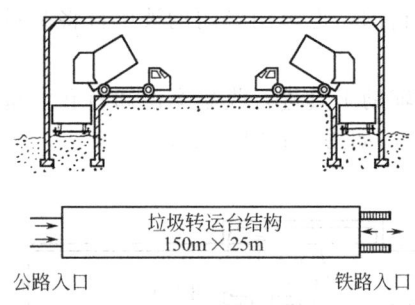

图 3-1-12　铁路垃圾中转站

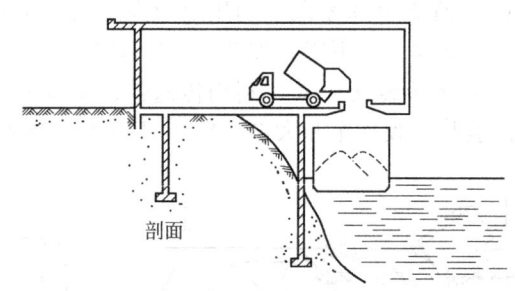

图 3-1-13　水路中转站示意

（二）中转站设置要求

在大、中城市通常设置多个垃圾中转站。每个中转站必须根据需要配置必要的机械设备和辅助设备，如铲车及推料、布料用胶轮拖拉机、卸料装置、挤压设备和称量用地磅等。

根据《城市环境卫生设施标准》（CJ 527—89），我国对垃圾中转站设置概要如下。

1. 公路中转站一般要求

公路中转站的设置数量和规模取决于收集车的类型、收集范围和垃圾转运量，一般每 10～15km² 设置一座中转站，一般在居住区或城市的工业、市政用地中设置，其用地面积根据日转运量确定见表 3-1-6。

表 3-1-6　中转站用地标准

转运量/(t/d)	用地面积/m²	附属建筑面积/m²
150	1000～1500	100
150～300	1500～3000	100～200
300～450	3000～4500	200～300
>450	>4500	>300

2. 铁路中转站一般要求

当垃圾处理场距离市区路程大于50km时，可设置铁路运输中转站。中转站必须设置装卸垃圾的专用站台以及与铁路系统衔接的调度、通信、信号等系统。如果有在专用装卸站台两侧均设一条铁道，那么站台的长度会减少一半（见图3-1-12），并可设置轻型机帮助进行列车调度作业。

3. 水路运输中转站一般要求

水路中转站设置要有供卸料、停泊、调挡等作用的岸线。岸线长度应根据装卸量、装卸生产率、船只吨位、河道允许船只停泊挡数确定。其计算公式为：

$$L = W \times q + I$$

式中　L——水路中转站岸线长度，m；

　　　W——垃圾日装卸量，t；

　　　q——岸线折算系数，m/t，参见表3-1-7；

　　　I——附加岸线长度，m，参见表3-1-7。

表 3-1-7　水路中转站岸线计算表

船只吨位/t	停泊挡数	停泊岸线/m	附加岸线/m	岸线折算系数/(m/t)
30	二	130	20~25	0.43
30	三	105	20~25	0.35
30	四	90	20~25	0.30
50	二	90	20~25	0.30
50	三	60	20~25	0.20
50	四	60	20~25	0.20

表3-1-7中岸线为日装卸量300t时所要的停泊岸线。当日装卸量超过300t时，用表中"岸线折算系数"栏中的系数进行计算。附加岸线系拖轮的停泊岸线。

水路中转站还应有陆上空地作为作业区。陆上面积用以安排车道、大型装卸机械、仓贮、管理等项目的用地。所需陆上面积按岸线规定长度配置，一般规定每米岸线配备不少于40m² 的陆上面积。

4. 环境保护与卫生要求

城市垃圾中转站操作管理不善，常给环境带来不利影响，引起附近居民的不满。故大多数现代化及大型垃圾中转站都采用封闭形式，注意规范的作业，并采取一系列环保措施：

① 有露天垃圾场的直接装卸型中转站，要防止碎纸等到处飞扬，故需设置防风网罩和其他栅栏；

② 作业中散落到外边的固体废物要及时收回；

③ 当垃圾暂存待装时，中转站要对贮存的废物经常喷水以免飘尘及臭气污染周围环境，工人操作要戴防尘面罩；

④ 中转站一般均设有防火设施；

⑤ 中转站要有卫生设施，并注意绿化，绿化面积应达到10%~20%。总之，中转站要注意飘尘、噪声、臭气、排气等指标应符合环境监测标准。

此外，如用铁路运输，垃圾运输列车敞开时，应盖有一层篷布或带小网眼网罩以防止运输过程中垃圾的散落。水路运输时，则需注意废物散落水中，以免污染河水。

三、中转站选址

中转站选址要求应注意：①尽可能位于垃圾收集中心或垃圾产量多的地方；②靠近公路干线及交通方便的地方；③居民和环境危害最少的地方；④进行建设和作业最经济的地方。

此外中转站选址应考虑便于废物回收利用及能源生产的可能性。

四、中转站工艺设计计算

假定某中转站要求：①采用挤压设备；②高低货位方式装卸料；③机动车辆运输。其工艺设计如下：垃圾车在货位上的卸料台卸料，倾入低货位上的压缩机漏斗内，然后将垃圾压入半拖挂车内，满载后由牵引车拖运，另一辆半拖挂车装料。

根据该工艺与服务区的垃圾量，可计算应建造多少高低货位卸料台和配备相应的压缩机数量，需合理使用多少牵引车和半拖挂车。

1. 卸料台数量（A）

该垃圾中转站每天的工作量可按下式计算

$$E = MW_y k_1/365 \qquad (3\text{-}1\text{-}23)$$

式中 E——每天的工作量，t/d；

     M——服务区的居民人数，人；

     W_y——垃圾年产量，t/(人·a)；

     k_1——垃圾产量变化系数（参考值 1.15）。

一个卸料台工作量的计算公式为

$$F = t_1/(t_2 k_t) \qquad (3\text{-}1\text{-}24)$$

式中 F——卸料台 1 天接受清运车数，辆/d；

     t_1——中转站 1 天的工作时间，min/d；

     t_2——一辆清运车的卸料时间，min/辆；

     k_t——清运车到达的时间误差系数。

则所需卸料台数量为

$$A = E/(WF) \qquad (3\text{-}1\text{-}25)$$

式中 W——清运车的载重量，t/辆。

2. 压缩设备数量（B）

$$B = A$$

3. 牵引车数量（C）

为一个卸料台工作的牵引车数量，按公式计算为

$$C_1 = t_3/t_4 \qquad (3\text{-}1\text{-}26)$$

式中 C_1——牵引车数量；

     t_3——大载重量运输车往返的时间；

     t_4——半拖挂车的装料时间。其中半拖挂车装料时间的计算公式为

$$t_4 = t_2 n k_4 \qquad (3\text{-}1\text{-}27)$$

式中，n 为一辆半拖挂车装料的垃圾车数量。因此，该中转站所需的牵引车总数为

$$C = C_1 A \qquad (3\text{-}1\text{-}28)$$

4. 半拖挂车数量（D）

半拖挂车是轮流作业，一辆车满载后，另一辆装料，故半拖挂车的总数为

$$D = (C_1 + 1)A \qquad\qquad (3\text{-}1\text{-}29)$$

参 考 文 献

[1] 王罗春，赵爱华，等. 生活垃圾收集与运输. 北京：化学工业出版社，2006.

[2] George Tchobanoglous, Hilary Theisen, Samuel Vigil. 固体废物的全过程管理——工程原理及管理问题. 北京：清华大学出版社，2000.

[3] 广州环卫科研所. 环境卫生管理（内部资料）. 1989.

[4] 北京市环卫科研所. 国外城市垃圾收集与处理. 北京：中国环境科学出版社，1990.

[5] 麦克杜格尔著. 城市固体废弃物综合管理：生命周期的视角. 诸大建，邱寿丰译. 上海：同济大学出版社，2006.

[6] 龚佰勋. 环保设备设计手册——固体废物处理设备. 北京：化学工业出版社，2004.

第二章
危险废物的收集、贮存及运输

由于危险废物固有的属性包括化学反应性、毒性、易燃性、腐蚀性或其他特性，可导致对人类健康或环境产生危害，因此，在其收、存及转运期间必须注意进行不同于一般废物的特殊管理。

第一节　危险废物的产生与收集、贮存

一、产生

危险废物产生于工、农、商业各生产部门乃至人类家庭生活，其来源甚为广泛。表 3-2-1 列出一些具有代表性的生产产地和废物类别。

表 3-2-1　产生危险废物的典型部门和产出废物类别

部　门	废物产出地	废 物 类 别
小型工业	金属处理(电镀、蚀刻、阳极化处理、镀锌) 照相业 纺织加工 印刷 毛皮制革	酸、重金属 溶剂、酸、银 镉、矿物酸 溶剂、染料、墨水 溶剂、铬
大型工业	铝土矿加工业 炼油业 石油制造业 化学、药品工业 氯工业	赤泥 废催化剂 废油 残留物、溶剂 汞
商业、农业	车辆维修 机场 干洗 电力变压器 医院 农场	废油 废油、废液等 卤化溶剂 多氯联苯(PCBs) 病原体、传染病源废物 废农药
家庭生活	从家庭收集的废物 从焚烧家庭废物产生的残余物	废电池、重金属等

危险废物的产生部门、单位或个人，都必须备有一种安全存放这种废物的装置，一旦它们产生出来，迅速将其妥善地放进此装置内，并加以保管，直至运出产地做进一步贮存、处理或处置。

盛装危险废物的容器装置可以是钢圆筒、钢罐或塑料制品，其外形如图 3-2-1 所示。所

有装满废物待运走的容器或贮罐都应清楚地标明内盛物的类别与危害说明，以及数量和装进日期。危险废物的包装应足够安全，并经过周密检查，严防在装载、搬移或运输途中出现渗漏、溢出、抛洒或挥发等情况。否则，将引发所在地区大面积的环境污染。

根据危险废物的性质和形态，可采用不同大小和不同材质的容器进行包装。以下是可供选用的包装装置和适宜于盛装的废物种类：

（1）$V=200L$ 带塞钢圆桶或钢圆罐[图 3-2-1(a)]　可供盛装废油和废溶剂；

（2）$V=200L$ 带卡箍盖钢圆桶[图 3-2-1(b)]　可供盛装固态或半固态有机物；

（3）$V=30L$、$45L$ 或 $200L$ 塑料桶或聚乙烯罐[图 3-2-1(c)]　可供盛装无机盐液；

（4）$V=200L$ 带卡箍盖钢圆桶或塑料桶　可供散装的固态或半固态危险废物装入。

（5）贮罐　其外形与大小尺寸可根据需要设计加工，要求坚固结实，并应便于检查渗漏或溢出等事故的发生。此类装置适宜于贮存可通过管线、皮带等输送方式送进或输出的散装液态危险废物。

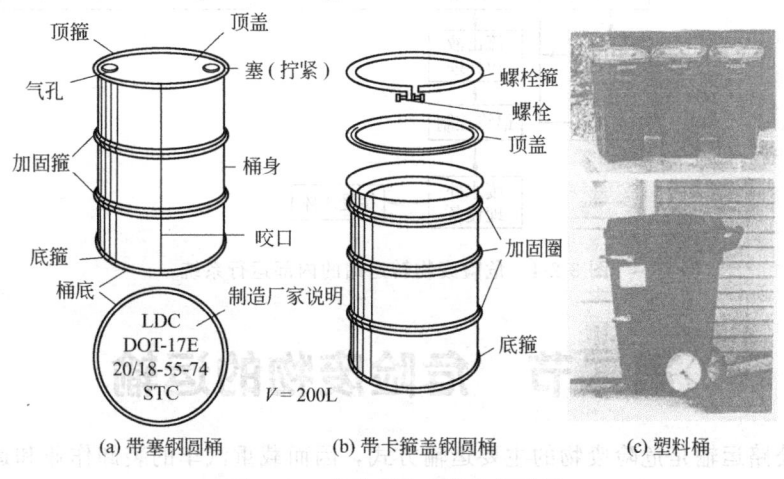

图 3-2-1　危险废物盛装容器示例

二、收集与贮存

放置在场内的桶或带装危险废物可由产出者直接运往场外的收集中心或回收站，也可以通过地方主管部门配备的专用运输车辆按规定路线运往指定的地点贮存或做进一步处理[1]。前者的运行方案如图 3-2-2 所示，后一方案示于图 3-2-3 中。

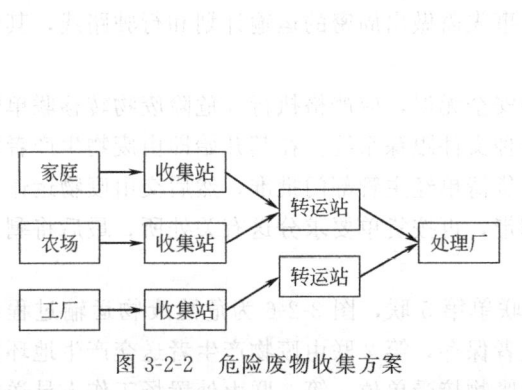

图 3-2-2　危险废物收集方案

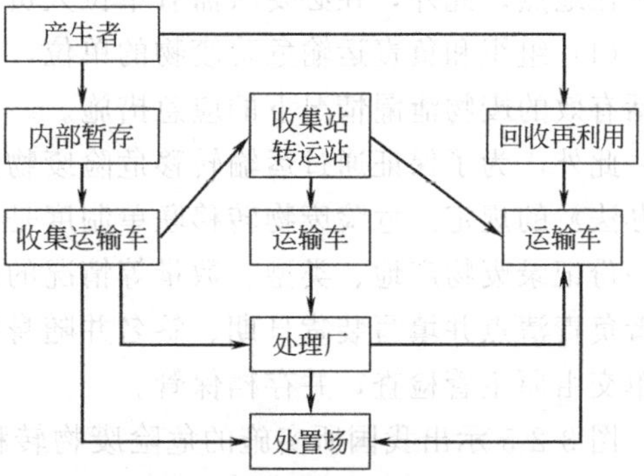

图 3-2-3　危险废物收集与转运方案

典型的收集站由砌筑的防火墙及铺设有混凝土地面的若干库房式构筑物所组成，贮存废物的库房室内应保证空气流通，以防具有毒性和爆炸性的气体积聚产生危险。收进的废物应翔实登载其类型和数量，并应按不同性质分别妥善存放。

转运站的位置宜选择在交通路网便利的附近区域，由设有隔离带或埋于地下的液态危险废物贮罐、油分离系统及盛装有废物的桶或罐等库房群所组成。站内工作人员应负责办理废物的交接手续、按时将所收存的危险废物如数装进运往处理场的运输车厢，并责成运输者负责途中安全。转运站内部的运作方式及程序可参见图3-2-4所示。

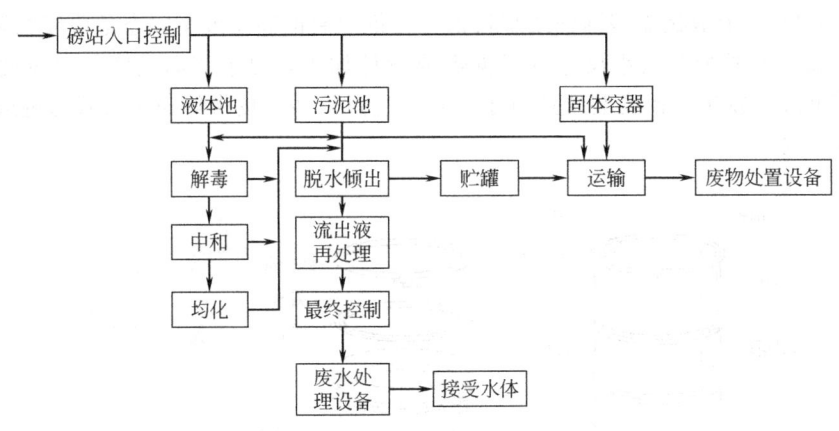

图 3-2-4 危险废物转运站的内部运行系统

第二节 危险废物的运输

通常，公路运输是危险废物的主要运输方式，因而载重汽车的装卸作业和运输过程中的事故是造成危险废物污染环境的重要环节。因此，负责运输的汽车司机必然担负着不可推卸的重大责任。为保证危险废物的安全运输，需要按下述要求进行。

（1）危险废物的运输车辆必须经过主管单位检查，并持有相关单位签发的许可证，负责运输的司机应通过培训，持有证明文件。

（2）载有危险废物的车辆须有明显的标志或适当的危险符号，以引起关注。

（3）载有危险废物的车辆在公路上行驶时，需持有许可证，其上应注明废物来源、性质和运往地点。此外，在必要时需有单位人员负责押运工作。

（4）组织和负责运输危险废物的单位，在事先需做出周密的运输计划和行驶路线，其中包括有效的废物泄漏情况下的应急措施。

此外，为了保证通过运输转移危险废物的安全无误，应严格执行《危险废物转移联单管理办法》的规定。危险废物转移联单制度是一种文件跟踪系统。在其开始即由废物生产者填写一份记录废物产地、类型、数量等情况的运货清单经主管部门批准，然后交由废物运输承担者负责清点并填写装货日期、签名并随身携带，再按货单要求分送有关处所，最后将剩余一单交由原主管检查，并存档保管。

图3-2-5示出我国所实施的危险废物转移联单第5联，图3-2-6为危险废物运输过程中转移五联单分送情况。其中第1联由废物产生者保存，第2联由废物产生者送交产生地环保局，第3、4、5联随运输的危险废物交付危险废物接受单位。第3联由处置场工作人员送接

危险废物转移联单 编号_____

第一部分：废物产生单位填写	第 五 联 接 受 地 环 保 局
产生单位_____单位盖章 电话_____ 通讯地址_____邮编_____ 运输单位_____电话_____ 通讯地址_____邮编_____ 接受单位_____电话_____ 通讯地址_____邮编_____ 废物名称_____类别编号_____数量_____ 废物特性：_____形态_____包装方式_____ 外运目的：中转贮存 利用 处理 处置 主要危险成分_____禁忌与应急措施_____ 发运人_____运达地_____转移时间_____年___月___日 **第二部分：废物运输单位填写** 运输者须知：你必须核对以上栏目事项，当与实际情况不符时，有权拒绝接受。 第一承运人_____运输日期_____年___月___日 车（船）型：_____牌号_____道路运输证号_____ 运输起点_____经由地_____运输终点_____运输人签字_____ 第二承运人_____运输日期_____年___月___日 车（船）型：_____牌号_____道路运输证号_____ 运输起点_____经由地_____运输终点_____运输人签字_____ **第三部分：废物接受单位填写** 接受者须知：你必须核实以上栏目内容，当与实际情况不符时，有权拒绝接受。 经营许可证号_____接收人_____接收日期_____ 废物处置方式：利用 贮存 焚烧 安全填埋 其他 单位负责人签字_____单位盖章日期_____	

图 3-2-5　危险废物转移联单格式示例

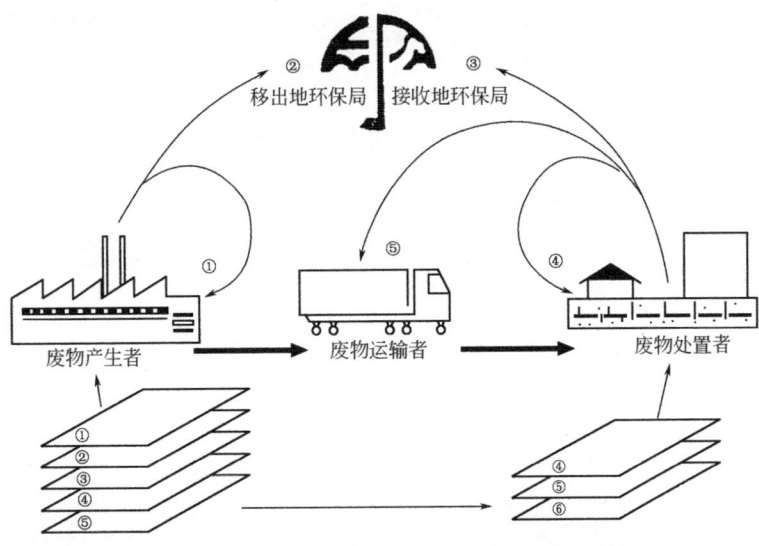

图 3-2-6　运输危险废物转移联单及其处理情况

受地交环保局，第 4 联由处置场工作人员保存，第 5 联由废物运输者保存。实践证明，这是一种有效的防止危险废物在运输时向环境扩散的措施，有关的工作受到许多国家的高度重视，我国的环保主管在上海市也推行此项运输制度，以强化危险废物的管理。

参 考 文 献

［1］ LaGrega M D，Buckingham P L，Evans J C. Hazardous waste management. McGraw—Hill，Inc.，1993.

［2］ Kiang Y H，Metry A A. 有害废物的处理技术. 承伯兴，等译. 北京：中国环境科学出版社，1993.

第四篇

固体废物处理技术

第一章
固体废物的破碎和分选技术

第一节 概 述

固体废物的种类多种多样，其形状、大小、结构及性质各有很大的不同，例如有金属废物、汽车、电器、纸张、塑料、生活垃圾等。在生活垃圾中又包括有厨房垃圾、菜叶、树叶、西瓜皮等。为了便于对它们进行合适的处理和处置，往往要经过对废物的预加工处理。

对于要去填埋的废物，通常要把废物按一定方式压实，这样它们在运输过程中可以减少运输量和运输费用，在填埋时可以占据较小的空间或体积。

对于焚烧和堆肥的废料，通常要进行破碎处理，破碎成一定粒度的废物颗粒将有利于焚烧的进行，也利于堆肥化的反应速度[1]。

在废物进行资源回收利用时，也需要破碎、分选等处理过程。例如从塑料导线中回收铜材料，首先要把塑料包皮切开，把塑料与铜导线分开，再把分开的塑料破碎，进行再生造粒，这样就实现了铜和塑料分别回收利用的目的[2]。

预处理主要包括对固体废物进行压实、破碎、分选等单元操作技术。

第二节 固体废物的压实

一、概述

为了减少固体废物的输运量和处置体积，对固体废物进行压实处理有明显的经济意义。在固体废物进行资源化处理过程中，废物的交换和回收利用均需将原来松散的废物进行压实、打包，然后从废物产生地运往废物回收利用地。在城市垃圾的收集运输过程中，许多纸张、塑料和包装物，具有很小的密度，占有很大的体积，必须经过压实，才能有效地增大运输量，减少运输费用[3~5]。

固体废物可以设想为由各种颗粒以及颗粒之间充满空气的空隙所构成的集合体。由于废物中的空隙较大，而且许多颗粒有吸收水的能力，因此废物中的所有水分都吸收在固体颗粒中而不存在于空隙中。这样，固体废物的总体积就等于固体颗粒的体积加上空隙的体积，即：

$$V_m = V_s + V_v \tag{4-1-1}$$

式中 V_m——固体废物总体积；

            V_s——固体颗粒体积（包括水分）；

            V_v——孔隙体积。

描述固体废物的空隙通常用空隙比和空隙率来表示。

空隙比
$$e=\frac{V_v}{V_s}\qquad(4\text{-}1\text{-}2)$$

空隙率
$$n=\frac{V_s}{V_m}\qquad(4\text{-}1\text{-}3)$$

固体废物的总质量等于固体颗粒质量加上水分质量，即：
$$W_m=W_s+W_w$$

式中　W_m——固体废物总质量，包括水分质量；

　　　W_s——固体颗粒质量；

　　　W_w——固体中水分质量。

固体废物的湿密度由下式确定：
$$\rho_w=\frac{W_m}{V_m}\qquad(4\text{-}1\text{-}4)$$

固体废物的干密度由下式确定：
$$\rho_d=\frac{W_s}{V_m}\qquad(4\text{-}1\text{-}5)$$

二、废物的压实及其表示

容重，即固体废物的干密度。在有关压实问题的文献资料中，固体废物的密度多采用容重表示，主要因为容重易于测量，并可以用它来比较废物的压实程度。例如，某种废物的原来堆积密度 $0.196g/cm^3$，经过压实后，密度可以达到 $0.79g/cm^3$。固体废物的压实程度可以用压缩比来表示。

压缩倍数，即固体废物压实前的体积与压实后的体积之比，用下式来表示：
$$R=\frac{V_i}{V_f}\qquad(4\text{-}1\text{-}6)$$

式中　R——固体废物体积压缩倍数；

　　　V_i——废物压缩前的原始体积；

　　　V_f——废物压缩后的最终体积。

当固体废物为均匀松散物料时，其压缩倍数可以达到 3～10 倍。所谓压实处理，就是通过消耗压力能来提高废物的容重。

对固体废物实施的压力，根据不同物料有不同的压力范围，一般可以在几 kgf/cm^2～几百 kgf/cm^2（$1kgf/cm^2=98.0665kPa$，下同）。例如近年来日本创造了一种高压压缩技术，对垃圾进行三次压缩，最后一次压力达 $258kgf/cm^2$，最后制成垃圾块，密度达到 1125.4～$1380kg/m^3$。

三、压实设备

固体废物压实设备有多种类型，它们可以分为固定式压实器和移动式压实器。固定式压实器又可分为小型家用压缩机和工业大型压缩机，小型家用压缩机可以安装在厨房下面，工业大型压缩机可以将汽车压缩，每日可以压缩数千吨垃圾。移动式压实器常用的是压实卡车，此类型卡车在接受废物后立即压实，然后驶往另一个地点继续接受废物。

压实器通常由一个压实单元和一个容器单元组成，容器单元接受废物原料并把它们送入压实单元，压实单元中有一个液压或气压操作的压头，利用高压把废物压成更致密的形式。

　　工业压缩机多为固定型的，分为水平压实器、竖式压实器、旋转式压实器。

　　水平压实器有一可沿水平方向移动的压头，废物被送进一个供料斗，然后压头在手动控制或光学装置、声学装置控制下向前移动，把废物压进一个钢质容器。这个钢质容器一般是长方形或正方形的。当一个容器完全装满时，压实器的压头完全缩回。装满压实废物的容器上系好起吊钢丝绳，通常还要盖上防水帆布。然后运到处置场倒出其中的废物。

　　三向垂直式压实器适合于压实松散的金属类废物，如图 4-1-1 所示。它具有互相垂直的压头，操作时，废物首先被置于容器单元中，而后依次启动压头 1、2、3，将固体废物压实成为一密实的块体，压实块的长度在 200～1000mm 之间。

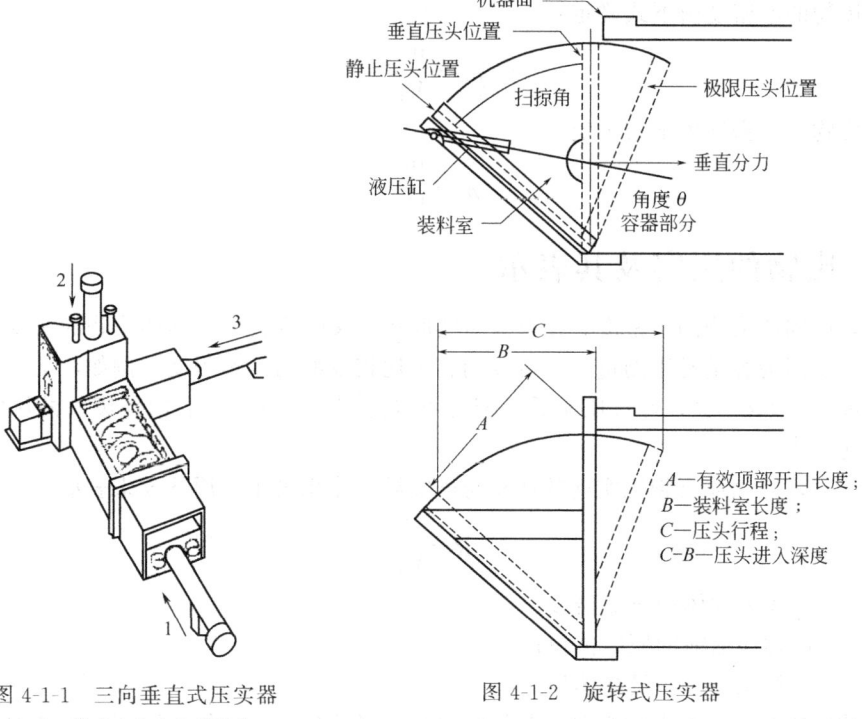

图 4-1-1　三向垂直式压实器
1,2,3 代表 3 个方向的压头

图 4-1-2　旋转式压实器

　　旋转式压实器如图 4-1-2 所示，该装置的压头铰连在容器的一端，借助液压罐驱动。这种压实器适用于城市较小物料的压实。

　　除了固定式压实器外，还有形式繁多的另一类压实器—袋式压实器，这类压实器中填装一个袋子，当废物压满时必须移走，并换上另一个空的袋子。它们适用于工厂中某些均匀类型的废物。

四、压实流程

　　图 4-1-3 为一城市垃圾压缩处理工艺流程。

　　在压缩容器四周先垫好铁丝网，再把垃圾送入压实器，然后送进压缩机压缩，压力为 16～20MPa，压缩比可达 5:1，压实后的废料块由顶上排出，再送入 180～200℃沥青中浸渍 10s，冷却后运往垃圾填埋场。压缩污水经分离器进入活性污泥处理系统，处理后的废水经灭菌排放。城市垃圾压实块物理特性见表 4-1-1。

表 4-1-1　垃圾压实块物理特性

废物组成比例	单位体积量 /(t/m³)	含水率 /%	压缩强度 /(kgf/cm²)	强性系数 /(kgf/cm²)
家庭垃圾 100% 塑料 0%	0.95	7.8~15.7	0.9	5.4
	0.95	8.8~16.0	1.3	8.1
	1.00	5.3~14.2	1.6	10.0
家庭垃圾 80% 塑料 20%	0.91	10.1~10.6	1.7	5.4
	1.06	5.5~11.9	1.4	8.1
	1.13	6.3~13.3	1.1	10.0
家庭垃圾 0% 塑料 100%	0.68	—	36.0	100
	0.64	—	15.0	170

注："—"表示未测。

五、压实器的选择

（1）装载面尺寸　因为物料尺度差异较大，因此压实器装载面尺寸应能容纳用户产生的最大件废物，一般为 0.765~9.18m。

（2）循环时间　即是压头的压面从装料箱把废物压入容器回到原来静止位置的过程，分为快慢两种。快：体积小、轻便，但压缩比低、牢固性差；慢：能压大件，压缩比高，但浪费时间。

（3）压力范围　这一参数应通过求出具体压实器的额定作用力来确定，固定式压实器的压力范围一般为 0.1~0.35MPa。

（4）压头行程　在选择工业用压实器时，压面进入容器的深度或者压面的行程长度，也是重要的参数。各种压实器压面实际进入深度为 10.2~66.2cm。

（5）体积排率　它由压头每次把废物堆入压实器可压缩的体积与 1h 内压实器完成的循环次数确定，与废物的产生率无关。

最后，压实器和容器应该是由同一个厂家生产。

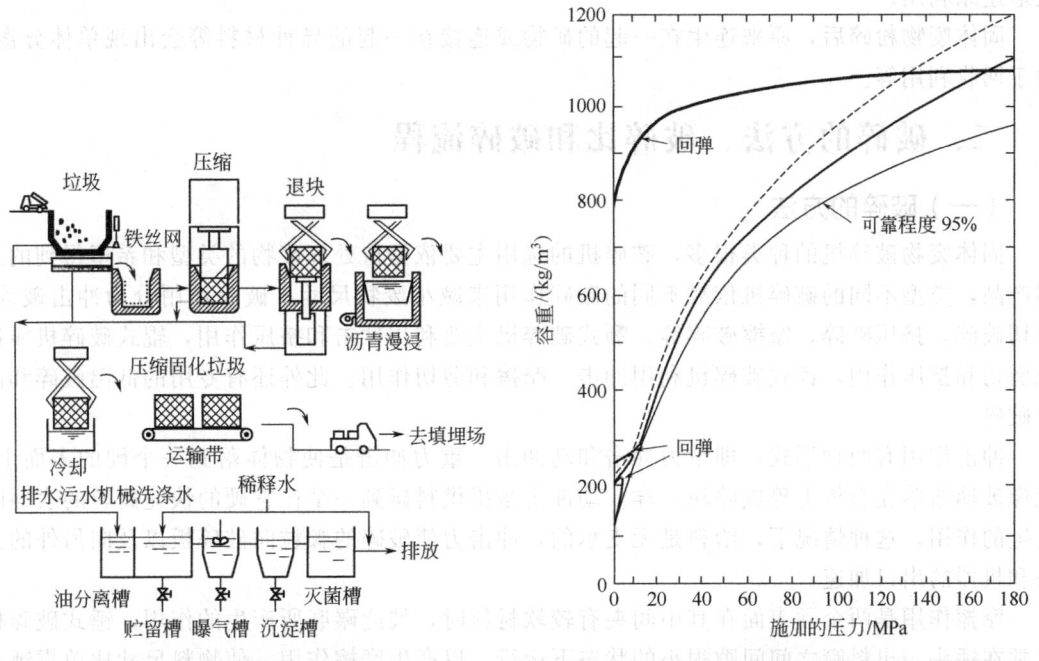

图 4-1-3　废物压实流程　　　图 4-1-4　压实试验所获得的典型压实曲线

六、影响固体废物压实程度的因素

固体废物受压时，其中的各个个体在压力作用下被挤碎变形并重新组合，结果使其容重增大。压力越高，废物压实程度越好。

有些物料的压实是不可逆的，当压力解除后，被压实的物料不能再恢复到初始体积。但是，固体废物中含有多种能够可逆压缩成分。在一般压力下，压力解除后的几秒钟内，有的废物体积能膨胀 20％；几分钟后，体积的膨胀能高达 50％。压力愈高，压成物的整体性愈大。图 4-1-4 为物料典型压实曲线。

第三节　破碎处理

通过人力或机械等外力的作用，破坏物体内部的凝聚力和分子间作用力而使物体破裂变碎的操作过程统称破碎。破碎是固体废物处理技术中最常用的预处理工艺[6~12]。

一、破碎的目的

破碎不是最终处理的作业，而是运输、焚烧、热分解、熔化、压缩等作业的预处理作业。换言之，破碎的目的是为了使上述操作能够或容易进行，或者更加经济有效。

固体废物经过破碎之后，使其尺寸减小，粒度均匀，这对于固体废物的焚烧和堆肥处理均有明显的好处。

在焚烧炉中使用破碎的供料是非常理想的，供料均匀的焚烧炉可以它的最佳状态进行工作。燃烧是一种表面反应，破碎的供料大大增加了固体颗粒的表面积，空气可以接触所有的供料颗粒面而使焚烧更完全，焚烧效率更高。

固体废物粉碎后，视比重减小，体积减小，便于运输、压缩、贮存和高密度填埋，加速土地还原利用。

固体废物粉碎后，原来连生在一起的矿物或连接在一起的异种材料等会出现单体分离，便于回收利用等。

二、破碎的方法、破碎比和破碎流程

（一）破碎的方法

固体废物破碎机的种类很多，破碎机的选用主要依据待处理废物的类型和希望得到的终端产品，类型不同的破碎机依靠不同的破碎作用来减小废物尺寸。破碎作用分为冲击破碎，剪切破碎，挤压破碎，摩擦破碎等。颚式破碎机主要利用冲击和挤压作用，辊式破碎机靠冲击剪切和挤压作用，锤式破碎机利用冲击、摩擦和剪切作用。此外还有专用的低温破碎和湿式破碎。

冲击作用有两种形式，即重力冲击和动冲击。重力冲击是使物体落到一个硬的表面上，就像玻璃瓶落在石板上碎成碎块一样。动冲击是指供料碰到一个比它硬的快速旋转的表面时发生的作用，这种情况下，给料是无支承的，冲击力使破碎的颗粒向破碎板以及向另外的锤头和机器的出口加速。

摩擦作用是两个硬表面在其中间夹有较软材料时，彼此碾磨所产生的作用，锤式破碎机常常在锤头与出料筛之间间隙很小的状态下运行，以产生摩擦作用，使物料尺寸比单靠锤头传递的冲击作用能有进一步的减小。

挤压作用是将材料在挤压设备两个硬表面之间的进行挤压，这两个表面或一个静止，一个移动；或两个都是移动的。这种作用当供料是硬的、脆性的和易磨碎的材料时最为适合。

剪切作用是指切开或割裂废物，特别适合于低 SiO_2 含量的松软材料。

为避免机器的过度磨损，工业固体废物的尺寸减小往往分几步进行，一般采用三级破碎，第一级破碎可以把材料的尺寸减小到 3in（7.62cm），第二级破碎减小到 1in（2.54cm），第三级减小到 1/8in（0.32cm）。

（二）破碎比

在破碎过程中，原废物粒度与破碎产物粒度的比值称为破碎比。破碎比表示废物粒度在破碎过程中减少的倍数。破碎机的能量消耗和处理能力都与破碎比有关。破碎比的计算方法有以下两种。

（1）用废物破碎前的最大粒度（D_{max}）与破碎后的最大粒度（d_{max}）的比值来确定破碎比（i）

$$i = \frac{D_{max}}{d_{max}} \tag{4-1-7}$$

用该法确定的破碎比称为极限破碎比，在工程设计中常被采用。根据最大物料直径来选择破碎机给料口的宽度。

（2）用废物破碎前的平均粒度（D_{cp}）与破碎后的平均粒度（d_{cp}）的比值来确定破碎比（i）：

$$i = \frac{D_{cp}}{d_{cp}} \tag{4-1-8}$$

用该法确定的破碎比称为真实破碎比，能较真实地反映破碎程度，在科研和理论研究中常被采用。

（三）破碎流程

根据固体废物的性质、粒度的大小、要求的破碎比和破碎机的类型，每段破碎流程可以有不同的组合方式，其基本的工艺流程如图 4-1-5 所示。

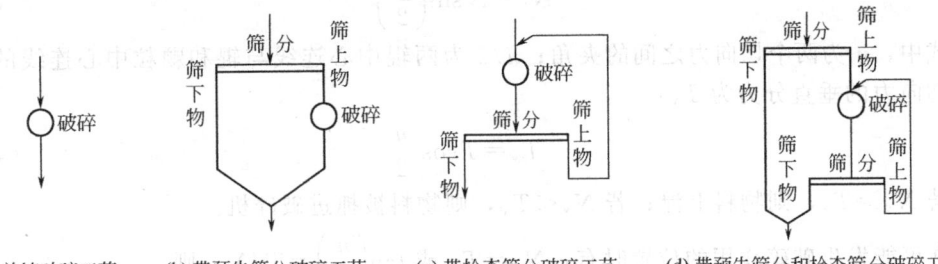

(a) 单纯破碎工艺　(b) 带预先筛分破碎工艺　(c) 带检查筛分破碎工艺　(d) 带预先筛分和检查筛分破碎工艺

图 4-1-5　破碎的基本工艺流程

三、破碎机

处理固体废物的破碎机主要有辊式破碎机、颚式破碎机、冲击式破碎机和剪切式破碎机。

（一）辊式破碎机

辊式破碎机在资源回收作业中主要用来破碎脆性材料，如玻璃等废物；而对延性材料，如金属罐等只起压平作用。辊式破碎机破碎后的物料，可用螺旋分选机做进一步的分选。在资源回收和废物处理领域中，辊式破碎机最初用来从炉渣中回收原料，目前也用作对含有玻璃器皿、铝和铁皮罐头的废物进行分选的设备。

辊式破碎机用两个相对旋转的辊子抓取并强制送入要破碎的废物。辊式破碎机的第一个目标是抓到要破碎的物块，这种抓取作用取决于该种物料颗粒的大小和特性，以及各辊子的大小、间隙和特性。辊式破碎机机理如下所述。

两个辊子的直径为 D，破碎的物料颗粒的直径为 d，辊子间距为 S，当破碎作用发生时，颗粒和辊子之间的法向力为 N，切向力为 T，如果合力的方向向下，该颗粒就能被卷入和被破碎。辊式破碎机工作原理如图 4-1-6 所示。

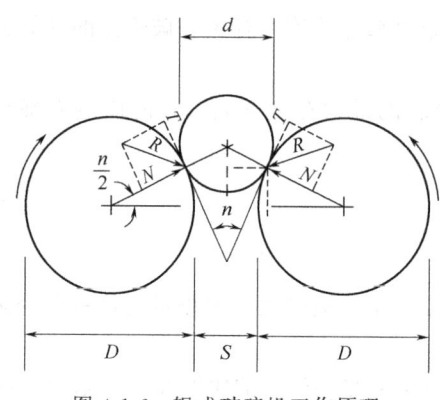

图 4-1-6 辊式破碎机工作原理

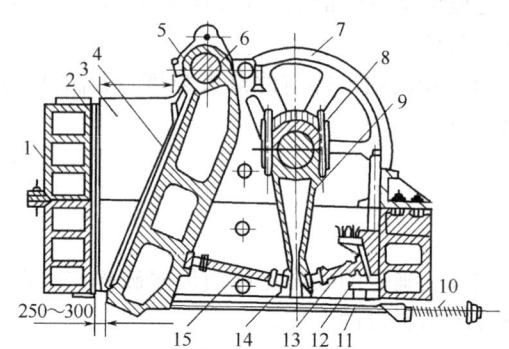

图 4-1-7 简单摆动颚式破碎机
1—机架；2—破碎齿板；3—侧面衬板；4—破碎齿板；
5—可动颚板；6—心轴；7—飞轮；8—偏心轴；9—连杆；
10—弹簧；11—拉杆；12—砌块；13—后推力板；
14—肘板支座；15—前推力板

如果合力方向向上，该颗粒将浮动在辊子上（重力可以不计），法向力 N 的垂直分力为 N_v：

$$N_v = N\sin\left(\frac{n}{2}\right) \tag{4-1-9}$$

式中，n 为两个切向力之间的夹角；$n/2$ 为两辊中心连线与辊和颗粒中心连线的夹角。同样切向力的垂直分力为 T_v：

$$T_v = T\cos\frac{n}{2} \tag{4-1-10}$$

若 $N_v > T_v$，则物料上浮；若 $N_v < T_v$，则物料被抓进破碎机。

在可能发生破碎作用的位置时有：$N_v = T_v$ 或 $\tan\left(\frac{n}{2}\right) = T/N$，则：

$$N\sin\left(\frac{n}{2}\right) = T\cos\left(\frac{n}{2}\right) \tag{4-1-11}$$

这时 n 称为"齿角"，T/N 称为摩擦系数 φ，所以，发生破碎的必要条件是：

$$\tan\left(\frac{n}{2}\right) \leqslant \varphi$$

由图 4-1-6 可知

$$\frac{S}{2} + \frac{D}{2} = \left(\frac{D}{2} + \frac{d}{2}\right)\cos\frac{n}{2} \tag{4-1-12}$$

式中，S 为辊子间间隙。上式可变为

$$\cos\left(\frac{n}{2}\right)=\frac{D+S}{D+d} \tag{4-1-13}$$

辊式破碎机的生产率可以用挤压通过辊子间隙的最大体积来计算：

$$Q=60\eta L D S\gamma n\pi$$

式中 Q——辊式破碎机的生产率，t/h；

L——辊子长度，m；

D——辊子直径，m；

S——辊子间隙，m；

γ——物料的容重，g/cm^3；

n——转速，r/min；

η——辊子利用系数，对中硬物料 $\eta=0.2\sim0.3$，对黏性潮湿物料 $\eta=0.4\sim0.6$。

例：要将公称尺寸为5cm的碎玻璃（给料）破碎成最大尺寸为0.5cm的产品颗粒。已知玻璃与钢之间的摩擦系数0.2，进料直径 $d=5$cm，破碎产品最大直径 $S=0.5$cm。求正好能抓住并压碎这种物料的辊子直径。

解：由摩擦系数 $\tan\left(\frac{n}{2}\right)=0.2$，得 $\frac{n}{2}=11.3°$，所以 $\cos\left(\frac{n}{2}\right)=0.98$。代入式（4-1-13）计算得辊子直径 $D=220$cm。

（二）颚式破碎机

颚式破碎机俗称老虎口，广泛应用于选矿、建材和化学工业部门。它适用于坚硬和中硬物料的破碎。

颚式破碎机按动颚摆动特性分为三类：简单摆动型、复杂摆动型和综合摆动型。目前，以前两种应用较为广泛。

1. 简单摆动型颚式破碎机

简单摆动型颚式破碎机如图 4-1-7 所示。

该机由机架、工作机构、传动机构、保险装置等部分组成。其中固定颚和动颚构成破碎腔。送入破碎腔中的废料，由于动颚被转动的偏心轴带动呈往复摆动，而被挤压、破裂和弯曲破碎。当动颚离开固定颚时，破碎腔内下部已破碎到小于排料口的物料，靠物料重力从排料口排出，位于破碎腔上部的尚未充分压碎的料块当即下落一定距离，在动颚板的继续压碎下被破碎。

2. 复杂摆动型颚式破碎机

图 4-1-8 为复杂摆动型颚式破碎机的构造。

从构造上看，复杂摆动型颚式破碎机与简单摆动型颚式破碎机的区别是少了一根动颚悬挂的心轴，动颚与连杆合为一个部件，没有垂直连杆，轴板也只有一块。可见，复杂摆动型颚式破碎机构造简单。

复杂摆动型动颚上部行程较大，可以满足物料破碎时所需的破碎量，动颚向下运动时有促进排料的作用，因而比简单摆动颚式破碎机的生产率高 30% 左右。但是动颚垂直行程大，使颚板磨损加快。简单摆动型给料口水平行程小，因此压缩量不够，生产率较低。

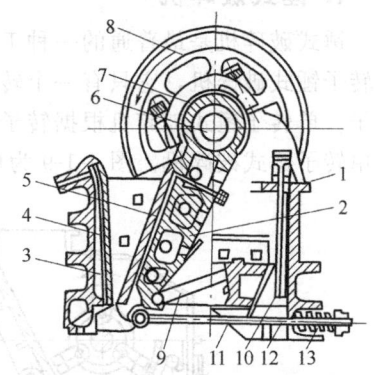

图 4-1-8 复杂摆动颚式破碎机

1—机架；2—可动颚板；3—固定颚板；
4,5—破碎齿板；6—偏心转动轴；7—轴孔；
8—飞轮；9—肘板；10—调节楔；11—楔块；
12—水平拉杆；13—弹簧

3. 颚式破碎机的规格和功率

颚式破碎机的规格用给料口宽度×长度来表示。国产系列为 PEF150×250，PEF250×400，PEJ900×1200，PEJ1200×1500 等。其中，P 代表破碎机，E 代表颚式，F 代表复杂摆动，J 代表简单摆动。

送入颚式破碎机中的料块，最大许可尺度 D 应比宽度 B 小 $15\%\sim20\%$。即

$$D = (0.8-0.85)B$$

颚式破碎机的生产率 Q（t/h）按下式计算：

$$Q = \frac{1}{1000} K q_0 L b \gamma_0 \qquad (4\text{-}1\text{-}14)$$

式中 K——破碎难易程度系数，$K=1\sim1.5$，易破碎物料 $K=1$，中硬度物料 $K=1.25$，难破碎物料 $K=1.5$；

    q_0——单位生产率，$\mathrm{m^3/(m^2 \cdot h)}$；

    L——破碎腔长度，cm；

    b——排料口宽度，cm；

    γ_0——物料堆积密度，$\mathrm{t/m^3}$。

电动机的功率 N（kW）按下式计算：

$$N_{大} = \frac{BL}{120} \sim \frac{BL}{100} \qquad (4\text{-}1\text{-}15)$$

$$N_{小} = \frac{BL}{80} \sim \frac{BL}{60} \qquad (4\text{-}1\text{-}16)$$

式中，B 和 L 分别为破碎机长度和宽度，cm。

（三）冲击式破碎机

冲击式破碎机大多是旋转式，都是利用冲击作用进行破碎的。工作原理是：给入破碎机空间的物料块，被绕中心轴高速旋转的转子猛烈冲撞后，受到第一次破碎。然后物料从转子获得能量高速飞向坚硬的机壁，受到第二次破碎。在冲击过程中弹回的物料再次被转子击碎，难于破碎的物料，被转子和固定板挟持而剪断，破碎产品由下部排出。

属于冲击式破碎机的有锤式破碎机和反击式破碎机。

1. 锤式破碎机

锤式破碎机是最普通的一种工业破碎设备。锤式破碎机按转子数目可分为两类，一类为单转子锤式破碎机，它只有一个转子；另一类为双转子锤式破碎机，它有两个作相对回转的转子。单转子锤式破碎机根据转子的旋转方向，又分为可逆和不可逆两种。目前普遍采用可逆单转子锤式破碎机。图 4-1-9 为单转子锤式破碎机示意图。

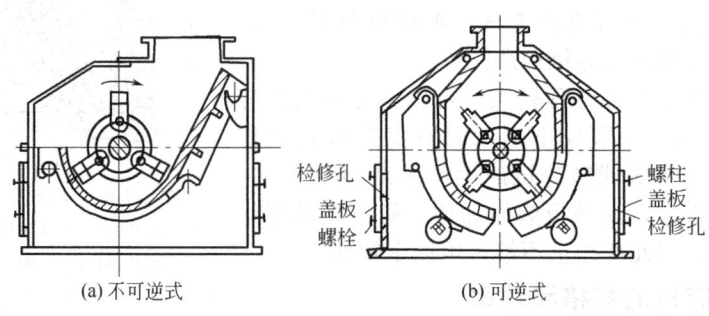

(a) 不可逆式   (b) 可逆式

检修孔 盖板 盖板螺栓 螺柱 盖板 检修孔

图 4-1-9   单转子锤式破碎机示意

锤式破碎机中常见的是卧轴锤式破碎机和立轴锤式破碎机。

　　卧轴锤式破碎机中，轴子由两端的轴承支持，原料借助重力或用输送机送入。转子下方装有算条筛，算条缝隙的大小决定破碎后颗粒的大小。有些锤式破碎机是对称的，转子的旋转方向可以改变，以变换锤头的磨损面，减少对锤头的检修。

　　立轴锤式破碎机有一立轴，物料靠重力进入破碎腔的侧面。这种破碎机，通常在破碎腔的上部间隙较大，越往下部间隙逐渐减小。因此当物料通过破碎机时，就逐渐被破碎，破碎后的颗粒尺寸取决于下部锤头与机壳之间的间隙。

　　当破碎中硬物料时，锤式破碎机的生产率 Q 和电机功率 N 分别由下式计算：

$$Q = (30 \sim 45)DL\gamma_0 \qquad (4\text{-}1\text{-}17)$$

$$N = (0.1 \sim 0.2)nD^2L \qquad (4\text{-}1\text{-}18)$$

式中　L——转子长度，m；

　　　D——转子直径，m；

　　　γ_0——破碎产品堆密度，t/m³；

　　　n——转速，r/min。

　　(1) Hammer Mills 型锤式破碎机　Hammer Mills 型锤式破碎机的构造如图 4-1-10 所示。机体分成两部分，压缩机部分和锤式破碎机部分。大型固体废物先经压缩机压缩，再给入锤式破碎机，转子由大小两种锤子组成，大锤子磨损后，改作小锤用，锤子铰接悬挂在绕中心旋转的转子上做高速旋转。转子下方半周安装有算子筛板，筛板两端安装有固定反击板起二次破碎和剪切作用。这种锤碎机用于破碎废汽车等粗大固体废物。

　　(2) BJD 普通锤式破碎机　BJD 锤式破碎机如图 4-1-11 所示，转子转速 1500～4500r/min，处理量为 7～55t/h。它主要用于破碎家具，电视机、电冰箱、洗衣机，厨房等大型废物，破碎块可达到 50mm 左右。该机设有旁路，不能破碎的废物由旁路排出。

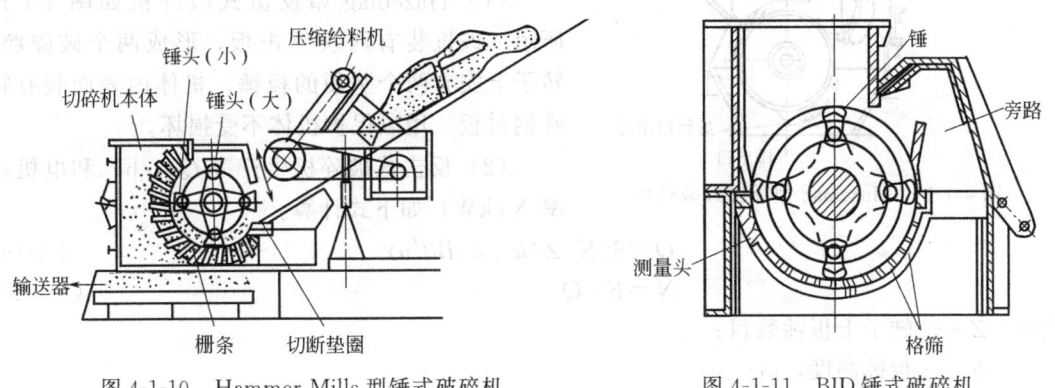

图 4-1-10　Hammer Mills 型锤式破碎机　　　　图 4-1-11　BJD 锤式破碎机

　　(3) BJD 型金属切屑锤式破碎机　BJD 型金属切屑锤式破碎机结构示意如图 4-1-12 所示。经该机破碎后，可使金属切屑的松散体积减小为原体积的 1/3～1/8，便于运输。锤子呈钩形，对金属切屑施加剪切拉撕等作用而破碎。

　　(4) Novorotor 型双转子锤式破碎机　Novorotor 型双转子锤式破碎机如图 4-1-13 所示。

　　这种破碎机具有两个旋转方向的转子，转子下方均装有研磨板。物料自右方给料口送入机内，经右方转子破碎后颗粒排至左方破碎腔。再沿左方研磨板运动 3/4 圆周后，借风力排至上部的旋转式风力分级板排出机外。该机破碎比可达 30。

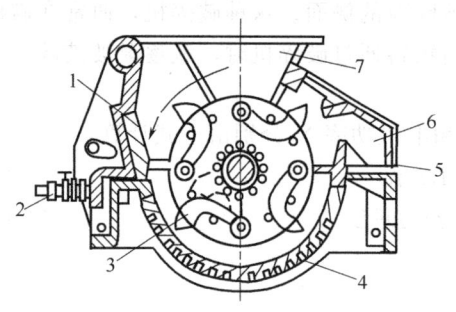

图 4-1-12　BJD 金属切屑破碎机

1—衬板；2—弹簧；3—锤子；4—筛条；5—小门；

6—非破碎物收集区；7—进料口

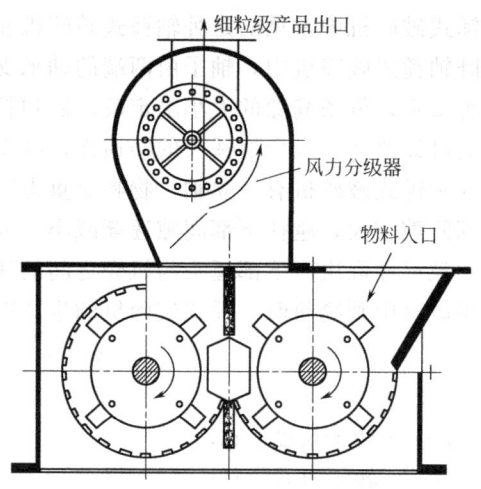

图 4-1-13　Novorotor 型双转子锤式破碎机

2. 反击式破碎机

反击式破碎机是一种新型高效破碎设备，它具有破碎比大，适应性广（可以破碎中硬、软、脆、韧性、纤维性物料）、构造简单、外形尺寸小、安全方便、易于维护等许多优点，主要用在水泥、火电、玻璃、化工、建材、冶金等部门。

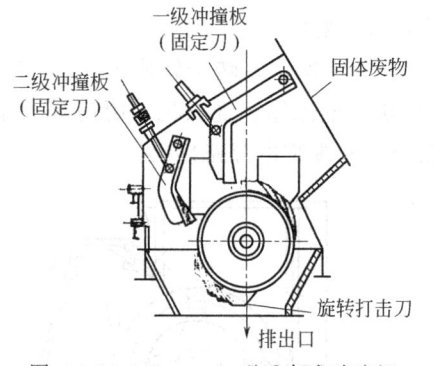

图 4-1-14　Hazemag 型反击式破碎机

（1）Hazemag 型反击式破碎机如图 4-1-14 所示。该机装有两块反击板，形成两个破碎腔。转子上安有两个坚硬的板锤。机体内表面装有特殊钢衬板，用以保护机体不受损坏。

（2）反击式破碎机生产率 Q(t/h) 和电机功率 N(kW) 如下式计算：

$$Q = 60K_1 Z(h+\delta)Bd'n\gamma \tag{4-1-19}$$

$$N = K_2 Q \tag{4-1-20}$$

式中　Z——转子上板锤数目；

　　　h——板锤高度，m；

　　　δ——板锤与反击板之间的间隙，m；

　　　B——板锤宽度，m；

　　　d'——排料粒度，m；

　　　n——转子转速，r/min；

　　　γ——破碎产品堆积密度，t/m³；

　　　$K_1 = 0.1$；$K_2 = 0.5 \sim 1.4$kW。

（四）剪切式破碎机

剪切破碎是靠固定刀和可动刀之间的啮合作用以剪切废物，将固体废料剪切成段或块。其中，可动刀又可分为往复刀和回转刀。

1. 往复剪切式破碎机

图 4-1-15 为往复剪切式破碎机构造示意。该破碎机由两边装刀的横杆组成耙状可动刀架，其上装有往复刀具 12 片，横杆 6 根，装有固定横杆 7 根，固定刀具 12 片。往复刀和固定刀交替平行布置。当处于打开状态时，从侧面看，往复刀和固定腔呈 V 字形，固体废物从上面投入，通过液压装置（油泵）缓缓将活动刀推向固定刀，废物受到挤压，并依靠往复刀和固定刀的齿合将废物剪切。往复刀和固定刀之间宽度为 30cm，剪切尺寸为 30cm。刀具由特殊钢制成，磨损后可以更换，液压油泵最高压力为 13MPa，电机功率为 374W（220V），处理量为 $80 \sim 150 \text{m}^3/\text{h}$，可将厚度为 200mm 以下的普通型钢板剪切成 30cm 的碎块。

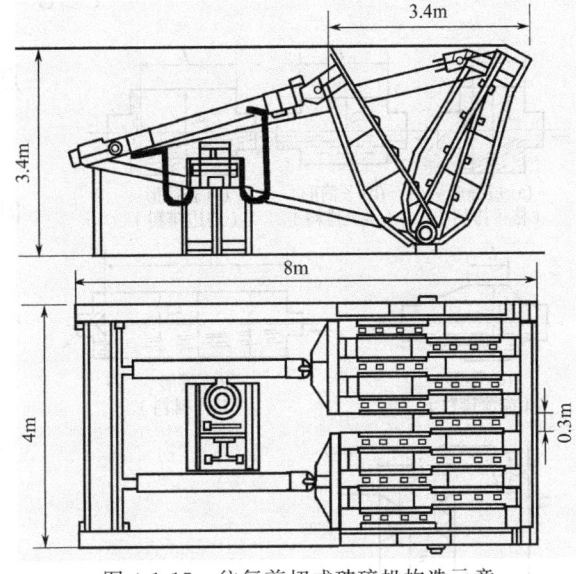

图 4-1-15 往复剪切式破碎机构造示意

2. 旋转剪切式破碎机

旋转剪切式破碎机如图 4-1-16 所示，该机装有 1～2 个固定刀和 3～5 个旋转刀，当固体废物投入后，在固定刀和高速旋转的旋转刀夹持下而被剪切破碎。

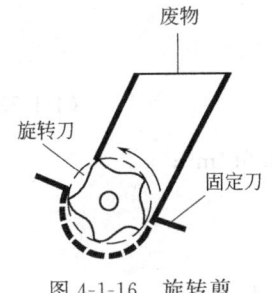

图 4-1-16 旋转剪切式破碎机

（五）粉磨

粉磨在固体废物的处理与利用中占有重要地位，对于矿山废物和许多工业废物尤其重要。粉磨一般有 3 个目的：①对废物进行最后一段粉碎，使其中各种成分单体分离，为下一步分选创造条件；②对多种废物原料进行粉磨，同时起到把它们混合均匀的作用；③制造废物粉末，增加物料比表面积，加速物料化学反应的速度。

粉磨广泛应用于煤矸石生产水泥、制砖、矸石棉、提取化工原料等；铁硫矿烧渣炼铁制造球团、回收金属、制造铁粉和化工原料；电石渣和钢渣生产水泥、制砖、提取化工原料等作业。

各种类型粉磨机简图如图 4-1-17 所示。

常用粉磨机主要有球磨机和自磨机。

1. 球磨机

（1）球磨机结构 图 4-1-18 为球磨机结构示意，它由筒体 1，筒体两端端盖 2，端盖轴承 3 和齿轮 4 组成。在筒体内装有介质（如金属球、棒、砾石）和被磨物料。其总装物料为筒体有效容积的 25%～45%。当筒体回转时，在摩擦力、离心力和突起于筒壁的衬板共同作用下，介质和物料被衬板带动提升。当提升到一定高度后，介质和物料在本身重力作用下，产生自由泻落和抛落，从而对筒内底脚区内的物料产生冲击、研磨和碾碎，当物料粒径达到粉磨要求后排出。

（2）球磨机工作原理 当物料进入球磨机后，随着球磨机转速的增加，钢球开始抛落点也提高，当速度增大到一定时，离心力大于钢球重力，钢球即使升到顶点也不再落下，发生离心作用。此时达到临界速度，设离心力为 C，球重力为 G，则运转的临界条件为：

$$C \geqslant G$$

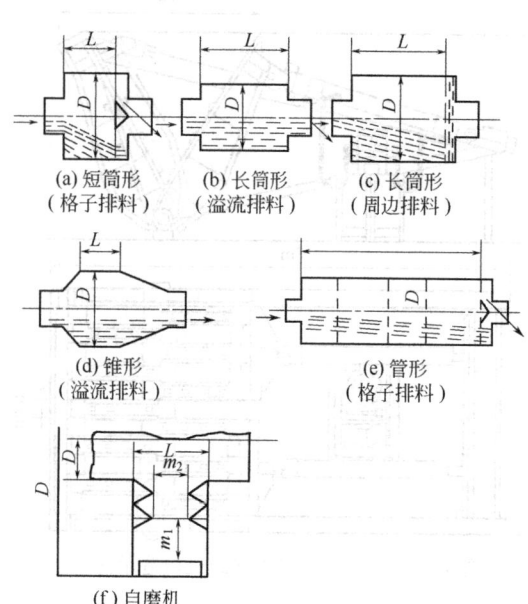

(a) 短筒形（格子排料）　(b) 长筒形（溢流排料）　(c) 长筒形（周边排料）

(d) 锥形（溢流排料）　(e) 管形（格子排料）

(f) 自磨机

图 4-1-17　粉磨机分类简图

当球磨机线速度为 v 时，钢球升到 A 点，此时 $C = N$ 或

$$\frac{mv^2}{R} = G\cos\alpha \qquad (4\text{-}1\text{-}21)$$

因为：

$$v = \frac{2\pi Rn}{60}$$

将上式和 $G = mg$、$g = 9.81\text{m/s}^2$、$\pi = \sqrt{g}$ 代入式（4-1-21）得：

$$N = \frac{30}{\sqrt{R}}\sqrt{\cos\alpha} \qquad (4\text{-}1\text{-}22)$$

式中　N——钢球重力 G 的法向分力；

　　　R——筒体半径；

　　　v——球磨机线速度；

　　　n——筒体转速。

（3）**球磨机功率**　装球量和粉磨体总重量，直接影响粉磨机的效率。装球少，效率低；装球多，内层球容易产生干扰，破坏了球的循环，也会降低效率。所以，合理的装球量必须按实际要求进行选择。一般来说，合理的装球量通常为 40%～45%。

装球总重力 $G_球$：

$$G_球 = \gamma\varphi L\frac{\pi D^2}{4} \qquad (4\text{-}1\text{-}23)$$

式中　γ——介质容重，钢球 $\gamma = 4.5\sim4.8\text{t/m}^3$，铸铁球 $\gamma = 4.3\sim4.6\text{t/m}^3$；

　　　φ——钢球充填系数；

　　D、L——球磨机筒体直径和长度，m。

球磨机中所加物料重力一般为 $0.14G_球$。球磨机生产率一般可以按以下经验公式计算：

$$Q = (1.45\sim4.48)G^{0.5} \qquad (4\text{-}1\text{-}24)$$

球磨机功率一般可以按以下经验公式计算：

$$N = CG\sqrt{D} \qquad (4\text{-}1\text{-}25)$$

式中，D 为球磨机内径，m；C 为系数，当充填系数 $\varphi = 0.2$ 时，大钢球 $C = 11$，小钢球 $C = 10.6$；当充填系数 $\varphi = 0.3$ 时，大钢球 $C = 9.9$，小钢球 $C = 9.5$；当充填系数 $\varphi = 0.4$ 时，大钢球 $C = 8.5$，小钢球 $C = 8.2$。

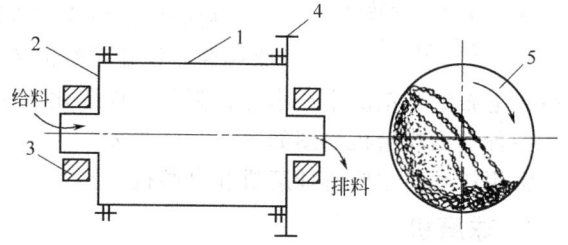

图 4-1-18　球磨机结构和工作原理示意图

1—筒体；2—端盖；3—轴承；4—大齿轮；5—传动大齿圈

2. 自磨机

自磨机又称无介质磨机，分干磨和湿磨两种。干式自磨机的给料块度一般为 300～

400mm，一次磨细到 0.1mm 以下，粉碎比可达 3000～4000，比球磨机等有介质磨机大数十倍。干式自磨机工作原理如图 4-1-19 所示。该机由给料斗、短筒体、传动部分和排料斗等组成。

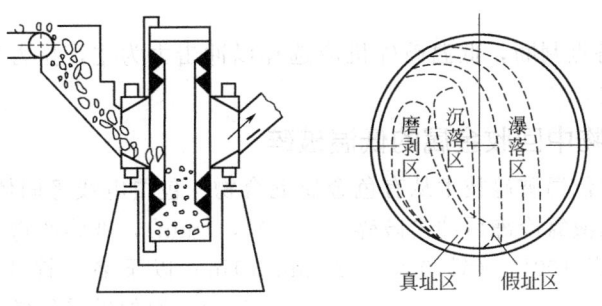

图 4-1-19　干式自磨机工作原理

四、低温破碎技术

常温破碎装置噪声大、振动强、产生粉尘多，此外还具有爆炸性、污染环境以及过量消耗动力等缺点[13]。在选用不同类型的机械设备时，需要根据不同情况，通过多种方案的比较，尽量减少弊病，满足生产的需要。对于一些难以破碎的固体废物，如汽车轮胎、包覆电线等，则宜采用新开发的一种低温破碎技术，完成破碎作业。

（一）原理和流程

固体废物各组分物质在低温冷冻（－60～120℃）条件下易脆化，且脆化温度不同，其中某些物质易冷脆，另一些物质则不易冷脆，利用低温变脆既可将一些废物有效地破碎，又可以利用不同材质脆化温度的差异进一步进行选择性分选。

在低温破碎技术中，通常需要配置制冷系统，其中液态氮常采用作为制冷剂，因为液态氮无毒，无爆炸性且货源充足。但是所需的液氮量较大，因而费用昂贵。例如以塑料加橡胶制品复合制品为例，每吨需 300kg 液氮，所以在目前情况下，冷冻破碎只适用于常温难破碎处理的物料，如橡胶、塑料等。

冷冻破碎的工艺流程如图 4-1-20 所示。

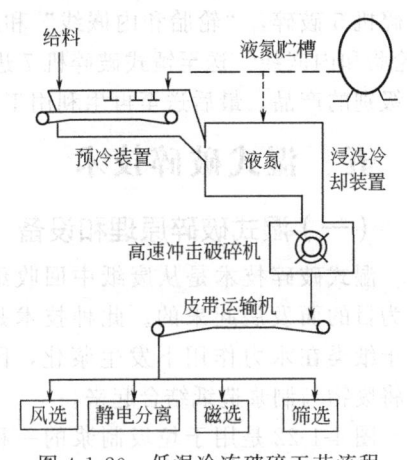

图 4-1-20　低温冷冻破碎工艺流程

固体废物如金属内橡胶制品、汽车轮胎、塑料导线等先投入预冷装置，再进入浸冷装置，橡胶、塑料等易冷脆物质迅速脆化，由高速冲击式破碎机破碎，破碎产品再进入各不同分选设备。

低温破碎所需动力为常温破碎的 1/4，噪声约降低 7dB，振动减轻约 1/5～1/4。

（二）塑料的低温破碎

有关塑料的低温破碎研究成果可以归纳如下。

（1）各种塑料的脆化点：PVC（聚氯乙烯）－5～20℃；PE（聚乙烯）－95～135℃；PP（聚丙烯）0～20℃。

（2）采用拉伸、曲折、压缩等简单力的破碎机时，低温破碎所需动力比常温大，用冲击破碎机时，则低温破碎动力比常温时要小得多。

（3）膜状塑料难以低温破碎。

（4）冷冻装置：冷冻槽绝热壁厚 300mm，从顶部喷射液氮雾，塑料置于槽内运输皮带上向前移动 4m，从喷雾开始后 4min，槽内温度可达 −75℃；62min 后可达 −167℃，温度分布大体上均匀。

（5）根据以上各点判断，低温破碎机应选择以冲击力为主，拉力和剪切力为次要考虑因素的破碎机为合适。

（三）从混合物中回收金属的低温破碎

美国矿山局利用低温破碎技术从有色金属混合物、包覆电线等固体废物中回收铜、铝、锌的实验表明，采用液氮冷冻后冲击破碎（−72℃，1min），破碎产物中 25mm（1in）以上者，含铜 97.2%，铝 100%（锌 0%）；25mm（1in）以下者，锌 100%（铜 2.8%，铝 0%）。而如果采用常温破碎，则锌因有延展性破碎（低温破碎时，Ca 和 Al 也有些延展性破碎），25mm（1in）以上产物中锌残留率达到 82.7%。说明低温破碎能进行选择性破碎分离。

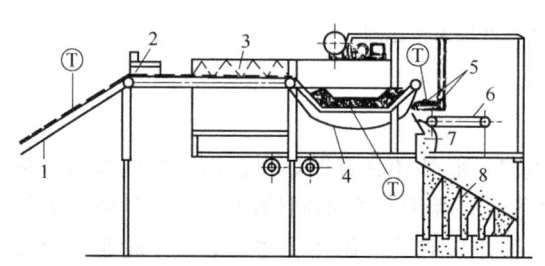

图 4-1-21　汽车废轮胎低温破碎装置
1—传送带；2—压孔机；3—冷冻装置；4—冷冻槽；
5—破碎机；6—磁选机；7—锤式破碎机；8—粒度分选机

（四）废轮胎低温破碎

图 4-1-21 为废轮胎低温破碎装置，欲破碎的废轮胎 T 置于传送带 1 上，经压机 2 压孔之后进入冷冻装置 3 预冷，然后再进入浸没冷冻槽 4 冷冻。接着进入冲击破碎机 5 破碎，"轮胎和内嵌线"和"撑轮圈"分离。然后"撑轮圈"送至磁选机 6 分选，"轮胎和内嵌线"送至锤式破碎机 7 进行二次破碎，再进入粒度分选机 8 分选成各种不同粒度级别的产品，最后送至再生利用工序。

五、湿式破碎技术

（一）湿式破碎原理和设备

湿式破碎技术是从废纸中回收纸浆为目的而发展起来的。此种技术是基于纸类在水力作用下发生浆化，因而将废物与制浆造纸结合起来。

图 4-1-22 是用于垃圾制浆的一种湿式破碎机，亦称碎浆机。它是由美国布赖克-克劳逊公司研制的。此种设备为一圆形立式转筒装置，底部有许多筛眼，转筒内装有 6 只破碎刀，当废纸投入转筒内，因受大水量的激流

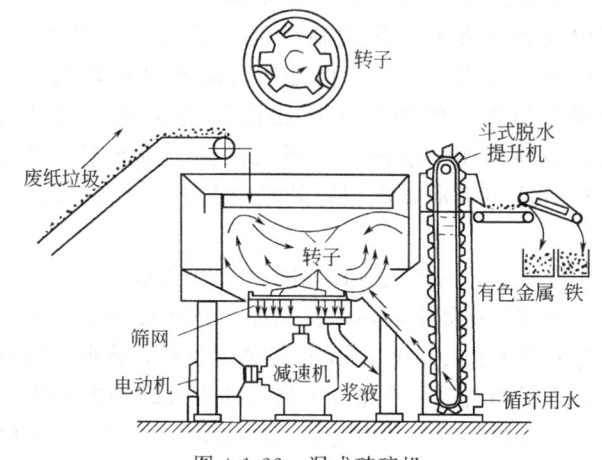

图 4-1-22　湿式破碎机

搅动和破碎转子的破碎形成浆状，浆体由底部筛孔流出。经固液分离器把其中的残渣分出，纸浆送到纤维回收工段，经过洗涤、过筛，将分离出纤维素后的有机残渣与城市污水污泥混合脱水至 50%，然后送去焚烧。

（二）湿式破碎技术的优点及其发展现状

湿式破碎把垃圾变成泥浆状，物料均匀，呈流态化操作，具有以下优点。

① 垃圾变成均质浆状物，可按流体处理法处理。

② 不会滋生蚊蝇和恶臭，符合卫生条件。

③ 不会产生噪声，发热和爆炸的危险性。

④ 脱水有机残渣，无论质量、粒度大小、水分等变化都小。

⑤ 在化学物质、纸和纸浆、矿物等处理中均可使用，可以回收纸纤维、玻璃、铁和有色金属，剩余泥土等可做堆肥。

目前，湿式破碎技术，在部分工业发达国家已得到应用。设置在美国富兰克林市的垃圾湿式破碎装置，日处理能力达 150t。日本也于 1975 年 4 月在东京久米留市建立了这样的装置。

六、半湿式选择性破碎分选

（一）半湿式选择性破碎分选原理和设备

半湿式选择性破碎分选是利用城市垃圾中各种不同物质的强度和脆性的差异，在一定湿度下破碎成不同粒度的碎块，然后通过不同筛孔加以分离的过程。由于该过程是在半湿状态下，通过兼有选择性破碎和筛分两种功能的装置实现的，因此，把这种装置称为半湿式选择性破碎分选机。

图 4-1-23 是半湿式选择性破碎分选机构造示意。该机由两段不同筛孔的外旋转圆筒筛和筛内与之反向旋转的破碎板构成。垃圾给入圆筒筛首端，并随壁上升而后在重力作

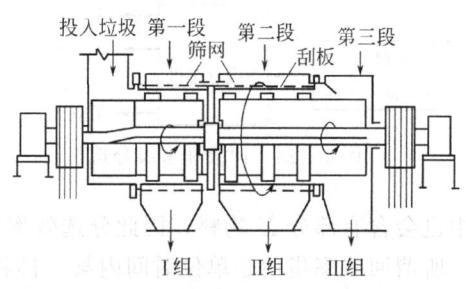

图 4-1-23 半湿式选择性破碎分选机

用下抛落，同时被反向旋转的破碎板撞击，垃圾中脆性物质被破碎成细粒碎片，通过第一段筛网排出，剩余颗粒进入第二段筒筛，此段喷射水分，中等强度的纸类被破碎板破碎，从第二段筛网排出。最后剩余的垃圾从第三段排出。

（二）半湿式选择性破碎技术的特点

半湿式选择性破碎分选有以下特点：

① 能使城市垃圾在一台设备中同时进行破碎和分选作业；

② 可有效地回收垃圾中的有用物质，从第一组产物中可以得到纯度为 80% 的堆肥原料——厨房垃圾；从第二组产物中可以得到纯度为 85%～95% 的纸类；从第三组产物中可以得到纯度为 95% 的塑料类，回收废铁纯度为 98%；

③ 对进料的适应性好，易破碎的废物首先破碎并及时排出，不会产生过度粉碎现象。

第四节 固体废物的机械分选

固体废物的分选有很重要的意义。在固体废物处理、处置与回用之前必须进行分选，将有用的成分分选出来加以利用，并将有害的成分分离出来。根据物料的物理性质或化学性质，这些性质包括粒度、密度、重力、磁性、电性、弹性等，分别采用不同的分选方法，包括人工手选、筛分、风力分选、跳汰分选、浮选、磁选、电选等分选技术[10,14,15,16]。

一、物料分选的一般理论

为了从一种混合物料中将各种纯净物质选别出来，分选过程可以按两级识别（两个排料

口）或按多级识别（两个以上排料口）来确定。例如：一台能够选别铁磁性金属的磁选机是两级分选装置，而一台具有一系列不同大小筛孔的筛分机，能够分选出若干种产品，故而是一种多级分选装置[17]。

（一）两级分选机

两级分选机和多级分选机的流程如图 4-1-24 所示。在两级分选机中，给入的物料是由

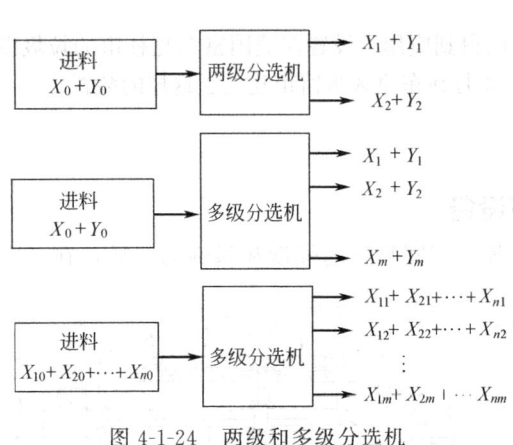

图 4-1-24　两级和多级分选机

X 和 Y 组成的混合物，X、Y 为待选别的物料。单位时间内进入分选机的 X 物料和 Y 物料的量分别为 X_0 和 Y_0；单位时间内 X 和 Y 从第一排出口排出的量分别为 X_1 和 Y_1；从第二排料口排出的量为 X_2 和 Y_2。假定要求该二级分选机将 X 物料选入第一排料口，将 Y 物料选入第二排料口，如果该分选机效率足够高，那么 X 物料都通过第一排料口排出，Y 物料都通过第二排料口选出。实际上这是不可能达到的，从第一出料口排出的物料流中，会含有部分 Y 物料；而从第二出料口中排出的物料流中也会含有部分 X 物料，因此分选效率可以用回收率来表示。

所谓回收率指的是单位时间内某一排料口中排出的某一组分的量与进入分选机的此组分量之比。

X 物料的回收率可用下式表示：

$$R_{X_1} = \frac{X_1}{X_0} \times 100\% \qquad (4\text{-}1\text{-}26)$$

式中　R_{X_1}——X 物料回收率；

　　　X_1——单位时间内从第一排料口排出的物料数；

　　　X_0——单位时间内进入分选机的物料数。

同样在第二排料口的物流中，Y 物料的回收率可用下式表示：

$$R_{Y_2} = \left(\frac{Y_2}{Y_0}\right) \times 100\% \qquad (4\text{-}1\text{-}27)$$

由于物料流保持质量平衡：$X_0 = X_1 + X_2$，因此：

$$R_{X_1} = \frac{X_0 - X_2}{X_1 + X_2} \times 100\% \qquad (4\text{-}1\text{-}28)$$

仅用回收率不能说明分选的效率，可以设想，如果一台两级分选机进行分选达到 $X_2 = Y_2 = 0$，那样会发生什么情况呢？虽然此时 X 物料的回收率达到 100%，但是它根本没有进行分选。因此需要引入第二个工作参数，通常用纯度来表示。

$$P_{X_1} = \frac{X_1}{X_1 + Y_1} \times 100\% \qquad (4\text{-}1\text{-}29)$$

式中　P_{X_1}——X 物料从第一排料口排出的纯度。

一般说来，为了全面而精确地评价两级分选机的分选性能，需要用回收率和纯度这两个参数。不过在有些情况下例外，例如筛分机，要测定不同粒度的物料的回收情况，则回收率就等于纯度，因为某一级粒度必然透过筛孔，而不可能含有尺寸更大的成分。

（二）多级分选机

有两类多级分选机，第一类多级分选机，其给料中只有 X_0 和 Y_0 两种物料，分选机有两个以上的排料口，每一排料口中都有 X 和 Y 物料，但含量不同，这时第一排出口物流中 X 物料的回收率是：

$$R_{X_1} = \frac{X_1}{X_0} \times 100\% \tag{4-1-30}$$

同理在第一排出口物流中 X 物料的纯度为：

$$P_{X_1} = \frac{X_1}{X_1 + Y_1} \times 100\% \tag{4-1-31}$$

在第 m 个出料口中，X 的物料回收率为：

$$R_{X_m} = \frac{X_m}{X_0} \times 100\% \tag{4-1-32}$$

第二类多级分选机是最常用的，进料中含有几种成分（X_{10}，X_{20}，X_{30}，$\cdots$，X_{n0}），要分选出的 m 种物料，在第一排出物流中，X_{11} 是 X_1 物料最终进入第一排出物流中的部分；X_{21} 是第二物料 X_2 进入第一排出物流中的部分。以此类推，因此 X_1 在第一排出物流中 X_1 的回收率为 $R_{X_{11}}$：

$$R_{X_{11}} = \frac{X_{11}}{X_{10}} \times 100\% \tag{4-1-33}$$

在第一排出物流中 X_1 的纯度为

$$P_{X_{11}} = \frac{X_{11}}{X_{11} + X_{21} + \cdots X_{n1}} \times 100\% \tag{4-1-34}$$

（三）分选效率

由于用两参数（回收率和纯度）来评价一台分选机的工作性能在实用中不方便，因此，不少人致力于寻求一种单一的综合指标。雷特曼提出了综合分选效率这一参数，对于给料中含有 X_0 和 Y_0 两种物料的两极分选过程来说，雷特曼定义其综合分选效率为

$$E_{(X,Y)} = \left| \frac{X_1}{X_0} - \frac{Y_1}{Y_0} \right| \times 100\% = \left| \frac{X_2}{X_0} - \frac{Y_2}{Y_0} \right| \times 100\% \tag{4-1-35}$$

互雷提出另一种方法，同样也能得出评价两级分选机性能的综合分选效率，即综合分选效率等于第一排出物流中 X 的回收率与第二排出物流中 Y 的回收率的乘积，其式如下：

$$E_{(X,Y)} = \left(\frac{X_1}{X_0} \right) \left(\frac{Y_2}{Y_0} \right) \times 100\% \tag{4-1-36}$$

二、筛分

（一）筛分原理

筛分是利用筛子将粒度范围较宽的颗粒群分成窄级别的作业。该分离过程可看作是物料分层和细粒透过筛子两个阶段组成的。物料分层是完成分离的条件，细粒透过筛子是分离的目的[18]。

为了使粗细物料通过筛面分离，必须使物料和筛面之间具有适当的相对运动，使筛面上的物料层处于松散状态，即按颗粒大小分层，形成粗粒位于上层，细粒位于下层的规则排列，细粒到达筛面并透过筛孔。同时物料和筛面的相对运动还可以使堵在筛孔上的颗粒脱离筛孔，以利于细粒透过筛孔。细粒透筛时，尽管粒度都小于筛孔，但它们透筛的难易程度却不同。粒度小于筛孔 3/4 的颗粒，很容易通过粗粒形成的间隙到达筛面而透筛，称为"易筛粒"；粒度大于筛孔 3/4 的颗粒，很难通过粗粒形成的间隙到达筛面而透筛，而且粒度越接

近筛孔尺寸就越难透筛,这种称为"难筛粒"。

(二)筛分分类

根据筛分在工艺过程中应完成的任务,筛分作业可分为以下六类。

(1)独立筛分 目的在于获得符合用户要求的最终产品的筛分,称为独立筛分。

(2)准备筛分 目的在于为下一步作业做准备的筛分,称为准备筛分。

(3)预先筛分 在破碎之前进行筛分,称为预先筛分。目的在于预先筛出合格或无须破碎的产品,提高破碎作业的效率,防止过度粉碎和节省能源。

(4)检查筛分 对破碎产品进行筛分,又称为控制筛分。

(5)选择筛分 利用物料中的有用成分在各粒级中的分布,或者性质上的显著差异所进行的筛分。

(6)脱水筛分 脱出物料中水分的筛分,常用于废物脱水或脱泥。

(三)筛分的效率

从理论上讲,固体废物中凡是粒度小于筛孔尺寸的细粒都应该透过筛孔成为筛下产品,而大于筛孔尺寸的细粒应全部留在筛上排出成为筛上产品,筛分可以获得很高的筛分效率。但是实际上,由于筛分过程中受到多种因素的影响,总会有一些小于筛孔的细粒留在筛上随粗粒一起排出成为筛上产品。筛分与其他分选装置一样,筛分也不可能达到100%的效率,换句话说,有些颗粒应作为筛出物分出,但是它们随排出物筛出来。为了评价筛分设备的分离效果,同样引入筛分效率这个概念。

所谓筛分效率是指实际得到的筛下产品质量与入筛废物中所含小于筛孔尺寸的细粒物料的重量之比,用百分数表示,即

$$E = \frac{Q_1}{Q\alpha} \times 100\% \tag{4-1-37}$$

式中 E——筛分效率,%;

Q——入筛固体废物质量;

Q_1——筛下产品质量;

α——入筛固体废物中小于筛孔的细粒含量,%。

但是,在实际筛分过程中要测定 Q_1 和 Q 是比较困难的,因此必须变换成便于计算的式子。

设固体废物入筛质量(Q)等于筛上产品质量(Q_2)和筛下产品质量(Q_1)之和,即

$$Q = Q_1 + Q_2 \tag{4-1-38}$$

固体废物中小于筛孔尺寸的细粒质量等于筛上产品与筛下产品中所含有小于筛孔尺寸的细粒质量之和,即

$$Q\alpha = Q_1 + Q_2\theta \tag{4-1-39}$$

式中 θ——筛上产品中所含有小于筛孔尺寸的细粒质量分数,%。

将式(4-1-38)代入式(4-1-39)得:

$$Q_1 = \frac{(\alpha - \theta)Q}{1 - \theta} \tag{4-1-40}$$

将 Q_1 值代入式(4-1-37)得:

$$E = \frac{\alpha - \theta}{\alpha(1 - \theta)} \times 100\% \tag{4-1-41}$$

必须指出,筛分效率的计算公式(4-1-41)是在筛下产品100%都是小于筛孔尺寸的前

提下推导出来的。实际生产中由于筛网磨损而常有部分大于筛孔尺寸的粗粒进入筛下产品，此时，筛下产品不是 $100\% Q_1$，而是 $Q_1\beta$，筛分效率的计算公式为：

$$E=\frac{\beta(\alpha-\theta)}{\alpha(\beta-\theta)}\times100\% \tag{4-1-42}$$

（四）筛分设备

适合于固体废物处理的筛分设备主要有固定筛、筒形筛、振动筛和摇动筛。其中用得最多的是固定筛、筒形筛、振动筛。

1. 固定筛

筛面由许多平行排列的筛条组成，可以水平安装或倾斜安装。固定筛由于构造简单、不耗用动力、设备费用低和维修方便，在固体废物处理中广泛应用。固定筛又分为格筛和棒条筛。

格筛一般安装在粗破碎机之前，以保证入料块度适宜。

棒条筛主要用于粗碎和中碎之前，为保证废物料沿筛面下滑，安装倾角应大于废物对筛面的摩擦角，一般为 $30°\sim35°$。棒条筛筛孔尺寸为筛下粒度的 $1.1\sim1.2$ 倍，一般筛孔尺寸不小于 50mm。筛条宽度应大于固体废物中最大粒度的 2.5 倍。

2. 筒形筛

筒形筛是一个倾斜的圆筒，置于若干滚子上，圆筒的侧壁上开有许多筛孔，如图 4-1-25 所示。

圆筒以很慢的速度转动（$10\sim15r/min$），因此不需要很大动力，这种筛的优点是不会堵塞。

筒形筛筛分时，固体废物在筛中不断滚翻，较小的物料颗粒最终进入筛孔筛出。物料在筛子中的运动有两种状态，如图 4-1-26 所示。

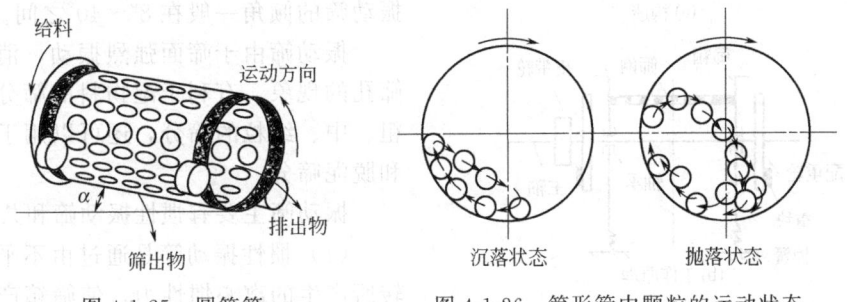

图 4-1-25 圆筒筛   图 4-1-26 筒形筛中颗粒的运动状态

（1）沉落状态 物料颗粒由于筛子的圆周运动被带起，然后滚落到向上运动的颗粒上面。

（2）抛落状态 筛子运动速度足够时，将颗粒飞入空中，然后沿抛物线轨落回筛底。

当筛分物料以抛落状态运动时，物料达到最大的紊流状态，此时筛子的筛分效率达到最高。如果筒形筛的转速进一步提高，会达到某一临界速度，这时粒子呈离心状态运动，结果使物料颗粒附在筒壁上不会掉下，使筛分效率降低。

以一个物料颗粒运动为例，如图 4-1-27 所示，颗粒 P 受到几个力的作用。

重力 $W=mg$，向心力 $F_{向}=mg\cos\alpha$，离心力 $F_{离}=m(r\omega^2)$。

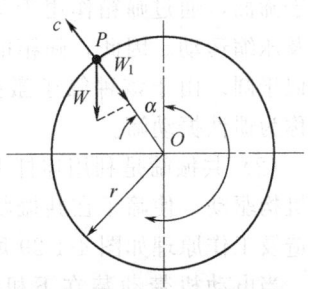

图 4-1-27 筒形筛分析图

其中，α 为 OP 线与垂直方向的夹角；ω 为转速，rad/s；$\omega = 2\pi n$；n 为转速；r 为筒形筛半径。

当 $F_{离} = F_{向}$ 时，颗粒不会落下，此时 $mg\cos\alpha = m\,r\omega^2$，由此可得：

$$\cos\alpha = \frac{4\pi^2 n^2 r}{g} \tag{4-1-43}$$

当 r 和 n 一定后，颗粒最终降落位置可以确定。

但当转速继续增大时，$\cos\alpha = 1$，$\alpha = 0$，此时颗粒不再落下，称这时的转速为临界转速：

$$N_e = \sqrt{\frac{g}{4\pi^2 r}} = \frac{1}{2\pi}\sqrt{\frac{g}{r}} \tag{4-1-44}$$

筛分效率与圆筒筛的转速和停留时间有关，一般认为物料在筒内滞留 $25\sim30\text{s}$，转速 $5\sim6\text{r/min}$ 为最佳。例如，有的筒形筛的直径为 1.2m，长 1.8m，转速 18r/min，当生产率为 2t/h 时，效率为 95%～100%；当生产率达到 2.5t/h 时，效率下降为 91%。另外，筒的直径和长度也对筛分效率有很大影响。

3. 振动筛

振动筛在筑路、建筑、化工、冶金和谷物加工等部门得到广泛应用。振动筛的特点是振

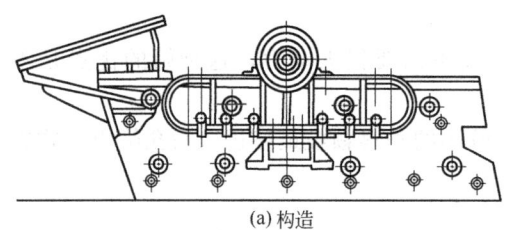

(a) 构造

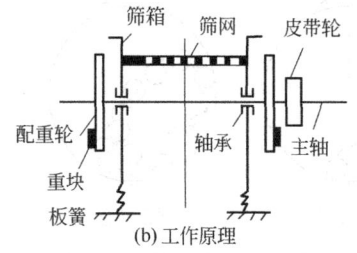

图 4-1-28　惯性振动筛构造及工作原理

动方向与筛面垂直或近似垂直，振动次数 $600\sim3600\text{r/min}$，振幅 $0.5\sim1.5\text{mm}$。物料在筛面上发生离析现象，密度大而粒度小的颗粒钻过密度小而粒度大的颗粒的空隙，进入下层到达筛面，大大有利于筛分的进行。振动筛的倾角一般在 $8°\sim40°$ 之间。

振动筛由于筛面强烈振动，消除了堵塞筛孔的现象，有利于湿物料的筛分。可用于粗、中、细粒的筛分，还可以用于脱水振动和脱泥筛分。

振动筛主要有惯性振动筛和共振筛。

（1）惯性振动筛是通过由不平衡体的旋转所产生的离心惯性力，使筛箱产生振动的一种筛子，其构造及工作原理如图 4-1-28 所示。当电动机带动皮带轮作高速旋转时，配重轮上的重块即产生离心惯性力，其水平分力使弹簧做横向变形，由于弹簧横向刚度大，所以水平分力被横向刚度所吸收。而垂直分力则垂直于筛面，通过筛箱作用于弹簧，强迫弹簧做拉伸及压缩运动。因此，筛箱的运动轨迹为椭圆或近似于圆。由于该种筛子激振力是离心惯性力，故称为惯性振动筛。

（2）共振筛是利用连杆上装有弹簧的曲柄连杆机构驱动，使筛子在共振状态下进行筛分。其构造及工作原理如图 4-1-29 所示。

当电动机带动装在下机体上的偏心轴转动时，轴上的偏心使连杆做往复运动。连杆通过其

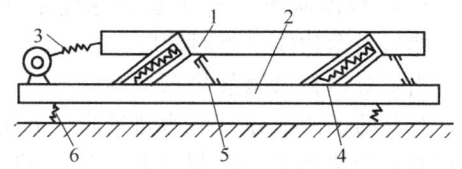

图 4-1-29　共振筛的原理
1—上机体；2—下机体；
3—传动装置；4—共振弹簧；
5—板簧；6—支承弹簧

端的弹簧将作用力传给筛箱，与此同时下机体也受到相反的作用力，使筛箱和下机体沿着倾斜方向振动。筛箱、弹簧及下机体组成一个弹性系统，该弹性系统固有的自振频率与传动装置的强迫振动频率接近或相同时，使筛子在共振状态下筛分，故称为共振筛。

共振筛具有处理能力大、筛分效率高、耗电少以及结构紧凑等优点，是一种有发展前途的筛分设备，但其制造工艺复杂，机体较重。

三、重力分选

重力分选是在活动的或流动的介质中按颗粒的相对密度（或密度）或粒度进行颗粒混合物的分选过程[19]。

重力分选的介质有空气、水、重液（密度大于水的液体）、重悬浮液等。

固体废物重力分选的方法很多，按作用原理可分为气流分选、惯性分选、重介质分选、摇床分选、跳汰分选等。由于重介质分选是在液相介质中进行的，不适合于包含可溶性物质的分选，也不适合于成分复杂的城市垃圾分选。该法主要应用于矿业废物的分选过程。

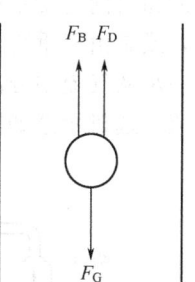

图 4-1-30　受力分析

（一）重力分选原理

一个悬浮在流体介质中的颗粒，其运动速度受自身重力、介质阻力和介质的浮力三种力作用。分别表示为 F_E（重力）、F_B（介质浮力）、F_D（介质摩擦阻力），如图 4-1-30 所示。

重力：
$$F_E=\rho_s Vg$$
式中　ρ_s——颗粒密度；
　　　V——颗粒体积，假定颗粒为球形，则 $V=\pi d^3/6$；
　　　g——重力加速度，一般取 $g=9.8\text{m/s}^2$。

浮力：
$$F_B=\rho Vg$$
式中　ρ——介质密度。

介质摩擦阻力：
$$F_D=0.5C_D v^2\rho A$$
式中　C_D——阻力系数；
　　　v——颗粒相对介质速度；
　　　A——颗粒投影面积（在运动方向上）。

当 F_E、F_B、F_D 三个力达到平衡时，且加速度为零时的速度为末速度，此时有：$F_E=F_B+F_D$，即为：

$$\rho_s vg=\rho vg+\frac{C_D v^2\rho A}{2}$$

$$v=\sqrt{\frac{4(\rho_s-\rho)gd}{3C_D\rho}} \tag{4-1-45}$$

这就是牛顿公式。上式中，C_D 与颗粒的尺寸及运动状况有关，通常用雷诺数 Re 来表述：

$$Re=\frac{vd\rho}{\mu}=\frac{vd}{\nu} \tag{4-1-46}$$

式中　μ——流体介质的黏度系数；
　　　ν——流体介质的动黏度系数。

如果假定流体运动为层流，则 $C_D = 24/Re$。则可以进一步得出人们所熟知的斯托克斯公式：

$$v = \frac{d^2 g (\rho_s - \rho)}{18\mu}$$ (4-1-47)

分析上面公式可以看出，影响重力分选的因素很多，主要是颗粒的尺寸，颗粒与介质的密度差以及介质的黏度。

（二）气流分选（亦叫风选）

气流分选的作用是将轻物料从较重的物料中分离出来。气流分选的基本原理是气流将较轻的物料向上带走或在水平方向带向较远的地方，而重物料则由于向上气流不能支承它而沉降，或是由于重物料的足够惯性而不被剧烈改变方向穿过气流沉降。被气流带走的轻物料再进一步从气流中分离出来，一般用旋流器分离。图 4-1-31 是垂直式气流分选机示意；水平气流分选机示意如图 4-1-32 所示。

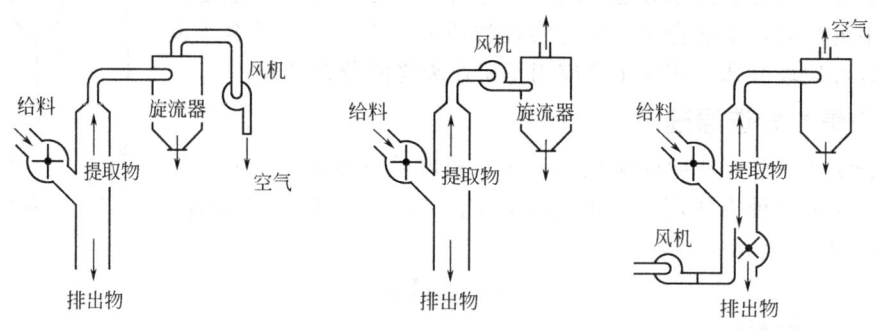

图 4-1-31 立式气流分选机

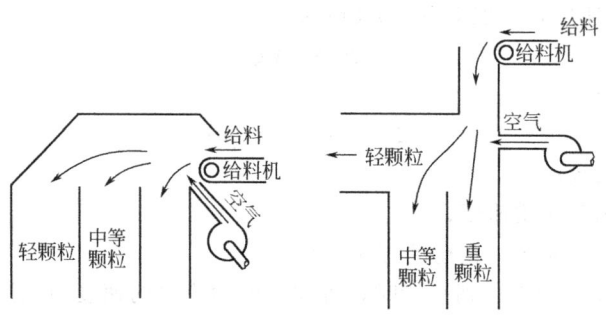

图 4-1-32 水平气流分选机

气流分选的方法具有工艺简单的特点，作为一种传统的分选方式，被许多国家广泛地使用在城市垃圾的分选中。20 世纪 70 年代初期，美国曾广泛使用垃圾破碎联合气流分选的方法分离以可燃性物料为主要成分的轻组分和以无机物为主要成分的重组分。

气流分选机要能有效地识别轻、重物料，一个重要的条件，是要使气流在分选筒中产生湍流和剪切力，从而把物料团块进行分散，达到较好的分选效果。为达这一目的，对分选筒进行改进，采用了锯齿形、振动式或回转式分选筒的气流通道，它是让气流通过一个垂直放置的、具有一系列直角或 60°转折的筒体，如图 4-1-33 所示。

当通过筒体的气流速度达到一定的数值以后，即可以在整个空间形成完全的湍流状态，物料团块在进入湍流后立即被破碎，轻颗粒进入气流的上部，重颗粒则从一个转折落到下一个转折。在沉降过程中，气流对于没有被分散的固体废物团块继续施加破碎作用。重颗粒沿

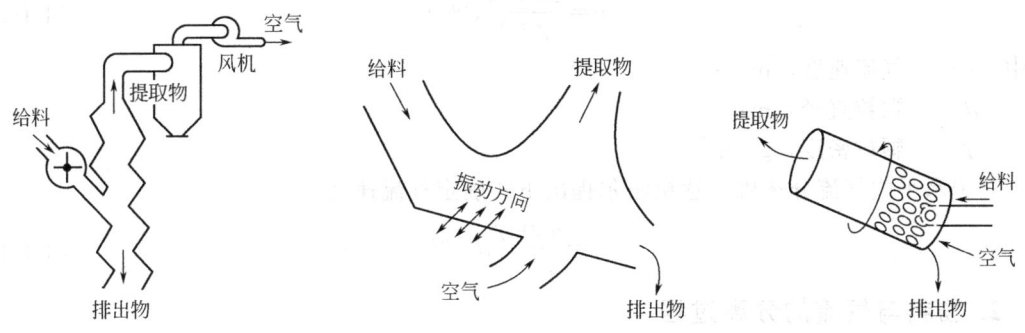

图 4-1-33　锯齿形、振动式和回转式气流分选机

管壁下滑到转折点后，即受到上升气流的冲击，此时对于不同速度和质量的颗粒将出现不同的效果，质量大和速度大的颗粒将进入下一个转折，而下降速度慢的轻颗粒则被上升气流所裹带。因此每个转折实际上起到了单独的一个分选机的作用。美国犹他大学对于锯齿型气流分选机结构做了进一步的改善，它们将每个转折点的下斜面去掉，并将分选筒体改成上大下小的锥形，使气流速度从上到下逐渐降低。逐渐变小的气流速度使得大大减少了由上升气流所夹带的重颗粒的数量。

有时可以将其他的分选手段与气流分选在一个设备中结合起来，例如振动式气流分选机和回转式分选机。前者是兼有振动和气流分选的作用，它是让给料沿着一个斜面振动，较轻的物料逐渐集中于表面层，随后由气流带走；后者实际上兼有圆筒筛的筛分作用和气流分选的作用，当圆筒旋转时，较轻颗粒悬浮在气流中而被带往集料斗，较重和较小的颗粒则透过圆筒壁上的筛孔落下，较重的大颗粒则在圆筒的下端排出。

气流分选机实质上包含了两种分离过程：将轻颗粒与重颗粒分离，再进一步将轻颗粒从气流中分离出来。

1. 气流分选

根据上面所述重力分选原理可知，当物料颗粒悬浮在气流中时，气流的速度可以用牛顿速度公式来描述：

$$v = \sqrt{\frac{4(\rho_s - \rho)gd}{3C_D\rho}}$$

当气流为层流时，可以利用斯托克斯公式计算：

$$v = \frac{d^2 g(\rho_s - \rho)}{18\mu}$$

在气流分选作业中，由于废料颗粒直径是不规则的，因而采用"有效直径"更为方便。颗粒的有效直径可以采用等面积的同盘直径或是采用等体积的球形有效直径。

$$d = \frac{\sqrt{\pi S}}{2} \qquad \text{或} \qquad d = \left(\frac{6V}{\pi}\right)^{1/3}$$

另一个要考虑的因素是筒壁的影响，在湍流范围内，容器壁的影响可用修正系数 m 来描述。

$$m = 1 - \left(\frac{r}{R}\right)^{3/2}$$

通过理论分析，有许多人提出许多特别适用于气流分选的经验模型，达拉法尔（Dallavlle）提出如下模型（适用于立式气流分选机）：

$$v = \frac{13300\gamma}{\gamma+1} d^{0.57} \qquad\qquad (4\text{-}1\text{-}48)$$

式中　v——气流速度，m/s；

　　　d——颗粒直径，m；

　　　γ——颗粒密度，g/cm^3。

对于水平式气流分选机，达拉法尔提出下式确定气流速度：

$$v = \frac{6000\gamma}{\gamma+1} d^{0.398} \qquad\qquad (4\text{-}1\text{-}49)$$

2. 物料与气流的分离过程

常用的物料与气流分离方法是用离心分离机或称为旋流器的装置进行分离。

旋流器的工作原理示意见图 4-1-34。

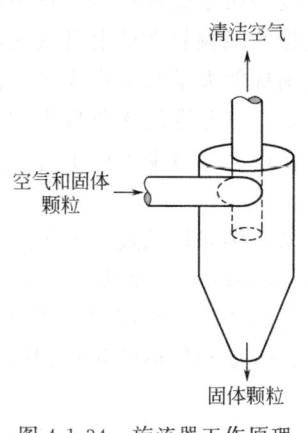

图 4-1-34　旋流器工作原理

空气和固体颗粒沿切向进入旋流器室，在室内产生高速旋转运动。质量较大的固体颗粒向旋流器壁靠近，速度逐渐降低，最后在重力作用下落在旋流器的底部，空气通过中心管排出。不过经验表明，用旋流器分离经过破碎的城市废物中较轻的组分，需要使用较大的安全系数。而且为了适应具有一定特性的固体废物设计专用的旋流器时，要求具备丰富的经验，借用现成的有关理论计算，经常遇到麻烦。

对气流分选机的性能，可以利用空气和物料的比值来表示，对于一定的给料量，当气流速度提高时，分选效率也随之提高。同样，对于一定的气流速度，给料量增加会导致分选效率的下降。还可以借助气流速度，各种物料的回收率来判断气流分选的效果。

旋流器的目的是要使颗粒在离心力作用下向外侧运动，因而颗粒的径向运动速度是重要参数，颗粒的最终径向速度可由斯托克斯公式确定。

（三）重介质分选

1. 重介质分选原理

所谓重介质，就是密度大于水密度的介质，包括重液和重悬浮液两种流体。重介质的密度一般应介于大密度和小密度颗粒之间，即 $\rho_{s2} > \rho > \rho_{s1}$。

固体颗粒在介质中的沉降速度 v_s 可用牛顿公式表示：

$$v_s = \sqrt{\frac{4(\rho_s - \rho)gd}{3C_D\rho}}$$

式中　ρ——重介质密度。

由上式可知，如果大密度颗粒的密度 $\rho_{s2} > \rho$，v_{s2} 为正值；若小密度颗粒的密度 $\rho > \rho_{s1}$，则 v_{s1} 为负值。这时不论两种颗粒的形状和粒度如何，大密度颗粒下沉，而小密度的颗粒将悬浮在介质的表面上，实现了物料按密度的分选。重介质分选的精度很高，入选物料颗粒粒度范围也可以很宽，很适合于各种固体废物的处理和分选。

必须指出，粒度过小，特别是 $\rho_s \approx \rho$ 时，v_s 很小，分离很慢。所以实际分离前，应筛去细粒部分，对于大密度物料，粒度下限 2～3mm；轻密度物料粒度下限 3～6mm。采用重悬浮液时，粒度下限可降至 0.5mm。

2. 重介质

重介质有重液和重悬浮液两大类。重液有四溴乙烷和丙酮的混合物，密度为 $2.4g/cm^3$，可以将铝从较重的物料中分离出来。另一种常用的重液是五氯乙烷，密度为 $1.67g/cm^3$，在选煤中已有应用。

重悬浮液中加的介质有硅铁，将硅铁与水按 85：15 的比例混合，相对密度可以达到 3.0 以上。另外还有方铅矿、磁铁矿和黄铁矿等加重质。它们的性质见表 4-1-2。

加重质的粒度约 200 目，占 $60\% \sim 80\%$，与水混合形成微细颗粒的重悬浮液。影响重介质分选效率的悬浮液基本性质是密度、黏度和稳定性。

表 4-1-2　重悬浮液加重质的性质

种　类	密度 /(g/cm³)	莫氏硬度	重悬浮液密度 /(g/cm³)	磁性	回收方法
硅铁	6.9	6	3.8	强磁性	磁选
方铅矿	7.5	2.5～2.7	3.3	非磁性	浮选
磁铁矿	5.0	6	2.5	强磁性	磁选
黄铁矿	4.9～5.1	6	2.5	非磁性	浮选
砷黄铁矿(毒砂)	5.9～6.2	5.5～6	2.8	非磁性	浮选

水和加重质的悬浮液密度，是单位体积内水和加重质的质量之和，悬浮液的密度称为视在密度，计算式如下：

$$\rho = C_v(\rho_a - 1) + 1 \tag{4-1-50}$$

式中　ρ——重悬浮液密度；

　　　C_v——加重质所占体积；

　　　ρ_a——重介质本身的干密度。

一般带棱角的加重质的体积分数为 $17\% \sim 35\%$，平均在 25% 左右。似球加重介质容积分数在 $43\% \sim 48\%$，它们相应的质量分数为 $50\% \sim 60\%$ 或 $85\% \sim 90\%$。

按规定悬浮液密度，配制一定体积的重悬浮液，所需加重质质量可由质量衡算关系：重介质量＋水质量＝总质量，求出。即，

$$M + \left(V_t - \frac{M}{\rho_a}\right)\rho_w = V_t\rho \tag{4-1-51}$$

式中　　M——加重介质质量；

　　　　V_t——配制悬浮液的体积；

ρ、ρ_a、ρ_w——重悬浮液密度、重介质密度和水的密度。

由公式 (4-1-51) 可以导出重介质的加入量：

$$M = \frac{V_t(\rho - \rho_w)\rho_a}{\rho_a - \rho_w} \tag{4-1-52}$$

悬浮液的黏度又称视在黏度，它对颗粒的分离也有很大影响。且黏度随着悬浮质容积浓度增大而变大，可以通过理论公式 (4-1-53) 和经验公式 (4-1-54) 计算确定。

$$\frac{\mu_a}{\mu} = 1 + 2.5C \tag{4-1-53}$$

$$\frac{\mu_a}{\mu} = \frac{10^{12(1-X)}}{X} \tag{4-1-54}$$

式中　μ_a——悬浮液视在黏度；

　　　μ——组成悬浮液的液体的黏度；

C——悬浮液中固体微粒的体积浓度；

X——悬浮液中液体体积百分比。

重悬浮液的黏度不应太大，黏度增大会使颗粒在其中运动的阻力增大，从而降低分选精度和设备生产率。降低悬浮液的黏度可以提高物料分选速度，但会降低悬浮液的稳定性，所以工业应用中为保持悬浮液的稳定，可以采用如下方法。

（1）选择密度适当、能造成稳定悬浮液的加重质，或在黏度要求允许的条件下，把加重质磨碎一些。

（2）加入胶体稳定剂，如水玻璃、亚硫酸盐、铝酸盐、淀粉、烷基硫酸盐、膨润土和合成聚合物等。

（3）适当的机械搅拌促使悬浮液更加稳定。

3. 重悬浮液分选机

工业上应用的分选机一般分为鼓形重介质分选机和深槽式、浅槽式、振动式、离心式分选机。

鼓形重介质分选机的构造和原理如图 4-1-35 所示。该设备外形是一个圆筒形转鼓，由四个辊轮支撑，通过圆筒之间的大齿轮带动旋转，转速 2r/min。在圆筒内壁沿纵向设有扬板，用以提升重产物落到溜槽内，圆筒水平安装。固体废物和重介质一起由一端给入，在向另一端流动过程中，密度大于重介质的颗粒沉于槽底，由扬板提升落入溜槽内，排出槽外成为重产物；密度小于重介质的颗粒随重介质流从圆筒溢流口排出称为轻产品。鼓形重介质分选机适用于分离粒度较粗的固体废物。

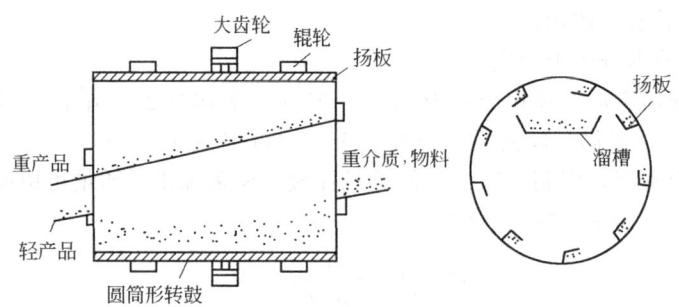

图 4-1-35　鼓形重介质分选机的构造和原理

深槽式圆锥形重悬浮液分选机如图 4-1-36 所示，分选机的空心轴同时作为排出重产物的空气提升管。

（四）摇床分选

摇床分选是在一个倾斜的床面上，借助床面的不对称往复运动和薄层斜面水流的综合作用，使细粒固体废物按密度差异在床面上呈扇形分布而进行分选的一种方法。

摇床分选目前主要用于从含硫铁矿较多的煤矸石中回收硫铁矿，是一种分选精度很高的单元操作。在摇床分选设备中最常用的是平面摇床。

平面摇床主要由床面、床头和传动机构组成，如图 4-1-37 所示。摇床床面近似呈梯形，横向有 1.5°～5°的倾斜。在倾斜床面的上方设置有给料槽和给水槽。床面上铺有耐磨层（如橡胶等）。沿纵向布置有床条，床条高度从传动端向对侧逐渐降低，并沿一条斜线逐渐趋向于零。整个床面由机架支撑。床面横向坡度由机架上的调坡装置调节。床面由传动装置带动进行往复不对称运动。

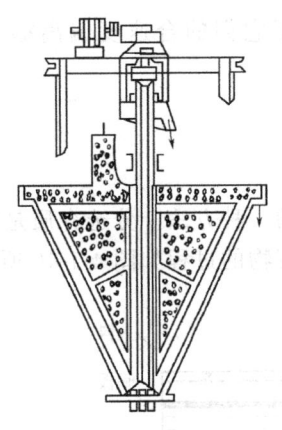

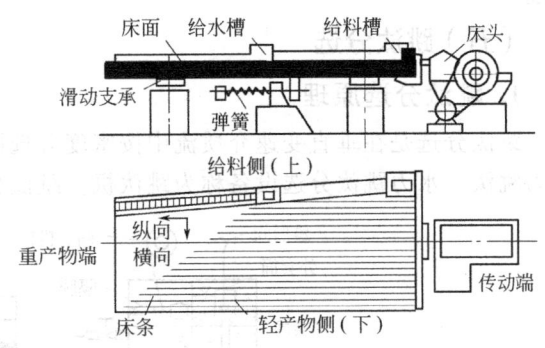

图 4-1-36　深槽式圆锥形重悬浮液分选机　　　　图 4-1-37　摇床结构示意

　　摇床分选过程是由给水槽给入冲洗水，布满横向倾斜的床面，并形成均匀的斜面薄层水流。当固体废物颗粒给入往复摇动的床面时，颗粒群在重力、水流冲力、床层摇动产生的惯性力以及摩擦力等综合作用下，按密度差异产生松散分层。不同密度（或粒度）的颗粒以不同的速度沿床面纵向和横向运动，因此，它们的合速度偏离摇动方向的角度也不同，致使不同密度颗粒在床面上呈扇形分布，从而达到分选的目的，如图 4-1-38 所示。

　　在摇床分选过程中，物料的松散分层及在床面上的分带，直接受床面的纵向摇动及横向水流冲洗作用支配。床面摇动及横向水流流经床条所形成的涡流，造成水流的脉动，使物料松散并按沉降速度分层。由于床面的摇动，导致细而重的颗粒钻过颗粒的间隙，沉于最底层，这种作用称为析离。析离分层是摇床分选的重要特点。它使颗粒按密度分层更趋完善。分层的结果是粗而轻的颗粒在最上层，其次是细而轻的颗粒，再次是粗而重的颗粒，最底层是细而重的颗粒，如图 4-1-39 所示。

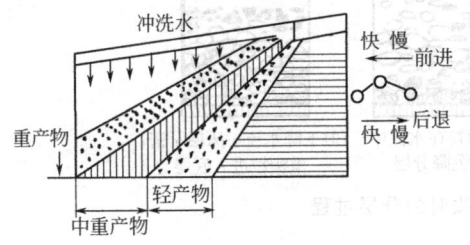

图 4-1-38　摇床上颗粒分带情况示意

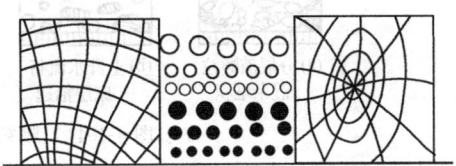

图 4-1-39　摇床上析离分层示意

　　床面上扇形分带是不同性质颗粒横向运动和纵向运动的综合结果，大密度颗粒具有较大的纵向移动速度和较小的横向移动速度，其合速度方向偏离摇动方向的倾角小，趋向于重产物端；小密度颗粒具有较大的横向移动速度和较小的纵向移动速度，其合速度方向偏离摇动方向的倾角大，趋向于轻产物端。大密度粗粒和小密度细粒则介于上述两者之间。

　　床面上的床条不仅能形成沟槽，增强水流的脉动，增加床层松散，有利于颗粒分层和析离，而且所引起的涡流能清洗出混杂在大密度颗粒层内的小密度颗粒，改善分选效果。床条高度由传动端向重产物端逐渐降低，使分好层的颗粒，依次受到冲洗。处于上层的是粗而轻的颗粒，重颗粒则沿沟槽被继续向重产物端迁移。这些特性对摇床分选起很大作用。

　　综上所述，摇床分选具有以下特点：①床面的强烈摇动使松散分层和迁移分离得到加强，分选过程中析离分层占主导，使其按密度分选更加完善；②摇床分选是斜面薄层水流分选的一种，因此，等径颗粒可因移动速度的不同而达到按密度分选；③不同性质颗粒的分离，不单纯取决于纵向和横向的移动速度，而主要取决于它们的合速度偏离摇动方向的角度。

（五）跳汰分选

1.跳汰分选原理

跳汰分选是在垂直变速介质流中按密度分选固体废物的一种方法。分选介质是水，称为水力跳汰。水力跳汰分选设备称为跳汰机。跳汰分选固体废物的过程如图 4-1-40 所示。

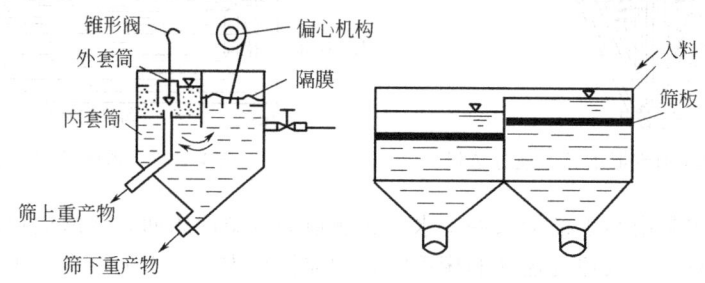

图 4-1-40　隔膜跳汰机分选示意

跳汰分选时，将固体废物给入跳汰机的筛板上，形成密集的物料层，从下面透过筛板周期性地给入上下交变的水流，使床层松散并按密度分层，如图 4-1-41 所示。分层后，密度大的颗粒群集中到底层；密度小的颗粒群进入上层。上层的轻物料被水平水流带到机外成为轻产物；下层的重物料透过筛板或通过特殊的排料装置排出成为重产物。随着固体废物的不断给入和轻、重产物的不断排出，形成连续不断地分选过程。

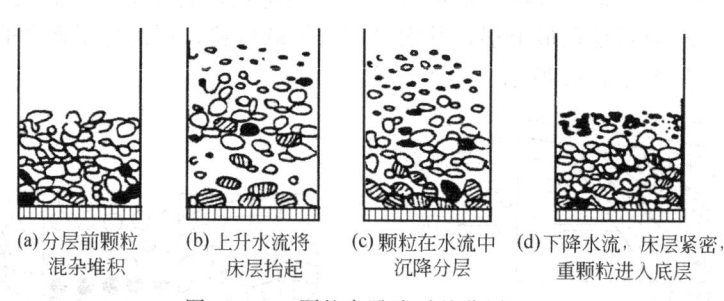

(a) 分层前颗粒　　(b) 上升水流将　　(c) 颗粒在水流中　　(d) 下降水流，床层紧密，
混杂堆积　　　　床层抬起　　　　沉降分层　　　　重颗粒进入底层

图 4-1-41　颗粒在跳汰时的分层过程

2.跳汰分选设备

按照推动水流运动方式，跳汰分选设备分为隔膜跳汰分选机和无活塞跳汰分选机两种。隔膜跳汰分选机是利用偏心连杆机构带动橡胶隔膜做往复运动，借以推动水流在跳汰室内做脉冲运动 ［图 4-1-42 （a）］；无活塞跳汰分选机采用压缩空气推动水流 ［图 4-1-42 （b）］。

（六）浮选

1.浮选原理

浮选是在固体废物与水调制的料浆中，加入浮选药剂，并通入空气形成无数细小气泡，使欲选物质颗粒黏附在气泡上，随气泡上浮于料浆表面成为泡沫层，然后刮出泡沫层回收；不浮的颗粒仍留在料浆内，通过适当处理后废弃。

在浮选过程中，固体废物各组分对气泡黏附的选择性，是由固体颗粒、水、气泡组成的三相界面间的物理化学特性所决定的，其中比较重要的是物质表面的润湿性。固体废物中有些物质表面的疏水性较强，容易黏附在气泡上；而另一些物质表面亲水，不易黏附在气泡上。物质表面的亲水、疏水性能，可以通过浮选药剂的作用而加强。因此，在浮选工艺中正确选择、使用浮选药剂是调整物质可浮性的主要外因条件。

2. 浮选药剂

根据药剂在浮选过程中的作用不同，可分为捕收剂、起泡剂和调整剂三大类。

（1）捕收剂 捕收剂能够选择性地吸附在欲选的物质颗粒表面上，使其疏水性增强，提高可浮性，并牢固地黏附在气泡上而上浮。

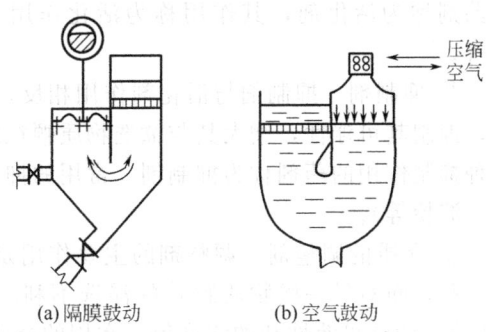

(a) 隔膜鼓动   (b) 空气鼓动

图 4-1-42 跳汰机中推动水流运动的形式

良好的捕收剂应具备：a. 捕收作用强，具有足够的活性；b. 有较高的选择性，最好只对某一种物质颗粒具有捕收作用；c. 易溶于水，无毒，无臭，成分稳定，不易变质；d. 价廉易得。

常用的捕收剂有异极性捕收剂和非极性油类捕收剂两类。

① 异极性捕收剂 异极性捕收剂的分子结构包含两个基团，即极性基和非极性基。极性基活泼，能够与物质颗粒表面发生作用，使捕收剂吸附在物质颗粒表面；非极性基起疏水作用。

典型的异极性捕收剂有黄药、油酸等。以黄药为例说明其特性。

黄药是工业上的名称，学名为黄原酸盐，按其化学组成称为烃基二硫代碳酸盐，其通式为 R—OCSSMe，其中 R 为烃基，Me 为碱金属，其结构式为：

$$\left[\begin{matrix} H & & H & & S \\ | & & | & & \| \\ H-C & \cdots\cdots & C-O-C-S \\ | & & | & \\ H & & H & \end{matrix} \right] Me^+$$

从煤矸石中回收黄铁矿时，常用黄药作捕收剂。

② 非极性油类捕收剂 非极性油类捕收剂主要成分是脂肪烷烃（C_nH_{2n+2}）和环烷烃（C_nH_{2n}），最常用的是煤油，它是分馏温度在 150~300℃ 范围内的液态烃。烃类油的整个分子是非极性的，难溶于水，具有很强的疏水性。在料浆中由于强烈搅拌作用而被乳化成微细的油滴，与物质颗粒碰撞接触时，便黏附于疏水性颗粒表面上，并且在其表面上扩展形成油膜，从而大大增加颗粒表面的疏水性，使其可浮性提高。

从粉煤灰中回收炭，常用煤油作捕收剂。

（2）起泡剂 起泡剂是一种表面活性物质，主要作用在水-气界面上，使其界面张力降低，促使空气在料浆中弥散，形成小气泡，防止气泡兼并，增大分选界面，提高气泡与颗粒的黏附和上浮过程中的稳定性，以保证气泡上浮形成泡沫层。

浮选用的起泡剂应具备：a. 用量少，能形成量多、分布均匀、大小适宜、韧性适当和黏度不大的气泡；b. 有良好的流动性，适当的水溶性，无毒、无腐蚀性，便于使用；c. 无捕收作用，对料浆的 pH 值变化和料浆中的各种物质颗粒有较好的适应性。

常用的起泡剂有松油、松醇油、脂肪醇等。

（3）调整剂 调整剂的作用主要是调整其他药剂（主要是捕收剂）与物质颗粒表面之间的作用。还可调整料浆的性质，提高浮选过程的选择性。调整剂的种类较多，按其作用可分为以下四种。

① 活化剂 凡能促进捕收剂与欲选物质颗粒的作用，从而提高欲选物质颗粒可浮性

的药剂称为活化剂，其作用称为活化作用。常用的活化剂多为无机盐，如硫化钠、硫酸铜等。

② 抑制剂 抑制剂与活化剂作用相反，其作用是削弱非选物质颗粒与捕收剂之间的作用，抑制其可浮性，增大其与欲选物质颗粒之间的可浮性差异，提高分选过程的选择性，起这种抑制作用的药剂称为抑制剂。常用的抑制剂有各种无机盐（如水玻璃）和有机物（如单宁、淀粉等）。

③ 介质的调整剂 调整剂的主要作用是调整料浆的性质，使料浆对某些物质颗粒的浮选有利，而对另一些物质颗粒的浮选不利。例如，用它调整料浆的离子组成，改变料浆的 pH 值，调整可溶性盐的浓度等。常用的介质调整剂是酸类和碱类。

④ 分散与混凝剂 调整料浆中细泥的分散、团聚与絮凝，以减小细泥对浮选的不利影响，改善和提高浮选效果。常用的分散剂有无机盐类（如苏打、水玻璃等）和高分子化合物（如各类聚磷酸盐）。常用的混凝剂有石灰、明矾、聚丙烯酰胺等。

3. 浮选设备

目前国内外浮选设备类型很多，我国使用最多的是机械搅拌式浮选机，其构造见图 4-1-43。大型浮选机每两个槽为一组，第一个槽称为吸入槽，第二个槽称为直流槽。小型浮选机多为 4~6 个槽为一组，每排可以配置 2~20 个槽。每组有一个中间室和料浆面调节装置。

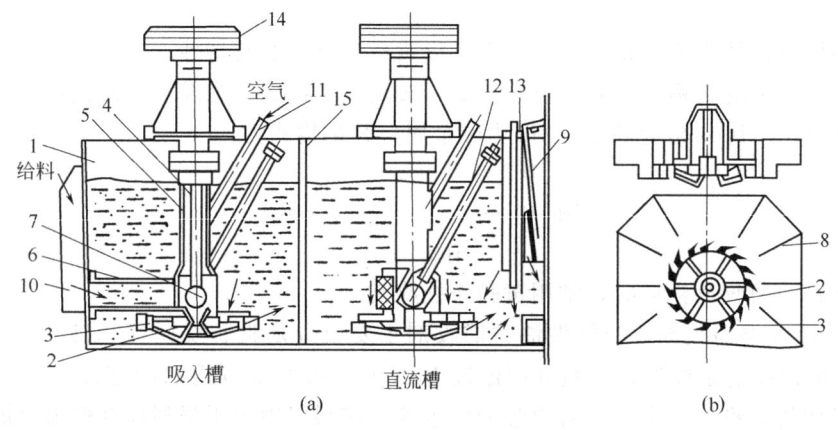

图 4-1-43 机械搅拌式浮选机

1—槽子；2—叶轮；3—盖板；4—轴；5—套管；6—进浆管；7—循环孔；
8—稳流板；9—闸门；10—受浆箱；11—进气管；12—调节进气量的闸门；
13—闸门；14—皮带轮；15—槽间隔板

进行浮选作业时，料浆由进浆管进入，给到盖板与叶轮中心处，由于叶轮的高速旋转，在盖板与叶轮中心处造成一定的负压，空气由进气管和套管吸入，与料浆混合后一起被叶轮甩出。在强烈地搅拌下气流被分割成无数微细气泡。欲选物质颗粒与气泡碰撞黏附在气泡上而浮升至料浆表面形成泡沫层，经刮泡机刮出成为泡沫产品，再经消泡脱水后即可回收。

4. 浮选工艺过程

浮选工艺包括下列程序。

（1）浮选前料浆的调制 主要是废物的破碎、磨碎等，目的是得到粒度适宜、基本上是单体解离的颗粒，浮选的料浆浓度必须适合浮选工艺的要求。

（2）加药调整 添加药剂的种类与数量，应根据欲选物质颗粒的性质通过试验确定。

（3）充气浮选 将调制好的料浆引入浮选机内，由于浮选机的充气搅拌作用，形成大量的弥散气泡，提供颗粒与气泡相碰撞接触的机会，根据所产生的气泡对颗粒物的吸附特性，可以达到一定的分离效果。

一般浮选法大多是将有用物质浮入泡沫产品，而无用或回收经济价值不大的物质仍留在料浆内，这种浮选法称为正浮选。但也有将无用物质浮入泡沫产物中，将有用物质留在料浆中的，这种浮选法称为反浮选。

固体废物中含有两种或两种以上的有用物质，其浮选方法有以下两种。

（1）优先浮选　将固体废物中有用物质依次一种一种地选出，成为单一物质产品。

（2）混合浮选　将固体废物中有用物质共同选出为混合物，然后再把混合物中有用物质一种一种地分离。

5. 浮选的应用

浮选是固体废物资源化的一种重要技术。我国已应用于从粉煤灰中回收炭，从煤矸石中回收硫铁矿，从焚烧炉灰渣中回收金属等。

浮选法的主要缺点是有些工业固体废物浮选前需要破碎和磨碎到一定的细度。浮选时要消耗一定数量的浮选药剂且易造成环境污染或增加相配套的净化设施。另外，还需要一些辅助工序（如浓缩、过滤、脱水、干燥）等。因此，在生产实践中究竟采用哪一种分选方法应根据固体废物的性质，经技术经济综合比较后确定。

第五节　磁力分选

磁力分选简称磁选。磁选有两种类型：一种是传统的磁选法，另一种是磁流体分选法，后者是近二十年来发展起来的一种新的分选方法[20,21]。

一、磁选法

（一）磁选原理

磁选是利用固体废物中各种物质的磁性差异在不均匀磁场中进行分选的一种处理方法。磁选过程见图 4-1-44，是将固体废物输入磁选机后，磁性颗粒在不均匀磁场作用下被磁化，从而受磁场吸引力的作用，使磁性颗粒吸在圆筒上，并随圆筒进入排料端排出。非磁性颗粒由于所受的磁场作用力很小，仍留在废物中而被排出。

固体废物颗粒通过磁选机的磁场时，同时受到磁力和机械力（包括重力、离心力、介质阻力、摩擦力等）的作用。磁性强的颗粒所受的磁力大于其所受的机械力，而非磁性颗粒所受的磁力很小，则以机械力占优势。由于作用在各种颗粒上的磁力和机械力的合力不同，使它们的运动轨迹也不同，从而实现分离。

磁性颗粒分离的必要条件是磁性颗粒所受的磁力必须大于与其方向相反的机械力的合力，即：

$$f_磁 > \sum f_机 \qquad (4\text{-}1\text{-}55)$$

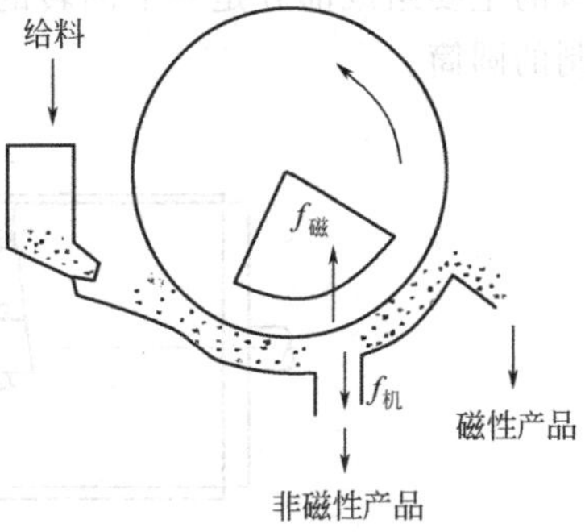

图 4-1-44　颗粒在磁场中分离

式中　$f_磁$——磁性颗粒所受的磁力；

$\sum f_机$——与磁力方向相反的机械力的合力。

该式不仅说明了不同磁性颗粒的分离条件，同时也说明了磁选的实质，即磁选是利用磁力与机械力对不同磁性颗粒的不同作用而实现的。

（二）磁选机的磁场

磁体周围的空间存在着磁场。磁场的基本性质就是它对给入其中的磁体产生磁力作用。因此，在磁选机能使磁体产生磁力作用的空间，称为磁选机的磁场。磁场可分为均匀磁场和非均匀磁场两种，如图 4-1-45 所示。

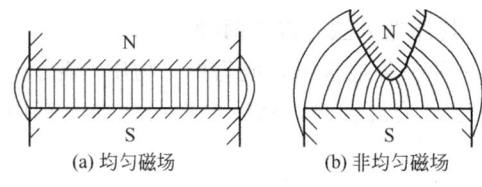

(a) 均匀磁场　　　(b) 非均匀磁场

图 4-1-45　两种不同的磁场

均匀磁场中各点的磁场强度大小相等，方向一致。非均匀磁场中各点的磁场强度大小和方向都是变化的。磁场的非均匀性可用磁场梯度来表示。磁场强度随空间位移的变化率称为磁场梯度，用 $\mathrm{d}H/\mathrm{d}x$ 表示。磁场梯度为一矢量，其方向为磁场强度变化最大的方向，并且指向 H 增大的一方，对均匀磁场中 $\mathrm{d}H/\mathrm{d}x=0$，非均匀磁场中 $\mathrm{d}H/\mathrm{d}x\neq0$。

磁性颗粒在均匀磁场中只受转矩的作用，使它的长轴平行于磁场方向。在非均匀磁场中，颗粒不仅受转矩的作用，还受磁力的作用，结果使它既发生转动，又向磁场梯度增大的方向移动，最后被吸在磁极外表面上。这样，磁性不同的颗粒才能得以分离。因此，磁选只能在非均匀磁场中实现。

（三）固体废物中各种物质磁性分类

根据固体废物比磁化系数的大小，可将其中各种物质大致分为以下三类。

（1）**强磁性物质**　比磁化系数 $x_0>38\times10^{-6}\mathrm{m^3/kg}$，在弱磁场磁选机中可分离出这类物质。

（2）**弱磁性物质**　比磁化系数 $x_0=(0.19\sim7.5)\times10^{-6}\mathrm{m^3/kg}$，可在强磁场磁选机中回收。

（3）**非磁性物质**　比磁化系数 $x_0<0.19\times10^{-6}\mathrm{m^3/kg}$，在磁选机中可以与磁性物质分离。

（四）磁选设备及应用

1. 磁力滚筒

磁力滚筒又称磁滑轮，有永磁和电磁两种。应用较多的是永磁滚筒，见图 4-1-46。这种设备的主要组成部分是一个回转的多极磁系和套在磁系外面的用不锈钢或铜、铝等非导磁材料制的圆筒。

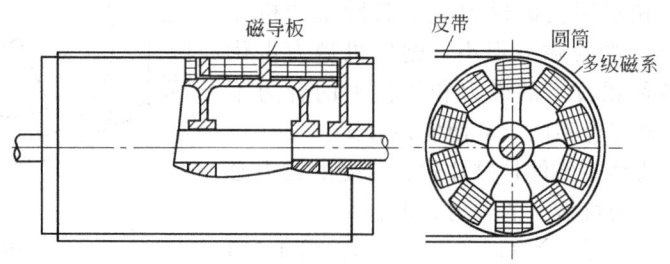

图 4-1-46　CT 型永磁磁力滚筒

一般磁系包角为 $360°$。磁系与圆筒固定在同一个轴上，安装在皮带运输机头部（代替传动滚筒）。

将固体废物均匀地给在皮带运输机上，当废物经过磁力滚筒时，非磁性或磁性很弱的物质在离心力和重力作用下脱离皮带面；而磁性较强的物质受磁力作用被吸在皮带上，并由皮带带到磁力滚筒的下部，当皮带离开磁力滚筒伸直时，由于磁场强度减弱而落入磁性物质收集槽中。

这种设备主要用于工业固体废物或城市垃圾的破碎设备或焚烧炉前，除去废物中的铁器，防止损坏破碎设备或焚烧炉。

2. 湿式 CTN 型永磁圆筒式磁选机

CTN 型永磁圆筒式磁选机的构造型式为逆流型（图 4-1-47）。它的给料方向和圆筒旋转方向或磁性物质的移动方向相反。物料由给料箱直接进入圆筒的磁系下方，非磁性物质由磁系左边下方的底板上排料口排出。磁性物质随圆筒逆着给料方向移到磁性物质排料端，排入磁性物质收集槽中。

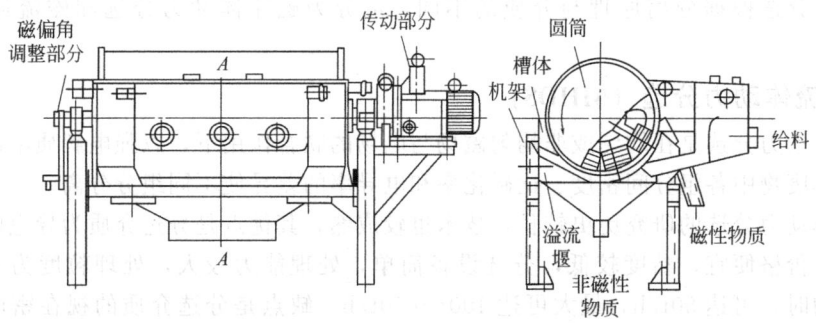

图 4-1-47 CTN 型永磁圆筒式磁选机

这种设备适用于粒度为 ≤0.6mm 强磁性颗粒的回收及从钢铁冶炼排出的含铁尘泥和氧化铁皮中回收铁，以及回收重介质分选产品中的加重质。

3. 悬吊磁铁器

悬吊磁铁器主要用来去除城市垃圾中的铁器，保护破碎设备及其他设备免受损坏。悬吊磁铁器有一般式除铁器和带式除铁器两种（图 4-1-48）。当铁物数量少时采用一般式，当铁物数量多时采用带式。一般式除铁器是通过切断电磁铁的电流排除铁物，而带式除铁器则是通过胶带装置排除铁物。

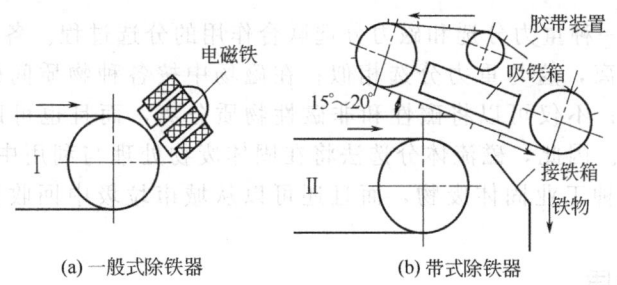

(a) 一般式除铁器　　　(b) 带式除铁器

图 4-1-48 除铁器

二、磁流体分选（MHS）

（一）磁流体分选原理

磁流体分选是利用磁流体作为分选介质，在磁场或磁场和电场的联合作用下产生"加重"作用，按固体废物各组分的磁性和密度的差异，或磁性、导电性和密度的差异，使不同组分分离。当固体废物中各组分间的磁性差异小，而密度或导电性差异较大时，采用磁流体可以有效地进行分离。

所谓磁流体是指某种能够在磁场或磁场和电场联合作用下磁化，呈现似加重现象，对颗粒产生磁浮力作用的稳定分散液。磁流体通常采用强电解质溶液，顺磁性溶液和铁磁性胶体悬浮液。

似加重后的磁流体仍然具有液体原来的物理性质，如密度、流动性、黏滞性等。似加重后的密度称为视在密度，它可以通过改变外磁场强度、磁场梯度或电场强度来调节。视在密度高于流体密度（真密度）数倍，流体真密度一般为 $1400\sim1600kg/m^3$ 左右，而似加重后的流体视在密度可高达 $19000kg/m^3$，因此，磁流体分选可以分离密度范围宽的固体废物。

磁流体分选根据分离原理与介质的不同，可分为磁流体动力分选和磁流体静力分选两种[22]。

1. 磁流体动力分选（MHDS）

磁流体动力分选是在均匀或非均匀磁场与电场的联合作用下，以强电解质溶液为分选介质，按固体废物中各组分间密度、比磁化率和电导率的差异使不同组分分离。

磁流体动力分选的研究历史较长，技术也较成熟，其优点是分选介质为导电的电解质溶液来源广、价格便宜，黏度较低，分选设备简单，处理能力较大，处理粒度为 $0.5\sim6mm$ 的固体废物时，可达 50t/h，最大可达 $100\sim600t/h$。缺点是分选介质的视在密度较小，分离精度较低。

2. 磁流体静力分选（MHSS）

磁流体静力分选是在非均匀磁场中，以顺磁性液体和铁磁性胶体悬浮液为分选介质，按固体废物中各组分间密度和比磁化率的差异进行分离。由于不加电场，不存在电场和磁场联合作用产生的特性涡流，故称为静力分选。其优点是视在密度高，如磁铁矿微粒制成的铁磁性胶体悬浮液视在密度高达 $19000kg/m^3$，介质黏度较小，分离精度高。缺点是分选设备较复杂，介质价格较贵，回收困难，处理能力较小。

通常，要求分离精度高时，采用静力分选；固体废物中各组分间电导率差异大时，采用动力分选。

磁流体分选是一种重力分选和磁力分选联合作用的分选过程。各种物质在似加重介质中按密度差异分离，这与重力分选相似；在磁场中按各种物质间磁性（或电性）差异分离与磁选相似；不仅可以将磁性和非磁性物质分离，而且也可以将非磁性物质之间按密度差异分离。因此，磁流体分选法将在固体废物处理与利用中占有特殊的地位。它不仅可以分离各种工业固体废物，而且还可以从城市垃圾中回收铝、铜、锌、铅等金属。

（二）分选介质

理想的分选介质应具有磁化率高、密度大、黏度低、稳定性好、无毒、无刺激性气味、无色透明、价廉易得等特性条件[23]。

1. 顺磁性盐溶液

顺磁性盐溶液有 30 余种，Mn、Fe、Ni、Co 盐的水溶液均可作为分选介质。其中有实用意义的有 $MnCl_2\cdot4H_2O$、$MnBr_2$、$MnSO_2$、$Mn(NO_3)_2$、$FeCl_2$、$FeSO_4$、$Fe(NO_3)_2\cdot2H_2O$、$NiCl_2$、$NiBr_2$、$NiSO_4$、$CoCl_2$、$CoBr_2$ 和 $CoSO_4$ 等。这些溶液的体积磁化率约为

$8 \times 10^{-7} \sim 8 \times 10^{-8}$，真密度约为 $1400 \sim 1600 kg/m^3$，且黏度低、无毒。其中 $MnCl_2$ 溶液的视在密度可达 $11000 \sim 12000 kg/m^3$，是重悬浮液所不能比拟的。

$MnCl_2$ 和 $Mn(NO_3)_2$ 溶液基本具有上述分选介质所要求的特性条件，是较理想的分选介质。

分离固体废物（轻产物密度 $<3000 kg/m^3$）时，可选用更便宜的 $FeSO_4$、$MnSO_4$ 和 $CoSO_4$ 水溶液。

2. 铁磁性胶粒悬浮液

一般采用超细粒（10nm）磁铁矿胶粒作分散质，用油酸、煤油等非极性液体介质，并添加表面活性剂为分散剂调制成铁磁性胶粒悬浮液。一般每升该悬浮液中含 $10^7 \sim 10^{18}$ 个磁铁矿粒子。其真密度为 $1050 \sim 2000 kg/m^3$，在外磁场及电场作用下，可使介质加重到 $20000 kg/m^3$。这种磁流体介质黏度高，稳定性差，介质回收再生困难。

（三）磁流体分选设备及应用

图 4-1-49 为 J. Shimoiizaka 分选槽构造及工作原理示意。该磁流体分选槽的分离区呈倒梯形，上宽 130mm、下宽 50mm、高 50mm、纵向深 150mm。磁系属于永磁，分离密度较高的物料时，磁系用钐-钴合金磁铁，其视在密度可达 10000kg/ m^3。每个磁体大小为 $40mm \times 123mm \times 136mm$，两个磁体相对排列，夹角为 30°。分离密度较低的物料时，磁系用锶铁氧体磁体，视在密度可达 3500kg/m^3，图中阴影部分相当于磁体的空气隙，物料在这个区域中被分离。

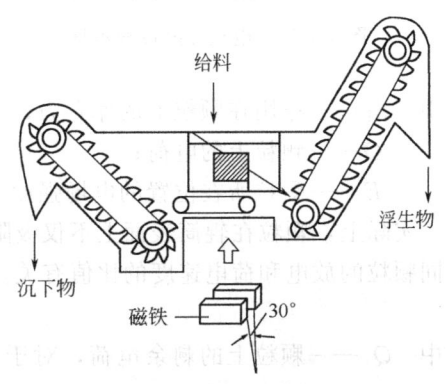

图 4-1-49 磁流体分选设备示意

这种分选槽使用的分选介质是油基或水基磁流体。它可用于汽车的废金属碎块的回收、低温磁碎物料的分离和从垃圾中回收金属碎块等。

第六节 电力分选

电力分选简称电选，是利用固体废物中各种组分在高压电场中电性的差异而实现分选的一种方法[23,24]。

一、电选的基本原理

（一）电选分离过程

电选分离过程是在电选设备中进行的。废物颗粒在电晕-静电复合电场电选设备中的分离过程，如图 4-1-50 所示。废料由给料斗均匀地给入辊筒上，随着辊筒的旋转，废物颗粒进入电晕电场区，由于空间带有电荷，使导体和非导体颗粒都获得负电荷（与电晕电极电性相反）。导体颗粒一面带电，一面又把电荷传给辊筒，其放电速度快，因此，当废物颗粒随着辊筒的旋转离开电晕电场区而进入静电场区时，导体颗粒的剩余电荷少，而非导体颗粒则因放电速度慢，致使剩余电荷多。导体颗粒进入静电场后不再继续获得负电荷，但仍继续放电，直至放完全部负电荷，并从辊筒上得到正电荷而被辊筒排斥，在电力、离心力和重力分力的综合作用下，其运动轨迹偏离辊筒，而在辊筒前方落下。偏向电极的静电引力作用更增大了导体颗粒的偏离程度。非导体颗粒由于有较多的剩余负电荷，将与辊筒相吸，被吸附在

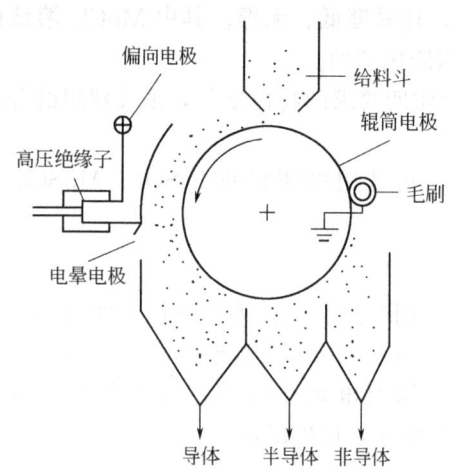

图 4-1-50 电选分离过程示意

辊筒上, 带到辊筒后方, 被毛刷强制刷下, 半导体颗粒的运动轨迹则介于导体与非导体颗粒之间, 成为半导体产品落下, 从而完成电选分离过程。

(二) 电选分离的基本条件

废物颗粒进入电选设备电场后, 受到电力和机械力的作用。作用在颗粒上的电力有库仑力、非均匀电场吸引力和界面吸力等, 机械力有重力和离心力等。

1. 作用在颗粒上的电力

(1) 库仑力 (f_1) 根据库仑定律, 一个带电荷的颗粒在电场中所受的库仑力为:

$$f_1 = QE \qquad (4\text{-}1\text{-}56)$$

式中 f_1——作用在颗粒上的库仑力;

Q——颗粒上的电荷;

E——颗粒所在位置的电场强度。

实际上, 颗粒在辊筒表面上不仅吸附离子而获得电荷, 同时也放出电荷给辊筒。剩余电荷同颗粒的放电和荷电速度的比值有关。因此, 作用在颗粒上的库仑力为:

$$f_1 = Q_r E \qquad (4\text{-}1\text{-}57)$$

式中 Q_r——颗粒上的剩余电荷, 对于导体颗粒, Q_r 接近于零; 对于非导体颗粒, Q_r 接近于 1。

库仑力的作用是促使颗粒被吸引在辊筒表面上。

(2) 非均匀电场引起的作用力 (f_2) 这种力又称质动力, 在电晕电场中, 越靠近电晕电极 f_2 越大, 而靠近辊筒表面则电场近于均匀, f_2 越小, 所以, 对颗粒来说 f_2 很小, 与库仑力相比要小数百倍 (对 1mm 颗粒), 因此, 在电选中 f_2 可忽略不计。

(3) 界面吸力 (f_3) 是荷电颗粒的剩余电荷和辊筒表面相应位置的感应电荷之间的吸引力 (此感应电荷大小与剩余电荷相同, 符号相反)。对导体颗粒来说, 放电速度快, 剩余电荷少, 所以, 其界面吸力也接近于零, 而非导体颗粒则反之。界面吸力促使颗粒被吸向辊筒表面。

从以上作用在颗粒上的三种电力可以看出, 库仑力和界面吸力的大小主要决定于颗粒的剩余电荷, 而剩余电荷又决定于颗粒的界面电阻。界面电阻大时, 剩余电荷多, 所受的库仑力和界面吸力就大, 反之则相反。对导体颗粒来说, 由于它的界面电阻接近于零, 放电速度快, 剩余电荷很少, 所以作用在它上面的库仑力和界面吸力也接近于零; 而对非导体颗粒, 它的界面电阻很大, 放电速度很慢, 剩余电荷很多, 所以作用在它上面的库仑力和界面吸力较大; 作用在半导体颗粒上的上述两种力的大小介于导体颗粒与非导体颗粒之间。

2. 作用在颗粒上的机械力

(1) 重力 (f_4) 颗粒在分选中所受的重力 $f_4 = mg$。在整个过程中其径向和切线方向的分力是变化的。如图 4-1-51 中, 在 A、B 两点的电场区内, 重力 f_4 从 A 点开始起着使颗粒沿辊筒表面移动或脱离的作用。f_4 除在 E 点是一沿着切线向下的力外, 在 AB 内其他各点仅是其分力起作用。

（2）**离心力（f_5）**　颗粒在分选中所受离心力为：

$$f_5 = m \frac{v^2}{R} \qquad (4\text{-}1\text{-}58)$$

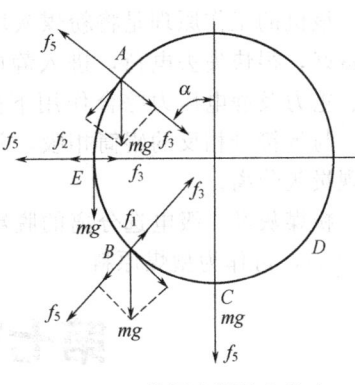

图 4-1-51　作用在颗粒上的力

式中　f_5——作用在颗粒上的离心力；

　　　　v——颗粒在辊筒表面上的运动速度；

　　　　R——辊筒的半径。

为保证不同电性颗粒的分离，应当具备下列条件：

① 在分选带 AB 段内分出导体颗粒的受力条件：

$$f_1 + f_3 + mg\ \cos\alpha < f_2 + f_5$$

式中　α——颗粒在辊筒表面所在的位置与辊筒半径的
　　　　　　夹角，（°）。

② 在分选带 BC 段内分出半导体颗粒的受力条件：

$$f_1 + f_3 + mg\ \cos\alpha < f_2 + f_5$$

③ 在分选带 CD 段内分出非导体颗粒的受力条件：

$$f_3 > mg\ \cos\alpha + f_5$$

以上分析中引用的公式只是对分选过程的粗略的定性说明。目前国外高压电选理论研究正逐步由定性研究进入定量研究；用理论电动力学来研究颗粒放电动态过程，使之更加接近颗粒放电的实际情况；此外还需重视电晕场和静电场分布的研究。

二、电选设备及应用

（一）静电分选机及应用

图 4-1-52 是辊筒式静电分选机的构造和原理示意。将含有铝和玻璃的废物，通过电振给料器均匀地给到带电辊筒上，铝为良导体，从辊筒电极获得相同符号的大量电荷，因而被辊筒电极排斥落入铝收集槽内；玻璃为非导体，与带电辊筒接触被极化，在靠近辊筒一端产生相反的束缚电荷，被辊筒吸住，随辊筒带至后面被毛刷强制刷落进入玻璃收集槽，从而实现铝与玻璃的分离。

（二）YD-4 型高压电选机及应用

YD-4 型高压电选机的构造如图 4-1-53 所示。该机特点是具有较宽的电晕电场区，特殊的下料装置和防积灰漏电措施。整机密封性能好。采用双筒并列式，结构合理、紧凑，处理能力大，效率高。可作为粉煤灰专用设备。

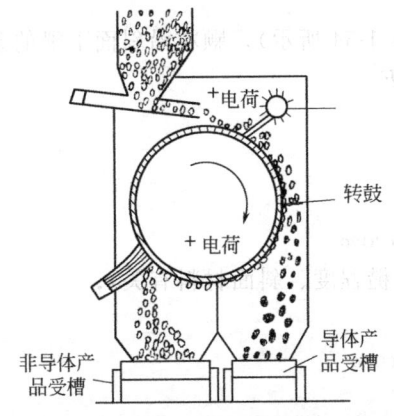

图 4-1-52　辊筒式静电分选过程示意

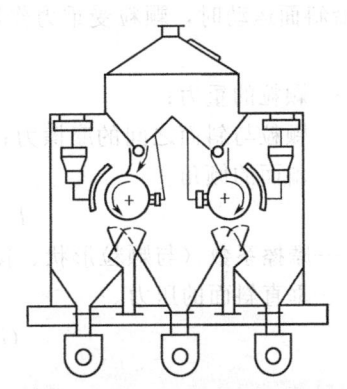

图 4-1-53　YD-4 型高压电选机结构示意

该机的工作原理是将粉煤灰均匀给到旋转接地辊筒上，带入电晕电场后，炭粒由于导电性良好，很快失去电荷，进入静电场后从辊筒电极获得相同符号的电荷而被排斥，在离心力、重力及静电斥力综合作用下落入集炭槽成为精煤。而灰粒由于导电性较差，能保持电荷，与带符号相反的辊筒相吸，并牢固地吸附在辊筒上，最后被毛刷强制落入集灰槽，从而实现炭灰分离。

粉煤灰经二级电选分离的脱炭灰，其含炭率小于 8%，可作为建材原料。精煤含炭率大于 50%，可作为型煤原料。

第七节 其他分选方法

一、摩擦与弹跳分选

（一）概述

摩擦与弹跳分选是根据固体废物中各组分的摩擦系数和碰撞系数的差异，在斜面上运动或与斜面碰撞弹跳时，产生不同的运动速度和弹跳轨迹而实现彼此分离的一种处理方法。

固体废物从斜面顶端给入，并沿着斜面向下运动时，其运动方式随颗粒的形状或密度不同而不同。其中纤维状废物或片状废物几乎全靠滑动，球形颗粒有滑动、滚动和弹跳三种运动方式。

当颗粒单体（不受干扰）在斜面上向下运动时，纤维体或片状体的滑动运动加速度较小，运动速度不快，所以，它脱离斜面抛出的初速度较小，而球形颗粒由于是滑动、滚动和弹跳相结合的运动，其加速度较大，运动速度较快，因此，它脱离斜面抛出的初速度也较大。

当废物离开斜面抛出时，又因受空气阻力的影响，抛射轨迹并不严格沿着抛物线前进。其中纤维废物由于形状特殊，受空气阻力影响较大，在空气中减速很快，抛射轨迹表现为严重的不对称（抛射开始接近抛物线，其后接近垂直落下），因而抛射不远；废物颗粒接近球形，受空气阻力影响较小，在空气中运动减速较慢，抛射轨迹表现为对称，因而抛射较远。因此，在固体废物中，纤维状废物与颗粒废物、片状废物与颗粒废物，因形状不同，在斜面上运动或弹跳时，产生不同的运动速度和运动轨迹，因而可以彼此分离[23,24]。

（二）基本原理

1. 颗粒沿斜面运动

颗粒沿斜面运动时，颗粒受重力作用（如图 4-1-54 所示），颗粒沿斜面下滑的条件是

$$G\sin\alpha \geqslant F \tag{4-1-59}$$

式中　G——颗粒的重力；

　　　F——颗粒与斜面之间的摩擦力；

　　　α——斜面的倾角。

而

$$F = fN = fG\cos\alpha$$

式中　f——摩擦系数（与颗粒形状、接触面的粗糙程度、斜面材料有关）；

　　　N——垂直斜面的压力。

则

$$G\sin\alpha \geqslant fG\cos\alpha$$

所以

$$\tan\alpha \geqslant f \tag{4-1-60}$$

以 ψ 代表摩擦角，则 $f = \tan\psi$

所以　　　　　　　　　$\alpha \geqslant \psi$

这说明如果斜面倾角大于颗粒的摩擦角时，颗粒将沿着斜面向下滑动，否则颗粒将不产生滑动。

使颗粒沿斜面下滑的作用力（P）为：

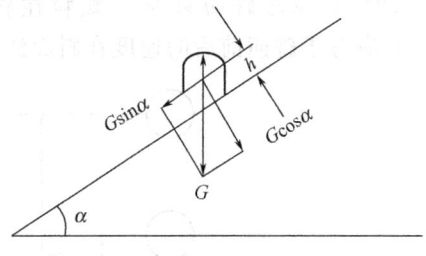

图 4-1-54　颗粒沿斜面的运动

$$P = G(\sin\alpha - f\cos\alpha) \qquad (4\text{-}1\text{-}61)$$

颗粒在 P 作用下，沿斜面下滑的加速度（a）为：

$$a = \frac{P}{m} = g(\sin\alpha - f\cos\alpha) \qquad (4\text{-}1\text{-}62)$$

式中　g——重力加速度。初速度为零的颗粒，沿斜面下滑 L 距离后的速度（v）为：

$$v = \sqrt{2aL} \qquad (4\text{-}1\text{-}63)$$

将式（4-1-62）代入式（4-1-63）得：

$$v = \sqrt{2gL(\sin\alpha - f\cos\alpha)} \qquad (4\text{-}1\text{-}64)$$

由式（4-1-64）可以看出，当斜面长度（L）及倾角（α）一定时，颗粒的运动速度（v）仅与摩擦系数（f）有关。摩擦系数小的颗粒，其运动速度大；而摩擦系数大的颗粒，其运动速度小。

颗粒离开斜面后，以抛物线轨道下落（若忽略空气阻力），假设下落垂直高度为 H，则颗粒抛落的水平距离（L）为：

$$L = v\cos\alpha\sqrt{2H/g} \qquad (4\text{-}1\text{-}65)$$

由上式可看出，当 H 及 α 一定时，L 仅与颗粒运动速度（v）有关。所以摩擦系数不同的颗粒，其滑出斜面后的落下地点不同，可分别加以收集而实现分选。

颗粒沿斜面滚动的条件为：

$$hG\sin\alpha \geqslant bG\cos\alpha$$

即　　　　　　　　　$$\tan\alpha \geqslant b/h \qquad (4\text{-}1\text{-}66)$$

颗粒沿斜面滑动的条件是 $\tan\alpha \geqslant f$，因此，当 $f > b/h$ 时，摩擦系数（f）大，颗粒首先满足滚动条件，产生滚动；当 $f < b/h$ 时，则颗粒只产生滑动。当 α 一定时，球形或多边形的颗粒因 $b < h$，则 $f > b/h$ 的可能性大，产生滚动的可能大；扁平状颗粒，因 $b > h$，则 $f < b/h$ 的可能性大，则颗粒产生滑动。

2. 颗粒在斜面上的弹跳

（1）颗粒与平面碰撞　颗粒因弹性不同，与平面碰撞时，其弹跳的高度及速度不同。假设颗粒从高度 H 落到平面（筛网）上，见图 4-1-55，此时颗粒的瞬时速度 $v = \sqrt{2gH}$，与平面碰撞后弹跳的初速度为 u，弹跳高度为 h，则 $u = \sqrt{2gh}$；碰撞后弹跳的速度（u）和碰撞前速度（v）的比值称为碰撞恢复系数或速度恢复系数（K），即

$$K = \frac{u}{v} = \sqrt{\frac{h}{H}} \qquad (4\text{-}1\text{-}67)$$

式中　K——颗粒碰撞的弹性性质。当 $K = 1$ 时，$u = v$，$h = H$，此时表示颗粒为完全弹性碰撞；当 $0 < K < 1$ 时，$u < v$，$h < H$，表示颗粒为弹性碰撞；当 $K = 0$ 时，$u = 0$，$h = 0$，表示颗粒为塑性碰撞。

在城市垃圾中，废塑料、废橡胶、金属块、碎砖瓦、碎玻璃器皿等 K 值介于零及 1 之间，属弹性碰撞；而废纤维、破布、废纸、灰土、厨房有机垃圾等，其 K 值接近零，属塑性碰撞。

（2）颗粒与斜面碰撞　颗粒在斜面上的碰撞如图 4-1-56 所示。颗粒碰撞恢复系数（K_p）应等于碰撞前后的速度在斜面法线上投影值之比，即

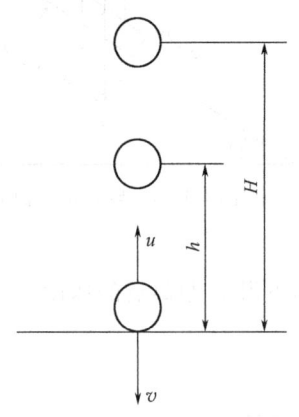 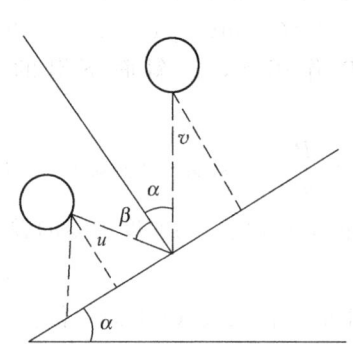

图 4-1-55　颗粒与平面的碰撞　　　　图 4-1-56　颗粒在斜面上的碰撞

$$K_p = \frac{u\cos\beta}{v\cos\alpha}$$

若忽略摩擦系数的影响，K_p 可近似地表示为：

$$K_p = \frac{\tan\alpha}{\tan\beta} \tag{4-1-68}$$

式中　α——颗粒下落角，即下落轨迹与斜面法线之间的夹角；

　　　β——弹跳角，即弹跳方向与斜面法线之间的夹角。

当 $K_p=1$ 时，则 $\alpha=\beta$，为完全弹跳碰撞；当 $K_p=0$ 时，则 $\beta=90°$，为塑性碰撞；当 $0<K_p<1$ 时，为弹性碰撞。

城市垃圾自一定高度给到斜面上时，其废纤维，有机垃圾和灰土等近似塑性碰撞，不产生弹跳。而砖瓦、铁块、碎玻璃、废橡胶等则属弹性碰撞，产生弹跳，跳离碰撞点较远，两者运动轨迹不同，因而得以分离。

（三）摩擦与弹跳分选设备与应用

1. 带式筛

带式筛是一种倾斜安装带有振打装置的运输带，如图 4-1-57 所示。其带面由筛网或刻沟的胶带制成。带面安装倾角（α）大于颗粒废物的摩擦角，小于纤维废物的摩擦角。

废物从带面的下半部由上方给入，由于带面的振动，颗粒废物在带面上作弹性碰撞，向带的下部弹跳，又因带面的倾角大于颗粒废物的摩擦角，所以颗粒废物还有下滑的运动，最后从带的下端排出。纤维废物与带面为塑性碰撞，不产生弹跳，并且带面倾角小于纤维废物的摩擦角；所以纤维废物不沿带面下滑，而随带面一起向上运动，从带的上端排出。在向上运动过程中，由于带面的振动使一些细粒灰土透过筛孔从筛下排出，从而使颗粒状废物与纤维状废物分离。

2. 斜板运输分选机

图 4-1-58 是斜板运输分选机的工作原理示意。城市垃圾由给料皮带运输机从斜板运输分选机的下半部的上方给入，其中砖瓦、铁块、玻璃等与斜板板面产生弹性碰撞，向板面下部弹跳，从斜板分选机下端排入重的弹性产物收集仓；而纤维织物、木屑等与斜板板面为塑性碰撞，不产生弹跳，因而随斜板运输板向上运动，从斜板上端排入轻的非弹性产物收集

仓，从而实现分离。

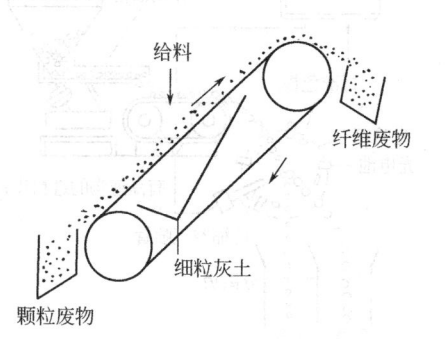

图 4-1-57　带式筛示意

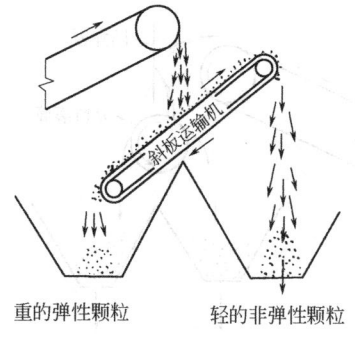

图 4-1-58　斜板运输分选机

3. 反弹滚筒分选机

该分选系统由抛物皮带运输机、回弹板、分料滚筒和产品收集仓组成，如图 4-1-59 所示。其工作过程是将城市垃圾由倾斜抛物皮带运输机抛出，与回弹板碰撞，其中铁块、砖瓦、玻璃等与回弹板、分料滚筒产生弹性碰撞，被抛入重的弹性产品收集仓；而纤维废物、木屑等与回弹板为塑性碰撞，不产生弹跳，被分料滚筒抛入轻的非弹性产品收集仓，从而实现分离。

二、光电分选

（一）光电分选系统及工作过程

光电分选系统及工作过程包括以下 3 个部分。

（1）给料系统　固体废物入选前，需要预先进行筛分分级，使之成为窄粒级物料，并清除废物中的粉尘，以保证信号清晰，提高分离精度。分选时，使预处理后的物料颗粒排队呈单行，逐一通过光检区，以保证分离效果。

（2）光检系统　光检系统包括光源、透镜、光敏元件及电子系统等。这是光电分选机的心脏，因此，要求光检系统工作准确可靠，工作中要维护保养好，经常清洗，减少粉尘污染。

（3）分离系统（执行机构）　固体废物通过光检系统后，其检测所收到的光电信号经过电子电路放大，与规定值进行比较处理，然后驱动执行机构，一般为高频气阀（频率为 300Hz），将其中一种物质从物料流中吹动使其偏离出来，从而使物料中不同物质得以分离。

（二）光电分选机及应用

图 4-1-60 是光电分选过程示意。固体废物经预先窄分级后进入料斗。由振动溜槽均匀地逐个落入高速沟槽进料皮带上，在皮带上拉开一定距离并排队前进，从皮带首端抛入光检箱受检。当颗粒通过光检测区时，受光源照射，背景板显示颗粒的颜色或色调，当欲选颗粒的颜色与背景颜色不同时，反射光经光电倍增管转换为电信号（此信号随反射光的强度变化），电子电路分析该信号后，产生控制信号驱动高频气阀，喷射出压缩空气，将电子电路分析出的异色颗粒（即欲选颗粒）吹离原来下落轨道，加以收集。而颜色符合要求的颗粒仍按原来的轨道自由下落加以收集，从而实现分离。

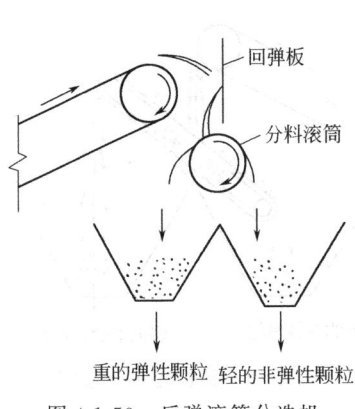

图 4-1-59 反弹滚筒分选机

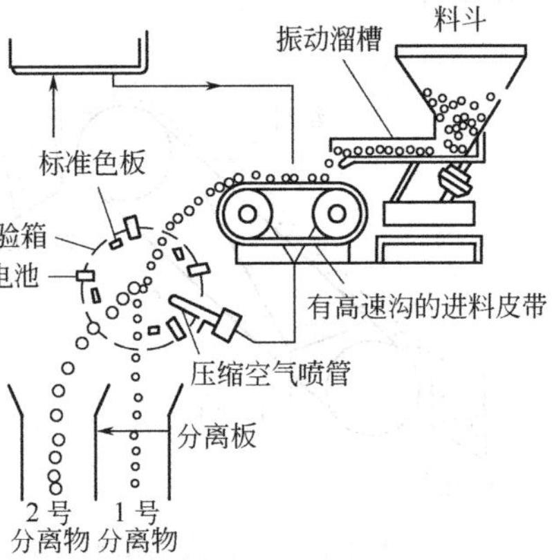

图 4-1-60 光电分选过程示意

参 考 文 献

[1] 胡华龙，等编译. 废物焚烧—综合污染预防与控制最佳可行技术. 北京：化学工业出版社，2009.

[2] ［日］废弃物学会. 废弃物手册. 金东振译. 北京：科学出版社，2004.

[3] 李国鼎主编. 环境工程. 北京：中国环境科学出版社，1990.

[4] R. A. 康韦，R. D. 罗斯著. 工业废物处理手册. 姜樾，等译. 北京：工人出版社，1983.

[5] 吴天宝，王韧编著. 固体废物的环境管理. 北京：中国文化书院，1987.

[6] William D Robinson. The Solid Waste Handbook. New York：John Wiley，1987.

[7] 全国城市环境卫生科技情报网中心站编. 国外废物处理技术第二集 .1985.

[8] 张森林. 固体废物处理与利用. 湘潭大学，1985.

[9] 龚佰勋. 环保设备设计手册：固体废物处理设备. 北京：化学工业出版社，2004.

[10] 边炳鑫，张宏波，赵由才. 固体废物预处理与分选技术. 北京：化学工业出版社，2005.

[11] G Tchobanoglous，H Theisen，S bigil. 固体废物的全过程管理. 北京：清华大学出版社，2000.

[12] 芈振明. 固体废物的处理与处置. 北京：高等教育出版社，1992.

[13] 赵由才，宋立杰，张华. 实用环境工程手册：固体废物污染控制与资源化. 北京：化学工业出版社，2002.

[14] Wilson David C，Rodic Ljiljana，Scheinberg Anne，et al. Comparative analysis of solid waste management in 20 cities. Waste management ＆ research，2012，30（3）：237-254.

[15] Laines Canepa Jose Ramon，Zequeira Larios Carolina，Valadez Trevino Maria Elena Macias，et al. Basic diagnosis of solid waste generated at Agua Blanca State Park to propose waste management strategies. Waste management ＆ research，2012，30（3）：302-310.

[16] 国家环境保护总局污染控制司. 城市固体废物管理与处理处置技术. 北京：中国石化出版社，2000.

[17] 杨国清，刘康怀. 固体废物处理工程. 北京：科学出版社，2001.

[18] 孙秀云，王连军. 固体废物处置及资源化. 南京：南京大学出版社，2007.

[19] 杨慧芬，张强. 固体废物资源化. 北京：化学工业出版社，2004.

[20] Laner David；Crest Marion；Scharff Heijo，et al. Public-Private Partnerships in Solid Waste Management：Sustainable Development Strategies for Brazil. Bulletin of Latin American Research，2012，31（2）：222-236.

[21] 解强，边炳鑫，赵由才. 城市固体废弃物能源化利用技术. 北京：化学工业出版社，2004.

[22] 杨建设. 固体废物处理处置与资源化工程. 北京：清华大学出版社，2007.

[23] 李国学，周立祥，李彦明. 固体废物处理与资源化. 北京：中国环境科学出版社，2005.

[24] 李传统，等. 现代固体废弃物综合处理技术. 南京：东南大学出版社，2008.

第二章

污泥的浓缩与脱水

第一节　概　述

在给水和废水处理中，不同处理过程产生的各类沉淀物、漂浮物等统称为污泥。污泥的成分、性质主要取决于处理水的成分、性质及处理工艺，其分类很复杂，有多种多样分类方法，并有不同的名称[1,2]。

一、污泥的分类及特性

① 按来源分，大致有给水污泥、生活污水污泥和工业废水污泥三类。

② 根据污泥从水中分离过程可分为沉淀污泥（包括物理沉淀污泥、混凝污泥、化学污泥）及生物处理污泥（指污水在二级处理过程中产生的污泥，包括生物滤池、生物转盘等方法得到的腐殖污泥及活性污泥法得到的活性污泥）。现代污水处理厂污泥大部分是沉淀污泥和生物处理污泥的混合污泥。

③ 按污泥成分及性质可分为有机污泥和无机污泥。以有机物为主要成分的有机污泥可简称为污泥。其主要特性是有机物含量高，容易腐化发臭，颗粒较细，密度较小，含水率高且不易脱水，是呈胶状结构的亲水性物质，便于用管道输送。有机污泥是亲水性污泥。生活污水污泥或混合污水污泥均属有机污泥。

④ 以无机物为主要成分的无机污泥常称为沉渣，沉渣的特性是颗粒较粗，密度较大，含水率较低且易于脱水，但流动性较差，不易用管道输送。给水处理沉砂池以及某些工业废水物理、化学处理过程中的沉淀物均属沉渣，无机污泥一般是疏水性污泥。

⑤ 更常用的是按污泥在不同处理阶段分类命名：生污泥、浓缩污泥、消化污泥、脱水干化污泥、干燥污泥及污泥焚烧灰。

二、污泥的性质指标

为了合理处理和利用污泥，必须先摸清污泥的成分和性质，通常需要对污泥的以下指标进行分析鉴定。

（一）污泥的含水率、固体含量和体积

污泥中所含水分的含量与污泥总质量之比的百分数称为污泥含水率（%），相应地固体物质在污泥中质量比例称为固体含量（%）。污泥的含水率一般都很大，相对密度接近 1。主要取决于污泥中固体的种类及其颗粒大小，通常，固体颗粒越细小，其所含有机物越多，污泥的含水率越高。

污泥的含水率或固体含量与污泥体积密切相关，其计算方法如下：

污泥含水率

$$P_W = W/(W+S) \times 100\% \tag{4-2-1}$$

固体含量

$$P_S = S/(W+S) \times 100\% = 100\% - P_W \tag{4-2-2}$$

式中　P_W——污泥含水率（质量分数），%；

　　　P_S——固体含量（质量分数），%；

　　　W——污泥中水分质量，g；

　　　S——污泥中总固体质量，g。

由式（4-2-2）可得

$$W = S(100\% - P_S)/P_S \tag{4-2-3}$$

污泥水的体积（cm^3）

$$V_W = W/\rho_W \tag{4-2-4}$$

固体的体积（cm^3）

$$V_S = S/\rho_S \tag{4-2-5}$$

上两式中，ρ_W 为污泥中水容重，g/cm^3；ρ_S 为污泥总固体容重，g/cm^3。

污泥总体积（cm^3）

$$V = V_W + V_S = W/\rho_W + S/\rho_S = S\left[\frac{1-P_S}{P_S\rho_W} + \frac{1}{\rho_S}\right]$$
$$= S\left(\frac{1}{P_S\rho_W} - \frac{1}{\rho_W} + \frac{1}{\rho_S}\right) \tag{4-2-6}$$

总固体容重 ρ_S 由有机物（用挥发性灼烧减量测定表示）容重和无机物（用灼烧残渣测定表示）容重决定。有机物容重和无机物容重常定为 $1.0g/cm^3$ 和 $2.5g/cm^3$，只要知道总固体中两者的比例就可计算出总固体容重 ρ_S。

例如，生污泥中有机物为 65%，无机物为 35%。消化污泥中有机物 55%，无机物为 45%，则可算得：

生污泥的容重

$$\rho_S = (1.0 \times 65\% + 2.5 \times 35\%)/100\% = 1.5(g/cm^3)$$

消化污泥的容重

$$\rho_S = (1.0 \times 55\% + 2.5 \times 45\%)/100\% = 1.7(g/cm^3)$$

取 $\rho_W = 1.0g/cm^3$，则相应的生污泥（cm^3）

$$V = S(100\%/P_S - 1 + 1/1.5) = S(100\%/P_S - 0.33)$$

消化污泥（cm^3）

$$V = S(100\%/P_S - 1 + 1/1.7) = S(100\%/P_S - 0.41)$$

由于污泥中 S 很小，工程上可简化计算，得出下列关系式：

$$V = S/P_S \times 100\% = S/(100\% - P_W) \times 100\% \tag{4-2-7}$$

所以污泥在经过消化或脱水处理的前后，其污泥体积、固体含量及含水率之间可按下式简易换算：

$$V' = VP_S/P'_S = V(100\% - P_W)/(100\% - P'_W) \tag{4-2-8}$$

式中，V'、P'_S、P'_W 分别表示处理后污泥总体积（cm^3）、固体含量（%）及含水率（%）。

例如，污泥含水率从 95% 降至 90% 时求污泥体积的改变

解： 由式（4-2-8）

$$V = V(100\% - P_W)/(100\% - P'_W) = (100\% - 95\%)/(100\% - 90\%)V = 1/2V$$

可见污泥体积减小一半。

由上例可见，污泥含水率稍有降低，其总体积就会显著减小。所以降低污泥中含水率具

有十分重要的意义。对整个污泥处理系统，如对污泥流动性能，污泥泵的能力，脱水方法的选用，污泥干化场大小等设备，运行费用等均有重要影响。

图 4-2-1 能反映污泥体积，污泥状态流动性能与污泥含水率的关系，也能大致明确污泥处理方法与脱水效率范围等综合关系。分析说明如下。

如图 4-2-1 所示，1m³ 含水率 95％以上的生活污水污泥，其体积约 1000L。随着含水率（％）降低，其体积迅速减小。如 P_w 降到 85％，其体积只有原来 1/3（约 333L）；降到 65％，其体积只有原来的 1/7（约 143L）；进一步降低到 20％，则只剩下 1/16（约 62.5L）。污泥中含水率多少与处理工艺、污泥状态及流动性能密切相关，通常浓缩可将含水率降到 85％（含水状态），此时仍可用泵输送；含水率在 70％～75％时，污泥呈柔软状态，不易流动；通常一般脱水只可降到 60％～65％，此时，几乎成为固体；含水率低到 35％～40％时，成聚散状态（以上是半干化状态）；进一步低到 10％～15％则成粉末状。

含有大量水分的污泥，通过沉淀、压密或其他方法降到某一限度的过程，称为浓缩。如果去除水分达到能用手一捏就紧的程度则称为脱水。最后需进行干化、热处理或焚烧，以便进一步去除水分，满足不同的需求。

（二）污泥的脱水性能

为了降低污泥的含水率，减少体积，以利于污泥的输送，处理与处置，都必须对污泥进行脱水处理[3]。不同性质的污泥，脱水的难易程度不同，可用脱水性能表示，并用如图 4-2-2 的装置进行测定。

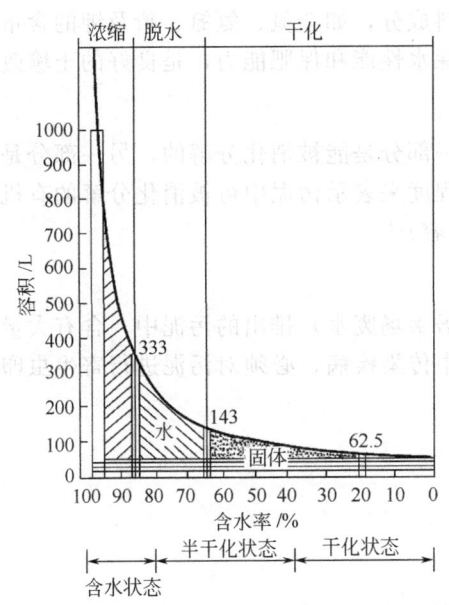

图 4-2-1 1m³ 含水率为 95％的污泥其含水率降低与容积减少、处理方法及污泥状态等关系示意

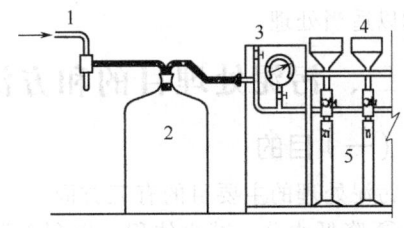

图 4-2-2 脱水性能测定装置
1—抽气器；2—真空瓶；3—排气阀；4—瓷漏斗；5—100mL量筒

将已测知含水率的污泥混合均匀，称取一定质量置于瓷漏斗 4 中的过滤介质上。进行真空减压抽滤，水分可通过漏斗滤入量筒 5。记录测定开始后不同过滤时间的滤液体积，即由原始污泥含水率及其质量用式（4-2-8）换算出不同过滤时间的污泥含水率。

通常测定时，取两种或多种不同性质的污泥在同样条件下进行试验，并分别测定计算（以同样过滤时间为标准），计算结果若某污泥含水率变得越低，表示该污泥脱水性能越好。

用这种装置，可以方便地测出不同污泥的脱水性能以及污泥比阻抗（见第四节）。因此测定污泥的脱水性能，对于选择脱水方法有着重要的意义。

（三）挥发性固体与灰分

挥发性固体能够近似地表示污泥中有机物含量，又称为灼烧减量。灰分则表示无机物含量，又称为固定固体或灼烧残渣。挥发性物质及灰分物质的含量以它们对污泥总干重的百分数来表示。

挥发性固体含量的测定方法如下：将测完含水率的污泥样放在电炉上炭化（烧至不冒烟），再放入600℃高温炉中，灼烧半小时，然后放冷或将温度降至110℃左右。取出放入105～110℃的烘箱中烘半小时。取出放入干燥器内干燥半小时，然后称量记录质量 W_3，代入下式，即可求出挥发固体含量。

$$V_S=(W_2-W_3)/(W_2-W_1)\times100\% \qquad\qquad (4\text{-}2\text{-}9)$$

式中　　V_S——挥发性固体含量，%；

　　　　W_1——空蒸发皿质量，g；

　　　　W_2——烘干污泥试样与蒸发皿总质量，g；

　　　　W_3——灼烧后的污泥样与蒸发皿总质量，g。

对于完全烘干污泥试样，污泥灰分 A（%）可用下式计算：

$$A=1-V_s \qquad\qquad (4\text{-}2\text{-}10)$$

有时需对污泥或沉渣中有机物及无机物的成分做进一步的分析，例如有机物质中蛋白质、脂肪及腐殖质各占的百分数，污泥中的肥料成分，如全氮、氨氮、磷及钾的含量。污泥中的有机物、腐殖质可以改善土壤结构，提高保水性能和保肥能力，是良好的土壤改良剂。

（四）污泥的可消化性

污泥中的有机物是消化处理的对象，其中一部分是能被消化分解的，另一部分是不易或不能被消化分解的，如纤维素等。常用可消化程度来表示污泥中可被消化分解的有机物数量（可消化性试验参见第二篇第一章第二节有关内容）[4]。

（五）污泥中微生物

生活污泥、医院排水及某些工业废水（如屠宰场废水）排出的污泥中，含有大量的细菌及各种寄生虫卵。为了防止在利用污泥的过程中传染疾病，必须对污泥进行寄生虫卵的检查并加以适当处理。

三、污泥处理目的和方法

（一）目的

污泥处理的主要目的有三方面：

① 降低水分，减少体积，以利于污泥的运输、贮存及各种处理和处置工艺的进行。

② 使污泥卫生化、稳定化。污泥常含有大量的有机物，也可能含有多种病原菌，有时还含其他有毒有害物质。必须消除这些会散发恶臭，导致病害及污染环境的因素，使污泥卫生而稳定无害。

③ 通过处理可改善污泥的成分和某种性质，以利于应用并达到回收能源和资源的目的[5]。

随着废水处理技术的推广和发展，污泥的数量越来越大，种类和性质也更复杂。废水中有毒有害物质往往浓缩于污泥之中，所以无论从量到质，污泥是所有废物中影响环境造成危害最为严重的因素，必须重视对污泥的处理和处置问题。

（二）方法

常用的污泥处理方法有浓缩、消化、脱水、干燥、焚烧、固化及最终处置。

由于污泥种类、性质、产生状态、来源及其他条件不同，可采取下述不同的处置方法。

① 当污泥稳定、无流出和溶出、不发生恶臭、自燃等情况时，可以直接在地面弃置，或考虑地耐力因素而作填埋处置。

② 污泥虽含有机物会产生恶臭，但不致流出、溶出时，可选择适宜地区将污泥直接进行地面处置、分层填埋或与土壤混匀处置。也可经燃烧、湿式氧化等方法把有机成分转换成稳定无害的物质（水、二氧化碳、氮气等），使所剩的无机物再进行地面处置或填埋处置。

③ 对于稳定、无害，在数量、浓度方面可通过水体自净作用加以净化的污泥，可直接排入指定地区的海域中。

④ 有环境影响、但为数不多的污泥，考虑其溶出、产生气体和恶臭、易着火等因素，需直接进行地下深埋。

⑤ 含有害物质的污泥，需经过固化处理（用水泥、石灰、水玻璃、各种树脂等作为胶结剂，在常温或 150～300℃ 固化，或用矿化剂在高温下烧结固化）之后再进行地上或海洋处置。

当污泥的处置存在困难又可大量集中时，为了省资源省能源，需考虑污泥有用成分的回收利用。

污泥的处理和处置可以在污水处理厂综合考虑解决，也可在专门建立的污泥处理厂进行。可以根据需要选用不同的污泥处理系统，常见的系统分为下述四类。

① 浓缩→机械脱水→处置脱水滤饼。

② 浓缩→机械脱水→焚烧→处置灰分。

③ 浓缩→消化→机械脱水→处置脱水滤饼。

④ 浓缩→消化→机械脱水→焚烧→处置灰分。

在决定污泥处理系统时，应当进行综合性研究。不仅要从社会效益、经济效益、环境效益全面衡量，还要对系统各处理工艺进行探讨和评价，最后进行选定。

如上所述，污泥浓缩、厌氧消化及脱水是应用最广的主要处理方法。由于厌氧消化在本篇第四章中已有系统论述，本章将主要介绍有关污泥浓缩及脱水方法，并对为提高污泥浓缩及脱水性能进行的污泥调理做系统说明。

第二节　污泥浓缩

污泥含水率很高，一般有 96%～99%。污泥浓缩的目的就是降低污泥中水分，缩小污泥的体积，但仍保持其流体性质。有利于污泥的运输、处理与利用。浓缩后污泥含水率仍高达 85%～90% 以上，可以用泵输送。污泥浓缩的方法主要有重力浓缩、气浮浓缩与离心浓缩[6]。

一、污泥中水分的存在形式及其分离性能

污泥中所含的水分可分为四种（见图 4-2-3）。

1. 间隙水

被大小污泥块固体包围着的间隙水，并不与固体直接结合，作用力弱，因而很容易分离。这部分水是污泥浓缩的主要对象。当间隙水很多时，只需在调节池或浓缩池中停留几小时，就可利用重力作用使间隙水分离出来。间隙水约占污泥水分总量的 70%。

2. 毛细结合水

在细小污泥固体颗粒周围的水，由于产生毛细现象，可以构成如下结合水。主要有在固

体颗粒的接触面上由于毛细压力的作用而形成的楔形毛细结合水及充满于固体本身裂隙中的毛细结合水。各类毛细结合水约占污泥中水分总量的 20%。

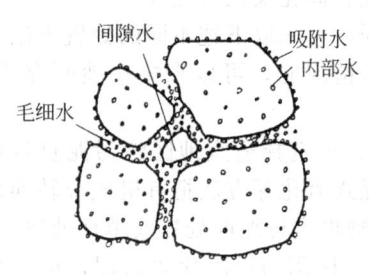

图 4-2-3　污泥水分示意

由毛细现象形成的毛细结合水受到液体凝聚力和液固表面附着力作用，要分离出毛细结合水需要有较高的机械作用力和能量，可以用与毛细水表面张力相反的作用力，例如离心力、负压抽真空、电渗力或热渗力等，常用离心机、真空过滤机或高压压滤机来去除这部分水。

3. 表面吸附水

污泥常处于胶体状态，例如活性污泥属于凝胶，污泥的胶体颗粒很小，比表面积大，故表面张力作用吸附水分较多。表面吸附水的去除较难，特别是细小颗粒或生物处理后污泥，其表面活性及剩余力场强，黏附力更大，不能用普通的浓缩或脱水方法去除。常要用混凝方法加入电解质混凝剂，以达到凝结作用而易于使污泥固体与水分离。

4. 内部（结合）水

一部分污泥水被包围在微生物的细胞膜中形成内部结合水。内部水与固体结合得很紧，要去除它必须破坏细胞膜。用机械方法是不能脱除的，但可用生物作用（好氧堆肥化、厌氧消化等）使细胞进行生化分解，或采用其他方法（见第三节）破坏细胞膜，使内部水变成外部液体从而进行去除。以上 3 和 4 两部分水约占污泥中水分的 10%，都可以采用人工加热干化热处理或焚烧法去除。

二、重力浓缩

污泥浓缩的脱水对象主要是间隙水。浓缩是减少污泥体积最经济有效的方法，其中，利用自然的重力作用分离污泥液的重力浓缩是使用最广泛和最简便的浓缩方法[7]。

（一）重力浓缩试验

进行污泥浓缩操作的构筑物称为浓缩池。浓缩池的合理设计与运行取决于对污泥沉降特性的正确掌握。污泥的沉降特性与固体浓度、性质及来源有密切的关系。设计重力浓缩池时，最好先进行污泥浓缩试验，掌握沉降特性，得出设计参数，进一步设计出所要求的浓缩池表面积，有效容积及深度。

适合于可压缩性污泥的迪克（Dick）理论，以静态浓缩试验，分析连续式重力浓缩工况为基础。引入了固体通量的概念，即单位时间内，通过浓缩池单位面积的固体质量称为固体通量[kg/(m² · h)或 kg/(m² · d)]。

如图 4-2-4 所示，当浓缩池运行正常时，池中固体量处于动平衡状态。

单位时间内进入浓缩池的固体质量，由两部分组成：一部分是浓缩池底部连续排泥所造成的向下流固体通量；另一部分是污泥自重压密所造成的固体通量。

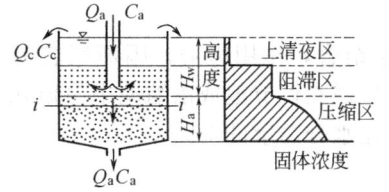

图 4-2-4　连续式重力浓缩池工况

浓缩池必须同时满足：

① 上清液澄清；

② 排出的污泥固体浓度达到设计要求；

③ 固体回收率要高——浓缩污泥中固体质量与原

污泥固体质量之比值的百分数称固体回收率，应达到 95％以上。如果浓缩池的负荷过大（即流入浓缩池的污泥量过多），处理量虽然增加，但浓缩污泥的固体浓度低，上清液浑浊，固体回收率低，浓缩效果就差。相反，负荷过小，污泥在池中停留时间太长，可能造成厌氧分解，产生氮气与 CO_2，使污泥上浮，同样可使上清液浑浊，浓缩效果也会降低。

连续式浓缩池固体通量，亦即浓缩池的操作负荷，可以该负荷值为标准设计计算浓缩池容积。通常容许负荷值与污泥固体中有机物含量有关（浓缩效果与挥发性有机物含量成反比），也与污泥来源及本身性质有关。

一般情况，初次沉淀污泥的容许负荷大于生物处理污泥，其中，生物滤池等腐殖污泥的容许负荷又大于活性污泥。表 4-2-1 中所列数据可供参考。可见混合污泥浓缩效果，比剩余活性污泥单独分离效果好得多。

表 4-2-1　不同来源污泥浓缩后含水率

污泥种类	V_S(灼烧减量)/%	容许负荷/[kg/(m² · d)]	污泥浓缩后含水率/%
初沉污泥	60	140	90
初沉污泥	80	90	92
剩余活性污泥	—	最大 24	96 以上
混合污泥		24～48	90～95

浓缩效果往往随浓缩的深度（静水压力）的增加反而降低。这是因为超过一定水深，沉降时间增加会产生不利影响。不仅固体颗粒沉降距离加大了，而且沉淀中固体颗粒间相互影响，产生拥挤沉淀，干扰沉降现象。特别是由于带同性电荷污泥颗粒的相互排斥，更影响浓缩效果。此时可投加混凝剂，破坏胶体的稳定性。同时浓缩池过深，使污泥在池中停留时间太长，如前所述会造成污泥上浮，形成浮渣，浮渣浮于池面不动时，会结成硬膜，影响操作。此时应促使生成的浮渣从溢流液堰流出或用人工捞出送回沉砂池或沉淀池。有关迪克理论及适用于不可压缩污泥的肯奇（Kyneh）理论和浓缩池的设计计算等内容可参看有关资料。

（二）重力浓缩池

重力浓缩池可分为间隙式和连续式两种。前者主要用于小型处理厂或工业企业的污水处理厂。后者用于大、中型污水处理厂。

间隙式重力浓缩池是间隙进泥，因此在投入污泥前必须先排除浓缩池已澄清的上清液，腾出池容。故在浓缩池不同高度上应设多个上清液排出管。间隙式操作管理较麻烦，且单位处理量污泥所需池体积较连续式大。

连续式重力浓缩池结构类似于辐射式沉淀式。一般都是直径 5～20m 圆形或矩形钢筋混凝土构筑物。可分为有刮泥机与污泥搅动装置、不带刮泥机以及多层浓缩池（带刮泥机）等三种。

有刮泥机与搅拌杆的连续式浓缩池的代表池型如图 4-2-5 所示。

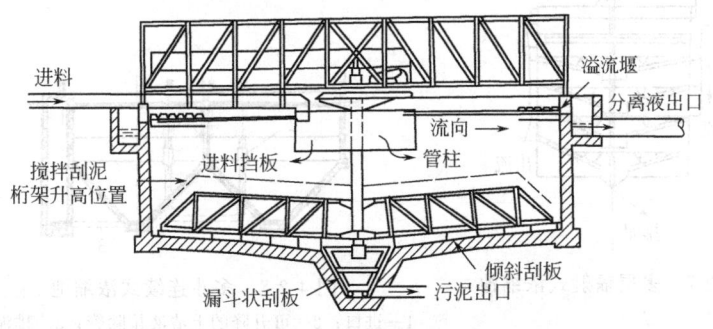

图 4-2-5　浓缩池构造示例

该池是底面倾斜度很小的圆锥形沉淀池（水深约 3m），池底坡度一般用 1/100～1/12，

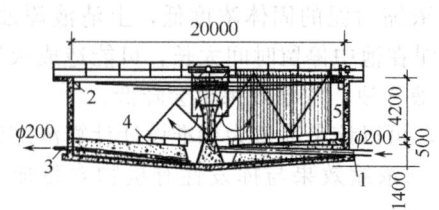

图 4-2-6 有刮泥机及搅动栅的
连续式重力浓缩池
1—中心进泥管；2—上清液溢流堰；
3—排泥管；4—刮泥机；5—搅动栅

污泥在水下的自然坡度角为 1/20。进泥口设在池中心，池周围有溢流堰。自进泥口进入的污泥向池的四周缓慢流动过程中，固体粒子得到沉降分离，分离液则越过溢流堰流入满流槽。被浓缩沉降到池底的污泥，经过安装在中心旋转轴上的刮泥机很缓慢地旋转刮动，从排泥口用螺旋运输机或泥浆泵排出。

为了提高浓缩效果和缩短浓缩时间，可在刮泥机上安装搅拌杆，刮泥机与搅拌杆的旋转速度应很慢，不至于使污泥受到搅动，其旋转周速度一般为 2～20cm/s。搅拌作用可使浓缩时间缩短 4～5h。有一种带刮泥机及搅拌栅的连续式浓缩池如图 4-2-6 所示。

刮泥机装的垂直搅拌栅随着刮泥机转动，周边线速度为 1m/min 左右，每条栅条后面，可形成微小涡流，有助于颗粒之间的絮凝，使颗粒逐渐变大，并可造成空穴，促使污泥颗粒的间隙水与气泡逸出，浓缩效果约可提高 20％以上。搅拌栅可促进浓缩作用，提高浓缩效果，见表 4-2-2。

表 4-2-2 搅拌栅的浓缩效果

浓缩时间/h	浓缩污泥固体浓度/%			
	不投加混凝剂		投加混凝剂	
	不搅拌	搅拌	不搅拌	搅拌
0	2.8	2.94	3.26	3.26
5	6.4	13.3	10.3	15.4
9.5	11.9	18.5	12.3	19.6
20.5	15.0	21.7	14.1	23.8
30.8	16.3	23.5	15.4	25.3
46.3	18.2	25.2	17.2	27.4
59.3	20.0	25.8	18.5	27.4
77.5	21.1	26.3	19.6	27.6

对于土地紧缺的地区，可考虑采用多层辐射式浓缩池。如图 4-2-7 所示。

如不用刮泥机，可采用多斗连续式浓缩池，如图 4-2-8 所示。采用重力排泥，污泥斗锥角大于 55°，故在污泥斗部分，污泥受到三向压缩，有利于压密。污泥由管 1 进入池内，由排泥管从斗底排出，2 为可升降的上清液排除管，可根据上清液的位置随意地升降。

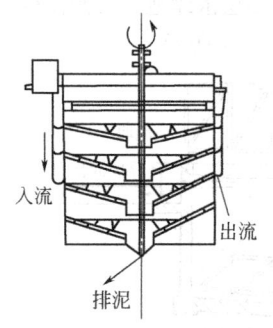

图 4-2-7 多层辐射式浓缩池

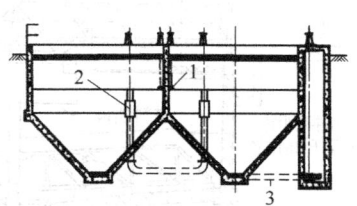

图 4-2-8 多斗连续式浓缩池
1—进口；2—可升降的上清液排除管；3—排泥管

通常，重力浓缩池进泥可用离心泵，排泥则需要用活塞式隔膜泵、柱塞泵等压头较高的泥浆泵。

重力浓缩法操作简便，维修管理及动力费用低，但占地面积较大是主要缺点。

三、气浮浓缩

气浮浓缩与重力浓缩相反，是使微小空气泡吸附在悬浊污泥粒子上，以降低粒子的视密度随小气泡一同上浮而与水分离的方法。适用于粒子易于上浮的疏水性污泥，或悬浊液很难沉降且易于凝聚的场合[8]。

气浮到水表面的污泥用刮泥机刮除。澄清水从池底部排除。一部分水加压回流，混入压缩空气，通过溶气罐，供给所需要的微气泡。气浮浓缩的典型工艺流程如图4-2-9所示。

（一）气浮浓缩原理

在一定的温度下，空气在液体中的溶解度与空气受到的压力成正比，即服从亨利定律。当压力恢复到常压后，所溶空气即变成微细气泡从液体中释放。大量微细气泡附着在污泥颗粒的周围，可使颗粒密度减少而被强制上浮，达到浓缩的目的（气浮的作用原理可参见第四篇第一章有关内容）。

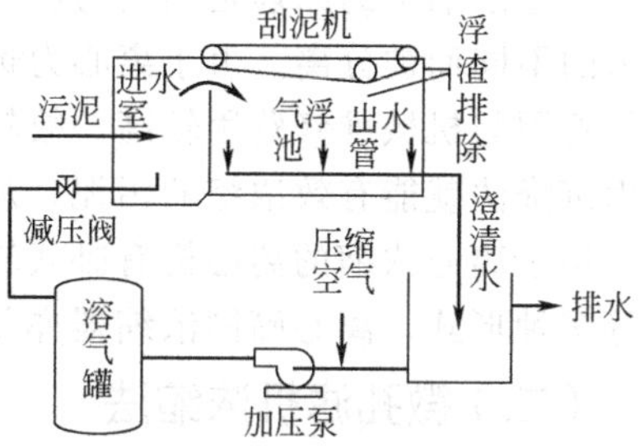

图 4-2-9　气浮浓缩工艺流程

气浮的关键在于产生微气泡并使其稳定地附着于污泥颗粒上面产生上浮作用。按产生微气泡方式的不同，可分为电解气浮、散气气浮和溶气气浮三种。污泥浓缩气浮主要采用的是溶气气浮法，又可分为加压气浮及真空气浮，目前对前者的研究与应用较多。

按气浮原理，气浮适宜的对象是疏水性污泥，但气浮对象如果是絮凝体，由于在絮凝的过程中，捕获了上升中的气泡以及絮凝体对气泡的吸附作用，从而使絮体的相对密度减小而达到气浮的目的。所以活性污泥虽属亲水性物质，但由于它是絮凝体，相对密度约 1.002～1.008，比表面积大，很适宜于气浮。此外好氧消化污泥、接触稳定污泥、不经初次沉淀的延时曝气污泥和一些工业的废油脂及废油也适于气浮浓缩。

初次沉淀污泥、腐殖污泥与厌气消化污泥等，由于其相对密度较大，沉降性能较好，因此重力浓缩比气浮浓缩更为经济。

（二）气浮浓缩池结构形式

气浮浓缩池有圆形与矩形两类（见图 4-2-10）。圆形气浮浓缩池的刮浮泥板、刮沉泥板都安装在中心旋转轴上一起旋转。矩形气浮浓缩池的刮浮泥板与刮沉泥板由电机及链带连动刮泥。

（三）气浮浓缩法优缺点

1. 优点

和重力浓缩法相比，气浮浓缩法有以下优点：

① 浓缩度高（污泥中固体物含量可浓缩到 5%～9%或更高）；

② 固体物质回收率高达 99%以上；

③ 浓缩速度快，停留时间短（一般处理时间约为重力浓缩所需时间的 1/3 左右），因此设备简单紧凑，占地面积较小；

④ 对于污泥负荷变化和四季气候改变均能稳定运行，即操作弹性大；

⑤ 由于污泥混入空气，不易腐败发臭。

2. 缺点

基建费用和操作费用较高，管理较复杂，如气浮浓缩的操作运行费用较重力浓缩高约 2～3 倍。

四、其他浓缩法

其他污泥浓缩方法有离心浓缩法、微孔浓缩法、隔膜浓缩法和生物浮选浓缩法等，分别做如下简要说明[6,7]。

（一）离心浓缩法

离心浓缩法的原理是利用污泥中的固体、液体的密度及惯性差，在离心力场所受到的离心力的不同而被分离。由于离心力远远大于重力，因此离心浓缩法占地面积小，造价低，但运行费用与机械维修费用较高。故较少用于污泥的浓缩。特别对于可用不加药剂的气浮法或重力沉降法就能有效浓缩的污泥，从经济观点出发，更不宜使用离心机。

用于离心浓缩的离心机有卧式转盘式离心机、筐式离心机（三足式离心机）、转鼓离心机等多种形式。离心筛网浓缩器亦是一种利用离心力的浓缩方式。

（二）微孔滤机浓缩法

微孔滤机也用于浓缩污泥。污泥应先作混凝调节，可使污泥含水率从 99％ 以上浓缩到 95％。微孔滤机的滤网可用金属丝网、涤纶织物或聚酯纤维制成。此种压缩机简图见图 4-2-11。

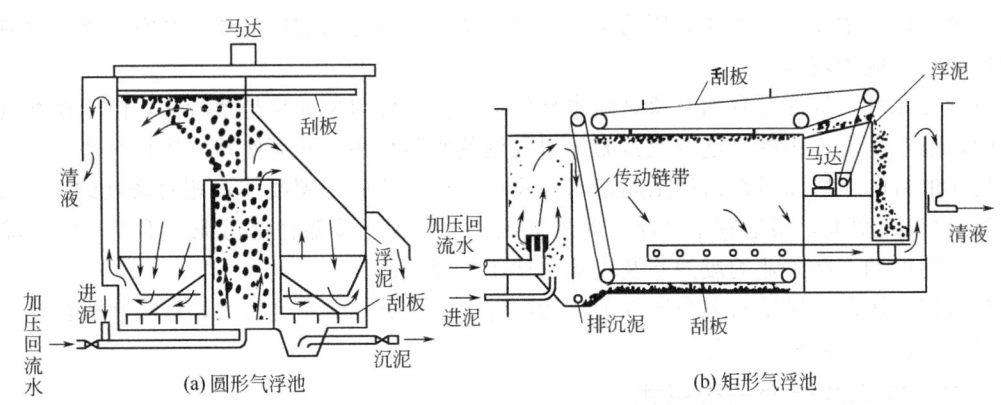

图 4-2-10　气浮池基本形式

（三）隔膜浓缩法

隔膜浓缩法包括超滤浓缩法和反渗透浓缩法两种。其主要特征是采用半渗透膜进行分子范围内的筛分。

半透膜的作用是使溶剂（水）分子通过而使污泥颗粒或分子量大的溶质不能通过，膜的孔径一般为 2～3nm，故超滤法可以隔除粒径为 0.2～0.5nm 的小颗粒，隔滤效果远超过普通过滤方法。

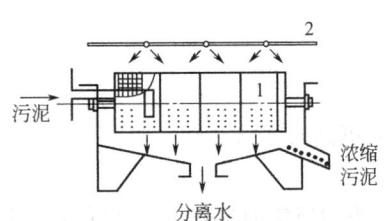

图 4-2-11　微孔滤机浓缩机
1—微孔转鼓；2—反冲洗系统

（四）生物浮选浓缩法

停止对活性污泥曝气后，经过一定时间，污泥产生反硝化，释出氮气和 CO_2，将污泥上浮浓缩。对于初次沉淀污泥，如果停放 5d 以上，保持水温为 35℃左右，也会有同样的作用。污泥上浮后，将下部的清液排除。

综上所述，污泥的浓缩，对于污泥的运输，消化处理及脱水利用等，都有很大的价值。由于浓缩的方法很多，应根据污泥的性质与各地条件进行选择与应用。

第三节　污泥的调理

一、污泥调理的目的及方法

（一）目的

污泥调理是为了提高污泥浓缩、脱水效率的一种预处理，是为了经济地进行后续处理而有计划地改善污泥性质的措施。

有机质污泥（包括初沉污泥、腐殖污泥、活性污泥及消化污泥）均是以有机物微粒为主体的悬浊液，颗粒大小不均且很细小，具有胶体特性。由于和水有很大的亲和力，可压缩性大，过滤比阻抗值也大，因而过滤脱水性能较差。其中活性污泥由各类粒径胶体颗粒组成，过滤比阻抗值高，脱水更为困难[7,8]。

一般经验，进行机械脱水的污泥，其比阻抗值在 $(0.1\sim0.4)\times10^9 S^2/g$ 之间较为经济，但各种污泥的比阻抗值均大于此值（参见表 4-2-3）。因此，为了提高污泥的过滤、脱水性能，进行调理是必要的。

（二）方法

污泥调理方法有洗涤（淘洗调节）、加药（化学调节）、热处理及冷冻熔解法。以往主要采用洗涤法和以石灰、铁盐、铝盐等无机混凝剂为主要添加剂的加药法，近年来，高分子混凝剂得到广泛应用，并且后两种方法也受到重视。特别在以污泥作为肥料再利用时，为了不使有效成分分解，采用冷冻熔解是有益的。在有液化石油气废热可供利用时，用冷冻熔解法更为有利。

选定上述调理工艺时，必须从污泥性状、脱水的工艺、有无废热可利用及与整个处理、处置系统的关系等方面综合考虑决定。

二、污泥的洗涤

污泥的洗涤适用于消化污泥的预处理，目的在于节省加药（混凝剂）用量，降低机械脱水的运行费用。

污泥加药调节所用的混凝剂，一部分消耗于挥发性固体（中和胶体有机颗粒），一部分消耗于污泥水中溶解的生化产物。生污泥经过厌氧消化，使挥发性固体含量降低，但在污泥厌氧消化的甲烷发酵期，会同时生成钙、镁、铵的重碳酸盐，使消耗于液相组分的混凝剂数量激增。污泥水的重碳酸盐碱度的浓度可由数百 mg/L 增加到 $2000\sim3000$ mg/L。按固体量计算，碱度增加 60 倍以上。

如果先不除去重碳酸盐，就要消耗大量药剂用于下述反应。

铁盐混凝剂：$FeCl_3 + 3NH_4HCO_3 \longrightarrow Fe(OH)_3 \downarrow + 3NH_4Cl + 3CO_2 \uparrow$

$$2FeCl_3 + 3Ca(HCO_3)_2 \longrightarrow 2Fe(OH)_3 \downarrow + 3CaCl_2 + 6CO_2 \uparrow$$

铝盐混凝剂：$Al^{3+} + 3HCO_3 \longrightarrow Al(OH)_3 \downarrow + 3CO_2 \uparrow$

$$Al_2(SO_4)_3 + 3Ca(HCO_3)_2 \longrightarrow 2Al(OH)_3 \downarrow + 3CaSO_4 + 6CO_2 \uparrow$$

　　按上述反应计算，1份重碳酸盐碱度（以$CaCO_3$计）要消耗1.16份的$FeCl_3$或1.14份的$Al_2(SO_4)_3$。由于消化后碱度增加几十倍，因此液相组分的混凝剂消耗量也相应增加几十倍。所以消化污泥直接投加混凝剂是很不经济的，需要进行污泥的洗涤处理，洗涤用水为污泥的2~5倍，目的就是降低碱度，节省混凝剂用量。

　　加药洗涤法对消化污泥的调理效果可见表4-2-3。

表 4-2-3　加药洗涤法对消化污泥的调理效果

调理方法	混凝剂投入量/%	比阻抗/(S^2/g)	调理后 pH
加入混凝剂 $FeCl_3$	—	$16×10^9$	8.3
	4.4	$1.6×10^9$	7.5
	13.4	$0.092×10^9$	6.4
	22.3	$0.047×10^9$	4.2
	31.1	$0.097×10^9$	2.5
洗　涤	—	$1.1×10^9$	7.4
洗涤后加 $FeCl_3$	1.66	$0.14×10^9$	6.7
	4.21	$0.027×10^9$	5.8
	6.77	$0.026×10^9$	5.2
	9.30	$0.027×10^9$	4.2
	13.50	$0.035×10^9$	2.5
洗涤后加聚合氯化铝	0.22	$1.0×10^9$	7.4
	0.86	$0.12×10^9$	7.3
	1.32	$0.068×10^9$	6.8
	2.20	$0.021×10^9$	6.7
	5.36	$0.028×10^9$	6.4
	8.60	$0.044×10^9$	5.8

　　由表4-2-3可知，对于消化污泥来说，仅加药调理法（用$FeCl_3$）的效果差，需要混凝剂量也多。洗涤法的效果较好，洗涤后加药调理效果最好，达到同样的比阻抗值，可节省大量的混凝剂。如以使比阻抗值降低到$0.1×10^9 S^2/g$为例，加药调理法，需投加$FeCl_3$约14%，而洗涤后，只需加$FeCl_3$约3%，或加聚合氯化铝约0.8%。一般情况下，经洗涤以后，混凝剂的消耗量可节约50%~80%。

　　洗涤水可用二次沉淀池出水或河水，污泥洗涤过程包括：用洗涤水稀释污泥、搅拌、沉淀分离、撇除上清液。洗涤工艺可分为单级洗涤，两级或多级串联洗涤及逆流洗涤等多种形式。其中两级串联逆流洗涤效果最好，其工艺流程见图4-2-12。

　　由于颗粒大小不同有不同沉降速度及有机微粒的亲水性，故污泥洗涤能去除部分有机微粒，还能降低污泥的黏度，所以能提高污泥的浓缩、脱水效果。但是当循环用水时，有机微

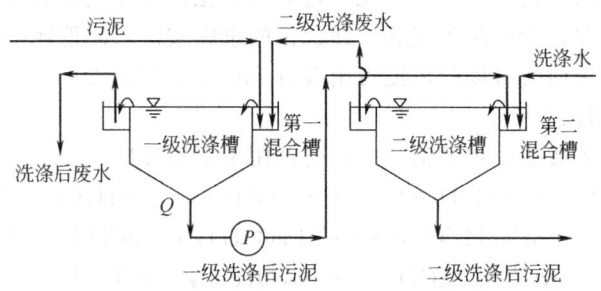

图 4-2-12　二级串联逆流洗涤装置

粒会逐渐在水中富集。故洗涤后上清液 BOD_5 与悬浮物浓度常高达 2000mg/L 以上，必须回流到污水处理厂处理，不能直接排放。

另外，洗涤水会将污泥中氮带走，降低污泥的肥效。所以当污泥用作土壤改良剂或肥料时，不一定采用洗涤工艺。对浓缩生污泥来说，洗涤的效果较差，这时可采取直接加药的方式进行调理。

三、加药调理（化学调节）

加药调理就是在污泥中加入助凝剂、混凝剂等化学药剂，促使污泥颗粒絮凝，改善其脱水性能。

（一）混凝原理概要

由于污泥中固体粒子是水合物，细小而带电，所以污泥形成一种稳定的胶体悬浮液，使污泥中固体和水的分离，即浓缩和脱水都比较困难。为了解决这个问题，需要破坏污泥胶体的稳定性，可以进行加药处理。其目的是减少粒子和水分子的亲和力，使粒子增加凝聚力而粗大化。由于粒子间形成共价键、离子键、氢键、偶极键或诱导偶极键，粒子可以得失电子或共享电子。实际上，废水中的全部分散相粒子都带负电。造成相互之间的静电排斥，以维持其稳定的分散体系。

分散相微粒和分散介质带有相反符号的电荷而形成双电层。由液层与固体表面的关系可以把双电层分为两部分：吸附层和漫散层，统称为漫散双电层。根据这种双电层模式，表面带负电的微粒，其外部周围是集中了阳离子的双电层。两个相同电荷微粒相接近时，由于静电斥力大于范德华力不能相结合成大颗粒。要使胶体颗粒互相凝聚，必须设法中和污泥颗粒所带电荷，并取消或压缩被颗粒吸附着的双电层厚度。

由于各类混凝剂产生的离子常带正电荷与污泥颗粒上负电荷互相吸引并中和，使电荷减小，从而降低斥力并在范德华力的作用下克服静电斥力而凝聚。同时，加入混凝剂后，污泥中离子浓度增加，通过正负电荷的静电引力，使离子迅速靠近，破坏压缩双电层厚度，也促使颗粒凝聚长大，而改善其沉降脱水性能。

通常，所用的混凝剂的离子价越高，即所带的电荷越多，对中和胶体电荷量及压缩双电层厚度也越有利。所以铝盐、铁盐及高聚合度混凝剂的混凝效果是比较好的。

在各类混凝剂中，无机混凝剂的主要作用是中和电荷、压缩双电层、降低斥力，一般铁盐或铝盐加入污泥后会形成带正电荷离子，即 Fe^{3+} 或 Al^{3+}，往往易水解形成氢氧化物絮体而促进混凝作用。故混凝效果与 pH 值有很大关系，例以铝盐作混凝剂时：pH 值小于 4 时，铝成为 Al^{3+} 的状态；pH 值大于 4 时，生成 $Al_8(OH)_{20}^{4+}$ 和 $Al_6(OH)_5^{3+}$ 等带正电荷高价氢氧化物聚合体，有利于中和污泥颗粒的负电荷及加强吸附作用；pH 值在 8.2 以上时，$Al(OH)_3$ 明显地溶解成为铝酸离子 AlO_2^- 而丧失了混凝作用。因此，铝盐作为混凝剂，污泥的 pH 值以 5~7 的效果最好。高铁盐要求的 pH 值以 5~7 时的混凝效果较好，可以迅速形成 $Fe(OH)_3$ 絮体。亚铁盐作为混凝剂时，最适宜的 pH 值是 8.7~9.6。

通常同时使用石灰以调整到适当的 pH 值范围。此外，石灰还起到降低臭气、杀菌，使污泥易于过滤及稳定化等作用。石灰一般不单独作为混凝剂，投加石灰主要起助凝作用，补给 OH^-，以中和铁盐所造成的酸性，改良滤饼从过滤介质上剥离的性能。

上述添加无机药剂的工序是为了有利于真空脱水或加压脱水而制定的，然而存在着下列问题：由于添加百分之几到 20% 的金属盐和 5%~25%（有的加到 60%~70%）石灰，需增加设备并使滤饼数量增加，不利于进一步处理和利用；从药剂中带入有害物质，在焚烧污泥时，Ca^{2+} 会使 Cr^{3+} 氧化为毒性更大的 Cr^{6+}；石灰粉尘会影响工作环境；且 $Ca(OH)_2$ 会分解耗热，使滤饼热值降低，不利于焚烧处理。

高分子混凝剂中和污泥胶体颗粒的电荷及压缩双电层这两个作用，与无机电解质混凝剂相同。高分子混凝剂的混凝特点在于：由于它们的长分子（约长 $0.1\mu m$），可构成污泥颗粒之间的"架桥"作用。并且能形成网状结构，起到网罗作用，促进凝聚过程，故能提高脱水性能［实际上，Fe^{3+} 和 Al^{3+} 在水中能形成 $Fe(H_3O)_6^{3+}$ 及 $Al(H_3O)_6^{3+}$ 等综合离子，也可以构成溶解度小，具有复杂结构的长链分子，起到部分混凝架桥作用］。特别是变性后的高分子聚合电解质，架桥作用更强。因非离子型的链是卷曲的，变性后，极性基团被拉长展开，增强了架桥与吸附能力，混凝效果可提高 6～10 倍。此外高分子混凝剂能迅速吸附污泥颗粒，絮体比无机混凝剂更牢固，结合力更大。

（二）助凝剂与混凝剂的分类

1. 助凝剂

助凝剂本身，一般不起混凝作用，而在于调节污泥的 pH 值，供给污泥以多孔状格网的骨架，改变污泥颗粒结构，破坏胶体的稳定性，提高混凝剂的混凝效果，增强絮体强度。

助凝剂主要有硅藻土、珠光体、酸性白土、锯屑、污泥焚烧灰、电厂粉尘及石灰等惰性物质。

助凝剂的使用方法有两种：一种是直接加入污泥中，投加量一般为 10～100mg/L；另一种是配制成 1%～6% 的糊状物，预先粉刷在转鼓真空过滤介质上，随着转鼓的运转，每周刮去 0.01～0.1mm。待刮完后再涂上。

2. 混凝剂

污泥调理常用的混凝剂包括无机混凝剂与高分子混凝剂两大类。无机混凝剂是一种电解质化合物，主要有铝盐［硫酸铝 $Al_2(SO_4)_3 \cdot 18H_2O$，明矾 $Al_2(SO_4)_3 \cdot K_2SO_4 \cdot 2H_2O$ 及三氯化铝 $AlCl_3$ 等］和铁盐［三氯化铁 $FeCl_3$，绿矾 $FeSO_4 \cdot 7H_2O$，硫酸铁 $Fe_2(SO_4)_3$ 等］。高分子混凝剂是高分子聚合电解质，包括有机合成剂及无机高分子混凝剂两种。

国内广泛使用高聚合度非离子型聚丙烯酰胺（PAM）（简称聚丙烯酰胺，又叫三号混凝剂）及其变性物质。无机高分子混凝剂主要是聚合氯化铝（PAC）。

（三）混凝剂的选择及注意事项

无机混凝剂中，铁盐所形成的絮体密度较大，需要的药剂量较少，特别是对于活性污泥的调节，其混凝效果相当于高分子聚合电解质。但腐蚀性较强，贮藏与运输困难。当投加量较大时，需用石灰作为助凝剂调节 pH 值。

铝盐混凝剂形成的絮体密度较小，药剂量较多，但腐蚀性弱，贮藏与运输方便。

高分子混凝剂中，最常用的有聚丙烯酰胺及其变性物和无机聚合铝。主要特点是药剂消耗量大大低于无机混凝剂，聚合氯化铝的投加量一般在 3% 左右（占污泥干固体质量分数，下同），聚丙烯酰胺的投加量一般在 1.0% 以下，而无机混凝剂的投加量一般为 7%～20%。与无机混凝剂相比，高分子混凝剂还有以下优点：处理安全，操作容易，在水中呈弱酸性或弱碱性，故腐蚀性小（金属盐混凝剂有腐蚀性，一般不能用于离心脱水机工艺）；滤饼量增加很少；滤饼用作燃料时，发热量高，焚烧后灰烬少。

使用高分子混凝剂前，必须对各种污泥做混凝试验。还应注意，有时虽然能提高悬浮粒子的凝聚作用和沉淀性能，但其脱水性能不一定能提高。

为了和水混合，高分子混凝剂最好呈液态，其次是颗粒状或小片状，但前者运输费用高，后者价格较贵。

国外已广泛采用高分子混凝剂来进行污泥脱水前调理，仅在高分子混凝剂太不经济或对污泥脱水性能提高无效时才使用金属盐无机混凝剂，在污泥臭气严重或污泥不需充分消化直接填埋时则常常采用石灰。

使用混凝剂还需注意如下几点：

（1）当用三氯化铁和石灰药剂时，需先加铁盐再加石灰，这时过滤速度快，节省药剂。反之则不是。

（2）高分子混凝剂与助凝剂合用时，一般应先加助凝剂压缩双电层，为高分子混凝剂吸附污泥颗粒创造条件，才能最有效地发挥混凝剂的作用。高分子混凝剂与无机混凝剂联合使用，也可以提高混凝效果。

（3）机械脱水方法与混凝剂类型有一定关系。通常，真空过滤机使用无机混凝剂或高分子混凝剂效果差不多，压滤脱水对混凝剂的适应性也较强。离心脱水则要求使用高分子混凝剂而不宜使用无机混凝剂。

（4）泵循环混合或搅拌均会影响混凝效果，增加过滤比阻抗，使脱水困难。故需注意适度进行。

四、热处理

将污泥加热，可使部分有机物分解及亲水性有机胶体物质水解，同时污泥中细胞被分解破坏，细胞膜中水游离出来，故可提高污泥的浓缩性能与脱水性能[8,9]。

这种过程称为污泥的热处理，也叫蒸煮处理。对于脱水性能差的活性污泥特别有效。这是由于活性污泥的泥团内含有内部水，即使添加药剂脱水，这些水分也难以分离，通过加热处理，可使细胞分解、蛋白质原生质被释放的同时，蛋白质和胶质细胞膜被破坏，形成由可溶性蛋白酶（缩多氨酸）、氨氮、挥发酸及碳水化合物组成的褐色液体，留下矿物质和细胞膜碎片。故提高了污泥的沉降性能和脱水性能。

热处理法可分为高温加压处理法与低温加压处理法两种。

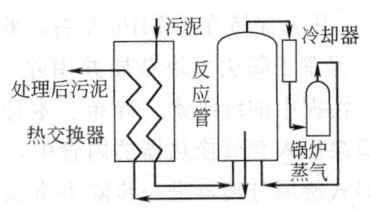

(a) 污泥/污泥热交换——蒸气直接吹入方式
（Porteous 法）

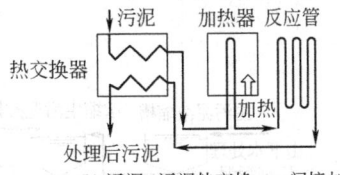

(b) 污泥/污泥热交换——间接加热方式

（一）高温加压处理法

高温加压处理法是把污泥加温到 $170 \sim 200℃$，压力为 $10 \sim 15MPa$，反应时间 $1 \sim 2h$。热处理后的污泥，经浓缩即可使含水率降低到 $80\% \sim 87\%$，比阻抗降低到 $1.0 \times 10^8 S^2/g$。再经机械脱水，泥饼含水率可降低到 $30\% \sim 45\%$。

热处理工艺有多种形式，主要差别在于对污泥加热方式不同。其工艺流程示意如图 4-2-13 所示。其中，（a）是水蒸气直接吹入反应管内加

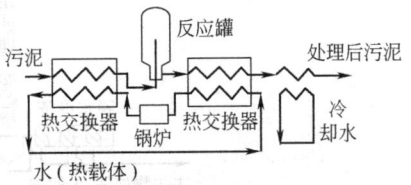

(c) 污泥/水/污泥热交换——间接加热方式

图 4-2-13　污泥热处理法

热污泥的方法，污泥混合良好，受热均匀。（b）除反应管外，增设加热器间接加热污泥的方式。污泥在热交换器与处理后污泥换热后，在加热器内被高温水或热风间接加热到所需要的温度，为了避免污泥堵塞热交换器，事前必须过筛及破碎。（c）以水为过热载体的间接加热方式，这种方式比其他两种热效率高。采用方式（c）的污泥热处理系统如图 4-2-14 所示。

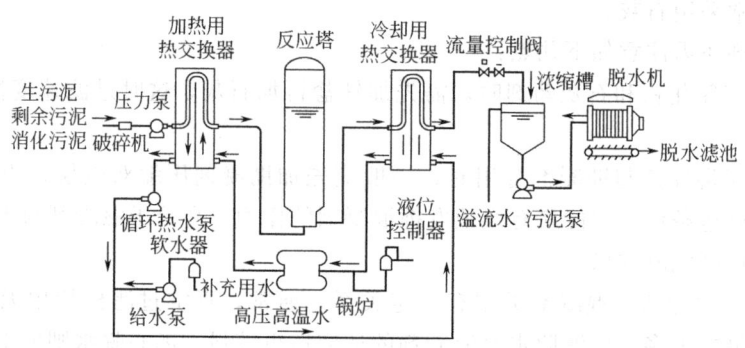

图 4-2-14　污泥/水/污泥热交换——间接加热式热处理系统

（二）低温加压处理法

经验证明，反应温度在 175℃ 以上时，设备容易产生结垢现象，降低传热效率。同时，高温高压处理后的分离液中溶解性物质比原污泥高约 2 倍，分离液需进行处理。所以可以考虑采用低温加压处理法。该法反应温度较低（在 150℃ 以下），有机物的水解受到控制，与高温加压法比较，分离液的 BOD_5 浓度约低 40%～50%，锅炉容量可减少 30%～40%，臭气也比较少。因此，低温加压法得到了发展。

下面介绍一种处理流程，是介于湿式氧化和热处理之间的低温加压吹气方式。反应器内温度 145℃，压力保持在 10MPa 左右，吹入处理污泥 10 倍体积的高压空气。其流程如图 4-2-15 所示。经筛子筛去大块杂质并用除砂装置除去砂石、金属、玻璃片等杂质后的污泥被送入贮槽，污泥中的纤维素、碎布、木片等则靠破碎机重复破碎到 2cm 以下。随后将污泥用高压隔膜泵压入套管换热器的内管中，被环状外管内流过的反应后高温污泥预热到 120℃后，送入湿式旋风分离器进一步除去常温下尚未除掉的砂石、金属屑等，再送入反应器。在

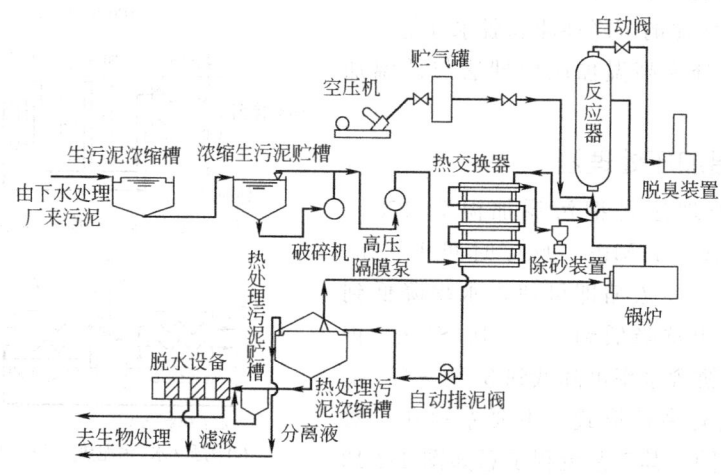

图 4-2-15　低温加热吹气式热处理系统

反应器内被来自锅炉的蒸汽加热到 150℃，同时与空压机送来的空气相接触使污泥中一部分臭气成分氧化分解，并使污泥脱水性能提高。反应后的热处理污泥，经过上述套管换热器及自动排泥阀后送入污泥浓缩槽，浓缩后靠高压泵打入压滤机内。上清分离液送返废水的生物处理系统。由反应器底部吹入的空气从反应器顶部抽出后，送入燃烧式脱臭器脱臭。

（三）热处理法优缺点

1. 优点

（1）可以大大改善污泥的脱水性能。

（2）热处理污泥经机械脱水后，泥饼含水率可降到 30%～45%。泥饼体积是浓缩、机械脱水法泥饼的 1/4 以下，便于进一步的处置。

（3）不需加药剂，不增加泥饼量。

（4）由于加热处理，污泥中的致病微生物与寄生虫卵可以完全被杀灭，从卫生学看也是有利的。

（5）适应性强，可适用于各种污泥。

2. 缺点

（1）为了回收热量而使用套管热交换器时，容易在管壁结垢，且有机物在管壁处结焦会造成热交换器高温区管壁和 T 形回弯头等处腐蚀和磨损。

（2）发生恶臭，向处理场地周围散发。

（3）由于污泥可溶性分离液含有机物浓度高，BOD 及 COD 偏高，需要二次处理。

（4）需要高温高压操作和蒸汽加热，处理时间长达 30min 以上。

（5）设备费、操作费用均高。

（6）和焚烧相比，污泥发热量低。

但是热处理法优点是主要的，今后污泥热处理法会有所发展。

五、冷冻熔解处理法

冷冻熔解法是为了提高污泥的沉淀性和脱水性而使用的预处理方法[9,10]。污泥一旦冷冻到零下 20℃后再熔解，因为温度大幅度变化，使胶体脱稳凝聚且细胞膜破裂，细胞内部水分得到游离，从而提高了污泥的沉淀性能和脱水性。此种处理的流程见图 4-2-16 所示，图中冷冻熔解槽的结构如图 4-2-17 所示。

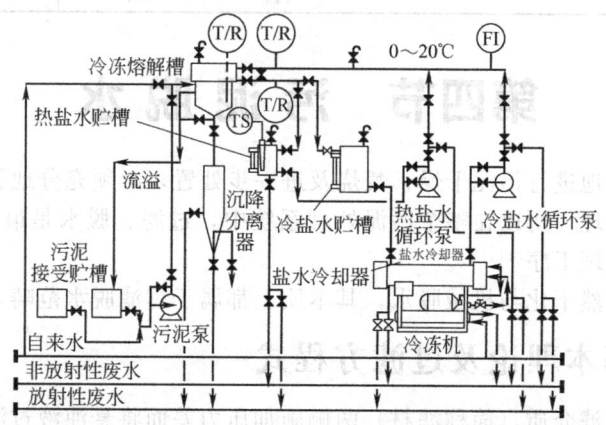

图 4-2-16 冷冻熔解处理流程

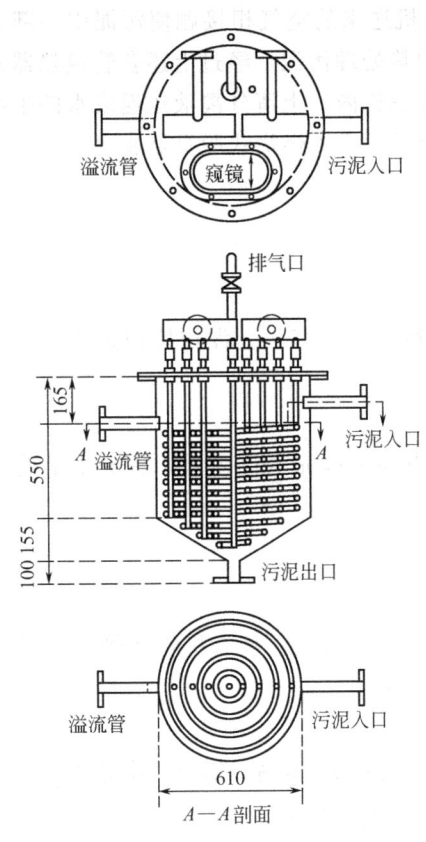

图 4-2-17　冷冻熔解槽结构

近年来，冷冻熔解法已被广泛使用，但用于给水污泥处理系统较多。冷冻前，污泥颗粒的结构分散，细小。冷冻熔解以后，颗粒变大，没有毛细状态。冷冻处理后，污泥的沉降速度显著提高。经冷冻熔解后，无论污泥的浓度高低，几乎都在 10min 内，沉降速度即达到 500mm/min 以上。此速度是冷冻前的 2～6 倍。冷冻处理对提高污泥过滤产率的影响甚至更大。自来水厂污泥的过滤产率一般为 5～10kg/(m² · h)。若投加混凝剂作化学预处理时，过滤产率约可提高数倍。而经冷冻熔解预处理，过滤产率可以提高到 200kg/(m² · h) 以上，最高甚至可达 2000kg/(m² · h) 以上。因此，很多自来水厂都采用冷冻法处理污泥，以便节约处理污泥的占地面积。

污泥冷冻熔解后，再经真空过滤脱水，可得含水率为 50%～70% 的泥饼。而用加药调理、真空过滤脱水，泥饼含水率为 70%～85%。不同种类的污泥，分别采用冷冻熔解与加药调理法作为预处理的脱水效果见表 4-2-4。从表可知冷冻熔解后进行真空过滤的泥饼含水率远低于加药调理后进行真空过滤泥饼的含水率。

由于冷冻处理后，不必加混凝剂，所以泥饼量不会增加。

表 4-2-4　污泥固体冷冻熔解脱水效果

污泥固体浓度 /%	−8℃		−13℃		−25℃	
	冷冻时间 /min	滤饼含水率 /%	冷冻时间 /min	滤饼含水率 /%	冷冻时间 /min	滤饼含水率 /%
4.2	157	56.3	105	51.7	—	—
7.9	180	51.9	102	48.7	—	—
11.0	260	55.2	125	54.2	57	63.5
15.2	—	—	114	53.6		

第四节　污泥脱水

为了有效而经济地进行污泥干燥、焚烧及进一步处置，必须充分地脱水而减量化，使污泥当作固态物质来处理，所以在整个污泥处理系统中，过滤、脱水是最重要的减量化手段，也是不可缺少的预处理工序[11,12]。

污泥脱水包括自然干化与机械脱水，其本质上都属于过滤脱水范畴，基本理论相同。

一、过滤基本理论及过滤方程式

过滤是给多孔过滤介质（简称滤材）两侧施加压力差而将悬浊液过滤分成滤渣及澄清液两部分的固液分离操作。过滤操作所处理的悬浊液（如污泥）称为滤浆，所用的多孔物质称为过滤介质，通过介质孔道的液体称为滤液，被截留的物质称为滤饼或泥饼，其操作示意如图 4-2-18 所示。

当悬浊液中固体粒子体积浓度低于 0.1％时，固体粒子主要靠滤材层表面的物理或化学作用捕集分离，这种过滤方式称为澄清过滤或内部过滤。当固体粒子体积浓度＞1％时，固体粒子被滤材表面截留堆积形成滤渣层，起着滤材的过滤作用，称为滤饼过滤或表面过滤。后一种过滤方式适用于污泥处理。

产生压力差（过滤的推动力）的方法有四种：a. 依靠污泥本身厚度的静压力（如污泥自然干化场的渗透脱水）；b. 在过滤介质的一面造成负压（如真空过滤脱水）；c. 加压污泥把水分压过过滤介质（如压滤脱水）；d. 产生离心力作为推动力（如离心脱水）。

根据推动力在脱水过程中的演变，可分为恒压过滤与恒速过滤两种。前者在过滤过程中压力保持不变；后者在过滤过程中过滤速度保持不变。污泥的过滤脱水操作以恒压过滤为主，也有的用先恒速后恒压的操作方式。

（一）恒压过滤方程式

恒压过滤的基本过程见图 4-2-18。过滤开始时，滤液只需克服过滤介质的阻力。当滤饼逐渐形成后，滤液还需克服滤饼本身的阻力。滤饼是由颗粒堆积而成的，也可视为一种多孔性的过滤介质，孔道属于毛细管。因此真正的过滤层包括滤饼与过滤介质。由于过滤介质中微细孔道的直径往往稍大于部分悬浮污泥颗粒直径，所以在过滤开始阶段，会有一些细小颗粒穿过介质而使滤液浑浊，此种滤液应倒回污泥槽重新过滤。以后颗粒会在孔道中迅速地发生"架桥现象"（见图 4-2-19），因而使得尺寸小于孔道直径的细小颗粒也能被拦住，滤饼开始生成，滤液也变得澄清，此后过滤才能有效地进行。可见在滤饼过滤中，起主要分离作用的是滤饼层，而不是过滤介质。

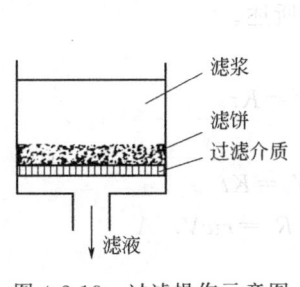
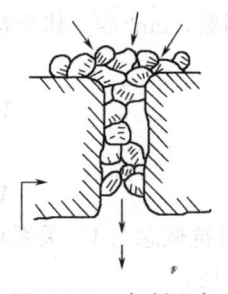

图 4-2-18　过滤操作示意图　　　图 4-2-19　架桥现象

可采用如下过滤基本方程式：

$$dV/dt = pA^2/[\mu(wVr + R_f A)] \tag{4-2-11}$$

式中　V——滤液的体积，m^3；

t——过滤时间，s；

A——过滤面积，m^2；

p——过滤压力差，Pa；

μ——滤液动力黏度，$N \cdot s/m^2$；

w——滤过单位体积滤液在过滤介质上截留的滤饼干固体质量，kg/m^3；

R_f——过滤介质的阻抗，$1/m^2$；

r——单位过滤面积上得到单位质量滤液所产生的过滤阻抗，简称比阻抗，m/kg。

恒压过滤时可将（4-2-11）对时间积分：

$$\int_o^t \mathrm{d}t = \int_o^V (\mu w r V / p A^2 + \mu R_{\mathrm{f}} / p A) \mathrm{d}V$$

得 $t = \mu w r V / 2 p A^2 + \mu R_{\mathrm{f}} V / p A$

即
$$t/V = \mu w r V / 2 p A^2 + \mu R_{\mathrm{f}} / p A \tag{4-2-12}$$

上式以 t/V 为 y，V 为 x，符合直线方程关系：$y = ax + b$

即斜率为
$$a = \mu w r / 2 p A^2 \quad b = \mu R_{\mathrm{f}} / p A$$

所以可得比阻抗关系式为：

$$r = 2 a p A^2 / (\mu w) \tag{4-2-13}$$

利用式（4-2-13）计算 r 值时可采用两种单位体制。

（1）用厘米·克·秒时，r 单位为 s^2/g，p 为 $\mathrm{g/cm^3}$，A 为 $\mathrm{cm^2}$，a 为 $\mathrm{s/cm^6}$，μ 为泊 $\mathrm{g/(cm \cdot s)}$ 或 $10^{-1} \mathrm{Pa \cdot s}$，$w$ 为 $\mathrm{g/cm^3}$。

（2）用工程单位制时，r 单位为 $\mathrm{m/kgf}$，p 为 $\mathrm{N/m^2}$，A 为 $\mathrm{m^2}$，a 为 $\mathrm{s/m^6}$，μ 为 $\mathrm{N \cdot s/m^2}$，w 为 $\mathrm{kg/m^3}$。

在过滤操作中总是把过滤介质与滤饼联合起来考虑过滤的阻力。可把过滤介质厚度 δ 所具有的阻抗相当于某厚度滤饼所具有的阻抗，称为当量滤饼厚度或称虚拟滤饼厚度 δ_{e}。

引入虚拟滤液体积 V_{e} 及虚拟过滤时间 t_{e} 的概念。V_{e} 即为过滤介质的当量滤饼厚度为 δ_{e} 时的滤液体积（$\mathrm{m^3}$）。即当量滤液体积，称虚拟滤液体积。V_{e} 为试验常数，可通过试验求得。t_{e} 即假定获得体积为 V_{e} 的滤液所需的时间，称为虚拟过滤时间。所以过滤时间是实在过滤时间 t 与虚拟过滤时间 t_{e} 之和，滤液体积是实在滤液体积 V 与虚拟滤液体积 V_{e} 之和。

由此可得恒压过滤公式：

$$(V + V_{\mathrm{e}})^2 = 1/a (t + t_{\mathrm{e}}) = K (t + t_{\mathrm{e}}) \tag{4-2-14}$$

式中 K——a 的倒数，$\mathrm{cm^6/s}$。其余符号如前所述。

当 $t = 0$ 时

$$V = 0, V_{\mathrm{e}}^2 = K t_{\mathrm{e}}$$

则：

$$V^2 + 2 V V_{\mathrm{e}} = K t$$

又由过滤介质阻抗概念与 V_{e} 关系可推出 $R_{\mathrm{f}} = r w V_{\mathrm{e}} / A$

所以由式（4-2-12）

$$t/V = \mu w r V / 2 p A^2 + \mu R_{\mathrm{f}} / p A$$

$$= \mu w r V / 2 p A^2 + 2 \mu w r V_{\mathrm{e}} / 2 p A^2 = a V + 2 a V_{\mathrm{e}} = V/K + 2 V_{\mathrm{e}}/K \tag{4-2-15}$$

式（4-2-15）是恒压过滤方程的另一形式。

以上均适用于不可压缩性污泥及滤饼。可压缩滤饼的情况比较复杂，它的比阻抗是两侧压强差的函数，考虑到滤饼的压缩性，通常可用下述经验公式估算压强差改变时比阻抗的变化：

$$r = r_0 p^S \tag{4-2-16}$$

式中 r_0——单位压强差下滤饼的比阻抗，$1/\mathrm{m^2}$；

S——滤饼的压缩系数，无量纲。一般情况下，$S = 0 \sim 1$，对于不可压缩滤饼 $S = 0$。对于可压缩滤饼 S 常在 $0.6 \sim 0.9$。由式（4-2-16）将 r 与 p 的实测值在双对数坐标轴上作图，显然是一条直线，截距即为 r_0，斜率为 S。

（二）比阻抗测定及计算

1. 概念

由式（4-2-13）可知，比阻抗与过滤压力及过滤面积的平方成正比，与滤液的动力黏度及滤饼的干固体质量成反比，并决定于污泥的性质（包括在 a 值之内）。实际上比阻抗值随污泥干固体浓度的增加而增加。因此，如事先经过浓缩，计算时需要用浓缩后的污泥比阻抗。

测定污泥的比阻抗值，可以确定最佳的混凝剂及其投量、最合理的过滤压力，推导出过滤基本方程式及计算出过滤产率。

不同污泥的比阻抗与压缩系数值可参考表 4-2-5（表 4-2-3 也已说明污泥性质不同，比阻抗也有差别）。

表 4-2-5　污泥的比阻抗及压缩系数

污泥种类	比阻抗/($\times 10^9 S^2/g$)	压缩系数 S	备 注
初次沉淀污泥	4.70	0.54	均属生活
消化污泥	12.6~14.2	0.64~0.74	污水污泥
活性污泥	28.8	0.81	
调理后初沉污泥	0.031	1.00	
调理后消化污泥	0.1	1.19	

污泥比阻抗值的大小能反映各类机械脱水性能，也能表示干化场常压下渗透性能。适用于干化场的比阻抗方程式为：

$$r = 5a^2(1-\varepsilon)^2/g\varepsilon^3 \tag{4-2-17}$$

式中　r——比阻抗，S^2/g；

a——干化场滤层颗粒的比表面积，cm^2/g；

ε——空隙率，%；

g——重力加速度，cm^2/s^2。

可见比阻抗小的污泥，渗透性能也好，易于干化脱水。

2. 测定方法

比阻抗的测定装置可见图 4-2-20（或用图 4-2-2 所示装置测定）。

该装置古氏漏斗 1 直径为 10cm，漏斗底铺直径为 9.4cm 的快速滤纸。滤液用 100mL 计量管 3 测定。真空度用 U 形测压计 4（或真空表）测定。

（1）测定步骤

① 先测定污泥的干固体浓度 C_0。

② 制配好各种混凝剂溶液，并用各种混凝剂的不同投加量调节污泥（调节一个试验一个，逐一进行）。

③ 用少许蒸馏水润湿滤纸，开动真空泵，使滤纸紧贴漏斗底。

④ 关闭真空泵，放 100mL 调节好的污泥在漏斗内，使其依靠重力过滤约 1min，记录计量管中的滤液量。此滤液量应在分析时减去。

⑤ 开启真空泵，至额定真空度时（如分别为 100mmHg，

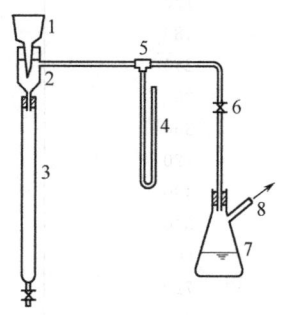

图 4-2-20　比阻测定装置

1—古氏漏斗；2—抽滤器；
3—100mL 计量管；4—U 形测压计；
5—三通；6—调节阀；7—缓冲瓶；
8—接真空泵

230mmHg，500mmHg）作为零时间，记录适当时间间隔的滤液体积。在整个试验过程中，应不断调节压力，保持额定真空度，进行恒压过滤，直至滤饼破裂，真空破坏或持续过滤20min。

⑥ 测定滤液温度，滤饼干重。

⑦ 每种混凝剂的不同投加量、不同真空度，重复试验3次，各次误差值应小于±2%。

（2）分析计算

① 对于每个试验，由过滤时间 t，对应的滤液量 V，计算出 t/V。在直角坐标纸上，以 t/V 为纵坐标，V 为横坐标，点绘 t/V-V 关系直线。直线的斜率 $a=1/K$，截距 $b=2/K$·V_e。建立恒压过滤方程式（4-2-15）。

② 用物料平衡法可计算 W 值。

③ 各次试验的比阻抗值用式（4-2-13）计算。

④ 计算污泥压缩系数 S 值。求出不同 p 值时的 r 值，在双对数坐标上，以比阻抗 r 为纵坐标，p 为横坐标点绘，直线的斜率即为 S 值。

（3）测定计算实例

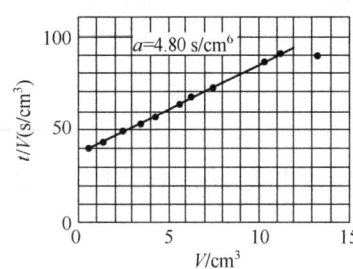

图 4-2-21 实验结果图

[例 4-2-1] 已知过滤压力 $p=966\text{g/cm}^3$，滤液动力黏度 $\mu=0.0112\text{g/(cm·s)}$，单位体积滤液得到滤饼的固体干重 $w=0.075\text{g/cm}^3$，过滤面积 $A=44.2\text{cm}^2$。利用测定装置，每隔 $20\sim180\text{s}$ 连续测定滤液的数量 V（mL），得表 4-2-6 数据。

解：（1）根据试验结果作图（见图 4-2-21）。

（2）从图上可查出或算出斜率 $a=4.80\text{s/cm}^6$。

（3）由式（4-2-13）$r=2apA^2/(\mu w)=[2\times4.80\times966\times(44.2)^2]\div(0.0112\times0.075)=2.16\times10^{10}(\text{S}^2/\text{g})$

由测得比阻抗 r 值大，可推知该污泥大致为新鲜的活性污泥。

表 4-2-6 [例 4-2-1] 数据

t/s	V/cm^3	V 修正值/cm^3	$t/V/(\text{s/cm}^3)$
0	2.0	0.0	—
60	3.4	1.4	13.0
120	4.4	2.4	50.0
180	5.4	3.4	53.0
240	6.2	4.2	57.2
300	7.0	5.0	60.0
360	7.7	5.7	63.2
420	8.2	6.2	68.0
480	8.9	6.9	69.5
540	9.5	7.5	72.0
600	10.0	8.0	75.0
720	11.0	9.0	80.4
900	12.4	10.4	86.5
1020	13.2	11.2	91.0
1200	15.4	13.4	89.5

（三）由比阻抗计算过滤产率

通过比阻抗的测定，可以引导出过滤产率的计算公式。所谓过滤产率即单位时间在单位过滤面积上产生的滤饼干质量，单位为 $kg/(m^2 \cdot s)$ 或 $kg/(m^2 \cdot h)$。过滤产率是过滤设备生产能力的一种表示方法，也可用单位时间得到的滤液体积来表示生产能力。

若将过滤介质的阻抗值 R_f 忽略不计，则式（4-2-12）可表示为：

$$t/V = \mu w r V / 2pA^2$$

即

$$t = \mu w r V^2 / 2pA^2$$

或定成

$$(V/A)^2 = 2pt/\mu wr \qquad (4\text{-}2\text{-}18)$$

设滤饼干重为 W，则 $W = wV$，即 $V = W/w$。代入式（4-2-18）

$$(W/wA)^2 = 2pt/\mu wr$$

$$(W/A)^2 = (2ptw/\mu r)$$

即　滤饼干重/过滤面积 $= W/A = (2ptw/\mu r)^{1/2}$

对过滤操作来说，计算生产能力时应以整个操作同期为基准。

对间隙过滤机有

$$T = t + t_w + t_D \qquad (4\text{-}2\text{-}19)$$

式中　T——一个操作循环时间，即操作周期，s；

　　　t——一个操作循环内过滤时间，s；

　　　t_w——一个操作循环洗涤滤饼时间，s；

　　　t_D——一个操作循环各类辅助操作时间，s。

对连续真空过滤系统，t 相当于一个过滤周期滤饼形成区（浸入液槽内）持续时间。把滤饼形成区时间与过滤周期时间之比，称为浸液比，以 m 表示：$m = t/T$。故过滤产率为：

$$Q = W/AT = (2ptw/\mu r T^2)^{1/2} = (2ptwm^2/\mu rt^2)^{1/2} = (2ptwm^2/\mu rt)^{1/2} = (2pwm/\mu rt)^{1/2}$$

$$(4\text{-}2\text{-}20)$$

式中　Q——过滤产率，$kg/(m^2 \cdot s)$；

　　　p——过滤压力，N/m^2；

　　　μ——滤液动力黏度，$N \cdot s/m^2$；

　　　r——比阻抗，m/kg；

　　　T——过滤周期，s。

二、过滤介质

过滤介质是滤饼的支承物，它应具有足够的机械强度和尽可能小的流动阻力[13]。

工业上常用的过滤介质主要有以下几类。

（1）织物介质　又称滤布，包括由棉、毛、丝、麻等天然纤维及由各种合成纤维制成的织物，以及由玻璃丝、金属丝等织成的网状物。织物介质在工业上应用最广。

（2）粒状介质　包括细砂、木炭、石棉、硅藻土等细小坚硬的颗粒状物质，多用于深层过滤。

（3）多孔固体介质　是具有很多微细孔道的固体材料，如多孔陶瓷、多孔塑料及多孔金属制成的管或板。此类介质多耐腐蚀，且孔道细微，适用于处理只含少量细小颗粒的腐蚀性悬浮液及其他特殊场合。

在污泥机械脱水中，滤布起着重要作用，影响脱水的操作与成本，因此必须认真地选择。对于不同的污泥，不同的脱水机械，可以采用不同的试验方法，确定最佳滤布。

各类滤布中，棉、毛、麻织品的使用寿命较短，约 $400 \sim 1000h$；不锈钢丝网耐腐蚀性强，但价格昂贵；毛纤织物符合机械脱水的各项要求，使用寿命一般可达 5000～10000h。目前，棉织物的应用逐渐减少，而涤纶、锦纶及维纶等的应用逐渐增加。

各种滤布的主要性能与特点见表 4-2-7。

表 4-2-7　各种滤布主要性能比较

名　称	热稀酸	冷浓酸	冷稀酸	浓碱	稀碱	耐温度	光滑度	霉	蛀	机械强度	耐磨性	氧化剂	有机溶剂	来源	价格
棉织品	－	－	－	溶胀	＋	耐150℃	较差	－	－	一般	一般	－	－	广	便宜
黏胶纤维与铜铵纤维	－	－		膨胀	＋	一般	一般	－	＋	一般	一般	－	＋	广	便宜
醋酸纤维			＋	膨胀	＋	耐200℃			＋	较低	一般	－	－	广	较贵
尼龙				较强	＋	耐121℃	光滑			较强	较强	＋	＋	广	较贵
涤纶	＋	＋	＋	＋	＋	耐高温				强	良好	＋	＋	广	贵
腈纶与丙纶	＋	＋	＋	＋	＋	耐97℃	光滑			较低		＋	＋		较低
维纶			－	泛黄	＋					较强			＋	广	
氯纶与偏氯纶		＋		＋		耐70℃	光滑								
玻璃布	＋	＋	＋	＋	＋	耐高温		＋	＋	较低	差	＋	＋	广	便宜

注："＋"表耐受；"－"表不耐受；空白表未知。

三、过滤脱水设备

一般说，过滤和脱水没有明确的区分，但严格地说，过滤指的是从泥浆、污泥得到粒子间隙仍充满液体的滤饼为止，而脱水指的是用机械方法除掉多孔介质和滤饼内的毛细管化合水及粒子表面吸附水[13,14]。

机械脱水的主要方法如下。

① 采取加压或抽真空将滤层内液体用空气或蒸气排除的通气脱水法。

② 靠机械压缩作用的压榨法。泥浆、污泥等浓度不太高，能用泵压送时，可以用过滤法。压榨法主要用于水分太少，难以用泵送料的场合。它往往以浓度很高的污泥，半固体原料及滤饼为操作对象。

③ 用离心力作为推动力除去料层内液体的离心脱水法。

过滤污泥悬浊液的机械脱水设备可分为间隙式与连续式两大类。按作用原理又可分为真空式、加压式与离心式。

污泥处理系统的过滤、脱水方式及其原理、设备、适用范围等资料汇总于表 4-2-8。

（一）真空过滤设备

真空过滤是目前使用最广泛的机械脱水方法。具有处理量大，能连续生产，操作平稳易于实现自动化，维修检查容易等优点。但对污泥原料的要求较高（如不适于过滤比阻抗大及易挥发性物料，对流量黏度也有一定要求），故脱水前必须预处理。因而附属设备多、动力消耗大，工序复杂，占地面积大，运行费用也较高。

间隙式真空过滤器有叶状过滤器，只适用于处理少量的污泥。连续式真空过滤器分为圆筒形、圆盘形及水平形。根据滤饼剥离排料方法和过滤室构造不同，圆筒形及水平形又有多种形式。连续式真空过滤器的各种形式汇总于表 4-2-9。其设备构造简介如图 4-2-22～图 4-2-32所示。

表 4-2-8　污泥的过滤脱水方式及其原理、设备、适用范围

脱水技术	方　式	原　理	设备、构造	适用范围
自然脱水	干化床式	利用太阳热量和风的作用进行自然蒸发脱水	分深的干化床及浅的干化床两种	给水污泥、排水污泥等
	砂滤床式	依靠砂层过滤脱水和利用太阳能和风进行自然蒸发脱水	20～30cm 厚砂层和 20cm 的砾石层	给水污泥、排水污泥,脱色废水、洗毛废水、电镀废水等处理后污泥
筛分脱水	凝聚方式	靠添加混凝剂形成的絮凝物进行筛分脱水	由国外某公司开发新装置	正试图扩大用于工业废水处理
	造粒方式	靠添加混凝剂形成的泥粒筛分脱水	近年来国外正在开发这种方式的装置	广泛用于采石废水及工业废水的处理
真空过滤	间隙过滤方式	用真空泵等机械产生过滤压力,间隙地交替进行生成滤饼、脱水和滤饼剥离等工序	叶状过滤机	适用于较少量污泥处理的部门
	连续过滤方式	用真空泵等机械使装在旋转体内的滤材两侧产生过滤压差,连续地重复进行生成滤饼、脱水和滤饼剥离等工序	连续圆筒式真空过滤机(例如奥利弗过滤机),连续圆盘式真空过滤机(例如美国式过滤机),连续水平型过滤机(例如卧式过滤机),连续带式过滤机及移动盘式过滤机	广泛适用于较大量污泥处理的部门,有不少机种适用于难过滤污泥的连续处理
加压过滤	间隙过滤脱水方式	用泵或压缩机间隙式顺次进行加压过滤、脱水、滤饼剥离等工序	压滤机(板框式压滤机,全自动的压滤机等早已开发使用),加压叶状过滤机(例如凯利过滤机,斯威特兰型过滤机)	广泛用于污泥的脱水处理
	连续过滤脱水方式	①用泵或压缩机使装在旋转体内的滤材两侧产生过滤压差,连续地重复进行加压过滤、脱水、滤饼剥离等工序;②在滤带间提供滤材进行压榨脱水;③利用螺旋挤压作用过滤脱水	①连续加压转筒式过滤机(奥利弗型连续加压过滤机);②连续加压带式过滤脱水机;③连续螺旋挤压式过滤脱水机	①构造复杂,实用例子很少;②适用给水污泥和排水污泥等
离心沉降及离心脱水过滤	离心沉降方式	利用高速旋转体内的离心效果促进污泥的浓缩脱水	离心沉降机(例如圆筒形离心沉降机,分离板型离心沉降机等)	适用于水处理厂的各种污泥实例不少,但粒子去除率一般较低故必须添加混凝剂
	离心脱水过滤方式	依靠设置在高速旋转体内壁的滤材及离心作用进行脱水过滤	离心脱水机(笼式离心机)离心过滤机,工业上极少使用的离心过滤机	适用例子不少,但维修管理较困难,污泥处理时,需添加混凝剂
其他	凝聚上浮冷冻脱水毛细管脱水及电渗透脱水等			均为近年来开发的新技术,当实际使用时,还有不少研究课题及设备上的问题要解决

表 4-2-9　连续式真空过滤器

分　类	型　号	性能及适用范围
多室转筒真空过滤器	Oliver（奥利佛）过滤器	使浸在敞开的母液槽中之过滤圆筒旋转进行真空过滤。滚筒内部被分隔成多个小滤室，各滤室由连接管与中央自动阀相通，自动阀则与真空泵及压缩机相连接。各滤室由滤液通路的格栅和滤布分隔而成。吸附过滤、喷水洗涤及干燥操作是在减压下进行的，除渣操作则靠喷出压缩空气和用刮刀进行。圆筒旋转数为 1/3～3r/min。母液槽液面需保持一定，滤饼需要 6～12mm 厚，以便于剥除。本设备广泛用于污水处理厂。不适宜于含粗大的沉降性粒子的泥浆过滤。原料母液浓度范围是 1%～20%（图 4-2-22）
	顶部给料 Oliver 过滤器	为了加大热空气的流通面积，不要奥利佛型过滤器的母液槽，而从顶部给料，过滤后靠吸入热空气一次得到干燥的滤饼。能用于含粗大的沉降性粒子泥浆的过滤（图 4-2-23）
	预涂过滤助剂层过滤器	预先在圆筒表面涂上厚 50～150mm 的过滤助剂层（硅藻土、珍珠岩等）。特别适用于糊状的、黏性、胶体性物质或稀泥浆的过滤。除渣方式是助滤剂层和滤饼一起随筒旋转被刮刀切削，每转一周，刮刀缓慢地吃深 0.015～0.15mm，即切削速度是 2～4mm/h。过滤速度大，固液分离效果好。随助滤剂层逐渐被削薄，过滤速度逐渐增大。预涂助滤剂层需时在 1h 以内，可连续过滤 12h～10d。可以用于含有微细颗粒群的稀悬浊液（浓度在 1% 以下）、用普通滤材会迅速堵塞的难过滤母液的过滤。滤渣和助滤剂的混合是不可避免的。也适用于粒性泥浆、污泥、金属氢氧化物沉淀、废油类等物料的处理。不要压缩空气反吹除渣（图 4-2-24）
	线带式过滤器	用 12～25mm 间隔配置的 2～3mm 宽的环形线卷带取代奥利佛型过滤器的刮刀，由此将滤饼托起而进行除渣。滤饼被托起后就与真空系统切断联系进行除渣。与奥利佛型过滤器相比，需要较大的过滤面积，但薄到 1.6mm 的滤饼层也可除去，并可用于小颗粒多，难以过滤物料的处理（图 4-2-25）
	旋管式过滤器	将直径 10mm 的不锈钢制簧圈，围绕转筒四周平行地缠卷双层，取代滤布作为滤材进行真空过滤。滤饼在簧圈上形成后，随着圆筒转动，到除渣位置时，簧圈离开转筒，两层簧圈上下交替脱开而使滤饼剥落。除渣后簧圈用喷水洗净后再转回转筒上。本设备是为生污泥类难过滤性物料的处理开发的，可广泛用于各种污泥过滤。但对于细小粒子多，凝聚性差的污泥脱水效果不好（图 4-2-26）
	带式过滤器	缠卷在过滤转筒上的环状滤布（尼龙，聚丙烯等）靠转动辊子离开筒面，随后依次进行除渣和滤布洗涤等操作。能用于废水污泥等难过滤物料的过滤，薄到 1.6mm 的滤饼也能剥离。旋转速度 0.3～1r/min，真空度 400～600mmHg。循环周期 0.15～0.9r/min，需要空气量 0.5～0.8m³/(m² 滤布·min)，过滤速度 6～25kg 固体物质/(m² 滤布·h)，滤饼含水分 65%～75%。在正常过滤时，筒面上每分钟形成 3mm 的滤饼。原料母液浓度范围为 1%～20%。为了防止滤布在运转中走偏，需设置防止打弯装置。通常，过滤面积 1～70m²，转筒直径 0.9～3.6m。过滤速度大是本过滤器的特点（图 4-2-27）
	Dorrco 过滤器	和以上过滤器不同，在长度/直径比较小的圆筒内表面布置滤材进行内部供液式真空过滤。圆筒兼作母液槽，滤材随圆筒旋转浸入母液中，由减压过滤作用，形成滤饼，然而依次进行滤饼脱水、洗涤。滤饼转到料斗上方时，靠滤材反面吹入空气或脉冲地吹压缩空气进行剥离后，经皮带运输机或螺旋输送机排出。对粒度比较大的浓悬浊液（10% 以上）需要形成 15mm/min 以上的滤饼。本设备适合于沉降速度大的原料母液，形成的滤饼易脱落。但滤饼必需洗涤的场合是不适用的，有效过滤面积比较小（图 4-2-28）
单室转筒真空过滤器	Bird-Young 过滤器	与奥利佛型不同，不设小过滤室、内部分配管及自动阀。在带排水孔的金属制圆筒的外周卷上滤材作为滤面，圆筒内部都保持真空，靠脉冲压缩空气的反吹进行除渣。可以处理非常薄的滤饼，往往用于处理过滤速度慢的原料。圆筒过滤面的浸液率 5%～50%，旋转速度为每转一圈需时 0.03～6min。过滤面积 0.1～14m²。圆筒直径最大 1.67m，价格约是同样大小奥利佛型的 2 倍。本设备有可以高速旋转、对空气及液体阻力小、过滤推动力大、洗涤效果良好等优点

分 类	型 号	性能及适用范围
圆盘式真空过滤器	美国圆盘式过滤器	是将木材、铁或青铜制的扇形滤叶 $10\sim16$ 个垂直于旋转轴固定成平面圆盘形,以等距配置而成的真空过滤器。自动阀和奥利佛型的相同。圆盘以每 6min 转一圈的速度缓慢地旋转,进行过滤、脱水及必要的滤饼洗涤,但洗涤效果不好。到除渣位置时,切断通向扇状滤叶的真空,从滤布反面和缓地吹入空气使滤布膨胀,并用装有刮刀或锥头的旋转除泥辊剥落滤饼。需要以每分钟 4mm 以上的速度形成滤饼。在连续旋转式过滤器中建设费用最少,处理能力大(单位安装面积的过滤面积大),滤饼易碎,便于运输,但滤布膨胀易受损伤(图 4-2-29)
水平型真空过滤器	平台型过滤器	以水平旋转车轮形平台的上表面作为过滤面。平台是由多个扇形过滤室组成的。相当于美国式过滤器一个滤叶水平放置。需要每分钟 20mm 速度形成滤饼,洗涤效果好。靠大型的旋转阀在滤布下面形成真空。在平台上部供给原料母液,每转一周进行一个循环的过滤、洗涤、脱水操作。缺点是约有 3mm 厚的滤饼会残留在表面上。可用于含比较粗颗粒,容易过滤大流量泥浆。母液浓度范围是 10% 以上,单位面积的设备制造费高(图 4-2-30)
	翻转盘式过滤器	将平台式过滤器的各滤室,各别独立式形成单个平底锅状的盘与设置了半径方向连通管的中心真空阀连接,盘可靠外侧导轨上滚子进行翻转。到除渣位置时,盘被整个倒过来,用必要的压缩空气除渣。除渣后,盘再转回原来位置,继续操作。可以进行滤饼彻底的洗涤和除渣,但价格贵,机械较复杂(图 4-2-31)
	水平带式过滤器	用带孔的环形传送带保持滤布在滤液吸入池的上面缓慢地移动。将传送带的水平部分用作过滤面,在带的一端供给料液,进行过滤,然后顺次进行洗涤脱水,在另一端滚筒处进行滤布剥离。滤布经下部喷头进行充分洗涤(图 4-2-32)
	移动盘式过滤器	在固定于环状橡皮带的数个平盘上面进行过滤、洗涤及脱水。原料母液用布料器从上面给料。随着盘的移动,滤液从盘底部,通过橡胶带上滤液出口及滤饼溜槽流入真空接收器内。盘子继续移动到过滤器终端进行反转时,滤饼就靠重力下落。盘从开始反转到回到原始位置期间,滤布经喷淋水洗涤。本设备适用于容易堵塞滤布泥浆的过滤。料液浓度范围在 10% 以上。占地面积、维修操作费用较大

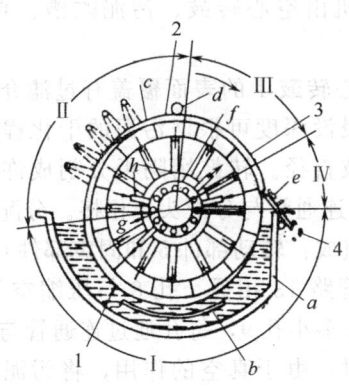

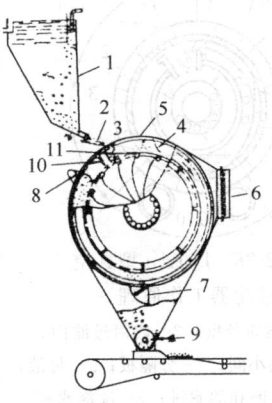

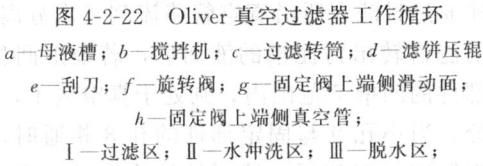

图 4-2-22 Oliver 真空过滤器工作循环
a—母液槽;b—搅拌机;c—过滤转筒;d—滤饼压辊;
e—刮刀;f—旋转阀;g—固定阀上端侧滑动面;
h—固定阀上端侧真空管;
Ⅰ—过滤区;Ⅱ—水冲洗区;Ⅲ—脱水区;
Ⅳ—滤饼剥离区;
1—滤饼(被滤液饱和);2—水洗后滤饼(被洗涤水饱和);3—脱水滤饼;4—剥落后滤饼

图 4-2-23 顶部给料 Oliver 过滤器工作示意
1—母液槽;2—母液给料溜槽;3—挡板;4—控制溢流挡板;5—洗涤水喷嘴;6—热风入口;7—中间刮刀;8—最终刮刀;9—螺旋出料机;
10—清扫用喷射器;11—进料堰

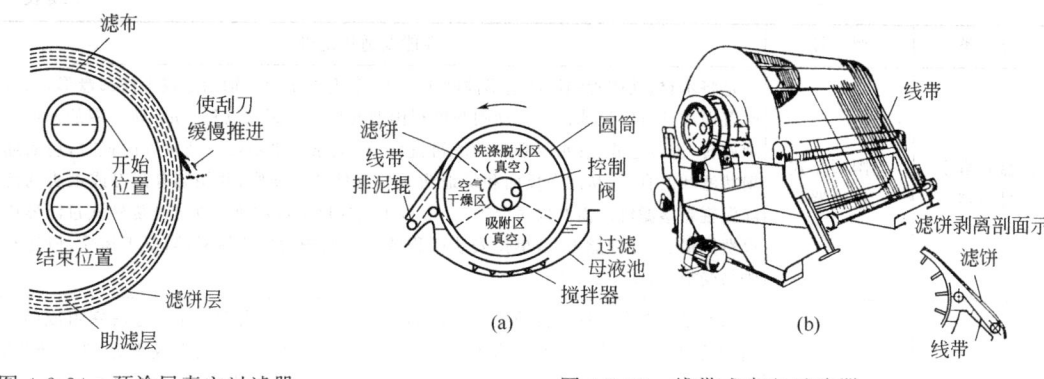

图 4-2-24 预涂层真空过滤器   图 4-2-25 线带式真空过滤器

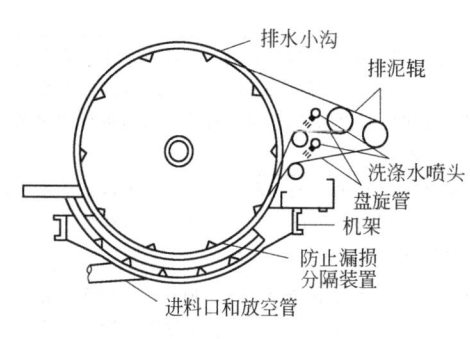

图 4-2-26 旋管式真空过滤器

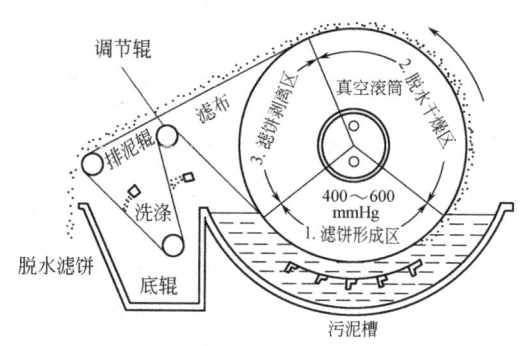

图 4-2-27 带式真空过滤器工作原理

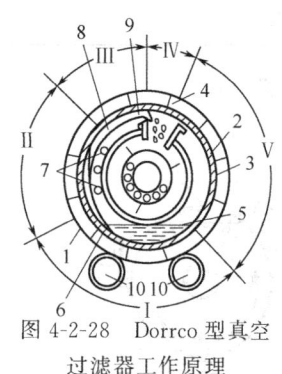

图 4-2-28 Dorrco 型真空
过滤器工作原理

1—旋转滚筒外壁；2—内筒过滤面；
3—滤面分隔小间；4—分隔板；5—母液；
6—被滤液饱和的滤饼；7—洗涤水喷
洒管；8—水洗后滤饼；9—脱水滤饼；
10—滚筒支承辊；
Ⅰ—过滤区；Ⅱ—水洗涤区；Ⅲ—脱水区；
Ⅳ—滤饼剥离区；Ⅴ—不操作区
（或进行滤布情况）

下面主要介绍国外应用较著名的奥利弗（Oliver）型转鼓真空过滤机。在国内使用最广的该机型则称为 GP 型转鼓真空过滤机。该机由空心转鼓、污泥贮槽、真空系统、压缩空气机等组成。

图 4-2-33 中空心转鼓 1 的表面覆盖有过滤介质，并浸在污泥贮槽 2 内，浸没深度可根据污泥的干化程度进行调节，一般为 1/3 转鼓直径。转鼓用隔板分割成许多扇形间格 3，每格有单独的连通管与分配头 4 相接。分配头由两片紧靠在一起的部件组成：转动部件 5 和固定部件 6。固定部件有凹槽 7 与真空管路 13 相通，孔 8 与压缩空气管路 14 相通。转动部件有许多小孔 9，每孔通过连通管与各扇形间格相连。转鼓旋转时，由于真空的作用，将污泥吸附在边滤介质上，液体通过过滤介质沿真空管路流到气水分离罐。吸附在转鼓上的滤饼转出污泥槽的液面后，若扇形间格的连通管在固定部件的凹槽 7 范围内，则处于真空区Ⅰ，Ⅱ，可继续吸干水分。当小孔 9 与固定部件的孔 8 相通时，进入反吹区Ⅲ，与压缩空气相通，滤饼被反吹松动，便于剥落。剥落的滤饼用皮带输送器 12 运走。

可见转鼓每转一周，依次经过滤饼形成区Ⅰ，吸干区Ⅱ，反吹区Ⅲ及休止区Ⅳ（主要起正压与负压转换时的缓冲作用）。

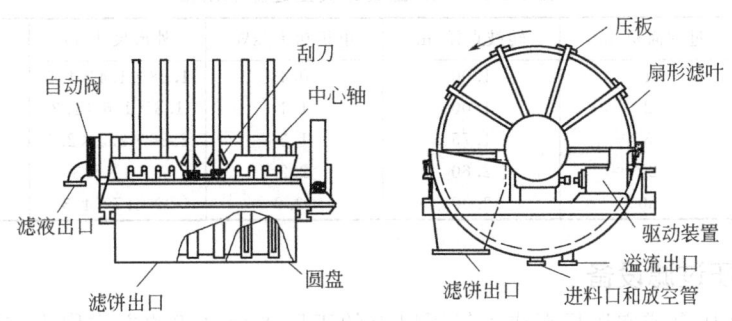

图 4-2-29　美国圆盘式真空过滤器构造

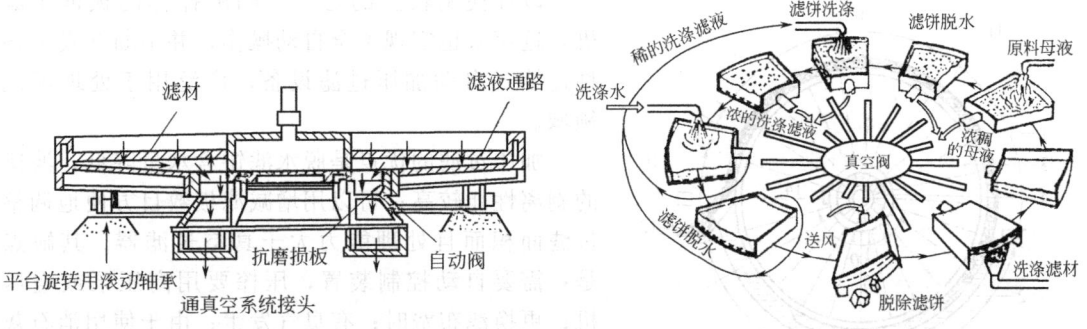

图 4-2-30　平台式真空过滤器　　　　图 4-2-31　翻转盘式真空过滤器工作原理

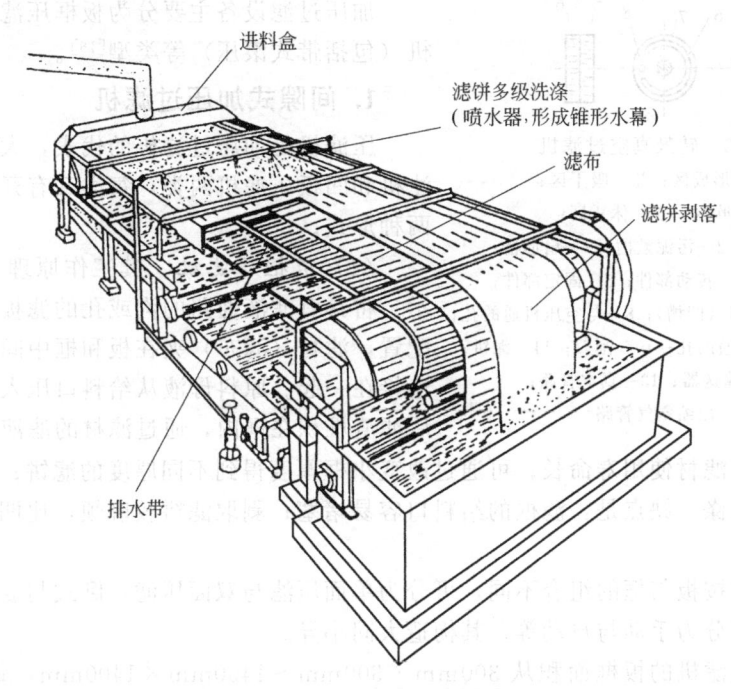

图 4-2-32　水平带式过滤器透视图

　　GP 型转鼓真空过滤机规格见表 4-2-10。

　　型号中 G——转鼓真空过滤机；P_{2-1}——表示过滤方向由转鼓外向内，下边加料，第一个数字表转鼓过滤面积，第二个数字表转鼓直径。

表 4-2-10　GP 型转鼓真空过滤机规格

型　号	过滤面积/m²	转鼓直径/m	电机功率/kW	外形尺寸/m	质量/t
GP₁₋₁	1	1.00	0.4	1.28×1.4×1.2	
GP₂₋₁	2	1.00	1.1	1.8×1.6×1.3	2
GP₅₋₁.₇₅	5	1.75	1.5	2.26×2.5×2.5	4
GP₂₀₋₂.₆	20	2.60	2.2	5×4×3.3	14.5
GP₅₀₋₃	50	3.00	13.0	9×4.7×4.3	33.2

（二）加压过滤设备

利用各种液压泵或空压机形成大气压以上的正压进行过滤的方式称为加压过滤[15]。过滤的压力可达 4～8MPa，故过滤推动力远大于真空过滤。

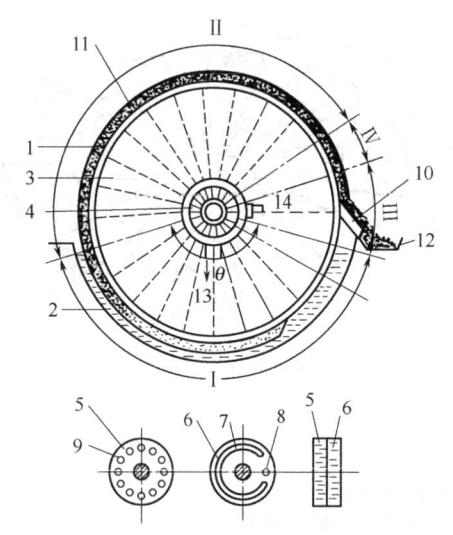

图 4-2-33　转鼓真空过滤机
Ⅰ—滤饼形成区；Ⅱ—吸干区；
Ⅲ—反吹区；Ⅳ—休止区；
1—空心转鼓；2—污泥贮槽；3—扇形格；
4—分配头；5—转动部件；6—固定部件；
7—与真空泵通的缝（凹槽）；8—与空压机通的孔；
9—与各扇形格相通的孔；10—刮刀；11—泥饼；
12—皮带输送器；13—真空管路；
14—压缩空气管路

以往使用较多的是人工间隙操作的板框压滤机，近年来也实现了全自动操作，并不断开发了各种连续式自动加压过滤设备，广泛用于处理污泥领域。

加压过滤的优点是脱水滤饼含水量降低；滤饼的剥离性能较高；可以用增减滤板数目方便地调整过滤面积而且处理能力大于真空过滤器。其缺点是：需要自动控制装置，压榨要用高压泵或空压机；更换滤布费时；有臭气发生；由于使用消石灰作为助滤剂，滤饼数量增多等。

加压过滤设备主要分为板框压滤机、叶片压滤机（包括带式滚压）等类型[16]。

1. 间隙式加压过滤机

压滤机是加压过滤机的代表，大致分为板框压滤机和凹板压滤机两类，每类又有开放型和密封型两种形式。

（1）板框压滤机　其工作原理如图 4-2-34 所示。将具有滤液通路的沟或孔的滤板滤框平行交替配置，滤材（滤布）夹在板和框中间，用端板压紧连接在一起。原料母液从给料口压入滤框内，压滤后滤渣堆积在框内，通过滤材的滤液则从排液口排出。其优点是：滤材使用寿命长；可通过改变小框厚度得到不同厚度的滤饼；因为滤饼厚度较均一，便于洗涤。缺点是：滤框的给料口容易堵塞；剥取滤饼较麻烦，比凹板型过滤剂费时 15% 左右。

板框压滤机按板与框的组合不同，可分为单面压滤与双面压滤，卧式与立式压滤；按操作的方式不同可分为手动与自动等。其构造大同小异。

国产板框压滤机的板框面积从 300mm×300mm～1400mm×1400mm，每台机由 10～60 对或更多的板与框组成，过滤面积由几平方米到 200m² 以上。因此，可适用于不同规模的污水处理厂。

（2）凹板型压滤机　如图 4-2-35 所示。不用滤框而使两侧成凹形，滤渣可堆积在滤板凹处。母液通过给料口压入各滤室，滤液从排液口排出。优点是：适用于高压，因为省去滤框，使过滤机的长度缩短。缺点是滤材的损伤剧烈，更换频繁。

专门用于污泥处理的凹板型压滤机如图 4-2-36 所示。

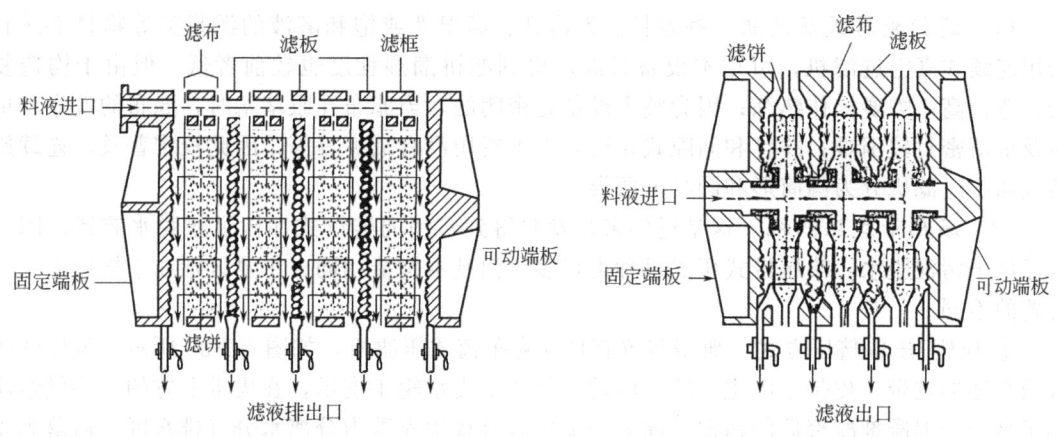

图 4-2-34　板框压滤机工作原理　　　　　图 4-2-35　凹板压滤机工作原理

（3）隔膜挤压式凹板型压滤机　和上述压滤机不同，隔膜挤压式压滤机具有专门的挤压机构，滤饼水分比普通压滤机得到的低 5%～10%，适用于难过滤污泥的处理。分为用加压水和用压缩空气两种方式。举其中加压水挤压方式为例。隔膜水压式凹板过滤机（又称 ISF 型全自动板框压滤机）是一种双面过滤、不分板与框、滤布不必回转的压滤机。因此滤布的损耗减小。

装置大批量如图 4-2-37 所示。脱水过程由闭框、压入过滤、挤压脱水、开框、剥离滤饼、洗涤滤布等工序依次循环进行。每一循环需时约 20～30min。

过滤与挤压：污泥由高压泵压入后，滤液通过滤布排出，经一定时间后自动停泵。同时用高压水压入压榨室，使隔膜伸张，挤压滤

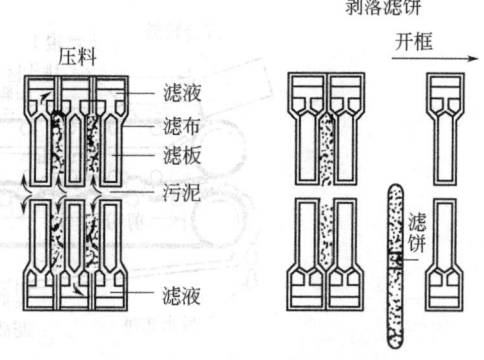

图 4-2-36　污泥处理专用凹板型压滤机工作原理

饼，榨出水分，然后排出高压水。过滤压力为3～5MPa，压榨压力 10～20MPa。

剥离滤饼：压榨后自动打开滤板，并由滚洞拉开滤布剥离滤饼。

洗涤滤布：剥离滤饼后，洗涤水自动打开，洗涤滤布，并逐步还原，完成压滤过程。

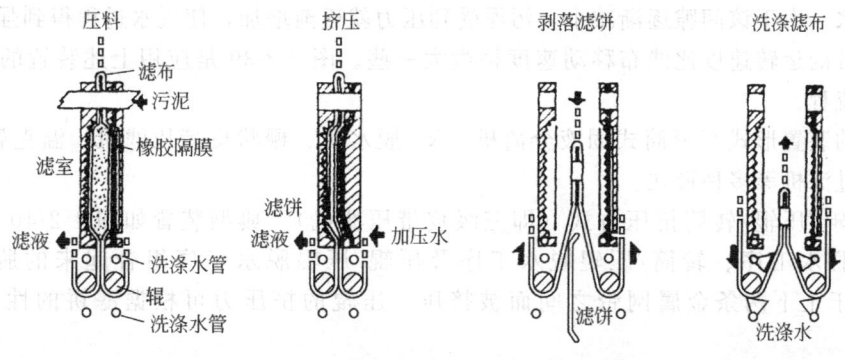

图 4-2-37　隔膜水压式凹板压滤器工作原理

2. 连续式加压过滤机

有多种方式，主要有旋转式和滚压带式两大类。

（1）连续旋转式压滤机　挥发性、发泡性、高温性或饱和溶液的泥浆类等物料不适宜采用连续式真空过滤机，可用本设备过滤，得到滤饼潮湿程度也较前者低。但由于构造复杂，造价高，需要操作熟练；因为整个设备是密闭的，当滤布孔眼堵塞时，滤布的洗涤和更换及重新密封较困难；并且和间隙式相比，人工费用没有减少等等，因此较难普及。连续旋转式加压过滤机分为圆筒形和圆盘形两类。

（2）滚压带式压滤机　这是近年来开发并得到实用的连续式加压过滤脱水装置，国外广泛用于污泥脱水。滚压带式压滤机种类很多，但基本构造相同。主要区别在于挤压方式与装置的不同。

①压辊/压辊挤压方式　典型装置有日立克莱茵式压滤机，如图 4-2-38 所示。该压滤机有两个环形皮带。皮带 1 由主动轮 1 驱动，靠几个支承辊 1 支承，在皮带上方的一端供给添加了高分子混凝剂凝聚后的污泥，向另一端传送过程中靠重力分离水分（排水区）后落到皮带 2 上。皮带 2 由主动轮 2 驱动，靠几个支承辊 2 支承并和环形皮带 1 内的挤压辊之间产生挤压作用。初步脱水的污泥在两个皮带之间首先在加压区受到挤压，然后在剪切区靠剪切作用力使脱水效率得以提高。由于在剪切区，压辊和支承辊是交叉配置的，使脱水滤饼受到波浪形运动而促进脱水作用，并使滤饼容易从过滤带上剥离。

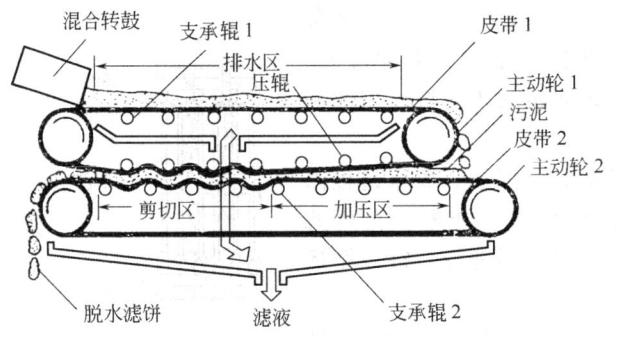

图 4-2-38　日立克莱茵式过滤器工作原理

其他装置有 SKW 型脱水机、MRP 型脱水机、尤尼曼特过滤机、旋转式压滤机、塔式压滤机等多种形式。

②转筒/压辊挤压方式　典型装置是浓缩凝聚物压滤机。将浓缩凝聚化的污泥加到合成纤维制环形滤布带的水平段，靠支承辊水平移送进行重力过滤，随后导入转筒和压榨皮带间隙进行脱水。由于该间隙逐渐减小，污泥受到压力就逐渐增加，使脱水过程得到强化。需调节压榨皮带的运转速度比滤布移动速度稍微大一些。图 4-2-39 是应用上述装置的污泥过滤脱水工艺流程。

类似的装置形式有滚筒式固液分离机、RF 脱水机、栅状皮带压滤机、温克勒压滤机、SSP 皮带过滤机等多种形式。

③压辊/压辊/转筒挤压方式（即三级皮带压滤机）　典型装置如图 4-2-40 所示。这是将重力脱水工序、转筒/压辊脱水工序及压辊/压辊脱水工序组合起来的脱水装置，使滤饼介于上下两条金属网带之间而被挤压。压辊的挤压力可根据滤饼的性质调节弹簧而定。

其他的连续式压滤机尚有螺旋压滤机。

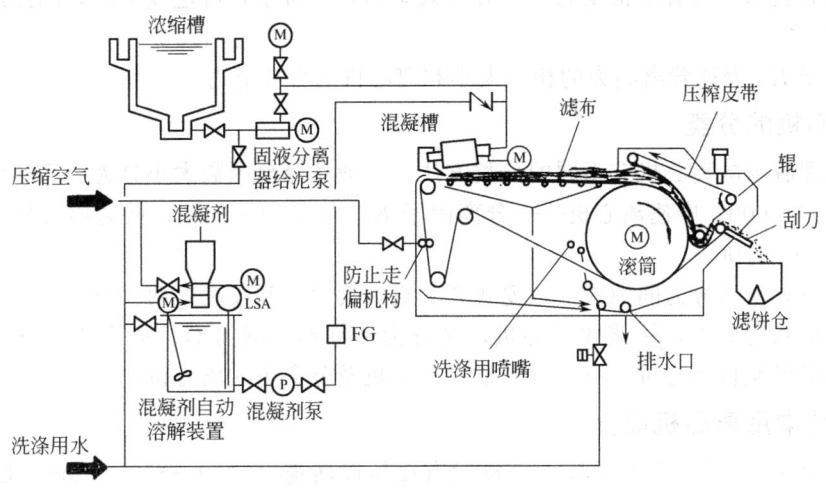

图 4-2-39 浓缩凝聚污泥的过滤脱水流程

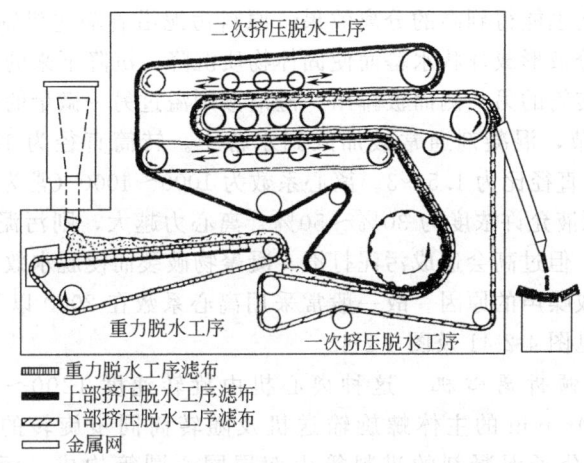

图 4-2-40 辊/辊式转筒挤压脱水机工作原理

（三）离心脱水设备

1. 基本概念

利用离心力取代重力或压力作为推动力进行的沉降分离、过滤及脱水分别称为离心沉降、离心过滤及离心脱水，这些操作通称为离心分离。进行这种分离操作的设备通称为离心分离机[16,17]。

$$重力\ F_g = mg$$

$$惯性离心作用力\ F_c = mU_T^2/R = m\omega^2 R$$

两式中，m 为质量，$N \cdot s^2/m$；g 为重力加速度，m/s^2；U_T 为旋转切向速度，m/s；ω 为旋转角速度，$1/s$，R 为旋转半径，m。

把颗粒所在位置上惯性离心力与重力之比称为分离因子（或称离心效果）用符号 K_c（也有用 Z 或 α）表示：

$$K_c = F_c/F_g = U_T^2/(Rg) = \omega^2 R/g = n^2 R/900 \tag{4-2-21}$$

式中 n——转数，r/min；其余符号同前。

由于离心脱水所具有的推动力大，分离效率高，设备小，可连续生产，因此广泛用于污泥脱水处理。

分离因子 K_c 表征着离心力的相对大小和离心机的分离能力。

2. 离心机的分类

用于污泥脱水的离心机有不同的分类方法。一般按分离因数大小分为：高速度心机——分离因子 $K_c > 3000$；中速离心机——分离因子 K_c 为 $1500 \sim 3000$；低速离心子 K_c 为 $1000 \sim 1500$。

按操作方式大致分为间隙式（以笼式离心机为代表）和连续式两大类。

按几何形状可分为：转筒式离心机，又分为圆锥形、圆筒形、圆筒圆锥形（简称锥筒形，又称圆筒形倾析离心机）三种；圆盘式离心机及分离板式离心机[18]。

3. 几种常用离心机简介

(1) 卧式圆筒形倾析离心机 该机设有比转筒转速（$1200 \sim 8500$r/min）低 $5 \sim 100$r/min 的螺旋输送机，能适应不同处理量、污泥浓度及污泥沉降速度的需要。输送机和转筒转速的差可以相应地改变，进行这种改变的专门机构叫做反馈传动机构。由于这个机构作用，使一般难以分离的污泥也能得到高的分离效果。原料污泥沿着输送机轴向送入转筒的中心，由于离心力的作用被分散形成环状水幕而使固体物质沉降。沉降下来的固体物质靠输送机的涡卷力沿轴向移动到转筒的另一侧而被排出。澄清液则溢过另一微量的溢流堰而排出。水幕的深度可用溢流堰调节，混凝剂通常被加入到水幕中。转筒直径为 $150 \sim 1400$mm（常为 $300 \sim 400$mm），长度/直径比为 $1.5 \sim 3$。离心系数为 $1000 \sim 4000$（常为 $2000 \sim 3000$）。处理能力 $1 \sim 50000$L/h，原液允许浓度为 $30\% \sim 50\%$。离心力越大，则污泥颗粒沉降速度越大，固态物质回收率越高。但过高会造成污泥打滑、凝聚物破裂而使脱水效率下降；也是机械磨损、动力损耗大、形成噪声的原因。故一般常采用离心系数在 2000 以下的离心机。卧式圆筒形倾析离心机可参见图 4-2-41 及图 4-2-42。

(2) 卧式圆锥形倾析离心机 这种离心机由旋转速度 $1200 \sim 1900$r/min 的转筒，比转筒转速大 $10 \sim 20$r/min 的主体螺旋输送机及随转筒同步旋转的内部螺旋输送机三部分组成。污泥和高分子混凝剂的进料管由双层同心圆管构成，污泥走管内，混凝剂走环状管间，两者在分离液室的左端汇合，靠两个输送机转速的微小差别进行搅拌混匀，形成凝聚物。由于污泥在流向分离液排出口方向，受到逐渐加大的离心力作用，凝聚物团在离心分离时不会崩裂，在用内部螺旋输送机刮取后，送到主体螺旋输送机里进行脱水。见图 4-2-43。

离心式和真空式及加压式相比，具有占地面积小、辅助设备少、加药剂量少到 1% 左右等优点。但有噪声强、螺旋输送机使用年限短及其更换费事等缺点。

近年来，在污泥的脱水方面，低速离心机比高速离心机用得更多，其原因是：a. 由于污水二级处理的普遍推广，活性污泥量增加。实践证明活性污泥在高速离心力下不能被有效压密；b. 高分子混凝剂的发展与应用，提高了对污泥的调理效果，没有必要使用高速离心机；c. 耗电量少、操作费用低；d. 构造简单，制造容易；e. 螺旋桨的磨损小，成本低，运行稳定；f. 噪声较低，可不必增加防护措施。

（四）其他机械过滤脱水设备

1. CP 过滤器（毛细管脱水方式）

这是一种利用具有非常细的纤维海绵状特殊滤材的毛细管作用进行脱水的装置。如

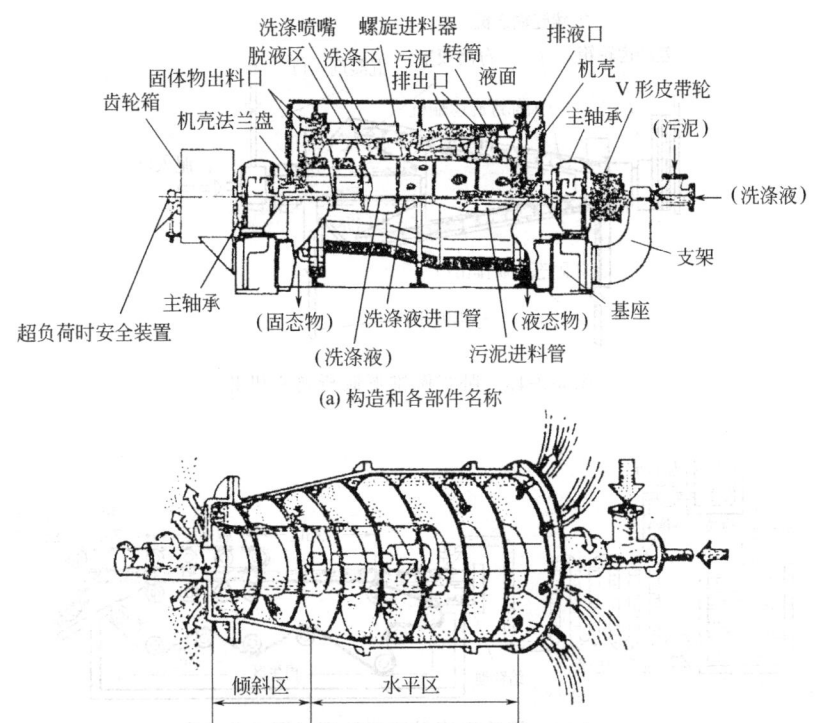

图 4-2-41　卧式圆筒形倾析离心机 I

（a）构造和各部件名称

（b）料液、洗涤液、澄清液固态物质等流向示意

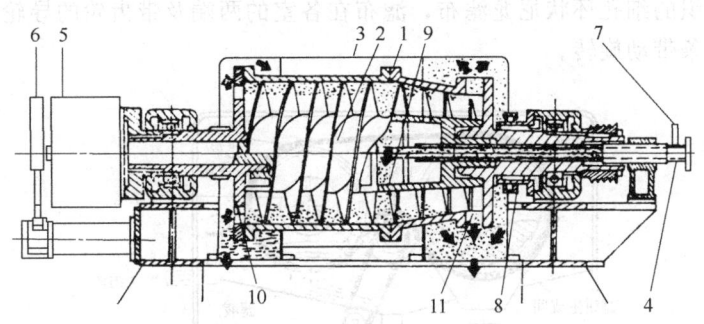

图 4-2-42　卧式圆筒形倾析离心机 II

1—快速旋转圆筒-圆锥滚筒；2—涡旋管；3—机身外壳；4—给泥管；
5—能调节转筒和涡旋管相对速度的带油浴器的齿轮箱；6—防止齿轮旋转
超负荷的安全装置；7—洗涤管；8—即使在危险气氛下也能操作的密封装置；
9—污泥分配口；10—有调节的澄清液排出口；11—固态物排出口

图 4-2-44 所示，经铁盐或高分子混凝剂混凝处理过的污泥加到可移动的滤材上的一端铺到一定厚度，在向另一端移动过程中，首先在浓缩区受滤材强烈的吸水作用吸取水分，随后在压榨区通过压辊、压榨剥离皮带加压进行反复脱水及水分吸收，脱水污泥滤饼用刮刀刮取。

粪尿、啤酒、排水等污水系统活性污泥中加入 $5\%\sim9\%FeCl_3$ 混凝，再用该设备脱水处理得到滤饼的水分为 $82\%\sim83\%$。

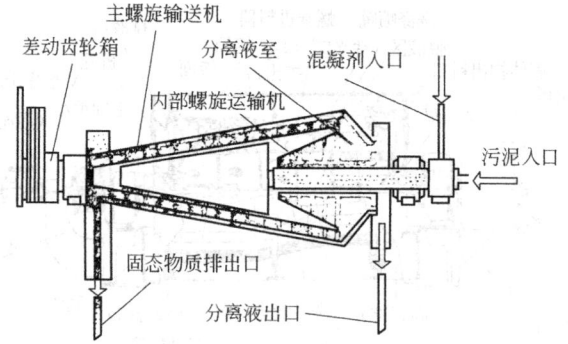

图 4-2-43   卧式圆锥形倾析离心机 Ⅱ

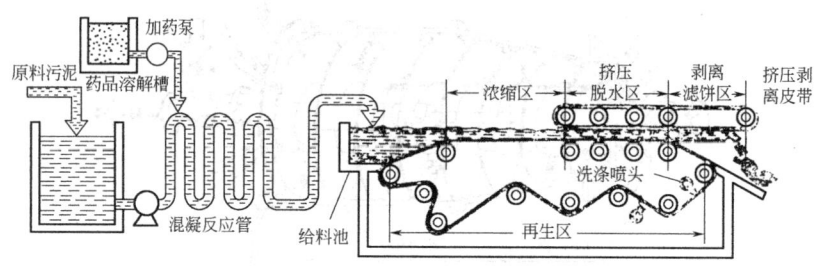

图 4-2-44   用毛细管过滤器处理污泥工艺流程

2. 旋转式重力过滤器

如图 4-2-45 所示，过滤器由过滤室和滤饼生成室（进深均为 1.6～2m）两部分组成，上面蒙有特殊编织的细孔环状尼龙滤布，滤布在各室的两端及带齿轮的导轮处相接。导轮靠连接主动轮的链条带动旋转。

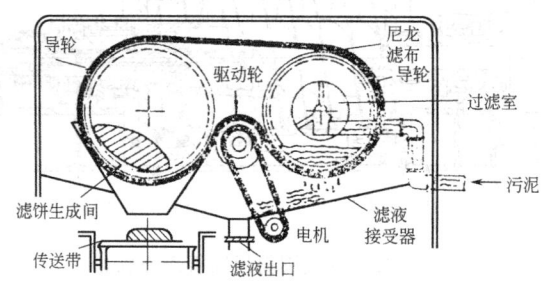

图 4-2-45   旋转重力过滤器工作原理

已添加混凝剂，并经过一定时间适度搅拌形成相当结实而粗大凝聚物的污泥被送入过滤室内，经环状滤布过滤浓缩；大块的凝聚物随着旋转移动的滤布，越过主动轮进入滤饼生成室，受到旋转力作用，边运转边增大形成直径 300～500mm 的圆筒状污泥块（以下简称泥柱）。泥柱的直径决定于污泥的物性和滤饼生成室两侧导轮堰的高度。从过滤室来的污泥，受到已形成的泥柱自重而加压脱水，同时被吸附在泥柱上而离开滤布表面。泥柱的直径逐渐加大而达到一定的值，当泥柱的长度比室的宽度大时，泥柱就从导轮堰满溢出来，多出部分被堰口切断后排出室外，从而使泥柱的直径保持一定。处理废水污泥的滤饼水分在 90% 左右，可进一步用压滤器滤脱水。

参 考 文 献

[1]　［日］废弃物学会. 废弃物手册. 金东振译. 北京：科学出版社，2004.

[2]　龚佰勋. 环保设备设计手册-固体废物处理设备. 北京：化学工业出版社，2004.

[3]　George Tchobanoglous，Hilary Theisen，Samuel Vigil，固体废物的全过程管理-工程原理及管理问题. 北京：清华大学出版社，2000.

[4]　Lee D J. 生物固体的调理与脱水. 迈向新世纪的有机废弃物管理与利用策略. 南京农业大学编，2000.

[5]　解强，边炳鑫，赵由才. 城市固体废弃物能源化利用技术. 北京：化学工业出版社，2004.

[6]　杨建设. 固体废物处理处置与资源化工程. 北京：清华大学出版社，2007.

[7]　李国学，周立祥，李彦明. 固体废物处理与资源化. 北京：中国环境科学出版社，2005.

[8]　李传统，等. 现代固体废弃物综合处理技术. 南京：东南大学出版社，2008.

[9]　蒋建国. 固体废物处理处置工程. 北京：化学工业出版社，2005.

[10]　李国鼎. 环境工程手册. 固体废弃物污染防治卷. 北京：高等教育出版社，2003.

[11]　李建政，汪群慧. 废物资源化与生物能源. 北京：化学工业出版社，2004.

[12]　国家环境保护总局环境工程评估中心. 环境影响评价相关法律法规. 北京：中国环境科学出版社，2005.

[13]　尹军，谭学军. 污水污泥处理处置与资源化研究. 北京：化学工业出版社，2005.

[14]　朱开金，马忠亮. 污泥处理技术及资源化利用. 北京：化学工业出版社，2007.

[15]　赵庆祥. 污泥资源化技术. 北京：化学工业出版社，2002.

[16]　张辰. 污泥处理处置技术与工程实例. 北京：化学工业出版社，2006.

[17]　何品晶，顾国维，李笃中，等. 城市污泥处理与利用. 北京：科学出版社，2003.

[18]　金儒霖，等. 污泥处理. 北京：中国建筑工业出版社，1982.

第三章
有机废物好氧生物处理技术

第一节　好氧生物处理技术原理

　　好氧生物处理技术是指在微生物的参与下，在适宜碳氮比、含水率以及提供游离氧的条件下，将有机物降解，最终达到稳定的一种无害化处理方法。微生物以固体废物中分子量大、能位高的各种有机物作为营养源，经过一系列生化反应，逐级释放能量，最终转化成分子量小、能位低的简单物质而稳定下来，以便利用或进一步妥善处理。固体垃圾经好氧处理后，体积一般可以降为原来的 $50\%\sim70\%$。好氧生物处理技术是实现固体废物减量化、无害化和资源化处理目标的主要手段，被认为是有机固体废物处理的有效方法。

　　好氧生物处理技术通常包括好氧堆肥以及生物干化。其中，好氧堆肥是利用自然界广泛分布的细菌、真菌、放线菌等微生物以及人工培养的工程菌等，在一定的人工条件下，有控制的促进可降解有机物向稳定的腐殖质转化的过程。好氧堆肥化产生的产物叫堆肥，它是一类呈棕黑色的、形同泥炭、高腐殖质含量的疏松物质，含丰富的营养元素，可以作为农田肥料或土壤改良剂。生物干化则是针对城市污水处理厂产生的污泥而发展出来的一种技术，它利用污泥中微生物代谢活动产生的热量，对脱水污泥中的有机物进行生物降解，同时加快污泥中水分的散失，最终生成具有较低含水率的干化污泥。生物干化技术的生物代谢过程与好氧堆肥的高温发酵阶段相似，主要区别在于生物干化以降低污泥含水率为目标，而堆肥处理则以有机物稳定与腐熟为主[1]。生物干化的产物一般不以土地利用为目的，可用于填埋、焚烧、气化等，因此不需要达到高度腐熟，对高温保持时间和腐熟期也并无要求。由于其原理与工艺较为简单，且与好氧堆肥化过程相似，本章对好氧堆肥进行重点阐述。

一、好氧生物处理技术的微生物学原理

（一）好氧生物处理技术中的物质变化

　　自然界中有很多微生物具有氧化、分解有机物的能力，而有机废物则是好氧处理过程微生物赖以生存、繁殖的物质条件。好氧生物处理是在通风条件下，有游离氧存在时进行的分解发酵过程，温度较高，一般在 $55\sim65$℃，有时甚至高达 80℃。

　　好氧生物处理是在有氧条件下，依靠好氧微生物（主要是好氧细菌）自身的生命代谢活动，进行分解代谢（氧化还原过程）和合成代谢（生物合成过程），把一部分被吸收的有机物氧化成简单的无机物，同时释放出可供微生物生长、活动所需的能量；而另一部分有机物则被分解合成为新的细胞质，使得微生物不断生长繁殖，产生出更多的生物体。图 4-3-1 简要地说明了此过程。在好氧生物处理过程中，有机废物中的可溶性有机物质可透过微生物的细胞壁和细胞膜被微生物直接吸收。而不溶的胶体类有机物质，先被吸附在微生物体外，依

靠微生物分泌的胞外酶分解为可溶性物质，再渗入细胞。经过微生物的作用，物料最终被稳定化，并达到降低原始物料含水率的目的，或得到可用于农林的腐熟肥料。

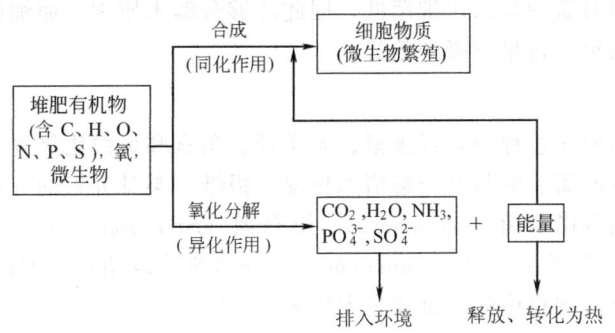

图 4-3-1 有机物的好氧堆肥分解

可用下列关系式反映好氧生物处理过程中有机物氧化分解关系。

$$C_s H_t N_u O_v \cdot a H_2O + b O_2 \longrightarrow$$

$$C_w H_x N_y O_z \cdot c H_2O + d H_2O(气) + e H_2O(液) + f CO_2 + g NH_3 + 能量 \quad (4-3-1)$$

另外，由于反应过程中温度较高，部分水以蒸气形式排出。

好氧堆肥过程产生的堆肥成品（$C_w H_x N_y O_z \cdot c H_2O$）与堆肥原料（$C_s H_t N_u O_v \cdot a H_2O$）之比为 0.3～0.5，这是氧化分解减量化的结果。堆肥原料化学式中的参数范围如下：$w=5$～10，$x=7$～17，$y=1$，$z=2$～8。

（二）好氧生物处理技术中的微生物动态变化

微生物在好氧生物处理过程中扮演着重要角色。在好氧生物处理的不同阶段，微生物的种类和数量也发生着明显的变化。微生物来源主要有两个方面：一方面是有机废物里固有的微生物种群；另一方面是人工添加的菌种。后者通常具有活性强、繁殖快、分解有机物迅速等特点，常被用于加快好氧生物处理进程，缩短反应时间[2]。

1. 细菌

用于好氧生物处理的有机固体废物中通常含有大量细菌，如一般农村有机垃圾中含有的细菌数量在 10^{14}～10^{16} 个/kg 之间[3]。细菌是单细胞生物，形状有杆状、球状和螺旋状，在好氧处理过程中，它们分解了大部分有机物并产生热量。好氧处理初期，温度较低，以中温细菌为主。随着过程中温度的不断升高，中温细菌逐渐被嗜热细菌代替，此时的细菌多数为杆菌，其代表细菌有枯草芽孢杆菌（B. subtilis）、地衣芽孢杆菌（B. licheniformis）和环状芽孢杆菌（B. circulans）等芽孢杆菌属。当好氧生物处理进入降温阶段时，嗜热细菌数量减少，中温细菌又开始增多。细菌在好氧生物处理中发挥着重要的作用，尤其是在污泥的生物干化过程中，需要充分利用细菌快速分解有机物产生的热量达到降低污泥含水率的目的，而有时还需控制微生物的活动，以免有机物降解率过高而不利于后续的（焚烧）热能回收。由于生物干化的操作时间较短，整个过程中主要是细菌在发挥作用，其他微生物的贡献则不显著。

2. 真菌

在好氧堆肥过程中，真菌对堆肥物料的分解和稳定起着重要作用。真菌几乎能利用堆肥原料中所有的木质素，尤其是白腐菌[4]。真菌利用其分泌的胞外酶和具有机械穿插能力的菌丝共同来降解堆肥中难降解有机物（如纤维素、半纤维素和木质素等）。真菌主要分为中温真菌和高温真菌，以中温真菌居多，生长温度范围在 5～37℃之间，最佳温度在 25～30℃

之间；而高温真菌的最佳生长温度在 40～50℃ 之间，当温度达到 60℃ 时，真菌几乎消失。在堆肥后期，当水分逐渐减少时，真菌重又发挥重要作用。真菌相比于细菌更能忍受低温的环境，并且部分真菌对氮的需求比细菌低，因此能够分解木质素，而细菌则不能。在堆肥整个进程中，真菌的数量一直呈下降的趋势。

3. 放线菌

放线菌在好氧堆肥化过程中对纤维素、木质素、角素和蛋白质等复杂有机物的分解有着重要作用，其所产生的酶能够帮助分解诸如树皮、报纸一类难分解的有机物。在堆肥高温阶段，代表性的放线菌有诺卡菌（*Nocardia*）、链霉菌（*Streptomyces*）、高温放线菌（*Thermoactinomyces*）和单孢子菌（*Micromonospora*）等嗜热放线菌，这些菌在堆肥降温和熟化阶段也能够活跃地分解物料中的纤维素和木质素[5]。

4. 人工添加菌剂

在对固体废物进行好氧处理的过程中，为了加快反应进程，缩短稳定时间，提高处理效果，有时会向物料中人工接种微生物菌剂，以调节菌群结构，增加功能菌的数量，从而提高产品质量。有研究表明接种外源微生物菌剂能够明显影响堆肥过程中不同时期的细菌群落结构组成[6]，且能加快堆肥的腐熟速度[7]。

好氧生物处理是一个动态过程，在各个阶段，不同种类的微生物之间也存在一个动态平衡的协调过程，深入了解其作用对好氧处理过程的控制有着至关重要的意义。

（三）好氧堆肥化过程

由于处理目的不同，好氧堆肥与生物干化的过程也不尽相同。生物干化不以土地农用为目的，只需达到部分稳定化和无害化、满足短期保存和运输的目的即可。当以焚烧为最终处置目标时，甚至要求适当限制微生物的降解能力，尽量保持产物中的有机组分，从而提高产物的热值[8]。因此，对生物干化而言，在不降低水分去除效率的前提下，对其高温保持时间和腐熟期的要求可适当放宽。而好氧堆肥的主要目的是资源化和无害化，需要保证一定的温度与发酵周期，以生成高度腐熟的、满足土地安全使用标准的有机肥。通常，生物干化的发酵周期约为好氧堆肥周期的 1/3～1/2。

好氧堆肥化从废物堆积到腐熟的过程大致可分为三个阶段。

1. 中温阶段

中温阶段亦称产热阶段，在堆肥初期，堆层基本呈中温（15～45℃），嗜温性微生物较为活跃，它们利用堆肥中可溶性有机物旺盛繁殖。这些微生物在转换和利用化学能的过程中，会释放出大量的热能，由于堆料有良好的保温作用，温度不断上升。此阶段微生物以中温、需氧型为主，通常是一些无芽孢细菌。适合于中温阶段微生物种类极多，其中最主要是细菌、真菌和放线菌，它们以糖类为主要基质，细菌特别适应水溶性单糖类，放线菌和真菌对于分解纤维素和半纤维素物质具有特殊功能。

中温阶段经历的时间较短，糖类基质不能完全被降解，主发酵主要在下一阶段进行。

2. 高温阶段

当肥堆温度升到 45℃ 以上时，即进入高温阶段。在这阶段，嗜温性微生物受到抑制甚至死亡，嗜热性微生物逐渐代替了嗜温性微生物的活动，堆肥中残留的和新形成的可溶性有机物质继续分解转化，复杂的有机化合物如半纤维素、纤维素和蛋白质等开始被强烈分解。在此阶段中，各种嗜热性微生物的最适宜温度也有所不同，在温度上升的过程中，嗜热菌的类群和种群是互相演替。通常，在 50℃ 左右进行活动的主要是嗜热性真菌和放线菌；温度上升到 60℃时，真菌几乎完全停止活动，仅有嗜热性放线菌与细菌在活动；温度升到 70℃以上时，对大多数嗜热性微生物已不适宜，微生物大量死亡或进入休眠状态。现代化堆肥生产的最佳温度一般为 55℃，这是因为大多数微生物在 45～80℃范围内最活跃，最易分解有机物，而大多数病原菌和寄生虫可在此温度段被杀死。

3. 降温阶段

与细菌的生长繁殖规律一样，可将微生物在高温阶段生长过程细分为三个时期，即对数生长期、减速生长期和内源呼吸期。在高温阶段微生物活性经历了三个时期变化后，堆积层内开始发生与有机物分解相对应的另一过程，即腐殖质的形成过程，堆肥物质逐步进入稳定化状态。

在内源呼吸后期，只剩下部分较难分解及难分解的有机物和新形成的腐殖质，此时微生物活性下降，发热量减少，温度下降。在此阶段，嗜温微生物重新变成优势菌，对残余较难分解的有机物做进一步分解，腐殖质不断增多且稳定化，此时堆肥即进入腐熟阶段。降温后，需氧量大大减少，含水量也降低，堆肥物孔隙增大，氧扩散能力增强，此时只需自然通风。

（四）热灭活与无害化

城市固体废物中的有机生活垃圾如管理不善，在自然堆放过程中易于腐败分解，污染环境，尤其是粪便、生活污水污泥，由于含有各种肠道病原体、蛔虫卵等，容易传播疾病。因此，城市固体废物的无害化是好氧生物处理的重要目标。

在好氧生物处理过程中，（病原体）细胞的热死主要是由于酶的热灭活所致。在低温下，灭活是可逆的，而在高温下，则是不可逆的。

热灭活有关理论指出：

① 当温度超过一定范围，以活性型存在的酶将明显降低，大部分将呈变性（灭活）型。如无酶的正常活动，细胞会失去功能而死亡。只有很少数酶能长时间的耐热，可以说热灭活作用对微生物非常有效。

② 热灭活有一种温度-时间效应关系。热灭活作用是温度与时间两者的函数，即经历高温短时间或者低温长时间是同样有效的。表 4-3-1 列举了污泥中病原体灭活的温度和时间。一般认为蛔虫卵的耐热性与其他肠道病原体大致相当，杀灭蛔虫卵的条件也可杀灭原生动物、孢子等，故可以把蛔虫卵作为灭菌程度的指标生物。

表 4-3-1 污泥中病原体灭活的温度和时间

微 菌	灭活的时间-温度	
	温度/℃	时间/min
志贺杆菌	55	60
内阿米巴溶组织的孢子	45	很短
绦虫	55	很短
微球菌属化脓菌	50	10
链球菌属化脓菌	54	10
结核分枝杆菌	66	15～20
蛔虫卵	50	60
埃希杆菌属大肠杆菌	55	60

③ 好氧堆肥化无害化工艺条件。根据上述热灭活概念分析可得出好氧堆肥无害化工艺条件：堆层温度 55℃以上需维持 5～7d；堆层温度 70℃则需维持 3～5d。即堆肥温度较高维

持时间较短时，可以达到同样的无害化效果。

但实际上由于堆肥原料不同，发酵装置性能及堆肥过程的复杂性，不能保证堆层内所有生物体受同样温度-时间影响，如下因素会限制热灭活效率：

① 堆料层可能因固态细菌的凝聚现象，形成大颗粒或球状物，使其内部供氧不足而明显减少来自颗粒本身内部产生的热量；

② 由于传热速度低或整个堆料物没有均匀的温度场，存在局部低温区，会使病原微菌得到残活的可能条件（故加强翻堆，搅拌使整个料层有均匀的温度场是必要的）；

③ 细菌的再生长，也是限制热灭活的另一因素。即某些肠道细菌（如大肠杆菌、沙门菌及粪链球菌等）在有机物料温度降低到半致死水平时，它们就能再生长。

所以实际操作时，堆肥无害化的温度-时间条件要比理论值更高一些，即在较高的温度维持较长时间，才能达到无害化效果。

二、动力学原理

作为一种生物学处理工艺，好氧堆肥化过程是通过各种微生物的繁殖使有机废物发生生化转化。在这类转化过程中，酶是一个很重要的催化剂，在热力学限制范围内，酶能有选择地加速一些生化反应，并能传递电子、原子和化学基团。酶是具有生物适应性的高分子蛋白质，是一种两性化合物。它有高度的催化能力且专一性强。根据酶的特性，在促进有机垃圾生化反应中，酶的催化作用介于均相催化与非均相催化两者之间，既可看成是废物与酶形成中间络合物，也可以看成是在酶的表面上首先吸附了底物然后再进行反应。因此有机废物的好氧堆肥化过程，可近似地看作是酶催化反应过程。

米歇里斯-门坦（Michaelis-Menten）等人对建立酶催化反应动力学模型做了不少有益的工作，并先后提出了酶催化反应的机理，为了便于分析，将引用 Herzfeld-Laidler 均相反应机理：

$$S \underset{k_2(Y)}{\overset{k_1(C)}{\rightleftharpoons}} X \xrightarrow{k_3(W)} P + (Z) \tag{4-3-2}$$

式中 S、C、X、P——反应物、催化剂、中间络合物与产物；

Y、W——任意组元，也可能不存在；

Z——可以是催化剂，也可以是其他组元。反应的速率方程可表示为：

$$V = \frac{dP}{dt} = k_2[X][W] \tag{4-3-3}$$

依似稳态法得到：

$$\frac{dX}{dt} = k_1[C][S] - k_2[X][Y] - k_3[X][W] = 0 \tag{4-3-4}$$

如以 $[S]_0$、$[C]_0$ 分别代表反应物与催化剂的表观浓度。则

$$[S]_0 = [S] + [X] \tag{4-3-5}$$

$$[C]_0 = [C] + [X] \tag{4-3-6}$$

式中 $[S]$、$[C]$——反应物与催化剂的自由浓度。将式（4-3-5）、式（4-3-6）代入式（4-3-4）可消去 $[S]$、$[C]$；并因 $[X]$ 很小而忽略 $[X]^2$ 项，可解出 $[X]$ 值代入式（4-3-3）即得均相反应速率方程：

$$r = \frac{k_1 k_2 [C]_0 [S]_0 [W]}{k_1([C]_0 + [S]_0) + k_2[Y] + k_3[W]} \tag{4-3-7}$$

有机固体废物堆肥化生化反应过程可近似看作单底物酶催化反应，是 Herzfeld-Laidler 机理的一种特例。此时，反应的催化剂为酶，以 E 表示，Y、W 均不存在，Z 亦为酶催化剂

E。反应机理式可用下式表示：

$$S+E \underset{k_2}{\overset{k_1}{\rightleftharpoons}} ES \xrightarrow{k_3} P+E$$

式中　S——堆肥化底物；

　　　E——酶；

　　ES——酶-底物中间产物（络合物）；

　　　P——产物。

由式（4-3-7）可得相应的动力学方程：

$$V=\frac{k_1 k_3 [E]_0 [S]_0}{k_1([E]_0+[S]_0)+k_2+k_3} \tag{4-3-8}$$

若 $[S]_0$ 以底物自由浓度 $[S]$ 表示，且 $[S]_0 \gg [E]_0$（酶的表观浓度，即总浓度），则式（4-3-8）可简化为：

$$V=\frac{k_1 k_3 [E]_0 [S]}{k_2+k_3+k_1 [S]}$$

若反应处于稳态过程，则中间产物浓度 $[ES]$ 不随时间而变化（$d[ES]/dt=0$），即底物 S 消失速度与产物 P 产生速度相等。可推出关系式：

$$\frac{[S][E]}{[ES]}=\frac{k_2+k_3}{k_1}=K_m \quad \text{（米氏常数）} \tag{4-3-9}$$

米氏常数 K_m 实质上是 $[ES]$ 达到稳定平衡时的平衡常数，是一种动态平衡常数。

由 $[E]_0$ 代表酶的总浓度，即 $[E]_0=[E]+[ES]$，将 $[E]=[E]_0-[ES]$ 代入式（4-3-8）得

$$[S]([E]_0-[ES])=K_m[ES]$$

$$(K_m+[S][ES])=[E]_0[S]$$

推得，

$$[ES]=\frac{[E]_0}{K_m+[S]} \quad \text{或} \quad v=\frac{k_3[E][S]}{K_m+[S]} \tag{4-3-10}$$

在酶促反应中，整个过程的反应速率是由有效的酶浓度 $[ES]$ 决定的。$[ES]$ 高，则反应产物 P 的生成速率快，或者说，底物 S 的去除速率快。所以酶反应速率为：$v=k_3[ES]$，代入式（4-3-10）得到：

$$\frac{v}{k_3}=\frac{[E]_0[S]}{K_m+[S]} \quad \text{或} \quad v=\frac{k_3[E]_0[S]}{K_m+[S]} \tag{4-3-11}$$

上式即为著名的米-门方程式（简称为米氏方程）。

当反应体系中的 S 为饱和时，所有 $[E]_0$ 都以 ES 形式存在，反应速率达到最大值。即

$$v_{max}=k_3[E]_0,$$

故

$$v=v_{max}\frac{[S]}{K_m+[S]} \quad \text{或} \quad v=v_{max}\frac{S}{K_m+S} \tag{4-3-12}$$

式中　$S=[S]$——底物浓度。

由上式可知：当 $S \gg K_m$ 时，酶反应速率与酶的表观浓度成正比，而与底物的浓度 $[S]$ 无关，故呈零级反应。在这种状况下，只有增加酶浓度才有可能提高反应速度。

当 $[S]$ 很小时，即 $[S] \ll K_m$。则酶反应速率与底物浓度成正比，即 $v=v_{max}[S]/K_m$，基质降解遵循一级反应。此时，由于酶未被底物所饱和，故增加底物浓度，可提高酶反应速度。但随着底物浓度的增加，酶反应速度不再按正比关系上升，呈混合级反应，即反应级数介于 0 到 1 之间，是一级反应到零级反应的过渡区。上述关系如图 4-3-2 所示。

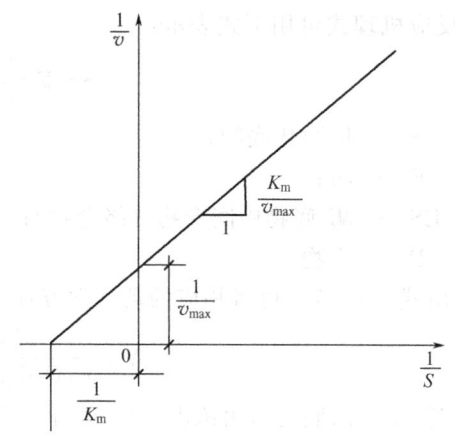

图 4-3-2　酶反应速率和底物浓度的关系　　　　图 4-3-3　$1/v-1/S$ 关系图

当 $K_m =$ [S] 时，由式（4-3-11）得：$v = \dfrac{1}{2}v_{max}$，对单底物米氏常数 K_m 而言，它表示当酶被其他底物饱和时，为达到极限速率的一半所需要的给定底物浓度。K_m 愈小，酶与底物的反应愈完全；K_m 值愈大，酶与底物反应愈不完全。而 v_{max} 愈大，酶与底物反应愈完全。因此，在堆肥化过程中，可以 v_{max} 或 K_m 值来量度有机废物在所控制的不同工艺条件下的发酵速度。从而可借以比较优化堆肥化工艺条件。

用米-门公式，以 [S] 对 v 作图，取 $v = \dfrac{1}{2}v_{max}$ 最大时，求得 K_m 值很不准确，因为，即使用很高的底物浓度，也只能得到近似的 v_{max} 值，而达不到真正的 v_{max}，因而也测不到准确的 K_m 值。

因此，目前一般常用的求 K_m 值的图解法为兰维福-布克（Lineweaver-Burk）作图法或称双倒数作图法。该法先将米氏方程式改写成如下的形式：

$$\frac{1}{v} = \frac{K_m}{v_{max}} \times \frac{1}{S} + \frac{1}{v_{max}} \tag{4-3-13}$$

实验时，选择不同的 S，测定相应的 v。求出两者的倒数，以 $\dfrac{1}{v}$ 对 $\dfrac{1}{S}$ 作图，即可得如图 4-3-3 中的直线。此直线在纵轴上截距为 $\dfrac{1}{v_{max}}$，在横轴上截距为 $-\dfrac{1}{K_m}$，直线的斜率为 $\dfrac{K_m}{v_{max}}$。量取直线在两坐标轴上的截距。或量取直线在任一坐标轴的截距，并计算斜率值，就可定出 K_m 值和 v_{max} 值。

在堆肥化试验过程中，v 值的确定可采用微分法，即在不同时间内分析样品含碳量（C），根据样品含碳量随时间变化曲线，求得曲线上任一点之切线的斜率即为该浓度时的反应速度(d[C]$/\mathrm{d}t$)。以浓度和速度的倒数作兰维福-布克图，即可确定 v_{max} 和 K_m 值。

如上所述，要找出堆肥化过程的最佳条件，必须从动力学方面去分析，应用稳态动力学方法进行研究，使堆肥工艺逐步由定性向定量的方向发展。

三、好氧堆肥化工艺过程

堆肥化作为一种传统的好氧生物处理技术，有着悠久的历史，发展至今，已经形成一套完善的体系，从物料的预处理到产生堆肥成品，每一步骤都有相应的技术和设备与之对应，而以更快的发酵时间和更高的产品质量为目标的新技术还在不断发展当中。生物干化以堆肥技术为依托，也有着相应的多套技术流程可供选择。

现代化堆肥生产，通常由前（预）处理、主发酵（亦可称一次发酵，一级发酵或初级发酵）、后发酵（亦可称二次发酵、二级发酵或次级发酵）、后处理、脱臭及贮存等工序组成。

（一）前处理

当以城市生活垃圾为主要原料时，由于其中往往含有粗大垃圾和不可堆肥化物质。这些物质会影响垃圾处理机械的正常运行，并降低发酵仓容积的有效使用，且使堆温难以达到无害化要求，从而影响堆肥产品的质量。因此，需要用到本篇第一章介绍的破碎，分选等预处理方法去除粗大垃圾和降低不可堆肥化物质含量，并使堆肥物料粒度和含水率达到一定程度的均匀化。另外，物料的颗粒变小，比表面积增加，有利于微生物繁殖，从而促进发酵过程。但颗粒也不能太小，因为要考虑到保持一定程度的孔隙率与透气性能，以便均匀充分地通风供氧。适宜的粒径范围是 12～60mm，最佳粒径需视物料物理性状而定。当以人畜粪便、污水污泥等为主要原料时，由于其含水率太高等原因，前处理的主要任务是调整水分和碳氮比，有时需添加菌种和酶制剂，以促进发酵过程的正常进行。

降低水分、增加透气性、调整碳氮比的主要方法是添加有机调理剂和膨胀剂。

① 所谓"调理剂"是指加进堆肥化物料中干的有机物，借以减少单位体积的质量并增加与空气的接触面积，同时增加物料中有机物数量，以利于好氧发酵。理想的调理剂是干燥的，较轻而易分解的物料，如木屑、稻壳、禾秆、树叶等。

② 所谓"膨胀剂"是指有机的或无机的三维固体颗粒，当它加入湿堆肥化物料中时，能有足够的尺寸保证物料与空气的充分接触，并能依靠粒子间接触起到支撑作用，普遍使用的膨胀剂是干木屑、花生壳、粒状的轮胎、小块岩石等物质。

（二）主发酵

主发酵主要在发酵仓内进行，靠强制通风或翻堆搅拌来供给氧气，供给空气的方式随发酵仓种类而异。

在发酵仓内，由于原料和土壤中存在的微生物作用而开始发酵，首先是易分解物质分解，产生二氧化碳和水，同时产生热量使堆温上升。这时微生物吸取有机物的碳、氮等营养成分，在合成细胞质自身繁殖的同时，将细胞中吸收的物质分解而产生热量。

发酵初期物质的分解作用是靠嗜温菌（生长繁殖最适宜温度为 30～40℃）进行的。随着堆温的升高，最适宜温度在 45～65℃的嗜热菌取代了嗜温菌，能进行高效率的分解。氧的供应情况与堆肥装置的保温性能对堆料的温度上升有很大影响。

如堆肥化过程原理中所述，堆肥后期将进入降温阶段。通常将温度升高到开始降低为止的阶段，称为主发酵期，以城市生活垃圾为主体的城市固体废物好氧堆肥化的主发酵期约为 4～12d。

（三）后发酵

经过主发酵的半成品被送去后发酵。在主发酵工序尚未分解的易分解及较难分解的有机物可能全部分解，变成腐殖酸等比较稳定的有机物，得到完全成熟的堆肥成品。后发酵也可以在专设仓内进行，但通常把物料堆积到 1～2m 高度，进行敞开式后发酵，此时要有防止雨水的设施。为提高后发酵效率，有时仍需进行翻堆或通风。

后发酵时间的长短，决定于堆肥的使用情况。例如堆肥用于温床（能利用堆肥的分解热）时，可在主发酵后直接利用。对几个月不种作物的土地，大部可以使用不进行后发酵的堆肥，即直接施用堆肥，而对一直在种作物的土地，则有必要使堆肥的分解进行到能不致夺取土壤中氮的稳定化程度（即充分腐熟）。后发酵时间通常在 20～30d 以上。

显然，不进行后发酵的堆肥，其使用价值较低。

（四）后处理

经过二次发酵后的物料中，几乎所有的有机物都变细碎和变形，数量也减少了。然而，在城市固体废物发酵堆肥时，在前处理工序中还没有完全去除的塑料、玻璃、陶瓷、金属、小石块等杂物依然存在，因此，还要经过一道分选工序以去除杂物。在此工序可以用回转式振动筛、振动式回转筛、磁选机、风选机、惯性分离机、硬度差分离机等后处理设备分离去除上述杂质，并根据需要（如生产精制堆肥）进行再破碎。

净化后的散装堆肥产品，既可以直接销售给用户，施于农田、菜园、果园，或作土壤改良剂，也可以根据土壤的情况，用户的需要，将散装堆肥中加入 N、P、K 添加剂后生产复合肥，做成袋装产品，既便于运输，也便于贮存，而且肥效更佳。有时还需要固化造粒以利贮存。

后处理工序除分选、破碎设备外，还包括打包装袋、压实选粒等设备，在实际工艺过程中，根据需要来组合应用这些后处理设备。

（五）脱臭

在堆肥化工艺过程中，每个工序系统有臭气产生，主要有氨、硫化氢、甲基硫醇、胺类等，必须进行脱臭处理。去除臭气的方法主要有化学除臭剂除臭法；水、酸、碱水溶液等吸收剂吸收法；臭氧氧化法；活性炭、沸石、熟堆肥等吸附剂吸附法；等等。其中，经济而实用的方法是熟堆肥氧化吸附除臭法。将源于堆肥产品的腐熟堆肥置入脱臭器，堆高约 $0.8\sim1.2m$，将臭气通入系统，使之与生物分解和吸附同时作用，其臭气去除效率可达 98％以上。

也可用特种土壤（如鹿沼土、白垩土等）代替堆肥，此种设备称土壤脱臭过滤器。

（六）贮存

堆肥的供应期多半集中在秋天和春天（中间隔半年）。因此，一般的堆肥工厂有必要设置至少能容纳 6 个月产量的贮藏设备。堆肥成品可以在室外堆放，但此时必须有不透雨水的覆盖物。

贮存方式可直接堆存在二次发酵仓内，或袋装后存放。加工、造粒、包装可在贮藏前也可在贮存后销售前进行。要求包装袋干燥而透气，因为密闭和受潮时会影响堆肥产品的质量。

第二节　好氧生物处理技术特征及参数调控

影响好氧生物处理过程的因素很多，通风供氧、堆料含水率、温度为最主要的影响因素，其他还包括物料的有机质含量、颗粒度、碳氮比、碳磷比、调理剂等。

一、通风工艺及控制

（一）微生物氧化分解理论需氧量

通风供氧是好氧生物处理过程的基本条件之一，在机械处理系统里，要求至少有 50％的氧渗入到堆料各部分，以满足微生物氧化分解有机物的需要。

通风量主要决定于原料中有机物含量、挥发度、可降解系数（分解效率％）等，以好氧堆肥处理为例，可用式（4-3-14）推算出氧化分解理论需氧量，再折算成理论空气量：

$$C_aH_bN_cO_d+0.5(nz+2s+r-d)O_2 \longrightarrow nC_wH_xN_yO_z+sCO_2+rH_2O+(c-ny)NH_3$$

（4-3-14）

式中 $r=0.5[b-nx-3(c-ny)]$，$s=a-nw$，n 为降解效率（摩尔转化率＜1），$C_aH_bN_cO_d$ 和 $C_wH_xN_yO_z$ 分别代表堆肥原料和堆肥产物的化学式。

［例 4-3-1］ 用一种成分为 $C_{31}H_{50}NO_{26}$ 的堆肥物料进行实验室规模的好氧堆肥化试验。试验结果，每 1000kg 堆料在完成堆肥化后仅剩下 200kg，测定产品成分为 $C_{11}H_{14}NO_4$，试求每 1000kg 物料的化学计算理论需氧量。

解：

（1）可算出堆肥物料 $C_{31}H_{50}NO_{26}$ 千摩尔质量为 852kg，则参加过程的有机物摩尔数＝$1000/852=1.173$（kmol）。

（2）堆肥产品 $C_{11}H_{14}NO_4$ 的千摩尔质量为 224kg，可算出每摩尔参加过程的残余有机物摩尔数即 $n=200/(1.173×224)=0.76$；

（3）由已知条件：$a=31$，$b=50$，$c=1$，$d=26$，$w=11$，$x=14$，$z=4$，$y=1$，可算出 $r=0.5×[50-0.76×14-3×(1-0.76×1)]=19.32$

$s=31-0.76×11=22.64$。

（4）根据式（4-3-13），过程所需的氧量为

$$W=0.5×[0.76×4+2×22.64+19.32-26]×1.173×32=781.5(kg)$$

实际的堆肥化系统必须提供超出理论需氧量（2 倍以上）的过程空气以保证充分的好氧条件。主发酵强制通风的经验数据如下：静态堆肥取 $0.05\sim0.2\,m^3/(min·m^3$ 堆料），动态堆肥则依生产性试验确定。

（二）通风的其他作用

空气受到堆肥化物料的加热，不饱和的热空气可以带走水蒸气，从而干化物料。干化的发生是氧化作用的一部分，也是好氧生物处理过程取得的重要收益。

在高温堆肥化和生物干化后期，主发酵排出废气温度较高，容纳水汽量将随温度的升高按指数规律增加，因此就是在外界环境空气呈饱和状态或相对湿度（Φ）相当高时，也可从堆料中带走大量水分。

通风供氧与带走水汽两者是有关联的，但完成两种目的所需空气量不同。有时能同时满足，有时后者需要空气量更多，例如以污泥、粪便等含水率高的物料为主要堆肥原料时，则物料干化的空气需要量将明显增加，在实际通风操作时应注意这一点。利用通风排走水蒸气的计算例子如下。

［例 4-3-2］ 使用一台封闭式发酵仓设备，以固体含量为 50% 的垃圾生产堆肥，烘干至 90% 固体后用作调节剂，环境空气温度为 20℃，饱和湿度为 0.015g 水/g 干空气，相对湿度为 75%，试估算使用环境空气进行干化时的空气需要量，如将空气预热到 60℃（饱和湿度为 0.152g 水/g 干空气）会如何？

解：（1）分析假定进口和出口的温度相同而排出空气呈饱和状态，可求得每克固体去除的水分为：

$$(1/0.5-1)-(1/0.9-1)=0.889(g 水/g 固体)$$

（2）当采用 20℃ 的环境空气时，求得理论上的空气需要量为：

0.889g 水/g 固体×1g 干空气/0.015g 水×1/(1.0−0.75)×10^6g/t×22.4L/29（空气）×$1m^3$/10001＝18300（m^3 干空气/t 干堆肥）

（3）如果预热空气到 60℃，则去除水分能力为：

0.152−(1.0−0.75×0.015)＝0.148（g 水/g 干空气），则所需空气量为：0.889×1/0.148×10^6×22.4/29×1/1000＝4640（m^3 干空气/t 干堆肥）

在生物干化过程中，通风量的大小对其处理效果有着显著影响。若通风量过大，会大量带走堆体的热量，堆体的保温效果不好；而通风量过小，虽然堆体温度很高，但是单位时间内空气携带水分的量就会减少，因此寻找一个通风量和温度的平衡点对于保证干化效果有着重要意义。研究表明，当通风量为 $4\sim6m^3/(h\cdot m^3)$ 时，干化效果最好，含水率下降最多[9]。

生物干化和好氧堆肥的最佳条件并不一样，好氧堆肥要维持高的温度才能达到无害化的要求，而生物干化以含水率下降为目的，要达到好的生物干化效果，风量要比一般的好氧堆肥大。

在好氧堆肥系统中，通风的另一作用是从堆肥发酵仓系统向外散热，这对堆肥温度的调节，尤其在进入降温阶段温度的控制是必要的。

例如国内某堆肥处理厂采用二次发酵工艺，主发酵周期为满足垃圾堆温及无害化工艺要求只需 $7\sim8d$，但实际操作常采用 10d 为一个周期。其后两天采取打开仓盖措施，此时通风就是为了散热，以控制系统堆温在 $70\sim80℃$ 以下，并可进一步降低水分，利于后续处理的正常进行。

（三）通风方法与控制

通风方式对好氧生物处理过程也有着重要影响。从通风设备来分，常用的通风方式有：①自然通风供氧；②向肥堆内插入通风管（主要用在人工土法堆肥工艺）；③利用斗式装载机及各种专用翻堆机翻堆通风；④用风机强制通风供氧。后两者是现代化堆肥厂主要采用方式，常配合使用。从通风时间间隔来分，可以分为连续通风与间隙通风。而有研究表明，在生物干化过程中，间隙通风比连续通风能够提供更充足的氧气，同时保证堆体的温度，干化效果更佳[10]。

由于需氧量和堆肥物料水分及堆料温度密切相关，一般在好氧生物处理过程中常用堆层温度的变化，用仪表反馈来控制通风量以保证堆肥条件处于微生物生长的理想状态。另外，氧的吸收率（或称耗氧速率）是衡量生物氧化作用及有机物分解程度的重要评价参数，故对于机械化连续堆肥生产系统，可以通过测定排气中氧的含量（或 CO_2 含量）以确定发酵仓内氧的浓度及氧的吸收率，排气中氧的适宜体积浓度值是 $14\%\sim17\%$，可以此为指标来控制通风供氧量。

二、含水率控制

微生物需要从周围环境中不断吸收水分以维持其生长代谢活动，微生物体内水及流动状态的自由水是进行生化反应的介质，微生物只能摄取溶解性养料，水分是否适量直接影响物料发酵速率和堆肥腐熟程度，所以含水率是好氧生物处理的关键因素之一。

固体废物含水率的高低主要取决于其物理组成。一般规律是：①有机物含量<50%时；最适宜含水率 45%～50%；②有机物含量达到 60%时，最适宜含水率也可达到 60%；③当无机物灰分多，物料含水率<30%时，微生物繁殖慢、分解过程迟缓，当含水率<12%时，微生物的繁殖会停止。

（一）最大含水量

最大含水量受到物质结构强度（即物料吸收大量水分仍能保持其结构的完整性）限制。例如禾秆的最大含水量为 75%～85%；锯木屑最大含水量为 75%～90%；城市垃圾最大含水量为 65%。

在好氧生物处理过程中，最大含水量也称"极限水分"，即从透气性角度出发，将固体粒子内部细孔被水填满时的水分含量称为好氧生物处理操作中的极限水分。垃圾不同组分的极限含水率（％）见表 4-3-2；混合垃圾极限含水率计算，见表 4-3-3。

表 4-3-2　垃圾各成分的极限含水率

成分	煤渣	菜皮	厚纸板	报纸	破布	碎砖瓦	玻璃	塑料	金属
极限含水率/%	45.1	92.0	65.5	74.4	74.3	15.9	1.1	5.7	1.1

表 4-3-3　垃圾极限含水率计算

项目	植物	动物	纸类	布类	煤灰	砖瓦	塑料	金属	玻璃	合计
成分变化幅/%	7~20	0.3~0.7	0.5~1.5	0.5~1.5	70~85	3~4	0.2~0.3	0.3~1.2	0.2~0.4	100
成分典型值/%	15	0.4	1	0.3	80	2.25	0.25	0.5	0.3	
极限含水率/%	13.8	0.3	0.7	0.2	36.1	0.4	0.01	0.006	0.003	51.5

（二）临界水分

临界水分是既考虑了微生物活性需要，又考虑到保持物料孔隙率与透气性需要的综合指标。因为当含水率超过 65％，水就会充满物料颗粒间的空隙，使空气含量减少，而由好氧向厌氧转化，温度也急剧下降，其结果是形成发臭的中间产物（硫化氢、硫醇、氨等）和因硫化物而导致堆料腐败发黑。综合好氧生物处理各种影响因素，可得到适宜的含水率范围为 45％～60％，以 55％为最佳。高水分物料的调节控制可参见前处理的有关内容。

（三）物料含水率调节与控制

当以城市垃圾为主要堆肥原料时，有时含水率偏低，常可配以粪水或污泥来调节水分，也可用一定量的堆肥回流物来进行调节。堆肥物料的水分调节可根据回流堆肥工艺的物料平衡进行。图 4-3-4 是好氧堆肥化物料平衡图。

该系统的物料平衡计算如下：

湿物料平衡式

$$X_c + X_r = X_m \quad (4\text{-}3\text{-}15)$$

干物料平衡式

$$S_c X_c + S_r X_r = S_m X_m \quad (4\text{-}3\text{-}16)$$

将式（4-3-16）代入式（4-3-15）中，得关系式

$$S_c X_c + S_r X_r = S_m (S_c + X_r) \quad (4\text{-}3\text{-}17)$$

令 R_w 为回流产物湿重与垃圾原料湿重之比，称为回流比率，则

$$R_w = X_r / X_c \quad (4\text{-}3\text{-}18)$$

由式（4-3-17）变形得

$$X_r (S_r - S_m) = X_c (S_m - S_c)$$

即

$$X_r / X_c = (S_m - S_c)/(S_r - S_m)$$

故

$$R_w = X_r / X_c = (S_m - S_c)/(S_r - S_m) \quad (4\text{-}3\text{-}19)$$

如令 R_d 为回流产物的干重与垃圾原料干重之比，则

$$R_d = S_r X_r / S_c X_c \quad (4\text{-}3\text{-}20)$$

将式（4-3-17）变形，方程两边各除以 $S_c X_c$，得

$$
\begin{aligned}
1 + R_d &= S_m X_c/(S_c X_c) + S_m X_r/(S_c X_c) = S_m/S_c + S_m X_r/(S_c X_c)\times(S_r/S_r) \\
&= S_m/S_c + S_m/S_r \times R_d
\end{aligned}
$$

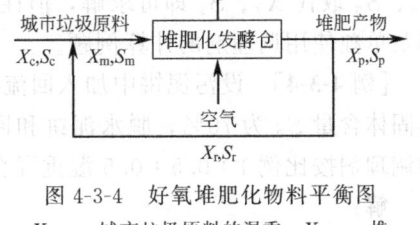

图 4-3-4　好氧堆肥化物料平衡图

X_c——城市垃圾原料的湿重；X_p——堆肥产物的湿重；X_r——回流堆肥产物的湿重；X_m——进入发酵混合物料的总湿重；$S_p = S_r$——堆肥产物和回流堆肥的固体含量（质量分数），%；S_c——原料中固体含量（质量分数），%；S_m——进入发酵仓混合物料的固体含量（质量分数），%。

即

$$R_d(1-S_m/S_r)=S_m/S_c-1$$

可整理得关系式

$$R_d=(S_m/S_c-1)/(1-S_m/S_r) \qquad (4\text{-}3\text{-}21)$$

方程式（4-3-20）或式（4-3-21）能用来计算所需要的以干重或湿重为条件的回流比率。

当以脱水污泥滤饼等湿度大的物料为主要原料时，回流堆肥调节水分是常用的方法。其计算例题如下：

[例4-3-3] 拟采用堆肥化方法处理脱水污泥滤饼，其固体含量 S_c 为30%，每天处理量为10t（以干物料基计算），即10t（干）/d。采用回流堆肥（其 S_R 为70%）以干化原料，要求混合物 S_m 为40%，试用两种基准（干基和湿基）计算回流比率，并求出每天需要处理的物料总量为多少吨？

解：

（1）由前述式（4-3-20）可计算干基回流比率：

$$R_d=\left(\frac{S_m}{S_c}-1\right)\Big/\left(1-\frac{S_m}{S_r}\right)=\left(\frac{0.40}{0.30}-1\right)\Big/\left(1-\frac{0.40}{0.70}\right)=0.777$$

（2）由前述式（4-3-18）可计算湿基回流比率：

$$R_w=(S_m-S_c)/(S_r-S_m)=(0.40-0.30)/(0.70-0.40)=0.333$$

（3）可根据 R_d 或 R_w 算出每日需处理物料的总重：

$$总重＝污泥饼重＋回流堆肥重$$

由 R_d，总重＝（10÷0.30）+（10×0.78）÷0.70＝44.4（t 湿/d）

由 R_w，总重＝（10÷0.30）+（10÷0.30）×0.33＝44.4（t 湿/d）

可见，两种方法算出物料总重是一致的。

对堆肥原料进行水分控制时，无论是否使用回流堆肥都可以掺加调理剂。干调理剂对控制湿度较有效。如只用调理剂而不用堆肥回流时，则前述物料平衡及计算关系式只需要用 X_a、S_a 取代 X_r、S_r 即可求解，但往往消耗大量调理剂。下面是同时使用回流堆肥和调理剂及单独使用调理剂的计算例题。

[例4-3-4] 设污泥饼中加入回流堆肥和调理剂以控制湿度。选用的有机调理剂是锯末，其固体含量 S_a 为70%，脱水泥饼和回流堆肥中分别含25%和60%的固体。污泥饼、堆肥和调理剂按比例1：0.5：0.5湿重混合。试求混合物的固体含量（质量分数，%）。

解：

（1）按污泥饼的单位质量加入混合物，求出混合物中相应的固体和水分含量：

$$固体＝1×0.25+0.5×0.60+0.5×0.70＝0.9$$
$$水＝1×0.75+0.5×0.40+0.5×0.30＝1.1$$

因此，混合物的总重为2.0g/g污泥饼，混合物的固体含量为：

$$S_m=0.9÷(1.1+0.9)=0.45$$

（2）若不用回流堆肥，要得到相同的混合物固体含量所需调理剂量可由下述方程来确定。

$$R_w=(S_m-S_c)/(S_r-S_m)$$

由于没有使用回流堆肥物，可用 S_a 取代 S_r 得到：

$$R_w=X_a/X_c=(S_m-S_c)/(S_a-S_m)=(0.45-0.25)/(0.70-0.45)=0.80$$

因此，污泥饼和调理剂将按湿基重1：0.8的比例混合。注意此时要得到同样的混合物固体量，则调理剂用量要比在第一部分中的量大得多。

（四）堆肥化和干化的关系

从前面的分析讨论说明有机废物堆肥化过程中，其有机物分解释放能量将使堆肥混合物温度有所增加，同时产生热量被用于水分蒸发而产生物料的干化作用。有机物分解所产生的能量在有机物的稳定、堆肥温度的升高和水分的蒸发过程中起到推动的作用。这也是好氧堆肥化应有的效应。

因为好氧堆肥化是在高于环境温度下进行，故堆肥化过程还会因辐射、对流及热传导向环境产生热损失。在条垛式堆肥时，存在表面热损失及机械翻堆热损失，由此其热损失更为明显，但在保温良好的密闭式发酵仓进行堆肥时，热损失将大为减少。

好氧堆肥混合物料的含水率及热性质，对上述堆肥化与干化过程有很大影响。通常以城市生活垃圾为主要原料时，混合物料含固量都在 $40\%\sim45\%$ 以上，物料原料水分及过程产生水分的蒸发干化较容易实现；但如以污泥饼为主要原料时，其中水分占大部分，其物料含固量常在 30% 或更低。从物料和能量平衡分析可知，污泥饼堆肥化可以分成两个明显不同情况：一个是可以得到充分的能量，足够供堆肥化和干化的需要；另一个是能量只够堆肥化和有限干化。此时，对堆肥化和干化而言，蒸发负荷所需能量占总能量的 75% 以上。这些能量必须通过原料中有机物的生物氧化来提供。在混合进料时，每单位质量的可降解有机物中的水分质量被定义为 W，已知它是判断热力学平衡的有效比率。如果 $W<10$，则能量足以提供堆肥化和全部干化所需。若 $W>10$，则可能会使堆肥温度较低，从而减弱了预期的干化效果。

在本节一的通风作用及控制中，已分析过堆肥化过程有两种不同的需要空气情况：其一是供去除水分和干化的需要，其二是供有机物料生物氧化的需要。污泥饼堆肥化实践证明，如果固体含量在 $30\%\sim40\%$ 之间，排出的空气温度在 $70℃$ 以上时，两方面对空气的需求是相等的。如果污泥固体含量较低，即 $<30\%$ 时，则去除水分所需的空气比生物氧化所需的空气量要明显增大。当固体含量 $<20\%$ 时，前者约为后者的 $10\sim30$ 倍。

所以，对于湿度过大的物料必须限制干化程度以减轻蒸发负荷，使好氧堆肥化过程能正常进行。要想得到低湿度产物，只有通过其他途径来进一步干化。

三、物料性状及 C/N 比调配

在好氧生物处理过程中，作为生化反应的能源，大量的碳通过微生物代谢被氧化生成二氧化碳，一部分碳则构成细胞体。氮主要用于原生质的合成。故就微生物对营养的需求而言，C/N 比是好氧生物处理的重要因素之一。

有机物被微生物分解的速度受其 C/N 的影响。微生物自身的 C/N 比约 $4\sim30$，用作其营养的有机物 C/N 比最好也在此数值范围内，特别当 C/N 比在 10 左右时，有机物被微生物分解速度最大。据文献报道：当原料的 C/N 比分别为 20，（$30\sim50$），78 时，其对应所需的堆肥化时间约分别为 $9\sim12d$，$10\sim19d$ 及 $21d$。当 C/N 在 80 以上时，堆肥化过程无法进行。

不同物料的 C/N 比见表 4-3-4。由表可看出，当用秸秆，垃圾进行好氧生物处理时，需添加低 C/N 比的废物或加入氮肥，将 C/N 比调整到 30 以下，以使堆肥顺利进行。

在发酵后，C/N 一般会减少 $10\%\sim20\%$ 甚至更多。假如成品堆肥的 C/N 过高，往土中施肥时，会与农作物竞争土壤中的氮，从而造成作物或土壤微生物缺氮，直接或间接影响和阻碍农作物的生长发育。故成品堆肥的 C/N 标准设为 $10\sim20$，并以此来确定和调整原料的 C/N 比。一般认为城市固体废物堆肥原料的最佳 C/N 在 $26\sim35$。

表 4-3-4 不同物料的 C/N 值

物料	C/N 比	物料	C/N 比
锯末屑	300～1000	人粪	6～10
秸秆	70～100	鸡粪	5～10
垃圾	50～80	污泥	5～15
牛粪	8～26	活性污泥	5～8
猪粪	7～15		

四、孔隙率控制

好氧生物处理过程中所需要的氧气是通过原料颗粒空隙供给的。孔隙率及孔隙的大小取决于颗粒大小及结构强度，像纸张、动植物、纤维织物等，遇水受压时密度会提高，由此大大缩小颗粒间空隙，不利于通风供氧。

因此，对原料颗粒尺寸应有一定要求。一般而言，物料颗粒的适宜粒度为 12～60mm，最佳粒径随垃圾物理特性而变化，其中：纸张、纸板等破碎粒度尺寸要在 3.8～5.0cm 之间；材质比较坚硬的废物粒度要求小些，在 0.5～1.0cm 之间；以厨房食品垃圾为主废物，其破碎尺寸要求大一些，以免碎成浆状物料，妨碍好氧发酵。

此外，决定垃圾粒径大小时，还应从经济方面考虑，因为破碎得越细小，动力消耗越大，处理垃圾的费用就会增加。

五、温度及控制

对于好氧生物处理系统而言，温度是影响微生物活动和工艺过程的重要因素。微生物分解有机物会释放出热量，这是过程中堆料温度上升的热源，如前面已介绍的通常会经历升温阶段、高温阶段及降温阶段。

好氧生物处理过程温度的变化速率受到氧气的供应状况及发酵装置、保温条件等的影响。对于靠酶促进行的堆肥生化反应系统，温度对过程的宏观影响较复杂，主要由于不同种类微生物的生长对温度具有不同的要求。

堆肥温度与微生物生长关系见表 4-3-5。从表中可知温度过低是不利的，分解反应速率慢，也达不到热灭活和无害化要求。嗜热菌发酵最适宜温度是 50～60℃。由于高温分解较中温分解速度要快，并且高温堆肥又可将虫卵、病原菌、寄生虫、孢子等杀灭，达到无害化要求，所以一般都采用高温堆肥。

表 4-3-5 堆肥温度与微生物生长关系

温度/℃	温度对微生物生长的影响	
	嗜温菌	嗜热菌
常温～38	激发态	不适用
38～45	抑制状态	可开始生长
45～55	毁灭期	激发态
55～60	不适用(菌群萎退)	抑制状态(轻微)
60～70	—	抑制状态(明显)
＞70	—	毁灭期

但温度过高也不利，例如当温度越过 70℃时，放线菌等有益细菌（有的对农业生产有

益，存活于植物根部周围，使植物受到良好的影响而茁壮成长）将全部被杀死。且孢子进入形成阶段，并呈不活动状态，使分解速率相应变慢。所以堆肥化的适宜温度为55～60℃。

堆肥化过程中温度的控制往往通过温度-通风反馈系统来完成。有研究报道在实验室条件下测定了不同通风量条件的发酵仓温度变化，其比较见表4-3-6。

表4-3-6　不同通风条件下发酵温度的变化　　　　　　　　单位：℃

通风量	不同温度	天数	1	2	3	4	5	6	7	8	9	10
0.02m³/(min·m³堆层)	池内温度	上	11	12	20	38	49	41	33	39	41	42
		中	19	19	25	50	65	61	55	54	55	57
		下	13	32	39	56	56	66	61	60	61	55
0.2m³/(min·m³堆层)	池内温度	上	60	70	72	78	76	64	62	62	58	40
		中	36	70	76	75	79	77	73	73	69	71
		下	40	65	71	73	71	75	73	73	70	71
0.48m³/(min·m³堆层)	池内温度	上	48	60	61	62		59	51	55		
		中	58	66	72	74	77	72	72	74		
		下	26	34	42	50	76	71	50	50		

从表中可得知：

（1）通风量为0.02m³/(min·m³堆层)条件下，堆层升温缓慢而且不均匀，上层达不到无害化的要求。

（2）通风量为0.2m³/(min·m³堆层)时，升温迅速、均匀，虽然由于热惯性，温度上限（70℃）被突破，但通过改善池底通风性能、中间补加水等措施，控温可望得到改善。此外，尽管温度突破了微生物生理上限，从数据分析和堆肥质量的感官指标上都未发现温度过高的负面影响。

（3）通风量为0.48m³/(min·m³堆层)时，由于风量过大，大量热通过水分蒸发而散失，使堆温不适当地降低，不利于反应进行，过量通风还造成一次发酵后产物水分过低的（22%）现象，不利于二次发酵的进行。更主要的是过量通风使能耗大大增加，从而增加了处理成本。由此可得出结论，一次发酵平均通风量选择0.2m³/(min·m³堆层)是适宜的，也符合前述静态堆肥所取的通风经验数据。

连续进料操作时，堆肥温度的控制还与发酵仓气固相接触方式有关。

图4-3-5反映连续操作时，气固相接触的方式与发酵仓内温度与分布关系，气固相接触方式包括逆流，并流与错流（垂直流）接触。t_s、t_g分别表示固相温度、气相温度，图中曲线说明：

① 气、固相同方向进入发酵装置时，气-固相温差小，出口温度高。此类型装置对水分蒸发有利，有较广的温度范围，装置内适宜温度不易控制。

② 气-固相逆流接触时，装置进口处反应速度快，固体物料温度升高，热效率好，但出口气-固相温度皆低，带走水分少。此装置内适宜温度也不易控制。

③ 气-固相错流接触时，发酵仓内各部位的通风量可通过阀门开度控制适当调整，易于控制温度及热效率，能带走水分，是实现适宜温度的最有利的装置形式，现代化发酵仓大都采用此种形式。

六、其他因素及控制

（一）有机质含量

有机质含量也是影响堆料温度与通风需氧量的因素。好氧堆肥过程中，如有机质含量过

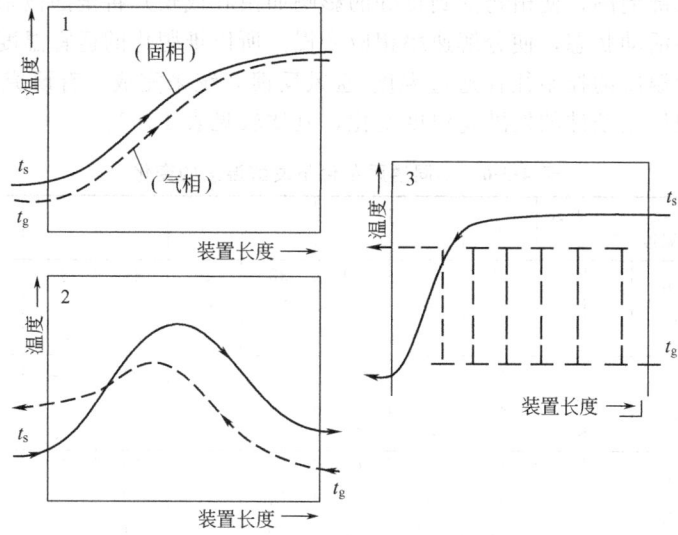

图 4-3-5　气固相接触方式与温度分布
1—气-固相并流接触；2—气-固相逆流接触；3—气-固相垂直流接触。
实线为固相，虚线为气相

低，分解产生的热量将不足以维持堆肥所需要温度，会影响无害化处理效果，且产生的堆肥成品由于肥效低而影响其使用价值。如果有机质含量过高，则给通风供氧带来困难，有可能产生厌氧状态。研究表明，堆料最适合的有机质含量为 20%～80%。而在进行以焚烧为最终处置目的的生物干化时，要求有机质含量不低于 50%，否则，会由于微生物的降解活动而使污泥有机质含量过低，影响后续焚烧处理的顺利进行。

（二）碳磷比（C/P 比）

除碳和氮以外，磷也是微生物重要的营养元素。因此，磷的含量对好氧生物处理也有较大影响。在垃圾发酵时往往以污泥作为添加原料，其原因之一就是污泥含有丰富的磷。通常，适宜的 C/P 比为 75～150。

（三）调理剂

在好氧生物处理过程中，有时需要向物料中加入锯末、秸秆、木屑等调理剂，调节物料的碳氮比、含水率等，增大孔隙度，从而达到更好的处理效果。调理剂的类型及其加入量也是影响处理效果的重要因素。有研究表明，在污泥生物干化过程中，秸秆相比于锯末的调节作用更优，可以使物料温度上升更快，含水率下降的程度更大[9]。相关研究结果证实，如果生物堆体的自由空域过低，可阻碍氧气的存储和传输过程，从而引起堆体的厌氧发酵。将生物堆体的自由空域保持在 30% 左右，对其好氧反应最为有利[11]。

第三节　好氧生物处理工艺类型及反应器

好氧生物处理技术发展至今，已经相当成熟。其中，好氧堆肥化技术以其相对简易的操作、较低的成本以及较好的无害化和资源化效果，一直以来受到人们的青睐，而针对传统堆肥处理工艺存在的生产周期长、产品质量不稳定、对周边环境影响大等缺点，人们也开发出了一系列新的堆肥技术，在一定程度上解决了这些问题，也提高了堆肥处理工艺的利用价值。生物干化则以好氧堆肥化技术为依托，两者的发展具有共性。本节以好氧堆肥化的工艺

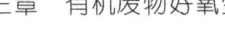

类型及反应器为主要阐述内容。

堆肥设备通常指堆肥物料进行生化反应的反应装置（简称发酵仓），是堆肥化系统的主要组成部分。

废物堆肥化按设备流程包括下述系统：进料供料设备→预处理设备→一次发酵设备→二次发酵设备→后处理设备→产品细加工设备。

固体废物（以下简称垃圾）的进料和供料系统是由地磅秤、贮料仓、进料斗以及起重机等组成。垃圾收集车通过进口、出口车道驶入卸料台或暂时站台，将垃圾卸入贮料仓或进料斗中。垃圾堆放场或贮料仓（池）都是暂时用来贮放垃圾的，通过起重机械将垃圾从贮料仓中运到料斗中。堆肥化系统的预处理设备是由破包机、撕碎机、筛选机以及混合搅拌机械等组成。经过预处理后的垃圾被送到一次发酵设备中，使发酵过程控制在适当的条件下，并使物料基本达到无害化。之后，送到熟化设备即二次发酵设备中，使垃圾完全发酵腐熟。最后，通过后续处理设备对堆肥做更细致的筛选，除去杂质。必要时可采用烘干造粒，或添加化肥，制成高效复合肥等深度加工处理设备。

此外，整个生产系统还须具备排出臭气的脱臭装置，污水的收集排出与处理装置，电力供应设备，控制仪器设备等。

现代化堆肥厂采用的各种各样的发酵装置和堆肥化系统都有共同的特征：就是以工艺要求为出发点，使发酵设备具有改善、促进微生物新陈代谢的功能。例如翻堆、搅拌、混合，协助通风系统控制水分、温度，同时在发酵的进程中自动解决物料移动和出料的难题。最终达到缩短发酵周期、提高发酵速率、提高生产效率、实现机械化大生产的目的，并达到所要求的堆肥产品的质量标准。应在掌握好堆肥物料，微生物和发酵设备这三者关系基础上研制出结构合理、造价低廉的发酵设备。

好氧生物处理工艺根据有无发酵装置分成两大类型，即无发酵装置工艺和反应器式发酵工艺。无发酵装置工艺又可分为静态垛式和搅拌式两种（图4-3-6）。前者没有搅拌或翻堆过程，料堆内部的输氧是通过强行吹风或抽风来进行的。由于没有搅拌装置，因而不能对物料进行有效的混合，而且在发酵期间物料会聚积并黏结成块，容易形成局部厌氧。搅拌式是将堆肥化物料堆放在一种带有固体翻动设施的场地上，在堆制循环中采用转动、翻堆或其他方式对物料进行定期地搅拌或破碎。如能充分搅拌混合，则整个堆垛物料的物性均一，发酵效果好。

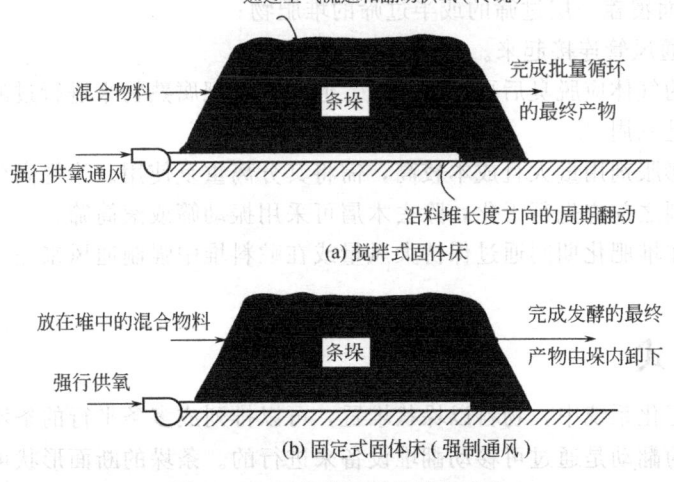

图 4-3-6　无发酵装置堆肥化系统

堆垛式动态发酵是搅拌式工艺的典型例子。混合堆肥化物料成条垛堆放，并通过机械设备对物料进行不定期的翻堆。条垛的高度、宽度和形状完全取决于物料的性质和翻堆设备的类型，供氧是通过翻堆促进气体交换过程来实现的，同时通过自然通风使料堆中的热量消散。

一、静态垛式

此工艺又称强制通风式固定垛发酵工艺，其特征在于物料堆肥化过程中不进行翻堆，供氧是通过机械抽风使空气渗透到料堆内部来实现的。此外，在堆肥化供料中不采用回流堆肥，而主要在脱水污泥中以加入木屑之类膨胀剂来调整湿度和改善物料的松散性。污泥与木屑的容积比一般为(1∶2)～(1∶3)。也可采用其他合适材料作膨胀剂。

图 4-3-7 为强制通风式固定垛工艺流程。

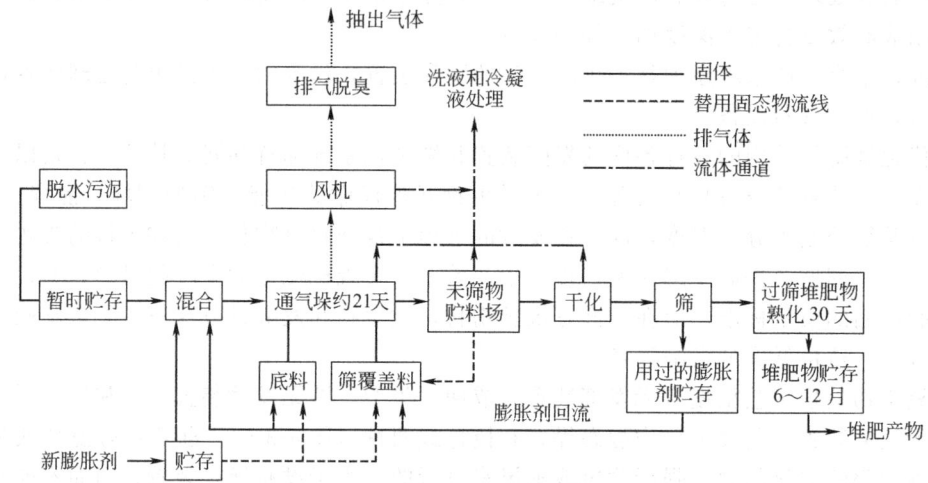

图 4-3-7　通风式固定垛系统总体工艺流程

a. 将污泥与膨胀剂混合；

b. 将木屑或其他膨胀剂沿多孔通风管铺开；

c. 将污泥与木屑的混合物在备用的床上堆成有一定高度的垛体；

d. 将垛的表面覆盖一层过筛的或半过筛的堆肥物；

e. 将风机与通风管连接起来。

从风机出来的气体应脱臭后再排入大气。通常用堆肥腐熟物来进行过滤脱臭。通风垛堆的停存时间一般是三周。

因木屑之类膨胀剂用量大且成本较高，需将其分离重复使用。为提高分选效率，从混合物料中筛出膨胀剂之前应先行干化，除去木屑可采用振动筛或滚筒筛。

物料干化可在堆肥化期间通过保持大风量或在贮料堆中强制通风来完成，也可以铺成长条进行露天风干。

二、翻垛式

在条垛式堆肥化系统中，物料以垛状堆置，可以排列成多条平行的条垛。在大规模的条垛系统中，对垛的翻动是通过可移动翻堆设备来进行的。条垛的断面形状可以是长方形、不规则四边形和三角形，具体采用哪种断面形状取决于堆肥化物料的特性和用于翻堆的设备。

条垛式系统用于各种有机废物的堆肥化是很有效的。由于条垛式堆肥化采用了机械化操作，因而生产率高，成本低，但占地面积较大。

对于含水率较高的有机物采用条垛式方法进行堆肥化处理，必须掺进一部分干燥的回流堆肥产物，掺入量以混合后物料含水率≤60％为宜。通过这种处理后的混合物料堆成垛后，其形状不易变化，而且由于物料的松散性和多孔性大大改善，使得翻堆能更有效地促进空气交换。将碎木块、木屑、禾秆或稻壳之类的调理剂同脱水污泥进行混合（此时加与不加干燥回流物都可），也能达到同样的效果。

该发酵工艺流程如图4-3-8所示。

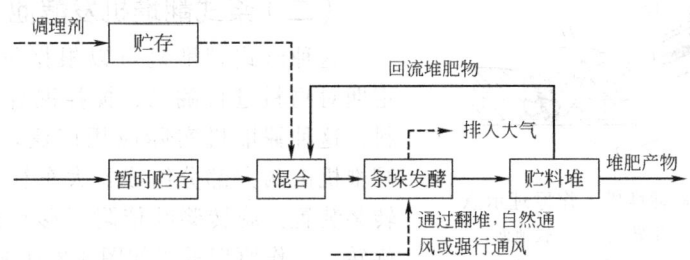

图4-3-8　搅拌翻堆条垛式系统工艺流程

用翻垛式方法生产堆肥的一次发酵周期通常约3～4周，在有利的气候条件下，一般能使最终堆肥的固体含量达到60％～70％。

三、反应器式

（一）戽斗式翻堆机发酵池

戽斗式翻堆机也称移动链板式翻堆机，是使用最多的形式之一，该发酵池属水平固定类型，通过安装在槽两边的翻堆机对有机堆肥原料进行搅拌，使之均匀接触空气，并使有机物迅速分解，防止臭气的产生。搅拌式发酵装置如图4-3-9所示。

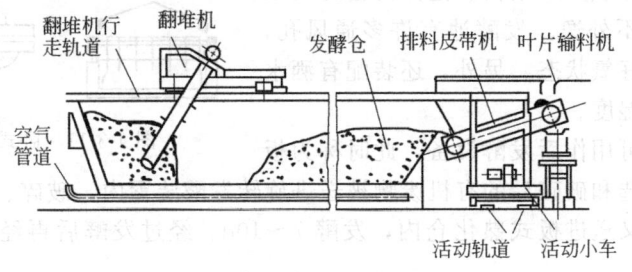

图4-3-9　搅拌式发酵装置

链板环状相连组成翻堆机，在各链板上安装附加挡板形成戽斗式刮刀，以此来搅拌和掏送物料。

该装置一次发酵时间为7～10d，翻堆频率可根据物料的情况变化，一般为一天一次。操作过程如下：

①翻堆机和翻堆车上安有传送带，在翻堆时传送带运行。当完成了翻堆以后，翻堆车又向后倒回到活动小车上。

②翻堆机运输带采用刮板输送装置，有时有些场合并不用这种结构。

③当翻堆机从一个发酵仓运动到另一个发酵仓时，通过动力油缸回转装置将搅拌机又

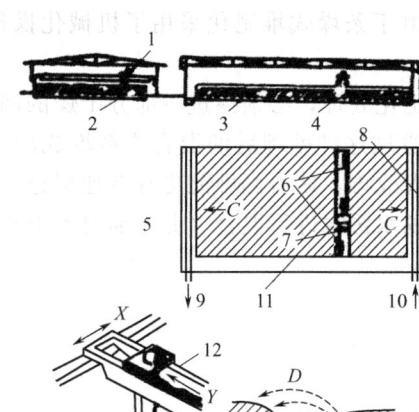

图 4-3-10 桨式翻堆机工作原理示意

1—翻堆机；2—旋转桨；3—软地面；
4—工作示意；5—出料端；6—翻堆
机行走路线；7—翻堆机；8—进料端；
9—排料口；10—进料口；11—翻堆
机的车道；12—大车行走装置；
13—旋转桨翻堆状态；
B—旋转桨的运动方向；C—物料的移动方向；
D—物料的运动轨迹线；X—大车行走装置的
运动方向；Y—翻堆机的运动方向

下降到开始搅拌的最低位置。

④ 当翻堆车从一个料仓到另一个料仓时，可采用轨道运输型活动车刮板运输机、皮带运输机或斗式提升机。刮板出料机安装在活动车上，以便取出发酵好了的堆肥并通过活动小车在发酵料仓末端把它带走。

⑤ 在发酵过程中不断供给空气，由料仓的底部输入空气。

（二）桨式翻堆机发酵池

这种形式翻堆机可以根据发酵工艺的需要，定期对物料进行翻动、搅拌混合、破碎、输送物料。这种翻堆机实际应用广泛，有一定生命力。翻堆机由两大部分组成：大车行走装置及小车旋转桨装置。旋转桨叶依附于移动行走装置而随之旋转。工作原理示意如图 4-3-10 所示。

小车及大车带动旋转桨在发酵仓内不停地翻动，翻堆机的纵横移动，把物料定期地向出料端推动。由于搅拌可遍及整个发酵池，故可将池设计得很宽，具有较大的处理能力。

（三）卧式刮板发酵池

如图 4-3-11 所示，这种发酵池的主要部件是一个成片状的刮板，由齿轮齿条驱动，刮板从左向右摆动搅拌废物，从右向左空载返回，然后再从左向右摆动推入一定量的物料。由刮板推入的物料量可调节。例如，当一天搅拌一次时，可调节推入量为一天所需量。如果处理能力较大，可将发酵池设计成多级结构。池体为密封负压式构造，因此臭气不外逸。发酵池有许多通风孔，以使发酵物料保持好氧状态。另外，还装配有洒水及排水设施以调节湿度。

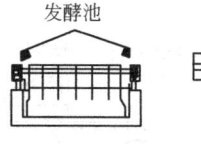 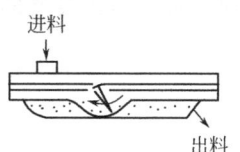

图 4-3-11 卧式刮板发酵池

这种发酵池也可用作后发酵设备，此时称为板式熟化仓。经过分选和破碎后的有机废物被送进旋转发酵装置内，破碎、搅拌后形成均质的生堆肥，然后物料又送进板式熟化仓内，发酵 7~10d。经过发酵后再经过精处理、精筛后制成熟堆肥。

上述三种池型（箱式）发酵设备的性能比较见表 4-3-7。

（四）多段竖炉式发酵塔

多段竖炉式发酵塔是立式多段发酵设备之一，是指整个立式设备被水平分隔成多段（层）。物料在各段上堆积发酵，靠重力从上段往下段移动。多段竖炉式发酵塔与污泥焚烧用的多段竖炉相似而得名，图 4-3-12 是其中一种形式的示意图。

从仓顶加入的物料，在最上段靠内拨旋转搅拌耙子的作用，边搅拌翻料边向中心移动，从中央落下口下落到第二段，在第二段的物料则靠外拨旋转拌耙子的作用从中心向外移动，从周边的落下口下落到第三段，以下依此类推，即单数段内拨自中央落下口下落，双数段外搅自周边落下口下落，可从各段之间空间强制鼓风送气，也可不设强制通风而靠排气管的抽力

表 4-3-7　各种箱式堆肥发酵池的性能比较

名称	概况	一次发酵周期/d	重复切断方法及频率	通气方法	压实块状化及通气性能	空气阻力	通气动力	占地面积	优点	缺点
卧式刮板发酵池	平面型(最大槽长75m,堆积高度1.5m),能横向行车的刮板进行锯齿形运行,同时进行原料的重复搅拌和输送,原料缓慢堆积放在与刮板相反方向的叶片上	8~12	利用锯齿行车刮板,1次/d	利用底部管路通风	利用刮板重复切断破碎原料,缓慢堆积,无压实成块现象,通气性能非常好。	小	小	大	1. 利用旋转刮板重复切断,无压实呈块现象,通气性能好; 2. 通气阻力小,动力消耗小	1. 占地面积大; 2. 环境条件差
戽斗式翻堆机发酵池	平面型(最大槽长为31m,高为1.5m),利用行走式戽斗同时进行原料的重复搅拌到达戽斗的投入口时,向上提升到排出口时,再将戽斗返回	8~12	利用行走戽斗,1次/d	利用底部管路通风	利用戽斗将切下的原料进行重复切断输送,很少产生压实成块现象,通气性能好	小	小	大	1. 很少产生压实呈块现象; 2. 通气阻气小,动力消耗小	1. 占地面积大; 2. 环境条件差; 3. 戽斗的长度决定于槽的长度,发酵槽的有效利用率低
浆式翻堆机发酵池	平面型(最大槽长为31m,堆高1.5m),利用行走螺旋输送机同时进行原料的反复搅拌和输送,原料到达螺旋输送机的投入端时提升到排出端后再返回	8~12	利用行走螺旋输送机构中的叶片,1次/d	利用底部管路通风	利用螺旋叶片进行重复切断和输送,将原料通向螺旋面,易产生压实成块现象,通气性能不太好	中	中	大	1. 环境条件差; 2. 占地面积大; 3. 螺旋的总长取决于槽的长度; 4. 易产生压实成块现象	

自然通风。塔内温度分布为上层到下层逐渐升高。前二、三段主要是物料受热到中温阶段,嗜温菌起主要作用。第四、五段后已进入高温发酵阶段,嗜热菌起主要作用。通常全塔分八段,塔内每段上堆料可被搅拌器耙成垄沟形,可增加表面积,提高通风供氧效果,可促进微生物氧化分解活动。

一般发酵周期为5~8d。可添加特定菌种作为发酵促进剂,使堆肥发酵时间缩短到2~5d。这种发酵仓的优点在于搅拌很充分,但旋转轴扭矩大,设备费用和动力费用都比较高。

(五)筒仓式发酵仓

筒仓式发酵仓为单层圆筒状(或矩形),发酵仓深度一般为4~5m,大多采用钢筋混凝土结构。

通常筒仓式发酵仓是一种在圆筒仓的下部设置排料装置(如螺杆出料机),仓底用高压

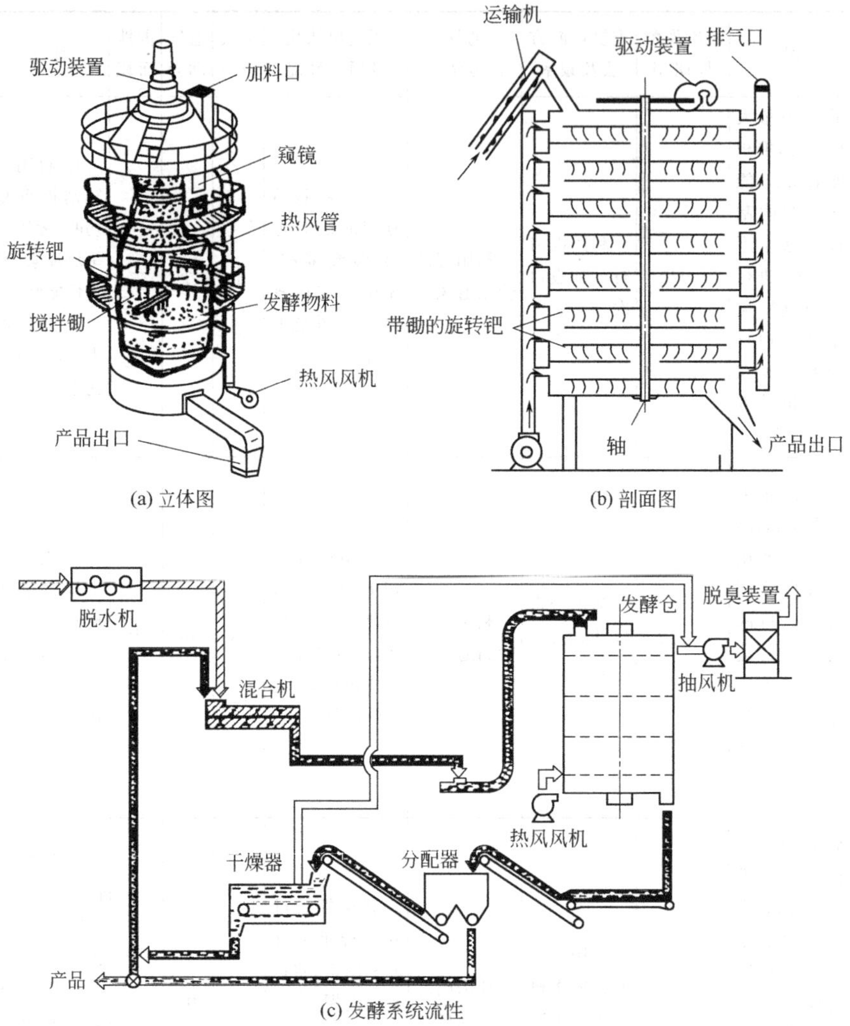

驱动装置　　加料口

窥镜

旋转钯　　热风管

搅拌锄　　发酵物料

热风风机

产品出口

(a) 立体图

运输机

驱动装置　排气口

带锄的旋转钯

轴　　产品出口

(b) 剖面图

脱水机

混合机

发酵仓

脱臭装置

抽风机

干燥器　　分配器

热风风机

产品

(c) 发酵系统流性

图 4-3-12　多段竖炉式发酵塔

离心机强制通风供氧，以维持仓内堆料的好氧发酵。原料从仓顶加入，为防止下料时，在仓内形成架桥起拱现象（形成穹窿），筒仓直径由上到下逐渐变大或者需安装简单的消除起拱设施。

　　一般经过 6～12d 的发酵周期，由仓底出料，属于静态式堆肥化过程。由于筒仓式静态发酵仓结构简单、螺杆出料较方便可靠，在我国已得到广泛应用。例如无锡、杭州等地堆肥厂均用此种类型或其改进形式，取得了较好效果。图 4-3-13 为筒仓式发酵仓的工作示意图。

（六）螺旋搅拌式发酵仓

　　螺旋搅拌式发酵仓的示意图如图 4-3-14 所示，这也是动态式筒式发酵仓工艺的代表。经预处理工序分选破碎的废物被运输机送到仓中心上方，靠设在发酵仓上部与天桥一起旋转的输送带向仓壁内侧均匀地加料，用吊装在天桥下部的多个螺丝钻头来旋转搅拌，使原料边混合边掺入到正在发酵的物料层内。由于这种混合掺入，使原料迅速升到 45℃ 而快速发酵，即使原料的水分高到 70% 左右，其水分也能向正在发酵物料中传递而使发酵正常进行。此外，即使原料的臭味很强烈，因为被大量正在发酵物料淹没，不至于散发恶臭。

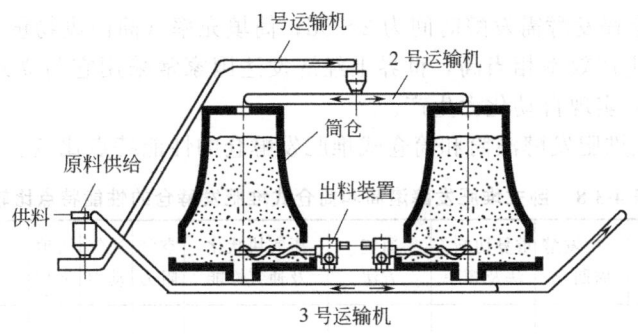

图 4-3-13 筒仓式发酵仓

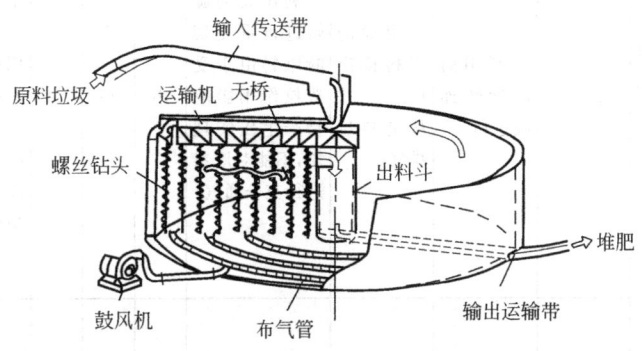

图 4-3-14 螺旋搅拌式头发酵仓示意图

螺丝钻自下而上提升物料进行"自转"的同时，还随天桥一起在仓内"公转"，使物料在被翻搅的同时，由仓壁内侧缓慢地向仓中央的出料斗移动。由于翻堆是在发酵物料层中进行，可减少发酵热的损失。物料的移动速度及在仓内的停留时间可用公转速度大小来调节。

空气由设在仓底的几圈环状布气管供给。发酵仓内，发酵进行的程序在半径方向上有所不同。因此，由于靠近仓壁附近的物料水分蒸发量及氧消耗量较多，该处布气管应供给较多的空气，靠近仓中心处布气管则可供给较少的空气，也就是说，该系统根据发酵进行的深度，合理而经济地布气供气。仓内温度通常为 60～70℃，一次发酵的停留时间为 5d。

（七）水平（卧式）发酵滚筒

水平（卧式）发酵滚筒有多种形式，其中典型形式为著名的达诺（Dano）式滚筒。为世界各国最广泛采用的发酵设备之一，其主要优点是结构简单，可以采用较大粒度的物料，使预处理设备简单化，物料在滚筒内反复升高、跌落，同样可使物料的温度、水分均匀化，达到曝气的目的，可以完成物料预发酵的功能。

此外，由于筒体斜置，当沿旋转方向提升的废物靠自重下落时，逐渐向筒体出口一端移动，这样，回转滚筒可自动稳定地供料、传送和排出堆肥物。图 4-3-15 为达诺式滚筒的示意图。

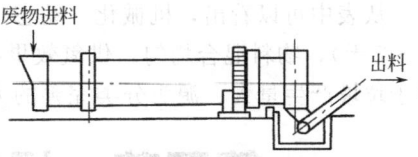

图 4-3-15 卧式堆肥发酵滚筒

达诺式滚筒的主要参数为：滚筒直径 $\phi 2.5$～4.5m、长度 L 20～40m；旋转速度 0.2～3.0r/min。

通常为常温 24h 连续操作，通风量为 0.1m³/（m³ 堆料·min），若仅为一次发酵，时间只需 36～48h，若全程发酵需发酵时间为 2～5d；筒填充率（筒内废物量/筒容量）≤80%。

达诺式滚筒的生产效率相当高，世界上经济发达国家常采用它与立式发酵塔组合应用，高速完成发酵任务，实现自动化大生产。

表 4-3-8 是卧式堆肥发酵滚筒和筒仓式堆肥发酵仓的性能特点比较。

表 4-3-8　卧式堆肥发酵滚筒和筒仓式堆肥发酵仓的性能特点比较

名称	概况	一次发酵周期/d	重复切断方法及频率	通气方法	压实块状化及通气性能	空气阻力	通气动力	占地面积	优点	缺点
卧式堆肥发酵滚筒	利用低速旋转滚筒进行经常的反复搅拌和输送	2～5	利用筒的旋转连续进行	由筒的原料排出口通气，并从进料口排气	利用筒的旋转进行重复切断原料由于受造粒作用影响易产生压实现象，不能对原料进行充分通气	小	小	大	1.结构简单；2.可以采用较大粒度物料；3.反复升高跌落，可使筒内温度均匀化	1.原料滞留时间短，发酵不充分；2.密闭困难；3.易产生压实现象，通风性能差产品不易均质化；4.能耗高
筒仓式静态发酵仓	单层圆筒形，堆积高度 4～5m，由仓顶部投入原料，顺序向下移动，由螺旋输送机向槽外排出	10～12	无	由仓底部通气，并向上部排出	仓内无重复切断装置，原料呈压实块状，通风性能差	非常大	非常大	小	1.占地面积小；2.发酵仓利用率高	1.堆积高，呈压实状；2.通风阻力大，动力消耗大；3.产品难以均质化
筒仓式动态发酵仓	单层圆筒形，堆积高度为 1.5～2m，螺旋推进器在仓内旋转，从自外周围投入的原料受到重复切断后又接着输送到槽的中心部位的排出口排出	5～7	利用螺旋推进器的叶片，1次/d	利用仓底部的管路通风供氧，并向上排气	利用螺旋叶片重复切断，原料被压在螺旋面上，容易产生压实块状，通气性能不太好	中	中	中	排出口的高度和原料的滞留时间均可调节	1.原料滞留时间不均匀，产品呈不均质状；2.易呈块状，通气性能差；3.不易密闭

从表中可以看出，机械化（动态）好氧堆肥装置是最先进的堆肥工艺，具有堆肥周期短（3～7天），物料混合均匀，供氧效果好，机械化程度高，便于大规模连续操作运行等特点。对于垃圾产生量大、源头分类完善的大城市有机垃圾的处理，有很大的应用前途。

第四节　好氧生物处理工程应用

利用好氧生物处理技术处理固体废物已有几千年历史，自古以来人们便用堆肥化技术处理粪便等有机物产生肥料。随着生产力发展和科技进步，好氧生物处理技术已得到不断改进和发展，形式也更加多样化。一方面，好氧生物处理技术充分发挥了固体废物中微生物的作用，操作相对简单，成本也较低，新发展的好氧生物处理反应器更是解决了传统技术占地面积大、有臭味、发酵时间长等问题；另一方面，各国的有机固体废物产生量逐年增加，需要对其处理的卫生要求也日益严格，从节省资源与能源角度出发，有必要把实现有机固体废物资源化作为固体废物无害化处理、处置的重要手段。有机固体废物的好氧生物处理技术能同时满足上述两方面要求，所以越来越得到世界各国的重视。

一、生物干化

污泥作为污水处理过程的伴生物一直是困扰污水处理厂正常运行的难题。目前我国大部分污水处理厂的污泥仅做到浓缩和机械脱水处理，有的甚至浓缩后直接外运或简易填埋，存在巨大的二次污染风险。另一方面，污泥作为可循环利用的"生物固体"如果处理得当，不但可以避免二次污染，还可以变废为宝。

在城市生活污水污泥的生物干化过程中，先将脱水污泥与破碎辅料混合，送入发酵仓后加入污泥专用发酵菌剂与腐熟污泥的混合物，搅拌均匀，密闭发酵仓，进行好氧发酵。通常从仓底部进行通风曝气，可同时从发酵仓顶部抽风，使发酵仓内堆体中心温度维持在55～65℃并保持3～6天。待堆体水分下降后，继续从发酵仓底部通风和顶部引风，并搅拌，至堆体水分小于40%。经过干化处理，获得性质稳定、无害无臭的产品，可用于农林业的肥料、填埋场覆盖用土等[12]。

也可用连续流设备进行污泥生物物理干燥。该技术将污泥发酵产热和空气对流作用相结合，通过好氧发酵瓦解污泥胶体结构，改变水分存在的形态，脱除污泥水分，同时通过对流增加污泥颗粒孔道水分的释放，实现多形态多路径的水分去除。该技术目前在我国已有中试系统应用，但尚未发展到工业化规模[13]。

二、污泥好氧堆肥

好氧堆肥技术是污泥处理和资源化的重要方法。通常先按一定比例将污泥与各种调理剂，包括秸秆、稻草、锯末、树叶、树枝等农林废物或草炭、粉煤灰、生活垃圾等混合，借助于混合微生物群落，在潮湿环境中对有机物进行氧化分解，使有机物转化为类腐殖质。污泥堆肥过程是复杂生化过程，它受到碳氮比、温度、pH值、挥发性固体含量、堆料的密度和孔隙率、供氧量等诸多因素的影响。通过好氧高温堆肥处理，可使城镇污水处理厂剩余污泥变为可用资源。

（一）银川市污泥堆肥处理工程实例

银川市污水处理厂采用强制静态通风发酵装置处理脱水污泥[14]，其流程图见图4-3-16。经水分调节后的脱水污泥进入好氧静态堆肥装置，好氧发酵成为性状良好的腐殖颗粒，然后按照不同农肥标准添加一定比例的氮、磷、钾等化肥原料，通过粉碎、搅拌后进入造粒装置，成型后经干燥、筛分成为成品，成品包装后入库或出售。

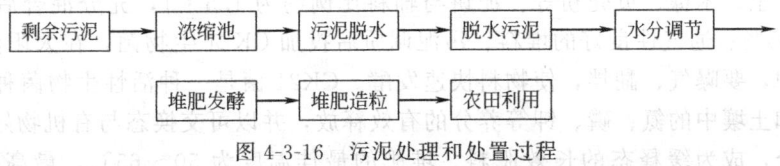

图 4-3-16 污泥处理和处置过程

工程采用银川市污水处理厂的脱水污泥，其含水率为 79.83%，挥发性有机物含量为 49.12%（干基）。为使污泥适于堆肥，需对其含水率进行调节。首先采用自然晾晒降低含水率，再添加调理剂，基本可以达到进入堆肥装置的含水率（55%～60%）的要求。所用调理剂为牛、羊、鸡粪；谷物加工产生的麸皮和谷糠；20mm 长的农作物秸秆、造纸厂的麦秆等。调理剂按 5～8kg/t 污泥（含水率 60% 左右）的量配比。

堆肥垛规模为 59.0m×4.5m×2.4m，堆肥垛底部有 4 个曝气棒及布气板，分别采用 $0.79m^3/(min \cdot m^3)$、$1.3m^3/(min \cdot m^3)$ 两种通风量。

一次发酵完成后，将出料翻堆、混匀，使微生物重新接种，然后进行二次堆肥发酵，从而使在一次发酵中未分解完全的一些较难分解的有机物得以继续分解。二次发酵采用室内平地堆积，堆高 1m，堆长 2m，堆宽 2m。生污泥的大肠菌值在 10^7～10^9 之间，蛔虫卵数在 3800～37000 个/kg 之间变化，经过在发酵池中 7d 的高温发酵，出料的大肠菌值 $\leq 10^2$，蛔虫卵为 0，完全可以达到无害化的效果。

上述堆肥产物可以作为有机复混肥的添加辅料，其投加率一般为 5%～10%。在常用的复混肥圆盘造粒生产线中，物料要经过混合、粉碎、成型、烘干、筛分等多个工艺段。在烘干段成型的肥料要在 95～100℃ 温度下烘烤约 20min，确保进一步杀灭残存的病原微生物。

（二）厦门市海沧污泥堆肥工程实例

厦门市海沧污泥堆肥厂采用多元综合好氧堆肥工艺[15]。该工艺在污泥好氧发酵制肥中，采用 CK21 菌喷涂接种、好氧堆肥快速腐热、生物高氮源发酵、磷酸中和软化与重金属钝化、热喷造粒技术等，进行城市污泥的处理与处置。将脱水污泥好氧发酵制成三维复合肥进行土地利用，改善城市环境，实现了生物资源的循环利用。污泥产品为养分含量高、肥效好、重金属含量低、使用安全的新型生态肥料，解决了肥料在土壤中易霉变、溶解性低、重金属稳定性差等问题。

海沧好氧堆肥厂多元综合制肥工艺主要有好氧发酵工段，配料工段，混合工段，热喷冷却工段，筛分工段，喷菌、扑粉、造粒工段，干燥工段，计量包装工段等组成。其工艺流程见图 4-3-17。

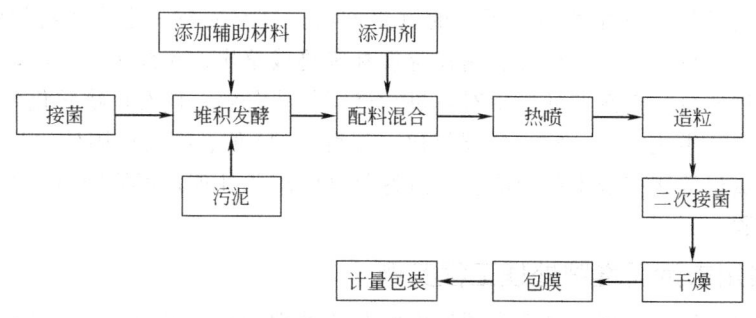

图 4-3-17 污泥堆肥工艺流程

（1）原料好氧发酵系统 在污泥中添加辅料，调整脱水污泥的含水率和碳氮比，降低物料密度，并加大疏松程度，增加与空气的接触面积，有利于污泥好氧发酵。常用的辅料有蘑菇渣、木耳土、米糠、贝壳粉等。泥饼与辅料比例约为 1.5:1，充分混合后即可得到含水率 60%～65%、通气性良好的堆料。污泥调质后投加 CK21 生物菌，在太阳温室内发酵，在发酵过程中，要曝气、翻拌，使物料快速发酵。CK21 菌是一种活性生物菌种，可促进污泥中的养分和土壤中的氮、磷、钾等养分的有效释放，并以可交换态与有机物好氧降解产生的腐殖质结合，成为缓释态的长效肥料。堆肥的最佳温度为 50～65℃，最高可达到 65～

75℃，发酵周期约 15 天。在高温发酵过程中，杀灭了致病菌、虫卵，使有机物分解转化成腐殖质、有机酸等，最终得到完全熟化的产品。

（2）配料系统　通过电子配料秤，将各种配料按配方比例分批自动计量，微量元素由人工计量，加入混合机混合。

（3）混合系统　计量好的各种物料经输送机进入混合机，混合机采用双轴桨叶式高效混合机，混合后的物料送入待热喷仓。

（4）热喷冷却系统　其主要由待热喷仓、热喷机、冷却装置、输泥机等组成。该系统主要是把混合后的物料经高温蒸汽调质后进入热喷腔，调质后的物料在热喷腔中高温、高压、剪切、揉搓后从喷口处喷出，喷出后的物料进入冷却装置冷却。蒸汽热喷可破坏生物细胞膜，挤出细胞水，污泥含水率可降至约 45%。

（5）筛分系统　冷却后的物料经输送设备进入振动筛分，合格的产品进入下一道工序，不合格的大颗粒经破碎后再筛分。

（6）喷菌、扑粉、造粒系统　筛分合格的产品经喷菌后由输送机送入造粒机，喷菌后的颗粒再经扑粉造粒，进入下道工序，二次喷 CK21 生物菌。

（7）干燥系统　喷菌扑粉后的颗粒含水率较高，约为 45%，不能直接储存。为保证生物菌不受影响，经低温干燥将颗粒含水率降至 23%，便于包装保存和运输。

（8）计量包装系统　干燥后的肥料颗粒进入成品仓，通过喂料装置进入电子包装秤，按要求进行自动计量及缝口，完成包装过程，送入肥料库。

该污泥堆肥项目年处理污泥量 712 万吨，按每生产 1t 有机肥需消耗污泥 2.01t（含水率 80%）计，年生产颗粒状三维复合肥约 3.6 万吨。

污泥堆肥周期和腐熟程度与污泥的种类和性质、含水率、空气供给量、碳氮比、温度、pH 值等因素密切相关。

（1）堆肥工艺参数　污泥含水率 80%，脱水污泥：添加物（蘑菇渣等混合物）＝1：1.2（体积比）或 1.5：1（质量比），添加物含水率为 30%。

（2）发酵主要参数　发酵周期为 32d；含水率为 50%～60%；碳氮比（C/N）为（20：1）～（30：1）；控制温度：55℃ 以上维持 5 天（最高不超过 75℃）；第 1～20 天，每 2 天翻抛一次，以供氧为主要目的，第 20～32 天，每 4 天翻抛一次，以控制温度为主要目的。

（3）发酵中止指标　含水率 25%～35%；碳氮比（C/N）≤20：1；耗氧速率趋于稳定。

用多元综合好氧堆肥法处理市政污泥后，可杀灭其中的病原菌，实现有机物腐殖质化、重金属稳定化，植物可利用形态养分增加，其 C/N 比、物理性状、溶解度、养分平衡等都得到了很大改善。其综合肥效优于农家肥和等养分化肥，为高效、经济、安全的污泥处置模式。

三、无锡市有机垃圾好氧堆肥实例

近年来，随着经济的快速发展，我国城市生活垃圾的产生总量大幅增加。自 1989 年以来，我国的城市生活垃圾平均以每年接近 9% 的速度增长，少数城市如北京增长率甚至达 15%～20%[16]。如何进行更好的垃圾处理已经成为城市可持续发展所要解决的难题之一。

利用好氧堆肥化技术对城市生活垃圾进行处理，将生活垃圾进行收集成堆、保温贮存、发酵，在人工控制条件下，利用微生物的生化作用，将垃圾中的有机物降解转化为稳定的腐殖质，其堆肥产品可以作为土壤改良剂施用于农田、果园、苗圃，改善贫瘠土地的土质，给作物提供生长所需的营养元素。

1986年起在国家建设部的支持和帮助下，同济大学和无锡市在垃圾好氧堆肥的中试基础上共同研究，开发设计了我国第一座比较现代化的高温好氧堆肥系统——无锡100t/d生活垃圾处理实验厂。经过多年运转，总结经验，已被专家组鉴定通过，并推荐为我国首批城市垃圾处理技术推广项目之一。

（一）工艺流程

该系统工艺流程如图4-3-18所示。由居民区收集的生活垃圾在中转站装车后送至处理厂并倒入料坑中。经板式给料机和磁选机送至粗分选机，将>100mm的粗大物铁件及<5mm的煤灰分选出去（约占总量的30%）。然后经输送带装入长方形的一次发酵池。每池容积为146m³。每天装满一池，再从贮粪池用污泥泵将粪水按一次发酵含水率40%～50%要求，分3次喷洒，使之与垃圾充分混合。待装池完毕后加盖密封，并开始强制通风，温度控制在65℃左右。10d后完成一次发酵。堆肥物由池底经螺杆出料机排至皮带输送机。经二次磁选分离铁件后送入高效复合筛分破碎（立锤式）机，该机的筛分部分由双层滚筒筛及立锤式粉碎机组成。通过该机的垃圾将分选出3类，大块无机物（石块、砖瓦、玻璃等）及高分子化合物（塑料等）被去除，剩下的粒径大于12mm而小于40mm的可堆肥物送至破碎机，破碎机出料与筛分机堆肥物细料一起送到二次发酵仓进行二次堆肥（堆

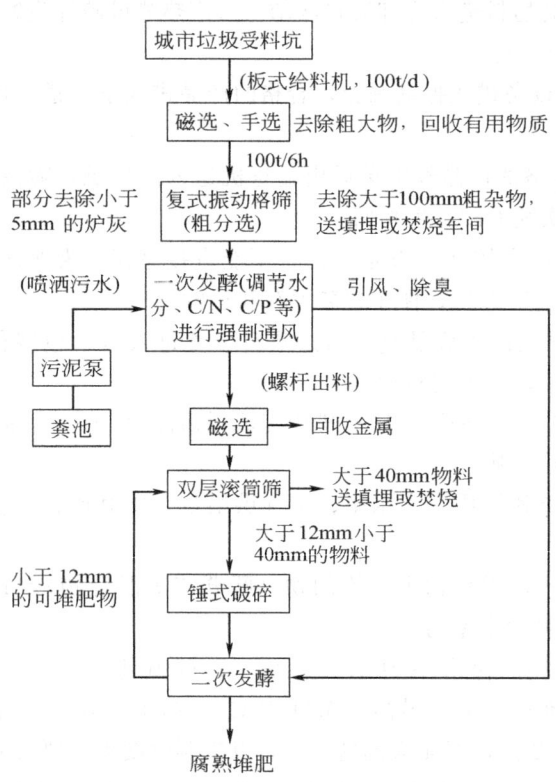

图4-3-18　无锡100t/d垃圾处理实验厂工艺流程

高2～3m）。此时，将一次发酵池的废气，通过风机送入二次发酵仓底部的通风管道。这样，既起到一次发酵气体的脱臭，又使二次发酵仓得以继续通风。二次发酵经10d后即成熟堆肥。

为防止一次发酵池中渗出污水污染地面水源，在一次发酵池底部设有排水系统，将渗滤水导入集水井后，经污水泵打回粪池回用。

（二）堆肥化机械设备

无锡垃圾处理实验厂机械设计共分3个组成部分：①受料预分选机组；②发酵进出料机组；③精分选机组。几种主要机械的设计参数如下。

（1）板式布料机　链板：长6m，宽1.2m；链板速度：0.0025～0.15m/s；生产能力：50m³/h；功率：7.5kW；其功能是使集中来料变成均匀给料。

（2）高效复合筛分破碎机　双层滚筒筛尺寸：φ1420mm×φ1710mm×6000mm；内筒筛孔φ40mm，外筒筛孔φ13mm；筛筒转速：5～18r/min范围内无级转速；额定处理量：

20～25t/h；功率：滚动筒 7.5kW，破碎机 30kW；功能：筛除＞40mm 为不可堆肥物；粒径小于 40mm 大于 12mm 可堆肥物经立锤破碎机粉碎至＜12mm；细筛产生粒径小于 12mm 的可堆肥物。

（3）组合式振动格筛（粗分选机）　尺寸 2500mm×1200mm；功率 3kW；能力 16t/h，其功能是用于去除粒径＞60mm 的粗大物。

（4）进料桥式小车　包括 2 条 4.0mm 横向进料皮带。总功率 7.4kW；其功能为一次发酵池进料用。

（5）螺杆出料机　螺杆长度 4.5m，直径 0.3m；能力 100t/6h；总功率 9kW；功能为一次发酵池出料用。

垃圾堆肥化处理工艺的完善，在很大程度上依赖于机械设计的正确和设备运输的正常。各城市的垃圾组成和理化性状差异较大，较难有普遍适用的机械设备。每个垃圾厂的机械设计必须依据垃圾特性不同而进行组合，得出比较符合工艺要求的机械设计流程。无锡市实验厂处理设备流程示意如图 4-3-19 所示。

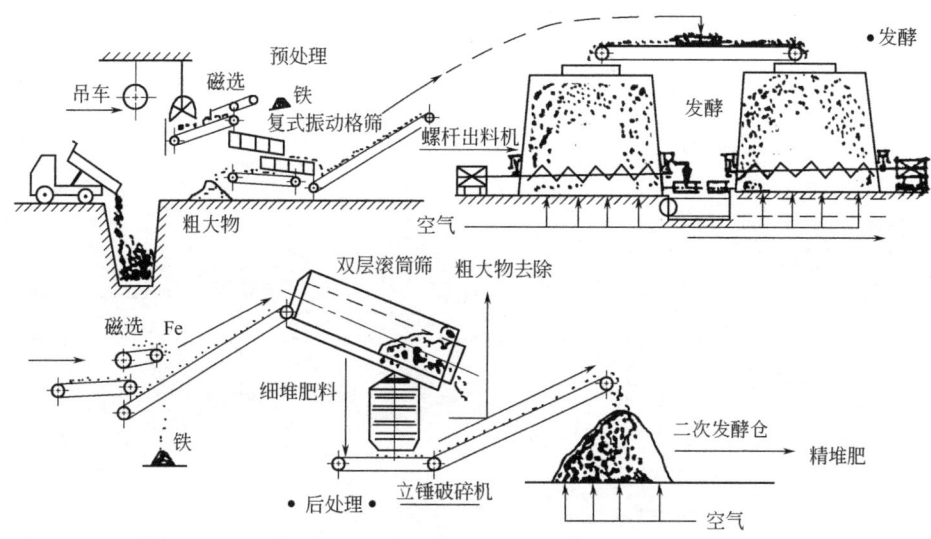

图 4-3-19　无锡市 100t/d 快速堆肥实验工厂处理设备流程示意图

参 考 文 献

[1] 陈群玉. 污泥生物干化研究现状 [J]. 中国资源综合利用，2011，2：35-38.

[2] 王洪涛，陆文静. 农村固体废物处理处置与资源化技术 [M]. 北京：中国环境科学出版社，2006.

[3] 赵由才，宋玉. 生活垃圾处理与资源化技术手册 [M]. 北京：冶金工业出版社，2007.

[4] 朱能武. 堆肥微生物学研究现状与发展前景 [J]. 氨基酸和生物资源，2005，27（4）：36-40.

[5] 李清飞，赵承美，余国忠. 微生物在农村有机生活垃圾堆肥中的作用 [J]. 信阳师范学院学报，2011，24（2）：278-280.

[6] 解开治，徐培智，张发宝，等. 接种微生物菌剂对猪粪堆肥过程中细菌群落多样性的影响 [J]. 应用生态学学报，2009，20（8）：2012-2018.

[7] 解开治，徐培智，张仁陆，等. 一种腐熟促进剂配合微生物腐熟剂对鲜牛粪堆肥的效应研究 [J]. 农业环境科学学报，2007，26（3）：1142-1146.

[8] 郭松林，陈国斌，高定，郑国砥，陈俊，张军，杜伟. 城市污泥生物干化的研究进展与展望 [J]. 中国给水排水，2010，26（15）：102-105.

[9] 齐凯佳. 不同通风量对污泥生物干化效果的影响 [J]. 山西建筑，2011，37（6）：100-102.

[10] 蒋建国，杨勇，贾莹，杜雪娟，杨世辉. 调理剂和通风方式对污泥生物干化效果的影响 [J]. 环境工程学报，

2010, 4 (5): 1167-1170.

[11] 李艳霞, 王敏健, 王菊思, 等. 填充料和通气对污泥堆肥过程的影响 [J]. 生态学报, 2000, 20 (6): 1015-1020.

[12] 李菁芳, 等. 一种城市生活脱水污泥生物干化处理方法. 发明专利 [P].

[13] 王洪涛, 等. 一种连续流污泥生物物理干燥技术. 发明专利 [P].

[14] 包加强. 污水处理厂污泥堆肥工艺探讨 [J]. 农业科学研究, 2008, 29 (4): 41-44.

[15] 曾广德. 多元综合好氧堆肥工艺在城市污泥处置工程中的应用 [J]. 给水排水, 2009, 42-45.

[16] 张丙珍, 马俊元. 浅谈城市生活垃圾堆肥处理的利用价值 [J]. 科技信息, 2008, 22: 373-374.

第四章

有机废物厌氧发酵技术

城市有机垃圾包括分类收集的家庭厨余垃圾、园林绿化废物、城市垃圾分选设施的有机组分、餐厨垃圾、食品工业有机废物、污泥和粪便等。这些有机废物经过微生物发酵分解可产生甲烷和二氧化碳，即沼气，同时实现有机物的无害化和稳定化。固体废物的沼气化处理，是实现固体废物无害化、减容化和资源化的行之有效的方法之一。

人们对于沼气的探究有着悠久的历史。其最早于 1630 年为德国科学家海尔曼（Van helment）所发现。在其后三百多年中各国科学家对沼气进行了深入的研究，特别是进入 20 世纪后，科学家分离出产甲烷的厌氧细菌，人们逐步掌握了有机物厌氧消化产沼的微生物学机理[1,2]。1896 年，在英国一座小城市（Exeter）建立了第一座处理生活污水污泥的厌氧消化池，所产沼气用作一条街道的照明；1906 年在印度 Matunga 建造了用人粪生产沼气的沼气池。早在 19 世纪 80 年代，我国广东潮梅一带民间就开始了制取瓦斯（沼气）的试验，在19 世纪末出现了简陋的瓦斯库；在 20 世纪初，我国台湾罗国瑞先生从发展经济和为农村解决燃料问题的角度出发，开始从事天然瓦斯研究，并于 1921 年在其宅内建造了一个可供 6 口之家煮饭点灯之用的瓦斯库。他于 1929 年在广东汕头市开办了我国第一个推广沼气的机构——"汕头市国瑞瓦斯汽灯公司"，1931 年改名为"中华国瑞瓦斯总行"，并迁往上海，以"垃圾点灯"，"提倡利用废料，解决经济燃料"广做广告，推广利用以污泥、粪便、青草和豆渣、酒糟等有机废物为发酵原料的水压式沼气池。在 20 世纪 50 年代国内有些地区曾掀起过群众性的沼气推广运动，但由于组织和技术不完善，效果不好，没能坚持下来。

近二十多年来，有机废物厌氧消化技术有了较大的发展。20 世纪 70 年代，经过实践，四川等地又重新兴起了沼气利用。1982 年天津建立了我国第一座大型城市污水厂，其污泥采用厌氧消化工艺，产生的沼气可供工厂及其职工宿舍的燃气之用。在欧洲，80 年代的垃圾处理危机促进了垃圾分类收集的发展，在 90 年代中后期，普及了有机垃圾单独收集，厌氧消化技术得到迅速发展。分类收集的有机垃圾进行厌氧消化的优势非常明显，一方面降低了堆肥产品的污染物含量，如重金属和塑料；另一方面，消化物料更均质，成分更稳定，易于运行管理，容易达到稳定的产气量。该技术被认为是过去 20 年间垃圾处理领域的重大技术进步。厌氧消化由此成为欧洲垃圾有机组分生化处理市场的重要组成部分。

第一节　厌氧发酵的微生物学原理

一、厌氧发酵的微生物学理论

由于厌氧发酵的原料来源复杂，参加反应的微生物种类繁多，厌氧消化是一个非常复杂的过程。一些学者对厌氧发酵过程中物质的代谢、转化和各种菌群的作用等进行了大量的研究，但仍有许多问题有待进一步探讨。目前，对厌氧发酵的生化过程有三种见解，即两阶段理论、三阶段理论和四阶段理论[1]。

（一）两阶段理论

该理论由 Thumm，Reichie（1914）和 Imhoff（1916）提出，经 Buswell，NeaVe 完善而成。该理论核心是将代谢细菌群分为不产甲烷的发酵性细菌（或称水解性细菌、产酸细菌）和产甲烷细菌两组，再按细菌引起的生物化学过程，将发酵阶段分为产酸阶段和产气阶段两个阶段，其过程如图 4-4-1 所示。

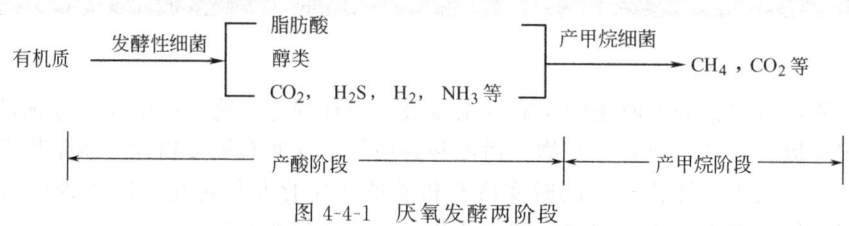

图 4-4-1　厌氧发酵两阶段

在第一阶段，复杂的有机物在产酸菌的作用下被分解成低分子的中间产物，主要是一些低分子的有机酸和醇类，并有氢气等气体产生。由于该阶段有大量的脂肪酸产生，使发酵液的 pH 值降低，所以此阶段被称为酸性发酵阶段，又称为产酸阶段。在第二阶段，产甲烷菌将第一阶段产生的中间产物继续分解成甲烷、二氧化碳等。由于有机酸在此阶段不断转化，同时系统中有 NH_3 存在，使发酵液的 pH 值升高，所以此阶段被称为碱性发酵阶段，又称为产甲烷阶段。

厌氧消化的两阶段理论，几十年来一直占统治地位，在国内外厌氧消化的专著和教科书中一直被广泛应用。

（二）三阶段理论

随着厌氧微生物学研究的不断发展，人们对厌氧消化的生物学过程和生化过程的认识不断深化，厌氧消化理论得到不断发展。1979 年，M. P. Bryant（布赖恩）在两阶段理论的基础上提出了三阶段理论。这一理论，将厌氧发酵分成三个阶段（见图 4-4-2），即水解（液化）、产氢和产酸、产甲烷阶段，在每一阶段各有不同的作用物和产物。三阶段理论也是目前厌氧消化理论研究相对透彻，相对得到公认的一种理论[2]。

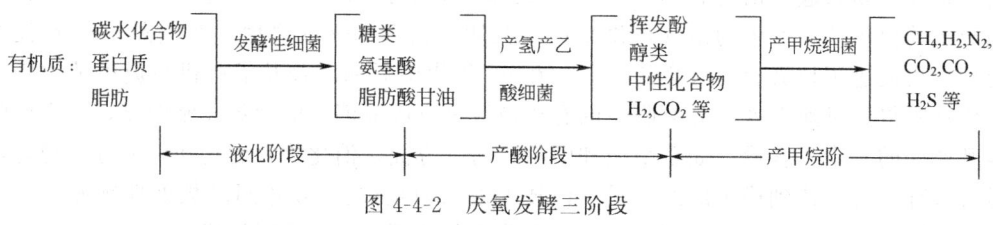

图 4-4-2　厌氧发酵三阶段

（1）水解（液化）阶段　是固体有机物质转化成可溶性物质的过程，即微生物（发酵性细菌）的胞外酶，如纤维素酶、淀粉酶、蛋白酶和脂肪酶等，对有机物进行体外酶解，将多糖分解成单糖，或二糖；将蛋白质转化成肽和氨基酸；将脂肪转化成甘油和脂肪酸。

（2）产氢产酸阶段　继上阶段的液化产物进入微生物细胞，在胞内酶的作用下迅即被转化为低分子化合物，如低级脂肪酸、醇、中性化合物等。其中主要以挥发性酸（包括乙酸、丙酸和丁酸）尤以乙酸所占比例为最大，约达 80%。

此一、二两个阶段是连续的过程，难以截然分开。在此阶段中，由于产酸菌群的分解产物或代谢产物均呈酸性，随着有机酸的积累可使系统的 pH 值降至 5～6 以下。在此阶段，常有大量 H_2（伴有 CO_2 等）游离而出，因此也可称作氢发酵期。

（3）产甲烷阶段　前阶段所生成的脂肪酸和其他低分子有机物质，在甲烷菌的作用下转化为甲烷。甲烷菌对脂肪酸的转化率可达到 90%，其余的 10% 被甲烷菌用作自身的繁殖。

从发酵原料的物理性状变化来看，水解的结果使悬浮的固态有机物溶解，称之为液化。发酵菌和产氢产乙酸菌依次将水解产物转化成有机酸，使溶液显酸性，称之为酸化。产甲烷菌将乙酸等转化为甲烷和二氧化碳等气体，称之为气化。

（三）四阶段理论

厌氧发酵四阶段理论由 Zeikus 在 1979 年[3] 提出。将厌氧发酵过程按不同营养类群的细菌（包括水解发酵菌，产氢产乙酸菌，同型产乙酸菌，产甲烷菌）分为四个阶段，即每个阶段有独特的功能菌群。其核心是在三阶段理论的基础上增加了同型产乙酸菌。该类微生物可将中间代谢物的 H_2 和 CO_2 转化成乙酸。所有细菌类群的有效代谢均相互密切连贯，达到一定平衡，不能单独分开，而是相互制约和促进的过程。

二、厌氧发酵微生物

（一）不产甲烷菌

在沼气发酵过程中，不直接参与甲烷形成的微生物统称为不产甲烷菌，包括的种类繁多，有细菌、真菌和原生动物三大群。其中细菌的种类最多，作用也最大。已知的细菌有 18 属，51 种，近年来又发现了许多种。按呼吸类型分为专性厌氧菌、好氧菌和兼性厌氧菌。其中以专性厌氧菌为主，种类和数量最多。

不产甲烷菌的作用主要为：①为产甲烷菌提供营养，将复杂的大分子有机物降解为简单的小分子有机化合物，为产甲烷菌提供营养基质；②为产甲烷菌创造适宜的氧化还原条件；③为产甲烷菌消除部分有毒物质；④和产甲烷菌一起，共同维持发酵的 pH 值。

1. 发酵细菌

大多数是厌氧菌，也有大量是兼性厌氧菌，主要的发酵产酸细菌包括梭菌属、拟杆菌属、丁酸弧菌属、双歧杆菌属等。也可以按功能分为纤维素分解菌、半纤维素分解菌、淀粉分解菌、蛋白质分解菌、脂肪分解菌等。由于发酵细菌的水解过程受多种因素影响，如 pH、SRT、有机物类型等，有时会成为厌氧反应的限速步骤。

发酵产酸细菌的主要功能有两种：①水解，在胞外酶的作用下，将不溶性有机物水解成可溶性有机物；②酸化，将可溶性大分子有机物转化为脂肪酸、醇类等。

2. 产氢产乙酸菌

产氢产乙酸菌的主要功能是将各种高级脂肪酸和醇类氧化分解为乙酸和氢气，为产甲烷菌提供合适的基质，在厌氧系统中常常与产甲烷细菌处于共生互营关系。

主要的产氢产乙酸反应有：

乙醇：$CH_3CH_2OH + H_2O \longrightarrow CH_3COOH + 2H_2$

丙酸：$CH_3CH_2COOH + 2H_2O \longrightarrow CH_3COOH + 3H_2 + CO_2$

丁酸：$CH_3CH_2CH_2COOH + 2H_2O \longrightarrow 2CH_3COOH + 2H_2$

注意：上述反应只有在乙酸浓度很低、系统中氢分压也很低时才能顺利进行，因此产氢产乙酸反应的顺利进行，常常需要后继产甲烷反应能及时将其主要的两种产物乙酸和 H_2 消耗掉。产氢产乙酸细菌多为严格厌氧菌或兼性厌氧菌，主要的种类包括互营单胞菌属、互营杆菌属、梭菌属、暗杆菌属等。

（二）产甲烷菌

产甲烷细菌的主要功能是将产氢产乙酸的产物——乙酸和 H_2/CO_2 转化为 CH_4 和 CO_2，使厌氧消化过程得以顺利进行。由于这一独特的功能，它们是原核生物的一个独特类群，在 20 世纪 70 年代后期被分类学家确认。

随着科学技术的发展和研究手段的改进，获得的产甲烷菌纯培养物日益增多，对产甲烷菌分类手段日趋深入和准确。已知的产甲烷菌分为 3 目，7 科，17 属和 55 种。

根据产甲烷菌的形态和生理生态特征，可将其分类如下：

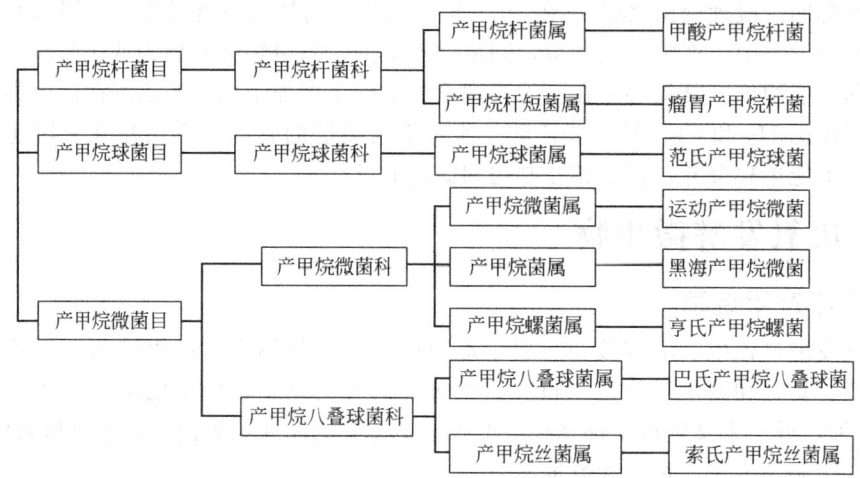

按代谢类型，则可将产甲烷菌分为两大类：乙酸营养型和 H_2 营养型产甲烷菌，或称为嗜乙酸产甲烷细菌和嗜氢产甲烷细菌；一般来说，在自然界中乙酸营养型产甲烷菌的种类较少，只有 Methanosarcina（产甲烷八叠球菌）和 Methanothrix（产甲烷丝状菌），但这两种产甲烷菌在厌氧反应器中居多，特别是后者，因为在厌氧反应器中乙酸是主要的产甲烷基质，一般来说有 70% 左右的甲烷是来自乙酸的分解。

典型的产甲烷反应：

① $CH_3COOH \longrightarrow CH_4 + CO_2$

② $4H_2 + CO_2 \longrightarrow CH_4 + 2H_2O$

③ $4HCOO^- + 2H^+ \longrightarrow CH_4 + CO_2 + 2HCO_3^-$

④ $4CO + 2H_2O \longrightarrow CH_4 + 3CO_2$

⑤ $4CH_3OH \longrightarrow 3CH_4 + HCO_3^- + H^+ + H_2O$

⑥ $4(CH_3)_3-NH_4^+ + 9H_2O \longrightarrow 9CH_4 + 3HCO_3^- + 3H^+ + 4NH_4^+$

⑦ $2(CH_3)_3-S + 3H_2O \longrightarrow 3CH_4 + HCO_3^- + H^+ + 2H_2S$

⑧ $4CH_3OH + H_2 \longrightarrow CH_4 + H_2O$

产甲烷菌有 5 个特点：①严格厌氧，对氧和氧化剂非常敏感；②要求中性偏碱环境条件；③菌体倍增时间较长，有的需要 4～5 天才能繁殖 1 代，因此，一般情况下产甲烷反应是厌氧消化的限速步骤；④只能利用少数简单化合物作为营养；⑤代谢的主要终产物是 CH_4 和 CO_2。

三、有机物的厌氧代谢过程

厌氧发酵是把碳水化合物、蛋白质和脂肪等在厌氧条件下经过多种细菌的协同作用首先分解成简单稳定的物质，继续作用最后生成甲烷和二氧化碳等沼气的主要成分。排出的残渣则可做作物肥料。

（一）碳水化合物的分解代谢

一般的碳水化合物包括纤维素、半纤维素、木质素、糖类、淀粉等和果胶质等。厌氧发酵的原料如农业废物等主要含碳水化合物，其中纤维素的含量最大。所以，消化池中纤维素分解的快慢与厌氧发酵的速度密切相关。

1. 纤维素的分解

能够水解纤维素的酶有许多种，不同种类的纤维素的水解消化速度也不同。纤维素酶可以把纤维水解成葡萄糖，反应式为：

$$(C_6H_{10}O_5)_n（纤维素）+ nH_2O \Longrightarrow nC_6H_{12}O_6（葡萄糖）$$

葡萄糖经细菌的作用继续降解成丁酸、乙酸最后生成甲烷和二氧化碳等气体。总的产气过程可用下述的综合表达式表达：

$$C_6H_{12}O_6 \Longrightarrow 3CH_4 + 3CO_2$$

2. 糖类的分解

先由多糖分解为单糖，然后是葡萄糖的酵解过程，与上述相同。

（二）类脂化合物的分解代谢

类脂化合物一般是指脂肪、磷脂、游离脂肪酸、蜡脂、油脂，在厌氧发酵的原料中含量很低。这类化合物的主要水解产物是脂肪酸和甘油。然后，甘油转变为磷酸甘油酯，进而生成丙酮酸。在沼气菌的作用下，丙酮酸被分解成乙酸，然后形成甲烷和二氧化碳。

（三）蛋白质类的分解代谢

这类化合物主要是含氮化合物，在厌氧发酵原料中占有一定的比例。在农家污水和猪圈废物中，蛋白质的含量最高可达 20%。它们的分解过程是在细菌的作用下水解成多肽和氨基酸。其中的一部分氨基酸继续水解成硫醇、胺、苯酚、硫化氢和氮；另一部分分解成有机酸、醇等其他化合物，最后生成甲烷和二氧化碳；还有一些氨基酸在产沼细菌自生繁殖时作为合成细胞体的养分。

（四）有机物的厌氧分解速率

有机固体废物发酵产沼的反应，可近似地看作一级反应，因而可用一级反应速率方程加以描述。即厌氧发酵装置内有机物的减少速率可以下式表示：

$$dC/dt = -K_dC \tag{4-4-1}$$

式中　C——在时间 t 内，能被生物发酵分解的有机物浓度（在一些特定情况下，也可用特定物质的浓度表示，如：污泥消化时间、污泥的 VSS 等），mg/L；

K_d——有机物分解反应速率常数，d^{-1}。

上式中的负号表明有机物浓度随发酵过程的进行而减少，其减少速率与剩余的有机物浓度成反比。

将该式分离变量积分，可得：

$$\ln C/C_0 = -K_dt \quad 或 \quad C = C_0e^{(-K_dt)} \tag{4-4-2}$$

式中　C_0——有机物初始（$t=0$ 时）浓度，mg/L；

C——在时间为 t 时的有机物浓度，mg/L。

在充分混合的连续发酵产沼装置中，物料平衡的关系式为：

净变化量＝物料输入量－物料输出量－装置内尚存可分解物料量

即：　　　　　净变化量 $=(QC_0/V)-(QC/V)-(K_dC)$ 　　　　　(4-4-3)

式中　Q——通过发酵装置的物流量，m^3/d；

　　　V——发酵装置中的反应体积，m^3。

若产沼速率处于稳定状态，其净变化量为零时，则式(4-4-3)=0，

亦即：　　　　　　　　$Q(C_0-C)=K_dCV$ 　　　　　　(4-4-4)

因物料在装置内的停留时间 $t=V/Q$，代入式(4-4-2)，得

$$t=[(C_0-C)/K_dC]$$ 　　　　　(4-4-5)

若 K_d 为已知，则有机物发酵分解时间 t 可通过式(4-4-5) 计算得出。

此外，K_d 的量常需经过试验确定，其试验步骤如下：

由　　　　　$\ln C/C_0=-K_dt$，　　　即：$\lg C/C_0=-(K_d/2.303)t$ 　　(4-4-6)

因此，通过批量试验得出的一系列数据，以 $\lg C/C_0$ 对时间 t 作图，测量所得关系直线的斜率，即可求得所需的 K_d 值。

第二节　厌氧发酵的影响因素及工艺类型

一、厌氧发酵影响因素

由于厌氧发酵是有机物在厌氧微生物的作用下的生物化学反应，因此有机物原料的配比、温度、pH 值和酸碱度、搅拌混合、停留时间、水分及有毒物含量等都会影响整个反应的进行。分述如下：

（一）养分

充足的发酵原料是产生沼气的物质基础。各种微生物在其生命活动过程中不断地从外界吸收营养，以构成菌体和提供生命活动所需的能量。同时，在降解有机质过程中形成许多中间代谢产物。但是，不同的微生物所需的营养物质也是不一样的。譬如，产甲烷细菌只能利用简单的有机酸和醇类、二氧化碳等作为碳源，形成甲烷。氮源方面只能利用氨态氮，而不能利用复杂的有机氮化合物，如蛋白质等。有机物质必须先经过不产烷微生物群的分解作用，才能进一步被产甲烷细菌利用。

另一方面，由于微生物细胞体碳、氮比较为固定，在厌氧发酵过程中，需要特别注意配料的碳氮比控制。各种有机物中碳、氮元素的含量差异很大，一般将碳氮比值大的有机物称为贫氮有机物，如农作物的秸秆等，而将碳氮比值小的有机物称为富氮有机物，如人畜粪尿、富含氮的污泥（未经处理的污泥，其 C/N 约为 16：1）等。为使反应物能满足厌氧发酵时微生物对碳素和氮素的营养需要，必须将贫氮有机物和富氮有机物进行合理的配比，只有这样才能获得较高的产气量。大量的报导和实验表明，当厌氧消化反应物的碳氮比为(20～30)：1 时较为适宜，而当厌氧消化反应的碳氮比为 35：1 时的产甲烷量则将呈明显下降趋势。

磷素含量（以磷酸盐计）一般要求为有机物量的 1/1000。碳磷比以 100：1 为佳。

（二）发酵温度

温度是影响厌氧发酵的主要因素之一。大量的研究表明，细菌活性在一定温度范围内随温度的升高而增加，使其分解有机物的速度快，从而提高产气量。此外，处于较高温度下的气体在液相中的溶解度也有所降低，气体分压的减少有利于厌氧消化过程的进行。

通常而言，厌氧代谢速度在 35～38℃ 有一个高峰，50～65℃ 有另一高峰。一般厌氧发

酵常控制在这两个温度内，以获得尽可能高的降解速度，前者称为中温发酵，后者称为高温发酵，低于 20℃ 的称为常温发酵。对于高浓度的发酵浆料（如城市污水污泥、粪便等），为了提高发酵速度，缩小厌氧发酵设备体积和改善卫生效果，对浆料、沼气池进行加热和保温可能是合理的，也常为生产者所采用。根据发酵温度，可将厌氧发酵工艺分为常温发酵（自然发酵）、中温发酵（30～35℃）和高温发酵（55～65℃）。由于甲烷菌对温度的急剧变化非常敏感，即使温度只降低 2℃，也能立即产生不良影响，产气下降，温度再次上升才又开始慢慢恢复其活性。另一方面，如果温度上升过快，当出现很大温差时会对产气量产生不良影响。因此，不管哪种温度发酵工艺均要求温度相对稳定，一天内的变化范围在 ±2℃ 内为宜。

（三）pH 值和酸碱度

厌氧发酵微生物细胞内细胞质的 pH 一般呈中性反应，同时，细胞具有保持中性环境，进行自我调节的能力。因此，厌氧发酵菌可以在较广的 pH 范围内生长，在 pH 5～10 范围内均可发酵，不过以 pH 7～8 为最适（称之为最适 pH）。此外，在厌氧消化反应过程中，pH 值的大小会影响微生物细胞对脂肪酸的吸收。通常，当 pH 值较低时，脂肪酸更容易迅速地进入细胞内部。因此，对产甲烷菌而言，需维持在弱碱性环境之中，其最佳 pH 值范围在 6.8～7.5 之间。

厌氧发酵过程中，pH 值也有规律的变化，发酵初期大量产酸，pH 值下降。随后，由于氨化作用的进行而产生氨，氨溶于水，形成氢氧化铵，中和有机酸使 pH 回升，使 pH 保持在一定的范围之内，维持 pH 环境的稳定。在正常的厌氧发酵中，pH 有一个自行调节的过程，无需随时调节。这是由于发酵过程中碳水化合物转化成等体积的二氧化碳和甲烷气体，反应式如下：

$$(C_6H_{10}O_5) + xH_2O \longrightarrow xC_6H_{12}O_6 \longrightarrow 3xCH_4 + 3xCO_2$$

不过，产生的二氧化碳不是作为气体释放，而是与水反应

$$CO_2 + HOH \rightleftharpoons H_2CO_3 \rightleftharpoons H^+ + HCO_3$$

另外，由于微生物的脱氨作用，从蛋白质中脱下氨基，形成氨，氨与水反应，形成氢氧化铵。

$$NH_3 + HOH \rightleftharpoons NH_4^+ + OH^-$$

铵离子与碳酸氢根离子作用，形成碳酸氢铵（NH_4HCO_3）。碳酸氢铵具有缓冲能力，使发酵液保持中性。

发酵系统 pH 值降低的最根本原因是由于反应物的缓冲能力下降所造成。由于酸的过量导致甲烷菌受抑制，从而使有机酸不能转化为甲烷和二氧化碳，这样就会导致酸的积累，反而会使产酸菌大量的繁殖，引起厌氧反应系统发生"酸化"现象，有可能造成恶性循环直到厌氧消化产沼过程停止。因此，厌氧发酵过程中挥发性脂肪酸（VFA）的测定和控制至关重要。正常发酵时 VFA 浓度是 2000mg/L 以下。当超负荷或受毒物影响而使产甲烷过程受抑制时，VFA 浓度会增加到 3000～4000mg/L 以上。

（四）搅拌

一般情况下，厌氧发酵装置需要设置搅拌设备。搅拌的目的是使发酵原料分布均匀，增加微生物与发酵基质的接触，提高传质，也使发酵的产物如 H_2S、NH_3、CH_4 等气态物质及时分离，从而提高产气量。搅拌也可以破除浮渣层。菲律宾玛雅农场，由于在沼气池中设有搅拌器而使沼气产量提高 70%～80%。

在有机废物干式发酵的情况下，搅拌更为重要，通常靠机械搅拌来实现。

（五）停留时间

发酵产沼的总产气量与发酵装置的分解停留时间有关。停留时间可用以判定物料的气化和无机化程度，还可用以粗略估算产沼量的多少。

（六）水分含量

有机物中的含水量直接影响各类细菌的活性，若物料缺少一定量的湿度，则会使发酵工艺的正常进行受到不同程度的限制，甚至完全停止。根据厌氧发酵物料水分状况，厌氧发酵可分为液体发酵、固体发酵和高浓度发酵。

液体发酵是指固体含量在10％以下，发酵物料呈流动态的液状物质的厌氧发酵，如有机废水的厌氧处理，农村水压式沼气池的发酵等。

固体发酵又称干发酵，其原料总固体含量在25％～50％，物料中不存在可流动的液体而呈固态，发酵过程中所产沼气甲烷含量较低，气体转化效率较差，适用于垃圾发酵和农村部分地区特别是缺水的北方地区的禽畜粪便处理。

高浓度发酵介于液体发酵和固体发酵之间，发酵物料的总固体含量一般为15％～20％，适用于农村有机废物的产沼，粪便的厌氧发酵等。

（七）有益物质及毒性物质

在发酵液中添加少量化学物质，如钾、钠、钙、镁、锌、磷等元素，均有助于促进厌氧发酵，提高产气量和原料利用率。研究显示，在发酵液中添加少量的硫酸锌、磷矿粉、炼钢渣、碳酸钙、炉灰等均可不同程度地提高产气量、甲烷含量以及有机物质的分解率，其中以添加磷矿粉的效果为最佳。这些有益物质提高产气率的原因为：

① 促进沼气发酵菌的生长；

② 增加酶的活性，尤其是镁、锌、锰等二价金属离子常常是酶活性中心的组成成分。Mg^{2+}、Zn^{2+}是水解酶的活化剂，能提高酶的活性和促进酶的反应速度，有利于纤维素等大分子化合物的分解。

此外，在发酵液中添加纤维素酶，能促进纤维素分解，提高稻草的利用率，使产气量提高34％～59％。添加少量活性炭粉末则可以提高产气2～4倍。添加浓度为0.01％的表面活性剂"叶温20"，则可降低表面张力，增强原料和菌的接触，产气量最高可增加40％。

与上述相反，有许多化学物质能抑制发酵微生物的生命活力，统称为有毒物质。有毒物质的种类很多，有无机的和有机的、有植物性的和矿物性的物质。如上面已经讲过的，由于发酵不正常而造成的有机酸的大量积累，以及氨浓度过高所引起发酵障碍，另外由于添加了一些有害的物质，而使沼气发酵受到抑制。城市污水、污泥厌氧发酵中各种有害物质的浓度界限见表4-4-1。

（八）接种物

厌氧发酵中菌种数量的多少和活性直接影响沼气的产生。在处理废水时，由于废水中含有的产甲烷菌数量比较少，所以开始时必须接种。不同来源的厌氧发酵接种物，对产气和气体组成有不同的影响。酒厂、屠宰场和城市下水污泥活性较强，可直接作为接种物添加。添加接种物可促进早产气，提高产气率。也可把现有污水处理厂和工业厌氧发酵罐的发酵液作为"种"使用，以缩短菌体增殖的时间。需注意的是进行高温发酵时的必须用高温发酵的发酵液作接种物，进行中温发酵则必须用中温发酵的发酵液作接种物。不能指望中温发酵的菌群在高温条件下得到良好的效果。因为，两个不同的微生物类群，具有不同的生理特性。

污泥中含有大量的厌氧发酵的微生物，在厌氧反应器中提高污泥浓度，可增大处理量，

表 4-4-1　污水污泥厌氧发酵中有毒物质的允许浓度

有毒物质名称	表示方式	允许浓度	有毒物质名称	表示方式	允许浓度
盐酸、磷酸、硝酸、硫酸	pH	6.8	氯化钠	NaCl	5～10g/L
乳酸	pH	5.0	氟化钠	NaF	>11mg/L
丁酸	pH	5.0	硫代硫酸钠	$Na_2S_2O_3$	≥2.5g/L
草酸	pH	5.0	亚硫酸钠	Na_2SO_3	<200mg/L
酒石酸	pH	5.0	硫氰酸钾、硫氰酸钾	SCN	>180mg/L
甲醇	CH_3CO	800mg/L	氢氰酸钠、氰化钾	CN	2～10mg/L
丁醇	C_4H_9OH	800mg/L	苛性钠、苛性钾、苏打、苛性石灰	pH	25mg/L 7～8
异戊醇	$C_6H_{11}OH$	800mg/L	铜化合物	Cu	100mg/L
甲苯	$C_6H_5CH_3$	400mg/L	镍化合物	Ni	200～500mg/L
二甲苯	$C_6H_4(CH_3)_2$	<870mg/L	铬酸盐、铬酸、硫酸铬	Cr	200mg/L
甲醛	HCHO	<100mg/L	硫化氢、硫化物	S^{-2}	70～200mg/L
丙酮	CH_3COCH_3	>4g/L	盐浓度、钾矿废物	Cl^-	2g/L
乙醚	$(C_2H_6)_2O$	>3.6g/L	四氯化碳	CCl_4	1.6g/L
汽油	—	400mg/L	阳离子去垢剂	有效物质	100mg/L
马达油	—	25g/L	非离子去垢剂	有效物质	500mg/L

大大缩小反应器的容积。新型厌氧发酵装置（厌氧过滤器、上流式厌氧污泥层反应器、厌氧附着膜膨胀床反应器等）的特点之一即是保持较高的菌体浓度，由此达到较高的处理效率。

二、常用厌氧发酵工艺

（一）水压式沼气池工艺

水压式沼气池常用于农村家庭，属于半连续式进出料，家用水压式常温发酵工艺流程如图 4-4-3 所示。

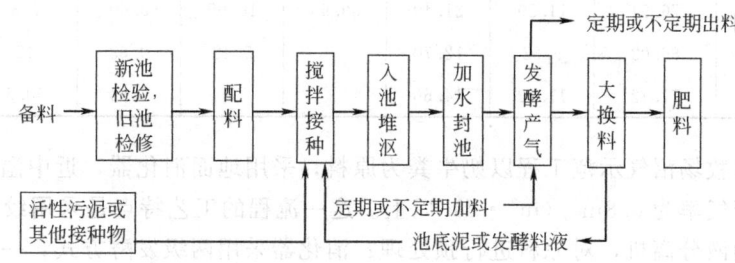

图 4-4-3　家用水压式沼气池发酵工艺流程图

在这一流程中，对各个工艺步骤要求是：①备料：作好原料准备，要求数量充足、种类搭配合理，要尽量铡碎；②新池检验或旧池检修：做到确保不漏水、不漏气；③配料：满足工艺对料液总固体浓度（TS%）和 C/N 的要求配比原料；④拌料接种：要求拌和均匀；⑤入池堆沤：将拌和好的原料放入池内，踩紧压实，进行堆沤；⑥加水封池：堆沤原料温度上升至 40～60℃ 时，从进出料口加水，然后用 pH 精密试纸检查发酵液酸碱度，pH 值在 6～7 时，即可盖上活动盖，封闭沼气池；⑦点火试气：封池 2～3d 后，在炉具上点火试气，如能点燃，即可使用，如若点不燃，则放掉池内气体，次日再点火试气，直至点燃使用为止；⑧日常管理：按工艺规定加新料，进行搅拌，冬季防寒，检查有无漏气现象；⑨大换料：发酵周期完成以后，除去旧料，按工艺开始第二个流程。

在这一工艺条件下，沼气池均衡产气量为：北方地区为 0.10～0.15m³/m³ 池容·d 或 0.15～0.2m³/m³ 料液·d；南方地区为 0.15～0.25m³/m³ 池容·d 或 0.2～0.3m³/m³ 料液·d。

（二）大中型沼气工程的厌氧发酵工艺

大中型沼气工程大多为利用工厂或城市产生的废料，如有机污泥、粪便、酒槽或槽液（表4-4-2），高浓度有机废水等，进行厌氧消化，一方面可以去除废物中的有机物，加快废物的稳定化过程，同时可利用其产生的沼气作为能源。

表 4-4-2　厌氧发酵情况

厂名	发酵温度/℃	pH滞留期		负荷量/d	产气率		COD去除率/%
		进	出		kgCOD/(m³·d)	m³/(m³·d)	
南阳酒精厂	53～55	4.3～4.5	7.5～7.8	8	6.25	2.5	85
东至酒厂	53～55	3～4	7.2～7.3	14～15	1	1.1～1.6	96.1
蓬莱酒厂	55	4.4	7.5	11～13	1	2	79
通城酒厂	55	6.0	7.2	8	5.4	2.5	75
龙泉酒厂	37	5	7.0	15	10	5	82

1. 禽畜粪便厌氧发酵

禽畜粪便中悬浮物多，固形物浓度较高，总固体含量20%～80%。厌氧发酵原料的有机成分含量及碳氮比见表4-4-3。表中总固体是指对原料量的百分比，其他各项是指干物质百分比。

表 4-4-3　禽畜粪便成分（%）及碳氮比

原料	总固体	挥发性固体	粗脂肪	木质素	纤维素	蛋白质	含氮量	含碳量	碳氮比(C/N)
鸡粪	68.9	82.20	2.84	19.82	50.55	9.52			
奶牛粪	15～20	70～77	3.23	35.57	32.49	9.05	0.29	7.3	25/1
猪粪	20～27.4	76.54	11.50	21.49	59.95	10.95	0.60	7.8	13/1
稻草	80～88	86.02	9.62	12.70		5.42	0.63	42	67/1
人粪	17	77.42	11.22	14.66			4.84	50.5	10/1

上海五四畜牧场沼气示范工程以奶牛粪为原料，采用地面消化器，近中温发酵，两级消化，其年平均产气率为0.8m³/(m³·d)以上。这一流程的工艺特点是采用绞龙式粪草分离机和发酵原料固液分离机，对原料进行预处理；消化器采用两级发酵方式，一级发酵是牛粪在全混合式消化器内发酵，消化液再进入二级消化器发酵；二级消化器是折流式生物过滤罐。沼气经过脱水、脱硫入贮存器，供应畜牧场484户用户。该工程消化器总容积为1004m³，由8个消化器组成。通过生产实践证明，这种工艺适合于集约化奶牛场粪便的厌氧发酵。厌氧发酵工艺流程如图4-4-4所示。

2. 城市粪便厌氧发酵

城市粪便的处理对卫生要求较高，通常采用高温发酵工艺，以杀死其中的寄生虫卵。粪便液固形物含量较低，仅1%～2%，需经沉淀浓缩后，使固形物浓度达到5%～6%后，再进行高温发酵，所产沼气用于锅炉燃烧，产生蒸汽维持消化器所需温度。沉淀浓缩产生的上清液COD还在1000mg/L以上，需经处理达标后才能排放。图4-4-5是城市粪便高温厌氧发酵处理工艺的典型流程图，采用这一工艺流程的青岛市、烟台市的粪便处理的卫生效果见表4-4-4。由该表中可以看出，其卫生效果是明显的，均达到了国家粪便无害化卫生标准（GB 7975—87）。

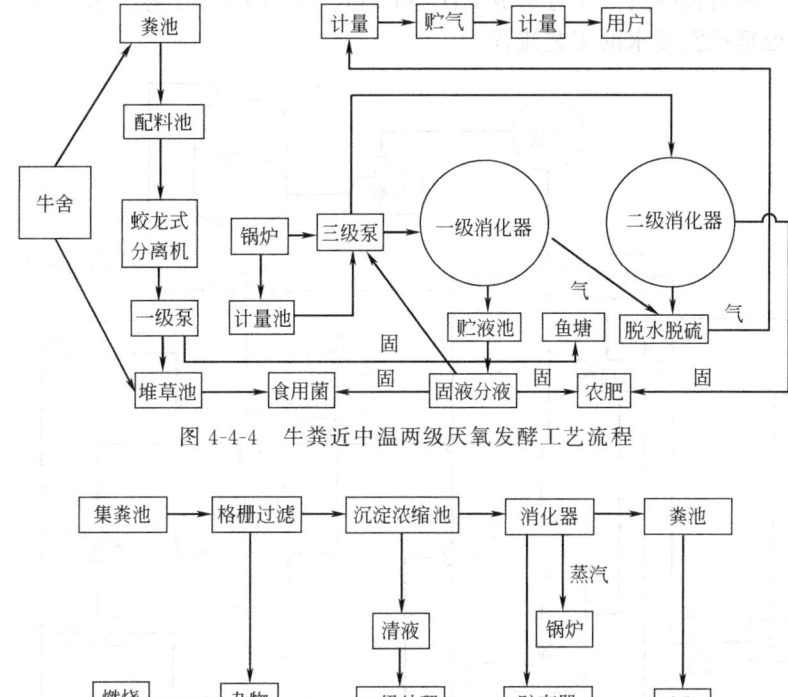

图 4-4-4 牛粪近中温两级厌氧发酵工艺流程

图 4-4-5 高温厌氧发酵处理城市粪便工艺流程

表 4-4-4 粪便高温厌氧发酵处理的卫生效果

单位	发酵温度 /℃	滞留期 /d	进料		出料	
			蛔虫卵死亡率/%	大肠菌菌值	蛔虫卵死亡率/%	大肠菌菌值
青岛市一厂	53±2	10	5~40	$10^{-22} \sim 10^{-2}$	95~100	$10^{-3} \sim 10^{-2}$
青市二、三厂	53±2	13	5~40	1	95~100	$10^{-3} \sim 10^{-2}$
烟台市	55±1	10	13	10^{-2}	100	$10^{-3} \sim 10^{-2}$

（三）两相发酵工艺

一般认为，厌氧发酵主要过程中的微生物菌群可分为不产甲烷细菌群和产甲烷细菌，这两类菌群分别在厌氧发酵的不同阶段形成优势菌群。这两类细菌在营养要求、生理代谢及其繁殖速度和对环境的要求等方面有很大差异。根据这一理论，1971 年，美国 Ghosh 等人[4,5]开发出两相发酵工艺，人工把厌氧发酵分成两个阶段——酸化阶段和产甲烷阶段，建立起所谓的酸化罐和甲烷化罐两相发酵工艺，使厌氧发酵的效果明显提高。

在酸化阶段酸化菌群繁殖较快，故滞留期较短；而甲烷阶段的滞留期较长。对有机物浓度达数万 mg/L 料液，一般酸化阶段滞留期为 1~2d，甲烷化阶段滞留期为 2~7d。所以，前者的消化器容积较小，而后者的容积较大。酸化阶段一般采用高速度消化器或常规消化器，或采用完全混合式的反应器。而甲烷化阶段可采用任何厌氧消化器，生产中应用较多是污泥床反应器。由于不同发酵阶段仍然不可能是纯菌群培养，故在实际生产运行中酸化阶段还包括有液化（水解）和甲烷化的发酵反应。所以，为了更好地发挥酸化菌群和甲烷菌群的分解效率，对不同厌氧发酵原料或废水，往往需要通过试验以确定最佳两相发酵工艺条件。

酸化阶段中有机物分解产物除有机酸、醇、氢气以外，还有少量的 CO_2、H_2S 等。而甲烷化阶段把大量有机酸进一步分解成 CH_4 和 CO_2 等。图 4-4-6 为广东平沙糖厂采用两相沼气发酵工艺处理糖蜜废水的工艺流程。

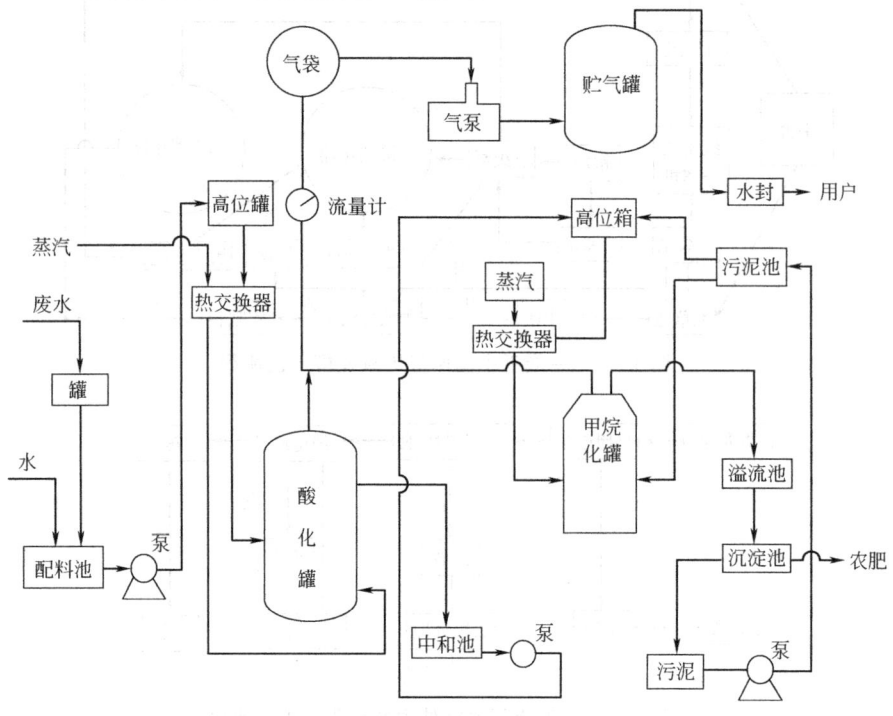

图 4-4-6　两相厌氧发酵工艺流程

在这一流程中,酸化阶段(第一阶段)将高浓度废水进行适当稀释,用泵打入高位料箱,再通过热交换器将料液加热至 36℃进入酸化罐(33℃),酸化罐容积为 30m³。在甲烷化阶段(第二阶段)中,将酸化罐出来的料液经过中和池中和,泵入高位料箱。然后通过热交换器加热至 35℃进入甲烷化罐(温度 33℃),罐容积为 100m³。经消化后的污泥污水再回流至高位污泥池进入发酵池,而溢流的消化液流入污泥沉淀池,上清液作为灌溉而排放。这一流程生产性运行效果见表 4-4-5。

表 4-4-5　两相发酵生产性运行效果

有机负荷 /[kgCOD /(m³·d)]	停留时间			产气量 /[m³/(m³·d)]			产气量/m³			pH		COD 浓度 /(mg/L)			COD 去除率/%		沼气 CH_4 含量/%	
	酸化	甲烷化	系统	酸化	甲烷化	系统	总产气量	每千克 COD 产气量	每立方米废水产气量	进水	出水	进水	酸化液	出水	酸化	系统	甲烷化	混合气
4.72	0.77	2.56	3.33	0.263	1.96	1.57	203.9	0.33	40.9	4.4	7.3	15717	15359	4596	2.28	70.8	72.2	70.2
6.34	0.86	2.88	3.74	1.24	2.319	2.07	269.1	0.33	38.7	4.3	7.4	23760	20134	4933	15.26	79.2	72.1	66.5
8.02	0.69	2.31	3.00	1.10	3.373	2.85	370.4	0.36	37.8	4.3	7.3	24122	21325	5949	11.6	75.3	69.6	61.3
10.36	0.56	1.92	2.50	1.57	3.624	3.15	409.6	0.30	33.2	4.4	7.4	25962	20691	5382	20.3	78.5	67.5	62.1
10.00	0.77	2.56	3.33	2.75	3.70	3.48	452.5	0.35	36.7	4.5	7.4	33208	29210	7380	12.04	77.8	70.2	66.3

表 4-4-6 列出了某酒厂废水在两种不同工艺条件下的效果参数比较。由表中可以看出,两相发酵同常规发酵相比有较大的优势,表现为:负荷大大提高,停留时间缩短,同时产气率和有机污染物去除率提高。

（四）干式厌氧发酵工艺

1. 干式厌氧发酵技术优势

针对湿式发酵工艺存在沼液量大等问题，国外开发了干式发酵技术[6,7]，干式厌氧反应器内用于发酵的有机废物的含固率通常大于15%。该技术具备以下优势：

表 4-4-6　果酒废水中温（35℃）两相发酵与常规发酵比较

指标	常规发酵	两相发酵	指标	常规发酵	两相发酵
负荷/[kgCOD/($m^3 \cdot d$)]	0.8	6.1	H_2 含量/%	0	2.9
停留时间/d	15	7.4	出水 pH	6.8	7.5
产气率/[m^3/($m^3 \cdot d$)]	0.4	2.9	COD 去除率/%	84	96
CH_4 含量/%	61.1	70.5			

（1）自身能耗低，冬季仅耗用自身产生能量的10%～15%；

（2）可以直接处理农作物秸秆和城市垃圾等固体可发酵有机物，大大节省了预处理成本；

（3）建设和运营成本较低，占地省；

（4）进料出料可使用通用的装载机等工程机械，操作简单；

（5）产生沼液很少，甚至没有沼液产生，几乎不用脱水处理，发酵剩余物经简单的过筛和短时间的堆肥熟化后即可用作园林肥料或农作物肥料，因而存储和后处理费用低，经济效益好。

由于上述的原因，干式厌氧发酵工艺的初期投资、运营成本和生产管理要求都低于湿法技术，因而有广泛的市场需求，目前在国外已经得到广泛应用，技术趋向成熟。

2. 干式厌氧发酵主要工艺类型

目前，国外的沼气干式发酵技术已经相对成熟，一些专业公司往往拥有自己的专利技术。如德国 Bioferm 公司的车库型干式发酵技术、法国 VALORGA INTERNATIONAL S. A. S 公司的仓筒型干式发酵技术、比利时 OWS 公司的 Dranco 干式发酵技术等，这些技术已经投入工业化应用。表 4-4-7 对比了欧洲各国所开发的干式厌氧发酵的技术特征。

（1）车库型干式发酵技术　该种发酵技术没有搅拌器和管道，发酵不受干扰物质如塑料、木块、沙石等的影响，因而不需花费人力和设备将其在发酵前捡出。原料的干物质含量可达30%～50%，发酵时间为28～30d，沼气产率可达40～160m^3 沼气/t 废物。

典型代表：德国的 Bioferm 公司

（2）仓筒型干式发酵技术　该系统主要适用于生活垃圾、工业有机废物；采用中温（或高温）发酵；干物质含量可达55%～58%；发酵时间约30d；采用沼气搅拌方式；出料采用螺旋输送，经压缩后的滤液回流稀释物料。

典型代表：法国的 VALORGA INTERNATIONAL S. A. S 公司

（3）垂直型干式发酵技术　在该工艺中，从反应器底部抽取一些已经消化过的废物与没有消化过的废物按一定的比例混合，混合后从反应器顶部注入。该技术特点是厌氧负荷可达：10～20kgCOD/(m^3 容积·d)；温度范围：高温 50～58℃（或中温 35℃）；停留时间：15～25d；沼气产率：100～120m^3 沼气/t 废物；发电率：170～200kW·h/t 废物。

典型代表：比利时 OWS 公司的 Dranco 工艺

（五）新型厌氧发酵技术

1. 低温厌氧发酵工艺

低温发酵不是指在冰点左右进行的厌氧发酵，而是指温度在 5～10℃左右之间的厌氧发

表 4-4-7　干式厌氧发酵技术对比

序号	国家	技术名称	技 术 特 点
1	法国	VALORGA	1. 主要适用于生活垃圾、工业有机废物； 2. 采用中温（或高温）发酵； 3. 干物质含量可达 55%～58%；发酵时间约 30d； 4. 搅拌方式为罐体底部均匀射入沼气来搅拌； 5. 出料螺旋输送，经压缩后的滤液回流稀释物料
2	比利时	DRANCO	1. 厌氧负荷：$10\sim20kg\ COD/(m^3$ 容积·d)； 2. 温度范围：高温 50～58℃（或中温 38℃）； 3. 停留时间：15～30d； 4. 沼气产率：100～200m³ 沼气/t 废物； 5. 运行方式：立式发酵罐、连续运行、无搅拌
3	德国	BIOFERM	1. 主要适用于城市生活垃圾、工业有机垃圾； 2. 沼气质量高，含硫量仅 $(50\sim300)\times10^{-6}$； 3. 干物质含量可达 30%～50%，发酵时间为 28～30d； 4. 没有搅拌器和管道，系统的可靠性很高； 5. 发酵室为模块化结构，易扩展，并且几乎没有污水排放

酵，研究表明当沼气池或沼气罐内的温度低于 10℃时，发酵菌群的正常生理活性就会受到抑制，几乎不能产沼气。目前主要从实验室优选出低温发酵产沼气的菌种和菌种发酵促进剂来实现，通过驯化、分离和选育，得到耐低温菌群，再通过优选出菌种发酵促进剂来改善厌氧发酵菌种的营养情况，加速新陈代谢，改变厌氧发酵微生物的优势菌群，改善其活性，使发酵过程不需要保持较高的温度也能进行高效产气。

瑞典 Lund 大学在开发低温高产沼气技术方面开展了相关研究，并完成可于 10℃条件下产气、产气率大于 200L/kg 底物的试验研究。

低温厌氧发酵综合技术的研究将有助于解决低温条件下沼气工程的稳定运行。我国采用天然野生菌群和厌氧颗粒污泥菌群互补优化的方法选育低温厌氧发酵专属菌群，并采用新技术加快低温厌氧发酵专属菌群的扩繁。研制的低温菌种发酵促进剂在改善低温情况下产气率和提高甲烷含量方面均有较好的效果。

该技术目前仍处于试验阶段，尚未投入工程实际应用。

2. 两相厌氧产氢产甲烷工艺

厌氧发酵有机物制氢是指专性厌氧和兼性厌氧微生物，如丁酸梭状芽孢杆菌、拜氏梭状芽孢杆菌、大肠埃希氏杆菌、产气肠杆菌、褐球固氮菌等，利用甲酸、丙酮酸、CO 以及各种短链脂肪酸、硫化物、淀粉、纤维素等多种底物在氮化酶或氢化酶的作用下，将底物分解获得氢气[8,9]。

目前利用有机垃圾两相厌氧发酵产氢产甲烷已经在广东省得到试用，有机垃圾通过两相发酵，控制不同发酵参数（第一相产氢不控制发酵温度，pH 值维持在 4.0～5.0，第二相产甲烷控制发酵温度在 35～37℃，pH 值维持在 6.8～7.2）实现产氢和产甲烷化过程。

有机垃圾两相厌氧发酵产氢、产甲烷的主要步骤是：先将有机垃圾进行分选，去除其中较大粒径的固体无机物和难降解有机物，然后和水按一定比例混合，用粉碎机粉碎、过筛；取污水处理厂的剩余污泥，经浓缩到一定浓度后，过筛，与粉碎的有机垃圾按一定比例混合均匀后进行热处理，热处理后的混合物作为厌氧发酵产氢的基质（污泥作为产氢菌源，有机垃圾作为厌氧发酵产氢的底物）；将上述热处理后的混合物与未处理的混合物进行热交换，以提高未处理混合物的温度，提高热效率；将热交换后的热处理混合物置于密闭的第一相厌氧反应器中进行厌氧发酵产氢；厌氧发酵产生的氢气经简单净化处理后作为燃料或发电原料使用，发酵剩余物进入装有厌氧消化污泥的第二相厌氧反应器中，进行厌氧发酵产甲烷，产生的甲烷经过简单净化处理后作为燃料或发电原料，第二相的发酵剩余物或作为沼肥直接使用或再进行处理，或代替剩余污泥作为产氢菌源。

目前两相厌氧发酵产氢、产甲烷技术在美国加州大学已完成中试规模的建设和试验。该项目建设规模为 $200m^3$，日处理有机垃圾 $3\sim5t$，采用高温发酵，日产沼气 $350\sim583m^3$，日输出电能 $600\sim1200kW\cdot h$。原料中的有机酸厌氧发酵产生氢气，糖类、氨基酸、脂肪酸经厌氧发酵产生甲烷，该项目已成功投入运行。

两相厌氧发酵产氢产甲烷技术具有以下优点[10]：

(1) 适用于干物质含量高的有机厌氧发酵，反应器可以小型化；

(2) 通过生物转换实现了稳定生产氢气和甲烷，提高了沼气的热值和利用价值；

(3) 独特的两相发酵工艺及微生物控制提高了发酵速度和气体产量；

(4) 占地面积小，投资省，成本低。

随着中试的完成和研究的深入，相信有机垃圾两相厌氧发酵产氢、产甲烷技术在生物质能源建设领域将会得到推广应用。

第三节　厌氧发酵装置

厌氧发酵装置是微生物分解转化废物中有机质的场所，是厌氧发酵工艺中的主体装置，亦称之为消化器。消化器品种繁多，设计布局变化无穷，没有一种简单的类型可以说是完全理想的，这是因为有许多因素影响其结构和设计方案。还必须考虑特殊情况和环境条件。但是消化器的设计有着基本要求，并且常见类型在设计原理和应用范围方面还有着基本的区别。

一、消化器基本设计要求

厌氧发酵处理废物对象差异很大，因而所用的厌氧发酵工艺也不尽相同，但消化器和消化工艺应满足下列基本要求：

(1) 应最大限度地满足沼气微生物的生活条件，要求消化器内能保留大量的微生物；

(2) 应具有最小的比表面积，有利于保温增温，使其热损失量最少；

(3) 要使用搅拌动力，使整个消化器混合均匀；

(4) 易于破除浮渣，方便去除器底沉积污泥；

(5) 要实现标准化、系列化、工厂化生产；

(6) 能适应多种原料发酵，且滞留期短；

(7) 占地面积少，且便于施工。

二、传统厌氧消化器

（一）厌氧消化罐

这种消化器用来处理污水，如图 4-4-7 所示。料液从进料管入罐，经厌氧发酵后产气，由排料管排料，一定时期后排污泥。这种消化器在发酵期间料液易出现分层，且微生物与基质不能均

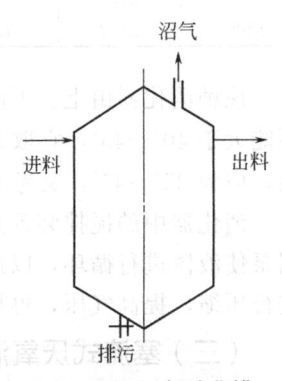

图 4-4-7　厌氧消化罐

匀接触，因而原料转化效率低。

（二）纺锤形厌氧消化罐

纺锤形厌氧消化罐是在厌氧消化罐的基础上增设搅拌装置，克服了厌氧罐的缺点，使罐内的发酵液在搅拌装置的作用下不会分层；使发酵微生物与基质均匀接触，从而大大提高了原料的转换效率[11,12]。

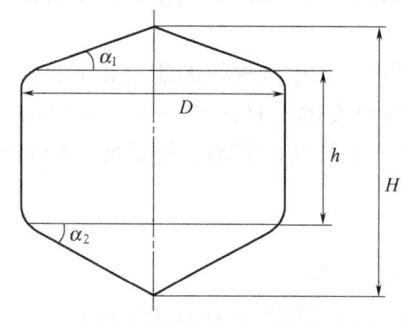

图 4-4-8　纺锤形消化器主要结构参数

在这一消化器的溢流料液中，污泥的浓度同消化器里的浓度相同，说明固体连同污泥的滞留时间与水力滞留时间相同。消化器内繁殖起来的发酵微生物随时间溢流而排出，于是在消化器中污泥的浓度限至 5000mgMLSS/L 左右水平。特别是在短水力滞留时间和低浓度投料率的条件下，则会出现严重污泥流失问题，就导致厌氧消化效率降低。为此，就要求控制较长的水力滞留时间来维持消化器的稳定运转，以达到废物处理无害化的要求。这样，就使消化器容积利用率或厌氧消化的转换效率处于较低水平。

纺锤形厌氧消化罐现在世界各国广泛使用，主要用于工业废水、城市粪便和生活污水污泥的处理，可大规模、连续投料运转。

纺锤形消化器主要结构如图 4-4-8 所示，主要结构尺寸见表 4-4-8。

表 4-4-8　纺锤形消化器主要结构尺寸

器容积 V/m^3	器体直径 D/m	上锤体高 /m	圆柱体高 h/m	下锤体高 /m	器体总高 H/m	总表面积 S/m^2	S/V	H/D
50	4.4	1.3	2.1	2.2	5.6	68.5	1.37	1.27
100	5.52	1.6	2.7	2.76	7.0	108.8	1.09	1.27
200	7.0	2.0	3.4	3.5	8.9	172.7	0.86	1.27
300	8.0	2.3	3.9	4.0	10.2	226.3	0.75	1.26
400	8.8	2.5	4.3	4.4	11.2	274.1	0.69	1.27
500	9.4	2.7	4.7	4.7	12.1	318.1	0.64	1.29
1000	11.88	3.4	5.9	5.94	15.24	504.9	0.50	1.28
1500	13.6	3.92	6.8	6.8	17.52	661.5	0.44	1.29
2000	15.0	4.33	7.4	7.5	19.23	801.2	0.40	1.28
2500	16.14	4.66	8.0	8.07	20.73	931.2	0.37	1.28
2800	16.8	4.84	8.4	8.4	21.54	1007.5	0.36	1.28
6000	21.6	6.2	10.7	10.8	27.7	1067.1	0.28	1.28
12000	27.2	7.9	13.5	13.6	35.0	2646.4	0.22	1.29

该种消化器由上、下两个圆锥体及中间的圆柱体组成。根据国内外资料，图中的 α_1 角不能大于 40°～45°，宜取 30°。考虑不使沉渣沉积在下锥体壁面，即 α_2 角应大于沉渣的休止角，应为 35°～45°，又考虑施工要尽量减小对下锥体内模板的推力，宜取 α_2 为 45°。

消化器中的搅拌装置分机械式、液体循环式和喷气式搅拌装置。液体循环式搅拌装置是用泵使液体进行循环，以达到搅拌的目的，而喷气式搅拌装置是用空压机将罐中产生的沼气进行压缩，提高气压，再从罐底部通入，使液体搅拌。

（三）塞流式厌氧消化器

塞流式消化器（如图 4-4-9 所示）与完全混合式消化器不同，在完全混合式中不同位置

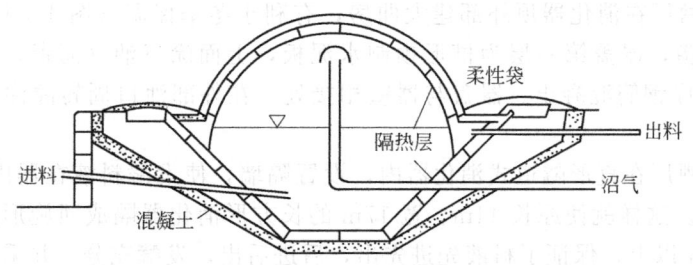

图 4-4-9 塞流式厌氧消化（横剖面）

料液的浓度以及反应速度是一致的。而在塞流式消化器中，料液向前推进时不发生前后段之间的彼此混合，并且认为在消化器中的径向（即与流动方向垂直的径向）上的流速是均一的，反应物的浓度、反应速度是反应器中位置的函数；各点的浓度和反应速度不随时间而变。

粪便和草从消化器一端进入，在消化器内要经历 15～20d 的滞留时间。在最初的几天，沼气微生物将原料水解，酸化形成甲烷和二氧化碳，完成全部厌氧发酵过程，最后排出。

消化器的长宽比近于 4，通常建在地面或地下，有柔性或活动膜罩或钢罩。消化器内一般无法混合发酵原料，是畜粪发酵的理想装置，在美国被广泛用于牛粪的厌氧发酵。当加进稠粪浆（含固体 12% 以上），就可阻止消化器中形成浮渣或硬壳。

1950 年，南非的 Fryv 针对消化器表层浮渣难于处理的缺点，提出了改进设计。采用安装刮板装置的办法来处理，如图 4-4-10 所示。池体呈矩形，其长度可满足物料在池内有一定的滞留时间，并且料液的径向（即与流动方向呈垂直的方向）流速可均匀一致。他们以此型装置处理牲畜（主要为猪）粪便，认为对固形物含量达 8%～13% 的料液甚是适宜。

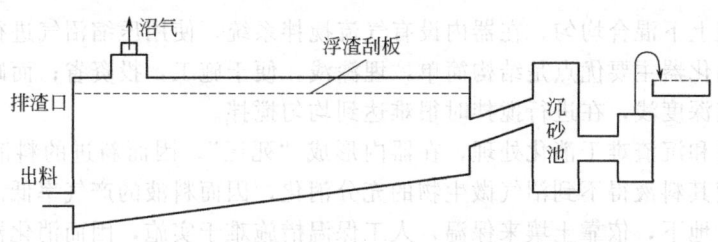

图 4-4-10 南非塞流式消化（纵剖面）

（四）隧道式消化器

我国南阳酒精厂在 1967 年首先使用矩形隧道式消化器处理酒糟，相继蓬莱酒厂和乐至酒厂也使用这种消化装置。蒸馏废液经冷却后进入消化器发酵，发酵温度为 55℃ 左右。投配率为 12.5%，即每天投入消化器内的料液量是总料液的 12.5%，滞留期为 8d。产气率为 2.25～2.75m³/(m³·d)，每 m³ 酒精糟液可生产沼气 23.78m³。酒精糟液厌氧发酵前、后的指标见表 4-4-9。

表 4-4-9 酒精糟液厌氧发酵前、后的指标

原料	pH	悬浮物		BOD		COD		有机物	
		mg/L	去除率/%	mg/L	去除率/%	mg/L	去除率/%	mg/L	去除率/%
进料	4.3	17000		28000		45500		36500	
出料	7.6	1900	88.8	2300	91.8	7000	84.6	4300	88.2

料液在消化器内的消化过程是一段一段地进行的，消化器建于地下或半地下，长方形混

凝土结构。蓬莱酒厂在消化器顶外部建大曲房，有利于冬季保温（图 4-4-11）。器内墙壁液面以上涂环氧树脂，器盖第一层为槽形预制水泥板，上面涂三油（沥青）二毡（油毡纸），其上再浇注 6cm 厚钢筋混凝土。器盖与器壁相接处，在外部池口周转灌注沥青，使用效果良好。

蓬莱、乐至酒厂在直形隧道式消化器内，设置隔墙，使发酵料液在器内流经路程加长，如图 4-4-12 所示。这样就使原长 44m、宽 17m 的长方形消化器隔成回旋形通道，使发酵料液流程长达 130m 以上。保证了料液先进先出，后进后出，发酵充分。并采用部分污泥回流消化器，以促进新料接种加速发酵，调节了新料液的 pH 值。

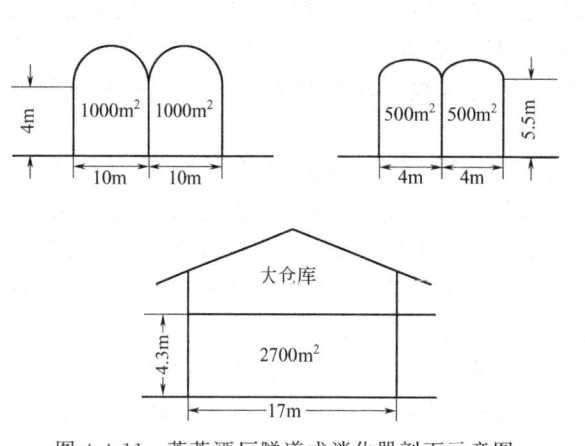

图 4-4-11 蓬莱酒厂隧道式消化器剖面示意图

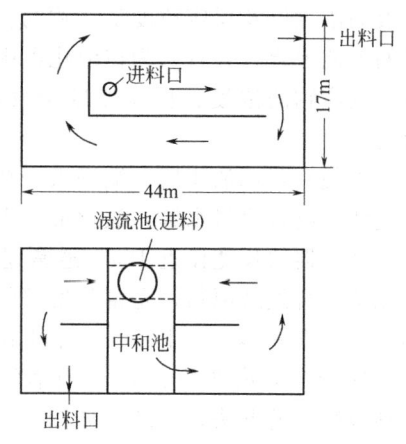

图 4-4-12 蓬莱、乐至酒厂
发酵料液流动

为了使料液上下混合均匀，在器内设有气流搅拌系统，使用压缩沼气进行搅拌。

这种矩形消化器主要优点是结构简单，埋深浅，便于施工，投资省；而缺点是消化器液体表面大，料液深度浅，在进行搅拌时很难达到均匀搅拌。

大量的浮渣和沉渣难于消化处理，在器内形成"死区"。因而新进的料液会沿着最短的流线被排出，使其料液得不到沼气微生物的充分消化，因而料液的产气率低。

消化器置于地下，依靠土壤来保温，人工保温措施难于实施，因而消化器温度就难于控制。这种消化器只适用于常温沼气发酵工艺，不适用中温和高温发酵。

三、处理农村固废的户用型沼气装置

户用型沼气池的结构比较简单（见图 4-4-13）。从目前世界推广的情况来看主要有三种类型，即中国固定拱盖水压式沼气池、印度 KVIC 型沼气池（或哥巴沼气池），以及近年来我国台湾省发展的红泥塑料袋式沼气池。

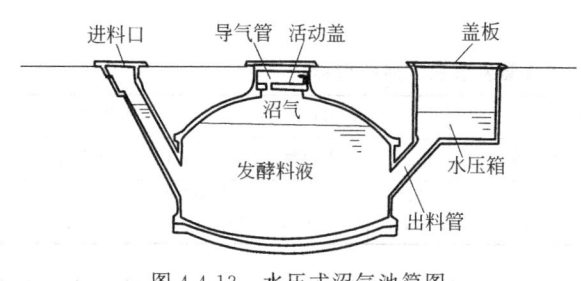

图 4-4-13 水压式沼气池简图

（一）水压式沼气池

我国农村家用沼气池已经达到标准化、系列化和通用化，满足沼气发酵、肥料、卫生及使用要求。中华人民共和国国家标准（GB 4750～4752—84）《关于农村家用水压式沼气池标准图集、质量检查验收标准、施工操作规程》，于 1984 年 11 月 1 日发布，

1985 年实施。

水压式沼气池（如图 4-4-13 所示）的工作原理是：产气时，沼气压料液使水压箱内液面升高；用气时，料液压沼气供气。产气、用气循环工作，依靠水压箱内料液的自动升降，使气室的气压自动调节，以保证燃烧灶具的火力稳定。

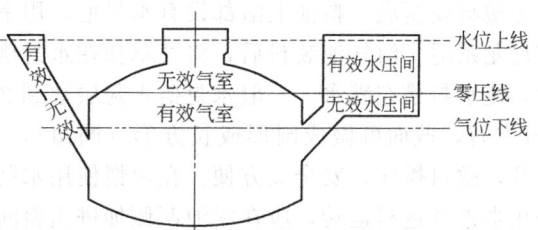

图 4-4-14　标准水压式沼气池示意图（10m³）

水压式沼气池设计的基本要求是：①尽量减少无效气室和无效水压间的容积，以利省工、省料；②使有效气室容积=有效水压间容积；③水压间位置略高于气室，投料零压线低于导气管下口，即导气管未被水位淹没（见图 4-4-14）。

水压式沼气池的池形和建池特点是：

① 圆、小、浅　圆，指沼气池的池形呈球形或圆柱形。小，家用池的容积一般在 5～10m³。浅，有两种含义，一是指池体本身深度浅；二是指池体所处位置浅，一般池顶最高点距地面约 30cm。

② 固定拱盖、水压式、双管、活动盖　与印度型沼气池不同，中国型沼气池顶部是固定的。发酵部分和贮气部分在同一池内，因此，随着气体的产生和使用，经常处在较高和变化的压强之下进行发酵。双管，是指进出料管分开，可以避免短路，并有利于卫生。活动盖便于换料，由于口径大，各种秸秆，垃圾和粪便可以投入使用，因此，适应性比较强。

③ 池建于地下，有利于保温　中国型沼气池的发酵特点是：自然温度发酵；多种原料发酵；半连续式投料，发酵周期长，一般在 200d 以上。

（二）红泥塑料沼气池

红泥塑料是我国台湾省郝履成、汤鸿三、许文所发明，取得美国专利。1980 年以来在我国辽宁、湖南、四川、贵州、山东和北京等省市的有关科研单位和大专院校在红泥塑料的研究和应用领域中取得了可喜的成果。我国成功地将红泥塑料用于做沼气建池材料。

红泥塑料是聚氯乙烯树脂和炼铝厂从铝钒土中提取氧化铝以后剩下的废渣（红泥）以及适量添加剂、增韧剂等多种辅料，先经加热混合，再经生产一般聚氯乙烯产品所用的设备制成需要规格的产品（如膜、板、管材、异形材等）。红泥塑料又名红泥-聚氯乙烯（RM-PVC）复合材料。按红泥含量和增塑剂多少，红泥塑料大致可分成软质和硬质两大类。经试验比较，红泥塑料比一般塑料性能优良，而且制备方法简单，价格较低，把它作为建池材料具有推广价值。

红泥塑料沼气池是用红泥塑料作为池盖或池体材料，其工艺多采用批量进料形式。红泥塑料沼气池按基本结构可分为半塑料式沼气池、两块膜式全塑沼气池、袋式全塑沼气池和干湿交替发酵沼气池。

（1）半塑式沼气池　见图 4-4-15。半塑式沼气池由水泥料池和红泥塑料气罩两大部分

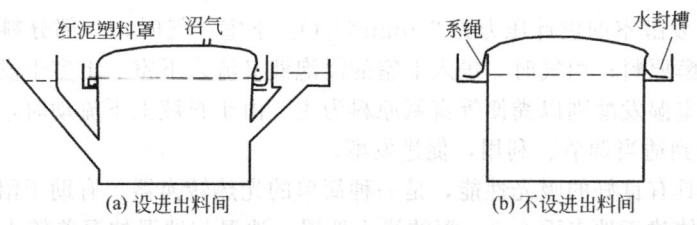

(a) 设进出料间　　　　　　(b) 不设进出料间

图 4-4-15　半塑式沼气池

组成，料池用混凝土现浇或预制而成或用砖砌筑。气罩或池盖使用厚度为 0.4～1.0mm 的红泥塑料膜制成，料池上沿部设有水封槽，用来密封气罩与料池的结合处，气罩的沿口处套有尼龙系绳。沼气池装料后，将气罩扣在水封槽的内槽壁上，抽紧系绳固定罩接口处的位置后，使水封槽充满水。一般水封槽水封层达到 200mm 时，就可能可靠地防止漏气。料池深1m 左右，截面可做成圆形或长方形（圆角），是平底直身。因此，大换料时，只需将气罩揭开，敞口操作，安全又方便。在习惯使用水肥的地方，池与猪圈、厕所连通建设，沼气池采用半连续进料运转，应在料池两侧加进出料间。半塑池适宜于高浓度或干发酵，成批量进料，所以不设进、出料间，池容多为 4m³ 或 6m³。

（2）两块膜式全塑沼气池 是指池体与池盖由两块红泥塑料膜组合而成（见图 4-4-16），它仅需挖一个浅土坑，压平整成形后即可安装。安装时，先铺上池底膜，然后装料，再将池盖膜覆上，把池盖膜的边沿和池底膜的边沿对齐，以便贴合紧密。待合拢后向上翻折数卷，卷紧后用砖或泥把卷进处压在池沿边上，其加

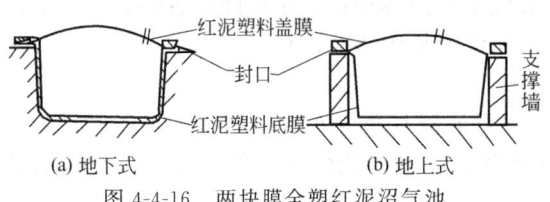

图 4-4-16 两块膜全塑红泥沼气池

料液面应高于两块膜贴合处，这样可以防止漏气。

在北方寒冷地区，为了有利于提高池温，可将全塑式沼气池建在地面上，先按设计池型的几何尺寸，用砖砌筑料池的支撑墙，要求将池墙内外用泥浆抹平，应光滑平整，弯处做成圆角，防止扎破池膜。再按上面同样方法铺膜、装料、封口、进行安装。两块膜全塑式沼气池采用批量进料发酵，适宜北方地区和习惯使用干肥的地区。

（3）袋式全塑沼气池 整个池体由红泥塑料膜热合加工制成，膜厚 0.6～1.2mm，设有进料口和出料口，安装时需建槽。主要用于处理牲畜粪便沼气发酵，是半连续进料。全塑式沼气池如图 4-4-17 所示。

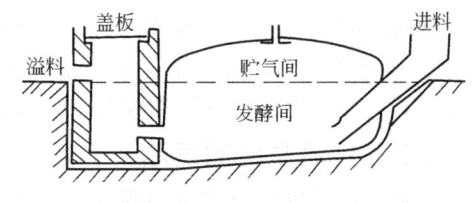

图 4-4-17 全塑式沼气池

（4）干湿交替发酵沼气池 设有 2 个发酵室（图 4-4-18），上发酵室容积 2m³，用来进行批量投料，干发酵，所产沼气由红泥塑料罩收集。下发酵室容积 4m³，用来半连续进料，湿发酵，所产沼气贮存在下室的气室内。下发酵室中的气室是处在上发酵室料液覆盖下，密封性好。上、下发酵室之间有连通管连通，在产气和用气过程中，两个发酵室的料液随着压力的变化而上、下流动。上发酵室的最高设计压力为

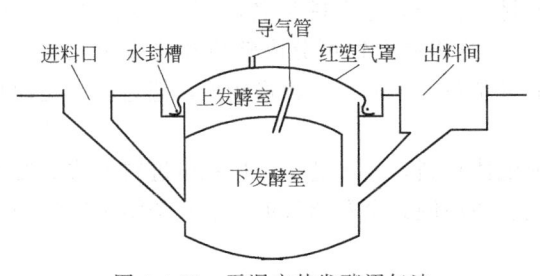

图 4-4-18 干湿交替发酵沼气池

200mmH₂O，下发酵室的设计压力为 280mmH₂O。下室产气时，一部分料液通过连通管压入上室浸泡干发酵原料；用气时，进入上室的浸泡液又流入下室。上室干发酵以秸秆等富碳原料为主，而下室湿发酵则以粪便等富氮原料为主。由于料液上下流动时，上、下室料液的C/N 可不断地得到适当调节、利用，促进发酵。

红泥塑料膜具有良好的吸光性能，是一种简单的光热转换器，有助于沼气池增温；由于红泥塑料沼气池体建于地表面 0.8m 深的浅土地层，池温与地温的温差较小（北方 5～10 月

份），所以温暖季节可减少沼气池的热损失（南、北方池深不同）。经测试表明，夏季池盖温度达50℃，贮气罩温度达60℃，料液表面温度达40℃，池中温度25～32℃。

红泥塑料沼气池是采用大揭盖的方式进、出料，适宜批量进料干发酵，固体浓度可为20%～25%。

在辽宁省海城县榆树村，全塑式水封型沼气池最高产气率为0.6m³/(m³·d)，平均产气为0.38m³/(m³·d)；半塑池最高产气率为0.38m³/(m³·d)。

（三）印度KVIC型沼气池

印度KVIC型沼气池，下部为砖砌圆柱发酵间，上面覆盖一个可以上下浮动的贮气装置（图4-4-19）。浮罩用钢板焊接而成。它的特点主要是造型简单，建材方便，适宜于当地的亚热带气候条件，具有明显的地域性使用范围。

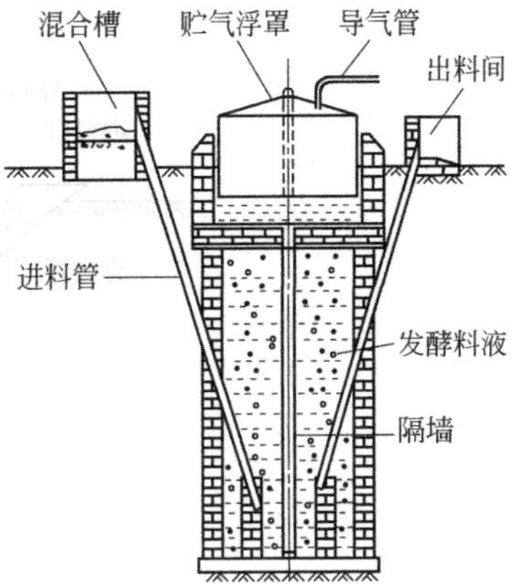

图 4-4-19 印度 KVIC 型沼气池示意图

四、城市有机废物厌氧产沼系统

随着生活水平的提高，我国的垃圾产量逐年增加，填埋场无法消纳巨量的市政垃圾，加上城市的不断扩张，新的填埋场已经无处选址。由此，垃圾减量化不得不受重视，而将剩余污泥，厨余垃圾，粪便等可生物降解的有机废物收集起来进行集中式消化产沼，是一条有效的分流途径。近年来，我国发展和建立了以人粪厌氧产沼系统、生活垃圾厌氧产沼系统以及餐厨垃圾厌氧产沼系统为代表的城市有机废物厌氧消化体系，所用的发酵装置主要包括以下几种。

1. 立式圆形浮罩型发酵产沼装置

我国用于城市粪便厌氧发酵的装置主要属浮罩型。图4-4-20为典型的顶浮罩式和侧浮罩式厌氧沼气池的示意图。这种发酵池大都采用埋设在地下的方式，其所产生的沼气由浮沉式气罩加以贮存，此式气罩可直接安装在厌氧发酵池的顶部，也可安装在厌氧发酵池的侧面，分别如该图中的（a）和（b）所示。浮沉式气罩由水封池和气罩两部分组成。当发酵池内产生的沼气压力大于浮沉式气罩的重量时，气罩便沿水池内壁的导向轨道向上抬升，直到二者达到平衡时为止。而当使用沼气时，气罩内的气压则会自行下降，从而气罩随之自然下沉。

通过实际使用对其效果的评价是：气罩安装在厌氧池顶部者的造价较低，但气压不够稳定。而气罩安装在厌氧发酵池侧面者的气压较稳定，适合于厌氧发酵的工艺要求，但因此种装置对建造材料标准的要求较高，故造价较为昂贵。

2. 立式圆形半埋组合型厌氧发酵产沼装置

对城市粪便厌氧发酵来讲，采用较多的是用发酵池组来进行。图4-4-21为我国襄樊市环卫二所设计建造的用于处理粪便的一组圆形、半埋式组合发酵池的平面与立面图。该池采用浮罩式贮气，单池深为4m，直径5m。此构筑物使用钢筋混凝土材料制造，埋入土内1.3m，发酵池上安装薄质钢材制成的浮罩，内用玻璃纤维和环氧树脂作防腐处理，外涂防锈漆。该发酵池的密封性能较好，其总储粪容积为340m³，进粪量控制在290m³，贮气空间为156m³。

在运转过程中，池内气压正负水柱差为240～320mm，温度维持在32～38℃，每池的产气

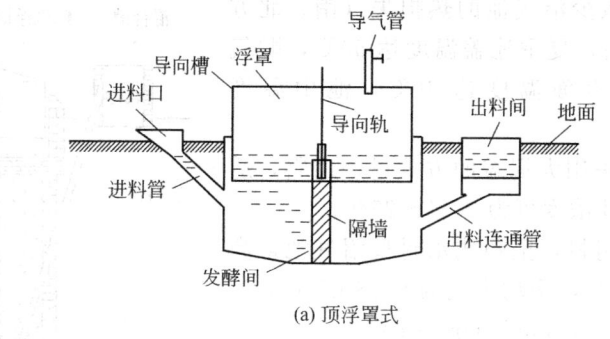

(a) 顶浮罩式

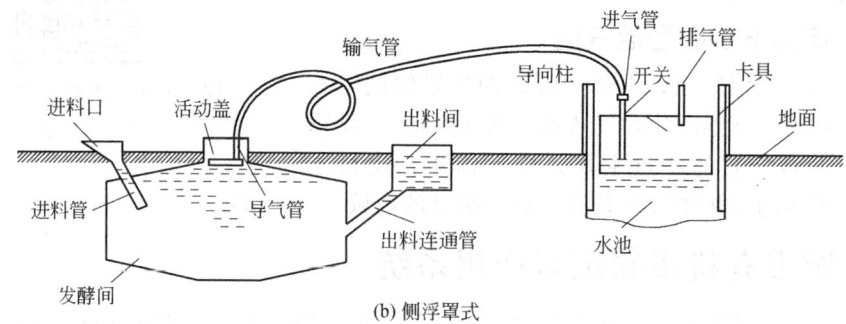

(b) 侧浮罩式

图 4-4-20　浮罩型发酵产沼装置工作原理示意图

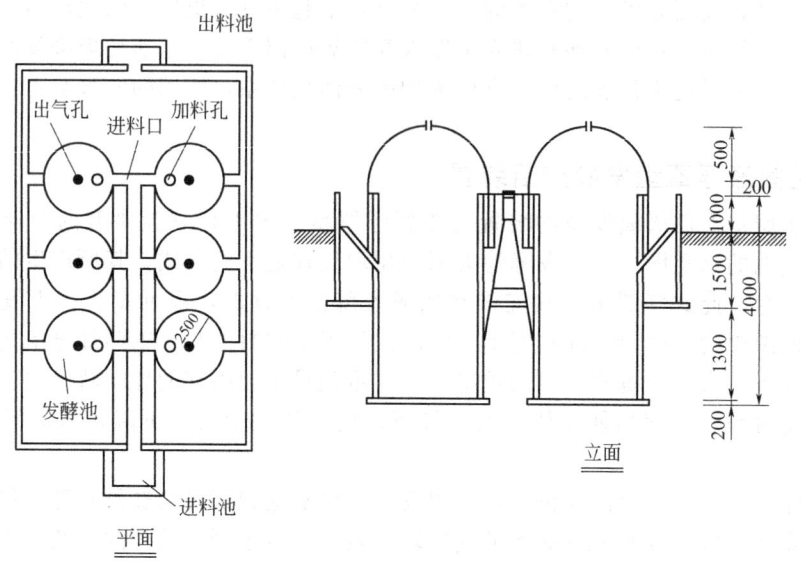

图 4-4-21　组合型粪便发酵产沼装置平面及立面图

量为 $0.35m^3/(m^3$ 池容·d)。该发酵池操作较简便而且造价低廉,当产气量不足时,可从投料孔添进一些发酵辅助物,如工业废水、厨余垃圾、稻草、树叶等,以帮助提高产气量。

3. 长方形（或方形）发酵产沼池

此种沼气池的结构由发酵室、气体贮藏室、贮水库、进料及出料口、搅拌器、导气喇叭口等部分组成,各部分位置如图 4-4-22 所示。

发酵室主要供贮藏发酵原材料,与位于发酵室上部的气体贮藏室相通,后者用以贮藏产生的气体。用于发酵的原材料分别自进料口和出料口加入和排出。贮水库的主要作用是调节

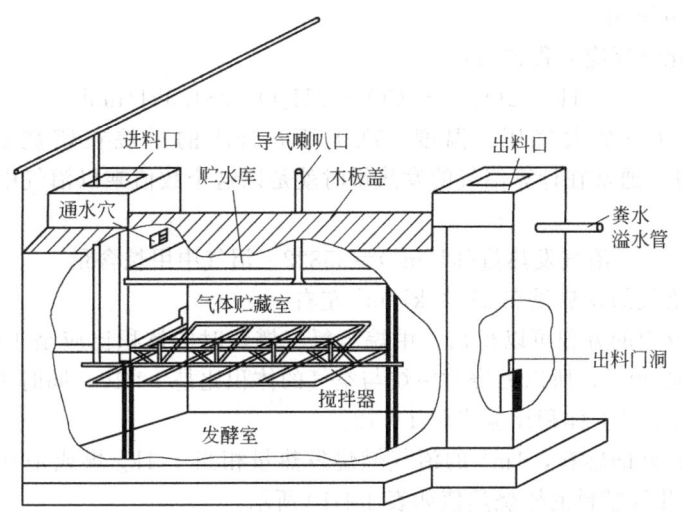

图 4-4-22   长方形发酵产沼池整体结构透视图

气体贮藏室的压力。若室内气压过高时，可将发酵室内经发酵的废液通过进料间的通水穴压入贮水库内，反之，若气压不足时则贮水库中的存水由于自重而流入发酵室。如此进行，气体贮藏空间的水量变化可使气压相对稳定，供气得以均衡。其搅拌器的作用则是使物料不致沉于池底并可加速发酵的进行。最后，所产生的气体通过喇叭口输进设于池外的导气管。

第四节   沼气的高值利用和沼渣的综合利用

一、沼气的性质

在厌氧发酵过程中，在微生物的作用下有机质被分解，其中一部分物质转化为甲烷、二氧化碳等物质，以气体形成释放出来。这种混合气体因为在沼泽、池塘内首先被发现，因而被人们称之为沼气。

（一）沼气的物理性质

沼气的主要成分是甲烷，其他伴生气体还有二氧化碳、氮气、一氧化碳、氢气、硫化氢和极少量的氧气。一般在沼气中甲烷的含量介于 $55\%\sim65\%$；二氧化碳在 $35\%\sim45\%$ 左右。由此可见，甲烷的性质决定了沼气的主要性质。

甲烷的分子式为 CH_4，相对分子质量 16.04，是最简单而稳定的碳基化合物，是一种无色无味的气体。在通常的沼气中由于含有一点硫化氢气体，所以沼气通常会有臭鸡蛋的气味。另外，甲烷在水中的溶解度很小，只有 3% 左右。甲烷的熔点是 $-182.5℃$，沸点为 $-161.5℃$。甲烷的热导率比空气大，在标准状态下是 $3.06\times10^{-2}\ W/(m\cdot K)$。

（二）沼气的化学性质

甲烷的化学性质稳定，在一般条件下不易与其他物质发生化学反应，但在特定的条件下可能发生剧烈反应。

1. 甲烷的燃烧

甲烷实际上是一种优质的气体燃料，在与适量的空气混合发生燃烧时，可产生一种淡蓝色的火焰，其火焰温度最高可达 1400℃，同时放出大量的热。它与氧气在常压下进行反应的活化能是 20kcal/mol。

甲烷燃烧的化学反应方程式为：

$$CH_4 + 2O_2 = CO_2 + 2H_2O + 881.3 kJ/mol$$

在标准状况（一个大气压、温度 25℃）下，$1m^3$ 的甲烷在燃烧后可以放出大约 35822.6kJ 的热量。通常在计算沼气的发热量时就是以这个数值乘以沼气中的甲烷含量，其计算公式为：

$$沼气发热量(kJ/m^3) = 35822 × 沼气中甲烷含量$$

一般情况下沼气的发热量在 $23000kJ/m^3$ 左右。

由上述燃烧反应的方程可以得出，甲烷与氧气燃烧时的体积比应是 1∶2，在空气中由于氧气含量大约是 20%，所以燃烧时甲烷与空气的体积比是 1∶10，同时考虑过剩空气系数为 1.2，则甲烷与空气的体积比应当是 1∶12。

沼气是一种很好的燃料，$1m^3$ 的沼气燃烧发热量相当于 1kg 煤或是 0.7kg 汽油，能发电 1.25kW·h。几种燃料的燃烧热值如表 4-4-10 所示。

表 4-4-10　几种燃料的燃烧热值

燃料名称	甲烷	沼气	煤气	汽油	柴油	原煤
燃料量	$1m^3$	$1m^3$	$1m^3$	1kg	1kg	1kg
发热量/kJ	35822	25075	16720	45000	39170	22990
备注	纯	含甲烷70%				

甲烷与空气的混合物在甲烷浓度达 4.6% 时遇明火即可发生爆炸；而浓度超过 30% 以后就超过了可燃极限，很难发生燃烧，这在设计燃烧装置时应当注意。甲烷具有毒性，当空气中甲烷含量达到了 25%～30% 以上时，对人体会有麻醉作用。因此，在使用沼气时既要防止爆炸又要防止中毒。

2. 甲烷的热分解

甲烷如果隔离空气被加热到 1200℃ 时，就会裂解成炭黑和氢气，在特殊控制环境下还可能生成金刚石。

3. 甲烷与氯气反应

在强烈光照或被加热到 300～400℃ 的条件下，甲烷可以和氯气发生剧烈的反应生成一氯甲烷、二氯甲烷、三氯甲烷（氯仿）和四氯化碳。

4. 甲烷与水蒸气反应

在有催化剂存在和高温 650～800℃ 的条件下，甲烷可与水蒸气反应生成一氧化碳和氢气。

$$CH_4 + H_2O = 3H_2 + CO$$

这是合成氨化肥工业的一个很重要的反应。

二、沼气的高值利用

在国民经济生活中，沼气有较广泛的用途，可用于炊事、照明、锅炉、取暖等。近年来，随着大型沼气工程的发展和沼气提纯技术的成熟，为沼气应用提供了更广阔的发展空间，包括大规模集中供气（城镇管道生物燃气）、热电联产或冷、热、电三联供，车用燃气及沼气燃料电池等高附加值产品。因此，未来的沼气将发展成以各种生物质为原料、通过大型自动化的现代工业发酵过程生产的、可用于部分取代石油和天然气的一种能源产品。表

4-4-11 列出了发达国家沼气应用情况。

表 4-4-11　发达国家沼气应用情况

国家	沼气发电	热电联产	锅炉燃用	城市管道燃气	车用燃气	燃料电池
德国	绝大部分	占 98%	部分多余沼气	部分多余沼气	已有实例(Schwandorf,Jameln)	试验阶段
瑞典	部分			大部分	车用沼气占交通用燃气的 50% 以上,并有沼气火电(Linkoping)	
法国	部分	部分	部分		沼气车用的先驱(里尔已有 124 辆沼气燃料汽车)	试验阶段
丹麦	几乎全部发电	100%			(未见报道)	
英国	大部分发电上网				已有实例(伦敦)	
奥地利	100%	绝大部分			(未见报道)	试验阶段
荷兰			大部分	大部分	(未见报道)	
冰岛	部分	部分			已有实例	
意大利	少量		大部分		(未见报道)	
西班牙					(未见报道)	试验阶段
美国	大部分	部分	部分		(未见报道)	
日本	部分	大部分	部分		已有实例(神户)	已开发出沼气燃料电池摩托车

（一）用以发电

当沼气用于发电时，其 $1m^3$ 约可发电 $1.25kW \cdot h$。其发电的特点是中小功率性，这种类型发电动力设备所普遍采用的是内燃机发电机组，否则在经济上不可行。因此，采用内燃机沼气发动机发电机组，是当前利用沼气发电的最经济高效的途径。

沼气发动机一般是由柴油机或汽油机改制而成，分为压燃式和点燃式两种。大型沼气发电工程往往采用点燃式沼气发动机。具有结构简单，操作方便，而且无需辅助燃料的特点。成为了沼气发电技术实施中的主流机组。

沼气发电应用最为广泛的是德国。截止到 2008 年，已建成 4000 余座沼气工程（占整个欧洲沼气工程数量的 80%），总装机容量为 1400MW，年发电量为 89 亿度，占整个德国发电量的 1.5%。德国沼气协会估计，到 2020 年，其沼气发电总装机将达到 9500MW，年发电量达到 760 亿千瓦时，约占整个德国发电量的 17%。

我国 2004 年仅有沼气发电站有 115 所，总装机容量为 2342kW，发电量为 $3.01 \times 10^6 kW \cdot h$。

（二）用作运输工具的动力燃料

沼气为一种良好的动力燃料，$1m^3$ 沼气的热量相当于 0.5kg 汽油、或 0.6kg 柴油、或 1kg 原煤。其辛烷值（评价燃油理化性能的指标之一）高达 125，表明具一定抗爆性。沼气可直接用于各种内燃机如煤油机、汽油机、柴油机等，耗气量在 $(0.82\sim1.36)m^3/(kW \cdot h)$，以相同容积的内燃机而论，使用沼气为燃料时可获得不低于原机的功率。

当沼气用于煤气机时，无需作任何改装。但为获得更好效果，则需将后者的压缩比加以改动。这是因为沼气在高压缩比（12）时的燃烧效果最好。在用于汽油机时，则只需在原机的化油器之前增设一沼气-空气混合器，使其与空气之混合比达到 1:7 的既有要求。但由于汽油机的压缩比较低（一般为 7），因而此时的效率低、耗能大。若是用于柴油机时，由于甲烷的燃点为841℃，此温度要比柴油机压缩终了的汽缸温度（一般为700℃）高得多，故而这时仅靠压缩着火是困难的。为此除需加设沼气-空气混合器外，还需另加一点火装置、或是采用混烧的方式，即以沼气作为主要燃料，另以少量柴油作辅用于引燃之需。附带说明，当柴油机使用沼气作燃料时，所获得的效率要高于汽油机。

瑞典是以沼气作为运输工具动力燃料应用的最先进的国家。早在1996，瑞典即开始了提纯沼气作为汽车燃气的使用，并制定了相关标准。目前，瑞典已建成沼气加气站100多家。拥有779辆沼气燃料公共汽车，4500辆混合燃料的小汽车，并拥有世界上第一辆沼气火车。沼气占所有交通工具使用的气体燃料的54%。

将纯化后的沼气并入天然气管网系统，也是各国沼气规模化应用的一大趋势。例如，瑞典斯德哥尔摩市的居民使用的燃气就是有机废物厌氧消化处理后得到并净化后的沼气。

据有关资料，2010年我国计有沼气动力站186处，总功率为3458.8kW，均用于乡镇企业的农副产品加工业中。

（三）用作化工原料

沼气中的CH_4和CO_2乃属重要的化工原料，前者可用以制作炭黑、一氯甲烷（制取有机硅的原材料）、二氯甲烷（塑料和醋酸纤维的溶剂）、三氯甲烷（制造聚氯乙烯的主要原料）、四氯化碳（本身为良好的溶剂和灭火剂，也是制造尼龙的原料）、乙炔（制取醋酸、化学纤维和合成橡胶的原料）以及甲醇、甲醛等。而后者则可用以制作干冰、碳酸氢铵肥料等。

（四）用于蔬菜种植业

沼气分离纯化后的CO_2通入蔬菜种植大棚或温室，不仅具有明显的增产效果，而且所产出的蔬菜无公害之患，可作为绿色食品供应市场。据辽宁省农业能源所的实验表明：当大棚内CO_2浓度达到$1000\sim1300mg/L$时，蔬菜叶片的光合强度约可提高7%~20%，可使黄瓜、辣椒、西红柿和芹菜的产量分别较对照品增产49.8%、36%、21.5%和25%。

与国外相比，我国的沼气利用技术还有很大差距，如，沼气发电机组主要从国外进口，而沼气生产车用压缩天然气和管道燃气的关键设备尚处于示范阶段，生物脱硫效果需要进一步提高，沼气净化的能耗过高（$0.36\sim0.48kW\cdot h/m^3$），为德国、瑞典等国的3倍以上。只有克服以上技术瓶颈，大大降低我国生物燃气净化压缩的投资和成本，才能使高值生物燃气与天然气相比具有竞争力，从而促进该产业的快速发展。

三、沼渣的综合利用

在厌氧条件下，各种农作物秸秆和人畜粪便等有机物质经过发酵反应，所有产物除碳、氢等成分组合而成沼气之外，其他有利于农作物的元素如氮、磷、钾等几乎没有损失。这些发酵产沼的残余物质乃是优质的有机肥分，人们常称之为沼气肥，包括液态的沼液肥和固态的沼渣肥。表4-4-12是沼肥与其他有机肥养分的比较。

表 4-4-12　沼（气）肥与其他有机肥主要成分对照表

肥料种类	有机质/%	腐殖酸/%	全氮/%	全磷/%	全钾/%
沼液	—	—	0.03~0.08	0.02~0.06	0.05~0.1
沼渣	30~50	10~20	0.8~1.5	0.4~0.6	0.6~1.2
人尿粪	5~10	—	0.5~0.8	0.2~0.4	0.2~0.3
猪粪	15	—	0.56	0.4	0.44

1. 沼液肥的利用

沼液是一种速效肥料，适宜于菜田或有灌溉条件的旱田作追肥使用。此种液肥可随水流灌入农田之内，需加注意的是由于其中所含的氨态氮易挥发，因此应将浇灌作业尽量选定在傍晚时刻进行。若是在旱田施加之后，要立即进行覆土。此外，也可以使用氨水施肥机或氨水犁将沼液肥直接深施入土层之内，以减少肥分的损失。除使用机械施肥外，还可将沼液装进氨水袋、粪兜或抗旱水箱里，并在粪兜或水箱的后面安设开关和喷水管，再以手扶拖拉机牵引沿耕地普遍地施加喷洒。在此之后，进行起垄和播种。这种施肥和下种的方式不仅省工，而且肥效较高。其所需施加的量大约在 1000～1500kg/亩之间。若长期使用沼液时，可促进土壤形成团粒结构进而使之扩大疏松度，从而增强其保肥保水能力并改善理化性状。这样一来，就可使土壤中的有机质、全氮、全磷及有效磷等养分含量，均有不同程度的提高，间接地有助于农作物的抗病防虫，所有这些收益的最终效果是使农作物的生长得到充分的实质性保证。

当使用沼液进行根外追肥，或是在叶面喷洒时，其所含养分可直接为农作物的茎叶所吸收，再通过光合作用的参与，可达到既提高质量又增加产量的双重效果。此外，这种施肥的方式，还可增强作物的抗病和防冻能力，对防治农作物的病虫害有益。若是将沼液与农药配合着使用时，将使农药的单施治虫效果大为提高。

2. 沼渣肥的利用

在沼渣的成分中，一般均含有比较全面的养分和丰富的有机质，是一种缓速兼备、改良土壤极具效果的优质肥料。根据连年施用沼渣的试验结果表明，在使用此种渣肥的土壤中，有机质与氮、磷的含量都要比未施加者有所增加，且土壤容重下降、孔隙度增大、理化性状得以改善、保水保肥能力增强，具体可见表 4-4-13 中列出的数据。

表 4-4-13　土壤施加沼渣肥后的理化性状变化数据

施加肥分情况	土壤理化性状指标								
	酸碱度 /pH	有机质 /%	含量/%			有效量/$\times 10^{-6}$			容重 /(g/cm³)	孔隙度 /%
			氮	磷	钾	氮	磷	钾		
对照土壤	7.62	1.37	0.062	0.154	1.58	73.5	32.9	79.4	1.37	48.7
施加沼渣后土壤	7.62	2.17	0.080	0.156	1.64	96.2	36.3	112.5	1.18	55.0

在旱地施加沼渣肥时，最好是加进表土以下的 10cm 处，或是结合田间操作，使土壤和肥分融合在一起。若是在水田中施加则可将其撒在地里、再经犁、耙等农具使之与泥土混拌。所需的沼渣量约 1000kg/亩。

在此种沼渣肥料之中，含有大量的菌体蛋白质，可用以制成饲养畜禽的蛋白饲料，例如饲养貂类等具有经济价值的动物等。此外，还可以用作培养蚯蚓、蜥蜴和食用菌等的培养土。用沼渣栽培蘑菇，可使其发菇快、菇质好、杂菌少，并可使其产量较使用传统培养料者增产高达 10% 以上。这里所提到的沼渣饲养蚯蚓和生产配合饲料等已有广泛的运用，并有很好的效果。另外一种情况是还可以从沼渣中提取维生素 B_{12} 以及多种其他的维生素药物，在经济意义上也是不容忽视的。

根据上述情况不难看出，我国广大农村通过厌氧发酵将农作物秸秆、人畜粪便等有机废料转变成廉价优质的能源和高效无害的有机肥，从而可使此种废物转化为有益于人类的生物能源。其所产沼气及发酵残余物的广加利用，不仅能保护和增殖自然资源、加速物流的循环与能量的转化、发展无废料无公害农业，而且还能为人类提供无污染的清洁食物、为农业提供良性循环的优质生态环境。总之，发展有机废物的厌氧产沼技术，即处理了污染物，又获得了清洁能源，同时促进农业的可持续发展，可谓多重的社会效益、环境效益和经济效益。

3. 沼渣沼液还田利用的标准

在深入研究的基础上，欧盟对于厌氧消化残余物的使用有较明确的规定。如，沼气发酵处理后的残余物——沼肥，必须在70℃的温度下处理1h，才可以作为肥料使用。对肥料中有害成分制定了完善的法规和技术要求。并且沼渣沼液的肥化利用要考虑土壤的承载力，以达到适量施肥，保护土地不受污染的目的。表4-4-14列出了欧美一些国家厌氧消化残余物的土壤承载力和施用季节。

表 4-4-14　欧美国家对土地对厌氧消化残余物承载力的规定

国家	最大营养负荷/(kgN/hm²)	需要的储存时间/月	强制的施用季节
奥地利	100	6	2月28日～10月25日
丹麦	140～170	9	2月1日～收获
意大利	170～500	3～6	2月1日～12月1日
瑞典	基于畜禽数量	6～10	2月1日～12月1日
英国	250～500	4	
法国	150		
美国	第一年450,其后280	12	

我国部分省市也提出了土壤对畜禽粪便的承载力（见表4-4-15），这为确定养殖场的规模以及集中型沼气工程的选址和规模提供了科学依据。

表 4-4-15　我国部分地区畜禽粪便的土壤承载力的规定

地区	土地承载能力
北京	粮食作物:11.25t猪粪当量/(hm²·a);蔬菜作物:22.5t猪粪当量/(hm²·a);经济林:15t猪粪当量/(hm²·a)
上海	大田:N 40kg/亩;P₂O₅18kg/亩;大棚:N 80kg/亩;P₂O₅32kg/亩
江苏	2～3t粪肥/亩

2011年12月我国发布实施的《沼肥施用技术规范》（NY/T 2065—2011）规定了沼气池制取沼肥的理化性质及主要污染物允许含量，适用于以畜禽粪便为主要发酵原料的户用沼气发酵装置所产生的沼肥用于粮油、果树、蔬菜、食用菌的施用，见表4-4-16。

表 4-4-16　沼肥的理化性状要求

编号	项　目	标准及要求
1	颜色	棕褐色或黑色
2	沼渣水分含量	60%～80%
3	沼液水分含量	96%～99%
4	沼肥 pH 值	6.8～8.0
5	养分与有机质含量	沼渣干基样的总养分含量应≥3.0%,有机质含量≥30%;沼液鲜基样的总养分含量应≥0.2%

沼肥重金属允许范围指标应符合中华人民共和国农业行业标准《有机肥料》（NY 525—2002）中5.8的规定。该标准于2011年修订，于2012年起实施。沼气发酵过程及沼肥的卫生指标则应符合GB 7959—87中表2规定的要求。

第五节　城市有机垃圾厌氧消化工程案例

由于不同有机垃圾特性差异，同时由于技术的不断发展变化，针对不同特性的城市有机垃圾厌氧消化技术得到迅速的发展。尤其是1997年后，由于欧盟填埋导则要求进入填埋场的垃圾中有机物含量不能超过5%，逐渐增加了垃圾的厌氧消化项目，不仅用于实施分类收集的国家的残余垃圾，也应用于没有普及分类收集的国家的混合垃圾，如法国和西班牙等。

同时，人们也在追求低成本技术，隧道窑式厌氧消化技术（tunnel digestion）是典型的序批式厌氧消化技术，适应于规模小于100t/d的高固体有机物料处理，包括生活垃圾、农业废物等。

以下是典型的用于城市有机垃圾厌氧消化的干法、湿法和隧道窑式干法处理技术工程案例。

一、有机垃圾干法消化工程案例

厂址：法兰克福，landfill Flörsheim-Wicker

规模：45000t/a分类收集家庭有机垃圾＋5000t/a液体有机垃圾。

处理对象：法兰克福西部及威斯巴登的分类收集家庭有机垃圾、食品加工业有机废物等。

工艺概况：3台推流式卧式干法消化（plugflow）反应器，年产500万方沼气，年发电$10.55×10^4$kW·h，年产14000t营养土用于填埋场终场覆盖或农用。图4-4-23为该厂的外景图。

图4-4-23　法兰克福有机垃圾干法消化厂外景

（一）车间布置

如图4-4-24所示，该处理设施按照前处理车间、消化反应器、挤压脱水车间、除臭生物滤池、好氧干化隧道窑、出料车间的顺序布置排列。

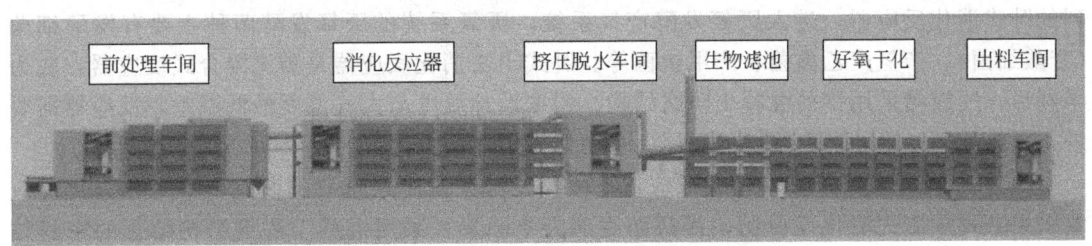

| 前处理车间 | 消化反应器 | 挤压脱水车间 | 生物滤池 | 好氧干化 | 出料车间 |

图4-4-24　法兰克福有机垃圾干法消化车间布置图

（二）工艺流程及特征

该设施由称重系统、给料系统、预处理系统、厌氧消化反应器系统、沼渣脱水系统、除尘除臭系统、沼渣好氧干化、沼液污水处理系统、沼气热电联产系统等部分组成。由于本项目建设在填埋场旁，其中沼液污水处理系统、沼气热电联产系统并入了填埋场的渗滤液处理及填埋气发电利用系统一起处理和利用（见图4-4-25）。

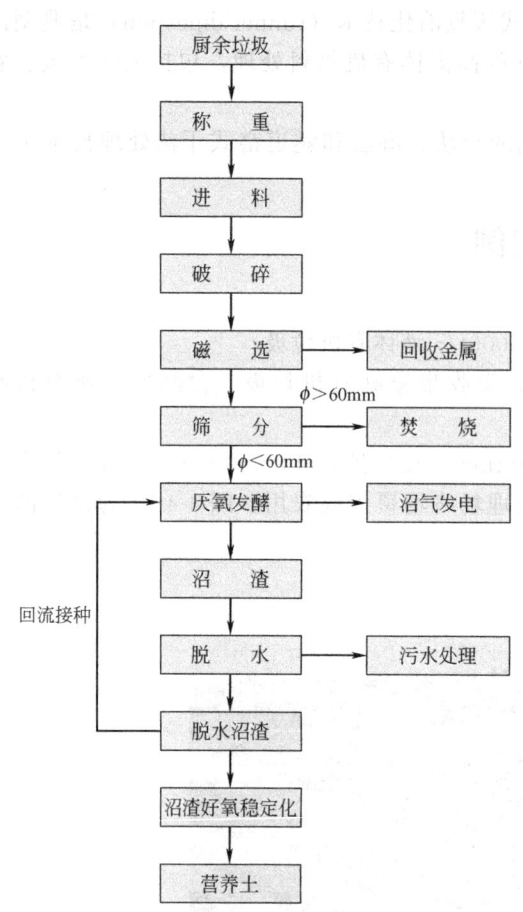

图 4-4-25 有机垃圾干法消化工艺流程

1. 厨余垃圾称重

从市区装满厨余垃圾的收集车进站时，具有智能化管理能力的称重计量系统自动进行垃圾吨位测量、存储数据并打印记录，该称重计量系统与全厂计算机监控管理系统联网，可分别按每车、每天、每月、每季度、每年统计厨余垃圾量，记录收集车运行状况，并能适时输出相关数据，打印统计报表。

2. 给料系统

分类收集的厨余垃圾直接由垃圾车卸入于处理车间的受料区。为尽可能减少卸料产生的气味外溢，垃圾卸料厅设计有两密闭卷帘门和空气幕墙，在垃圾车到达时，卷帘门打开，门两侧的空气幕墙将隔离车间内外的空气流通，阻断车间内臭气外溢。车间设置臭气收集系统，将收集的臭气进行集中处理。

3. 预处理系统

装载机将卸入受料区的垃圾直接送到破碎机破碎，再经过磁选和筛孔为60mm的星盘筛，筛下物通过皮带机输送到缓冲库，并通过螺旋输送机输送到消化反应器的布料系统。大于60mm的筛上物则送临近的生物质发电厂焚烧处理。

分选后筛下物中干物质含量为25%左右，粒径小于60mm。

4. 厌氧发酵系统

从预处理车间破碎和分选的高有机质组分的物料，通过螺旋输送机布料，输送到3个并列的卧式消化反应器，进入厌氧发酵产气系统，厌氧系统的厌氧发酵菌种主要有发酵细菌（产酸细菌）、产氢产乙酸菌、产甲烷菌等。卧式干法消化反应器是顺流混合式反应器，底为半圆形，反应器采用钢筋混凝土防腐结构。根据设计温度与大气温度最低温差，反应器需要进行隔热处理，罐外部有绝缘保温层。采用机械搅拌的方式。

（1）厌氧消化反应器 消化反应器是厌氧发酵系统中最重要的装置，本工艺消化反应器采用卧式顺流式消化反应器，横截面底部为半圆形，采用混凝土和钢结构结合的密封结构，内部保持轻微的过压状态。此外，顶部还设有沼气收集罩，包括安全阀、观察和检测仪表等设备。本项目由3个并列的卧式消化反应器组成，每个消化反应器长28m，宽7.5m，有效高度为7m（图4-4-26和图4-4-27）。

此工艺采用"塞流"工艺。有一个缓慢旋转的纵向的搅拌装置。经过预处理的物料与来自末端出料柱塞泵的回流物料在反应器内混合接种，在反应器内呈半流态状态，通过中间的

图 4-4-26 消化反应器进料端螺旋
提升和布料、进料机构

图 4-4-27 消化反应器顶部的
沼气收集装置

搅拌轴及其叶片缓慢转动进行搅拌和接种,物料在搅拌和流体作用下自然流向另一端。设计物料在消化反应器内的停留时间为 18d。

物料在 55℃ 高温下进行发酵反应,采用沼气发电系统的余热进行消化反应器的温度控制调节,在消化反应器壁内布设有用于调温的水管。发酵产生的沼气从顶部管道抽走,送沼气利用设施进行利用。经过消化反应后,物料的含固量为 20%。

消化反应器是干式发酵技术的核心设备。在消化反应器中有机垃圾厌氧发酵降解,同时生成沼气。消化反应器内的温度设定为 55℃,保证了高温厌氧菌生长和繁殖的适宜条件。55℃ 控温反应和 14～18d 的发酵期保证了发酵产物完全腐熟并达到较好的消毒效果。

部分经过发酵的生物垃圾(发酵产物)将作为活性生物与新的物料混合,以加速物料的发酵过程。

(2)温度控制 本项目采用高温厌氧发酵工艺,消化反应器内部温度需维持在 55℃ 左右。消化反应器罐体外部表面设置保温隔热层,防止热量散失。另外,反应器设有加热热水管进行温度补偿,补充散失的热量。

(3)搅拌方式 加入消化反应器的反应物料主要为分类收集的家庭厨余垃圾,为了使物料在消化反应器内更好地混合均匀和能够进行接种,采用物料回流接种的工艺,并通过水平转轴缓慢的搅拌作用与消化物料均匀混合,促进消化反应速度。该系统搅拌速度小,消耗的电量低。

(4)工艺参数监控 消化反应器内部设置检测装置对消化反应器内部压力、甲烷与二氧化碳含量等指标进行测定和监控。整个发酵过程通过自动控制系统对消化反应器的进料、出料、搅拌频率、pH 值、温度等参数进行在线检测和监控(见表 4-4-17)。此外,对发酵液定期取样,对更多的指标(挥发酸、氨氮等)进行实验室测试,测试结果及时反馈,以便操作人员及时调整消化反应器运行参数,保证厌氧消化过程的持续、稳定。

表 4-4-17 厌氧发酵系统的工艺控制参数

控制参数	发酵温度	停留时间	进料固含率	出料固含率	pH 值
数值	55℃	18 天	25%	20%	7～7.5

(5)进料、出料 消化反应器采用连续方式进料和出料,消化反应器中物料体积需保

持恒定,因此消化反应器的排料时间、排料量与进料时间、进料量相同,即消化反应器中厨余垃圾进料与沼渣排料同时进行。出料选用设有控制阀门的重力自然出料方式,排放出的沼渣进入柱塞泵并直接送至挤压脱水系统。

5. 沼渣脱水系统

从消化反应器尾部出来的物料,用柱塞泵输送到沼渣脱水车间,再经过螺旋挤压脱水,沼渣期望的干物质含量由压力机设定。脱水后的沼渣含水率约为 40%,直接用皮带机输送到隧道窑式好氧干化车间。图 4-4-28 为沼渣脱水系统。

图 4-4-28　沼渣脱水系统　　　　　　　图 4-4-29　沼渣好氧干化仓

脱出沼液经过气浮除渣后送填埋场污水处理厂处理。按照德国的技术标准,沼液也可以作为液肥施用。

6. 好氧干化

脱水沼渣采用皮带输送机自动进料和布料,进入隧道窑式好氧系统（见图 4-4-29）。隧道窑底部设有通风沟,便于风机送入的空气能够进入堆体,为好氧生物反应提供充足的氧气。经过 10 天的好氧干化,含水率从 60% 下降到 50%。其间,在第 5 天进行一次倒仓,以便于物料的均匀干化。

干化完后的物料用装载机出料并装车运输到填埋场顶部堆放,自然稳定化后待用,部分作为填埋场终场覆盖土,部分送到 6 公里外的农田作为营养土使用。

7. 臭气处理

从给料和预处理车间、好氧干化车间收集的废气和臭气,首先经过喷淋酸洗,去除其中的氨,然后经过生物滤池处理后,通过烟囱排放。

二、有机垃圾湿法消化工程案例

传统的全混合式湿法厌氧消化反应器存在物料发生短路等致命缺陷,由此无法保证所有物料都经过了充足的停留时间和充分的厌氧消化反应,因而有机物降解效率低,沼气产出率低,有机物的稳定化效果差。而欧洲发展的推流式的厌氧消化反应器技术弥补了这个不足,保证所有物料都经过充足的停留时间和厌氧消化反应,而不会由于短路而排出反应器。有机物降解彻底,沼气产量高,总的停留时间缩短。

由德国 VENTURY 公司（ventury GmbH Energieanlagen）发展的推流式厌氧消化反应器技术是近年发展起来的新兴的厌氧消化工艺技术代表之一,广泛应用于污泥处理、畜牧和农业废物处理、餐厨垃圾处理等有机垃圾的厌氧消化处理工程。

（一）推流式厌氧发酵工艺

该推流式消化反应器由内筒和外筒组成，底部通过旋流板相连通。经过预处理分离的有机浆液由外筒顶部进入，通过底部进入内筒，消化完毕的物料通过内筒顶部溢流出料。物料的流动是推流式的，保证所有物料在消化反应器内停留足够的时间，新进入的物料不会未经充分消化反应就排出消化反应器。

对新物料的接种是通过内筒顶部充分消化的旧物料回流到外筒进行接种和局部混合。

交替调节内外筒之间的压力差，实现物料的进出料和接种混合，并通过在内外两个筒间快速流动时由旋流器在底部产生旋流，将沉淀的杂质推送到外筒底部的角上，通过阀门排出，保证不会在底部沉积。漂浮物也通过外筒顶部排出，不会形成影响反应器安全运行的结壳。

推流式厌氧发酵工艺流程：

（1）初始状态　内罐产生的沼气及时抽排到储气罐，两边没有压差。

（2）第二步　打开外罐与储气包间的阀门，内外罐间气体阀门至关闭状态，两罐之间建立压力 380bar 差，外罐液面下降，内罐液面上升。

（3）第三步　外罐进料泵工作，同时内罐自溢式出料。定期通过自压力将底部沉渣排出，和外罐顶部漂浮物溢流排出，避免顶部结壳。

（4）第四步　打开两罐间气体阀门，同时打开回流接种阀门。一方面，内罐物流迅速回流到外罐，在底部的旋流板作用下产生快速的旋流，将沉积在底部的杂质推送到边角，便于排出；另一方面，内罐顶部物料对外罐顶部新进入的物料进行接种和混合。

这样，通过一个循环，实现进料、出料、接种、除渣等功能，不仅保证低能耗的安全运行，而且与常规消化反应器比，具有更高的效率。

图 4-4-30 为推流式厌氧发酵工艺原理示意图。

反应器实际上是半连续进出料，每天约 1 个多小时进行一个循环。可以根据物料具体情况决定底部排渣和顶部溢渣频次。

该反应器利用气体负压原理工作，无需任何搅拌装置和循环泵。物料的进出料、接种和混合均通过在反应器内外罐的压力转换过程来完成。反应器为钢混凝土结构分为内罐外罐两个空间。

加料是根据沼气产量和反应器内沼气的压力（压力测量装置控制）进行的。平均每天 10～12 个加料过程。

这种工艺的优点是，自动化程度高，低维护，低能耗。物料推流过程避免了物料短路，从而避免了没有完全反应的物料直接排出反应器。罐体内的沉淀物质将在反应器底部收集并定期排走，从而避免了沉淀物堆积。

（二）德累斯顿农业废物厌氧消化工程案例

1. 项目概况

场址：位于德累斯顿西郊养殖场

处理对象：主要处理养殖场牛粪和废弃粮食

处理能力：70t/d

反应器形式：双罐推流式湿法消化，35℃中温消化

反应器容量：3.000m³

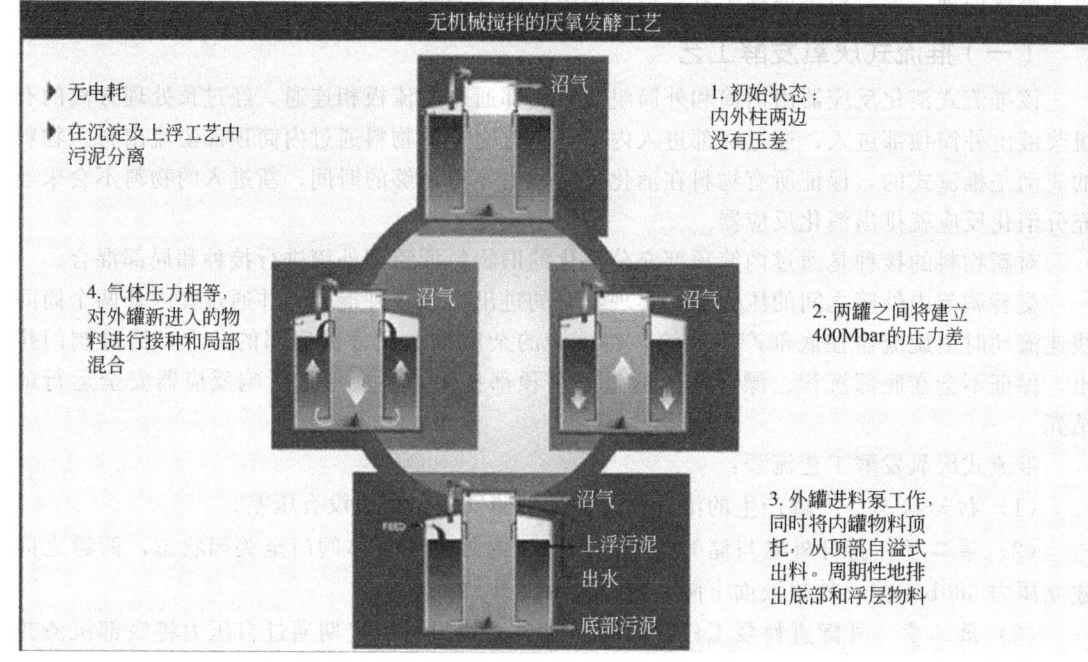

图 4-4-30　推流式厌氧发酵工艺原理示意图

后储存罐容量：900m³

热电联产：500kW 发电机组

运行起始时间：2009 年

技术提供商：ventury GmbH Energieanlagen

2. 工艺描述

先将养殖场牛粪和粮食废弃物在调质罐混合，用水调固含量至 8％。根据设定的运行频次，在自控系统控制下，按照前述的运行规则，消化反应器周期性地完成进料、接种、出料、除渣等作业。图 4-4-31 为消化反应器和调质罐外形图。

图 4-4-31　消化反应器和调质罐（前置的小罐子）

经过混合调质的物料，通过外罐泵入消化反应器，再通过反应器底部的连通，在完成消化反应后，通过内灌顶部溢流出料，通过管道进入后储存罐。

后储存罐的作用包括：

① 顶部的沼气包起到沼气储存罐和缓冲作用；

② 让物料中的沼气泡充分释放出来；

③ 进一步提高降解率。

后发酵罐是半地下混凝土结构，罐内有潜水搅拌装置混匀物料。

沼气存储包是膜装的罐体，该膜体

图 4-4-32　污泥后储存罐及顶部的储气包

设计为双层高强度 PVC 纤维膜（图 4-4-32）。外膜密封缓冲罐上的气体空间，内膜的张力根据里面气体的多少增加或减少。内外膜均由一种防紫外线，防风化和微生物的耐磨材料组成。高度耐久聚酯纤维具有很高的耐用性和屈曲应力。

整个后储存罐系统的主要功能包括：

① 储气功能。

② 增压功能。

③ 泄压功能。

④ 电子泄压及水封保护、泄压双重泄压方式。

⑤ 气压稳压功能。

⑥ 显示功能。

⑦ 外膜压力及内膜容量显示：均为无级精确连续电子 LED 显示。

⑧ 控制过程显示：指示灯显示。

⑨ 外膜恒压控制功能。

⑩ 一般为逻辑电路控制，也可以订制成 PLC 系统。

⑪ 外膜控制压力值可在一定范围内（300～5000Pa）进行随意调整。

⑫ 内膜容量控制功能。

⑬ 内膜沼气容量（不是压力）高、低位信号精确输出及报警；便于后置设备的启动和停止，如高位火炬点燃信号输出、低位后增压机停启信号输出、报警信号输出、中位信号输出等；此信号是连续信号，可以在使用过程中任意调整以达到合理最佳效果。

⑭ 内外膜保护功能。

⑮ 露天放置。

消化反应器底部设有排渣管道，根据物料情况定期打开阀门，依靠重力自动将沉积在底部的重杂质排到后储存罐。

如图 4-4-33 所示的两条连通消化反应器和后储存罐的管道，其中上面一条是

图 4-4-33　连通消化反应器和后储存罐的管道

图 4-4-34 沼渣储池

溢流出料管道，下面一条带有电磁阀的是排砂管道。

根据德国的有关技术规范，农业废物经过厌氧消化后的沼渣不必进行固液分离，在储存 180 天以后，可以直接施用到农田。图 4-4-34 是用于储存沼渣的储池，底部铺设高密度聚乙烯防渗层。

3. 推流式湿法消化的特点

① 没有搅拌装置，不需要内部的搅拌，因而能耗和运行维护费用较低。

② 具有除去沉淀物和漂浮物的功能，保证了运营的安全性；适宜于处理含沙量较高或杂质难以去除的物料，如含沙的污泥和餐厨垃圾等。

③ 高效的降解，避免物料短路流出，充分的停留时间和降解率，消除了完全混合消化反应器反应不完全的缺陷，VS 降解率提高到 80% 以上。

④ 停留时间短，节约了反应时间。

⑤ 高产气量，与常规相比高出 30% 以上。

（三）高固含量有机废物厌氧消化技术比较

1. 预处理要求和对物料的敏感度

湿法厌氧消化技术对物料预处理的要求很高，也是工艺的风险所在。湿法工艺的物料高水分含量，如果在进入消化反应器前没有提前去除玻璃、碎砖石、塑料和纤维等异物，重物的沉淀积累和漂浮物在表面的集结，会对工艺过程造成严重影响。因此，湿法厌氧消化要求较严格的预处理工艺，但同时也会导致挥发性有机组分的损失，从而影响产气量。

而干法技术对物料的要求要低得多，对重物和塑料的敏感度很小，不需要严格的分选，通常只需破碎并通过 60mm 筛子即可。

2. 后处理

干法发酵后，残渣可以脱水挤压到固含量 40% 左右，可以直接进行好氧稳定化或干化；而湿法发酵后，脱水后固含量只能 20% 左右。其发酵沼渣特性如同污水厂脱水污泥，难以直接进行好氧稳定化，需要加入大量的干物料或骨架材料。

3. 污水处理

湿法发酵要求将物料稀释到固含量 8%～12%，因此需要加入 100%～120% 的水，对于 200t/d 的设施，有 350～370t/d 沼液需要处理。

而对于干法工艺，只需处理工艺过程中垃圾自身发酵所产生的游离水。

4. 工艺能耗

湿法的另一个不利因素是自耗能较高，最高到产能的 50%，主要是泵和脱水及污水处理的能耗。

而干法发酵由于前处理和后处理简单，典型能耗率只占总产能的 20%～30%。

基于以上比较，对于固含量 25% 及以上的有机垃圾，干法发酵相对于湿法发酵的优势在于：

① 将污水处理量降到最少；
② 对杂质异物敏感性小，预处理工序简单；
③ 可以采用高温参数，转化效率高，停留时间短；
④ 系统更稳定，可靠性好；
⑤ 残渣量小，含水率低，容易进一步好氧干化或稳定化。

三、隧道窑式厌氧消化工程案例

隧道窑式厌氧消化是近5年来欧洲发展最快的用于生物质垃圾厌氧消化处理的技术。尤其在德国，由于其建设成本、运行成本都较低，在绿色能源政策的推动下，发展速度非常快。

1. 隧道窑式厌氧发酵工艺原理

隧道窑式厌氧消化属于序批式厌氧消化技术，是近几年来在发达国家发展较快的干法消化技术，利用密闭的隧道窑创造厌氧环境，并通过有效的接种，使有机物尽快进入产沼阶段。由于该技术建设和运营成本较低，非常适合中小城镇的垃圾处理和资源化利用。其工艺示意图见图4-4-35。图4-4-36为干法消化反应器正面。

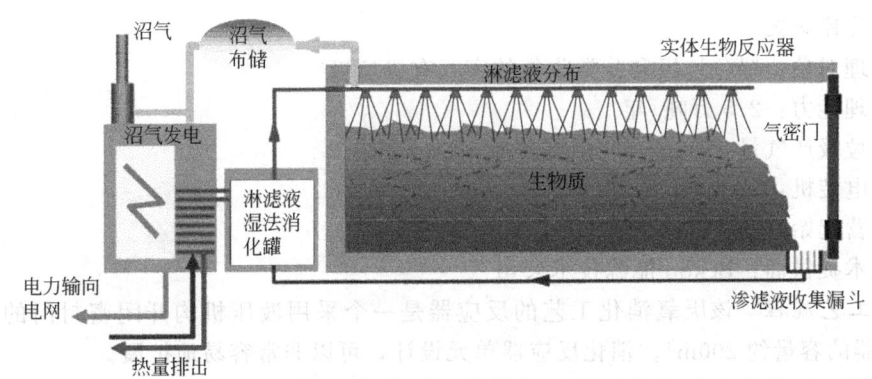

图 4-4-35 隧道窑式干法消化工艺示意图

有机垃圾用装载机送入厌氧消化反应器，通过生物接种和封闭创造厌氧环境。同时带有发酵菌的淋滤液不断被喷洒到有机垃圾上，调节温度、湿度和循环接种，使得有机物组分能够跃过酸化过程，快速进入甲烷化降解反应。在发酵的过程中无需搅拌。

多余的淋滤液通过类似于排水系统的装置被收集起来，储存在淋滤液罐中，一方面作为储存为干法厌氧消化反应器内有机垃圾喷淋使用，另一方面又设计成湿法的厌氧消化反应器，进行淋滤液的厌氧消化。

发酵过程可以采用中温环境，也可以采用高温消化。干法和湿法消化反应器外壁都设保温层，沼气发电的余热对湿法消化反应器内的液体进行加热和温度补偿。

有很多不同的工艺研究，通过不同的淋滤液循环比例、不同的接种方式，对于固相和液相进行消化。也有一些工艺，只关注固相的消化和产气，液相只是作为调

图 4-4-36 干法消化反应器正面

温和回流接种的载体。

固相干法消化和液相湿法消化产生的沼气被抽送到顶部的储气包，再送热电联产机组，进行发电和余热利用。在生产过程中，可采用多个厌氧消化反应器同时产生沼气，以保证发电机组的稳定运行。

消化过程中通过检测气体中甲烷的浓度来决定厌氧过程是否继续。在甲烷含量低于35％后，终止厌氧过程，通过底部鼓风使之处于好氧状态，以利于作业人员进入反应器进行出料作业。抽气系统将切换到生物滤池，臭气经过生物滤池处理后排放。

垃圾在经过 25 天左右的厌氧消化后，实现了大部分有机组分的降解，然后终止厌氧过程，并用装载机出料，再通过条堆方式进行好氧发酵，达到最终稳定化。然后，再经过筛分，将可以作为农用的堆肥产品，也可以进一步生物干化作为生物质燃料处理和利用。

2. 隧道窑式厌氧发酵工艺的优点

隧道窑式厌氧发酵工艺将水解，酸化，产沼等不同环节在一个厌氧消化反应器中实现，无需像传统的湿法发酵那样加水打浆，取而代之的是通过连续喷淋达到保持湿度，从而保证了细菌的理想生活条件。温度的调节也可以是通过每次淋滤液循环来实现的。

3. 工程案例——德国慕尼黑生物垃圾处理厂

（1）项目概况

① 处理对象：绿色垃圾和分类收集的家庭有机垃圾

② 处理能力：2.5 万吨/年

③ 吨垃圾产气量：90m³/t，甲烷含量 50％～60％

④ 发电装机：570kW

⑤ 运营起始时间：2007 年 11 月

⑥ 技术提供商：Bekon 能源技术公司

（2）工艺流程　该厌氧消化工艺的反应器是一个采用液压机构开闭密封门的构筑物，每个反应器的容量约 200m³。消化反应器单元设计，可以非常容易地扩展。

① 储存：垃圾收集车将运来的垃圾倾倒到储存仓。储存的目的是保证垃圾量够一个消化反应器的容量。

② 装料：将新鲜垃圾与部分消化完毕的残渣混合接种。

③ 用装载机进料，填装高度约 3m。

④ 关闭密封门。

⑤ 采用抽气或通入 CO_2 的方式，排除反应器内的氧气。

⑥ 通过渗滤液回流，喷洒在堆体表面，并从底部收集渗滤液。

⑦ 通过检测气体中甲烷含量来决定是否利用沼气。在甲烷含量达到 35％ 以后，将沼气抽送到沼气主管进行发电利用。

⑧ 在完成消化过程，检测到气体中甲烷含量低于 35％ 以后，终止消化过程，并从底部通入空气，以满足装载机出料操作的要求。

⑨ 采用装载机出料，采用条堆方式进行进一步的好氧稳定化，达到腐熟度要求后进行筛分，筛下细料作为堆肥利用。

⑩ 收集的渗滤液储存在渗滤液储罐里。由于只有垃圾自身产生的渗滤液，不用单独建设渗滤液处理设施，而是定期抽送到其他污水处理设施进行处理。

⑪ 垃圾临时存放和在厌氧消化沼气可以发电利用以前，产生的气体需要经过生物滤池除臭处理，以消除对周围环境影响。

图 4-4-37 为该垃圾处理厂不同处理单元。

图 4-4-37　德国慕尼黑生物垃圾处理厂不同处理单元

（3）工艺特点

① 垃圾的适应性　由于该工艺的特点，收集运输的混合垃圾不需要进行前处理。由于淋滤过程本身需要骨料控制垃圾层的密度，增加孔隙度，因此不需要预分选，对混合垃圾有很好的适应性。

② 运行效率和能耗、运行成本　这种干法发酵的主要优点在于它不需要持续的物料混合，无需搅拌器和泵等设施。发酵基质几乎不需要任何预处理，技术稳定。

厌氧消化反应器没有任何活动机件，因此损耗费很低，维护费和人工费也相应减少了，整个过程的能量损耗也是很小的。

每个厌氧消化反应器内淋滤液的循环，加热和热电联产等参数都是分别调节的。连续的监控保证了整个运行过程的稳定，因此厌氧消化反应器保持了理想的发酵环境。

③ 安全性　干法发酵是一种很安全的发酵模式。当厌氧消化反应器被清空时，由于沼气和空气混合而发生爆炸的可能性微乎其微，因为甲烷和空气混合是没有机会的。在进料和

清料的过程中，真空负压系统保证了厌氧消化反应器内有持续供给的新鲜空气。

监控室确保工作人员能直接随时看到厌氧消化反应器入口情况。

④ 经济性 序批式干法发酵工艺最主要优势在于无需泵，搅拌器等设施。进罐物料很少或无需预处理，因此操作更为简单，运行也更稳定。

由于设施简单，设备较少，项目的固定资产投资也比较小。因此，该技术的使用有良好的经济性。

参 考 文 献

［1］ 胡纪萃. 废水厌氧生物处理理论与技术［M］. 北京：中国建筑工业出版社，2003.

［2］ 陈坚. 环境生物技术应用与发展［M］. 北京：中国轻工业出版社，2001.

［3］ Zeikus J G. Thermophilic bacteria：ecology，physiology and technology［J］. Enzyme and Microbial Technology I，1979，243-252.

［4］ Ghosh S. Two-phase anaerobic digestion［J］. Process Biochemistry，1978，13（4）：14-24.

［5］ Gbosh S，et al. Methane Production from industrial Waste by two phase anaerobic digestion［J］. Water research.，1985，19（2）：1083-1088.

［6］ Fernandez J，Perez M，I Romero L. I. Effect of substrate concentration on dry mesophilic anaerobic digestion of organic fraction of municipal solid waste（OFMSW）［J］. Bioresource Technology，2008，99：6075-6080.

［7］ 朱圣权，张衍林，张文倩，张俊峰［J］. 厌氧干发酵技术研究进展. 可再生能源，2009，27（2）：46-51.

［8］ Lay J J. Lee Y J，Noike T. Feasibility of biological hydrogen production from organic fraction of municipal solid waste［J］. Water Res.，1999，33：2579-2586.

［9］ Ferchichi M，Crabbe E，Gil GH，Hintz W，Almadidy A. Influence of initial pH on hydrogen production from cheese whey［J］. J. Biotechnol.，2005，120：402-409.

［10］ Cohen A. Anaerobic digestion of an glucose with separated acid production and methane formation［J］. Water Research，1997，23（6）：571-580.

［11］ 唐受印，汪大翚等. 废水处理工程［M］. 北京：化学工业出版社，1998.

［12］ Hwu C S，et al. Physicochemical and biological Performance of expanded sludge bed reactor treating long-chain fatty acids［J］. process Biochemistry，1980，22（4）：699-743.

第五章
机械生物处理及垃圾综合处理技术

第一节 概 述

机械生物处理（Mechanical Biological Treatment，MBT）是近 20 年来在欧洲，尤其是德国发展和应用非常广泛的、针对混合垃圾或分类收集后的剩余垃圾的处理技术。但由于其目标的多样性、技术及技术组合的多样性，经常给决策者带来困惑。

而在中国，很长时间以来，人们一直将垃圾的综合处理作为一种对于混合生活垃圾处理的技术对策，进行研发和实践。可以追溯到 20 世纪 80 年代常州垃圾综合处理厂"三合一"模式（即堆肥、填埋、焚烧三合一）的尝试，一直到近年来才趋于成熟和完善，包括将前分选、好氧稳定化、焚烧和残渣填埋相结合的综合处理，都是试图采用多种技术的组合，达到"减量化、资源化、无害化"的目标。

欧洲的 MBT 工艺和我国的垃圾综合处理在开始时，目标和组合是不尽相同的。欧洲的 MBT 一开始是由于填埋导则对于填埋场填埋物有机物含量的限制，要求对所有垃圾进行生物稳定化，达到一定标准后，才可以填埋。如在德国，就制定了有关 MBT 设施的产物标准和过程中废气排放标准。但是，随着技术的发展，MBT 产物不再限于填埋，技术发展及组合也越来越多样化，更注重于垃圾处理的能源化利用、减少温室气体、降低长期污染风险等综合目标，与中国垃圾综合处理的概念也越来越趋同。同时，更先进的垃圾处理技术与完善的污染控制手段相结合，更多基于对环境、能源、经济、健康和社会政治的综合考虑和评价，并努力通过技术结合和经济平衡，综合垃圾处理的各种技术方式，采用更适宜的技术及组合，达到预期的目标。

在大多数情况下，MBT 实质上也可以称为 MBP（Mechanical-Bio-Pretreatment）产生的产物，包括垃圾衍生燃料（RDF）或堆肥物料，都需要进一步处理或加工，才能够称得上真正妥善处理了。

一、机械生物处理技术的发展历程和核心概念

20 世纪 80 年代以来，焚烧处理对于健康的危害广受关注，以及所谓的"NIMBY"（Not In My Back Yard）的盛行和绿色和平组织等社会因素的影响，焚烧处理的发展遇到了很大阻力。此外，即便在诸如德国等一些发达国家，仍有一些地区未采用分类收集。这些均给填埋场有机物含量的控制（2005 年进入垃圾填埋场的垃圾中有机物含量不高于 5%）带来了巨大挑战。

在这种情况下，首先从德国开始，一些地方开始探讨折中的方案。如果通过生物处理达到一定的稳定性，是否可以视为达到以上目标？于是，除分类收集的有机物生物处理外，针对混合垃圾的机械生物处理技术得到了大力发展。

机械生物处理的定义是：采用机械或其他物理方法（切割、粉碎或分拣等）与生物工艺（好氧或厌氧发酵）相结合，对生活垃圾中的可生物降解组分进行处理和转化，并达到稳定化的过程。通过 MBT 处理，大约 95％的可降解 TOC 和 86％的非纤维素碳水化合物得到转化。过去 10 多年来，在欧洲，MBT 作为焚烧的替代技术，或作为焚烧处理的预处理技术（RDF），得到了快速发展。好氧和厌氧技术，也可以作为填埋处理的预处理技术。与原生垃圾相比，经过机械生物处理稳定化的垃圾，填埋后渗滤液和填埋气体产生的污染可以减少 95％。

机械生物处理最初的目的是减少垃圾质量、体积和后续处理中对环境的影响，如减少填埋过程中的填埋气体、渗滤液，减少占地空间，同时便于填埋作业。此外，还可以分选出可以回收的物质，以及生产 RDF 等。因而，MBT 的技术基础是非常广泛的，具有非常强的竞争力。

机械生物处理实际上并不是新技术，而是在混合垃圾堆肥处理的基础上衍生发展而来的，实际上就是我国所谓的综合处理（或一部分）。在现代技术发展的基础上，更多地采用了高效的机械或物理分选技术，更强化了材料的分选回收或发酵过程的控制，并且厌氧消化技术的发展也为生物处理技术的选择提供了更多的方向。

在这种情况下，堆肥的概念就发生了变化。只有分类收集的有机垃圾（包括厨余垃圾、园林垃圾、专门收集的其他有机垃圾等）的好氧生物处理，才可以称为"堆肥处理"，因为最终产品是堆肥。而混合垃圾的生物处理，只能称为"机械生物处理"，而不能称作"堆肥处理"，因为并不生产堆肥，或生产出的物质不能作为堆肥产品利用。由此，MBT 实质是针对混合垃圾或分选后垃圾的稳定化处理技术，在概念上有别于堆肥处理。

二、机械生物处理的技术特征

可持续发展要求发展环境友好的、资金效率高的、社会普遍接受的垃圾管理方式。人们已经普遍接受了一种思想，即首先应该避免垃圾，不可避免的垃圾应该在经济和生态条件平衡的情况下尽可能回用，只有既不可避免，又不可利用的所谓的残渣，才应该填埋处置。为尽可能减少对环境的损害，只有经过预处理的垃圾残余物才可以填埋。而垃圾预处理技术的选择要根据垃圾质量、垃圾管理状况，以及经济、生态和社会等各种因素综合考虑。

由于 MBT 在减少填埋过程中的填埋气体、渗滤液，减少占地空间等方面效果显著，由此，在填埋场管理比较差的地方，或在填埋场地资源非常稀缺的地区，采用 MBT 能够迅速改变垃圾管理状况。此外，与焚烧和直接填埋相比，MBT 具有非常大的技术灵活性。可以根据当地的经济和生态状况进行调整，充分发挥其技术优势。

MBT 较早的在德国、奥地利、瑞士及其他一些发展中国家采用。欧盟垃圾填埋导则的实施，也为其发展提供了很好的机会。欧盟垃圾填埋导则要求成员国实施垃圾预处理。

2001 年 3 月 1 日以后，德国的 MBT 技术要遵守一项专门的法规，即 German Ordinance on Environmentally Compatible Storage of Waste from Human Settlements[1]，其中规定了 MBT 技术质量要求，包括有机组分以及处理过程的气体排放标准等。一些主要技术参数要求见表 4-5-1。

MBT 技术包括机械和生物技术的组合。机械处理主要包括筛分、破碎等工序，以去除影响生物处理过程的有害物质或组分，并分检出有用的成分，包括高热值的组分，如塑料、纸、木料，或者可以回收利用的复合材料。而生物处理工序主要为好氧发酵和厌氧发酵，或二者组合。较早的 MBT 工艺以好氧发酵居多，包括通风或不通风的条堆、仓式、容器式、滚筒式或隧道式等。随着绿色电力的需求和厌氧消化技术的发展，厌氧工艺的应用越来越多，以实现能源（CH_4）的回收并减少臭味的影响。厌氧消化的一大优势是极大地减少了好

表 4-5-1 德国 MBT 排放标准和 MBT 处理后的填埋规范

技术参数(部分)	限制值
MBP 的排放标准	
有机物质,以总碳表示(月平均值)	55g/t
氮氧化物(月平均值)	100g/t
恶臭物质	500GE/m³
二噁英/呋喃(总量)	0.1ng/m³
MBP 处理后垃圾的分配指标	
原始物料干渣的有机组成,以 TOC 计[①]	18%(按质量计)
原始物料干渣的可生物降解性,以好氧呼吸速率(AT₄)或发酵试验中的产气速率(GB₂₁)计	5mg/g[②] 或 20L/kg[③]
最高热值(H₀)[①]	6000kJ/kg

[①] 各因素在应用时等价。
[②] mgO_2/kg 干物质。
[③] L 标准气体/kg 干物质。

氧发酵中通风的需要,也就显著地减少了气体净化的成本,并减少了通风环节的能源消耗。

近年来,一种结合厌氧消化和好氧稳定化的新工艺正在发展,称为"percolation",即"淋滤"处理(见图 4-5-1)。混合垃圾首先进入带有搅拌功能的卧式淋滤装置,一边将水喷淋在上面,一边随搅拌轴缓慢转动。垃圾中的有机成分在装置内发生降解,并在喷淋水的作用下淋洗出来。高浓度淋滤液进入甲烷化装置进行厌氧消化处理,产生的沼气发电利用,经过厌氧消化处理后的污水采用 MBR 技术进行处理,达标后排放或回流到淋滤系统利用。经过淋滤处理的固体垃圾经过挤压脱水后,进行好氧稳定化处理,然后进行填埋处置或焚烧处理,或进行进一步的分选。

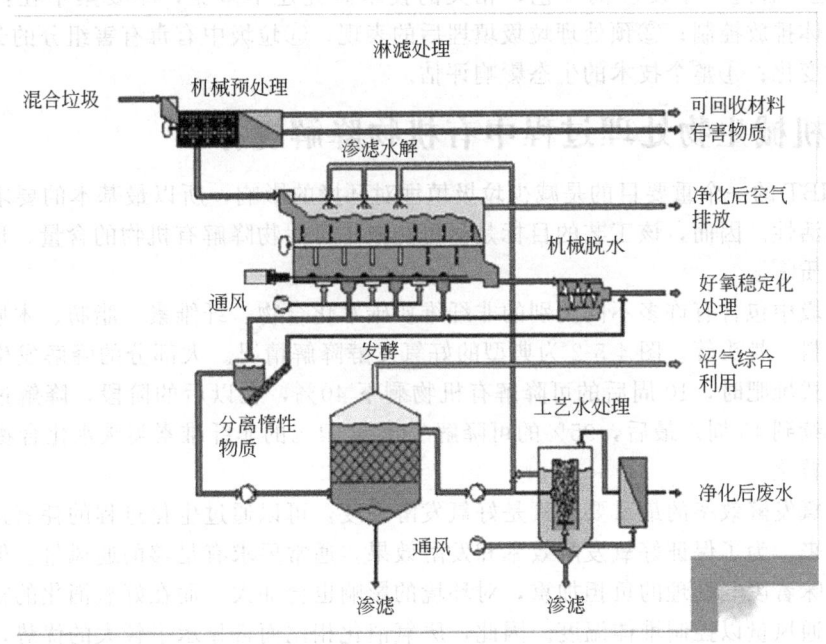

图 4-5-1 垃圾淋滤的工艺流程

这种技术仍然在发展完善中,已经开始商业化,目前发电产生的能量可以维持整个系统的运行。其优点是使得混合垃圾的厌氧消化系统变得简单,有利于工业化应用。因为对于混合垃圾的厌氧消化处理而言,有机物的前期分选是一个需要解决的问题,也是我国目前一些城市在实施这类项目时遇到的难题。原生垃圾淋滤处理可以减量 40%~50%,根据有机物含量不同而不同。经过淋滤处理后的固态垃圾的含水率较低，如果与焚烧处理相结合，提高了焚烧原料的均匀性和热值，提高焚烧工况的稳定性。

好氧发酵在工艺强度和处理时间上各不相同，在工艺上和设备上基本上与传统的堆肥工艺相同，只是处理对象和目的有所不同。

最简单的条堆形式可以直接在填埋场顶上实施，中间插入通气管进行自然通风，时间一般为 5～15 个月。改进的形式是基于强制通风的静态发酵仓形式。

大多数现代的 MBT 设施应包括密闭的、有控制的、高强度的生化阶段。而对于大气排放，大多数要收集废气，并通过生物过滤和涤气器处理。而最新的发展是畜热式热力氧化炉（RTO）处理。例如在德国设立了新的法规，将处理每吨垃圾所排放的气体中的有机碳限制在 55g，与垃圾焚烧的尾气排放标准值类似，而只有热法气体处理能达到该标准。

还有一种特殊工艺即生物干燥工艺。与填埋以前的 MBT 相反，其目的是生产 RDF。可以采用条堆工艺，也可以采用容器式工艺，通风强度较大，其产物是减少了有机物含量的干化垃圾。在生物干燥过程中，只有最易降解的组分进行了转化，因此损失热量不多。经过干化的物料很容易分选。由此，金属、玻璃等就可以比较容易地分选出来。将剩余的物质进行筛分，筛上的物料由于含有较高的塑料、木料、纤维等，热值较高（在德国能达到 15～18MJ/kg），可用作电厂和水泥窑的化石替代燃料，也可以进行热解制气。在德国，已经有几个工业规模的设施，处理能力达到 75000～150000t/a。

第二节　机械生物处理技术研究及进展

MBT 是一种近年来发展的工艺，相关的技术研究还不多见，主要集中在：①工艺优化，包括气体排放控制；②预处理垃圾填埋后的表现；③垃圾中有毒有害组分的分选、处理及过程中的变化；④整个技术的生态影响评估。

一、机械生物处理过程中有机物降解规律

由于 MBT 的一个重要目的是减少垃圾填埋对环境的影响，所以最基本的要求是处理后降低其生化活性。因而，该工艺的目标是尽可能减少可生物降解有机物的含量，形成非活性的稳定化物质[2]。

生活垃圾中包含有许多不同类别的非纤维质碳水化合物、纤维素、脂肪、木质素和其他有机物如塑料、骨头等。图 4-5-2 为典型的好氧发酵降解情况。大部分的降解发生在最初几周。在条跺式堆肥时，10 周后的可降解有机物剩下 40%，在以后的阶段，降解过程继续进行，一直持续到 45 周。最后，95% 的可降解 TOC，94% 的非纤维素类碳水化合物和 86% 的纤维素得到转化。

影响好氧发酵效率的最重要因素是好氧发酵强度，可以通过生化过程的耗氧速率和温度变化反映出来。为了保证好氧发酵效率和发酵效果，通常要求有足够的通风量。但是，通风量的增大意味着废气处理的负担加重，对环境的影响也会加大。而在好氧消化的初期，往往需要较大的通风量以控制堆体温度。因此，厌氧消化相比而言显示了较大的优势，可以大大降低需氧量和通风量。

从理论上讲，有机物的厌氧消化通常分为 4 个阶段（见图 4-5-3），包括木质素类物质的中间好氧过程，随后通过厌氧过程并最终完成甲烷转化，能够达到大约理论值的 90%。最终的好氧稳定化处理可视情况决定是否需要。

图 4-5-4 和图 4-5-5 是厌氧和好氧处理工艺有机物降解效果及随后的生物稳定性比较。

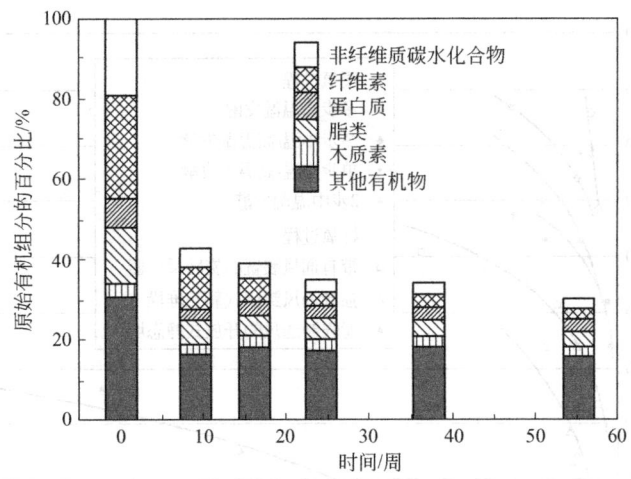

图 4-5-2　有机质组分在好氧发酵过程中的降解

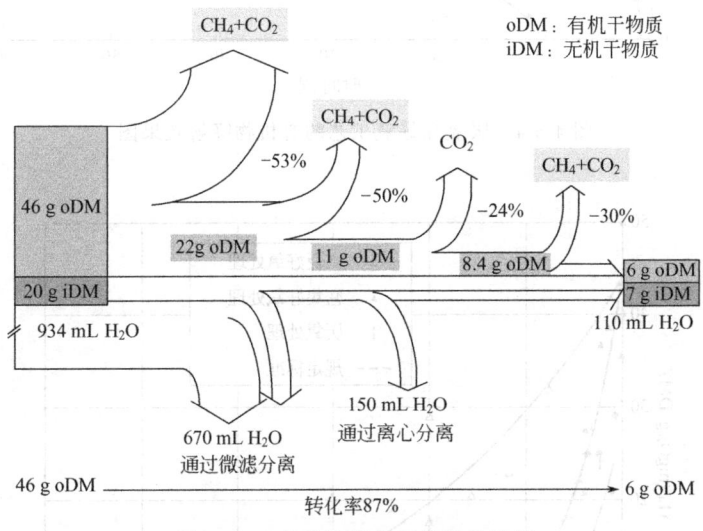

图 4-5-3　有机物质的厌氧消化过程

二、机械生物处理产物的稳定化指标

烧失量（lost on ignition，LOI）是表达垃圾减量的一个综合指标，代表了物料的总有机物含量。基于垃圾焚烧标准，德国 1993 年[3]的垃圾处理技术指南要求进填埋场垃圾的烧失量小于等于 5%（即有机质含量不大于 5%）。而经过 MBT 处理以后，分类收集后的混合垃圾的烧失量从最初的 50%～60%下降到 25%～35%，视垃圾成分不同而异。

但是，以烧失量作为垃圾稳定化指标带有片面性，会导致错误的结论，因为：

① 塑料或其他难降解有机物，作为垃圾的一部分，是生化稳定的，不参与填埋场的生化反应；

② 未考虑经过生化稳定化后的有机物如腐殖质的正面效应；

③ 烧失量也包含无机材料的挥发物。

因而，烧失量不适合作为评价 MBT 产物稳定性的唯一指标。

作为填埋气体产生的特性指标，21d 的填埋气体产生量可作为衡量标准称为 GB_{21}。此

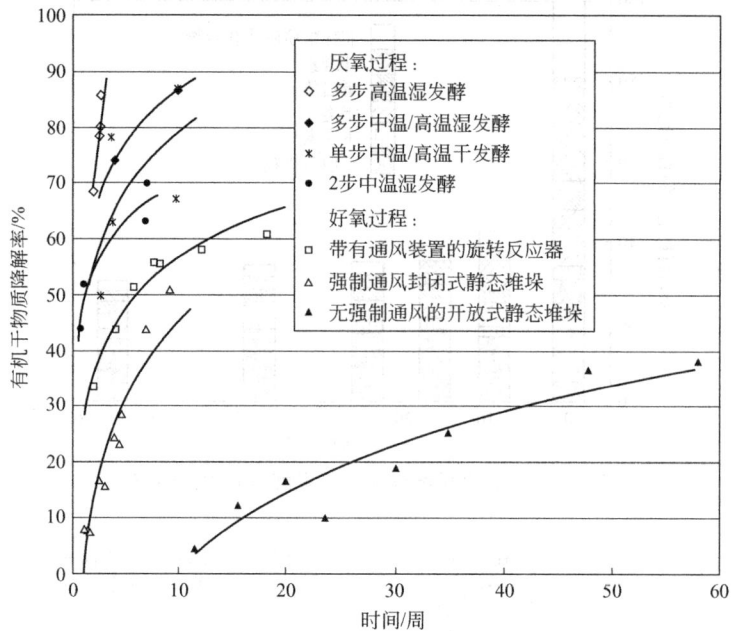

图 4-5-4 厌氧和好氧工艺的有机物降解效果图

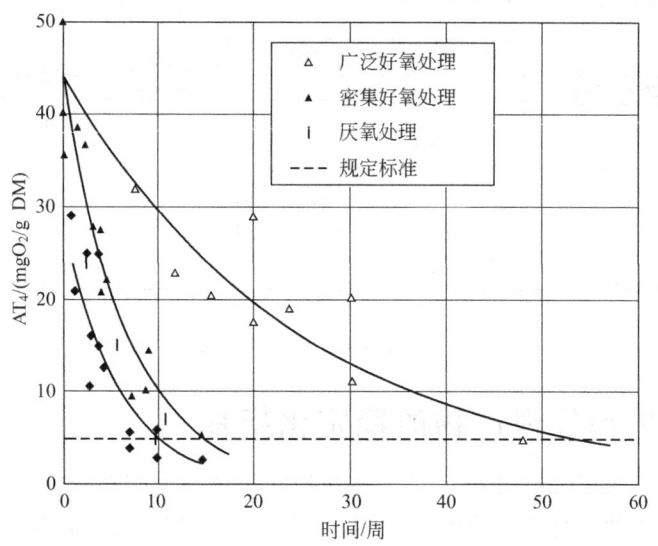

图 4-5-5 厌氧和好氧处理工艺的生物稳定性比较

参数与耗氧速率（AT_4）以及渗滤液中总有机碳含量的相关性被很多研究证实。AT_4 定义为在特定装置中每克干物质 96h 的生物过程耗氧量。在以上三个参数中，AT_4 最容易确定，对于填埋场管理而言，分析时间也短。因而在德国新的填埋法令中采用 AT_4 作为 MBT 产物稳定性的衡量指标。原生垃圾 AT_4 的典型值是在 $30\sim50\text{mgO}_2/\text{g}$ 干物质。经过充分 MBT 处理后可使该值降低到 $5\text{mg O}_2/\text{g}$ 干物质以下，而 GB_{21} 采用小于 $<20\text{L}/\text{g}$ 干物质作为衡量标准（图 4-5-5）。当 MBT 产物达到上述指标后，其稳定化程度相当于填埋场最终覆盖土，由此其环境影响已被显著降低（表 4-5-2）。

表 4-5-2　自然土壤与残余废物的 AT_4 值

底物	AT_4/(mg O_2/g 干物质)
枯枝落叶(L层)	8.6～48
有机物层(O层)	1.7～6.9
下层土壤(A层)	0.03～0.5
残余废物：	
• 处理前	20～60
• MBP 处理后	1.1～7.7

注：DM 为干物质。

三、机械生物处理过程中气体的释放和处理

MBT 处理过程所产生的气体主要包括 5 组典型的物质：

① 二氧化碳和甲烷；

② 生物反应过程生成的挥发性有机化合物；

③ 析出的挥发物；

④ 保留在残余物中的重金属和高分子挥发物；

⑤ 从系统中散发出来的微生物。

好氧发酵阶段产生的总的非甲烷有机挥发物约为 600g/t 原生垃圾。在典型的条件下，也会产生甲烷，如在没有充分曝气的团块中，会产生 100g/t 原生垃圾的甲烷；在好氧条件不好的工艺中，可能还会更高。因而，甲烷的产生量可以作为衡量好氧发酵过程是否正常的指标。对于含氮化合物，氨是一种特殊物质，总量约 500g/t 原生垃圾。在生物滤池中，它会转化成 N_2O，是一种对气候变化影响显著的温室气体。图 4-5-6 为德国一个 MBT 厂的气体生物滤池氮平衡示意图。

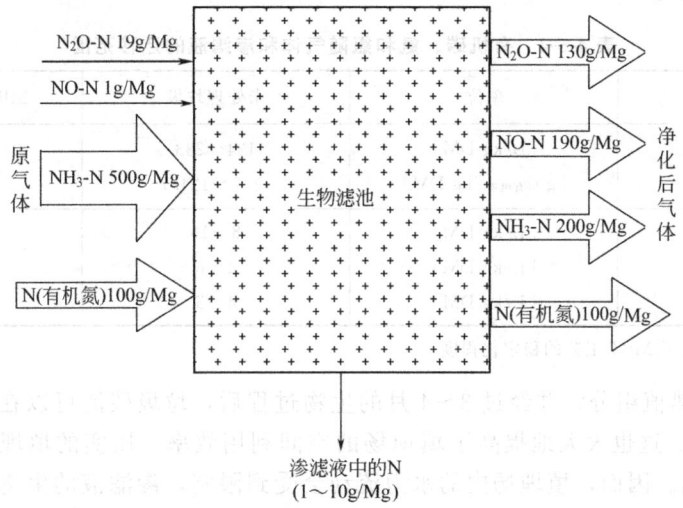

图 4-5-6　德国一个 MBT 厂的气体生物滤池氮平衡示意

MBT 过程气态污染物排放主要时段是自生化过程第一天起的自然升温阶段。这个阶段会在两周内完成。当原生垃圾中含有 BTEX（苯、甲苯、乙苯、二甲苯）时，86% 的 BTEX 会在一周内释放，6% 的 BTEX 会在第二周释放，只有 8% 的 BTEX 会在后续处理中释放或留存在物质中。

为避免气体释放引起的健康问题和对大气的影响,好氧发酵自升温阶段的废气应当收集并净化。其中,涤气器和生物滤池是常用的技术。它们的效率取决于填充料的性质,平均可达到 50%,即还有 300gTOC/t 垃圾会无控释放。部分典型的 MBT 气体产物及涤气器和生物滤池组合技术的降解效率见表 4-5-3。

表 4-5-3　部分典型的 MBT 气体产物及涤气池和生物滤池组合技术的降解效率

物质(类别)	生物滤池降解效率	物质(类别)	生物滤池降解效率
醛	75%	芳香烃(甲苯,二甲苯)	80%
烷烃	75%	NMVOC	83%
醇	90%	PAK,PCB,PCDD/F	40%
AOX	40%	臭气	95%~99%
芳香烃(苯)	40%	氨	90%

对于非可生物降解组分,如卤代烃等,需要进一步的脱毒处理,而对于生物滤池技术,技术优化只能解决部分问题。进一步的废气热处理工艺是必需的,以使出气中的碳小于 40gC/t 原生垃圾。

四、机械生物处理产物的填埋特性

经过 MBT 处理的垃圾在填埋场中的表现,包括填埋气产量、渗滤液水量和水质、垃圾导水性以及填埋场沉降等,可以为 MBT 工艺的优化提供关键参数。

目前尚无完善的实际填埋场中 MBT 处理垃圾的特性数据,但实验室模拟数据表明,在渗滤液和填埋气排放方面,MBT 处理垃圾可比原生垃圾降低 98% 左右,即 1kg 处理过的垃圾的渗滤液含有 1~3g COD,0.5~1.5g TOC,0.1~0.2g NH_4^+-N。预处理时间是影响实际处理效果的重要因素,表 4-5-4 列出了采用条跺式处理对后续填埋所产生的气体和渗滤液污染物削减的效果。

表 4-5-4　有机碳、氮和氯随气体和渗滤液的迁移范围

释放潜力	单位	未处理垃圾	MBT 预处理后垃圾
气体释放:C	[L/kg DM]	134~233	12~50
	[g C有机质/kg DM]	71.7~124.7	6.4~26.8
渗滤液释放:TOC	[L/kg DM]	8~16	0.3~3.3
N	[L/kg DM]	4~6	0.6~2.4
Cl^-	[L/kg DM]	4~5	4~6

注:最小数值代表了 MBT 工艺的稳定化程度。

在分选出高热值组分,并经过 3~4 月的生物过程后,垃圾残渣可以在填埋场被压实到 1.5t/m³ (湿态)。这也大大地提高了填埋场的空间利用效率。压实的填埋场导水率大约为 10^{-6}cm/s 或更低。因而,填埋场内的水力流动会受到限制,渗滤液的生物和物理活性也会极大地降低。

MBT 处理的另一个显著效果是降低填埋气的产生量,有研究显示,其最大产气量约为 1LCH₄/(m³·h)。这种情况下,不需要再设填埋气体收集系统。为防止填埋气体排放到大气中,可以采用一种被动的氧化方法处理残余的填埋气体,如采用生物活性覆盖层。填埋气体在通过生物活性覆盖层时,所含有的甲烷氧化菌可将甲烷进行生物氧化。已有的研究表明,覆盖土层和填埋层的氧化能力在 0.01~16.8LCH₄/(m³·h) 之间,平均值约 3LCH₄/(m³·h)。

即使考虑温度、水分和填埋气体质量等因素的变化，这种氧化层具有氧化所有释放的甲烷气体的潜力。示范工程表明，120cm 的氧化层与 50cm 的填埋气体分配层相结合的设置可获得很好的处理效果。

第三节　机械生物处理的工艺组合

出于处理目标的不同和接续技术选择的多样性，MBT 与其他处理技术的组合也是多种多样的[4]。以下是几组典型的技术组合。

一、MBT+填埋

该组合的处理目的是降低垃圾的可生化性，减少后续填埋的渗滤液、填埋气的长期环境污染风险。同时也可以回收一部分可回收材料。图 4-5-7 为其垃圾处理的工艺流程。

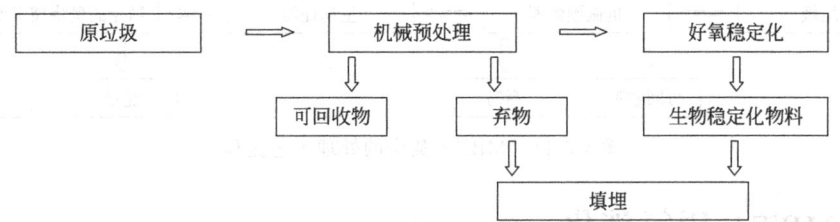

图 4-5-7　MBT＋填埋的处理工艺流程

二、MBT+堆肥物利用

该组合的处理目标是生产适合利用的堆肥，因此工艺中需要考虑堆肥质量因素（图 4-5-8）。

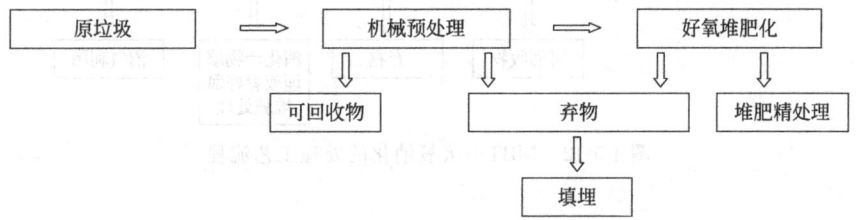

图 4-5-8　MBT＋堆肥物利用的处理工艺流程

三、MBT+RDF

该组合的处理目标是通过机械生物处理最终生产垃圾衍生燃料（RDF），其处理工艺流程见图 4-5-9。

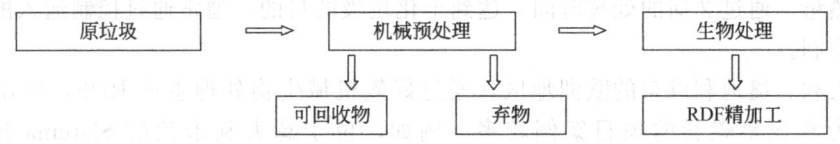

图 4-5-9　MBT＋RDF 的处理工艺流程

四、MBT+生物干化

该组合的目标是降低垃圾物料的含水率，成为具有特定特性的、适合燃烧回收热能的燃料（SRF）（图 4-5-10）。

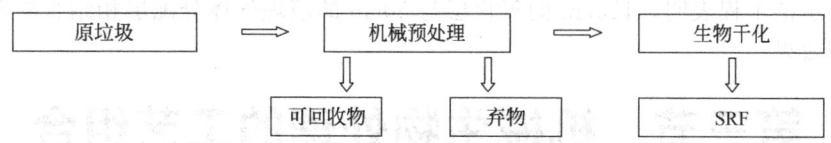

图 4-5-10 MBT＋生物干化的处理工艺流程

五、MBT＋焚烧

该组合的目标是减少垃圾焚烧处理量，提高焚烧处理效率。即通过机械预处理，将可回收物和不宜焚烧的物料去除，减少焚烧处理量；再通过生化过程降低含水量，提高垃圾的热值和均匀性，从而有利于燃烧控制。具体工艺流程见图 4-5-11。

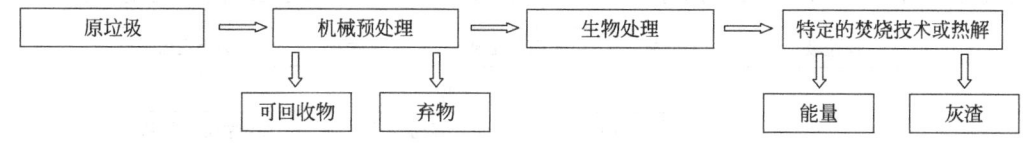

图 4-5-11 MBT＋焚烧的处理工艺流程

六、MBT＋厌氧消化

将厌氧技术结合进 MBT 工艺，通过有机组分的厌氧消化产生沼气进行能源利用，消化产物填埋处理或者是堆肥后作为肥料或营养土利用。具体工艺流程如图 4-5-12 所示。

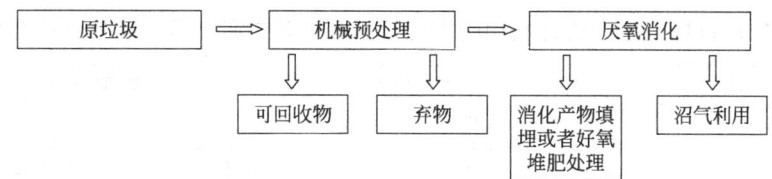

图 4-5-12 MBT＋厌氧消化的处理工艺流程

第四节 机械生物处理的典型工程案例

一、MBT＋生物干化＋流化床焚烧案例

20 世纪 90 年代以来，较多的 MBT 设施采用生物干化工艺，利用有机物好氧降解过程中产生的热量，通过 2 周的处理时间，达到干化垃圾的目的。通常通过控制通入的空气量对过程进行控制。

在意大利、奥地利以东的欧洲地区，通过好氧机械生物处理生产 RDF，应用于流化床锅炉或作为水泥窑燃料的项目案例较多。例如，位于意大利米兰的 Sistema Ecodeco 的 MBT 处理厂，采用 MBT＋生物干化处理技术对混合生活垃圾进行处理，之后将其制成 RDF，作为流化床焚烧炉的替代燃料。

（一）机械预处理和生物干化过程

将运送来的垃圾贮存在垃圾坑中，用抓吊送到破碎机，破碎到 150mm 以下。然后用抓吊装卸到位于封闭车间内的平行布置的大型好氧条垛仓内。每个条垛仓 3m 宽，6m 高，30～40m 长。该设施共有 19 个条垛仓，空气从条垛的底部吸入，通过控制风量，将温度控制在 40～50℃。车间顶部安装有生物滤池，进行臭气处理。生物滤池采用树皮作为填料，喷水保持湿度，每 4 年更换一次。

物料在此停留 2 周后，可实现 20%～30% 的减量（主要是水分损失，也有 1.5% 的碳减量）。物料进一步加工成 RDF。

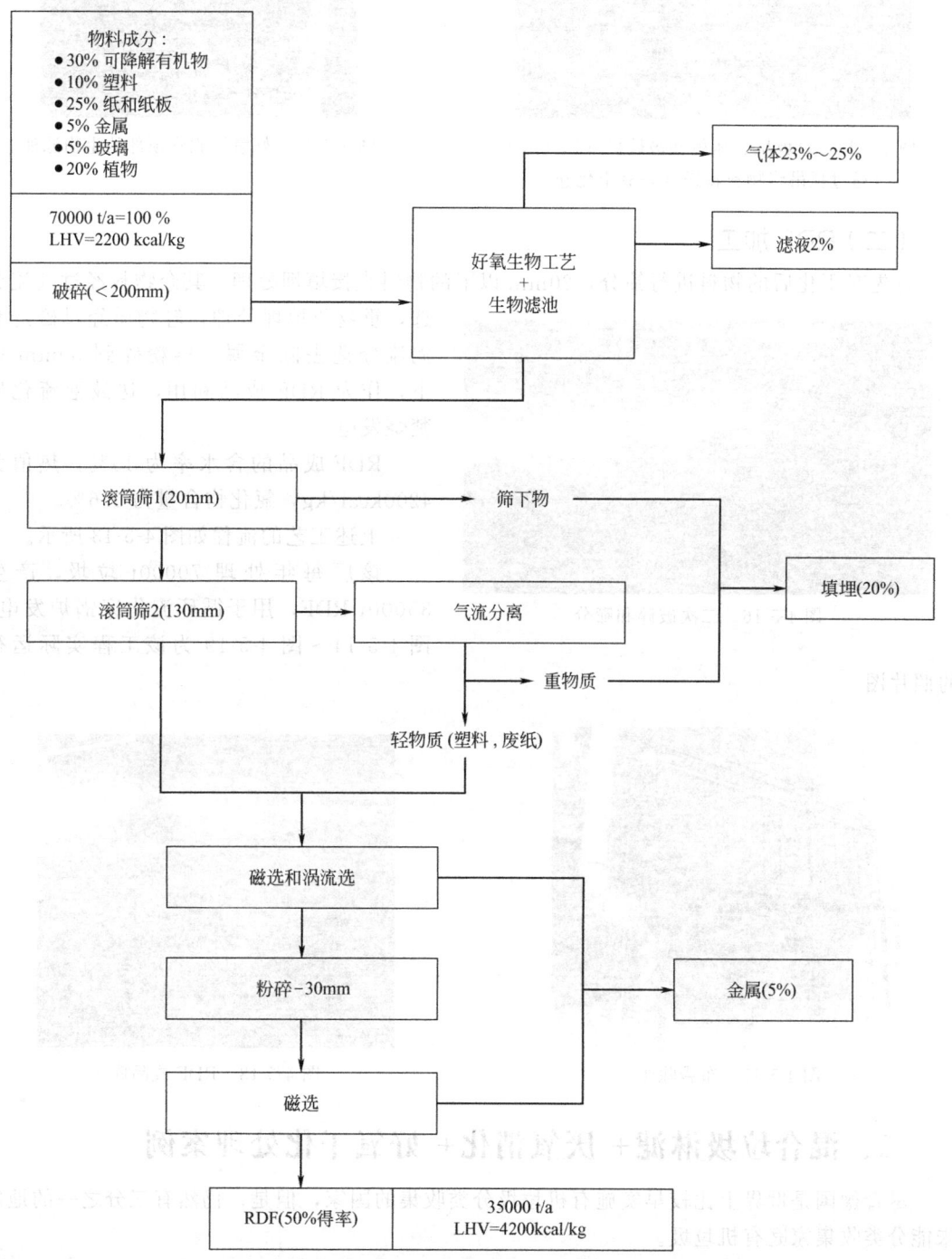

图 4-5-13 MBT＋生物干化＋流化床组合工艺流程和物料平衡图

图 4-5-14 垃圾坑、抓吊和破碎机 (150mm)
(通过抓吊将物料输送到好氧干化仓)

图 4-5-15 好氧堆肥仓顶部的生物滤池

（二）RDF 加工

首先对干化后的物料进行筛分，20mm 以下的物料直接填埋处理。其余物料经过气流分

图 4-5-16 二次破碎和筛分

选，重物质填埋处理，轻物质经过磁选和涡流分选去除金属，再粉碎到 30mm 以下，作为 RDF 成品利用，送鼓泡流化床焚烧发电。

RDF 成品的含水率为 15％，热值为 4200kcal/kg，氯化物含量为 0.6％。

上述工艺的流程如图 4-5-13 所示。

该厂每年处理 70000t 垃圾，产生 35000t RDF，用于循环流化床锅炉发电。图 4-5-14～图 4-5-19 为该工程实际运行的照片图。

图 4-5-17 布袋除尘

图 4-5-18 RDF 成品库

二、混合垃圾淋滤+厌氧消化+好氧干化处理案例

尽管德国是世界上比较早实施有机垃圾分类收集的国家，但是，仍然有三分之一的地区未能分类收集家庭有机垃圾。

德国西南部巴登符腾堡州的 Emmendingen 和 Oftenburg 两个地区共有 54 万居民，两个

图 4-5-19　厂房外观

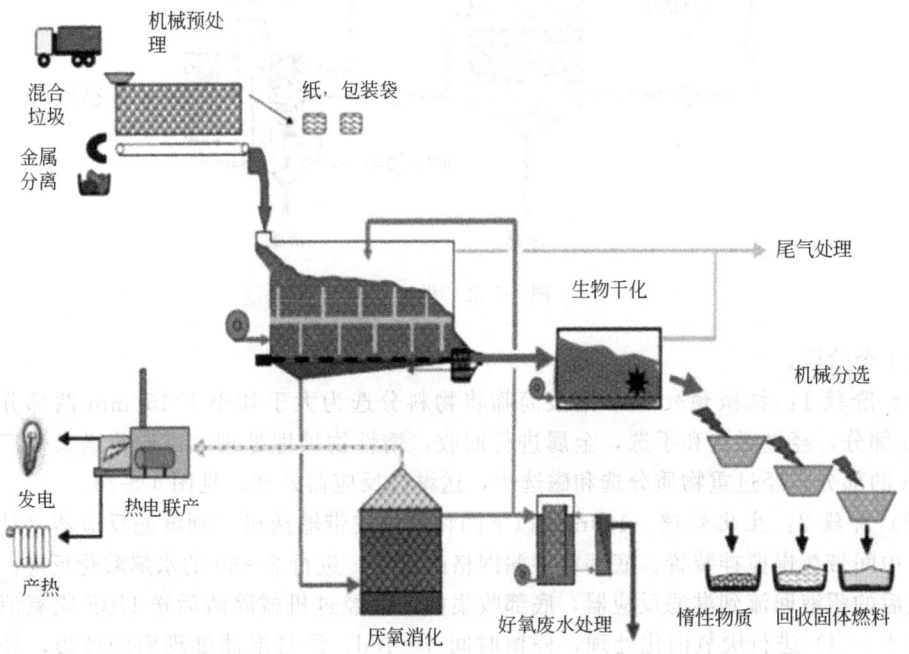

图 4-5-20　Kahlenberg 城市生活垃圾处理——ZAK 技术

地区联合建立了垃圾处理委员会（ZAK），共同投资建设和管理垃圾处理设施。这两个地区的家庭有机垃圾不进行分类，同时，居民反对进行垃圾焚烧，在新法规要求下，机械生物处理就成为主要的选择。图 4-5-20 为 Kahlenberg 城市生活垃圾处理——ZAK 技术。图 4-5-21 为 ZAK 处理技术的物质平衡及产物分布图。

淋滤技术是德国垃圾处理危机后发展的适合混合垃圾的机械生物处理（MBT）类技术。由德国维尔利公司（Wehrle-Werk AG）于 1996 年开始小试，2001 年开始中试，2005 年建成年处理 120000t 混合生活垃圾的综合处理设施，处理上述两个居民区的混合生活垃圾。

淋滤处理示意如图 4-5-22 所示，工艺全过

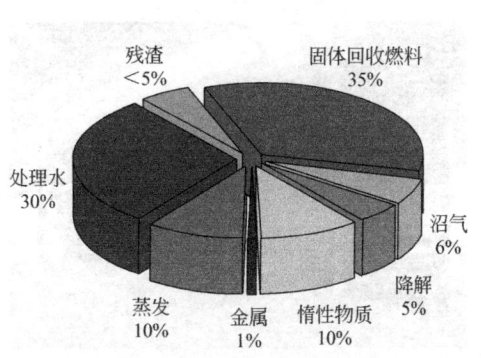

图 4-5-21　ZAK 物质平衡及产物

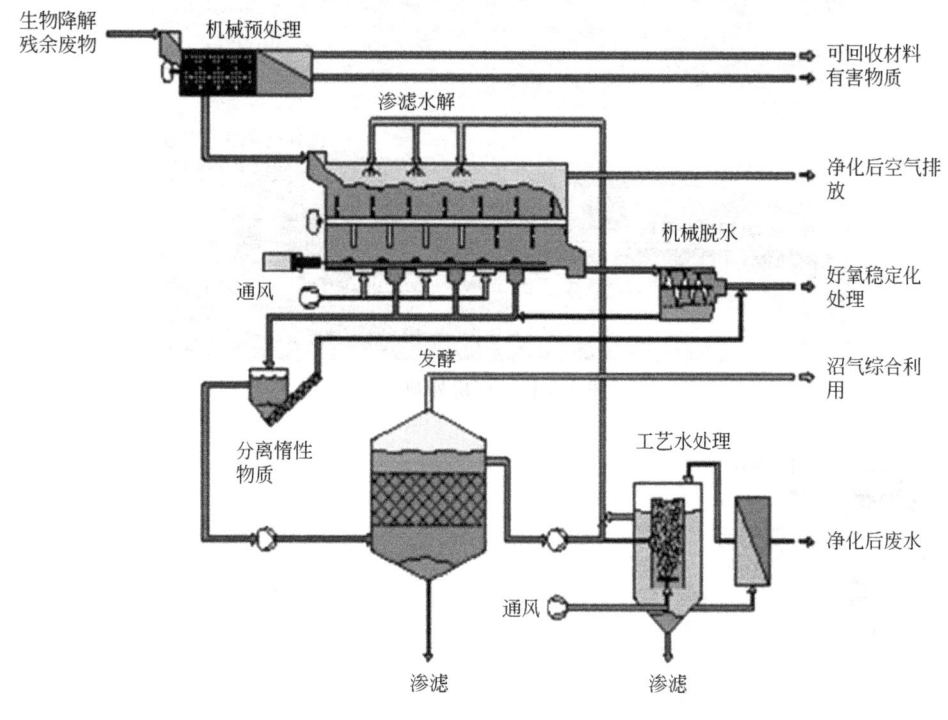

图 4-5-22　淋滤处理

程包括 4 个阶段。

（1）**阶段 1：机械预处理**　用滚筒筛将物料分选为大于和小于 150mm 两部分。大于 150mm 部分，经过磁选和手选，金属进行回收，惰性物填埋处理，可燃物送焚烧厂。小于 150mm 的部分，经过重物质分选和磁选后，送淋滤反应器处理，见图 4-5-23。

（2）**阶段 2：生化处理**　150mm 以下的物料由皮带输送机送到淋滤反应器（是一个卧式的、中间带缓慢搅拌装置、底部有渗漏网格的设施）进行 2～3d 的水解酸化反应。经过厌氧消化后的沼液回流到淋滤反应器，底部收集的滤液经过机械除渣后送 UBF 厌氧消化反应器（图 4-5-24）进行厌氧消化处理，停留时间 6～10d。经过淋滤处理后的垃圾，经过挤压脱水（图 4-5-25），使物料的含水量降为 40% 左右，随后进行后续处理。经过厌氧消化后的污水，一部分作为淋滤液回流，其余部分经 MBR 系统处理后排放。

（3）**阶段 3：生物干化**　经过挤压脱水的物料，用皮带机通过自动布料机装入隧道窑

图 4-5-23　前处理机械分选

图 4-5-24　UBF 反应器

式（图 4-5-26）好氧仓进行好氧干化（图 4-5-27）处理。物料共停留 9d，在第 4 天时通过自动翻倒设备进行倒仓作业，以增加干化的均匀性。经过好氧生物干化，物料含水量降低到 10%。

图 4-5-28 中左边为经过淋滤和挤压脱水的物料，含水率 40%；右边是经过生物干化的物料，含水率 10%。

（4）阶段 4：机械分选　根据后续利用要求，物料通过风力分选和筛分，

图 4-5-25　挤压脱水车间

获得不同粒度和热值的燃料，并将惰性物料分离出来，如图 4-5-29 所示。

分选出的不同特性的 RDF 燃料根据要求送往水泥厂和造纸厂作为替代燃料，热值范围从 13000~20000kJ/kg，惰性物则送至填埋场进行填埋处置。

图 4-5-26　生物干化隧道窑

图 4-5-27　好氧干化车间

图 4-5-28　生物干化产物

图 4-5-29　RDF 机械分选

这样，混合垃圾经过以上步骤处理，转化成为以下产物：

① 有机质部分经过降解产生沼气，通过发电和余热回收，作为场内能源利用；

② 可燃质部分经过生物干化和分选，加工成为适合水泥厂和造纸厂等工业设施的燃料；

③ 淋滤液经过厌氧消化后，部分需要经过 MBR 工艺处理排放；

④ 分选出的惰性残渣送至填埋场填埋处理。

图 4-5-30 和图 4-5-31 分别为高热值 RDF 燃料和较低热值的可燃有机质。

图 4-5-30　高热值 RDF 燃料

图 4-5-31　较低热值的可燃有机质

(a) 生物滤池

(b) RTO

图 4-5-32　生物滤池和废气热处理系统（RTO）

该工艺的设施具有如下特点。

（1）进料车间采用自动密封门和风幕机，防止车间臭气外溢；所有设备都密封设计，防止产生粉尘和臭气。通风设备从这些车间和设备抽风，使整个系统保持负压运行，抽出的气体通过生物滤池处理，如图 4-5-32（a）。因此，厂区范围和车间内都有非常良好的嗅觉和视觉环境。

（2）按照德国 MBT 设施的废气处理标准，对好氧干化产生的废气采用 RTO 技术，利用厂内厌氧消化产生的沼气在 800℃下焚烧处理。其处理系统如图 4-5-32（b）所示。

（3）与焚烧等工艺相比，该工艺的特点是：由于不要求分类收集，垃圾的管理成本大大下降；同时，对环境的高标准，不存在二噁英的问题，可以建在离居民区较近的地方，也节约了运输成本；垃圾中的生物质通过厌氧消化转换成沼气，部分作为废气 RTO 处理的能源，剩余部分可用于发电。可燃质部分制成 RDF 用于生产企业的替代能源，由此实现垃圾所含能源的最大化利用。

（4）尽管生产的 RDF 在送到造纸厂和水泥厂时，仍然需要支付用户 11 欧元/t 的废物处理费，但相比于其他方法的处理，该费用在德国算是比较低的，尤其显著低于焚烧处理。

参 考 文 献

［1］ German Federal Minister for Environment. Nature Conservation and Nuclear Safety: Ordinance on Environmentally Compatible Storage of Waste from Human Settlements and on Biological Waste-Treatment Facilities（Abfallablagerungsverordnung - AbfAblV）As of: January 2007. http://www. bmu. de/english/waste management/downloads/doc/3371. php

［2］ Mechanical-Biological Pre-Treatment of Waste-State of the Art and Potentials of Biotechnology. SOYEZ K，PLICKERT S. Universität Potsdam. Professur Umweltbildung AG Ökotechnologie. http://www. gts-oekotech. de/docs/MBP potentials of biotechnology. pdf

［3］ German Federal Minister for Environment，Nature Conservation and Nuclear Safety: Technical Instructions on Municipal Waste（TA Siedlungsabfall）. Bonn，1993. http://www. bmu. de/files/pdfs/allgemein/application/pdf/tasi ges. pdf

［4］ Mechnical-Bio-Treatment: A Guide for Decision Maker，Processes，Policies and Markets，The Summary Report. Juniper Consultancy Services Ltd，2005. http://www. biowastetreatment. ca/page11/files/JuniperMBTreport. pdf

第六章
固体废物焚烧处理技术

第一节 概 述

焚烧法是一种高温热处理技术，即以一定的过剩空气量与被处理的有机废物在焚烧炉内进行氧化燃烧反应，废物中的有害有毒物质在高温下氧化、热解而被破坏，是一种可同时实现废物无害化、减量化、资源化的处理技术。

一、焚烧的目的

焚烧的主要目的是尽可能焚毁废物，使被焚烧的物质变为无害并最大限度地减容，并尽量减少新的污染物质产生，避免造成二次污染。对于大、中型的废物焚烧厂，能同时实现使废物减量、彻底焚毁废物中的毒性物质以及回收利用焚烧产生的废热这三个目的。

二、可焚烧处理废物类型

焚烧法不但可以处理固体废物，还可以处理液体废物和气体废物；不但可以处理城市垃圾和一般工业废物，而且可以用于处理危险废物。危险废物中的有机固态、液态和气态废物，常常采用焚烧来处理。在焚烧处理城市生活垃圾时，也常常将垃圾焚烧处理前暂时贮存过程中产生的渗滤液和臭气引入焚烧炉焚烧处理。

焚烧适宜处理有机成分多、热值高的废物。当处理可燃有机物组分很少的废物时，需补加大量的燃料，这会使运行费用增高。但如果有条件辅以适当的废热回收装置，则可弥补上述缺点，降低废物焚烧成本，从而使焚烧法获得较好的经济效益。

三、废物焚烧处理方式

（一）焚烧厂类型

处理废物的焚烧厂可分为城市垃圾焚烧厂、一般工业废物焚烧厂和危险废物焚烧厂。数量最多的焚烧厂是城市生活垃圾焚烧厂。

焚烧厂按处理规模和服务范围来看，又有区域集中处理厂和就地分散处理厂之分。集中处理厂规模大、设备先进、能保证达到无害化处理要求，同时也有利于能源的回收和利用。

（二）焚烧处理方式

废物焚烧处理的工艺流程及其焚烧炉的结构，主要由废物种类、形态、燃烧特性和补充燃料的种类来决定，同时还与系统的后处理以及是否设置废热回收设备等因素有关。

一般说来，对于易处理、数量少、种类单一及间歇操作的废物处理，工艺系统及焚烧炉本体尽量设计得比较简单，不必设置废热回收设施。对于数量大的废物，并需连续进行焚烧处理时，焚烧炉设计要保证高温，除将废物焚毁外，应尽可能地考虑废热回收措施，以充分利用高温烟气的热能。热能利用的具体方式有热电联产、预热废物本身以及预热燃烧空气等，这将由系统热能平衡情况来决定。如果某废物焚烧后的燃烧产物中的固体物质需以湿法捕集，则就难以设置废热设备来回收高温烟气的热量，但可将低位能的热量加以回收。

对于焚烧规模较大、能量利用价值高的废物，为了安全可靠地回收热能，则工艺上若有可能，可将那些低熔点物质预先分出另作处理，这样多数的废物焚烧后，所产生的烟气就较干净且可减少对废热锅炉等设备的危害。当被焚烧的废物自身不具备可维持焚烧所必需的热值时，需要补充辅助燃料。

如无十分把握时，只能暂时放弃热能的利用，服从以焚毁废物这个主要目的。

废物焚烧后的高温烟气除了应积极考虑热量回收外，还有烟气净化问题，即焚烧产物的后处理问题，也是焚烧处理工艺过程中一个重要的组成部分，有时还成为较难处理的问题。

如果废物中含有卤素（以卤代烃形态存在），则当燃烧时，若无足够的氢组分存在就不能形成卤酸，而使燃烧产物中含有氯、氟等卤元素，这些物质不溶于水，故一般湿法洗涤仍不能去除，这样除尘后排放出的烟气仍要污染环境，必须采取相应措施加以解决。又当废物中含有硫铁、硫氰化钠及磺化物等组成时，经焚烧后会产生二氧化硫，其含量超过排放标准时，必须另作处理。

有关废物焚烧处理的具体方案要综合考虑各种情况。下面就固体废物、液体废物和气体废物三类废物的焚烧处理方式做一简要说明。必须说明的是为了介绍方便而将废物以固、液、气三态分开举例，而在实际生产中常常是将几种不同形态废物在同一焚烧炉内焚烧，以便简化工艺和精简设备，求得较好的经济效果。

1. 固体废物焚烧处理方式

固体废物的种类、形状有较大差别，如有块、粒状的废物，也有浆糊状的污泥。有可燃质含量多的废物，也有不能自燃，另需添加燃料助燃的废物等。它们在具体进行焚烧处理时所采用的工艺方法，以及焚烧炉选型上都有所不同。一般说废物的形态和燃烧特性是决定焚烧工艺流程及其焚烧炉炉型的主要依据。例如：当废物具有一定形状、可以搁置在炉排上，且燃烧形态是以表面燃烧和分解燃烧方式进行时，则可选用炉排式焚烧炉；但如废物的颗粒细微，或是泥浆状的，则它无法搁置在炉排上，就需要选用炉床式焚烧炉。有些物质呈一定形状，但稍稍加温尚未燃烧就会发生熔融，堵住炉排通风缝隙（例如含有低熔点盐类的废物或塑料废物），此种废物也无法置于炉排上焚烧，故只能用炉床式焚烧炉或采用更新的流化床焚烧炉进行处理。

2. 废液焚烧处理方式

即使高浓度的有机废液也往往含有大量水分而不能自燃，需要添加燃料助燃。为了节约燃料，在可能情况下可利用高温烟气浓缩废液，或设置废热锅炉副产蒸汽。当焚烧后的烟气含有某种盐分不能直接排放时，则系统还要采取捕集回收措施。当废液黏度较高或含有一些杂质，影响废液的雾化质量，甚至难以符合喷嘴的要求时，需对该废液进行过滤，除去固体微粒杂质。对黏度大的废液要加温或稀释，使之符合所选用喷嘴的要求。因此，废液的焚烧处理方式将视废液的组分情况而定。

3. 废气焚烧处理方式

废气的焚烧处理有直接燃烧和催化燃烧两种处理方式。废气的直接燃烧法同固体、液体废物的焚烧一样。一般的焚烧处理是指直接高温燃烧的方式。催化燃烧是以白金钯、氧化铜、氧化镍等作为催化剂，在较低的温度下（150～400℃）使废气中的可燃组分进行氧化分解的方法。由于温度较低,故可大大节约燃料。但由于催化剂较贵,不能处理含尘废气,因此应用不多。

废气的直接燃烧法又可分为两种方式:一种是采用焚烧炉,将废气通入炉内燃烧;另一种是采用火炬(即石油化工普遍采用的火炬烧嘴)在炉外大气中燃烧废气。用火炬式烧嘴来焚烧废气通常是指那些自身具有较高热值、可以维持高温燃烧的废气,火炬本身只是燃烧器而非炉子。

四、焚烧处理指标、标准及要求

(一)焚烧处理技术指标

用于衡量焚烧处理效果的技术指标有如下几种。

1. 减量比

用于衡量焚烧处理废物减量化效果的指标是减量比,定义为可燃废物经焚烧处理后减少的质量占所投加废物总质量的百分比,即为:

$$MRC = \frac{m_b - m_a}{m_b - m_c} \times 100\% \qquad (4\text{-}6\text{-}1)$$

式中　MRC——减量比,%;

$\quad\quad m_a$——焚烧残渣的质量,kg;

$\quad\quad m_b$——投加的废物质量,kg;

$\quad\quad m_c$——残渣中不可燃物质量,kg。

2. 热灼减量

热灼减量指焚烧残渣在(600±25)℃经3h灼热后减少的质量占原焚烧残渣质量的百分数,其计算方法如下:

$$Q_R = \frac{m_a - m_d}{m_a} \times 100\% \qquad (4\text{-}6\text{-}2)$$

式中　Q_R——热灼减量,%;

$\quad\quad m_a$——焚烧残渣在室温时的质量,kg;

$\quad\quad m_d$——焚烧残渣在(600±25)℃经3h灼热后冷却至室温的质量,kg。

3. 燃烧效率及破坏去除效率

在焚烧处理城市垃圾及一般工业废物时,多以燃烧效率(CE)作为评估是否可以达到预期处理要求的指标:

$$CE = \frac{[CO_2]}{[CO_2] + [CO]} \times 100\% \qquad (4\text{-}6\text{-}3)$$

式中,[CO]和[CO_2]分别为烟道气中该种气体的浓度值。

对危险废物,验证焚烧是否可以达到预期的处理要求的指标还有特殊化学物质〔有机性有害主成分(POHCS)〕的破坏去除效率(DRE),定义为:

$$DRE = \frac{W_{in} - W_{out}}{W_{in}} \times 100\% \qquad (4\text{-}6\text{-}4)$$

式中　W_{in}——进入焚烧炉的POHCS的质量流率;

$\quad\quad W_{out}$——从焚烧炉流出的该种物质的质量流率。

4. 烟气排放浓度限制指标

废物在焚烧过程中会产生一系列新污染物,有可能造成二次污染。对焚烧设施排放的大气污染物控制项目大致包括四个方面。①烟尘：常将颗粒物、黑度、总碳量作为控制指标；②有害气体：包括 SO_2、HCl、HF、CO 和 NO_x；③重金属元素单质或其化合物：如 Hg、Cd、Pb、Ni、Cr、As 等；④有机污染物：如二噁英，包括多氯代二苯并-对-二噁英（PCDDs）和多氯代二苯并呋喃（PCDFs）。

（二）焚烧处理技术标准及限值

1. 我国现行标准

我国目前关于废物焚烧处理的标准主要有两个国家标准，《生活垃圾焚烧污染控制标准》（GB 18485—2001）和《危险废物焚烧污染控制标准》（GB 18484—2001）。另北京市有更为严格的两个地方标准：《北京生活垃圾焚烧大气污染物排放标准》（DB 11/502—2007）和《北京危险废物焚烧大气污染物排放标准》（DB 11/503—2007），详见表 4-6-1[1~10]。

表 4-6-1 我国现有焚烧技术标准烟气排放限值

序号	项目	单位	数字含义	《生活垃圾焚烧污染控制标准》(GB 18485—2001)	《北京生活垃圾焚烧大气污染物排放标准》(DB 11/502—2007)	《危险废物焚烧污染控制标准》(GB 18484—2001) ≥2500/(kg/h)	《北京危险废物焚烧大气污染物排放标准》(DB 11/503—2007)
1	烟尘	mg/m³	测定均值	80	30	65	30
2	烟气黑度	林格曼黑度,级	测定均值	1	1	1	1
3	一氧化碳	mg/m³	小时均值	150	55	80	55
4	氮氧化物	mg/m³	小时均值	400	200	500	500
5	二氧化硫	mg/m³	小时均值	260	100	200	200
6	氯化氢	mg/m³	小时均值	75	60	60	60
7	汞	mg/m³	测定均值	0.2	0.2	0.1	0.1
8	镉	mg/m³	测定均值	0.1	0.1	0.1	0.1
9	铅	mg/m³	测定均值	1.6	1.6	1.0	1.0
10	二噁英类	ngTEQ/m³	测定均值	1.0	0.1	0.5	0.1

注：各标准限值均以标准状态下含 11% O_2 的干烟气为参考值换算。

2. 国外焚烧标准

下面所列国外有关标准，仅作为参考[11~13]。

（1）城市垃圾焚烧标准 见表 4-6-2。

（2）危险废物焚烧标准 以美国法律为例，危险废物焚烧的法定处理效果标准为：

① 废物中所含的主要有机有害成分的销毁及去除率（DRE）为 99.99% 以上。

② 排气中粉尘含量不得超过 $180mg/m^3$（以标准状态下，干燥排气为基准，同时排气流量必须调整至 50% 过剩空气百分比条件下）。

③ 氯化氢去除率达 99% 或每小时排放量低于 1.8kg，以两者中数值较高者为基准。

④ 多氯联苯的销毁去除率为 99.9999%，同时燃烧效率超过 99.9%。

表 4-6-2　一些国家城市垃圾焚烧大气污染物排放限值

污染物	欧盟Ⅱ (2000)	荷兰 (1993)	瑞士 (1992)	瑞典 (1993)	法国 (1990)	丹麦 (1990)	韩国	新加坡
参考基准	11％O₂	11％O₂	12％O₂	10％O₂	9％O₂			12％O₂
监测要求	日平均	时平均	日平均	月平均	日平均	年平均		
烟尘/(mg/m³)	10	5	10	30		35	300	200
CO/(mg/m³)	50	50	50	100	130		400	1000
HCl/(mg/m³)	10	10	20	50	65	100	25	200
HF/(mg/m³)	1	1	2	2	2	2	10	
SO₂/(mg/m³)	50	40	50		330	300	1800	
NOₓ/(mg/m³)	200	70	80				250	1000
Ⅰ类金属(Cd+Hg)/(mg/m³)	共 0.2	各 0.05	各 0.1	Hg 0.2	Hg 0.1		Hg 1.0	各 10
Ⅱ类金属/(mg/m³)	(Ni+As)0.1						As 3	As 20
Ⅲ类金属/(mg/m³)	(Sb+As+Pb+ Cr+Co+Cu+ Mn+Ni+V)1.0					Pb 1.4	Pb 30, Cr 1	Pb 20, Cu 20, Sb 10
PCDD/Fs/(ng TEQ/m³)	0.1	0.1	0.1	0.1				

液体多氯联苯或含多氯联苯物质的焚烧必须达到下列标准：

① 多氯联苯在 1200℃（±100℃）的停留时间至少 2s，烟囱排气的氧气含量不得低于 3％，或在 1600℃的停留时间 1.5s，烟气中氧含量 2％以上。

② 燃烧效率至少为 99.9％。

③ 多氯联苯输入量必须定时测试及记录，测试时间间隔不得超过 15min，温度也必须连续测试及记录。

④ 烟囱排气的成分测试必须至少包括氧气、一氧化碳、二氧化碳、氮氧化物、氯化氢、氨化有机物总量、多氯联苯系列的化学物质及粉尘。

非液体多氯联苯或含多氯联苯的物质焚烧必须达到下列标准：

① 每千克多氯联苯焚烧后的排放量不得超过 0.01g，即 99.9999％的销毁效率。

② 燃烧效率为 99.9％。

③ 其他条件与液体多氯联苯焚烧标准相同。

第二节　焚烧过程及技术原理

一、燃烧原理与特性

焚烧是通过燃烧处理废物的一种热力技术。燃烧是一种剧烈的氧化反应，常伴有光与热的现象，即辐射热，也常伴有火焰现象，会导致周围温度的升高。燃烧系统中有三种主要成分：燃料或可燃物质，氧化物及惰性物质。燃料是含有碳-碳、碳-氢及氢-氢等高能量化学键的有机物质，这些化学键经氧化后，会放出热能。氧化物是燃烧反应中不可缺少的物质，最普通的氧化物为含有 21％氧气的空气，空气量的多寡及与燃料的混合程度直接影响燃烧的效率。惰性物质虽然不直接参与燃烧过程中的主要氧化反应，但是它们的存在也会影响系统的温度及污染物的产生。在任何燃烧或焚烧系统中，这三种主要成分相互影响，必须小心控制其成分及速率，才能达到燃烧或焚烧的最终目的。

（一）燃烧的形态

如表 4-6-3 所示，燃烧方式可依据反应前燃料与氧化物的物态分为五种，而燃烧的火焰形态又可依燃料与氧化物的混合方式区分为预混焰与扩散焰。固体废物的焚烧是燃烧形式中的一种形态，属于第四种方式，火焰形态属于扩散焰。一座理想的焚烧炉应具有燃烧速度快，同时产生最大的能量，并且所产生的污染气体与粉尘最少。

表 4-6-3　燃烧方式的分类

项次	反应前物态		燃料与反应物	
	燃料	氧化物	预先混合	未混合
1	气体	气体	预混焰	扩散焰
2	液体	气体	预混焰	扩散焰
3	液体	液体	单推进剂燃烧	
4	固体	气体		扩散焰
5	固体	固体	推进剂燃烧	

（二）废物的焚烧特性

大部分废物及辅助燃料的成分非常复杂，分析所有的化合物成分不仅困难而且没有必要，一般仅要求提供主要元素分析的结果，也就是碳、氢、氧、氮、硫、氯等元素，水分及灰分的含量。它们的化学方程式虽然复杂，但是从燃烧的观点而论，它们可用 $C_x H_y O_z N_u S_v Cl_w$ 表示，一个完全燃烧的氧化反应可表示为：

$$C_x H_y O_z N_u S_v Cl_w + \left(x + v + \frac{y-w}{4} - \frac{z}{2}\right) O_2 \longrightarrow x CO_2 + w HCl + \frac{u}{2} N_2 + v SO_2 + \left(\frac{y-w}{2}\right) H_2 O$$

在反应过程中会形成 CO_2、HCl、N_2、SO_2 与 H_2O 等产物。不过上述有机废物在燃烧过程中，有成千上万种反应途径，最终的反应产物未必是上述的 CO_2、HCl、N_2、SO_2 与 H_2O。但事实上完全燃烧反应只是一种理论上的假说。在实际燃烧过程中要考虑废物与氧气混合的传质问题，燃烧温度与热传导问题等，包括流场及扩散现象。通过加入足够的氧气、保持适当温度和反应停留时间，控制燃烧反应使之接近理论燃烧，不致产生有毒气体。若燃烧控制不良可能产生有毒气体，包括二噁英、多环芳烃类化合物（PAH）和醛类等。

燃烧机理有蒸发燃烧、分解燃烧（裂解燃烧）、扩散燃烧与表面燃烧。其中蒸发燃烧、分解燃烧与扩散燃烧又称火焰燃烧。液体燃烧反应主要以蒸发燃烧与分解燃烧为主。而气体燃烧以扩散燃烧为主。固体燃料燃烧包括分解燃烧、蒸发燃烧、扩散燃烧与表面燃烧。

1. 气态可燃废物燃烧

气体燃料与空气易互相扩散混合，接触较好，其燃烧机理包括预混焰和扩散焰。预混焰产生过程中的主要程序为：气体燃料与空气预先混合，经预热反应、燃烧、后火焰反应等步骤。火焰的形状及燃烧的情况可由空气输入量的多寡而控制。扩散焰燃烧过程中，燃料和氧化物并不预先混合，无论温度多高，燃料的点燃必须等到燃料与氧化物混合至一定程度后才会发生，燃烧情况由燃烧系统的几何构造及气体湍流度控制。

废气焚烧与气体燃料燃烧类似，容易燃烧，燃烧方式有以下三种。

（1）预混式燃烧　废气与空气未进入炉膛之前，在烧嘴内预先混合，然后喷入炉内，由于混合充分，燃烧速率快，可使燃烧完全而不产生黑烟。

（2）外混式燃烧　废气和空气分别送入炉内，在炉膛内二者互相扩散、燃烧。由于与空气接触差、燃烧速率慢，火焰温度低，易产生黑烟。

（3）半预混式燃烧　部分燃烧空气与废气在烧嘴内混合，不足部分的空气在炉膛里补给二次风。

由于废气组分较复杂、多变，尤其是当废气中含有易爆组分时，采用预混式燃烧很不安全，多数情况采用外混式燃烧方式结构。为了改善废气与空气混合情况，可以在喷头部位设置涡流片，采用强制通风，使喷出的废气、空气有激烈的扰动，以加强相互的扩散，达到充分接触、迅速燃烧的目的。同时，废气中即使含有少量的有害组分也会有恶臭气味，除去臭气亦需高温和足够的时间。

2. 液体可燃废物燃烧

液体燃料必须先蒸发成蒸气，再与氧化物或空气混合，才会着火燃烧。蒸发、混合等物理程序是限制液体燃烧的主要步骤。因此，液体燃料的燃烧速度随燃料与空气量的混合率而变，并与液滴粒径的二次方成反比，即液体雾化得越细、燃烧速度越快，燃烧越完全。火焰燃烧的一般现象为火焰在燃烧器出口喷射速度与燃烧速率平衡的地方着火形成的。一般液体燃料多采用雾化方式将其气化形成气态的碳氢化合物，在气化过程中，刚开始使其徐徐气化，当火焰传播速度与未着火时的气流速度相同时，点火燃烧，待完全点火燃烧后，急速气化燃烧，其后残留油粒燃烧，最后完全气化燃烧，完全变为火焰后，此时仅剩下 CO 的燃烧，为火焰温度最高的区域。根据燃烧与空气比例，液体燃料的燃烧形态可分为三类：当燃烧产物中不残留有氧气与燃烧时，称之为完全燃烧或中性焰燃烧；当空气不足，燃料过剩时，燃烧产物中残留有燃料而产生黑烟，称之为还原焰燃烧；当空气过剩或燃料不足，且炉温高而均匀混合，则燃烧产物中残留有氧气，称之为氧化焰燃烧。

液体废物的焚烧过程为：水分在高温下迅速气化，空气与废液充分接触、混合、热解、着火、燃烧，使废液中有害组分被焚毁。显然，废液焚烧与液体燃料燃烧相似，尤其当废液中含水量低，其中多数为可燃有机物时，可把废液焚烧当作液体燃料燃烧。只要经过良好雾化并供给足够的燃烧空气即可获得稳定的燃烧条件。

废液焚烧与液体燃料燃烧不同之处在于：

（1）液体燃料中只含极少的水分，而废液中有时含水量较多，甚至某些废液绝大部分是水分，只含少量的可燃物，因此常须采用辅助燃料，靠添加的辅助燃料燃烧后产生高温焚烧废液。这种含水量高的废液喷入炉内后有大量的水分急剧蒸发，水分的蒸发潜热较大，升温困难，很难保持稳定的燃烧区。

（2）废液中常含有一些会在焚烧后产生某种盐类或会引起二次污染的某些组分，在焚烧处理时还需进行必要的前处理或后处理。

3. 固态可燃废物燃烧

火焰燃烧是氧化反应现象，焚烧的时候，都是从固体状态转化为气态的烃类化合物，然后才能与氧进行燃烧，但是固体废物并不像液体燃料可直接挥发至气相中燃烧，均需先经过热裂解，产生成分复杂的烃类化合物，这些烃类化合物继而从废物表面挥发，随之与氧气充分接触，形成火焰，快速燃烧。一般在分解燃烧中，几乎看不到火焰，或火焰颜色暗淡，只有充分挥发气化与氧气接触燃烧后，才发现有光耀火焰燃烧。因此裂解是一种非常重要的过程，也是有计划控制燃烧反应的关键，因此才有控气式焚烧炉的出现。一般有机固体废物受热燃烧的情形，可见图 4-6-1 所示。其中炭粒是黑烟生成的主要原因，炭颗粒形成的主要途径可参考图 4-6-2。可分为直接凝缩反应与间接断键反应而形成炭粒。一般由凝缩反应形成的颗粒较大，类似石墨状的结构，可经由撞击或凝缩现象形成 1000～10000 个结晶体，每个结晶体含有 5～20 层炭粒子。若经由直链分子断键所形成的炭颗粒，则粒径比上述凝缩反应形成的炭颗粒小，约在 $0.01～0.1\mu m$ 之间。

（三）废物焚烧炉的燃烧方式

废物在焚烧炉内的燃烧方式，按照燃烧气体的流动方向，大致可分为反向流、同向流及

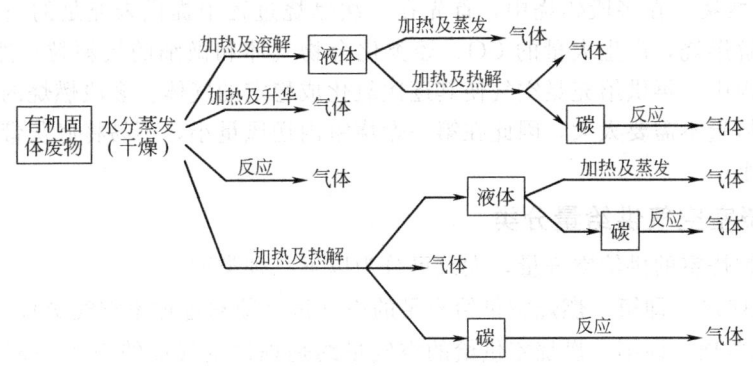

图 4-6-1 固体废物受热后的相变化

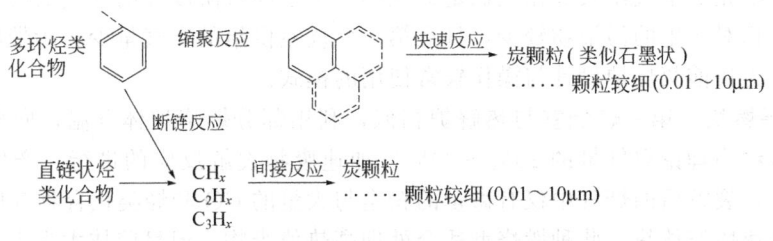

图 4-6-2 炭颗粒形成途径

旋涡流等几类；按照助燃空气加入阶段数分类，可分为单段燃烧和多段燃烧；按照助燃空气供应量，可分为过氧燃烧、缺氧燃烧（控气式）和热解燃烧等方式。

1. 按燃烧气体流动方式分类

（1）反向流 焚烧炉的燃烧气体与废物流动方向相反，适合难燃性、闪火点高的废物燃烧。

（2）同向流 焚烧炉的燃烧气体与废物移动方向相同，适用于易燃性、闪火点低的废物燃烧。

（3）旋涡流 燃烧气体由炉周围方向切线加入，造成炉内燃烧气流的旋涡性，可使炉内气流扰动性增大，不易发生短流，废气流经路径和停留时间长，而且气流中间温度非常高，周围温度并不高，燃烧较为完全。

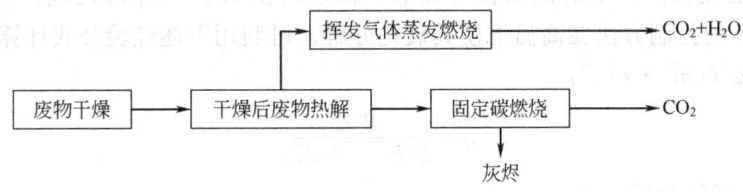

图 4-6-3 废物燃烧过程

2. 按助燃空气加入段数分类

（1）单段燃烧 废物燃烧过程见图 4-6-3，由于废物在燃烧过程中，开始是先将水分蒸发，这必须克服水分潜热后，温度才开始上升，故反应时间长；其次是废物中的挥发分开始热分解，成为挥发性烃类化合物，迅速进行挥发燃烧；最后才是碳颗粒的表面燃烧，需要较长燃烧反应时间，约需数秒至数十秒，才能完全燃烧完毕。因此单段燃烧时，一般必须送入大量的空气，且需较长停留时间才能将未燃烧的碳颗粒完全燃烧。

（2）多段燃烧 在多段燃烧中，首先在一次燃烧过程中提供未充足的空气量，使废物进行蒸发和热解燃烧，产生大量的 CO、烃类化合物气体和微细的炭颗粒；然后在第二次、第三次燃烧过程中，再供给充足空气使其逐次氧化成稳定的气体。多段燃烧的优点是燃烧所必须提供的气体量不需要太大，因此在第一燃烧室内送风量小，不易将底灰带出，产生颗粒物的可能性较小。

3. 按燃烧室空气供给量分类

依照第一燃烧室的供给空气量，大致可分为以下三种类型。

（1）过氧燃烧 即第一燃烧室供给充足的空气量（即超过理论空气量）。

（2）缺氧燃烧 即第一燃烧室供给的空气量约是理论空气量的 70%～80%，处于缺氧状态，使废物在此室内裂解成较小分子的烃类化合物气体、CO 与少量微细的炭颗粒，到第二燃烧室再供给充足空气使其氧化成稳定的气体。由于经过阶段性的空气供给，可使燃烧反应较为稳定，相对产生的污染物较少，且在第一燃烧室供给的空气量少，所带出的粒状物质也相对较少，为目前焚烧炉设计与操作较常使用的模式。

（3）热解燃烧 第一燃烧室与热解炉相似，利用部分燃烧炉体升温，向燃烧室内加入少量的空气（约为理论空气量的 20%～30%）加速废物裂解反应的进行，产生部分可回收利用的裂解油，裂解后的烟气中仅有微量的粉尘与大量的 CO 和烃类化合物气体，加入充足的空气使其迅速燃烧放热。此种燃烧型适合处理高热值废物，但目前技术尚未十分成熟。

（四）焚烧废气污染形成机制

焚烧烟气中常见的空气污染物包括粒状污染物、酸性气体、氮氧化物、重金属、一氧化碳与有机氯化物等[23～29]。

1. 粒状污染物

在焚烧过程中所产生的粒状污染物大致可分为三类。

（1）废物中的不可燃物，在焚烧过程中（较大残留物）成为底灰排出，而部分的粒状物则随废气而排出炉外成为飞灰。飞灰所占的比例随焚烧炉操作条件（送风量、炉温……）、粒状物粒径分布、形状与其密度而定。所产生的粒状物粒径一般大于 $10\mu m$。

（2）部分无机盐类在高温下氧化而排出，在炉外遇冷而凝结成粒状物，或二氧化硫在低温下遇水滴而形成硫酸盐雾状微粒等。

（3）未燃烧完全而产生的碳颗粒与煤烟，粒径约在 $0.1～10\mu m$ 之间。由于颗粒微细，难以去除，最好的控制方法在高温下使其氧化分解。可利用下述经验公式计算高温氧化碳颗粒的消耗率 $q[g/(cm^2 \cdot s)]$：

$$q = \frac{p_{O_2}}{1/K_s + 1/K_d} \tag{4-6-5}$$

式中 p_{O_2}——氧气分压，atm；

K_d——扩散速率常数，$K_d = 4.35 \times 10^{-6} T^{0.75}/d$；

K_s——反应速率常数，$K_s = 0.13\exp[(-35700/R)(1/T - 1/1600)]$。

可推导出的废气停留时间 $t_b(s)$ 为：

$$t_b = \frac{1}{p_{O_2}}\left[\frac{d_0}{0.13\exp[(-35700/R)(1/T - 1/1600)]} + \frac{d_0^2}{5.04 \times 10^{-6} T^{0.75}}\right] \tag{4-6-6}$$

式中 R——气体常数，其值为 $8.314kJ/(kmol \cdot K)$；

T——反应温度，K；

d_0——碳颗粒的粒径，cm。

依据煤炭燃烧的研究结果，降低火焰高温区温度、增加过量空气比，减少火焰与废气的温降速率，而且加入添加物以促进冷凝核的形成等因素，都有助于减少小粒径粒状污染物的形成。

2. 一氧化碳

由于一氧化碳燃烧所需的活化能很高，它是燃烧不完全过程中的主要代表性产物。依据一氧化碳的动力学反应，可得到下式：

$$\frac{df_{CO}}{dt} = 12 \times 10^{10} \exp\left(-\frac{16000}{RT}\right) f_{O_2}^{0.3} f_{CO} f_{H_2O}^{0.5} \left(\frac{p}{R'T}\right)^{1.8} \tag{4-6-7}$$

式中　f_{CO}、f_{O_2}、f_{H_2O}——CO、O_2 与 H_2O 的摩尔分率；

R——气体常数，一般取 8.314kJ/(kmol·K)；

R'——气体常数，取 82.06atm·cm³/(kmol·K)。

$$(f_{CO})_f / (f_{CO})_i = \exp(-kt) \tag{4-6-8}$$

式中　$(f_{CO})_f$——燃烧前 CO 的摩尔分率；

$(f_{CO})_i$——燃烧后 CO 的摩尔分率；

k——动力常数，用下式计算：

$$k = 12 \times 10^{10} \exp(-16000/RT) f_{O_2}^{0.3} f_{CO} f_{H_2O}^{0.5} (p/R'T)^{0.8} \tag{4-6-9}$$

若采取较保守的经验式，可采用 Morgan 式进行估算：

$$-df_{CO}/dt = 1.8 \times 10^{13} f_{CO} f_{O_2}^{0.5} f_{H_2O}^{0.5} (p/RT) \exp(-25000/RT) \tag{4-6-10}$$

而动力常数 k 用下式估算：

$$k = 1.8 \times 10^{13} f_{O_2}^{0.5} f_{H_2O}^{0.5} (p/RT) \exp(-25000/RT) \tag{4-6-11}$$

由上式得知氧气含量愈高时，愈有利于 CO 氧化成 CO_2。不过上式是理论式，事实上焚烧过程中仍夹杂碳颗粒。只要燃烧反应仍能继续进行，CO 就可能产生，故焚烧炉二燃室较为理想的设计是炉温在 1000℃，废气停留时间为 1s。

此外，若焚烧有机性氯化物时，由于有机性氯化物的化学性质，大多数很稳定，在燃烧反应进行时，常夹杂 CO 与中间性燃烧产物，而中间性燃烧产物（包括二噁英等）的废气分析较为困难，因此常以 CO 的含量来判断燃烧反应完全与否。

3. 酸性气体

焚烧产生的酸性气体，主要包括 SO_2、HCl 与 HF 等，这些污染物都是直接由废物中的 S、Cl、F 等元素经过焚烧反应而形成。诸如含 Cl 的 PVC 塑料会形成 HCl，含 F 的塑料会形成 HF，而含 S 的煤焦油会产生 SO_2。据国外研究，一般城市垃圾中硫含量为 0.12%，其中约 30%～60% 转化为 SO_2，其余则残留于底灰或被飞灰吸收。

4. 氮氧化物

焚烧所产生的氮氧化物主要来源有二：一是高温下，N_2 与 O_2 反应形成热氮氧化物，其中热氮氧化物的动力平衡公式为：

$$K_P = \frac{[NO]^2}{[N_2][O_2]} = 21.9 \exp\left(-\frac{43400}{RT}\right) \tag{4-6-12}$$

式中　R——8.314kJ/(kmol·K)；

T——热力学温度，K；

$[NO]$、$[N_2]$、$[O_2]$——NO、N_2、O_2 的分压，atm。

另一个来源为废物中的氮组分转化成的 NO_x，称为燃料氮转化氮氧化物。N 转化成

NO 的转化率 Y 为：

$$Y = \left[\frac{2}{1/Y - [2500/T \exp(-3150/t)](N_{fo}/[O_2])} \right] - 1 \qquad (4\text{-}6\text{-}13)$$

式中 N_{fo}——N 转化成 NO 的浓度，mol/cm^3；

$[O_2]$——烟气中残余氧气浓度，mol/cm^3。

5. 重金属

废物中所含重金属物质，高温焚烧后除部分残留于灰渣中之外，部分则会在高温下气化挥发进入烟气；部分金属物在炉中参与反应生成的氧化物或氯化物，比原金属元素更易气化挥发。这些氧化物及氯化物，因挥发、热解、还原及氧化等作用，可能进一步发生复杂的化学反应，最终产物包括元素态重金属、重金属氧化物及重金属氯化物等。元素态重金属、重金属氧化物及重金属氯化物在尾气中将以特定的平衡状态存在，且因其浓度各不相同，各自的饱和温度亦不相同，遂构成了复杂的连锁关系。元素态重金属挥发与残留的比例与各种重金属物质的饱和温度有关，当饱和温度愈高则愈易凝结，残留在灰渣内的比例亦随之增高。各种金属元素及其化合物的挥发度见表 4-6-4。其中，汞、砷等蒸气压均大于 7mmHg（约933Pa），多以蒸气状态存在。

表 4-6-4　重金属及其化合物的挥发度

名　称	沸点/℃	蒸气压/mmHg		类　别
		760℃	980℃	
汞（Hg）	357	—	—	挥发
砷（As）	615	1200	180000	挥发
镉（Cd）	767	710	5500	挥发
锌（Zn）	907	140	1600	挥发
氯化铅（PbCl₂）	954	75	800	中度挥发
铅（Pb）	1620	3.5×10^{-2}	1.3	不挥发
铬（Cr）	2200	6.0×10^{-3}	4.4×10^{-5}	不挥发
铜（Cu）	2300	9.0×10^{-3}	5.4×10^{-5}	不挥发
镍（Ni）	2900	5.6×10^{-10}	1.1×10^{-6}	不挥发

注：1mmHg=133.3224Pa。

高温挥发进入烟气中的重金属物质，随烟气温度降低，部分饱和温度较高的元素态重金属（如镉及汞等）会因达到饱和而凝结成均匀的小粒状物或凝结于烟气中的烟尘上。饱和温度较低的重金属元素无法充分凝结，但飞灰表面的催化作用会使其形成饱和温度较高且较易凝结的氧化物或氯化物，或因吸附作用易附着在烟尘表面。仍以气态存在的重金属物质，也有部分会被吸附于烟尘上。重金属本身凝结而成的小粒状物粒径都在 $1\mu m$ 以下，而重金属凝结或吸附在烟尘表面也多发生在比表面积大的小粒状物上，因此小粒状物上的金属浓度比大颗粒要高，从焚烧烟气中收集下来的飞灰通常被视为危险废物。

6. 毒性有机氯化物

废物焚烧过程中产生的毒性有机氯化物主要为二噁英类，包括多氯代二苯-对-二噁英（PCDDs）和多氯代二苯并呋喃（PCDFs）。PCDDs 是一族含有 75 个相关化合物的通称；PCDFs 则是一族含有 135 个相关化合物的通称。在这 210 种化合物中，有 17 种（2,3,7,8位被氯原子取代的）被认为对人类健康有巨大的危害，其中 2,3,7,8-四氯代二苯并-对-二噁英（TCDD）为目前已知毒性最强的化合物且动物实验表明其具有强致癌性。PCDDs/PCDFs 浓度的表示方式主要有总量浓度及毒性当量浓度。测出样品中所有 136 种衍生物的浓度，直接加总即为总量浓度（以 ng/m³ 或 ng/kg 表示），按各种衍生物的毒性当量系数转换后再加总即为毒性当量浓度。毒性当量系数以毒性最强的 2,3,7,8-TCDD 为基准（系数为 1.0）制定，其他衍生物则按其相对毒性强度以小数表示（以 ng/m³ 或 ng/kg 表示）。目前有多种毒性当量系数，但广泛采用的是 I-TEF 毒性当量系数。采用 I-TEF 毒性当量系数为换算标准时，通常在毒性当量浓度后用 I-TEQ 或 I-TEF 加以说明。

废物焚烧时的 PCDDs/PCDFs 来自三条途径：废物本身、炉内形成及炉外低温再合成。

（1）废物成分　焚烧废物本身就可能含有 PCDDs/PCDFs 类物质。城市垃圾成分相当复杂，加上普遍使用杀虫剂、除草剂、防腐剂、农药及喷漆等有机溶剂，垃圾中不可避免含有 PCDDs/PCDFs 类物质。国外数据显示：1kg 家庭垃圾中，PCDDs/PCDFs 的含量约11～255ng（1-TEQ），其中以塑胶类的含量较高，达 370ng（1-TEQ）。而危险废物中 PCDDs/PCDFs 含量就更为复杂。

（2）炉内形成　PCDDs/PCDFs 的破坏分解温度并不高（约750～800℃），若能保持良好的燃烧状况，由废物本身所夹带的 PCDDs/PCDFs 物质，经焚烧后大部分应已破坏分解。

但是废物焚烧过程中可能先形成部分不完全燃烧的烃类化合物，当炉内燃烧状况不良（如氧气不足、缺乏充分混合、炉温太低、停留时间太短等）而未及时分解为 CO_2 与 H_2O 时，就可能与废物或废气中的氯化物（如 NaCl、HCl、Cl）结合形成 PCDDs/PCDFs，以及破坏分解温度较 PCDDs/PCDFs 高出约 100℃ 的氯苯及氯酚等物质。

（3）炉外低温再合成　当燃烧不完全时烟气中产生的氯苯及氯酚等物质，可能被废气飞灰中的碳元素所吸附，并在特定的温度范围（250～400℃，300℃时最显著），在飞灰颗粒的活性接触面上，被金属氯化物（$CuCl_2$ 及 $FeCl_2$）催化反应生成 PCDDs/PCDFs。废气中氧含量与水分含量过高对促进 PCDDs/PCDFs 的再合成起到了重要的作用。在典型的垃圾焚烧处理中，多采用过氧燃烧，且垃圾中水分含量较高，再加上重金属物质经燃烧挥发后多凝结于飞灰上，废气也会含有大量的 HCl 气体，故提供了符合 PCDDs/PCDFs 再合成的环境，成为焚烧废气中产生 PCDDs/PCDFs 的主要原因。

废物中所含 PCB 及相近结构氯化物等在焚烧过程中的分解或组合，也是形成 PCDDs/PCDFs 的一个重要机制。

二、废物焚烧的控制参数

焚烧温度、搅拌混合程度、气体停留时间（一般简称为 3T）及过剩空气率合称为焚烧四大控制参数。

（一）焚烧温度

废物的焚烧温度是指废物中有害组分在高温下氧化、分解，直至破坏所需达到的温度。它比废物的着火温度高得多。

一般说提高焚烧温度有利于废物中有机毒物的分解和破坏，并可抑制黑烟的产生。但过高的焚烧温度不仅增加了燃料消耗量，而且会增加废物中金属的挥发量及氧化氮数量，引起二次污染。因此不宜随意确定较高的焚烧温度。

合适的焚烧温度是在一定的停留时间下由实验确定的。大多数有机物的焚烧温度范围在 800～1100℃ 之间，通常在 800～900℃ 左右。通过生产实践，提供以下经验数可供参考。

① 对于废气的脱臭处理，采用 800～950℃ 的焚烧温度可取得良好的效果。

② 当废物粒子在 0.01～0.51μm 之间，并且供氧浓度与停留时间适当时，焚烧温度在 900～1000℃ 即可避免产生黑烟。

③ 含氯化物的废物焚烧，温度在 800～850℃ 以上时，氯气可以转化成氯化氢，回收利用或以水洗涤除去；低于 800℃ 会形成氯气，难以除去。

④ 含有碱土金属的废物焚烧，一般控制在 750～800℃ 以下。因为碱土金属及其盐类一般为低熔点化合物。当废物中灰分较少不能形成高熔点炉渣时，这些熔融物容易与焚烧炉的耐火材料和金属零部件发生腐蚀而损坏炉衬和设备。

⑤ 焚烧含氰化物的废物时，若温度达 850～900℃，氰化物几乎全部分解。

⑥ 焚烧可能产生氧化氮（NO_x）的废物时，温度控制在 1500℃ 以下，过高的温度会使 NO_x 急骤产生。

⑦ 高温焚烧是防治 PCDD 与 PCDF 的最好方法，估计在 925℃ 以上这些毒性有机物即开始被破坏，足够的空气与废气在高温区的停留时间可以再降低破坏温度。

（二）停留时间

废物中有害组分在焚烧炉内，处于焚烧条件下，该组分发生氧化、燃烧，使有害物质变成无害物质所需的时间称之为焚烧停留时间。

停留时间的长短直接影响焚烧的完善程度，停留时间也是决定炉体容积尺寸的重要依据。

废物在炉内焚烧所需停留时间是由许多因素决定的，如废物进入炉内的形态（固体废物颗粒大小，液体雾化后液滴的大小以及黏度等）对焚烧所需停留时间影响甚大。当废物的颗粒粒径较小时，与空气接触表面积大，则氧化、燃烧条件就好，停留时间就可短些。因此，尽可能做生产性模拟试验来获得数据。对缺少试验手段或难以确定废物焚烧所需时间的情况，可参阅以下几个经验数据。

① 对于垃圾焚烧，如温度维持在 850～1000℃ 之间，有良好搅拌与混合，使垃圾的水汽易于蒸发，燃烧气体在燃烧室的停留时间约为 1～2s。

② 对于一般有机废液，在较好的雾化条件及正常的焚烧温度条件下，焚烧所需的停留时间在 0.3～2s 左右，而较多的实际操作表明停留时间大约为 0.6～1s；含氰化合物的废液较难焚烧，一般需较长时间，约 3s。

③ 对于废气，为了除去恶臭的焚烧温度并不高，其所需的停留时间不需太长，一般在 1s 以下。例如在油脂精制工程中产生的恶臭气体，在 650℃ 焚烧温度下只需 0.3s 的停留时间，即可达到除臭效果。

（三）混合强度

要使废物燃烧完全，减少污染物形成，必须要使废物与助燃空气充分接触、燃烧气体与助燃空气充分混合。

为增大固体与助燃空气的接触和混合程度，扰动方式是关键所在。焚烧炉所采用的扰动方式有空气流扰动、机械炉排扰动、流态化扰动及旋转扰动等，其中以流态化扰动方式效果最好。中小型焚烧炉多数属固定炉床式，扰动多由空气流动产生，包括：

（1）炉床下送风 助燃空气自炉床下送风，由废物层孔隙中窜出，这种扰动方式易将不可燃的底灰或未燃碳颗粒随气流带出，形成颗粒物污染，废物与空气接触机会大，废物燃烧较完全，焚烧残渣热灼减量较小。

（2）炉床上送风 助燃空气由炉床上方送风，废物进入炉内时从表面开始燃烧，优点是形成的粒状物较少，缺点是焚烧残渣热灼减量较高。

二次燃烧室内氧气与可燃性有机蒸气的混合程度取决于二次助燃空气与燃烧气体的相互流动方式和气体的湍流程度。湍流程度可由气体的雷诺数决定，雷诺数低于 10000 时，湍流与层流同时存在，混合程度仅靠气体的扩散达成，效果不佳。雷诺数越高，湍流程度越高，混合越理想。一般来说，二次燃烧室气体速度在 3～7m/s 即可满足要求。如果气体流速过大，混合度虽大，但气体在二次燃烧室的停留时间会降低，反应反而不易完全。

（四）过剩空气

在实际的燃烧系统中，氧气与可燃物质无法完全达到理想程度的混合及反应。为使燃烧完全，仅供给理论空气量很难使其完全燃烧，需要加上比理论空气量更多的助燃空气量，以使废物与空气能完全混合燃烧。其相关参数可定义如下：

（1）过剩空气系数　过剩空气系数 α 用于表示实际空气与理论空气的比值，定义为：

$$\alpha = \frac{A}{A_0} \tag{4-6-14}$$

式中　A_0——理论空气量；

　　　A——实际供应空气量。

（2）过剩空气率　过剩空气率由下式求出：

$$过剩空气率 = (\alpha - 1) \times 100\% \tag{4-6-15}$$

废气中含氧量是间接反映过剩空气多少的指标。由于过剩氧气可由烟囱排气测出，工程上可以根据过剩氧气量估计燃烧系统中的过剩空气系数。废气中含氧量通常以氧气在干燥排气中的体积分数表示，假设空气中氧含量为 21%，则过剩空气比可粗略表示为：

$$过剩空气比 = \frac{21\%}{21\% - 过剩氧气体积分数} \tag{4-6-16}$$

燃烧或焚烧排气的污染物的排放标准是以 50% 过剩空气为基准，由于过剩空气无法直接测量，因此以 7% 过剩氧气为基准，再根据实际过剩氧气量加以调整。

废物焚烧所需空气量，是由废物燃烧所需的理论空气量和为了供氧充分而加入的过剩空气量两部分所组成的。空气量供应是否足够，将直接影响焚烧的完善程度。过剩空气率过低会使燃烧不完全，甚至冒黑烟，有害物质焚烧不彻底；但过高时则会使燃烧温度降低，影响燃烧效率，造成燃烧系统的排气量和热损失增加。因此控制适当的过剩空气量是很必要的。

理论空气量可根据废物组分的氧化反应方程式计算求得，过剩空气量则可根据经验或实验选取适当的过剩空气系数后求出。如果废物内所含的有机组分复杂，难以对各组分一一进行理论计算，则须通过试验予以确定。

工业锅炉和窑炉与焚烧炉所要求的过剩空气系数有较大不同。前者首要考虑燃料使用效率，过剩空气系数尽量维持在 1.5 以下；焚烧的首要目的则是完全摧毁废物中的可燃物质，过剩空气系数一般大于 1.5。表 4-6-5 列出一般窑炉及焚烧炉的过剩空气系数。

根据经验选取过剩空气量时，应视所焚烧废物种类选取不同数据。焚烧废液、废气时过剩空气量一般取 20%～30% 的理论空气量；但焚烧固体废物时则要取较高的数值，通常占理论需氧量的 50%～90%，过剩空气系数为 1.5～1.9，有时甚至要大于 2 以上，才能达到较完全的焚烧。

（五）燃烧四个控制参数的互动关系

在焚烧系统中，焚烧温度、搅拌混合程度、气体停留时间和过剩空气率是四个重要的设计及操作参数，其中焚烧温度、搅拌混合程度和气体停留时间一般称为"3T"原理。过剩空气率由进料速率及助燃空气供应速率即可决定。气体停留时间由燃烧室几何形状、供应助燃空气速率及废气产率决定。而助燃空气供应量亦将直接影响到燃烧室中的温度和流场混合（紊流）程度，燃烧温度则影响垃圾焚烧的效率。这四个焚烧控制参数相互影响，其互动关系如表 4-6-6 所示。

表 4-6-5　一般工业炉及焚烧炉的过剩空气系数　　　　　单位：%

燃烧系统	过剩空气系数	燃烧系统	过剩空气系数
小型锅炉及工业炉(天然气)	1.2	大型工业窑炉(燃油)	1.3~1.5
小型锅炉及工业炉(燃料油)	1.3	废气焚烧炉	1.3~1.5
大型工业锅炉(天然气)	1.05~1.10	液体焚烧炉	1.4~1.7
大型工业锅炉(燃料油)	1.05~1.15	流动床焚烧炉	1.31~1.5
大型工业锅炉(燃煤)	1.2~1.4	固体焚烧炉(旋窑,多层炉)	1.8~2.5
流动床锅炉(燃煤)	1.2~1.3		

焚烧温度和废物在炉内的停留时间有密切关系，若停留时间短，则要求较高的焚烧温度；停留时间长，则可采用略低的焚烧温度。因此，设计时不宜采用提高焚烧温度的办法来缩短停留时间，而应从技术经济角度确定焚烧温度，并通过试验确定所需的停留时间。同样，也不宜片面地以延长停留时间而达到降低焚烧温度的目的。因为这不仅使炉体结构设计得庞大，增加炉子占地面积和建造费用，甚至会使炉温不够，使废物焚烧不完全。

废物焚烧时如能保证供给充分的空气，维持适宜的温度，使空气与废物在炉内均匀混合，且炉内气流有一定扰动作用，保持较好的焚烧条件，所需停留时间就可小一点。

表 4-6-6　焚烧四个控制参数的互动关系

参数变化	垃圾搅拌混合程度	气体停留时间	燃烧室温度	燃烧室负荷
燃烧温度上升	可减少	可减少	—	会增加
过剩空气率增加	会增加	会减少	会降低	会增加
气体停留时间增加	可减少	—	会降低	会降低

三、主要焚烧参数计算

焚烧炉质能平衡计算，是根据废物的处理量、物化特性，通过质能平衡计算，确定所需的助燃空气量、燃烧烟气产生量和其组成以及炉温等主要参数，供后续炉体大小、尺寸、送风机、燃烧器、耐火材料等附属设备设计参考的依据。

（一）燃烧需要空气量

1. 理论燃烧空气量

理论燃烧空气量是指废物（或燃料）完全燃烧时，所需要的最低空气量，一般以 A_0 来表示。其计算方式是假设液体或固体废物 1kg 中的碳、氢、氮、氧、硫、灰分以及水分的质量分别以 C、H、N、O、S、A_{sh} 及 W 来表示，则理论空气量为：

（1）体积基准

$$A_0(m^3/kg) = \frac{1}{0.21}\left[1.867C + 5.6\left(H - \frac{O}{8}\right) + 0.7S\right] \tag{4-6-17}$$

（2）质量基准

$$A_0(kg/kg) = \frac{1}{0.231}(2.67C + 8H - O + S) \tag{4-6-18}$$

其中，$(H-O/8)$ 称为有效氢。因为燃料中的氧是以结合水的状态存在，在燃烧中无法利用这些与氧结合成水的氢，故需要将其从全氢中减去。

2. 实际需要燃烧空气量

实际供给的空气量 A 与理论需空气量 A_0 的关系为：

$$A = \alpha A_0 \tag{4-6-19}$$

（二）焚烧烟气量及组成

1. 烟气产生量

假定废物以理论空气量完全燃烧时的燃烧烟气量称为理论烟气产生量。如果废物组成已知，以 C、H、N、O、S、Cl、W 表示单位废物中碳、氢、氮、氧、硫、氯和水分的质量比，则理论燃烧湿基烟气量为：

$$G_0' = 0.79A_0 + 1.867C + 0.7S + 0.631Cl + 0.8N + 11.2H' + 1.244W \quad (\text{m}^3/\text{kg})$$

或

$$G_0 = 0.77A_0 + 3.67C + 2S + 1.03Cl + N + 9H' + W \quad (\text{kg/kg}) \quad (4\text{-}6\text{-}20)$$

式中：

$$H' = H - Cl/35.5 \quad (4\text{-}6\text{-}21)$$

而理论燃烧干基烟气量为：

$$G\ _0' = 0.79A_0 + 1.867C + 0.7S + 0.631Cl + 0.8N \quad (\text{m}^3/\text{kg})$$

或

$$G_0' = 0.77A_0 + 3.67C + 2S + 1.03Cl + N \quad (\text{kg/kg}) \quad (4\text{-}6\text{-}22)$$

将实际焚烧烟气量的潮湿气体和干燥气体分别以 G 和 G' 来表示，其相互关系可用下式表示：

$$G = G_0 + (\alpha - 1)A_0$$
$$G' = G_0' + (\alpha - 1)A_0 \quad (4\text{-}6\text{-}23)$$

表 4-6-7 焚烧干、湿烟气百分组成计算表

组成	体积百分组成		质量百分组成	
	湿烟气	干烟气	湿烟气	干烟气
CO_2	$1.867C/G$	$1.867C/G'$	$3.67C/G$	$3.67C/G'$
SO_2	$0.7S/G$	$0.7S/G'$	$2S/G$	$2S/G'$
HCl	$0.631Cl/G$	$0.631Cl/G'$	$1.03Cl/G$	$1.03Cl/G'$
O_2	$0.21(\alpha-1)A_0/G$	$0.21(\alpha-1)A_0/G'$	$0.23(\alpha-1)A_0/G$	$0.23(\alpha-1)A_0/G'$
N_2	$(0.8N+0.79\alpha A_0)/G$	$(0.8N+0.79\alpha A_0)/G'$	$(N+0.77\alpha A_0)/G$	$(N+0.77\alpha A_0)/G'$
H_2O	$(11.2H'+1.244W)/G$		$(9H'+W)/G$	

2. 烟气组成

固体或液体废物燃烧烟气组成，可依表 4-6-7 所示方法计算。废物化学元素、燃烧空气和烟气的关系图见图 4-6-4。

（三）发热量计算

常用发热量的名称，大致可分为干基发热量、高位发热量与低位发热量等三种。

（1）干基发热量 是废物不包括含水分部分的实际发热量，称干基发热量（H_d）。

（2）高位发热量 高位发热量又称总发热量，是燃料在定压状态下完全燃烧，其中的水分燃烧生成的水凝缩成液体状态。热量计测得值即为高位发热量（H_h）。

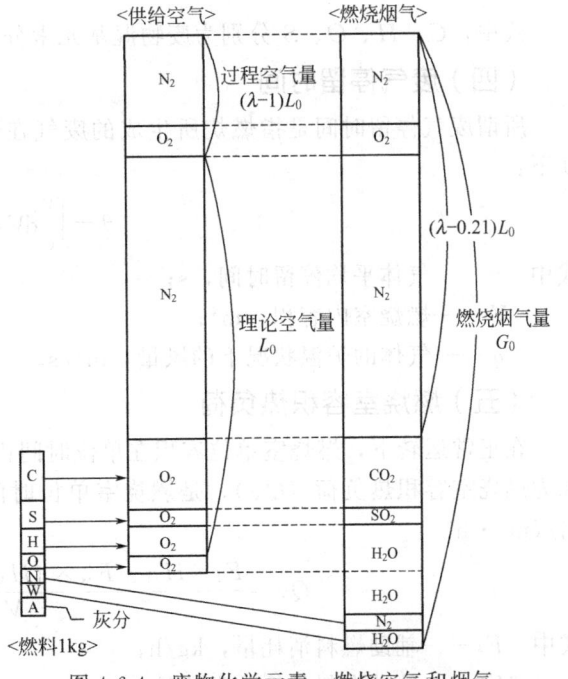

图 4-6-4 废物化学元素、燃烧空气和烟气

（3）低位发热量　实际燃烧时，燃烧气体中的水分为蒸气状态，蒸气具有的凝缩潜热及凝缩水的显热之和 2500kJ/kg 无法利用，将之减去后即为低位发热量或净发热量，也称真发热量（H_1）。

（4）干基发热量、高位发热量与低位发热量的关系　三者关系式如下：

$$H_d = \frac{H_h}{1-W}$$

$$H_1 = H_h - 2500 \times (9H + W) \tag{4-6-24}$$

式中　W——废物水分含量，小数点表示；

$\quad\ H$——废物湿基元素组分氢的含量，小数点表示；

$\quad H_d$——干基发热量，kJ/kg；

$\quad H_h$——高位发热量，kJ/kg；

$\quad H_1$——低位发热量，kJ/kg。

（5）发热量计算公式

① Du long 式

$$H_h(kJ/kg) = 34000C + 143000\left(H - \frac{O}{8}\right) + 10500S \tag{4-6-25}$$

② Scheurer，Kestner 式

$$H_h(kJ/kg) = 34000\left(C - \frac{3}{4}O\right) + 143000H + 9400S + 23800 \times \frac{3}{4}O \tag{4-6-26}$$

③ Steuer 式

$$H_h(kJ/kg) = 34000\left(C - \frac{3}{8}O\right) + 23800 \times \frac{3}{8}O + 144200\left(H - \frac{1}{16}O\right) + 10500S \tag{4-6-27}$$

④ 日本化学便览公式

$$H_h(kJ/kg) = 34000C + 143000\left(H - \frac{O}{2}\right) + 9300S \tag{4-6-28}$$

式中，C、H、O、S 分别为废物湿基元素分析组成；其他同上。

（四）废气停留时间

所谓废气停留时间是指燃烧所生成的废气在燃烧室内与空气接触时间，通常可以表示如下：

$$\theta = \int_0^V dV/q \tag{4-6-29}$$

式中　θ——气体平均停留时间，s；

$\quad\ V$——燃烧室内容积，m³；

$\quad\ q$——气体的炉温状况下的风量，m³/s。

（五）燃烧室容积热负荷

在正常运转下，燃烧室单位容积在单位时间内由垃圾及辅助燃料所产生的低位发热量，称为燃烧室容积热负荷（Q_V），是燃烧室单位时间、单位容积所承受的热量负荷，单位为 kJ/(m³·h)。

$$Q_V = \frac{F_f \times H_{fl} + F_w \times [H_{wl} + Ac_{pa}(t_a - t_0)]}{V} \tag{4-6-30}$$

式中　F_f——辅助燃料消耗量，kg/h；

$\quad H_{fl}$——辅助燃料的低位发热量，kJ/kg；

F_w——单位时间的废物焚烧量，kg/h；

H_{w1}——废物的低位发热量，kJ/kg；

A——实际供给每单位辅助燃料与废物的平均助燃空气量，kg/kg；

c_{pa}——空气的平均定压比热容，kJ/(kg·℃)；

t_a——空气的预热温度，℃；

t_0——大气温度，℃；

V——燃烧室容积，m³。

（六）焚烧温度推估

若燃烧过程中化学反应所释出的热，完全用于提升生成物本身的温度时，则该燃烧温度称为绝热火焰温度。从理论上而言，对单一燃料的燃烧，可以根据化学反应式及各物种的定压比热容，借助精细的化学反应平衡方程组推求各生成物在平衡时温度及浓度。但是焚烧处理的废物组成复杂，计算过程十分复杂。故工程上多采用较简便的经验法或半经验法推求燃烧温度。

1. 精确算法

化学反应中的反应物或生成物，均可依热力学将所含有的能量状态定义成热焓 H_T^0，其中上标"0"表示在标准状态，下标 T 为温度，表示在某温度下时的标准状态下某纯物质的热焓，若在 0K 的 H_0^0 为已知时，该物质能量即可定义为 $H_T^0 - H_0^0$，则各物质的生成热可以 $(\Delta H_f^0)_{T,i}$ 来表示。

对任何已知化学反应，若反应温度为 T_2，参考温度为 T_0，反应物进入系统时的温度 T_1，则反应热可表达为：

$$\Delta H = \sum_{i(\text{生成物})} n_i \{[(H_{T_2}^0 - H_0^0) - (H_{T_0}^0 - H_0^0)] + (\Delta H_f^0)_{T_0}\}_i -$$
$$\sum_{j(\text{反应物})} n_j \{[(H_{T_2}^0 - H_0^0) - (H_{T_0}^0 - H_0^0)] + (\Delta H_f^0)_{T_0}\}_j$$

若最终生成物将抵达平衡温度 T_2，且所有反应热均用于提高生成物的温度，则上式变成

$$\sum_{i(\text{生成物})} n_i \{[(H_{T_2}^0 - H_0^0) - (H_{T_0}^0 - H_0^0)] + (\Delta H_f^0)_{T_0}\}_i =$$
$$\sum_{j(\text{反应物})} n_j \{[(H_{T_2}^0 - H_0^0) - (H_{T_0}^0 - H_0^0)] + (\Delta H_f^0)_{T_0}\}_j$$

在反应物中，各物种的 T_0 可能不同，若将参考温度设定为 $T_0 = 298K$，则

$$[(H_{T_2}^0 - H_0^0) - (H_{T_0}^0 - H_0^0)] = H_{T_2}^0 - H_{T_0}^0 \tag{4-6-31}$$

从理论上而言，对单一燃料的燃烧，可以根据化学反应式及各物种的定压比热容来推求燃烧温度（绝热火焰温度）。

2. 工程简算法

（1）不考虑热平衡条件 若已知元素分析及低位发热量，则近似的理论燃烧温度 t_g 可用下式计算：

$$H_1 = V_g c_{pg} (t_g - t_0) \tag{4-6-32}$$

式中 c_{pg}——废气在 t_g 及 t_0 间的平均定压比热容，kJ/(m³·℃)；

t_0——大气温度，℃；

t_g——燃烧烟气温度，℃；

V_g——燃烧场中废气体积，m^3。

仅用低位发热量来估计燃烧温度时，经常会有高估的现象，若采用较精确的热平衡计算，则可进一步改善计算的精度。

（2）简单热平衡法 假设助燃空气没有预热，则简易的热平衡方程可表达如下：

$$c_{pg}[G_0+(\alpha-1)A_0]F_wt_g=\eta F_wH_1(1-\sigma)+c_wF_wt_w+c_{pa}\alpha A_0F_wt_0 \tag{4-6-33}$$

式中 F_w——单位时间的废物燃烧量，kg/h；

H_1——废物的低位发热量，kJ/kg；

A_0——废物燃烧的理论需空气量，m^3/kg；

α——过剩空气系数；

G_0——理论焚烧烟气量，m^3/kg；

c_{pg}——焚烧烟气的平均定压比热容，kJ/($m^3 \cdot$℃)；

c_w——废物的平均比热容，kJ/(kg$\cdot$℃)；

c_{pa}——空气的平均定压比热容，kJ/($m^3 \cdot$℃)；

σ——辐射比率，%；

t_g——焚烧温度，℃；

t_w——废物最初温度，℃；

t_0——大气温度，℃；

η——燃烧效率，%。

上式右端中 ηF_w(kJ/h) 为单位时间的供热量，而 $\eta F_wH_1(1-\sigma)$ 为辐射散热后可用的热源，$c_wF_wt_w$(kJ/h) 为废物原有的热焓，$c_{pg}\alpha A_0F_wt_0$ 为助燃空气带入的热焓；左端 $c_{pg}[G_0+(\alpha-1)A_0]F_wt_g$(kJ/h) 为废物燃烧后废气的热焓。因此燃烧温度可推求如下：

$$t_g(℃)=\frac{\eta H_1(1-\sigma)+c_wt_w+c_{pg}\alpha A_0t_0}{c_{pg}[G_0+(\alpha-1)A_0]} \tag{4-6-34}$$

式中，燃烧废气的平均定压比热为 1.30～1.46kJ/($m^3 \cdot$℃)；c_w 用下式确定：

$$c_w=1.05(A+B)+4.2W \quad [kJ/(m^3 \cdot ℃)] \tag{4-6-35}$$

式中 A——灰分，%；

B——可燃分，%；

W——水分，%。

3. 半经验法

（1）美国的方法 Tillman 等人根据美国焚烧厂数据，推导出大型垃圾焚烧厂燃烧温度的回归方程如下：

$$t_g(℃)=0.0258H_h+1926\alpha-2.524W+0.59(t_a-25)-177 \tag{4-6-36}$$

式中 H_h——高位发热量，kJ/kg；

α——等值比；

W——垃圾的含水量，%；

t_a——助燃空气预热温度，℃。

（2）日本的方法 日本田贺根据热平衡提出用下式确定理论燃烧温度：

无空气预热时： $$t_{g1}(℃)=\frac{(H_1+6W)-5.898W}{0.847\alpha(1-W/100)+0.491W/100} \tag{4-6-37}$$

有空气预热时： $$t_{g2}(℃)=\frac{(H_1+6W)-5.898W+0.800t_a\alpha(1-W/100)}{0.847\alpha(1-W/100)+0.491W/100} \tag{4-6-38}$$

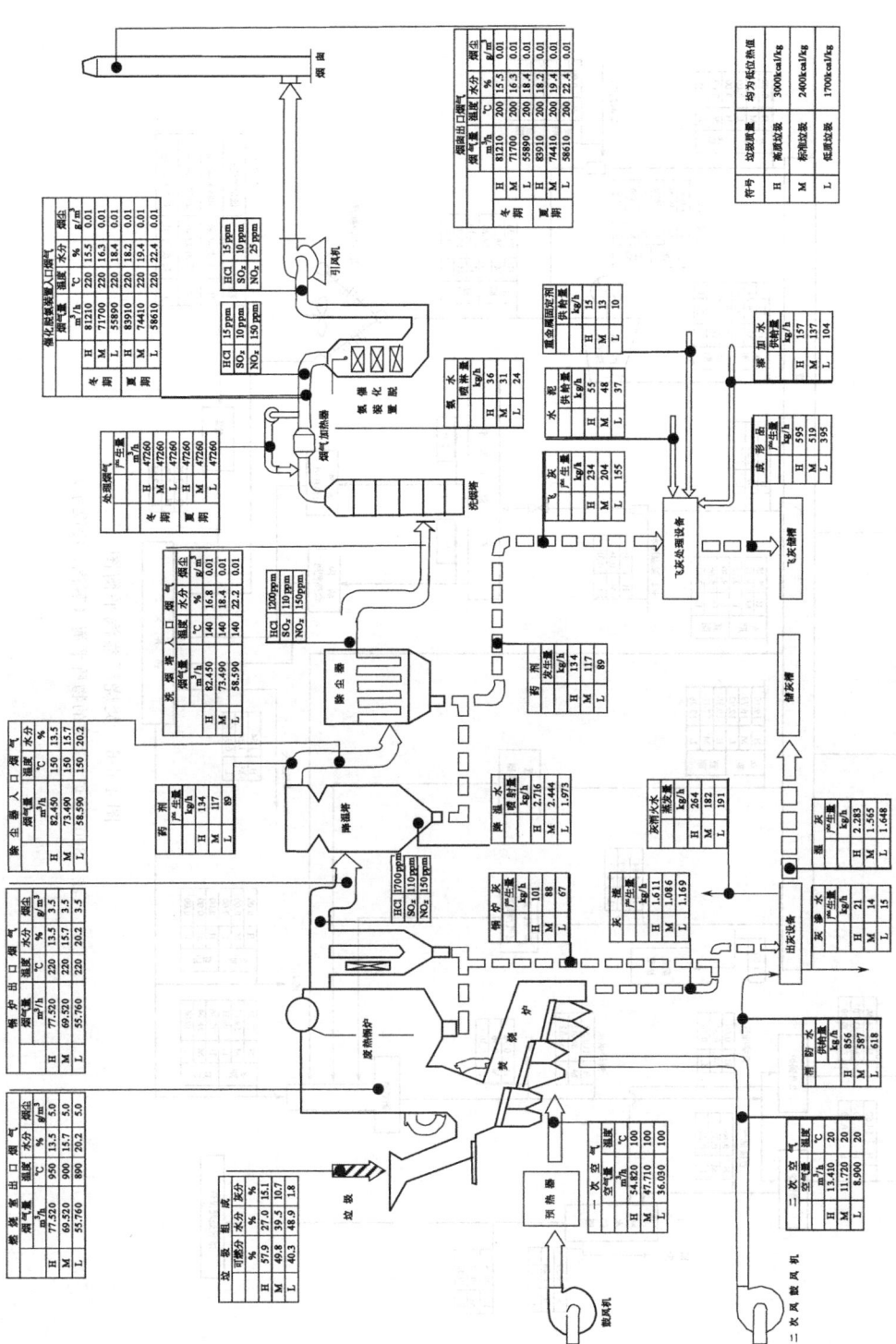

图 4-6-5　焚烧厂物料平衡（垃圾、灰渣、空气、烟气）图

注：300t/d 炉的物料平衡；1ppm=1×10^{-6}

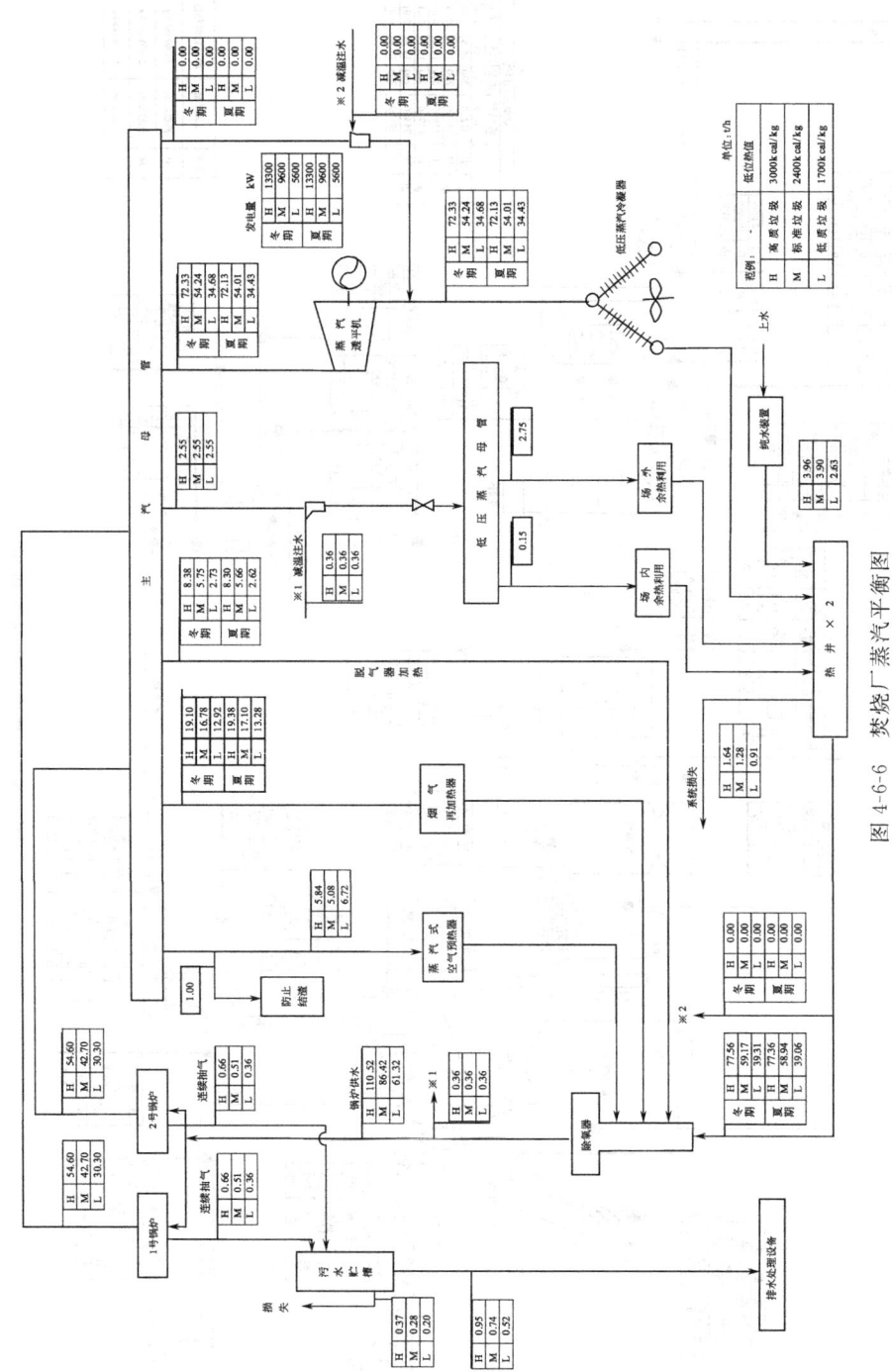

图 4-6-6 焚烧厂蒸汽平衡图

注：300t/d 炉×2 炉的物质平衡（蒸汽、冷凝水）

四、焚烧过程的物料平衡计算

焚烧过程的物料平衡是根据废物的特性、焚烧炉的类型、废热利用方式、环保标准等设计条件来计算。物料平衡分析的结果是选定可设备容量并进行详细设计重要根据之一。固体废物焚烧后，其焚烧产物大部分为气体（质量百分比约 70%~80%），相当一部分以炉渣排出（质量百分比约 20%~30%），飞灰所占比重相对较少（质量百分比约 3%）。物料平衡设计计算基础包括：废物焚烧、烟气处理和水处理等化学反应式、垃圾焚烧空气比、化学药品的投入当量等。分析结果主要以焚烧物料平衡图和发电设备的蒸汽平衡图表达。图 4-6-5 和图 4-6-6 为日本某垃圾焚烧厂典型的物料（垃圾、灰渣、空气、烟气和蒸汽、冷凝水）平衡图[9]。

表 4-6-8 燃烧方式的分类

入　　热	出　　热
垃圾的燃烧发热	理论燃烧烟气损失热量
	过剩空气损失热量
垃圾的显热	灰分损失热量
干燥用空气的显热	炉本体的散热
燃烧用空气的显热	锅炉吸收的热量
冷却用空气的显热	冷却空气损失热量
辅助燃料的发热	辅助燃料损失热量

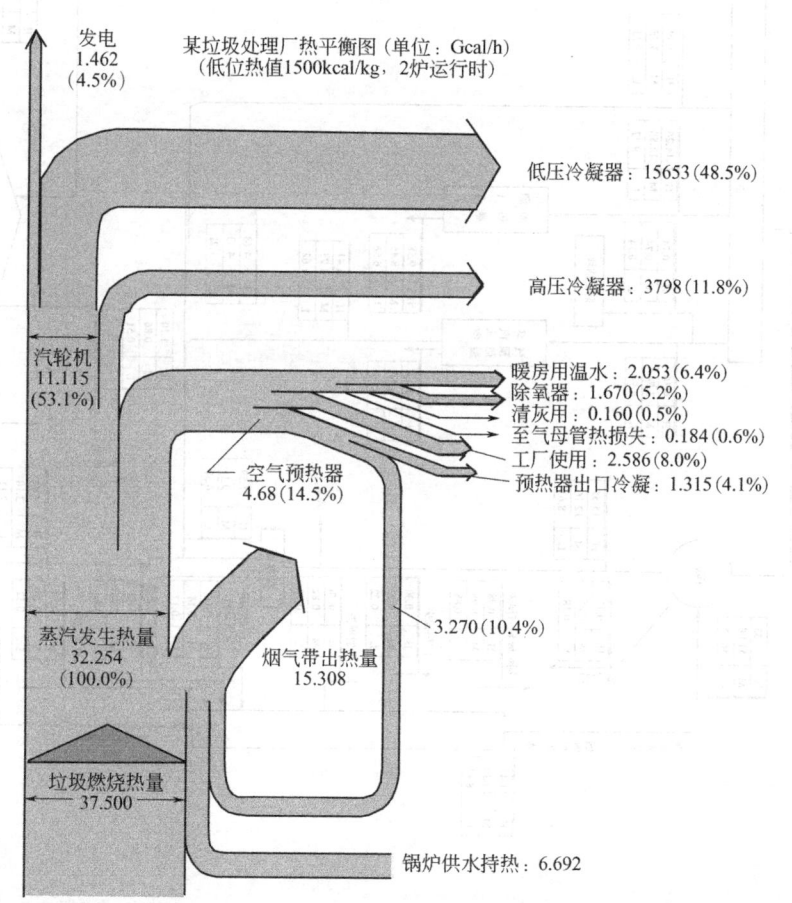

图 4-6-7　垃圾焚烧厂热平衡分析图

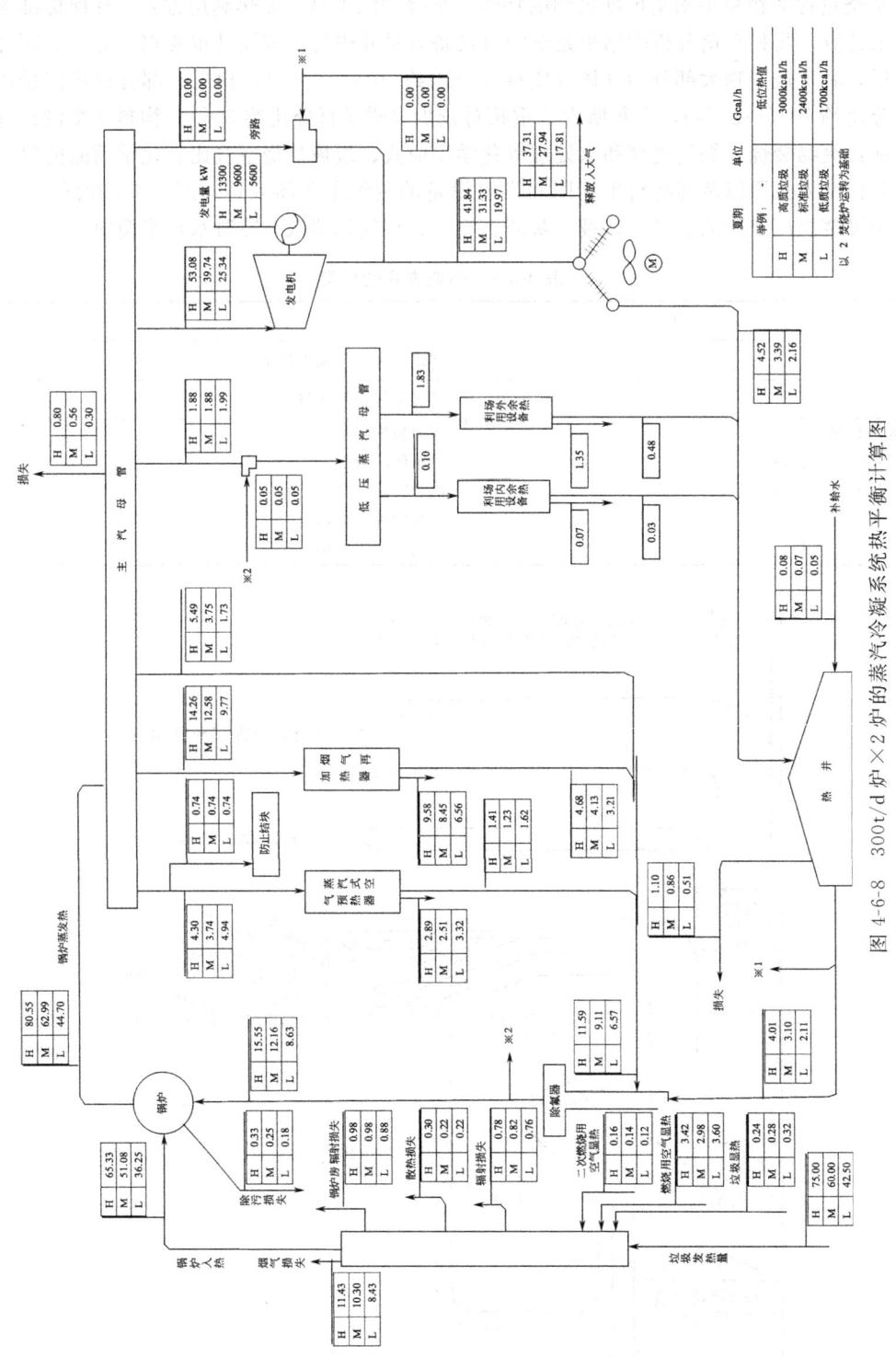

图 4-6-8 300t/d 炉×2 炉的蒸汽冷凝系统热系统平衡计算图

五、焚烧过程的热量平衡计算

垃圾燃烧会产生热。为了完全燃烧，必须达到一定温度并保持一定时间，而在此后又必须通过热能回收或冷却降温，最后排放到大气中去。

垃圾焚烧过程中的主要矛盾是：焚烧时实际垃圾热值偏低，而在焚烧后热能的利用又是一个问题。热平衡计算主要是使入热和出热平衡，主要考虑因素见表4-6-8。

热平衡图是表示焚烧过程热平衡计算结果的图，标有入热和出热。入热包括垃圾、空气和水等的热量；出热包括烟气、蒸汽、灰渣的热量，以及热损等。热平衡图根据炉型、热回收方式、烟气降温方式而变化。

图4-6-7是日本某一垃圾焚烧厂的热平衡分析图[9]。从图中数据可知：当垃圾的低位热值为1500kcal/kg时，垃圾焚烧产生的热量高效吸收以后转换为蒸汽，如果蒸汽全部用于发电，在焚烧厂垃圾焚烧产生的热量中，23%的热量被尾气带走，46%的热量用于汽轮机发电，5%的热量用于取暖、供热水，26%的热量被焚烧厂内的各种设备消耗。汽轮机的发电量为焚烧厂自身电力消耗的3~4倍，与汽轮机发电量相当的热量仅为垃圾焚烧产生热量的4%。

图4-6-8是日本某一垃圾焚烧厂的蒸汽冷凝系统热平衡计算图。

第三节　焚　烧　炉

一、焚烧炉类型概述

焚烧炉的结构形式与废物的种类、性质和燃烧形态等因素有关。不同的焚烧方式有相应的焚烧炉与之相配合。通常根据所处理废物对环境和人体健康的危害大小，以及所要求的处理程度，将焚烧炉分为城市垃圾焚烧炉、一般工业废物焚烧炉和危险废物焚烧炉三种类型。不过，更能反映焚烧炉结构特点的分类方法，是按照处理废物的形态，将其分为液体废物焚烧炉、气体废物焚烧炉和固体废物焚烧炉三种类型。

液体废物焚烧炉的结构由废液的种类、性质和所采用的废液喷嘴的形式来决定。炉型有立式圆筒炉、卧式圆筒炉、箱式炉、回转窑等。一般按照采用的喷嘴形式和炉型进行分类，如液体喷射立式焚烧炉、转杯式喷雾卧式圆筒焚烧炉等。

气体废物焚烧炉相当于一个用气体燃料燃烧的炉子或固体废物焚烧炉的二次燃烧室，其构造及分类与液体废物焚烧炉相似。

固体废物焚烧炉种类繁多，主要有炉排型焚烧炉、炉床型焚烧炉和沸腾流化床焚烧炉三种类型。但每一种类型的炉子又视其具体的结构不同又有不同的形式，具体分为以下几种类型[29~39]。

（一）炉排型焚烧炉

将废物置于炉排上进行焚烧的炉子称为炉排型焚烧炉。

1. 固定炉排焚烧炉

固定炉排焚烧炉只能手工操作、间歇运行，劳动条件差、效率低，拨料不充分时会焚烧不彻底。

最简单的是水平固定炉排焚烧炉。废物从炉子上部投入后经人工扒平，使物料均匀铺在炉排上，炉排下部的灰坑兼作通风室，由出灰门处靠自然通风送入燃烧空气，也可采用风机强制通风。为了使废物焚烧完全，在焚烧过程中，需对料层进行翻动，燃尽的灰渣落在炉排下面的灰坑，人工扒出，劳动条件和操作稳定性差、炉温不易控制，因此对废物量较大及难于燃烧的固体废物是不适用的，它只适用于焚烧少量的如废纸屑、木屑及纤维素等易燃性废物。

倾斜式固定炉排焚烧炉，该炉型基本原理同前，只是炉排布置成倾斜式，有的倾斜炉排后仍有水平炉排。这样增加一段倾斜段可有一个干燥段以适应含水量较大的固体废物的焚烧。此种炉型仍只能用于小型易燃的固体废物焚烧。

2. 活动炉排焚烧炉

活动炉排焚烧炉即为机械炉排焚烧炉。炉排是活动炉排焚烧炉的心脏部分，其性能直接影响垃圾的焚烧处理效果，可使焚烧操作自动化、连续化。按炉排构造不同可分为链条式、阶梯往复式、多段滚动式焚烧炉等。我国目前制造的大部分中小型垃圾焚烧炉为链条炉和阶梯往复式炉排焚烧炉，功能较差。大部分功能较好的机械炉排均为专利炉排。

（二）炉床式焚烧炉

炉床式焚烧炉采用炉床盛料，燃烧在炉床上物料表面进行，适宜于处理颗粒小或粉状固体废物以及泥浆状废物，分为固定炉床和活动炉床两大类。

1. 固定炉床焚烧炉

最简单的炉床式焚烧炉是水平固定炉床焚烧炉，其炉床与燃烧室构成一整体，炉床为水平或略呈倾斜，燃烧室与炉床成为一体。废物的加料、搅拌及出灰均为手工操作，劳动条件差，且为间歇式操作，故不适用于大量废物的处理。固定炉床焚烧炉适用于蒸发燃烧形态的固体废物，例如塑料、油脂残渣等；但不适用于橡胶、焦油、沥青、废活性炭等以表面燃烧形态燃烧的废物。处理能力由炉床面积大小决定。

倾斜式固定炉床焚烧炉的炉床做成倾斜式，便于投料、出灰，并使在倾斜床上的物料一边下滑一边燃烧，改善了焚烧条件。与水平炉床相同，该型焚烧炉的燃烧室与炉床成为一体。这种焚烧炉的投料、出料操作基本上是间歇式的。但如固体废物焚烧后灰分很少，并设有较大的贮灰坑，或有连续出灰机和连续加料装置，亦可使焚烧作业成为连续操作。

2. 活动床焚烧炉

活动床焚烧炉的炉床是可动的，可使废物能在炉床上松散和移动，以便改善焚烧条件，进行自动加料和出灰操作。这种类型的焚烧炉有转盘式炉床、隧道回转式炉床和回转式炉床（即旋转窑）三种。应用最多的是旋转窑焚烧炉。

（三）流化床焚烧炉

这是一种近年发展起来的高效焚烧炉，利用炉底分布板吹出的热风将废物悬浮起呈沸腾状进行燃烧。一般常采用中间媒体即载体（砂子）进行流化，再将废物加入到流化床中与高温的砂子接触、传热进行燃烧。按照有无流化媒体（载体）及流化状态进行分类。

二、多室焚烧炉

多室焚烧炉是有多个燃烧室的焚烧炉，可使废物的燃烧过程分为两步进行：首先是引燃室中废物的初级燃烧（或称固体燃烧）过程，接着是二级燃烧（或称气相燃烧）过程。二级燃烧区域由两部分组成，一个是下行烟道（或混合室），另一个为上行的扩大室（或燃烧室）。

两步多燃烧室焚烧过程在引燃室中开始，包括了固体废物的干燥、引燃和燃烧。在燃烧进行过程中，当燃料从引燃室通过连接引燃室与混合室之间的火焰口时，蒸发掉了其中的水分和挥发成分并被部分氧化。废物的挥发组分和燃烧产物从火焰口向下通过混合室，在混合室内，同时引入二次空气。足够的温度与加入的空气相结合引起了第二阶段的燃烧过程，必要时还可通过混合室或二级燃烧喷嘴助燃。由于限制流动范围并突然改变流动方向而引起的紊流混合作用也增进了气相反应。气体通过由混合室到最后燃烧室的隔墙口时，在可燃成分的蒸发和最后氧化的同时，气体又经历了一次方向的改变。飞灰和其他的固体颗粒物由于与炉壁相碰撞和单纯的沉降作用而被收集在燃烧室中，使由一燃室排出烟气中的未燃尽气体燃烧产物和气载可燃固体得以充分燃烧。

现代多室焚烧炉的结构有两种基本的类型，按其布局不同而命名：一类是气体的回流所通过的各室呈"U"形布局，称为曲径型，另一类各室按直线排列，称为同轴式。

（一）曲径式多室焚烧炉

典型的曲径式多室焚烧炉如图 4-6-9 所示，内部有多个导流板，结构紧凑。导流板所处位置能使燃烧气体在水平和垂直方向上作 90°的转弯运动。在每次烟气气流方向变化时，均有灰尘从烟气流中掉出。一燃室内炉排位置较高，收集灰渣的灰坑较深。

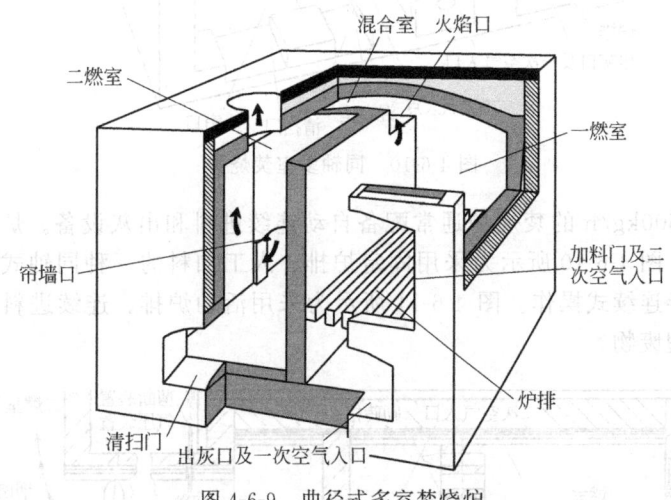

图 4-6-9 曲径式多室焚烧炉

一次空气和二次空气分别从一燃室炉排的下方和上方，通过鼓风机，以控制的风量进入炉内。辅助燃料气体通过火焰口进入二燃室，或者进入二燃室前的一个较小点的混合室。火焰口实际上是一个把一燃室和二燃室分隔开来的跨接墙上方的孔穴。当有混合室时，二燃室单独设进风口。一燃室和二燃室均设有燃烧器，可加入辅助燃料。如果废物在点燃后炉温可增高到维持废物不断自燃的程度，则一燃室不再需要加入辅助燃料。而二燃室则通常需要不断添加辅助燃料。

一燃室是固体废物燃烧室，二燃室为气相燃烧室。由一燃室至二燃室需经过火焰口及混合室，形成燃烧带。废物进入一燃室，投在固定炉排上，经干燥、着火而燃烧。在燃烧时，挥发分及水分挥发通过燃烧室部分氧化。其余部分随气流通过火焰口向下流经混合室与二次空气混合，因为混合室使气流流动区域受到限制和突然改变流向而产生淜流，促使混合均匀并产生气相反应。膨胀的气体受到帘墙阻挡使气流改变方向，经过帘墙口从混合室到达最后的燃烧室，可燃组分被同轴式多室氧化。飞灰和其他固体颗粒物质受墙碰撞而沉落在燃烧室内。因此，这种类型的焚烧炉排出烟气中的颗粒物浓度相对较低。在许多情况下，即使没有其他空气污染控制设备，也能够满足排放标准。多室焚烧炉的特点是适合采用小量多次间歇式投加，固态含挥发分高的废物的焚烧，其适用范围在 10～375kg/h。

（二）同轴式多室焚烧炉

这种类型的焚烧炉比曲径式多室焚烧炉大，燃烧空气直接进入焚烧炉，同时运动气流只在垂直方向上变化。与曲颈式多室焚烧炉相同，气流在此式焚烧炉内的流动方向变化和碰撞，使飞灰和其他固体颗粒物质随烟气在二燃室混合均匀，能更有效地燃烧。

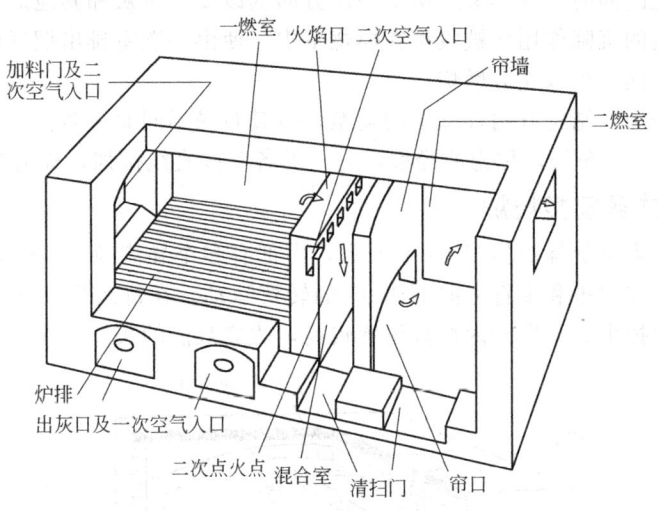

图 4-6-10 同轴多室焚烧炉

处理量大于 500kg/h 的焚烧炉通常配备自动连续进料和出灰设备。炉排可用固定式或活动式机械炉排。图 4-6-10 所示为采用固定炉排、人工加料的一种同轴式多室焚烧炉，只能用于间歇式或半连续式操作。图 4-6-11 所示为采用活动炉排、连续进料的同轴式多室焚烧炉，可连续处理废物。

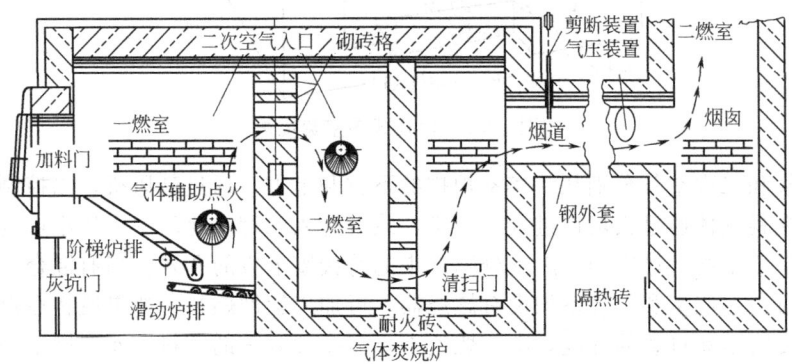

图 4-6-11 同轴式多室焚烧炉剖面图

（三）特点及实用性

曲径型多室焚烧炉的基本特点如下所述。

① 燃烧室的布局使燃烧气流在水平和垂直方向上都要转过多个 90°的弯。

② 气体的回流允许初级和二级燃烧阶段之间的墙壁共用。

③ 混合室、火焰口和隔墙口的长宽比为 (1∶1)～(2.4∶1)。

④ 火焰口下方的挡火墙的厚度是混合室和燃烧室大小的函数；这点使得在建造 250kg/h 以上的焚烧炉时略显笨重。

串联型同轴多室焚烧炉的基本特点是：

① 燃烧气体直接流过焚烧炉，仅在垂直方向上拐几个 90°弯。

② 由于运行、维护或其他原因，要求将各室的空间相互分开，这种串联布局安装简捷。

③ 所有的孔口和室都能展宽至与焚烧炉相同的宽度。火焰口、混合室和隔墙口通道截面的长宽比为（2∶1）～（5∶1）。

多燃烧室焚烧炉因其结构方面固有的特点，在运行和应用方面有所限制。例如：①火焰口和混合室的比例决定了气体速度应处在合适的限度内；②要在整个火焰和混合室中，维持合适的火焰分布；③火焰要通过混合室进入燃烧室。这同时也是引起这两种焚烧炉运行性能不同的基本因素。

由于曲径型焚烧炉的立方体形状以及外壁的长度小，因此，当其处于最佳尺寸范围内时，具有结构紧凑和运行经济的优点。当处理能力为 25～375kg/h 时，其性能比相应的串联型焚烧炉更有效。在曲径型焚烧炉的设计中有急转弯，在尺寸小的情况下，孔口和燃烧室的截面接近方形，所以功能好，在处理能力大于 500kg/h 的曲径型焚烧炉中，气流截面的增加，会减小混合室中有效系统，使得火焰的分布和穿透性不好，二次空气的混合不良。

串联型焚烧炉很适合大处理量运行。小型结构时，工作状态不佳。较小的串联型焚烧炉的二级燃烧比曲径型效率略微高些。在处理量小于 375kg/h 的小型串联焚烧炉中，炉排短，使火焰不能布满引火室。火焰沿隔墙的分布薄弱，这就有可能使烟气从弱火多烟的炉排直接穿过焚烧炉，未经充分混合和二级燃烧就排出烟道。处理量大于 375kg/h 的串联型焚烧炉，炉排长度足以在整个引火室的宽度上维持燃烧，因而在火焰口和混合室中，火焰分布良好。在较小型的串联焚烧炉中，炉排短也会给维修带来问题。隔墙上一般没有结构支撑或托架，而且在二次空气通道处隔墙很薄，所以在清扫焚烧炉时要特别小心。串联型焚烧炉的使用上限尚未确定。处理量小于 1000kg/h 的焚烧炉，为了最大程度地发挥优点，可以将其结构标准化。然而对于大处理量的焚烧炉来说，因为在结构设计、选材用料、炉排焚烧时的机械操作、引风系统以及其他方面存在的问题，必须对每一套具体设备进行专门设计，因而不容易标准化。

当处理能力 125～500kg/h 时，无论哪种多室焚烧炉都没有突出的优点。在这个范围内，究竟选择哪一种类型，由个人偏好、空间限制、垃圾的性质和废物装炉条件等因素决定。

燃烧空气需要量对这两种焚烧炉相同，大约为 300% 的过剩空气量。约有一半所需燃烧空气是由加料门和焚烧炉的其他地方因泄漏而进入焚烧炉。其余所需空气量的分配为：70% 为从炉排进入一燃室的二次空气，10% 为由炉排下进入的一次空气，20% 进入混合室或二燃室。

多室焚烧炉一般多用于处理固态废物。对于可流动的物料，诸如污泥、液体和气体，则只有使用了合适的燃烧喷嘴，才能在多室焚烧炉中焚烧处理。

多室焚烧炉通常是间歇进料，常规使用推杆型送料系统。对于含有高挥发性物质的废料，需要经常性地小批量间歇进料。

三、机械炉排焚烧炉

机械炉排焚烧炉采用活动式炉排，可使焚烧操作连续化、自动化，是目前在处理城市垃圾中使用最为广泛的焚烧炉，其典型结构如图 4-6-12 所示。焚烧炉燃烧室内放置有一系列机械炉排，通常按其功能分为干燥段、燃烧段和后燃烧段。垃圾经由添料装置进入机械炉排焚烧炉后，在机械式炉排的往复运动下，逐步被导入燃烧室内炉排上，垃圾在由炉排下方送

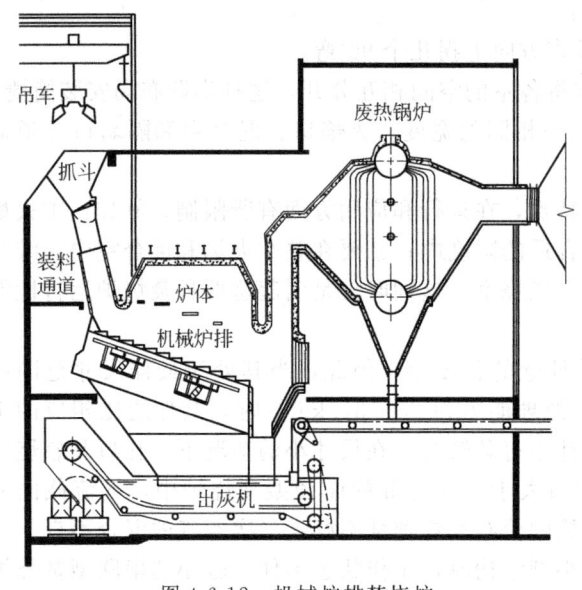

图 4-6-12　机械炉排焚烧炉

入的助燃空气及炉排运动的机械力共同推动及翻滚下，在向前运动的过程中水分不断蒸发，通常垃圾在被送落到水平燃烧炉排时被完全干燥并开始点燃。燃烧炉排运动速度的选择原则是应保证垃圾在达到该炉排尾端时被完全燃尽成灰渣。从后燃烧段炉排上落下的灰渣进入灰斗。

产生的废气流上升而进入二次燃烧室内，与由炉排上方导入的助燃空气充分搅拌、混合及完全燃烧后，废气被导入燃烧室上方的废热回收锅炉进行热交换。机械炉排焚烧炉的一次燃烧室和二次燃烧室并无明显可分的界限，垃圾燃烧产生的废气流在二燃室的停留时间，是指烟气从最后的空气喷口或燃烧器出口到换热面的停留时间。图 4-6-13 给出了典型的垂直流向型燃烧室设计尺寸，烟气上升经三个气道后完全离开燃烧室到达废热锅炉表面的烟气流向，以及烟气在三个气道中的温度、流速分布及停留时间。

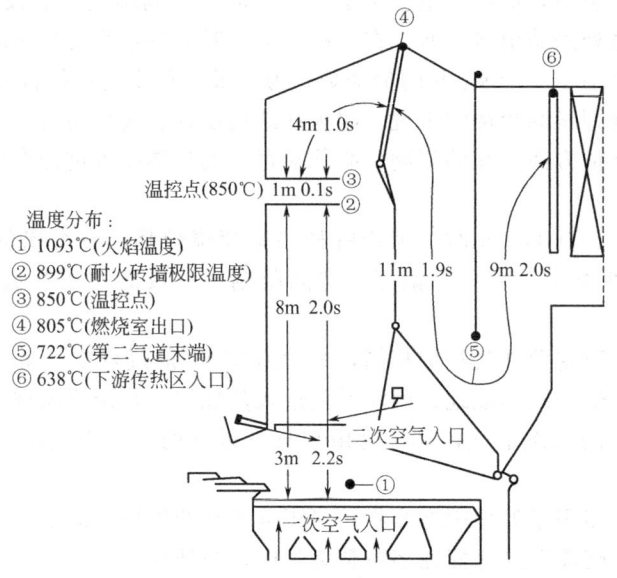

图 4-6-13　燃烧室尺寸、温度与废气停留时间示意

（一）燃烧室及炉排应具备的机能

焚烧炉的燃烧室及机械炉排是机械炉排焚烧炉的心脏，燃烧室几何形状（即气流模式）与炉排的构造及性能，决定了焚烧炉的性能及垃圾焚烧处理效果。

为保证垃圾焚烧效率，燃烧室应具备的条件和功能如下所述。

① 有适当的炉排面积，炉排面积过小时，火层厚度会增加，阻碍通风，引起不完全燃烧。

② 燃烧室的形状及气流模式，必须适合垃圾的种类及燃烧方式。

③ 提供适当的燃烧温度，为垃圾提供足够的在炉体内进行干燥、燃烧及后燃烧的空间，使垃圾及可燃气体有充分的停留时间而完全燃烧。

④ 有适当的设计，便于垃圾与空气充分接触，使燃烧后的废气能混合搅拌均匀。

⑤ 结构及材料应耐高温，耐腐蚀（如采用水墙或空冷砖墙），能防止空气或废气的泄漏。

⑥ 具备有燃烧机，置于炉排上方左右侧壁及炉排尾端上方，供开机或加温时使用。

为使垃圾在焚烧过程中，垃圾中的水汽易蒸发，增加垃圾与氧气接触的机会、加速燃烧，以及控制空气和燃烧气体的流速、流向，使气体均匀混合，需要使垃圾在炉排上具有良好的移动及搅拌功能。炉排一般分为干燥段炉排，燃烧段炉排及后燃烧段炉排，各段炉排应具备的功能如表 4-6-9 中所列。

表 4-6-9　干燥、燃烧及后燃烧段炉排须具备的功能

种类	功　能
干燥炉排	(1)不致因垃圾颗粒与土砂等而造成炉条阻塞 (2)具自清作用 (3)气体贯穿现象少 (4)垃圾不致形成大团或大块 (5)不易夹进异物 (6)可均匀移动垃圾 (7)可将大部分的垃圾含水量蒸发
燃烧炉排	(1)可均匀分配燃烧用空气 (2)垃圾的搅拌、混合状况良好 (3)可均匀移送垃圾 (4)炉条冷却效果佳 (5)具有耐热、耐磨损特性 (6)不易造成贯穿燃烧
后燃烧炉排	(1)余烬与未燃物可充分搅拌、混合及完全燃烧 (2)炉排上的滞留时间加长 (3)保温效果佳 (4)少量空气即可使余烬燃烧良好 (5)排灰情况良好 (6)可均匀供给燃烧用空气 (7)不易形成烧结块

（二）炉排类型与构造

机械炉排类型很多，有链条式、阶梯往复式、多段滚动式和启形炉排等。但除链条式、阶梯往复式外，其他炉排均为专利炉排。

1. 链条式炉排

链条炉排结构简单（图 4-6-14），对垃圾没有搅拌和翻动。垃圾只有在从一炉排落到下一炉排时有所扰动，容易出现局部垃圾烧透、局部垃圾又未燃尽的现象，这种现象对于大型焚烧炉尤为突出。此外，链条炉排不适宜焚烧含有大量粒状废物及废塑料等废物。因此，链条炉排目前在国外焚烧厂已很少采用。不过，我国一些中小型垃圾焚烧炉仍在使用这种炉排。

2. 阶梯往复式炉排

这种炉排分固定和活动两种（见图 4-6-15），固定和活动炉排交替放置。活动炉排的往

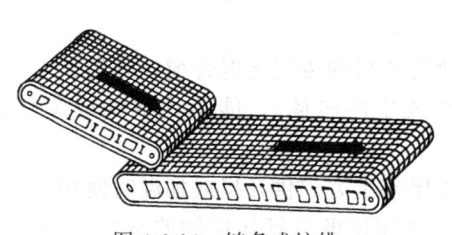

图 4-6-14 链条式炉排

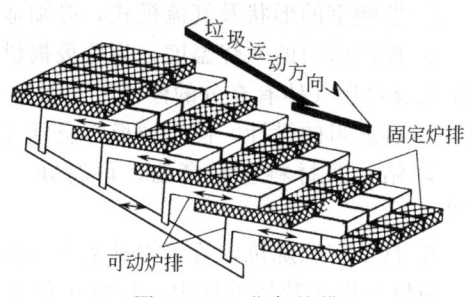

图 4-6-15 往复炉排

复运动由液压油缸或由机械方式推动，往复的频率根据生产能力可以在较大范围内进行调节，操作控制方便。阶梯往复式炉排的往复运动能将料层翻动扒松，使燃烧空气与之充分接触，其性能较链条式炉排好。

阶梯往复式炉排焚烧炉对处理废物的适应性较强，可用于含水量较高的垃圾和以表面燃烧和分解燃烧形态为主的固体废物的焚烧，但不适宜细微粒状物和塑料等低熔点废物。

3. 逆摺动往复式炉排

炉排构造示意如图 4-6-16(a) 所示，长度固定，宽度则依炉床所需的面积调整，可由数个炉床横向组合而成，每个炉床包含 13 个固定及可动阶梯炉条，固定炉条及可动炉条采用横向交错配置，炉床为倾斜度 26°的倾斜床面，垃圾的干燥、燃烧及后燃烧均在此炉床进行，一次空气由炉床底部经由炉条的空气槽从炉条两侧吹出。可动炉条由连杆及横梁组成，由液压传动装置驱动，其移动速度可调整，以配合各种燃烧条件，其搅拌垃圾方式如图 4-6-16(b)、(c) 及 (d) 所示。可动炉条逆向移动，使得垃圾因重力而滑落，使垃圾层达到良好的搅拌作用，最后灰烬经由灰渣滚轮移送至排灰槽。

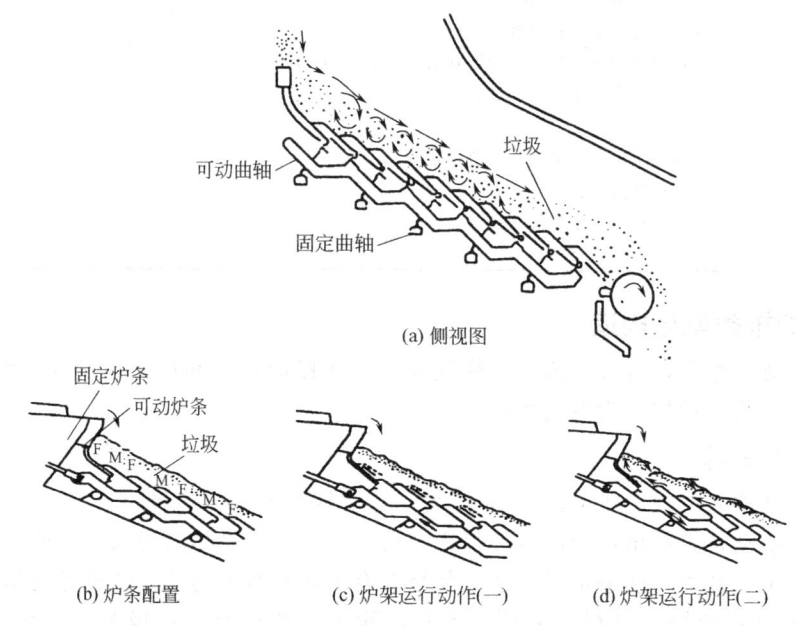

(a) 侧视图

(b) 炉条配置　　(c) 炉架运行动作(一)　　(d) 炉架运行动作(二)

图 4-6-16 德国马丁逆摺动往复式炉排可动炉条的运动状况

这种炉排目前为大多数大型垃圾焚烧厂所采用，具有下述优点。

① 炉床长度较其他形式同等容量的炉床短，减少安装所需的基地面积。

② 燃烧空气在火层上连续及分布均匀，对于垃圾产生相当迅速的干燥及燃烧效果，搅拌能力强，燃烧效率佳。

③ 炉条下方有空气槽，对炉条的冷却效果佳。

④ 炉条前端为角锥设计，可避免熔融灰渣附着。

4. 旋转圆桶式炉排

旋转圆桶式炉排构造如图 4-6-17 所示，炉排由 5～7 个圆桶形滚轮，呈倾斜式排列，每个圆桶间旋转方向相反，有独立的一次空气导管，由圆桶底部，经由滚筒表面的送气孔到达垃圾层。垃圾因圆桶的滚动而往下移动，并可充分搅拌混合，圆桶以电力驱动，其转速可依垃圾性质调整。此形式炉排炉条冷却效果良好，但圆桶的空气送气口易阻塞，阻塞后易造成气锁。

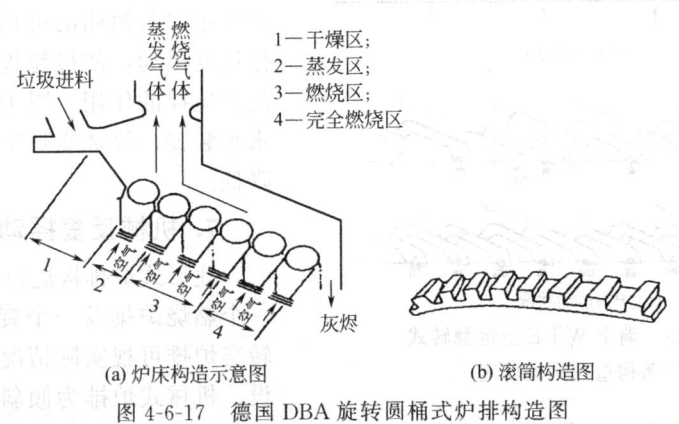

1—干燥区；
2—蒸发区；
3—燃烧区；
4—完全燃烧区

(a) 炉床构造示意图　　　　(b) 滚筒构造图

图 4-6-17　德国 DBA 旋转圆桶式炉排构造图

5. 阶段反复摇动式炉排

瑞士 Von Roll 阶段反复摇动式炉排的构造如图 4-6-18 所示，每个炉排上有固定炉条及可动炉条以纵向交错配置，可动炉条由连杆及棘齿组成，在可动炉条支架上水平方向作反复运动，此种运动方式将剪力作用于垃圾层的前后及左右各方向，使得垃圾层能松动及均匀混合，并与火上空气充分接触。

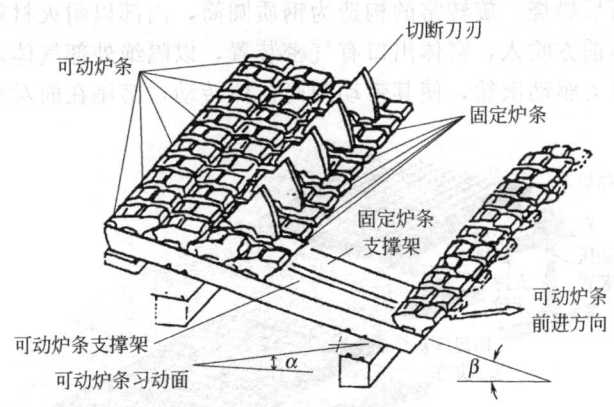

图 4-6-18　瑞士 Von Roll 阶段反复摇动式炉床示意

此型炉排由倾斜的三个不同位阶的炉排所组成，采用大阶段落差以增强燃烧效果。其倾斜度在干燥区为 20°，燃烧区为 30°，后燃烧区为 33°。一次空气由炉排底部经由炉条两侧的缝隙吹出。在燃烧区的固定炉条上的炉条有切断刀刃装置，其功能为松动垃圾块、垃圾层及调整垃圾停留时间，使供给空气分布均匀，以及使二次空气的通道有自清作用，垃圾借此力量反复翻搅及移动。

6. 逆动翻转式炉排

瑞士 W＋E 逆动翻转式炉排的构造如图 4-6-19（a）所示，炉排包含固定炉条及可动炉条，每个固定炉条及可动炉条横向交错配置，炉排呈水平设置，无倾角及阶段落差，垃圾的

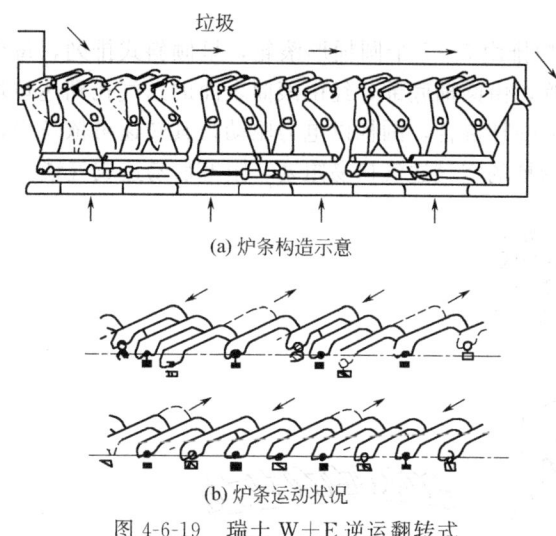

(a) 炉条构造示意

(b) 炉条运动状况

图 4-6-19　瑞士 W＋E 逆运翻转式
炉条构造及运动状况

干燥、燃烧及后燃烧均在此炉排进行。一次空气由炉排底部分为数个管道进入炉排，再由炉条两侧吹出。可动炉条由连杆曲柄机构组成，由液压传动装置驱动，其运动方式如图 4-6-19（b）所示，在固定炉条两侧的可动炉条以相反方向作反复运动，使得垃圾在前进及旋转中达到搅拌的作用。因为此形式的炉排为水平装置，故焚烧炉所需的高度可相对降低。

7. 机械反复摇动式炉排

此形式炉排构造包含一个干燥炉排、一个燃烧炉排及一个旋转窑炉排，但旋转窑炉排可视实际情况来决定是否需装设。机械式炉排为倾斜床面，其中固定炉排及可动炉排以纵向交错配置，有阶段落差，可动炉条由炉条组件及可动支架组合而成，由液压装置驱动。一次空气由炉排底部经由干燥区片状炉条的两侧吹出，及由燃烧区板式炉条的前端及表面细孔吹出。板式炉条的优点为可使燃烧用空气分布均匀，炉条冷却效果佳，可避免炉条烧损。燃烧区炉排的可动炉条在前后方向反复运动，使得垃圾移动、剪断，经由阶段落差，达到搅动混合的作用。在燃烧炉排的固定炉条上，装有一列炉条的切断刀刃，增加搅拌功能，使燃烧更完全，其动作方式如图 4-6-20 所示。通过燃烧炉排的垃圾可经由下游附加的旋转窑进行后燃烧，旋转窑的构造为钢质圆筒，内部以耐火材料施工，窑体稍为倾斜，一次空气由窑体前方吹入，窑体出口有气密装置，以隔绝外部气体入侵，圆筒下方装设有滚轮，操作时以电力驱动滚轮，使其带动圆筒窑体转动，窑尾在面对废气出口方向的炉壁

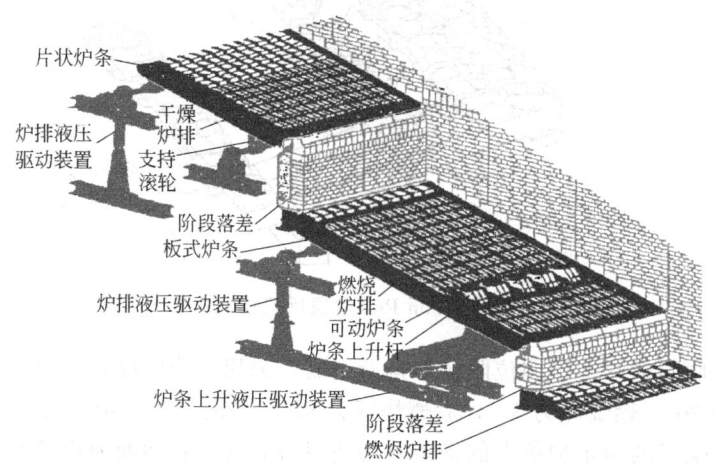

图 4-6-20　丹麦 Volund 机械反复摇动式炉排干燥区及燃烧区构造图

上通常设有一个燃烧器，可由尾端加热窑内的垃圾，在燃烧炉排左右两侧的耐火砖墙上通常也各设有一个燃烧器，垃圾经后燃烧阶段，最后灰渣由重力及滚动方式排出。

8. 阶段往复摇动式炉排

日本 Takuma 阶段往复摇动式炉排干燥、燃烧及后燃烧三段炉排均为倾斜床排，固定炉条及可动炉条以纵向交错排列。高压高速的一次空气由炉底的空气导管送入炉条底部，再由盒状炉条两侧的空气喷嘴吹出，如图 4-6-21(a) 所示。可动炉条由炉条支架及连杆曲柄机构组成，由液压传动装置驱动，如图 4-6-21(b) 所示，各炉排的可动炉条水平前后移动，使得垃圾因重力滑落，及切断垃圾，经过阶段落差使得垃圾产生混合搅拌。垃圾移动所需的力与垃圾自重及炉条的摩擦系数成正比，炉条的倾斜角愈大时，垃圾所需的移动力愈小，同时垃圾作用于炉条的反作用力也愈小。

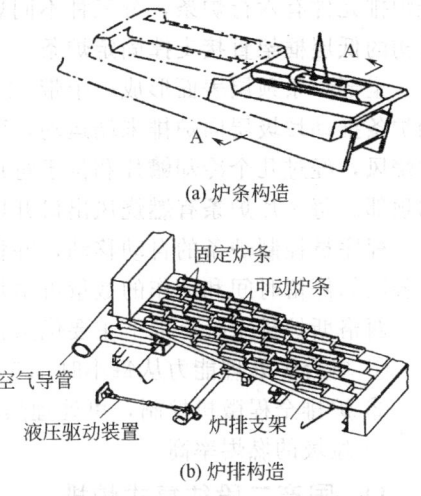

(a) 炉条构造

(b) 炉排构造

图 4-6-21　日本 Takuma 阶段往复摇动式炉床构造图

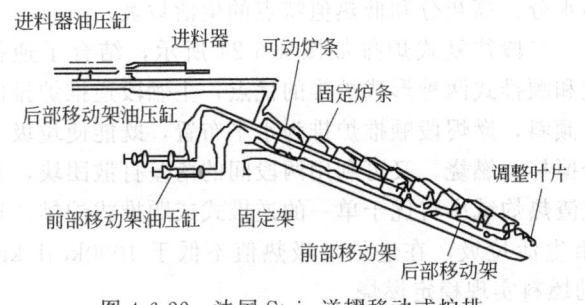

图 4-6-22　法国 Stein 逆摺移动式炉排

9. 逆摺移动式炉排

法国 Stein 逆摺移动式炉排如图 4-6-22 所示，为倾斜床面，无阶段落差，垃圾的干燥、燃烧及后燃烧均在此炉排进行，固定炉条及可动炉条以横向交错配置，一次空气由炉条底部经由炉条两侧吹出。可动炉条分为前后两部分，分别由连杆及移动架组成，再由液压传动装置驱动。由于可动炉条逆向反复移动，使得垃圾因重力而落下，而使垃圾层达到良好的搅拌混合作用，灰烬经由调整叶片控制，再移至排灰槽。此型炉排的机械设计与德国 Martin 的炉排十分类似。

10. 西格斯多级炉排

比利时西格斯炉排如图 4-6-23 所示，为台阶式炉排，由固定式炉条、滑动式炉条和翻动式炉条的相互结合，并且可以各自单独控制。西格斯炉排由相同标准的元件组成，每一元件包括由刚性梁组成的下层机构，每片炉条的铸钢支撑和覆有耐火材料的钢质炉条。每件标

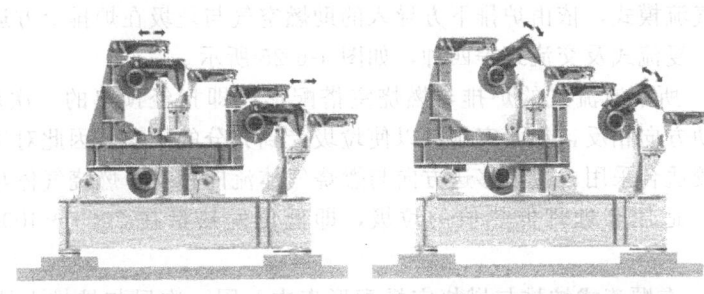

(a) 废物推进：滑动炉条运动　　(b) 混合、燃烧：翻动炉条运动

图 4-6-23　西格斯多级炉排运动方式

准炉排元件有六行炉条，分三种不同炉条按两套布置：固定式、水平滑动式和翻动式。下层机构的低层框架直接支撑固定炉条。

全部炉条顶层表面形成一个带 21°斜角的炉排倾斜面，全部元件皆按这个方式布置。滑动炉条推动垃圾层向炉排末端运动，而翻动炉条使垃圾变得蓬松并充满空气。在炉条下面的燃烧风，经过几个冷却鳍片和位于每片炉条前端的开口和槽后离开炉条，并吹过下一炉排片的顶部。每一片炉条有燃烧风出口开口，从而保证整个炉排表面的空气分布。

程序员控制炉条的自动移动，并将整个炉膛分为干燥-预燃烧区、燃烧区和燃烬冷渣区，在各区的停留时间和动作的数量可由垃圾成分的不同而做出调整。

西格斯炉排系统有以下主要优点：

① 单台炉处理能力从每小时 1.5～25t；

② 炉排全程微机控制，可处理热值范围广泛的垃圾，适合处理低热值，高水分的垃圾；

③ 垃圾的燃烬率高。

11. 国产二段往复式炉排

二段往复式炉排垃圾焚烧炉是由国内杭州新世纪能源环保工程股份有限公司，在总结深圳清水河三期焚烧炉成功国产化经验的基础上，最新开发出的一种先进炉排技术。处理对象主要针对中国高水分、高灰分和低热值特点的生活垃圾。

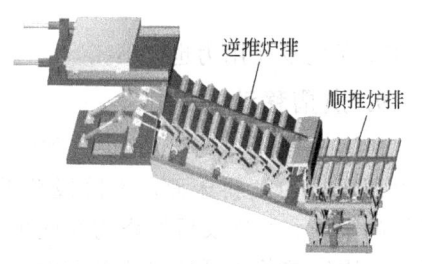

图 4-6-24 国产二段往复式炉排

二段往复式炉排如图 4-6-24 所示，结合了逆推式和顺推式两种形式炉排的优点，主燃段逆推炉排向下倾斜，燃烬段顺推炉排为水平布置，既能使垃圾充分搅拌、燃烧，又可利用两段间的落差打散团块，其灰渣热灼减率将优于单一的逆推式或顺推式炉排。这种炉排可以较好地适应国内不分拣的城市生活垃圾，在进炉垃圾热值不低于 1000kcal/kg，含水率不超过 60%的情况下可不借助辅助燃料实现稳定燃烧。

12. 炉排性能比较

为便于选择机械炉排，表 4-6-10 比较了七种专利炉排构造、设计、特性及功能。

（三）燃烧室的构造与性能

1. 燃烧室气流模式

燃烧室几何形状与焚烧后废气被导引的流态有密切关系，影响焚烧效率。在导流废气的过程中，除了配合炉排构造，为垃圾提供一个干燥、燃烧及完全燃烧的环境，确保废气能在高温环境中有充分的停留时间，以保证毒性物质分解，还需兼顾锅炉布局及热能回收效率。

燃烧室中的气流模式，依由炉排下方导入的助燃空气与垃圾在炉排上方运动的方向分成逆流式、顺流式、复流式及交流式等四种，如图 4-6-25 所示。

（1）逆流式 所谓逆流式的炉排与燃烧室搭配形态即指经预热的一次风进入炉排后，与垃圾物流的运动方向相反，如此安排可以使垃圾受到充分的干燥，因此对于焚烧低热值及高含水量的垃圾较适合采用；垃圾移送方向与燃烧气体流向相反，燃烧气体与炉体的辐射热有利于垃圾干燥，适用于处理低热值的垃圾，即低位发热量在 2000～4000kJ/kg 左右的垃圾。

（2）顺流式 在顺流式炉排与燃烧室搭配形态中，因一次风与炉排上垃圾物流的接触效果较低，故常用于焚烧高热值及低含水量的垃圾；垃圾移送方向与助燃空气流向相同，因

表 4-6-10　各型焚烧炉机械炉排的特性及功能分析

项目	德国 Martin 逆推动式炉排	德国 DBA 旋转圆筒式炉排	端士 Voll Roll 阶段反复摇动式炉排	端士 W＋E 逆动翻转式炉排	丹麦 Volund 机械反复摇及旋转窑式炉排	日本 Takuma 阶段任复摇动炉排	法国 Stein 逆滑移动式炉排	比利时西格斯多级炉排
垃圾残渣自清作用	有	效果不佳	有	有	有	有	有	有
燃烧空气孔自清作用	有	通气孔易阻塞	有	有	通气孔易阻塞	—	有	有
垃圾剪断功能	有	有	燃烧区配置断刀，垃圾剪断功能好	有	有	有	有	不详
垃圾搅拌混合功能	倾斜可动炉条，逆向动作，搅拌混合效果佳	垃圾层太厚时搅拌混合程度差	有阶段落差，垃圾拆散翻滚效果佳	水平炉条，两列可动炉条反向动作，搅拌混合效果佳	有阶段落差及旋转窑构造，垃圾混合搅拌效果佳	有阶段落差，垃圾拆散翻滚效果佳	倾斜可动炉条，逆向动作，搅拌混合效果佳	平移炉条和翻动炉条配合动作，充分搅拌、混合效果佳
炉条装设位置	倾斜床面	圆筒旋转倾斜床面	倾斜床面	水平床面	倾斜床面＋圆筒旋转	倾斜床面	倾斜床面	倾斜床面
可动炉排方向	逆向，上斜方向	重力＋旋转	顺向，上斜方向	顺向，水平方向	顺向，水平方向＋旋转	顺向，水平方向	逆向，上斜方向	横向、竖向
可动炉排所需施力大小	较大	依转速，炉条等因素决定	较小	中等	中等	较小	较大	大
助燃空气配置	由炉条两侧吹出	由滚筒底通气孔进入	由炉条两侧吹出	由炉条两侧吹出	由炉条两侧或窑前端吹出	由盒形炉条两侧吹出	由炉条两侧吹出	由炉条前端吹出
炉条冷却效果	炉条有空气槽冷却效果佳	齿形散热片冷却效果佳	普通	普通	普通	普通	普通	有冷却鳍片，效果佳
其他特性	炉排所需长度较同容量其他炉排短，减少所需面积，熔渣不易附着	—	—	炉排水平装设	燃烧区有上升杆装置，增加搅拌混合功能；高低质量垃圾均可燃烧；旋转窑内耐火材料易损坏，气密装置易泄漏	—	—	根据垃圾的特性调整炉排运动速度

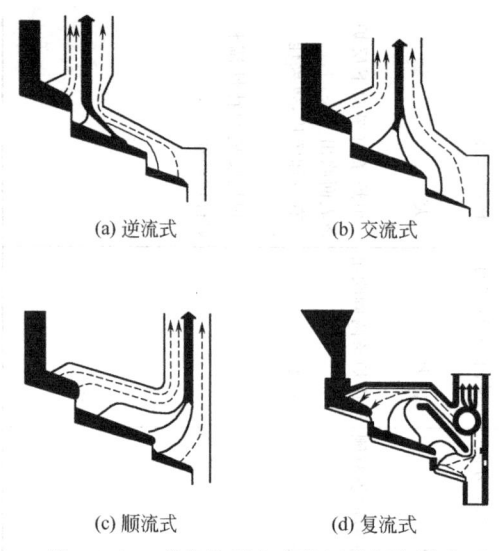

(a) 逆流式 (b) 交流式

(c) 顺流式 (d) 复流式

图 4-6-25 焚烧炉燃烧室的四种气流模式

此燃烧气体对垃圾干燥效果较低，适用于焚烧高热值垃圾，即低位发热量在 5000kJ/kg 以上的垃圾。

（3）交流式 交流式是顺流式与逆流式之间的一种过渡形态，垃圾移动方向与燃烧气体流向相交，适用于焚烧中等发热量的垃圾，即低位发热量为 1000～6300kJ/kg 的垃圾。对于质量高的垃圾，垃圾与气体流向的交点偏后向燃烧侧（即成顺流式），反之则偏向干燥炉排侧（即成逆流式）。

（4）复流式 燃烧室中间有辐射天井隔开，使燃烧室成为两个烟道，燃烧气体由主烟道进入气体混合室，未燃气体及混合不均的气体由副烟道进入气体混合室，燃烧气体与未燃气体在气体混合室内可再燃烧，使燃烧作用更趋于完全。亦称为二回流式。若垃圾热值随四季变化较大，则可以采用复流式的搭配形态。

2. 燃烧室的构造

燃烧室典型构造如图 4-6-26 所示，炉体两侧为钢构支柱，侧面设置横梁，以支持炉排及炉壁。垃圾焚烧厂燃烧室依吸热方式的不同，可分为耐火材料型燃烧室与水冷式燃烧室两种。耐火材料型燃烧室仅靠耐火材料隔热，所有热量均由设于对流区的锅炉传热面吸收，此种形式仅用于较早期的焚烧炉。水冷式燃烧室与炉床成为一体，燃烧室四周采用水管墙吸收燃烧产生的辐射热量，为近代大型垃圾焚烧炉所采用。

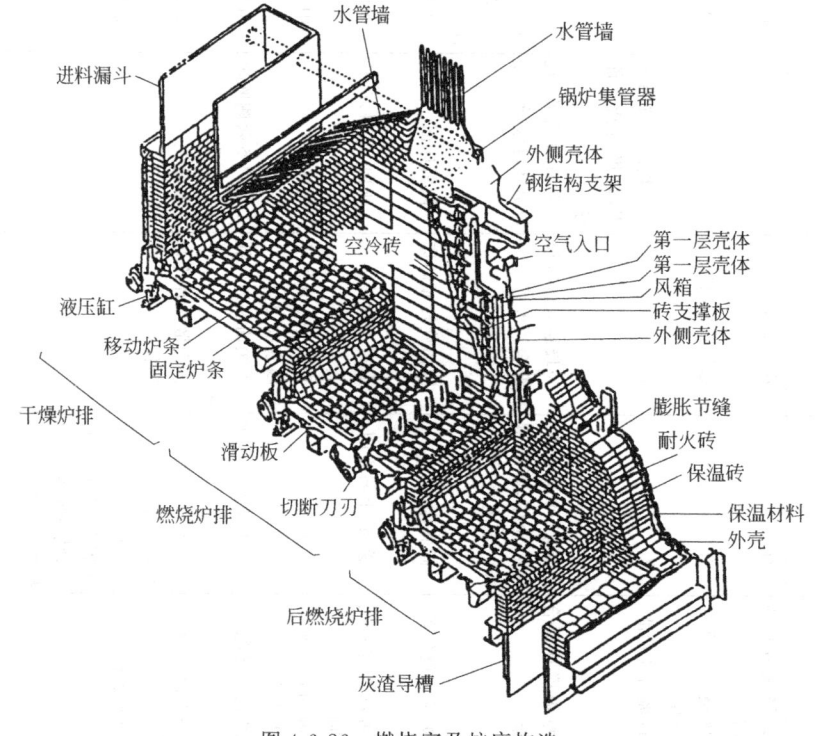

图 4-6-26 燃烧室及炉床构造

炉壁为可耐高温的耐火砖墙，燃烧火焰最高温度约为 1000℃ 以上，耐火砖墙的外部，须有足够厚度的保温绝热材料及外壳，使炉壁气密性好，避免高温气体外泄。炉体顶部大部分均为水墙构造，其目的是吸收燃烧室高温的辐射热，保护炉壁，同时也可增加锅炉的传热面积，提高锅炉的蒸气产量。炉壁的构造分为砖墙、不定型耐火砖墙、空冷砖墙以及水墙四种。

(1) **砖墙** 砖墙的结构依其功能可分为耐火砖及断热耐火砖两种，常用于炉体的主结构。其构筑方式如图 4-6-27 所示。由于炉膛温度较高，同时被焚烧物料及燃烧后产物，如碱性熔融物，对炉衬有腐蚀性，一般选用氧化铝含量较高的高铝耐火材料和抗碱性腐蚀的铬镁质、镁质及铝镁质耐火材料。

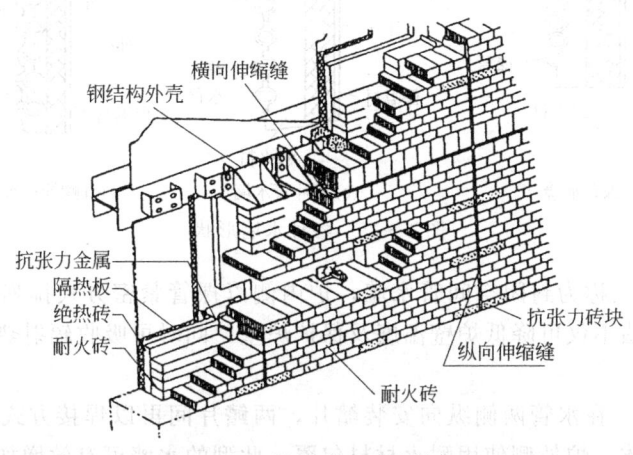

图 4-6-27 炉壁耐火砖构筑方式

(2) **不定型耐火砖墙** 不定型耐火砖墙其主要材料为铸性水泥或塑性水泥，其构造为炉体的壳板，在适当的位置焊接交错排列钩钉，依所需施工厚度选择涂抹（最大厚度 50～75mm）、喷浆（最大厚度 150mm）或灌铸（厚度大于 80mm 以上）。可以避免由于炉内高温的热变化所发生的膨胀与收缩反复进行，导致耐火砖的脱落，为防止炉体产生龟裂现象，在适当的位置（约 1m²），须留有伸缩节缝。不定型耐火墙的优点为复杂形状可易于成形，但其缺点为筑炉的技术较复杂及费用较高。

(3) **空冷砖墙** 空冷砖墙的构造如图 4-6-28 所示，在砖墙的外侧加设一道板式热交换器，利用炉内的焚烧所产生的热源与欲进入炉内的助燃冷空气进行热交换，一方面降低炉壁

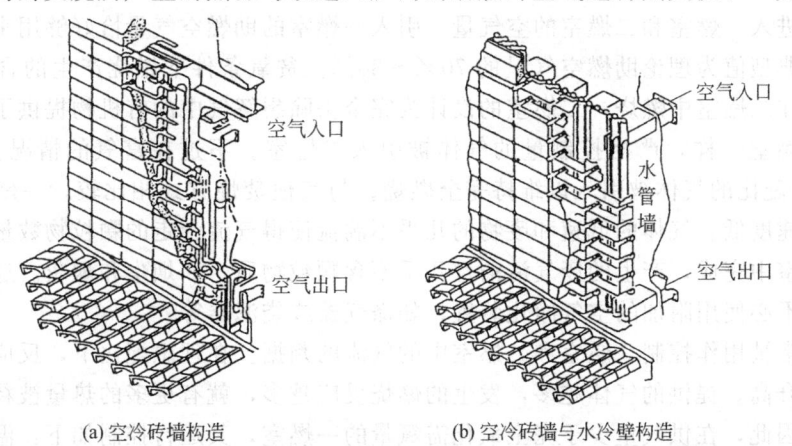

(a) 空冷砖墙构造   (b) 空冷砖墙与水冷壁构造

图 4-6-28 改良型炉壁构造

温度，另一方面可回收废热，并同时可因降低炉体温度而避免炉壁附着熔渣及抑制氮氧化物的产生，有利于燃烧。但炉体构造因此较复杂，不易维修。

（4）水墙 水墙又称为水管墙，是在燃烧室的顶部或侧壁的位置配置水管，以吸收炉内辐射及增加锅炉传热面积，降低炉壁温度并保护炉壁。水墙的种类依构造可分为裸管水墙、鳍片管水墙、螺栓管水墙，如图 4-6-29 所示。

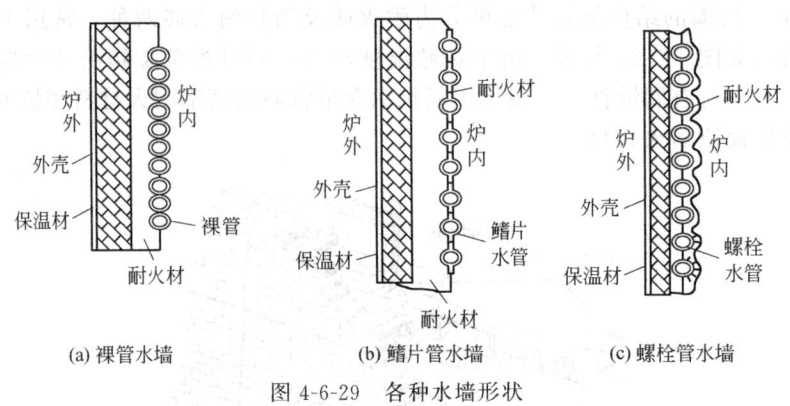

(a) 裸管水墙　　　　(b) 鳍片管水墙　　　　(c) 螺栓管水墙

图 4-6-29　各种水墙形状

① 裸管水墙 又称为封闭空间管水墙，炉内侧以裸管紧密方式排列，炉外侧使用耐火材料包覆。此型水墙不仅可降低炉壁温度及保护炉壁，同时可吸收辐射热，有效降低燃烧室出口的气体温度。

② 鳍片管水墙 在水管两侧纵向安装鳍片，两鳍片间再以焊接方式连接，炉内侧鳍片管单面接触燃烧气体，炉外侧使用耐火材料包覆，此型的水墙可有效增加水墙的传热面积。

③ 螺栓管水墙 在裸管上焊装交错排列的螺栓，表面施以耐火材料包覆，其目的为当燃烧室的温度较高，或需抵抗熔灰腐蚀时，可借此耐火材料保护水墙管，此型的水墙的传热面积较小，可降低燃烧气体对于水墙的热传递率，以充分保护炉壁，此型构造多应用于接近炉排的位置。

四、控气式焚烧炉

（一）控气式焚烧炉特点

控气式焚烧炉的特点是由一个一燃室和一个二燃室两部分组成，分两段燃烧。操作过程中严格控制进入一燃室和二燃室的空气量。引入一燃室的助燃空气量恰好够用来满足为燃烧提供热量，典型值为理论助燃空气量的 70%～80%。贫氧条件下燃烧产生的含有易燃组分的裂解气体在二燃室中燃烧，二燃室的设计为完全去除裂解气中的有机物提供了足够的停留时间。同一燃室一样，严格控制量的气体被引入二燃室。不过在富氧的情况下，140%～200% 的理想配比的气体被引入以维持完全燃烧。与其他焚烧方式相比较，一燃室中烧废物的气体量小速度低。气体的低速和废物的几乎不湍流使得气流带走的颗粒物数量最少。完全燃烧在二燃室中完成，产生的废气清洁且几乎不含颗粒物质，如烟尘和烟灰。通常可以满足排气标准而不必使用附加的空气净化装置，如涤气器或袋滤器等。

温度通常被用作控制一燃室和二燃室中的气流的判据。在理想配比下，反应温度随着气量的增大而升高。提供的气体越多，发生的燃烧反应越多，就有更多的热量被释放出来，使温度更高。因此，在供气量少于完全氧化需氧量的一燃室，其运行控制如下：温度升高时减小进气量；温度降低时增大进气量。二燃室是为完全焚烧设计的，其供气量多于理想配比的供气量。在理想配比的状况下，可燃物质会完全燃烧。过量的气体会使裂解气体熄灭，也就是说，会降低尾气的温度。因此，二燃室的运行控制如下：温度升高，增大进气量；温度降低，减小进气量。

（二）模组式固定床焚烧炉

模组式固定床焚烧炉是先在工厂内铸造好，再运到现场组装。焚烧炉包括两个圆筒状，内敷耐火砖的碳钢制成的燃烧室（图 4-6-30），通常不设置昂贵而复杂的空气污染控制系统，仅以粒状污染物控制为主。主燃烧室内成阶梯形，每阶梯间装有输送杆，每隔 7～8min 即往前推进一次，便于废物及灰渣的移动。每个燃烧室至少装置一个辅助燃烧器，以维持炉内温度。为了避免不完全燃烧气体外泄，炉内的压力略低于炉外，主燃烧室底部装有空气导管，以吸取炉外的空气。

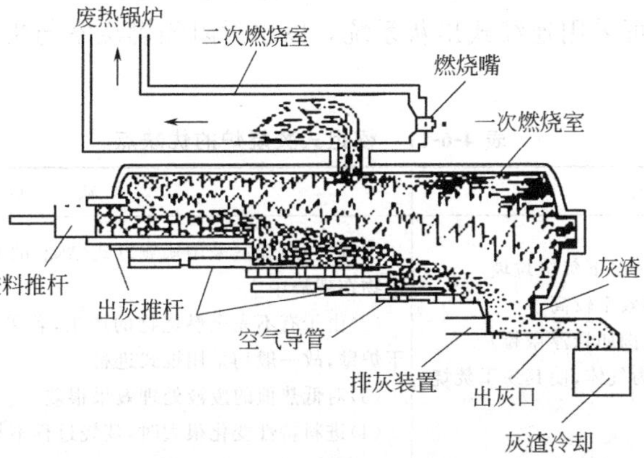

图 4-6-30 控气式模组焚烧炉构造

早期的设计中，进料通过堆高机或槽车举升翻转方式将废物送到进料斗；一燃室内供风量小、温度在 700℃左右，能使生垃圾热解，避免风量过大将大量不完全燃烧的悬浮微粒带入第二燃烧室中；在二燃室再以辅助燃油及超量助燃空气将燃烧温度提升到 1000℃以上，以完全氧化不完全燃烧的烃类化合物。

主燃烧室内的温度（或燃烧速率）的变化呈周期性（见图 4-6-31），但顺序控制进料杆及输送杆的移动可以降低温度上下的幅度。此外，将水蒸气喷入主燃烧室内，也可调节温度的变化，同时减少一氧化碳的产生。由于温度起伏不定，炉内耐火砖经常承受热震，耐火材料必须经常修补。

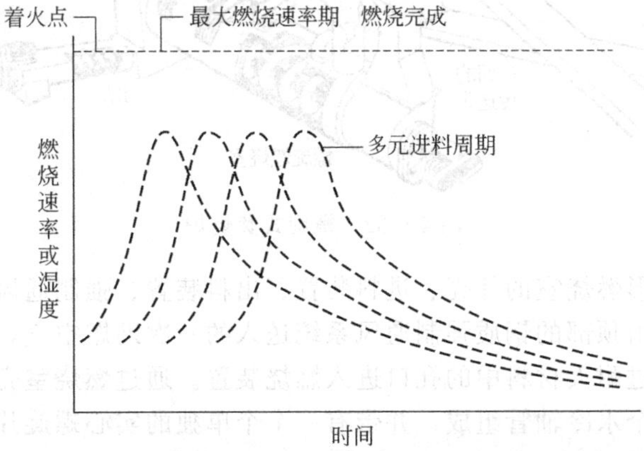

图 4-6-31 控气式模组焚烧炉主燃烧室温度变化曲线

空气控制式模组焚烧炉由于燃烧情况较缺氧式好，而且可以自动连续进料及排灰，废热亦可回收，产生蒸汽及热水，已经成为主要的小型废物焚烧炉，普遍为一般学校、机关、医院、工厂及小型乡镇使用。适用于废纸、城市垃圾和医疗垃圾的处理，也可用于焚烧其他一般固体、液体及污泥废物，但不是特别适合危险废物焚烧使用。

模组式焚烧炉的优缺点比较见表 4-6-11。最大的缺点是，由于主燃烧室内氧气含量低于完全燃烧最低需求，燃烧温度不高，且定时往前水平推移的半固定床对垃圾的搅拌能力不大，致使固体废物难以完全燃尽、残灰中含碳量较高。此种设计已不普遍，后期所发展的模组式焚烧炉亦有两个燃烧室均采用超空气系统来设计。一般设计中，为了降低排气中粉尘含量，主燃烧室的过剩空气量维持在 20%～30% 左右，二次燃烧室内过剩空气量为 100%～140%，以确保气体完全燃烧。主燃烧室内的温度控制于 760～980℃ 之间，二次燃烧室的温度约 900～1100℃ 之间。入料方式上有用螺旋推进器连续进料，也有以推进臂配合进料斗进行批次进料。出灰时可采用连续式出灰系统，以水封阻隔燃烧室与集灰坑。目前处理容量单炉在 200t/d 以下。

表 4-6-11　模组式焚烧炉的优缺点

优　点	缺　点
(1)有能源回收的潜力 (2)可在不需大量辅助燃油情况下焚烧垃圾 (3)使用的助燃空气较少,热效率较高 (4)减少空气污染物的排放(例如悬浮微粒) (5)将有机烃类化合物转变为气体,使其易于焚烧 (6)不需垃圾前处理 (7)建造成本较低	(1)因一燃烧室采用缺氧方式燃烧,故有较高的不完全燃烧的烃类化合物在残渣中 (2)由于有不完全燃烧物的产生,若采用连续式进料,其产物易附着于炉壁,故一般均采用批式进料 (3)对低热值的废液处理效果很差 (4)进料特性变化很大时,焚烧过程不易操控

（三）螺旋式焚烧炉

螺旋式焚烧炉是由华盛顿州西雅图的波音（Boeing）工程和建筑公司开发的，如图 4-6-32 所示。

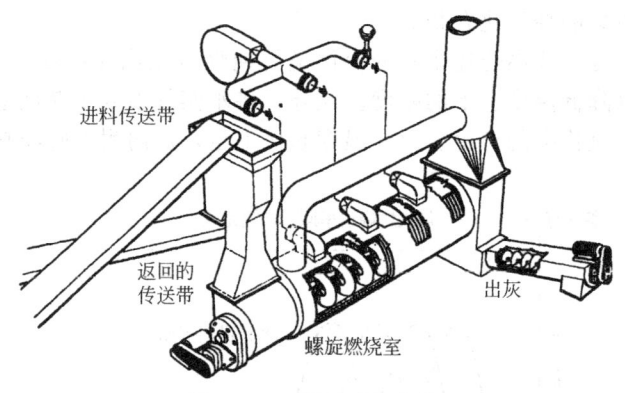

进料传送带

返回的
传送带

出灰

螺旋燃烧室

图 4-6-32　螺旋式焚烧炉

一燃室包括圆柱形燃烧室的外壳、进料装置、出料装置、强制通风系统、集灰器和不等螺距的螺旋推进器。由顶部的钢质强制通风系统送入的一次助燃空气，经过嵌在耐火材料中安装成环形的管子通过耐火材料中的孔口进入燃烧装置。通过燃烧室壳内不等距螺旋旋转输送废物。螺旋是由一个水冷轴管组成，并带有一个个单独的实心螺旋片，其后面有几个用拉焊固定在轴上的螺旋状耐热金属片。在火下方和火上方都供给燃烧空气，分为三个区（初级、第二级和第三级）控制，以保证燃料连续通过燃烧室的过程中，更精确地调节空气与燃料比。

二燃室是一个有双层炉壁、耐火砖衬里并垂直安装着的圆柱体，通过壳体中的多个孔口强制通风。还有一个贮灰器、一个冲洗槽和一个热气出口。

其特点是一燃室内有一非等距螺旋推动废物在初级燃烧室内移动。经过破碎的废物（要求90%小于20cm）以一定的控制速度进入燃烧室，并由螺旋推进器的第一个螺旋片推成一堆。然后废物被螺旋推动滚过燃烧室。在螺旋推动废物移动时，也起到了搅拌物料的作用，从而使废物物料最大限度地与注入燃烧室的空气相接触。当物料经过燃烧，体积减小时，推动物料移动的螺旋螺距也相应地减小。废物床的搅拌作用与准确控制注入空气相结合，使一燃室在均匀的中等气体温度下运行，废物在不完全燃烧的情况下接近气化。

燃烧室排出尾气向上通过热导管再向下进入后燃烧室完全燃烧。后燃烧室中的旋风气流也能分离去除从燃烧室中带走的大部分颗粒，注入后燃烧室的空气可以将后燃烧室排出气体的温度控制在使灰分初始软化的最低温度以下的安全水平。

燃烧室和后燃烧室都通过预热空气冷却，即注入每一个装置的空气，在注入之前首先通过该装置的换热结构，使空气预热，同时也使装置得到冷却，从而减少了热损失并改善了运行性能。

螺旋燃烧室系统具有以下优点：运行可靠而清洁；物料通过量高；气化器的温度低；后燃烧室只有气体燃料燃烧，因而能精确地控制火焰的结构和温度；材料寿命长（耐火材料和螺旋）；可全部自动控制；能焚烧各种复杂的固体废物。螺旋燃烧室系统可用于处理污泥和破碎后的固体废物。目前，螺旋燃烧室系统主要用于城市固体废物的处置和废能的回收，这种设计也有可能用于处理有毒危险废物。

（四）熔渣高温气化焚烧炉

该型焚烧炉又称安德科-托拉克斯（ANDCO-TORRAX）热解焚烧炉，是由燃气发生器和后续二燃室组成的立式焚烧炉，如图4-6-33所示。垃圾靠重力落入燃气发生器，自上而

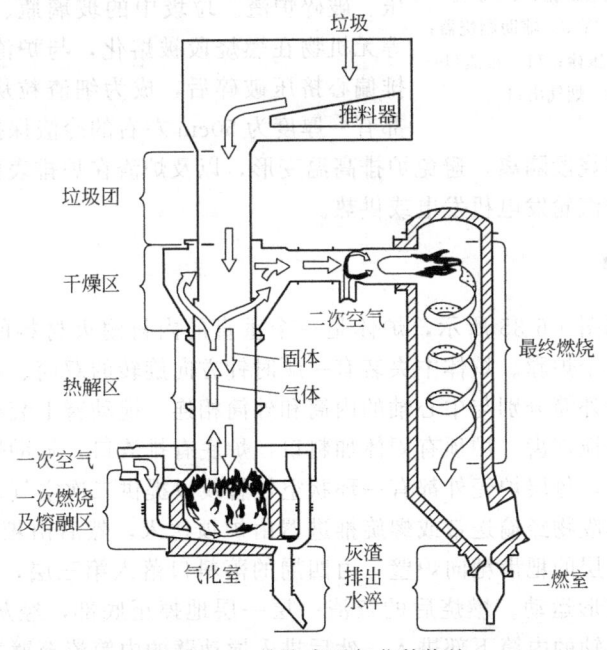

图 4-6-33　熔渣高温气化焚烧炉

下通过烘干区、热解区和燃烧/熔融区；预热空气吹入燃气发生器的炉底，其温度约为1038℃。它使热解后残留的炭燃烧，产生的热量使惰性物质熔化，使往下落的垃圾热解。高温产生的熔渣在炉底（温度达1650℃），连续地从出渣口流出，落入水冶槽生成黑色的惰性颗粒材料，残留物的体积约为装入燃气发生器垃圾体积的3%。燃气发生器的热解气体温度在427~538℃之间，热值低，其范围为3730~5595kJ/m³。从切线方向进入二级燃烧室，在此与空气进行充分的燃烧，产生温度为1205~1260℃的废气。二级燃烧室的热气体中大约15%被引入装有耐火材料的热交换器，一次燃烧空气在这里被加热到1038℃后送入燃气发生器。二级燃烧室剩下的85%热气体被送往废热锅炉生产蒸汽。废气一般采用常规的静电除尘器净化。

（五）立式旋转热解焚烧炉

立式旋转热解焚烧炉由自动进料系统、焚烧系统、排渣系统、烟气处理系统、自动检测与控制系统、余热利用系统组成等。其结构示意见图4-6-34。

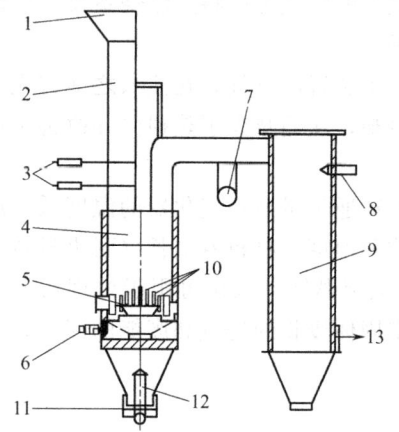

图4-6-34　立式旋转热解焚烧炉

1—料斗；2—进料仓；3—上、下进料叉杆；4—第一燃烧室；5—旋转炉排；6—炉排驱动装置；7—二次风入口；8—辅助燃烧器；9—第二燃烧室；10—挤压棒；11—排渣口；12—进风管；13—烟气出口

垃圾由垃圾吊抓取投入城市生活垃圾焚烧炉顶部的料斗，溜入进料仓，由加料控制器将垃圾连续不断地送入城市生活垃圾焚烧炉内，并均匀布料。炉内垃圾受自下而上的高温烟气对流及辐射加热，升温、干燥、热解、燃烧，烟气进入第二燃烧室，在（900±50）℃的高温下充分燃烧，再经烟道式余热锅炉吸热降温至200℃，经烟气处理系统净化达标后排入大气。

立式旋转热解焚烧炉单炉处理量在50~230t/d之间，可处理热值在4180~12540kJ/kg之间的垃圾，燃用的垃圾无需进行分选或其他预处理。立式旋转热解焚烧炉的机械炉排既可起到均匀布风的作用，又可挤压、破碎炉渣。垃圾中的玻璃瓶、金属铁丝、易拉罐等无机物在燃烧段被熔化，与炉渣烧结在一起，经炉排偏心挤压破碎后，成为细渣粒从炉底排出。炉排顶部有一厚度为50cm左右的冷渣保护层，也即炉内冷却段，将炉排与高温燃烧段隔离，避免炉排高温变形，以及炉渣在炉排表面烧结，余热锅炉产生的蒸汽进入母管送汽轮发电机发电或供热。

五、多层炉

多层炉的结构如图4-6-35所示，炉体是一个垂直的内衬耐火材料的钢质圆筒，内部分成许多层，每层是一个炉膛。炉体中央装有一顺时针方向旋转的双筒、带搅动臂的中空中心轴，搅动臂的内筒与外筒分别与中心轴的内筒和外筒相连。搅动臂上装有多个方向与每层落料口的位置相配合的搅拌齿。炉顶有固体加料口，炉底有排渣口，辅助燃烧器及废液喷嘴则装置于垂直的炉壁上，每层炉壳外都有一环状空气管线以提供二次空气。

污泥及粒状固体废物经输送带或螺旋推进器由炉顶送入，然后由耙齿耙向中央的落口，落入下一层，再由下层的耙齿耙向炉壁，由四周的落料口落入第三层，以后依次向下移动，物料在炉膛内呈螺旋形运动。燃烧后的灰渣一层一层地掉至底部，经灰渣排除系统排出炉外。助燃空气由中心轴的内筒下部进入，然后进入搅动臂的内筒流至臂端，由外筒回到中心

轴的外筒，集中于筒的上部，再由管道
送至炉底空气入口处进入炉膛。入口空
气已被预热到 150～200℃。进入炉膛
的空气与下落的灰渣逆流接触，进行热
量交换，既冷却了灰渣又加热了空气。
由于搅拌棒不时地搅动固体，固体可充
分接触热空气而燃烧。

多层床焚烧炉由上至下可分成三个
区域：干燥区、燃烧区和冷却区。炉子
上部几层为干燥区，其平均温度在
430～540℃之间，主要的作用为蒸发废
物中所含的水分。由加料口进来的滤饼
与高温燃烧废气接触，进行干燥。最初
加入的滤饼黏性比较大，耙齿一方面进
行搅拌，一方面进行破碎，使表面增大
从而增加干燥速度。燃烧反应主要发生
在高温（760～980℃）的中间几层。由
于废物在炉内停留时间较长，几乎完全

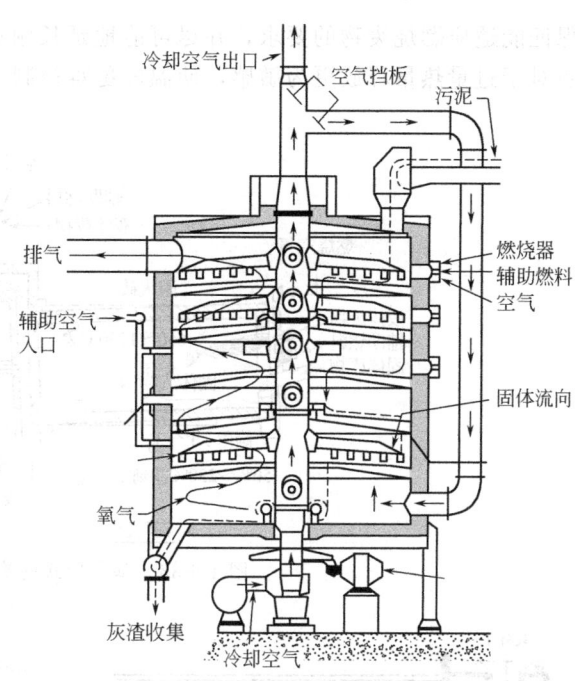

图 4-6-35　多层焚烧炉内部构造

燃烧。燃后的灰渣进入下部冷却区（150～300℃）与进来的冷空气进行热交换，冷却到
150℃排出炉外。如要辅助燃料时，过量空气率采用 50%～60%，以减少过量空气带走的热
量。有些设计还包含一个二次燃烧器以确保挥发性有机蒸气的完全燃烧。

多段炉的特点是废物在炉内停留时间长，能挥发较多水分，适合处理含水率高、热值低
的污泥，可以使用多种燃料，燃烧效率高，可以利用任何一层的燃料燃烧器以提高炉内温
度。但由于物料停留时间长，调节温度时较为迟缓，控制辅助燃料的燃烧比较困难。此外，
该燃烧器结构繁杂、移动零件多、易出故障、维修费用高，且排气温度较低，产生恶臭，排
气需要脱臭或增加燃烧器燃烧。用于处理危险废物则需要二次燃烧室，提高燃烧温度，以除
去未燃烧完的气体物质，此设备广泛应用于污泥的焚烧处理，但不适用于含可熔性灰分的废
物以及需要极高温度才能破坏的物质。

六、旋转窑式焚烧炉

旋转窑是一个略为倾斜而内衬耐火砖的钢质空心圆筒，窑体通常很长。大多数废物物料是由
燃烧过程中产生的气体以及窑壁传输的热量加热的。固体废物可从前端送入窑中，进行焚烧，以
定速旋转来达到搅拌废物的目的。旋转时须保持适当倾斜度，以利固体废物下滑。此外，废液及
废气可以从前段、中段、后段同时配合助燃空气送入，甚至于整桶装的废物（如污泥），也可整
桶送入旋转窑焚烧炉燃烧。但这种多用途的旋转窑式焚烧炉在备料及进料上较复杂。

每一座旋转窑常配有 1～2 个燃烧器，可装在旋转窑的前端或后端，在开机时，燃烧器
负责把炉温升高到要求的温度后才开始进料，其使用的燃料可为燃料油、液化气或高热值的
废液。进料方式多采用批式进料，以螺旋推进器配合旋转式的空气锁。废液有时与垃圾混合
后一起送入，或借助空气或蒸汽进行雾化后直接喷入。二次燃烧室通常也装有一到数个燃烧
器，整个空间约为第一燃烧室的 30%～60%，有时也设有若干阻挡板配合鼓风机以提高送
入的助燃空气的搅拌能力。

由于驱动系统在旋转窑体之外，所以维护要求较低。必须仔细地确定旋转窑的大小，以

便保证能适应燃烧废物的要求，并尽可能地延长耐火材料的寿命。随着旋转窑尺寸的减小，设备对于过量热量释放更为敏感，使温度更难控制。

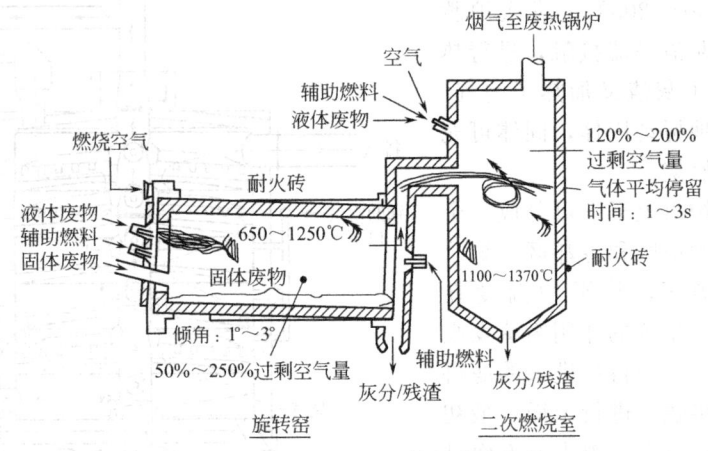

图 4-6-36 基本形式的旋转窑焚烧炉

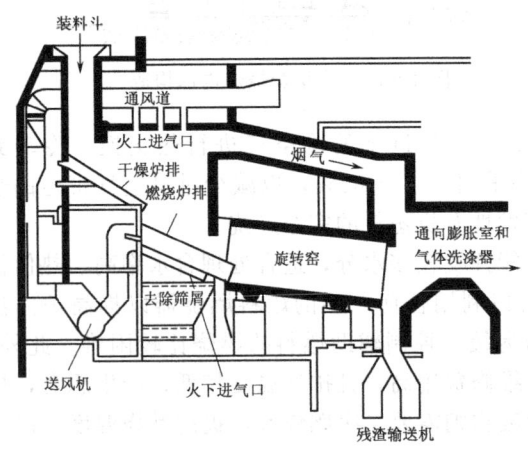

图 4-6-37 具有废物干燥区的旋转窑焚烧炉

旋转窑焚烧炉有两种类型：基本形式的旋转窑焚烧炉和后旋转窑焚烧炉。基本形式旋转窑焚烧炉如图 4-6-36 所示。该系统由旋转窑和一个二燃室组成。当固体废物向窑的下方移动时，其中的有机物质就被销毁了。在旋转窑和二燃室中都使用液体和气体废物以及商品燃料作为辅助燃料。后旋转窑焚烧炉如图 4-6-37 所示，这种旋转窑可以用来处理夹带着任何液体的大体积的固体废物。在干燥区，水分和挥发性有机物被蒸发掉。然后，蒸发物绕过转窑送入二燃室。固体物质进入转窑之前，在通过燃烧炉排时被点燃。液体和气体废物则送入转窑或二燃室。在这两种结构中，二燃室能使挥发性的有机物和由气体中的悬浮颗粒所夹带的有机物完全燃烧。在设备中遗留下来的灰分主要为灰渣和其他不可燃烧的物质，如空罐和其他金属物质。通常将这些灰分冷却后排出系统。

气、固体在旋转窑内流动的方向有同向及逆向两种。逆向式可提供较佳的气、固体混合及接触，可增加其燃烧速率，热传效率高，但是由于气、固体相对速度较大，排气所带走的粉尘数量也高。在同向式操作下，干燥、挥发、燃烧及后燃烧的阶段性现象非常明显，废气的温度与燃烧残灰的温度在旋转窑的尾端趋于接近。但目前绝大多数的旋转窑焚烧炉为同向式，主要的原因为同向式炉型设计不仅适于固体废物的输入及前置处理，同时可以增加气体的停留时间。逆向式旋转窑较适用于湿度大、可燃性低的污泥。

旋转窑依其窑内灰渣物态及温度范围，可分为灰渣式及熔渣式两种。灰渣式旋转窑焚烧炉通常在 650～980℃ 之间操作，窑内固体尚未熔融；而熔渣式旋转窑焚烧炉则在 1203～1430℃ 之间操作，废物中的惰性物质除高熔点的金属及其化合物外皆在窑内熔融，焚烧程度比较完全。熔融的流体由窑内流出，经急速冷却后凝固，类似矿渣或岩浆的残渣，透水性低，颗粒大，可将有毒的重金属化合物包容其中，因此其毒性较灰渣式旋转窑所排放的灰渣低。当处理桶装危险废物占大多数时，即须将旋转窑设计成熔融式。熔融渣旋转窑焚烧炉平时亦可操作在灰渣式的状态。此外，若进料以批式进行，则可称此种旋转窑为振动式。熔渣式旋转窑运转极为困难，如果温度控制不当，窑壁上可能附着不同形状的矿渣，熔渣出口容易堵塞。如果进料中含低熔点的钠、钾化合物，熔渣在急速冷却时，可能会产生物理爆炸的危险。

物料在回转窑内运动复杂，运动方式呈周期性的变化，或埋在料层里面与窑一起向上运动，或到料层表面上降落下来。但只有在物料颗粒沿表面层降落的过程中，它才能沿着窑长方向前进。废物在旋转窑内停留时间较长，有的可达几个小时，这由窑的炉长与直径之比（L/D）、转速、加料方式、燃烧气流流向及流速等因素而定。

旋转窑焚烧炉是一种适应性很强，能焚烧多种液体和固体废物的多用途焚烧炉。除了重金属、水或无机化合物含量高的不可燃物外，各种不同物态（固体、液体、污泥等）及形状（颗粒、粉状、块状及桶状）的可燃性废物皆可送入旋转窑中焚烧。

旋转窑焚烧炉的一般优缺点分析见表 4-6-12。

表 4-6-12　旋转窑焚烧炉的优缺点

优　点	缺　点
（1）进料弹性大，可接受固、液、气三相废物，接纳固、液两相混合废物，或整桶装的废物 （2）可在熔融状态下焚烧废物 （3）旋转窑配合超量空气的运用，搅拌效果很好 （4）连续出灰不影响焚烧进行 （5）旋转窑内无运动零件 （6）调控旋转窑的转速，可调节垃圾停留时间 （7）各类废物通常不须预热 （8）二燃室温度可调控，能确保摧毁残余的毒性物质	（1）建造成本较高 （2）要小心操作及维护内衬的耐火砖 （3）圆球形的固体废物易滚出旋转窑，不易完全燃烧 （4）通常须供应较高的过剩空气量 （5）烟道气的悬浮微粒较高 （6）供应的过剩空气量较高，故系统热效率较低 （7）污泥烘干及固体废物熔融的过程中易形成熔渣

七、流化床焚烧炉

流化床焚烧炉燃烧原理是借着砂介质的均匀传热与蓄热效果以达到完全燃烧的目的，由于介质之间所能提供的孔道狭小，无法接纳较大的颗粒，因此若是处理固体废物，必须先破碎成小颗粒，以利反应的进行。助燃空气多由底部送入，炉膛内可分为栅格区、气泡区、床表区及干舷区。向上的气流流速控制着颗粒流体化的程度，气流流速过大时会造成介质被上升气流带入空气污染控制系统，可外装一旋风集尘器将大颗粒的介质捕集再返送回炉膛内。空气污染控制系统通常只需装置静电集尘器或滤袋集尘器进行悬浮微粒的去除即可。在进料口加一些石灰粉或其他碱性物质，酸性气体可在流化床内直接去除，此为流化床的另一优点。

可用于处理废物的流化床的形态有五种：气泡床、循环床、多重床、喷流床及压力床。前两种已经商业化，后三种尚在研发阶段，气泡床多用于处理城市垃圾及污泥，循环床多用于处理有害工业废

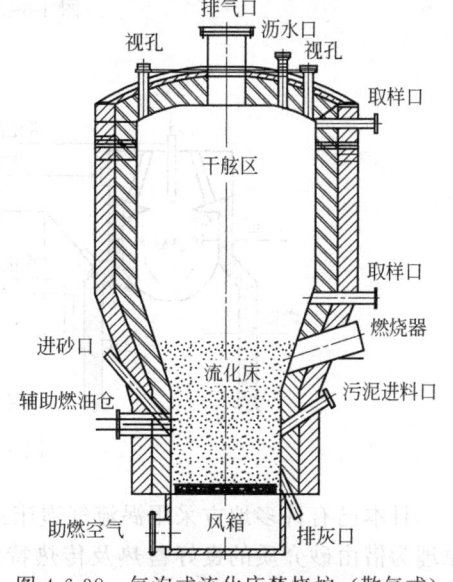

图 4-6-38　气泡式流化床焚烧炉（散气式）

物。气泡式及循环式流化床的构造如图 4-6-38 及图 4-6-39 所示。气泡床是将不起反应的惰性介质（如石英砂）放入反应槽底部，借着风箱的送风（助燃空气）及燃烧器的点火，可以将介质逐渐膨胀加温，由于传热均匀，燃烧温度可以维持在较低的温度，因此氮氧化物产量也较低，同时若在进料时掺入石灰粉末，则可以在焚烧过程中直接将酸性气体去除，所以焚烧过程也同时完成了酸性气体洗涤的工作。一般焚烧的温度范围多保持在 400～980℃，气泡床的表象气体流速约在 1～3m/s 之间，因此有些介质颗粒会被吹出干舷区，为了减少介质补充的数量，故可外装一旋风集尘器，将大颗粒的介质捕集回来，介质可能在操作过程中逐渐磨损，而由底灰处排出，或被带入飞灰内，进入空气污染控制系统。由于流化床中的介质是悬浮状态，气、固间充分混合、接触，整个炉床燃烧段的温度相当均匀；有些热交换管可安装于气泡区，有些则在干舷区；有些气泡式和涡流式流化床，在底部排放有砂筛送机及砂循环输送带，可以排送较大颗粒的砂，经由一斜向的升管返送回炉膛内。在气泡区亦可设置热交换管以预热助燃空气。流化床和旋转窑一样，炉膛内部并无移动式零件，因此摩擦较低。格栅区、气泡区、床表面区提供了干燥及燃烧的环境，有机性挥发物质进入废气后，可在干舷区完成后燃烧，所以干舷区的作用有如二次燃烧室。

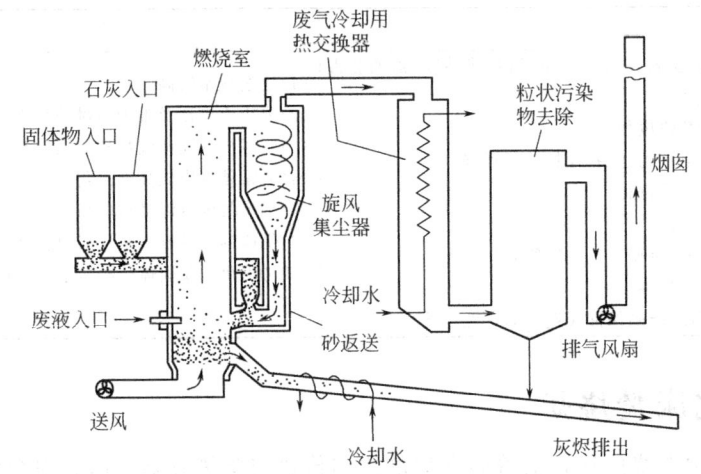

图 4-6-39 循环流化床焚烧炉

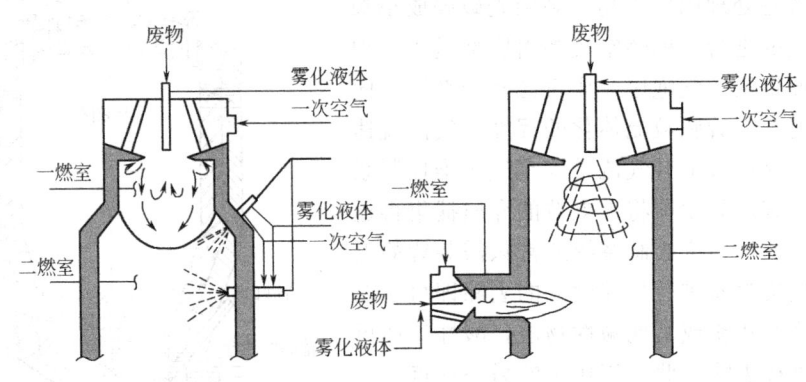

图 4-6-40 两级焚烧炉

日本已有许多地方采用涡流气泡床式流化床焚烧炉来焚烧城市垃圾。此型流化床焚烧的原理为借由砂介质的良好蓄热及传热特性，助燃空气一般由砂床下的风箱自下而上送入砂床，使砂床向上膨胀，因垃圾含水量较高，需要较长的停留时间及搅拌程度，但炉壁四周因设计成曲折形状，使得上升的空气碰撞曲折部位而往下形成涡流，大大增强了扰动的效果。若能在进料时加入石灰，流化床本身则成为一座良好的酸性气体洗涤塔，因此排出的废气仅须去除悬浮微粒即可。废气可导入下游的废热回收锅炉或冷却塔，再进入静电集尘器去除粒状污染物。蒸汽亦可送到涡轮发电机发电。底灰排出后可以经由振动筛及磁选机进行金属回收后，再与飞灰混合进行固化处理。

八、液体喷射式焚烧炉

液体喷射焚烧炉能够用来有效地处理各种可泵送的废物，从通常不易完全燃烧的废弃物（如污水），到全部是有机化合物（如废溶剂）的废物，都属于液体喷射焚烧炉的应用范围。液体喷射式焚烧炉是最常见的液体危险废物焚烧炉。凡是流动性的废液、泥浆及污泥皆可用它销毁。

（一）基本结构

通常，液体喷射焚烧炉是由两级组成。第一室通常有一个燃烧喷嘴，用以燃烧输入的可燃液体和气体废物。不易燃烧的液体和气体废物往往不经过燃烧喷嘴，而从后部进入第二室。图4-6-40表示了两级系统的示意图。单级焚烧系统只能用于处理可燃性废物。

（二）类型

废物焚烧炉的结构由废液的种类、性质和所采用的废液喷嘴的形式来决定。炉型有立式圆筒炉、卧式圆筒炉、箱式炉、回转窑等。液体喷射

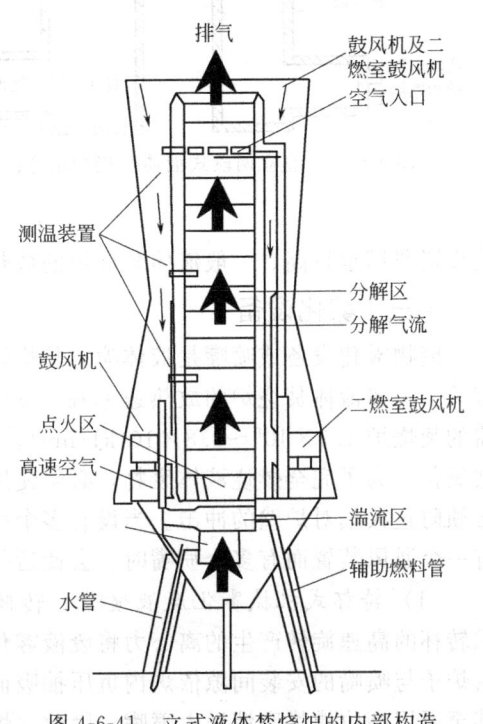

图4-6-41　立式液体焚烧炉的内部构造

焚烧炉的布局可以是水平的、垂直向上燃烧的、垂直向下燃烧的或是倾斜的。采用哪种布局通常要根据废物的特性而决定。液体喷射焚烧炉不含有活动的部件，而且对于维护的要求在各类焚烧炉中是最少的。

最普通的设计为直立或水平的圆筒（图4-6-41及图4-6-42）。高热值废液可由燃烧器喷入炉内直接焚烧，废水及低热值废液则必须添加辅助燃料，以提供维持焚烧温度所需的最低热量。燃烧器喷出的火焰和废液喷出的位置及方向可以调整，以达最佳焚烧效果。燃烧器喷出的火焰不可接触炉壁，否则不仅容易产生烟雾，燃烧无法完全，而且会造成炉壁的过热，或为炭黑附着，导致处理量降低。

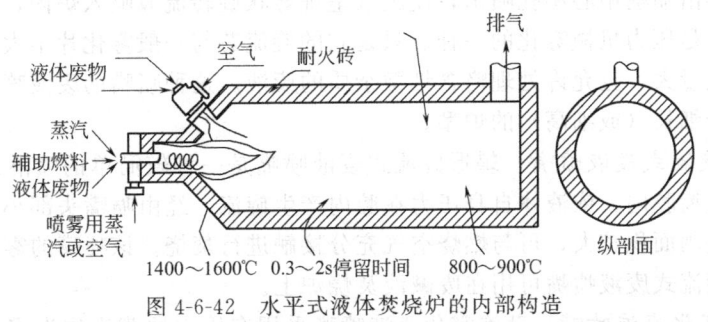

图4-6-42　水平式液体焚烧炉的内部构造

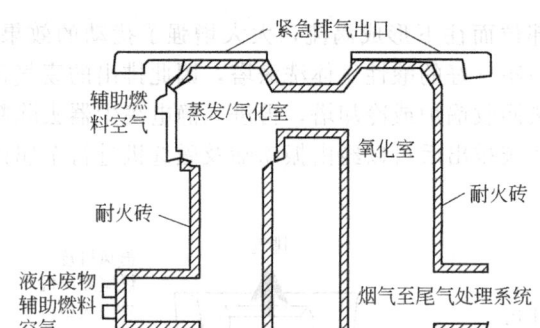

图 4-6-43　直立两段式液体焚烧炉示意图

两段直立式炉（图 4-6-43）具有蒸发室及燃烧室两个部分，废液由蒸发室下端进入炉内，在炉内蒸发、气化后，由氧化室下端排出。气体在炉内曲折式流动，和氧气接触面大，混合度高，因此焚烧效果甚佳。

水分含量高及热值低、灰渣含量低的废液多由水平式炉处理，但是水平式炉易于堆积灰渣，而且不易清除。无机盐类含量高的废液及固体悬浮物多的污泥宜以直立式炉处理。两段式炉适用范围较广，但其投资费用也较高。一般液体焚烧炉的放热率在2～6MW之间。

（三）雾化设备

废物雾化设备或喷嘴是液体喷射焚烧炉的核心，其燃烧情况的好坏与所选用的喷嘴形式有关。一般液体焚烧炉的放热速率在 $3.8 \times 10^5 \sim 1.14 \times 10^6 kJ/hm^3$ 之间，配置旋涡式燃烧器的焚烧炉 $1.5 \times 10^6 \sim 3.8 \times 10^6 kJ/hm^3$。这是由于常规燃烧喷嘴中，液体废物不能有效地被氧化。为了完全燃烧液体废物，必须使用释放热量高的涡流型燃烧喷嘴。燃烧喷嘴的安装必须防止火焰对炉壁的冲击。当设有多个燃烧喷嘴时，还要防止它们彼此之间的干扰。在设有一个通风装置而有多个喷嘴时，会使运行性能受到损失。

（1）**转杯式机械雾化废液喷嘴**　转杯式废液喷嘴是从转杯式燃油烧嘴中引用过来的，靠转杯的高速旋转产生的离心力将废液雾化，燃烧用空气由喷嘴风扇叶片送入，部分空气可由炉子与喷嘴的安装间隙依炉内负压抽吸而入。该喷嘴不需雾化介质，对废液压力要求低，甚至可用高位槽将废液送入喷嘴，因此，炉前管路系统简单，并可装在支架上自由移动，装卸方便，安装检修容易。转杯式废液烧嘴对废液量有较大的调节范围，便于适应操作负荷的变化，其处理的废液量一般在 200kg/h 以下，最大不超过 1000kg/h。

（2）**加压机械雾化片式废液喷嘴**　该喷嘴是从机械雾化燃油喷嘴中引用过来的，所要求的废液压力一般为 1.5～2.5MPa，适用于不含固体及聚合其他物质的低黏度废液或废油，该喷嘴对废液黏度要求为 $12 \sim 35 mm^2/s$。机械雾化片式喷嘴有简单压力式和中心回流式两种形式。简单压力式喷嘴流量的调节是通过变化液体自身压力来实现的，而降低压力要影响废液雾化质量，因此，调节范围小，只适宜于废液能量变化不大的场合。中心回流式喷嘴的流量，可由回流的废液量予以调节，因不会降低废液压力，所以不影响废液的雾化质量。

（3）**旋流式废液喷嘴**　旋流式喷嘴利用废液自身的压力流经喷嘴内的旋流芯，废液在芯中高速旋转再由喷嘴中心小孔喷出，使废液呈细雾状旋转流股喷入炉内，与空气混合进行燃烧。它实际上是压力机械雾化的一种。只是它的旋流芯与一般雾化片不大一样，流道尺寸较大，处理废液量大，且允许处理略含细微杂质的废液。这种喷嘴的废液喷出扩散角小，流股狭长，适宜于细长（或细高）的炉型。

（4）**蝶形旋流式废液喷嘴**　蝶形旋流式废液喷嘴是一种较简单的喷淋式废液喷嘴，废液从切线进入喷嘴腔内，依液体自身压力在腔内产生旋流，经由喷嘴头部小孔使废液沿蝶形帽喷洒出去，喷洒面积较大，可与燃烧空气充分接触进行焚烧。该喷嘴的雾化性能较差，液滴较大。蝶形旋流式废液喷嘴可用在废碱液焚烧炉上。

（5）**蒸汽雾化废液喷嘴**　蒸汽雾化废液喷嘴采用有压力的蒸汽作为雾化介质，在喷嘴内靠多段高速的蒸汽流将废液打碎，使之雾化，废液的液滴雾化得越细小，则与空气接触表面积越大，燃烧条件越好。由于蒸汽具有较高的动能，所以用它作为雾化介质可以处理黏度较高的废液，需处理的废液黏度范围约为 $50 \sim 200 mm^2/s$，甚至可高达 $400 mm^2/s$。缺点是要消耗蒸汽 [一般蒸汽耗量为 $0.2 \sim 0.6 kg/kg$ 废液]，而且蒸汽在炉内也要吸热，消耗能量；对低沸点的废液或废油会产生气化问题而影响雾化。

（6）低压空气雾化式废液喷嘴　低压雾化废液喷嘴是从低压燃油喷嘴引用过来的，雾化介质是助燃空气，所需空气压力较低，动能小，但雾化能力也差，所适应的黏度范围是 $25 \sim 90 mm^2/s$，比机械雾化适用范围大。用它来燃烧废油等黏度相近的可燃有机废液是较适宜的，但不适用于黏度大的废液，也不能用于含有固体微粒及有聚合物废液的焚烧。这种废液喷嘴的处理能力较小，一般用于 100kg/h 以下的场合。最大处理量不超过 300kg/h。

（7）高压空气雾化式废液喷嘴　这类喷嘴亦是从高压空气雾化燃油烧嘴中借鉴而来的，有外混式和内混式两种，一般采用内混式结构。采用高压空气雾化喷嘴，要求废液的黏度为 $50 \sim 150 mm^2/s$，雾化空气压力一般要大于 0.3MPa，雾化空气量为理论空气用量的 $10\% \sim 40\%$ 左右。这种形式的喷嘴流量有较大的调节范围（$13\% \sim 100\%$），对废物的处理量可由每小时几十公斤到两吨。高压空气雾化喷嘴也可以用在各种废液焚烧炉上，喷嘴对炉型并没有太特别的要求。

（8）组合式废液喷嘴　所谓组合式喷嘴是指废液喷嘴和补充的燃料喷嘴合为一体，即用一个喷嘴可同时喷出废液和燃料。这样的组合喷嘴结构紧凑，便于在炉子上布置。组合式喷嘴所焚烧的废液要具有较高的热值，只需补充少量的燃料；不适宜焚烧低热值废液。

（四）工艺应用

液体焚烧炉可以处理任何黏度低于 10000SSU（赛氏通用黏度）的可燃液体废物及污泥。重金属及水分含量高的废物，无机卤液及惰性液体则不适于送入此种炉中焚烧，因为燃烧无法去除此类废物中的有害物质。

液体喷射焚烧炉对于废物的组成、流量的变化是极其灵敏的。因此，有必要采用贮存器和混合器，保证物料的稳定和均匀。液体焚烧炉工作的温度范围是 $1000 \sim 1650℃$，停留时间为 $0.5 \sim 2s$。对时间、温度和过量空气的要求在很大程度上由混合系统的设计、选用的燃烧喷嘴和废物的特性来确定。一般的规律是在相同的温度下，应用短火焰燃烧喷嘴比应用长火焰燃烧喷嘴所需要的时间要短些，废物完全燃烧所需要的过量空气也少些。大多数常规设备的燃烧室释放的热量近似为 $9.3 \times 10^5 kJ/(m^3 \cdot h)$，但涡流型焚烧炉释放的热量约为 $3.7 \times 10^6 kJ/(m^3 \cdot h)$。

要确定所需要的工艺设计参数，有必要对废物进行中间规模的试验。通常大规模的液体喷射焚烧炉设备的性能较好，因为设计小型的混合系统更为困难。

（五）优缺点

优点：可焚毁各种不同成分的液体危险废物，处理量调整幅度大，温度调节速率快，炉内中空，无移动的机械组件，维护费用和投资费用低。

缺点：无法处理难以雾化的液体废物；必须配置不同喷雾方式的燃烧器及喷雾器，以处理各种黏度及固体悬浮物含量不同的废液。

九、气体废物焚烧炉

在实际生产中，因废物中常有废液、废气和废渣，所以在可能的情况下，常将废气与其他废物在同一炉内焚烧，而单独焚烧废气的炉子不多。有的则是将经过一次焚烧尚未彻底焚毁的烟气再次焚烧，相当于某焚烧炉的二次燃烧室。例如，多段耙床炉、回转炉等排出的气体再次焚烧就是这种情况。

气体废物焚烧炉相当于一个用气体燃料燃烧的炉子或固体废物焚烧炉的二次燃烧室，用于高温下将废气中有毒、有恶臭的组分焚毁，成为无害无臭的气体。当废气本身所含的可燃有机质较少，不能维持其所要求的燃烧温度时，则应补充辅助燃料。

废气焚烧炉的炉子结构比较简单，输送废气到炉内进行燃烧比较容易，废气喷嘴结构简单，废气与空气二者之间的混合也较充分，常见类型有下述几种。

（一）通道式废气焚烧炉

这是一种最简单、类似管道式的废气焚烧炉。它将辅助燃料的烧嘴插入废气通道中，靠燃烧的高温气流将废气中有害的组分焚毁。燃料燃烧后的高温气流经一分布板使之铺开到通道截面上，废气逆流通过燃烧气流时，自身所含的有机可燃物也一起燃烧。这种方式对含有的微粒焚烧不够彻底。为了使燃料燃烧后的高温气流与废气充分接触，可用线形气体烧嘴的通道式焚烧炉。该通道可设计成方形，也可设计成圆形的。

（二）扩散式烧嘴型废气焚烧炉

这是一种具有普通燃烧室的气体燃烧炉。废气与燃烧空气进入炉膛气焚烧炉后，气体互相扩散进行混合、燃烧。当废气热值不够，补充辅助燃料时，燃料烧嘴与废气烧嘴需分别设置。由于废气焚烧后的烟气较为干净，故大多数场合设置废热锅炉，回收热量。为了改善燃烧条件，常在炉膛内砌一层花格砖的蓄热墙，使得炉膛有一个高温区，燃烧稳定，并有利于熄火后再次点火。

（三）旋风式废气焚烧炉

旋风式焚烧炉是一个圆柱形的内壁衬有耐火材料的炉子。燃烧空气通过一个沿着焚烧炉壁的主管成切线方向引入炉体，注入的空气产生一个火焰柱体，盘旋着从炉体中排出；废物也通过炉壁经一个或多个喷嘴注入炉内。辅助燃料可以随着废物一起注入，也可以根据需要使用单独的喷嘴，或一个辅助燃烧器注入炉体。

这种结构的焚烧炉改善了废气与高温燃烧气体的混合，废气沿炉身切线方向进入炉内，旋转的废气与燃烧后的高温气流充分接触，激烈搅动，迅速发生氧化反应。由于气体在炉内的涡流，延长了废气在炉内的停留时间，因此焚烧完全、彻底，炉子结构紧凑，应用广泛。直径很小的旋风焚烧设备的燃烧强度可以等于涡旋型燃烧喷嘴的燃烧强度 $3.7 \times 10^7 kJ/(m^3 \cdot h)$。较大的旋风焚烧设备的燃烧强度估计为 $3.7 \times 10^6 kJ/(m^3 \cdot h)$。

（四）采用组合式烧嘴的废气焚烧炉

同组合式废液喷嘴一样，废气可与辅助燃料设计成一个喷嘴，这样不仅结构紧凑，而且废气与燃烧气混合较好，燃烧充分；但对热值低的废气不适用。组合式烧嘴除废气与燃料组合之外，还可以将废气与高热值的废液进行组合。

第四节　废物焚烧炉设计一般原则及要点

一、废物焚烧炉设计一般原则

废物焚烧炉设计的基本原则，是使废物在炉膛内按规定的焚烧温度和足够的停留时间，达到完全燃烧。这就要求选择适宜的炉床，合理设计炉膛的形状和尺寸，增加废物与氧气接触的机会，使废物在焚烧过程中，水汽易于蒸发、加速燃烧，及控制空气及燃烧气体的流速及流向，使气体得以均匀混合。

（一）炉型

在选择炉型时，首先应看所选择炉型的燃烧形态（控气式或过氧燃烧式），是否适合所处理的所有废物的性质。一般来说，过氧燃烧式焚烧炉较适合焚烧不易燃性废物或燃烧性较稳定的废物，如木屑、垃圾、纸类等，而控气式焚烧炉较适合焚烧易燃性废物，如塑料、橡胶与高分子石化废料等；机械炉排焚烧炉适用于城市垃圾的处理，而旋转窑焚烧炉适宜处理危险废物。

此外，还必须考虑燃烧室结构及气流模式、送风方式、搅拌性能好坏、是否会产生短流或底灰易被扰动等因素。焚烧炉中气流的走向取决于焚烧炉的类型和废物的特性。其基本的取向如图 4-6-44 所示，多膛式焚烧炉的取向与流化床焚烧炉一样，通常是垂直向上燃烧的，回转窑焚烧炉通常是向斜下方向燃烧，多燃烧室焚烧炉的燃烧方向一般是水平向的，而液体喷射式焚烧炉、废气焚烧炉及其他圆柱形的焚烧炉可取任意方向，具体形式取决于待焚烧的废物形态及性质。当燃烧产物中含有盐类时，宜采用垂直向下或下斜向燃烧的设计类型，以便于从系统中清除盐分。

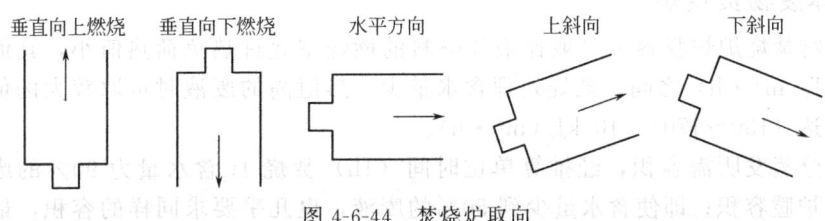

图 4-6-44　焚烧炉取向

焚烧炉的炉体可为圆柱形、正方形或长方形的容器。旋风式和螺旋燃烧室焚烧炉采用圆柱形的设计方案；液体喷射炉、废气焚烧炉及多燃烧室焚烧炉虽然既可以采用正方形也可以采用长方形的设计，但是圆柱形燃烧室仍是较好的结构形式。将耐火的顶部设计成正方形或长方形往往是非常困难的。大型焚烧炉二次燃烧室多为直立式圆筒或长方体，顶端装有紧急排放烟囱，中、小型焚烧炉二次燃烧室则多为水平圆筒形。

（二）送风方式

就单燃烧室焚烧炉而言，助燃空气的送风方式，可分为炉床上送风和炉床下送风两种，一般加入超量空气 100%～300%，即空气比在 2.0～4.0 之间。

对于两段式控气焚烧炉，在第一燃烧室内加入 70%～80% 理论空气量，在第二燃烧室内补足空气量至理论空气量的 140%～200%。因第一燃烧室中是缺氧燃烧，故增加空气流量会提高燃烧温度；但第二燃烧室中是超氧燃烧，增加空气流量则会降低燃烧温度。二次空气多由两侧喷入，以加速室内空气混合及湍流度。

从理论上讲强制通风系统与吸风系统差别很小。吸风系统的优点是可以避免焚烧烟气外漏，但是由于系统中常含有焚烧产生的酸性气体，必须考虑设备的腐蚀问题。

（三）炉膛尺寸的确定

废物焚烧炉炉膛尺寸主要是由燃烧室允许的容积热强度和废物焚烧时在高温炉膛内所需的停留时间两个因素决定的。通常的做法是按炉膛允许热强度来决定炉膛尺寸，然后按废物焚烧所必需的停留时间加以校核。

考虑到废物焚烧时既要保证燃烧完全，还要保证废物中有害组分在炉内一定的停留时间，因此在选取容积热强度值时要比一般燃料燃烧室低一些。

1. 固体废物焚烧炉

炉排式焚烧炉或炉床式焚烧炉的燃烧室（即炉膛）尺寸，要适应各种炉排及炉床的特殊要求，首先应按照炉排或炉床的面积热负荷 Q_R 或机械燃烧强度 Q_f 来决定燃烧室截面尺寸，然后再按燃烧室容积热负荷 Q_V 来决定炉膛高度。燃烧室容积热负荷一般为 $(40\sim100)\times10^4\,kJ/(m^3\cdot h)$，取决于炉型和废物类型，其参考值见表4-6-13。当计算所得容积过小时应适当放大，以便于炉子的砌筑、安装和检修。

表 4-6-13　燃烧室热负荷参考值　　　　单位：$10^4\,kJ/(m^3\cdot h)$

废物类型	炉型		废物类型	炉型	
	炉排式	固定炉床式		炉排式	固定炉床式
一般垃圾	33~84	—	木屑	42~84	—
脱水污泥	—	63~189	废塑料	—	250~295
厨余废物	63~168	—	废橡胶	—	42~84
动物尸体	63~105	—			

2. 液体废物焚烧炉

液体废物焚烧炉炉膛容积一般比液体燃料的燃烧室允许热负荷热值小，其值在 $(92\sim106)\times10^4\,kJ/(m^3\cdot h)$ 之间。焚烧处理含水量少、热值高的废液时可取较大的值，有资料介绍大值可达 $(130\sim170)\times10^4\,kJ/(m^3\cdot h)$。

关于水分蒸发所需容积，经推算单位时间（1h）焚烧1t含水量为90%的废液，需要 $8\sim10.5\,m^3$ 炉膛容积；即使含水量少到50%的废液，也几乎要求同样的容积，最小需 $5\,m^3$ 容积。这个要求可用以核算炉膛尺寸。

在确定废液焚烧炉炉膛尺寸时还应考虑喷嘴的喷射角和射程，避免液滴喷到炉子耐火衬里壁上，导致炉衬损坏。

3. 废气焚烧炉

废气焚烧炉的炉膛基本同气体燃料燃烧室设计，燃烧室热负荷值一般可取 $(80\sim100)\times10^4\,kJ/(m^3\cdot h)$，以此为基准根据可燃废气发热值来确定炉膛容积尺寸。

关于废物焚烧炉炉膛尺寸的大小，即允许容积热强度值的高低，与被焚烧的废物种类、热值、燃烧装置的形式及炉内燃烧工况等因素有关。如果燃烧装置的燃烧效率较高，炉内燃烧温度较高，则可取较高的允许热强度值；反之则取较低值。以上所提供的数值是对一般情况而言，较合宜的数据将根据不同的物料、炉型等因素参照生产实践而定。

（四）燃烧装置与炉膛结构

以液体燃料和气体燃料作为辅助燃料时，由于燃烧速度快，通常可将燃料喷嘴与废物设在同一个燃烧室中。但必须注意，对于热值较低的废液喷嘴或废气喷嘴的设置应远离燃料喷嘴。即要避免冷的废物气流（尤其是含有大量水的废液）喷到燃烧点火区，否则将导致点火区温度急剧下降，使燃烧条件变差，从而影响废液、废气的焚烧。因此合理地布置燃料喷嘴的位置及废液（废气）喷嘴的位置是很重要的。即应使废液（废气）喷到燃料完全燃烧后的区域中去；如果一次燃烧不能完全，则应设置二次燃烧喷嘴。对于固体废物的焚烧，则燃料喷嘴通常是对废物进行加热的。

当焚烧具有相当热值的废液或废气时，只需补充少量的燃料油或煤气。如有可能可以设计成组合式燃烧喷嘴。组合式燃烧喷嘴既可作燃料喷嘴，又可作废液喷嘴或废气喷嘴。这样不仅结构紧凑，而且废液（废气）与高温气流的接触情况也有所改善。

设计燃烧喷嘴时应注意的要点有：

① 第一燃烧室的燃烧喷嘴主要用于启炉点火与维持炉温，第二燃烧室的燃烧喷嘴则为维持足够温度以破坏未燃尽的污染气体。

② 燃烧喷嘴的位置及进气的角度必须妥善安排，以达最佳焚烧效率，火焰长度不得超过炉长，避免直接撞击炉壁，造成耐火材料破坏。

③ 应配备点火安全监测系统，避免燃料外泄及在下次点火时发生爆炸。

④ 废物不得堵塞燃烧喷嘴火焰喷出口，造成火焰回火或熄灭。

（五）炉衬结构和材料

炉衬材料要根据炉膛温度的高低选用能承受焚烧温度的耐火材料及隔热材料，并应考虑被焚烧废物及焚烧产物对炉衬的腐蚀性。焚烧碱性废水时，燃烧产物中的碱性熔融物对普通黏土耐火砖腐蚀性很强，因此要选用氧化铝含量较高的高铝耐火材料，或选用抗碱性腐蚀更好的铬镁质、镁质及铝镁质耐火材料。为了抵抗盐碱等介质的渗透和浸蚀，并提高材质的抗渣性，一般应选用气孔率较小的材质。

选用焚烧炉炉衬材料时，应注意炉内不同部位的温度和腐蚀情况，根据不同部位工作条件采用不同等级的材质。如燃烧室最高温度为 $1400\sim1600℃$，可选用含 $Al_2O_3=90\%$ 的刚玉砖；炉膛上部工作温度为 $900\sim1000℃$，锥部设有废液喷嘴，可选用含 $Al_2O_3>75\%$ 的高铝砖；炉膛中部温度为 $900℃$，但熔融的盐碱沿炉衬下流，炉衬腐蚀较重，可选用一等高铝砖；炉膛下部工作条件基本和炉膛中部相同，当燃烧产物中有大量熔融盐碱时，因熔融物料在斜坡上聚集，停留时间长，易渗入耐火材料中，如有 Na_2CO_3 时腐蚀严重，因此工作条件比炉膛中部恶劣，应选用孔隙率较低的致密性材料，如选用电熔耐火材料制品等。要求衬里不腐蚀、不损坏是不可能的。通常在有 Na_2SO_3、$NaOH$ 腐蚀时，采用较好的材质，使用寿命也只有 $2\sim3$ 年。对腐蚀性更强的 Na_2CO_3，则使用寿命仅一年左右。

焚烧炉炉衬结构设计除材料的选用上要考虑承受高温、抵抗腐蚀之外，还要考虑炉衬支托架、锚固件及钢壳钢板材料的耐热性和耐腐蚀性，以及合理的炉衬厚度等问题。应采用整体性、严密性好的耐火材料作炉衬，如采用耐热混凝土、耐火可塑料等，以减少砖缝的窜气。另外炉墙厚度不能过大，炉壁温度应较高，以免酸性气体被冷凝下来腐蚀炉壁。然而炉壁温度也不应设计得过高，过高的温度会引起壳板变形，影响环境。

（六）废气停留时间与炉温

废气停留时间与炉温应考虑废物特性而定。处理危险废物或稳定性较高的含有机性氯化物的一般废物时，废气停留时间需延长，炉温应提高。若为易燃性或城市垃圾，则停留时间与炉温在设计方面，可酌量降低。

不过一般而言，若要使 CO 达到充分破坏的理论值，停留时间应在 $0.5s$ 以上，炉温在 $700℃$ 以上，但任何一座焚烧炉不可能充分扰动扩散，或多或少皆有短流现象。而且未燃的碳颗粒部分仍会反应成 CO，故在操作时，炉温应维持 $1000℃$，而停留时间以 $1s$ 以上为宜，若炉温升高时，停留时间可以降低；相对地，炉温降低时，停留时间需要加长。

应该指出，确定废气停留时间及炉温时，最重要的是应该参照有关法规的规定而定。

（七）对废物的适应性

虽然焚烧处理的废物常是多种多样的，并非单一形态，但从其焚烧本质而言都是燃烧问题，有可能安排在同一焚烧炉内进行焚烧。对于区域性危险废物焚烧厂，通常要求焚烧炉对焚烧的废物有较大的适应性。旋转窑焚烧炉和流化床允许投入多种形态的废物，有较好的适应性。但是,并非所有废物都可投入同一焚烧炉内焚烧,必须考虑焚烧处理废物的相容性,通过试验确定对废物加以分类。对于不便放在一个炉内处理的废物,不能勉强凑在一起,以免影响正常操作。

为了便于燃烧后产物的后处理或为了设置废热锅炉,常将某种废物的一些组分预先分离出来,然后分别焚烧。在不会引起传热面污染的焚烧炉后再设置废热回收设备。总之焚烧炉对废物的适应性问题是个较复杂的问题,要考虑到各种因素,力求技术可靠、经济合理。

(八)进料与排灰系统

焚烧炉进料系统应尽可能保持气密性,焚烧系统大多采用负压操作,若进料系统采用开放式投料或密闭式进料中气密性不佳,冷空气渗入炉内会导致炉温下降,破坏燃烧过程的稳定性,使烟气中 CO 与粒状物浓度急剧上升。

排灰系统应设有灰渣室,采用自动排灰设备,否则容易造成燃烧过程中累积炉灰随气流的扰动而上扬,增加烟气中粒状物浓度。

(九)金属材料腐蚀

焚烧烟气中的硫氧化物(SO$_x$)及氯化氢(HCl)等有害气体均对金属材料有腐蚀性,但在不同的废气温度环境中腐蚀程度不同。图 4-6-45 给出了金属的腐蚀速率与金属表面温度的关系:废气温度在 320℃ 以上时,氯化铁及碱式硫酸铁形成(320～480℃)及分解(480～800℃),称为高温腐蚀区;废气温度在硫酸露点温度(约为 150℃)以下时,为电化学腐蚀,称为低温腐蚀区,其中废气温度在 100℃ 以下发生的腐蚀,则称为湿蚀区。高温腐蚀是高温酸性气体(包括 SO$_2$、SO$_3$、H$_2$S、HCl 等)长时间与金属材料接触所致;低温腐蚀是酸性气体在露点以下时,与烟气中的水分凝缩成浓度较高的硫酸、亚硫酸、盐酸等液滴,与金属材料接触所造成的腐蚀。

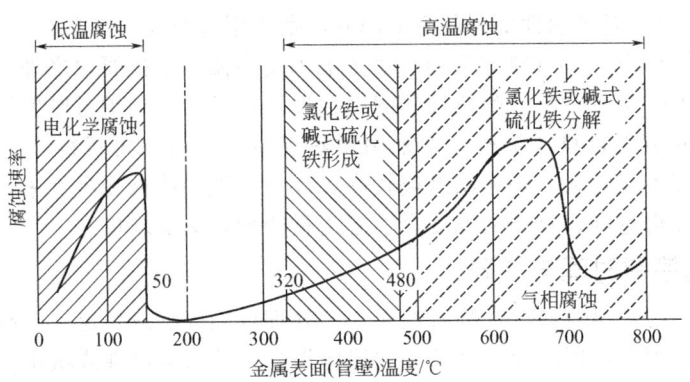

图 4-6-45　金属表面温度与腐蚀速率关系

通常,焚烧烟气的温度,在燃烧室内为 800～950℃,流经各辅助设备到烟囱出口时温度降为 150～170℃。各项设备与废气温度及腐蚀区域的关系如表 4-6-14 所示。应考虑焚烧炉金属炉壁、耐火水泥焚烧炉的固定锚钉、排气管线及金属制烟囱等的腐蚀问题。

二、机械炉排焚烧炉

(一)炉膛几何形状及气流模式

燃烧室几何形状要与炉排构造协调,在导流废气的过程中,为垃圾提供一个干燥、燃烧及完全燃烧的环境,确保废气能在高温环境中有充分的停留时间,以保证毒性物质分解,还

表 4-6-14 排气温度与腐蚀区域及各项设备之关系

腐蚀区域	金属表面温度	设备名称	排气温度
高温腐蚀区	>330℃	燃烧室	800～950℃
		锅炉本体	300～900℃
		蒸汽过热器	350～500℃
		炉床	250～500℃
低温腐蚀区	200～300℃	节热器	250～300℃
		静电集尘器	250～300℃
		烟道	220～300℃
		引风机	250～300℃
低温腐蚀区	<150℃	滤袋集尘器	150～180℃
		吸收塔	150～180℃
		引风机	150～180℃
		烟道	150～250℃
		烟囱	150～180℃
湿蚀区	<100℃	湿式洗气塔	60～250℃
		废气再热器	60～180℃

需兼顾锅炉布局及热能回收效率。

(1) 对于低热值(低位发热量在 2000～4000kJ/kg)高水分的垃圾,适宜采用逆流式的炉床与燃烧室搭配形态,即指经预热的一次风进入炉床后,与垃圾物流的运动方向相反,燃烧气体与炉体的辐射热利于垃圾受到充分的干燥,德国 Martin 公司的炉体大部分即设计成此种形式。

(2) 对于高热值(低位发热量在 5000kJ/kg 以上)及低含水量的垃圾,适宜采用顺流式炉床与燃烧室搭配形态,此时垃圾移送方向与助燃空气流向相同,因此燃烧气体对垃圾干燥效果较差。

(3) 对于中等发热量(低位发热量在 3500～6300kJ/kg 之间)的垃圾,可采用交流式的炉床与燃烧室搭配形态,使垃圾移动方向与燃烧气体流向相交。这种燃烧模式的选择有很大灵活性,若焚烧质佳的垃圾,则垃圾与气体流向的交点偏后向燃烧侧(即成顺流式);反之,则偏向干燥炉床侧(即成逆流式),瑞士 Von Roll 公司的炉体即属此形式。

(4) 对于热值四季变化较大的垃圾,则可以采用复流式的搭配形态。在日本亦称为二回流式,燃烧室中间有辐射天井隔开,使燃烧室成为两个烟道,燃烧气体由主烟道进入气体混合室,未燃气体及混合不均的气体由副烟道进入气体混合室,燃烧气体与未燃气体在气体混合室内可再燃烧,使燃烧作用更趋于完全。丹麦 Volund 及其代理厂家日本钢管株式会社(NKK)的炉体即属于此种形式。

欧洲共同体燃烧优化准则(GCP)中规定,焚化废气在燃烧室炉床上方至少须在 850℃环境中停留 2s,以彻底破坏可能产生二噁英的有机物。此外在工程设计时,为避免废气流量过大对耐火衬产生磨蚀,一般均将燃烧室烟气流速限制在 5m/s 之下,废气通过对流区的流速不得高于 7m/s。燃烧室内废气温度亦不可高于 1050℃,以免飞灰因温度过高而黏着于炉壁造成软化及腐蚀,并且易于产生过量的氮氧化物。

(二)燃烧室的构造

垃圾焚烧厂燃烧室中,依据吸热方式的不同可分为耐火材料型燃烧室与水冷式燃烧室两种。前者燃烧室仅以耐火材料加以被覆隔热,所有热量均由设于对流区的锅炉传热面吸收,仅用于较早期的焚烧炉中。而后者中的燃烧室与炉床成为一体,空冷砖墙及水墙构造不易烧损及受熔融飞灰等损害,所容许的燃烧室负荷较一般砖墙构造高,多为近代大型垃圾焚烧炉燃烧室炉壁设计所采用。水管墙可有效地吸收热量,并降低废气温度,其主要设计准则为:

① 水管墙应采用薄膜墙设计,以达到良好气密性的要求。

② 水管墙的底部,即靠近炉床的上方部分,因暴露于极高温度的火焰中而易遭受腐蚀,须覆以耐火材料加以保护。

③ 水管墙位置一般在炉床左右侧耐火砖墙的顶部。靠近炉床的侧壁因直接承受高温环境及熔融飞灰的冲击,不适宜采用裸管水墙或鳍片管水墙,有时在接近炉床的位置采用空冷砖墙或耐火砖墙,直至越过火焰顶端后的燃烧室侧壁再采用各型水墙。

(三)燃烧室热负荷

连续燃烧式焚烧炉,燃烧室热负荷设计值约为 $(34\sim63)\times10^4 kJ/(m^3\cdot h)$。若设计不当,对于垃圾燃烧有不良的影响,其值过大时,将导致燃烧气体在炉内停留时间太短,造成不完全燃烧,且炉体的热负荷太高,炉壁易形成熔渣,造成炉壁剥落龟裂,影响燃烧室使用寿命,同时亦影响锅炉操作的效率及稳定性;其值过小时,将使低热值垃圾无法维持适当的燃烧温度,燃烧状况不稳定。应根据垃圾处理量与低位发热量确定适宜的燃烧室热负荷,避免设计值与实际操作值误差过大。

一般而言,大型城市垃圾焚烧炉垃圾处理量为每座至少 200t/d 以上,才能达到经济效益规模,其最大垃圾处理变动量宜维持在 20% 以下。一般城市垃圾焚烧的自燃界限为 3400~4200kJ/kg,平均低位发热量达 5000kJ/kg 以上则不需辅助燃料助燃即可焚烧处理。垃圾热值随季节变化很大,设计时应按年均值考虑。此外,还应综合考虑城市垃圾中的可燃分及低位发热量逐年增加的趋势,选择适宜的设计基准和垃圾热值的变化幅度。如焚烧炉设计热值低于焚烧处理垃圾热值,则会造成焚烧厂不能满负荷运行。

(四)助燃空气

通常助燃空气分二次供给,一次空气由炉床下方送入燃烧室,二次空气由炉床上方燃烧室侧壁送入。一般而言,一次空气占助燃空气总量的 60%~70%,预热至 150℃ 左右由鼓风机送入;其余助燃空气当成二次空气。一次空气在炉床干燥段、燃烧段及后燃烧段的分配比例,一般为 15%,75% 及 10%。二次空气进入炉内时,以较高的风压从炉床上方吹入燃烧火焰中,扰乱燃烧室内的气流,可使燃烧气体与空气充分接触,增加其混合效果。操作时配合燃烧室热负荷,防止炉内温度变化剧烈,可调整预热助燃空气的温度。二次空气是否需预热须根据热平衡的条件来决定。

(五)燃烧室所需体积

燃烧室容积 (V) 大小,应兼顾燃烧室容积热负荷及燃烧效率两种准则,方法是同时考虑垃圾的低位发热量与燃烧室容积热负荷的比值(即 Q/Q_V),及燃烧烟气产生率与烟气停留时间的乘积(即 Gt_r),取两者中较大值。即为:

$$V=\max\left[\frac{Q}{Q_V},Gt_r\right] \tag{4-6-39}$$

及

$$G=\frac{\dot{m}_g F}{3600\gamma} \tag{4-6-40}$$

式中 V——燃烧室容积,m^3;

Q——单位时间内垃圾及辅助燃料产生的低位发热量,kJ/h;

Q_V——燃烧室容许体积热负荷,$kJ/(m^3\cdot h)$;

G——废气体积流率,m^3/s;

t_r——气体停留时间，s；

$\dot{m}_g$——燃烧室废气产生率，kg 气体/kg 垃圾；

γ——燃烧气体的平均密度，kg/m³；

F——垃圾处理率，kg/h。

（六）所需炉排面积

确定所需炉排面积时，应同时考虑垃圾处理量及其热值，以使所选定的炉排面积能满足垃圾完全燃烧要求。具体方法是，综合考虑垃圾单位时间产生的低位发热量与炉排面积热负荷之比，即 Q/Q_R，及单位时间内垃圾的处理量与炉排机械燃烧强度之比，即 F/Q_f，释热率（GHR），炉排面积按两者中较大值确定，即为

$$F_b = \max\left(\frac{Q}{Q_R}, \frac{F}{Q_f}\right) \quad (m^2) \tag{4-6-41}$$

式中　Q——单位时间内垃圾及辅助燃料所产生的低位热量，kJ/h；

F_b——炉排所需面积，m²；

Q_R——炉排面积热负荷，kJ/(m²·h)；

F——单位时间内垃圾处理量，kg/h；

Q_f——炉排机械燃烧强度，kg/(m²·h)。

炉排面积热负荷是在正常运转条件下，单位炉排面积在单位时间内所能承受的热量 [kJ/(m²·h)]，视炉排材料及设计方式等因素而异，一般取 $1.25 \times 10^6 \sim 3.75 \times 10^6$ kJ/(m²·h) 左右为宜。

炉排机械燃烧强度是正常运转时单位面积炉排在单位时间内所能处理的垃圾量 [kg/(m²·h)]，此值高则表示炉排处理垃圾的能力强。据日本研究，影响炉床机械燃烧强度的因素包括：①垃圾的低位发热量与空气预热温度（见图 4-6-46）；②热灼减量（见图 4-6-47）；③焚烧炉的规模（见图 4-6-48）。

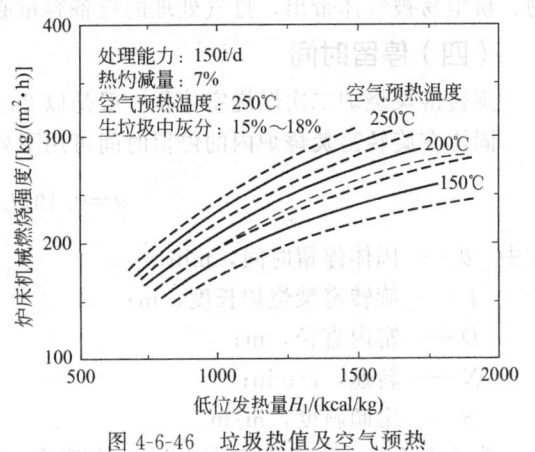

图 4-6-46　垃圾热值及空气预热温度对炉床燃烧率的影响

三、旋转窑焚烧炉

由于废物种类及特性变化大，现有燃烧模式无法准确推测出实际燃烧情况，焚烧炉的运转及设计必须根据制造厂商过去累积的经验，设计方法及准则趋于保守。一般设计及运转的准则如下所述。

（一）温度

干灰式旋转窑焚烧炉内的气体温度通常维持在 850～1000℃ 之间，如果温度过高，窑内固体易于熔融，温度太低，反应速率慢，燃烧不易完全。熔渣式旋转窑焚烧炉则控制于 1200℃ 以上，二次燃烧室气体的温度则维持于 1100℃ 以上，但是不宜超过 1400℃，以免过量的氮氧化物产生。

（二）过剩空气量

旋转窑焚烧炉的废液燃烧喷嘴的过剩空气量控制于 10%～20% 之间。如果过剩空气量太低，火焰易产生烟雾；太高则火焰易被吹至喷嘴之外，可能导致火焰中断。旋转窑焚烧炉

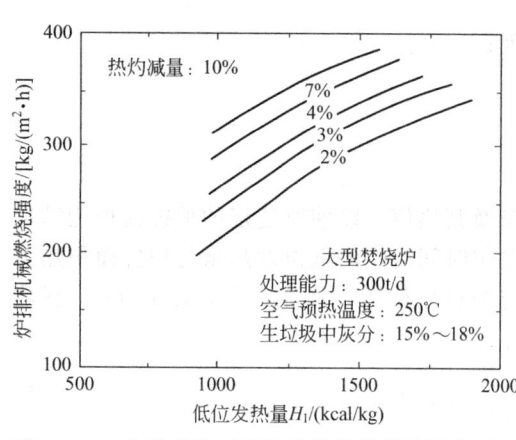

图 4-6-47 灰渣热灼减量与炉排机械燃烧强度关系

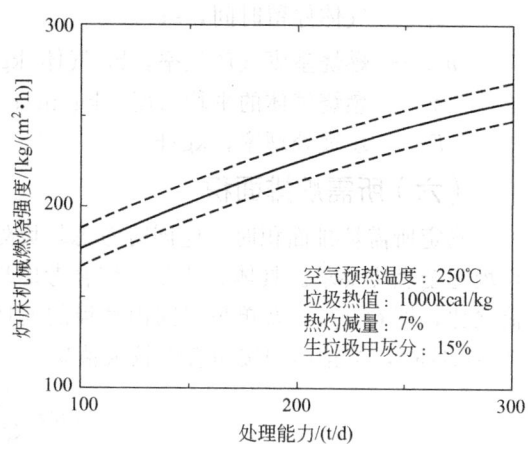

图 4-6-48 焚烧炉规模与炉排机械燃烧强度

中的总过剩空气量通常维持在 100%～150% 之间，以促进固体可燃物与氧气的接触，部分旋转窑焚烧炉甚至注入高浓度的氧气。二次燃烧室过剩空气量约为 80%。

（三）旋转窑焚烧炉内气、固体混合

旋转窑焚烧炉转速是决定气、固体混合的主要因素。转速增加时，离心力亦随之增加，同时固体在窑内搅动及抛掷程度加大，固体和氧气的接触面及机会也跟着增加。反之，则下层的固体和氧气的接触机会小，反应速率及效率降低。转速过大固然可加速焚烧，但粉状物、粉尘易被气体带出，排气处理的设备容量必须增加，投资费用也随之增高。

（四）停留时间

旋转窑焚烧炉二次燃烧室体积一般是以 2s 的气体停留时间为基准而设计的。

固体在旋转窑焚烧炉内的停留时间可用下列公式估算：

$$\theta = 0.19(L/D)\frac{1}{NS} \qquad (4\text{-}6\text{-}42)$$

式中 θ——固体停留时间，min；
  L——旋转窑焚烧炉长度，m；
  D——窑内直径，m；
  N——转速，r/min；
  S——窑倾斜度，m/m。

旋转窑长度、转速及倾斜度必须互相配合，以达到停留时间的需求。一般来说，当废物物料需要在窑体内停留的时间越长，所需要的转速就越低，而 L/D 比值就越高。窑的转速通常为 1～5r/min，L/D 比值在 2～10 之间，倾斜度约为 1°～2°，停留时间为 30min～2h，焚烧能力容积热负荷为 $(4.2～104.5) \times 10^4 kJ/(m^3 \cdot h)$、容积重量负荷为 35～60kg/(m³·h)。

（五）其他考虑因素

由于液体废物也在旋转窑焚烧炉内销毁，液体燃烧喷嘴的形式、火焰特性、燃烧喷嘴的相互位置、喷嘴的安排及相互干扰情况也必须慎重考虑。

为避免有毒的未完全燃烧气体逸出炉外，旋转窑及二次燃烧室皆在负压（约 -0.5kPa）下操作，因此要求旋转窑焚烧炉有较好的气密程度，以免影响窑内焚烧情况。在窑两端嵌入环上装置金属或陶瓷纤维薄片，可将空气吸入量降至 10% 以内。部分旋转窑焚烧炉的两端衔接处以压缩空气造成气幕，除降低空气吸入外，亦可冷却衔接部分的金属。

四、废物焚烧炉设计中燃烧图的应用

（一）燃烧图的概念

燃烧图给出了正常焚烧废物的范围，以及废物焚烧量与废物发热量的相互关系。同时界定了满足环保要求和正常燃烧的范围与添加燃油等辅助燃料的范围。燃烧图是废物焚烧，尤其是垃圾焚烧应用技术中的工程设计和运行指导图，特别对炉排型焚烧炉，具有重要的实际应用价值[4]。

以城市生活垃圾为例，目前我国城市生活垃圾的热值正处于从低热值（3340kJ/kg 以下）向高热值（7500kJ/kg 以上）过渡时期，且垃圾成分与特性具有动态变化的特点。针对目前城市生活垃圾特点，新建厂额定垃圾热值一般可根据焚烧炉的使用寿命来确定，如垃圾焚烧炉使用寿命为 25～30 年，则额定垃圾低位热值可根据现有垃圾热值基础上预测到第 8 年左右时的垃圾热值作为额定垃圾热值，而不宜以现有垃圾热值作为额定热值。同时应注意，在焚烧厂初期运行过程中，应使垃圾热值应处于额定热值与相应焚烧量的下限热值之间，以保证垃圾正常燃烧。

在绘制焚烧图时，首先需要确定垃圾额定处理量；其次需要确定设计点即额定垃圾低位热值以及上、下限垃圾低位热值。这样就基本确定了垃圾焚烧炉的规模以及余热锅炉的蒸发量与蒸汽参数的关系。一般焚烧炉最低垃圾焚烧量取额定垃圾焚烧量的 70%（也有的取 65% 左右）。另外垃圾焚烧炉应有短时间 10% 超负荷能力。这也是选择相关辅助设备的基本依据。这些运行条件同样是绘制焚烧图的必要条件。

需要特别指出的是，燃烧图中的垃圾低位热值应是指进入垃圾焚烧炉时的热值，在垃圾运输、储存过程中，会因垃圾水分析出，导致热值提高。经测算，水分降低 1%，垃圾低位热值提高约 158～175kJ/kg。燃烧图两种表现形式如图 4-6-49 所示。

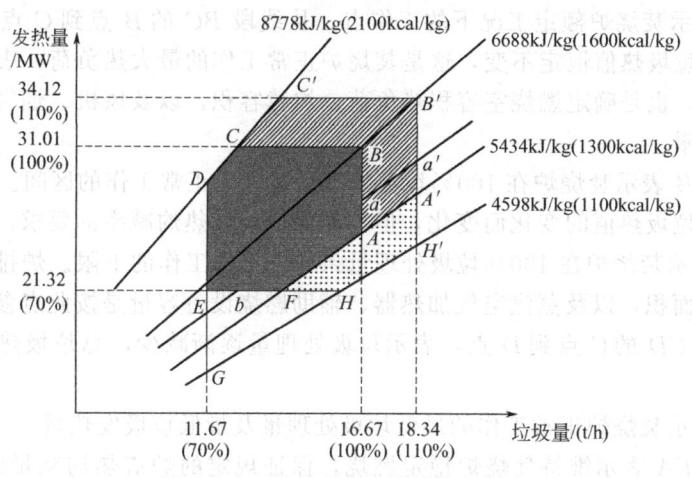

图 4-6-49　废物焚烧炉设计中燃烧图

（二）燃烧图的绘制要点

1. 确定坐标系

横坐标为处理垃圾量，单位为 t/h。在横坐标中应包含 100%～70% 焚烧量的区间。纵坐标表示垃圾发热量，单位为 MW。

确定一束与纵、横坐标相对应的垃圾热值直线即垃圾热值（热值线）等于发热量（纵坐标点）除以处理垃圾量（横坐标点），单位为 kJ/kg。该束热值线至少应包括额定热值线，上、下限热值线，当前垃圾热值线以及不需要添加辅助燃料的最低热值线（如有）。

2. 确定焚烧炉工作区域

焚烧炉工作区域确定参见图 4-6-49，从横坐标 100％负荷处作垂线分别交额定热值线于 *B* 点，不添加辅助燃料的下限热值线于 *A* 点，当前垃圾热值线于 *a* 点，以及不需要添加辅助燃料的最低热值线（如有）*b* 点；从 *B* 点作平行于横坐标的线段交上限热值线于 *C*，与纵轴交点为 100％发热量点。从横坐标 70％负荷处作垂线交上限热值线于 *D* 点；交下限热值线于 *G* 点，交额定热值线于 *E* 点，从 *E* 点作平行于坐标横轴的 *EF* 直线交下限热值于 *F*，交不需要添加辅助燃料的最低热值线（如有）*b* 点。

如 *C*、*D* 两点重合，表示焚烧炉运行达到上限极点，如该重合点位于上限热值线右侧，则表示超出焚烧炉运行范围，需要调低垃圾上限热值。如 *A*、*F* 点重合，表示焚烧炉运行达到下限极点，如重合点位于下限热值线左侧，则适当下调 *EF* 使 *F* 点与 *A* 点重合；但如焚烧炉供应商不能认可，则表示超出焚烧炉运行范围，需要调高垃圾下限热值。

多边形 *ABCDEFA* 围成的区域为焚烧炉工作范围。

从横坐标 110％负荷点处作垂线分别交下限垃圾热值、额定垃圾热值于 *A′*、*B′* 点；再沿 *B′* 点作平行于横轴的线段交上限垃圾热值线于 *C′* 点。

多边形 *ABCC′B′A′A* 围成的区域为焚烧炉超负荷工作范围。应说明的是焚烧炉在超负荷范围内的工作时间应是短时的，超负荷工作时间过长将缩短设备使用寿命。一般每次超负荷时间不超过 2h，每天最多 2 次。

如果下限热值达不到焚烧炉不需要添加辅助燃料（多采用 0 号轻柴油）的正常工作要求，应表示出添加辅助燃料的工作范围。

（三）对燃烧图基本分析

（1）*B* 点表示焚烧炉额定工况下的工作点。从线段 *BC* 的 *B* 点到 *C* 点表示垃圾处理量逐渐减少，但总垃圾热值恒定不变，这是焚烧炉正常工作的最大热负荷，表示垃圾焚烧锅炉正常工作的上限，也是确定燃烧室容积热负荷、炉膛容积，以及风机、烟气净化设施、受电设备等容量的上限。

（2）线段 *AB* 表示焚烧炉在 100％垃圾处理量条件下正常工作的区间。在此范围内，垃圾发热量将随着垃圾热值的变化而变化，但均能保证垃圾热灼减率的要求。

（3）*A* 点表示焚烧炉在 100％垃圾处理量条件下正常工作的下限。炉排燃烧速率（即机械负荷）与炉排面积，以及蒸汽空气加热器、辅助燃烧设备容量是按此点参数确定的。

（4）从线段 *CD* 的 *C* 点到 *D* 点，表示垃圾处理量逐渐减少，总垃圾热值降低，偏离额定炉膛热负荷。

（5）*E* 点表示焚烧炉正常工作的最低垃圾处理量及最低垃圾发热量。

（6）折线 *EFA* 表示维持焚烧炉稳定燃烧，保证规定的炉渣热灼减量的下限。*EFA* 线以下（特别尽管沿线段 *FA* 总垃圾发热量逐渐增加），炉渣热灼减率不能保证。

（7）如设计点 *F* 工况下不能保证垃圾热灼减率的要求，则需要根据发热量适当将 *F* 点沿 *FA* 线段向上移动到 *F′*（图中未表示出）。此时 *EFF′* 区域也属于需要添加辅助燃料区。

第五节　焚烧尾气冷却/废热回收系统

在焚烧过程中产生的大量废热，使焚烧炉燃烧室产生烟气温度高达 850～1000℃，现代化的焚烧系统通常设有焚烧尾气冷却/废热回收系统，其功能是：

（1）调节焚烧尾气温度，使之冷却至220～300℃之间，以便进入尾气净化系统。一般尾气净化处理设备仅适于在300℃内的温度操作，故焚烧炉所排放的高温气体尾气调节或操作不当，会降低尾气处理设备的效率及寿命，造成焚烧炉处理量的减少，甚至还会导致焚烧炉被迫停炉。

（2）回收废热，通过各种方式利用废热，降低焚烧处理费用。目前所有中大型垃圾焚烧厂几乎均设置了汽电共生系统。

一、废气冷却方式

尾气的冷却可分为直接式及间接式两种类型。

直接式冷却是利用惰性介质直接与尾气接触以吸收热量，达到冷却及温度调节的目的。水具有较高的蒸发热（约2500kJ/kg），可以有效降低尾气温度，产生的水蒸气不会造成污染，因此水是最常使用的介质。空气的冷却效果很差，必须引入大量空气，会造成尾气处理系统容量增加（2～4倍多，视进气温度而异），很少单独使用。

间接式冷却是利用传热介质（空气、水等）经由废热锅炉、换热器、空气预热器等热交换设备，以降低尾气温度，同时回收废热，产生水蒸气或加热燃烧所需的空气。

直接喷水冷却与间接冷却是调节及冷却焚烧尾气的最常用的两种方式，其优缺点、适用条件和范围见表4-6-15。一般来说，采用间接冷却方式可提高热量回收效率，产生水蒸气并用于发电，但投资及维护费用也较高，系统的稳定性较低；直接喷水冷可降低初期投资及增加系统稳定性，但不仅造成水量的消耗，而且浪费能源。

表 4-6-15 间接冷却与喷水冷却方式的比较

项次	项目	废气冷却方式	
		间接冷却	喷水冷却
1	垃圾处理量	适于单炉处理量大于150t/d的垃圾处理	适于单炉处理量小于每炉150t/d的垃圾处理
2	垃圾发热量	适合热值达7500kJ/kg以上的垃圾焚烧	适合热值达6300kJ/kg以下的垃圾焚烧
3	废气冷却效果	锅炉炉管及水管墙传热面积大，废气冷却较安定、效果佳	与冷却喷嘴的装设位置数量、水压、水量、喷射方向有关，废气冷却效果较不稳定
4	废气量及其处理设备	废气中水蒸气含量少，废气处理量较少	废气中水蒸气含量多，废气量增加，导致所需空气污染控制设备、抽风机、烟道、烟囱等的容量较大
5	设备使用年限	废气中含水率较少，不易腐蚀，使用年限较长	废气中含水率较高，较易腐蚀，使用年限较短
6	废热利用	可以产生汽电共生，废热利用效率高	废热利用效率低
7	建造费用	平均建造成本费用高	平均建造成本费用低
8	营运管理费用	操作所需的人力及维修保养费用较高	操作所需的人力及维修保养费用较低
9	操作管理	要求高，需专门锅炉技术人员	操作人员无资格限制

中小型焚烧厂多采用批次方式或准连续式的操作方式，产生的热量较小，热量回收利用不易或废热回收的经济效益差，大多采用喷水冷却方式来降低焚烧炉废气温度。如果焚烧炉每炉的垃圾处理量达150t/d，且垃圾热值达7500kJ/kg以上时，燃烧废气的冷却方式宜采用废热锅炉进行冷却。大型垃圾焚烧厂具有规模经济的效果，宜采用废热锅炉冷却燃烧废气，产生水蒸气，用于发电。危险废物焚烧厂也多采用间接冷却方式。

二、废热回收利用方式及途径

热回收方式的选择取决于废热利用途径和特点，工艺设备的需要以及经济因素。焚烧系统通常连续运行，但热的需要具有峰值和谷值，在热能回收利用中需要很好考虑时间安排问题[54]。

（一）城市垃圾焚烧厂

垃圾焚烧所产生的废热有多种再利用方式，如表 4-6-16 所示，包括水冷却型、半废热回收型及全废热回收型三大类。所产生的低压蒸汽及高压蒸汽的利用途径如下所述。

表 4-6-16   垃圾焚烧工厂废热回收利用方式

种类	废热回收流程	方式	废热利用设备配置	废热回收形态
水冷却型		A 方式（高温水）		温水及高温水
		B 方式（温水）		
		C 方式（温水）		

续表

种类	废热回收流程	方式	废热利用设备配置	废热回收形态
半废热回收型		D方式		低压蒸汽
		E方式		高压蒸汽
全废热回收型		F方式		高压蒸汽

　　(1) 厂内辅助设备自用　如焚烧厂所处理的垃圾含水率较高、热值较低，可利用蒸汽预热助燃空气，使其自室温提升至150～200℃，促进燃烧效果；或用蒸汽将废气温于排放前再加热至约130℃，以避免因设置湿式洗烟装置而产生白烟现象。

　　(2) 厂内发电　由于发电后产生电能极易输入各地的公共电力供应系统，垃圾焚烧厂产生的蒸汽，常普遍被用以推动汽轮发电机以产生电力，构成汽电共生系统。所产生的电力，有10%～20%作为厂内使用，其余则售予电力公司。

　　(3) 供应附近工厂或医院的加热或消毒　当焚烧厂与用户的距离不远时，一般用管路将蒸汽送至厂区附近的工厂或医院，供其生产生活、取暖或消毒设备使用，凝结水则返送回焚烧厂循环使用。但双方必须对蒸汽条件、供应量、供应时段、备用汽源、管线维护、收费标准及合约期限等有关事宜达成协定，目前以美国采取此种利用方式居多，其次为欧洲地区，日本较少。

　　(4) 供应附近发电厂当作辅助蒸汽　可将所产生的蒸汽送到附近的发电厂，配合发电。但焚烧厂产生的蒸汽条件，必须与发电厂的蒸汽条件相互一致。此种利用方式亦以美国及欧洲地区较多。

　　(5) 供应区域性暖气系统蒸汽使用　此种利用方式包括两种情况，其一是将所产生的蒸汽经热交换器，产生约 80～120℃ 的热水，然后进入区域性的暖气或热水管路网中。另一种方式系直接将蒸汽输送到地区性热能供应站，经该厂的热交换器，产生不同形式的热能，以供应社区取暖用。此种利用方式主要用于寒冷地区（如欧、美地区），尤其于已设有供应热水管路系统的地区，可直接并联操作，作为系统中的基本负载。

（6）供应休闲福利设施　以管路供应厂区附近民众休闲福利设施中所需的蒸汽或热水，例如温水游泳池、公用浴室及温室花房等。

目前大型垃圾焚烧厂偏重于采用汽电共生系统回收能源，以生产高温高压蒸汽为主，用于发电。原因可归纳如下：

（1）维持较高的垃圾处理的可靠度　汽电共生系统中因设有锅炉来冷却高温废气，并有燃烧控制，因此废气的量与质均较为稳定，另一方面因使用蒸汽式空气预热器，可提高废热回收效率，避免腐蚀，降低各项设备故障率，提高全厂运转效率，增加系统可靠度。

（2）提高全厂运转安全性　平常全厂运转可使用汽电共生系统的自发电力，外部电力降为备用。若采用喷水冷却法，一遇区域性停电，不仅降低全厂运转率及有效垃圾处理量，亦将影响全厂的操作安全。

（3）回收能源，降低运行成本　设置汽电共生系统可回收大量废热发电，厂内所需电力一般为总发电量的 15%～20%，剩余电力可供出售，进一步降低营运成本。

德国垃圾质量较高，十分重视由垃圾中回收能源，故垃圾焚烧厂在德国被称为垃圾发电厂。能源利用方式多以蒸汽供应邻近发电厂或本身在厂内自行装设发电系统，其次为地区供热取暖、污泥干燥及工业制造等用途。

美国垃圾焚烧厂能源回收利用方式呈多元化，包括有发电、取暖、供应制程蒸汽、海水淡化及烘干下水道污泥等。基于垃圾发热量较高，而且电力设备的操作管理便利，垃圾焚烧厂内普遍设发电装置，并且采用发电量较高的凝结式汽轮发电机，或与一般发电厂联合，供应发电所需蒸汽。

日本约在 1960 年左右开始大量引进欧洲的混烧式焚烧技术，亦普遍设置能源回收设备，但因垃圾热值较欧美低及日本电力公司对垃圾焚烧厂电力的收购意愿不高，使得垃圾焚烧厂多采用以"处理垃圾"为主的低度的能源回收设计；只有中型以上垃圾焚烧厂（设厂容量约在 300t/d 以上）才考虑设置废热锅炉，产生的蒸汽仅部分用以推动发电效率较低的背压式汽轮发电机，发电量也只供厂内自用，小部分蒸汽则供应社区休闲设施（例如温水游泳池、温室花房及公共浴室等）使用，其余大部分的蒸汽则由凝结器凝结后再循环至锅炉。但在能源危机发生以后，新设的垃圾焚烧厂均采用发电效率较高的凝结式汽轮机以增加发电量。根据其过去的运转经验，蒸汽温度若超过 300℃ 以上，锅炉过热器的管壁会发生急剧的高温腐蚀，影响整厂的正常操作，故日本焚烧厂设计蒸汽条件时多采用保守的低温低压设计（1.5～2.5MPa，200～250℃），虽发电效率较低，但可确保垃圾处理的可靠度。近年来由于日本垃圾年产量以 3% 递增，以及垃圾中纸类及塑胶类含量的增加，低位发热量平均已达12500kJ/kg 以上，因此在大于 150t/d 的垃圾焚烧厂中已普遍开始设置发电设备，并且采用较高的蒸汽条件来设计废热回收锅炉，以提高热回收效率。

（二）危险废物焚烧厂

集中处理危险废物的大型焚烧厂，废热回收利用的方式和途径与大型垃圾焚烧厂相同。对于分散的中小型危险废物焚烧装置，回收的热量可以用于处理厂的工艺设备，减少焚烧所需的燃料。

为了减少焚烧固体和液体废物时需要的燃料，应减少废物中的水分。利用回收废热对废物进行干燥或预浓缩，减少废物中的水分（减少水分至85％），能量节省大于70％。废物预浓缩的基本系统如图4-6-50所示。蒸汽被引到浓缩器中去除水分，然后浓缩后的废物再焚烧。来自焚烧炉的高温废气可以用于废热锅炉或其他热回收设备中。从浓缩器中排出的低压蒸汽是否需要进一步处理，主要取决于废物的组成。如果废物不含易挥发性化合物，那么低压蒸汽可以用作工厂蒸汽或冷凝排放。如果废物含有挥发性有机物，那么被

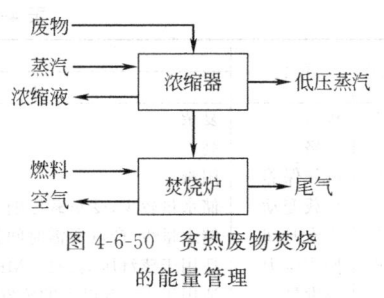

图4-6-50　贫热废物焚烧
的能量管理

污染的低压蒸汽就需做进一步处理。这种蒸汽可以冷凝，然后在生化处理厂或焚烧炉中进行处理，也可以采用空气吹脱去除废物中的水分。含有机物的饱和空气可被用作焚烧炉中的燃烧空气或通过烟雾焚烧进行处置。

三、废热锅炉

废热锅炉（又称热回收锅炉）是利用燃烧或化学程序尾气的废热为热源，以产生蒸汽的设备。利用废热锅炉降低尾气温度及回收废热的优点是：单位面积的传热速率高，可耐较高温度，材料不受限制，体积较气体/气体换热器小，安装费用低；不须准确地控制气体及水的流量，在进气温度变化大时能承受蒸汽压力的改变，维持尾气温度的稳定；产生蒸汽，可供制程使用。

焚烧系统中的废热锅炉必须考虑的问题包括：焚烧尾气中的粉尘特性及含量，磨损及腐蚀的问题，积垢及积垢清除，废物热值变化，焚烧的操作温度，以及蒸汽利用方式。

操作稳定性是大型焚烧系统最重要的考虑因素，安装废热锅炉会增加系统的复杂性，同时降低其可靠程度。焚烧厂的主要收入是来自处理费用，而处理费用远高于能源回收的价值。如果仅考虑能源回收的价值，而忽略系统的稳定性，是得不偿失的事。

（一）种类

锅炉的分类可按管内流体种类、炉水循环方式、热传方式及构造配置等方式加以分类，常用管内流体种类及炉水循环方式加以分类。

按管内流体种类，锅炉可分为烟管式（或称为火管式）及水管式两种。所谓烟管式即锅炉传热管管内流体为燃烧气体；而水管式即锅炉传热管管内流体为水。

按锅炉炉水循环方式，锅炉可分为：①自然循环式；②强制循环式；③贯流循环式。自然循环式的原理为管内炉水受热后变成汽水混合物，使得流体密度减小，形成上升管，而饱和水因密度较大，在管内由上往下流动，形成降流管，在降流管与上升管两者之间因密度差而自然产生循环流动，称为自然循环式锅炉。锅炉的压力愈低，其饱和水与饱和蒸汽间的密度差愈大，炉水循环效果愈佳，因此自然循环式广泛被运用于中低压的锅炉系统中。强制循环式锅炉的炉水循环系统靠锅炉水循环泵带动，主要应用于高压锅炉系统中。

（二）城市垃圾焚烧厂废热锅炉

中小型模组式焚烧炉多采用水平烟管式废热回收锅炉，其锅炉可设置在二次燃烧室上方或侧面。大型垃圾焚烧厂因考虑其构造形式及操作实用性，以水管式较佳，水管式锅炉及烟管式锅炉的比较如表4-6-17所列。

废热锅炉回收的效率取决于所产生的过饱和蒸汽条件，目前大型垃圾焚烧厂使用的废热锅炉系统多采用中温中压蒸汽系统，炉水循环方式多采用自然循环式，主要由燃烧室水管墙、锅炉内管群、汽水鼓和水鼓、过热器、节热器及空气预热器等组成。废热锅炉的主要部

表 4-6-17　水管式及烟管式锅炉比较

项次	项目	锅炉种类	
		水　管　式	烟　管　式
1	构造	复杂	简单
2	价格	高	低
3	操作保养	困难	容易
4	负载变动	储水量较少,受负载影响变动大	储水量较大,受负载影响变动小
5	产汽时间	储水量少,产汽所需时间较短	储水量多,产汽所需时间较长
6	操作压力	适用于蒸汽压力>1.5MPa 的系统	适用于蒸汽压力<1.5MPa 的系统
7	蒸发量	适用于 15t/h 以上的蒸发量	适用于 15t/h 以下的蒸发量
8	传热面积	锅炉蒸发量相同时,水管式锅炉传热面积较大	锅炉蒸发量相同时,烟管式锅炉传热面积较小
9	锅炉效率	较高	较低
10	经济效益	大容量的锅炉,可规划为汽电共生系统,经济效益高	经济效益低

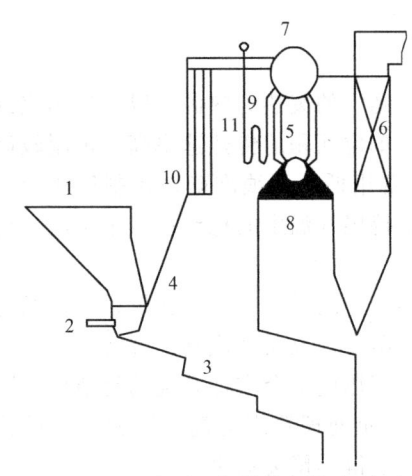

图 4-6-51　大型垃圾焚烧厂炉水循环
式废热锅炉主要部件及名称
1—垃圾入口；2—垃圾进料器；3—炉床；
4—燃烧室；5—锅炉本体管群；
6—节热器；7—汽水鼓；8—水鼓；
9—过热器；10—集管器；11—水管墙

件名称及位置如图 4-6-51 所示。日本早期垃圾焚烧厂的蒸汽条件约为 2.5MPa（绝压），280℃左右，采用低温低压形式，以纯粹焚烧垃圾为主，不考虑能源回收；德国目前的垃圾焚烧厂蒸汽条件约为 3.5MPa（绝压），350℃到 4.5MPa（绝压），450℃左右，采用中温中压形式，以避免炉管高温腐蚀为主；美国的焚烧厂多为民营企业，因考虑发电收入，故多采用高温高压方式，以提高能源回收效率，故一般多将蒸汽条件设计在 5.2MPa（绝压），420℃以上，并采用较好的炉管材质，以减缓腐蚀的发生。

整体而言，垃圾焚烧厂及废热回收的设计与燃煤电厂不同之处在于垃圾性质多变，热值不稳定，又含有硫、氯等元素，易于对炉管产生腐蚀。故垃圾焚烧厂的废热回收锅炉设计上有两项变革。第一为燃烧室改为多气道型，将锅炉置于下游对流区内，以避免锅炉直接吸收辐射区的高温废热。第二为利用布置于炉床上方的水管墙来降低及调控废气离开辐射区的温度，但接近炉床的水管墙必须以耐火材包覆。这些改进措施，配合各种传热管材质的改善，线上除灰系统的配置，及自动化的燃烧控制，能够使现在的过热蒸汽可以操控在 400℃及 5.5MPa（绝压）的状态。

（三）处理特殊废物的废热锅炉

目前碳钢废热锅炉在用于特殊废物时受到限制。它对废物中的化学物质非常敏感，腐蚀是其中的主要问题。

对于氯化烃的焚烧，碳钢管式锅炉已经使用成功。图 4-6-52 表示的是一个用于这类焚烧的典型锅炉。这种废热锅炉通常有一个附带的蒸汽包。

由于氯化氢存在于焚烧废气中，作为焚烧氯代烃的锅炉，设计重点是维持锅炉管壁的温度，以避免氯化氢的高温

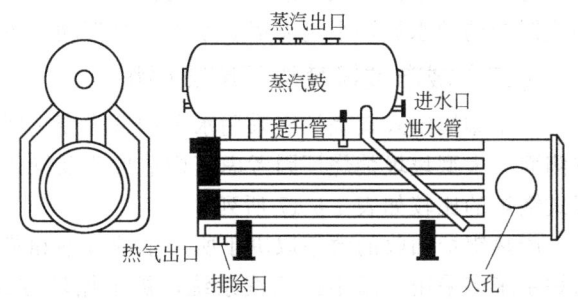

图 4-6-52　用于含氯有机物焚烧的废热锅炉

侵蚀和低温冷凝。对于氯代烃的焚烧，只要①锅炉管壁保持清洁；②金属温度维持在 200～260℃的范围；③锅炉在停炉期间进行清扫；④焚烧系统要设计成使氯气的形成保持最少。在这样的条件下，可以选择碳钢锅炉。如果管表面没有存积物，那么废气中的氯化氢对钢管的腐蚀是微不足道的，除非金属温度高于 315℃。如果废气中含有尘灰，并且积存在管子表面，那么氯化氢在沉积物的催化作用下，形成游离氯。然后，在中管的金属温度下，游离氯就会与管子起反应而产生腐蚀。如果沉积物在锅炉停炉以前不被去除，那么沉积物的作用如同收集冷凝液的海绵，在低温下的酸腐蚀就不可避免。此外，在废气中高浓度的游离氯对锅炉管道也是有害的。因此必须通过第五章所述的焚烧工艺调整，使氯气产生量最小。如果管子金属的温度维持在 200～260℃范围，在管壁中废气温度将远高于露点。为了达到所需的金属温度范围，在锅炉内的压力应在 1.38～3.44MPa。在停炉期间洗净锅炉管子的废气可以保护管子。管道中腐蚀性气体应在管道金属温度降低到气体露点以下之前除去。在现有的工艺水平下，氯代烃废热回收锅炉进口最高温度为 1200℃。为了保证管材的安全，这一限制是必须的。除氯以外，碳素钢锅炉在有其他卤素存在的场合运用情况还不清楚。目前已有几个用碳钢锅炉处理富含磷酸废气而遭到失败的例子。磷酸蒸气的露点可以高达 450℃。

处理含有金属化合物的废物时，对锅炉的状况必须做更详细的研究。废气温度必须低于金属化合物的熔点，以防止黏性颗粒沉积在热传导表面上。对于固体颗粒，一般需要采用烟尘吹扫器，对于易熔颗粒，在废气引入锅炉以前，必须降低废气的温度以固化这些颗粒。为了使所有的颗粒固化，必须保证有足够的停留时间。例如当钠盐存在于废气中时，颗粒的"黏性"温度在 650～730℃之间。因此，为了把温度降到 730℃以下，必须进行冷却，并且为了给钠盐固化提供时间，耐火衬里的冷却室也是必需的（图 4-6-53）。对于这类废物，水管锅炉是最适宜的。还要用吹灰器定期清扫外壳。

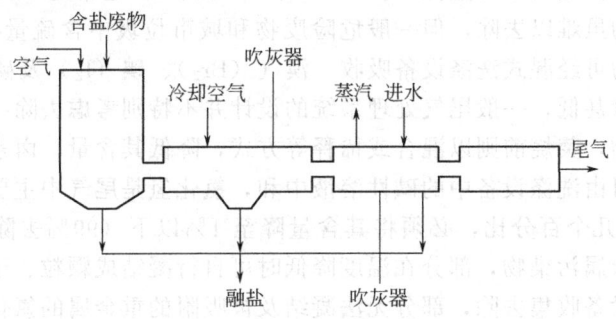

图 4-6-53 碱性废物焚烧的热回收

盐冷却室是含碱废物焚烧中热回收的一个关键设备。冷却室能提供一种冷却介质以把焚烧炉废气的温度降低到固化温度以下。对于熔化的盐颗粒，冷却室还提供足够的停留时间，以使颗粒完全固化。如果没有足够的时间，那么盐颗粒外部将固化，而内部仍处于熔融状态。当盐颗粒碰撞锅炉管时，碰破固态的外壳，熔化的盐将粘在锅炉管上，盐冷却室的冷却方式可以是辐射冷却，再循环废气冷却，空气和火的冷却。

第六节　焚烧尾气污染控制系统

废物焚烧产生的燃烧气体中除了无害的二氧化碳及水蒸气外，还含有许多污染物质，必须加以适当的处理，将污染物的含量降至安全标准以下才可排放，以免造成二次污染。虽然应用于焚烧系统的尾气处理设备与一般空气污染防治设备相同，但是焚烧废物产生的尾气及污染物具有其特殊的性质，设计此种尾气处理系统时必须考虑其应用于专门系统的经验及去除效果，以保证达到预期目的。

一、概述

（一）焚烧尾气中污染物

焚烧尾气中所含的污染物质的产生及含量与废物的成分、燃烧速率、焚烧炉形式、燃烧条件、废物进料方式有密切的关系，主要的污染物质有下列几种。

（1）不完全燃烧产物 烃类化合物燃烧后主要的产物为无害的水蒸气及二氧化碳，可以直接排入大气之中。不完全燃烧物（简称PIC）是燃烧不良而产生的副产品，包括一氧化碳、炭黑、烃、烯、酮、醇、有机酸及聚合物等。

（2）粉尘 废物中的惰性金属盐类，金属氧化物或不完全燃烧物质等。

（3）酸性气体 包括氯化氢，卤化氢（氯以外的卤素，如氟、溴、碘等），硫氧化物（二氧化硫SO_2）及三氧化硫（SO_3），氮氧化物（NO_x），以及五氧化二磷（P_2O_5）和磷酸（H_3PO_4）。

（4）重金属污染物 包括铅、汞、铬、镉、砷等的元素态，氧化物及氯化物等。

（5）二噁英 PCDDs/PCDFs。

（二）焚烧尾气控制方法

一个设计良好而且操作正常的焚烧炉内，不完全燃烧物质的产生量极低，通常并不至于造成空气污染，因此设计尾气处理系统时，不将其考虑在内[51~58]。

表4-6-18列出了危险废物焚烧尾气处理方法的优缺点和实用性。氮氧化物（NO_x）很难以一般方法去除，但是由于含量低（在$100mg/m^3$上下），通常是以控制焚烧温度以降低其产生量。硫氧化物虽难以去除，但一般危险废物和城市垃圾中含硫量很低（0.1%以下），尾气中少量硫氧化物可经湿式洗涤设备吸收。溴气（Br_2）、碘（I_2）及碘化氢等尚无有效去除方法，由于其含量甚低，一般尾气处理系统的设计并不特别考虑去除。如果废物中含有高成分的溴或碘化合物，焚烧前则以混合或稀释等方式，降低其含量。卤素与氢的化合物（氯化氢、溴化氢等）可由洗涤设备中的碱性溶液中和，氯化氢是尾气中主要的酸性物质，其含量由几百mg/m^3至几个百分比，必须将其含量降至1%以下（99%去除率）才可排放。废气中挥发状态的重金属污染物，部分在温度降低时可自行凝结成颗粒、于飞灰表面凝结或被吸附，从而被除尘设备收集去除，部分无法凝结及被吸附的重金属的氯化物，可利用其溶于水的特性，经由湿式洗气塔的洗涤液自废气中吸收下来。

焚烧厂典型的空气污染控制设备和处理流程可分为干式、半干式或湿式三类。

（1）湿法处理流程 典型处理流程包括文氏洗气器或静电除尘器与湿式洗气塔的组合，以文氏洗气器或湿式电离洗涤器去除粉尘，填料吸收塔去除酸气。

（2）干法处理流程 典型处理流程由干式洗气塔与静电除尘器或布袋除尘器相互组合而成，以干式洗气塔去除酸气，布袋除尘器或静电集尘器去除粉尘。

（3）半干法处理流程 典型处理流程由半干式洗气塔与静电除尘器或布袋除尘器相互组合而成，以半干式洗气塔去除酸气，布袋除尘器或静电集尘器去除粉尘。

二、粒状污染物控制技术

（一）设备选择

焚烧尾气中粉尘的主要成分为惰性无机物质，如灰分、无机盐类、可凝结的气体污染物

表 4-6-18　危险废物焚烧后产生的空气污染物质及处理方法

危险废物成分	污染物	处理设备			
		急冷喷凝塔	文氏洗涤器	布袋或静电除尘器	填料吸收塔
一、有机污染物					
1. 碳、氢、氧	氮氧化物(NO_x)	—	—	—	—
2. 氯	氯化氢(HCl)	×	×	—	×
3. 溴	溴化氢及溴(HBr,Br)	×	×	—	×
4. 氟	氟化氢(HF)	×	×	—	×
5. 硫	硫氧化物(SO_x)	×	×	—	×
6. 磷	五氧化二磷(P_2O_5)	×	×	—	×
7. 氮	氮氧化物	—	—	—	—
二、无机化合物					
1. 不具毒性(铝、钙、钠、硅等)	粉尘	×	×	×	×
2. 有毒金属(铅、砷、锑、铬、镉、钼等)	粉尘	×	×	×	×
	挥发性蒸气	—	—	×	—

质及有害的重金属氧化物，其含量在 $450\sim22500\,\mathrm{mg/m^3}$ 之间，视运转条件、废物种类及焚烧炉形式而异。一般来说，固体废物中灰分含量高时，所产生的粉尘量多，颗粒大小的分布亦广，液体焚烧炉产生的粉尘较少。粉尘颗粒的直径有的大至 $100\,\mu m$ 以上，也有小至 $1\,\mu m$ 以下，由于送至焚烧炉的废物来自各种不同的产业，焚烧尾气所带走的粉尘及雾滴特性和一般工业尾气类似。

选择除尘设备时，首先应考虑粉尘负荷、粒径大小、处理风量及容许排放浓度等因素，若有必要再进一步深入了解粉尘的特性（如粒径尺寸分布、平均与最大浓度、真密度、黏度、湿度、电阻系数、磨蚀性、磨损性、易碎性、易燃性、毒性、可溶性及爆炸限制等）及废气的特性（如压力损失、温度、湿度及其他成分等），以便做一合适的选择。

除尘设备的种类主要包括重力沉降室、旋风（离心）除尘器、喷淋塔、文氏洗涤器、静电除尘器及布袋除尘器等，其除尘效率及适用范围列于表 4-6-19 中。重力沉降室、旋风除

表 4-6-19　焚烧尾气除尘设备的特性比较

种类	有效去除颗粒直径/μm	压差/mmH_2O	处理单位气体需水量/(L/m^3)	体积	是否受气体流量变化影响		运转温度/℃	特性
					压力	效率		
文氏洗涤器	0.5	1000~2540	0.9~1.3	小	是	是	70~90	构造简单,投资及维护费用低,耗能大,废水须处理
水音式洗涤塔	0.1	915	0.9~1.3	小	是	是	70~90	能耗最高,去除效率高,废水须处理
静电除尘器	0.25	13~25	0	大	否	是		受粉尘含量、成分、气体流量变化影响大,去除率随使用时间下降
湿式电离洗涤塔	0.15	75~205	0.5~11	大	是	否		效率高,产生废水须处理
布袋除尘器								
(a)传统形式	0.4	75~150	0	大	是	否	100~250	受气体温度影响大,布袋选择为主要设计参数,如选择不当,维护费用高
(b)反转喷射式	0.25	75~150	0	大	是	否		

尘器和喷淋塔等无法有效去除 $5\sim10\mu m$ 以下的粉尘，只能视为除尘的前处理设备。静电集尘器、文氏洗涤器及布袋除尘器三类为固体废物焚烧系统中最主要的除尘设备；液体焚烧炉尾气中粉尘含量低，设计时不必考虑专门的去除粉尘设备，急冷用的喷淋塔及去除酸气的填料吸收塔的组合足以将粉尘含量降至许可范围之内。

（二）设备类型

控制粒状污染物的设备主要有文氏洗涤器、静电除尘器和布袋除尘器，分述如下。

1. 文氏洗涤器

文氏洗涤器可以有效去除废气中直径小于 $2\mu m$ 的粉尘，其除尘效率和静电吸尘器及布袋除尘器相当。由于文氏洗涤器使用大量的水，可以防止易燃物质着火，并且具有吸收腐蚀

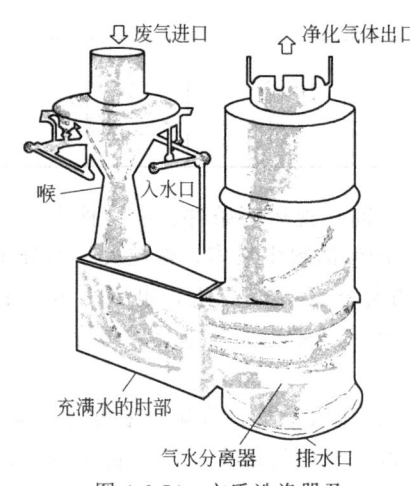

图 4-6-54 文氏洗涤器及
气水分离器

性酸气的功能，较静电集尘器及布袋除尘器更适于有害气体的处理。典型的文氏洗涤器（图 4-6-54）是由两个锥体组合而成，锥体交接部分（喉）面积较小，便于气、液体的加速及混合。废气从顶部进入，和洗涤液相遇，经喉部时，由于截面积缩小，流体的速度增加，产生高度乱流及气、液的混合，气体中所夹带的粉尘混入液滴之中，流体通过喉部后，速度降低，再经气水分离器作用，干净气体由顶端排出，而混入液体中的粉尘则随液体由气水分离器底部排出。

文氏洗涤器依供水方式可分成非湿式及湿式两种（图 4-6-55）。非湿式文氏洗涤器中气体和液体在进入喉部前不互相接触，适于低温及湿度高的气体处理，价格较低。湿式文氏洗涤器中液体从顶部流入，充分浇湿上部锥体内壁，因此气体所夹带的粉尘不易附着在内壁上，适用于高温或夹带黏滞性粉尘的废气处理，其价格较非湿式昂贵。由于除尘效率和喉部压差有关，喉部通常装有调节装置，视气体流量变化而调整，以维持固定的压差及流速。

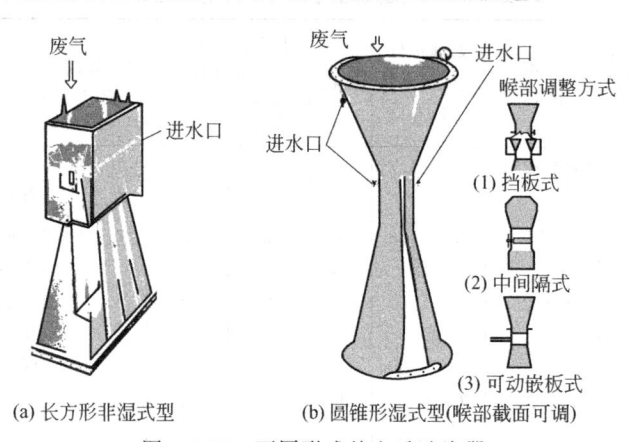

(a) 长方形非湿式型   (b) 圆锥形湿式型(喉部截面可调)

图 4-6-55　不同形式的文氏洗涤器

应用于危险废物焚烧尾气处理的文氏洗涤器的压差控制于 $75\sim250kPa$ 之间，喉部气体流速约在 $45\sim150m/s$ 之间，洗涤水使用量为 $0.7\sim3L/m^3$ 尾气。

文氏洗涤器体积小，投资及安装费用远较布袋除尘器或静电吸尘器低，是最普遍的焚烧

尾气除尘设备，由于压差较其他设备高出甚多（至少7.5～19.9kPa），抽风机的能源使用量亦高（抽风机的电能和压差成正比），同时尚需处理大量废水，运转及维护费用和其他设备相当。

文氏洗涤器也具酸气吸收作用，其效率约在50%～70%之间，但无法达到99%的酸气去除要求，如果焚烧尾气含有酸气时，必须使用吸收塔。

文氏洗涤器的除尘效率和压差有很大的关系，由于尾气中粉尘许可含量规定越来越低，一般传统文氏洗涤器的压差必须维持在200～250kPa左右，不仅能量使用高，而且由于喉部流速太高，磨损情况严重，近年内多种改良形式陆续发展出来，其中最普遍为焚

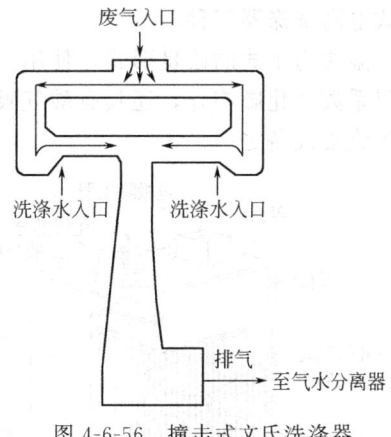

图 4-6-56　撞击式文氏洗涤器

烧系统所使用的是水音式洗涤器和撞击式洗涤器。撞击式洗涤器构造如图 4-6-56 所示，废气由顶部分成两条气流进入后再在喉部合流。由于高速气流碰撞及喉部加速作用，可以有效分离直径低于 1μm 的粉尘。

水音式洗涤器是一个由蒸汽喷射器驱动的文氏洗涤塔（图 4-6-57），蒸汽、水滴、气体及粉尘在喉部混合后，产生剧烈的洗涤作用，水滴和混入水滴中的粉尘进入洗涤器下方扩张部分后，形成大水珠，再经气水分离器作用，和气体分离。特点是：水滴速度大幅度增加，将微米级粒径的粉尘包入水滴之中，加强水滴的凝聚及结合，使气、水得以有效分离，压差容易调节，可视需要大幅增加或减少。

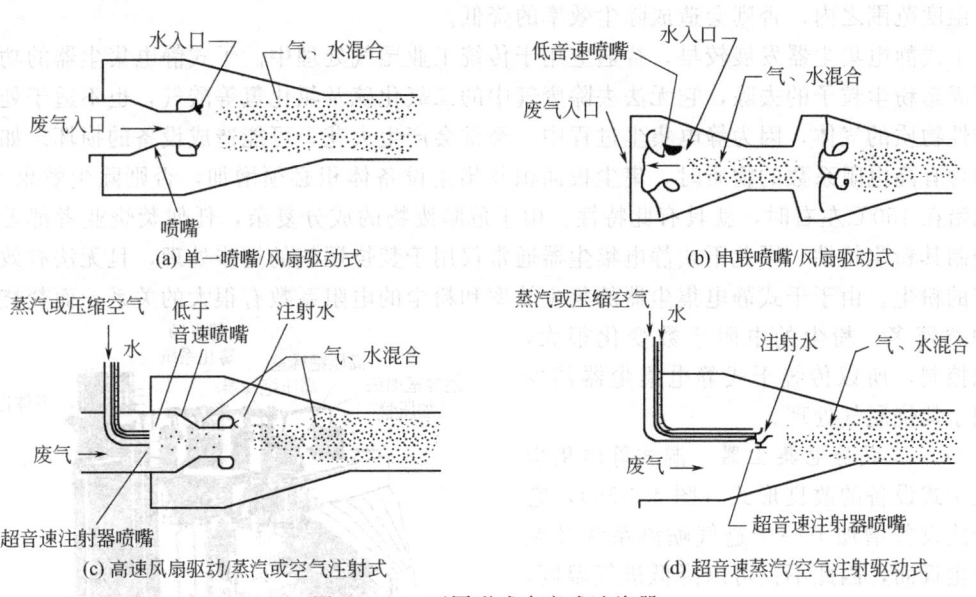

图 4-6-57　不同形式水音式洗涤器

使用水音式洗涤器，只需增加蒸汽注射量，即可增加压差及效率，粒子直径小至 0.2μm 的收集效率亦高达 99%，而其他形式文氏洗涤器，则必须替换抽风机，并调整喉部的截面积，才可达到较高的效率。

2. 静电除尘器

静电除尘器能有效去除工业尾气中所含的粉尘及烟雾，可分为干式、湿式静电集尘器及

湿式电离洗涤器三种。

湿式为干式的改良形式，使用率次之；湿式电离洗涤器发展虽然较晚，但是它除了不受电阻系数变化影响外，还具有酸气吸收及洗涤功能，是美国危险废物焚烧系统中使用最多的粉尘收集设备之一。

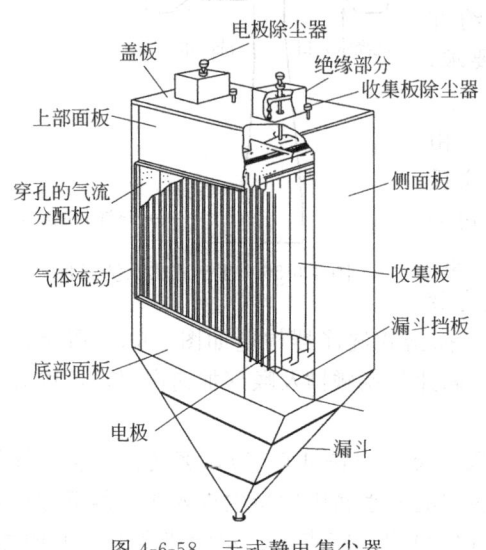

图 4-6-58　干式静电集尘器

（1）干式静电集尘器　干式静电集尘器由排列整齐的集尘板及悬挂在板与板之间的电极所组成，利用高压电极所产生的静电电场去除气体所夹带的粉尘（图 4-6-58）。电极带有高压（40000V 以上）负电荷，而集尘板则接地线。当气体通过电极时，粉尘受电极充电带负电荷，被电极排斥而附着在集尘板上。

粉尘的电阻系数是静电集尘器设计的主要参数，如果粉尘电阻系数太高，它和集尘板接触后，不能丧失所有的电荷时，很容易造成尘垢的堆积。如果电阻系数太小，它和集尘板接触后，不仅丧失原有的负电荷，反而会被充电而带正电，然后被带正电的板面推斥至气流之中，因此无法达到除尘的目的。电阻系数在 $10000 \sim 10^{10} \Omega \cdot cm$ 之间的粉尘可以有效地被静电集尘器收集。由于粉尘粒子的电阻系数受温度变化影响很大，因此操作温度必须设定在设计温度范围之内，否则会造成除尘效率的降低。

干式静电集尘器发展较早，普遍应用于传统工业尾气处理中。干式静电集尘器的功能仅限于固态粉尘粒子的去除，它无法去除废气中的二氧化硫及氯化氢等酸气，也不适于处理含爆炸性物质的气体，因为静电集尘过程中，经常会产生火花，可能造成设备的损坏。如果气体中含有高电阻系数的物质时，集尘板面积及集尘设备体积必须增加，否则除尘效果不佳，氧化铅在 150℃ 左右时，就具有此特性。由于危险废物的成分复杂，任何焚烧业者都无法有效控制其粉尘特性，因此干式静电集尘器通常仅用于焚烧尾气的初步处理，且无法有效去除所有的粉尘。由于干式静电集尘器的集尘效率和粉尘的电阻系数有很大的关系，而焚烧废物的种类繁多、粉尘的电阻系数变化很大，难以控制，所以传统干式静电集尘器甚少使用于焚烧尾气处理。

（2）湿式静电集尘器　湿式静电集尘器是干式设备的改良形式（图 4-6-59），它较干式设备增加了一个进气喷淋系统及湿式集尘板面，因此不仅可以降低进气温度，吸收部分酸气，还可防止集尘板面尘垢的堆积。略含碱性（pH＝8～9）的水溶液为主要喷淋液体，喷淋速度约 1.2～2.4m/s，较气体流速高，可以加强除尘效果。部分雾化液滴会被充电，易为集尘板面收集。包覆粉尘的液滴和集尘板碰撞后，速度降低，可以增加气/液分离作用，除尘效率亦

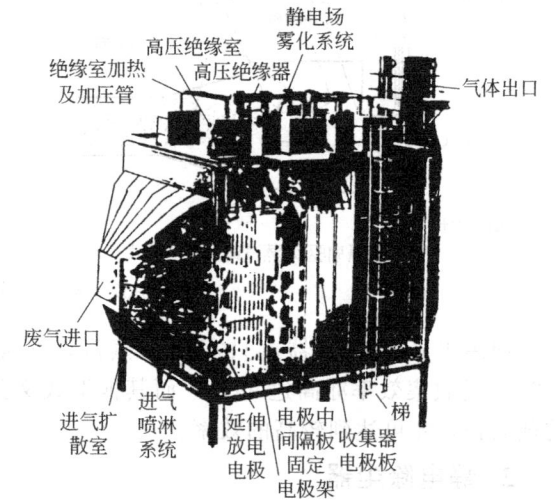

图 4-6-59　湿式静电集尘器

不受粉尘电阻系数影响。由于液体不停地流动，集尘板上的尘垢可随时清除，不致堆积。由于气体所含的水分接近饱和程度，烟囱排除形成白色雾气。尾气粉尘含量约 $10\sim25\mathrm{mg/m^3}$。目前仅有少数湿式吸尘设备应用于危险废物焚烧系统中。

湿式静电集尘器的优点为：除尘效率不受电阻系数影响；具有酸气去除作用；耗能少；可以有效去除颗粒微细的粒子。其主要缺点为：受气体流量变化的影响大；产生大量废水，必须处理；酸气吸收率低，无法去除所有的酸气。

（3）湿式电离洗涤器　湿式电离洗涤器是将静电集尘及湿式洗涤技术结合而发展出来的设备，基本构造如图 4-6-60 所示，是由一个高压电离器及交流式填料洗涤器所组成。当气体通过电离器时，粉尘会被充电而带负电，带负电的粒子通过洗涤器时，由于引力的作用，易与填料或洗涤水滴接触而附着，因此可以由气流中分离出来，附着于填料表面的粉尘粒子随着洗涤水的流动排出。由于填料可以增加气/液接触面积，

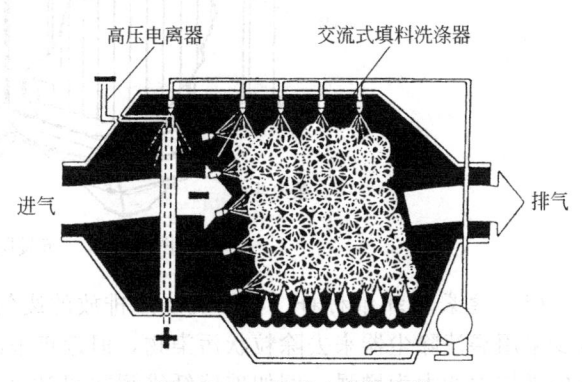

图 4-6-60　湿式电离洗涤器

酸气或其他有害气体可以被有效吸收。粒子充电的时间很短，但电压强度很高，放电电极本身带负电，集尘板上不断有洗涤水通过，可避免尘垢的堆积。

湿式电离洗涤器不仅可以有效去除直径小于微米级的粉尘粒子，并可同时吸收腐蚀性或有害气体。它的构造简单，设计模组化，主要部分由耐蚀塑胶制成，重量轻，易于安装及运输。湿式电离洗涤器的优点如下所述。

① 集尘率高　可自废气中高效率收集直径小至 $0.05\mu\mathrm{m}$ 的粉尘粒子，且效率不受粒子的电阻系数影响。

② 能耗低　单段电离洗涤部分的压差仅为 $4\sim5\mathrm{kPa}$，略高于干式静电集尘器，但远低于其他湿式洗涤系统，处理气体所需充电能量仅 $0.7\sim1.4\mathrm{kW/100m^3}$。

③ 防腐性高　外设及内部主要部分是以热塑胶及玻璃纤维/聚酯材料制成，可以抗拒氯化氢、氯气、氨气、硫氧化物的侵蚀，电极及导电部分由特殊合金制成，也具有防腐特性。

④ 气体吸收率高　使用泰勒环填料，液滴产生数目多，气体吸收率较其他填料高。

⑤ 分别收集作用　湿式电离洗涤器基本上是一个分别收集器，除尘效率不受进尾气中粉尘含量及颗粒大小变化影响。如果一套电离洗涤器无法达到所需效率，可用两套或三套设备串联使用，因此几乎可以达到任何效率。

⑥ 效率不受气体流量影响　适于尾气流量变化大的危险废物及城市垃圾焚烧系统使用。它的主要缺点为废水产生量大，必须加以处理，填料之间易受堵塞，而且尾气中含雾状水滴，必须安装除雾器。

3. 布袋除尘器

如图 4-6-61 所示，布袋除尘器由排列整齐的过滤布袋所组成，布袋的数目由几十个至数百个不等。废气通过滤袋时粒状污染物附在滤层上，再定时以振动、气流逆洗或脉动冲洗等方式清除。其除尘效果与废气流量、温度、含尘量及滤袋材料有关；一般而言，其去除粒子大小在 $0.05\sim20\mu\mathrm{m}$ 范围，压力降在 $1\sim2\mathrm{kPa}$ 左右，除尘效率可达 99% 以上。布袋众多时，可分成不同的独立区域，便于布袋清洁及替换。部分高分子纤维制成的布袋，可在

250℃左右使用，并且可以抗酸、碱及有机物的侵蚀。有些设计在启动时使用吸附剂，附着于布袋表面，以去除尾气中的污染气体。

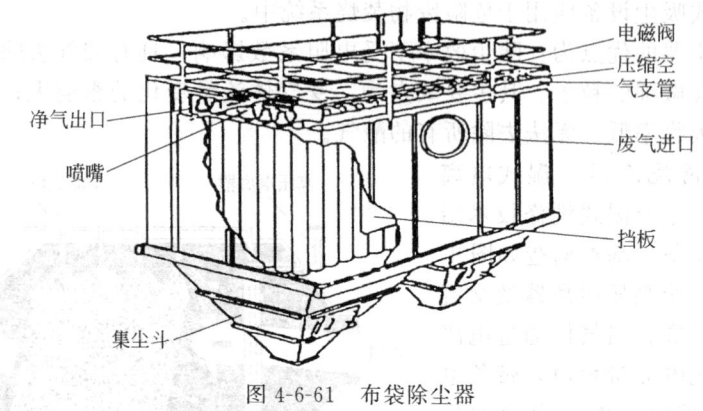

图 4-6-61　布袋除尘器

（1）滤袋及纤维材料　由于焚烧厂排放的废气为高温且带有水分及酸性的气体，以往较少采用袋滤除尘器来去除粒状污染物，但近年来滤布材质有所改进，对于温度、酸碱及磨损的抵抗力均大为增强，例如玻璃纤维耐热可达 300℃；聚四氟乙烯耐热性可达 280℃，且耐酸碱性良好，故使用频率愈来愈高。各种滤袋材质的特性比较情况如表 4-6-20。滤布编织的方法包括起毡法及梭织法。布袋除尘器的除尘效果也因滤布编织方法的不同而有差异，起毡法所制造的滤袋单位质量较小，纤维间隙较大，可供粒状污染物接触面积较多，而梭织法仅将粒状污染物累积于滤布的表面，造成过滤速度较低，收集粒径范围较小；但起毡法仅适用于某些特定材质，且制作过程较复杂，滤布品质较难控制，清洗时需要较多能量，必须小心操作以避免纤维相互纠缠磨损。

表 4-6-20　滤袋材质与特性

滤袋材质	耐温极限/℃	相对效率	抗酸性	清洗难易程度	耐磨性
丙烯酸	140	极佳	佳	佳	极佳
玻璃纤维，Woven	232	普通	佳	佳	不佳
玻璃纤维，Feli	218	佳	不佳	佳	不佳
Gore-tex(Glass Backing)	232	极佳	佳	极佳	不佳
Nomex 毡	190	极佳	不佳	佳	极佳
P. 84(Rastex Scrim)	260	极佳	佳	佳	佳
聚酯	135	极佳	普通	佳	佳
Ryton Felt(Rastex Scrim)	176	极佳	普通	佳	佳
聚四氟乙烯毡	232	佳	极佳	不佳	佳
Tefaire	232	佳	极佳	不佳	普通

（2）滤袋室构造及清洁方式　如图 4-6-62 所示，布袋除尘器依据所清除附着在滤袋上粉尘的方式，有振动式清除法、逆洗式清除法和脉冲式清除法等三种。

前两种方法，废气均自滤袋内向外流动，粒状污染物累积于滤袋的内层，滤袋两端固定，除尘器内区分为若干个区室，每个区室的滤袋需要清除粒状污染物时，可采用离线方式，停止该区室的进气，以便清除滤布上附着的粒状污染物。

使用脉冲式清除法的系统中，平时操作方式为废气自滤袋外向内流动，粒状污染物累积于滤袋的外层，滤袋仅上端固定，清洗时借由内向外喷入的高压气体将滤袋膨胀，以分离累积于滤布表面上的粒状污染物。本法清除所需能量较高，但较为迅速，并可采用线上连续操作的方式。滤袋长度设计时受制于喷入气体压力的极限，为了维护清洗效果，一般均小于5m。使用逆洗及脉冲式清除法的滤袋，滤袋内部必须加装环型或直线型钢线，以防在清洗或正常操作时，施于滤布外的压力使滤袋坍陷，当滤袋使用过久时，会发生破损，必须更换。

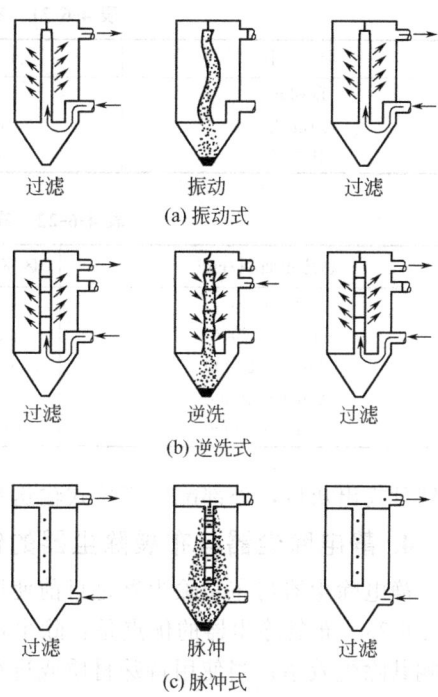

图 4-6-62　布袋除尘器的三种清洗方式

（3）应用　由于对重金属及微量有机化合物的去除效果优良，布袋除尘器近年来已广泛运用在垃圾焚烧厂的粒状污染物去除处理上。

使用干式或半干式洗气塔搭配布袋除尘器时，为了提高对酸性气体、重金属及二噁英的去除率，近年来常使用特殊助剂，对滤布表面进行被覆，以延长酸性气体与石灰的接触时间，增大石灰和酸性气体的接触频率，增加石灰分散的均匀性，降低气流压力损失，避免滤布受到湿废气的影响而阻塞。

不完全反应的石灰停留于滤布表面时，由于有较长的接触时间及频率，能完成以下化学反应：

$$Ca(OH)_2 + 2HCl \longrightarrow CaCl_2 + 2H_2O$$
$$Ca(OH)_2 + SO_2 \longrightarrow CaSO_3 + H_2O$$
$$Ca(OH)_2 + 2HF \longrightarrow CaF_2 + 2H_2O$$

特别值得注意的是，第二项反应在100℃以上的环境中需要靠第一项反应生成的$CaCl_2 \cdot H_2O$当催化剂方可发生，因此HCl与SO_2的比值最好在1.5以上。综合而言，在布袋除尘器前配置干式及半干式洗气塔时，需要将滤袋表面不完全反应的石灰对酸性气体的去除效果一起考虑。

（4）设计要点　在设计布袋除尘器时，主要设计参数是气/布比（亦称过滤速度）和区室数目。其设计程序依次为：调查废气组成及特性，确定设计流量，确定滤袋形式、厚度、尺寸及特殊被覆等，选用滤布材质，确定清洗方式、清洗时间及频率，计算滤布承受的张力，由A/C比确定滤袋个数及排列，计算整体区室数目，进行空间配置，成本估算，去除效率检验。

表4-6-21列出了常用的A/C比。表4-6-22则列出了常用的区室数目。一般而言，若使用脉冲式清洗方式，每个脉冲阀可连接16~18个滤袋，每个区室可排列10排，因此约含有160~180个滤袋，因可以在线上操作，故不须多准备一个备用区室。然而振动式或逆洗式必须在清洗时将待清洗的区室隔离，采取离线操作，故设计总区室数目时需多考虑备用区室。

此外，布袋除尘器的飞灰经捕集及清洗后，将掉落到下方的贮灰斗，因为含有$CaCl_2 \cdot 2H_2O$的成分，故容易粘在斗壁上，有时工程上会设计电线或导引热蒸汽将斗槽的壁部加以保温，以避免$CaCl_2 \cdot 2H_2O$的黏附；出灰口为了避免阻塞或漏气，常采用具有破碎能力的

表 4-6-21 布袋除尘器常用的 A/C 比

项　目	A/C 比/(cm²/s)	过滤速度/(cm/s)
振动式	1～3∶1	1～3∶1
逆洗式	0.5～2.0∶1	0.5～2.0∶1
脉冲式	2.5～7.5∶1	2.5～7.5∶1

表 4-6-22 布袋除尘器常用的区室数目

总滤布面积/cm²	区室数目	总滤布面积/cm²	区室数目
1～4000	2	60000～80000	11～13
4000～12000	3	80000～110000	14～16
12000～25000	4～5	110000～150000	17～20
25000～40000	6～7	>150000	>20
40000～60000	8～10		

旋转盘式出灰口，外部配以气压式输送带。

4. 静电除尘器与布袋除尘器的优缺点比较

静电除尘器与布袋除尘器是目前使用最广泛的两种粒状污染物控制设备，其功能比较如表 4-6-23。布袋除尘器的优点是：除尘效率高，可保持一定水准，较不易因进气条件变化而影响其除尘效率；当使用特殊材质或进行表面处理后，可以处理含酸碱性的气体；不受含尘气体的电阻系数变化而影响效率；若与半干式洗气塔合并使用，未反应完全的 $Ca(OH)_2$ 粉末附着于滤袋上，当废气经过时因增加表面接触机会，可提高废气中酸性气体的去除效率；对凝结成细微颗粒的重金属及含氯有机化合物（如 PCDDs/PCDFs）的去除效果较佳。缺点为：耐酸碱性较差，废气中含高酸碱成分时，滤布可能在较高酸碱度下损毁，需使用特殊材质；耐热性差，超过 260℃以上，需考虑使用特殊材质的滤材；耐湿性差，处理亲水性较强的粉尘较困难，易形成阻塞；风压损失较大，故较耗能源；滤袋寿命有一定期限，需有备用品随时更换；滤袋如有破损，很难找出破损位置；采用振动装置振落捕集灰尘时需注意滤布破裂的问题。

表 4-6-23 静电除尘器与布袋除尘器的功能比较

控制技术	静电除尘器	布袋除尘器
去除颗粒的最小粒径/μm	<1	<1
除尘效率/%	95～99	>99
初设费	高	较 ESP 低
操作费	低	较 ESP 高
所需空间	大	较 ESP 稍小
受烟气温度的影响	小	大
废气量变化的影响	大	小
入口含尘量的影响	大	小
压损	20mmH₂O 以下	100～150mmH₂O
可否承受湿废气	短期不受影响	有影响
最高废气温度	300℃	170℃
对粉尘形状的敏感度	高	低
对极细微颗粒的捕集率	低	高
注意事项	·所需风压和电力较小 ·需注意高压电	·对过滤速度很敏感 ·滤布需常更换

三、酸性气体控制技术

用于控制焚烧厂尾气中酸性气体的技术有湿式、半干式及干式洗气等三种方法。

（一）湿式洗气法

焚烧尾气处理系统中最常用的湿式洗气塔是对流操作的填料吸收塔，如图 4-6-63 所示。
经静电除尘器或布袋除尘器去除颗粒物的尾气
由填料塔下部进入，首先喷入足量的液体使尾
气降到饱和温度，再与向下流动的碱性溶液不
断地在填料空隙及表面接触及反应，使尾气中
的污染气体有效地被吸收。

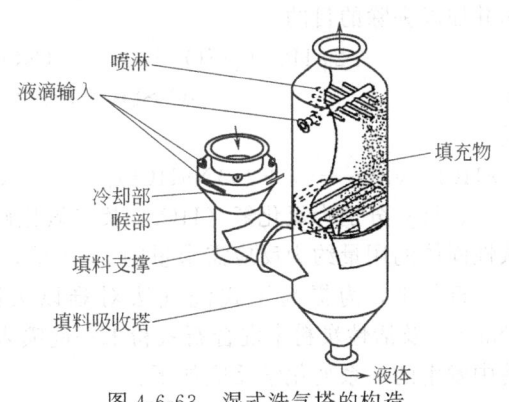

图 4-6-63　湿式洗气塔的构造

填料对吸收效率影响很大，要尽量选用耐
久性与防腐性好，比表面积大，对空气流动阻
力小，以及单位体积质量小和价格便宜的填
料。近年来最常使用的填料是由高密度聚乙
烯、聚丙烯或其他热塑胶材料制成的不同形状
的特殊填料，如拉西环、贝尔鞍及螺旋环等。
较传统陶瓷或金属制成的填料质量小，防腐性高，液体分配性好。使用小直径的填料虽可提
高单位高度填料的吸收效率，但是压差也随之增加。一般来说，气体流量超过 14.2m^3/min
以上时，不宜使用直径在 25.4mm 以下的填料，超过 56.6m^3/min 以上，则不宜使用直径低
于 50.8mm 以下填料，填料的直径不宜超过填料塔直径的 1/20。

吸收塔的构造材料必须能抗拒酸气或酸水的腐蚀，传统做法是碳钢外壳内衬橡胶或
聚氯乙烯等防腐物质，近年来玻璃纤维强化塑胶（FRP）逐渐普及。玻璃纤维强化塑胶不
仅质量小，可以防止酸碱腐蚀，还具有高度韧性及强度，适于作为吸收塔的外设及内部
附属设备。

常用的碱性药剂有 NaOH 溶液（质量分数 15%～20%）或 Ca(OH)$_2$ 溶液（质量分数
10%～30%）。石灰液价格较低，但是石灰在水中的溶解度不高，含有许多悬浮氧化钙粒子，
容易导致液体分配器、填料及管线的堵塞及结垢。虽然苛性钠较石灰为贵，但苛性碱和酸气
反应速率较石灰快速，吸收效率高，其去除效果较好且用量较少，不会因 pH 值调节不当而
产生管线结垢等问题，故一般均采用 NaOH 溶液为碱性中和剂。

洗气塔的碱性洗涤溶液采用循环使用方式，当循环溶液的 pH 值或盐度超过一定标准
时，排泄部分并补充新鲜的 NaOH 溶液，以维持一定的酸性气体去除效率。排泄液中通常
含有很多溶解性重金属盐类（如 HgCl$_2$、PbCl$_2$ 等），氯盐浓度亦高达 3%，必须予以适当
处理。

石灰溶液洗气时，其化学方程式为：

$$2S + 2CaCO_3 + 4H_2O + 3O_2 \longrightarrow 2CaSO_4 \cdot 2H_2O + 2CO_2$$

其中 CaSO$_4$·2H$_2$O 可以回收再利用。

由于一般的湿式洗气塔均采用充填吸收塔的方式设计，故其对粒状物质的去除能力几乎
可被忽略。湿式洗气塔的最大优点为酸性气体的去除效率高，对 HCl 去除率为 98%，SO$_2$
去除率为 90% 以上，并附带有去除高挥发性重金属物质（如汞）的潜力，其缺点为造价较
高，用电量及用水量亦较高；此外为避免尾气排放后产生白烟现象需另加装废气再热器，废
水亦需加以妥善处理。目前改良型湿式洗气塔多分为两阶段洗气，第一阶段针对 SO$_2$，第

二阶段针对 HCl，主要原因是二者在最佳去除效率时的 pH 值不同。

此外，湿式洗气法产生的含重金属和高浓度氯盐的废水，需要进行处理。

（二）干式洗气法

干式洗气法是用压缩空气将碱性固体粉末（消石灰或碳酸氢钠）直接喷入烟管或烟管上某段反应器内，使碱性消石灰粉与酸性废气充分接触和反应，从而达到中和废气中的酸性气体并加以去除的目的。

$$2x\,HCl + y\,SO_2 + (x+y)CaO \longrightarrow x\,CaCl_2 + y\,CaSO_3 + x\,H_2O$$
$$y\,CaSO_3 + y/2\,O_2 \longrightarrow y\,CaSO_4$$

或

$$x\,HCl + y\,SO_2 + (x+2y)NaHCO_3 \longrightarrow x\,NaCl + y\,Na_2SO_3 + (x+2y)CO_2 + (x+y)H_2O$$

x 及 y 分别为氯化氢（HCl）及二氧化硫（SO_2）的摩尔数。为了加强反应速率，实际碱性固体的用量约为反应需求量的 $3\sim4$ 倍，固体停留时间至少需 1s 以上。

近年来，为提高干式洗气法对难以去除的一些污染物质的去除效率，有用硫化钠（Na_2S）及活性炭粉末混合石灰粉末一起喷入，可以有效地吸收气态汞及二噁英。干式洗气塔中发生的一系列化学反应如下：

（1）石灰粉与 SO_2 及 HCl 进行中和反应

$$CaO + SO_2 \longrightarrow CaSO_3$$
$$CaO + 2HCl \longrightarrow CaCl_2 + H_2O$$

（2）SO_2 可以减少 $HgCl_2$ 转化为气态的 Hg

$$SO_2 + 2HgCl_2 + H_2O \longrightarrow SO_3 + Hg_2Cl_2 + 2HCl$$
$$Hg_2Cl_2 \longrightarrow HgCl_2 + Hg\uparrow$$

（3）活性炭吸附现象将形成硫酸，而硫酸与气态汞可反应：

$$SO_{2,gas} \longrightarrow SO_{2,ads}$$
$$SO_{2,ads} + 1/2\,O_{2,ads} \longrightarrow SO_{3,ads}$$
$$SO_{3,ads} + H_2O \longrightarrow H_2SO_{4,ads}$$
$$2Hg + 2H_2SO_{4,ads} \longrightarrow Hg_2SO_{4,ads} + 2H_2O + SO_2$$

或

$$Hg_2SO_{4,ads} + 2H_2SO_{4,ads} \longrightarrow 2HgSO_{4,ads} + 2H_2O + SO_2$$

因此当石灰粉末去除 SO_2 时，会影响 Hg 的吸附，故须加入一些含硫的物质（如 Na_2S）。

干式洗气塔与布袋除尘器组合工艺是焚烧厂中尾气污染控制的常用方法，其典型流程如图 4-6-64 所示。优点为设备简单、维修容易、造价便宜，消石灰输送管线不易阻塞；缺点是由于固相与气相的接触时间有限且传质效果不佳，常须超量加药，药剂的消耗量大，整体

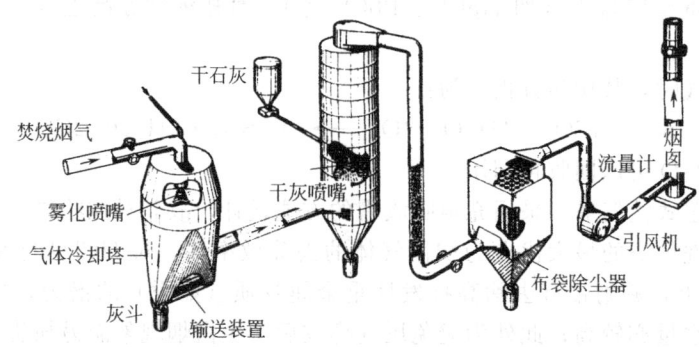

图 4-6-64　Flank 干法系统

的去除效率也较其他两种方法为低，产生的反应物及未反应物量亦较多，需要适当最终处置。目前虽已有部分厂商运用回收系统，将由除尘器收集下来的飞灰、反应物与未反应物，按一定比例与新鲜的消石灰粉混合再利用，以期节省药剂消耗量。但其成效并不显著，且会使整个药剂准备及喷入系统变得复杂，管线系统亦因飞灰及反应物的介入而增加了磨损或阻塞的频率，反而失去原系统设备操作简单维修容易的优势。

（三）半干式洗气法

如图 4-6-65 所示，半干式洗气塔实际上是一个喷雾干燥系统，利用高效雾化器将消石灰泥浆从塔底向上或从塔顶向下喷入干燥吸收塔中。尾气与喷入的泥浆可成同向流或逆向流的方式充分接触并产生中和作用。由于雾化效果佳（液滴的直径可低至 $30\mu m$ 左右），气、液接触面大，不仅可以有效降低气体的温度，中和气体中的酸气，并且喷入的消石灰泥浆中水分可在喷雾干燥塔内完全蒸发，不产生废水。其化学方程式为：

$$CaO + H_2O \longrightarrow Ca(OH)_2$$
$$Ca(OH)_2 + SO_2 \longrightarrow CaSO_3 + H_2O$$
$$Ca(OH)_2 + 2HCl \longrightarrow CaCl_2 + 2H_2O$$

或
$$SO_2 + CaO + 1/2H_2O \longrightarrow CaSO_3 \cdot 1/2H_2O$$

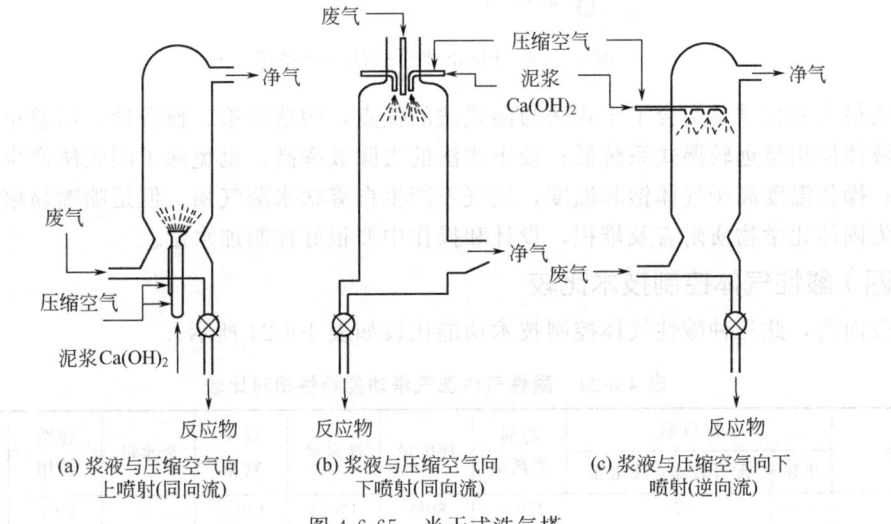

图 4-6-65 半干式洗气塔

这种系统的最主要的设备为雾化器，目前使用的雾化器为旋转雾化器及双流体喷嘴。旋转雾化器为一个由高速马达驱动的雾化器，转速可达 $10000 \sim 20000r/min$，液体由转轮中间进入，然后扩散至转轮表面，形成一层薄膜。由于高速离心作用，液膜逐渐向转轮外缘移动，经剪力作用将薄膜分裂成 $30 \sim 100\mu m$ 大小的液滴。喷淋塔的大小取决于液滴喷雾的轨迹及散体面。双流体喷嘴是由压缩空气或高压蒸汽驱动，液滴直径为 $70 \sim 200\mu m$，由于雾化面远较旋转雾化面小，喷淋室直径也相对降低。旋转雾化器产生的雾化液滴较小，只要转速及转盘直径不变，液滴尺寸就会保持一定，酸气去除效率较高，碱性反应剂使用量较低，但构造复杂、容易阻塞、价格及维护费用皆高。其最高与最低液体流量比为 20：1，远高于双流体喷嘴（约 3：1），但最高与最低气体流量比（2.5：1）远低于双流体喷嘴（20：1），多用在废气流量较大时（一般为 $Q > 340000m^3/h$）。双流体喷嘴构造简单不易阻塞，但液滴尺寸不均匀。

半干式洗气法（SDA）的典型流程如图 4-6-66 所示，包含一个冷却气体及中和酸气的喷淋干燥室及除尘用的布袋除尘器室。系统的中心为一个设置在气体散布系统顶端的转轮雾化器。高温气体由喷淋塔顶端成螺旋或旋涡状进入。石灰浆经转轮高速旋转作用由切线方向散布出去，气液体在塔内充分接触，可有效降低气体温度，蒸发所有的水分及去除酸气，中和后产生的固体残渣由塔底或集尘设备收集，气体的停留时间为 10～15s。单独使用石灰浆时对酸性气体去除效率在 90% 左右，但利用反应药剂在布袋除尘器滤布表面进行的二次反应，可提高整个系统对酸性气体的去除效率（HCl：98%，SO$_2$：90% 以上）。

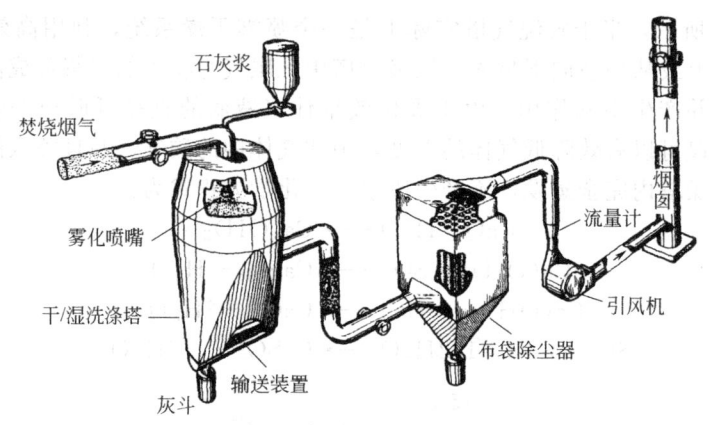

图 4-6-66　Flank 半干式洗气法系统

本法最大的特性是结合了干式法与湿式法的优点，构造简单、投资低、压差小、能源消耗少、液体使用量远较湿式系统低；较干式法的去除效率高，也免除了湿式法产生过多废水的问题；操作温度高于气体饱和温度，尾气不产生白雾状水蒸气团。但是喷嘴易堵塞，塔内壁容易为固体化学物质附着及堆积，设计和操作中要很好控制加水量。

（四）酸性气体控制技术比较

综合而言，此三种酸性气体控制技术功能比较如表 4-6-24 所示。

表 4-6-24　酸性气体洗气塔功能特性相对比较

种类	去除效率		药剂消耗量	耗电量	耗水量	反应物量	废水量	建造费用	操作维护费用
	单独	配合袋滤式除尘器							
干式	50%	95%	120%	80%	100%	120%	—	90%	80%
半干式洗气塔	90%	98%	100%	100%	100%	100%	—	100%	100%
湿式洗气塔	99%	—	100%	150%	150%	—	100%	150%	150%

注：1. 去除效率以 HCl 去除率为基准。

2. 药剂种类：干式为 Ca(OH)$_2$ 粉（95% 纯度），半干式为 Ca(OH)$_2$ 乳液（15%），湿式为 NaOH 溶液（45%）。

四、重金属污染物控制技术

焚烧厂排放尾气中所含重金属量的多少，与废物组成性质、重金属存在形式、焚烧炉的操作及空气污染控制方式有密切关系。去除尾气中重金属污染物质的机理有四点。

（1）重金属降温达到饱和，凝结成粒状物后被除尘设备收集去除。

（2）饱和温度较低的重金属元素无法充分凝结，但飞灰表面的催化作用会形成饱和温度较高且较易凝结的氧化物或氯化物，而易被除尘设备收集去除。

（3）仍以气态存在的重金属物质，因吸附于飞灰上或喷入的活性炭粉末上而被除尘设备一并收集去除。

（4）部分重金属的氯化物为水溶性，即使无法在上述的凝结及吸附作用中去除，也可利用其溶于水的特性，经由湿式洗气塔的洗涤液自尾气中吸收下来。

当尾气通过热能回收设备及其他冷却设备后，部分重金属会因凝结或吸附作用而易附着在细尘表面，可被除尘设备去除，温度越低，去除效果越佳。但挥发性较高的铅、镉和汞等少数重金属则不易被凝结去除。焚烧厂运转经验表明：

（1）单独使用静电除尘器对重金属物质去除效果较差，因为尾气进入静电除尘器时的温度较高，重金属物质无法充分凝结，且重金属物质与飞灰间的接触时间亦不足，无法充分发挥飞灰的吸附作用。

（2）湿式处理流程中所采用的湿式洗气塔，虽可降低尾气温度至废气的饱和露点以下，但去除重金属物质的主要机构仍为吸附作用。且因对粒状物质的去除效果甚低，即使废气的温度可使重金属凝结（汞除外），除非装设除尘效率高的文氏洗涤器或静电除尘器，凝结成颗粒状物的重金属仍无法被湿式洗气塔去除。以汞为例，废气中的汞金属大部分为汞的氯化物（如 $HgCl_2$），具水溶性，由于其饱和蒸气压高，通过除尘设备后在洗气塔内仍为气态，与洗涤液接触时可因吸收作用而部分被洗涤下来，但会再挥发随废气释出。

（3）布袋除尘器与干式洗气塔或半干式洗气塔并用时，除了汞之外，对重金属的去除效果均十分优良，且进入除尘器的尾气温度愈低，去除效果愈好。但为维持布袋除尘器的正常操作，废气温度不得降至露点以下，以免引起酸雾凝结，造成滤袋腐蚀，或因水汽凝结而使整个滤袋阻塞。汞金属由于其饱和蒸气压较高，不易凝结，只能靠布袋上的飞灰层对气态汞金属的吸附作用而被去除，其效果与尾气中飞灰含量及布袋中飞灰层厚度有直接关系。

（4）为降低重金属汞的排放浓度，在干法处理流程中，可在布袋除尘器前喷入活性炭或于尾气处理流程尾端使用活性炭滤床加强对汞金属的吸附作用，或在布袋除尘器前喷入能与汞金属反应生成不溶物的化学药剂，如喷入 Na_2S 药剂，使其与汞作用生成 HgS 颗粒而被除尘系统去除，喷入抗高温液体螯合剂可达到 $50\% \sim 70\%$ 的去除效果。在湿式处理流程中，在洗气塔的洗涤液内添加催化剂（如 $CuCl_2$），促使更多水溶性的 $HgCl_2$ 生成，再以螯合剂固定已吸收汞的循环液，确保吸收效果。

五、二噁英的控制技术

二噁英类主要是现代人类工业化活动中的产物，是人类无意识合成的物质。从越南战争期间美军使用枯草剂导致环境健康问题，到 1999 年比利时发生动物饲料二噁英污染事件，世界上数次发生与二噁英有关的污染事故，使得二噁英污染和防治成为备受世人所关注的热点之一。最早与燃烧有关的二噁英类历史，可追溯到 1977 年 Olie、Hutzinger 等报道称生活垃圾焚烧的飞灰中含有二噁英类；1978 年首次解释了燃烧过程中产生二噁英的原因；1979 年和 1983 年分别对燃烧飞灰进行权威性的检测，并检测出二噁英类；1986 年瑞典规定了二噁英类排放限值为 $0.1ng\ TEQ/m^3$。

（一）二噁英类（Dioxins）的理化性质

（1）二噁英类是一类毒性很强的三环芳香族有机化合物，现已被世界卫生组织列为一级致癌物质。二噁英类由 2 个或 1 个氧原子连接 2 个被氯取代的苯环，分别称为多氯二苯并二噁英（PCDDs）、多氯二苯并呋喃（PCDFs）和多氯联苯（Co-PCB）。早期研究把聚合氯代二苯并对二噁英（PCDDs）定义为二噁英。因聚合氯代二苯并呋喃（PCDFs）与 PCDDs 具有相类似的性质，于是把它们统称为"二噁英类"。20 世纪 90 年代末的研究发现，多氯联苯（Co-PCB）也是与二噁英具有同样性质的共性型化合物，又把它并入二噁英类。近年的研究，又发现有同样类似性质的物质，但尚未被世界卫生组织确认[41,42]。

二噁英类每个苯环上可取代 1～8 个氯原子，从而形成 75 种 PCDDs 异构体、135 种 PC-DFs 异构体和 29 种 Co-PCB 异构体，合计有 239 种二噁英类。二噁英类异构体因所含氯原子数及取代位置不同，导致其毒性有较大差别。为了评价它们的毒性，引入毒性当量（TEQ）概念，其数值称为毒性当量因子（TEF），取毒性最强的 2,3,7,8-四氯二苯并二噁英（2,3,7,8-TCDD）当量因子 TEF 为 1，为马钱子碱毒性的 500 倍，氰化钾的 1000 倍，因其空间结构对称，具有极强的化学稳定性。其他毒性当量因子均小于 1。表 4-6-25 列出了 17 种二噁英活性同类物的毒性当量因子。研究结果，有 29 种二噁英类异构体为含有强毒物质，其中，有 7 种二噁英、10 种呋喃与 12 种多氯联苯。

表 4-6-25　部分二噁英类毒性当量因子

名　　称	缩　　写	TEF
2,3,7,8-四氯二噁英	2,3,7,8-T_4CDD	1
1,2,3,7,8-五氯二噁英	1,2,3,7,8-P_5CDD	0.5
1,2,3,4,7,8-六氯二噁英	1,2,3,4,7,8-H_6CDD	0.1
1,2,3,6,7,8-六氯二噁英	1,2,3,6,7,8-H_6CDD	0.1
1,2,3,7,8,9-六氯二噁英	1,2,3,7,8,9-H_6CDD	0.1
1,2,3,4,6,7,8-七氯二噁英	1,2,3,4,6,7,8-H_7CDD	0.01
八氯二噁英	O_8CDD	0.001
八氯二苯呋喃	O_8CDF	0.001
2,3,7,8-四氯二苯呋喃	2,3,7,8-T_4CDF	0.1
1,2,3,7,8-五氯二苯呋喃	1,2,3,7,8-P_5CDF	0.05
2,3,4,7,8-五氯二苯呋喃	2,3,4,7,8-P_5CDF	0.5
1,2,3,4,7,8-六氯二苯呋喃	1,2,3,4,7,8-H_6CDF	0.1
1,2,3,6,7,8-六氯二苯呋喃	1,2,3,6,7,8-H_6CDF	0.1
2,3,4,6,7,8-六氯二苯呋喃	2,3,4,6,7,8-H_6CDF	0.1
1,2,3,7,8,9-六氯二苯呋喃	1,2,3,7,8,9-H_6CDF	0.1
1,2,3,4,6,7,8-七氯二苯呋喃	1,2,3,4,6,7,8-H_7CDF	0.01
1,2,3,4,7,8,9-七氯二苯呋喃	1,2,3,4,7,8,9-H_7CDF	0.01

二噁英与呋喃分子结构如图 4-6-67 所示。

多氯代二苯并-对-二噁英(PCDDs)　多氯代二苯并呋喃(PCDFs)

图 4-6-67　二噁英与呋喃分子结构图

有关研究表明[72]，焚烧炉排放烟气中总 PCDD/Fs 质量与其中 TEQ 组分的质量比范围为 5～100，Shin 等给出均值为 12。此值依赖于同族物分布，对生活垃圾焚烧排放烟气来说相对恒定。在垃圾焚烧排放烟气中，呋喃较二噁英占优势，PCDD/Fs 浓度随氯化程度增加而增加，OCDF 和 OCDD 是最普遍的同族物。Fiedler 等研究了生活垃圾、危险废物焚烧及钢铁工业，表明 2,3,4,7,8-P_5CDF 是以上 3 种工业最主要的毒性同族物，占大于 30% 的 TEQ。

（2）二噁英类毒性表现。二噁英是目前已知化合物中毒性最强的一类物质。从职业暴露和工业事故的受害者身上得到的毒性效应显示，PCDDs 和 PCDFs 暴露可引起皮肤痤疮、头痛、失眠、忧郁、失聪等症状，并可具有长期效应，如染色体损伤、心力衰竭、癌症等。人体内富集的二噁英类半衰期为 1～10 年，其中 2,3,7,8-T_4CDD 的半衰期 5.8 年。大量动物试验表明，大剂量、低浓度二噁英可对动物表现出致死效应，如 $60\mu g$-TEQ/kg 2,3,7,8-TCDD 可致小白鼠死亡。另外，在越战期间因美国大量施放含有二噁英类的枯草剂，数年后以至十数年后发现人体不良反应症状以及新生儿畸形现象。颇有影响的意大利塞贝索工厂

1976 年发生的爆炸事故，因泄放出大量二噁英类物质，导致居民出现"氯痤疮"皮肤病和猫、鼠、牛等动物死亡。通过这些引证的事实，启发我们不但要关注二噁英类物质本身的毒性作用，也应关注其量变导致质变的关系及其产生的后果。

（3）二噁英类主要性质。二噁英类是一类化学性质稳定的无色针状固体，几乎不发生酸碱中和反应及氧化反应。其在标准状态下呈固态，熔点约为 303～305℃，与铅/锌相近；难溶于水（溶解度约为 7.2×10^{-6} mg/L）；在二氯苯中的溶解度达 1400mg/L，这说明二噁英易溶解于脂肪。二噁英在土壤中半衰期 12 年；气体中的二噁英类在空气中光化学分解半衰期 8.3d。由于二噁英类性能稳定及畜禽类存活期短，一旦它们受到超剂量污染就会危及人类的食物链。人们摄取的二噁英类的 90% 是来自食物链。

二噁英类在低温条件下很稳定；在碳与氯存在的条件下，催化合成二噁英类的温度为 270～600℃（见图 4-6-68）；在 800℃ 及以上环境，二噁英类容易分解（见图 4-6-69）。

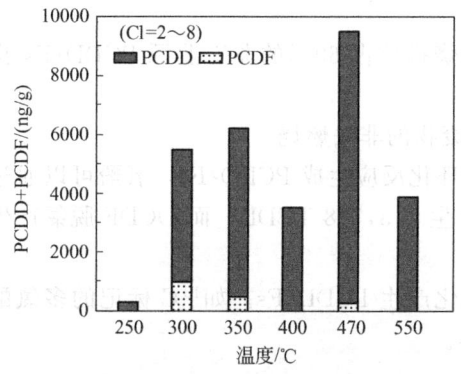

图 4-6-68　催化合成二噁英类的温度柱状图

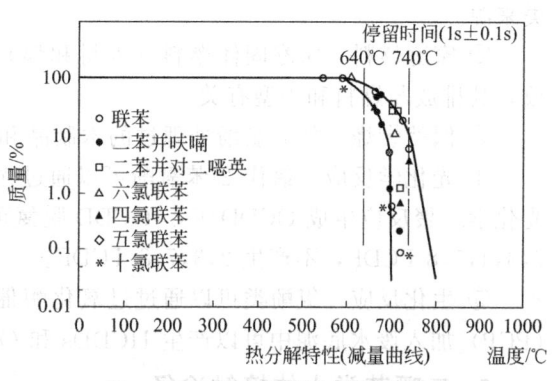

图 4-6-69　分解温度和时间的关系

（二）关于二噁英类的存在特征

1. 二噁英类的环境来源

二噁英类在空气、土壤、水和食物中都能发现，是一种普遍的化学现象。二噁英类是人类生产活动以及一些自然灾害的辅助产物，并以废水、废气等形式排放。其来源可分为工业来源和非工业来源。

（1）工业来源

① 固体废物焚烧　包括生活垃圾、医疗废物及危险废物等的焚烧。20 世纪 70 年代后期，荷兰科学家对生活垃圾焚烧厂的二噁英排放进行研究，发现大量的二噁英存在于焚烧厂的烟气飞灰内。日本 1990 年的调查显示，垃圾焚烧排放的二噁英为 3.1～7.4kg/a，占总排放量（3.94～8.45kg/a）的 80%～90%。医疗废物中含有氯代化合物，焚烧时 PCDD/Fs 含量比生活垃圾焚烧更高。固体废物的焚烧过程是环境二噁英的主要来源，因其形成过程的复杂性，其产生机理尚不清楚。除固体废物本身含有外，一般认为它是由于含氯有机物不完全燃烧通过复杂热反应形成的。固体废物中含有氯源、有机质及重金属是很普通的，因此固体废物焚烧产物中常含 PCDD/Fs。固体废物本身也含有痕量的二噁英，范围为 6～50ng TEQ/kg 废物，垃圾制成的衍生燃料中二噁英质量浓度一般为 3.8～4.8ng TEQ/kg 废物。由于二噁英具有一定的热稳定性，当固体废物燃烧时，如果没有达到分解破坏二噁英分子的温度等条件，这些二噁英就会随飞灰被释放出来。

② 工业锅炉燃烧　煤等化石燃料和木材在锅炉等的燃烧。

③ 金属生产　Ulrich Qua 等关于欧洲二噁英排放的清单表明，铁矿烧结是目前欧洲二

噁英排放仅次于生活垃圾焚烧的第二大主要来源，一般为 $7.5\mu g$ TEQ/t 或 3ngTEQ/m³。

④ 金属回收　如从电缆回收金属、二次熔铝、熔铜以及锌的回收等也是环境 PCDD/Fs 的来源。由于一般没有安装二噁英减少设施，电弧炉是唯一的具有排放上升趋势的工业来源，一些电子废弃物的手工作坊加热拆解也是重要的产生源。

⑤ 含氯化合物的合成与使用　许多有机氯化学品，如 PCBs、氯代苯醚类农药、苯氧乙酸类除草剂、五氯酚木材防腐剂、六氯苯和菌螨酚等，在生产过程中有可能形成二噁英。

目前，大多数发达国家已经开始削减此类化学品的生产和使用，如美国已全面禁止 2,4,5-三氯苯氧乙酸的使用，限制木材防腐剂及六氯苯的生成和使用。

⑥ 纸浆漂白过程通入氯气可以产生 PCDD/Fs，含 PCDD/Fs 的造纸废液会排入水体。

（2）非工业来源

① 汽油的不完全燃烧　汽车尾气可以释放 PCDD/Fs。减少含铅汽油的使用可以减少此类来源。

② 家庭燃料　家庭固体燃料（木材和煤）的燃烧排放占 60% 的非工业源 PCDD/Fs 排放，其排放与燃料和炉型有关。

③ 偶然燃烧　如五氯酚处理过的木制品和家庭废物的非法燃烧。

④ 光化学反应　氯代-2-苯氧酚可以通过光化学环化反应生成 PCDD/Fs，氯酚可以通过光化学二聚反应生成 OCDD/Fs。OCDD 脱氯可以产生 2,3,7,8-TCDD，而 OCDF 脱氯产生 2,3,4,7,8-PCDF，不产生 2,3,7,8-TCDF。

⑤ 生化反应　氯酚类可以通过过氧化酶催化氧化产生 PCDD/Fs。如 ¹³C 标记的多氯酚（PCP）加入废水底泥中可以产生 HCDDs 和 OCDDs。

2. 二噁英类人体接触途径

另有资料通报约 99% 的人接触二噁英类的途径是从食物链开始，每天通过食物进入人体二噁英类 55～295pgTEQ（统计结果见表 4-6-26），喝水进入人体 0～1.3pgTEQ，呼吸进入人体 0.3～9.45pgTEQ。对人类来说空气传播的影响要远远小于食物链。

表 4-6-26　部分食物中二噁英类的浓度

序号	食物类别	二噁英类浓度 pgTEQ/g	序号	食物类别	二噁英类浓度 pgTEQ/g
1	鱼类	1.19	8	谷类、马铃薯	0.001
2	牛乳	0.16	9	水果	0.004
3	肉、卵类	0.15	10	砂糖、糕点	0.08
4	米	0.05	11	油脂类	0.18
5	绿蔬菜	0.17	12	烹调类	0.08
6	海藻类	0.01	13	调味品类	0.04
7	豆属植物	0.02			

国内相关研究表明：动物性食品中 PCDD/Fs 毒性当量浓度（TEQ）水平由大至小依次是：鱼类＞牛肉＞禽蛋＞奶粉＞羊肉＞鸡肉＞鸭肉＞猪肉（脂肪计），植物性食品以植物油＞豆制品＞粮谷类＞蔬菜（湿重计）依次降低，动物食品中二噁英本底含量远远高于植物性食品。

另外，来自日本 1990 年初关于环境中二噁英类的浓度的部分调查报道：工业区附近的居民区大气中二噁英类的浓度 0.02～2pgTEQ/m³；大城市居民区大气中二噁英类的浓度 0～2.6pgTEQ/m³；中小城市居民区大气中二噁英类的浓度 0～1.9pgTEQ/m³；大气中本底二噁英类的浓度 0.03pgTEQ/m³。

3. 二噁英类是一种超痕量物质

环境中二噁英类为 pgTEQ/m³ 数量级。垃圾焚烧 ngTEQ/m³ 数量级，而小白鼠致死量要在 μgTEQ/m³ 数量级，应充分注意其数量级概念。工业化国家，环境中二噁英类的相对比较高，但是像瑞典、瑞士、日本等垃圾焚烧比例高的国家，其人口的平均寿命比其他国家都长，说明二噁英类对人体的危害是很有限的。

（三）垃圾焚烧对环境中二噁英贡献的变迁

1. 垃圾焚烧对环境中二噁英的贡献

废物焚烧，特别是生活垃圾焚烧，曾经是环境中二噁英的最大产生源。1997 年，日本约 93.19％的二噁英来自生活和工业废弃物的焚烧；其次是金属冶炼工业过程，约占 6％；其他来源包括吸烟、汽车尾气等人为源，森林火灾和火山活动等自然源约占 0.11％[60,70~73]。

随着公众对焚烧二噁英问题的日益关注、严格的焚烧二噁英排放法规出台和焚烧技术的不断进步与日趋完善，世界主要国家在垃圾焚烧处理量仍然增长的情况下，焚烧二噁英排放量显著下降。德国垃圾焚烧烟气的二噁英年排放量，已从 1988 年的 400g TEQ 下降到 1997 年的 4g TEQ（UNEP，1999）；美国的垃圾焚烧烟气的二噁英年排放量，从 1987 年到 1995 年显著减少了 77％。日本逐渐关停小型、非连续垃圾焚烧设施后，2004 年垃圾焚烧设施二噁英排放量占全部排放量已不到 20％（见表 4-6-27），而工业生产和小型焚烧设施已经成为最主要的二噁英排放源。

表 4-6-27　日本二噁英产生源排放量（g TEQ/a）

年份	1997	1998	1999	2000	2001	2002	2003	2004
常规焚烧设施	5000	1550	1350	1019	812	370	71	64
工业废物焚烧	1505	1105	695	558	535	266	75	70
小型焚烧设施	700~1153	700~1153	517~848	544~675	342~454	112~135	73~98	78~97
工业生产	470	335	306	268	205	189	149	125
其他源①	4.8~7.4	4.9~7.6	4.9~7.7	4.9~7.6	4.7~7.5	4.3~7.2	4.4~7.3	4.1~7.0
总计	7680~8135	3695~4151	2874~3208	2394~2527	1899~2013	941~967	372~400	341~363

① 焚化炉、吸烟、汽车尾气、污泥处理、填埋场等。

早期垃圾焚烧厂的烟气净化系统多采用静电除尘，发现在高压静电作用下，二噁英类的浓度比上游烟气有提高的现象，经过研究，采用半干法＋布袋除尘＋活性炭的烟气净化系统，同时控制炉膛内的烟气温度达到 850℃时的停留时间不低于 2s；控制余热锅炉烟气出口 CO 浓度在 62.5mg/m³（50ppm）以内，可将二噁英类的浓度有效控制在 0.1ngTEQ/m³ 以下，并得到广泛认同。因此，在欧洲普遍对焚烧厂的烟气净化系统进行了技术改造；1990 年初期，日本国内对二噁英排放量调查结果，排放量为 3940~8450gTEQ。在进行限期改造的同时，对那些建厂早、规模小的垃圾焚烧厂实行了关停措施，使垃圾焚烧厂二噁英类的排放量降低了近 1000 倍。

2. 我国垃圾焚烧对环境中二噁英的贡献

根据 2004 年我国二噁英排放量估算清单（见表 4-6-28），可以看到在排放到空气中的二噁英中，废物焚烧所排放二噁英量占总量的 12.1％，生活垃圾焚烧所排放二噁英量仅占总量的 2.5％。

表 4-6-28 我国 2004 年二噁英排放量估算清单

编号	排放源及类别	2004 年总量	排放量/g TEQ				
			空气	水	产品	残余物	总量
1	废弃物焚烧类		610.47			1147.1	1757.57
	11 生活垃圾焚烧	660 万吨	125.8			212.2	338
	12 危险废物焚烧	27.1 万吨	57.27			186	243.27
	13 医疗废物焚烧	81.4 万吨	427.4			748.9	1176.3
2	钢铁和其他金属生产		2486.2	13.5		2167.2	4667.0
3	发电和供热		1304.4			588.1	1892.54
	31 化石燃料电厂	燃煤 986 亿吨	248.4			345.1	593.5
	32 工业锅炉	燃煤 4 亿吨	101			140	241
	33 沼气燃烧	37494 万立方米	0.54				0.54
	34 秸秆燃烧	25712 万吨	386			22.5	408.5
	35 薪柴燃烧	25712 万吨	299.5			17.5	317
	36 家用取暖和烹调	燃煤 1 亿吨	269			63	332
4	矿物产品生产		413.61				413.61
5	交通		119.7				119.7
6	非受控燃烧过程		64			953(土壤)	1017
	61 森林火灾	过火林木 3271474t	16.4			13.1	29.5
	62 草原火灾	烧毁饲草 2.045 万吨	0.31			0.25	0.56
	63 秸秆露天焚烧	9400 万吨	47			940	987
7	生产和使用化学品及消费品		0.68	23.16	174.39	68.90	267.13
8	其他来源		44.2			11	55.2
	81 遗体火化	436.9 万具	44			10.9	54.9
	82 服装干洗业					0.13	0.13
	83 吸烟	18778.6 亿支	0.19				0.19
9	废弃物处置和填埋			4.53		43.2	47.7
	91 固体废物填埋和堆放			0.33			0.33
	92 污水和污水处理	84.4 亿吨		4.2		6.8	11
	93 露天污水排放	176.9 亿吨		3.5			3.5
	94 堆肥	439 万吨				32.9	32.9
	总计		5073.3	41.2	174.4	4978.5	10237.5

（四）二噁英类的主要生成途径

目前普遍接受的燃烧过程中二噁英的排放来源有 3 种主要机理。

（1）固体废物本身含有一定量的二噁英类物质，在德国的所有原生垃圾组分中都发现了二噁英，这些原始存在的二噁英大多数都是 OCDD，低氯取代数的二噁英很少或没有。在焚烧处理时，由于没有达到分解破坏二噁英分子的温度等条件，其中的二噁英排放出来。对于燃烧温度较低的焚烧炉，这种情况是可能发生的。

（2）从头合成。即在低温（250～350℃）条件下大分子碳（残炭）与飞灰基质中的有机或无机氯在催化作用下形成二噁英。在大分子碳结构边缘，首先以并排的方式进行氯化反应，产生邻位氯取代基的碳结构物；在碳表面进行氧化降解作用（铜离子为主要催化剂），产生芳香烃氯化物，然后氧化破坏碳结构，重组生成二噁英见图 4-6-70。

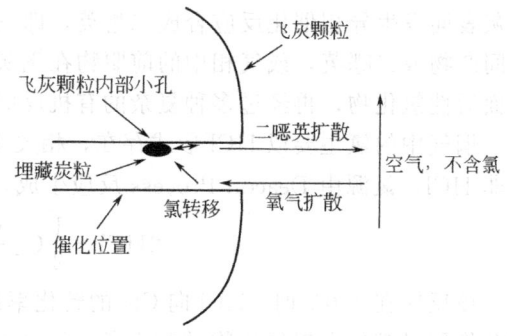

图 4-6-70　二噁英从头合成机理示意图

（3）前体物合成。许多研究证明二噁英可能从前体物分子（氯酚、氯苯或者氯代联苯等有机物）形成。国外已经对前体物合成过程进行过大量研究，许多研究者认为这是焚烧系统中形成二噁英的主要路线。前体物主要是焚烧过程中不完全燃烧及飞灰表面异相催化反应的产物，在相对高温（300～700℃）区域产生，后来在低温区域进一步反应形成二噁英。

前体物合成二噁英的途径可粗略分为四个主要步骤：①形成飞灰颗粒、不完全燃烧产物、CO、挥发份和有机基团；②通过吸附二噁英前体物、过渡金属盐类及其氧化物在飞灰表面形成活性化合物；③发生多种复杂的有机反应生成二噁英；④部分二噁英从吸附表面解吸出来，进入烟气。

从头合成和前体物合成有一些共同的特征，如两者相同的反应有氯化过程和芳基合成反应等。从头合成过程是由残碳氧化开始，前体物合成过程则从不完全燃烧产物起始，都是在飞灰作用下经过一系列复杂化学反应生成二噁英，所以二噁英的生成主要是不完全燃烧造成的。

前体物分子在飞灰中某些物质的催化作用下反应生成二噁英，二噁英的产量取决于前体物的浓度和反应温度。通常认为导致二噁英形成的最重要的前体物之一是氯酚。它是单环化合物，在主链结构上结合有一个或几个氯原子。氯酚形成二噁英的反应机理尚未研究透彻，一般认为是经过表面催化结合的氯酚阴离子，通过氧化环闭合形成二噁英。催化剂的作用是充当电子转移氧化剂，它使两个芳环结合。二噁英的形成伴随有 HCl 和 Cl 消除反应。图 4-6-71 以 2,4,6-三氯酚形成 1,3,7,9-T$_4$CDD 或 1,3,6,8-T$_4$CDD 为例说明了这个过程。

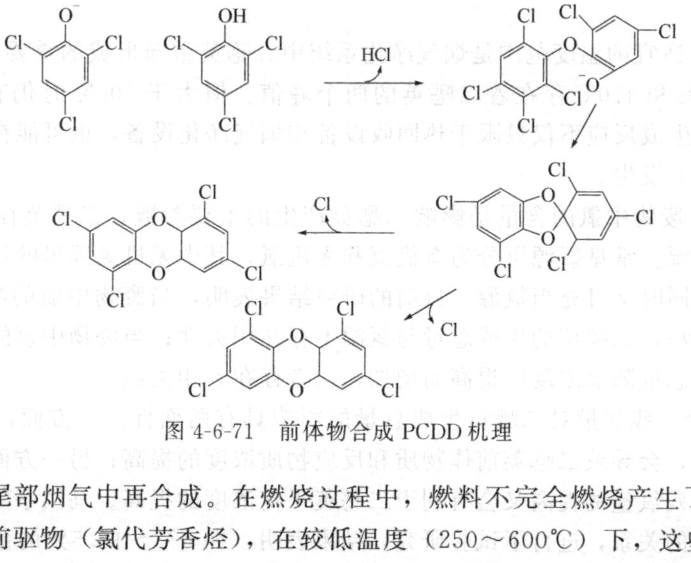

图 4-6-71　前体物合成 PCDD 机理

（4）在燃烧尾部烟气中再合成。在燃烧过程中，燃料不完全燃烧产生了一些与二噁英结构相似的环状前驱物（氯代芳香烃），在较低温度（250～600℃）下，这些前驱物在固体飞灰表面发生异相催化反应合成二噁英，即飞灰中残碳、氧、氢和氯等在飞灰表面催化合成中间产物或二噁英，或气相中的前驱物在飞灰表面与不挥发金属及其盐发生多种反应，生成表面活性氯化物，再经过多种复杂的有机反应生成吸附在飞灰颗粒表面上的二噁英。

烟气中的氯主要以 HCl 形式存在，相关实验证明，合成 PCDD/Fs 所需的氯源为 Cl_2，而非 HCl。氯源由 Deacon Process 反应生成，即在催化剂（Cu^{2+}）作用下，生成 Cl_2。

$$2HCl + \frac{1}{2}O_2 \xrightarrow{Cu^{2+}} H_2O + Cl_2$$

该反应在 400℃时，HCl 向 Cl_2 的转化率最高。据有关文献报道，$CuCl_2$ 对 PCDD/Fs 的催化作用是其他金属氧化物的数百倍，而 HCl 对 PCDD/Fs 从头合成的影响主要是将 CuO 等金属氧化物转化成 $CuCl_2$ 来发挥催化作用。马洪亭等人通过实验研究了 $CuCl_2$ 浓度对 PCDD/Fs 从头合成的影响，发现在 280～450℃温度范围内，随着 $CuCl_2$ 浓度的增加，PCDD/Fs 的生成量也越来越多。当 $CuCl_2$ 浓度达到 0.4％时，PCDD/Fs 合成量达到最大值，且随着 $CuCl_2$ 浓度的继续增加不再提高。

（5）多氯联苯类废物焚烧处置过程中产生二噁英。焚烧处置过程中，在适宜温度并在氯化铁、氯化铜的催化作用下，多氯联苯类废物可与 O_2、HCl 反应，通过重排、自由基缩合、脱氯等过程生成二噁英。在后续的烟气降温处理过程中，被高温分解的二噁英前体物在烟气中的氯化铜、氯化铁等灰尘的催化作用下可与烟气中的 HCl 在温度为 300℃附近又会迅速重新组合生成二噁英。

上述几个二噁英产生途径在固体废物处置过程中都可能起作用，各种途径的所占比重则取决于具体的炉型、工作状态和燃烧条件。

（五）焚烧系统中形成二噁英的影响因素

焚烧系统中形成二噁英的影响因素是复杂的和多方面的，从微观反应机制上考虑这些影响因素主要包括反应介质、催化剂、温度、氯源、残氧量等。

（1）反应介质和催化剂　无论是从头合成反应还是前体物的异相催化反应，飞灰是生成二噁英主要的反应表面，但是飞灰表面的物化性质和结构十分复杂，因此对形成二噁英的表面反应机制仍没有研究透彻。一般认为，飞灰不仅提供了反应场所，同时含有未完全燃尽的碳及各种金属元素，提供了形成二噁英的条件。金属、金属氯化物或金属氧化物会催化二噁英生成。

（2）温度　适宜的温度范围是烟气净化系统中二噁英重新形成的重要原因之一。目前，普遍认为在 300℃和 470℃存在着二噁英的两个峰值。但大于 500℃时仍有二噁英的生成，因此，二噁英的生成反应不仅只限于热回收设备和烟气净化设备，也可能在二燃室或是烟道壁上附着的飞灰上发生。

（3）氯源　废物中氯的含量是影响二噁英产生的重要参数，二噁英在形成过程中需要含氯物质提供氯源。常见氯源可分为有机氯和无机氯，其中无机氯源里的过渡金属氯化物既可作为催化剂，同时又可充当氯源。目前的研究结果表明，当废物中氯的浓度低于 0.8％～1.1％（质量分数），二噁英的生成总量与氯源不存在相关性；当废物中氯的浓度高于上述值时，二噁英生成总量随氯浓度的提高而增加，二者存在着相关性。

（4）残氧量　残氧量对二噁英生成总量的影响具有两面性。一方面，残氧量的降低不利于燃烧的充分，会导致二噁英前体物质和反应物质浓度的提高；另一方面，氧作为二噁英合成组分之一，残氧量的提高又会有利于二噁英平衡浓度的提高。马洪亭等人为研究氧分压与二噁英生成量的关系，进行了试验研究，结果表明，在 6％～12.5％的范围内，随着残氧量的提高，二噁英的生成总量也随之增加。

（5）SO_2　SO_2对PCDD/Fs的生成具有抑制作用。其具体的反应机理为：

$$Cl_2 + SO_2 + H_2O \longrightarrow 2HCl + SO_3$$

SO_2可把Cl_2转化为HCl，因为二噁英生成机理中对二噁英起作用的氯源是Cl_2，而不是HCl，所以当SO_2存在时，SO_2和Cl_2、水分反应生成HCl，可以减少氯源，抑制了二噁英的生成。另一方面，SO_2与CuO反应生成催化活性小的$CuSO_4$，使催化剂Cu/CuO等中毒，从而降低了Cu的催化活性，进而可以减少二噁英的生成。

（六）焚烧二噁英的减排控制

1. 焚烧烟气中二噁英的存在形态

焚烧烟气中二噁英以颗粒状态或气溶胶或气态存在。日本相关研究报告的垃圾焚烧同一装置烟气中二噁英的形态、浓度分布情况见表4-6-29。可见，烟气中的二噁英颗粒状占85%～98%，平均94%。据此推测：使用袋式除尘器，只要除尘效率达到99%以上，二噁英排放浓度就可控制在$1\mathrm{ngTEQ/m^3}$甚至$0.5\mathrm{ngTEQ/m^3}$以下。如果要达到欧盟二噁英排放浓度标准$0.1\mathrm{ngTEQ/m^3}$以下，则可采用袋式除尘＋活性炭吸附，活性炭用量为$0.18～0.365\mathrm{kg/t}$垃圾，能有效去除大部分气态二噁英。

表4-6-29　垃圾焚烧烟气中二噁英类的形态、浓度分布

设施名称	浓度 /(ngTEQ/m³)	颗粒状		气　态	
		浓度/(ngTEQ/m³)	百分比/%	浓度/(ngTEQ/m³)	百分比/%
	23.94	23	96	0.94	4
	19.2	18	94	1.2	6
日本某焚烧厂炉排炉焚烧设施	8.69	8.5	98	0.19	2
	10.3	8.8	85	1.5	15
	10.21	10	98	0.21	2
平均浓度	14.47	13.66	94	0.81	6

2. 焚烧过程中产生二噁英类的控制措施

减少生活垃圾焚烧二噁英的排放不仅要控制二噁英的生成，还要采取必要措施对烟气进行处理。控制措施主要包括焚烧前控制、焚烧中控制和焚烧后控制[68~75]。

（1）焚烧前控制　垃圾进入焚烧炉前先进行预处理。

① 采用垃圾分选技术，将垃圾分类处理，分选出垃圾中含铁、铜、镍等重金属含量高的物质；减少含氯有机物的量，如多氯联苯以及含有机氯（PVC）高的废物（如医疗废物、农用地膜）等，从源头减少垃圾焚烧二噁英生成的氯来源。

② 采用高硫煤与城市生活垃圾混烧的办法，控制好燃烧条件，通过煤中的硫抑制二噁英的产生。

③ 采用垃圾在贮坑长时间存放脱水的办法。垃圾在进入焚烧炉之前，必须在垃圾池发酵，减少垃圾的含水量，以便于燃烧。在入焚烧炉之前，应反复抓放，将垃圾松散。炉内垃圾厚度维持在一定范围内，这样垃圾在炉内干燥时间缩短，从而加快垃圾在炉内燃烧速度，有利于燃烧稳定，且烟气温度能维持较高状态。有条件时，在垃圾进入焚烧炉前将其粉碎，扩大了与氧气的接触面积便于燃烧充分。

（2）焚烧过程控制　焚烧过程控制主要包括以下两个方面。

① 控制燃烧条件　一方面采用低CO燃烧技术，改善炉内燃烧条件，调整好一、二次

风的分配，使烟气混合搅拌和二次燃烧达到完全燃烧，保证生活垃圾燃烧充分，减少二噁英和不完全燃烧产物（PICs）类前驱物的产生。CO 的浓度越低燃烧就越充分，烟气中比较理想的 CO 浓度指标是低于 60mg/m^3。削弱炉内的还原性气氛，减少飞灰含碳量，抑制二噁英物质的合成。

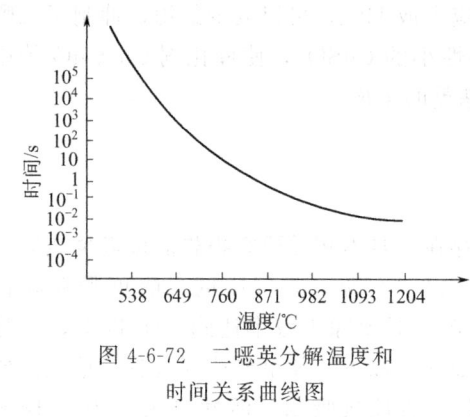

图 4-6-72　二噁英分解温度和时间关系曲线图

另一方面控制二噁英前驱物的多相催化合成和 De novo 合成。控制炉膛和二次燃烧室温度不低于 850℃。炉膛出口温度达到 950～1050℃，可保证已经形成的二噁英类彻底分解。图 4-6-72 为二噁英分解温度和时间关系曲线。延长炉内烟气的停留时间（不少于 2s，有条件时可大于 3s），氧气的浓度不低于 6％，并合理控制助燃空气量以及注入位置。垃圾焚烧炉内烟气停留时间与二噁英浓度之间存在着密切的关系，烟气停留时间增加 1s，二噁英浓度可以减少 1/2。因为该措施可以使垃圾焚烧所产生的有机气体、二噁英及其有机前驱物在高温区进一步彻底氧化分解，避免有机前驱物进入低温烟气段，可以有效地控制二噁英的后续形成。

② 在焚烧炉中加入煤或脱氯剂　将煤与垃圾混合燃烧，利用煤中硫来抵制二噁英生成；另外在垃圾焚烧过程中添加脱氯剂实现炉内低温脱氯，将大部分气相中的氯转移到固相残渣中，从而减少二噁英的炉内再生成和炉后再合成。炉内加钙脱氯的效果与碳酸钙质量、钙氯比以及反应温度有关，据报道 CaO 在 600～800℃ 时可以将 60％～80％ 的 HCl 固定成为 $CaCl_2$。

（3）焚烧后控制　焚烧后控制包括烟气和飞灰处理。焚烧过程中生成的二噁英在随烟气温度下降的过程中大部分是以固态形式附着在飞灰颗粒表面，小部分仍保留在气相中。

① 急冷　即以水为介质，使烟气快速通过二噁英的合成温度区间。烟气降温速率的控制是该技术的关键，降温速率越高，对二噁英的合成抑制效果越明显。部分研究者认为降温速率控制在 200～500℃/s 的范围内可有效地抑制二噁英的合成。另有部分研究者认为降温速率应控制在 750～1000℃/s 的范围内时，二噁英的生成总量可降低 50％ 左右。从热交换、设备磨损以及抑制效果等方面综合考虑，降温速率控制在 500～750℃/s 的范围内比较合理。

② 添加抑制剂　二噁英的合成需要三个最基本的条件，即氯源、催化剂和适宜的温度。添加抑制剂即从降低氯源含量和毒化催化剂的角度出发，切断二噁英的合成途径，进而降低其生成总量。抑制剂包括有机添加剂和无机添加剂，有机添加剂有 2-氨基乙醇、三乙胺、尿素、3-氨基乙醇、氰胺以及乙二醇等，无机添加剂主要有硫氧化物、碱性吸附剂（如石灰）等。采用氨系物质作为抑制剂，除药剂的消耗量较高外，还存在着运输、储存、尾气氨易超标等问题；硫氧化物作为抑制剂，在不同的试验条件下，可以得出完全不同的试验结果。目前对其抑制机理尚不十分清楚，因此不宜采用；碱性吸附剂石灰价廉易得，而且在作为抑制剂的同时，还可去除其他酸性气体污染物，可作为抑制剂的首选。

③ 物理吸附　目前，物理吸附一般而言即指活性炭吸附，因其活性大，用量少，且蒸汽活化安全性高，同时对汞金属亦具较优的吸附功能，是较佳的选择。具体包括固定床、移动床、活性炭喷射三种工艺，从捕集效率的角度而言，三者难分伯仲。但固定床和移动床一般位于布袋除尘器之后，运行过程中易出现活性炭颗粒磨损从而导致尾气粉尘超标的问题，同时设备投资也较高；活性炭喷射工艺即在布袋除尘器入口前将活性炭粉末分散于烟气中，

吸附二噁英后被布袋除尘器捕集。该工艺克服了固定床和移动床的缺点，但活性炭的消耗量相对较高。但综合来看，活性炭喷射仍然是物理吸附工艺的最佳选择。

④ 湿式洗涤 因湿式洗气塔多仅扮演吸收酸性气体的角色，而 PCDDs/PCDFs 的水溶性甚低，故其去除效果不大。但在不断循环的洗涤液中，氯离子浓度持续累积，造成毒性较低的 PCDDs/PCDFs（毒性仅为 2,6,7,8-TCDD 的千分之一）占有率较高，虽对总浓度或许影响不大，也不失为一种控制 PCDDs/PCDFs 毒性当量浓度的方法；若欲进一步将 PCDDs/PCDFs 去除，可在洗气塔低温段加入去除剂，但此种控制方式仍需进行进一步研究。

⑤ 催化分解 催化氧化分解法是利用催化剂在低温下氧化二噁英，具有分解效率高的优点。该工艺目前属于该领域内的前沿技术，由于中间体的检测困难等原因，迄今为止对其动力学机制尚未完全清楚。催化剂基体大多采用二氧化钛，同时通过表面修饰进一步提高其活性，目前已取得了相当的进展。例如 Lijelind 采用 Ti/V 氧化物类型的催化剂，烟气在 230℃ 是通过催化剂固定床，二噁英的去除率达到 99% 以上。目前德国和日本在该领域的研发走在了其他国家的前列，其技术和设备已经进入了工业化试验阶段，但是需要进一步解决催化剂寿命和装置小型化的问题。

⑥ 组合工艺 研究表明，二噁英主要以颗粒状态存在于烟气中或者吸附在飞灰颗粒上，因此为了降低烟气中二噁英的排放量，就必须严格控制粉尘的排放量。布袋除尘器对 $1\mu m$ 以上粉尘的去除效率达到 99% 以上，但是对超细粉尘的去除效果不是十分理想，但活性炭粉末的强吸附能力可以弥补这项缺陷，通过喷射活性炭粉末加强对超细粉尘及其吸附的二噁英的捕集效率。

研究和实践均表明，"3T+E"工艺＋活性炭喷射＋布袋除尘器是去除烟气中二噁英类物质的有效途径，而"'3T+E'焚烧工艺＋SNCR脱硝＋半干法脱酸＋活性炭喷射吸附二噁英＋布袋除尘器除尘"的组合技术为目前最优化的烟气污染控制技术，可以同时满足脱氮、脱酸、除尘、去除重金属和二噁英的要求，实现烟气净化的目的。

（七）关于二噁英类的控制标准

1. 日摄入标准

世界卫生组织已制定了食品中二噁英类含量标准，如奶制品控制指标为 5pg-TEQ/kg。另外，一些国家也相继制定了每人日允许摄入量的标准，如：

① 美国国家科学院专家委员会制定允许摄入量 0.1pg-TEQ/(kg·d)（以后又经多次修改）。

② 欧洲国家制定允许摄入量为 1.0～10pg-TEQ/(kg·d)。

③ 日本后生省专家委员会 1984 年制定允许摄入量为 100pg-TEQ/(kg·d)，1996 年对允许摄入量修改为 10pg-TEQ/(kg·d)。

2. 关于垃圾焚烧的二噁英类排放标准

1990 年，日本提出推进防止二噁英类对策研究并制定烟气排放标准为 0.5ngTEQ/m³。1997 年 1 月发布新烟囱排放控制标准 0.1ngTEQ/m³。与德国、瑞典、奥地利等国一样成为世界上控制二噁英类排放最严格的国家之一。美国排放标准为 0.15ngTEQ/m³，丹麦规定为 1.0ngTEQ/m³。我国目前垃圾焚烧烟气标准为 1.0ngTEQ/m³（今后将严格到 0.1ngTEQ/m³）。

（八）不同技术水平焚烧设施二噁英排放水平比较

不同技术水平的生活垃圾焚烧设施，其二次污染情况存在巨大差异。表 4-6-30 给出欧洲不同发展阶段技术水平的垃圾焚烧炉焚烧烟气中各种污染物的排放浓度。

表 4-6-30 不同烟气处理配置焚烧设施的焚烧烟气排放水平

年代	烟气污染控制技术	烟尘	HCl	SO_2	NO_x	CO	Hg	PCDD/Fs
1900 年	无	5000	1000	500	300	1000	0.5	
<1970 年	旋风除尘	500	1000	500	300	1000	0.5	
1970 年~1980 年	静电除尘	100	1000	500	300	500	0.5	
1980 年~1990 年	静电+湿法除酸	50	100	200	300	100	0.2	10
1990 年后	最佳的烟气污染控制技术	<10	<10	<50	<100	<10	0.05	<0.1

注：本表数据单位除 PCDD/F 为 ng TEQ/m³ 外，其余为 mg/m³。

比较在 1990 年前后建成的老式焚烧厂和现代化垃圾焚烧厂焚烧系统中二噁英的浓度（TE）及其物料平衡（见图 4-6-73 和图 4-6-74），低技术水平的垃圾焚烧确实是二噁英的产生源或倍增器，但是采用现代技术水平建设的垃圾焚烧厂，则是二噁英的有效消减器。

联合国环境规划署化学品处为调查全球二噁英的排放量，在专家组调查的基础上颁发的《二噁英和呋喃排放识别和量化标准工具包》（2005）中，给出的各种不同焚烧技术水平焚烧设施的二噁英排放因子如表 4-6-31 所示。虽然分类方法有所差异，但大体上分类 4 的排放因子仅适用于现代化垃圾焚烧炉（即第五代水平），其烟气排放标准为 0.1ng TEQ/m³；分类 3 的排放因子适用于大多数技术不是高度成熟的焚烧炉，包括发达国家 20 世纪 80 年代和 90 年代初建设的焚烧炉；分类 1 无 APCS（辅助的污染控制系统）的简陋焚烧设施，其向大气的污染排放因子是具备成熟 APCS 的先进焚烧设施的 7000 倍。

六、NO_x 污染控制技术

在生活垃圾焚烧过程中，NO_x 主要有三个来源：①垃圾自身具有的有机和无机含氮化合物在焚烧过程中与 O_2 发生反应生成 NO_x；②助燃空气中的 N_2 在高温条件下被氧化生成 NO_x；③助燃燃料（如煤、天然气、油品等）燃烧生成 NO_x。通过加强控制手段抑制 NO_x 的形成或者将已经生成的 NO_x 还原成为 N_2 分子，是减少焚烧炉尾气 NO_x 排放最为有效的手段。目前应用非常广泛的控制技术主要包括三类：焚烧控制、选择性催化还原技术（SCR）、选择性非催化还原技术（SNCR）。

表 4-6-31 联合国环境规划署化学品处发布确定的不同生活垃圾焚烧设施的二噁英排放因子

序号	分类	排放因子/(μg TEQ/t)		
		大气	飞灰	底灰
1	简陋的焚烧设施，无 APCS	3500	—	75
2	可控的焚烧设施，最基本的 APCS	350	500	15
3	可控的焚烧设施，较好的 APCS	30	200	7
4	先进的焚烧设施，完善的 APCS	0.5	15	1.5

（1）焚烧控制 通过控制焚烧过程的工艺参数降低 NO_x 的烟气排放浓度。

① 降低焚烧区域的温度 在 1400℃ 以上，空气中的 N_2 即与 O_2 反应生成 NO_x。通过控制焚烧区域的最高温度低于 1400℃，并且减少"局部过度燃烧"的情况发生，即可控制这部分 NO_x 的生成。由于垃圾中某些高热值燃料（如塑料、皮革等）集中在某一区域燃烧造成该区域的局部温度可能超过 1400℃，从而增加 NO_x 的生成量，一般将垃圾坑中的垃圾混合均匀就可避免此类情形发生。

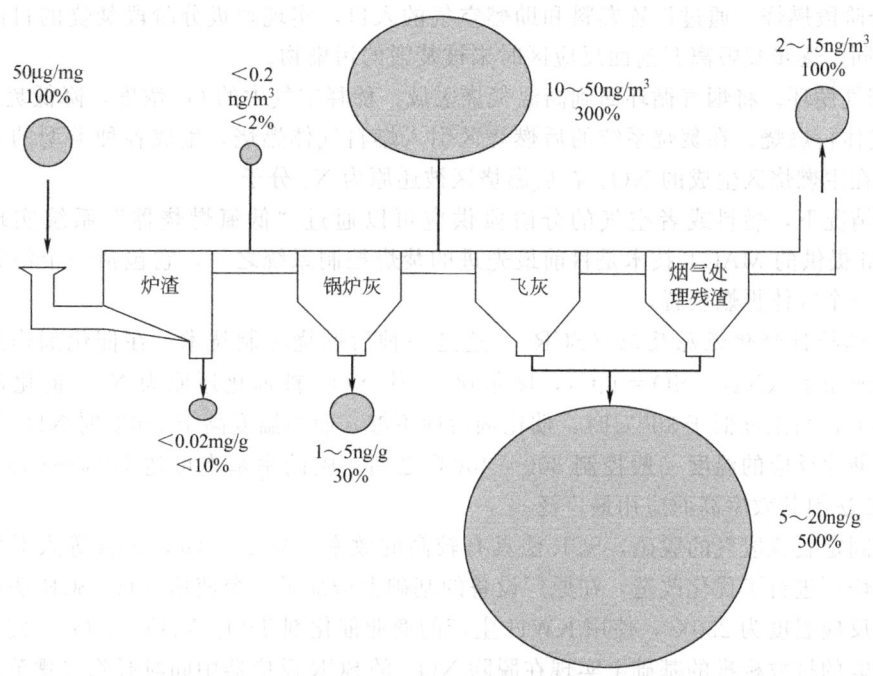

图 4-6-73　二噁英在老焚烧炉中的浓度（TE）及其平衡

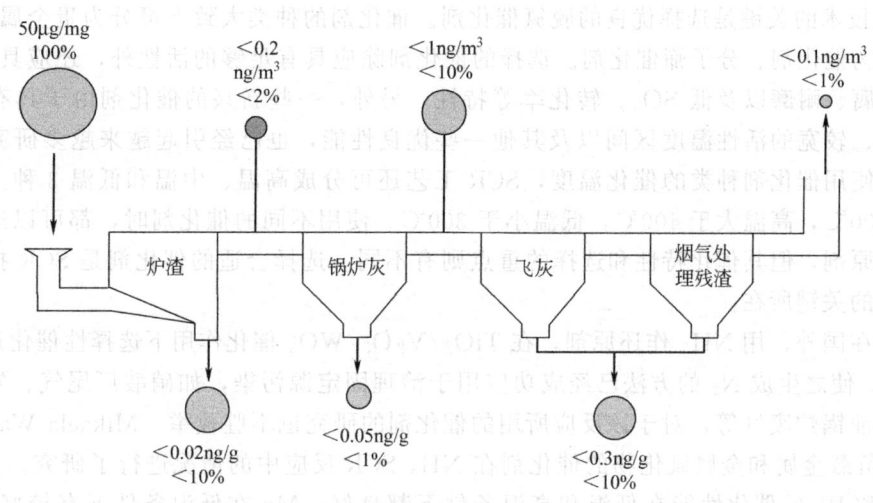

图 4-6-74　二噁英在现代焚烧炉中的浓度（TE）及其平衡

② 降低 O_2 浓度　通过调节助燃空气分布方式，降低高温区 O_2 浓度，从而有效减少 N_2 和 O_2 的高温反应。这是一种非常经济有效的方式。热解气化焚烧炉即是采用此机理。

③ 创造反应条件使 NO_x 还原为 N_2。

以上三类控制技术，在垃圾焚烧系统中具体实现时有以几种形式。

① 低空气比。降低焚烧炉的空气过剩系数，使得 O_2 的量足以用于固体废物焚烧需要但不足以生成大量的 NO_x 和 CO。已有研究成果表明：在过剩空气比为 1.2 时，热解气化焚烧炉烟气中 NO_x 含量只有过剩空气比为 2.0 时的 NO_x 含量的 $1/4 \sim 1/5$。

② 调整助燃空气布气孔位置。将部分助燃空气由炉排下供风转移到炉排上面供风，使得离开主反应区后未被焚毁的污染物与由炉排上方供应的空气混合后继续反应。

③ 分阶段燃烧。通过设置燃料和助燃空气的入口，实现垃圾分阶段焚烧的目的，其作用与②相同，逐步焚毁离开前面反应区时未被焚毁的污染物。

④ 烟气循环。将烟气循环回到高温焚烧区域，稀释空气中的 O_2 浓度，降低焚烧温度。

⑤ 气体再燃烧。在焚烧系统的后燃烧区引入燃料气体燃烧，生成各种类型的 CH 自由基，使得在主燃烧区生成的 NO_x 在后燃烧区被还原为 N_2 分子。

很多情况下，燃料或者空气的分阶段供应可以通过"低氮燃烧器"系统实现。日本 Mitsubishi 提供的 MACT 技术是目前最先进的焚烧控制系统之一，它包括一个污染最小化燃烧器和一个气体再燃装置。

(2) 选择性催化还原反应（SCR） 这是一种后燃烧控制技术。在催化剂作用下，通过注射氨或尿素（$NH_3/NO=1:1$，摩尔比），使 NO_x 被催化还原为 N_2。催化剂一般为 TiO_2-V_2O_5，当温度低于 300℃时，催化剂活性不够，而当温度高于 450℃时 NH_3 就会被分解；因此催化反应的温度一般控制 300～400℃之间。脱硝率基本可达 70%～90%。其中，NH_3-SCR 法因其效率高而应用最广泛。

对于固定装置废气的脱硝，SCR 法具有较高的效率，Marcel Goemans 等人对佛兰德的某垃圾焚烧厂进行了优化改造，在原厂设备的基础上增加了一个使用 NH_3-SCR 法的催化反应装置，反应温度为 230℃，使用 KWH 生产的商业催化剂 $TiO_2/V_2O_5/WO_3$，使该厂烟气在达到欧盟的排放标准的基础上实现在脱除 NO_x 的 SCR 反应器中同时脱除二噁英。结果表明该法不仅使 NO_x 的排放量减少了 90%，二噁英/呋喃的排放浓度也趋于 0.001ng/m³。

SCR 技术的关键是选择优良的脱氮催化剂。催化剂的种类大致上可分为贵金属催化剂、金属氧化物催化剂、分子筛催化剂。选择的催化剂除应具有足够的活性外，还应具有隔热、抗尘、耐腐、耐磨以及低 SO_3、转化率等特性。另外，一些新兴的催化剂由于具有较好的热稳定性、较宽的活性温度区间以及其他一些优良性能，也已经引起越来越多研究者的关注。根据使用催化剂种类的催化温度，SCR 工艺还可分成高温、中温和低温 3 种。一般中温300～400℃，高温大于 400℃，低温小于 300℃。使用不同的催化剂时，都可以选用多种物质作还原剂，但其催化特性和选择的重点则有不同。选择合适的催化剂是 SCR 技术能够成功应用的关键所在。

目前在国外，用 NH_3 作还原剂，在 $TiO_2/V_2O_5/WO_3$ 催化作用下选择性催化还原废气中的 NO_x 使之生成 N_2 的方法已经成功应用于治理固定源污染，如硝酸厂尾气、发电厂烟道气、重油锅炉废气等，对于该反应所用的催化剂的研究也不胜枚举。Mikaela Wallin 对几种 TiO_2 负载金属和金属氧化物的催化剂在 NH_3-SCR 反应中的情况进行了研究。发现 Cr、Mn、Fe 和 Rh 的催化性能在低温和高温条件下都良好，Mn 在低温条件下有较好的活性，而 Cr 在较高温度下有高活性且有较高的抗硫性能。Fe 在高温区有相对较高的 NO_x 还原活性且生成 NO_2 量很少。含 Rh 样品在低温下气体中有 NO_2 存在时相对来说有显著的高活性。将 Cr、Mn、Fe 和 Rh 这几种催化性能较好的金属互相组合进行实验发现，通过组合不同的金属（或其氧化物）可以拓宽催化反应的温度范围。

(3) 选择性非催化还原反应（SNCR） 在焚烧炉内注射化学物质，如氨和尿素，在焚烧温度为 850～1050℃的区域，NO_x 与氨或尿素反应被还原为 N_2。尿素分解成为 NH_3 后参与反应。没有反应完全的 NH_3 与烟气中的 HCl 反应生成 NH_4Cl，烟气中残留的 NH_3 一般小于 10×10^{-6}。

上海江桥垃圾焚烧厂扩能工程采用的 SNCR 脱 NO_x 工艺是以氨水（$NH_3\cdot H_2O$）或尿素作为还原剂，将其喷入焚烧炉内，在有 O_2 存在的情况下，温度为 850～1050℃范围内，

与 NO_x 进行选择性反应，使 NO_x 还原为 N_2 和 H_2O，达到 NO_x 脱除的目的。该 NO 和 NO_2 的脱除效率为 40%～60%，NO_x 排放浓度能达到欧盟 2000 标准的要求。不同还原剂有不同的反应温度范围，此温度范围称为温度窗口。SNCR 过程不需要催化剂，因此脱硝还原反应的温度比较高。林瑜对肼类物质（包括水合肼和硫酸肼）在不同温度、氧量下的脱硝性能的研究表明，在 450～650℃，13%～17.5% 的氧量下，水合肼和硫酸肼对 NO 有一定的脱除效果，同样条件下喷入的氨水却易被氧化成 NO_x。与 SCR 技术相比，SNCR 技术由于受到锅炉结构形式和运行方式的影响，其脱硝率一般能维持在 40%～60% 之间，但其脱硝性能变化比较大，据统计，脱硝率会在 30%～75% 之间震荡。但该法不需要催化剂，所以也不涉及到后期催化剂的补充和更换，因此运行费用较低。

（4）几种 NO_x 控制技术比较 就 NO_x 的去除效果而言，SCR 对 NO_x 的去除率达到了 90% 以上，在 300～400℃ 条件下 TiO_2-V_2O_5 的脱硝率甚至可以达到 100%；先进的焚烧控制技术可以达到 60%～70% 的去除率；而 SNCR 对 NO_x 的去除率也可达到 50% 左右。

就成本-效率分析，SCR 和先进的焚烧控制系统（如日本 Mitsubishi 提供的 MACT 技术包）基本相当，明显比 SNCR 技术昂贵。

就副产物和其他污染物而言，SNCR 和 SCR 均产生 NH_3 污染问题。SCR 释放的 NH_3（大约 10×10^{-6}）要低于 SNCR 系统。而且，SCR 系统要求对排放出来的烟气（150℃ 左右）进行再次升温（300～400℃），消耗更多的能量，增加 CO_2 的排放量；最终，当 SCR 系统的催化剂失活以后就成为了需要进行特殊处理的危险废物。

综合考虑各项脱硝技术的成本和效率，目前在焚烧烟气净化系统中 SNCR 的应用作为广泛，美国环保局、欧盟均推荐采用 SNCR 作为固体废物焚烧烟气脱硝工艺。

七、适用的生活垃圾焚烧烟气净化系统技术

（1）焚烧烟气中的污染物及初始浓度 生活垃圾机械炉排炉产生的焚烧烟气（余热锅炉出口、烟气处理系统入口前）中各污染物的典型原始浓度见表 4-6-32。

表 4-6-32 欧洲生活垃圾焚烧炉焚烧烟气中的各污染物的典型原始浓度

污 染 物 质	单位	烟气中原始浓度
烟尘	g/m^3	1～5
一氧化碳（CO）	mg/m^3	5～50
TOC	mg/m^3	1～10
PCDD/PCDF	$ngTEQ/m^3$	0.5～10
汞	mg/m^3	0.05～0.5
镉＋铊	mg/m^3	<3
其他重金属(Pb,Sb,As,Cr,Co,Cu,Mn,Ni,V,Sn)	mg/m^3	<50
无机氯化合物（HCl）	g/m^3	0.5～2
无机氟化合物（HF）	mg/m^2	5～20
以 SO_2 计的总含硫化合物(SO_2/SO_3)	mg/m^3	200～1000
氮氧化物（以 NO_2 计）	mg/m^3	250～500
CO_2	%	5～10
湿气（H_2O）	%	10～20

注：1. 指废物焚烧炉余热锅炉出口处烟气。

2. 烟气中 O_2 参照值：11%。

（2）烟气处理系统及烟气排放水平　固体废物焚烧烟气处理系统由除尘、除酸、除二噁英和重金属等各独立单元优化组合而成。组合的原则和目的，是使整个烟气处理系统能有效地、最大化地处理去除存在于烟气中的各种污染物，并且经济可行。目前世界上垃圾焚烧采用的烟气净化工艺有总计有 408 种不同的组合体系，但在发达国家常用的是下述四种典型工艺[51~62]：

①"半干法除酸＋活性炭喷射吸附二噁英＋布袋除尘"工艺；

②"SNCR 脱硝＋半干法除酸＋活性炭喷射吸附二噁英＋布袋除尘"工艺；

③"半干法除酸＋活性炭粉末喷射吸附二噁英＋布袋除尘＋SCR 脱硝"工艺；

④"半干法除酸＋活性炭粉末喷射吸附二噁英＋布袋除尘＋湿法除酸＋SCR 脱硝"工艺；

⑤"半干法除酸＋活性炭粉末喷射吸附二噁英＋布袋除尘＋湿法除酸＋活性炭床除二噁英"工艺。

上述各种烟气处理工艺分别适于不同的烟气污染物排放标准的要求，第一种组合工艺目前在世界上应用较广（2001 年占 75％），适应我国烟气污染物排放标准的要求，且烟尘和二噁英可分别达到欧盟 1992 和欧盟 2000 标准的要求。欧洲对 SO_2、NO_2 等酸性气体排放要求较高，所以近年来增加了湿法除酸和选择性催化脱硝装置。

研究和实践均表明，"'3T＋E'工艺＋活性炭喷射＋布袋除尘器"是去除烟气中二噁英类物质的有效途径，"'3T＋E'焚烧工艺＋SNCR 脱硝＋半干法脱酸＋布袋除尘器除尘＋活性炭喷射"的组合技术为目前最优化的烟气污染控制技术，可以同时满足脱氮、脱酸、除尘、去除重金属和二噁英的要求，实现烟气净化的目的。该组合工艺与美国环保局 1995 年推荐的组合工艺是完全一致的。

由于标准的要求，我国大型生活垃圾焚烧烟气净化系统基本上采用"半干法脱酸＋活性炭喷射吸附二噁英＋布袋除尘器除尘"的烟气组合处理工艺，其特点是仅可以达到较高的净化效率，而且具有投资和运行费用低、流程简单、不产生废水等优点。在国内应用的半干法烟气脱酸工艺主要有以下三种技术：

① 喷雾干燥法烟气净化技术；

② 循环悬浮法烟气净化技术；

③ 多组分有毒废气治理技术（MHGT）。

表 4-6-33 给出了我国采用"半干法脱酸＋活性炭喷射吸附二噁英＋布袋除尘器除尘"的烟气组合处理工艺的机械炉排生活垃圾焚烧厂烟气污染排放监测值，经处理排放烟气中的烟尘、酸性气体、重金属和二噁英浓度远低于国家标准限值，部分指标达到欧盟Ⅱ标准要求。

表 4-6-33　我国机械炉排生活垃圾焚烧厂烟气污染排放监测值　　单位：mg/m³

序号	厂名	烟尘	黑度	CO	NO_x	SO_2	HCl	汞	镉	铅	二噁英类 /(ngTEQ/m³)	说明
1	上海江桥焚烧厂	8.0	0.5	ND	339	5.7	1.33	3.92×10^{-4}	2.63×10^{-4}	2.47×10^{-2}	0.034*	*2004 年～2006 年平均数据
2	上海御桥焚烧厂	2.8	0.5		173	51.7	23.37	2.24×10^{-5}	0.79×10^{-4}	2.60×10^{-3}	0.018	2007 年 5 月 29 日数据
3	天津双港焚烧厂	3.44	<1.0	7.5	282	8.69	44.1	1.25×10^{-3}	2.51×10^{-6}	0.42×10^{-3}	0.038	2006 年 6 月 2 日数据
4	广州市李坑焚烧厂	3.5	<1.0	27	111	44	23.2				0.056	2007 年 3 月 1 日～31 日数据

续表

序号	厂名	烟尘	黑度	CO	NO$_x$	SO$_2$	HCl	汞	镉	铅	二噁英类 /(ngTEQ/m^3)	说明
5	深圳市南山焚烧厂	9.0	<1.0	18	358	1.0	3.0	4.7×10^{-4}	0.003	0.07	0.031	2007年1月30日数据
6	中山市中心组团焚烧厂	22	0		145	40	10.9	6×10^{-3}	0.004	0.266	0.049	2007年6月数据
7	深圳市政环卫综合厂	≤10	1.0	80	166	2.05	6.0	6.03×10^{-3}	0.002	0.04		2007年8月6日数据
8	太仓垃圾焚烧厂	27.6	<1.0	35.8	329.6	28.2	1.6	3.0×10^{-3}	6.2×10^{-3}	0.06	0.067	2007年2月数据

但是，小型垃圾焚烧厂的烟气处理系统一般与现代化大型垃圾焚烧厂相比并不完善，即使配置完善也很难达到连续稳定运行，其烟气中污染物（特别是二噁英类）排放水平较大型垃圾焚烧炉要高得多，如图4-6-75所示。

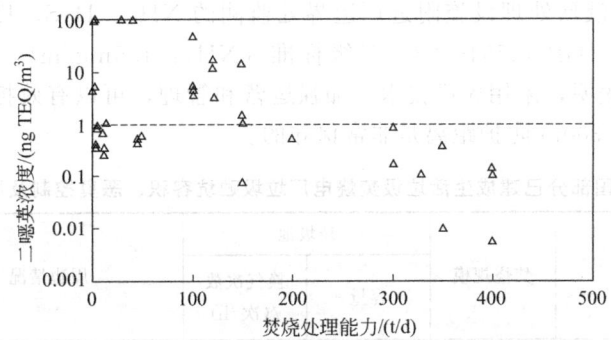

图4-6-75 我国不同处理能力垃圾焚烧炉二噁英类
排放浓度（截止到2005年底）

早期建成的一些垃圾焚烧厂，烟气处理系统欠完善，污染物的排放水平仍然较高，如表4-6-34所示。

表4-6-34 国内不同焚烧设施垃圾焚烧烟气排放水平

焚烧厂	炉排	烟气处理	PM /(mg/m^3)	CO /(mg/m^3)	SO$_2$ /(mg/m^3)	二噁英 /(ngTEQ/m^3)
昌平垃圾焚烧厂 (2×150t/d)	国内研发:链条炉排	旋风除尘+湿法除酸	64	131	13	11.8
浙江温州垃圾焚烧电厂	引进创新:	旋风+半干法+布袋	72	78	196	0.54
珠海垃圾焚烧电厂	引进	旋风+半干法+布袋	42	61	39	0.50

八、恶臭控制及卫生防护距离

垃圾焚烧厂恶臭主要源于垃圾本身，主要发生点为垃圾贮坑、垃圾卸料大厅、渗滤水处理站等部位。一般来说，对垃圾贮坑正常工况下恶臭污染防治措施到位，包括在垃圾卸料大厅出入口设置空气幕幕，防止臭气及灰尘外泄；在卸料大厅与垃圾贮坑之间设置若干可迅速启闭的卸料门，对卸料大厅及垃圾贮坑进行隔离，将臭气及灰尘封闭在垃圾贮坑区域；抽取垃圾贮坑等臭气发生点的空气，使垃圾贮坑上方保持一定的负压；抽出气体经过过滤除尘，再经预热器后送入炉膛，在燃烧过程中分解氧化而去除臭气；在垃圾贮坑的操作管理中，利用抓斗对垃圾不停进行搅拌翻动，使进炉垃圾热值均匀，并避免垃圾的厌氧发酵，减少恶臭的发生。通过上述措施，一方面可较好的减少臭气发生量，另一方面，将垃圾贮存仓产生的待处理臭气作为锅炉的一次风，通过燃烧法全部进行处理，确保臭气物质不排放或少排放。

但是，检维修期间以及无法采用燃烧法处理时贮存仓中产生的臭气的治理大多数焚烧厂未考虑。早期建设的焚烧厂，甚至未设垃圾卸料大厅。

表 4-6-35 给出了我国部分已建成生活垃圾焚烧电厂垃圾贮坑容积、恶臭控制及周围居民情况。已经建成和在建的垃圾焚烧厂的卫生防护距离，均由环评报告确定并得到当地环境主管部门的批复。经调查，其卫生防护距离多定为300m，且该距离能满足对公众卫生防护的要求。上海御桥垃圾焚烧厂和江桥垃圾焚烧厂在紧邻垃圾贮坑（恶臭产生源）的垃圾卸料大厅、垃圾吊和渗滤液贮槽的 H_2S、NH_3 监测浓度均符合《工业企业设计卫生标准》（TJ 36—79）的"车间空气中有害物质的最高容许浓度"（H_2S：$10mg/m^3$、NH_3：$30mg/m^3$）；下风向厂界处及渗滤液预处理设施附近厂边界处监测的 NH_3、H_2S、臭气浓度均符合《恶臭污染物排放标准》（GB 14554—93）二级标准（NH_3：$1.5mg/m^3$、H_2S：$0.06mg/m^3$、臭气浓度：20）。这表明，采用先进技术、加强运营和管理，可以有效控制垃圾焚烧厂释放恶臭的环境影响，取300m防护距离是非常保守的。

表 4-6-35　中国部分已建成生活垃圾焚烧电厂垃圾贮坑容积、恶臭控制及周围居民情况

序号	厂名	焚烧规模	垃圾池		周边情况	建成时期
			容量	换气次数/(次/h)		
1	重庆同兴垃圾焚烧发电厂	600t/d×2	约12000m³	约5次	山坳内200m外有居民	2004
2	广东南海垃圾发电厂（一期）	200t/d×2	约9800m³	约5次	400m外有学校	2005改造完
3	杭州滨江垃圾焚烧发电厂	150t/d×3	约8200m³	约5次	山坳内300m外有居民	2005
4	江苏常熟垃圾焚烧发电厂	350t/d×3	约13000m³	约5次	原填埋场400m外有居民	2005
5	江苏太仓垃圾焚烧发电厂	250t/d×3	约8300m³	约5次	250m外有居民	2006
6	宁波枫林垃圾发电厂	350t/d×3	约13000m³	约5次	400m外有居民	2005
7	上海浦东御桥垃圾焚烧厂	400t/d×3	约14000m³	约5次	200m外有居民	2003
8	上海浦西江桥垃圾焚烧厂	500t/d×3	约19000m³	约5次	150m外有居民	2004
9	福建晋江垃圾焚烧厂	250t/d×3	约13000m³	约5次	山坳内400m外有居民	2005
10	深圳平湖垃圾发电厂（一期）	250t/d×3	约10000m³	约5次	200m外有居民	2005
11	深圳平湖垃圾发电厂（二期）	250t/d×4	约12000m³	约5次	200m外有居民	2006
12	深圳市南山垃圾焚烧发电厂	400t/d×3	约11000m³	约5次	400m外有居民	2004

续表

序号	厂名	焚烧规模	垃圾池		周边情况	建成时期
			容量	换气次数/(次/h)		
13	深圳市盐田垃圾焚烧发电厂	225t/d×2	约8800m³	约5次	山坳内400m外有居民	2004
14	温州临江市垃圾焚烧发电厂	250t/d×3	约9500m³	约5次	400m外有居民	2003
15	温州永强垃圾焚烧发电厂	250t/d×3＋350t/d×1	约11000m³	约5次	400m外有居民	2004
16	深圳宝安垃圾焚烧发电厂	400t/d×3	约12000m³	约5次	400m外有居民	2005
17	中山中心组团垃圾焚烧发电厂	350t/d×3	约13000m³	约5次	山坳内200m外有居民	2005

第七节　城市垃圾焚烧处理

一般来说，低位发热量小于3300kJ/kg的垃圾属低发热量垃圾，不适宜焚烧处理；低位发热量介于3300～5000kJ/kg的垃圾为中发热量垃圾，适宜焚烧处理；低位发热量大于5000kJ/kg的垃圾属高发热量垃圾，适宜焚烧处理并回收其热能。

一、垃圾焚烧技术发展及现状

现代化的焚烧技术无害化处理程度很高，能够避免二次污染的产生，但是历史上垃圾焚烧尽管也对垃圾减量做出了贡献，却因缺少二次污染控制而对环境造成过严重污染。

（一）欧美垃圾焚烧技术的发展历程及现状

欧美国家城市生活垃圾焚烧起步于19世纪中期，随着对焚烧产生的二次污染认识不断深化和环保法规的日趋严格，垃圾焚烧技术也在不断发展并趋于完善，到目前经历了5个发展阶段（见图4-6-76）[40～50]。

1. 第一阶段：简陋焚烧炉＋无污染控制措施

1874年，世界上第一台垃圾焚烧炉在英国投入运行，但因当时的垃圾水分与灰分均很大，热值很低，该焚烧炉的运行状况不良，不久即停止运行。1896年汉堡建成德国首座垃圾焚烧厂，1905年纽约建成美国第一座城市垃圾焚烧厂。19世纪初，欧洲、美国的许多城市相继兴建生活垃圾焚烧厂，法国巴黎在1926年、德国汉堡在1929年开始采用机械炉排焚烧炉处理生活垃圾，到二次大战前美国焚烧炉已经发展到700座。总体而言，早期焚烧炉比较简陋，结构十分简单，多为固定炉床式，机械化水平比较低，进出料依靠人工。之后逐步改良成间歇式机械炉排炉。同时缺乏污染控制措施，垃圾焚烧时产生大量黑烟。由于生活垃圾热值不高、焚烧二次污染严重，大多数垃圾焚烧厂难以维持运行，焚烧技术一直没有成为主要的生活垃圾处理手段。

2. 第二阶段：简单焚烧炉＋简单烟气处理

从20世纪50年代开始，欧美社会经济迅速发展，城市生活垃圾数量急剧增加，生活垃圾焚烧技术又得到发展。这时期的垃圾焚烧炉已具备现代垃圾焚烧炉的主要特征和功能，并实现机械化操作。一些西欧国家注意到焚烧技术具有最佳的减量效果，开始逐步推广垃圾焚

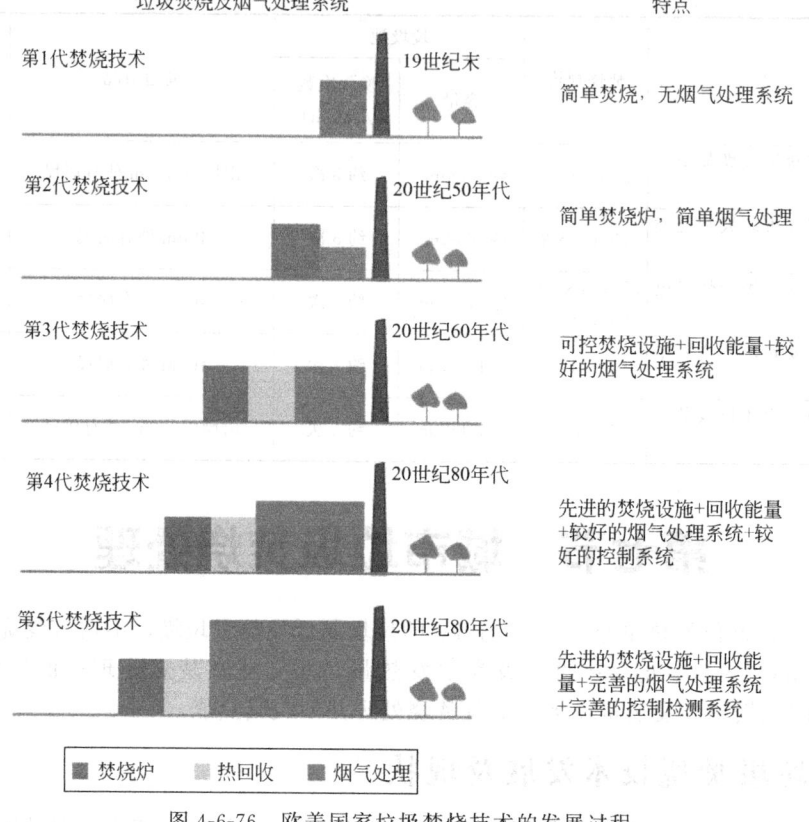

图 4-6-76 欧美国家垃圾焚烧技术的发展过程

烧技术，并对焚烧产生烟气进行处理，焚烧二次污染有所减轻，但是仍未能有效解决烟气二次污染的问题。其原因是烟气治理对象仅为焚烧烟尘，最初采用的旋风除尘设备效率也不高，虽然后来为提高除尘效率采用了多管旋风除尘设备，但除尘效率仍只能达到 70％左右。

3. 第三阶段：可控焚烧设施＋回收能量＋较好的烟气处理系统

到 20 世纪 60 年代中期，欧美国家垃圾产量迅速增加，垃圾成分发生了显著变化，垃圾中废纸和塑料等可燃物含量大幅度提高，发达国家又开始兴建了许多新的垃圾焚烧厂。由于垃圾焚烧具有回收能量的可能，20 世纪 70 年代的能源危机使得垃圾焚烧技术得到了进一步的发展、推广和应用。随着工业技术的不断进步，许多新技术、新工艺和新材料应用于焚烧炉制造，垃圾焚烧厂的控制水平也有所提高。同时，二次污染控制水平也有明显改进，静电除尘设备逐步取代旋风除尘设备，除尘效率可以达到 99％。在同一时期，随着酸雨现象逐渐被人们重视，发达国家大气污染防治法规中的控制对象有所增加，不仅包括烟尘，还增加了硫氧化物、氯化氢等有害物质，排放浓度标准更加严格。去除酸性气体的干式脱除装置随之诞生，它与静电除尘设备相结合，大大提高了废气的处理效率，使废气处理技术水平有了很大的飞跃。

4. 第四阶段：先进的焚烧设施＋回收能量＋较好的烟气处理系统＋较好的控制系统

进入 20 世纪 80 年代，各国大气污染防治法中的防治对象进一步增加，标准更加严格，与之相适应的湿式有害气体去除装置和脱硝设备发展起来。到 80 年代末至 90 年代初，二噁英等污染物的危害开始被人们认识，各国大气污染防治法中的防治对象增加了二噁英、呋喃等有害物质，且标准进一步严格。相应地，废气处理设备也有了很大的变化，袋式除尘设备开始流行，它不仅可以去除烟尘、氯化氢、硫氧化物，还可有效去除水银、二噁英类有毒有害物质，因此，欧洲、美国和日本都开始普遍采用袋式除尘装置。在袋式除尘装置的基础上，不同处理工艺技术的组合成为生活垃圾焚烧烟气污染控制的主流，这大大提高了废气处理效率，二次污染控制技术日臻成熟。

5. 第五阶段：先进的焚烧设施＋回收能量＋完善的烟气处理系统＋完善的控制检测系统

从 20 世纪 90 年代开始至今，随着全球经济的迅速发展、对焚烧二噁英产生和控制研究取得进展、计算机和自动控制技术的快速发展，以及发达国家颁布了更加严格的环保法规，垃圾焚烧朝着集中处置和能源利用方向发展，技术趋于完善、处理规模不断增大。其典型的焚烧处理工艺流程如图 4-6-77 所示，其特点如下所述。

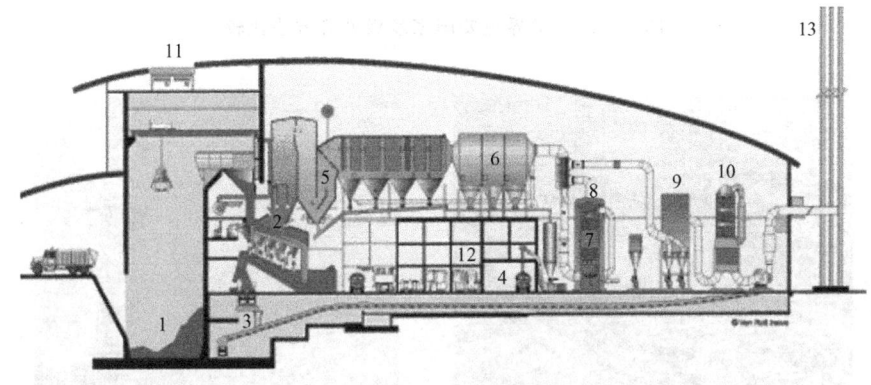

图 4-6-77　欧洲生活垃圾焚烧处理典型工艺流程
1—垃圾坑；2—炉排炉焚烧系统；3—排渣；4—飞灰输送；5—蒸汽发生器；6—静电除尘器；
7—酸性气体去除设备；8—中和塔；9—布袋除尘器；10—催化活性塔；
11—热交换器；12—电力控制中心；13—烟囱

① 完善的焚烧炉结构和性能。采用计算机模拟技术，使焚烧炉设计更加合理，并可以根据不同热值的垃圾对焚烧炉和余热锅炉结构做出相应的调整，从而提高燃烧效率，使各种有机物（含二噁英类物质）完全分解。

② 完善的烟气净化系统。现代垃圾焚烧厂高度重视烟气处理，而且处理方法日趋完善，烟气处理部分的投资占全厂建设投资的比重逐步提高，甚至高达 40％～50％。不同净化系统的组合，可以满足目前最严格的烟气排放标准，如荷兰、德国等国所执行的标准。由于欧洲对酸性气体和 NO_x 的排放标准要求十分严格，其典型的烟气处理工艺一般采用"静电除尘＋中和除酸＋布袋除尘＋选择性催化脱硝"工艺。

③ 完善的检测控制系统。现代化垃圾焚烧厂的焚烧、烟气净化过程及各有关辅助设施均采用 DCS 控制系统，使全厂各系统的运行都处于和谐的最佳状态，对于可能出现的非正常工况，也有应急的处理措施，确保工艺过程处于最优工况和各项污染物的排放达标。

垃圾焚烧技术的进步使得垃圾焚烧处理应用得到了大幅推广，焚烧成为发达国家处理城市垃圾的一种重要方法（见图 4-6-78），目前世界各国目前已拥有数千座垃圾焚烧厂。由于技术成熟、污染得到有效控制、基本消除臭味问题，大多数垃圾焚烧厂都建在服务区，以降

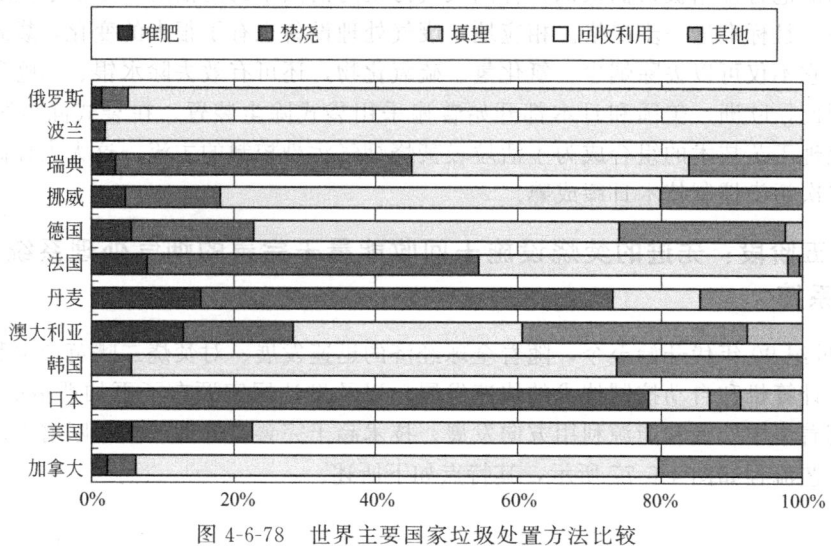

图 4-6-78　世界主要国家垃圾处置方法比较

法国巴黎垃圾焚烧厂

奥地利维也纳垃圾焚烧厂

德国法兰克福缅因垃圾焚烧厂

德国汉堡垃圾焚烧厂

图 4-6-79　欧洲的垃圾焚烧厂

低运输费用和有利于热能的回收利用；其中一些甚至建在居民区和商业区，如图 4-6-79 所示。

日本的垃圾焚烧具有下述特点。

（1）大型城市垃圾焚烧技术十分先进，其焚烧工艺流程如图 4-6-80 所示。焚烧厂没有

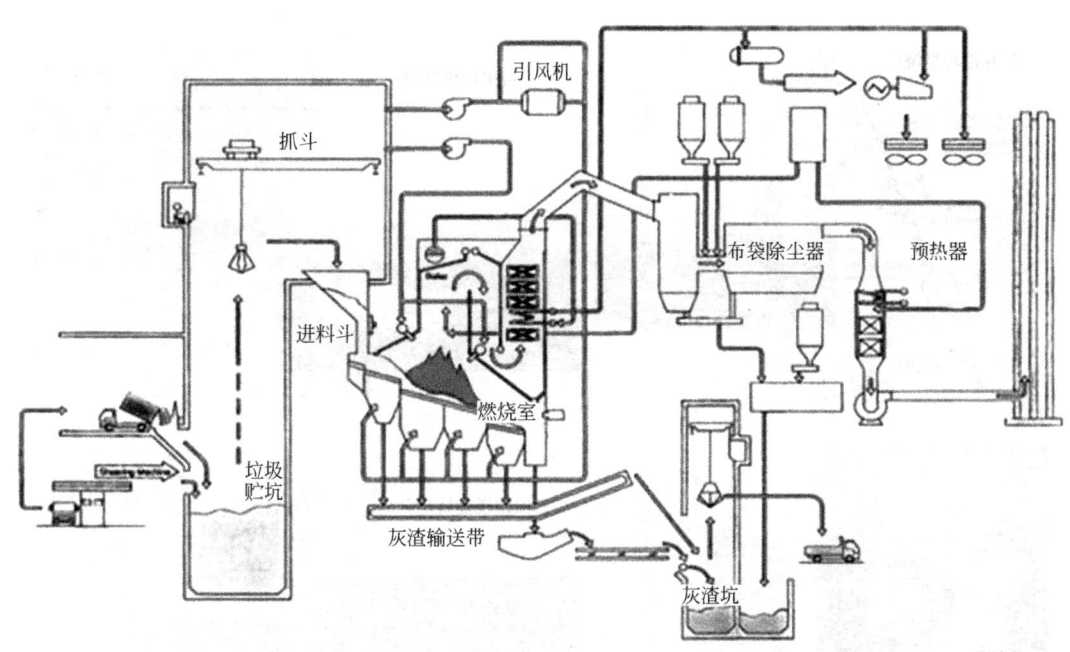

图 4-6-80　日本生活垃圾焚烧处理典型工艺流程

恶臭问题，二噁英的排放远远低于 0.1ng TEQ/m³，由于土地资源短缺一般都建在城市中。以东京 23 区为例，在 20 世纪 90 年代初期其垃圾焚烧处理能力保持稳定，随后于 1998 年建成 3 座垃圾焚烧厂，将垃圾焚烧处理能力提高了近 70%，达到 7340t/d，而后东京 23 区的垃圾焚烧处理能力进入了稳定提升的阶段，截止到 2007 年东京 23 区垃圾焚烧处理能力达到，垃圾焚烧处理量占垃圾总产生量的 74.5%。目前，东京 23 区除了中野区、新宿区、文京区、千代田区、台东区、荒川区等 6 个区以外，其余各区均建设有垃圾焚烧厂，各垃圾焚烧厂的位置如图 4-6-81 所示。已经建成的 20 个垃圾焚烧厂，以及在建的 1 个垃圾焚烧厂都建在各区内，很多焚烧厂周

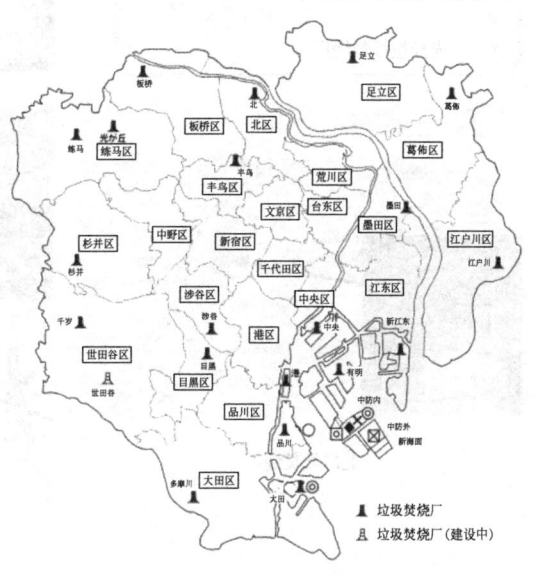

图 4-6-81　日本东京 23 区垃圾焚烧厂位置

围就是居民区、办公区、公园、养老院、大学，甚至还紧邻小学和中学，图 4-6-82 为部分垃圾焚烧厂周边环境的示意。东京 23 区运营中的垃圾焚烧厂二噁英排放浓度在 0～0.0019ng TEQ/m³，其最高排放浓度也仅占标准值（0.1ng TEQ/m³）的 1.9%。

（2）但是，日本还有数量众多的小型垃圾焚烧炉分布在乡村，每个焚烧设施的处理能力一般小于 2t/h。在 1997 年前，这些焚烧炉多为间歇运行的固定炉排式焚烧炉、机械炉排焚烧炉或流化床焚烧炉，尤以启动和停炉容易的流化床焚烧炉居多，且大多数小型焚烧炉的焚烧烟气处理系统只有静电除尘和湿法除酸。1997 年后，为有效控制二噁英，固定炉排炉、间歇运行的流化床和机械炉排炉等规模小、尾气系统简单的设施数量大幅减少，先进的大型

杉并垃圾焚烧厂

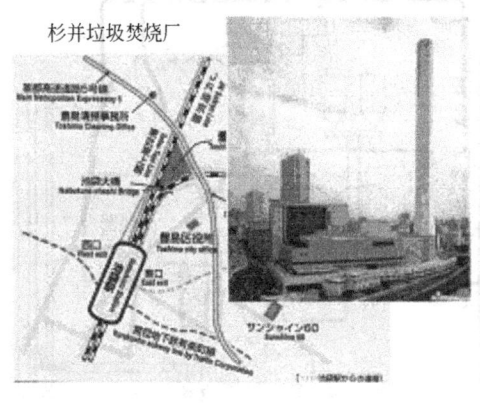

目黑垃圾焚烧厂

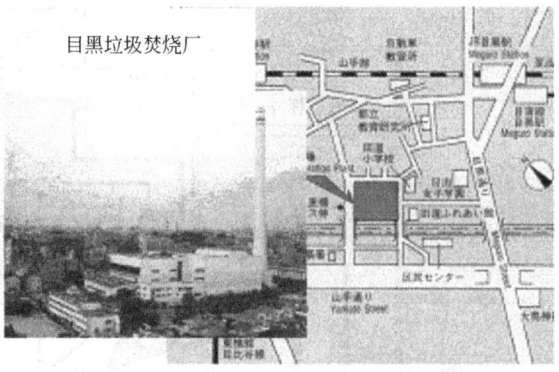

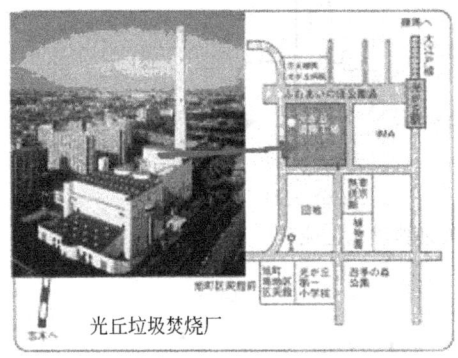

光丘垃圾焚烧厂

葛饰垃圾焚烧厂

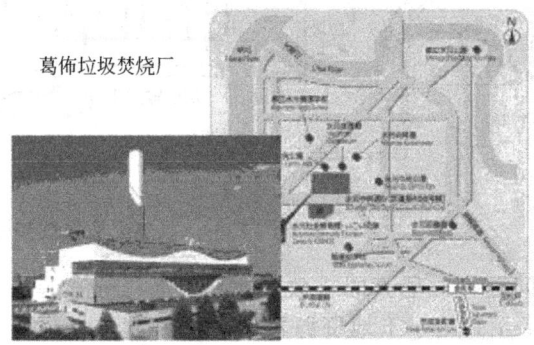

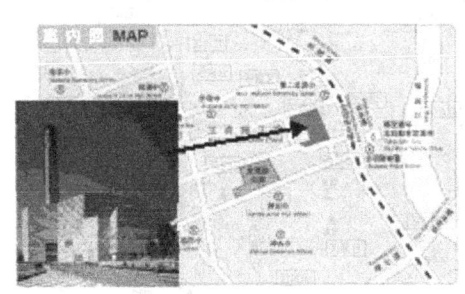

北垃圾焚烧厂

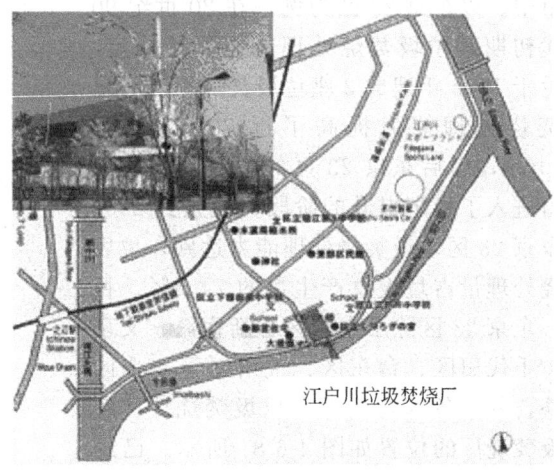

江户川垃圾焚烧厂

图 4-6-82　日本东京 23 区的几个垃圾焚烧厂位置及周围环境

炉排焚烧厂不断增加，如图 4-6-83～图 4-6-85 所示。

（二）国内垃圾焚烧技术发展历程及现状

　　虽然露天焚烧垃圾在我国较为常见，但真正采用焚烧处理生活垃圾是从 20 世纪 80 年代中后期才开始的。我国垃圾焚烧技术发展的特点是：从一开始就存在具有国际水平的现代化焚烧技术和技术简单的焚烧技术并存发展的现象，直到现在不同技术水平的垃圾焚烧炉都能在国内找到。

　　1988 年深圳环卫综合处理厂 2×150t/d 的建成标志着我国现代化大规模城市生活垃圾焚烧处理开始，但经过近 5 年的停滞后，珠海和深圳龙岗才在 1992 年开始建设垃圾发电厂。

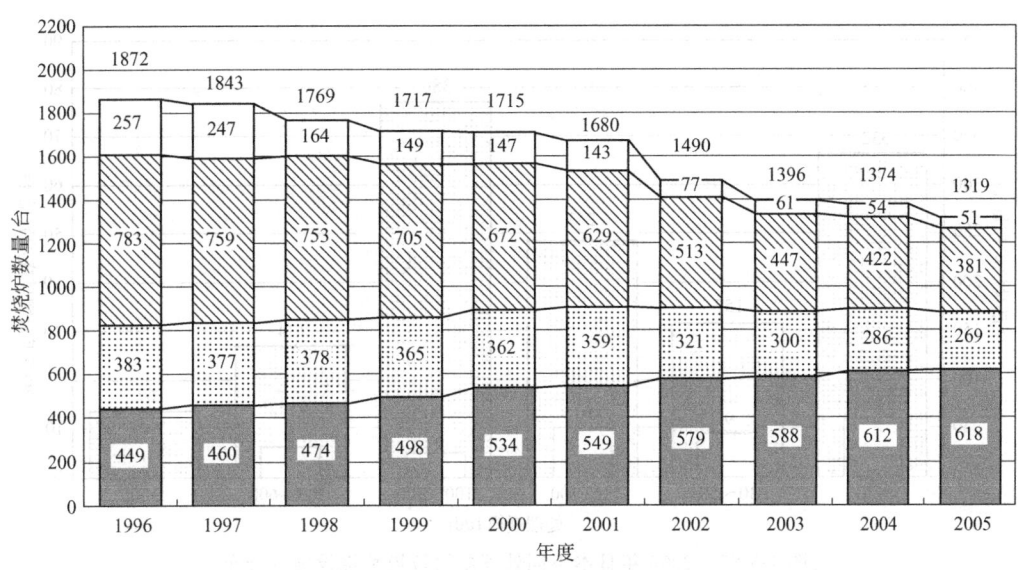

图 4-6-83　1996～2005 年日本采用不同焚烧方式垃圾焚烧设施数的变化

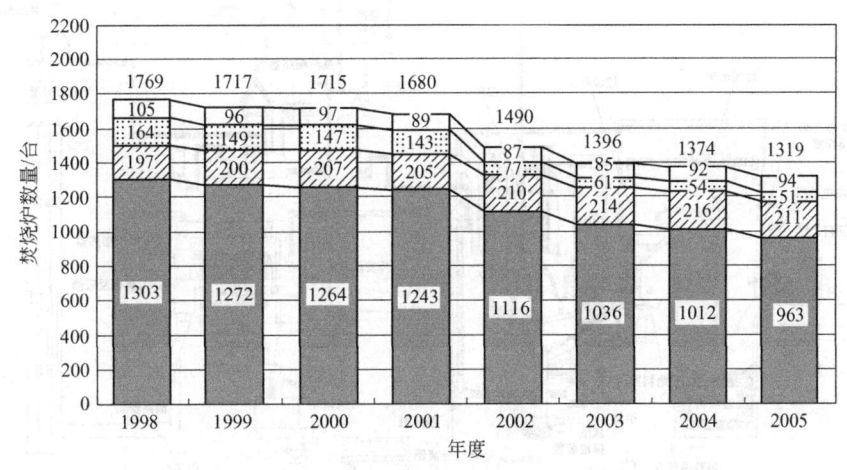

图 4-6-84　1998～2005 年日本采用不同焚烧炉型设施数量的变化

进入 21 世纪后，我国不断从欧洲和日本引进先进成熟的机械炉排炉技术和设备，并实现了国产化，如浙江新世纪-伟民顺推逆推机械炉排、重庆三峰 SITY2000 炉排、深圳深能源-西格斯炉排，同时浙江大学、清华大学和中国科学院开发了流化床焚烧技术，建成了一大批现代化的垃圾焚烧发电厂，如上海御桥、上海江桥、天津双港、广州李坑等垃圾焚烧发电厂。这些现代化生活垃圾焚烧厂的垃圾焚烧处理典型工艺流程如图 4-6-86 所示，烟气处理一般采用"半干法除酸＋活性炭喷射吸附二噁英＋布袋除尘"工艺，排放烟气中的污染物一般严于国家标准，大部分垃圾焚烧发电厂二噁英的排放浓度则能达到欧盟 II 标准的要求。

与深圳环卫综合处理厂几乎同时建成投产的四川乐山凌云垃圾焚烧厂（日处理 30t，固定炉排）开启了我国自制垃圾焚烧炉的历史，在此后的 10 多年中，我国建成了一大批这种相当于第一、二代技术水平的垃圾焚烧设施，处理规模多在 100t/d 以下。这些规模小、技术水平较低的焚烧炉，多为链条炉、间歇式单室（固定床）焚烧炉，燃烧性能较差，基本采

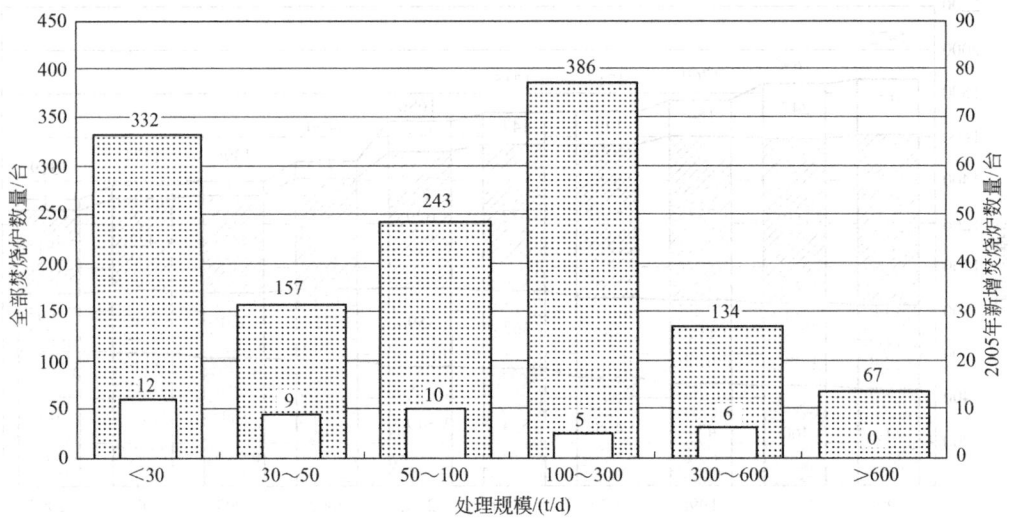

图 4-6-85　2005 年日本不同处理规模垃圾焚烧设施的分布

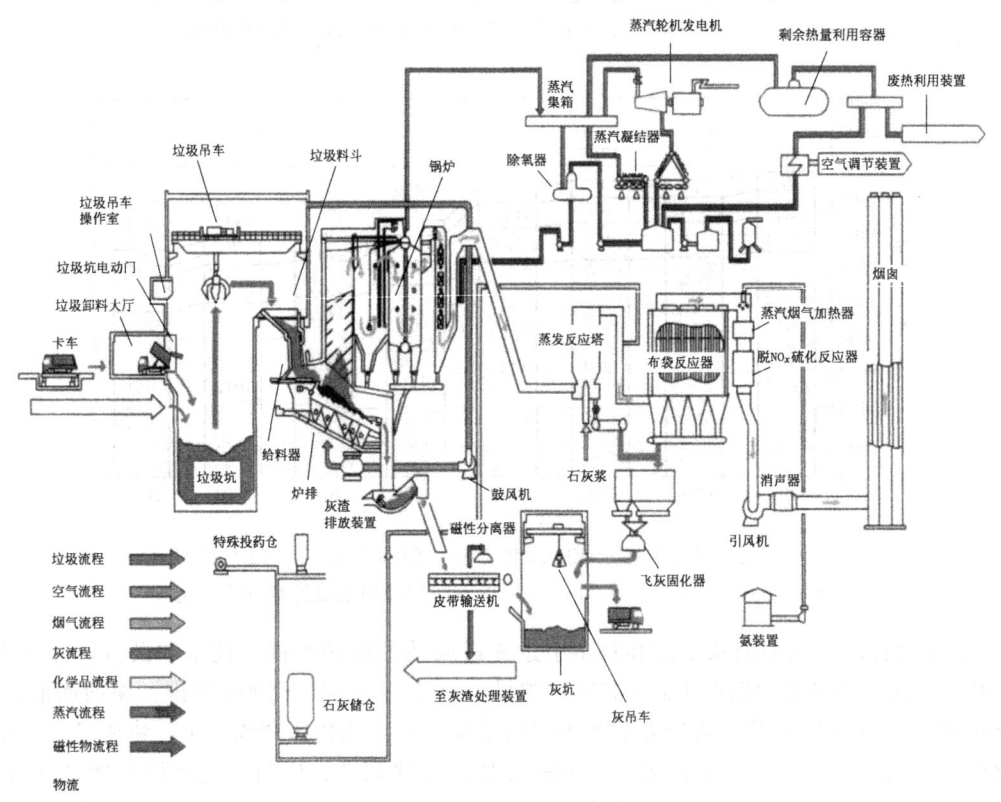

图 4-6-86　我国生活垃圾焚烧的典型工艺流程

用半自动化的自动控制系统，由操作人员手动机械控制与仪器自动控制相结合，难以使焚烧过程达到"3T＋E"的要求，燃烧不完全；同时，由于受焚烧成本制约，通常不愿意配置动力消耗较大和药剂消耗较多的、先进的烟气处理系统，如碱性药剂除酸和活性炭喷射，而一般采用简单的烟气处理系统，如旋风除尘或水沫除尘。即使配置有较先进处理系统的设施，一般也不使用。因此，烟气污染物排放浓度容易出现大的波动，超标排放不可避免。特别是一些地区早期建设的焚烧炉以简易土炉为主，其中某些仍在使用，这些焚烧炉虽然可以满足垃圾减量的处理要求，但焚烧过程中产生大量黑烟，二噁英排放浓度甚至达到100ng TEQ/m³以上；此外，进炉垃圾往往露天甚至随意堆放，垃圾贮存运输过程中产生恶臭和污水，给周围环境造成了恶劣影响，使得群众认为垃圾焚烧不具有环境相容性，给生活垃圾焚烧技术的发展和推广带来了很大阻力。

（1）我国生活垃圾焚烧设施建设现状　根据《城市建设统计年报》，我国垃圾焚烧厂的数量和规划处理量逐年增加，焚烧处理在垃圾无害化处理设施中的比例在增加，这说明生活垃圾焚烧技术的重要性正逐步体现出来。具体数据见表4-6-36。

表 4-6-36　我国垃圾焚烧状况数据统计表

年份	焚烧厂数量/座	焚烧厂平均规模/(t/d)	无害化处理能力/(t/d)	焚烧处理能力/(t/d)	焚烧能力所占比例/%
2001	36	181	224736	6520	2.9
2002	45	226	215511	10171	4.7
2003	47	319	219607	15000	6.8
2004	54	313	238519	16907	7.1
2005	67	493	256312	33010	12.9
2006	69	579	258048	39966	15.5

综合考虑我国处在投运、在建和正在进行前期工作三种不同阶段的焚烧发电项目，2/3以上的焚烧厂集中在东部地区，而在投运和在建项目方面，广东、浙江和江苏位居前三名，三地合计超过全国总量的50%。可见，目前我国垃圾焚烧处理以东部为主，并且项目在东部地区的分布也主要集中在经济发达的省份。在"十一五"规划中我国垃圾焚烧厂处理布局如表4-6-37所列，也是以东部地区为主。

表 4-6-37　"十一五"规划垃圾焚烧厂布局

项　　目	东部地区	中部地区	东北地区	西北地区	西南地区
焚烧设施数量/座	56	9	7	4	6
所占比例/%	29	7	9	10	16

（2）我国生活垃圾焚烧技术现状

① 炉型　在我国生活垃圾处理中，机械炉排焚烧炉、流化床焚烧炉、旋转窑焚烧炉和热解气化焚烧炉均有应用。2008年，对我国已建成的规模化的垃圾焚烧发电厂进行调研的结果表明，我国目前的焚烧厂以机械炉排焚烧炉技术和循环流化床焚烧炉技术为主。每100t炉排炉焚烧能力平均装机容量为1.8MW，而流化床炉为2.5MW。具体情况见表4-6-38。

表 4-6-38　我国现有不同类型生活垃圾焚烧设施概况

序号	炉型	数量/座	建设规模/(t/d)	装机容量/MW	总投资/亿元	单位投资/[万元/(t/d)]
1	流化床炉	29	22770	564.5	68.7	30.2
2	炉排炉	36	29785	549.5	126.9	42.6
3	其他炉	2	1400	27.0	4.6	32.9

② 分布　我国焚烧技术主要应用在直辖市、东部沿海经济发达城市和中西部省会城市。4个直辖市均应用了垃圾焚烧技术。北京市在建高安屯焚烧厂，并规划在六里屯、阿苏卫、南宫建设垃圾焚烧厂；天津建成双港焚烧厂，目前在建贯庄和青光两个焚烧厂；上海建成了江桥和御桥二个焚烧厂，正在扩建江桥二期；重庆建成了同兴焚烧厂。

长江三角洲和珠江三角洲是我国焚烧技术应用较为集中的地区。目前，江苏省南部的苏州市、无锡市、常州市、南京市有建成和在建的垃圾焚烧项目 15 个左右，苏北的盐城市、连云港市和宿迁市也有焚烧项目建成和在建。浙江省杭州市、嘉兴市、绍兴市、温州市、宁波市、金华市、台州市等城市共有建成和在建的垃圾焚烧项目近 30 个。广东省的垃圾焚烧项目集中在珠江口附近城市，包括广州市、深圳市、东莞市、中山市、佛山市、惠州市、珠海市等共有建成和在建的垃圾焚烧项目近 20 个。

辽宁、山东、福建、海南、广西等东部沿海省区的部分城市的垃圾焚烧项目逐渐增多。已建和在建的焚烧项目城市有辽宁沈阳、大连；河北石家庄、衡水、唐山；山东济南、青岛、临沂、淄博、泰安、菏泽；福建福州、厦门、晋江，莆田、福清、惠安、宁德、石狮；海南琼海；广西玉林等。

中西部地区的垃圾焚烧技术应用主要在省会城市，目前已建成和拟建设垃圾焚烧厂的省会城市有哈尔滨、长春、太原、郑州、武汉、西安、兰州、乌鲁木齐、成都、昆明等。内陆地区只有少数地级城市应用垃圾焚烧技术，如安徽芜湖、河南许昌、四川彭州等。

我国部分城市人口密集，垃圾量很大，因此出现了一个城市建设多个垃圾焚烧厂的现象，如北京、天津、大连、上海、广州、深圳、杭州、宁波、常州、无锡、温州、厦门等，其中深圳市建成和规划建设的垃圾焚烧厂共有 9 座。采用机械炉排技术的垃圾焚烧厂多分布在东部沿海地区。技术来源包括：日本三菱-马丁逆推炉排、日立-VonRoll 顺推炉排、Takuma 炉排，德国 Noer-keerchi 炉排、SITY2000 炉排，法国阿尔斯通炉排、比利时西格斯炉排、美国 Detroit 炉排、Basic 炉排，以及新世纪-伟民顺推逆推炉排、三峰-SITY2000、深能源-西格斯炉排和绿色动力三驱动逆推炉排焚烧技术。在机械炉排焚烧厂中，占半数以上的为引进技术和关键设备的焚烧厂。

采用循环流化床技术的垃圾焚烧厂主要分布在东部地区地级市和中西部地区较多，这主要是由于中西部地区煤炭资源丰富以及流化床焚烧炉垃圾补贴费较低，较适宜中型城市。技术来源主要有：浙江大学热能系-杭州锦江集团的循环流化床焚烧技术、中科院热能所-中科通用能源环保的锅炉外置式循环流化床技术、清华大学热能系-清华同方的机械炉排-循环流化床技术、日本荏原制作所的内循环流化床技术。前两种技术的加煤量一般为垃圾处理量的 20%，一些焚烧厂的实际加煤量甚至超过垃圾处理量的 40%。我国典型生活垃圾焚烧厂见图 4-6-87。

③ 处理厂规模和设备配置　我国建成的大多数机械炉排焚烧厂的焚烧能力平均为约 500t/d，最大为 1600t/d，最小仅有 100t/d。在 2001 年，平均焚烧处理能力为 181t/d；到 2006 年，平均焚烧处理能力增至 493t/d。由于焚烧厂选址难度增大，上海等大城市正在规划建设处理能力达 3000t/d 的垃圾焚烧厂。总的趋势是处理规模不断增大。

我国垃圾焚烧厂一般配置 2~3 条焚烧线，与发达国家不同的是没有配置备用的垃圾焚烧线。一般机械炉排焚烧厂运行时间超过 8000h/a，但流化床焚烧厂运行时间不到 7800h/a。由于没有备用的焚烧线，遇到大修时，垃圾只能送到填埋场处置。

④ 烟气处理系统及烟气排放水平　我国大部分垃圾焚烧厂建于 2000 年后，建设标准为《城市生活垃圾焚烧处理工程项目建设标准》（2001 年版）和《生活垃圾焚烧处理工程技术规范》（CJJ 90—2002），污染物排放指标和限值大部分采用《生活垃圾焚烧污染控制标准》（GB 18485—2001），其中二噁英等部分指标按照欧盟标准来设计和要求。

由于我国现有标准的要求，我国大型生活垃圾焚烧烟气净化系统基本采用"半干法脱酸＋活性炭喷射吸附二噁英＋布袋除尘器除尘"的烟气组合处理工艺，其特点是不仅可以达到较高的净化效率，而且具有投资和运行费用低、流程简单、不产生废水等优点。在国内应用的半干法烟气脱酸工艺主要有喷雾干燥法烟气净化技术、循环悬浮法烟气净化技术和多组

上海江桥垃圾焚烧发电厂

上海御桥垃圾焚烧发电厂

天津双港垃圾焚烧发电厂

重庆同兴垃圾焚烧发电厂

广州李坑垃圾焚烧发电厂

深圳宝安垃圾焚烧发电厂

图 4-6-87　我国典型生活垃圾焚烧厂

分有毒废气治理技术（MHGT）。

（3）存在的问题

① 焚烧处理成本要大大高于其他处理方式。相对于同等规模的填埋场建设，焚烧炉建设的成本要高 1～3 倍；作为热工机械，焚烧炉结构复杂，动力消耗和日常运行维护成本也比填埋场要求高；由于垃圾焚烧过程会产生烟气和飞灰等需要专门处理处置的有害物质，相应需要较高的二次污染控制费用。

② 垃圾焚烧要求焚烧对象拥有一定热值。根据一般经验，一般垃圾低位热值达到 5000kJ/kg 或者 1200kcal/kg 以上时才可以进行焚烧处理。同时热值越高，垃圾焚烧的发电效率越高。因此需要采用可燃垃圾分类收集、利用有机垃圾生产 RDF 来提高焚烧垃圾热值，

降低处理成本和提高发电效率。

③ 生活垃圾焚烧时会产生二噁英和飞灰等污染物。随着人们环境意识的增强，这已经成为目前的社会关注的焦点，也是建设生活垃圾焚烧设施的主要障碍。

（4）发展趋势

① 机械炉排的国产化降低了其建设成本，以及国家出台的各项关于生活垃圾焚烧的政策对于机械炉排炉给予扶持，采用机械炉排炉技术的比例将会增大。由于国家在电价上的优惠政策的减弱和煤价的不断上升，流化床焚烧技术的发展将会放缓。我国大量小城镇的垃圾处理以及中等城市垃圾综合处理的筛上物的处理，是其他类型垃圾焚烧技术的用武之地。

② 由于焚烧厂选址难度增大，以及 BOT 运营所关心的规模效益，大城市建设的垃圾焚烧电厂处理规模将不断增大，垃圾焚烧电厂的处理规模将达 1000～3000t/d。但是，小城镇建设的垃圾焚烧厂规模一般只会在 100～300t/d 左右。因此，大型垃圾焚烧电厂和中小型垃圾焚烧厂均会有较大发展。

③ 焚烧烟气控制技术和在线监测技术设备更加完善，在大城市和东部地区建设的焚烧厂的二噁英等污染物的排放限值与国际接轨。

④ 在有效预处理的前提下，焚烧飞灰的处置方式变得多样化，并得到有效管理。在确保二噁英的完全破坏和重金属的有效固定、在产品的生产过程和使用过程中不会造成二次污染的前提下，积极鼓励焚烧飞灰的综合利用。

二、城市垃圾焚烧处理典型过程

（一）垃圾焚烧厂的类型及优缺点

按垃圾是否有前处理，城市垃圾焚烧厂可分为混烧式垃圾焚烧厂和垃圾衍生燃料焚烧厂两大类型。混烧式垃圾焚烧厂采用的焚烧炉主要有控气式、水墙式、旋转窑式及流化床式，其中尤以采用各种大型专利机械炉排的水墙式焚烧炉应用最广，垃圾衍生燃料焚烧厂则不需要采用大型专利炉排的焚烧炉。这几种类型的垃圾焚烧炉因其构造、特性及处理容量不同，各有其优缺点，适用范围也不尽相同，如表 4-6-39 和表 4-6-40 所列。

表 4-6-39 五种垃圾焚烧炉形式的比较

比较项目	机械焚烧水墙式	模组式	旋转窑式	垃圾衍生燃料式	流化床式
地区	欧洲、美国、日本	美国、日本	美国、丹麦	美国	日本
目前处理容量	＞200t/d 以上	＜200t/d 以下	＞200t/d	＞1000t/d	＜180t/d
设计、制造及操作维护	已成熟	已成熟	供应商有限	供应商有限	供应商有限
前处理设备	除巨大垃圾外不需分类破碎	炉体小无法处理巨大垃圾	除巨大垃圾外不需分类破碎	需全套的前处理	需分类破碎至 5cm 以下
垃圾处理性	佳	垃圾与空气混合效果较差	佳	佳	佳

一般而言，每一座垃圾处理量为 200t/d 以上的大型焚烧炉，均采用机械炉床式焚烧炉或机械炉床与旋转窑式并用，且多采用水墙式焚烧炉。

我国应用在城市生活垃圾焚烧上的炉型主要有机械炉排炉和流化床焚烧炉，两者的对比见表 4-6-41。机械炉排炉具有对垃圾的预处理要求不高，对垃圾热值适应范围广，运行及维护简便等优点，是目前世界最常用、处理量最大的城市生活垃圾焚烧炉。在欧、美、日等发达国家得到广泛使用，其单台最大规模可达 1200t/d，技术成熟可靠。流化床技术在 70 年前被开发出来，之后在 20 世纪 60 年代应用来焚烧工业污泥，在 70 年代用来焚烧生活垃圾，

表 4-6-40 各型城市垃圾焚烧炉的优缺点

焚烧炉种类	优 点	缺 点
1. 机械炉床水墙式焚烧炉（混烧式焚烧炉）	· 适用大容量（单座容量 100～500t/d） · 未燃分少、公害易处理、燃烧稳定 · 控管容易余热利用高	· 造价高、操作及维修费高 · 须连续运转、操作运转技术高
2. 旋转窑式焚烧炉	· 垃圾搅拌及干燥性佳 · 可适用中、大容量（单座容量 100～400t/d） · 可高温安全燃烧 · 残灰颗粒小	· 连接传动装置复杂 · 炉内的耐火材料易损坏
3. 控气式焚烧炉	· 适用中、小容量（单座容量 150t/d） · 构造简单 · 装置可移动、机动性大	· 燃烧不完全 · 燃烧效率低 · 使用年限短 · 平均建造成本较高
4. 垃圾衍生燃料焚烧炉	· 适用大容量（单座容量 200～750t/d） · 余热利用高 · 可资源回收	· 造价昂贵 · 设备构造多且复杂 · 操作运转技术高 · 不适合含水率高的垃圾
5. 流化床式焚烧炉	· 适用中容量（单座容量 50～200t/d） · 燃烧温度较低（750～850℃） · 热传导佳 · 公害低 · 燃烧效率佳	· 操作运转技术高 · 燃料的种类受到限制 · 进料颗粒较小（约 5cm 以下） · 单位处理量所需动力高 · 炉床材料冲蚀损坏

80 年代在日本得到一定程度的普及，市场占有率达到 10％以上，但在 90 年代后期，由于烟气排放标准的提高和自身的不足，在生活垃圾焚烧上的应用有限。目前该炉型多用于日处理垃圾 500t 以下规模的处理项目，尚未得到广泛应用，有待于进一步完善。流化床焚烧炉可以对任何垃圾进行焚烧处理，燃烧十分彻底。但对垃圾有严格的预处理要求，就我国目前的垃圾热值来看，一般都需要添加较大量的煤进行助燃。

表 4-6-41 炉排炉与流化床的技术比较

比较项目	炉排炉	循环流化床锅炉
技术成熟性	最成熟	成熟
入炉垃圾质量要求	较低	需预处理
在线运行台数	最多	较多
国产化率	以引进设备/技术为主,目前已较多国产化	高
垃圾热值及水分适应性	一般	高
单炉处理能力	可达 1000t/d	目前可达 600t/d
垃圾燃烬率	较难控制	高
垃圾减量化	较高	高
辅助燃料	油,低负荷工况、高水分时投入	煤连续投入
投资额	高	较低
渗滤液处理	量多	可实现炉内回喷焚烧
飞灰	量较少	量较多
热能利用率	较低	高
大气污染物	二噁英及 NO_x 较高	二噁英及 NO_x 较小
维修费用	高	低
系统复杂性	炉排系统复杂	给料系统复杂

（二）垃圾焚烧处理的典型流程

城市垃圾焚烧处理的一般流程及构造示于图 4-6-88。其操作为每日 24h 连续燃烧，仅于每年一次的大修期间（约 1 个月）或故障时停炉。垃圾以垃圾车载入厂区，经地磅称重，进入倾卸平台，将垃圾倾入垃圾贮坑，由吊车操作员操纵抓斗，将垃圾抓入进料斗，垃圾由滑槽进入炉内，从进料器推入炉床。由于炉排的机械运动，使垃圾在炉床上移动并翻搅，提高燃烧效果。垃圾首先被炉壁的辐射热干燥及气化，再被高温引燃，最后烧成灰烬，落入冷却设备，通过输送带经磁选回收废铁后，送入灰烬贮坑，再送往填埋场。燃烧所用空气分为一次及二次空气，一次空气以蒸汽预热，自炉床下贯穿垃圾层助燃；二次空气由炉体颈部送入，以充分氧化废气，并控制炉温使不致过高，以避免炉体损坏及氮氧化物的产生。炉内温度一般控制在 850℃ 以上，以防未燃尽的气状有机物自烟囱逸出而造成臭味，因此垃圾低位发热量低时，需喷油助燃。高温废气经锅炉冷却，用引风机抽入酸性气体去除设备去除酸性气体后进入布袋集尘器除尘，再经加热后，自烟囱排入大气扩散。锅炉产生的蒸汽以汽轮发电机发电后，进入凝结器，凝结水经除气及加入补充水后，返送锅炉；蒸汽产生量如有过剩，则直接经过减压器再送入凝结器。

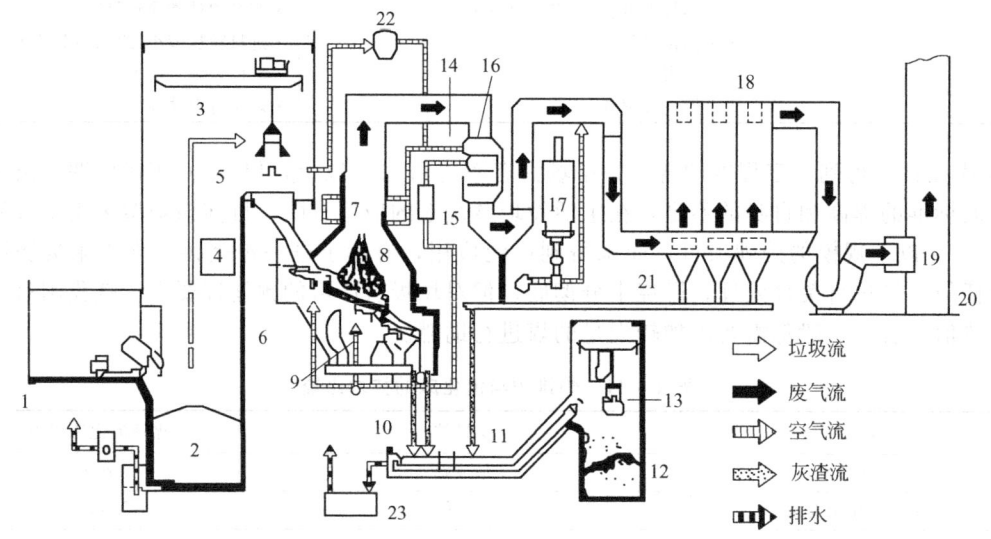

图 4-6-88　城市垃圾焚烧厂处理工艺流程

1—倾卸平台；2—垃圾贮坑；3—抓斗；4—操作室；5—进料口；6—炉床；
7—燃烧炉床；8—后燃烧炉床；9—燃烧机；10—灰渣；11—出灰输送带；
12—灰渣贮坑；13—出灰抓斗；14—废气冷却室；15—暖房用热交换器；
16—空气预热器；17—酸性气体去除设备；18—滤袋集尘器；19—诱引风扇；
20—烟囱；21—飞灰输送带；22—抽风机；23—废水处理设备

一座大型垃圾焚烧厂通常包括下述 8 个系统。

（1）**贮存及进料系统**　本系统由垃圾贮坑、抓斗、破碎机（有时可无）、进料斗及故障排除/监视设备组成，垃圾贮坑提供了垃圾贮存、混合及去除大型垃圾的场所，一座大型焚烧厂通常设有一座贮坑，负责替 3~4 座焚烧炉体进行供料的任务，每一座焚烧炉均有一进料斗，贮坑上方通常由一至二座吊车及抓斗负责供料，操作人员由监视屏幕或目视垃圾由进料斗滑入炉体内的速度决定进料频率。若有大型物卡住进料口，进料斗内的故障排除装置亦可将大型物顶出，落回贮坑。操作人员亦可指挥抓斗抓取大型物品，吊送到贮坑上方的破碎机破碎，以利进料。

（2）焚烧系统 即焚烧炉本体内的设备，主要包括炉床及燃烧室。每个炉体仅一个燃烧室。炉床多为机械可移动式炉排构造，可让垃圾在炉床上翻转及燃烧。燃烧室一般在炉床正上方，可提供燃烧废气数秒钟的停留时间，由炉床下方往上喷入的一次空气可与炉床上的垃圾层充分混合，由炉床正上方喷入的二次空气可以提高废气的搅拌时间。

（3）废热回收系统 包括布置在燃烧室四周的锅炉炉管（即蒸发器）、过热器、节热器、炉管吹灰设备、蒸汽导管、安全阀等装置。锅炉炉水循环系统为一封闭系统，炉水不断在锅炉管中循环，经由不同的热力学相变化将能量释出给发电机。炉水每日需冲放以泄出管内污垢，损失的水则由软化水处理系统补充。

（4）发电系统 由锅炉产生的高温高压蒸汽，被导入发电机后，在急速冷凝的过程中推动了发电机的涡轮叶片，产生电力，并将未凝结的蒸汽导入冷却水塔，冷却后贮存在凝结水贮槽，经由饲水泵再打入锅炉炉管中，进行下一循环的发电工作。在发电机中的蒸汽，亦可中途抽出一小部分做次级用途，例如助燃空气预热等工作。饲水处理厂送来的补充水，则可注入饲水泵前的除氧器中，除氧器则以特殊的机械构造将溶于水中的氧去除，防止炉管腐蚀。

（5）软化水处理系统 软化水子系统主要工作为处理外界送入的自来水或地下水，将其处理到纯水或超纯水的品质，再送入锅炉水循环系统，其处理方法为高级用水处理程序，一般包括活性炭吸附、离子交换及逆渗透等单元。

（6）废气处理系统 从炉体产生的废气在排放前必须先行处理到符合排放标准，早期常使用静电集尘器去除悬浮微粒，再用湿式洗烟塔去除酸性气体（如 HCl、SO_x、HF 等），近年来则多采用干式或半干式洗烟塔去除酸性气体，配合滤袋集尘器去除悬浮微粒及其他重金属等物质。

（7）废水处理系统 由锅炉泄放的废水、员工生活废水、实验室废水或洗车废水所收集来的废水，可以综合在废水处理厂一起处理，达到排放标准后再放流或回收再利用。废水处理系统一般由数种物理、化学及生物处理单元所组成。

（8）灰渣收集及处理系统 由焚烧炉体产生的底灰及废气处理单元所产生的飞灰，有些厂采用合并收集方式，有些则采用分开收集方式，国外一些焚烧厂将飞灰进一步固化或熔融后，再合并底灰送到灰渣掩埋场处置，以防止沾在飞灰上的重金属或有机性毒物产生二次污染。

某些城市垃圾焚烧厂还必须有专门的垃圾前处理系统，如城市垃圾衍生燃料焚烧厂、采用流化床焚烧炉的垃圾处理厂。

三、垃圾焚烧厂前处理系统

除垃圾衍生燃料焚烧厂设有专门的前处理系统外，有些垃圾焚烧厂也对垃圾进行适当预处理，以提高焚烧效率，增加能源回收。

垃圾衍生燃料焚烧厂的前处理系统，实际上是用破碎、风选、筛选等单元操作将垃圾中的不燃物及不适燃物分离去除，然后将剩余的可燃物制成垃圾衍生燃料（即 RDF）的处理工厂。因此，垃圾衍生燃料焚烧厂与一般燃煤电厂非常类似，焚烧炉并不需要设置专利机械式炉排，仅需设置燃煤电厂使用的传统链条式炉排即可，也可采用流化床焚烧炉。

图 4-6-89 以美国佛罗里达州棕榈滩的 RDF 焚烧厂为例，说明其处理流程。该焚烧厂为

一座装设有资源垃圾分选设备的工厂，其垃圾衍生燃料的处理方式为细破碎及精选等，全厂处理容量可达 2kt/d 以上，三条生垃圾分选处理线所每年可处理 6.24×10^5 t 生垃圾。垃圾在处理前先挑出巨大垃圾及废轮胎，然后进入粗破碎单元，破碎后经磁选机吸出铁性物质成分，进入筛选机进行物流分离。大于 15cm 的物品出流再进行细破碎即成 RDF，RDF 再经过分级筛精选得到品质较佳的小颗粒 RDF，再送到 RDF 贮槽存放；5～15cm 的重质物流进入人工选别站靠人工选出铝罐；小于 5cm 的物流则进入二次气流分离单元回收轻质物流，以增加 RDF 产率。巨大垃圾则用巨大垃圾破碎机加以破碎，并经磁选机回收铁性物质后，并入生垃圾物流进入后续单元；挑出的轮胎经轮胎破碎机细破碎后直接变成 RDF。

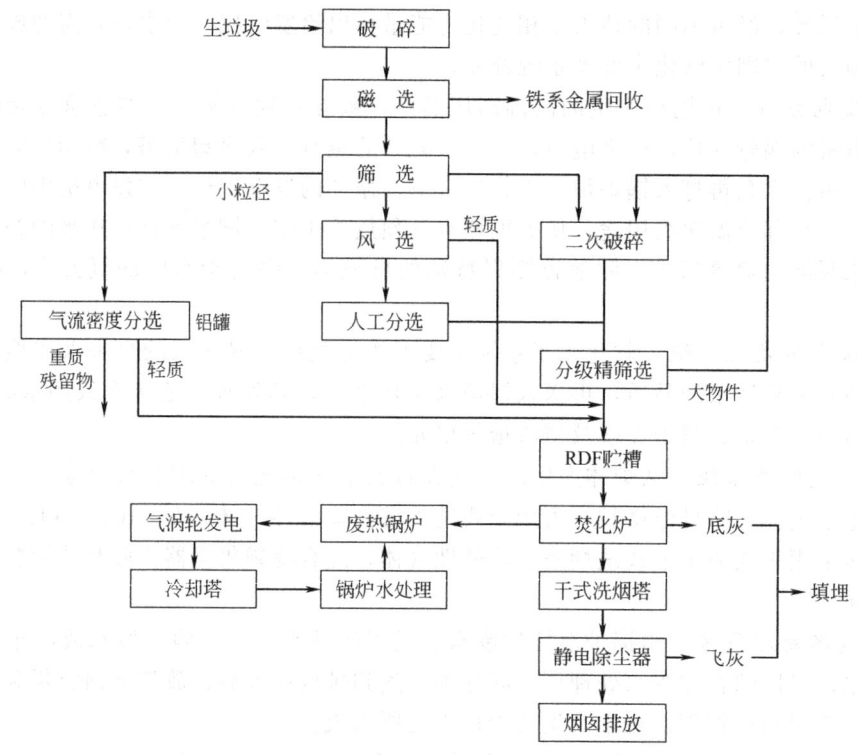

图 4-6-89　美国佛罗里达州棕榈滩 RDF 焚烧厂流程

四、垃圾贮存及进料系统

垃圾焚烧厂的贮存及进料系统由垃圾贮坑、抓斗、破碎机（有时可无）、进料斗及故障排除/监视设备等组成。

（一）贮存系统

贮存系统包括垃圾倾卸平台、投入门、垃圾贮坑，及垃圾吊车与抓斗四部分。

1. 垃圾倾卸平台

倾卸平台的作用是接受各种形式的垃圾车，使之能顺畅进行垃圾倾卸作业。对于大型设施，应采用单向行驶为宜。平台的形式宜采用室内型，以防止臭气外溢及降雨流入。倾卸平台的尺寸应依垃圾车辆的大小及其行驶路线而定，一般以进入厂区的最大垃圾车辆作为设计的依据。平台宽度取决于垃圾车的行动路线线及车辆大小，并应以一次掉头即可驶向规定的投入门为原则。一般在倾卸平台投入门的正前方，设置高约 20cm 的挡车矮墙，以防车辆坠入垃圾贮坑内。此外，地面设计应考虑易于将掉落出的垃圾扫入垃圾贮坑内的构造。为了防止污水的积存，平台应具有2%左右的坡度，以便通过集水沟将污水收集后送至污水处理厂处理。垃圾投入门的开与关由位于每一投入门的控制按钮或由吊车控制室的选控钮来启动完成。为使在发生意外时能即时停止所有垃圾吊车及抓斗的运行，每一倾卸区附近的适当位置必须有紧急停止按钮。

一般而言，倾卸平台为混凝土的构造物，必要时亦可考虑设置防滑板以防止人员滑倒及行车安全。为防止臭气、降雨及噪声对周围环境的影响，平台应为具有顶棚或屋顶为宜，其出入口亦应设置气幕及铁门，以阻绝臭气的扩散。倾卸平台的屋顶及侧墙亦应保留适当的开口以利采光，并保持明亮清洁的气氛。其他附属空间则包括有投入门驱动装置室、投入门操作室、粗大垃圾倾卸平台、粗大垃圾破碎机室、垃圾抓斗维修室、除臭装置室等。

为避免贮坑过深，增加土方开挖量及施工难度，通常将倾卸平台抬高，再以高架道路相连，高架道路的构造大致可分为填土式与支撑式两种。填土式必须具有边坡或挡土设施，支撑式则应用在大规模的高架道路，其与厂房连接处并应设置伸缩缝，其优点为道路下方仍可加以利用，亦可较节省空间，但可能有车辆在行驶时噪声较大等问题，故应充分考虑适当的防治对策（如设置隔声墙）。高架道路的坡度一般在10%以下，宽度则较平地道路为宽，在4～5m左右，另若有曲线变化时，应使中心线半径在15m以上。路面的铺设应为沥青或混凝土路面，且应设置防滑构造物，至于道路的横断面应保持适当的坡度，并配置排水口，以迅速排除雨水，两侧亦应设置护栏及照明设备，以防止车辆的坠落。

2. 垃圾投入门

为遮蔽垃圾贮坑，防止槽内粉尘与臭气的扩散及鼠类、昆虫的侵入，垃圾投入门应具有气密性高、开关迅速、耐久性佳、强度优异及耐腐蚀性好的特点。投入门有两种基本形式：侧壁式和平台式，分别介绍如下。

（1）侧壁式 侧壁式投入门设置于倾卸平台侧壁旁，有下述四种形式（见图4-6-90）。

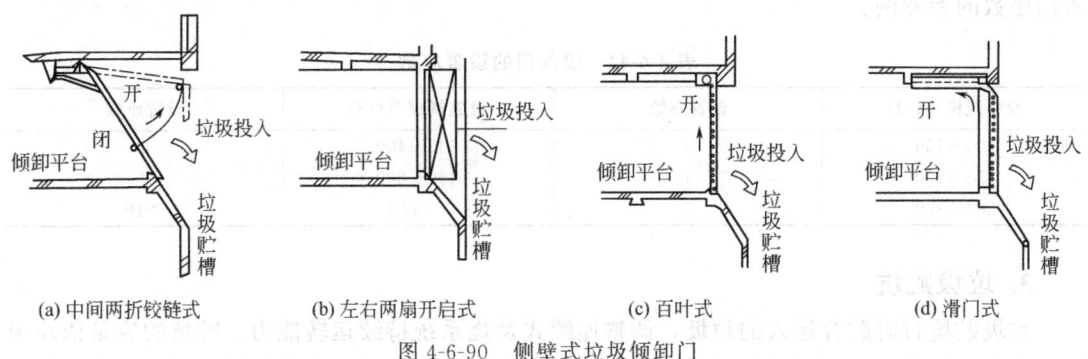

(a) 中间两折铰链式　(b) 左右两扇开启式　(c) 百叶式　(d) 滑门式

图 4-6-90　侧壁式垃圾倾卸门

① 中间两折铰链式　关闭时呈倾斜状态，因门的自重施压于封闭部分，故气密性高，但为避免开启时门缘突出至贮存槽内，必须设计成中间两折式，以不致妨碍贮坑内吊车的操作，门的开闭主要以油压机来驱动。

② 左右两扇开启式　由两扇铰链连接的细长门以垂直方式装设，具有开闭时间短的优点。门的开闭可以油压、气压或电动等方式来驱动。此门与中间两折式门有相同的考虑，故于结构设计时，应以不妨碍吊车操作为原则。

③ 百叶式　占用空间小，可有效利用倾卸平台，门可采用一般材料，具经济性；缺点为难以保持气密性，故防臭性差。一般以电力来驱动门的开关，适用于小规模的焚烧厂。

④ 滑门式：在倾卸平台天井侧，将门滑上，具有开闭迅速的优点，但气密性低。一般

以电力来驱动门的开关。

（2）地面式　地面式投入门设置于倾卸平台地板上，有以下三种形式（见图4-6-91）。

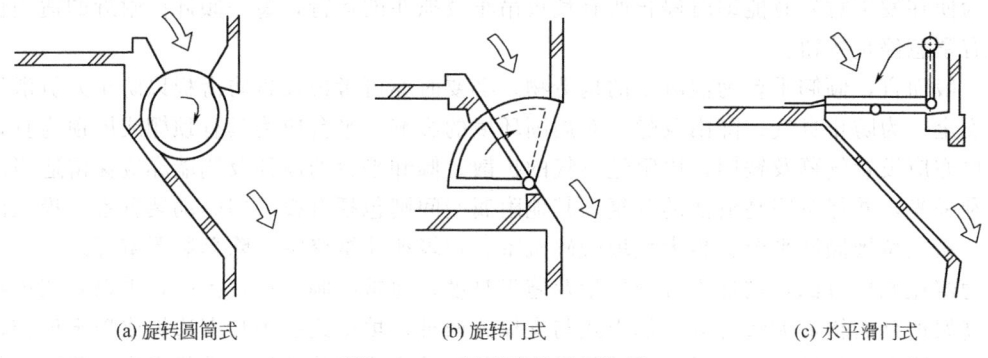

(a) 旋转圆筒式　　　　　　(b) 旋转门式　　　　　　(c) 水平滑门式

图 4-6-91　地面式垃圾倾卸门

① 旋转圆筒式　将垃圾投入圆筒内，然后借旋转的圆筒将垃圾送入贮坑内。一般以油压或电力来驱动门的开关。优点为垃圾投入作业时可保持气密性；缺点为倾卸平台面积较大，且当尖峰时段时，倾卸门常保持连续开启状态，增加倾卸作业时间。

② 旋转门式：一般以油压来驱动门的开关，可连续投入，气密性高，但门开关时易卡住垃圾，且倾斜平台所需面积较大。

③ 水平滑门式　可做到连续投入，并具防止垃圾卡住的效果，唯其气密性较其他地面投入方式为差，一般门的开关采用油压式。

投入门开口部分的尺寸，依收集清运车辆的大小及形式而异，其高度须符合垃圾车车体的最大高度及无碍倾卸作业准则；宽度则以车体宽度加1.2m为宜。投入门的设置座数，以尖峰时段仍不致产生堵车，且可充分维持连续投入作业为原则。表4-6-42为设施规模与投入门座数的参考例。

表 4-6-42　投入门的设置座数

设施规模/(t/d)	设置座数	设施规模/(t/d)	设置座数
100～150	3	300～400	6
150～200	4	400～600	8
200～300	5	600 以上	>10

3. 垃圾贮坑

垃圾贮坑暂时贮存运入的垃圾，调整连续式焚烧系统持续运转能力。贮坑的容量依垃圾清运计划、焚烧设施的运转计划、清运量的变动率及垃圾的外观比重等因素而定。确定贮坑容量时，以垃圾单位容积重0.3t/m³ 及容纳3～5d 的最大日处理量为计算依据，而贮坑的有效容量即为投入门水平线以下的容量。为增加垃圾仓储效果，亦有以中墙间隔或采用单侧堆高方式将垃圾沿投入门对面的壁面堆高成三角状。

垃圾贮坑应为不致发生恶臭逸散的密闭构筑物，其上部配置吊车进行进料作业。垃圾贮坑、粗大垃圾投入及粉碎与垃圾漏斗的相对配置，一般分为L形与T形两大类共五种形式，如图4-6-92所示。L形［见图4-6-92(a) 及 (d)］是在进料漏斗的横侧配置垃圾贮坑，如此可减少吊车的跨距，但由于自吊车控制室目视距离太远的漏斗进料作业较困难，故不适用在炉数较多的设施；T形配置的吊车跨距则较大［见图4-6-92(b) 及 (c)］，但视野亦佳。贮坑的宽度，主要依投入门的数目来决定，长度及深度则应考虑垃圾吊车的操作性能与地下施

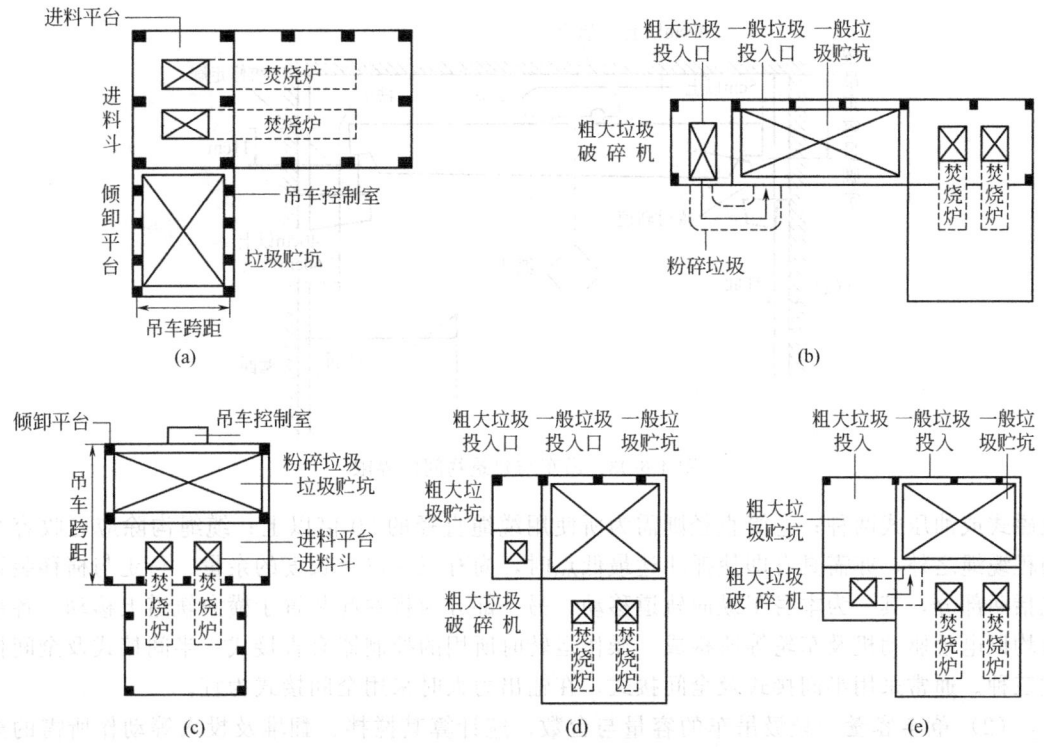

图 4-6-92 垃圾贮坑与漏斗的配置关系

工的难易度后加以决定。

贮坑的底部通常使用具水密性的钢筋混凝土构造，并最好在贮坑内壁增大混凝土厚度及钢筋被覆厚度，以防止垃圾渗滤液的渗透及吊车抓斗冲撞所造成的损害。坑底要保持充分的排水坡度，使贮坑内渗滤液经由拦污栅而排入垃圾贮坑污水槽内。

贮坑底部要有适当的照度，贮坑内壁应有可表示贮坑内垃圾层高度的标志，以便吊车操作员能掌握贮存状况。

大型焚烧设施中常在贮坑内附设可燃性粗大垃圾破碎机，以将形状不适合焚烧的大型垃圾破碎后再与其他垃圾混合送入炉内燃烧，故破碎机室多半设于平台的下层，且为容易将破碎后的垃圾排至贮坑内的位置。

4. 垃圾吊车与抓斗

垃圾吊车与抓斗的功能如下。

① 定时抓送贮坑垃圾进入进料斗。

② 定时抓匀贮坑垃圾，使其组成均匀，堆积平顺。

③ 定时筛检是否有巨大垃圾，若发现有巨大垃圾，则送往破碎机处理。

(1) 垃圾吊车　吊车系由抓斗、卷起（吊上）装置、行走与横移装置、给电装置、操作装置及投入量的计测装置等构成。一般采用架空行走式吊车，在垃圾贮坑上方横向行走，进行抓投及搅拌等作业。其操作一般由位于贮坑上方、面对进料斗的吊车控制室来进行。垃圾吊车的布置如图 4-6-93 所示，吊车控制室可单独设置或与中央控制室合并设置。单独设置的控制室位置，多半设于进料斗对面的中央高处，且高度必须较进料斗平台高，以便操作员可俯视进料状况。

吊车各设备均须对荷重与冲击具有充分的强度，其中电动机多使用绕线型；刹车可选用

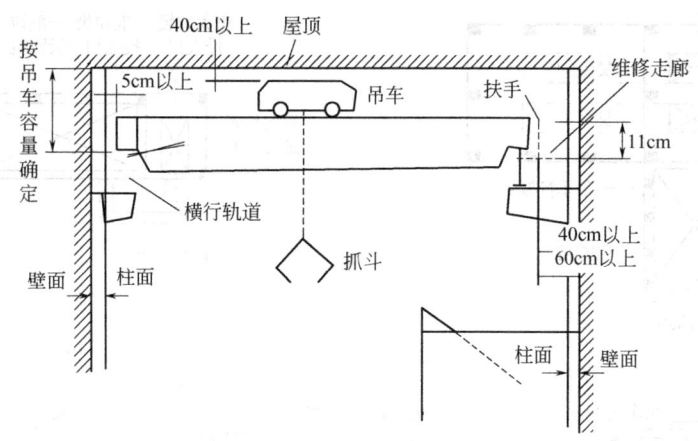

图 4-6-93　吊车与建筑物间的界限

电磁式或油压式两种；卷筒直径则需为所使用缆绳直径的 20 倍以上；缆绳沟除应可收容全扬程缆绳之外，亦需具有即使抓斗达最低点时，尚有三卷以上长度的余量。行走与横移装置包括两部分，其一为本身于纵向轨道移动，另一部分为将卷起装置于横向轨道上移动。各部分均以电动驱动机及车轮等所构成。操作运转时所用的控制器有直接式、半间接式及全间接式三种。通常采用半间接式及全间接式，在输出力大时采用全间接式为宜。

（2）吊车容量　垃圾吊车的容量与台数，应计算其搅拌、翻堆及投入等动作所需的全部时间，以便于操作时段内具备充裕的处理能力。在决定吊车容量前，需先设定吊车的卷起、放下、行走、横移及抓斗开关动作所需的速度，再计算从抓起垃圾至投入进料，然后再回到原来位置所需的时间，图 4-6-94 表示了某一种操作形态的实例。而操作方式可采用每小时取 20min 进行进料作业，剩下的 40min 则等分，分别进行贮坑内的混合搅拌及停休。但若焚烧厂有良好前处理设备时，则操作进料的时段可调至每小时 40～50min。故吊车的垃圾供给能力可由下式表示：

吊车的垃圾供给能力(t/h)＝1h 内总操作时间/进行一次投入作业所需时间×
一次投入垃圾量

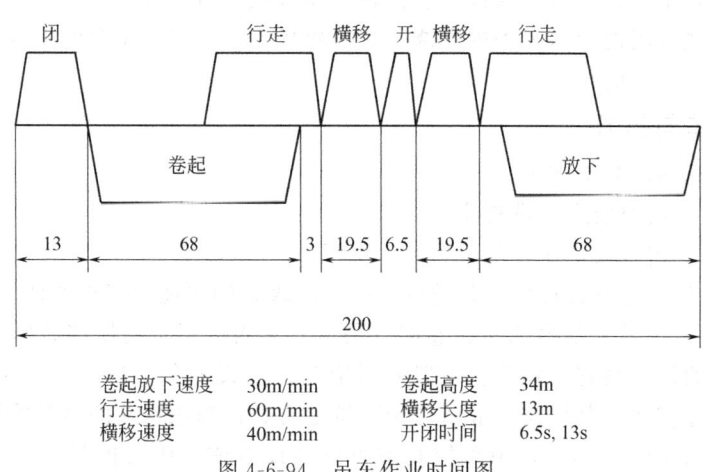

卷起放下速度	30m/min	卷起高度	34m
行走速度	60m/min	横移长度	13m
横移速度	40m/min	开闭时间	6.5s, 13s

图 4-6-94　吊车作业时间图

若加快吊车的卷起、放下及行走等速度，则进行投入作业所需的时间可缩短。但速度太快，将增加吊车本体的冲击及电动机的负荷，且抓斗的振动亦会扩大，反而需加装速度调控设备，十分不经济。此外，若移动距离短，则所需加速、减速的时间比率增加，定速运转的时间相对减少，亦不理想。故应尽量配合设施规模，选择适合的速度及运行距离。由于吊车负责进料的工作，以24h连续运转的焚烧设施而言，原则上应设置预备吊车。如设施规模在300～600t/d之间时，应具备常用及备用吊车各1座为宜，吊车的座数也和炉组数目有关，超过600t/d的大规模设施，则应具备常用吊车

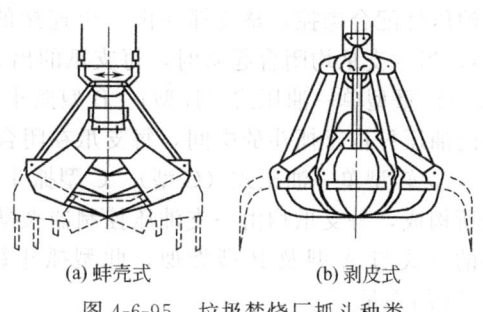

(a)蚌壳式　　　(b)剥皮式

图 4-6-95　垃圾焚烧厂抓斗种类

2座与备用吊车1座为宜。此外，当两座吊车以上同时操作时，应设置防止吊车相撞的安全装置。

（3）垃圾抓斗　垃圾抓斗有两种基本类型：蚌壳式与剥皮式（见图4-6-95）；开关动力有缆绳式与油压式两种。其组合而成的四种形式及其特征如表4-6-43所列。

表 4-6-43　抓斗的种类及特征

形式	特 征			
	构造图	优点	缺点	适用物质
缆绳操作蚌壳式		·冲击贯穿性力强 ·故障较少 ·防水性较佳 ·维修简易 ·压缩垃圾力量强	·必须由高处落下才能贯穿操作 ·吊车回转不易 ·自重较大 ·开闭口寿命较短	可燃垃圾
缆绳操作剥皮式		·冲击贯穿性力强 ·故障较少 ·防水性较佳 ·维修简易 ·压缩垃圾力量强	·需由高处落下才能贯穿操作 ·控制复杂 ·吊车回转不易 ·自重较大 ·开闭口寿命较短 ·构造较复杂	可燃垃圾 粗大垃圾 破碎垃圾
油压操作蚌壳式		·抓斗内部容量大（约1.6倍） ·无需贯穿操作 ·操作简单 ·回转容易 ·自重较小	·冲击力小 ·油压系统容易故障 ·防水性弱 ·维修复杂 ·对压缩垃圾效果差	可燃垃圾
油压操作剥皮式		·抓斗内部容量大（2～52.5倍） ·无需贯穿操作 ·操作简单 ·回转容易 ·自重较小 ·亦可抓举巨大垃圾	·冲击力小 ·油压系统容易故障 ·防水性弱 ·维修复杂 ·对压缩垃圾效果差	可燃垃圾 粗大垃圾 破碎垃圾

油压控制式抓斗可细分为四类。

① 重型多重油压式（A型）　A型抓斗具辐射状结构，一般有六支爪，每支均有一独立

的油压杆配合操控，整支抓斗由一个连接的悬吊柜与吊车连接。此型抓斗每次张合需15~20s，当六支爪均闭合起来时，每支爪的出力大约有2.5t。

② 重型单一油压式（B型） B型抓斗也是重型抓斗，可设计成具有六支或八支爪，主要的油压杆位于抓斗的中间，每支爪在闭合时可施用1~1.5t的力量。

③ 轻型单一油压式（C型） C型抓斗是由丹麦所开发出来，广泛用于欧洲，由轻合金钢所构成，每支爪均由一支油压控制器来操控，所有油压控制器均被爪子所包覆，与吊车连接的方式与A型及B型类似，此型抓斗每次张合需20~25s，闭合时每支抓子可施用约0.75t的力量。

④ 中型单一双重油压蚌壳式（D型） D型抓斗为一种蚌壳式抓斗，具有一到二支油压控制器，在蚌壳边缘具有叉状的齿形构造，可以便于夹往垃圾，此型抓斗若将齿形构造缩小，则亦可用于清除焚烧灰烬，其每次张合时间为15~20s，每片蚌壳闭合时可施用3~30t的力量。

绳索控制式抓斗也可细分为四类。

① 重型多绳索式（E型） E型抓斗是在传统的四绳索式抓斗基础上改进而成，兼有蚌壳及皮式的特征，外形与B型抓斗较像。为了预防移到抓斗时发生绞索的现象，四根绳索在爪顶上方被圈在很小的项圈内，当吊车移动速度为0.8~1.0m/s时，绳索总长10~15m，其张合时间为20~35s。

② 重型长齿蚌壳式（F型） F型抓斗为一重型长齿蚌壳式抓斗，主要包括两片巨大的壳槽，整个抓斗亦由四根绳索控制，其余功能及结构则类似E型抓斗。

③ 中型长齿蚌壳式（G型） G型抓斗为中型长齿蚌壳式抓斗，与F型抓斗构造上相当接近，仅在蚌壳形状及总重量有所不同。

④ 中型短齿蚌壳式（H型） H型抓斗为中型短齿蚌壳式抓斗，仍然以四根绳索操控，在早期此型抓斗一般被用来移动煤或其他物质，偶尔也被改良用来抓举垃圾。

（4）抓斗抓量 垃圾抓斗的抓量（体积），必须依据抓斗放下时，靠惯性力插入垃圾层的深度而定；而实际所抓起的重量，则应以垃圾受抓斗压缩后的密度来计算。

当抓斗自贮坑抓起垃圾送往进料口时，此时垃圾在斗槽中的密度将大为升高，待抓斗移到进料口上方，将垃圾卸入进料口时，垃圾密度才又下降，但仍然会比在贮坑内时高。

图4-6-96给出了垃圾在贮坑中的密度与在油压控制型抓斗内密度关系。图4-6-97中则给出垃圾在贮坑中的密度与进料口密度的关系。由此两图可查出垃圾进入焚烧炉时的密度。如用A型抓斗进料，贮坑垃圾密度为$0.2t/m^3$，在闭合的抓斗内垃圾密度可达$0.7t/m^3$，待抓斗将垃圾卸入进料口时，垃圾密度则降为$0.4t/m^3$。其操作比为1:3.5:2.0。为系统了解抓斗的压缩性能，将各型油压操控式的抓斗压缩特性曲线绘于图4-6-98中，此抓斗最大斗内容积7~8m^3。

B型抓斗设计可参考图4-6-97及图4-6-98。如贮坑内垃圾平均密度为$0.2t/m^3$，在闭合抓斗中垃圾密度可达$0.55t/m^3$，当抓斗将垃圾卸入进料口时垃圾密度降为$0.32t/m^3$，故操作比为1:2.75:1.6。

绳索控制型抓斗（即E、F、G及H四型抓斗）的设计可以参考图4-6-99和图4-6-100。绳索控制型抓斗的压缩系数见图4-6-101。

在选用抓斗时，必须考虑操作形态，吊车运行速度一般为0.8~1.0m/s，抓斗每次入料需2~2.5min，在每小时操作50min的要求下，必须入料20~25次，抓斗每次张合所需的时间为20s。抓斗完全张开的平面投射面积亦影响进料口尺寸的设计，表4-6-44列出了若干抓斗设计参数。

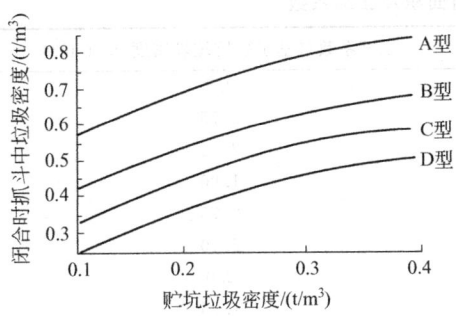

图 4-6-96　垃圾在贮坑及抓斗中的
密度变化（油压控制型）

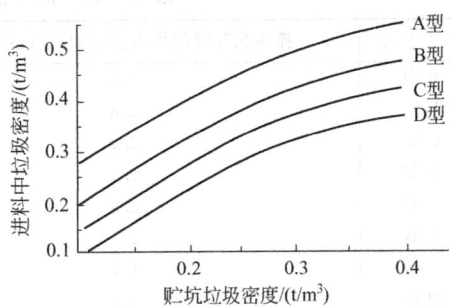

图 4-6-97　垃圾在贮坑及进料口中的
密度变化（油压控制型）

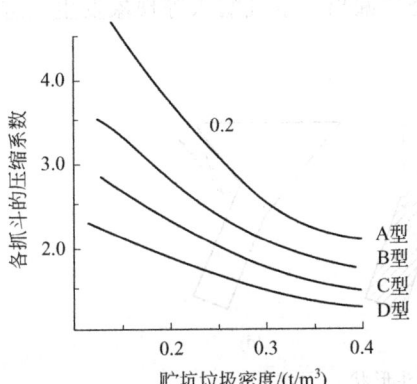

图 4-6-98　抓斗的压缩系数特性曲线
（油压控制型）

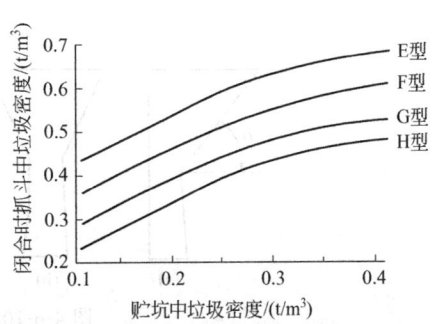

图 4-6-99　垃圾在贮坑及绳索控制
型中垃圾的密度变化

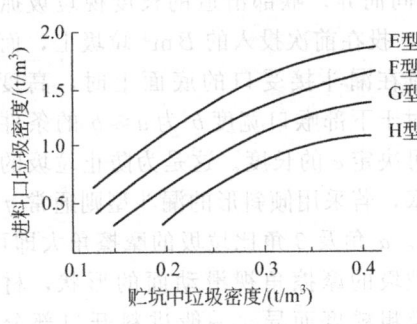

图 4-6-100　垃圾在贮坑及绳索控制
型抓斗中的密度变化

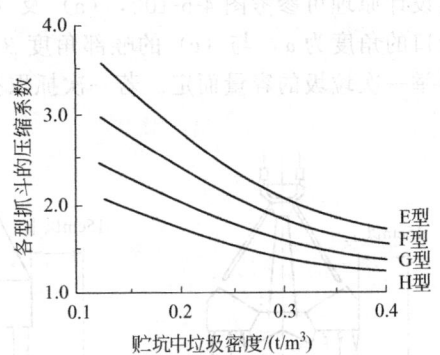

图 4-6-101　贮坑及绳索型抓斗中
垃圾密度的变化

（二）进料系统

焚烧炉垃圾进料系统包括垃圾进料漏斗和填料装置。垃圾进料漏斗是暂时贮存垃圾吊车投入的垃圾，并将其连续送入炉内燃烧。具有连接滑道的喇叭状漏斗与滑道相连，并附有单向开关盖，在停机及漏斗未盛满垃圾时可遮断外部侵入的空气，避免炉内火焰的窜出。为防止阻塞现象，还可附设消除阻塞装置。

表 4-6-44　抓斗张开时的平面面积及压缩系数

抓斗形式	抓斗张开时的平面投影面积/(m²/m³)	压缩系数/(基于贮坑垃圾密度 0.2t/m³)
A 型	3.6	3.5
B 型	2.8	2.75
C 型	2.2	2.30
D 型	1.4	1.90
E 型	2.8	2.75
F 型	2.2	2.40
G 型	1.7	2.0
H 型	1.5	1.75

1. 种类及功能

　　垃圾进料漏斗的基本功能是：完全接受吊车抓斗一次投入的垃圾，既能在漏斗内存留足够量的垃圾，又能将垃圾顺利供至炉体内，并防止燃烧气漏出、空气漏入等现象发生。进料漏斗及滑道的形状，取决于垃圾性质和焚烧炉类型。

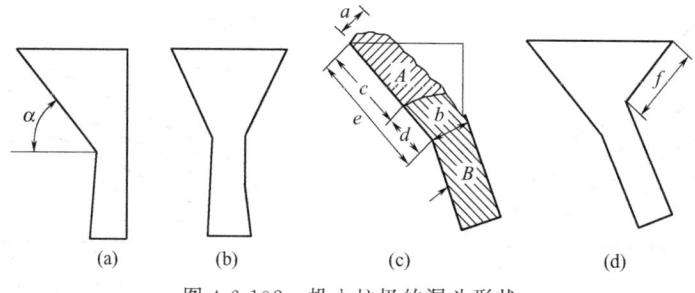

图 4-6-102　投入垃圾的漏斗形状

　　漏斗一般可分为双边喇叭形及单边喇叭形两种，滑道则有垂直型及倾斜型两种形式。为防止滑道下部因受热烧损或变形，可装设水冷外壳、空冷散热片，或耐火衬里来加以保护。其设计原理可参考图 4-6-102，(a) 及 (c) 为单喇叭形，(b) 及 (d) 为双喇叭形。(a) 接受口的角度为 α，与 (c) 的喉部角度 β 均因厂家的不同而异。喉部滑道的长度视垃圾抓斗抓举一次垃圾的容量而定。若一次抓取投入量为 $A\,\mathrm{m}^3$，投在前次投入的 $B\,\mathrm{m}^3$ 垃圾上，而放置在漏斗接受口的底面上时，高度 a 对于下部喉口宽度 b 为 $a \leqslant b$ 的条件下可决定 e 的长度。这是为防止垃圾的堵塞，若采用倾斜形的漏斗型则通常 $f < e$。α 角及 β 角比垃圾的摩擦角大即可。垃圾的摩擦角视滑动面的形状，材质及粗糙度而异。一般进料开口部分的尺寸参见图 4-6-103，进料口需比吊车抓斗全开时的最大尺寸还大 0.5m 以上，以防止垃圾掉落斗外。喇叭部分应与水平面呈 45°以上的倾斜角，纵深在 0.6m 以上。而进料斗的容量，应能贮存 15～30min 左右的焚烧垃圾量。

　　进料阻塞是由于障碍物卡住滑道，或因吊车操作错误使投入位置偏离，

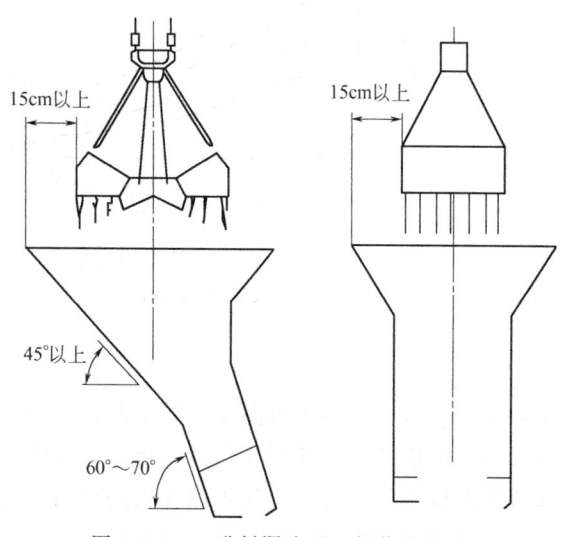

图 4-6-103　进料漏斗开口部分的尺寸

在滑道入口处形成局部压实现象所造成的。阻塞消除装置分内推式和外移式两种，内推式可把阻塞的垃圾推进炉内，外移式则是把阻塞的垃圾顶出进料口。当大型垃圾在进料口堵塞时，通常可用预先设置的吊锤或推杆将卡住的垃圾推入燃烧室内或顶回垃圾贮坑，或顶出进料口使之落回贮坑，待用抓斗送往破碎机破碎后再投入，如图 4-6-104 所示，图中①及②为一种吊挂式堵塞消除装置，③及④为推杆式消除堵塞装置，⑤为旋转式堵塞消除装置。

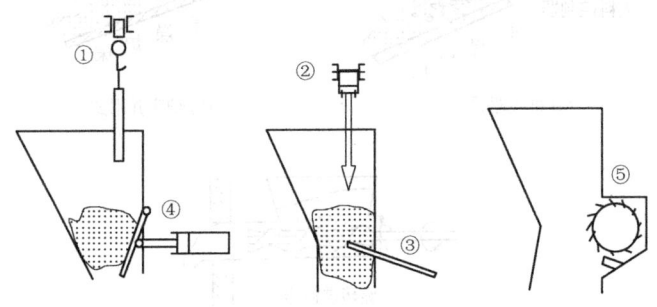

图 4-6-104 进料口消除堵塞装置

2. 进料设备

进料设备的功能如下。

① 连续将垃圾供给到焚烧炉内。

② 根据垃圾性质及炉内燃烧状况的变化，适当调整进料速度。

③ 在供料时松动漏斗内被自重压缩的垃圾，使其呈良好通气状态。

④ 如采用流化床式焚烧炉，还应保持气密性，避免因外界空气流入或气体吹出而导致炉压变动。

至于进料设备，机械炉排焚烧炉多采用推入器式或炉床并用式进料器；流化床焚烧炉则采用螺旋进料器式及旋转进料器式进料装置，详图如图 4-6-105 所示。

（1）推入器式　通过水平推入器的往返运动，将漏斗滑道内的垃圾供至炉内。可通过改变推入器的冲程、运动速度及时间间隔来调节垃圾供给量，驱动方式通常采用油压式。

（2）炉床并用式　即将干燥炉床的上部延伸到进料漏斗下方，使进料装置与炉床成为一体，依靠干燥炉床的运动将漏斗通道内的垃圾送入焚烧炉，但无法调整进料量。

（3）螺旋进料器式　螺旋进料器可维持较高的气密性，并兼有破袋与破碎的功能，通常以螺旋转数来控制垃圾供给量。

（4）旋转进料器式　旋转进料器气密性高，排出能力较大，供给量则可变换进料输送带的速度来控制，而旋转数也能与进料输送带作同步变速，一般设置在进料输送带的尾端。但是只能输送破碎过的垃圾，并须在旋转进料器后装设播撒器使垃圾均匀分散进入炉内。

五、废热回收系统

生活垃圾焚烧产生的热能相当于可再生能源，目前一些经济发达的城市和地区每千克垃圾热值达到 5000kJ 以上，相当于 1.4kW·h 的能量，单一焚烧发电可获得 0.2～0.3kW·h。垃圾焚烧生成的高温烟气进入余热锅炉加热锅炉给水，烟气被冷却到适宜温度后排放。产生的过热或饱和蒸汽用于驱动蒸汽轮机发电。日本 2006 年有 293 座生活垃圾焚烧发电厂，总装机 1590MW，当年共发电 72 亿千瓦时，相当于 197 万户居民的年用电量。2007 年 10 月 10日，欧盟环境署正式将垃圾焚烧发电纳入回收利用范畴，欧盟调查发现，填埋比例低，焚烧比例高，则回收利用的比例高，反之则低。欧盟 27 国估计，2007 年通过生活垃圾焚烧共获

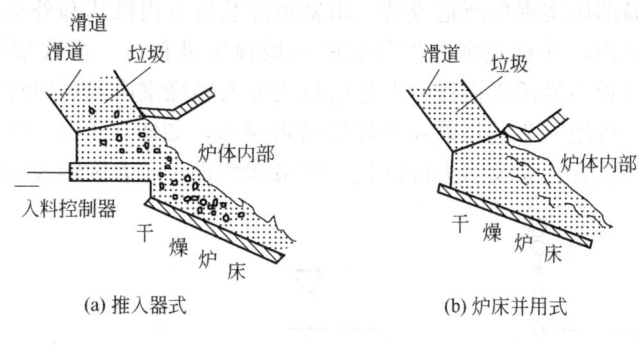

(a) 推入器式　　　　　　　(b) 炉床并用式

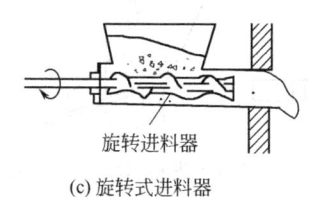

(c) 旋转式进料器

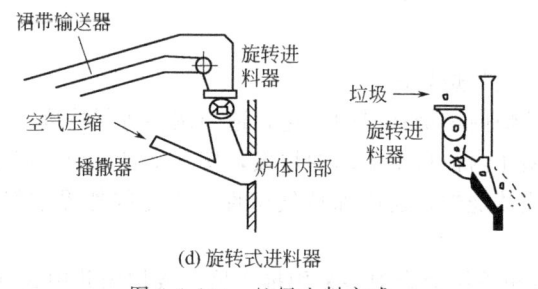

(d) 旋转式进料器

图 4-6-105　垃圾入料方式

得相当于 614.43 万吨油当量（toe：定义为 107kcal，相当于 1t 原油的净热值含量），其中发电量合计 139.619 亿千瓦时。

垃圾焚烧热量通过发电、供热和热电联产三种方式回收利用可达到的能量利用率见表 4-6-45。欧洲的焚烧厂能源利用效率一般都很高。欧盟委员会和 CEWEP（欧洲焚烧厂协会）建议的焚烧厂回收效率为 50%～60%[54]。

表 4-6-45　欧盟现有焚烧厂能量利用效率

类　型	热效率/%
仅发电	17～30
热电联产（CHP）	70～85
供热站(销售蒸汽或热水)	80～90
蒸汽销售给大型化工厂	90～100
热电联产和具有烟气冷凝的供热厂	85～95
热电联产和具有冷凝、热泵的供热厂	90～100

提高焚烧能源利用率的途径有如下几种。

（一）改变为热电联产

如果采用焚烧热电联产，即供暖季节主要供热而在非供暖季节主要用于发电，将使垃圾焚烧厂热能利用率进一步提高，能源效率可由 25% 提高至 75%，并减少约 50% 的温室气体排放量。

（二）高蒸汽参数发电技术的发展应用

焚烧厂通常采用蒸汽参数 $40\sim45$bar、$380\sim400$℃。但是发展起来的采用高蒸汽参数来提高能源效率的新技术是焚烧发展的趋势。早在 1969 年法国巴黎 Ivry-Sur-Seine 焚烧厂，采用了 75bar（1bar=10^5Pa）、475℃的蒸汽参数，运行了 30 多年，效果一直良好。其他还有西班牙 Mataro（60bar、380℃）、法国 Lasse Silvert Est Anjou（60bar、400℃），Ivry（75bar、475℃），Lasse Silvert Est Anjou（60bar、400℃）、丹麦 Odense（50bar、520℃）焚烧厂等。最近欧洲建设的焚烧厂大多采用高蒸汽参数，如表 4-6-46 所列。

表 4-6-46　新建垃圾焚烧厂提高能源效率

焚烧厂	意大利 Brescia 1 号、2 号焚烧线	意大利 Brescia 3 号焚烧线	荷兰阿姆斯特丹 5 号、6 号焚烧线	德国 Mainz 焚烧厂	西班牙 Bilbao 焚烧厂
开始运营	1998	2004	2007	2003	2004
炉排形式	往复炉排	往复炉排	水平炉排	往复炉排	往复炉排
NO_x 去除	SNCR	SNCR	SNCR	SNCR	SNCR
特点	优化提高效率	优化提高效率	中间蒸汽过热、水冷凝	带有混合循环（天然气发动机）	带有混合循环（天然气发动机）
焚烧物	生活垃圾,污泥,生物质	污泥,生物质	生活垃圾	生活垃圾,天然气	生活垃圾,天然气
蒸汽参数/bar	61	73	130	40	100
过热蒸汽温度/℃	450	480	440	400/555	540
发电总效率/%	27	28	34	>40	46
上网发电效率/%	24	25	30	>40	42

美国 20 世纪 80 年代以来建设的垃圾焚烧发电厂基本上都采用了中温次高压参数（如美国康涅狄格州 Connecticut Bristol 焚烧厂，采用的蒸汽参数为压力 60bar、过热蒸汽温度 443℃）。

当然需要注意的是，采用高蒸汽参数要求考虑特殊措施，如采用镍铬合金层或其他特殊材料来保护换热器表面、降低烟气温度至 650℃以下以减少过热器的高温腐蚀等。从技术上来讲采用高蒸汽参数是完全可行的。最佳蒸汽参数的选择需要进行技术经济比较，很大程度上取决于烟气的腐蚀性和垃圾成分。实践已经证明，高蒸汽参数对于多数城市是适宜的、经济的。

（三）燃气联合发电技术的发展和应用

一些焚烧厂采用燃气联合发电技术，来提高发电效率。如表 4-6-46 中的德国 Mainz、西班牙 Bilbao 焚烧厂，效率可以达到 40%以上。在亚洲，日本堺市（Sakai）垃圾焚烧发电厂也采用这种工艺，在垃圾焚烧余热发电的同时另行设计安装了一台使用天然气的燃气轮机发电机，利用燃气轮机发电机的尾气余热使垃圾焚烧余热锅炉的蒸汽过热以提高垃圾焚烧系统发电效率，增加 23%的发电能力，具有较好的经济效益。

（四）电热冷联供技术

焚烧厂采用电热冷联供方式来提高能量利用效率，主要形式包括通过电热联供、供热水和蒸汽、供冷等，使能源利用效率大幅度提高。

负责巴黎大区垃圾收集及处理的巴黎 SYCTOM 组织管辖的 Issy-les-Moulineaux、Ivry-Paris ⅩⅢ、Saint-Ouen 焚烧厂的能源利用主要采用热电联产形式，产生的电力出售给法国国家电力，蒸汽出售给巴黎城市供热公司（CPCU），可为二十多万户家庭提供供热，占总需求的45%。

丹麦焚烧厂生产出的热能现已占总区域供热需求量的10%以上，供暖期4000～8760h/a，有很大规模的供热管网可以保证常年供热。其他国家如挪威、芬兰、奥地利等国家利用焚烧厂能源供热的情况也很普遍。

采用焚烧厂能源进行区域供冷也是一种有效的途径，有应用但并不多。大约10年前供冷管网开始在北欧（如斯德哥尔摩）、美国（印第安纳州）建设，进行区域供冷。

六、焚烧炉系统的控制

（一）焚烧炉燃烧控制的目标

垃圾是成分极其复杂的燃料，要提高垃圾焚烧厂运转效率，焚烧炉燃烧系统的稳定控制是关键。焚烧炉燃烧系统的控制目标通常设定如下：

① 使炉内温度达到预定高温值并减少波动；

② 维持稳定的燃烧；

③ 达到预定的垃圾处理量；

④ 使废气中含有较少量的悬浮微粒、氮氧化物及一氧化碳；

⑤ 焚烧残渣灼烧减量达到设计值；

⑥ 维持稳定的蒸汽流量；

⑦ 减低人为的操作疏失。

（二）焚烧炉燃烧控制系统

目前已有许多控制系统可完成上述的控制目标。传统的燃烧控制系统如图4-6-106所示，是根据垃圾的热值以及进料量，决定垃圾在炉床上的停留时间，使其燃烧温度维持在一稳定的高温状态。为达此目的，一般以调整炉床的速度以及控制燃烧的助燃空气量来配合，并且经由一些反馈数据加以修正，必要时加入辅助燃油，维持稳定的炉温，若其超出控制器所能控制的范围时，则必须由有经验的操作员介入操作，主要的控制方法如下。

1. 计算蒸汽蒸发量

一般控制系统可按照估计的热值以及目标焚烧量计算出目标蒸汽流量，在不断进料的过程中，以所量测蒸汽流量与目标蒸汽流量的偏差，反馈给炉床速度控制器与助燃空气流量控制器进行控制，借由蒸汽蒸发量的改变来代表所欲焚烧垃圾热值的改变，进而调节炉床速度与助燃空气的进流量。

2. 控制炉床速度

炉排运动速度设定值与垃圾的释热量（或垃圾燃烧程度）有关，若欲将垃圾的释热量维持在炉体设计值之内，可通过燃烧炉排上温度的感测，以及垃圾层厚度的检测，加上蒸汽蒸发量偏差的计算，进行炉床上炉排运动速度的修正。

3. 控制助燃空气量

助燃空气量往往直接影响垃圾的释热量以及垃圾燃烧程度，而助燃空气量的多少会表现在废气中残余氧浓度与炉温上，所以欲控制燃烧空气量，可通过计算废气残余氧浓度与蒸汽蒸发量偏差，把空气依不同比例分配到炉体各进气口。

4. 控制辅助燃油

有时候垃圾的水分过高，造成垃圾不易燃烧，或是垃圾燃烧情况不佳，造成废气污染物

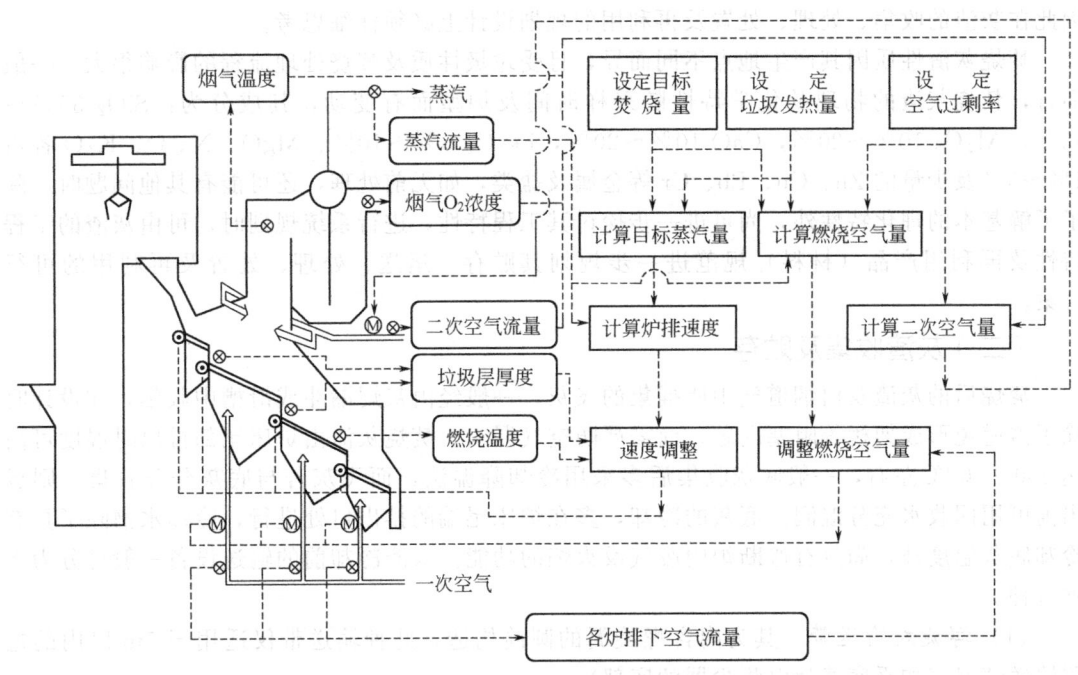

图 4-6-106　传统的燃烧控制系统示意

质浓度过高，往往需加入辅助燃油改善燃烧情况；参考炉温、蒸汽蒸发量、助燃空气量以及炉床上炉排运动速度，计算出为改善燃烧情况应该加入多少辅助燃油，或由操作员视情况以人为方式介入控制。

5. 控制二次空气流量

二次空气流量的控制程度可经由废气污染物质浓度以及蒸汽蒸发量的量测来决定。

以上各项控制方法，源于传统的比例积分微分（PID）控制理论，优点是计算简单，能迅速地进行在线控制；缺点在于不能将操作员的经验融入控制器中，当对于受控体的内涵与机制不甚了解时，往往不能做出准确的判断。模糊控制却能弥补这项缺点，将操作员的良好控制经验建模后放入控制器中，而且计算速度也相当迅速，可用来作为在线即时控制。

七、焚烧灰渣的收集

（一）灰渣种类

垃圾焚烧产生的灰渣一般可分为下列四种。

（1）细渣　细渣由炉床上炉条间的细缝落下，经由集灰斗槽收集，一般可并入底灰，其成分有玻璃碎片、熔融的铝锭和其他金属。

（2）底灰　底灰系焚烧后由炉床尾端排出的残余物，主要含有燃烧后的灰分及不完全燃烧的残余物（例如铁丝、玻璃、水泥块等），一般经由水冷却后再送出。

（3）锅炉灰　锅炉灰是废气中悬浮颗粒被锅炉管阻挡而掉落于集灰斗中，亦有沾于炉管上，再被吹灰器吹落。可单独收集，或并入飞灰一起收集。

（4）飞灰　飞灰是指由空气污染控制设备中所收集的细微颗粒，一般系经由旋风集尘器静电集尘器或滤袋集尘器所收集的中和反应物（如 $CaCl_2$、$CaSO_4$ 等）及未完全反应的碱剂 [如 $Ca(OH)_2$]。

一般而言，焚烧灰渣由底灰及飞灰所共同组成，由于近年来飞灰经常被视为危险废物，因此在灰渣的收集、处理、处置及再利用的规划设计上必须仔细思考。

焚烧灰渣性质因其产生地点不同而异，且受垃圾性质及焚烧处理流程的影响很大。一般而言，焚烧灰渣的物理及化学特性随采样时间及炉型而有变动，其成分为：SiO_2 35%～40%，Al_2O_3 10%～20%，CaO 10%～20%，Fe_2O_3 5%～10%、MgO、Na_2O、K_2O 各占1%～5%及少量的 Zn、Cu、Pb、Cr 等金属及盐类，如无前处理，还可能有其他问题时，除了了解基本的理化特性外，尚可进一步探讨其工程特性，进行系统规划时，可由灰渣的工程特性及再利用产品（材料）规范进一步规划其贮存、运送、处理、处置及再利用的可行方案。

（二）灰渣收集及贮存

焚烧后的灰渣及由烟道气中所捕集的飞灰，一般经由灰烬漏斗或滑槽中收集，在设计时除了需避免形成架桥等阻塞问题，尚需严防空气漏入。焚烧灰渣由炉床尾部排出时温度可高达 400～500℃ 左右，一般底灰收集后多采用冷却降温法，而飞灰若与底灰分开收集，则运出前可用回收水充分湿润。底灰的冷却，多在炉床尾端的排出口处进行，冷却水槽除了具有冷却底灰温度外，尚具有遮断炉内废气及火焰的功能。灰渣冷却前的输送设备一般可分为下列五种。

（1）**螺旋式输送带** 其为内含螺旋翼的圆筒构造，此种输送带仅适用于 5m 以内的短程输送情况（如平底式静电集尘器的底部）。

（2）**刮板式输送带** 其为链条上附刮板的简单构造，使用时必须注意滚轮旋转时，由飞灰造成的磨损。另外，当输送吸湿性高的飞灰时，应注意其密闭性，以避免由输送带外壳泄入空气后，而导致温度下降使得飞灰固结在输送设备中。

（3）**链条式输送带** 借串联起来的链条及加装的连接物在灰烬中移动，利用飞灰与连接物的摩擦力来排出飞灰。

（4）**空气式输送管** 将飞灰借空气流动的方式来运送，空气流动的方式有压缩空气式及真空吸引式两种，均具有自由选择输送路线的优点；但缺点为造价太高，且输送吸湿性高的飞灰时，易形成固结及阻塞；此外，当输送速度太快时，亦会造成设备磨损。

（5）**水流式输送管** 将飞灰以水流来输送，如空气式输送管一般，具有自由选择输送路径的优点，但会产生大量污水。

由于焚烧厂烟囱处引风机会形成负压力，飞灰排出装置的出口常有空气泄入的问题，故应加强飞灰排出口与输送带连接部分的密封性。通常采用的密闭装置有旋转阀及双重挡板等，亦可不设密闭装置而以水封来防止空气的泄入，但恐飞灰吸水而附着形成阻塞，故宜尽量扩大水封的范围。此外，若将集尘设备等捕集的飞灰单独收集时，为防止其于贮坑内飞散，应设置飞灰湿润装置，一般常用双轴桨型混合器，并添加约飞灰量 10% 的水分，予以均匀混合后排

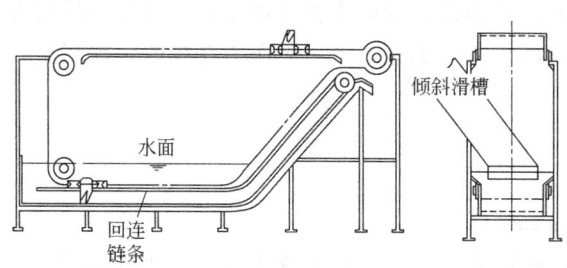

(a) 上部回返式湿式冷却设备

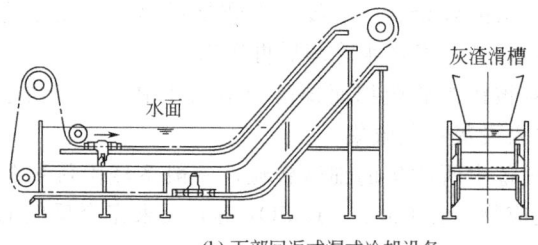

(b) 下部回返式湿式冷却设备

图 4-6-107 回返式湿式冷却设备

出，但必须慎选桨叶的材质，以防止其被飞灰腐蚀。

　　一般机械式焚烧炉，其炉床末端可连续排出的焚烧灰渣，因呈高热状态（约 400℃），必须借由冷却设备，将其浸水以完全灭火。灰渣冷却设备的形式，可分为湿式及半湿式法，图 4-6-107 及图 4-6-108 中分别说明了湿式法及半湿式法在全厂流程中的配置情形，分别介绍如下。

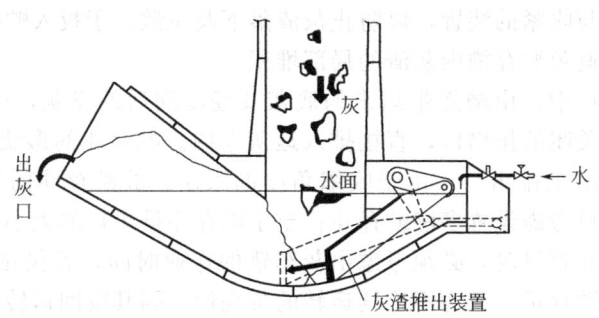

图 4-6-108　半湿式灰渣冷却设备

1. 湿式法

　　湿式法的灰渣冷却设备，可再根据输送带返回的形式，分为"上部回返式"及"下部回返式"两种。用上部回返式出灰时，输送带系由贮水槽上方返回，附着的灰渣可再度落于贮水槽内，故不需清理散落的灰渣，但因灰渣无法由冷却设备正上方投入，故必须在贮水槽与回转链条间，设置一具 50°以上的倾斜滑槽，以接受滑落的灰烬，也因此设备的整体高度会变高。采用下部回返式出灰时，灰渣可由冷却设备的正上方投入，故整体的高度较低，但因刮板自水槽下方回返，故附着于刮板上的灰渣会掉落至贮水槽下方污染地面，应于其下面另设置一沟槽盛接，并借水流将掉落物冲入灰沉淀槽中。

　　此外，当灰渣落入湿式冷却设备后，首先由刮板将灰渣刮上，出水前因灰内含有大量水分，必须借由输送机的倾斜部分来进行沥干，因此刮板输送带有一部分必须没入水中，故应充分考虑其防蚀对策；此外，驱动滚轮部位亦应加以覆盖，以免灰烬落入形成磨损。由于灰渣冷却设备位于焚烧炉的出口处，故应将滑槽伸入水中，以达封闭之效。至于设备的大小，除应考虑其冷却能力之外，亦应具备足够的空间，不致使灰渣在滑槽内过度堆积而卡住刮板，影响正常操作。

2. 半湿式法

　　如图 4-6-108 所示，在水槽内设有灰渣推出装置，而不设置刮板输送带，故较湿式法的故障频率为少。在操作时，先于水槽内将灰渣灭火冷却，再由灰渣推出装置将冷却后的灰渣沿滑槽向上推出，以充分沥干水分，一般而言，本法推出的灰渣含水量较湿式法为少。

　　冷却后的灰渣，在运送至贮存槽（斗）时可采用推送器或滑槽，将灰渣送入附近贮槽内，或使用输送带运送，其形式有以下四种。

　　(1) 带式　此式构造简单，适用于灰烬废水量较少的半湿式冷却设备后，但不耐高温，且易受灰渣中金属物质的磨损而龟裂，故必须使灰渣充分冷却，并减缓灰渣由出灰口落下时带来的冲击。

　　(2) 斗式　此式适用于需要较陡峭的输送角度时，但灰渣中若含有针、金属等细长物时，易将链条卡住。

　　(3) 振动式　系借由振动平台，以搬运灰渣的设备。因其具有将灰渣整平、松化的功能，故一般设置于金属磁选机的前方或下方，使其在输送灰渣过程兼具回收金属的功能。

（4）刮板式　此式除适用于湿式冷却设备内之外，亦可应用于灰渣冷却设备出口后续的运输，但应考虑磨损问题。

上述输送带中，除刮板式输送带之外，均不适用于输送水分较多的灰渣。一般而言，输送带必须具有足够的宽度，以预防灰渣自冷却设备出口落下时，形成拱形。此外，各种输送带均需设置链条伸长与收紧的装置，以防止灰渣落下及飞散。于投入贮存槽之前，亦需设置滑槽与分散装置，以避免贮存槽内灰渣的局部堆积。

在较小型的焚烧厂中，由输送带运来的底灰及经湿润后的飞灰，可暂时贮存于贮存斗中，再由下部可自由关闭的排出口，直接排入运灰车内。贮存斗的形状，系自投入口以 60°以上的倾斜角渐渐收缩至排出口，由于收缩角度的限制，故贮存斗的容积为 $10 \sim 12 m^3$ 左右，若容量不足时，可考虑设置多座贮存斗；至于贮存斗排出口的大小，必须小于承载车辆的宽度。于决定贮存斗容量时，必须考虑出灰车辆的作业时间，若仅在白天 8h 作业时，则必须具备 16h 以上的贮存量；若为不连续运转的焚烧炉，因其夜间运转时间较少，故可再酌减少其贮存容量。至于贮存斗的配置位置，由于输送带的倾斜角度在 30°左右，故配置时应充分利用地形，以确保要求的高度，因贮存斗与炉体为独立的结构，故其构造上颇具弹性，一般多设置于地面上，但若地形许可，亦可考虑将贮存斗设于地下或与厂房结构合为一体。自贮存斗排出口滴下的灰烬渗出水，应设置集水沟加以收集，为避免雨水流入，亦应设置顶棚或采用室内式。贮存斗下部排出口的开启动力可分为油压式及机械式；至于关闭的方式，则有双边关闭式及单边关闭式两种，如图 4-6-109 及图 4-6-110 所示。

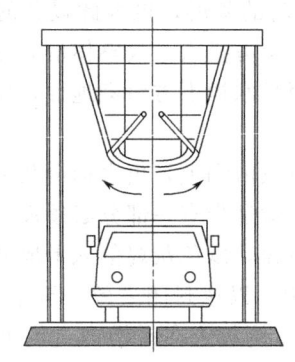

图 4-6-109　双边开启式贮存斗
排出口的开闭方式

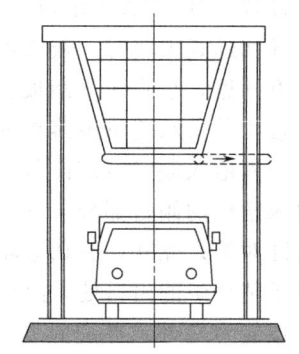

图 4-6-110　单滑动式之贮存斗
排出口的开闭方式

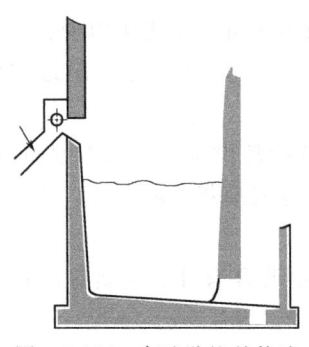

图 4-6-111　灰渣贮坑的构造

在大、中型焚烧厂中，一般多设置灰渣贮坑，其容量则依实际排出情况而异，一般必须具有 2d 以上的贮存容量。由于贮坑通常与吊车配合使用，故底部最好设计成便利抓斗作业的形状，其结构亦应为混凝土构造物，以耐吊车抓斗产生的冲撞，对于贮坑内的渗出污水，应将其收集，再排入污水处理厂处理；为方便收集污水，贮存槽底部可做成倾斜状，再于贮坑旁设置独立的集水沟，如图 4-6-111 所示，以避免灰渣落入影响排水。必要时亦可加设沉淀槽，将渗出水的固体物先行分离后再输送，以避免废水管线阻塞。至于沉淀槽中的沉淀物则可利用吊车移出。

欲将灰烬从贮存槽中移出，必须设置吊车与抓斗，同时亦可进行槽内灰烬的翻堆与整理作业；其装置情况与垃圾吊车相似。至于吊车的运转能力则与出灰作业有关，一般垃圾焚烧厂多在白天 8h 内进行出灰，故应依此推估吊车的运转能力。吊车的安装多采顶棚行走式，另为方便抓斗的作业，可设计形状较窄的贮坑，而省略横行装置，如图 4-6-112 所示。抓斗的形状多采用蚌壳形抓斗，其中间部分设有排水孔，驱动方式则分为油压驱动式与绳索驱动式两种，当操作抓斗时亦应考虑于灰烬落入口处可能被灰覆盖，或于沉淀槽中被水淹没的影响。

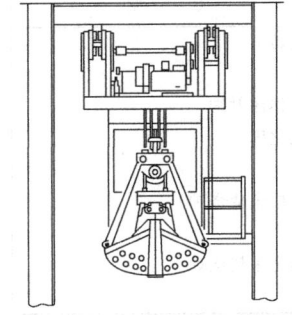

图 4-6-112 起重机型灰烬吊车示意

由于灰烬贮坑一般多为长条形，故灰烬吊车控制室亦多采用附设于吊车上的"搭乘型"方式来设计，因为此型的控制室直接位于贮坑的上方，故应特别注意如何确保良好的工作环境，一般于控制室内均加装空调系统。此外，若控制室固定于贮坑壁上时，其作业的视野必须能涵盖操作范围，对于死角部分亦应借闭路电视作遥控操作。

第八节　危险废物焚烧处理

危险废物焚烧处理就其主要工艺过程来说与城市垃圾和一般工业废物相近，但是也有很多差别，主要有以下方面。

① 因为危险废物管理法规严格，危险废物焚烧要求比城市垃圾和一般工业固体废物要高得多。从设计、建造、试烧到正常运行管理都有一套严格的要求。

② 废物种类众多，形态各异、成分及特性变化很大。危险废物焚烧炉的设计必须考虑广泛的废物的特性，而以最坏的条件为设计的基准。

③ 焚烧炉的废物进料及残渣排放的系统较为复杂，如果设计不当会造成处理量的降低。

④ 焚烧炉的废气排放标准较严，尾气处理系统远较一般焚烧炉复杂及昂贵。

⑤ 焚烧炉的兴建及运转执照必须经过复杂及严格的申请手续，设计上必须特别严谨，考虑也须周全，同时须参考环保机构的看法及态度。

⑥ 一个已经建成的危险废物焚烧厂只有经过严格的试烧测试，在满足有关的法规要求后，才能准予投入运行。试烧计划必须经环保机构审核及同意。

废物焚烧系统的操作管理远较一般城市垃圾或工业废物焚烧厂复杂。除必须研拟完善的操作管理计划，提供充足的人员训练，运营时遵照操作手册所规定的标准步骤，危险废物焚烧之前，必须经过接收，特性鉴定及暂时贮存等步骤。

一、危险废物焚烧炉

经过二十余年的演变，焚烧技术已经相当成熟，许多不同形式的废物焚烧炉已发展出来[82~91]，表 4-6-47 及表 4-6-48 列出主要焚烧炉的形式、适用的废物类别及运转条件，以供参考。旋转窑焚烧炉可同时处理固、液、气态危险废物，除了重金属、水或无机化合物含量高的不可燃物外，各种不同物态（固体、液体、污泥等）及形状（颗粒、粉状、块状及桶状）的可燃性固体废物皆可送入旋转窑中焚烧。表 4-6-49 中详列出适于旋转窑处理的固体废物，许多剧毒物质如多氯联苯及过期的军火也可使用旋转窑处理。旋转窑焚烧炉是区域性危险废物处理厂最常采用的炉型，图 4-6-113 给出了一个处理工业危险废物的流程。

表 4-6-47 危险废物焚烧炉型及标准运转范围

炉 型	温度范围/℃	停留时间
旋转窑	820～1600	液体及气体:1～3s
		固体:30min～2h
液体注射炉	650～1600	0.1～2s
流化床	450～980	液体及气体:1～2s
		固体:10min～1h
多层床焚烧炉	干燥区:320～540	固体:0.25～1.5h
	焚烧区:760～980	
固定床焚烧炉	480～820	液体及气体:1～2s
		固体:30min～2h

表 4-6-48 焚烧炉的处理对象

废物种类	旋转窑	液体注射炉	流动床	多层炉	固定床焚烧炉
1. 固体					
(1)粒状物质	×	—	×	×	×
(2)低熔点物质	×	×	×	×	
(3)含熔融灰分的有机物	×	×		—	×
(4)大型,不规则物品	×				
2. 气体					
有机蒸气	×	×	×	×	×
3. 液体					
(1)含有毒成分的高有机废液	×	×			
(2)一般有机液体	×	×			
4. 其他					
(1)含氯化有机物的废物	×	×			
(2)高水分有机污泥	×		×	×	

表 4-6-49 适于旋转窑焚烧炉处理的固体废物

* 氯化有机溶剂(氯仿、过氯乙烯)	* 药厂废物
* 氧化溶剂(丙酮、丁醇、乙基醋酸等)	* 下水道污泥
* 烃类化合物溶剂(苯、己烷、甲苯等)	* 生物废物
* 混合溶剂、废油	* 过期的有机化合物
* 油/水分离槽的污泥	* 一般固液体有机化合物
* 杀虫剂的洗涤废水	* 杀虫剂、除草剂
* 废杀虫剂及含杀虫剂的废料	* 含 10%以上有机废物的废水
* 化学物贮槽的底部沉积物	* 含硫污泥
* 气化有机物蒸馏后的底部沉积物	* 去除润滑剂的溶剂污泥
* 一般蒸馏残渣	* 纸浆及一般污泥
* 含多氯联苯的固体废物	* 光化合物及照相处理的液固体废物
* 高分子聚合废物及高分子聚合反应后的残渣	* 受危险物质污染的土壤
* 黏着剂、乳胶及涂料	

二、危险废物的接收

① 废物接受委托处理前,以废物的特性、本身处理能力为判断的依据,建立一套决策程序,同时取得废物产生者的合作。

② 废物的验收步骤必须确实,主要影响贮存及焚烧的特性项目必须鉴定。

③ 废物的分类及贮存是以安全性及相容性为准则。

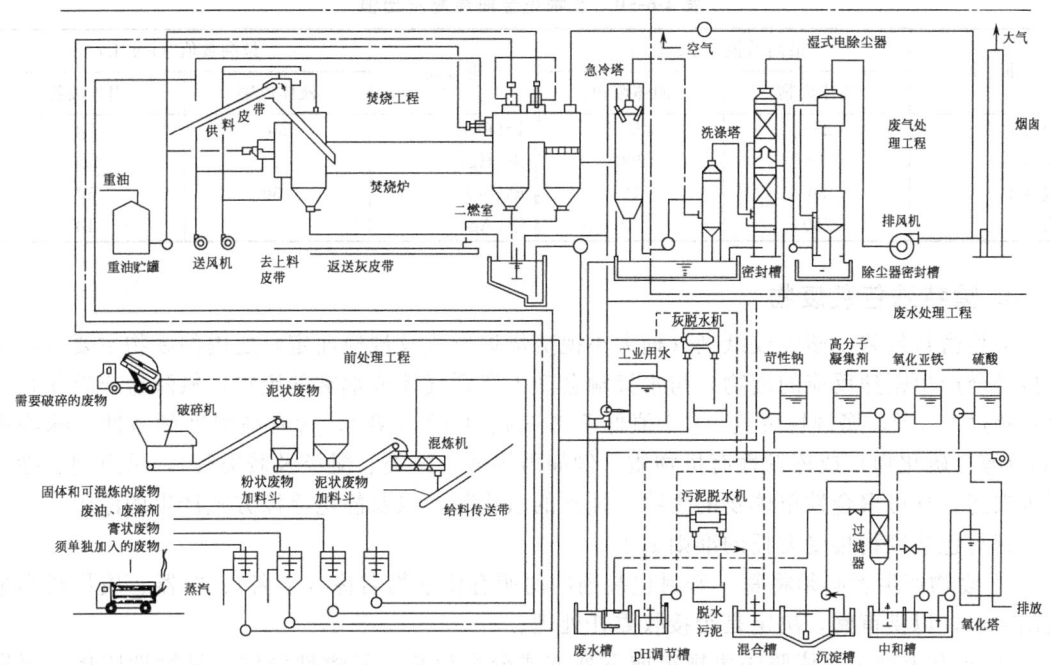

图 4-6-113　工业危险废物旋转窑焚烧处理流程

④ 废物的卸载、传送及贮存区必须配置适当的检测及安全措施。

⑤ 主要设备及贮存场所应定期检查。

⑥ 焚烧工厂内应装设空气检测系统及检测水井，以监视环境品质。

⑦ 焚烧炉的操作条件应以彻底销毁废物所含的有害物质为前提而选择，而且不应超出试烧合格的范围之外。

⑧ 主要设备的温度、压力、废物输入量、烟囱排气的品质等必须监视，以免操作失常，造成环境的污染及设备的损坏。

⑨ 焚烧炉应定期安排停机检修时间，以确保设备的正常。

⑩ 焚烧工厂具备紧急应变计划，同时与地方治安机关，环保机关保持良好的关系，同时密切注意环保机构未来工作重点及法规修改的趋势，以便研拟应变及改善措施。

（一）废物接收准则

每个焚烧炉的设计规格及处理对象都有一定的范围，必须建立其接受委托的标准及限制。接收废物的一般准则如下所述。

1. 不接收的废物名单

包括不属于运营执照许可范围内的危险废物，高压气瓶或液体容器盛装的物质，放射性废物或含放射性物质的废物，爆炸性或震动敏感物质，含水银的废物，多氯联苯含量超过50mg/L 的废物（多氯联苯必须在领取特殊许可的焚烧厂所处理，因此一般焚烧厂所拒收此类废物），含有二噁英类的废物，含病毒或病源及感染性废物，空气污染防治设备所收集的飞灰，重金属浸出值（萃取毒性测试）超过表 4-6-50 所列数值的废物。

2. 散装或桶装工业废物

废物产生者必须提供废物特性表及相关背景资料；废物的运输必须委托合格的公司负责；以及废物的包装及盛装方式必须合乎法律的规定，并在容器贴附适当的标志。

表 4-6-50　废物重金属最高浸出值

重金属	最高数值/(mg/L)		重金属	最高数值/(mg/L)	
	液体废物	固体废物		液体废物	固体废物
砷(As)	250	50	铅(Pb)	250	50
钡(Ba)	1000	200	汞(Hg)	2	0.4
镉(Cd)	50	10	硒(Se)	250	50
铬(Cr)	250	50	银(Ag)	50	10

3. 需特殊包装废物

必须密封包装于塑胶或纸桶（桶大小视焚烧炉形式及规模而定）之内的废物主要有：与水接触会产生剧烈反应的废物，与水接触会产生有毒气体或烟雾的废物，氰酸盐或硫化物的含量超过 1% 者，腐蚀性废物（pH 值低于 2 或超出 12.5 者），含有高浓度刺激性气味物质（如硫醇、硫化物）或挥发性有机物质（例如丙烯酸、醛类、醚类及胺类等），杀虫剂、除草剂等农药，含可聚合性单体物的废物，强烈的氧化剂，以及静电涂漆方式产生的漆尘。

密封包装废物接受委托的准则如下。

① 废物产生者必须将每一密封包装桶内的所有化学物名称（学名）、容器、质量或容量列出清单，以供审阅，决定是否接收委托处理。

② 所有废物必须依照法律规定或下列方式分类包装：易燃性液体，易燃性固体，可燃性液体，腐蚀性物质（酸、碱等），特殊毒性物质，氧化物，有机过氧化物。

③ 包装时必须以具吸附性的惰性物质为介质，以避免桶内容器运输时受震动而破裂。

④ 每桶内所盛装的废物的总容量（质量）限制如下。

桶/L	液体/L	固体/kg
113.6	28.4	30
75.7	18.9	20
60.6	15.1	16
18.9	3.8	5

⑤ 每桶废物的总热值的限制如下。

类　别	总热值
液体	低于主燃烧室放热率的 1/120
半固体	低于主燃烧室放热率的 1/100
固体	低于主燃烧室放热率的 1/90
液体及固体混合	低于主燃烧室放热率的 1/100

⑥ 喷雾胶不得密封包装于实验室包装桶内。

⑦ 包装容器必须以可燃性塑胶、玻璃纤维或厚纸板为材料，不得使用金属容器。

⑧ 不接受的废物名单与散装或桶装工业废物相同。

（二）废物接收程序

1. 接收前的审阅及决策工作

在接受委托处理之前，应先审阅危险废物的背景及特性鉴定资料，包括废物的质量及运输方式，一般物理特性、化学成分及有害物质含量等，判断是否决定接受委托。由于焚烧处理的价格与废物的物态、氯含量、水分、灰分及热值有密切的关系，在接收前需分析与价格有关的废物特性。高热值（19000kJ/kg 以上）、流动性的液体可以作为辅助燃料之用，处理价格甚低，有时甚至需付费给产生者。价格与水分、灰分及氯的含量成正比，与热值成反比，具特殊性质（爆炸性、剧毒性）的物质的价格更高。审阅者决定后，以书面通知废物产生者是否决定接受委托处理。如果决定接受处理后，则安排议价、签约及安排运送时间。

2. 验收

废物运到焚烧工厂后，由工厂验收人员依据合约及运输凭单所列的废物类别及名称验收。验收的废物类别及数量亦需详细记录，并依照法律规定保存一定期限。

三、危险废物贮存及处理分类

（一）取样分析及特性鉴定

对焚烧厂日常操作有直接影响的项目进行测试，以便对废物分类、贮存及处理。表4-6-51所列为废物特性。

（1）反应性　其目的在于发现废物是否具特殊反应性（水反应性、氧化、还原等），以免贮存或处理时发生意外。与水的反应性通常在取样现场即可执行，可以目视法，或使用温度计测试废物加水后是否会产生温度变化。氧化及还原特性可用特殊试纸或试剂测知。

（2）闪火点

（3）腐蚀性　使用试纸测试值，以决定是否属酸性或碱性。

（4）物态、气味及颜色　以目视法决定。

（5）相对密度、水分及灰分

（6）总热值

（7）卤素（氯、氟、溴等）　废物所含的有机物焚烧后会产生酸性卤化氢，其含量与酸气洗涤器或吸收塔所使用的碱性药品（苛性碱或石灰）量有直接关系，因此亦须测试。

（8）酸洗涤值　将热量计排放的气体溶于水中，再以氢氧化钠滴定，以求出废物中产生酸气物质（氯、硫等）的含量。由于热量计的高压排气中的二氧化碳，亦会溶于水中，因此以此方法测得的数值偏高；然而由于分析方法简单，普遍为焚烧工厂的实验室使用。

（9）相容性　通常是将贮槽内的样品与接受的样品混合，以检查是否会产生反应，亦可使用温度计测试其温度的变化。

（10）特殊化合物含量　有些焚烧厂所为了避免误收含多氯联苯或某些特定剧毒物质的废物，每天将同类的样品混合成几个样品，然后以气相仪测试。

（二）废物分类

根据废物的形态、物性、相容性及热值将其进行分类贮存和处理，要避免无法相容或混合后会产生化学反应的物质贮存于同一贮槽或同时处理。表4-6-52列出不可相容的废物类别。如果任何将表4-6-52中A类与B类相混，可能会产生化学反应和某些后果。决定贮存场所后，即可指示运输者将废物送至指定场所卸载。

四、废物卸载及传送

废物物态可分为：①流体及流动性（可由输送泵送者）污泥；②桶装废物（液体、污泥或固体）；③干燥散装固体危险废物；④潮湿的非流动性（难以输送泵送者）污泥等四类。其卸载及输送方式可分为三类：流体、桶装或容器及散装固体或污泥卸载及输送。

表 4-6-51　废物特性

1. 产生单位基本情况 　单位名称： 　详细地址： 　联络人： 　电话：
2. 运输方式 　运输机构名称： 　运输方式： 　包装或盛装方式：
3. 废物一般情况 　产生设备或程序： 　年(月)产生量： 　废物通称： 　废物代号：
4. 一般物理/化学特性 　物态： 　相对密度： 　类别： 　黏度(流体)： 　总固体及悬浮固体含量： 　总热值/(kcal/kg)： 　灰分/%： 　水分/%： 　pH 值： 　沸点/℃ 　蒸气压/mmHg： 　气味： 　颜色：
5. 主要化合物成分
6. 有害特性 　(　　)水反应性　(　　)反应性　(　　)腐蚀性　(　　)放射性　(　　)振动敏感性　(　　)易燃性　(　　)爆炸性 　(　　)可聚合性　(　　)病毒性　(　　)刺激性　(　　)病原性　(　　)是否会放出毒性气体　(　　)其他说明：
7. 毒性金属浸出值/(mg/L) 　砷、铅、镉、铬、汞、硒、银、铍、钡等
8. 剧毒有机物含量 　多氯联苯、毒酚、酚类、二噁英、硫醇、2,4,5-三氯酚、2,4-二氯酚、杀虫剂、除草剂
9. 无机盐及离子 　氰酸盐、氯化物、硫酸物、溴化物、硫化物、碘化物、石棉等
10. 接触或传送所需的保护衣物及步骤

表 4-6-52　不可相容或相混合的废物类别

A	B
1. 混合会产生热量和激烈反应的废物	
乙炔污泥	酸性污泥
碱性污泥	酸及水
碱性洗涤液	电池酸性液
碱性腐蚀液	化学清洁液
其他腐蚀性的碱性电池液	酸性电解液
碱性废水	电蚀酸性液或溶剂
石灰污泥及其他具腐蚀性的	酸洗金属液
碱性溶液	废酸或混合酸液
石灰废水、石灰与水、苛性碱废液	废硫酸

续表

A	B
2. 可能产生的后果：失火或爆炸；产生易燃的氢气 　铝、铍、钙、钾、锂、镁、钠、锌粉，其他反应性金属氢化物	1A 或 1B 中所列的废物
3. 可能产生的后果：失火、爆炸或产生热量；产生易燃性或 　毒性气体 　醇类 　水	 高浓度的 1A 或 1B 中所列的废物 钙、锂、钾、金属氢化物、三氯化磷、甲基三氯化硅，SO_2Cl_2，$SOCl_2$，其他水反应性物质
4. 可能产生的后果：失火、爆炸或激烈反应 　醇 　醛、氯化有机物、硝化有机物、不饱和烃类化合物、其他反 　应性有机物	 高浓度：1A 或 1B 类的废物 2A 类废物
5. 可能产生的后果：产生有毒的氰酸气体（HCN）或硫化氢 　（H_2S） 　废氰酸盐或硫化物	 1B 类的废物
6. 可能产生的后果：失火、爆炸或激烈反应 　氯酸盐 　氯 　亚氯酸盐 　铬酸 　过氯酸盐、硝酸盐、浓硝酸、高锰酸盐、过氧化物、其他强烈 　的氧化物	 乙酸或其他有机酸 高浓度无机酸 2A 类废物 4A 类废物 其他易燃及可燃性废物

（一）流体的卸载及传送

一般流动性液体或污泥可由卡车或火车拖曳的贮槽内流出，经输送泵驱动，由管线流入焚烧工厂指定的贮槽内。由于有害流体废物的传送及装卸时易于产生泼洒、失火或工作人员接触的危险，卸载区的设计及操作步骤应包括下列的安全措施及考虑。

（1）卸载前应检查贮槽车、卸载区、管线及泵送设备，是否有泄漏现象、火源或充足的光线。

（2）工作人员必须配备适当的人体保护设备（手套、面罩、呼吸罩等）。

（3）工作人员应明了废物的特性，如操作失常时，可迅速撤离现场。

（4）卸载区必须装置适当的消防设备及救火器，紧急冲水及清洗眼睛的设备。

（5）每条传送管线必须明确标志以避免混淆。

（6）卸载区内应装置互锁警示灯及障碍，以避免卸载未完之前，卡车驶离现场。

（7）卸载区的排放液应经由特殊的下水道流至排放液贮槽收集后，集中处理。

（8）卸载区周围必须设置围墙，以围堵泼洒液体。

（9）卡车拖曳的贮槽及传送管线必须安装地线，以避免产生静电，因为静电会造成易燃或爆炸性蒸气着火。

（二）桶装或容器盛装废物的卸载及传送

除了剧毒性或特殊危险性的物质，大部分废物使用 200L 的钢桶盛装，少数则使用较小的容器（3.8～113.6L 不等）。密封实验室包装的塑胶或纸桶的大小不一，但一般送至焚烧处理者，多使用 113.6L 以下的容器，以便搬运传送，并且避免因热值太高，直接送入焚烧炉销毁时，影响焚烧炉的正常操作。

桶或容器通常放置于托板之上，以便利运输。一个标准尺寸托板的长、宽度约 1.2m，每个托板可放置 4 个直径 0.6m 的钢桶。卸载时可使用装有可自动升降的机械臂或钢叉的小卡车，先将钢叉插入托板板面及底层之间的空隙，再将支撑钢桶（或容器）托板的钢叉升高后，即可驶至贮存处所或输送带上。有时亦可使用人工搬运，但是易于发生泼洒或受伤的危险。钢桶不得使用转轮式输送器传送，以免将桶边口夹入转轮之中。质量低于 110kg 的桶或容器可使用由直径 4.8cm 的滚轮组合而成的输送带。

桶装或容器盛装的废物送至贮仓后，即可进行分类及分配。除密封实验室包装桶或小型工业包装品可直接送入焚烧炉内直接销毁外，一般桶装废物都先将桶内液体以真空输送吸至小型贮槽或混合槽，然后依其特性（相容性、热值等）送入适当的液体贮槽内贮存。为了避免挥发性液体的蒸气大量逸出，通常仅需打开桶盖上的孔罩即可。

液体已被吸取的桶或不含流动性物质的桶则移至密闭的桶处理室内进行开桶工作。桶处理室内的空气必须流通，排气口须装活性炭吸附装置，以吸附空气中的挥发性有机物，部分排气亦可吹入焚烧炉中。工作人员必须配戴防护衣物、手套、面罩，以避免直接接触废物或吸入有害的气体。桶内的半固体、污泥或固体则依其挥发性、物态及热值等特性分别送至适当贮槽贮存，或直接由输送带、升降机送至焚烧炉的进料漏斗，然后输入炉内焚烧。为了避免桶内挥发性有机物运送时造成空气污染或失火爆炸的危险，桶口宜以塑胶袋覆盖，输送带宜装置于密闭而空气流通的输送管内。

（三）散装固体或污泥的卸载及传送

散装固体或污泥是装置在漏斗形状的槽车内，由火车或卡车运输，槽车必须密闭，以避免危险废物倾洒。卸载方式视废物的物态可以使用重力下落式、气压式或吹气浮动式。卸载的固体或污泥经输送带或螺旋输送器送至贮槽内，干燥的粉状或颗粒状固体可以使用气动输送设备以空气或氮气吹至密闭的贮槽门。

五、废物贮存

（一）液体或流动性污泥的贮存

由于废物的危险性高，特性复杂，相态不均匀，贮存液体废物或污泥的贮槽设计及操作时宜考虑下列要点。

① 贮槽应集中设置于贮槽区内，贮槽区应远离建筑物或处理设施，贮槽区装置足够的消防设备及可燃气体侦测仪。

② 贮槽之间应保持相当距离，以便于修护及操作人员工作及车辆进入。

③ 贮槽以碳钢为材料，放置于略为倾斜的水泥地上，四周围以短墙，短墙内的泼洒液体由特殊管道集中收集处理，围堵的容量不得低于贮槽容量与 25 年风暴状况下一天（24h）雨量的总和。

④ 密闭的贮槽顶部连氮气管线，以维持固定槽压，防止挥发性有机蒸气逸出及空气进入，由氮气淡化的气体经管线收集后，吹入焚烧炉中或以活性炭床吸附。

⑤ 贮槽必须安装液面指示设备及高低液面警示装置。

⑥ 槽顶装置火星扑灭器及取样口。

⑦ 黏度大或悬浮固体含量高的液体贮槽可使用蒸汽加热槽壁，或以氮气吹入槽的底部。

⑧ 危险废物贮槽不得放置于地下。

⑨ 贮槽区装置侦测井，定期取样检查，地表面下的水源是否遭受污染。

⑩ 着火性及反应性流体除混合、处理或紧急状况下，不宜贮存于贮槽中。

⑪ 管理人员人定期检查贮槽的状况（腐蚀管线及槽壁泄漏等）。

贮槽的数目及容量则视场地处理量，废物来源及运行时间表而定，很难有一定的准则。小型焚烧系统（放热率低于 2MW 或 10.55GJ/h）至少应贮存 3d 处理所需的容量，中型系统（放热率低于 8MW 或 39GJ/h）应保持一周处理量，大型系统至少应保持 10d 至 2 周的处理所需容量。

流体废物可依下列分类贮存，不同来源的流体混合时，应考虑其相容性。

① 低分子量的烃类化合物及非水溶剂：挥发性的有机化合物、稀释油漆的溶剂、苯及苯的衍生物（甲苯、二甲苯等）。

② 中、高分子量烃类化合物：蒸馏残渣、润滑油、机油、绝缘油等较难挥发但是可燃的油类，它们的水分含量低于 10%。这些废弃油往往需要加热以降低其黏度。

③ 水分含量低的水溶性有机废物：脂肪酸工业的废物、水溶性油脂。

④ 废溶剂：煤油、油墨、有机涂料等。

⑤ 有机废水、泥浆及低热值液体：油漆工厂废水、涂料洗涤水、油漆污泥及含有聚合物的废水。

⑥ 废水处理工厂、沉淀槽表面的槽迹。

⑦ 液体过滤设备的残渣。

170L 以下的废液容器的排列以不超过 12m 长、1.5m 宽及 1.8m 高为原则，170L 以上的废液容器不得堆集，每排长度不得超过 12m，宽度以两个为限。每排容器之间的距离至少需 1.5m。

（二）散装固体的贮存

焚烧工厂内散装固体的贮存方式有密封式贮槽、水泥坑及堆积三种。除了不含挥发性、易燃性、反应性或毒性的固体可以贮存于棚顶下的水泥坑外，其余应贮存于密闭的贮槽内。除非在紧急情况下，不宜将有害固体废物堆积于露天场地上，密封贮槽的设计应便利于黏滞性大，流动性低的块状或半固体废物的输出及输入。

（三）盛装废物容器（桶）的贮存

盛装废物的容器或桶有时先暂时贮存一段时期，才进行处理或开桶的工作。贮存的地区应有水泥基底，以免污染土壤，同时应具有遮蔽风雨的顶棚及特殊排水设施。所有贮存的容器应定期检查，容器排列方式与液体容器相同，贮存区或贮存仓应具良好通风设备、可燃气体监测及警示信号。

以小型焚烧炉而言，主要附属设备有进料系统、燃烧机、送风机、耐火材料、仪控系统与烟囱等，在选择购买焚烧炉之前或操作维护时，应对此方面有初步了解，以下对这些相关附属设备加以介绍。

六、进料系统

危险废物的形态大致可分为液态、浆状态、污泥状与固态四种，为顾及整体输送与燃烧状况，此四种形态的废物各有不同进料设计系统。

（一）液态进料系统

一般液态废物的主要进料方式，是以喷雾进料方式为主，通过雾化喷嘴将液态废弃物化成微细雾滴，增加与空气接触表面积。由炉内的热辐射对流传导，蒸馏气体化后，供给空气以扩散混合，提高燃烧速度，相对燃烧效率高。一般常见的雾化装置与辅助燃烧器类似，可分为加压喷雾、回转式喷雾、高压流体喷雾与低压流体喷雾四种。液态废弃物进料过程牵涉到液态废物贮存槽、输送管路与喷雾装置。贮存槽应选择与废液能相容的材质，不得发生反应、腐蚀等现象。在输送管路方面，则必须考虑废液的黏滞性、流动性、固体物含量，避免造成输送管路浸蚀、腐蚀、阻塞，若黏滞性太高时，可通过升温以降低黏滞性，其一般黏滞性在 $1000mm^2/s$（或 5000SSU）才能够输送。若废液中含固体颗粒时最好在喷雾喷射前过滤去除，以避免阻塞喷嘴。

（二）浆状物与污泥进料系统

浆状物与污泥进料系统的设计应考虑浆状物或污泥的热值与含水率，若含水率高且热值低，应考虑先将其干燥，再进炉内焚烧，若含水率低且热值高，则可以直接进入炉内焚烧。

其次是考虑输送系统，含水率在 85％ 以下的污泥，可使用输送带输送，含水率在 85％ 以上的浆状物可使用螺旋式输送机、离心式泵、级进式腔泵等输送器直接打入干燥或焚烧设施内。

在污泥贮存槽方面，为避免污泥分层现象，可装设搅拌装置加以克服。就整体进料系统配置方面，可参考图 4-6-114 所示。其中为节省污泥干燥所耗费的燃料与能源，可利用燃烧室的高温废气来干燥污泥，再将干燥后的污泥送入一燃室焚烧，而干燥设施所产的臭味气体则送入第二燃烧室高温脱臭。一种方法是将第二燃烧室产生的高温废气与新鲜空气进行热交换，预热冷空气成热空气，来提升自第一燃烧室进入的空气，以节省燃料。

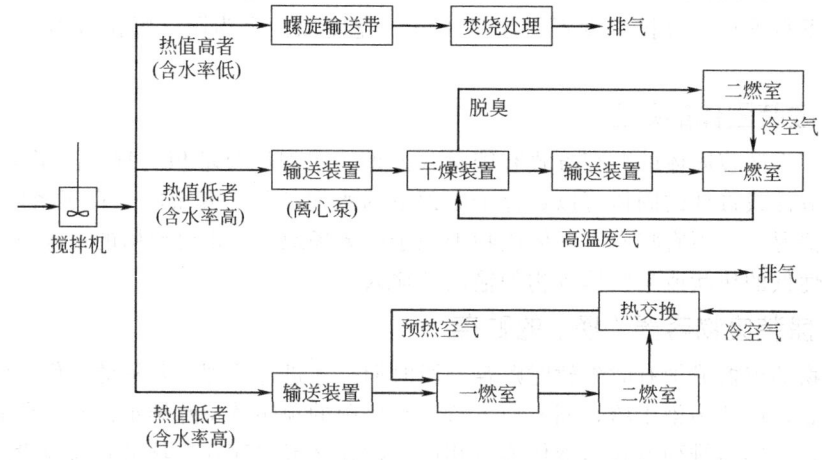

图 4-6-114　浆状物与泥状物进料系统配置流程

（三）固体废弃物进料系统

一般固体废物的形态，可分为粉状、大块状、蓬松状、小块状，在进入焚烧炉前必须先经过破碎与减容成小块状，若为粉状废弃物可利用螺旋式输送机送入炉内焚烧。已经破碎成小块状的废弃物，可利用二段式进料门的进料推杆，此种装置具有气密性，可减少进料时大量空气进入炉内，造成燃烧不稳定的现象。进料炉门有两道，第一道为开启门，第二道为闸门，又称火门。一般进料时，开启门打开，将废弃物送入进料槽内，当进料结束时，关上开启门，打开第二道闸门，推杆将废弃物推入炉内，而后闸门关合，推杆还原，开启门打开，开始进料。

七、焚烧炉操作及控制

温度、停留时间、氧气浓度及空气与废物的混合程度是影响燃烧效率的主要因素，这四个因素并非独立的变数，而是相互影响的。温度愈高，固然可以增加燃烧速率，但是气体因加热而膨胀，其停留时间会减少；空气输入量大时，可以增加氧气的供给量及混合程度，但会降低停留时间，而且由于排气处理系统的限制，导致处理量的降低。

（一）废物的输入控制

废物的输入速率是影响焚烧炉运营最主要的因素，液体废物可经搅拌方式以促使可相溶液体的混合均匀，因此只要保持适当的液压及燃烧器或喷嘴的管路畅通，即可连续地输入。由于混合较均匀，热值变化不大，燃烧室内的燃烧状况及温度比较容易控制。

挥发性物质含量低的粉状及颗粒状物质或污染土壤不仅较易混合，而且可以经沟槽连续地输入炉内，输入速率较易保持稳定。块状或实验室包装桶只能以批量方式输入，很难控制燃烧情况的稳定。由于任何物体进入焚烧炉后都必须经过加热、挥发、燃烧等过程，挥发及燃烧的速率直接影响燃烧室内的稳定。如果桶内挥发性物质含量高时，这个物质进入高温炉后，会在短时间内骤然挥发燃烧，造成局部过热或温度急速上升的危险。由于过量的有机蒸气同时燃烧，炉内的氧气难以在短时间内增加，会产生燃烧不完全的后果，因此在输入块状或桶装废物时，应将空气输入量增至最大容量，液体废物的输入量降低，同时将温度降至正常运营条件或执照许可的低限。操作旋转窑焚烧炉时应先将转速控制由自动改为手动，然后调低转速。如果废物输入后，温度仍然继续下降，即表示桶内废物的热值及挥发性都很低，不致造成过热或急速燃烧的危险，可逐渐增加高热值废液或辅助燃料的输入量，以保持温度的稳定。

一般焚烧工厂都依据炉型、放热率及本身经验，建立一套实验室包装桶（或容器）内废物热值、挥发性物质含量及易燃物质的最大限制，同时将容器依热值及易燃性分类，然后依据经验建立不同类别废物的输入速率准则。

（二）操作条件的监视及维持

焚烧系统的操作是否正常是依据装置于主要设备的量测仪表（例如温度、压力、流量、烟气中氧气、一氧化碳浓度等指示器或侦测器）所显示的数值而判断。

焚烧炉的燃烧温度必须超过足以销毁废物的最低温度，以达到焚烧的目的。炉壁及燃烧气体的温度应保持稳定，以免耐火砖因过热或热振而损害，不仅因为耐火砖的维修是焚烧系统操作中最大的开支，而且也是造成焚烧炉停机的主要原因。即使温度维持稳定，耐火砖也会因摩擦、黏着剂失效、废物中碱性金属盐酸或氟化物燃烧产生的氟化氢的腐蚀等因素而造成厚度减少或剥落的现象。最简易的检查方法是夜间观察焚烧炉的外设，如果外设呈红热色，即表示该部分内部的耐火砖已剥落或损害情况严重，必须停机整修。操作员亦可使用红外线温度遥测器，每班次定时测试焚烧炉外设的温度是否过热，有些场所甚至使用与电脑连线的红外线扫描仪长期检测及记录焚烧炉外设表面的温度。焚烧炉内应随时保持火焰的存在，炉内应安装火焰检测仪，以备长期监视。

废物的热值过高，会造成炉内温度的上升。此时除了增加空气输入量、降低辅助燃料量外，还可以将高水分的废弃液雾化后，喷入炉内以调节温度。喷淋时避免水雾接触炉壁，以免炉壁耐火砖骤冷而断裂。有时亦可以用冷水浇淋炉的外壳，以保持炉壁的温度。

（三）操作中事故情况及应变措施

焚烧炉运行期间可能出现偶发性失常情况，表 4-6-53 中列举了若干失常现象及应变措施，以供参考。

八、危险废物焚烧设施的试烧验收

危险废物的焚烧是以燃烧方式去除废弃物中所含的有毒及有害的物质，如果焚烧系统设计或操作不当，不仅不能达到处理的目的，反而会排放高浓度的有害物质，造成环境的污染

表 4-6-53　危险废物焚烧系统的操作失常情况及应变措施

项次	失常现象	焚烧炉种类	失常的指示信号	应变措施
1.	部分（或全部）的液体废物输入中断，停止进料	液体焚烧炉 固液焚烧炉	流量计指示超出范围 管道阻塞，压差交加 燃烧室内温度降低 进料泵停止运行	寻找失常原因： 增加辅助燃料，以维持温度 继续维持排气处理系统的运营
2.	某一特定燃烧器的废液进料	与第1项同	与第1项同	停止废液输进料
3.	部分或全部的固体废物的旋转窑进料中止	固体焚烧炉	燃烧室内温度降低 固体窑进料系统失常	与第1项同
4.	黑烟由燃烧室内逸出（燃烧情况不稳定或气密性不良）	与第3项同	压差变化 黑烟逸出	停止固体废物的进料10~30min，但继续维持炉内温度及燃烧； 将工作人员迅速撤离失常现场 进料前评估废物的特性
5.	燃烧器的强制送风中止	液体焚烧炉 固液焚烧炉 旋转窑	流量计指示超出范围 自动火焰检测器发出警示信号 一次送风机失常	液体焚烧炉 固液焚烧炉 旋转窑
6.	燃烧温度过高	液体焚烧炉 固液焚烧炉 旋转窑	温度指示信号 高温警示信号	降低燃料及废物的输入量是否正常 监视温度指示器 检查是否其他位置的温度指示发生同样的变化 打开燃烧室顶的紧急排放口
7.	燃烧温度太低	液体焚烧炉 固液焚烧炉 旋转窑	温度指示信号 高温警示信号	检查是否其他位置的温度指示 检查是否燃料及废物输入量太低 检查温度传感器的准确性
8.	耐火砖剥落	与第7项同	发生很强的噪声 燃烧室温度降低，炉壁发生过热现象	停机
9.	烟囱排气黑度增加	与第7项同	目视或昏暗检测器的指示超出安全运转的上限	检查燃烧情况、O_2 及 CO 检测器 检查排气处理系统 检查是否废物进料速率过高，造成燃烧不良，造成受热爆炸 检查密封容器内的气液体突然受热爆炸（温度、过剩空气量）
10.	排气中 CO 浓度超过 $100×10^{-6}$ 或平均值	液体焚烧炉	一氧化碳侦测器	检查燃烧情况，废物是否含高挥发性物质 检查并调整燃烧条件（温度、过剩空气量）

续表

项次	失常现象	焚烧炉种类	失常的指示信号	应变措施
11.	抽风机失常	液体焚烧炉 固体焚烧炉 旋转窑	• 抽风马达过热 • 抽风机供电指示为零或超出范围 • 风扇停止转动 • 抽风机的气体进出口压降低	• 使用备用抽风机（如果有备用者） • 如两个抽风机同时使用，可维持其中未失常抽风机运营，然后检修失常者 • 如仅有一抽风机则必须紧急停止焚烧系统的操作
12.	急冷室或喷淋塔排气温度上升，影响排气处理设备的效率	液体焚烧炉 固体焚烧炉 旋转窑	• 冷却水供应中断或不足 • 燃烧温度上升	• 检查冷却水流量。降低焚烧处理量直到水供应正常为止 • 检查燃烧状况
13.	洗涤器（或洗气塔）的供水部分或全部中断	液体焚烧炉 固体焚烧炉 旋转窑	• 压差降低 • 供水泵失常 • 流量计指示超出范围 • 烟囱中的酸气检测仪指示增加	• 停止废物进料，检查供水系统 • 如果泵失常则启动备用泵 • 检查循环水贮槽 • 检查循环水管是否结垢 • 使用事故供水系统 • 停机，检修内部
14.	洗气塔内固体结垢而堵塞	液体焚烧炉 固体焚烧炉 旋转窑	• 附近居民或工作人员抱怨眼睛有刺痛的感觉 • 压差上升 • 填料或盘板的存水量增加，造成泛溢现象 • 液面指示升高	
15.	循环水酸碱度不在正常操作范围之内	液体焚烧炉 固体焚烧炉 旋转窑	• pH测定计指示超出正常范围 • 洗气塔效率降低，烟气中酸气增加 • 附近居民或工作人员抱怨眼睛有刺痛感	• 检查碱性中和剂的供应 • 检查pH检测仪及量测计及计量泵量泵（碱性剂的供应）的运转情况
16.	除雾器失常	液体焚烧炉 固体焚烧炉 旋转窑	• 压差增加（由于固体结垢于除雾器上）	• 清洗除雾器
17.	滤袋破裂	液体焚烧炉 固体焚烧炉 旋转窑	• 烟气黑度增加	• 逐步隔离滤袋室内的间隔，检查滤袋是否破裂 • 如滤袋室内无可间隔，则停窑全面检修

及附近居民健康的危害；如果焚烧过程中发生意外事件，不仅会造成财物及人身甚至生命的损失，还可能造成长期性的环境及生态危害。因此，焚烧系统兴建之后，必须经过处理效果的评估，以判断焚烧系统的运转条件及污染物的排放是否合乎设计及相关的规范标准要求。如果无法通过处理效果评估，焚烧系统必须经过修改完善而再次进行评估，直到最后完全通过后，才能投入正式的运转。

评估一个焚烧系统的处理效果的方法一般在美国称为试烧（Trial Burn），依据试烧时所做的运行条件、销毁率及污染物的排放等测试结果，从而判断测试的焚烧系统是否达到设计或规范标准规定的处理效果[86]。

1. 试烧

试烧是验证焚烧系统的运转及排气条件，是否合乎设计或相关的规范标准要求的测试。试烧是在操作范围内最坏的条件下进行，如果测试结果合乎标准，则可确保焚烧系统在一般操作范围下，也可以达到合格的标准。

（1）试烧条件　试烧条件包括危险废物特性的选择及操作条件的控制两大类，具体分类如下所述。

① 废物特性

- 最高的主要有机有害成分的含量（即其含量为所有计划中处理的废物的最高含量）
- 最高的氯含量
- 最高的灰分含量
- 最低的总热值

② 操作条件

- 最高的放热率
- 最低的操作温度
- 最大的废物处理量
- 最低的烟气中氧气含量
- 最大的空气输入量（即最小的气体停留时间）
- 最大的烟气中一氧化碳浓度

（2）试烧计划　试烧之前必须准备完善的试烧计划，以供环保主管部门审核及同意，试烧计划应包括以下主要的项目：

- 详细的焚烧炉工程说明
- 详细的取样、测试及监视步骤
- 试烧测试时间表
- 每项测试的草案
- 尾气处理系统的说明及预定操作条件
- 停机步骤
- 质量管理及保证步骤

（3）主要有机有害物质的选择　试烧的废物至少含有 2～6 种法规所列的危害性或毒性化合物，通常至少必须包括下列两种：

① 一种化合物的浓度为其存在于所有欲处理的废物中浓度的上限；

② 一种为法规所列具的危害性或毒性化合物中总热值最低者（即最难焚毁者）。

通常焚烧运营商必须依据法规及现状配制试烧所需的废物，以确保所选择的主要有机有害成分及其浓度。浓度最好超过 5%以上，如果浓度太低，由于测试误差的限制，可能无法达到要求的焚毁去除率。

（4）试烧处理效果标准

① 焚烧设施的技术性能指标必须达到《危险废物焚烧污染控制标准》（GB 18484—2001）中相应的要求。其中：

- 废物中所含的主要有机物质的焚毁去除率为 99.99％以上，多氯联苯的焚毁去除率为 99.9999％；
- 燃烧效率超过 99.9％；
- 焚烧残渣的热灼减率低于 5％。

② 焚烧设施的污染物排放必须达到《危险废物焚烧污染控制标准》（GB 18484—2001）中相应的要求。

③ 危险废物焚烧设施试烧至少需两三天的时间，在试烧时间不仅测定的样品必须收集，所有运转参数（温度、压力、废物处理量等）也必须严格监测记录，以维持适当的条件，同时也可以判断焚烧炉是否达到相应的设计标准。

2. 测试项目及方法

（1）测试项目　测试的项目可分为处理效果、污染物的排放量及运行参数三类。

处理效果的项目包括：

① 废物中有害物质质量或体积的减少；

② 废物中主要有机有害成分的焚毁去除率；

③ 废物中其他有害物质的焚毁去除率。

（2）污染物排放的测试项目　包括：

① 烟气中有机有害物质含量；

② 烟气中氯化氢（HCl）的含量；

③ 烟气中粉尘含量；

④ 烟气中有害金属含量；

⑤ 焚烧残渣（灰渣、尾气处理系统排放废液及污泥，或飞灰）中的有害物质含量（包括有机有害物质、浸出毒性、金属等）。

（3）运行参数　包括：

① 主要设备的操作温度及压力（或压差）；

② 烟囱排气流量；

③ 废物处理速率及热值；

④ 空气流量。

图 4-6-115 显示评估旋转窑及液体喷射焚烧炉（其他焚烧系统也相同）所需的测试项目及取样位置。

（4）取样及测试方法　在任何一组运转情况及废物处理速率下，进行三次试验，以得到代表性的可靠数据，标准试烧取样及分析方法参见表 4-6-54。

试烧时，许多焚烧运行参数也必须测试，以作为焚烧系统的处理效果指示及未来长期运转时，开发自动程序控制系统的基本数据。这些主要的参数为燃烧温度、废物流量、排气中氧气及一氧化碳含量、不同位置的气体流量及尾气净化系统洗气溶液的酸碱度等。排气中的氧气、一氧化碳、二氧化碳、硫氧化物、氮氧化物及所有未燃烧的碳氢化合物等含量可由连续检测仪器测定。这些燃烧气体的成分可以指示焚烧反应的完全程度。

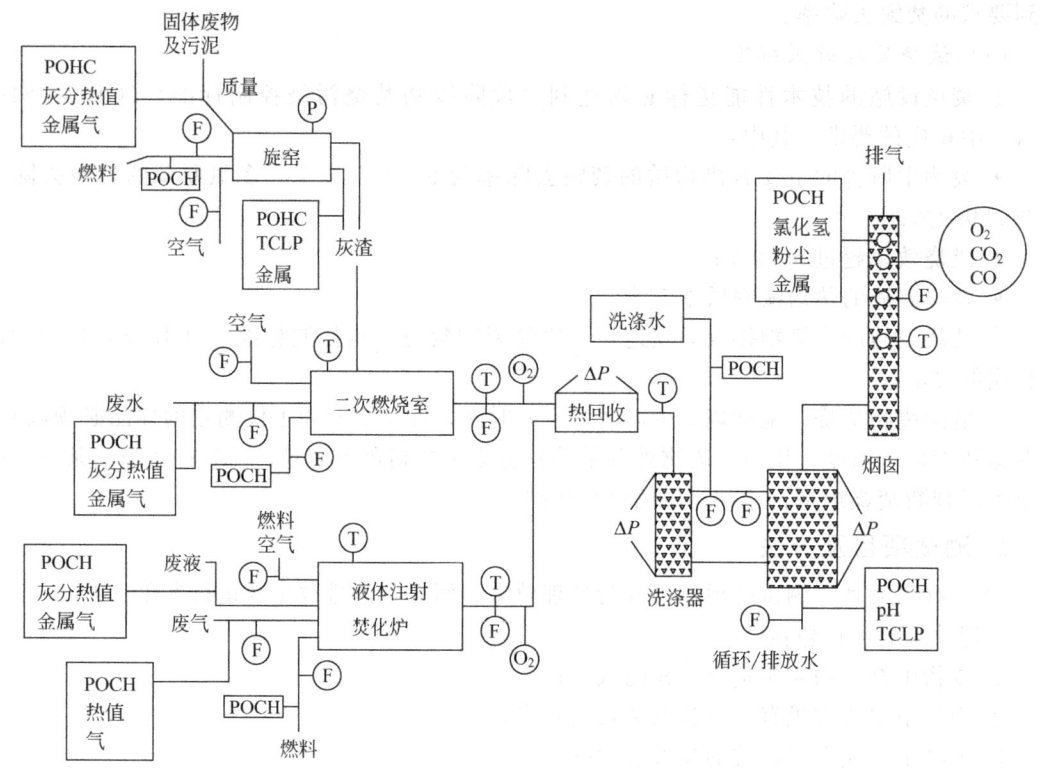

图 4-6-115　焚烧系统测试项目及位置

Ⓟ—压力；Ⓣ—温度；Ⓕ—流量；ΔP—压差；POCH—主要有机有害成分；TCLP—浸出毒性；
pH—酸碱度；O_2—氧气；CO——氧化碳；CO_2—二氧化碳

表 4-6-54　标准试烧取样方法及分析参数

样品	取样频率	取样方法	分　析　参　数
1. 废液进料	每 15min 取样一次	①	挥发及半挥发性有机有害成分,氯离子,灰分,元素分析黏度,高热值
2. 固体废物进料	每桶中取一样品	①	挥发及半挥发性有机有害成分,氯离子,灰分,高热值
3. 燃烧系统排放灰渣	一次	①	挥发及半挥发性有机有害成分,毒性渗透步骤
4. 烟囱排气	②	②	半挥发性有机有害成分,粉尘,水分,氯化氢,一氧化碳,氧气

① 固体废弃物试验分析评价手册．北京：中国环境科学出版社，1992。

② 危险废物焚烧污染控制标准（GB 18484—2001）。

第九节　医疗废物热处理

一、医疗废物的危害及处理要求

（一）医疗废物的危害及性质

医疗废物是指医疗卫生机构在医疗、预防、保健以及其他相关活动中产生的具有直接或者间接感染性、毒性以及其他危害性的废物。医疗废物是《国家危险废物名录》49 类危险废物中的首要废物。医疗废物污染环境、传播疾病、威胁健康、危害很大，被称为动植物和人类生存健康的"杀手"。医疗废物含有大量致病菌、病毒、化学药剂，是特殊种类的危险废物。它是致病与污染的双重载体，可空间传染、急性传染、交叉传染和潜在传染，具有传染性、生物毒性和腐蚀性等特性。

根据国家有关法律法规的规定和国家对医疗废物规范化处理的有关要求，医疗废物应用专业处理设备进行处理处置，不得随意贮存、堆放或填埋处置，更不得随意向无处理能力的地方（或单位）转移。若向有处理能力的地方（或单位）转移，应严格执行国家《危险废物转移联单管理办法》中的有关规定。

医疗废物属于危险废物，它所引起的污染已成为近年来最为引人注目的重要环境问题之一，也是受国际法公约制约的废物。联合国环境规划署于 1989 年 3 月通过了《控制危险废物越境转移及其处置的巴塞尔公约》（简称《巴塞尔公约》），并于 1992 年生效。我国是《巴塞尔公约》最早缔约国和签约国之一，加强对危险医疗废物的控制和管理，既是我国履行国际公约的责任，也是保护我国生态环境和人民身体健康的迫切需要。

根据国家环保部、国家发展和改革委员会 2008 年颁布的《国家危险废物名录》，医疗废物包括 3 类，分别为 HW01 医疗废物、HW02 医药废物和 HW03 废药物、药品，三者的行业来源及主要组成如表 4-6-55 所示[92]。

表 4-6-55　医疗废物的行业来源及主要组成

废物类别	行业来源	废物代码	危险废物	危险特性
HW01 医疗废物	卫生	851-001-01	医疗废物	感染性
	非特定执业	900-001-01	为防治动物传染病而需要收集和处置的废物	感染性
HW02 医药废物	化学药品原药制造	271-001-02	化学药品原料药生产过程中的蒸馏及反应残渣	毒性
		271-002-02	化学药品原料药生产过程中的母液及反应基或培养基废物	毒性
		271-003-02	化学药品原料药生产过程中的脱色过滤(包括载体)物	毒性
		271-004-02	化学药品原料药生产过程中废弃的吸附剂、催化剂和溶剂	毒性
		271-005-02	化学药品原料药生产过程中报废药品及过期原料	毒性
	化学药品制剂制造	272-001-02	化学药品制剂生产过程中的蒸馏及反应残渣	毒性
		272-002-02	化学药品制剂生产过程中的母液及反应基或培养基废物	毒性
		272-003-02	化学药品制剂生产过程中的脱色过滤(包括载体)物	毒性
		272-004-02	化学药品制剂生产过程中废弃的吸附剂、催化剂和溶剂	毒性
		272-005-02	化学药品制剂生产过程中的报废药品及过期原料	毒性
	兽用药品制造	275-001-02	使用砷或有机砷化合物生产兽药过程中产生的废水处理污泥	毒性
		275-002-02	使用砷或有机砷化合物生产兽药过程中苯胺化合物蒸馏工艺产生的蒸馏残渣	毒性
		275-003-02	使用砷或有机砷化合物生产兽药过程中使用活性炭脱色产生的残渣	毒性
		275-004-02	其他兽药生产过程中的蒸馏及反应残渣	毒性
		275-005-02	其他兽药生产过程中的脱色过滤(包括载体)物	毒性
		275-006-02	兽药生产过程中的母液、反应基和培养基废物	毒性
		275-007-02	兽药生产过程中废弃的吸附剂、催化剂和溶剂	毒性
		275-008-02	兽药生产过程中的报废药品及过期原料	毒性
	生物、生化制品的制造	276-001-02	利用生物技术生产生物化学药品、基因工程药物过程中的蒸馏及反应残渣	毒性
		276-002-02	利用生物技术生产生物化学药品、基因工程药物过程中的母液、反应基和培养基废物	毒性
		276-003-02	利用生物技术生产生物化学药品、基因工程药物过程中的脱水过滤(包括载体)物与滤饼	毒性
		276-004-02	利用生物技术生产生物化学药品、基因工程药物过程中废弃的吸附剂、催化剂和溶剂	毒性
		276-005-02	利用生物技术生产生物化学药品、基因工程药物过程中的报废药品及过期原料	毒性
HW03 废药物、药品	非特定行业	900-002-03	生产、销售及使用过程中产生的失效、变质、不合格、淘汰、伪劣的药物和药品(不包括 HW01、HW02、900-999-49 类)	毒性

另据卫生部和原国家环保总局颁布的卫医发［2003］287号《医疗废物分类目录》如表4-6-56所列。

据调查统计，我国大中城市医院的医疗废物的产生量一般是按住院部产生量和门诊产生量之和计算，住院部为0.5～1.0kg/(床·d)，门诊部为20～30人次产生1kg。一般医院每张病床每日污水产量计0.25～1t左右。近年调查结果显示，今后医疗废物将以3%～6%的速度递增[93～97]。

表4-6-56　医疗废物分类目录

类别	特征	常见组分或者废物名称
感染性废物	携带病原微生物具有引发感染性疾病传播危险的医疗废物	1. 被病人血液、体液、排泄物污染的物品，包括： ——棉球、棉签、引流棉条、纱布及其他各种敷料； ——一次性使用卫生用品、一次性使用医疗用品及一次性医疗器械； ——废弃的被服； ——其他被病人血液、体液、排泄物污染的物品 2. 医疗机构收治的隔离传染病人或者疑似传染病病人产生的生活垃圾 3. 病原体的培养基、标本和菌种、毒种保存液 4. 各种废弃的医学标本 5. 废弃的血液、血清 6. 使用后的一次性使用医疗用品及一次性医疗器械视为感染性废物
病理性废物	诊疗过程中产生的人体废弃物和医学实验动物尸体等	1. 手术及其他诊疗过程中产生的废弃的人体组织、器官等 2. 医学实验动物的组织、尸体 3. 病理切片后废弃的人体组织、病理蜡块等
损伤性废物	能够刺伤或者割伤人体的废弃的医用锐器	1. 医用针头、缝合针 2. 各类医用锐器，包括解剖刀、手术刀、备皮刀、手术锯等 3. 载玻片、玻璃试管、玻璃安瓿等
药物性废物	过期、淘汰、变质或者被污染的废弃的药品	1. 废弃的一般性药品，如抗生素、非处方类药品等 2. 废弃的细胞毒性药物和遗传毒性药物，包括： ——致癌性药物，如硫唑嘌呤、苯丁酸氮芥、萘氮芥、环孢霉素、环磷酰胺、苯丙氨酸氮芥、司莫司汀、三苯氧氨、硫替派等； ——可疑致癌性药物，如顺铂、丝裂霉素、阿霉素、苯巴比妥等； ——免疫抑制剂 3. 废弃的疫苗、血液制品等
化学性废物	具有毒性、腐蚀性、易燃易爆性的废弃的化学物品	1. 医学影像室、实验室废弃的化学试剂 2. 废弃的过氧乙酸、戊二醛等化学消毒剂 3. 废弃的汞血压计、汞温度计

医疗废物主要的成分为塑料及其制品，此外还有废纸和棉花等物品。随着医疗技术的提高和医疗条件的改善，医疗废物的组分也发生了很大的变化，医疗废物中的有机成分不断增多，塑料类、纤维类、纸张类等高热值的固体废物所占比例逐年增大。医疗废物的有机物含量较高，热值超过焚烧处理的热值要求，适合采用焚烧技术加以处理。医疗废物的组成和热值特性如表4-6-57和表4-6-58所列。

表4-6-57　医疗废物的一般组成

序号	名　称	比例/%
1	塑料及其制品(手术衣、手套、一次性针管、输液管等)	45
2	废纸、棉纱(消毒棉球、绷带、尿垫、服装等)	13
3	玻璃制品	10
4	其他(针头、手术废物、药品)	12
5	水分	20

表 4-6-58　医疗废物的成分和热值特性

低位发热量 /(kcal/kg)	标准组成/%								
	可燃成分							灰分	水分
	C	H	O	N	S	Cl			
3500	53.90	5.60	5.01	0.34	0.25	3.10		13.80	17.50

（二）医疗废物处理要求

医疗废物焚烧厂接收并处置经分类收集的医疗废物，手术或尸检后能辨认的人体组织、器官及死胎宜送火葬场焚烧处理。不宜在医疗废物焚烧炉（不包括统筹考虑焚烧医疗废物和其他危险废物的焚烧炉）焚烧处理的医疗废物包括放射性废物、高压容器、废弃的细胞毒性药品、剧毒物品、易燃易爆物品、重金属（如铅、镉、汞等）含量高的医疗废物等。

医疗废物属于危险废物。根据我国《危险废物焚烧污染控制标准》（GB 18484—2001）的规定，为确保焚烧危险废物的效果，在焚烧过程中必须至少具备以下技术条件：焚烧炉内温度达到 850~1150℃；烟气在炉内停留时间大于 2s；焚烧效率大于 99.99%；焚毁去除率大于 99.99%；灰渣的热灼减率小于 5%；配备净化系统；配备应急和警报系统；配备安全保护系统或装置；焚烧过程产生的飞灰、废渣、废水以及净化处理产物必须按危险废物的规定条例进行处理。

（三）医疗废物处理技术概述

目前医疗废物处理的技术主要包括热处理技术、化学处理技术、微波辐射处理技术和生物处理技术。具体的医疗废物主要处理处置技术的适用性见表 4-6-59 和表 4-6-60，其中热处理技术适应性强，应用较为广泛[95~105]。

表 4-6-59　医疗废物主要处理处置技术的适用性

系统	感染性废物	解剖废物	锐器	药品	细胞毒类废物	化学药剂废物
双燃烧室回转窑焚烧炉	○	○	○	○	○	○
单燃烧室焚烧炉	○	○	○	×	×	×
热解气化焚烧炉	○	○	○	可以处理一小部分	×（现代化焚烧厂可以处理）	允许一小部分
等离子体法	○	○	○	○	○	○
干式碱性消毒法	○	○	○	○	○	○
湿式化学消毒法	○	×	○	×	×	×
高温灭菌法	○	×	○	×	×	×
电磁波灭菌法	○	×	○	×	×	×
卫生填埋法	○	×	×	可以处理一小部分	×	×

注：○表示可以处理，×表示不可以处理。

热处理技术是通过产热来杀死病原菌的处理技术，可以分为低热、中等热量和高热处理技术。在中等温度和很高的温度下热处理过程中的物理和化学机理有很大区别。

（1）**低热处理技术**　低热处理技术是指在较低温度范围内不会产生化学分解反应或发生燃烧或热解反应而利用热能杀灭细菌的处理技术。一般的工作温度范围在 93~177℃ 之间。主要分为湿热处理（蒸汽消毒）和干热处理（热空气）。湿热处理是通过蒸汽来杀灭细菌，通常称为高温蒸煮。

表 4-6-60　医疗废物处理处置技术比较

类别	优　点	缺　点
焚烧法	消毒杀菌彻底； 处理对象的适应范围很广； 废物减容量大； 技术成熟	焚烧过程中会产生剧毒物质,如二噁英类物质
等离子体法	处理产物稳定,对环境没有危害； 处理对象的适应范围很广； 处理过程不产生废水、减容减量比大； 消毒杀菌彻底	初投资和运行费用高； 处理过程中会产生很高浓度的 NO_x； 处理技术不成熟
高温灭菌法	工艺设备简单,投资少、运行费用低； 操作简单,操作人员不需要特殊训练； 灭菌较迅速彻底	容易产生臭恶臭性气味,需要配套很好的空气净化设施。 灭菌效果受到废物表面与蒸汽接触程度、蒸汽温度压力的高低、操作人员的技术水平等诸多方面的影响；阻碍直接蒸汽接触或热传导的形式(如不充分的空气去除；过量的废物投加量；具有低热传导性的大宗废物或废物装在多层袋子中或气闭夹套或密闭耐热容器中)将降低废物杀菌消毒的效果。 对废物的成分也有一定的要求；当废物中含有有毒化学品,如福尔马林、酚类、细胞毒类药物或水银在废物中将随着处理过程而释放到空气、废水或黏附在废物表面,从而污染废物填埋场。 处理过程中易产生有毒的挥发性的有机化合物和有毒的废液。 不能实现废物的毁型,并不能有效地减小废物体积。处理后体积和质量变化不大
微波灭菌法	灭菌效率高； 处理过程不需要化学消毒药剂； 废物可回收利用； 处理过程中不产生酸性气体及二噁英等气体污染物	容易产生臭恶臭性气味,需要配套很好的空气净化设施。 火菌的效果受到电磁波的源强、辐射持续时间的长短、废物混合程度、废物含水量多少等多方面影响；对废物的成分也有一定的要求；当废物中含有有毒化学品,如福尔马林、酚类、细胞毒类药物或水银在废物中将随着处理过程而释放到空气、废水或黏附在废物表面,从而污染废物填埋场。 操作人员可能受到细菌和电磁波的侵害,产生职业危害。 不能实现废物的毁形,并不能有效地减小废物体积。处理后体积和质量变化不大
干式碱性消毒法	工艺设备和操作比较简单； 一次性投资少,运行费用低； 不会产生废液或废水,及废气排放,对环境污染很小； 可以为移动式,简易灵活； 场地选择方便； 运行简单方便,运行系统可以随时关停,在操作过程中不需要"预热"或启动及"降温停炉"时间； 操作人员的劳动强度很小； 废物的减容率能高达 80% 或以上	对破碎系统要求较高； 对操作过程的 pH 值监测(自动化水平)要求很高
湿式化学消毒法	工艺设备和操作比较简单； 一次性投资少,运行费用低	操作人员的劳动强度大； 大多数消毒液对人体有害,操作人员易受职业危害； 处理过程会有废液和废气生成

微波辐射处理也属于蒸汽消毒，因为在消毒过程中加入了水分，通过微波产能实现一定的湿度能量和蒸汽。

在干热过程中不加入水分或蒸汽，相反，通过红外加热器利用热传导自然或强制对流和/或热辐射来加热废物，实现杀菌的作用。

（2）中热处理技术　工作温度范围在177～370℃。伴有有机物质分解的化学分解反应。该技术是较新的技术，其利用高强度微波能量实现反聚合过程或通过热能和高压实现热解聚过程。

（3）高热处理技术　工作温度范围在540～8300℃或更高。电阻加热，电感加热，天然气和/或等离子（电弧）产生高热。高热处理技术过程会对有机或无机物质发生化学和物理变化从而彻底销毁废物。反应过程会有显著的质量和体积变化，例如，低热处理技术通过破碎器或研磨器使废物的体积减小60%～70%而高热处理技术可以达到90%～95%甚至以上。

二、医疗废物焚烧

目前国内应用的医疗废物焚烧炉型为回转窑焚烧炉和热解气化焚烧炉。

根据国内外医疗废物的处理经验，采用热解气化焚烧和回转窑都能很好地处理医疗废物，并保证烟气达标排放，但因医疗废物与工业危险废物相比，具有容重小，物料疏松，平均热值高等特点，因此采用热解气化焚烧炉更适合单独处理医疗废物，其管理方便、运行成本低、维修量小、寿命长。而回转窑更适合处理工业危险废物或一同处理工业危险废物和医疗废物，其运行费用高。

考虑经济、技术综合因素，参照原国家环保总局环境规划院2004年6月编制的《危险废物和医疗废物处置设施建设项目复核大纲（试行）》的有关要求，即"应根据医疗废物特性和焚烧厂处理规模选择合适的焚烧炉炉型，单台处理能力在10t/d以上的焚烧炉应优先采用回转窑焚烧炉，鼓励采用连续热解焚烧炉；小于10t/d，优先采用连续热解焚烧炉、高温蒸煮等工艺，严禁采用单燃烧室焚烧炉和炉排炉"。

（一）旋转窑焚烧

1. 旋转窑焚烧炉焚烧工艺过程

用于医疗废物焚烧的旋转窑由进料装置、燃烧装置（旋转窑窑体、二次炉、鼓风机、一次燃烧器和二次燃烧器）和灰渣输送装置等组成。此外还有旋转窑窑体的旋转驱动装置和支撑轴承。旋转式焚烧炉结构见图4-6-36。

旋转窑焚烧医疗废物的工艺过程如下所述。

将医疗废物用升料机装入进料斗，进料斗下方的油压缸不断地将废物推入焚烧炉。随着炉体的转动，医疗废物在炉内沿着旋转炉内壁向下移动，废物不断地暴露在焚烧区的高温烟气中，从而完成干燥、焚烧、燃尽和冷却过程。冷却后的灰渣由炉窑下方末端排出，经水封密闭除渣装置后，灰渣被运送到固化处理线上，经固化处理后，外运处理。

旋转窑的医疗废物燃烧采用富氧燃烧方式。鼓风机送来的燃烧空气在窑体的前端进入炉内，并在附近部位设置一次燃烧器，以确保旋转窑的燃烧温度在850～1000℃。当旋转炉出口温度低于850℃时，一次燃烧器被启动，二次炉是一个衬有耐火材料的垂直圆形钢质筒体，底部设有二次燃烧器和二次风接口，以满足设计温度900～1200℃的要求。二次炉有足够的空间，保证烟气在二次炉内的停留时间为2s以上，以确保废气中的CO成分彻底焚烧和二噁英高度分解。

为了减少烟气中的氮氧化物的含量，二次炉的正常燃烧温度维持在1100℃以下（氮氧化物的生成一般需 1100℃ 以上的高温）。同时在二次燃烧室中，尾气中的灰尘颗粒下落，这样有助于减少焚烧炉出口的飞尘浓度。

2. 旋转窑焚烧炉燃烧过程的控制方法

旋转窑炉也是利用一次炉和二次炉的温度、一氧化碳或氧含量作为燃烧控制的参数，调节风机、调节阀和燃烧器的运行状态，以确保焚烧的最佳效果。通过调整进料系统的动作频率，控制医疗废物的进料量。

通过调整旋转窑的转速，来控制垃圾在一次炉内的停留时间，使焚烧的残渣热灼减率降低。通过变频调节引风机的转速，保持炉内负压，确保燃烧的稳定和环境的清洁。通过除尘器出口烟温控制紧急排放烟尘的启闭。

3. 旋转窑式焚烧炉的主要优缺点

① 焚烧物料翻腾前进，三种传热方式（辐射、对流、传导）并存一炉，热利用率高；可调节窑体转动速度，控制炉内废弃物的停留时间，医疗废物的干燥、燃烧、燃尽在旋转的炉筒内进行，旋转窑以及二次炉有足够的空间使医疗垃圾焚烧完全。

② 高温物料仅接触高温耐火材料，且更换炉衬方便，费用低。

③ 机械部件比较简单，不易损坏，传动机构在窑壳外，设备维修简单。

④ 焚烧过程中垃圾在炉内能得到充分的搅拌、翻滚，与空气混合效果好，湍流度好，炉内不存在因垃圾分布不均匀或料层太厚而产生垃圾未烧到的死角；旋转窑对燃料的适应性广，可焚烧不同性质的废弃物。进料弹性较大，对焚烧物形状、含水率要求不高。

⑤ 我国对旋转窑的设计制造、运转经验十分丰富，设备制造装备精良，工艺成熟；在水泥工业中的运行、管理、维修方面的丰富经验，将对医疗固体废物的处理起到良好的指导作用。

⑥ 旋转窑的炉渣热灼减率可以达到小于 3% 的效果。因窑身较长，所以单台炉子和炉子间所占面积都比较大，相应的一次性土建费用较高。

⑦ 旋转窑炉的保温效果不十分理想，热损失稍高；垃圾热值应不低于 2200kcal/kg，否则需添加喷油助燃，喷油量大小取决于垃圾热值及低热值垃圾处理量。

（二）热解气化焚烧

热解气化焚烧处理技术原理：传统的废物焚烧炉均为过量空气式焚烧炉，由于炉型的固有缺陷，当燃烧含有塑料、橡胶等合成高分子物质时，容易产生焦油、烟尘等不完全燃烧产物。另外热塑料还会发生熔滴现象。为此从 20 世纪 80 年代开始，世界各国相继开始进行新的焚烧工艺的研究，从目前的技术发展趋势来看，主流炉型是控制空气式和热解式焚烧炉。热解焚烧过程是从燃烧机理入手，人为地把物料的热解与热解产物的燃烧分开来进行，即先使物料在中温缺氧的环境中受热裂解，将燃气引出，使之与足够的空气充分混合之后，再在高温燃烧室进行预混燃烧，这一过程使扩散混合条件大大地改善，燃烧反应快速，抑制了焦油、烟尘等不完全燃烧产物的生成，达到完全燃烧的目的，另外由于一次风速低，夹带的飞灰量少，减小了烟气净化处理负荷。因此，新型热解焚烧处理工艺成为了医疗废物处理的可选工艺之一。

1. 热解气化焚烧炉焚烧工艺过程

热解焚烧工艺可以成批或连续进料，采用热解气化＋高温燃烧方式——初燃室产生的废气和辅助燃料一起在二燃室内进行高温燃烧，病原体以及其他医疗废物中有毒有害成分可实现彻底地破坏。

废物焚烧单元由加料、焚烧及排灰三部分组成。

（1）**加料**　焚烧炉的加料单元采用连续批式、密闭、负压加料方式，要求能够接收来自周转箱的未进行任何前处理的医疗废物包装物。加料装置由两道密闭闸板组成，两道闸板均由汽缸驱动。为保证加料过程和焚烧炉运行的气密性，两道闸板相互联锁控制，即加料的过程始终有一道闸板处于关闭状态，同时可在中控室远距离操作。这样在提高了加料的可靠性及方便性的同时，还可以防止有害气体溢出。同时由设置在炉盖上料仓底部的双辊加料机缓慢旋转按设定的处理量要求均匀加入转动炉体内。

（2）**焚烧**　由废物热解炉、预混器和二燃室组成。焚烧炉焚炉原理示意见图 4-6-116。

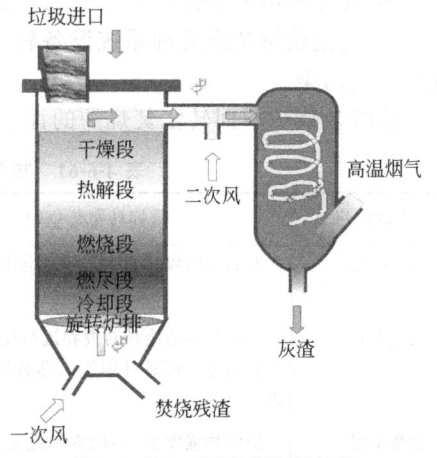

图 4-6-116　医疗废物焚烧炉焚烧原理示意

热解炉为立式旋转活动式炉排结构，主要功能是废物的干燥、热解、烧焦及排灰。炉盖上的落料口沿炉膛半径布置落料时伴随着炉体的连续均匀转动，进入圆筒炉膛内的废物沿着半径面散开，在炉内高温状况下迅速干燥升温，大部分有机物在高温缺氧状况下被热解形成 H_2、CO 和 C_mH_n 等可燃气体，由烟道进入二燃室燃烧。少部分可燃物及热解气化后的残余物在一次供风的条件下进行氧化燃烧。燃烧温度达 1200℃以上，直至残余物燃尽成为高温炉渣，并在炉底一次风的作用下渐冷进入炉底，由旋转炉排排出。炉体内部物料分为干燥段、热解气化段、氧化段、燃尽段和炉渣冷却排出段。

热解炉顶部设有预混器，可将热解炉产生的燃气预先与二次风充分混合，然后再喷入二燃室中高温预混焚烧。

一燃室产生的混合烟气从炉顶部的出烟口排出经烟气道进入烟气再燃室（二燃室），在二次供风的条件下充分燃烧燃尽。二燃室结构为立式窑炉结构。二燃室设计烟气燃烧温度为 ＞1100℃，烟气停留时间大于 2s。

（3）**排灰**　废物焚烧后产生的焚烧灰渣在炉底一次风的作用下渐冷进入炉底，由旋转炉排排出，顺着炉底部的锥形灰斗落入其下方水封槽内的链刮板式出渣机上，浸湿后由出渣机排至地面收渣机上运走填埋。

2. 热解气化焚烧炉燃烧过程的控制方法

一燃室和二燃室均配有燃油点火燃烧器和供风系统及高温火焰监视器。燃油点火器在焚烧系统正常作业下不使用，仅在设备开炉升温阶段点燃，当一燃室温度达到 850℃左右时，二燃室温度达到 900℃左右时即可停止燃烧器工作。

一燃室和二燃室供风系统各采用一台鼓风机，鼓风机供风要求按所供一燃室和二燃室各段的燃烧温度来进行调节，以免形成一燃室和二燃室局部高温影响耐火材料的使用性能。

高温火焰监视器可实时观察一燃室和二燃室各段的燃烧状况及一燃室和二燃室内耐火炉墙的好坏状况，为操作和维护提供必要的直观效果。

3. 热解气化焚烧处理技术特点

① 热解气化炉采用不足量空气（缺氧式）将垃圾中的有机物热解成可燃气体，把不完全焚烧过程转变为气体完全燃烧过程，使固体颗粒物排放量极少；

② 热解气体自燃时，进入自燃过程，助燃装置会自动停止，降低运行成本，达到了垃圾热能的资源化利用；

③ 采用控制燃烧过程，抑制二噁英等有毒有害物体产生；

④ 由于低温热解室（热解气化炉）在缺氧状态下焚烧，只是产生可燃气体，因此烟气中颗粒物排放较少；

⑤ 在高温燃烧室（燃烧炉）完成高温氧化过程，消灭有机气态污染物；

⑥ 由于焚烧过程完整，残灰为完全无污染物质；

⑦ 有机物去除率达到 99.99%，降低了后续处理成本；

⑧ 废弃物不需分拣，一次投入，提高了作业效率和工作环境的安全性；

⑨ 气化热解焚烧处理系统设备较多投资比较大，操作人员较多，有可能产生烟尘及烟气等二次污染。

热解焚烧炉与回转窑焚烧炉的详细比较见表 4-6-61。

表 4-6-61 热解焚烧炉与回转窑焚烧炉的比较

比较项目	回转窑焚烧炉	热解气化焚烧炉
运行历史	发展时间较长,技术成熟,应用广泛	国内刚起步,20 世纪 70 年代开始发展,在日本已有二十多年的运行经验,在中国已有几十套在成功运行
焚烧方式	通过炉体的旋转对废物进行搅动,实现废物彻底燃烧。再通过烟气二燃装置去除有害物质	分级燃烧,通过控制空气量控制炉膛燃烧工况,合理分配化学能的释放,以达到焚烬效果
燃烧工况	炉内热强度大,一燃室不用辅助燃料,但不易布风,在塑料橡胶等高聚物较多的时候,易出现局部结焦	炉型相对紧凑,热强度较大,炉温分层,富氧燃烧层可保证病菌等有害物质的去除
燃料适应性	良好	一般
自动化操作	容易实现自动化操作	运转完全自动控制; 可保持一定的燃烧温度; 自动调节二次燃烧空气
燃烧控制	温度波动不大,较易实现控制燃烧	燃烧温度自动控制,助燃油使用量少
设备结构	由于炉子十分紧凑,炉膛负荷大,炉体材料要求高。旋转炉体为整体运动部件,机械传动,维修不易	总体分为一燃室、二燃室,结构紧凑,设备维护量小,焚烧与气水系统分离,转动部件数量少,设备维修量少,费用省
炉排状况	不需炉排	不需炉排
耗能状况	耗能较高	耗能较低,有 90% 时间为自燃时间,在自燃时间不耗油
故障率	较低	较低
排渣粒径	较小,为 20~50mm	无机物含量达到 99.999%。燃烧完全
排放物	炉膛温度在 1100℃ 左右,炉内处于氧化环境,SO_2、NO_x、HCl 转化率较高,焚烧炉出口粉尘量较小	炉膛温度在稳定在设定温度。烟气相对纯净,尾部处理装置投入费用低; 产生的灰渣少,灰渣处理费用低; 静态热解,出口粉尘少
二噁英控制	燃烧时停留在高温时间较长,并且有强烈的湍流燃烧,生成率高,去除率也较高,可以大量去除二噁英	通过"3T"(停留时间、温度和湍流度)控制,能够有效地控制其产生

由表 4-6-61 可知，回转窑由于自动化程度高和可以实现 24h 连续运行，且窑体的旋转不仅可以实现物料自动传输，还可对物料进行充分搅拌，有利于组织"3T"燃烧，因

此适合于处理较大规模的危险废物量，特别是 30t/d 以上规模的危险废物量。而在中小规模的装置上，其初投资高，投资回收率低，且维修和油耗等因素将带来单位垃圾处理成本增加。

热解焚烧炉适合于处理规模较小的医疗废物量，一次性装料可以提高炉体的密封性，热解焚烧炉一般比普通焚烧炉结构紧凑，因此其初期投资少；热解焚烧炉耗能量少，运行成本较低，维修方便，特别适合于 30t/d 以下的医疗废物焚烧炉。而在处理较大量的医疗废物时，由于炉膛的限制，使得热解焚烧炉的应用受到限制。

三、高温蒸汽消毒

（一）技术原理

高温蒸汽消毒法是利用高温高压蒸汽消灭细菌的常用方法。早在 20 世纪，医院就已经开始用高温蒸汽给外科和试验室重复使用的器械杀菌。蒸汽在高温高压下具有穿透力强的优点，在 103kPa、121℃条件下，维持 30min，能杀灭一切微生物。高温灭菌法是一种简便、可靠、经济、快速和容易被公众接受的灭菌方法，适合于对医疗废物的灭菌处理。

高温蒸汽消毒法的原理是在压力作用下，蒸汽穿透到物体内部，将微生物的蛋白质凝固变性而杀死。这种方法适用于受污染的敷料、工作服、培养基、注射器等的消毒。经过高温灭菌法处理后的医疗废物可以按市政垃圾进行处理处置，如卫生填埋、与生活垃圾一起焚烧处理等。

高温蒸汽灭菌法的灭菌效果受到废物表面与蒸汽接触程度、蒸汽温度压力的高低、操作人员的技术水平等诸多因素的影响。此外它对废物的成分也有一定的要求，所以在进行高温灭菌前要对废物进行分拣和破碎。

废物处理过程中会产生有毒的挥发性有机化合物，也会产生难闻的气味和有毒的废液。处理后的医疗废物，其体积和质量变化不大。

蒸汽消毒作为医院内仪器常规处理方法已被用来处理医疗废物。传统蒸汽消毒分为两种类型：高压蒸汽消毒、低压蒸馏消毒。蒸汽产生的原理是通过加热水，当其温度达到沸点或饱和温度时（某种压力）水变为水蒸气，在标准压力下（0.1MPa）水的饱和蒸发温度为 100℃，压力越高则饱和温度越高，高压蒸汽消毒和其他蒸汽处理衍生技术一般在饱和状态下进行运行具体饱和蒸汽压和相应对照温度见表 4-6-62。

表 4-6-62　饱和蒸汽的性质

绝对压力		标准压力	温　度	
kPa	绝对压强/(lb/ft²)	标准压强(lb/ft²)	℉	℃
100	14.7	0	212	100
115	17	2.3	219	104
130	20	5.3	228	107
180	25	10	240	117
200	27	12	244	120
250	34	19	258	127
300	50	35	281	134
350	60	45	293	139
400	70	55	303	144
600	100	85	328	159

（二）反应装置

高压蒸汽消毒系统包括一个投料门和相应的蒸汽夹套构成的金属反应器，蒸汽通入蒸汽夹套和内部的能耐高压的反应室。通过加热外部的蒸汽夹套可以减少内部反应室的冷凝并允许蒸汽在低温情况下进行工作。因为空气是很好的绝缘体，所以去除反应室内的空气以保证废物的热穿透是非常重要的。通常采用两种方式实现此功能：重力脱气或预真空。重力脱气（向下脱气方式）利用蒸汽比空气轻的特性蒸汽通过高压通入反应室，强迫室内空气向下移动通过出口或收集管道排出。更有效的方式是预真空脱气方式，即在通入蒸汽前利用真空泵将室内空气排出。预真空（高真空）高压蒸汽消毒因为其较高的去除空气效率所以所需的消毒反应时间较短。具体见图 4-6-117。

图 4-6-117 高温蒸汽灭菌反应装置示意

低压蒸馏和高压蒸汽消毒系统相似，只是没有蒸汽夹套，其建设成本较低，但比高压蒸汽消毒所需的蒸汽温度要高，一般用于大型的反应装置。

（三）反应过程

高温蒸煮灭菌消毒反应过程，通常包括以下几个步骤。

① 废物收集 废物装在塑料袋中收集到收集箱内。

② 预加热 蒸汽导入高压蒸汽反应系统的外部夹套部分。

③ 废物投加 废物容器装卸到高压蒸汽反应釜或低压蒸馏反应室内，通过在废物的中间区域放置定期测量化学或生物相关指标的指示器以监测消毒效果。关闭投料门密封反应系统。

④ 脱气（空气排除） 空气通过重力去除或预真空方式去除。

⑤ 蒸汽处理 向反应室内导入蒸汽达到预期所需温度，另通过自动向反应室内通入额外的蒸汽以维持该温度保持稳定。

⑥ 蒸汽排出 蒸汽通过冷凝器排出反应室外伴有减压和降温的过程在某些系统中也采用预真空循环方式来排出剩余蒸汽。

⑦ 废物排出 废物排出之前需要一定时间进行冷却，然后排出废物并取出指示监测仪器。

⑧ 机械破碎处理 蒸汽处理后的废物通常要通过破碎器或压缩器破碎毁形处理之后才能进卫生填埋场进行最终处置。

高温蒸煮法处理医疗废物工艺流程见图 4-6-118。

（四）适于处理废物类型

高压蒸汽处理废物种类通常包括培养基、刀片和利器被血液污染的物质隔离和手术废物实验室废物（不包括化学药品、药剂废物），以及较软的

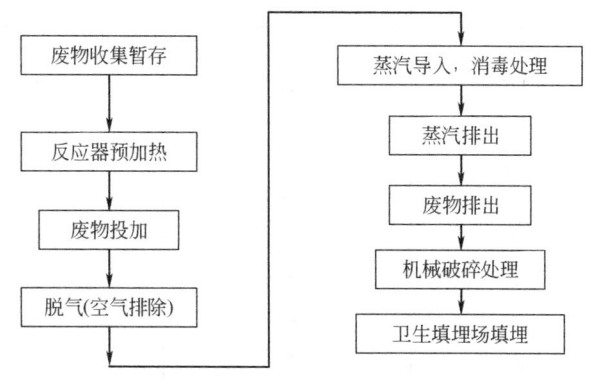

图 4-6-118 高温蒸煮法处理医疗废物工艺流程

废物，如病人产生的布料、坐垫、绷带、纱布等。虽然该技术也能处理人体解剖组织废物但一般不采用。

注意：挥发性和半挥发性的有机化合物、大宗的化疗废物、水银及其他的危险化学药品药剂和放射性废物不能使用该方法处理。大的床单、被褥、动物尸体、封闭的耐热容器和导热性差的废物也不能采用该法处理。

（五）排放物和剩余残渣

如果缺乏良好的通风系统臭味问题是蒸汽法较为严重的问题之一。如果有毒化学品没有很好的分离出来在进入处理反应室后将向空气中释放出大量的有毒污染物或冷凝沉积并附着在处理后的废物上，当混有抗癌药品或重金属，如汞时这种情况较为严重。因此若没有对废物进行很好的预分离，高压蒸汽处理技术将产生乙醇、酚类、醛类和其他有机化合物并释放到空气中造成严重污染。因此对高压蒸汽运行设备的排放情况要进行严格的监控。

目前尚存在一些争议：高压蒸汽消毒甚至比焚烧法产生的二噁英污染更严重，但缺乏相应科技报道。

高压蒸汽处理后的废物没有物理变化，因此后续机械破碎环节是非常重要的。

（六）高温蒸煮灭菌反应处理微生物灭活效果

高压蒸汽消毒需要一定的接触反应时间和温度以实现较好的杀菌消毒效果，通常接触反应时间是所需达到细菌孢子杀死率99.9999％所需理想时间的两倍以上。不同温度下接触的反应时间也不同，通常情况是在121℃接触反应30min。

颜色变化化学指示器或生物监测器（如 *B. stearothermophilus* 或 *B.* 枯草杆菌孢子）位于反应器的中部用来证实足够的蒸汽穿透效果和基础时间。

四、微波辐射消毒

1. 技术原理

微波消毒技术基本是属于蒸汽处理过程，因为消毒的原理也是利用微波能产生湿热和蒸汽来对废物消毒。

电磁波灭菌法包括微波和无线电波两种灭菌方法。微波灭菌法通常使用24～50MHz的高频电磁波灭菌，而无线电波灭菌法则一般使用10MHz的低频电磁波灭菌。电磁波具有可穿透玻璃、陶瓷、纸张和可被水、脂肪、蛋白质等极性分子吸收的特点，灭菌比较彻底。

电磁波消灭微生物的原理是利用微生物细胞选择性吸收能量比例高的特性，将其置于电磁波高频振荡的能量场中，使微生物的液体分子，以外加电场的频率振动。这种振动使细胞膜内的能量迅速增加，产生高温，最终导致细胞的死亡。电磁波灭菌法使用的频率与医疗废物特有的频率相匹配，可以杀死医疗废物中的病原体。

经电磁波灭菌法处理后的废物可以按市政生活垃圾进行卫生填埋，也可以当作燃料送往能量回收工厂进行余热利用，还可以将残余物中的塑料通过一个干燥分选系统分离出来，送到相应的回收部门进行再利用。

电磁波灭菌法具有灭菌效率高、处理过程不加入化学消毒药剂、工程造价相对较低、废物可回收利用和不产生酸性气体及二噁英等气体污染物的优点。但电磁波灭菌的效果受到电磁波源强、辐射持续时间长短、废物混合程度、废物含水率高低等多方面的影响。为了保证灭菌效果，需要在灭菌处理前对废物进行破碎。因为破碎设备受到医疗废物的污染，所以操作人员在操作过程中，尤其是对破碎机械进行维修时，可能受到细菌的侵害，产生职业危害。此外，电磁波灭菌法的运行费用较高。如果没有回收利用和压实处理环节，它对废物的减量化效果不大。另据有关方面报道，电磁波灭菌处理过程中会产生有毒的挥发性有机化合物，处理后的残余物中还可能含有细胞毒类药物、化学药剂、药品、汞等有害物质，仍需要进一步处理。此外，电磁波的泄漏会对操作人员的健康造成危害。

2. 反应装置

一般而言，微波消毒系统含有一个消毒区域或反应室，在这里由微波发生器（磁控管）释放出微波能。通常会安装 2～6 个微波发生源，每个的输出功率为 1.2kW 左右。微波消毒处理系统可以是批量式处理，也可以是半连续式的。

3. 反应过程

微波灭菌灭菌消毒反应过程，通常包括以下几个步骤。

① 废物的装载：袋装的医疗废物投加到投料漏斗，然后通入高温蒸汽，同时伴有空气抽提过程。

② 内部预破碎：通过内部的旋转破碎装置将废物预破碎。

③ 微波处理：破碎成颗粒的废物通过螺旋输送器输送到反应室中，与蒸汽充分接触并被加热到 95～100℃。

④ 反应停留时间：通常情况下，反应停留时间不小于 30min。

⑤ 二级破碎处理：处理后的废物经过二级破碎装置变为更细小的颗粒。

⑥ 处理后的残渣：可以直接运往卫生填埋场填埋处置。

4. 微波灭菌法反应处理排放物和剩余残渣

微波灭菌法会有气体排放物和废渣排放。通常情况下微波处理系统是露天操作的，因此要安装一个 HEPA 过滤器来净化气溶胶的排放。如果有害化学品没有较好地分出而进入微波处理系统，有毒的污染物便会释放到空气中或冷凝附着在处理后的废物上。

五、等离子体法

用等离子体法处理医疗废物是一项创新技术，其消毒杀菌的原理是利用等离子体电弧窑产生的 6000～8000℃ 以上高温杀死医疗废物中的所有微生物、摧毁残留的细胞毒性药物、药品和有毒的化学药剂。理论上，任何化合物在电弧窑中都可转化为玻璃体状的物质，处理后的医疗废物可以直接填埋，不会对环境造成危害。

等离子体法处理医疗废物的适应范围很广，不需要分拣和破碎等预处理措施。同焚烧一样，这种方法具有处理过程不产生废水、减容减量比大、消毒杀菌彻底、使废物难以辨认、摧毁细胞毒类药物和化学药剂等优点。

等离子体法的缺点是初始建设投资和运行费用很高，比一般焚烧法高较多；在处理过程中会产生很高浓度的 NO_x；据报道，等离子体处理废物的过程中还可能产生特殊的副产物，有时会超过排放标准。

第十节 污泥焚烧处理

一、污泥的焚烧技术

污泥焚烧是一种常见的污泥处置方法，它可破坏全部有机质，杀死一切病原体，并最大限度地减少污泥体积，焚烧残渣相对含水率约为 75% 的污泥仅为原有体积的 10% 左右。当污泥自身的燃烧热值较高，城市卫生要求较高，或污泥有毒物质含量高，不能被综合利用时，可采用焚烧处置。污泥在焚烧前，一般应先进行脱水处理和热干化，以减少负荷和能耗。污泥焚烧在技术上是可行的，并已达到了工业规模的程度。

污泥的焚烧基本上有 4 种方法[21]。

（1）利用现有垃圾焚烧炉　现有垃圾焚烧炉大都采用了先进的技术，配有完善的尾气处理装置，可以在垃圾中混入 30％的污泥一起焚烧。

（2）利用现有工业用炉焚烧污泥　主要利用沥青或水泥的焚烧炉，焚烧干化后的污泥。甚至是污泥的无机部分（灰渣）也几乎可以完全地被利用于产品之中。通过高温焚烧至 1200℃，污泥中有机物有害物质被完全分解，同时在焚烧中产生的细小水泥悬浮颗粒，会高效吸附有毒物质，而污泥灰粉一并熔融入水泥的产品之中。一般来讲，加入的干污泥量一般低于正常燃料的 15％。

（3）在火力烧煤发电厂焚烧污泥　经过发电厂焚烧污泥研究证明，污泥占耗煤总量的 10％以内，对于尾气净化以及发电站的正常运转没有不利影响。

（4）污泥单独焚烧　污泥单独焚烧设备有多段炉、回转炉、流动床炉、喷射式焚烧炉、热分解燃烧炉等。

焚烧处理的特点：大大地减少了污泥的体积和质量；杀死一切病原体；污泥处理速度快，不需要长期贮存；可以回收能量。但是，另一方面其较高的造价和烟气处理问题已经成为制约污泥焚烧工艺的主要因素。

当用地紧张，或污泥中有毒有害物质含量较高，无法采用其他处置方式时，可以考虑污泥的干化焚烧。在污水污泥中重金属和有毒有害物质含量超标，如上海市桃浦污水处理厂和石洞口污水处理厂，污泥不适合土地利用，则焚烧处理是一种有效的处置技术。

二、污泥焚烧对环境的影响及解决方法

污泥焚烧产生大量带飞灰的烟气，这些烟气中含有多种有毒物质，如氮氧化物、二氧化硫，氯化氢、粉尘、重金属（汞、镉、铅等）和二噁英等，易形成二次污染。烟气处理工艺复杂、技术难度大、处理成本昂贵，因此，对烟气的治理决不能掉以轻心[63~67]。

据现有资料看，绝大多数国外污泥焚烧烟气设备，已从过去的静电除尘与干式洗涤法相结合的处理法，转变为高性能静电除尘、湿式洗涤和脱硝设备相组合的处理方法。少数为去除二噁英、呋喃等有毒物质，还采用了袋滤式除尘设备与其他设备相组合的方式。如美国 1991 年建成的一套污泥焚烧设备就采用了干式洗涤器、消石灰喷雾、袋滤式除尘器，可有效地去除二噁英，日本还曾采用过湿式洗涤器、袋滤过滤器、脱硝反应塔。目前，除了采用袋滤式除尘器外，还广泛通过改善焚烧炉的燃烧状态以解决这一问题。即保持高温、保持燃烧时间，使污泥得以完全燃烧。

还有公司开发了旋转雾化器去除酸性气体和二噁英，这种烟气净化系统下列优点：①同样资金投入时，容量却可达到最大，提高 20％；②发挥最大效率的全自动化操作控制系统，操作成本可达到最低。

针对焚烧后的具体环境影响因素作简单的分析如下。

（1）重金属　重金属主要以氢氧化物、碳酸盐、磷酸盐、硫酸盐等形式存在于污泥中，在高温下，绝大多数重金属化合物被蒸发，且都被富集在飞灰中。在焚烧系统中金属以微米大小的颗粒释放出来，对人类造成极大的危害。有效的解决方法是一方面减少它们排入污水的来源，另一方面采取有效的装置从烟道气中除去飞灰，如流量计洗气法、电集尘器法和电离湿式洗气法，或向灰渣中掺加重金属固定剂等。

（2）汞 焚烧过程中，汞以气体形式存在。实验表明，汞离子在烟道气中可以通过湿式洗气法除去，主要和HCl、Cl_2以及O_2反应形成化合物，也可通过活性炭吸附进一步除去。还可以通过过氧化氢氧化使金属汞转化为离子形式而除去。

（3）二噁英和呋喃 由于焚烧在高温下进行，而二噁英和呋喃在600℃的温度下完全被破坏，因此，为避免它们在烟道气中再产生，一方面可以通过保持飞灰中碳的含量小于0.5%，另一种使80%的飞灰在较高的温度下通过旋风除尘器除去，再通过活性炭吸附作用除去。

（4）SO_2、HCl和HF 污泥焚烧时产生的这些气体造成了空气污染。除去这些气体，主要是通过洗气法去除，或通过加入石灰，使其生成盐而除去，另外，后燃烟道气的方法也是一种有效方法。

三、典型的污泥焚烧技术

（一）流化床污泥焚烧技术

流化床污泥焚烧炉[21]主要由炉本体、尾部受热面、床面补燃系统、喷水减温装置、螺旋输送机、排渣阀、燃油启动燃烧室、烟气处理系统和鼓引风机等组成。其中，炉本体由流化床密相区和稀相区构成，在稀相区布置有受热面。流化床污泥焚烧炉采用一定粒度范围的石灰石/石英砂作床料，一次风由风室经布风板进入焚烧炉，使炉内的床料处于正常流化状态。污泥和石灰石/石英砂由螺旋给料装置送入炉内，污泥入炉后即与炽热的床料迅速混合，受到充分加热、干化并完全燃烧。

流化床床温控制在850～900℃之间，污泥呈颗粒状在流化床内燃烧，其所占床料质量比很小。污泥进入流化床内即被大量处流化状态的高温惰性床料冲散，因此，污泥在流化床内焚烧时不会发生黏结。针对污泥中含有的S及Cl等成分，在污泥中混入一定比例的石灰石一同加入炉内，石灰石分解后生成的CaO与上述物质反应，实现炉内固硫和固氯，可大大减少SO_2和HCl的生成，并可减轻烟气净化设备的负荷。

流化床污泥焚烧炉主要有两种形式，即鼓泡流化床和循环流化床。

（1）鼓泡流化床焚烧炉 鼓泡流化床污泥焚烧炉的炉膛由密相焚烧区和稀相焚烧区组成。流化速度一般控制在0.6～2.0m/s之间，密相区高度一般控制在0.8～1.2m之间，以保证污泥完全燃烧所需的炉内停留时间和密相区内床料和流化介质的充分接触及稳定流化等。稀相区高度的选取则主要取决于颗粒的夹带分离高度TDH、烟气的炉内停留时间和受热面的布置等。

（2）循环流化床焚烧炉 循环流化床的流化速度一般在3.6～6.0m/s之间，为鼓泡床的2～10倍。在此流化速度下，烟气夹带大量的细颗粒飞离炉膛，进入气固分离装置。分离下来的固体颗粒经物料回送装置送入炉膛下部，形成物料的循环。该运行方式保证了污泥和脱硫剂等固体物料在炉膛内有充分的停留时间，使污泥的燃尽率和脱硫剂的利用率有较大的提高。

流化床焚烧炉的构造简单，如图4-6-119所示。主体设备是一个圆形塔体，下部设有分配气体的分配板，塔内壁衬耐火材料，并装有一定量的耐热粒状载体（砂粒）。气体分配板有的由多孔板作成，有的平板上穿有一定形状和数量的专业喷嘴。气体从下部通入，并以一定速度通过分配板，使床内载体"沸腾"呈流化状态。脱水污泥经半干化后从塔侧或塔顶加入，在流化床层内进行干化、粉碎、气化等过程后，通常在850～950℃下迅速燃烧。燃烧气从塔顶排出，尾气中夹带的载体粒子和灰渣一般用除尘器捕集后，载体可返回流化床内，尾气经热交换回收热量后进行进一步处理，回收的热能用于污泥半干化。流化床焚烧技术是利用污泥热能的最常用技术，适用于大处理量。尾气处理系统包括电除尘、酸洗、碱洗、活性炭吸附和布袋除尘。处理后的尾气经在线监测装置进行监测后排放。另外，处理系统产生的废水需要经过蒸馏与离心分离装置处理，使蒸馏出水的 pH 值达到下水道排放标准排入市政污水管，分离出的盐分作为化学废弃物运到废弃物处理厂处理。

（二）立式多膛焚烧炉

美国早期的污泥焚烧厂基本均采用立式多膛焚烧炉[64]（图 4-6-120）。多层炉一般直径为 8m，高 14m，由 14 层炉排组成，污泥从焚烧炉顶部加入，在旋转耙的刮动下一层层落入下部炉排。污泥从上部炉排到下部炉排经过干燥、热解、燃烧和灰冷却后排出。多层炉排炉的优点为热烟气直接接触污泥，热效率很高。由于污泥黏稠，点燃后易结成饼状或表面灰化物覆盖在燃烧物外表，使火焰熄灭，因此需不断搅拌，反复更新燃烧表面，使污泥得以充分氧化和燃烧。为保障焚烧的顺利进行，除焚烧炉外还需添置污泥器（带粉碎机）、多点鼓风系统、热量回收装置、辅助热源（启动燃烧器）和除灰设备等辅助设备。多层炉排炉存在的问题主要是分多段干燥和燃烧，物料处理缓慢，温度控制、运转操作等较复杂，而且一般实行 24h 连续运转，需要较多的燃料。另外，机械设备较多，维修与保养较麻烦。

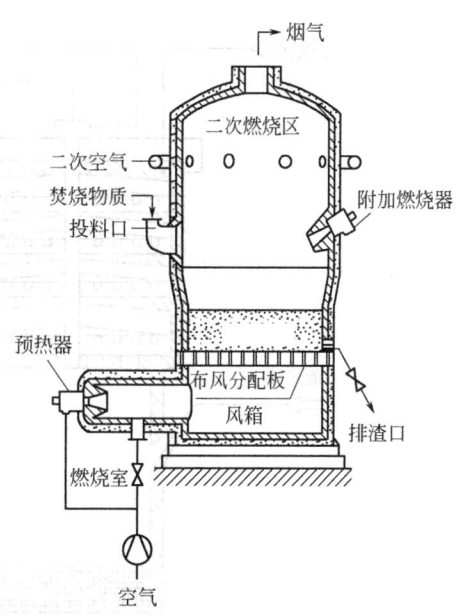

图 4-6-119　污泥流化床焚烧炉示意

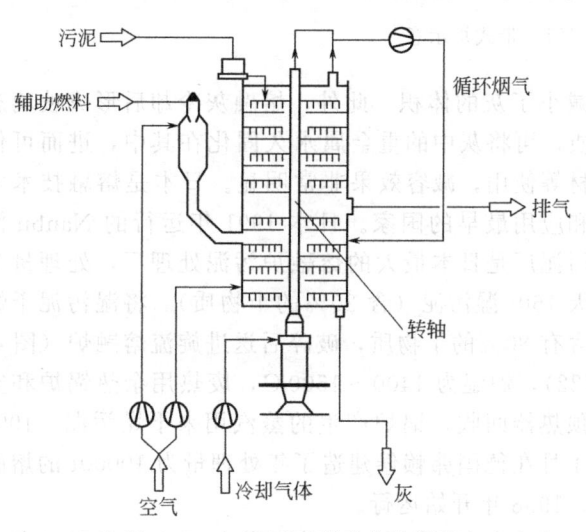

图 4-6-120　立式多膛焚烧炉示意

（三）带式炉

带式炉[66]（图 4-6-121）结合多层炉排炉和流化床的优点炉体上端为多层炉，用于干燥，下端是流化床，用于焚烧，不需添加辅助燃料。1981 年，在法国法兰克福建造出这种炉型用于处理污泥，其上端有 5 个室，容量为 2t/h。含干物质 28%～30% 的污泥从顶端室进入，50%～60% 的烟气从流化床引入用来做干燥热源，整个过程可以脱水 50%，炉灰通过废热锅炉和静电除尘器排出。

（四）熔融炉

燃烧温度低于灰熔点的焚烧炉存在的主要缺点是会产生大量的灰。灰中重金属浓度较高，从而增加了灰处理成本。熔融焚烧技术[66]可以在污泥焚烧过程解决这一问题。预先干燥的污泥在超过灰熔点温度的焚烧炉内焚烧，不仅使污泥中的有机物完全分解，而且形成的

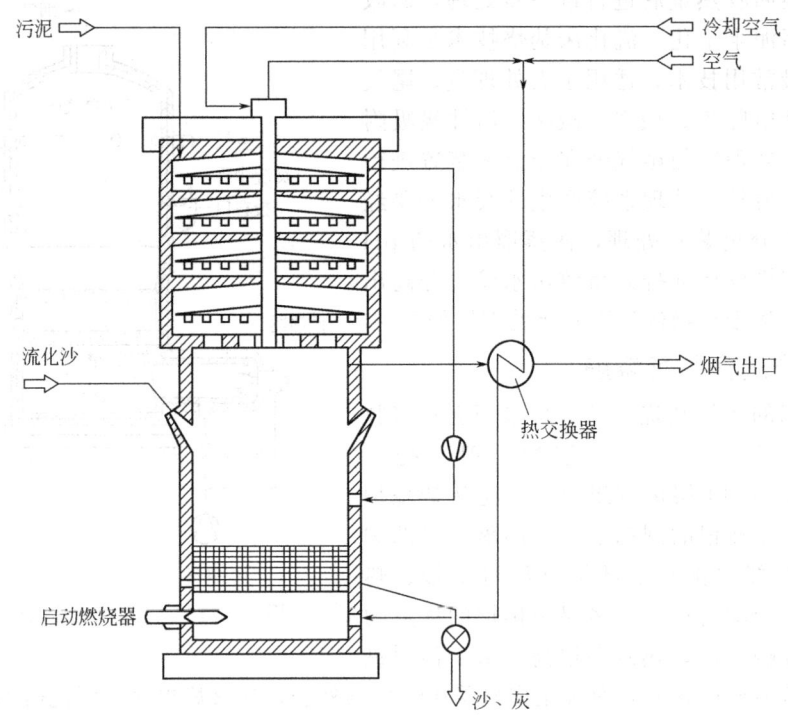

图 4-6-121 带式炉示意

熔融灰密度是飞灰的 2～3 倍，从而大大减小了灰的体积。此外，熔融灰冷却后形成玻璃态

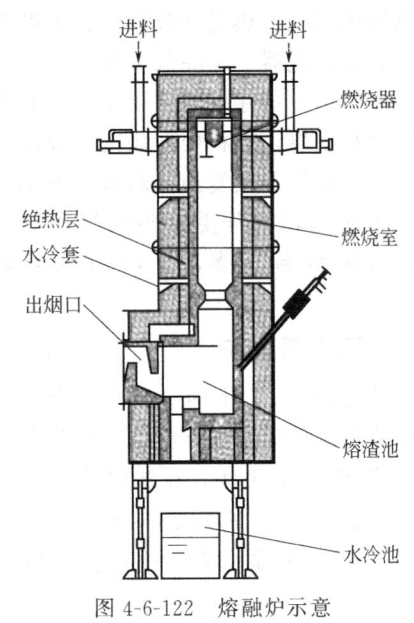

图 4-6-122 熔融炉示意

物质，可将灰中的重金属永久固化在其中，进而可作建材等使用，减容效果非常明显。日本是熔融技术发展和应用最早的国家。日本 1991 年运行的 Nanbu 污水污泥厂是日本最大的熔融炉污泥处理厂，处理量为每天 160t 湿污泥（含 20％的干物质）。将湿污泥干燥到含有 80％的干物质，破碎后送进旋流熔融炉（图 4-6-122），炉温为 1400～1500℃，废热用余热锅炉和空气预热器回收，锅炉产生的蒸汽用来干燥污泥。1996 年 4 月在德国弗赖堡建造了年处理量为 10000t 的熔融炉，1998 年开始运行。

不适合多层炉和流化床焚烧的污水污泥可以考虑用熔融炉处理，如焚烧后残留灰超过 50％，且灰中含有大量的有害重金属；在干燥过程中污泥干态物质在 50％～60％时为黏性状态，不能自由流动；污泥中含有大量的氮、氯、硫、呋喃等，在焚烧过程中会放出大量的气态污染物，需要昂贵的烟气处理技术以满足严格的排放标准等。

（五）旋风炉

通常旋风炉（图 4-6-123）和流化床炉结合使用，一次风和二次风分别进入炉膛形成旋转气流，使污泥颗粒停留时间延长，多用来进行污泥干燥处理。

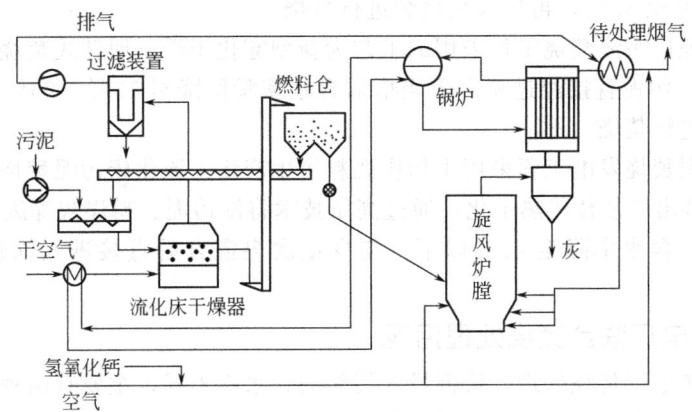

图 4-6-123　旋风炉示意

四、污泥焚烧技术的关键问题

目前的污泥处理技术，包括污泥焚烧处理技术，无论是脱水还是直接处理，都面临效率低、能耗高的难题。污泥的细胞质与胶体结构造成脱水困难，这正是污泥处理处置的技术瓶颈和关键障碍。焚烧是实现污泥减量化的有效手段，但由于污泥含水率高、热值低，需要添加大量的辅助燃料（脱水污泥直接焚烧时，辅助燃料用于助燃；污泥干化焚烧时，辅助燃料用于提供干燥所需热源），这是造成污泥焚烧处理成本高的重要原因。

干化过程是污泥处理处置系统耗能的主要环节。目前污泥干化技术的流派很多，但应用较多的主要是流化床干化技术和桨叶式干化技术。此外，污泥干化新技术也越来越引起国内研究者的关注，例如，杭州市固废中心提出了"热干燥造粒技术"，污泥的干燥和造粒同时进行；清华大学王伟提出了"水热干化技术"，通过将污泥加热，在一定温度和压力下使污泥中的黏性有机物水解，破坏污泥的胶体结构，同时改善脱水性能和厌氧消化性能；湖南多普生环境能源有限公司自主研发了多维降阻法污泥常温深度脱水技术，能将污泥的含水率从 80% 降至 37% 左右，处理后的泥饼性质稳定，不会产生二次污染。国内污泥干化处理技术呈现出多样化的格局，各种工艺均有优缺点，但总体而言，污泥干化装置投资费用很高，主要设备均需进口，已建成的污泥干化厂很少，缺少必要的运行数据和经验。

五、国内污泥焚烧实例

国内近几年已建成运行的污泥焚烧工程多数采用的工艺为单独干化焚烧、与电厂联合焚烧、与水泥厂联合焚烧工艺、与城市垃圾混合焚烧[63~67]。

（一）单独干化焚烧联合处理污泥

单独干化焚烧是通过单独建设的外加热源将污泥干化至焚烧所需的含水率后再进行焚烧。根据焚烧的要求将脱水污泥干化至不同的含水率，节省热能投资。

上海市石洞口城市污水处理厂污泥处理工程处理能力为 320t/d（污泥含水率 80%，下同）。采用流化床干化＋流化床焚烧处理工艺，低温干化和高温焚烧串联运行，将脱水污泥干化至 5%~10% 后焚烧。

成都市第一污水污泥处理厂工程采用卧式薄层干化机＋鼓泡式流化床焚烧炉的半干化＋焚烧的污泥处理工艺，处理能力为 400t/d。首先将污泥送入干化系统进行半干化，固体体积分数从 20% 提升至 35%，再送入焚烧炉进行焚烧。

萧山污水处理厂污泥焚烧工程采用的工艺为新型雾化干燥＋回转式焚烧炉集成技术，处理能力为 360t/d。污泥直接经过喷雾干燥塔后含水率瞬间降至 15%～20%，回转式焚烧炉对干燥后的污泥进行焚烧。

山东胶南污泥焚烧发电工程采用生物质燃料饼生产线＋流化床污泥焚烧炉，处理能力为 800t/d。以高压挤出工艺替代热干化，通过高压技术将湿污泥、粉煤灰等废弃物混合料加工成生物质燃料饼，含水率降至 40% 以下，与少量次煤混合后直接进入锅炉取代煤炭燃烧发电。

（二）与热电厂联合焚烧处理污泥

污水污泥在热电厂焚烧处理，根据投入污泥的含水率不同，主要有两种方式：脱水污泥直接焚烧、利用电厂余热或废热将污泥干化后焚烧。该系统利用了电厂现有设施和蒸汽，相比建设单独干化焚烧工艺投资低、运行费用省。

常州市采用脱水污泥在热电厂直接焚烧的处理方式，利用热电厂 3 台 75t/h 循环流化床锅炉形成污水污泥 300t/d 的焚烧处理能力，焚烧市区 5 座城市污水处理厂污泥。

苏州工业园区采用干化＋焚烧联合工艺处理园区污水污泥，一期 300t/d 于 2010 年底已建成，利用热电厂的蒸汽将含水率 80% 的脱水污泥干化至含水率 10% 的干污泥，再与煤炭混合送入热电厂锅炉内焚烧。

（三）与水泥厂联合处理污泥

与水泥厂联合处理污泥就是利用制水泥过程的余热将污水污泥进行干化/半干化后直接投入水泥窑，作为掺合料与水泥厂工艺用料一同进入水泥窑系统进行最终处理，形成最终的水泥产品该工艺的特点是：在水泥窑的高温下有机物分解彻底；可利用水泥窑焚烧污泥、窑尾废气余热干化污泥，节省投资；污泥中有机物被高温迅速焚毁，重金属等无机物参与水泥熟料煅烧过程并最终被晶化在水泥熟料中，不存在一般焚烧炉所产生的飞灰及底渣等二次污染物；污泥入窑煅烧后变成水泥熟料的成分之一，不存在需后续处理的产物，可实现污泥 100% 的削减；污泥干化过程中的臭气可直接送入回转窑焚烧处理。

北京市在北京水泥厂内建成了处理污水污泥能力为 500t/d 的处理中心，利用水泥窑的余热，采用热干化工艺，对污泥进行干化，干化产品直接投入水泥窑焚烧制水泥。

（四）利用垃圾焚烧炉处理污泥

污水污泥与生活垃圾混合焚烧时，污泥的掺入比不高，污泥与生活垃圾的质量比不超过 1：4，通过焚烧余热将污泥干化后再投加可提高污泥的掺入比。

在已建成运行的工程中，绍兴市采用循环流化床干化技术，利用焚烧发电产生的蒸汽余热将污泥干化后再与垃圾一并焚烧，总处理能力为生活垃圾 1200t/d 和污水污泥 1000t/d。

表 4-6-63 给出了国内污泥焚烧技术的对比分析。

表 4-6-63 国内污泥焚烧技术的对比分析

技术名称	工程应用	优点	存在问题
独立污泥焚烧处置系统	上海市石洞口污泥干化焚烧工程	独立系统可单独运行，灵活性强	设备投资高，处理成本高，难以实现污泥全量处置；技术尚不成熟，运行中设备磨损问题严重
脱水污泥直接焚烧技术	南京协鑫热电污泥焚烧发电工程、常州广源热电污泥焚烧发电工程	没有污泥干化设备，系统简单	污泥含水率高影响锅炉燃烧、系统效率；污泥处理量难以提高，污泥输送过程易堵塞，故障率高，能耗高；烟气中水蒸气含量高，加重尾部烟气处理系统的负担，酸露点下降，引风量增加

技术名称	工程应用	优点	存在问题
污泥干化焚烧技术	江阴康顺热电污泥处理工程、华电滕州新源热电污泥干化焚烧工程、山东胶南易通热电污泥综合利用发电项目、绍兴市垃圾和污泥处理综合利用工程	污泥含水率降低，增加了污泥处理量，降低了对锅炉燃烧、系统效率的负面影响	污泥干化系统能耗高；烟气可利用能量低，所需烟气量大，易产生二次污染；片面强调锅炉烟气余热利用，排烟温度过低导致腐蚀问题；污染物排放问题有待核实与解决
污泥喷雾干燥＋回转窑焚烧技术(也属于独立污泥焚烧处置系统)	杭州萧山区(浙江环兴)污泥喷雾干燥焚烧处置工程	喷雾干燥污泥效果好	技术不成熟，有待完善；喷雾干燥设备能耗过高
水泥窑处置污泥技术	金隅新北水水泥有限责任公司处置污水厂污泥工程	污泥处理量大	处理成本高

第十一节　固体废物焚烧处理工程实例

一、深圳清水河生活垃圾焚烧发电厂工程实例

(一)概况

深圳市清水河垃圾焚烧厂（市政环卫综合处理厂）隶属该市环卫系统，为我国首座现代化的垃圾处理厂，正是它揭开了我国采用焚烧技术处理城市生活垃圾的序幕。占地面积为 $2 \times 10^4 \, m^2$，建筑面积为 $7 \times 10^3 \, m^2$。在其首期工程中装有马丁炉排焚烧炉（自日本三菱重工业株式会社引进）两台，各台设计处理能力为 150t/d，共 300t/d。该厂于 1985 年 11 月破土动工，1988 年 6 月试车成功，同年 11 月正式投产，专门焚烧处理深圳市罗湖、福田区的生活垃圾。该厂由核工业第二研究设计院设计，总投资 47.29×10^6 元。

(二)垃圾焚烧工艺流程及说明

城市垃圾由专用车辆运进厂内，经地秤称量后、卸入容量为 $2000 m^3$ 的垃圾池中。在池顶装有两台抓斗式起重机，可供垃圾的倒堆、拌合以及送料之用。起重机操作室与垃圾池密闭隔离，采用遥控式操纵。将垃圾自各炉的垃圾料斗投入炉内，料斗的料位通过工业电视观测并加以控制。投入的垃圾量可自动计量并打印记录。

焚烧的工艺流程如图 4-6-124 中所示。料斗中的垃圾由滑槽下落至焚烧炉的送料器上，此送料器依据燃烧控制盘的指令做往复运动，将垃圾输进上斜呈 26°的倾斜反推往复式炉排，通过炉排的活动，可使垃圾依次进入干燥区、燃烧区和燃烬区，经充分燃烧后、不含有机质的垃圾灰渣由炉排端部的圆筒落入满水的推灰器内，在此熄火降温后，被推至振动式传送带，于是灰渣中的金属物因受振而分离外露，通过磁选机可将铁件吸出另做处理。

燃烧过程中产生的灰分，粒径较大者会受气流的离心作用而自行落入灰斗，再通过不同途径进入灰池；其细小的粉尘和喷入烟道的石灰末（人工加入、用以中和氯化氢）则随烟气进入静电除尘器，最后也被送入灰池中。这里所沉积的灰渣可用作垃圾填埋场

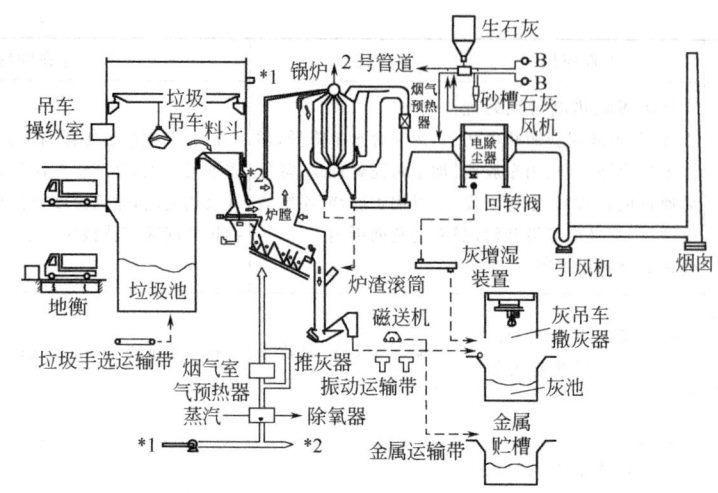

图 4-6-124 深圳市清水河垃圾焚烧工艺流程

的覆盖土。

供燃烧用的空气由鼓风机自垃圾池上方吸取，经两次预热（先由蒸汽式空气预热器加热至 160℃，再经烟气式空气预热器提温至 260℃）后，以 400mmH₂O 的风压由炉排下方吹进炉膛。不经加热的二次空气直接由鼓风机出口处引出，而设在炉膛拱处的两排喷嘴吹入炉内，风量可根据燃烧情况进行调节。

燃烧过程产生的高温烟气（温度在 800～900℃）流经废热锅炉，通过热交换放热后降温至 380℃左右，再经烟气式空气预热器的热交换，进一步降至静电除尘器所要求的工作温度（250～280℃），此后被净化的烟气由引风机通过烟囱排入大气。

（三）热能回收利用工艺流程

在废热锅炉内，垃圾焚烧所产生的热量被转换成可供利用的蒸汽。锅炉的蒸发量与垃圾的热值和处理量有关。这里的蒸汽主要用来发电，有些设备包括蒸汽式空气预热器、除氧器、静电除尘器、灰斗拌热、还有附近的热用户等，都需用一部分蒸汽，剩余的部分则通过高压蒸汽冷凝器加以回收。

有关蒸汽的流程系统和汽量平衡情况如图 4-6-125 中所示。此处采用的运行方式为二炉一机母管制，废热锅炉所产生的蒸汽汇集在分汽缸 3，由这里有一路供蒸汽轮机发电机组 8 使用，其尾气则通过低压蒸汽冷凝器 7 回收。在高压蒸汽冷凝器 6 的入口设有调节阀，通过自动调整阀门的开度以保持系统压力稳定。生成的冷凝水汇集于冷凝水槽 9，用水泵送往除氧器 4，然后经锅炉给水泵注入锅炉，完成汽-水循环。

蒸汽轮机发电机组的功率为 500kW，与市电网并网运行。

（四）主工艺系统

垃圾焚烧的工艺系统主要有如下几种。

（1）垃圾接收系统 垃圾接收站备有由五段输送机组成的手选装置，并有称重能力为 20t 的称量设备，能自动计量并打印。

（2）垃圾储运系统 设有垃圾池（容量为 2000m³）、桥式抓斗吊车、监视料斗料位的工业电视机等，并配备自动计量打印装置。

（3）垃圾焚烧系统 焚烧炉主体包括料斗、送料器和内部的炉排、炉膛等。燃烧时，当炉温达 600℃后，垃圾能够自燃而无需喷油作助燃处理。

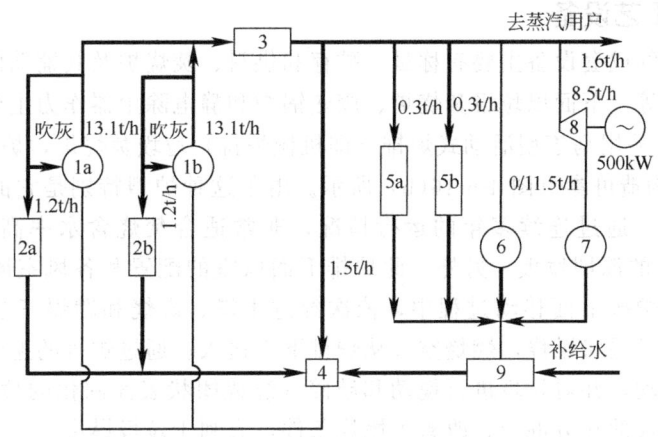

图 4-6-125　热能回收利用蒸汽流程及汽量平衡

1a，1b—锅炉；2a，2b—蒸汽空气预热器；3—分汽缸；4—除氧器；5a，5b—静电除尘器；
6—高压蒸汽冷凝器；7—低压蒸汽冷凝器；8—蒸汽轮机发电机组；9—冷凝水槽

（4）炉渣运输系统　备有推灰器、振动输送带、磁选机、灰渣坑及灰渣吊车等。

（5）通风系统　由鼓风机（风量＝520m³/min）、风管（D＝1m）和引风机（风量＝1440m³/min）所组成，助燃空气经两次预热，这对热值低、水分大的垃圾燃烧起到重要作用。

（6）蒸汽系统　备有高、低压冷凝器，前者的作用为调节高压蒸汽，使其压力稳定；而后者用以处理汽轮机尾气。

（7）烟气冷却、处理和热能回收系统　在废热锅炉中，备有热交换器及烟气式空气预热器、可使高温烟气冷却，并备有石灰喷入装置（供中和氯化氢等酸性气体）和静电除尘器，在烟气排管中还设有监测仪表。

（8）发电和配电系统　备有背压式汽轮发电机组（500kW），可供自用并向市电网送电。还备有变压器（1250kV·A）及开关柜等电器。

（9）备用电源系统　配置一台柴油发电机组（200kW），当突发停电时，可在7s内自行启动并供电；同时装有应急电源，以保证停电时的照明和自控仪表正常运行。

（10）计算机及自控系统　本厂全部运行管理除垃圾、灰渣吊车需现场操作外，均集中在中央控制室运行。各工艺系统的运行状态，通过计算机表现为各种模拟图形、数字、曲线和表格，在屏幕上显示出来，还可根据需要，采集、打印、制成报表。在中央控制盘上装有工业电视，用以监视炉膛燃烧情况和锅炉汽包水位。所配装的常规仪表系统带有微机处理的单回路调节器，可对工艺系统的各运行参数及设备的运行情况进行调节、控制和记录。全套设备从垃圾焚烧到发电并网的整个过程均自动进行。

（11）运行管理系统　所有运行人员除分管的设备需进行巡视和现场记录外，大多集中在中央控制室通过观察仪表了解情况，当设备运行出现异常时，报警系统会立即发出蜂鸣信号，同时指示灯显出故障处所，并指示运行人员进行判断和调节处理。

（12）废液处理系统　装有成套的提升、过滤、加压及雾化设施，可对垃圾渗滤液进行喷入炉膛的高温处置。还装有下水管网系统可将灰渣连同锅炉排出的废水输往处理厂进行处理。

此外，还设有锅炉给水系统、冷却水系统、液压系统、压缩空气系统以及通信系统等装备。

（五）主要工艺设备

垃圾焚烧处理的成套设备主要有称量、贮存和供料、焚烧炉及其辅助件、灰渣处理、废液处理、烟气处理等。下面以垃圾焚烧炉、废热锅炉和静电除尘器作为主要设备加以说明。

（1）焚烧炉 采用马丁型活动式炉排（即机械炉排）垃圾焚烧炉，炉宽约 3m，炉床长约 6.5m。其炉排构造可参见图 4-6-16(b) 所示。由于这种炉型特别是它的燃烧室设计考虑了有较长的干燥区，通过连续多年的运行情况，非常适合焚烧含水率高达 50% 和低热值（3300kJ/kg 左右）的深圳垃圾。另外，此炉排下面风室的配置和各风室风门的设计均有独到之处，当垃圾在炉排上面移动过程中，依次经过干燥、燃烧和燃烬三个阶段而被彻底燃烧。垃圾在炉排上呈层状燃烧，燃烧空气从炉排下方送入。通过炉排的逆向间歇运动，使垃圾自上而下均匀移动，并对垃圾进行搅动和破碎（烧成团状表面固化的垃圾团），增加透气性，便于空气与垃圾的充分混合，改善了燃烧条件，有利于垃圾燃尽。

此炉的全部运动包括：左右送料器的往复运动；左右两列炉排的往复运动；推灰器的往复运动；进料口挡板的关闭等，均通过有关的油缸分别驱动，由液压站集中控制。根据燃烧的要求，经控制盘的可编程控制器发出指令，即可由各部分分别按照预定程序依次进行动作，实现燃烧过程的自动控制。

（2）废热锅炉 是烟气冷却系统和热能回收系统与垃圾焚烧炉排所组成的有机整体部分。在炉膛的下部为用耐火砖砌筑的轻型炉墙，后拱用吊砖和耐火材料做成。考虑到垃圾较难燃烧，需要有较高的着火温度而未设水冷壁。在炉墙的下段与垃圾直接接触的部分，采用了高硬度、耐磨损、耐腐蚀的碳化硅砖，其上段则采用了氧化铝砖。

此炉的主要技术参数为：型号为双锅筒自然循环，由底部支承；常用最大蒸发量为 13.1t/h，最大连续蒸发量为 15.72t/h；最高使用蒸汽压力为 1.8MPa，常用蒸汽压力为 1.6MPa；最高使用蒸汽温度为 209℃，常用蒸汽温度为 203℃。

（3）静电除尘器 属高效除尘设备，其运行可靠、维护简单且电耗较低。在此器的放电极与集电极之间有一高压静电场，当烟气通过时，荷电的尘粒、在电场力的作用下向集电极（极板）、放电极（极线）移动，并沉积其上而使之得到净化。所沉积的灰尘、则通过定期的振动而被打落、汇集入灰池中。

静电除尘器的主要参数有：型号 16/6/1×6/0.3；流通面积为 30m²；处理烟气量为 3000m³/h；设计除尘效率为 98.75%；工作温度为 200~300℃。

（六）工艺技术特点

本工艺技术的主要特点如下所述。

（1）无害化程度高 垃圾经过焚烧处理，其中的病原体被彻底消灭；所产生的有害气体和烟尘经净化处理可达到排放要求。

（2）减容效果良好 垃圾经过焚烧，其中的可燃烧成分被高温分解，从而体积大为减少，一般可减容达 80%~90%，在垃圾的各种处理技术中减容最多。

（3）垃圾处理的资源化得以实现 垃圾焚烧所产生的高温烟气，其热能可转变为蒸汽用于发电或供热，实现废物资源化。

（4）减少占地面积，节省运输距离 垃圾焚烧厂本身占地面积小，垃圾的焚烧又可节省贮存或存放占地，加之焚烧垃圾无二次污染问题，因而最为合理可行。

（5）垃圾焚烧是城市发展和市政文明建设的必由之路 这一点对中型和大型城市的发展而言更为明显，深圳市采用此项技术即属一例。

（七）焚烧垃圾的环境评价

该垃圾焚烧厂经过多年连续运行，曾由深圳市环境保护监测站对全厂大气、噪声、烟道气、水质等进行采样分析，其测定结果表明：二氧化硫、氮氧化物、飘尘和悬浮物的日平均和任一次的浓度均达到一级大气标准，氯化氢日平均浓度超标。总体噪声达到国家标准。烟道气中之烟尘含量为 96.9mg/m³；二氧化硫为 13.87mg/m³；氮氧化物为 211.46mg/m³；氯化氢为 34.23mg/m³；一氧化碳为 20.00mg/m³。

（八）技术经济分析及必要说明

对分析垃圾焚烧厂的技术与经济而言，首应着重于环境效益与社会效益，也应适当考虑其经济效益。下面列出若干数据作为参考。

（1）主要技术指标

垃圾处理量：	150t/d×2；
单台处理能力：	6.25t/(h·台)；
灰渣热灼减率：	＜3%；
排放烟气含尘量：	＜100mg/m³；
锅炉类型：	双锅筒自然循环式；
锅炉蒸发量：	13.1t/(h·台)×2，1.6MPa 饱和蒸汽；
蒸汽温度：	203℃；
给水温度：	140℃。

（2）主要经济指标

总投资：	4700 万元（包括厂外道路等市政设施费用）；
焚烧能力：	300t/d；
单位处理能力投资：	16 万元/(t·d)；
运行成本：	1989 年测算为 24.62 元/t；
	1990 年测算为 23.33 元/t。

（3）几点说明

① 垃圾焚烧厂的投资主要是能源回收设备的投资，其额度约占总量以上，而发电或供热能力则决定于垃圾的热值。若低位发热值高于 4000kJ/kg，则可向电网送电，热值愈高，发电量也愈多。因此，要想经济效益明显，力争提高垃圾的热值是关键性问题。

② 降低垃圾焚烧厂投资的唯一途径是设备的国产化，本厂正在这方面做出努力。

③ 通过二期改造工程，该厂的日生产能力由 300t，提高到了 450t。装机配置由"2 炉 1 机"增加到"3 炉 1 机"。汽轮发电机的功率由 500kW/台扩容到 3000kW/台，从而改善了经济指标。

④ 通过二期改造工程，锅炉参数有了提高。蒸汽温度由 203℃提高到了 350℃，从而由原来的饱和蒸汽提升为过热蒸汽。这是国产余热锅炉第一次与进口焚烧炉相配套，并取得了成功，也为改善经济指标创造了条件。

二、上海浦东新区生活垃圾焚烧发电厂工程实例

（一）概况

浦东新区生活垃圾焚烧厂经多年的前期准备，于 1998 年 12 月破土动工，该工程被列为

1998年上海市重点建设项目,并为上海第一座垃圾焚烧厂[2,10]。

1996年12月,国家计委确立该项目,并确定部分建设资金可利用法国政府混合贷款。1998年9月工程可行性研究报告经国家发展计划委员会批准,总投资为66915万元人民币,其中法国政府混合贷款为3017万美元。焚烧厂能处理浦东新区集中城市化地区、面积约100km²,约130万人口产生的可燃生活垃圾,日均处理垃圾1000t,全年36.5万吨。

该项目利用法国政府贷款,以引进法国先进垃圾焚烧技术及设备。由INGEROP工程公司和ALSTOM能源系统有限公司为承包商,并对垃圾焚烧厂的整个工艺流程技术负责,承担工程的基础设计和部分详细设计,提供主要设备及自控、检测系统;承担现场建造设备安装、综合调试、开车、人员培训以及国内配套设备的监造等。中方由上海医药设计院负责,并联合上海电力设计院进行项目的工程设计。

(二)浦东新区的垃圾状况

1. 垃圾的产量和来源

根据上海浦东新区环卫署统计,浦东新区的垃圾日均清运量从1989年的383.6吨车/天增长到1996年的1727.9吨车/天。近年来,新区生活垃圾日均清运量的变化趋势见图4-6-126。生活垃圾中居民垃圾占75%,近年产量基本稳定;集市垃圾近年来有所下降,而商业垃圾呈增长趋势。新区管委会根据此前对多种生活垃圾处理方式进行比较得出结论,决定利用法国政府贷款,从法国引进技术,建造生活垃圾焚烧厂,以解决浦东新区生活垃圾的长久出路问题。

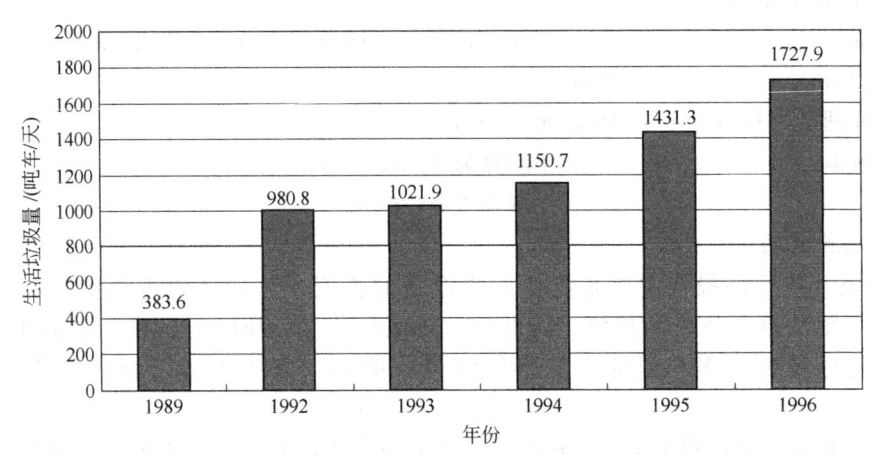

图4-6-126 上海浦东新区生活垃圾日产量的变化趋势

2. 热值和组分

一般认为,垃圾热值达到4600kJ/kg以上,采用焚烧方式处理才可以达到比较经济的效果。上海浦东新区近年垃圾热值和组分情况列于表4-6-64和表4-6-65。

表4-6-64 1996~1997年上海浦东新区生活垃圾水分、热值平均值

测定项目	居民	工商企事业	中转站	混合组分样品
平均水分/%	59.57	47.08	45.13	56.45
平均低位热值/(kJ/kg)	4813	7713	5669	5539

表 4-6-65　1996~1997 年上海浦东新区生活垃圾组分平均值

来源	垃圾组分/%（质量）								
	纸类	塑料	竹木	布类	厨余	果皮	金属	玻璃	渣石
居民	8.43	12.83	0.80	2.82	60.00	11.04	0.61	2.49	0.97
商业办公	31.90	22.91	0.77	0.58	30.64	6.58	1.53	5.01	0.08
工厂	27.35	16.44	0.38	3.95	34.15	7.60	2.11	6.42	1.60
集市	6.17	10.84	1.27	1.20	69.29	7.82	0.38	0.85	2.18
中转站	10.76	13.47	1.26	1.98	55.43	6.22	0.55	3.00	7.35
混合组分	12.30	13.98	0.78	2.64	55.33	10.10	0.83	3.01	1.03

（三）浦东新区生活垃圾焚烧厂工艺设计方案

1. 工艺方案

垃圾焚烧发电厂主要由垃圾接收系统、焚烧系统、余热锅炉系统、燃烧空气系统、汽轮发电系统、烟气净化系统、灰渣、渗滤水处理系统、蒸汽及冷凝水系统、废金属回收、自动控制和仪表系统等组成。主要工艺流程如图 4-6-127 所示。

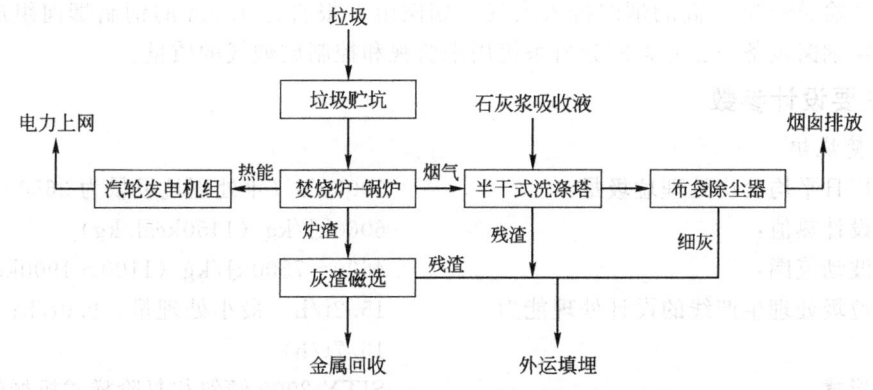

图 4-6-127　新区生活垃圾焚烧厂主要工艺流程

（1）卸料　垃圾车进厂后，首先在地磅处称重，该处能自动识别车辆、记录垃圾重量等信息，并将其传至主厂房中央控制室。称重后的车辆沿区、高架道路驶入标高为 +5m 的闭式卸料厅，卸入有给出信号的卸料口。厅里设置了 12 个卸料口，每个都装有密闭门，保证坑内能维持负压，不使臭味散出。垃圾坑底标高为 −8m，容积超过 $1 \times 10^4 m^3$，可贮存 5d 以上的垃圾量。

（2）进入焚烧炉　垃圾坑上方标高 29m 处装有 2 台带动力抓斗的桥式吊车，一台用于从坑里抓起垃圾送入标高 23m 处的焚烧炉给料斗；另一台用于将垃圾坑中的垃圾混合均匀或进行堆垛贮存。桥吊由设在标高为 13m 的控制室中的操作员用手控或半自动操纵。垃圾从给料斗经斜溜槽进入焚烧炉，由液压给料机推入炉内炉排上。给料机运动时可控制进入焚烧炉内的垃圾量。

（3）余热锅炉　本项目引进的是 SITY-2000 型往复倾斜逆推炉排，为适应浦东新区垃圾的低热值（4600~7500kJ/kg）和高水分，ALSTOM 公司作了专门的配置设计。在焚烧炉上方，直接安装了回收炉内 900~1050℃烟气热量的余热锅炉，其蒸汽压力为 4MPa，温度为 400℃，为自然循环式，有 4 个通道，配有 2 个膜式壁，一个包括蒸发器和过热器，另一个包括省煤器。在垃圾热值为6000kJ/kg时,当处理量15.2t/h产出的蒸汽量为29.5t/h,3台焚烧炉产生约88t/h的过热蒸汽,全部经过高压母管送至两台冷凝式汽轮发电机组用来发电。做功后的蒸汽在水冷式冷凝器中凝结,然后送回至锅炉给水箱。冷却水则在空气冷却塔中冷却后作回路循环。

(4) 炉渣　当垃圾在炉排末端燃尽时,只留下残渣。炉渣由出渣机经水冷到50℃,然后用出渣吊车经渣斗取出,通过振动筛和磁选机分离出废钢铁,炉渣经卸渣斗卸入卡车运出。

(5) 烟气净化系统　为达到现行环保排放标准,在每台锅炉出口处均设置了烟气净化系统,以清除烟气中含有的灰粒、酸性气体和重金属。锅炉的210℃烟气进入洗涤塔,将配置的$Ca(OH)_2$溶液从塔顶端由转速为1000r/min的旋转喷雾器的喷嘴喷入,形成粒径极细的泥浆,通过水分的挥发降低了废气的温度,并提高其湿度,使酸气与石灰浆反应,生成物受到高温烟气加热干燥成细末,其颗粒则掉落至底部。带有飞灰及其颗粒物的气体则再经后级布袋除尘器进行分离。为了达到对汞等重金属的排放要求,在袋式除尘器的进口的烟气连接管道设置了活性炭喷射系统。喷射活性炭也能清除烟气中的二噁英和呋喃等有害气体成分。

(6) 集合烟囱　每条焚烧生产线配备了变频调速的引风机。使焚烧炉维持负压和把净化后的烟气输送到80m高的烟囱排入大气。烟囱由3根直径1.6m的钢制烟囱组成集合烟囱,每根钢烟囱装备一套完整的分析系统用来监视和控制放烟气的质量。

2. 主要设计参数

(1) 焚烧炉

焚烧厂日平均焚烧处理垃圾量:	1000t/d (年处理垃圾量为365000t/a)
垃圾设计热值:	6060kJ/kg (1450kcal/kg)
适应波动范围:	4600～7500kJ/kg (1100～1900kcal/kg)
每条垃圾处理生产线的设计处理能力:	15.2t/h (最小处理量: 9.0t/h; 超载量: 16.7t/h)
炉排形式:	SITY-2000倾斜往复阶梯式机械炉排
焚烧炉年连续工作时间:	8000h
垃圾处理生产线:	3条

(2) 余热锅炉

余热锅炉过热蒸汽蒸发量:	29.3t/(h·台)
余热锅炉蒸汽压力:	4.0MPa(g)
余热锅炉蒸汽温度:	400℃
余热锅炉给水温度:	130℃
余热锅炉生产线:	3条

(3) 烟气净化

烟气处理量:	66167～72785m³/h (标态,锅炉出口处)
锅炉出口烟气温度:	200～240℃
烟气净化处理方式:	半干式脱酸洗涤塔＋布袋除尘器
烟气净化线:	3条

(4) 汽轮发电机组

汽轮发电机组铭牌功率:	8500kW/套

汽机进汽量：	44t/h
汽机进汽压力：	3.9MPa(g)
汽机进汽温度：	390℃
汽机凝汽量：	35.4t/h
一级非调抽汽量：	4.3t/h
二级非调抽汽量：	4.3t/h
一级非调抽汽压力：	1.2MPa
二级非调抽汽压力：	0.5MPa
一级非调抽汽温度：	260℃
二级非调抽汽温度：	184℃
排汽压力：	0.007MPa
汽轮发电机组生产线：	2 条
发电机出线电压：	10.5kV

3. 厂址选择和平面布置

浦东新区生活垃圾焚烧厂位于浦东新区北蔡镇御桥工业小区内的御桥路上，东面是沪南公路，北距南浦大桥 7km，厂区介于内外环线之间。工厂占地呈五边形，东西长约 330m，南北宽约 260m，占地面积 82165m² （123 亩）。

主要建筑：主车间（包括垃圾卸料区、垃圾贮存区、焚烧区、烟气净化区、汽轮发电区、灰渣贮存区等）、综合管理楼、磅站、燃料油罐区、上网变电站、污水处理站以及配套的公用工程。工程建设总面积为 22197m²。

根据工艺特点与设施组成，工厂总平面设置为 3 个区：厂前区、主厂房区和生产服务区。紧邻车辆出入口的厂前区是栋集办公、食堂及宿舍为一体的综合楼。主厂房区位于厂区的中央偏北，由垃圾卸料区、垃圾贮存区、垃圾焚烧区、烟气净化区、汽轮发电区等组成。进厂垃圾运输车由主厂房北面的高架路进出，在高架路与围墙间有近 10m 的绿化带，可隔离噪声。在主厂房东面，留有将来建设垃圾资源化综合利用时分选垃圾的用地。生产服务区位于厂区的西北部。紧靠主厂房的中心设置了消防水池、水泵房、冷却塔、污水处理站等构筑物，以缩短管线，避免生产流程的迂回往复。厂内道路两侧、建筑物四周均植有树木、花草，在厂前区还布有集中的园林景点，使其成为花园式工厂。见图 4-6-128。

图 4-6-128　上海浦东新区生活垃圾焚烧发电厂现场图片

4. 主要技术工艺特点

（1）采用 SITY-2000 倾斜往复阶梯式机械炉排，是从最早应用于垃圾焚烧的马丁炉排发展改进而来，适于低热值、高水分垃圾的焚烧，垃圾在不添加辅助燃料的前提下也燃烧充分，排出炉渣的可燃物含量小于 3%。并可确保烟气在炉内 850℃ 以上高温区停留时间不少于 2s，以充分分解烟气中的有机物，同时，为了确保夏季过低热值垃圾时也能达到充分燃烧的目的和相关排放要求，焚烧炉配有辅助燃油系统。

（2）利用焚烧生活垃圾产生的余热，由 2 台汽轮发电机发电，发电能力为 1.72×10^4 kW，全年发电 1.37×10^8 kW·h，其中，3021×10^4 kW·h 自用，1.07×10^8 kW·h 可向城市电网供电。

（3）为控制项目投资和充分利用国内的设备制造能力，引进现代化技术的垃圾焚烧厂包括焚烧工艺，余热利用，烟气净化和控制系统在内的工艺以及部分关键设备的硬件。而对于国内确有技术和制造能力的设备则由国外提供图纸在国内进行生产的方式进行合作制造，以降低项目投资。

（4）采用半干式洗涤塔＋布袋除尘器的烟气净化工艺。布袋除尘器对重金属可提供较佳的去除效果。为了保护布袋除尘器，半干式洗涤塔可提供良好的冷却效果，既可达废气冷却的效果，且不导致废气饱和而造成堵塞滤袋的问题。预留了脱氮装置接口。

（5）采用 DCS 集散系统，使生产达到了现代化的水平。

（四）投资及运行成本

本项目建设投资为 66915.04 万元（含法国政府贷款 3017 万美元），其中：建筑工程费10419.71 万元，占总估算 15.57%；设备购置费 30828.84 万元，占总估算 46.07%；安装工程费 7574.28 万元，占总估算 11.32%；其他工程费 18092.21 万元，占总估算 27.04%。

项目经营成本为 2428 万元/年（垃圾焚烧单位处理经营成本：66.52 元/吨）；固定总成本为 2079 万～6760 万元/年；可变总成本为：386 万元/年（正常年）。

三、广西来宾市生活垃圾焚烧发电厂工程实例

（一）概况

广西来宾市是广西最年轻的地级市（设立 6 年多），来宾市垃圾焚烧发电厂项目总投资2.17 亿元。年处理城市垃圾 18 万吨，年发电 1.2 亿千瓦时。该项目是广西 2007 年重点项目之一，是广西首个垃圾焚烧发电项目。工程位于广西来宾市城厢乡，用地 $4.1349 hm^2$。这一项目由福建中安通用能源环保股份有限公司、北京中科通用能源环保有限责任公司联合投资。

工程项目设计日处理生活垃圾 500t，装备 2 台 250t/d 循环流化床焚烧炉和 2 组 7.5MW凝汽式发电机，同时配套建设 10.5kV/35kV 升压站、生活垃圾＋煤＋甘蔗叶燃料输送系统和水、电、气辅助设施及"三废"处理系统。项目采用先进的外置换热器技术，避免垃圾焚烧氯在高温下腐蚀金属的制约垃圾焚烧效率的问题。外置换热器技术还可提高蒸汽温度，使所用设备与现有火电设备共享，大幅降低建设投资成本。

该工程是广西第一个城市生活垃圾焚烧发电综合循环利用的 BOT 项目，系统主要由垃圾储存及输送给料系统、焚烧与热能回收系统、烟气处理系统、灰渣收集与处理系统、给排水处理系统、发电系统、仪表及控制系统等子项组成。工程选用的循环流化床焚烧炉由无锡太湖锅炉有限公司生产，目前该类焚烧炉已在宁波、东莞、嘉兴等城市垃圾处理中投入运营。从已投入运行的循环流化床焚烧炉运行检测结果分析，焚烧炉在燃烧低位热值生活垃圾

并添加辅助煤（其混合物低位发热量在 8700kJ/kg）的情况下，在烟气净化系统仅采用 $Ca(OH)_2$ 作为吸收剂不加活性炭时，各项排放指标全部达到我国生活垃圾焚烧污染控制标准（GB 18485—2001），二噁英等主要指标达到欧盟污染控制标准，用灰渣制砖各项检测指标均不超过相关标准限值。

（二）生活垃圾焚烧厂工艺方案

垃圾焚烧发电厂主要由垃圾接收系统、焚烧系统、余热锅炉系统、燃烧空气系统、汽轮发电系统、烟气净化系统、灰渣、渗滤液处理系统、蒸汽及冷凝水系统、废金属回收、自动控制和仪表系统等组成。主要工艺流程如图 4-6-129 所示。

（三）焚烧系统和主要设备组成

1. 垃圾贮存与输送给料系统

由垃圾贮坑、抓吊和输送给料设备等组成。垃圾坑起着贮存、调节、熟化、均化、脱水的作用，其容积可贮存 7～10 天的垃圾。设有垃圾抓斗吊车 2 台，其功能是将垃圾从贮坑抓到料斗和对垃圾进行翻动。2 台垃圾焚烧炉并列布置，两台炉共用 1 条煤助燃输送线，垃圾输送给料则每台炉配备 1 条；煤助燃输送线采用胶带输送设备，垃圾输送给料由胶带输送机、链板输机和拨轮给料机等组成。考虑当地有廉价丰富的甘蔗叶，在垃圾料斗旁设一条输送带，需要时输送甘蔗叶与垃圾混合燃烧，减少煤的消耗以降低运行成本。垃圾坑中垃圾臭味是垃圾焚烧发电厂臭味的主要来源，为使垃圾坑形成负压不致臭气外逸，一次风机吸风口设计从垃圾坑中抽取，二次风机吸风口设计从垃圾输送廊抽取，同时在土建设计、施工时注意采取有效措施，以保证垃圾坑区域和垃圾输送廊的密封严密性。在垃圾卸料间和储坑屋顶设无动力排气扇，保证停炉时臭气外排。

2. 焚烧与热能回收系统

由循环流化床焚烧炉和鼓、引风机、罗茨风机等燃烧空气系统的辅助设备组成。焚烧炉由流化床、悬浮段、高温旋风分离器、返料器和外置换热器等部分组成。在旋风分离器的烟气出口布置对流管束，尾部烟道依次布置有省煤器和一、二次空气预热器。外置换热器采用空气流化、高温循环物料为热载体，使高低温过热器管束布置在酸性腐蚀气体浓度极低的返料换热器内，降低了过热器管束与垃圾焚烧产生的腐蚀气体直接接触发生高温腐蚀的条件，有效地解决垃圾焚烧高温腐蚀问题。采用垃圾与煤混烧，国内外试验及实际运行数据表明在垃圾中掺煤量达到一定比例（<7%质量比）时，可减小二噁英的生成浓度80%左右。其机理为煤中 S 对降低烟气中二噁英的合成有多种作用，是减少二噁英产生的有效方法。另外流化床布风板采用常规风帽和定向风帽，使垃圾可在流化床内产生大尺度的床料横向运动，提高垃圾在流化床内的扩散混合及排料能力。

3. 烟气处理系统

主要由脱酸反应塔、布袋除尘器、给粉系统、增湿器、飞灰回送循环和排灰系统等组成，采用半干脱酸法和布袋除尘工艺，其工艺流程见图 4-6-130。

该系统的消石灰和循环灰在循环流化脱酸塔中形成强烈流化湍流，并在形成巨大的反应表面上进行脱酸反应和增湿干燥。设置在脱酸塔出口的惯性分离器，可有效地降低袋除尘器入口浓度和除尘器负荷。另外在脱酸塔出口烟道中喷入活性炭，可有效地去除烟气中的重金属和二噁英，保证烟气排放达到国家规范要求。由于系统的脱酸反应过程采用在绝热饱和温度以上进行，水分汽化后进入烟气，故没有废水产生。整个烟气处理系统的附属设备均设置在一个钢架单元内，设备占地面积小、投资省、水耗量少、吸收剂利用率高，反应产物呈干

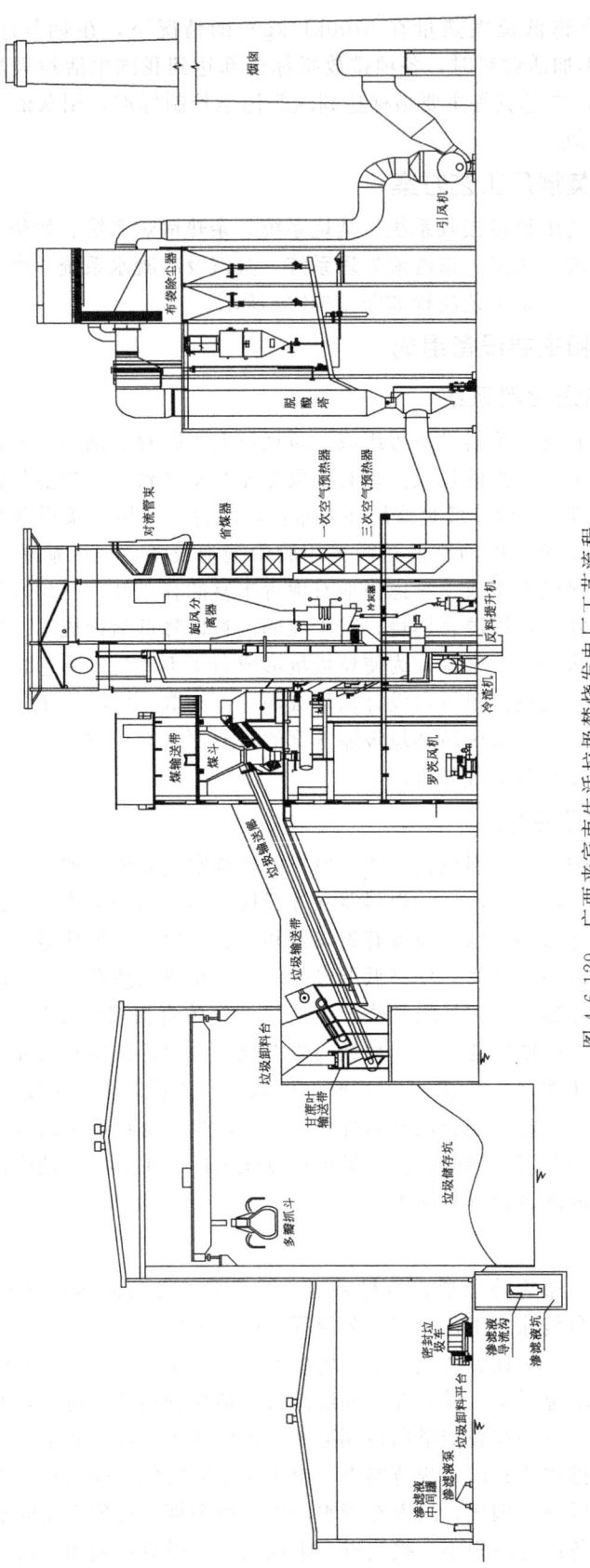

图 4-6-129　广西来宾市生活垃圾焚烧发电厂工艺流程

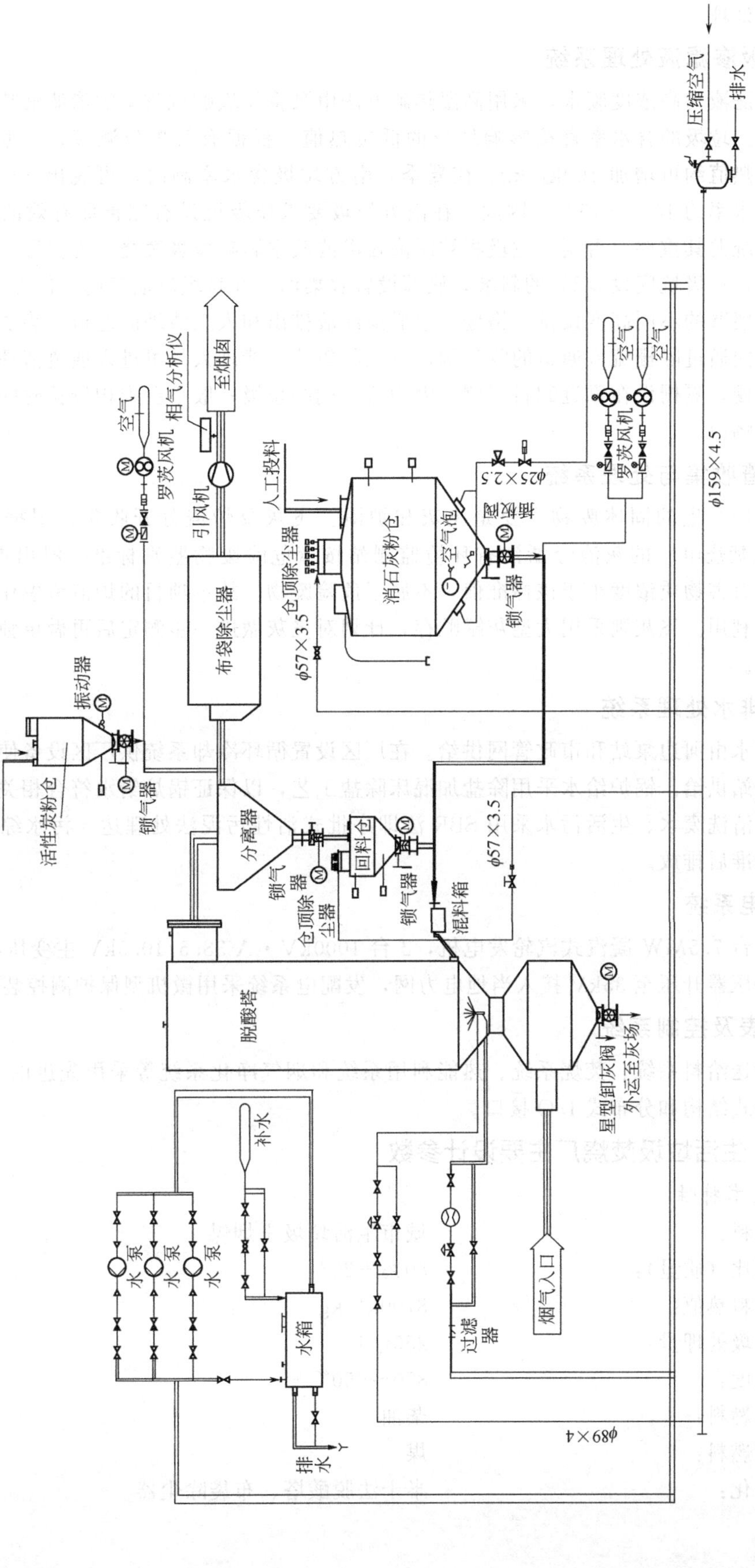

图 4-6-130 广西来宾市生活垃圾焚烧发电厂烟气处理系统工艺流程

粉状态易于处理。

4. 垃圾渗滤液处理系统

垃圾渗滤液为高浓度废水，采用高温热解方法由泵将垃圾贮坑收集的渗滤液喷入焚烧炉内燃烧处理。垃圾的含水率直接影响垃圾的低位热值。根据有关单位测试，每脱 1% 的水分，垃圾的热值约可增加 100kJ/kg。在夏季，南方垃圾含水率高时，可脱出 20% 的水分，其他季节脱水率约 10%～15%。因此，在南方垃圾要求垃圾坑设有完善而有效的渗滤液导排和收集系统尤其重要，否则，垃圾将被浸泡在渗滤液中影响垃圾焚烧。为保证垃圾渗滤液导排和收集，垃圾坑底设 ≥2% 的斜坡，底部设置收集沟。在垃圾坑墙壁的一侧做人工通道，并沿垃圾坑墙壁的不同高度设排水格栅，形成渗滤液排出和人工清理的通道，渗滤液可沿垂直和水平方向通过隔栅流入通道的收集沟，进入收集池；清理人员可进入通道清理淤泥和清理、更换隔栅，隔栅设在靠近卸料门侧，因为这一侧的垃圾一般不会堆积较长时间，以保持排导系统的畅通。

5. 灰渣收集与处理系统

垃圾焚烧产生的固体废物主要是飞灰和炉渣。飞灰及炉渣分开收集。根据杭州乔司 800t/d 垃圾焚烧电厂的灰渣经浙江省环境监测站按《危险废物鉴别标准—浸出毒物鉴别》的测定，其有害物质浓度小于该标准值，不属于危险废物。故本项目的炉渣考虑作建筑或路基材料综合利用。飞灰则采用大型灰罐贮存，计划对飞灰做进一步测定后再做单独安全处理或综合利用。

6. 给排水处理系统

全厂用水由河边泵站和市政管网供给。在厂区设置循环冷却系统供厂区设备使用，其用水由河边泵站供给。锅炉给水采用除盐加混床除盐工艺，以保证锅炉给水符合相关技术标准要求。厂区清洗废水、生活污水采用 SBR 法即序批式活性污泥法处理达《污水综合排放标准》Ⅰ级标准后排放。

7. 发电系统

设置 2 台 7.5MW 凝汽式汽轮发电机，2 台 1000kV·A 38.5/10.5kV 主变压器，10kV 母线经主变压器升压至 35kV 接入当地电力网，发配电系统采用微机型保护测控装置。

8. 仪表及控制系统

垃圾输送给料系统、焚烧系统、热能利用系统和烟气净化系统等采用先进的 DCS 控制系统，总线式结构和分布式 I/O 接口。

（四）生活垃圾焚烧厂主要设计参数

（1）技术特性

设计燃料：　　　　　　　　　　　城市生活垃圾＋烟煤

燃料配比（质量）：　　　　　　　80%＋20%

设计燃料热值：　　　　　　　　　8700kJ/kg

额定垃圾处理量：　　　　　　　　250t/d

燃烧温度：　　　　　　　　　　　850～950℃

启动用燃料：　　　　　　　　　　柴油

助燃用燃料：　　　　　　　　　　煤

烟气净化：　　　　　　　　　　　半干法脱酸塔、布袋除尘器

灰渣热灼减率：　　　　　　　　＜3.0%

（2）技术参数

额定蒸发量：　　　　　　　　　38t/h
额定蒸汽压力：　　　　　　　　3.82MPa
额定蒸汽温度：　　　　　　　　450℃
给水温度：　　　　　　　　　　105℃
连续排污率：　　　　　　　　　2%
冷风温度：　　　　　　　　　　20℃
一次风热风温度：　　　　　　　204℃
二次风热风温度：　　　　　　　178℃
二次风比例：　　　　　　　　　2∶1
排烟温度：　　　　　　　　　　160℃
设计热效率：　　　　　　　　　＞82%

（五）主要技术工艺特点

广西来宾市生活垃圾焚烧发电厂现场图片见图 4-6-131。

图 4-6-131　广西来宾市生活垃圾焚烧发电厂现场图片

主要技术工艺特点如下所述。

① 适应性广　以循环灰作为热载体，蓄热性强，垃圾经气流搅动，燃烧稳定性好，垃圾可燃烧范围宽，垃圾减容率超过 90%，灰渣热灼减量小于 3%。

② 环保性好　焚烧炉运行温度稳定控制在 850～950℃ 范围，炉膛温度分布均匀。辅助加煤可使可燃气体在较高的温度充分燃烧，彻底破坏二噁英等有害成分，同时采用分级配风控制炉内合理的氧浓度分布，使 NO_x 产生量大为减少。

③ 换热器外置布置使过热器不须采用耐高温腐蚀特殊材质（目前主要选用镍基合金材料），从而可选用常规中温中压锅炉材料，降低了设备造价。

④ 流化床设计结构使大块不燃物和金属容易排除，系统无需复杂的破碎和筛分等预处理工序，节省处理系统投资。

四、危险废物焚烧厂工程实例

（一）概况

广东省的工业危险废物产生量较大，尤其是珠江三角洲和粤东地区，所产生的危险废物种类繁多，成分复杂，引起诸多的环境问题。

广东省危险废物综合处理示范中心一期是《广东省环境保护"十五"计划》和《广东省固体废物污染防止规划》中十个危险废物处理处置中心的启动项目，是广东省内第一个较大规模并具有示范性质的重要项目；项目的功能和设计体现了国内外处理处置工业危险废物的先进水平。表 4-6-66 所列为示范中心规划的危险废物处理种类及数量。

表 4-6-66　示范中心规划的危险废物处理种类及数量

序号	处理系统名称	废物种类	废物量/(t/a)	
			一期	二期
1	焚烧	染料涂料、感光材料、医疗垃圾等可燃废物	10000	20000
2	物/化	酸、碱废液及废乳化液	3500	5000
3	稳定化/固化	重金属污泥、生活垃圾焚烧飞灰	34750	62000
4	直接填埋	石棉废物等	1000	3000
5	综合利用及回收处理	废矿物油、废有机溶剂、废电池等	—	30000
6	剧毒化学品暂存库	剧毒化学品	200	—
7	危险废物暂存库	废电池、废旧灯管	550	—
合　计			50000	120000

2005 年威立雅环境服务公司与深圳市东江环保有限公司共同成立了惠州东江威立雅环境服务有限公司，并与广东省环保局签署了该危险废物综合处理中心的设计、设计及 30 年运营的特许经营权协议，负责广东省内惠州，东莞，佛山，河源和汕尾 5 个地区危险废物（含惠州的医疗废物）的收集和处理，同年十月，广东省环保局批准增加特许专营服务范围至佛山、中山、江门、东莞、肇庆、珠海、惠州、汕头、潮州、揭阳、汕尾、河源、梅州等 13 个城市。这是中国的危险废物处理领域首例通过国际招标成立合资公司，并签署 30 年特许经营权协议的项目。

中心一期专营危险废物焚烧处理和安全填埋处置，可以处理的危险废物种类包括：废酸、废碱、废乳化液、重金属污泥、医疗废物、废油漆、废染料涂料、蒸馏残渣、有机树脂类废物、焚烧飞灰及残渣、石棉废物等 40 余类。

焚烧处理的工业废物量为 10200t/a，医疗废物量 1800t/a，总焚烧处理量 12000t/a。处理规模 40t/d，年工作日为 330d。

焚烧项目采用回转窑焚烧炉。废物在回转窑（950～1100℃）内燃烧，经过二级燃烧室（1100～1200℃）内燃烧，同时保证烟气在二燃室的停留时间大于 2s，以充分分解有害物质；高温烟气经余热锅炉以副产蒸汽的形式回收部分热能；回收热能后的烟气进入烟气洗涤系统出去酸性物质，再注入活性炭吸附烟气中的二噁英，进入布袋除尘器，最后经引风机、烟囱排入大气。

（二）废物和燃料种类、性质及成分

本项目处理的工业废物是以固态、液态废物为主。主要是热值较高和毒性较大的有机树脂类废物、精（蒸）馏残渣、燃料、涂料废物、废药品、农药废物、木材防腐剂废物以及农药、鼠药等。从废物的状态划分有固体废物、液体废物、半个体膏状废物。另有一部分桶装废物因不能进行二次混料，必须连桶一起焚烧。根据国内一些危险废物焚烧处理单位的运行检测分析结果，进入焚烧车间的工业危险废物的理化性质大致如表 4-6-67 所列。

表 4-6-67　焚烧处理的工业废物一览表

序号	废物名称	废物状态	废物数量/(t/a)
1	医疗废物	固态	1750
		液态	150
2	医药废物	半固态、液态	300
3	木材防腐剂废物	半固态、液态	600
4	精(蒸)馏残渣	固态	500
5	染料、涂料废物	半固态	2250
6	有机树脂类废物	固态	3600
7	农药、鼠药等剧毒品	固态、液态	600
8	其他可燃废物		450
合　计			10200

按照进入焚烧车间的废物状态，大致分类列于表 4-6-68。

表 4-6-68　焚烧废物状态分类

序号	废物状态	废物数量/(t/a)	热值/(kcal/kg)
1	已混合固体废物	5850	3500
2	医疗废物	1800	2500
3	膏状残渣	1500	4500
4	半固态残渣	2250	4500
5	液态废物	600	4000
6	总计	12000	

（三）焚烧厂工艺流程

危险废物回转窑焚烧处理工艺包含废物预处理系统、焚烧系统及烟气处理系统等三个部分。废物预处理系统包括废物的预处理和进料工序；焚烧系统由回转窑和二燃室及出渣系统组成；烟气处理系统由急冷、烟气洗涤系统和除尘设备组成。其工艺流程示意如图 4-6-132 所示。

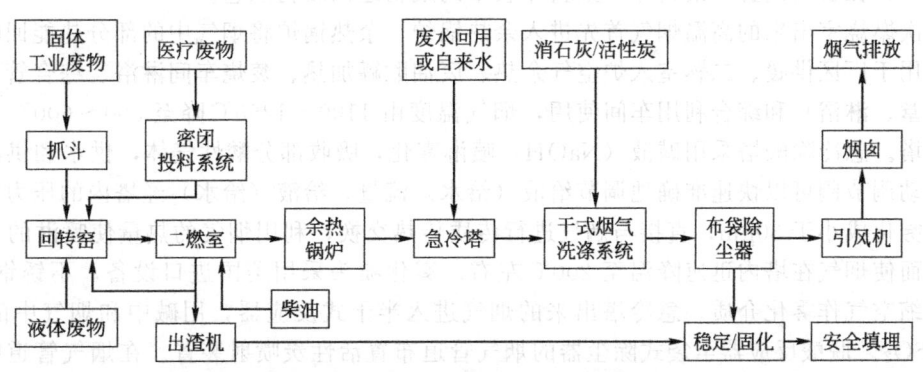

图 4-6-132　危险废物焚烧工艺流程示意

危险废物焚烧系统由回转窑、二次燃烧室、出渣机及控制系统组成。各类危险废物经预处理和经进料菜单配制后通过不同的进料途径进入焚烧炉内，在回转窑连续旋转下，废物在窑内不停翻动、加热、干燥、气化和燃烧，回转窑的窑尾燃烧温度控制在 950～1150℃，残渣自窑尾落入渣斗，由水封出渣机连续排出。燃烧产生的烟气从窑尾进入二次燃烧室再次高温燃烧，燃烧温度控制在 1100～1250℃，烟气在二燃室的停留时间大于 2.5s，确保进入焚烧系统的危险废物充分彻底地燃烧完全。经二燃室充分燃烧的高温烟气送入余热锅炉回收热量。

回转窑窑尾的出渣口采用水封密封，如果炉温控制恰当，排出的灰渣经水封水快速冷却后可以被水淬，不会出现大块排渣，出渣机采用链板式输渣，可以避免变形的铁筒和大块渣卡死出渣机的现象。系统出渣由标准渣贮罐（3m³）接料，由叉车运至稳定化/固化车间处理。

考虑到危险废物的复杂性和成分多变性及其热值的不均衡性，为确保焚烧系统的安全稳定运行，设计在回转窑头和二次燃烧室布置了辅助燃烧器，燃烧器采用自配风轻柴油燃烧器。燃烧器具有火焰监测和保护功能，现场 PLC 控制与 DCS 通信，能实现控制室的远程自动控制。当炉膛温度低于设定值时，燃烧器自动开启，当炉膛温度高于设定值时燃烧器自动关闭，也可人工根据炉内焚烧情况手动启停。燃烧器的喷油量和助燃风量由燃烧器配置的比例阀自动控制和调节。事实上炉膛温度的调节首先是由计算机先对鼓风量和进料量进行调节，在鼓风量和进料量超出设计范围时才由燃烧器来进行辅助调节。二燃室的烟气温度首先是由二次风（由鼓风机提供）来调节的，特别是在二燃室喷液体燃料时。在废液贮罐区设置 2 个有效容积为 20m³ 的废油贮罐和 1 个 20m³ 的柴油贮罐。

助燃系统主要设备包括轻柴油和废油贮罐、输送泵、输送管道、减压阀、阻火器、截门、过滤器、放空阀和燃烧器。启动燃烧器经系统自动寻检无误后，电磁阀打开，柴油或废油经点火器点燃喷入炉膛，与鼓风机鼓入的一次风及燃烧器风扇鼓入的辅助风混合，完成对危险废物烘干、热解、焚烧和燃烬的全过程。燃烧器具有自动点火、大小火自动调节、灭火保护、故障报警等功能和火焰强度大、燃烧稳定、安全性好、功率调整范围较大等特点。燃烧器选用全自动燃烧器（意大利的百德品牌），自带加压油泵和送风风扇。具有自动点火、自动火焰监测、灭火保护、故障报警等功能。

燃烧所需空气由两台鼓风机提供，分别提供回转窑和二燃室所需的空气量，另外为回转窑喷油系统配置一台助燃风机。风道上分别配置风量调节阀进行燃烧调节，为充分利用余热、节省能源，采用余热锅炉蒸汽加热入炉空气。

由于回转窑本体与进料装置的非刚性连接，在回转窑窑头进料口处固体粉状物料会有少量的泄漏，在窑头设置了集料斗，集料斗收集的废物返回废物贮仓。

二次燃烧室出来的高温烟气首先进入余热锅炉，余热锅炉将烟气中的部分热能回收，产生蒸汽用于厂区供暖、二燃室入炉空气余热、废油贮罐加热、焚烧车间淋浴、综合管理楼生活（食堂、淋浴）和综合利用车间使用，烟气温度由 1100～1250℃ 降至 500～600℃ 进入急冷除酸塔。急冷除酸塔采用碱液（NaOH）喷淋雾化，吸收部分酸性气体，供水和供液管路上的自动调节阀可以快速准确地调节给液（给水）流量。给液（给水）经塔内的压力雾化喷头将水雾化成小于 30μm，直接与烟气进行传质传热交换，利用烟气的热量使喷淋的水分蒸发，从而使烟气在塔内迅速降温至 200℃ 左右。雾化喷头采用美国进口设备，不锈钢材质，采用压缩空气作雾化介质。急冷塔出来的烟气进入半干式反应器，用碱中和烟气中的 HF、HCl、SO_2。脱酸反应器至袋式除尘器的烟气管道布置活性炭喷射装置。在烟气管道中，活性炭与烟气强烈混合，利用活性炭具有极大的比表面积和极强的吸附能力的特点，对烟气中的二噁英和重金属等污染物进行净化处理。

带着较细粒径粉尘的烟气行进中经过布袋除尘器时，烟气中的粉尘被截留在滤袋外表面，从而得到净化，再经除尘器内文氏管进入上箱体排出。PLC 控制定期按顺序触发各控制阀开启，使气包内压缩空气由喷吹管孔眼喷出，通过文氏管，诱导数倍于一次风的周围空气进入滤袋，使滤袋在一瞬间急剧膨胀，并伴随着气流的反向作用，抖落粉尘。被抖落的粉尘落入灰斗，经出灰机构排出。

布袋除尘器出口设置洗涤填料塔，对酸性气体用湿法处理，是对半干法脱酸的补充，从而去除烟气中剩余的酸性气体。在洗涤塔的顶部装有除雾装置，可有效将小水滴去除，减少烟气带水。设置烟气再加热器。通过换热装置将烟气升温至＞120℃后排放，即可避免烟雾的出现，取得较好的效果。经过加热的烟气进入引风机、烟囱达标排放。为了监视烟气污染物排放情况，在烟囱上设置烟气在线监测系统（CEMS）。

（四）焚烧厂系统组成

1. 预处理系统

（1）预处理及进料　固态废物的形态各异，根据焚烧炉进料粒度的要求，固体废物进料不能超过 400mm×400mm×600mm，最佳粒度不希望超过 100mm×100mm×200mm，这样有利于焚烧和混合，同时可避免大量的破碎工作。一般超过最佳规格的散装废物首先进入破碎机进行破碎，破碎机选用剪切式破碎机，功率为 112kW，经破碎后的废物溜入暂存坑中。

破碎机布置在预处理车间的一端与暂存坑分隔开的房间内。预处理区设置 3 个 180m³ 废物暂存坑，用于进料和混料。整个预处理车间为密闭微负压状态，空气被焚烧炉鼓风机引入炉内焚烧处理确保有害气体不外溢。坑内废物量的充满系数为 0.8，可保证混合均匀，同时废物存量可满足焚烧炉 6d 的用量。混料采用 0.5m³ 的抓斗，将事先配好的废物倒入坑内，用抓斗进行充分混合，并同时可将混合的废物抓入焚烧炉前的进料仓内。

进料仓下部为液压活塞加料器，利用来把从进料仓掉下约 0.5m³ 固体废物推入转窑内。整个进料过程是由中控室的计算机控制下自动进行，进料的量和频率是根据回转窑内的温度和尾气探测气的数据来调节，同时也可以通过人工设定进料量和每次进料的时间间隔来自动控制。

固体废物进料系统在炉前中间进料斗下部还设有桶装和袋装医疗废物进料装置。有一些废物的黏结性很强，尤其是半固态废物不可能与包装桶分开，又无法破碎，有些废物挥发性大，医疗废物具有感染性，不宜将包装拆卸打开，因此需连包装桶和包装袋一起焚烧。桶装进料装置布置在炉前，通过垂直提升机将桶装废物和医疗废物自动送入炉前溜槽内，桶装废物进料口在炉前溜槽的侧面，并有一气动门密封，进料时将自动开启。

至于液体进料，可利用喷枪从暂存罐直接用泵喷入转窑内。焚烧液体由于热值差别大，必须适当的均合，可代替部分辅助燃料，降低运作成本。

设计 5 个液体暂存罐，容量每个为一天的液体焚烧量，每个存罐都配备搅拌器，使液体能充分混合。

（2）医疗废物预处理区　考虑到医疗废物具有全空间污染、急性传染和潜伏性传染特征，同时为了满足《医疗废物集中焚烧处置工程建设技术要求（试行）》的要求，拟在焚烧车间附近设置医疗废物预处理区。

根据医疗废物暂存、冷藏及料桶清洗的需要，分别设置了料桶堆放区、清洗消毒区和冷藏库。医疗废物预处理区同样为密闭式并保持微负压状态，以防止废物臭气外逸污染周边空气环境。

2. 焚烧系统

（1）回转窑 危险废物焚烧系统由回转窑，二级燃烧室，湿式出渣机及控制系统组成。废物在回转窑连续旋转下，物料在窑内不停翻动、加热、干燥、分解和气化。回转窑的燃烧温度约为 $800\sim900℃$，残渣自窑尾落入渣斗，由水封出渣机连续排出。燃烧产生的烟气从窑尾进入二级燃烧室再次升温燃烧，燃烧温度约为 $1100\sim1250℃$，烟气在二级燃烧室的停留时间在 2s 以上，确保进入焚烧系统的危险废物充分彻底的燃烧完全。

为保障系统应急事故的发生时系统的安全，在二级燃烧室顶部设置了紧急排放门，当引风机出现故障或布袋除尘器进口温度过高时，二级燃烧室顶部的紧急排放门会自动打开。

焚烧系统采用柴油、天然气启动。正常操作时的耗油量主要取决于废物的热值。为保证焚烧炉的稳定运行，需要时要加入柴油作辅助燃料。焚烧车间必须设置日用油箱给焚烧系统供油，日用油箱的容量取决于厂外的供应能力。

回转窑是一个卧式圆形有耐火砖衬里可旋转的炉子，窑的直径为 3.6m，长度为 12m，用 25mm 耐热钢板制造，内衬 300mm 耐火砖，以防止酸性气体侵蚀，窑的轴心线与水平线成 2°角。窑的转动尺度为每分钟 $0.2\sim1.8$ 转，由一个 40HP 马达推动。

（2）二次燃烧室 二次燃烧室为一直内径 3.0m 直立式圆筒，约 6.4m 高（回转窑出口至顶部出口），内衬 230mm 耐火材料，以 9mm 耐热钢板制造，二燃室的设计必须使烟气在 1250℃ 温度时的最高烟气流量有不少于 2s 停留时间。

回转窑窑尾的出渣口采用水封密封，排出的灰渣经水封水快速冷却后可以被水淬，不会出现大块排渣，出渣机采用链板式输渣，可以避免变形的铁筒和大块渣卡死出渣机的现象。由标准渣斗接料，由汽车运至稳定化/固化车间处理。

燃烧所需空气有两台风机提供，分别提供回转窑和二燃室所需的空气量。风道上分别配制风门，进行燃烧调节。

3. 尾气处理系统

二次燃烧室出来的高温烟气进入余热锅炉，烟气温度由 1100℃ 降至 600℃，再进入冷却塔，烟气温度由 600℃ 以最短时间内急降至 200℃。这一温度急降过程非常重要，可跨过二噁英可能再生成的温度段，大大降低二噁英产生。

冷却塔采用自来水及厂区内各个车间产生并经处理过的废水，利用加压水泵，再以压缩空气辅助，经冷却塔内特别设计的雾化喷头直接把水喷进烟气内，利用烟气的热量使喷淋的水分蒸发，从而使烟气急速降温至 200℃。

烟气离开冷却塔后，便进入干式烟气洗涤器除去烟气中的酸性物质。项目选用干法除酸的原因是利用经过急冷后的烟气湿态气氛直接喷入碱式干粉，既提高了烟气酸性气体的中和效率，又可去掉在通常流程中设置的碱液配置系统和半干式喷淋塔，节省了投资。近年干法除酸已在国外广为采用。

碱式干粉是石灰 $[Ca(OH)_2]$ 粉末，直接注入烟气内以吸收酸性物质，由于烟气吸收了冷却塔的水分，提高了反应的效率，石灰的给料量是根据尾气在线监测器的 HCl 和 SO_2 数据，经控制室的计算机进行调节。上述烟气处理流程已达到国家尾气排放要求。

为保证烟气中的二噁英排放不会超出国家标准要求，烟气经过喷注碱性粉末除酸后，再注入适量的活性炭，把烟气中的 PCDD/PCDF 完全吸收。

烟气经布袋除尘器把烟尘粒除掉，再经烟囱排放。烟囱的 1/3 高处安装了连续在线监测器，监测烟气中的 CO、CO_2、O_2、NO_x、SO_2、HCl、浑浊度、气体流速和温度，当任何一种监测物高出国家排放标准时，监测系统便会发出警号，并通过自动控制系统，调整进料及烟气洗涤能力。

考虑在布袋除尘器后加入 5%NaOH 溶液的烟气洗涤塔，可在任何情况下保证酸性气体稳妥达到欧盟标准。若前段已达标的情况下，碱溶液洗涤可不用。

图 4-6-133 为广东惠州危险废物焚烧厂现场图片。

图 4-6-133 广东惠州危险废物焚烧厂现场图片

（五）主要工艺设备参数

1. 主要设计参数

（1）回转窑

处理能力	40t/d
总热负荷	30597MJ/h
外部尺寸	$\phi 3.6m \times 12m$
材料	25mm 耐热钢板
增温段内部尺寸	$\phi 1400mm \times 1000mm$
材质	AISI 304
耐火砖	300mm 含 70% Al_2O_3，备防腐蚀和耐磨特性
转速	0.2～1.8r/min
斜度	1.25°～2°
操作温度	800～900℃
操作压力	-10～$-20mmH_2O$
燃烧器	带二次风夹套、雾化压力 0.3～0.6MPa
材质	AISI 304
油量	$Q=0$～200kg/h（油）
低热值废物喷嘴	$Q=0$～200kg/h
年工作日	330d

（2）二燃室

内部尺寸	$\phi 3327mm \times 6400mm$
材料	耐热钢板
材质	AISI 304
耐火砖	225mm 厚含 70% Al_2O_3，备防腐蚀和耐磨特性
操作温度	1100～1250℃

操作压力 $-10 \sim -20 mmH_2O$

烟气停留时间 $\geqslant 2s$

炉渣热灼减率 $<5\%$

排烟量（标准状态下） $28000 \sim 32000 m^3/h$

燃烧器 $Q=0 \sim 200kg/h$（油）

高热值废物喷嘴   160L/h

（3）破碎机

一台剪切式破碎机，功率为112kW，配备了进料斗和出料槽。可破碎200L满载铁筒。

（4）冷却塔

外形尺寸 $\phi 6.3m \times 8 m$

材料   外壳碳钢，内涂耐火耐腐蚀胶泥

形式   变频调速

冷水流量 $6m^3/h$

冷水泵扬程   50m

（5）布袋除尘器

烟气进口设计温度：180～200℃

过滤面积：$1200m^2$，共有4个间隔，任何3个间隔加起来的过滤能力能满足设计焚烧炉的最高烟气量要求。布袋选用 $0.475kgf/m^2$ Gore-Tex 衬 PTFE 膜物料。

2. 自动控制及监测系统

焚烧处理系统的控制主要包括以下几部分内容。

① 进料系统控制：包括进料量、进料设备启停控制。

② 焚烧系统控制：包括助燃空气、辅助燃油量的控制，用以控制炉膛温度及燃烧效率。

③ 烟气净化系统控制：包括石灰浆量、消石灰量、活性炭量、液位、烟气温度的控制以及除尘器运行程控。以保证各污染物排放达标。

④ 在烟囱上设监测点：对烟气的主要参数如 O_2、SO_2、CO、NO_x 浓度进行在线监测。

五、医疗废物焚烧厂工程实例

（一）概况

根据某省某市医疗废物产生情况及发展趋势预测，本工程选用一套日处理20d（每天运行24h，每小时处理833kg/h）的热解气化焚烧处理系统。

处理处置规模：20t/d，年处理医疗废物7300t

占地面积： $10005m^2$（15.0 亩）

人员编制：   39 人

采用的处理技术：热解气化焚烧处理工艺处理技术

立式旋转连续热解气化焚烧系统主要由焚烧系统、余热利用系统、烟气净化系统、自动化控制系统及在线监测系统组成。

（二）医疗废物收集运输方案

医疗废物由专用医疗废物转运车从各医疗机构收集。在各医疗机构，医疗废物必须妥善分类，将能够处理的废物全部采用专用包装袋、利器盒等包装，包装袋采用黄色的，然后封好袋、盒口，装入容量可装近25kg医疗废物的周转箱（尺寸为 600mm×500mm×400mm）

内，由专用运输车定时定点收集运往医疗废物处理厂。

医疗废物运送人员在接收医疗废物时，检查医疗卫生机构是否按规定进行包装、标志，并盛装于周转箱内，不得打开包装袋取出医疗废物。对包装破损、包装外表污染或未盛装于周转箱内的医疗废物，医疗废物运送人员应当要求医疗机构重新包装、标志，并盛装于周转箱内。拒不按规定对废物进行包装的，运送人员有权拒绝运送，并向当地环保部门报告。

本工程项目采用北汽福田生产的时代牌医疗废物专用运输车，平均运输能力为 1.5～2 吨/辆，耗油情况为百公里 12L 柴油。

医疗废物专用转运车每天将从各医疗机构收集的医疗废物运至处理厂内，并将清洗消毒后的空医疗废物周转箱再送至各医疗机构。运输过程中应尽量避开人群密集区（如主要街道或商业区附近）和人群出没频繁时段（如上下班时间），并选择最短的运输路线，以最大限度地减小意外事故带来的环境污染和病毒感染。

医疗废物周转箱见图 4-6-134，医疗废物转运车见图 4-6-135。

图 4-6-134　医疗废物周转箱

图 4-6-135　医疗废物转运车

（三）工艺设计方案

1. 工艺流程

本项目由热解气化焚烧处理厂主体工程与设备、配套工程、生产管理与生活服务设施构成。

热解气化焚烧处理厂主体工程与设备主要包括：a. 受料及供料系统，包括医疗废物受料计量、卸料、暂时贮存、输送等设施。b. 热解气化焚烧处理系统，包括医疗废物热解气化焚烧处理单元、废渣固化稳定化处理单元、废气及废水处理单元以及自动化控制单元等。

配套工程主要包括总图运输、供配电、给排水、污水处理、消防、通信、热力、暖通空调、机械维修、监测化验、计量、器具清洗、消毒等，也包括场外配套设施等。

生产管理与生活服务设施主要包括办公用房、食堂、浴室、值班宿舍等设施。

主要工艺流程见图 4-6-136。

2. 车间配置

焚烧车间的配置按使用功能分区，总体分成 3 大部分。

（1）汽车卸箱和消毒区、医疗废物暂存区、空转运箱消毒区、清洁转运箱存放区等。

鉴于医疗废物的特殊性，医疗废物卸料、贮存、进料、转运箱消毒和暂存必须避免交叉污染，此部分集中布置于车间的北部，内设汽车卸箱区、汽车消毒区、医疗废物暂存区、转运箱消毒间、清洁箱存放间和控制室等。

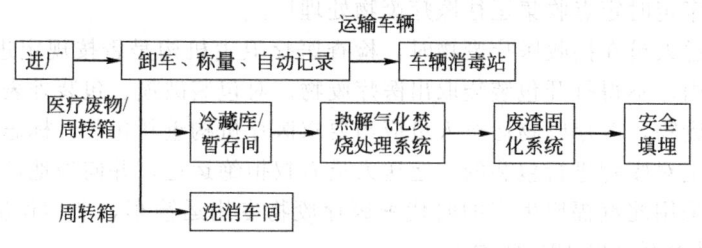

图 4-6-136　医疗废物热解气化焚烧处理厂主要工艺流程

（2）医疗废物焚烧区（包括热解焚烧和烟气净化）。此区域长 56.9m，宽 31.6m。

（3）灰渣暂存区。此区域长 8.5m，宽 7.2m。用于储存经鉴别后为危险废物的焚烧残渣和烟气净化收集的飞灰。根据《全国危险废物和医疗废物处置设施建设规划》，近两年各省均将建设危险废物集中处理处置中心，为此灰渣暂存区面积按储存一年的灰渣量考虑，待某省危险废物集中处理处置中心建成投入运行后，将暂存的灰渣送至危险废物集中处理处置中心处理。

3. 工艺方案

医疗废物焚烧厂主要工艺方案见图 4-6-137。

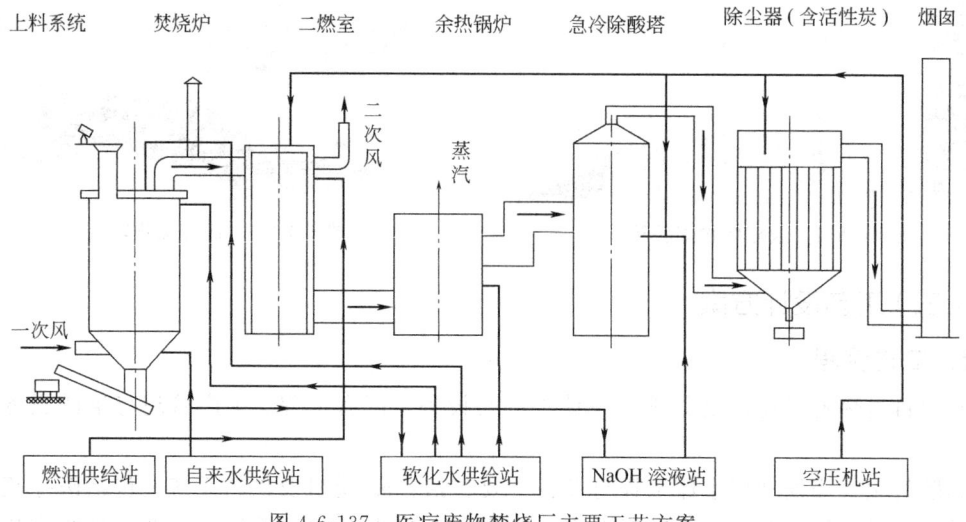

图 4-6-137　医疗废物焚烧厂主要工艺方案

医疗废物装入专用废物桶由专用医疗废物运输车运到处理厂，由工人从车上卸下后机械送入暂存室。暂存室设置在焚烧炉加料仓顶部，并设有制冷系统作应急冷藏使用。正常作业时，工人将废物桶逐个送至医疗废物加料口的医疗废物桶倾翻机上并由倾翻机将桶内的医疗废物倒入仓口。倾倒后的空桶则直接由专设货梯送到一楼地面的清洗消毒车间处理后待下一次使用。医疗废物桶倾翻机由一带转动轴的框架和一台驱动减速机组成，倾翻机可根据不同规格医疗废物桶专门设计，使用方便，性能可靠。医疗废物贮放在高处并与焚烧炉加料仓口直接布置在同一层面同一室内，作业时避免了医疗废物桶在厂区的转运，使厂区地面见不到污物，总体视觉感官效果好。

由倾翻机倒入直立料仓的医疗废物，由设置在炉盖上料仓底部的双辊加料机缓慢旋转按设定的转速加入转动炉体内。炉盖上的落料口沿炉膛半径布置落料时伴随着炉体的连续均匀转动，进入圆筒炉膛内的医疗废物沿着半径面撒开来，在炉内高温状况下迅速干燥升温，大部分有机物在高温缺氧状况下被热解形成 H_2、CO 和 C_mH_n 等可燃气体，由烟道进入二燃室燃烧。少部分可燃物及热解气化后的残余物在一次供风的条件下进行氧化燃烧。燃烧温度达 1200℃ 以上，直至残余物燃尽成为高温炉渣，并在炉底一次风的作用下渐冷进入炉底，由旋转炉排排出。经过以上过程，使得医疗废物转变成了无害的炉渣和待继续燃烧的混合可燃烟气，炉渣经旋转炉排排出后顺着炉底部的锥形灰斗落入其下方水封槽里的链刮板式出渣机上，浸湿后由出渣机排至地面收渣机上运走填埋。本技术方案的处理结果为：残渣热灼减率＜5％，残余物致病菌量为 0，残渣浸出毒性试验符合非危险废物标准。一燃室产生的混合烟气从炉顶部的出烟口排出经烟气道进入烟气再燃室（二燃室），在二次供风的条件下充分燃烧燃尽。二燃室结构为立式圆筒结构。二燃室设计烟气燃烧温度为＞850℃，烟气停留时间大于 2s。均配有燃油点火燃烧器和二次供风系统。根据热平衡计算，当医疗废物热值为 3500kcal/kg 时，

医疗废物完全燃烧后烟气温度大于 900℃，因此，燃油点火器在焚烧系统正常作业下不使用，仅在设备开炉升温阶段点燃刚进入二燃室的烟气之用，当二燃室温度达到 900℃ 时即可停止燃烧器工作。燃烧器耗油量为 40L/h，每次开炉运行时间约 0.5～1h，配一台点火燃烧器。图 4-6-138 为医疗废物焚烧炉结构示意。

二次供风系统采用两台风机，每台风机供风要求按所供二燃室各段的燃烧温度来进行调节，以免形成二燃室局部高温影响耐火材料的使用性能。

经过二燃室燃烧后的烟气到出口时 CO 浓度可达到 50mg/m^3 以下，O_2 浓度 6%～10% 之间，有机物焚

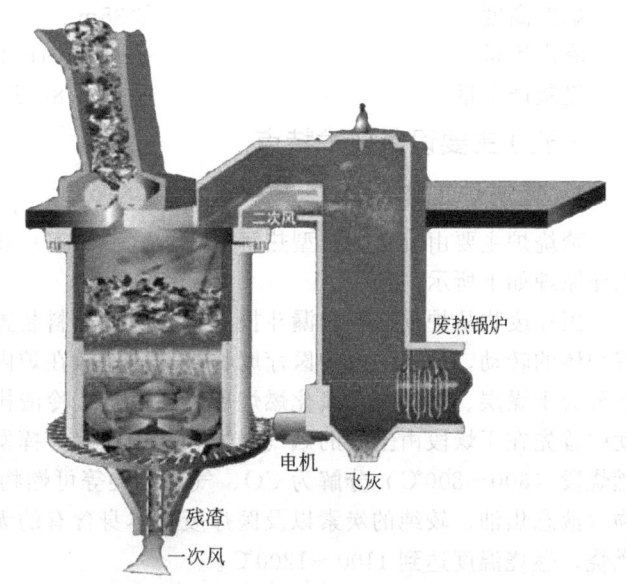

图 4-6-138　医疗废物热解气化焚烧炉结构示意

烧去除率达 99.99%，燃烧效率达到 99.99%，燃烧生成的 NO_x 浓度小于 300mg/m^3。

由二燃室出来的高温废气进入专设的余热锅炉骤降到 550℃ 后再进入烟气除酸急冷塔，由雾化器喷入碱雾可在 1s 内使烟气温度由 550℃ 降到 200℃，同时进行除酸，酸性气体主要有 HCl、HF、SO_2，中和液采用 NaOH 溶液。

对于小规模的废物焚烧厂该烟气除酸急冷塔使用操作简便。经除酸后的烟气与注入的活性炭粉末一起进入布袋除尘器吸附重金属和收尘，最后经引风机排入烟囱扩散到大气中，经过本烟气净化系统的烟气，HCl 降至 50mg/m^3 以下，HF 降至 5.0mg/m^3，SO_2 降至 200mg/m^3 以下，尘含量降至 30mg/m^3，二噁英类降至 0.1ngTEQ/m^3 以下，其他重金属汞、镉、砷、镍、铅、铬、锡、铜、锑、锰及其化合物均符合《危险废物焚烧污染控制标准》(GB 18484—2001) 排放限值。

（四）主要设计参数

焚烧炉使用寿命	20 年
处理能力	20t/d
医疗废物容重	0.27t/m^3（平均）
废物焚烧停留时间	足够燃尽

焚烧系统运行状态	负压
焚烧炉温度	≥850℃
焚烧炉体表面温度	≤50℃
焚烧炉出口烟气含氧量（干烟气）	6%～10%
燃烧效率	≥99.9%
焚毁去除率	≥99.99%
焚烧残余物热灼减率	<5%
烟气停留时间	≥2s
一燃室炉膛中心温度	≥850℃
二燃室炉膛中心温度	≥1100℃
烟囱高度	≥35m
渣产生量	平均2.04t/d（其中含玻璃和金属1.8t/d）
飞灰产生量	平均0.8t/d

（五）主要设备技术特点

1. 焚烧炉工作原理

焚烧炉主要由旋转炉排型热解气化炉（一燃室）和热解气体燃烧室（二燃室）组成，其工作原理如下所示。

医疗废物从炉顶部料仓漏斗投入料仓内，加料装置将医疗废物连续不断地加入炉内。随着炉体的转动，加入炉内的医疗废物被均匀地撒在炉内圆截面的各个表面上。一燃室自上而下分为干燥层、热解层、氧化燃烧层、热渣层、冷渣排出层。入炉医疗废物在自上向下的运动中首先在干燥段由上升的烟气干燥，其中的水分挥发。在热分解段（450～600℃）和气化燃烧段（600～800℃）分解为CO、气态烃类等可燃物进入混合烟气中。热解气化后的残留物（液态焦油、较纯的炭素以及医疗废物本身含有的无机灰土和惰性物质）进入燃烧段充分燃烧，燃烧温度达到1100～1200℃。

燃烧段产生的热用来提供热解段和干燥段所需的热量。燃烧段产生的残渣经过燃烬段继续燃烧后，进入冷却段。由热解气化炉底部的一次供风冷却（同时达到了预热一次供风的目的），经炉排的机械挤压、破碎后，由排渣系统排出炉外。

由热解气化炉底部送入的一次风穿过残渣层，给燃烧段提供充分的助燃氧。空气在燃烧过程中消耗了大量氧，并在上行至气化段和热分解段时继续提供参与反应的氧。立式炉型和底部送风方式满足了医疗废物在关键的热分解气化阶段温度和反应空气量（欠氧和无氧）的条件，并能使参与反应的医疗废物维持在这个环境下足够的时间。

由此可以看出，医疗废物在热解气化炉内经热解后实现了能量的两级分配。热解成分进入二燃室焚烧，热解后的残留物在热解气化炉的燃烧段焚烧。医疗废物的热分解、气化、燃烧形成了沿向下运动方向的动态平衡，在投料和排渣系统连续稳定运行的外部条件下，炉内各反应段的物理化学过程也连续、稳定地进行，因此热解气化炉可以连续地、正常地运转。

从热解气化炉排出的高温混合气体进入二次燃烧室，经二次风补给，在过氧情况下燃烧，燃烧温度≥850℃，气体停留时间2s，CO浓度降至30mg/m³以下，达到完全燃尽状态。

二燃室采用温控式燃油燃烧器，设定二燃室的温度为≥850℃，当二燃室温度低于850℃时，燃烧器自动启动点火补充热量，当温度超过900℃时会自动停止助燃。

2. 焚烧炉构造

（1）料仓及双辊加料器　料仓是一个直立的矩形箱式结构，既是医疗废物进入炉内的通道，又是暂存医疗废物的容器。工作时装入料仓内的医疗废物占整个料仓高度的 1/3 以上，可阻隔炉内的烟气从料仓内溢出，同时确保炉内负压的稳定。双辊加料器在料仓的下部，料辊间距比料仓口小，通过这一变化保持住料仓内的医疗废物，工作时通过双辊的缓慢转动使料仓内的医疗废物连续均匀地送入炉内。

（2）焚烧炉体　由固定炉盖与转动炉体组成，是中空的圆柱体。料仓及双辊进料器、烟气出口管均匀布置在固定炉盖上。工作时通过炉体的转动实现入炉医疗废物的均匀分布。炉体与炉盖之间由双排水封槽密封。

（3）旋转炉排　旋转炉排是焚烧炉的核心，是由耐热高强度金属制成的多级锥状结构件，安装在炉体底部，通过传动装置在电机的带动下缓慢旋转。炉排的作用：①使炉内的医疗废物蠕动，促进与空气的混合，保证焚烧完全；②强力破渣，通过炉排板与炉体侧壁的挤压将经过高温燃烧后的结焦状大块残渣破裂成 100mm 以下的小型块状以便于排出；③排渣，转动中在炉体腹腔的排渣器作用下将破碎后的碎渣块排至炉底的水封槽里；④布风，通过各个塔形层面的间隙使风室里的风均匀穿过进入炉内助燃。

（4）炉体回转机构　由大直径回转轴承、回转大齿圈、回转平台、回转减速电机组成的大型结构件，以实现炉体与炉盖的相对平稳转动。

（5）出渣机构　由收灰漏斗、水封槽、单链出渣机组成。

（6）二次燃烧室　主体为一立式窑炉结构，内有耐火材料砌筑，设有烟气进口、二次风入口、燃烧器喷火口、烟气出口、沉积飞灰清理门。焚烧室产生的高温混合烟气进入二燃室，在高温过氧状态下将有机气体燃尽。通过自动控制的点火器与燃油燃烧器的间歇工作，确保燃烧温度＞850℃，烟气停留时间大于 2s。

医疗废物焚烧炉现场照片见图 4-6-139。

图 4-6-139　医疗废物焚烧炉现场照片

3. 焚烧炉特点

① 医疗废物从顶部连续进料，底部连续排出。医疗废物在焚烧处理过程中必然要经过炉中部温度高达1100℃的高温燃烧区，因此有机物与病原体的焚毁彻底。医疗废物焚烧后全部形成结焦状残渣，热灼减量可达3%以下。

② 一燃室的炉压低，空气扰动小，因此烟气中尘含量低。实测烟气中的原始尘含量仅为1.5g/m³，比流化床焚烧炉（60g/m³）、马丁炉（30g/m³）、链条炉排炉（20g/m³）低10～30倍。由于颗粒物少，原始合成二噁英的条件会降低很多，同时大大减轻了飞灰对余热锅炉管束的冲刷磨损和烟尘净化系统的负荷，降低了运行和维护保养费用。

③ 通过控制二燃室的温度和助燃空气过剩系数，该炉焚毁去除率达99.99%；燃烧效率达99.9%；烟气停留时间>2s，可保证二噁英、CO、CH₄等对环境有影响物质的消除。避免对大气环境的二次污染。

④ 医疗废物进入炉内后的垂直移动与下送风的处理模式，使排渣的热损失量小，整个过程对医疗废物自身热能的利用效率最高，大大降低了二燃室辅助燃油量，减轻了处理费用。

⑤ 炉体与炉盖转动部件间用水封槽结构，使系统很好地实行了气密封性操作，无漏风，因而鼓引风机的功率消耗大大降低，运行和投资成本低。

⑥ 灰渣在炉内熔融后被冷却破碎成块状物排出，重金属等有害物质被固定在固相中，因此，残渣可以直接作填埋处理。残渣在水封槽里浸湿后排出，工作现场绝无粉尘飞扬，真正实现了清洁生产。

4. 余热锅炉与烟气除酸急冷塔

余热锅炉采用水管余热锅炉。入口烟气温度为≥850℃的高温废气，为了防止二噁英的低温再合成，设计锅炉出口烟气温度为≥550℃，锅炉蒸汽压力为0.7MPa，温度为170℃。

烟气除酸急冷塔是一立式筒形结构，内设雾化喷嘴，将烟气在1s内由550℃降至200℃。

5. 烟气净化系统

本方案采用半干法处理系统，主体设备为除酸急冷塔与布袋除尘器。

（1）除酸原理　用NaOH加水制成NaOH溶液，溶液浓度为5%，用浆液泵送至除酸急冷塔，经喷雾装置雾化后与烟气中的酸性物质进行中和反应，反应式为：

$$NaOH + HCl \longrightarrow NaCl + H_2O$$
$$2NaOH + SO_2 \longrightarrow Na_2SO_3 + H_2O$$

（2）工艺过程　NaOH碱液制备：NaOH装运至溶解槽里加水搅拌，经过滤注入贮液箱，在贮液箱中继续加水配制成5%浓度的NaOH碱液。

给料：控制系统操纵螺旋给料泵按需要将碱液经除酸急冷塔的喷嘴送入反应塔内。碱液被雾化器雾化成70～200μm的雾滴。

反应过程：被雾化的NaOH雾滴在喷嘴附近形成一个碱性雾滴悬浮的高密度区域，烟气中的酸性物质HCl、SO₂等穿过此区域时发生中和反应。塔内反应后的烟气夹带着反应生成物（NaCl、Na₂SO₃等）的干燥粉末尘进入布袋除尘器。

布袋除尘：含尘烟气进入灰斗和中箱体，一部分较粗的颗粒粉尘在导流装置作用下自然沉降在灰斗中，并从排灰机构卸入输灰系统，起到了预收尘的作用，而其他较细粉尘随气流向下吸附在滤袋的表面，过滤后的干净气体穿过布袋进入上箱体并汇集至出风管排出。

活性炭吸附：在布袋除尘器前设置活性炭注入装置，用以吸附并去除气态重金属和二噁英，吸有重金属和二噁英的活性炭粉被滤袋与烟尘一齐过滤下来进行飞灰处理固化，经过洁净处理后的烟气再排入到大气中。

（3）烟气净化系统特点

① 新生成的 NaOH 碱液立即被喷入除酸急冷塔参与反应，可显著提高反应效果，降低消耗。

② 半干法除酸系统无废水产生。

③ 反应后的剩余 NaOH 及反应物 NaCl、Na_2SO_3 与布袋除尘器飞灰一起收集处理，对飞灰起到固化剂的作用，可防止飞灰中重金属的逸出。

6. 仪表与自动化控制

由工业检测仪表和计算机集散控制系统组成，以实现焚烧工艺全过程的自动检测和控制。控制系统在完成数据采集、数据记录、超限报警、数据报表等功能的同时，可对主要工艺过程实现闭环的最优调节，也可在全自动、半自动和手动控制方式之间转换或实现就地控制。

在进料、排渣和锅炉水位处安装了工业电视监视探头，集中显示炉内及各辅助设备的运行情况。

（1）主要设备　工控微机，操作控制台，控制用 DCS 系统，变频器，信号变送器、传感器，操作控制柜，电气控制柜，烟气在线连续监控系统，工业电视监视系统，通讯系统，组态软件和工程软件等。

（2）控制方式　微机全自动控制，手动操作控制。

（3）显示方式　集控室微机屏幕参数显示，就地仪表显示。

（4）工业电视　系统，料仓、出渣电视监视系统，锅炉水位监视系统。

（5）系统数据采集内容　气化室温度，炉膛压力，炉底压力，二燃室进口温度，二燃室出口温度，余热锅炉进出口烟气温度，急冷塔出口烟气温度，除酸塔烟气出口温度；布袋除尘器进出口压差，布袋除尘器进口烟气温度，排烟 CO、O_2、SO_2、NO_x、烟尘含量。

（6）系统主要控制内容

① 燃烧控制　系统根据余热锅炉的蒸汽温和蒸汽压参数，自动调节进料系统的进料速度和旋转炉排的排渣速度及燃烧空气量，控制焚烧炉的热负荷，保持主蒸汽的稳定。为了防止因医疗废物热值的变化造成焚烧炉过载，设置了超限自动保护和报警功能；同时根据尾气中 CO 和 O_2 的含量控制二燃室的二次风量，使尾气排放中的 CO 含量达标。

② 尾气净化处理的控制　根据布袋除尘器进出口的压差检测值和设定值来控制脉冲吹灰器动作；根据半干式除酸急冷塔出口烟气的温度和尾气中 SO_x、HCl 等酸性有害物质的含量调节 NaOH 添加量，以保证布袋除尘器的正常运作和尾气排放达标，当排放有害物质超标时，系统将自动记录、打印和报警。

③ 余热锅炉控制　系统根据锅炉水位检测信号自动调节余热锅炉给水泵的给水速度；如果锅炉水位已到下限，系统将增大给水量并发出报警信号。

（7）冗余设计和联锁保护　控制回路里的关键环节均采用冗余设计，以保证系统的可靠性；电机的正、反转控制都采用电气和机械的联锁保护；引风机故障、鼓风机故障等重点参数采用监测保护和安全联锁。

（8）集控室布置

① 除就地控制操作和就地显示仪表、一次仪表、变送器、在线自动监控系统、现场摄像头外，其余显示、控制设备均布置在中央控制室。

② 控制操作台上布置有手动控制按钮、两台工业控制计算机和打印机及相应的仪表。

③ 在中央控制室的两侧分布置焚烧、锅炉、尾气净化系统控制柜。

7. 在线检测系统

配置 CEMS 烟气排放连续监测系统，在线连续监测排放烟气的 SO_2 浓度、NO_2 浓度、O_2 浓度、CO 浓度、烟尘浓度等。

8. 系统设备的防腐防蚀

系统设备的腐蚀主要有：①酸性高温烟气对炉墙的侵蚀；②低温烟气对设备金属表面的腐蚀；③设备金属表面的氧化锈蚀腐蚀。

为有效地防止腐蚀提高设备的使用寿命，在焚烧系统燃烧高温区的炉墙采用具有抗侵蚀性能的耐火整体浇铸料及中性材质的耐火砖作表层。对于不可内衬耐火材区域且与高温烟气接触的设备如双辊加料机，炉体下部均设计成水冷夹套式的结构以降低金属体的表面温度，对于换热用的余热锅炉，采用水管式的对流换热面。在除酸急冷塔内衬有防酸胶泥。在一、二燃室及余热锅炉的设备表面，涂耐高温防锈漆，在除酸急冷塔、布袋除尘器引风机及烟风管道外部均包装保温材料和蒙皮。

参 考 文 献

[1]　张益，赵由才. 生活垃圾焚烧技术. 北京：化学工业出版社，2000.

[2]　赵由才，宋玉. 生活垃圾处理与资源化技术手册. 北京：冶金工业出版社，2007.

[3]　四川电力建设二公司. 垃圾焚烧发电厂安装与运行技术. 北京：中国电力出版社，2009.

[4]　白良成. 生活垃圾焚烧处理工程技术. 北京：中国建筑工业出版社，2009.

[5]　柴晓利，赵爱华，赵由才. 固体废物焚烧技术. 北京：化学工业出版社，2006.

[6]　王海瑞，王华. 城市生活垃圾直接气化熔融焚烧过程控制. 北京：冶金工业出版社，2008.

[7]　龚伯勋. 环保设备设计手册-固体废物处理设备. 北京：化学工业出版社，2004.

[8]　杨宏毅，卢英方. 城市生活垃圾的处理和处置. 北京：中国环境科学出版社，2006.

[9]　周仲凡，王吉. 城市固体废物管理与处理处置技术. 北京：中国石化出版社，2000.

[10]　住房和城乡建设部人事教育司. 城市生活垃圾焚烧处理技术-建设行业专业技术人员继续教育培训教材. 北京：中国建筑工业出版社，2004.

[11]　张乃斌. 垃圾焚化厂系统工程规划与设计. 台北：茂昌图书有限公司. 2001.

[12]　李金惠. 危险废物管理与处理处置技术. 北京：化学工业出版社，2003.

[13]　国家环保总局污控司. 危险废物政策与处理处置技术. 北京：中国环境科学出版社，2006.

[14]　钱光人. 危险废物管理. 北京：化学工业出版社，2004.

[15]　王志刚，陈新庚. 危险废物的污染防治与规划. 北京：化学工业出版社，2005.

[16]　王琪. 危险废物及其鉴别管理. 北京：中国环境科学出版社，2008.

[17]　孙英杰，赵由才. 危险废物处理技术. 北京：化学工业出版社，2006.

[18]　联合国环境规划署. 控制危险废物越境转移及其处置巴塞尔公约. 1989.

[19]　罗杰-巴斯顿编. 有害废物的安全处置. 马鸿昌等译. 北京：中国环境科学出版社，1993.

[20]　国家环保总局科技标准司. 危险废物污染控制技术指南. 北京：中国环境科学出版社，2004.

[21]　张辰，王国华，孙晓. 污泥处理处置技术与工程实例. 北京：化学工业出版社，2006.

[22]　蒋文举. 烟气脱硫脱硝技术手册. 北京：化学工业出版社，2006.

[23]　Erwan Autret, Francine Berthier, Audrey Luszezanec, Florence Nicolas. Incineration of municipal and assimilated wastes in France：Assessment of latest energy and material recovery performances. Journal of Hazardous Materials. 2007，39（3）：569-574.

[24]　M. J. Gordon, S. Gaur, S. Kelkar, R. M. Baldwin. Low temperature incineration of mixed wastes using bulk metal oxide catalysts. Catalysis Today. 1996，28（4）：305-317.

[25]　Hans-Ulrich Hartenstein, Marc Horva. Overview of municipal waste incineration industry in West Europe（based on the German experience）. Journal of Hazardous Materials. 1996，47（1-3）：19-30.

[26]　S. R. Anderson, V. Kadirkamanathan, A. Chipperfield, V. Sharifi, J. Swithenbank. Multi-objective optimization of

operational variables in a waste incineration plant. Computers & Chemical Engineering. 2005，29（5）：1121-1130.

[27] Gordon McKay. Dioxin characterisation，formation and minimisation during municipal solid waste（MSW）incineration：review. Chemical Engineering Journal. 2002，86（3）：343-368.

[28] Francesco Cherubini，Silvia Bargigli，Sergio Ulgiati. Life cycle assessment（LCA）of waste management strategies：Landfilling，sorting plant and incineration. Energy. 2009，34（12）：2116-2123.

[29] A. Garea，J. A. Marqués，A. Irabien，A. Kavouras，G. Krammer. Sorbent behavior in urban waste incineration：acid gas removal and thermogravimetric characterization. Thermochimica Acta. 2003，397（1-2）：227-236.

[30] Michael D LaGrega，Phillip L Buckingham，Jeffrey C Evans. Hazardous Waste Management. McGraw-Hill Science/Engineering/Math，2000.

[31] James L Lieberman. Hazardous waste management administration and compliance. US：CRC Press，1994.

[32] Lawrence K Wang，Yung-Tse Hung，Howard H Lo. Hazardous Industrial Waste Treatment. US：CRC Press，2006.

[33] Stephen M Roberts，Christopher M Teaf，Judy A Bean. Hazardous Waste Incineration：Evaluating the Human Health and Environmental Risks. US：CRC Press，1998.

[34] Muberra Andac，Fredrik Paul Glasser. Long-term leaching mechanisms of Portland cement-stabilized municipal solid waste fly ash in carbonated water. Cement and Concrete Research，1999，29：179-186.

[35] C Visvanathan. Hazardous waste disposal. Resources，Conservation and Recycling，1996，16（1-4）：201-212.

[36] Stephen M Roberts，Christopher M Teaf，Judy A Bean. Hazardous Waste Incineration：Evaluating the Human Health and Environmental Risks. US：CRC Press，1998.

[37] Curtis C. Travis，Quest，HollyA，Hattemer-Frey. Health Effects of Municipal Waste incineration. US：CRC Press，1990.

[38] G Rchobanoglous，H Theisen，S Vigil. Integrated solid waste management. New York：McGraw-Hill，Inc.，1993.

[39] M D LaGrega，P L Buckingham，J C Evans. Hazardous waste management. New York：McGraw-Hill，Inc.，1993.

[40] 施庆燕，焦学军，周洪权. 欧洲生活垃圾焚烧发电发展现状 [J]. 环境卫生工程，2010，18（06）：36-39.

[41] 金宜英，田洪海，聂永丰. 垃圾焚烧系统中二噁英类形成机理及影响因素 [J]. 重庆环境科学. 2003，25（4）：14-16.

[42] 金宜英，田洪海，聂永丰，殷惠民，海颖，陈左生.3 个城市生活垃圾焚烧飞灰中二噁英类分析 [J]. 环境化学. 2003，24（3）：21-25.

[43] 黄生琪，周菊华. 谈城市生活垃圾焚烧发电技术现状及发展 [J]. 应用能源技术，2007（3）：42-45.

[44] 陈善平，刘峰，孙向军. 城市生活垃圾焚烧发电市场现状 [J]. 环境卫生工程，2009，17（1）：20-22.

[45] FrankKreith. Handbook of solid waste management. New York：McGraw-Hill，Inc.，1994.

[46] 中华人民共和国住房和城乡建设部.CJJ 90—2009 生活垃圾焚烧处理工程技术规范 [S]. 中国建筑工业出版社，2009.

[47] 李建国，赵爱华，张益. 城市垃圾处理工程. 北京：科学出版社，2007.

[48] 中华人民共和国住房和城乡建设部.GB/T 18750—2008. 生活垃圾焚烧炉及余热炉 [S]. 中国标准出版社，2009.

[49] 刘乃宝，孙倩. 城市生活垃圾焚烧锅炉的开发与应用 [J]. 工业锅炉，2010（3）：22-25.

[50] 唐伟，何平，张新学. 城市生活垃圾焚烧处理技术的比选 [J]. 应用能源技术，2009（8）：8-10.

[51] 陈善平，刘开成，孙向军，等. 城市生活垃圾焚烧厂烟气净化系统及标准分析 [J]. 环境卫生工程，2009（6）：14-16.

[52] 毛志伟，王浩明，孙礼明. 垃圾焚烧炉尾气净化技术的研究与实践 [J]. 水泥科技，2008（3）：2-7.

[53] 张文斌，梅连廷. 半干法烟气净化工艺在垃圾焚烧发电厂的应用 [J]. 工业安全与环保，2008，（34）4：37-39.

[54] 黄家瑶. 城市垃圾焚烧与热能利用 [J]. 工业锅炉，2003（6）：27-30.

[55] 龙吉生，徐文龙. 论城市生活垃圾焚烧处理的合理性和有效性 [J]. 中国城市环境卫生，2004（3）：34-36.

[56] 王莹，冯忻. 垃圾焚烧发电厂焚烧炉的安全评价 [J]. 天津理工大学学报，2010（3）：50-53.

[57] 陈泽峰，汪建国. 垃圾焚烧厂二噁英达标排放探讨 [J]. 中国环保产业，2010（7）：39-41.

[58] 张泽生，井鹏，陈超，等. 生活垃圾焚烧厂废气治理措施 [J]. 中国环保产业，2009，（9）：42-44.

[59] 冯军会，何品晶，章骅，邵立明. 二噁英类化合物在生活垃圾焚烧飞灰中的分布 [J]. 中国环境 2005，25（6）：737-741.

[60] 张永照. 城市垃圾焚烧技术和二噁英排放控制 [J]. 工业锅炉.2004，5：1-7.

[61] 周宏仓，仲兆平，金保升，黄亚继，肖睿. 管道活性炭喷射脱除焚烧炉烟气中的多环芳烃 [J]. 中国环境科学，2004，24（2）：252-256.

[62] 宋志伟，吕波，梁洋，杨伟东. 国内外城市生活垃圾焚烧技术的发展现状 [J]. 环境卫生工程，2007，(1)：22-26.

[63] 马士禹，唐建国，陈邦林. 欧盟的污泥处理和利用 [J]. 中国给水排水，2006，22 (4)：102-105.

[64] 黄凌军，杜红，鲁承虎等. 欧洲污泥干化焚烧处理技术的应用与发展趋势 [J]. 给水排水，2003，29 (11)：20-22.

[65] Pavel Stasta, Jaroslav Boran, Ladislav Bebar, et al. Thermal processing of sewage sludge. Applied Thermal Engineering，2006，(26)：1420-1426.

[66] 李军，王忠民，张宁，等. 污泥焚烧工艺技术研究 [J]. 环境工程，2005，23 (6)：48-52.

[67] 万伟泳. 城市污水处理厂脱水污泥的焚烧处置 [J]. 中国给水排水，2006，22 (18)：68-71.

[68] 钟瑾，朱庚富. 垃圾焚烧发电过程中的二次污染物控制处理技术 [J]. 污染防治技术，2007，(20) 3：56-60.

[69] BR Stanmore. The formation of dioxins in combustion systems [J]. Combustion and Flame，2004，36：398-427.

[70] 胡庆新. 垃圾焚烧烟气中二噁英的形态及去除方法 [J]. 中国环保产业，2006，8：23-24.

[71] MJ Quina, JC Bordado, RM Quinta. Treatment and use of air pollution control residues from MSW incineration：An overview [J]. Waste Management，2008，28 (11)：2097-2121.

[72] Johanna Aurelland, Stellan Marklund. Effects of varying combustion conditions on PCDD/F emissions and formation during MSW incineration [J]. Chemosphere，2009，75 (5)：667-673.

[73] 周志广，田洪海，李楠. 小型焚烧设施烟气中二噁英类的排放和控制 [J]. 环境污染与防治，2007，(29) 3：226-228.

[74] 孙向军. 满足 EU2000/76/EC 标准的垃圾焚烧厂烟气处理工艺探讨 [J]. 环境卫生工程，2007，(15) 5：2-7.

[75] Deuster E V. Cleaning of Flue Gas From Solid Waste Incinerator Plants byWet/semi-dry Process [J]. Environmental Progress，2006，13 (2)：149-153.

[76] 王雷，张运翘. 垃圾焚烧电厂常用烟气净化工艺分析 [J]. 锅炉技术，2008，(39) 3：73-76.

[77] 闫志海. 垃圾焚烧发电厂烟气净化技术方案的选择 [J]. 节能环保，2008，5：24-26.

[78] Huai XL，Xu WL，Qu ZY，et al. Analysis and optimization of municipal solid waste combustion in a reciprocating incinerator [J]. Chemical Engineering Science，2008，63：3100-3113.

[79] Hans-Heinz Freya，Bernhard Petersa，Hans Hunsinger，et al. Characterization of municipal solid waste combustion in a grate furnace [J]. Waste Management，2003，23：689-701.

[80] Thanh D. B. Nguyena，Tae-Ho Kanga，Young Lima，et al. Application of urea- based SNCR to a municipal incinerator：On-site test and CFD simulation [J]. Chemical Engineering Journal，2009，152：36-43.

[81] 石剑菁. 上海江桥生活垃圾焚烧厂二次污染物性质分析 [J]. 环境卫生工程，2009，17 (10)：49-51.

[82] 王亦农，李小勇. 化工危险废物焚烧技术探讨 [J]. 江西教育学院学报（综合），2011，32 (03)：20-23.

[83] 吴桐. 三燃式危险废物焚烧技术探讨 [J]. 中国环保产业，2008，(06)：22-25.

[84] 张艳艳，张蕊. 生活垃圾与危险废物的焚烧工艺及污染防治措施比较 [J]. 环境监控与预警，2011，(06)：51-53.

[85] 张林，张寅璞. 危险废物焚烧处置的理论和实践 [J]. 中国环保产业，2010 (11)：36-38.

[86] 陈曦，祁国恕，刘舒. 危险废物焚烧处置设施性能测试技术研究 [J]. 环境保护科学，2009，35 (03)：27-30.

[87] 韩敏，沈众，柏立森. 危险废物焚烧处置项目环评应重点关注的几个问题 [J]. 污染防治技术，2008，21 (05)：57-59.

[88] 周苗生，李春雨，蒋旭光，陆胜勇，李晓东. 危险废物焚烧处置烟气达标排放研究 [J]. 中国环保产业，2011 (01)：30-33.

[89] 邢杨荣. 危险废物焚烧配伍与燃烧反应分析 [J]. 环境工程，2008，(26)：203-204.

[90] 李媛媛，卢立栋，刘瑞，刘雪锦. 危险废物焚烧烟气排放标准对比研究 [J]. 环境科学与管理，2008，33 (11)：26-31.

[91] 蒋昌潭，杨三明，郑建军，张丹. 危险废物焚烧中污染防治的过程控制 [J]. 四川环境，2008，27 (02)：47-50.

[92] 中华人民共和国环境保护部，中华人民共和国国家发展和改革委员会. 国家危险废物名录（环境保护部令第 1 号）. 2008-6-6. http://www.gov.cn/flfg/2008-06/17/content_1019136.htm.

[93] 沈华. 湖南省医疗废物处置现状分析及对策研究 [J]. 中国医院，2006，8 (10)：35-37.

[94] 张淑青，赵海峻，李英春. 医疗废物监督管理现状分析与对策 [J]. 中国公共卫生管理，2009，3 (25)：291-293.

[95] 郑磊，杨玉楠，吴舜泽. 我国医疗废物焚烧处理适用技术筛选及管理研究 [J]. 环境保护，2008，408 (11)：63-66.

[96] Lee B K，Michael J E. Analyses of the recycling potential of medical plastic wastes [J]. Waste Management，2002 (22)：461-470.

[97] 陈扬，李培军，孙阳昭，等. 我国医疗废物领域履行 POPs 公约对策研究 [J]. 环境科学与技术，2008，23 (3)：123-126.

[98]　孙宁，吴舜泽，侯贵光．医疗废物处置设施建设规划实施的现状、问题和对策［J］．环境科学研究，2007，23（3）：158-164.

[99]　王华，卿山．医疗废物焚烧技术基础．北京：冶金工业出版社，2007.

[100]　陈德喜．我国医疗垃圾集中焚烧处理技术的探讨［J］．环境保护，2002，12：13-15.

[101]　赵由才，张全，蒲敏．医疗废物管理和污染控制技术．北京：化学工业出版社，2005.

[102]　李新国，周欣，张于峰．医疗垃圾的热解焚烧法处理［J］．煤气与热力，2004，24（9）：495-498.

[103]　汪力劲，邹庐泉，卢青，李娜．医疗废物焚烧处理核心技术的开发及应用［J］．中国环保产业，2010，（9）：19-22.

[104]　陈刚．国内医疗废物处置最佳可行性技术应用浅析［J］．环境保护与循环经济，2010，（7）：64-65.

[105]　孙宁，吴舜泽，蒋国华，程亮．我国医疗废物焚烧处置污染控制［J］．环境与可持续发展，2011，（5）：37-41.

第七章
固体废物的热解处理技术

第一节 概 述

热解是一种古老的工业化生产技术，该技术最早应用于煤的干馏，所得到的焦炭产品主要用于冶炼钢铁的燃料。随着现代化工业的发展，该技术的应用范围逐渐得到扩大，被用于重油和煤炭的气化。20 世纪 70 年代初期，世界性石油危机对工业化国家经济的冲击，使得人们逐渐意识到开发再生能源的重要性，热解技术开始用于固体废物的资源化处理[1~11]。

固体废物的热解与焚烧相比有以下优点：

① 可以将固体废物中的有机物转化为燃料气、燃料油和炭黑为主的贮存性能源；

② 由于是缺氧分解，排气量少，有利于减轻对大气环境的二次污染；

③ 废物中的硫、重金属等有害成分大部分被固定在炭黑中；

④ 由于保持还原条件，Cr^{3+} 不会转化为 Cr^{6+}；

⑤ NO_x 的产生量少。

美国是最早开展固体废物热解技术开发的国家。1970 年，随着美国将《固体废物法》改为《资源再生法》，原来由多个部门分别管理的固体废物处理处置技术的开发统一划归 EPA，各种固体废物资源化首端处理和末端处理的系统得到广泛开发。其中，热解技术作为从城市垃圾中回收燃料气和燃料油等贮存性能源的再生能源新技术，其研究开发也得到大力推进。Landgard process、Occidental process、Purox process、Torrax process 等技术均是在这一时期诞生的。在各企业和研究机构开发的诸多热解技术中，EPA 首先选中了以有机物气化为目标的回转窑式 Landgard process，并于 1975 年 2 月在 Baltimore 市投资建成了处理能力为 1000t/d 的生产性设施。城市垃圾经破碎后投入回转窑，通过辅助燃料燃烧产生的热量进行分解，最终回收可燃性气体。但是，由于种种原因，该系统最长只连续运行了 30d，最后改成了处理能力为 600t/d 的垃圾焚烧炉。

EPA 选中的以有机物液化为目标的热解技术是 Occidental Research Corporation (ORC) 开发的 Occidental 系统，并于 1977 年在圣地亚哥郡建成了处理能力为 200t/d 的生产性设施，总建设费用为：EPA 资助 420 万美元，圣地亚哥郡投资 200 万美元，ORC 投资 820 万美元，合计 1440 万美元。该系统如图 4-7-1 所示，分为垃圾预处理系统和热解系统两大部分。城市垃圾经一次破碎、分选、干燥后，再经过二次破碎投入反应器，与在反应器内循环流动的灰渣在 450~510℃混合接触数秒，使之分解为油、气和炭黑。由于是低温热解，反应时间也较短，理论上应该能够回收燃料油。但在对后部热解系统的试运行中，只在设计处理能力的 20%条件下运行了 3、4 次，最长的运行时间为 3 小时 45 分。最终由于机械故障太多，终止了该设施的运行，ORC 也撤出了该项目[1]。

EPA 经过对上述两种技术的开发过程，明确了热解技术开发和应用中存在的问题及其

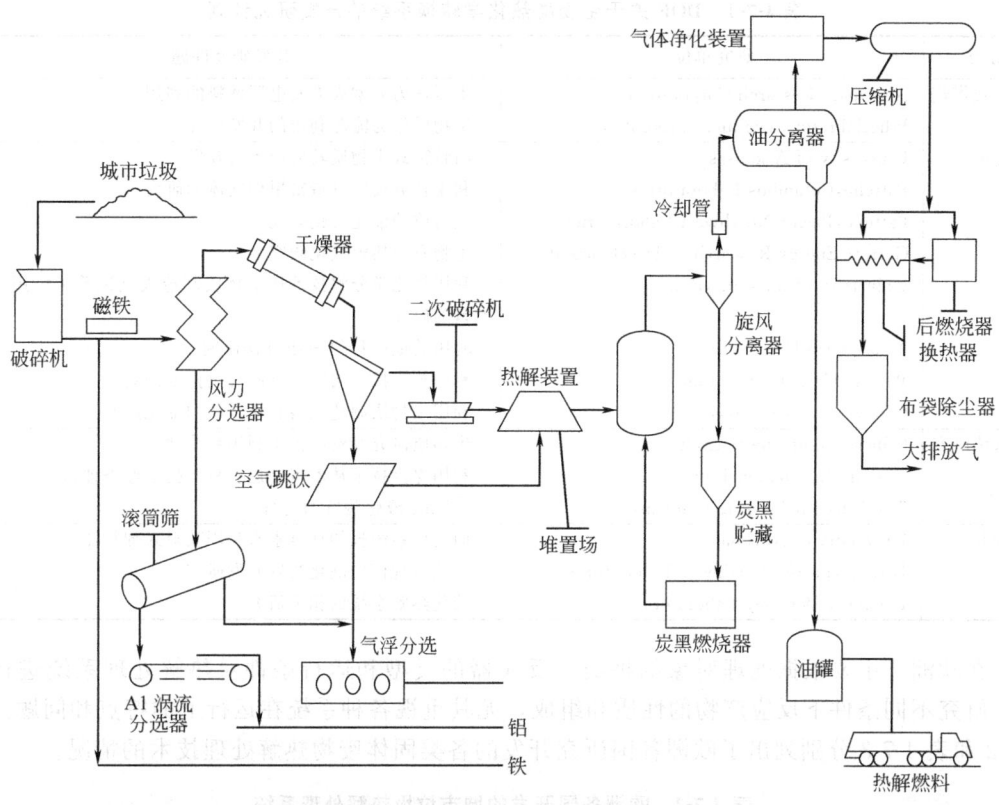

图 4-7-1　San Diego 固体废物热解处理流程 （Occidental Process） 示意

改进方向，达到了示范工程的目的，但最终并没有实现工业化生产。后期，EPA 将城市垃圾资源化处理的方向转到了垃圾衍生燃料（Refuse Derived Fuel，RDF）技术的开发。

进入 20 世纪 80 年代后，美国能源部（Department of Energy，DOE）又推出了一套对固体废物实施资源和能源再利用的技术开发计划。该计划包括：①机械系统；②热化学系统；③微生物学系统；④制度；⑤相关计划的援助等五项内容。其研究开发的目标不仅仅是对化石燃料和有价物质的节约，还充分考虑了对环境和健康的保护。研究开发的对象也从一般性城市垃圾转向了木材、农业废物等可能转化为能源的生物质，从微生物学和热化学两条技术路线，开发作为替代化石燃料的清洁能源转换技术。其中，作为热化学技术路线的开发内容包括：

① 以产生热、蒸汽、电力为目的的燃烧技术；

② 以制造中低热值燃料气、燃料油和炭黑为目的的热解技术；

③ 以制造中低热值燃料气或 NH_3、CH_3OH 等化学物质为目的的气化热解技术；

④ 以制造重油、煤油、汽油为目的的液化热解技术。

DOE 将生物能热化学转换系统开发计划分为①直接燃烧，②气化，③系统研究，④液化四个范畴，开展了大规模的研究工作，其研究内容如表 4-7-1 所列。

欧洲在世界上最早开发了城市垃圾焚烧技术，并将垃圾焚烧余热广泛用于发电和区域性集中供热。但是，焚烧过程对大气环境造成的二次污染一直成为人们关注的热点。为了减少垃圾焚烧造成的二次污染，配合广为实行的垃圾分类收集，欧洲各国也建立了一些以垃圾中的纤维素物质（如木材、庭院废物、农业废物等）和合成高分子（如废橡胶、废塑料等）为对象的热解试验性装置，其目的是将热解作为焚烧处理的辅助手段。

表 4-7-1 DOE 关于生物能热化学转换系统的开发研究计划

分类	研究单位	开发研究课题
A. 直接燃烧	Aerospace Research Corporation	木屑作为大型火力发电厂燃料的利用
	Wheelabrator Cleanfuel Corporation	生物质作为能源利用的开发研究
B. 气化	University of Arkansas	回转窑式生物质转换设备的开发
	Battelle,Columbus Laboratories	利用林业废物制造富甲烷气体的研究
	Battelle,Pacific Northwest Laboratories	生物质的催化气化研究
	Garrett Energy Research & Development	生物质的热解气化研究
	University of Missouri,Rolla	利用热化学分解技术从生物质制造大型试验工厂用合成燃料的研究
	Texas Tech University	利用其他原料的 SGFM 法研究
	Wright-Malta Corporation	利用蒸汽接触法的生物质气化技术研究
	Catalytica Associates,Inc.	利用生物质制造燃料和化学品的催化剂开发
C. 系统研究	Gilbert/Commonwealth,Inc.	生物质研究及资源再生利用系统评价
	Gorham International,Inc.	利用煤炭技术从木屑制造燃料的技术经济评价
	The Rust Engineering Company	Albany 液化装置的运行
D. 液化	University of Arizona	向高压系统投加纤维素水浆用喷射式加料器
	Battelle,Pacific Northwest Laboratories	试验室规模的液化装置开发研究
	Lawrence Berkeley Laboratory	液化热解系统的相关研究

在欧洲,主要根据处理对象的种类、反应器的类型和运行条件对热解处理系统进行分类,研究不同条件下反应产物的性质和组成,尤其重视各种系统在运行上的特点和问题。表 4-7-2 和表 4-7-3 分别列出了欧洲各国研究开发的各类固体废物热解处理技术的情况。

表 4-7-2 欧洲各国开发的城市垃圾热解处理系统

系 统	城 市	规 模	最高温度	年度	炭渣	油	气	蒸汽	摘 要
Andco-Torrax	Luedelange	200t/d	1500℃	1976	—	—	—	○	间歇式气化
	Grasse	170t/d							
	Frankfurt	200t/d							
	Creteil	400t/d							
Pyrogas	Gislaved	50t/d	1500℃	1977	—	○	○	—	对流式竖式炉,利用空气和蒸汽对废物/煤混合物气化
Saarberg-Fernwärme	Velsen	24t/d	1000℃	1977	—	○	○	—	对流式竖式炉,利用纯氧对废物气化,低温气体分离
Destrugas		5t/d			○	—	○	—	对流式竖式炉,间接加热
Warren-Spring	Kalundborg Stevenage	1t/d	800℃	1975	○	○	○	—	错流式竖式炉,利用热解气体循环直接加热
T. U. Berlin	Berlin	0.5t/d	950℃	1977	○	○	○	—	竖式炉,间接加热
Sodeteg	Grand-Queville	12t/d			○	—	○	—	竖式炉,间接加热
Krauss-Maffel	Munchen	12t/d		1978			○	—	回转窑,间接加热,利用热解装置分解重质烃类化合物
Kiener	Goldshöfe	6t/d	500℃		○	—	○	—	回转窑,间接加热,热气驱动燃气发电机
University Eindhoven	Eindhoven	0.5t/d	900℃	1979	○	○	○	—	流化床反应器,间接加热
D. Anlagen Leasing	Mainz								回转窑,间接加热

注:○表示利用;—表示未利用。

表 4-7-3　欧洲各国开发的产业废物热解处理系统

系统	城市	规模	最高温度	年度	炭渣	油	气	蒸汽	摘要
Kerko/Kiener	Goldshöfe	6t/d	500℃		○	○	○	○	同 Kiener，无后助燃器，处理轮胎
Batchelor-Robinson	Stevenage	6t/d	800℃	1975	○	○	○	—	用于轮胎的 Warren-Spring 系统
Foster-Wheeler	Hartlepool	1t/d	800℃	1976	○	○	○	—	同 Warren-Spring 系统
Herbold	Meckesheim		500℃		○	○	○	○	螺旋输送，间接加热，处理轮胎
GMU	Bochum	5t/d	700℃		○	○	—	—	间接加热回转窑，处理轮胎、电线、塑料
University Hamburg	Hamburg	0.5t/d	800℃	1976	○	○	○	—	间接加热流化床，处理轮胎
University Brussels	Brussels	0.2t/d	850℃	1978	○	○	○	—	间接加热流化床，处理塑料、轮胎、废木材
Ruhrchemie	Oberbausen	1t/d	450℃		—	○	—	—	间接加热搅拌式干馏釜，处理聚乙烯废物
PPT	Hanover		430℃						间接加热固定床，处理电线
Bamms	Essen								同 PPT
Guilini	BRD							—	竖式炉气化装置，处理轮胎

注：○表示利用；—表示未利用。

　　欧洲运行的固体废物热解系统以 10t/d 以下的规模居多，以城市垃圾为对象的大部分设施主要生成气体产物，伴生的油类凝聚物通过后续的反应器进一步裂解。也有若干系统将热解产物直接燃烧产生蒸汽。在 Kiener 系统中采用了以热解气体为燃料的燃气发电机。而 Saarberg-Fernwärme 开发的热解系统为了提高热解气体的品质，采用了纯氧氧化，在该系统中还包括了在－150℃下分馏热解气体的过程。使用最多的反应器类型是竖式炉，间接加热的回转窑和流化床也得到一定程度的开发。

　　加拿大的热解技术研究主要是围绕农业废物等生物质，特别是木材的气化进行的。据有关研究测算，加拿大丰富的生物质资源可以满足 2000 年全国运输部门的能源需求。基于这种观点，加拿大政府于 20 世纪 70 年代末，开始了以利用大量存在的废弃生物质资源为目的的 R&D 计划，相继开展了利用回转窑、流化床对生物质进行气化和利用镍催化剂在高温高压下对木材进行液化的研究。这些研究与欧美国家相比起步较晚。

　　日本有关城市垃圾热解技术的研究是从 1973 年实施的 Star Dust '80 计划开始的，该计划的中心内容是利用双塔式循环流化床对城市垃圾中的有机物进行气化。随后，又开展了利用单塔式流化床对城市垃圾中的有机物液化回收燃料油的技术研究。在上述国家行动计划的推动下，一些民间公司也相继开发了许多固体废物热解技术和设备。这些技术大都是作为焚烧的替代技术得到开发的，并部分实现了工业化生产。表 4-7-4 列出了日本国内开发的部分固体废物热解技术[2]。

表 4-7-4　日本开发的部分固体废物热解技术

序号	系统	公司或机构	反应器形式	处理能力	目标产物
1	双塔循环流化床系统	AIST & 荏原制作所	双塔循环流化床	100t/d	热解/气体
2	流化床系统	AIST & 日立	单塔流化床	5t/d	热解/气体
3	Pyrox 系统	月岛机械	双塔循环流化床	150t/d	热解/气体、油
4	热解熔融系统	IHI Co. Ltd	单塔流化床	30t/d	燃烧/蒸汽
5	废物熔融系统	新日铁	移动床竖式炉	150t/d	热解/气体
6	熔融床系统	新明和工业	固定床电炉	实验室规模	热解/气体
7	竖窑热解系统	日立造船	移动床竖式炉	20t/d	热解/气体
8	热解气化系统	日立成套设备建设	移动床竖式炉	中试规模	热解/气体
9	Purox 系统	昭和电工	移动床竖式炉		热解/气体
10	Torrax 系统	田熊	移动床竖式炉	75t/d	热解/气体
11	Landgard 系统	川崎重工	回转窑	30t/d	热解/气体、蒸汽
12	Occidental 系统	三菱重工	Flash Pyrolysis 反应器	实验室规模	热解/油
13	破碎轮胎热解系统	神户制钢	外部加热式回转窑	23t/d	热解/气体、油
14	城市污泥热解系统	NGK	多段炉	40t/d	热解及燃烧

　　在各企业开发的诸多热解系统中，新日铁的城市垃圾热解熔融技术最早得以实用化。首先，于 1979 年 8 月在釜石市建成了两座处理能力 50t/d 的设备，接着又于 1980 年 2 月在茨木市建成了三座 150t/d 的移动床竖式炉，迄今已连续运行 18 年，1996 年又在该市兴建二期工程。该系统是将热解和熔融一体化的设备，通过控制炉温，使城市垃圾在同一炉体内完成干燥、热解、燃烧和熔融。干燥段温度约为 300℃，热解段温度为 300~1000℃，熔融段温度为 1700~1800℃。城市垃圾在干燥段受热蒸发掉水分后，逐渐下移至热解段，通过控制炉内的缺氧条件，使垃圾中的有机物热解转化为可燃性气体，该气体导入二燃室进一步燃烧，并利用其产生的热量进行发电。由于灰渣熔融所需的热量仅靠固定在固相中的炭黑不够，还需要通过添加焦炭来保证燃烧熔融段的温度。灰渣熔融后形成玻璃体，使垃圾的体积大大减小，重金属等有害物质也被完全固定在固相中，可以直接填埋处置或作为建材加以利用。

　　纵观国际上早期对热解技术的开发过程，其目的主要集中在两个方面：一方面是以美国为代表的，以回收贮存性能源（燃料气、燃料油和炭黑）为目的的；另一方面是以日本为代表的，减少焚烧造成的二次污染和需要填埋处置的废物量，以无公害型处理系统的开发为目的的。

　　其中，以回收能源为目的的热解处理系统，由于城市垃圾的物理及化学成分极其复杂，而且，其组成随区域、季节、居民生活水平以及能源结构的改变而有较大的变化，如果将热解产物作为资源加以回收，要保持产品具有稳定的质和量有较大的困难。因此，美国在开发城市垃圾热解技术的同时，还充分考虑了配套的城市垃圾破碎、分选等预处理技术。对于成分复杂、破碎性能各异的城市垃圾，要进行较为彻底的破碎和分选，需要消耗大量的动力和极其复杂的机械系统，其总体效率就不能仅仅对热解的单元操作进行单独评价。此外，城市垃圾中的低熔点物质给系统操作可能造成的障碍以及有害物质的混入等对回收产物质量以及应用方面的影响等也必须予以充分考虑。从这个意义上来说，从城市垃圾中直接热解回收燃料的技术，在实现工业化生产方面并没有取得太大的进展。与此相对，将热解作为焚烧处理的辅助手段，利用热解产物进一步燃烧废物，在改善废物燃烧特性，减少尾气对大气环境造成二次污染等方面，许多工业发达国家已经取得了成功的经验。

　　近年来，随着各国经济生活的不断改善，城市垃圾中的有机物含量越来越多，其中废塑料等高热值废物的增加尤为明显。城市垃圾中的废塑料成分不仅会在焚烧过程中导致炉膛局部过热，从而造成炉排及耐火衬里的烧损，同时也是剧毒污染物——二噁英的主要发生源。随着各国对焚烧过程中二噁英排放限制的严格化，废塑料的焚烧处理越来越成为人们关注的焦点问题。许多国家相继制定了有关法律、法规，大力推行城市垃圾的分类收集，鼓励开发城市垃圾的资源化/再生利用技术，限制大量焚烧废塑料。在此背景下，废塑料的热解处理技术又重新成为世界各国研究开发的热点，尤其是废塑料热解制油技术也已经开始进入工业实用化阶段。本章第三节将重点介绍废塑料的热解制油技术。

第二节 热解原理及方法

一、热解的定义

热解在英文中使用"pyrolysis"一词，在工业上也称为干馏。它是将有机物在无氧或缺氧状态下加热，使之分解为：①以氢气、一氧化碳、甲烷等低分子碳氢化合物为主的可燃性气体；②在常温下为液态的包括乙酸、丙酮、甲醇等化合物在内的燃料油；③纯碳与玻璃、金属、土砂等混合形成的炭黑的化学分解过程。

关于热解的最经典的定义是斯坦福研究所（Stanford Research Institute，SRI）的 J. Jones 提出的。他定义热解为"在不向反应器内通入氧、水蒸气或加热的一氧化碳的条件下，通过间接加热使含碳有机物发生热化学分解，生成燃料（气体、液体和炭黑）的过程"。他认为通过部分燃烧热解产物来直接提供热解所需热量的情况，严格地讲不应该称为热解，而应该称为部分燃烧（partial-combustion）或缺氧燃烧（starved-air-combustion）。他还提倡将严格意义上的热解和部分燃烧或缺氧燃烧引起的气化、液化等热化学操作过程统称为 PTGL（Pyrolysis，Thermal Gasification or Liquidfication）过程。美国化学会为了表示对 J. Jones 的尊敬采纳了这一倡议，而将在欧洲和日本广为流行的不进行破碎、分选，直接焚烧的方式称为 mass burning[2~9]。

二、热解过程及产物

有机物的热解反应可以用下列通式来表示：

$$有机物 + 热 \xrightarrow[无氧或缺氧]{} gG(气体) + lL(液体) + sS(固体)$$

上述反应产物的收率取决于原料的化学结构、物理形态和热解的温度及速度。可燃气主要包括 H_2、CO、CH_4、C_2H_4 和其他少量高分子烃类化合物气体的混合物。有机液体是一复杂的化学混合物，常称为木醋酸、焦油和其他高分子烃类油等的混合物，也是有价值的燃料。固体残渣主要是炭黑，是轻质炭素物质，其发热值为 $12.8 \sim 21.7 kJ/kg$，含硫量很低，制成煤球后也是一种好燃料。热解产物的产量及成分与热解原料成分、热解温度、加热速率和反应时间等参数有关。在温度较高情况下，废物有机成分的 50% 以上都转化成气态产物。热解后，废物减容量大，残余炭渣较少。

Shafizadeh 等对纤维素的热解过程进行了较为详细的研究后，提出了用上图描述纤维素的热解和燃烧过程。

纤维素分子在缺氧状态下迅速加热升温，随机生成氢、一氧化碳、二氧化碳、水、甲烷等可燃性挥发组分以及其他低分子有机物，这些热解组分与部分存在的氧发生燃烧反应，进一步生成二氧化碳和水。热解反应所需的能量取决于各种产物的生成比，而生成比又与加热的速度、温度及原料的粒度有关。

低温-低速加热条件下，有机物分子有足够的时间在其最薄弱的接点处分解，重新结合为热稳定性固体，而难以进一步分解，固体产率增加；高温-高速加热条件下，有机物分子结构发生全面裂解，生成大范围的低分子有机物，产物中气体组分增加。对于粒度较大的原料有机物，要达到均匀的温度分布需要较长的传热时间，其中心附近的加热速度低于表面的加热速度，热解产生的气体和液体也要通过较长的传质过程，这期间将会发生许多的二次反应。

表 4-7-5　各种固体燃料组成及以 $C_6H_xO_y$ 表示的固体废物组成

固体燃料	$C_6H_xO_y$	H/C	$H_2+1/2O_2\longrightarrow H_2O$ 完全反应后的 H/C
纤维素	$C_6H_{10}O_5$	1.67	0.00/6＝0.00
木材	$C_6H_{8.6}O_4$	1.43	0.6/6＝0.1
泥炭	$C_6H_{7.2}O_{2.6}$	1.20	2.0/6＝0.33
褐煤	$C_6H_{6.7}O_2$	1.10	2.7/6＝0.45
半烟煤	$C_6H_{5.7}O_{1.1}$	0.95	3.0/6＝0.50
烟煤	$C_6H_4O_{0.53}$	0.67	2.94/6＝0.49
半无烟煤	$C_6H_{2.3}O_{0.14}$	0.38	2.0/6＝0.33
无烟煤	$C_6H_{1.5}O_{0.07}$	0.25	1.4/6＝0.23
固体废物			
城市垃圾	$C_6H_{9.64}O_{3.75}$	1.61	2.14/6＝0.36
新闻纸	$C_6H_{9.12}O_{3.93}$	1.52	1.2/6＝0.20
塑料薄膜	$C_6H_{10.4}O_{1.06}$	1.73	8.28/6＝1.4
厨余	$C_6H_{9.93}O_{2.97}$	1.66	4.0/6＝0.67

表 4-7-6　热解气体产物分析结果（干气基准百分率）

有机物	CO_2	CO	O_2	H_2	$CH_4+C_nH_m$	N_2	高位热值
橡胶	25.9	45.1	0.2	2.8	20.9	5.1	3260
白松香	20.3	29.4	0.9	21.7	25.5	2.2	3760
香枞木	35.0	23.9	0.0	9.4	28.2	3.5	3510
新闻纸	22.9	30.1	1.3	15.9	21.5	8.3	3260
板纸	28.9	29.3	1.6	15.2	17.7	7.3	2870
杂志纸	30.0	27.0	0.9	17.8	16.9	7.4	2810
草	32.7	20.7	0.0	18.4	20.8	7.4	3000
蔬菜	36.7	20.9	1.0	14.0	21.0	6.4	2900

固体废物热解能否得到高能量产物，取决于原料中氢转化为可燃气体与水的比例。表4-7-5 对比了各种固体燃料和城市垃圾的碳、氢、氧。美国城市垃圾的典型化学组成为 $C_{30}H_{48}O_{19}N_{0.5}S_{0.05}$，其 H/C 值位于纤维素和木材质，而日本城市垃圾的典型化学组成为 $C_{30}H_{53}O_{14.6}N_{0.34}S_{0.02}Cl_{0.09}$，其 H/C 值高于纤维素。

表 4-7-5 的最后一栏表示原料中所有的氧与氢结合成水后，所余氢元素与碳的比值，对于一般的固体燃料，该 H/C 值均在 0～0.5 之间。美国城市垃圾的该 H/C 值位于泥煤和褐煤之间，而日本城市垃圾的该 H/C 值则高于所有固体燃料，这是因为垃圾中塑料含量较高所导致的结果。从氢转换这一点来看，甚至可以说城市垃圾优于普通的固体燃料，但在实际的城市垃圾热解过程中，还同时发生一氧化碳、二氧化碳等其他产物的生成反应，因此，不能以此来简单地评价城市垃圾的热解效果。Kaiser 等曾对城市垃圾中各种有机物进行过实验

室的间歇实验，得到的气体产物组成如表 4-7-6 所列，这些组成随热解操作条件的变化而变化。

三、废塑料热解原理

如前所述，近年来废塑料直接热解回收贮存性能源的技术得到较大的发展，关于其热解原理也开展了一些研究[12~22]。废塑料的种类有很多，如聚乙烯（PE）、聚丙烯（PP）、聚苯乙烯（PS）、聚氯乙烯（PVS）、酚醛树脂、脲醛树脂、PET、ABS 树脂等。其中，PE、PP、PS、PVC 等热塑性塑料当加热到 300~500℃ 时，大部分分解成低分子碳氢化合物，特别是 PE、PP、PS 其分子构成中只包括碳和氢，热解过程中不会产生有害气体，是热解油化的主要原料。PVC 在加热到 200℃ 左右时开始发生脱氯反应，进一步加热发生断链反应。而酚醛树脂、脲醛树脂等热硬性塑料则不适合作为热解原料。另外，PET、ABS 树脂等在其分子构造中含有氮、氯等元素，热解过程中会产生有害气体或腐蚀性气体，也不适宜作为热解原料。

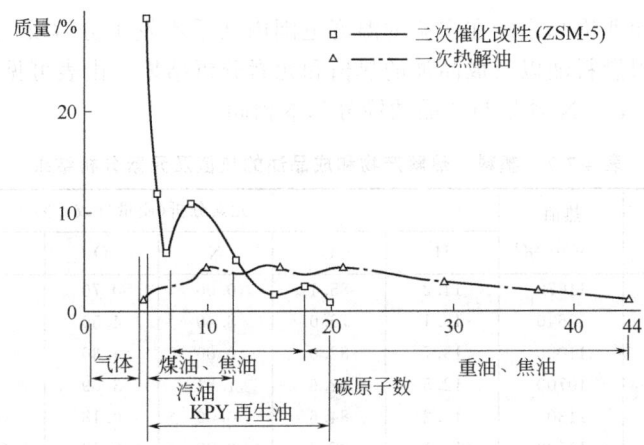

图 4-7-2　PE 在常压、450℃ 条件下热解所得油品的分子量分布

以聚烯烃类塑料为例，其分子结构通常是以数千到数万单位计的直链碳氢化合物，横向连接的碳-碳键形成分子的主链。当其在还原性条件下加热时，随着温度的上升，首先熔融软化为液体。对熔融体进一步加热，如果外界提供的能量大于主链的结合键能，则塑料分子将发生随机裂解，生成低分子的碳氢化合物。将热解生成的低分子产物（碳链范围为 1~44），再通过合成沸石催化剂，其碳链进一步断裂生成分子量更小的碳氢化合物。

图 4-7-2 是碳链范围为 4000~12000 的 PE 在常压、450℃ 条件下热解所得油品的分子量分布图。一步热解得到的产物，其分子量均匀分布在 C_1~C_{44} 之间，冷凝后得到的油品中含有大量石蜡、重油和焦油成分，常温下发生固化，难以作为液体燃料使用。而将热解产物进一步与催化剂发生接触反应后得到的产品，其分子量为 C_1~C_{20}，在常温下得到汽油和煤油馏分混合的较高品位的燃料油和燃料气。

日本京都大学的桥本健治教授通过热重实验，对各种塑料的热解过程进行了分析。将塑料样品放入热天平中加热，随着温度的升高，样品的重量发生变化，根据重量变化的情况可以了解样品在什么时间开始分解，分解的程度如何等。图 4-7-3 列出了各种塑料的热重变化结果（TG 曲线）。图中聚丙烯、聚苯乙烯和 ABS 树脂呈现基本相同的变化曲线，在 400℃ 左右时分解反应急剧进行，直至重量降为零，有机成分全部转化为气体。与此相对，聚氯乙烯在 250℃ 左右开始发生脱氯分解反应，升温至 330℃ 时发生第二阶段反应，最后稳定在

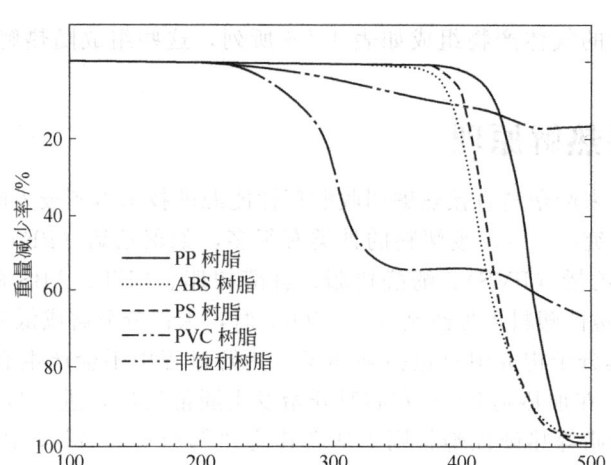

图 4-7-3 各种塑料的 TG 曲线

70%的反应率上。而非饱和聚酯在实验的温度范围内几乎不发生分解反应。表 4-7-7 列出了各种塑料、热解所得燃料油以及成品油的热值和元素分析结果。由表可见，聚乙烯热解所得燃料油的热值和 C、H、N 含量与成品油馏分基本相同。

表 4-7-7 塑料、热解产物和成品油的热值及元素分析结果

样品	相对密度	热值 /(kcal/kg)	元素分析(质量分数)/%					
			H	C	N	O	S	H/C
PE	0.920	11670	14.2	85.1	0.00	0.70	—	2.00
PE-Foam	0.028	10640	13.1	79.0	3.40	4.50	—	1.99
热解油	0.788	11090	13.7	82.0	0.00	4.30	—	2.00
残渣	0.955	10700	12.5	82.6	1.81	3.09	—	1.82
石脑油	0.690	11300	15.2	84.6	0.00	0.18	0.02	2.16
煤油	0.794	11000	14.1	85.7	0.00	0.19	0.01	1.97
柴油	0.845	10900	13.2	86.2	0.00	0.15	0.45	1.84

第三节 典型固体废物的热解

一、城市垃圾的热解

1. 城市垃圾的热解反应

垃圾热解是指在无氧或缺氧加热的条件下，有机垃圾组分发生大分子断裂，产生小分子气体、热解溶液和炭渣的过程，城市生活垃圾热解过程可表示为：

$$垃圾的有机成分 \xrightarrow{加热} \begin{cases} 有机液体 \\ +多种有机酸和芳香族物 \\ +炭渣 \\ +CH_3+H_2+H_2O+CO+CO_2 \\ +NH_3+H_2S+HCN \end{cases}$$

在对城市生活垃圾的实际热解之前，还存在着一个干燥过程。即物料中的外部水分和毛细结构吸附的水分被首先加热蒸发，将物质中的结构水除去，水分析出结束且物料达到一定

温度后，才进入热解阶段，热解本身是一个复杂且同时发生多种化学反应的过程。包含有机大分子的键断裂，有机分子的异构化和小分子的聚合等反应，最后生成各种较小的分子。

可以认为垃圾热解是从脱水开始：

其次是脱甲基：

生成水和架桥部分的分解次甲基链进行反应：

$$-CH_2- + H_2O \xrightarrow{\triangle} CO + 2H_2$$

醚型结构也能生成 CO：

$$-CH_2- + -O- \longrightarrow CO + H_2$$

温度再高时，前述生成的芳环化合物受高温作用发生二次热解反应，生成二次热解产物，主要再进行裂解、脱氢、缩合、氢化等反应。

以下方程式一般性地说明了城市生活垃圾有机成分的热解过程，但它们并不能确切表明在热解过程中发生的化学反应。在城市生活垃圾中，绝大部分碳是以化合状态存在，而不是自由状态存在，在分解过程中，不同的热解条件使不同部位的碳链打开，形成不同的产物。在一定条件下，挥发分在热解过程中还要发生一系列二次反应。从而改变产物分布和性质。有机碳链的打开，需要外部的能量，因此，通常的情况下，热解过程是吸热反应。

(1)
$$C_2H_6 \xrightarrow{\triangle} C_2H_4 + H_2$$
$$C_2H_4 \xrightarrow{\triangle} CH_4 + C$$
$$CH_4 \xrightarrow{\triangle} C + H_2$$

(2)

(3)

(4)

2. 城市垃圾的热解工艺

热解工艺由于供热方式，产物状态，热解炉结构等方面的不同，可进行不同的分类。按热解温度的不同，分为高温热解，中温热解和低温热解；按供热方式不同，分为直接（内部）供热和间接（外部）供热；按热解炉的结构不同，分为固定床，流化床，移动床和旋转炉等；按热解产物的聚集状态不同，可分为气化方式，液化方式和炭化方式；按热解与燃烧反应是否在同一设备中进行，热解又分为单塔式和双塔式。但热解工艺通常按热解温度或供热方式进行分类[18~36]。

（1）**按供热方式分类**　直接加热法是指热解所需热量是由部分直接燃烧热解产物或者向热解反应器提供补充燃料时所产生的热量提供，通常也称作内热式热解。由于燃烧须提供氧气，因而就会产生 CO_2、H_2O 等惰性气体混在热解可燃气中，结果降低了热解产气的热值。

如果采用空气作氧化剂，热解气体中不仅有 CO_2、H_2O 而且含有大量的 N_2，更稀释了可燃气，使热解气的热值大大降低。因此，采用的氧化剂是纯氧、富氧或空气，其热解可燃气的热值是不同的。

间接加热法是将被热解的物料与直接供热介质在热解反应器（或热解炉）中分离开来的一种方式，通常也称作外热式热解。可利用墙式导热或一种中间介质来传热（热砂料或熔化的某种金属床层）。墙式导热方式由于热阻大，熔渣可能会出现包覆传热壁面或者腐蚀等问题，以及不能采用更高的热解温度等而受限。采用中间介质传热或物料与中间介质分离等问题，但二者综合比较起来后者较墙式导热方式要好一点。

直接加热法的设备简单，可采用高温，其处理量和产气率也较高，但所产气的热值不高，作为单一燃料还不能直接利用。由于采用高温热解，在 NO_x 产生的控制上还需认真考虑。间接加热法的主要优点在于其产品的品位较高，可当成燃气直接燃烧利用，但间接加热法产气率大大低于直接法。除流化床技术外，间接加热一般而言，其物料被加热的性能较直接加热差，从而延长了物料在反应器里的停留时间，即间接加热法的生产率低于直接加热，间接加热法不可能采用高温热解方式，这可减轻对 NO_x 产生的顾虑。

（2）**按热解温度分类**　高温热解的温度一般都在 1000℃ 以上，高温热解方案采用的加热方式几乎都是直接加热法。如果采用高温纯氧热解工艺，反应器中的氧化-熔渣区段的温度可高达 1500℃，从而将热解残留的惰性固体（金属盐类及其氧化物和氧化硅等）熔化，以液态渣形式排出反应器，经水淬后粒化，这样可大大减少固态残余物的处理困难，而且这种粒化的玻璃态渣可作为建筑材料的骨料；中温热解的温度一般在 600~700℃ 之间，主要用在比较单一的物料作为能源和资源回收的工艺上，像废轮胎、废塑料转换成类重油物质的工艺，所得到的类重油物质即可作能源，亦可作化工初级原料；低温热解的热解温度一般在 600℃ 以下，农业、林业和农业产品加工后的废物用来生产低硫低灰的炭就可采用这种方法，生产出的炭视其原料和加工的深度不同，可作不同等级的活性炭和水煤气原料。

3. 城市垃圾的热解技术

城市垃圾的热解技术可以根据其装置的类型分为：①移动床熔融炉方式；②回转窑方式；③流化床方式；④多段炉方式；⑤Flush Pyrolysis 方式。其中，回转窑方式和 Flush Pyrolysis 方式作为最早开发的城市垃圾热解处理技术，代表性的系统有 Landgard 系统和 Occidental 系统，其内容已在第一节做了简要介绍。多段炉主要用于含水率较高的有机污泥的处理。流化床有单塔式和双塔式两种，其中双塔式流化床已经达到工业化生产规模。移动床熔融炉方式是城市垃圾热解技术中最成熟的方法，代表性的系统有新日铁系统、Purox 系统、Torrax 系统、煤气化炉热解系统和 Thermoselect 系统。下面介绍几种主要的热解技术。

（1）**新日铁系统**　该系统是将热解和熔融一体化的设备，通过控制炉温和供氧条件，使垃圾在同一炉体内完成干燥、热解、燃烧和熔融。干燥段温度约为 300℃，热解段温度为

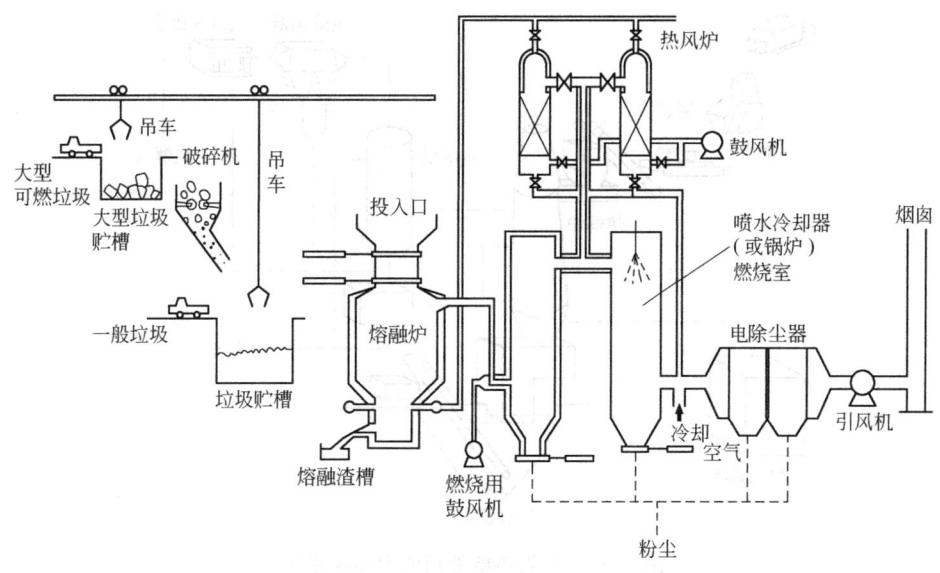

图 4-7-4　新日铁方式垃圾热解熔融处理工艺流程

300～1000℃，熔融段温度为 1700～1800℃，其工艺流程见图 4-7-4。垃圾由炉顶投料口进
入炉内，为了防止空气的混入和热解气体的泄漏，投料口采用双重密封阀结构。进入炉内的
垃圾在竖式炉内由上向下移动，通过与上升的高温气体换热，垃圾中的水分受热蒸发，逐渐
降至热解段，在控制的缺氧状态下有机物发生热解，生成可燃气和灰渣。有机物热解产生可
燃性气体导入二燃室进一步燃烧，并利用尾气的余热发电。灰渣进一步下移进入燃烧区，灰
渣中残存的热解固相产物——炭黑与从炉下部通入的空气发生燃烧反应，其产生的热量不足
以满足灰渣熔融所需的温度，通过添加焦炭来提供碳源。

灰渣熔融后形成玻璃体和铁，体积大大减小，重金属等有害物质也被完全固定在固相
中，玻璃体可以直接填埋处置或作为建材加以利用，磁分选出的铁也有足够的利用价值。热
解得到的可燃性气体的热值为 1500～2500kcal/m³，其组分如表 4-7-8 所列。熔融固相产物
的玻璃体和金属铁的成分分析分别列于表 4-7-9、表 4-7-10 中。

表 4-7-8　热解气体组分分析

产气量/(m³/t 垃圾)	组分	CO_2	CO	H_2	N_2	CH_4	C_2H_4	C_2H_6	热值/(kcal/m³)
550	%	23.8	29.6	25.0	17.8	2.65	1.03	0.10	1880

表 4-7-9　熔融产物（玻璃体）成分分析

成分	FeO	SiO_2	CaO	Al_2O_3	TiO_2	MgO	K_2O	Na_2O	MnO	Cl	S
%	10.13	42.4	16.1	16.8	0.75	1.64	0.78	5.32	0.24	0.13	0.11

表 4-7-10　回收金属铁成分分析

成分	C	Si	Mn	P	S	Ni	Cr	Cu	Mo	Sn	Sb
%	1.38	3.22	0.09	1.70	0.342	0.46	0.51	1.41	0.010	0.060	0.030

（2）Purox 系统　该系统的工艺流程如图 4-7-5 所示。该系统也采用竖式热解炉，破碎
后的垃圾从塔顶投料口进入，依靠垃圾的自重在由上向下移动的过程中，完成垃圾的干燥和

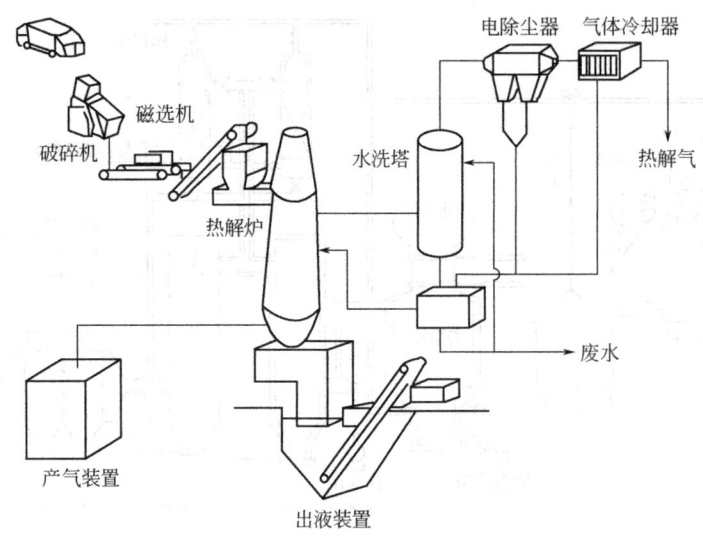

图 4-7-5 垃圾热解处理的 Purox 系统

热解。空气由炉底导入，热解残渣在炉的下部与氧气在 1650℃ 的温度下反应，生成金属块和其他无机物熔融的玻璃体。熔融渣由炉底部连续排出，经水冷后形成坚硬的颗粒状物质。底部燃烧段产生的高温气体在炉内自下向上运动，在热解段和干燥段提供热量后，以 90℃ 的温度从炉顶排出。该气体含有 30%～40% 的水分，经过洗涤操作去除其中的灰分和焦油后加以回收。净化气体中含有 75% 左右的 CO 和 H_2，其比例约为 2：1，其他气体组分（包括 CO_2、CH_4、N_2 和其他低分子烃类化合物）约占 25%，热值约为 2669kcal/m^3。

该系统是由美国 Union Carbide 公司开发的，1970 年在纽约州的 Tarrytown 建成了处理能力为 4t/d 的中试装置，1974 年在西弗吉尼亚州的 South Charleston 建成了处理能力为 180t/d 的生产性装置。进入 20 世纪 80 年代，该公司又将该系统的单炉处理能力提高到 317t/d。

该系统主要的能量消耗是垃圾破碎过程和每吨垃圾热解需要的 0.2t 氧气的制造过程。该系统每处理 1kg 垃圾可以产生热值为 2669kcal/m^3 的可燃性气体 0.712m^3，该气体以 90% 的效率在锅炉中燃烧回收热量，系统总体的热效率为 58%（参见图 4-7-6）。

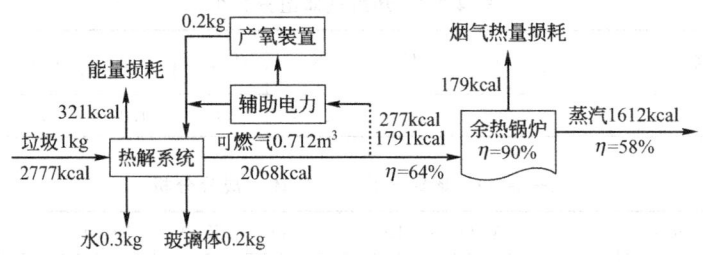

图 4-7-6 Purox 系统的能量及物料衡算图

（3）Torrax 系统 该系统的工艺流程如图 4-7-7 所示，由气化炉、二燃室、一次空气预热器、热回收系统和尾气净化系统构成。垃圾不经预处理直接投入竖式气化炉中，在其自重的作用下由上向下移动，与逆向上升的高温气体接触，完成干燥、热解过程，在塔底部灰渣中的炭黑与从底部通入的空气发生燃烧反应，其产生的热量使无机物熔融转化为玻璃体。垃圾干燥和热解所需的热量由炉底部通入的预热至 1000℃ 的空气和炭黑燃烧提供。熔融残渣由炉底连续排出，经水冷后变为黑色颗粒。

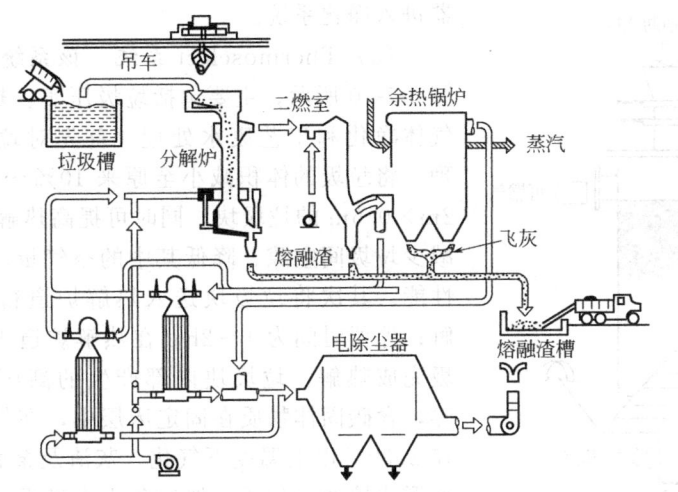

图 4-7-7 Torrax 系统示意

热解气体导入二燃室，在 1400℃ 条件下使可燃组分和颗粒物完全燃烧，二燃室出口气体的温度为 1150～1250℃，部分用于助燃空气的预热，其余通过废热锅炉回收蒸汽。通过废热锅炉和空气预热器的尾气，再由静电除尘器处理后排放。

最早的 Torrax 系统是 1971 年由 EPA 资助在纽约州的 Eire County 建造的处理能力为 68t/d 的中试装置，除了城市垃圾的处理以外，还进行过城市垃圾与污泥混合物的处理、包括废油、废轮胎和聚氯乙烯的热解处理试验。进入 20 世纪 80 年代，在美国的 Luxemburg 建设了处理能力为 180t/d 的生产性装置，并向欧洲推出了该项技术。

该系统的能量平衡如图 4-7-8 所示。垃圾热值的大约 35% 用于助燃空气的加热和设施所需电力的供应，提供给余热锅炉的热量达 57%，即相当于垃圾热值的大约 37% 作为蒸汽得到回收。

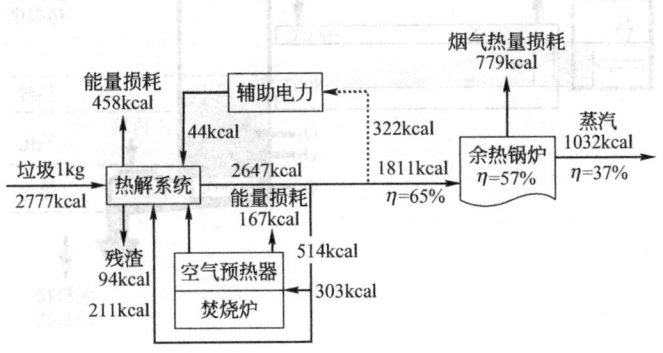

图 4-7-8 Torrax 系统的能量衡算图

（4）煤气化炉热解系统 该系统的核心炉膛结构[6]如图 4-7-9 所示，经适当破碎除去重组分的城市垃圾从炉顶的气锁加料斗进入热解炉，由于垃圾的热值低，为了在反应器内能提供足够的热解和气化所需要的热量，需在垃圾内混入适当的辅助燃料（煤炭）。物料缓慢向下移动，与上升的热气体相遇，经过预热、干燥、热解，而逐渐生成半焦，半焦与上升的烟气和水蒸气反应后进入燃烧层，在燃烧层中将剩余的碳基本燃尽，所剩余的灰经过灰层用灰盘通过水封被送出器外。由反应器底部进入的空气和水蒸气经过灰层预热后，逐渐上升，除提供燃烧层所需要的氧气外，与燃烧层的烟气一起也作为气化层的气化剂。气化后的热气体继续上升为物料的热解提供了热源。最终混合的燃气将物料预热并干燥后从出口逸出反应

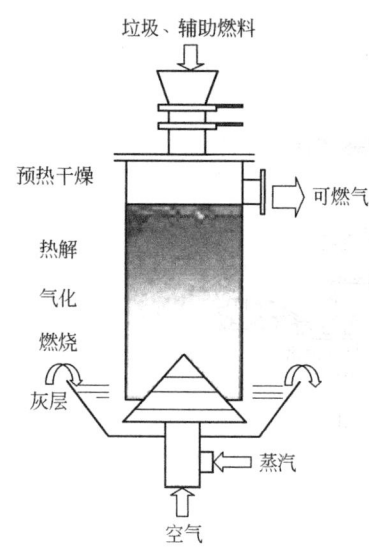

图 4-7-9　煤气化炉热解系统示意

器进入净化系统。

（5）Thermoselect 系统　该系统的技术原理[14]如图 4-7-10 所示，主要包括垃圾压实、热解、气化、合成气体净化和工艺废水处理。首先对垃圾进行压缩预处理，将垃圾的体积减小至原来 10%～20%，得到 1m×2m×0.6m 的垃圾块，同时可提高热解炉道的密封性能、减少垃圾间空隙、降低其中的空气量、提高垃圾的传热性能。其次将垃圾块送入热解炉道得到干燥并发生热解；停留时间为 1～2h。在热解炉道出口附近区域，垃圾完成热解。垃圾块内部产生的高压裂解气体将其撑碎，含碳固体物质在固定床层中，在供给氧气的情况下在 2000℃以上温度下气化。灰渣及金属在高温反应器底部形成熔融状物质，然后落入水槽得到快速冷却，产生玻璃状颗粒和金属合金颗粒，密度差异较大，可以对其进行分离。含有烃类化合物的裂解气在固定床上部于 1200℃的温度下发生热裂化，停留时间约为 4s。气体产物（合成气）急冷至 90℃以下，并采用三级洗涤以及活性炭过滤装置进行净化，然后再加以利用。该气体产物主要包括可燃气体（CO 和 CO_2）、H_2O、C—H 和一些分子较大的有机物。该系统的工艺流程如图 4-7-11 所示。

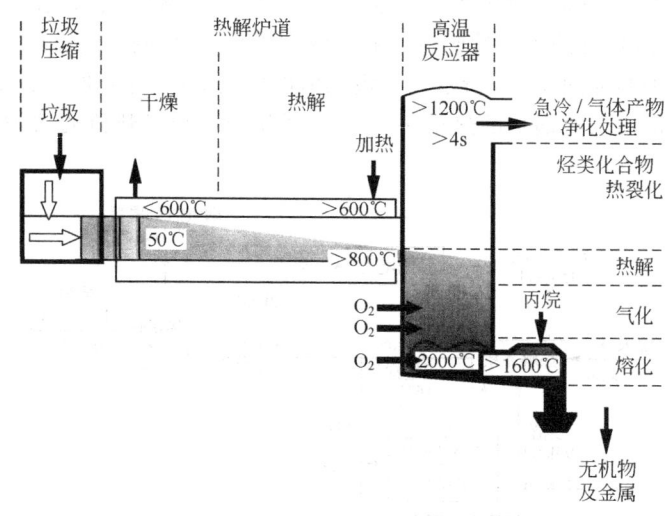

图 4-7-10　Thermoselect 系统技术原理示意

　　Thermoselect（热选热解气化）系统为瑞士 Thermoselect SA 公司发明的专利技术，后来由日本钢铁株式会社（JFE）购买了该专利技术。第一个示范设施于 1992 年建在意大利的 Fondotoce，至今已有 9 个成功运营的垃圾处理设施，其中 7 个处理工厂在日本。该技术在美国、波多黎各和欧洲尚处于发展阶段。

　　该系统特点为：①与焚烧法相比可将烟气的体积减小到焚烧法的 1/10，使得所配置的烟气净化装置的规模显著缩小；②气体产物可以用作燃料或用于化学合成；③所产生的玻璃状灰粒可直接填埋或进行利用。

　　目前存在的主要问题是：①金属合金颗粒为铁和非铁金属的混合物，很难进一步分离并

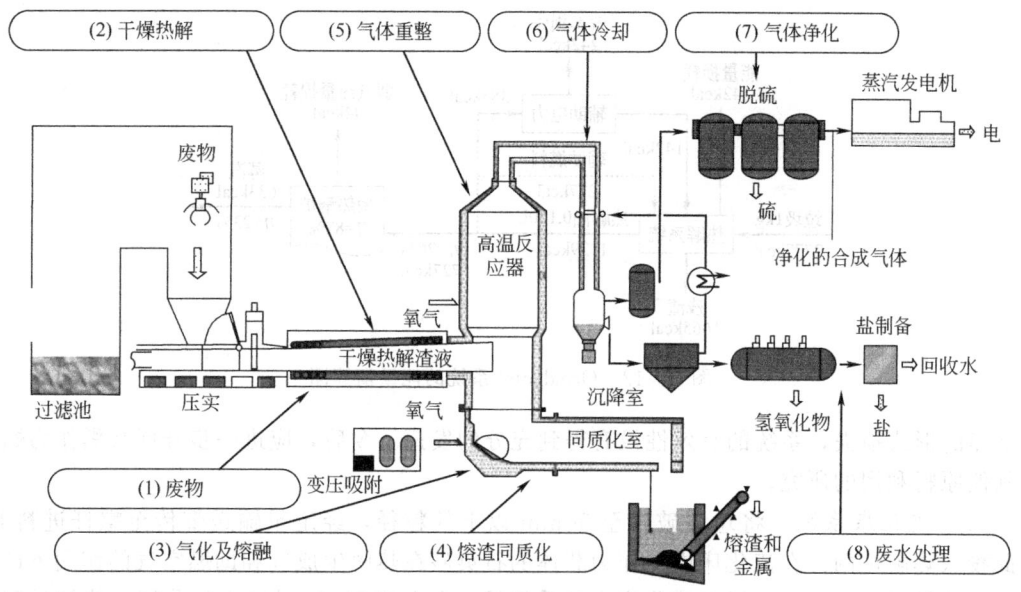

图 4-7-11 Thermoselect 系统工艺流程

利用；②热解产生的烃类化合物在高温反应器上半部分区域中并不能得到充分裂化，导致裂化气体在冷却过程会生成焦油状物质，增加了对气体进一步处理的难度；③气体洗涤产生含油和重金属的废水，必须采用化学-物理方法进行处理，导致运行费用大大增加；④德国 Karlsruhe 建造的首座大型热解-气化法垃圾处理厂目前仍面临着许多技术和经济问题。

（6）Occidental 系统 该系统的工艺流程如图 4-7-1 所示。首先将垃圾破碎至 76.2mm 以下，通过磁选分离出铁金属，再通过风选将垃圾分为重组分（无机物）和轻组分（有机物）。

利用热解气体的热量将轻组分干燥至含水率 4% 以下，通过二次破碎装置使有机物粒径小于 3.18mm，再由空气跳汰机分离出其中的玻璃等无机物，作为热解原料。

热解设备为一不锈钢制筒式反应器，有机原料由空气输送至炉内。热解反应产生的炭黑加热至 760℃ 后返回至热解反应器内，提供热解反应所需的热源，热解反应在炭黑和垃圾的混合物通过反应器的过程中完成。热解气体首先通过旋风分离器分离出新产生的炭黑，再经过 80℃ 的急冷分离出燃料油。残余气体的一部分用于垃圾输送载体，其余部分用于加热炭黑和送料载气的热源。产生的热解油中含有较多的固体颗粒，经旋风分离后，贮存于油罐。

风选出来的重组分经滚筒筛分离成三部分，小于 0.5in 的进入玻璃回收系统，粒径在 12.7～102.8mm 的进入铝金属回收系统，大于 4.0in 的重新返回至一次破碎装置。玻璃的回收采用气浮分选，垃圾中玻璃的回收率约为 77%。铝的回收采用涡电流分选方式，铝的回收率达到 60%。

得到的热解油的平均热值约为 5832kcal/kg，低于普通燃料油的热值（10134kcal/kg），这是由于热解油中碳、氢含量较低，而氧含量较高的原因所致。其黏度也较普通燃料油为高，在 116℃ 下可以喷雾燃烧。

该系统的能量平衡示于图 4-7-12。由图可知，从热值为 2777kcal/kg 的垃圾 1kg 可以得到 1139kcal 的热解油 0.15L，其他热量则通过残渣和炭黑损失掉了。在热解过程中还消耗掉 412kcal 的外加能量，扣除这部分能量后，相当于只回收了 727kcal 的能量。

Occidental 系统从利用垃圾生产贮存性燃料这一点来看，是一种非常有意义的技术，但由于炭黑产生量太大（约占垃圾总重的 20%，含有总热值 30% 以上的能量），大部分热量都

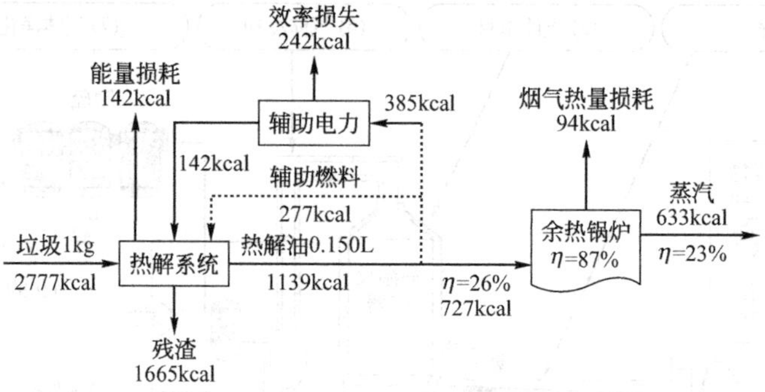

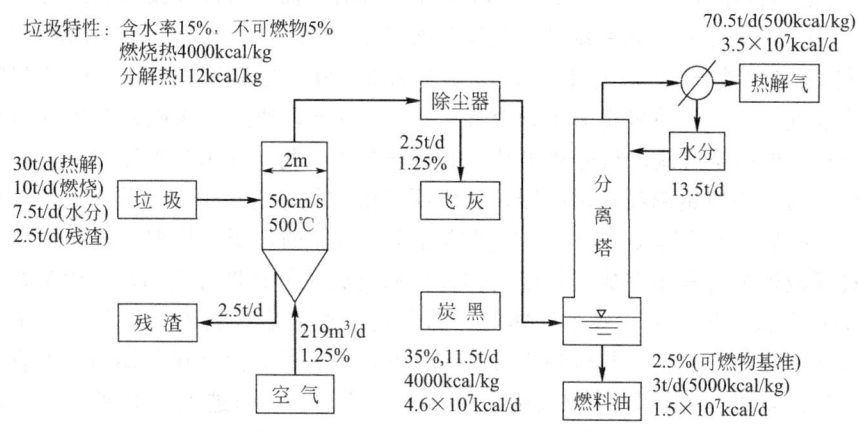

图 4-7-12 Occidental 系统的能量衡算图

以炭黑的形式损失，系统的有效性没有得到充分的发挥。今后，应进一步开展炭黑作为燃料或其他原料利用的研究。

（7）流化床系统 将垃圾破碎至 50mm 以下的粒径，经定量输送带传至螺杆进料器，由此投入热解炉内。在流化床内，作为载体的石英砂在热解生成气和助燃空气的作用下产生流动，从投料口进入的垃圾在流化床内接受热量，在大约 500℃ 时发生热分解，热解过程产生的炭黑在此过程中发生部分燃烧。热解产生的可燃性气体经旋风除尘器去除粉尘后，再经分离塔分出气、油和水。分离出的热解气一部分用于燃烧，用来加热辅助流化空气，残余的热解气作为流化气回流到热解塔中。当热解气不足时，由热解油提供所需的那部分热量。图 4-7-13 为处理能力 50t/d 的流化床热解系统的物料平衡图。

图 4-7-13 流化床（50t/d）热解系统物料平衡

二、污泥的热解

从 20 世纪 70 年代开始，热解技术作为从城市垃圾和工业固体废物等可燃性固体废物回收能量的技术得到了广泛开发。但是，对于具有负热值的污泥，该技术的应用不能以回收能量为主要目的，其重点主要放在解决焚烧存在问题，即实现污泥的节能型、低污染处理[23~25]。

图 4-7-14 是经干燥后的泥饼（污泥特性见表 4-7-11）在氩气环境下进行热解的差热分析结果。由于污泥中含有多种有机成分，其反应机理很难根据污泥的成分和形态做出定量的解释，但可以根据热解过程中的质量变化或气体产生量等指标求出总体反应速率。

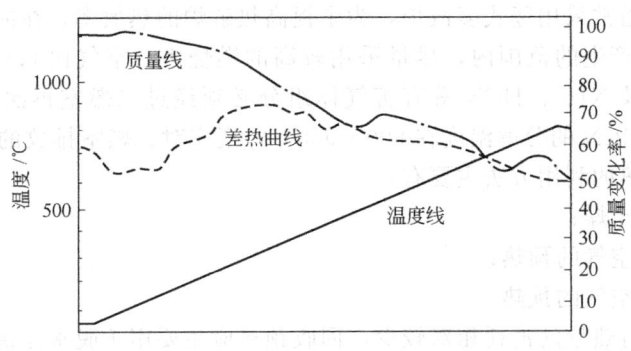

图 4-7-14　干燥污泥差热分析结果

表 4-7-11　实验污泥特性一览表

挥发分/%	灰分/%	固定碳/%	发热量/(kcal/kg)	C/%	H/%	O/%
40.7	59.3	0	1560	17.66	3.22	1.85

N/%	S/%	SiO_2/%	Fe_2O_3/%	CaO/%	MgO/%	Na_2O/%	Cr/%	TCr^{6+}/%
0.45	0.45	17.98	6.22	19.73	2.09	0.52	0.13	<0.0001

将 25g 干燥污泥放入保持一定温度的反应管中（$\phi 110 \times L 1000$ 石英管），最终得到可燃性气体、常温下为液态的燃料油和焦油以及包括炭黑在内的残渣（反应产物见图 4-7-15）。根据热解气体随时间的变化，假设热解反应为一级反应，得到热解反应速率为：

$$\frac{dx}{d\theta} = k(1-x) \quad 即 \quad \frac{1}{1-x} = A \exp(k\theta) \tag{4-7-1}$$

式中　x——以热解气体为基准的反应率。

该反应率与反应时间的关系如图 4-7-16 所示。由此可见，干燥污泥的热解可以分为前段反应速率较快的部分和后段反应速率较慢的部分。对于后段反应速率较慢的部分，可以认为除了污泥中难分解有机物的反应外，还包括前段反应产生的炭黑的气化反应。通常，碳的气化反应是在 900～1000℃ 的高温下发生，这一事实对于污泥的热解具有重要的意义，即在无氧状态下加热污泥至 800℃ 以上高温，其中的可燃成分几乎可以全量分解气化，对于污泥的能量回收和减量化十分有利。

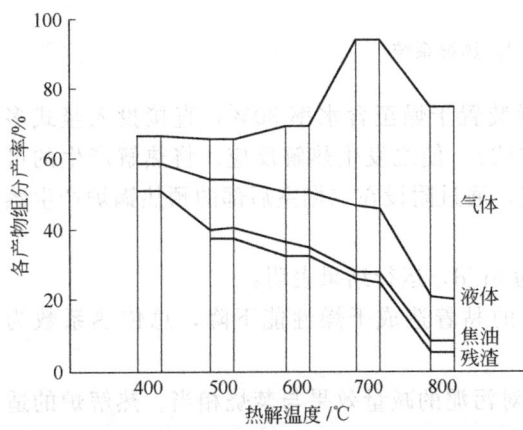

图 4-7-15　污泥热解温度与产物生成率的关系

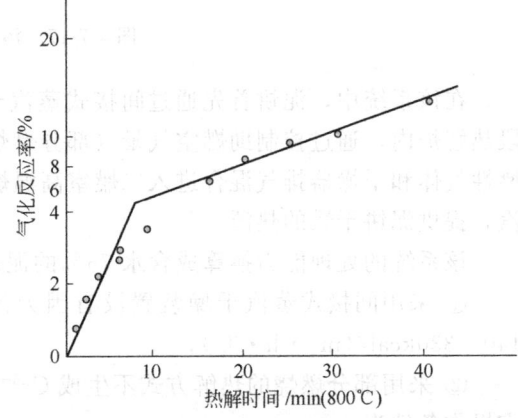

图 4-7-16　污泥气化反应率与反应时间的关系

　　污泥热解炉型通常采用竖式多段炉，为了提高热解炉的热效率，在能够控制二次污染物质（Cr^{6+}、NO_x）产生的范围内，尽量采用较高的燃烧率（空气比 0.6～0.8）。此外，热解产生的可燃气体及 NH_3、HCN 等有害气体组分必须经过二燃室再次燃烧以实现其无害化，通常情况下，HCN 的分解温度在 800～900℃，还应对二燃室排放的高温气体进行预热回收。作为回收预热的利用方法主要有：

　　① 脱水泥饼的干燥；

　　② 热解炉助燃空气的预热；

　　③ 二燃室助燃空气的预热。

　　其中，②、③对热量的消耗相对较少，回收预热应主要用于脱水泥饼的干燥。考虑到直接热风干燥方式需要对干燥排气进行处理，干燥方式最好采用蒸汽间接加热装置。二燃室高温排气的预热通过预热锅炉产生蒸汽用于干燥设备的热源。这种污泥干燥-热解系统的示意见图 4-7-17。

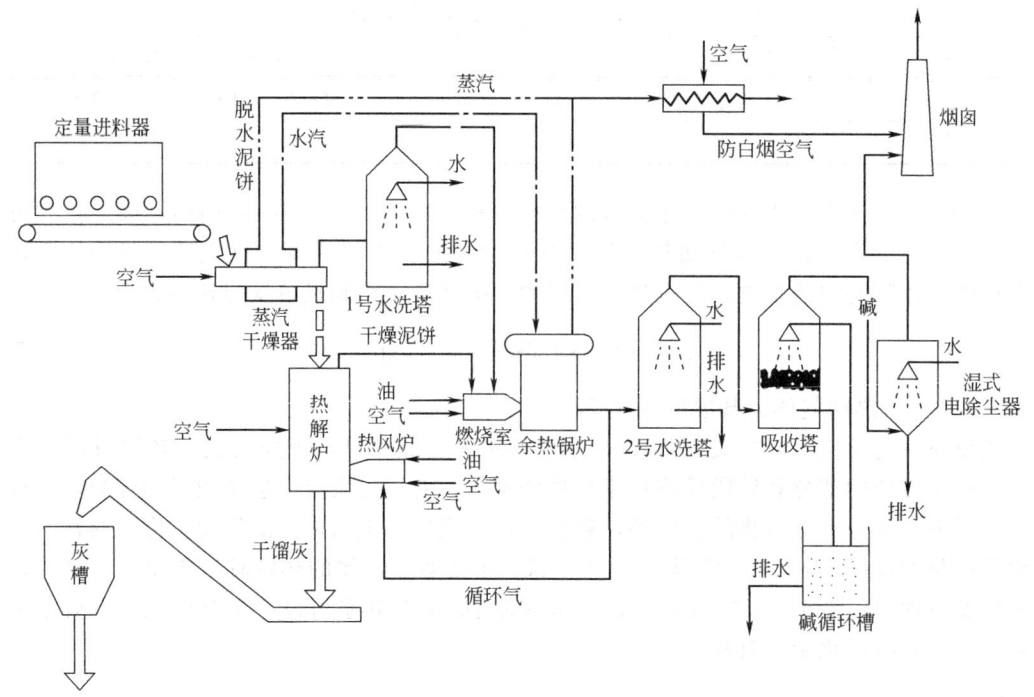

图 4-7-17　污泥干燥-热解系统

　　在该系统中，泥饼首先通过间接式蒸汽干燥装置干燥至含水率 30%，直接投入竖式多段热解炉内，通过控制助燃空气量（部分燃烧方式），使之发生热解反应。将热解产生的可燃性气体和干燥器排气混合进入二燃室高温燃烧，通过附设在二燃室后部的预热锅炉产生蒸汽，提供泥饼干燥的热源。

　　该系统的处理能力换算成含水 75% 的泥饼为 5t/d，运行结果表明：

　　① 采用间接式蒸汽干燥装置没有因为污泥的黏着造成干燥性能下降，总传热系数为 140～330kcal/(m² · h · ℃)；

　　② 采用部分燃烧的热解方式不生成 Cr^{6+}，对污泥的减量效果与焚烧相当。热解炉的适宜操作条件为：

　　a. 对应污泥可燃成分的空气比 0.6；

b. 热解温度 900℃；

c. 炉床负荷 25kg/(m² · h)；

d. 炉内平均停留时间 60min。

③ 对于系统排出的尾气在湿式处理前进行二次燃烧，可以消除排气及排水中的有害成分。

三、废塑料的热解

废塑料热解处理的原理如前所述，主要产物为 $C_1 \sim C_{44}$ 的燃料油和燃料气以及固体残渣。在通常情况下，热解产生的燃料气基本上在系统内全部消耗掉，生成的燃料油也部分得到消耗。在配备发电设施的系统中，最终得到的燃料油产品约为总投入物料的 40%[28]。

图 4-7-18 为处理规模 500t/a 的废塑料油化装置系统示意。作为热解原料主要是聚烯烃类塑料，其中聚氯乙烯含量在 10% 以下。废塑料首先经过热风干燥器烘掉水分，投入温度控制在 300℃ 左右的熔融釜内。塑料在该熔融釜内融化，并停留 2h，聚氯乙烯中所含氯元素几乎可以全量以氯化氢的形式去除，酸性气体经中和处理后排入大气。

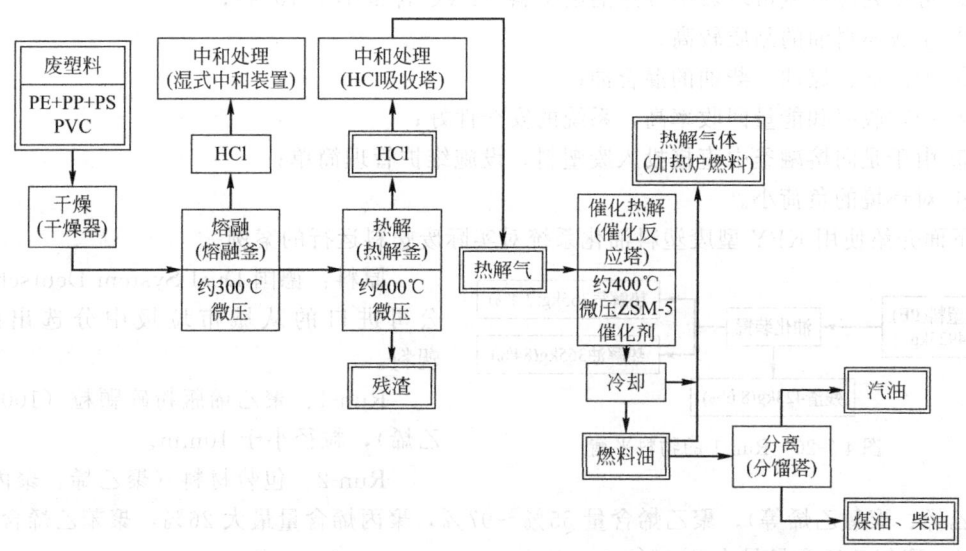

图 4-7-18　处理能力 500t/a 的 KPY 型废塑料油化装置系统示意

脱氯后熔融塑料投入热解釜，加热至 400℃ 分解成热解气体和残渣。热解气体中仍含有少量氯化氢组分，通过设置在热解釜上方的中和吸收塔去除。脱出氯化氢后的热解气通过催化反应塔改性，冷却后分离为燃料油和燃料气。催化反应塔的温度为 260～310℃，反应压力为微压。该系统的工艺流程如图 4-7-19 所示。左上方为通风干燥装置，废塑料在干燥器内经 80℃ 的热风干燥后，通过计量槽送入熔融釜。废塑料在熔融釜内边搅拌边熔融，保持停留时间 2h。在此期间产生的氯化氢气体送往中和装置处理。单方向从熔融釜向热解釜输送物料，熔融釜内的物料黏度会逐渐升高，需要从热解釜回流 400℃ 左右的低黏度熔融塑料，以保证熔融釜的正常运行。熔融后的废塑料送往热解釜，反应后的物料通过沉降槽去除残渣，在通过加热炉加热后，重新回流至热解釜，如此循环操作。

热解釜产生的热解气体经气体分离器去除重组分后送往酸性气体吸收塔，进一步脱除氯化氢。脱出氯化氢的热解气体进入催化反应器改性，在冷凝器冷凝后贮存于储油罐中。根据产品的用途还可以进一步通过分馏塔分离为汽油、煤油和柴油。

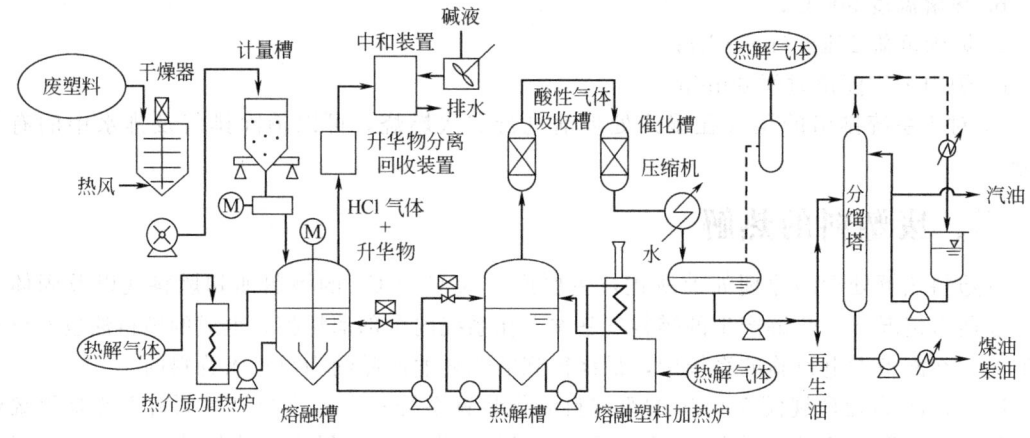

图 4-7-19 处理能力 500t/a 的 KPY 型废塑料油化装置工艺流程

该系统的主要技术特点可以概括为以下几个方面：

① 可以处理从城市垃圾中分选的废塑料（PVC 含量小于 10%）；

② 生成燃料油的品质较高；

③ 为汽油、煤油、柴油的混合油；

④ 产物收率和能量回收率高，系统的安全性好；

⑤ 由于是向熔融釜中直接投入废塑料，设施维护管理简单；

⑥ 对环境的负荷小。

下面介绍使用 KPY 型废塑料油化系统对实际废塑料运行的案例。

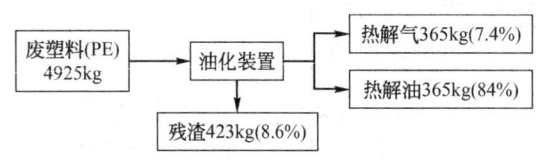

图 4-7-20 Run-1 的物料平衡

原料：德国 Dual System Deutschland 公司进口的从城市垃圾中分选出的废塑料。

Run-1：聚乙烯瓶粉碎颗粒（100% 聚乙烯），粒径小于 10mm。

Run-2：包装材料（聚乙烯、聚丙烯、聚苯乙烯、聚氯乙烯等），聚乙烯含量 55%～97%，聚丙烯含量最大 26%，聚苯乙烯含量最大 9%，聚氯乙烯含量最大 4.4%。

Run-1、Run-2 的物料平衡分别见图 4-7-20 和图 4-7-21。对于 Run-1，投入系统的废塑料总量为 4925kg，作为分解产物得到氢和 $C_1 \sim C_4$ 的热解气 7.4%，热解油 84%，残渣 8.6%，残渣中包括塑料中未分解的碳和在系统内产生的聚合物。

Run-2 以包装材料为主的混合塑料为处理对象，其中聚氯乙烯最多含有 4.4%，在热解过程中氯化氢产生量约为 2.4%。除此之外，其他产物的产率分别为：热解气 10.4%，热解油 69.2%，残渣 18%。由于聚氯乙烯的混入，残渣的生成量明显增多。如果聚氯乙烯的量增加到 20%，在热解过程中将会产生较多的升华物质，造成气体管路的堵塞。

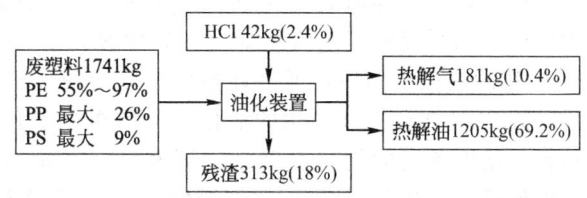

图 4-7-21 Run-2 的物料平衡

实际生成热解油的分析值见表 4-7-12。热解油的密度约为 $0.78g/cm^3$，引火点在 $-10℃$

以下，低热值为 10200～10300kcal/kg，初馏点为 40℃，终馏点为 330～350℃，反应性为中性，黏度在 50℃时小于 1，透明，不含石蜡，残留氧浓度小于 1%，属于高品质燃料油。

表 4-7-12　热解油的分析结果

测试项目　　　　　　　样品	Run-1 PE(100%)	Run-2 混合塑料
密度/(g/cm³)	0.781	0.773
引火点/℃	<−10℃	<−10℃
低热值/(kcal/kg)	10300	10200
FIA(质量分数)/% 　Satu 　Arom 　Olef	37.4 11.4 51.2	63.3 8.8 27.9
蒸馏/℃ 初馏点 5% 10% 20% 30% 40% 50% 60% 70% 80% 90% 95% 终馏点	38 70 89 116 138 163 188 215 241 265 300 — 332	43.0 80.0 103.0 139.5 172.5 205.0 237.0 264.5 289.0 312.0 335.0 340.0 359.0
总产油量/%		96.0
残留量/%		1.5
损失量/%		2.5

表 4-7-13 中列出了热解油中 T-Cl 的分析结果，最高值达到 44mg/kg。市场上销售的各种油品的 T-Cl 含量分别为：汽油 86mg/kg，煤油 66～106mg/kg，柴油 27～31mg/kg。可以认为油品中的 T-Cl 没有对油品品质造成影响。此外，油品中的 T-Cl 包括离子状态的氯和与烃类化合物结合的有机氯，分析结果表明，油品中的离子状态的氯仅含 2%，其余均以有机氯形态存在。

表 4-7-13　热解油中的 T-Cl 含量

项　目	热解油	商品油		
	Run-2(混合塑料)	汽油	煤油	柴油
T-Cl 含量/(mg/kg)	25～44	86	66～106	27～31

图 4-7-22 和图 4-7-23 是对上述系统的能量回收率进行计算的结果。处理对象为聚乙烯，其热值为 11000kcal/kg，处理规模设为 5000t/a，年运行时间 8000h，单位时间的处理量为 625kg/h，处理单位废物用电量为 0.55kW·h/kg。

该系统内不设发电装置时的能量回收率如图 4-7-22 所示。设施所用电力换算成热量与投入原料的热量相加，计入外加能量中。用最终得到的产品油的热量除以外加能量即可得到系统的能量回收率。以投入原料的总量为100，则得到产物的量分别为气体7.4，残渣8.6，油84。热解气全量用于系统的燃料，热解油中的20.4也作为加热能源使用，则得到的产品油量为63.6。故对于的系统来说，其能量回收率约为：

$$\frac{10300 \times 63.6}{11000 \times 100 + 0.55 \times 100 \times 860} \times 100\% = 57\%$$

式中，$1kW \cdot h = 3600kJ = 3600 \times \dfrac{1}{4.182}kcal \approx 860kcal$。

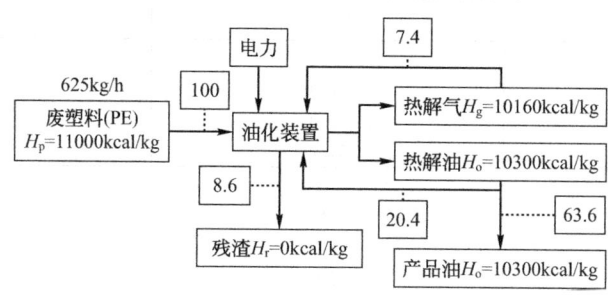

图 4-7-22　外购电力系统能量平衡

在系统内设置发电装置时的能量回收率见图 4-7-23。此种情况下系统中各产物的生成比例与系统内设置发电装置相同，但热解油中需要再拿出 20.1 用于系统发电，最终得到的产品油量相应减少为 43.5。用生成产品油的热量除以投入原料的热量，得到系统的能量回收率为：

$$\frac{10300 \times 43.5}{11000 \times 100} \times 100\% = 41\%$$

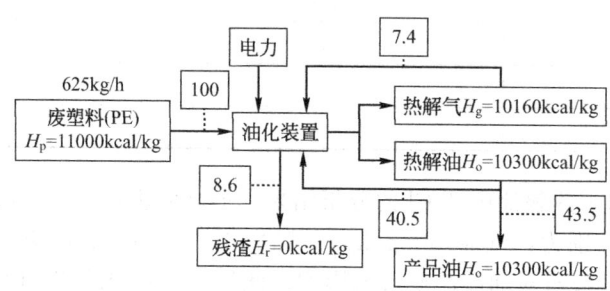

图 4-7-23　自行发电系统能量平衡

参 考 文 献

[1] 张益，赵由才. 生活垃圾焚烧技术 [M]. 北京：化学工业出版社，2000.

[2] 赵由才，宋玉. 生活垃圾处理与资源化技术手册 [M]. 北京：冶金工业出版社，2007.

[3] 四川电力建设二公司. 垃圾焚烧发电厂安装与运行技术 [M]. 北京：中国电力出版社，2009.

[4] 白良成. 生活垃圾焚烧处理工程技术 [M]. 北京：中国建筑工业出版社，2009.

[5] 柴晓利，赵爱华，赵由才. 固体废物焚烧技术 [M]. 北京：化学工业出版社，2006.

[6] 王海瑞，王华. 城市生活垃圾直接气化熔融焚烧过程控制 [M]. 北京：冶金工业出版社，2008.

[7] 邓娜，张于峰，赵薇，马洪亭，魏莉莉. 聚氯乙烯（PVC）类医疗废物的热解特性研究 [J]. 环境科学，2008，29（3）：837-843.

[8] 王伟，蓝煌昕，李明. TG-FTIR 联用下生物质废弃物的热解特性研究 [J]. 农业环境科学学报，2008，27（1）：0380-0384.

[9]　陈江章，旭明.城郊乡村生活垃圾衍生燃料热解特性研究 [J].环境污染与防治，2012，34（2）：45-49.

[10]　李新禹，张于峰，牛宝联，王艳.城市固体垃圾热解设备与特性研究 [J].华中科技大学学报（自然科学版），2007，35（12）：99-103.

[11]　王素兰，张全国，李继红.生物质焦油及其馏分的成分分析 [J].太阳能学报，2006，27（7）：648-651.

[12]　肖军，段菁春，庄新国，等.生物质的低温热解 [J].煤炭转化，2003，26（1）：61-66.

[13]　SHAO Dakang，HUTCHINSON E J，HEIDBRINKJ，et al.Behavior of sulfur during coal pyrolysis [J].Journal of Analytical and Applied Pyrolysis，1994，30（1）：91-100.

[14]　袁浩然，鲁涛，熊祖鸿，等.城市生活垃圾热解气化技术研究进展 [J].化工进展，2012，31（2）：421-426.

[15]　Kersten Sascha R A，Prins Wolter，van der Drift Bram，et al.Principles of a novel multistage circulating fluidized bed reactor for biomass gasification [J].Chemical Engineering Science，2003，（58）：725-731.

[16]　左禹，丁艳军，朱琳，等.小型固定床实验台条件下的聚乙烯热解 [J].清华大学学报：自然科学版，2005，45（11）：1544- 1548.

[17]　张研，汪亮，孙得川，等.低密度聚乙烯的热解试验研究 [J].固体火箭技术，2006，29（6）：443-445.

[18]　Bhaskar Thallada，Kaneko Jun，Muto Akinori，et al.Pyrolysis studies of PP/PE/PS/PVC/HIPS-Br plastics mixed with PET and dehalogenation（Br，Cl）of the liquid products [J].Anal.Appl.Pyrolysis，2004，（72）：27-33.

[19]　温俊明，池涌，罗春鹏，等.城市生活垃圾典型有机组分混合热解特性的研究 [J].燃料化学学报，2004，32（5）：563-568.

[20]　Wu Chao-Hsiung，Chang Ching-Yuan，Tseng Chao-Heng，et al.Pyrolysis product distribution of waste newspaper in MSW [J].Journal of Analytical and Applied Pyrolysis，2003，67：41-53.

[21]　Ni Mingjiang，Xiao Gang，Chi Yong，et al.Study on pyrolysis and gasification of wood in MSW [J].Journal of Environmental Sciences，2006，18（2）：407-415.

[22]　Park Won Chan，Atreya Arvind，Baum Howard R.Experimental and theoretical investigation of heat and mass transfer processes during wood pyrolysis [J].Combustion and Flame，2010，（157）：481-494.

[23]　王艳，张书廷，张于峰，等.城市生活垃圾低温热解产气特性的实验研究 [J].燃料化学学报，2005，33（1）：62-67.

[24]　Luo Siyi，Xiao Bo，Hu Zhiquan，et al.Influence of particle size on pyrolysis and gasification performance of municipal solid waste in a fixed bed reactor [J].Bioresource Technology，2010，101：6517-6520.

[25]　Buah W K，Cunliffe A M，Williams P T.Characterization of products from the pyrolysis of municipal solid waste [J].Process Safety and Environmental Protection，2007，85（B5）：450-457.

[26]　蒋剑春，戴伟娣，应浩，等.城市垃圾气化试验研究初探 [J].可再生能源，2003（2）：14-17.

[27]　曲金星，池涌，郑皎，等.水分对城市生活垃圾热解气化特性影响的试验研究 [J].电站系统工程，2007，23（5）：23-26.

[28]　焦永刚，尤占平，王兰.塑料垃圾的热解气化实验研究 [J].环境科学与技术，2009，32（7）：113-115.

[29]　Gao Ningbo，Li Aimin，Quan Cui.A novel reforming method for hydrogen production from biomass steam gasification [J].Bioresource Technology Journal，2009，100：4271-4277.

[30]　Paolo Baggio，Marco Baratieri，Andrea Gasparella，et al.Energy and environmental analysis of an innovative system based on municipal solid waste（MSW）pyrolysis and combined cycle [J].Applied Thermal Engineering，2008，28：136-144.

[31]　肖波，汪莹莹，苏琼.垃圾气化处理新技术研究 [J].中国资源综合利用，2006，24（10）：18-20.

[32]　田贵全.德国固体废物热解技术方法 [J].环境科学动态，2005，（2）：22-23.

[33]　Li Ji，Zhang Zheng，Yang Xuemin，et al.T G DSC Study on Pyrolysis Characteristics of Municipal Solid Wastes [J].Journal of Chemical Industry an d Engineering，2002，53（7）：759-764.

[34]　Ayhan D.Pyrolysis of municipal plastic wastes for recovery of gasoline range hydrocarbons [J].Journal of Analytical and Applyied Pyrolysis，2004，（72）：97-102.

[35]　邵立明，何品晶，李国建.污水厂污泥低温热解过程能量平衡分析 [J].上海环境科学，1996，15（6）：19-21.

[36]　金保升，仲兆平，周山明.城市固体废物（MSW）热解热解特性及其动力学研究 [J].工程热物理学报，1999，20（4）：510-514.

第八章
固体废物水泥窑共处置

第一节 概　　述

中国是水泥生产和消费大国，受资源、能源与环境因素的制约，水泥工业必须走可持续发展之路；同时中国各类废物产生量巨大，无害化处置率低，尤其是危险废物，由于其处理难度大，处理设施投资与处理成本高，是中国固体废物管理中的薄弱环节。解决大量生活垃圾与工业废物处理需求与水泥工业对于原料需求的办法有两种。①利用焚烧炉焚烧工业固体废物和生活垃圾，再把焚烧灰用作水泥生产的原料，通过配料计算加入原料中，来烧制水泥熟料。日本已将此项技术应用于水泥工业。②把工业固体废物或生活垃圾在水泥窑中焚烧，水泥生产过程既用作固体废物焚烧，又进行水泥熟料烧成，同时焚烧灰又可以做水泥原料。欧美国家的水泥行业侧重于研究和应用这方面的技术[1~8]。

水泥窑焚烧处理危险废物在发达国家中已经得到了广泛的认可和应用。随着水泥窑焚烧危险废物的理论与实践的发展与各国相关环保法规的健全，该项技术在经济和环保方面显示出了巨大优势，形成产业规模，在发达国家废物危险废物处理中发挥着重要作用。中国水泥厂处置废物的工作目前处于起步阶段，虽然做过大量尝试，但也面临着一些问题，如对水泥生产工艺和产品质量的不利影响，或者造成二次污染。因此有必要借鉴外国经验，结合中国实际，制定中国水泥窑处置废物的相关技术标准，将水泥厂处置危险废物纳入法制管理的轨道。

一、水泥厂处理废物的技术概述

1. 适于水泥窑处理的废物种类及处理方式

水泥窑可以处理的废物包括生活垃圾，各种污泥（下水道污泥、造纸厂污泥、河道污泥、污水处理厂污泥等），工业固体废物（粉煤灰、高炉矿渣、煤矸石、硅藻土、废石膏等），工业危险废物，各种有机废物（废轮胎、废橡胶、废塑料、废油等）。

水泥窑之所以能够成为废物的处理方式，主要是因为废物能够为水泥生产所用，可以以二次原料和二次燃料的形式参与水泥熟料的煅烧过程，二次燃料通过燃烧放热把热量供给水泥煅烧过程，而燃烧残渣则作为原料通过煅烧时的固、液相反应进入熟料主要矿物，燃烧产生的废气和粉尘通过高效收尘设备净化后排入大气，收集到的粉尘则循环利用达到既生产了熟料又处理了废弃物，同时减少环境负荷的良好效果[3~10]。

根据成分与性质，不同的废物在水泥生产过程中的用途不同，主要包括以下四个方面。

① 替代燃料：主要为高热值有机废物。

② 替代原料：主要为低热值无机矿物材料废物。

③ 混合材料：适宜在水泥粉磨阶段添加的成分单一的废物。

④ 工艺材料：可作为水泥生产某些环节，如火焰冷却、尾气处理的工艺材料的废物。

2. 水泥窑处置废物的特点与优势

水泥生产中利用粉煤灰、炉渣、各种尾矿以及工业废渣代用天然原料已非常普遍，并取得了可观的经济效益和社会效益。

根据水泥工业的生产工艺和设备的要求见表 4-8-1，在水泥窑处理废物具有以下特点。

表 4-8-1 水泥窑和焚烧炉燃烧情况比较

序号	参数名称	水泥回转窑	焚烧炉
1	气体最高温度/℃	2200	1450
2	物料最高温度/℃	1500	1350
3	气体在≥1100℃停留时间/s	6～10	1～3
4	物料在≥1100℃停留时间/min	2～30	2～20
5	气体的湍流度(雷诺指数)	>100000	>10000

（1）焚烧温度高　水泥窑内物料温度一般高于 1450℃，气体温度则高于 1750℃左右，甚至可达更高温度 1500℃和 2200℃。在此高温下，废物中有机物将产生彻底的分解，一般焚毁去除率达到 99.99％以上，对于废物中有毒有害成分将进行彻底的"摧毁"和"解毒"。

（2）停留时间长　水泥回转窑筒体长，废物在水泥窑高温状态下持续时间长。根据一般统计数据，物料从窑头到窑尾总停留时间在 40min 左右；气体在温度大于 950℃以上的停留时间在 8s 以上，高于 1300℃以上停留时间大于 3s，可以使废物长时间处于高温之下，更有利于废物的燃烧和彻底分解。

（3）焚烧状态稳定　水泥工业回转窑有一个热惯性很大，十分稳定的燃烧系统。它是由回转窑金属筒体、窑内砌筑的耐火砖以及在烧成带形成的结皮和待煅烧的物料组成，不仅质量巨大，而且由于耐火材料具有的隔热性能，因此，更使得系统热惯性增大，不会因为废物投入量和性质的变化，造成大的温度波动。

（4）良好的湍流　水泥窑内高温气体与物料流动方向相反，湍流强烈，有利于气固相的混合、传热、传质、分解、化合、扩散。

（5）碱性的环境气氛　生产水泥采用的原料成分决定了回转窑内是碱性气氛，水泥窑内的碱性物质可以和废物中的酸性物质中和为稳定的盐类，有效抑制酸性物质的排放，便于其尾气的净化，而且可以与水泥工艺过程一并进行。

（6）没有废渣排出　在水泥生产的工艺过程中，只有生料和经过煅烧工艺所产生的熟料，没有一般焚烧炉焚烧产生炉渣的问题。

（7）固化重金属离子　利用水泥工业回转窑煅烧工艺处理危险废物，可以将废物成分中的绝大部分重金属离子固化在熟料中，最终进入水泥成品中，避免了再度扩散。

（8）减少社会总体废气排放量　由于可燃性废物对矿物质燃料的替代，减少了水泥工业对矿物质燃料（煤、天然气、重油等）的需要量。总体而言，比单独的水泥生产和焚烧废物产生的废气（CO_2、SO_2、Cl_2 等）排放量大为减少。

（9）焚烧处置点多，适应性强　水泥工业不同工艺过程的烧成系统，无论是湿法窑、半干法立波尔窑，还是预热窑和带分解炉的旋风预热窑，整个系统都有不同高温投料点，可适应各种不同性质和形态的废料。

（10）废气处理效果好　水泥工业烧成系统和废气处理系统，使燃烧之后的废气经过较长的路径和良好的冷却和收尘设备,有着较高的吸附、沉降和收尘作用,收集的粉尘经过输送系统返回原料制备系统可以重新利用。

(11) 建设投资较小,运行成本较低 利用水泥回转窑来处置废物,虽然需要在工艺设备和给料设施方面进行必要的改造,并需新建废物贮存和预处理设施,但与新建专用焚烧厂比较,还是大大节省了投资。在运行成本上,尽管由于设备的折旧、电力和原材料的消耗,人工费用等使得费用增加,但是燃烧可燃性废物可以节省燃料,降低燃料成本,燃料替代比例越高,经济效益越明显。根据水泥窑的上述特点以及与危险废物焚烧炉的比较见表4-8-1可以看出,水泥窑非常适合用于危险废物的处置。

3. 利用水泥窑处置危险废物的主要问题

虽然利用水泥窑处理废物具有上述的优点与特点,但利用水泥窑处理与利用废物也有一定的限制,需要注意以下几个技术方面的问题。

(1) 对水泥质量的影响 将废物流引入现有的水泥窑中有可能破坏工艺过程或影响产品的质量,如废物中过高的 S、Cl、F 等的含量会造成水泥窑运行上的问题,因而必须对废物流作仔细研究,并对适合处理的废物做出限定。

(2) 污染物排放达标 将废物流引入现有的水泥窑焚烧可能产生额外的或更高负荷的污染物排放,因此需要对用作燃料的废物进行严格的筛选和控制,对系统排放的气体进行更加严格的限制,增加必要的在线测量装置和收尘设备。

(3) 配备化验、测量和安全设备 为了保证废物,尤其是废物在收集、贮存、运输、装卸、计量、投入过程中的安全,需要增加一系列化验、测量和安全设备,增加了操作、控制的难度和复杂性,同时也需要一定的人力资源消耗。

(4) 增加预处理设施 为了便于工艺操作,提高废物处理效率,保证水泥厂的安全生产,必须对某些废物进行预处理,主要的预处理操作见表4-8-2。

表 4-8-2 水泥工业处理废物的预处理操作

序号	参数名称	水泥回转窑	焚烧炉
1	预处理操作	描述	备注
2	混合	将不同类型的废物混合均匀,满足进料要求	适用于所有类型,特别是液体废物
3	中和	酸碱性废物互相中和或加药剂中和	特别适用于液态无机废物
4	干燥	某些固体废物需要首先烘干去除水分	特别适用于干法水泥窑
5	颗粒分选	通过粉碎、粉磨、分离,满足作燃料或原料要求	对替代燃料或替代原料均需要
6	热分离或热解	从无机物中去除挥发性或半挥发性组分,进行资源回收利用	如油污染土壤分离出油类作燃料从窑头加入,土壤作原料从窑尾加入
7	球粒化	将污泥或固体制成均匀球粒	均匀球粒作为固体燃料,从窑头加入

为尽量避免上述问题,利用水泥窑处置危险废物应遵循以下基本原则:

① 同其他废物处置方式一样,应尽可能在废物最小量化的基础上进行;

② 应比其他废物处置方式在经济上、生态上、环保上更为可行;

③ 水泥厂处置废物是在水泥生产过程中进行的,废物处置不能影响水泥厂正常生产,不能影响水泥产品质量,不能对生产设备造成损坏,不能对操作工人健康造成危害,不能对厂区及周围环境造成明显影响;

④ 不能带来水泥厂污染物排放的显著升高;

⑤ 必须满足国家及地方相关法律法规和废物处置规划的要求。

二、国外固体废物水泥窑共处置应用现状

水泥窑是发达国家焚烧处理工业危险废物的重要设施，已经有 20 多年的历史，在发达国家得到了广泛的认可和应用[7]。国外首先开始着手研究的多是将可燃性废料作为替代燃料应用于水泥生产，其次是将一些其他工业产生的废物或副产品作为生产水泥的替代原料。首次试验是于 1974 年在加拿大的 Lawrence 水泥厂进行的，随后在美国的 Peerless、Lonestar、Alpha 等十多家水泥厂先后进行了试验[8~26]。危险废物共处置开展较早，应用较多，比较典型的几个国家的情况如下。

（1）欧盟　欧洲水泥生产利用可燃废弃物的研究开始于 20 世纪 70 年代。由于能源危机，燃料价格上涨，西欧的一些发达国家开始研究用可燃废弃物替代燃料用于水泥生产，以降低水泥生产成本。欧洲水泥协会 2006 年公布的数据显示：橡胶/轮胎、动物骨粉/脂肪、废油/废溶剂和固体衍生燃料（RDF）在其二次燃料中占据的比例较大。2006 年欧洲替代燃料的种类和比例分布如图 4-8-1 所示。据相关资料显示，2007 年欧洲水泥行业处理废物 620 万吨，其中 17% 是危险废

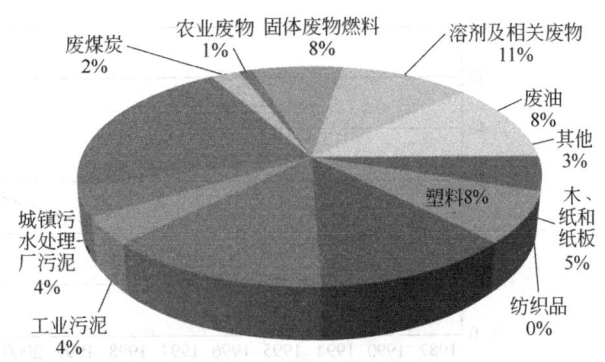

图 4-8-1　欧洲替代燃料的种类和质量分布

物。现今西欧与北欧诸国水泥工业采用替代燃料的替代率已达 70% 左右，各种废料预处理及其在 PC 窑上的燃烧装备均已相当成熟可靠。欧洲国家在利用废物用作水泥生产的替代燃料和原料（AFR）方面取得了丰富的经验，并形成了产业规模。

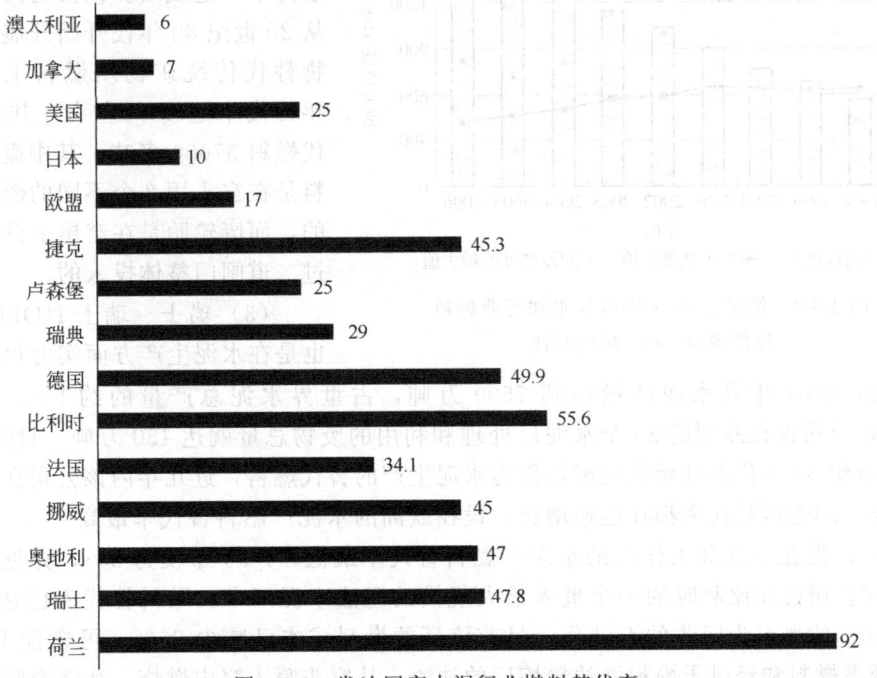

图 4-8-2　发达国家水泥行业燃料替代率

注：2005 年收集整理的数据

据水泥可持续发展组织 2005 年数据表明，荷兰和比利时的替代燃料替代率最高，分别达到了 92% 和 56%，如图 4-8-2 所示。

（2）德国　德国是世界上较早进行水泥厂废物处理和利用的国家。自 20 世纪 80 年代以来，各种废物包括含重金属的危险废物在德国水泥工业中燃料替代率保持了迅猛增长势头（见图 4-8-3）。德国水泥厂燃料替代率在 2001 年达到了 30%[9]，替代燃料总使用量达到 126.9 万吨；同年，德国水泥工业替代原料的使用量也达到了 668.4 万吨。2006 年德国水泥厂的燃料替代率已接近 50%。海德堡一家水泥厂燃料替代率达到 60%[10]，其中轮胎 10%，塑料 25%，液态燃料（废油、工业废液）25%。1987～2006 年，德国水泥行业二次燃料的替代率如图 4-8-4 所示。

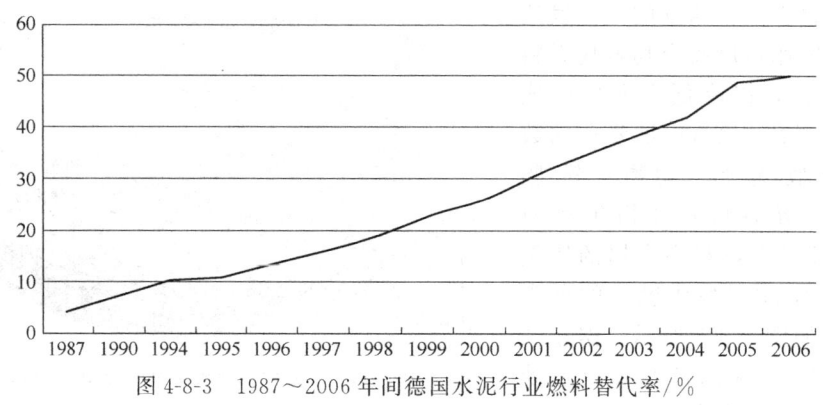

图 4-8-3　1987～2006 年间德国水泥行业燃料替代率/%

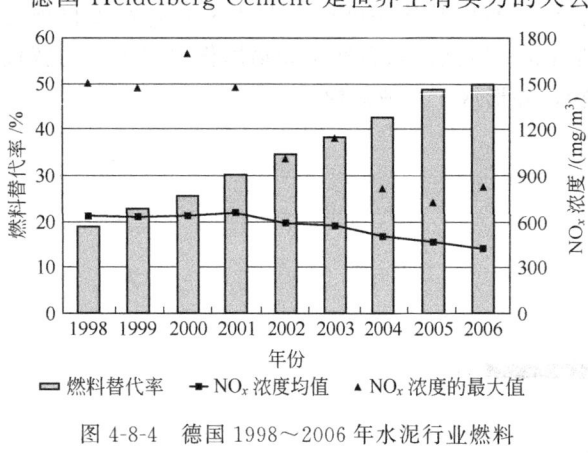

图 4-8-4　德国 1998～2006 年水泥行业燃料
替代率与 NO_x 排放对比

德国 Heidelberg Cement 是世界上有实力的大公司[11]，2001 年具有 1 亿吨水泥的生产能力。与此同时，公司高度重视环境保护工作，特别在危险废物利用方面取得了一定成绩。该公司的预热器窑从 20 世纪 80 年代开始开展可燃性废物替代传统矿物质燃料工作，2000 年替代率达 40% 左右，共计使用替代燃料 37000 多吨。其中废油和废塑料是在窑头用 2 个不同的燃烧器喷入的，而废轮胎是在窑尾上升烟道中通过二道闸门整体投入的。

（3）瑞士　瑞士 HOLCIM 公司也是在水泥生产方面实力很强的大型跨国公司，2001 年其水泥产量达到 7500 万吨，占世界水泥总产量的约 5%。2000 年，HOLCIM 公司设在欧洲的 35 个水泥厂处理和利用的废物总量就达 150 万吨。HOLCIM 公司从 20 世纪 80 年代起开始利用废物作为水泥生产的替代燃料，近几年内该公司在世界各大洲的水泥厂的燃料替代率都在迅速增长，设在欧洲的水泥厂燃料替代率最高[13]，1999 年已达到 28%；设在亚洲和大洋洲的水泥厂燃料替代率最低，1999 年仅为 2%，详见图 4-8-5。1999 年该公司设在比利时的一个世界最大规模的湿法水泥厂中，燃料替代率已达到 80%，其余约 20% 的燃料为回收的石油焦，目前该厂的燃料成本已减少 20%。可燃性工业废物、废油、液态燃料和经过干燥粉磨的精炼厂的油渣，从窑头喷入窑内燃烧；社区家庭和工厂自身产生的废物（废纸、废塑料、废衣物和织物），用塑料膜打包后，经喂料装置从窑中喂入。

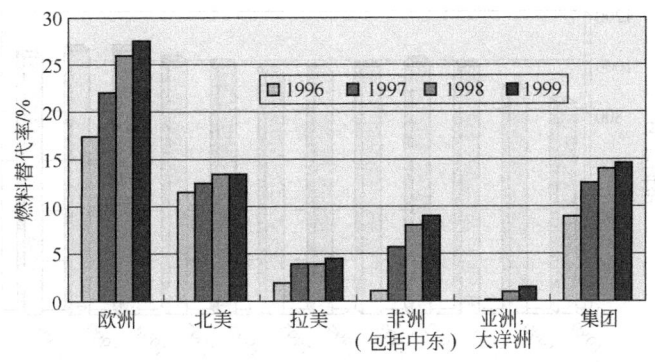

图 4-8-5　瑞士 HOLCIM 公司水泥厂燃料替代情况

（4）法国　法国 Lafarge 公司是水泥产量位居世界第一位的跨国公司，活跃在世界上 75 个国家。该公司从 20 世纪 70 年代便开始研究利用废物代替自然资源的工作[14]。经过近 30 年的研究和发展，危险废物处置量稳步增长，图 4-8-6 为 1990～2000 年期间处置的危险废物量。目前该公司设在法国的水泥厂焚烧处置的危险废物量占全法国焚烧处置的危险废物量的 50%，燃料替代率也达到 50% 左右。2001 年，Lafarge 公司由于处置废物而实现了以下目标：节约 200 万吨矿物质燃料；降低燃料成本达 33% 左右；收回了约 400 万吨的废料；减少了全社会 500 万吨 CO_2 气体的排放。

Lafarge 公司制定的 2002 年在世界各洲所属企业不同的燃料替代率指标为：欧洲达到 49% 以上，北美达到 26% 以上，同时在亚洲的日本、泰国、马来西亚、菲律宾等国的企业逐步开展燃料替代。

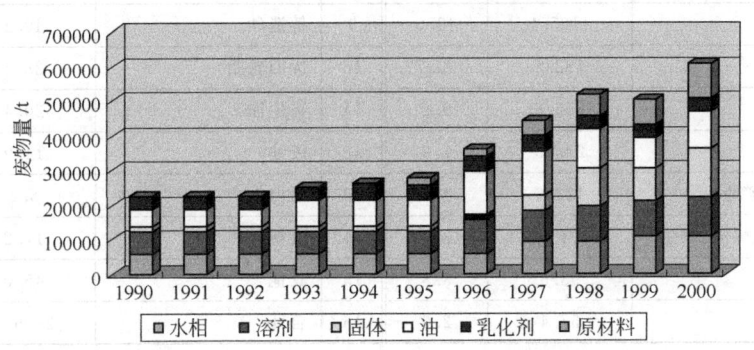

图 4-8-6　Lafarge 公司在法国处置的危险废物

（5）美国　美国将废物用作水泥窑的共处置，最初是为了缓解汽车轮胎堆满为患的压力，后来逐渐推广到了其他可燃废物。1980 年以来，随着美国联邦法规对危险废物处理要求的加强，危险废物焚烧处理量迅速增加，图 4-8-7 为 1989～2000 年利用水泥窑协同处置危险废物的量。1994 年美国共有 37 家水泥厂或轻骨料厂得到授权用危险废物作为替代燃料烧制水泥，处理了近 300 万吨危险废物[16]，占全美国 500 万吨的危险废物的 60%。全美国液态危险废物的 90% 在水泥窑进行焚烧处理。目前美国国家环保局对使用废油废溶剂作为生产水泥的替代燃料已经给予了充分的肯定，认为此技术已经成熟，应积极鼓励推广使用。目前美国大部分水泥厂使用液体的可燃性废料，替代量平均达到 25% 以上。

美国有 58 座水泥回转窑焚烧从社会上收集的废物，美国国家环保局有一项政策[8]：每个工业城市保留一个水泥厂，在部分满足生产水泥需求的同时用于处理城市产生的有害废物。美国的水泥厂一年焚烧的有害工业废物是用焚烧炉处理有害废物的 4 倍。

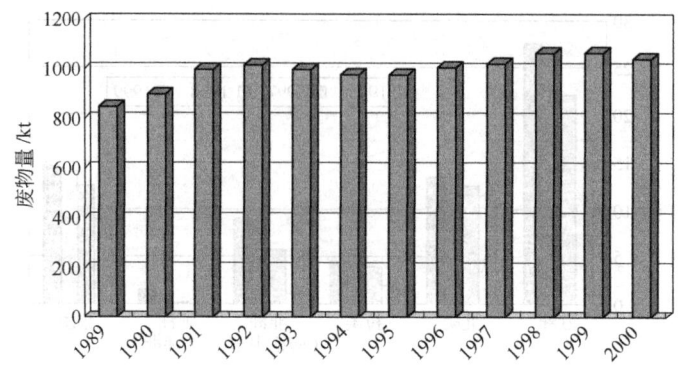

图 4-8-7　美国 1989～2000 年间水泥窑协同处置危险废物的量

（6）日本　由于日本资源匮乏，而水泥生产技术先进，日本水泥企业在废物利用和处理方面处于世界前列。日本拥有水泥生产企业 20 家，64 台窑体，全部为新型干法预热回转窑，熟料生产能力为 8030 万吨[12]。2001 年熟料实际生产量为 7180 万吨，水泥生产量为 7910 万吨。2001 年日本水泥企业废物利用量达到 2800 万吨，见表 4-8-3，替代原料中高炉矿渣最多，占全日本高炉矿渣总量的 50%；其次是粉煤灰，占全日本粉煤灰总量的 60%。替代燃料中，废旧轮胎最多，相当于日本废旧轮胎总量的 35%。2001 年，日本水泥企业每生产 1t 水泥利用废物量为 355kg，预计在 2015 年达到 450kg。

表 4-8-3　2001 年日本水泥企业废物利用和处理情况

序号	废物类别	利用和处理量/万吨	所占比例/%	序号	废物类别	利用和处理量/万吨	所占比例/%
1	高炉矿渣	1195.1	42.6	9	铸造砂	49.2	1.7
2	粉煤灰	582.2	20.7	10	废旧轮胎	28.4	1.0
3	副产石膏	256.8	9.2	11	再生油	20.4	0.7
4	淤泥	223.5	7.9	12	废油	14.9	0.5
5	有色金属矿渣	123.6	4.4	13	废白土	8.2	0.3
6	焚烧残渣、煤渣、收尘	94.3	3.4	14	废塑料	17.2	0.6
7	钢渣	93.5	3.3	15	其他	45.0	1.6
8	煤矸石	57.4	2.0	16	合计	2806.1	100

三、国内固体废物水泥窑共处置应用现状

长期以来，我国大量利用各种工业固体废物作为替代原料用于生产水泥产品，如电厂粉煤灰、烟气脱硫石膏、磷石膏、煤矸石、钢渣、高炉矿渣等，这些工业废渣的化学成分与传统水泥生产原料近似，品质相对均匀、稳定，通常作为替代原料加入生料或作为混合材料加入熟料中，共处置易于操作，环境和安全风险小，已被水泥企业广泛采用以节约原料成本[16]。除了常规处置利用各种固体废物，我国水泥生产企业在应急处置各种事故产生的危险废物方面也发挥了重要作用，如在各种专项整治活动中收缴的违禁化学品（如毒鼠强等剧毒农药）、不合格产品（如含三聚氰胺奶粉、伪劣日化产品等）以及事故污染土壤等废物的处置等[28～44]。

目前，中国目前的水泥窑燃料替代率还不到 1%，比发达国家的平均值 36% 平均落后了十余年，进一步加剧了水泥行业减少能源消耗和温室气体排放的难度。

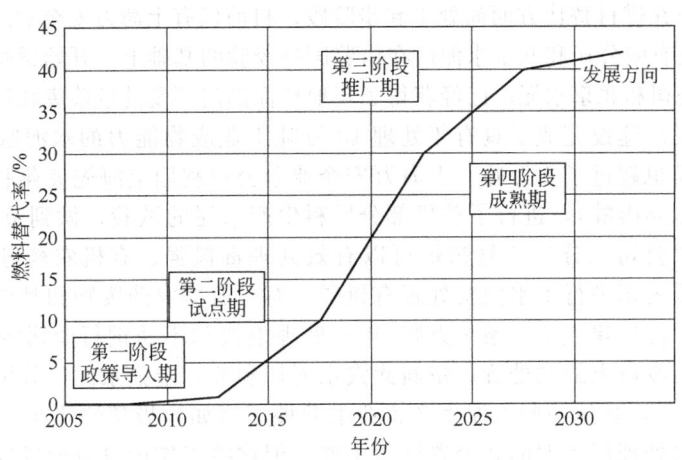

图 4-8-8　我国水泥窑替代燃料的发展阶段

(1) 我国水泥产业发展方向　2006 年 10 月我国发布《水泥工业产业发展政策》和《水泥工业发展专项规划》，原则上不再建设日产 2000t 以下规模的水泥项目，不得新建立窑及其他落后工艺的水泥生产线。图 4-8-8 所示为我国水泥窑替代燃料的发展阶段。

2008 年底：要求淘汰各种规模的干法中空窑、湿法窑落后工艺技术装备；进一步消减机立窑产能；关停并转规模小于 20 万吨、环保或水泥质量不达标的企业。

2010 年：新型干法水泥窑比重达到 70% 以上。

2020 年：企业数量由目前 5000 家减少到 2000 家；生产规模 3000 万吨以上的达到 10 家；500 万吨以上的达到 40 家。

燃料：主要是煤，所占燃料比例接近 100%，2009 年耗煤 1.8 亿吨。其中新型干法窑主要使用的是烟煤。立窑使用的是无烟煤。原料：2009 年石灰石消耗 14 亿吨。

2000t 以上规模的新型干法窑是主力窑型，占干法窑总数的 69%。

新型干法窑向大型化发展，5000t 以上规模的水泥窑 270 座（占 24.3%）。

我国在危险废物水泥窑协同处置方面虽然取得了一些经验，但仍面临着较多问题。

(2) 应用现状　迄今为止中国水泥厂对废物的利用主要局限于原料替代方面。目前国内绝大部分的粉煤灰、矿渣、硫铁渣等都在水泥厂得到了利用和处理。全国水泥原料的 20% 来源于冶金、电力、化工、石化等行业产生的各种工业废物，减少了天然矿物资源的使用量。根据中国水泥行业的生产技术水平，一般生产 1t 水泥需原料 1.6t，按中国水泥产量 6 亿吨/年计，每年利用的各种工业废物即达 1.92 亿吨，既节省了宝贵的资源，又解决了工业废物环境污染问题，同时也为水泥工业带来了一定的经济效益[17~19]。

采用水泥回转窑协同处置危险废物，根据其在水泥生产中的作用，可分为以下 3 类。

① 用作二次燃料。对于具有一定热值的有机废物，包括固体、液体和半固体状污泥，可作为水泥窑的"二次燃料"。

② 用作水泥生产原料。对于主要含重金属的各种废弃渣，尽管其不含或少含可燃物质，但可作为水泥生产原料来处理利用；而对于卤素含量高的有机化合物和含镁、碱、硫、磷等的废物，由于其对水泥烧成工艺或水泥性能有一定影响，应严格控制其焚烧喂入量。

③ 对如含汞废弃料等，则不宜入窑焚烧。

20 世纪 90 年代中期以来，随着中国经济的快速增长和可持续发展战略在中国的贯彻实施，上海、北京、广州等特大型中心城市的政府和水泥企业，开始关于"水泥工业处置和利用可燃性工业废物"问题的研究和工业实践，引起了国家有关部委和水泥行业的重视。但是，中国水泥工业在燃料替代方面尚处于起步阶段，目前仅有上海万安企业总公司原金山水泥厂、上海联合水泥有限公司和北京水泥厂在借鉴国外经验的基础上，开始试烧危险废物，其中上海万安企业总公司和北京水泥厂已经获得了当地环保部门颁发的危险废物经营许可证。

其中北京水泥厂建设完成了具有年处理 10 万吨工业废物能力的水泥窑共处置设施，危险废物年处理规模也超过了 1 万吨。上海万安企业总公司利用上海先灵葆制药有限公司生产氟洛氛废液（含氟异丙醇），进行了替代部分燃料生产水泥的试验，做到节能 25％。黄石市华新水泥股份有限公司二分厂 5 号窑炉可以有效处理毒鼠强、有机农药等危险废物。2006年云南某水泥有限公司进行了水泥窑处置有机磷、有机氮类农药废物和其他危险废物的工业试验，宁波舜江水泥厂建成了一条 3 万吨/年的处理电镀和不锈钢行业污泥的生产线。大连小野田水泥厂进行废白土的共处置，华新武穴水泥厂和苏州金猫水泥厂分别进行了废弃农药和 DDT 的处理处置，其他一些水泥生产企业也开展了诸如垃圾焚烧飞灰、废弃农药等危险废物以及城市污水处理厂污泥的共处置试验工作。但这些工作远没有形成这一技术所应有的规模，在我国危险废物处理中还不能充分发挥其应有的作用。

（3）水泥窑协同处置固体废物情况

① 危险废物水泥窑共处置企业（5 家）[33~36]

北京金隅红树林环保技术有限公司（北京水泥厂）：2005 年红树林开始共处置业务，目前我国开展危险废物水泥窑共处置业务最为成功的水泥企业。工业废物处置能力为 8 万吨/年～10 万吨/年。目前已取得了环保部颁发的 30 种危险废物的处置经营许可证。2009 年处置各种工业废物 5 万吨（不包括污染土壤），其中包括 28 类总计 2 万吨危险废物。

河北金隅红树林环保技术有限公司：2010 年 10 月取得了河北省环保厅颁发的 19 种危险废物的处置经营许可证。2010 年处置危险废物 400t。2011 年计划处置危险废物约 5000t。

华新水泥（武穴）有限公司：2007 年建成了共处置工业废物的水泥生产线。已取得了湖北省颁发的 9 类危险废物的处置经验许可证。2010 年处置危险废物约 1500t。

上海万安企业总公司（原上海金山水泥厂）：1996 年取得了上海市环保局颁发的 9 种危险废物的处置经验许可证，但由于缺少配套的废物管理能力，危险废物共处置业务不能保证连续运营，没有形成实际的危险废物处置能力。

宁波科环新型建材有限公司（原宁波舜江水泥有限公司）：2004 年开展了电镀污泥的水泥窑共处置业务，年处置电镀污泥 2 万～3 万吨。

除此以外，目前我国基本上没有其他水泥企业取得危险废物经营许可证开展连续的、规模化的危险废物共处置业务。

② 城市污泥水泥窑共处置企业（5 家）

北京金隅红树林环保技术有限公司：2006 年采用直接投加的方式，污泥处置能力 100t/d（含水率 80％，下同）。2009 年建成运行，采用非接触式水泥窑余热间接干化方式，污泥处置能力 500t/d。

广州越堡水泥有限公司：2009 年建成运行，采用接触式水泥窑余热直接干化方式，污泥处置能力 600t/d。

重庆拉法基瑞安（南山）水泥有限公司：2008 年建成运行，采用直接投加方式，污泥处置能力 100t/d。

华新（宜昌）水泥有限公司：2009 年建成运行，采用直接投加方式，污泥处置能力 150t/d。

天山水泥集团溧阳分公司：2010 年建成运行，采用直接投加方式，污泥处置能力 120t/d。

除此以外，越来越多的水泥企业对共处置生活污泥表现出了兴趣，一些新的生活污泥水泥窑共处置项目即将或正在建设中。

③ 城市生活垃圾水泥窑共处置企业（3家）

安徽铜陵海螺水泥有限公司：2009年建成运行，采用预焚烧（气化）入窑工艺，处置能力600t/d。

华新水泥（秭归）有限公司：2010年6月建成运行，采用了RDF工艺共处置生活垃圾中低品位包装废物，处置能力140t/d。

华新水泥（武穴）有限公司：2011年4月建成运行，采用发酵后入窑工艺，处置能力500t/d。

其他：

广旺集团天台水泥有限公司于2007年开展了水泥窑共处置生活垃圾的示范试验，采用的是预焚烧入窑工艺，试验的24h内处置了60t生活垃圾。

河南的洛阳黄河同力水泥有限责任公司、天瑞集团郑州水泥有限公司、贵州的规定海螺盘江水泥有限公司、遵义三岔拉法基瑞安水泥有限公司、江苏的天山水泥集团溧阳分公司、北京的琉璃河水泥有限公司等水泥企业目前正在建设水泥窑共处置生活垃圾设施。

④ 污泥土壤水泥窑共处置企业（2家）

北京金隅红树林环保技术有限公司：2007年在我国率先开展了污染土壤共处置的业务，其污染土壤主要为被DDT和六六六农药污染的土壤，总计20万吨。

重庆拉法基瑞安地维特种水泥有限公司：2010年开展了水泥窑共处置POPs污染土壤的业务，计划处置污染土壤3万吨。

除此以外，河北金隅红树林环保技术有限公司和华新水泥（武穴）有限公司等水泥企业也计划在近期开展POPs污染土壤的水泥窑共处置业务。

⑤ 典型废物水泥窑试烧示范试验

典型废物水泥窑试烧示范试验统计见表4-8-4。

表 4-8-4 典型废物水泥窑试烧示范试验

序号	水泥企业	试烧的废物
1	华新(武穴)水泥厂	废弃农药
2	北京水泥厂	DDT污染土壤 生活污泥
3	大连小野田水泥厂	废白土
4	苏州金猫水泥厂	DDT
5	拉法基(都江堰)水泥厂	重金属废物
6	华新(秭归)水泥厂	生活垃圾衍生燃料

⑥ 我国水泥窑共处置管理现状

水泥窑共处置标准体系还未建立，目前我国还没有针对水泥窑共处置发布专门的法律、法规、规范、标准或指南等规范性文件，暂时依据《水泥工业大气污染物排放标准》和《危险废物焚烧污染物控制标准》进行管理。

正在编制中的规范性文件：

a.《水泥窑共处置危险废物污染控制标准》-即将进入征求意见阶段；

b. 固体废物生产建筑材料污染控制标准-即将进入征求意见阶段；

c. 水泥窑共处置危险废物环境保护技术规范-正在编制初稿。

即将开展的编制工作：

a. 水泥窑共处置国家发展规划和战略的前期基础研究；

b. 水泥窑共处置废物的污染防治技术政策研究。

（4）危险废物协同处置水泥窑厂家主要生产线汇总　处理情况汇总见表 4-8-5。

表 4-8-5　国内主要处理危险废物水泥窑厂家主要生产线主机设备表

序号	厂名	主要设备	数量/套	熟料生产能力/(t/d)	处理废物种类
1	北京新北水泥有限责任公司	五级悬浮预热器＋分解炉 φ4.2m×67m	2	5500	《国家危险废物名录》中列出的 47 类中的 28 种危险废物,如:废酸碱、废化学试剂、废有机溶剂等工业危险废物和医药废物等,10000t/a
2	上海万安企业总公司	四级预热器＋分解炉 φ3.5m×88m	2	5000	焚烧处置(有机废物,年处理能力:液态,2500t,固态,3500t)(危险废物许可证)单位水泥回转窑有机溶剂废物(HW06)、蒸馏残留(HW11)等 10 类危险废物处置能力为 6000t/a
3	华新金猫水泥(苏州)有限公司	五级预热器＋分解炉 φ4.0m×80m	3	6000	粉煤灰、碎屑、粉末、废石、脱硫石膏等,掺兑比例大于 30%,焚烧飞灰 30t/d
4	宁波舜江水泥厂	四级预热器＋分解炉 φ3.5m×62m	2	4000	粉煤灰、炉渣、湿渣,以电镀污泥为主,30000t/a

（5）现存问题　我国在危险废物水泥窑协同处置方面虽然取得了一些经验，但仍面临着较多问题。

① 在管理控制方面，与发达国家对比，我国还缺乏水泥工业处置和利用危险废物的法规、标准和有关政策。

水泥企业在处置和利用危险废物和工业废物方面，一定程度上存在对污染物，尤其是 Hg、Cd、Cr、Pb 等重金属离子的稀释（在产品中）和转移（在尾气中）现象。

我国已于 1996 年 4 月颁布并实施《中华人民共和国固体废物污染环境防治法》，其中对危险废物污染防治进行了特别规定。国家环境保护总局、国家经济贸易委员会和科学技术部于 2001 年 12 月出台了《危险废物污染防治技术政策》，指出"危险废物的焚烧宜采用以旋转窑炉为基础的焚烧技术，可根据危险废物种类和特征选用其他不同炉型，鼓励改造并采用生产水泥的旋转窑炉附烧或专烧危险废物"。但是针对水泥工业处置和利用危险废物，目前尚无专门的法规、标准和政策。由中国环境科学研究院、中国建筑材料研究总院编制的《水泥窑共处置危险废物指南》《水泥窑共处置危险废物污染控制标准》还在征求意见过程中。我国 2004 年颁布的《水泥工业大气污染物排放标准》（GB 4915—2004）中没有对重金属的排放限值提出专门具体要求，还规定水泥窑不得用于焚烧重金属类危险废物，这在一定程度上限制阻碍了危险废物水泥窑共处置技术的发展。

② 执法力度不够造成一部分废物得不到有效控制和处置。由于废物申报登记不健全，环保监督管理存在一些漏洞，未能完全掌握废物流向，进行有效监控。一部分企业为了减少企业开支，将危险废物堆放于厂区之内，或是进行简单处置，或是付出较低费用将废物转移进行低水平回收利用，造成更大范围的二次污染。因此，必须加大危险废物管理执法力度，同时进行积极引导，使适合在水泥厂处置的危险废物能够进入水泥厂得到有效处置，同时水泥厂也能够有足够的危险废物供应量以维持正常运转。

③ 水泥窑共处置的可燃性废物数量少，原料和燃料替代率过低。如北京水泥厂有限责任公司共处置危险废物设计能力为 1 万吨/年，实际上 2006 年只混烧了 1500t。上海万安企业总公司 2005 年实际共处置液体废物 930t，固体废物 1537t，燃料替代率小于 3%。

④ 由于管理水平、经济发展水平的不同，当前中国可由水泥工业处置和利用的废物与国际上有很大区别。发达国家在水泥厂主要用废橡胶制品、废轮胎、废纸张、废塑料、废油、纺织织物废物、废木料（家具废料、锯末）、废溶剂、污泥、污油、屠宰场废物经加工处理的肉粉和骨粉等来代替燃料。这些替代燃料来源稳定，数量大，热量高，一般一个企业仅烧其中几项废料，工艺过程易于控制。目前，中国废轮胎、废矿物油等尚未得到有效控制，能够提供在水泥厂协同处置的废物只有印刷厂的废油墨，水处理厂的污泥，化学工业的有机溶剂和废液、废涂料、污油渣等。这些废物来源点多，但数量小、品种广、热量低，大量需要利用水泥工业来处置的往往是一些热值较低的废酸、废碱等无机危险废物，起不到替代燃料的作用，甚至需要添加燃料助燃，这样势必造成水泥厂运行成本升高，经济效益不明显，水泥生产企业积极性不高。为了维持运行，水泥厂需要向废物产生企业收取较高费用，反过来又影响了废物产生企业将废物送到水泥厂处理的积极性。

（6）相关对策　充分利用我国大量的水泥回转窑系统来协同处置危险废物是一条切实可行的、先进的、符合我国国情的技术途径，可实现废物的转移、资源再利用、减少环境污染等，并有利于相关行业的可持续发展，有显著的环境效益和社会效益。在美国及欧洲等发达国家，利用水泥回转窑协同处置危险废物已是一项较成熟可行的技术，而且已形成了从收集、运输、贮存、配置使用、监测等全过程管理和监控的社会化系统，有相应的环保法规、配套政策及利用危险废物生产水泥的技术要求。但我国在这方面的工作才刚刚开始，有必要借鉴国外先进经验，结合中国实际，制定中国水泥窑协同处置废物的相关技术标准，将水泥窑协同处置危险废物纳入法制管理的轨道。

① 为了促进水泥厂协同处置危险废物技术健康有序地发展，急需制定针对水泥窑处置危险废物的法规、标准，出台相关优惠政策。国家应提出中国固体废物和危险废物处置和利用的总体技术路线，制定相应的税收政策、收费标准、产品质量标准、环境标准和许可制度，鼓励水泥企业积极参与危险废物处置和利用，保证该项事业健康有序的发展，进一步开展水泥厂处置危险废物方面的科学研究和技术开发工作，重点包括不同类型废物在水泥窑协同处置的特点、重金属在煅烧过程中的行为、水泥厂协同处置废物的技术标准废物预处理工艺、废物加料装置等。

② 加强对水泥窑协同处置危险废物的生产可靠性和使用安全性的科学研究。前者包括处理种类和处理量对水泥熟料烧成的影响研究；后者包括对于进入水泥体系的重金属元素，在各种使用条件下，在不同的环境介质中，能否不浸出、能否被长期安全固化等。水泥生产企业在处理危险废物时虽可获得直接经济效益，减少能源和资源的消耗，但其粉尘和烟气排放应达标，以免造成二次污染，且应有相应的技术、装备及生产操作和管理经验。

③ 根据我国国情，应选择条件较好的水泥厂进行试点。在环保管理部门支持协调下有选择地使用"二次燃料"和水泥代用原料；同时进行环保监测、处理技术（包括预处理技术和生产技术）和含重金属水泥长期安全性研究。在此基础上将总结经验，完善服务机构，最后实现以点带面，逐步向全国推广。

第二节　工艺技术原理

一、水泥生产及废物共处置过程

1. 水泥生产及废物共处置典型工艺流程

硅酸盐水泥的生产一般分为 3 个阶段：①石灰质原料、黏土质原料和少量校正原料经破碎后，按一定比例配合、磨细，并调配为成分合适、质量均匀的生料，成为生料制备；②生料在水泥窑内煅烧至部分熔融所得到的以硅酸钙为主要成分的硅酸盐水泥熟料，成为熟料煅烧；③熟料加适量石膏，有时还加适量混合材料或外加剂共同磨细为水泥，称为水泥粉磨。按生料制备方法的不同，水泥的生产方法分为以下四类[30~33]：

① 将原料同时烘干和粉磨或先烘干后粉磨成生粉料后入窑煅烧，称为干法；

② 将生料粉加入适量水分制成生料球后入窑煅烧，称为半干法；

③ 将原料加水粉磨成料浆后炉窑煅烧，称为湿法；

④ 将湿法制备的生料浆脱水后，制成生料块入窑煅烧，称为半湿法。

目前新型干法预热回转窑因其高效、低耗、环保而得到愈来愈广泛的应用，其典型工艺流程如图 4-8-9 所示。在回转窑内，固体与气体的流动方向相反。生料从回转窑高端、冷端（窑尾）加入，随着回转窑的旋转，逐渐向低端、热端移动，一般要经过干燥预热带、煅烧带、烧结带、冷却带，物料在 850~1450℃之间的停留时间超过 15~30min；而燃烧气体从回转窑低端、热端（窑头）进入，逐渐向高端、冷端运动，最高温度可达 1750℃，停留时间超过 4~6s。

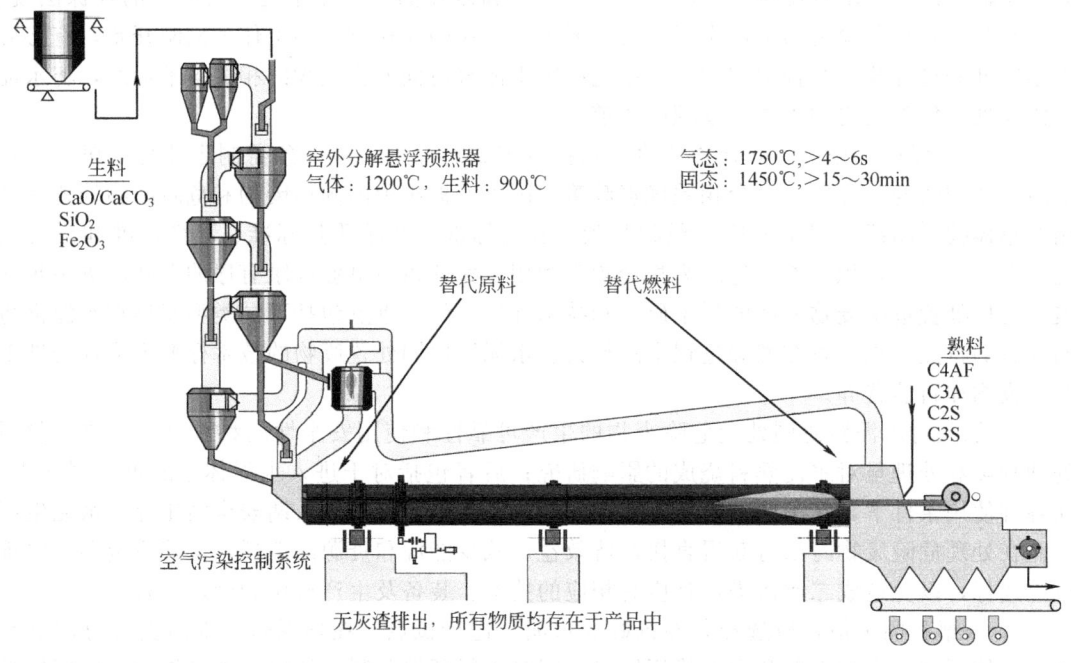

图 4-8-9 新型干法窑生产水泥的典型工艺流程

根据废物的成分与性质，很多废物在水泥生产过程中可作为水泥生产的替代燃料、替代原料等得到利用。作为替代燃料的高热值有机废物从水泥回转窑的窑头加入，在窑内高温条件下停留足够时间被完全焚毁，而残渣则进入水泥熟料；而作为替代原料的低热值无机矿物材料废物，则由窑尾加入，经煅烧、烧结和冷却，变为水泥熟料。此外，由于水泥回转窑在废物处置上的诸多优点，某些特殊废物还能作为在水泥粉磨阶段添加的混合材料或作为水泥生产某些环节，如火焰冷却、尾气处理的工艺材料得到利用。可作为替代燃料、替代原料、混合材料和工艺材料的某些废物见表 4-8-6。

表 4-8-6　可在水泥厂处置的典型废物

序号	废物应用领域	废物类型	序号	废物应用领域	废物类型
1	替代燃料	液压油,非卤化绝缘油	2	替代原料	纸浆焚烧灰
		机油,矿物油,润滑油,其他绝缘油			冶炼炉渣、粉尘
		生活污水处理厂水处理污泥			道路清洁废物
		废木材			锡回收产生的含钙残渣
		汽车轮胎与其他橡胶废物			被有机物污染的土壤或建筑废物
		废纸,废纸板	3	混合材料	纸浆焚烧灰
		石油焦炭			锅炉烟气脱硫产生的石膏
		纸浆(包括来源于废纸的纸浆)			废物高温热处理产生的玻璃熔融体
		塑料(粒状或混合物)	4	工艺材料	含氨废物
		聚酯材料			未被卤代溶剂污染的液态废物
		聚氨酯材料			显影液

2. 喂料点

新型干法窑的气固相温度差别较大。悬浮预热器内:物料温度100~750℃,停留时间50s左右;气体温度350~850℃,停留时间10s左右。分解炉内:物料温度750~900℃,停留时间5s左右;气体温度850~1150℃,停留时间3s左右。回转窑窑内:物料温度900~1450℃,停留时间30min左右;烟气温度1150~2000℃,停留时间10s左右。

由于不同的投加位置具有不同的气固相温度分布,废物投入后的停留时间也不同,应依据废物的物理、化学特性以及不同投加点对应的气固相温度分布和停留时间,选择合适的废物投加位置。

新型干法回转窑有2个常规燃料投加点,分别位于窑头和窑尾,1个常规原料投加点,位于生料磨。不影响水泥生产工艺是共处置的原则之一,故废物共处置应尽量不对水泥窑做大的改造,选择废物喂料点时,既要考虑到该处气固相温度、停留时间等特性,也应考虑增设废物投加口的易操作性。因此,新型干法窑的废物投加位置应从以下三处选择(见图4-8-10):窑头高温段,包括主燃烧器投加点和窑门罩投加点;窑尾高温段,包括分解炉、窑尾烟室和上升烟道投加点;生料配料系统(生料磨)。

危险废物水泥窑共处置最简单易行的方式是把危险废物替代水泥原料,与石灰石混合一起进入预分解系统。危险废物中含有高含量的二噁英,在水泥窑中固相温度可以达到1450℃,气相温度可以达到1750℃,单纯从温度角度考虑,破除二噁英没有任何问题。图4-8-11给出了一个典型的四级悬浮预热器的温度分布,在悬浮预热器系统中,生料的停留时间为25s左右,从图中可见,第二级预热器的温度已经达到736℃,二噁英的沸点为446.5℃,而二噁英的分解温度在800℃以上,如果将危险废物直接从生料磨投加,当危险废物进入预热器系统后,还没有到达回转窑高温段,其表面吸附的二噁英已经基本挥发完毕,从而进入烟气排放。

水泥窑的特点是高温烟气与物料移动方向相反,图4-8-11中高温烟气流向为窑头到窑尾,物料移动方向则相反。危险废物既含二噁英同时富含重金属,如果考虑固定重金属,则危险废物宜从窑尾加入,这样危险废物在水泥窑中将停留30min以上,在随物料缓慢移动过程中,重金属与物料进行硅酸盐化反应,从而得到固化;另一方面,如果考虑破除二噁英,高温是最有效的方法,而水泥窑的高温区域在窑头,因此危险废物宜从窑头加入,这样

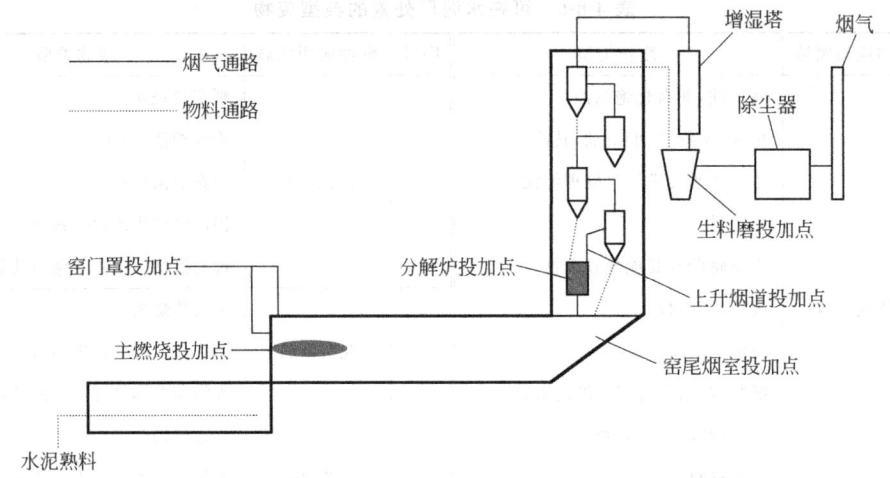

图 4-8-10　危险废物的在水泥窑中投加位置

在 1450℃ 的高温下，二噁英在很短时间内就可以彻底破除；然而从破除二噁英角度考虑的进料位置、移动方向同从固定重金属角度考虑的进料位置、移动方向恰好相反，因此，要想同时破除二噁英并且固定重金属，那么单纯地从预分解窑和窑头进料都是不合适的，比较合适的进料点为悬浮预热器下端的窑尾烟室。

窑尾烟室温度较高，从图 4-8-11 中可以看出，该点的温度已经达到 1133℃，在该温度下危险废物中二噁英可以破除。气相停留时间相对较长，物料停留时间也长，危险废物中重金属可以与硅酸盐化合物充分反应，预分解炉燃烧工况不易受影响，物料适应性广。

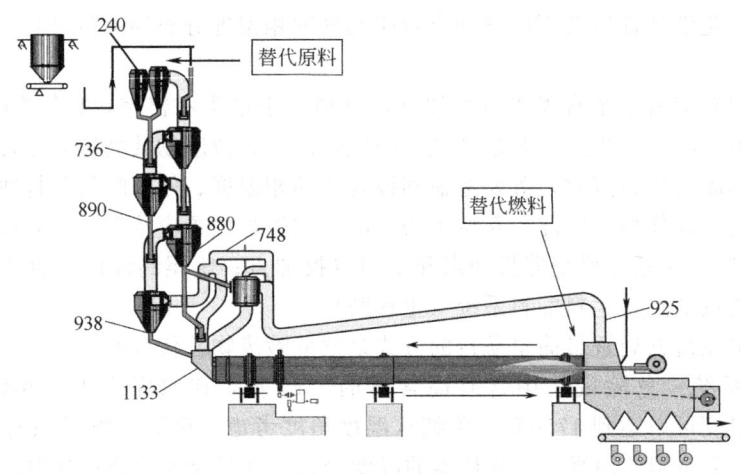

图 4-8-11　回转窑悬浮预热器的温度分布（单位：℃）

二、重金属的固定及流向

传统水泥工业使用的矿物原料和燃料中仅含有痕量的重金属元素，因此水泥产品及污染物排放气体中的重金属主要来自于替代原/燃料。污泥中含有的重金属进入水泥窑后有三种出路：一是随烟尘排放；二是进入熟料中；三是随窑灰带出后又回到生产线重新利用，最终仍进入熟料中。后两种出路中的重金属元素因熟料矿物结构的固化作用基本没有危害。

而第一种出路中随烟尘排放的重金属含量则需要根据实际情况进行具体分析。在水泥窑高温环境下，进入烟尘中的重金属元素有多少取决于该元素在水泥窑中的挥发性（亦即该元素在熟料生成过程中的状态特性）。常见的重金属元素按照其主要单质及化合物在窑系统内的挥发性，可分为高温挥发性重金属和低温挥发性重金属[35~37]。

高温挥发性重金属如铬（沸点 2672℃）、镍（沸点 2732℃）、铜（沸点 2595℃）、锰（沸点 1900℃）等，在煅烧过程中经高温化学反应矿化在水泥熟料晶体结构中，以不容易迁移及极低溶出速率的稳定矿物形式存在于水泥产品中，实现了此类重金属的均化稀释和水泥矿化稳定，极少在系统内沉积或随烟气排放。

低温挥发性重金属如汞，气化温度 356.9℃，在预热器系统内不能冷凝分离出来而随着废气带出，进入生料磨及收尘器，其大部分被收尘器内的粉尘吸附。若此粉尘再次进入烧成系统就会形成外循环，所以首先要控制汞含量过高的替代原/燃料进厂，其次可以将不同汞含量的替代原/燃料搭配使用，其次是可利用此粉尘做水泥混合材，打破外循环，确保低温挥发性重金属的达标排放。

三、有毒有机污染物的焚毁

利用水泥窑处置含有有毒有害的有机废物时，由于在窑内高温中停留的时间长，废物中有机物将产生彻底的分解，一般焚毁去除率达到 99.99％以上。在窑稳定的状态下，二噁英和呋喃类排放物含量通常很低。在欧洲，水泥生产很少会成为二噁英/呋喃排放物的主要来源。

二噁英的形成一般需要以下条件：①缺氧状态、不完全燃烧，尤其是 300~650℃之间低温不完全燃烧反应的存在；②有机氯化合物、有机苯环化合物的存在；③催化剂的存在，主要是铜、镧等副族元素化合物。

以水泥窑处置有机物丰富的工业污泥为例，首先，废物从分解炉的稳定高温（≤950℃）及燃烧条件优越的富氧区域喂入，停留时间大于 10s，保证了有毒有机物在分解炉内迅速被高温焚毁；其次，水泥窑热容量大、氧气含量水平高等特征抑制了窑系统出现不完全燃烧反应；再次，进入水泥窑中的氯离子经焚烧后绝大部分以无机化合物形式存在，并最终被熔融固化在水泥熟料中；其四，进入水泥窑中的重金属绝大部分均以矿物形式存在，使得二噁英的形成缺乏催化剂；其五，污泥被彻底焚毁并熔融固化在水泥熟料中后，经熟料冷却系统快速冷却，消除了二噁英类物质再次形成的可能性；其六，污泥烘干温度小于 280℃，尚未达到二噁英及其前驱体形成所需的条件。

综上所述，水泥窑协同处置废物不具备有二噁英等持久性有机污染物形成所需的环境条件，也不具备其形成所需的物质条件。国内外实践证明，水泥窑协同处置固体废物时，其二噁英排放浓度远低于排放标准。欧盟的《综合污染预防和控制（IPPC）：水泥和石灰生产工业中的最佳可用技术》报告中数据显示，水泥窑能符合 0.1ngTEQ/m³ 的排放物浓度要求，在欧洲的法律中，这个浓度是危险废物焚化工厂（欧盟指令 94/67/EC）的极限值。在过去 10 年中，在德国对 16 个熟料窑（悬浮预热窑和立波尔窑）进行了测量，测量表明：平均浓度总计达到大约 0.02ngTEQ/m³。

第三节 技术与装备要求

一、规模划分和基本要求

1. 窑型及生产规模

水泥窑按生料制备方法可分为湿法、半湿法、干法、半干法四类；按煅烧窑结构可分为立窑和回转窑两类。因此回转窑又可分为湿法回转窑、半干法回转窑（立波尔窑）、干法回转窑（普通干法回转窑）、新型干法回转窑等多种类型。水泥窑类型如表 4-8-7 所列。在我国，由于经济发展的不平衡，水泥窑的技术水平也有较大的差异。由于技术、经济和管理条件的不同并考虑到水泥行业的技术发展政策和发展趋势，并不是所有类型的水泥窑都适合用于共处置危险废物[36~39]。

表 4-8-7　水泥窑类型

序号	生料制备方法分类	煅烧窑结构分类	
1	湿法	回转窑	湿法长窑
2	半湿法	回转窑	湿法短窑（带料浆蒸发机的回转窑）
			湿磨干烧窑
3	半干法	回转窑	立波尔窑
		立窑	普通立窑
			机械立窑
4	干法	回转窑	干法中空窑
			悬浮预热窑
			新型干法窑（预分解窑）

　　从水泥生产的角度看，新型干法窑与其他窑型相比具有巨大优势，具有热耗低，生产效率高，单机生产能力大，生产规模大；窑内热负荷小，窑衬寿命长，窑运转率高等优点，代表了当代水泥工业生产水泥的最新技术，是水泥产业结构调整的方向；其他窑型均属于淘汰窑型，除立窑因数目众多仍需逐渐淘汰外，其他窑型在我国也基本不存在。

　　从废物共处置的角度看，不同的回转窑窑型在废物处置效果上的优劣势差别不大。对于回转窑来说，无论什么窑型，熟料煅烧都需要经过干燥、黏土矿物脱水、碳酸盐分解、固相反应、熟料烧结及熟料冷却结晶等几个阶段，各阶段的气固相温度也基本相同。对于不同的回转窑窑型，只是干燥、黏土矿物脱水、碳酸盐分解等反应发生在不同的部位，以及各阶段的反应速率差异造成的反应时间有所不同，回转窑内固有的气固相温度和停留时间都足以实现废物的无害化处置。

　　但是立窑无论是窑内气固相温度分布、气固相停留时间、气氛以及火焰特点都与回转窑有较大差异，废物中的有机物和重金属极易随烟气排入大气，一般不适于共处置危险废物。但是立窑中部分区域的还原性气氛使立窑可以用于处置含有六价铬的铬渣。

　　尽管不同的回转窑窑型在废物处置效果上的优劣势差别不大，但新型干法回转窑相比其他回转窑具有废物投加点多，分解炉内的碳酸盐分解反应对温度的要求较低，废物适应性强；气固混合充分，碱性物料充分吸收废气中有害成分，"洗气"效率高，废气处理性能好；NO_x 生成量少，环境污染小等优点。

　　根据水泥企业现场考察发现，尽管目前我国的新型干法生产线还存在着单线平均规模较小、污染控制水平发展不均衡的弱点，但已具备了危险废物和工业废物共处置的基本技术平台。开展多种危险废物共处置业务，除了需要依托代表先进水平的新型干法生产线基础平台外，还需要必要的预处理设施、投加装置、符合要求的贮存设施和实验室分析能力，以及严格和先进的环境和安全管理制度和水平，而这对于经济和技术水平有限的小型水泥企业是难以达到的。另一方面，1000t 以下规模的小型回转窑窑尾温度一般低于 800℃，危险废物从窑尾投加已不能确保完全分解。

根据我国 2006 年 10 月发布实施《水泥工业产业发展政策》和《水泥工业发展专项规划》等水泥产业政策，可以看出熟料产量大于 2000t/d 的新型干法生产线将成为我国水泥生产线的主流，熟料产量大于 4000t/d 的新型干法生产线则是未来的发展方向。目前 2000t/d 规模以上的新型干法窑在各省都有分布，可以满足危险废物区域集中就近处置的要求。

因此，考虑到产业政策和未来发展趋势的需要，以及对共处置基本技术水平的要求，共处置危险废物应该优先选择熟料生产量达到 2000t/d 及以上规模的新型干法回转窑，禁止使用 1000t/d 以下规模的小型新型干法窑共处置危险废物。

水泥窑协同处置危险废物或一般危险废物的设计规模，可按照以下规定划分：1 年处置危险废物 5000t 以下，或年处置一般危险废物 20000t 以下的为小型规模；2 年处置危险废物 5000～20000t，或年处置一般危险废物 20000～80000t 的为中型规模；3 年处置危险废物 20000t 以上，或年处置一般危险废物 80000t 以上的为大型规模。

2. 技术装备要求

（1）必须采用新型干法回转窑（预分解窑） 新型干法回转窑（预分解窑）与其他窑型相比具有明显优势，具有热耗低、生产效率高、单机生产能力大，生产规模大；窑内热负荷小，窑衬寿命长，窑运转率高，废物投加点多，分解炉内的碳酸盐分解反应对温度的要求较低，废物适应性强；气固混合充分，碱性物料充分吸收废气中有害成分，"洗气"效率高，废气处理性能好；NO_x 生成量少，环境污染小等优点，代表了当代水泥工业生产水泥的最新技术，是水泥产业结构调整的方向。

（2）水泥熟料产量大于 2000t/d 根据我国 2006 年 10 月发布实施《水泥工业产业发展政策》和《水泥工业发展专项规划》，熟料产量大于 2000t/d 的新型干法生产线将成为我国水泥生产线的主流，熟料产量大于 4000t/d 的新型干法生产线则是未来的发展方向。目前 2000t/d 规模以上的新型干法窑在各省都有分布，可以满足危险废物区域集中就近处置的要求。

（3）尾气净化系统采用布袋除尘器 烟气中的重金属、二噁英、酸性气体等污染物会吸附在粉尘上，提高除尘效率，间接上也提高了烟气中其他污染物的脱除效率，因此，必须保证烟气中粉尘浓度满足标准要求。目前水泥企业常用的除尘设备包括袋式除尘器和静电除尘器，袋式除尘器相比静电除尘器除尘效率更高，因此推荐袋式除尘器。

（4）配置窑磨一体机系统 窑磨一体机的运转模式中，水泥窑产生的烟气要通过生料磨排出，充分利用烟气的热量提高入窑生料的温度，可以有效提高热能利用效率。同时生料磨内的低温碱性生料有利于冷凝、吸附和过滤烟气中的重金属、二噁英、酸性气体等有害成分以及附着这些有害物质的颗粒物质，有效降低排放烟气中污染物的浓度，减轻烟气处理设施的压力。因此，水泥窑共处置废物应配置窑磨一体机系统。

（5）应配备在线监测设备，保证运行工况的稳定：包括窑头烟气温度、压力；窑表面温度；窑头烟气温度、压力、O_2 浓度；分解炉或最低一级旋风筒出口烟气温度、压力、O_2 浓度；顶级旋风筒出口烟气温度、压力、O_2 浓度、CO 浓度。

（6）窑尾排气筒应配备粉尘、NO_x、SO_2、HCl、CO 浓度在线监测设备。

（7）具有能将预热器出口的烟气温度从 300～400℃ 迅速降至 250℃ 以下的烟气冷却装置，减少二噁英的合成。

（8）配备窑灰返窑装置，将除尘器等烟气处理装置收集的窑灰返回送往生料入窑系统。

（9）水泥企业必须配套废物预处理设施、投加装置、符合要求的贮存设施和实验室分析能力，具备严格和先进的环境和安全管理制度和水平。

3. 水泥窑应具备的功能

为保证在共处置危险废物过程中满足环境保护的特殊要求，达到前面所述的烟气排放标准，用于共处置危险废物的水泥窑还需要具备一些特殊功能。

窑磨一体机的运转模式中，水泥窑产生的烟气要通过生料磨排出，充分利用烟气的热量提高入窑生料的温度，可以有效地提高热能利用效率。同时生料磨内的低温碱性生料有利于冷凝、吸附和过滤烟气中的重金属、二噁英、酸性气体等有害成分以及附着这些有害物质的颗粒物质，有效地降低排放烟气中污染物的浓度，减轻烟气处理设施的压力。因此，共处置危险废物的水泥窑应配置窑磨一体机系统。

共处置过程不影响水泥产品质量、不影响水泥生产过程是共处置必须遵循的原则之一，即共处置过程必须保持水泥窑内的正常运行工况。另一方面，只有在水泥窑保持正常运行工况的前提下，水泥窑内的气固相温度和停留时间才能保证危险废物的无害化处置。因此，应配备监测窑内关键位置的温度、压力、气氛等有关燃烧工况参数的在线监测设备，保证运行工况的稳定，包括窑头烟气温度、压力，窑表面温度，窑尾烟气温度、压力、O_2 浓度；分解炉或最低一级旋风筒出口烟气温度、压力、O_2 浓度；顶级旋风筒出口烟气温度、压力、O_2、CO 浓度。

烟气中的重金属、二噁英、酸性气体等污染物会吸附在粉尘上，提高除尘效率，间接上也提高了烟气中其他污染物的脱除效率，因此，必须保证烟气中粉尘浓度满足标准要求。目前水泥企业常用的除尘设备包括袋式除尘器和静电除尘器，袋式除尘器相比静电除尘器除尘效率更高，因此优先推荐袋式除尘器。

为实时监控烟气排放浓度，保证烟气排放达标，并考虑我国水泥企业现有的技术管理水平，共处置危险废物的水泥窑排气筒还应配备粉尘、NO_x、SO_2、HCl、CO 浓度在线监测设备。

在水泥窑内的高温氧化气氛下，由燃料带入的二噁英会彻底分解，水泥窑内的二噁英主要来自于窑系统内二噁英的合成反应。二噁英的合成反应需要以下几个必要条件：合适的温度（200～450℃，最佳温度 300～325℃）；足够的停留时间（大于 2s）；有烃类化合物和 Cl 元素的存在；有催化剂（如 Cu）和足够颗粒反应表面。新型干法水泥窑从预热器上部至除尘设备内的烟气温度和停留时间满足二噁英合成的温度和时间要求；燃料的不完全燃烧和原料中含有的有机物会提供二噁英合成所需的烃类化合物，这些烃类化合物在预热器内与由原料和燃料带入的 Cl 元素发生反应生成二噁英合成的前驱物；由燃料和原料引入重金属起到了催化剂的作用；气固相的充分接触为二噁英合成提供了充足的颗粒反应表面。因此，水泥窑内的二噁英主要来自在窑系统低温部位（预热器上部、增湿塔、磨机、除尘设备）发生的二噁英合成反应。为减少二噁英的合成，最直接和易操作的措施就是采用烟气冷却装置将预热器出口的烟气温度从 300～400℃迅速降至 200℃以下，减少烟气在 200～450℃温度段的停留时间，考虑到窑磨一体机操作模式烟气烘干生料或预热发电的需要，可适当将下限温度从 200℃提高至 250℃。目前我国绝大多数新型干法窑已配置的增湿塔或窑尾预热发电机组，已属于满足上述急冷要求的烟气冷却装置。

窑灰吸附富集了烟气中重金属和二噁英等污染物，另一方面，窑灰也是一种水泥生产原料，将窑灰返回窑内是窑灰的最优处理方案。因此，共处置危险废物的水泥窑应配备窑灰返窑装置，将除尘器、增湿塔等烟气处理装置收集的窑灰返回送往生料入窑系统。从现场考察的情况看，我国的新型干法水泥窑基本上都已配备了窑灰返窑装置。

综上所述，用于共处置危险废物的水泥窑应具备以下功能。

① 配置窑磨一体机系统。

② 配备在线监测设备，保证运行工况的稳定：包括窑头烟气温度、压力；窑表面温度；窑尾烟气温度、压力、O_2 浓度；分解炉或最低一级旋风筒出口烟气温度、压力、O_2 浓度；顶级旋风筒出口烟气温度、压力、O_2、CO 浓度。

③ 采用的除尘器可以保证排放烟气粉尘浓度满足相关要求，优先选择袋式除尘器。窑尾排气筒配备粉尘、NO_x、SO_2、HCl、CO 浓度在线监测设备，连续监测装置需满足《危险废物集中焚烧处置工程建设技术规范》（HJ/T 176）的要求，并与当地监控中心联网，保证污染物排放达标。

④ 具有能将预热器出口的烟气温度从 300~400℃ 迅速降至 250℃ 以下的烟气冷却装置。

⑤ 配备窑灰返窑装置，将除尘器等烟气处理装置收集的窑灰返回送往生料入窑系统。

4. 位置要求

为满足危险废物管理和风险控制的需求，用于共处置危险废物的水泥生产设施所在位置应该满足以下条件。

① 符合城市总体发展规划、城市工业发展规划以及环境保护和危险废物管理的专业规划。

② 所在区域没有受到洪水、潮水或内涝威胁。设施所在标高应位于重现期不小于 100 年一遇的洪水位之上，并建设在长远规划中的水库等人工蓄水设施的淹没区和保护区之外。

③ 经当地环境保护行政主管部门批准的环境影响评价结论确认与周围人群的距离满足环境保护的需要。

④ 能够保证危险废物运输路线不经过居民区、商业区、学校、医院等环境敏感区。

二、技术装备

（1）水泥窑协同处置危险废物技术装备的确定应符合以下要求。

水泥窑协同处置危险废物的工艺装备和自动化控制水平应不低于依托水泥熟料生产线的水平。

预处理及共焚烧的工艺处置技术及装备应依据所处置危险废物的特点确定，需引进设备、部件及仪表，应进行技术经济论证后确定。

水泥窑协同处置危险废物应采用新型干法水泥熟料生产线，保证所有危险废物及可燃性一般危险废物在高温区投入水泥窑系统。

水分含量高的一般危险废物作为替代燃料使用应设置预处理系统进行脱水处置。

一般危险废物应根据其成分、热值等参数进行预均化处理，并应注意相互间的相容性。处置危险废物前应预先进行配伍实验。

含有易挥发（有机和无机）成分的替代原料必须经过处理，禁止通过正常的生料喂料方式喂料。

（2）可燃性一般危险废物焚烧处置应在 850℃ 以上的区域投入，烟气停留时间应大于 2s。

（3）水泥窑协同处置危险废物应在温度 1100℃ 以上的区域投入，烟气停留时间应大于 2s。

三、设计原则

（1）水泥窑协同处置危险废物，应依据现行国家标准《固体废物鉴别导则》、《危险废物鉴别标准》GB 5085 对拟处置危险废物的易燃性、腐蚀性、反应性、生理毒性等进行鉴别，并依据危险废物的危险特性、服务范围内的危险废物的可焚烧量、分布情况、发展规划以及变化趋势等确定相应的预处理工艺及处理规模。

制约水泥窑协同处置危险废物主要因素有：①危险废物的发热量水平对替代燃料应用的制约；②危险废物处置过程中生成的有害物质量和处置要求对水泥生产过程的影响；③危险废物处置过程中新引入的有害元素含量对水泥窑生产的干扰程度；④水泥生产企业自身的技术水平的制约；⑤利用危险废物替代原燃料后的用户及居民对处置过程及影响的认同程度。

和常规的燃料相比，危险废物作为替代燃料的热值相对要低得多，而一般每千克的有效燃烧热对应的烟气量要比正常的燃料大一些，这样导致在处置利用这些替代燃料时，系统的实际热耗和形成的烟气量增加一些，因此利用危险废物替代燃料必须充分考虑燃料的替代率对生产工艺过程的影响，并通过分析比较，确定恰当的处置比例。

废物中的硫、氯、碱含量也对水泥厂利用水泥窑协同处置危险废物有较大的影响。处置危险废物不可能成为水泥企业的主要生产任务，也不是企业的主要利润来源，因此处置利用危险废物替代燃料必须以不影响水泥的正常生产过程为前提。危险废物替代燃料的处置量往往较大，其处置过程就必然要求对水泥厂的原、燃料品质及配料方案进行调整。通常对有害的硫、氯、碱含量，水泥行业的控制标准为：折合至入窑生料其硫碱元素的当量比 S/R 应控制在 0.6~1.0 左右，Cl 元素则控制在 0.03% 以下。

（2）现有水泥生产线协同处置危险废物，应依据现有生产线的具体条件选择预处理及焚烧工艺、调整现有生产线和危险废物处置工艺之间的衔接。

（3）水泥窑协同处置危险废物宜在 2000t/d 及以上的大中型新型干法水泥生产线上进行。

根据我国水泥工业产业发展政策，2008 年底前，各地要淘汰各种规格的干法中空窑、湿法窑等落后工艺技术装备，进一步削减机立窑生产能力，有条件的地区要淘汰全部机立窑。地方各级人民政府要依法关停并转规模小于 20 万吨环保或水泥质量不达标的企业。

到 2010 年，新型干法水泥产能比重达到 70% 以上。到 2020 年，企业数量由目前 5000 家减少到 2000 家，生产规模 3000 万吨以上的达到 10 家，500 万吨以上的达到 40 家。基本实现水泥工业现代化，技术经济指标和环保达到同期国际先进水平。因此规定在危险废物的处置上宜选用生产规模为 2000t/d 及以上的大中型新型干法水泥生产线。

第四节　国外水泥窑协同处置废物的管理控制

由于水泥厂处置危险废物有可能对水泥生产工艺和水泥产品质量带来一定的不利影响，或者带来更高的或额外的污染物排放，因此水泥厂处置危险废物较为普及的一些发达国家如瑞士、德国等陆续出台了相应的政策、法规、导则、标准等，将水泥厂处置危险废物纳入法制管理的轨道，进一步规范了此项技术的应用，从而推动了此项技术的发展，形成了产业规模，在发达国家危险废物处理中发挥了重要作用。

目前发达国家的法规，标准等从允许处置的废物要求、熟料、水泥和烟气排放限值，预处理要求，职业健康及卫生等其他要求几个方面来对水泥窑协同处置废物的安全性加以控制。

一、大气排放限值

1. 欧盟

欧盟国家水泥企业处理和利用废物较为普遍。欧盟在 2000 年 12 月 4 日公布了 2000/76/EC 指令[15]用来指导欧盟国家在废物水泥窑焚烧方面的技术要求。其中专门列出了水泥厂回转窑混烧废物的污染物排放标准，见表 4-8-8。欧盟在研究用燃烧设备处理废物时区分为焚烧设备和掺烧设备。焚烧设备包括垃圾焚烧炉和特殊垃圾焚烧炉；掺烧设备是以生产产品为主以废物作燃料的设备，如水泥回转窑。针对不同设备制定了不同的排放极限标准，它们对环境保护要求的水平是一致的，只是考虑了各种燃烧工艺的特点而有所区别。2000/76/EC 规定的排放极限值不论废物利用量多少和是否为有毒有害废物都适用，对有毒有害废物仅在生产条件和接收方法上有不同要求。由于水泥熟料煅烧的工艺特性，规程中对 SO_2、TOC、HCl 和 HF 的排放做了适当放宽，由原料条件所限造成的排放可以不计在内。

表 4-8-8　欧盟关于水泥厂焚烧废物的排放标准 (2000/76/EC)

项　　目	限值/(mg/m³)	备　　注
粉尘总量	30	
HCl	10	
HF	1	
NO_x	500/800	新建厂/老厂
Cd+Tl	0.05	
Hg	0.05	
Sb+As+Pb+Cr+Co+Cu+Mn+Ni+V	0.5	
二噁英和呋喃类	0.1(ngTEQ/m³)	
SO_2	50	不是由于使用废物而产生的,不执行此限值
TOC	10	
CO		由当地政府确定

在德国原有的规程如"17. BImSch V"（联邦污染防护法 V 第 17 条例）和"欧盟 94/67/EC 规程"中，掺烧危险废物时允许分开计算排放物，用加权法得出新的排放极限。在新修订的欧盟规程中仅在某些个别情况下仍允许加权计算，一般都不论废物掺烧量多少，统一用一个固定排放极限标准，水泥回转窑即属此范畴。

欧盟新规程对排放物检测方面的规定[15]如下。

① 粉尘、氧化硫和氧化氮要连续监测。

② 氯化氢和氟化氢个别测定，因为水泥回转窑废气中实际上不含这两种物质。

③ 有机物的监测也用个别测定。

④ 微量元素和二噁英/呋喃：新投产第 1 年每季检测 1 次，以后每年测 2 次。若检测值不超过排放极限的 50%，可以申请减少检测次数，微量元素每 2 年检测 1 次，二噁英/呋喃

每年检测 1 次。

⑤ 汞的监测欧盟规定用个别测定，德国规定用连续监测，但目前还缺少可靠性足够高的检测仪器。

⑥ 掺烧危险废物和居民区垃圾仍适用 40%规则，即在水泥厂处理危险废物时应限定在燃烧热功率的 40%以下。但废油和其他可燃性液体废物不计算在热功率之内。"40%规则"并没有科学技术上的依据，主要是从市场政策上考虑，将废物引向焚烧设备。

⑦ 规程还明确规定允许将居民区废物经过预处理后作为二次燃料予以掺烧。

⑧ 规程还提出废物或者直接加以利用，或者经过预处理后才准堆放和填埋。

2. 德国

德国水泥工业对废气排放的监控，目前在一般情况下是以 1986 年 2 月 27 日公布的"空气保洁技术指南（TA-Luft）"为准[16]，如表 4-8-9 所列。这里将有关元素分 3 个等级，排放极限是指随废气带走的固态和气态元素量的总和。指南还规定了致癌物质的排放极限。水泥工业额外关注的污染主要为粉尘、铅、镉、铊和汞。

表 4-8-9　德国水泥窑有关微量元素的排放限值

级别		元素	极限值/(mg/m³ 标况)	流量/(g/h)	备注
粉状无机物质	Ⅰ	Cd＋Hg＋Tl	0.2	≥1	
	Ⅱ	As＋Co＋Ni＋Se＋Te	1	≥5	
	Ⅲ	Sb＋Pb＋Cr＋Cu＋Mn＋Pt＋Pd＋V＋Sn	0.5	≥2.5	
致癌物质	Ⅲ	Be	0.1	≥0.5	
	Ⅲ	As＋Cr（Ⅵ）＋Co＋Ni	5	≥25	
		Cd＋Tl	0.05		17. BimSch V 1999
		Hg	0.3（日平均值）0.05（半小时平均值）		
		Sb＋As＋Pb＋Cr＋Co＋Cu＋Mn＋Ni＋V＋Sn	0.5		

2002 年 9 月，德国联邦政府对废物焚烧及共焚烧设施的原有规定及排放标准做了一定修改和补充[17]，确定焚烧废物的水泥窑污染物排放标准见表 4-8-10。

表 4-8-10　焚烧废物的水泥窑污染物排放标准（日均值）

项目	标准限值/(mg/m³)	项目	标准限值/(mg/m³)
粉尘总量	20	TOC	10
HCl	10	Hg 及其化合物	0.03
HF	1	Cd＋Tl	0.05
NO 和 NO₂（以 NO₂ 表示）	500	Sb＋As＋Pb＋Cr＋Co＋Cu＋Mn＋Ni＋V＋Sn	0.5
SO₂ 和 SO₃（以 SO₃ 表示）	50		

3. 瑞士

瑞士环境、森林与地形局（SAEFL）于 1998 年 4 月颁布了水泥厂处置废物导则[18]，该导则规定水泥厂烟气排放必须满足大气污染控制条例（OAPC）要求；处置废物的水泥厂 Hg 的排放浓度必须满足 0.1mg/m³ 的限值要求；处置废物不能造成烟气中污染物排放浓度的显著增加，即使能够达标排放。

4. 丹麦

丹麦于 1999 年针对替代燃料的混烧颁布了国家法令[19]，混烧中污染物的排放标准如表

4-8-11 所列。

表 4-8-11　丹麦水泥窑共处置废物污染物排放标准

指标	限值/(mg/m³)	控制周期	控制方式
颗粒物	40	日均值	连续控制(C)
	30	周	
TOC	20	年	点控制(S)
HCl	50	周	
	65	日	C
HF	2	年	S
SO₂	300	年	S
NO₂			
Cd、Hg	0.2	年	S
Ni、As	1	年	S
Pb	1	年	S
Pb、Cr、Cu、Mn	5	年	S
二噁英/(ngTEQ/m³)			
CO	100	时	C
	150	90%每日或半时均值	

5. 法国

法国在 1998 年颁布了水泥窑混烧废物大气污染物排放标准[20]，如表 4-8-12 所列。

表 4-8-12　法国水泥窑共处置废物污染物排放标准

指标	限值/(mg/m³)	控制周期	控制方式
颗粒物	35~50	周	连续控制(C) +点控制(S)
TOC	10	日	C+S
	20	半时	
HCl	10	日	C+S
	60	半时	
HF	1	日	C+S
	4	半时	
SO₂	320	日	C+S
	1280	半时	
NO₂	1200(干法窑)	日	
	1500(半干法窑)		S
	1800(湿法窑)	月	
Cd、Tl、Hg	0.05	30min 到 8h 均值	S
其他重金属 (Sb、As、Pb、Cr、Co、Cu、Mn、Ni、V、Sn)	0.5	8h 均值	S
二噁英/(ngTEQ/m³)	0.1	6~8h 均值	C+S
温度/℃	5	年均值	C+S
NH₃			S

6. 美国

1996 年 4 月，美国国家环保局（EPA）提出了危险废物焚烧设施有害大气污染物排放的最大可实现控制技术（Maximum Achievable Control Technology，MACT）标准，其中针对危险废物的水泥窑的标准见表 4-8-13。

表 4-8-13　危险废物的水泥窑有害大气污染物排放标准限值

污染物	单位	标准限值	污染物	单位	标准限值
二噁英/呋喃	ng TEQ/m³	0.2	Hg	μg/m³	72
碳水化合物	mg/m³	20	Cd＋Pb	μg/m³	670
CO	mg/m³	100	As＋Be＋Cr	μg/m³	63
颗粒物	g/m³	0.03	HCl/Cl₂	mg/m³	120

二、对 AFR（替代燃料）及产品的限值

1. 欧盟

2000 年，德国联邦品质组织的"替代燃料"分会出台了水泥工业替代燃料中重金属元素含量的限值标准，见表 4-8-14。

表 4-8-14　德国水泥工业替代燃料重金属元素含量标准[23]

元素	重金属元素含量/(mg/kg)		元素	重金属元素含量/(mg/kg)	
	中间值	80%分布值		中间值	80%分布值
Cd	4	9	Sb	25	60
Hg	0.6	0.2	Pb	70(a)/190(b)	200(a)/—(c)
Tl	1	2	Cr	40(a)/125(b)	120(a)/250(b)
As	5	13	Cu	120(a)/350(b)	—(c)
Co	6	12	Mn	50(a)/250(b)	100(a)/500(b)
Ni	25(a)/80(b)	50(a)/60(b)	V	10	25
Se	3	5	Zn	30	70
Te	3	5	Be	0.5	2

注：(a) 适用于产品有特殊要求的行业用替代燃料；(b) 适用于具有高热值的多种废物的处理残余物燃料；(c) 专一产品的废物，热值 20MJ/kg 以上；居民区垃圾中高热值部分，16MJ/kg 以上。

在奥地利、瑞士和德国的废物协同处理过程中使用的各种许可和规定中的极限值见表 4-8-15。

法国，比利时，西班牙根据本国具体许可的替代性燃料的极限值见表 4-8-16。法国，比利时，西班牙，瑞士关于替代性原料的极限值规定见表 4-8-17。

表 4-8-15　奥地利、瑞士和德国关于水泥窑协同处理废物各种元素含量的规定[14]

元素	奥地利/(mg/kg)			瑞士/(mg/kg)		德国/(mg/kg)	
	一般易燃废物	塑料、纸、纺织废水、木头等，普通废料中热值高的部分	溶剂、废油、废漆	一般易燃废物	其他待处理废物	塑料、纸、纺织废水、木头等，普通废料中热值高的部分	溶剂、废油
As	15	15	20	15		13	15
Sb	5	200	100	5	800	120	20
Be	5			5		2	2
Pb	200	500	800	200	500	400	150
Cd	2	27	20	2		9	4
Cr	100	300	300	100	500	250	50
Cu	100	500	500	100	600	700	180
Co	20	100	25	20	60	12	25
Ni	100	200		100	80	160	30
Hg	0.5	2	2	0.5	5	1.2	1
Tl	3	10	5	3		2	2

续表

元素	奥地利/(mg/kg)			瑞士/(mg/kg)		德国/(mg/kg)	
	一般易燃废物	塑料、纸、纺织废水、木头等,普通废料中热值高的部分	溶剂、废油、废漆	一般易燃废物	其他待处理废物	塑料、纸、纺织废水、普通废料中热值高的部分	溶剂、废油
V	100			100		25	10
Zn	400			400			
Sn	10	70	100	10		70	30
总 Cl	1%	2%				1.5%	
PCBs	50		100				

表 4-8-16 各国水泥窑替代燃料的限值规定[24]

参数	单位	西班牙	比利时	法国
热值	MJ/kg	—	—	—
卤素(以 Cl 表示)	%	2	2	2
Cl	%	—	—	—
F	%	0.2	—	—
S	%	3	3	3
Ba	mg/kg	—	—	—
Ag	mg/kg	—	—	—
Hg	mg/kg	10	5	10
Cd	mg/kg	100	70	
Tl	mg/kg	100	30	
Hg+Cd+Tl	mg/kg	100		100
Sb	mg/kg	—	200	
Sb+As+Co+Ni+Pb+Sn+V+Cr	mg/kg	5000	2500	2500
As	mg/kg		200	
Co	mg/kg		200	
Ni	mg/kg		1000	
Cu	mg/kg		1000	
Cr	mg/kg		1000	
V	mg/kg		1000	
Pb	mg/kg		—	
Sn	mg/kg		2000	
Mn	mg/kg		50	
Be	mg/kg		50	
Te	mg/kg		50	
Zn	mg/kg		5000	
PCBs	mg/kg	30	30	25
PCDDs/PCDFs	mg/kg		—	
Br+I	mg/kg		2000	
氰化物	mg/kg		100	

表 4-8-17 各国废物做替代原料的限值规定[24]

参数	单位	西班牙	比利时	法国	瑞士
TOC	mg/kg	20000	5000	5000	—
总卤素(以 Cl 表示)	%	0.25	0.5	0.5	—
F	%	0.1	—	—	—
S	%	3	1	1	—
Hg	mg/kg	10	—	—	0.5

续表

参数	单位	西班牙	比利时	法国	瑞士
Cd	mg/kg	100	—	—	0.8
Tl	mg/kg	100	—	—	1
Hg+Cd+Tl	mg/kg	100	—	—	—
Sb	mg/kg	—	—	—	1
Sb+As+Co+Ni+Pb+Sn+V+Cr	mg/kg	5000	—	—	—
As	mg/kg	—	—	—	20
Co	mg/kg	—	—	—	30
Ni	mg/kg	—	—	—	100
Cu	mg/kg	—	—	—	100
Cr	mg/kg	—	—	—	100
V	mg/kg	—	—	—	200
Pb	mg/kg	—	—	—	50
Sn	mg/kg	—	—	—	50
Mn	mg/kg	—	—	—	—
Be	mg/kg	—	—	—	3
Se	mg/kg	—	—	—	1
Te	mg/kg	—	—	—	—
Zn	mg/kg	—	—	—	400
PCBs	mg/kg	30	—	—	1
pH 值					
Br+I	mg/kg				
氰化物	mg/kg				

2. 瑞士

除了对原燃料给出限值规定外，瑞士环境、森林与地形局（SAEFL）1998 年 4 月颁布的水泥厂处置废物导则指出熟料和水泥中的污染物含量必须满足规定的标准限值要求（见表 4-8-18），否则必须减少废物处置量；此外，导则中还制定了替代固体燃料中重点污染物质的年处置负荷；制定了可用于制备替代固体燃料的废物中重金属的最大容许含量标准限值（表 4-8-19）；提出了替代固体燃料生产和使用的一般要求。

表 4-8-18　熟料和水泥中污染物的限值

元　素	限值/(mg/kg)		元　素	限值/(mg/kg)	
	熟料中	水泥中		熟料中	水泥中
砷（As）	40	—	铜（Cu）	100	—
锑（Sb）	10	—	镍（Ni）	100	—
钡（Ba）	1000	—	汞（Hg）	无（与熟料不结合）	0.5
铍（Be）	5	—	硒（Se）	5	—
铅（Pb）	100	—	铊（Tl）	2	2
镉（Cd）	1.5	1.5	锌（Zn）	500	—
铬（Cr）	150	—	锡（Sn）	25	—
钴（Co）	50	—	氯（Cl）	—	1000

表 4-8-19　生产替代固体燃料的废物中重金属最大容许含量标准限值

重金属	标准限值/(mg/kg)	重金属	标准限值/(mg/kg)
Pb	600	Cu	500
Cd	10	Ni	300
Cr	400	Zn	4000

3. 意大利

意大利对用作水泥窑的垃圾衍生燃料（RDF）成分的限值如表 4-8-20 中所列。

表 4-8-20　意大利垃圾衍生燃料（RDF）质量标准

指标	限值/(mg/m³)	指标	限值/(mg/m³)
含水率	＜25%	Cu	300mg/kg
热值	15000kJ/kg	Mn	400mg/kg
灰分	20%（质量分数）	Cr	100mg/kg
Cl	0.9%（质量分数）	Ni	40mg/kg
S	0.6%（质量分数）	As	9mg/kg
Pb	200mg/kg	Cd 和 Hg	7mg/kg

三、允许处置的废物类别

1. 欧盟

欧盟专门用于掺烧废物的水泥回转窑的法规 2000/76EC 中关于允许水泥窑处置的废物类别，几乎包括了所有废物，仅有少数例外，如生物废物。

2. 瑞士

瑞士环境、森林与地形局（SAEFL）1998 年 4 月颁布的水泥厂处置废物导则提出了允许在水泥厂按下述四种用途处置的废物的名录（见表 4-8-6）；不在许可名录上的废物也可在水泥厂处置，但其中污染物含量必须满足规定的标准限值要求（见表 4-8-21）[11]。

表 4-8-21　不在许可名录上的废物污染物含量标准限值

元素	标准限值/(mg/kg 干物质)			
	对替代燃料		对替代原料	对混合材料
	mg/MJ	mg/MJ（取低位热值 25MJ/kg）	mg/kg	mg/kg
As	0.6	15	20	30
Sb	0.2	5	1	5
Ba	8	200	600	1000
Be	0.2	5	3	3
Pb	8	200	50	75
Cd	0.08	2	0.8	1
Cr	4	100	100	200
Co	0.8	20	30	100
Cu	4	100	100	200
Ni	4	100	100	200
Hg	0.02	0.5	0.5	0.5
Se	0.2	5	1	5
Ag	0.2	5	—	—

续表

元素	标准限值/(mg/kg 干物质)			
	对替代燃料		对替代原料	对混合材料
	mg/MJ	mg/MJ(取低位热值 25MJ/kg)	mg/kg	mg/kg
Tl	0.12	3	1	2
V	4	100	200	300
Zn	16	400	400	400
Sn	0.4	10	50	30
TOC	无统一标准值			

四、其他方面限定

除了通过大气排放限值、废物中特性物质含量、产品中重金属含量限值、允许处置的废物类别的限定外，发达国家还在水泥窑利用废物的实践中不断总结，通过对燃烧工况、预处理等环节的规定来确保水泥窑协同处置废物的环境安全性[11]。表 4-8-22 所列为可潜在用于水泥窑共处置的废物名录。

表 4-8-22　可潜在用于水泥窑共处置的废物名录

A 工业废物	有机化学物质
	1. 矿物油、合成油油泥废物
	2. 石化油泥废物
	3. 溶剂、油漆、黏合剂、有机橡胶
	4. 源自合成橡胶和人造纤维的橡胶和人工合成废物
	其他化学废物
	1. 木材防腐废物
	2. 纸浆、纸、纸板生产加工废物
	3. 皮革工业废物
	4. 纺织工业废物
	5. 有机化学物质生产、供应和使用中产生的废物
	6. 有机农药生产、供应和使用中产生的废物
	7. 医药品生产、供应和使用中产生的废物
	8. 油脂、肥皂、清洗剂、消毒剂、化妆品生产、供应和使用中产生的废物
	9. 精细化工废物
	10. 油墨生产、供应和使用中产生的废物
	11. 照相业废物
	12. 炼铝废物
	13. 金属去油、保养时产生的废物
	14. 纺织品清洗、洗毛产生的废物
	15. 电力工业废物
	16. 冷冻剂、起泡剂废物
	17. 容器里的化学品和气体
	18. 沥青、焦油和焦化品
	19. 疾病研究、诊断和预防产生的废物

续表

B 源自动植物的废物（不包括市政、纺织、农业和医疗废物）	源自动植物的油和脂肪 1. 初级生产废物 2. 肉类、鱼等预处理和生产中产生的废物 3. 水果、蔬菜、谷物、食用油等预处理、加工、保存过程产生的废物 4. 食糖生产废物 5. 乳制品生产废物 6. 糖果工业、饮料工业废物
C 其他废物	经废物加工厂 1. 油再生废物 2. 溶剂和冷冻剂回收废物 3. 输送和储油罐清洗废物 4. 生活垃圾焚烧灰或与之成分类似的商贸、工业废物 5. 经厌氧处理后的废物 6. 垃圾渗滤液

欧盟 2000/76/EC 中对水泥窑处置废物时关于燃烧条件规定如下：在燃烧条件限定方面主要涉及燃烧气体的最低温度和停留时间，并与所用废物中的卤素含量有关。

① 废物中的卤素含量低于 1% 时燃烧室的温度应高于 850℃，最低停留时间为 2s。

② 若废物中的卤素含量超过 1%，最低燃烧温度为 1100℃，最低停留时间 2s。

③ 在以前的有关燃烧危险废物的法规中，如德国的"17.BImSch V"和"关于危险废物的 2000/76EC 规程"都规定燃烧气体氧含量最低为 6%，在欧盟新修订的 2000/76EC 水泥回转窑排放极限规程中没有写入这个限定。水泥回转窑完全能够满足以上规定要求。

美国对危险废物水泥窑共处置的燃烧工况则规定，燃烧室的温度应高于 850℃，最低停留时间为 2s，燃烧气体氧含量最低为 6%。与欧盟具体对比见表 4-8-23。

表 4-8-23　美国和欧盟对危险废物水泥窑共处置的工况标准比较[25]

标准	温度/℃	燃烧时间/s	含氧量/%
US(TSCA PCB)	1200	2	3
EU(Directive 2000/76/EU)不含氯的危险废物	850	2	—
EU(Directive 2000/76/EU)含氯的危险废物（>1%）	1100	2	2

瑞士 1998 年 4 月颁布的水泥厂处置废物导则对废物混合、暂存、运输及污染监测和质量控制方面也提出了相关要求；水泥厂处置特种废物必须满足针对特种废物的额外要求；不能处置来源于生产、制备、分发或使用潜在生物活性物质而产生的废物（如制药废物），或对工作场所具有卫生学危害的废物；不在许可名录上的废物中卤化有机物含量不得超过 1%（质量）；用作燃料时废物中 PCB/PCT 含量不得超过 10mg/kg，其他用途时不得超过 1mg/kg。

GTZ 股份有限公司（德国国际合作公司）和瑞士水泥公司 Holcim 有限公司合作制定的《水泥生产过程协同处理废物指南》中从法律法规、水泥生产和 AFR 预处理的环境因素、操作问题，以及职业健康与安全方面都给出必须遵守的原则。

① 对于高危废物（例如杀虫剂和多氯联苯有关废物）的协同处理，应进行焚烧试验，以证明 99.99% 的分解去除率（DRE）。进行焚烧试验时，其测试过程必须遵循：基准测试进行 4~6d，在这一期间不使用 AFR；要对粉尘、SO_2、氮氧化物和 VOC 进行连续监测；对 HCl、NH_3、苯、二噁英/呋喃以及重金属进行监测。用 AFR 作焚烧试验时检测项目与

基准测试完全相同。

② 协同处置危险废物时必须强制进行排放监测。

③ 所有替代性燃料必须直接喂入窑系统的高温区（即通过主燃烧器、窑中、窑尾烟室、二次燃烧器、分解炉燃烧器）；对于含有挥发物的代用原料（有机物、硫），情况也是如此；替代材料中的某些污染物如汞由于在水泥生产过程中不易被固化，因此其浓度必须进行限制。

④ 水泥生产线应配备有能够将运行过程中袋收尘器收集到的粉尘直接送入水泥磨的系统。

⑤ 为了实现窑系统地连续运行，要求原燃材料在质量和数量中保持相对稳定。必须对某些类型的废物进行预处理，才能达到此目的。

⑥ 进行环境影响评估（EIA）确认符合环境标准。

⑦ 对废物和 AFR 的来源，在整个供应链中，只接受信得过的各方所提供的废物。在预加工或协调处理设施接收到废物之前，将确保废物的可追溯性。不适合协同处理的废物应予以拒绝。在接受废物之前，必须对所有废物执行详细的来源鉴定程序。

⑧ 必须对废物运输、处理和贮存进行监控，为固态和液态的 AFR 的运输、操作和贮存提供了操作指南和足够的设备，并对设备进行定期维护。设计运送、配料和供给系统，以将易散性烟尘的排放减到最小，以及防止遗撒和避免有毒或有害的挥发气体。

⑨ 操作方面要求 AFR 只能通过合适的喂料点进入窑系统，喂料点由 AFR 的特性决定。影响排放物、产品质量和性能的工厂技术条件将被仔细地进行控制和监视。对于窑的启动、停止或不正常状态，针对 AFR 供给的策略必须以文件形式记载，还要使操作人员易于得到。

⑩ 在每个预处理或协同处理场所，必须发展和执行废物和 AFR 的文件控制计划。必须为废物和 AFR 的控制提供程序、足够的设备和经过培训的人员。如果出现不符合规定的情况，必须执行适当的协议，并告知经营者。

⑪ 要求现场应有良好的基础设施（蒸汽、异味、粉尘、渗入地下水或地面水、防火等的技术方案）以及在 AFR 的操作和处理方面受过良好培训的管理人员和员工。还应有齐全的紧急事件和遗撒响应计划。

第五节　国内水泥窑协同处置废物的管理控制

一、我国水泥窑共处置危险废物烟气排放标准

利用水泥窑共处置危险废物的烟气排放应该满足其专用排放标准。这一标准既不同于危险废物焚烧标准，也不同于水泥工业的水泥窑烟气排放标准。除水泥窑主排气筒外，其他水泥生产原料和产品的加工、贮存、生产设施的排气筒大气污染物排放标准仍然按照《水泥工业大气污染物排放标准》（GB 4915）的要求执行。

表 4-8-24 所列为水泥窑共处置危险废物的烟气排放污染物监测因子和排放限值。这些排放限值是参考国际上发达国家的标准并依据我国具体国情制定的，是全国各地共处置危险废物的水泥生产企业必须要达到的最低排放标准。各地区可以根据本地区具体条件制定更加严格的排放限值。

为了保证事故排放不对环境造成严重污染，还要求共处置危险废物的水泥窑，由于设备运行不正常造成的烟气排放超标的时间一次不得超过 4h，全年累计时间不得超过 60h。

表 4-8-24　共处置危险废物的水泥窑烟气污染物排放限值

序号	污染物	最高允许排放浓度限值[①②]（mg/m³）
1	颗粒物	40
2	二氧化硫（SO_2）	200
3	氮氧化物（以 NO_2 计）	800
4	氟化氢（HF）	1
5	氯化氢（HCl）	10
6	总有机碳（TOC）[③]	10
7	汞及其化合物（以 Hg 计）0.05	0.05
8	铊、镉、铅、砷及其化合物（以 Tl＋Cd＋Pb＋As 计）	1.0
9	铍、铬、锡、锑、铜、锰、镍、钒、钴及其化合物（以 Be＋Cr＋Sn＋Sb＋Cu＋Mn＋Ni＋V＋Co 计）	0.5
10	二噁英类	0.1ng TEQ/m³

① 指烟气中 O_2 含量11%状态下的排放浓度，换算公式为：

$$C = \frac{10}{21-O_s} \times C_s$$

式中　C——标准状态下被测污染物换算为 O_2 含量10%后的浓度，mg/m³；

　　　O_s——排气中氧气的浓度，%；

　　　C_s——标准状态下被测污染物的浓度，mg/m³。

② 对于连续监测指标（颗粒物、二氧化硫、氮氧化物、氯化氢），指24h平均值；对非连续监测指标（氟化氢、总有机碳、重金属、二噁英类），指采用周期内的平均值。

③ 总有机碳（TOC）限值指水泥窑共处置危险废物所增加的 TOC 的排放浓度。

二、共处置危险废物过程中生产的水泥产品环境保护品质标准

由于在共处置危险废物过程中，危险废物处置残渣将全部残留在水泥产品中。这就为水泥产品的使用带来较大的环境和人体健康风险。因此为保证水泥产品在使用过程中所产生的环境和健康风险在可接受程度内，采用共处置危险废物生产的水泥应该满足专用的环境保护品质标准。这一标准要求按照《水泥制品中重金属有效量的测定方法》测得的水泥胶砂块中重金属等有害物质有效量不超过表 4-8-25 所列限值。这一标准制定的依据是假设在水泥使用过程中的极端条件下，其对人的健康不会产生有害的影响。

表 4-8-25　水泥胶砂块中重金属有效量限值

序号	污染物项目	有效量限值/（mg/kg）	序号	污染物项目	有效量限值/（mg/kg）
1	总铬（Cr）	23	8	镍（Ni）	32
2	六价铬（Cr^{6+}）	0.18	9	砷（As）	20
3	铜（Cu）	88	10	锰（Mn）	200
4	锌（Zn）	193	11	钼（Mo）	21
5	铅（Pb）	51	12	铊（Tl）	0.04
6	镉（Cd）	5	13	氟（F）	110
7	铍（Be）	0.007			

三、监督监测

1. 尾气监测

水泥窑排气筒应设置永久采样孔并符合 GB/T 16157 规定的采样条件。应按照《污染源自动监控管理办法》的规定，在水泥窑排气筒安装大气污染物排放自动在线监控设备，并与当地监控中心联网。大气污染物自动在线监控指标包括烟尘、SO_2、NO_x 和 HCl。在线监测装置需满足 HJ/T76 的技术要求。烟气中重金属（汞、铊、镉、铅、砷、铍、铬、锡、锑、铜、钴、锰、镍、钒及其化合物）以及 TOC、HF 含量的企业自行监测频率不少于每年 4 次，监督性监测频次和采样要求按《固定源废气监测技术规范》（HJ/T 397）要求进行。烟气中二噁英类（PCDD/PCDF）含量的监督性监测频率为每年不少于一次，其采样要求按 HJ/T 365 的有关规定执行。

尾气监测分析方法见表 4-8-26。

表 4-8-26　尾气监测分析方法

序号	分析项目	分析方法
1	颗粒物	HJ/T 76 固定污染源排放烟气连续监测系统技术要求及检测方法
2	二氧化硫	
3	氮氧化物	
4	氯化氢	
5	二噁英	HJ 77.2 同位素稀释高分辨气相色谱-高分辨质谱法
6	氟化物	HJ/T 67 离子选择电极法
7	TOC	参考 BS EN12619 标准方法
8	汞	HJ 543 冷原子吸收分光光度法
9	镉	HJ/T 64.1 火焰原子吸收分光光度法 HJ/T 64.2 石墨炉原子吸收分光光度法 HJ/T 64.3 对-偶氮苯重氮氨基偶氮苯磺酸分光光度法
10	铬	HJ/T 29 二苯基碳酰二肼分光光度法
11	锡	HJ/T 65 石墨炉原子吸收分光光度法
12	镍	HJ/T 63.1 火焰原子吸收分光光度法 HJ/T 63.2 石墨炉原子吸收分光光度法 HJ/T 63.3 丁二酮肟-正丁醇萃取分光光度法
13	铅	HJ 538 火焰原子吸收分光光度法
14	砷	HJ 540 二乙基二硫代氨基甲酸银分光光度法
15	锑	（注）
16	铜	（注）
17	锰	（注）
18	铍	（注）
19	钒	（注）
20	铊	（注）
21	钴	（注）

注：分析方法暂时参照《空气和废气监测分析方法》（第四版），待相应的大气固定源分析标准颁布后可替代引用。

2. 水泥产品检测

共处置水泥厂应按照《通用硅酸盐水泥》（GB 175）的要求对水泥产品进行编号，按《水泥取样方法》（GB 12573）的要求对每一编号的水泥产品进行取样，每个样品取样量100g，每周将所取样品等量混合后检测1次。

水泥窑协同处置工业废物后，水泥熟料和水泥产品中重金属含量应符合现行国家标准《水泥工厂设计规范》（GB 50295）的规定。

地方环境保护行政主管部门的监督性检测频率不少于每年1次。

第六节　危险废物水泥窑共处置案例——北京水泥厂

北京金隅红树林环保技术有限责任公司成立于2005年8月（以下简称金隅红树林），隶属于北京金隅集团，是北京市专业处置工业废物规模最大的公司，拥有全国首条专业处置城市工业废物示范线，工业废物处置能力为8万～10万吨/年。目前已取得了环保部颁发的30种危险废物的处置经营许可证。2009年处置各种工业废物5万吨（不包括污染土壤），其中包括28类总计2万吨危险废物。该示范线项目曾被列入第三批国家重点技术改造"双高一优"项目导向计划。国家环保局和北京环保局对先进的废物处理工艺生产线给予了充分的支持和肯定。

（1）生产工艺情况

① 工艺参数

水泥窑设计产量：3000t/d；水泥窑实际产量：3200t/d

水泥窑直径：4.2m；水泥窑长度：67m

余热发电设计能力7.5MW；余热发电实际能力4.5MW

吨熟料发电量24.5kW·h/t；高温风机能力290000m³/h

② 燃料

水分：14.3%；用量：178032t/a；热值（收到基）：5208kcal/kg

挥发分：28.95%；固定碳：51.32%；灰分：11.59%

③ 原料

石灰石用量：1749600t/a；

硅质校正料用量及种类：砂岩67600.2t/a

铁质校正料用量及种类：铁粉37140t/a

石膏用量及种类：天然石膏30313.8t/a；脱硫石膏32280.6t/a

混合材用量及种类：粉煤灰119745t/a；高炉矿渣粉51865.8t/a

④ 能耗

吨水泥综合电耗：109.26kW·h/t；吨水泥综合能耗：99.32kgce/t

吨熟料综合电耗：43.76kW·h/t；吨熟料综合能耗：117.04kgce/t

吨熟料标煤耗：115.0kgce/t

注：kgce/t指千克标准煤/吨。

⑤ 设备规格及型号

分解炉规格及型号	TD 型分解炉 $\phi6300mm$		
预热器级数	5 级		
预热器是单系列还是双系列	双系列		
	收尘器类型及能力		
	类型	能力	
窑头	袋式收尘器	350000m³/h	
窑尾	袋式收尘器	600000m³/h	
生料磨类型	生料磨规格	生料磨数量	
中卸磨	$\phi5.0m×10m+2.5m$	1	
水泥磨类型	水泥磨规格	水泥磨数量	
球磨	$\phi4.2m×13m$	1	

⑥ 原料成分

单位:%

成分	SiO_2	Al_2O_3	Fe_2O_3	CaO	MgO	K_2O	Na_2O	SO_3
石灰石	6.42	1.61	1.17	48.21	1.62	0.51	0.04	0.08
黏土质								
硅质	88.24	4.15	1.31	1.03	0.59	0.83	0.04	0.04
铁质	45.02	3.99	39.27	1.47	1.41	0.34	0.12	0.39
混合材	50.59	31.41	4.58	3.89	0.79	1.09	0.13	0.33
石膏								39.72

⑦ 产品成分

单位:%

项目	SiO_2	Al_2O_3	Fe_2O_3	CaO	MgO	K_2O	Na_2O	SO_3
熟料成分	21.84	5.06	3.40	64.77	2.56	0.85	0.21	0.59

⑧ 熟料物理检验

3 天强度/MPa		28 天强度/MPa		需水量/%	初凝时间/min	终凝时间/min
抗压	抗折	抗压	抗折			
5.9	29.0	8.7	54.9	24.22	121	168

⑨ 质量控制指标

项目	3 天强度	28 天强度	MgO	f-CaO	Cl	K_2O	Na_2O	SO_3
熟料	≥26MPa	≥58MPa	≤5.0%	≤1.5%	≤0.06%	碱当量≤0.8%		≤1.5%
水泥	≥24MPa	≥52MPa	≤5.0%		≤0.06%	碱当量≤0.7%		≤3.5%

(2) 处理废物情况

① 处理废物种类。

北京水泥厂水泥窑在正常运行条件下,窑内物料温度为 1450℃,物料在窑内停留时间 30～40min，燃烧时产生的烟气可在窑内停留 6s，炉内气体温度可达 1750℃。在不影响产品质量的前提下，结合各生产工序设备情况，焚烧时由人工将固态废物从窑尾均匀加入，瓶装液态、半固态废物用空气炮从窑尾直接打入水泥烧成段，液态有机废液随燃油从窑头喷入。根据环保规划，每年可焚烧 1 万～1.5 万吨有害废物。按每天水泥原料投料 3700t 计算，每小时可焚烧 1～1.5t 废物。焚烧产生的废气经布袋除尘器处理后，通过 100m 高的烟囱排入大气。

采用水泥回转窑焚烧有害废弃物，根据废弃物在水泥生产中的作用，可将有害废弃物分成三类：

第一类：用作二次燃料。对于含有热值的有机废弃物，包括固体、液体和半固体状污泥，可作为水泥窑的"二次燃料"。第二类：用作水泥生产原料。对于主要含重金属的各种废弃渣，尽管其不含或少含可燃物质，但可作为水泥生产原料来处理利用；而对于卤素含量高的有机化合物和含镁、碱、硫、磷等的废弃物，由于其对水泥烧成工艺或水泥性能有一定影响，应该严格控制其焚烧喂入量。第三类：对如含 Hg 废弃料等，则不宜入窑焚烧。

表 4-8-27 是北京水泥厂根据水泥工业特点，结合上述利用途径对北京市工业危险废物的分类情况。

《国家危险废物名录》中列出的 47 类中的 28 种危险废物，如：废酸碱、废化学试剂、废有机溶剂等工业危险废物和医药废物等。北京水泥厂工艺包括：浆渣制备系统、替代燃料制备焚烧系统、废液处置系统、危险废物处置系统、残渣处置系统、工业污泥处置系统。废物处置程序见图 4-8-12。

表 4-8-27　北京市工业危险废物的分类（根据水泥工业特点分类）

序号	废物种类	排放源
		第一类：用作二次燃料
1	染料涂料类	北京印刷厂油墨渣（固态和半固态）；北京轻型汽车公司废喷漆渣和废电泳漆渣；北内锻造公司废油漆渣；北京吉普汽车有限公司废油漆渣
2	医药废物	北京第二制药厂烟酸废炭、异烟肼废炭和甲壬酮高沸物；北京制药厂制药母液
3	有机树脂类	红狮涂料公司树脂废渣；北京化工二厂有机硅废渣和二氯乙烷残液；北京轻型汽车公司废沥青渣
4	有机树脂类	北京东方罗门哈斯有限公司的压敏焦渣和丙烯酸树脂渣
5	废乳化液	北内集团废乳化液；北京吉普汽车有限公司废乳化液；北京天伟油嘴油泵有限公司废乳化液
6	废矿物油	北内集团废矿物油；北京天伟油嘴油泵有限公司废矿物油
7	热处理含氰废物	北内锻造公司热处理渣
8	废卤化物有机溶剂	北京天伟油嘴油泵有限公司三氯乙烯废液
		第二类：用作水泥原料
1	含铜废物	北京冶炼厂铜渣；北京吉普汽车有限公司废铜渣
2	含锌废物	北京冶炼厂锌渣；北京吉普汽车有限公司镀锌污泥
3	表面处理废物	北京天伟油嘴油泵有限公司电镀污泥；北京天伟油嘴油泵有限公司亚硝酸钠热处理渣
4	含钡、氯废物	北京天伟油嘴油泵有限公司氯化钡热处理渣
5	医药废物	北京第二制药厂氯化钠渣

公司实现了废物焚烧与新型回转窑煅烧两项技术的有机结合，在生产优质水泥熟料的同时焚烧处置工业废物。首次实现了利用水泥回转窑处置废物与环境保护的充分结合，对工业

废物处置彻底，不会造成二次污染，没有残渣产生。金隅红树林公司主要以液态（如工业废液）、固态（如工业垃圾）和半固态（如工业污泥和其他可利用废物）三大类城市工业废物的无害化、资源化、减量化处置为主。公司拥有世界先进的废物预处理工艺设备、国内新型回转式焚烧炉系统并配备了较为完善的化验设备及监测设备。新型回转式焚烧炉系统采用法国皮拉德公司最新技术的多通道低氮燃烧器，为国内首次使用，可实现煤粉、工业废液、危险废物、替代燃料的同时燃烧。整条处理工艺路线包括浆渣制备系统、废液处理系统、污泥搅拌系统、焚烧残渣处理系统、废酸直接焚烧系统、酸碱中和处理系统、替代燃料制备系统、乳化液处置系统。

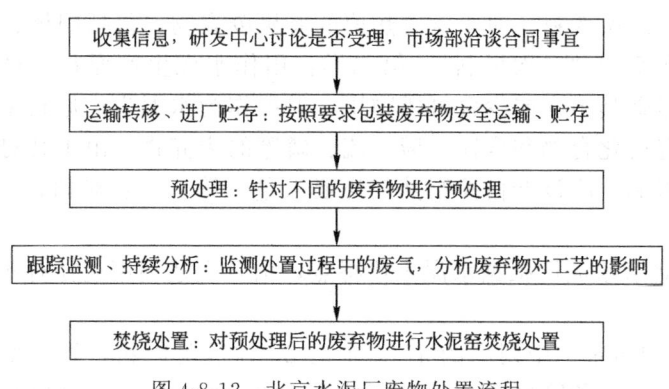

图 4-8-12　北京水泥厂废物处置流程

② 关键工艺　北京水泥厂解决的利用水泥窑处置危险废物的技术难题如下。

a. 国外利用水泥窑危险废物一般是经过专业危险废物处理厂预处理之后，适宜进水泥窑焚烧的废物，由水泥厂焚烧处置。而我国危险废物管理刚刚起步，没有专业的危险废物预处理厂，从产废单位收集的危险废物直接进入水泥厂，对危险废物的安全运输、分类贮存是水泥生产企业必须解决的难题。

b. 固体废物成分复杂，自身发热量差异很大，在连续处置过程中经常造成窑内"忽冷忽热"的现象，发生废物处置和窑况稳定之间的矛盾。

c. 危险废物有 47 大类，很多废物相互之间具有反应性，处置不当，会发热、爆炸、产生有毒气体等，如酸和碱、酸和氰化物。因此，安全处置危险废物必须在掌握废物物理化学特征的基础上，做好危险废物的预处理的安全措施。

d. 危险废物热值和稳定性差异较大，处置过程既要保证废物的彻底焚毁，又要考虑充分利用废物自身热值，必须摸索不同废物的入窑位置、入窑方式。

e. 卤族元素和碱性物质加入量不当对水泥窑运行及熟料质量产生影响，因此必须合理计算、确定、控制含卤素物质和碱性物质的废物的焚烧量，确保熟料质量。

③ 关键预处理系统　公司研究国内外废物预处理和处置技术，自主研发了工业废物六套预处理系统，并结合废物特性与窑的煅烧要求选择了 6 处入料点。

a. 浆渣制备焚烧系统。可将工业垃圾、工业污泥、废液、废漆渣等多种废物经过破碎后，进入混合设备内搅拌成浆渣状，最后经过浆体输送设备喷入窑尾烟室焚烧。

b. 替代燃料制备焚烧系统。可将收集来的具有热值的工业废物经过多级破碎后，制成粒径小的替代燃料，然后作为燃料从窑头多通道燃烧器喷入窑内焚烧，可节约大量能源(煤粉)。

c. 废液处置系统。可将废酸液、废碱液在预处理中心中和后，与收集来的废有机溶剂、废矿物油、废乳化液调配成具有一定热值的废液，然后作为燃料从多通道燃烧器喷入窑内焚烧，可替代部分煤粉，实现了资源的再利用。

d. 工业污泥处置系统。将各种工业污泥用稳定剂搅拌后，喂入窑尾预燃炉，可替代部分原料。

e. 焚烧残渣处置系统。将各垃圾焚烧厂产生的焚烧残渣经过粉磨后，替代熟料生产使用的硅质、铝质原料，可彻底将焚烧残渣无害化处置。

f. 危险废物处置系统。将各垃圾焚烧厂产生的毒性强、含有害成分多的危险废物，通过气力输送经燃烧器喷入窑内焚烧，彻底消除其危害。

④ 回转窑改进方案　为了确保安全处置工业废物，生产优质熟料，在进行回转窑焚烧系统设计时，天津水泥设计研究院对系统进行了如下6项改进。

a. 在窑尾增加了一个预燃炉系统，增强了焚烧系统的热稳定性。确保废物处置的连续和稳定。

b. 回转窑长度增加4m，增加了废物在系统内停留时间。由于回转窑热容大，稳定性高，使得系统适于处置液体、固体等多种形态的危险废物，而且可以实现废物的大量处置。

c. 回转窑前后均采用低氮燃烧系统，减少氮氧化物的排放。可实现煤粉、工业废液、危险废物、替代燃料的同时燃烧。窑头采用低一次风的大推力燃烧器，这样可以使燃料在较低的空气含量条件下进行正常的燃烧，并提高火焰空间的温度分布均齐性，从而有效地降低氮氧化物形成。炉尾分解炉采用了具有实用新型专利的低氮氧化物在线分解炉，能起到很好的脱硝效果，确保废气中氮氧化物的排放达到国家标准。

d. 对废气处理系统进行了技术改进，修正了工艺参数，并采用了进口设备，确保了废物的安全无害化处置。

e. 建立了工业废物实验室，并配备了先进的检验和分析仪器，如质谱仪、色谱仪、荧光分析仪等。对所有进厂的工业废物进行检验分析，确定废物的成分、热值、重金属含量、废物毒性等，为后续处理分类提供基础数据。

f. 安装了废气在线监测系统，并与环保部门实现了监测数据联网。

⑤ 完善管理　工业废物处置领域是特殊的行业。金隅红树林在处置危险废物过程中，始终认真贯彻《中华人民共和国固体废物污染环境防治法》，严格按照"无害化、资源化、减量化"的要求处置工业废物。依据《危险废物焚烧污染控制标准》和《危险废物贮存污染控制标准》等建立了符合国家标准的废物处置场所，设置了各种标志和标牌，建立了专门的废物分拣贮存库、废物贮存坑，按标准要求进行防渗漏处理，采取了单独废液收集措施，严格杜绝废物泄漏；对废物处置车间的气体进行收集，采取活性炭吸附和强制排风措施，将异味气体抽入窑内焚烧处置。

为确保废物处置工作全过程安全生产，金隅红树林将废物处置工作程序纳入环境管理体系和职业健康安全管理体系之中，各个岗位均制定废物处置作业指导书。为保证废物从运输、储存、预处理到焚烧这些环节的安全生产，金隅红树林制定了一套完整的规章制度，其中包括：《安全生产责任制》、《工业废物运输管理制度》、《工业废物预处理管理制度》、《工业废物处置操作规程》、《危险废物事故救援应急预案》等。公司定期检查制度执行情况，定期演练应急预案。

⑥ 信息化　金隅红树林研发中心自主开发了"北京金隅红树林公司废物处置管理系统"，该系统是专门用于废物处置管理的软件，其目的在于借助公司内部局域网形成一个有效的管理网络（可延伸至外网），协助实现废物从处置申请、运输、入厂、入库、出库到最终被处置销毁的全过程规范化管理，监控废物处置各环节，方便各个部门对于整个工作流程运行状况的把握。2002年6月1日系统正式运行，至今完全达到了预期的效果。该系统的

应用，极大地提高了金隅红树林废物处置流程的工作效率，方便了部门之间的信息沟通，并减少了无谓的纠纷。目前，金隅红树林已经向国家知识产权局申请该系统软件的著作权，该软件可应用于废物处置的管理流程控制，并可根据具体厂家的具体情况对软件做出适当的修改。

⑦ 污染控制　目前，金隅红树林可处理的废物除了工业废物，还包括《国家危险废物名录》中47类危险废物中的28类，如废酸碱、废化学试剂、废有机溶剂、废矿物油、乳化液、医药废物、涂料染料废物、有机树脂类废物、精（蒸）馏残渣、焚烧处理残渣等。

a. 对烟气中污染物进行检测。

北京市环保局环境监测中心、中国科学院生态环境研究中心等多家权威机构先后对金隅红树林的回转窑污染物排放进行了监测，其结果远远低于国家规定的排放标准（砷标准 $1.0mg/m^3$，实际排放小于 $1.6\times10^{-4}mg/m^3$；镉标准 $0.1mg/m^3$，实际排放小于 $5\times10^{-4}mg/m^3$；二噁英类标准 $0.5ngTEQ/m^3$，实际排放均小于 $0.009ngTEQ/m^3$）。

根据 GB 4915—2004《水泥工业大气污染物排放标准》和 GB 18484—2001《危险废物焚烧污染控制标准》，对水泥回转窑处理危险废物前后，其窑尾布袋除尘器出口烟道排放的废气中的颗粒物、二氧化硫、氮氧化物、氟化物等指标进行了现场取样监测分析。结果见表4-8-28。

烟尘、二氧化硫、氮氧化物、氟化物排放标准执行 GB 4915—2004《水泥厂大气污染物排放标准》，水泥厂旋窑系统危险废物大气污染物排放执行 GWKB 2—1999《危险废物焚烧污染控制标准》，将排放物浓度和相应的标准进行对比分析可以看出，在用回转窑焚烧处理危险废物时，通过除尘器后的烟尘、氮氧化物、氟化物等的排放浓度和吨产品排放量均不超过 GB 4915—2004《水泥厂大气污染物排放标准》的有关限值，烟气中氯化氢和汞、铬、铅、镉、镍等重金属的排放浓度也远远低于 GWKB 2—1999《危险废物焚烧污染控制标准》相应的标准值。因此在当前的废物混烧量和操作条件下，水泥窑的工况没有受到任何不良影响，水泥窑处置危险废物完全符合相应的环境要求。

表 4-8-28　北京水泥厂大气污染物监测结果

污染物	不焚烧危险废物	焚烧危险废物	排放限值
	排放浓度/(mg/m^3)	排放浓度/(mg/m^3)	排放浓度/(mg/m^3)
烟尘	1.5	2.5	30
SO_2	15	20	400
NO_x	400	524	800
HF	0.03	0.09	10
CO	49	76	80
HCl	0.69	0.53	60
Hg	0.01	0.03	0.1
As+Ni	0.0005	0.005	1.0(As+Ni)
Cr+Sb+Sn+Cu+Mn	0.056	0.18	4.0(Cr+Sn+Sb+Cu+Mn)
Pb	0.0063	0.05	1.0
Cd	0.005	0.008	0.1
林格曼黑度	一级	一级	林格曼一级

注：括号中数据为吨产品排放量。

b. 水泥产品浸出毒性检测。

水泥产品浸出毒性检测情况见表 4-8-29。

表 4-8-29 水泥产品浸出毒性检测记录单

序号	测试项目	测试结果	单位	序号	测试项目	测试结果	单位
1	镉	0.014	mg/L	5	铅	0.007	mg/L
2	铬	0.009	mg/L	6	锌	0.156	mg/L
3	铜	0.059	mg/L	7	砷	未检出	mg/L
4	镍	0.026	mg/L				

参 考 文 献

[1] 景国勋，施式亮. 系统安全评价与预测. 北京：中国矿业大学出版社，2009.

[2] 金龙哲，宋存义. 安全科学原理. 北京：化学工业出版社，2004.

[3] 张益，赵由才. 生活垃圾焚烧技术. 北京：化学工业出版社，2000.

[4] 徐海云. 我国城市生活垃圾焚烧处理发展. 城市生活垃圾焚烧处理技术交流会. 北京：2005，9.

[5] 聂永丰. 我国生活垃圾处理处置现状及发展方向探讨. 环境经济，2005，(12)：30-36.

[6] 乔龄山. 水泥厂利用废弃物的有关问题（一）——国外有关法规及研究成果. 水泥，2002，(10)：1-5.

[7] A F Sarofim, D W Pershing, B Dellinger, et al. Emissions of metal and organic compounds from cement kilns using hazard waste derived fuels. Waste Hazard. Mater., 1994, 11：169-192.

[8] 李金惠. 危险废物管理与处理处置技术. 北京：化学工业出版社，2003：26-29.

[9] B Dellinger, D W Pershing, A F Sarotim. Evaluation of the origin, emissions and control of organic and metal compounds from cement kilns co-fired with hazardous wastes: A report of the Scientific Advisory Board on Cement Kiln Recycling, prepared for the Cement Kiln Recycling Coalition. Washington DC, 1993.

[10] 袁玲，施惠生. 生态水泥——都市水泥工业可持续发展的方向. 水泥，2002，5：1-4.

[11] Holcim & GTZ. 水泥生产过程协同处理废物指南，2005.

[12] 世界可持续发展商会. 水泥可持续发展计划. 2006. http://www.wbcsdcement.org.

[13] Howard Klee, WBCSD. 面向可持续的水泥工业——通向未来之路. pdf, 2008. http://www.wbcsdcement.org.

[14] 朱桂珍. 利用水泥回转窑焚烧处置危险废物的评价研究. 环境保护，2000，3：14-16.

[15] 袁玲，施惠生. 生态水泥——都市水泥工业可持续发展的方向. 水泥，2002，5：1-4.

[16] 苏达根，林少敏，陆金驰. 发展生态水泥工业的几个问题. 水泥技术，2003，6：5-8.

[17] 范崇莱，王树新. 上海发展生态水泥的探索. 上海建材，1999，5：6-8.

[18] 乔龄山. 水泥厂利用废弃物的有关问题（五）——水泥窑利用废弃物的基本原则. 水泥，2003，5：1-9.

[19] Re'mond S, Pimienta P, Bentz D P. Effects of the incorporation of municipal solid waste incineration fly ash in cement pastes and mortars: I. Experimental study. Cement and Concrete Research, 2002, 32 (2)：303-311.

[20] Carlo Collivignarelli, Sabrina Sorlini. Reuse of municipal solid wastes incineration fly ashes in concrete mixtures. Waste Management 2002, (22)：909-912.

[21] 施惠生，岳鹏. 利用城市垃圾焚烧飞灰开发新型生态水泥混合材料. 水泥技术，2003，(6)：8-12.

[22] 袁锋，范伊，宋晨路，等. 城市生活垃圾焚烧灰渣作水泥混合材的研究. 建筑石膏与胶凝材料，2004，(6)：17-19.

[23] 施惠生. 利用城市垃圾焚烧飞灰煅烧水泥熟料初探. 水泥，2004，(11)：1-4.

[24] Shih P H, Chang J E, Chiang L C. Replacement of raw mix in cement production by municipal solid waste incineration ash. Cement Concrete Res, 2003, (33)：1831-1836.

[25] Saikia N, Kato S, Kojima T. Production of cement clinkers from municipal solid waste incineration (MSWI) fly ash. Waste Manage, 2007, (27)：1178-1189.

[26] 任国亮，赵远期，何英明. 日本生态水泥. 建筑技术开发，2003，30 (4)：100-102.

[27] 任子明. 日本对生态水泥的研究. 中国建材科技，2000，(1)：42-45.

[28] 韩仲琦. 日本水泥生态化技术的研究与开发. 中国水泥，2003，(7)：27-30.

[29] 王艳丽. 生态水泥——一种能够解决城市及工业废弃物的新型波特兰水泥. 新世纪水泥导报，2001，(4)：47-50.

[30] 陈从喜，顾薇娜. 国内外绿色建材开发研究进展，岩石矿物学杂志，1999，(4)：370-376.

［31］ 王立久，赵湘慧. 生态水泥的研究进展. 房材与应用，2002，30（4）：19-22.

［32］ Ryunosuke K. Recycling of municipal solid waste for cement production：pilot-scale test for transforming incineration ash of solid waste into cement clinker. Resources Conserv Recycl，2001，（31）：137-147.

［33］ 苏达根，林少敏. 利用废弃物煅烧水泥熟料需注意的几个问题. 水泥，2003，5：10-11.

［34］ 乔龄山. 水泥厂利用废弃物的有关问题（二）——微量元素在水泥回转窑中的状态特性. 水泥，2002，12：1-8.

［35］ 张江. 水泥熟料固化危险工业废弃物中重金属元素的研究［硕士学位论文］. 北京：北京工业大学，2004.

［36］ Gossman Consulting，Inc. and Clean Air Engineering. Trial burn and certification of compliance test report，prepared for Continental Cement Company，Hannibal，MO，1992，（7）.

［37］ Saikia N，Kato S，Kojima T. Production of cement clinkers from municipal solid waste incineration（MSWI）fly ash. Waste Manage，2007，（27）：1178-1189.

［38］ Ryunosuke K. Recycling of municipal solid waste for cement production：pilot-scale test for transforming incineration ash of solid waste into cement clinker. Resources Conserv Recycl，2001，（31）：137-147.

［39］ Qizhong Guo，James O. Eckert，Jr. Heavy metal outputs from a cement kiln co-fired with hazardous waste fuels. Journal of Hazardous Materials，1996，51：47-65.

［40］ D. S Kosson，H. A. van der Sloot，F. Sanchez et al. An integrated framework for evaluating leaching in waste management and utilization of secondary materials. Environmental Engineering Science，2002，19（3）：159-204.

［41］ B. Batchelor. Overview of waste stabilization with cement. Waste Management，2006，26：689-698.

［42］ Schwantes，J. M.，Batchelor，B. Simulated infinite-dilution leach test. Environmental Engineering Science，2005，23（1）：4-13.

［43］ 沈晓冬，严生，吴学权，等. 水泥固化体的铯的浸出行为. 核科学与工程，1994，14（2）：134-140.

［44］ Kim，I.，Batchelor，B. Empirical partitioning leach model for solidified/stabilized wastes. Journal of Environmental Engineering，2001，127（3）：188-195.

第九章

危险废物的固化/稳定化

第一节　概　　述

一、固化/稳定化的目的

即使技术发展到很高水平，在工业生产和废物管理的过程中，特别是废水废气治理过程中仍然会产生不同数量和状态的危险废物，包括半固体状的残渣、污泥和浓缩液等，必须加以无害化处理，在处置时方能实现无害化。目前所采用的方法，是将这些危险废物变成高度不溶性的稳定的物质，这就是固化/稳定化。固化/稳定化已经被广泛地应用于危险废物管理中。它主要被应用于下述各方面[1,2]。

（1）对于具有毒性或强反应性等危险性质的废物进行处理，使得满足填埋处置的要求。例如，在处置液态或污泥态的危险废物时，由于液态物质的迁移特性，在填埋处置以前，必须先要经过稳定化的过程。使用液体吸收剂是不可以的，因为被吸收的液体当填埋场处于足够大的外加负荷时，很容易重新释放出来。所以这些液体废物必须使用物理或化学方法用稳定剂固定，使得即使在很大压力下，或者在降雨的淋溶下不至于重新形成污染。

（2）其他处理过程所产生的残渣，例如焚烧产生的灰分的无害化处理，其目的是最终对其进行最终处置。焚烧过程可以有效地破坏有机毒性物质，而且具有很大的减容效果。但与此同时，也必然会浓集某些化学成分，甚至浓集放射性物质。又例如，在锌铅的冶炼过程中会产生含有相当高浓度砷的废渣，这些废渣的大量堆积，必然形成地下水的严重污染。此时对废渣进行稳定化处理是非常必要的。

（3）在大量土壤被有害污染物污染的情况下对土壤进行去污。在大量土壤被有机的或无机的废物所污染时，需要借助稳定化技术进行去污或其他方式使土壤得以恢复。因为与其他方法（例如封闭与隔离）相比，稳定化具有相对的永久性作用。对于大量土地遭受较低程度的污染时，稳定化尤其有效。因为在大多数情况下，使用诸如填埋、焚烧等方法所必需的开挖、运输、装卸等操作会引起污染土壤的飞扬和增加污染物的挥发而导致二次污染。而且通常开挖、运输和填埋、焚烧均需要投入高得多的费用。在此时所利用的稳定化技术均是通过减小污染物传输表面积或降低其溶解度的方法防止污染物的扩散，或者利用化学方法将污染物改变为低毒或无毒的形式而达到目的。

因此，危险废物固化/稳定化处理的目的，是使危险废物中的所有污染组分呈现化学惰性或被包容起来，以便运输、利用和处置。在一般情况下，稳定化过程是选用某种适当的添加剂与废物混合，以降低废物的毒性和减小污染物自废物到生态圈的迁移率。因而，它是一种将污染物全部或部分地固定于支持介质、黏结剂或其他形式的添加剂上的方法。固化过程是一种利用添加剂改变废物的工程特性（例如渗透性、可压缩性和强度等）的过程。固化可以看作是一种特定的稳定化过程，可以理解为稳定化的一个部分。但从概念上它们又有所区别。无论是稳定化还是固化，其目的都是减小废物的毒性和可迁移性，同时改善被处理对象的工程性质。

二、固化/稳定化的定义和方法

通常，危险废物固化/稳定化的途径是：①将污染物通过化学转变，引入到某种稳定固体物质的晶格中去；②通过物理过程把污染物直接掺入到惰性基材中去。所涉及到的主要过程和技术术语[3,4]如下：

（1）固化　在危险废物中添加固化剂，使其转变为不可流动固体或形成紧密固体的过程。固化的产物是结构完整的整块密实固体，这种固体可以方便的尺寸大小进行运输，而无需任何辅助容器。

（2）稳定化　将有毒有害污染物转变为低溶解性、低迁移性及低毒性物质的过程。稳定化一般可分为化学稳定化和物理稳定化，化学稳定化是通过化学反应使有毒物质变成不溶性化合物，使之在稳定的晶格内固定不动；物理稳定化是将污泥或半固体物质与一种疏松物料（如粉煤灰）混合生成一种粗颗粒，形成为有土壤状坚实度的固体，这种固体可以用运输机械送至处置场。实际操作中，这两种过程是同时发生的。

（3）固定化　具有固化和稳定化作用的过程。

（4）限定化　将有毒化合物固定在固体粒子表面的过程。

（5）包容化　用稳定剂/固化剂凝聚，将有毒物质或危险废物颗粒包容或覆盖的过程。

已研究和应用多种固化/稳定化方法处理不同种类的危险废物，但是迄今尚未研究出一种适于处理所有类型危险废物的最佳固化/稳定化方法。目前所采用的各种固化/稳定化方法往往只能适用于处理一种或几种类型的废物。根据固化基材及固化过程，目前常用的固化/稳定化方法主要包括下列几种：

① 水泥固化；

② 石灰固化；

③ 塑性材料固化；

④ 有机聚合物固化；

⑤ 自胶结固化；

⑥ 熔融固化（玻璃固化）和陶瓷固化。

上述方法已用于处理许多废物，包括金属表面加工废物、电镀及铅冶炼酸性废物、尾矿、废水处理污泥、焚烧炉灰、食品生产污泥和烟道气处理污泥等。实践资料表明，自胶结法更适用于处理无机废物，尤其是一些含阳离子的废物。有机废物及无机阴离子废物则更适宜于用无机物包封法处理。表4-9-1和表4-9-2分别列出了无机废物固化法和有机废物包封法的优缺点。

三、固化/稳定化技术对不同危险废物的适应性

危险废物种类繁多，并非所有的危险废物都适于用固化处理。固化技术最早是用来处理放射性污泥和蒸发浓缩液的，最近十年来此技术得到迅速发展，被用来处理电镀污泥、铬渣等危险废物。日本法规规定应用固化/稳定化技术固化处理的危险废物包括：含汞燃烧残渣，含汞飞灰，含汞污泥，特定下水，含Cd、Pb、Cr^{6+}、As、PCBs的污泥，含氰化物的污泥，其中特别适合固化含重金属的废物。表4-9-3所列为美国国家环保局对固化/稳定化技术适于处理的危险废物所做评估结果，表4-9-4为某些废物对不同固化/稳定化技术的适应性，可供参考。

表 4-9-1   无机废物固化法优缺点汇总

优　点	缺　点
1. 设备投资费用及日常运行费用低 2. 所需材料比较便宜而丰富 3. 处理技术已比较成熟 4. 材料的天然碱性有助于中和废水的酸度 5. 由于材料含水并能在很大的含水量范围内使用,不需要彻底的脱水过程 6. 借助于有选择地改变处理剂的比例,处理后产物的物理性质可以从软的黏土一直变化到整块石料 7. 用石灰为基质的方法可在一个单一的过程中处置两种废物 8. 用黏土为基质的方法可用于处理某些有机废物	1. 需要大量原料 2. 原料(特别是水泥)是高能耗产品 3. 某些废物如那些含有机物的废物在固化时会有一些困难 4. 处理后产物的重量和体积都有较多增加 5. 处理后的产物容易被浸出,尤其容易被稀酸浸出,因此可能需要额外的密封材料 6. 稳定化的机理尚未了解

表 4-9-2   有机废物包封法优缺点汇总

优　点	缺　点
1. 污染物迁移率一般要比无机固化法低 2. 与无机固化法相比,需要的固定程度低 3. 处理后材料的密度较低,从而可降低运输成本 4. 有机材料可在废物与浸出液之间形成一层不透水的边界层 5. 此法可包封较大范围的废物 6. 对大型包封法而言,可直接应用现代化的设备喷涂树脂,无需其他能量开支	1. 所用的材料较昂贵 2. 用热塑性及热固性包封法时,干燥、熔化及聚合化过程中能源消耗大 3. 某些有机聚合物是易燃的 4. 除大型包封法外,各种方法均需要熟练的技术工人及昂贵的设备 5. 材料是可降解的,易于被有机溶剂腐蚀 6. 某些这类材料在聚合不完全时自身会造成污染

表 4-9-3   美国国家环保局对固化/稳定化技术适于处理危险废物种类的评估结果

废弃物编号	废弃物特性及来源	固化/稳定化的污染物
K048-52	炼油厂油泥及副油渣	铬、铅
K061	电炉炼钢产生的灰渣及污泥	铬、铅、镉
K046	铅基引爆剂生产产生水处理污泥	铅
F006	电镀污泥	镉、铬、铅、镍、银
F012,F019	金属表面处理产生的重金属污泥	铬
K022	用异丙苯制造酚及丙酮产生的蒸馏渣	铬、镍
K001	用木焦油、五氯苯酚处理木材及其废水处理产生的污泥	铬

表 4-9-4   不同种类的废物对不同固化/稳定化技术的适应性

废物成分		处理技术			
		水泥固化	石灰等材料固化	热塑性微包容法	大型包容法
有机物	有机溶剂和油	影响凝固,有机气体挥发	影响凝固,有机气体挥发	加热时有机气体会逸出	先用固体基料吸附
	固态有机物(如塑料,树脂,沥青)	可适应能提高固化体的耐久性	可适应能提高固化体的耐久性	有可能作为凝结剂使用	可适应可作为包容材料使用
无机物	酸性废物	水泥可中酸	可适应能中和酸	应先进行中和处理	应先进行中和处理
	氧化剂	可适应	可适应	会引起基料的破坏甚至燃烧	会破坏包容材料
	硫酸盐	影响凝固,除非使用特殊材料,否则引起表面剥落	可适应	会发生脱水反应和再水合反应而引起泄露	可适应
	卤化物	很容易从水泥中浸出,妨碍凝固	妨碍凝固,会从水泥中浸出	会发生脱水反应和再水合反应	可适应
	重金属盐	可适应	可适应	可适应	可适应
	放射性废物	可适应	可适应	可适应	可适应

四、固化/稳定化处理的基本要求

固化/稳定化处理的基本要求如下。

① 所得到的产品应该是一种密实的、具有一定几何形状和较好的物理性质、化学性质稳定的固体。

② 处理过程必须简单，应有效措施减少有毒有害物质的逸出，避免工作场所和环境的污染。

③ 最终产品的体积尽可能小于掺入的固体废物的体积。

④ 产品中有毒有害物质的水分或其他指定浸提剂所浸析出的量不能超过容许水平（或浸出毒性标准）。

⑤ 处理费用低廉。

⑥ 对于固化放射性废物的固化产品，还应有较好的导热性和热稳定性，以便用适当的冷却方法就可以防止放射性衰变热使固化体温度升高，避免产生自熔化现象，同时还要求产品具有较好的耐辐照稳定性。

以上要求大多是原则性的，实际上没有一种固化/稳定化方法和产品可以完全满足这些要求，但若其综合比较效果尚优，在实际中就可得到应用和发展。

通常采用下述物理、化学指标鉴定固化/稳定化产品的好坏程度[5～9]。

1. 浸出率

将有毒危险废物转变为固体形式的基本目的，是为了减少它在贮存或填埋处置过程中污染环境的潜在危害性。废物污染扩散的主要途径，是有毒有害物质溶解进入地表或地下水环境中。因此，固化体在浸泡时的溶解性能，即浸出率，是鉴别固化体产品性能的最重要一项指标。

测量和评价固化体浸出率的目的有二：一是在实验室或不同的研究单位之间，通过固化体难溶性程度的比较，可以对固化方法及工艺条件进行比较、改进或选择；二是有助于预计各种类型固化体暴露在不同环境时的性能，可用以估计有毒危险废物的固化体在贮存或运输条件下与水接触所引起的危险大小。浸出率的具体测定方法和应用见本章第四节。

2. 体积变化因数

体积变化因数定义为固化/稳定化处理前后危险废物的体积比，即

$$C_R = \frac{V_1}{V_2} \qquad\qquad (4\text{-}9\text{-}1)$$

式中　C_R——体积变化因数；

　　　　V_1——固化前危险废物体积；

　　　　V_2——固化后产品的体积。

体积变化因数在文献中有多种名称，如减容比，体积缩小因数，体积扩大因数，这是针对不同的物料而言。体积变化因数，是鉴别固化方法好坏和衡量最终处置成本的一项重要指标。它的大小实际上取决于能掺入固化体中的盐量和可接受的有毒有害物质的水平。因此，也常用掺入盐量的百分数来鉴别固化效果；对于放射性废物，C_R还受辐照稳定性和热稳定性的限制。

3. 抗压强度

为实现安全贮存，固化体必须具有起码的抗压强度，否则会出现破碎和散裂，从而增加暴露的表面积和污染环境的可能性。

对于一般的危险废物，经固化处理后得到的固化体，如进行处置或装桶贮存，对其抗压强度的要求较低，控制在 $1\sim5kgf/cm^2$（$1kgf/cm^2=98.0665kPa$，下同）便可；如用作为建筑材料，则对其抗压强度要求较高，应大于10MPa。对于放射性废物，其固化产品的抗压强度，前苏联要求>5MPa，英国要求达到20MPa。表4-9-5和表4-9-6中列出一种以水泥为固化基材的专利产品的典型抗压强度。

表 4-9-5　以水泥为固化基材的固化产物的抗压强度　　　　单位：psi

固化产物	3 天后	7 天后	28 天后
一种含砷废物		390	750
一种废水	193	330	610
一种含铬废物		108	220
一种含铬废物		155	310

注：1psi=6895Pa。

表 4-9-6　材料的典型抗压强度

材　料	典型抗压强度/psi
由普通水泥、砂及石子按标准拌和的混凝土(B.S.12)，28d后	4500±1000
由普通水泥及砂按标准拌合的砂浆(B.S.12)，3d后	2100
用作填空隙、土壤稳定化、容器底部水泥涂盖物以及现场作业的工业水泥砂浆，28d后	77～616
以水泥为基料的固化产物，28d后	200～800

注：1psi=6895Pa=1lbf/in²。

第二节　固化/稳定化技术综述

一、水泥固化/稳定化

（一）水泥固化基本理论

水泥是最常用的危险废物稳定剂，由于水泥是一种无机胶结材料，经过水化反应后可以生成坚硬的水泥固化体，所以在处理废物时最常用的是水泥固化技术[10～14]。水泥的品种很多，例如，普通硅酸盐水泥、矿渣硅酸盐水泥、矾土水泥、沸石水泥等都可以作为废物固化处理的基材。其中最常用的普通硅酸盐水泥（也称为波特兰水泥）。这种材料是用石灰石、黏土以及其他硅酸盐物质混合在水泥窑中高温煅烧生产的，然后研磨成粉末状。它是钙、硅、铝及铁的氧化物的混合物。其主要成分是硅酸二钙和硅酸三钙。在用水泥稳定化时，是将废物与水泥混合起来，如果在废物中没有足够的水分，还要加水使之水化。水化以后的水泥形成整体钙铝硅酸盐的坚硬晶体结构，与岩石性能相近。这种水化以后的产物，被称为混凝土。废物被掺入水泥的基质中，在一定条件下，废物经过物理的、化学的作用更进一步减少它们在废物-水泥基质中的迁移率。典型的例子，如形成溶解性比金属离子小得多的金属氧化物。人们还经常把少量的飞灰、硅酸钠、膨润土或专利产品这些活性剂加入水泥中以增进反应过程。最终依靠所加药剂使粒状的像土壤的物料变成了黏合的块，从而使大量的废物稳定化/固化。

以水泥为基础的稳定化/固化技术已经用来处置电镀污泥[15～22]，这种污泥包含各种金属，如Cd、Cr、Cu、Pb、Ni、Zn。水泥也用来处理复杂的污泥，如多氯联苯、油和油泥；含有氯乙烯和二氯乙烷的废物；多种树脂；被稳定化/固化的塑料；石棉；硫化物以及其他物料。实践证明，用水泥进行的稳定化/固化处置对 As、Pb、Zn、Cu、Cd、Ni 等的稳定化都是有效的。这种处置对有机物的效果目前尚无定论。

1. 水泥固化基材及添加剂

水泥是一种无机胶结材料，由大约 4 份石灰质原料与一份黏土质原料制成，其主要成分为 SiO_2、CaO、Al_2O_3 和 Fe_2O_3，水化反应后可形成坚硬的水泥石块。可以把分散的固体添料（如砂石）牢固的黏结为一个整体。普通硅酸盐水泥、矿渣硅酸盐水泥、火山灰硅酸盐水泥、矾土水泥、沸石水泥都可以作为固化危险废物的水泥固化基材。用于水泥固化的水泥标准规格有一定要求。英国在固化中采用的水泥标准规格如下。

（1）当用下式计算时，石灰饱和度（LSF）应不大于 1.02，不小于 0.66。

$$LSF = \frac{(CaO) - 0.7(SO_3)}{2.8(SiO_2) + 1.2(Al_2O_3) + 0.65(Fe_2O_3)} \tag{4-9-2}$$

式中，括号内的氧化物，计算时应用其质量分数（以水泥总质量计）。

（2）不溶性残渣（在稀酸中）不应超过 1.5%。

（3）MgO 的含量不应超过 4%。

（4）当水泥中铝酸三钙含量≤7%时，总硫允许含量（以 SO_3 表示）应≤2.5%，而水泥中铝酸三钙＞7%时，总硫允许含量不应大于 3%。

（5）燃烧损失不应超过 3%。

由于废物组成的特殊性，水泥固化过程中常常会遇到混合不均、凝固过早或过晚、操作难以控制等困难，同时所得固化产品的浸出率高、强度较低。为了改善固化产品的性能，固化过程中需视废物的性质和对产品质量的要求，添加适量的必要添加剂。

添加剂分为有机和无机两大类。无机添加剂有蛭石，沸石，多种黏土矿物，水玻璃，无机缓凝剂，无机速凝剂和骨料等。有机添加剂有硬脂肪酸丁酯，δ-糖酸内酯，柠檬酸等。

2. 水泥固化的化学反应

水泥固化是一种以水泥为基材的固化方法。以水泥为基础的固化/稳定化技术是这样一个过程，让废物物料与硅酸盐水泥混合，如果废物中没有水分，则需向混合物中加水，以保证水泥分子跨接所必需的水合作用。此过程所涉及的水合反应主要有以下几个方面。

（1）硅酸三钙的水合反应

$$3CaO \cdot SiO_2 + x H_2O \longrightarrow 2CaO \cdot SiO_2 \cdot y H_2O + Ca(OH)_2$$
$$\longrightarrow CaO \cdot SiO_2 \cdot m H_2O + 2Ca(OH)_2$$
$$2(3CaO \cdot SiO_2) + x H_2O \longrightarrow 3CaO \cdot 2SiO_2 \cdot y H_2O + 3Ca(OH)_2$$
$$\longrightarrow 2(CaO \cdot SiO_2 \cdot m H_2O) + 4Ca(OH)_2$$

（2）硅酸二钙的水合反应

$$2CaO \cdot SiO_2 + x H_2O \longrightarrow 2CaO \cdot SiO_2 \cdot x H_2O$$
$$\longrightarrow CaO \cdot SiO_2 \cdot m H_2O + Ca(OH)_2$$
$$2(2CaO \cdot SiO_2) + x H_2O \longrightarrow 3CaO \cdot 2SiO_2 \cdot y H_2O + Ca(OH)_2$$
$$\longrightarrow 2(CaO \cdot SiO_2 \cdot m H_2O) + 2Ca(OH)_2$$

（3）铝酸三钙的水合反应

$$3CaO \cdot Al_2O_3 + x H_2O \longrightarrow 3CaO \cdot Al_2O_3 \cdot x H_2O$$

如有氧化钙 $[Ca(OH)_2]$ 存在，则变为：

$$3CaO \cdot Al_2O_3 + x H_2O + Ca(OH)_2 \longrightarrow 4CaO \cdot Al_2O_3 \cdot m H_2O$$

亦即：

$$3CaO \cdot Al_2O_3 + Ca(OH)_2 + x H_2O \longrightarrow 4CaO \cdot Al_2O_3 \cdot m H_2O$$

（4）铝酸四钙的水合反应

$$4CaO \cdot Al_2O_3 + Fe_2O_3 + x H_2O \longrightarrow 3CaO \cdot Al_2O_3 \cdot m H_2O + CaO \cdot Fe_2O_3 \cdot n H_2O$$

在普通硅酸盐水泥的水化过程中进行的主要反应如图 4-9-1 所示。

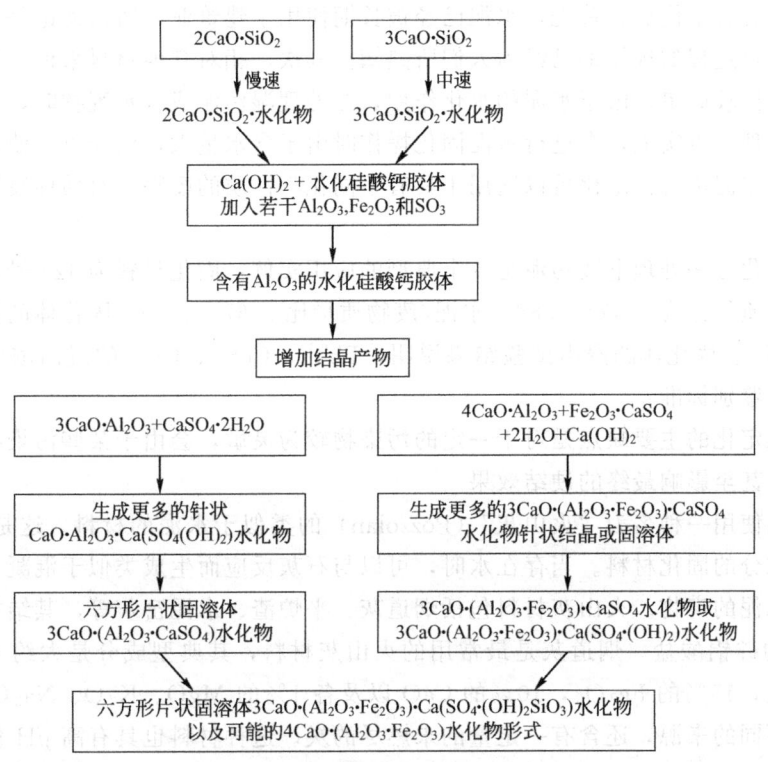

图 4-9-1　普通硅酸盐水泥的反应过程

最终生成硅铝酸盐胶体的这一连串反应是一个速率很慢的过程，所以为保证固化体得到足够的强度，需要在有足够水分的条件下维持很长的时间对水化的混凝土进行保养。

对于普通硅酸盐水泥，进行最为迅速的反应是：

$$3CaO \cdot Al_2O_3 + 6H_2O \longrightarrow 3CaO \cdot Al_2O_3 \cdot 6H_2O + 热量$$

该反应确定了普通硅酸盐水泥的初始状态。

以水泥为基本材料的固化技术最适用于无机类型的废物，尤其是含有重金属污染物的废物。由于水泥所具有的高 pH 值，使得几乎所有的重金属形成不溶性的氢氧化物或碳酸盐形式而被固定在固化体中。研究指出，铅、铜、锌、锡、镉均可得到很好的固定。但汞仍然要以物理封闭的微包容形式与生态圈进行隔离。要想精确地估计某种特定的废物是否能够被有效地固定于水泥结构之中是相当困难的。对于重金属水泥固化过程的化学机理，关于铅与铬研究得较多。研究结果指出，铅主要沉积于水泥水化物颗粒的外表面，而铬则较为均匀地分布于整个水化物的颗粒之中。

另一方面，有机物对水化过程有干扰作用，使最终产物的强度减小，并使稳定化过程变得困难。它可能导致生成较多的无定型物质而干扰最终的晶体结构形式。在固化过程中加入黏土、蛭石以及可溶性的硅酸钠等物质，可以缓解有机物的干扰作用，提高水泥固化的效果。

应用水泥作为固化包容的主要材料大多被用于固定电镀工业产生的污泥和其他类型的金属氢氧化物废物。应用无机物作为主要固化材料的原因是目前尚未找到具有同等效用的代替方式。例如金属污染物不能生物降解，在焚烧以后也无法改变其原子结构。此外，是由于在这种情况下，可以同时利用已经为人类充分掌握的沉淀技术和吸附技术。利用水泥包容技术进行稳定化具有若干优点。首先，水泥已经被长期使用于建筑业，所以无论是它的操作、混合、凝固和硬化过程的规律都已经为人们所熟知。其次，相对其他材料来说，其价格和所需要的机械设备比较简单。由于水泥的水化作用，在处理湿污泥或含水废物时，无需对废物做进一步脱水处理。事实上，在进行水泥固化操作时由于含水量大，已经可以使用泵输送的方式。最后，用水泥进行稳定化可以适用于具有不同化学性质的废物，对酸性废物也能起到一定的中和效果。

用水泥固化方法处理电镀污泥是一个典型的应用实例：固化材料为 425 号普通硅酸盐水泥，水和水泥质量比为 0.47～0.88，水泥/废物质量比 0.67～4.00，固化体的抗压强度可以达到 6～30MPa。固化体的浸出试验结果说明，Pb^{2+}、Cd^{2+}、Cr^{6+} 的浸出浓度都远低于相应的浸出毒性鉴别标准。

用水泥稳定化的主要缺点是对于一定的污染物较为灵敏，会由于某些污染物的存在而推迟固化时间，甚至影响最终的硬结效果。

在国外还使用一种名为"火山灰"（Pozzolan）的类似于水泥的材料。这是一种以硅-铝酸盐为主要成分的固化材料。当存在水时，可以与石灰反应而生成类似于混凝土的、通常被称为火山灰水泥的产物。火山灰材料包括烟道灰、平炉渣、水泥窑灰等，其结构大体上可认为是非晶型的硅铝酸盐。烟道灰是最常用的火山灰材料，其典型成分是大约 45% 的 SiO_2，25% 的 Al_2O_3，15% 的 Fe_2O_3，10% 的 CaO 以及各 1% 的 MgO、K_2O、Na_2O 和 SO_3。此外，取决于不同的来源，还含有一定量的未燃尽的炭。这种材料也具有高 pH 值，所以同样适用于无机污染物，尤其是被重金属污染的废物的稳定化处理。有文献报道，用烟道灰和石灰混合处理含有高浓度的镉、铬、铜、铁、铅、锰等的污泥，虽然处理后的产物仍然呈现类似土壤的外形，但浸出试验证实，稳定过程明显降低了上述重金属组分的浸出率。此外，在烟道灰中未燃烧的碳粒可以吸附部分有机废物，所以用火山灰材料处理无机和有机污染物，通常都具有一定的稳定化效果。

（二）水泥固化的工艺过程

水泥固化工艺较为简单，通常是把有害固体废物、水泥和其他添加剂一起与水混合，经过一定的养护时间而形成坚硬的固化体。固化工艺的配方是根据水泥的种类处理要求以及废物的处理要求制定的，大多数情况下需要进行专门的试验。当然，对于废物稳定化的最基本要求是对关键有害物质的稳定效果，它基本上是通过低浸出速率体现的。除此之外，还需要达到一些特定的要求。影响水泥固化的因素很多，为在各种组分之间得到良好的匹配性能，在固化操作中需要严格控制以下各种条件。

1. pH 值

因为大部分金属离子的溶解度与 pH 值有关，对于金属离子的固定，pH 值有显著的影响。当 pH 值较高时，许多金属离子将形成氢氧化物沉淀，而且 pH 值高时，水中的 CO_3^{2-} 浓度也高，有利于生成碳酸盐沉淀。应该注意的是，pH 值过高，会形成带负电荷的羟基络合物，溶解度反而升高。例如：pH<9 时，铜主要以 $Cu(OH)_2$ 沉淀的形式存在，当 pH>9 时，则形成 $Cu(OH)_3^-$ 和 $Cu(OH)_4^{2-}$ 络合物，溶解度增加。许多金属离子都有这种性质，如 Pb 当 pH>9.3 时，Zn 当 pH>9.2 时，Cd 当 pH>11.1 时，Ni 当 pH>10.2 时，都会形成金属络合物，造成溶解度增加。

2. 水、水泥和废物的量比

水分过小，则无法保证水泥的充分水合作用，水分过大，则会出现泌水现象，影响固化块的强度。水泥与废物之间的量比应用试验方法确定，主要是因为在废物中往往存在妨碍水合作用的成分，它们的干扰程度是难以估计的。

3. 凝固时间

为确保水泥废物混合浆料能够在混合以后有足够的时间进行输送、装桶或者浇注，必须适当控制初凝和终凝的时间。通常设置的初凝时间大于 2h，终凝时间在 48h 以内。凝结时间的控制是通过加入促凝剂（偏铝酸钠、氯化钙、氢氧化铁等无机盐）、缓凝剂（有机物、泥沙、硼酸钠等）来完成的。

4. 其他添加剂

为使固化体达到良好的性能，还经常加入其他成分。例如，过多的硫酸盐会由于生成水化硫酸铝钙而导致固化体的膨胀和破裂。如加入适当数量的沸石或蛭石，即可消耗一定的硫酸或硫酸盐。为减小有害物质的浸出速率，也需要加入某些添加剂，例如，可加入少量硫化物以有效地固定重金属离子等。

5. 固化块的成型工艺

主要目的是达到预定的机械强度。并非在所有的情况下均要求固化块达到一定的强度，例如，对最终的稳定化产物进行填埋或贮存时，就无需提出强度要求。但当准备利用废物处理后的固化块作为建筑材料时，达到预定强度的要求就变得十分重要，通常需要达到 10MPa 以上的指标。

（三）混合方法及设备

水泥固化混合方法的经验大部分来自核废物处理，近年来逐渐应用于危险废物。混合方法的确定需要考虑废物的具体特性。

1. 外部混合法

将废物、水泥、添加剂和水在单独的混合器中进行混合，经过充分搅拌后再注入处置容器中（图 4-9-2）。该法需要设备较少，可以充分利用处置容器的容积，但在搅拌混合以后的混合器需要洗涤。不但耗费人力，还会产生一定数量的洗涤废水。

2. 容器内混合法

直接在最终处置使用的容器内进行混合，然后用可移动的搅拌装置混合（图 4-9-3）。其优点是不产生二次污染物。但由于处置所用的容器体积有限（通常所用的为 200L 的桶），不但充分搅拌困难，而且势必需要留下一定的无效空间。大规模应用时，操作的控制也较为困难。该法适于处置危害性大，但数量不太多的废物，例如放射性废物。

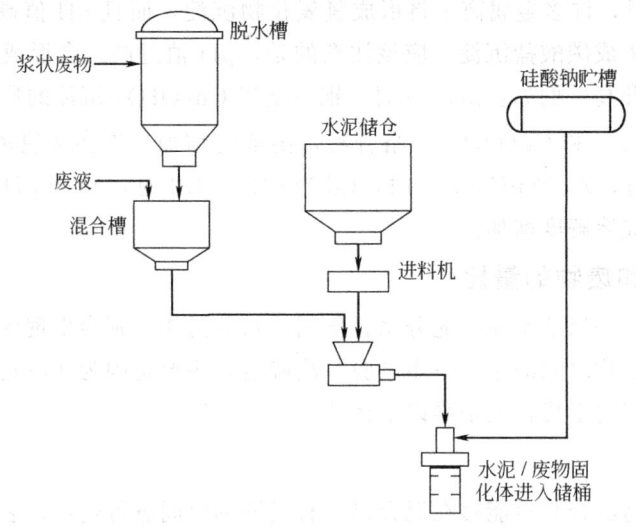

图 4-9-2   外部混合法流程

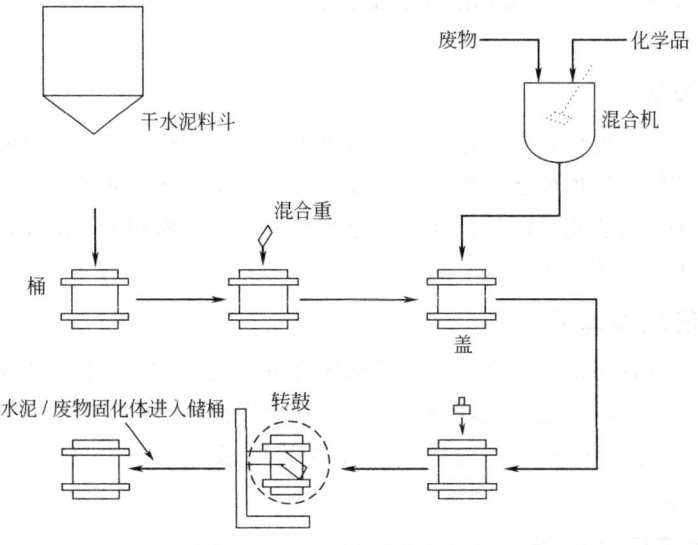

图 4-9-3   容器内混合法流程

3. 注入法

对于原来的粒度较大，或粒度十分不均匀，不便进行搅拌的固体废物，可以先把废物放入桶内，然后再将制备好的水泥浆料注入，如果需要处理液态废物，也可以同时将废液注入。为了混合均匀，可以将容器密闭以后放置在以滚动或摆动方式运动的台架上。但应该注意的是，有时在物料的拌和过程中会产生气体或放热，从而提高容器的压力。此外，为了达到混匀的效果，容器不能完全充满。

由于水泥固化具有前述的缺点，近来在若干方面开展了研究并加以改进。例如，已经做了用纤维和聚合物等增加水泥耐久性的研究工作。还有人用天然胶乳聚合物改性普通水泥以处理重金属废物，提高了水泥浆颗粒和废物间的键合力，聚合物同时填充了固化块中小的孔隙和毛细管，降低了重金属的浸出。用改性硫水泥处理焚烧炉灰，提高了固化体的抗压强度和抗拉强度，并且增加了固化体抵抗酸和盐（如硫酸盐）侵蚀的能力。

二、石灰固化

石灰固化是指以石灰、垃圾焚烧飞灰、水泥窑灰以及熔矿炉炉渣等具有波索来反应（Pozzolanic Reaction）的物质为固化基材而进行的危险废物固化/稳定化的操作。在适当的催化环境下进行波索来反应，将污泥中的重金属成分吸附于所产生的胶体结晶中。但因波索来反应不似水泥水合作用，石灰系固化处理所能提供的结构强度不如水泥固化，因而较少单独使用。

常用的技术是加入氢氧化钙（熟石灰）的方法使污泥得到稳定。石灰中的钙与废物中的硅铝酸根会产生硅酸钙、铝酸钙的水化物，或者硅铝酸钙。与其他稳定化过程一样，加入石灰的同时向废物中加入少量添加剂，可以获得额外的稳定效果（如存在可溶性钡时加入硫酸根）。使用石灰作为稳定剂也和使用烟道灰一样具有提高 pH 值的作用。此种方法也基本上应用于处理重金属污泥等无机污染物。

石灰与凝硬性物料结合会产生能在化学及物理上将废物包裹起来的黏结性物质。天然和人造材料都可以使用，包括火山灰和人造凝硬性物料。人造材料如烧过的黏土、页岩和废油页岩、烧过的纱网、烧结过的砂浆和粉煤灰等。化学固定法中最常用的凝硬性物料是粉煤灰和水泥窑灰。这两种物料本身就是废料，因此这种方法具有共同处置的明显优点。对石灰-凝硬性物料反应机理的推测认为：凝硬性物料经历着与沸石类化合物相似的反应，即它们的碱离子成分相互交换。另一种解释认为主要的凝硬性反应像水泥的水合作用那样，生成了称之为硅酸三钙的新的水合物。

表 4-9-7 说明石灰添加量对用粉煤灰将纤维质-气体脱硫（FGD）污泥进行物理稳定的影响。石灰浓度较高时，最后的固体物强度也较高。在这个实例中，粉煤灰既用作疏松材料又作为凝硬性材料使用。正如以水泥为基质的方法一样，过量的水是不需要的。为了得到机械强度高的固体，石灰加入量应依据废物的种类及火山灰水泥的化学成分而定，可能要高达 30%。

表 4-9-7 石灰固化法对产品强度的影响

添加剂	添加量	灰/水泥质量比	无侧限抗压强度/(lb/ft²)
石灰	0	1/1	85
石灰	1	1/1	250
石灰	3	1/1	600
石灰	5	1/1	950
石灰	5	1/2	360

三、塑性材料固化法

塑性材料固化法属于有机性固化/稳定化处理技术，从使用材料的性能不同可以把该技术划分为热固性塑料包容和热塑性包容两种方法。

（一）热固性塑料包容

热固性塑料是指在加热时会从液体变成固体并硬化的材料。它与一般物质的不同之处在于，这种材料即使以后再次加热也不会重新液化或软化。它实际上是一种由小分子变成大分子的交联聚合过程。危险废物也常常使用热固性有机聚合物达到稳定化。它是用热固性有机单体例如脲甲醛和已经过粉碎处理的废物充分地混合，在助絮剂和催化剂的作用下产生聚合以形成海绵状的聚合物质，从而在每个废物颗粒周围形成一层不透水的保护膜。但在用此方法处理时，经常有一部分液体废物遗留下来。因此在进行最终处置以前还需要进行一次干化。目前使用较多的材料是脲甲醛、聚酯和聚丁二烯等。有时也可使用酚醛树脂或环氧树脂。由于在绝大多数这种过程中废物与包封材料之间不进行化学反应，所以包封的效果仅取决于废物自身的形态（颗粒度、含水量等）以及聚合条件。

该法的主要优点是与其他方法相比，大部分引入较低密度的物质，所需要的添加剂数量也较小。热固性塑料包封法在过去曾是固化低水平放射性有机废物（如放射性离子交换树脂）的重要方法之一。同时也可用于稳定非蒸发性的、液体状态的有机危险废物。由于需要对所有废物颗粒进行包封，在选择适当包容物质的条件下，可以达到十分理想的包容效果。

此方法的缺点是操作过程复杂，热固性材料自身价格高昂。由于操作中有机物的挥发，容易引起燃烧起火，所以通常不能在现场大规模应用。可以认为该法只能处理少量、高危害性废物，例如剧毒废物，医院或研究单位产生的少量放射性废物等。

不过，仍然有人认为，热固性塑料包容在未来也可能在有机污染土地的稳定化处理方面，有大规模应用的前景。

（二） 热塑性材料包容

热塑性材料包容是使用熔融的热塑性物质在高温下与危险废物混合，以达到对其稳定化的目的。可以使用的热塑性物质如沥青、石蜡、聚乙烯、聚丙烯等。在冷却以后，废物就为固化的热塑性物质所包容，包容后的废物可以在经过一定的包装后进行处置。在20世纪60年代末期所出现的沥青固化，因为处理价格较为低廉，即被大规模应用于处理放射性废物。由于沥青具有化学惰性，不溶于水，具有一定的可塑性和弹性，对于废物具有典型的包容效果。在有些国家中，该法被用来处理危险废物和放射性废物的混合废物，但处理后的废物是按照放射性废物的标准处置的。

该法的主要缺点是在高温下进行操作会带来很多不便之处，而且耗能较高；操作时会产生大量的挥发性物质，其中有些是有害物质。另外，有时在废物中含有影响稳定性的热塑性物质，或者某些溶剂，影响最终的稳定效果。

在操作时，通常是先将废物干燥脱水，然后将聚合物与废物在适当的高温下混合，并在升温的条件下将水分蒸发掉。该法可以使用间歇式工艺，也可以使用连续操作的设备。与水泥等无机材料的固化工艺相比，除污染物的浸出率显著偏低外，由于需要的包容材料少，又在高温下蒸发了大量的水分，它的增容率也较低。

作为代表性的方法，此处对沥青固化技术作简要介绍。

沥青固化是以沥青类材料作为固化剂，与危险废物在一定的温度下均匀混合，产生皂化反应，使有害物质包容在沥青中形成固化体，从而得到稳定。由于沥青属于憎水物质，完整的沥青固化体具有优良的防水性能。沥青还具有良好的黏结性和化学稳定性。而且对于大多数酸和碱有较高的耐腐蚀性，所以长期以来被用作低水平放射性废物的主要固化材料之一。它一般被用来处理放射性蒸发残液、废水化学处理产生的污泥、焚烧炉产生的灰分，以及毒性较高的电镀污泥和砷渣等危险废物。

沥青的主要来源是天然的沥青矿和原油炼制。我国目前所使用的大部分沥青是来自于石油蒸馏的残渣。石油沥青是脂肪烃和芳香烃的混合物，其化学成分很复杂，包括沥青质、油分、游离碳、胶质、沥青酸和石蜡等。从固化的要求出发，较理想的沥青组分是含有较高的沥青质和胶质以及较低的石蜡性物质。如果石蜡质过高，则容易在环境应力下产生开裂。可以用于危险废物固化的沥青可以是直馏沥青、氧化沥青、乳化沥青等。我国曾用于放射性废物固化的沥青是来自于石油提炼的 60 号沥青，其基本成分是大约含有胶质和油分各 40%，沥青质 10%～12% 以及 8%～10% 的石蜡。将沥青固化与水泥固化技术相比较，二者所处理的废物对象基本上相同。例如可以处理浓缩废液或污泥、焚烧炉的残渣、废离子交换树脂等。当废物中含有大量水分时，由于沥青固化不具有水泥的水化过程和吸水性，所以有时需要对废物预先脱水或浓缩。另外，沥青固化的废物与固化基材之间的质量比通常在（1∶1）～（2∶1）之间，所以固化产物的增容较小。因为物料需要在高温下操作，所以除安全性较差外，设备的投资费用与运行费用也较水泥固化法高。

　　沥青固化的工艺主要包括三个部分，即固体废物的预处理、废物与沥青的热混合以及二次蒸汽的净化处理，其中关键的部分是热混合环节。对于干燥的废物，可以将加热的沥青与废物直接搅拌混合；而对于含有较多水分的废物，则通常还需要在混合的同时脱去水分。混合的温度应该控制在沥青的熔点和闪点之间，为 150～230℃ 的范围之内，温度过高时容易产生火灾。在不加搅拌的情况下加热，极易引起局部过热发生燃烧事故。热混合通常是在专用的、带有搅拌装置并同时具有蒸发功能的容器中进行。在早期，大部分固化过程使用的是间歇式操作的锅式蒸发器——一种带有搅拌器的反应釜。虽然锅式蒸发器具有结构简单的优点，但由于是间歇操作不但生产能力低下，而且由于物料需要在蒸发器中停留很长时间，很易导致沥青的老化。此外，它的结构形式也给尾气的收集和净化带来困难。

　　在 20 世纪 70 年代以后，逐渐采用连续式操作设备。对于水分含量很小或完全干燥的固体废物，可以采用螺杆挤压机与沥青混合。这种机械是在一个圆筒形结构中安装一条长螺杆。通过螺杆的螺旋状旋转同时达到搅拌物料和推送物料前进的双重作用。由于物料在装置中的停留时间仅为数分钟，所以整个装置中的滞留物料量很少，装置的体积也很小。据报道，以此种设备生产的固化体，其有害物质的浸出率远远低于用间歇式蒸发器生产的固化体。

　　当固体废物中含有大量水分时，大多采用带有搅拌装置的薄膜混合蒸发设备。它是一种立式的、带有搅拌装置的圆柱形结构，其外壁同时起到加热物料的热交换器作用。搅拌器是设在柱中心的一组紧贴着圆柱体外壁旋转的刮板。当刮板运动时，沥青与废物的混合物将会在搅拌下形成液体膜，使水分和挥发分不断蒸发。与此同时，物料不断以螺旋形的路径下落，直到从蒸发器的下部流出，进入专门的容器并冷却下来，随后将被处置。图 4-9-4 为高温混合蒸发沥青固化流程简图。

四、熔融固化技术

（一）原理

　　熔融固化技术，有人称之为玻璃化技术。它与目前应用于高放射性废物玻璃固化工艺之间的主要区别是通常不需要加入稳定剂，但从原理来说，仍可以归入固体废物的包容技术一类之中。

　　该技术是将待处理的危险废物与细小的玻璃质，如玻璃屑、玻璃粉混合，经混合造粒成型后，在 1000～1100℃ 高温熔融下形成玻璃固化体，借助玻璃体的致密结晶结构，确保固化体的永久稳定。

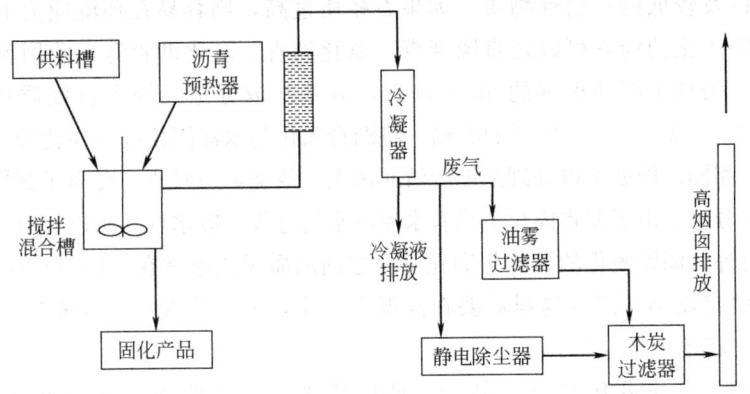

图 4-9-4　高温混合蒸发沥青固化流程示意

熔融固化需要将大量物料加温到熔点以上，无论是采用电力或其他燃料，需要的能源和费用都是相当高的。但是相对于其他处理技术，熔融固化的最大优点是可以得到高质量的建筑材料。因此，在进行废物的熔融固化处理时，除必须达到环境指标以外，应充分注意熔融体的强度、耐腐蚀性、甚至外观等对建筑材料的全面要求。能否达到这些要求，实际上是判断使用该技术可行性的最重要标准。

（二）熔融固化生产铸石材料

人类制造玻璃已经有长达七千年的历史，它已经是一种被充分掌握的、极为古老的技术。此外，在近年来得到迅速发展的铸石技术，则为固体废物的熔融固化提供了更为重要的技术基础。铸石是以某些天然岩石（例如辉绿岩和玄武岩等）或某些工业废渣为原料，经过配料、熔融、成型结晶和退火等工艺过程所制成的一种新型工业材料。具有很高的耐磨损和耐腐蚀性能。除去天然岩石以外，在国内外早已使用各种工业废渣作为生产铸石的原料。例如，每生产 1t 铁大约会产生 0.6t 高炉矿渣。经验表明，酸性高炉矿渣可以作为良好的铸石原料。对于制备单纯要求耐磨，而对耐化学腐蚀无特殊要求的铸石，甚至可直接使用热熔酸性高炉矿渣直接浇注而无需重新配料。又如在冶炼硅锰合金时产生的硅锰渣，冶炼钼铁合金时产生的钼铁渣，目前已经成为污染防治重点的铬渣，以及火力发电厂燃煤所产生的粉煤灰等等，均已经被成功地用于铸石的生产。很明显，在铸石生产方面的绝大部分经验，可以直接移植到工业废物和危险废物的稳定化处理当中，并形成可观的经济收益。

要通过废物的熔融固化形成具有较好工程性能的固化体，作为铸石材料加以应用，应将其最终的成分控制在下面列出的范围。

SiO_2：44%～49%

CaO：8%～12%

$Fe_2O_3 + FeO$：9%～15%

Al_2O_3：9%～20%

MgO：6%～8%

$K_2O + Na_2O$：2%～4%

一般来说，凡是化学成分与上述成分接近的任何天然岩石或工业废渣，都可以经过熔融后得到优良的材料。在表 4-9-8 中列出了某些典型矿渣的组分作为参考。

表 4-9-8　可利用熔融固化生产铸石材料的工业废渣组分　　单位:%

工业废渣	SiO$_2$	Al$_2$O$_3$	Fe$_2$O$_3$	FeO	CaO	MgO	MnO	Cr$_2$O$_3$	K$_2$O+Na$_2$O
高炉渣	34~39	8~15	0.7	—	39~46	2~5	0.1~0.8	—	—
化铁炉渣	36~42	13~16	0.3~0.9	8~14	21~30	0.6~1.6	3~5.5	—	—
硅锰渣	34~46	12~30	0.6~4		10~30	1~5	6~25	—	0~2
钼铁渣	55~63	13~19	—	13~20	3~6	1~25	—	—	—
铬渣	8~30	4.8~9.4	2~8.5		30~45	10~33		0.7~8	—
粉煤灰	40~60	20~30	4~10		2.5~7	0.5~2.5	—	—	0.5~2.5

在进行熔融固化时，各种氧化物在其中的作用如下所述。

（1）SiO$_2$　它是构成硅酸盐的骨架，其含量对于熔融体的黏度、结晶性以及总体质量有很大的影响。当 SiO$_2$ 的含量在 40% 以下时，熔融体的黏度较低，在析晶过程中将首先生成不饱和二氧化硅产物。由于晶格简单、粗大，容易形成不均匀结构并形成很大的内应力。其最终结果使熔融体易于破碎。当炉料中的 SiO$_2$ 含量在 40%~50% 之间时，熔融体的黏度将逐渐增加，熔融体 SiO$_2$ 中的不饱和程度减小，此时形成晶格比较复杂的硅酸盐产物，结晶结构也变得均匀一致。熔融体中的内应力减少，总体工程特性达到较好的状态。当 SiO$_2$ 的含量超过 50% 以后，熔融体的黏度继续增加，所需的浇注温度也很高，使得工艺条件复杂化。

（2）CaO 与 MgO　这两种成分的增加会导致熔融体黏度的降低，提高流动性，并且加快炉料的熔化与结晶速率，而当 CaO 的含量超过 12%，以及 MgO 的含量超过 10% 时，熔融体的结晶速率过快，从而导致较大的内应力，使其容易老化和炸裂，同时降低了耐化学腐蚀的能力。

（3）Al$_2$O$_3$　Al$_2$O$_3$ 可以两种形式，即六配位体的阳离子或四配位体的阴离子形式存在于硅酸盐熔融体中，后者在熔融体中能起到与硅相似的控制结晶的作用。当其含量小于 9% 时，熔融体的黏度很小，结晶速率很快，产品易于老化。当含量大于 20% 时，则容易产生玻璃相，从而导致较大的内应力而引起破裂。为提高熔融体的热稳定性，必须使 Al$_2$O$_3$ 的含量保持在适当的范围之内。

（4）Fe$_2$O$_3$+FeO　Fe$_2$O$_3$ 和 FeO 的含量对于熔融体性质的影响很大。FeO 的含量增加会降低熔融体的黏度和熔化温度，同时加快结晶速率，而 Fe$_2$O$_3$ 含量的提高却会提高熔融体的黏度，其作用与 Al$_2$O$_3$ 相似。当这两种物质的含量同时在一定范围内增加时，会提高熔融体的结晶性能和机械强度。

（5）K$_2$O+Na$_2$O　K$_2$O 与 Na$_2$O 均能大大降低熔融体的黏度，但加入过多会导致残余玻璃相的增加，对熔融体的耐腐蚀性和热稳定性都有不利影响。

当主要原料中的成分与最佳配比之间存在一定的差距时，可以加入另外的附加剂进行调整，例如可以用石灰岩提高氧化钙的含量、添加菱镁矿或滑石提高氧化镁的含量等。将配置好成分的炉料混合以后，即可以进行熔融处理。为保证炉料的正常熔化，温度应控制在比炉料熔点温度高出大约 50℃。炉料的粒度应根据使用的炉型达到一定的要求。一般在使用各种窑炉时，粒度可控制在 40~100mm 之间。但在使用电炉时，为增加炉料与电极之间的接触状况，其粒度应在 5mm 以下。经过熔融以后的流体可以浇注成各种形式的构件，再经过结晶、冷却、退火等过程，即可以作为建筑材料使用。

无论是在现场应用或是在工业生产中，都已经有将熔融固化技术用于稳定危险废物的先例。因为危险废物在高温过程中所转变成的铸石材料或玻璃体在结构上极为稳定，有害物质浸出率极低，所以可以有效地防止污染物向环境中的迁移。不过由于高能耗和高费用，到目前为止，除去已经在铸石生产中作为经典原材料的几种工业废渣以外，该法的应用范围仍然是有限的。

（三）利用熔融固化技术处理被有机物污染的土壤

在国外已经进行过应用玻璃固化技术来稳定被有机物污染的土壤的研究与中等规模试验。其过程是用电力将土壤加热到熔融状态。当电流通过土壤时，温度会逐渐达到土壤的熔点。在熔融状态下，土壤的导电性和热传导性提高，从而使得熔融过程加速进行。可以在地表面设置一层玻璃和石墨的混合物以启动土壤的加热过程。两个电极之间的最大距离为 $5\sim6m$。当电流一旦通过土壤，则熔融区将逐渐向下扩展，其最大深度可达到约 $30m$，熔融体的总量可以达到 $1000t$ 左右。熔融体的颗粒外形酷似于在自然界的玻璃化过程所产生的黑曜岩玻璃。在玻璃化过程中，有机污染物首先被蒸发，然后裂解成为简单组分，所产生的气体逐渐通过黏稠的熔融体移动到表面。在此过程中，一部分溶解在熔融体中，另一部分则散失于大气。为防止大气受到污染，应收集所有释放的气体，并处理达到排放标准。$1600\sim2000℃$ 的高温将保证分解所有的有机污染物。对无机物而言其行为与此相似，它们一部分与熔融体发生反应，另一部分会被分解，例如硝酸根将被分解为 N_2 和 O_2。

土壤的空隙率可能在一个很大的范围内变化，通常处于 $20\%\sim40\%$ 之间。在熔融过程中，原有的固体物质转变为液相，而原有的全部液相和气相物质均挥发出去，所以在逐步冷却以后的总体积有一定的减小，这与大部分稳定化技术所导致的增容结果是相反的。

对某些类型的危险废物以及被污染土壤进行玻璃固化处理，将得到的产品作为玻璃制造厂的原料或作为修筑道路的骨料也是很好的废物处理方式。其方法是将待处理的废物用制造玻璃的熔炉加热到 $1600℃$。初始加料是用废玻璃、烟道灰和石灰石的混合物，以后即可加入污染土壤，在熔融以后至少维持 $4\sim5h$。该技术已经被列入美国超级基金计划的应用技术之中并进行过小规模的试验，但到目前为止尚未作为商业性的应用进行大规模试验。

对于玻璃固化所得到的固化体的浸出性能以及在固化过程中向大气排放大量挥发性物质问题，也是该技术是否能在今后广泛应用的关键。过程中的气体排放物，可以在收集以后利用通常的大气治理技术令其达到排放标准。例如可以用氨处理氮氧化物、用石灰吸收二氧化硫、利用卵石层分馏凝结挥发性物质等。浸出试验结果说明，对于水的浸出作用，玻璃固化体事实上可以看作是一种惰性物质。不过尽管玻璃固化物的浸出速率极低，由于人们的环境意识日渐提高，使得将由废物生产的玻璃推广到一般商品的地位仍然具有相当大的困难。玻璃化的产物可以用做高卫生标准的回填物，或代替砾石作为填埋场的排水层骨料等。石棉废物也可以用熔融固化方法处理。在英国，从 1984 年开始已经运行着一座日处理量为 $500kg$ 废物的试验性工厂。其工艺是将石棉废物与碎玻璃以及其他玻璃添加剂混合，加热到 $1400℃$ 并维持 $10h$。在经过熔融以后，石棉变为无毒的无定型材料，可以用来作为混凝土的骨料。

五、自胶结固化技术

自胶结固化技术是利用废物自身的胶结特性来达到固化目的的方法。该技术主要用来处理含有大量硫酸钙和亚硫酸钙的废物，如磷石膏、烟道气脱硫废渣等。在废物中的二水合石膏的含量最好高于 80%。

废物中所含有的 $CaSO_4$ 与 $CaSO_3$ 均以二水化物的形式存在，其形式为 $CaSO_4\cdot2H_2O$ 与 $CaSO_3\cdot2H_2O$。对它们加热到 $107\sim170℃$，即达到脱水温度。此时将逐渐生成 $CaSO_4\cdot0.5H_2O$ 和 $CaSO_3\cdot0.5H_2O$，这两种物质在遇到水以后，会重新恢复为二水化物，并迅速凝固和硬化。将含有大量硫酸钙和亚硫酸钙的废物在控制的温度下煅烧，然后与特制的添加剂和填料混合成为稀浆，经过凝结硬化过程即可形成自胶结固化体。这种固化体具有抗渗透性高、抗微生物降解和污染物浸出率低的特点。

自胶结固化法的主要优点是工艺简单，不需要加入大量添加剂，该法已经在美国大规模应用。美国泥渣固化技术公司（SFT）利用自胶结固化原理开发了一种名为 Terra-Crete 的技术，用以处理烟道气脱硫的泥渣。其工艺流程是：首先将泥渣送入沉降槽，进行沉淀后再将其送入真空过滤器脱水。得到的滤饼分为两路处理：一路送到混合器，另一路送到煅烧器进行煅烧，经过干燥脱水后转化为胶结剂，并被送到贮槽贮存。最后将煅烧产品、添加剂、粉煤灰一并送到混合器中混合，形成黏土状物质。添加剂与煅烧产品在物料总重中的比例应大于 10%。固化产物可以送到填埋场处置。

这种方法只限于含有大量硫酸钙的废物，应用面较为狭窄。此外还要求熟练的操作和比较复杂的设备，煅烧泥渣也需要消耗一定的热量。

上述几类固化/稳定化技术，各有其特殊的物理、化学特性及适用对象，详见表 4-9-9。从表中可以看出，在经济有效地处理大量危险废物的目标下，以水泥和石灰固化/稳定化技术较为适用，其在处理程序的操作上，无需特殊的设备和专业技术，一般的土木技术人员和施工设备即可进行，其固化/稳定化的效果，不仅结构强度可满足不同处置方式的要求，也可满足固化体浸出试验的要求。然而固化/稳定化技术优劣之评定尚需考虑处理程序、添加剂的种类、废物性质、所在位置的条件等。

表 4-9-9 各种固化/稳定化技术的适用对象和优缺点

技术	适用对象	优点	缺点
水泥固化法	重金属，废酸，氧化物	1. 水泥搅拌，处理技术已相当成熟 2. 对废物中化学性质的变动具有相当的承受力 3. 可由水泥与废物的比例来控制固化体的结构强度与不透水性 4. 无需特殊的设备，处理成本低 5. 废物可直接处理无需前处理	1. 废物中若含有特殊的盐类，会造成固化体破裂 2. 有机物的分解造成裂隙，增加渗透性降低结构强度 3. 大量水泥的使用增加固化体的体积和质量
石灰固化法	重金属，废酸，氧化物	1. 所用物料价格便宜，容易购得 2. 操作不需特殊的设备及技术 3. 在适当的处置环境，可维持波索来反应（Pozzolanic Reaction）的持续进行	1. 固化体的强度较低，且需较长的养护时间 2. 有较大的体积膨胀，增加清运和处置的困难
塑性固化法	部分非极性有机物，废酸，重金属	1. 固化体的渗透性较其他固化法低 2. 对水溶液有良好的阻隔性	1. 需要特殊的设备及专业的操作人员 2. 废污水中若含氧化剂或挥发性物质，加热时可能会着火或逸散 3. 废物须先干燥，破碎后才能进行操作
熔融固化法	不挥发的高危害性废物，核能废料	1. 玻璃体的高稳定性，可确保固化体的长期稳定 2. 可利用废玻璃屑作为固化材料 3. 对核能废料的处理已有相当成功的技术	1. 对可燃或具挥发性的废物并不适用 2. 高温热熔需消耗大量能源 3. 需要特殊的设备及专业人员
自胶结法	含有大量硫酸钙和亚硫酸钙的废物	1. 烧结体的性质稳定，结构强度高 2. 烧结体不具生物反应性及着火性	1. 应用面较为狭窄 2. 需要特殊的设备及专业人员

表 4-9-10 列出了在美国已经用过、正在应用和将要应用固化/稳定化技术处理废物的案例方。此表列出了对每个事例研究的有关资料，包括地址名、处理废物的公司、要处理污染物的浓度和类型、要处理废物的数量、处置方法、处置点以及研究规模（大规模、中试规模、实验室规模）。所列事例中主要是用水泥处理，其次是用火山灰处理。

表 4-9-10　固化/稳定化案例研究

地址/处理废物的公司	主要污染物(浓度)	处理量	物理形态	预处理	固化基材	固化基材填加量	处理方式	处置方式	增容率/%	运行规模
Independent, Nail, SC, Region IV	Zn, Cr, Cd, Ni	5100m³	固态/土壤	否	普通水泥	20%	分批处理	现场处置	较小	全规模
Midwest, U.S. Plating Company, Envirite	Cu, Cr, Ni	12200m³	污泥	否	普通水泥	20%	现场处理	现场处置	略有增加	全规模
Unnamed, ENRECO	Pb($2\times10^{-6}\sim100\times10^{-6}$)	5300m³	土壤	否	普通水泥和添加剂	水泥 15%~23%添加剂 5%	现场处理	填埋	增容>30%~35%	全规模
Marathon Steel, Phoenix, AZ Silicat, Tech.	Pb,Cd	115000m³	干污泥	否	普通水泥和硅酸盐添加剂	7%~15%	混凝土制伴厂	填埋	不增容	全规模
Alaska Refinery HAZCON	油	1800m³	污泥	是	普通水泥和添加剂	50%左右	混凝土制伴厂	现场处置	增容>35%	全规模
Unnamed, Kentucky, ENRECO	油	138000m³	污泥	是	普通水泥和添加剂	25%左右	现场处理	现场设置 2 个安全填埋坑	增容>7%~9%	全规模
N. E. Refinery ENRECO	油,Pb,Cr,As	76000m³	污泥	否	窑灰(含高浓度CaO)	15%~30%	现场处理	现场处置	增容>20%	全规模
Velsicol Chemical Memphis Env. Centre	含有机物高达 45%(杀虫剂和树脂等有机物)	75700m³	污泥	否	普通水泥、窑灰和添加剂	水泥添加15%	现场处理	现场处置	增容 10%左右	全规模
Amoco Wood River Chemfix	油,Cd,Cr,Pb	340000m³	污泥	是	专用添加剂	无数据	连续处理	现场处置	平均增容 15%	全规模
Pepper Steel & Alloy, Miami, FL VFL Technology Corporation	油,Pb(1000×10^{-6}),PCBs(200×10^{-6}),As($1\times10^{-6}\sim200\times10^{-6}$)	47400m³(加上 5000t 的表层土)	土壤	是	火山灰水泥和添加剂	30%左右	连续处理	现场处置	增容 1%左右	全规模
Vickey, Ohio Chemical Waste Management	废酸,PCBs(<500×10^{-6}),二噁英	180000m³	污泥	是	石灰和窑灰	石灰 15%左右,窑灰 5%左右	现场处理	现场坑埋	增容>9%	全规模
Wood Treating, Savannah, GA Geo-Con, Inc.	烯油废物	9100m³	污泥	是	窑灰	20%	现场处理	现场坑埋(坑做防渗)	增容>14%	全规模
Wyandotte, MI Treatment Plant Chem Met	混合废物	75700m³/a	不定	否	石灰	没有数据	连续处理	现场外安全填埋		工厂规模
Chem Refinery, TX HAZCON	混合金属,硫黄,含油污泥等	360m³	污泥	否	普通水泥和添加剂	没有数据	连续处理	现场安全填埋	增容>10%	全规模
Chicago Waste Hauling, American Colloid	重金属:Cr,Pb,Ba,Hg,Ag	208L/批(小试)	不定		添加剂	10%~40%	分批处理	没有资料	不定	小试规模

续表

地址/处理废物的公司	主要污染物（浓度）	处理量	物理形态	预处理	固化基材	固化基材填加量	处理方式	处置方式	增容率/%	运行规模
API sep. sludge, Puerto Rico, HAZCON	API 分离器污泥	76m³	污泥	否	普通水泥和添加剂	水泥50%，添加剂4%左右	混凝土制件厂	现场外安全填埋	增容4%～5%以上	全规模
Metalplating, WI, Geo-Con, Inc.	Al(9500×10^{-6})，Ni(750×10^{-6})，Cr(220×10^{-6})，Cu(2000×10^{-6})	2300m³	污泥	否	石灰	10%～25%	现场处理	现场填埋	增容>4%～10%	全规模
James River Site Virginia	Kepone 污染沉淀		湿土壤，污泥	否	水泥、热塑性包胶、聚合物	不定	不定		没有数据	只进行了小试
Massachusetts, American Reclamation Corporation	油/汽油污染土壤	不定	湿土壤	是	沥青	不定	分批处理	作为道路覆盖材料	没有数据	小试（中试进行中）
Saco Tannery Waste Pits, Maine/VFL Tech. Corporation	Cr($>50000\times10^{-6}$)，Pb($>1000\times10^{-6}$)和有机物	不定	污泥		垃圾焚烧飞灰，生石灰	飞灰30%，生石灰10%	现场处理	现场处置	增容>15%	中试规模
Sand Springs Petrochemical, Complex, OK/Arco	硫酸和有机物		污泥		垃圾焚烧飞灰，生石灰	不定	分批处理	现场处置		
John's Sludge Pit, KS/Terracon Consultants, Inc.	Pb，Cd 和硫酸		污泥		水泥窑灰和焚烧飞灰	不定	分批处理		不定	小试规模
Gold Coast, FL	挥发性有机碳（TOC）和重金属	1200m³	土壤				现场处理	现场处置		中试规模
Gurley Pit, AR	PCBs 和有机物	330700m³	土壤				现场处理	现场处置		中试规模
Liquid Disposal Landfill, MI	PCBs，TOC 和重金属		土壤				现场处理	现场处置		
Northern Engravinl, WI	VOC，有机物和无机物	3400m³	污泥				现场处理	现场处置		
Mid South, AR	PAHs，有机物和无机物	35000m³	土壤				现场处理	现场处置		
Hialea, FL Geo-Con, Inc.	PCBs($0\sim800\times10^{-6}$)	230m³（总共5400m³）	湿土壤	否	HWT-20™（水泥基）	15%	现场处理	现场处置	增容较小	中试规模
Douglassville, PA HAZCON	Zn($30\times10^{-9}\sim50\times10^{-9}$)，Pb($24000\times10^{-6}$)，PCBs($50\times10^{-6}\sim80\times10^{-6}$)，酚($100\mu g/L$)，油和脂	191000m³	土壤/污泥	否	普通水泥和添加剂	没有数据	分批处理	没有数据	没有数据	中试规模
Portable Equipment, Clackamas, OR CHEMFIX	Pb，Cu，PCBs	30m³	土壤	否	水泥，硅酸盐	没有数据	分批处理	没有数据	没有数据	中试规模
Imperial Oil Morganville, NJ Soliditech	PCBs	40m³	土壤	否	水泥，添加剂	没有数据	分批处理	没有数据	没有数据	中试规模

第三节 药剂稳定化处理技术

一、概述

药剂稳定化技术以处理重金属废物为主[23]，到目前为止，已发展了许多重金属稳定化技术，这些重金属稳定化技术概括起来包括：

① 重金属废物的药剂稳定化技术，其中包括 pH 值控制技术、氧化/还原电势控制技术、沉淀技术；

② 吸附技术；

③ 离子交换技术；

④ 其他技术。

二、重金属废物药剂稳定化技术

如前所述，重金属废物的药剂稳定化包括 pH 值控制技术、氧化/还原电势控制技术和沉淀技术。

（一）pH 值控制技术

这是一种最普遍、最简单的方法。其原理为：加入碱性药剂，将废物的 pH 值调整至使重金属离子具有最小溶解度的范围，从而实现其稳定化。常用的 pH 调整剂有石灰 [CaO 或 $Ca(OH)_2$]、苏打（Na_2CO_3）、氢氧化钠（NaOH）等。另外，除了这些常用的强碱外，大部分固化基材，如普通水泥、石灰窑灰渣、硅酸钠等也都是碱性物质，它们在固化废物的同时，也有调整 pH 值的作用。另外，石灰及一些类型的黏土可用作 pH 缓冲材料。

（二）氧化/还原电势控制技术

为了使某些重金属离子更易沉淀，常需将其还原为最有利的价态。最典型的是把六价铬（Cr^{6+}）还原为三价铬（Cr^{3+}）、五价砷（As^{5+}）还原为三价砷（As^{3+}）。常用的还原剂有硫酸亚铁、硫代硫酸钠、亚硫酸氢钠、二氧化硫等。

（三）沉淀技术

常用的沉淀技术包括氧化物沉淀、硫化物沉淀、硅酸盐沉淀、共沉淀、无机络合物沉淀和有机络合物沉淀。

1. 硫化物沉淀

在重金属稳定化技术中，有三类常用的硫化物沉淀剂，即可溶性无机硫沉淀剂、不溶性无机硫沉淀剂和有机硫沉淀剂（见表 4-9-11）。

表 4-9-11 常用的硫化物沉淀剂

硫化物类别	化学式	硫化物类别	化学式
可溶性无机硫沉淀剂		有机硫沉淀剂	
硫化钠	Na_2S	二硫代氨基甲酸盐硫脲	$[-R-NH-CS-S]^-$
硫氢化钠	NaHS		$H_2N-CS-NH_2$
硫化钙(低溶解度)	CaS	硫代酰胺	$R-CS-NH_2$
不溶性无机硫沉淀剂		黄原酸盐	$[RO-CS-S]^-$
硫化亚铁	FeS		
单质硫	S		

（1）**无机硫化物沉淀**　除了氢氧化物沉淀外，无机硫沉淀可能是应用最广泛的一种重金属药剂稳定化方法。与前者相比，其优势在于大多数重金属硫化物在所有 pH 值下的溶解度都大大低于其氢氧化物（见图 4-9-5）。

这里需要强调的是，为了防止 H_2S 的逸出和沉淀物的再溶解，仍需要将 pH 值保持在 8 以上。另外，由于易与硫离子反应的金属种类很多，硫化剂的添加量应根据所需达到的要求由实验确定，而且硫化剂的加入要在固化基材的添加之前。这是因为废物中的钙、铁、镁等会与重金属竞争硫离子。

（2）**有机硫化物沉淀**　从理论上讲，有机硫稳定剂有很多无机硫化剂所不具备的优点。由于有机含硫化合物普遍具有较高的分子量，因而与重金属形成的不可溶性沉淀具有相当好的工艺性能，易于沉淀、脱水和过滤等操作。在实际应用中，它们也显示了独特的优越性，例如，可以将废水或固体废物中的重金属浓度降至很低，而且适应的 pH 范围也较大等。在美国，这种稳定剂主要用于处理含汞废物，在日本，主要用于处理含重金属的粉尘（焚烧灰及飞灰）。

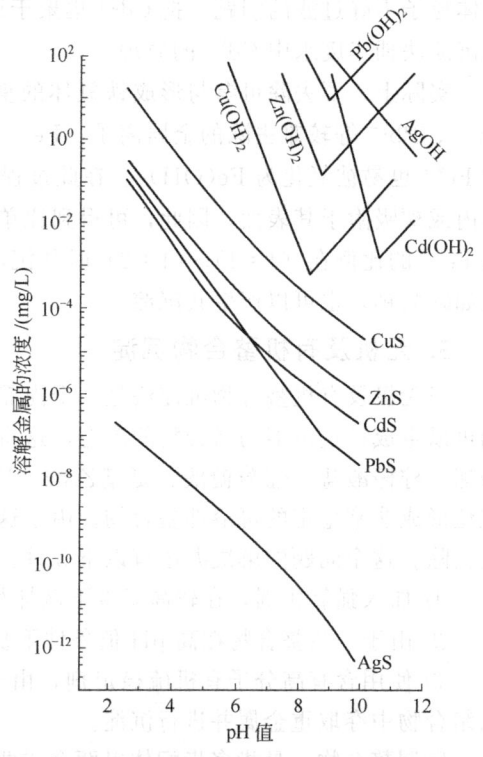

图 4-9-5　金属硫化物在不同 pH 值条件下的溶解度曲线

2. 硅酸盐沉淀

溶液中的重金属离子与硅酸根之间的反应并不是按单一的比例形成晶态的硅酸盐，而是生成一种可看作由水合金属离子与二氧化硅或硅胶按不同比例结合而成的混合物。这种硅酸盐沉淀在较宽的 pH 值范围（2～11）有较低的溶解度。这种方法在实际处理中应用并不广泛。

3. 碳酸盐沉淀

一些重金属，如钡、镉、铅的碳酸盐的溶解度低于其氢氧化物，但碳酸盐沉淀法并没有得到广泛应用。原因在于：当低 pH 值时，二氧化碳会逸出，即使最终的 pH 值很高，最终产物也只能是氢氧化物而不是碳酸盐沉淀。

4. 共沉淀

在非铁二价重金属离子与 Fe^{2+} 共存的溶液中，投加等当量的碱调 pH 值，则由反应

$$x M^{2+} + (3-x)Fe^{2+} + 6OH^- \longrightarrow M_x Fe_{3-x}(OH)_6$$

生成暗绿色的混合氢氧化物，再用空气氧化使之再溶解，经络合

$$M_x Fe_{3-x}(OH)_6 + O_2 \longrightarrow M_x Fe_{3-x} O_4$$

而生成黑色的尖晶石型化合物（铁氧体）$M_x Fe_{3-x} O_4^*$。在铁氧体中，三价铁离子和二价金属离子（也包括二价铁离子）之比是 2:1，故可尝试根据铁氧体的形式投加 Mn^{2+}、Zn^{2+}、Ni^{2+}、Mg^{2+}、Cu^{2+}。

例如，对于含 Cd^{2+} 的废水，可投加硫酸亚铁和氢氧化钠，并以空气氧化之，这时 Cd^{2+}

就和 Fe^{2+}、Fe^{3+} 发生共沉淀而包含于铁氧体中，因而可被永久磁吸住，不用担心氢氧化物胶体粒子不好过滤的问题。把 Cd^{2+} 集聚于铁氧体中，使之有可能被永久磁铁吸住，这就是共沉淀法捕集废水中 Cd^{2+} 的原理。

实际上，要去除可参与形成铁氧体的重金属离子，Fe^{2+} 的浓度不必那么高。但要去除 Sn^{2+}、Pb^{2+} 等较难去除的金属离子，Fe^{2+} 的浓度必须足够高。Fe^{3+} 会生成 $Fe(OH)_3$，同时 Fe^{2+} 也易被氧化为 $Fe(OH)_3$。在此过程中，重金属离子可被捕捉于 $Fe(OH)_3$ 沉淀的点阵内或被吸附于其表面，因此，可得到比单纯的氢氧化物沉淀法更好的效果。据报道 Fe^{2+} 与 Fe^{3+} 的比例在 $(1:1) \sim (1:2)$ 时共沉淀的效果最好。另外，除了氢氧化铁，其他沉淀物如碳酸钙，也可以产生共沉淀。

5. 无机及有机螯合物沉淀

但无极及有机螯合物沉淀法是一个尚需探索发展的领域，若溶液中的重金属与若干络合剂可以生成稳定可溶的络合物的形态，这将给稳定化带来困难。若废水中含有络合剂，如磷酸酯、柠檬酸盐、葡萄糖酸、氨基乙酸、EDTA 及许多天然有机酸，它们将与重金属离子配位形成非常稳定的可溶性螯合物。由于这些螯合物不易发生化学反应，很难通过一般的方法去除。这个问题的解决办法有以下 3 种：

① 加入强氧化剂，在较高温度下破坏螯合物，使金属离子释放出来；

② 由于一些螯合物在高 pH 值条件下易被破坏，还可以用碱性的 Na_2S 去除重金属；

③ 使用含有高分子有机硫稳定剂，由于它们与重金属形成更稳定的螯合物，因而可以从络合物中夺取重金属并进行沉淀。

所谓螯合物，是指多齿配体以两个或两个以上配位原子同时和一个中心原子配位所形成的具有环状结构的络合物。如乙二胺与 Cu^{2+} 反应得到的产物即为螯合物。

螯环的形成使螯合物比相应的非螯合络合物具有更高的稳定性，这种效应被称之为螯合效应。对 Pb^{2+}、Cd^{2+}、Ag^+、Ni^{2+} 和 Cu^{2+} 等 5 种重金属离子都有非常好的捕集效果，去除率均达到 98% 以上。对 Co^{2+} 和 Cr^{3+} 的捕集效果较差，但去除率也在 85% 以上。稳定化处理效果优于无机硫沉淀剂 Na_2S 的处理效果。得到的产物比 Na_2S 所得到的沉淀在更宽的 pH 范围内保持稳定，且从有效溶出量试验的结果来看，具有更高的长期稳定性。

（四）吸附技术

作为处理重金属废物的常用的吸附剂有：活性炭、黏土、金属氧化物（氧化铁、氧化镁、氧化铝等）、天然材料（锯末、沙、泥炭等）、人工材料（飞灰、活性氧化铝、有机聚合物等）。研究发现，一种吸附剂往往只对某一种或某几种污染物具有优良的吸附性能，而对其他污染成分则效果不佳。例如，活性炭对有机物吸附最有效，活性氧化铝对镍离子的吸附能力较强，而其他吸附剂对这种金属离子却基本无效果。

（五）离子交换技术

最常见的离子交换剂是有机离子交换树脂、天然或人工合成的沸石、硅胶等。用有机树脂和其他的人工合成材料去除水中的重金属离子通常是非常昂贵的，而且和吸附一样，这种方法一般只适用于给水和废水处理。另外，还需注意的是，离子交换与吸附都是可逆的过程，如果逆反应发生的条件得到满足，污染物将会重新逸出。

可以大规模应用的重金属稳定化方法是比较有限的，但由于重金属在危险废物中存在形态的千差万别，具体到某一种废物，需根据所要达到的处理效果，对处理方法和实施工艺进行有根据的选择，这方面是很值得研究的。

三、重金属废物药剂稳定化技术的重要应用

对于常规的固化/稳定化技术，存在一些不可忽视的问题。例如废物经固化处理后其体积都有不同程度的增加，有的会成倍地增大，而且随着对固化体稳定性和浸出率的要求逐步提高，在处理废物时会需要更多的凝结剂，这不仅使固化/稳定化技术的费用会接近于其他技术如玻璃化技术，而且会极大地提高处理后固化体的体积，这与废物的小量化和废物的减容处理是相悖的；另一个重要问题是废物的长期稳定性，很多研究都证明了固化/稳定化技术稳定废物成分的主要机理是废物和凝结剂间的化学键合力、凝结剂对废物的物理包容及凝结剂水合产物对废物的吸附作用。近来，有学者认为物理包容是普通水泥/粉煤灰系统固化/稳定化电镀污泥的主要机理。然而确切的包容机理和对固化体在不同化学环境中的长期行为的认识还很不够，特别是包容机理，当包容体破裂后，废物会重新进入环境造成不可预见的影响。对于固化体中微观化学变化也没有找到合适的监测方法。对固化试样的长期化学浸出行为和物理完整性还没有客观的评价。这些都会影响常规固化/稳定化技术在未来废物处理中的进一步应用。

针对这类问题，近年来国际上提出了采用高效的化学稳定化药剂进行无害化处理的概念，并成为危险废物无害化处理领域的研究热点。

用药剂稳定化技术处理危险废物，可以在实现废物无害化的同时，达到废物少增容或不增容，从而提高危险废物处理处置系统的总体效果和经济性。同时，可以通过改进螯合剂的构造和性能使之与废物中危险成分之间的化学螯合作用得到强化，进而提高稳定化产物的长期稳定性，减少最终处置过程中稳定化产物对环境的影响。

这一技术的开发与研究将为危险废物固化/稳定化处理开辟新的技术领域，对整个危险废物处理系统的环境效益和经济效益产生重要的影响。

第四节　固化/稳定化产物性能的评价方法

一、概述

废物在经过固化/稳定化处理以后是否真正达到了标准，需要对其进行有效的测试[5~7]，以检验经过稳定化的废物是否会再次污染环境，或者固化以后的材料能否被用作建筑材料等[25~27]。对稳定化的效果进行全面的评价是一个相当复杂的问题，它需要通过对固化/稳定化处理后的废物进行物理、化学和工程方面的测试。应该注意的是，测定的结果与测定的方法有很大的关系。此外，预测经过稳定化的废物的长期性能，是更加困难的任务。例如，在目前基本上还不可能测定已处理废物经过长期的冻融循环、干湿循环所发生的变化，或者在长期压力负荷或湿热环境下所产生的诱导效应等，因为这些条件在实验室条件下是无法模拟的。

为了评价废物稳定化的效果，各国的环保部门都制定了一系列的测试方法。显然，人们不可能找到一个理想的、适用于一切废物的测试技术，每种测试得到的结果都只能说明某种技术对于特定废物的某些污染特性的稳定效果。

测试技术的选择以及对测试结果采用何种解释取决于对废物进行稳定化处理的具体目的。例如，废物处置场的环境恢复是稳定化技术应用的一个重要方面。为对场地进行去污或将有害物质固定下来，究竟选择哪种药剂，使用多少数量药剂，都与场地的计划用途有关，可能需要对此作出风险评价。例如，对废物影响地下水的潜在危险的计算结果，可能与处理

后废物砷的浸出速率有密切关系，此时就应该对可浸出的砷含量进行测定。

为了达到无害化的目的，要求固化/稳定化的产物必须具备一定的性能，这些性能包括：

① 抗浸出性；

② 抗干-湿性、抗冻融性；

③ 耐腐蚀性、不燃性；

④ 抗渗透性（固化产物）；

⑤ 足够的机械强度（固化产物）。

对于上述各项要求，需要有相应的手段检验。虽然我国对于固化/稳定化技术早已开展了科学研究工作，并且已在工程中实施，但目前尚未制订针对稳定化废物质量进行全面控制和测试的标准。本节中归纳了国外目前使用的几种测试方法。

二、浸出机理、浸出率及有关浸出试验的名词释义

在现场条件下，稳定固化废物中有害组分的浸出决定于废物形式的内在性质以及该地的水文条件和地球化学性质。虽然在实验室中可以利用物理和化学试验方法确定废物形式的内在性质，但是实验室环境下的控制条件与变化的现场是不等价的。实验室数据在最好情况下也只能模拟现场形式处于理想静态（条件位于某时的一个点）或情况最复杂的现场条件下的情况。现在，浸出试验可以用来比较各种固化/稳定化技术过程的效果，但是还不能证明它们可以确定废物的长期浸出行为。

（一）浸出机理

现场中多孔介质的浸出可以以溶解迁移方程为模型，这个模型与下列因素有关：

① 废物和浸出介质的化学组成；

② 废物以及周围材料的物理和工程性质（例如粒径，孔隙率，水力传导率）；

③ 废物中的水力梯度。

第一个因素包括浸出流体与废物之间的化学反应及其动力学，正是这些化学反应将不迁移的污染物转化为可迁移的污染物。后两个因素用来确定流体以及可迁移污染物在废物中的运动。

废物的物理和工程性质以及水力梯度确定了浸出溶液与固化体的接触形式。水力梯度与有效孔隙率以及导水率一起决定了浸出溶液通过稳定固化体的迁移速率和迁移量。例如，如果固化体与周围物质相比渗透性较差（即水力传导率较低），那么浸出溶液就会从固化体周围流过。当完整无损的稳定固化体放置在水力传导率比其高出 100 倍（即 $10^{-6} \sim 10^{-4}$ cm/s）的介质中时就会发生这种情况。在这样的情况下，浸泡溶液和稳定固化体的接触就大部分发生在固化体的几何表面上。然而，由于物理和化学老化的作用，固化体的导水率会随着时间延长增加，通过固化体的液流量也会增加。因此，在长期运行情况下，浸出溶液与固化体的接触就会发生在稳定固化体的颗粒表面。

废物和浸出溶液的化学组成决定了使固化体中污染物迁移或不迁移的化学反应的类型和动力学特性。使固化体中吸附或沉淀的污染物发生迁移的反应包括溶解和解吸。在非平衡条件下，这些反应与沉降和吸附等反应并行。一般当稳定固化体与浸出溶液接触时就会形成不平衡条件，造成污染物向浸取溶液的净迁移或浸出。

下面的化学动力学因素影响到废物中污染物的分子扩散：

① 颗粒表面的孔隙溶液废物的积累；

② 颗粒表面孔隙溶液中反应组分的浓度（例如 H^+，络合剂）；

③ 浸出孔隙溶液或固化体中废物或反应组分的总体化学扩散；

④ 浸泡溶液和固化体的极性；

⑤ 氧化/还原条件以及并行反应动力学特性。

因为实验室浸出试验经常利用标准水溶液（中性溶液，缓冲溶液，或者稀酸溶液）而不是现场溶液，因此，实验室结果不能直接代表现场浸出情况。如前所述，利用标准溶液进行的实验室浸出试验在相似的试验条件下并且采用相似的浸取溶液时可以比较废物组分的相对浸出率。

在多孔介质中污染物的迁移（或浸出）动力学特性取决于废物和浸出溶液的物理和化学性质，并由对流机理以及弥散、扩散机理所控制。对流是指由水力梯度引起的水力流动以及因之而造成的高溶解性污染物的迁移。弥散是指机械混合造成孔隙溶液中污染物质的迁移以及分子扩散（层流中相邻流层的物质迁移）。由于大部分稳定固化废物的渗透率都很低，所以其吸收的或化学固定的组分的迁移速率一般被认为是由固化体中颗粒表面的分子扩散控制，而不是对流或弥散。

颗粒与孔隙溶液的交界面处化学势的形成是水溶液或固化体中污染物组分迁移的推动力（Cote 等，1987），这种迁移是由扩散控制的。这种不平衡条件主要由浸取溶液的化学组成和速率决定。

一般来说，对于稳定化方法进行选择的首要依据是最大限度地减小污染物从废物迁移到环境中的速率。当降水渗过稳定固化体时，污染物将首先进入水中，并溶解其中的某些组分，形成渗滤液，随后即将这些组分带入地下水并进入环境。对于固化体提出抗渗透性要求的目的，是减少进入固化体的水分。而更重要的是减小有害组分从固化体进入浸出液的速率，该性能是通过浸出实验来确定的。很明显，要达到这个目的，需要通过两种途径：减小固化体被水浸泡后污染物在水相中的浓度，以及减小污染物在地质介质中的迁移速度。

目前应用的判断污染物通过地质介质向地下水，进而向环境中迁移的速率的方法可大致分为静态和动态两种方法。它们都是根据可溶性污染物在固-液两相之间的分配规律而定出的。静态方法直接测定在固液平衡状态下液相中的污染物浓度，而动态方法则是使用试验柱来测定污染物的迁移速率。

事实上，污染物在静态下在两相的分配与可溶性污染物在地质介质中的迁移速度是相互关联的。可溶性污染物在地质介质中的迁移可以用一个多维方程来描述。对于污染物在大面积土壤中由于水分的垂直渗透而导致的迁移，可以简化为一维动力弥散方程：

$$D_x \frac{\partial^2 C}{\partial x^2} - v_x \frac{\partial C}{\partial x} - \lambda R_d C = R_d \frac{\partial C}{\partial t} \tag{4-9-3}$$

式中　D_x——水流方向的弥散系数；

　　　R_d——滞留因子，其物理意义为水在某多孔介质中迁移速率与给定污染物迁移速率之比；

　　　C——溶液中污染物的浓度；

　　　t——时间；

　　　V_x——水流速度；

　　　λ——衰变常数。

式（4-9-3）中的 R_d 值是用试验方法，根据水和污染物在试验柱上的穿透时间比来确定的。对于重金属等非降解类型的污染物，衰变常数可取为零。

静态试验是将固体废物与水在一定条件下平衡足够时间以后，分别测定在固相和液相中污染物的含量。在单位质量固体与单位体积液相中污染物含量的比值称为分配系数，它是衡量固体废物中污染物向水中迁移速率的重要参数，可按下式计算：

$$K_d = \frac{(C_o - C)/m}{C/V}$$

(4-9-4)

式中 K_d——分配系数；

C_o——溶液中污染物初始浓度，mg/L；

C——溶液中污染物平衡浓度，mg/L；

V——溶液体积，mL；

m——固相物质的质量，g。

在分配系数与滞留因子之间存在着如下的数值关系：

$$R_d = 1 + \frac{\rho}{n_e} k_d$$

(4-9-5)

式中 ρ——柱中固相的装填密度，g/cm³；

n_e——介质的有效空隙率。

国内外的研究工作者对于多种污染物在不同的地质介质与水之间的分配情况进行了大量的工作，积累了相当完整的分配系数与滞留因子的数据。对于这些数据进行必要的调查，就可以无需进行试验而直接计算出废物毒性物质浸出浓度。但应该注意的是，由于用动态方法难以在两相间达到真正的平衡，测出的数据往往偏低。此外，由于当污染物浓度太高（例如在数百 ppm 以上）时，污染物在两相间的分配不符合线性规律，所以计算结果与试验数据会存在一定的偏差。

浸出试验大都采用静态实验的方法，通过强化实验条件，使废物中的有害物质在短时间内溶入溶剂中，然后根据浸出液中有害物质的浓度，判断其浸出特性。这些方法都需要将试样破碎到一定尺寸，并且以溶液的最终浓度表示，与时间无关。但实际的浸出过程是一个动态的过程，其浸出速率与时间有关，往往开始时速度快，随着时间的推移其浸出速率逐渐减小。此外，在实际的处置场中，固化体不可能破碎得很小。

（二）浸出率的国际标准定义

为了评价固化体的浸出性能，提出了"浸出率"的概念。但是，关于固体废物浸出率的定义、计算公式和浸泡实验方法，曾有多种不同的表示方法，并无统一标准，以下介绍国际原子能机构和国际标准化组织关于浸出率的定义。

1. 国际原子能机构（IAEA）关于浸出率的定义

国际原子能机构（IAEA，1969）把标准比表面积的样品每日浸出放射性（即污染物质量）定义为浸出率，即

$$R_n = \frac{a_n/A_0}{(F/V)t_n}$$

(4-9-6)

式中 R_n——浸出率，cm/d；

a_n——第 n 个浸提剂更换期内浸出的污染物质量，g；

A_0——样品中原有的污染物质量，g；

F——样品暴露出来的表面积，cm²；

V——样品的体积，cm³；

t_n——第 n 个浸提剂更换期的时间历时，d。

IAEA 定义的浸出率实际上是"递增浸出率"，它能反映出浸出率的实际变化趋势：即固化体中污染物质的浸出率通常不是恒定的，它取决于固化体与水接触的持续时间。固化体

开始与水接触时浸出率最大，然后逐渐降低，最后几乎趋于恒定。浸出率降低量及其达到恒定值所需的时间，不同的固化体是不一样的。由于浸出率通常随时间变化，因而表示为浸出数据与时间的关系，常以增值浸出率对时间绘图。

IAEA 推荐的浸泡实验结果的另一种表示法是用样品累计的浸出分数对总的浸泡时间作图。即

$$\frac{\sum a_n}{A_0} \Big/ \frac{F}{V} \text{ 对 } \sqrt{\sum t_n} \text{ 或 } \frac{\sum a_n}{A_0} \text{ 对 } \sqrt{\sum t_n} \tag{4-9-7}$$

如果成直线关系，则说明污染物质的浸出规律可用费克（Fick）扩散定律来近似。对半无限情况，扩散系数 D 可表示为

$$D = \frac{\pi}{4} \left(\frac{V}{F}\right)^2 m^2 \tag{4-9-8}$$

式中 m——$\sum a_n / A_0$ 对 $\sqrt{\sum t_n}$ 作图所得直线的斜率。

这样可求出扩散系数 D。在研究固化体的浸泡性能时，扩散系数 D 的主要用途是：它是一个重现性很好的常数，与样品的浸泡面积或有效体积无关，仅与温度有关，因此可将其应用于外推计算各种几何形状的危险废物固化体长期浸泡时的性能情况。假定污染物质固化体中的浸出为扩散控制机理，便可推导出污染物质长期累计释放的数学模型。

2. 国际标准化组织（ISO）关于浸出率的定义及表示

国际标准化组织（ISO）关于浸出率的定义及表示方法与国际原子能机构（IAEA）的定义较为类似，要求固化体中各组分 i 的浸出实验结果应以增量浸出率与累计浸出时间 t 的关系来表示，即为：

$$R_n^i = \frac{a_n^i / A_0^i}{F t_n} \tag{4-9-9}$$

式中 R_n^i——第 i 组分的增量浸出率，$kg \cdot m^2/s$；

a_n^i——第 n 次浸出周期浸出的 i 组分的质量，kg；

A_0^i——原始样品中 i 组分的质量浓度分数，kg/kg；

F——样品被浸泡的表面积，m^2；

t_n——第 n 个浸出周期延续时间，s；

n——浸出周期序号。

由于浸出率是随时间（浸出周期）变化的，所以对它的表示不能用一个定值，只能采用列表或图解的方法，根据浸出曲线评价固化体的浸出特性。

图 4-9-6 表示了浸取溶液的速率对发生在颗粒表面的污染物浸出速率的影响。浸取溶液速率（v）为单位时间（T）内单位表面积（S_A）上与废物接触的浸出溶液的体积（V）：

$$v = V/(S_A \times T) \tag{4-9-10}$$

浸出速率 L 为单位表面（S_A）单位时间内浸出废物的质量（M）：

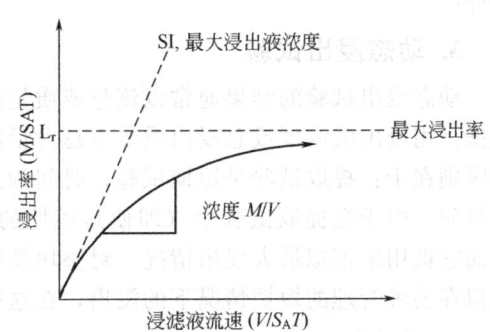

图 4-9-6 浸出液流速与浸出速率的关系曲线

$$L = M/(S_A \times T) \tag{4-9-11}$$

图 4-9-6 中浸出曲线的斜率为浸出液中废物的浸出浓度，即 M/V。如图 4-9-6 所示，在

浸取溶液高流速时（通过固化体的流动较快），浸出速率接近最大值（L_r）。而且，如果该种废物的浸出是由扩散控制的，浸出液的浓度就非常低（接近0），在浸取溶液高流速时在颗粒表面产生高浸出速率和低浸出液浓度，这是因为颗粒表面保持了不平衡条件。在实验室研究中，当不断用新溶液补充浸出溶液时，就会得到高浸出速率。

在浸取溶液低流速时（即静水条件下），浸出的废物量接近饱和极限（SI），或最大浸出液浓度。当浸取溶液得不到补充时，浸取溶液便与废物达到平衡，因而形成浸取溶液的低流速和最大浸出液浓度。

浸出液浓度和浸泡溶液流速之间的这些关系对于理解并解释浸出试验结果很重要，因为随浸出溶液流速、接触表面积、浸取溶液体积以及浸出时间的不同浸出试验情况也大不相同。浸取溶液的化学成分变化范围也很广，既可能是中性溶液，也可能是强酸性溶液或强螯合溶液。

（三）关于浸出/提取试验的几个名词

大量的浸出试验已经被应用于对固体废物的测试，其中包括那些专门用来对稳定固化废物进行测试的试验。由于这些实验是由几个不同的组织和专家发展起来的，因此还没有建立应用于浸出试验的专门名词。所以将对在这个手册中用到的几个术语加以说明。

1. 提取（或间歇提取）试验

提取（或间歇提取）试验是指在这个浸出试验中，一般要在浸取溶液中对粉状的废物进行搅拌。浸取溶液是酸性的或是中性的，而且在整个提取试验过程中可以变化。提取试验包括一次提取和多次提取。对每一种情况，都假定在提取结束时浸出达到了平衡，因此，浸出试验一般被用来确定在给定的试验条件下的最大或饱和浸出液浓度。

2. 浸泡试验

浸泡试验是另一种类型的浸出试验，试验过程中没有搅拌。这些试验是评价整块（而非压碎的）废物的浸出性质。浸出可以在静态或动态条件下进行，这取决于浸取溶液更新的速率。在静态浸出试验中，不更换浸取溶液，因此，浸出是在静水条件下进行的（低浸取液流速，浸出液浓度达到最大）。在动态浸出试验中，浸取溶液定期以新溶液更换，因此这个试验模拟了在不平衡条件下对整块废物进行的浸出。在这个试验中，浸出速率很高，而浸出液没有达到最大饱和极限。因此说来，静态和动态指的是浸取溶液的流速，而不是其化学组分。

3. 动态浸出试验

动态浸出试验的结果通常以流量或质量迁移参数（即浸出速率）来表达，而提取试验的数据是用浸出液浓度或总浸出质量占总含量的份额来表达。这两种浸出试验之间的另一个重要区别在于：提取试验是短期试验，时间为几个小时到几天；而浸泡一般需要几周或者几年的时间。由于在提取试验中（即使是短期的），废物被压碎，可以得到较大的浸出表面积，因而它被用来模拟最大浸出情况。对整块废物进行的浸泡试验（即使是长期的）经常被用来模拟在妥善管理的短期情况下的浸出，在这种情况下废物块是完整无损的。

4. 浸出柱试验

浸出柱试验是另一种实验室浸出试验。在这个试验中，将粉末状的废物装入柱中，并使之与特定流速的浸取溶液连续接触。一般用泵使浸泡溶液穿过柱中废物向上流动。由于浸泡溶液通过废物的连续流动，因此柱试验比间歇提取试验更能体现现场浸出条件。然而一般不采用这种试验方法，这是由于试验结果的可重复性方面的问题。这些问题包括沟流效应、废物的不均匀放置、生物生长以及柱的堵塞（Cote 和 Constable，1982）。

在上述的四种浸出实验中，间歇提取试验和浸出柱试验是较为常用的试验方法。目前在各个不同的实验室所用的方法有许多改变之处，因此，从这些实验所发表的结果通常不可能相互关联。表 4-9-12 列出了间歇提取试验和浸出柱试验各自优缺点的比较，仅供参考。

表 4-9-12　间歇提取试验和浸出柱试验的优缺点

试验方法	优　　点	缺　　点
间歇提取试验	(1)可避免浸出柱试验中的边界效应 (2)试验所需要的时间一般要比浸出柱试验少	(1)不能模拟填埋场的主要环境 (2)不能测定真正的浸出液浓度，而是测定其平衡浓度 (3)需要一个标准的过滤程序
浸出柱试验	(1)此法可模拟废物浸出液成分(浸出柱作为除外)及填埋场中所存在的浸出液缓慢的迁移过程 (2)可以很好地预测成分浸出与时间的关系	(1)有沟流及填充不均匀的现象 (2)易堵塞 (3)有生物生长，有边界效应，时间需要较长 (4)重复性较难

三、典型的浸出试验方法及其应用

（一）浸出试验方法概述

几种常用的提取和浸出试验是：
① 毒性浸出流程（TCLP）
② 提取过程毒性试验（EP Tox）
③ 加利福尼亚废物提取试验（Cal WET）
④ 多次提取流程（MEP）
⑤ 单独填埋废物萃取流程（MWEP）
⑥ 平衡浸出试验（ELT）
⑦ 酸中和容量（ANC）
⑧ 连续提取试验（SET）
⑨ 连续化学提取（SCE）

在土地处置规划中，美国 EPA 采用 TCLP 作为最佳实用示范技术（BDAT）处理标准的基础。EPA 和加利福尼亚州分别采用 EP Tox 和 Cal WET 过程给危险废物定性。其余的六个试验可以提供关于不同条件下最大浸出液浓度和废物形式的化学成分及废物组成的有用信息。

另外本节还讨论了下列浸出试验：
① 材料特性中心静态浸出试验（MCC-1P）
② 美国核协会浸出试验（ANS-16.1）
③ 动态浸出试验（DLT）

MCC-1P 以及 ANS-16.1 试验是针对稳定高放射性和低放射性废物的。动态浸出试验是对 ANS-16.1 的修正，ANS-16.1 浸出试验是为固化/稳定化危险废物而发展起来的。这些试验提供数据来测定用水对整块废物进行浸泡时的浸出速率（DLT 和 ANS-16.1）以及最大浸出液浓度（MCC-1P 静态浸出试验）。

表 4-9-13 列出了九种提取试验在试验条件方面的主要区别。在提取试验中的主要测试变量有：浸出介质、液固比、粉状废物样品的颗粒尺寸以及提取的次数和时间。提取试验中的浸泡溶液包括各种不同强度和浓度的酸以及蒸馏水/去离子水。液固比可以很低，例如

3:1（对每克废物所加的酸较少），也可以很高，达到 50:1。颗粒大小从小于 9.5mm（大颗粒，接触面积较小）到小于 0.15mm（小颗粒，接触面积较大）不等。提取周期为 2～48h，提取次数为 1～15，因而，必须考虑到这些试验条件的不同，才能够对浸出试验的结果进行评价。

（二）毒性浸出流程（TCLP）

毒性浸出程序（TCLP）将废物粉碎，并用 9.5mm 的筛子筛分来制备废物样品，并且用硼硅玻璃纤维过滤器在 $50bf/in^2$ 的压力下进行过滤将液体从固相中分离出去。在 TCLP 中有两种酸性缓冲浸泡溶液可供选择，这取决于废物的碱性以及缓冲容量。这两种都是醋酸盐缓冲溶液。1 号溶液的 pH 值大约为 5，2 号溶液的 pH 值大约为 3。在充满式提取器中加入浸泡溶液，使得液固比达到 20:1，并且采用美国国家标准局（NBS）回转搅拌器以 30r/min 的速度将废物样品搅拌 18h。将浸出溶液进行过滤并与从固体中分离出去的那一部分溶液一起进行分析（见图 4-9-7）。

表 4-9-13　不同浸出试验方法比较

试验方法	浸取介质	液固比(L:S)	最大颗粒尺寸	浸取次数	浸取时间
TCLP	乙酸	20:1	9.5mm	1	18h
EP Tox	0.04mol/L 乙酸(pH=5.0)	16:1	9.5mm	1	24h
Cal WET	0.2mol/L 柠檬酸钠(pH=5.0)	10:1	2.0mm	1	48h
MEP	同 EP Tox，然后用人工混合酸（硫酸:硝酸=6:4 质量比混合）	20:1	9.5mm	9(或更多次)	每次浸取 24h
MWEP	蒸馏水/去离子水	10:1(每次浸取)	9.5mm 或整料	4	每次浸取 18h
ELT	蒸馏水	4:1	150μm	1	7d
ANC	高浓度的硝酸	3:1	150μm	1	每次浸取 48h
SET	0.04mol/L 乙酸	50:1	9.5mm	15	每次浸取 4h
SCE	酸化后的 5 种浸出液	16:1～40:1	150μm	5	2～24h

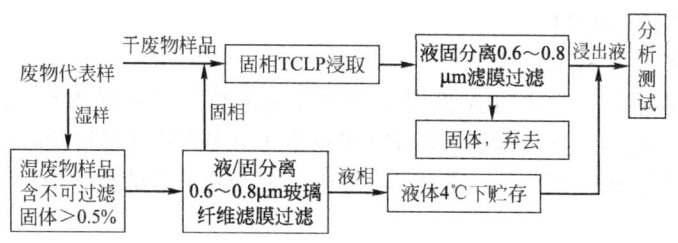

图 4-9-7　毒性浸出程序（TCLP）流程

EPA 提出这个试验一是为了取代 EP Tox 作为危险废物或无害废物的判断标准，二是应用于一些废物作为危险废物处理的标准依据。利用 ZHE 仪器，TCLP 可以用来测定挥发性或半挥发性有机化合物的浸出，还可以用来评估现场所能达到的最不利情况下的浸出液最大浓度；然而，一些研究（Bishop，1986；Barich 等，1987；US EPA，1988c）表明对于水泥基废物固化体 TCLP 浸出试验不一定达到最大浓度。这时就需要利用 MWEP 或 MEP 等多次浸出试验来测定不同 pH 值条件下浸出液的最大浓度。

（三）提取过程毒性试验（EP Tox）

EP Tox 在实验设计方面与 TCLP 相似，它一般产生可比较的结果。如果使用酸性较强的 2 号 TCLP 提取溶液（pH=2.88±0.5）就会出现显然不同的结果。表 4-9-14 列出了这两种实验方法的不同之处。EP Tox 和 TCLP 之间最主要的区别在于在提取过程中 EP Tox 浸泡溶液（pH 值为 5 的乙酸）。EP Tox 也被用来将废物分为危险废物和无害废物。然而，设计这个试验的目的在于确定浸出溶液中半挥发性有机物和重金属的浓度，不包括对挥发性有机化合物的分析。一般来讲，EP Tox 和 TCLP 得到的金属在浸出液中的浓度相近。然而，Newcomer 研究表明，TCLP 提取液的金属浓度较高。TCLP 浸出液浓度的统计数值比 EP Tox 高出 1～3 倍。虽然同 TCLP 一样，EP Tox 也被用来测定最大浸出液浓度，但是它需要与其他提取试验共同应用。

（四）加利福尼亚废物提取试验（Cal WET）

如表 4-9-14 所列，Cal WET 的下列参数与 TCLP 和 EP Tox 不同：

① 不同的浸泡溶液（pH 值为 5 的柠檬酸钠缓冲溶液；或者，对六价铬而采用的蒸馏水）；

② 较小的液固比（10∶1）；

表 4-9-14 **EP Tox 和 TCLP 实验方法的不同之处**

实验参数	TCLP	EP Tox	实验参数	TCLP	EP Tox
滤膜尺寸/μm	0.6～0.8	0.45	浸取时间/h	18	24
滤膜压力/psi	50	75	液固比	20∶1	16∶1
浸滤液	醋酸盐缓冲溶液(pH=3 或 5)	醋酸(pH=5)			

③ 较小的颗粒尺寸（小于 2.0mm）；

④ 较长的提取周期（48h）。

加利福尼亚州采用 Cal WET 对危险废物进行分类。由于柠檬酸钠溶液对不同的金属的螯合能力不同，所以对于一些金属 Cal WET 与 TCLP 相比是一种更精确的浸出试验。

（五）多次提取流程（MEP）

虽然 MEP 不是一种常规的浸出试验，但是在一些情况下它被应用于对编外废物进行的试验。这个试验涉及到用模拟酸雨溶液对粉状样品进行多次（连续）提取。第一次提取采用醋酸溶液按照 EP Tox 方法进行，接下来的提取都采用合成酸溶液（将质量百分比分别为 60% 和 40% 的浓硫酸硝酸混合液稀释到 pH 值为 3）来进行。一般进行九次提取；不过，如果最后 3 次提取没能使浸出液浓度降低，可以进行更多次的提取。

MEP 所得到的结果可以用来确定酸性条件下的浸出液最大浓度。这个试验可以用来与 EP Tox 或 MWEP（利用水进行的多次提取）一起来比较缓和条件与酸性条件下有害组分的浸出性。

（六）单独填埋废物萃取流程（MWEP）

该试验方法以前被称为固体废物浸出试验（SWLT），它是用蒸馏水或者去离子水对单块或粉碎的废物样品进行多次萃取。样品先被粉碎为尺寸在 9.5mm 以下，但若已通过结构整体性测试也可保持原状，然而最终整体样品仍将由于萃取实验的混合作用而被破碎。液固比为 1，样品用水萃取四次，每次为 18h。

该实验可用于测定单独填埋设施的渗滤液组分，其数据可用于评价较缓和条件下浸出时废物与防渗层间的相容性。它也可以与 TCLP 配合使用来测定危险组分释放的延迟程度。此外，将所得数据与 ELT 的数据比较，则可判断出在缓和浸出条件下可能达到的最大浸出浓度。

（七）平衡浸出实验（ELT）

该法系使用蒸馏水对危险组分进行静态浸出，样品要求粉碎到 $150\mu m$，远小于 TCLP 与 EPTOX 的要求，从而得以减少达到平衡所需要的时间。水为一次加入，液固比为 4:1，搅拌时间为 7h。与 MWEP 相似，ELT 实验也可用于测定缓和浸出条件下浸出的渗滤液最大浓度。虽然其粒度大小及液固比均较 ELT 为小，但若两法确实均已达到平衡状态时，其浸出浓度是仍然具备可比性的。样品的不均匀性及分析限值可能引起偏差。

（八）酸中和容量（ANC）

酸中和容量（ANC）是对预先干燥过的、经过粉碎的、在不同酸度下浸出的样品进行萃取。由于样品量很小，萃取在试管中经旋转完成。使用离心机代替过滤进行液固分离。样品粒度小于 $150\mu m$（~100 目），液固比为 3:1。在萃取时，十个样品在酸度递增的十个试管中进行。酸度以干基废物的克数对硝酸当量数计算。

ANC 试验用于废物稳定化、固化形式的缓冲容量测定。Stegonann，Cote 和 Hannak（1988）认为，在一个很广的范围内，含有金属与有机物的废物被稳定后，要将其 pH 值调整到 9（此时很多金属呈现可溶性）。每克废物需要的酸量约在 $2\sim10mg$ 之间。在水泥固化体中，其 ANC 值大约为 15meq/g（Cote 和 Briflr，1987）。废物的缓冲容量越大，则维持碱性条件和使金属的浸出量减少到最小的可能性最大。因此，固化体的缓冲容量在评价废物处置场中自稳定废物中浸出金属的数量及速率是很重要的。

（九）连续提取试验（SET）

连续提取试验（SET）（BISHOP，1986）也用于评价废物的缓冲容量。此法与 ANC，SET 不同，它是对粒度为 $2.5\sim9.5mm$ 的破碎样品进行十五次连续提取，每次均使用同样的提取溶液（0.04mol/L 乙酸溶液），在振动台上进行 24h 的提取，其固液比为 50:1。在每次提取前向前级废物中加入 2meq/g 废物的酸。测量 pH 值后，滤出浸出液。在第十五次浸出后，将残留固体在较浓的酸中再进行三次以上的提取。将最后三次提取液合并进行分析。

Bishop（1986）和 Shively 等（1986）应用 SET 方法评价废物的缓冲容量以及水泥固化体的碱度特性。他们同时分析了浸出液的 pH 值、碱度、溶解固体和金属以确定固化体中的金属种类。Shively 等（1986）及 Bishop（1988）观察到在前三次提取时，提取液的 pH 值约为 10，且只含有砷的阴离子，随后的三次提取，其 pH 值迅速下降到 6，而以后 9 次的提取提取液 pH 值更下降到 4 [图 4-9-8（a）]。开始时的缓冲物是 $Ca(OH)_2$（Bishop，1986），对最后三次浸出液的分析指出，大约 $75\%\sim80\%$ 的铬、铅及二氧化硅在十五次浸出中均未被浸出，但同时仅有 8% 的钙残流在固相。可以预测，铬及铅是维系于硅酸盐晶格中 [图 4-9-8（b）]。研究指出，水泥固化体的缓冲容量约为 18meq/g。

（十）连续化学提取（SCE）

该法是专为测定稳定化废物中的有机与无机组分而设计的。其方法与 SET 相似，采用连续提取法，但使用较强的酸，且样品粒度较小（$<45\mu m$）。样品的搅拌用 BURRELL 曲柄振动器。

SCE 试验结果可用于确定金属与有机物在稳定化废物中的固着形式。浸出物的 A，B，C 部分代表可以被浸出的部分，而被浓酸所浸出的部分则属于不可浸出的部分（D，E）。Bridle 等（1987）及 Stegmann 等（1988）的研究指出 B，C 部分先被浸出，代表自然浸出部分。他们还认为，该法不适于测定砷、汞的固着形式，因为从 A~C 部分的灵敏度不够。SCE 的测定结果只可以测定在现场的缓和条件下废物被浸出的可能性大小。

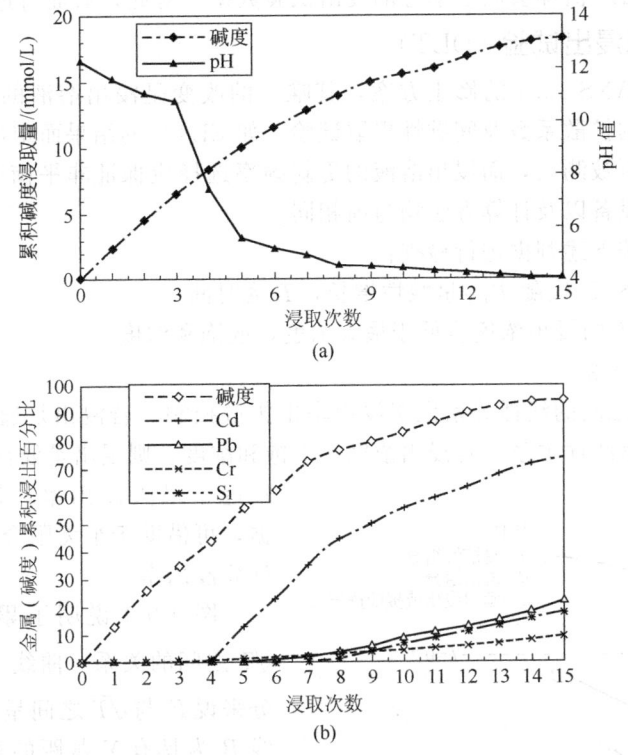

图 4-9-8 串级提取实验结果

（十一）材料特性中心静态浸出试验（MCC-1P）

该法是为了研究高放射性样品而制定的。它被用于浸取整体固体废物块（ASTM TYPE 1 或者 2），浸出液体积对固体表面积的比值（V/S）在 10～20 之间。随选择的程序不同，温度及周期是可变的。

对有机物与聚合物的稳定化和固化过程，其浸出性能用 MCC-1P 或者 ANS-16.1 来评价。这是指当废物不能研磨时，MCC-1P 试验结果可以与其他提取试验（如 TCLP，MWEP）的数据结合起来，以确定短期（正常管理的、废物形式保持原状的废物场）或者长期运行（废物结构已经受多年环境压力而碎裂）的浸出液的浓度范围。

（十二）美国核协会浸出试验（ANS-16.1）

该试验为 "Quasi-Dynamic" 浸出试验。ANS-16.1（1986）被应用于稳定化或固化低水平放射性与危险性废物。取柱状整体样品（长度与直径的比值为 0.2～5.0），以去矿化水在 V/S 比值 10cm 下于室温下进行浸出。在试验开始时，冲洗样品使样品表面达到零污染态。然后，将样品浸入水中。水在第 2h、7h、24h、48h、72h 和第 4h、5h、14h、28h、43h 与第 90d 时进行更换。

浸出试验的结果逐次记录下来，直到浸出完成。计算其占有总含量的份额 F。根据数据可以计算出有效扩散系数 D_e（cm^2/s），浸出率指数（$L_x = -\log D_e$）。L_x 的值约为 5～15，相对应的 D_e 值为 $D_e = 5\sim10$（快扩散），与 $D_e = 10\sim15$（慢扩散）。

对 ANS-16.1 结果的解释假设浸出是由扩散过程控制，因而在每个浸取周期并未达到平衡条件。由于危险组分的浸出率变化范围很大，而且事实上不一定由扩散过程控制，实际上在 ANS-16.1 溶液更新的情况下，可能由于静态浸出条件而降低浸出速率。因而由 ANS-

16.1 的数据得到的 L_x 值即会高于动态的浸出试验数据。对此，后面将进行讨论。

（十三）动态浸出试验（DLT）

该试验方法是 ANS-16.1 的修正方案，其唯一的改变是浸出溶液的更新频率和 v/s 比值。它是利用已知的扩散系数及间歇性提取试验（如 ELT）的结果而定出的。所选定的 v/s 值必须保证污染物可被测出，而浸出溶液的更新频率选择应保证非平衡条件占据优势地位。此外，提出流程、设备以及计算方法均与前相同。

浸出数据必须按下述判据进行检查：

① 浸出累计份额 F 应随 $T_{1/2}$ 呈线性增长，T 为时间；

② 一次浸出周期的浸出浓度应低于最大浓度，或饱和浓度；

③ F 值应小于 0.2。

在 F 值与 $T_{1/2}$ 之间的线性关系说明浸出率由扩散控制。若浸出是通过溶解或是对流机制进行的，则不会呈线性关系。若浸出浓度小于饱和浓度，则浸出是处在非平衡条件下，并接近于最大浸出率。若满足最后一条判据，可借助于半无限介质中浸出的方程来计算浸出率。

图 4-9-9 说明了累计浸出份额 F 与 $\sqrt{T}$ 之间的关系。曲线 A 表示对易溶性组分来说 F 与 $\sqrt{T}$ 之间呈现非线性关系。曲线 B 为具有 Y 截距的直线（即 $F>0$，$T=0$），它指出在开始的淋溶过程中被浸出。曲线 C 为有 X 截距的直线（$F=0$，$T>0$），它或者表示延迟性浸出，或是污染物自废物表面上提前挥发的现象。

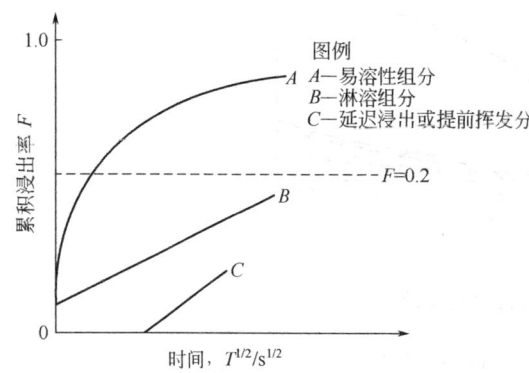

图 4-9-9　累积浸出率与浸滤时间的平方根之间的关系示意

用动态试验方法对含有重金属的水泥在不同的初始浓度，不同的更新频率下试验的结果说明，计算出的 D_e 值在一个数量级内变动（即 L_x 值在一个单位内变动）。对各种废物及各种溶液稳定剂进行的研究指出，有机物 L_x 值在 5～10 之间（高浸出率），金属则具有较高的 L_x 值（低浸出率）。对于金属，其试验结果的波动是由分析灵敏度造成的，尤其对于难溶金属更是如此。

四、影响试验结果的因素和解释

浸取试验和提取试验结果发生波动的原因主要是由于样品的非均质性[28,29]。养护时间可能也影响试验结果。BISHOP（1988）推荐最短养护时间为 28d。TCLP，EP Tox 及 MCC-1P 所报告的相对偏差（%RSD）范围在 10%～100% 之间，很多研究结果对 TCLP 与 EP Tox 实验结果精度所作比较的结果说明：虽然 TCLP 称不上是试验，但比之 EP Tox 法在实验室中及实验室外均得到了更精确的结果。由于浸出结果的变动性，对稳定化、固化试验，应对多个样品进行测定。

其他一些试验参数也可能影响某一批提取试验的结果。对 TCLP 2 号浸出溶液的酸度从 190～210meq 的变化对金属浸出的结果影响很大；其他变量中，如液固比（19:1 与 21:1），提取时间（16h，18h）及过滤器种类等则影响较小。

Cote 与 Constable（1982）认为，转筒搅拌比振动搅拌或曲轴搅拌的精密度要高。在对不同的提取试验结果进行比较后，Cote 与 Constable（1982）指出，五个试验变量（浸出介质、液固比、提出次数、颗粒度与图 4-9-9 中的提取周期）中，前三项对金属的结果影响较大。通常累计浸出份额随着浸出溶液酸度的提高，液固比的增加（中型溶液），或浸出次数的增加而提高。在理论上，颗粒度与提取周期在提取达到平衡时对浸出液浓度没有影响。然而，BISHOP 的研究（1986）指出，在多次提取金属时，粒度较小的试样确实可以得到较大的浸出率。

液固比的影响对于不同的提取剂其效果不同，而且与污染组分的溶解度也有关系。对于中性和微酸性浸出液，且废物体可溶的情况下，液固比的增加会提高累计浸出份额，但浸出液浓度不变，也即浸出总量与浸出体积比为常数。在相同介质中，液固比的增加会导致非可溶性废物浸出浓度的减小。在用较高酸度的浸出溶液时，浸出液浓度则受到 pH 值和浸出溶液化学性质的控制。因此，浸出液浓度是很难预测的。通常，液固比的选择必须保证样品足够进行分析，并小到达到分析方法的下限。

对废物稳定固化体进行的几个浸出试验的结果进行评价时必须考虑这些参数的影响，同时在试验前后都要检测浸出溶液的 pH 值和化学组成。例如，对稳定固化金属废物进行的浸出试验至少要进行 pH 值、碱度、总溶解性固体或浸出溶液电导率的测定。BISHOP（1988）进行的浸出试验包括了对钙、铁、铝及其他水泥成分的分析。这些分析数据将有助于解释浸出试验的数据。

还有一些技术用来确定稳定固化体中的废物成分，尤其是有机化合物的种类。这些技术有偏光显微镜减振 X 光衍射（EDX），扫描电子显微镜（SEM），以及电子微探针分析。另外 Dr. J. Saudrarajan（PRC，1988）提出了评价有机化合物与稳定剂间结合情况的方案。这些方案包括以下 4 项技术：

① 傅里叶变换红外分光光谱分析（FTIR）；
② 热重分析（TGA）；
③ 微分扫描比色分析（DSC）；
④ DSC 与色-质联机分析（GC/MS）的结合使用。

五、我国对于固化/稳定化废物的测试程序

2007 年，为同时贯彻《中华人民共和国环境保护法》和《中华人民共和国固体废物污染环境防治法》，防治危险废物造成的环境污染，重新修订并颁布《危险废物鉴别标准通则》等 7 项标准。（GB 5085.1～5085.7—2007）。其中，《危险废物鉴别标准　浸出毒性鉴别》（GB 5085.3—2007）在 1996 年标准 14 个鉴别项目基础上，增加了 37 个鉴别项目，新增项目主要是有机类毒性物质。表 4-9-15 列出了该标准中规定的危险废物浸出毒性鉴别标准值。

表 4-9-15　浸出毒性鉴别标准值

序号	项目	浸出液最高允许浓度/(mg/L)	序号	项目	浸出液最高允许浓度/(mg/L)
1	有机汞	不得检出	8	锌及其化合物(以总锌计)	50
2	汞及其化合物(以总汞计)	0.05	9	铍及其化合物(以总铍计)	0.1
3	铅(以总铅计)	3	10	钡及其化合物(以总钡计)	100
4	镉(以总镉计)	0.3	11	镍及其化合物(以总镍计)	10
5	总铬	10	12	砷及其化合物(以总砷计)	1.5
6	六价铬	1.5	13	无机氟化物(不包括氟化钙)	50
7	铜及其化合物(以总铜计)	50	14	氰化物(以 CN⁻ 计)	1.0

在已经颁布的国家标准《固体废物浸出毒性测定方法》（GB/T 15555—1995）中，规定了对于各种主要污染物的统一分析方法。如表 4-9-16 所列。所列入的项目仍旧仅限于各种重金属离子的测定。因此在今后，还有大量的工作需要完成。

表 4-9-16　固体废物浸出毒性测定方法

序号	项目	方法	来源
1	有机汞	气相色谱法①	GB/T 14204
2	汞及其化合物(以总汞计)	冷原子吸收分光光度法	GB/T 15555.1
3	铅(以总铅计)	原子吸收分光光度法	GB/T 15555.2
4	镉(以总镉计)	原子吸收分光光度法	GB/T 15555.2
5	总铬	(1)二碳苯酰二肼分光光度法 (2)直接吸入火焰原子吸收分光光度法 (3)硫酸亚铁铵滴定法	GB/T 15555.5 GB/T 15555.6 GB/T 15555.8
6	六价铬	(1)二碳苯酰二肼分光光度 (2)硫酸亚铁铵滴定法	GB/T 15555.4 GB/T 15555.7
7	铜及其化合物(以总铜计)	原子吸收分光光度法	GB/T 15555.2
8	锌及其化合物(以总锌计)	原子吸收分光光度法	GB/T 15555.2
9	铍及其化合物(以总铍计)	铍试剂Ⅱ光度法②	
10	钡及其化合物(以总钡计)	电位滴定法①	GB/T 14671
11	镍及其化合物(以总镍计)	(1)直接吸入火焰原子吸收分光光度法 (2)丁二酮分光光度法	GB/T 15555.9 GB/T 15555.10
12	砷及其化合物(以总砷计)	二乙基二硫代氨基甲酸银分光光度法	GB/T 15555.3
13	无机氟化物(不包括氟化钙)	离子选择性电极法	GB/T 15555.11
14	氰化物(以 CN⁻ 计)	硝酸银滴定法①	GB/T 7486

① 暂时参考水质测定的国家标准，待有关固体废物的国家标准方法发布后执行相应国家标准。

② 暂时参考《矿石及有色金属分析手册》，第 146 页，北京矿冶研究总院分析室编，冶金工业出版社，1990。待有关固体废物的国家标准方法发布后，执行相应国家标准。

对废物进行稳定化的主要目的是使之达到填埋场的入场要求。除去废物的毒性浸出标准之外，尚有一系列其他标准需要达到。例如，在各种废物之间的相容性、废物与防渗衬层之间的相容性、废物的物理性质等等。对于这些方面，将在废物的最终处置部分加以更详细的介绍。填埋处置关于固化体的机械强度主要是测定其抗压强度，作为填埋处置一般无需对固化固化体提出高强度要求，但在填埋时为防止产生局部沉降，要求稳定化后的废物被压实到最大密度的 90%～95%。为此必须要严格调整废物中的含水量。如果是作为建筑材料加以综合利用时，则通常要求其抗压强度必须大于 $100kg/cm^2$。目前均参照原有对建筑材料的标准方法进行测试。

参 考 文 献

[1] 国家环境保护总局科技标准司. 危险废物污染防治技术指南. 2004.
[2] 孙英杰, 赵由才等. 危险废物处理技术. 北京：化学工业出版社, 2006.
[3] 李金惠等. 危险废物处理技术. 北京：中国环境科学出版社, 2006.
[4] 国家环境保护总局污染控制司, 国家环境保护总局危险废物管理培训与技术转让中心. 危险废物管理政策与处理处置技术. 北京：中国环境科学出版社, 2006.
[5] 危险废物鉴别技术规范. HJ/T 298—2007.
[6] 危险废物贮存污染防治标准. GB 18597—2001.

[7]　王琪. 危险废物及其鉴别管理. 北京：中国环境科学出版社，2008.

[8]　[美] 拉格瑞加，[美] 巴荆翰，[美] 埃文斯著. 危险废物管理. 李金惠　主译. 北京：清华大学出版社，2010.

[9]　中国环境科学研究院固体废物污染控制技术研究所. 危险废物鉴别技术手册. 北京：中国环境科学出版社，2011.

[10]　赵由才. 危险废物处理技术. 北京：化学工业出版社，2003.

[11]　危险废物（含医疗废物）焚烧处置设施性能测试技术规范. HJ 561—2010.

[12]　KIANG Y H，METRY A A 著. 有害废物的处理技术. 承伯兴，等译. 北京：中国环境科学出版社，1993.

[13]　Michael D LaGrega, Philip L Buckingham, Jeffrey C Evans. Hazardous Waste Management. McGraw-Hill series in water resources and environmental engineering. Singapore：1994；785-791.

[14]　国家环境保护局科技标准司编. 电镀污泥及铬渣资源化实用技术指南. 北京：中国环境科学出版社，1997.

[15]　王之静，李木子，程克友. 化工铬渣用于烧结炼铁，实现废物资源化，固体废物处理技术. 中国环境科学学会编，1997.

[16]　兰嗣国，殷惠民，狄一安，任剑章. 浅谈铬渣解毒技术. 环境科学研究，1998，11（3）：53-56.

[17]　孙秀之，韩承胤. 制青砖处理含铬废物的方法研究——固体废物处理技术. 中国环境科学学会编. 1997：142-145.

[18]　中国环境科学学会编. 固体废物处理技术. 北京：中国环境学学会，1997：176-179.

[19]　任希廉，蒋宪玲. 铬污染的防护与铬渣的综合利用. 甘肃环境研究与监测，1996，9（1）：52-54.

[20]　孙春宝，孙加林. 含铬废渣的综合利用途径研究. 环境工程，1997，15（1）：42-43.

[21]　兰嗣国，张剑霞和还博文. 熔融还原解毒后铬渣的稳定性研究，1997，15（1）：44-51.

[22]　王永增，等. 利用铬渣烧制彩釉玻化砖实验研究. 1995，16（5）：41-44.

[23]　石青主编. 国家环境保护局有毒化学品管理办公室/化工部北京化工研究院环境保护研究所编. 化学品毒性、法规、环境数据手册. 北京：中国环境科学出版社，1992.

[24]　国家环境保护局编（叶汝求主编）. 中国环境保护21世纪议程. 北京：中国环境科学出版社，1995.

[25]　国家环境保护局污染控制司. 国家危险废物名录. 1998.

[26]　危险废物鉴别标准 浸出毒性鉴别. GB 5085.3—2007.

[27]　国家环境保护局. 中国环境年鉴. 中国环境科学出版社，1992—1996.

[28]　联合国环境规划署. 控制危险废物越境转移及其处置巴塞尔公约（最后文件）. 1989 年 3 月 20 日～22 日.

[29]　罗杰·巴斯顿，等编. 有害废物的安全处置. 马鸿昌，等译. 北京：中国环境科学出版社，1993.

第五篇

固体废物的资源化技术

第一章

概述

固体废物具有两重性,它虽占用大量土地,污染环境,但本身又含有多种有用物质,是一种资源。20世纪70年代以前,世界各国对固体废物的认识还只是停留在处理和防治污染上。70年代以后,由于能源和资源的短缺,以及对环境问题认识的逐渐加深,人们已由消极的处理转向再资源化。

第一节 废物资源化在固体废物管理 与循环经济中的作用和地位

固体废物资源化是固体废物管理的重要原则之一,也是推动循环经济的重要技术手段之一。

一、废物资源化是固体废物管理的重要原则

我国在固体废物管理中采用这一原则,在《中华人民共和国固体废物污染环境防治法》中明确提出,国家对固体废物污染环境的防治,实行减量化、无害化和资源化三原则。这也是当代普遍接受的固体废物管理的最小量化原则。

(1)减量化 通过预防减少或避免源头的垃圾产生量。

(2)资源化 对于源头不能削减的固体废物,以及经过使用报废的垃圾、旧货等加以回收、再使用、再循环,使它们回到物质循环中去。

(3)无害化 对于不能避免产生和回收利用的垃圾,必须经过无害化处理,尽可能减少其毒性,然后在填埋场进行环境无害化处置。

固体废物的产生、贮存、运输、处置全过程不仅需要高难度的技术、巨额的资金,而且焚烧、填埋等处理处置场地的选择也十分困难,处理处置容量有限。然而通过优惠政策等鼓励措施激励固体废物在产生和处理环节充分进行资源化利用,鼓励回收利用企业的发展和规模化,既减少原料和能源的消耗,又减少进入焚烧、填埋处置的废物数量,所以固体废物的资源化处理处置具有重要意义。

二、废物资源化是推动循环经济的重要技术手段

(一)循环经济的概念[1,2]

所谓循环经济就是按照自然生态物质循环方式运行的经济模式,它要求用生态学规律来指导人类社会的经济活动。循环经济以资源节约和循环利用为特征,也可称为资源循环型经济。

循环经济把清洁生产和废弃物的综合利用融为一体，本质上是一种生态经济。与传统经济相比，在物流和经济运行模式上有所不同。传统经济为单向流动的线形经济，社会物流模式为：资源—生产—流通—消费—丢弃，运行模式是：资源—产品—污染物，其特征为"两高一低"，即高消耗，低利用，高污染，经济增长以大量消耗自然界的资源和能源以及大规模破坏人类生存环境为代价，是不能持续发展的模式，已近乎穷途末路。而循环经济所倡导的是建立在物质不断被循环利用基础上的循环流动的环形经济，其物流模式可以认为是：资源—生产—流通—消费—再生资源，当然此处的"生产"，"流通"和"消费"也与传统经济的涵义不尽相同，运行模式为：资源—产品—再生资源。

（二）循环经济的操作原则[3]

在现实操作中，循环经济需遵循 3R 原则所谓"3R 原则"，是指减量化原则（Reduce），再利用原则（Reuse）和再循环原则（Recycle）。

（1）减量化原则　要求用较少的原料和能源投入来达到既定的生产目的和消费目的，在经济活动的源头就注意节约资源和减少污染。在生产中，减量化原则常常表现为要求产品体积小型化和产品质量轻型化。此外，也要求产品的包装简化以及产品功能的增大化，以达到减少废弃物排放量的目的。

（2）再使用原则　要求产品和包装器具能够以初始的形式被多次和反复使用，而不是一次性消费，使用完毕就丢弃。同时要求系列产品和相关产品零部件及包装物兼容配套，产品更新换代零部件及包装物不淘汰，可为新一代产品和相关产品再次使用。

（3）再循环原则　要求产品在完成其使用功能后尽可能重新变成可以重复利用的资源而不是无用的垃圾。即从原料制成成品，经过市场，直到最后消费变成废物，又被引入新的"生产—消费—生产"的循环系统。

3R 原则构成了循环经济的基本思路，但它们的重要性并不是并列的，只有减量化原则才具有循环经济第一法则的意义。

（三）循环经济的模式[4]

循环经济的模式可分为三个层次，这些层次由小到大依次递进，前者是后者的基础，后者是前者的平台。

（1）在企业层面上，与传统企业资源消耗高、环境污染严重，通过外延增长获得企业效益的模式不同，循环型企业在工业生产中，实行清洁生产，改革生产工艺和流程。对生产过程，要求节约原材料和能源，淘汰有毒原材料，削减所有废物的数量和毒性；对产品，要求减少从原材料提炼到产品最终处置的全生命周期的不利影响；对服务，要求将环境因素纳入计划和所提供的服务中。因此，循环型企业是通过在企业内部交换物流和能流，建立生态产业链，以实现企业内部资源利用最大化、环境污染最小化的集约经营和内涵性增长获得效益。

（2）在产业园区层面上，生态工业园是一种新型工业组织形态，通过模拟自然生态系统来设计工业园区的物流和能流。园区内采用废物交换、清洁生产等手段将一个企业生产的副产品或废物作为另一个企业的投入或原材料，从而实现物质闭路循环和能量多级利用，形成相互依存、类似自然生态系统食物链的工业生态系统，达到物质能量利用最大化和废物排放最小化的目的。而且由于园区内企业之间的关系是互动与协调的，又可使得企业获得丰厚的经济效益、环境效益和社会效益。生态工业园作为循环经济的一个重要发展形态，正在成为许多国家工业园区改造的方向。

（3）在城市和区域层面上，社会整体循环指的是：从企事业单位，农村，社区到家庭以及全社会的每一个领域，从原材料到产品、到商品，到消费，到回收再利用的每一个环节，在全社会各行各业，各个社区，千家万户形成行业和行业之间，领域和领域之间，实现能量和物流的多层次交换网络，在生产流通、消费领域中都体现出循环的理念。循环型城市和循环型区域通常以污染预防为出发点，以物质循环流动为特征，以社会、经济、环境可持续发展为最终目标，最大限度地高效利用资源和能源，减少污染物排放。循环型城市和循环型区域有四大要素：产业体系、城市基础设施、人文生态和社会消费。首先，循环型城市和循环型区域必须构建以工业共生和物质循环为特征的循环经济产业体系；其次，循环型城市和循环型区域必须建设包括水循环利用保护体系、清洁能源体系、清洁公共交通运营体系等在内的基础设施；第三，循环型城市和循环型区域必须致力于规划绿色化，景观绿色化和建筑绿色化的人文生态建设；第四，循环城市和循环型区域必须努力倡导和实施绿色销售，绿色消费。

（四）固体废物资源化与循环经济中

固体废物循环利用是循环经济的一种具体体现形式，本质上也是一种生态经济，是按照生态规律利用自然资源和环境容量，实现固体废物的生态化转向，可以有效地减少固体废物的产生量、排放量，使其成为一种原料资源从而创造新的经济价值。对于固体废物，可通过回收可再生资源、各行业自行处理及垃圾综合利用来实现部分固体废物向有用资源的转化。将循环经济应用于固体废物污染治理和资源化有重要的意义。

1. 有助于提高我国工业整体素质，增强我国的经济实力

虽然我国固体废物的综合利用率不断提高，但与发达国家相比仍然差距明显，而且综合利用水平比较低。其原因是我国长期实行粗放式的经营方式，使得企业扩大再生产以高投入、高消耗为主，固体废物的产生量巨大，却不注意资源的优化利用和节约。据统计，我国单位产值能耗为世界平均水平的 2.3 倍，是美国的 3 倍，日本的 6 倍；钢材消耗是美国的 5.8 倍，日本的 2.7 倍。主要耗能产品的单位能耗比国外先进水平高 40%；我国工业产品能源原材料的消耗占企业生产成本的 75% 左右。在我国《固体废物污染环境防治法》中明确提出，国家对固体废物污染环境的防治，实行减量化、无害化和资源化三原则，而循环经济的"3R"原则，正好符合这一要求，循环经济的思想注重对污染物的全程控制，要求在企业内部实行清洁生产，改革生产工艺与流程，从源头就开始控制污染产生。更值得一提的是，循环经济的再利用和再循环原则要求企业尽可能对材料和水资源等进行循环使用，对废弃物进行再生利用。通过"生态链"将各企业和产业联系起来，实现废弃物资源化，以达到资源的最优化利用，同时，循环经济也要求更加严格的污染排放标准，以促使企业改进工艺，并对可能产生污染的副产品进行综合处理。发展循环经济强调推行清洁生产和生态工业及注重循环，将有助于提高我国工业的科技集约化水平，增加产品的科技含量，降低能源和资源消耗，提高产品质量，增强我国的经济实力，提高我国产品在国际市场的竞争力。

2. 从根本上减轻环境污染的有效途径

发展循环经济要求对污染物进行全程控制，在整个国民经济的高度和整个社会的范围内提升和延伸了环境保护的理念与内涵。在企业层次上，通过清洁生产对污染物的产生收集、运输和处理的各个过程进行严格限制，减少产品和服务的物料、能源使用，降低有毒物质的排放量，同时最大限度地循环利用资源，提高产品的耐用性，这将使我国的工业固体废物的产生量大幅度降低。

在企业群落层次上，按照工业生态学的原理，建立企业间、行业间的资源循环链，将废弃物最大程度的资源化与能源化。这既可以减少工业固体废物的排放量，也是处理我国所贮

存的 60 多亿吨的工业固体废物的有效途径。

目前我国解决环境问题的重要方式是末端治理。这种治理方式由于投资大、费用高，建设周期长，经济效益低，企业缺乏积极性，难以从根本上缓解环境压力。大量事实表明，固体废物污染的大量产生，与资源利用水平密切相关，同粗放型经济增长方式存在内在联系。据测算，固体废物综合利用率若提高 1 个百分点，每年就可减少约 1000 万吨废弃物的排放；粉煤灰综合利用率若能提高 20 个百分点，就可以减少排放近 4000 万吨；再生资源产业每年为工业发展提供 1 亿多吨的优质原料。2008 年，按再生资源回收总量 1.161 亿吨计算，与使用自然资源或矿产资源相比，可节能 1.46 亿吨标准煤，占全国能耗量的 5.2%，可减少化学需氧量（COD）排放量 160.8 万吨，占全国 COD 排放量的 12.1%，可减少 SO_2 排放 313.5 万吨，占全国 SO_2 排放量的 12.5%，这将使环境质量得到极大改善。大力发展循环经济，推行清洁生产，可将经济社会活动对自然资源的需求和生态环境的影响降低到最小程度，从根本上解决经济发展与环境保护之间的矛盾。

3. 是缓解资源约束矛盾的根本出路

我国资源禀赋较差，总量虽然较大，但人均占有量少。按人均资源占有量排序，被列为世界 192 个国家和地区中的倒数第 31 位。有多种主要矿产资源人均占有量不到世界平均水平的一半，铁矿石、铜和铝土矿等重要矿产资源人均储量也相对较低，重要资源对外依存度不断上升。与此同时，一些主要矿产资源的开采难度越来越大，开采成本增加，供给形势相当严峻。发展循环经济是缓解资源约束矛盾的根本出路。

第二节　固体废物资源化的途径及基本原则[5]

一、主要途径

固体废物资源化途径很多，但归纳起来主要有以下几个方面。

（一）直接使用或再使用

固体废物的直接使用或再使用，是指未经过再生处理，在工业处理过程中直接使用废物作为原料加工产品，或直接作为产品替代物使用。在工业生产中可作为替代原料直接使用的废物，是那些满足生产工艺要求，且直接使用或再使用时对人体健康和环境造成的危害风险较低。例如，煤矸石代焦生产磷肥，不仅能降低磷肥的生产成本，且因煤矸石的特有成分，还可提高磷肥的质量；金属铬和铬盐生产过程中产生的不溶于水的铬渣和部分浸出铬渣，可以返回焙烧料中直接使用；电石渣或合金冶炼中的硅钙渣，含有大量的氧化钙成分，可以代替石灰，能直接用于工业和民用建筑中或作为硅酸盐建筑制品的原料；赤泥和粉煤灰经加工后可以作为塑料制品的填充剂；有的废渣可以代替砂、石、活性炭、磺化煤作为过滤介质，净化污水；高炉矿渣可代替砂、石作滤料，处理废水，还可作吸收剂，从水面回收石油制品；粉煤灰在改善已污染的湖面水水质方面效果显著，能使无机磷、悬浮物和有机磷的浓度下降，大大改善水的色度；粉煤灰用作过滤介质，过滤造纸废水，不仅效果好，还可从纸浆废液中回收木质素。

利用工业固体废物生产建筑材料，是一条广阔的途径。用工业固体废物生产建筑材料，一般不会产生二次污染问题，因而是消除污染，使大量工业固体废物资源化的主要方法之一。

（1）生产碎石　一些冶金矿渣，如高炉渣、铁合金渣、钢渣等冷却后能自然结晶，不粉化，其强度和硬度类似天然岩石，是生产碎石的好材料，可用作混凝土骨料、道路材料、铁路道砟等。利用工业废渣生产碎石可以减少开采天然砂石量，有利于保护自然景观，有利于水土保持和农林业生产。因此从合理利用资源、保护环境的角度来看，应大力提倡用矿渣生产碎石。

（2）生产水泥　有些工业废渣的化学成分与水泥相似，具有水硬性。如粉煤灰、经水淬的高炉渣和钢渣、赤泥等，可作为硅酸盐水泥的混合材料。高炉渣和部分水泥熟料共同磨制成的水泥，称为矿渣硅酸盐水泥；以粉煤灰或煤矸石与水泥熟料共同磨制的水泥，称为火山灰质硅酸盐水泥。一些氧化钙含量较高的工业废渣，如钢渣、高炉渣等还可以用来生产无熟料水泥。此外，煤矸石、粉煤灰等还可以代替黏土作为生产水泥的原料。

（3）生产硅酸盐建筑制品　利用某些工业废渣可生产硅酸盐制品。如在粉煤灰中掺入适量炉渣、矿渣等骨料，再加石灰、石膏和水拌合，可制成蒸汽养护砖瓦、砌块、大型墙体材料等。也可以用尾矿、电石渣、赤泥、锌渣等制成砖瓦。煤矸石的成分与黏土相似，并含有一定的可燃成分，用以烧制砖瓦，不仅可以代替黏土，而且可以节约能源。

（4）生产铸石和微晶玻璃　铸石有耐磨、耐酸和碱腐蚀的特性，是钢材和某些有色金属的良好代用材料。某些冶金炉渣的化学成分能够满足铸石的生产工艺要求，可以不用重新加热，直接浇铸铸石制品，这样可以比用天然岩石生产铸石节省能源。矿渣微晶玻璃是国内外近年来发展起来的新型材料，其主要原料是高炉矿渣或铁合金渣。矿渣微晶玻璃具有耐磨、耐酸和碱腐蚀的特性，而且其密度比铝还小，在工业和建筑中具有广泛的用途。

（5）生产矿渣棉和轻质骨料　生产矿渣棉和轻质骨料也是各种工业废渣的利用途径之一。如用高炉矿渣或煤矸石生产矿棉，用粉煤灰或煤矸石生产陶粒，用高炉渣生产膨珠或膨胀矿渣等。这些轻质骨料和矿渣棉在工业和民用建筑中具有越来越广泛的用途。

（二）土地利用

土地利用是指将固体废物直接在陆地上使用，或处理加工成一种可以在陆地上应用的产品。例如，将固体废物用作肥料或沥青原料。

利用固体废物生产或代替农肥有着广阔的前景。许多工业废渣含有较高的硅、钙以及各种微量元素，有些废渣还含有磷，因此可以作为农业肥料使用。城市垃圾、粪便、农业有机废物等可经过堆肥化处理制成有机肥料。工业废渣在农业上的利用主要有两种方式，即直接施用于农田或制成化学肥料。如粉煤灰、高炉渣、钢渣和铁合金渣等可作为硅钙肥直接施用于农田，不但可提供农作物所需的营养元素，而且有改良土壤的作用；而钢渣中含磷较高时可作为生产钙镁磷肥的原料。但必须引起注意的是，在使用工业废渣作为农肥时，必须严格检验这些废渣是不是有毒的。如果是有毒的废渣，一般不能用于农业生产上。

（三）回收再利用

回收再利用是通过物理化学等方式处理，从固体废物中回收有用的物质或生产再生材料，例如从破损的温度计回收汞，或清洗、提纯废溶剂。从危险废物中回收的物质可用作生产原料，也可用作商业性化学品的替代品。影响生产工业部门回收使用其废物的因素有：①产生废物的生产工艺类型；②废物的体积、组成和均匀性；③是否有使用这种废物的方法；④回收利用和贮存这种废物是否比原材料的价格便宜。

从固体废物中提取有价值的各种金属是固体废物再资源化的重要途径。在废弃电器中蕴藏大量的可再生资源，如各种有色金属黑色金属等。据统计，1t 随意收集的计算机板卡中大约有 130kg 铜、0.45kg 金、41kg 铁、29kg 铅、20kg 锡、18kg 镍、10kg 锑、9kg 银和钯、铂等其他贵金属。有色金属固体废物中往往含有其他金属。在重金属冶炼固体废物中，往往可提取金、银、钴、锑、硒、碲、铊、钯、铂等，有的含量甚至可达到或超过工业矿床的品位，有些矿渣回收的稀有贵重金属的价值甚至超过主金属的价值。如不首先提取这些稀有贵重金属和其他有价值金属，便进行一般利用就会浪费资源，不能达到最好的利用效果。所以一定要先回收稀有贵重金属以后，才能进行一般的利用。一些化工渣中也含有多种金属，如硫铁矿渣，除含有大量的铁外，还含有许多稀有贵重金属。粉煤灰和煤矸石中含有铁、钼、钪、锗、钒、铀、铝等金属，也有回收的价值。

（四）能源回收

以能源回收为目的的燃烧，包括可燃固体废物直接作为燃料燃烧，或作为原料制作燃料。例如，通过不断燃烧废溶剂产生热量或发电，对于大型危险废物焚烧设施，进行余热的回收利用。由于燃烧过程会造成有害物质释放的潜在风险，无论任何一种危险废物以燃烧方式回收能源的资源化活动一般都会被严格控制。通常这类资源化活动需要获得政府的行政许可，其处理设施（例如锅炉和工业窑炉）需要满足一定的性能和操作标准条件。

固体废物再资源化是节约能源的重要渠道。很多工业固体废物热值高，具有潜在的能量，可以充分利用。回收固体废物中的能源可用焚烧法、热解法等热处理法以及甲烷发酵法和水解法等低温方法，一般认为热解法较好。固体废物作为能源利用的形式可以为：产生蒸汽、沼气，回收油，发电和直接作为燃料。粉煤灰中含炭量达 10% 以上（甚至 30% 以上），可以回收后加以利用。煤矸石发热量为 $0.8 \sim 8 MJ/kg$，可利用煤矸石发展坑口电站。将有机垃圾、植物秸秆、人畜粪便中的碳化物、蛋白质、脂肪等，经过沼气发酵可生成可燃性的沼气，其原料广泛、工艺简单，是从固体废物中回收生物能源，保护环境的重要途径。

二、基本原则和影响因素

（一）基本原则

考虑到固体废物，特别是某些危险废物具有潜在的危险特性，以及来源广、种类繁多等特点，固体废物的资源化处理应考虑以下原则或主要影响因素。

1. 环境无害化原则

应在确保无害环境和人体健康的前提下进行安全有效的固体废物回收利用。固体废物的收集、贮存、运输、处理处置全过程都应满足固体废物环境无害化管理要求，回收利用过程应达到国家和地方的法律法规的要求，避免二次污染。特别地，固体废物资源化处理设施及其产品应符合相应的环境保护标准及相关产品质量要求，并采用隔尘和路面处理等一系列防范措施，避免处理和利用过程中的二次污染。在我国《中华人民共和国循环经济促进法》中规定："在废物再利用和资源化过程中，应当保障生产安全，保证产品质量符合国家规定的标准，并防止产生再次污染。"

2. 分类管理原则

固体废物种类繁多，其危害程度差异大，需要依据回收处理及再生利用的不同物质可能造成的不同的影响程度，并考虑当地处理场所的实际情况，采取分类管理原则。

（二）限制因素

要使固体废物这种潜在的资源变为现实的资源，有很多条件和限制因素，需要考虑以下方面。

1. 风险性因素

固体废物的回收利用过程中，如果处理不当或发生事故，可能会对环境、人体健康等方面造成不利影响，其危害程度因回收利用处理方式、回收物质的危害程度的不同而不同。例如，含油危险废物的提炼制燃料过程中，用于去除污染物的蒸馏设施发生故障，未去除的污染物会在后续燃烧利用中被释放污染环境；由生活垃圾等废物和其他原料混合制成的商用化肥，即使符合产品使用标准，但如过度施用，也会因污染累积而存在污染土壤和地下水的风险。这些潜在的危害风险都应加考虑，进行风险评估，为降低风险，采取有针对性的风险防范、事故应急措施提供指导和支持。

2. 资源化技术发展水平

固体废物资源化的可行性同资源化技术发展水平密切相关。资源化技术水平低，则产品的回收率和附加值均低，并易产生严重的二次污染。过于复杂的技术，则会提高资源化过程的成本，也不可行。例如，采用一般回收技术处理城市固体废物中的含汞干电池回收锌和二氧化锰时，会产生严重的汞污染，实际现有技术尚不可行；而如对汞污染进行治理，其费用会大大高于回收干电池中锌、锰产品的经济价值，所以环境限制因素也很重要；可见采用复杂的技术，成本又太高，也不可行。因此，只有采用先进可行的技术，才能实现固体废物的资源化。

3. 市场需求

固体废物资源化的可行性，首先取决于资源化产品是否具有市场需求，以及需求量的大小。产品生产出来没有市场需求，即使技术可行的再生利用过程，也无法持续下去。如目前很多地方实施的有机城市固体废物的堆肥化过程，过程的技术可行性已经达到，但由于缺有机复合肥的产品市场，致使再生产过程难以持续下去。可见对于二次产品是否有需求的情况，需求量的大小将直接影响产品的推广，也就影响生产、再利用固体废物的规模。

4. 经济效益

废物资源化是否有经济效益，通常是决定废物资源化是否可行的重要因素。如果废物资源化产品生产者获得的利润大，即使不鼓励，利益驱动力亦可以保证资源化过程的顺利进行。

第三节 固体废物的资源化技术

固体废物来源广泛、种类复杂，形状、大小、结构及性质各异，在对其进行再利用前，往往需要通过物理、化学等处理方法，对废物进行解毒，对有毒有害组分进行分离和浓缩，并提取有价值的物质，或者回收能量。固体废物资源化技术可根据利用途径特点可分为以下三类。

1. 以废物的综合利用为目的的处理技术

固体废物直接利用或再利用的资源化活动往往伴随工业生产活动，主要集中在工业生产系统之间进行废物再利用。工业生产活动中的危险废物的交换是危险废物再利用的一种重要机制。对产生者没有使用价值的某种废物可能是另一工业所希望得到的原料。通过危险废物的交换，可以使危险废物再次进入生产过程的物质循环，由废物转变为原料，成为有用而廉价的二次资源，从而实现危险废物的资源化利用。工业危险废物的综合利用，主要通过对危险废物进行预处理或解毒，在企业生产内部循环或作为另一企业生产的原料再利用，达到危险废物的资源化目的。常见的处理技术包括破碎、筛分、水洗、氧化还原、煅烧、焙烧与烧结等。

2. 分离回收某种材料的处理技术[6]

固体废物回收处理技术主要通过物理、化学和电化学分离等方法，从废物中去除有毒有害物质或其他杂质，从而获得相对较纯的可再生利用物质，广泛应用在生产、流通、社会消费等领域。最常见的回用废物是酸、碱、溶剂、金属废物和腐蚀剂。例如，大多数碱金属废物得到了石油化工部门的使用。回收的废物通常混合着其他物质或有毒有害物质，与所取代的原材料相比，回收的物质纯度较低，因此这种废物再生利用以前经常要先进行加工处理。这种回收处理方法主要包括吸附、蒸馏、电解、溶剂萃取、水解、薄膜蒸发、非溶解性卤化物的脱氮、金属浓缩等。

3. 能源利用技术

固体废物的能源利用技术包括热能和电能，主要的处理方法包括焚烧、热解。例如，通过废有机溶剂的焚烧处理回收热量，还可以进一步发电。1981 年美国调查资料表明，材料的回收和重复使用要比燃料和能量的回收普及得多。因为能够作为能量回收的废物通常也能用于材料的回收和重复利用，而相对而言，作为回收的材料可以一遍又一遍的使用，而作为回收的能量则只能使用一次。例如，溶剂因其高能价值可用于能量回收；在水泥厂和石灰窑中使用高热值废物的量正在逐步增加。

参 考 文 献

[1] 曾旭等. 循环经济与固体废物污染控制. 中国可持续发展研究会 2005 年学术年会论文集.
[2] 鲍健强，等. 循环经济概论. 北京：科学出版社会，2009.
[3] 李为民，等. 废弃物的循环利用. 北京：化学工业出版社，2011.
[4] 张焕云，等著. 用循环经济理念指导电镀污泥的综合利用. 中国环保产业，2007，9.
[5] 董保澍. 固体废物的处理与利用. 北京：冶金工业出版社，1999.
[6] 邱定蕃，等. 有色金属资源循环利用. 北京：冶金工业出版社，2006.

第二章
生活垃圾及社会源固体废物资源化

第一节　城市固体废物资源回收系统

　　城市生活垃圾及社会源固体废物等城市固体废物含有大量可回收利用的废品或再生资源，如废纸、废塑料、废玻璃、废橡胶、废电池、废旧金属等。此外，垃圾中的可降解有机废物，包括厨房废物、和农贸市场废物等，是生产有机肥料的上好原料。回收利用城市固体废物中的这些废弃资源，不但可以减少最终需要无害化处置的垃圾量，减轻对环境的污染，而且能够节约资源和能源，减少垃圾的处理处置费用[1~3]；而将其作为垃圾抛弃，则会导致资源的极大浪费，使垃圾量大为增加[4~9]。

　　图 5-2-1 是城市固体废物处理及资源化总体示意，它包括收运系统、资源化系统和最终处置系统三大部分。要实现城市固体废物资源化，应该从加强管理、推行废物分类收集开始，以降低废品回收成本，提高废品回收率和回收废品质量，促进资源化，也便于有害废物单独处置。废物资源化系统可分为两个过程，前一个过程是不改变物质的化学性质，直接利用和回收资源，通过破碎、分选等物理的和机械的作业，回收原形废物直接利用或从原形废料中分选出有用的单体物质；后一个过程则是通过化学的、生物的、生物化学的方法回收物质和能量。

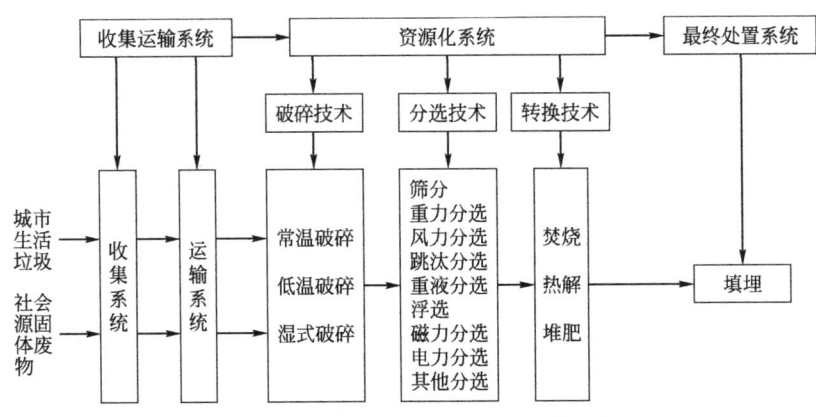

图 5-2-1　城市固体废物资源化总体示意

　　我国城市固体废物收集、处理及利用体系实际上是由商业部主管的再生资源回收利用系统和住建部下属的环卫部门负责的生活垃圾收运处理系统所组成的。

一、再生资源回收利用系统

　　再生资源回收利用系统包括废品回收、分拣、转运、加工利用、集中处理。

　　20 世纪 60~90 年代，我国建立了从社区收购点到街道收购站、区县回收公司，再到省市回收公司的国有再生资源回收利用体系，其回收利用比例高达80%。之后，运行了近40年的该体系逐步解体，个体业主与私营企业迅速占领再生资源回收利用市场，形成了基于利益驱动的庞大废品回收体系。近年来，政府对再生资源管理越来越重视，出台了《再生资源回收管理办法》（商务部令［2007］8号）、国务院办公厅《关于建立完整的先进的废旧商品回收体系的意见》（国办发［2011］49号）、商务部《关于进一步推进再生资源回收行业发展的指导意见》（商商贸发［2010］187号）等政策性文件，对再生资源行业的发展与管理提出了具体的要求。国家先后在2006年和2009年启动了两批再生资源回收体系建设试点，共确定了55个试点城市和11个区域性集散基地，基本覆盖了直辖市、计划单列市和省会城市。初步形成了社区回收网点、分拣加工中心、集散市场三位一体的回收发展模式。到2010年，我国再生资源回收量共计约1.5亿吨，其中：废钢铁回收总量为8310万吨，废有色金属750万吨，废塑料1200万吨，废纸3695万吨，废弃电器电子产品1.2亿台（约284万吨）。居民社区建立的回收网点改变了过去走街串巷、散兵游勇式的传统回收模式，进一步规范了回收行业秩序，完善了社区服务功能；分拣中心着力提升管理水平和处理能力，回收质量与效率得到明显提高；集散市场充分发挥集聚效应，延伸产业链条，有效提高了产品附加值，为促进行业的健康发展提供了有力支撑。

但是，我国的再生资源回收行业仍处于起步阶段，存在的主要问题是：①废品回收率低，不易回收利用的废品丢弃现象严重；②回收利用企业普遍经营规模小，工艺技术落后；③回收利用技术开发投入严重不足，与资源综合利用和环境保护的要求差距甚远。

二、城市垃圾清运、处理及资源化系统

近年来，我国城市垃圾收运网络日趋完善，处理设施数量和能力快速增长，城镇环境总体上有了较大改善。截至2010年底，全国设市城市和县城垃圾年清运量2.21亿吨，无害化处理率63.5%，其中设市城市77.9%，县城27.4%。

但是，由于我国城市垃圾的含水率高和生物可降解有机物含量高，导致我国生活垃圾在收运和处理过程中容易产生臭味和大量高浓度的渗滤液；在填埋过程中会大量甲烷气体，在综合利用时分选困难，在焚烧时降低垃圾热值。

为促进城市垃圾的减量化、无害化和资源化处理，需要做到以下几点。

1. 改进垃圾收集方式

我国部分城市正在推行垃圾分类收集，主要分为：厨余、可回收物、有害垃圾和其他垃圾。鉴于我国垃圾中价值高的可回收废品多数通过产生源内分类已基本得到回收，垃圾分类的重点应放在如何有利于生活垃圾的无害化处理上，即应该逐步实现"干垃圾"和"湿垃圾"的分类收集，将厨余单独收集进行处理。但更重要的是，如果通过类似日本的做法，采取沥水、挤压等方法，降低进入垃圾中厨余的含水率，则对垃圾的减量、含水率降低和热值提高的会有很大影响，并可采用现有的垃圾收集容器、收运车辆等，较易实施。

2. 选择合适的垃圾处理技术

我国不同地区发展差异很大，大、中、小城市，东西部地区，城市和农村地区的垃圾管理目标存在很大差别。因此，垃圾处理的技术路线应该包括几种不同的模式。

（1）对于经济较为发达、人口密度很高、土地资源极为短缺的大中城市和东部经济发达地区的县级市（特别是沿海地区），现有填埋场一般超负荷运行，填埋场的选址更为困难。因此，应该将减少或禁止原生垃圾填埋作为管理目标，适于的垃圾处理技术路线应该是：推行垃圾干湿分类收集，建设大型的现代化焚烧发电设施，并适当发展采用

生物处理技术的垃圾处理设施处理分类收集的厨余等可降低有机废物，以及垃圾综合处理设施处理某些高有机物含量的生活垃圾；填埋处理的垃圾应是焚烧处理产生、不能利用的灰渣，或经过综合处理厂稳定化处理的剩余物。对于现有的填埋场，应设置填埋气体回收利用和处理系统。

（2）对于中西部地区的县级市或县城，垃圾填埋仍然是其主要的垃圾处理技术。但可逐步推广准好氧填埋技术，以减少臭味气体、改善卫生条件，减少温室气体的排放，降低渗滤液浓度。

（3）对于广大的中西地区建制镇和农村地区，提高生活垃圾的清扫收集率，仍然是垃圾管理的重要任务。分类收集应强调去除灰土，垃圾处理应尽可能采用堆肥方式和填埋方式进行处理。

第二节　城市垃圾的分选回收系统

一、城市垃圾分选回收系统

图 5-2-2 是城市垃圾的典型分选回收系统。城市垃圾回收系统包括收集运输、破碎、

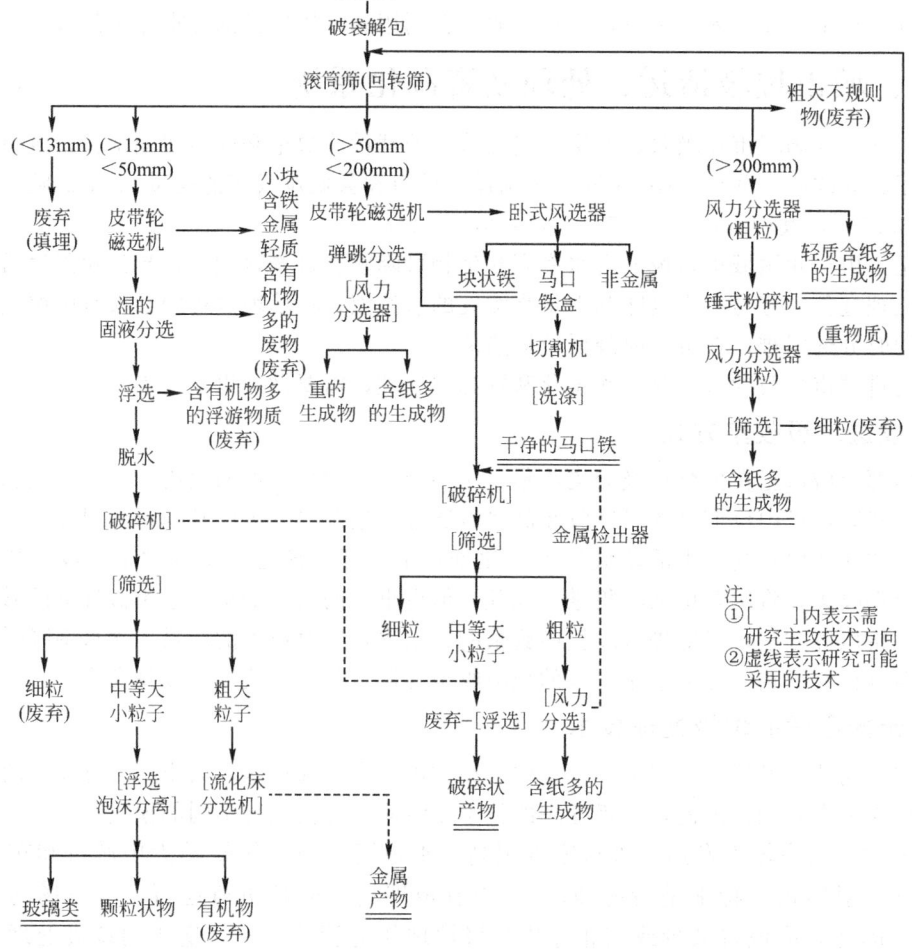

图 5-2-2　垃圾分选回收系统

筛选、重力分选、磁力分选、摩擦与弹跳分选、浮选等。该系统分选回收可得到以下产品：轻质可燃物，主要有纸类、塑料、布料等有机物质；金属类，主要有废钢铁、铜、铝等；玻璃；其他无机物，主要为非金属类[10~16]。

此处介绍一种为堆肥工艺配备的家庭垃圾分选装置的工艺流程，见图 5-2-3。

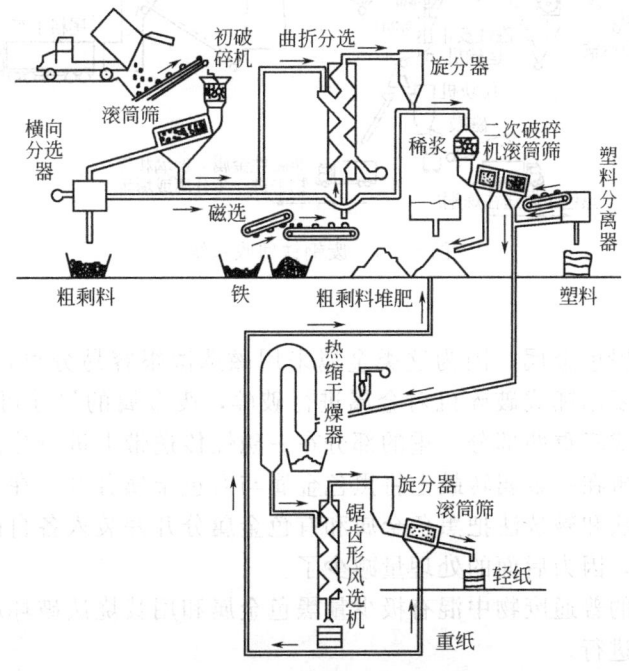

图 5-2-3　家庭垃圾分选装置流程

将家庭垃圾用输送带由料仓输入初破碎机（锤式破碎机）。垃圾在破碎机内进行破碎，然后将一部分均质垃圾输入第一个滚筒筛，筛溢流物主要由纸和塑料组成。轻料组分由横流风选机分离并导入循环，粗剩料被析出。筛落物输入锯齿形风选机，在风选机内分成轻馏分和重馏分。重馏分借助磁选机分选金属和粗粒剩料；轻馏分（塑料、纸和有机物）输入旋风分离器，经旋分器再输入二次破碎机（锤式破碎机）。流程配备了两种不同筛目的第二滚筒筛（先小后大），筛分出纸和有机成分。有机馏分可用于堆肥。由纸和塑料组成的一种混合体形成筛溢流物并输入静电塑料分选器，塑料成分被选出和压缩。分离出的纸重新输入其他纸馏分。从滚筒和塑料分选器析出的纸成分输入热压干燥器，这些材料在热气流中干燥，随后进入热冲击器。这种热冲击器能使剩余的塑料成分收缩，因此与轻纸成分相比发生了形态变化。随后由干燥器析出的材料在第二台锯齿形风选机中分离成轻馏分和重馏分。重馏分包括热挤压的塑料成分，轻馏分通过旋分器输入第三个滚筒筛，其筛目直径约 4mm，纸在这里从细成分中分离出来，并通过第三次筛选改善质量，细成分可进行堆肥。

二、废金属材料的回收利用

几乎没有一个垃圾资源回收厂能置备得起一整套分离和回收利用各种金属的系统，因此这些废物一般都卖给其他处理厂。然而，通过选择性地回收一种或几种有经济效益的金属，改善厂内金属废物的分离是可能的[17~23]。

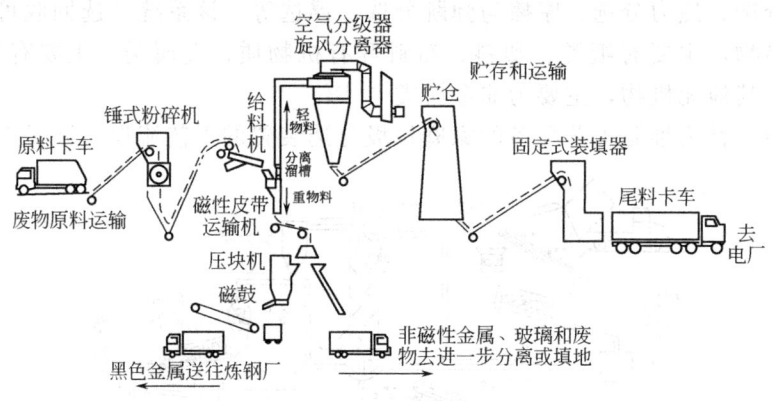

图 5-2-4　废钢铁回收系统

1. 黑色金属

首先考虑分离黑色金属，因为这类金属采用磁选法很容易分离，见图 5-2-4。黑色金属回收系统通常要用锤式破碎机对金属进行破碎，废金属的尺寸可以大如汽车车体。然后将这种废物分成轻重两部分。重的部分在一磁性传送带上进行分离，利用压块机将废物压成块，然后再在一金属转鼓上将黑色金属与有色金属分开。在工业上，也可在废物产生地点用目视法和磁选法把黑色金属和有色金属分开并装入各自的料斗。这将使废物具有更大的价值，因为后面的处理量减少了。

在由厂内排出的普通废物中混有极少量黑色金属和用焚烧法破坏废物的情况下，磁力分选可在焚烧后进行。

磁力分选器的功能是收回利用黑色金属，保护设备免遭损坏，提供无铁非磁性物料，以及减少将送往焚烧炉和掩埋场的废物量。

在制造厂回收黑色金属废物是比较直接的，因为制造钢铁设备的公司卖给废钢收购商的废钢可能没有混入其他金属废料，因而甚至可以不需要磁力分选，从美国国内情况看，两个最大的废钢来源是罐头盒和汽车车身，它们每一种都占美国非工业性废钢回收总量的一个很大的部分。每年回收的汽车超过 1×10^7 辆，废品工业由此得到的总收入估计超过 2.0×10^9 美元。

废金属的处理问题常常不容易解决。存在于工业废物、废渣和冶炼炉副产品、污泥以及焚烧炉灰中有回收价值的黑色和有色金属，在大多数情况下，往往呈现成分变化很大的混合物形式。在工业区往往有留待处理的很大的废料堆。回收和处理这些废物的最实际的方法是进行一定程度的富集，图 5-2-5 中的流程示出已成功应用于回收金属合金和黄铜、青铜、铜、铅、锌、铬铁、银、金、锡、碳化硅和磨料等有用材料的综合处理方法。

在金属回收系统中，废物先进入颚式破碎机使尺寸减小，形成较均匀的颗粒。大块的韧性金属一般要由颚式破碎机的给料端挑出，或放入冲击式破碎机。物料然后进入磨碎机粉碎至最终尺寸，并清除其他非金属废物。磨碎一般在球磨机中进行。球磨机的产品再通过一台螺旋筛选机过筛分级，螺旋筛选机直接连在球磨机上，与球磨机一起旋转。产品尺寸一般在 3/16～1/4in（0.48～0.64cm）的范围内。这就是最后的高级金属产品，不再需要进一步处理。然而螺旋筛选机筛出的粗产品如不干净，还要在跳汰机上去除杂质，干净的金属产品通过跳汰机侧面出口排出。由跳汰机端部排出的废物，如果

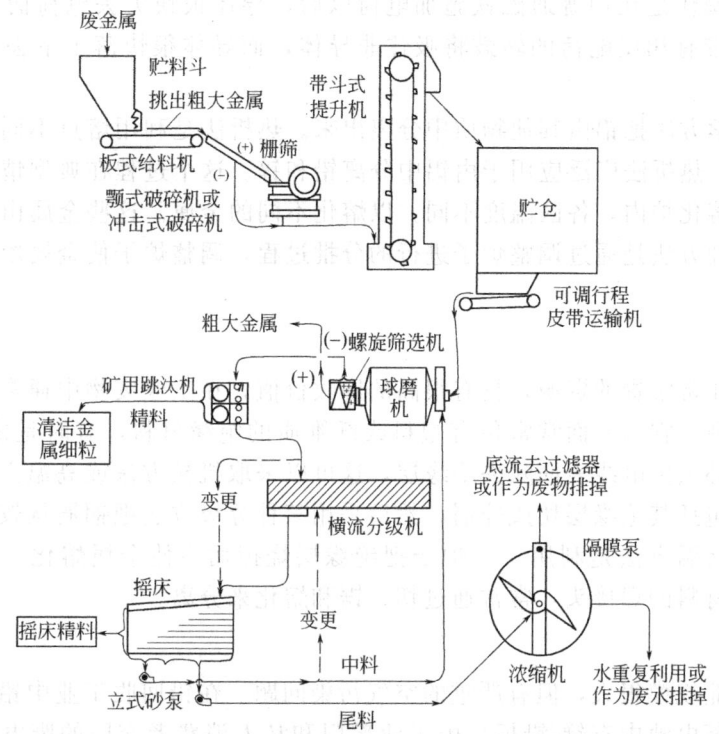

图 5-2-5　金属分离综合流程

尺寸过大，可以返送回磨碎工段。跳汰操作是一种湿式分级方法，其目的是回收那些在筛选和分级操作中没有收回的细粒产品。

由跳汰机排出的细料用一台或几台摇床进行处理。可收回的金属量通常很小，摇床用作一个运行试验装置可给出设备效率高低的直观指示。如果有尺寸较大的颗粒，可用泵将其送回分级机，在某些情况下可送回原料堆。在进行最终处置之前可能需要回收水和尾料，这一操作可在浓缩机中进行。

2. 铝

从混合废物中回收铝比回收黑色金属要稍微难一些，因为铝从一般意义上说基本上是非磁性材料。然而，能处理这类物质的铝"磁铁"已成功使用。从固体废物中分离铝的技术，其基本方法是利用废物的重力分离，以静电装置或铝磁铁进行的电分离或磁分离，以及化学分离或热分离。重力分离方法是利用压缩空气在一曲折分离器中把铝从较重的物质中分离出来。另一种方法是重介质分离，即沉浮分离。按照这种方法，是用一种重液体作为介质，当把铝和其他有色金属放入重液体中时，密度比液体大的颗粒将下沉，而较轻的颗粒将上升到顶部而被撇去。前面介绍过的用于黑色金属的摇床法和跳汰法也可采用。

用涡流磁铁即铝磁铁，可把铝由其他物质中分离出来。当一个电磁场通过有色导电金属的表面时，就产生类似于一块石头落入水中所产生的波纹的涡流。这些涡流与磁场的相互作用对金属产生斥力，能使这种金属与其他物质分开。铝磁铁可用来从铜和锌中分离出铝，但这是一个对很多因素都很灵敏的过程，与金属颗粒的形状、颗粒离磁场的距离等因素有关。这些因素可改变施加于给定金属颗粒的力的大小。一般来说，这种分离操作是在用普通磁铁施加电荷以后，导体很快失去电荷而非导体却保持着它的电荷，带有相反电荷的转鼓将吸住非导体，而导体很快落了下去，这样就把它们分开了。

也可用化学方法把铝由其他物质中分离出来。热析法是利用熔点不同分离金属的方法之一。例如，热析法广泛应用于由铝中分离铅和锌。这个过程在典型情况下是发生于一个多区连续熔化炉内，各区温度不同，以熔化不同的金属。这些金属由炉体的各个出口流出。另一种方法是通过调整炉子进行的分批过程，调整炉子使金属熔化并被收集到炉子的底部。

3. 铜

铜是一种非常宝贵的资源，具有很高的回收价值，在工业废物中通常以电线或电气部件的形式出现。它的外面常常包有塑料或纤维质的绝缘材料，有时是橡胶绝缘材料。为了回收铜，必须由电线表面除去绝缘层，这可以采取机械方法或高温方法进行。机械方法是把电线包括其绝缘层切成碎屑，然后采用某种分级方法把铜屑从较轻的绝缘材料中分离出来；高温方法是利用一个炉子把绝缘层烧掉而不使金属熔化。非电线形式的铜，如与其他材料的焊接头，常常通过切、锯和熔化来分离。

4. 铅

铅回收工业规模很大，但有严重的空气污染问题。在铅回收工业中铅的主要来源是汽车蓄电池，蓄电池中有锑-铅板。由工业部门和私人消费者交回的废电池先要压碎以去除硬橡胶或塑料的外壳，然后送入高温铅熔炉中烧掉有机物质，使残留的硫酸蒸发。硫酸一般存在于电池极板上，即使把大量硫酸倒掉以后也是如此。铅的熔点较低，所以高温回收是最好的方法，但它要引起严重的空气污染问题。

第三节 废塑料的再生利用

一、概述

塑料与其他应用材料相比具有质量轻、强度高、耐磨性好、化学稳定性好、抗化学药剂能力强、绝缘性能好、经济实惠等优点，问世一个世纪以来，在生产和生活中得到了非常广泛的使用。随着塑料制品的大量使用，废弃塑料量急剧增加。废塑料不仅在环境中长期不被降解，而且散落在市区、风景旅游区、水体、公路和铁道两侧的废塑料制品，严重影响景观，污染环境。由于废塑料制品多呈白色，所以其对环境的污染通常称为"白色污染"[24~28]。

我国是世界十大塑料制品生产国之一。据有关资料介绍，全世界塑料产量在1992年为1.05×10^8t。其中我国塑料产量约为3.70×10^6t，进口量近2.0×10^6t，共计5.70×10^6t。到1995年，全国塑料产量增至5.19×10^6t，进口增至近6.0×10^6t，共计达1.119×10^7t，比1992年翻了一番。1996年全国塑料生产和进口总量达1.574×10^7t，其中薄膜产量约为2.41×10^6t（含农膜约9.3×10^5t）。随着塑料生产量的增加，塑料包装材料的比率也在迅猛增长。据中国包装技术协会的资料，1990年国内包装用塑料为9.5×10^5t，到1995年增至2.11×10^6t，年增长率为17.3%，是世界平均增长率8.9%的近2倍。这些塑料制品约50%被废弃在环境中。表5-2-1中给出了我国垃圾的产生量和其中废塑料的含量。

表 5-2-1　我国部分城市垃圾产生量和废塑料含量（1995 年）

城　市	全国	北京	上海	重庆	沈阳	西安	南京
垃圾产生量/10^4t	10671	440	372	95	233	70	77
废塑料含量/%（质量分数）	0.5～1.8	1.67	1.61	1.40	1.74	1.20	0.98

城　市	南宁	太原	长春	济南	贵阳	杭州	南昌
垃圾产生量/10^4t	29	67	107	56	45	65	46
废塑料含量/%（质量分数）	1.16	0.92	0.75	0.61	1.15	0.73	0.60

　　解决废塑料问题的主要途径有两方面：第一是回收利用，第二是推广使用可降解塑料。

　　可降解塑料是近年来开发研制出来的，它是根据塑料在天然条件下不易降解而造成环境污染这一问题而提出来的。降解塑料顾名思义是在普通塑料中加入填充物质，增加其在自然环境中的降解能力。根据其降解方法不同，降解塑料主要有光降解塑料和生物降解塑料两种。光降解塑料是根据塑料中高分子碳链受到紫外线作用可缓慢分解这一特点，在聚合时加入易受紫外线分解的单体或者加入可吸收紫外线加速碳链断裂的填加剂而生产的塑料，如光敏剂的低密度聚乙烯等。生物降解塑料是在聚合时加入易生物降解的物质，使塑料在天然条件下能被生物所降解，最常用的添加剂是淀粉。降解塑料目前只在塑料材料应用的部分领域如制造薄膜等方面有所应用。总的说来，降解塑料在质量上不如普通塑料，而在价格上又高于普通塑料，同时其自然降解性质也还有待研究。此外，降解塑料由于添加了其他物质而不利于塑料的再生利用。

　　解决废塑料问题的主要途径是回收利用。世界上的许多国家尤其是欧、美、日等发达国家积极开发研究废塑料的再生利用技术。目前，有些废塑料的回收利用技术已经成熟，并得到广泛应用。一些新的再生利用技术正在开发研制之中。我国塑料产量很大，与之相应的塑料废弃量也很大。因此，废塑料的回收利用前景广泛。

二、塑料分类

　　了解塑料的类型是塑料再生利用的基础。一般塑料分为两大类，即热固型塑料和热塑型塑料。热固型塑料只能塑制一次，热塑型塑料则可以反复重塑。热固塑料在日常生活中的应用要少一些，如酚醛塑料等。热塑型塑料主要有下面一些类型。

　　（1）聚氯乙烯塑料（PVC）　广泛用于日常生活及工农业生产，如塑料凉鞋、人造革、工业用管道、电线包皮、各种机械设备的部件等。在电气工业上，主要用作绝缘材料，如灯头、插座、开关等。

　　（2）聚乙烯塑料（PE）　高压聚乙烯比较柔软，多用于制造薄膜、薄片、电线和电缆包皮及涂层等。中压聚乙烯可用于制作薄膜、薄板、管道、电气绝缘材料、汽车零件和各种日用品。低压聚乙烯的用途与中压聚乙烯基本相同，不同的是可以代替钢和不锈钢使用。聚乙烯塑料可做食品包装，因它无毒且不怕油腻。聚乙烯还有高密度聚乙烯（HDPE）和低密度聚乙烯（LDPE）之分。

　　（3）聚丙烯塑料（PP）　质量轻，能浮于水，耐热性好，而且耐腐性、拉伸性和电性能都较好，不足的是它的收缩性较大，低温时变脆，耐磨性也较差。

　　（4）聚苯乙烯塑料（PS）　不怕酸碱，电性能好，是优良的绝缘材料。由于其无色透明，染色性能好，可制作不同颜色的塑料制品及儿童玩具。

（5）聚四氟乙烯塑料（PTEF）　是塑料品种中强度最高的一种,而且所有化学品对它都不起作用,甚至硫酸和硝酸也不发生作用,可以在较高的温度下工作,具有绝缘性能好、摩擦系数低等特点。主要用于制造各种耐腐蚀、耐高温和耐低温设备的零部件。

（6）聚甲基丙烯酸甲酯塑料（PMMA）和其他塑料　聚甲基丙烯酸甲酯塑料具有透光率好、强度大等特点,被誉为有机玻璃。对苯二甲酸乙二醇聚酯（PET）则广泛用于各种饮料容器等。此外还有聚对苯二甲酸乙二酯（PETP）塑料等类型。

三、废塑料的回收利用技术综述

废塑料处理的第一步是分类收集,为其后利用提供方便。塑料生产和加工过程废弃之塑料,如边角料、等外品和废品等,其品种单一,没有污染和老化,需单独收集和处理。在流通过程中排放的废塑料有一部分也可单独回收,如农用 PVC 薄膜、PE 薄膜、PVC 电缆护套料等,但大部分则属于混合废料,除了塑料品种复杂外,还混有各种污染物、标签以及各种复合材料等。

废塑料的破碎和分选是废塑料处理的第二步。废塑料破碎时要根据其性质而选用合适的破碎机,如依其软硬程度选用单独、双轴或水下破碎机。一般含复合材料时要选低转速的破碎机,对像 EVA 类的软质塑料则需特殊的破碎技术。破碎程度根据需要差别很大,外形尺寸 50～100mm 的为粗粉碎,10～20mm 的为细粉碎,1mm 以下的为微粉碎。废塑料中通常掺杂砂石和坚韧复合材料,需要试制强耐磨的刀具。

分选技术有多种,如静电法、磁力法、筛分法、风力法、比重法、浮游选矿法、颜色分离法、X 射线分离法（用于废 PVC 瓶分离）、近红外线分离法等,其中近红外分离法为新型分离技术,可精确地把 PP、PVC、PET 等塑料瓶分开。

废塑料处理的第三步是资源化再生利用。归纳起来,废塑料再生利用技术主要有以下几个方面。

1. 混合废塑料的直接再生利用

混合废塑料以聚烯烃为主,它的再生利用技术曾进行过广泛研究,但成效不很大,通常是经加工把废塑料再制成薄膜,但强度不佳,且因食物等混入往往使其有异味,今后仍需继续研究改进。

2. 加工成塑料原料

把收集到的较为单一的废塑料再次加工为塑料原料,这是最广泛采用的再生利用技术,主要用于热塑性树脂,用再生的塑料原料可做包装、建筑、农用及工业器具的原料。日本 1994 年的产量已达 5.4×10^4 t。其工艺过程包括破碎、掺混、熔融、混炼,最后加工成粒状产品。不同厂家在加工过程中采用独自开发的技术,可赋予产品独特的性能。

3. 加工成塑料制品

利用上述加工塑料原料的技术,将同种或异种废塑料直接成型加工成制品。一般多为厚壁制品,如板材或棒材等,有的公司在加工时装入一定比例的木屑和其他无机物,或使塑料包裹木棒、铁芯等制成特殊用途制品,大都已形成专利技术。

4. 热电利用

将城市垃圾中之废塑料分选出来进行燃烧产生蒸汽或发电。该技术已较成熟,燃烧炉有回转炉、固定炉、硫化炉;二次燃烧室的改进和尾气处理技术的进步,已经可以使废塑料焚烧回收能量系统的尾气排放达到很高的标准。废塑料焚烧回收热能和电能系统必须形成规模

产生，才能取得经济效益。废塑料日处理量至少要在 100t 以上才合算。

5. 燃料化

废塑料热值可在 25.08MJ/kg，是一种理想的燃料，可制成热量均匀之固体燃料，但其中含氯量应控制在 0.4％以下。普遍的方法是将废塑料粉碎成细粉或微粉，再调合成浆液做燃料，如废塑料中不含氯，则此燃料可用于水泥窑等。

6. 热分解制成油

这方面的研究目前相当活跃，所制得的油可做燃料或粗原料。热分解装置有连续式和间断式两种，分解温度有 400～500℃、650～700℃、900℃（与煤炭共分解）以及 1300～1500℃（部分燃烧气化）之分，有关催化高压加氢分解等技术也在研究之中。

四、废塑料生产建材产品

利用废塑料生产建筑材料是废塑料再生利用的一个重要方面，目前已经开发了许多新型产品，简单介绍如下。

1. 塑料油膏

塑料油膏是一种新型建筑防水嵌缝材料，它以废旧聚氯乙烯塑料、煤焦油、增塑剂、稀释剂、防老剂及填弃料等配制而成。主要适用于各种混凝土屋面板嵌缝防水和大板侧墙、天沟、落水管、桥梁、渡槽、堤坝等混凝土构配件接缝防水以及旧屋面的补漏工程。塑料油膏是一种粘接力强、内热度高、低温柔性好、抗老化性好、耐酸碱、宜热施工兼可冷用的新型弹塑性建筑防水防腐蚀材料。

塑料油膏用料配合比如下。

（1）现场配制热灌型　煤焦油 100 份，废旧聚氯乙烯塑料 18～20 份，二辛酯 3～5 份，滑石粉 20～25 份。

（2）成品回锅热灌型　煤焦油 100 份，废旧聚氯乙烯塑料 16～18 份，二辛酯 3～5 份，滑石粉 30～40 份，二甲苯 15～20 份，糖醛 5 份。

（3）冷嵌型　煤焦油 100 份，废旧聚氯乙烯塑料 18～20 份，二辛酯 3～5 份，滑石粉 80 份，二甲苯 30 份，糖醛 10 份。

（4）塑料油膏技术指标　耐热度（80℃下垂直）≤4mm，延伸率（25℃时）250％，浸水 24h≥200％，低温柔性-30～-10℃，保油性（渗油幅度）1mm，渗油张数 3 张，挥发率≤3％，15 天黏结强度≥0.2MPa，15d 抗拉强度≥0.1MPa，回弹率 60％～90％。

2. 改性耐低温油毡

聚氯乙烯改性耐低温油毡是以废旧聚氯乙烯塑料加入到煤焦油中，并加入一定量的塑化剂、催化剂、热稳定剂等经一定的工艺过程而制成的一种新型防水材料。

（1）改性的涂覆材料配方　废旧聚氯乙烯塑料 15 份，煤焦油 100 份，二辛酯 4～5 份，填料 30 份，硬脂酸钙适量。

（2）制备工艺　先将煤焦油加热脱水，然后加入已成碎片的废旧聚氯乙烯塑料，在 140～160℃温度下搅拌至塑料溶化，然后再加入二辛酯、硬脂酸钙及填料等，在 140～160℃温度下搅拌均匀，即可泵入涂覆材料槽中，以后生产工艺与以 PVC 树脂为改性材料的油毡工艺相同。

（3）改性油毡技术性能　原纸重 350g/m²，耐热度 90～105℃，拉力 4.5～5.5N，不透水性（30min）0.1～2.5N/mm²，柔度（ϕ20mm）-20～-5℃不裂。

3. 防水涂料

以中国专利 CN1082575A 公开的化学溶解法制备涂料为例加以说明。

（1）原料组成（按质量比例）　废旧聚苯乙烯泡沫塑料 10～40 份，混合有机溶剂（可为芳香烃，如甲苯、二甲苯；酯类，如乙酸乙酯、乙酸丁酯；碳烃类，如汽油、煤油等，它们可为两种或两种以上的混合溶剂，并以芳香烃为主溶剂）30～60 份，松香改性树脂 10～18 份，增黏剂（可为异氰酸酯、环氧树脂）0.5～2 份，自制分散乳化剂（为碳水化合物经水解、氧化制得的水溶性黏稠状物质）3～20 份，增塑剂（为邻苯二甲酸二丁酯或邻苯二甲酸二辛酯）0.2～2 份。

（2）配制工艺　按上述比例，将混合有机溶剂倒入反应锅中，在搅拌下加入松香改性树脂，再将废旧聚苯乙烯泡沫（经洗净晾干）破碎成小块放入反应锅中直至完全溶解。加入增黏剂和自制分散乳化剂在 30～65℃ 条件下搅拌 1～2.5h，再加增塑剂继续反应 0.5～1h，最后停止加热和搅拌，取出冷却至室温，便得该防水涂料。

4. 防腐涂料

聚苯乙烯分子中具有饱和的 C—C 键惰性结构，并带有苯基，因而对许多化学物质有良好的耐腐蚀性，但脆性大，附着力和加工性差。因此，对聚苯乙烯改性是至关重要的一步。实验得出用邻苯二甲酸二丁酯（DOP）作改性剂制得防腐涂料有较好的物理机械性能、耐化学腐蚀性和光泽度。

具体制备方法如下：在装有温度计、搅拌器和冷凝管的 1000mL 三口瓶中，加入 190g 聚苯乙烯和 540g 混合溶剂（二甲苯：乙酸乙酯：200 号溶解汽油＝70：15：15），在搅拌下加热至 55～60℃，待聚苯乙烯完全溶解后，加入 45g 改性剂（DOP），继续搅拌至溶液清澈透明，冷却至室温，出料。与适量颜料混合，于锥型磨中研磨至细度＜50μm，即得该成品。

5. 胶黏剂

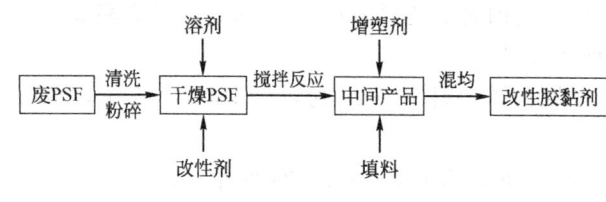

图 5-2-6　PSF 胶黏剂合成流程

一般制备胶黏剂的过程如图 5-2-6 所示，是这样实现的：将净化处理的废 PSF 粉碎，装入圆底烧瓶，加一定量的混合溶剂，搅拌使之溶解，同时伴有大量气泡放出，待 PSF 全部溶解后，将烧瓶放入带有搅拌机的水浴锅内。固定烧瓶。在一定温度下，启动搅拌机，加入适量改性剂，控制转速，充分反应 1～3h 后再加入增塑剂，继续搅拌 2～3min，沉淀数小时后即可出料。

6. 生产软质拼装型地板

软质拼装型聚氯乙烯塑料地板是以废旧聚氯乙烯塑料为主要原料，经过粉碎、清洗、混炼等工艺再生成塑料粒，然后加入适量的增塑剂、稳定剂、润滑剂、颜料及其他外加剂，经切料、混合、注塑成型、冲裁工艺而制成。

（1）产品配方　废旧聚氯乙烯再生塑料 100 份，邻苯二甲酸二辛酯 5 份，邻苯二甲酸二丁酯 5 份，石油酯 5 份，三碱式硫酸铅 3 份，二碱式亚硫酸铅 2 份，硬脂酸钡 1 份，硬脂酸 1 份，碳酸钙 15 份，阻燃剂、抗静电剂、颜料、香料适量。

（2）产品性能　加热质量损失率≤0.5%，加热长度变化率≤0.4%，吸水长度变化率≤0.2%，磨耗量≤0.02g/cm²，抗拉强度≥90kg/cm²，耐电压强度≤15kV/min，阻燃符合

GB 2408.80/J，撞击噪声≤15，硬度（邵氏）≤80，低湿长度变化率（-30℃，72h）
≤0.4％。

7. 生产地板块

聚氯乙烯塑料地板块是以废旧聚氯乙烯农膜和碳酸钙为主要原料，经过配比原材料、密
炼、两混炼塑拉片、切粒、挤出片、两辊压延冷却、剪片、冲块而成。

原料配比为：废旧聚氯乙烯农膜100份，碳酸钙120~150份，润滑剂1.5份，稳定剂
4份，色浆剂适量。

聚氯乙烯塑料地板块是一种新型室内地面铺设材料。它具有耐磨、耐腐蚀、隔凉、防
潮、不易燃等特点，又具有色泽美观、铺设方法简单、可拼成各种图案和装饰效果好等优
点，已被广泛应用。

8. 木质塑料板材

木质塑料板材是用木粉和废旧聚氯乙烯塑料热塑成型的复合材料。它保留了热塑性塑料
的特征，而价格仅为一般塑料的1/3左右。这种板材用途广泛，既适用于建筑材料、交通运
输、包装容器，也适用于制作家具。它具有不霉、不腐、不折裂，能隔声、隔热、减振，不
易老化等特点，在常温下使用至少可达15年。

9. 人造板材

这是用废塑料制成的一种新型人造板材。它利用生产麻黄素后剩下的麻黄草渣、榨油后
的葵花子皮和废旧聚氯乙烯塑料为主要原料，加上几种辅助化工原料，经混合热压而成。检
测表明，它的各种物理性能指标接近甚至超过木材。它具有耐酸、碱、油及耐高温、不变
形、成本低、亮度好的特点，是制作各种高档家具、室内装饰品和建筑方面的理想材料。

10. 混塑包装板材

使用废塑料可以生产混塑包装板材。该技术以废塑料、塑料垃圾、非塑料纤维垃圾为原
料，利用特有的工艺流程、技术与设备进行综合处理，形成"泥石流效应"，经初级混炼、
混熔造粒、混合配方、混熔挤压、压延、冷却，加工成不同厚度、宽度的板、片、防水材料
及农用塑料制品，生产新型改性混塑板。主要工艺设备有混合塑料混炼挤出机、复合四压延
机、初混机组、造粒机组、星形输料配方系统、自动上料系统、原料输送线、搅拌混合机和
塑料破碎机。

11. 生产色漆

原料：可溶于醇、脂类的废旧塑料及环氧树脂、酚醛树脂的下脚料，各种醇类的混合料
（或乙醇），各种着色颜料。

操作方法如下。

① 将1份废旧塑料浸于8~10份的杂醇（或乙醇）中24h，再搅拌6h成胶状溶液，用
80目铜丝笼过滤，制得塑料清漆。

② 先用颜料加入适量杂醇（或乙醇）经球磨机磨成色浆，时间视细度而定。如无球磨
机，在陶瓷中搅拌均匀也可。

③ 根据配方比，称取清漆、树脂，搅拌均匀加色浆，再均匀调和0.5~1h，再用100~
120目铜丝笼过滤，即得色漆。

配方：塑料清漆10份，废环氧树脂0.5~1份（防水性能随其比例增大而加强），废酚
醛树脂1份，经调配的颜料浆1~2份。

上述方法制得的色漆，耐磨、耐热、耐寒、防水、耐酸碱，是一种价廉物美的装饰

材料。

12. 用废塑料改善石膏制品的质量

前苏联利用废塑料改善石膏制品的装饰质量和强度。原来用石膏生产装饰板其废品率高达 30%~35%，为了改善石膏板的装饰性能和强度性能，利用塑料制品余料——网眼塑料板条。

石膏板可以单面或双面掺加网眼废塑料板条作筋。这样，板的表面就形成一些凹凸点，对提高墙面装饰质量有利，用废塑料板作筋。石膏装饰板的抗折强度提高 26%~55%，抗压强度提高 58%~65%。

13. 塑料砖

前民主德国埃富尔特区的研究部门研制出一种以热塑性废旧聚氯乙烯塑料为主要制砖材料的塑料轻质保温砖，用破碎的废塑料掺合在普通烧砖用的黏土中，烧制成建筑用砖。在烧制过程中，热塑性塑料化为灰烬，砖里呈现出孔状空隙，使其质量变轻，保温性能提高。

五、废塑料的裂解和制造汽油技术

热裂解是使大分子的塑料聚合物在高温下发生分子链断裂，生成分子量较小的混合烃，经蒸馏分离成石油类产品。此种方法主要适应于热塑性的聚烯烃类废塑料。目前研究应用较多的有：①聚乙烯、聚丙烯等单一或混合废塑料回收燃料油；②聚苯乙烯废塑料回收苯乙烯或乙苯等；③聚氯乙烯先脱除氯化氢再回收燃料。

1. 裂解的温度和催化剂

废塑料的裂解产物与塑料的种类、温度、催化剂、裂解设备等有关。对 PE、PP、PVC 四种塑料的直接热裂解研究发现，在 500℃左右可获得较高比率的液态烃或苯乙烯单体，而低于或高于此温度会发生分解不完全或液态烃产生率降低。其他裂解报道中也发现类似结果，即均有一个最佳裂解温度点或温度范围。

催化剂也是影响裂解的关键因素，有报道说聚烯烃废塑料裂解造油的关键在催化剂的选择和制备。日本北海道工业开发实验室和富士循环应用工业公司开发的废塑料油化技术是先将废塑料加热至 400~420℃使之分解成气态，然后再通过 ZSM-5 沸石催化剂进行汽相转化，得到低沸点的油品。英国 Umist 与 BP 石油公司共同开发将 PP 转化为汽油型化合物的工艺中也使用沸石 H-ZSM-5。我国在催化剂方面也进行了研究和实践，例如，抚顺石油学院研制的 FZ-W 型废塑料裂解催化剂，具有成本低、活性高、再生性强、寿命长等特点，并可抑制几种不需要的副反应，使产品收率达到 70%~80%。

目前绝大多数废塑料的裂解实践中均加入催化剂，其催化剂主要是硅铝类化合物，见表 5-2-2。也有用其他金属氧化物的，但报道较少。尽管废塑料裂解多采取催化方式进行，但催化裂解的机理尚不明确。

表 5-2-2 聚烯烃热裂解用催化剂

催化剂 商品名	Al_2O_3	SiO_2 SiO_2F_4	ZHY LZ-Y82	ZREY SK500	SAHA	SAHA
种类	氧化铝,色层分离用	二氧化硅凝胶	H-Y 沸石,碱性氧化物,0.2%	贵金属氧化物-Y沸石,R_2O_3,10.7%	二氧化硅-氧化铝,Al_2O_3 24.2%	二氧化硅-氧化铝,Al_2O_3 13.2%

2. 裂解设备

虽然温度和催化剂是废塑料裂解的重要条件，但更为重要的应是裂解设备。这是由于，首先塑料的导热性差，并且许多塑料在加热时会变成难以输送的高黏度熔体；其次在废塑料的高温分解时会产生炭沉积于反应器壁，造成排放困难，所以废塑料的裂解一般需要专门的设备。目前国内外废塑料裂解反应器种类较多，其中槽式（聚合浴、分解槽）、管式（管式蒸馏、螺旋式）和流化床式反应器研究应用较多。

槽式反应器的特点是在槽内分解过程中进行混合搅拌，物料处于充分混合状态，采取外部加热靠温度来控制生成油的性状。该法物料的停留时间长，加热管表面有炭析出会造成传热不良，应定期清理排出。

管式反应器也是采取外加热形式。管式蒸馏是首先用重油溶解或分解废塑料，然后再进入分解炉。该法主要用于原料均匀、容易制成液态单体的 PS 和 PMMA。螺旋反应器采取螺旋搅拌，传热均匀、分解速度快，但对分解速度较慢的聚合物不能完全实现轻质化。在裂解废 PS 回收单体时使用电炉丝外部加热且内有螺旋输送器的管式反应器，可提高生产效率和回收率。

流化床反应器一般是通过螺旋加料器定量加入废塑料，使之与固体小颗粒载体（如砂子）和下部进入的流化气体（如空气）三者一起处于流化状态，分解成分与上升气体一起导出反应器，冷却精制成优质油。流化床反应器对处理在 $400\sim500℃$ 容易热分解的 PS、PMMA 等单一原料时工艺较简单，油的回收率高，如 PS 可达 78％。此类反应器采取部分塑料燃烧的内部加热方式，具有原料不需熔融、热效率高、分解速度快等优点。

上述三种反应器各有特点。槽式反应器较为简单，有时也可用高温化学反应釜代替；而螺旋管式反应器与槽式相比更易实现连续生产，且物料停留时间短，生产效率高。这两种类型反应器比较适合我国目前的小规模裂解生产使用。流化床反应器对固体的输送容易，温度也易于控制，产品的回收率比前二者高，且容易大型化生产，是我国塑料裂解反应器发展的方向。

3. 废塑料基本油化工艺

废塑料油化大体分为：①热裂解反应工艺；②通过对热裂解油的催化裂解得到高质量的油。

废塑料的油化主要以聚烯烃为原料，有几种工艺。其一为将废塑料加热熔融，通过热裂解生成简单的碳氢化合物，在催化剂的作用下生成油。此方法热经济性好，燃气生成量多；不过装置的建设费用高，废塑料收集与运送成本高。因此，可考虑如图5-2-7 所示的工艺流程，将热裂解和催化裂解分为两段。此工艺的优点是可以在各地将塑料收集起来，通过减容与热裂解得到重油，然后将重油收集在一起，集中进行催化裂解得到汽油。

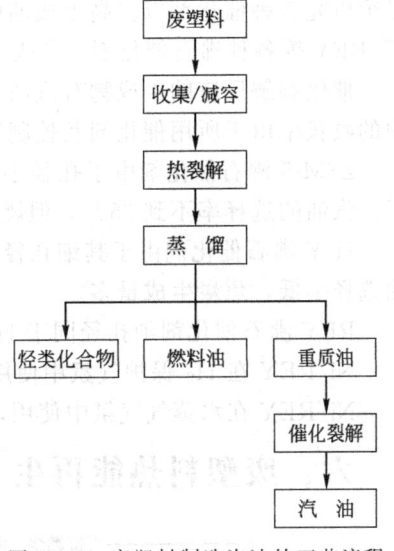

图 5-2-7　废塑料制造汽油的工艺流程

4. 各种塑料裂解反应的特性

聚乙烯大约在 650K 开始热裂解，在 770K 左右结束，裂解反应完全，几乎不生成残渣。PVC 的热裂解反应跨越温度区间较大。在 500K 开始裂解，在 750K 结束，剩余 10％左右未分解的残渣。PET 在 650K 以上温度开始裂解，750K 结束，约生成 14％～20％的残渣。PS 在 600K 开始裂解，在 700K 结束，产生 5％～10％的残渣。

聚乙烯的热裂解油：对聚乙烯进行的不同温度下的裂解反应结果表明，400℃时，得到相当于汽油的碳氢化合物（碳原子数 $5 \sim 11$），但收获量少。随着温度的上升，生成的油重质成分在增加，$450℃$ 时液体成分 80% 以上为碳原子数是 $12 \sim 27$ 的重油，液体成分的 $H/C=2$，由于热裂解重油成分含量高，常温时黏度大，不易作为燃料油使用。

聚氯乙烯的热裂解反应：聚氯乙烯热裂解反应分成两个阶段，第一阶段（$200 \sim 360℃$）脱氯反应生成 HCl，残存固体生成聚烯结构的物质，其中约 15% 为苯，其他的在第二阶段（$360 \sim 500℃$）裂解，生成脂肪族、烯烃、芳香族、碳等。

PET 的热裂解：PET 在氮气氛下约 $300℃$ 开始裂解，$400 \sim 450℃$ 裂解速度达到最大值，通过裂解反应，切断脂结合键，生成对苯二酸。

混合废塑料的热裂解工艺：上述为各种塑料的热裂解特性。实际废塑料是由包括 PVC、PET 等在内所组成的混合物，其油化处理比较复杂，但其基本工艺为：废塑料的收集→前处理→热裂解工艺→催化裂解工艺等。

首先，利用密度差，使用风力式或湿式筛选机将 PVC 分离，PVC 在槽式反应器进行热裂解，生成 HCl 用气体吸收法除去，熔融残油与 PVC 以外的塑料熔融油相混合，送入热裂解工序。通过蒸馏塔将生成油中的轻质油分离，重质油再送入催化裂解工序。

5. 热裂解油制造汽油

PE 和 PS 的热裂解油由于重质成分含量高，常温下黏度大，作为燃料油使用比较困难，必须研究各种催化剂以提高生成油的质量。催化剂有硅酸铝催化剂和 H-Y、ZSM-5、REY、Ni/REY 等各种沸石催化剂，如表 5-2-2 所列。

催化裂解反应的生成物有汽油、燃气和焦炭等。不同的催化剂有不同的选择率，因此汽油的收获率由于所用催化剂及控制气氛的不同而不同。

ZSM-5 沸石催化剂由于孔径小，结晶内扩散速率慢，反应在催化剂的外表面及附近进行，汽油的选择率不到 35%，但燃气收获率达到 $60\% \sim 70\%$。

H-Y 沸石催化剂由于其细孔径大，重质油的分子在细孔内扩散进行催化裂解反应，汽油选择率低，焦炭生成量多。

REY 沸石催化剂细孔径同于 H-Y，由于其酸强度中等，汽油选择率为 60%。

Ni/REY 在 H_2 保护气氛中使用，汽油收获率提高到 65% 以上，焦炭生成量降低。

Ni/REY 在水蒸气气氛中使用，汽油收获率达到 70% 以上，但焦炭生成量多。

六、废塑料热能再生

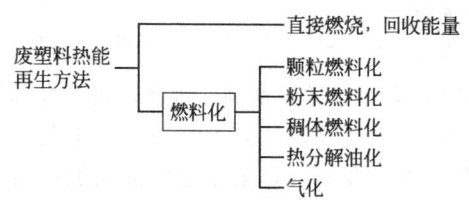

图 5-2-8 废塑料热能再生方法

废塑料热能再生是以废塑料为原料，通过燃烧回收其中的能量。各种热能再生方法如图 5-2-8 所示。由于废塑料形状混杂，可分类后选择不同的流程设备。例如，成型品应先经破碎后再粉碎；发泡、薄膜类因不易高效粉碎，则须先熔融制成粒后再微粉碎；片状料可直接进入涡流磨微粉碎；粉状废料则可经定量给料机直接进入锅炉燃烧。

七、废塑料再生利用技术应用示例

（一）废塑料在原料方面的应用

如前所述，将废塑料回收后，经分类、清洗、干燥和造粒后重新作为塑料制品的原料应用是废塑料再生利用的重要方面。现除在技术上有所进步外，在用途上亦有所扩大。成效显著的项目包括以下几项。

（1）汽车塑料零部件回收后作原料使用，在欧、美、日的各个汽车制造厂已较为普遍。德国 BMW 汽车分公司每辆汽车上已用 50 余件再生塑料制品，共 15kg。如对塑料玻璃冲器，先将表面涂层除去后再破碎、造粒后用于新的缓冲原料使用，有些汽车厂为了便于回收利用，尽量在设计上少采用金属塑料复合结构材料，故促进了扩大再生利用。

（2）德国汉堡清扫局 1993 年建成 4000t 废塑料再生装置，从回收中心收入以 HDPE 制装洗衣剂的废瓶为主的废塑料，使用 T. H 公司的分离技术生产高速公路隔音板建材和仿木制品用球料。除从回收中心收取 450 马克/吨处理费外，球料售价 320 马克/吨，由于新品价为 1400 马克/吨，故深受用户欢迎。

（3）奥地利 W.K.R 公司的再生装置处理量为 6000t/a，从回收中心收入以 LDPE 薄膜为主的废塑料，生产再生球料供意大利制造黑色塑料垃圾袋等用。每千克收取 1 马克处理费，实际成本为 0.9 马克，然后按 0.35～0.45 马克出售，效益也好。

（4）法国的密克洛尼尔公司拥有利用 PVC 和 PET 冲击值差而进行粉碎冲击分离的技术，用此技术和它相关的乙烯再生公司根据法国对再生资源的优惠政策，投资 4.0×10^7 法郎，又建成 1.2×10^4 t/a 的新生产线，该公司的废塑料再生能力共达 2.5×10^4 t/a。

（5）德国年产 PVC 屋面板 3×10^4 t，考虑 20 年后将报废，为此，由生产厂投资 3.50×10^6 马克设立 PVC 再生企业，处理能力 5000t/a，回收率 85%。经液氮旋回器冷却后进行低温粉碎，可得到从拇指大到 $500 \mu m$ 的 PVC 颗粒和粉末，然后和新料混后用于生产。

（6）欧洲可口可乐公司用再生 PET 制的 2L 可口罐已在瑞士上市，其结构分 3 层，内外表面为新料，中间为再生料。美国威尔曼公司用 100% 再生 PET 生产热挤压容器，用于野菜和果品等包装。

（7）日本的年冉公司和地毯纤维公司于 1994 年共同开发成功用 PET 瓶粉碎、熔化后加工为聚酯纤维的技术。1995 年 10 月东洋纺公司开始使用此项技术生产衣料用聚酯短纤维，三菱商事负责在日本和国外销售布料和成衣。在他们的带动下，东莱、伊藤忠商事等 6户亦积极参与推广。

（8）日本柳木包装产业和三井石化、竹野铁工等单位于 1996 年共同开发成功用废 PET瓶制块石的技术。将 PET 瓶粉碎后制成球料，经 280℃熔化，热挤压成 $\phi 150mm$、单重500g 的块石，作道路基础用。它比天然块石质轻、排水性好、噪声小，既代替了天然采石，又将垃圾减容至 1/20，同时还是潜在油矿，需要时可采出炼油。

（二）废塑料油化应用

1. 日本

日本在 20 世纪 90 年代初曾有十家企业与研究机构合作开展废塑料制油和制燃料项目的研究开发工作，但形成规模的仅一两户。1995 年《有关包容器的再生利用法》颁布后，在通产省、原生省的支持下，又开展了几项开发项目，以重点解决脱氧和降低成本问题，以便达到更好的实用化水平。重点简介如下。

（1）富士再生公司在美孚石油的协作下于 20 世纪 90 年代初投资 1.1×10^9 日元，建成相生工场 5000t/a 工试装置，对 PE、PS、PP 等混合废塑料（不含 PVC、PET）进行接触热分解试验。废塑料在 400～420℃加热分解为气体，再送入 300℃的接触反应器内在 ZSM-5的浮石催化剂的作用下，聚乙烯可分解为油 800kg/t，丙烷气 150kg/t 和渣 50kg/t。油经分馏后生产汽油 50%、煤油和柴油各 25%。

中央化学公司利用富士再生的相生工场，从超市回收泡沫塑料等杂物 475t，另混入 60t 聚烯烃进行了油化试验，可回收石脑油 85%、LPG 10%，石脑油可分馏为汽油、煤油、柴油，亦可直接作发电燃料。初步估算达 5000t/a 规模后，处理费为 50 日元/kg 以下。

（2）为适应 1995 年通过的《有关包装容器再生利用法》的要求，在原生省支持下由东京都立川市和新日铁、库报达等单位负责，投资 3.0×10^9 日元在立川市建 10t/d 工试装置，全部利用立川市的废塑料，重点解决含杂质塑料的油化问题。另外，废塑料处理促进协会补助 4×10^8 日元，在润滑油生产大户励世矿油公司厂内建 6000t/a 油化装置（PVC 占 20%），处理该县的混合废塑料。参加单位有千代田化工、新日铁和品川燃料等单位。

（3）环保设备厂亦纷纷自行开发油化装置，如日立造船在茨城县建成的工试装置，采用接触催化分解法，技术上已基本过关，但每升燃料油的成本为 100 日元，为市价的 3 倍，给实用化和市场化带来困难。据此三菱重工通过对分解温度的精密控制后取消了催化剂，尽管收率略低，但成本降低 50%，再适当改进后有望实用化。

2. 欧洲

欧洲各国对废塑料的油化处理亦十分重视，各企业都在纷纷进行试验。

（1）**热分解法**　以德国重伯油公司 10t/d 工试装置为例，将由垃圾回收中心的混合废塑料在 600～800℃和 1000℃下加热 30min，可分解为 35%～58% 的柴油和 23%～40% 的煤气。

（2）**加氢催化分解法**　以德国 V. O. AG 公司的 2×10^4t/a 废塑料处理装置为例，在 460～490℃和 20MPa（200bar）下，以氢、碱为催化剂，可将混合废塑料分解为 80% 液体燃料和其他产物。

（3）**接触热分解**　以英国的 BP 化工公司工试装置为例，对混合废塑料（80% PE，15% PS、3% PET、2% PVC），在 450～500℃下用流化床加热，可产出 LPG，现已完成 28kg/h 工试，拟建 2.5×10^4t/a 生产装置。

德国巴斯夫公司投资 4.0×10^7 马克，建成处理废塑料 1.5×10^4t/a 工试装置。首先将废塑料在隔绝空气下加热至 300℃，将聚氯乙烯产生的氯化氢收集后用于制盐酸；温度上升到 400℃时产生的各种油类和煤气送至车间作生产聚丙烯、聚乙烯的原料；残渣占 3%～10%。本拟投资 3.5×10^8 马克扩建至 3.0×10^5t/a，但由于处理费为 325 马克/吨，远高于布莱梅钢铁公司使用废塑料喷吹高炉代油的 200 马克，故未扩建。可见，如何降低油化技术的成本对于废塑料油化再生利用的推广使用至关重要。

（三）废塑料用于热能回收

废塑料发热量高达 33472～37656kJ/kg（8000～9000kcal/kg），比煤高而比重油略低，故国外将废塑料用于高炉喷吹代替煤、油和焦，用于水泥回转窑代煤以及制成垃圾固形燃料（RDF）发电和烧水泥，收到了较好的效果。

（1）德国利用高炉处理废塑料效果良好。首先，布莱梅钢铁公司经过 1 年多的实验后，于 1995 年 2 月经政府批准正式建设向高炉喷吹 7×10^4t/a 废塑料粒的装置，每年可代替重油 7×10^4t，仅此项收入约两年即可收回投资。另回收和生产废塑料的成本仅为填埋处置费的 1/2，故具有较好的节能效果和环境效益。由于废塑料的成分和油、煤相近，只是含氯偏高，为了防止氯产生的呋喃和二噁英等污染，该厂在控制废塑料含氯量 <2% 的同时，对尾气进行了严格检验，结果其浓度仅为 0.0001～0.0005μg/m³，远低于排放标准的 0.1μg/m³，于是经政府批准正式应用。

该公司从 1995 年 7 月起在 2 号高炉月喷废塑料粒 3000t，经 18 个月试用效果良好。故从 1996 年底开始向 1 号高炉推广，很快达年喷 7×10^4 t 的水平。在该厂的带动下，从 1995 年开始试喷的克虎伯哧施钢铁公司改进了工艺并提出年喷 9×10^4 t 的目标。接着曼内斯曼和蒂森等大钢铁公司亦开始推广。

（2）日本 NKK 公司于 1995 年进行了高炉喷吹废塑料粒代煤粉中试，获得成功。于是，该公司在 1996 年投资 1.6×10^9 t 日元在京洪钢铁厂 1 号高炉（ $4093m^3$ ，年产铁 3.0×10^6 t 以上），建成 3×10^4 t/a 废塑料破碎、选粒装置，并从 10 月开始进行每吨铁喷吹 200kg 废塑料粒的大喷吹量工试，以便全部取代煤粉和部分取代焦炭。为了防止氯的危害，初期只喷不含氯乙烯的工业废塑料。后在千叶县的委托下对废农用塑料薄膜亦进行了试验，由于效果良好，已决定将该县的 1000t/a 废农膜处理外，并接受其他县的废农膜处理。接着又进行了喷吹 PET 粉的试验，效果亦好。今后还拟试用其他品种。

日本环保界和舆论界对此寄予厚望，声称若达 200kg/t 铁目标，则该高炉每年可处理废塑料 6.0×10^5 t，全国有 10 台高炉参与则可将全国的废塑料处理，不仅节约填埋用地，节能和减排 CO_2 的效果亦很大。日钢铁联盟已将此纳入 2010 年节能规划，要求年喷 1.0×10^6 t 以上。

（3）日本水泥工业堪称利用废物大户，1995 年产水泥 9×10^4 t，共利用废物 2.50×10^7 t，其中废橡胶轮胎 2.5×10^5 t，占当年发生量的 29%。德山公司水泥厂在长期吃废轮胎的基础上，于 1996 年在废塑料处理促进协会的配合下进行了回转窑喷吹废塑料试验。将废塑料粉碎为 <25mm 的小粒，由粉煤燃烧器的上方开孔喷入。为防止氯对熟料的影响，暂不用 PVC 类。各批成分如表 5-2-3 所示。试验结果显示，喷入塑料 6kg/t，可代煤 7.8kg/t 热解，总的热能利用率和全烧煤相当；废塑料喷入量在 $1 \sim 10$ t/h 时操作正常，粒径小者效果略好；对回转窑尾部排烟的影响不明显，不需采取特殊措施；对回转窑的运行，熟料和水泥质量无影响。

表 5-2-3　试验用废塑料的种类和主要成分

批号	种类	最大/mm	假比量/(g/cm³)	成分(质量分数)/%							QI/(kcal/kg)
				C	H	O	N	Cl	S	灰分	
1	P125 混合粒[①]	15	0.50	74.0	9.6	10.3	1.81	0.03	0.08	8.3	8000
2	P125 混合粒	25	0.49	74.0	9.6	10.3	1.81	0.03	0.08	8.3	8000
3	AS 粒	3	0.67	85.2	7.3	0.14	7.30	0	0	0.10	8950
4	MMA 粒	20	0.65	59.3	8.0	32.0	0.18	0.006	0.12	0.40	5950
5	PET 粒	15	0.72	62.3	4.4	33.0	0.30	0.009	0.001	0.17	5130
6	PE 粒	20	0.12	81.0	14.0	0	0.40	0.02	0.01	3.23	9740

① P125 混合粒指 PP、PE、PC、ABS 的混合塑料粒。

（4）用废塑料制垃圾固形燃料技术原由美国开发，日本近年来鉴于垃圾填埋场不足和焚烧炉处理含氯废塑料时造成氯化氢对锅炉的腐蚀和尾气产生二噁英污染环境的问题，利用废塑料发热值高的特点混配各种可燃垃圾（含废纸、木屑、果壳和下水污泥等），制成发热量 5000kcal/kg 和粒度均匀的垃圾固形燃料。这种燃料既可以使氯得到稀释以便于提高发热效率，同时亦便于贮存、运输和供其他锅炉、工业窑炉燃用代煤。

在原生省支持下，由伊藤忠商事和川崎制铁合资的资源再生公司，已批量生产垃圾固形燃料。使用此燃料使垃圾发电站的蒸汽参数由 <300℃ 提高到 450℃ 左右，发电效率由原来的 15% 提高到 20%～25%。日本正在将一些小垃圾焚烧站改为垃圾固形燃料生产站，以便

于集中后进行较大规模的发电。

在通产省补助下，电源开发公司正进行垃圾固形燃料在流化床锅炉燃烧和发电的工试，发电效率的目标为 35%。新能源产业技术综合开发机构正组织用以废塑料为主的汽车废屑和城市垃圾生产垃圾固形燃料后供水泥回转窑代煤的开发项目。秩父小野田水泥公司已在回转窑上试烧垃圾固形燃料成功，不仅代替了燃煤，而且灰分也成为水泥的有用组分，其效果比用于发电更好。

第四节　废电池的回收与综合利用

一、概述

日常生活中，人们越来越依赖电池的应用，无论是照明用的手电筒，还是手表、收音机、无线电话、计算机，电池已经深入到生活中的每一个角落。据 2010 年统计，我国各类电池（不包括铅蓄电池）生产量达 485.77 亿只，铅蓄电池生产量 14456.60 万千伏安时，已经成为世界上最大的电池生产国。通常，电池中含有大量有害成分，当其未经妥善处置而进入环境后，会对环境和人体健康造成威胁。同时，废电池又含有大量可再生资源，如果回收利用，可以节省大量的资源。表 5-2-4 中列出了全国产生废干电池的金属总量，由表中数据可以看出，废电池中仍含有大量的可再生物质，合理利用将具有很大的经济效益和社会效益。另一方面，对废电池进行合理再生利用处理，可以彻底解决其环境危害问题，具有良好的环境效益。因此，国内应大力提倡开发环境无害化的废电池综合利用技术[29~32]。

表 5-2-4　全国每年产生废干电池中金属总量

名称	锰粉	锌皮	铜帽	铁皮	汞
质量/t	109200	38200	600	29600	2.48

电池的种类繁多，主要有碱性电池（锌-二氧化锰）、锌碳电池（非碱性）、密封镍镉充电电池、锂电池、氧化汞电池、氧化银电池和锌-空气纽扣电池等。每种电池又具有不同型号。各种不同种类、型号的电池，其组成成分亦大不相同。

1. 碱性电池

碱性锌锰电池一般称为碱性电池。它以粉末锌作为正极（阳极），二氧化锰作为负极（阴极），电解液为氢氧化钾。其中各种元素的含量随生产厂家不同以及电池种类不同而有所不同。表 5-2-5 列出了碱性电池中各种元素的含量范围。可见，电池中含有汞、砷、铬、铅等有害元素。这些物质进入环境，将产生严重的危害。国内对于各类型电池中汞含量范围做出了规定，从源头上对于电池的环境污染加以控制，同时，还应开展收集、再生利用工作，以真正彻底解决其环境污染问题。

表 5-2-5　碱性电池中元素的含量

元素	含量/(mg/kg)	元素	含量/(mg/kg)	元素	含量/(mg/kg)
As	2~239	Pb	16~58	Sn	4~492
Cr	25~1335	Mn	28800~460000		
Cu	5~6739	Hg	118~8201	Zn	2090~172500
In	9~100	Ni	12.6~4323		
Fe	50~327300	K	25600~56700	pH 值	11.9~14.0

2. 锌碳电池

锌碳电池同碱性电池一样，也有固体锌阳极和二氧化锰阴极，但是它的电解液用氯化铵和（或）氯化锌的水溶液。因此它是非碱性的。表5-2-6为锌碳电池中各种元素的含量范围。

表 5-2-6　锌碳电池中的元素含量

元素	含量/(mg/kg)	元素	含量/(mg/kg)	元素	含量/(mg/kg)
As	3～236	Pb	14～802	Sn	26～665
Cr	69～677	Mn	120000～414000	Zn	18000～387000
Cu	5～4539	Hg	3～4790		
In	3～101	Ni	13～595	pH 值	4.8～7.27
Fe	34～307000	Cl	9900～130000		

3. 镍镉电池

镍镉电池用镉作为阳极材料，用氧化镍作为阴极材料，电解液是氢氧化钾溶液。与其他非充电电池不同，在这种电池中电化学反应是可逆的，即可以使氢氧化镍成为阴极，氢氧化镉成为阳极进行充电反应。表5-2-7为镍镉电池中各种元素的含量范围。镍镉电池中含镉量高，国外已开始逐步限制其生产和使用。

表 5-2-7　镍镉电池中的元素含量

元素	含量/(mg/kg)	元素	含量/(mg/kg)
Ni	116000～556000	K	13684～34824
Cd	11000～173147	pH 值	12.9～13.5

4. 氧化银电池

氧化银电池一般为纽扣电池，用于手表、助听器等便携电器。这种电池由氧化银粉末作为阴极，含有饱和锌酸盐的氢氧化钾或氢氧化钠水溶液作为电解液，与汞混合的粉末状锌作为阳极。有时还在阴极中加入二氧化锰。阳极中包括锌汞齐和溶解在碱性电解液中的胶凝剂。锌汞齐中锌粉末的含量为2%～15%。电池的壳一般由分层的铜、锡、不锈钢、镀镍钢和镍组成。表5-2-8为氧化银电池中各种元素的含量范围。

表 5-2-8　氧化银电池中的元素含量

元素	含量/(mg/kg)	元素	含量/(mg/kg)
Ag	37590～353600	Na	294～2250
Cu	40720～47110	K	19270～99350
Me	13830～226000	Hg	629～20800
Ni	186～30460	pH 值	10.8～12.7

5. 锌-空气纽扣电池

锌-空气电池直接利用空气中的氧气产生电能。空气中的氧气通过扩散进入电池，然后用其作为阴极反应物。阳极由疏松的锌粉末同电解液（有时还要加胶结剂）混合而成。电解液是约30%的氢氧化钾溶液。表5-2-9为锌-空气纽扣电池中各种元素的含量范围。

6. 氧化汞电池

氧化汞电池以锌粉或锌箔同5%～15%的汞混合作为阳极，氧化汞与石墨作为阴极，电解液是氢氧化钠或氢氧化钾溶液。有些品种用镉代替锌作阳极用于一些特定的用途，如天然气和油井的数据记录，发动机和其他热源的遥测，报警系统，以及诸如数据探测、浮标、气象站一类的遥控装置。

表 5-2-9 锌/空气纽扣电池中的元素含量

元素	含量/(mg/kg)	元素	含量/(mg/kg)
Zn	189200～825000	K	13980～37000
Me	127～5634	Hg	8225～42600
Ni	47300～53670		
Na	48～165	pH 值	9.37～10.19

根据电解液的不同，氧化汞电池分为两大类，其电解液分别含有 30%～45% 的氢氧化钠或氢氧化钾和最高到 7% 的氧化锌（抑制氢气的产生）。氧化汞阴极混有提高电导率的石墨，提高电池电压及防止在电化学反应中汞结块的二氧化锰。表 5-2-10 为氧化汞电池中各种元素的含量范围。

表 5-2-10 氧化汞电池中的元素含量

元素	含量/(mg/kg)	元素	含量/(mg/kg)
Zn	8140～141000	K	11960～50350
Cd	1.4～30	Hg	229300～908000
Na	154～2020	pH 值	10.7～13.3

7. 锂电池

锂电池在市场上是一种全新的电池种类，主要用于摄影器材、便携式电脑、无线电话等。锂电池在市场上所有电池种类中是最复杂的一种。前面讨论过的其他电池种类所用材料都有一个基本的标准组成，而锂电池所用材料种类的变化却非常大。之所以被称为"锂电池"，是因为阳极使用金属锂制成；而阴极和电解液则种类繁多。因为锂与水接触会发生反应，锂电池使用非水溶液。根据电解液和阴极材料的种类，锂电池分为三大类，即溶性阴极电池（液态或气态）、固体阴极电池和固态电解剂电池。

锂电池阴极材料种类很多，有无机和有机物。锂电池的电解液为非水溶剂，最常用的是极化有机溶剂，如乙腈（AN）、γ-丁内酯（BL）、二甲基亚砜（DMSO）、硫酸二甲酯（DMSI）、1,2-二甲基羟基乙烷（DME）、Dioxolane（1,3-D）、甲酸乙烷（MF）、硝基甲烷（NM）、碳酸丙烯酯（PC）、四氢呋喃（THF），以及亚硫酰氯、硫酰氯、磷酰氯、磷酰氟二氯等性质接近有机溶剂的非水无机溶剂。电解质通常用锂盐，如氯化锂、亚溴酸锂等。

由于锂很活泼，锂电池在高温下会破裂或爆炸，因此在焚烧处置废物的场合就需要特殊考虑。目前对于垃圾中的废锂电池在焚烧炉中行为还不清楚。但是废锂电池在没有完全放电的情况下，当电池外壳被损坏并有水进入，由于锂遇水产生氢气而有可能发生爆炸，因此，在处置废锂电池之前必须将其完全放电。表 5-2-11 为锂电池中元素的典型含量。

表 5-2-11 锂电池中元素的典型含量

元素	含量/(mg/kg)	元素	含量/(mg/kg)
Li	12500～77500	V	1.9～170
Bi	13～50	S	82～3470
Cr	1.3～12920	Cl	12～5300
Fe	75～311700	F	96～98000
Pb	5～37	I	1～72
Mn	30～395000	Ni	17000～41050
Ag	1～63	pH 值	4.65～10.17

由此可见，不同种类的废电池其成分及含量差别很大，因此，各类废电池对环境的危害程度不同，具体采取的综合利用处理方法也就有很大差别。

二、废电池的综合利用技术

废电池中含有大量的重金属、废酸、废碱等，为避免其对于环境的污染和危害以及资源的浪费，首先应考虑采取综合利用的方法回收利用其有价元素，对不能利用的物质进行环境无害化的处置。另外，由于电池中含有汞和镉，焚烧时会产生有害气体，因此应该避免废电池同垃圾等其他废物混合焚烧处理。

废电池回收的目的是为了提取其中的有用物质，如锌、锰、银、镉、汞、镍和铁等金属物质，以及塑料等。

对于各种废电池的综合利用技术差别很大。普遍采用的有单类别废电池的综合利用技术和混合废电池处理利用技术两大类。

对于单类别的废电池综合利用技术因电池种类不同而大不相同。

（一）废旧干电池的综合利用技术

目前，废旧干电池的回收利用技术主要有湿法和火法两种冶金处理方法。

1. 湿法冶金过程

废干电池的湿法冶金回收过程是基于锌、二氧化锰等可溶于酸的原理，使锌-锰干电池中的锌、二氧化锰与酸作用生成可溶性盐而进入溶液，溶液经净化后电积生产金属锌和二氧化锰或生产化工产品（如立德粉、氧化锌）、化肥等。所用方法有焙烧-浸出法和直接浸出法。

焙烧-浸出法是将废干电池焙烧，使 NH_4Cl、Hg_2Cl_2 等挥发进入气相并分别在冷凝装置中回收。高价金属或低价氧化物，焙烧产物用酸浸出，然后从浸出液中用电解法等回收有价金属。此方法的主要流程如图 5-2-9 所示。

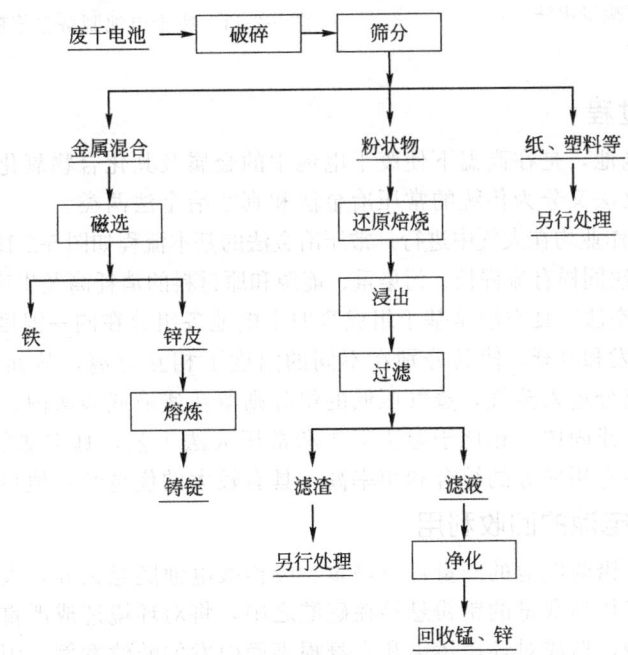

图 5-2-9　废干电池的湿法处理工艺流程

　　直接浸出法是将废旧干电池破碎、筛分、洗涤后，直接用酸浸出干电池中的锌、锰等有价金属成分，经过滤、滤液净化后，从中提取金属或生产化工产品。

　　湿法工艺种类较多，不同的工艺流程其产品不同。图 5-2-10～图 5-2-12 分别为制备化肥、立德粉以及锌和二氧化锰的工艺流程。湿法处理所得产品的纯度通常比较高，但流程也长。

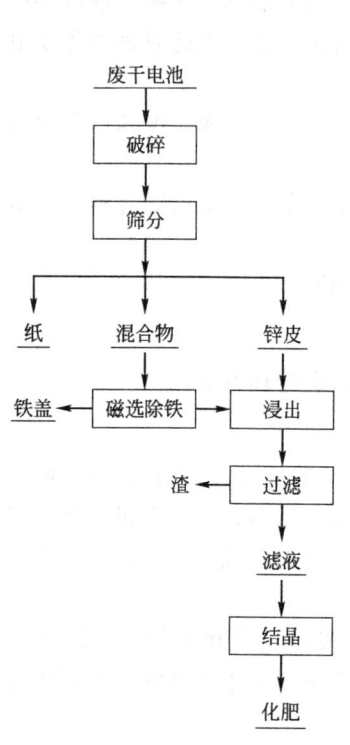

图 5-2-10　废干电池直接浸出法
　　　　　处理工艺流程

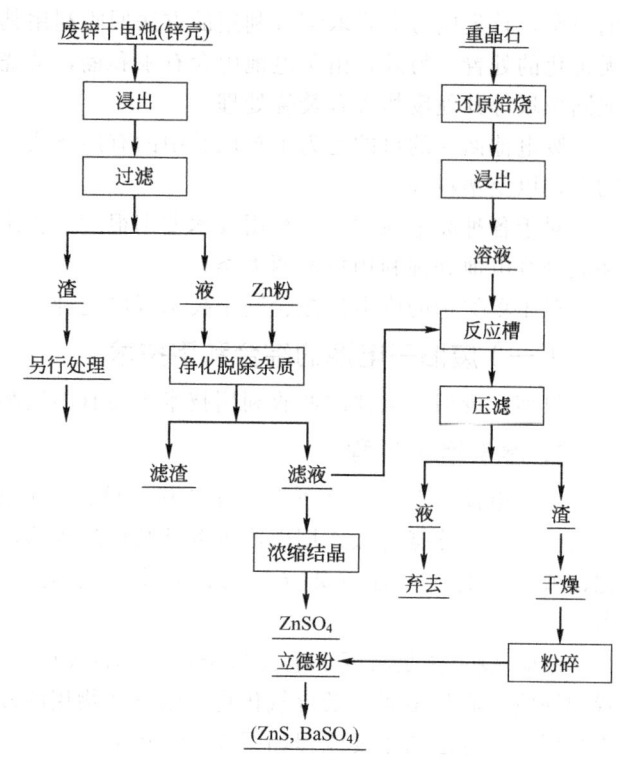

图 5-2-11　废干电池制备立德粉处理工艺流程

2. 火法冶金过程

　　火法处理废干电池，是在高温下使废干电池中的金属及其化合物氧化、还原、分解和挥发及冷凝的过程。火法又分为传统的常压冶金法和真空冶金法两类。

　　常压冶金法所有作业均在大气中进行。常压冶金法的基本流程如图 5-2-13 所示，空气参与了作业。与湿法冶金方法同样有流程长、污染重、能源和原材料的消耗高及生产成本高等缺点。因此，人们又研究了真空法。真空法是基于组成废旧干电池各组分在同一温度下具有不同的蒸气压，在真空中通过蒸发和冷凝，使其分别在不同的温度下相互分离，从而实现综合利用。蒸发时，蒸气压高的组分进入蒸气，蒸气压低的组分则留在残液或残渣内；冷凝时，蒸气在温度较低处凝结为液体或固体。相比于湿法工艺和常压火法工艺，真空法的流程短，能耗低，对环境的污染小，各有用成分的综合利用率高，具有较大的优越性，值得广泛推广。

（二）铅酸蓄电池的回收利用

　　近年来，国内废铅酸电池的产量日益增多。废铅酸电池随意丢弃，大量铅泥沉积在盛硫酸的塑料槽内，并有相当数量的铅粉悬浮在硫酸之中，将对环境造成严重污染。台湾已经出现由于乱倒含铅废酸，造成对环境污染和人身损害而引发的赔偿案例。因此，废铅蓄电池的回收利用显得格外重要。

铅酸电池的回收利用主要以废铅再生利用为主。还包括对于废酸以及塑料壳体的利用。目前，国内废汽车用铅酸电瓶的金属回收利用率大约达到 80%～85%。

1. 铅的回收利用

铅酸电池的回收利用主要以废铅的再生利用为主，好的铅合金板栅经清洗后可直接回用，可供蓄电池的维修使用。其余的板栅主要由再生铅处理厂对其进行处理利用。

再生铅业主要采用火法和湿法及固相电解三种处理技术。

（1）火法冶金工艺　废铅合金板栅可经过熔化直接铸成合金铅锭，再按要求制作蓄电池用的合金板栅。工艺流程为：铅锑合金板栅→熔化铸锭→铅锑合金。火法处理又可以采取不同的熔炼工艺。普通反射炉、水套炉、鼓风炉和冲天炉等熔炼工艺的技术落后，金属回收率低，能耗高，污染严重，而且目前国内采用此工艺的处理厂生产规模小而分散，生产设备落后。

（2）固相电解还原工艺　固相电解还原是一种新型炼铅工艺方法，采用此方法金属铅的回收率比传统炉火熔炼法高出 10% 左右，生产规模可视回收量多少决定，可大可小，因此便于推广，对于供电资源丰富的地区，就更容易推广。该工艺机理是把各种铅的化合物放置在阴极上进行电解，正离子型铅离子得到电子被还原成金属铅。设备采用立式电极电解装置。其工艺流程为：废铅污泥→固相电解→熔化铸锭→金属铅。生产铅耗电约 700kW·h/t，回收率可达 95% 以上，回收铅的纯度可达 99.95%，产品成本大大低于直接利用矿石冶炼铅的成本。

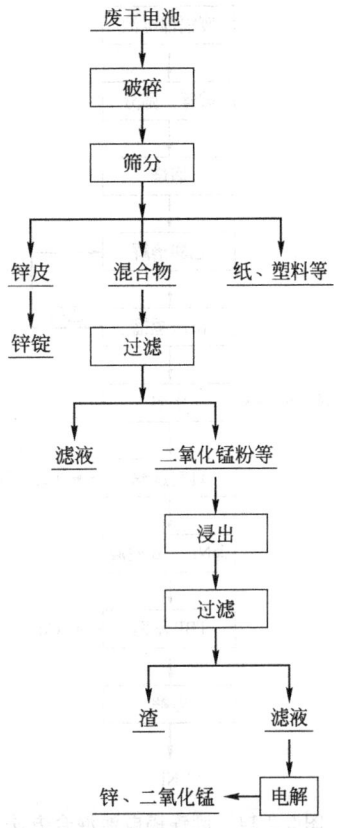

图 5-2-12　废干电池处理制备锌、二氧化锰工艺流程

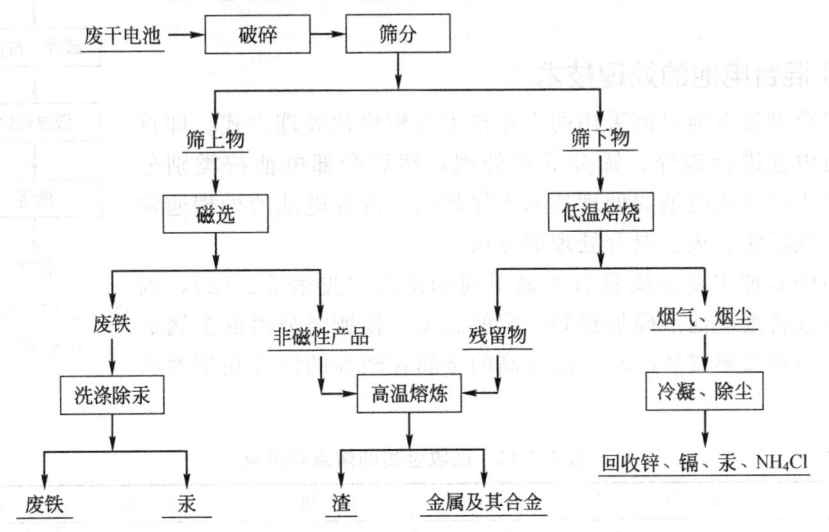

图 5-2-13　处理废干电池的常压冶金法的基本流程

（3）湿法冶炼工艺　采用湿法冶炼工艺，可使用铅泥、铅尘等生产含铅化工产品，如

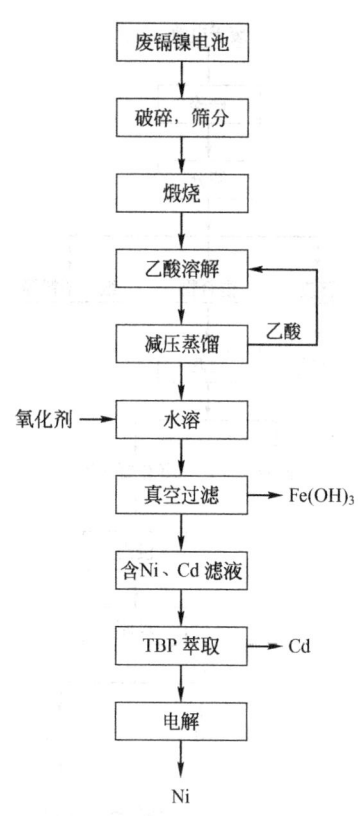

图 5-2-14　废镍镉电池混合方法
处理工艺流程

三盐基硫酸铅、二盐基亚硫酸铅、红丹、黄丹和硬脂酸铅等，可在化工和加工行业得到应用。其工艺简单，容易操作，没有环境污染，可以取得较好的经济效益。工艺流程为：铅泥→转化→溶解沉淀→化学合成→含铅产品。据介绍该工艺的回收率在 95% 以上，其废水经处理后含铅小于 0.001mg/L，符合排放标准。

2. 废酸的集中处理

废酸经集中处理可有多种用途。具有回收工艺简单、用途广泛等特点。主要用途有：回收的废酸经提纯、浓度调整等处理，可以作为生产蓄电池的原料；废酸经蒸馏以提高浓度，可供纺织厂中和含碱污水使用；利用废酸可生产硫酸铜等化工产品，等等。

3. 塑料壳体的回用

铅酸蓄电池多采用聚烯烃塑料制作隔板和壳体，属热塑性塑料，可以重复使用。完整的壳体经清洗后可继续回用；损坏的壳体清洗后，经破碎可重新加工成壳体，或加工成别的制品。

（三）镉镍电池的回收利用

镍镉电池的回收利用主要采用两类技术方法：火法处理技术和湿法、火法相结合的混合处理技术。

火法和湿法工艺相结合的方法，工序繁复，工艺流程长，但对于环境的污染问题可以根本解决。湿法部分处理方法较多，整个工艺方法也不尽相同。图 5-2-14 中为一种混合处理方法的工艺流程。火法工艺流程如图 5-2-15 所示。火法处理技术具有处理量大，工艺简单的特点，但火法处理工艺产生的镉蒸气对于环境的污染问题应加以控制。

（四）混合电池的处理技术

对于混合型废电池目前采用的主要技术为模块化处理方式。即首先对于所有电池进行破碎、筛分等预处理，然后全部电池按类别分选。国外对于混合废电池的处理技术不尽相同，混合电池的处理通常也采取火法或湿法、火法混合处理的方法。

废电池中五种主要金属具有明显不同的沸点（见表 5-2-12），因而，可以通过将废电池准确加热到一定的温度，使所需分离的金属蒸发气化，然后再收集气体冷却。沸点高的金属在较高的温度在熔融状态下回收。

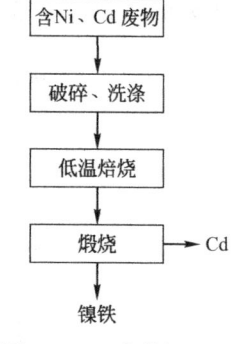

图 5-2-15　废镍镉电池火
法处理工艺流程

表 5-2-12　回收金属的熔点和沸点　　　　　　　　　　　　单位：℃

金 属	熔 点	沸 点	金 属	熔 点	沸 点
汞	−38	357	镍	1453	2732
镉	321	765	铁	1535	2750
锌	420	907			

镉和汞的沸点比较低，镉的沸点为 765℃，而汞仅为 357℃，因而均可通过火法冶金技术分离回收。通常先通过火法冶金技术分离回收汞，然后通过湿法冶金技术分离回收余下的金属混合物。其中铁和镍一般作为铁镍合金回收。

三、综合利用实例

各国对于不同种类废电池的综合利用工艺差别较大。以下简略介绍一些国家的处理实例。

（一）废含汞干电池的处理实例

瑞士 Wimmis 废电池处理厂处理废干电池，年处理量约 3.0×10^3 t。产品为锰铁、锌、汞。处理工艺流程如图 5-2-16 所示。首先进行有机物焙烧，分解温度为 300～700℃，然后在熔炼炉中 1500℃ 条件下进行金属氧化物的还原，其中 Fe、Mn 等金属熔化，Zn 等蒸馏分离出来，Zn 蒸气挥发进入冷凝器，得以冷凝、分离。

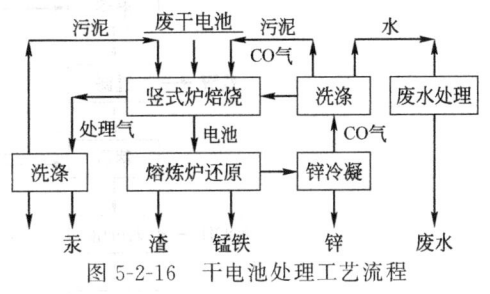

图 5-2-16 干电池处理工艺流程

日本住友重工株式会社开发了一种火法冶金电池回收工艺，用来处理碱性、锌碳和氧化汞电池。这一技术引起了许多欧洲国家的重视，因为它可以在减压条件下将废电池从生活垃圾中分离出来。瑞士 BATREC 公司将运用这一技术建设 2000t/a 规模的工厂。

在日本通产省的资助下，清洁日本中心（CJC）开发了一种处理含汞废物（当然包括干电池）的技术。三井金属工业株式会社同野村矿山株式会社合作，采用这一技术在北海道 Itomuka 于 1985 年建成处理含汞废物的工厂。到 1987 年，这一工厂开始接受收集自 300 多个自治体的废电池。根据日本厚生省的规定以及日本废弃物协会的安排，各个自治体将收集到的废电池送到这一工厂，并按 7.5×10^4 日元/t（500 美元/t）交纳费用。

（二）镍镉电池

荷兰研究院（Dutch Research Institute，简称 TNO）进行过镍镉废电池湿法冶金回收处理的深入研究，并于 1990 年进行了这一工艺的中试研究。图 5-2-17 为这一工艺的流程。首先对废镍镉电池进行破碎和筛分，筛分物分为粗颗粒和细颗粒。粗颗粒主要为铁外壳，以及塑料和纸。通过磁分离将粗颗粒分为铁和非铁两部分，然后分别用 6mol/L 的盐酸在 30～60℃ 温度下清洗，去除粘附的镉。清洗过的铁碎片可以直接出售给钢铁厂生产铁镍合金，而非铁碎片由于含有镉而需要作为危险废物进行处置。细颗粒则用粗颗粒的清洗液浸滤，约有 97% 的细颗粒和 99.5% 的镉被溶解在浸滤液中。过滤浸滤液，滤出主要为铁和镍的残渣。残渣约占废电池的 1%，作为危险废物进行处置。过滤后的浸滤液用溶剂萃取出所含的镉。含镉的萃取液用稀盐酸再萃取，产生氯化镉溶液。将溶液的 pH 值调到 4，然后通过沉淀、过滤去除其中所含铁。最终通过电解的方法回收镉，可以得到纯度为 99.8% 的金属镉。提取镉的浸滤液含有大量的铁和镍，铁可以通过氧化沉淀去除，然后用电解方法从浸滤液中回收高纯度的镍。

美国 INMETCO 公司在 1260℃ 的温度下用旋转炉处理各种已经破碎的镍镉电池，然后用水喷淋所收集的气体。水中的残渣，除了含有大量的镉之外还含有铅和锌，被送到镉的精炼工厂进一步提高纯度。炉中的铁镍残渣被送入埋弧电炉熔化以制取铁镍合金，这一产品可

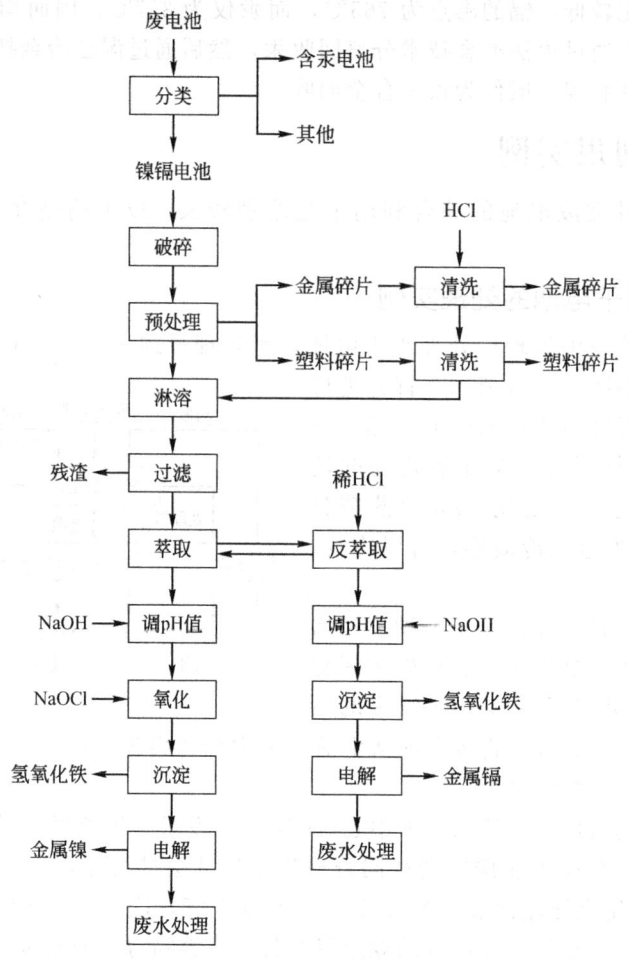

图 5-2-17 TNO 废镍镉电池处理流程

以卖给不锈钢工厂，而副产品——无毒残渣可以作为建筑用骨料出售。

法国 SNAM 公司 SAVAM 工厂进行镍镉电池处理。拆解工序主要是为工业镍镉蓄电池所设。工业镍镉蓄电池进入工厂后，首先拆掉其塑料外壳，倾倒出电解液并进行处理，以去除其中所含的镉，然后再出售给电池制造商。接下来将电池中的镉阳极板和镍阴极板分离开来。这些材料与普通民用镍镉电池一起被分选成三类：含镉的废物、含镍但不含镉的废物和既不含镍也不含镉的废物。含镉的废物进入热解炉以去除所有有机物，剩下的金属废物进入蒸馏器。加热后镉蒸气立即在蒸馏器中被冷却，以镉矿渣的形式回收镉。可以通过铸造的工艺提纯镉，经过提纯回收的镉纯度可达到 99.95%。剩下的铁镍废渣同含镍废料一起熔融，炼制铁镍合金，出售给不锈钢制造商。

瑞典 SAB NIFE 公司镍镉电池的回收工艺流程同 SAVAM 工厂的流程基本类似。工业镍镉电池被拆解、清洗、分类；民用密封镍镉电池则首先进行热解以去除有机物。然后将工业镍镉电池中的镉阳极板、民用密封镍镉电池的热解残渣同焦炭一起送入 900℃ 的电炉中。在这一温度下镉被蒸馏成气体，然后在喷淋水浴中形成小镉球。镉球纯度很高，可以直接出售。热解产生的废气经过焚烧和水洗排放。据介绍，SAB NIFE 具有每年回收 200t 镉的生产能力（约处理 1400t 镍镉电池），废气中镉的排放量低于每年 5kg，废水经处理后排放的镉总量低于每年 1kg。

（三）铅酸废电池的回收利用

意大利的 Ginatta 回收厂的生产能力为 4.5t/a，对工业废铅酸电池进行处理，处理能力为 1.175kg/h，生产工艺流程如图 5-2-18 所示。处理工艺分为四个阶段。第一阶段中，对废电池进行拆解，电池底壳同主体部分分离；第二阶段中对电池主体进行活化，硫酸铅转化为氧化铅和金属铅；第三阶段，电池溶解，转化生成纯铅，最后，利用电解池将电解液转化复原。

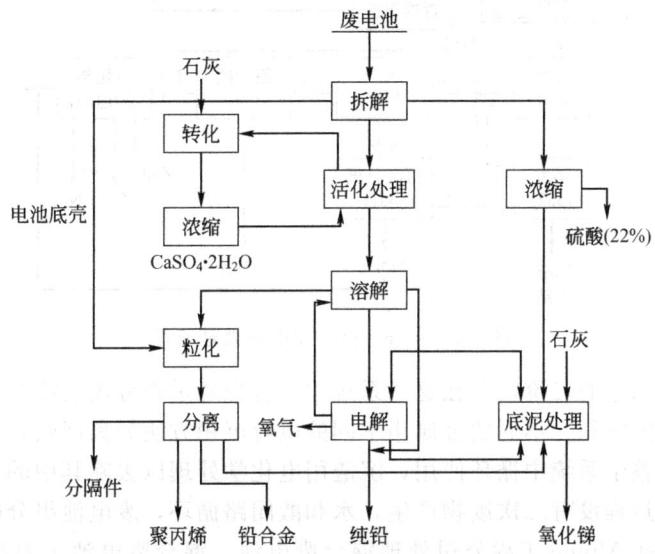

图 5-2-18　Ginatta 回收厂废电池处理工艺流程

回收利用工艺过程中的底泥处理工序中，硫酸铅转化为碳酸铅。转化结束后，底泥通过酸性电解液从电解池中浸出。电解液中含铅离子和底泥中的锑得到富集。在底泥富集过程中，氧化铅和金属铅发生作用。

国内外的废铅蓄电池的处理厂很多，国内的大小废铅蓄电池的处理厂大约有 300 家左右，采用的多为火法处理工艺，技术较为落后，应鼓励推广先进的无污染处理技术。

（四）混合废电池的回收

瑞士 Recytec 公司利用火法和湿法结合的方法，处理不分拣的混合废电池，并分别回收其中的各种重金属。图 5-2-19 为处理流程。首先，将混合废电池在 $600\sim650℃$ 的负压条件下进行热处理。热处理产生的废气经过冷凝将其中的大部分组分转化成冷凝液。冷凝液经过离心分离分为三部分，即含有氯化铵的水，液态有机废物和废油，以及汞和镉。废水用铝进行置换沉淀去除其中含有的微量汞后，或进入其他过程处理，或通过蒸发进行回收。从冷凝装置出来的废气通过水洗后进行二次燃烧以去除其中的有机成分，然后通过活性炭吸附，最后排入大气。洗涤废水同样进行置换沉淀去除所含微量汞后排放。

热处理剩下的固体物质首先要进行破碎，然后在室温至 $50℃$ 的温度下水洗。这使得氧化锰在水中形成悬浮物，同时溶解锂盐、钠盐和钾盐。清洗水经过沉淀去除氧化锰（其中含有微量的锌、石墨和铁），然后通过蒸发、部分结晶回收碱金属（锂、钠和钾）盐。废水进入其他过程处理，剩余固体通过磁处理回收铁和镍。最终的剩余固体进入被称为"Recytec™ 电化学系统和溶液"（Recytec™ Electrochemical Systems and Solutions）的工艺系统中。这些固体是混合废电池的富含金属的部分，主要有锌、镉、铜、镍以及银等贵金

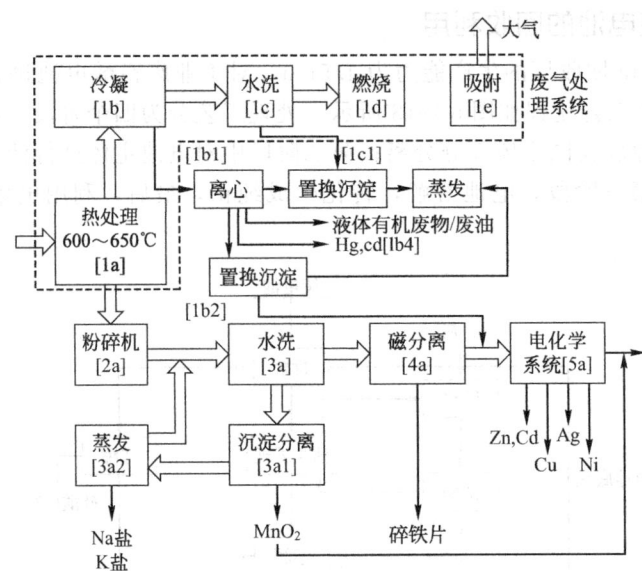

图 5-2-19   Recytec 废电池处理流程

属，还有微量的铁和它的二价盐。在这一系统中，首先通过磁分离去除含铁组分，非铁金属利用氟硼酸进行电解沉积。不同的金属用不同的电解沉积方法分离回收，每种方法有它自己的运行参数。酸在整个系统中循环使用，沉渣用电化学处理以去除其中的氧化锰。

据介绍，整个过程没有二次废物产生，水和酸闭路循环，废电池组分的 95% 被回收。

澳大利亚 Voest-Alpine 工程公司处理混合废电池。混合废电池主要包括纽扣电池和柱型电池（碱性和非碱性电池、锌碳电池等）。首先进行分选，分别将废电池分为纽扣电池和柱型电池。纽扣电池进入 650℃ 高温处理，汞被蒸发、冷凝并回收。剩下的残渣被溶解于硝酸，而其中的不锈钢壳等物不溶解，将其分离，用盐酸加入溶液，然后分离出氯化银。氯化银用金属锌还原成金属银。过程中产生的废水用固定电解床去除所有微量汞，然后中和排放。

标准电池首先被粉碎、筛分；通过磁选分离筛上物中的含铁碎片，剩下的是塑料和纸片；筛下物中主要含有氧化锰、锌粉和碳，通过热处理去除其中的汞和锌。热处理残渣通过淋溶除去钠和钾，剩下的产物可以用于生产电磁氧化物。所产生废水同处理纽扣电池产生的废水合并处理。

第五节   废轮胎的回收和利用

一、概述

随着国民经济的快速发展和人民生活水平逐步提高，我国已成为橡胶资源消费大国。目前，我国年均橡胶消耗量占世界橡胶消费总量的 30%，每年我国橡胶制品工业所需 70% 以上的天然橡胶、40% 以上的合成橡胶需要进口，供需矛盾十分突出，橡胶资源短缺对国民经济发展的影响日益显现[33~35]。

轮胎是我国最主要的橡胶制品。2009 年，我国生产轮胎消耗橡胶已占全国橡胶资源消耗总量的 70% 左右，年产生废轮胎 2.33 亿条，质量约合 860 万吨，折合橡胶资源约 300 多万吨，若能全部回收再利用，相当于我国 5 年的天然橡胶产量。

废轮胎作为一种合成有机高分子物质，自然分解性较差，很难像通常天然物质那样在自然环境中降解，弃于地表或埋在土里的废轮胎通常是十几年都不腐烂、不变质，而各国的轮胎报废量又非常之大。以美国为例，每年的废轮胎报废量达 2.8×10^8 条之多，这其中有近 2×10^8 条被用来填土，不合法地堆放或卸倒在垃圾场。而废轮胎的绝对容量已超过填土的需要量，故对它的处理已成为迫在眉睫的问题。我国是世界第三大轮胎生产国，废旧轮胎年增长率约 12%。2009 年我国机动车保有量为 1.87 亿量，其中汽车占 41%。如果以每辆机动车平均每年淘汰两只轮胎，每只轮胎平均按 15kg 计算，我国每年就有 5.61×10^6 t 废轮胎弃入环境，其中部分轮胎用于翻新，大部分用于堆积放置，除占用大面积土地外，还会造成严重的鼠害、蚊虫孳生和环境污染。

二、废轮胎的现状及处理方法

1. 废轮胎的组分

轮胎的主要化学成分是天然橡胶和合成橡胶，除此以外，轮胎还含有许多其他物质，包括苯乙烯、丁二烯、共聚物、异氧聚丁二烯、钢、玻璃纤维、尼龙、人造纤维、聚酯、锌氧化物、硬脂酸、硫黄及炭黑等。表 5-2-13 给出了典型废轮胎的化学组分。

表 5-2-13 典型废轮胎的化学组分

项目	组分	单位	完整轮胎	破碎后轮胎
粗略分析	挥发性物质	%	79.78	83.98
	固定炭	%	4.69	4.94
	灰分	%	14.39	9.88
	水分	%	1.14	1.20
详细分析	碳	%	74.50	77.60
	氢	%	6.00	10.40
	氧	%	3.00	0.00
	硫	%	1.50	2.00
	氮	%	0.50	0.50
	氯	%	1.00	1.00
痕量金属	铅	mg/kg	51.50	51.50
	锌	mg/kg	45500	45500
	砷	mg/kg	2.90	2.90
	钙	mg/kg	4.80	4.80
	汞	mg/kg	0.30	0.30
热值		kJ/kg	34875	26342

2. 废旧轮胎的回收利用现状

以日本旧轮胎的回收利用为例。2006 年日本废轮胎的数量已达到 1.03×10^8 条，即 1.06×10^6 t。现在大约 88% 的旧轮胎作为出口或作为燃料回收利用了。轮胎翻修和生产再生胶是目前旧轮胎回收利用的常用方法，但是一些利用橡胶粉的新产品也已上市。另外在一些水泥厂里开始把旧轮胎作为燃料加以利用。2006 年报废的旧轮胎中，有 36% 作为能源被利用了。

在废旧轮胎综合利用方面，我国已初步形成旧轮胎翻新再制造，废轮胎生产再生橡胶、橡胶粉和热解四大业务板块。现有轮胎翻新企业约 1000 家、再生橡胶企业约 1500 家、橡胶粉和热解企业约 100 家。2009 年，我国轮胎翻新产量仅为 1300 万条，翻新率不足 5%，而发达国家轮胎翻新比例在 45% 以上；再生橡胶产量约 270 万吨，橡胶粉产量约 20 万吨，废旧轮胎的翻新率、回收率和利用率都处于较低水平。我国废旧轮胎综合利用产业发展远不能适应当前严峻的资源环境形势的要求。

废旧轮胎综合利用产业发展面临的问题：一是从事废旧轮胎综合利用的企业大都规模小、装备落后、企业综合实力不强，特别是再生橡胶企业二次污染问题没有得到解决；二是行业管理相对薄弱，尚未建立起运转规范的回收体系，技术水平相对较高的企业很难拿到生产所需的废旧轮胎资源；三是产品技术、质量标准规范不完善，导致产品质量参差不齐，影响了市场开拓；四是普遍缺乏技术研发手段和力量，科技创新能力不足。

大力开展废旧轮胎综合利用，发展橡胶工业循环经济，既可缓解我国橡胶资源短缺局面，减少对进口橡胶资源的依赖，也是促进我国橡胶工业节能减排的重要举措，具有重要的战略和现实意义。

3. 旧轮胎的主要处理和回收利用方法

目前所采用的旧轮胎的处理方法，大致可以分成三大类：整体利用、加工和用作能源。主要利用方法如图 5-2-20 所示。

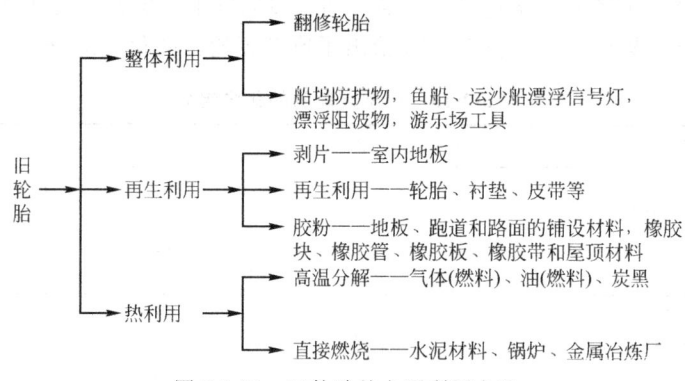

图 5-2-20　旧轮胎的主要利用方法

（1）翻修及重复利用　轮胎翻修被公认是最有效、最直接而且经济的方法，旧轮胎又能像新轮胎那样重新使用。然而，在日本用高技术——辐照硫化法生产的轮胎翻修需要很高的成本，使这一类轮胎的翻修停止。目前翻修的轮胎主要集中在卡车轮胎和客车轮胎。据不完全统计，2010 年我国轮胎翻新量约为 1400 万条。德国轿车和载重车的翻新轮胎所占比例分别为 12% 和 48%，翻新轮胎年总产量为 1 万吨。欧共体规定，到 2000 年胎面翻新数量至少应占旧轮胎数量的 25%，并鼓励翻新轮胎与新轮胎之间展开竞争。轮胎翻修方法，通常是用打磨方法除去旧轮胎的胎面胶，然后经过清洗和干燥，贴上一层压出成型的胎面胶，最后硫化固定。近来，采用预硫化胎面胶的方法也日益增多。

废旧轮胎除翻新外，还可用于其他领域，如用于体育场、防撞缓冲装置及路墙隔离屏障，也可用在养鱼场等处作为漂浮阻波物或堤岸的防护物。美国每年有 300 万～500 万条废旧轮胎重复使用。如美国 Dnrable 栅网公司每年处理废旧轮胎 25 万条，主要用于建筑工地阻挡飞石落物及船坞防撞挡壁，并用切除的废胎圈改制排污管道。

（2）再生胶和橡胶粉　再生胶是通过热降解或化学降解而使废硫化胶再生。传统的再生方法有油法和水油法。废旧轮胎制成再生胶主要在生胶资源缺乏且劳动成本相对较低的发展中国家采用。发达国家出于成本及环境因素，产量在逐年减小，如德国再生胶仅占处理废旧轮胎的 1%。新近开发的微波脱硫再生法是再生技术的一项突破，该方法是干态脱硫，没有污染，而且产品质量较好。目前发达国家推荐的方法是对研磨出来的胶粉采用特殊的表面处理用以替代生胶。如马来西亚的 De-link 系列表面改性剂，掺入胶粉后可改善胶粉的使用性能。我国是再生胶生产大国，年产再生胶达 30 万吨以上，主要采用传统的油法和水油法，成本高、环境污染严重。

2007 年我国再生橡胶生产量达 195 万吨，居世界第一。再生胶实际是胶粉产品的进一步应用，一般先将废轮胎加工成约 30 目的胶粉，然后进一步脱硫再生加工成再生胶产品，用于生产各类橡胶制品。

近年来，由于子午线轮胎的普及，对高性能材料的需求增加。为从子午线轮胎中除去钢丝，需要改装生产设备和增加资本投入。此外，丁苯胶，特别是充油丁苯胶不利于提高再生胶的质量。1991 年再生胶的产量是 4.1×10^4 t，产量降低。

废旧轮胎通过粉碎工艺可制成胶粉。现用于生产胶粉的方法有干式研磨法、低温研磨法和湿式研磨法。不同方法制成的胶粉主要区别在于粒径范围不同。干式研磨法、低温研磨法和湿式研磨法制成的胶粉粒径范围分别为 0.3～1.5m、0.075～0.3m 和 0.075mm 以下。我国大多采用干法工艺生产胶粉，并通过活化处理后加以应用。如深圳东部橡塑实业有限公司已建成年产万吨级工业化常温粉碎生产精细胶粉生产线。2006 年我国有 70 万吨废轮胎用于生产胶粉，共 50 万吨。

（3）用作再生能源　除以回收弹性材料方法利用旧轮胎外，近几年以再生能源的方法回收旧轮胎日益普遍。此类用途的主要场合是水泥厂。

轮胎是由混炼胶、钢丝和有机织物组成。混炼胶中含有炭黑、硫黄等。当旧轮胎被投进旋转炉中，一切可燃物都变成了能量，钢丝以氧化铁粉形式保留在水泥中，成了水泥的组成材料。即使最头疼的硫黄也变成了石膏，成了水泥的组成材料，不会生成 SO_2 污染。而水泥厂由于利用旧轮胎而节约了 5%～10% 的煤炭。在日本，共有 22 家工厂利用旧轮胎作为燃料。可以想象，旧轮胎用作水泥厂的燃料是一种好的回收方法，因为它消化了大量的轮胎而又不产生污染。除了水泥厂外，造纸厂、金属冶炼厂也正接受高温分解焚烧旧轮胎的方法。用这种方法获得的炭黑经过活化后能用作活性炭黑。有一个工厂已经在以旧轮胎生产再生能源的同时生产副产品——活性炭黑。据不完全统计，2010 年我国废轮胎用于热裂解量约 5 万吨。

另外，还有用高温热解方法处理旧轮胎以得到炭黑、燃料油及气体的方法，年产量约 2 万吨，主要是消耗废轿车子午线轮胎。旧轮胎热解可以再生 70% 的能源，而燃烧只能回收 42% 的能源。20 世纪 70 年代，法国每年热裂解 3000 万条轮胎，可生产燃料油 13.5 万吨、炭黑 14 万吨及大量的钢铁。近年来，热解方法研究成为发达国家轮胎制造公司及环保部门关注的焦点，采用的方法主要有高温热解、催化热解及真空热解等。虽然也有很多实验室在研究，也有一些厂家在做这方面的工作，但大规模的成型方法还有待研究。

三、废轮胎的再生技术

（一）再生胶

1. 概述

由废硫化橡胶或废橡胶制品经破碎、除杂质（纤维、金属液等），然后经物理和化学处理消除弹性，重新获得类似橡胶的刚性、黏性和可硫化性的一种橡胶代用材料。

再生胶不是生胶，从分子结构和组分观察，两者有很大的区别，但从使用价值来看，再生胶可以代替部分生胶而制造橡胶制品。

废旧轮胎回收综合利用的主要途径之一就是生产再生橡胶，再生橡胶可以替代分生胶生产各种橡胶制品，我国目前废旧橡胶制品回收利用的方式仍以生产再生橡胶为主，2005年再生胶产生量为135万吨，居世界第一位。

（1）再生胶品种　再生胶一般按原材料的种类分类，如表5-2-14所列。

表 5-2-14　再生胶类别

品　种	所用材料
轮胎再生胶	各种机动车所用废旧轮胎的橡胶及类似材料
胶鞋再生胶	各种胶面胶鞋、布面胶鞋所使用的废旧橡胶
杂品再生胶	各种规格内胎、水胎及其他废旧橡胶制品

（2）制造再生胶的主要原料

① 废橡胶　各种除去非橡胶材料的废橡胶。

② 软化剂　主要包括石油系软化剂（如三线油、六线油、机油、裂化渣油、重油、石油树脂、石油沥青等）、焦油系软化剂（如煤焦油、古马隆树脂、煤沥青等）、植物油系软化剂（如松香、松焦油、松节油等）和酯类软化剂（如邻苯二甲酸二丁酯、邻苯二甲酸二辛酯、癸二酸二丁酯、癸二酸二辛酯等）等；此外，双萜烯、戊烯等可作为膨胀剂使用。

③ 增黏剂　广泛采用的有松香及氢化松香酯等。

④ 活化剂　是废橡胶脱硫的催化剂，广泛应用的有硫酚、硫酚锌盐及芳香族二硫化物等，也有采用萘酚、氯化硫反应产物、噻唑及其衍生物的。

2. 再生胶制造工艺

再生胶的制法很多，我国目前大多采用的是油法和水油法两种工艺。此两法的主要区别是脱硫再生工序，其他各工序都基本相同。由于这两种工艺流程长，能耗高，效益低，目前正在研究高温高压连续脱硫法、微波脱硫法等新的再生胶工艺技术。

（1）油法脱硫再生工序　将废胶粉送入拌油机，经拌油后，装在小车上，送进卧式蒸汽再生罐中再生。该法设备简单，易上马，投资少，适于胶鞋类和杂胶类的再生胶生产。如果生产外胎类的再生胶，则质量低于水油法。该法对小厂较为适用。油法脱硫再生工艺如图5-2-21所示。

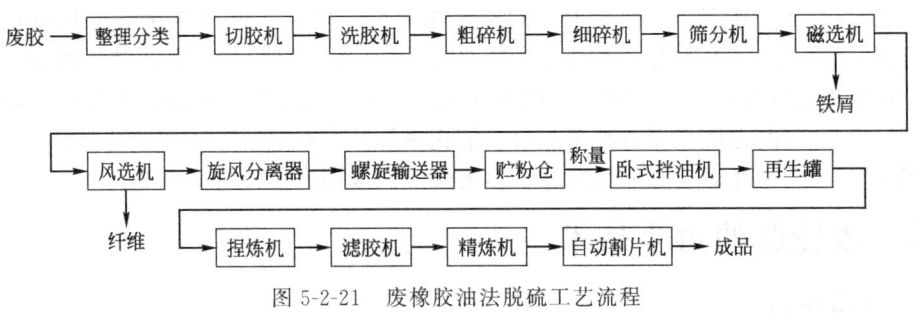

图 5-2-21　废橡胶油法脱硫工艺流程

（2）水油法的脱硫再生　工序是在带有搅拌器和高压蒸汽夹套的再生罐中，装入温水、再生剂（活化剂、软化剂和增黏剂等）和胶粉，在搅拌下以水作传热介质进行再生。再生后的胶粉还需经消洗、压水和干燥等工序处理。该法所需设备较多，投资较大；但优点是再生胶质量好，再生时间短，产量较大。该法适于产量较大的再生胶生产，但不适于品种变化频繁和再生条件差异较大的再生胶生产。

（3）再生橡胶高温连续脱硫新工艺　再生橡胶高温连续脱硫新工艺是在一个封闭的容

器中通过包贴式电加热的方式进行。它对胶料粒径无特殊要求，一般按 25 目筛过筛的胶粉即可投入高温脱硫机组使用。

再生橡胶高温连续脱硫新工艺的主机为一个多管道的、密闭的立体型加热机组。胶粉在 6 组总长度为 18m 的往复式管体中螺旋式推进，经不同区段的梯级升温、再加热、机械搅动、冷却处理等工序完成脱硫反应。

其工艺过程为：加入软化剂的胶粉→进料口→初始温度区→高峰温度区→保温区→冷却区→熟料出口。其运行过程为：胶粉由加料口运动到 150℃ 的加热区段，继而推进到 260℃ 的强加热区段并使之持续保温 5～6min，然后再进入强制降温区段，经过脱硫的熟料在 75～80℃ 的出口温度进行连续排放。整个脱硫过程是无间歇地连续进行，从进料到出料约 15min。

机组主机的前 5 组管体为再生橡胶粉粒的热解断链区段，后 1 组管体为强制降温区段。机组的升温、加热、冷却均由微机自动控制，自动巡检显示（并可配以打印装置），从而确保了产品质量的一致性和稳定性。由于高温连续脱硫反应过程时间短，因而可大量节约能源。

连续脱硫新工艺机组体积小、质量轻，不必使用蒸汽，又能以一机取代"水油法"所需的锅炉、脱硫罐、冲洗罐、压水机、干燥机等设备。这种新工艺没有水和蒸汽参与脱硫反应过程，故不会溢出有毒气体及有害污水等污染物，是目前污染脱硫工艺的换代设备。

新工艺的机组投资仅为水油法脱硫设备的 1/5，且老工艺改为新工艺后，除脱硫工艺变更外，其他设备仍可利用。高温连续脱硫机组操作简便，工人劳动强度低，日产量可达 3.3t，很适合在我国中小型再生胶厂推广使用，并且采用这种新工艺制得的再生胶质量高，产品均可达到水油法工艺再生胶一级品标准。

废轮胎经过在常温或低温下粉碎可获得不同粒度的胶粉。一般来讲，在制造橡胶制品或其他制品时掺用颗粒较大的普通胶粉（25 目）是不可取的。掺用后的硫化胶物理性能大幅度下降，伸长率下降尤为严重。掺用 10% 的精细粉碎的普通胶粉（60 目），硫化胶性能可保持在允许的范围。如果胶粉经过各种表面处理方法改性，制成活化胶粉，即使掺用量较大（25%～50%），硫化胶性能也不会明显下降，有些性能还有所提高。

胶粉的表面处理（改性）方法有化学机械法、聚合物涂层法、气体改性法。化学机械法就是借助机械作用，添加改性剂，对胶粉处理，使其活化，具体来说有开炼机法、反应器法。聚合物涂层法是根据结构相似相容原理，用少量液体不饱和聚合物处理胶粉表面（聚合物中加硫化剂、增塑剂）。这种包覆涂层在胶粉和胶料之间起着化学键的作用，硫化时使胶粉和胶料之间产生化学结合（交联反应）。气体改性法就是用混合的活性气体处理胶粉表面，使胶粉颗粒最外面的分子层暴露于可对其表面化学改性的高度氧化的混合气体中，从而使胶粉改性。另外，我国广州市再生资源研究所也研究成功一种胶粉活化方法。该法是将天然胶、合成胶或两者混合体废弃硫化胶的胶粉（30 目，40 目，60 目，80 目），与自己制备的分子中带有特殊功能的官能团初聚体的高分子化合物的活化剂、催化剂，在油法再生胶拌油器中搅拌进行活化反应 3min 后，在不断搅拌的条件下，再加入改性剂和少量改性反应的催化剂及分子量调节剂继续搅拌反应 2min，即得活化改性胶粉。

胶粉可广泛应用于铺路、装修、防振、密封、黏合、防水卷材及各种橡胶制品中，其应用范围随粉碎技术的发展和活化改性技术的完善将逐步扩大，具有广阔的发展前景。

3. 再生胶性能和用途

（1）性能 和新胶相比，再生胶优点是：①弹性小、塑性大、易于加工，不仅可减少动力消耗，还可提高产品质量；②收缩性小，膨胀性也小，流动性及黏着性大，有利于模压、压延及压出制品的成型；③生热小，耐屈挠、耐寒、耐热、耐油、耐老化性好；④硫化速度快，耐焦烧性能好，不易返硫，操作安全；⑤价格便宜而且稳定。缺点是：①耐磨性差；②耐疲劳性不好；③具有吸水性。

（2）用途 一般性能要求不高的橡胶制品均可使用再生胶，如在轮胎工业中，不仅垫带可以大量使用再生胶、油皮胶，甚至胎侧胶中也可掺用一定量的高级再生胶。在胶鞋工业中，橡胶海绵几乎是全用再生胶制造的，鞋底也可掺用部分再生胶。在工业制品中，消耗再生胶更多，有些低级橡胶制品可大部分采用再生胶。

（3）规格 再生胶外观要质地均匀，不得含有目测可见的金属、木屑、砂粒等杂质。

各种再生胶必须符合国标 GB/T 13460—92 规定的各项化学和物理性能指标（见表 5-2-15）的要求。

表 5-2-15 各种再生胶必须符合的化学和物理性能指标

品种和等级 指标名称		轮胎再生橡胶			胶鞋再生橡胶		杂品再生橡胶	
		优级	一级	合格	优级	一级	一级	合格
水分/%	≤	1.20	1.20	1.20	1.30	1.50	1.20	1.50
灰分/%	≤	10.00	12.00	15.00	32.00	38.00	30.00	40.00
丙酮抽提物/%	≤	20.00	25.00	28.00	17.00	19.00	20.00	25.00
拉伸强度/MPa	≥	9.50	8.00	6.00	5.50	4.00	5.50	3.50
扯断伸长率/%	≥	390	360	320	350	230	350	230
门尼黏度	≤	70	75	80	80	80	70	80

注：1. 生产企业必须保证产品自生产之日期 3 个月内，门尼黏度一个半月内符合上表的规定。
2. 各种专用再生胶、特殊性能或出口再生胶，其性能指标可由供需双方协商协定。

（二）胶粉

1. 概述

将废旧轮胎等橡胶制品粉碎成胶粉称为硫化胶粉，可直接应用于各种橡胶制品或建材，同可以转化为再生橡胶。与生产再生橡胶相比，生产硫化胶粉可以省去脱硫、水洗、干燥、捏炼和精炼等工序，同时消除了对空气和水的污染，工艺简单，机械化程度高。胶粉按粒度分类如表 5-2-16 所列。

表 5-2-16 胶粉的分类及胶粉制造装置

分类	粒度		使用装置
	μm	目	
粗碎胶粉	1400~500	12~30	研磨机,粗碎滚压机转动式粉碎机
细碎胶粉	500~300	30~47	细碎滚压机,转动盘式粉碎机
微碎胶粉	300~75	47~200	低温粉碎装置或冷冻粉碎机
超微碎胶粉	<75	>200	盘式胶体研磨机

采用废轮胎生产胶粉的主要包括以下几种方法。

（1）常温机械粉碎法 一般分为 3 个阶段：①将大块轮胎破碎成 5cm 的小块；②用粗碎机将小块进一步破碎为 2cm 的粗粒，然后将粗粒送入金属分离机分离出钢丝杂质后送入风选机去除废纤维；③细碎机将上述粗粒进一步磨细后经筛选分级最后得到粒径为 40~200μm 的成品胶粉。

粗碎和细碎在同一台设备内完成方式适用于小型工厂的生产，二者在两台不同设备内完成时的工艺适合大中型工厂生产。近年来我国出现了非辊筒式常温粉碎方法，可生产80～200目的精细轮胎胶粉的全套设备。

国内江阴青阳胶粉厂开发出XZ-300型切碎机，粗碎机的进料块为25mm×25mm，切碎粒度为8～15mm，最大生产能力为100kg/h。中碎机的进料粒度为8～15mm，切碎粒度为2～4mm，最大生产能力为80kg/h。近年来，国内开发出新型的盘式粉碎机，该机基于切研磨原理，齿盘采用耐磨合金钢包覆，配套水循环冷却系统以控制破碎室温度，从而获得高质量、高细度的胶粉。

（2）低温粉碎法　低温粉碎是利用液氮冷冻或空气涡轮膨胀式冷冻，使废橡胶制品冷至玻璃化温度以下，然后用锤式粉碎机或盘式粉碎机粉碎。

① 液氮粉碎法　按加工方式可以分为两类：一类时先对废轮胎进行割除胎圈和切割胎面预处理，然后进行液氮冷冻粉碎；另一类是不进行预处理，直接对废轮胎进行液氮冷冻粉碎。前者工艺复杂但可以粉碎得很细，后者可直接用于粉碎整个钢丝子午线轮胎，但液氮消耗量大，胶粉粒度受限。美国UCC Bunion Carbide Chirp公司开发了无预处理及有预处理两条工艺生产线。无预处理时冷冻至－140℃以下进行冲击破碎。有预处理时，先将废轮胎中的胎圈去除，然后送入破碎机中进行中粗破碎，经磁选器去除金属后，送入冷却装置或直接送入细碎机，进行冷冻粉碎。我国青岛绿叶橡胶有限公司开发LY型液氮冷冻法，利用废轮胎制造微细胶粉的生产装置年产80～200目的微细胶粉5000t，综合产量8000t，处理轮胎12000t。

② 空气冷冻粉碎法　中国航空工业总公司第六零九研究所研发的利用航空空气循环涡轮膨胀制冷技术建成了8000～10000t/a、生产胶粉5000t/a的工业化示范厂。整个流程由常温段粉碎和低温破碎两大部分组成。常温粉碎由轮胎破碎、粗碎、细碎、磁选筛分、物料输送、料仓等组成。低温段由气源净化、干燥、制冷、冷冻、粉碎、筛分分级、称重包装及测控等组成。两个部分可以连续或独立生产运行。

（3）超微细粉碎法　超微细粉碎法（RAPRA法）是由英国的RAPRA（英国橡胶塑料研究所）发明的一种废旧橡胶制品的粉碎方法，经破碎后的胶粉可以单独或和新的橡胶配合使用，硫化后可获得一定的物理机械性能。采用这一破碎方法具有两个特点。①在粉碎过程中可以保持低温。天然橡胶及合成橡胶的物理机械性在100℃的高温下会有一定程度的下降，该方法中严格控制温度在100℃以下。②该方法采用圆盘式碾磨机粉碎的废旧橡胶制品的胶粉例子表明凹凸形，呈毛刺状态，配入这种胶粉后不仅效果增加，且易于实现自动输送和自动称量。

2. 胶粉生产流程

废旧轮胎中含有纤维及金属等非橡胶成分，且轮胎本身体积较大，非橡胶成分不仅不利于粉碎，且影响胶粉及再生胶的质量。因此在破碎之前通常需要进行非橡胶成分的去除、分离、切胶及洗涤等加工程序。

（1）去除非橡胶成分　主要是去除废轮胎的胎圈，主要有两种方法：①将轮胎横向切断后割除胎圈，该方法适用于轿车轮胎以下的小型轮胎；②使用旋转割胎圈机去除胎圈，操作方法是：固定轮胎的盘，由刀将胎圈割掉，适用于大型轮胎。

（2）切胶　经过分类及除去非橡胶成分的废橡胶长短不一、薄厚不均，需要对其进行切割后才能进行粉碎操作，否则会影响粉碎设备的安全，一般用曲轴切割机进行切割。

整胎切块机的主要构造是由一对旋转轴构成，两轴上装有若干把硬质合金刀，工作时呈交叉状态，将轮胎剪切成块，可以将轿车胎、载重胎和子午胎切割成 25mm×25mm 的胶块，每小时生产能力为 4～5t。具体轮胎切块的过程是：将轮胎挂在带钩的运输带上送入切割室，相对旋转的刀具将送入的轮胎切成所需的胶块。该机装有钢板旋转塞，胶块若大于 25mm×25mm，则随筛边挡板重新回到切割机上再次切割。轮胎切割机分固定式和移动式两种。固定式切块机以固定电源为动力，移动式切块机以移动的柴油发电机为动力。在美国的废轮胎堆放区，常使用固定式切块机现场进行切块，然后运出处理。胶粉生产工艺流程如图 5-2-22 所示。

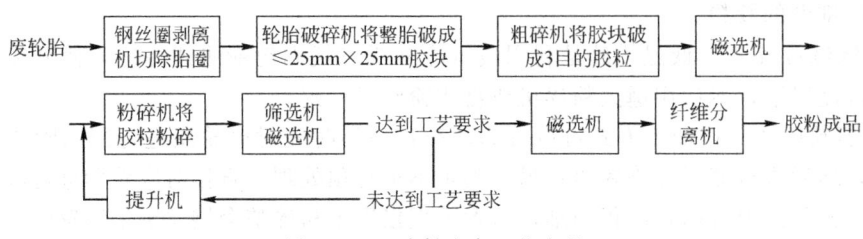

图 5-2-22 胶粉生产工艺流程

3. 胶粉的性能和用途

（1）胶粉的性能　胶粉的性质如下：①胶粉的成分随原材料的不同而不同。②胶粉的表面存在着各种含氧基团，从而导致胶粉表面呈酸性，且酸性值随胶粉粒径的减少而增加。③胶粉无论是单用还是掺到丁苯橡胶中，物理机械性能大大优于再生胶。④胶粉的性能优于再生胶。⑤在胶料中掺用胶粉会不同程度降低拉伸轻度，且随着胶粉用量和胶粉粒径的增加而降低得更多。⑥胶料中加入胶粉时，随着胶粉粒径的减少，胶料的撕裂性能提高。⑦胶粉对胶料的物理性能影响的主要因素包括：胶粉的粒径、用量及原料来源。

（2）胶粉的用途　按胶粉的粒径可以分为胶屑、胶粒和胶粉 3 大类。通常对粒径大于 2mm 的称为胶屑，1～2mm 的称为胶粒，<1.5mm 的称为胶粉。这种胶粉又细分为碎胶粉、粗胶粉、细胶粉、精细胶粉、微细胶粉和超微细胶粉等。具体种类及用途见表 5-2-17。

表 5-2-17　胶粉的种类及主要用途

分类		粒度		粉碎方法	主要用途
		细度/mm	目数		
胶屑		2～10		切削、打磨、辊筒	跑道、道砟垫层
胶粒		2～1	10～18		铺路弹性层、垫板、草坪、地板砖、地毯
胶粉	碎胶粉	1.5～0.5	12～30	辊筒、磨盘	铺路材料、手套防滑、再生胶、地毯
	粗胶粉	0.3～0.5	30～47		再生胶、活化胶粉
	细胶粉	0.25～0.3	47～60		塑料改性、橡胶掺用、活化胶粉
	精细胶粉	0.175～0.25	60～80	冷冻、湿体、研磨	橡胶掺用、改性沥青、防水材料
	微细胶粉	0.074～0.175	80～200		橡胶掺用、改性沥青
	超微细胶粉	0.045～0.074	200～325		代替橡胶、改性涂料

胶粉的细度决定胶粉的性能及用途。粒度越小，胶粉的性能越会得到改善和提高，但成本也随之而增加。反之粒度越大，性能越差，掺用和代用的效果也越差。目前，以粒子细度为 30～40 目的粗胶粉最为经济，使用面最广，既可以作为再生胶的原料，又能直接使用，同时还可以活化、改性，制成活化胶粉或改性胶粉。

四、废轮胎的高温热解

1. 废轮胎热解的操作方法

废轮胎高温热解靠外部加热使化学链打开，由此有机物得以分解及气化、液化。虽然一些报道的热解操作温度达 900℃，但大部分热解温度在 250～500℃ 范围内。当温度高于 250℃ 时，破碎的轮胎分解出的液态油和气体随温度升高而增加。400℃ 以上时，依采用的方法不同，液态油和固态炭黑的产量随气体产量的增加而减少[36～39]。

典型的废轮胎热解操作方法如下。

① 要处理的轮胎经称重后，整个或破碎后的轮胎送入热解系统。破碎后的胶粉常采用磁分选技术来去除铁。

② 进料通常用裂解产生的气体来干燥和预热。裂解气和惰性气体（如氮气）的混合物常用来去除氧气。

③ 热解的两个关键因素是温度和原料在反应器内的停留时间。在反应器内保持正压能防止空气中的氧气渗入反应系统。

④ 裂解产生的油被冷凝和浓缩，轻油和重油被分离，水分被去除，最后产品被过滤。

⑤ 裂解旧轮胎产生的固态碳被冷却后，用磁分离器械来去除炭中剩余的磁性物质。对该炭做进一步的净化和浓缩将生成炭黑。

⑥ 裂解产生的气体使整个系统保持一定压力并为系统提供热量。

现今各国在废轮胎热解方面的研究很多，也取得了相当的进展，但真正见于报道，有完善的技术装备，可靠的工艺流程，可观的经济效益，能够拿出来供大家仔细推敲的却极少见。仅就 1994 年美国为例，取得废橡胶热解方面专利权的有 34 家，但真正详细见于报道的却只有一家，可见这方面的研究还远远不够。以下介绍国外的最新进展。

日本 N1S 公司。先将废轮胎切割成数厘米的小块，然后置于浓度为 4% 的苛性钠溶液中，在 40 个大气压下加热至 400℃，15min 后，轮胎橡胶就转化为油状高分子碳氢化合物溶液。从中可提炼出化工产品。

日本九州 JCA 公司。首先是废轮胎热分解的一次处理。在约 300℃ 的热解釜中加热约 5～10h。热分解产物以气相形式从釜顶导出，经冷却后分离为分解油和燃料气，燃料气供分解釜加热用，分解油经过后精制成燃料油。釜内残渣经轻质油清洗后，作为制备活性炭的原料，进入二次处理工序。二次处理即从残渣制活性炭，其关键是如何从分解残渣中清除锌。

在日本，废轮胎广泛用作水泥厂的燃料。可燃物变成能量，钢丝以氧化铁粉的形式保留于水泥中，硫黄变成石膏，故于经济于环境都有利。

美国 ECO 公司。首先把旧轮胎粉碎至 2.54cm 的颗粒，用磁铁去除钢，还可用其他技术萃取非金属增强纤维，最后剩下一种叫做"粒状生胶"的产物。把"粒状生胶"送入热解管内，在约 194.4℃，无空气、氧气的情况下热解，得到高质量的炭黑和清纯的油。此法不采用烟道，故无空气污染。

橡胶的组成成分及反应条件直接控制着产品产率及质量。反应条件包括温度、时间、压力、反应介质及反应器形状等。已有的热解技术主要包括：常压惰性气体热解技术、真空热解技术、熔融盐热解技术。

(1) 常压惰性气体热解　废橡胶在惰性气体中加热到 500℃，可获得 35%（与废橡胶的质量分数，下同）的固体残余物、55% 的油和 3% 的气体。其中液体产物含有质量分数为

0.51 的芳烃油和质量分数为 0.33 的粗石脑油，固体组要为粗炭黑，炭黑中有质量分数为 0.2 的硫及 0.10～0.15 的灰分。热解温度时关键因素，决定产品收率及产物质量。900℃时可得到 52% 的固体残余物、14% 的油及 21% 的气体，其中油中含有质量分数为 0.85 的芳烃油。

采用相对分子量较大的溶剂作为反应介质时可降低反应温度。法国的 Bouvier J M 等采用中有为反应介质在 N₂ 中于 340～380℃ 下热解废橡胶得到了脱硫的低聚物和炭黑。Ulick T J 等在废橡胶中采用低挥发性、富含芳烃油（质量分数为 0.50）、相对分子量较大（700）的溶剂作为传热介质，热解温度为 310～315℃，反应时间为 0.5～2.0h。

（2）真空热解　采用真空热解技术是在减压、低温下进行分解。与其他热解方法相比，有机挥发物在反应器中停留时间短，温度低，副反应少；其次，与常压热解相比，真空热解液体油回收率一般较高。真空热解油中含有较多的芳香烃化合物，有利于燃料油辛烷值的提高。美国 Garb-oil 公司采用真空热解技术，温度为 650～925℃ 时每天处理 9000 条轮胎，获得 55t 原油、11.4t 钢及 28.6t 炭黑。

（3）熔融盐热解　熔融盐作为传热介质时可使液体和橡胶充分接触，反应速度快，可用于整个或半个轮胎及粉碎轮胎。使用类似氯化锂/氯化钾低共融混合物作传热介质。混合物在反应前后没有改变，可循环利用。典型的做法是：将轮胎碎块浸入氯化锂/氯化钾的低共融混合物中，加热至 500℃，产生 47% 的油、45% 的固体残余物和 12% 的气体。油中大约包括质量分数为 0.21 的芳烃油、质量分数为 0.34 的链烯烃和质量分数为 0.45 的石脑油。残余物中有炭黑类似物以及轮胎中未发生变化的纤维和钢的成分。气体为 C₁～C₄ 的石脑油及链烯烃混合物。

英国邓禄普公司采用熔融金属碳酸盐作为热解的传热源。C.Chambers 等选用汽车废弃橡胶于 380～570℃ 时在多种熔融盐中热解，反应速度较快，且随着温度增加甲烷量增加，同时 C₄ 气体减少，酸性金属盐增加，则产气量提高。

（4）催化降解　通常直接热裂解处理废橡胶所需温度高，原料多需事先处理为小块，且加热时间较长，一般大于 3h。此外，热裂解产品中通常含有杂质，降低产品质量，缩小了使用范围。通常采用增加附加反应装置来除去杂质。

R.C.Wingfield 等采用质量分数为 1% 的 Zn 和钴盐作为催化剂混入原料时可以使液体有及其他产品中的总硫量降低 40% 以上，液体中总氮量降低 50%。在废橡胶中加入碱金属或碱土金属碳酸盐可以提高分子量较小的烯烃产生量。N.Y.Chen 等采用硅铝酸盐沸石作为废轮胎裂解催化剂时，主要的金属阳离子为稀土金属，金属离子可调整催化剂活性，提高裂解产物辛烷产生量。

2. 废橡胶的热解产物

丁腈橡胶由于热解时会产生 HCl 及 HCN，所以不宜热解。废轮胎热解的产物非常复杂，根据原联邦德国汉堡大学研究，轮胎热解所得产品的组成中气体占 22%、液体占 27%、炭灰占 39%、钢丝占 12%（质量分数）。气体组成主要为甲烷（15.13%）、乙烷（2.95%）、乙烯（3.99%）、丙烯（2.5%）、一氧化碳（3.8%），水、CO₂、氢气和丁二烯也占一定比例。液体组成主要是苯（4.75%）、

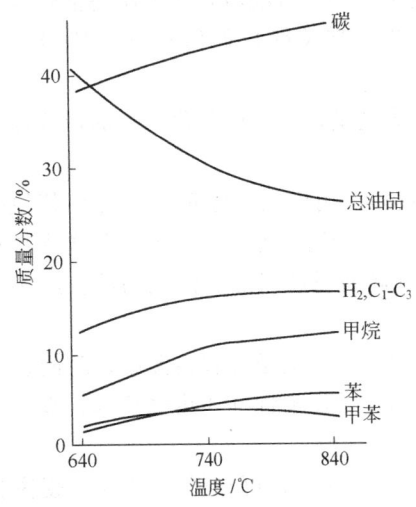

图 5-2-23　废轮胎热解产品组成与温度关系

甲苯（3.62％）和其他芳香族化合物（8.50％）。在气体和液体中还有微量的硫化氢及噻吩，但硫含量都低于标准。热解产品组成随热解温度不同略有变化，见图 5-2-23。温度增加气体含量增加，而油品减少，碳含量也增加。

　　通常废轮胎热裂解工厂的生产流程主要包括 4 个部分：原料预制系统、热裂解反应器系统、气-油回收分离系统、固体回收系统。具体生产流程见图 5-2-24。

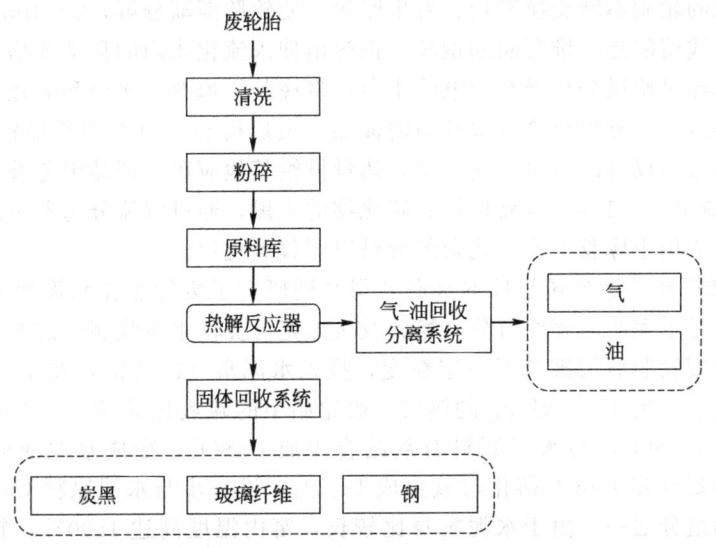

图 5-2-24　废轮胎热裂解生产流程

3. 废橡胶的热解工艺流程

　　（1）废旧轮胎热裂解工艺　图 5-2-25 为采用流化床热解炉的某实验厂废轮胎热解工艺流程。废轮胎经剪切破碎机破碎至小于 5mm，轮缘及钢丝帘子布等绝大部分被分离出来，用磁选去除金属丝。轮胎粒子经螺旋加料器等进入直径为 5cm、流化区为 8cm、底铺石英砂的电加热反应器中。流化床的气流速率为 500L/h，流化气体由氮及循环热解气组成。热解气流经除尘器与固体分离，再经静电沉积器除去炭灰，在深度冷却和气液分离器中将热解所得油品冷凝下来，未冷凝的气体作为燃料气为热解提供热能或作流化气体使用。

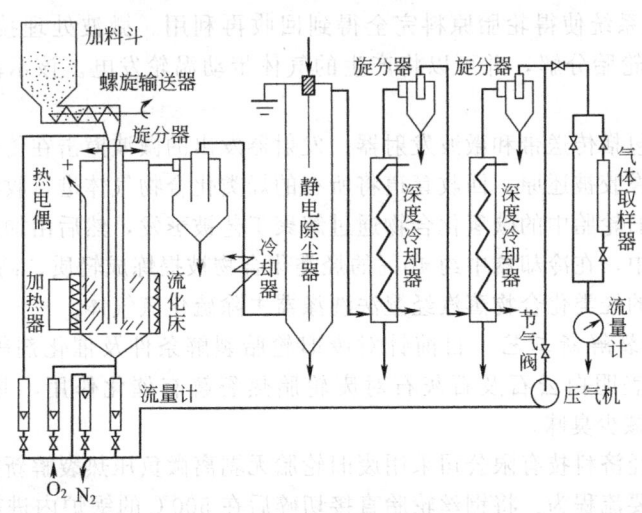

图 5-2-25　某实验厂流化床热解橡胶的工艺流程

由于上述工艺要求进料切成小块，预加工费用较大。国外在此基础上做了改进。汉堡研究院的废轮胎实验性流化床反应器，其流化床内部尺寸为 900mm×900mm，整轮胎不经破碎即能进行加工，可节省大量破碎费用。流化介质用砂或炭黑，由分置为二层的 7 根辐射火管间接加热，部分生成气体用于流化，另一部分用于燃烧。整轮胎通过气锁进入反应器，轮胎到达流化床后，慢慢地沉入砂内，热的砂粒覆盖在它的表面，使轮胎热透而软化，流化床内的砂粒与软化的轮胎不断交换能量、发生摩擦，使轮胎渐渐分解，2～3min 后轮胎全部分解完，在砂床内残留的是一堆弯曲的钢丝。钢丝由伸入流化床内的移动式格栅移走。热解产物连同流化气体经过旋风分离器及静电除尘器，将橡胶、填料、炭黑和氧化锌分离除去。气体通过油洗涤器冷却，分离出含芳香族高的油品。最后得到含甲烷和乙烯较高的热解气体。整个过程所需能量不仅可以自给，还有剩余热量供给其他应用。产品中芳香烃馏分含硫量＜0.4%，气体含硫量＜0.1%。含氧化锌和硫化物的炭黑，通过气流分选器可以得到符合质量标准的炭黑，再应用于橡胶工业。残余部分可以回收氧化锌。

1979 年普林斯顿轮胎公司与日本水泥公司共同研究了废轮胎作水泥燃料的技术。废轮胎含有的铁和硫是水泥所需要的组分，橡胶及炭黑是可提供水泥烧制所需要能量的燃料。其工艺流程为先将废轮胎剪切破碎至一定粒变，投入水泥窑（回转窑）在 1500℃ 左右高温燃烧，废轮胎和炭黑产生 37260kJ/kg 的热量。废轮胎中的硫氧化成 SO_2，在有金属氧化物存在时进一步氧化成 SO_3，与水泥原料石灰结合生成 $CaSO_4$，变成水泥成分之一，防止了 SO_2 的污染。金属丝在 1200℃ 熔化与氧生成 Fe_2O_3，进一步与水泥原料 CaO，Al_2O_3 反应也变成为水泥的组分之一。由于水泥窑身比较长，窑内温度高达 1500℃，轮胎在水泥窑中停留时间长，燃烧完全，不会产生黑烟及臭气。投入废轮胎后每吨水泥可节省 C 号重油 3%。据 1979 年统计资料，采用此法的水泥厂达 21 家，可处理 $1.58×10^5 t/a$ 废轮胎。

（2）废旧轮胎微波裂解工艺　加拿大 EWI 公司成功开发了废旧轮胎微波解聚还原技术制取燃料油和炭黑的工艺设备。轮胎解聚还原系统的基本单元可加工干式的及完整的废旧轮胎，最大直径为 815mm、最大宽度为 300mm。每台设备的加工生产线可以根据废旧轮胎特性改造为加工大型卡车轮胎或轮胎碎片，包含四条生产线基本单元的 TR-6000 设计规格。

该技术将废旧轮胎中的化合物转换为低分子化合物及基体材料，其中一部分被分解出来的烃类化合物通过冷凝器转换成液态的烃类化合物并进行收集；另外，气态的烃类化合物也被收集。其他产品如炭黑和钢丝在完成解聚作用后采用物质分离器进行分离。EWI 公司轮胎还原系统使得轮胎原料完全得到回收再利用。微波处理技术在 250～300℃时可在氮气室内将轮胎分解，并可以将产生的气体带动涡轮发电。该示范工厂可以回收轮胎 900 条/d。

系统的还原室包括传送带和微波发射器。发射器发出的微波撞击在传送带上移动的废旧轮胎时，轮胎中的橡胶被还原，回收管道将所有的烃类化合物气体进行收集，固体物质从还原室尾端排出。废旧轮胎中的碳氢化合物通过解聚工艺被蒸发，然后由加热管道收集，最后传送到水冷冷却器中，在冷却器中约 40% 的烃类化合物被提炼成轻质、高 BTU 油，油再经过过滤器。冷却后的烃类化合物蒸汽经湿法洗涤器去除硫化氢气体。

（3）废旧轮胎裂解新工艺　目前针对废旧轮胎裂解条件及催化剂等均进行了相关研究。阴秀丽等研究表明白云石及石灰石对废轮胎热裂解有催化作用，并可以减少气体中 H_2S 的含量，从而减少臭味。

上海绿人生态经济科技有限公司采用废旧轮胎无剥离微负压热裂解新技术使得废旧轮胎再利用。该技术主要流程为：将钢丝轮胎直接切碎后在 500℃ 的锅炉内进行裂解，生成的气体抽出后经冷却、分解后变成了油及少量的可燃气体。锅炉中剩余的固体经处理后变成小颗粒的炭黑及钢丝。年处理能力为 1 万吨，可生产燃料油 4500t、炭黑 3500t、钢丝 1000t 及 1000t 可燃气体。

美国未来燃料研究所（FFI）采用日处理 100t 的废轮胎等离子体转化设备将废旧轮胎完全热解成清洁的合成气，再用管道直接送入乙醇合成系统，生产商品燃料级乙醇产品。此外，美国利用废旧轮胎作为电弧炉生产碳和钢的原料。在电弧炉温度为 1667℃时，废旧轮胎中的碳和钢可以发生反应产出高碳钢，废旧轮胎不仅可以作为高碳钢中碳和优质钢的来源，并在冶炼过程中提供能源，同时节约成本。

第六节　电子废物的资源化技术

一、概述

电子废物，又称电子垃圾，指废弃电器电子产品，包括各种废旧电脑、通信设备、家用电器，以及被淘汰的精密电子仪器仪表等[40~43]。随着信息科学技术的高速发展，电子类产品的更新换代年限在不断缩短，被淘汰的电器、电子产品数量也在不断增长。在欧盟发表的一份有关电子废弃物的报告中指出，电子废物已成为城市垃圾中增长最快的垃圾❶。欧盟每年废弃电子设备高达 600 万~800 万吨，占城市垃圾的 4%，且每年以 16%~28% 的速度增长，是城市垃圾增长速度的 3~5 倍❷。我国是世界上最大的电子与家电产品生产国和消费国之一。据估算，从 2003 年起，我国家电进入报废高峰期，年报废量达 3 000 多万台❸，手机则将达到千万部，并且这一数量还将逐年增加。

1. 电子废物定义及分类

根据 2007 年 9 月我国国家环境保护总局通过的《电子废物污染环境防治管理方法》（于 2008 年 2 月 1 日开始施行）中规定，电子废物是废弃的电子电器设备及其零部件，包括生产过程中产生的不合格设备及其零部件；维修过程中产生的报废品及废弃零部件；消费者废弃的设备及根据有关法律法规被视为电子电器废物的。

在我国规范性文件中，国家环境保护总局文件《关于加强废弃电子电气设备环境管理的公告》（环发 2003143 号）中提出，电子电器设备是指依靠电流或电磁场来实现正常工作的设备，以及生产、转换、测量这些电流和电磁场的设备，其设计使用的电压为交流电不超过 1000V 或直流电不超过 1500V 的设备，具体产品如表 5-2-18 所列。

表 5-2-18　我国电器电子产品分类

序号	产品类别	产品名称
1	大型家用电器	冰箱、洗衣机、微波炉、空调等大型家用电器
2	小型家用电器	吸尘器、电动剃须刀等小型家用电器
3	信息技术和远程通信设备	计算机、打印机、传真机、复印机、电话机等信息技术(IT)和远程通信设备
4	用户设备	收音机、电视机、摄像机、音响等
5	电子和电气工具	钻孔机、电锯等电子和电气工具

❶ 王震，马鸿发．上海市电子废弃物产生量及管理对策初探 [J]．再生资源研究，2003，(3) 16-17.

❷ Dirk Boghe. Electronic Scrap: A Growing Resource [J]. Precio-us Metals, 2001, (7): 21-24.

❸ 张文朴．我国电子废物综合利用进展．中国资源综合利用．2010，1 (28): 9-12.

续表

序号	产品类别	产品名称
6	玩具、休闲和运动设备	电子玩具、休闲和运动设备
7	医用装置	放射治疗设备、心脏病治疗仪器、透视仪等医用装置
8	监视和控制工具	烟雾探测器、自动调温器等监视和控制工具
9	自动售卖机	自动售卖机

我国 2009 年 2 月国务院颁布的《废弃电器电子产品回收处理管理条例》（于 2011 年 1 月 1 日开始正式施行），首批列入计算机、电视机、电冰箱、空调机和洗衣机作为管理对象。

2. 电子废物的组成与特点

不同类别、不同型号的电子废物，其物质组成的差别也非常很大。总体上来说，电子废物主要物质组成包括铁及其合金、有色金属、塑料、玻璃、木材、电路板、橡胶等。一般来说，铁及其合金是电子废物中用量最大的一类物质，占电子废物总质量的 50% 左右，其次是塑料 21%。表 5-2-19 列出了电子废物的主要组分。

表 5-2-19 电子废物所含主要组分及质量比

组分	比例/%	组分	比例/%	组分	比例/%
金属	49	印刷电路板	1.2	混凝土	4.1
塑料	20.7	木材	0.3	其他	5
玻璃/陶瓷	18.1	橡胶	0.4	总计	100
电线	0.4	绝缘体	0.8		

电子废物具有双重性：一是污染属性。其组成成分复杂，含有重金属、铅、含溴阻燃剂或其他卤族化学物质等有害物质，直接丢弃或不当回收利用的过程中也会生成有毒有害物质，造成环境污染并危害人体健康。二是资源属性。根据欧洲资源和废物管理专题中心数据显示，电子废物拥有占总重 47.9% 的铁和钢，12.7% 的有色金属，20.6% 的塑料以及其他有价物质，其中，通常含有大量贵金属的电路板在废旧家电中占 3.1%。废电路板中金属含量高达 40%，特别是贵金属的含量较高。每 1t 含金矿石一般只能提炼 6g 金，而从每 1t 废电路板能提炼出 300g 金，且因电子废物金属品位高，生产过程比较易于达到节能减排目标。例如，从废家电回收的废钢炼钢，可减少 97% 的废物排放、98% 的空气污染、76% 的水污染以及减少 94% 的用水量、90% 的原材料、74% 的能耗。因此，通过再生利用获得废旧家电中资源的成本大大低于直接从矿石、原材料等冶炼加工获取资源的成本，且节约能源。

二、电子废物资源化处理技术

根据电子废物的组成，电子废物大体上可以分为显示器类（包括 CRT 电视机、LCD 电视机、等离子电视机等具有显示功能的电子废物）、制冷设备类（包括冰箱、空调器等带有压缩机和制冷剂的电子废物）和一般电器类（包括洗衣机、饮水机、电磁炉等）[44,45]。

电子废物的回收处理，包括先经过拆解、破碎、分离等操作，去除其中的有毒有害物质，并将有价物质分离出来或作为能源进行回收利用，最后将没有利用价值的残余物以环境无害化的方式进行处理/处置，以消除污染、回收资源。电子废物的回收资源化处理主要包括以下工艺过程。

（1）拆解 拆解主要分为手工拆解和机械化拆解。拆解时应先将含有有毒有害物质的零部件分离出来，如制冷剂、电池、灯管、汞开关、含 PCB 的电容器等。对于空调和电冰箱，拆解前应先回收其中的制冷剂和压缩机油。拆解产物应根据后续处理工艺的要求进行分类，一般可分为塑料、钢铁、铜、铝、压缩机、CRT 显像管、电路板、可再利用零部件（如电脑硬盘、内存、中央处理器等）、线缆等。经过拆解后，有的物质可直接进入再利用环节，如塑料、钢铁、铜等；有的需要进一步的处理，如 CRT 显像管、电路板等。

（2）分离 分离处理的对象主要是经拆解后有回收利用价值但不能直接进行回收利用或虽无回收利用价值但不能直接进行处理/处置的零部件，如电路板、CRT 显像管、液晶面板等。目的是分离得到纯度较高的目标物质，实现有价物质的回收，并减小目标物的体积，使其便于贮存和运输。应根据处理对象的不同，采用不同的操作，如电路板的处理可经过破碎后采用磁选、电选、气流分选、涡电流分选等技术将其中的铜与电路板基板材料分离开来。

（3）污染物的处理 在拆解及物质分离的过程中均会产生污染物，如冰箱隔热层的聚氨酯泡沫、压缩机油、CRT 显像管湿法拆解产生的废酸液、电路板高温处理产生的废气等，对这些污染物要根据各自的性质采用相应的方法进行处理，确保其不会扩散至周围环境中，造成污染。

（4）物质回收与再利用 经过拆解与分离后，得到的纯度较高的物质可以作为原料回收再利用，如钢铁、塑料、玻璃等，这些物质经过相应处理后可回用于产品的制造或用作其他用途，从而节约资源。

（5）能量回收 将不适于作为原料回收再利用的物质（比如部分塑料、木材）用作燃料回收能量，也是实现废物资源化利用的一种途径，此方法可有效减少需要处理的废物的体积，但由于燃烧过程可能产生大气污染物，因此燃烧必须在有完善尾气处理系统的设施中进行，避免对大气造成污染，但这样做有可能会增加废气处理的成本。

（一）CRT 显示器类电子废物资源化处理

据统计，我国电视机的社会保有量超过 4 亿台，电脑近 2000 万台，大部分已到了报废年限，每年超过 500 万台以上电视机和电脑被淘汰，且以每年 25%～30%的速度递增[1]。早期电视机和电脑等的显示设备用的是阴极射线管（CRT）显示器，报废的 CRT 显像管如果不妥善地处理，不仅资源得不到综合利用，而且还会对环境造成不良的影响。

最常用的彩色 CRT 显示视器一般包括以下几个部分：CRT 显像管、线路板、监视器外壳、其他微小部件等。其中，CRT 显像管是 CRT 显示器的核心部分。彩色 CRT 显示器中的主要成分有含铅玻璃、铜、铁、铝、塑料和一些微量元素如荧光粉中的稀土金属等。这些物质在常见的 CRT 显示器中的含量表 5-2-20。

表 5-2-20 常见 CRT 显示器中各种主要组成物质的含量

组成物质	含铅玻璃	钢、铁、磁铁	各种塑料	铜、黄铜	铝	树脂、橡胶类物质	其他
含量/%	46.3	30.5	18.7	3.1	2.2	1.6	0.2

CRT 集中了整个 CRT 显示器中近 99%的有毒有害物质，其中最突出的部分是铅。而从资源化的角度看，玻壳的质量约占 CRT 显示器总质量的 50%，除玻壳外，显示器中的其他材料都是常见的塑料和金属以及少量的树脂和橡胶等。因此，废 CRT 显示器的资源化问题最重要的是解决 CRT 的资源化问题。另外，玻壳的成分在所有其他类型的废旧家电中也

❶ 魏金秀，汪永辉，李登新. 国内外电子废弃物现状及其资源化技术. 东华大学学报，2004，(3)：133-138.

是很特殊的。线路板、塑料外壳、电源线等含有金属和塑料的部件可以采用金属-塑料分离的相关技术达到材料回收的目的，而玻壳由于其独特的组成，需要采用特定技术进行资源化利用。

1. CRT 显示器锥屏玻璃分离技术

CRT 显示器的显像管是其核心部分，包括了荧光屏/玻璃面板、圆锥形玻壳、颈部玻璃、电子枪等主要组成部分。锥屏分离是 CRT 显示器回收利用的核心步骤。总体来说，当前 CRT 显示器锥屏分离拆解方法基本可以分为物理分离法和化学分离法，而投入工程实践的方法主要为物理分离方法，包括整壳破碎后，通过光电分选分离锥屏玻璃，或通过对整壳进行热爆、切割分离锥屏，分别回收铅玻璃和屏玻璃。

物理分离法主要有直接破碎法、机械切割法、热冲击法、熔融法、电热丝法、激光处理、带有研磨剂的高压水枪以及其他分割方法如硬金属棍、金刚石切割、金刚石轮等可实现玻璃切割的方法（见图 5-2-26～图 5-2-28）。

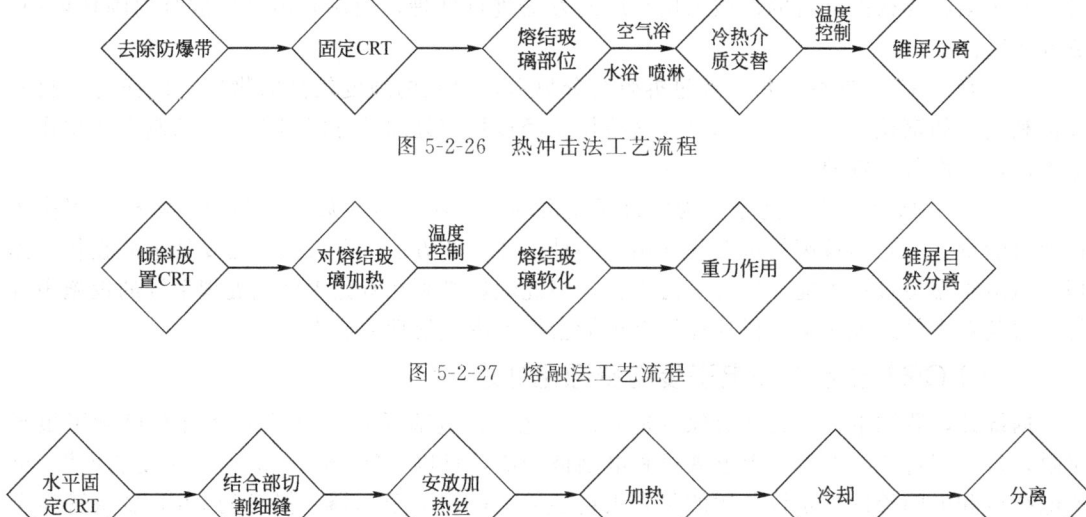

图 5-2-26　热冲击法工艺流程

图 5-2-27　熔融法工艺流程

图 5-2-28　加热丝法工艺流程

化学分离法主要是酸法处理（见图 5-2-29），它采用硝酸、有机酸等。由于低熔点玻璃的特殊构成，其较易溶解于硝酸等溶液中，通过浸泡或冲洗的方式溶解低熔点玻璃，并辅以冷热冲击过程实现 CRT 玻壳玻璃的分离。可以采用机械振荡以加强酸溶液的溶解效果，缩短分离周期。

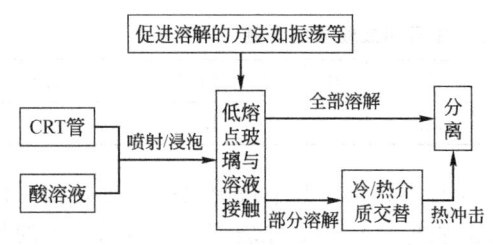

图 5-2-29　化学拆解法的工艺流程

2. CRT 玻璃资源化再利用技术

CRT 显示器处理过程中产生的废玻璃主要有两种，一是含铅量高的锥玻璃；二是含铅量相对较低的屏玻璃。对于锥玻璃，回厂再造 CRT 玻壳是主要的资源化途径。这主要是因为玻壳生产中需要在玻璃原料中添加 25%～60% 玻璃熟料，用以熔制高质量 CRT 玻壳。因为此方式与其他资源化途径相比，既可实现锥玻璃的资源化再利用，而且不需要面对铅的无害化问题。对于屏玻璃，主要的资源化途径是用于制造建筑材料，如玻璃陶瓷，烧结型玻璃瓷砖，泡沫玻璃，废玻璃地板砖等。由于电子显示设备的快速发展，LCD 显示器将逐步代替 CRT 显示器，随着 CRT 显示器市场的萎靡，再制造 CRT 玻璃越来越少，废 CRT 玻璃作为建筑原材料以及铅提取将成为主导方向。

（1）制作玻璃陶瓷 玻璃陶瓷是玻璃与陶瓷的结合物，是将玻璃与陶瓷的粉状物长时间加热共熔而成，具有坚硬、耐热、不脆、抗震且多孔的特点，其微孔占总体积的 30%，每个微孔的直径约 0.02 微米。玻璃陶瓷在宇航工业上有重要应用，如制作宇宙飞船的前锥体和航天飞机上用的绝热片。它还兼有微孔玻璃的特点，在化学工业中起分子筛的作用。此外，还可以将玻璃陶瓷进行深加工，例如将它在 1200℃ 的条件下保温一段时间，微孔将消失变成致密玻璃，由于铝含量高，原子经过重排，气孔少，具有透明陶瓷的功能。

（2）制作烧结型玻璃瓷砖 烧结型玻璃瓷砖是将玻璃粉碎后与凝胶材料一同放进模具加压成型，待达到一定强度后进行焙烧而制成的材料。焙烧可进一步提高产品密度和强度。玻璃瓷砖可作为非承重的装饰瓷砖。

（3）制作黏结型玻璃砖 废玻璃经清洗破碎之后与辅料（以不饱和聚酯树脂为胶黏剂）进行混合制成料浆，再经浇注脱模得到地板砖产品（图 5-2-30）。黏结型地板砖外观似瓷，材质如钢，使用寿命长，是陶瓷制品的理想代用品。

（4）制作泡沫玻璃 泡沫玻璃是一种以掺加有发泡剂和其他辅助材料的玻璃粉作原料，经高温烧结发泡后制成的轻质多孔玻璃材料（图 5-2-31），其中包括有许多不同性能和用途的产品，如闭孔型的绝热泡沫玻璃，通孔型的吸声彩色泡沫玻璃，准闭孔型的彩色泡沫玻璃墙面砖，中性泡沫玻璃，以及许多深加工的制品等。

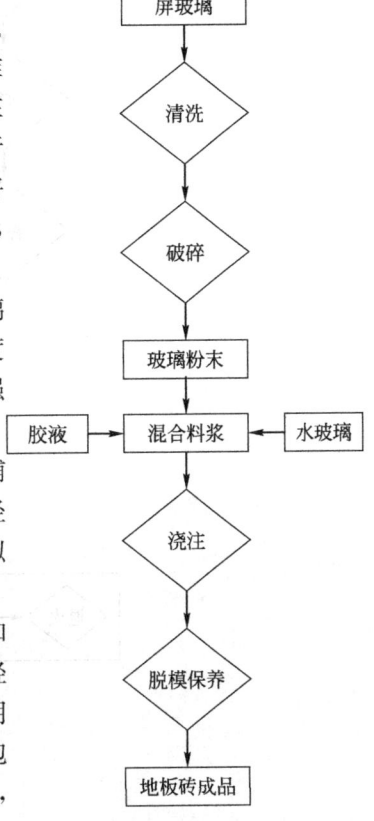

图 5-2-30 用屏玻璃制作
地板砖工艺流程

（二）LCD 显示器类电子废物资源化处理

液晶（LCD）类废物包括：面板玻璃中的液晶、背光灯管（含汞）以及电路板（铅和阻燃剂等）。LCD 种类很多，不同品牌，不同型号的 LCD 结构和物质组成上略有差异，但大体构造上基本相似。各种材料的质量比例见表 5-2-21。

表 5-2-21　LCD 中各种材料质量百分比

物质	质量/kg	质量分数/%	备注
金属	1.080	39.0	金属后盖和金属框架
塑料	1.045	37.6	前后塑料面板、树脂
电路板	0.330	11.9	主板、高压板、前控制板
液晶玻璃	0.255	9.2	ITO 玻璃、液晶
其他	0.095	2.3	
总重	2.775	100%	

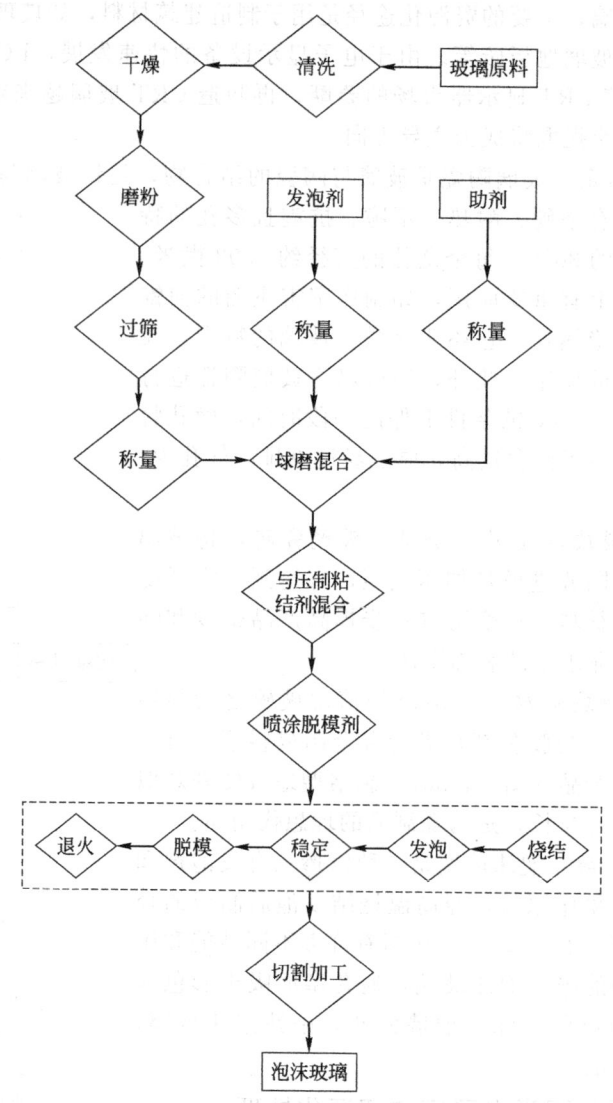

图 5-2-31 屏玻璃制造泡沫玻璃工艺流程

　　总体而言，目前各类关于废 LCD 显示器的资源化处理技术和设备并不成熟，普遍处于研发阶段。废 LCD 显示器处理处置技术研究的关键问题包括两点：一是实现废 LCD 显示器中有害物质如背光灯内汞，以及废电路板中的铅、镉等物质的无害化处理，避免有机物液晶材对环境的污染；二是实现无碱硼硅玻璃、塑料、树脂和金属铟等可资源化的物质的回收利用。

1. LCD 面板的资源化处理技术

　　现有的废 LCD 显示器处理技术均是在初步拆解的基础上对液晶面板进行无害化、资源化处理。液晶面板包括基板玻璃部分和背光源部分，是 LCD 显示器最主要的功能部分，液晶面板处理技术的研究则是废 LCD 显示器的资源化回收利用工艺研发的关键。废 LCD 显示器通过手工拆解回收塑料和金属，液晶屏部分通过破碎后采取高压喷洗、超声清洗、风切等流程，回收玻璃和树脂的混合物。

　　（1）化学洗涤法处理废 LCD 显示器　化学洗涤法是台湾地区早期应用的处理废 LCD

显示器的方法。废 LCD 显示器通过手工拆解回收塑料和金属，液晶屏部分通过破碎后采取高压喷洗、超声清洗、风切等流程，回收玻璃和树脂的混合物（图 5-2-32）。

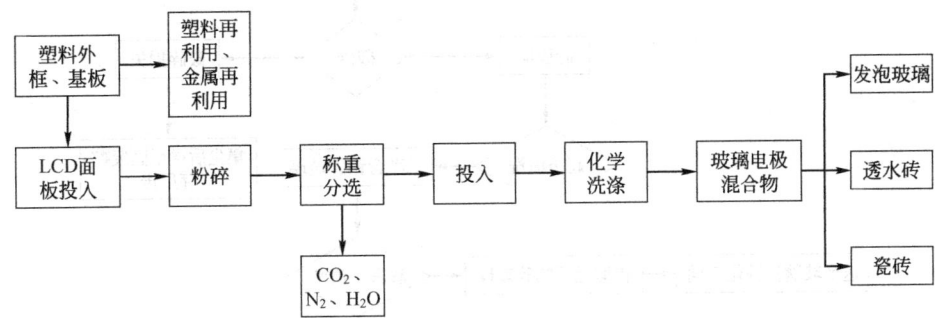

图 5-2-32　化学洗涤法处理废 LCD 显示器工艺

（2）超声清洗法处理废 LCD 显示器　超声清洗法是通过超声波清洗处理 LCD 显示器面板玻璃，并整体回收铟锡氧化玻璃。该法首先通过超声清洗和高温焚化处理液晶面板，然后通过加热急冷的方式整体去除偏光膜，从而达到整体回收铟锡氧化玻璃的目的，工艺流利如图 5-2-33 所示。

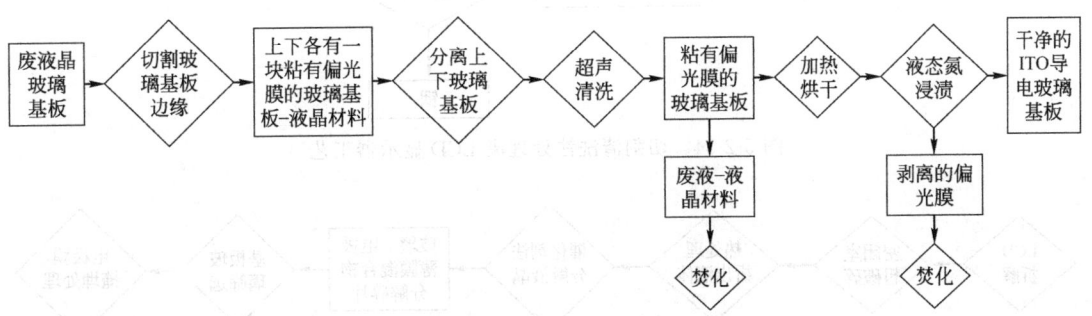

图 5-2-33　超声波清洗法处理废 LCD 显示器工艺

（3）三段加热搓磨法处理废 LCD 显示器　该工艺对破碎后的液晶面板进行三段加热，使液晶挥发，同时使偏光膜和镀膜焦化、碎化并与玻璃脱离。然后回收存在于镀膜中的不能燃尽的重金属氧化物粉粒，以及干净的玻璃片，回收后的玻璃片经粉碎加工制成可资源化的玻璃细粉。

（4）切割清洗法处理废 LCD 显示器　该工艺主要采用深度人工拆解和机械切割、破碎相结合的方式分离液晶面板，通过超声清洗和后续水处理的方式处理液晶。该处理流程如图 5-2-34 所示。

（5）热解法处理废 LCD 显示器　该工艺通过破碎、催化剂真空热析出液晶，高温下将液晶焚烧实现无害化；通过筛分分离基板玻璃和偏光膜的混合物。具体流程详见图 5-2-35。

（6）破碎风选法处理废 LCD 显示器　该处理流程主要关注对 PMMA、PC 等高聚树脂的回收，通过破碎分选的手段回收玻璃和 PMMA、PC 的混合物。具体流程如图 5-2-36 所示。

2. LCD 面板的资源化利用技术

LCD 面板玻璃的资源化利用是目前的难题。由于两片玻璃面板中除含有液晶材料外，还有一些薄膜或是封胶材。对 LCD 面板的处理，可以采用人工拆解和机械化处理结合的方式

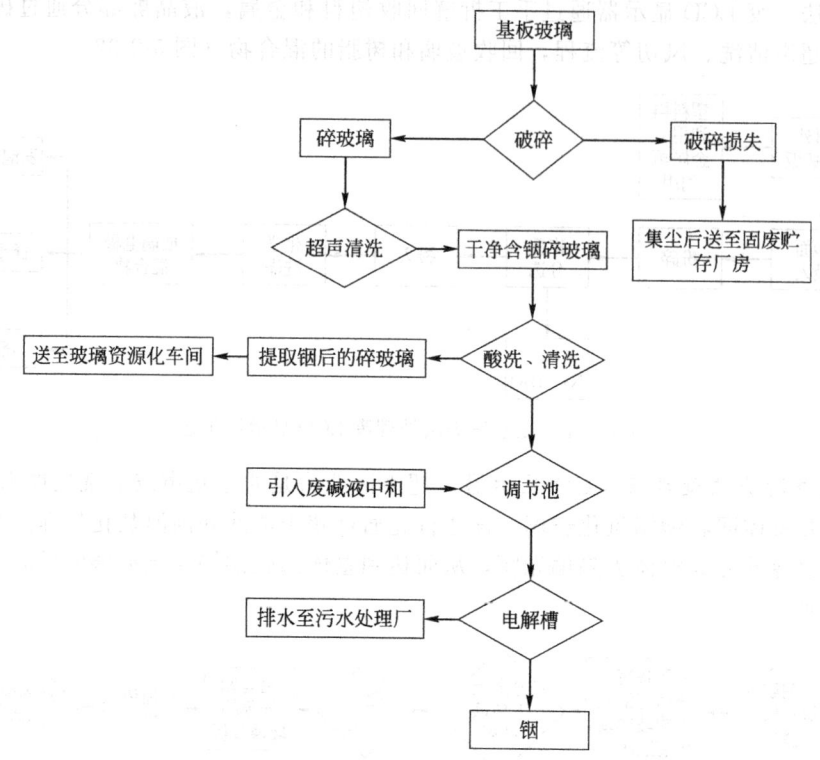

图 5-2-34 切割清洗法处理废 LCD 显示器工艺

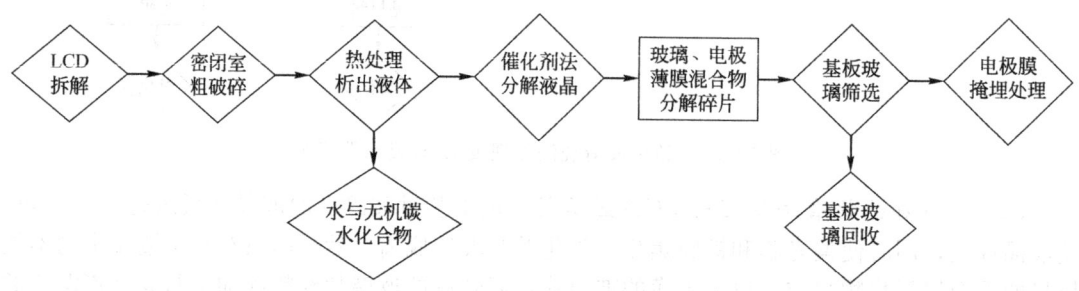

图 5-2-35 热解法处理废 LCD 显示器工艺

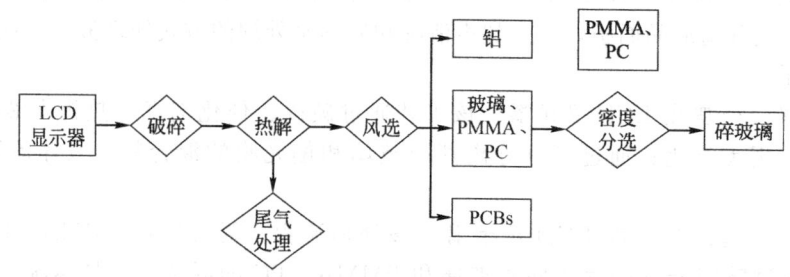

图 5-2-36 破碎风选法处理废 LCD 显示器

对废 LCD 显示器进行拆解和切割，然后采用超声波清洗的方法对液晶进行处理。废 LCD 的拆解在拆解车间中实现；玻璃基板的资源化和无害化处理则在废 LCD 资源化区中进行。处理后的碎玻璃片属于无碱硼硅玻璃，可以用于制作建筑材料或取代长石原料作为玻璃添加剂等。

（三）电冰箱的资源化处理

制冷类家用电器主要是指空调器与电冰箱。对这两种家用电器而言，拆卸处理的对象中，不易冲击破碎的部件有电动机、压缩机；可以重新使用的部件有压缩机等；价格较高的部件有压缩机、电动机和热交换器；处理不当对环境有破坏作用的有制冷剂、电路板；影响后续处理的物质有润滑油、机油导线和橡胶等。根据上述分析，适宜我国国情的废电冰箱处理工艺路线如图 5-2-37 所示。

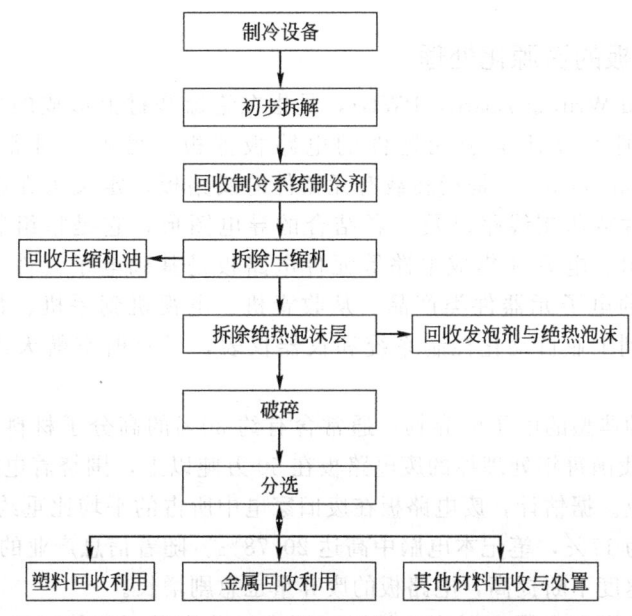

图 5-2-37　制冷设备类废旧家电典型处理工艺

1. 压缩机的拆解技术

压缩机切削开壳机构主要包括机架、传动皮带、电机、减速机、压缩机夹紧机构（包括夹紧手柄）、水平大拖板及弹簧、切刀及固定装置、切刀水平方向进给装置（水平进给手柄、进给弹簧、水平小拖板）、切刀的垂直位置调整装置等。取下压缩机后，再用其他工具撬开就可以继续手工拆解了，分离各类金属。

2. 制冷剂的回收与资源化利用技术

一台冰箱中制冷剂的填充量约为 80～200g，家用空调器中制冷剂的填充量约为 600～1000g。因此，废空调与冰箱宜分批集中拆解，以便于制冷剂的回收。只有能准确判别其类型的制冷剂才能进行回收利用，如果要回收，不同种类的制冷剂应使用不同钢瓶分类盛装。不能准确判别种类的制冷剂可以混装，但不能进行再利用。

制冷剂的回收应使用专用设备进行，回收的方法有气体回收法、液体回收法及复合回收法三种。气体回收法分为冷却法和压缩法，冷却法适用于小容量制冷剂的回收，而压缩法效率高，适合于中、大容量制冷剂的回收；液体回收法效率高，但回收不完全，主要适用于R11 等低压制冷剂的大型系统的制冷剂回收；复合回收方法具备液体回收方式和气体回收方式两种功能，回收速度快，适用于制冷剂充装量大的系统，但回收的制冷剂易被污染，再利用前应进行再生处理。

回收的制冷剂必须经过再生处理后方可再利用，再生处理的主要目的是去除制冷剂中的水分、空气、油和其他杂质。制冷剂的再生有简易蒸馏和蒸馏精制两种方法。

由于部分制冷剂对大气臭氧层具有极强的破坏作用，因此混合制冷剂和无再利用价值的制冷剂必须进行销毁处理。废弃的制冷剂可以交给危险废物焚烧企业处理。

（四）空调器的资源化处理

按结构形式不同空调器可分为整体式和分体式两种，分体式空调器由室外机组和室内机组两大部分组成。空调器主要由制冷（热）循环系统、空气循环通风系统、电器控制系统和箱体四大部分组成。与电冰箱类似，空调器的处理主要涉及压缩机的处理和制冷剂的处理与回收再利用。

（五）废电路板的资源化处理

线路板（Printed Writing Board，PWB），是指在绝缘基材上形成的导电图形，用于元器件之间的连接，但不包括电子元器件的电路板裸板。另外一种常用的名称电路板（PCB，Printed Circuit Board），是指转载有元器件的线路板，定义为在绝缘基材上按预定设计形成的印刷元件或印制线路以及二者结合的导电图形，它是指组装好的电路板，包括印制线路板、电阻、电容和集成电路等元件电路板是基础电子元件产品之一，已成为电子设备必不可少的电子元器件类产品。从收音机、电视机到手机、数码照相机等各种消费类电子设备，到工业自动化控制系统和仪器仪表，以及航空航天或军事装备都应用到电路板。

废电路板是一种典型的电子废弃物，通常含有约30%的高分子材料、30%的惰性氧化物和40%的金属。我国每年处理掉的废电路板在50万吨以上，围绕着电路板制造已形成了完整的印制电路产业。据估计，废电路板在废旧家电中所占的平均比重约为3%，在废计算机主机中质量含量为17%，笔记本电脑中高达20.78%。随着信息产业的高速发展，电器电子设备的更新换代速度不断提高，电路板的废弃量也急剧增长。

电路板中除了含有贵金属和稀有金属外，还有一些容易对环境造成危害的重金属，如铅、铬、镉、汞等。此外，电路板中还有含卤族元素的阻燃剂等有害物质。这就意味着：废电路板如果随意堆放或填埋，所含的重金属，便会渗入地下水，造成潜在的危害；如果焚烧，电路板上含有卤族元素的阻燃剂，产生致癌物质，对人类的健康和周围的环境都造成威胁。

废电路板表面不但含有可回收利用的各种电子元件，比如芯片、电容、极管等。而且还含有镀金、锡焊料、铜骨架等各种金属。其处理工序主要包括以下内容。

① 加热　将电路板放在煤炉上加热至软化。

② 提取　提取各种芯片，以及电容、极管等电子元件。

③ 分类　对各种芯片和电子元件进行分类。

④ 加热　将已经去除各种芯片和电子元件的电路板放在隔有铁板或者平底锅的火炉上继续加热。上面的锡等焊料会熔化滴在平底锅或者铁板上，将其收集熔化后出售。

⑤ 酸浴　电路板上的各种东西已经被取下，如电路板上有镀金部分，则将其投入强酸溶液中。

⑥ 还原　将强酸中的黄金还原成低纯度的黄金。

⑦ 加热提炼　将低纯度的黄金进行进一步提纯，制成纯度较高一些的黄金。

⑧ 流向及用途　出售用作工业黄金。

⑨ 收集　收集各种已经去除了所有附属物的含铜电路板。

⑩ 转运及冶炼　转运到高炉冶炼，冶炼成低品质的铜合金。

电路板基板是由高分子聚合物（树脂）、玻璃纤维或牛皮纸及高纯度铜箔以及印制元件等构成的复合材料，可以采用化学法、物理机械法以及热处理法进行处理。化学方法通常指湿法冶金，比如酸洗法、溶蚀法。热处理方法比如高温分解、焚化和冶炼法等。在实际操作中，为了得到不同的富集体，通常以某种方法为主，多种方法交叉使用。

（1）湿法冶金　湿法冶金利用浓硝酸、硫酸或王水等强酸或强氧化剂将电路板（可以是整体或者经破碎后的电路板）中的金属溶解，再分别将其还原成金、银、钯等金属产品，含有高浓度铜离子的废酸则可回收硫酸铜或通过电解回收铜。

（2）热处理法　热处理法将经过机械粉碎后的电路板进行高温焚烧，使其中的塑料、树脂及其他有机成分分解，贵金属熔融于其他金属熔炼物料或熔盐中，非金属物质主要是电路板基板材料等，一般呈浮渣物分选去除。热处理法工艺简单，金属回收率高，贵金属的回收率可达90％以上。热处理法主要有焚烧熔出工艺、高温氧化熔炼工艺、浮渣技术、电弧炉烧结工艺等。采用热处理法处理电路板时，如果温度在300℃以上，还应考虑二噁英的收集处理，烟气处理排放标准执行《危险废物焚烧污染控制标准》（GB 18484）。

（3）机械物理法　机械物理法首先把电路板粉碎，使金属与非金属分离，然后根据各组分特别是金属与非金属组分的物理性质（如密度、导电性、磁性、形状、粒度、颜色等）差异来实现组分间的分离。机械物理法中应用到的机械设备主要有：①破碎设备，如锤碎机、锤磨机、切碎机和旋转破碎机等；②分选设备，包括电选、磁选和比重分选设备，如涡流分选机、静电分选机、风力分选机、旋风分选器、风力摇床等。

在电路板处理中，为了提高金属回收效率和回收金属的品位，一般将几种方法整合使用。机械物理法常见的处理工艺有：湿法破碎＋水力摇床分选、干法破碎＋气流分选/气力摇床、干法破碎＋静电分选、干法破碎＋静电分选等。

第七节　餐厨垃圾资源化利用技术

一、概述

随着经济的发展，人民生活水平的不断提高，但铺张浪费的不良消费习惯没有得到抑制，导致餐厨垃圾的产生量随餐饮业的发展迅速增大。据统计2007年餐饮业零售额1.2万亿元，2008达到1.5万亿元，2009年达到了1.8万亿。目前，北京每天产生的餐厨垃圾有1400t/d，上海1500t/d；苏州市1000多家大型饭店餐厅及1000多家企、事业食堂，每天餐厨垃圾产生量400t/d以上；杭州市饭店、餐厅和酒楼产生的餐厨垃圾每天超过300t；即使位于西北的乌鲁木齐，饭店、餐厅、酒楼、宾馆每天产生的餐厨垃圾也在150t以上。根据一些城市对餐厨垃圾产生量的调查，我国城镇餐厨垃圾产生量约为0.1～0.12kg/（人·d），每年全国城镇餐饮垃圾产生量约为3000万吨。

餐厨垃圾富含大量的营养物质，含水率（70％～90％）、油脂含量（1％～5％）和NaCl（1％～3％）含量远比国外高，腐烂变质速度快，污染环境，易携带滋生病菌；与生活垃圾混合收集处理，增加垃圾渗滤液的产生不利于填埋，降低垃圾热值增加焚烧难度。

餐厨垃圾产生源单一，有机物含量高，利于单独收集与资源化利用。目前国内已有北京、苏州、西宁、宁波、重庆等城市已建成或在建餐厨垃圾资源化利用设施，实现了餐厨垃圾饲料化、肥料化及沼气能源化利用。餐厨垃圾的资源化利用已得到的普遍认同。为了减少餐厨垃圾对人体、环境的危害，推动餐厨垃圾的无害化处理及资源化利用，2010年7月13日，国务院办公厅发布了《关于加强地沟油整治和餐厨垃圾管理的意见》，要求各地开展地沟油整治，加强餐厨垃圾的管理；2011 年 5 月 17 日，国家发改委与财政部联合发布《循环经济发展专项资金支持餐厨垃圾资源化利用和无害化处理试点城市建设实施方案》，批复了 33 个城市（区）的实施方案并确定为试点城市（区），安排循环经济发展专项资金 6.3 亿元对 33 个试点城市（区）给予支持。

二、餐厨垃圾的现状及处理方法

1. 餐厨垃圾组成与成分

餐厨垃圾是指宾馆、饭店、餐馆和机关、部队、院校、企业事业单位在食品加工、用餐等过程中产生的食物残渣。餐厨垃圾的成分以可降解的有机物为主，主要成分有主食所含的淀粉（聚六糖）、蔬菜及植物茎叶所含的纤维素、聚戊糖、肉食所含的蛋白质和脂肪、水果所含单糖、果酸及果胶（多糖）等，无机盐中以 NaCl 的含量最高，同时还含有少量的钙、镁、钾、铁等微量元素。其化学组成以 C、H、O、N、S、Cl 为主（见表 5-2-22），其化学分子式可粗略表示为 $C_{18.15}H_{31.10}O_{10.80}N_{1.00}S_{0.05} \cdot 0.03NaCl$。

表 5-2-22　餐厨垃圾的化学成分

垃圾类型	化学成分/%（质量分数）					
	C	H	O	N	S	Cl
餐厨垃圾	43.52	6.22	34.50	2.79	<0.3	0.21

餐厨垃圾的构成特性与当地的生活水平和饮食习惯密切相关。根据部分城市的调查，餐厨垃圾中食物垃圾、骨头占到 90% 以上，其余部分主要是纸张、塑料、木头、金属、织物等（见表 5-2-23）；有机物含量（占干物质的 80%～93%）、含水率（70%～87%）、油脂含量（2%～3%）和 NaCl 含量（1% 左右）高，其中的粗脂肪与粗蛋白含量与大豆、玉米等典型饲料无显著差别（见表 5-2-24）；VS 含量（占总含固量的 75%～90%）与 COD 含量也较高（65000～90000mg/L），如表 5-2-25 所列。

表 5-2-23　餐厨垃圾组成

城市 \ 指标	食物垃圾/%	纸张/%	金属/%	骨头/%	木头/%	织物/%	塑料/%
贵阳	92.09	0.80	0.10	5.20	1.01	0.10	0.70
沈阳	92.16	0.42	0.08	5.22	1.31	0.12	0.69
重庆	94.13	0.305	0	5.237	0.015	0.127	0.186
武汉	88.40	2.80	0.20	5.20	1.00	0.30	2.10

表 5-2-24　餐厨垃圾营养成分

城市 \ 指标	含水率/%	有机质/%（干基）	粗蛋白/%（干基）	粗脂肪/%（干基）	含油量/%（湿基）	盐分/%（湿基）
苏州	84.43	82.98%	21.8	29.30	3.28	0.70
北京	74.39	80.21	25.86	24.77	3.12	0.36
天津	70.99	85.64	24.30	25.96	2.63	0.70
重庆	87.07	92.88	14.45	17.02	1.96	0.24
杭州	74.94	91.50	16.46	24.31	2.09	1.32

表 5-2-25　餐厨垃圾的理化性质

城市＼指标	TS/%	VS /(TS%)	TN/%	pH 值	碱度/(mg/L)	COD$_{Cr}$ /(mg/L)	C/N
贵阳	15.23	75.14	2.02	4.75	540.54	84400	17.49
沈阳	18.76	85.04	2.25	4.56	660.27	91200	20.12
重庆	12.93	87.37	2.31	4.05	—	64600	15.53
杭州[2]	25.06	91.50	3.91	3.98	—	78600	17.11

此外，由于餐厨垃圾有机物含量高，腐烂变质速度快，污染环境，易携带滋生病菌：口蹄疫、沙门氏菌、弓形虫、猪瘟病菌等，直接利用和不适当的处理会造成病原菌的传播和感染；从外观上而言，餐厨垃圾表观油腻、湿淋淋，又极大地影响人的视觉和嗅觉等的舒适感。

因此，餐厨垃圾既具有很大的资源利用价值，又很容易对环境和人体健康造成不利影响。

2. 餐厨垃圾资源化利用现状

由餐厨垃圾的产生源、组成及性质可知，其产生源相对集中，成分较为单一，利于单独收运，单独处理，资源化价值较高。传统上，我国一直是把餐厨垃圾运到郊区的养殖场直接作为饲料喂猪，另有极少量的餐厨垃圾混入城市生活垃圾中进行焚烧或者填埋处理；地沟油被非法收集加工后重回餐桌。2003 年"SARS"后，人们充分认识到了餐厨垃圾带来的食品健康、环境卫生等安全隐患，以及其巨大的资源利用价值，很多城市开始禁止使用未经加工的餐厨垃圾直接喂猪，严厉打击非法地沟油加工作坊，建成了并运行了一些餐厨垃圾资源化利用设施，如北京、西宁、苏州、宁波、重庆等，对少数城市的部分餐厨垃圾实现了不同程度的资源化利用。针对餐厨垃圾水分、油脂、盐量及有机物含量高的特点，其处理过程要求在保障消毒灭菌效果及尽量避免外源性污染的前提下，尽可能的回收再利用其资源，包括其中的营养成分及脂类等。

3. 餐厨垃圾主要处理技术

餐厨垃圾处理技术根据餐厨垃圾资源化产品的不同，可大致分为饲料化利用、肥料化利用和沼气能源利用三种资源化途径[48~65]。

对于我国餐厨垃圾营养物质丰富的特点而言，其中的营养成分与大豆、玉米等典型饲料无显著差别，利用餐厨垃圾生产饲料原料是一种实现资源化利用的有效途径。现有的餐厨垃圾饲料化技术主要采用热处理技术，包括干热处理、湿热处理和真空热处理。但是餐厨垃圾来源广泛，成分复杂，存在很多安全隐患，按形成原因可分为生物同源性、病菌、重金属、有毒有机物等。对于同源性，要求餐厨垃圾饲料化产品仅可用于生产非反刍类动物（如宠物等）的饲料原料；病菌、重金属、有毒有机物等则要求产生源头及收运过程的无污染物引入，资源化工艺完善、可靠，才能保证餐厨垃圾饲料化产品的安全性。

餐厨垃圾有机物含量高，营养元素全面，C/N 比较低，是微生物的良好营养物质，适用于作堆肥原料。肥料化技术利用有着较长的发展历史，是较为成熟的技术工艺。但由于餐厨垃圾中含有大量的盐分、油分，很大程度限制了肥料化利用技术的推广与应用。同时即便是适量施肥，减少高盐分影响因素，也因为肥料化利用方式的技术含量较少，市场附加值较低，难以取得市场经济效益。在此基础上，根据餐厨垃圾的特点，新近研发了一种生化处理机技术，但该技术中设备的最大处理能力仅为 5 t/d，不适宜规模处理，并需添加大量的辅料以调节含水率，运行成本较高。

餐厨垃圾的厌氧发酵是在特定的厌氧条件下，微生物将有机质分解，其中一部分炭素物质转换为甲烷和二氧化碳，即获得沼气。目前，餐厨垃圾厌氧消化产沼技术从不同的角度有不同的分类方式：根据消化温度的不同可分为中温厌氧发酵和高温厌氧发酵；按照餐厨垃圾含固率的不同可分为湿式和干式厌氧消化；根据厌氧消化中物质转化反应的总过程是否在同一反应装置中并在同一工艺条件下完成可分为单相和两相厌氧消化；从消化物的角度可分为单一和协同厌氧发酵。其产品沼气的用途又分为用3种：发电、制天然气及车用压缩燃气（CNG）。厌氧消化技术由于其能有效利用餐厨垃圾中的有机质，安全清洁，并形成能源性产品，初步缓解能源压力，一直是国内外研究的热点，并在欧美等发达国家已积累了不少成功运行的经验。但是由于餐厨垃圾的油脂、盐类和纤维物质含量较高，是否会抑制细菌生长，影响处理效果尚难以断定；另外，厌氧消化处理的二次污染物沼渣目前仍缺少行之有效的处理处置方法，从而极大地限制了厌氧消化技术在我国餐厨资源化处理领域的应用；同时，作为商品出售的沼气，需要经过压缩，净化等一系列工艺流程，也大大增加了此种利用途径的成本投入。

三、预处理技术

餐厨垃圾中经常混入大量的各种异物，而且由于目前管理和收集方面存在的诸多因素使得餐厨垃圾的成分极为复杂，包括油脂、果皮、蔬菜、米面、鱼、肉、骨头、各种调料以及餐具、厨具、食品包装袋、玻璃容器、金属器物、长纤维包装袋、塑料、纸巾、桌布等各种生活垃圾，其中的复杂成分会给餐厨垃圾的资源化利用带来很多问题，影响处理设备的正常运行，降低设备处理效率，对设备造成严重破坏，同时也影响成品的质量。因此，利用预处理去除其中的杂质是十分必要的。

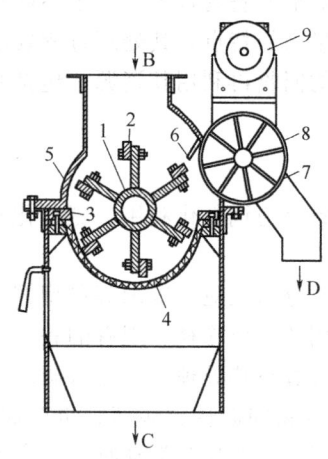

图 5-2-38　餐厨垃圾破碎机
1—旋转轴；2—刀条；3—固定刀条；4—瓦形筛；5—机壳；6—挡板；7—叶轮；8—叶轮外壳；
9—调速电机；
B—进料口；C—出料口；
D—废异物出料口

预处理工艺主要是杂质分选，另根据不同的资源化利用技术，有些预处理还包括破碎、固液分离、油水分离等过程。此外，餐厨垃圾中油脂含量高，易造成饲料产品的腐败、酸化，影响好氧堆肥、厌氧消化过程，并增加废水处理工艺的难度，而油脂分离、提纯后加工成脂肪酸甲酯用作工业原料，不仅实现了其资源化利用，还能增加较大的经济效益。

餐厨垃圾由于高含水率，杂质大都混于其中，增加了分选难度。餐厨垃圾的杂质分选分为机械分选、人工分选两种。机械分选主要采用磁选机。用于生产饲料的餐厨垃圾对杂质含量要求较高，必要时可将机械与人工分选相结合，以确保产品的品质。

餐厨垃圾破碎机主要锤式破碎原理，不仅可对餐厨垃圾进行充分破碎，而且能在破碎过程中将塑料片、木质杂质、小片等分选工艺难以去除韧性非营养物质有效分离出来。但是，由于餐厨垃圾中含有骨头等硬物质，刀片损耗较大。图5-2-38所示为目前国内应用的典型餐厨垃圾破碎机。

餐厨垃圾中的含水率较高，目前工程中普遍采用卧螺离心机用于固液分离，经分离后的固形物中含水率一般能达到68%。此外，餐厨垃圾用于厌氧发酵时，通常采用螺旋压榨机对餐厨垃圾同时实现制浆、脱水、分离小杂质等功能。螺旋压榨机分为单螺旋与双螺旋两种。其中双螺旋压榨机如图

5-2-39所示。

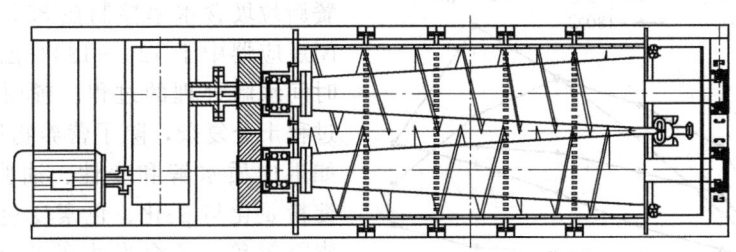

图 5-2-39 双螺旋压榨机

餐厨垃圾油水分离主要采用碟式分离机。但鉴于餐厨垃圾中的油脂在常温下易凝固,不易脱除,在进行油水分离之前通常在 70～90℃下进行加热,以改善油水混合物的脱油性能。

四、餐厨垃圾饲料化技术

现有的餐厨垃圾饲料化技术主要采用热处理技术,包括湿热处理和干热处理两种方式,分别以苏州洁净、青海洁神公司为代表。其中,两者的技术比较如表 5-2-26 所列。

表 5-2-26 饲料化湿热、干热处理技术比较

项目	干热处理技术	湿热处理技术
工艺简介	将餐厨垃圾筛选脱水破碎后直接加热,经筛选后制成蛋白饲料原料	将筛选破碎后的餐厨垃圾在含水 85% 的条件下高温蒸煮,脱水脱油后,固形物经干燥、筛选等工序制成蛋白饲料原料
油脂来源	收集的废弃油脂; 各设备运转中收集的含油废水等	收集的废弃油脂; 蒸煮过程中固相内部浸出油脂; 各设备运转中收集的含油废水等
灭菌效果	较好	好
最终产品	蛋白饲原料 生物柴油 沼气	蛋白饲料原料 生物柴油 沼气
餐厨垃圾油脂回收率	2%左右	4%左右
能耗	高	较高
运营管理经验	较成熟	较成熟

1. 湿热处理技术

湿热处理技术 (Hydrothermal Process) 是一种应用最早、效果最可靠、使用最广泛的灭菌方法,湿热处理可以破坏微生物的蛋白质、核酸、细胞壁和细胞膜,从而杀灭各种微生物,是医疗废物无害化处理的一种主要技术。湿热处理技术也是一种较为普遍使用的有机废物处理技术[49,51,52]。这种技术的特点是将待处理的物料和水共置于密闭反应器中,在一定的温度和压力条件下使难降解有机物或固体有机物分解为小分子有机物或氧化降解为 CO_2、H_2O 等无机物的化学过程。

餐厨垃圾中的高含水量有利于通过加热实现湿热环境,可实现有效的灭杀病原菌。此外,由于餐厨垃圾的组成与常规饲料比较接近,控制湿热水解条件,有可能将餐厨垃圾中含有的固体脂肪溶出(见图 5-2-40),得到回收价值很高的废油脂作为化工原料,并将剩余物转化为比肥料价值更高的饲料的原料。

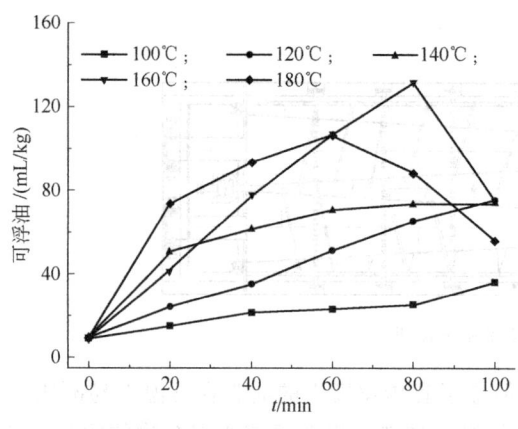

图 5-2-40　餐厨垃圾可浮油含量随湿热时间的变化规律

餐厨垃圾湿热处理技术是将待处理的餐厨垃圾含水率控制在 85% 左右，置于密闭反应器中于 120~180℃ 温度下进行一定时间水解处理的过程。餐厨垃圾湿热水解过程十分复杂，除了营养物质自身的反应，如蛋白质水解和变性、油脂水解与氧化、淀粉 α-化与 β-化、色素变色与退色、维生素降解等，还会发生各物质之间的反应，如梅拉德反应等，其反应结果将导致餐厨营养品质的变化，从而对饲料产品质量带来直接的影响。湿热处理对产物的影响具体如表 5-2-27 所示。

表 5-2-27　湿热处理对产物的影响

影响类别	内容
正面影响	灭菌，主要是致病菌和其他有害微生物 使酶钝化，如过氧化物酶、抗坏血酸酶等 提高养分的可利用率、可消化率 促使油脂与物料分离 使餐厨垃圾的物化性质均一化 部分养分溶解性增强，可生化性提高 Maillad 反应产生致香作用
负面影响	Maillad 反应造成营养物质损失 部分水溶性营养物质溶解到水里，造成养分的流失 部分营养成分，特别是热敏性成分，如维生素等损失较大

2. 干热处理技术

干热处理技术是将餐厨垃圾分拣、破碎、脱水、脱油、脱盐后进行加热干燥，制成饲料原料，干燥的同时实现灭菌。与湿热处理与真空蒸煮相比，干热处理即物料经预处理后直接进入烘干机烘干。

烘干设备主要采用盘式烘干机，如图 5-2-41 所示。盘式烘干机是通过圆盘形传热体表面，以间接加热方式干燥生成饲料原料产出品；确保保留餐厨垃圾中含有的高有机营养成分；通过调节蒸汽阀门和湿度调节阀门，自动调节控制原料产出品中的水分含量。

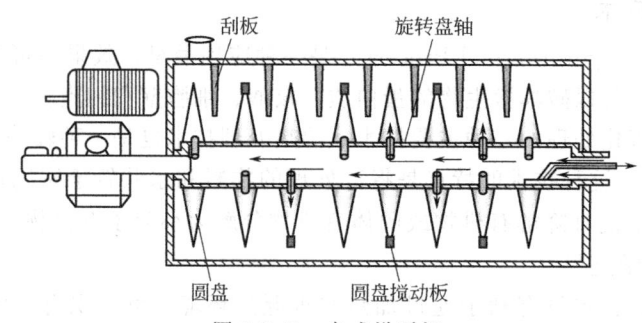

图 5-2-41　盘式烘干机

餐厨垃圾的干燥生成过程分为三个阶段：①流动性阶段；②黏性阶段（黏性高的半固体状态）；③颗粒化阶段，如图 5-2-42 所示。其中，流动性阶段的含水率：80%~

64%；黏性阶段的含水率：65%～55%的；颗粒化阶段的含水率：55%～50%；最终产出品原料的含水率：约10%。干燥生成器内部温度可达120℃，消灭病菌，可以防止产生恶臭及杀灭病源性微生物，确保饲料产品的安全性。

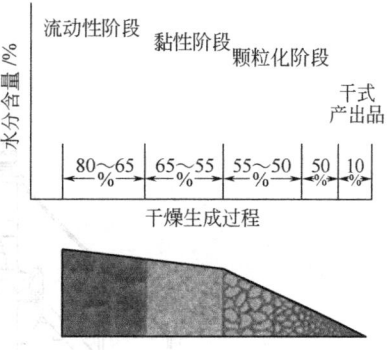

图5-2-42 餐厨垃圾的干燥过程

五、餐厨垃圾肥料化技术

餐厨垃圾肥料化主要分为传统好氧堆肥技术与生化处理机技术两种。目前在运行的南宫餐厨垃圾处理场采用的传统的堆肥技术，生化处理机技术以北京嘉博文、厦门荣佳实业等企业为代表。

1. 好氧堆肥技术

餐厨垃圾好氧堆肥技术是将餐厨垃圾脱水、分选、破碎后，可堆物进入一次发酵仓发酵，堆体温度逐渐上升至55～70℃，有效杀灭堆料中的有害微生物，降温后进入二次发酵仓发酵至完全腐熟。其具体的工艺流程如图5-2-43所示。

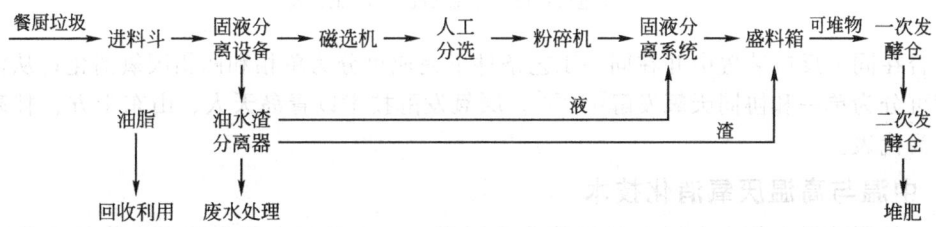

图5-2-43 餐厨垃圾好氧堆肥工艺

2. 生化处理机技术

生化处理机是一种采用高温热循环加热发酵技术的有机垃圾生化处理机。即将餐厨垃圾与米糠、麦麸等材料混合再加入从自然界选取生命活力和增殖能力强的天然复合微生物菌种，与其在60～75℃下进行高温好氧发酵，产出高活菌、高蛋白、高能量的活性微生物菌群，以这些活性微生物菌群经过二次发酵后加工而成的微生物肥料菌剂。

有机垃圾生化处理机在技术上采用高速高温热循环加热的发酵干燥技术。在给发酵干燥室内物料加热时、发酵和干燥的循环风温度在发酵和干燥阶段，始终控制在250～400℃之间；物料的发酵和干燥温度始终控制在65～75℃之间；微生物水分活度在逐渐降低，以确保除特定菌群外的大部分微生物菌的无法生存；通过电控系统的程序，严格控制着发酵干燥室内的温度、压力、和氧气的供给，间接控制着物料的湿度，平衡气相，保证菌群特定的发酵环境，促进其快速繁殖。单位条件下物料的生产周期，包括发酵、干燥和冷却的时间不超过10h。

餐厨垃圾生化处理机局部剖视图如图5-2-44所示，从图中可知，整套设备共由以下六部分构成：①热风循环系统；②搅拌系统；③排风和集尘系统；④补氧系统；⑤自动提升喂料系统；⑥电控系统。

六、餐厨垃圾厌氧消化产沼技术

餐厨垃圾厌氧消化产沼技术根据消化温度的不同可分为中温厌氧发酵和高温厌氧发酵；按照餐厨垃圾含固率的不同可分为湿式和干式厌氧消化；根据厌氧消化中物质转化反应的总

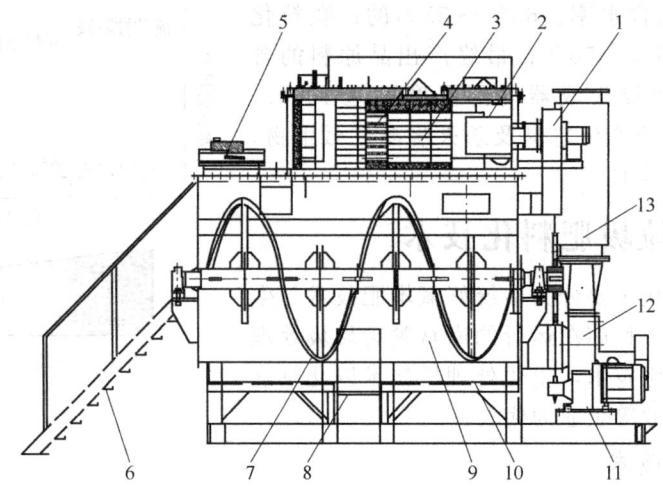

图 5-2-44   餐厨垃圾生化处理机局部剖视图

1—循环风机；2—除臭器；3—燃烧室；4—除臭管；5—进料口；

6—步梯；7—螺旋搅拌轴；8—出料口；9—搅拌室；10—底架；

11—主电机；12—排气风机；13—消声器

过程是否在同一反应装置中并在同一工艺条件下完成可分为单相和两相厌氧消化；从消化物的角度可分为单一和协同厌氧发酵[54~59]。厌氧发酵技术以青岛天人、山东十方、甘肃奈驰等企业为代表。

1. 中温与高温厌氧消化技术

温度是影响微生物生命活动过程的重要因素之一。温度主要影响微生物的生化反应速度，一般根据温度，餐厨垃圾的厌氧消化技术分为中温（35~40℃）和高温（55~60℃）消化两种[60,61]。关于餐厨垃圾中温与高温发酵技术的优缺点对比如表 5-2-28 所示。

表 5-2-28   中温与高温厌氧发酵技术比较

项目	高温厌氧发酵技术	中温厌氧发酵技术
优点	消化时间短、罐体体积小，一次性投资少； 可在停留时间为 6h 对寄生虫卵和病菌的灭杀率达到 99% 以上	应用广泛； 能耗低； 运行稳定
缺点	需要的热量多，运行费用高； 由于在高温条件下自由 NH_3 的浓度比中温高，沼气中的氨浓度高	消化时间长； 对寄生虫卵的灭杀率低，无害化低

2. 湿式与干式厌氧消化技术

湿式和干式厌氧消化技术是根据物料的含水率或含固率来划分的，其具体的技术比较见表 5-2-29。通常，餐厨垃圾含固率在 15%~20% 之间。

湿式厌氧消化指物料呈液态下运作的工艺过程。液态物料可以同时含有可溶性的化学成分和颗粒大小不等的悬浮固体物，餐厨垃圾可经破碎后配水成为液态。湿式厌氧消化物料的主要特征是水分含量高而赋有流体性状，餐厨垃圾湿式厌氧发酵不宜超过 15%。固体含量过高，会影响料液的流体性质，进而影响水力运行的效果[62,63]。

干式厌氧消化是物料在固态下运作的工艺过程。这种工艺的主要特点是物料中的非化学结合水，以被吸持的状态存在于固形物中，不经挤压无自由水游离出来。固体成分含量在 20% 以上，通常为 25%~35%。餐厨垃圾经机械脱水后，含固率一般在 25%~32% 之间。

表 5-2-29　湿式与干式厌氧消化技术比较

项目	湿式厌氧消化技术	干式厌氧消化技术
进料性质	含固率在 5%～15%	含固率在 20%～35%
能耗	低	由于在高固体含量下进行,输送和搅拌困难,尤其搅拌是技术难点,能耗高
设备投资	处理设施造价低,对设备要求不高,预处理设置得当,后续单元进、出料可以不用设备自动溢流完成	预处理相对便宜,反应器小;主反应器投资高,项目一次性投资大
产气率	物料中的有机物在反应器中混合均匀,增加了有机物的微生物厌氧菌的接触率,产气率高,发酵完全,可以连续平稳产气	产气率低,干式发酵需要定期清理,造成沼气生产的间断
三废	水的耗量大,产生沼液量也大	水的耗量和热耗量较小,产生废水的量较少

3. 单相与两相厌氧消化技术

根据餐厨垃圾厌氧消化中物质转化反应的总过程是否在同一反应装置中并在同一工艺条件下完成,可将其分为单相厌氧消化与两相厌氧消化两种工艺类型[64,65]。两者对应的技术比较见表 5-2-30。

餐厨垃圾单相厌氧消化为物料降解的水解产酸、产氢和产乙酸、产甲烷三个阶段的作用,都在同一反应装置中并在同一的条件下完成的工艺过程。其特点在于:通过控制厌氧消化的条件,使三个阶段的作用彼此协调的进行,建立起各个反应间的动态平衡,有机质符合适度时,厌氧消化过程就能正常而持续的进行。但反应器易出现酸化现象导致产甲烷菌受到抑制,使厌氧消化过程受到抑制。

餐厨垃圾两相厌氧消化工艺是厌氧消化物水解产酸相与产甲烷相分别在两个反应装置中并在不同条件下完成的工艺过程。其原理是根据厌氧消化过程中,水解产酸与产甲烷的微生物在生长速率、代谢特性和适宜的环境条件等方面具有较大的差异,采用两个串联的反应装置,使两个阶段的作用分别在不同的装置中,并在各自的适宜条件下进行,以达到提高整个消化过程效能的要求。

表 5-2-30　单相与两相厌氧消化技术比较

项目	单相厌氧消化技术	两相厌氧消化技术
稳定性	产酸菌和甲烷菌会相互影响,挥发有机酸积累抑制甲烷产气	产酸菌和产甲烷菌提供各种生存环境,反应器有机负荷高,工艺运行温度
沼气产率	较低	高
投资运行	投资少,运行维护简单	投资多,运行维护复杂

4. 单一与协同厌氧消化

单一厌氧消化技术是指仅以餐厨垃圾为反应物料的消化工艺;协同厌氧消化技术则是指以餐厨垃圾、添加禽畜粪便、污泥等有机混合物为反应物料的消化工艺。

协同消化与餐厨垃圾单一消化相比,可在消化物料间建立一种良性互补,即补充各自成分中缺少的营养成分,促进反应物质间的营养平衡;调节物料 C/N 比等。此外,在实际应用中,设施共享还能带来显著的社会经济效益。

七、餐厨垃圾资源化利用工程实例

1. 饲料化技术——苏州餐厨垃圾处理工程

苏州市餐厨垃圾资源化利用工程依托苏州市洁净废植物油回收有限公司,设计处理能力

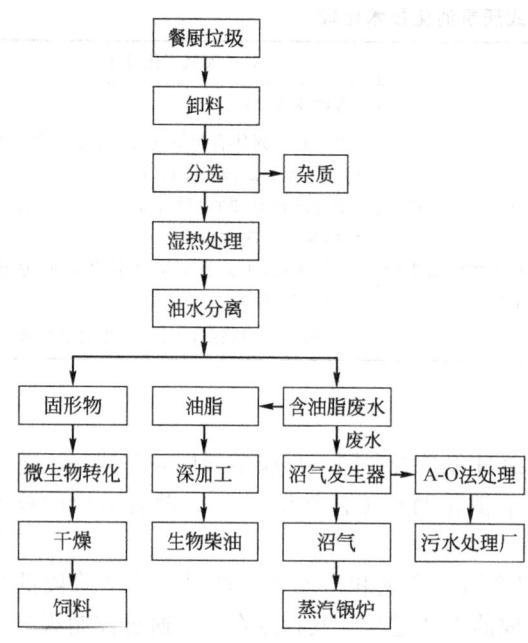

图 5-2-45 苏州市餐厨垃圾处理工艺流程

100t/d。工程工艺主要以湿热处理技术为核心，集成废油醇解、固形物生物发酵、废水厌氧产沼的无害化资源化成套技术，其具体的工艺流程如图 5-2-45 所示。

工程主要由湿热处理系统、蛋白饲料原料生成系统、生物柴油生成系统、废水处理系统、除臭系统五部分组成。其中，湿热处理过程是将破碎后的物料调解含水率至 85% 左右，在 140℃ 下高温蒸煮 1h。分离出的油脂经过深加工制成生物柴油，废水经加入一定比例的氮源进行发酵产沼，沼气用于厂区锅炉供热。项目可最终获得饲料原料 10t/d，生物柴油 4t/d，沼气 2000m³/d。

2. 肥料化技术——北京高安屯餐厨垃圾处理工程

北京高安屯餐厨垃圾处理工程采用北京嘉博文生物科技有限公司技术，占地面积 32 亩，设计规模为 400t/d（工程建设规模为 400t/d，其中一期设备处理能力为 200t/d）。该处理厂采用的是嘉博文公司自主研发的基于复合微生物高温好氧扩培技术的生化处理机系统。

生化处理车间共有 4 条处理线，每条处理线的处理能力为 100t/d，安装有 20 台生化处理机，单台生化处理机处理餐厨垃圾的能力为 5t/d。生化处理机每次处理 2.5t 餐厨垃圾约加入水分调整材 500kg，再配以万分之一比例的高温复合微生物原菌后，在生化处理机里一般要经过 10h 的发酵及干燥，共可产出物微生物菌肥 240t/d，其具体的工艺流程如图 5-2-46 所示。

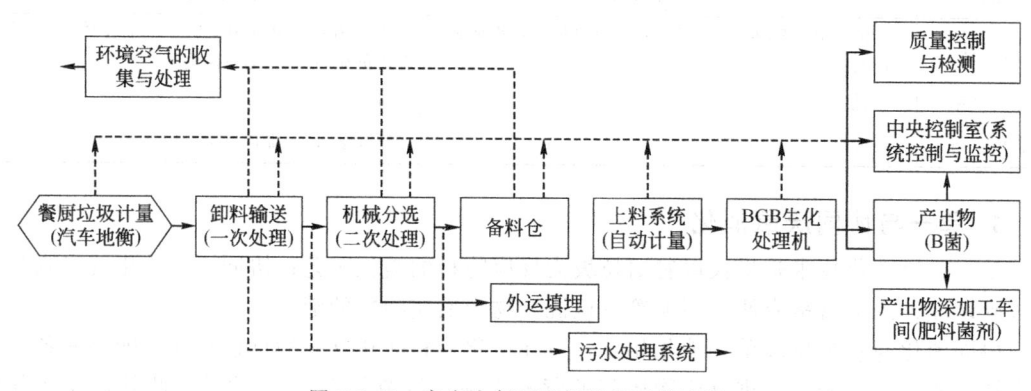

图 5-2-46 高安屯餐厨垃圾处理工艺流程

3. 厌氧产沼技术——重庆餐厨垃圾处理工程

重庆市主城区餐厨垃圾处理工程，位于重庆黑石子垃圾处理厂东侧，处理重庆市主城区内餐厅、食堂的餐厨垃圾。该项目主要工艺设计与设备由瑞典普拉克公司提供。项目总设计规模 500t/d（其中一期为 167t/d）。本项目设计使用年限 20 年，项目工艺采用高温厌氧发酵技术，消化温度为55～60℃，有机物质在其内转化为沼气，产生的沼气经生物脱硫等净化工艺后，用于燃烧发电，并入国家电网，其具体的工艺流程见图5-2-47。其中，一期工程沼气产量13000m³/d，发电装机1MW，总规模沼气产量39000m³/d，发电装机3MW。该项目为目前国内首例最大的餐厨垃圾沼气利用发电项目。其相应的设计参数如表5-2-31所列。

表 5-2-31　设计参数

垃圾类型	餐厨垃圾一期	餐厨垃圾总规模	垃圾类型	餐厨垃圾一期	餐厨垃圾总规模
处理量	167t/d	500t/d	沼气产量	13175m³/d	39375m³/d
干固体含量	12.5%	12.5%	发电装机	1MW	3MW

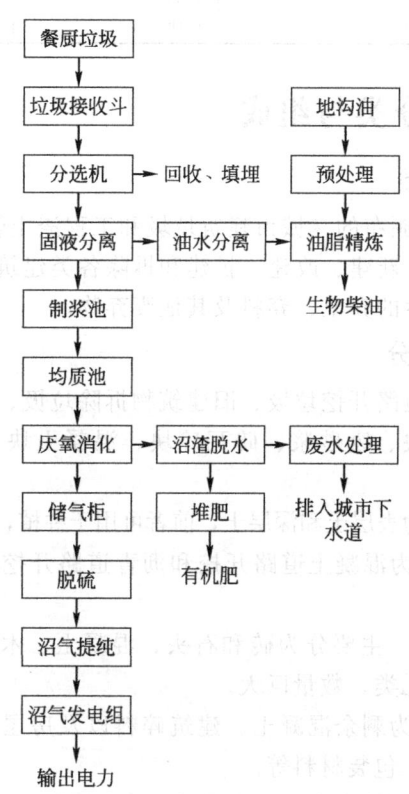

图 5-2-47　重庆餐厨垃圾处理工艺流程

第八节　建筑垃圾的资源化处理技术

一、概述

近年来，随着城市化进程的快速发展，建筑业迅速加快，在拆迁和新建过程中产生大量的建筑垃圾。据粗略统计，每万平方米建筑施工过程中，产生建筑垃圾约500～600t，而每万平方米拆除的旧建筑，将产生7000～12000t建筑垃圾。据统计，目前我国建筑垃圾产量已占到城市垃圾总量的30%～40%，年产量将近7亿吨。我国绝大部分建筑垃圾未经任何处理便被施工单位运往郊外，采用简单填埋或露天堆放方式处理，这种简单的处理方式不仅占用了大量的土地，而且消耗了大量的运费，同时对土壤、水源、大气等环境系统造成严重危害[66]。

建筑垃圾主要是由开挖泥土、渣土、碎石块、废砂浆、砖瓦碎块、混凝土块、沥青块、废塑料、废金属料、废木材等废弃混合物组成。建筑垃圾中的许多废弃物经分拣、剔除或粉碎后，大多是可以作为再生资源重新利用的，建筑垃圾主要成分再生利用方法见表5-2-32。

表 5-2-32　建筑垃圾主要成分再生利用方法

垃圾成分	再生利用方法	垃圾成分	再生利用方法
开挖泥土	回填、绿化、堆山造景	木材、纸板	堆肥原料、复合板材、燃烧发电
混凝土块	骨料、砌块、路基、填料、行道砖	沥青	再生沥青混凝土
砖瓦、碎石	砌块、路基、墙体砖、地面砖	塑料	粉碎、热分解、填埋
砂浆	砌块、填料	玻璃	高温熔化、路基垫层
钢材、金属	再次使用、回炉	其他	填埋

二、建筑垃圾的分类与组成

(一)建筑垃圾的分类

根据建设部2005年6月颁布的《城市建筑垃圾和工程渣土管理规定(修订稿)》，建筑垃圾是指建设单位、施工单位新建、改建、扩建和拆除各类建筑物、构筑物、管网等以及居民装饰装修房屋过程中所产生的弃土、弃料及其他废弃物。

1. 按照建筑垃圾来源分

可分为土地开挖垃圾、道路开挖垃圾、旧建筑物拆除垃圾、建筑施工垃圾和建材生产垃圾五类，主要由渣土、砂石块、废砂浆、砖瓦碎块、混凝土块、沥青块、废塑料、废金属料、废竹木等组成。

(1) 土地开挖垃圾　分为表层土和深层土，前者可用于种植，后者主要用于回填、造景等。

(2) 道路开挖垃圾　分为混凝土道路开挖和沥青道路开挖，包括废混凝土块、沥青混凝土块。

(3) 旧建筑物拆除垃圾　主要分为砖和石头、混凝土、木材、塑料、石膏和灰浆、屋面废料、钢铁和非铁金属等几类，数量巨大。

(4) 建筑施工垃圾　分为剩余混凝土、建筑碎料以及房屋装修产生的废料，主要包括碎砖、砂浆、混凝土、桩头、包装材料等。

(5) 建材生产垃圾　主要是指为生产各种建筑材料所产生的废料、废渣，也包括建材成品在加工和搬运过程中所产生的碎块、碎片等。

2. 按照建筑垃圾回收利用方式分

可分为可直接利用的材料、可再生利用的材料、没有利用价值的材料三类。

(1) 可直接利用的材料　如旧建筑材料中可直接利用的窗、梁、尺寸较大的木料等。

(2) 可再生利用的材料　如废钢筋、废铁丝、废电线和各种废钢配件等金属，经分拣、集中、重新回炉后，可以再加工制造成各种规格的钢材；砖、石、混凝土等废料经破碎后，可以代砂，用于砌筑砂浆、抹灰砂浆、打混凝土垫层等，还可以用于制作砌块、铺道砖、花格砖等建材制品。

(3) 没有利用价值的材料　如难以回收的或回收代价过高的材料可用于回填或焚烧。

3. 按照建筑垃圾的强度分类

将剔除金属类和可燃物后的建筑垃圾(混凝土、石块、砖等)按强度分类：标号大于

C10 的混凝土和块石，命名为Ⅰ类建筑垃圾；标号小于 C10 的废砖块和砂浆砌体，命名为Ⅱ类建筑垃圾；为了能更好地利用建筑垃圾，还进一步将Ⅰ类细分为ⅠA 类和ⅠB 类，将Ⅱ类细分为ⅡA 类和ⅡB 类。各类建筑垃圾的分类标准及用途见表 5-2-33。

表 5-2-33　各类建筑垃圾的分类标准及用途

大类	亚类	标号	标志性材料	用途
Ⅰ	ⅠA	≥C20	4 层以上建筑的梁、板、柱	C20 混凝土骨料
	ⅠB	C10～C20	混凝土垫层	C10 混凝土骨料
Ⅱ	ⅡA	C5～C10	砂浆或砖	C5 砂浆或再生砖骨料
	ⅡB	<C5	低标号砖	回填土

（二）建筑垃圾的组成

建筑垃圾中土地开挖垃圾、道路开挖垃圾和建材生产垃圾，一般成分比较单一，其再生利用和处置比较简单。建筑施工垃圾和旧建筑物拆除垃圾是在建设过程或旧建筑物维修、拆除过程中产生的，大多为混凝土、砖瓦等废物，回收利用复杂，是研究的重点。

在建筑施工中，不同结构类型建筑物所产生的建筑施工垃圾各种成分的含量有所不同，但基本组成一致，主要由土、渣土、散落的砂浆和混凝土、剔凿产生的砖石和混凝土碎块、打桩截下的钢筋混凝土桩头、废金属料、竹木材、装饰装修产生的废料、各种包装材料和其他废弃物等组成（见表 5-2-34）。各组分大致比例为：混凝土占 41%，沥青占 12%，砖石、渣土占 6%，陶瓷、木材、玻璃、金属、瓦片占 40%，其他占 1%。

表 5-2-34　建筑施工垃圾的数量与组成

组　分	比例/%		
	砖混结构	框架结构	剪力墙结构
碎砖瓦	30～50	15～30	10～20
废砂浆块	8～15	10～20	10～20
废混凝土	8～15	15～30	15～35
包装材料	5～15	5～20	10～20
屋面材料	2～5	2～5	2～5
钢材	1～5	1～5	1～5
木材	1～5	1～5	1～5
其他	10～20	10～20	10～20
合计	100	100	100
单位建筑面积产生量/(kg/m²)	50～200	45～150	40～150

与建筑施工垃圾相比，旧建筑物拆除垃圾的组成成分差别较大，单位面积产生的垃圾量更大，旧建筑物拆除垃圾的组成与建筑物的结构有关。旧混砖结构建筑中，砖块、瓦砾约占 80%，其余为木料、碎玻璃、石灰、渣土等，现阶段拆除的旧建筑物多属砖混结构的民居；废弃框架、剪力墙结构的建筑，混凝土块约占 50%～60%，其余为金属、砖块、砌块、塑料制品等，旧工业厂房、楼宇建筑是此类建筑的代表。表 5-2-35 为中国香港特别行政区的旧建筑物拆除垃圾和新建筑物施工垃圾组成比较。

从表中可以看出，旧建筑物拆除垃圾与新建筑物施工垃圾的主要组成为混凝土、石块和碎石、泥土和灰尘三大类。三大组分在旧建筑物拆除垃圾与新建筑物施工垃圾中所占的比例分别为 77.9% 和 72.84%。一般来说，旧建筑物拆除垃圾中废混凝土块较多，而新建筑物施工垃圾中石块和碎石、泥土和灰尘较多。

表 5-2-35　香港旧建筑物拆除垃圾和新建筑物施工垃圾组成比较

成分	垃圾组成比例/%		成分	垃圾组成比例/%	
	旧建筑物拆除垃圾	新建筑物施工垃圾		旧建筑物拆除垃圾	新建筑物施工垃圾
沥青	1.61	0.13	金属(含铁)	3.41	4.36
混凝土	54.21	18.42	塑料管	0.61	1.13
石块、碎石	11.78	23.87	竹、木料	7.46	10.95
泥土、灰尘	11.91	30.55	其他有机物	1.3	3.05
砖块	6.33	5	其他杂物	0.11	0.27
沙	1.44	1.7	合计	100	100
玻璃	0.2	0.56			

三、建筑垃圾产量估算

由于土地开挖垃圾、道路开挖垃圾和建材生产垃圾一般可全部再利用，处理技术简单，一般不需要进行产量预测。建筑垃圾产量的预测一般指旧建筑物拆除垃圾和建筑施工垃圾。据统计，在世界很多国家，旧建筑拆除垃圾和建筑施工垃圾之和一般占固体废物总量的 20%~30%，其中建筑施工垃圾的量不及旧建筑拆除垃圾的一半。

1. 建筑施工垃圾产量估算

（1）**按建筑面积计算**　通常对混砖结构、全现浇结构和框架结构等建筑施工材料的损耗的粗略统计，在每万平方米建筑施工过程中，建筑垃圾的产量约为 500~600t。每立方米建筑约产生 1%~4% 的建筑垃圾。

建筑施工垃圾年产量＝年建筑面积×建筑面积垃圾产出比(600t/万平方米)

（2）**按施工材料损耗计算**　在实际施工中，据测算，建筑材料实际耗用量比理论计划用量多出 2%~5%，这表明，建筑材料的实际有效利用率仅达 95%~98%，剩下的大部分成了建筑垃圾。垃圾数量与建筑物构造中所消耗材料总量密切相关。因此，用占所购买材料总量的比例反映垃圾量大小更准确。表 5-2-36 列出了建筑施工垃圾各主要组成部分占其材料购买量的比例。调查表明，各类材料未转化到工程上而变为垃圾废料的数量为材料购买量的 5%~10%。

表 5-2-36　建筑施工垃圾各主要组成部分占其材料购买量的比例　　　　　单位:%

垃圾组成	占其材料购买量的比例	垃圾组成	占其材料购买量的比例
碎砖	3~12	屋面材料	3~8
砂浆	5~10	钢材	2~8
混凝土	1~4	木材	5~10
桩头	5~15		

（3）**按城市人口产出量计算**　据资料统计，若按城市人口中平均每人每年产生 100kg 建筑施工垃圾的较低估计值计算，与按建筑面积估算所得数据很接近，因此，可以计算建筑施工垃圾年产量。

建筑施工垃圾年产量＝城市人口×0.1t/(人·年)

2. 旧建筑拆除垃圾产量估算

旧建筑物拆除产生的垃圾一般采用经验系数法来估算，通常拆除每平方米所产生的建筑垃圾达 $0.5~1m^3$ 甚至更多。我国旧建筑物拆除垃圾的估算采用拆除垃圾量和拆除面积的产出比来估算，一般每拆除 $1m^2$ 旧建筑物产出 1t 拆除垃圾。当年拆除旧建筑物面积为当年新建建筑面积的 10％，所以年度旧建筑拆除面积可按此比例由年建筑面积折算而来。

$$建筑拆除垃圾年产量＝年建筑面积×10％×经验系数（1t/m^2）$$

3. 建筑装修垃圾产量估算

有关资料显示，装修垃圾与装修工程量的比例大致为：1 套住宅装修工程平均产生 2t 建筑垃圾，建筑装修垃圾占建筑施工垃圾总量的 10％。建筑装修垃圾估算采用装修面积乘以单位面积建筑垃圾产量计算。据《洛阳市建筑垃圾量计算标准》规定，居民住宅装饰装修垃圾量＝建筑面积×单位面积垃圾量。其中单位面积垃圾量：$160m^2$ 以下的居民住宅按每平方米 0.1t 计算，$161m^2$ 以上的居民住宅按每平方米 0.15t 计算。

$$建筑装修垃圾年产量＝年装修面积×装修面积垃圾产出比（0.1t/m^2）$$

（注：关于年装修建筑面积，按照全国商品房销售面积记取。商品房销售面积包括住宅用房面积和商用用房面积）

四、建筑垃圾的预处理

建筑垃圾的预处理是指建筑垃圾在制成再生产品之前的处理技术，主要包括破碎与分选。建筑垃圾的破碎目的是将减小颗粒尺寸，增大其形状的均匀度，以便后续处理工序的进行，其破碎方法主要有压碎、磨碎、劈碎和击碎等四种方法[67,68]。建筑垃圾的分选是将建筑垃圾中可回收或不符合处置工艺要求的物料分离出来。建筑垃圾的分选主要包括：重力分选、磁选、光电分选、摩擦与弹性分选以及最简单有效的人工分选。建筑垃圾的预处理流程见图 5-2-48。

建筑垃圾收集后，首先进行人工粗分，将可回收利用的大块木料、塑料、钢筋和纸板进行分离回收。经过粗分后的建筑垃圾进行一级破碎，使用磁选机剔除铁屑和杂质，然后对破碎后的建筑垃圾进行烘干和分选，除去木屑、塑料等轻杂质。最后对剩余建筑垃圾进行细分，细分一般采用滚筒筛和风力分选设备。细筛分得到的轻组分是木材、纸片和碎塑料片等，重组分主要是混凝土、砖、瓦以及碎金属料等。轻组分可以直接焚烧或填埋处理，重组分则应再进行磁选，以回收其中的金属料，通过建筑垃圾的预处理工艺，最终得到 0～5mm、5～40mm 粒径的骨料。

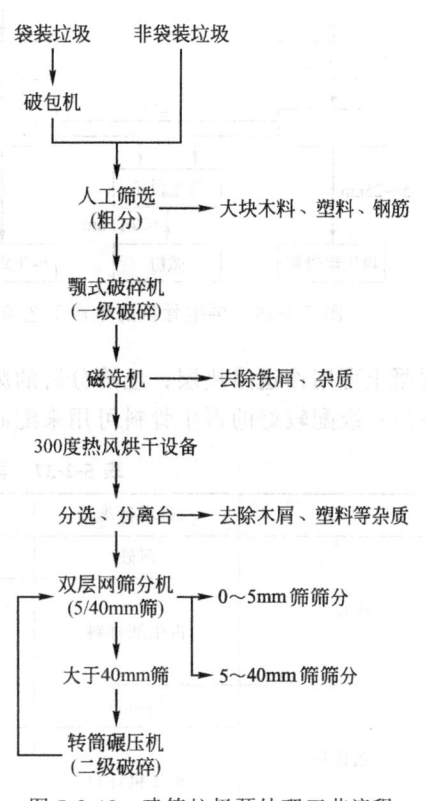

图 5-2-48　建筑垃圾预处理工艺流程

五、建筑垃圾的再生利用

1. 废旧建筑混凝土的再生利用

废旧混凝土是建筑垃圾中重要组成部分，约占建筑垃圾总量的 30％左右，是回收利用价值较大的组分。废弃混凝土块经过破碎、清洗、分级后，按一定的比例混合形成再生骨料，部分或全部代替天然骨料配制新混凝土。再生骨料按粒径大小可分为再生粗骨料和再生细骨料。废旧混凝土再生骨料不仅用于生产混凝土，还可以用来加工各种轻型砌块和路面砖。废旧混凝土经破碎后，可直接用于房屋建筑、道路的垫层及道路基层。废弃混凝土与石灰石，按一定比例混合，磨细后入窑烧制可得到不同标号的再生水泥。

废旧混凝土制造再生骨料的过程与天然碎石骨料的制造过程相似，都是采用破碎、筛分与传送设备组合在一起的生产过程。废旧混凝土生产再生骨料的过程如图 5-2-49 所示，废旧混凝土经过初次破碎与筛分，筛分出两种粒径的骨料，分别是 10~40nm 和 0~10nm，这两种骨料经过再次破碎与分选，最终得到 5~25nm、0.15~5nm 和 <0.15nm 的粗骨料、细骨料和微粉等三种骨料。

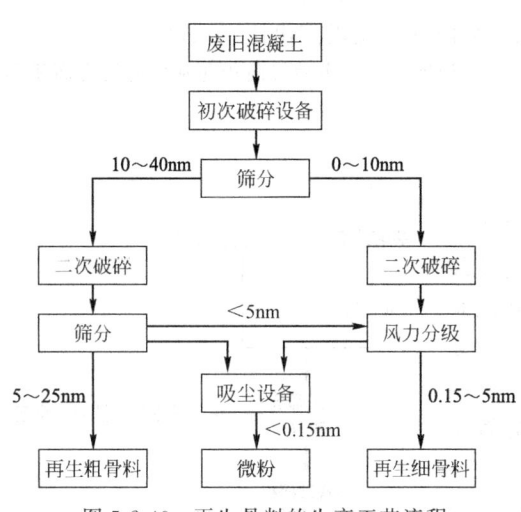

图 5-2-49 再生骨料的生产工艺流程

再生骨料与天然砂石骨料相比，再生骨料由于含有 30% 左右的硬化水泥砂浆，从而导致其吸水性能、表观密度等物理性质与天然骨料不同。表 5-2-37 为再生骨料与天然骨料的物理性质比较。

再生骨料表面粗糙、棱角较多，组分中还含有硬化水泥砂浆，再加上混凝土块在破碎过程因损伤累积在内部造成大量的裂纹，导致再生骨料自身的孔隙率大、吸水率大、堆积空隙率大、压碎指标值高、堆积密度小，性能明显劣于天然骨料，只能用于制备低等级混凝土。因此，可将不同标号的废旧混凝土再生骨料用在不同等级的道路工程中。强度低、杂质多的废弃混凝土可用作道路垫层；经筛分后的废弃混凝土再生骨料可与其他筑路材料拌合后作为道路基层；级配较好的再生骨料可用来配制路面混凝土。

表 5-2-37 再生骨料与天然骨料的物理性质

类别	骨料种类	原混凝土的水灰化	吸水率/%	表观密度/(t/m³)
细骨料	河砂	—	4.1	1.67
	再生细骨料	0.45	11.9	1.29
		0.55	10.9	1.33
		0.68	11.6	1.30
粗骨料	河卵石	—	2.1	1.65
	再生粗骨料	0.45	6.4	1.30
		0.55	6.7	1.29
		0.68	6.2	1.33

2. 废旧砖瓦的再生利用

废旧建筑物拆除的建筑垃圾中砖瓦的含量很大，据统计，我国废砖的产出量每年约 5200 万吨。废旧砖瓦经破碎分选后，可以制成混凝土砌块。废旧砖瓦还可以替代骨料配制再生轻骨料混凝土，也可以制成地面砖材料、水泥混合材，或在黏土砖碎粒中加入石灰，在道路路基工程中使用。

据测算，生产 1 亿块再生砖可消纳建筑垃圾 37 万吨。用建筑垃圾中的废旧砖瓦生产骨料,用于生产再生砖,其生产工艺和设备比较简单、成熟,工艺流程如图5-2-50所示。建筑垃圾再生砖具有黏土砖的基本性质,产品性能稳定。建筑垃圾普通再生砖可以替代黏土实心砖用于墙体等承重和非承重结构部位,再生古建砖适用于仿古建筑的修建。建筑垃圾普通再生砖的主要规格为240mm×115mm×55mm,建筑强度等级可达到MU7.5～MU15。

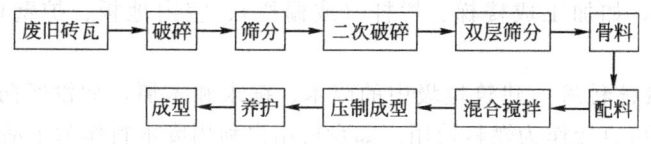

图 5-2-50　废旧砖瓦生产再生砖块工艺流程

建筑垃圾再生砖应满足《非烧结普通黏土砖》(JC 422)技术性能要求,建筑垃圾再生砌块应满足《普通混凝土小型空心砌块》(GB 8239)技术性能要求;再生砖、再生砌块放射性能还应满足《建筑材料放射性核素限量》(GB 6566)要求。

3. 废旧沥青的再利用

废旧沥青主要包括废旧沥青屋面材料和废旧沥青路面材料,在屋面拆除和道路翻修后会产生大量沥青、混凝土的混合物,经过分选分离之后,沥青材料还可以循环使用。沥青是由多种化学结构极其复杂的化合物组成,其老化主要表现为针入度降低、黏度增大、延度减少、软化点提高等,表5-2-38列出了旧沥青性能常规指标。

表 5-2-38　旧沥青性能的常规指标

沥青品种	针入度(25℃)/×0.1mm	黏度(60℃)/(Pa·s)	延度(15℃)/cm	软化/℃
回收旧沥青	35～42	420～450	20～40	57.5～61.5
规范对AH70号沥青的要求	60～80	—	>100	44～55

废旧沥青屋面材料的再利用主要有回收沥青废料作热拌沥青路面的材料和作冷拌沥青路面的材料。热拌沥青路面的性能与沥青屋面废料的掺入率密切相关,掺入率越高,则路面性能下降较大。一般高等级公路热拌沥青路面中沥青屋面废料的掺入率为5%,低等级道路的热拌沥青路面中沥青屋面废料的掺入率为10%～15%。沥青屋面废料用于冷拌操作比热拌操作更容易,冷拌的沥青屋面废料主要用于填补坑洞、修补车道和修补桥梁、填充通道等。

废旧沥青路面材料再利用主要是再生产沥青混凝土,用于铺筑路面面层或基层。旧沥青路面经过翻挖回收、破碎筛分,和再生剂、新骨料、新沥青材料按适当比例重新拌合,形成具有一定路用性能的再生沥青混凝土。废旧沥青混合料的再生工艺有热再生和冷再生两种工艺。热再生法就是提供强大的热量,在短时间内将沥青路面加热至施工温度,通过旧料再生等一些工艺措施,使病害路面达到或接近原路面指标的一种技术。冷再生就是利用铣刨机将旧沥青路面层及基层材料翻挖,将旧沥青混合料破碎后当作骨料,再加入生剂混合均匀,碾压成型后,主要作为公路基层及底层使用。这两种工艺既可以在现场进行就地再生,也可以进行厂拌再生。

4. 废旧木材、木屑的再利用

建筑垃圾中废旧木料主要来源于建筑物拆除过程中产生的木质构建,如门窗、地板、托梁、隔板、柱、扶梯等,以及建筑施工及装修过程中产生的多余木料,如水泥模板、脚手架、栏杆、饰条等。一些发达国家如欧盟国家美国、加拿大、日本等国早在20世纪90年代已开展木质废弃物的回收利用研究,建筑垃圾中废旧木料的再生利用主要有以下几个方面。

(1) 可直接利用　从建筑物拆解下来的大块废旧木材,如较粗的立柱、椽、托梁以及木质较硬的橡木、红杉木、雪松等，可直接当木材重新使用。在废旧木材重新利用前应考虑木材腐坏、表面涂漆和粗糙程度，以及木材上尚需拔除的钉子以及其他需清除的物质。废旧木材的利用等级一般需要适当降低。

对于建筑施工过程中产生的废旧木材，清除其表面污染物后可根据尺寸直接利用，而不用降低其使用等级，如加工成楼梯、栏杆（或栅栏）、室内地板、护壁板（或地板）和饰条等。

（2）可作为燃料利用　建筑垃圾中的碎木、锯末和木屑，如没经防腐处理的废木料、无油漆的废木料，可直接作为燃料使用。如乡村用户利用废木料作为生活燃料，生物质能源厂直接利用各类废木料或加工废料进行燃烧发电。

（3）可作为堆肥原料　建筑垃圾中的碎木、锯末和木屑，如没经防腐处理的废木料、无油漆的废木料，还可以作为堆肥原料使用。木料的碳氮比为（200～600）∶1，将碎木、锯末和木屑粉碎至一定粒径后，掺入堆肥原料中可以调节原料的碳氮比。废木料的掺入比率与其清洁度密切相关，清洁未受污染的碎木、锯末和木屑掺入率较高，受污染的木料则掺入率较低。

（4）可以制造木质人造板　废旧木材粉碎后，可以用来生产人造板（如刨花板、中纤板、石膏刨花板、水泥刨花板等），平均制造 $1m^3$ 人造板可节约 $3m^3$ 原木，充分利用废旧木材，可有效保护森林资源。

（5）利用废旧木材、塑料制造木塑复合材料　将废旧塑料和枝杈、碎木、锯末等木质材料以一定比例混合，添加特制的黏合剂，经高温高压处理后制成结构型材。这种木塑新型复合材料是一种性能优良、经济环保的新材料。可以用于门窗框、地板、建筑模板、交通护栏等，也可以用于包装、铺垫外运货物。

（6）可以生产黏土-木料-水泥复合材料　将废木料与黏土、水泥混合可生产出黏土-木料-水泥复合材料（黏土混凝土），与普通混凝土相比，黏土-木料-水泥混凝土具有质量轻、热导率小等优点，因而可作为特殊的绝热材料使用。

（7）可以生产乙醇　日本大阪市建成了世界首家利用废旧木材生产燃料用乙醇的工厂。其生产过程是对废旧木材进行削片、溶解、发酵、浓缩、蒸馏等一系列加工处理，即可得到用作汽油添加剂的工业乙醇。

（8）经防腐处理的木材再利用　经过防腐处理的木材比没经过防腐处理的木材服务年限可延长 5 倍以上，含铬酸盐的砷酸铜溶液是常用的防腐剂（简称CCA），硼酸盐也是一种常用的防腐剂。经硼酸盐防腐处理的废木材可以作为堆肥原料，一般规定堆肥原料中经硼酸盐防腐处理的废木材的含量不得超过 5％。经 CCA 防腐处理过的废旧木材资源化利用途径受到限制，研究表明，CCA 防腐处理过的废旧木材可用于生产木料-水泥复合材料，且性能优于不经过 CCA 处理的废木材生产处的复合材料。

5. 其他建筑垃圾的再利用

建筑垃圾除了以上几种主要成分外，还含有废旧陶瓷、玻璃、金属、塑料等，这些组分也可以再回收利用。

废建筑陶瓷和卫生陶瓷，一般属于炻质类陶瓷。吸水率较低、坚硬、耐磨、化学性质稳定。将废陶瓷破碎至 5～10mm 的颗粒，可得到一种优质的人工彩砂原料。人工彩砂原料主要用于建筑物的外墙装饰。废陶瓷经破碎、分选后，还可以配料压制成型生产烧结地砖。

建筑垃圾中的废钢筋、钢门窗、铁钉和各种废钢配件等金属，经分拣、集中、重新回炉后，可以再加工制造成各种规格的钢材。

建筑垃圾中的废旧塑料的再利用可分为直接利用和改性再利用两大类。直接利用就是将建筑垃圾的废旧塑料经过分类、清洗、破碎、造粒后直接加工成型。改性再利用是将再生料通过物理或化学方法改性后加工成型，经过改性的再生塑料，可用于制作档次较高的塑料制品。

　　此外，也可以将废旧塑料与其他材料复合，形成具有新性能的复合材料。

六、建筑垃圾的综合利用

　　建筑垃圾不仅单独组分可以再生利用外，而且还可以将各组分混合利用，不需要经过复杂的破碎和分拣程序，使用方便[69,70]。

1. 建筑垃圾在工程地基中的应用

　　建筑垃圾的主要成分是混凝土、渣土、砖瓦、石子等无机物组成，其化学成分主要是硅酸盐、氧化物、氢氧化物、碳酸盐、硫化物等，具有较好的强度、硬度、耐磨性、冲击韧性、抗冻性、耐水性等，有相当好的物理和化学稳定性，其性能优于黏土、粉土，甚至优于砂土和石灰土，因此，建筑垃圾可以作为建筑工程地基使用。

　　建筑垃圾可直接用于加固软土地基，可不受外界影响，不会产生风化而变为酥松体，能够长久地起到骨料的作用。建筑垃圾也可以用作复合载体夯扩桩填料加固软土地基，该技术是在用建筑垃圾加固软土地基的基础上，利用建筑垃圾中的碎砖烂瓦、废钢渣、矿渣砖、碎石、石子等废物材料为填料，采用特殊工艺和设备，形成夯扩超短异型桩。这种桩具有桩基的承载特性，结构形式简单，竖向承载力高，施工工艺简单，且可消纳大量的建筑垃圾。

2. 建筑垃圾在路面基层中的应用

　　建筑垃圾颗粒大，比表面积小，含薄膜水少，不具备塑性，透水性好，遇水不冻涨，不收缩，是路基难得的水稳定性好的建筑材料。透水性好，能够阻断毛细水上升，在潮湿状态和环境下，用建筑废渣作基础垫层，强度变化不大，是理想的强度高、稳定性好的筑路材料，因此可将建筑垃圾可用于公路工程、铁路工程、大型广场、机场跑道、街巷道路工程等建设工程的路面填料。

　　建筑垃圾在路面基层应用技术，是将建筑垃圾中的水泥混凝土、碎石、砖瓦等破碎，经过筛分，除去杂质，形成一定粒径的建筑骨料。然后按级配设计要求在骨料中加入水泥、粉煤灰和水等进行搅拌，形成的不同建筑产品和道路建设产品，这些产品完全可以替代普通砂石料用于道路基层。

3. 建筑垃圾在人工造景中的应用

　　将建筑垃圾进行初步筛选、破碎后，可进行堆砌胶结表面喷砂，作为人工堆山的填料，做成假山景观工程。利用建筑垃圾堆山造景，既处置了大量的建筑垃圾，又美化了环境，具有良好的社会效益。如天津市最大规模的人造山，占地约 40 万平方米，利用建筑垃圾 500 万立方米。3 年完成"山水相绕、移步换景"的特色景观，如今垃圾山已成为天津市民游览休闲的大型公共绿地。

　　绿化是堆山造景工程的重要内容之一，应充分考虑气候因素和园内地形、土壤、工期等，合理分区，科学应用抗旱、抗碱等植物营造乔、灌、草复层结构，利于形成远期动态的生物平衡，达到最好的生态效益，保证可持续发展。

参 考 文 献

[1]　中国标准出版社第六编辑室. 城市垃圾处理标准汇编. 北京：中国标准出版社，2010.

[2]　胡华龙，等编译. 废物焚烧——综合污染预防与控制最佳可行技术. 北京：化学工业出版社，2009.

[3]　[日] 废弃物学会. 废弃物手册. 金东振译. 北京：科学出版社，2004.

[4]　龚伯勋. 环保设备设计手册——固体废物处理设备. 北京：化学工业出版社，2004.

[5]　George Tchobanoglous, Hilary Theisen, Samuel Vigil. 固体废物的全过程管理——工程原理及管理问题. 北京：清华大学出版社，2000.

[6]　翁焕新. 污泥无害化、减量化、资源化处理新技术. 北京：科学出版社，2009.

[7]　席北斗. 有机固体废弃物管理与资源化技术. 北京：国防工业出版社，2006.

[8]　白良成，等. 生活垃圾焚烧技术导则. 北京：中国建筑工业出版社，2010.

[9]　住房和城乡建设部标准定额研究所编著. 城市生活垃圾处理标准定额汇编. 北京：中国建筑工业出版社，2009.

[10]　赵由才编著. 生活垃圾处理与资源化技术手册. 北京：冶金工业出版社，2007.

[11]　李金惠，王伟，等编著. 城市生活垃圾规划与管理. 北京：中国环境科学出版社，2007.

[12]　徐文龙，等. 城市生活垃圾管理与处理技术. 北京：中国建筑工业出版社，2006.

[13]　王罗春，赵爱华，等. 生活垃圾收集与运输. 北京：化学工业出版社，2006.

[14]　赵由才，龙燕，等. 生活垃圾卫生填埋技术. 北京：化学工业出版社，2004.

[15]　张益，赵由才. 生活垃圾焚烧技术. 北京：化学工业出版社，2000.

[16]　赵由才，黄仁华，等. 生活垃圾卫生填埋场现场运行指南. 北京：化学工业出版社，2001.

[17]　张朝晖. 冶金资源综合利用. 北京：冶金工业出版社，2011.

[18]　肖忠明. 工业废渣在水泥生产中的应用. 北京：中国建材工业出版社，2009.

[19]　牛冬杰，等. 工业固体废弃物处理与资源化. 北京：冶金工业出版社，2007.

[20]　王琪. 工业固体废弃物处理及回收利用. 北京：中国环境科学出版社，2006.

[21]　阎振甲. 工业废渣生产建筑材料实用技术. 北京：化学工业出版社，2002.

[22]　石青. 国家环境保护局有毒化学品管理办公室/化工部北京化工研究院环境保护研究所. 化学品毒性、法规、环境数据手册. 北京：中国环境科学出版社，1992.

[23]　国家环境保护局编（叶汝求主编）. 中国环境保护21世纪议程. 北京：中国环境科学出版社，1995.

[24]　罗河胜. 塑料改性与实用技术. 广州：广东科技出版社，2007.

[25]　周凤华. 塑料回收利用. 北京：化学工业出版社，2005.

[26]　齐贵亮. 废旧塑料回收利用实用技术. 北京：机械工业出版社，2011.

[27]　王加龙. 废旧塑料回收利用实用技术. 北京：化学工业出版社，2010.

[28]　李东光. 废旧塑料、橡胶回收利用实例. 北京：中国纺织出版社，2010.

[29]　李金惠，等. 废电池管理与回收. 北京：化学工业出版社，2005.

[30]　周全法，尚通明. 废电池与材料的回收利用——电子废物回收与利用丛书. 北京：化学工业出版社，2004.

[31]　李东光. 废旧金属、电池、催化剂回收利用实例. 北京：中国纺织出版社，2010.

[32]　张津，张猛，等. 金属回收利用500问. 北京：化学工业出版社，2008.

[33]　董诚春. 废橡胶资源综合利用. 北京：化学工业出版社，2003.

[34]　董诚春. 废旧轮胎回收加工利用. 北京：化学工业出版社，2003.

[35]　刘玉强. 废旧橡胶材料及其再资源化利用. 北京：中国石化出版社，2010.

[36]　何永峰，刘玉强. 胶粉生产及其应用. 北京：中国石化出版社，2001.

[37]　于清溪. 橡胶原料手册. 第2版. 北京：化学工业出版社，2007.

[38]　刘锦文. 废旧橡胶制品的密封热解工艺. 橡胶工艺，2001，(8)：458.

[39]　张兴华，等. 真空条件下金属氧化物催化废轮胎热解研究. 废橡胶利用，2007，(10)：12.

[40]　王震，马鸿发. 上海市电子废弃物产生量及管理对策初探. 再生资源研究，2003，(3) 16-17.

[41]　Dirk Boghe. Electronic Scrap：A Growing Resource. Precio-us Metals，2001，(7)：21-24.

[42]　张文朴. 我国电子废物综合利用进展. 中国资源综合利用. 2010，28 (1)：9-12.

[43]　魏金秀，汪永辉，李登新. 国内外电子废弃物现状及其资源化技术. 东华大学学报，2004，(3)：133-138.

[44]　国家环境保护局污染控制司. 国家危险废物名录. 1998.

[45]　国家环境保护局. 中国环境年鉴. 北京：中国环境科学出版社，1992.

[46]　联合国环境规划署. 控制危险废物越境转移及其处置巴塞尔公约（最后文件）. 1989年3月20-22日.

[47]　罗杰·巴斯顿，等. 有害废物的安全处置. 马鸿昌，等译. 北京：中国环境科学出版社，1993.

[48]　Sosnow ski p，Wiecczorek A，Ledakowicz S. Anaerobic co-digestion of sewage sludge and organic fraction of munici-pal solid waster. Advances in Environmental Research，2003，7：609-616.

[49]　任连海. 餐厨垃圾湿热水解技术研究与应用 [博士学位论文]. 北京：清华大学. 2006.

[50]　孙营军. 杭州市餐厨垃圾现状调查及其厌氧沼气发酵可行性研究 [硕士学位论文]. 杭州：浙江大学. 2008.

[51] 熊飞，陈玲，王华，等. 湿式氧化技术及其应用比较. 环境污染治理技术与设备，2003，4（5）：66-69
[52] 肖晔远，史云鹏. 湿式氧化处理污水的应用现状及展望，工业用水与废水，2001，32（6）：5-7.
[53] 吴志明，傅菊男，李荣伟. 餐厨垃圾破碎机. 专利号：ZL 200710132240.7，2008-2-27.
[54] 冯效善，方士. 厌氧消化技术. 杭州：浙江科学技术出版社，1989.
[55] 中国科学院成都生物研究所. 沼气发酵常规分析. 北京：科学技术出版社，1984.
[56] 易维明编著. 生物质利用导论. 北京：中国农业科技出版社，1996.
[57] 万仁新主编. 生物质能工程. 北京：中国农业出版社，1995.
[58] 陈声明，吴金鹏主编. 生物质能源概论. 杭州：浙江科学技术出版社，1993.
[59] 郑元景，等编. 有机废料厌氧发酵技术. 北京：化学工业出版社，1988.
[60] ［英］DAVID A. STAFFORD 著. 用有机废料生产沼气. 张晋衡译. 上海：上海科学技术文献出版社，1987.
[61] 农牧渔业部沼气办公室，中国沼气协会. 国外沼气（第一集～第十集）. 重庆：科学技术文献出版社重庆分社，1984～1989.
[62] 郭世英，蒲嘉禾编著. 中国沼气早期发展史. 重庆：科学技术文献出版社重庆分社，1988.
[63] ［美］Rohlich G A，等著. 有机废物的利用. 尚忆初译. 北京：科学技术文献出版社，1988.
[64] 郑元景，等编著. 污水厌氧生物处理. 北京：中国建筑工业出版社，1988.
[65] 刘更另主编. 中国有机肥料. 北京：农业出版社，1991.
[66] 王罗春，赵由才. 建筑垃圾处理与资源化. 北京：化学工业出版社，2004.
[67] 李秋义. 建筑垃圾资源化再生利用技术. 北京：中国建材工业出版社，2011.
[68] 任连海，田媛编著. 城市典型固体废弃物资源化工程. 北京：化学工业出版社，2009.
[69] 王建明. 城市固体废弃物管制政策的理论与实施研究. 北京：经济管理出版社，2007.
[70] 麦克杜格尔. 城市固体废弃物综合管理：生命周期的视角. 诸大建，邱寿丰译. 上海：同济大学出版社，2006.

第三章
矿业固体废物资源化

第一节　冶金矿山尾矿资源化

尾矿的资源化途径主要包括两方面：一是尾矿作为二次资源再选，再回收有用矿物；二是尾矿的直接利用，是指未经过再选的尾矿直接利用，即将尾矿按其成分归类为某一类或者某几类非金属矿来进行利用。尾矿利用的这两个途径是密切相关的，矿山可根据自身条件进行选择，也可二者结合共同开发，如先回收尾矿中的有价组分，再将余下的尾矿直接利用，从而实现尾矿的整体综合利用。尾矿是一种具有很大开发利用价值的二次资源，尾矿的综合利用与资源化是矿业发展的必由之路，也是保持矿业可持续发展的基础。从人类社会发展所面临的非再生资源的枯竭和环境逐步恶化的大趋势看，尾矿的综合利用具有战略性的重要意义[1,2]。尾矿的资源化途径有：从尾矿中回收有用金属和矿物、尾矿生产建筑材料、用尾矿回填矿山采空区、尾矿可当作微肥使用，或用作土壤改良剂等[3~5]。

一、从尾矿中回收有价金属

我国共生、伴生矿产多，矿物嵌布，粒度细，以采选回收率计，铁矿、有色金属矿、非金属矿分别为 $60\%\sim67\%$、$30\%\sim40\%$、$25\%\sim40\%$，尾矿中往往含有铜、铅、锌、铁、硫、钨、锡等，以及钪、镓、钼等稀有元素及金、银等贵金属。尽管这些金属的含量甚微、提取难度大、成本高，但由于废物产量大，从总体上看这些有价金属的数量相当可观。一般情况下，最有价值的各种金属必须首先提取出来，这是矿山固体废物资源化的重要途径。目前我国有色金属矿山和冶炼企业综合回收的伴生黄金占全国黄金产量的 10% 以上，伴生白银占白银产量的 90%，伴生硫占产量的 47%，铂族金属全部是冶炼厂回收的。例如：金川有色金属公司是我国共生、伴生矿产资源综合利用的三大基地之一，十多年来依靠科技进步和资源综合利用，使镍的产量增长了 4.1 倍，伴生铜和钴的冶炼回收率达 88%，铂、钯、金的冶炼回收率达 70%，资源综合利用取得的经济效益达 25 亿元。

（一）从铁尾矿中回收有价金属

1. 从铁尾矿中回收铁

我国铁矿选矿厂尾矿具有数量大、粒度细、类型多、性质复杂的特点，铁矿选厂主要采用高梯度磁选机，从弱磁选、重选和浮选尾矿中回收细粒赤铁矿。如我国歪头山铁矿中主要金属矿物为磁铁矿，脉石主要包括石英、阳起石、角闪石以及绿帘石。表 5-3-1 为该尾矿化学成分分析结果。选厂利用 HS-F 1600mmX8 盘式磁选机粗选尾矿，再选后的粗精矿经弱磁选—球磨—磁力脱水槽—双筒弱磁选工艺，工艺流程如图 5-3-1 所示。得到产品为优质的铁精矿，其铁品位由再选前的7%～8%提高到65.76%，回收效率可达21.23%。

表 5-3-1 化学成分分析结果 单位:%

成分	TFe	SFe	FeO	SiO$_2$	Al$_2$O$_3$	CaO	MgO	S	P	K$_2$O	Na$_2$O	烧碱
质量分数	7.91	5.96	4.63	72.42	3.32	3.93	4.67	0.092	0.095	0.73	0.66	2.63

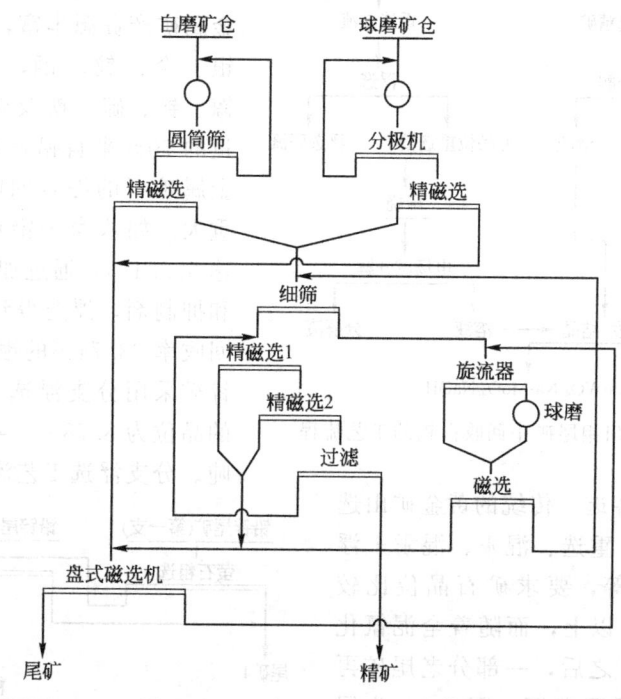

图 5-3-1 歪头山尾矿再选工艺流程

2. 铁尾矿中其他有价金属矿物的回收

除从尾矿中回收铁精矿外，还可回收其他有用成分。我国内蒙古包头铁矿富含铁、稀土、铌、萤石等多种有价成分，特别是稀土矿。为了加强尾矿中的稀土矿物回收，近年来采用混合浮选和分离浮选生产工艺回收稀土精矿，稀土精矿产率平均提高2%～3%，回收率提高15%～20%。

攀钢采用粗选-隔渣筛分、水力分级、重选、浮选、弱磁选、脱水过滤和精选-干燥分级、粗粒电选、细粒电选等技术，回收磁选尾矿中的钛铁和硫钴，年产钛精矿5万吨，硫钴精矿6400t。

（二）有色金属尾矿中有价金属的回收

（1）铜尾矿再选 从铜尾矿中，一般可以选出金、银、铜、铁、硫、萤石、硅灰石、重晶石等多种有用的成分。如江西铜业的银山铅锌矿利用浮选技术，从铅锌尾矿、铜硫尾矿中回收绢云母，两者回收率可分别达58.12%和63.79%，分级浮选后的绢云母品位分别为96.2%和62.5%。安庆铜矿从铜尾矿中综合回收铜和铁。铜绿山铜矿采用浮选—重选—磁选工艺回收金、银、铜、铁，回收率分别为79.33%、69.34%、70.56%、56.68%。

（2）钨尾矿再选 钨经常与许多金属矿和非金属矿共生，因此，钨尾矿再选可以回收某些金属矿或非金属矿。如棉土窝钨矿利用重选—浮选—水冶联合流程处理磁选钨尾矿。铋

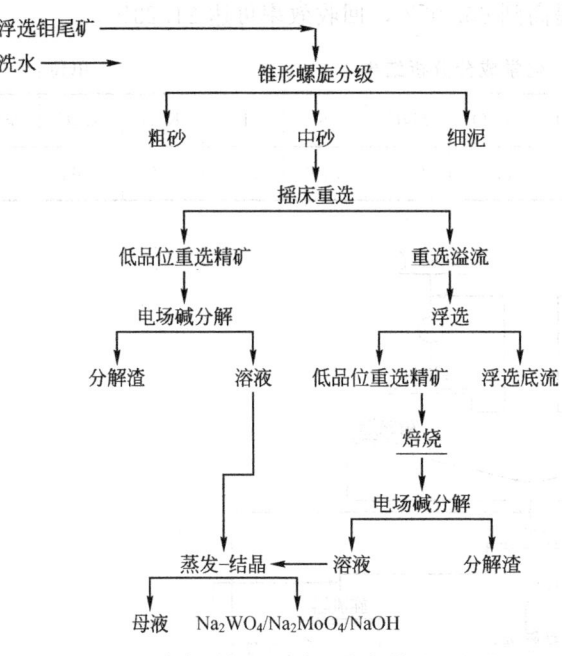

图 5-3-2 河南栾川钼尾矿中回收白钨的工艺流程

回收率 95%，含钨 36% 的钨精矿回收率 90%。

（3）钼尾矿再选 河南栾川钼尾矿中回收钨的工艺流程如图 5-3-2 所示。

（4）铅锌尾矿再选 我国铅锌多金属矿产资源丰富，矿石常伴生有铜、银、金、铋、硒、碲、钨、钼、锗、镓、铊、硫、铁及萤石等。我国银产量的 70% 来自铅锌矿石，因此铅锌多金属矿石的综合回收工作，意义特别重大。如八家子铅锌矿尾矿银含量高达 69.94%，通过加入调整剂、起泡剂和抑制剂，浮选得到品位 1193.85g/t，回收率 63.74% 的银精矿。湖南邵东铅锌矿采用分支浮选工艺得到的氟化钙的品位为 8.78%，年回收萤石 4500 多吨。分支浮选工艺流程见图 5-3-3。

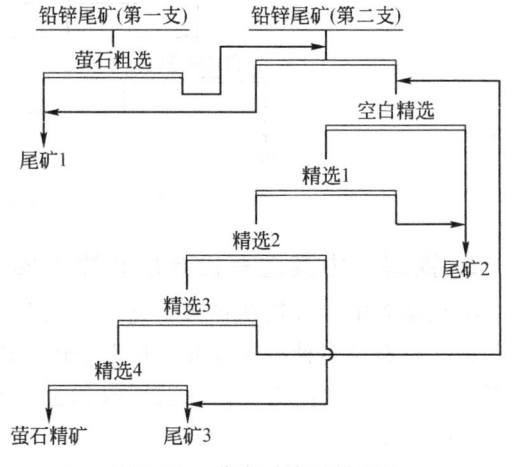

图 5-3-3 分支浮选工艺流程

（5）黄金尾矿再选 传统的黄金矿山选矿工艺，包括浮选、重选、混汞、混汞＋浮选以及重选＋浮选等，要求矿石晶位比较高，一般在 6～7g/t 以上，而随着全泥氰化炭浆提金等工艺推广之后，一部分老尾矿再次成为开发利用的重要资源。图 5-3-4 为尾矿炭浆法提金选冶工艺流程。

该工艺流程式是：尾矿通过采砂船调浆后泵送至炭浆厂，再经球磨机和螺旋分级机磨矿。溢流出的物料进入下一级磨矿，分级溢流至浓缩池浓缩后边浸出边吸附，为了提高处理能力，整个过程采用负氧机代替传统的真空泵提供氧气，产出的载金炭被送至解吸电解得到最终产品金。根据实际生产，处理此类尾矿的直接成本不高，当品位大于 1g/t 则可赢利。

二、尾矿在建筑材料中的应用

（一）利用尾矿生产墙体材料

目前应用尾矿生产墙体材料较多的类型是蒸养砖、免蒸砖、承重砌块、加气混凝土砌块。

（1）利用尾矿生产蒸养砖 大孤山选矿厂以含铁的尾矿为主，加入适量 CaO 活性材料，经一定工艺制得尾矿蒸养砖。尾矿蒸养砖反应机理是：尾矿粉、生石灰、水混合搅拌后，生石灰遇水消解成 $Ca(OH)_2$，砖在蒸压处理时，$Ca(OH)_2$ 在高压饱和蒸汽条件下与

SiO₂ 进行硬化反应，生成含水硅酸即硬硅酸钙及透闪石，使尾矿砖产生强度。

西华山钨矿利用尾矿砂制作灰砂砖，其强度比红砖高出一倍以上，达到 JC 153—75《蒸压灰砂砖》所规定的技术指标。除制作灰砂砖外，矿山还应用尾砂制作成水泥地板砖、水泥花格板、水泥梁、水泥门窗等建筑用的水泥预制件。制造灰砂砖的主要原料是尾砂和石灰。其生产工艺是：原料处理（尾矿砂去杂、生石灰破碎、细磨），配料，加水搅拌，入仓消解，压制成型，饱和蒸汽养护，成品堆放。为了保证灰砂砖的质量，对原材料和制作工艺要有严格的要求。

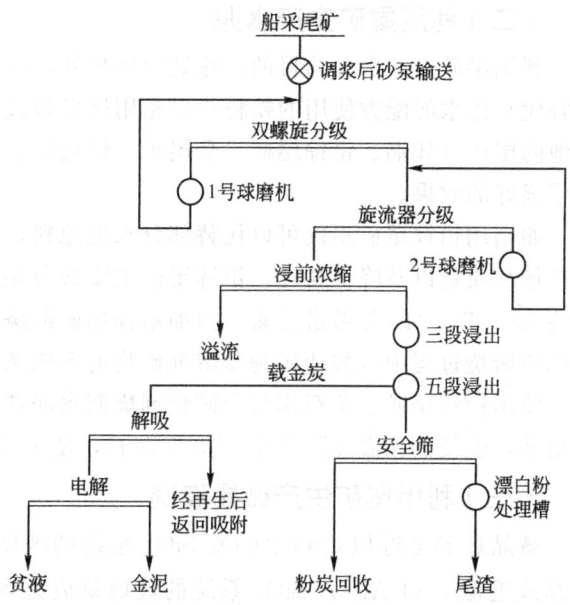

图 5-3-4　尾矿炭浆法提金选冶工艺流程

（2）利用尾矿生产免蒸砖　一般工艺过程是：以细尾矿为主要原料，配入少量的骨料、钙质胶凝材料及外加剂，加入适量的水，均匀搅拌后在压力机上模压成型，脱模后标准养护，即成尾矿免烧砖成品。某矿山实验证明用尾矿 25%、水泥 10%、水 12%、外加剂 3%（占水泥用量）的配比时生产出来的免烧砖最好，性能指标满足国家标准。

（3）利用尾矿砂生产承重砌块　歪头山矿以尾矿砂代替石英砂生产承重砌块取得很好的效果，该产品经国家权威部门检测，完全达到 GB 8239—1997 标准，强度等级为 NU10。该矿还与美国合作建设了年产 10 万立方米的承重砌块工厂。

（4）利用尾矿生产加气混凝土砌块　某金矿用选金尾矿生产加气混凝土砌块。加气混凝土砌块是一种新型的较为普及的建筑材料，具有良好的保温性能、理想的容重，广泛应用于工业与民用建筑中。

① 产品主要原材料　选金尾矿约占 60%、水泥约占 20%、石灰占 10%、石膏或磷石膏约占 5%、少量铝粉等。各种物料配比为：尾矿量∶石灰量∶水泥∶石膏量=69∶20∶9∶3；铝粉占干物料总量的 0.074%，水料比为 0.6~0.65。具体参数还需根据原材料的实际情况进行调整。

② 产品生产工艺流程

混料—磨料—搅拌—保温贮料—配料—烘凝—静养—切割—编组—蒸养—成品

③ 产品生产主要技术参数

a. 料浆搅拌浇注工作周期为 9min；

b. 坯体静停时间为 1.5~3h，静停温度为 40℃左右；

c. 坯体静停后强度为 0.2~0.3MPa；

d. 坯体切割周期为 10min；

e. 蒸压制度。抽真空 0~0.06MPa，0.5h；升压 0.06MPa~1.2MPa，2.0h；恒压 1.2MPa，7.5h；降压 1.2~0MPa，2h。单位制品耗气量为 224kg/m³。

生产的产品符合 GB 11968—2006 规定的 B04~B07 级加气混凝土砌块要求。

（二）利用尾矿生产水泥

利用尾矿生产水泥的目的，除处理尾矿外，一是利用尾矿砂中含铁量高的特点，以尾矿砂替代常用水泥配方使用的铁粉；二是用尾矿替代水泥原料的主要成分。我国一些矿山利用当地的尾矿（如铜、铅锌尾矿、金尾矿、铁尾矿、铝尾矿、钼铁尾矿等）为原料生产水泥取得了很好的效果。

如利用铅锌尾矿不仅可以代替部分水泥原料，而且还能起到矿化作用，能够有效提高熟料产量和质量以及降低煤耗。铅锌尾矿主要成分是 SiO_2、Al_2O_3、Fe_2O_3、CaO，此外还有一些 Ba、Ti、Mn 等微量元素。掺加铅锌尾矿煅烧水泥，主要是利用尾矿中的微量元素来改善熟料煅烧过程中硅酸盐矿物及熔剂矿物的形成条件，从而降低液相产生的温度。有实验表明，使用铅锌尾矿、萤石作复合矿化剂烧制水泥熟料，其效果比石膏、萤石作复合矿化剂更为显著，能使液相温度降低至 1130℃ 左右，使水泥熟料煅烧温度降低至 1250～1300℃。

（三）利用尾矿生产微晶玻璃

微晶玻璃是近似 $CaO\text{-}Al_2O_3\text{-}SiO_2$ 系统的玻璃，经热处理后（微晶化处理）含硅灰石微晶或近似 $CaO\text{-}Al_2O_3\text{-}SiO_2$ 系统的玻璃就成为含镁橄榄石微晶的高级建筑材料。微晶玻璃作为一种新型微晶材料，以其优异的耐高温、耐腐蚀、高强度、高硬度、高绝缘性、低介电损耗、化学稳定性在国防、航空航天、电子、生物医学、建材等领域获得了广泛的应用。

尾矿中含有制备微晶玻璃所需的 CaO、MgO、Al_2O_3、SiO_2 等基本成分，因此，利用尾矿制备各种性能的微晶玻璃，不仅能够实现资源的充分和有效利用，而且可解决尾矿堆存所带来的环境和经济成本等问题，实现经济、环境和社会的多重效应。

微晶玻璃的制备技术根据其所用原料的种类、特性对性能的要求而变化，主要有熔融法、烧结法、熔胶-凝胶法、二次成型工艺、强韧化技术等，对于尾矿微晶玻璃而言，其制备技术以前两种为主。

（1）熔融法　熔融法制备微晶玻璃是传统的方法，将配合料在高温下熔制为玻璃后直接成型为所需形状的产品，经退火后在一定温度下进行核化和晶化，以获得晶粒细小且结构均匀致密的微晶玻璃制品。

熔融法的优点：①可采用任何一种玻璃成形方法，如压延、压制、吹制、拉制等；②制品无气孔，致密度高；③玻璃组成范围宽。

熔融法存在的问题主要有：①熔制温度过高，能耗大；②热处理制度难于控制。

（2）烧结法　烧结法是将熔制玻璃粒料与晶化分两次完成。首先将配合料经高温熔制为玻璃后，再以水淬冷，使其粉碎为细小颗粒，成型后采用与陶瓷烧结类似的方法，让玻璃粉在半熔融状态下致密化并成核析晶。

烧结法的优点：①该法制备微晶玻璃不需经过玻璃成型阶段；②由于晶化与小块玻璃的黏结同时进行，因此不易炸裂，产品成品率高、节能，可方便地生产出异型板材和各种曲面板，并具有类似天然石材的花纹；③由于颗粒细小，表面积增加，比熔融法制得的玻璃更易于晶化，可不加或少加晶核剂。

对于熔融法而言，烧结法的缺点是产品中存在气孔，导致产品中的成品率降低。我国一些矿山已成功用尾矿（如铜尾矿、钨尾矿、金尾矿等）生产出微晶玻璃，并实现工业化生产。

三、用尾矿制功能性材料

（一）生产橡胶、塑料的填充材料

江西铜业的银山铅锌矿以有色金属选矿尾矿为原料，用浮选法分选出绢云母系列产品。目前已建成国内最大的湿磨绢云母粉生产厂，产品广泛用于橡胶、塑料、涂料等行业。研究表明，绢云母粉作为补强填充性材料用于橡胶、塑料等行业，能使某些性能得到改善，降低成本，深受厂家欢迎。针对选矿尾矿的特性，国内有人采用高选择性的 3ACH 捕收剂、F-1 抑制剂，回收绢云母含量分别达 96％和 64％以上的一、二级绢云母。经应用试验表明，绢云母一级品在橡胶中的补强性能基本达到了沉淀法白炭黑水平，二级品也全面超过硅铝炭黑的补强性能。

（二）利用尾矿生产高分子吸水材料

高分子吸水材料是 20 世纪末迅速发展起来的一种新型材料，由于其分子链中存在大量的羧基、羟基或酰胺基等亲水基团，可以吸取自身重量几十至上千倍的水。高分子吸水材料具有吸水能力强、保水性能好、凝胶强度高等特点，广泛用于工、农、林、医、建筑等领域。

中国铝业郑州研究所研制了利用铝尾矿生产高分子吸水材料的新工艺，通过大量研究表明：①用铝土矿选尾矿生产复合吸水材料的制备工艺简单可行，尾矿利用率可高达 50％以上；②产品吸水性能好，且生产成本低廉，主要是原材料成本比普通高分子吸水材料降低 50％～60％左右；③为选尾矿综合利用开辟一条具有较高经济附加值的应用新途径；④复合吸水材料合成工艺不产生"三废"，不污染环境，而且生产工艺流程简单，生产设备投资少等。

四、用尾矿回填矿山采空区

尾矿粒度细而均匀，用于作矿山地下采空场的充填料具有输送方便、无需加工、易于胶结等优点。利用尾砂作井下充填材料，也是减少尾矿堆存量的一条很好的出路，而且有利于矿山开采的安全。当用尾矿作充填材料时，尾矿应不易风化和水解，不产生有害气体，粒级大部分在 0.037mm 以上。凡口铅锌矿、红透山铜矿、大冶铜绿山矿、云锡公司老厂锡矿等利用尾矿充填井下的采空区都取得了很好的效果。

传统的水力充填（包括高浓度充填）均选用分级粗尾砂作为充填材料；近年来发展起来的全尾砂膏体充填工艺，对减轻或消除尾矿对地表或井下环境污染方面，效果非常显著。

全尾砂膏体胶结充填料的特点是其料浆呈稳定的粥状膏体，直至成牙膏状的稠料。料浆像塑性结构体一样在管道中作整体运动，膏体中的固体颗粒一般不发生沉淀，层间也不出现交流，而呈柱塞状的运动状态。柱塞断面的核心部分的速度和浓度基本没有变化，只是润滑层的速度有一定的变化。细粒物料像一个圆环，分布在管壁周围的润滑层起到"润滑"作用。膏体料浆的塑性黏度和屈服切应力均较大。全尾砂膏体胶结充填料浆真实质量浓度一般为 75％～82％，添加粗料惰性材料后的膏体充填料浆真实质量浓度可达 81％～88％。一般情况下，可泵性较好的全尾砂膏体胶结充填料浆的坍落度为 10～15cm，全尾砂与碎石相混合的膏体胶结充填料浆的坍落度为 15～20cm。

全尾砂膏体胶结充填的关键技术主要有以下几点。

（1）**膏体胶结充填料的脱水浓缩技术**　由于从选厂送来的全尾砂浆浓度很低，无论采用哪种膏体充填系统，都需将选厂尾砂浆脱水浓缩，达到膏体要求的含量，膏体胶结充填料卸入采空区时要像牙膏一样无多余的重力水渗出。膏体中的固体物料必须有一定量的微细粒（约 $20\mu m$），因而给脱水浓缩技术带来更大的困难。一般情况下，选矿厂尾砂需经两级脱水浓缩；第一级为旋流器（一段旋流或多段旋流）；第二级为浓密机或过滤机，如圆盘过滤机、带式过滤机、鼓式浓密机、振动浓密机等。但现有的脱水浓缩技术还存在着工艺较复杂，投资较大的问题，因而国内外仍在继续致力于这方面的研究。

（2）膏体胶结充填制备系统中的水泥添加技术　为防止膏体砂浆的重新液化，膏体胶结充填料浆中均添加有 3%～5% 的水泥作为胶凝材料。如果水泥添加方式不当，则会导致充填质量的下降和管道输送的困难。因此，合理配置水泥添加方式就成为膏体胶结充填的另一技术难题。目前膏体胶结充填制备系统中的水泥添加方式，归纳起来有以下 4 种。

① 一段搅拌系统干水泥添加方式。即碎石、尾砂、水泥三种物料一起加水进行活化搅拌制备成膏体。

② 两段搅拌系统干水泥添加方式。即经浓密后的全尾砂经一段搅拌制备成膏体，再送至二段活化搅拌机与干水泥加水活化搅拌制备成膏体。

③ 两段搅拌系统水泥浆地面添加方式。即以浓密过滤后的膏状全尾砂浆，用皮带送入地面活化搅拌机，水泥加水经一段搅拌与碎石一起进入地面活化搅拌机制备成膏体。

④ 两段搅拌系统水泥浆井下添加方式。即浓缩后尾砂浆与粉煤灰，碎石加水制成膏状混合浆送入井下，水泥加水经一段搅拌成浆单独泵送到井下，在井下将尾砂膏体和水泥浆一同进入双轴旋输送机搅拌混合送入空区充填。

根据国内外现有全尾砂膏体胶结充填技术的成功经验，可以认为：①水泥添加地点以程控充填地点为宜；②添加水泥浆比添加干水泥的效果好。除此之外，膏体的泵压输送技术、管道输送系统的监控技术等，在全尾砂膏体胶结充填技术中也是相当重要的。

五、工程实例

（一）利用尾矿作水泥熟料矿化剂

凡口铅锌矿主要生产铅精矿、锌精矿、混合精矿、硫精矿。选矿产生的尾矿经分级尾粗砂和细砂两部分，粗砂作充填用，细砂用作凡口铅锌矿水泥厂烧制水泥的矿化剂。

凡口铅锌矿水泥厂设计年产 425 号普通硅酸盐水泥 12 万吨，有两台 $\phi 3.0/2.5 \times 90m$ 回转窑，年产熟料 11 万吨。将尾矿砂石与石灰石等原料按配比入磨粉磨，使其均化，经过工业试验，配入 5% 的尾矿砂是成功的。

由于铅锌原矿属低熔点的化合物，其矿化原理是将常规生产的熟料中低强度组分的 B 矿和铝酸三钙转化为高强度组分的 A 矿和无水硫铝酸盐，加速了 CaO 的反应速度，降低了烧成温度，提高了熟料的标号。未用尾矿砂时的熟料标号均为 530 号，配入 5% 尾矿砂作矿化剂煅烧水泥熟料后的标号均为 560 号。提高了生料易烧性，使主机转速提高，台时产量增加 1.5%；每吨熟料比过去节煤 9kg。

存在问题：尾矿砂含硫较高，对窑尾收尘设备腐蚀较大；而含硫量波动大（4%～15%）使配料的最佳掺入量不易掌握。此外，尾矿砂所含重金属引起的其他方面问题还有待于进一步研究。

（二）利用尾矿砂制作灰砂砖

西华山钨矿是以生产黑钨精矿为主，综合回收钼精矿、铋精矿、铜精矿和少量稀土精矿的中型矿山。该矿年产 $2.4 \times 10^5 t$ 左右废石，$3.6 \times 10^5 t$ 左右尾矿。尾砂废弃堆在尾矿坝，其有代表性的粒级和化学组成分别见表 5-3-2 和表 5-3-3。

为解决尾矿问题，矿山利用尾矿砂制作灰砂砖，其强度比红砖高出一倍以上，达到 JC 153—75《蒸压灰砂砖》所规定的技术指标。除制作灰砂砖外，矿山还应用尾砂制作成水泥地板砖、水泥花格板、水泥梁、水泥门窗等建筑用的水泥预制件。

表 5-3-2 矿山尾砂的粒级组成

粒径/目	10	20	40	60	80	100	160	200	−200
百分含量/%	2.05	26.15	21.82	14.77	7.65	6.42	7.12	4.54	9.48
累计/%	2.05	28.20	50.02	64.79	72.44	78.86	85.98	90.52	100.00

表 5-3-3 矿山尾砂的化学组成 单位:%

WO_2	Mo	Bi	Fe	Mn	CaF_2	CaO	K_2O	Na_2O	SiO_2	Sn	As	S
0.01	0.01	0.01	1.62	0.09	0.53	0.53	3.14	1.88	71.16	0.004	0.01	0.108

制造灰砂砖的主要原料是尾砂和石灰。其生产工艺是：原料处理（尾矿砂去杂、生石灰破碎、细磨），配料，加水搅拌，入仓消解，压制成型，饱和蒸汽养护，成品堆放。为了保证灰砂砖的质量，对原材料和制作工艺要有严格的要求。

1. 对主要原材料的要求

（1）尾矿砂 尾矿砂在砖中占总质量的 80% 以上，直接影响砖的质量和强度。生产灰砂砖的尾矿砂中 SiO_2 的含量不得低于 65%。砂子中 SiO_2 多，所生成的水化硅酸钙就多，砖的强度就高。尾矿砂中不得含有卵石、炉渣、草根等杂物和成团的泥土，均匀的细粒泥土不得高于10%，水溶性钾钠氧化物的含量不得高于 2%。对砂子粒度的要求为 0.5～1.2mm 占 65% 以上，大于 1.2mm 的砂子只能占 5% 以下，粒度小于 0.15mm 的特别细的砂子只能占 30% 以下。

（2）石灰 必须采用新鲜生石灰。石灰中有效 CaO 含量越高，产品质量就越好。CaO 含量必须大于 60%，而 MgO 含量要小于 5%。生石灰中的过烧石灰要小于 5%，欠烧石灰要低于15% 为佳。已加工好的石灰粉应保存在密封的储仓中，保留期最长不得超过 7 天。为保证消化良好，石灰细磨 160 目。石灰混合后的消解时间在 30min 以内，消解温度在 55℃ 以上。

2. 对制作工艺的要求

（1）灰砂混合 为使互相分散的物料达到均匀混合，要求进行充分的机械搅拌，以增大灰砂接触面，充分消解石灰，生成较多的水化产物。为满足生石灰消解，加水量必须适当。理论加水量为有效 CaO 含量的 33.13%，实际在敞开的空间消解时，加水量为理论加水量的 1.7～2 倍。水分过多、过少都不利于石灰的消解。

（2）砖坯成型 灰砂砖采用半干法压制成型，半干混合料含水率在 8%～10% 之间，砖坯容重 2.75～2.9kg/块，成型压力 19.6MPa 左右。填料深度 80～85mm，成品尺寸240mm×115mm×53mm。成型后的砖坯不得有缺棱掉角、分层、裂纹、弯曲及松散等现象，以保证成品的质量。

（3）蒸压 将成型砖坯在一定压力下的饱和蒸汽中停留一段时间，加速石灰石中氢氧化钙和砂中二氧化硅之间的水热反应，生成具有强度的水化硅酸钙产物。当蒸汽介质温度达到 174.5℃（相应饱和蒸汽压 784kPa）时，反应加快，生成结晶度较好的水化硅酸钙和少量托贝莫来石胶凝物质。一般在饱和蒸汽中蒸压 7～11h。蒸压过程分为升温阶段 1.5～3h，当温度升到 174.5℃ 后进入恒温保持阶段 5.5～8h。然后，泄放蒸汽，逐渐降低温度，降温不能太快，一般控制在 1.5～2h 为宜。

（三）从尾矿中回收硫精矿

武山铜矿选矿厂生产的主要产品为铜精矿和硫精矿，该矿北矿正常处理能力 1500t/d，每天排出尾矿 320t 左右，各粒级尾矿的质量百分比及含硫和铜的品位情况见表 5-3-4。采用重选设施每天可从尾矿中回收约 $100 \sim 140t/d$ 标准硫精矿。

表 5-3-4 尾矿的成分及组成

粒级/mm	质量分数/%	品位/%		占有率/%	
		硫	铜	硫	铜
+0.32	26	3.86	0.30	0.40	2.95
−0.32~+0.2	5.93	10.60	0.39	2.43	9.75
−0.2~+0.1	27.98	25.98	0.30	28.73	31.77
−0.1~+0.08	8.25	34.35	0.17	11.20	5.31
−0.08~+0.04	18.09	33.48	0.13	23.94	8.90
−0.04~+0.02	11.37	33.11	0.16	14.88	6.88
−0.02~+0.01	14.04	20.82	0.27	11.55	14.35
−0.01~+0.005	3.77	18.46	0.40	2.75	5.71
−0.005	7.79	12.94	0.51	4.07	15.38
合计	100	25.30	0.26	100	100

1. 尾矿处理工艺流程

铜浮选尾矿自流进入固定木屑筛，筛上木屑废弃，筛下矿浆自流至一面倾斜的砂池，再经渣浆泵扬入一台固定式矿浆分配器，接着进旋转式矿浆分配器，再较为均匀地给入选矿机系统进行选别。当矿浆从上部给入螺旋溜槽后，在延纵向做螺旋状向下流动的同时，延溜槽横向切面也产生螺旋运动，不同密度和不同粒度的矿粒会受到不同的重力、离心力、摩擦力和水流冲力的综合作用，分成三条矿带。重矿物多集中在溜槽内侧，从截面出口排出，作为硫精矿经溜槽自流进入精矿池，再由渣浆泵扬入生产硫精矿主系统脱水车间，经浓密机和盘式过滤机两段脱水，最后成为硫精矿产品。中矿自流与原矿一起进砂泵，经渣浆泵扬入矿浆分配器，再进螺旋选机选别。轻矿粒甩向外侧，由截取器截出成为尾矿，与生产主系统的尾矿一并送尾矿砂池，经灰渣泵扬入尾矿库。

2. 工艺控制条件

（1）磨矿段 原矿处理量：42t/h；装球量：43t；单位球耗：1.2kg/t（低铬合金铸球）；球磨排矿浓度：$70\% \sim 80\%$；选矿沉砂浓度：$20\% \sim 25\%$；螺旋溢流浓度：$28\% \sim 32\%$；螺旋溢流细度：65%（−200目）$\pm 5\%$。

（2）浮选段 浮选铜碱度：石灰 15kg/t，耗酸 8~12t；选铜：丁黄药：丁胺为 3:2 的混合捕收剂 70~90g/t，2号浮选油 40g/t；选硫：丁黄药 150g/t，2号浮选油 35g/t，硫化钠 40g/t，工业酸性污水适量（控制 pH=10）。

（3）重选段 处理矿浆流量：5.5t/h（± 0.5t/h）；矿浆浓度：20%（$\pm 4\%$）；硫精矿产率：39.04%（$\pm 3\%$）；硫精矿品位：35%（$\pm 2\%$）；硫作业实收率：62%（$\pm 2\%$）。

第二节 煤矸石的资源化

一、概述

（一）煤矸石的组成

煤矸石是由碳质页岩、碳质砂岩、砂岩、页岩、黏土等岩石组成的混合物，发热量一般为 $4.19 \sim 12.6$MJ/kg 不同地区的煤矸石由不同种类的矿物组成，其含量相差也很悬殊。一般煤矸石的矿物组成为石英、蒙脱石、长石、伊利石、石灰石、硫化铁、氧化铝等。煤矸石的化学成分复杂，所包含的元素可多达数十种。氧化硅和氧化铝是主要成分，另外含有数量不等的氧化铁（Fe_2O_3）、氧化钙（CaO）、氧化镁（MgO）、氧化钠（Na_2O）、氧化钾（K_2O）以及磷、硫的氧化物（P_2O_5、SO_3）和微量的稀有金属元素，如钛、钒、钴、镓等[6,10]。煤矸石的烧失量一般大于 10%。煤矸石的化学成分见表 5-3-5。

表 5-3-5　煤矸石的化学成分　　　　　　　　　　单位：%

SiO_2	Al_2O_3	Fe_2O_3	CaO	MgO	TiO_2	P_2O_3	K_2O+Na_2O	V_2O_5
51~65	16~36	2.28~14.63	0.42~2.32	0.44~2.41	0.90~4	0.078~0.24	1.45~3.9	0.008~0.01

煤矸石是我国排放量最大的工业固体废物之一，每年排放量近 1.5 亿吨，约占当年煤炭产量的 10%，目前已累计堆积 35 亿吨以上，占地 20 多万亩。煤矸石的长期存放，不仅占用大量土地，而且煤矸石中硫化物的逸出或浸没还会污染大气、土壤和水质。煤矸石自燃时，排放大量的有害气体，污染大气环境。大力开展煤矸石综合利用可以增加企业的经济效益，改善煤炭产业的产品结构。因此，煤矸石的多用途研究始终是资源化利用的重点研究内容之一。

（二）煤矸石综合利用的途径

煤矸石利用的技术和方法根据煤矸石的成分可分为直接利用型、提质加工型和综合利用型等三大类，其利用途径多种多样，如图 5-3-5 所示。

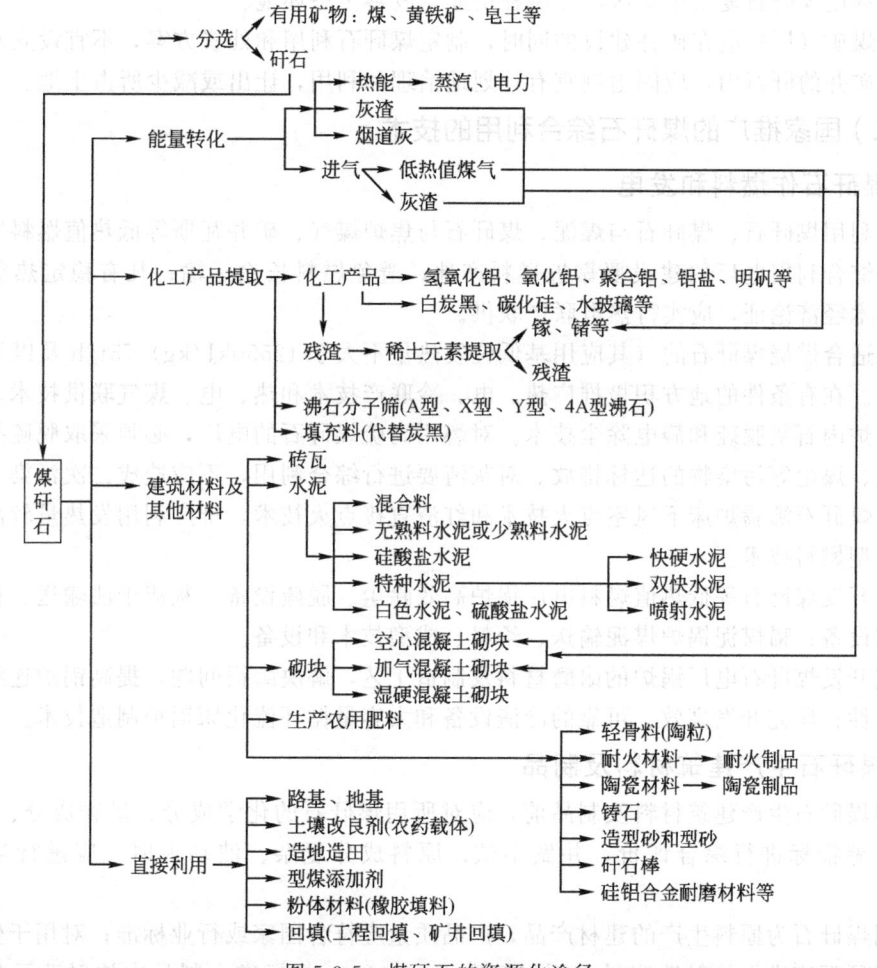

图 5-3-5　煤矸石的资源化途径

二、煤矸石综合利用技术政策

（一）煤矸石综合利用的重点发展方向

煤矸石综合利用以大宗量利用为重点，将煤矸石发电、煤矸石建材及制品、复垦回填以及煤矸石山无害化处理等大宗量利用煤矸石技术作为主攻方向，发展高科技含量、高附加值的煤矸石综合利用技术和产品。

加强煤矸石资源化利用的评价工作，对煤矸石的分布、积存量、矸石类型、特性等进行系统研究和分析，逐步建立煤矸石资料数据库，为合理有效利用煤矸石提供翔实可靠的基础资料。根据煤矸石的矿物特性和理化性能确定综合利用途径。

煤矸石发电应向大型循环流化床燃烧技术方向发展，逐步改造现有的煤矸石电厂，提高燃烧效率，提高废弃物的综合利用率和利用水平，实现污染物达标排放。

煤矸石建材及制品，以发展高掺量煤矸石烧结制品为主，积极发展煤矸石承重、非承重烧结空心砖、轻骨料等新型建材，逐步替代黏土；鼓励煤矸石建材及制品向多功能、多品种、高档次方向发展。

含有用元素的煤矸石，在技术经济合理的前提下，按照先加工提取、后处置的原则，分采分选；对暂时不能利用的要单独存放，不应随废渣一起弃置。

鼓励利用煤矸石复垦塌陷区，发展种植业，改善生态环境。

新建煤矿（厂）应在矿井建设的同时，制定煤矸石利用和处置方案，不宜设立永久性矸石山。老矿井的矸石山，应因地制宜有计划地治理和利用，让出或减少所占土地。

（二）国家推广的煤矸石综合利用的技术

1. 煤矸石作燃料和发电

推广利用煤矸石、煤矸石与煤泥、煤矸石与焦炉煤气、矿井瓦斯等低热值燃料发电。低热值燃料综合利用电厂的建设要靠近燃料产地，避免燃料长途运输；凡有稳定热负荷的地方，经技术经济论证，应实行热电联产联供。

推广适合燃烧煤矸石的（其应用基低位发热量不大于12550kJ/kg）75t/h及以上循环流化床锅炉。在有条件的地方积极推广热、电、冷联产技术和热、电、煤气联供技术。

推广炉内石灰脱硫和静电除尘技术。对燃用高硫煤矸石的电厂，必须采取脱硫措施实现二氧化硫、煤尘等污染物的达标排放。对灰渣要进行综合利用，不应造成二次污染。

推广煤矸石沸腾炉床下风室点火技术和红渣直接点火技术，推广利用发热量较高的煤矸石生产成型燃料技术。

研究开发煤矸石等低热值燃料电厂锅炉高效除尘、脱硫设备，灰渣干法输送、存储及利用技术和设备；稀煤泥锅炉煤泥输送、给料、成型技术和设备。

研究开发煤矸石电厂锅炉的耐磨材料及制造工艺，解决磨损问题，提高锅炉连续运行时间和可靠性；研究开发高效、可靠的冷渣设备和大容量循环流化床锅炉制造技术。

2. 煤矸石生产建筑材料及制品

利用煤矸石生产建筑材料及制品前，应对所用煤矸石的化学成分、矿物成分、发热量、物理性能等指标进行综合评价，并做小试；原料成分复杂、波动大时，应进行半工业性试验。

利用煤矸石为原料生产的建材产品，产品质量应符合国家或行业标准；对用于生产建材产品的煤矸石应进行放射性测量，原料符合 GB 9196—88 标准，制品中放射性元素含量符合 GB 6763—2000 标准。

（1）煤矸石制砖　积极推广使用新型建筑材料，大力发展煤矸石空心砖等新型建筑材料，在煤矸石贮存、排放的周边地区，鼓励现有黏土（页岩）烧结砖生产企业，通过改进生产工艺与装备提高煤矸石的掺加量，限制和逐步淘汰实心黏土砖。

煤矸石砖生产以烧结砖为主，重点推广全煤矸石承重多孔砖和非承重空心砖，要向高技术方向发展，主要是发展高掺量、多孔洞率、高保温性能、高强原料的均化处理，逐步改造软塑成型、自然干燥工艺，利用砖窑余热干燥砖坯，推广有余热利用系统的节能型轮窑和隧道窑；积极发展硬塑、半硬塑成型和隧道窑干燥与焙烧连续作业的全内燃一次码烧工艺，提高机械化和半自动化水平。

鼓励消化吸收国外先进制砖技术和设备，提高利废建材的技术装备水平。改进原料的中、细碎设备，发展高挤出力、高真空度挤出机，配套完善 3000 万～6000 万块/年承重多孔砖和非承重空心砖全套设备和工艺；完善开发高质量的外承重装饰砖和广场、道路砖。

（2）煤矸石制水泥　推广利用煤矸石为原料，部分或全部代替黏土配制水泥生料，烧制硅酸盐水泥熟料。

推广过火矸等作水泥混合材技术，生产硅酸盐水泥、普通硅酸盐水泥等。用作水泥混合材的煤矸石应符合有关水泥混合材的标准，水泥应符合有关水泥产品的国家标准。

（3）煤矸石制其他建材产品　根据煤矸石的矿物组成，可作为硅质原料或铝质原料，应用于许多烧结陶（瓷）类建材产品的生产，并充分利用其所含的发热量。

在建筑陶瓷、建筑卫生陶瓷等陶瓷制品生产中，推广以煤矸石为部分原料替代材料的生产技术。煤矸石排放、贮存地附近的建筑卫生瓷生产企业，在产品质量有保证的前提下，鼓励其通过必要的技术改造利用煤矸石。

推广以煤矸石为主要原料，生产规模大于 3 万立米/年的烧结陶粒生产技术，以煤矸石烧结陶粒为骨料的混凝土空心砌块生产技术。

推广以过火矸、岩巷矸等低热值煤矸石为骨料的混凝土空心砌块等混凝土制品生产技术。

推广以石灰岩为主要矿物的煤矸石生产石灰技术。

研究开发掺加煤矸石陶（瓷）质建材制品的新技术、新装备。

研究开发掺加煤矸石的新型建材产品的新技术、新装备。

3. 积极推广煤矸石复垦及回填矿井采空区技术

推广利用煤矸石充填采煤塌陷区和露天矿坑复垦造地造田，复垦种植技术。对处于开发早期，尚未形成大面积沉陷区或未终止沉降形成塌陷稳定区的矿区，可采用预排矸复垦。推广利用煤矸石充填沟谷等低洼地作建筑工程用地、筑路等工程填筑技术。矸石复垦土地作为建筑用地时，应采用分层回填，分层镇压方法充填矸石，以获得较高的地基承载能力和稳定性。

推广煤矸石矿井充填技术，采用煤矸石不出井的采煤生产工艺，充填采空区，减少矸石排放量和地表下沉量。

推广在道路等工程建设中，以煤矸石代替黏土作基材技术，凡有条件利用的，必须掺用一定量的煤矸石。

完善利用煤矸石弃填废弃矿井技术。

研究开发煤矸石回填塌陷区生物复垦、微生物复垦技术；矸石不出井和地面无矸石山综合处置利用技术和工艺。

研究完善煤矸石充填建筑复垦技术、矸石堆（山）防治污染处理及植被绿化技术。

4. 回收有益组分及制取化工产品

推广利用煤矸石制取聚合氯化铝、硫酸铝、合成系列分子筛等化工产品技术，生产岩棉及制品技术。

推广以高岭石质煤矸石（煤系高岭土）为原料的煅烧高岭土深加工技术。

开发利用煤矸石制特种硅铝铁合金、铝合金技术，研究开发利用煤矸石生产铝系列、铁系列超细粉体的生产工艺。

完善利用煤矸石提取五氧化二钒及其他稀有元素技术。

5. 煤矸石生产复合肥料

积极推广煤矸石生产生物肥料和有机复合肥料技术，完善利用煤矸石生产农用肥料活化处理技术，生产质量稳定的合格产品。

综合利用煤矸石生产的生物肥料、复合肥料产品，必须符合国家或行业标准。

三、煤矸石资源化技术

（一）煤矸石作锅炉燃料和发电

按照《煤矸石综合利用管理办法》，含煤矸石的燃料应用基低位发热量小于 12.55MJ/kg 时，作为煤矸石利用。发热量高于 7.5MJ/kg 的煤矸石直接作循环流化床锅炉燃料，发热量低于 7.5MJ/kg 的煤矸石掺加煤泥、洗中煤后用于煤矸石发电厂，其灰渣生产建材。对于矸石含硫量较高的，应采用炉内石灰脱硫技术，减少污染排放。我国推广适合燃烧煤矸石的（应用其低位发热量不大于 12.55MJ/kg）75t/h 及以上循环流化床锅炉，实行热电联产联供，取得较好的效果。我国许多煤矿建设了煤矸石电厂，如峰峰集团有限公司现有煤矸石电厂三座，装机容量 48MW，既处理了煤矸石，又节约了能源。

循环流化床锅炉的突出优点是对煤种适应性广，可燃烧烟煤、无烟煤、褐煤和煤矸石。循环流化床锅炉的平均温度一般在 850～1050℃，料层很厚，相当于一个大蓄热池，其中燃料仅占 5% 左右，新加入的煤粒进入料层后就和几十倍的灼热颗粒混合；因此，能很快燃烧，故可应用煤矸石代替。生产实践表明，利用含灰分高达 70%，发热量仅 7.5MJ/kg 的煤矸石，锅炉运行正常，40%～50% 的热可直接从床层接收。

煤矸石应用于循环流化床锅炉，为煤矸石的利用找到了一条新途径，可大大地节约燃料和降低成本。但是，由于循环流化床锅炉要求将煤矸石破碎至 8mm 以下，故燃料的破碎量大；此外煤灰渣量大，沸腾层埋管磨损较严重，耗电量亦较大。

（二）回收煤炭

煤矸石中混有一定数量的煤炭，可以利用现有的选煤技术加以回收。此外，这也是对煤矸石进行综合利用时必要的预处理。尤其是在用煤矸石生产水泥、陶瓷、砖瓦和轻骨料等建筑材料时，如预先洗选煤矸石中的煤炭，这对保证煤矸石建筑材料的产品质量，稳定生产操作都是有益的。

从经济上考虑，回收煤炭的煤矸石含煤炭量一般应大于 20%。国外一些国家建立了专门从煤矸石中回收煤炭的选煤厂。洗选工艺主要有两种，即水力旋流器分选和重介质分选。

水力旋流器分选工艺以美国雷考煤炭公司为例。这套设备主要由五台伦科尔型水力旋流器（直径 500mm）、定压水箱、脱水筛、离心脱水机等组成。其工艺流程如图 5-3-6 所示。

伦科尔型水力旋流器是一种新型高效率的旋流器，其特点是旋流方向与普通旋流器采用的顺时针方向不同，而是反时针方向旋转，煤粒由旋流器中心向上旋出，煤矸石从底流排出。这种旋流器易于调整，可在几分钟内调到最佳工况。另一优点是旋流器不需要永久性基础，便于移动，可以根据煤矸石山和铁道的位置把全套设备用低架拖车搬运到适当地点，这比固定厂址的分选设备机动灵活。全套设备只需 2 人操作。

重介质分选工艺可以英国苏格兰矿区加肖尔选煤厂为例。该厂采用重介质分选法从煤矸石中回收煤，日处理煤矸石 2000t。设有两个分选系统，分别处理粒度 9.5mm 以上的大块煤矸石和 9.5mm 以下的细粒煤矸石。大块煤矸石用两台斜轮重介质分选机分选，选出精煤、中煤和废矸石三种产品。精煤经脱水后筛分成四种粒径的颗粒供应市场。小块煤矸石用一台

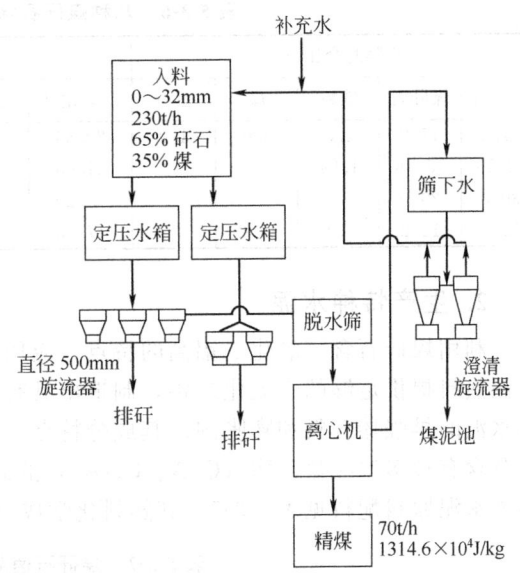

图 5-3-6　美国雷考煤炭公司煤矸石洗选厂工艺流程

沃赛乐型重介质旋流器洗选，选出的煤与斜轮分选机选出的中煤混合，作为末煤销售。这种沃赛尔型重介质旋流器洗选效率达 98.5%，可以处理非常细的末煤和煤矸石，每小时处理能力为 90t。

（三）煤矸石在水泥工业中的应用

1. 煤矸石生产普通硅酸盐水泥

水泥熟料是由石灰质原料、黏土质原料及其他辅助原料，按一定配比磨制成质量合格的生料，经过煅烧得到以硅酸盐为主要成分的人工矿物。鉴于煤矸石成分和黏土成分相似，煤矸石可以作为生产水泥的原料。煤矸石中的硅质及铝质组分，替代黏土配料，并且煤矸石具有一定的热值，可降低原料 $CaCO_3$ 分解的耗煤。煤矸石可替代 30%～40% 的煤粉。此外，添加适量的煤矸石可降低熟料的烧成温度，此项作用又可使生产水泥的燃料消耗降低 10% 左右。煤矸石在水泥工业中的应用是一举数得，从理论上讲是最佳利用途径之一。国内煤炭矿区内的很多水泥企业都成功地利用了煤矸石。

利用煤矸石配料时，主要应根据煤矸石中三氧化二铝（Al_2O_3）含量的高低以及石灰质等原料的质量品位选择合理的配料方案。为便于使用，一般将煤矸石按照对配料影响较大的三氧化二铝（Al_2O_3）含量多少，大致分为低铝（约 20%）、中铝（约 30%）、高铝（约 40%）三类。

低铝煤矸石可以代替黏土生产普通水泥，在配料上和黏土配料几乎相同，生产上除了煤矸石需要破碎和预均化外，并无其他要求。用煤矸石代替黏土物料易烧性好，化学反应完全，烧成温度低，可取得增产、节煤、质量好的技术经济效果。

用中铝和高铝煤矸石生产普通水泥时，由于熟料中三氧化二铝含量高，形成铝酸三钙（C_3A）矿物就多，因而会导致水泥快速凝结和质量下降。这可通过配料提高水泥熟料中硅酸三钙（C_3S）矿物含量的方法加以解决。有的研究者认为，这是由于硅酸三钙（C_3S）水解很快，它在水化时形成高浓度的氢氧化钙 $[Ca(OH)_2]$。在高浓度的氢氧化钙存在的条件下，水泥水化时生成的铝酸四钙（C_4A）水化物就会在铝酸三钙（C_3A）颗粒上沉积成一层薄膜，从而可使铝酸三钙（C_3A）引起快凝的水化作用减慢。此外，为了改善水泥生料的烧结性能往往还加入一定量的铁粉和矿化剂。几种煤矸石水泥配料及熟料化学成分见表 5-3-6。

表 5-3-6 几种煤矸石水泥配料及熟料化学成分

生料配合比/%					熟料化学成分/%						
石灰石	煤矸石	铁粉	煤	萤石	二氧化硅	三氧化二铝	三氧化二铁	氧化钙	氧化镁	游离氧化钙	
71.2	17.0	4.8	6.0	1.0	20.83	7.15	4.67	63.67	1.96	0.82	
82.58	15.48	1.94			21.05	6.67	4.75	61.17	3.65	0.92	
80.0	20.0				18.20	10.11	5.31	63.22	0.96	0.92	
72.5	12.2	3.1	12.2		17.48	6.76	7.02	65.65	3.39	6.59	

2. 生产特种水泥

利用煤矸石含三氧化二铝高的特点，应用中、高铝煤矸石代替黏土和部分矾土，可以为水泥熟料提供足够的三氧化二铝，制造出具有不同凝结时间、快硬、早强的特种水泥以及普通水泥的早强掺合料和膨胀剂。其成分特点可分为含有硫铝酸钙、氟铝酸钙或者两者兼有，以及含有较多铝酸盐矿物（C_3A、$C_{12}A_7$）的硅酸盐水泥熟料。我国某厂生产的煤矸石速凝早强水泥原料配料见表 5-3-7。其熟料化学成分控制范围见表 5-3-8。

表 5-3-7 煤矸石速凝早强水泥原料配料

原 料	石灰石	煤矸石	褐煤	白煤	萤石	石膏
配比/%	67	16.7	5.4	5.4	2.0	3.5

表 5-3-8 煤矸石速凝早强水泥熟料化学成分

化学成分/%	CaO	SiO_2	Al_2O_3	Fe_2O_3	SO_3	CaF_2	MgO
	62～64	18～21	6.5～8	1.5～2.5	2～4	1.5～2.5	<4.5

这种速凝早强水泥 28d 抗压强度可达 49～69MPa，并具有微膨胀特性和良好的抗渗性能，在土建工程上应用能够缩短施工周期，提高水泥制品生产效率，尤其可以有效地用于地下铁道、隧道、井巷工程，作为墙面喷覆材料及抢修工程等。

3. 生产无熟料水泥或作水泥混合材

自燃或经 800℃ 左右温度煅烧的煤矸石（称为矸石渣）属于火山灰质的活性材料，可以与硅酸盐水泥熟料共同粉磨制成火山灰质硅酸盐水泥；也可以煤矸石为主，加入适量的石灰、石膏或少量硅酸盐水泥熟料，磨制无熟料水泥。这是因为煤矸石中黏土矿物在加热分解后，形成无定形的三氧化二铝（Al_2O_3）、二氧化硅（SiO_2）。具有潜在的活性，能够与水泥、石灰等水化析出的氢氧化钙 [$Ca(OH)_2$] 在常温下起化学反应，生成稳定的、不溶于水的水化铝酸钙、水化硅酸钙等，这些化合物能在空气中和水中继续硬化从而产生强度。因而矸石渣是一种较好的水硬性材料。

用矸石渣作为水泥混合材，具有改善水泥物理性能，降低成本和增加产量等优点。一般小水泥厂立窑煅烧熟料游离氧化钙往往偏高，水泥安定性较差，抗拉强度偏低，掺入具有活性的矸石渣作混合材，对消除游离氧化钙的影响，改善水泥安定性，提高抗拉强度尤为显著。矸石渣的掺入量，取决于矸石渣的活性和熟料质量。如熟料 28d 抗压强度稳定在 44MPa 左右时，矸石渣的掺入量一般控制在 25%～35% 之间，如熟料质量比较高，矸石渣的掺入量就可以进一步提高。

煅烧煤矸石无熟料水泥的强度高低，取决于煤矸石的活性、粉磨细度、石灰或水泥熟料的质量和各种原料的配合比。例如，以煅烧煤矸石：石灰：石膏为 70：25：5 的配比制成的无熟料水泥，经蒸养后强度为 39MPa，自然养护可达 20～29MPa。由于煤矸石的活性有限，生产的无熟料水泥最适合作为水泥制品的胶凝材料。

（四）煤矸石在建筑材料中应用

1. 煤矸石烧结砖

煤矸石烧结砖是用煤矸石代替黏土作原料，经过粉碎、成型、干燥、焙烧等工序加工而成。其工艺流程如图 5-3-7 所示。

（1）粉碎工艺 煤矸石的粉碎工艺一般采用二级破碎或三级破碎工艺。当采用二级破碎工艺时，第一级破碎（粗破碎）可选用颚式破碎机，第二级破碎（细破碎）可选用锤式风选式破碎机。当采用三级破碎工艺时，可在第一级与第二级破碎之间增加一台反击式破碎机作中破碎。当煤矸石中含有一定量石灰石、黄铁矿或泥料的塑性较差时，为了保证产品的质量和成型工艺对泥料塑性的要求，细破碎可选用球磨或球磨与锤碎相结合的工艺，将锤碎与球磨加工的物料掺合使用。一般对矸石的物料粒度的控制范围是大于 3mm 的颗粒不能超过 5%，1mm 以下的细粉应在 65% 以上。

（2）成型工艺 煤矸石砖的成型一般均采用塑性挤出成型。煤矸石粉料加水拌合后具有一定可塑性。采用物料在挤泥机内连续挤压的方法，使无定型的松散泥料压成紧密的且具有一定断面形状的泥条，然后经切坯机将泥条切成一定尺寸的砖坯。砖坯的成型水分一般在 15%～20% 之间。由于煤矸石粉料的浸水性差，为了使成型水分在泥料中得到均匀分布，一般均采用两次搅拌或采用蒸汽热搅拌来改善泥料的塑性。

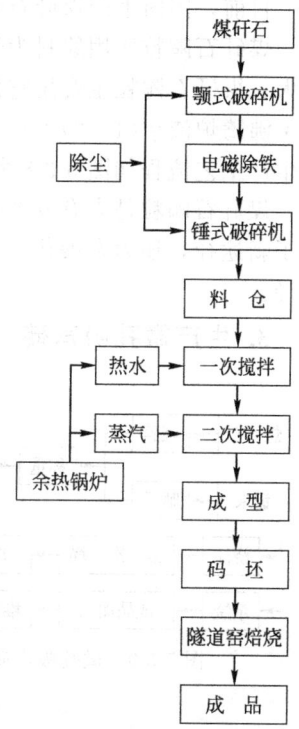

图 5-3-7 煤矸石烧结砖
生产工艺流程

（3）干燥工艺 塑性挤出成型的砖坯，由于含水率较高，因此砖坯必须经过干燥后才能入窑焙烧。目前除个别厂仍采用自然干燥外，一般均利用余热进行人工干燥。由于煤矸石坯料中含有一定数量的颗粒料，加之砖坯含水量比黏土砖坯低，因此干燥周期短。干燥收缩一般在 2%～3% 范围内。

（4）焙烧工艺 焙烧是煤矸石烧结砖生产中的一个既复杂而又关键的工序。煤矸石的烧结温度范围一般为 900～1100℃。焙烧窑用轮窑、隧道窑比较适宜。由于煤矸石中有 10% 左右的炭及部分挥发物，故焙烧过程无需加热。

煤矸石砖质量较好，颜色均匀，抗压强度一般为 9.8～14.7MPa，抗折强度为 2.5～5MPa，抗冻、耐火、耐酸、耐碱等性能均较好，可用来代替黏土砖。

2. 煤矸石生产轻骨料

用煤矸石生产轻骨料的工艺可以分为两类：一类是用烧结机生产烧结型的煤矸石多孔烧结料；另一类是用回转窑生产膨胀型的煤矸石陶粒。煤矸石中的含碳量对轻骨料的质量和成本有很大影响。对于使用烧结机的工艺来说，含碳量在 10% 左右，可以生产出合格的陶粒，并能降低燃料和生产成本。使用回转窑的工

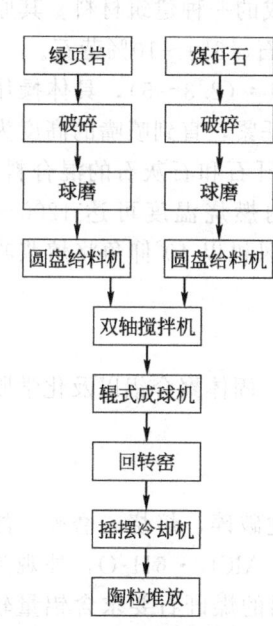

图 5-3-8 煤矸石陶粒生产
工艺流程

艺，对煤矸石含碳量要求较严格，含碳量过高，使陶粒的膨胀不易控制，因此国外大多采用烧结机法生产煤矸石轻骨料。

目前，国内生产煤矸石轻骨料多采用回转窑法，现将其中一种生产工艺介绍如下。

煤矸石陶粒所用原料为煤矸石和绿页岩。绿页岩是露天矿剥离出来的废石，磨细后塑性较大，煤矸石陶粒主要用它做成球胶结料。其原料配比是绿页岩：煤矸石＝2：1，或者绿页岩：沸腾炉渣＝（1～2）：1。生料球在回转窑内焙烧，焙烧温度为1200～1300℃。煤矸石陶粒生产工艺流程如图5-3-8所示。

煤矸石陶粒是大有发展前途的轻骨料，它不仅为处理煤炭工业废料，减少环境污染，找到了新途径，还为发展优质、轻质建筑材料提供了新资源，是煤矸石综合利用的一条重要途径。

3. 生产微孔吸声砖

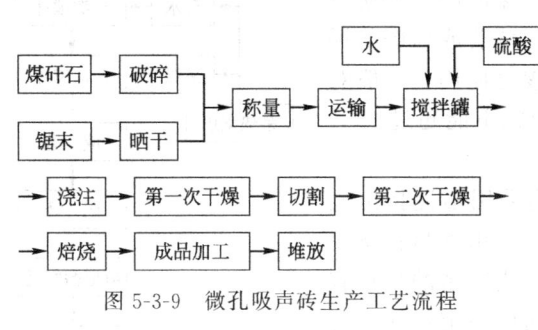

图 5-3-9　微孔吸声砖生产工艺流程

用煤矸石可以生产微孔吸声砖。其生产工艺是：首先将粉碎了的各种干料同白云石、半水石膏混合，然后将混合物料与硫酸溶液混合，约15s后，将配制好的泥浆注入模。在泥浆中由于白云石和硫酸发生化学反应而产生气泡，使泥浆膨胀，并充满模具。最后，将浇注料经干燥、焙烧而制成成品。其工艺流程如图5-3-9所示。

这种微孔吸声砖具有隔热、保温、防潮、防火、防冻及耐化学腐蚀性等特点，其吸声系数及其他性能均能达到吸声材料的要求。它取材容易，生产简单，施工方便，价格便宜。

4. 生产煤矸石棉

煤矸石棉是利用煤矸石和石灰石为原料，经高温熔化，喷吹而成的一种建筑材料。其原料配比为：60%煤矸石、40%石灰石，或者60%煤矸石、30%石灰石、6%～10%萤石。

熔化设备可采用冲天炉，以焦炭为燃料。焦炭与原料的配比为1：（2.3～5），具体操作过程如下：先将炉底部的流出口关好，用焦炭末和锯木屑的混合物锤紧，直到喷嘴的高度为止，然后在上面铺一层木柴作引火燃料。最后铺一层焦炭、一层煤矸石和石灰石的混合料，每次装料150kg左右。料装好后，将木柴点燃以引着焦炭。炉内燃烧温度可达1200～1400℃，煤矸石全部熔融后，将熔融状态的液体从喷嘴流出，并用风机以10°仰角将熔浆吹入密封室中，即为煤矸石棉。

（五）煤矸石生产化工产品

从煤矸石中可生产化学肥料及多种化工产品，如结晶三氯化铝、固体聚合铝以及化学肥料硫酸铵等，现对几种化工产品简要介绍。

1. 结晶氯化铝

结晶氯化铝是以煤矸石和化学工业副产盐酸为主要原料，经过破碎、焙烧、磨碎、酸浸、沉淀、浓缩和脱水等生产工艺而制成的。结晶氯化铝分子式为 $AlCl_3 \cdot 6H_2O$，外观为浅黄色结晶颗粒，易溶于水，是一种新型净水剂。制取结晶氯化铝的煤矸石要求含铝量较高，含铁量较低。其生产工艺流程见图5-3-10。

（1）煤矸石的破碎、焙烧　煤矸石在酸浸前须经焙烧，脱掉附着水和结晶水，改变晶体结构使之活化，以利酸浸。焙烧的方法是将煤矸石经破碎（粒度＜8mm）后送至沸腾炉，使其在（700±50）℃温度下焙烧 0.5～1h。

（2）磨细、酸浸　将焙烧后的煤矸石渣排到凉渣场自然冷却后，送入球磨机磨碎。将磨细到小于 0.246mm 的粉料与溶剂盐酸进行反应，生成三氯化铝转入溶液中。这一工序就是结晶氯化铝的浸出反应。经沉淀和过滤，就得到含三氯化铝的浸出液，滤渣排入渣坑，作生产水泥的混合材，以提高水泥标号的安定性。

（3）沉淀　酸浸后，大量矸石粉渣因颗粒很细而悬浮在浸出液中，形成浆状。主要采用自然沉降法使渣液分离。

自然沉降法，是将溶液静止地放置一定时间后，悬浮的固体颗粒因比液体的密度大，而自然沉降下来，从而达到渣液分离的目的。固体颗粒在液体中沉降的速度，与固体颗粒的粒度和液体的性质有关，固体粒度越大沉降越快，粒度越小；沉降分离的时间越长。为加速沉降，可在悬浮液中加入一定量的絮凝剂——聚丙烯酰胺。

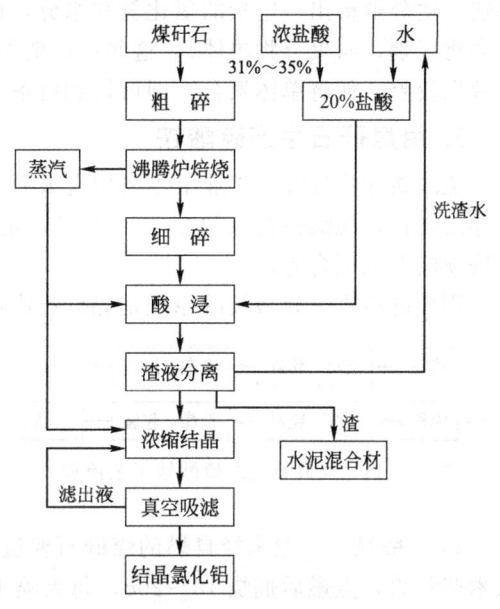

图 5-3-10　结晶氯化铝工艺流程

（4）浓缩结晶　经渣液分离后的三氯化铝浸出液（即母液），送浓缩罐内进行浓缩结晶。浓缩罐为搪瓷罐或不锈钢罐。将氯化铝母液加到罐内，罐体夹套通入蒸汽加热，蒸汽温度一般是 120～130℃，夹套内蒸汽压力一般保持在 0.3～0.4MPa。为加快浓缩和结晶的速度，采用负压浓缩，真空度一般在 0.067MPa（500mmHg）以上。在加热和负压条件下，浓缩液内有大量结晶生成，当固液比达到 1∶1 左右，便可停止加热，打开底阀，将浓缩好的浓缩液放入缓冲冷却罐，使浓缩液冷却到 50～60℃，晶粒进一步增长，以利于真空吸滤和提高单罐产量。冷却后的浓缩液经脱水，即得到成品结晶氯化铝。

（5）脱水　浓缩液脱水是采用真空吸滤的方法。所谓真空吸滤，是将冷却后浓缩液中的结晶氯化铝与饱和溶液（即滤出液），用吸真空的方式进行分离。

真空吸滤所用的设备为真空吸滤池。真空吸滤池采用普通砖砌结构，内壁及池底都衬三层玻璃钢及两层瓷板防腐。池底向滤出液出口方向倾斜。池底上用小瓷砖砌成支撑柱，支撑上部的玻璃钢穿孔滤板（开孔率 15%，孔径 13mm）。滤板上铺耐酸尼龙筛网。浓缩液放入池内，并启动真空泵。真空度一般达 0.053MPa（400mmHg）。滤出液通过尼龙筛网和穿孔滤板流入池底，经滤出液放出口流入滤出液贮存池。尼龙筛网上部剩余黄色结晶体，便是结晶氯化铝成品。

结晶氯化铝是一种较好的净水剂，也是精密铸造型壳硬化剂和新型的造纸施胶沉淀剂，可广泛应用于石油、冶金、造纸、铸造、印染、医药和自来水等工业。

2. 生产固体聚合铝

聚合铝是一种无机高分子铝盐。聚合铝可以看作是 Al_2Cl_3 和 $Al(OH)_3$ 的中间产物。它是一种新型无机高分子混凝剂，对于生活、生产用水及工业废水的处理，与一般铝盐相比，具有很大的优越性。此外，它还被广泛应用于建材、机械、造纸、制糖等工业中。

我国的聚合铝是以废铝灰及金属铝为原料而发展起来的，也可以含铝矿物为原料进行生产。可供选择的矿物原料有铝矾土、硅藻土、高岭土、粉煤灰和煤矸石等。我国煤矸石资源丰富，是制作聚合铝最有前途的矿物原料。其生产方法是用煤矸石与盐酸为原料，生产出结晶氯化铝（$Al_2Cl_3 \cdot 6H_2O$），再用结晶氯化铝生产固体聚合铝。结晶氯化铝在一定温度下加热，便分解析出一定量的氯化氢和水分，而变成粉末状的产品，即碱式氯化铝（为便于与聚合物区别，叫聚合物单体）。这些单体能溶于水，但溶解时间较长，又不易完全溶解，混凝效果较差。如将单体聚合，即可得到溶解于水、混凝效果好的固体聚合铝。

3. 用煤矸石生产硫酸铵

硫酸铵简称硫铵。工业上主要用合成氨与硫酸直接作用或将氨和二氧化碳通入石膏粉的悬浮液制得。硫酸铵含氮约 20%～21%，是一种速效氮肥，适用于一般作物（但对强酸性土壤须同石灰配合施用）。

用煤矸石生产硫酸铵的原理是煤矸石内部的硫化铁在高温下形成二氧化硫，再氧化而成三氧化硫，三氧化硫遇水而形成硫酸，并与氨的化合物生成硫酸铵。经过试验，这种硫酸铵的肥效较好。

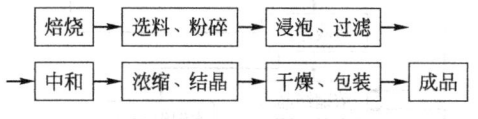

图 5-3-11 煤矸石生产硫酸铵工艺流程

煤矸石生产硫酸铵的生产工艺流程如图 5-3-11 所示。

（1）焙烧 一般未经自燃的煤矸石要进行焙烧，即将煤矸石堆成 5～10t 一堆，堆中放入木柴和煤，点燃后焖烧 10～20d，每天喷水两次，保持堆面有一定潮湿层，使氨被吸收固定下来。等不冒烟并在表面出现白色结晶时，焙烧完成即可取料应用。

（2）选料、粉碎 由于煤矸石燃烧程度不一和岩石种类不同，必须进行选别。未燃的煤矸石不能用来制肥料，必须选出；已烧透的煤矸石，燃烧后呈红白色，这种红白料中一般见不到硫酸铵，如果有硫酸铵结晶的，仍可选作原料；最适宜的是刚开始燃烧的煤矸石，由于温度不高，本身多呈黑色，其烧结层间和表面凝结了白色的硫酸铵结晶。

为了提高浸泡率，需将选取的原料在浸泡前破碎至 25mm 以下。

（3）浸泡、过滤 将粉碎物料在水泥池或陶瓷缸内进行浸泡，料水比为 2∶1。浸泡时间约 4～8h，冬天时间可较长，夏季时间可较短。为了充分利用原料中的有用成分，可采取多次循环浸泡法。为了减少浸泡液中的杂质，必须经过过滤，浸泡液还要在沉淀池中经 5～10h 澄清。

（4）中和 产品中往往含有一定量的酸（约 2%～4%），不但对农作物有害，而且破坏土壤结构和腐蚀工具，故必须中和。一般在浓缩前的浸泡液中加入氨水进行中和，或者在浓缩后的溶液中加入磷矿物进行中和，直到使溶液的 pH 值达到 6～7 为止。

（5）浓缩、结晶 为了运输、贮存方便，必须将浸泡后的澄清液进行蒸发、浓缩。将浓缩后的溶液倒入结晶池或结晶缸内，任其自然冷却结晶；结晶后未凝固的母液，可滤出再进行浓缩。

（6）干燥、包装 将结晶后的土硫酸铵进行干燥，可在水泥地面自然晾干，也可在水泥晒场上晒干，亦可用人工的方法烘干。干燥后的这种硫酸铵即为成品。

4. 利用煤矸石合成 4A 分子筛[10]

4A 分子筛是一种人工合成沸石，近年来在我国的石油、化工、冶金、电子技术、医疗卫生等部门有着广泛的应用。由于煤矸石的矿物成分主要是高岭石，是一种较为纯净的高岭石泥岩，经过适当处理能够满足合成 4A 分子筛的需要，因此可以开发成为一种廉价的合成

4A 分子筛的原料。

（1）原料

① 煤矸石，其成分为高岭石，含量在 90％以上，其余为有机碳、其他黏土矿物、陆源碎屑等；

② NaOH，工业用固态或液态烧碱。合成时配制成所需浓度的溶液。

（2）工艺流程　将煤矸石先经过煅烧，成为活性高岭土，然后加入 NaOH 溶液与之反应、晶化，最后过滤、洗涤、干燥即得 4A 分子筛成品。

① 煅烧工艺　在采用煤矸石合成 4A 分子筛之前，应预先对煤矸石进行煅烧。一方面，煅烧可以使煤矸石中的高岭石由结晶质分解为非晶质的 Al_2O_3 和 SiO_2；另一方面，通过煅烧可以清除煤矸石中的炭，提高合成原料的白度。

煅烧时炉内应控制为氧化气氛，煅烧温度在 850～950℃范围内最为适宜，恒温时间一般为 6～8h。

煅烧煤矸石中的全碱（K_2O+Na_2O）含量应注意控制，一般说来不宜高于 5％。

煅烧时，采用石盐与腐殖酸混合（1∶1）作增白剂，用量在 3％左右，可以取得显著的增白效果，使增白达 5 度左右。

② 合成工艺控制的条件

a. 碱浓度：NaOH 浓度取 4mol/L 左右效果较好。

b. 液固比：若 NaOH 溶液浓度采用 4mol/L，则最佳的液固比应保持在 2∶1(mL/g) 左右，此时合成的效果最佳。

③ 合成温度、时间　如果采用 85～90℃合成温度，则恒温时间为 10h。

④ 在合成 4A 分子筛的母液中，一般碱度较高。因合成的 4A 分子筛应及时分离，否则随着时间的增长，4A 分子筛会转化为羟基方钠石，影响合成效果。

⑤ 我国在煤矸石化工利用技术方面的进展　目前，利用煤矸石为原料，提取分离其主要成分（二氧化硅和三氧化二铝）的工艺方法有如下三种路线。

a. 酸浸煤矸石与其中的三氧化二铝组分发生反应生成铝盐，再加铵盐反应生成氢氧化铝和铵明矾，铝盐等产品。

b. 用酸盐联合法生产氧化铝，采用煤矸石与硫酸铵焙烧后提取 75％左右的三氧化二铝组分，再用稀硫酸浸出熟料中余下的三氧化二铝，冷却结晶得到铵明矾。用氨气中和铵明矾得到氢氧化铝，经煅烧得到氧化铝。

c. 用三氧化二铝含量大于 35％的煤矸石，采用硫酸生成硫酸铝，去除二氧化硅残渣。

从上述三种典型工艺流程结合公开报道的煤矸石制备氧化铝方法可以看出，迄今为止国内外生产厂家普遍采用酸盐联合法从煤矸石中提取氧化铝或其他铝盐，流程主要包括酸法脱硅、盐析去杂、烧结转型等。在具体设计过程中根据原料品位和产品类型档次进行部分改进，如用氯化氢气体盐析提纯、氨水活化、去离子水洗涤、交联剂高聚复合等。这些工艺解决了煤矸石综合利用中的许多技术问题，但随着工业化生产的出现，上述工艺便出现了或多或少的弊端，主要表现在以下几方面：第一，资源利用率不高，二氧化硅几乎作为废渣或去杂被淘汰处理，而三氧化二铝在酸浸工艺中也只能利用其 75％左右；第二，产品单一，现有技术大都生产单一铝盐，难以适应灵活多样、高附加值产品的市场需求；再者，生产过程中使用或排放多种酸性（碱性）废气、废液及废渣，容易形成二次污染。由于上述现行技术的经济效益较低，煤矸石深度高附加值化工利用，目前尚无成功的产业化先例。

四、工程实例

（一）利用煤矸石生产烧结砖

阜新市烧结砖厂利用阜新矿务局海州露天煤矿的煤矸石为原料，年产煤矸石烧结砖 8×10^7 块，产品被广泛应用于阜新市的工业与民用建筑。

1. 原料配比

所用的煤矸石有三种：碳质页岩、泥质页岩和砂质页岩。使用时按比例搭配、混合均化。

配料时主要以发热量作为配比的基准，然后以不同塑性指数的煤矸石和物料粒度调整塑性，使配合物料符合制砖工艺的技术要求。碳质页岩的掺量为 $30\%\sim60\%$，每块砖坯发热量为 $5230\sim6170kJ$。一般泥质页岩类煤矸石的掺量在 $25\%\sim30\%$，砂质页岩类煤矸石的掺量在 $10\%\sim25\%$，塑性指数控制在 $7\sim9$。

2. 工艺过程及参数

工艺流程如图 5-3-12 所示，主要生产过程及工艺参数如下。

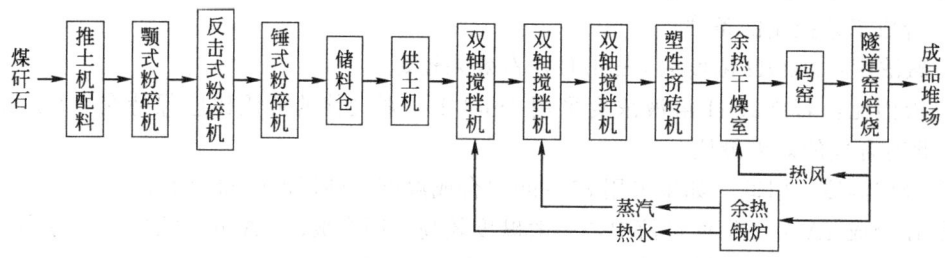

图 5-3-12　煤矸石烧结砖生产工艺流程

（1）原料破碎　煤矸石在混合配料前经三级破碎：采用颚式破碎机进行粗碎，反击式破碎机进行中碎，最后用锤式破碎机进行细碎。颗粒级配为：大于 3mm 的 $<3\%$；小于 0.5mm 的 $>50\%$。

（2）挤出成型　采用塑性挤出成型工艺。粉碎后的物料用给料机送入第一台双轴搅拌机搅拌，加入能基本满足成型水分要求的 70℃ 热水；经过搅拌的热泥浆进入第二台双轴搅拌机，蒸汽加温，并加入热水调整砖坯成型水分，待泥料温度和水分符合要求后送入第三台双轴搅拌机进一步塑化。塑化好的泥料在自制的 500 型挤砖机中完成砖坯成型。其挤出成型工艺参数为：

成型水分 $16.5\%\sim17.4\%$；	砖坯尺寸　　长 $243\sim245mm$；
泥料温度 $45\sim55℃$	宽 $116\sim118mm$；
	厚 $53\sim55mm$

（3）干燥　坯体通过 16 条 65m 长隧道式干燥室逆流干燥脱水，正负压操作，零点控制在距进口 20m 处。干燥用热风取自隧道窑余热，在距进口 45m 处送入隧道窑。干燥室送风由 6 条顶送风和侧送风相结合的管道，10 条底送风和侧送风相结合的管道。在距进车口 1.5m 处顶部装有一台轴流风机排潮。干燥室的参数和干燥工艺参数为：

干燥室尺寸	$65m\times1.1m\times1.04m$	送风形式	顶、底、侧送风结合
排潮形式	分散顶排潮	干燥周期	$10\sim12h$
日产量	$(2\sim2.4)\times10^4$ 块/条	进口热风温度	$160\sim200℃$

| 出口温度 | 45～60℃ | | 进车口相对湿度 | 90%～95% |

干燥后砖坯含水率5%～8%

（4）焙烧　干燥好的砖坯在窑头用螺旋顶车机顶入连续生产并带余热利用的隧道窑进行焙烧。隧道窑分预热、焙烧、冷却三带；窑头窑尾设有封闭气幕，预热带有搅拌气幕，冷却带有注风气幕；窑顶有三排投煤孔；四条窑共用一座65m高的烟囱自然排风；窑内壁有砂封槽；窑车下部有检查坑道。其中三条隧道窑在焙烧带前端装有预热锅炉，产出的蒸汽供全厂生产和生活。隧道窑的有关参数见表5-3-9。

表5-3-9　隧道窑的有关参数

窑型	长/m	宽/m	高/m	窑拱角度	窑断面/m²	预热带/m	焙烧带/m	冷却带/m	原料	余热利用
隧道窑	98.5	3.16	2.5	180	5.2	37.4	35	26.1	煤矸石	利用

焙烧主要工艺参数如下。

预热带最高温度	500℃		每0.5h进一车，每
焙烧带最高温度	1050℃	推车速度	车码1600～2000块
砖坯预热时间	约4h	焙烧周期	25h

（二）利用煤矸石作水泥配料

水城水泥厂利用老鹰山洗煤厂煤矸石生产普通硅酸盐水泥和矿渣硅酸盐水泥。老鹰山洗煤厂煤矸石含热量平均为10500kJ/kg，其化学成分见表5-3-10，含铝高，含钙低，其化学成分与黏土相近。

表5-3-10　煤矸石的化学成分　　　　　　　　　　　单位：%

产　地	SiO_2	Al_2O_3	Fe_2O_3	CaO	MgO	TiO_2	SO_3
汪家寨洗煤厂	44.59	18.07	16.06	9.93	0.97	2.58	2.42
老鹰山洗煤厂	41.86	27.36	19.21	1.82	1.22	3.30	1.03

煤矸石配料生产工艺流程见图5-3-13，原料的配比为石灰石：煤矸石：铁粉：砂岩＝82.09：12.08：2.37：3.46。该生产工艺过程特点如下所述。

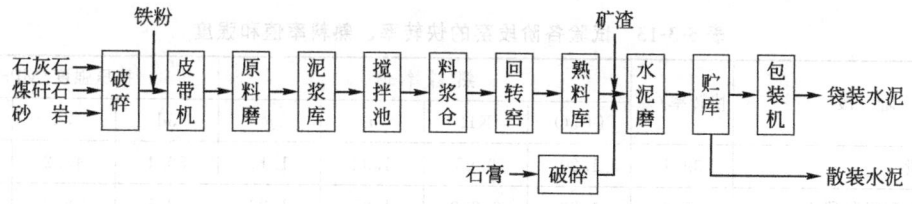

图5-3-13　煤矸石作水泥配料生产工艺流程

（1）回转窑热工状态的变化　由窑尾带入的热量为1885kJ/kg（熟料），相当于一般湿法回转窑熟料热耗的30%，使窑的热工状态发生了一系列变化。

与黏土配生料相比，烟气温度上升30～40℃，达170℃；入链气流温度上升100℃，达760℃；窑中喂料前后取样孔温度上升不超过100℃；离垂挂链区热端7m处物料温度上升200～300℃，达420℃；窑中部物料温度上升250℃，达640℃；距窑口51.5m物料温度达到790℃，相当于原距窑口26.1m的温度。因物料预热好，液相出现早，窑皮一直延伸到距窑口30.5m处。窑皮长17m，比黏土配料延长了一倍。熟料颗粒表面毛糙，容重下降，熟料结粒正常。煤矸石带入窑的热量在 1260～2100kJ/kg（熟料）范围内，热利用率比较高，加强预烧效果比较好。

（2）煤矸石燃烧部位　煤矸石差热分析的第一个放热峰是 328℃，第二个放热峰顶比较平缓，中点是 485℃。这两个峰分别对应煤矸石的挥发物和固定碳的燃烧温度。物料温度及对应含碳量见表 5-3-11。

表 5-3-11　物料温度及对应含碳量

取样孔编号	9	10	11	12
物料温度/℃	101	419	639	787
灼烧基含碳量/%	—	2.099	1.691	1.258
碳损失/%		21.4	36.6	52.9

注：入窑生料含碳 2.669%。

煤矸石的燃烧部位，燃烧状态和对物料的传热方式，决定了煤矸石热的利用率是比较高的。煤矸石和燃煤从回转窑两头带入窑的热量及熟料总热耗测算结果见表 5-3-12。

表 5 3-12　熟料总热耗

阶　　段	热耗/[kJ/kg（熟料）]			煤矸石热耗份额/%	尾温/℃	标煤耗/(kg/t)
	煤矸石热	燃煤热	总热耗			
过渡阶段	1194	4793	5987	19.9	155	163.41
全煤矸石配料阶段 I	2370	4161	6470	35.7	173	141.86
全煤矸石配料阶段 II	1982	3955	5937	33.4	174	134.79
全煤矸石配料阶段 III	1362	4328	5690	23.9	169	147.58
全煤矸石配料阶段 I～III	1894	4156	6050	31.3	171	141.75

由表 5-3-12 可见，煤矸石从窑尾带入的热量得到了充分利用，窑头用煤相应减少，使熟料总热耗基本上保持了黏土配料时的热耗水平。

（3）窑的运转及熟料强度　煤矸石配料大幅度地加强了物料预烧，稳定了窑的运转，同时还提高了熟料强度。试验各阶段窑的快转率、熟料率值和强度见表 5-3-13。

表 5-3-13　试验各阶段窑的快转率、熟料率值和强度

阶　　段	快转率/%	熟料率值				抗压强度/MPa		
		f-CaO	KH	n	p	3d	7d	28d
过渡阶段	99.1	1.20	0.95	1.92	1.11	30.4	45.2	62.8
全煤矸石配料阶段 I	99.6	1.23	0.959	1.80	1.22	32.5	46.2	63.0
全煤矸石配料阶段 II	99.8	0.92	0.953	1.85	1.23	32.8	46.6	62.1
全煤矸石配料阶段 III	99.1	1.18	0.949	1.76	1.16	32.1	44.8	61.3
全煤矸石配料阶段 I～III	99.5	1.12	0.954	1.80	1.20	32.5	45.9	62.2

由表 5-3-13 可见，I、II 阶段用煤矸石带入窑的热多，物料预烧好，快转率高达99.6% 和 99.8%，熟料的强度也比较高，加强预烧对稳定运转和提高质量的作用是明显的。第 II 阶段煤矸石带入窑的热虽少一些，但因减少了喂料，窑灰少，结果窑运转更加稳定，熟料强度也更高一些。

第Ⅲ阶段提高了窑速，窑灰进一步减少。这一时期，煤矸石的热利用率虽较高，但因其带入窑内的总热量少，物料预烧程度不够，结果快转率下降，熟料强度也下降。

煤矸石因其含煤量的变化，其热值和灰分波动都很大。试验期间煤矸石的热值在6440～14270kJ/kg之间变化，但这并未给窑的煅烧带来困难，可通过窑头的用煤量来调整。

试验期间煤矸石的灰分在46.51%～73.76%之间变化，这给配料带来一定困难，由于配料不稳定，熟料率值变化较大，但对熟料强度没有明显影响，熟料强度比黏土配料时提高了10%。物料预烧好，窑运转稳定，增加了对物料成分变化的适应能力。

（4）窑灰　煤矸石配料带来了窑灰大量增加的问题，一是由于出链物料成球率底，扬尘大；二是因为链条带塑性区短，捕尘作用下降，煤矸石料浆塑性差是最主要的原因。在配料中适当保留少量黏土是改善料浆塑性的最简单的办法。扩大窑体冷却端直径，降低断面气流速度也是减少窑灰的一个有效的办法。

参 考 文 献

[1] 徐晓军，等. 固体废物污染控制原理与资源化技术. 北京：冶金工业出版社，2007.
[2] 蒋家超，等. 矿山固体废物处理与资源化. 北京：冶金工业出版社，2007.
[3] 沈华. 固体废物资源化利用与处理处置. 北京：科学出版社，2011.
[4] 周少奇. 固体废物污染控制原理与技术. 北京：清华大学出版社，2009.
[5] 杨慧芬，张强. 固体废物资源化. 北京：化学工业出版社，2004.
[6] 汪群慧. 固体废物处理及资源化. 北京：化学工业出版社，2004.
[7] 董保澍. 固体废物的处理与利用. 北京：冶金工业出版社，1988.
[8] 钱汉卿. 化学工业固体废物资源化技术与应用. 北京：中国石化出版社，2007.
[9] 邱生祥. 高效粉煤灰分选系统的设计与应用. 中国环保产业，2012，3：11-12.
[10] 王琪，等. 工业固体废物处理及回收利用. 北京：中国环境科学出版社，2006.

第四章

工业固体废物资源化

第一节　粉煤灰的资源化

一、概述

燃烧煤的发电厂每年排出大量由煤的灰分形成的各种煤灰渣——粉煤灰、炉渣和熔渣。从煤燃烧后的烟气中收捕下来的细灰称为粉煤灰。由炉底排出的部分废渣称为炉渣或熔渣。电厂煤粉锅炉中排出的粉煤灰占整个煤灰渣量的绝大部分[1~4]。粉煤灰与炉渣、熔渣除某些物理特征有所差别外，其他性质（如化学性质）并无本质上的不同。本节主要介绍粉煤灰的资源化技术。

（一）粉煤灰的形成过程

燃烧煤的发电厂使用的锅炉大致可以分为固态排渣的煤粉锅炉、液态排渣的煤粉锅炉和燃烧煤粒的炉排式锅炉三种。所有煤粉锅炉在形式上虽有不同，但粉煤灰的形成过程是相同的，在锅炉尾部收集下来的粉煤灰也基本上是一样的。煤粉在炉膛中呈悬浮状态燃烧，燃煤中的绝大部分可燃物都能在炉内烧尽，而煤粉中的不燃物（主要为灰分）大量混杂在高温烟气中，这些不燃物因受到高温作用而部分熔融，同时由于其表面张力的作用，形成大量细小的球形颗粒。在锅炉尾部引风机的抽气作用下，含有大量灰分的烟气流向炉尾。随着烟气温度的降低，一部分熔融的细粒因受到一定程度的急冷，呈玻璃体状态，从而具有较高的潜在活性。在引风机将烟气排入大气之前，上述这些细小的球形颗粒，经过除尘器的作用，被分离、收集，即为粉煤灰。

粉煤灰被收集后由密封管道输送排出。排出方法一般有干排、湿排两种。湿排是将收集到的粉煤灰送至管道再用高压水冲排，不致使粉煤灰扬散。干排灰是将收集下来的粉煤灰用螺旋泵或仓式泵等密闭的运输设备送走。

（二）粉煤灰的性质

粉煤灰的物理化学性质取决于煤的品种、煤粉的细度、燃烧方式和温度、粉煤灰的收集和排灰方法。

1. 物理性质

粉煤灰是灰色或灰白色的粉状物，含水量大的粉煤灰呈灰黑色。它是一种具有较大内表面积的多孔结构，多半呈玻璃状。其主要物理性质有密度、堆密度、孔隙率及细度等。

（1）密度　指在绝对密实状态下，单位体积的质量。粉煤灰的密度一般为 $2\sim 2.3\text{g/cm}^3$。

（2）堆密度　指干粉煤灰在松散状态下，单位体积的质量。粉煤灰的堆密度一般为

$550\sim650kg/m^3$，高者达 $800kg/m^3$ 以上。

（3）孔隙率　指粉煤灰中空隙体积占总体积的百分率。一般为 $60\%\sim75\%$。

（4）细度　指粉煤灰颗粒的大小，常用 4900 孔/cm^2 筛筛余量或比表面积表示。粉煤灰细度一般为 4900 孔/cm^2 筛筛余量 $10\%\sim20\%$，或比表面积为 $2700\sim3500cm^2/g$。

2. 化学成分

粉煤灰的化学成分与黏土质相似，其中以二氧化硅（SiO_2）及三氧化二铝（Al_2O_3）的含量占大多数，其余为少量三氧化二铁（Fe_2O_3）、氧化钙（CaO）、氧化镁（MgO）、氧化钠（Na_2O）、氧化钾（K_2O）及氧化硫（SO_3）等。

粉煤灰的化学成分及其波动范围如下：

SiO_2　　$40\%\sim60\%$

Al_2O_3　　$20\%\sim30\%$

Fe_2O_3　　$4\%\sim10\%$（高者 $15\%\sim20\%$）

CaO　　$2.5\%\sim7\%$（高者 $15\%\sim20\%$）

MgO　　$0.5\%\sim2.5\%$（高者 5% 以上）

Na_2O 和 K_2O　　$0.5\%\sim2.5\%$

SO_3　　$0.1\%\sim1.5\%$（高者 $4\%\sim6\%$）

烧失量　　$3.0\%\sim30\%$

此外，粉煤灰中尚含有一些有害元素和微量元素，如铜、银、镓、铟、镭、钪、铌、钇、镱、镧族元素等。粉煤灰中有害物质含量一般低于允许值。现将上海市电厂粉煤灰中有害物质含量列于表 5-4-1。

表 5-4-1　上海市电厂粉煤灰中有害物质含量

有害元素	最大含量/(mg/kg)			最大含量/(mg/L)	
	干灰	湿灰	上海市土壤	灰水	标准
镉	0.138	0.14	0.14 ± 0.05	<0.1	0.1
铅	22.8	10.5	20.6 ± 4.6	<0.5	1
汞	0.055	0.194	0.2 ± 0.08	未检出	0.02
砷	7.7	4.92	9.0 ± 1.8	0.024	0.5

3. 粉煤灰的矿物组成

粉煤灰是一种高分散度的固体集合体，是人工火山灰质材料，经显微镜和 X 射线衍射研究表明，其中含有一部分未燃尽的细小炭粒外，大多是二氧化硅和三氧化二铝的固熔体（大多数形成空心微珠）及石英砂粒、莫来石、石灰、残留煤矸石、黄铁矿等。粉煤灰中主要组成及特征为：

① 无定形炭粒，表面疏松呈蜂窝状，黑中带灰色。

② 空心微珠，是一种硅铝氧化物为主的非晶质相，分布于微珠表层，呈微细粒中空球体，其中还有细小结晶相，如石英、莫来石、磁铁矿、赤铁矿和少量钙钛矿。石英、莫来石分布于表面，其他多数分布于微珠内部。微珠实际是一种多相集合体，系微米级粒度（$0.25\sim150\mu m$，大部分小于 $40\mu m$），颜色不一。

③ 不规则玻璃体，是一种破碎了的玻璃微珠及碎片，所以化学成分和矿物组成与微珠相同，另外还夹杂少量氧化铁、氧化钾等，粗细不等。

④ 石英，有的呈单体小石英碎屑，也有附在炭粒和煤矸石上成集合体的，多为白色。

⑤ 莫来石，多分布于空心微珠的壳壁上，极少单颗粒存在，它相当于天然矿物富铝红柱石，呈针状体，呈毛毡状多晶集合体，分布在微珠壁壳上。

此外，还含有少量磁铁矿、钙钛矿等结晶相矿物，所有这些矿物多以多相集合体形式出现，所以按颗粒集合形态分为空心玻璃微珠、炭粒、不规则玻璃体及其他碎屑矿物。

4. 粉煤灰的活性

粉煤灰含有较多的活性氧化物（$SiO_2 \cdot Al_2O_3$），它们分别能与氢氧化钙在常温下起化学反应，生成较稳定的水化硅酸钙和水化铝酸钙。因此粉煤灰和其他火山灰质材料一样，当与石灰、水泥熟料等碱性物质混合加水拌合成胶泥状态后，能凝结、硬化并具有一定强度。

粉煤灰的活性不仅决定于它的化学组成，而且与它的物相组成和结构特征有着密切的关系。高温熔融并经过骤冷的粉煤灰，含大量的表面光滑的玻璃微珠。这些玻璃微珠含有较高的化学内能，是粉煤灰具有活性的主要矿物相。玻璃体中含的活性 SiO_2 和活性 Al_2O_3 含量愈多，活性愈高。

除玻璃体外，粉煤灰中的某些晶体矿物，如莫来石、α-石英等，只有在蒸汽养护条件下才能与碱性物质发生水化反应，常温下一般不具有明显的活性。少数含氧化钙很高的粉煤灰，由于其本身含有较多的游离石灰和一些具有水硬活性的矿物，如硅酸二钙、三铝酸四钙等，因此这种粉煤灰加水后，即可自行硬化并产生一定的强度。

（三）粉煤灰的处理和利用概况

我国从 20 世纪 50 年代开始研究利用粉煤灰，目前已用于工农业的许多方面。它已广泛地应用于建筑材料工业、建筑工程、市政工程、道路工程、矿井回填、塑料工业、军事工业中。粉煤灰中还含有一定数量的铁、铝、钛、钒、锗等金属，也可进行回收。粉煤灰颗粒细、孔隙度好，同时它还含有磷、钾、镁、硼、铜、锰、钙等植物生长所必需的营养元素，因而可以作为土壤的改良剂，并用它生产复合肥料。

二、粉煤灰的分选

基于粉煤灰中含有碳、铁、铝以及粉煤灰空心微珠等有用组分[5]，因此综合回收和利用是消除粉煤灰危害，使之资源化的有效途径。而粉煤灰的分选，则是使之资源化的关键。目前国内外对粉煤灰分选及产品应用做了大量研究工作，并已取得一定进展。下面将对一些产品的分选方法做一简要介绍。

（一）从粉煤灰中选炭

电厂锅炉在燃用无烟煤和劣质烟煤的情况下，由于经济燃烧还存在一些技术上的困难，因此煤粉不能完全燃烧，造成粉煤灰中含碳量增高，一般波动于 8%～20%。全国每年从电站粉煤灰中流失数百万吨的纯炭，不但使煤炭资源白白流失，造成极大的浪费，而且，还由于粉煤灰中含有大量的炭，致使粉煤灰排放数量增加，更主要的是由于粉煤灰中含有未燃尽炭，会造成粉煤灰综合利用困难，影响了粉煤灰资源的开发，不利于环境保护。

为了降低粉煤灰中的含碳量和充分利用资源，我国不少部门进行了粉煤灰脱炭处理研究工作。脱炭可以用浮选法，也可以用电选法。浮选法适用于湿法排放的粉煤灰，此方法是利用粉煤灰和煤粒表面亲水性能的差异而将其区分的一种方法。在灰浆中加入捕收剂（如柴油等），疏水的煤粒被其浸润而吸附在由于搅拌所产生的空气泡上，上升至液面形成矿化泡沫层即为精煤。亲水的粉煤灰粒则被作为尾渣排除。为了使空气泡稳定，还需要往灰浆水中加入一种药剂——起泡剂（如杂醇油、松尾油、X 油等）以减少水的表面张力。粉煤灰选炭浮选流程见图 5-4-1。

电选适用于干法排放的粉煤灰。其原理是利用粉煤灰在高压电场作用下，因灰与炭导电性能不同，而进行分离的方法。粉煤灰是非导体物料（比电阻 $10^{10}\sim10^{12}\,\Omega\cdot m$）；炭粒是良导体物料（比电阻为 $10^{4}\sim10^{5}\,\Omega\cdot m$），在圆形电晕电场中，当粉煤灰获得电荷后，炭粒因导电性能良好，很快地将所获电荷通过圆筒带走，便在重力惯性离心力作用下，脱离圆筒表面，被抛入导体产品槽中，而非导体的粉煤灰所获电荷在表面释放速度较慢，故在电场力作用下，吸收在圆筒表面上，被旋转圆筒带到后部，由卸料毛刷排入非导体产品槽中，从而达到灰炭分离。粉煤灰选炭电选流程见图 5-4-2。

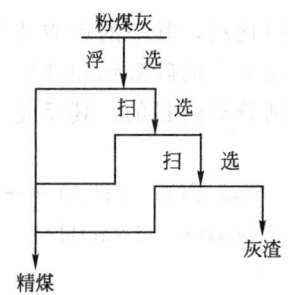

图 5-4-1　粉煤灰选炭浮选流程

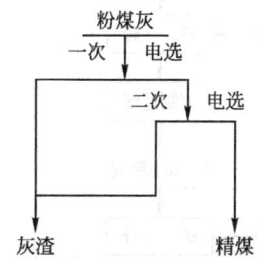

图 5-4-2　粉煤灰选炭电选流程

经过选炭以后的尾灰是建筑材料工业的优质原料，而浮选煤可以作为燃料用于锅炉燃烧或制活性炭等。

（二）从粉煤灰中选铁

煤炭中除了可燃物炭外，还共生有许多含铁矿物，如黄铁矿（FeS_2）、赤铁矿（Fe_2O_3）、褐铁矿（$2Fe_2O_3\cdot3H_2O$）、菱铁矿（$FeCO_3$）等。煤炭经过电厂锅炉高温下燃烧，铁矿物质即转变为磁性氧化铁（Fe_3O_4），此种磁性氧化铁可以直接经磁选机选出。

粉煤灰中含铁量（一般以 Fe_2O_3 表示）的范围在 8%～29%。

粉煤灰选铁可以湿选，也可以干选，目前各电厂采用的是湿式磁选工艺。主要设施是半逆流永磁式磁选机、冲洗泵和沉淀池。粉煤灰从湿式水膜除尘器下排出后，直接进入磁选机的给矿箱，铁粉选出后流入沉淀池沉淀，尾矿灰仍通过排灰沟排出。一般电厂采用两级磁选，在一、二级磁选机间加一台冲洗水泵，这样可以提高磁选效率。两级磁选铁精矿的品位可达到 50%～56%。干燥的粉煤灰磁选效果比湿灰磁选效果好，根据试验，经过一般磁选，铁精矿品位即可达到 55%。

从粉煤灰中选铁具有工艺简单、投资省、成本低的优点，所选出的铁精矿可冶炼生铁，并能达到国家一类生铁标准。因此，它不仅是粉煤灰综合利用的有效途径，而且也是重要的资源开发形式。

（三）从粉煤灰中提取氧化铝

用石灰石烧结工艺从粉煤灰中提取氧化铝，在国外已有较深入的研究，并已投入工业生产。我国也进行了这方面的试验研究。其工艺流程如图 5-4-3 所示。其主要工艺过程为熟料烧成、自粉化溶出、脱硅、碳分和煅烧。各个工艺过程的基本原理如下：

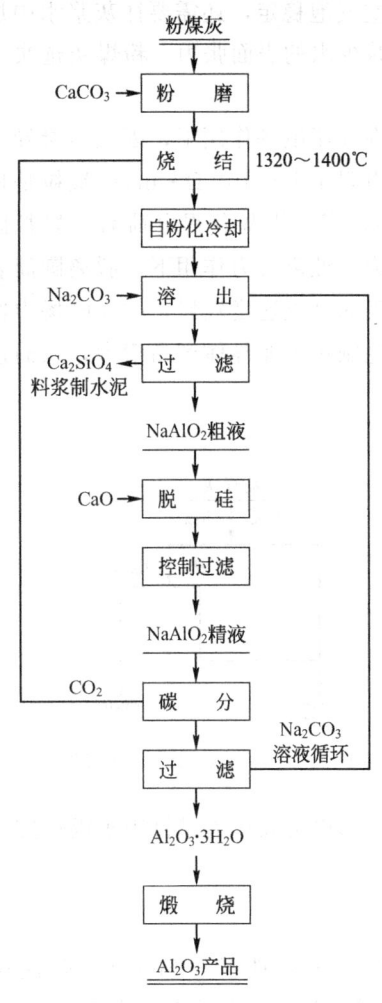

图 5-4-3 粉煤灰提取氧化铝工艺流程

1. 熟料烧成

主要是使粉煤灰中的 Al_2O_3 与石灰石中的 CaO 化合生成易溶于碳酸钠溶液的 $5CaO \cdot 3Al_2O_3$，另一方面又使粉煤灰中的 SiO_2 与石灰石中的 CaO 生成不溶性的 $2CaO \cdot SiO_2$。这便为溶出 Al_2O_3 创造了必要的条件。

2. 熟料自粉化

当熟料冷却时，在约 650℃ 温度下，C_2S 由 β 相转变为 γ 相，因体积膨胀发生熟料的自粉碎现象，自粉化后几乎全部能通过 200 号筛孔。

3. 溶出

用碳酸钠溶液溶出粉化料，其中的铝酸钙与碱反应生成铝酸钠进入溶液，而生成的碳酸钙和硅酸二钙留在渣中，便达到铝和硅、钙分离的目的。其反应式可以下式表示：

$$5CaO \cdot 3Al_2O + 5Na_2CO_3 + 2H_2O \longrightarrow$$
$$5CaCO_3 + 6NaAlO_2 + 4NaOH$$

4. 脱硅

为保证产品氧化铝纯度，需进一步除去溶出粗液中的二氧化硅。

5. 碳分

以 CO_2 与铝酸钠溶液反应，得到氢氧化铝，并使生成的 Na_2CO_3 循环使用。

6. 煅烧

把氢氧化铝煅烧成氧化铝。氧化铝可作电解铝的原料、人造宝石原料、陶瓷釉原料、高级耐火材料等。

提取氧化铝后的残渣——硅钙渣作为水泥原料具有反应活性高、烧成温度低、利于节能、水泥标号高且性能稳定、配料简单、吃灰量大等特点，是生产水泥的一种优质原料。

从粉煤灰中提取氧化铝和硅钙渣制水泥将会成为综合利用粉煤灰资源，消除环境污染的有效手段之一。

（四）从粉煤灰中提取空心玻璃微珠

1. 空心玻璃微珠的性质

粉煤灰中一般含有 50%～80% 的空心玻璃微珠，其细度为 $0.3～200\mu m$，其中小于 $5\mu m$ 的占粉煤灰总量的 20%。从粉煤灰中经分选出的空心玻璃微珠，按其密度大小一般可分为两类：即空心漂珠（简称漂珠）和厚壁型空心微珠（简称沉珠）。沉珠与漂珠相比具有壁厚、密度大、强度高、耐磨性好的特点。漂珠的壁厚为其直径的 5%～8%，壁上有细小针孔，珠壁密度为 $480kg/m^3$。沉珠壁厚为其直径的 30%，珠壁密度为 $800kg/m^3$。沉珠一般可承受 7～14MPa 的压力，最高能承受 70MPa 的压力。

粉煤灰空心玻璃微珠的主要化学成分是硅、铝和铁的氧化物以及少量的钙、镁、钾、钠等氧化物。从成分上分析；漂珠的二氧化硅（SiO_2）及三氧化二铝（Al_2O_3）的含量均比沉珠高；而漂珠的三氧化二铁（Fe_2O_3）、氧化钙（CaO）及二氧化钛（TiO_2）均比沉珠的含量低。

空心玻璃微珠具有颗粒细小、质轻、空心、隔热、隔声、耐高温和低温、耐磨、强度高及电绝缘等优异的多功能特性。其各项物理性能见表 5-4-2。

表 5-4-2　空心玻璃微珠的物理性能

密度/(g/cm³)	堆密度/(g/m³)	熔点/℃	室温下比电阻/Ω·cm	抗压强度/Pa	硬度(维氏)/(kgf/cm²)
0.43～0.72	250～400	>1430	$9.9×10^{11}$	$137×10^6$～$686×10^6$	876～1269

由于上述一些优良性能，空心玻璃微珠成为一种多功能材料。可广泛用于下列几方面：
① 可作为轻质、高强、耐火、防火、隔热保温等建筑材料的原材料；
② 可作塑料中较理想的填料，并能提高塑料的耐高温性能；
③ 可作为石油精炼过程中的一种裂化催化剂；
④ 可与一些树脂配制成耐高压的海底仪器和潜艇外壳；
⑤ 可作电瓷及其他电气绝缘材料的原材料；
⑥ 用于航天飞行器的复合表面材料；
⑦ 作为高级喷涂材料和防火涂料的填充材料；
⑧ 用于制汽车刹车片、军用摩擦片及石油钻机刹车块等制品；
⑨ 用作聚氯乙烯人造革的填充剂；
⑩ 用作人造大理石的填充料。

2. 分选空心玻璃微珠的方法

目前，国内外从粉煤灰中提选空心玻璃微珠，大致可以分为两种方法。一是干法机械分选法；二是湿法分选法。这两种选取方法，在实际中都是可行的，根据具体情况采用。

（1）干法机械分选　空心玻璃微珠分选装置由分选器、分离器和收集器三个主要部分组成。

分选器是采用重力分离的方法。分选器是由三个大小不等的沉降箱所组成，在每个沉降箱的下部，都设有卸料装置。当含有粉煤灰的气流由进气管道进入沉降箱时，由于气流通道断面的增大，使气体流速迅速下降，粉煤灰借本身重力的作用，有一部分逐渐下落到沉降箱中。根据沉降原理，较重的粗颗粒、蜂窝状的玻璃体、石英、莫来石、实心珠、铁球和大颗粒炭粒等大部分都分别沉降在分选器内；还有大部分细小的空心玻璃微珠、超细微珠等随气流进入分离器。

分离器是利用气流旋转过程中作用于颗粒上的惯性离心力，使颗粒从气流中分离出来。分离器的主要形式为旋风分离器组，由沉降箱通道未选下来的细水空心微珠，随气流进入分离器，经过两级旋风分离器组的分选，能将大部分细小的空心玻璃微珠分选出来，余下极少量的超细微珠随气流最后进入收集器。

收集器在分选装置的末端，它既是净化处理的装置，又是回收超细微珠的收集器。本工艺采用的是脉冲袋式收集器，它能将由分离器未选下来的超细微珠绝大部分收集起来。

分选系统的布置相对灵活多样，主要有闭路系统和开路系统。由于闭路循环系统具有减少含尘气体排放对环境的污染、避免含湿气体进入管道循环系统从而提高分选效率及降低等级灰的含水率等优点，因此主要开发系统采用闭路系统。图 5-4-4 为开路系统布置示意图；图 5-4-5 为闭路系统布置示意图[5]。

（2）湿法分选空心玻璃微珠　在湿法分选空心玻璃微珠的工艺中，在国内有用浮选

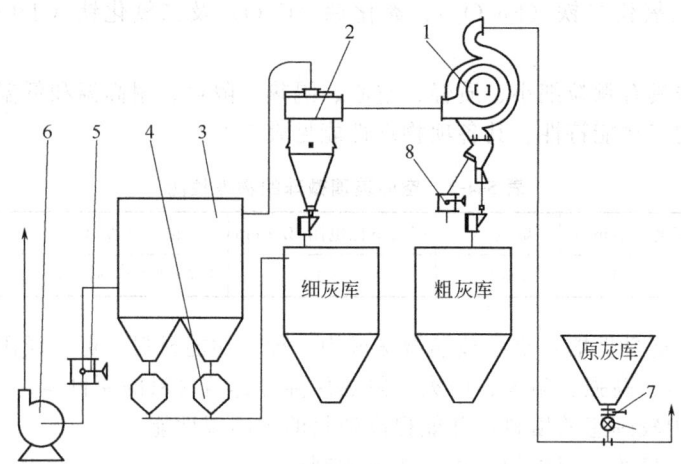

图 5-4-4　开路系统布置示意

1—分选机；2—旋风分离器；3—二次除尘器；4—输送泵；

5—蝶阀；6—高压风机；7—给料机；8—二次风门

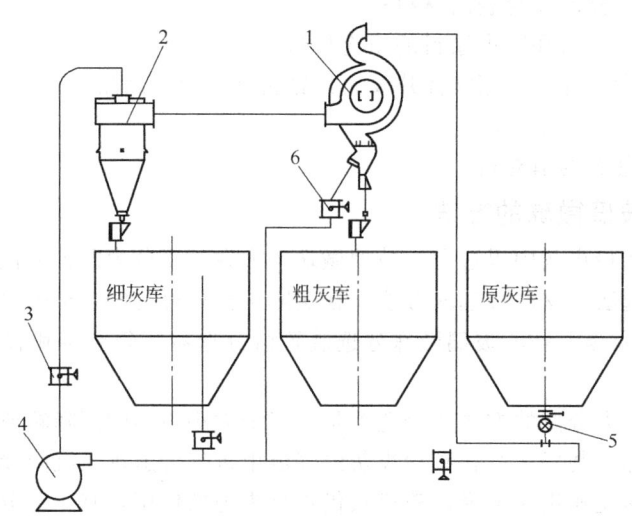

图 5-4-5　闭路系统布置示意

1—分选机；2—旋风分离器；3—蝶阀；4—高压风机；5—给料机；6—二次风门

法、溜槽法及分选单体矿物的重液变温法等。我国某电厂浮选流程如图 5-4-6 所示。

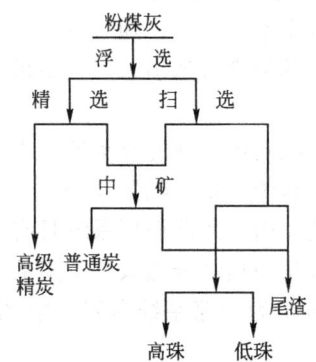

图 5-4-6　粉煤灰浮选工艺流程

该厂用浮选分离方法回收产率为 22.2% 的高档空心玻璃微珠及产率为 9.23% 的中档空心玻璃微珠。

三、粉煤灰在水泥工业和混凝土工程中的应用

粉煤灰在水泥工业和混凝土工程中应用是处理粉煤灰的一条重要途径[6,7]，主要应用在以下几方面。

（一）粉煤灰代替黏土原料生产水泥

粉煤灰的化学组成同黏土类似，可用它来代替黏土配制水泥生料。水泥工业中采用粉煤灰配料可以利用其中未燃尽

的炭。如果粉煤灰中含有 10％的未燃尽炭，则每采用 100 万吨粉煤灰，相当于节约 10 万吨燃料。另外，粉煤灰在熟料烧成窑的预热分解带中不需要消耗大量的热量，却很快就会生成液相，从而加速熟料矿物的形成。经验表明，采用粉煤灰代替黏土做原料，可以增加水泥窑的产量，燃料消耗量也可降低 16％～17％。

在制备水泥生料时，应根据所用原料的化学成分，经过计算确定生料的配料方案。由于粉煤灰中氧化铝含量较高，可以采用氧化铝和氧化钙高一些，氧化铁低一些的配料方案。用粉煤灰配料烧制的水泥熟料，质轻而且多孔，因而易磨性较好，可提高磨机的产量。

（二）粉煤灰作水泥混合材

粉煤灰是一种人工火山灰质材料，它本身加水后虽不硬化，但能与石灰、水泥熟料等碱性激发剂发生化学反应，生成具有水硬胶凝性能的化合物，因此可以用作水泥的活性混合材。许多国家都制定了用作水泥混合材的粉煤灰品质标准。由硅酸盐水泥熟料和粉煤灰，加入适量石膏磨细制成的水硬性胶凝材料称为粉煤灰硅酸盐水泥，简称粉煤灰水泥。国内外都制定有粉煤灰水泥标准。

在配制粉煤灰水泥时，对于粉煤灰掺量的选择，应根据粉煤灰细度质量情况，以控制在20％～40％之间为宜。一般地讲，超过 40％时，水泥的标准稠度需水量显著增大，凝结时间较长，早期强度过低，不利于粉煤灰水泥的质量与使用效果。用粉煤灰做混合材时，其粉煤灰与水泥熟料的混合方法有两种类型，即可将粗粉煤灰预先磨细，再与波特兰水泥混合，也可将粗粉煤灰与熟料、石膏一起粉磨。现在还开发了一种矿渣粉煤灰硅酸盐水泥，这种水泥是将符合质量要求的粉煤灰和粒化高炉矿渣两种活性混合材料按一定比例复合加入水泥熟料中，并加适量石膏共同磨制而成。国内某些水泥厂将上述两种混合材料生产的混合硅酸盐水泥即为此种类型。矿渣粉煤灰硅酸盐水泥的配合比例，视具体情况通过试验确定，通常水泥熟料应在 50％以上，矿渣（以碱性矿渣较好）在 40％以下，粉煤灰在 20％以下。这种水泥的后期强度、干燥收缩、抗硫酸盐等性能均比矿渣水泥和粉煤灰水泥优越。

（三）粉煤灰生产低温合成水泥

我国研究成功用粉煤灰和生石灰（或消石灰）生产低温合成水泥的生产工艺。这种水泥的生产原理与一般硅酸盐水泥或铝酸盐水泥是不同的，硅酸盐和铝酸盐水泥熟料都是生料通过高温（1350～1450℃）煅烧，在有部分液相的情况下，经固相反应形成水泥矿物。低温合成水泥是将配合料先蒸汽养护（常压水热合成）生成水化物，然后经脱水和低温固相反应形成水泥矿物。低温合成水泥在煅烧过程中未产生液相，物料未被烧结。低温合成水泥的生产工艺过程如下。

（1）石灰与少量外加剂（品种）粉磨后与一定比例的粉煤灰混合均匀。配合料中石灰的加入量以石灰和粉煤灰中所含有效氧化钙（CaO）含量计算，以 22％±2％为宜。配合料中有效氧化钙（CaO）含量过低，形成的水泥矿物相应减少，水泥强度下降；有效氧化钙（CaO）含量过高，不能完全化合，形成游离氧化钙（CaO）过多，对水泥强度也不利。

在配合料中加入少量晶种，在蒸养过程中可促使水化物的生成和改变水化物的生成条件，对提高水泥的强度有一定作用，晶种可以采用蒸养硅酸盐碎砖或低温合成水泥生产过程中的蒸养物料，加入量为 2％左右。

（2）石灰、粉煤灰混合料加水成型，进行蒸汽养护。蒸汽养护是低温合成水泥的关键工序之一，在蒸汽养护过程中，生成一定量的水化物，以保证在低温煅烧时形成水泥矿物，一般蒸汽养护时间以 7～8h 为宜。

（3）将蒸养物料在适宜温度下煅烧，并在该温度下保持一定时间。燃烧温度以 700～

800℃为宜，煅烧时间随蒸养物料的形状、尺寸、含碳量以及煅烧设备而异，以蒸养砖在窑中煅烧为例，在750℃温度下，煅烧时间波动在30～90min之间。

（4）将煅烧好的物料加适量石膏，共同粉磨成水泥。水泥中加入的石膏，可以用天然二水石膏，也可以采用天然硬石膏，石膏加入量以5%～7%（以SO_3计为2.5%～3.5%）为宜，水泥细度以4900孔/cm^2筛筛余10%左右为宜。

低温合成水泥具有快硬、早强的特点，可制成喷射水泥等特种水泥，也可制作用于一般建筑工程的水泥。

（四）粉煤灰制作无熟料水泥

1. 石灰粉煤灰水泥

将干燥的粉煤灰掺入10%～30%的生石灰或消石灰和少量石膏混合粉磨，或分别磨细后再混合均匀制成的水硬性胶凝材料，称为石灰粉煤灰水泥，即无熟料水泥的一种。为了提高水泥的质量，也可适当掺配一些硅酸盐水泥熟料，一般不超过25%。

石灰粉煤灰水泥的标号一般在300号以下。生产时必须正确选定各原材料的配合比例，特别是生石灰的掺量，以保证水泥的体积安定性。

石灰粉煤灰水泥主要适用于制造大型墙板、砌块和水泥瓦等；适用于农田水利基本建设工程和低层的民用建筑工程，如基础垫层、砌筑砂浆等。

2. 纯粉煤灰水泥

纯粉煤灰水泥是指在燃煤发电的火力发电厂中，采用炉内增钙的方法，而获得的一种具有水硬性能的胶凝材料。其制造方法是将燃煤在粉磨之前加入一定数量的石灰石或石灰，混合磨细后进入锅炉内燃烧。在高温条件下，部分石灰与煤粉中的硅、铝、铁等氧化物发生化学作用，生成硅酸盐、铝酸盐等矿物；收集下来的粉煤灰具有较好的水硬性，加入少量的激发剂如石膏、氯化钙、氯化钠等，共同磨细后即可制成具有较高水硬活性的胶凝材料，通常称为纯粉煤灰水泥。增钙粉煤灰中的氧化钙（CaO）含量一般控制在20%～40%之间。其物相组成，除含有较多的玻璃体外，尚存在一些铝酸盐（C_3A、C_5A_3）和硅酸盐（C_2S）等矿物，是纯粉煤灰水泥硬化的重要组分。

我国某电厂的粉煤灰中氧化钙（CaO）含量高达30%以上，所以不需要人工增钙即可制得纯粉煤灰水泥。

纯粉煤灰水泥可用于配制砂浆和混凝土，适用于地上、地下的一般民用、工业建筑和农村基本建设工程；由于该水泥耐蚀性、抗渗性较好，因而也可以用于一些小型水利工程。

（五）粉煤灰作砂浆或混凝土的掺合料

粉煤灰是一种很理想的砂浆和混凝土的掺合料。尽管粉煤灰在化学成分上与天然火山灰原材料相近，但其物理结构和特征有别于天然火山灰质材料。一般天然火山灰质材料，如硅藻土、凝灰岩、火山灰等都是表面粗糙内比表面积很大的多孔材料，而粉煤灰与之相比，内比表面积要小，结构较为致密，对水的物理吸附也小得多。此外，粉煤灰中含大量空心玻璃微珠，而且表面光滑，在配制混凝土中可起着润滑作用。所以，在混凝土中用粉煤灰作掺合料后的需水量要比掺加天然火山灰质材料的要小。因此，在混凝土中掺加粉煤灰代替部分水泥或细骨料，不仅能降低成本，而且可以改善混凝土下列性能：

① 由于粉煤灰中含有大量空心玻璃微珠，可以提高混凝土的和易性；

② 掺加粉煤灰后的混凝土比较密实，不透水性、不透气性、抗硫酸盐性能和耐化学侵蚀性能都有提高；

③ 水化热低，特别适用于大体积混凝土；

④ 改善混凝土的耐高温性能；

⑤ 减轻颗粒分离和析水现象；

⑥ 减少混凝土的收缩和开裂；

⑦ 混凝土制品表面光滑；

⑧ 能够抑制杂散电流对混凝土中钢筋的腐蚀。

我国在混凝土和砂浆中掺加粉煤灰的技术已大量推广。随着对粉煤灰性质的深入了解和电收尘工艺的出现，粉煤灰在泵送混凝土、商品混凝土以及压浆、灌缝混凝土中也得到了广泛掺用。

在修造隧洞、地下铁道等工程中，广泛采用掺粉煤灰的混凝土。在地下铁道工程中，采用掺粉煤灰的混凝土，不仅节约水泥，使混凝土具有良好的和易性与密实性。三峡大坝等水利工程中，在重力坝内混凝土工程中，掺用了相当于 400 号大坝矿渣水泥的 20%～40% 的粉煤灰；对混凝土内部的温升，改善混凝土的和易性和节省水泥用量等均获得良好效果。又如北京在砌筑工程中，比较常用的是 50 号和 75 号砂浆，每立方米掺入 50～100kg 磨细粉煤灰，可节约水泥 17%～28%。如与加气剂结合使用，还可代替部分或全部白灰膏，在抹灰装修砂浆中可节约 30%～50% 的水泥。

四、粉煤灰在建筑制品工业中的应用

（一）蒸制粉煤灰砖

蒸制粉煤灰砖是以电厂粉煤灰和生石灰或其他碱性激发剂为主要原料，也可掺入适量的石膏，并加入一定量的煤渣或水淬矿渣等骨料，经原材料加工、搅拌、消化、轮碾、压制成型、常压或高压蒸汽养护后而制成的一种墙体材料[8]。

生产蒸压粉煤灰砖能大量地利用粉煤灰。每千块砖需粉煤灰 1.25t，折合每立方米砖需粉煤灰 850kg。

生产蒸养粉煤灰砖是用粉煤灰与石灰、石膏（或石膏代用品），在蒸汽养护条件下相互作用，生成胶凝物质（水化产物），来提高砖的强度。粉煤灰用量可为 60%～80%；石灰（电石渣也可）的掺量一般为 12%～20%；石膏的掺量为 2%～3%。蒸制粉煤灰砖配合比实例见表 5-4-3，生产工艺流程见图 5-4-7。

表 5-4-3　蒸制粉煤灰砖配合比实例

产品名称	原材料配合比/%				混合料中有效氧化钙含量/%	成型水分/%	备注
	粉煤灰	煤渣	石灰				
			生石灰	电石渣			
常压粉煤灰砖	60～70	13～25	13～15		9～11	19～27	16 孔圆
常压粉煤灰砖	55～65	13～28		15～20	9～12	19～27	盘压砖
高压粉煤灰砖	65～75	13～20	12～15		8～11	19～23	机成型

以湿法排出的粉煤灰，从渣场捞取后，需要经过人工脱水或自然脱水，将含水量降至 18%～20% 才能使用。

配制好的混合料，必须经过搅拌、消化和轮碾才能成型。搅拌一般在搅拌机中进行。使用生石灰时，混合料必须经过消化过程，不然的话，被包裹在砖坯中的石灰颗粒继续消化会产生起泡、炸裂，严重影响砖的成品率和质量。轮碾的目的在于使物料均匀，增加细度，活化表面，提高密实度，从而提高粉煤灰砖的强度。成型设备可用夹板锤或各种压砖机。

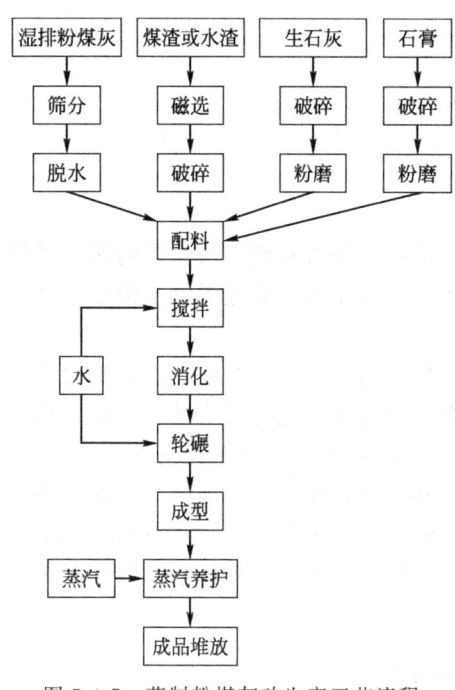

图 5-4-7 蒸制粉煤灰砖生产工艺流程

成型后的砖坯即可进行蒸汽养护。蒸汽养护的目的在于加速粉煤灰中的活性成分（活性 SiO_2 和活性 Al_2O_3）和氢氧化钙之间的水化和水热合成反应，生成具有强度的水化产物，缩短硬化时间，使砖坯在较短的时间内达到预期的产品机械强度和其他物理力学性能指标。目前生产中采用的养护方式有两种，即常压蒸汽养护和高压蒸汽养护，其主要区别是采用的饱和蒸汽压力和温度各不相同。常压养护用的饱和蒸汽绝对压力一般为 100kPa，表压为 0，温度为 95～100℃；高压养护用的蒸汽绝对压力为 900～1600kPa，表压为 800～1500kPa，温度为 174～200℃。两种养护方式所用的设备也不相同，常压养护通常为砖石或钢筋混凝土构筑的蒸汽养护室，高压养护则为密闭的圆筒形金属高压容器——高压釜。常压蒸汽养护和高压蒸汽养护的养护制度都包括静停、升温、恒温和降温几个阶段。常压蒸汽养护和高压蒸汽养护制度分别见表 5-4-4 和表 5-4-5。

表 5-4-4　常压养护粉煤灰砖的养护制度

成型机械	蒸前静停/h	升温/h	恒温/h	降温/h
夹板锤	20～30(50℃干热)	4～6	8～12(95～100℃)	2～6(出室温差<40℃)
其他成型机械	3～7(60℃湿热)	3～5(速度<15℃/h)	9～12(95～100℃)	2～4(出室温差<40℃)

表 5-4-5　高压养护粉煤灰砖的养护制度

釜外静停/h	升温/h	恒温/h	降温/h
3～4	2～3	6～7	2～3
(50～60℃湿热)	(前 1～1.5h 制品不超过 100℃)	(≈174.5℃)	(出釜温差<80℃)

多年来的实践表明，在我国南方这种砖可以应用于一般工业厂房和民用建筑中。

（二）烧结粉煤灰砖

烧结粉煤灰砖是利用粉煤灰、黏土及其他工业废料掺合而生产的一种墙体材料。其生产工艺和黏土烧结砖的生产工艺基本相同，只需在生产黏土砖的工艺上增加配料和搅拌设备即可。以煤矸石和粉煤灰为原料的粉煤灰烧结砖，尚需增加煤矸石的处理工序，一般采用颚式破碎机破碎，再用球磨机磨细后配料。

黏土粉煤灰烧结砖的原料配比是：黏土 50%，粉煤灰 50%。煤矸石粉煤灰烧结砖配比为：粉煤灰 60%，煤矸石 40% 或粉煤灰 70%，煤矸石 30%。配合比例主要视原料塑性而定。

粉煤灰砖的焙烧用隧道窑或轮窑。采用轮窑时一般烧成周期为 24h，砖体最高温度为 1150℃。烧结时要求温度幅度为 ±50℃。

煤矸石粉煤灰烧结砖的生产工艺流程见图 5-4-8。烧结粉煤灰砖与黏土砖的物理力学性能比较见表5-4-6。

图 5-4-8　烧结粉煤灰砖工艺流程

粉煤灰
煤矸石（粉碎、磨细）} →配料→对辊碾压→搅拌→
→压砖机→成型→干燥→入窑焙烧→成品出窑

表 5-4-6　烧结粉煤灰砖与黏土砖的物理力学性能比较

品种	密度 /(kg/m³)	抗压强度 /MPa	抗折强度 /MPa	冻融循环 /次(15)	吸水率 /%
烧结粉煤灰砖	1436.4	20.60	4.00	合格	13.6
黏土砖	1881.0	14.70	2.10	合格	7.0

烧结粉煤灰砖与一般黏土砖相比较有以下优点：

① 利用了工业废渣节省了部分土地；

② 粉煤灰中含有少量的碳，可节省燃料；

③ 粉煤灰可作黏土瘦化剂，这样在干燥过程中裂纹少，损失率低；

④ 烧结粉煤灰砖比普通黏土砖轻20%，可减轻建筑物自重和造价。

（三）生产蒸压泡沫粉煤灰保温砖

以粉煤灰为主要原料，加入一定量的石灰和泡沫剂，经过配料、搅拌、浇注成型和蒸压而成的一种新型保温砖，称为泡沫粉煤灰保温砖。其配比可采用：粉煤灰78%～80%，生石灰20%～22%和适量泡沫剂[9~11]。

泡沫剂是由松香、氢氧化钠、水胶经皂化反应而成。具体配法是1000g松香加上180～200g氢氧化钠，进行皂化反应。将其反应物松脂酸皂进行过滤清洗，加水胶1000g进行浓缩反应，生成母液，再配上适量的水。

泡沫粉煤灰保温砖的生产过程是首先将粉煤灰和生石灰混合均匀，再加入泡沫剂，待其密度降至650～700kg/m³时，向模内进行低位浇注，盖好盖板，最后送入卧式蒸压釜内进行蒸压养护。蒸压制度是静停1h，养护3h，升温1h使温度和压力缓慢上升，直至达到185℃和0.8MPa为止，恒温4h，然后使温度自然慢慢下降。粉煤灰保温砖的物理力学性能见表5-4-7。

表 5-4-7　粉煤灰保温砖的物理力学性能

项目	耐火度 /℃	密度 /(g/cm³)	耐压强度 /MPa	热导率 /[W/(m·K)]	抗折强度 /MPa	吸水率 /%	吸湿度 /%
指标	1370	0.5	3.20	0.098	1.10	59.3	0.42

这种蒸压泡沫粉煤灰保温砖适用于1000℃以下各种管道表面，高温窑炉中层保温绝热。

（四）粉煤灰硅酸盐砌块

粉煤灰硅酸盐砌块（简称粉煤灰砌块）是以粉煤灰、石灰、石膏为胶凝材料，煤渣、高炉硬矿渣等为骨料，加水搅拌、振动成型、蒸汽养护而成的墙体材料[11]。

粉煤灰砌块的生产，一般包括原料处理、混合料制备、振动成型、蒸汽养护和成品堆放等工艺过程，如图5-4-9所示。

在生产中各种原料均要求一定细度。粉煤灰的细度要求是在4900孔/cm²筛上筛余量不大于20%。为了合理使用粉煤灰，在配料时一般将900孔/cm²筛上的筛余部分作为骨料计

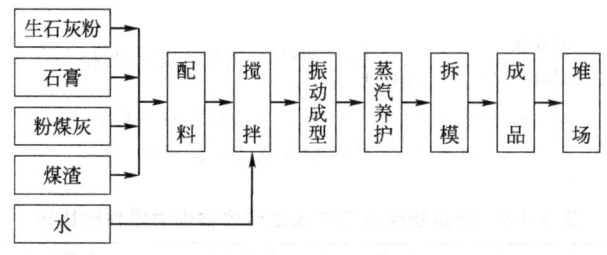

图 5-4-9 粉煤灰硅酸盐砌块生产工艺流程

算，通过 900 孔/cm² 筛的部分，作为胶凝材料计算。石灰和石膏的细度要求控制在 4900 孔/cm² 筛上筛余量 20%～25%。煤渣的粒度要求为最大容许粒径小于 40mm；1.2mm 以下颗粒含量小于 2.5%。粉煤灰砌块各种原料配合比见表 5-4-8。

表 5-4-8 粉煤灰砌块的配合比

项目	适宜用量	过少	过多
胶凝材料中有效氧化钙用量	15%～25%	强度低,耐久性不好,碳化稳定性差	成型困难,还会使砌块产生细微裂纹,强度下降
石膏用量(占胶凝材料的百分比)	2%～5%	强度很低,抗冻性很差	强度降低,抗冻性差
煤渣用量(胶骨比)	(1:1.0)～(1:1.5)	抗裂性差,易断裂,收缩值大	成型困难,密实度差
用水量湿排粉煤灰	30%～36%工作度 15～30s	成型困难、密实度差	造成分层、离析,密实度差、抗冻性差

混合料制备的主要工序为配料与搅拌。搅拌用强制式搅拌机或砂浆搅拌机。制备的混合料属于半干硬性轻质混凝土，为了保证制品的密实度需要采用振动成型的方法。振动成型的设备可选用振动台。制品成型所用的模板以钢模板为好。混合料经振动成型后为了加速制品中胶凝材料的水热合成反应，使制品在较短时间内凝结硬化达到预期的强度，需要对制品进行蒸汽养护。蒸汽养护可用高压蒸汽养护，也可用常压蒸汽养护。常压蒸汽养护制度如下：

静停 3h（静停温度 50℃左右）。

升温 6～8h（70℃以下时，升温速度为 6～8℃/h，70℃以上时，升温速度为 8～10℃/h）。

恒温 8～10h（90～100℃温度条件下）。

降温 3h 左右，降温速度不宜大于 20℃/h，出池时池内和车间。

温差不超过 40℃。

砌块的总养护周期为 1 昼夜。

粉煤灰砌块的密度为 1300～1550kg/m³，抗压强度为 9.80～19.60MPa，其他物理力学性能也均能满足一般墙体材料的要求。

（五）粉煤灰加气混凝土

粉煤灰加气混凝土是以粉煤灰水泥、石灰为基本材料，用铝粉作发气剂，经原料磨细、配料、浇注、发气成型、坯体切割、蒸汽养护等一系列工序制成的一种多孔轻质建筑材料[12]。

粉煤灰加气混凝土具有一般加气混凝土的共同特点：质量轻而又具有一定的强度；绝热性能好；良好的防火性能；易于加工等。它是一种良好的墙体材料。按蒸汽养护压力的不同，粉煤灰加气混凝土可分为常压养护和高压养护两种生产方法。我国大多采用高压养护的方式，高压养护粉煤灰加气混凝土生产工艺和其他加气混凝土大体相同，都要经过原材料处理、配料浇注、静停切割、高压养护等几个工序。生产工艺流程如图 5-4-10 所示。

粉煤灰加气混凝土的强度主要依靠粉煤灰中的二氧化硅（SiO_2）、氧化铝（Al_2O_3）和水泥、石灰中的氧化钙（CaO）在蒸汽养护的条件下进行化学反应，生成水化硅酸盐而得到。

发气剂主要是铝粉，双氧水（加漂白粉）等也可作发气剂。

生产粉煤灰加气混凝土的配合比要根据原材料的情况，因地制宜就地取材，经充分试验后选定。生产密度为 $500kg/m^3$ 的高压养护粉煤灰加气混凝土，其配合比如下：

水泥（525 号硅酸盐水泥）　　10%
生石灰（有效氧化钙以 14.5% 计）　　20%
二水石膏（占水泥和石灰用量）　　10%
粉煤灰　　约 70%
铝粉　　6%
气泡稳定剂　　少量
水料比　　0.6～0.7

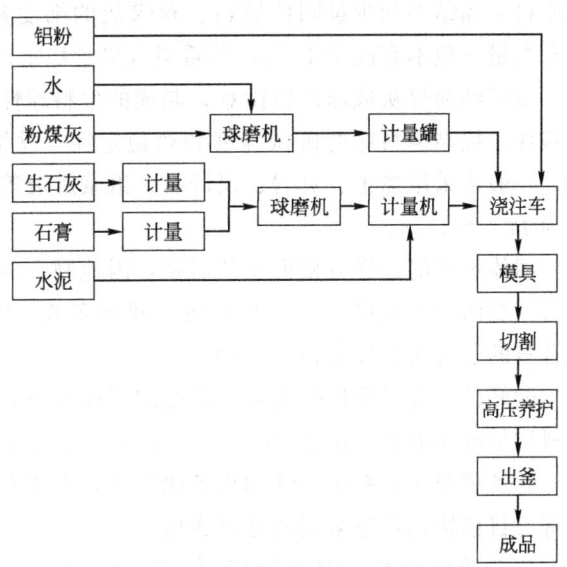

图 5-4-10　粉煤灰加气混凝土生产工艺流程

生产粉煤灰加气混凝土是利用粉煤灰的有效途径之一。一个年产量为 20 万立方米的工厂，每年可以利用粉煤灰 10 万吨，它是几种较好的粉煤灰建筑材料之一。

（六）粉煤灰陶粒

粉煤灰陶粒是用粉煤灰作为主要原料，掺加少量黏结剂和固体燃料，经混合、成球、高温焙烧而制得的一种人造轻骨料[13]。

粉煤灰陶粒一般是圆球形，表皮粗糙而坚硬，内部有细微气孔。其主要特点是质量轻、强度高、热导率低、耐火度高、化学稳定性好等。因而比天然石料具有更为优良的物理力学性能。

生产粉煤灰陶粒是粉煤灰综合利用的有效途径之一。据估计，每生产 1t 粉煤灰陶粒需用干粉煤灰 800～850kg（湿粉煤灰 1100～1200kg）。一个年产 10 万立方米的粉煤灰陶粒厂，每年可处理干粉煤灰 6 万吨左右（湿粉煤灰 10 万吨左右）。

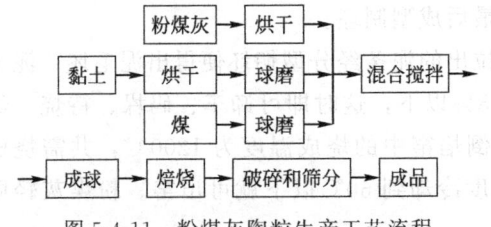

图 5-4-11　粉煤灰陶粒生产工艺流程

粉煤灰陶粒的生产一般包括原材料处理、配料及混合、生料球制备、焙烧、成品处理等工艺过程。采用半干灰成球盘制备生料球，烧结机焙烧陶粒的生产工艺流程如图 5-4-11 所示。

生产粉煤灰陶粒的主要原料是粉煤灰，辅

助原料是黏结剂和少量固体燃料。粉煤灰的细度要求是 4900 孔/cm² 筛余量小于 40%；残余含炭量一般不宜高于 10%，并希望含炭量稳定。

由于纯粉煤灰成球比较困难，制成的生料球性能很差，掺加少量黏结剂可以改善混合料的塑性，提高生料球的机械强度和热稳定性。黏结剂的选择根据工艺要求，因地制宜地选用。一般可采用黏土、页岩、煤矸石、纸浆废液等。我国多数采用黏土作黏结剂，掺入量一般为 10%～17%。

固体燃料的选择应根据工艺需要，因地制宜的原则。可采用无烟煤、焦炭下脚料、炭质矸石、炉渣（含炭量大于 20%）等。我国多数厂家采用无烟煤作补充燃料。在实际生产中配合料的总含炭量控制在 4%～6%。

配好的配合料需搅拌均匀。常用的搅拌设备有混合筒、双轴搅拌机、砂浆搅拌机等。混合料质量控制如下：细度 4900 孔/cm² 筛余量小于 30%；含炭量 4%～6%；水分小于 20%。

制备粉煤灰陶粒生料球的设备比较多，主要有挤压成球机、成球筒、对辊压球机、成球盘等。目前国内普遍采用成球盘成球。

生料成球后可立即进行焙烧，国内焙烧粉煤灰陶粒的设备主要有烧结机、回转窑、机械化立窑和普通立窑。烧结机、回转窑、机械化立窑的机械化程度较高。粉煤灰陶粒可用于配制各种用途的高强度轻质混凝土，可以应用于工业与民用建筑、桥梁等许多方面。采用粉煤灰陶粒混凝土可以减轻建筑结构及构件的自重，改善建筑物使用功能，节约材料用量，降低建筑造价，特别是在大跨度和高层建筑中，陶粒混凝土的优越性更为显著。

（七）粉煤灰轻质耐热保温砖

利用粉煤灰可以生产出质量较好的轻质黏土耐火材料——轻质耐火保温砖。其原料可用粉煤灰、烧石、硬质土、软质土及木屑进行配料，也可用粉煤灰、紫木节、山皮土及木屑进行配料。首先将各种原料分别进行粉碎，按照粒度要求进行筛分并分别存放[14]。粉煤灰要求除去杂质，最好选用分选后的空心微珠。配比和粒度要求如表 5-4-9 所列。

表 5-4-9　粉煤灰轻质耐火保温砖的配比和粒度

原料名称		配比/%	粒度/mm	原料名称		配比/%	粒度/mm
配比 1	粉煤灰	36	4.699～2.362	配比 2	粉煤灰	65	4.699～2.362
	烧石	5	0.991		紫木节	24	0.701
	软质土	43	0.701		高岭土	11	0.701
	木屑	16	2.362		木屑	1.2m³/t(配合料)	2.362

粉煤灰轻质耐火保温砖生产过程如下：将几种原料配好后，先干混均匀，然后送入单轴搅拌机中并加入 60℃ 以上的温水开始粗混，然后送到搅拌机中进行捏炼，当它具有一定的可塑性时，再送往双轴搅拌机中进行充分捏炼，最后成型制坯。

混拌捏炼好的泥料，从下料口送入拉坯机，拉出的泥条经分型切坯便得出泥毛坯。泥毛坯在干燥窑内经过 18～24h 干燥，毛坯水分降至 8% 以下，这时即可卸车、码垛、待烧。经干燥后的半成品放入倒焰窑或隧道窑中烧成，在倒焰窑中的烧成温度为 1200℃，共需烧成时间 44h，其中恒温时间为 4h，熄火后逐步将温度冷却到 60℃ 以下就可出窑。粉煤灰轻质耐火保温砖化学物理性能见表 5-4-10。

表 5-4-10 粉煤灰轻质耐火保温砖化学物理性能

SiO₂/%	Al₂O₃/%	密度/(g/m³)	耐火度/℃	耐压强度/MPa	气孔率/%	试验温度/℃	热导率/[W/(m·K)]
54.74	41.21	0.41	1670	1.27	80.69	100	0.208
						519	0.247
						535	0.368

粉煤灰轻质耐火保温砖的特点是保温效率高，耐火度高，热导率小，能减轻炉墙厚度，缩短烧成时间，降低燃料消耗，提高热效率，成本低，现已被广泛应用于电力、钢铁、机械、军工、化工、石油、航运等工业方面。

五、粉煤灰的其他用途

（一）粉煤灰制分子筛

分子筛是用碱、铝、硅酸钠等人工合成的一种泡沸石晶体，其中含有大量的水。当把它加热到一定的温度时，水分被脱去而形成一定大小的孔洞。它具有很强的吸附能力，能把小于孔洞的分子吸进孔内，而把大于孔洞的分子挡在孔外，这样就把大小不同的分子过筛[15,16]。

我国某厂利用粉煤灰制成了分子筛，其工艺流程如图 5-4-12 所示。

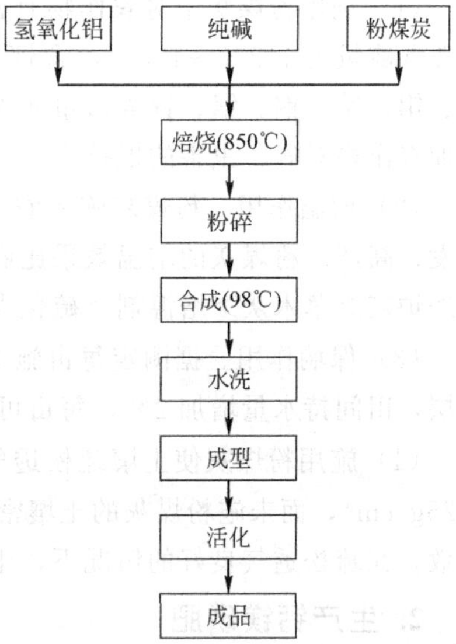

利用粉煤灰制分子筛所用的原料有三种，即粉煤灰、工业氢氧化铝和工业纯碱。粉煤灰必须通过 0.147～0.074mm 筛，氢氧化铝和纯碱需要在 120℃下烘干 2～3h。

原料的配比为：粉煤灰：纯碱：氢氧化铝＝1：1.5：0.13。配料之后在 800～850℃的温度下焙烧 1～1.5h，烧出的料呈浅绿色。

图 5-4-12 粉煤灰制分子筛工艺流程

物料在焙烧后须通过 0.147～0.074mm 筛。过筛后的物料在室温下，边搅拌边投料，并升温至 50～55℃，再恒温 2h，取液分析碱度，补充加碱到浓度为 1000mol/m³。然后再升温到 98℃，在搅拌下晶化 6h。洗涤、交换、成型、活化与化工原料合成分子筛相同。最后即为分子筛产品。

这种分子筛的应用很广，可用于各种气体和液体的脱水和干燥；用于气体的分离和净化；用于液体的分离和纯化；用于催化脱水反应等。

（二）作吸附剂和过滤介质

国外将粉煤灰作为吸附剂用于处理废水方面有不少成功的经验。粉煤灰的吸附性能好，能有效地从废水中除去重金属和可溶性有机物，水能从粉煤灰中浸出石灰和石膏，可以有效地使无机磷沉淀，并中和废水中的酸。粉煤灰在改善已污染的湖面水质方面非常有效，能使无机磷、悬浮物和有机磷的浓度显著下降，大大改善水的色度和性状。用粉煤灰作为过滤介质，过滤造纸废水效果很好，还可用它从纸浆废液中回收木质素。

国内利用沸腾炉粉煤灰处理含汞废水的试验，也取得了富有成果的进展。沸腾炉粉煤灰用于处理含汞废水，表现出优异的吸附性能，除汞率可达 99.99％以上。吸附了汞的饱和粉煤灰经焙烧将汞转化为金属汞而回收，汞的回收率可达到 99％以上。焙烧脱汞后的再生粉煤灰还可以重新用于处理含汞废水。试验表明，在相近的条件下，粉煤灰吸附性能优于粉末活性炭。当废水 pH 值在 7 左右时，粉煤灰除汞率可达到 100％，而且废水的含汞浓度对粉煤灰的吸附性能无显著影响。用粉煤灰处理含汞废水与其他处理方法比较具有来源广泛，成本低廉，汞吸附与回收率高，操作简便等优点，为化工、冶金、环境保护提供了一种新的吸附材料。

（三）粉煤灰在农业上的应用

粉煤灰应用于农业一般有两种途径，即直接施用于农田或利用粉煤灰生产化肥。

1. 粉煤灰直接施用于农田

粉煤灰直接施于农田时主要有下列几方面作用。

（1）利用粉煤灰中对农作物有营养价值的元素，作为农作物生长的刺激剂。粉煤灰中一般含磷量为 1.2％～1.6％，含钾量为 2.3％，这是植物所必需的营养要素。此外尚含有硼、钼、钴、铜、锰、锌等微量元素。适量的微量元素可以促进植物的生长、发育，还可以增加农作物对病、虫害的抵抗力。

（2）增温作用。粉煤灰施入农田后，在早春低温时有着明显的增温作用，能促进壮苗早发、高产。粉煤灰的增温效果比商品增温剂还好。在各种材料中，增温效果顺序是：粉煤灰＞炉灰＞草木灰＞增温剂＞硫化青＞锅底灰。

（3）保墒作用。据测定每亩施 1％粉煤灰土的 0～40cm 土层较不施粉煤灰土的 0～20cm 土层，田间持水量增加 2％，每亩可增 8m³ 的有效水。

（4）施用粉煤灰使土壤疏松透气，增强土壤净化力。施用粉煤灰的土壤表层土密度为 1.25g/cm³，而未施粉煤灰的土壤密度为 1.41g/cm³ 可见用粉煤灰改土对疏松透气有明显的功效，在疏松透气良好的情况下，土壤的净化力可大大提高。

2. 生产钙镁磷肥

粉煤灰中一般含有钙 3.29％～8.66％，含镁 2.72％～5.04％，只要加适量的磷矿粉并利用白云石作助熔剂，以增加钙和镁的含量，就可以达到钙镁磷肥的质量要求。

所用的磷矿中五氧化二磷的适宜含量为 28％～30％，白云石中氧化镁的含量大于 15％。混合料配好后（包括粉煤灰、煤粉、磷矿粉及白云石）必须磨细。

钙镁磷肥可用高炉熔炼，也可用电厂旋风炉附烧钙镁磷肥。用电厂旋风炉附烧钙镁磷肥是一种新工艺，可节约磷肥厂造高炉的投资，半成品磷肥的成本仅为高炉磷肥厂磷肥的 52.7％，生产率比高炉法约高 2～3 倍。但值得注意的是，锅炉排烟中的氟化物和五氧化二磷及水淬废水中的氟化物等，都是污染环境的有害物质，必须采取措施消除可能出现的新污染。

3. 粉煤灰制硅钙肥

尽管粉煤灰中氧化硅含量可达 40％～60％，但可溶性硅（即易被植物吸收的有效硅）含量仅为 1％～2％。因此，要使粉煤灰成为硅肥，必须将其可溶性硅含量提高 15～20 倍。用旋风炉增钙渣或含高钙的煤经过高温煅烧后，其可溶性硅含量较高，可作为农田用的硅钙肥。经农田试验证实，经增钙后的粉煤灰硅肥施用在我国南方缺硅的土壤上，对水稻有良好的增产作用，一般增产率为 10％左右。

六、工程实例

（一）利用粉煤灰生产烧结砖

吉林墙体材料总厂利用吉林热电厂湿排粉煤灰生产烧结砖，经自然风干粉煤灰含水在 30％左右，其化学成分见表 5-4-11。

表 5-4-11　粉煤灰化学成分　　　　　　　单位：％

SiO$_2$	Al$_2$O$_3$	Fe$_2$O$_3$	CaO	MgO	烧失量
56.65	25.28	6.23	3.45	1.40	5.97

1. 原料配比

原料配比为：黏土：粉煤灰：内燃料（炉渣等工业废渣）＝40：55：5。

因粉煤灰塑性指数极低，必须配入一定量黏土作为黏结剂，才能满足砖坯成型要求。因此，黏土塑性指数的大小决定了粉煤灰的掺入量：黏土塑性指数＞15 时，坯体掺入粉煤灰可达 60％以上；黏土塑性指数 8～14 时，坯体掺入粉煤灰 20％～50％；黏土塑性指数＜7 时，坯体掺入粉煤灰较为困难，很难成型。

因所用粉煤灰热值仅为 418～836kJ/kg，故掺入部分热值较高的劣质煤或可燃工业废渣，以达到内燃烧结的目的。

2. 工艺过程

粉煤灰烧结砖的工艺流程见图 5-4-13。主要工艺参数见表 5-4-12。

表 5-4-12　人工干燥室隧道窑生产工艺参数

名　　　称	单位	工艺参数	名　　　称	单位	工艺参数
1. 成型			2. 干燥		
混合料塑性指数		7～8	排潮温度	℃	35～40
成型水分	％	19～21	排潮相对湿度	％	90～95
颗粒度	mm	＜3	3. 焙烧		
坯体质量	kg	2.7	码窑密度	块/m^3	180～200
成型坯体温度	℃	＞40	每车装载量	块/车	1900～2000
土：灰：内燃料配比	％	40：54.3：5.7	窑车码砖坯层数	层	16
2. 干燥			内燃热值	kJ/块	3766～4184
成品规格	mm	240×115×53	合格率	％	98.6
干燥坯体残余水	％	4～8	一级品率	％	95.1
干燥线收缩	％	3～5	烧成周期	h	19～21
干燥敏感性系数	％	0.5～1	烧成温度	℃	900～1040
干燥周期	h	8～10	进车速度	车/d	108
供热温度	℃	140～200	进车间隔	min	26

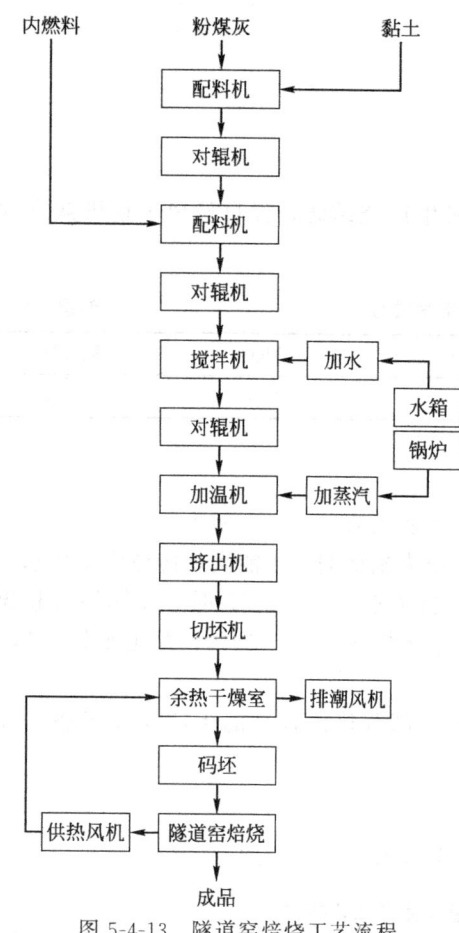

图 5-4-13 隧道窑焙烧工艺流程

粉煤灰、黏土和内燃料分别由传送带从原料贮库输送到配料机下料口，配料比采用体积计算。从配料机输出的混合料送入辊机碾碎后，由搅拌机将物料混合均匀，通过加温机进行加温处理后落入挤出机；挤出成型的砖坯码到干燥车上送入干燥室干燥，干燥室的热源由轮窑、隧道窑的余热供给，经 8~10h 干燥后形成干坯。干燥的坯体分别送入隧道窑和轮窑焙烧，由于篇幅所限，本书仅列举了隧道窑的工艺流程。烧成后的制品由人工出窑，堆放在成品场地。

3. 主要生产设备

隧道窑焙烧设有 2 座隧道窑和 1 个干燥室。隧道窑总长 90m，内宽 3m，内高 2.28m，窑拱角 90°，直窑墙，工作通道断面 5.399m²，窑车容积 1900~2000 块，窑车数 90 台，日产量 2.0×10^5~2.3×10^5 块，年产量 5.0×10^7~5.5×10^7 块。干燥室有 8 条，每条用窑车 37 辆，每车码砖坯 360 块，小时产量 1430 块/条。主要生产设备见表 5-4-13。

表 5-4-13 隧道窑焙烧生产线主要生产设备

序号	名称	台数	规格型号	装机容量/kW
1	锤式粉碎机	1	ϕ600mm×400mm	55
2	配料机	2	800mm，DW101	20
3	对辊粉碎机	3	ϕ700mm×500mm，DW210	60
4	搅拌机	2	2400mm，DW301	60
5	加温机	1	非标	
6	挤出机	1	500mm，DW401	75
7	切坯机	1	DW501	3
8	顶车机	2	推力 30t	11
9	锅炉	2	卧式快装蒸汽锅炉	20
10	坯体干燥车	336	1.46m×1.0m×0.85m	
11	烧结窑车	110	2m×3m	
12	干燥室	1 座	56.5m×13.35m，8 条	
13	隧道窑	2 座	90m×3m×2.28m，窑拱角 90°	

4. 产品性能

粉煤灰烧结砖执行《烧结普通砖》（GB 5101—2003）标准。产品主要技术性能如下：

产品规格：240mm×115mm×53mm　　　　　洗水性：平均值为 26.28%

抗压强度：平均值为 18.84MPa　　　　　　泛霜：（7 天后观察结果）无泛霜

抗折强度：平均值为 3.62MPa　　　　　　　石灰爆裂：无

标号等级：150 号　　　　　　　　　　　　外观质量合格率：98.5%

抗冻性：（−15℃温度下，冻融 15 次后）合格　　一级品率：99%

（二）利用粉煤灰生产蒸养砖

武汉市硅酸盐制品厂粉煤灰蒸养砖车间利用粉煤灰生产的粉煤灰蒸压砖抗压强度能达到 13MPa 以上，抗折强度大于 3MPa，长期耐用性及其他性能均能满足墙体材料的一般要求，可以用于一般工业与民用的墙体。湿粉煤灰来源于武汉青山热电厂，含水 95%～98%，以悬浮液状态用管道输送到砖厂。

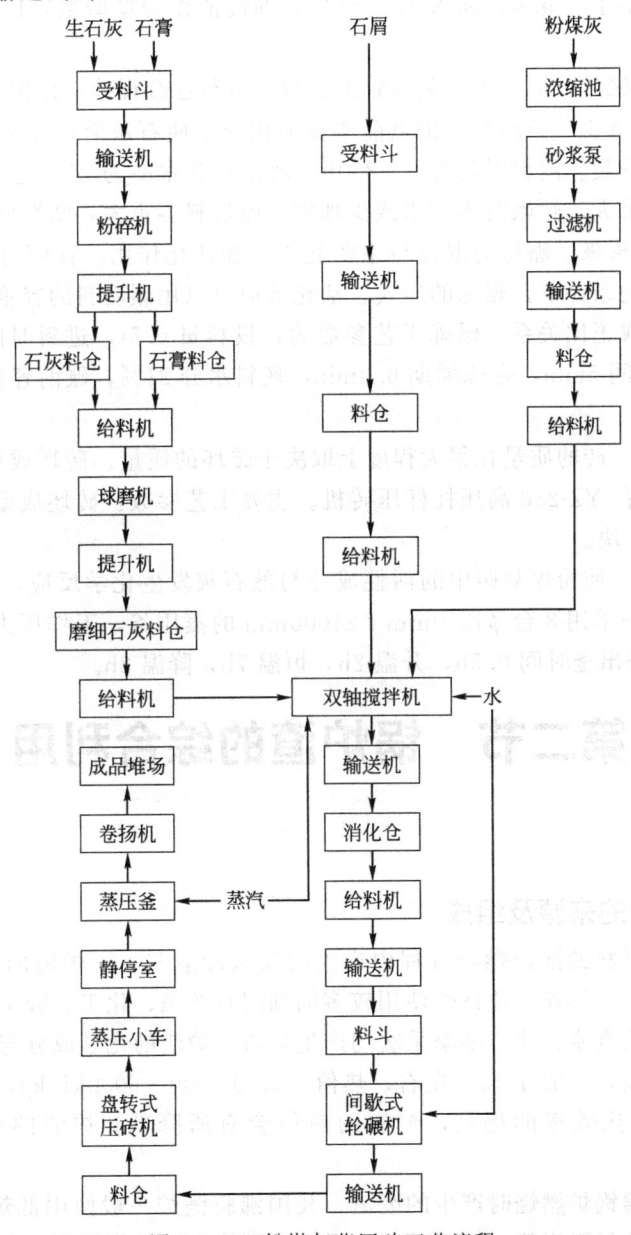

图 5-4-14　粉煤灰蒸压砖工艺流程

1. 生产工艺

粉煤灰蒸养砖的工艺流程见图 5-4-14。

原料配比：粉煤灰∶生石灰∶石屑∶石膏＝（60～65）∶14∶（20～25）∶1。

2. 主要过程及工艺参数

（1）粉煤灰悬浮液浓缩机　出料浓度一般控制在 40%～50%，溢流水含固量应小于 0.1%。

（2）真空过滤脱水　滤饼一般含水 28%～33%。

（3）生石灰的磨细　生石灰越细，与水反应的速度就越快，粉煤灰砖的强度就越高。石灰的磨细度为 4900 孔/cm² 筛筛余量在 10%～15%。生石灰的磨细采用一台双室管磨机，允许进料最大粒度小于 60mm，加入 10%～15% 的砖渣作为助磨剂，以防黏球糊磨并提高产品砖的强度。

（4）混合料的搅拌　原料加入到双轴搅拌机中进行连续搅拌，停留 1.8min。

（5）混合料的消化　砖坯在养护以前要在消化仓中使石灰消化完全，避免养护过程中石灰消化膨胀使砖炸裂。闷料时间 2.5～3.0h。消化料含水率为 25% 左右时，消化速度快，混合料温度高，容重大，轮碾时不加水或少加水，碾后料容重大，塑性好，成品强度较高。

（6）混合料的轮碾　碾炼对混合料主要起压实和活化作用。在原材料、配合比、成型水分等诸因素不变的条件下，碾炼的压实、活化效应可以用碾后料的容重来表示，碾后料的容重与成品的强度成正比关系。碾炼工艺参数为：投料量 0.5t，进料时间 0.5min，出料时间 0.8min，净碾时间 5min，碾炼周期 6.3min，坯料水分 21%，碾前容重 650kg/m³，碾后容重 850kg/m³。

（7）砖坯成型　砖的质量在很大程度上取决于砖坯的质量。砖坯成型采用四台 YZ120-16 圆盘压砖机和一台 YZ-280 高压杠杆压砖机。主要工艺参数：砖坯成型水分 20%～21%；砖坯重 2.2～2.5kg/块。

（8）蒸压养护　使粉煤灰砖中的活性成分与熟石灰发生化学反应，生成具有一定强度的水化物。蒸压养护采用 8 台 ϕ1950mm×21000mm 的蒸压釜，工作压力 0.8MPa，饱和蒸汽温度 174.5℃。进出釜时间 0.5h，升温 2h，恒温 7h，降温 2h。

第二节　锅炉渣的综合利用

一、概述

（一）锅炉渣的来源及组成

炉渣是以煤为燃料的锅炉燃烧过程中产生的块状废渣[2~4]。炉渣的产生量仅少于尾矿和煤矸石而居第三位。燃煤工业锅炉使用较多的部门有纺织、化工、轻工和食品工业等，另外，企、事业单位的食堂、北方冬季采暖均产生炉渣。炉渣的化学成分与粉煤灰相似，但含碳量通常比粉煤灰高，一般在 15% 左右，热值一般为 3500～6000kJ/kg，有的高达 8000kJ/kg 以上。随着锅炉热效率的提高，炉渣的热值会有所降低。炉渣的容重一般为 0.7～1.0t/m³。

沸腾炉渣是沸腾锅炉燃烧时产生的废渣。我国沸腾锅炉一般使用低热值燃料，如石煤、煤矸石、劣质煤、油母页岩等。沸腾炉渣容重轻、颗粒小、粉状物含量多。沸腾炉渣的化学成分和普通炉渣相似，以 SiO_2 和 Al_2O_3 为主，但含碳量少，不能像炉渣那样作制砖内燃料。但其活性高且易磨。

（二）锅炉渣的处理利用技术

炉渣可用作制砖内燃料，作硅酸盐制品的骨架，用于筑路或作屋面保温材料等。制砖内燃料是将炉渣粉碎到 3mm 以下，与黏土掺合制成砖坯，在焙烧过程中，炉渣中的未燃炭会缓慢燃烧并放出热量。由于砖的焙烧时间很长，这些未燃炭可在砖内燃烧得很完全。采用内燃烧技术可收到显著的节能效果。通常万块砖耗煤 1.2～1.6t，而利用炉渣作内燃料后每万块砖仅需煤 0.1～0.2t。据统计辽宁省凌源县几十个砖厂利用炉渣后煤耗降低了 80%。炉渣由于容重较轻，可作屋面保温材料和轻骨料。四川、河南等地用炉渣代替石子生产炉渣小砌块；北京、武汉等地用炉渣作蒸养粉煤灰砖骨料。炉渣作蒸养制品骨料可提高产品强度，降低产品容重。

沸腾炉渣有一定活性，可作为水泥的活性混合材，也可以与少量水泥熟料混合，磨细配制砌筑水泥，或与石灰、石膏混合磨细配制无熟料水泥。沸腾炉渣易磨性好，作混合材可起到助磨作用，降低水泥生产电耗。各地沸腾炉渣的成分和性能差别很大，能否作水泥混合材及掺量多少需通过试验确定。沸腾炉渣还可用于生产蒸养粉煤灰砖和加气混凝土，其用法和粉煤灰在这些产品中的应用相似。

二、工程实例

（一）用炉渣生产烧结空心砖

上海振苏砖瓦厂利用上海杨浦煤气厂、上海焦化厂等厂的炉渣和焦炭屑为内燃料生产的烧结黏土空心砖，曾用于上海希尔顿饭店、宝钢工程等上海市重点工程。所用炉渣性能指标见表 5-4-14。

表 5-4-14　炉渣和焦炭屑的性能指标

品　种	含水率/%	固定碳/%	发热量/(kJ/kg)	
			干样	湿样
炉　渣	10	19.35	6646	5983
焦炭屑	12	66.75	22936	20183

1. 生产工艺及参数

工艺流程见图 5-4-15。

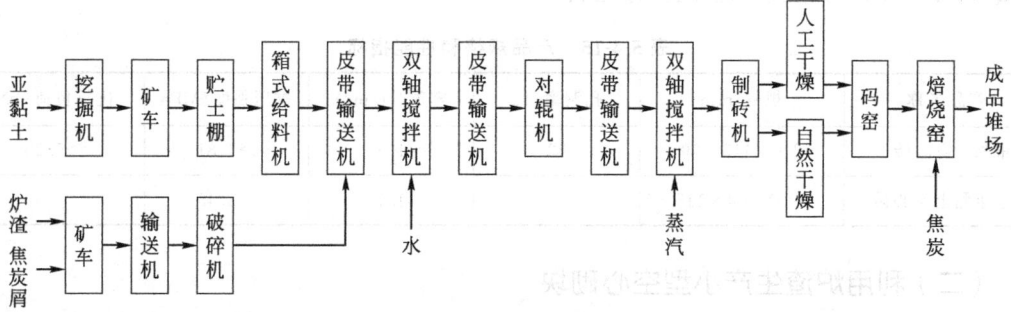

图 5-4-15　以炉渣为内燃料生产黏土空心砌的工艺流程

（1）**物料配比**　黏土和内燃料的掺配比例根据黏土的塑性指数、工艺要求及烧成所需的热值确定。黏土塑性指数高时可掺较多的发热量低的内燃料；黏土塑性指数低时则要选用发热量高的内燃料。例如，黏土塑性指数为13时，焦炭屑的发热量为18810kJ/kg、炉渣的发热量为6270kJ/kg，焦炭屑和炉渣按1：1混合破碎后作内燃料，KP1型承重黏土空心砖每块按热值3762kJ掺配；非承重黏土空心砖每块按热值8360kJ掺配，内燃料仅占黏土质量的10%左右。黏土塑性指数为16时，焦炭屑与炉渣的比例可调整到1：1.5，混合料发热量7273kJ/kg，承重和非承重空心砖每块掺配量分别提高到0.7kg和1.6kg，占黏土质量的20%左右。一般情况下内燃料粒度应控制在3mm以下，其中≤2mm的必须≥75%，才能对产品的外观、燃烧、石灰爆裂及强度影响较小。

（2）**坯料制备**　包括破碎和搅拌两道工序。泥土和内燃料按比例分别由箱式给料机和圆盘喂料机送入第一道双轴搅拌机，搅拌后送入对辊机破碎，再经第二道搅拌制成坯料，然后送制砖机成型。制备过程中控制泥土含水率>21%时，需在一次搅拌时加入废干坯粉粒，降低泥土含水率。

采用人工干燥坯料时需在二次搅拌时加入蒸汽，使坯体温度与干燥室废气温度接近或高于废气温度5~10℃，一般控制在35~40℃。温度太高坯体抗压强度降低，坯体容易裂缝倒塌，温度过低坯体表面会结露，坯体水分排不出去，影响干燥周期。

物料的主要技术参数：泥土塑性指数在13左右；干泥粉粒径<4mm，其中<2mm的应>90%；内燃料粒度<3mm，其中<2mm的应>75%；砖坯成型水分为18%~21%。

（3）**成型**　采用湿塑成型工艺。泥土空心砖成型的关键是芯架的制作，芯架舌部应深入挤泥机喇叭口内160mm左右，并和挤泥机绞刀保持150~200mm距离。增强坯料的密实度可避免由于坯料塑性指数低造成坯体的开裂。螺旋叶片螺旋线导角在20°~23°为佳。螺旋叶片外径与泥缸内面间的间隙最好为2~3mm。如果旋转叶片末端为双线，则所要求的机头可较单线的短15%~20%。生产240mm×115mm×90mm承重空心砖或300mm×200mm×115mm非承重空心砖，制砖机型号以450型或500型较适宜。为减小摩擦阻力并使泥条带有光滑的表面，可在机嘴内壁通入水。此时机嘴内壁必须开有沟槽，槽上面盖有铅皮或薄铁皮做的金属鳞片，以便通过外加水使泥条光滑。

（4）**焙烧**　成型好的砖坯经干燥后入窑焙烧。入窑的干坯水分应<8%，焙烧温度为950~1030℃。

2. 产品规格性能

承重黏土空心砖和非承重黏土空心砖的生产分别执行国家标准JC 196—75和上海市标准Q/JC 16—85，其规格和性能指标见表5-4-15。

表5-4-15　产品规格和性能指标

产品名称	规格/mm	孔洞率/%	容重/(t/m³)	抗压强度/MPa	抗折负荷/kN
承重黏土空心砖	240×115×90	22	1.4	>9.81	>5.20
非承重黏土空心砖	300×200×115	35	1.1	>2.45	

（二）利用炉渣生产小型空心砌块

成都市硅酸盐厂用工业炉渣生产小型空心砌块，标号为35号，适用于填充墙和围墙。锅炉渣性能见表5-4-16。

表 5-4-16　炉渣的性能

性　能		化 学 成 分/%						
粒度	安定性	SiO_2	Al_2O_3	Fe_2O_3	CaO	MgO	SO_3	烧失量
≤10mm	合格	44.32	15.60	7.29	2.62	0.82	3.05	20.98

生产工艺流程见图 5-4-16，物料配比为：水泥∶炉渣＝1∶5～5.5，主要生产工艺及参数如下。

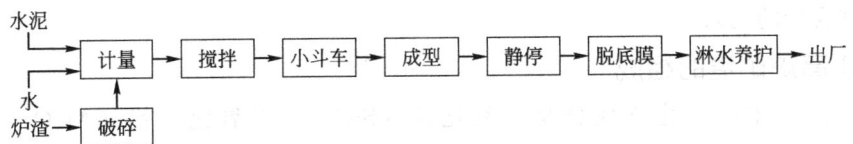

图 5-4-16　炉渣小型空心砌块生产工艺流程

炉渣空心砌块的生产工艺与用炉渣作骨料配制半干性混凝土相同，用水量为混合料质量的 20%～22%，搅拌时间＞5min。所用水泥标号为 325 号～425 号。对炉渣的质量要求为：烧失量≤20%；粒度≤10mm，其中＜1.5mm 的占≤25%；安全性试验合格；不含泥土、杂质。

成型工序采用杠杆固定式成型机，振动频率 2850 次/min，电机功率 750W，振动时压头以 0.03MPa 加压于砌块表面，振动时间≥15s。成型后砌块应不缺角、不缺棱、四面平整，外形尺寸合格且密实度达到要求。

养护工序采用露天自然养护。室外温度在 22℃ 以上时静停时间为 24h；室外温度在 22℃ 以下时静停时间为 24h 以上。砌块码堆后淋水养护 2～15d。

第三节　高炉矿渣的处理和利用

一、概述

高炉矿渣是冶炼生铁时从高炉中排出的一种废渣[17]。在冶炼生铁时，加入高炉的原料，除了铁矿石和燃料（焦炭）外，还有助熔剂。当炉温达到 1400～1600℃ 时，助熔剂与铁矿石发生高温反应生成生铁和矿渣。高炉矿渣就是由脉石、灰分、助熔剂和其他不能进入生铁中的杂质所组成的易熔混合物。从化学成分看，高炉矿渣是属于硅酸盐质材料。每生产 1t 生铁时高炉矿渣的排放量，随着矿石品位和冶炼方法不同而变化。例如采用贫铁矿炼铁时，每吨生铁产出 1.0～1.2t 高炉矿渣；用富铁矿炼铁时，每吨生铁只产出 0.25t 高炉矿渣。由于近代选矿和炼铁技术的提高，每吨生铁产生的高炉矿渣量已经大大下降。

（一）高炉矿渣的分类

由于炼铁原料品种和成分的变化以及操作等工艺因素的影响，高炉矿渣的组成和性质也不同。高炉矿渣的分类主要有两种方法。

（1）按照冶炼生铁的品种分类

① 铸造生铁矿渣　冶炼铸造生铁时排出的矿渣。

② 炼钢生铁矿渣　冶炼供炼钢用生铁时排出的矿渣。

③ 特种生铁矿渣　用含有其他金属的铁矿石熔炼生铁时排出的矿渣。

（2）按照矿渣的碱度区分　高炉矿渣的化学成分中的碱性氧化物之和与酸性氧化物之

和的比值称为高炉矿渣的碱度或碱性率（以 M_0 表示），即

$$M_0 = (CaO\% + MgO\%)/(SiO\% + Al_2O_3\%)$$

按照高炉矿渣的碱性率（M_0）可把矿渣分为如下三类：

① 碱性矿渣　碱性率 $M_0 > 1$ 的矿渣。

② 中性矿渣　碱性率 $M_0 = 1$ 的矿渣。

③ 酸性矿渣　碱性率 $M_0 < 1$ 的矿渣。

这是高炉矿渣最常用的一种分类方法。碱性率比较直观地反映了重矿渣中碱性氧化物和酸性氧化物含量的关系。

（二）高炉矿渣的组成

高炉矿渣中主要的化学成分是二氧化硅（SiO_2）、三氧化二铝（Al_2O_3）、氧化钙（CaO）、氧化镁（MgO）、氧化锰（MnO）、氧化铁（FeO）和硫（S）等。此外，有些矿渣还含有微量的氧化钛（TiO_2）、氧化钒（V_2O_5）、氧化钠（Na_2O）、氧化钡（BaO）、五氧化二磷（P_2O_5）、三氧化二铬（Cr_2O_3）等。在高炉矿渣中氧化钙（CaO）、二氧化硅（SiO_2）、三氧化二铝（Al_2O_3）占总量的 90%（质量分数）以上。几种高炉矿渣的化学成分见表 5-4-17。

高炉矿渣中的各种氧化物成分以各种形式的硅酸盐矿物形式存在。

碱性高炉矿渣中最常见的矿物有黄长石、硅酸二钙、橄榄石、硅钙石、硅灰石和尖晶石。

表 5-4-17　几种高炉矿渣的化学成分

矿渣种类	化学成分/%								
	CaO	SiO$_2$	Al$_2$O$_3$	MgO	MnO	FeO	S	TiO$_2$	V$_2$O$_5$
普通矿渣	31~50	31~44	6~18	1~16	0.05~2.6	0.2~1.5	0.2~2		
锰铁矿渣	28~47	22~35	7~22	1~9	3~24	0.2~1.7	0.17~2		
钒钛矿渣	20~31	19~32	13~17	7~9	0.3~1.2	0.2~1.9	0.2~0.9	6~31	0.06~1

酸性高炉矿渣由于其冷却的速度不同，形成的矿物也不一样。当快速冷却时全部凝结成玻璃体；在缓慢冷却时（特别是弱酸性的高炉渣）往往出现结晶的矿物相，如黄长石、假硅灰石、辉石和斜长石等。

高钛高炉矿渣的矿物成分中几乎都含有钛。

锰铁矿渣中存在着锰橄榄石（$2MnO \cdot SiO_2$）矿物。

镜铁矿渣中存在着蔷薇辉石（$MnO \cdot SiO_2$）矿物。

高铝矿渣中存在着大量的铝酸一钙（$CaO \cdot Al_2O_3$）、三铝酸五钙（$5CaO \cdot 3Al_2O_3$）、二铝酸一钙（$CaO \cdot 2Al_2O_3$）等。

（三）高炉矿渣的综合利用概况

由于高炉矿渣属于硅酸盐质材料，又是在 1400~1600℃ 高温下形成的熔融体，因而便于加工成多品种的建筑材料：水淬成粒状矿渣（简称水渣）是生产水泥、矿渣砖瓦和砌块的好原料；经急冷加工成膨胀矿渣珠或膨胀矿渣，可做轻混凝土骨料；吹制成矿渣棉可制造各种隔热、保温材料；浇铸成型可做耐磨的热铸矿渣；轧制成型可做微晶玻璃；慢冷成块的重矿渣可以代替普通石材用于建筑工程中。因此，高炉矿渣的综合利用非常重要。我国高炉矿渣的利用率为 85% 以上。

二、高炉矿渣的加工和处理

在利用高炉矿渣之前，需要进行加工处理。其用途不同，加工处理的方法也不相同。我国通常是把高炉矿渣加工成水渣、膨胀矿渣和膨胀矿渣珠等形式加以利用[17]。

（一）高炉矿渣水淬处理工艺

国内外生产上应用的高炉渣的处理基本上是水淬法和干渣法。由于干渣处理环境污染较为严重，且资源利用率低，现在已很少使用，一般只在事故处理时，设置于渣坑或渣罐出渣。高炉矿渣水淬处理工艺就是将热熔状态的高炉矿渣置于水中急速冷却的处理方法。用水淬处理后的高炉矿渣可变为疏松的粒状矿渣。

1. 水淬的主要方法

按水渣的脱水方式，水淬渣主要有如下方法。

（1）转鼓脱水法　经水淬或机械粒化后的水渣流到转鼓脱水器进行脱水，前者为INBA法（因巴法），后者为TYNA法（图拉法）。图拉法在我国已获得国家发明专利，专利名称为"冶金熔渣粒化装置"，专利权人为"中冶集团包头钢铁设计研究总院"，为俄罗斯人与我国人共同发明。

（2）渣池过滤法　渣水混合物流入沉渣池，采用抓斗吊车抓渣，渣池内的水则通过渣池底部或侧部的过滤层进行排水。底滤式加反冲洗装置，一般称为OCP法（底滤法）。

（3）脱水槽式　水淬后的渣浆经渣浆泵输送到脱水槽内进行脱水，这种方法就是通常所说的RASA法（拉萨法）。

我国大多数高炉采用的是深水底滤法（OCP），西方国家大部分采用因巴法（INBA）。

2. 各种水渣处理方法的工艺流程及特点

（1）因巴法　因巴法水渣处理系统是20世纪80年代初由比利时西德玛（SIDMAR）公司与卢森堡P&W公司共同开发的一项渣处理技术。我国首次引进用于宝钢2号高炉（4063m³），于1991年6月29日投产。目前我国仍在使用该处理技术的有武钢、马钢、鞍钢、本钢、太钢等钢铁公司。因巴法的工艺流程为：高炉熔渣由熔渣沟流入冲制箱，经冲制箱的压力水冲成水渣进入水渣沟，然后流入水渣方管、分配器、缓冲槽落入滚筒过滤器，随着滚筒过滤器的旋转，水渣被带到滚筒过滤器的上部，脱水后的水渣落到筒内皮带机上运出，然后由外部皮带机运至水渣槽。

因巴法有热INBA、冷INBA和环保型INBA之分。三种因巴法的炉渣粒化、脱水的方法均相同，都是使用水淬粒化，采用转鼓脱水器脱水，不同之处主要在水系统。热INBA只有粒化水，粒化水直接循环；冷INBA粒化水系统设有冷却塔，粒化水冷却后再循环；环保型INBA水系统分粒化水和冷凝水两个系统，冷凝水系统主要用来吸收蒸汽、二氧化硫、硫化氢。与冷、热INBA比较，环保型INBA最大的优点是硫的排放量很低，它把硫的成分大都转移到循环水系统中。

（2）图拉法　该方法是高炉熔渣先进行机械破碎，然后进行水淬的工艺过程的典型代表。俄罗斯图拉法水渣处理技术是由俄罗斯国立冶金工厂设计院研制，在俄罗斯图拉厂2000m³级高炉上首次使用。该装置自投入运行，到目前为止运行状况良好。该技术在我国首次使用是1997年唐钢原1号高炉易地大修为2560m³高炉时，对应高炉的3个铁口，从俄罗斯引进了3套粒化渣处理设备，于1998年9月26日高炉建成投产时同时投入运行至今。

（3）底滤法　高炉熔渣在冲制箱内由多孔喷头喷出的高压水进行水淬，水淬渣流经粒

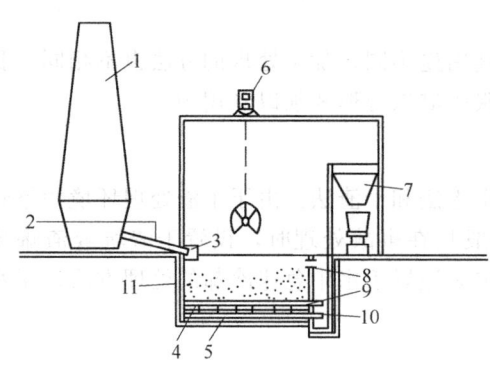

图 5-4-17　底滤法水淬工艺示意图
1—高炉；2—冲渣器；3—粘化器；
4—防护钢轨；5—OCP 排水系统；
6—抓斗吊车；7—贮料斗；8—水
溢流；9—冲洗空气入口；10—水
出口；11—粒化渣

化槽，然后进入沉渣池，沉渣池中的水渣由抓斗吊抓出堆放于渣场继续脱水。沉渣池内的水及悬浮物通过分配渠流入过滤池，过滤池内设有砾石过滤层，过滤后的水经集水管由泵加压后送入冷却塔冷却，循环使用，水量损失由新水补充。底滤法冲渣水压力一般为 0.3～0.4MPa，渣水比为（1:10）～（1:15），水渣含水率为 10%～15%，作业率 100%，出铁场附近可不设干渣坑。其水淬工艺如图 5-4-17 所示。

（4）拉萨法　拉萨法水冲渣系统是由日本钢管公司与英国 RASA 贸易公司共同研制成功的。1967 年在日本福山 1 号高炉（$2004m^3$）上首次使用。我国宝钢 1 号高炉（$4063m^3$）首次从日本"拉萨商社"引进了这套工艺设备（包括专利技术），但在 2005 年大修后采用了新 INBA 法。

拉萨法的工艺流程为：熔渣由渣沟流入冲制箱，与压力水相遇进行水淬。水淬后的渣浆在粗粒分离槽内浓缩，浓缩后的渣浆由渣浆泵送至脱水槽，脱水后水渣外运。脱水槽出水（含渣）流到沉淀池，沉淀池出水循环使用。水处理系统设有冷却塔，设置液面调整泵用以控制粗粒分离槽水位。

表 5-4-18 为上述几种高炉渣水淬处理方法的主要技术指标的比较。

表 5-4-18　几种高炉渣处理方法技术指标的比较

指　　　标	因巴法（INBA）	图拉法（TYNA）	深水低滤法（OCP）	拉萨法（RASA）
耗电量/(kW·h/t 渣)	—5	—2.5	—8	15～16
循环水量/(m³/t 渣)	6～8	—3	—10	10～15
新水耗量/(m³/t 渣)	—0.9	—0.8	—1.2	—1
渣含水率/%	—15	8～10	24～40	15～20
国内钢厂采用的情况	多	较多	最多	很少

由表 5-4-18 可见，这几种方法并没有从根本上改变粒化渣耗水的工艺特点，其区别仅在于冲渣使用的循环水量有所不同，新水消耗量差别不大，炉渣物理热基本全部散失掉，SO_2、H_2S 等污染物的排放并没有减少。

3. 拉萨法生产高炉水渣工程实例

宝山钢铁总厂 1 号高炉炉产生铁 $3 \times 10^6 t/a$，高炉渣 $1.2 \times 10^6 t/a$。采用拉萨法冲制水渣，具有使用闭路循环水、占地面积小、处理渣量大、水渣运出方便、自动化程度高、管理方便等优点。但渣泵、输送渣浆管道磨损严重，维修费用高。1985 年投产以来，拉萨法冲制水渣系统一直正常运转，保证了高炉正常生产。

（1）工艺流程　采用拉萨法冲制水渣工艺，流程如图 5-4-18 所示。高炉熔渣从渣槽流入粒化器，经喷水急冷粒化，水、渣合流先进入粗粒分离槽，再由渣泵送到脱水槽脱水；浮

在分离槽水面的微粒渣由溢流口流入中间槽,由中间槽泵送到沉淀池,经沉淀后,用排泥泵送回脱水槽,同粗粒分离器送去的渣水化合物一起进行脱水,脱水后的水渣用车送往用户。

脱水槽渗出的排水和中间槽渣泵送往沉淀池的渣水混合物一起经沉淀澄清后,水溢流入温水池,经冷却塔冷却后,进入供水池循环使用。为防止水渣在各槽、池中沉淀,各个槽、池内均供给一定压力的搅拌水。各槽池内均设有自动补充调节水量装置。

(2) 操作条件 出铁开始后15min由铁口开始出渣,一次出渣时间105min,最大渣流量为6t/min。操作条件如下:

熔渣温度	1500℃	搅拌水和冲洗水耗水量	10.6m³/min
渣水比	1/10	液面调节水量	1.08m³/min
冲渣水温	47℃	补给水量	5m³/min
冲渣水压	294kPa	水渣含水率	15％
冲渣耗水量	10m³/t渣		

(3) 处理利用及效果 日产渣量最大为3200t,日出渣14次,出渣量不均匀系数按1.6考虑,一次最大出渣量365.7t,最大出渣速度为6t/min(一个出铁口)。日产水渣量为3765t,一次最大水渣量为430.2t,最大出渣速度为7t/min。水淬率为85％,水渣为97×10^4t/a,其余为热泼渣,全部处理利用。冲制的水渣容重$0.45 \sim 0.7$kg/m³,玻璃体含量98.5％～99.9％,含水率约15％。

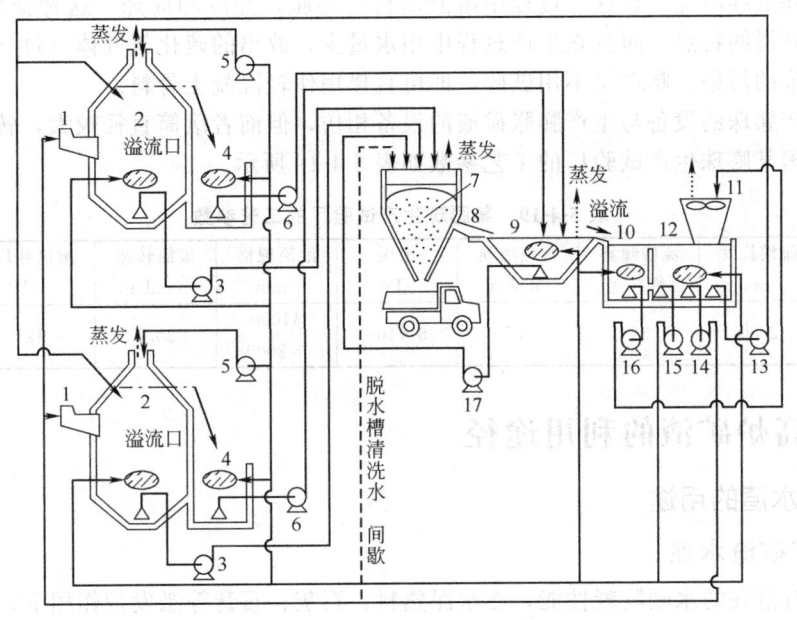

图 5-4-18 拉萨法水冲渣工艺流程

1—冲渣沟;2—粗粒分离槽;3—水渣泵;4—中间槽;5—蒸发放散筒淋洗泵;6—中间泵;
7—脱水槽;8—集水沟;9—沉淀池2个;10—温水池;11—冷却塔;12—供水池;
13—水位调整泵;14—供水泵;15—搅拌泵;16—冷却塔泵;17—排泥泵

(二)膨胀矿渣和膨胀矿渣珠生产工艺

膨胀矿渣是用适量冷却水急冷高炉熔渣而形成的一种多孔轻质矿渣。

膨胀矿渣的生产方法很多,可用喷射法、喷雾器堑沟法、滚筒法等。

喷射法是欧、美有些国家使用的方法。一般是在熔渣倒向坑内的同时,坑边有水管喷出强烈的水平水流进入熔渣,使渣急冷增加黏度,形成多孔状的膨胀矿渣。喷出的冷却剂可以用水,也可以用水和空气的混合物,使用的压力为 600～700kPa。

喷雾器堑沟法是前苏联生产膨胀矿渣的主要方法,其工艺流程与喷射法相近。使用的喷雾器为渐开线式的喷头或用钻有小孔的水管制成。喷雾器设在沟的上边缘。放渣时,由喷雾器向渣流喷入 500～600kPa 压力的水流,水能够充分击碎渣流,使熔渣受冷增加黏度,渣中的气体及部分水蒸气固定下来,形成多孔的膨胀矿渣。

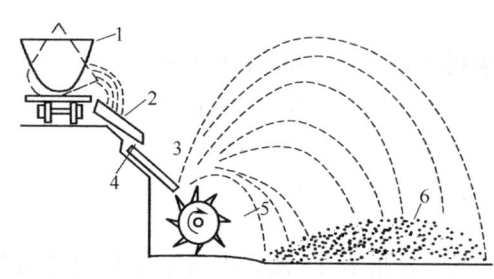

图 5-4-19　膨珠生产工艺示意图
1—渣罐;2—接渣槽;3—流槽;
4—喷水管;5—滚筒;6—膨珠

滚筒法是我国采用的一种方法。此法工艺设备简单,主要是由接渣槽、流槽、喷水管和滚筒所组成。流槽下面设有喷嘴,当热熔渣流过流槽时,受到从喷嘴喷出的 600kPa 压力的水流冲击,水与熔渣混合一起流至滚筒上并立即被滚筒甩出,落入坑内,熔渣在冷却过程中放出气体,产生膨胀。

近年来,国内外开发了一种膨胀矿渣珠(简称膨珠)的方法。其生产工艺过程见图 5-4-19。

膨珠的形成过程是热熔矿渣进入流槽后经喷水急冷,又经高速旋转(30rad/s)的滚筒击碎、抛甩并继续冷却,在这一过程中熔渣即自行膨胀,并冷却成珠。这种膨珠具有多孔、质轻、表面光滑的特点。而且在生产过程中用水量少,放出的硫化氢气体(H₂S)较少,可以减轻对环境的污染。膨珠又不用破碎,即可直接用作轻混凝土骨料。

我国生产膨珠的设备与生产膨胀矿渣的设备相仿,但前者滚筒直径较大,转速较快,渣坑较大。我国某膨珠生产试验厂的工艺参数如表 5-4-19 所示。

表 5-4-19　某膨珠生产试验厂的工艺参数

接渣槽长度/mm	流槽长度/mm	流槽倾斜角/(°)	每吨渣喷水量/t	水压/Pa	滚筒规格/mm	滚筒转速/(rad/s)	滚筒叶片/只	马达功率/kW
2070	2500	32	0.5	8×10⁵	φ1000×2000	30.4	12	55

三、高炉矿渣的利用途径

(一)水渣的用途

1. 生产矿渣水泥

水渣具有潜在的水硬胶凝性能,在水泥熟料、石灰、石膏等激发剂作用下,可显示出水硬胶凝性能,是优质的水泥原料。水渣既可以作为水泥混合料使用,也可以制成无熟料水泥[18]。

(1)矿渣硅酸盐水泥　是用硅酸盐水泥熟料与粒化高炉矿渣再加入 3%～5% 的石膏混合磨细或者分别磨后再加以混合均匀而制成的。矿渣硅酸盐水泥简称为矿渣水泥。根据国家标准的规定,在生产矿渣水泥时,需掺入 20%～70% 的粒化矿渣,水泥的标号为 275、325、425、425R、525、525R、625、625R 等。

在磨制矿渣水泥时,高炉矿渣的掺入量对水泥的抗压强度影响不大,而对抗拉强度的影响更小,这样对于提高水泥质量,降低水泥生产的成本是十分有利的。

这种水泥与普通水泥比较有如下特点:

① 具有较强的抗溶出性和抗硫酸盐侵蚀性能，故能适用水上工程、海港及地下工程等，但在酸性水及含镁盐的水中，矿渣水泥的抗侵蚀性较普通水泥差。

② 水化热较低，适合于浇筑大体积混凝土。

③ 耐热性较强，使用在高温车间及高炉基础等容易受热的地方比普通水泥好。

④ 早期强度低，而后期强度增长率高，所以在施工时应注意早期养护。此外，在循环受干湿或冻融作用条件下，其抗冻性不如硅酸盐水泥，所以不适宜用在水位时常变动的水工混凝土建筑中。

（2）*石膏矿渣水泥*　是将干燥的水渣和石膏、硅酸盐水泥熟料或石灰按照一定的比例混合磨细或者分别磨细后再混合均匀所得到的一种水硬性胶凝材料。在配制石膏矿渣水泥时，高炉水渣是主要的原料，一般配入量可高达 80% 左右。石膏在石膏矿渣水泥中是属于硫酸盐激发剂。它的作用在于提供水化时所需要的硫酸钙成分，激发矿渣中的活性。一般石膏的加入量以 15% 为宜。

少量硅酸盐水泥熟料或石灰，系属于碱性激发剂，对矿渣起碱性活化作用，能促进铝酸钙和硅酸钙的水化。在一般情况下，如用石灰作碱性激发剂，其掺入量宜在 3% 以下，最高不得超过 5%，如用普通水泥熟料代替石灰，掺入量在 5% 以下选用，最大不超过 8%。

这种石膏矿渣水泥成本较低，具有较好的抗硫酸盐侵蚀和抗渗透性，适用于混凝土的水工建筑物和各种预制砌块。

（3）*石灰矿渣水泥*　是将干燥的粒化高炉矿渣、生石灰或消石灰以及 5% 似下的天然石膏，按适当的比例配合磨细而成的一种水硬性胶凝材料。

石灰的掺加量一般为 10%～30%，它的作用是激发矿渣中的活性成分，生成水化铝酸钙和水化硅酸钙。石灰掺量太少，矿渣中的活性成分难以充分激发；掺入量太多，则会使水泥凝结不正常，强度下降和安定性不良。石灰的掺入量往往随原料中氧化铝的含量的高低而增减，氧化铝含量高或氧化钙含量低时应多掺石灰，通常先在 12%～20% 范围内配制。石灰矿渣水泥可用于蒸汽养护的各种混凝土预制品，水中、地下、路面等的无筋混凝土和工业与民用建筑砂浆。

2. 超磨细矿渣粉作混凝土掺合料

粒化高炉矿渣是一种活性材料，经过超细粉磨后，其活性显著提高。用作混凝土掺合料等量取代 20%～50% 水泥，可配制成高性能混凝土。近代的高炉矿渣粉的概念不同于粒度较粗的矿渣混合材，而是将磨细度很高的矿渣粉作为混凝土的掺合料使用。由于矿渣的磨细度很高，其活性在碱性条件下得到了充分的发挥，使混凝土和水泥的多项性能得到了极大的提高和改善。例如，将高炉渣微粉作混凝土掺合料，可使新拌混凝土泌水少、可塑性好、水化析热速度慢，减少或避免大体积混凝土温度裂缝；使硬化后的混凝土具有良好的抗硫酸盐、抗氯盐、抗海水浸蚀性能；提高混凝土密实性，使其具有良好的抗碳化性能；而且可抑制混凝土碱集料反应，这些都大大提高了混凝土的耐久性。近年来，我国超磨细矿渣粉作混凝土掺合料应用实例很多，例如：首都机场扩建工程是国家重点工程项目，其中航站楼、楼前路桥系统，停车楼的梁、板、柱、墙主体结构均采用掺入 20%～40%（胶材总量）矿渣粉的混凝土，混凝土的强度等级为 C50、C60，坍落度为 18～20cm，混凝土用量约 10 万立方米。此外，超磨细矿渣粉在北京地铁工程的混凝土中也被大量应用。

3. 生产矿渣砖和湿碾矿渣混凝土制品

（1）*矿渣砖*　用水渣加入一定量的水泥等胶凝材料，经过搅拌、成型和蒸汽养护而成的砖叫做矿渣砖。其生产工艺流程如图 5-4-20 所示。

所用水渣粒度一般不超过 8mm，入窑蒸汽温度约 80~100℃，养护时间 12h，出窑后，即可使用。

用 87%~92%粒化高炉矿渣，5%~8%水泥，加入 3%~5%的水混合，所生产的砖其强度可达到 10MPa 左右，能用于普通房屋建筑和地下建筑。

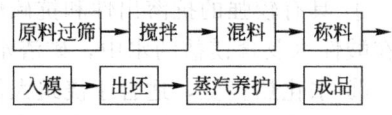

图 5-4-20　矿渣砖生产工艺流程

此外，将高炉矿渣磨成矿渣粉，按质量比加入 40%矿渣粉和 60%的粒化高炉矿渣，再加水混合成型，然后再在 (100~110)×10⁴Pa 的蒸汽压力下蒸压 6h，也可得到抗压强度较高的砖。

（2）湿碾矿渣混凝土　是以水渣为主要原料制成的一种混凝土。它的制造方法是将水渣和激发剂（水泥、石灰和石膏）放在轮碾机上加水碾磨制成砂浆后，与粗骨料拌合而成。湿碾矿渣混凝土配合比见表 5-4-20。

表 5-4-20　湿碾矿渣混凝土配合比

项　　目	不同标号混凝土的配合比			
	C15	C20	C30	C40
水泥（以 425 号硅酸盐水泥为准）	—	—	不大于 15	不大于 20
石灰	5~10	5~10	不大于 5	不大于 5
石膏	1~3	1~3	0~3	0.3
水	17~20	16~18	15~17	15~17
水灰比	0.5~0.6	0.45~0.55	0.35~0.45	0.35~0.4
浆：矿渣（质量比）	(1:1)~(1:1.2)	(1:0.75)~(1:1)	(1:0.75)~(1:1)	(1:0.5)~(1:1)

注：表中配合比以湿碾矿浆为 100 计。

湿碾矿渣混凝土的各种物理力学性能，如抗拉强度，弹性模量、耐疲劳性能和钢筋的黏结力均与普通混凝土相似。而其主要优点在于具有良好的抗水渗透性能，可以制成不透水性能很好的防水混凝土；具有很好的耐热性能，可以用于工作温度在 600℃ 以下的热工工程中，能制成强度达 50MPa 的混凝土。

此种混凝土适宜在小型混凝土预制厂生产混凝土构件，但不适宜在施工现场浇筑使用。

（二）矿渣碎石的用途

矿渣碎石的用途很广，用量也很大，主要用于公路、机场、地基工程、铁路道砟、混凝土骨料和沥青路面等[19]。

1. 配制矿渣碎石混凝土

矿渣碎石配制的混凝土具有与普通混凝土相近的物理力学性能，而且还有良好的保温、隔热、耐热、抗渗和耐久性能。矿渣碎石混凝土的应用范围较为广泛，可以作预制、现浇和泵送混凝土的骨料。配制矿渣混凝土的方法与普通混凝土相似，但用水量稍高，其增加的用水量，一般按重矿渣质量的 1%~2%计算。

一般用矿渣碎石配制的混凝土与天然骨料配制的混凝土强度相同时，其混凝土容重减轻 20%。

矿渣碎石混凝土的抗压强度随矿渣容重的增加而增高，配制不同标号混凝土所需矿渣碎石的松散容重列在表 5-4-21 中。

表 5-4-21　不同标号的混凝土所用矿渣碎石松散容重

混凝土	C40	C30~C20	C15
矿渣碎石松散容重/(kg/m³)	1300	1200	1100

矿渣混凝土的使用在我国已有几十年历史，新中国成立后在许多重大建筑工程中都采用了矿渣混凝土，实际效果良好。

2. 重矿渣在地基工程中的应用

重矿渣用于处理软弱地基在我国已有几十年的历史。由于矿渣的块体强度一般都超过50MPa，相当或超过一般质量的天然岩石，因此组成矿渣垫层的颗粒强度完全能够满足地基的要求。一些大型设备基础的混凝土，如高炉基础、轧钢机基础、桩基础等，都可用矿渣碎石作骨料。

3. 矿渣碎石在道路工程中的应用

矿渣碎石具有缓慢的水硬性，这个特点在修筑公路时可以利用。矿渣碎石含有许多小气孔，对光线的漫反射性能好，摩擦系数大，用它作集料铺成的沥青路面既明亮，制动距离又短。矿渣碎石还比普通碎石具有更高的耐热性能，更适用于喷气式飞机的跑道上。

4. 矿渣碎石在铁路道砟上的应用

用矿渣碎石作铁路道砟称为矿渣道砟。我国铁道线上采用矿渣道砟的历史较久，但大量利用是新中国成立后才开始的。目前矿渣道砟在我国钢铁企业专用铁路线上已广泛得到应用。鞍山钢铁公司从1953年开始就在专用铁路线上大量使用矿渣道砟，现已广泛应用于木轨枕、预应力钢筋混凝土轨枕和钢轨枕等各种线路，使用过程中没有发现任何弊病。在国家一级铁路干线上的试用也已初见成效。

（三）膨胀矿渣及膨珠的用途

膨胀矿渣主要是用作混凝土轻骨料，也用作防火隔热材料，用膨胀矿渣制成的轻质混凝土，不仅可以用于建筑物的围护结构，而且可以用于承重结构。

膨珠可以用于轻混凝土制品及结构，如用于制作砌块、楼板、预制墙板及其他轻质混凝土制品。由于膨珠内孔隙封闭，吸水少，混凝土干燥时产生的收缩就很小，这是膨胀页岩或天然浮石等轻骨料所不及的。

直径小于3mm的膨珠与水渣的用途相同，可供水泥厂作矿渣水泥的掺合料用，也可以作为公路路基材料和混凝土细骨料使用生产膨胀矿渣和膨珠与生产黏土陶粒、粉煤灰陶粒等相比较，具有工艺简单，不用燃料，成本低廉等优点。

（四）高炉矿渣的其他用途

高炉矿渣还可以用来生产一些用量不大，而产品价值高，又有特殊性能的高炉渣产品。如矿渣棉及其制品、热铸矿渣、矿渣铸石及微晶玻璃、硅钙渣肥等。现仅简介矿渣棉和微晶玻璃的生产方法。

1. 生产矿渣棉

矿渣棉是以矿渣为主要原料，在熔化炉中熔化后获得熔融物再加以精制而得到的一种白色棉状矿物纤维。它具有保温、隔声、绝冷等性能。其化学成分和物理性能如表 5-4-22、表5-4-23 所示[20]。

表 5-4-22　矿渣棉的化学成分　　　　　　　　　　　　　　　　单位：%

SiO$_3$	Al$_2$O$_3$	CaO	MgO	S
32~42	8~13	32~43	5~10	0.1~0.2

表 5-4-23　矿渣棉的物理性能

热导率/[W/(m·K)]	烧结温度/℃	密度/(g/cm³)	纤维细度/μm	使用温度范围/℃
0.033~0.041	780~820	0.13~0.15	4~6	−200~800

生产矿渣棉的方法有喷吹法和离心法两种。原料在熔炉熔化后流出，即用蒸汽或压缩空气喷吹成矿渣棉的方法叫做喷吹法。原料在熔炉熔化后落在回转的圆盘上，用离心力甩成矿渣棉的方法叫做离心法。

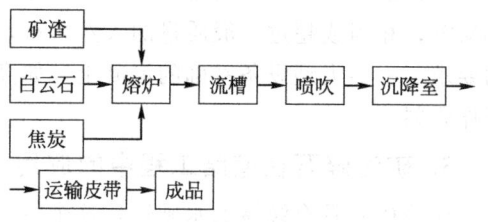

图 5-4-21　喷吹法生产矿渣棉的工艺流程

矿渣棉的主要原料是高炉矿渣，约占 80%~90%，还有 10%~20% 的白云石、萤石或其他如红砖头、卵石等，生产矿渣棉的燃料是焦炭。生产分配料、熔化喷吹、包装三个工序。喷吹法生产矿渣棉的工艺流程如图 5-4-21 所示。

矿渣棉可用作保温材料、吸声材料和防火材料等，由它加工的成品有保温板、保温毡、保温筒、保温带、吸声板、窄毡条、吸声带、耐火板及耐热纤维等。矿渣棉广泛用于冶金、机械、建筑、化工和交通等部门。

2. 生产微晶玻璃

微晶玻璃是近几十年来发展起来的一种用途很广的新型无机材料。微晶玻璃的原料极为丰富，除采用岩石外，还可采用高炉矿渣[21,22]。

矿渣微晶玻璃的主要原料是高炉矿渣为 62%~78%，硅石为 38%~22% 或尾矿及其他非铁冶金渣等。一般矿渣微晶玻璃需要配成如下化学组成：二氧化硅 40%~70%；三氧化二铝 5%~15%；氧化钙 15%~35%；氧化镁 2%~12%；氧化钠 2%~12%；晶核剂 5%~10%。

生产矿渣微晶玻璃的方法，基本与用尾矿生产微晶玻璃的方法相同，可用熔融法或烧结法生产。现将熔融法生产矿渣微晶玻璃的一般工艺介绍如下：在固定式或回转式炉中，将高炉矿渣与硅石和结晶促进剂一起熔化成液体，然后用吹、压等一般玻璃成型方法成型，并在 730~830℃ 下保温 3h，最后升温至 1000~1100℃ 保温 3h 使其结晶、冷却即为成品。加热和冷却速度宜低于 5℃/min，结晶催化剂为若干氟化物、磷酸盐和铬、锰、钛、铁、锌等多种金属氧化物，其用量视高炉矿渣的化学成分和微晶玻璃的用途而定，一般为 50%~10%。

矿渣微晶玻璃产品，比高碳钢硬，比铝轻，其力学性能比普通玻璃好，耐磨性不亚于铸石，热稳定性好，电绝缘性能与高频瓷接近。矿渣微晶玻璃用于冶金、化工、煤炭、机械等工业部门的各种容器设备的防腐层和金属表面的耐磨层以及制造溜槽、管材等，使用效果也好。

第四节　钢渣的资源化

一、概述

钢渣是炼钢过程中排出的废渣。根据炼钢所用炉型的不同，钢渣分为转炉渣和电炉渣。

炼钢过程是除去生铁中的碳、硅、磷和硫等杂质，使钢具有特定性能的过程，也是造渣材料和冶炼反应物以及熔融的炉衬材料生成熔合物的过程。因此，钢渣是炼钢过程中的必然副产物，其排出量约为粗钢产量的 15%～20%。

钢渣的形成温度在 1500～1700℃。钢渣在高温下呈液体状态，缓慢冷却后呈块状或粉状；转炉渣一般为深灰、深褐色；电炉渣多为白色。

（一）钢渣的组成

钢渣是由钙、铁、硅、镁、铝、锰、磷等氧化物所组成。其中钙、铁、硅氧化物占绝大部分。各种成分的含量依炉型、钢种不同而异，有时相差悬殊。以氧化钙（CaO）为例：转炉渣中的含量常在 50% 左右；电炉氧化渣中约含 30%～40%，电炉还原渣中则含 50% 以上。钢渣化学成分见表 5-4-24。

表 5-4-24　钢渣化学成分　　　　　　　　　单位：%

渣　别	CaO	FeO	Fe$_2$O$_3$	SiO	MgO	Al$_2$O$_3$	MnO	P$_2$O$_5$	S
转炉	45～55	10±	10±	20±	<10	5±	<5	1±	2±
平炉前期	20～30	20±	20±	20±	<10	5±	<5	1±	2±
平炉精炼期	35～40	15±	15±	20±	<10	5±	<5	1±	2±
平炉后期	40～45	10±	10±	20±	<10	5±	<5	1±	2±
电炉氧化期	30～40	20±	20±	20±	5±	5±	<5	1±	2±
电炉还原期	55～65	<10	<10	20±	5±	5±	<5	1±	2±

钢渣的主要矿物组成为硅酸三钙（C$_3$S）、硅酸二钙（C$_2$S）、钙镁橄榄石（CMS）、钙镁蔷薇辉石（C$_3$MS$_2$）、铁酸二钙（C$_2$F）、RO（R 代表镁、铁、锰的氧化物即 FeO、MgO、MnO 形成的固熔体）、游离石灰（f-CaO）等。钢渣的矿物组成主要决定于其化学成分，特别与其碱度（CaO/SiO$_2$＋P$_2$O$_5$）有关。炼钢过程中需要不断加入石灰，随着石灰加入量增加，渣的矿物组成随之变化。炼钢初期，渣的主要成分为钙镁橄榄石（CMS），其中的镁可被铁和锰所代替。当碱度提高时，橄榄石吸收氧化钙（CaO）变成蔷薇辉石，同时放出 RO 相。再进一步增加石灰含量，则生成硅酸二钙（C$_2$S）和硅酸三钙（C$_3$S）。

（二）钢渣的利用

钢渣的利用途径大致可分为内循环和外循环。内循环指钢渣在钢铁企业内部利用，作为烧结矿的原料和炼钢的返回料。外循环主要是指用于建筑建材行业。

1. 钢渣的内循环利用

钢渣返烧结主要是利用钢渣中的残钢、氧化铁、氧化镁、氧化钙、氧化锰等有益成分，而且可以作为烧结矿的增强剂，因为它本身是熟料，且含有一定数量的铁酸钙，对烧结矿的强度有一定的改善作用，另外转炉渣中的钙、镁均以固溶体形式存在，代替溶剂后，可降低溶剂（石灰石、白云石、菱镁石）消耗，使烧结过程碳酸盐分解热减少，降低烧结固体燃料消耗。

钢渣在钢铁企业内部循环历来受到重视和普遍采用，配加转炉渣的烧结矿可改善高炉的流动性，增加铁的还原产量。但是配矿工艺对返烧结有影响，过度使用会造成磷（P）等有害元素的富集；配加转炉渣的烧结矿品位、碱度有所降低。研究表明，当高炉炉料使用 100% 自熔性球团矿时，5% 转炉渣作为溶剂加入会引起高炉运行不畅，原因是明显影响球团矿的软熔特性，增大软熔温度间隔，使炉渣黏性有增大趋势。另外钢渣的成分波动较大，烧结配矿时要求钢渣各种氧化物成分波动≤±2%，粒度要求一般小于 3mm，钢渣在成分上很难满足要求，对钢渣破碎和筛分的要求也高。

由于这些不利因素存在，尤其是各大钢铁公司普遍采用富矿冶炼，推行精料入炉方针，同时要求炼钢和炼钢工序的能耗和材料消耗指标不断降低，致使返回烧结利用的钢渣量越来越低。目前马鞍山钢铁公司混匀烧结矿中只加入 1% 左右，而且是间断式配加。

2. 钢渣的外循环利用

钢渣的外循环主要是建筑建材行业，钢渣在此行业中利用受制约的主要因素是钢渣的体积不稳定性，钢渣不同于高炉渣的地方是钢渣中存在 f-CaO、f-MgO，它们在高于水泥熟料烧成温度下形成，结构致密，水化很慢，f-CaO 遇水后水化形成 $Ca(OH)_2$，体积膨胀 98%，f-MgO 遇水后水化形成 $Mg(OH)_2$，体积膨胀 148%，容易在硬化的水泥浆体中发生膨胀，导致掺有钢渣的混凝土工程、道路、建材制品开裂，因此钢渣在利用之前必须采取有效的处理，使 f-CaO、f-MgO 充分消解才能使用。

二、钢渣的处理工艺

由于炼钢设备、工艺布置、造渣制度、钢渣物化性能的多样性及其利用上的多种途径，决定了钢渣处理工艺上的多样化。必须从钢渣用途、炼钢工艺特点以及有利于提高炼钢生产能力出发选择处理工艺。

（一）排渣工艺

1. 冷弃法

钢渣倒入渣罐缓冷后直接运至渣场抛弃，我国钢铁厂的排渣方法以此种工艺为多。国内外的渣山多是由此工艺而形成的。这种工艺投资大，设备多；不利于钢渣加工及合理利用，有时因排渣不畅而影响炼钢。所以，新建的炼钢厂不宜采用此种工艺。

2. 热泼法

炼钢渣倒入渣罐后，经车辆运到钢渣热泼车间，用吊车将渣罐的液态渣分层泼倒在渣床上（或渣坑内）喷淋适量的水，使高温炉渣急冷碎裂并加速冷却，然后用装载机、电铲等设备进行挖掘装车，再运至弃渣场。需要加工利用的，则运至钢渣处理间进行破碎、筛分、磁选等工艺处理。热泼碎石工艺流程见图 5-4-22。

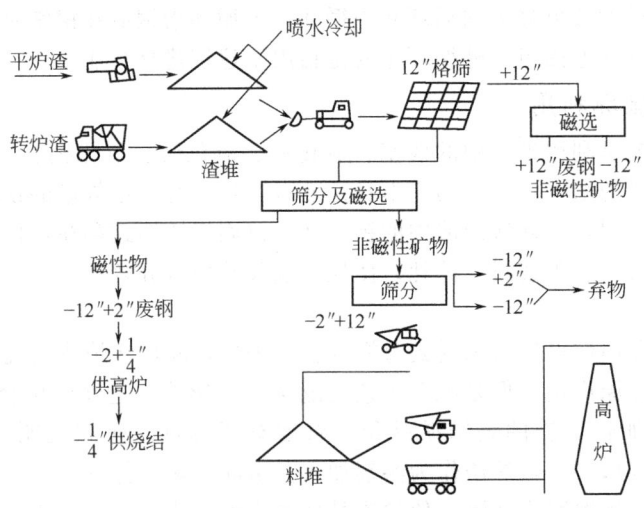

图 5-4-22　热泼碎石工艺流程

热泼法排渣速度快，但需大型装载挖掘机械，设备损耗大，占地面积大，破碎加工粉尘量大，钢渣加工量大。

3. 盘泼水冷（ISC）法

盘泼水冷法流程为：在钢渣车间设置高架泼渣盘，利用吊车将渣罐内液态钢渣泼在渣盘内，渣层一般为 30～120mm 厚，然后喷以适量的水促使急冷碎裂。再将碎渣翻倒在渣车上，驱车至池边喷水降温，再将渣卸至水池内进一步降温冷却。渣的粒度一般为 5～100mm，最后用抓斗抓出装车，送至钢渣处理车间，进行磁选、破碎、筛分、精加工。盘泼水冷工艺流程见图 5-4-23。该工艺安全可靠，对环境污染小、钢渣加工量少，但此种工艺繁琐，环节多，生产成本高。

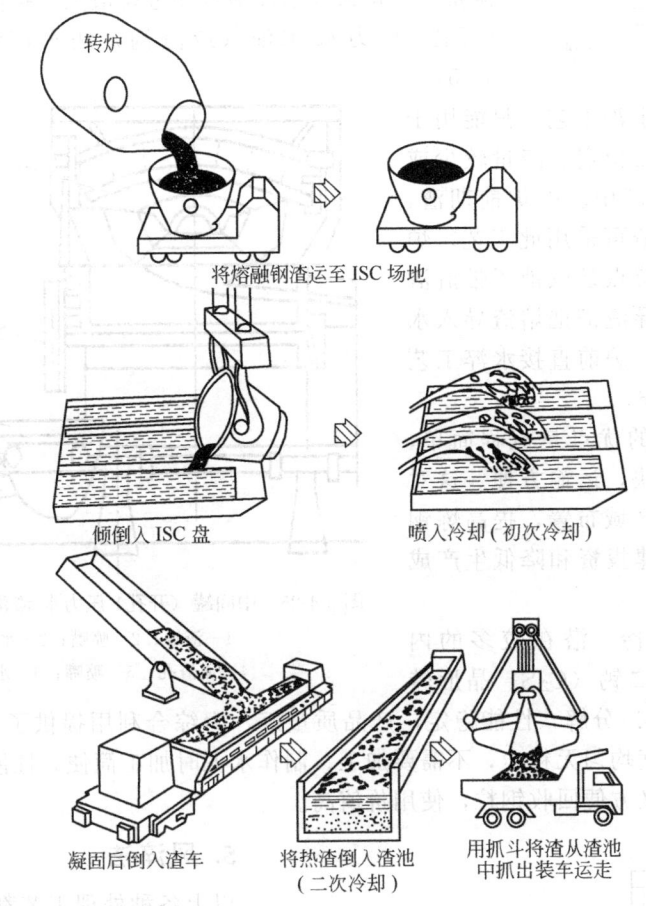

图 5-4-23 盘泼水冷工艺示意

4. 钢渣水淬法

由于钢渣比高炉矿渣碱度高、黏度大，其水淬难度也大。我国在电炉上有较成熟的水淬工艺，转炉钢渣水淬也已形成了生产线。钢渣水淬工艺特点是高温液态钢渣在流出、下降过程中，被压力水分割，击碎，再加上高温熔渣遇水急冷收缩产生应力集中而破裂，同时进行了热交换，使熔渣在水幕中进行粒化。

由于炼钢设备、工艺布置、排渣特点不同，水淬工艺有多种形式，一般有三种形式组合。

（1）倾翻罐-水池法 对于一些大、中型转炉炼钢车间，在钢渣物化性能比较稳定，渣

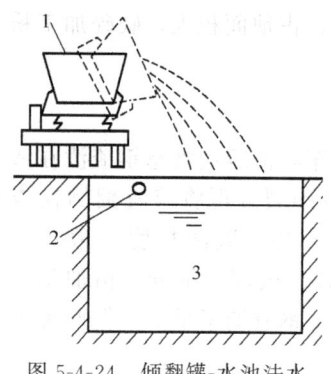

图 5-4-24 倾翻罐-水池法水
淬工艺示意
1—渣罐；2—喷嘴；3—水池

（3）炉前直接水淬工艺，只能用于炼钢排渣量控制比较稳定、渣量较少或连续排渣的工艺生产中。电炉前期渣，小型转炉渣及铸锭渣可采用此工艺。炉前直接水淬工艺的特点是取消了带流渣孔的中间罐，改用导渣槽把熔渣导入水淬槽内，用水冲渣。炉前直接水淬工艺布置示意见图 5-4-26。

钢渣水淬工艺的优点是流程简单，占地少，排渣速度快，运输方便。这对改革炼钢工艺及其区域布置，提高炼钢生产能力，减少基建投资和降低生产成本都是有利的。

水淬钢渣因急冷，潜在较多的内能，并抑制了硅酸二钙（C_2S）晶形转变及硅酸三钙（C_3S）分解，性能稳定，产品质量好，为综合利用提供了非常方便的条件，用于烧结配料中粒度均匀无粉尘，不需要加工。制作水泥时加工简便，性能稳定，在建筑工程中既可代替河砂又方便回收钢粒，使用价值高。

流动性较好时，采用渣罐和水渣池水淬工艺。通过倾翻渣罐使钢渣徐徐落入水池水淬，同时还有一排压力水流在水面上冲散熔渣，起到搅动池中水的作用，以避免局部过热。倾翻罐-水池法水淬工艺示意见图 5-4-24。

（2）中间罐（开孔）-压力水-水池（或渣沟）法 对于电炉、小型转炉炼钢车间，采用渣罐打孔在水渣沟水淬工艺。钢渣从炉中流到炉下开孔的渣罐内，经节流入水淬槽内，与压力水流相遇，骤冷水淬成粒，并借水力把渣粒输送到车间外的集渣池中。此法的特点是用渣罐孔径限制最大渣流量，尽量做到水淬地点靠近排渣点，提高水淬率。中间罐（开孔）-压力水-水池（或渣沟）法水淬装置示意见图 5-4-25。

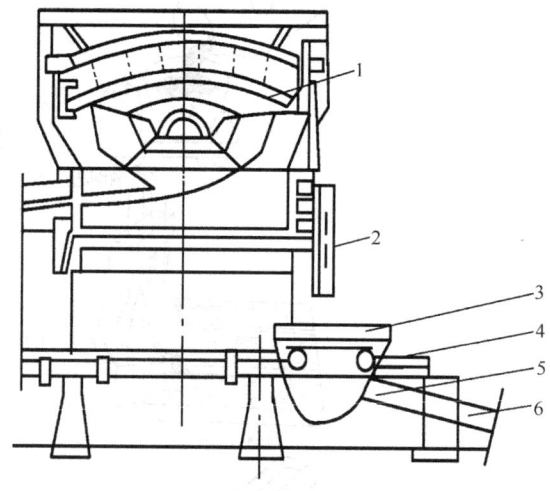

图 5-4-25 中间罐（开孔）-压力水-渣沟法水淬装置示意
1—渣罐；2—喷嘴；3—水池；
4—流渣孔；5—喷嘴；6—水淬槽

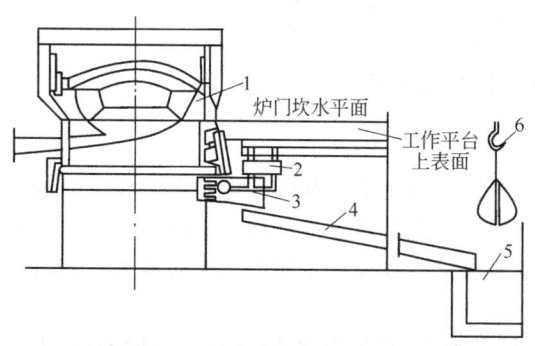

图 5-4-26 炉前直接水淬工艺布置示意
1—炼钢炉；2—滑动小车；3—粒化器；
4—输渣槽；5—沉渣池；6—吊车抓斗

5. 风淬法

以上各种处理工艺都不能回收高温熔渣所含热量（约为每吨渣 2100～2200MJ），20 世纪 70 年代末期，日本开始研究风淬法处理钢渣的新工艺，并投产使用。其工艺装置如图 5-4-27 所示。

风淬工艺流程如下，渣罐接渣后，运到风淬装置处，倾翻渣罐，熔渣经过中间罐流出，被一种特殊喷嘴喷出的空气吹散，破碎成微粒，在罩式锅炉内回收高温空气和微粒渣中所散发的热量并捕集渣粒。

　　由锅炉产生的中温蒸汽,用于干燥氧化铁皮。经过风淬而成微粒的转炉渣,成为3mm以下的坚硬球体,目前主要用于灰浆的细骨料等建筑材料。

　　风淬法的主要工艺参数和生产指标如下:

　　高压风速80～300m/s;风淬强度约1.33t/min;空气与渣的比值:1000m³/t;以最大风淬强度80t/h来风淬1400～1500℃熔渣时,可日产蒸汽量200t,月干燥氧化铁皮量为1.1万吨。

　　风淬法与其他钢渣加工处理方法相比有如下特点:

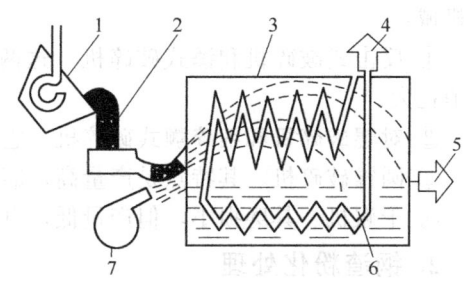

图5-4-27　风淬工艺装置示意

1—盛钢桶;2—转炉熔渣;3—罩式锅炉;
4—蒸汽;5—转炉风淬渣;6—锅炉管;
7—风机

　　① 由于完全不用水冷却处理,避免了熔渣遇水爆炸的问题,有利于安全生产;

　　② 粒化渣全部进入罩式锅炉内,改善了处理炉渣时的高温、粉尘的操作环境;

　　③ 性质稳定的粒化渣便于开展综合利用;

　　④ 这种装置能够以蒸汽形式回收熔渣含热量41%,排出的热空气与热渣粒所含的热量还有进一步回收的可能。

(二)钢渣破碎加工

　　为了利用钢渣,对于用冷弃法、热泼法、盘泼法处理的钢渣以及旧渣山的钢渣,且根据用户要求都需进行破碎加工。其主要加工工艺流程如图5-4-28所示。

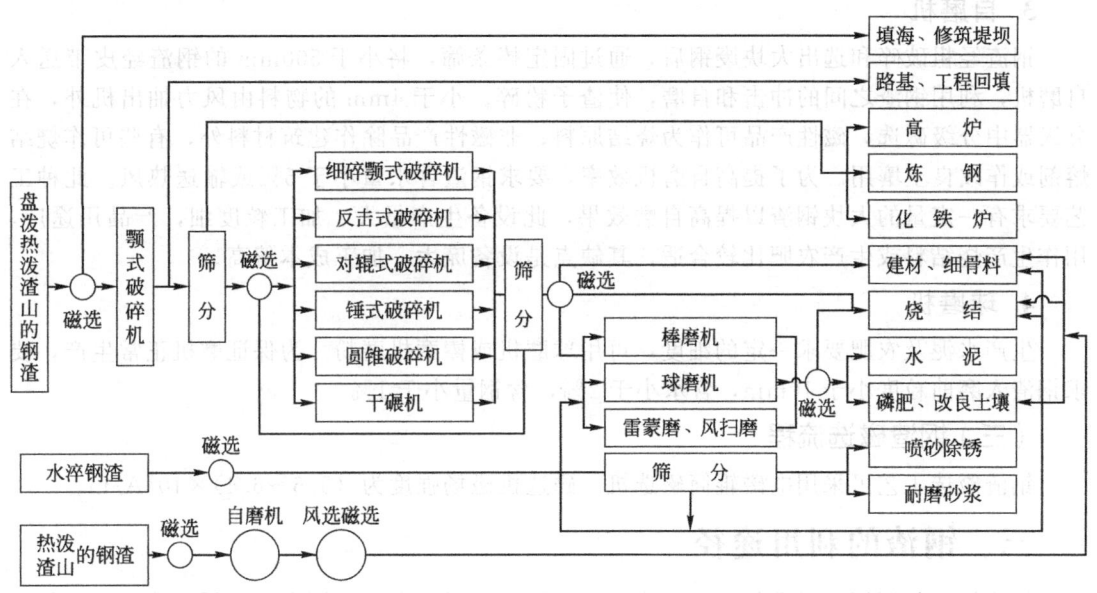

图5-4-28　钢渣加工工艺流程

1. 机械破碎钢渣

　　对于生产小于50mm分级利用或混用的产品,用PE400×600(或PE600×900)型颚式破碎机是可行的,其工艺成熟,生产量大,设备维修方便。

　　对于生产小于10mm供烧结和磨机使用的产品,需进行二级破碎。二级破碎可选用下列机械：

① 反击式破碎机和锤式破碎机　这两种破碎机特点是产量高，动力消耗低，但锤头磨损消耗大。

② 对辊破碎机和细碎颚式破碎机　它们的特点是便于维修，但粒度较大。

③ 圆锥破碎机　其特点是产量高，磨损小，但维修不便。

④ 干碾机　其磨损小，但产量低，电耗大。

2. 钢渣粉化处理

冷却硬化的钢渣中一般含有一定量的未化合的氧化钙（CaO），这些氧化钙在吸潮后会引起体积膨胀。例如，钢渣中未化合的氧化钙（CaO）在水中浸没将出现 8% 的线膨胀；在水蒸气中水化时，钢渣的线膨胀超过 100%。我国研究人员根据这个原理研究了用压力 $2 \times 10^5 \sim 3 \times 10^5 Pa$，温度 100℃ 的蒸汽处理氧气转炉钢渣，其体积增加 23%～87%，小于 0.3mm 的钢渣粉化率达 50%～80%。在渣中主要矿相组成基本不变的情况下，消除了未化合氧化钙（CaO），提高了钢渣的稳定性。用这种粉化的钢渣生产钢渣水泥除安定性合格、质量得到改善外，还可省去钢渣破碎设备。

如果在冷弃、热泼及渣壳处理的排渣工艺生产中，通过改进堆渣及洒水方法，掌握好温度、湿度及渣内形成的蒸汽压，充分利用钢渣在高温蒸汽条件下分解游离氧化钙的特性，预计小于 10mm 的钢渣粉化率将达到 50% 左右，这样不仅可以简化处理工艺、节省投资，还可显著减少钢渣破碎加工量及设备磨损，有利于减少能耗及降低生产成本。目前，有些厂在不宜采用钢渣水淬工艺的条件下，应用钢渣粉化技术，这对加速钢渣综合利用将有推动作用。

3. 自磨机

钢渣经粗破碎和选出大块废钢后，通过固定棒条筛，将小于 500mm 的钢渣经皮带送入自磨机，利用钢渣之间的冲击和自磨，使渣子粉碎。小于 4mm 的物料由风力抽出机外，在分级器中分级磁选，磁性产品可作为烧结原料；非磁性产品除作建筑材料外，有些可作烧结熔剂或作改良土壤用。为了提高自磨机效率，要求钢渣含水量小于 5% 或输送热风。此种工艺要求有一定量的大块钢渣以提高自磨效果，此设备生产量大、加工粒度细，产品用途广，用作生产烧结料或生产农肥比较合适，其缺点是设备庞大，加工成本偏高。

4. 球磨机

生产水泥及农肥要求一定的细度，可用球磨机或棒磨机磨粉。为保证磨机正常生产，要求钢渣入磨前粒度小于 10mm，含水小于 2%，含钢量小于 1%。

（三）钢渣磁选流程

钢渣磁选工艺可采用电磁辊筒磁选机。磁选机磁场强度为 $(5.6 \sim 6.4) \times 10^4 A/m$。

三、钢渣的利用途径

钢渣较好的利用途径是将钢渣作为高炉、转炉炉料，在钢铁厂内自行循环使用。此外还可作道路材料、建筑工程材料、肥料以及填坑造地等[23～25]。

（一）用作冶金原料

1. 作烧结熔剂

烧结矿中配 5%～15% 粒度小于 8mm 的钢渣代替熔剂，不仅回收利用了渣中钢粒、氧化铁（FeO）、氧化钙（CaO）、氧化镁（MgO）、氧化锰（MnO）、稀有元素（V、Nb……）

等有益成分，而且成了烧结矿的增强剂，显著地提高了烧结矿的质量和产量。

烧结矿中适量配入钢渣后，显著地改善了烧结矿的质量，使转鼓指数和结块率提高，风化率降低，成品率增加。再加上由于水淬钢渣疏松、粒度均匀，料层透气性好，有利于烧结造球及提高烧结速度。此外，由于钢渣中 Fe 和 FeO 的氧化放热，节省了钙、镁碳酸盐分解所需要的热量，使烧结矿燃耗降低。

高炉使用配入钢渣的烧结矿，由于烧结矿强度高，粒度组成改善，尽管铁品位略有降低，炼铁渣量增加，但高炉操作顺行，对其产量提高，焦比降低是有利的。

我国在钢渣用于烧结方面进行了大量的试验研究工作，不少钢厂在这方面取得了好效果。济南钢厂在烧结矿中配入水淬转炉钢渣后，为烧结机利用系数提高 10% 以上；转鼓指数提高 2%～4%；焦耗降低 5%；FeO 降低 2%。虽然铁品位降低 1%～2%，但高炉利用系数仍提高 $0.1t/(d \cdot m^3)$；焦比降低每吨铁 31kg。

2. 作高炉或化铁炉熔剂

钢渣直接返回高炉作熔剂，其主要优点是利用渣中氧化钙（CaO）代替石灰石，同时利用了渣中有益成分，节省了熔剂消耗（石灰石、白云石、萤石），改善了高炉渣流动性，增加了炼铁产量；其缺点是钢渣成分波动大。由于目前高炉利用高碱度烧结矿或熔剂性烧结矿，基本上不加石灰石，所以钢渣直接返回高炉代替石灰石的用量将受到限制。但对于烧结能力不够，高炉仍加石灰石的炼铁厂，用钢渣作高炉熔剂的使用价值仍很大。

钢渣也可以作化铁炉熔剂代替石灰石及部分萤石。使用证明，其对铁水温度、铁水含硫量、熔化率、炉渣碱度及流动性均无明显影响，在技术上是可行的。使用化铁炉的钢厂及相当一部分生产铸件的机械厂都可应用。

3. 钢渣作炼钢返回渣

转炉炼钢每吨钢使用高碱度的返回钢渣 25kg 左右，并配合使用白云石，可以使炼钢成渣早，减少初期渣对炉衬的侵蚀，有利于提高炉龄，降低耐火材料消耗。同时可取代（或减少）萤石。我国有些钢厂已在生产中使用，并取得了很好的技术经济效果。

4. 从钢渣中回收废钢铁

钢渣中一般含有 7%～10% 的废钢及钢粒，我国堆积的近 100 万吨钢渣中，约有 700 万吨废钢铁。在基本建设中，开发旧有渣山，除钢渣可利用外，还可回收大量废钢铁及部分磁性氧化物。水淬钢渣中的钢粒，呈颗粒状，磁选机很易提取，可以作炼钢调温剂。

总之，钢渣在钢铁厂内部作冶金原料使用效果良好，利用价值也高，但最不利的因素是磷的富集而影响炼钢。我国矿源磷含量比较低的（$P = 0.01\% \sim 0.04\%$）地区，钢渣在本厂内的返回用量可以达到 50%～90%。在矿源磷含量比较高的地区，为了提高钢的质量及改进炼钢操作，炼钢采用底吹转炉，复合吹炼、双渣操作或采用炉外脱磷工艺时，将一部分磷高的钢渣用于农业，含磷较低的钢渣仍可在厂内使用。这样尽管炼钢技术经济指标受到一些影响，但从资源的综合利用和经济效果看，仍是合理的。

（二）用于建筑材料

1. 生产水泥

由于钢渣中含有和水泥相类似的硅酸三钙、硅酸二钙及铁铝酸盐等活性矿物，具有水硬胶凝性，因此可成为生产无熟料或少熟料水泥的原料，也可作为水泥掺合料。现在生产的钢渣水泥品种有：无熟料钢渣矿渣水泥、少熟料钢渣矿渣水泥、钢渣沸石水泥、钢渣硅酸盐水泥、钢渣矿渣硅酸盐水泥和钢渣矿渣高温型石膏白水泥等。各种钢渣水泥配比见表 5-4-25。

表 5-4-25 各种钢渣水泥的配比

编号	品　种	标号	配合比/%			配合比/%		细　度	
			熟料	钢渣	水渣	沸石	石膏	比表面积/(cm²/g)	0.08mm筛筛余/%
1	无熟料钢渣炉渣水泥	225~325		40~50	40~50		8~12	>3500	<8
2	少熟料钢渣矿渣水泥	275~325	10~20	35~40	40~50		3~5	>3500	<8
3	钢渣沸石水泥	275~325	15~20	45~50		25	7		<7
4	钢渣硅酸盐水泥	325	50~65	30	0~20		5	3000~4000	6
5	钢渣矿渣硅酸盐水泥	325~425	35~55	18~28	22~32		4~5	3000±100	7±2
6	钢渣矿渣高温型石膏白水泥	325	20~50	30~55			12~20	3500~4000	<5

　　这些水泥适于蒸汽养护，具有后期强度高，耐腐蚀、微膨胀、耐磨性能好、水化热低等特点，并且还具有生产简便、投资少、设备少、节省能源、成本低等优越性。其缺点是早期强度低、性能不稳定，因此，限制了它的推广和使用。

　　此外，由于钢渣中含有大量氧化钙（占40%~50%），用它作原料配制水泥生料，越来越引起人们重视。据报道，日本研究用钢渣生产铁酸盐水泥，其水泥的抗压强度和其他主要性能几乎与硅酸盐水泥一样。研究中所用主要原材料的化学成分和配比以及水泥的矿物组成见表5-4-26。

表 5-4-26 铁酸盐水泥配比与矿物组成

项　目		石灰石/kg	黏土/kg	硅砂/kg	铁渣/kg	钢渣/kg
硅酸盐水泥		1254	214	62		
铁酸盐水泥	a	766			424	137
	b	851		34	362	117
	c	687			350	257
	d	835		52	272	199
	e	703			344	253
	f	820		60	272	199

项　目		C_3S/%	C_2S/%	C_3A/%	C_4AF/%
硅酸盐水泥		54	23	6	10
铁酸盐水泥	a	57	11	9	16
	b	62	11	8	14
	c	54	11		28
	d	63	10		22
	e	59	7		28
	f	54	18		22

　　试验时是将石灰石、高炉渣和钢渣以及少量的二氧化硅，按比例进行磨细混合，制成直径为0.5~1.5cm的小球，在电炉里加热到1340~1460℃，煅烧30min与普通硅酸盐水泥比较，铁酸盐水泥早期强度高，水化热低。铁酸盐水泥中掺入石膏后，可生成大量硫铁酸盐，能有效地减少水泥石干缩和提高抗海水腐蚀的性能。试验还测定了熟料形成热，应用钢渣制造铁酸盐水泥，熟料的形成热大约可以比普通硅酸盐水泥减少50%。铁酸盐水泥熟料形成热见表5-4-27。

　　日本还研究从转炉渣中回收钛、锰、钒等金属，再用其残渣生产快凝水泥的新技术，将水泥生产、金属回收和磷回收三个工艺流程结合起来。据统计，1t转炉渣可生产720kg水泥，回收锰矿50kg。五氧化二钒10kg、磷肥100kg、钢165kg、硅铁代用品30kg。

表 5-4-27　铁酸盐水泥熟料形成热

组　　　别	a	b	c	d	e	f
普通原料	167×10^4	169×10^4	161×10^4	162×10^4	169×10^4	158×10^4
钢渣、高炉渣作主要原料	86×10^4	97×10^4	73×10^4	94×10^4	77×10^4	91×10^4

注：单位为 J/kg。

瑞典研究利用熔融钢渣，加入碳、硅和铝质材料，补充一定热量后，从中回收金属并得到水泥。补充的热量控制在使熔融渣保持不起泡，使渣中原存在的金属及在此过程中被还原的金属沉积，渣浮在其上，从而使两者分开。所得到的残渣依据其成分，配入其他原材料，可生产普通硅酸盐水泥或高铝水泥。

2. 钢渣微粉作混凝土掺合料

钢渣微粉开发利用研究是近年来继矿渣微粉大规模应用后而出现的热门话题，钢渣生产微粉或者复合微粉可以消除钢渣水泥生产中易磨性差异问题，钢渣通过磨细到一定细度，比表面积大于 $400m^2/kg$ 时，可以最大程度地清除金属铁，通过超细粉磨使物料晶体结构发生重组，颗粒表面状况发生变化，表面能提高，机械激发钢渣的活性，发挥水硬胶凝材料的特性。

钢渣微粉和矿渣微粉复合时有优势叠加的效果，钢渣中的 C_3S、C_2S 水化时形成的氢氧化钙是矿渣的碱性激发剂。最新资料表明，矿渣微粉作混凝土掺合料使用虽然可以提高混凝土强度，改善混凝土拌合物的工作性、耐久性，但由于高炉渣的碱度低约为 $0.9\sim1.2$，大掺量时会显著降低混凝土中液相碱度，破坏混凝土中钢筋的钝化膜（pH<12.4 易破坏），引起混凝土中的钢筋腐蚀，另外高炉渣是以 C_3AS、C_2MS_2 为主要成分的玻璃体，粒化高炉渣粉的胶凝性来源于矿渣玻璃体结构的解体，只有在 $Ca(OH)_2$ 作用下才能形成水化产物，钢渣碱度高约为 $1.8\sim3.0$，矿物主要是 C_3S、C_2S、CF、C_3RS_2、RO 等，钢渣中的 f-CaO 和活性矿物遇水后生成 $Ca(OH)_2$，提高了混凝土体系的液相碱度，可以充当矿渣微粉的碱性激发剂。掺入钢渣微粉的混凝土具有后期强度高的特性。因此钢渣和矿渣复合粉可以取长补短，性能更加完善。

3. 代替碎石和细骨料

钢渣在铁路、公路、路基、工程回填、修筑堤坝、填海造地等方面使用，国内外均有相当广泛的实践。钢渣代替碎石和细骨料具有材料性能好、强度高、自然级配好的特点，并且对开发利用老渣山有意义。

（1）钢渣碎石的物理机械性能　钢渣的物理机械性能比天然石料好，转炉钢渣的有关性能如下。

容重：粒度为 $0\sim50mm$ 的混合钢渣容重在 $1800\sim1900kg/m^3$。

磨耗率：采用洛杉矶法磨耗试验，转炉钢渣磨耗率为 21.5%；而石灰石磨耗率在 $9\%\sim37\%$（其中磨耗率在 $18\%\sim30\%$ 者约占 70%）。

压碎率：钢渣为 19%；天然石料为 $20\%\sim25\%$。

在使用钢渣作为碎石或骨料时，钢渣的稳定性是影响工程质量的关键。由于钢渣中含有游离氧化钙，有时还含有游离氧化镁，与水或水汽接触时，氧化钙会迅速水化，其体积可增长 8%，破坏钢渣体积稳定性；氧化镁的水化作用进行得很慢，持续长时间后，逐渐膨胀，同样破坏钢渣稳定性。这往往会导致工程结构物的破坏，造成严重后果。许多国家都在致力研究钢渣膨胀的机理，寻求快速检验膨胀性的方法以及研究提高钢渣体积稳定性的措施等。这些研究对于钢渣用在道路和建筑工程材料上尤为重要。

目前尚无彻底解决钢渣膨胀性的有效措施，各国普遍认为钢渣使用前应经陈化期，在自然条件下停放半年至一年，使其在风吹雨淋作用下，自然风化膨胀，体积达到稳定后再予使用。存放的方法也很讲究，如果堆存高度太高，钢渣堆内部受不到风雨作用，即使停放很长时间，也达不到预期目的，所以一般是尽量使渣堆铺展开，使表面积大些为好。堆存停放时间，视其块度、堆存厚度等因素决定。

由于钢渣存在体积膨胀问题，使它不能作为水泥混凝土的骨料，因为它能吸收水泥混凝土中的拌合水，而使游离氧化钙、氧化镁水化消解，产生体积膨胀，以致造成硬化后的混凝土结构破坏，在国外有过这方面的严重教训。经陈化后的钢渣，可用作道路材料、铁路道砟、回填材料等。

（2）钢渣碎石用于道路材料 道路材料用量很大，是利用钢渣的一个主要途径。钢渣碎石的硬度和颗粒形状都适合道路材料的要求。比利时将 75% 转炉钢渣碎石、25% 水渣或粉煤灰加入适量水泥或石灰作激发剂，作为道路的稳定基层。我国将钢渣经过稳定化处理后作道路垫层和基层，并制定了相应的行业标准 YB/T 801—1993《工程回填用钢渣》和 YB/T 803—1993《道路用钢渣》。实验证明，其强度、抗弯沉性、抗渗性均优于天然石材。钢渣经过风淬稳定化处理后可以代替细骨料作沥青混凝土和水泥混凝土路面材料，其防滑性、耐磨性、使用寿命都提高，钢渣的附加值也大大提高。

一般认为，钢渣用于修筑道路基层时，以使用掺入粉煤灰、石灰、土等外掺剂的混合料为宜。当采用钢渣碎石、粉煤灰、石灰作混合料时，混合料的配比可控制在如下范围：钢渣碎石 30%～70%；石灰 7%～8%；粉煤灰 20%～60%。当采用钢渣、粉煤灰、土作混合料时，混合料的配比可采用如下比例：钢渣 75%，土 20%，石灰 5%。钢渣基层混合料施工方便，强度增长快，养生期短，可加快施工进度。

此外还可以用于沥青混凝土路面。钢渣在沥青混凝土中，有很高的耐磨性、防滑性和稳定性，是公路建造中有价值的材料。钢渣沥青混凝土的稳定性，是其他骨料沥青混凝土的 1.5～3 倍。前者流动性也较好，冷却后很密实，抗车辙性好，而且有极好的抗剥离能力，因为钢渣内所含氧化钙能防止沥青与钢渣剥离。钢渣还适用于冬季修补路面的热拌沥青拌合料，因为钢渣经常是很干燥的，冬季不结冰、热耗低、容重大、固定性好，用于修补路面时，修补处能很好地固定在原位。钢渣沥青混凝土比天然骨料沥青混凝土的回弹模量高 20%～80%，这样可使路面减薄，由此可以弥补由于钢渣容重大所增加的运费。

（3）钢渣碎石的其他利用途径 钢渣还可做水工建筑材料、铁路道砟、停车场的基础材料、回填材料、工业建筑基础垫层等。

联邦德国推荐在水利工程、堤坝建筑中使用钢渣，用以加固河岸、河底和海滨海岸等。使用 0～10mm 转炉钢渣加固海岸斜坡脚，可使下部基础更结实，船舶停泊几年也不损坏。通常是将转炉钢渣装到铁丝网里，像溜坡一样滑到坡脚上进行加固。即便有部分体积不稳定的钢渣，在上述使用情况下也不会发生事故。

我国采用钢渣掺石灰和钢渣三合土代替民用建筑中惯用的混凝土或块石浆砌基础，或者是工业建筑基础垫层，低标号混凝土垫层，均取得良好的效果。武汉地区有些四层的中学教学大楼采用钢渣掺石灰代替浆砌片石基础，使用十余年，没有发现任何问题。武汉钢铁集团公司的混铁炉和平炉基础采用钢渣掺石灰代替低标号混凝土做垫层，也都取得令人满意的结果。

此外，钢渣碎石还可以代替天然碎石作为铁路道砟。美国曾在八条重要铁路进行过钢渣道砟试验，证明其性能良好并纳入国家铁路协会规范。

（三）钢渣用于农业

钢渣是一种以钙、硅为主含多种养分的具有速效又有后劲的复合矿质肥料，由于钢渣在冶炼过程中经高温煅烧，其熔度已大大改变，所含各种主要成分易溶量达全量的 1/3～1/2，有的甚至更高，容易被植物吸收。钢渣内含有微量的锌、锰、铁、铜等元素，对缺乏此微量元素的不同土壤和不同作物，也同时起不同程度的肥效作用。

含磷高的钢渣还可生产钙镁磷肥、钢渣磷肥。实践证明：不仅钢渣磷肥（$P_2O_5>10\%$）肥效显著，即使是普通钢渣（P_2O_5 4%～7%）也有肥效；不仅施用于酸性土壤中效果好，而且在缺磷碱性土壤中施用也可增产；不仅水田施用效果好，即使是旱田，钢渣肥效仍起作用。我国许多地区土壤缺磷或呈酸性，充分合理利用钢渣资源，将促进农业发展，一般可增产 5%～10%。

施用钢渣磷肥时要注意：一是钢渣肥料宜做基肥而不做追肥使用，且宜结合耕作翻土施下，沟施和穴施均可，但应与种子隔开 1～2cm；二是钢渣肥料宜与有机堆肥拌混后再施用，这对中性、碱性土壤更有良好的综合肥效；三是钢渣肥料不宜与氮素化肥（硫铵、硝铵、碳酸氢铵等）混合施用，以免挥发氮气（当然，渣肥与化肥可以相隔几天分别施用）；四是钢渣活性肥料施用时，一定要注意与土壤的酸碱性相配合，要科学地在农田应用，不使土壤变坏或者板结。

（四）钢渣在含磷废水处理中的应用

为了降低水体的富营养化，可以以钢渣作为除磷材料，采用批试验和柱试验的研究方法，结果表明，钢渣可以有效地去除废水中的磷。钢渣用来作水处理剂，在废水处理中可起到吸附、沉淀等作用。这种水处理剂货源丰富，可就地取材，成本低廉，具有广泛的应用前景。

采用钢渣处理含砷废水，效果较好。当废水含砷量为 10～200mg/L 时，按质量比砷/钢渣为 1/2000 投加钢渣，砷去除率可达 98% 以上。其机理是，粉碎后的钢渣有较大的比表面积，并含有与砷酸盐亲和力较强的钙和铁，对废水中的砷酸有吸附和化学沉淀作用。由于五价砷的溶解度更小，所以钢渣对五价砷的去除能力更强。所用钢渣为炼钢废渣，成本低，易于推广应用，但若废水中含砷量较高时，会给操作带来不便。

四、工程实例

（一）浅盘热泼法处理转炉钢渣

宝山钢铁总厂有 3 座 300t 氧气顶吹转炉，产转炉钢 6.71Mt/a。每生产 1t 钢要产生 130～160kg 钢渣，约产生 900～1100kt/a 钢渣。

1. 钢渣处理工艺流程

宝钢的 ISC 浅盘热泼、粒铁回收及落锤处理是一整套从日本引进的炉渣处理设施。

炉下渣和浇铸渣直接进入落锤处理间处理；冶炼渣由转炉倒入渣罐，按其流动性分为 A、B、C、D 四类，流动性较好的 A、B、C 三类渣经 ISC 浅盘处理送粒铁回收间；流动性差的 D 渣倒入 D 渣场，喷水冷却后，大块送落锤处理间，小块送粒铁回收间。

流动性好的 A、B、C 渣由遥控受渣车送至热泼处理间，再用遥控 120t 吊车把渣倒入渣盘。渣在浅盘中静置 3～5min，间断地向渣面喷水约 20min，进行第一次冷却粉化，每吨渣耗水量约 $0.32m^3$。待渣冷却至 500℃，用吊车将渣翻入排渣车中，运至水渣池旁再淋水 4～8min 进行第二次冷却粉化，每吨渣耗水量约 $0.4m^3$。最后待渣温降至 200℃，将渣倒入水渣池进行第三次冷却粉化，水池水温 60～90℃，钢渣大部分在 300mm 以下。渣从水渣池中用吊车捞出，送粒铁回收间。

粒铁回收工艺流程如图 5-4-29 所示。

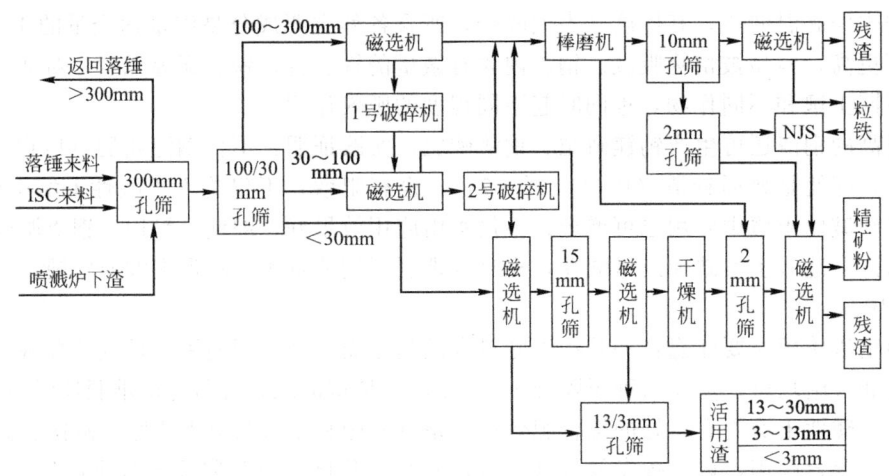

图 5-4-29　钢渣粒铁回收工艺流程

流程间来料、ISC 间来料及喷溅炉下渣，先经格筛将大于 300mm 的钢渣筛出重返落锤破碎间，小于 300mm 的钢渣进入双层筛。筛分的渣中，100～300mm 的需经 1 号颚式破碎机和 2 号圆锥破碎机破碎，30～100mm 的经 2 号圆锥破碎机破碎，这些经破碎的钢渣与小于 30mm 的钢渣一起进入成品双层筛，将钢渣筛分成＜3mm、3～13mm、13～30mm 三种规格渣。另外，在每次破碎后，筛分前或后都要进行磁选，以便把铁尽量选出来。

磁选出的钢渣用 15mm 筛网筛分，小于 15mm 的入干燥机干燥后再筛分；大于 15mm 的入棒磨机提纯，并筛选出大于 10mm 的粒铁，小于 10mm 的进入投射式破碎机，分出粒铁、精矿粉和粉渣，精矿粉与干燥机分选的精矿粉混合在一起后作为成品返烧结。磁选后的渣子为残渣。

2. 产品及用途

钢渣加工后得到的产品及用途如表 5-4-28 所示。

表 5-4-28　钢渣加工后得到的产品及用途

序号	产品名称	规　　格	利 用 途 径
1	粒铁	含铁＞92%，粒径＞10mm	回转炉作冷却剂
2	粒铁	含铁＞92%，粒径＞2～10mm	钢锭模垫铁剂
3	精矿粉	含铁＞56%	回烧结作原料
4	水钢渣	粒径 50～100mm	回填工程及除锈磨料
5	活用渣	粒径 13～30mm	回填工程及路基材料
6	活用渣	粒径 3～13mm	水泥掺合料、小砌块料
7	活用渣	粒径＜3mm	水泥掺合料、代黄砂
8	残渣		混入＜3mm 的活用砂中

3. 设计特点和存在问题

设计特点如下。

① 钢渣在授渣台、浅盘、排渣车和水池中连续作业，机械化程度高，劳动条件好，占地面积小，钢渣经过三次水冷，不仅速度快，且游离氧化钙消解较好，为综合利用创造了条件。

② 有钢渣精加工工序，可进一步提高废钢的纯度，为炼钢使用提供了较好的条件。

③ 破碎机有液压保护装置，可保护设备遇大块废钢不受损坏。

存在的问题：一是粒铁回收系统过于复杂，维修工作量大；二是浅盘水冷难以控制，造成冷却速度快，钢渣硬度高，难以在粒铁间加工；三是投资大，维修费用高。

（二）唐山钢铁公司热泼、自磨法处理转炉钢渣

钢渣化学成分见表 5-4-29，一般每生产 1t 钢约产生钢渣 200kg。

表 5-4-29　转炉钢渣化学成分　　　　　　　　　单位：%

化学成分	SiO₂	MnO	Al₂O₃	CaO	MgO	FeO	Fe₂O₃	P₂O₅
含量	13.7～15.5	3.1～4	1～1.57	49～53.4	3.1～10	11～17.2	6.9～8	1.7～2

1. 钢渣处理

钢渣处理工艺流程见图 5-4-30。热熔钢渣由转炉倒入渣罐后，用机车运到热泼场，将渣倒在坡度为 5°的场上，形成厚约 200～300mm 的渣饼，经喷水冷却，渣龟裂粉化成粒状渣，一般粒度 <300mm。然后用推土机推起，运到钢渣自磨间加工。

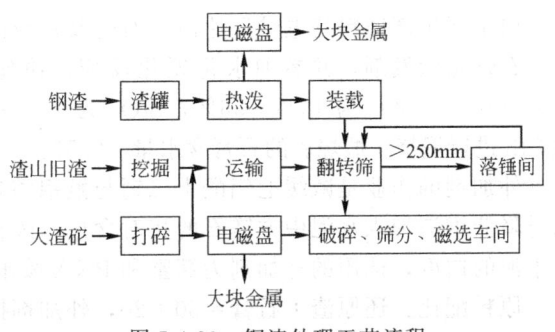

图 5-4-30　钢渣处理工艺流程

2. 钢渣自磨处理工艺

钢渣自磨处理工艺流程如图 5-4-31 所示。经预处理的 <300mm 热泼钢渣与老渣山的陈渣经磁选机选出渣钢后进入一次振筛。筛上大于 60mm 的块渣进入自磨机进行自磨，小于 60mm 后由自磨机周边漏出，与一次筛下渣一起进入二次筛分，二次筛分并磁选后便得到 0～10mm、10～40mm、40～60mm 规格渣。自磨机内的渣钢待有一定数量后取出。

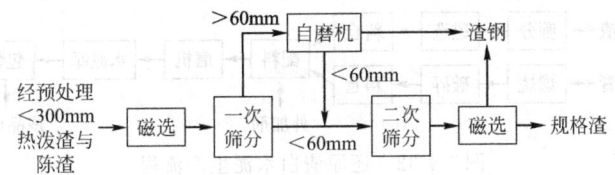

图 5-4-31　钢渣自磨工艺流程

3. 工程特点

采用自磨工艺具有以下特点：①工艺简单，占地面积小，一台自磨机可以代替几台机械破碎机；②对钢渣适应性强，不会有大块废钢损坏破碎机，操作安全；③破碎的规格渣无棱角，更适于作级配料使用；④自磨机破碎钢渣的过程，也是渣钢提纯的过程。从自磨机取出的渣钢，含铁 90% 以上，为转炉使用精料提供了条件。

（三）利用电炉还原渣生产白水泥

莱芜钢铁厂电炉炼钢以废钢为原料。电炉钢冶炼期分氧化期与还原期，氧化期排渣称氧化渣，还原期排渣称还原渣。

1. 还原渣的组成与性质

一般还原渣的化学成分如表 5-4-30 所示，与水泥熟料成分相近。还原渣的矿物组成有

七铝酸十二钙与氟铝酸钙固熔体、β型硅酸二钙、铝酸三钙等活性矿物，以及γ型硅酸二钙、方镁石与黄长石等惰性矿物。在渣的碱性较高时，活性矿物含量达 60%，因此，还原渣在一定条件下能够水化，并产生一定的强度，是一种较好的水硬性凝胶材料。利用电炉还原渣的活性和白度高的性质生产白水泥，工艺简单，投资省，煤耗低。

表 5-4-30　还原渣与水泥熟料化学成分　　　　　　　　单位：%

种　类	SiO_2	Al_2O_3	CaO	MgO	Fe_2O_3
还原渣	20	13	52	11.5	1.5
水泥熟料	20～24	4～7	62～67	1～4.5	2～5

2. 还原渣白水泥原料及其技术要求

白水泥生产原料是电炉还原渣、石膏及适量的外加剂。

石膏是激发剂，并参加水化硬化反应，决定水泥凝结时间，其成分是氧化钙含量为 37%～40%，SO_3 为 48%～56%，SiO_2 为 1%～2.5%。配料前，石膏要在 750～850℃下恒温 24h 进行煅烧。煅烧后的石膏含水量<0.5%，f-CaO<1.0%，SO_3>50%，白度>80 度。

外加剂的作业是减缓七铝酸十二钙与氟铝酸钙的水化速度，控制与调节水泥凝结时间，同时降低钢渣带入水泥中方镁石的相对含量，改善水泥的蒸压安定性。白度高的外加剂可提高水泥的白度，选用的外加剂为糖蜜和 PNA 减水剂，两种减水剂含糖量>40%。

原料配比：还原渣：石膏＝80：20，外加剂掺量一般控制在 0.2%～0.5%。

3. 白水泥生产工艺流程

白水泥生产工艺流程见图 5-4-32。还原渣先经 50mm×50mm 格筛选掉大块渣。在经磁选机选出钢粒，送入料仓储存；石膏经煅烧后破碎，石膏粉送入石膏库储存；外加剂直接进行配料。三种料按比例配好后，送入磨头仓或直接入球磨机。磨机尾设有提升机，把磨好的水泥提送入水泥库，经双嘴包装机包装后入成品库。

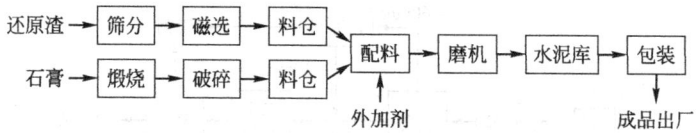

图 5-4-32　还原渣白水泥生产流程

4. 处理利用效果

利用电炉还原渣生产白水泥，使废渣变成有用资源，并解决了占地堆放污染环境的问题。生产的白水泥完全达到同标号白水泥的质量要求。

第五节　铁合金渣的资源化

一、铁合金渣的种类

铁合金渣是冶炼铁合金过程中排出的废渣[26]。铁合金产品种类很多，工艺各不相同，同一种产品，由于原料不同和冶炼工艺不同，所产生的铁合金渣也不一样。按照冶炼工艺，铁合金渣可分为火法冶炼废渣和浸出渣；按照铁合金品种，铁合金渣可分为锰系铁合金渣、铬铁渣、硅铁渣、钨铁渣、钼铁渣、磷铁渣、金属铬浸出渣、钒浸出渣等。我国一些铁合金渣的化学成分见表 5-4-31。

我国大约每年产出各种铁合金渣 100 万吨以上,锰系铁合金渣占绝大多数(约占 75%以上),其次是各种铬铁渣。

表 5-4-31　我国铁合金废渣主要成分

炉渣名称	MnO	SiO₂	Cr₂O₃	CaO	MgO	Al₂O₃	FeO	V₂O₅	CrO₃	TiO₂
高炉锰铁渣	5~10	25~30		33~37	2~7	14~1.9	1~2			
碳素锰铁渣	8~15	25~30		30~42	4~6	7~1.0	0.4~1.2			
硅锰合金渣	5~10	35~40		20~25	1.5~6	10~2.0	0.2~2.0			
中低碳锰铁渣(电硅热法)	15~20	25~30		30~36	1.4~7	约1.5	0.4~2.5			
中低碳锰铁渣(转炉法)	49~65	17~23		11~20	4~5		1			
碳素铬铁渣		27~30	2.4~3	2.5~3.5	26~46	16~1.8	0.5~1.2			
精炼铬铁渣(电硅热法)		24~27	3~8	49~53	8~13					
中低碳铬铁渣(转炉法)		3.0	70.77	19	7.13		2~5	Si 7~10	SiC 20~26	
硅铁渣		30~35		11~16	1		13~30	3~7		
钨铁渣	20~25	35~50		5~16		5~15	3~9			
钼铁渣		48~60		6~7	2~4	10~13	13~15			
磷铁渣		37~40		37~44		2	1.2			
钒浸出渣	2~4	20~28		0.9~1.7	1.5~2.8	0.8~3.0	Fe₂O₃ 46~60	1.1~1.4	0.46	
钒铁冶炼渣		25~28		约55	约10	8~10		0.35~5.0	0.3~1.5	
金属铬浸出渣	3.5~7	5~10	2~7	23~30	24~30	3.7~8.0	Fe₂O₃ 8~10			
金属铬冶炼渣	3~4	1.5~2.5	11~14	约1	1.5~2.5	72~78				
钛铁渣	0.2~0.5	约1		9.5~10.5	0.2~0.5	73~75	约1			13~15
硼铁渣		1.13		4.63	17.09	65.35	Fe₂O₃ 0.24	B₂O₃ 9.36		
电解锰浸出渣	MnSO₄ 15.13	32.75			2.7	13	Fe(OH)₃ 30		(NH)₂SO₄ 6.5	

铁合金渣和其他冶金渣一样，占用大量土地，污染环境，特别是金属铬和钒铁两种浸出渣中含有有害的 Cr^{6+} 和 V^{5+}，如不采取有效措施则会造成相当严重的危害。因此合理地利用和处理这些废渣，对环境保护，回收矿物资源具有重要意义。

二、铁合金渣的综合利用

铁合金渣因含有铬、锰、钼、镍、钛等价值较高的金属，故应优先考虑从中回收有价金属；对于目前尚不能回收金属的铁合金渣，可用作建筑材料和农业肥料[27,28]。

（一）回收金属

为了回收渣中的金属元素，国内外做了很多研究工作，现已能从多种铁合金渣中回收金属。

钼铁渣中含有 0.3%～0.8% 的钼，国外采用磁选的办法，可以得到含 4%～6% 的钼精矿，回收使用。

国外还用风力分选的方法，分离能自动粉化炉渣中的金属。风力分选能把原渣分离成渣块（＞5mm）、细粒渣（＜5mm）和渣粉（＜1mm），而渣中所含的金属都积聚在渣块中。精炼铬铁渣中含有 5% 左右的金属，也可用分选的办法回收其中的金属。

我国某厂用精炼铬铁渣冲洗硅铬合金，可使渣中含铬从 4.7% 下降到 0.48%，硅铬合金中铬含量增加 1%～3%，磷下降 30%～50%，获得了明显的经济效果。电炉金属锰和中低碳锰铁炉渣含锰较高，我国多数是通过各种途径用于冶炼硅锰合金。例如，有些厂是将粉化后的中锰渣作为锰矿烧结原料；有些厂是在中锰渣中加入稳定剂防止炉渣粉化，以便回炉使用。

硅铁渣中含有价元素硅、碳化硅和锰，是冶炼硅锰合金的主要元素，可作为冶炼硅锰合金的炉料。采用硅铁渣冶炼硅锰合金，不但减少了生产原料、硅石、焦炭，同时还节约了电力。

钨铁渣中含有 15%～20% 的锰，也可返回到硅锰电炉中使用。

（二）用作水泥掺合料和矿渣砖

高炉锰铁渣（包括电炉锰铁渣）、碳素锰铁渣和硅锰合金渣可水淬处理成粒状矿渣。水淬的方式各式各样，可以在炉前直接冲渣，也可以用渣罐车将熔渣拖至泡渣池，在泡渣池制成水渣，还可以借助于浇铸间的吊车倾翻渣罐，经流槽下的喷嘴将渣水淬。在我国铁合金水淬渣和高炉水淬渣一样，基本上是送水泥厂作掺合料使用。我国某铁合金厂把水淬硅锰渣送到水泥厂作掺合料使用，当熟料为 600 号时，水渣掺入量达 30%～50%，仍可获得 500 号矿渣水泥。

铁合金水淬渣还可作矿渣砖。我国某厂生产的矿渣砖采用如下配料：铁合金水淬渣100%；石膏 2%；石灰 7%。配合料经过轮碾、混合、成型、养护即可投入使用。

（三）生产铸石制品

用熔融硅锰渣、硼铁渣和钼铁渣等可生产铸石制品。

1. 硅锰渣铸石

硅锰渣是冶炼硅锰铁合金时所产生的废渣。由矿热炉流出的热熔硅锰渣可直接浇铸铸石制品。这种制品可用于要求耐磨的设备和建筑工程。另外，也可在硅锰渣中掺入附加料并加热熔化后浇铸耐酸铸石制品。

直接浇铸的耐磨硅锰渣铸石的生产过程包括热渣的承接与浇铸、结晶和退火等工序。

热渣的承接和浇铸是用吊车将承接热熔渣的铁水包吊至浇铸台，直接进行浇铸。在热渣中不加任何附加料。这种热渣的出炉温度为 1450～1500℃，浇铸铸石的温度需控制在 1300～1350℃。

铸石的结晶在结晶炉中进行，结晶温度控制在 800～950℃，结晶时间为 30～50min。

耐酸硅锰渣铸石的生产工艺流程如下：

承接熔融炉渣—配料—电炉熔化—浇铸—结晶—退火

几种耐酸硅锰渣铸石的配比见表 5-4-32。

表 5-4-32 几种耐酸硅锰渣铸石配比

硅锰渣/%	碳铬渣/%	硅石粉/%	铁鳞/%	铬矿/%	镁砂/%
69.5	3.5	21	6		
57	15	23	5		
67		20	7	3	3

耐酸硅锰渣铸石的化学成分（单位为%）如下：

SiO_2	48～53	Al_2O_3	10～17
MnO	9～12	Fe_2O_3+FeO	5～9
CaO	1～13	MgO	4～8
		Cr_2O_3	0.3～0.4

耐酸硅锰渣浇铸温度一般为 1250～1300℃，结晶温度为 800～920℃，结晶时间为 45～60min。无论是直接浇铸的耐磨硅锰渣铸石或经过配料的耐酸硅锰渣铸石都需要在退火窑或保温箱中退火，一般退火时间为 3d。

耐磨硅锰渣铸石的抗冲击强度一般为 10～24.6MPa，耐磨系数为 0.26～0.40kgf/cm²。耐酸硅锰渣铸石耐化学腐蚀性能见表 5-4-33。

表 5-4-33 耐酸硅锰渣铸石耐化学腐蚀性能

试样	36%HCl	50%H_2SO_4	65%HNO_3	25%NaOH
Ⅰ	99.39	99.67	99.58	99.16
Ⅱ	99.34	99.66	99.67	99.26

2. 钼铁渣铸石

钼铁渣是采用炉外法冶炼钼铁合金时所排出的废渣，用这种废渣在热熔状态下加入一些附加料后，无需再加热熔化，即可浇铸铸石制品。

添加附加料的目的是为了调整熔渣的化学成分，改善其结晶性能，钼铁渣铸石的配料比例：钼铁渣 100；微碳铬铁渣 15；铁鳞 12；萤石 10。

钼铁渣的化学成分（单位为%）如下：

SiO_2	48～55	Al_2O_3	9.5～12	CaO	6～15	MgO	2～5
Fe_2O_3+FeO	14.5～19.8	R_2O	2～2.5				

钼铁渣铸石的结晶温度为 850～880℃，结晶时间为 20～40min，退火时间为 3d 左右。

钼铁渣铸石的主要物理化学性能见表 5-4-34。

表 5-4-34 钼铁渣铸石的主要物理化学性能

抗腐蚀性能				机械性能		
20%HCl	20%H$_2$SO$_4$	65%HNO$_3$	20%KOH	抗压强度/Pa	耐磨系数/(kgf/cm^2)	抗冲击强度/MPa
99.4~99.8	99.4~99.7	99.2~99.7	99.4~99.7	294×10^6~392×10^6	0.6~0.52	5.0~12.0

3. 硼铁渣铸石

硼铁渣是用铝热法冶炼硼铁合金时产生的废渣。硼铁渣可以制成硼铁渣铸石。其工艺是采用熔融渣自流浇铸于砂模，用蛭石保温，自然结晶，缓慢降温的方法，其工艺流程如下：

硼铁渣放出→盛渣包→砂模→蛭石保温→缓慢降温→脱模→硼铁渣铸石砖

硼铁渣铸石的化学成分如下：

Al$_2$O$_3$　65.35%　　CaO　4.63%　　MgO　17.09%　　Fe$_2$O$_3$　0.24%
SiO$_2$　1.13%　　B$_2$O$_3$　9.36%

硼铁渣的物理性能：

耐火度>1770℃；软化点1610℃；显气孔率2%；密度3.16g/cm^3；常温耐压强度171MPa；密度3.32g/cm^3。

硼铁渣铸石耐急冷急热性能差，但在温度为500℃以上变动则无裂纹、变形现象。耐碱度大于99.2%，但不耐酸。硼铁渣铸石主要用作耐火材料，大型耐磨铸件等。

（四）铁合金渣制耐火材料

金属铬冶炼渣可作高级耐火混凝土骨料，目前已在国内推广使用。用铬渣骨料和低钙铝酸盐水泥配制的耐火混凝土，耐火度高达1800℃，荷重软化点为1650℃，高温下仍有很高的抗压强度，在1000℃时仍为14.7MPa。特别适用于形状复杂的高温承载部分。

除金属铬之外，钛铁、铬铁也都采用铝热法冶炼，相应产生的炉渣中氧化铝（Al$_2$O$_3$）都很高，都可作为耐火混凝土骨料。

（五）铁合金渣回收化工原料或作农肥

磷铁合金生产中产生的磷泥渣可回收工业磷酸，并利用磷酸渣制造磷肥。其原理是磷泥渣含磷5%~50%，与氧化合生成五氧化二磷（P$_2$O$_5$）等磷氧化物。五氧化二磷（P$_2$O$_5$）通过吸收塔被水吸收生成磷酸，余下的残渣内含有0.5%~1%的磷和1%~2%左右的磷酸，再加入石灰，在加热条件下，充分搅拌，生成重过磷酸钙，即为磷肥。

铁合金的各种矿渣中，含有多种植物生长所需的微量元素，这些元素可以增加土壤的肥沃。精炼铬铁渣可用于改良酸性土壤，作钙肥。含锰、含钼的铁合金渣也可用作农肥。试验证明，在水稻田中施用硅锰渣，有促熟增产作用，减轻了稻瘟病；有利于防止倒伏。

（六）铁合金浸出渣的资源化

铁合金工业中除了产生火法冶炼废渣之外，还产生一些浸出渣。金属铬和钒铁两种浸出渣中含有有毒的Cr^{6+}和V^{5+}，在堆弃过程中，由于长年雨水渗入淋浸废渣，会使含Cr^{6+}和V^{5+}废水进入地下水系，造成地下水的污染。为了防止废渣堆场对水体的污染，目前主要采取处理利用和堆存的方法。

铁合金浸出渣的研究工作进行得很广泛，其处理利用主要在下列方面。

铬浸出渣可应用在许多方面，如用铬渣制砖、炼铁、水泥、钙镁磷肥、玻璃着色剂等。

钒浸出渣中含有大量的铁，这种炉渣可以作为炼铁和水泥的原料。要想更好地利用这种浸出渣，最好是返回钒钛磁铁矿冶炼厂，但是这将增加不少运输和管理上的困难。目前将钒浸出渣和其他铁矿配在一起制成烧结矿供炼铁使用是可行的。

电解锰浸出渣中含有相当数量的硫酸铵，而且颗粒很细、脱水困难，目前都是以泥浆状运往农村作肥料使用。

三、工程实例

跳汰法分选回收碳素铬渣中的铬铁。

（一）工艺流程

用跳汰法分选回收碳素铬渣中的铬铁，根据被处理炉渣的特点，选用改装后的 300×450 旁动型双斗隔膜跳汰机。跳汰工艺流程见图 5-4-33。

（二）　最佳跳汰工作制度的选择

为了提高渣中铬铁的金属回收率，做到"颗粒归仓"，其关键是选择适宜的跳汰工作制度。而最佳跳汰工作制度的确定是根据所被分离的物料性质（主要是密度和粒度等）和对产品质量等具体要求经试验得出，同时各因素之间又都是互相联系、互相影响和互相制约的，只有经反复试验才能确立。

从整个调试过程来看，要取得较好的跳汰效果，应掌握好以下几点因素。

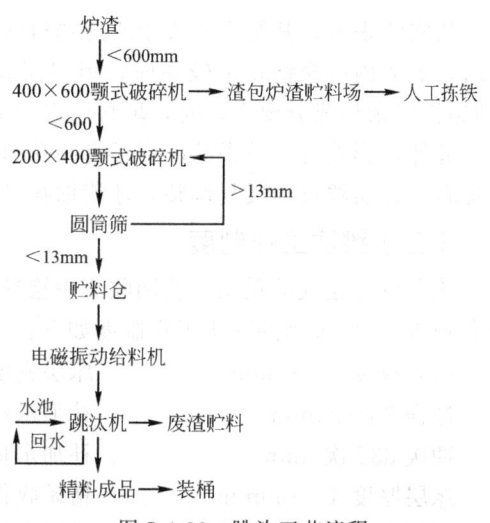

图 5-4-33　跳汰工艺流程

1. 炉渣料的性质

密度的差异是跳汰选别的主要依据。渣子与精料的密度差越大，则越有利于按密度分选，据实际测定，碳素铬铁炉渣中精料的密度为 $6t/m^3$，渣子的密度为 $2\sim2.4t/m^3$，所以，炉渣在破碎至所需的粒度后进行跳汰，可以实现其目的。

2. 冲程与冲次

冲程与冲次是影响跳汰效果的重要因素之一，由它而决定了水流的速度，加速度和粒群的松散程度。冲程过小，冲次过低，粒群达不到一定的悬浮度，渣铁不能分离；但冲程过大，冲次过高，水珠溅出机器外一米多高会搅乱粒群体系，反而破坏了跳汰效果。

冲程与冲次与所要分离的渣料的粒度、密度和床石的粒度、密度关系密切。分离粗颗粒的渣料宜用大冲程，低冲次；而分离细颗粒宜用小冲程，高冲次。根据渣料的性质和对产品质量的要求，选用的冲程为 20~26mm，冲程次数控制在 330 次/min 左右。

3. 水量

跳汰机水介质的供给方式是筛下补加水，主要作用增强上冲水流，使矿层松散悬浮，以及适当减弱水流下降时的吸入作用（吸入作用过大将使细颗粒、小密度的渣子也带入下层去）。水量大小视不同的操作条件和渣中含铁量的多少来调节，生产中一般控制在 $3\sim5m^3/h$ 之内。

4. 加料速度

加料速度决定渣料处理量的大小。给料速度愈大，尾渣的排出速度也愈快，但跳汰程度不完全，易使一部分粒料随渣子一同排出。从试验来看，渣中含铬铁量较高，料的可选性较差，加料速度应略为慢些，整个调节范围宜控制在 3～5t/h 以内为好。

5. 填料及粒度

床石层选用何种填料是取得最佳跳汰效果的关键。若填料密度过大，粒度过大，则有可能在精料中混进渣子，影响成品质量。经多次反复试验，最终选定了铁丸作为填料，其粒度直径为所选物料粒度的 2～3 倍（混合使用），取得了十分满意的效果。

6. 填料层厚度

填料层厚度直接影响粒群的松散度和分选时间。填料层越厚，则分选所需的时间也就越大。从实践来看，其厚度取决于所选物料的性质及对成品质量的要求。当物料间密度差异较大时，炉渣内所含铬铁量较高时，填料层宜薄些为准，反之则应加厚，对成品质量要求高（即铬铁内杂质成分要少）时，填料层也应加厚。生产中定在 40～60mm 内调整。

此外，影响跳汰效果的因素还有筛孔形状、筛网面积、渣中精料的含量等，只有视不同的原料。在实践过程反复调整，才能取得良好的跳汰效果。

（三）跳汰工作制度

该厂设计建成的跳汰工艺回收渣中铬铁的生产线，年处理渣子能力为 2 万余吨（不包括渣包炉渣）。所选用的跳汰工作制度如下：

给矿粒度 13～0mm	床层密度 $7.8kg/cm^3$
冲程 20～26mm	补加水压 $1.8～2.1kg/cm^3$
冲次 332 次/min	补加水量 4～5t/h
床层厚度 40～60mm	精矿收得率 61.48%
床层介质粒度 $\phi 25～35mm$	精矿含铬量 53.32%

由于渣铁分离后的精料铬含量达 58.32%，高于该厂冶炼硅铬合金所用碳素铬铁中铬含量 55% 的标准，故可直接供给硅铬电炉使用。跳汰下来的尾渣粒度在 13mm 以下，可直接出售给建筑行业作筑路石子使用。

采用"跳汰"工艺回收碳素铬渣中铬铁，并使尾渣得到了充分利用，从根本上解决了该厂渣铁外流的现象，节能与社会效益都是十分明显的。

第六节　有色冶金固体废物的资源化

一、有色冶金固体废物的种类和成分

有色冶金固体废物是指在有色冶炼过程中所排放的暂时没有利用价值的被丢弃的固体废物。这些固体废物按生产工艺可以分为：有色金属矿物在火法冶炼中形成的熔融矿渣；有色金属矿物在湿法冶炼中排出的残渣；冶炼过程中排出的烟尘和残渣污泥等。其中数量多、利用价值高的是各种有色金属渣。有色金属渣按金属矿物的性质，可分为重金属渣、轻金属渣和稀有金属渣[29,30]。

有色冶金固体废物的种类繁多，化学成分复杂。某些有色冶金固体废物的化学成分见表 5-4-35～表 5-4-38。

形成有色金属矿渣的矿物主要有橄榄石类、辉石类、斜长石类、黄长石类和尖晶石类。常见的矿物有铁橄榄石（$2FeO \cdot SiO_2$）、镁橄榄石（$2MgO \cdot SiO_2$）、透辉石（$CaO \cdot MgO \cdot 2SiO_2$）、钙长石（$CaO \cdot Al_2O_3 \cdot 2SiO_2$）和铝黄长石（$2CaO \cdot Al_2O_3 \cdot SiO_2$）等。

表 5-4-35 铜阳极泥化学成分　　　　　单位：%

厂　别	Au	Ag	Cu	Pb	Bi	Ni
1	0.602	10.59	21.63	10.02	0.62	—
2	0.8	18.84	9.54	12.0	0.765	2.77
3	0.49	15.5	15.0	4.5	2.31	1.63
4	0.19	17.54	12.8	9.32	0.41	—
5	0.24	12.49	27.41			1.56

厂　别	Se	Te	SiO$_2$	As	Sb
1	3.47	0.51	—	4.21	20.58
2	1.25	0.5	11.5	3.06	11.5
3	3.12	0.03	—	6.5	10.21
4	2.09	0.91	15.05		
5	12.75	0.21	—		

表 5-4-36 铅阳极泥化学成分　　　　　单位：%

厂　别	Pb	Bi	Au	Ag	Te
1	8~10	5~8	0.32	15.35	0.43
2	8~10	约12	0.051	10.25	0.432
3	20	10	0.0205	5	

厂　别	Sb	Cu	As	Se
1	45~55	0.6	2~3	微量~0.2
2	20~30	0.83	12~13	0.2
3	18	0.8	<1	—

表 5-4-37 赤泥的化学成分　　　　　单位：%

种　类	SiO$_2$	CaO	Al$_2$O$_3$	Fe$_2$O$_3$	MgO
拜尔法	3~20	2~8	10~20	30~60	
烧结法	20~30	46~49	5~7	7~10	1.2~1.6
联合法	20.0~20.5	43.7~46.8	5.4~7.5	6.1~7.5	—

种　类	Na$_2$O	K$_2$O	TiO$_2$	烧失量
拜尔法	2~10	—	微量~10	10~15
烧结法	2.0~2.5	0.2~0.4	2.5~3.0	6~10
联合法	2.8~3.0	0.5~0.7	6.1~7.7	—

有色金属矿渣的数量同原矿的成分和加入的熔剂量有关，按质量计约为熔融金属产量的 3~5 倍；按体积计为熔融金属的 8~10 倍。

表 5-4-38 几种有色金属矿渣的化学成分　　　　　单位：%

渣　别	SiO$_2$	CaO	MgO	Al$_2$O$_3$	Fe	Cu	Pb
铜渣	30~40	4~15	1~5	2~4	25~38	0.2~1	<2
铅渣	20~30	14~22	1~5	10~24	20~40	0.3	0.2~0.4
锌渣	12~14	—	—	—	33	0.7	0.5
镍渣	42~44	2~3			20~25		

渣　别	Zn	As	Sb	Ag	Ce	Ni
铜渣	2~3	0.5	0.2	—	—	—
铅渣	2	—	—	—	—	—
锌渣	2	—	—	0.03	0.004	—
镍渣	—	—	—	—		0.12~0.13

二、有色冶金固体废物的综合利用

目前有色冶金固体废物的主要利用途径是回收有价金属和制作建筑材料。因为自然界中存在的有色金属矿，绝大多数为多金属复合矿，当生产某种金属产品时，只利用了资源的一部分，另一部分则往往以废渣排出。冶金渣是冶金过程的必然产物，它富集了炉料经冶炼提取某主要产品后剩余的多种有价元素，这些元素对冶金产品可能是有害的，但对另一种产品则是重要原料。因此，对于有色冶金固体废物的利用途径首先应考虑用作提炼其他金属的原料，而不应作为废渣。若其中含有价元素的量，目前技术水平提取不经济，才能将其作冶金废渣处理利用，这类废渣可用作建筑材料。

（一）回收有价金属

1. 从挥发性烟尘中回收有价金属

烟尘在生成过程中发生物理或化学变化，其成分与成尘前的物料成分不一定相同。它们多是在高温作业过程中，由于氧化、还原、升华、蒸发和凝固等过程而形成的。在成尘过程中进入烟尘中的伴生有价金属都富集相当多的数量，必须予以回收。有的稀有金属，特别是稀散金属，在自然界没有可供提取该种金属的单独矿物，只能从富集有该种金属的烟尘或其他物料中提取，故烟尘的综合利用具有特别重要的意义。

（1）含锗氧化锌烟尘提锗　处理氧化铅锌矿生产 1t 电解锌，可从烟化炉烟尘中回收 0.3～0.5kg 的金属锗。烟化炉挥发产出的氧化锌烟尘，含锗 0.018%～0.042%。从此种烟尘中提取锗的流程如图 5-4-34 所示。

此法是用电解锌的废电解液作溶剂浸出烟尘，在浸出过程中锗和锌溶解进入溶液，与不溶的硫酸铅和其他不溶杂质分离。然后，将浸出液进行单宁沉淀，使锗从硫酸锌溶液中分离出来，硫酸锌溶液送去提锌。产出的单宁酸锗渣饼进行浆化洗涤，压滤后烘干，再将其加入电热回转窑灼烧，最后产出锗精矿。在处理含锗氧化锌烟尘提锗的过程中，浸出和单宁沉淀是两个主要分离过程。在用废电解液补加硫酸浸出过程中，发生以下反应：

$$GeO_2 + nH_2O \Longrightarrow GeO \cdot nH_2O$$
$$MeGeO_3 + H_2SO_4 \Longrightarrow H_2GeO_3 + MeSO_4$$
$$ZnO + H_2SO_4 \Longrightarrow ZnSO_4 + H_2O$$
$$PbO + H_2SO_4 \Longrightarrow PbSO_4 + H_2O$$

当浸出终点酸度在 pH=1～2 时，Ge 与 $ZnSO_4$ 进入溶液，$PbSO_4$ 与不溶的杂质则残留于浸出渣中。

锗与沉淀剂单宁酸能够生成稳定的单宁酸-锗络合物，从溶液中沉淀析出。单宁酸沉淀锗的选择性很好，可以使硫酸锌溶液中含锗降低到 0.5mg/L 以下，锗的沉淀率在 99% 以上。用单宁沉淀法从硫酸锌溶液中分离提锗的技术条件为：溶液酸度 pH 值为 2～3；沉淀温度为 50～70℃；单宁的用量应依溶液中的锗量而定，一般为锗的 20～40 倍。

沉淀产出的单宁锗渣，先在 250～300℃ 下烘干，然后于氧化气氛中在 400～500℃ 下灼烧。用此法可得到含锗 10% 以上的锗精矿。

从含锗溶液中提取锗的方法，除上述沉淀法外，还可采用子交换法。

（2）从烟尘中提铟　从含铟的氧化锌烟尘、炼铅鼓风炉烟尘、炼锡反射炉烟尘、铜转炉烟尘中，均可提取铟。现以炼锡反射炉烟尘提取铟为例，说明从烟尘提铟的方法。

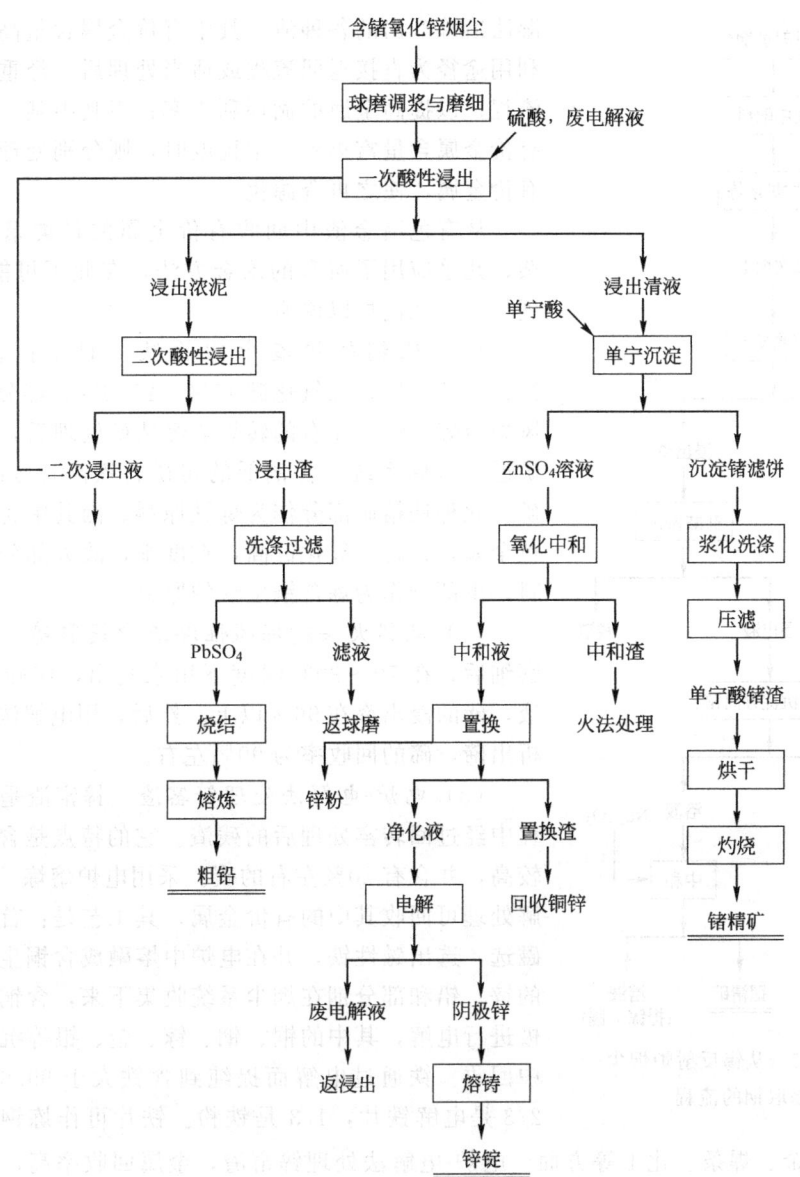

图 5-4-34　含锗氧化锌烟尘湿法工艺流程

炼锡反射炉烟尘含铟可达 0.02%，是回收铟的重要原料之一。图 5-4-35 所示为从炼锡反射炉烟尘提取铟的流程。

从此类烟尘中提取铟的工艺方法要点是将烟尘集中配料后，加入反射炉熔炼。其目的是一方面充分回收金属锡；另一方面使铟等有价金属进一步挥发富集，同时使下一步湿法处理烟尘时的溶剂消耗量减少。熔炼得到的二次烟尘，用硫酸浸出使锌转入溶液，含铟浸出渣再用盐酸浸出，铟以及镓、锗、镉等便以氯化物形态进入溶液。这种溶液用单宁酸沉淀分离锗以后，用苏打中和至 pH 值为 4.8~5.5，便可获得铟精矿。

几乎所有的有色金属矿石中都伴生有稀散金属，在冶炼这些金属的过程中所产生的烟尘，都富集有稀散金属，这类烟尘都可作为提取某种或某几种稀散金属的原料。

2. 从有色冶金渣中回收有价金属

在有色冶金过程中，伴随着生产某种金属产品同时产出的冶金渣，包括火法熔炼炉渣和

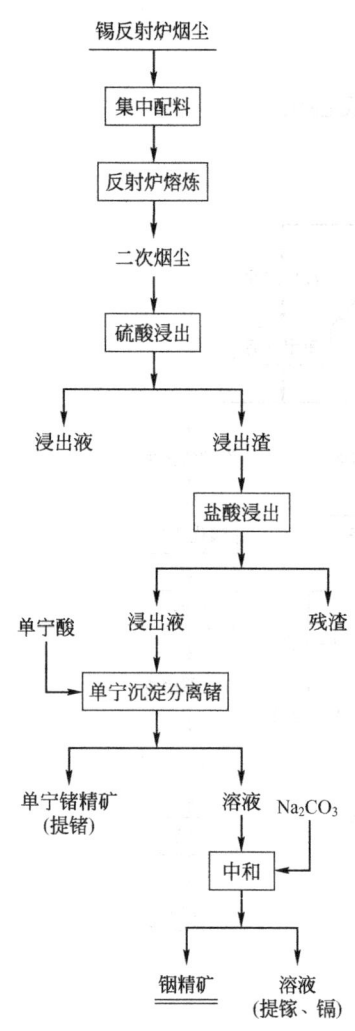

图 5-4-35　从锡反射炉烟尘
提取铟的流程

湿法冶炼产出的各种渣，其中有价金属含量高的，其综合利用途径为直接返回流程或适当处理后，经重新配料返回流程，以提高金属的循环利用率；当其中某一种或某几种有价金属含量富集到一定程度时，则分别处理回收其中的有价金属，使之再资源化。

从有色冶金渣中回收有价金属的种类繁多，流程复杂，几乎应用了所有的冶金方法，在此不可能一一列举，现仅以下几例加以说明。

（1）从铜转炉渣中回收铁　日本铜转炉渣含铜 2.1%～7.2%，二氧化硅 15%～25.6%，部分直接返回鼓风炉熔炼，60%左右的转炉渣经选矿处理后，回收的铜精矿返回冶炼系统。含铜低的尾矿含铁高达 58%，称铁精矿。此种铁精矿部分作为炼铁原料。因其中含铜、锌等有色金属，且含二氧化硅高，粒度细，故大部分作为水泥原料，少部分作为炼含铜生铁的原料。

（2）从铅火法精炼碱性浮渣中提取碲　首先将浮渣磨细后，在 70～80℃ 温度下用水浸出，使碲进入碱性溶液，碲的浸出率在 96% 以上。然后，用电解法从碱性液中析出碲，碲的回收率为 99% 左右。

（3）电炉-电解法处理锌窑渣　锌窑渣是湿法炼锌过程中经过回转窑处理后的残渣。它的特点是含铁、锌、银较高，并含有 20% 左右的碳。采用电炉熔炼，然后进行电解处理可回收其中的有价金属。其工艺是：首先将渣进行磁选，选出磁性铁，并在电炉中熔融成含铜生铁。炉料中的锌、铅和部分铟在烟尘系统收集下来，含铜生铁铸成阳极进行电解，其中的铜、铟、镓、金、银等沉积于阳极泥中回收。铁通过电解而提纯到含铁大于 99.6%，大约有 2/3 是电解铁片，1/3 是铁粉。铁片可作炼钢用，铁粉可用于粉末冶金、焊条、化工等方面。电炉-电解法处理锌窑渣，金属回收率高，特别是能很好地回收铁，生产工艺较为简单，劳动条件好。

（4）从镍钴渣中提取硝酸钴　硝酸钴是生产环烷酸钴的主要原料之一。一般用金属钴加硝酸制取，而金属钴是比较昂贵和重要的材料。可以从冶炼镍钴的残渣中制取硝酸钴。其生产过程分为溶解，净化除铜、铁，硝酸溶解等工序。

将镍钴残渣用浓盐酸在高温下进行溶解，钴、锰、铜、镍、铁进入溶液，过滤后将滤渣弃去。将酸浸后的溶液加温至 80～90℃，用铁丝置换除铜，沉淀渣用作回收铜。除铜后的溶液加温至 60～80℃，采用氯酸钠作氧化剂将二价铁氧化成三价铁，再将碳酸钠加入到锅内使 pH 值提高到 3.5，使铁完全沉淀。除铁后溶液在 80℃ 温度和 pH 为 1.5～2.2 时，加入次氯酸钠溶液可将钴、锰沉淀，溶液送去回收镍。钴、锰渣再加入硝酸溶解，使进入溶液而锰仍然留在渣中。最后将所得到的硝酸钴溶液，经过蒸发浓缩，就可得到含钴 8% 左右的硝酸钴。

用上述方法从镍钴残渣中提取的硝酸钴，可应用于生产环烷酸钴，同时又回收了残渣中的钴。此回收方法比较简单，但钴的回收率低。

3. 从赤泥中回收有价金属

（1）从赤泥中回收铁　铁是赤泥中的主要成分，一般含有 10%～45%，但直接用作炼铁原料有时含量还低。因此，有些国家先将赤泥预焙烧后入沸腾炉内，在温度 700～800℃还原，使赤泥中的 Fe_2O_3 转变为 Fe_3O_4。还原物再经冷却、粉碎后用湿式或干式磁选机分选，得到含铁 63%～81%磁性产品，铁回收率为 83%～93%，是一种高品位的炼铁精料。

前苏联采用串联回转炉法从赤泥中炼制生铁。该法是将湿赤泥与还原剂和石灰石混合后装入第一回转炉，在 1000～1200℃温度下，还原 4.5～6h，连续进入另一回转炉，在1400～1450℃温度下进行熔炼，即迅速炼出生铁和炉渣。这种采用两段回转炉联合的冶炼流程，可使冶炼连续进行，并可利用废气产生的热量。

（2）从赤泥中回收铝、钛、钒、铬、锰等多种金属　将沸腾炉还原的赤泥，经磁选后的非磁性产品，加入 Na_2CO_3 或 $CaCO_3$ 进行烧结，然后在 pH 值为 10 的条件下，浸出形成的铝酸盐，再经加水稀释浸出，使铝酸盐水解析出，铝被分离后剩下的渣在 80℃条件下用 50%的硫酸处理，获得硫酸钛溶液，再经水解而得到 TiO_2；分离钛后的残渣再经酸处理、煅烧、水解等作业，可从中回收钒、铬、锰等金属氧化物。

（3）从赤泥中回收稀有金属　前苏联等国家将赤泥在电炉里熔炼，得到生铁和渣。再用 30%的 H_2SO_4 在温度为 80～90℃条件下，将渣浸出 1h，浸出溶液再用萃取剂（含 5%的二磷酸和 2%的乙基乙醇）萃取钛、锆、铀、钍和稀土类等元素。

4. 从阳极泥中回收有价金属

有色金属电解精炼过程产出的阳极泥为黑色矿泥状物质。阳极泥的产出量及成分变化很大。它的产出量与阳极成分、铸造质量和电解技术条件有关。阳极泥中通常含有金、银、铜、铅、硒、碲、砷、锑、铋、镍、铁、铂族金属及二氧化硅等。从阳极泥中可综合回收多种有价金属，处理铜阳极泥的一般流程如图 5-4-36 所示。

目前，国内外处理阳极泥的流程基本相似，大致可分为以下几个步骤：

① 阳极泥硫酸化焙烧脱硒；

② 酸浸脱铜；

③ 脱铜后阳极泥熔炼成金银合金；

④ 从分银炉苏打渣中回收碲；

⑤ 电解法分离金、银；

⑥ 从金电解废液和金电解阳极泥中回收铂族金属。

此法虽较成熟，综合回收的元素也较多，但是流程复杂而冗长，金属回收率不高，而且在火法冶炼过程中排放出大量铅、砷等有毒物质，对环境污染严重，直接危害操作人员的健

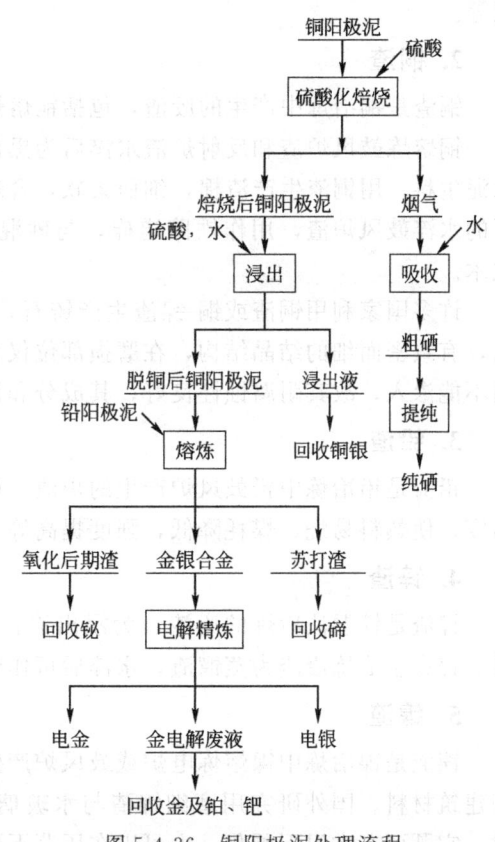

图 5-4-36　铜阳极泥处理流程

康，故国内外进行了很多关于阳极泥处理新方法的试验研究，如氯化-萃取、高温氯化挥发法等。某厂采用选冶联合流程处理阳极泥，已在生产上采用，贵金属回收率较高，对环境的污染也有所减轻。

（二）有色金属固体废物在其他方面的应用

若有色金属固体废物中有价金属含量低，以目前技术水平提取极不经济时，此种渣还可用作其他行业的原料，使之再资源化。目前已利用的有赤泥，以及铜、铅、锌、镍渣。

1. 赤泥

应用赤泥量最大的是水泥工业。用赤泥可代替黏土生产普通硅酸盐水泥，采用三元组分配料，即赤泥、石灰石和砂岩，其工艺流程和技术条件与普通硅酸盐水泥基本相同。每生产 1t 水泥可利用赤泥 400kg，生产的水泥完全符合国家规定的 525 普通硅酸盐水泥标准。以赤泥、石灰石、砂岩、铁粉四组分配料，生产出的 75℃ 和 95℃ 的两种热堵油井水泥也符合国家标准。用水泥熟料、赤泥、石膏按 50：42：8 的配比生产的赤泥硅酸盐水泥，与矿渣硅酸盐水泥一样成为水泥工业的一种重要产品，广泛地用于工农业建筑工程中。用赤泥生产的硫酸盐水泥，除满足一般混凝土设计标号外，还具有水化热低，耐蚀性强的优点。

此外，中和的赤泥可直接用作筑路材料；干燥的赤泥可为沥青填料、炼铁球团矿的黏结剂、混凝土轻骨料和绝缘材料。在塑料工业中，赤泥还可以作为填充剂，生产塑料制品。在农业上可生产硅钙肥，该肥料施用小麦增产 6.08%～11.30%，施于水稻可增产 12.75%～16.80%。在环境工程上，赤泥可用作含砷废水处理、含氟废物处理及吸附废气中的二氧化硫等。

2. 铜渣

铜渣是铜冶炼中产生的废渣，包括铜熔炼反射炉炉渣、铜熔炼电炉渣和铜鼓风炉渣。

铜熔炼鼓风炉渣和反射炉渣水淬后为黑色致密的颗粒，可用作水泥原料，代替铁粉配制水泥生料。用铜渣生产渣棉，细而柔软，含珠少，熔点低，可节省能源，质优价廉。我国某厂的水淬鼓风炉渣，用作铁路道砟，与砂混合铺筑混砂道床，稳定性好，渗水快，不腐蚀枕木。

许多国家利用铜渣或铜-镍渣生产铸石，如前苏联、前民主德国等。用铜渣生产耐磨制品，有致密而细的结晶结构，在磨损部位仅含很少量细气孔，虽然铜渣的酸溶性高达 50%，因不能渗入，故其耐腐蚀性良好，其成分和性能均与玄武岩铸石相近。

3. 铅渣

铅渣是铅冶炼中铅鼓风炉产生的炉渣。可代替铁粒作烧水泥的原料，能降低熟料的熔融温度，使熟料易烧，煤耗降低，强度提高等。铅渣用量占配料的 5% 左右。

4. 锌渣

锌渣是锌湿法冶炼的废渣，为浸出渣，但因含有价金属，往往用作提炼其他金属的原料。锌火法冶炼废渣为蒸馏渣，水淬后可作建筑材料。前苏联还用铜-锌渣制造铸石。

5. 镍渣

镍渣是镍冶炼中镍熔炼电炉或鼓风炉产生的炉渣。水淬镍渣可以制砖，制水泥混合材料等建筑材料。国外研究用磨细镍渣与水玻璃混合，制造高强度、防水、抗硫酸盐的胶凝材料，它既可在常温下硬化，也可以在压蒸下硬化，还可以用来配制耐火混凝土等。

三、工程实例

（一）钨渣中回收有价金属

株洲硬质合金厂钨冶炼系统，在 20 世纪 80 年代中期前采用苏打烧结工艺生产半成品三氧化钨，后改为碱压煮工艺生产钨酸铵（APT）及蓝钨，金属回收率、产品质量有很大提高，而且减轻了污染。

1. 废物组成与产生量

苏打烧结工艺生产三氧化钨排放的钨渣以氧化物形式存在，含量见表 5-4-39。碱压煮工艺排出的钨渣以氢氧化物形式存在，但在采用火法工艺进行综合利用时要灼烧成氧化物。其成分与表 5-4-39 所列数据基本相同。每生产 1t 钨的氧化物，排出钨渣 0.5t 左右，近十年每年排放钨渣 1400t 左右。

表 5-4-39　钨渣成分　　　　　　　　单位：%

成分	Fe	Mn	WO_3	Ta_2O_5
含量	33.5～35.4	14.6～18.8	3.25～5.00	0.092～0.13
成分	Nb_2O_5	ThO_2	UO_2	R_2O_3
含量	0.64～0.80	0.01～0.015	0.02～0.03	0.14～0.60
成分	Sc_2O_3	Na_2O	S	P
含量	0.02～0.028	3.47～4.54	0.013～0.13	0.087～0.10
成分	As	Ti	SiO_2	CaO
含量	0.002～0.006	0.31～0.46	5.69～6.5	3.40～4.99

2. 钨渣综合利用工艺流程

采用火法-湿法联合处理钨渣的工艺流程如图 5-4-37 所示。先将钨渣还原熔炼得到含有 Fe、Mn、W、Nb、Ta 等因素的多元铁合金（以下简称钨铁合金）和含有 U、Th、Sc 等的熔炼渣。钨铁合金是一种新型的用途广泛的中间合金，可直接作为产品销售；熔炼渣则需再采用湿法处理，分别回收氧化钪、重铀酸铵和硝酸钍等产品。

3. 工艺控制条件

焦粉用量为钨渣的 13%～15%；钨渣水分不能大于 10%；钨渣和焦粉混合时间 30min；每炉处理钨渣 2t；每炉熔炼时间 5h 左右；熔炼温度 1500～1600℃；工作电压 75～115V。

4. 效果

熔炼 1t 钨渣可生产 0.45～0.5t 钨铁合金。此合金可用于提高铸铁件的力学性能。副产的熔炼渣 0.3t，铀、钍、钪富集于渣中，不仅是提取钪的好原料，而且由于经高温固化，渣中的放射性不会被弱酸性和天然水浸出，熔炼渣的体积仅为钨渣的 13% 左右，便于安全堆放。

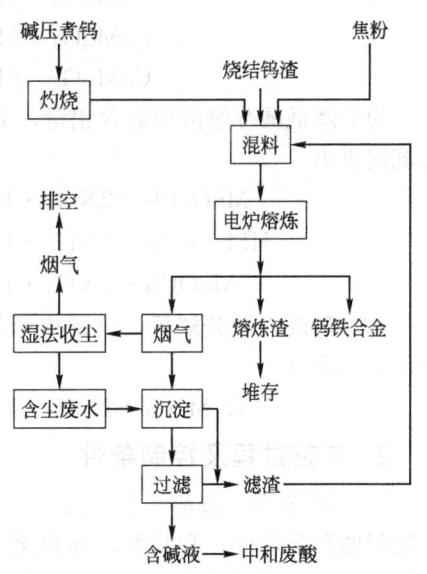

图 5-4-37　钨渣处理工艺流程

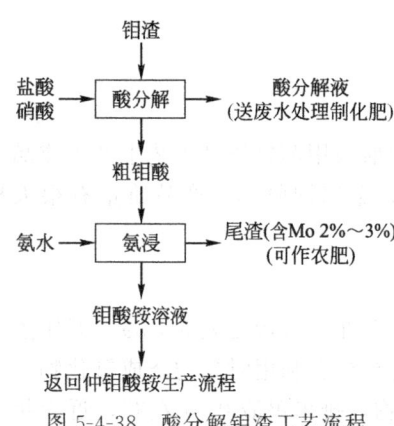

图 5-4-38 酸分解钼渣工艺流程

（二）钼渣中回收有价金属

株洲硬质合金厂在以钼精矿为原料，采用湿法冶炼生产各种钼酸盐、钼的氧化物、纯金属钼粉、纯金属钼等制品的过程中，钼渣的产出量一般为钼精矿量的 20%左右。钼渣的主要组成：Mo 15%～20%，可溶性钼 4%～6%，不溶性钼 11%～14%。不溶性钼有 $PbMoO_4$、$CaMoO_4$、$FeMoO_4$ 等。

1. 钼渣处理工艺流程

常用钼渣处理方法有苏打焙烧法和酸分解法。苏打焙烧法生产流程长，辅助材料消耗多，金属收率低，产品钠含量高，生产成本高，劳动强度大，生产条件差；酸分解法生产流程短，金属收率高，产品质量好，劳动强度及生产条件较好。该厂先用苏打焙烧法处理钼渣，1976 年后改用酸分解法。酸分解法处理钼渣工艺流程示意见图 5-4-38。

（1）酸分解 用盐酸将钼渣中难熔钼酸盐分解，使钼呈钼酸沉淀；再用硝酸将钼渣中 MoS_2 氧化分解呈钼酸沉淀。Fe、Ca、Pb 等杂质生成氯化物进入溶液，硫以硫酸的形式进入溶液。从而使钼与可溶于酸的杂质分开。

$$CaMoO_4 + 2HCl = H_2MoO_4 \downarrow + CaCl_2$$
$$Fe_2(MoO_4)_3 + 6HCl = 3H_2MoO_4 \downarrow + 2FeCl_3$$
$$PbMoO_4 + 2HCl = H_2MoO_4 \downarrow + PbCl_2$$
$$MoS_2 + 9HNO_3 + 3H_2O = H_2MoO_4 \downarrow + 9HNO_2 + 2H_2SO_4$$

酸过量时，部分钼转化成氧氯化钼，溶解进入酸分解液。

$$CaMoO_4 + 4HCl = MoO_2Cl_2 + CaCl_2 + 2H_2O$$
$$CaMoO_4 + 5HCl = HMoO_2Cl_3 + CaCl_2 + 2H_2O$$
$$CaMoO_4 + 6HCl = MoOCl_4 + CaCl_2 + 3H_2O$$

为了降低酸分解液中的含钼量，分解后需用氨水中和料浆，使溶液中的钼完全以钼酸形式沉淀析出。

$$MoO_2Cl_2 + 2NH_3 \cdot H_2O = H_2MoO_4 \downarrow + 2NH_4Cl$$
$$HMoO_2Cl_3 + 3NH_3 \cdot H_2O = H_2MoO_4 \downarrow + 3NH_4Cl + H_2O$$
$$MoOCl_4 + 4NH_3 \cdot H_2O = H_2MoO_4 \downarrow + 4NH_4Cl + H_2O$$

（2）氨浸 酸分解后，滤饼中的钼酸可被氨水溶解，生成钼酸铵进入溶液，与不溶的固体杂质分离。

$$H_2MoO_4 + 2NH_3 \cdot H_2O = (NH_4)_2MoO_4 + 2H_2O$$

2. 工艺过程及控制条件

（1）酸分解 按渣∶水∶盐酸＝1∶(1～1.2)∶3 向酸分解槽内加入水（或仲钼酸铵生产流程的酸沉母液）和盐酸，加热至 70℃开始搅拌并加入钼渣，待料浆温度达到 90℃时，保温搅拌 1h，使难熔钼酸盐完全分解，再根据钼渣 MoS_2 含量，加入适量硝酸，使 MoS_2 氧化分解，继续搅拌 1h，然后停止加热，待浆料温度降至 90℃，加入氨水，将浆料的 pH 值调至 0.5～1，趁热放出过滤抽干，粗钼酸滤饼转氨浸；滤液转废水处理制化肥。

（2）氨浸 按湿钼酸∶水∶氨水＝1∶2.5∶0.8，先向浸出槽内加入洗水或水，加热至 70～80℃，边搅拌边加入粗钼酸，边加氨水，加完料，将浆料 pH 值调至 8.5～9，控制氨浸浆料温度 70～80℃，搅拌 30min，静止沉淀，先将上清液过滤，再将沉淀物加热至 80～90℃，然后过滤。槽内按粗钼酸：水＝1：2 加入水，将水加热至沸腾，分数次淋洗滤饼，浸出液转仲钼酸铵生产流程，作浸出稀溶液使用，洗水留作下批粗钼酸氨浸，尾渣作农肥。

3. 效果

（1）钼渣酸分解法处理全程钼的回收率为 80.12％。年处理钼精矿 540t，产出钼渣 108t，经酸分解处理，可使仲钼酸铵生产过程的钼回收率提高 5.34％，回收钼达 12.98t，折合仲钼酸铵产品 23.599t。

（2）环境效益好。消除了烟尘、烟气的污染；仲钼酸铵生产流程中的酸沉母液可作酸分解用水，减少了废水处理量；1m³ 酸分解液可产氯化铵 200～250kg。氯化铵和尾渣都含有少量钼，是一种优质长效化肥，其肥力不次于尿素，且比尿素的肥效长。

（三）赤泥综合利用

山东铝厂在用烧结法生产氧化铝的过程中排出大量赤泥，每生产 1t 氧化铝产生赤泥 1.5～1.8t，目前年排出赤泥量为（750～800）×10³t/a。其烧结赤泥的密度为 2.7～2.9g/cm³、容重为 0.8～1.0g/cm³、熔点为 220～1250℃、塑性系数为 16.8；化学组成比较复杂，其化学成分、矿物组成见表 5-4-40 和表 5-4-41。该厂处理和利用赤泥有三种形式：生产硅酸盐水泥、制造炼钢用保护渣以及制造塑料填充剂。

表 5-4-40 烧结赤泥化学组成

灼减	SiO₂	Fe₂O₃	Al₂O₃	CaO	Na₂O	K₂O	MgO	TiO₂
10～12	20～22	8～10	5～7	42～46	2～2.3	0.2～0.4	1～1.5	2～2.2

表 5-4-41 烧结赤泥矿物组成

β-C₂S	Fe₂O₃·nH₂O	C₃A+C₃ASₓ·(6−2n)H₂O	NAS₂·nH₂O	CaCO₃	CaOTiO₂
50～60	4～7	5～10	5～10	2～10	2～5

1. 利用赤泥生产硅酸盐水泥

山东铝厂水泥分厂水泥产量为 1.0×10⁶t/a 左右，利用赤泥 350×10³t/a。在生料中掺 25％～30％赤泥生产普通硅酸盐水泥和油田水泥，此外还利用赤泥作混合材生产赤泥硅酸盐水泥和水泥硫酸盐水泥。赤泥硅酸盐水泥中赤泥掺量为 42％左右，水泥标号为 425 号。赤泥硫酸盐水泥是一种少熟料水泥，其配比为水泥熟料 15％、赤泥 70％、石膏 15％，水泥标号为 325 号和 425 号。这种水泥抗冻性和耐腐蚀性较好，但早期强度较低。自 1965 年至 1989 年共利用赤泥 4.15×10⁶t，生产 425号、525 号普通硅酸盐水泥和 75℃油井水泥 14.4×10⁶t，获税利 3 亿余元，减少了农田占用面积。

（1）工艺过程 烧结赤泥配以适当的硅质材料和石灰石，可作为水泥原料，赤泥配比可达 25％～30％。用烧结法赤泥生产普通硅酸盐水泥工艺流程示于图 5-4-39。赤泥浆过滤脱水后，与砂岩、石灰石和铁粉等共同

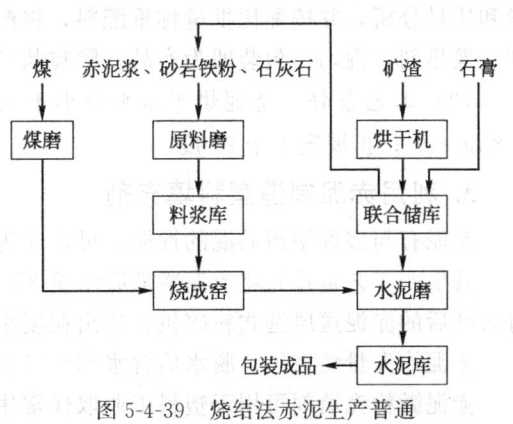

图 5-4-39 烧结法赤泥生产普通
硅酸盐水泥工艺流程

磨制成生料浆，调整到符合技术指标后，用流入法在蒸发机中除去大部分水分后（或直接喷入）入回转窑煅烧为熟料，加石膏、矿渣等混合材料碾磨到一定细度即制得水泥产品。

（2）工艺条件　生料原料成分为：石灰石，CaO 47%～54%；赤泥，CaO 42%～46%、Na_2O 2%～3.5%。

赤泥配比受原燃料质量的影响，当配入赤泥 28% 时，需配入石灰石 65% 和砂石 7%，通常控制熟料 KH(石灰饱和系数)=0.90～0.94，n(硅率)=2.1±0.1。

（3）工艺特点　与同类湿法窑相比，热耗降低 20%，电耗降低 10%；水泥窑单位面积产量可提高 20%；生产的水泥符合国家质量标准，且还具有早强、抗硫酸盐、水化热低、抗冻及耐磨等性能。需要注意的是对所用赤泥的毒性和放射性要事先进行检测，以确保产品的安全。

2. 利用烧结法赤泥制造炼钢用保护渣

烧结法赤泥含有 SiO_2、Al_2O_3、CaO 等组分，含有 Na_2O、K_2O、MgO 熔剂组分，还具有熔体的一系列物化特性。该渣资源丰富，组成成分稳定，是生产钢铁工业浇铸用保护材料的理想原料。赤泥制成的保护渣按其用途可大体分为普通渣、特种渣和速溶渣几种类型；适用于碳素钢、低合金钢、不锈钢、纯铁等钢种和锭型。应用这种保护渣浇铸，一般在锭模内加入量为 2～2.5kg/t。实践证明，这种赤泥制成的保护渣可以显著降低钢锭头部及边缘增碳，提高钢锭表面质量，可明显改善钢坯低倍组织，提高钢坯成材质量和金属收率，具有比其他保护材料强的同化性能，其主要技术指标可达到或超过国内外现有保护渣的水平。

该厂用烧结法赤泥制造炼钢保护渣工程于 1984 年竣工并投入生产。利用烧结法赤泥制造炼钢保护渣，赤泥利用率在 CaO/SiO_2 比为 0.6～1.0 时可达到 50%。产品质量好，可明显改善钢锭（坯）质量，钢坯成材金属收得率可提高 4%。经济效益显著，当生产规模为年处理 15000t 时，可创产值 9.30×10^6 元/a，利润 2.32×10^6 元/a，处理赤泥 9000t/a。

（1）赤泥保护渣配方　赤泥保护渣的配方和生产工艺技术与钢种、锭型有关。基于赤泥 CaO/SiO_2 比值高、碱性强等特点，用含酸性氧化物 SiO_2、Al_2O_3 较高的珍珠岩为辅助材料，来调节碱度；选择粒度细的土状石墨为绝热剂，控制渣的熔化速度提高剥离性。

（2）工艺流程　首先将生产氧化铝排出的赤泥浆脱水至 35% 以下，对各种原料进行干燥和质量分析，并按配比批量称重配料，将配好的料研磨至一定细度，在混料机中掺入外加剂、发热剂，混匀、包装即为产品。颗粒状产品需外加黏结剂经制粒设备成粒。

（3）工艺条件　赤泥烘干至水分小于 0.5%；产品细度为 60～100 目；产品容重小于 $0.85g/cm^3$；扩展度大于 90 度。

3. 利用赤泥制造塑料填充剂

赤泥有与多种塑料共混的性能，可以作为一种良好的塑料改性填充剂。

其生产工艺是首先将赤泥浆液脱水至 35% 以下，然后经烘干机烘干，研磨至一定细度，将研磨后的赤泥送风选式粉碎机，选出粒度小于 $44\mu m$ 的细粉即可作为塑料充填剂。

赤泥灼失量≤12%；脱水后含水率<35%；烘干水分<0.5%；充填剂细度 320 目。

赤泥微粉充填剂可用于塑料工业取代常用的重钙、轻钙等，所制得塑料产品的质量符合材料技术规范。

第七节　化工固体废物资源化

一、硫铁矿烧渣处理和利用

硫铁矿烧渣是以硫铁矿或含硫尾砂作原料生产硫酸过程所排出的一种废渣[31]。硫铁矿是我国生产硫酸的主要原料。当前采用硫铁矿或含硫尾砂生产的硫酸,约占我国硫酸总产量的80％以上。我国每年有数百万吨烧渣排出。

烧渣中一般含铁在30％～50％左右,还含有一定量的铜、铅、锌、银、金及其他稀散元素和放射元素。烧渣可作为炼铁原料,并能从中回收有色金属和稀贵金属。因此,它是一种很有价值的原料。

(一)烧渣炼铁

烧渣中一般含有30％～50％的铁,可作为炼铁用的含铁原料。烧渣含铁量较低,硫及二氧化硅、有色金属含量较高。特别是近年来,随着硫酸工业的发展,对硫铁矿的需要量亦有增加,一些含硫量较低的硫铁矿也被用来作为硫酸生产的原料,烧渣中的品位也在下降,若直接用于炼铁,就得不到理想的经济效果。因此,在用于炼铁前采取提高其铁品位,降低有害杂质含量的预先处理措施是很有必要的。这样才能为高炉炼铁提供合格原料。对烧渣预先处理的主要措施是选矿和造块焙烧。

1. 烧渣选矿

烧渣选矿是指利用烧渣中各种矿物物理性质(磁性、密度等)的不同,采用选矿方法使烧渣中的含铁矿物与脉石矿物有效分离,从而提高含铁品位和降低有害杂质硫、硅等的含量。烧渣选矿方法一般采用磁选和重选。磁选就是利用烧渣中各种矿物磁性的不同;重选则是利用烧渣中各种矿物密度的不同,而达到分选的目的。

在硫酸生产中,沸腾炉的工艺操作和入炉原料性质不同,所产烧渣的磁性矿物量和性质也不同,所以对烧渣选矿工艺的选择,必须根据烧渣所属类型来决定。

黑色烧渣中的铁矿物主要是以强磁性铁为主。对于这种烧渣,采用弱磁选方法就可将强磁性铁矿物选出。磁选的工艺流程比较简单:将水配入烧渣中经搅拌机搅拌成均匀矿浆,然后将矿浆送入磁场强度为67660～119400A/m(850～1500Oe)的湿式圆筒永磁磁选机进行一次粗选和一次精选,即可得到铁精矿。铁品位可提高到58％以上,硫可降到1％以下,选别脱硫率在45％左右,铁回收率在70％～85％,棕黑色渣中的铁矿物由强磁性铁和弱磁性铁组成。对这种烧渣若采用单一磁选工艺流程选别,则铁回收率较低,所以需采用磁选-重选联合的选矿工艺流程。即用磁选方法选出其中的强磁性铁,再用重选方法选出磁选尾矿中的弱磁性铁。工艺流程是先将烧渣加水配成矿浆,送入磁选机磁选,磁选尾矿再送入摇床或螺旋溜槽选别。此法选别脱硫率在60％以上,铁回收率在68％～75％。

红色渣中的铁矿物绝大部分是以磁性很弱的赤铁矿等为主。对这种烧渣,磁选效果不好,采用重选方法比较适合,但铁回收率也仅达50％。

2. 烧渣造块烧结

由于烧渣的粒度很细(−0.074mm一般占50％左右)再加上选矿后其含硫量仍然较高,因此直接入高炉冶炼将有很大困难,还需进行造块烧结。造块烧结的方法有两种。一种方法是以含铁量较高的烧渣(55％以上)或选矿后的烧渣铁精矿,代替适量铁矿粉配入烧结炉料中生产烧结矿。这是烧渣直接用于炼铁的最简单易行的方法,也是大量利用烧渣的主要途径。另一种方法是在烧渣中配入一定量的熔剂和黏合剂，经混料后在圆盘造球机上制成生球，再经过干燥，送入竖炉焙烧，成为炼铁球团矿。

（二）回收有色金属

1. 高温氯化焙烧法

以烧渣为原料，以氯化钙为氯化剂，经过均匀混合、造球、干燥后，在竖炉或回转窑1150℃的高温中进行氯化焙烧，烧渣中的铜、锌、铅等有色金属以氯化物的形态挥发，然后从烟尘中捕集回收有色金属。焙烧的球团矿可用于炼铁。

2. 中温氯化焙烧

将烧渣、硫铁矿、氯化剂（食盐）按一定比例混合后，在沸腾炉或机械炉内于600～650℃温度下，进行氯化焙烧。烧渣中的有色金属氧化物、硫化物就生成了可溶性的氯化物或硫酸盐。焙烧冷却后进行稀酸渗滤浸出，将可溶性氯化物、硫酸盐溶入溶液中，以进一步从滤液中回收有色金属，如钴、铜、锌、镍等。

3. 硫铁矿硫酸化焙烧——浸出萃取法

含钴较多的硫铁矿，在沸腾炉内进行硫酸化焙烧，利用排出的烟气制造硫酸，所产生的烧渣中铜、钴、镍等绝大部分是以硫酸盐形态存在的可溶物，经空气搅拌用酸浸出，浸出后的含铁滤渣作为炼铁原料。浸出液再进行脂肪酸萃取，在不同的条件下萃取不同的金属，所得金属经分离和杂质净化，可供生产电钴和电铜等。

（三）作水泥的配料

烧渣经过磁选和重选后，含铁量在30％左右，可以作为水泥的辅助配料。此外，更重要的是可以利用烧渣代替铁矿粉作为水泥烧成的矿化剂（助熔剂）。加入助熔剂的目的是降低烧成温度，提高水泥的强度和抗侵蚀性能。

水泥工业中对铁矿粉的品位要求，一般是含铁量为35％～40％，而硫对水泥质量是有害的。但由于烧成温度较高，脱硫率较好，因此铁矿粉的含硫量要求不十分严格。用硫铁矿烧渣代替铁矿粉作为水泥烧成的助熔剂时，烧渣中铁和硫的含量均能满足水泥工业的要求，所以我国许多水泥厂广泛地利用烧渣代替铁矿粉，以降低水泥的成本。水泥生料的烧渣掺入量约为3％～5％。当烧渣含铁量不高，而且有色金属的含量又不值得回收时，烧渣代替铁矿粉应用于水泥工业还是合理的。

二、电石渣的资源化

（一）电石渣的来源与组成

电石渣是用电石（CaC_2）制取乙炔时产生的废渣。电石渣的成分和性质与消化石灰相似，$Ca(OH)_2$ 含量通常达60％～80％（干基）。我国多采用湿法工艺制取乙炔，电石渣的含水率很高，需经沉淀浓缩才能利用。电石渣颜色发青，有气味，不宜直接用于民用建筑。

（二）电石渣的利用技术

电石渣的利用途径较多：一是代替石灰石作水泥原料，锦西化工总厂水泥厂利用电石渣生产水泥已获成功；二是代替石灰硅酸盐砌块、蒸养粉煤灰砖、炉渣砖、灰砂砖的钙质原料，但长期使用的企业很少；三是代替石灰配制石灰砂浆，但由于有气味，在民用建筑中很少使用；四是代替石灰用于铺路，但受使用运输半径的限制，应用并不广泛。总之，电石渣产生量不大，在建材工业中只有少数地区小批量利用[32]。

（三）工程实例

锦西化工总厂在生产聚氯乙烯过程中每年产生 6 万吨电石渣，其化学组成见表 5-4-42，含水率为 85％～97％；密度为 2.22～2.25t/m³；细度为 3％～15％（0.080mm 方孔筛筛余）；粒度分布＞0.1mm 3％～9％，0.05～0.1mm 8％～19％，0.01～0.05mm 65％～80％，＜0.01mm 6％～12％。

表 5-4-42　电石渣的化学组成　　　　　　　　　　单位：％

SiO₂	Al₂O₃	Fe₂O₃	CaO	MgO	其他	烧失量
5.56	3.03	0.64	65.57	0.89	4.89	19.33

锦西化工总厂水泥厂用此电石渣生产普通硅酸盐水泥 7 万吨/年。

1. 物料配比

由于电石渣的含水率较高，配料前要进行两次脱水。一次脱水在浓缩池，使含水率降到 60％左右；二次脱水在熟料库内完成，在熟料库停留 24h 以上，可使含水率降到 50％～55％，再进行配料。

电石渣较石灰石中的 SiO₂ 含量低，在生产中用河沙进行校正。水泥生料的配比为：电石渣∶黏土∶河沙∶铁粉＝80∶10∶7∶3。

2. 生产工艺过程

（1）生料制备　电石渣用泥浆泵送至水泥厂后先筛去杂质，然后送直径 18m 的浓缩池浓缩至含水 60％左右。浓缩后的电石渣送 3 个 φ6m×13m 的储库。电石渣在储库内沉降 24h 左右后，含水率降至 55％左右。黏土、河沙和铁粉在储库内分别制成浆状。电石渣浆、黏土浆、河沙浆和铁粉浆分别从库底按一定比例放入生料库，并用压缩空气搅拌均匀。

（2）熟料煅烧　含水 55％～58％的生料泥浆用泵送回转窑的勺式喂料机。生料在窑内经干燥、预热、分解、放热反应和冷却烧成熟料。

（3）水泥粉磨　经破碎的熟料、煤矸石混合材和石膏分别按 81％～87％，10％～15％，3％～4％的比例喂入水泥磨中进行粉磨，粉磨后经筛选、包装然后入库。

3. 工艺参数

黏土、河沙、铁粉浆水分	≤45％	黏土、河沙、铁粉浆细度	≤10％
入窑生料浆水分	≤55％～58％	入窑生料浆细度	≤10％

三、硼泥的资源化

硼泥是化工厂利用天然的硼镁矿经化学处理提取硼后剩余的多种化合物的混合物。硼泥的化学组成主要是碳酸盐（特别是碱式碳酸盐），外形呈浅黄色的土块状。硼泥呈碱性，硼砂泥的 pH 值约为 9，硼酸泥的 pH 值约为 7。硼泥的化学成分的含量随着矿石产地和生产工艺的不同而波动，但其基本组成不变。干硼泥的化学成分见表 5-4-43。

全国每年排放大量硼泥，由于硼泥为碱性，所以对农田、地下水、大气都有不同程度的危害。硼泥有多种利用途径。对于硼泥的利用应因自然条件的不同，因地制宜地加以选择。

表 5-4-43   干硼泥的化学成分   单位：%

MgO	SiO$_2$	Fe$_2$O$_3$	B$_2$O$_3$	CaO	Al$_2$O$_3$	FeO	CO$_2$
38.5	21.5	10.9	3.7	2.7	1.3	1.5	16.2

Na$_2$O	K$_2$O	MnO	P$_2$O$_5$	TiO$_2$	SO$_3$	水分
0.3	0.1	0.1	0.1	0.1	0.1	3.0

1. 作微量元素肥料

硼作为植物的微量营养素很早以前就已经得到肯定，世界各地使用硼肥都是从甜菜开始的。含水溶态硼 0.8×10^{-6}，肥效就很显著。国外有的化工厂用磷酸分解硼镁矿的下脚渣直接当硼镁磷肥施用，也有用提硼后的母液与氨中和制成硼镁磷氮复合肥料。

我国土壤含硼量由痕量到 5×10^{-4}，含硼变化幅度很大，由北向南逐渐减少，缺硼地区的临界含量约为 0.5×10^{-6}，黑龙江省小麦不结穗的地方和浙江省油菜不结荚的地方，土壤中水溶态硼一般都小于 0.3×10^{-6}。我国为解决某些地方作物缺硼问题，试验生产了多种含硼肥料，并在一些农田做了肥效试验，效果显著。

2. 制砖、陶粒和作砌筑砂浆

硼泥与黄土、炉灰按 $1 : 2 : 0.3$ 混合后可作为烧砖的原料。由于硼泥较细，掺入硼泥后制成的砖坯表面光洁，粘接紧密，砖坯不易断裂。硼是一种典型的结晶化学稳定剂，因而掺入硼泥制成的砖抗粉化、抗潮湿、抗冻性能较一般黏土砖为优。

硼泥也可用于制作陶粒，因为硼泥中含有大量的碳酸镁，在煅烧时比黄土更具有膨胀性，制成的陶粒强度增加，而质量却减小了。试验表明，掺入 10% 的硼泥和电厂粉煤灰制成的，陶粒膨胀系数显著提高。用硼泥制陶粒生产工艺简单，是一种很有前途的利用途径。

硼泥还可用于配制砌筑砂浆。用硼泥代替石灰膏和部分黄砂后，可使砌体强度明显提高，和易性改善，而且软化系数和抗冻融循环均能满足砌筑要求。用硼泥配制砌筑砂浆的配比为水泥：硼泥：黄砂＝$1 : 2.13 : 6.19$。

3. 硼泥作胶凝材料

近年来，我国研制出了一种以硼泥为原料的胶凝材料，其方法是将硼泥焙烧通过热分解使硼泥中的碳酸镁（MgCO$_3$）分解为氧化镁（MgO），再利用氧化镁与氯化镁（MgCl$_2$）（也可采用化工废料卤液）反应生成碱式盐，而碱式盐逐渐凝固、硬化，随着时间的增长其强度逐渐增加。其化学反应式如下：

$$MgO + MgCl_2 + H_2O = Mg_2(OH)_2Cl_2$$

这种材料具有类似镁氧水泥的性质，可以用于制砖、花盆、隔声保温板以及陶粒等。以砖为例其生产工艺流程如图 5-4-40 所示。

硼泥胶凝材料的开发为硼泥的充分利用探索了一条简便、有效的新途径。

卤块 + 水溶解

硼泥 → 焙烧 → 粉碎 → 搅拌 → 铸型 → 脱模 → 晾干

图 5-4-40   硼泥胶凝砖生产流程

4. 作煤球和蜂窝煤的黏合剂

过去制煤球和蜂窝煤都以黄土作黏合剂，有的地方取土困难。经试验，用部分硼泥代替黄土制煤球和蜂窝煤无毒性，可以推广使用。其配方是煤 100 份、黄土 6 份、硼泥 6 份、水 8 份，合计 120 份。掺硼泥的煤球燃烧时火苗旺，易烧透，没有煤核。三块掺硼泥的蜂窝煤比用黄土制的煤可多烧 1.5 壶开水，节约了用煤量。

5. 作小硫酸厂污水处理的中和剂

小硫酸厂多用接触法水洗流程，排出污水中含有砷、氟、重金属等有害物质，而且酸性大，对环境污染严重，虽然各地有用石灰法、硫化钠法、石灰铁盐法、电石渣法来处理污水，但都有局限性。用硼泥处理小硫酸厂污水，不仅中和了酸性，而且吸附沉淀了砷、氟、重金属有毒物质，其流程如图 5-4-41 所示。

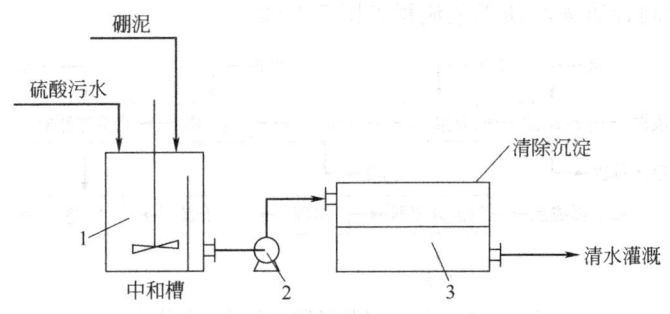

图 5-4-41 硼泥处理小硫酸厂废水流程
1—中和槽；2—泵；3—过滤池

同样用硼泥处理磷肥的污水，也有显著效果。小磷肥厂排出的污水中含有氟（生产厂多用石灰处理），只要控制好 pH 值，氟是完全可以除去的。经试验 pH 值变化，水中含氟量也相应变化，见表 5-4-44。

表 5-4-44 硼泥处理磷肥污水 pH 值变化

硼泥处理后 pH 值	处理后水中含氟/(mg/L)
<2	4.70
2	2.37
4	1.82
6	1.24
7	0

6. 作烧结矿的抗粉化剂

熔剂性烧结矿的一个突出问题是易粉化，强度低，特别是用低磷高硅磁铁精矿问题更为严重。为促进高炉生产指标的提高，用硼作为烧结矿的抗粉化剂应运而生。硼抑制晶形转变作用明显。根据试验，烧结矿加入硼 0.01%～0.015%，烧结矿的粉化可全部被抑制住。

硼泥中含氧化硼（B_2O_3）为 3%～4%，因此可以用硼泥作烧结矿的粉化剂。

此外，硼泥还可以用于制造化工产品，如氧化镁、碳酸镁等；也可用于填坑、堆假山、覆盖绿化。

四、纯碱固体废物资源化[4]

（一）氨碱法废盐泥制轻质碳酸镁

在氨碱法制纯碱盐水精制时，对粗盐水加入一定量的石灰乳，使盐水中的镁离子变为氢氧化镁（俗称一次泥）而去除掉，澄清后的盐水通入 CO_2 使钙离子转化为碳酸钙（俗称二次泥）被去除掉。

由于氢氧化镁（一次泥）的颗粒极小，故沉降速度很慢，为了加速沉降，把二次泥

（$CaCO_3$）混入作为助沉剂，与氢氧化镁一起排出，统称废盐泥（亦称混合盐泥）。

废盐泥主要成分是氢氧化镁、碳酸钙、硫酸钙等。每生产 1t 纯碱要排出 0.72t 废盐泥。传统的处理方法是将此盐泥与蒸氨废液一起排至渣场处理。有的碱厂利用此盐泥生产轻质碳酸镁。

1. 工艺流程

氨碱法废盐泥制轻质碳酸镁工艺流程见图 5-4-42。

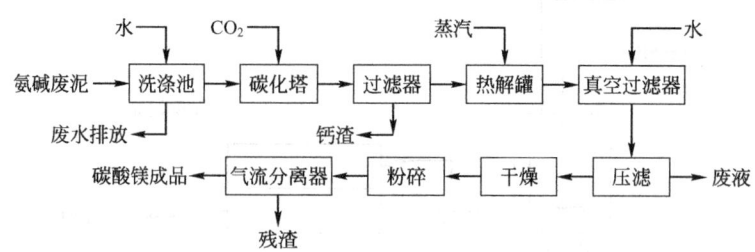

图 5-4-42　废盐泥制轻质碳酸镁工艺流程

将盐泥送至洗涤池，用水洗去其中大部分可溶性杂质（Cl^-、SO_4^{2-} 等），制成镁泥乳液送至沉淀池。经沉淀分离后，将镁泥乳液送至配料池，加水配制成一定浓度后送至碳化塔进行碳化，碳化塔中通入 CO_2，使镁泥乳液中大部分 $Mg(OH)_2$ 转化为 $Mg(HCO_3)_2$，而镁泥中的碳酸钙和硫酸钙等仍以固体形式存在泥浆中。

借泵抽取碳化乳泥至过滤器中，进行固液分离，$Mg(HCO_3)_2$ 溶液（称碳化清液）流入清液贮池而 $CaCO_3$ 滤饼则用水冲稀后，用泵送至白灰埝。再借泵将碳化清液送至加热罐，直接通入约 0.4MPa 的蒸汽加热，使 $Mg(HCO_3)_2$ 分解成轻质碳酸镁沉淀，再经浓缩后送真空过滤机，用水洗去其余可溶性盐类进入滤液，滤饼经粉碎后，用皮带机装入干燥车中，推入热风洞道式干燥室干燥，干燥后的碳酸镁块经锤式粉碎机粉碎后，用皮带送入风选料包，用鼓风机吹入气流筛进一步破碎和筛选，粗渣从气流筛厂口被分离出来，合格的细粉则被吹入包装料仓，包装而得成品。

2. 工艺控制条件

盐泥钙镁比	$CaO/MgO<3.5$；
洗泥碱度（以 MgO 计）	$25\sim40g/L$；
碳化转化率	$>70\%$；
热解温度	102℃；
过滤时间	60min（可视料浆浓度而定）；
过滤压力	$0.2\sim0.5MPa$；
过滤滤饼水分	$\leqslant80\%$；
干燥温度（中部）	$125\sim140℃$；
成品粒度	$\leqslant0.025\%$。

（二）氨碱废渣制建筑胶凝材料

碱渣是一种水分和氯化物含量较高的胶状物质。采用传统的水泥生产工艺处理碱渣势必造成能耗高，生料制备很难混合均匀，很难除尽氯根等问题。选择适宜煅烧温度，采用半湿法直接混料，并使残渣中的氯化物同生料中的相关组成（CaO、SiO_2、Al_2O_3、Fe_2O_3）形成一定分子结构的矿相组分，再经复配、球磨可得到类似于水泥的残渣建筑胶凝材料。

1. 工艺流程

将煤灰、石灰石、煤矸石等辅料按比例混合干燥、粉碎后与碱渣进行混合，经磨细、制段后，送至煅烧炉烧成水泥熟料，再经粗磨、细磨制成建筑胶凝材料。

工艺流程如图5-4-43所示。

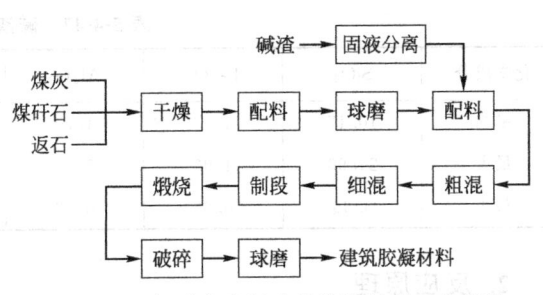

图5-4-43　氨碱废渣制建筑胶凝材料工艺流程

2. 碱渣胶凝材料性能

（1）建筑胶凝材料化学组成　见表5-4-45。

表 5-4-45　胶凝材料化学组成　　　　单位：%（质量分数）

CaO	SiO$_2$	Fe$_2$O$_3$	MgO	Cl$^-$	Na$_2$O	烧失量
55.74	9.34	5.03	4.06	1.61	0.16	3.70

（2）建筑胶凝材料物理性能　见表5-4-46。

表 5-4-46　胶凝材料物理性能

细度	稠度	凝结时间/min		抗折强度/MPa			抗压强度/kPa			安定性
4900孔	%	初凝	终凝	3 天	7 天	28 天	3 天	7 天	28 天	合格
6.8	26.4	35	80	4.1	5.2	6.6	21.4	32.4	43.8	

3. 工艺控制条件

（1）生料制备

氯根	2%～8%	Al$_2$O$_3$	4%～8%
酸碱比	K=1.6～2.0	Fe$_2$O$_3$	2%～4%
CaO	30%～40%	碱渣含水	(50+1)%
SiO$_2$	8%～12%	料段尺寸	15m×20mm

（2）熟料制备

煅烧温度　　(1000±100)℃
产品中 Cl$^-$　小于 1.6%

4. 处理效果

碱渣胶凝材料具有超过一般水泥指标的优良性能。它可用于制作新型建材，特别是制作质轻、保暖、强度和价格适中的加气砌块制品。由于此材料中含有一定量的 Cl$^-$，使水泥具有较好的早强效果，但对水泥构件中的钢筋有锈蚀作用，不适合用于钢筋混凝土及其制品。

（三）纯碱废渣烧制水泥

天津碱厂氨碱法制纯碱，每生产 1t 碱排出约 10m^3 的废液，其中含固渣约 50 万～70 万吨。一个年产纯碱 45 万吨装置，每年排渣约 30 万吨。

1. 碱渣的化学成分及性质

碱渣是白色膏状物质，表面有裂缝，稳定性差，含水 60%～63%，主要成分为 CaO，还有 SiO$_2$、NaCl、CaCl$_2$ 等物质，富有强烈吸水性。化学成分见表5-4-47。

表 5-4-47　碱渣化学成分　　　　　　单位：％（质量分数）

化学成分	SiO₂	Fe₂O₃	Al₂O₃	CaO	MgO	Cl⁻	烧失量
平均	10.17	1.13	1.70	40.83	4.86	11.69	30
最大	24.90	1.96	5.03	43.98	7.75	19.87	31
最小	6.36	0.36	0.38	34.97	2.50	7.36	29

2. 反应原理

碱渣的成分接近水泥的原料，因此利用碱渣烧制水泥比较合适，但因含氯化物高，含碱金属高，水分大。因此，在制备生料时必须降低有害杂质；烧成时将氯脱除，氯化物在高温下发生水解反应：

$$CaCl_2 + H_2O \underset{1atm}{\overset{727℃}{\rightleftharpoons}} CaO + 2HCl\uparrow$$

在 SiO_2 存在的条件下，$CaCl_2$ 与之反应，平衡向生成 HCl 的方向进行，使氯得以脱除，总的反应为：

$$CaCl_2 + SiO_2 + H_2O \rightleftharpoons CaSiO_3 + 2HCl\uparrow$$

加温脱除碱金属，并利用机械方法脱去水分，以制得产品质量合格的水泥。

3. 工艺流程

氨碱废渣制水泥工艺流程见图 5-4-44。

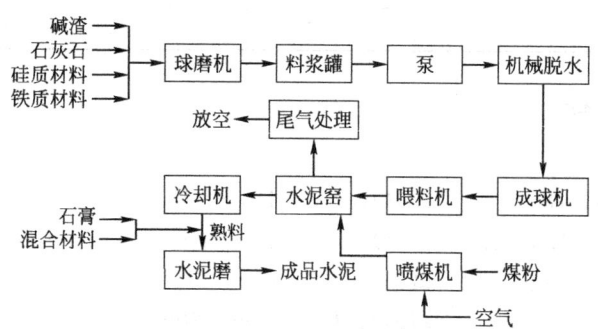

图 5-4-44　纯碱废渣制水泥工艺流程

原料碱渣、石灰石、硅质材料及铁质材料按比例混合制成料浆，经机械脱水成球后，经计量送至回转水泥窑煅烧成熟料，水泥熟料经冷却、粉碎后加入石膏及混合材料后，经水泥磨研磨至一定粒度后，送至水泥库进行包装成水泥产品。

煅烧所需热量由喷煤机喷入回转窑内的粉煤燃烧供给。

回转窑排出尾气含有氯化氢，用水吸收后回收盐酸。

4. 工艺控制指标

（1）原料配比　生料碱渣占 40％～60％（干基），生料中碱渣+石灰石占 66％～93％，KH、n、p 三个率值按熟料要求调整。

（2）料浆　细度 4900 孔/cm²，筛余<10％，水分<70％。

（3）熟料　密度 1400g/L，f-CaO<1％，TCl⁻<0.5％。

5. 处理效果

与普通硅酸盐水泥生产装置相比，碱渣水泥生产工艺及设备复杂，投资费高，成本也略高，但只要在大规模生产中采用先进设备，优化设计，加强管理，碱渣水泥成本仍有希望接近普通硅酸盐水泥水平。由于碱渣水泥属于废渣综合利用，按国家规定投资优惠政策，以及产品一定时期的免税条件，碱渣水泥仍有一定的竞争能力。

五、钡渣、钡泥资源化

（一）钡渣制取硫酸钡

水溶性钡盐和酸溶性钡盐〔如 $BaCO_3$、$Ba(OH)_2$、$BaCl_2$、$Ba(NO_3)_2$、BaS 等〕均有相当的毒性，$BaSO_4$ 为不溶性钡盐，无毒。

大多数钡盐对成人致死量为 $1\sim15g$，水溶性钡盐随饮用水进入人体，有致毒危险。酸溶性钡盐（$BaCO_3$ 等）随水进入人体的致死浓度为 $100mg/L$。钡盐会累积在人的肝、肺和脾脏中，并对心肌、血管和神经系统产生毒害作用。

钡渣对人体的危害如此之大，如处理不当，不但污染环境，造成严重危害，而且浪费了宝贵的资源。因此，钡渣的综合利用显得尤为重要。

1. 反应原理

由钡渣制取硫酸钡过程，可发生系列的化学反应。

第一步，钡渣与盐酸反应，是使钡渣中酸溶性钡盐（$BaCO_3$、$BaSiO_3$）和水溶性的 BaS 与盐酸反应，生成可溶性的 $BaCl_2$，其化学反应式为

$$BaCO_3 + 2HCl \rightleftharpoons BaCl_2 + H_2O + CO_2 \uparrow$$
$$BaSiO_3 + 2HCl \rightleftharpoons BaCl_2 + H_2SiO_3 \downarrow$$
$$BaS + 2HCl \rightleftharpoons BaCl_2 + H_2S \uparrow$$

第二步，当 $pH = 7\sim8$ 时，沉淀除去 Fe^{3+}、Al^{3+}、Mg^{2+}，其化学反应式为

$$Fe^{3+} + 3OH^- \rightleftharpoons Fe(OH)_3 \downarrow$$
$$Al^{3+} + 3OH^- \rightleftharpoons Al(OH)_3 \downarrow$$
$$Mg^{2+} + 2OH^- \rightleftharpoons Mg(OH)_2 \downarrow$$

第三步，氯化钡与硫酸反应生成硫酸钡沉淀和盐酸，其化学反应式为

$$BaCl_2 + H_2SO_4 \rightleftharpoons BaSO_4 + 2HCl$$

2. 工艺过程

用钡渣制取硫酸钡工艺流程见图 5-4-45。先将钡渣粉碎至一定粒度过筛后，与盐酸在 $pH = 2\sim3$ 条件下进行浸取，然后再加钡盐中和，调节 pH 值至 $7\sim8$，使溶液中的铁、铝、锰等离子形成氢氧化物沉淀。过滤并洗涤滤渣，在滤液中加入浓度为 1：1 硫酸，使氯化钡与硫酸反应生成硫酸钡沉淀和盐酸，硫酸钡过滤、洗涤、干燥后即为成品。滤液中含有大量的盐酸，返回系统去浸取钡渣。

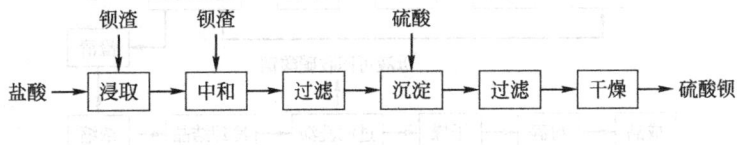

图 5-4-45　钡渣制取硫酸钡工艺流程

3. 适宜的工艺操作条件

适宜的工艺操作条件见表 5-4-48。

表 5-4-48　适宜的工艺操作条件

项　目	单位	指标	项　目	单位	指标
钡渣粒度	目	120	浸取时间	min	50
盐酸浓度	%	31	浸取液 pH 值		2～3
钡渣与盐酸固液化		1∶3	中和 pH 值		7～8
浸取温度	℃	40～45			

此法不仅有效利用钡渣中的钡，而且消除了钡渣的毒性，钡渣经浸取后的滤渣可作建筑材料使用，滤液能循环利用。因此，本法能有效解决钡渣的堆存和污染问题，具有良好的环境效益。

（二）钡泥制取硝酸钡

某厂年产碳酸钡 2 万吨，硫酸钡 0.8 万吨。在粗钡浸取过程，每年排出钡泥（干）0.4 万吨，钡渣（干）0.8 万吨。钡泥、钡渣中含酸溶性钡盐（以 $BaCO_3$ 计）分别为 50%、30% 左右。不仅污染环境，而且浪费资源。该厂开展了钡泥制取硝酸钡的研究。从崔晓莉等人试验结果表明：钡泥中酸溶钡经硝酸溶解能制得符合部颁标准的硝酸钡，钡泥中的酸溶钡收率可达 85.51% 以上。制得的硝酸钡不仅可用来制造烟火、信号弹、炸药，还可用来生产易燃蜂窝煤。

1. 反应原理

钡泥中的碳酸钡、硅酸钡、亚硫酸钡、铁酸钡等经与硝酸反应生成硝酸钡，其化学反应式为

$$BaCO_3 + 2HNO_3 \longrightarrow Ba(NO_3)_2 + H_2O + CO_2 \uparrow$$
$$BaSiO_3 + 2HNO_3 \longrightarrow Ba(NO_3)_2 + H_2SiO_3$$
$$BaSO_3 + 2HNO_3 \longrightarrow Ba(NO_3)_2 + H_2O + SO_2 \uparrow$$
$$Ba(FeO_2)_2 + 8HNO_3 \longrightarrow Ba(NO_3)_2 + 2Fe(NO_3)_3 + 4H_2O$$

2. 工艺过程

钡泥制硝酸钡工艺流程如图 5-4-46 所示。将钡泥与水按适当比例（1∶6）在反应器中搅拌成浆液，加热至 70℃ 左右，加入预先配制好的稀 HNO_3 进行反应。控制配酸槽温度在 70℃ 以下，以防硝酸分解。反应终点时 pH 值为 1，然后加 $BaCO_3$ 调节 pH=6，再加氢氧化钡调 pH=7，除铁后进行过滤。滤液送至澄清槽保温澄清 1～2h，残渣用 95℃ 以上热水洗涤后除去，洗涤液返回反应器，循环利用。再将澄清后上清液进行浓缩，冷却结晶、过滤、洗涤、干燥、粉碎后得到成品硝酸钡。二次母液经二次浓缩后，可用于回收硝酸锶。

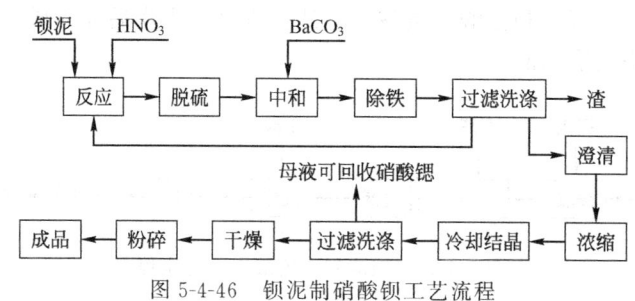

图 5-4-46　钡泥制硝酸钡工艺流程

3. 工艺控制参数

工艺主要控制参数见表 5-4-49。

表 5-4-49 工艺主要控制参数

项　目	单位	指标	备注	项　目	单位	指标	备注
反应温度	℃	76	钡溶出率>95%	脱硫温度	℃	>90	
反应时间	min	30		反应液除铁(pH)		7	
溶泥酸度(pH)		1	钡溶出率97.48%	浓缩温度	℃	104	
脱硫酸度(pH)		1		冷却结晶	℃	<30	
脱硫时间	min	10		水洗除硅	℃	<30	

（三）钡渣制取建材砖

钡渣是指钡盐在生产过程，用重晶石进行碳还原焙烧，然后用水浸取，浸出液用于制取各种钡盐；水浸后的剩余残渣为钡渣。

本法是对钡渣与黏土混合烧结制砖的研究，经小试和工业性试验表明，该法可降低污染，并使渣中残余燃料得到利用，是一种可行的治理方法。

1. 工艺原理

钡渣中的主要成分是 SiO_2，约占 60%。用钡渣代替部分黏土烧结制砖原理与烧制黏土砖基本相同，即利用 SiO_2 的多晶转化，并与钡渣中的污染成分发生共熔包覆，形成具有一定强度的固化体。

在 117℃　　γ-磷石英 $\rightleftharpoons$ β-磷石英+0.2%

　　163℃　　β-磷石英 $\rightleftharpoons$ α-磷石英+0.2%

　　573℃　　β-石英 $\rightleftharpoons$ α-石英+0.82%

　　870℃　　α-石英 $\rightleftharpoons$ α-磷石英+16%

　1000℃　　α-石英 $\rightleftharpoons$ α-方石英+15%

在上述多晶转变过程会发生一定的体积变化，必须在烧结过程控制其升温与降温的速度，否则由于体积变化产生的应力使产品开裂。

另外，钡渣中还含有 23.9% 的碳素，在烧制过程起到内燃作用，可降低燃料耗量。

2. 工艺过程

钡渣制建材砖工艺流程如图 5-4-47 所示，工业性试验中，为保证砖的强度，将钡渣配料比调整为 20%（质量分数），其他条件与砖厂的生产操作条件相似，温度为 880～950℃，时间为 6h。窑为工业化的生产转盘窑，整个炉窑有 22 个门（窑室）可装砖坯 13 万块。每个窑室长 5m，宽 2m，内衬耐火砖。

图 5-4-47 钡渣制建材砖工艺流程

3. 产品质量

试验所得产品为红色，不裂，不变形，外观质量较好，经建材质量制品质量监督检测站测试达到 GB 5101—2003 中的指标。结果见表 5-4-50。

表 5-4-50 产品质量测度结果

项目＼指标	抗压强度/(kgf/cm²)	抗折强度/(kgf/cm²)	吸水率/%	抗冻性/%
标准值	75	18	27	2
实测值	76	18	16.5	0.8

第八节 石油化学工业固体废物的回收和利用

一、概述

石油化学工业包括石油炼制工业和以石油、天然气、页岩油为原料的化学工业。石油化学工业的产品主要包括各种油料、合成橡胶、合成纤维、塑料、肥料以及各种有机化工原料[31,32]。

1. 石油化学工业固体废物的来源及分类

石油化学工业固体废物主要包括在生产过程中产生的固态、半固态以及容器盛装的液体、气体等危险废物。一般按生产行业、化学性质、危险性程度进行分类。按生产行业可分为石油炼制行业固体废物、石油化工行业固体废物和石油化纤行业固体废物。石油炼制行业固体废物主要有酸碱废液、废催化剂和页岩渣；石油化工、化纤行业固体废物主要有废添加剂、聚酯废料、有机废液等。按化学性质可分为有机固体废物和无机固体废物。

2. 石油化学工业固体废物的特点

(1) 有机物含量高 原油处理过程中的损失率为 0.25%，除通过水、气流损失外，其余大部分将含在固体废物中。如石油炼制工业，油品酸、碱精制产生的废碱液，油的含量高达 5%～10%，环烷酸含量达 10%～15%，酚含量高达 10%～20%。石油化工、化纤行业产生的固体废物中绝大多数为有机废液。此外，罐底泥、池底泥油含量都高于 60%。

(2) 危险废物种类多 石油化学工业产生的固体废物大多数属于危险废物，对人体健康和环境危害很大。如石油炼制产生的酸、碱废液，不但含有油、环烷酸、酚、沥青质等有机物，还含有毒性、腐蚀性较大的游离酸、碱和硫化物。其 pH 值低时可达 1～2，高时可达 12，硫化物含量 5～10g/L，COD 在 30～70g/L。有机废液中 60% 以上的有机废液具有危险性。油含量高的罐底泥、池底泥具有易燃易爆性，也属危险性物质。

(3) 资源化途径繁多 石油化学工业固体废物既是废物又是二次资源，利用途径繁多，例如：

① 废催化剂 含有贵重稀有金属铂、铼、银等，只要采取适当的物理、化学、熔炼等加工方式，就可以从废催化剂中回收这些稀有金属。

② 污泥 含油量较高的罐底泥、池底泥等可燃性物质可作燃料。污水处理厂的油泥、浮渣脱水后作为制砖的燃料，1t 泥饼相当于 3t 标准煤。

③ 废酸液 硫酸烷基化废液经热解法分解为二氧化硫后制取硫酸。精制润滑油的废酸液经过反应生产沥青。用精对苯二甲酸残液制取增塑剂，从醋酸-醋酸钴残液回收醋酸钴，甲苯装置生产的酚渣再次减压蒸馏回收混合甲酚。用硫化氢中和法利用炼油厂废碱液回收苯甲酚和硫化钠。日本利用电渗析法回收碱，回收率达 80%～90%。

④ 废碱液 液态烃废碱液可代替烧碱蒸煮麦草，生产漂白纸浆。环氧乙烷，环氧丙烷的皂化液可用来制作氯化钙、氯化钠。生产磺酸盐产生的废碱液可用作水泥预制构件脱模油；利用炼油废碱液取代粗酚、硫化钠、碳酸钠等化工产品在企业内自用。生产添加剂的钡渣焚烧后送化工厂制取氢氧化钡。在液态烃废碱液中通入硫化氢生产硫化钠或硫氢化钠。将液状的硫化钠直接用于聚硫橡胶的生产。

⑤ 页岩渣 油页岩渣是多功能的建材，其主要成分为 SiO_2 58.9%，Al_2O_3 26.8%，Fe_2O_3 11.7%，以及少量 CaO、MgO，可用来生产水泥。页岩灰是具有良好活性的火山灰

石混合材料,水泥厂近 20 年来一直使用页岩灰作活性掺合料,掺入量一般在 20%～30%,最高可达 50%,可生产 425 号和 325 号水泥,还可制成优质高强度流态混凝土,满足海洋工程、水利工程和一些要求抗冻的工程上。

二、石油炼制行业固体废物的回收和利用

(一)概述

石油炼制行业是以石油、页岩为主要原料,通过常压、减压蒸馏及催化裂化、加氢裂化、延迟焦化等生产工艺,生产汽油、柴油、煤油、液态烃、润滑油、沥青等产品的工业。

石油炼制行业产生的固体废物主要来自于生产工业本身及污水处理设施。主要包括废酸、碱液、废白土渣、废页岩渣、各种废催化剂及污水处理厂污泥。各类固体废物的来源及性质见表 5-4-51。我国近年来多加工高含硫原油,不仅给石油加工带来一定的困难,而且增加了固体废物的产生量。有些炼油厂增建重油、渣油深加工装置,固体废物量明显增多,污染物组成更加复杂。

表 5-4-51 各类固体废物的来源及性质

废物种类	废 物 来 源	废 物 性 质
废酸液	电化学精制,酸洗涤,二次加工汽、煤、柴油的酸洗涤,精制轻质润滑油;酯化工段丙烯与硫酸作用生成硫酸酯后的水解;磺化工段减压三线油,磺化反应后的废酸层;烷基化车间异丁烷与丁烯烃化法生产工业异辛烷,用硫酸作催化剂,聚合工段生产聚甲基丙烯酰胺时用硫酸作聚合催化剂	大部分废酸液为黑色黏稠的半固体,相对密度 $1.2～1.5d_4^{20}$,游离酸浓度 40%～60%,除含油 10%～30%外,还含磺化物、酯类、胶质、沥青质、硫化物以及氮化物等
废碱液	电化学精制,碱洗涤,二次加工汽、煤、柴油的碱洗涤,常减压蒸馏直流汽、煤、柴油碱洗,焦化、裂化等装置二次加工汽油出装置前的预碱洗,脱硫工段干气,液态烃的碱洗;催化裂化等装置二次加工汽油用酞菁钴碱液催化氧化脱臭,烷基化车间用烃化法生产工业异辛烷碱洗	大部分废碱液为具有恶臭的稀黏液,多为浅棕色和乳白色,也有灰黑色等,相对密度 $1～1.1d_4^{20}$,游离碱浓度 1%～10%,含油 10%～20%,环烷酸和酚的含量也相当高,一般在 10%以上,还含有磺酸钠盐、硫化钠和高分子脂肪酸等
废白土	精制润滑油的白土补充精制,石蜡和地蜡的白土脱色工段	黑褐色的半固体废渣,含油或含蜡量在 20%～30%
罐底泥	各类油品贮罐的定期清洗及各类容器清洗时的油泥和杂质	大部分为带油、杂质的黑色半固体
污水处理厂污泥	污水处理厂隔油池池底沉积的油泥,气浮池(投加絮凝剂)气浮时产生的浮渣,剩余活性污泥	油泥相对密度 $1.03～1.1d_4^{20}$,含水率 99%～99.8%;浮渣相对密度 $0.97～0.99d_4^{20}$,含水率为 99.1%～99.9%,为硫酸铝等的水化物与乳化油混合形成的糊状物;剩余活性污泥主要由微生物菌胶团组成呈絮状的棕黄色污泥,含水率 99%～99.5%
废催化剂	铂及铂-铼双金属重整催化剂及加氢催化剂,催化裂化车间的废催化剂;分子筛脱蜡定期更换的 5A 分子筛;分子筛精制定期更换的 CaY·Y,Cu·X 等类废分子筛	大部分催化剂和分子筛为硅、铝氧化物固体
添加剂渣	钡渣:生产聚异丁烯硫磷化钡盐添加剂时,经沉淀和离心过滤,由成品罐分离出的钡渣	带大量产品的钡盐水溶液,经沉淀和离心分离后,含产品 40%,其余为碳酸钡和硫化钡
	锌渣:生产二烷基二硫化磷酸锌添加剂时的过滤残渣	带 44%石油醚抽提的锌废渣,含氧化锌 30%,其余为硅藻土、硫、磷等
	酚渣:用甲苯生产对甲酚时的釜底残渣	带 7%～20%挥发酚及碳酸钠、硫酸钠和亚硫酸钠的水溶液

1. 酸、碱废液的来源及性质

（1）常压蒸馏和二次加工得到的汽油、煤油、柴油等油品，程度不同地含有硫和氮的化合物以及有机酸、酚、胶质和烯烃等。尤其是高含硫原油二次加工的产品，常含有相当数量的非烃化合物和二烯烃等杂质，致使油品性质不安定，质量差，需进行精制。

我国炼油厂一般采用酸、碱精制与高压电场加速沉降分离的方法，即电化学精制方法。它是酸、碱精制和"静电混合"作用的过程，即在酸、碱沉降器中设电极，形成高压（15000~25000V）直流电场。酸、碱在油品中形成适当直径的微粒后，与油品接触表面积增加。高压静电场可加速导电微粒在油品中的运动速度，强化酸碱与油品中的不饱和烃和硫、氮等化合物间的反应，同时加速反应产物颗粒间的互相碰撞，促进酸、碱液的聚集和沉降，得到有效的分离。

废碱液主要来自石油产品的碱洗精制。因被洗产品的不同，废碱液的性质也有所不同。耗碱量随加工原油的含硫量增加而增加，相应的废碱液量也增加。废碱液的性质及组成见表5-4-52。

表 5-4-52　各种废碱液的性质及组成

废碱液来源	碱浓度/%	废碱液组成					
		中性油/%	游离碱/%	环烷酸/%	硫化物/(mg/L)	挥发酚/(mg/L)	COD/(mg/L)
常顶汽油	3~5	0.1	2.9	1.8	3584	3200	35000
常一、二线	3~5	0.14	2.4	9	250	916	241600
常三线	3~5	10	1.5	8.3	64	300	8340
催化汽油	10~12	0.17	8	0.85	5964	90784	294700
催化柴油	15~20	0.8	8	2.5	5052	50748	340900
液态烃	10	0.04	6.2		1553	737	36000

（2）烷基化装置用98%的硫酸作催化剂，使异丁烷与异丁烯进行烷基化反应，生成异辛烷，硫酸则循环使用。当硫酸浓度降到85%时，需排出废酸，更换新酸。

废酸液主要来源于油品酸精制和烷基化装置排出的废硫酸催化剂。其成分除硫酸外还有硫酸酯、磺酸等有机物及叠氮化物。主要废酸液的性状及组成见表5-4-53。

表 5-4-53　主要废酸液的性状及组成

来源	硫酸浓度/%	废酸液组成		性状
		有机物	硫酸	
烷基化装置排出的废酸液	98	含量为8%~14%，主要成分是高分子烯烃、烷基磺酸及溶解的小分子硫化物	80%~85%	黑色黏稠状液体
航空煤油精制废酸液	98	含量为4%~6%，主要成分是高分子烯烃、苯磺酸、烷基磺酸、噻吩、二硫化碳及芳烃、环烷烃等	86%~88%	黑色黏稠状液体
润滑油精制废酸液	98	含量为6%，主要成分是硫化物、环烷酸、胶质等	30%	黏稠液

2. 污水处理厂污泥

炼油厂污水在隔油、气浮及生物处理过程中产生了大量污泥，其性质及性状见表5-4-54。

表 5-4-54　污水处理厂污泥性质及性状

污泥名称	含水率/%	密度/(g/cm³)	油/(mg/L)	硫化物/(mg/L)	酚/(mg/L)	COD/(mg/L)
隔油池底泥	99～99.5	1.01～1.1	5754	103	9	22895
浮渣	99～99.2	0.97～0.99	1531	94	5	42186
活性污泥	99.5～99.8	0.97～0.99	187	4	2	15370

3. 白土渣

在炼油及石油化工生产过程中，很多产品用活性白土精制。失活的白土叫白土渣。白土渣表面多孔，比表面积 150%～450%。表面吸附芳烃或其他油品的白土渣，具有一定的可燃性。据测定铂重整过程产生的白土渣热值为 75.4kJ/kg。

白土的主要化学组成为：SiO_2（60%～75%）、Al_2O_3（12%～18%）以及 Fe_2O_3、CaO、MgO、Na_2O、K_2O（5%～10%）等，一般油品精制过程中白土渣含油可达20%～30%。

4. 页岩渣

用低温干馏法加工油母页岩时可以从中提取含量只有 3%～5% 的油。97% 的页岩将成为页岩渣。页岩渣呈灰红色，含有未被完全去除的有机物。

（二）废渣利用技术

1. 废碱液的处理利用

（1）硫酸中和法回收环烷酸、粗酚　常压直馏汽、煤、柴油的废碱液中环烷酸含量高，可以直接采用硫酸酸化的方法回收环烷酸和粗酚。回收过程是先将废碱液在脱油罐中加热，静置脱油，然后在罐内加入浓度为 98% 的硫酸，控制 pH 值在 3～4，发生中和反应生成硫酸钠和环烷酸，经沉淀可将含硫酸钠的废水分离出去，将上层有机相进行多次水洗以除去硫酸钠和中性油，即得到环烷酸产品。若用此法处理二次加工的催化汽油、柴油废碱液，即可得到粗酚产品。

用硫酸酸化废碱液回收环烷酸、粗酚的方法虽可行，但酸化条件难以控制，加酸不足时，粗酚和环烷酸难于析出；加酸过量时，腐蚀管道设备，在排入污水处理厂前还需进行中和处理。用二氧化碳碳化碱液易产生乳化现象，粗酚和环烷酸难于分离出来。此时需加热破乳，使操作过程复杂化。

（2）二氧化碳中和法回收环烷酸、碳酸钠　为减轻设备腐蚀和降低硫酸消耗量，可采用二氧化碳中和法回收环烷酸。此法一般是利用 CO_2 含量在 7%～11%（体积分数）的烟道气碳化常压油品碱渣。回收工艺过程是，先将废碱液加热脱油，脱油后的碱液进入碳化塔，在塔内通入含二氧化碳的烟道气进行碳化。

碳化液经沉淀分离，上层即为回收产品——环烷酸。下层为碳酸钠水溶液，经喷雾干燥即得固体碳酸钠，纯度可达 90%～95%。

生产实践证明，这种工艺可以用来中和炼油厂常一、二线废碱液，也可单独中和常三线废碱液或中和常一、二线混合废碱液，可得到一级质量标准产品。缺点是中和后，溶液的 pH 值仍然较高，除生成一部分环烷酸外，另外部分仍为环烷酸钠皂，而且会产生大量泡沫，易堵塞管线。可采用补加少量硫酸的办法获得粗环烷酸。

（3）其他方法

① 常压柴油废碱液作铁矿浮选剂　采用化学精制处理常压柴油产生的废碱液，可用加热闪蒸法生产贫赤铁矿浮选剂，用其代替一部分塔尔油和石油皂，可使原来的加药量减

少 48%。

② 液态烃碱洗废液用于造纸 液态烃废碱液的主要组成是 Na_2S 2.7%、$NaOH$ 5%、Na_2CO_3 6% 的水溶液，另外还含一些酚等。造纸工业用的蒸煮液是硫化钠和烧碱的水溶液。使用废碱液造纸时，可根据碱液成分，适当补充一部分硫化钠和烧碱。

2. 废酸液的处理利用

（1）热解法回收硫酸 目前国内回收硫酸多送到硫酸厂，将废酸喷入燃烧热解炉中，废酸与燃料一起在燃烧室中热解，分解成 SO_2、CO_2 和 H_2O。燃烧裂解后的气体在文丘里洗涤器中除尘后，冷却至 90℃ 左右，再通过冷却器和静电酸雾沉降器，除去酸雾和部分水分，经干燥塔除去残余水分，以防止设备腐蚀和转化器中催化剂失效。在五氧化二钒的作用下，SO_2 在转化器中生成 SO_3，用稀酸吸收，制成浓硫酸。

（2）废酸液浓缩 废酸液浓缩的方法很多，目前使用得比较广泛的比较成熟的方法为塔式浓缩法。此法可将 70%~80% 的废酸液浓缩到 95% 以上。这种方法目前仍是国内稀酸浓缩的重要方法。其缺点是生成能力小，设备腐蚀严重，检修周期短，费用高，处理 1t 废酸耗燃料油 50kg。

3. 页岩渣的处理利用

（1）作矿井充填和筑路材料 充填废弃矿井的物料应满足以下要求：量大、坚硬、含泥少、无可燃性、质轻、廉价。页岩渣完全满足上述要求，用页岩渣充填矿井的费用大大低于用河沙充填。茂名石油工业公司约 2/3 的干馏页岩渣用于矿井填充或作路基材料。

（2）利用赤页岩粉作菱镁制品的改性填料 菱苦土是一种胶凝材料，其制品可用于各种建筑结构。但由于其耐水性差，在使用上受到限制。近几年来，抚顺市有关建材厂经大量探索性试验，发现赤页岩灰是改善菱苦土耐水性能的良好填料。赤页岩粉中的活性硅和活性铝可与菱苦土进行化学反应，产生不溶于水的硅酸镁和硅酸铝，改善菱苦土的耐水性能，其效果显著，且提高了其强度和安定性。目前很多建材厂利用赤页岩粉改性的菱苦土配合玻璃纤维生产内墙隔板、天棚板、屋面板、包装箱等产品，节省了大量木材。

（3）生产水泥 抚顺水泥厂曾采用湿法配制水泥生料，配料中掺石灰 67%、石油一厂页岩渣 28% 和石油一厂硫酸装置排出的废铁粉 5%，所生产的水泥标号达 425 号。改用干法生产后，配方为：石灰石 82%~83%，页岩渣 9%~10%，河沙 6%~6.5%，铁粉 0.95%，氟石膏 4%。水泥年产量 42 万吨。

（4）页岩渣制陶粒 将含碳 3% 左右的页岩渣干燥、磨细，然后与红黏土混合，加水制成料球，代替黏土以及白土粉作隔离剂，再经烘干制成较干的陶粒生球。生球经 300~400℃ 的烟气烘干、预热，再进入高温炉焙烧，保持炉温在 1150℃，陶粒即膨胀至最大粒径，出炉冷却后即得陶粒。可作轻质混凝土骨料。

（三）废碱液利用实例

1. 硫酸中和废碱液回收环烷酸

长岭炼油厂用碱液洗涤常压柴油中所含硫化物、氧化物、有机酸和烯烃等杂质，在高压电场下使洗涤液中油品与碱液分离。每天排出废碱液 15t，废液组成为：$NaOH$ 2.6%，环烷酸 5.24%，油 54.1%，水 38.06%。

（1）处理工艺 常压柴油废碱液采用硫酸中和法回收环烷酸，其基本化学反应为：

$$2RCOONa + H_2SO_4 \longrightarrow 2RCOOH + Na_2SO_4$$

废碱液处理工艺流程如图 5-4-48 所示。常减压电精制柴油废碱液经煮沸油水分离，待碱液充分分层后用泵打入中和罐用硫酸中和，生成的环烷酸入半成品罐，经脱水后出厂，酸性水用碱中和后排入污水处理厂。

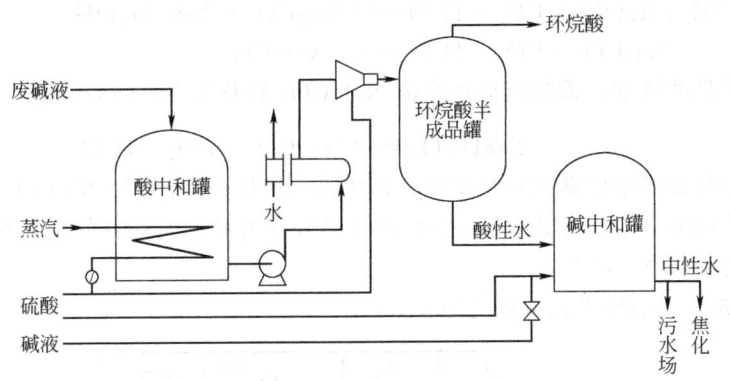

图 5-4-48 柴油废碱液处理工艺流程

（2）主要操作控制条件 主要操作控制条件见表 5-4-55。对于柴油废碱液的处理，废碱液煮沸后油水分离时间及中和 pH 值是两个重要指标。煮沸时间短，油水分离时间短，乳化物、中性油将不能充分地从废碱液中分离出来，从而会影响环烷酸的酸值和纯度。pH 值高，环烷酸不能充分从废碱液中置换出来，影响收率；pH 值过低，会腐蚀设备。

表 5-4-55 主要操作控制条件

项 目	指标	项 目	指标
柴油废碱液煮沸温度/℃	105	冷却器出口温度/℃	≤65
柴油废碱液煮沸时间/h	4	柴油废碱液中和 pH 值	2~3
柴油废碱液沉降时间/h	18	中性水排放 pH 值	6~8
液面/%	≤80		

（3）处理回收效果 回收环烷酸大部分是二级品或三级品，可用于精制生产环烷酸盐及其他化工产品的添加剂和催干剂等。副产品中性油掺入原油中回炼，酸性油作为裂化汽油原料。中和反应后的酸性水加碱中和至中性，用于焦炭塔除焦，这样可除去水中部分酚，降低污水 COD 值。

2. 用二氧化碳碳化废碱液回收碳酸钠

广州石油化工总厂油品电精制装置和脱臭装置产生废碱液约 8000t/a，废碱液的组成见表 5-4-56。该厂采用二氧化碳处理废碱液回收碳酸钠的生产工艺，能满足生产的要求，并达到综合利用保护环境的目的，节约一定量的硫酸，减轻对设备的腐蚀。

表 5-4-56 废碱液的组成

项 目	NaOH/%	Na$_2$CO$_3$/%	油/(mg/L)	酚/(mg/L)	有机酸/(mg/L)	硫化物/(mg/L)
初常顶废碱液	2.01	1.66	69.24	905	584	
脱臭废碱液	5.53	3.90	11960	14.0	8870	
催化废碱液	6.97	1.49	28800	25300	25010	243.9
混合废碱液	2.59	3.0	约15%[①]	30000	4%[①]	约32

① 体积分数。

（1）工艺原理 废碱液的主要组分为 NaOH、Na$_2$CO$_3$、RCOONa 和 RC$_6$H$_4$ONa 等。当 CO$_2$ 与碱液在碳化塔接触时将发生碳化过程，其反应为：

$$2NaOH + CO_2 \rightleftharpoons Na_2CO_3 + H_2O$$

$$2RCOONa + CO_2 + H_2O \rightleftharpoons Na_2CO_3 + 2RCOOH$$

$$2RC_6H_4ONa + CO_2 + H_2O \rightleftharpoons Na_2CO_3 + 2RC_6H_4OH$$

$$Na_2CO_3 + CO_2 + H_2O \rightleftharpoons 2NaHCO_3$$

为了保证产品的纯度，需将反应产生的 $NaHCO_3$ 转化为 Na_2CO_3，即：

$$2NaHCO_3 \overset{\triangle}{\rightleftharpoons} Na_2CO_3 + CO_2 + H_2O$$

将碳化母液置于分解塔中以蒸汽直接加热，即可将 $NaHCO_3$ 分解为 Na_2CO_3。

采用气流传热喷雾干燥方式，Na_2CO_3 溶液被喷成雾状，与热空气逆向接触，水分受热迅速汽化，析出固体 Na_2CO_3。

（2）工艺流程　处理工艺流程见图 5-4-49。

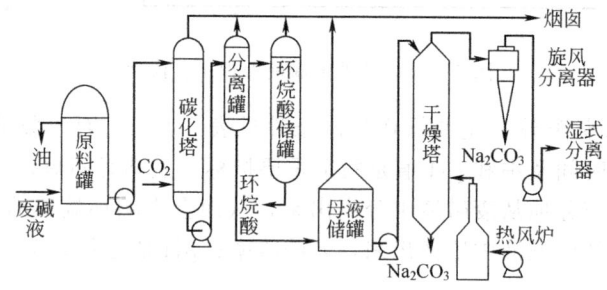

图 5-4-49　二氧化碳处理碱液装置工艺流程

混合碱液进入原料罐后，进行加热、沉降、脱油，脱油后送至碳化塔进行碳化。塔顶尾气与分离罐、母液储罐尾气一并送硫黄回收装置，与制硫尾气一起处理。塔底碳化液送分离罐，分出上层有机相送产品储罐，下层液体送母液储罐。母液用泵送干燥塔顶成雾状喷下，与从塔底吹入的热风逆向流动，在塔底得到固体碳酸钙。塔顶尾气经旋风分离器分离出碳酸钙粉末后经引风机送湿式除尘器。

（3）主要工艺控制条件　主要工艺控制条件见表 5-4-57。

表 5-4-57　主要工艺控制条件

序号	设备名称	参数名称	单位	指标
1	原料罐	液位	m	0.5～7.5
		温度	℃	约60
		处理量	m³/h	1～3
2	碳化塔	温度	℃	约60
		液位	m	5～8
		反应后 pH 值		约10
		塔顶压力	MPa	常压
3	碳化液分离器	界面	%	50～80
4	母液罐	液位	m	2.0～3.0
		油层厚度	m	≤0.05
		塔顶温度	℃	110～135
5	干燥塔	塔顶压力	Pa	0～50
		喷浆压力	MPa	2.5～3.0(表)
6	湿式除尘器	液面	%	1/3～2/3
7	碱油储罐	液位	m	≤3.0
		炉膛温度	℃	≤1100
8	热风炉	炉出口温度	℃	≤400
		炉膛压力	Pa	≤5000(表)

（4）处理效果　产品收率为 75%，产品质量合格率为 98.9%。

3. 利用废碱液造纸

林源炼油厂催化裂化装置的产品液态烃精制碱洗水洗工艺产生的废碱液主要成分见表 5-4-58，含有 2%NaOH 和不低于 20% 的 Na$_2$S。对用漂白（或本色）碱法、硫酸盐法和蒽醌硫酸盐法造纸的工厂，可用此废碱液配制蒸煮液，增加纸张的断裂长度，提高经济效益。

表 5-4-58　废碱液的主要成分

项　　目	pH 值	NaOH/%	Na$_2$S/%
液态烃碱洗废碱液	14	2~6	20~30
液态烃水洗废碱液	10~12	—	1.3~1.5

（1）工艺原理　根据造纸工业中本色（或漂白）碱法、硫酸盐法和蒽醌硫酸盐法制浆的工艺要求，需要在氢氧化钠配成的煮液中加入硫化钠。废碱液中恰好含有这两种成分。其中氢氧化钠可除去纤维原料中的木质素，而硫化钠水解产生的氢氧化钠可补充其消耗，产生的硫氢化钠能与木质素结合，加速其溶解过程。并且可缓解氢氧化钠对纤维素的降解作用，增加产品的断裂长度。

（2）工艺流程　利用废碱液造纸的工艺流程图见图 5-4-50。主要工序是配料，蒸煮液

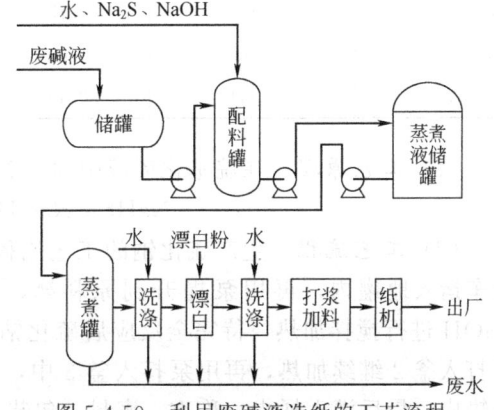

图 5-4-50　利用废碱液造纸的工艺流程

的配制主要控制指标是：总碱度为 44g，硫化度为 13%。硫化度的计算公式如下：

$$硫化度＝[Na_2S]/([Na_2S]+[NaOH])\times100\%$$

表 5-4-59 所示是一次用浓度最低的废碱液配制蒸煮液的投料情况。

表 5-4-59　一次用浓度最低的废碱液配制蒸煮液的投料情况

种类	球容积/m³	投加量/kg			废碱液投加量/kg		草/kg	原浆硬度 KMnO₄(K 值)
		30%NaOH	100%Na$_2$S	水	2%NaOH	2%Na$_2$S		
有光	25	1237	56	9089	2300	2000	3500(绝干)	12
白纸	14	693	31	5066	1550	1500	1990(绝干)	12

（3）主要工艺控制条件　投料后升温升压，经 2~5h 压力达到 0.6MPa，温度达 158℃，使蒸球转动，蒸煮 3.5h 放料，进入洗涤工序。至此废碱液中的有效成分已被充分利用。制纸浆工艺条件见表 5-4-60。

表 5-4-60　制纸浆工艺条件

种类	装球量/(kg/m³)	活性碱/%	硫化度/%	液比 液：水	最高压力/MPa	温度/℃	转速/(r/min)	有效时间/h
白纸	142	12	13	1：28	0.61	158	0.5	3.5

主要设备的操作条件为：废碱液储罐中 NaOH 浓度不少于 2%；配料罐的总碱度（NaOH+Na$_2$S）以 NaOH 计为 44g，其中 Na$_2$S 占 13%；蒸煮液罐温度为 80℃。

（4）处理效果　废碱液中活性碱含量约为 8.4%，硫含量为 527770mg/L，蒸煮排出液

中硫含量仅为 2.2mg/L。pH 值从 14 降至 9.38。

4. 利用废碱液生产硫化钠

抚顺石油二厂硫酸烷基化装置通常以浓度为 13%～15% 的氢氧化钠碱液洗涤液态烃中的硫化氢及其他含硫化合物，待碱液浓度降低到 3% 以下时，作为废碱液排出。每年产生烷基化废碱液 2000t，其组成为：不溶物 <0.01%、NaHS 22%、Na_2S 0～0.6%。该厂用硫酸烷基化废碱液生产硫化钠，产品质量见表 5-4-61。

表 5-4-61　硫化钠产品质量　　　　　　　　　　单位：%

项　目	本装置产品质量	甲种标准		乙种标准	
		一级品	二级品	一级品	二级品
Na_2S	63.67	60.0	60.0	52.0	52.0
Fe	0.102	0.15	0.20	0.10	0.20
Na_2CO_3	2.65	5.00	—	3.10	—
不溶物	0.141	0.40	0.80	0.40	0.80

（1）工艺原理　在烷基化废液中加入 NaOH，废液中的 NaHS 就可以转变为 Na_2S：

$$NaHS + NaOH \longrightarrow Na_2S + H_2O$$

（2）工艺流程　生产硫化钠的工艺流程见图 5-4-51。硫酸烷基化装置产生的废碱液用槽车运入地罐内，再用泵提升到原料罐，经原料罐泵入反应器。在反应器中加入适量 NaOH 进行搅拌加热，待完全反应后硫化钠靠液位差流入反应釜 1 中，经烟气预热后用吊泵打入釜 2 继续加热，再用泵打入釜 3 中，加热到 180～182℃ 达到产品指标后用泵打入成品罐中，最后灌入桶中，称重、密封、包装、入库。

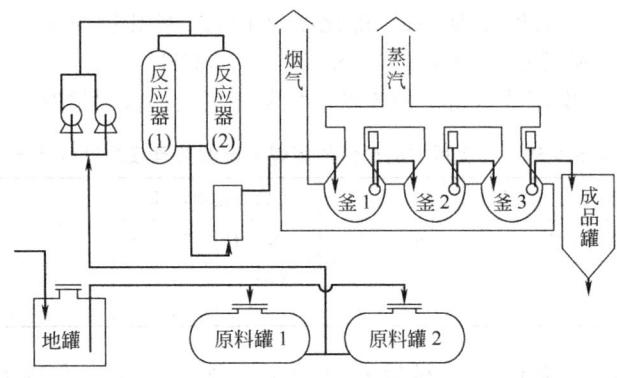

图 5-4-51　从废碱液回收硫化钠装置工艺流程

（3）主要设备的操作条件　浓缩釜 3 温度为 180～182℃；反应器温度为 80℃。对于釜 3 应严格控制操作温度，温度过高影响产品收率，过低会影响产品质量。成品罐液位应保持在 1/3 以下。

（4）处理效果　脱硫率高达 99.7%，脱盐率 28% 以上。

（四）废酸液利用实例

1. 活性炭吸附法处理甲乙酮废酸生产硫酸铵

抚顺石油二厂在甲乙酮生产过程中，硫酸作为酯化反应催化剂，反应后剩余的废硫酸从蒸出塔底排出。甲乙酮废酸产生量为 1170kg/h，约 9000t/a，其组成和性质见表 5-4-62。

表 5-4-62　甲乙酮废酸性质

分析项目	单位	结　　果
废酸浓度	％	30～40
COD	mg/L	25000～28000
有机物	％	0.8～1.0
颜色		棕褐色
气味		特殊刺激性异味

该厂建成 3500t/a 硫酸铵生产装置，采用活性炭吸附，使甲乙酮废酸脱臭后供硫铵工段作生产硫铵化肥的原料，生产的硫酸铵达到质量标准。在治理废酸污染的同时，取得了一定的经济效益。吸附饱和的活性炭未进行再生，送到硫酸裂解炉焚烧，为裂解反应提供热能。

（1）工艺原理

将废稀硫酸中的有机杂质用活性炭脱除，然后与氨反应生产硫酸铵母液，经干燥、结晶生产硫酸铵化肥。氨与硫酸的反应式为：

$$2NH_3 + H_2SO_4 \longrightarrow (NH_4)_2SO_4 + Q$$

（2）工艺流程　废酸活性炭吸附脱臭生产硫酸铵装置流程见图 5-4-52。甲乙酮废酸活性炭吸附脱臭装置采用串联方式运行。废酸用泵从废酸罐抽出打入预吸附塔下部，经过 4 个塔的吸附后流入精制酸罐，净化处理后的硫酸送入饱和器上部，氨由饱和器下部进入，二者逆向接触生成硫酸铵母液。该母液送页岩干馏分厂硫铵工段干燥、结晶，即为硫酸铵化肥。

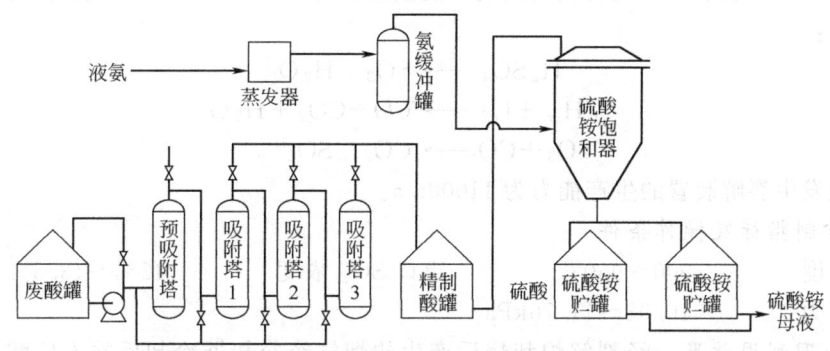

图 5-4-52　甲乙酮废酸活性炭吸附脱臭生产硫酸铵装置流程

（3）主要工艺操作条件

精制后稀酸 COD	＜1000mg/L	饱和器反应温度	75～80℃
炭床温度	常温	饱和器反应压力	0.1MPa
炭床压力	0.02～0.03MPa	液氨进料	150～250kg/h
稀酸流速	0.8m/(m²·h)	稀酸进料	1000～1500kg/h
酸炭比	180m³/1m³（酸/炭）	加水量	100～500kg/h

（4）处理利用效果　甲乙酮废酸活性炭吸附处理效果见表 5-4-63。生产的硫酸铵母液质量全部达到规定的标准；相对密度 $d_4^{20}=1.25～1.35$；酸值为 0.1％～1.2％；母液浓度为 35％～38％。

2. 热分解法从废酸液中回收硫酸

抚顺石油二厂产品为异辛烷，生产规模 45000t/a。烷基化装置产生的废酸液量为 3500t/a。其中含酸 80％、硫酸酯 3％、其他叠合物 17％，呈棕黑色，有强烈刺激性臭味。

（1）处理工艺　废酸裂解工艺流程见图 5-4-53。

表 5-4-63　甲乙酮废酸活性炭吸附处理效果

项　目	处　理　前	处　理　后
$H_2SO_4/\%$	$30\sim40$	$30\sim40$
COD/(mg/L)	$25000\sim28000$	<1000
颜色	棕褐色	无色透明
臭味	刺激性异味	无异味

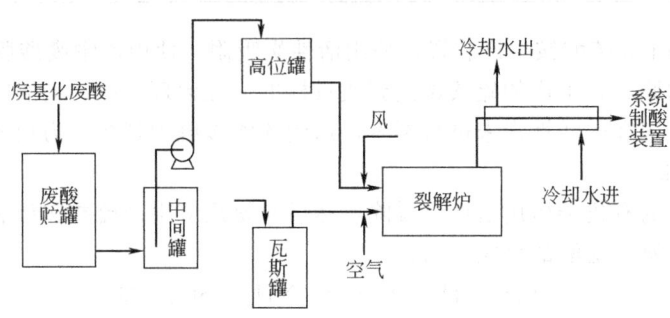

图 5-4-53　烷基化废酸裂解工艺流程

烷基化装置排出的废酸贮于废酸贮罐中，经中间罐用泵打入高位罐，从高位槽以 $0.5\sim$ $0.8t/h$ 的流量通过喷嘴与压缩风混合，并以雾状喷入高温裂解炉。为使废酸在裂解炉内充分分解为 SO_3，在裂解炉内设有瓦斯火嘴，使温度维持在 $950\sim1000℃$，裂解炉内发生的化学反应如下：

$$H_2SO_4 \longrightarrow SO_3 + H_2O$$
$$C_nH_{2n} + O_2 \longrightarrow CO + CO_2 + H_2O$$
$$SO_3 + CO \longrightarrow CO_2 + SO_2$$

烷基化发生裂解装置的生产能力为 $11000t/a$。

（2）控制指标及操作条件

炉膛温度　　　　$900\sim950℃$　　　　出口 SO_2 浓度　　　　$12\%\sim13.5\%$

入口压力　　　　$10.98\sim11.76kPa$

（3）处理利用效果　　经裂解炉焚烧后产生的烟气经冷却器冷却后并入硫酸生产装置，所含 SO_2 气体作为制酸工艺的原料重新制酸。产品达到国家一级产品标准。残余废气符合排放标准，灰$<1\%$；渣$<0.5\%$。

三、石油化工行业固体废物的回收和利用

（一）概述

石油化工行业是以石油炼制工业的产品为原料，生产基本有机原料、合成材料、精细化工产品等化学产品的工业。

石油化工行业主要固体废物的来源及组成见表 5-4-64。

石油化工行业固体废物由于生产过程、原料和产品差异性大，所以废物的种类多，成分复杂，多数废物具有易燃、有毒、易反应的特性。其形态有固体状、浆液状等不同类型，大部分都具有刺激性臭味。按其性质可分为以下几类。

（1）废酸、碱液　在石油化工生产过程中，原料中的硫化物会生成硫化氢等酸性化合物，有时需用碱加以洗涤。废碱液中一般含有 Na_2S、Na_2CO_3、含酚钠盐等，并溶有一部分烃类化合物。一套 $30\times10^4t/a$ 的乙烯装置碱洗塔排出的废碱液达 $0.4\times10^4t/a$。

表 5-4-64　石油化工行业主要固体废物的来源及组成

装置	名称	排放点	排放量 /(t/a)	主要组成及含量/%
乙烯装置	废碱液	碱洗塔底	4000	Na$_2$S 10～20；Na$_2$CO$_3$ 4～5；NaOH 1～3
	废黄油	碱洗塔	50～150	烃类聚合物
		加氢反应器出口	0.1～0.5	烃类聚合物
	废催化剂	C$_2$ 加 H$_2$，C$_3$ 加 H$_2$，烷化		Pa，Ni，Al$_2$O$_3$ 等
30×10^{4}t/a	干燥剂			分子筛活性氧化铝
汽油加氢 6.46×10^{4}t/a	废催化剂	一段加氢	1.06～1.77	铁 0.004
		二段加氢	0.26～0.43	钴 3.33
苯、甲苯 19×10^{4}t/a	废白土	白土塔	45	含微量烯烃和芳烃
	环丁砜	溶剂再生塔	极少量	环丁砜和烃类聚合物
乙醛，3×10^{4}t/a	压滤机滤饼	催化剂，压滤机	1～2	固态乙醛衍生物
醋酸，3×10^{4}t/a	醋酸锰残渣	回收蒸馏釜	9～10	醋酸 66，醋酸酯类 24.5，醋酸锰 9.5
环氧乙烷 乙二醇 6×10^{4}t/a	多乙二醇	多乙二醇釜	40	多乙二醇聚合物
	EO 反应催化剂	反应器	6.4	Ag15
环氧丙烷 丙二醇 0.8×10^{4}t/a	废石灰渣	石灰消化器	3960	CaCO$_3$　97 Ca(OH)$_2$　<2 有机物　<1
甘油 0.1×10^{4}t/a	废活性炭	吸滤器	5	活性炭、有机物
	食盐	离心机	900	甘油
苯酚 丙酮 1.5×10^{4}t/a	酚丝油	丝油锅	800	多异丙苯
		丝油锅	2000	酚、苯乙酮
间甲酚 3×10^{4}t/a	磷酸催化剂	烷化反应	44.9	磷酸及烃
	废吸附剂	吸附分离	38.43	分子筛、芳烃
	Al(OH)$_3$ 渣	异构化	585	Al(OH)$_3$15，水 84，有机物
	焦油	精馏塔	18598	有机物
烷基苯 5×10^{4}t/a	氟化铝	循环烷烃、氧化铝处理器	30	AlF$_3$
	氟化钙	中和池	15	CaF$_2$
	泥脚	沉降罐	340	烯烃、三氧化铝与苯合物　20～25

（2）反应废物　石油化工生产过程中会产生含高低聚合物的反应残渣。其有机成分含量高。如丁二烯装置精制塔底的丁二烯二聚物，产量高达 33.7t/h。苯酚丙酮生产装置的焦油产量为 250kg/t。这类废物一般都可以作为燃料加以利用。

（3）废催化剂　大部分采用 Al$_2$O$_3$ 作载体，载有 Pt、Co、Mo、Pd、Ni、Cr、Rh 等金属。废催化剂上一般都附有有机物。

石油化工固体废物还有废固体吸附剂、废皂化反应剂等。

（二）综合利用技术

生产丙烯酸甲酯时产生的废酸液可用来生产硫酸铵。四川维尼纶厂用醋酸乙烯装置废硫酸制取磷肥。燕山石化公司化工三厂从烷基苯生产废酸液中回收油和 AlCl$_3$。

乙烯氧化制乙二醇装置（6×10^{4}t/a）产生多乙二醇重组分约 40t/a，可供用户作纸张涂料、黏合剂和化妆品。

（三）工程实例

1. 用蒸馏法从有机氯化物废液中回收有机氯

大连石化公司有机合成厂的环氧乙烷、环氧丙烷生产装置的分馏塔釜液的主要成分是有机氯化物，包括二氯乙烷、二氯丙烷、氯乙醇、氯丙醇、氯代乙醚、氯代丙醚等。它们大多用作溶剂，或作合成浸透剂、杀虫剂、洗涤剂的原料。它们的共同特性是易燃，有刺激性臭味，对人体及生物的危害主要表现在使神经系统麻痹，对造血系统和肝脏有损害。主要副产品的产生量为：二氯乙烷 120t/a；二氯代乙醚 60t/a；二氯丙烷 200t/a；二氯代丙醚 70t/a。当反应控制不好，碱度过大时，会生成乙二醇和丙二醇。上述副产物混合于水中作为环氧乙烷、环氧丙烷精馏塔的釜液排出，排放量为 400～500kg/d。

（1）工艺原理 由于环氧化物釜液中的有机氯化物不溶于水，且沸点相差较大，很容易利用精馏的原理将它们分开。先将油相与水相分开，再将油相中的各种有机氯代物用精馏分开。

（2）工艺流程 环氧乙烷釜液的处理工艺流程见图 5-4-54。环氧化物釜液收集在原料罐内，经切水、中和后进入二氯乙、丙烷精馏塔。塔顶提取出二氯乙、丙烷，塔釜留下重组分。这部分重组分再送入二氯乙、丙醚精馏塔，提取二氯乙、丙醚，最终剩下的釜液仍可作为有机溶剂或作为防水涂料的原料等加以利用。

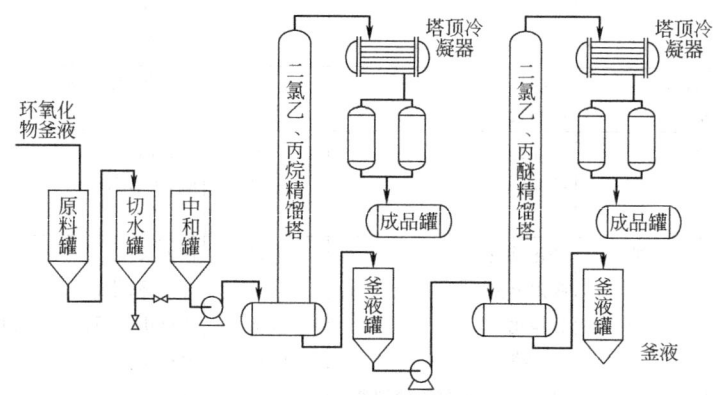

图 5-4-54 环氧化物釜液处理工艺流程

（3）主要设备及工艺控制条件 该工艺主要设备为精馏塔，主要工艺控制条件见表 5-4-65。操作注意事项为：

表 5-4-65 主要工艺控制条件

项 目	单位	指标
碱洗罐	碱浓度	2%,pH>10
碱洗后物料	以 HCl 当量百分含量计	<0.005
二氯乙烷蒸馏塔顶温	℃	50～78
二氯丙烷蒸馏塔顶温	℃	65～91
釜压:二氯乙烷/二氯丙烷	MPa	<0.04/>0.04
回流比:二氯乙烷/二氯丙烷		3/4
流出:二氯乙烷/二氯丙烷		
顶温	℃	(80±1)/(94±2)
釜温	℃	(85±2)/(98±2)
釜压	MPa	<0.04/>0.04
回流比		1/1

① 精馏塔塔釜加热时要注意缓慢加热，若升温速度过快，会造成溢塔；

② 碱洗后的物料需达到 HCl＜0.005％，HCl 含量高时会加快设备腐蚀。

（4）处理利用效果

回收的二氯乙烷、二氯丙烷的浓度可达 97％以上，二氯乙醚、二氯丙醚的浓度可达 95％以上，所剩下的残液为其他有机氯化物，可回收作燃料或作防水涂料的溶剂。

2. 烷基苯装置废酸液的处理利用

燕山石化公司化工三厂在烷基苯的生产过程是：苯与烯烃在三氯化铝作用下进行烷基化反应，生成物经沉淀分离，上为产品烷基苯，下为泥脚酸液。泥脚酸液量为 10t/d，其中含有大量的苯、烷基苯、轻油、高沸物、三氯化铝络合物等。

该厂采用泥脚酸液水解工艺，每年可从泥脚酸液回收 879t 泥脚油、1379t AlCl$_3$ 和 537t 苯。回收的苯经脱水后返回纯苯罐。该工艺取得了较好的经济效益和环境效益。

（1）工艺原理 泥脚水解主要是利用三氯化铝遇水分解将活性络合物破坏掉。

$$Al_2Cl_6 \cdot C_6H_5 \cdot RHCl + H_2O \longrightarrow C_6H_5R + 2AlCl_3 + H_2O + HCl\uparrow$$

$$AlCl_3 + 3H_2O \longrightarrow Al(OH)_3 + 3HCl\uparrow$$

（2）工艺流程 工艺流程见图 5-4-55。自烷基苯装置送来的泥脚酸液送入预处理罐，新鲜水与泥脚按一定比例混合进入水解罐进行水解，水解后的油和水混合物排入油水分离罐，油水在罐内分层，油苯从上部溢流进入油罐，再用泵打入蒸苯釜，蒸出的苯经冷凝器进入碱洗罐，经碱洗进入苯罐送回烷基苯车间使用。由蒸苯釜底排出的油品送入贮

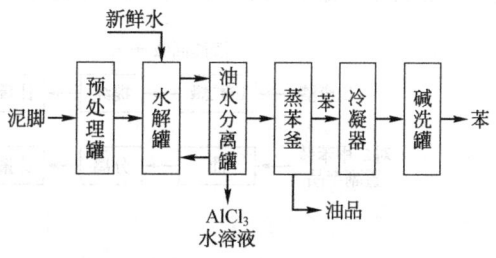

图 5-4-55 泥脚酸液回收苯流程

罐待售出。油水分离罐底排出的三氯化铝水溶液再用泵打入水解釜循环水解，待其相对密度达到 1.25 时，即可放入贮罐待出售。

（3）主要工艺控制条件

水解釜温度	＜110℃	回收苯的标准	K·K＜90℃
水：泥脚	5:1	pH 值	6～8
蒸苯釜温度	＜85℃	颜色	淡黄

3. 利用 EI 废液生产 MB 系列浮选剂

辽阳石油化纤公司在生产环己酮、环己醇的过程中，产生醇酮装置 EI 废液，其组成及产生量见表 5-4-66。

表 5-4-66 醇酮装置 EI 废液组成及产生量 单位：kg/h

精馏塔顶轻组分		精馏塔底重组分	
产生量:533kg/h		产生量:18kg/h	
废液温度:130℃		废液温度:50℃	
醇	20	环己烷	9.45
酮	1	C$_5$	4.14
HPOCaP	25	C$_6$	0.54
一价酸	52	环戊烷	0.27
二价酸	95	甲基环戊烷	0.36
环己基二酸酯	325	苯	0.63
Cr	1	重组分	1.80
磷酸辛酯	14	叔丁醇	0.81

该厂以 EI 废液和其他副产品为原料,生产出无毒、无污染的 MB 系列浮选剂,可代替传统的浮选药剂——煤油、柴油和发泡剂,并可通过改变原料成分比例,制成不同特征的系列产品,适用于气煤、焦煤、肥煤、瘦煤和无烟煤,尤其对粗粒氧化煤浮选效果显著。

(1) 工艺原理 采用萃取法提取废液中为煤浮选有效的成分。根据煤的表面特性,选取对煤浮选最有效的成分,即利用表面及胶体化学原理将不同 HLB 值的组分配制成为一种均一的混合物,从而可以针对不同煤质选用不同的表面活性剂,生产出具有不同捕收、起泡性能的 MB 浮选剂系列产品,以适应不同煤种浮选的需要。

(2) 工艺流程 将醇酮装置排出的 EI 废液定期用槽车运往 MB 浮选剂装置的原料贮罐内,经提纯、精制后,通过计量罐送入复合反应釜,从对二甲苯装置来的副产品油经分离后也通过计量罐送入复合反应釜,在釜内发生一定的复合反应,然后进行中和处理,并在此加入一定量的促进剂。中和反应后,物料进入混配罐,通过机械搅拌,将不同 HLB 值的组分配制成为均匀的混合物。混合物液进入沉降罐沉降分离,自然沉降 48h 后,将上部清液打入产品罐,下部渣油进一步回收。将一定量的添加剂投入净化器内,一段时间后采样化验,合格产品送成品贮罐,外销出厂。MB 浮选剂生产工艺流程如图 5-4-56 所示。

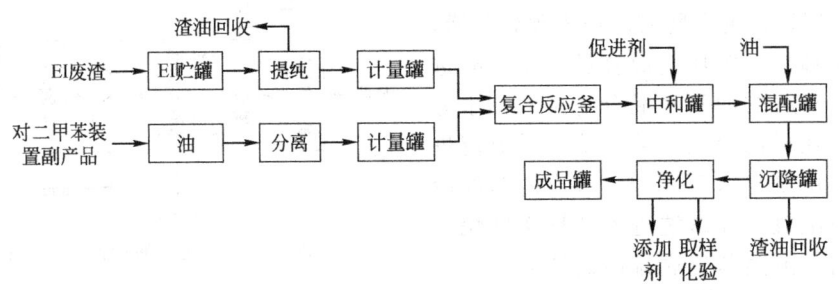

图 5-4-56 MB 浮选剂生产工艺流程

(3) 主要操作条件 MB 浮选剂的生产过程比较简单,但必须在几个关键环节严格控制。沉降罐的沉降过程必须自然沉降 48h,如果控制不好将影响产品质量。

4. 从己二酸废液中回收二元酸

辽阳石油化纤公司在生产己二酸时产生约 $10.11 \times 10^3 t/a$ 的二元酸废液。二元酸废液主要成分是丁二酸、戊二酸及草酸,约占总废液量的 33%~34%;此外,废液中尚存 8.4% 的己二酸、57% 的水、0.6% 的硝酸及少量铜、钒催化剂等。

(1) 回收工艺 二元酸废液的组成波动较大。一般情况下,二元酸占总废液量的 25%~45%,硝酸含量也高于设计值。根据己二酸与其他二元酸溶解度、熔点、沸点等物理性质的不同,采用冷却、结晶、蒸发的回收工艺路线。二元酸回收工艺流程如图 5-4-57 所示。

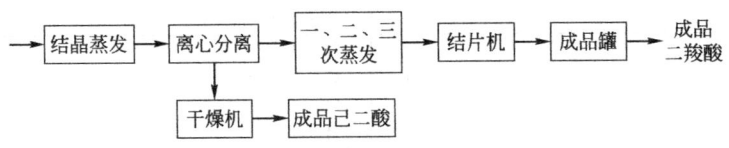

图 5-4-57 二元酸回收装置工艺流程

废液中己二酸的含量为 8% 左右,由于己二酸在水中的溶解度较小(20℃,每 100g 水中溶解 2g 己二酸），首先将废液打入结晶釜中，用冷却水冷却，使大部分己二酸结晶析出，悬浮于溶液中，经离心分离、洗涤、干燥得到己二酸回收产品。

离心分离己二酸后的母液经一、二、三次蒸发器蒸发浓缩后，进行冷却、结片即得到产品丁二酸、戊二酸。

（2）工艺条件　二元酸回收工艺主要设备操作条件如表 5-4-67 所示。当蒸汽压力超过工艺指标时，会产生严重的泡沫夹带，致使物料从二次蒸汽出口排出。

表 5-4-67　二元酸回收工艺蒸发器操作条件

名称	流量/(m³/h)	蒸汽压力/MPa
一次蒸发	1.0～1.2	0.15
二次蒸发	0.8～1.0	0.15
三次蒸发	终点温度 150℃	0.2～0.8

（3）回收效果　得到含量在 90% 以上的二羧酸产品（丁二酸、戊二酸、己二酸混合物），回收率达 98% 以上。

四、石油化纤行业固体废物的回收和利用

（一）概述

化纤可分为再生纤维、合成纤维、无机纤维三种。以石脑油、轻柴油、天然气为原料，通过有机合成可制得各类化纤单体及其纤维产品。我国生产的化纤品种主要包括（按产量排序）：聚酯纤维（涤纶）、聚酰胺纤维（尼龙）、聚丙烯腈纤维（腈纶）、聚乙烯纤维（维纶）、聚丙烯纤维（丙纶）、聚氯乙烯纤维（氯纶）、聚氨酯纤维（氨纶）等。

石油化纤工业产生的主要固体废物产生量及组成见表 5-4-68。

表 5-4-68　石油化纤工业主要固体废物产生量及组成

名称	产生量/(t/a)	主要成分
化学废液	91600	废硅藻土、乙醛、二元酸、醇酮、硫胺、硫酸钠、碱渣、无规聚丙烯、PTA、DMT、EG 残渣、B 酯
废催化剂	410	钴、锰、镍、银、铂、铂铑网
聚合单体废块废丝	4900	涤纶、锦纶、腈纶、维纶、丙纶的单体废块、废条、废丝
石灰石渣	7192	酸性废水中和沉淀渣
污泥	8000（干基）	油泥、浮选渣、预沉池底泥、剩余活性污泥

（1）涤纶固体废物　聚酯纤维的生成过程中产生的主要固体废物有废催化剂钴锰残渣、B 酯、聚酯残渣、聚酯废块、废丝等。

（2）尼龙固体废物　尼龙-66 和尼龙-6 生产过程中产生的主要废物有废镍催化剂、二元酸废液、醇酮及己二胺废液，锦纶单体废块、废丝等。

（3）腈纶固体废物　腈纶生产过程中产生的主要固体废物有硫铵废液、硫氰酸钠废液、废丝废块等。

（4）维纶固体废物　维纶生产过程中产生的主要固体废物有炭黑废渣、过滤机滤液、废丝等。

（5）丙纶固体废物　丙纶生产过程中产生的主要固体废物为无规聚丙烯。

（二）石油化纤工业固体废物的综合利用技术

（1）"五纶"废丝、废块、废条的综合利用　涤纶、锦纶、腈纶、维纶、丙纶的聚合

单体废块、废丝等均属残次品，有较好的再生价值。经过洗净、干燥、熔融可以再加工成切片或纺成纤维出售。

（2）废催化剂的综合利用　石油化纤工业废催化剂品种多，数量大，含重金属或贵金属量高。采用的回收方法因催化剂种类的不同而异，主要包括溶解、萃取、离子交换、沉淀、电炉熔炼等。

（3）酸、碱废液的综合利用　己二酸生产过程中产生的含二元酸、硝酸和己二酸的废液可采用蒸发浓缩、分离的手段加以回收。

（4）化纤废液的综合利用　DMT 生产装置产生的二甲酯残液可用于制取黏合剂，代替酚醛树脂用于钢铁工业。己二酸生产装置产生的含盐废液，含尼龙-66 盐 25.4％，经过滤、蒸发、分离可制取锦纶长丝。

（三）工程实例

1. 用硫酸中和法回收碱洗液中的对苯二甲酸

上海石油化工总厂涤纶厂在对苯二甲酸（简称 PTA）合成工序中，当对苯二甲酸反应器和反应器冷凝器操作 2000h 后，需用 NaOH 溶液除去附着在对苯二甲酸反应器壁和管壁上的对苯二甲酸、对甲基苯甲酸和对甲醛苯甲酸等固体物质，产生碱洗废液。每次清洗产生的碱洗液组成及产生量为：8.35t 对苯二甲酸钠、0.85t 对甲基苯甲酸钠、0.17t 对甲醛苯甲酸钠、10.93t 醋酸钠、1.76t 氢氧化钠、159.42t 水。

（1）工艺原理

① 酸析　用硫酸中和碱洗液，将其中的对苯二甲酸、对甲基苯甲酸、对甲醛苯甲酸等固体物料沉淀析出，然后用倾析机分离。碱洗液与硫酸发生的反应如下：

$$C_6H_4(COONa)_2 + H_2SO_4 == C_6H_4(COOH)_2 + Na_2SO_4$$
$$2CH_3C_6H_4COONa + H_2SO_4 == 2CH_3C_6H_4COOH + Na_2SO_4$$
$$2CHOC_6H_4COONa + H_2SO_4 == 2CHOC_6H_4COOH + Na_2SO_4$$
$$2CH_3COONa + H_2SO_4 == 2CH_3COOH + Na_2SO_4$$
$$2NaOH + H_2SO_4 == Na_2SO_4 + H_2O$$

② 洗涤　用热水洗涤固体物料，使其中含有的杂质溶解于热水中，再用倾析机分离。

③ 干燥　湿对苯二甲酸含有约 60％的水分，为了便于输送，必须进入干燥机予以干燥。

（2）工艺流程　PTA 回收工艺流程见图 5-4-58。

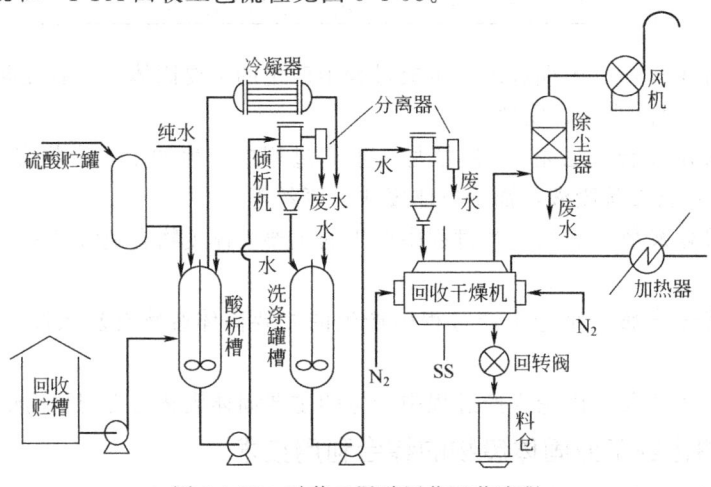

图 5-4-58　对苯二甲酸回收工艺流程

（3）控制条件　主要控制条件见表 5-4-69。

表 5-4-69　主要控制条件

项　目		条　件
酸析	反应温度	70～80℃
	停留时间	1～3h
	硫酸需用量	为理论需用量的几倍,pH＝3～4
	浆料中固体的浓度	1%～5%
洗涤	洗涤温度	70～80℃
	洗涤液量	固体量的 30～60 倍
	停留时间	1～2h
干燥	干燥温度	120～140℃
	停留时间	20～40min
	氮气量	与水的质量比为 1：(1～2)

（4）回收效果　PTA 回收装置每次可回收 PTA7.5t 左右,是理论量的 90%。回收的对苯二甲酸产品纯度＞98%,挥发分＜0.1%,灰分＜0.1%,与精制的对苯二甲酸混合使用。

2. 用液氨中和废酸液生产硫酸铵

抚顺腈纶化工厂在生产烯酸甲酯的过程中由合成反应釜间歇排出酸性废液 2433kg/d,其组成见表 5-4-70。该厂采用液氨中和废酸液回收硫酸铵母液。

表 5-4-70　废酸液的组成　　　　　　　　　　　单位：%

H_2SO_4	NH_4HSO_4	—OSO_3 加成物	水	共轭双键
21～24.5	60～63.1	3.5～5.1	13.6～17	0.51

（1）工艺原理　用浓度为 99.5% 以上的液氨中和废酸使之转化为硫酸铵,再经空气气浮除去聚合物,然后将 35% 左右的硫酸铵母液送烘干装置,生产固体硫酸铵。硫酸铵回收反应式如下：

$$2NH_3 + H_2SO_4 \Longrightarrow (NH_4)_2SO_4 + Q_1$$
$$NH_3 + NH_4HSO_4 \Longrightarrow (NH_4)_2SO_4 + Q_2$$

（2）工艺流程　工艺流程如图 5-4-59 所示。当丙烯酸甲酯反应釜内的粗酯蒸完后,在浮选中和釜内加入一定量的工业水,将釜夹套通冷却水,打开釜回流冷凝器放空阀和冷凝器进出水阀。将废酸液放至釜内,并向釜内通空气进行气浮 10～15min,向釜内加入液氨进行中和并控制温度不超过 70℃,同时用泵打循环。当 pH 值达到 7 时停止加氨,再通空气气浮 15～20min,然后静置 10min,用泵打入板框压滤机过滤,滤液压至中间贮槽,分析合格后送硫酸铵回收装置。

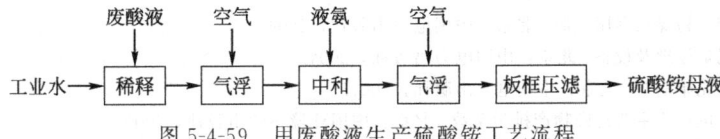

图 5-4-59　用废酸液生产硫酸铵工艺流程

（3）主要工艺控制条件

加水量　　　　　1400kg　　　　稀释温度　　　≤45℃
首次气浮时间　　10～15min　　　中和温度　　　≤70℃

中和结束 pH 值	7	第二次气浮时间	10～15min
釜压	常压	板框出口压力	0.5MPa
油泵出口压力	≤14MPa	曲杆泵出口压力	0.5MPa

生产中需严格控制操作指标，特别是进氨流量不得过快，否则跑损严重。

3. 用蒸馏法从杂醇废液中回收甲醇

四川维尼纶总厂在甲醇生产过程中，产生杂醇废液 3894t/a，含有杂醇油 538kg/h，其中含摩尔分数约 28.36％甲醇、2.45％丁醇和 69.18％的水。采用连续蒸馏的方法从杂醇废液中回收甲醇，回收率达 96.47％，甲醇含量为 96％～98％，品质为国家等外级品。

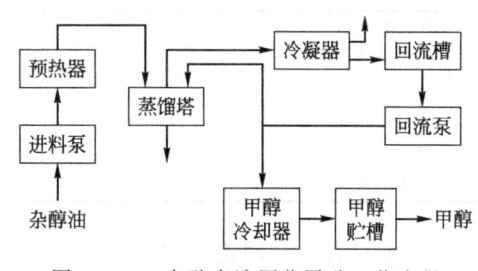

图 5-4-60 杂醇废液回收甲醇工艺流程

（1）回收工艺 杂醇废液回收甲醇工艺流程见图 5-4-60。蒸馏器加料泵将杂醇油从贮罐送入预热器加热至 85℃，然后送入蒸馏塔。塔顶蒸汽经冷凝器冷凝，不凝气放空，65℃的甲醇冷凝液进入回流槽，再用回流泵送至塔顶回流，在回流泵出口即可获得纯度为96％～98％的产品甲醇，将其经甲醇冷却器冷却至30℃送入贮槽装桶外运。蒸馏塔底水含甲醇约1％，温度为99℃，可送长寿精细化工厂再回收利用。预热器和蒸馏塔用再沸器产生的 0.35MPa 的蒸汽供热。

（2）主要设备的操作条件 主要设备的操作条件见表 5-4-71。

表 5-4-71 主要设备的操作条件

设备名称	温度/℃	压力/MPa	流量/(m³/h)	介质
蒸馏塔顶	65	0.05		甲醇蒸气
蒸馏塔中部	85	0.1		甲醇
蒸馏塔底部	99	0.15		甲醇、残液
蒸馏塔底加热蒸汽	142	0.4		蒸汽
蒸馏塔底杂醇油进料	85	0.2	0.5～0.6	杂醇油
蒸馏塔进料泵出口	50	0.2		杂醇油
回流泵出口	65	0.2		甲醇
蒸汽压力调节阀	142	0.4		蒸汽
回流液	65	0.2	0.8	甲醇
产品甲醇	40	0.2	0.2～0.3	甲醇

（3）处理利用效果 甲醇回收率达 96.47％，产品甲醇含量为 96％～98％，品质为国家等外级品。该产品主要销往农药厂生产农药。

参 考 文 献

[1] 王福元，吴正严. 粉煤灰利用手册. 北京：中国电力出版社，2004.
[2] 叶江明. 电厂锅炉原理及设备. 北京：中国电力出版社，2004.
[3] 任永红. 循环流化床锅炉. 北京：中国电力出版社，2007.
[4] 朱发华，等. 火电行业主要污染物产排污系数. 北京：中国环境科学出版社，2009.
[5] 沈志刚，等. 粉煤灰空心微珠及其应用. 北京：国防工业出版社，2008.
[6] 李金惠，等. 危险废物处理技术. 北京：中国环境科学出版社，2006.
[7] 王琪. 危险废物及其鉴别管理. 北京：中国环境科学出版社，2008.
[8] [美]拉格瑞加，[美]巴荆翰，[美]埃文斯著. 危险废物管理. 李金惠主译. 北京：清华大学出版社，2010.
[9] 杨伟军，等. 蒸压粉煤灰加气混凝土砌块生产及应用技术. 北京：中国建筑工业出版社，2011.

[10] 蒸压粉煤灰多孔砖. GB 26541—2011.
[11] 粉煤灰硅酸盐砌块. JC 238—78.
[12] 钱晓倩, 郑立. 粉煤灰加气混凝土收缩机理的研究. 硅酸盐学报, 1991, 19 (6)：495-500.
[13] 李佩霞. 利用工业废渣制轻骨料—粉煤灰陶粒. 煤炭加工与综合利用, 1987, 2：50-52.
[14] 刘小波, 孟祥银. 粉煤灰轻质保温砖的研究. 硅酸盐建筑制品, 1995, 2：26-28.
[15] 胡艳海. 粉煤灰制分子筛. 粉煤灰综合利用, 1994, 2：61.
[16] 全国"三废"综合利用展览会资料. 利用粉煤灰制分子筛. 湖南化工, 1972, 4：54.
[17] 诸铮. 高炉矿渣的处理和利用. 科技情报开发与经济, 2005, 15 (6)：126-128.
[18] 韩庆, 李宁. 高炉水渣处理新技术《SG-MTC法》在首钢3号高炉的开发应用. 设计通讯, 2003, 1：22-26.
[19] 李东旭, 宫晨琛, 游天才. 高钛重矿渣碎石做混凝土集料的研究. 广州：第九届全国水泥和混凝土化学及应用技术会议论文汇编 (上卷), 2005：435-440.
[20] 郭强, 袁守谦, 刘军, 李海潮. 高炉渣改性作为矿渣棉原料的试验, 2011, 21 (8)：46-49.
[21] 蒋伟峰. 高炉水渣综合利用. 中国资源综合利用, 2003, 3：28-29.
[22] 刘智伟, 孙业新, 种振宇, 李志锋. 利用高炉矿渣生产微晶玻璃的可行性分析. 山东冶金, 2006, 28 (6)：49-51.
[23] 钢渣砌筑水泥. JC/T 1090—2008；耐磨沥青路面用钢渣. GB/T 24765—2009.
[24] 洪向道. 新编常用建筑材料手册. 第2版. 北京：中国建材工业出版社, 2010.
[25] 王迎春, 苏英, 周世华. 水泥生产技术丛书——水泥混合材和混凝土掺合料. 北京：化学工业出版社, 2011.
[26] 栾心汉. 铁合金生产节能及精炼技术. 西安：西北工业大学出版社, 2006.
[27] 朱桂林, 张宇, 孙树杉, 樊杰. 铁合金渣资源化利用技术. 冶金环境保护, 2007, 6：24-26.
[28] 朱桂林, 孙树杉, 赵群, 王建华. 冶金渣资源化利用的现状和发展趋势. 中国资源综合利用, 2002, 3：29-32.
[29] 李鸿江, 等. 冶金过程固体处理与资源化. 北京：冶金工业出版社, 2007.
[30] 任连海, 田媛, 等. 城市典型固体废弃物资源化工程. 北京：化学工业出版社, 2009.
[31] 牛冬杰. 工业固体废物处理与资源化. 北京：冶金工业出版社, 2007.
[32] 钱汉卿, 徐怡珊. 化学工业固体废物资源化技术与应用. 北京：中国石化出版社, 2007.
[33] 王琪. 工业固体废物处理及回收利用. 北京：中国环境科学出版社, 2006.

第五章

危险废物的回收和利用

第一节 概 述

尽管危险废物处理处置不当会对人体健康和生态环境造成重大危害，但是危险废物也可以通过回收获得有价值的物质或能源，具有资源性特征。在保护人体健康和生态环境的前提下，危险废物的资源化处理，不仅有助于减少原材料和能源的消耗，而且有助于减少需处理和处置的废物数量。《巴塞尔公约》在其附件四规定了 13 种可能导致资源回收、再循坏、直接再利用或其他用途的作业方式。美国《资源保护和回收法》的目标不仅是保护人体健康和生态环境，而且也保护有价值的物质和能源。根据《资源保护和回收法》规定的程序，废物产生者可以申请从危险废物名录中去除该废物。2007 年，美国回收利用了 180 万吨危险废物，包括金属、溶剂和其他物质回收，占受管制危险废物总量的 4.4%。我国《国家危险废物名录》也建立了危险废物排除制度，若这一类别的废物经确认普遍不再具有危险特性，将会从该名录中删除。2010 年，我国危险废物综合利用量（含利用往年贮存量）为 976.8 万吨，约占危险废物产生量的 62%[1,2]。

一、危险废物资源化的主要途径

危险废物资源化是指将废物直接作为原料进行利用，或者通过改变废物的物理、化学特性等方法，提炼有用的物质进行再利用或者作为燃料进行热值利用以回收能量，并达到减少或消除其危险成分的活动。危险废物资源化的途径主要有以下四种。

（1）直接使用或再使用 危险废物的直接使用或再使用通常是指未经过再生处理，在工业处理过程中作为原料直接使用废物加工产品或直接作为产品替代物使用。如果危险废物替代产品直接使用方式及其功能与该产品充分相似，则可以应用这类危险废物资源化活动的设施。由于物质直接使用或再使用对人体健康和环境造成的危害风险较低，通常这类资源化活动在工业生产中应用较多，除非废物将被燃烧或在陆地处置，则需要确保这类活动是合理的处理以避免对人体健康和环境的危害，并及时进行使用。例如，金属铬和铬盐生产过程中的浸滤工序滤出的不溶于水的固体废物（即铬渣），部分浸出铬渣可以返回焙烧料中直接使用。用电石（CaC_2）制取乙炔时产生的废电石渣，可以用来代替石灰石作水泥原料，锦西化工总厂水泥厂利用电石渣生产水泥已获成功；或代替石灰硅酸盐砌块、蒸养粉煤灰砖、炉渣砖、灰砂砖的钙质原料，但长期使用的企业很少；或代替石灰配制石灰砂浆，但由于有气味，在民用建筑中很少使用；或代替石灰用于铺路，但受使用运输半径的限制，应用并不广泛[3]。

（2）土地利用 土地利用是指将危险废物直接在陆地上使用，或处理加工成一种可以在陆地上应用的产品。例如，将危险废物用作肥料或沥青原料。由于危险废物会对土壤和地下水造成潜在的污染，危险废物以这种方式进行土地利用前，危险废物中有毒有害组分必须被处理以降低其毒性以及向土壤和地下水渗滤的能力。如果危险废物作为一种产品的原料进行利用，这类利用应被评估以确保其产品功能的利用符合有关法律法规。例如，美国国家环保局（EPA）通过评估认为危险废物作为原料加工产品的目的不合法，则这类产品的土地利用被禁止[4]。

（3）回收再利用 回收再利用是通过物理化学等方式处理，从危险废物中回收有用的物质或生产再生材料，例如从破损的温度计回收汞，或清洗、提纯废溶剂。从危险废物中回收的物质可用作生产原料，也可用作商业性化学品的替代品，与危险废物类别及其危险特性相关。通常如溶剂之类的废物就要比杀虫剂之类的废物更适合回收。影响生产工业部门回收使用其废物的因素有：产生废物的生产工艺类型；废物的体积、组成和均匀性；是否有使用这种废物的方法；回收利用和贮存这种废物是否比原材料的价格便宜。

对已经产生的危险废物应首先考虑回收利用，减少后续处理处置的负荷。回收再利用活动因危险废物类别差异，回收处理方式各有不同，相应的管理要求也会有所不同。例如，美国《资源保护和回收法》根据回收不同物质可能造成的威胁程度高低，规定了各种不同的物质回收管理要求，包括不适用于危险废物管理的物质回收、具有特定替代标准的物质回收、完全遵循危险废物管理的物质回收。

（4）能源回收 以能源回收为目的的燃烧，包括危险废物直接作为燃料燃烧，或作为原料制作燃料。例如，通过不断燃烧废溶剂产生热量或发电，对于大型危险废物焚烧设施，进行余热的回收利用。由于燃烧过程会造成有害物质释放的潜在风险，无论任何一种危险废物以燃烧方式回收能源的资源化活动一般都会被严格控制。通常这类资源化活动需要获得政府的行政许可，其处理设施（例如锅炉和工业窑炉）需要满足一定的性能和操作标准条件。

二、危险废物资源化的基本原则

危险废物的产生、贮存、运输、处置全过程以无害环境的方式进行有效的安全处置，不仅需要高难度的技术、巨额的资金，而且焚烧、填埋等处理处置场地的选择也十分困难，处理处置容量有限，然而通过优惠政策等鼓励措施激励危险废物在产生和处理环节充分进行资源化利用，鼓励回收利用企业的发展和规模化，既减少原料和能源的消耗，又减少进入焚烧、填埋处置的危险废物数量，所以危险废物的资源化处理处置具有重要意义。考虑到危险废物潜在的危险特性，其造成的危害程度远比一般固体废物高，且具有长期性和潜在性风险，以及来源广、种类繁多、产生量相对较低等特点，危险废物的资源化处理处置应考虑以下原则或主要影响因素。

（1）环境无害化原则 应在确保无害环境和人体健康的前提下进行安全有效的危险废物回收利用。危险废物的收集、贮存、运输、处理处置全过程都应满足危险废物的环境无害化管理要求，回收利用过程应达到国家和地方的法律法规的要求，避免二次污染。特别地，危险废物资源化处理设施及其产品应符合相应的环境保护标准及相关产品质量要求，并采用隔尘和路面处理等一系列防范措施，避免处理和利用过程中的二次污染。在我国《中华人民共和国循环经济促进法》中规定："在废物再利用和资源化过程中，应当保障生产安全，保证产品质量符合国家规定的标准，并防止产生再次污染。"

（2）分类管理原则 危险废物种类相当广泛，其危害程度又各有差异，需要依据回收处理及再生利用的不同物质可能造成的威胁程度不同，并考虑当地处理场所的实际情况，采取分类管理原则，对危害程度较大的进行优先重点控制。以美国为例，《资源保护和回收法》

对危险废物回收提出了具体的分类管理程序及管理要求。如图 5-5-1 所示，当某物质因被回收利用而归类为固体废物，但又不符合任何豁免规定（40 CFR 261.2）且满足危险废物定义时，可根据危险废物管理要求（40 CFR 261.6）确定该废物及其回收利用的管理要求。危险废物回收行为从无管制到全管制进行管理，其管理法规要求和标准的严格程度取决于物质的类别和回收利用方式。

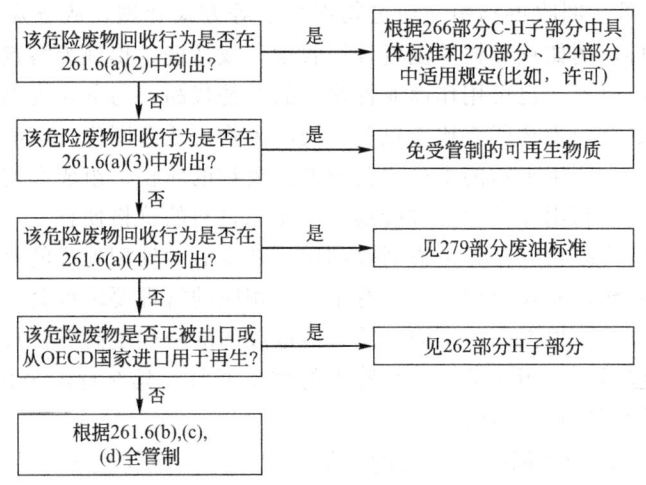

图 5-5-1 美国危险废物回收管理要求及其程序[5]

（3）风险性因素考虑 危险废物的回收利用过程中，如果处理不当或发生事故，可能会对环境、人体健康等方面造成不利影响，其危害程度因回收利用处理方式、回收物质的危害程度而不同。例如，含油危险废物的提炼制燃料过程中，用于去除污染物的蒸馏设施发生故障，未去除的污染物会在后续燃烧利用中被释放污染环境；由危险废物和其他原料混合制成的商用化肥即使符合产品使用标准，但由于过度施用，也会因污染累积存在污染土壤和地下水的风险。此外，由于危险废物回收利用需要进行贮存积累到一定规模，不恰当的贮存也可能存在导致泄漏、火灾等风险，会对土壤和地下水造成污染。这些潜在的危害风险都应加考虑，进行风险评估，为降低风险，采取有针对性的风险防范、事故应急措施提供指导和支持。

（4）经济技术可行因素的考虑 与一般固体废物的处理成本相比，危险废物的处理处置通常需要耗费大量资金，尽管采用危险废物资源化处理方式可以获得一定的收益，但是该处理方式的经济性因素仍需加以考虑。例如，评估回收利用资源的价值，或获得该资源所需投入的成本。由于危险废物的产生量相对较低，但危险废物回收经济效益受益于大量危险废物的处理，为此危险废物在处理以前，能否稳定获得具有一定数量规模也需要考虑。废物产生数量较少的单位，一般会把这些废物资源集中起来，运到集中回收工厂，从而减少基建投资和运行费用。通常，可被产生者大规模重复使用的含较稀组分的废物流，是目前循环量最大的废物。例如，在化学工业生产部门，从运输设备中回收废酸和废碱；在电镀和镀铬工艺中，循环利用废水处理污泥；在基础金属工业中回收废酸洗液；在制革厂循环利用铬溶液等。

一般说来，危险废物回收利用往往要由废物产生单位根据下列几方面因素来决定[6]：

① 与场外循环利用工厂的距离；

② 废物运输费用；

③ 适于加工处理的废物体积；

④ 废物就地贮存和场外贮存的费用关系。

与其他废物相比，溶剂的回收量要大得多。这是因为有其回收技术和回收利用的市场。就目前的回收技术（即蒸馏法）而言，回收费用相当低，并能达到较高的纯度（95%或更高）。然而对其他的产品生产工艺，由于回收的废物不是用于生产中，因此回收这部分废物是不实际的[6]。

通常含有某种成分浓度较高的废物是优先被考虑回收和循环利用的。有数据表明，废物的某种组分达到最低浓度限度以上时，方可考虑采用回收技术。废物中溶解的和非溶解的卤化物浓度达到30%～40%时，采用回收技术才是有效的[6]。而对于其他废物，用于回收的最低浓度限度则比较低。一般情况下，使用回收技术回收的废物浓度相对比其他处理方法要高。

回收废物流的许多其他典型特征也是相同的。如为了使回收经济合理、技术可行，通常废物流应该是均一的（即必须是只含有一种主要成分）。为了使回收技术成功地使用，还必须满足下列因素[6]：

① 在经济可行的情况下，必须要有回收材料的市场；
② 回收的废物纯度必须满足生产工艺的要求。

三、危险废物资源化技术

危险废物资源化利用贯穿于废物的产生、处理处置过程，即对生产过程中产生的危险废物，推行系统内的回收利用；对系统内的无法回收利用的危险废物，通过系统外的危险废物交换、物质转化、再加工、能量转化等措施实现回收利用。国家和地方各级政府应通过经济和其他政策措施鼓励企业对已经产生的危险废物进行回收利用，实现危险废物的资源化。国家鼓励危险废物回收利用技术的研究与开发，逐步提高危险废物回收利用技术和装备水平，积极推广技术可行、经济适用的危险废物回收利用技术。

危险废物来源广泛、种类复杂，形状、大小、结构及性质各异，在对其进行再利用前，往往需要通过物理、化学等处理方法，对废物进行解毒、对有毒有害组分进行分离和浓缩，并提取有价值的物质，或者回收能量。根据危险废物的资源化利用途径特点，危险废物资源化的技术主要可分为以下三类。

（1）在生产过程中以废物的综合利用为目的的处理技术 危险废物直接利用或再利用的资源化活动往往伴随工业生产活动，主要集中在工业生产系统之间进行废物再利用。工业生产活动中的危险废物的交换是危险废物再利用的一种重要机制。对产生者没有使用价值的某种废物可能是另一工业所希望得到的原料。通过危险废物的交换，可以使危险废物再次进入生产过程的物质循环，由废物转变为原料，成为有用而廉价的二次资源，从而实现危险废物的资源化利用。工业危险废物的综合利用主要通过对危险废物进行预处理或解毒，在企业生产内部循环或作为另一企业生产的原料再利用，达到危险废物的资源化目的。常见的处理技术包括破碎、筛分、水洗、氧化还原、煅烧、焙烧与烧结等。

（2）分离回收某种材料的处理技术 危险废物回收处理目的在于除去废物中混合的有毒有害物质，或水分、有机物、灰尘等杂质，对有用成分进行回收和分离，获得相对较纯的可再生利用物质。

在生产、流通、社会消费等领域，最常见的回用废物是酸、碱、溶剂、金属废物和腐蚀剂。主要的分离回收技术包括吸附、蒸馏、电解、溶剂萃取、水解、薄膜蒸发、非溶解性卤化物的脱氮、金属浓缩等。

危险废物回收难易与废物种类、性质、组分含量、回收方法及污染程度等因素有关。危险废物的类别及其性质往往与选择合适的分离、提纯方法密切相关；组分简单的危险废物比组分复杂的易于回收；高品位的比低品位的易于回收。为了提高回收效果，还应选择适当的预处理，去除有害杂质或改变危险废物结构和性状，使其有利于后续回收处理。

（3）能源利用技术　危险废物的能源利用技术主要通过能量转换的方法，从废物处理过程中回收能量，包括热能和电能，主要的处理方法包括焚烧、热解，以及沉淀、过滤、脱水等物理化学预处理。例如，通过废有机溶剂的焚烧处理回收热量，还可以进一步发电。首先是因为能够作为能量回收的废物通常也能用于材料的回收和重复利用。相对而言，作为回收的材料可以一遍又一遍的被使用，而作为回收的能量则只能使用一次。由于溶剂具有高能价值，可用于能量回收。在水泥厂和石灰窑中使用高热值废物的量正在逐步增加。

第二节　危险废物交换系统

危险废物有序的交换，可以使危险废物再次进入生产过程的物质循环，由废物转变为原料，成为有用而廉价的二次资源，从而实现危险废物的资源化利用[6]。

废物交换最早出现于第二次世界大战期间，用于保护宝贵的资源和设备。1942年，在英国建立了最早的废物交换机构——国际工业材料回收协会。1972年，废物交换的思想再度出现在欧洲，由荷兰首先提出。同年，欧洲化学工业成立了两个废物交换所：比利时化学工业联盟和荷兰化学工业协会。德国成为最早实行废物交换的国家。很快，欧洲、北美等地的许多国家相继接受了这种思想，仅在美国、加拿大就成立了320多家废物交换机构，形成了北美废物交换网络，并在每年召开一次年会。随后，这种废物管理思想又进入了亚洲。

废物交换的优点包括：减少了废物的处置费用；减少了废物的处置数量；减少了对自然资源的需求；提高废物的潜在价值。一种工业废物也许是另一种工业有用的原材料，根据这一原则，废物交换对提高工业残余物的利用率是一种有益的尝试。现有的废物交换是根据"废物交换所"的方式按下述办法进行工作的：进行废物交换的机构（经常称之为制造者协会）出版一种业务通讯，登载可用于交换的各种废物的详细情况。所列举的每种材料都用一个代号表示，并从性质、数量和产生速度等方面加以说明。买主凭有关代号便可与废物交换所联系，并与废物产生者初步接触。如果产生者同意，废物交换所让双方接触以讨论详细的事项。废物交易商在废物的转移和回用方面常常是有益的。他们充当信息交换站（列出合适的，或所期望的废物目录），同时也可充当经纪人；实际上，有时他们仅仅是将废物从一个工厂运到另一个工厂。有数据表明，废物交易商所列的废物有20％～30％左右可被全部回用。

一、危险废物交换

废物交换的原始定义是一个企业的废物可以转变成另一企业的原料的过程。一般说来，固体废物交换有两种类型：信息交换和实物交换，其不同主要是交换对象不同及交换中心（交换经营者）在交换中所起的作用不同。

1. 信息交换

在信息交换中，产废者、经营者（交换中心）、潜在使用者之间传递的是信息。在这种交换模式下，固体废物交换中心大多数是非营利性的，主要起协助作用，帮助产废厂家公布产废情况和潜在价值；帮助使用者寻找所需的废旧物资，在产废者和使用者之间起媒介作用。信息交换工作主要由固体废物信息的收集、整理、发布以及废物交换的协调和咨询等组成。图 5-5-2 表示信息交换模式。

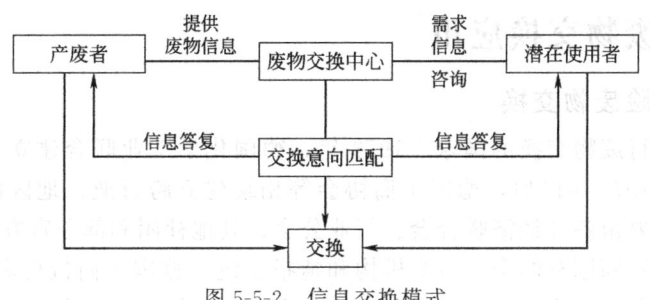

图 5-5-2　信息交换模式

2. 实物交换

在产废者、潜在使用者、经营者之间直接传递废物的交换模式，属实物交换。实物交换中心往往是营利性的，在交换中所起的作用更主动一些。和信息交换相比，实物交换的组织结构和经济关系更为复杂。它除了需要掌握有关信息以外，有时候须承担更深入的工作。例如，使用者需要知道某种废物的化学、物理性质是否符合要求，如果产废者自己不能了解这些特性，或者这种废物是由不同种废物混杂而成的，实物交换中心则必须对废物进行分析。若废物不完全符合使用者的要求，交换中心则必须对废物进行一定的处理。此过程中，交换双方并不直接接触。图 5-5-3 表示实物交换模式。

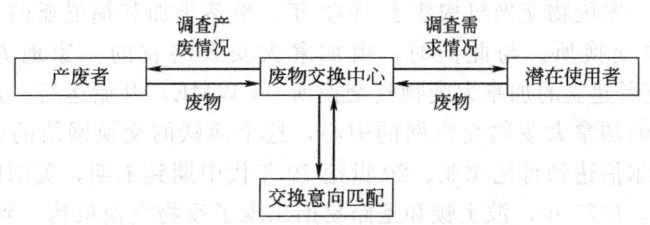

图 5-5-3　实物交换模式

在两种交换模式中，信息交换起主导作用，只有及时、准确地获取信息，传播信息，才能促使交换进行。废物交换过程如图 5-5-4 所示，信息收集的方式主要有废物申报、废物供求调查、废物供求者登记。对大量的资料和数据进行分类、登记、编号、汇总等。信息发布一般以定期或不定期的刊物、小册子等宣传品形式向潜在的客户发放。发行的刊物或小册子一般包括，废物提供情况和废物需求情况。根据废物分类，列出具体废物的名称、数量、特点、企业的名称和所在地区（二者均用代码）；列出对废物的名称、数量等要求。交换中心

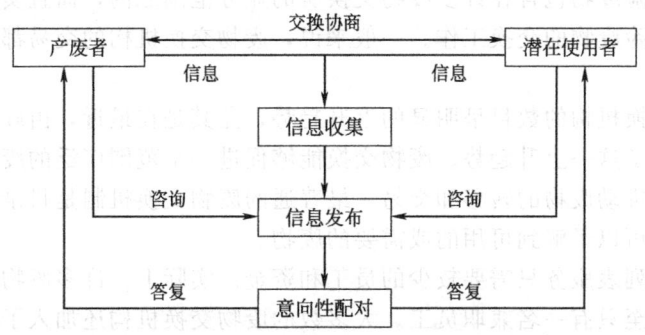

图 5-5-4　废物交换基本流程

需要咨询潜在的客户，并索要更详细的信息。对有交换意向的供求双方进行配对，并向双方提供彼此更详细的材料。上述各个环节的工作，往往由计算机在交换中心完成。

二、危险废物交换应用

1. 德国的危险废物交换

德国是最早实行废物交换的国家。1973 年，德国化学工业联合建立了废物交易所，进行废物交换活动。1974 年以后，德国工商协会等相继建立跨行业、地区的废物交易所。目前废物交换活动主要由各种经济联合会、行业公会、其他社团和部分官方机构组织。

废物交换的关键问题有两个：组织机构和情报系统。德国工商机构利用会员和报刊等，向会员及其他人员介绍废物供求情况，各地协会也将各地情报汇总交德国工商协会，汇编成目录，广为散发。各企业也可向各自所加入的行业协会提出供求废物的请求，由行业协会负责联络。废物交易所公布收集到的情况：废物名称、种类、数量、生产者和收集者情况等，供各企业利用。各种废物清除机构和回收利用企业也建立废物清除数据库或回收利用情报系统。

政府机构根据《环境统计法》的规定，每两年一次统计并公布废物情况，包括种类、数量、收集、运输方式、清处、回收利用设施建设类型、地点等，由联邦统计局汇编公布。

环境保护部门也公布废物登记情况和资料，供废物交换使用。

2. 北美地区的危险废物交换

北美地区的第一家废物交换机构建于 1973 年，坐落于加利福尼亚的"零废物系统"是美国的第一家废物交换所。与此同时，由加拿大安大略省的一家地方性研究组织——ORTECH国际研究所建立的加拿大废物资交换所（CWME）开始运行。这家废物交换所已经成为了日益增长的加拿大废物交换网的中心，这个活跃的交换网络的服务地区包括安大略、马尼托巴、阿尔伯达和哥伦比亚。20 世纪 70 年代中期到末期，美国的废物交换机构数量开始大幅度增加。1975 年，波士顿和圣路易斯出现了废物交换机构，到 1976 年底，爱荷华州、伊利诺伊州和佐治亚州都有了废物交换所。到 1978 年底，又有新的废物交换所在俄亥俄州、明尼苏达州、纽约州、新泽西州、印第安纳州、得克萨斯州、北卡罗来纳州和华盛顿相继成立。北美地区已有五十多个废物交换机构在运行，为废物产生者和潜在的废物使用者提供一种市场机制，以确定可能进行交易的废物资源。

这些早期的废物交换机构仅仅从事信息交换工作，并不积极地进行产废者和潜在使用者之间的意向匹配工作。它们之中有一些是营利性的，而绝大部分是非营利性的。其中，营利性的交换所往往只参与剩余原料的交易，而非营利性的交换所则协助剩余原料、残次品和废品等多种交易。危险废物包含在许多废物交换所的业务范围之内，而且实际上，一些废物交换机构主要从事危险废物的交换工作。一般来说，废物交换机构的交易都限制在地区范围而不是全国范围。

近来，废物交换机构的数目呈明显的上升趋势，尤其是在最近，由政府资助的全国性信息系统的建立加速了这一上升趋势。废物交换能够促进一个范围广泛的废物流的转移，它们能够通过多种方法推动废物的转移和交易。最普通的废物交换机制是目录制或其他的列表系统，借此，各公司可以了解到可用的或需要的废物。

提供这样一个列表服务只需要较少的员工和资金。实际上，许多废物交换机构只有一名全职员工，有的甚至只有一名兼职员工。大多数的废物交换机构还加入了一个由美国环境保护局资助建立的全国性计算机列表系统。这个新型的系统称为全国物资交换网络

（NMEN），它始建于1993年初。一些废物交换列表中包括出售废物或需要废物公司的名称和联系方法，以便对此感兴趣的公司可以直接与他们联系而不必通过废物交换机构。但是，废物交换机构一般需要通过交易会来获得废物交换信息。废物交换机构这样做是为了跟踪交易的进行，以确定公司对某种材料的有意程度或者获取不同种材料的收费信息。

1991年，由于美国国会的拨款，美国环境保护局拨给太平洋物资交换所（PME）350000美元，拨给五大湖交换所150000美元，用于发展计算机化的全国物资交换网络（NMEN），这个网络于1993年开始正式运行。

建立这样一个全国性交换网络的基本原理在于：

① 废物交换不仅仅是地区性的行为，而是全国性的行为；

② 废物及其市场存在地区性差异；

③ 所确定的废弃物资越多，其市场越复杂；

④ 接触到废物目录的人越多，完成废物交换的可能性就越大。

全国物资交换网络是一个多用户的电子公告板，其中包括来自42家参与单位的物资目录。提供的和需求的物资目录被分成17种，用户可以通过计算机获得这些信息。废物目录可以根据地区、州或者种类来分类。全国物资交换网络软件可以自动确定每个废物目录用户的数量、调用数量和查询数量，以确定适当的废物交换，用户可以在目录册中获得同样的信息。

3. 我国的废物交换

我国虽然接受废物交换思想较晚，但企业之间的私下交易早已存在，只是这种交易缺少组织性和系统性，也缺乏管理。1992年，原国家环保局（现为国家环保部）首先在上海和沈阳两市开展废物交换试点，1993年4月又将试点范围扩大到全国17个不同类型的城市。试点取得了明显的综合效益，主要有以下几方面：

① 降低废物处理处置费；

② 节省原材料；

③ 保护生态环境；

④ 增强企业、行业间的合作。

目前，我国沈阳、深圳、天津等一些省市已借助信息技术建立了各自的固体废物交换中心网络平台，有利于管理部门开展政策法规的宣传和审批、跟踪、监管的控制，也有利于危险废物产生企业和经营单位进行简便实用的申报和信息交流。废物的交换再利用工作也是循环经济中必不可少的一个重要产业环节，实施废物交换对经济的可持续发展及资源的有效利用具有重要的意义。当前，正是我国调整产业结构、转变经济增长方式的关键时期，大力推行废物交换这一社会性、区域性废物资源化措施，对推动我国可持续发展战略的实施具有重要意义。

4. 影响废物交换的因素

废物交换的成功主要取决于外部因素。除了十分重要的公开宣传（由经营者所掌握）外，下列因素也很重要：

（1）供与求　不能确知供应情况是一个大障碍，残余物产生者通常无法保证长期的供应，这可能会影响到潜在的买主。

（2）残余物的纯度　需要研究，通过制造过程的改变能否增加残余物的可用性。

（3）运输距离　经验表明，对于少量的残余物来说，远距离运输常常是使用上的一种重大障碍。因而，在条件适当的地方，当地交换可能具有较大的成功机会。

（4）机密性　许多制造工业对他们的废物保守秘密，不让其竞争对手知道，这就意味着任何一种废物交换方案都必须保证保密，确保交换成功。

（5）处置费和原材料价格　当处置费用高、原材料价格贵时，废物交换方案的经济效益可能最大，经济条件又可能推动内部的循环利用。

第三节　典型工业危险废物资源化技术

一、铬渣的处理和综合利用

（一）概述

铬渣即铬浸出渣，是金属铬和铬盐生产过程中的浸滤工序滤出的不溶于水的固体废物，除部分返回焙烧料中再用外，其余堆存待处理[7,8]。

铬浸出渣为浅黄绿色粉状固体，呈碱性。每生产 1t 重铬酸钠约产生 $1.8\sim3.0t$ 铬渣，每生产 1t 金属铬约产生 $12.0\sim13.0t$ 铬渣。据 1988 年底统计，我国仅重铬酸钠产量即在 $6\times10^4t/a$ 以上，而铬渣产出量约为 $18.7\times10^4t/a$。铬渣基本组成如表 5-5-1 所示。

表 5-5-1　铬渣组成　　　　　　　　　单位：%（质量分数）

组　成	Cr_2O_3	六价铬	SiO_2	CaO	MgO	Al_2O_3	Fe_2O_3
基本组成	$3\sim7$	$0.3\sim1.5$	$8\sim11$	$23\sim36$	$20\sim33$	$5\sim8$	$7\sim11$
济南裕兴化工厂老渣	4.66		10.17	30.02	22.33	5.74	9.44
济南裕兴化工厂新渣	3.44		9.57	31.11	21.79	4.56	8.13

铬的毒性与其存在形态有关。铬化合物中六价铬毒性最剧烈，具有强氧化性和透过体膜的能力，在酸性介质中易被有机物还原成三价铬。三价铬在浓度较低的情况下毒性较小，有些三价铬如氧化铬（Cr_2O_3）及其水合物可认为是无毒的。金属铬及钢铁材料中含有的铬，由于其溶入食物及饮水中时是惰性的，所以对人体无害。经分析测定，铬渣中含有六价铬的六种组分其相对量为：四水铬酸钠占 41%、铬酸钙占 23%、铬铝酸钙与碱式铬酸铁占 13%、硅酸钙-铬酸钙固溶体占 18%、铁铝酸钙-铬酸钙固溶体占 5%。其中四水铬酸钠及游离铬酸钙为水溶相（共占 64%），易被地表水、雨水溶解，是铬渣近期污染的由来；其余四种组分虽难溶于水，但长期露天堆存过程中，空气中的 CO_2 和水能使它们水化，造成铬渣对环境的中、长期污染。据报道，日本小松川工厂堆存铬渣 12×10^4t，污染面积达 $1.8\times10^5m^2$，地下水中六价铬含量最高达 1965mg/L。该厂 461 人中有 62 人发生鼻中隔穿孔，有 8 名肺癌患者并全部死亡。我国锦州铁合金厂自 20 世纪 60 年代初开始生产金属铬，排放的铬渣堆积如山，其中所含的六价铬对地下水造成了极其严重的污染。据 20 世纪 70 年代对地下水普查的结果，发现几十平方公里范围内水质均遭六价铬污染。该厂下游 7 个村庄的 1800 多眼民用水井的水均不能饮用。天津同生化工厂、广州铬盐厂等也曾发生过类似的铬渣污染事故。

国外对铬渣的治理总的趋势是将六价铬解毒处理后堆存或填埋。日本于 1975 年专门成立了"铬渣对策委员会"，制定出铬渣解毒后的排放标准。日本电工公司德岛化工厂产重铬酸钠 $3\times10^4t/a$，用含亚硫酸钠的造纸废液作还原剂，在回转窑中对铬渣进行还原焙烧。铬渣与造纸废液的比例为 $(5:1)\sim(20:1)$，在 $600℃$ 温度下使六价铬转为三价铬，而后再堆存或填埋。日本化学公司德山化工厂产重铬酸钠 $3.6\times10^4t/a$，将铬渣与一定比例的黏土混合，制成建筑骨料。美国巴尔的摩铬盐厂的产铬渣量大约是 $2\sim2.5t/t$（重铬酸钠），排铬渣量为 350t/d，从 1967 年以来，基本上是解毒之后用以填海。此外，国外还有采取制陶瓷、作玻璃着色剂以及与水泥一起固化等方法处理铬渣。

我国对铬浸出渣的治理自 20 世纪 60 年代就已开始。1976 年原化工部组织专家，先后就铬渣制砖、生产钙镁磷肥、干法还原解毒、湿法还原解毒、作玻璃着色剂、还原铬渣制彩色水泥以及利用铬渣制矿渣棉制品及铸石制品等方法进行了试验研究，取得了不同程度的进展。20 世纪 80 年代，原冶金部又组织了铬渣烧结炼铁的攻关。"八五"期间，在原国家环保局主持下，进行了含铬废渣资源化技术示范研究，主要内容为含铬废渣制作自熔性烧结矿及冶炼含铬生铁的示范技术研究，含铬废渣烧制炻质铺路砖示范技术研究，铬渣解离回收综合治理技术研究及综合旋风炉焚烧处理铬渣技术研究。其中用铬浸出渣制作自熔性烧结矿并冶炼含铬生铁的工艺技术，在烧结过程中六价铬的脱除率已达到 99% 以上，烧结矿中残余六价铬小于 5mg/kg，长期水浸无六价铬回升现象；经高炉冶炼后铬作为合金元素结合进生铁中，彻底消除了六价铬。铬浸出渣经高温烧制的砂质砖半程还原解毒彻底，产品长期稳定性好。经解离回收强化浸出的铬渣，能使水溶性六价铬减少 70%，总铬（以 Cr_2O_3 计）回收率提高 4.48%。综合旋风炉焚烧处理的铬渣解毒彻底，安全稳定，并提供了性能好的飞灰回熔系统技术，水淬渣及冲渣水无二次污染，还可综合利用。

（二）铬渣的解毒和综合利用技术

含铬废渣在被排放或综合利用之前，一般需要进行解毒处理。由于铬的化合物具有较强的氧化作用，所以铬渣解毒的基本原理就是在铬渣中加入某种还原剂，在一定的温度和气氛条件下，将有毒的六价铬还原为无毒的三价铬，从而达到消除六价铬污染的目的。铬渣的解毒处理有湿法和干法两种。前者是用纯碱溶液处理，再用硫化钠还原；后者是将煤与铬渣混合进行还原焙烧，六价铬被一氧化碳还原成不溶于水的三价铬。解毒后的铬渣可直接用于建筑材料。常用的还原解毒方法有：铁精矿和含铬废渣混合作原料生产烧结矿工艺；碳还原工艺；亚硫酸钠、硫酸亚铁等作还原剂的酸性还原工艺；亚硫酸钠、硫酸亚铁等作还原剂的碱性还原工艺[9~18]。

此外，铬渣也可直接用作其他有关工业的原料，在生产加工过程中，六价铬被还原固化，从而达到消除六价铬危害的目的。国内外主要的铬渣解毒和综合利用技术如表 5-5-2 所示。

表 5-5-2 主要的铬渣解毒和综合利用技术

序号	技术	工艺描述	优点	缺点
1	铬渣烧制玻璃着色	解毒铬渣—烘干—粉碎—筛分—包装	工艺简单、成熟，有一定的经济效益，可以代替铬铁矿作玻璃着色剂	生产过程中有粉尘污染，吃渣量小
2	铬渣烧制钙镁磷肥	（磷矿石、铬渣、硅石、焦炭）—高炉/电炉—熔料水淬—干燥—粉碎—成品包装	解毒彻底，吃渣量比较大	产品有效磷含量较低，成本较高，生产中需防止粉尘污染
3	铬渣烧制铸石	（铬渣、硅砂、烟道灰、氧化镁皮）—平炉熔融—浇铸—结晶—退火—成品	解毒比较彻底，无二次污染，有一定的经济效益	投资大，成本高，销售量有限
4	铬渣制砖	（铬渣、黏土、原煤＋水）—制砖—干燥—隧道窑焙烧—成品	工艺简单，成品砖抗压抗折强度达到建材标准要求，节约黏土资源	产品成本较高，铬渣运输可能造成二次污染
5	铬渣制彩色水泥	[石灰石、黏土、矿化剂、解毒铬渣（着色剂）]—窑炉焙烧—冷却—粉碎—过筛—成品	工艺简单，解毒彻底，彩色水泥，色泽鲜艳，不易退色，抗冻性好，其性能符合矿渣硅酸盐水泥标准	

序号	技术	工艺描述	优点	缺点
6	铬渣制钙铁粉（防锈涂料）	铬渣—粉碎—加水和处理剂制浆—过滤—烘干—粉碎—研磨—过筛—成品	防锈性能好,可代替氧化铁红配制防锈漆,价格远低于氧化铁红和红丹	产生含铬废水需进行处理,应注意防止粉尘污染
7	铬渣制建筑骨料	（解毒铬渣、黏土、粉煤灰）—粉碎—混合—成型—干燥—窑烧结—缓冷—建筑骨料	工艺简单,解毒彻底,吃渣量大,可制成轻骨料、耐火骨料、耐酸碱骨料	能耗大,成本高
8	铬渣制矿渣棉	（铬渣、石英砂、黏土、钡渣、水泥）—粉碎—混合—（压制成型＋焦炭）—冲天炉—（四辊离心成纤机＋酚醛树脂黏合剂）—固化炉—成品(用作保温管、隔声装饰板)	吃渣量大,解毒彻底且稳定,国内已进行中试,最高使用温度40℃,成棉综合能耗25413.88MJ/t	铬资源未能回收
9	铬渣烧制水泥熟料	（铬渣、黏土、石灰石、铁矿石、粉煤灰）—粉碎—混匀—焙烧—熟料磨细—成品	制成的铬渣水泥强度可达425号,当氧化镁含量＜5%时,其各项指标均可达到国家标准	回转窑不宜用来烧作水泥,立窑法应防止二次污染
10	铬渣制水泥混合材	解毒铬渣—烘干—粉碎—磨细—成品	替代高炉水淬渣,与水泥熟料、石膏一起磨成水泥,无二次污染	
11	铬渣制成水泥砂浆	解毒铬渣—烘干—粉碎—（筛分＋水＋水泥）—水泥砂浆	砌体强度等指标优于同标号的水泥混合砂浆,可节省水泥	
12	铬渣制水泥早强剂	（铬渣、造纸废液、$FeSO_4$）—混匀—加热—喷雾干燥—成品(水泥早强剂)	对混凝土有早强、减水、防冻作用,用量少,其解毒作用优于Na_2S或$FeSO_4$等湿法解毒	
13	铬渣用于炼铁	（铁矿粉、焦炭粉、石灰石、铬渣、返矿）—混匀—烧结—筛分—（烧结矿＋焦炭）—高炉冶炼—生铁—浇铸成型	六价铬还原解毒彻底,吃渣量大	投资较大,需防止粉尘污染
14	铬渣烧制炻器制品	［铬渣、基料(砂子类)、煤粉］—混匀—成型—窑炉/电炉—成品	吃渣量大,工艺简单,解毒效果好,抗压强度在25～42MPa	铬渣掺入量＞30%时,其抗压强度低于不掺铬渣制品
15	旋风炉附烧铬渣技术	（煤、铬渣）—混合—球磨—筛分—煤粉仓—叶轮给粉机—旋风筒—沉渣池—水淬渣—建材	吃渣量大,解毒彻底,水淬渣安全稳定并可用作建材,无二次污染	
16	制青砖处理铬污染土壤	用冷水淋窑造成还原气氛使六价铬还原为三价铬,并被固化在青砖中；码坯—干燥—码窑—焙烧—水淋—出砖	固化率高,六价铬的浸出浓度远低于污染控制标准	
17	铬渣解离回收综合治理技术	铬盐生产过程中铬渣的减量化；铬渣中铬的回用；解离回收后的铬渣用作生产建材原料 铬铁矿—磨矿—解离(排除杂质)—精矿—铬盐生产—(一铬盐产品)—铬渣—磨矿—抽滤(Na_2CrO_4水溶液回用)—铬尾渣(钙镁渣和回收铬铁矿回用)—制砖	结成砖水溶性六价铬可降至0.04mg/kg,最高不超过2mg/kg	

续表

序号	技术	工艺描述	优 点	缺 点
18	含铬废渣烧制炻质铺路砖技术	六价铬被还原成三价铬进入辉石等晶格;三价铬离子进入 Al^{3+} 和 Fe^{3+} 所形成的物相晶格;SiO_2 也参加反应;烧成品中玻璃相含量增多,有利于还原反应进行和铬的固化。(铬渣、黄土、矾土渣和煤矸石)—配料—搅拌—陈化—压坯—装车—干燥—成品	吃渣量大;产品性能指标优于人行道混凝土路面标准;在生产过程中不会对环境造成二次污染	
19	铬渣资源化利用作燃煤固硫剂的技术	原煤中有害硫成分通过高温燃烧固化成硫化合物,同时将铬渣中六价铬还原解毒 原煤—粉碎(烟道灰+固硫解毒铬渣)—混合—陈化—固硫型煤	解毒效果好,对控制酸雨和二氧化硫污染有益	
20	钡渣和铬渣的合并解毒再利用技术	(钡渣+铬渣)—粉碎—加水拌合—钡铬解毒渣;钡渣中含水溶性钡将铬渣中水溶性六价铬部分还原为三价铬化合物,部分形成六价非水溶性铬化合物	钡铬解毒渣可用作建材生产原料	
21	利用铬渣直接生产耐火材料	(浸出渣、轻烧镁)—混料—成球—熔烧—冷却—破碎—成品	合成耐火材料的耐火温度大于1670℃	
22	铬泥、铬渣制备铬鞣剂	废铬液(泥、渣)—浓缩—(加硫酸)反应—压滤机—滤液(滤渣回用)—抽滤—烘干—成品(固体碱式硫酸铬)	净化率大于99%,固体成品易于运输,质量稳定,无二次污染	少量滤渣需处理

（三）工程和技术实例

1. 旋风炉附烧铬浸出渣工艺技术

（1）技术描述　该工艺是将铬浸出渣作为碱性助熔剂,喷入燃煤液态排渣立式旋风炉附烧,在对燃煤灰分融态黏-温特性进行调质的同时,其本身所含的六价铬组分也在旋风炉前置室内高温、低氧分压、强扰动和酸性熔体环境下,完成转化为三价铬氧化物（Cr_2O_3）的高温熔融半程还原,并对排出炉体的液态灰渣进行水淬激冷处理,使残留在渣中的极微量六价铬固化并封闭在玻璃体渣中;飞灰经全回熔系统回输炉内,重新参与高温融态还原过程,从而实现对铬浸出渣的彻底解毒处理。解毒后的灰渣可作为建材等予以综合利用,达到资源化的目的。

① 半程还原解毒机理

a. 铬浸出渣中含六价铬结合氧化物的热力学特性　在铬浸出渣的物相组成中,六价铬主要是以铬铝酸钙、碱式铬酸铁以及四水铬酸钠的形式存在。少量化学吸附的 CrO_4^{2-} 则在升温和熔融过程中很快解吸脱去活性氧成为 CrO_3。铬浸出渣中六价铬的化合物即以上述各结合氧化物和游离氧化物的形态溶于熔体中。六价铬的氧化物 CrO_3 热稳定性很差,在空气中从180℃起即开始分解并释放出氧,生成 Cr_2O_3。

b. 掺渣煤灰渣熔体的性质　铬浸出渣中铬氧化物的含量很低（若以 Cr_2O_3 计,一般不超过6.8%）,因此在掺渣煤的灰渣熔体中,仍是以硅、铝、钙、镁、铁的氧化物为主要组分。在灰渣熔体中,游离 SiO_2 的活度最大。铬浸出渣中六价铬结合氧化物的熔点均在1200℃以下,在旋风炉炉内1400~1600℃高温环境下,煤与铬浸出渣混合体很快即可融合并成为均质熔体。当炉内一旦形成高温酸性熔体后，由于强活性游离 SiO_2 的作用，六价铬的结合氧化物便能迅速发生解离和解析，生成热稳定性很差的 CrO_3 组元，为六价铬的半程还原奠定了极好的热力学条件。

c. 旋风炉内实现六价铬半程还原的环境条件 燃煤液态排渣立式旋风炉是一种具有强扰动场特性、高燃烧强度和强分离能力的燃烧设备。正常工况下，其前置室（筒体）内温度达 1400～1600℃，具有充裕的六价铬半程还原所必需的温度条件。旋风炉从整体上讲虽属完全燃烧类型，但在其前置室着火段空间和筒壁渣膜附面层中仍有近 1% 的 CO 分压，而氧分压近乎为零。在旋风炉前置室着火段空间、壁上渣膜熔体内以及其附面层中等局部区域，形成了良好的还原环境。由于前置室内存在着强旋转射流场，物相间的换质强度很高，亦为六价铬高温融态半程还原反应的进行提供了良好的动力学条件。

d. 旋风炉内熔体中六价铬高温融态半程还原反应过程 铬浸出渣中六价铬炉内高温融态还原过程分为空间和壁上两个阶段。掺混于煤粉中的铬浸出渣粉粒随一次风粉射流从前置室顶部轴向旋转进入着火段，在着火段 1400℃ 以上的高温环境下急剧升温，其温升速度可达 10^5～10^6℃/s，因此在极短（毫秒级）的时间内，其中偏细和中等粒径的组分即与燃煤中灰分形成熔滴或接近完全熔化的颗粒。在这些散布于空间的颗粒中，便开始发生了六价铬的空间还原过程。由于着火段空间还原性气体分压高而平均氧分压低，以颗粒或熔滴表面作为相间反应界面的多分散体比表面积也相当大。一次风粉流经历了着火段的空间燃烧和空间还原过程之后，混合粉拉体中可分离的组分即陆续附着在筒壁渣膜上，进行更高强度的壁上燃烧和壁上还原过程。壁上渣膜为均质平衡相态的酸性熔体，正常工况下平均温度达 1500℃，并含有约 5% 的溶解碳。渣膜表面碳核颗粒进行的是气化不完全燃烧反应，从而使渣膜附面层中始终维持有一较低的 CO 气体分压，而表面 O_2 分压近乎为零。附壁区域已处于二次风口以下，二次切向风的引入加强了气流对筒壁的扰动，使附壁熔体边界层中的传质换热强度达到很高的水平。此外，熔渣在渣膜燃烧段的平均滞留时间可长达 5min，排渣口处的温度在 1400℃ 以上，余氧分压低于 2%，也极有利于熔体中还原反应的充分进行。渣煤混合粉粒体中未被分离下来的飞灰中六价铬仍有占 1/3 的残留率，所以不能直接排放，由飞灰全回熔系统收集后重新入射炉内参与壁上还原过程。筒壁渣膜熔体内六价铬的半程还原是典型的高温熔融还原形态。该过程包括了液相间、流固相间各种反应形态，形成多相反应过程。

② 工艺条件 在附烧铬浸出渣时，选择适当的煤种和煤质，并按热量原则和熔渣流变性能的需要确定煤与渣的配比十分重要。对于煤种和煤质的选择，主要依据其发热值和灰分的流变特性。由于燃煤中要掺加铬浸出渣，所以应选用高热值的煤，其最低发热量亦应在 23000kJ/kg 以上。混掺铬浸出渣后，对于出力在 50t/h 以上的旋风炉，入炉煤发热量应在 18820kJ/kg 以上，允许其发热量下限值波动不大于 2100kJ/kg。可采用下式对旋风炉煤种和煤质的综合使用性进行判定：

$$Ta \geqslant 1.05 t_{25Pa \cdot s} + 480℃ \tag{5-5-1}$$

式中 Ta——炉内理论燃烧温度；

$t_{25Pa \cdot s}$——当熔渣的黏度为 25Pa·s 时所对应的温度值。

按此式可推算出选用的煤与铬浸出渣的配比。

③ 工艺流程 工艺流程如图 5-5-5 所示。燃煤和铬渣分别送入磁碎机粉碎计量，按预定配比（100：25 或 100：30）混匀，再由球磨机研磨成粒径为 160 目的细粉，经筛分，粗粉返回球磨机进一步研磨，细粉送至料仓，经叶轮给粉机由一次风送入旋风筒，在二次风强力旋转扰动下燃烧；与此同时六价铬在还原区内还原成三价铬，燃渣沿旋风筒筒壁下流，未燃

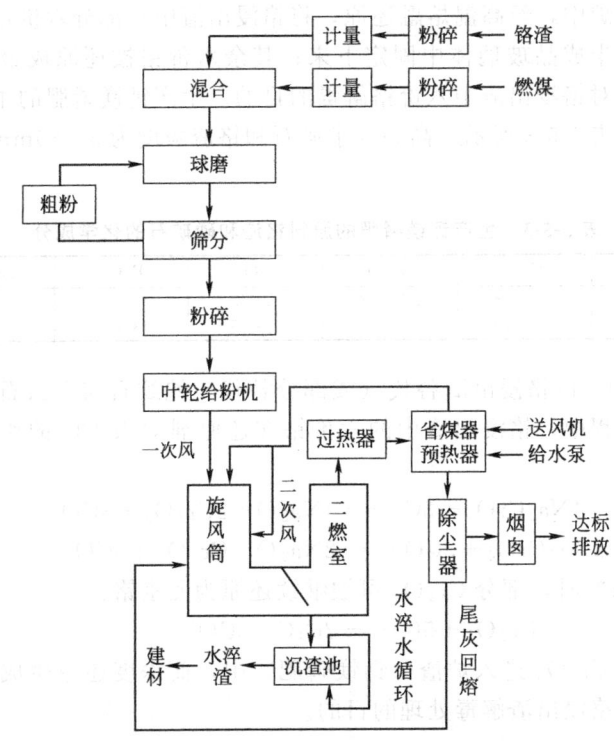

图 5-5-5 旋风炉附烧铬渣工艺流程

尽的煤渣进二燃室继续燃烧还原，熔渣流入炉底，从排渣口排出炉外，熔渣经水淬固化成玻璃体，在沉渣池内沉降，用捞渣斗捞出，用作建筑材料或水泥掺合料。水淬水循环利用。飞灰经二级除尘器（机械法和静电法）收集，通过管道由二次风送入炉内，进行回熔，进一步还原解毒。

（2）技术特点 旋风炉附烧处理铬渣工艺的铬渣附烧处理量可达入炉混合料的 2%（质量分数）以上，采用二级除尘及尾灰全回熔系统，有效地避免含铬尾灰进入大气；水淬水循环利用，不外排，较好地防止了水淬渣对环境的污染。

附烧铬渣解毒彻底，解毒铬渣结构密实，在环境条件下是安全、稳定的，可用作建筑材料或水泥掺合料。在不同环境条件下，经 200d 的跟踪监测，解毒铬渣浸出六价铬的浓度低于 0.004mg/L。X 射线衍射分析结果表明，解毒铬渣中主要的物相为（Mg，Fe）（Al，Cr）$_2$O$_4$，MgO·2CaO·2SiO$_2$，（Cr，Fe）$_2$O$_3$，α-Al$_2$O$_3$ 等，未见六价铬存在，其物化特性稳定。

附烧处理过程中无需额外消耗能量。由于以废弃物替代石灰石作助熔剂，可节省石灰石资源。

（3）技术应用 自 1984 年以来，相继在内蒙古巴彦高勒皮革化工厂自备热电厂 35t/h 立式炉，上海闸北电厂普通液态排渣炉和天津化工厂热电分厂 75t/h 炉上进行了附烧试验。结果表明锅炉运行正常，附烧的铬浸出渣解毒彻底，不发生水和大气污染。"八五"期间，根据我国旋风炉多年运行的实践经验，并结合热电联产附烧铬浸出渣的需要，开发出了两种（有环室及无环室）新型后位捕渣管束立式旋风炉，以及与其相配套的具有高回熔效率、高可靠性的旋风炉飞灰全回熔系统。

2. 铬浸出渣作熔剂生产钙镁磷肥技术

（1）技术描述 将铬浸出渣与磷矿石、白云石、焦炭、蛇纹石等按一定比例配混后加入矿热还原电炉或高炉中，经高温熔融还原，将铬浸出渣中一部分六价铬还原成三价铬，以 Cr_2O_3 形式进入磷肥半成品玻璃体中固定下来；其余六价铬被还原成金属铬元素进入副产的磷铁中，从而达到对铬浸出渣中六价铬解毒的目的。生产钙镁磷肥的主要原料为铬渣和磷矿石，其化学成分如表 5-5-3 所示。高炉要求矿石和铬渣粒度为 5～30mm，而电炉要求的粒度为 <30mm。

表 5-5-3　生产钙镁磷肥的原料铬渣和磷矿石的化学成分　　　　　单位：%

原料	Cr_2O_3	CaO	MgO	SiO_2	P_2O_5	Al_2O_3	Fe_2O_3
铬渣	2～7	28～33	26～33	5～8	—	6～11	7～12
磷矿	—	40～50	—	7～15	28～35	—	—

① 还原解毒原理　以铬浸出渣替代（或部分替代）蛇纹石与白云石作为制钙镁磷肥的熔剂，在高温熔融过程中，铬浸出渣中的六价铬在还原剂 C 及 CO 的作用下发生下述还原反应：

$$4Na_2CrO_4 + 3C =\!\!= 4Na_2O + 2Cr_2O_3 + 3CO_2 \quad\quad (5\text{-}5\text{-}2)$$

$$2Na_2CrO_4 + 3CO =\!\!= 2Na_2O + Cr_2O_3 + 3CO_2 \quad\quad (5\text{-}5\text{-}3)$$

当温度高于 1241℃ 时，部分 Cr_2O_3 可被继续还原为元素铬：

$$Cr_2O_3 + 5C =\!\!= 2CrC + 3CO \quad\quad (5\text{-}5\text{-}4)$$

半程还原生成的 Cr_2O_3 进入炉渣（钙镁磷肥）中，而深度还原生成的元素铬被副产铁结合，从而达到了对铬浸出渣解毒处理的目的。

② 工艺条件

焦炭消耗量	0.22～0.23t/t（粗肥）	氧化镁含量	12%～19%
磷肥半成品 P_2O_5 含量	13.5%～14.5%	冶炼用热风温度	250～450℃
残余碱度	0.95～1.30	铬渣配入量	10%～15%
镁硅比	0.5～0.95	炉温	1350～1450℃

电炉生产钙镁磷肥时焦炭的消耗量应按 Fe_2O_3 还原成金属的理论量加入。

③ 工艺流程　高炉法用铬渣作熔剂生产钙镁磷肥的工艺流程如图 5-5-6 所示。主要原料为磷矿、铬渣和焦炭。如果铬渣中含 MgO 高，则可不用白云石。蛇纹石的主要用途是增加原料中的 SiO_2，也可用硅石代替。半成品钙镁磷肥熔体中含有 2%～5% 的 Cr_2O_3，经水淬后以矿物形式被固定在玻璃体中。电炉生产钙镁磷肥与高炉法相似。

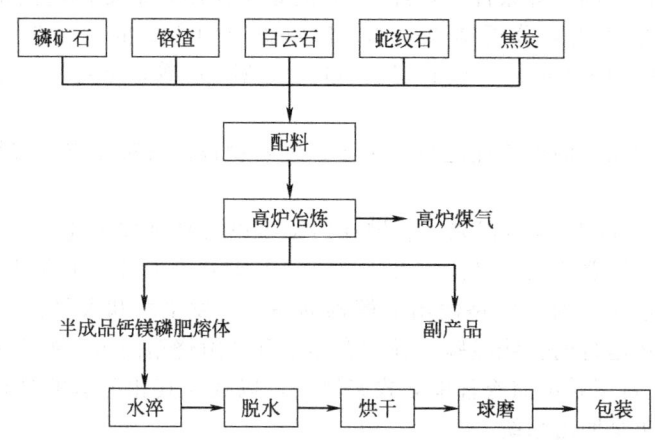

图 5-5-6　高炉法用铬渣为熔剂生产钙镁磷肥工艺流程

（2）技术特点　经还原解毒后六价铬含量均达到国家规定的标准。

由于工艺过程中有 CO 和 C 等还原剂的存在，而且工艺过程温度高达 1350～1450℃，使六价铬的高温熔融还原反应得以充分进行，还原彻底，生成的 Cr_2O_3 进入磷肥半成品玻璃体中被固定下来，使用中不会发生氧化再生成六价铬；所用的设备均为常规冶金设备，易在小炼铁厂和磷肥厂推广应用；处理铬渣量大，28m³ 小高炉可处理铬渣 $(0.8～1)×10^4$t/a。

（3）技术应用　湖南省湘潭合成化工厂采用该技术用高炉法生产钙镁磷肥，主要生产设备为 28m³ 高炉，产钙镁磷肥 $5×10^4$t/a，处理铬渣量 $(0.8～1)×10^4$t/a。

3. 铬浸出渣制自熔性烧结矿并冶炼含铬生铁

（1）技术描述　该技术包含以下三个相互关联的工艺过程：

a. 以铬浸出渣为碱性熔剂及含铬原料，配入含铁原料铁精矿粉、富矿粉等以及燃料，经烧结（机烧或固定床式烧结）制成含铬的自熔性烧结矿；

b. 以该烧结矿为主要原料，经高炉冶炼，制成含铬合金生铁（2.5%～4.0%Cr）；

c. 将该种含铬合金生铁进一步深加工，铸造成各种耐磨铸体如球磨机的磨球、衬板等。

① 解毒机理

a. 烧结工艺过程（六价铬转化为三价铬半程还原解毒机理）　自熔性烧结矿是一种采用高温烧结的方法制成的人造富矿，是高炉炼铁主要含铁原料之一。铬浸出渣制作自熔性烧结矿的烧结工艺，是以铬浸出渣为碱性熔剂与含铁原料及燃料混配，并在烧结造块的同时制造出较常规烧结工艺强的还原气氛，使铬浸出渣中残留的六价铬与还原剂 C 及 CO 等充分作用，半程还原转化为三价铬（以 Cr_2O_3 形式存在），达到还原解毒的目的。

b. 高炉冶炼工艺过程（三价铬及残余六价铬还原机理）　此工艺将铬渣烧结矿中的铁和铬还原出来，变成含铬合金生铁，以实现深度彻底解毒。所用还原剂和热量都是由燃料——焦炭及焦炭燃烧产生的。高炉冶炼将以 CO 为还原剂、气相产物为 CO_2 的还原反应称之为间接还原，而将以固体碳作还原剂，气相产物为 CO 的还原反应称之为直接还原。与铁氧化物的还原不同，在高炉内，三价铬的还原只能通过直接还原实现。还原反应发生的部位主要在高炉成渣带以下熔融炉渣与固体碳相界面，以及炉缸液态金属与熔渣相界面上。烧结矿中残余六价铬（＜5mg/kg）虽然活度很低，但在炉内高温及强还原环境下仍能发生热解并被 C 等还原生成 Cr_2O_3，随即被进一步还原为铬结合到生铁中，六价铬彻底消除。

② 工艺流程　铬浸出渣制作自熔性烧结矿并冶炼含铬生铁工艺，由烧结、高炉炼铁和制造耐磨铸件三个工艺过程组成。其总工艺流程如图 5-5-7 和图 5-5-8 所示。

（2）技术特点

① 六价铬残余量　烧结矿中≤5mg/kg；含铬合金生铁中为 0；高炉渣中为 0；高炉煤气灰中为 0；低铬耐磨铸件中为 0。

② 铬渣处理能力　若采用 18m² 带式烧结机，处理铬渣能力为 30kt/a 以上，可生产含铬自熔性烧结矿约 100～120kt/a；若采用固定床式小型简易烧结设备，处理铬渣能力可达 5kt/a 以上，可生产含铬自熔性烧结矿约 16kt/a。

③ 铬元素回收利用率　生铁中铬元素回收率＞85%。其余铬以 Cr_2O_3 形式存在于高炉水淬渣中，可供制水泥用。

（3）技术应用　锦州铁合金（集团）股份有限公司现全部采用该工艺技术处理铬渣。该公司 1994 年末建成 18m² 带式烧结机，1995 年投入生产，处理铬渣 $3×10^4$t/a 以上，烧结矿产量 $12×10^4$t/a 以上。鞍锦新型耐磨材料开发股份有限公司利用烧结矿生产铬（1.5%～2.5%）合金生铁，进而生产高强度、高耐磨性的球磨机用铸球，其力学性能与国产低铬铸球相比硬度相当，寿命为普通铸钢球的 1.6 倍。

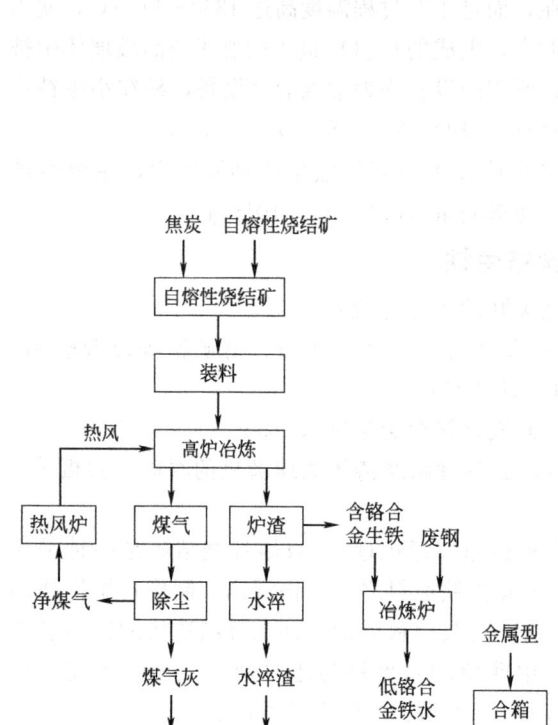

图 5-5-7 自熔性烧结矿冶炼含铬生铁工艺流程

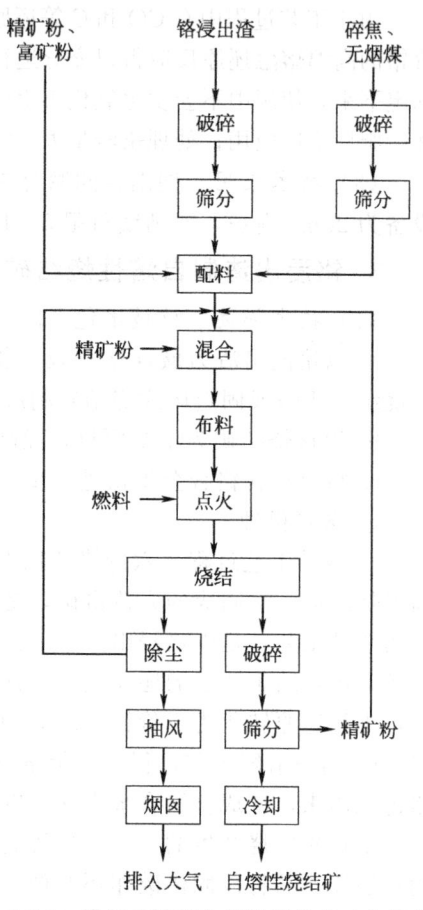

图 5-5-8 铬浸出渣制自熔性烧结矿工艺流程

此外，焦作市津阳化工厂、济南市裕兴化工厂、湖北黄石市无机盐厂、山西闻喜钾肥厂也在采用铬渣制烧结矿并冶炼含铬生铁工艺技术治理铬渣。

4. 利用铬浸出渣生产玻璃着色剂

（1）技术描述 铬浸出渣可用来代替铬矿作为玻璃制品的着色剂。当玻璃中含有一定的三价铬离子时，可使玻璃出现由浅到深的绿色。铬浸出渣作玻璃着色剂解毒处理生产工艺流程如图 5-5-9 所示。铬渣制作着色剂时，应使铬渣中含水≤5％。着色剂的粒度要求为 60～80 目，因此磨碎后的铬渣要经过筛分。生产着色剂的主要设备是烘干窑炉和粉碎装置。

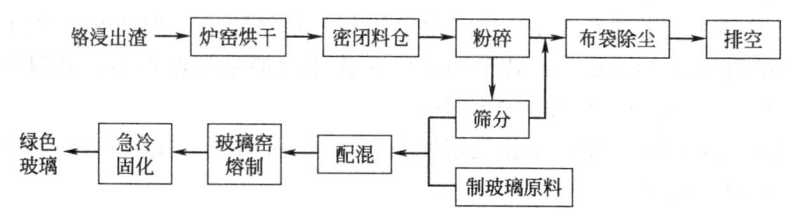

图 5-5-9 铬浸出渣作玻璃着色剂解毒处理生产工艺流程

（2）技术特点 铬渣经处理制成玻璃着色剂，再经玻璃窑炉高温熔融还原成三价铬后，有毒物质已被充分解毒。铬渣作玻璃着色剂时，三价铬溶解在玻璃融体中，生成了含铬的玻璃，使玻璃呈绿色，而渣中其余组分也均为制玻璃所需要的原料。铬渣所含 CaO、MgO 可代替玻璃配料中的白云石和石灰石使用，并能促进玻璃熔融，降低了生产成本。生产出来的玻璃色泽鲜艳，质量有所提高。渣中所含的 Al_2O_3 还可起增加玻璃器皿强度的作用。

铬浸出渣作着色剂时，其适宜的加入量为 $2\%\sim6\%$。加入量过高，会产生 Cr_2O_3 失透现象。铬浸出渣作着色剂耗用量有限，且在加工过程中易引起含铬的粉尘飞扬，造成二次污染。

（3）技术应用　用铬浸出渣作玻璃着色剂已被许多玻璃生产厂家采用。如目前天津、沈阳、青岛、北京、重庆、南京等地的玻璃厂都采用了铬浸出渣作着色剂技术，用量达 $4\times10^4t/a$ 左右。

二、化学石膏的处理和综合利用

（一）概述

化学石膏是指以硫酸钙为主要成分的一种工业废渣[3]。由磷矿石与硫酸反应制造磷酸所得到的硫酸钙称为磷石膏，由萤石与硫酸反应制氢氟酸得到的硫酸钙称为氟石膏，生产二氧化钛和苏打时所得到的硫酸钙分别称为钛石膏和苏打石膏。其中，以磷石膏产量最大，每生产 1t 磷酸约排出 5t 磷石膏。在许多国家，磷石膏排放量已超过天然石膏的开采量。

磷石膏呈粉末状，颗粒直径 $5\sim150\mu m$，成分与天然二水石膏相似，以 $CaSO_4\cdot2H_2O$ 为主，其含量一般达 70% 左右。次要组分随矿石来源不同而异。一般都含有岩石组分 Ca、Mg 的磷酸盐、碳酸盐及硅酸盐。其晶体形状与天然二水石膏晶体形状基本相同，为板状、燕尾状、柱状等。其晶体大小、形状及致密性随磷矿种类及磷酸生产工艺的不同而改变；晶体尺寸通常为 $(39.2\sim224\mu m)\times(39.2\sim95.2\mu m)$。外观呈灰白、灰、灰黄、浅黄、浅绿等多种颜色。相对密度为 $2.22\sim2.37$；容重为 $0.733\sim0.880g/cm^3$。磷石膏中还含有铀、钍放射性元素和铈、钒、铜、钛、锗等稀有元素。

氟石膏中含氟量可达 3.07%，其中 2.05% 是水溶性的。

（二）磷石膏的处理利用技术

磷石膏虽与天然石膏有相同的主要成分，但由于含有酸性物质，且有 20% 水分，带有色质和杂质，在利用前通常要经过适当的处理。下面就磷石膏利用情况做一介绍。

1. 作水泥掺合料

磷石膏一般呈酸性，还含有水溶性五氧化二磷和氟，一般不能直接作水泥缓凝剂利用，需要经过处理去除杂质，或经过改性处理。磷石膏制水泥缓凝剂的工艺主要是洗涤去除杂质或进行改性处理。预处理可采用水洗法，先将磷石膏加水调成含水分 5% 的固体浆料，再经真空过滤即可除去可溶性磷酸盐；也可采用中和法，用石灰（或消石灰）将可溶性磷酸盐转变为不溶性的磷酸钙、再进行干燥，焙烧碾磨后加水造粒，使之成为 $10\sim30mm$ 粒度的产品。每吨水泥约需掺加 $4\%\sim6\%$ 石膏。

日本二水磷石膏作缓凝剂的粒状磷石膏产品规格见表 5-5-4。作为水泥缓凝对磷石膏的基本要求是：①五氧化二磷含量低，特别要求基本不含水溶性 P_2O_5，故需采用石灰粉（乳）进行中和预处理；②硫酸根含量要恒定；③不应呈酸性。

表 5-5-4　二水磷石膏作缓凝剂的产品规格（日本）　　单位：%

项　目	原料磷石膏	中和处理后的磷石膏
总 P_2O_5	0.38	
水溶性 P_2O_5	0.12	最高 0.01（干基）
SO_3	45.10	最低 40（干基）
水分	20.20	最高 12（湿基）

(1) **氟石膏作水泥缓凝剂** 湘江铝厂氟石精矿（CaF_2）和硫酸反应生产氢氟酸产生的氟石膏，经中和、过滤、烘干，经过一段时间的存放后 $CaSO_4$ 可部分或全部形成二水石膏。氟石膏 SO_3 含量通常在 45%左右，颗粒细，不需破碎，使用方便，质量稳定且较天然石膏便宜。湖南东江水泥厂利用其作缓凝剂对水泥质量无任何不良影响。水泥的质量指标中，SO_3 通常控制在 2.2%～2.6%，水泥熟料本身 SO_3 含量为 0.8%～1.0%，故氟石膏掺入量为 4%～5%。利用氟石膏作缓凝剂生产的普通硅酸盐水泥和矿渣硅酸盐水泥的各项性能指标均能达到或超过国家标准 GB 175—2007 的要求。

(2) **磷石膏作水泥缓凝剂** 杭州水泥厂将磷石膏在露天堆放半年左右，在磨制矿渣水泥时，掺入＜3%的磷石膏作水泥缓凝剂。南京江南水泥厂、马鞍山水泥厂、广西柳州水泥厂等均用过二水物磷石膏代替天然石膏作缓凝剂的试验。试验表明，磷石膏中的含磷量影响水泥凝结时间，但水泥强度经 3d、7d、18d 的抗折或抗压的强度均不低于掺天然石膏的水泥强度。

(3) **改性磷石膏作水泥缓凝剂** 上海水泥厂将含约 25%游离水的磷石膏（pH≈4）用水泥生产中过剩的窑灰（或石灰、电石渣）搅拌中和（按 2∶1 加窑灰），使磷石膏含水量降低至 9%左右，水溶性 P_2O_5 转化为磷酸钙，pH 值达 10～11，再经成型即可。用改性磷石膏作缓凝剂制成的矿渣水泥，无论 425 号和 525 号，其后期强度均比用天然石膏制成的矿渣水泥的高，该厂使用磷石膏 $4×10^4$t/a，因磷石膏比天然石膏价格低，故每年可节约费用约 $1.0×10^6$ 元。

上海水泥厂早在 20 世纪 60 年代即利用磷石膏代替天然二水石膏；河南东江水泥厂也已多年利用氟石膏作缓凝剂，经过多年的应用，水泥质量一直稳定。杭州水泥厂将磷石膏在露天堆放半年左右，在磨制矿渣水泥时，掺入＜3%的磷石膏作缓凝剂。南京江南水泥厂、马鞍山水泥厂、广西柳州水泥厂等均用过二水物磷石膏代替天然石膏作缓凝剂的试验。试验表明，磷石膏中的含磷量影响水泥凝结时间，但水泥强度经 3d、7d、18d 的抗折或抗压的强度均不低于掺天然石膏的水泥强度。

2. 制造半水石膏和石膏板

用化学石膏可制作半水石膏，半水石膏有 α 和 β 两种，前者称为高强石膏，后者称为熟石膏。通常，α-半水石膏结晶粗大、整齐、致密，有一定的结晶形状；β-半水石膏晶体细小，体积松大。它的粉料加水调和可塑制成各种形状，不久就硬化成二水石膏。利用这一性质可将石膏加工成天花板、外墙的内部隔热板，石膏覆面板及花饰等各种建筑材料。以 β-半水石膏粉为原料，可生产石膏板等石膏制品。

磷石膏内含大量二水硫酸钙，因此如何由二水硫酸钙变成半水硫酸钙，同时去除杂质的方法研究成为利用磷石膏的关键问题。由磷石膏制取半水石膏的工艺流程大体上分两类：一类是利用高压釜法将二水石膏转换成半水石膏（α-半水物）；另一类是利用烘烤法使二水石膏脱水成半水石膏（β-半水物）。

(1) **用磷石膏生产 α-半水石膏的工艺** 磷石膏经预处理后，在溶液里加热转化，重结晶形成 α-半水石膏，再以 α-半水石膏制成石膏制品。α-半水石膏是二水石膏在饱和水蒸气的气氛中加热形成（如蒸炼法，采用直接蒸汽在密闭容器中长时间蒸炼）或者是在溶液中形成结晶（如液相转化的蒸压釜法或盐溶液法）。

英国 ICI 公司的流程是先将磷石膏加水调成浆，真空过滤除去杂质，洗净的磷石膏再加水并投入半水物的晶种以控制半水物晶体的类型。在两个连续的高压釜中，使二水物转变成 α-半水物。生成 α-半水物的最佳条件是 150～160℃，第二高压釜的出口压力为 8atm，由直接送到高压釜中的蒸汽维持所需的温度。在第一高压釜中有 80%的磷石膏转化成 α-半水石膏，脱水时间约 3min。成品含水率为 8%～15%，经干燥后可做建筑石膏或模制成型。

德国 Giulini Chemie Gmbh 公司的流程是将磷石膏在浮选装置和增稠器中，利用低压蒸汽和洗涤水除去杂质，足够纯净的磷石膏进行过滤，二水物在 120℃、pH＝1～3 条件下于高压釜中脱水，然后再过滤去母液即得产品。母液去回收磷酸。

α-半水石膏是强度较大的建材品种。由磷石膏制 α-半水石膏及其制品的工艺与制 β-半水石膏相近。磷石膏需要预处理，只是转化条件有所不同。磷石膏需要在溶液里加热转化，重结晶形成 α-半水石膏。再以 α-半水石膏制成石膏制品，见图 5-5-10。

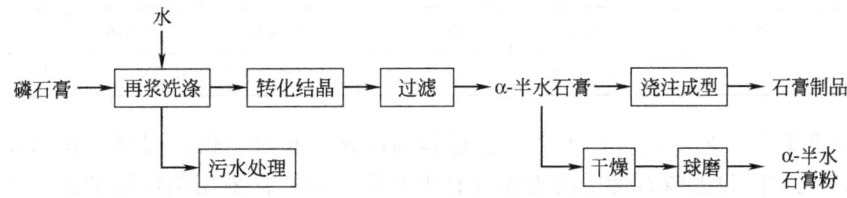

图 5-5-10　磷石膏制 α-半水石膏及其制品工艺流程

磷石膏先经再浆洗涤、沉降分离，控制其水溶性 P_2O_5＜0.1%、F^-＜0.3%，以利于后面石膏的转化和再结晶。在水溶液中，二水石膏转化为 α-半水石膏的温度是 97℃，但为了使转化过程进行得更快，生产上将温度控制在 110～160℃，转化时间 1～1.5h。在液相中生成 α-半水石膏的过程实际上是一个再结晶的过程。首先是二水石膏的溶解，接着二水石膏溶液转化为半水石膏液液，最后由过饱和半水石膏溶液析出 α-半水石膏结晶。在再结晶的过程中，还可以消除磷石膏中的杂质，如晶间磷。α-半水石膏经沉降、过滤和洗涤完成分离操作。如果磷石膏中的杂质对结晶没有影响时，可不进行洗涤预处理，在本工序进行净化操作是一种更为合理的安排，可将杂质的去除与整个生产工艺过程有机地结合。通过分离，α-半水石膏滤饼的含水率＜10%。

将过滤所得的含游离水＜10%的滤饼，用热空气干燥成含游离水 0.5%左右的 α-半水石膏粉，也可根据用户要求进一步研磨后包装。

含水率＜10%的 α-半水石膏滤饼也可直接加水调浆成型。这种方法可省去干燥、粉磨、包装等工序。根据需要也可同时加入促凝剂、各种添加物如玻璃纤维、纸纤维、膨胀珍珠岩等，生产各种石膏制品。

我国南京化学公司磷肥厂与上海建筑科学研究所合作制取的 α-半水石膏，抗拉强度达 40MPa，比 β-半水石膏纯净。

（2）用磷石膏生产 β-半水石膏的工艺　β-半水石膏是二水石膏在不饱和水蒸气的气氛中制成。磷石膏制 β-半水石膏的生产工艺，主要采用水洗以去除杂质，然后将处理后的磷石膏脱水煅烧制成 β-半水石膏粉。

典型的 β-半水石膏生产工艺流程有法国 Rhone-Poulene 公司开发的浮选两步脱水法和水力旋分器一步脱水法。其原则流程是将磷石膏悬浮在水中，如具酸性，则用石灰加以中和。经过滤，大部分（约 80%～90%）可溶性杂质被除去，用浮选装置（在两步脱水法中）或水力旋分器（在一步脱水法中）进一步净化。在两步脱水法中，经浮选装置净化出来的湿磷石膏送入风力干燥器与热的燃料气对流接触，部分干燥的磷石膏再在流态化床炉内焙烧。流态化所必需的空气量可缩减到最小，因为大部分热量可依靠沉浸在流化床中的蒸汽蛇管提供。在一步法脱水中，磷石膏、经水力旋分器净化后不经干燥直接进入回转窑炉进行干燥，但需精确控制温度防止半水物进一步脱水。

南京大厂镇建材厂利用南京化学公司磷肥厂的副产磷石膏生产 β-半水石膏，产品已超过二级建筑石膏的标准，并已大批量投入预制空心石膏板的生产。

（3）工程实例

① 磷石膏的来源及性能　磷石膏为南京化学工业公司磷肥厂湿式制造磷酸时的副产物，其化学成分列于表 5-5-5。其中的有害杂质主要是 P_2O_5、F^-、有机质。

表 5-5-5　磷石膏的化学成分　　　　　　　　　　　　　　单位：%

SO_3	CaO	P_2O_5	其中水溶 P_2O_5	F^-	其中水溶 F^-	Fe_2O_3
40～43.7	30～32	0.33～3.23	0.1～1.76	0.22～0.87	0.11～0.76	0.12～0.43
Al_2O_3	SiO_2	MgO	有机质	结晶水	酸不溶物	pH 值
0.028～0.46	0.166～5.6	0.1～1.23	0.12～0.16	19.9～20.05	0.0013～0.81	1.5～4

② 熟石膏生产工艺　熟石膏生产工艺过程为净化、脱水干燥、煅烧。在净化工序中采用 81-A 型净化剂以除去磷石膏中的大部分有害杂质。磷石膏采用蒸炼锅煅烧。煅烧时会放出极微量有害废气，经净化至低于三废排放标准。熟石膏生产工艺流程见图 5-5-11。

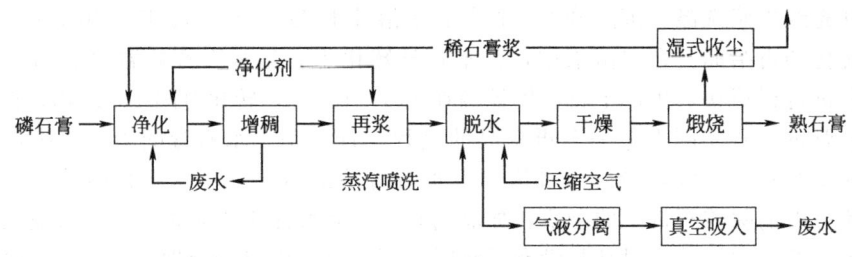

图 5-5-11　熟石膏生产工艺流程

③ 生产石膏夹心砌块　生产石膏夹心砌块物料配比为：熟石膏：JS 增强剂：水＝100：1.5：70。

生产石膏夹心砌块生产工艺流程见图 5-5-12。

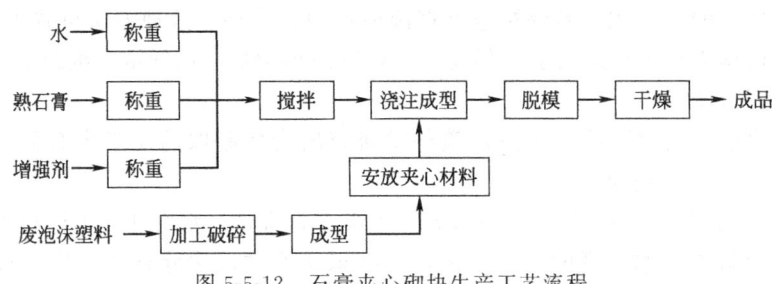

图 5-5-12　石膏夹心砌块生产工艺流程

④ 产品性能　熟石膏产品的性能列于表 5-5-6，石膏夹心砌块墙体的物理力学性能列于表 5-5-7。

⑤ 磷石膏制品放射性水平与评价　建筑材料对公众的有害辐射，主要是吸入氡气子体的内照射和 γ 射线的外照射。根据《掺工业废渣建筑材料产品放射性物质控制标准》（GB 9196—88），内、外照射计量限值 m_{Ra}、m_γ 应分别小于 1。磷石膏内含极少量天然放射性核素，这两项指标的平均测试结果分别为 0.98 和 0.54，符合国家标准。在测试过程中发现，由摩洛哥进口磷矿产生的磷石膏的放射性指标略高，因此，只要选用国内磷矿产生的磷石膏为原料，并对其进行净化处理，其放射性指标会符合国家标准。在实际生产中可将磷石膏与天然石膏混合使用，以降低磷石膏的放射性水平。

表 5-5-6　熟石膏产品的性能[①]

序号	洗涤	掺 81-A 型净化剂	pH 值	熟石膏标准稠度	凝结时间		抗拉强度/MPa	抗压强度/MPa
					初凝	终凝		
1	洗	—	4.5~5	0.71	7min45s	12min30s	2.22	9.38
2	洗	—	4.5~5	0.62	7min	10min	1.81	10.65
3	洗	—	4.5~5	0.65	7min30s	13min	1.73	9.77
4	洗	—	4.5~5	0.62	5min	8min	1.45	11.59
5	洗	掺	6~6.5	0.6	9min	18min	2.16	13.5
6	洗	掺	6~6.5	0.65	8min15s	13min	1.89	11.64
7	洗	掺	6~6.5	0.76	4min30s	8min40s	1.69	9.90

① 磷矿来自约旦叙利亚。

表 5-5-7　石膏夹心砌块墙体的物理力学性能

序号	项　目	单位	数值	测试试件
1	规格	mm	800×500×80	砌块
2	容重	kg/m³	600	砌块
3	墙体重	kg/m²	50	砌块
4	热导率	W/(m·K)	<0.1	试块
5	墙体平均隔声量	dB	41.2	墙体
6	耐火极限	h	0.93(一级)	砌块
7	墙体抗冲击性	次	>90	墙体
8	抗压强度	MPa	>7.5	试块
9	抗折强度	MPa	>3.7	试块
10	耐水软化系数		约0.5	试块

3. 磷石膏制硫酸联产水泥

（1）原理　将磷酸装置排出的二水石膏转化为无水石膏，再将无水石膏经过高温煅烧，使之分解为二氧化硫和氧化钙。二氧化硫被氧化为三氧化硫而制成硫酸，氧化钙配以其他熟料制成水泥。

（2）生产工艺　由磷酸装置排出的质量合格的二水石膏（如果质量不合格，要设置磷石膏再浆洗涤）经脱水成为无水石膏或半水石膏，再添加焦炭、辅助原料等进行配料，磨成细粉后入生料仓贮和均化备用。生料经窑尾预热器预热后入回转窑，经高温煅烧成熟料和含二氧化硫的气体，熟料出回转窑经算式冷却机冷却后送入仓库贮存和陈化，然后掺入高炉矿渣、石膏一同磨粉制成水泥。

窑气的 SO_2 浓度一般为 7%~9%，如果磷矿质量差，磷石膏中 $CaSO_4 \cdot 2H_2O$ 质量分数低，则窑气中 SO_2 浓度将有所降低。窑气在制酸系统先经净化再补充适量空气，以调整窑气中 SO_2 和 O_2 的比例，然后入干燥塔，经净化干燥的窑气送入转化系统制成硫酸。

（3）工艺要求

① 原料均化　由于磷石膏组分波动很大，所以原料的预均化对工艺稳定操作有重要作用。工艺对磷石膏（二水物）的要求为：SO_3 要大于 40%，P_2O_5 要小于 1%，SiO_2 要小于 8%，F^- 要小于 0.35%。

② 磷石膏的煅烧要采用长径比较大的回转窑，L/D 通常要大于 28，增加窑的预分解能力，使生料分解完全，硫的烧出率大于 94%。与普通烧制水泥的情况相比，硫酸钙的吸热量要大于碳酸钙，硫酸钙的分解温度为 1100~1200℃，而碳酸钙的分解温度在 800~900℃。所以，回转窑需要较大的长径比，温度也要达到 1200℃。

③ 硫酸钙的分解反应的机理复杂，如果在还原气氛下操作，窑气中可能产生硫化氢和

升华硫。硫化氢会导致制酸装置的催化剂中毒，升华硫会导致管道堵塞。另外，还原气氛下产生的CO能导致电除尘器爆炸，造成严重事故，因此回转窑的操作要在弱氧化气氛下进行。CO的浓度要控制在0.5%。

④ 制酸工段，窑气首先要净化。窑气净化采用内喷文氏管、泡沫塔和电除雾器工艺。洗涤水采用闭路循环，多余的污水要进入污水站中和处理。

⑤ 由于窑气SO_2浓度低（4.5%），根据热平衡关系只能采用一级转化，一级吸收的工艺。转化温度420℃，转化率96%。SO_3经过热交换器降温至160℃进入吸收塔被浓硫酸吸收。

⑥ 吸收塔排空的尾气SO_2浓度达0.3%，必须经过净化处理。一般采用氨/酸法吸收处理。这是因为磷铵企业本身就有氨和硫酸，原料有保证，处理后产生的硫酸铵可以返回工艺，容易利用。

（4）工程实例 国内曾利用太原天然石膏和开阳、昆明磷矿副产的磷石膏，在转窑内煅烧水泥熟料和制酸的中间试验，取得了预期效果。山东鲁北化工总厂在原有$0.75×10^4$t/a硫酸$1×10^4$t/a水泥装置的基础上，在南京化学工业（集团）公司设计院和山东省建筑材料工业设计研究院等单位的设计及协助下，于1986年10月建成了与$1×10^4$t/a磷铵装置副产磷石膏相配套的$1.5×10^4$t/a硫酸联产$2×10^4$t/a水泥的联合生产装置，取得了很好的效果。该厂二期工程为新建$3×10^4$t/a料浆法磷铵、$4×10^4$t/a硫酸和$6×10^4$t/a水泥三套装置。这三套装置中的磷铵和硫酸装置由南京化学工业（集团）公司设计院设计；水泥装置由山东省建筑材料工业设计研究院设计。该工程于1989年2月陆续投入运行，并于1991年4月通过了技术考核，至今运行良好。

4. 磷石膏制硫铵和碳酸钙

碳酸钙在氨溶液中的溶解度比硫酸钙小很多，硫酸钙很容易转化为碳酸钙沉淀，溶液转化为硫铵溶液。

目前，用磷石膏生产硫酸铵有奥地利OSW公司和荷兰的Continental Engineering公司开发的两种工艺流程，其原理相同，仅反应器及原料略有不同。基本原理是将磷石膏先经洗涤，真空过滤去掉杂质后，打成浆与氨及二氧化碳的混合气反应（荷兰法）或和碳酸铵的水溶液反应（奥地利法），制得硫酸铵与碳酸钙的浆料，用转筒式真空过滤器滤去碳酸钙，得到含硫酸铵41%的溶液，蒸发浓缩后冷却结晶，离心分离，即得硫酸铵晶体。

（1）工艺原理 磷石膏制硫铵和碳酸钙，是利用碳酸钙在氨溶液中的溶解度比硫酸钙小很多，硫酸钙很容易转化为碳酸钙沉淀，溶液转化为硫铵溶液的原理。

$$(NH_4)_2CO_3 + CaSO_4 \longrightarrow CaCO_3 \downarrow + (NH_4)_2SO_4 \tag{5-5-5}$$

碳酸钙是制造水泥的原料，硫酸铵是肥效较好的化肥。经过转化，既可以将价值较低的碳酸氢铵转化为价值较高的、用途更广的产品，又可以利用转化磷石膏。

利用氨和二氧化碳，将磷石膏转化成硫铵与碳酸钙，在国外是较成熟的技术。英国、奥地利、日本、印度等相继建立了石膏制硫铵的装置，其中尤以奥地利和印度的技术更为成熟。国内早在20世纪70年代就进行了磷石膏制硫铵的试验研究，并在80年代中期分别在安徽马鞍山采石化肥厂和四川德阳市化工厂建设了150t/d硫磷铵装置，前者用马鞍山凹铁矿副产磷精矿，后者用四川清平磷矿作为生产磷酸的原料。

近几年，我国建设的$3×10^4$t/a磷铵的装置中，有三分之一是建在小氮肥厂内。因此对磷石膏转化碳铵生产硫铵十分有利，既提高了氮的利用率，又转化了磷石膏。

（2）生产工艺 磷石膏制硫铵的主要过程如图5-5-13所示。

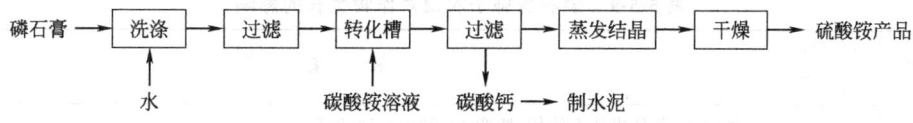

磷石膏 → 洗涤 → 过滤 → 转化槽 → 过滤 → 蒸发结晶 → 干燥 → 硫酸铵产品
　　　　　↑　　　　　　↑　　　　↓
　　　　　水　　　碳酸铵溶液　碳酸钙 → 制水泥

图 5-5-13　转化磷石膏制硫铵和碳酸钙流程

由于磷石膏中带有少量可溶性 P_2O_5，为确保转化反应中生成的碳酸钙的过滤性能，首先要将磷石膏用水漂洗、过滤，使水溶性 P_2O_5 降低到 0.1% 左右，同时尽可能除去细粒悬浮体和部分杂质。由于在硫酸铵溶液中碳酸钙的溶解度要比硫酸钙溶解度小得多，所以石膏转化率≥95%。

印尼某石油化工有限公司 $25 \times 10^4 t/a$ 磷石膏硫铵装置，于 1985 年与磷酸装置同时建成。副产的磷石膏一部分经再浆洗涤送到各水泥厂做水泥缓凝剂，一部分直接送硫铵装置使用。用磷石膏的制硫铵对磷石膏的质量有严格的要求，在磷酸生产中要严格控制。该印尼厂对磷石膏质量的要求见表 5-5-8。

表 5-5-8　磷石膏制硫铵对磷石膏质量的要求　　　　　单位:%（干基）

项　目	要求	项　目	要求
$CaSO_4 \cdot 2H_2O$	>91	总 P_2O_5	<0.1
化合水	>19	水溶性 P_2O_5	>0.02
SO_3	>40	总 F	<0.5

如果磷石膏中 P_2O_5 含量超过要求，就会引起转化不完全、碳酸钙结晶变坏、过滤困难等一系列问题。

5. 磷石膏用于改良土壤

磷石膏能起到改土肥田增产作用，主要因素是：

① 磷石膏呈酸性，pH 值一般在 1～4.5，可以代替石膏改良碱土、花碱土和盐土。改良土壤理化性状及微生物活动条件，提高土壤肥力。

② 磷石膏中含有作物生长所需的磷、硫、钙、硅、锌、镁、铁等养分。它们除了在作物代谢生理中发挥各自的功能外，又由于交互作用而促进了彼此的效应。硫是磷石膏的主要组分之一，也是农作物生长所需的重要养分之一。磷石膏中硫和钙离子可供作物吸收。且石膏中的硫是速效的，对缺硫土壤有明显的作用。具有高浓度可溶盐与相当碱性物质的土壤通常因胶质黏土颗粒的分散，导致不良的疏水性。对碳酸盐含量高的钠质土施加磷石膏，其中钙离子将与土壤中的钠离子置换，生成硫酸钠随灌溉水排走，从而降低土壤碱度并改善土壤的渗透性。土壤 pH 值的降低还有利于作物吸收土壤中的磷素及其他微量元素如铁、锌、镁等。

磷石膏中含有很微量的放射性物质，是磷石膏用作土壤改良剂时要认真考虑的问题。从目前调查研究的情况看，国内磷矿的放射性物质含量并不高，以国内磷矿生产磷酸产生的磷石膏是比较安全的。对国外的一些磷矿而言，放射性要稍高一些，但绝大多数在安全范围之内。根据美国的研究资料，磷石膏作为土壤改良剂，不会产生放射性污染的问题。

多年来国内一大批农科研究单位，陆续开展磷石膏改土肥田增产的试验研究。富有成效的是江苏沿海地区农科所等单位在江苏盐城市的试验成果，各地试用情况如表 5-5-9 所示。

表 5-5-9   磷石膏施于农田对作物生长的影响

作物类别	施用量 /(kg/亩)	效 果
水稻	75	长势稳健,茎秆粗壮不倒伏,增产 13.98%～18.26%
棉花		出叶速度快,棉株生长稳健脱落少,结铃多,提高棉花品质,增产 7.65%～14.38%
大豆	200	增产 16.07%
啤酒大麦	100～300	增产 8.32%～46.32%
饲料大麦	100～300	增产 43.25%～50.86%
培育平菇		品质提高,色泽好,菌肉变厚,菇质硬实不易破碎,增产 10%

从以上成果看出,磷石膏改土肥田增产作用明显。其他一些利用磷石膏作土壤改良剂的研究情况如下:

① 前苏联将磷石膏用于改造盐碱地,一般用量达 20t/hm²,据称增产效果可维持 8～10 年。

② 中国科学院生态研究所进行的 103 组小区稻田试验结果表明,施 150kg/hm² 磷石膏或石膏,可增产稻谷 0.165～1.60t/hm²。

③ 云南省在德宏自治州用磷石膏进行水稻田试验,增产 8%～30.2%。据此,1988 年已推广 1.7×10⁴hm²。

④ 罗马尼亚巴克乌(BACAU)工厂副产的磷石膏,每年有 (10～20)×10⁴t 用于改良土壤。

⑤ 湖南和云南地区缺硫土壤含硫 20～230mg/kg,其中有效硫仅 2～50mg/kg 施用磷石膏 90～150kg/hm²,增产稻谷 0.75～1.5t/hm²(与施硫肥 30kg/hm² 的肥效相同)。

三、废催化剂的处理和回收

(一)废催化剂的来源及特点

大部分有机化学反应都依赖催化剂来提高反应速度,因此催化剂在有机化工生产中得到了非常广泛的应用。例如石油化学工业中的催化重整、催化裂化、加氢裂化、烷基化等生产过程都大量使用催化剂。催化剂在使用一段时间后会失活、老化或中毒,使催化活性降低,这时就要定期或不定期报废旧催化剂,换入新催化剂,于是就产生了大量的废催化剂[3]。

有机化工生产中使用的催化剂一般是将 Pt、Co、Mo、Pd、Ni、Cr、Ph、Re、Ru、Ag、Bi、Mn 等稀贵金属中的一种或几种承载在分子筛、活性炭等载体上起催化作用。废催化剂一般具有如下特点:

① 含有稀贵金属   虽然含量一般很少,但仍有很高的回收利用价值。

② 含有有机物   催化剂在使用过程中会附着一定量的有机物,这些有机物会污染环境,同时也对回收催化剂上的稀贵金属带来一定困难。

③ 往往含有重金属   会对环境造成污染。

(二)废催化剂的回收利用技术

由于废催化剂中含有稀贵金属,所以可作为宝贵的二次资源加以利用。但由于催化剂的种类繁多,其回收利用技术应根据不同催化剂的特点加以设计。

抚顺石油三厂将废铂催化剂先经烧炭后用盐酸同时溶解载体和金属,再用铝屑还原溶液中的贵金属离子形成微粒,然后进一步精制提纯。

原化工部指定平顶山 987 厂为石油化工废催化剂回收钴、镍、钼、铋的重点厂。该厂摸索出一套从废催化剂中回收钴、镍、钼、银等稀有金属的生产工艺路线，其中钴、钼、铋回收流程见图 5-5-14。

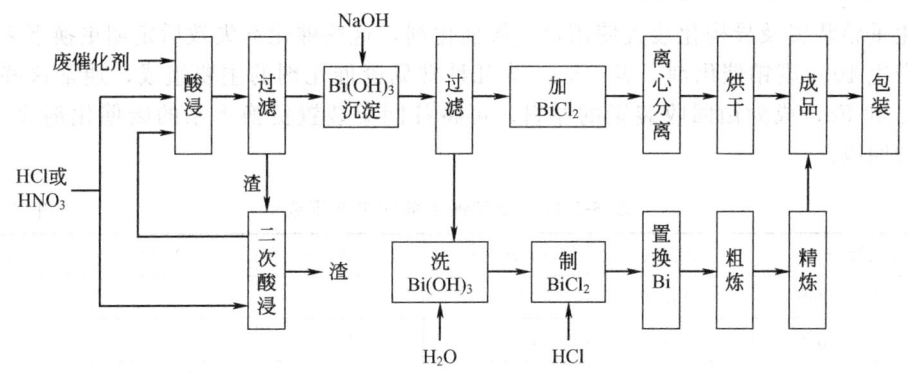

图 5-5-14　稀贵金属回收工艺流程

产聚酯 8.7×10^4 t/a 的生产装置，产废钴锰催化剂 684kg/h，其中含钴 61%、镍 0.2%、硫酸锰 32%。用水萃取，再经离子交换，解析回收金属钴锰，最后制取醋酸钴、醋酸锰回用于生产。

生产锦纶的己二胺合成中，产生废雷尼镍催化剂 160t/a，其中含 50% 镍。采用水洗，干燥再经电极电炉熔炼可回收金属镍，可回收纯镍 20t/a。

60t/a 环氧己烷生产装置平均每 2 年产生银催化剂 30.6t，其中含银 6.28t。采用硝酸溶解，氯化钠沉淀分离出氯化银，再用铁置换，最后经熔炼回收金属银，其回收率可达 95%。

催化裂化装置所使用的催化剂，在再生过程中有部分细粉催化剂（$<40\mu m$）由再生器出口排入大气，严重污染周围的环境。采用高效三级旋风分离器可将催化剂细粉回收，回收的催化剂可代替白土用于油品精制。回收的催化剂与白土吸附剂精制的效果比较见表 5-5-10。

表 5-5-10　回收的催化剂与白土吸附剂精制的效果比较

数据	项目		新鲜长岭硅铝催化剂/%	回收催化剂/%	白土/%	原料油
吸收率/%			31.27	6.28	5.66	
油品氧化安定性评分	减五线油	评分	68.27	62.37	80.79	81.13
		酸值	0.014	0.014	0.0168	0.0193
	减四线油	评分	90.18	85.20	133.84	139.53
		酸值	0.014	0.014	0.0194	0.0368

使用白土和回收催化剂对减四线油和减五线油的精制均符合控制指标。从评分可看出，用回收催化剂比用白土精制油品要好，减五线油比减四线油的氧化安定性好，所以回收催化剂可以替代白土用于重质润滑油的补充精制，既可减少污染，每年还可节约 $1.5 \times 10^5 \sim 2.1 \times 10^5$ 元。

使用回收催化剂作吸附精制剂时，可以降低精制温度，其含水量无须严格控制。

也可用废催化剂生产釉面砖。釉面砖的主要化学组成与催化裂化装置所用催化剂的化学组成基本相同，在制造釉面砖的原料中加入 20% 的废催化剂，制造出的釉面砖质量符合要求。齐鲁石化公司催化剂厂和山东搪瓷研究所共同研制成功用废催化剂制釉面砖。

(三)工程实例

1. 从废催化剂中回收金属铂

催化重整装置及异构化装置使用贵金属催化剂,这些催化剂失效后定期更换下来。全国每年约产生 100t 废铂催化剂,表 5-5-11 为几种常见废催化剂的主要组成,通常这些催化剂中含有 C 和 Fe,成为铂回收装置的原料。可将各同类装置更换下来的废催化剂收集起来,集中进行回收。

表 5-5-11 废铂催化剂的主要组成 单位:%

催化剂种类		Al_2O_3	Pt/Al_2O_3	Re/Al_2O_3	Sn/Al_2O_3	SiO_2
重整催化剂	单铂	90 左右	0.4~0.5			
	铂铼	90 左右	0.3~0.5	约 0.3		
	铂锡	>90	0.36 左右		约 0.3	
异构化催化剂		70 左右	0.33 左右			25 左右

抚顺石油三厂的铂回收装置自 1971 年投产至 1987 年共回收海绵铂 468kg,铂回收率稳定在 95% 以上,可处理废铂催化剂 25t/a 以上。这些海绵铂又经制备成氯铂酸全部用在重整催化剂生产上,副产品氯化铝全部作为原料用在加氢催化剂生产上。废铂催化剂的回收缓解了铂供应的紧张状况,同时也取得了非常可观的经济效益。

(1)回收工艺 该厂的铂回收工艺流程见图 5-5-15,主要处理单铂及铂铼废催化剂。

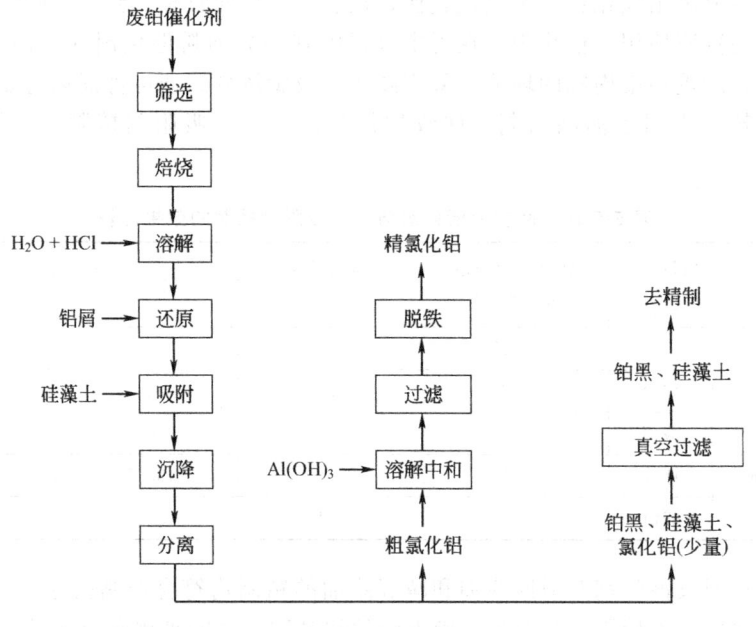

图 5-5-15 铂回收部分生产工艺流程

回收工艺原理是废铂催化剂经烧炭后用盐酸溶解,使载体氧化铝和铂同时进入溶液,再用铝屑还原溶液中的二氯化铂形成铂黑微粒,然后以硅藻土为吸附剂把铂黑吸附在硅藻土上,经分离、抽滤、洗涤使含铂硅藻土与氯化铝溶液分离,再用王水溶解使之形成粗氢铂酸与硅藻土的混合液,经抽滤得到粗氢铂酸,再经氯化铵精制等工序进行提纯,最后制得海绵铂。

铂回收工艺副产品氯化铝，经脱铁精制后为精氯化铝，全部作为加氢催化剂载体的制备原料，既回收了铂，也回收了载体氯化铝。

（2）铂回收溶解釜操作条件　铂回收生产的关键设备是溶解釜，废铂催化剂用盐酸溶解的过程及铝屑与二氯化铂的还原反应均在溶解釜内进行。溶解釜为耐酸搪瓷釜（附搅拌设备），外有夹套以蒸汽加温。溶解操作必须按工艺指标要求把温度控制在80℃，4h；110℃，12h。否则载体氧化铝溶解不完全。用铝屑还原二氯化铂时，温度要平稳控制在70℃。

2. 从废催化剂中回收银

辽阳石油化纤公司环氧乙烷装置每两年排出废银催化剂30t。废银催化剂含有20.0% Ag、35.18%Al、5.52%Si、0.007%Fe、0.01%Mg，以及微量Ca、Pb、Mn、Na、Mo、Cu、Ni等元素。

（1）工艺原理　采用硝酸溶解、过滤、加氯化钠沉淀析出氯化银，然后用铁置换，最后将银粉熔炼铸锭的工艺。

（2）工艺过程　每个反应器装5kg废催化剂、2kg工业硝酸、1kg脱盐水，放在炉上加热，此时硝酸会以二氧化氮形式挥发出。待二氧化氮挥发尽，且载体小球变得洁白时停止加热，然后加5kg循环稀硝酸银稀释，再把溶液倒出、过滤，并用循环稀硝酸银溶液洗数次，每次5kg，洗液过滤。然后用脱盐水洗涤载体，直至洗涤水用氯化钠溶液检查不发生沉淀为止。

在硝酸银溶液中加入饱和氯化钠溶液，使氯化银沉淀析出，并静置沉淀，然后去掉上清液。将铁块用盐酸除锈，然后放入氯化银沉淀中，使铁和氯化银发生置换反应，生成氯化亚铁和银粉。由于氯化银在水中的溶解度很小，置换反应速度很慢，当氯化银沉淀全部变成灰绿色的银粉时，反应才算完成。用水洗涤银粉中的氯化亚铁，可用铁氰化钾判断洗净的程度。将银粉在烘箱内干燥，然后用磁铁吸出铁块。

（3）主要工艺条件　溶解废银催化剂的稀硝酸浓度应保持在20%～30%。氯化银沉淀需静置过夜；用铁块置换银粉的过程一般要持续2～4天。

（4）回收效果　每年处理含银废催化剂15t，从中回收银3t，其纯度大于99.9%，回收率达97%以上。

3. 从废雷尼镍催化剂中回收镍

辽阳石油化纤公司己二胺装置年产生废雷尼镍催化剂160t。废催化剂除含镍、铝、铬外，还含碳、氮、磷等。该厂采用熔炼的方法从雷尼镍废催化剂中回收金属镍，取得了很好的效果。回收的金属镍含90%～95%镍、4%～5%的铝和微量的铬和铁，用于生产不锈钢。

（1）处理回收工艺　镍的熔点为1455℃，要得到品质好的金属镍，冶炼是比较适宜的工艺。采用电极电炉熔炼法回收金属镍的工艺流程如图5-5-16所示。

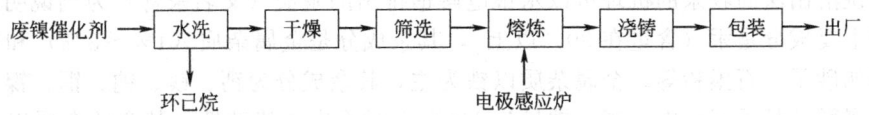

图5-5-16　熔炼法回收废雷尼镍催化剂中的镍

废雷尼镍催化剂先经水洗，除去环己烷等杂质，再经干燥，然后筛去其中的微小颗粒，最后装入电炉内进行冶炼。将电极感应电炉内的温度升至1700℃，熔炼70min后将镍水浇铸于模具中，冷却后包装出厂。

（2）工艺操作条件

电极电压	275V	功率因数	0.9～1.0
电容电压	750V	中频感应炉频率	1000Hz
功率	40～50kW	熔炼温度	1700℃

四、汞渣的治理

汞渣是工厂、矿山等生产过程中排出的含汞固体废物，如汞矿和冶炼厂排出的含汞矿石烧渣，化工生产系统排出的含汞盐泥、含汞污泥、汞膏、汞催化剂、活性炭、解汞粒，军工生产上的引爆材料雷酸汞，电器工业上的废汞弧整流器、废水银灯，机械工业上的水银真空泵的氧化汞（HgO），仪器工业上的碎玻璃水银温度计、大气压力表、废电池等，统称为汞渣。

这些汞渣排放在厂矿区内外或者排放到江、河、湖、海之中，会造成陆地和水系的严重污染，给人类的身体健康造成严重的危害。患有慢性汞中毒的人可以表现多种多样症状，但主要是中枢神经和消化系统两方面的症状，表现为两手颤抖、忧郁、视力模糊或复视（看见的物像一个变成两个）、头痛、记忆力减退；牙龈红肿、疼痛和出血等。因此汞渣治理是环境保护的重要课题。

由于汞渣的种类繁多，所含成分各不相同，因此，汞渣的治理方法也不相同，国内外普遍采用焙烧法，此外还有氧化法和固定法等。氧化法又分为化学法和电化学法两种。化学氧化法使用的氧化剂有次氯酸盐、硝酸、双氧水、氯气及其他氯系氧化剂等。电化学氧化法是以汞渣为阳极的恒电位溶出法。现将几种方法简要介绍如下。

1. 焙烧法

焙烧法的机理是在高温下焙烧汞渣，使其所含多种形式的汞在高温下分解，产生汞蒸气，再通过冷凝汞蒸气得到金属汞。当汞渣中含有氯化汞（$HgCl_2$）时，因在高温焙烧时将生成氯化汞蒸气，故需先用碱或铵浸渍预处理，使它转化为氧化汞再焙烧分解成汞蒸气。

焙烧工艺过程是：汞渣（含 $HgCl_2$ 的要经过碱或铵浸渍、吹干处理）置于焙烧炉加热到 700℃左右，产生的含汞蒸气经除尘器除去大部分灰尘，再进入冷凝器，在冷却条件下，所含的大部分汞蒸气变成汞被回收，尾气再依次进入吸收塔和吸附器，所含的剩余汞蒸气再一次被吸收，而尾气最后由鼓风机经烟囱排空。排空尾气含汞量可达 $0.01mg/m^3$。

焙烧法的特点是处理的汞渣种类多，无论是液态或固态，大块或小块（直径小于350mm）均能焙烧；炉型多，生产操作既能连续，也能间断；经济效果好；设备简单且分离汞可靠。

2. 恒电位溶出法

恒电位溶出法回收汞的机理可以水银电解槽排出的汞渣（又名汞膏）为例说明。

汞膏主要成分是汞（含量在 90%以上），其余成分是金属杂质（1%～3%）和非金属机械混合物如砂子、石墨粉等。金属杂质以铁为主，其余成分为钙、镁、钠、铜、镍、铬、矾等。铁金属微粒悬浮于汞中，当含铁量为 1%左右时汞失去流动性，其余的金属以汞齐或悬浮微粒的形式存在于汞中。汞渣可看作是汞与金属杂质组成的多电极短路原电池。以盐水为电解质，并外加一辅助阴极时，汞渣即为阳极，当汞渣阳极电位稳定在 100mV 条件下，即汞渣电位控制在汞溶出电位前，使金属杂质溶解，而汞处于稳定状态，从而达到使汞与金属杂质得到分离的目的。该法特点是装置简单，运转简单可靠，占地面积小，处理能力大，汞回收率达 99％以上，回收汞纯度高（99.999％），二次污染小且易于控制。采用经氯气处理过的活性炭处理电解中产生的含少量汞的氢气，可使尾气中含汞量达到规定排放标准。该法与通常的焙烧法相比较，无论经济上或防止污染上，均具有显著的优点，可以代替焙烧法处理某些含汞残渣。

3. 化学法

此法多用于处理含汞盐泥和污泥等汞渣。其方法是先加入盐，酸氧化剂，使汞渣中的氧化汞被氧化为可溶性的氯化汞。再通入氯气将其他不溶性的汞及其化合物氧化成为可溶性的氯化汞。为了消除盐泥中的游离氯，防止设备管道腐蚀，并保证以后硫化反应的进行，应加入亚硝酸钠。

将经上述处理好的盐泥进行过滤或沉降，含有氯化汞（$HgCl_2$）的盐水清液分离出来，一方面可直接进入电解槽用于回收汞，另一方面可以在一定酸值下加入硫酸钠溶液生成不溶性硫化汞（HgS），再加热使硫化汞絮凝长大易于沉淀，并间断用泵抽出沉淀物，送入离心脱水机分离水分。滤饼经真空干燥后，掺入合适量的石灰，置于蒸馏炉内灼烧，硫化汞被还原成金属汞，汞蒸气经冷凝回收。

4. 次氯酸钠氧化法

次氯酸钠氧化法的机理可以水银法制碱排出的盐泥为例加以说明。

水银法制碱排出的盐泥，其主要是由氯化钠饱和溶液，钙、镁的硫酸盐不溶物，硫化汞、氧化汞、氯化亚汞等不溶性汞化合物组成。

以次氯酸钠和盐酸作氧化剂可使盐泥中汞、汞化合物转变为负二价的四氯化汞络合离子并溶解于盐水中。然后可用水银电解槽阴极还原法使盐泥经过滤获得的含汞盐水与生产中和盐水混合进入电解槽，四氯化汞络合离子在水银阴极表面获得电子而被还原成元素汞回收。也可使四氯化汞络合离子与钠汞齐进行反应，使四氯化汞中的汞还原为元素汞回收。

该法具有流程短、操作方便、汞回收效率高以及很少污染环境等优点，是一种治理固、液态含汞废渣的好办法。

5. 固定法[7]

使含汞废渣与水泥按 1∶（3～8）的比例，加水混合均匀，再送入模具振捣成型后，送入蒸汽养护窑在 60～70℃温度下养护 24h 固化成块，然后送入深海或深埋地下。

第四节　废油资源化回收

一、概述

废油是指全部或部分由矿物油、碳氢化合物（如合成油）、油箱中的油残渣、水油混合物和乳状液等组成的半固态和液态废物。它们产生于润滑、电绝缘等工业或非工业源中，由于使用过程中其原始性质发生改变而不能作为原材料继续被使用。由于全球大量用油，废油具有可二次使用、回收和再生产的潜能，如果不适当处理处置还会造成环境危害。废油的再循环是指通过适当的物理化学处理方法回收、再造和再生（再精炼）。大多种类的废油都可以回收再利用。某些类别的废油，特别是润滑油，处理后可以直接二次使用。

二、废油的基本处理方法

按废油再生加工工艺可分为物理再生净化法和物理化学再生法。

1. 物理再生净化法

废油的物理再生净化法不消耗废油的化学基础，而只将其中的机械杂质，即灰尘、砂粒、金属屑、水分、胶状及沥青状物质、焦炭状及含碳物质等除去的方法，均属于废油的物理再生方法。应用最广泛的物理再生方法为沉降、离心分离、过滤、水洗、蒸馏等。

（1）沉淀 所有的废油再生时，都要经过沉降工序，以便除去机械杂质和水分，这是一种最简单而又最便宜的方法。它是利用液体中杂质颗粒和水的密度比油大的原理，当废油处于静止状态时，油中悬浮状态的杂质颗粒和水便会随时间的增长而逐渐成为沉淀沉降出来，进行分离。沉降效果的好坏，直接影响下一步的蒸馏、硫酸精制、溶剂精制等工艺的操作。

（2）离心分离 离心分离是沉降的另一种形式。其原理是利用离心机高速旋转时产生的离心力，来达到分离油、水和机械杂质的目的。离心分离也是建立在油、水和机械杂质密度不同基础上的物理再生方法。在离心分离的实际应用中，使用分离机和离心机两种设备。

（3）过滤 过滤是驱使液体通过称为"过滤介质"的多孔性材料，将悬浊液中的固体与液体分离的方法。驱动液体的方法与过滤介质的阻力有关。废油再生中最常用的单元过程是白土接触精制。接触精制后，油中的废白土需要使用真空过滤机或板框压滤机将其滤出。真空过滤机只用于处理量大的连续装置。故一般常用的是板框压滤机，由每一块滤框独立地滤油。

（4）蒸馏 蒸馏是利用各种油品的馏程不同，将废油中的汽油、煤油、柴油等轻质燃料油蒸出来，以保证再生油具有合格的闪点和黏度。当加热废油时，废油中所含燃料油的沸点比废油自身的沸点低很多，燃料油首先气化而与油分离，以恢复油的黏度和闪点。蒸馏所需温度取决于燃料油的沸点和蒸馏方法。常用的蒸馏方法有两种：水蒸气蒸馏（或减压蒸馏）和常压蒸馏。

（5）水洗 水洗是为了除去废油中水溶性氧化物。废油加以水洗，并不能保证使污染严重的废油充分复原。将水洗和离心分离联合的方法常用来净化再生汽轮机油。

2. 物理化学再生法

以下简要介绍几种物理化学再生方法，包括凝聚、吸附精制、碱洗、硫酸精制等。

（1）凝聚 凝聚（絮凝）即向废油中加入少量的表面活性物质或电解质，使分散的杂质颗粒凝聚成为较大颗粒，更容易在沉降时分离除去。

（2）吸附精制 在废润滑油再生中，吸附精制工序同硫酸精制一样，具有重要作用。吸附精制可以在硫酸精制之后，作为补充精制的手段。也可以单独对老化变质程度不甚严重的废油进行再生。吸附精制之后，通过过滤，滤掉已经吸附了杂质的吸附剂，就可以得到精制的再生基础油。

（3）碱洗 碱洗是为了除去废润滑油中的有机酸、磺酸、游离酸、硫酸酯及其他酸性化合物，常采用碱洗。碱洗既可对某些润滑油品种独立进行再生，也可以与硫酸精制、水洗等联合进行。大多数废油的处理都不经过碱洗工序，只有处理变压器油、缝纫机油等轻质润滑油的废油时才经过这个工序。

（4）硫酸精制 硫酸精制是废润滑油深度精制的再生方法，对提高油品质量起决定性作用。硫酸精制的原理，就是利用浓硫酸在一定条件下，对油中某些组分起强烈化学反应，对某些组分起溶解作用，将润滑油中有害组分除去。但由于硫酸精制时产生黏稠黑色的、难以处置的酸渣，同时还产生刺激性很强的酸性的二氧化硫气体，对环境有相当严重的污染，因此20世纪70年代以来，在许多新建的废油再生大装置上都不再采用，而代之以加氢精制、溶剂精制和吸附精制等。

三、废润滑油的再生工艺

目前，比较常用的废润滑油提纯制取基础油的工艺技术有：酸、碱-白土精制型、蒸馏-溶剂精制-白土精制型、蒸馏-溶剂精制-加氢精制型、脱金属-固定床加氢精制型、蒸馏-加氢精制型。

酸、碱-白土精制型：污染严重，产品得率低，副产大量白土和酸渣，现在许多国家都不允许采用此类方法生产。

蒸馏-溶剂精制-白土精制型：有不少厂家采用这种方法，但是生产工艺较为复杂，溶剂挥发污染环境，产品得率不是很高。

蒸馏-溶剂精制-加氢精制型：生产工艺复杂，高温高压，该工艺的最大特点是没有废物处理问题，同时还具有收率高、产品质量好等特点，但其设备投资高，需要氢气来源。

脱金属-固定床加氢精制型：属于美国埃克森公司开发出了一套废润滑油回收工艺，主要包括蒸馏部分、加氢精制部分。该工艺对原料质量要求较高，尤其当金属含量较高时，仅靠蒸馏难以达到固定床加氢精制工艺进料要求，这时需进行较复杂的预处理，如脱金属、吸附等。

蒸馏-加氢精制型：属于德国 Meinken 公司开发的 Meinken 工艺。它采用一种强力搅拌混合器，可降低硫酸消耗，进而减少酸渣生成量，该工艺减压蒸馏塔中的润滑油用热载体换热器循环回反应器再利用。该工艺所用的加氢催化剂为氧化铝上负载的硫化镍-钼-钴-铜酸盐或硫化钨-镍催化剂。反应条件缓和，可防止裂解反应发生。

近年来，我国科研人员自行研发了 FMX 膜过滤法处理废油技术和分子蒸馏法处理废油技术，并建设了示范工程，取得较好的经济效益和环境效益。

FMX 膜过滤法处理废油是将废油经沉淀、除水、过滤颗粒物后通过 FMX 膜过滤设备使其再生。

分子蒸馏技术是一种新型的物理法分离技术，它不仅避免了化学法的污染，而且克服了传统蒸馏技术的缺点，是精细化学品分离和提纯的理想方法。

四、示范工程[8]

（一）FMX 膜过滤法处理废油

1. FMX 膜过滤设备工作原理

膜分离技术（图 5-5-17）基本原理是物质成分的物理分离过程，具有高效、节能、过程易控制、操作方便、环境友好、便于放大、易与其他技术集成等优点，但用于废矿物

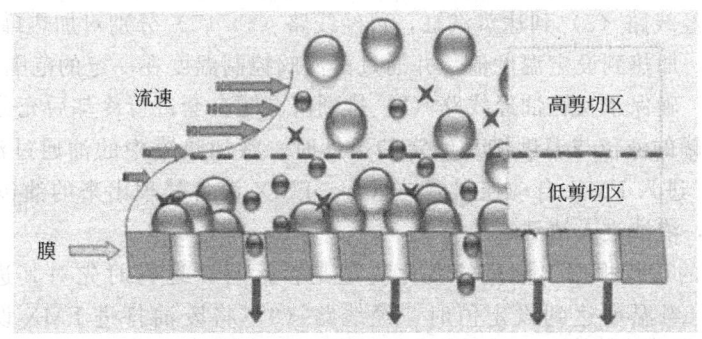

图 5-5-17　传统的膜过滤技术

油的再生具有两大难点：首先，一般的膜分离系统在高浓度、高黏性条件下很难正常运行；其次，因膜污染需频繁进行膜清洗及膜更换，导致正常运行时间缩短以及运行维护费用增加。

FMX 克服了一般膜过滤技术所面临的所有问题，能用在一般膜分离技术无法应用的领域，例如，废弃酵母中的啤酒回收；沼气发电厌氧消化废液的处理。

FMX 是在膜与膜之间放置涡流发生型旋转叶片，通过它的旋转在膜表面持续产生涡流，从而有效防止膜污染堵塞的新一代膜过滤技术。通过叶片旋转产生的涡流将扰乱膜表面的污染层，从而将污染物随料液一起排除于系统外（图 5-5-18）。

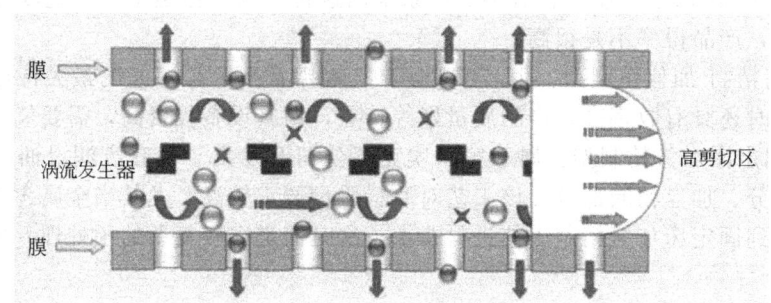

图 5-5-18　涡流发生型膜过滤技术

2. FMX 废油处理系统工艺

FMX 废油处理系统工艺流程见图 5-5-19。

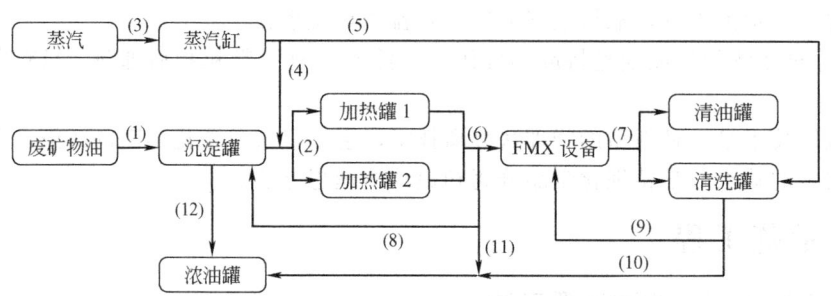

图 5-5-19　FMX 废油处理系统工艺流程

（1）该系统首先将通过油泵将废油经线路（1）从油桶抽到沉淀罐，再通过一台油泵将沉淀罐中的废油经线路（2）输送到两个加热罐中。

（2）通蒸汽经线路（3）到达蒸汽缸，再经线路（4）（5）分别对加热罐 1、加热罐 2 及清洗罐进行加热，加热到设定温度值，并通过蒸汽阀控制温度在一定的范围内，维持该温度范围一定的时间，确保水及轻油经线路（8）排到沉淀罐夹套进行冷却后充分排出。

（3）当加热罐的液位与温度满足给定的条件时，将加热罐中的油通过油泵经线路（6）打到 FMX 设备，进入 FMX 自动控制模式运行。FMX 设备处理出来的油包括清油和浓油，清油进入清油罐，浓油进入清洗罐。

（4）清洗罐的运行根据出油量的变化决定是否运行，运行时先对其进行加热（控制其温度和液位），当温度达到设定值时，经线路（9）将废油打进 FMX 设备，对其进行清洗。

3. FMX 膜运行主要影响因素

（1）料液温度对膜通量的影响 图 5-5-20 是膜通量随量随料液温度的变化曲线，运转条件为操作压力 4.5kgf/cm²，频率 53Hz。

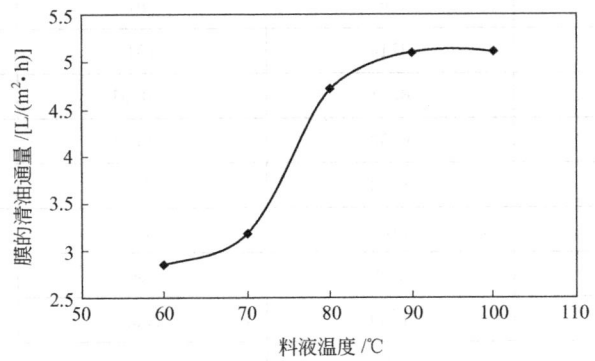

图 5-5-20 膜通量随料液温度的变化曲线

膜通量随料液温度的提高增加的幅度较大，废矿物油属热敏性物质，在常温时，溶液黏度相对较高，膜的产清油量较低。随着温度的提高，溶液黏度下降，液体流动性明显增加，从而降低了膜界面层厚度，减少了膜面厚度，导致膜清油通量增加。

在 60～100℃ 的温度范围内，膜的清油通量为 2.85～5.10L/(m²·h)，平均每提高 10℃，膜的清油通量平均增加 0.56L/(m²·h)。但在 60～70℃ 温度范围内，膜的清油通量只增加 0.32L/(m²·h)，增幅较小，而在 70～80℃ 温度范围内，膜的清油通量增加了 1.54L/(m²·h)，增幅明显提高，在 80～90℃ 温度范围内，膜的清油通量增加了 0.37L/(m²·h)，增幅又下降，在 90～100℃ 温度范围内，膜的清油通量增加了 0.02L/(m²·h)，增幅基本停滞。膜法处理废矿物油的这一温度特性表明，运转温度为 90℃ 时，可获得最佳清油通量，同时由于废矿物油脱水后的进液温度为 90～95℃，工艺运转温度选择在 80～90℃，可以获得较经济的清油通量和降低运行成本。

（2）操作压力对膜通量的影响 其运行条件为：运行温度 120℃，频率 53Hz。

图 5-5-21 为膜清油通量与操作压力的关系曲线。关系曲线表明，膜清油通量在操作压力为 3.0～5.0kgf/cm² 的范围内，膜清油通量随操作压力的增加而增加。在操作压力为 3.0～4.0kgf/cm² 范围内，膜

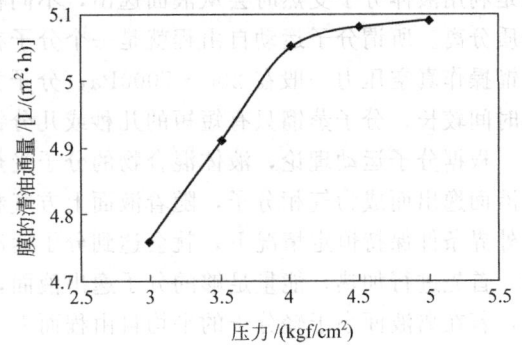

图 5-5-21 膜清油通量与操作压力的关系曲线

清油通量随操作压力的增加而提高，膜清油通量为 4.76～5.05L/(m²·h)。在压力超过 4.0kgf/cm² 后，清油通量随压力增加的幅度变缓。在 4.0～5.0kgf/cm² 压力范围内，膜清油通量为 5.05～5.09L/(m²·h)。因此，在废矿物油处理工艺中采用滤膜时，建议操作压力的参数范围为 4.0～4.5kgf/cm²。

4. 膜处理后的效果分析

废油处理前后的理化分析如表 5-5-12 所示，可知处理后所得到的清油达到了 7 号燃料油的标准。

表 5-5-12　废油处理前后的理化分析

金属成分及理化指标	废机油（过滤前）	处理后的清油	处理后的浓缩油
磷	895	364	456
锌	896	297	1621
钙	2714	101	4950
碳粒/%	0.91	<0.01	1.45
含水量/%	0.50	<0.01	0.2
黏度(40℃)/(mm²/s)	80.2	41.7	159.1
黏度(100℃)/(mm²/s)	11.5	77	20.03
黏度指数	119	130	149
酸度	1.29	0.22	1.96
灰烬(质量分数)/%	0.971	0.168	2.1
含硫量(质量分数)/%	1.88	1.2	2.41

综上，工艺运转温度选择在 80～90℃，操作压力的参数范围为 4.0～4.5kgf/cm²，可以获得较经济的清油通量和降低运行成本。所产生的浓油可作为危废焚烧的燃料，具有较好的经济效益和环境效益。该废矿物油资源化示范工程，可实现处理量 2000t/a。

（二）分子蒸馏技术处理废油

1. 分子蒸馏技术处理废油工艺原理

该项目采用的分子蒸馏技术是一种新型的物理法分离技术，它不仅避免了化学法的污染，而且克服了传统蒸馏技术的缺点，是精细化学品分离和提纯的理想方法。分子蒸馏分离则是利用液体分子受热时会从液面逸出，不同种类分子逸出后的运动平均自由程不同来实现物质分离。所谓分子运动自由程就是一个分子在相邻两次分子碰撞之间所经过的路程。传统蒸馏操作真空压力一般在 200～7000Pa，分子蒸馏操作真空压力在 0.1～3Pa；传统蒸馏受热时间较长，分子蒸馏只有短短的几秒或几分钟时间就实现分离。

根据分子运动理论，液体混合物的分子受热后运动会加剧，当接受到足够能量时，就会从液面逸出而成为气相分子，随着液面上方气相分子的增加，有一部分气体就会返回液体，在外界条件保持恒定情况下，就会达到分子运动的动态平衡。为使液体混合物达到分离的目的，首先进行加热，能量足够的分子逸出液面，轻分子的平均自由程大，重分子平均自由程小，若在离液面小于轻分子的平均自由程而大于重分子平均自由程的位置设置一冷凝面，使得轻分子不断被冷凝，破坏了轻分子的动平衡而使混合液中的轻分子不断逸出，而重分子由于自由程短达不到冷凝面很快返回液面并不再从混合液中逸出，这样趋于动态平衡，便达到了混合液轻重组分分离的目的。分子蒸馏过程如图 5-5-22 所示。

2. 工艺流程

该项目采用"原料预处理—薄膜蒸发—分子蒸馏—白土精制"的纯物理工艺路线，项目不使用硫酸，仅使用少量白土。如图 5-5-23 所示。

利用分子蒸馏技术处置废润滑油提纯基础油生产工艺装置由如下部分组成：预处理部分、薄膜蒸馏及分子蒸馏部分、白土精制部分。

（1）预处理部分　预处理部分采用间歇式操作方式，收集回来的废润滑油经筛选网粗

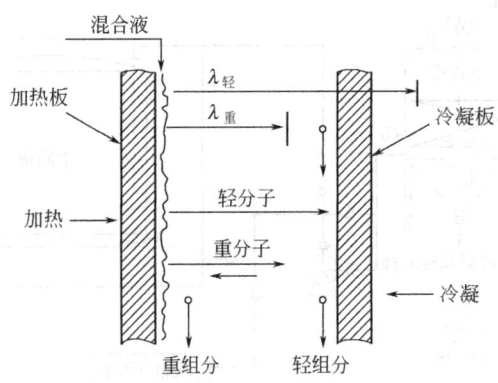

图 5-5-22　分子蒸馏过程原理

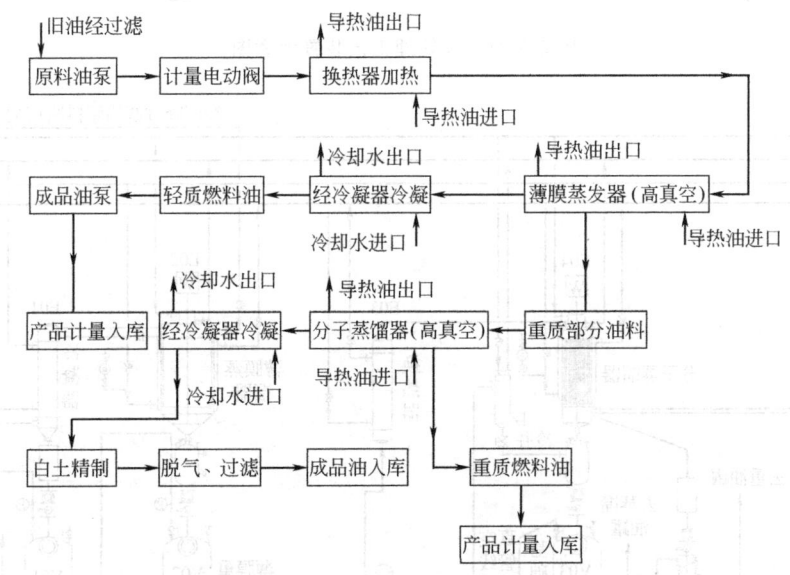

图 5-5-23　工艺流程方框图

过滤，入沉降池，废润滑油经自然沉降脱水后抽样分析水含量、黏度等指标，进行油、水、机杂分离，将分去水和机杂的废油经输送泵入废油储罐中，蒸汽盘管加热 60～65℃进行二次加热静置沉降，进入过滤器分水及机杂，滤掉绝大部分颗粒物，然后经过脱水脱臭塔继续脱水和脱臭，进入中间罐待用。图 5-5-24 为预处理工艺装置示意图。

（2）薄膜蒸发及分子蒸馏部分　预处理后的废润滑油，经过过滤后进入薄膜蒸发器，操作温度为 150～190℃，真空度为 200～300Pa。目的在于除去微量水和轻质燃料，以保证润滑油基础油的水含量和闪点合格。图 5-5-25 为分子蒸馏工艺装置示意图。

来自中间罐的预处理油经泵进入换热器，换热至一定温度后进入一级分子蒸馏器，一级分子蒸馏器蒸出 370～450℃的馏分进入基础油中间罐，底部大于 370℃的馏分用泵打入换热器换热至一定温度进入二级分子蒸馏器蒸出 450～500℃的基础油馏分进入中间罐待用，从塔底出来的重油先进入中间罐，再经泵抽出进入换热器换热至一定温度进入三级分子蒸馏器，蒸出 500～540℃的馏分经冷却后进入中间罐，大于 540℃的馏分渣油进入燃料油罐。

（3）白土精制部分　来自一级、二级、三级分子蒸馏中间罐的原料分批经泵打入混合器，与来自白土罐的白土按一定的比例进入混合器混合吸附。两者混合后泵抽出经换热至一

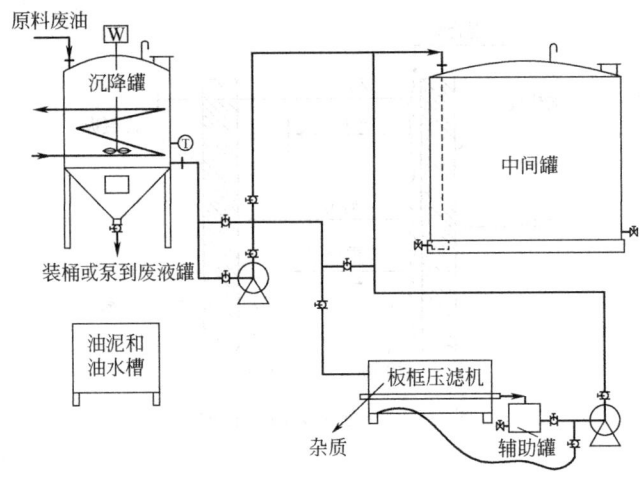

图 5-5-24 预处理工艺装置示意图

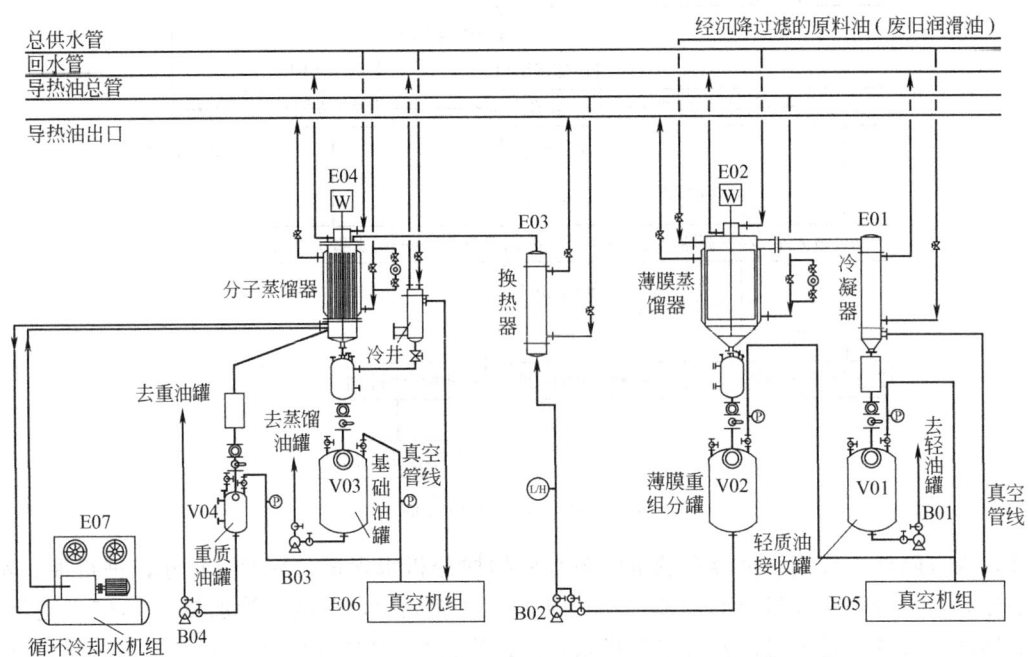

图 5-5-25 分子蒸馏工艺装置示意图

E01—冷凝器；E02—薄膜蒸馏器；E03—换热器；E04—分子蒸馏器；E05—真空机组；

E06—真空机组；E07—冷却水机组；V01—轻质油接收罐；V02—薄膜重组分罐；

V03—基础油罐；V04—重质油罐

定温度进入闪蒸塔，闪蒸脱气后经泵抽出打入过滤机过滤出白土渣后，分别进入不同馏分的成品油罐。

白土精制时，随原料油性质及产品质量要求的不同，白土用量（消耗量）也随之变化。精制工艺采用一步白土精制。图 5-5-26 为白土精制部分工艺装置示意图。白土精制工艺条件见表 5-5-13。

（4）主要工艺操作条件

预处理工艺条件：废油储罐加热温度 60～65℃。

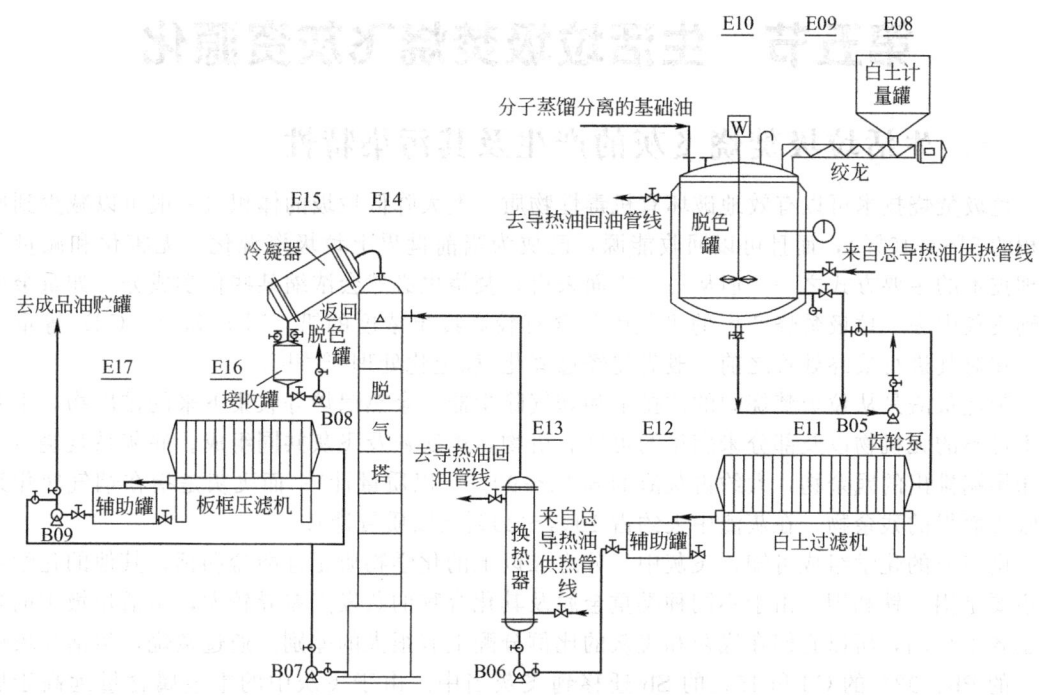

图 5-5-26 白土精制部分工艺装置示意图

E08—白土计量罐；E09—绞龙；E10—脱色罐；E11—白土过滤机；E12—辅助罐；
E13—换热器；E14—脱气塔；E15—冷凝器；E16—板框压滤机；E17—辅助罐

薄膜蒸发工艺条件：主要切除 370℃ 以前馏分，馏出率 14.8%。

分子蒸馏工艺条件：分子蒸馏工艺条件见表 5-5-14。

表 5-5-13 白土精制工艺条件

工艺条件 产品	白土量	反应温度	反应时间
370~450℃馏分	6%~8%	120~130℃	60min
450~500℃馏分	6%~10%	120~140℃	60min
500~540℃馏分	6%~10%	120~140℃	60min

表 5-5-14 分子蒸馏工艺条件

工艺条件 产品	真空度	温度	馏出物收率
370~450℃馏分	30~70Pa	190~220℃	22.29%
450~500℃馏分	10~30Pa	220~240℃	42.42%
500~540℃馏分	1~10Pa	240~270℃	14.48%
>540℃馏分	—	—	12.29%

该项目年加工 1 万吨废润滑油可得到符合标准的 7204t 润滑油基础油（三种基础油，即 100SN、250SN、350SN）及 1893t 燃料油（两种燃料油 5 号、7 号）。

第五节　生活垃圾焚烧飞灰资源化

一、生活垃圾焚烧飞灰的产生及其污染特性

垃圾焚烧技术可以有效地破坏有机毒性物质，大大降低垃圾的体积（一般可以减少到原体积的5%～10%），而且可以回收能源，已成为当前世界上垃圾资源化、无害化和减量化处理技术的主要方式之一。但从另一方面来讲，焚烧也必然会浓缩某些化学成分，如重金属等到飞灰中去。垃圾焚烧产生的飞灰因其含有较高浸出浓度的铅（Pb）和镉（Cd）等重金属，在对其进行最终处置之前一般需先经过固化/稳定化处理[20～31]。

焚烧灰渣是从垃圾焚烧炉的炉排下和烟气除尘器、余热锅炉等收集下来的排出物，主要是不可燃的无机物以及部分未燃尽的可燃有机物，由底灰及飞灰共同组成。底灰系焚烧后由炉床尾端排出的残余物，大约占灰渣的80%～90%（以质量计）；而飞灰是指在烟气净化系统收集而得的残余物，在灰渣中大约占10%～20%（以质量计）。

由飞灰的化学组成可知，飞灰中三分之二以上的化学物质是硅酸盐和钙，其他的化学物质主要是铝、铁和钾。由于不同种类重金属及其化合物的蒸发点差异较大，生活垃圾中的含量也各不相同，所以它们在底灰和飞灰的比例分配上有很大的差别。通过焚烧，生活垃圾中33%的Pb、92%的Cd和45%的Sb迁移到飞灰当中。由于飞灰中的重金属含量远高于底灰，这些元素在飞灰中的溶解度也比在底灰中高，而且飞灰易飞散，挥发性元素如Cl，Pb，Cd，Zn，Sb，Se化合物及单体富集物含量高，直接填埋飞灰，经雨水浸透等作用，易溶性有害成分有浸入地下水层的危险，另外，垃圾焚烧排放二噁英量占二噁英排放总量的80%～90%，而焚烧飞灰中所含二噁英是焚烧炉二噁英排放的主要来源，尤其是飞灰中重金属的催化作用更加促进了二噁英的生成；其次，由于飞灰的比表面很大，对二噁英有很强的吸附作用，导致飞灰中的二噁英浓度很高，通常占焚烧过程二噁英总排放量的70%左右。飞灰中含有的二噁英和呋喃等剧毒有机污染物，会对环境和人类健康有危害。

《国家危险废物名录》把固体废物焚烧飞灰列为危险废物编号HW18，依据其毒性必须纳入危险废物管理范畴，在对其进行最终处置之前必须先经过稳定化处理。

目前国内焚烧飞灰的处理技术研究主要集中在水泥固化和药剂稳定化技术研究两方面，且以水泥固化的设备为主。我国焚烧飞灰的高氯含量特性使得我国城市垃圾焚烧飞灰处理处置的技术难度远大于国外。焚烧飞灰中的氯化钠一般占飞灰总量的20%～30%，最高可达50%以上。水泥固化处理量的限制以及该项技术不能有效处理二噁英使得该项技术难以长远发展。如何妥善处理飞灰并尽可能进一步降低处理费用是制约焚烧飞灰处理以至于垃圾焚烧技术推广的重要因素。为了解决这个问题，我国科研人员开发了焚烧飞灰水泥窑煅烧资源化技术和焚烧飞灰生产陶粒技术并建设了示范工程。

二、焚烧飞灰水泥窑煅烧资源化技术

如何妥善处理飞灰并尽可能进一步降低处理费用是制约焚烧飞灰处理以至于垃圾焚烧技术推广的重要因素。因此，符合循环经济发展模式的无害化-资源化高温热处理技术是最适合我国目前焚烧飞灰处理的一项技术。用水泥窑煅烧不但可以有效固化重金属，彻底破除二噁英，从而避免单独煅烧或熔融工艺的高能源消耗，降低了焚烧飞灰处理费用，同时可以替代日益短缺的水泥工业原材料，而且我国水泥企业为数众多，目前约有5042家，焚烧飞灰可以因地制宜，就地处理，避免长途运输的高额运输费用以及可能引起的。二次污染，因此

该技术推广在我国具有较大优势，是将来我国焚烧飞灰处理技术的重要发展方向之一。

（一）技术原理

焚烧飞灰通过水洗去除氯离子，经脱水后固相直接进入水泥窑窑尾高温段煅烧，实现二噁英类物质在窑内碱性负压环境下迅速分解，重金属元素以类质同晶的方式固定在熟料矿物结构中。液体部分通过中和、螯合和絮凝三步反应，实现水洗液 pH 值调节，重金属固定，絮凝沉淀作用，将可溶性重金属离子转化为难溶的重金属化合物，实现废水达标排放。

（二）示范工程工艺流程

示范工程主要分为五个部分：焚烧飞灰的收集运输系统，接收和储存系统，水洗预处理系统，水洗灰输送入窑系统和水洗灰水泥窑煅烧系统。工艺流程如图 5-5-27 所示。

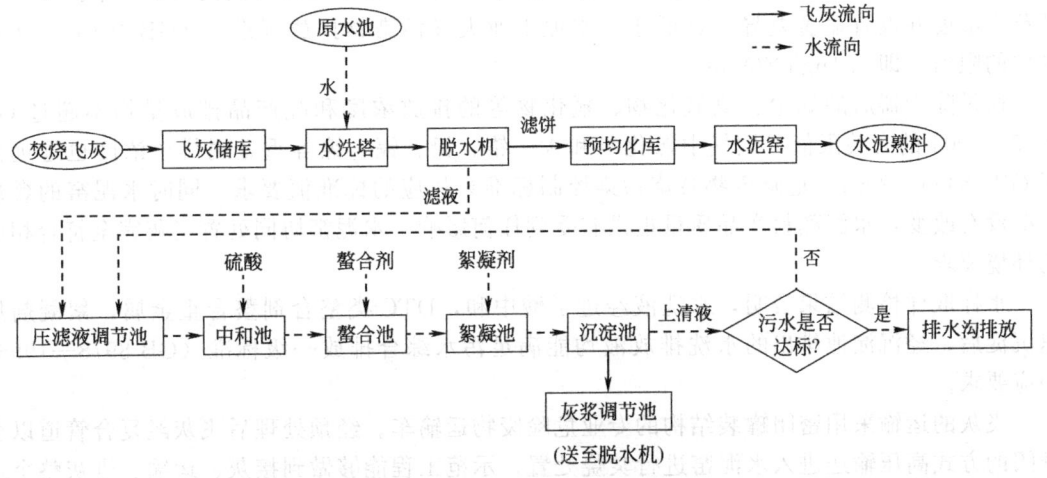

图 5-5-27 示范工程工艺流程

焚烧飞灰的运输采用专业危险废物运输车，为密闭罐装结构，运输车接口既能与光大环保能源（苏州）有限公司飞灰储库卸灰接口有效对接，又能与示范工程中的飞灰储罐进灰接口灵活匹配。能够做到接灰、运输、进灰整个过程无遗撒、泄漏。

接收和储存系统采用特殊的旋风除尘器和布袋除尘器组合设计，可保证系统的全密闭和安全性。

水洗预处理系统的主体设备由水洗塔、中和池、反应池、板框压滤机、沉淀池以及压滤液及水洗灰浆调节池等组成。

水洗灰输送入窑系统包括浓料泵、物料储存仓、液压动力包和炉顶给料器等四部分。水洗灰经压滤机压滤后卸料至地下式物料缓冲仓中；仓下设预压螺旋，预压螺旋以压力给料的方式喂入浓料泵中，再以高压的方式将浓料泵出；经输送管道及多功能给料器进入水泥窑内协同处置。

水洗灰水泥窑煅烧系统保证窑内物料和气体分别可达到 1500℃ 和 1800℃，物料在窑内停留时间约 40min。并保证入窑物料在几秒钟之内迅速升温到 800℃ 以上，因此可以迅速分解二噁英类物质。

（三）示范工程实施效果

目前示范工程运行良好，运行结果表明：

① 水灰比 5∶1，水洗时间 15min，可洗脱焚烧飞灰中绝大部分的可溶性氯盐，继续增加液固比和水洗时间对提高氯盐洗脱率的作用不大，而且会降低水洗塔的处理能力并会增加

预处理过程的用水量。

② 经过水洗塔处理后的飞灰浆液通过螺杆泵打入板框压滤机内，持续稳压 10min 左右，滤饼的含水率可降至 40% 以下。

③ 以 1.0L/min 的滴加速度加入浓度为 20% 的硫酸，以 600mL/mm 的滴加速度加入浓度为 10% 的 DTC 类重金属螯合剂，以 300mL/mm 的滴加速度加入浓度为 0.2% 的絮凝剂，可保证预处理工艺中重金属稳定化的目标，实现飞灰水洗液的达标排放。

④ 洗涤除盐工艺可改变焚烧飞灰组成，SiO_2、Al_2O_3 等组分的相对含量得到较大提高。

（四）示范工程的污染控制

示范工程对水泥窑排放烟气中的二噁英和常规污染物进行了多次检测，同时还考察了焚烧飞灰预处理后排放溶液的达标情况。结果表明，水泥回转窑处理飞灰前后烟气中排放的二噁英类浓度并没有显著差异，远低于《水泥工业大气污染物排放标准》（GB 4915—2004）排放的限值，即 $0.1ngTEQ/m^3$。

通过除尘器后的烟尘、氮氧化物、氟化物等的排放浓度和吨产品排放量均不超过 GB 4915—2004 的有关限值，烟气中氯化氢和汞、铬、铅、镉、镍等重金属排放浓度也远远低于 GB 18484—2001《危险废物焚烧污染控制标准》相应的标准值要求。同时水泥窑的燃烧工况没有改变，水泥熟料产品质量也没有受到任何影响。水泥窑协同处置飞灰完全符合相应的环境要求。

水样取样检测结果表明，水洗液经过了酸中和，DTC 类螯合剂螯合重金属，絮凝剂加速沉淀后，经沉淀池排出的水洗排放液均能满足污水综合排放一级标准（GB 8978—1996）相应要求。

飞灰的运输采用密闭罐装结构的专业危险废物运输车。经预处理后飞灰经复合管道以全密闭的方式高压输送进入水泥窑进行焚烧处置。示范工程能够做到接灰、运输、进灰整个过程无遗洒，泄漏。

该示范工程是一个实现焚烧飞灰水泥窑协同处置的工程项目，既能保证处置焚烧飞灰过程中尾气、污水的达标排放，没有污染物的额外排放，又能做到不影响水泥产品的质量。该项目作为一个环境保护的示范项目，既能减少危险废物对环境的危害，完全消除二噁英等有毒有机物、重金属等的污染，又能节省填埋空间及危险废物处置费用，同时可以节约一部分水泥天然原料，促进水泥行业的可持续发展，符合循环经济发展模式的无害化-资源化的要求，因此该技术推广在我国具有较大优势，是将来我国焚烧飞灰处理技术的重要发展方向之一。

三、陶粒法处置垃圾焚烧飞灰

（一）陶粒法处置垃圾焚烧飞灰的技术原理

1. 陶粒烧结过程对飞灰重金属固化作用

飞灰高温熔融技术就是将有害的焚烧飞灰熔融转化为玻璃态熔渣，达到减容化、无害化的一种资源化处理工艺。经熔融处理后飞灰熔渣形成具有刚性的非晶态的玻璃态物质，玻璃态熔渣使飞灰中重金属形成不易浸出的形态，通过毒性浸出特性实验（TCLP）结果发现，Zn、Cr、Pb、Cd、Cu 等重金属浸出率均非常低，说明重金属取代硅酸盐矿物中的部分 Ca、Al 而包封在硅酸盐的网状晶格中，由于陶粒的配料中以飞灰为主，因此陶粒的烧制过程也是一种飞灰的熔融固化过程，与其他高温熔融技术不同之处在于，它是将有害的焚烧飞灰熔融转化为陶瓷态熔渣，达到减容化、无害化的一种资源化处理工艺。首先将飞灰和其他辅助材料混合，经混合造粒成型后，在 $1000\sim1400℃$ 高温下熔融一段时间，通常为 30min 左右（熔融时间视飞灰性质的不同而定），待飞灰的物理和化学状态改变后，降温使其固化，形成玻璃或陶瓷类固化体，借助该类固化体的致密结晶结构，确保重金属的稳定，熔融处理有较好的减重和减容的效果，1000℃ 以上时，氯化物基本上都挥发出来，因此飞灰一般可以减重 2/3 左右。

同时熔融后重金属的浸出率很低，可以满足目前的浸出毒性标准。

2. 陶粒烧制过程对飞灰中二噁英的高温分解作用

二噁英类有机物是毒性极强的物质，主要是生活垃圾中含氯高分子化合物（聚氯乙烯、氯苯、五氯苯酚等二噁英类前体物）在适宜的温度并在 $CuCl_2$、$FeCl$ 的催化作用下和 HCl、O_2 反应，生成二噁英类物质。二噁英的最佳生成温度为 $300\sim500℃$。随着焚烧过程中温度逐渐升高，到 750℃ 左右，其中分子量较大的二噁英类物质在高温燃烧过程中开始分解，直到 1000℃ 左右，二噁英类物质完全分解。目前，关于二噁英类完全分解的普遍看法是 850℃ 左右，在窑内停留时间达 2s，或是 1200℃ 左右停留几微秒。陶粒回转窑内温度高，气体温度和物料温度分别高达 1400℃ 和 1250℃，炉内气体通过时间长，气体在 1200℃ 以上高温区段的停留时间长达 4s 以上，同时炉内的热惯量大，工况稳定，高温气体湍流强烈，有利于气固两相的混合、传热、传质、分解、化合和扩散，从而可以有效使燃料中的任何一种有机化合物都被完全分解，有效防止了二噁英类物质的生成，同时向炉内喷撒的碱性物质可以和飞灰中的酸性物质相化合为稳定的盐类，可使排出气体中具有催化作用的重金属含量较低，使二噁英类物质的重新生成概率大大降低。另外，造粒作用使绝大部分飞灰都被包埋与陶粒内部，陶粒干燥和烧胀过程中，飞灰、黏土等陶粒原料因受热而产生的气体将形成无数微小气泡均匀分散与陶粒体内，飞灰中二噁英及少量易挥发重金属的受热脱附作用将在这些微小气泡中受到有效抑制。陶粒回转窑和陶粒本身的这些特点，都对提高飞灰中二噁英的高温分解率，降低排出气体中二噁英类物质的含量非常有利。在此基础上，为最大程度降低外排烟气中二噁英类物质的含量，在窑尾收尘器前喷射活性炭对烟气中的有害物质进行吸附脱除，此过程形成的收尘灰将由窑头重新喷入陶粒窑高温区直接焚烧，以杜绝二次污染的产生。

3. 利用陶粒回转窑处置垃圾飞灰工艺

利用陶粒回转窑处置垃圾飞灰具有无害化水平高、无二次污染、运行成本低等优势。在陶粒回转窑内，燃烧火焰温度高达 1450℃ 左右，物料温度可达 1250℃ 左右，物料在回转窑内停留时间长达几十秒钟，各类有害重金属元素及二噁英等其他危险废物在回转窑内煅烧过程中的残渣可固化在陶粒矿物晶格中。当陶粒最终成为混凝土等建筑构件时，有害元素将被一步固化在混凝土中，其浸出率极低。

（二）示范工程控制污染的技术措施

① 垃圾飞灰是粉状物料，通过专用粉状物料输送车运输进厂，并由其自带气输送设施送入贮料仓（专用料仓容量为 200t）。

② 主要利用陶粒回转窑的高温热力场对飞灰进行熔融处理，将其中的大部分重金属固化在陶粒产品中，同时将飞灰中所含的二噁英等有机污染物进行高温分解，完成飞灰的无害化处置。

③ 采用喷洒石灰隔离剂的措施，克服飞灰煅烧过程中氯、硫等挥发性组分在窑系统内的循环和富集，造成物料黏聚结皮或结块的问题。

④ 在现有烟气处理系统中增设活性炭喷射装置，强化烟气净化效果。

⑤ 采用袋式收尘器捕集灰回喷技术，形成二次污染物循环处置回路，有效抑制飞灰陶

粒烧结过程中二次污染的产生。

⑥ 飞灰陶粒产品浸出毒性检测合格，堆积密度等性能指标与相同级别的粉煤灰等其他品种陶粒相接近。

（三）示范工程污染控制效果

1. 废气排放

在飞灰陶粒生产期间，天津市环境监测中心对窑尾废气进行了实时监测，监测项目包括 NO、SO_2、含尘量及重金属含量等。监测结果表明：废气中的粉尘、NO_2、SO_2 的排放浓度和吨产品排放量均符合《水泥厂大气污染物排放标准》（GB/T 4915—1996）Ⅱ级中相应的标准限值。Pb、Cr、Cd、Ni 等重金属离子的排放浓度和排放率均符合《大气污染物综合排放标准》（GB 16297—1996）中新污染源二级相应的标准限值。二噁英监测结果表明，在喷射适量活性炭的情况下，垃圾飞灰在陶粒回转窑内的焚烧处理是比较彻底的，二噁英排放浓度均可满足国标要求，不会对周边环境产生新的危害。

2. 陶粒产品重金属溶出量

检测结果表明，飞灰陶粒产品浸出液中各重金属的浓度均低于固体废物浸出毒性鉴别标准（GB 5085.3—1996），且多数重金属的浸出低于该标准规定检测方法的检出限。

3. 陶粒产品二噁英含量检测

从飞灰陶粒二噁英含量对比结果来看，陶粒中所含二噁英毒性当量仅为发达国家土壤的质量标准中二噁英毒性当量的限值的千分之一，可认为飞灰中的二噁英在陶粒烧制过程中几乎被完全高温分解。

4. 放射性检验

垃圾焚烧飞灰为原料生产的陶粒产品放射性检验结果表明产品天然放射性核素的放射性比活度符合 GB 6566—2001 中建筑主体材料的要求，使用垃圾焚烧飞灰为原料生产的陶粒产品的各项品质指标均符合国家标准要求。

（四）陶粒产品性能测试结果

焚烧垃圾飞灰对陶粒质量影响主要在筒压强度、堆积密度、吸水率、放射性、有机物含量等几个方面。检验结果见表 5-5-15。结果表明，使用垃圾焚烧飞灰为原料生产的陶粒产品的各项品质指标均符合国家标准要求，依据 GB 2842—81 对飞灰陶粒进行检测，其性能指标与用粉煤灰、黏土、页岩制成的 3 种规范化陶粒。比较见表 5-5-16。

表 5-5-15　飞灰陶粒性能检测

检测项目	单位	标准要求	实测值	单项结论
颗粒级配	mm	—	5～20	—
筒压强度	MPa	≥4.0	4.5	符合
堆积密度	kg/m³	710～800	780	符合
表观密度	kg/m³	—	—	—
吸水率	%	≤22	14	符合
软化系数	—	≥0.8	0.9	符合
粒型系数	—	≤2.0	1.5	符合
煮沸质量损失	%	≤5	2	符合

续表

检测项目	单位	标准要求	实测值	单项结论
烧失量	%	≤5	0	符合
三氧化硫	%	≤1.0	0.0	符合
有机物含量	—	不深于标准色	不深于标准色	符合
含泥量	%	≤3	2	符合
黏土块含量	%	—	—	—

表 5-5-16　4 种陶粒技术性能指标对比

样品	颗粒级配/mm	筛余/%	堆积密度/(kg/m³)	筒压强度/MPa	吸水率/%	抗冻性/%	安定性/%	烧失量/%
飞灰陶粒	5～10	$D_m \geqslant 90$	610～700	4.5	<12.4	3.9	<1.3	3.0
	10～15	$D_m \geqslant 10$	710～800	5.0				
	15～20	$2D_{max}=0$	810～900	7.0				
粉煤灰陶粒	5～10	$D_m \geqslant 90$	610～700	4.0	<22	≥15	<2	4.0
	10～15	$D_m \geqslant 10$	710～800	5.0				
	15～20	$2D_{max}=0$	810～900	6.5				
黏土陶粒	5～10	$D_m \geqslant 90$	610～700	3.0	<10	≥5	<2	无
	10～20	$D_m \geqslant 10$	710～800	4.0				
	20～30	$2D_{max}=0$	810～900	5.0				
页岩陶粒	5～10	$D_m \geqslant 90$	610～700	2.0	≥10	≥5	<2	<3
	10～20	$D_m \geqslant 10$	710～800	2.5				
	20～30	$2D_{max}=0$	810～900	3.0				

　　该示范工程采用烧制技术解决了垃圾焚烧飞灰会对环境造成二次污染，同时实现了污染物资源化综合利用，大幅度减轻了垃圾焚烧企业的运行成本。项目为垃圾焚烧飞灰的资源化利用提供了一条新的途径，且具有很高的推广应用价值。该项目符合可持续发展战略所要求的环境与经济双赢，对加快地区经济持续健康发展有明显的促进作用。

参 考 文 献

[1] 美国国家环保局. http://www.epa.gov/wastes/hazard/recycling/.
[2] 中国环境保护部. 2010 年中国环境状况公报. http://www.mep.gov.cn/gzfw/xzzx.
[3] 聂永丰. 三废处理工程技术手册——固体废物卷. 北京：化学工业出版社，2000.
[4] 美国国家环保局. http://www.epa.gov/wastes/wycd/manag-hw/e00-001d.pdf.
[5] 美国国家环保局. http://www.epa.gov/epawaste/inforesources/pubs/training/defsw.pdf.
[6] 国家环境保护总局危险废物管理培训与技术转让中心. 危险废物管理与处理处置技术. 北京：化学工业出版社，2003.
[7] 牛冬杰，等. 工业固体废物处理与资源化. 北京：冶金工业出版社，2007.
[8] 孙英杰，赵由才，等. 危险废物处理技术. 北京：化学工业出版社，2006.
[9] 国家环境保护局科技标准司编. 电镀污泥及铬渣资源化实用技术指南. 北京：中国环境科学出版社，1997：61-109.
[10] 王之静，李木子，程克友. 化工铬渣用于烧结炼铁实现废物资源化：固体废物处理技术. 中国环境科学学会，1997：118-120.
[11] 兰祖国，殷惠民，狄一安，任剑章. 浅谈铬渣解毒技术. 环境科学研究，1998，11（3）：53-56.
[12] 孙秀之，韩承胤. 制青砖处理含铬废物的方法研究//固体废物处理技术. 中国环境科学学会，1997：142-145.
[13] 中国环境科学学会编. 固体废物处理技术. 北京：中国环境科学学会，1997：176-179.
[14] 任希廉，蒋宪玲. 铬污染的防护与铬渣的综合利用. 甘肃环境研究与监测，1996，9（1）：52-54.

［15］ 孙春宝，孙加林. 含铬废渣的综合利用途径研究. 环境工程，1997，15（1）：42-43.

［16］ 兰嗣国，张剑霞. 熔融还原解毒后铬渣的稳定性研究，1997，15（1）：44-51.

［17］ 王永增，等. 利用铬渣烧制彩釉玻化砖实验研究. 1995，16（5）：41-44.

［18］ 石青主编，国家环境保护局有毒化学品管理办公室/化工部北京化工研究院环境保护研究所编. 化学品毒性、法规、环境数据手册. 北京：中国环境科学出版社，1992.

［19］ 国家环境保护局编（叶汝求主编）. 中国环境保护21世纪议程. 北京：中国环境科学出版社，1995.

［20］ 国家环境保护总局科技标准司. 危险废物污染防治技术指南. 2004.

［21］ 李金惠，等. 危险废物处理技术. 北京：中国环境科学出版社，2006.

［22］ 国家环境保护总局污染控制司，国家环境保护总局危险废物管理培训与技术转让中心. 危险废物管理政策与处理处置技术. 北京：中国环境科学出版社，2006.

［23］ 危险废物鉴别技术规范. HJ/T 298—2007.

［24］ 危险废物贮存污染防治标准. GB 18597—2001.

［25］ 王琪. 危险废物及其鉴别管理. 北京：中国环境科学出版社，2008.

［26］ ［美］拉格瑞加，［美］巴荆翰，［美］埃文斯著. 危险废物管理. 李金惠主译. 北京：清华大学出版社，2010.

［27］ 中国环境科学研究院固体废物污染控制技术研究所. 危险废物鉴别技术手册. 北京：中国环境科学出版社，2011.

［28］ 赵由才. 危险废物处理技术. 北京：化学工业出版社，2003.

［29］ 危险废物（含医疗废物）焚烧处置设施性能测试技术规范. HJ 561—2010.

［30］ KIANG Y H，METRY A A. 有害废物的处理技术. 承伯兴，等译. 北京：中国环境科学出版社，1993.

［31］ Michael D. LaGrega，Philip L. Buckingham，Jeffrey C. Evans. Hazardous Waste Management. Singapore：McGraw-Hill series in water resources and environmental engineering，1994：785-791.

第六篇

固体废物最终处置技术

第一章
固体废物地质处置方法原理及要求

固体废物经过减量化和资源化处理后，剩余下来的无再利用价值的残渣，往往富集了大量的不同种类的污染物质，对生态环境和人体健康具有即时性和长期性的影响，必须加以妥善处置。安全、可靠地处置这些固体废物残渣，是固体废物全过程管理中的最重要环节。

在历史上，用于处置固体废物方法主要有陆地处置和海洋处置两大类。海洋处置包括深海投弃和海上焚烧。海洋处置现已被国际公约禁止，陆地处置成为世界各国广泛采用的废物处置方法。

第一节　固体废物陆地处置的基本方法

废物的陆地处置方法可分为浅地层处置和深地层处置两种基本处置方法。

一、浅地层处置

浅地层处置是指在浅地层（深度一般在地面下 50m 以内）处置固体废物。在地面上、地下或半地下具有防护覆盖层的、有工程屏障或没有工程屏障的浅埋处置固体废物，或地面上的工程构筑物处置固体废物，一般称为土地填埋处置。

土地填埋处置是从传统的堆放和土地处置发展起来的一项最终处置技术，不是单纯的堆、填、埋和覆盖，而是一种按照工程理论和土工标准，通过工程手段，采取有效技术措施对固体废物进行有控管理的一种综合性科学工程方法。

土地填埋处置具有工艺简单、成本较低、适于处置多种类型固体废物的优点。目前，土地填埋处置已成为固体废物最终处置的一种主要方法。土地填埋处置的主要问题是渗滤液的收集控制问题。

二、深地层处置

深地层处置是在深地层处置废物的过程，通常包括以下内容。

1. 废矿井处置

满足处置条件的废矿井可用来处置危险废物和低、中放射性废物。较之近地表处置，废矿井处置是在较深的地下，受人类活动和自然干扰影响小，安全性好。矿井从采矿角度进行设计和开采，一般不适合处置废物的要求，需要经过适当改建和完善后才能使用。可用于处置废物的废弃矿井包括废置的盐矿、铁矿、铀矿和石膏矿等。

2. 岩穴处置

在山中或地底下开凿洞穴建设废物库处置放射性废物或危险废物。安全性好，但工程投资较大。瑞典在海边的海底花岗岩中建造了一个低、中放射性废物处理库，于 1992 年投入使用。此外，瑞士还准备在山中建造一座低、中放射性废物处置库。

3. 水力压裂处置

利用石油工业的压裂技术在页岩层中压出裂缝，然后注入由废液、水泥和添加剂制成的灰浆，使其固结在页岩层的裂缝中。这是直接处置低、中放射性废液的一种方法，条件上要求具备深厚的页岩层，并且其水平走向性好和无地下水活动的地质条件。

4. 深井灌注

深井处置是通过专门建造的深井将液体废物用高压泵注入采空的、孤立的油气层中，使之贮存于灌注区的空隙中。用于处置废液的灌注区通常含有盐水并且没有诸如可饮用水这样具有潜在利用价值的资源，灌注层通常在地下约 400～3200m 之间并与地下可饮用水源通过百米左右的非渗透岩层（隔挡层）隔开。这是一种用于处置化学废液或低、中放射性废液的一种方法。

5. 深地层处置

深地层建造废物库处置高水平放射性废物及超铀废物。这种废物的处置是国际上正在研究解决的重大课题。欧美一些国家和日本在国际原子能机构支持下对花岗岩地层进行广泛的实验研究，在方法上取得了实质性进展。其中美国、德国、瑞典、加拿大等国家对岩盐、结晶岩（花岗岩、玄武岩、凝灰岩等）地层做了较系统的研究，还提出基岩废物贮存库设计建议和盐矿贮存库概念设计等；意大利和比利时等国探索了黏土层处置高放射性废物的可能性。我国的高放射性放废物处置研究尚处于起始阶段。由于我国黄土高原具有黄土层厚、雨量稀少、地下水位深、土质结构性能好等显著特征，很有可能成为这种处置场址的候选地质。

第二节　固体废物陆地处置的基本原理和原则

一、废物处置过程中污染物质的释出与迁移

虽然与废水和废气相比，固体废物中的污染物质具有一定的惰性和迟滞性，但是在长期的地质处置过程中，由于本身固有的特性和外界条件的变化，加上水分的进入，必然会在固体废物中发生一系列相互关联的物理、化学和生物过程，导致这些污染物质不断释放出来，进入环境中。

（一）废物在处置过程中的反应

固体废物在长期处置过程中经历了生物反应、化学反应和物理反应变化[1]。

1. 生物反应

这是处置含有机物，特别是可降解有机物时，处置场中发生的最重要反应，其产物是气体、水分和可溶解的有机物，最终结果是使所处置的有机废物逐渐达到稳定化。生物降解过程通常从好氧生物降解开始，产生的主要气体是 CO_2，好氧降解只能持续短时间。一旦废物中的氧气被耗尽，降解就变成厌氧过程，有机物质被转变成 CO_2、CH_4、少量的氨和硫化氢。此外，处置场内发生的许多化学反应也以生物作用为媒介。

2. 化学反应

在处置场中发生的主要化学反应包括以下几种。

（1）溶解/沉淀 进入处置场的水在废物层中渗透时，会将废物原存的或生物转化产生的可溶物质溶解出来，产生高有机物浓度和高盐分浓度的渗滤液（又称渗析液或滤出液）；渗滤液中的某些盐类，在处置场内的某些区域因 pH 值变化等原因又会产生沉淀反应。生物转化产物和其他化合物尤其是有机化合物通过溶解进入渗滤液具有特别重要的意义，因为这些物质可以与渗滤液一起迁移出处置场。

（2）吸附/解吸 处置场产生的气体中的挥发性和半挥发性有机化合物，以及渗滤液中的有机和无机污染物质，会被所处置的废物和土壤所吸附；而在某些条件下，也会发生解吸作用，使污染物进入气体或液体。

（3）脱卤/降解 有机化合物的脱卤作用和水解、化学降解作用。

（4）氧化还原 通过氧化还原反应影响金属和金属盐的可溶性。

（5）其他反应 另外一些重要的化学反应发生在衬层土和某些有机化合物之间，导致衬层结构和渗透性的改变，目前对这些化学反应的相互关系还没有完全弄清。

3. 物理反应

处置场中发生的最为重要的物理反应包括以下几种。

（1）蒸发/汽化 废物中的水分、挥发性和半挥发性有机化合物通过蒸发汽化转入处置过程所产生的气体中。

（2）沉降/悬浮 渗滤液中的悬浮和胶体物质在液相中所发生的重力作用。

（3）扩散/迁移 气体在处置场中的横向扩散和向周围环境释放；渗滤液在处置场中的迁移和进入覆土的下层。

（4）物理衰变 发生在自然界的自发现象，随着时间的推移而愈发明显。

处置场内发生的上述生物、化学、物理反应，彼此间的相互影响、作用十分复杂。例如：水通过渗漏进入处置场将在一定程度上加速废物中发生的各种物理、化学和生物反应，产生的大量气体；由于封闭作用使处置场中的气体内部压力随产生量的增大而增大，可能造成密封系统破裂发生大量渗漏；在处置场中渗滤液的液位和向下渗透量也将随渗滤液产生量增大而增大，同时占据着更多处置场中的孔隙，由此可能阻碍处置过程中产生的气体的迁移。

（二）污染物释放、迁移途径及环境问题

显然，废物处置场实际上是一个生物化学或物理化学反应器，进入的是水分和废物，而流出的是气体和渗滤液。当降雨和地表水通过渗透进入处置区时，污染物溶解并产生含污染物质的渗滤液；而在被处置的废物达到稳定化之前，含污染物的气体会不断释放到环境中去。

从土地处置场内释放进入环境的渗滤液和气体中的污染物，在环境中的迁移途径如图6-1-1所示。由此可能产生的环境问题有污染水体、污染空气、污染土壤和产生环境卫生问题。

1. 释出物对水体的污染问题

渗滤液的无控释放会导致处置场附近地表水和地下水的严重污染[2~4]。含有高浓度有机污染物和还原态金属的渗滤液和无机溶液进入地表水体后，将大量消耗水中氧气，最终导致水体需氧生物的死亡。如果渗滤液中含有难生物降解的有机物时，这些有机物将在水体中存在相当长的时间。当这种有机物进入食物链后就会对水生生物产生生害影响。虽然单独某种有机化合物对水生生物的影响可以进行估计或预测，但多种有机物产生综合影响却难以估

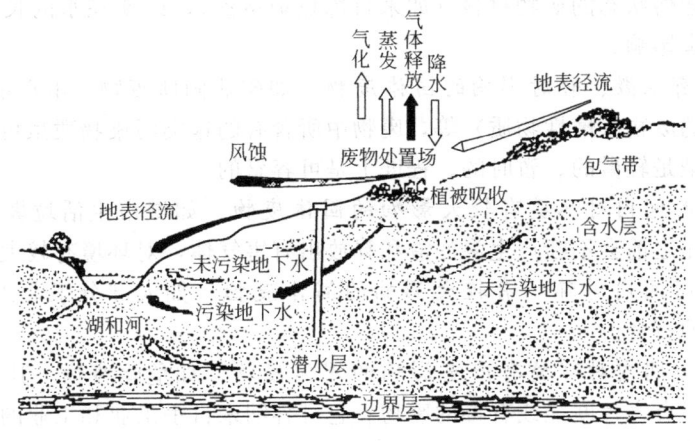

图 6-1-1 土地处置场的污染物迁移

计。此外，温度、pH 值和溶解氧的浓度等对某些水生生物的毒性程度都有一定影响。有些污染物，虽不是以浓度来衡量的，但也会对水生环境产生影响。

进入地下水体的渗滤液进而通过地下水发生迁移。由于渗滤液与地下水没有完全混合和扩散，至使渗滤液在地下水中呈烟羽状运移。渗滤液运移或穿过饱和区是比较缓慢的。由于只有有限的溶解氧供应以及很低的扩散速率，高有机负荷的渗滤液会在地下水中保持相当长的时间。一旦地下水被污染，在今后一段时间内就不能作为饮用水源。地质构造和地下水流向、流速决定了污染物在地下水中的污染带的范围以及能否顺着地下水水流坡度流出填埋场。渗滤液中的某些成分比较稳定，而其他一些成分则在地下水中不易为物理过程所衰减。黏土延滞这种迁移的能力比砂质土或砾石强得多。如果饮用水井或灌溉井穿过污染的渗滤液层或渗滤液进入地表水体，则可能会发生对环境和公众健康不利的影响。地表水也可能被来自处置场地的径流所污染。

2. 释出气态物产生的环境问题

废物中产生并释放出的气体以及风载带出的污染颗粒物，可能携带有微量浓度的致癌有机化合物，均可能污染大气，产生健康和环境问题。此外，处置场内产生气体的无控制扩散迁移会使这些气体扩散到远离填埋场的地方。由于这种气体中通常含有高浓度的甲烷气体和低浓度的臭味气体，如硫化氢等，故会产生臭味，并出现潜在的危害[5]。

生长在处置场地的植被也可能由于废物黏附到叶子上以及摄取重金属和其他化学物质而受到污染。

3. 环境卫生问题

对处置场的管理不善会产生卫生方面的问题，导致疾病传播。

二、固体废物处置原则

固体废物的最终安全处置原则大体上可归纳为以下三方面。

（一）区别对待、分类处置、严格管制危险废物和放射性废物

固体物质种类繁多，危害特性和方式，处置要求及所要求的安全处置年限均各有不同。就废物最终安全处置的要求而言，可根据所处置固体废物对环境危害程度的大小和危害时间的长短，大体上将其分为以下六类。

（1）对环境无有害影响的惰性固体废物　如未受污染的天然松散或坚硬岩石、建筑废

物以及带有相对融熔状态的矿物材料（如来自炼焦炉熔渣），即使在水的长期浸出作用后对周围环境也无有害影响。

（2）对环境有轻微、暂时影响的固体废物　如矿业固体废物、电厂的粉煤灰、钢渣、类似于融熔状态的废物（惰性物质）等，废物中所含有的这类污染物质虽可释放，但对水域和周围环境的污染是轻微的、暂时的、程度上是可容忍的。

（3）在一定时间内对环境有较大影响的固体废物　如城市生活垃圾，在废物中的有机组分达到稳定化之前会不断产生渗滤液和释放出有害气体，对环境有较大影响。

（4）在较长时间内对环境有较大影响的固体废物　如大部分工业固体废物，例如，来自烟气脱硫后的石膏。

（5）在很长时间内对环境有严重影响的固体废物　如危险废物，其废物中所含的特殊化学物质成分、有害程度强或有毒的废物。它可容纳来自手工业和工业的特殊废物，按其物质成分提出特殊要求。

（6）在很长时间内对环境和人体健康有严重影响的废物　如因其有害性质（例如易溶和难分解的物质成分）必须封闭处理的特殊废物、易爆物质或高水平放射性废物。

因此，应根据不同废物的危害程度与特性，区别对待，分类管理，对具有特别严重危害性质的危险废物，处置上实行比一般废物的污染防治更为严格的特别要求和实行特殊控制。这样，既能有效地控制主要污染危害，又能降低处置费用。

（二）最大限度地将危险废物与生物圈相隔离原则

固体废物，特别是危险废物和放射性废物最终处置的基本原则是合理地、最大限度地使其与自然和人类环境隔离，减少有毒有害物质释放进入环境的速率和总量，将其在长期处置过程中对环境的影响减至最小程度。

（三）集中处置原则

《固体废物污染环境防治法》把推行危险废物的集中处置作为防治危险废物污染的重要措施和原则。对危险废物实行集中处置，不仅可以节约人力、物力、财力，利于监督管理，也是有效控制乃至消除危险废物污染危害的重要形式和主要的技术手段。

三、多重屏障原理

要完全做到使所处置的废物与生态环境相隔离，阻断处置场内废物与生态环境相联系的通道；绝对不让生态环境中的水分等物质进入处置场引发所处置废物产生生物、化学和物理变化导致产生渗滤液和气体；避免所产生的渗滤液和气体中的迁移性污染物质释放到生态环境中来，是非常困难的。实际上只能通过各种天然或工程措施，将联系处置废物与生态环境的通道数量减至最少，将从周围环境中渗入处置场的水分量减至合理限度，并尽可能将处置场内污染物质通过与生态环境相联系通道的污染物释放速率减至最小。

为达上述目的所依赖的天然环境地质条件，称为天然防护屏障，所采取工程措施则称为工程防护屏障。当代固体废物，特别是危险废物的处置，在设计上采用如图 6-1-2 所示的三道防护屏障组成的多重屏障系统。

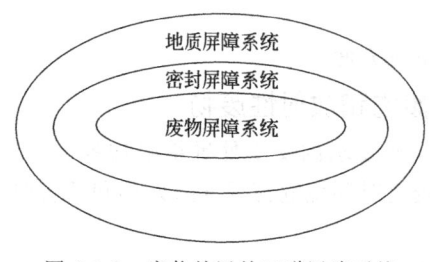

图 6-1-2　废物处置的三道屏障系统

（一）废物屏障系统

根据填埋的固体废物（生活垃圾或危险废物）

性质进行预处理，包括固化或惰性化处理，以减轻废物的毒性或减少渗滤液中有害物质的浓度。

（二）密封屏障系统

利用人为的工程措施将废物封闭，使废物渗滤液尽量少地突破密封屏障向外溢出。其密封效果取决于密封材料质量、设计水平和施工质量。

（三）地质屏障系统

地质屏障系统包括场地的地质基础、外围和区域综合地质技术条件。

地质屏障的防护作用大小取决于地质介质对污染物质的阻滞性能和污染物质在地质介质中的降解性能。良好的地质屏障应达到下述要求：

① 土壤和岩层较厚、密度高、均质性好、渗透性低、含有对污染物吸附能力强的矿物成分；

② 与地表水和地下水的水动力联系较少，可减少地下水的入浸量和渗滤液进入地下水的渗流量；

③ 从长远上，能避免或降低污染物质的释出速度。

地质屏障系统决定"废物屏障系统"和"密封屏障系统"的基本结构。如果经查明地质屏障系统性质优良，对废物有足够强的防护能力，则可简化这两道屏障系统的技术措施。所以地质屏障系统制约了固体废物处置场工程安全和投资强度。

第三节　地质屏障的防护性能

地质屏障对有害物质的防护性能取决于地质屏障的岩石性质、水文地质特征以及污染物本身的物理化学性质[6]。对地质屏障防护能力的评价，首先要了解处置场释放出的污染物在地质介质中的迁移速度和去除机制。场地土壤的特性以及发生的生化反应均会影响废物组分或反应产物的迁移特性。例如，pH值偏高或偏低的废物可在某些土壤中被中和，无机组分被转化为低迁移性毒物，有机化合物可以被降解等。

一、土壤的性质

土壤由具有孔隙的固体物质构成，这些固体物质含有来自磷岩石的矿物质颗粒和动植物腐烂后生成的有机物质。微生物也属于有机物成分之一，上层土壤中的有机物大约占固体物质的1%～10%。土壤孔隙中充满了空气、水以及溶解的无机物和有机物。

土壤的性质随所处的位置和时间而变化。例如，土壤中无机物的含量随土壤深度的增加而增加。

土壤的结构取决于所含矿物颗粒的大小。表6-1-1列出了土壤基本的结构分类以及其他一些常用的参数。根据定义，含砂量大于70%（质量）的土壤称为砂质土壤，而黏土含量大于35%的土壤称为黏土。

表 6-1-1　土壤的结构分类和常用术语

结构	常用术语	渗透率/(cm/h)
大孔	砂质土、砂质壤土	>5
较大孔	亚砂土、细亚砂土	1.6～5
中等孔	非常细亚砂土、沪姆土、淤泥	1.6～5
较小孔	亚黏土、砂质亚黏土、淤泥砂亚黏土	0.5～1.6
小孔	砂质黏土、泥砂黏土、黏土	<0.1～0.5

　　土壤中颗粒物大小是不会变化的,除非经剧烈的物理或化学方法处理过。故土壤颗粒大小的级配比例(即土质结构)是土壤的基本性质。表中还给出了砾石、砂、淤泥以及黏土的粒径。

二、介质的渗透性及水运移

(一)土壤渗透性

　　土壤渗透性是指空气和水通过土壤的难易程度。渗透性一般用单位时间所流过的距离来表示(cm/s)。表 6-1-2 列出了通用的渗透性分级[7]。地质介质的渗透系数,是决定地下水运移速度和污染物迁移速度的重要参数。通常,土壤结构越紧密,渗透性越小。如表 6-1-3 所列,砂、砾、裂隙岩层含水层是强渗透性岩石,会使渗滤液自处置场流出或地下水流入处置场;只有渗透性非常低的黏土、黏结性松散岩石和裂隙不发育的坚硬岩石有足够的屏障作用。

(二)水通量

　　土壤水通过地质介质的流动通量通常用达西公式来计算:

$$q = Ki \tag{6-1-1}$$

式中　q——达西通量,cm/s;

　　　K——渗透系数,cm/s;

　　　i——水力坡度,cm/cm。

表 6-1-2　渗透性分级

分　级	渗透系数/(cm/s)	分　级	渗透系数/(cm/s)
非常快	$>7 \times 10^3$	稍慢	$1.4 \times 10^{-4} \sim 6 \times 10^{-4}$
快	$3.5 \times 10^{-3} \sim 7 \times 10^{-3}$	慢	$3.5 \times 10^{-5} \sim 14.10^{-5}$
稍快	$1.7 \times 10^{-3} \sim 3.5 \times 10^{-3}$	非常慢	$<3.5 \times 10^{-5}$
中速	$0.6 \times 10^{-3} \sim 1.7 \times 10^{-3}$		

表 6-1-3　地质介质的典型渗透系数值

岩　性	渗透系数/(m/s)	岩　性	渗透系数/(m/s)
砾石	$10^{-3} \sim 10^0$	砂岩	$10^{-10} \sim 10^{-6}$
砂(分选性好)	$10^{-5} \sim 10^{-2}$	黏土岩	$10^{-12} \sim 10^{-6}$
淤泥状砂	$10^{-7} \sim 10^{-3}$	页岩	$10^{-13} \sim 10^{-9}$
亚黏土(淤泥)	$10^{-9} \sim 10^{-6}$	裂隙火成岩	$10^{-8} \sim 10^{-2}$
未风化的黏土	$10^{-12} \sim 10^{-6}$	无裂隙火成岩	$10^{-14} \sim 10^{-10}$
碳酸岩	$10^{-9} \sim 10^{-2}$		

(三)水运移速度

　　土壤孔隙中水的运动和孔隙的性质及数量有关,其运移速度可用下式确定:

$$v = \frac{q}{\eta_e} \tag{6-1-2}$$

式中　η_e——土壤的有效空隙度,cm^3/cm^3。

三、吸附滞留与污染物迁移

（一）污染物迁移速度

污染物在地质介质中的迁移是由于地下水的运动速度，污染物与地质介质之间的吸附/解吸、离子交换、化学沉淀/溶解和机械过滤等多种物理化学反应共同作用所致，其迁移路线与地下水的运移路线基本相同，而迁移速度 v' 则与地下水的运移速度 v 有下述关系：

$$v' = v/R_d \tag{6-1-3}$$

式中　R_d——污染物在地质介质中的滞留因子，无量纲。如果污染物在地下水-地质介质中的吸附平衡为线性关系，可用下式确定：

$$R_d = 1 + \frac{\rho_b}{\eta_e} k_d \tag{6-1-4}$$

式中　ρ_b——土壤堆积容重（干），g/cm^3；

　　　k_d——污染物在土壤-水体系中的吸附平衡分配系数，mL/g。

（二）地质介质对污染物迁移阻滞作用

土壤中有机质（腐殖质）和黏土颗粒带负电荷，其数量随 pH 值的升高而增加。由于这种现象，正电荷离子（阳离子），如铵、铅、钙、锌、铜、汞、铬（Ⅲ）、镁、钾等可被黏土和腐殖质含量高的土壤所吸附滞留；而负电荷（阴离子）则难以被吸附，阴离子金属（As，Se）一般只有在低 pH 值时才被吸附，而活性很高的硝酸盐和氯化物（NO_3^- 和 Cl^-）等则不能为土壤所滞留，将随土壤中的水一起迁移。一些有机物，特别是微量有机物，可坚固地被土壤表面吸附，其吸附分配系数与土壤中的有机碳含量成正比。土壤的阳离子交换容量（CEC）越大，则滞留荷电废物组分的能力就越强。土壤的 CEC 可用每 100g 土壤的毫克当量数（Meq/100g）来表示，其大小随土壤中黏土的种类和含量以及有机质的含量而变化。纯腐殖质的 CEC 为 200Meq/100g，而蒙脱土和高岭土的 CEC 分别为 90Meq/100g 和 80Meq/100g。大多数土壤的 CEC 在 10～30Meq/100g 之间。

土壤的结构、渗透性和 CEC 是影响废物组分在土壤中迁移的主要因素。土壤种类、渗透性和吸附能力之间的关系示于图 6-1-3。此外，还有其他一些因素影响废物组分在土壤之上或土壤之中的迁移和截留情况。土壤中的化学反应影响溶解的离子和化合物的迁移性，进而导致某些组分长期滞留在处置场的土壤内，而其他组分则很容易迁移。吸附和化学沉淀是控制土地处置中废物组分迁移的两个重要的化学反应，而阳离子交换是最主要的吸附现象。许多具有潜在毒性的金属，如 Ca、Ni、Zn 和 Cu 都带正电荷，它们在土壤中的固定和滞留均与土壤的阳离子交换容量有关。黏结性岩石（黏土、亚黏土）渗透性极小，表面带很强的负电荷，能吸附大量的有害物质，对有害物质的滞留能力最强。

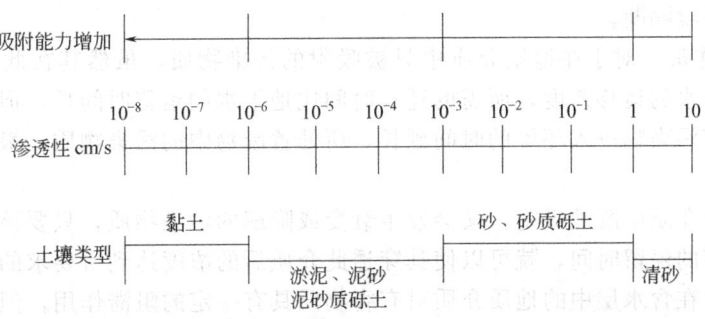

图 6-1-3　土壤的渗透和吸附特性

四、污染物质的降解或衰变

（一）放射性衰变

当渗入土壤的污染物质带有放射性时，这些放射性核素所固有的物理衰变特性会使它们在迁移过程中不断地自行按一定速率消失，其衰减的规律性可用下式描述：

$$C_{(t)} = C_0 \exp(-\lambda t) \tag{6-1-5}$$

式中　λ——放射性核素的衰变速率常数，$1/s$；

C_0，$C_{(t)}$——放射性核素在 $t=0$ 和 $t=t$ 的活度。

（二）生物降解作用

微生物的降解对减少土壤中有机污染物起着很重要的作用。土壤中的微生物可分解多种废物中的有机质。如果废物无毒或对微生物不产生抑制作用，则降解作用可通过兼性好氧菌或厌氧微生物来实现。通常，土壤对有机碳有较高的降解能力，但危险废物中往往含有难降解的有机物，如氯代烃类有机物，在土壤中相当难分解。降解过程主要发生在生物化学环境，它可由营养素（例如 O、N、P、C）的使用和介质特性（T、pH、E_h）来控制。有机污染物在饱和带以厌氧分解为主，弱溶或疏水有机物通常比高溶或亲水物质在地下水中的运动缓慢。有机污染物因生物降解作用导致的浓度衰减可用式(6-1-6)来描述：

$$C_{(t)} = C_0 \exp(-kt) \tag{6-1-6}$$

式中　k——有机污染物的生物降解速率常数，$1/s$；

C_0，$C_{(t)}$——有机污染物在 $t=0$ 和 $t=t$ 的浓度。

五、地质介质屏障作用

污染物在地质介质中的去除作用大小取决于地质介质对它的阻滞能力和该污染物在地质介质中的物理衰变、化学或生物降解作用。当污染物通过厚度为 L(m) 的地质介质层时，其所需要的迁移时间（t^*）为：

$$t^* = \frac{L}{v'} = \frac{L}{v/R_d} \tag{6-1-7}$$

所以，污染物穿透此地质介质层时地下水中的浓度为：

$$C = C_0 \exp(-kt^*) \tag{6-1-8}$$

式中　C_0，C——污染物进入和穿透此地质介质层前后的浓度；

k——污染物的降解或衰变速率常数。

显然，地质介质的屏障作用可分为两种不同类型。

（1）隔断作用　在不透水的深地层岩石层内处置的废物，地质介质的屏障作用可以将所处置废物与环境隔断。

（2）阻滞作用　对于在地质介质中只被吸附的污染物质，虽然其在此地质介质中的迁移速度小于地下水的运移速度，所需的迁移时间比地下水的运移时间长，但此地质介质层的作用仅只是使该污染物进入环境的时间延长，所处置废物中的污染物质，最终会大量进入到环境中来。

对于在地质介质中既被吸附，又会发生衰变或降解的污染物质，只要该污染物在此地质介质层内有足够的停留时间，就可以使其穿透此介质后的浓度达到所要求的低浓度。

一般来说，在含水层中的地质介质对有害物质具有一定的阻滞作用，但由于这些矿物质的表面吸附能力一再因吸附量的增大而减弱；此外，地下水径流量的变化，对有害物质的阻滞作用不可能长时间存在，因而含水层介质不能被看作是良好的地质屏障。

第四节　固体废物土地填埋处置的分类及法规要求

一、土地填埋处置的分类

根据不同废物的危害程度与特性，区别对待，分类管理，对具有特别严重危害性质的危险废物，处置上需要实行比一般废物的污染防治更为严格的特别要求和特殊控制。这样，既能有效地控制主要污染危害，又能降低处置费用。因此，通常根据填埋处置的废物种类及其性质，以及对处置场环境条件、有害物质释出所需控制水平要求，对固体废物土地填埋进行分类。

1. 国外分类

德国北莱茵维斯特法伦州根据固体废物的类别、特性和对水资源保护的目标将填埋场分为如下六种类型。

（1）一级填埋场　即惰性废物填埋场或堆放场，是土地填埋处置的一种最简单的方法。它实际上是把建筑废物、未受污染的天然松散或坚硬岩石以及带有相对融熔状态的矿物材料（如来自炼焦炉熔渣）等惰性废物直接埋入地下。埋设方法分浅埋和深埋两种。

（2）二级填埋场　即为矿业废物处置场，主要用于电厂粉煤灰的处置以及类似于融熔状态等废物（惰性物质）当中污染物质可导致水域有轻微的、暂时的影响的这类废物的处置。

（3）三级填埋场　用于处置在一段时间内会对公众健康及环境安全造成危害的一般固体废物，主要用来处置城市垃圾。一般称为城市垃圾卫生填埋场。

（4）四级填埋场　即工业废物土地填埋场，用于处置一般工业有害废物，如来自烟气脱硫后的石膏。因此场地的设计操作原则不如安全土地填埋那样严格，如场地下部土壤的渗透率仅要求为 10^{-6} cm/s。也称手工业和工业废物填埋场。

（5）五级填埋场　也称危险废物土地安全填埋场，主要用于处置危险废物，对填埋场场址选择、工程设计、建造施工、营运管理和封场后的管理都有特殊的严格要求。如衬里的渗透系数要小于 10^{-8} cm/s，渗滤液要加以收集和处理，地表径流要加以控制等。

此外，还有一种土地填埋处置方法，即处置低放射性废物的浅地层埋藏方法与危险废物土地安全填埋大体相同，但在安全处置年限要求方面较前者要高些。

（6）六级填埋场　一般建在地下几百米深、具有良好地质条件的处置场，也称特殊废物深地质处置库，或深井灌注。主要用于处置因其有害性质（例如易溶和难分解的物质成分）不能在地面填埋场处置，必须封闭处理的液体，易燃废气、易爆废物，以及中、高水平放射性废物等特殊废物。用于处置高水平放射性废物的地下处置场习惯称为深地质处置库。

2. 国内分类

对不同类型的固体废物填埋处置的污染防治进行有效的控制，同时又能降低处置费用，我国根据不同废物的危害程度与特性，采取区别对待，分类管理的方式，将固体废物土地填埋场分为下述 4 种类型的废物填埋场。

（1）放射性废物浅地层处置场　废物浅地层处置场接受并处置中、低水平的放射性固体废物，使废物在可能对人类造成可接受的危险的时间范围内将废物中的放射性核素限制在处置场范围内，以防止放射性核素以不可接受的浓度或数量向环境扩散而危及人类安全。所要求的安全处置时间一般为 300～500 年。

（2）**危险废物安全填埋场**　接受并填埋包括《国家危险废物名录》中所列危险废物，但禁止填埋医疗废物和与衬层不相容的废物。危险废物处置场要求的安全处置时间一般为数十年到 100 年。

（3）**生活垃圾卫生填埋场**　接受并填埋包括居民、机关、学校、厂矿等单位的生活垃圾，以及商业垃圾、集市贸易市场垃圾、街道清扫垃圾和公共场所垃圾，但严禁混入危险废物和放射性废物。我国的填埋场未对填埋物含水量和生物有机成分做出要求。生活垃圾填埋场的安全处置年限一般为几十年，如美国 EPA 要求填埋场封场后监管 30 年。

（4）**一般工业固体废物填埋场**　用于填埋处置未被列入《国家危险废物名录》或者根据国家规定的危险废物鉴别标准和鉴别方法判定不具有危险特性的工业固体废物。《一般工业固体废物贮存、处置场污染控制标准》（GB 18599—2001）将一般工业固体废物填埋场分为 2 类。

第Ⅰ类一般工业固体废物填埋场：用于处置按照 GB 5086 规定方法进行浸出试验而获得的浸出液中，任何一种污染物的浓度均未超过 GB 8978 最高允许排放浓度，且 pH 值在 6～9 范围之内的一般工业固体废物。

第Ⅱ类一般工业固体废物填埋场：用于处置按照 GB 5086 规定方法进行浸出试验而获得的浸出液中，有一种或一种以上的污染物浓度超过 GB 8978 最高允许排放浓度，或者是 pH 值在 6～9 范围之外的一般工业固体废物。

二、土地填埋处置的法规要求

作为各种不同类型的固体废物最主要的处置方式之一，固体废物填埋的污染控制受到了世界各国的重视，各国都制定有严格的标准以规范填埋场的建设、运行和封场后的管理、维护。如美国在其固体废物专门法律 RCRA 中专门有一节对填埋场进行详细的规定，并为此制定专门法规和最低技术要求（即标准），对填埋场结构以及设计、施工、封场等内容做出了详细的规定。经过多年的实践，我国也制定了严格的各种固体废物土地填埋处置的技术法规。

（一）放射性废物浅地层处置场

涉及放射性废物浅地层处置场的法规包括：《低中水平放射性固体废物的浅地层处置规定》（GB 9132—88），《低、中水平放射性废物近地表处置设施的选址》（HJ/T 23—1998）和《核设施环境保护管理导则：放射性固体废物浅地层处置环境影响报告书的格式与内容》（HJ/T 5.2—93）。这三个标准仅适用于一切地表或地下的、具有防护覆盖层的、有工程屏蔽或没有工程屏蔽的低中水平放射性固体废物浅埋处置，但是未涉及废物在天然或人工洞穴内的处置。

《低中水平放射性固体废物的浅地层处置规定》（GB 9132—88）对浅地层埋藏处置场的选址、设计、运行、关闭、监督及安全评价提出了原则性的要求，同时还对处置废物的性质和包装做出了规定。

《低、中水平放射性废物近地表处置设施的选址》（HJ/T 23—1998）规定了低、中水平放射性废物近地表处置设施的选址目标，选址方法，选址过程的管理，选址准则和选址过程中需要收集的数据或资料。

《核设施环境保护管理导则：放射性固体废物浅地层处置环境影响报告书的格式与内容》（HJ/T 5.2—93）规定了放射性固体废物浅地层处置场基本建设时期各阶段环境影响报告书

的目的、内容和深度，以及编写的标准格式和具体要求。

与危险废物填埋处置场相比，放射性废物浅地层处置场在环境保护目标，选址、设计、运行关闭、监督等方面的要求非常严格，如：

（1）环境保护目标　废物浅地层处置的任务是在废物可能对人类造成可接受的危险的时间范围内（一般应考虑300～500年）将废物中的放射性核素限制在处置场范围内，以防止放射性核素以不可接受的浓度或数量向环境扩散而危及人类安全。该标准要求处置场在正常运行和事故情况下，对操作人员和公众的辐射防护应符合我国辐射防护规定的要求，并应遵循可合理做到的尽可能低的原则。在处置过程中通过各种途径向环境释放的放射性物质对公众中个人造成的有效剂量当量每年不超过0.25mSv（25mrem）。

（2）场址选择　要求高，程序复杂，以便选择出合适的场址，使在综合考虑处置设施的设计和废物货包特征后，能确保在所要求的期限内，在放射性核素和生物圈之间提供充分的隔离。

（3）环境影响评价　在选择方案、确定场址、设计、运行和关闭处置场时，应按标准《核设施环境保护管理导则：放射性固体废物浅地层处置环境影响报告书的格式与内容》（HJ/T 5.2—93）规定对放射性固体废物浅地层处置场基本建设时期各阶段进行安全分析和环境影响评价。

（二）危险废物安全填埋场

《危险废物填埋污染控制标准》（GB 18598—2001）规定了填埋危险废物的入场条件、填埋场的选址、设计、施工、运行、封场及监测的环境保护要求，是指导危险废物安全填埋场设计、建设和运营的主要技术标准。该标准对安全填埋场场址的要求是：处于一个相对稳定的区域，不会因自然或人为的因素而受到破坏；不应选在城市工农业发展规划区、农业保护区、自然保护区、风景名胜区、文物（考古）保护区、生活饮用水源保护区、供水远景规划区、矿产资源远景储备区和其他需要特别保护的区域内；填埋场场界应位于居民区800m以外，应保证在当地气象条件下对附近居民区大气环境不产生影响；距地表水域的距离应大于150m，位于百年一遇的洪水标高线以上，并在长远规划中的水库等人工蓄水设施淹没区和保护区之外；地质条件应能充分满足填埋场基础层的要求，现场或其附近有充足的黏土资源以满足构筑防渗层的需要；位于地下水饮用水水源地主要补给区范围之外，且下游无集中供水井；地下水位应在不透水层3m以下。如果小于3m，则必须提高防渗设计要求，实施人工措施后的地下水水位必须在压实黏土层底部1m以下；填埋场作为永久性的处置设施，封场后除绿化以外不能做他用。

为保证危险废物集中处置设施的建设质量，实现危险废物无害化安全处置目标，原环保总局在2004年制定颁布了《危险废物安全填埋处置工程建设技术要求》（环发［2004］75号），用于规范区域性危险废物集中处置设施中安全填埋处置工程规划、设计、施工及验收和运行管理。

（三）生活垃圾卫生填埋场

1. 污染控制标准

《生活垃圾填埋场污染控制标准》（GB 16889—2008）对生活垃圾填埋场从场址的选择、建设、运行与封场后的全过程中的污染控制给出详细的规定，提出了更加严格的要求。污染控制的重点是选址、填埋场防渗结构和渗滤液处理。

与原标准相比，该标准在修订过程中，对生活垃圾填埋场从场址的选择、建设、运行与封场后的全过程中的污染控制提出了更加严格的要求。标准补充了生活垃圾填埋场选址、基本设施的设计与施工要求，增加了可以进入生活垃圾填埋场共处置的一般工业固体废物、生活污水处理污泥等入场要求，并提出了经过一定处理、符合标准要求的生活垃圾焚烧飞灰等废物可以进入生活垃圾填埋场。

对于渗滤液处理，标准规定现有和新建生活垃圾填埋场都应建有较完备的污水处理设施，渗滤液需经过处理后达到标准规定的排放限值才能直接排放，但对膜处理浓缩液的处理未做明确规定。还对生活垃圾填埋场产生的恶臭气体提出了严格的监控措施，规定甲烷气体应综合利用和处置。

该标准对生活垃圾填埋场的选址要求做了明确规定，但未给出垃圾卫生填埋场的防护距离具体限值，要求生活垃圾填埋场场址的位置及与周围人群的距离应依据环境影响评价结论确定，并经地方环境保护行政主管部门批准。在对生活垃圾填埋场场址进行环境影响评价时，应考虑生活垃圾填埋场产生的渗滤液、大气污染物（含恶臭物质）、滋养动物（蚊、蝇、鸟类等）等因素，根据其所在地区的环境功能区类别，综合评价其对周围环境、居住人群的身体健康、日常生活和生产活动的影响，确定生活垃圾填埋场与常住居民居住场所、地表水域、高速公路、交通主干道（国道或省道）、铁路、飞机场、军事基地等敏感对象之间合理的位置关系以及合理的防护距离。环境影响评价的结论可作为规划控制的依据。

2. 技术标准

建设部颁布标准《生活垃圾卫生填埋技术规范》（CJJ 17—2009），是生活垃圾卫生填埋场设计、建设和运行的主要依据。该标准是在广泛调查研究，认真总结实践经验，参考有关国际标准和国外技术的基础上，对《城市生活垃圾卫生填埋技术规范》（CJJ 17—2004）的修订。该标准对填埋废物入场条件、填埋场选址、填埋场总体布置、填埋场地基与防渗、渗滤液收集与处理、填埋气体导排及防爆、填埋作业与管理、填埋场封场、环境保护与劳动卫生、填埋场工程施工及验收等做了全面规定和要求。

3. 工程技术标准

为提高城市垃圾卫生填埋场的建设质量和技术水平，建设部颁布了《生活垃圾卫生填埋处理工程建设标准》（建标124—2009）、《生活垃圾卫生填埋场防渗系统工程技术规范》（CJJ 113—2007）、《生活垃圾渗沥液处理技术规范》（CJJ 150—2010）、《生活垃圾渗沥液处理技术规范》（CJJ 150—2010）、《生活垃圾卫生填埋场填埋气体收集处理及利用工程技术规范》（CJJ 113—2009）等一系列工程技术标准。用于指导填埋场渗滤液处理工程设计的技术标准还有环保部颁发的《生活垃圾填埋场渗滤液处理工程技术规范》（试行）（HJ 564—2010）：规定了生活垃圾填埋场渗滤液处理工程的总体要求、工艺设计、检测控制、施工验收、运行维护等的技术要求。

4. 环境监测

对于生活垃圾填埋场环境监测的内容和方法，国家标准《生活垃圾填埋场环境监测技术要求》（GB/T 18772—2002）做了详细规定。

5. 填埋场等级评价

2005年建设部颁布了《生活垃圾卫生填埋场无害化评价标准》（CJJ/T 107—2005），用于考核垃圾填埋场的实际建设和运行状况，通过评价提高我国生活垃圾的填埋处置的无害化水平。该标准对生活垃圾填埋场进行总分评价，评价内容包括垃圾填埋场工程建设和垃圾填埋场运行管理评价。垃圾填埋场工程建设评价内容包括垃圾填埋场设计使用年限、选址、防渗系统、渗滤液导排及处理系统、雨污分流、填埋气体收集及处理、监测井，设备配置等；垃圾填埋场运行评价内容包括垃圾填埋场进场垃圾检验、称重计量、分单元填埋、垃圾摊铺压实、每日覆盖、垃圾堆体、场区消杀、飘扬物污染控制、运行管理、渗滤液处理、环境监测、环境影响、安全管理、资料等。根据评价总分值的不同将生活垃圾填埋场评定为四个级别：Ⅰ级，达到了无害化处理要求；Ⅱ级，基本达到了无害化处理要求；Ⅲ级，未达到无害化处理要求，但对部分污染施行了集中有控处理；Ⅳ级，简易堆填。

（四）工业固体废物填埋场

国家标准《一般工业固体废物贮存、处置场污染控制标准》（GB 18599—2001）对一般工业固体废物填埋场的建设、运行和监督管理做了规定。第Ⅰ类一般工业固体废物填埋场和第Ⅱ类一般工业固体废物填埋场在选址、设计、运行管理、关闭与封场和污染物控制与监测等方面的环境保护要求有所不同。对第二类工业固体废物填埋场的要求较严格，基本与城市垃圾卫生填埋场类似。

参 考 文 献

[1] 孙可伟. 固体废弃物资源化的现状和展望 [J]. 中国资源综合利用, 2000, 1：8-10.
[2] 董军, 赵勇胜, 韩融, 等. 垃圾渗滤液污染羽在地下环境中的分带现象研究 [J]. 环境科学, 2006, 27（9）：1901-1905.
[3] Christonsen T, Kjeldsen P, Bjerg P, et al. Biogeochemistry of landfill leachate plumes [J]. Appllied Geochemistry, 2001, 16（6/7）：659-718.
[4] Christonsen T, Bjerg P, Banwart S, et al. Characterization of redox conditions in groundwater contaminant plumes [J]. Journal of Contaminant Hydrology, 2000, 45（3/4）：165-241.
[5] Allen M, Braithwaite A, Hills C. Trace organic compounds in landfill gas at seven U.K. waste disposal sites [J]. Environ Sci Technol, 1997, 31：1054-1061.
[6] 赫英臣. 煤矿废弃井巷可作为废物处理的安全场地 [J]. 煤炭学报, 1999, 24（4）：429-433.
[7] 赫英臣. 固体废物安全排放技术 [M]. 北京：煤炭工业出版社, 1995.

第二章
固体废物填埋场选址准则及方法

　　固体废物填埋处置设施（以下简称处置设施）选址的目标是要为固体废物的处置选择一处合适的场址，使在综合考虑处置设施的设计和废物的特征后，能确保在所要求的期限内，能够为所处置的固体废物中的有毒有害物质和生物圈之间提供充分的隔离。

　　一个固体废物填埋场场址的选择和最终确定是一个复杂而漫长的过程，必须以场地详细调查、工程设计和费用研究及环境影响评价为基础。大多数城市和地区在实施固体废物管理计划时，最困难的任务是选择一个合适的填埋场场址，它制约了填埋场工程安全和投资程度[1,2]。在此将对填埋场选址的要求、必须考虑的因素及选址过程进行讨论。

　　本章涉及固体废物填埋场选址目标，选址方法，选址过程的管理，选址准则和选址过程中需要收集的数据或资料。但是，由于城市垃圾、危险废物、一般工业固体废物和放射性废物危害特性和水平的差异，其选址要求和程序也有差别，对于特定的某种废物填埋处置场选址，其选址应该严格按标准进行，所选择的场址其安全性能应满足相关标准的要求。

第一节　填埋场选址原则及准则

　　固体废物土地填埋处置的可行性取决于多种因素，如废物的种类、数量和性质、有关的法规、公众的观念和可接受性、土壤和场地的特性等，本节重点讨论场地选择的有关问题。废物土地填埋场的设计和管理方案因场地而异，处置方案的技术和经济可行性取决于场地的地形、土壤、气象和水文条件、从废物产生地到场地的距离以及土地使用的现状与规划。

一、选址原则

　　填埋场选址总原则是应以合理的技术、经济方案，尽量少的投资，达到最理想的处理效果，实现保护环境的目的。具体需要遵循的原则主要有以下几条。

　　(1) 环境保护原则　是垃圾填埋场选址的基本原则。应确保其周边生态环境、水环境、大气环境以及人类的生存环境等的安全。尤其是防止垃圾渗滤液的释出对地下水和地表水的污染。是场址选择时需加以考虑的重点。

　　(2) 经济原则　要合理、科学地选择，并能够达到降低工程造价、提高资金使用效率的目的。但是。场地的经济问题是一项比较复杂的问题。它涉及场地的规模、征地费用、运输费等多种因素。

　　(3) 法律及社会支持原则　场址的选择，不能破坏和改变周围居民的生产、生活基本条件。需要得到公众的大力支持。

　　(4) 工程学及安全生产原则　必须综合考虑场址的地形、地貌、水文与工程地质条件、场址抗震防灾要求等安全生产各要素，以及交通运输、覆盖土土源、文物保护、国防设施保护等因素。

二、选址准则

在规划一新的填埋场时，首先应对适宜处置废物的填埋场场址进行现场踏勘调查，并根据所能收集到的当地地理、地质、水文地质和气象资料，初步筛选出若干可供建设城市垃圾卫生填埋场的地区。再根据选址基本准则，对这些可供选择的场址进行比较和评价。

在评价一个用于长期处置固体废物的填埋场场址的适宜性时，必须加以考虑的因素主要有运输距离、场址限制条件、可使土地面积、出入场地道路、地形和土壤条件、气候条件、地表水文条件、水文地质条件、当地环境条件以及填埋场封场后场地是否可被利用。

1. 运输距离

运输距离是选择填埋场地的重要因素，对废物管理系统起着重要作用。尽管运输距离以越短为越好，但也要综合考虑其他各个因素。因为填埋场选址通常由环境和政治因素决定，因此，长距离运输现在已为常见。

2. 场址限制条件

对居民区的影响：运输或作业期间有害废物飘尘或气味应在当地气象扩散条件下不影响居民区，并在建场前应做好这方面的环境影响评价。

填埋场在作业期间，噪声的影响应符合居民区的噪声标准。

填埋场能否对居民区造成影响，关键是场地距居民区的安全距离，在这方面应做一定的测试工作，目前在国内尚少实践经验的情况下，参照国外的有关规范是很有必要的。

3. 可用土地面积

填埋场场地应选择具充足的可使用面积的地方，以利于满足废物综合处理长远发展规划的需要，应有利于二期工程或其他后续工程的兴建使用。应为城市工业废物和生活垃圾的集中收集、管理及综合治理打下良好的基础。

尽管没有填埋场大小的法律规定，填埋场地也要有足够的使用面积，包括一个适当大小的缓冲带，一个场地至少要能运行五年。时间越短，单位废物处置费用就越高，尤其是场地选择、辅助设施如台式过秤设备和存储设备等、进行最终覆盖等都有同样的花销。在进行填埋场潜在处置能力的最初评价时，很重要的是要考虑将来可能的废物转移范围，并决定这种转移对要处置的残渣数量和条件的影响。

4. 出入场地道路

随着废物量的不断增加，运行中的填埋场数量和容量都显得不敷需要，要求新建填埋场的呼声日益增大。由于通常适合用作填埋场的土地不在城市已建道路的附近，因此，建设出入填埋场的道路和使用长距离的运输车辆成为填埋场选址的重要因素。如果有铁道线路可以利用时，即使是距离较远，也可选择铁路附近的场地作为填埋场，而以铁路作为长距离运送固体废物的运输工具。

5. 地形、地貌及土壤条件

场地地形、地貌决定了地表水，同时也往往决定了地下水的流向和流速。废物运往场地的方式也需要进行地貌评价才能确定。一个与较陡斜坡相连的水平场地，会聚集大量的地表径流和潜层水流。地表水和潜层水文条件的研究将有助于这种情况的评价，也有助于评价地表水导流系统的必要性和类型。场地地形，其坡度应有利于填埋场施工和其他配套建筑设施的布置。不宜选址在地形坡度起伏变化大的地方和低洼汇水处。原则上地形的自然坡度不应大于 5%，场地内有利地形范围应满足使用年限内可预测的固体废物产生量，应有足够的可填埋作业的容积，并留有余地。应利用现有自然地形空间，将场地施工土方量减至最小。

作为防渗层使用的黏土密封层材料和作为排水层的滤料材料因用量大，为了节省投资，应尽量就地取材，并应有充足的可采量来保证填埋场的施工要求。

6. 气候条件

填埋场选址必须考虑当地的气候条件。在许多地方，冬天将会影响进出填埋场的道路条件；潮湿气候可能导致必须分隔使用填埋场区；对于结冻比较严重的地区，填埋场覆盖层物质必须贮备充足以便在不能挖掘的气候条件下使用；风的强度和风向也必须充分考虑，为了避免风把废碎物吹起，必须建立挡风设施。具体使用什么样的挡风设施要依据当地条件而定。

填埋场场址的选择应考虑在温和季节的主导风向。

7. 地表水水文

所选场地必须在 100 年一遇的地表水域的洪水标高泛滥区，或历史最大洪泛区，或是应在可预见的未来（长远规划中）建设水库或人工蓄水淹没和保护区之外。填埋场新场址的选择必须考虑其位置应该在湖泊、河流、河湾的地表径流区。最佳的填埋场场址位置是在封闭的流域区内，这对地下水资源造成危害的风险最小。填埋场的场地必须是位于饮用水保护区、水体和洪水区之外，并需是在春潮区、泥炭沉积超过 1m 的沼泽地区之外。

8. 地质和水文地质条件

场址应选在渗透性弱的松散岩层或坚硬岩层的基础上，天然地层的渗透性系数最好能达到 $K < 10^{-8}$ m/s 以下，并具有一定厚度。场地基础岩性应对有害物质的运移、扩散有一定的阻滞能力。场地基础的岩性最好为黏性土、砂质黏土以及页岩、黏土岩或致密的火成岩。场地应避开断层活动带、构造破坏带、褶皱变化带、地震活动带、石灰岩溶洞发育带、废弃矿区或坍陷区、含矿带或矿产分布区，以及地表为强透水层的河谷区或其他沟谷分布区。

对场地水文地质条件的要求：场地基础应位于地下水（潜水）最高丰水位标高至少 1m 以上，及地下水主要补给区范围之外；场地应位于地下水的强径流带之外；场地内地下水的主流向应背向地表水域。场址不应直接选择在渗透性强的地层或含水层之上，应位于含水层的地下水水力坡度平缓地段。场地选择应确保地下水的安全，应设有保护地下水的严密技术措施。

对场地工程地质条件的要求：场地应选在工程地质性质有利的最密实的松散或坚硬岩层之上，并具有一定厚度，可起到良好的防止污染的屏障作用。场址基础的松散或坚硬的工程地质力学性质，应保证场地基础的稳定性和使沉降最小，并有利于填埋场边坡稳定性的要求。

场地应位于不利的自然地质现象、滑坡、倒石堆等的影响范围之外。填埋场场址不应选择建在砾石、石灰岩溶洞发育地区。

9. 当地环境条件

填埋场场地位置选择，应在城市工农业发展规划区、风景规划区、自然保护区之外；应在供水水源保护区和供水远景规划区之外；应具备较有利的交通条件。到邻近居民点距离必须大于 500m（在开阔填埋场地必须大于 1000m）；填埋场在其运营期间应尽可能减少对周围景观的破坏，并且不要对周围主要的有价值的地貌、地形造成不必要的损坏。在填埋前必须制订一个计划，避免产生不利的景观影响，并确保在封场后尽快加以复原。可用树木或灌木或借助自然地形将填埋场与周围公众活动场所隔开，以改变视野。封场后，应尽快使填埋场同周围环境融为一体。

10. 地方公众

填埋对当地公众造成的主要影响之一，或者说公众抱怨的根源是由于填埋场的建造所引起的额外交通问题。过多的卡车运输造成了噪声、振动、废气排放、灰尘、污物以及其他可察觉的侵害。如果可能，应尽量为重型卡车规定行车路线，使其在主要道路上行驶。这可通过自发的协议来达到，也可在废物处置合同中加以规定。

为争取同当地公众保持良好的关系和表明具有自行解决问题的能力，经营者应对公众的抱怨给出及时的和表示同情的反应。通过迅速地解决这些问题，来表明填埋场经营者能有效地操作管理其填埋场，并且一定要保护周围公众和环境的安全。

第二节　选址步骤及方法

一、选址步骤

固体废物土地填埋场的选址过程，通常由规划选址、区域调查、场址初选和场址确定等四个阶段组成。最少应该包括区域调查、场址初选和场址确定等三个步骤。

选址工作是一个连续的、反复的评价过程。在此过程中要不断排除不合适的场址，并对具有可能性的场址进行深入调查。在选出可使用的场址后，应做详细评价工作，以论证所做的结论是否确切和预计在建造处置场及处置废物时会对场址特性造成何种不利影响[3~7]。

二、选址方法

1. 资料搜集

填埋场选址应先进行基础资料的收集，主要包括：城市总体规划和固体废物处理处置专业规划，地形、地貌及相关地形图，工程地质与水文地质条件，土地利用价值及征地费用，道路、交通运输、给排水、供电及土石料条件，以及附近居住情况与公众反应。

（1）工程地质资料　包括岩土矿物成分，岩土中胶体颗粒含量，岩土天然湿度，岩土吸附能力和离子交换容量，岩土酸碱度，岩上孔隙率、有效孔隙率，岩土渗透率；岩土力学性能。

（2）水文地质资料　包括处置场场址附近河流、水溪、湖泊的特性（流量、水位流速、洪水位）；地下水补给源、径流及排泄点，地下水与地表水的水力联系；该地区水资源的利用状况；地下水类型及化学成分；水、岩土与特征污染物之间的物理化学反应，特征污染物迁移速度，迁移途径；地下水长期稳定性及其影响因素；河流改道的可能性；土壤毛细上升高度。

（3）气象资料　包括风速、风向、大气稳定度、气温、湿度、降水量、蒸发量和雾等气象要素，这些气象要素应力求是同时观测的相互关联的。并应根据上述气象要素的数据资料求出其频率分布；对处置场安全可能产生有害影响的气象资料，如龙卷风、台风、大风、沙暴、暴雨、降雪、冰冻和冰雹等。并判断这些资料能够在多大程度上代表场址的长期环境条件。

（4）地形地貌特征资料　表示场址附近详细地形特征和较大区域一般地形地貌特征的

资料。

（5）社会和经济方面资料　包括填埋场离废物来源的距离、废物的运输方式、运输系统的能力、修建或扩建运输系统的投资；场址周围目前和将来的土地使用情况，对征购土地、搬迁居民所花代价；场址供电供水条件；职工及家属生活福利设施投资，周围可利用条件；场址周围现在的人口分布和将来的发展趋势；场址附近居民、社会上公众以及地方政府对在该地建设处置场的态度；如由于场址条件存在不利因素需采取工程措施要求的投资等。

选址工作应充分利用现有的区域地质调查资料，掌握区域地质、水文地质和工程地质特征，可以得到所需要的选址"基本准则"中规定的资料。我国已完成各省区内 1：50000 或1：100000的地质调查工作，有的区域还完成了水文地质和工程地质调查工作。搜集这些区域地质调查资料对填埋场选址是非常重要的。在利用区域地质调查资料的基础上，可以制定选址的野外踏勘路线和计划，指导选址工作向更深一步发展。地面卫星图像是一个很好的信息源，它可反映出最新的地面上所有的信息资料。准确显示出地面上所有的物标，明显指出选址工作应开展的范围或地点，使选址工作有的放矢，做出详细的选址规划。

2. 野外踏勘

野外踏勘是选址工作最重要的技术环节，它可直观地掌握预选场地的土地利用情况、交通条件、周围居民点分布情况、水文网分布情况、场地的地质、水文地质和工程地质条件以及其他与选址有关的信息和资料。

根据野外踏勘实际调查取得的资料，再结合搜集到的所有其他资料和图件进行整理和分析研究，确定被踏勘调查地点的可选性并进行排序。在排序过程中，要对每个可选地点的基本条件进行分析对比，并分别列出每个地点可选性的有利和不利因素。

3. 预选场地的社会、经济和法律条件调查

对于一个初步确定的预选场址，要进一步调查场地及其周围的社会、经济条件，以及公众对填埋场建设的反映意见和社会影响。确定填埋场的建设是否有碍于城市整体经济发展规划（或工农业发展规划），是否有碍于城市景观。

详细调查地方的法律、法规和政策，特别是环境保护法、水域和水源保护法。从而可评价这些预选地点是否与这些法律和法规相互冲突，相互抵触，并要取消那些受法律、法规限制的预选地点。

4. 预选场地可行性研究报告

预选场址调查结束后应提交预选场地可行性研究报告，但并不意味着选址工作已结束。提交预选场地可行性研究报告的目的，主要是利用充足的调查资料说明场地具有可选性，以报告的形式提出并报请项目主管单位，再由主管单位报请官方审批，列入正式国家或地方的计划项目，使工程项目从可行性研究阶段进入正式计划内的工程项目阶段，从而可以履行一切计划工程项目的手续。

5. 预选场地的初勘工作

前述工作只是选择出较为理想的场地位置，并征得管理部门的肯定和同意。但是场地的综合地质条件能否满足工程的要求，应对场地进行综合地质初步勘察，查明场地的地质结构、水文地质和工程地质特征。如初勘证实场地具有渗透性较强的地层（$K > 10^{-6}$ m/s）或含水丰富的含水层，或含有发育的断层组成，则场地的地质质量很差，会使工程投资增大，该场地也不具可选性，可能需要放弃该场地而另选其他场地。如初勘证实场地具有良好的综

合地质技术条件，则场地的可选性就会得到最终定案。因此场地的地质初步勘察工作是场址是否可选的最终依据。

6. 预选场地的综合地质条件评价技术报告

场地初步勘察施工结束，应由钻探施工单位提出场地地质勘察技术报告，再根据地质报告提供的技术资料和数据由项目主管单位编制场地综合地质条件评价技术报告。报告应详细说明场地的综合地质条件，详细描述对场地的有利和不利因素，做出场地可选性的结论，并对下一步场地详细勘察和工程的施工设计提出建议。

场地综合地质条件评价技术报告是场地选择的最终依据和工程立项的依据，使固体废物安全填埋场项目由选址阶段正式过渡到工程阶段，该报告也是场地详勘设计的依据。如果场地得到不可选的结论，选址工作则又要重新开始或进行第二或第三场址的初勘工作。

7. 工程勘察阶段

在确定场地可选后，可立即转入工程实施阶段，依此场地综合地质条件评价技术报告进行场地的详细勘察设计和施工。

综上所述，填埋场位置选择是一项技术性强、难度大、任务重的工作。整个选址工作要经过多个技术环节，才能最终定案并过渡到工程阶段。

第三节　场地质量勘察技术方法

当固体废物填埋场场址确定之后，要进行场地质量综合技术评价工作。场地质量综合技术评价依据要通过场地综合地质详细勘察技术工作来实现。场地基础详细勘察工作的主要目的是查清场地的综合地质条件，为填埋场的结构设计和施工设计提供详细可靠的技术数据。为此，要求详勘工作能达到技术先进，经济合理，确保质量的标准。为了实现这个场地综合地质勘察技术原则，就要针对固体废物安全填埋场的工程特点，进行场地综合地质勘察技术方法的研究，以期使填埋场工程能达到安全处置废物，保护环境目的。

一、固体废物填埋场勘察的控制级别

如前所述，对场地的地质屏障系统勘察是填埋场建设的关键环节，故应利用先进的地质勘察技术手段对场地周围地质条件进行由区域到场地基础逐级控制，布置全面而足够密的勘探网络，提出尽可能详细的地质勘察成果，以便做出可靠的评价。填埋场勘察的总控制范围基本可分为三级，即Ⅰ（区域）、Ⅱ（外围）、Ⅲ（基础）级控制标准。

1. 区域控制

主要查明场地所处的自然地理条件，区域地质、水文地质和工程地质条件。控制重点是区域大型地质构造区域水文网分布特征，以及填埋场可能出现的污染对区域水体和地下水的影响范围和程度。区域控制成图比例尺为（1∶10000）～（1∶50000），控制范围为 50～100km² 或按区域水文网循环系统范围确定。区域控制勘查以搜集资料为主，收集区域 1∶10000 或 1∶50000 的地质调查资料和图件。另外也可到国家卫星地面站搜集航空卫星像片，从航空卫星像片解释可取得大量信息资料。必要的情况下可通过野外实地踏勘取得特别需要的资料。总之，区域控制基本上不必投入工程量，即可满足场地区域调查目的。

2. 外围控制

主要查明影响填埋场工程的地质构造和不良的地质作用，场地范围内的水文地质条件和地层、岩性分布的外延情况。外围控制成图比例尺为（1∶2000）～（1∶5000），控制范围一般为2～5km^2，主要由场地地质条件的复杂程度来确定。外围控制的勘察技术方法主要使用物探手段，这样可以大大地减少勘探工程量，节省工程投资。

3. 基础控制

应通过工程勘探详细查明场地基础的地层、岩性和构造等地质条件，含水层分布和地下水赋存特征等的水文地质条件，以及岩、土物理力学性质等的工程地质条件。基础控制的成图比例尺为（1∶200）～（1∶500），要根据场地的实际面积确定，并外延一定范围。基础控制的勘察技术方法主要应用钻探、野外和室内试验等技术手段。基础勘探应在实测的（1∶200）～（1∶500）场地地形图上布置钻探工程量、取样点和野外实验点。基础控制工程量要在场地详细勘探设计基础上，按设计要求施工。详细勘察设计应在区域控制和外围控制所取得的足够资料前提下编制。

二、填埋场详细勘察技术方法

填埋场详细勘察（详勘）技术方法要根据场地详勘控制等级采用不同技术方法和精度，并确定不同的勘察内容。勘察技术方法包括区域综合地质条件调查，地球物理勘探、钻探，野外实验和室内试验等，但根据场地勘察控制级别对勘察内容和使用的技术方法应有所侧重。

1. 区域综合地质条件调查

区域综合地质调查工作是场地详勘阶段的先行工作，其目的是研究拟建场地的地形、地貌、地表水系、气象、植被、土壤、交通条件，区域和场区的地质、水文地质和工程地质条件，以及区域的社会、法律法规和经济状况。区域综合地质调查工作方法应以航空卫星像片解译作为主要工作手段，并搜集区域现有的综合地质调查资料，必要时再进行局部的现场踏勘、物探技术以及仪器测量工作。

2. 综合物探技术勘察

场地详勘阶段主要应用物探技术方法查明场地外围的地质、水文地质和工程地质条件，其中地质雷达和地震法相配合使用，会取得精度高、准确性好的效果。

3. 钻探技术方法

为获得精确的基础地层密实性资料，每1000m^{2}内应有1组取样点，用于测定岩、土的渗透性（测定渗透系数），这样就要求勘探线、点间距有足够密度。钻探工程量应布置在场地地貌单元边界线、地质构造线和地层分界线上。如果地质界线不明显，钻孔可按一定密度均匀布置在场内，在场地中心部位要布置1～2条主轴线。勘探工程量除设有勘探钻孔外，还应设有实验孔和长期观测或监察孔，并按不同结构设计场地详勘阶段勘探线、点间距，根据场地类型应按表6-2-1确定。

表 6-2-1　场地详勘阶段勘探线、点间距

场地类型	勘探线间距/m	勘探点间距/m
简单场地	70～100	70～100
中等复杂场地	50～70	50～70
复杂场地	30～50	30～50

此外，应通过野外载荷试验、击实试验、抽水试验或压水试验测定基础的稳定性和沉降性，以及岩、土或含水层的渗透性等数据。

第四节 填埋场综合技术条件评价

填埋场详细勘察阶段最终提交的成果和必须要达到的目的，是根据调查资料和数据对场地的防护能力、安全程度、稳定性、环境影响和污染预测做出可靠评价。

一、场地防护能力的评价

根据地质勘察工作得到的场地区域、外围和基础的地质结构、地层、岩性和地质构造条件，以及要填埋废物性质，可对场地的防护能力做出定性评价，也可根据专门渗透试验对场地的防护能力做出定量评价。

二、场地安全程度评价

场地安全评价包括定性评价和定量评价。定性评价依据场地的综合地质条件；而定量评价是依据场地存在的地质屏障层的厚度和渗透性，确定场地的安全寿命。假如填埋场工程设计要求安全寿命应达到 100 年，但通过勘察资料计算，地质屏障系统安全寿命只能达到 50 年则应在密封屏障系统采取措施再承担 50 年的安全寿命，才能达到填埋场设计的安全标准。场地的安全程度不仅涉及地质屏障系统和密封屏障系统，也取决于工程所使用材料的寿命，故场地安全评价应对场地地质条件、工程技术措施、施工质量和所应用的材料、设备寿命进行综合评价。

三、场地稳定性评价

场地稳定性评价主要是对场地天然或人工边坡和基础稳定性评价。场地基础稳定性与区域地质构造和地震烈度有关，而基础的沉降、变形主要与岩、土体的力学性质有关。应根据岩、土体力学性质试验和实验成果正确预计基础沉降量，避免不均匀沉降的出现。根据计算的沉降量值对密封层的施工采取预处理措施。因此，场地稳定性也是保证场地安全的极重要因素。

四、场地环境影响评价

特别当填埋场工程与自然保护、水源保护、经济发展规划，以及景观保护等条例有冲突时，要重点做出这方面的环境影响评价。应特别注意的是在某些局限条件制约下，填埋场工程不得不选在距居民区（或零散居民点）较近的位置上，从长远观点上要考虑对居民生存环境的影响，要做出公正评价，并采取必要的措施保护。

废物填埋场的建设最重要的目的就是保护水环境，因此要对场地周围地表水系统和地下水系统进行污染预测。预测出当废物渗滤液突破三道"屏障"时是否能达到所允许的极限标准。如果可能出现忧虑值时，要论证它是否能污染被保护的水体。则要求在区域综合地质调查中绘出地下水和地表水完整的区域循环系统，在地质环境中是否存在有阻止污染运移、扩散的地质体或导致污染增强的地质体。场地污染预测准确与否，则取决于场地综合地质勘察技术的先进性和取得资料的准确性。

废物填埋场选址涉及面广，考虑的因素多，工作费时和费力，难度大。自然界真正存在的理想场地很罕见，但是采取必要的技术措施则能够利用的场地会是很多的。从选址角度出发，影响选址的因素有两大类：一类是影响选址的限制性因素，另一类则是影响选址的条件因素。影响选址的限制性因素还可分为两类：一类是选址必须避开的限制性因素，另一类则是可调节的限制性因素。而影响选址的条件因素实质上是被选定场址的场地质量问题，它与可容纳废物的种类和填埋场的上部结构应采取的技术措施有直接关系，可认为这是填埋场的工程性问题。

参 考 文 献

［1］　康建雄. 城市生活垃圾卫生填埋场选址研究 ［J］. 环境科学与技术，2004，27 （3）：70-72.
［2］　刘云斌，刘源月. 城市生活垃圾卫生填埋场选址综合分析 ［J］. 中国测试技术，2004，30 （5）：74-76.
［3］　国家环境保护局. 低、中水平放射性废物近地表处置设施的选址 （HJ/T 23—1998）.
［4］　国家建设部. 生活垃圾卫生填埋技术规范 （CJJ 17—2004）.
［5］　国家环境部. 生活垃圾填埋场污染控制标准 （GB 16889—2008）.
［6］　国家环境保护总局. 危险废物填埋污染控制标准 （GB 18598—2001）.
［7］　国家环境保护总局. 危险废物贮存污染控制标准 （GB 18597—2001）.

第三章
固体废物填埋处置技术

固体废物土地填埋场是在地球表面的浅地层中处置废物的物理设施,在其设计、施工质量和运行管理上应能保证减少所填埋的废物对环境和周围人体健康的影响。与历史上的废物填埋(填坑、填沟、填塘等)或无控堆放的根本的不同之处,在于现代化废物填埋场的规划、设计和运行管理涉及到许多学科、工程和经济原理,在其建造的开始直到投入运营均必须在科学的指导下进行。覆盖本章的主要内容有:对固体废物土地填埋处置方法的一般描述,填埋场选址考虑,填埋场释放气体的控制,填埋场渗滤液控制,地表水控制,填埋场构造特征及稳定性,环境质量监测计划,填埋场布局及初步设计,填埋场运行计划确定,填埋场封场及其封场后的管理,以及填埋场设计计算方法。

第一节　固体废物填埋工艺及填埋方式

一、废物填埋工艺技术及其发展

固体废物填埋工艺和填埋场构造取决于填埋废物类别,所采用的填埋场污染防治设计原理,以及地形地貌、水文地质条件等因素。近 20 年来,伴随填埋场污染防治设计原理的不断发展,废物填埋工艺由早先的自然衰减型填埋场发展到目前普遍采用的封闭型填埋场,同时生化反应器填埋工艺也日趋成熟并开始得到应用,在此基础上提出的可持续填埋工艺也得到发展。本节将对这 4 种废物填埋工艺技术及其适用性做一介绍。

(一)自然衰减型填埋场

自然衰减型土地填埋场的基本设计思路,是允许部分渗滤液由填埋场基部渗透,利用下伏包气带土层和含水层的自净功能来降低渗滤液中污染物的浓度,使其达到能接受的水平。图 6-3-1 展示了一个理想的自然衰减型土地填埋场的地质截面:填埋底部的包气带为黏土层,黏土层之下是含砂潜水层,而在含砂水层下为基岩。包气带土层和潜水层应较厚。

1. 衰减过程

渗滤液的衰减分两个阶段。

(1)包气带土层中的衰减　渗滤液在通过填埋场底部包气带土层向下运移时,所发生的吸附/解吸、离子交换、沉淀/溶解、过滤和生物降解等反应,会使

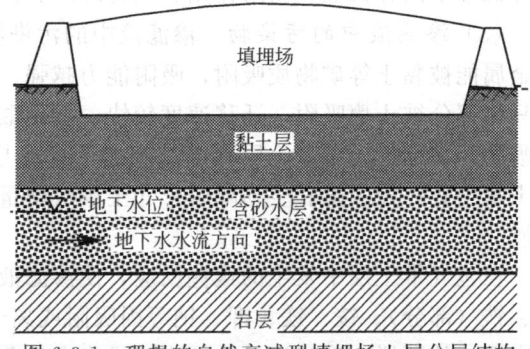

图 6-3-1　理想的自然衰减型填埋场土层分层结构

流出包气带进入含水层的渗滤液中所含污染物质的浓度降低，同时也会使某些物质的浓度升高。

在上述可使渗滤液浓度降低的因素中，某些因素如吸附、离子交换、沉淀和过滤等的作用是使污染物的迁移速度变慢，从而在一段时间内，其在地下水中的浓度有所降低；某些因素，如解吸、离子交换和溶解，则会使污染物质的迁移速度加快；只有生物降解、化学降解或物理衰变，才会使土壤-地下水系统中的污染物质消失，但是也存在产生新物质的问题。因此，如果渗滤液中的污染物质能在填埋场下部土层中停留足够长的时间，才会使发生生物降解、化学降解或物理衰变的污染物质得到真正的衰减[1~9]。

（2）含水层中的衰减 由下包气带土层流出进入含水层的渗滤液，因混合、弥散等作用逐渐被地下水稀释，并在随地下水迁移过程中因所含污染物质与含水层介质发生的吸附、离子交换、过滤、沉淀等反应而降低浓度。影响稀释的主要因素有渗滤液与周围地下水的密度差，渗滤液进入含水层的速度，地下水的流速，含水层中渗滤液组分的扩散-弥散系数等。

2. 影响因素

进入地下水的渗滤液的向下流速，以及含水层的厚度和地下水的流速，影响渗滤液组分在含水层中的稀释[10]。如果含水层不够厚，那么渗滤液的羽流就受到限制，从而不能充分稀释。

（1）下包气带土壤类型、厚度及水运移参数 黏土层土壤中无机物和有机物一般比黏土矿物质比例更高，它影响着吸附作用、沉淀作用和生物降解作用。有机物表面提供了吸附作用的场所，另外有机物也是微生物的能量来源；无机物如铁、铝、镁的氧化物和氢氧化物等，既参与沉淀反应又影响着土壤渗滤液系统的 pH 值和 E_P 值；黏土类型影响着阳离子交换反应和阴离子交换反应和沉淀反应；土壤纤维和组织结构影响过滤作用。因此，填埋场场地土壤类型（如砂土、粉土、黏土）及其成层排列对于渗滤液的自然衰减有着重要影响。最适合于自然衰减的土壤地质层是离子交换容量较高（$30 \sim 40 \mathrm{Meq}/100\mathrm{g}$），渗透率在 $1 \times 10^{-4} \sim 1 \times 10^{-5} \mathrm{cm/s}$ 之间，主要由粉质黏土构成的非饱和带土壤。

渗透系数与土壤水的渗流量和饱和度有关。对于底部不设黏土防渗层的填埋场，下包气带土层的渗透系数决定渗滤液通过下包气带土层的达西通量、土壤水饱和度和填埋场底部的渗滤液厚度。渗透系数的大小与土壤有效空隙率有关。

饱和度将严重影响生物降解作用和某些沉淀反应。较高的饱和度意味着生物活动可获得的氧较少，从而显著导致厌氧菌的生长。由于最不利情况下未饱和层土壤可能全部或接近饱和状态，所以在类似情况下，衰减作用主要是生物降解。

（2）渗滤液流速 所有衰减机理无论怎样都与渗滤液流速有关。反应动力学将支配着五种机理中四种机理：吸附作用、生物降解、离子交换作用和沉淀作用。

（3）渗滤液中的污染物 渗滤液中的污染物浓度在土层中浓度降低的趋向是：①大多数金属能被黏土等矿物质吸附，吸附能力越强，污染物的迁移速度就越慢；②微量非金属物质只能部分被土壤吸附，迁移速度较快；③硝酸盐、硫酸盐和氯化物等常量物质，很少被土壤吸附，易穿透包气带土层直接进入地下含水层；④BOD、COD 及挥发性有机物（VOC）在土壤中有一定吸附和生物降解；⑤土壤对微量浓度的放射性核素吸附能力较强，迁移速度较慢。

在包气带土层中发生的这些反应，使渗滤液-土壤系统的 pH 逐渐趋近于中性，铜、铅、锌、铁（部分）、铵、镁、钾、钠等因吸附或离子交换而浓度降低，但是，铵、镁、钾将置换出钙，从而增加渗滤液的总硬度，最终会显著增加填埋场附近地下水的硬度。同时，对于不发生生物降解、化学降解或物理衰变的污染物，其自包气带土层的流出浓度随时间将会逐渐升高，最终会与渗滤液中浓度相同。只有会发生生物降解、化学降解或物理衰变的污染物，虽然其自包气带土层的流出浓度随时间也会逐渐升高，但最终仍会小于渗滤液中的浓度。

（4）含水层　理想的非饱和带下的含水层应为渗透率较大（1×10^{-3} cm/s 或更大）、厚度较大的砂质含水层。

填埋场渗滤液中的氯化物、硝酸盐、硬度及硫酸盐等不能被土壤吸附，其浓度只能为含水层中的地下水所稀释。如果地下含水层较厚、流量较大且稀释较好，仍可使得在某一距离范围内的地下水质量比起其背景值仅仅稍微降低，保留在可接受的水平。

3. 适用性/局限性

显然，包气带土壤不可能使渗滤液中的所有污染物质自然衰减，只有那些无害固体废物或会发生生物降解、化学降解或物理衰变的废物才能用自然型土地填埋场来处理。一个自然衰减型填埋场总是在改变地下水质使其下降。渗出液的硬度常高于渗滤液的硬度值；有些渗滤液的成分，如氯化物、硝酸盐和有机物，是不能被未饱和土层所衰减的。如果设计表明可能会产生严重影响，那么这样的地方也是不能设计作自然衰减型填埋场的。

在建立一座自然衰减型填埋场时，应该保证地下水的质量在某一距离内仍然可作为安全饮水。这段距离一般由管理者规定，在没有规章可循时采用 300~360m 的距离，或者距最近的水质下降的饮水井的距离。渗滤液的产量和性质、土壤的化学组成成分及因此而产生的未饱和土层的衰减容量、地下水层的稀释容量等场址特性，影响在特定位置上的自然衰减型填埋场能堆放固体废物量。通常，体积在大约 35000~40000m³ 之间的城市垃圾是自然衰减型填埋场所能允许的最多容量，对于其他非腐败型废物可以允许填埋更多一些。这一问题由现场能应用的地下水法规来决定。有些区域采用定性方法（例如：不使地下水质降低的政策，或在允许地下水质降低到超过地下水质背景值的某一百分值），而有的区域采用定量的方法（例如：从填埋场开始到一定距离内确定浓度限值）。

这种填埋场允许部分渗滤液从填埋场慢慢向外扩散，同时借助于渗滤液在废物堆内以及填埋场底部地层的非饱和区和饱和区内所发生的各种衰减机制，以改善其污染特性。这些衰减机制包括稀释、扩散等。这些衰减帮助减少了渗滤液对水源的影响。最有利衰减扩散的地质结构是含有大量黏土矿物质的土层结构。渗滤液将通过这种地质结构中的微孔或微小的缝隙进行迁移。在某些场地可通过使用可渗透衬里来改善衰减作用。也有些填埋场虽然地层的扩散和稀释作用比较大，但渗滤液的迁移速率过快，致使生物化学衰减过程来不及发生。因此，这类填埋场仅可用于处置相对比较稳定的废物，但若通过工程措施也可接受其他废物。

（二）封闭型填埋场

封闭型填埋场的设计概念，是按照多重屏障的废物处置原则，利用地层结构的低渗透性并采用工程措施将所处置的废物密封起来，尽量避免或减少大气降水、地下水进入填埋场，将填埋场内产生的渗滤液和气体有效收集起来并进行处理，避免或减少渗滤液通过填埋场底部泄漏进入地下水，以及填埋气体通过地表和侧向无组织释放进入大气环境。

按照填埋场场址环境地质条件、工程密封系统，以及渗滤液和填埋气体控制措施的差异，封闭型填埋场又可进一步分为全封闭型填埋场和半封闭型填埋场。

1. 全封闭型填埋场

全封闭型填埋场对填埋场场址选择、设计、建设和运营的标准很高。通常利用地层结构的低渗透性或工程密封系统来减少渗滤液产生量和通过底部的渗透泄漏渗入蓄水层的渗滤液量，将对地下水的污染减少到最低限度，并对所收集的渗滤液进行妥善处理处置，认真执行封场及善后管理，从而达到使处置的废物与环境隔绝的目的。

全封闭填埋场的基础、边坡和顶部均需设置由黏土或合成膜衬层，或两者兼备的密封系统，且底部密封一般为双衬层防渗系统，并在填埋场顶部的盖层安装入渗水收排系统，底部安装渗滤液收集主系统和渗漏渗滤液检测及收排系统。

图 6-3-2 所示的危险废物填埋场是一种典型的全封闭型填埋场。在这类填埋场内，整个衰减过程是在废物中进行的，这些过程通常能减少渗滤液的有机负荷。在某些情况下，特别是含有难降解废物时，渗滤液的负荷也可以有所降低。

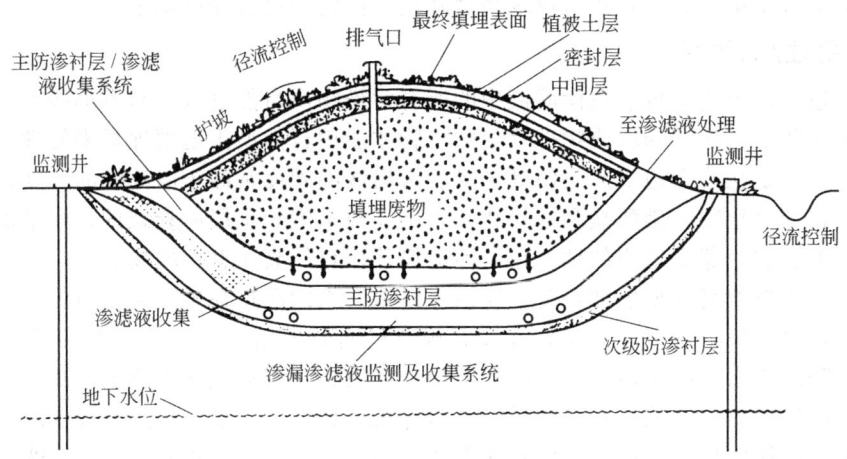

图 6-3-2　全封闭型危险废物安全填埋场剖面图

2. 半封闭型填埋场

半封闭型填埋场（见图 6-3-3）不但对填埋场场址选择没有全封闭型填埋场严格，而且填埋场的基础、边坡和顶部设置的防渗系统要求也比全封闭型填埋场低。填埋场底部和边坡一般设置单衬层防渗系统，在底部防渗衬层上设置有渗滤液收集系统。

传统的垃圾卫生填埋场，实际上是一种典型的半封闭性填埋场，填埋过程中实行单元填埋、每日覆土、中场覆土，封场时再用自然土和黏土甚至土工膜组成最终覆盖层。在填埋场运行期间，大气降水仍会部分进入填埋场，而渗滤液也可能会部分泄漏进入下包气带和地下含水层，特别是只采用黏土衬层时更是如此。但是，由于大部分渗滤液可被收集排出，通过填埋场底部渗入下包气带和地下含水层的渗滤液量显著减少，下包气带的屏障作用可使污染物的衰减作用更为有效。这种类型的填埋场的设计概念实际上介于自然衰减型填埋场和全封闭型填埋场之间。

3. 适用性/局限性

封闭型填埋场可将所处置的废物有效与环境隔绝开，将废物安全保存相当一段时间。取决于工程密封系统的设计和建设质量，全封闭型填埋场可将废物安全处置数十甚至几百年，而半封闭型填埋场的安全处置时间则可达几十年。在封闭型填埋场的安全处置时间内，可以有效控制废物中污染物的泄漏。

封场后的封闭型填埋场成为一个废物的"干墓穴"。全封闭填埋场内处置的中、低水平的放射性废物，通过物理衰变其放射性强度不断减弱。如果工程密封系统提供的安全处置时间足够长，则在工程密封系统失效时填埋场内的废物也不会导致放射性核素以不可接受的浓度或数量向环境扩散而危及人类安全。

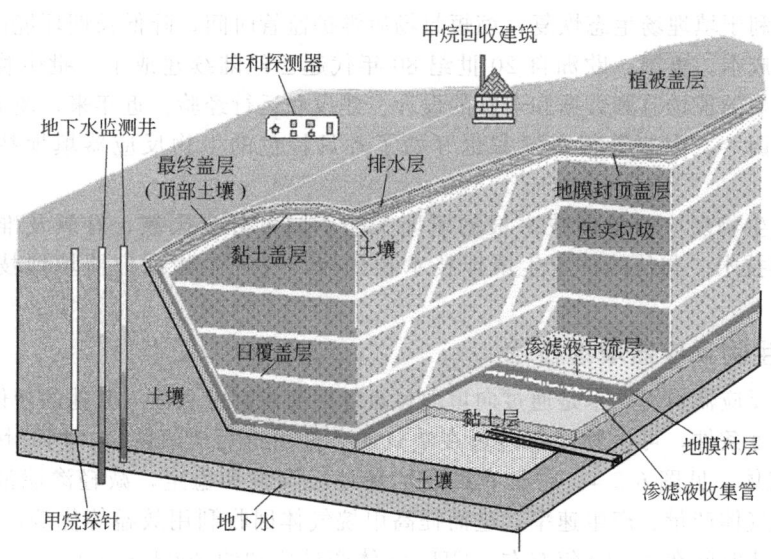

图 6-3-3　半封闭型垃圾卫生填埋场剖面图

全封闭填埋场内的危险废物，由于本身不发生物理衰变或生物降解反应，其有毒有害物质并不会随填埋时间而减少。因此，尽管在填埋场安全处置时间内可以控制有毒有害物质释放进入环境，但在工程密封系统失效时填埋场内废物中的有毒有害物质会向环境扩散而危及人类安全。

有专家认为现行部分垃圾填埋场封场 100 年后还有大量垃圾未得到有效降解，仍对周围环境构成潜在威胁。尽管封闭型生活垃圾卫生填埋场在填埋过程中难以做到全密闭，不时有雨水进入，但受季节影响进入水量分布不均、受填埋场所布设的覆盖层影响使进入场内水分分布地点不均，填埋垃圾得不到均匀的、快速的降解；在填埋场封场后，由于湿度逐渐减小，微生物的活性减弱甚至停止，场内垃圾的生物降解将抑制，导致封场后很长一段时间（数十年）内垃圾保持不变或者变化很小。在此时的垃圾填埋场是一个潜在的污染源，在工程密封系统失效后就会对对周围环境构成潜在威胁。此外，美国 EPA 要求填埋场封场后监管 30 年，但长时间填埋场监管期不仅增加渗滤液处理、监测以及其他系统的维护费用，还增大了渗滤液收集系统、防渗层等系统失效的可能，从而增加了潜在的二次污染风险。

对封闭型生活垃圾填埋场的认识不断加深，使得各国对填埋也提出了新的要求。如欧盟制定的填埋指令要求进入生活垃圾填埋场的废物中有机物含量不得超过 5%。这一指令的颁布和生效已对欧洲各国的生活垃圾处理方式产生巨大的影响。

（三）生物反应器型填埋场

自 20 世纪 70 年代起，针对全封闭型和半封闭型卫生填埋的诸多问题，美国等发达国家开始了生物反应器填埋技术的研究，经历了理论研究、试验研究和现场研究的发展阶段，目前已达到实用化。生物反应器型填埋是一种"强化"生物过程的卫生填埋技术，它通过水分调节、氧化还原状态调节、pH 调节、营养物添加、温度控制、预处理等内环境调节方法和填埋场构造的优化，强化填埋场内微生物的生命活动，加速填埋垃圾稳定化进程，实现填埋场从最终处置场向可重复使用的处理厂的转变。与传统填埋技术相比，生物反应器填埋的优点主要表现为：①通过渗滤液循环到填埋层等手段，显著降低渗滤液处理量，降低渗滤液污染负荷；②提高填埋气体产生速率，增大其回收利用价值，减少温室气体排放量；③加速填埋堆体沉降，增加填埋场有效库容；④加速填埋垃圾稳定化进程，创造填埋场循环利用条件，利于填埋场生态恢复，缩短封场后维护监管时间，降低长期环境风险；⑤降低填埋处理整体成本。美国、欧洲自20世纪80年代起已经陆续建成了一批生物反应器填埋场，积累了大量的现场监测数据和丰富的设计、建设和运行经验。近年来，澳大利亚、加拿大、日本、新西兰、南非等很多国家也开始了各具特色的生物反应器填埋技术的研究和应用。

生活垃圾生物反应器填埋技术根据填埋工艺不同可分为厌氧、好氧及准好氧三种生物反应器填埋技术。与传统的卫生填埋技术相比较，三种生物反应器填埋技术都有各自的特点。

1. 厌氧生物反应器填埋技术

厌氧生物反应器填埋技术是通过向填埋垃圾体回灌渗滤液和注入其他的液体以保持填埋场内最佳的湿度条件，可生物降解垃圾在缺氧的条件下进行厌氧降解，同时快速产生富含CH_4的填埋气体，见图6-3-4。它具有加速填埋垃圾降解和稳定，减轻渗滤液有机污染强度，增大甲烷气体产量、产生速率，进而提高甲烷气体回收利用效益等优势，资源化率高，垃圾达到稳定化时间在4～10年左右，CH_4气体产量增加约200%～250%，运行维护费用较低。缺点是渗滤液氨氮浓度长期偏高，不利于渗滤液的生物处理。

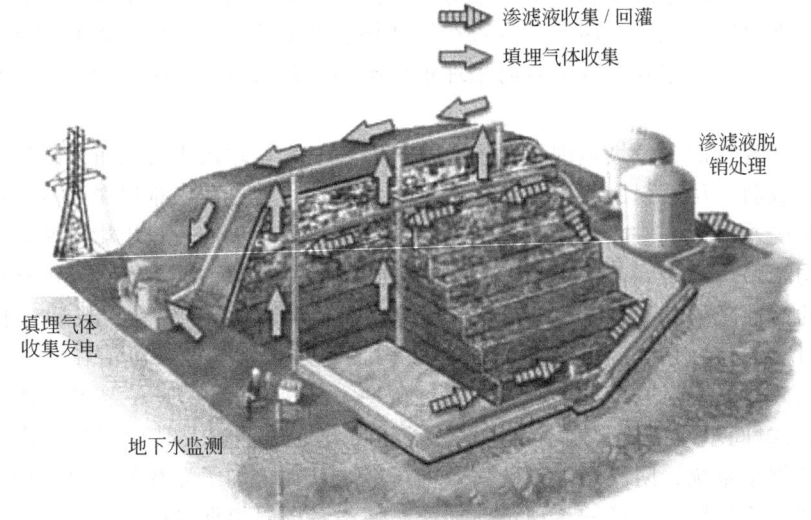

图 6-3-4 厌氧生物反应器填埋场概念图

2. 好氧生物反应器填埋技术

好氧生物反应器填埋技术是将渗滤液、其他液体及空气等根据场内垃圾生物降解需要，通过一种可控的方式加入至填埋场，见图6-3-5。这样不仅大大地加快填埋垃圾生物降解和稳定速率，减少危害最大的温室气体——甲烷的排放，同时降低渗滤液污染强度和处理费用。国外研究表明，好氧生物反应器填埋场的生活垃圾达到稳定的时间在2～4年左右，温室气体减少50%～90%。由于需要强制通风供氧、渗滤液回灌及其他控制形式，故单位时间内运行费用很高。由于运行维护时间大大缩短，故总的运行维护费用同传统的卫生填埋技术相比，相差不大。

3. 准好氧生物反应器填埋技术

准好氧生物反应器填埋场利用填埋堆体的内外温差所产生的内外气体压力差，通过自然

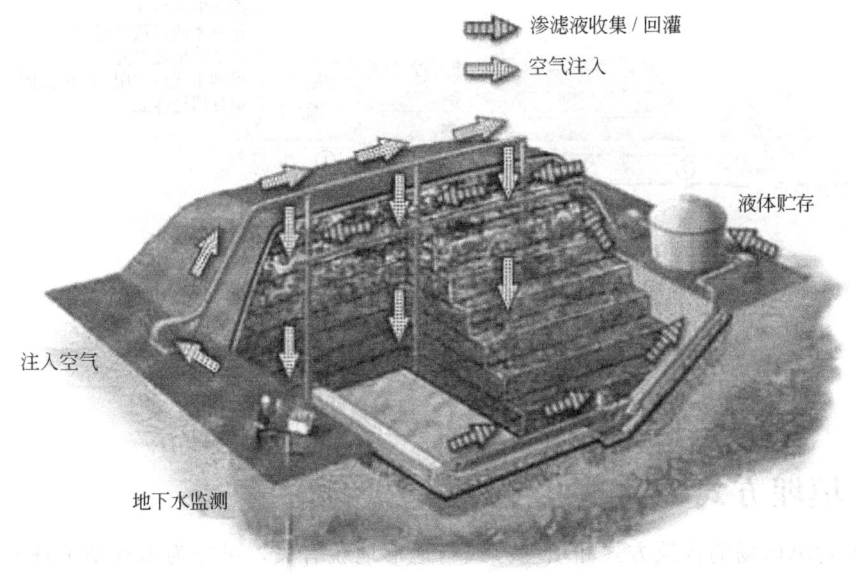

图 6-3-5　好氧生物反应器填埋场概念图

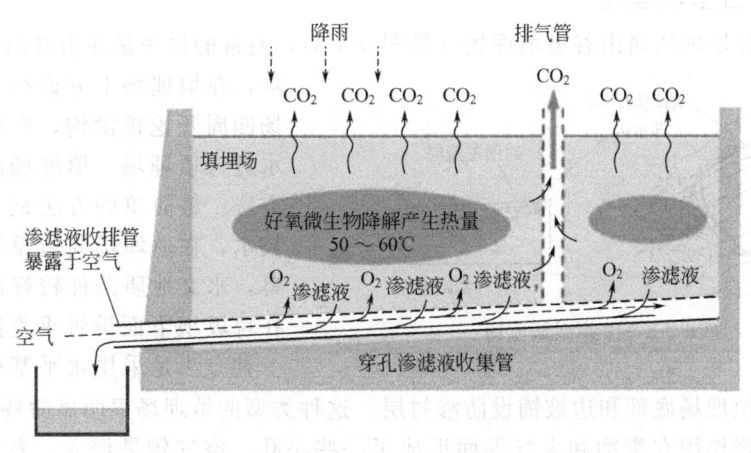

图 6-3-6　准好氧生物反应器填埋场概念图

进风方式维持渗滤液收集管、排气管及中间覆土周围一定区域垃圾层的好氧状态，使部分垃圾实现好氧降解，同时向场内回灌渗滤液和其他液体（图 6-3-6）。相对于传统的厌氧填埋，准好氧填埋方式加快了渗滤液的排出，抑制了 CH_4 等气体的产生，加速垃圾稳定化进程，降低渗滤液中污染物浓度。准好氧性填埋兼有好氧性填埋和厌氧性填埋的优点，是一种有效减少甲烷产生和排放的填埋工艺，同时建设成本和运行费用同传统的卫生填埋技术相比差别不大，二次污染程度低。

（四）可持续使用的填埋场

为解决生活垃圾填埋场使用期有限，占用大量土地资源，选址困难的难题，近些年基于生化反应器填埋提出的可持续使用填埋场的概念得到实践。以好氧生化反应器填埋为基础的可持续使用填埋场的构造及运行如图 6-3-7 所示。其运行顺序为：①建造填埋单元/完成建造；②设置和运行好氧系统；③使填埋垃圾迅速稳定化；④再利用填埋单元或挖掘矿化垃圾；⑤如有必要可重复填埋垃圾。一个完整循环不到 2 年就可以完成。

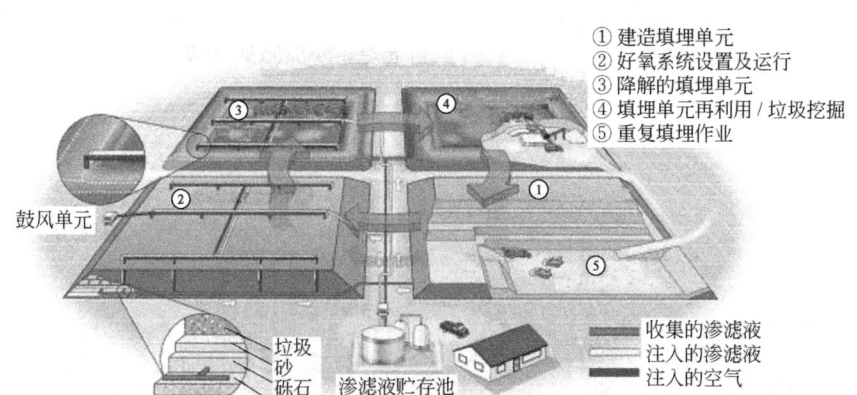

① 建造填埋单元
② 好氧系统设置及运行
③ 降解的填埋单元
④ 填埋单元再利用／垃圾挖掘
⑤ 重复填埋作业

鼓风单元

垃圾
砂
砾石
管道

渗滤液贮存池

收集的渗滤液
注入的渗滤液
注入的空气

图 6-3-7　可持续填埋场概念图

二、填埋方式

固体废物填埋场的构筑方式和填埋方式与地形地貌有关，可分为山谷型填埋和平地型填埋。平地型填埋又可分为地上式、地下式及半地下式。

（一）山谷型填埋场

我国大部分填埋场属山谷型填埋场（见图 6-3-8），通常的做法是在山谷出口处设一垃圾坝，在填埋场上方设挡水坝，在填埋场四周开挖排洪沟，严格控制地表排水进入填埋场。填埋场的防渗有两种方法。最简单的方法是采用垂直密封技术，在填埋场周边设置垂直防渗帷幕，水文地质条件较好的山谷也可仅在垃圾坝下面设置垂直防渗帷幕；另一种方法是采用水平基础密封和斜坡

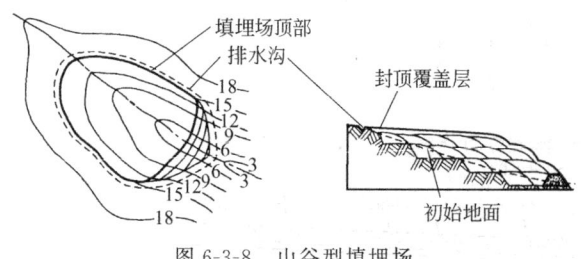

填埋场顶部
排水沟
封顶覆盖层
初始地面

图 6-3-8　山谷型填埋场

密封技术，在填埋场底部和边坡铺设防渗衬层。这种类型的填埋场很明显的特征是填埋废物深度很大，沉降作用在废物和大气界面形成了一些小孔，空气较易侵入，表面释放物容易发散。

小的 V 形断面山谷也可以用作填埋场，只要在天然的峡道中修建一条暗渠，即可在其上填埋废物。然而，由于渗滤液会受到重力作用，甚至是直接进入暗渠。因此，这种操作具有一定的危险性，应对峡谷填埋场进行调查，弄清其季节性和长年的泉水、水溪以及其他水源，同时弄清该水源汇集区的自然状况和汇集范围，以确定暗渠或分流渠的最大排水能力。在暗渠上面进行填埋操作不是一个理想的操作，除非是暗渠设计合理并有适当的工程保护措施，否则最好把上游的水沿填埋场周围分流出去。必须牢记，排水渠不可建在可渗透的基材上，否则会有水渗出。排水渠的周围必须有适当厚度的不渗透性材料（大约为 0.5m 厚的黏土）。

此外，如果填埋场填埋面积远小于汇水面积，应考虑地下水的排除问题，否则由于地表水的入渗，会使渗滤液的产生量有很大提升。

（二）地上式填埋

这种填埋方式通常适用于地下水位较高或者地形不适合于挖掘的地方。掩埋物必须从附近地区运来或者从采土坑中取。由于表面积／质量系数较高，所以增加了空气的渗透和表面

释放气体进入大气的可能性。

地上式填埋场（图 6-3-9）是地下水位较高的平原区的唯一可能采用的类型。要求坐落在较厚的黏土层之上，黏土层的渗透系数 K 值在 10^{-7} cm/s 以下，不符合该数值时需要铺设人工密封层。

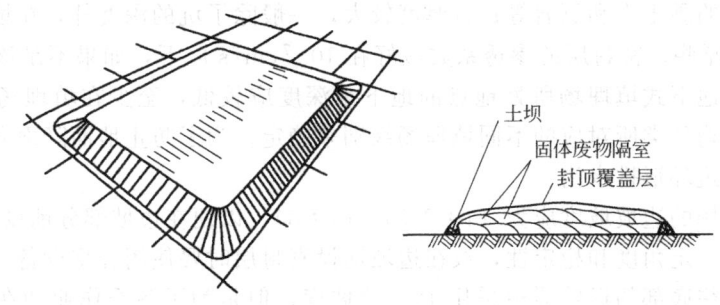

图 6-3-9　地上式填埋场

地上式填埋场堆存的废物最好是有害物质成分低的惰性废物，如建筑废墟和人工挖土等。尽量减少有机废物的成分，因为有机废物易腐烂并散发出异味，甚至溢流出渗滤液。所以堆式填埋场尽量选择在距居民区较远的地方，或者是有树林遮挡的地方。堆积高度和外形坡度要适当，避免对景观产生不利影响。

为了避免对环境造成危害，地上式填埋场应采用边作业边封顶的方式，废物的堆存应从一侧开始，当达到堆存高度后要及时采取表面密封措施，以尽可能地减少废物堆的裸露面积。

（三）地下式填埋

这种填埋方式适合于场地有丰富的覆盖层物质可供开挖而地下水位较深的地方。废物放入挖掘坑中，开挖土用于覆盖层。挖掘的隔室或沟坑用人造薄膜或者低渗透性黏土或者两者结合作为材料铺设衬层，以防止渗滤液和填埋场气体从底边溢出。开挖的单元通常为方形，边长一般为 $60 \sim 300$m，深度为 $3 \sim 9$m，宽度为 $5 \sim 15$m。

这种填埋场通常称为坑式填埋场、地下式填埋场或半地下半地上式填埋场（图 6-3-10）。底部常铺设合成膜材料或者低渗透性的黏土组成的衬层，或者两者都用的复合衬层，以防止高地下水位以下的底层发生气体迁移和渗滤液泄漏。如果填埋场建在最高地下水位之下，必须考虑地下水排水。

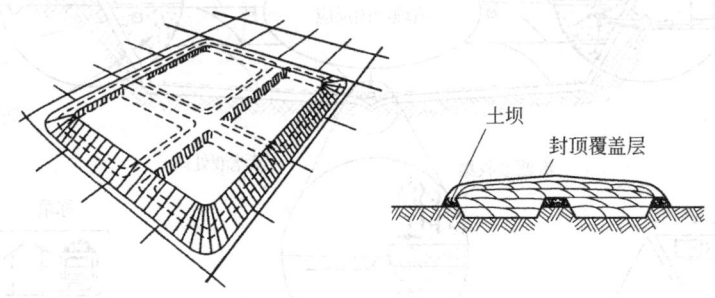

图 6-3-10　半地上半地下填埋场

也可以利用野外现有的深坑或低凹的地形，最好是边坡稳定、自然密封层良好的黏土坑，例如以往烧砖制瓦取土用的黏土坑，如地质条件满足要求可作为坑式填埋场使用。采石场常位于冲积沉积岩地区，富含疏松的、易渗透的砾石，在废物堆放前，如不安装有效的密封和排水排气系统，底层的填埋发生气体就会发生迁移，地下水可能会被污染。因为表面积/质量系数较低，表面释放的可能性很小，但下表面的边缘部分发生迁移的可能性很大。充满废物的塌陷常形成深井，使沉降作用更可能发生，特别是在废物和大气的界面处。

地下式填埋场所要求的地质条件是具有良好性能的天然密封层，例加各种矿物成分的黏土层、基岩山区的黏土岩和页岩等；且厚度较大，一般除了坑的深度外，在填埋场基础内至少应有 5m 或更厚些；密封层的渗透系数最好在 10^{-7} cm/s 以下，如果不足该数据时，应附加人工密封层。地下式填埋场所处地点的地下水深度应较低，至少在填埋场基础以下 3m，或按所填装的废物种类所对应的不同填埋场级别来确定。为了防止地面降雨向坑内汇集，应在填埋场外围修筑环形排水沟。

地下式填埋场的边坡坡度应为（1:2.5）~（1:3），以便在边坡部分铺设塑料板密封层。为了保证边坡有一定角度和稳定性，故在边坡铺设密封层时要使用轻型设备。另外，地下式填埋场作业时通往底部的运输通道采用 12% 的坡度，但是为了冬季作业和在湿度较大时可提高通道的强度，坡度不宜超过 7%。

地下式填埋场在作业期间有降雨的汇集问题，所以在密封层的下部应铺设排水层和管路，并建有一定数量的排水竖井。技术关键是在排水管与井的连接处应达到密封要求，否则在使用过程中容易发生水患。另外，要注意进行可靠的侧帮密封。排放气体和边坡之间要处理得当，以减少可能造成的危害。

第二节　废物填埋过程及管理

土地填埋是将固体废物按一定要求堆填进填埋场内。现代填埋场的建造及运行全过程示例于图 6-3-11 中，其中包括：填埋场场址选择、规划设计、开发建设、填埋操作以及封场

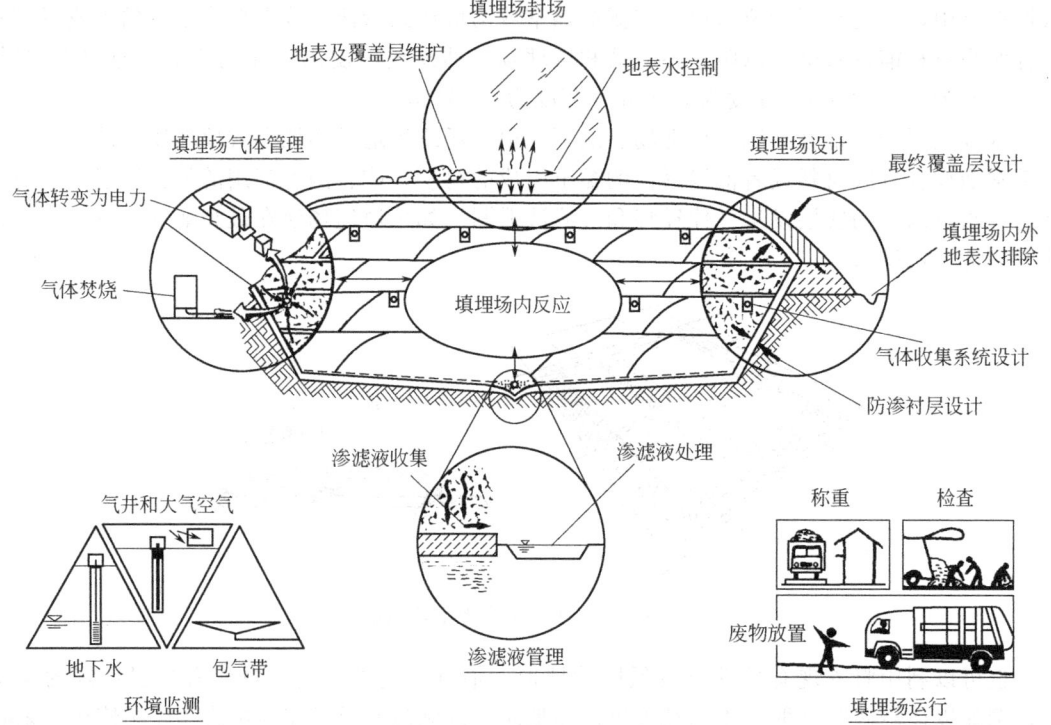

图 6-3-11　填埋过程及填埋场运行图解

和封场后的管理等。

一、填埋场规划和设计

填埋场场址选定后，便可按照表 6-3-1 中的步骤和内容进行填埋场的规划和设计。

表 6-3-1　固体废物填埋场设计大纲

步骤	工 作 内 容
1	确定固体废物数量及特性 (1)现存部分 (2)规划中产生部分
2	收集现有和新建填埋场资料 (1)定界并进行地形测量 (2)填埋场及附近地区基础草图准备 ①定界、地貌调查；②地貌和坡度；③地表水系；④公共设施；⑤道路；⑥建筑物；⑦土地利用 (3)收集水文地质学资料，准备勘定地界图 ①土壤(深度、构造、密度、孔隙度、渗透性、湿度、挖掘难度、稳定度、pH 值和离子交换容量)；②基岩(深度、种类、断面的存在、地表露岩位置)；③地下水(平均深度、季节性涨落、水力、梯度、流向、流速、水质、利用方式) (4)收集气象数据 ①降雨量；②蒸发量；③温度；④冰冻期天数；⑤风向 (5)制定法规和设计标准 ①负荷率；②覆盖频率；③距居民点、道路、地表水体间的距离；④监测；⑤道路；⑥建筑规范；⑦申请许可证内容
3	选址 (1)选择填埋场场址可根据以下几个方面 ①场址的地形和坡度；②场址土壤性质；③场址基岩；④场址地下水 (2)设计数据详细说明 ①导沟宽度、深度、长度；②填埋单元大小；③单元结构；④导沟布局；⑤填埋深度；⑥中间覆土厚度；⑦最终覆盖土层厚度 (3)操作特征说明 ①覆盖土使用；②覆盖方式；③填埋土质要求；④设施要求；⑤人员素质要求
4	各种设施设计 (1)渗滤液控制；(2)气体控制；(3)地表水控制；(4)进出道路；(5)专门作业区；(6)建筑物；(7)公共设施；(8)围栏；(9)照明；(10)清洗器械台；(11)监测井；(12)景观
5	总体设计准备 (1)拟定填埋区域预选场地计划 (2)提出填埋概况计划 ①挖掘计划；②填埋次序；③整体填埋计划；④火种、废纸、带菌体、气味和噪声控制 (3)估算固体废物贮存容量、覆盖土需求量和场址寿命 (4)最终场地规划发展远景 ①正常填埋面积；②具体操作区；③渗滤液控制；④气体控制；⑤地表水控制；⑥进出道路；⑦建筑物；⑧公共设施；⑨围栏；⑩照明；⑪清洗器械台；⑫监测井；⑬景观 (5)准备断面高程图 ①挖掘填埋；②整体填埋；③阶段进展计划 (6)建造细则准备 ①渗滤液控制；②气体控制；③地表水控制；④进口道路；⑤建筑物；⑥监测井 (7)拟定最终土地利用计划 (8)准备费用估算 (9)准备设计报告 (10)提交申请并获取相关许可证 (11)制定操作及运行指南

（一）填埋场地的布局规划

在填埋场布局规划中，需要确定进出场地的道路、设备房、磅秤、办公室、中转站、特殊废物存放场地的位置，以及用于进行废物处理的场地面积（如堆肥场地、固化稳定化处理场地），确定填埋场场地的面积和覆盖层物质的堆放场地、排水设施、填埋场气体管理设施的位置、渗滤液处理设施的位置、监测井的位置、绿化带等。典型填埋场的布局如图 6-3-12 所示。虽然不同情况下的场地布局不同，但所应考虑的内容和布置原则大体上是相同的。

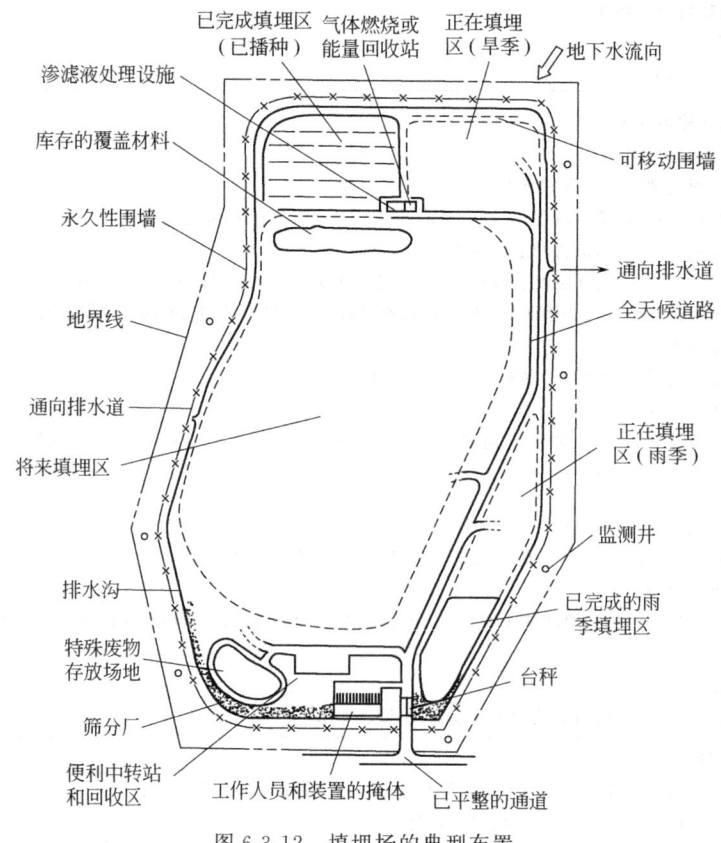

图 6-3-12　填埋场的典型布置

（二）确定填埋场构造及填埋方式

根据填埋废物类别，场址地形地貌、水文地质和工程地质条件，以及法规要求，确定填埋场的构造和填埋方式。考虑的重点包括：填埋场结构、渗滤液控制设施、填埋场气体控制设施和覆盖层结构。

1. 填埋场构造

按照地质和水文地质调查的结果，在拟定的填埋场场地钻孔岩心取样所获得的完整地质剖面，确定地下水（包括潜水和承压水）位的埋深，分析场地的地下水流向，以及是否有松散含水层或者基岩含水层与填埋场场地有水力联系，确定应该采用的填埋场结构类型及使用什么样的衬层系统。

2. 渗滤液控制设施

在填埋场设计中，衬层的处理是一个关键问题。其类型取决于当地的工程地质和水文地质条件。通常，为保证填埋场渗滤液不污染地下水，无论是哪种类型的填埋场都必须加设一种合适的衬层，除非在干旱地区，那里的填埋场若能确保不污染地下水时，则可以例外。

3. 选择气体控制设施

处置含有可降解有机固体废物或挥发性污染物的填埋场，必须设置填埋场气体的收集和处理设施，以控制填埋场气体的迁移和释放。为确定气体收集系统的大小和处理设施，必须知道填埋场气体的产生量，而填埋场气体的产生量又与填埋场的作业方式有关（如是否使用渗滤液回灌系统），故必须分析几种可能的工况。使用水平气体收集井还是使用垂直气体收集井，取决于填埋场设计方案和填埋场的容量；收集到的填埋场气体是烧掉还是加以利用，取决于填埋场的容量和能量的可利用性。

4. 选择填埋场覆盖层结构

填埋场的覆盖层通常由几层构成，每一层都有其功用。选择什么样的覆盖层结构取决填埋场的地理位置和当地的气候条件。为了便于快速排泄地表降雨并不致造成表面积水，最终覆盖层的表面应有 3%～5% 的坡度。

（三）确定填埋场容量

填埋场容量除与填埋场面积和填埋高度有关外，还与固体废物的可压缩性、日覆盖层厚度、废物分解特性和负荷高度有关。其估算方法是：首先确定填埋场的理论容量，然后考虑填埋废物的初始密度，在上覆压力作用而导致的最终压实密度，以及生物降解作用造成的质量降低数，确定填埋场能够容纳固体废物的实际质量。

1. 填埋场理论填埋容量

根据填埋场结构方案，确定每一埋层的面积，然后计算每个填埋层体积（填埋层的平均面积与填埋层的高度之积），加和各个填埋层体积便得到填埋场的理论容量。如果填埋层覆盖层土壤是从填埋层处开挖得到的，那么得到体积即为可以填埋废物的体积；如果覆盖层物质需要外运进来，则得到的体积还要减去外运来的覆盖层物质的体积才是可以填埋废物的体积。

2. 固体废物组分的可压缩性

填埋场固体废物的初始密度随填埋场作业方式、每种固体废物组分的压缩性质及其所占百分比等因素而变化。如果固体废物按薄层填埋在作业表面上后压实，则可以得到较大的压缩。按保守的估计，填埋的固体废物的初始密度也要比运输工具运来的压实固体废物的密度略小。通常填埋场固体废物的初始密度一般为 $250～600kg/m^3$，取决于废物的压实情况。废旧物质回收不仅可降低填埋场体积的需求量，而且影响余下废物的压缩性质。城市垃圾的典型压实性质见表 6-3-2，表中给出了正常压缩和高度压缩两种条件下的体积降低因子。

3. 覆盖层物质的体积

在填埋场建设中，覆盖物质不断进入填埋场，通常日覆盖层厚为 15～30cm，中间覆盖层更厚，最终覆盖层一般厚 1～2m。故填埋场容量计算中必须考虑覆盖物质量。日覆盖层和中间覆盖层的用量以废物/土壤比来表示。废物/土壤比可以根据填埋场隔室的几何形态来确定，通常废物：土壤＝（4：1）～（10：1）。

4. 废物降解和负重高度

生物降解作用使废物的质量减少，导致废物的体积减小，从而可以增加废物的填埋量。在填埋场的初步设计阶段，可以只考虑由于负重而导致的压缩量，然后在填埋场设计的下一阶段，考虑生物降解造成的减容。

表 6-3-2 不同固体废物在填埋场的典型压缩因子

组　　分	范　　围	正常压缩	高度压缩
有机物			
食品废物	0.2～0.5	0.35	0.33
纸	0.1～0.4	0.15	0.10
厚纸板	0.1～0.4	0.25	0.18
塑料	0.1～0.2	0.15	0.10
织物	0.1～0.4	0.18	0.18
橡胶	0.2～0.4	0.3	0.3
皮革	0.2～0.4	0.3	0.3
庭院修剪废物	0.1～0.5	0.25	0.2
树木	0.2～0.4	0.3	0.3
无机物			
玻璃	0.3～0.9	0.6	0.4
罐头盒	0.1～0.3	0.18	0.15
不含铁金属	0.1～0.3	0.18	0.15
含铁金属	0.2～0.6	0.35	0.3
泥土、灰、砖等	0.6~1.0	0.85	0.75

注：压缩因子＝固体废物的最终压实体积 V_f/压实前的初始体积 V_i。

（四）地表水排水设施

地表排水系统规划应包括降雨排水道的位置、地表水道、沟谷和地下排水系统的位置。是否需要暴雨贮存库取决于填埋场位置和结构以及地表水水系特征。

（五）环境监测设施

填埋场监测设施设计包括确定包气带气体和液体，填埋场地上下游的地下水水质和周围环境气体的监测设施。监测设施的多少取决于填埋场的大小、结构以及当地对空气和水的环境质量要求。

（六）场区环境考虑

场区环境包括建立填埋场周围的防护屏障，控制鸟类和轻物、尘土的飞扬，防止有害虫类和传染性疾病的传播等，并需注意减少填埋场作业对周围居民可能造成的影响，以及有碍公共环境的措施。

（七）场地基础设施

填埋场基础设施规划的内容包括以下 11 项。

1. 填埋场出入口

填埋场出入口的设计与很多因素有关，包括车辆的数量和种类、与填埋场出入口处相连的高速公路的种类等。通常要求出入口远离高速公路，本身呈喇叭形，不妨碍车辆的进出视线，有减速和加速路段，以方便车辆进出。为使场内操作与外间隔开，并应种有树木草地以美化环境。

2. 运转控制室

所有进出填埋场的车辆都必须进行控制和记录。专用控制室的类型、大小和位置取决于下列各因素：

① 填埋场所使用的车辆是否由场方管理；

② 填埋场的运载车辆在场区围栏内的停驶数量；

③ 是否需要安装车辆过磅地秤；

④ 其他行政设施的需求。

一般情况下，控制室应远离填埋场进口处，以防车辆造成高速公路堵塞。如进出车辆较多，特别是设有地秤的填埋场，控制室最好建在进出道路的一侧。控制室的设计宜考虑设置障碍栏杆或交通信号灯来管理车辆的进出行驶。对于小型填埋场，可将控制室和行政办公室安排在一起。

3. 库房

填埋场内所使用的物件应有专门的堆放处所，有毒有害或爆炸性物品如杀虫剂、除草剂、易燃物、液化气罐等，需设置特殊的库房加以保管。其他可燃性物品，如柴油、汽油、润滑油等，应存放在有完整标记的桶或容器内。

4. 车库和设备车间

填埋场设有车库和设备车间时，如果车库以维修为目的，则应有完整的照明、通风、采暖等配套装置。考虑到手工操作人员的需要，应备有低压电源。

5. 设备和载运设施清洗间

为便于设施等的清洗，作业区域要求有理想的水源和下水系统，这里的电器设备应有专门的保护装置，同时要设置专门的车辆清洗设施。通常，在场内修建一段足够长的高标准道路，以便车辆经过这段道路时，黏附在车辆上的泥土可被振落下来，道路要定时清扫，以防场内的泥土带上高速公路。但在多数场合，因填埋场内场地有限，常采用机械设备清洗除泥。无论何种方式，除泥设备都应设置在远离入口处，以便使车辆进入高速公路之前有足够长的路段来除去轮上残留的淤泥。

车轮清洗槽是一种投资较省的车轮清洗方式，用水泥之类的材料砌一个凹槽，充满水。所有离开填埋场的车辆都得驶过这凹槽，同时在凹槽内设置一些障碍物，使驶过的车辆振动，以除去黏附在车轮上的疏松污泥。车辆驶过凹槽时必须注意放慢速度。

也可以用振动栅栏清洗车辆，将横栅栏横装与道路相平或在一端稍有一定坡度，车辆驶过时产生振动，使黏附的污泥和杂物落入栅栏下面的坑中，此坑则定期加以清洗。

6. 废物进场记录

场地承受余量的可信程度取决于准确的进场废物量记录。最好的办法是在进口处设置车辆过磅秤。此外，根据进场废物量记录还可以做出填埋场的发展计划。

7. 过磅地秤

在选择和安装过磅地秤时要考虑废物填埋场的服务范围，如果填埋场不限用于某些特定的用户，则所有进出场的载重车辆都要通过称量，这可能会出现车辆的拥塞。因此，一般多将过磅地秤装设在远离进口的位置，以防影响高速公路的车辆正常运行。过磅地秤的承重能力和平板大小与车辆的类型有关。常用的两种平板式地秤，一种与路面齐平，这种磅秤要求安装时的土建工程质量相对较高；另一种高出路面，安装时对土建工程的要求可低一些，但由于过磅秤平板高出路面约350cm，因此需要有一段坡路，以便与地秤的平板相齐。后一种过磅地秤为移动式，安装时所需的投资较少。过磅地秤在安装前都须经过有关质检主管的检验，并须达到规定的精确度才能使用。若对计量的要求并非十分严格，可安装一种廉价的杆秤，以减少投资。过磅地秤通常是安装在低洼的地点，这样车辆过磅时无须停车，其称量数值可在显示器上示出。

8. 场地办公及生活福利用房

填埋场内的建筑物大小、类型和数量取决于处置废物量、填埋场的使用年限、环境因素及其他设施和库房的需要情况。场内建筑应包括餐室单元以及有专门用途的综合办公室、食堂、仓库、车库和车间、活动的单间房等。所有场内建筑物所具共同特征如下。

① 必须满足规划、建筑物、防火、健康和安全的有关规定和要求。

② 防止发生对文化艺术的破坏。

③ 填埋场运行期间，要考虑设施的耐用性和生活设施重新调整布局的可能性。

④ 易于清洗和维修。

⑤ 外观整齐、协调。

⑥ 动力、上下水、电话等服务设施齐全。

填埋场的生活设施应尽可能符合场内管理、记录档案保存、福利以及库房、车库和车间的要求。在大型填埋场，特别是在那些处置难以处置的工业废物的填埋场，有必要为管理和技术部门提供一定的设施和小型实验室，用于对进入填埋场的废物进行分析检查。

9. 其他行政用房

大型填埋场应有供各种业务管理、开会等的用房；供展示填埋场运行情况、发展规划和覆盖作业计划等的固定用房。

10. 场内道路建设

道路的质量是保证有效填埋的基础。进入场内处置区的路面应经常维护保养。从高速公路到填埋场控制室的一段道路，因在整个运行期内全天候使用，因而在设计上应考虑满足这一要求。道路要有一定的长度和宽度，以保证在车辆排队等候称量时不致发生堵塞、影响交通。道路的路面可用沥青或水泥铺设，并使用路标。填埋作业区变更后，从控制室到作业区的道路可能需要重新铺设。

11. 围墙及绿化设施

除非填埋场周围有天然屏障，一般都应圈以围墙，以防出现非正常通路和无限制地随便进出，不仅不利于保卫，而且对周围环境和人群健康带来威胁。

二、填埋场的开发建设

填埋场在处置废物之前有两项重要的准备工作：一是基础设施，即保证填埋场正常运行的有关建筑物、道路、设备等；二是工程设施，即能接受废物并满足操作技术要求，包括①填埋场场地准备；②填埋场衬层铺设和有关的土方作业。下面将后一项设施加以说明。

（一）填埋场场地准备

准备场地工作包括：①已有的排水系统改动线路，不使穿过欲建的填埋场地（场地的自身排水注意勿使流入场内）；②进出场地的道路建设；③安置称重设施；④装置围栏设施。

现代填埋场的修建通常采用分区建造法，即场地的开挖分步进行，而不是一次准备、整个场地全面施工。这时将挖出的土方堆在邻近工作区的未开挖地段，如此还可缩小开挖区的降雨收集面。不然，采用一次性开挖法，则必须在场区准备暴雨收排系统。为了减少投资，在可能条件下，要尽量利用从场地挖出的土壤作覆盖层材料。

在场底挖至设计标高以后，应检查底部是否留有斜坡，并检查预挖的备安装接受渗滤液及产气的排水和通气管道位置、深度和宽度。此外，在填埋场顺风面的一侧要修筑一条土墙，用以阻挡风力对质轻物件的飘扬作用。

（二）填埋场衬层铺设

铺设衬层的填埋场，在场址调查阶段就应进行铺设衬层的合理性评价，表 6-3-3 为评价填埋场衬层合理性应考虑的一些因素。衬层只能在场地基础准备工作完成后才能铺设。必须强调的是：因施工现场土壤的渗透系数并非都是相同的，因此，必须将土壤挖出，重新压实后才能作为衬层。通常，衬层要铺设到填埋场边墙以上。

表 6-3-3　填埋场铺设衬层合理性评价所考虑的一些主要因素

序号	评价项目	主　要　因　素
1	边壁的坡度	边壁的坡度要求小于 1∶3，便于衬层的铺设
2	基础的硬度	如果底部基础为硬的岩石层，则不必使用膨润土之类的密封材料，也不必平整场地
3	底部基岩的稳定性	衬层不能承受突然的和不均衡的下沉
4	底部土壤的渗透性	有些填埋场可以先铺一层土壤，以形成天然的不渗透层
5	地下水流入	地下水或其他的自然界的水进入场内应急措施
6	场地底部低于地下水位	先用惰性材料抬高底面高度，再铺衬层，不能用泵抽地下水降低其水位的办法来解决
7	地基的稳定性	如果不能修建堤坝及单元填埋室的边壁，而该处又不处于滑坡地带，则在斜坡上铺设衬层会碰到一系列的问题
8	处理与处置	当渗滤液的发生量超过填埋场所能承受的能力时，应考虑渗滤液的处理设施的可能性

（三）有关的土方工程

采用人工衬层的填埋场有很大的土方作业。其中包括平整场底地基、边墙修整、筑堤（或土墙），必要时需运走大量废石堆之类，此外，可能还要为后续作业使用的材料（如砂、卵石等）准备堆放场。采用单元式填埋操作法，要求修建填埋室隔墙。有些填埋场需要环绕整个场周围或部分周围建造一个堤坝，在堤上种植树木以形成屏障作为掩体。土方工程还包括入口处及场内道路、排水沟渠以及场区外的渗滤液和雨水收集槽小型工程等。

在准备铺设衬层的基地上，不能有损坏衬层材料的物品，如树桩、树根、硬物、尖石块等存在。地基应保持一定的干燥度，以承受在铺设衬层的过程中施于其上的重力。大多数人造衬层的失效是由于在铺设过程中受到损伤造成的。在铺设期间、场地面上的所有积水应及时排走，只有在底面具备一定的允许铺设条件时才能继续进行作业。如果地基不平，应在地基上面铺一层细粒度的材料，当衬层铺好之后，在衬层面上同样再铺一层，以防止衬层的机械损伤。场地四周应设置一圈"支撑沟"，以加强衬层的固定性。

衬层应铺设在能够支撑在其上部和下部耐力发生变化的地基上，防止由于废物的堆压或地层上升所造成的垫层损坏。表 6-3-4 中列出影响衬层正常性能的一些因素。物理性损坏一般是由于底部地基不理想、下层土壤的移动、不适当的操作以及水力压差的改变等因素造成的。化学性的损坏则是由于废物与衬层材料的化学性质的不相容性所引起。在修建和安装衬层时应检查衬层本身的质量是否均匀，有无破损和缺陷如洞眼、裂缝等情况。修建及铺设工作结束，应立即检查合成衬层包括其上覆盖材料的接缝是否焊接牢固，是否有漏焊或出现小洞。以土壤为衬层的地基，使用混合型衬层的覆盖层也应确保没有缺陷，包括接口裂缝、凹槽、洞眼或其他可能会导致衬层渗透率增加的异常现象出现。在人工衬层的表、里使用砂或其他匀质土壤层时，对衬层的施工操作和工程质量起保护作用。但若在此保护层中存在岩石块、树根等物，当它们与衬层直接接触，就可能因受力不均而使人工衬层薄膜遭到损坏，这一点应引起注意。

表 6-3-4 影响衬层功能的因素

不利的条件	可能会引起的问题
地质水文环境	
地震地带（活动强度中等）	不稳定,衬层易破坏
地面沉降地区	黏土层裂缝,人造衬层结缝处开裂
地下水位高	衬层被抬升,或破裂
有孔隙	衬层破裂
灰岩坑	衬层损坏
浅表水层有气体	回填之前衬层被抬升
上层渗透性高	地基需要装设排管
气候	
冰冻	裂缝,破裂
大风	衬层扬起和撕裂
日晒	使黏土衬层过于干燥,裂缝进一步扩大,某些人造衬层由于紫外线影响而损坏
温度高	由于溶剂吸收水分而引起衬层接缝不牢固

三、填埋场的运行管理

（一）填埋操作

如图 6-3-13 所示,填埋操作,即填埋废物按单元从压实表面开始,向外向上堆放。某一作业期（通常是一天）构成一个填埋单元（隔室）。由收集和运输车辆运来的废物按 45～60cm 厚为一层放置,然后压实。一个单元的高度通常为 2～3m。工作面的长度随填埋场条件和作业尺度的大小不同而变化。工作面是在给定时间内固体废物卸载、放置和压实等的工作面积。单元的宽度一般为 3～9m,取决于填埋场的设计和容量。在每一作业时段结束时,所有的单元暴露面都要用 15～30cm 厚的天然土壤或其他可供使用的材料覆盖（15～30cm）,通常在每日填埋操作终了时,将其铺设在填埋场工作面上,称之为日覆盖层。日覆盖层的作用是控制废物不被风吹走,避免老鼠繁衍、苍蝇蚊子滋生和其他疾病传播,以及避免在操作期间大量降水进入填埋场内。

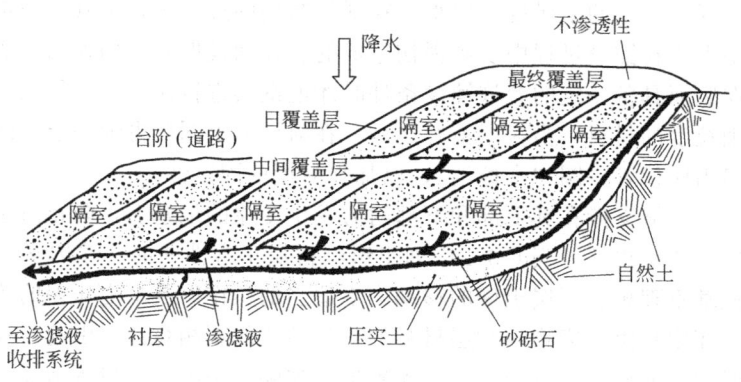

图 6-3-13 固体废物填埋场剖面

一个或者几个填埋单元层完工之后,要在完工表面上挖水平气体收集沟渠,沟渠内放砾石,中间铺设打了孔的塑料管。随着填埋气体的产生,通过此管将其抽排掉。单元层一层叠置于另一层之上,直到达到设计高度。根据填埋场的厚度决定是否还要再在单元层上铺设渗滤液收集设施。完工的填埋区段要铺设覆盖层,最终覆盖层用于尽量减少降雨的入渗量并使降水排离填埋场的工作区段。通过覆盖层使其能抗风化腐蚀。这时,可将气体抽排井竖装在完工的填埋表面上。气体抽排系统要连在一起,所收集的气体可以明火排掉,也可加以利用。

一个区段完工以后,可以重复上述过程进行下一个区段的作业。由于固体废物中有机物的分解,完工的区段可能会发生沉降。因此,填埋场的建设工作必须包括沉降表面的再填置和修补,以保证达到设计最终要求和排水要求。气体和渗滤液控制系统也必须继续使用和维护。所有的填埋工作都完成以后,在铺设最终覆盖层时,要对填埋场表面进行复田处理。

(二)填埋场运行计划

填埋场成功运行的关键是需要有简明组织的运行计划。运行计划不仅满足于常规作业操作,而且要对每天、每年的运行提出指导,使填埋场得到理想的有效利用,并保证在安全条件下,不会引起环境问题。对一座准备投入运营的填埋场的填埋计划,须符合以下条件:

① 填埋场底层要尽量压实,得到最高的压实程度;

② 避免在填埋场边缘倾倒废物;

③ 应保证在各种季节气候条件下,填埋场进口道路通畅;

④ 填埋工作面应尽可能的小;

⑤ 在填埋场内部,废物表面要维持的最小坡度应为 3:1(水平:垂直);

⑥ 地表水应该从填埋场引走,尽可能地修建槽沟,以排出暂时性积水;

⑦ 与垃圾废物接触过的水应从填埋场排掉;

⑧ 通向填埋场的道路应设栏杆和门加以控制;

⑨ 在填埋场就地敞开焚烧时,应有适当的保护措施;

⑩ 填埋场运行管理人员,应熟知消防知识,了解应急措施,以防止导致人身伤害的事故;

⑪ 在填埋场运行当中,管理人员应准备必要的预防措施;

⑫ 填埋场运行管理人员和其他工作人员在工作和用饭时要防止细菌和化学物质的污染;

⑬ 运行管理人员要了解填埋场监测和维护要求。

(三)所需机械设备及使用要求

填埋场运行中有三项基本工作:①将卸车后废物摊开、撒匀;②压实废物,增加填埋容量;③摊平并压实每日覆盖层和中间覆盖层(如果有必要)。

可用于完成这些工作的设备包括:履带拖拉机、推土机、压实机、挖土机、破碎机、吊车、抓土机等(图6-3-14)。这些设备在上述工作中的运行情况列于表6-3-5中。其中推土机最为有用,几乎可完成所有填埋场的作业,如废物的铺开、压实、覆盖、挖沟槽等。

表 6-3-5 填埋设备的工作性能

设 备	固体垃圾		填埋材料			
	平整	压实	挖土	平整	压实	运土
履带式推土机	优	良	优	优	良	不适用
履带式装载机	良	良	优	良	良	不适用
橡胶轮胎推土机	优	良	一般	良	良	不适用
橡胶轮胎装载机	良	良	一般	良	良	不适用
钢轮式压实机	优	优	较差	良	优	不适用
铲土机	不适用	不适用	良	优	不用	优
单斗挖掘机	不适用	不适用	优	中	不用	不适用

为压实固体废物,增加填埋容量,可采用多种方式和各种类型的压实机具。最简单的办

高履带压实机　　集材索（用于挖掘填埋场单元和沟道）　　前后端为橡胶的装填机

钢轮压实机　　　　　电动平土机　　　　　　自动装填式运动平土机

图 6-3-14　填埋场用机械设备

法是将废物布料平整后，就以装载废物的运输车辆来回行驶将物料压实。物料达到的密度由废物性质、运输车辆来回次数、车辆型号和载重量而定，平均可达到 $500\sim600kg/m^3$。如果用压实机具来压实填埋物料，大约可将这个数值提高 $10\%\sim30\%$（适当喷水可改善废物的压紧状态，易于提高其密度）。按压实过程工作原理，移动式压实机械作用原理可分为碾（滚）压、夯实、振动三种，相应有碾（滚）压式机、夯实压实机、振动压实机三大类，固体废物压实处理主要用碾（滚）压方式。填埋现场常用的压实机具有下列形式：胶轮式压土机、履带式压土机和钢轮式布料压实机。

传统的压实机，用胶轮及履带式较多，20 世纪 70 年代以来开发制造不少钢轮挤压布料机，具有布施和挤压物料双重功能。在填埋作业时，钢轮挤压布料机一边将垃圾均匀铺撒成几个 $30\sim50cm$ 薄层，一边借助于机械自身的静压力和齿状钢轮对垃圾层撕碎、挤压作用来达到压实的目的。有关统计资料表明：钢轮挤压布料机对地面的压力约为 10MPa（$100kgf/cm^2$），压实垃圾的密度，可达 $0.8\sim1.0t/m^3$。许多制造厂家认为，在压碎和压实固体废物方面，钢轮式比胶轮式和履带式效果好，有资料确认：填埋时经 2t 以上的钢轮式压实机压实后的干燥固体废物的密度，比在同样情况下，经胶轮式压土机或 3t 重履带式压实的废物密度大 13%。且钢轮式不会有轮胎漏气现象，在工作面上可处理大量废物，压实工作性能更加可靠。

国内在填埋场专用压实机具的开发使用方面也取得不少进展，大部分是由环卫部门和几个主要的重型工程机械厂配合进行。下面以上海环卫局与福建三明重型机器厂承担研制的 YF-14 型压实机为例作简要介绍。该机具已经通过建设部鉴定并投入批量生产，是用于垃圾填埋和垃圾堆场的配套设备，具有静载和振动压实、推铺、破碎等功能（被压垃圾含水率应低于 40%）。该机属自行式，爬坡能力＞20%，具有下列主要特点：

（1）全能驱动、压实效果好；

（2）前后轮设计成带凸块的钢轮，凸块为可卸式，磨损后可更换，凸块在圆周方向均匀分布，每圈凸块错开一定角度；保证凸块与地面连续接触，可减少行驶时产生振动，凸块的形状设计成能提高压实和破碎能力；

（3）压实机前方装有推铲，可平整垃圾，配合压实轮的工作；

（4）采用全宽度压实，这样可使一次压实具有较大宽度，并可避免在压实过程出现垃圾向中间堆积的现象。

表 6-3-6　各类压实机主要性能参数比较

型　号	K351	3-35	826C	YF-14
国别	德　国	英　国	美　国	中　国
工作质量/kg	20640	17613	30690	13800
长×宽×高/mm	6835×2995×3480	6439×3353×3353		6420×2722×3070
前轮尺寸(直径×宽度)/mm	1220×1065	1638×610	1525×1200	1550×2130
后轮尺寸(直径×宽度)/mm	1220×865	1638×762		1400×600
压实方式	静压	静压	静压	静压+动力
线压力/(N/cm)	523	631	638	490(静)1160(动)
发动机功率/马力	250	185	310	108
压实宽度/mm	2135	2985		2130

注：1 马力 = 745.6999W。

表 6-3-6 比较了 YF-14 型与国外产品的主要性能参数，可以看出：

① 三种国外压实机的工作质量，也就是机器本身的质量，都大于 YF-14。

② 四种压实机的外形尺寸相当，YF-14 稍小一些。

③ 所需发动机功率，YF-14 远比国外三种产品小。

④ YF-14 除了可用静压以外，还可采用振动压实方式。

⑤ 一次压实宽度各产品相当。

⑥ 行走速度几种国外产品较 YF-14 高。

由以上的比较可以看出，YF-14 的技术性能适宜于我国的实际使用需要，不要求较高的作业行走速度。但它以较小的自重、较低的能耗，以独特的振动压实形式，取得了比国外产品更大的线压力，而价格只有国外产品的六分之一。因此，在性能价格比上，YF-14 显示出明显的优势。

（四）分区计划

理想的分区计划是使每个填埋区能在尽可能短的时间内封顶覆盖。这就要求向一个分区堆放废物，直到达到最终的高度。图 6-3-15 表示了一座填埋场的简单的分区计划。如果填埋场高度从基底算起超过 9m，通常在填埋场的部分区域设中间层，中间层设在高于地面 3~4.5m 的地方，而不是高于基底 3~4.5m。在这种情况下，这一区域的中间层由 60cm 黏土和 15cm 表土组成。在底部分区覆盖好中间层后，上面可以开始新的填埋区。

应当注意，用于铺设中间层的土壤不能用于铺设最终覆盖层，这是因为这些土壤沾染了废物。这些土壤可以用于每日覆盖，或填入填埋场内。表土是可以重新用于最终覆盖层的。

在分区计划中，要明确标明填土方向，以防混乱。在已封顶的区域不能设置道路。永久性道路应与分区平行铺设在填埋场之外，并设支路通向填埋场底部。交通线路应认真规划，使所有废物均能卸入最后剩余的一个单元之内。

（五）废物的覆盖

填埋场的覆盖层有三种，即日覆盖层、中间覆盖层和最终覆盖层。日覆盖层的功能对城市垃圾填埋场尤显重要。对大多数填埋场而言，日覆盖层的厚度一般采用 15cm，即使是填埋腐烂性污泥，这样也可以满足要求。尽管日覆盖作业起有一定的作用，但同样要占用相当

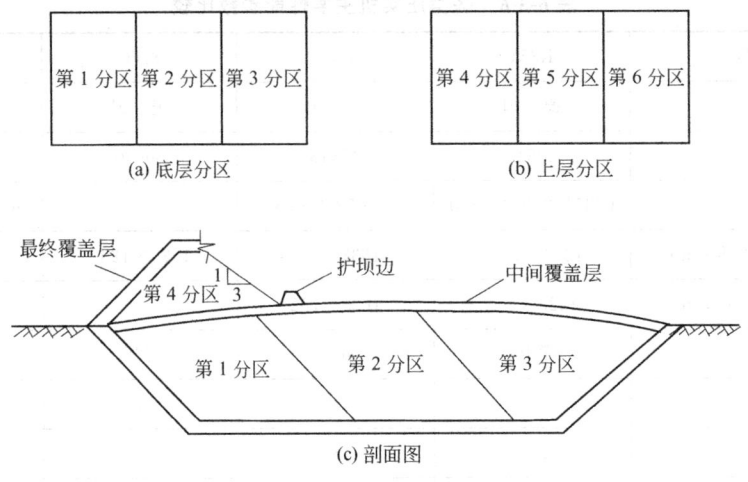

图 6-3-15　单层填埋分区计划图

部分的填埋容积（日覆盖层的体积约占废物量的 1/5～1/6）。根据填埋场的地理位置和其他如控制臭味等因素，若主管部门允许，也可以采用周覆盖或月覆盖的办法做出计划。日覆盖可以减少道路的受污染外观，还可以对景观起到良好效果，并可减少风沙和碎片（如纸、塑料等）的飞扬，以及疾病通过媒介（鸟类、昆虫和老鼠）的传播，但是它不能阻止地表径流，也无助于减少渗滤液的产生量。而对于中间覆盖层来说，则可将层面上的降雨排出填埋场外，这是它可以起的不小的作用，常用于填埋场部分区域需要长期维持开放（2 年以上）的特殊情况下。

（六）防火灾措施

一些特定类型的填埋场存在火灾的隐患。若是采用敞开型就地焚烧的填埋场，特别容易引起火灾。通常敞开焚烧只允许在地处偏僻地区的小型填埋场选用。较为安全一些的废物焚烧法，可以采用风帘式焚化炉。即使填埋场不采用敞开焚烧也要准备好灭火器、砂子、水罐车等消防设备和灭火材料。这里的工作人员要进行小规模的灭火训练。在填埋场办公室里要明显标出最近距离的消防队的电话号码和所在地点。大型填埋场每年应该安排一次消防训练。

（七）碎片控制

在填埋场周围，纸和其他质轻废物会产生碎片风扬的问题。若是将废物卸入填埋场的底部，特别是在刮风的天气，可能有助于减少碎片的扬起。在填埋工作面的附近，架设活动的小型铁丝网屏障，可以有效地挡住被风扬起的碎片的活动范围。有些填埋场规定，每天工作完毕之后，要用人工收集碎片，这也是很有必要的。如果风扬碎片会造成严重问题，就应在填埋场的下风向架立起很高的固定式铁丝栏网，或是在其上风向建以挡风的土堤。

若是在填埋场的周围种植数行灌木树丛，或是建有隔墙作为屏障，以挡住公众的视野。这样的填埋场可以改变公众对填埋场的观感，无论是从短期或是长期来看，对填埋场的建设都会有好处。

（八）扬尘控制

要想在填埋场卸车时控制扬尘，会有一定的困难。这是由于在场内路面上都会有干的土粒和沙子存在，而载运城市垃圾（特别建筑垃圾）或其他固体废物的巨型载重卡车，在快速卸货时总会有大量尘土扬起。尽管采用卸车时喷水的办法可以减少扬尘量，但这时又会加大渗滤液。因此，当确定采取喷水以减少扬尘的举措时，要在事先做出评价。但无论如何，对于填埋垃圾或其他固体废物，要在填埋场的较低处卸车，同时喷以少量的水，以适当地控制扬尘对环境的影响。

（九）道路维护

填埋场的内、外部通路要随时维护，主要是需要排除内部道路上的积水。填埋场内的临时性道路，与填埋场的正常运行有很重要的关系。由于重型载重卡车频繁地进出填埋场，对场外道路有严重损坏的可能，因而要有足够的资金用于路面的修缮和维护。在填埋场内的机械设备如果不是橡胶轮的，将不允许在铺设完好的公路上行驶。填埋场和维修站之间要留有足够宽的通路余量，并且加以维护，以利于设备的进出。

（十）渗滤液收集系统的维护

所有与渗滤液收集系统有关的设备都要维护好，这些设备包括：检查孔、渗滤液收集管、收集罐和附属设备、抽送泵等。渗滤液的管线应该每年清理一次，以清除生长的有机物。检查孔、贮罐和泵应每年检修一次。渗滤液对金属部件有腐蚀作用，每年的检查和维修可以防止将来出现任何事故，包括渗滤液从贮槽泄漏出来造成泵的损坏等。在进入封场的空闲时间里，尤要特别注意。当进入检查孔时，要使用吊带，留在检查孔外的人员要注意观察，并应遵守所有与进入封闭空间有关的规章制度，以确保维修人员的生命安全。通过签订长期保证书的形式，可确保对泵和其他设备进行安全维修，所有的维修结果需要记录在册，以供查考。

四、填埋场的封闭和复用问题

当填埋场的全部空间都填满废物之后，要使用最终覆盖层将填埋场加以封闭，同时还要用安全合理的方式对所有用于废物处置的设备和辅助设施加以净化。

封闭危险废物填埋场的实施步骤通常为：

① 清除和拆除任何危险废物处理和贮存设施；

② 为填埋场盖上一层适当的最终覆盖层；

③ 控制由地表水、地下水和空气造成的污染物迁移；

④ 在填埋封场后维持期内维护现有地下水监测网运行；

⑤ 继续将流入水清除出填埋场；

⑥ 避免土蚀和风蚀；

⑦ 控制封闭地区的地面水渗入和积水；

⑧ 维护填埋气体和渗滤液的收排和处理系统；

⑨ 维护最终覆盖层和衬垫的完好性；

⑩ 在审核文件中注明该处曾用来填埋危险废物，并且注明其再使用是要受限制的；

⑪ 限制接近该封闭区。

填埋场封闭后，其经管者需做以下工作：

① 保持最终覆盖层的完整性和有效性，进行必要的维修以消除沉降和凹陷以及其他因素的影响；

② 常规性监测检漏系统；

③ 继续运行渗滤液的收排系统，直到无渗滤液检出为止；

④ 维护和检测地下水监测系统；

⑤ 保护和维护任何测量基准。

各危险废物填埋审批单位都应根据有关的指南和规定，按照其中制定的填埋封场方案步骤，制定填埋场的封闭和善后处理计划，据以分步实施。

填埋场的善后计划应考虑封场以后需要维护工作的延续年限，例如至少 30 年。这段时间具有随机性，可根据填埋场封闭以后的污染物具体迁移数据资料作适当的延长或缩短。妥善封闭的填埋场能达到一般使用的要求，例如用作停车场或开放性场地等。但如一旦确定将填埋场如此复用，那么加强覆盖层设施和封场后地面逸散物的监测则是很重要的。

第三节 渗滤液的产生及收集

固体废物填埋场对环境的影响，主要是废物在填埋处置过程中产生的含有大量污染物的渗滤液所造成的。渗滤液的污染控制乃是填埋场设计、运行和封场的关键性问题。

一、填埋场渗滤液组成及特征

（一）填埋场渗滤液的主要成分

填埋场渗滤液的主要成分[11,12]有下述四类。

（1）常见元素和离子 如 Cd、Mg、Fe、Na、NH_3、碳酸根、硫酸根和氯根等。

（2）微量金属 如 Mn、Cr、Ni、Pb、Cd 等。

（3）有机物 常以 TOC、COD 来计量，酚等也可以单独计量。

（4）微生物。

城市垃圾填埋场所处置的生活垃圾的成分各个地方基本上相类似，所产生的渗滤液的组分也大致如上。而工业废物填埋场由于所填埋的废物类别各不相同，其渗滤液成分则彼此间各有变化。表 6-3-7 列出的是城市生活垃圾填埋场、工业废物填埋场，以及城市生活垃圾和工业废物混合处置填埋场的渗滤液成分比较。

表 6-3-7 固体废物填埋场渗滤液成分 单位：mg/L

组 分	生活垃圾	英国 Pitsea(43% 为工业废物)	英国 Rainham (工业废物)	挪威 Granmo (66%为工业废物)	美国 CedarHills (工业/生活)
pH 值	5.8~7.5	8.0~8.5	6.9~8.0	6.8	5.4
COD	100~62400	850~1350		470	38800
BOD	2~38000	80~250		320	24500
TOC	20~19000	200~650	77~10000	100	
挥发酸($C_1 \sim C_8$)	ND~3700	20	600~10000	10	7100
NH_3-N	5~1000	200~600	90~1700	120	
有机氮	ND~770	5~20		62	
NO_3^--N	0.5~5			0.04	
NO_2^--N	0.2~2	0.10~10	8.0		
有机磷	0.02~3	0.20		0.6(总)	11.3(总)
氯化物	100~3000	3400	400~1300	680	
硫酸盐	80~460	340	150~1100	30	
Na	40~2800	2185	2000	462	
K	20~2050	888	50~125	200	
Mg	10~480	214		66	
Ca	1.0~165	88		188	

续表

组 分	生活垃圾	英国 Pitsea(43%为工业废物)	英国 Rainham（工业废物）	挪威 Granmo（66%为工业废物）	美国 CedarHills（工业/生活）
Cr	0.05~1.0	0.05	0.5	0.02	1.05
Mn	0.3~250	0.5			
Fe	0.1~2050	10	0.6~1000	70	810
Ni	0.05~1.70	0.04	0.5	0.1	1.20
CO	0.01~1.15	0.09	0.5	0.09	1.30
Zn	0.05~130	0.16	1.0~10	0.06	155
Cd	0.005~0.01	0.02		0.0005	0.03
Pb	0.05~0.60	0.10	0.5	0.004	1.40
苯酚		0.01	ND~2.0		
总氰		0.01	0.09~0.52		
有机氯农药		0.01			
有机磷农药		0.05			
PCBs		0.05			

（二）渗滤液浓度变化特征

填埋渗滤液的性质与填埋废物的种类、性质及填埋方式等许多因素有关，化学成分变化较大，其浓度和性质随时间呈高度的动态变化关系，主要取决于填埋场的使用年限和取样时填埋场所处的阶段。在填埋的初期，渗滤液中的有机酸浓度较高，而挥发性有机酸占有量不到1%；随着时间的推移，挥发性有机酸的比例将增加。渗滤液中有机物浓度降低的速度，好氧填埋要比厌氧填埋快些。新、老填埋场渗滤液浓度变化范围的代表性特征数据见表6-3-8，从中不难看出二者的数据变化较大，因此在使用其代表性数字时要特别小心。在填埋场的酸性阶段，其 pH 值较低，而 BOD_5、TOC、COD、营养物和重金属的含量均较高。反之，如果取样期在填埋场的产甲烷阶段，这时的 pH 值介于 6.5~7.5 之间，而 BOD_5、TOC、COD、营养物的含量则明显降低，且重金属的含量也同样有明显的降低。渗滤液的 pH 值不仅与渗滤液的酸度有关，而且还涉及渗滤液表面的 CO_2 分压。

对于普遍采用的厌氧填埋来说，渗滤液的性质一般为：

（1）色、臭 呈淡茶色或暗褐色，色度在 2000~4000 之间，有较浓的腐化臭味。

（2）pH 值 填埋初期 pH 值为 6~7，呈弱酸性，随时间推移，pH 值可提高到 7~8，呈弱碱性。

（3）BOD_5 随着时间和微生物活动的增加，渗滤液中的 BOD_5 也逐渐增加。一般填埋6个月至2.5年，达到最高峰值，此时 BOD_5 多以溶解性为主，随后此项指标开始下降，到6~15年填埋场安定化为止。

（4）COD 填埋初期 COD 略低于 BOD_5，随着时间的推移，BOD_5 急速下降，而 COD 下降缓慢，因而 COD 略高于 BOD_5。渗滤液的生物降解性可用 BOD_5/COD 之比来反映，当 BOD_5/COD=0.5 时，渗滤液较易生物降解；当 BOD_5/COD<0.1 时，渗滤液难于降解。最初，这一比值将在 0.5 或者更大一点的量级上；当介于 0.4~0.6 之间时，表明渗滤液中的有机物质开始生物降解；对于成熟的填埋场，渗滤液的此项比值通常为 0.05~0.2，其中常含有不被生物降解的腐殖酸和富里酸。

（5）TOC 浓度一般为 265~2800mg/L。BOD_5/TOC 可反映渗滤液中有机碳氧化状态。填埋初期，BOD_5/TOC 值高；随着时间推移，填埋场趋于稳定化，渗滤液中的有机碳以氧化态存在，则 BOD_5/TOC 值降低。

（6）溶解总固体　渗滤液中溶解固体总量随填埋时间推移而变化。填埋初期，溶解性盐的浓度可达 10000mg/L，同时具有相当高的钠、钙、氯化物、硫酸盐和铁。填埋 6～24 个月达到峰值，此后随时间的增长无机物浓度降低。

（7）SS　一般多在 300mg/L 以下。

（8）氮化物　氨氮浓度较高，以氨态为主，一般为 0.4mg/L 左右，有时高达 1mg/L，有机氮占总氮的 10%。

（9）重金属　生活垃圾单独填埋时，重金属含量很低，不会超过环保标准。但与工业废物或污泥混埋时，重金属含量会增加，并可能超标。

表 6-3-8　新、老填埋场渗滤液成分　　　　　　　　　单位：mg/L

成　分	新填埋场(小于 2 年)		老填埋场(大于 10 年)	成　分	新填埋场(小于 2 年)		老填埋场(大于 10 年)
	值范围	典型值			值范围	典型值	
BOD₅	2000～30000	10000	100～200	pH 值	4.5～7.5	6	6.6～7.5
TOC	1500～20000	6000	80～160	CaCO₃ 硬度	300～10000	3500	200～500
总悬浮固体	200～2000	500	100～400	钙	200～3000	1000	100～400
有机氮	10～800	200	80～120	镁	50～1500	250	50～200
氨氮	10～800	200	20～40	钾	200～1000	300	50～400
硝酸盐	5～40	25	5～10	钠	200～2500	500	100～200
总磷	5～100	30	5～10	氯	200～3000	500	100～400
亚磷酸盐	4～80	20	4～8	硫	50～1000	300	20～50
CaCO₃ 碱度	1000～10000	3000	200～1000	总离子	50～1200	60	20～200

（三）痕量组分

渗滤液中的痕量组分（其中一些具有危及健康的风险）取决于填埋场内这些痕量组分在气相中的浓度。痕量组分的浓度可以用 Henry 定律计算。由于越来越多的社会团体和填埋场作业人员限制危险废物与城市垃圾一起处置，因此，新填埋场渗滤液中痕量组分的浓度有所减低。

二、渗滤液的产生及控制

（一）渗滤液来源

填埋场渗滤液的主要来源如下所述。

（1）直接降水　降水包括降雨和降雪，它是渗滤液产生的主要来源。影响渗滤液产生数量的降雨特性有降雨量、降雨强度、降雨频率、降雨持续时间等。降雪和渗滤液生成量的关系受降雪量、升华量、融雪量等影响。在积雪地带，还受融雪时期或融雪速度的影响。一般而言，降雪量的十分之一相当于等量的降雨量，其确切数字可根据当地的气象资料确定。

（2）地表径流　地表径流是指来自场地表面上坡方向的径流水，对渗滤液的产生量也有较大的影响。具体数字取决于填埋场地周围的地势、覆土材料的种类及渗透性能、场地的植被情况及排水设施的完善程度等。

（3）地表灌溉　与地面的种植情况和土壤类型有关。

（4）地下水　如果填埋场地的底部在地下水位以下，地下水就可能渗入填埋场内，渗滤液的数量和性质与地下水同垃圾的接触情况、接触时间及流动方向有关。如果在设计施工中采取防渗措施，可以避免或减少地下水的渗入量。

（5）废物中水分　随固体废物进入填埋场中的水分，包括固体废物本身携带的水分以及从大气和雨水中的吸附量（当贮水池密封不好时）。入场废物携带的水分有时是渗滤液的主要来源之一。填埋污泥时，不管污泥的种类及保水能力如何，即使通过一定程度的压实，污泥中总有相当部分的水分变成渗滤液自填埋场流出。

（6）覆盖材料中的水分　随覆盖层材料进入填埋场中的水量与覆盖层物质的类型、来源以及季节有关。覆盖层物质的最大含水量可以用田间持水量（FC）来定义，即克服重力作用之后能在介质孔隙中保持的水量。典型田间持水量对于砂而言为6%～12%，对于黏土质的土壤为23%～31%。

（7）有机物分解生成水　垃圾中的有机组分在填埋场内经厌氧分解会产生水分，其产生量与垃圾的组成、pH值、温度和菌种等因素有关。

（二）影响渗滤液产生量的因素

填埋场渗滤液的产生量通常由：①获水能力；②场地地表条件；③废物条件；④填埋场构造；⑤操作条件等五个相互有关的因素决定，并受其他一些因素制约，见图6-3-16。

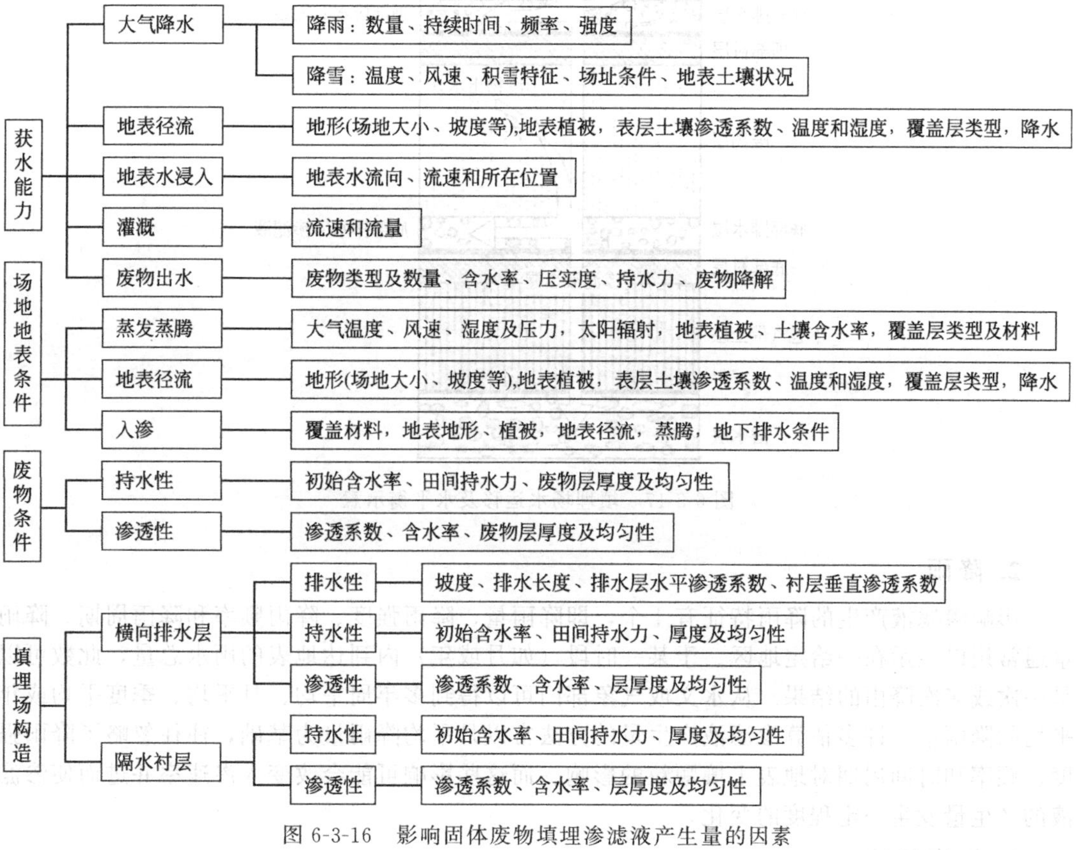

图6-3-16　影响固体废物填埋渗滤液产生量的因素

1. 填埋场构造

填埋场的构造与渗滤液产生量有很大关系。对于未铺设水平和斜坡防水防渗衬层的填埋场底部，或是建设在地下水位以下的平地型填埋场或山谷型填埋场，地下水的入渗是渗滤液的一个重要来源；对于未设有高质量地表水控制系统的填埋场，地表径流可能导致产生过多的渗滤液。

通常，对于一个设计完好的填埋场，可以避免地下水和地表径流进入填埋场，渗滤液主要来源于大气降水、地表灌溉、固体废物含水，以及填埋处置过程中废物分解产生的水分，其中降水是影响渗滤液产生量的重要因素。

设计完好的填埋场的水运移及水平衡示于图 6-3-17。大气降水到达填埋场表面后，在合理设计地面径流控制系统的情况下，降水的一部分变成地面径流流出填埋场，另一部分通过表面蒸发离开，只有少部分渗入覆盖层，在覆盖层中部分被植物吸收并蒸腾入大气，其余则通过覆盖层顶层土壤的扩散、迁移进入覆盖层内的衬层-排水层入渗水收排系统，大部分水沿底坡流入收集管网而排出填埋场，仅有小部分水能下渗到废物层而形成渗滤液，这时的渗滤液主要来源于废物本身带入的水分。

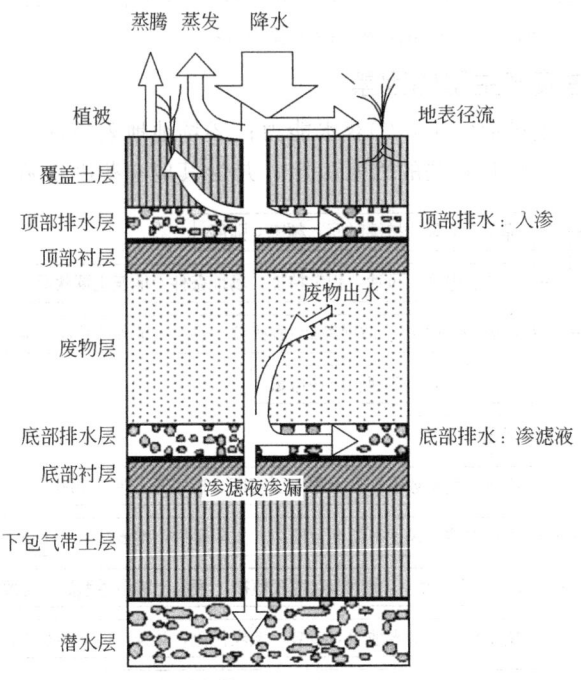

图 6-3-17　填埋场水运移及水平衡示意

2. 降雨

影响渗滤液产生的降雨特征有 4 个，即降雨量、降雨强度、降雨频率和降雨周期。降雨量通常用以表示在一给定地区、于某一时段（如月或年）内到达地表的雨水总量，此数可以是一次或多次降雨的结果。从水文或气象部门可以得到多年周平均、月平均、季度平均或年平均的降雨量。许多估算渗滤液产生量的方法常以月平均降雨量为基础，往往忽略了降雨强度、频率和时间周期对地表土壤颗粒的影响。而这些影响可能会改变入渗速率并进而使渗滤液的产生量发生一定程度的变化。

3. 地表径流

地表径流包括入流和出流。入流是指来自场地表面上坡方向的径流水，称为区域地表径流，对渗滤液的产生量也有较大影响。具体数量取决于填埋场地周围的地势、覆土材料的种类及渗透性能、场地的植被和排水设施情况等。

出流是指填埋场场地范围内产生并自填埋场流出的地表水，称为填埋场地表径流。影响填埋场地表径流的因素主要有地形、填埋场覆盖层材料、植被、土壤渗透性、表层土壤的初始含水率和排水条件。填埋场地形，如大小、形状、坡度、方位、高度和地表形状等，控制着地表积水的流动；在这些因素中，坡度尤为重要。表层土壤的类型、渗透性及初始含水率直接影响入渗速率，并会对地表汇水或地表径流产生影响。填埋场地表植被也对地表径流有显著影响，它会使地表水流动速度变慢，从而使水在地表保持较长的时间。所产生的影响大小取决于植物的类型、密度、生长年龄及季节。

地表径流一般使用经验公式来确定。Chow（1964）提出的下述经验公式，是目前应用较为广泛的经验公式之一，即：

$$R = CPA \tag{6-3-1}$$

式中　R——地表最大径流量；

P——降雨强度的平均速率；

A——填埋场的面积；

C——地表径流系数，它表示离开该区域的地表流动的水量所占总降水量的百分数。

正确估算地表径流的关键，是选择合理的地表径流系数。Sahato 等人在研究固体废物填埋场渗滤液产生量时使用的地表径流系数见表 6-3-9。

表 6-3-9　**Sahato 等人估计填埋场渗滤液使用的地表径流系数**（1971）

地表条件	坡度/%	地表径流系数 C		
		亚砂土	亚黏土	黏土
草地 （表面有植被覆盖）	0～5（平坦）	0.10	0.30	0.40
	0～5（起伏）	0.16	0.36	0.55
	0～5（陡坡）	0.22	0.42	0.60
裸露土层 （表面无植被覆盖）	0～5（平坦）	0.30	0.50	0.60
	0～5（起伏）	0.40	0.60	0.70
	0～5（陡坡）	0.52	0.72	0.82

4. 贮水量

渗入土层的水分，只有部分会下渗进入废物层，另一部分则滞留在土层内。假如降水的入渗恰好使固体废物上面的覆盖土层饱和，则土层中超过填埋场田间持水量（即土壤含水率，在达到田间持水量条件下土壤水张力的典型值是 1/10～1/3atm）的水量迅速下排变为填埋场渗滤液量。此后，由于蒸发蒸腾作用，含水率还会渐渐降低。如在土层内有植物根系，则土壤含水率还会下降至凋萎系数（即土壤在植物不能再吸收水分条件下的含水量，在达到此值时土壤水张力的值大约是 15atm），然后基本保持不变；如在土层内无植物的根系，则土壤含水率最终要比其凋萎系数大。因此，填埋场植物根部区土壤的贮水容量 S 可表示为：

$$S = (\theta_f - \theta_w)H_s \tag{6-3-2}$$

式中　θ_f，θ_w——土壤的田间持水量和凋萎系数；

H_s——植物根区的厚度。

式（6-3-2）只适用于有植被的填埋场覆盖表土层。农业上根区厚度为 1.22m；但在固体废物填埋场，由于城市垃圾等固体废物不适于植物根部系统生存，故根区厚度受填埋场覆盖表土层厚度的限制。

对于无植被的覆土层或固体废物层，其贮水容量只与该层的厚度、实际土壤含水率和田间持水量有关，即：

$$S = (\theta_f - \theta)H_r \tag{6-3-3}$$

式中　H_r——覆盖土层或固体废物层的厚度；

θ——土壤实际含水率。

具有代表性土壤的典型田间持水量和凋萎系数值列于表 6-3-10 中，也可以用下列方程估计田间持水量，即：

$$FC = 0.6 - 0.55[W/(10000 + W)] \tag{6-3-4}$$

城市垃圾的组成、颗粒大小及压实密度是影响其田间持水量的主要因素。垃圾的田间持水量随垃圾的堆积密度（干）的增加而增大，随颗粒粒径的减少而显著增大。Ferm 等（1975）指出，未经处理的城市垃圾的真正田间持水量值在 0.2～0.35（体积含水率）之间。对城市垃圾所进行的某些分析表明，其原始含水率的范围在 0.1～0.2（体积含水率）之间。因此，城市垃圾的表观田间持水量的范围可能在 0.1～0.15（体积含水率）之间。

水分有两种途径滞留在废物中。第一种为废物微观结构的毛细管作用，所吸收的水分滞留在废物中；第二种为滞留在废物颗粒间隙处的游离水。一般废物的孔隙率为 20%～35%。中间覆土材料或经过压实的废物都可使该区域的饱和层抬高，即地下水的静水位抬高。因此，填埋场的持水量取决于废物的密度和孔隙率或阻止液体向下渗透的不渗透性隔层。在许多填埋场，废物的密度为 0.7～0.8t/m³。在这种密度下，每立方米的废物在产生渗滤液之前可以持有 0.1～0.2m³ 的水。然而，如果废物压实密度很高，废物的持水量就会下降。

表 6-3-10　多种土壤的田间持水量和凋萎系数

土壤类型	田间持水量/%		凋萎系数/%	
	范围	典型值	范围	典型值
砂	6～12	6	2～4	4
细砂	8～16	8	3～6	5
砂质肥土	10～18	14	4～8	6
细砂质肥土	14～22	18	6～10	8
肥土	18～26	22	8～12	10
粉细肥土	19～28	24	9～14	10
轻黏质肥土	20～30	26	10～15	11
黏质肥土	23～31	27	11～15	12
粉质黏土	27～35	31	12～17	15
重黏质肥土	29～36	32	14～18	16
黏土	31～39	35	15～19	17

5. 腾发量

渗入并保持在填埋场覆盖层或废物层上部的大气降水，会因地表蒸发和植物蒸腾作用不断进入大气。在同样条件下，有植被的地表蒸腾所散失的水分较裸露地表蒸发所散失的水分要多。地表蒸发和植物蒸腾作用二者实际上很难截然分开，统称为腾发或蒸散，而单位时间内单位面积地表腾发散失的水量称为腾发量或腾发强度。

腾发量的大小主要取决于两方面的因素：一是受辐射、气温、湿度和风速等气象因素的影响；二是受土壤中含水率的大小、分布及植物的影响。当土壤供水能力强时，由大气蒸散能力决定的最大可能蒸散强度称为潜在蒸散强度，实际的腾发强度一般要比潜在的腾发强度小。

在有植被的地表，水还会被植物根系吸收并通过植物叶面而蒸腾，植物的蒸腾比土面蒸发更重要。植物生长愈旺盛、根系及叶片愈发育，则同样条件下吸水及相应的蒸腾作用就愈大。

用于估算腾发强度的理论公式或经验公式很多，但通常都是以气候（温度、湿度）和植物耗水量为基础。市政工程师一般使用 Thornthuaite 经验公式（1948），即：

$$E_i = 1.6K_i \left(\frac{10\,\overline{T_i}}{I_i}\right)^{a_i} \qquad (6\text{-}3\text{-}5)$$

式中　E_i——潜在的月腾发量，cm；

$\overline{T_i}$——第 i 个月的平均气温，℃；

I_i——第 i 个月的月热指数，定义为：

$$I_i = (\overline{T_i}/5)^{1.514} \qquad (6\text{-}3\text{-}6)$$

在知道每个月的月热指数后，相应的年热指数可由下式求出：

$$I = \sum_{i=1}^{12} I_i \qquad (6\text{-}3\text{-}7)$$

a_i 为经验常数，由下式确定：

$$a_i = 6.75\times10^{-7}I_i^3 - 7.71\times10^{-5}I_i^2 + 1.792\times10^{-2}I_i + 0.49239 \qquad (6\text{-}3\text{-}8)$$

K_i 为第 i 月的实际天数 D_i 和该月平均日照时数的修正系数，由下式确定：

$$K_i = \frac{\overline{N_i}}{12} \cdot \frac{D_i}{30} \qquad (6\text{-}3\text{-}9)$$

6. 其他影响因素

（1）形成填埋场气体所消耗的水分　城市垃圾中有机物的厌氧分解要消耗水分。此种分解反应所需的水量可根据下述可生物降解物质公式加以计算，即每千克干有机废物所吸收的水量可用下式表示

$$\underset{1741}{C_{68}H_{111}O_{50}N} + \underset{288.0}{16H_2O} =\!=\!= \underset{560}{35CH_4} + \underset{1452}{33CO_2} + \underset{17}{NH_3} \qquad (6\text{-}3\text{-}10)$$

每千克干燥的可快速生物降解的挥发性固体（RBVS）破坏所消耗的水质量为

水消耗量 = 288/1741 = 0.165（kgH_2O/kgRBVS 破坏）

使用气体产生值 0.8689m^3/kg RBVS 破坏，产生单位立方米气体所消耗的水量的相应值为

水消耗量 = 0.165/0.86 = 0.190（kg/m^3）

（2）形成水蒸气所消耗的水分　填埋场中的气体通常是水蒸气饱和态的。从填埋场中逃离的水蒸气量可以在假设填埋场气体是水蒸气饱和态的并符合理想气体定律条件下进行计算，即：

$$p_v V = nRT \qquad (6\text{-}3\text{-}11)$$

式中　p_v——水的蒸汽压，Pa；

V——体积，m^3；

n——摩尔数；

R——气体常数，取 8.314Pa·m^3/(mol·K)；

T——热力学温度，K。

（三）控制渗滤液产生量的工程措施

1. 入场废物含水率的控制

填埋过程中随填埋废物带入的水分，相当部分会在废物压实过程中渗滤出来，其量在渗滤液产生量中占相当大的比例。为此，必须控制入场填埋废物的含水率。城市垃圾卫生填埋

场一般要求入场填埋的城市垃圾含水率＜30％（质量分数）。

2. 控制地表水的入渗量

由于地表水渗入是渗滤液的主要来源，因此消除或者减少地表水的渗入量是填埋场设计的最为重要的方面。对包括降雨、暴雨、地表径流、间歇河和上升泉等的所有地表水进行有效控制，可以减少填埋场渗滤液的产生量。

地表水的管理的目的是不让区域地表径流进入填埋场区，不让填埋场内径流通过废物，对外界形成污染。当在填埋场产生的地表径流通过废物层并流出填埋场，则会将废物中的污染物带到接受水体中，并可能引起覆盖土壤、边坡、水道以及其他未保护地表的侵蚀。因而需要采取下列措施：

① 对间歇暴露地区产生的临时性侵蚀和淤塞的控制；

② 对最终覆盖区域采取土壤加固、植被、整修边坡等控制侵蚀措施；

③ 沟渠加设衬层，以防止在暴雨期间大流量径流的冲刷；

④ 修建缓冲池以减少洪峰的影响；

⑤ 将流经未覆盖固体废物的径流引至渗滤液处理与处置系统。

管理设施的规模大小是根据对降水量的预测，包括暴雨产生的概率和降水密度而确定的。其设计使用年限应以能控制25～50年内所发生的24h最大降雨量为准。可供选用的控制设施有雨水流路、雨水沟、涵洞、雨水贮存塘等，分述如下。

（1）雨水流路 填埋场内及周围的雨水流路对于减少渗滤液的产生是非常重要的。填埋场通常都位于自然排水线路上，需要在填埋场周围设置场外排洪沟，以防场外周边地域的地表径流进入。对于有些位于周围暴雨地表径流能够进入的填埋场场地，如山谷填埋场来说，这种场地的地表必须有一定的坡度，并需设置地表排水系统，如图6-3-18所示。对于一次性铺设防渗衬层的填埋场，衬层的设计必须允许降雨改道而不进入正在填埋的废物中。

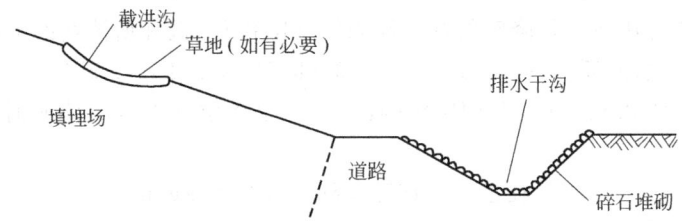

图6-3-18 填埋场中排水路线的典型安排

在填埋场的施工或生产运行期间，宜采用分区施工、分区填埋、分区封顶的操作方式，以控制开放性作业面面积，同时可以减少降水产生的渗滤液量；或是在场内设置临时坝或场内排洪沟，以免场内非作业区的地表径流与作业区的渗滤液相混合。在没有使用的填埋场部分进行降雨径流改道的例子见图6-3-19。

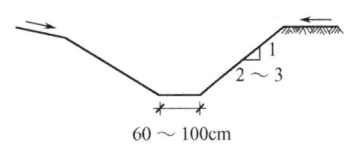

图6-3-19 典型排水沟横断面

对于只需排除顶部地表水的填埋场，其排水设施的总体要求是控制地表水的运移距离。许多填埋场采用一种干扰沟系列，将干扰沟中截流的雨水引入较大的渠中，使之排离填埋场场地。图6-3-20给出了几个例子。

（2）雨水沟 雨水沟（也叫排水浅槽）按照明渠流原理设计。可能会有不只一条渠道（沟）流过或绕过填埋场，多数情况是在主渠之上再连上一条或更多的二级沟，而由主渠承载填埋区域的全部径流。在设计这些沟时，应该仔细估测通过此系统每一部分的适当径流

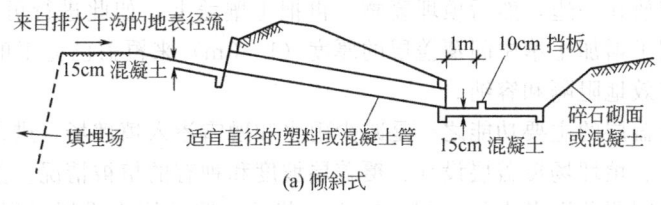

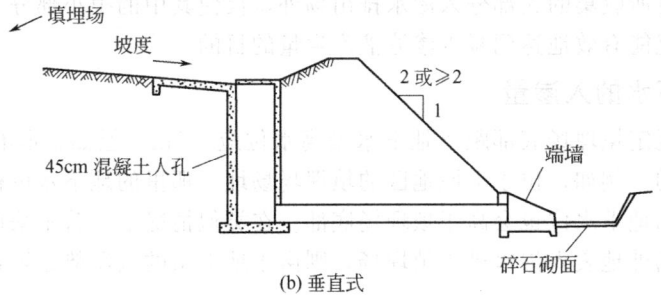

图 6-3-20　地表水引流落入口

量。在位于填埋场上的沟道之底部应有较小的斜坡，以减少停留侵蚀量（注：推荐的最大值为 10%）。防洪雨水沟的截面设计可用曼宁公式计算，即：

$$v = \frac{1.486}{n_r} \gamma_h^{2/3} S^{1/2} \qquad (6\text{-}3\text{-}12)$$

式中　v——水的平均流速，ft/s；

　　　γ_h——平均水力半径，ft，即截面积除以润湿周长；

　　　S——能量线的斜度（＝渠的坡度，小坡度时）；

　　　n_r——粗糙系数。

　　应用曼宁公式最大的困难是选择合适的 n_r 值。提供的 n_r 典型值是根据经验和观测得到的（Chow，1959）。为了减少冲蚀，允许的速度也应该有所限制。

　　（3）涵洞　圆形或矩形涵洞用于排出道路下面的水。涵洞的进出口处应有平缓的过渡，以减少进出口处的侵蚀。进出口处要使用混凝土。在很多情况下，涵洞是不宜长期维护的。因此混凝土涵洞优于金属涵洞，后者需要频繁更换是其缺点。作为一种替代，在长期维护期的后期（一般在填埋场关闭后 20～30 年），可以挖开道路，形成开放式以取代涵洞，但这只有当预计缺乏长期的维护时才采用。涵洞可以是满流的，也可以是半满流的。流性取决于入口的几何形状、坡度、尺寸、粗糙度、接近度及尾水条件等。当流量不超过 0.28m³/s 时，采用底坡为 1%（最小）、直径为 45～50cm 圆形截面的涵洞是安全的。

　　（4）雨水贮存塘　在许多情况下，需要建造暴雨贮存塘（库）来贮存改道后的暴雨地表径流，以减少危及下游的洪水泛滥。典型的贮存塘（库）既要收集填埋场完工后的部分雨水，也要收集尚未完工部分的雨水量。在将地表水入天然流域之前，需要使之通过一座专设的沉淀塘，此塘的作用在于减少流入下游河湖中的地表雨水中的总溶解固体（TDS）量，残留在塘底的沉淀物应定期加以清除，并将其在填埋场内与填埋物等一并进行处置。

　　（5）增加覆盖层的贮排水作用　中间覆盖层和最终覆盖层可用以防止地表水进入填埋场。在用作填埋场中间覆盖层的材料中，只有庭院废物和生活垃圾的堆肥产物、人工黏土衬层和黏土可以有效地防止地表水进入填埋场。为了增加其贮排水的有效性，在上述材料的施工中应铺设成一定的角度，以增强地表的径流能力。在中间覆盖层之上铺设第二层废物时，先把土层除去，堆放在一边，然后填埋废物，再把土壤盖上，如此进行可以取得良好效果。有些填埋场，使用了增加土壤中间覆盖层的厚度（1～3m）来覆盖已完工的隔离室。实践表明，降水可以被有效地阻隔和容纳。

填埋场最终覆盖层的主要功能之一是减少雨水和融雪渗入填埋场。进入填埋场的水量取决于当地水文条件、填埋场覆盖层设计、覆盖层坡度和种有的植被情况。如果填埋场覆盖层采用多层式结构，则要分别考虑每一层的布设。若是在覆盖层内设置衬层-排水层入渗水收排系统，则可以将所收集的大部分入渗水排出场外，仅使其中的很小部分下渗到废物层而形成渗滤液，这样就能有效地达到减少渗滤液产生量的目的。

3. 控制地下水的入渗量

有关的法规规定填埋场底部距离地下水最高水位应＞1m，但如在所有季节都要求符合这项原则是很难的。例如，位于平原地区的填埋场场址，那里的地下水位很高；而山谷型填埋场，在雨季时的地下水位也会高于填埋场底部。在类似情况下，若不采取工程措施来降低地下水位，以防场外地表入渗水进入填埋场，则由于地下水的入浸势必导致填埋场的渗滤液剧增。

对地下水进行管理的目的在于防止地下水进入填埋区与废物接触。其主要方法是控制浅层地下水的横向流动，使之不进入填埋区。成功的地下水管理可以减少渗滤液的产生量，此外还可为改善场区操作创造条件。具体而言，有如下各种控制方法。

（1）设置隔离层法　通过低渗透率材料的隔离作用，防止地下水进入填埋区是一种常用的被动型控制方式。实用的方法有：使用合成材料柔性膜、帷幕灌浆、打入钢板桩等。为取得更可靠的效果，这种隔离层需要嵌入现场的地下某一低渗透层。如果隔离层能进入地下水位以下一定深度，则可使填埋区下面的水位有一定程度的降低。在选择适用的方法时需要注意，可能该法仅能适合于某种特定的地质条件，例如，在该场地的下方必须具备一定厚度的低渗透层。

通常，地下水水位呈季节性涨落态势。铺设在填埋场底部和边坡位置的防渗衬层可以有效地降低地下水入渗量，即使是在黏土层中也应铺设这种衬层。其原因是在大多数情况下，黏土中存在砂缝，同时在场址勘察时，很难判断在它的下层土层中是否有垂直的和水平的裂缝存在。而地下水则有可能透过裂缝进入填埋场，于是就增加了渗滤液的产生量。

（2）设置地下水排水管法　采用布设排水管的方法来控制浅层水，在农业上已经应用了多年。该法对于控制填埋场下方的浅层水位也同样有效。可在场区边界位置开挖沟渠，例如排水管，并用高渗透性材料回填。当地下水位升高时，即会流入排水管排走。为防止排水管阻塞，应在管外用无纺布包裹。

在地下水位较高的砂质环境中，可通过在场区边界位置安装地下水排水管永久地降低填埋场底部的地下水水位。对于山谷型填埋场，也可以安装地下水排水系统降低填埋场底部的地下水水位。为防止排水管阻塞，应在管外用无纺布包裹，并对地下水排水系统进行适当的维护，每年至少清洗一次管道。地下水排水系统中的管道间距，可使用 Donnan 公式（式 6-3-13）进行计算：

$$L^2 = \frac{4K(b^2 - a^2)}{Q_d} \tag{6-3-13}$$

式中　L——排水管间隙，m；

K——水力传导率，m/d；

a——管道和阻挡层之间的距离，m；

b——从阻挡层测得的最高允许水位高度，m；

Q_d——补充率，$m^3/(m^2 \cdot d)$。

对于地下水排水系统，可忽略填埋场的渗漏液，因为它与地下水量相比是很小的。于是

$$Q_d = Ki \tag{6-3-14}$$

则方程(6-3-13)可改变为：

$$L^2 = \frac{4(b^2 - a^2)}{i} \tag{6-3-15}$$

方程(6-3-13)适用于管道安装在隔水层以上的情况，见图 6-3-21。若管道安装在隔水层表面，则 $a=0$，见图 6-3-22。虽然 Donnan 公式与其他公式相比，提供的是管道间的最低积水水位高度，但由于比较简单，所以得到了广泛应用。用该公式求得的管道间距同利用不稳定状态模型得出管道间距相比误差在 $\pm 6m$ 内；在此基础上乘以一个削减系数（0.8~0.9），便可得到保守的估算值。

当管道安装在隔水层以上时，管道中排水量可由下式求出：

$$q_p = \frac{2\pi K Y_0 D}{86400 L} \tag{6-3-16}$$

当管道安装在隔水层表面时，管道中排水量用下式求出：

$$q_0 = \frac{4KH^2}{86400 L} \tag{6-3-17}$$

式中 q_p 或 q_0——每单位排水管从两侧排出的水量，$m^3/(s \cdot m)$；

Y_0 或 H——管道内底以上水位的最大高度，m；

K——在最大水位和阻挡层或排水管之间土壤的平均水力传导加权系数，m/d；

D——平均流动深度（$=d+y/2$），m；

L——管道间距，m。

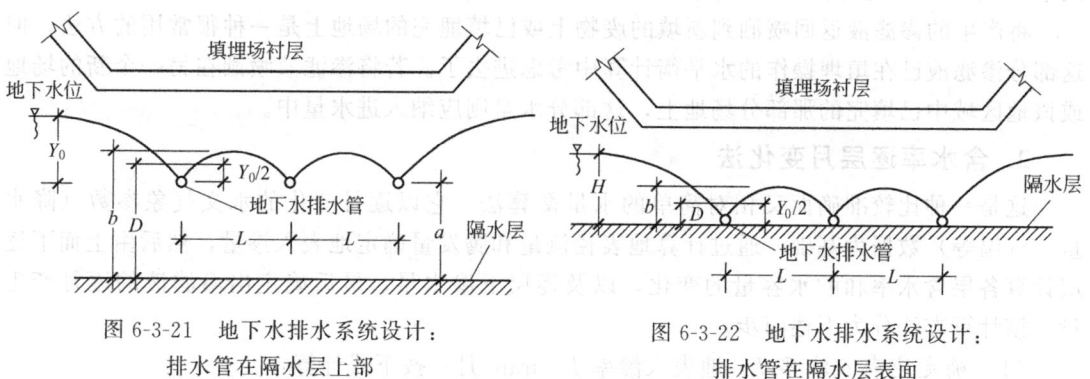

图 6-3-21　地下水排水系统设计：　　　　图 6-3-22　地下水排水系统设计：
　　　　排水管在隔水层上部　　　　　　　　　　　排水管在隔水层表面

将 q_p 或 q_0 乘以总的管长，就得到管道的总排水量。管道的尺寸可从已知的排水速率和管道中水的流速利用曼宁公式计算出来：

$$v = \frac{4.875}{n_r} r^{2/3} S^{1/2} \tag{6-3-18}$$

其中，v 为流速，m/s；r 为水力半径，m；S 为地下水集水管的坡度，m/m；n_r 为粗糙系数。

（3）抽取地下水法　使用水泵抽水法控制地下水位时，应在处置区附近开凿一系列的井眼。经过抽取地下水将在填埋区下面形成一个漏斗，可使地下水位降至填埋区的底部以

下。抽出的水可以排往地表水系统，该法虽然有效，但显然会增加运行费用。

三、渗滤液产生量估算方法

（一）水平衡计算法

1. 简单水量衡算法

可行的估算渗滤液产生速率的方法是使用水量平衡式。填埋场水量平衡的主要因子有：

① 进水量　包括有效降雨（降雨量减去径流和蒸发）、地表水和地下水渗入量，还有处置的液态废物量；

② 场地的地表面积；

③ 废物性质；

④ 场地的地质情况。

对于运行中的填埋场，用于计算渗滤液年产生量水量平衡式为：

$$L_0 = T - E - \alpha W \tag{6-3-19}$$

式中　L_0——填埋场渗滤液年产生量，m^3/a；

T——进入场内的总水量（降雨量 I ＋ 地表水流入量 S_w ＋ 地下水的流入量 G_w），m^3/a；

E——腾发损失总量（蒸发量＋蒸腾量），m^3/a；

α——单位质量填埋废物压实后产生渗滤水量，m^3/t 废物；

W——废物量，t/a。

填埋场封场后，可让场内地表径流（R）流出，并可认为所填废物贮水能力（ΔS）不变，故平衡式为：

$$L_T = T - R - E \tag{6-3-20}$$

式中　L_T——封场后填埋场的渗滤液年产生量，m^3/a。

将产生的渗滤液返回喷洒到新填的废物上或已填埋完的场地上是一种很常用的方法，但这部分渗滤液已在填埋操作的水平衡计算中考虑进去了。若将渗滤液喷洒在另一个新的场地或该地区中已填完的那部分场地上，这部分水量则应纳入进水量中。

2. 含水率逐层月变化法

这是一种比较准确而又相对简单的水量衡算法。它以逐月变化的水文气象参数（降水量、气温等）数据为基础，通过计算地表径流量和腾发量确定地表入渗量，然后由上而下逐层计算各层含水率和贮水容量的变化，以及逐层下渗水量，最后确定出渗滤液的逐月产生量。该计算方法分为下述四步。

（1）确定地表入渗率 I　地表入渗率 I（mm/月）按下式计算：

$$I = W_P + W_{SR} + W_{IR} - R \tag{6-3-21}$$

式中　W_P——月降水量，mm/月；

W_{IR}——月灌溉水量，mm/月；

W_{SR} 和 R——场地外地表径流流入率和离开填埋场的地表径流流出率，mm/月。

（2）确定覆盖土层中的土壤水渗透率 PER_S（mm/月），

$$PER_S = I - E - \Delta S_S \tag{6-3-22}$$

式中　E——月腾发量，mm/月；

ΔS_S——单位面积覆盖土层贮水量的月变化，mm/月。

（3）确定通过固体废物层的水渗透率 PER_R（mm/月），

$$PER_R = PER_S + W_D - \Delta S_R \tag{6-3-23}$$

式中　W_D——单位面积固体废物层分解产生水的速率，mm/月；

　　　ΔS_R——单位面积固体废物层贮水量的月变化，mm/月。

（4）确定渗滤液的月产生数量 Q　填埋场单位面积所产生的渗滤液速率为：

$$q = PER_R \tag{6-3-24}$$

故在整个填埋场渗滤液的月产生量 Q（m^3/月）为：

$$Q = 0.0001A_a \cdot PER_R + W_{GR} \tag{6-3-25}$$

式中　W_{GR}——地下水的月入浸量，m^3/月；

　　　A_a——填埋场的面积，m^2。

（二）经验公式法

1. 年平均日降水量法

这是一种根据多年的气象观测结果，把年平均日降水量作为填埋场平均日渗滤液产生量的计算依据，去预测渗滤液产生量的简单近似方法，其计算公式为：

$$Q = 1000^{-1} \cdot C \cdot I \cdot A \tag{6-3-26}$$

式中　Q——渗滤液平均日产生量，m^3/d；

　　　I——年平均日降雨量，mm/d；

　　　A——填埋场面积，m^2；

　　　C——渗出系数，即填埋场内降雨量中成为渗滤液的分数，其值随填埋场覆盖土性质、坡度而有不同，一般在 0.2～0.8 之间，封顶的填埋场则以 0.3～0.4 居多。据 Ehrig 对德国 15 个填埋场的观测结果，高压实填埋场（压实密度≥0.8t/m^3）的渗出系数为 0.25～0.40，低压实填埋场（压实密度＜0.8t/m^3）的渗出系数为 0.15～0.25。

另外，日本《全国都市清扫协会》认为以下式估算填埋场渗滤液产生量较为合理，即：

$$Q = 1000^{-1} \cdot I \cdot (C_1 A_1 + C_2 A_2) \tag{6-3-27}$$

$$A = A_1 + A_2 + A_3 \tag{6-3-28}$$

式中　Q——填埋场渗滤液产生量，m^3/d；

　　　A——填埋场总面积，m^2；

　　　A_1——填埋场操作面积，$A_1 = A - A_2 - A_3$，m^2；

　　　A_2——填埋场封闭区面积，m^2；

　　　A_3——未填埋区面积，m^2；

　　　C_1——填埋操作区 A_1 的渗出系数；其值为 0.4～0.7，标准值为 0.5；

　　　C_2——填埋场封闭区 A_2 的渗出系数，其值为 0.2～0.4，标准值为 0.3；

　　　I——最大月平均降雨量的日换算值，mm/d。

2. n 年概率降水量法

这种经验模型涉及参数较多，使用时应根据场地实际情况确定这些参数数值，其计算公式为：

$$Q = 10I_n [(W_{sr}\lambda A_s + A_a)K_r(1-\lambda)A_s/D] \cdot \frac{1}{N} \tag{6-3-29}$$

式中　I_n——n 年概率的年日平均降水量，mm/d；

　　　W_{sr}——流入填埋场场地的地表径流流入率；

λ——由填埋场流出的地表径流流出率，其值在 $0.2 \sim 0.8$ 之间；

A_s——场地周围汇水面积，$10^4 m^2$；

A_a——填埋场场地面积，$10^4 m^2$；

$1/N$——降水概率；

D——水从积水区中心到集水管的平均运移时间，d；

K_r——流出系数，通过下式求出：

$$K_r = 0.01(0.002I_n^2 + 0.16I_n + 21) \tag{6-3-30}$$

四、渗滤液收排系统

（一）收排系统的作用

渗滤液收排系统应保证在填埋场预设寿命期限内正常运行，收集并将填埋场内渗滤液排至场外指定地点，避免渗滤液在填埋场底部蓄积。渗滤液的蓄积会引起下列问题：

① 填埋场内的水位升高导致变更强烈的浸出，从而使渗滤液的污染物浓度增大；

② 底部衬层之上的静水压增加，导致渗滤液更多地泄漏到地下水—土壤系统中；

③ 填埋场的稳定性受到影响；

④ 渗滤液有可能扩散到填埋场外。

（二）收排系统的构造

渗滤液收排系统由收集系统和输送系统组成。收集系统的主要部分是一个位于底部防渗层上面的、由砂或砾石构成的排水层。在排水层内设有穿孔管网，以及为防止阻塞铺设在排水层表面和包在管外的无纺布。在大多数情况下，渗滤液的输送系统由渗滤液贮存罐、泵和输送管道组成，有条件时可利用地形以重力流形式让渗滤液自流到处理设施，此时可省掉渗滤液贮存罐。典型的填埋场液体收排系统由以下几个部分组成。

（1）排水层 排水层通常由粗砂砾铺设厚 30cm 以上构成，要求必须覆盖整个填埋场底部衬层上，其水平渗透系数应大于 $10^{-2} cm/s$，坡度不小于 2%。但也可使用人工排水网格。排水层和废物之间通常应设置天然或人工过滤层，以免小颗粒土壤和其他物质堵塞排水层，从而可使渗滤液快速流入排水管，降低衬层上的饱和水深度。

（2）管道系统 一般在填埋场内平行铺设，位于衬层的最低处。管道上开有许多小口。管间距要合适，以便能及时迅速地收集渗滤液。此外，应具有一定的纵向坡度（通常在千分之几），使管道内的流动呈重力流态。

（3）隔水衬层 由黏土或人工合成材料构筑，具有一定厚度，能阻碍渗滤液的下渗，并具有一定坡度（通常 2%~5%），以利于渗滤液流向排水管道。

（4）集水井、泵、检修设施，以及监测和控制装置等 接纳贮存排水管道所排出的渗滤液，测量并记录积水坑中的液量。

（三）收集系统的类型

填埋场渗滤液收排系统的常见类型如图 6-3-23 所示。

在类型 1 和类型 2 中，衬层做成屋顶型，具有一定的坡度，排水管道设在衬层的最低点。在类型 1 中，排水层直接铺设在黏土衬层上。在类型 2 中，排水层上加设一层细颗粒物质（或废物）组成的保护层以防止大块废物刺破人工合成衬层。类型 3 是把排水管设在排水沟中，考虑到衬层厚度尽可能小的要求，这种类型只在特定条件下才使用。类型 4 把保护层与排水层合二为一。排水管周围包上一层高渗透性物质，这时的保护兼排水层可使用渗透性

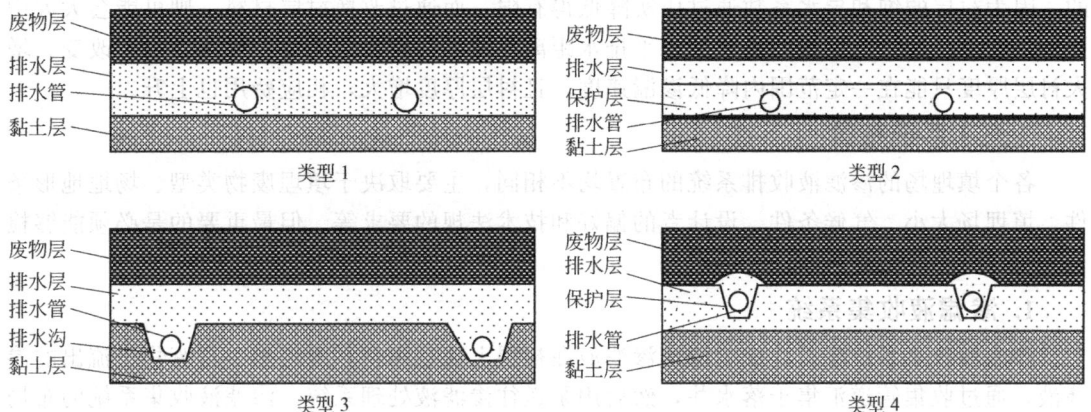

图 6-3-23　渗滤液收排系统的常见类型

稍差一点（但仍属高渗透性）的材料。

（四）收排系统数学模型

流到衬层-排水层的渗滤液的收排和积聚可用图 6-3-24 所示的收集模型表示。

1. 衬层上最大积水深度 h_{max}

$$h_{max} = L\sqrt{C}\left[\frac{\tan^2\alpha}{C} + 1 - \frac{\tan}{C}\sqrt{\tan^2\alpha + C}\right]$$

(6-3-31)

式中　$C \equiv e/K_s$，故 h_{max} 是 e/K_s 的函数；

　　　e——进入填埋场废物层的水通量，cm/s；

　　　K_s——横向排水层（砂砾石层）的水平方向的
　　　　　　渗透系数，cm/s。

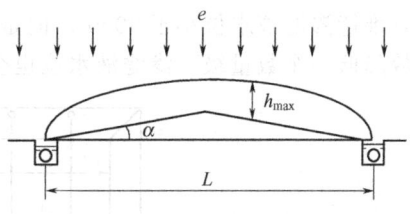

图 6-3-24　渗滤液收集模型图解

2. 渗滤液通过底部衬层的运移速度和穿透时间

渗水通量：

$$q = K_s \frac{d+h}{d}$$

(6-3-32)

渗滤液泄漏量：

$$Q = qA = AK_s \frac{d+h}{d}$$

(6-3-33)

运移速度：

$$v = \frac{q}{\eta_e} = \frac{K_s(d^2+h)}{\eta_e d}$$

(6-3-34)

穿透时间：

$$t = \frac{d}{v} = \frac{d^2\eta_e}{K_s(d+h)}$$

(6-3-35)

式中　h——渗滤液在衬层上的积水高度，cm；

　　　d——衬层的厚度，cm；

　　　K_s——衬层的渗透系数，cm/s；

　　　A——填埋场底部衬层面积，cm²；

　　　η_e——衬层的有效空隙率。

为使透过衬层的渗漏速率降低，提高收排效率，可结合实际条件采取下述措施：①增大排水层的横向饱和导水系数 K_{s1}；②降低衬层的饱和导水系数 K_{s2}；③适当增大衬层的坡度 $\tan\alpha$；④减小衬层水平排水距离 L；⑤适当增大衬层的厚度 d。

这里的第一项可通过选用更粗大颗粒的排水材料达到，选择改变这一项可能是较为合适的，因为衬层的饱和导水系数通过压实降低得有限，而通过改换衬层材料，则可能会大大增大费用投资。对于衬层坡度及衬层水平排水距离，通常都有一定的设计要求，很少改变。增大衬层厚度只能在一定范围内降低渗漏速度，且衬层厚度增大，相应费用也上升。

（五）系统布置

各个填埋场的渗滤液收排系统的布置均不相同，主要取决于填埋废物类型、场地地形条件、填埋场大小、气候条件、设计者的偏好和技术法规的要求等。但最重要的是必须能够检查和清洗整个收集管道网络和落水井。

1. 渗滤液收集系统

渗滤液收集系统应设计成能加速渗滤液在衬层上流动和自系统流出。自废物层流出的渗滤液，通过收集管道汇集于落水井，然后用泵送往渗滤液处理系统。渗滤液收集系统的布局应能提供渗滤液有不同路线流至落水井，并设有检查和排水层发生沉陷的维修条件。

2. 可供选择的渗滤液流动路线

图 6-3-25 是一个能够为渗滤液的流动提供不同流动路线的例子。系统设计成可维持渗滤液水位小于 30cm，即使发生堵塞使排水层渗透性能变差或使多数收集管道堵塞。收集管道之管间距为 6m 时，即使排水层的渗透系数减少两个数量级或有一根管道发生堵塞，也可有效维持渗滤液水位小于 30cm。但是，假如收集管道管间距设计成 24m，即使排水层渗透系数降低一个数量级，渗滤液水位也会超过 30cm。

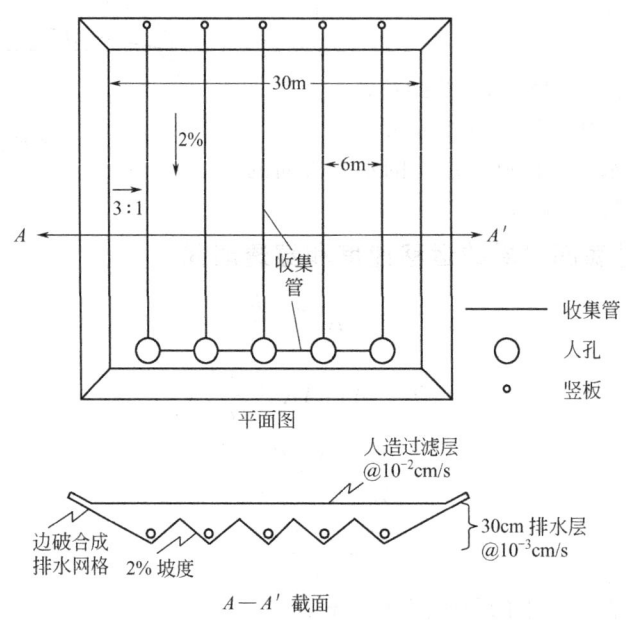

图 6-3-25　渗滤液流动路线可供选择的收集系统布置

（六）排水层

设计排水层时应尽量选用水平渗透系数大的粒状介质，渗滤液收排主系统排水层应采用 5～10mm 的卵石或砾石，层厚不小于 30cm，渗透系数大于 0.1cm/s。考虑到在长期使用过程中渗透系数会降低，设计时选用介质的渗透系数应比理论值大一个数量级，并应在排水层上铺设过滤层，以避免细小颗粒物质进入排水层造成堵塞。渗滤液渗漏检测收排系统排水层一般选用粗砂。

施工时应小心地将排水介质向前推，这样可使车辆不直接在衬层上行驶。这项操作应用轻型推土机完成。如果排水层建筑在合成薄膜上，则应格外小心以保护衬层。由于降雨量大，位于边衬层上的砂质排水层可能被冲刷。因此在边衬层上采用豌豆大小的砾石将会更稳定些。

在排水层材料中，0.074 或更小粒度级（P_{200}）的颗粒不应多于 5%。对排水层应优先选用大小均匀的砂粒，当然为此目的也要选用豌豆大的砾石。整个一层全是砾石是不能作为排水层的，因为如果这样的话，废物中细粒物会迁移并堵塞排水层。所以，若为砾石排水层，则应在其上部设计一个分级过滤器。建造排水层时应严格遵守使用设计中规定的材料。

质量控制测试包括粒径分析和渗透率测试。通常每 765m³ 中进行一次粒径分析，而对渗透率测试，每 1900m³ 一次就足够了。对体积小的填埋场，最少取四次样进行上述每项测试。渗透率测试应在 90% 相对密度下进行。

（七）渗滤液收集沟（管）

1. 渗滤液收集管

渗滤液收集管一般安放在渗滤液沟中，用砾石将其四周加以填塞，再衬以纤维织物，以减少细粒物进入沟内，渗滤液通过上述各层，最后进入收集管。渗滤液收集沟和渗滤液收集管的装设详图见图 6-3-26。

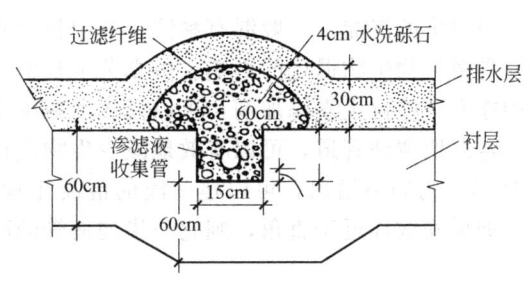

图 6-3-26　渗滤液收集沟详图

在收集沟下方的衬层应该有更大的深度，以保证即使在沟底，衬层也能达到同样的最小设计厚度。

2. 渗滤液收集沟

渗滤液收集沟中的砾石应按如图 6-3-26 所示的那样堆成，以便分散压实时的机械负荷，从而更好地保护渗滤液收集管，防止此种收集管的破碎。如用土工织物作为过滤层，则应将其包覆在砾石层的上面。也可以用分级砂滤层来防止废弃物中的细粒渗入渗滤液收集沟内。

有 ≤50% 的颗粒能通过 0.074mm 筛（P_{200}）的土壤，过滤织物的 AOS 应 ≥0.59mm（US30 号筛）。可以使用的颗粒滤层设计的标准方法如下：

第一判据：

$$\frac{D_{15,滤层}}{D_{85,不透过土壤}} < 4 \sim 5 \qquad (6\text{-}3\text{-}36)$$

第二判据：

$$\frac{D_{15,滤层}}{D_{15,不透过土壤}} < 4 \sim 5 \qquad (6\text{-}3\text{-}37)$$

其中，D_n 表示粒径小于 D_n 的土壤颗粒占 n%。第一个判据的目标是防止土粒迁移到过滤层中，而第二个判据的目的是保证有足够的水力学传导性以维护适当的排水量。

3. 地用织物过滤层

过滤织物的设计方法主要是将土壤粒径特征与织物的表观开口尺寸（AOS）进行比较，由柯勒推荐的简单程序如下：

① 对于 ≤50% 的颗粒能通过 0.074mm 筛的土壤，过滤织物的 AOS 应 ≥0.59mm。

② 对于 >50% 的颗粒能通过 0.074mm 筛的土壤，过滤织物的 AOS 应 ≥0.297mm。

（八）避免系统失效的措施

渗滤液收集系统可因管道堵塞、破裂或设计有缺陷而失效，设计渗滤液收集系统时每个部分都必须认真地进行。

1. 管道堵塞及清除方法

造成管道堵塞的原因有以下三方面。

① 细颗粒的结垢　渗滤液中细颗粒的或由于收集沟中带出的黏土的沉积会引起管道结垢。为了降低土壤结垢的可能性，在渗滤液沟中最好使用地用织物或过滤布。如果滤层的孔隙小到足以阻住 85％的土壤，则周围的土壤就不会向渗滤液沟中迁移。

② 微生物增长　生物堵塞是因为渗滤液中存在微生物。与生物堵塞有关的因素有渗滤液中的碳氮比、营养供给、温度和土壤温度。

③ 化学物质沉淀　化学物质沉淀导致的堵塞，可能是由化学或生物化学过程引起的。控制化学物质沉淀过程的因素有：pH 值的变化、CO_2 分压的改变以及蒸发作用。由生物化学过程产生的沉淀，一般混有黏液，其中包含有菌落，它们常黏附在管壁上。聚合物和添加剂易受微生物生物退化的影响。由真菌生长引起的聚氨基甲酸酯破裂，也有报道在塑料的成分中掺入一些抗生素添加剂，可以延缓和减少生物黏液的形成。

定期地清洗管道，可以有效地减少生物或化学过程引起的堵塞。典型的清洗口如图 6-3-27 所示，为防备溢出，可以建一浅的混凝土检修孔（人孔）。通常清出管是沿倾斜方向安置。如果安放成近于直角，则它与渗滤液管的联结也应采用平缓弯头。

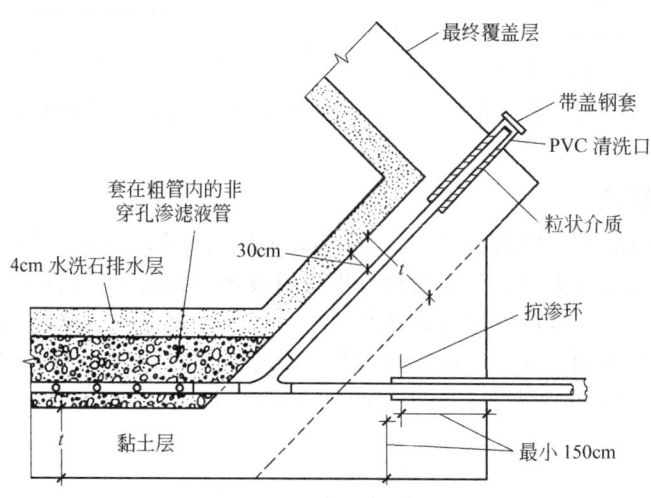

图 6-3-27　典型的清洗口

用于清洗目的的机械设备有三种类型：通条机、缆绳机和爬斗。通条机是将一组坚硬的管节连接起来，组成一根可以弯曲的管线。清洗时，用这根管线通过渗滤液管来回抽送。缆绳机是将一个旋转的附件安在缆绳的端部。缆绳带着旋头通过渗滤液管抽送。这两种机械都是利用各种各样旋头的回转运动来清理的。通条机和缆绳机的缺点是不能去除卸下的碎片，并且需要用大量的水来冲洗碎片。用于渗滤液管清理的水力学设备有两种类型：喷射式和冲刷式。喷射法对大多数类型的堵塞的清理都是有效的，而且易于使用，只需通入管道的一端即可。但是，它可能会损坏过滤层和收集管，对于重的碎片也可能无效。清理喷射卸下的碎片可能需要使用真空装置，喷嘴的尺寸和类型应该根据渗滤液管的口径、长度和预计的堵塞情况来决定。喷射法能清理的最大长度为 303m，但喷射设备的能力是可变的。收集管道还可以用一个软管接在高压水源（如消防水龙头）上来清洗。尽管冲刷法也只需通入管道的一端，但为了较好地清洗，从两端通入更好。尤其是使用下水球或下水喷水枪时，更需要从两端通入。冲洗法简单，但它只能在最初几年使用，或者在不会有严重的生物或化学结垢的填埋场中使用。

2. 避免管道破裂

在填埋场的建造过程和启用期内，如所选管道强度不够，可能发生管道的破裂。渗滤液收集管最好选用具有一定柔韧性的塑料管，为了防止破裂，渗滤液管应该小心施工，只有当渗滤液沟准备就绪后，才能将渗滤液管搬到现场安装，并应避免重型设备自其上方压过。

3. 避免设计缺陷

一般来说，渗滤液流量非常小（$0.5 \sim 1.0 cm/min$），但是在某些填埋场，由于分流结构失效，事故性的流量能使渗滤液流量显著增大。尽管这类情况对于大多数填埋场不常见，但一旦出现，收集管的尺寸就可能不足以有效地应付。收集管还可能由于不均衡的沉降而失效，特别是在填埋场的出口附近和检修孔的入口处。

渗滤液管的弯头应该平缓，因为清洗设备不能通过急弯。十字形渗滤液管应避免使用。有时二级渗滤液管要连接在一根集管上，这根集管用以运送填埋场产生的全部渗滤液。集管的直径应能满足渗滤液总峰值流量的需要。集管与二级管的连接不应使用 T 形接头，而应采用平整 45°或更小的弯头，以便于清理工作的顺利进行。

一个填埋场应有最低数量的检修孔，渗滤液管进出口处的连接应采用柔性连接（图 6-3-28）。检修孔可能会下沉，特别是当它的高度大于 7.5m 时。对于深层检修孔，应该估算它的下沉量。对于深层检修孔，应使用轻型材料（而不是混凝土）。

渗滤液管上的钻孔在放置时，应使孔位于管子的下部。孔开于管道的起拱线附近会降低管子的强度，因此应避免。

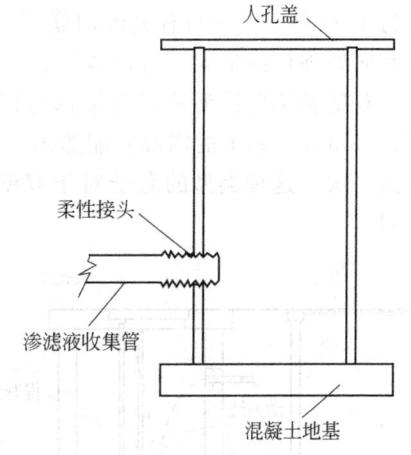

图 6-3-28   典型填埋场人孔详图

（九）渗滤液收集泵和提升站

提升站和泵的主要细节见图 6-3-29。在选择泵时，吸入水头和输送水头都必须考虑，另外注意渗滤液收集液的密度稍大于水的密度。通常提升站使用的泵为自动可潜式。启动和关闭开关的定位应使泵能暂时运转。频繁的开停会损坏泵。关闭开关必须安放在渗滤液收集液入口管抑拱以下至少 15cm。还必须设有导轨，以便于维修时降泵。较大的填埋场应该有备用泵，地表操作阀应该装在渗滤液收集液收入管上，以便于泵的定期维护。如果提升站建在填埋场外，则必须用黏土或合成膜封闭其周围，以减少渗滤液收集液泄漏到地下的可能性。提升站的内部必须采用防渗措施。提升站是否有下沉情况，是否需要进行检查。在计算下沉量时，除了考虑提升站的自重外，还必须考虑泵、导轨和里面蓄存的所收集的渗滤液重。渗滤液收集液收集管的入口连接应采用柔性的。

由于渗滤液收集液的产生率是变化的，必须考虑泵的间隙运转问题，满意的循环周期可取为 12min。集水井的大小根据半个循环周期的渗滤液收集液注入量来估计，即：

$$S_g = V_c T \tag{6-3-38}$$

式中 V_c——每分钟渗滤液收集液的收集量；

T——半循环周期。

泵速（P_1）由下式确定：

$$P_1 = \frac{V_c T + V_c T}{T} = 2V_c \tag{6-3-39}$$

估算贮存容量和泵速时，应该使用一天内预计的最大渗滤液收集量。集水井中最大渗滤液收集水位（开启泵）应低于入口管口15cm。集水井中最低渗滤液收集水位（泵停机）应离井底60～90cm。最大标高（启泵水位）与最小标高（停泵水位）之间的差值应维持较小（60～90cm），以使集水井的尺寸趋于合理。集水井的横截面积A_r是通过假设一个D_f值和已经知道的S_s值来求得：

$$A_r D_f = S_s \qquad (6\text{-}3\text{-}40)$$

通过吸入和输送水头间的差值H_d，泵的制动（BHP）可以用下式计算：

$$BHP = \frac{r_1 H_d P_1}{550E} \qquad (6\text{-}3\text{-}41)$$

式中　r_1——渗滤液收集液密度（注：如果渗滤液收集液密度大于水的密度，可以使用大于10%～15%的值作保守估算）；

　　　E——泵的效率。当使用可浸泵时，吸入和输送水头都应予以考虑。

（十）渗滤液容留罐

渗滤液容留罐应该有足够的容积，在渗滤液产生的高峰期，将渗滤液容留一段时间（通常为1～3d）。应该与有关机构联系，是否有最小容许容量的指令，容留体积取决于泵出频率和向处理厂的最大许可排放量。

双壁和单壁渗滤液容留罐都可以使用。单壁渗滤液罐装在一个黏土或合成膜的套子里（图6-3-30）。套子的内部要能监测。监测井可以检测早期罐的渗漏。井中的指示参数应每月监测一次。这种类型的套子对于双壁罐是不需要的，但两个壁之间均需预留出一定的监测空间。

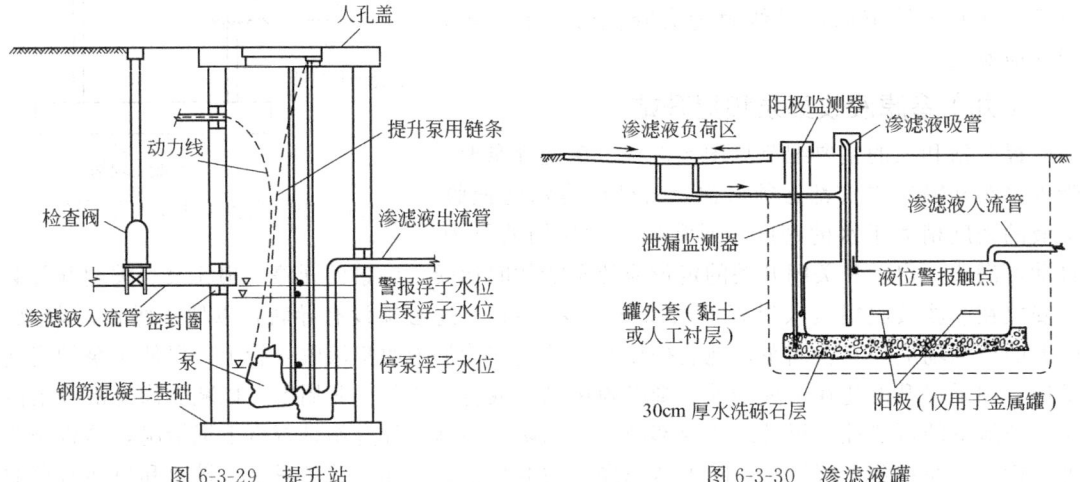

图6-3-29　提升站　　　　　　　　图6-3-30　渗滤液罐

金属和非金属的罐子都可以使用。金属罐必须防止腐蚀。罐的内壁必须涂上合适的材料，以防止渗滤液对罐子的损害。罐子在安装前要进行加压检漏试验，应按制造厂家给出的检漏试验和安装指南进行操作，还应从制造厂家那里取得长期的性能保证。

罐子应正确安装。安装过程中不当的操作或回填都可能损坏罐子。如果预计水位可能升至罐的底部以上，则罐子要用混凝土底基加以适当地固定。当罐子安放在低于水位的浅层时，罐的固定是很重要的。图6-3-31示出了捆扎布置。捆扎间隔应有1.8m，或按照制造者的设计。罐沟要用豌豆大的卵石或破碎的石子（3～15mm粒径）回填。罐的上方要建一个检修孔（人孔），以掩蔽泵（图6-3-32）。为了泵的维修，应提供一个导轨，便于泵的起降。

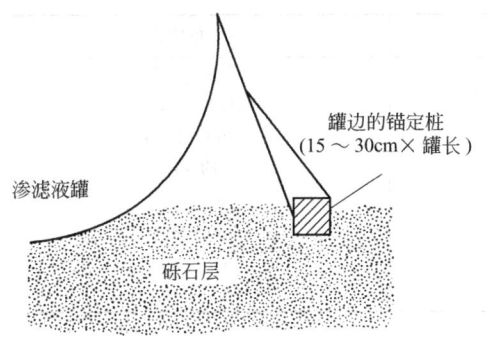

图 6-3-31 固定罐锚定桩

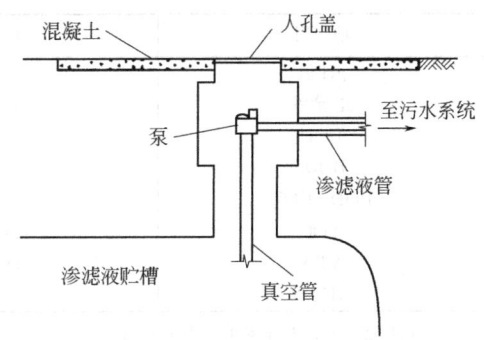

图 6-3-32 有出注泵的渗滤液罐人孔

人孔出口处的管子要装在另一根直径较大的管子里,以提供二级牵制。有些罐车本身就装有一个泵,这时人孔中就不需要有泵了。这种罐车的性能需提早检查,以确定是否需要泵出。立式罐应建一个混凝土的装货垫。装货垫的斜坡应倾向与罐相连的集水井,从而使泼溅的渗滤液能流回罐内。

(十一)防渗环

所有渗滤液管的出口处都应有防渗环,以确保渗滤液不会通过孔隙渗漏,图 6-3-33 是一个典型的防渗环的设计。防渗环周围的土要用手压紧。压实渗滤液出口处周围的土时要小心从事。

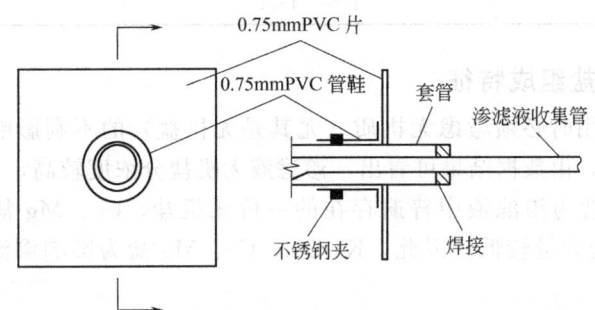

图 6-3-33 防渗环设计详图

第四节 渗滤液处理

一、概述

垃圾渗滤液处理是垃圾卫生填埋场设计和管理过程中的关键问题之一。

(一)渗滤液基本水质特征

1. 渗滤液常规水质特征

不同时期渗滤液水质均波动较大,具有高 COD、高 NH_3-N、高无机盐分的"三高"特点,COD 在几千至几万 mg/L 不等,NH_3-N 在几百至几千 mg/L,而且可生化性极差,BOD_5/COD 偏低,渗滤液采取生物处理方式处理将存在困难。表 6-3-11 所列为渗滤液常规水质参数。

表 6-3-11 渗滤液常规水质参数 单位：mg/L①

项 目	填埋场早期	填埋场晚期
pH 值	5.0～7.4	7.0～8.0
电导率	34.2～45.2	21.1～31.9
COD	11000～12600	2360～2660
BOD₅	—②	约 45
BOD₅/COD	—	<0.1
TOC	2452～2825	250～650
VFA	1800～2400	60～200
NH₃-N	458～485	700～1600

① pH 无单位，电导率单位为 mS/cm。
② "—" 表示未测。

2. 渗滤液有机质组成特征

总体来看，渗滤液中的腐殖酸类物质是有机质中的重要组分（见表 6-3-12），可占早期渗滤液中总有机质 DOC 的 51.6%～55%，占晚期渗滤液总有机质 DOC 的 68%～80%。填埋场渗滤液由于经历较长时间微生物作用，脂肪、蛋白质等的含量均很低，基本可忽略，有机质主要由腐殖酸类物质组成。

表 6-3-12 渗滤液腐殖酸类物质含量 单位：mg TOC/L

渗滤液类型	早期渗滤液	晚期渗滤液
腐殖酸类物质	1266～1851	441～461

3. 渗滤液无机盐组成特征

渗滤液资源化利用时必须考虑无机质（尤其是无机盐）的不利影响。表 6-3-13 为渗滤液无机盐分组成特征，由数据结果可看出，渗滤液无机盐分浓度较高，FDS 可达到 10.20g/L。特别地，K、Na 盐为渗滤液中普遍存在的一价无机盐，Ca、Mg 盐为主要的二价无机盐，而过渡金属 Fe 盐含量较低。因此，K、Na、Ca、Mg 盐为影响渗滤液资源化利用的主要无机盐分。

4. 渗滤液重金属含量特征

渗滤液中重金属主要来源于生活垃圾，一般情况下，渗滤液中仅含有很低浓度的重金属。渗滤液中所测各种重金属的浓度均在污水综合排放标准范围内，除了 As、Pb、Cr 和 Cd 略微超标外，其他重金属含量甚至可达到农田灌溉水质标准。不同来源渗滤液重金属含量差异较大，渗滤液资源化过程的重金属安全性因素需要考虑。

表 6-3-13 渗滤液无机盐分组成特征

项 目	单 位	数 值
TS	g/L	21.33
FS	g/L	17.55
TDS	g/L	12.54
FDS	g/L	10.20
Ca	mg/L	38.0～60.4
Fe	mg/L	1.50～2.82
K	mg/L	1230～1788
Mg	mg/L	176.5～519
Na	mg/L	1076～2770

（二）渗滤液处理要求

我国《生活垃圾填埋污染控制标准》（GB 16899—1997）对填埋场垃圾渗滤液排放控制项目及其限值予以明确。在垃圾填埋场内建立单独的处理系统对渗滤液进行处理，其出水水质应根据排放区域水环境功能区划分，以及地方环境保护行政主管部门确定，并按照《污水综合排放标准》（GB 8978—1996）的有关规定执行；排入设置城市二级污水处理厂的渗滤液，其排放限值执行三级指标，具体限度还可以与环保部门、市政部门协商。《生活垃圾填埋污染控制标准》（GB 16899—1997）中渗滤液排放限值见表 6-3-14。

表 6-3-14　生活垃圾渗滤液排放限值　　　　　单位：mg/L（大肠杆菌值除外）

项　　目	一级	二级	三级
悬浮物	70	200	400
生化需氧量（BOD_5）	30	150	600
化学需氧量（COD_{Cr}）	100	300	1000
氨氮	15	25	—
大肠杆菌	$10^{-1} \sim 10^{-2}$	$10^{-1} \sim 10^{-2}$	

由于填埋场垃圾成分和性质多变等因素，导致渗滤液成分复杂且水质水量波动大，迄今国内外尚无十分完善的能够适应各种垃圾渗滤液的处理工艺。目前国内外对垃圾渗滤液的处理方式主要有生物法、物化法和生物-物化组合法。

二、渗滤液处理技术

渗滤液的处理方法和工艺取决于其数量和特性。而渗滤液的特性决定于所埋废物的性质和填埋场使用的年限。由于渗滤液成分变化很大，因此有多种处理方法，主要处理的技术包括：①渗滤液循环；②渗滤液蒸发；③生物处理技术和物化处理技术。当填埋场不能使用渗滤液循环或者蒸发法，又不可能将渗滤液排往污水处理厂时，就需要对渗滤液进行处理。主要的生物、物理、化学处理方法列于表 6-3-15 中。采用何种处理过程主要取决于要除去的污染物的范围和程度。

表 6-3-15　用于渗滤液处理的生物、化学和物理过程及应用说明

处理过程	应　用	说　　明
生物过程		
活性污泥法	除去有机物	可能需要去泡沫填充剂，需要分离净化剂
顺序分批反应器法	除去有机物	类似于活性污泥法，但不需要分离净化剂
曝气稳定塘	除去有机物	需要占用较大的土地面积
生物膜法	除去有机物	常用于类似于渗滤液的工业废水，填埋场中使用还在实践中
好氧生物塘/厌氧生物塘	除去有机物	厌氧法比好氧法低能耗少污泥，需加热，稳定性不如好氧法，时间比好氧法长
硝化作用/去消化作用	除去有机物	硝化作用和去消化作用可以同时完成
化学过程		
化学中和法	控制 pH 值	在渗滤液的处理应用上有限
化学沉淀法	除去金属和一些离子	产生污泥，可能需要按危险废物进行处置
化学氧化法	除去有机物，还原一些无机成分	用于稀释废物流效果最好，用氯可以形成氯消毒碳化氢
湿式氧化法	除去有机物	费用高，对顽固有机物效果好
物理方法		
物理沉淀法/漂浮法	除去悬浮物	很少单独使用，可以和其他处理方法合用
过滤法	除去悬浮物	仅在三级净化阶段使用
空气提	除去氨和挥发有机物	可能需要空气污染控制设备
蒸汽提	除去挥发有机物	高能耗，需要冷凝水需要进一步处理

处理过程	应　用	说　明
物理方法		
物理吸附	除去有机物	被证实的有效技术，费用依渗滤液而定
离子交换	除去溶解无机物	仅在三级净化阶段使用
极端过滤	除去细菌和高分子有机物	在渗滤液处理上应用有限
反渗透	稀释无机溶液	高费用，需要广泛的预处理
蒸发	适用于渗滤液不许排放处	形成污泥可能是危险废物，高费用除非干燥区

（一）渗滤液再循环

渗滤液管理的有效方法之一是收集渗滤液后再回灌到填埋场[15,16]。渗滤液回灌实际上是一种土地处理技术，主要是利用填埋场垃圾层这个"生物滤床"净化渗滤液。在填埋场的初期阶段，渗滤液中包含有相当量的 TDS、BOD、COD、氮和重金属。通过循环，这些组分通过发生在填埋场内的生物作用和其他物理化学反应被稀释。例如，渗滤液中的简单有机酸将转换为 CH_4 和 CO_2。当 CH_4 产生时，渗滤液的 pH 值升高，金属成分将发生沉淀被保留在填埋场中。

渗滤液回灌，就是用适当的方法将在填埋场底部收集到的渗滤液从其覆盖层表面或覆盖层下部重新灌入垃圾体的一种处理方法。利用回流渗滤液可以向填埋层接种微生物，加快有机物的分解和填埋场的稳定，对水量和水质起稳定化的作用，有利于废水处理系统的运行。研究表明，回灌对填埋场稳定化的加速主要表现在：改善渗滤液水质、加速沉降、提高填埋气产气速率、加速垃圾有机组分的降解。美国佛罗里达大学 Reinhart 在佛罗里达州某填埋场进行渗滤液回灌研究中，渗滤液 COD 从封场时的 35000mg/L，6 年后降至 5000mg/L。同济大学刘疆鹰等在上海老港填埋场 1 年多的试验表明：在一定回灌负荷下，COD 从回灌前的 $10000 \sim 20000$mg/L 稳定降至 1000mg/L 以下，最低降至 300mg/L 以下，达到 GB 16889—1997 二级排放标准。利用渗滤液回灌的生物反应器填埋场能加速废物沉降，很容易达到 $10\% \sim 25\%$ 的原始高度，甚至可以达到 40%，而时间一般为 $3 \sim 5$ 年，与传统填埋场 $20 \sim 30$ 年的沉降量相似。美国 EPA 及有关部门研究认为，一方面回灌使填埋垃圾快速分解而体积减小、沉降加快，增大了填埋能力；另一方面使用其他日覆盖可使土-垃圾比小于传统填埋场 1∶4 的比例，提高填埋场空间利用率，减少填埋场占地。

有试验研究认为，渗滤液回流有助于在填埋层中建立有机物降解的微生物优势菌群；在较小的负荷下，渗滤液经兼性填埋层的回流处理，有机物可以最大程度地降低，COD 去除率最高可达 95% 以上；特别是 NH_3-N 处理效果极佳，在半好氧状态下 NH_3-N 浓度可以降到 10mg/L 以下。

与物化及生物法相比，它能较好地适应渗滤液水质水量的变化，投资省，运行费用低，同时还能加速填埋场稳定化进程，缩短其维护期，减少维护费用。为了防止渗滤液循环造成填埋场气体无控释放，填埋场内要安装气体回收系统。最终，必须收集、处理和处置剩余的渗滤液。对于大型填埋场，有必要提供渗滤液贮存设施。

1. 技术特点

将渗滤液收集并使之重新回到填埋场，称之为循环喷洒处理。基本流程如下：渗滤液→调节池→（预处理）→垃圾体回灌或喷洒。渗滤液的循环喷洒处理是一种有效的处理方法。一是渗滤液的回喷可通过蒸发或被植被吸收，减少渗滤液的场外处理量，降低渗滤液处理的投资。二是加速稳定化进程，通过回喷可提高垃圾层的含水率，增加垃圾的湿度，增强垃圾中微生物的活性，加速产甲烷的速率及有机物的分解，缩短填埋垃圾的稳定化进程。回灌技术在运行方面不需曝气、加药，因而具有经济优势，且管理较其他工艺简单。

2. 技术应用现状

英国 Seamer Carr 填埋场 $1.0hm^2$ 规模的渗滤液循环试验表明，循环区渗滤液 COD_{Cr} 浓度，由 66000mg/L 降至 3 年末的 16000mg/L。张瑞明等在杭州天子岭填埋场的直径 40m、深 2m 试验填埋场回喷研究表明：COD_{Cr} 可由初期 10900mg/L 降至一年后的 143mg/L，去除率超过 98%，出水达到 GB 16889—1997 中二级标准。虽然渗滤液的场内喷洒处理法有上述优点，但至少存在以下两个问题。

① 不能完全消除渗滤液。由于喷洒或回灌的渗滤液量受填埋场特性的限制，因而仍有大部分渗滤液须外排处理。

② 通过喷洒循环后的渗滤液仍需进行处理方能排放，尤其是由于渗滤液在垃圾层中的循环，导致其 $NH_3\text{-}N$ 不断积累，甚至最终浓度远高于其在非循环渗滤液中的浓度。

3. 技术应用条件

在降雨量少的干旱地区（年降雨量小于 700mm），回喷可提高垃圾的含水率（由 20%～25% 提高到 60%～70%），增加垃圾的湿度，增强垃圾中微生物的活性，对填埋场稳定性有较大的促进作用。特别对于蒸发量远大于降雨量的地区，通过向垃圾体回喷渗滤液蒸发处理，在合理的参数下，理论上可做到完全蒸发不外排。

采用渗滤液回灌技术设施简化，基建投资省，甚至可以不需设置专门污水处理厂；运行费用低，主要用于泵送渗滤液；操作管理方便，便于实现自动化。特别是中国西部部分小城镇干旱少雨，采用渗滤液表面回喷蒸发技术可有效地减少渗滤液产量，甚至做到渗滤液"零外排"，在经济欠发达的地区有很强的适用性。不过在渗滤液循环喷洒过程中应注意进水悬浮物过高造成土壤堵塞，以及作业区产生臭味等问题，因此应考虑在喷洒前对渗滤液进行预处理。另外进行回灌处理的填埋场必须具有良好的气体、渗滤液收排系统和防渗层，防止造成地下水污染等环境问题。

渗滤液再循环虽然可以降低其有机成分的含量，但氨、重金属及其他的无机物等仍保持在较高水平，因此在渗滤液再循环后有必要更进一步的处理。而且，对回灌法过剩的渗滤液处理工艺流程、技术参数需要进一步优化。

（二）生物处理技术

生物法处理渗滤液主要是利用微生物将渗滤液中的有机污染物降解而达到净化的目的。垃圾填埋场渗滤液含有大量浓度较高、可生物降解的有机污染物，用生物法处理比较有效。生活垃圾和危险废物中的有毒化学物质可能会对渗滤液的生物处理造成不利影响[17]，但是也可以使用其他许多因素来缓解这种影响。组成生物处理基础的微生物可以暂时地抵抗有毒化学物质排放造成的冲击。尽管微生物的数量损耗得相当严重，但微生物的种群是可以恢复的，因为某些微生物繁殖得很快，而且许多微生物种群具有适应性，并且可以适应许多毒素的不利环境。目前渗滤液处理的生物法包括好氧生物法和厌氧生物法两大类。

1. 好氧处理

处理填埋场渗滤液的好氧生物法主要有活性污泥法、生物膜法及其衍生工艺、生物活性炭流动床法、氧化塘法和微生物絮凝法等。活性污泥法因费用低、效率高和适应性强而得到了广泛的应用。杭州天子岭垃圾填埋场渗滤液采用传统活性污泥法处理工艺，COD 和 BOD_5 的去除率可分别达到 62.3%～92.3% 和 78.6%～96.9%。其运行结果还表明，在适宜微生物生长的季节（每年的 4～10 月），对 COD 和 BOD_5 的去除率效果更加理想。低氧、好氧活性污泥法及 SBR 法等改进型活性污泥流程比常规活性污泥法对磷的去除率更有效。曝气氧化塘体积大，有机负荷低，但由于其工程简单，是经济的好氧生物处理方法，美、英等国的小试证明其处理效果较好。

微生物好氧处理除了能氧化某些有毒物质外，还能适应有重金属离子存在的环境。在这样的情况下重金属不能够被氧化，但是能够被生物污泥所吸收。尽管生物处理方法能够有效地去除许多有毒物质，但是如果有毒物质浓度异常高时，必须进行预处理。可能对生物处理过程造成不利影响的化合物包括以下几种。

（1）金属　如果金属的抑制作用较强时，用石灰使金属成为氢氧化物加以沉淀的简单预处理是必要的。

（2）碳化物　生物氧化方法能够处理浓度非常高的可降解有机物。好氧处理过程中低浓度的氯化溶剂会很快挥发。

（3）氨　好氧和厌氧系统都能承受高浓度的氨（直到 2500mg/L），但在高氨浓度条件下生物处理率会下降。

（4）氯化物　好氧处理能承受相当高的氯化物浓度（直到 20000mg/L）。在 10000mg/L 浓度条件下，厌氧处理的抑制气体产生的敏感性稍有增加。

（5）硫化物　厌氧消化处理通常能够承受 200mg/L 的可溶性硫化物，并且在 400mg/L 的浓度下影响很小。相反，好氧处理能够满足于处理 1000mg/L 的浓度，而无危害现象。

生物处理厂使用包括厌氧系统的厌氧氧化塘或厌氧反应槽以及好氧系统的好氧氧化塘和活性污泥系统。物理化学方法被广泛用于处理填埋渗滤液，这些方法包括空气剥离、pH 值调整、化学沉淀和氧化还原等。对某些渗滤液来说，有时采用先进的处理技术如炭吸附、离子交换和溶剂萃取等可能是必要的，这些处理方法下面将进一步说明。

好氧处理系统通常使用曝气氧化塘或活性污泥处理装置。在这两种情况下，渗滤液均在有活性生物污泥存在的条件下加以曝气。渗滤液在曝气氧化塘中的停留时间可能需要超过 5 天，以便去除渗滤液中 95% 以上的 COD。渗滤液中通常缺乏磷，有时亦缺氮，为了保持好氧系统中生物的活性，必须加入这些必要的营养物。

活性污泥系统使用活性污泥循环装置和一种独立的浓缩器，因此有别于好氧氧化塘。因此总需氧量降低了，并且可使更具活力的生物种群保持在反应器内，从而减少了渗滤液的停留时间并提高了处理效率。

好氧系统使用的装备有表面曝气器或充气气泡曝气装置的曝气池，它们的设计、建造和操作都很简单。曝气池中所产生的生物污泥可进行填埋但不易于进行脱水处理。

2. 厌氧处理

厌氧处理能够提供若干不同于好氧生物处理的优点。这些优点包括产生甲烷气体和较低的污泥量。厌氧系统也不需要曝气装置。主要缺点是氨不能有效地处理。

在厌氧处理系统中，渗滤液中复杂的有机物分子被细菌发酵而成为各种有机酸，这些有机酸有些部分被甲烷菌转化成为甲烷和二氧化碳。大多数开发研究工作只是集中于小规模地使用混合消化器或厌氧过滤器。尽管人们发现过滤器比混合消化器更有效，但是一般认为这两种系统都不适合用于渗滤液的现场处理，因为渗滤液的高浓度 BOD 和氨需做进一步的处理。

厌氧生物处理的出水类似于填埋场长时间运行后自然产生的渗滤液，它的 BOD/COD ＜0.3，COD 浓度在 1000～3000mg/L 的范围内，$NH_3\text{-}N$ 浓度为 500～1000mg/L。因此，渗滤液经过单独的厌氧处理不足以达到排放标准。垃圾填埋场渗滤液的厌氧生物处理法有

UASB（上流式厌氧污泥床）法、ABR（厌氧折流板反应器）法、ASBR（厌氧序批式反应器）法、厌氧混合床过滤系统法、厌氧滤池法等。

厌氧生物处理法的主要优点是负荷高、占地小、能耗省、剩余污泥量小、操作简单，因此投资及运行费用低廉。当填埋场产生的渗滤液中有机污染物浓度较高时，宜首先选用厌氧生物法进行处理。Henry 等在室温条件下，采用厌氧滤池对渗滤液进行了处理，可达到 90% 以上的 COD 去除效果。

生物法设备运行简单，成本低，但难以适应水质和水量的变化，对于填埋场运行中期（填埋 5 年后）及后期时，渗滤液可生化性变差、BOD/COD<0.2、$NH_3\text{-}N$ 增高都会影响生化处理有机物和脱氮效果，因此难以达到出水水质指标。就目前我国正在运行的渗滤液处理厂，以生化法能达到二级排放标准的很少，普遍存在运行效果差的现象。

有报道认为，高浓度的 $NH_3\text{-}N$ 对微生物具有抑制作用[18]，但近几年，许多渗滤液处理的小试[19~21]、中试[22,23]和工程实践[24~29]均证明，只要合理选用生物反应器和优化工艺参数，即使 $NH_3\text{-}N$ 浓度高至 2700mg/L 时，仍可通过生物硝化达标，这种异于传统的高效生物硝化现象的原因可能与渗滤液中含有高浓度的分别可作为硝化细菌碳源和氮源的重碳酸氢盐和 $NH_3\text{-}N$ 以及丰富的具有生长刺激活性的氨基腐殖酸盐等水质特性有关。所以对于生物法而言，大分子有机物是比 $NH_3\text{-}N$ 更难于处理的污染物。

由前述渗滤液的组成可知，渗滤液从填埋初期就含有大量难生物降解有机物，并且随着填埋时间的增长含量逐渐增高，由此导致渗滤液经生物法处理之后，仍含有许多污染物质（主要为腐殖酸等难降解有机物），出水难以达到排放要求。为了使生物处理工艺取得较好效果，必须对渗滤液进行针对大分子难降解有机物的预处理或者深度处理，具体有分解和分离两种处理方式。

（三）物理化学处理

物化法不受水质水量的影响，出水水质比较稳定，尤其对 BOD_5/COD 比值较低、难以生物处理的垃圾渗滤液，有较好的处理效果。一些物理和化学处理方法可作为好氧或厌氧处理渗滤液的补充和替代方法，如加入适当的化学物质以沉淀、氧化和还原有机和无机物颗粒。用过氧化氢、臭氧及次氯酸钙和高锰酸钾等化学氧化剂去除渗滤液中有机物质时，对铁和色度的去除率相当高，但需要使用大剂量的化学氧化剂才能使 COD 去除效率高。使用过氧化氢的处理方法能使某些恶臭得到改善，例如改善由硫化氢所产生的恶臭。在排入下水道之前将渗滤液中的亚硫酸盐氧化成硫酸盐的方法也已实现。

目前处理渗滤液的物理化学法处理主要包括：活性炭吸附、化学沉淀、密度分离、化学氧化、化学还原、离子交换、膜渗析、汽提、湿式氧化法及蒸发-焚烧等。这些方法在一定的程度上，对渗滤液的水质和水量有所改善，但不能从根本上使渗滤液得到完全的处理，且对于大水量的垃圾渗滤液处理，物化方法处理成本和运行费用较高。

1. 吸附法

在渗滤液处理中利用吸附法脱除其中的难降解的有机物、金属离子和色度等，常用的吸附剂有铝土矿[30]、活性炭[31]、生物活性颗粒炭[32]和沸石[33]等。吸附法对去除大分子有机物有一定效果，但作用有限，不能从根本上解决问题，且吸附剂的成本较高，目前应用范围不广。

活性炭吸附工艺适用于处理填埋时间长的或经过生物预处理后的渗滤液，它能去除中等分子量的有机物质。20 世纪 70 年代在欧洲的实验室研究表明，COD_{Cr} 的去除率为 50%~60%，若用石灰石作预处理，去除率可高达 80%。活性炭的投加量与去除的 COD_{Cr} 量的线性关系，当活性炭的投加量为 $800 \sim 1200 g/m^3$ 时，每克活性炭吸附 $3.0 \sim 3.2 mg\ COD_{Cr}$。活性炭吸附工艺的主要问题是高额的费用。尽管如此，首先进行生物预处理，再将该工艺与絮凝沉淀工艺相结合，能保证出水较低水平的 COD_{Cr} 和 AOX。

2. 催化氧化

催化氧化技术可以分解渗滤液中的各种大分子有机污染物，可以作为生物处理的预处理或深度处理措施。近些年来用催化氧化法处理垃圾渗滤液被大量应用，代表性的有 Fenton 试剂、活性炭-H_2O_2 催化氧化和光催化氧化法处理垃圾渗滤液。

Papadopoulos 等在 COD $6500 \sim 8900 mg/L$ 之间时，每升渗滤液投加 100mL 30%（质量分数）双氧水和 40mg 亚铁离子可去除 33% 的 COD。Wang 等用 Fenton 试剂对经 UASB 处理后的渗滤液出水（COD 为 1500mg/L）进行氧化混凝，得到了 70% 的 COD 去除率。Fenton 试剂法的缺点是氧化剂的利用率较低，处理成本相对较高，将其他氧化剂和双氧水组合的活性炭-双氧水催化氧化法效果较为理想。

在光催化氧化技术研究中，Sung Pill Cho 等[34]研究中发现 pH＝4 时有机物降解效果最好，Zong-ping Wang 等[35]认为在 pH＝$3 \sim 8$ 范围内，pH 值越低处理效果越好，而黄本生等[36]则认为反应液的 pH 值对光催化效果的影响不十分显著。程洁红等[37]利用 Fenton 试剂对渗滤液进行预处理，COD 去除率可达 68.2%，弓晓峰等[38]在光助 Fenton 试剂法处理渗滤液的反应动力学研究中发现，COD 降解速度对 COD 的浓度为一级反应。由于光催化氧化工艺尚未完善，且氧化剂的成本较高，因此光催化氧化技术的应用受到很大限制。

3. 化学沉淀法

混凝法是化学沉淀法中最重要的一种方法，常用的混凝剂有硫酸铝、氯化铁和聚合氯化铝等，许多研究者都对此进行了深入的研究。一般混凝剂最佳投加量为 $1 \sim 15 g/L$，COD_{Cr} 的去除率一般为 50%～70%，重金属的去除率可高达 90%，色度去除率为 70%～90%，浊度、悬浮物质的去除率也可达 70%～90%。对生物处理后的渗滤液进行絮凝沉淀时，即使在 BOD_5 很低（<25mg/L）的情况下，COD_{Cr} 的去除率仍可以达到 50%。在垃圾渗滤液化学处理技术与方法中，混凝的方法是最常用、最经济和最重要的方法。但是，化学沉淀法处理垃圾渗滤液的工艺有待于进一步完善。

4. 辐射法

辐射法主要基于水辐解生成的强氧化性物质（·OH、H_2O_2、H_2O^+、O_2^- 等）与水中污染物相互作用，使之达到氧化分解的原理。目前的辐射源主要是 γ 射线和电子束。辐射法可作为预处理手段，将复杂的难降解大分子有机污染物分解成易降解的小分子化合物甚至是二氧化碳和水，以提高渗滤液的可生物降解性。虽然辐射法对有机物的去除率高，但投资费用和技术要求也高，为了防止射线辐射，还需要特殊的保护措施。该技术尚处于研究阶段，若要真正投入实际运行，需进一步完善。

5. 氨吹脱技术

渗滤液中含有高浓度的氨氮和微量的多种重金属离子。高浓度的氨氮对生物处理会产生严重的抑制作用。在温度为 15℃和 pH 值为 8 的条件下，当氨氮浓度超过 200mg/L 时，其中只有 6% 的氨氮以 NH_4^+ 的形式存在，氨氮的存在将会破坏微生物的氧化作用。氨吹脱法是去除渗滤液中氨氮最普遍应用的方法：调节污水至碱性，然后以曝气的方式，使 NH_4^+ 转化为 NH_3，游离氨从水中逸出。渗滤液经吹脱后，去除了大部分的游离氨，并消除了部分挥发性有毒物质对后续生化工艺的影响，并改善碳氮比。但通过吹脱使氨氮达到排放标准，费用很高。所以较经济的办法是先通过吹脱法去除大部分氨氮再进行生物处理。

6. 膜技术

膜处理技术属于分离技术，本质上是物理化学法的一种，但由于其在渗滤液处理领域的特殊性，一般单独归为一类。

自从 1960 年醋酸纤维素不对称膜问世以来，膜分离技术得到了迅速的发展。目前，在废水处理领域也得到了广泛应用，并逐渐扩展至渗滤液处理范围。膜处理可以分为反渗透、纳滤、超滤、微滤等分离技术。根据前处理的效果不同、后续处理工艺或排放的要求不同，膜处理可以选择不同的污染物截留率，亦即不同的膜截留孔径的膜技术，但一般而言，为了确保处理出水达标排放，常采用反渗透或纳滤，而超滤、微滤通常作为反渗透或纳滤的预处理单元。

超滤（Ultrafiltration，UF）与反渗透（Reverse Osmosis，RO）联合处理年轻期填埋场渗滤液经升流式厌氧污泥床反应器（Upflow Anaerobic Sludge Blanket Reactor，UASBR）的出水，COD、色度与电导率的去除率均达 98％以上[39]。

相对于其他处理工艺，反渗透工艺能够容易确保优异的处理效果，再加之工艺简单、占地面积小，在渗滤液处理领域发展较快[40~42]，在垃圾填埋场得到大量应用，目前国内越来越多的大型垃圾填埋场已经开始或筹划应用。

但是反渗透系统无选择性地截留了包括大分子难降解有机物、小分子易降解有机物和盐类在内的几乎所有污染物，因此，导致系统工作效率和出水回收率偏低、驱动压差偏大，进而导致基建和运行成本偏高。

此外，考虑到膜部件单元成本高且易破损和运行成本，为达到良好的处理效果，反渗透工艺的浓缩倍数受到一定的限制[43]，而且反渗透仅仅是一个分离过程，污染物并未降解去除，因此，仍有大量的含污染物浓度相当高的浓缩液需要妥善处置。目前其处置主要有回灌、蒸发和固化后填埋等方法，其中回灌法用得较多，其技术可行、经济性也好，然而回灌会导致渗滤液中盐类累积，对膜处理工艺存在潜在的威胁。随着反渗透工艺在国内填埋场的进一步应用，反渗透浓缩液的处理越来越迫切。

7. 蒸发处理

蒸发法是一种分离挥发性组分与难挥发性组分，并对渗滤液进行浓缩的物理过程。填埋场渗滤液处理的蒸发技术包括自然蒸发和强制蒸发两大类。

渗滤液自然蒸发是早期填埋场渗滤液管理的最简单方法，修建一个底部密封了的渗滤液容纳池，让渗滤液蒸发掉。剩余的渗滤液喷洒在完工的填埋场上。在雨季，容纳池要用地膜等加以覆盖。恶臭气体可能在填埋场覆盖层上聚集，因此需要通风或者进行土壤过滤。土壤层的典型厚度约为 1m，有机载荷率约为 1.6~4kg/m³。在夏季当容纳池不再覆盖时，通常需要有通风系统。如果池子较小，可以四季覆盖。另一种方法是在冬季渗滤液的贮存期进行生物降解等处理，然后在夏季喷洒在附近的田地里。如果附近有足够的田地，则喷洒工作可以连续，即使是在降雨时也可照常进行。由于自然蒸发容易产生环境问题，现在一般已很少应用。

强制蒸发是通过加热溶液至沸腾使水分蒸发，用于具有悠久的研发、应用历史和成熟的工程经验，在染料、医药、农药等工业废水处理领域，尤其是放射性废水的处理，有着广泛的应用。考虑到有机物挥发性受分子量大小的影响，蒸发可以分离大分子难降解有机物，并且垃圾在填埋后会产生大量填埋气体，其主要成分为 CH_4，可作为蒸发的能量来源，所以蒸发也可用于垃圾渗滤液的处理，渗滤液中所有重金属和无机物以及大部分有机物的挥发性均比水弱，因此会保留在浓缩液中，只有部分挥发性烃、挥发性有机酸和氨等污染物会进入蒸汽。利用燃烧填埋气体产生的热量使渗滤液浓缩，是渗滤液处理方法中唯一能实现对填埋场的二次污染源实行综合控制的处理方式，对于填埋场填埋气体的有效控制有着很好的诱导效应。

在蒸发过程中调整渗滤液的 pH 值，可以控制有机污染物和 NH_3-N 在不同阶段分别蒸出[44]，从而实现对渗滤液的处理。但对于自身存在顽强缓冲体系的渗滤液而言，在实际工程中反复调节 pH 值的成本是难以承受的。蒸发与反渗透相结合处理工业废物填埋场渗滤液，在 40℃、45mmHg 压强条件下，得到了只含有原渗滤液的 1% 有机污染物和 20% NH_3-N 的蒸发冷凝液[45]。蒸发法可以对反渗透浓缩液进行进一步的分离，从而可以配合反渗透工艺处理填埋场渗滤液，减轻反渗透系统的压力，在经济、技术可行的前提下达到良好的处理效果。

在填埋场生命周期的各个阶段，渗滤液的性质都有显著变化，与传统处理工艺相比，渗滤液蒸发工艺对渗滤液性质的变化不敏感，可以很容易地适应渗滤液的性质变化，包括 BOD、COD、悬浮固体、溶解固体及进料温度等的变化。一般来说，渗滤液蒸发系统只对 pH 值敏感，取决于制造蒸发器的材料对酸性渗滤液的抗腐蚀能力。

渗滤液蒸发系统基于传热方式的不同，可分为间接传热和直接接触传热两类。

（1）间接传热式蒸发器　热泵蒸发器是一种典型的间接传热式蒸发器。芬兰 Hadwaco 公司[46]开发了一种新型热泵蒸发器，应用了机械蒸汽压缩（Mechanical Vapor Recompression，MVR）、减压蒸发和降膜蒸发等原理，主要组成部分包括真空室、其内的热交换部件和蒸汽压缩风机三部分。热交换部件表面采用的聚合物材料是该工艺的核心技术，在这里水可以在 50～60℃ 下沸腾并能有效抑制结垢。预热后的渗滤液进入蒸发室与已浓缩的渗滤液混合，通过循环泵回流至蒸发器顶部，在热交换部件外表面上形成降膜并沸腾，使部分渗滤液汽化，残余部分在蒸发器下部浓缩，产生的蒸汽通过风机压缩提高压力，至温度略高于沸点后压入热交换部件的内部，释放潜热并传递给热交换部件外表面的渗滤液，冷凝液收集于热交换部件的底部。一旦过程启动，除了风机和泵的动力消耗外，不再需要外加热量。

对于含有大量挥发性有机物的渗滤液而言，热泵等间接传热式蒸发器要确保出水效果，必须对渗滤液进行严格的预处理，或者在蒸发工艺中通过调整 pH 值，控制污染物的挥发。而渗滤液本身具有顽强的酸碱缓冲体系，对渗滤液进行 pH 值调节是不明智的。因此，利用间接传热式蒸发器处理渗滤液，工艺较为复杂，成本较高，出水质量难以控制。此外，尽管有所改善，但是结垢仍然是限制间接传热式蒸发器在渗滤液处理领域应用的一大难题。

（2）直接接触传热式蒸发器　直接接触传热式蒸发器不需要间接传热式蒸发器所必需的固定传热面，结垢对蒸发过程影响不大，加之热量与物质的传递在气液之间发生，传热效率和能量利用率均很高。而且，直接接触传热式蒸发器处理填埋场渗滤液时，可直接、高效地利用填埋气体燃烧产生的能量，避免了伴随能量形式转换产生的无必要的能量浪费，并可对含有挥发性污染物的尾气进行燃烧氧化，实现"以废治废"。因此，在填埋场渗滤液处理领域，相对于间接传热式蒸发器而言，直接接触传热式蒸发器更具有技术优势。

直接接触传热式蒸发器有喷淋蒸发器、直接焚烧蒸发器和浸没燃烧蒸发器三种形式。

喷淋蒸发器[47]利用喷雾嘴把渗滤液喷成雾滴状，在接触式蒸发室内部与从烟囱引入的高温烟气混合，渗滤液雾滴吸收烟气热量而汽化，之后混合气体进入燃烧器，与填埋气体进料混合燃烧。渗滤液经喷淋蒸发器处理后无浓缩液产生，只有少量固体底灰残留。燃烧后的高温烟气除了一小部分（约 1/11）作为蒸发热源外，大部分直接排放，能量利用率较低，所需填埋气体量大。

直接焚烧蒸发器[48,49]是把渗滤液雾化并喷入可接受液体的封闭火焰燃烧器中，可以以填埋气体为原料，有些燃烧器可允许液体直接喷入。燃烧器装置与填埋气体燃烧器大体相似，增加了喷枪使渗滤液进入火焰时先雾化，可用高压泵或压缩空气来雾化液体。当没有渗滤液喷入时可按通常的填埋气体燃烧器运行。

浸没燃烧蒸发就是将燃料与空气送入紧靠液面或浸没在液面之下的燃烧室进行完全燃烧，然后将高温烟气直接喷入液体之中以加热液体的方法[50]。浸没燃烧蒸发器是一种高效的蒸发设备[51~54]，其特点是燃料在特殊燃烧器内燃烧产生的高温气体从液面下排出，与被蒸发液体直接接触发生传热传质。由于其没有固定传热面，因而避免了结晶、结垢等阻碍传热因素的影响，同时由于气液交互、扰动剧烈、尾气温度低，热效率高。因此，浸没燃烧蒸发器被广泛应用于易结垢、高黏性、高沸点或强腐蚀性溶液的蒸发。尾气或冷凝液中污染物的控制是浸没燃烧蒸发技术在渗滤液处理领域应用的限制条件之一。

浸没燃烧蒸发技术的研究与应用历史可以大致分为 3 个阶段。

（1）实现浸没燃烧阶段（1886～1920 年）　世界上第一台浸没燃烧器见于 1886 年英国人 Collier 申请的专利，如图 6-3-34 所示，安装在一个蒸发室内，末端由一个弯头浸入水中，它几乎具备了后来浸没燃烧蒸发装置的所有基本特征。此后经过 30 余年的研究与实践，逐渐解决了浸没燃烧的点火、持续燃烧、防爆、防回火、耐火材料及防腐等问题[55,56]，并相继设计出多种实验室规模的浸没燃烧蒸发装置。

（2）工业应用阶段（1930 年以后）　进入 20 世纪 30 年代，浸没燃烧蒸发技术的研发渐趋成熟，出现了一些各具特色的浸没燃烧蒸发装置[57]，并开始寻求工业上的实际应用。K. A. Kobe 等分别在 1933 年、1936 年进行了硫酸废液及其他难以用常规蒸发方法浓缩的物质的蒸发试验[58,59]，结果表明，利用浸没燃烧蒸发技术可以避免由传统蒸发方法导致的易结垢、腐蚀和起泡等问题。

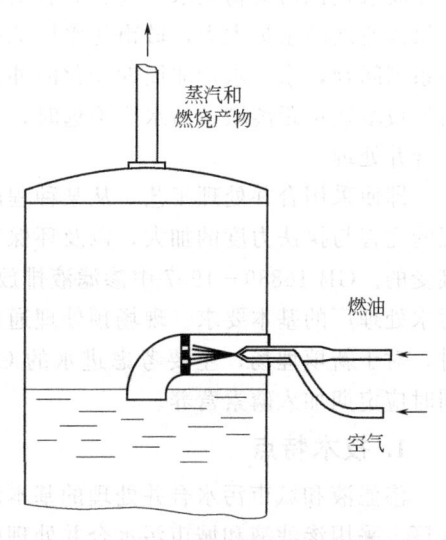

图 6-3-34　首台浸没燃烧蒸发装置示意

直至 20 世纪 40 年代末，浸没燃烧蒸发技术才开始在工业生产领域发挥它的真实作用[60]，应用于硫酸钠和苛性钾生产[61]、磷酸生产[62]、放射性废水处理[63]和钢铁加工[64]等领域，甚至还可以为从沥青砂回收原油等敏感工艺提供热水[65,66]，并逐步扩展到工业废水处理[67~69]。

（3）机理研究与理论模拟阶段（20 世纪 80 年代以后）　针对浸没燃烧蒸发技术的理论研究从其诞生起就已经展开了，但是只停留在热量平衡、物料平衡的水平上。直到 20 世纪 80 年代，才开始高温气泡与液体之间的直接接触传热传质机理的研究。其中，C. M. Hackenberg 等[70]对高温气泡温度随时间的变化进行了模拟，P. L. C. Lage 等[71]模拟了浸没燃烧蒸发器的升温过程，并经过实验验证，F. B. Campos 和 P. L. C. Lage[72,73]对气泡的形成和上升过程中的传热传质进行了模拟。这些模拟工作为浸没燃烧蒸发器的优化设计和工程应用提供了一定的理论依据。

目前浸没燃烧蒸发技术的应用已经扩展到工业废水处理、污泥浓缩及海水淡化等领域。

三、渗滤液处理工艺

用什么样的处理方法主要取决于渗滤液的特性，其次是填埋场当地的地理和自然条件。渗滤液特性方面主要应考虑的因素有 TDS，COD，SO_4^{2-}，重金属和非特殊有毒组分。例如，含有很高 TDS 的渗滤液（如＞500000mg/L）不利于生物处理；高 COD 值的渗滤液利于厌氧处理，因为好氧处理费用更高；高硫浓度的渗滤液可能会限制厌氧处理过程，因为生物降解含硫渗滤液将产生有恶臭的硫化氢气体；重金属的毒理性质也是生物处理过程中的重要问题。下一个问题是处理设施要多大？处理设施的容量取决于填埋场的大小和填埋场的使用年限。对于接受各种废物的老式填埋场而言，特殊有毒组分的存在和出现是需要考虑的问题。

（一）与城市污水厂污水合并处理

在渗滤液的处理方法中，将渗滤液与城市污水合并处理是最简便的方法。但是填埋场通常远离城镇，因此渗滤液与城市污水合并处理还需考虑输送的经济性。渗滤液与城市污水和工业废水相比污染物质浓度高、具有明显的水质水量变化，直接汇入城市污水厂进行处理，如果渗滤液的水量太大，城市污水厂就有可能出现污泥膨胀、氨氮抑制及重金属毒性影响等一系列问题，水质水量非周期变化的冲击负荷也会严重地威胁到污水厂的稳定运行。因此，当垃圾填埋场距离城市污水厂不远时，可以考虑采取适当的现场预处理后，再汇入城市污水厂合并处理。

即使采用合并处理工艺，从某种程度上讲，场内预处理也是必需的，特别是随着环境法规的完善与执法力度的加大，以及环保领域内的市场化要求，渗滤液的直接排放是不能令人接受的。GB 16889—1997 中渗滤液排放的三级标准 COD_{Cr}＜1000mg/L 是渗滤液进入城市污水处理厂的基本要求。现场预处理通常可采用生化处理和物化处理结合。在选取工艺参数时，对于新填埋场，主要考虑进水的 COD 浓度；对于老填埋场，主要考虑 NH_3-N 浓度，同时应定期加入磷素营养。

1. 技术特点

渗滤液和城市污水合并处理的基本流程如下：垃圾渗滤液→调节池→管道输送→城市污水厂。采用渗滤液和城市污水合并处理的方案，是最为简单的处理方案，它不仅可以节省单独建设渗滤液处理系统的大额费用，还可以降低处理成本，利用污水处理厂对渗滤液的缓冲、稀释作用和城市污水中的营养物质，实现渗滤液和城市污水的同时处理。

2. 技术应用现状

苏州七子山城市垃圾填埋场的渗滤液采用"厌氧-好氧"工艺处理，原渗滤液 COD 浓度为 3700～4500mg/L，渗滤液和城市污水的混合比为（4∶6）～（5∶5）时，系统运行稳定，处理出水的 COD 和 BOD_5，总去除率分别达到 88.9%～96.8%；当原渗滤液 COD 浓度为 6500～8885mg/L 时，宜将混合比控制在 2∶8 以内。

3. 技术应用条件

采用合并处理方式时，应考虑两个重要因素，其一是要进行经济平衡分析，当垃圾填埋场远离城市污水处理厂时，渗滤液的输送将增加许多费用，应综合考虑。其二是不同污染物浓度的渗滤液量与污水处理厂处理规模的比例要适当。在考虑合并处理方案时，必须对渗滤液性质和污水厂所能容纳的负荷进行测算，国外研究表明，渗滤液的产生量小于城市污水总量的 0.5%，同时渗滤液带来的负荷增加在 10% 以下，则与城市污水混合处理是可行的。国内研究认为，当污水处理厂规模较小（≤5×10^4 t/d）时，渗滤液必须经过预处理才能并入城市污水体系，否则过高的冲击负荷将使污水处理厂陷于瘫痪；而对于处理规模大（≥20×10^4 t/d）的污水处理厂，渗滤液是否经过预处理都不会影响污水处理厂的运转。

该工艺总体上投资和运行费用较低，当垃圾填埋场与污水处理厂距离较近时有很大的优势，比较适合西部小城镇的地域特点和经济状况。但在应用时应满足国内相关的环境规范要求。例如，通过城市污水管道输送进入污水处理厂时，按规范应达到《生活垃圾填埋污染控制标准》（GB 16889—1997）中的渗滤液三级排放指标，或超过污水厂负荷时应进行适当的预处理后再与污水合并处理。

（二）场内垃圾渗滤液处理工艺

场内处理是指在垃圾填埋场内建立单独的处理系统对渗滤液进行处理，并达标排放，因而其出水水质一般应达到 GB 16889—1997 一级或二级标准。这种方案目前在国内外选择比较多。国内北京的阿苏卫垃圾填埋场、广州大田山垃圾填埋场、重庆长生桥填埋场和杭州天子岭填埋场等都用单独处理方案。渗滤液水质、水量的大幅度变化对工艺系统的运行灵活性、耐冲击负荷、适应条件变化等提出了较高要求。单独处理系统存在以下问题。

① 系统适应水质变化，特别是适应填埋场整个填埋期的能力差。由于填埋场渗滤液水质随填埋时间的延长，BOD_5/COD 呈下降趋势，可生化性下降，会出现填埋初期系统运行良好，而后期则系统不适应的情况。杭州天子岭填埋场，配套设计处理能力 300 m^3/d 的低氧-好氧两级活性污泥法处理工艺，初期污水处理后出水 COD 基本达到二级标准 300mg/L；但随填埋时间延长，由于水质成分变化，可生化性下降，NH_3-N 浓度上升（最高达 2200mg/L，C/N<3.0），致使系统处理效率大为下降，出水中 COD、NH_3-N、色度大大超过 GB 16889—1999 二级标准。因此，单独处理系统的运行稳定性及适水质长时间变化的能力，是单独处理系统工艺方案的确定必须予以重视的问题。

② 流程过长，管理复杂，运行费用高。

③ 与合并处理方案相比，单独设置小规模处理系统在运转费用上缺乏经济的优越性。

1. 渗滤液处理工艺应满足的条件

鉴于渗滤液的水质特点，处理工艺需要满足以下条件，才能使其达标。

（1）满足水量变化大的特点　对于任何已经选定规模的水处理工艺而言，其处理能力均有水量处理上限的问题，因此，在设计中需要考虑一定容量的调节池以及最大处理能力，以便适应较大的水量波动，且工艺应具备一定的抗水量冲击能力。

（2）较强的抗冲击负荷能力　由于渗滤液水质随季节变化波动幅度较大，因此，要求处理工艺需要有极强的抗冲击负荷能力。

（3）高负荷处理能力　渗滤液有机污染物浓度高，属于高负荷有机废水，国家对于渗滤液处理出水水质要求越来越严格，因此，要求工艺具有处理高负荷有机废水的能力，并且出水水质良好。

（4）高氨氮处理能力　渗滤液氨氮浓度一般从几百到几千 mg/L 不等，与城市污水相比，垃圾渗滤液的氨氮浓度高出数十至数百倍，处理出水的氨氮要求很低，则处理工艺对氨氮的去除率必须达到 98% 以上。

由于高浓度的氨氮对生物处理系统有一定的抑制作用，传统的工艺满足不了上述要求。

（5）重金属离子和盐分含量高的问题　渗滤液中重金属和盐分含量会很高，如采用一般的生化处理方式，可能会对生化产生抑制毒害作用，所选的工艺应避免该抑制毒害作用。

2. 组合工艺

渗滤液水质、水量的大幅度变化对工艺系统的运行灵活性、耐冲击负荷、适应条件变化等提出了较高要求；高浓度有机污染物及难生物降解物质和高浓度 NH_3-N，致使工艺系统流程过长，占地面积大，投资和运行费用较高，管理复杂。高浓度难降解物质使出水很难达到一级标准。目前单独处理系统的工艺一般为：预处理→厌氧→好氧→深度处理。预处理一般主要包括氨吹脱，降低 NH_3-N 浓度并调整 C/N 比，混凝沉淀降低有机负荷；厌氧工艺主要采用 UASB 和厌氧生物滤池技术，通过厌氧提高渗滤液的可生化性；好氧生化多数用活性污泥工艺或氧化塘等。

由于渗滤液的浓度高和成分复杂，对处理工艺提出了特殊的要求。仅仅依靠单一的处理工艺很难达到严格的出水要求或者对产生残余物的再处置要求。

国内外渗滤液处理的试验研究和工程运行经验表明，生物处理出水 COD 一般在 500～1200mg/L，不能满足我国 GB 16889—1997 一、二级标准要求。因而后续还需增加深度处理技术，如混凝沉淀、高级氧化技术、膜分离技术和活性炭吸附等。但应用实践显示，除反渗透技术外，其他深度处理技术一般很难保证出水渗滤液达到一级标准。通过对生化后渗滤液分析认为，这是由于生化出水 COD 成分主要为腐殖酸、富里酸类有机物以及可吸附有机卤代物等造成的，这些物质不仅难于生化降解，即使高级氧化技术也难以实现达标去除。通常而言，垃圾渗滤液的基本处理工艺在充分利用生化处理的经济优越性的原则上，还需将几个不同的处理工艺单元进行优化组合，从而取得经济和社会生态的双重效益。

渗滤液处理工艺按流程可分为预处理、生物处理、深度处理和后处理（污泥处理和浓缩液处理）。应根据渗滤液的进水水质、水量及排放标准选择具体的处理工艺组合方式。主要的组合方式有以下几种：

① 预处理＋生物处理＋深度处理＋后处理

② 预处理＋深度处理＋后处理

③ 生物处理＋深度处理＋后处理

预处理包括生物法、物理法、化学法等，处理目的主要是去除氨氮和无机杂质，或改善渗滤液的可生化性。

生物处理包括厌氧法、好氧法等，处理对象主要是渗滤液中的有机污染物和氨氮等。

深度处理包括纳滤、反渗透、吸附过滤、高级化学氧化等，处理对象主要是渗滤液中的悬浮物、溶解物和胶体等。深度处理应以膜处理工艺为主，具体工艺应根据处理要求选择。

后处理包括污泥的浓缩、脱水、干燥、焚烧以及浓缩液蒸发、焚烧等，处理对象是渗滤液处理过程产生的剩余污泥以及纳滤和反渗透产生的浓缩液。

各处理工艺中工艺单元的选择应综合考虑进水水质、水量、处理效率、排放标准、技术可靠性及经济合理性等因素后确定。

渗滤液处理中，深度处理是难点和重点，也是保证达标及运行管理的关键步骤，关于深度处理方案，参见三种工艺方案比较表 6-3-16。

通过表 6-3-16 可见，综合比较，方案三"臭氧-曝气生物滤池"，虽然投资较低，但不能保证达标，没有工程运行经验，风险较大；方案二"DTRO"，处理效果良好，但具有投资较高，浓缩液较多；方案一"NF＋RO"，NF 和 RO 分级处理，减少浓缩液产量，投资较低，运行经验较为丰富，综合比选，该处理工艺推荐选择。

表 6-3-16　深度处理工艺方案比较

项目	方案一	方案二	方案三
	NF+RO	DTRO	臭氧-曝气生物滤池
处理原理	纳滤、反渗透结合	单纯反渗透	高级氧化和生化同步
出水水质	水质较好	水质较好	COD、SS 难保证达标
难点问题	浓缩液难处理；RO 浓缩液较少，进调节池循环处理，NF 浓缩液回垃圾仓	浓缩液较多；且含盐量较高，残留物中的盐分富集对运行影响较大	渗滤液中大量难以生物降解物质 COD 难去除；臭氧加药量需根据水质动态变化，臭氧设备安全性要求较高，对运行人员要求较高
净水回收率	由于纳滤对盐分截留较小，净水回收率较高且比较稳定	DTRO 对盐分的截留，回收率相对方案一有所降低，而且下降较快	回收率高
投资情况	较高	高	较低
工艺运行比较	耗能较低，有较多的工程及运行经验，运行管理简单	耗能较高，运行管理简单	工程及运行经验不足，运行管理较复杂
设备维护	设备维护简单，故障率较小	设备维护要求较高，造成 DTRO 由于运行压力较高，故障率相对较大	设备维护较复杂

目前我国应用较多的垃圾渗滤液处理工艺是"厌氧＋膜生物反应器（MBR）＋纳滤（NF）＋低压反渗透（RO）"，其优点如下。

① 渗滤液先进行厌氧预处理，后进行 MBR 生化处理，再进入纳滤及反渗滤系统进行深度处理，该工艺具有较强的适应性和操作上的灵活性，可以适应不同季节的处理需要，出水完全达到设计排放标准。

② 采用厌氧处理工艺，有机负荷高，抗冲击负荷能力强，进水水质对其影响较小，厌氧后出水有机物浓度大幅降低，对 MBR 系统中反硝化、硝化池的处理冲击较小，充氧设备的能耗较小。

③ 采用膜生物反应器（MBR）能高效地去除渗滤液中的氨氮。与纳滤、反渗透相结合，处理后出水可以达到设计出水标准，具有良好的环境效益。

④ 此工艺已有丰富的工程及运行经验，运行管理、设备配件供应及人员调配都可与现有工程配套进行。

⑤ 该方案投资较低，运行稳定，出水有保证，且可根据现有工程的经验通过一定的措施降低造价，此外本方案运行成本较低，在经济指标上具有较大的优越性。

工艺特点如下所述。

① 能耗低、效率高，能有效地提高渗滤液的可生化性。

② 生物反应器（MBR）处理系统是生物脱氮的关键，反硝化与硝化作用以缺氧、好氧运作，在好氧情况下，微生物会产生硝化作用；在缺氧情况下，微生物会进行反硝化作用以去除氨氮。它将各种形态的氮最终转化为 N_2，缓解了渗滤液中的氮污染问题。

③ NF 和 RO 深度处理系统可确保出水达到回用水标准。

④ 污泥量小。

四、渗滤液膜浓缩液处理技术

伴随《生活垃圾填埋场污染控制标准》（GB 16889—2008）的颁布和实施，垃圾渗滤液的处理更多地采用了生化＋膜滤的组合工艺。NF、RO膜越来越多地被用于垃圾渗滤液处理中，虽然膜的运用具有很多优点，如出水效果好，占地面积小。然而在达标排放上清液的同时，也不可避免地产生了占垃圾渗滤液原液体积的8％～20％的膜滤浓缩液。浓缩液一般不具有可生化性，主要成分为腐殖质类物质，呈棕黑色，COD很高，并且含有大量的金属离子，TDS在20000～60000mg/L之间。纳滤和反渗透工艺产生的浓缩液，COD通常在5000mg/L以上，氨氮浓度在100～1000mg/L，电导率为40000～50000μS/cm。

回灌是较为常见的浓缩液的处理技术。德国从1986年开始将反渗透浓缩液回灌填埋场，实践证实：在充分考虑相关填埋场的特征设计基础上，长期采用回灌处理浓缩液的系统，填埋场排出的渗滤液中主要污染物质浓度没有显著变化。但是，回灌处理浓缩液导致垃圾填埋场渗滤液的含盐量不断增加，并进而使膜处理设备的生产能力不断下降，特别是RO浓缩液回灌的影响大。

（一）蒸发浓缩

1. 渗滤液挥发特性

渗滤液成分复杂，含许多种弱酸弱碱盐类，自身存在顽强的酸碱缓冲体系，pH值的变化对蒸发的影响很大。在pH＝4、5、6三种条件下，年轻期渗滤液蒸发产生的冷凝液中COD浓度均较高，在同一蒸发率前提下，pH值越低，冷凝液COD浓度越高。pH＝7条件下，冷凝液COD浓度整体偏低，但大体上仍高于7000mg/L。在pH＝4和pH＝5两种情况下，蒸发初期冷凝液的COD浓度很高，蒸发过程中逐渐下降，说明在后期蒸发中，相对于有机物蒸发量而言，水的蒸发量更多。实验中初期升温阶段，当液体温度升高至98℃时，接收瓶内开始出现乳白色油状冷凝液，这些先于水蒸发的易挥发性有机物导致了初期冷凝液COD浓度很高。

与年轻期渗滤液的蒸发规律不同，老龄期渗滤液中挥发性有机物含量较少，在渗滤液的化学平衡体系中的作用微乎其微，因此在很短的蒸发时间内，大多数挥发性有机物蒸出。老龄期渗滤液在不同pH值条件下蒸发的起始阶段冷凝液的COD均很高，有机物在蒸发的起始阶段冷凝液中高度集中，随着蒸发率的增加，冷凝液COD随之急剧下降，中后期冷凝液COD稳定在较低水平。冷凝液COD随蒸发率变化的过程中均存在一个浓度转折点，在浓度转折点之前，冷凝液COD浓度由高而低急速下降，在浓度转折点之后冷凝液COD浓度稳定在较低的水平。

蒸发在垃圾渗滤液的处理、垃圾渗滤液膜滤浓缩液的处理中运用越来越多，目前使用较多的有浸没燃烧蒸发（SCE）和机械压缩蒸发（MVC）。

2. 渗滤液浸没燃烧蒸发工艺

（1）渗滤液浸没燃烧蒸发装置 20世纪80年代浸没燃烧蒸发技术开始应用于填埋场渗滤液的处理，渗滤液浸没燃烧蒸发装置原理基本相同，结构大同小异，典型的蒸发器如图6-3-35所示，可分为燃烧室、蒸发区、蒸汽收集区和浓缩区等部分。填埋气体燃烧生成的燃气可从下而上吹过渗滤液，在热量传递给渗滤液的同时，把蒸发的蒸汽一同带出系统。

（2）单级浸没燃烧蒸发工艺 图6-3-36表示的是单级浸没燃烧蒸发工艺[74]。图6-3-37为单级浸没燃烧蒸发工艺的应用实例。渗滤液未经过任何预处理直接进入浸没燃烧蒸发装置，蒸发尾气未经任何处理直接排放，尾气温度低于100℃，能量利用率较高，处理1m³渗滤液消耗填埋气体量约为100～150m³。由于这种工艺没有配备尾气处理系统，要求原渗滤液中的挥发性有机物浓度极低，只适合于环境质量要求不高的地区的已稳定的填埋场产生的性质较稳定渗滤液的蒸发处理，因此，应用范围极为有限。

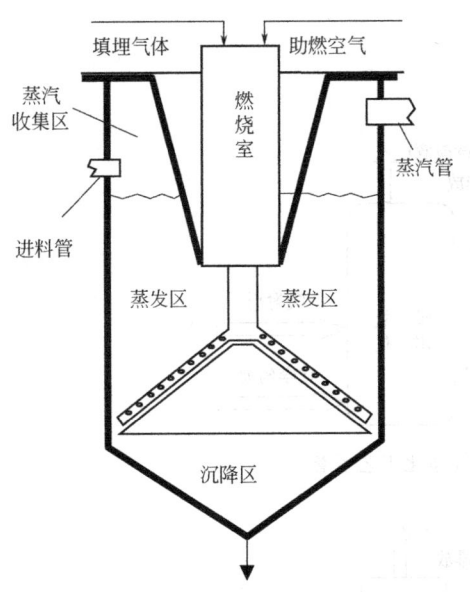

图 6-3-35　渗滤液浸没燃烧蒸发装置典型结构

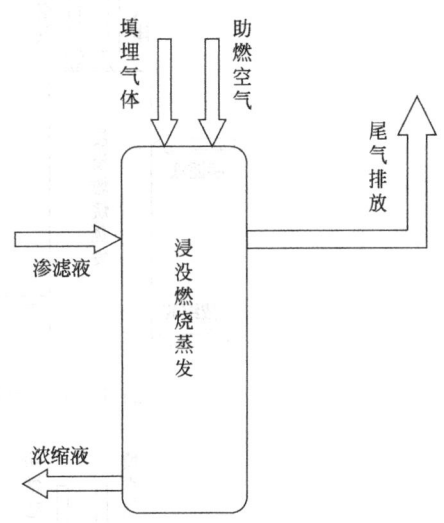

图 6-3-36　单级浸没燃烧蒸发工艺示意

图 6-3-37　单级浸没燃烧蒸发工艺实例

　　(3) **浸没燃烧蒸发＋尾气净化工艺**　图 6-3-38 所示工艺[75]在单级浸没燃烧蒸发工艺的基础上，采用吸附、氧化等方法对尾气进行处理，在未增加填埋气体用量的基础上，可以确保尾气和冷凝液达标排放，极大地扩展了渗滤液浸没燃烧蒸发的应用范围，但是由于基建成本和运行成本的大幅度增加，使得其与传统渗滤液处理技术相比并不具有明显的技术和经济优势。

　　(4) **浸没燃烧蒸发＋尾气焚烧工艺**　图 6-3-39 所示工艺[76]中，在蒸发器之后，另设有一台填埋气体燃烧器对蒸发尾气进行焚烧处理，利用高温氧化销毁尾气中含有的挥发性污染物，蒸发器与尾气燃烧器所消耗填埋气体量之比约为 1∶2。与图 6-3-38 相比，此种工艺可以在确保尾气和冷凝液达标排放的前提下，节省了大量由吸附、氧化等工艺带来的基建和运行成本。但是由于该套系统尾气排放温度高达 750℃以上，尾气热量难以利用，能源利用率低，对填埋气体需求量极大，一般处理 1m³ 渗滤液需要约 400～500m³ 填埋气体，只适合于填埋气体产生量相对较大、渗滤液产生量相对较小的少数填埋场，对于大多数填埋场而言，不能满足其所产生的渗滤液蒸发处理所需气量的供应，因此，渗滤液必须经过减量化处

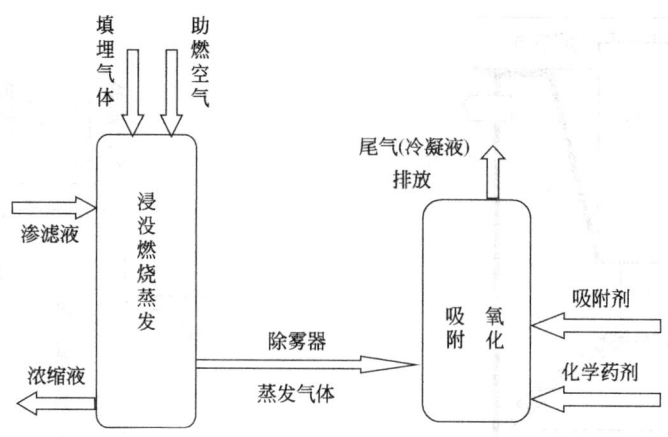

图 6-3-38 浸没燃烧蒸发＋尾气净化工艺示意

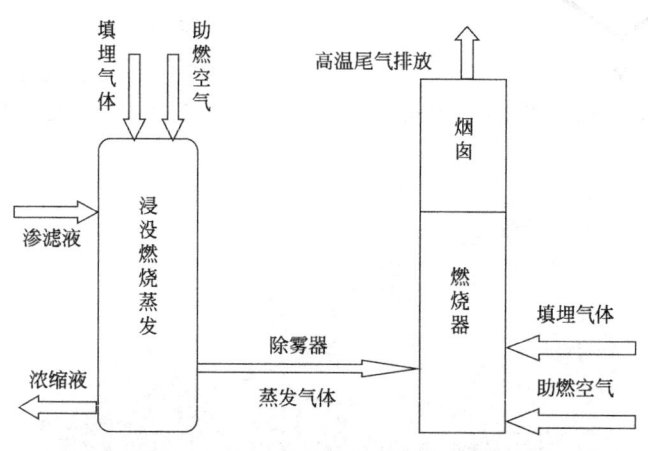

图 6-3-39 浸没燃烧蒸发＋尾气焚烧工艺示意

理之后才能进行蒸发处理。而膜处理工艺是目前唯一较为成熟的渗滤液实用减量化和无害化技术，所以，该套浸没燃烧蒸发工艺一般与膜处理工艺相结合，作为膜处理工艺的配套设施使用，处理膜处理工艺产生的浓缩液。由此导致渗滤液处理系统的结构复杂和成本增大。

该工艺的实际应用如图 6-3-40 所示。

（5）两阶段浸没燃烧蒸发工艺

渗滤液水质在不同填埋时段差异很大。通常，填埋初期，渗滤液呈黑色，可生化性较好，易于处理，而随着填埋时间的延长，渗滤液逐渐呈黄色、红褐色，可生化性变差，越来越难以处理。根据渗滤液的成分特点和现有处理技术情况分析可知，渗滤液难于处理的关键在于生物可降解性随填埋时间的延长而下降，这是由于渗滤液中含有大量难生物

图 6-3-40 浸没燃烧蒸发＋尾气焚烧工艺实例

降解的大分子有机物，并且其在渗滤液中有机物的比例随着填埋时间的延长而增加。

一般而言，渗滤液中的有机物可分为三类：低分子量的脂肪酸类、中等分子量的灰黄霉酸类物质及高分子量的腐殖酸类物质。在填埋初期，渗滤液中大约70%以上的可溶性有机碳是短链的挥发性脂肪酸，其中以乙酸、丙酸和丁酸为主要成分，其次是带有较多羟基和芳香族羟基的灰黄霉酸；随着填埋时间的延长，挥发性脂肪酸逐渐减少，而灰黄霉酸、腐殖酸类物质的比重则增加。这种有机物组分的变化，意味着 BOD_5/COD 的下降，即渗滤液可生化性的降低。而与可生物降解性相对应的是，大分子有机物挥发性差，小分子有机物则易于挥发。

由渗滤液挥发特性结论可知，老龄期渗滤液中挥发性有机物含量很小，蒸发受 pH 值影响小，冷凝液中污染物浓度呈现出明显的"时间分布"规律，即初期冷凝液浓度都很高，之后快速下降，过程中存在明显的浓度转折点，对应于浓度转折点的蒸发率约在20%～40%之间，该转折点之后污染物浓度维持在较低水平。

根据这个规律，可以考虑采用"三分处理法"处理老龄期渗滤液，即利用蒸发方式把老龄期渗滤液分为前期冷凝液、后期冷凝液和浓缩液等三个部分，然后再分别进一步处理。前期冷凝液由于主要成分为小分子挥发性有机物，易于处理；后期冷凝液可视当地环保标准要求或直接排放或经简单处理后排放；而蒸发后最终残留的浓缩液可焚烧、回灌或固化后填埋。将渗滤液按不同污染物性质分离再分别处理，降低了后续处理的难度和规模。

在此基础上提出二阶段浸没燃烧蒸发工艺思路，渗滤液的蒸发分为两个阶段执行，第一阶段蒸发蒸汽含有大量挥发性有机物，送至填埋气体燃烧器焚烧处理；经第一阶段初步蒸发的渗滤液进入第二阶段继续蒸发，此时排放的蒸气以水蒸气为主，其冷凝液视当地环保要求可直接排放或经过简单处理后排放。

与现有渗滤液的浸没燃烧蒸发技术相比，二阶段浸没燃烧蒸发工艺只有一部分蒸发的渗滤液需要焚烧，最终排放的尾气温度不到100℃，节能降耗效果明显。

二阶段浸没燃烧蒸发工艺流程如图6-3-41所示，两级浸没燃烧蒸发器各配备一台独立的填埋气体燃烧器，一级、二级蒸发器间分工清楚、界限明显。具体处理步骤如下。

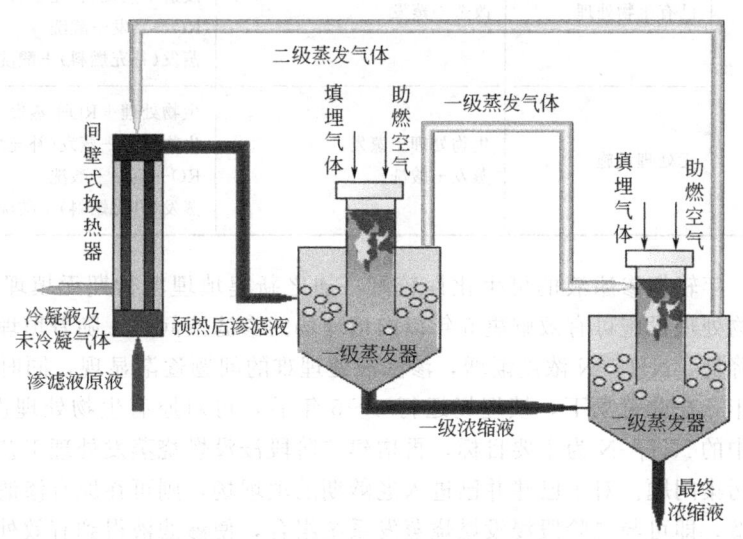

图 6-3-41　二阶段浸没燃烧蒸发工艺流程

① 蒸发焚烧阶段（一级蒸发器）　首先，渗滤液原液经间壁式换热器预热后进入一级蒸发器的蒸发室，令填埋气体在一级蒸发器的燃烧室燃烧，将高温烟气直接通入一级蒸发器的

蒸发室内的渗滤液中，通过一级蒸发器的布气系统将高温燃气撕裂成微小气泡，与渗滤液直接接触传热，使一级蒸发器蒸发室中渗滤液被初步浓缩。

将一级蒸发器产生的蒸发气体直接引入二级蒸发器的填埋气体燃烧室，通过调整燃料的用量控制燃烧温度在 $850 \sim 1100℃$，在此条件下焚烧去除一级蒸发气体中的有害污染物，初步浓缩的渗滤液输入二级蒸发器的蒸发室中。

② 蒸发浓缩阶段（二级蒸发器） 二级蒸发器的燃烧室为一级蒸发器的蒸汽提供焚烧净化的能量和场所，高温烟气直接通入二级蒸发器的蒸发室内的渗滤液中，通过二级蒸发器的布气系统将高温燃气撕裂成微小气泡，与渗滤液直接接触传热，使二级蒸发器蒸发室中的渗滤液进一步蒸发浓缩得到最终浓缩液。

二级蒸发器产生的蒸发气体，经尾气风机引入间壁式换热器对渗滤液原液预热。

并不是所有填埋场渗滤液都能经过二阶段浸没燃烧蒸发工艺得到有效的处理，其主要限制因素有三点：a. 年轻期渗滤液的蒸发过程中，冷凝液中污染物浓度持续较高，且受 pH 值影响大，不适合采用二阶段浸没燃烧蒸发工艺；b. 二阶段浸没燃烧蒸发工艺对于 NH_4^+-N 的去除作用有限，不可避免地将有部分 NH_4^+-N 进入冷凝液；c. 填埋场对填埋气体收集，并且填埋气体量能够满足渗滤液蒸发的需求。

但是，可以根据不同填埋场渗滤液的具体特点，有针对性地采取一些配套措施配合该项技术实施，例如，廉价的生物法既可以分解渗滤液中大部分小分子有机物，还可以实现高效的脱氮目标，是理想的配套方案之一。按表 6-3-17 所列配套方案实施，则可避开限制条件，取得最优的处理效果。

表 6-3-17   二阶段浸没燃烧蒸发工艺的配套实施方案

填埋场类型		气量足够	气量不够
新建填埋场		生物处理＋蒸发	生物处理＋RO＋蒸发 生物处理＋蒸发(补充燃料)
已建填埋场（＞3年）	已有生物处理	改造＋蒸发	改造＋RO＋蒸发 改造＋蒸发(补充燃料) RO＋蒸发＋酸洗 蒸发(补充燃料)＋酸洗
	无处理设施	生物处理＋蒸发 蒸发＋酸洗	生物处理＋RO＋蒸发 生物处理＋蒸发(补充燃料) RO＋蒸发＋酸洗 蒸发(补充燃料)＋酸洗

具体而言，年轻期渗滤液的可生化性较好，加之新建填埋场初期无填埋气体可收集利用，因此，生物处理设施可有效解决 5 年以内填埋场的渗滤液问题；随着填埋龄的增加，渗滤液可生化性降低，NH_4^+-N 浓度渐增，渗滤液处理难的问题逐渐显现，同时，填埋场的填埋气体产量渐丰，在此背景下，填埋场运行 $3 \sim 5$ 年后，可对原有生物处理设施加以改造，以去除渗滤液中的 NH_4^+-N 为主要目标，再增建二阶段浸没燃烧蒸发处理工艺，解决老龄填埋场渗滤液的污染问题。对于已建并已进入老龄期的填埋场，则可在原有渗滤液处理设施的基础上稍加改造，即可与二阶段浸没燃烧蒸发系统组合，使渗滤液得到有效处理。

除了通过上述生物处理设施在蒸发工艺前脱氮的方法以外，还可以在蒸发工艺后针对尾气增加酸洗装置，NH_4^+-N 被吸收后还可以作为肥料利用。

对于填埋气体产生量相对较小的填埋场，有两种思路解决渗滤液量与填埋气体量不匹配的问题：其一，可在渗滤液处理工艺中增加反渗透工艺，利用蒸发工艺处理反渗透工艺产生的浓缩液，通过反渗透处理可减少需要蒸发的水量，而与蒸发工艺组合则可减轻反渗透工艺的压力，降低其运行成本，解决了反渗透工艺的主要问题；其二，可考虑利用其他商品燃料作为辅助燃料，包括燃油、天然气、煤气等。

3. 渗滤液机械压缩蒸发工艺

近年来，机械压缩蒸发（MVC）工艺开始应用到垃圾渗滤液的处理中。MVC 蒸发处理垃圾渗滤液的原理是将产生的蒸汽进行机械压缩，提高蒸汽温度，使之成为热源，将原渗滤液蒸发产生新蒸汽，新蒸汽又经压缩提升温度，如此循环，而原高温蒸汽变成蒸馏水，蒸馏水排出前将余热交换给进水来液，故能耗很低。MVC 蒸发处理工艺可把渗滤液浓缩到不足原液体积 3%～10%，清水排放率可高达 95% 以上。潮州市锡岗垃圾填埋渗滤液采用 MVC 蒸发技术，经蒸发后产生的浓缩液大概在 10%。

针对 MVC 高效蒸发的特点，可考虑将 MVC 技术引入到膜滤浓缩液的处理，广州盛宝龙环保技术有限公司将从广州某地垃圾渗滤过 RO 浓液通过 MVC 蒸发后，TDS 达到 25%，配合沼气干燥，干燥粉末在 3% 以下。

（二）资源化处理

1. 渗滤液腐殖酸类物质元素组成特征

表 6-3-18 为渗滤液腐殖酸类物质元素组成与其他天然河流、湖泊和土壤中腐殖酸类物质元素组成比较。渗滤液腐殖酸类物质腐殖化程度较低，C 含量较低（腐殖酸为 49.52%，黄腐酸为 48.14%），H、N 和 S 含量较高，O 含量与天然腐殖酸类物质相当。渗滤液腐殖酸类物质 N、S 含量较高可能与物料来源有关，因为生物质废物的主要特点为蛋白质等有机质含量高。

表 6-3-18　不同来源的 HS 的元素组成比较　　　　　单位：%

来源		C	H	N	S	O	N/C	O/C	H/C
FA	渗滤液	48.14	7.05	4.31	2.35	38.15	0.08	0.59	1.76
	Ohio 河	55.03	5.24	1.42	2.00	36.08	0.02	0.49	1.14
	Vouga 河	53.4	4.50	1.50	—	37.30	0.02	0.52	1.01
	Suwannee 河（IHSS）	52.40	4.30	0.70	—	32.90	0.01	0.47	0.98
	Bicayne 地下水	55.44	4.17	1.77	1.06	35.59	0.03	0.48	0.90
	Sanhedron 土壤	48.71	4.36	2.77	0.81	43.94	0.05	0.68	1.07
HA	渗滤液	49.52	3.88	6.16	3.55	36.89	0.11	0.56	0.94
	Ohio 河	54.99	4.84	2.24	1.51	33.70	0.03	0.46	1.06
	Vouga 河	55.40	3.90	2.40	—	42.2	0.04	0.57	0.84
	Suwannee 河（IHSS）	52.50	4.40	1.20	—	42.50	0.02	0.61	1.01
	Bicayne 地下水	58.28	3.39	5.84	1.43	30.36	0.09	0.39	0.70
	Sanhedron 土壤	58.03	3.64	3.26	0.47	33.69	0.05	0.44	0.75
	IHSS 标准风化褐煤	63.25	3.64	1.17	0.84	31.05	0.02	0.37	0.69
	Aldrich 商业腐殖酸盐	68.98	5.26	0.74	4.24	43.45	0.01	0.47	0.92

注："—"表示未测。

（1）渗滤液腐殖酸类物质紫外可见吸收特性　图 6-3-42 为渗滤液腐殖酸和黄腐酸紫外-可见扫描波谱图。由图可知，渗滤液腐殖酸类物质在波长＜400nm 的紫外区显示特征性吸收，而且吸光度达到 3～5，说明其较高含量的 C=C 和 C=O 结构，这与天然源腐殖酸类物质结构相似。

（2）渗滤液腐殖酸类物质官能团结构　针对渗滤液腐殖酸类物质化学官能团结构，主

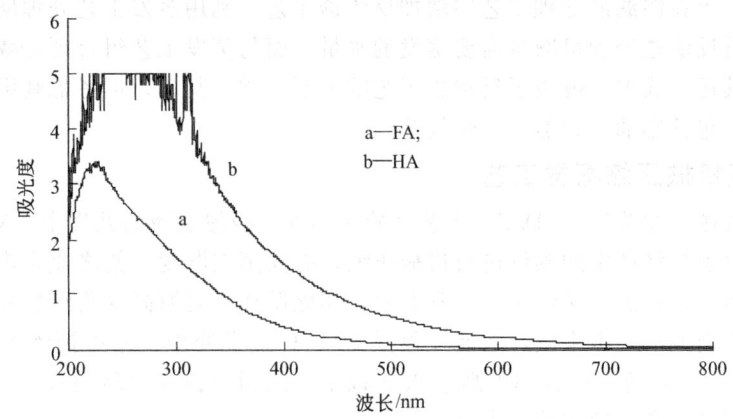

图 6-3-42　渗滤液腐殖酸和黄腐酸紫外-可见扫描波谱图

要采用红外分析和核磁共振分析手段进行定性和定量表征。图 6-3-43 为渗滤液中腐殖酸和黄腐酸红外光谱图，与相关参考文献中的天然源以及污泥、堆肥等废物源腐殖酸类物质红外光谱图比较，发现渗滤液腐殖酸类物质同时具有天然源和废物源腐殖酸类物质的化学结构特征。天然源、废物源和渗滤液腐殖酸类物质均出现 3430cm^{-1} 的羟基—OH 伸缩，2930cm^{-1}和 1440cm^{-1} 区域的脂肪链甲基和亚甲基 C—H 伸缩。然而，仅天然源和渗滤液腐殖酸类物质出现 1720cm^{-1} 和 1440cm^{-1} 区域的羧酸结构，1570cm^{-1} 附近的氨基化合物结构仅出现在废物源和渗滤液腐殖酸类物质。

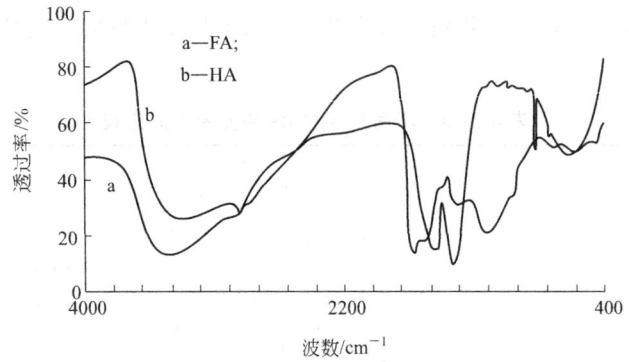

图 6-3-43　渗滤液腐殖酸和黄腐酸红外光谱图

除了光谱相似性以外，渗滤液腐殖酸类物质还具有一些独特结构：758cm^{-1} 初级胺 N—H 伸缩，1037cm^{-1} 的与 S 直接相连甲基 C—H 摇摆振动，450cm^{-1} 的 S—S 键。

此外，利用核磁共振分析手段定量计算渗滤液腐殖酸类物质 C 化学结构的分布，并与天然源和废物源腐殖酸类物质 C 化学结构进行比较，如表 6-3-19 所示。由表中数据，渗滤液腐殖酸类物质中能促进作物生长活性的羧酸结构比例最高（腐殖酸 15.7%，黄腐酸 21.8%），而脂肪链结构、糖结构和芳香结构比例介于天然源腐殖酸类物质和废物源腐殖酸类物质之间，而且较废物源腐殖酸类物质更接近天然源腐殖酸类物质。

2. 超滤膜分离提取腐殖酸

中试试验装置处理能力 2m^3/d，超滤膜为 2500Da 聚酰胺复合膜（PA 膜）螺旋卷式膜组件，膜过滤面积为 8.36m^2，最高运行温度 50℃，操作压强范围 0.7～1.2MPa。

评价腐殖酸类物质回收和盐分去除的效果，需定义截留率、透过率和纯度概念及计算方法。

表 6-3-19　渗滤液腐殖酸和黄腐酸中碳原子分布　　　　　　　单位：%

C 结构	位移/ppm	污水污泥	堆肥	泥炭	风化褐煤	市场 HA	渗滤液 HA	渗滤液 FA
脂肪链结构	46～10	29.2	20.0	29.1	15.9	30.1	22.8	31.7
糖结构	110～46	40.8	41.1	20.5	16.4	20.4	24.2	20.7
芳香结构	160～110	17.9	26.0	41.4	55.8	40.8	37.3	25.8
羧酸结构	210～160	12.2	12.9	9.0	12.2	7.8	15.7	21.8

① 截留率：表示某时刻浓缩液中某种物质的总量占进料液中该物质总量的百分数。因本试验目的是为了回收腐殖酸类物质，因此腐殖酸类物质的截留率也称为回收率。计算公式为：

$$R = \frac{C_r}{CF \times C_f} \times 100\% \qquad (6\text{-}3\text{-}42)$$

式中　R——截留率；

　　　C_r——浓缩液中某物质的浓度；

　　　C_f——该物质在进料液中的浓度；

　　　CF——浓缩倍数。

② 透过率：表示某时刻透过液中某种物质的总量占进料液中该物质总量的百分数，用 100 减去溶质截留率 R 为该溶质对膜的透过率。

纯度在本试验中特指浓缩液中的腐殖酸类物质占总有机物含量的百分数，计算公式为：

$$P = \frac{TOC_{HS}}{TOC_t} \times 100\% \qquad (6\text{-}3\text{-}43)$$

式中　TOC_{HS}——以 TOC 表示的某时刻浓缩液中腐殖酸类物质的浓度，mg/L；

　　　TOC_t——某时刻浓缩液的 TOC，mg/L。

(1) 总有机质浓缩效果　基于 TOC 在膜两侧的分布和变化情况，总有机质浓缩情况受压强的影响不大，各个压强下浓缩液中的 TOC/TOC_0 均随着 CF 的增加而呈线性升高。浓缩倍数 CF＞5 时，TOC/TOC_0 都在 3 以上。这说明有机物被膜截留浓缩，实现了有机物浓缩富集的目的。

(2) 无机盐去除效果　试验选择的超滤膜在试验操作压强下均能有效脱除 K、Na 盐分，而且随着浓缩倍数增加，K、Na 截留率变化趋势分为两个阶段：CF＝2～4 的 K、Na 去除率显著升高阶段，K、Na 去除率由 45% 升至 75%；CF≥5 的 K、Na 去除率上升速度较缓慢，两者去除率由 78% 升至 85%。

超滤膜在不同操作压强下对 Ca、Mg 二价无机盐离子的透过率低于 K、Na 一价离子：随着浓缩倍数增加，超滤膜对二者去除率缓慢升高，Ca 由 16% 提高至 37%～51%，Mg 则由 44% 上升至 83%～89%（CF≥5）。超滤膜对 Ca、Mg 离子去除率存在显著性差异，渗滤液中存在大量的无机碳酸盐（2000～3000mg/L），而在偏碱性条件下（pH＝8），与渗滤液中大量存在的游离 Ca^{2+} 生成 $CaCO_3$ 沉淀，在膜表面沉积结垢，从而导致 Ca 透过率较低，而 Mg 基本以离子状态存在，从而得以较好的去除。

与 K、Na、Ca、Mg 无机盐离子不同，Fe 去除率仅 5.8%～14.5%。可能原因在于 Fe 与渗滤液中有机质选择性络合，从而绝大部分截留在浓缩液中。

(3) 腐殖酸类物质的分离效果　HA 与无机盐分的浓缩净化因子大于 FA 与无机盐分的浓缩净化因子。操作压强对 HA 与无机盐分分离的影响较为明显，高操作压强（1.0～1.2MPa）条件下的浓缩净化因子比低操作压强（0.7～0.9MPa）下的大。但由于 HA 在 HS 中所占比例远低于 FA，因此 HS 与无机盐分分离效果受 HA 影响不大，而是与 FA 相似，受操作压强参数影响不太明显。HA、FA 和 HS 与无机盐分浓缩净化因子均随浓缩倍数的增加而大体呈线性增加，浓缩倍数达到 5 时，浓缩净化因子均在 11 以上。

（4）腐殖酸类物质的浓缩效果　浓缩液中腐殖酸类物质纯度受浓缩倍数影响不大，在操作压强 0.7～1.1MPa 条件下时纯度相差不多，比进料液腐殖酸类物质纯度高约 10%，而操作压强为 1.2MPa 时腐殖酸类物质纯度较进料液腐殖酸类物质纯度高约 30%，究其原因可能是因为在高压强条件下小分子有机物更易于透过膜而被分离。

腐殖酸类物质分子大小不一，在膜分离过程中小分子的腐殖酸类物质会在压强驱动下进入透过液，在浓缩倍数较低（2～4）时，低操作压强条件下的 HS 回收率高，在浓缩倍数较高（4～6）时，高操作压强条件下的 HS 回收率高。随着 CF 由 2 提高至 6，腐殖酸类物质回收率相应地由最高 100% 下降至约 55%。同时，不同操作压强对腐殖酸类物质回收率下降幅度影响存在差异：0.7～0.9MPa 条件下，HS 回收率下降幅度随压力升高逐渐增大；1.0～1.2MPa，HS 回收率下降幅度随压力升高逐渐减小。

第五节　填埋气体的产生与控制

为阻止填埋场气体（LFG）的直接向上或是通过填埋场周围土壤的侧向和竖向迁移，进而通过扩散进入大气层，在填埋场内一般设有气体控制系统，用以收集场中填埋废物所产生的气体，并将其用于生产能量或是在有控条件下放空或火化，其目的在于减少对大气的污染。

一、填埋气体的组成特征

填埋场气体主要有两类：一类是填埋场主要气体；另一类是填埋场微量气体。

（一）填埋场主要气体组成

填埋场的主要气体是填埋废物中的有机组分通过生化分解所产生，其中主要含有氨、二氧化碳、一氧化碳、氢、硫化氢、甲烷、氮和氧等。它的典型特征为：温度达 43～49℃，相对密度约 1.02～1.06，为水蒸气所饱和，高位热值在 15630～19537kJ/m³。表 6-3-20 给出了城市垃圾卫生填埋场中存在气体的典型组分及含量百分比[77]。表 6-3-21 则提供相应的相对分子质量和密度数据。

表 6-3-20　城市垃圾 LFG 的典型组成

组分	甲烷	二氧化碳	氮	氧	硫化物	氨	氢	一氧化碳	微量组分
体积分数①/%	45～50	40～60	2～5	0.1～1.0	0～1.0	0.1～1.0	0～0.2	0～0.2	0.01～0.6

① 以干体积为基准。

表 6-3-21　城市垃圾 LFG 的相对分子质量及在标准状况下的密度

气体	分子式	相对分子质量	密度/(g/L)
空气		28.97	1.2928
氨	NH₃	17.03	0.7708
二氧化碳	CO₂	44.00	1.9768
一氧化碳	CO	28.00	1.2501
氢	H₂	2.016	0.0898
硫化氢	H₂S	34.08	1.5392
甲烷	CH₄	16.03	0.7167
氮	N₂	28.02	1.2507
氧	O₂	32.00	1.4289

甲烷和二氧化碳是填埋场气体中的主要气体。当甲烷在空气中的浓度在 $5\%\sim15\%$ 之间时，会发生爆炸。因为当甲烷浓度达到这个临界水平时，只有有限量的气体存在于填埋场内，故在填埋场内几乎没有发生爆炸的危险。不过，假如 LFG 迁移扩散到远离场址处并与空气混合，则会形成浓度在爆炸范围内的甲烷混合气体。这些气体的浓度及与渗滤液相接触的气相的浓度，可用亨利定律来估算。因为二氧化碳会影响渗滤液的 pH 值，故还可用碳酸盐平衡常数来估算渗滤液的 pH 值。

（二）填埋场微量气体组成

美国从 66 个 LFG 样品中发现，填埋场微量气体虽然含量很小，但其毒性大，对公众健康具有危害性。英国从三个不同填埋场采集的气体样品中发现了 116 种有机化合物存在，其中许多化合物是非甲烷有机化合物（non-methane organic compounds，NMOCs）。这些微量有机化合物是否存在于填埋场渗滤液中，取决于填埋场内与渗滤液接触的气体中浓度，可以用亨利定律来进行估算。应该指出，国外所发现的 LFG 中挥发性有机化合物浓度较高的填埋场，往往是接收含有挥发性有机物的工业废物的老填埋场。在一些新填埋场，其 LFG 中的挥发性有机物的浓度均较低。

二、填埋场气体的产生及速率

（一）填埋场主要气体的产生

填埋场主要气体的产生过程分为下述五个阶段[78,79]，见图 6-3-44。

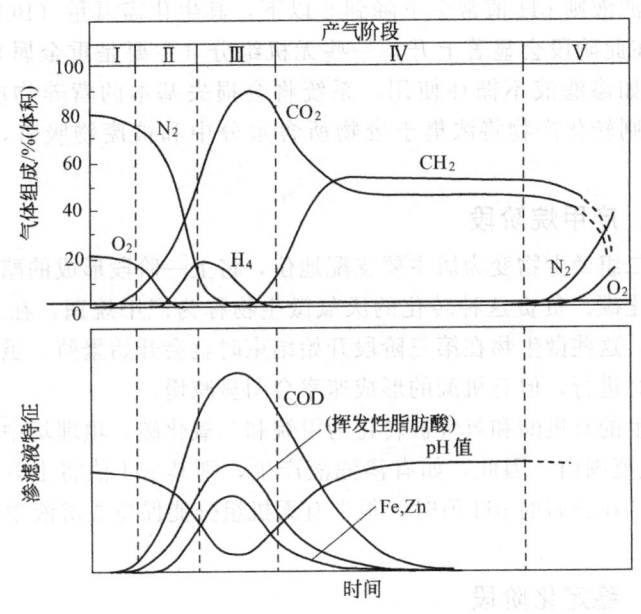

图 6-3-44　填埋场气体产生过程的阶段示意

1. 第一阶段：初始调整阶段

废物中的可降解有机组分在被放到填埋场后很快就会发生微生物分解反应。此阶段是在生化分解好氧条件下发生的，原因是有一定数量的空气随废物夹带进入填埋场内。使废物分解的好氧和厌氧微生物主要来源于日覆盖层和最终覆盖层土壤，填埋场接纳的废水处理消化污泥，以及再循环的渗滤液等。

2. 第二阶段：过程转移阶段

此阶段的特点是氧气逐渐被消耗，而厌氧条件开始形成并发展。当填埋场变为厌氧环境时，可作为电子接受体的硝酸盐和硫酸盐常被还原为氮气和硫化氢气体。测量废物的氧化还原电位可监测厌氧条件的突变点。足以使硝酸盐和硫酸盐还原的还原条件出现在氧化还原电位在 $-50 \sim -100 \mathrm{mV}$。甲烷生成开始于 $-150 \sim -300 \mathrm{mV}$ 氧化还原电位值。随着氧化还原电位继续降低，将所填埋处置废物中可降解有机物质转化为甲烷和二氧化碳的微生物群落开始进入第三步过程，将复杂的有机物质转化为第三阶段描述的有机酸和其他中间产物。在第三阶段，由于存在有机酸和填埋场内气体中二氧化碳浓度升高的影响，如有渗滤液产生，则其 pH 值开始急剧下降。

3. 第三阶段：酸性阶段

在此阶段，起源于第三阶段的微生物活动明显加快，产生大量的有机酸和少量氢气。三步法中的第一步涉及高分子量化合物（如类脂物、多糖、蛋白质和核酸）的中间酶转化（水解），为适于微生物用作能源和脱硫源的化合物。第二步涉及第一步产生的化合物被微生物转化为低分子量的中间有机化合物，典型的中间产物有甲酸、富里酸或其他更复杂的有机酸。二氧化碳是在第三阶段产生的主要气休，少量的氢气也会在此阶段产生。在此转化阶段所涉及的微生物总称为非产甲烷菌，由有兼性厌氧菌和专性厌氧菌组成。在工程文献中，这些微生物常称为产酸菌。

由于本阶段有机酸存在且填埋场内二氧化碳浓度升高，以及有机酸溶解于渗滤液的缘故，所产生的渗滤液则 pH 值常会下降到 5 以下，其生化需氧量（BOD_5）、化学需氧量（COD）和电导率在此阶段会显著上升，一些无机组分（主要是重金属）在此阶段将会溶解进入渗滤液。假如渗滤液不循环使用，系统将会损失基本的营养物质；但如在此阶段渗滤液没有形成，则转化产物将浓集于废物所含水分中和被废物吸着，从而保存在填埋场内。

4. 第四阶段：产甲烷阶段

在此阶段，第二组微生物变为居主要支配地位，将上一阶段形成的醋酸（乙酸）和氢气转化为甲烷和二氧化碳。负责这种转化的厌氧微生物称为产甲烷菌，在文献中常称为产酸菌。在某些情况下，这些微生物在第三阶段开始结束时就会开始繁殖。虽然在此阶段甲烷和有机酸的形成仍同时进行，但有机酸的形成速率会明显减慢。

由于产酸菌产生的有机酸和氢气被转化为甲烷和二氧化碳，填埋场中的 pH 值将会升高到 $6.8 \sim 8$ 的中性值范围内。因此，如有渗滤液产生，则其 pH 值将上升，而 BOD_5、COD及其电导率将下降。在较高的 pH 值时，很少有无机组分能保持在溶液中，故渗滤液中的重金属浓度也将降低。

5. 第五阶段：稳定化阶段

在废物中的可降解有机物被转化为甲烷和二氧化碳之后，填埋废物进入成熟阶段，或称为稳定化阶段。虽然所剩余的、不可利用的可生化分解有机物，在水分不断通过废物层向下运移时仍将会被转化，但填埋场气体的产生速率将明显下降。原因是大多数可利用的营养物质在前面阶段已从系统中去除，而仍保持在填埋场内的给养基生化降解慢。在此阶段所产生的 LFG 是甲烷和二氧化碳。但由于各填埋场的封场措施不同，某些填埋场的 LFG 中也可能会存在少量的氮气和氧气。

在此阶段产生的渗滤液常含有腐殖酸和富里酸，很难用生化方法加以进一步处理。

（二）LFG产生量

由于影响填埋场释放气体产生量的因素很复杂，精确 LFG 的产生量估算很难。为此，国外从 1970 年初就发展了许多不同的理论或实际估算垃圾填埋场产甲烷量的方法，包括：①评价填埋场物理特征和操作背景；②利用废物量，堆放历史和分解过程建立的数学模型；③现场测试。为确定 LFG 的实际产生量和产生速率，首先必须知道填埋废物的潜在产气量（即理论产气量）。填埋废物的潜在产气量，可根据废物的化学计量分子式计算确定，也可以根据废物的化学需氧量计算确定。

1. 经验估算

这种方法需要填埋场地尺寸，填埋平均深度，废物组成，降解速度，垃圾填埋量和该场地的最大容量等有效数据。通过地形勘察和数据分析，先判断记录数据的准确性。然后就可以得到填埋场目前和远期产气较为简单的估算。根据垃圾填埋量和填埋场含水率进行的初步估算是初步设计中的有用工具。典型的垃圾填埋场（25％的含水率，填埋以后不改变）。每年的近似产生量为 $0.06m^3/kg$。如果是干旱或半干旱的气候条件，又没有添加水，填埋废物干燥，则产气量会降低到 $0.03 \sim 0.045m^3/kg$。相反，如果填埋后有很合适的湿度条件，产气量可能达到 $0.15m^3/kg$ 或更高。为了在一个给定的填埋场中得到可靠的估算，估算者必须依靠自己的经验和其他类似的填埋场数据。

2. 化学计量计算法

有机城市垃圾厌氧分解的一般化学反应可写为：

$$有机物质(固体)+H_2O \longrightarrow 可生物降解有机物质+CH_4+CO_2+其他气体 \quad (6-3-44)$$

假如在填埋废物中除废塑料外的所有有机组分，可用一般化的分子式 $C_aH_bO_cN_d$ 来表示，假设可生化降解有机废物完全转化为 CO_2 和 CH_4，则可用下式来计算其气体产生总量。

$$C_aH_bO_cN_d+\left(\frac{4a-b-2c+3d}{4}\right)H_2O \longrightarrow \left(\frac{4a+b-2c-3d}{8}\right)CH_4+\left(\frac{4a-b+2c+3d}{8}\right)CO_2+dNH_3$$
$$(6-3-45)$$

采用化学计量方程式计算填埋废物潜在气体产生量的方法和步骤如下：

① 制定一张确定废物主要元素百分比组成的计算表，并确定迅速分解和缓慢分解有机物的主要元素百分比组成；

② 忽略灰分，计算元素的分子组成；

③ 建立一张确定归一化摩尔比的计算表格，分别确定无硫的迅速分解的有机物和缓慢分解的有机物的近似分子式；

④ 计算城市垃圾中迅速分解和缓慢分解有机组分产生的 CH_4 和 CO_2 气体的数量、体积和理论气体产额。

3. 化学需氧量法[80~82]

假设：填埋释放气体产生过程中无能量损失；有机物全部分解，生成 CH_4 和 CO_2。则据能量守恒定理，有机物所含能量均转化为 CH_4 所含能量，即

$$有机物所含能量=CH_4 所含能量 \quad (6-3-46)$$

而物质所含能量与该物质完全燃烧所需氧气量（即 COD）成特定比例，因而有：

$$COD_{有机物} = COD_{CH_4} \quad (6-3-47)$$

据甲烷燃烧化学计量式：$CH_4+2O_2 \Longrightarrow CO_2+2H_2O$，可导出：

$$1gCOD_{有机物}=0.25gCH_4 \tag{6-3-48}$$

为便于实际测量和应用，将 CH_4 的衡量单位转化为体积（L），得到：

$$1gCOD_{有机物}=0.35L\ CH_4(0℃,1atm) \tag{6-3-49}$$

据此，可以计算填埋场的理论产 CH_4 量（即最大 CH_4 产生量）。

由于 CH_4 在填埋场气体中的浓度约为 50%，可近似地认为总气体产生量为 CH_4 产生量的 2 倍，于是可得：

$$1kgCOD_{有机物}=0.7m^3\ 填埋气体(0℃,1tam) \tag{6-3-50}$$

这样，如果知道单位质量城市垃圾的 COD 以及总填埋废物量，就可以估算出填埋场理论产气量：

$$L_0=W\times(1-\omega)\times\eta_{有机物}\times C_{COD}\times V_{COD} \tag{6-3-51}$$

式中　W——废物质量，kg；

C_{COD}——单位质量废物的 COD，kg/kg，我国垃圾中的有机物主要为植物性厨房废物，其 $C_{COD}=1.2kg/kg$；

V_{COD}——单位 COD 相当的填埋场产气量，m^3/kg；

L_0——填埋废物的理论产气量，m^3；

ω——垃圾的含水率（质量分数），$\%$；

$\eta_{有机物}$——垃圾中的有机物含量（质量分数），$\%$（干基）。

表 6-3-22　废物中各有机组分的化学式及 COD 产气量参数

废物成分	化学式	COD/(kg/kg 干废物)	$P_{COD}/(m^3/kg)$
厨渣	$C_{26.6}H_{3.7}O_{23}N_{1.6}S_{0.4}$	0.617	0.43
纸	$C_{41}H_{4.4}O_{39.3}N_{0.7}S_{0.4}$	0.661	0.46
塑料	$C_{61.6}H_8O_{11.6}Cl_{7.5}$	1.96	1.37
布	$C_{41.8}H_{4.7}O_{43.2}N_{0.8}S_{0.4}$	0.597	0.42
果皮	$C_{38}H_{3.7}O_{35.6}N_{1.9}S_{0.4}$	0.716	0.5

注：气体状态为 0℃，1atm。

表 6-3-22 中给出了我国城市垃圾中厨渣、纸、塑料、布和果皮的概化化学分子式及各组分单位质量所含 COD 和利用 COD 法、TOC 法得到的单位质量干废物的产气量 P_{COD}（产额）。

考虑到有机废物的可生化降解比和在填埋场内的损失，实际潜在产气量为：

$$L_{实际}=\beta_{有机物}\xi_{有机物}L_0 \tag{6-3-52}$$

式中　$\beta_{有机物}$——有机废物中可生物降解部分所占比例；

$\xi_{有机物}$——在填埋场内因随渗滤液等而损失的可溶性有机物所占比例。

可收集到的填埋场气体量为：

$$L_{收集}=\alpha_{LFG}L_{实际} \tag{6-3-53}$$

式中　α_{LFG}——填埋场气体收集系统的集气效率，其值在 $30\%\sim80\%$ 之间，一般堆放场最大可达 30%，而密封较好的现代化卫生填埋场可达 80%。

（三）填埋场产气持续时间

在一个刚封场的已完工的填埋场内部，其气体成分分布是时间的函数。填埋场产气阶段的持续时间，将随填埋废物降解难易、温度、湿度、初始压实程度以及是否可以得到营养物质而变化。例如，某几种不同的废物被压实在一起，碳/氮比和营养平衡可能会不利于产生 LFG。同样，假如填埋场内的废物不能获得足够的水分，则 LFG 的产生将受到抑制。增加放置于填埋场内废物的密度，将会减少水分到达填埋废物层各部分位置的可能性，从而降低生物转化和气体产生速率，使产气时间变长。已发现缺乏足够水分含量的填埋场处于一种

"皱缩"状态，填埋几十年的新闻纸在此状态下仍保持较好。因此，虽然从城市垃圾中会产生出的气体总量可严格地从化学反应计量方程通过计算来确定，但填埋场所处场址的实际水文条件会明显地影响到气体产生的速率和产气周期的长短。

通常，易降解、产气速率高的有机废物，其产气持续时间较短。城市垃圾中的有机物质按产气持续时间长短可分为三类：①会迅速分解（3 个月到 5 年）的有机物；②缓慢分解（5 年以上，直到 50 年或更长时间）的有机物；③不可生化分解的有机物。城市垃圾中可迅速分解的有机物包括食品废物、新闻纸、办公纸、纸板、树叶和草；缓慢分解的有机物有纺织品、橡胶、皮革、木头和树枝、杂物等；塑料通常被认为是不可生化分解的。有机城市垃圾中可生化降解的成分，在很大程度上与废物中的木质素含量直接有关。表 6-3-23 中所给出的废物中各种有机成分的可生化降解性，就是以废物中的木质素含量为基础的。

表 6-3-23　城市垃圾中有机组分的可生化性

有机废物组分	木质素含量/%（VS）	可生化比例①/%（VS）
食品废物	0.4	0.82
新闻纸	21.9	0.22
办公纸	0.4	0.82
硬纸板	12.9	0.47
庭院废物	4.1	0.72

① 可生化比例＝$0.83-0.0028 \times LC$，式中，LC 为废物中挥发性固体（VS）所占百分数。

（四）LFG 产生速率

在通常条件下，LFG 产生速率在前 2 年达到高峰，然后开始缓慢下降，在多数情况下可以延续 25 年或更长的时间。确定 LFG 产生速率的方法有下述三种。

1. 试验井

实验井抽气测量 LFG 流量和 LFG 质量，是估计 LFG 产生量的最可行的方法。但只有设置在有代表性位置处的实验井，其测定结果才有代表性。对于填埋废物压实不好的填埋场，由于存在 LFG 迁移问题，可持续回收的 LFG 数量一般是试验井测定产气速率的一半[83,84]。

2. 粗估

利用已运行的不同项目中观察到的废物量和 LFG 产生速率的关系，估计 LFG 产量的最简单的方法是假设每吨废物每年产生 $6m^3$ 的 LFG，生产速率持续 5～15 年，再根据填埋场处置的废物量便可估算出填埋气体产气速率。

3. Scholl Canyon 模型

试验井法只能提供在特定时间内特定地点 LFG 生产速率的真实数据，要准确估算填埋场的产气速率是很难的。实验表明，典型的城市垃圾在填埋后 0.7～1 年间达到产气速率最大值，然后按指数衰减规律降低。实际填埋场产气量数据显示，填埋废物在填埋 160 年后有机物降解率达到 99.1%。由此可见，达到产气速率最大值所用时间一般小于整个填埋场产气时间的 1/100。因此，从填埋开始至达到产气速率最大值这段时间在整个填埋产气阶段是可以忽略的。目前在填埋场设计中，使用最为广泛的填埋场产气速率模型是 Scholl Canyon一阶动力学模型。该模型假设填埋场建立厌氧条件，微生物积累并稳定化造成的产气滞后阶段是可以忽略的，即从计算起点产气速率就已达到最大值，在整个计算过程中产气速率随着填埋场废物中有机组分（用产甲烷潜能 L 表示）的减少而递减。即可描述为：

$$-dL/dt = kL \tag{6-3-54}$$

式中　k——产气速率常数，a^{-1}；

　　　t——垃圾填埋后的时间，a。

对于同一时间填埋的垃圾，若假设其潜在产气总量为 L_0，从填埋到 t 时刻的产气量为 L，则剩余产气量为：

$$G=L_0-L=L_0[1-\exp(-kt)] \tag{6-3-55}$$

由此得到填埋场的产气速率 Q 为：

$$Q=dG/dt=kL=kL_0e^{-kt} \tag{6-3-56}$$

对于垃圾填埋运行期为 n 年的城市垃圾填埋场，产气速率表达式如下：

$$Q=\sum_{i=1}^{n}R_ik_iL_{0,i}\exp(-k_it_i) \tag{6-3-57}$$

式中　Q——填埋场气体产生速率，m^3/a；

　　　R_i——第 i 年填埋处置的废物量，t；

　　　t_i——第 i 年填埋的废物从填埋至计算时的时间，a，$t_i\geqslant0$；

　　　$L_{0,i}$——第 i 年填埋废物的潜在产气量，m^3；

　　　k_i——第 i 年填埋废物的产气速率常数，a^{-1}。

假如每年填埋处置的垃圾数量和成分相同，则上式可简化为：

$$Q=2L_0R[\exp(-kt)-\exp(-kc)] \tag{6-3-58}$$

式中　L_0——垃圾的潜在甲烷产生量，m^3/t；

　　　R——填埋场运行期接收垃圾的年平均速率，t/a；

　　　k——甲烷产生速率常数，1/a；

　　　c——填埋场封场后的时间，a；

　　　t——自废物放入填埋场后的时间，a。

Scholl Canyon 模型的优点是模型简单，需要的参数少。但是应该指出，由于该模型忽略了废物自填埋开始至产气速率达到最大这段时间及这段时间的产气量，只能大体反映产气速率变化趋势。不过在实用中，该模型能为项目的经济评价、气体收集工艺设计、设备选用提供支持。

（五）LFG降解速率

应用 Scholl Canyon 模型，需要确定的参数主要是填埋垃圾的降解速率常数（k）和潜在总产气量（L_0）。目前有两种方法可用于确定填埋垃圾产气的降解速率常数。

一种是据现场某一时刻或几个时刻产气速率数据计算出一个或多个参数 k 值（对一批或 n 批废物）；在有现场资料的情况下，将某一时刻测得产气速率代入公式，即可求得 k 值。如果废物分批（n 批）填埋，则需测出 n 个时刻对应的产气速率，将其代入公式，求出各批废物的产气速率常数 k_i。

在没有现场数据的情况下，只能采用经验方法确定 k。由于 $t_{1/2}$ 在填埋产气模型中使用比较普遍，同时在实际应用时易量度，较直观，可通过 $t_{1/2}$ 来确定 k。即

$$k=\ln2/t_{1/2}$$

易降解物质包括食品垃圾及秸秆、草、粪便等，这类废物很易降解，半产期较短。对于混合垃圾的 $t_{1/2}$，韩国的填埋场经验值为 1.5~3 年，这意味着食品垃圾的 $t_{1/2}$ 应小于 3 年，可取 $t_{1/2}=1$~2 年。对于各项条件适合微生物生长的填埋场，$t_{1/2}$ 可取较小值，反之则取大一些。韩国厨房垃圾填埋产气实验在 345 天内 13.09kg 干物质产气 $0.609m^3$，若按 $L_0=0.5V_{理论}$ 计（$k=0.5$，因为据经验实验室产气量较大），则 345 天产气量占总产气量的 22%。

假设产气速率保持不变，则 $t_{1/2}$ 在 2 年左右。

可降解物质包括纸、木、织物等，这类物质比前一类物质难降解得多。类似的韩国的实验中 41.94kg 该类干物质在 345 天产气 $0.307m^3$。若按 $L_0 = 0.5V_{理论}$ 计，则 345 天产气量占总产气量的 3%，假设产气速率保持不变，$t_{1/2}$ 在 19 年左右，则取 $t_{1/2} = 20 \sim 35$ 年。

难降解物质包括塑料、橡胶，这些物质以传统的眼光看几乎是不降解的。在韩国 J.J.Lee 的实验中，24.325kg 该类物质在 345 天中产气 $0.380m^3$。取 $L_0 = 0.1V_{理论}$，则 345 天产气量为总产气量的 1.1%，这样看，$t_{1/2}$ 约在 50 年。但由于塑料制品降解时其中的增塑剂易被降解，而塑料聚合物本身则难降解，因此 $t_{1/2}$ 应大于 50 年。

美国一些填埋场的 $t_{1/2}$ 经验值为 23 年[85]。由美国专家提出的 L_0 和 k 值范围见表 6-3-24。注意在不同气候条件下，L_0 值（LFG 产生总量）相同，但是 k 值是变化的，干旱气候 LFG 生成较慢。由于对 k 和 L_0 的估测值不确定，一级降解模型得出的 LFG 流量估测值范围也同样是 ±50%。

表 6-3-24　一级降解模型参数的建议值

变 量	范 围	建议的数值		
		潮湿气候	中湿度气候	干旱气候
$L_0/(m^3/kg)$	$0 \sim 0.312$	$0.14 \sim 0.18$	$0.14 \sim 0.18$	$0.14 \sim 0.18$
k/a^{-1}	$0.003 \sim 0.4$	$0.10 \sim 0.35$	$0.05 \sim 0.15$	$0.02 \sim 0.10$

（六）微量气体

微量气体组分随城市垃圾一起被带到填埋场，或产生于在填埋场内的生化反应。在 LFG 中的微量化合物大多以液态形式随废物混入填埋场，且多具有挥发性。挥发性质大体上与填埋场液体的蒸气压成正比，与挥发液体球表面积成反比。在新建的填埋场中由于禁止填埋有害废物，所以 NMOCs 的浓度有明显降低。

NMOCs 可以分为自然源和人为源两类。根据现有的极少的研究中可以获知垃圾处理过程 NMOCs 的释放量在各种人为源中排名靠前，位居第四位，占人为源总释放量的 7.4%[86]。另一个研究表明：发展中国家如印度、中国及非洲和拉丁美洲等在土地利用和垃圾处理过程中释放 VOC 占人为源总释放量的 5.6%～52.0%，比美国、加拿大和日本等发达国家高出 1～9 倍[87]。

我国生活垃圾填埋 NMOCs 释放源强的数据很少。欧洲生活垃圾填埋过程释放的 NMOCs 一般为 0.23kg/t[88]，该数据基于 1993 年的研究而得出[89]。由于我国生活垃圾组分与欧洲生活垃圾存在较大差异，且填埋场污染控制技术在近 20 年内也得到了较大提升，这个数据很难准确反映我国填埋场 NMOCs 的释放量[90,91]。

根据国内外现有的研究可以得出：生活垃圾处理过程 NMOCs 释放源强的数据非常少，而且由于垃圾成分、实验规模、运行工况和垃圾生物降解时间的长短等诸多因素的差异，该数值的跨度很大，约 0.33～11000mg/kgDW[92~95]。

NMOCs 可分为五类：含氧类、烷烃、烯烃、芳香类和氯化物[96]，其中含氧类包括醇、酮、醛、酯、酸。含氧类、碳氢类和氯化物的臭度阈值分别为 $(10 \sim 100) \times 10^{-9}$，$100 \times 10^{-9} \sim 1 \times 10^{-6}$ 和 $(1 \sim 10) \times 10^{-6}$。好氧预处理减少了 NMOCs 的释放量和含氧类的 NMOCs，因此削减了填埋恶臭的污染[97,98]。

微量组分的产生或者消耗途径十分复杂。通常这些气体会被填埋场中的废物所吸附。目前，对于微量化合物的生化降解速率知道得很有限，据报道，不同类型的化合物其半衰期可以从几个月到几千年。

三、填埋场气体的运动

（一）填埋场主要气体的运动

填埋场主要气体的运动与填埋场的构造及环境地质条件有关，其运动方向除向上迁移扩散外，还可能向下或在地下横向运动。

1. LFG 向上迁移

填埋场中的二氧化碳和甲烷可以通过对流和扩散释放到大气圈中。通过覆盖层的扩散可以用式（6-3-64）和式（6-3-65）计算。假设浓度梯度是线性的，土壤是干的，则 $\alpha_{\text{气}} = \alpha$。假设土壤是干的引入了一个安全因子，因为只要有水入渗进入填埋场覆盖层就降低了气体充填孔隙度，从而降低了填埋场的过流气体通量。

$$N_A = -\frac{D \eta_t^{4/3}(C_{A2} - C_{A1})}{L} \qquad (6\text{-}3\text{-}59)$$

式中　N_A——气体 A 通量，cm^3/cm^3；

　　　D——扩散系数，cm^2/s；

　　　η_t——总孔隙度，cm^3/cm^3；

　　　C_{A1}——覆盖层底面气体 A 的浓度，g/cm^3；

　　　C_{A2}——覆盖层表面气体 A 的浓度，g/cm^3；

　　　L——盖层厚度，m。

2. LFG 向下迁移

二氧化碳的密度是空气的 1.5 倍，甲烷的 2.8 倍，有向填埋场底部运动的趋势，最终可能在填埋场的底部聚集。对于采用天然土壤衬层的填埋场，二氧化碳可能通过扩散作用通过衬层，从填埋场底部向下运动，并通过下伏地层最终扩散进入并溶于地下水，与水反应生成碳酸：

$$CO_2 + H_2O \Longleftrightarrow H_2CO_3 \qquad (6\text{-}3\text{-}60)$$

结果使地下水 pH 值降低，并通过溶解作用增加地下水的硬度和矿化度。例如，如果土壤结构中有钙碳酸盐岩，碳酸将与其发生反应生成可溶的重碳酸钙。镁碳酸盐的情况也一样。对于给定碳酸盐浓度，上述反应将一直进行下去，直到达到反应平衡为止。因此，溶液中任何自由二氧化碳的增加都将引起钙碳酸盐的溶解。造成硬度增加是水中二氧化碳的主要作用。填埋场中主要气体的水溶解度可以使用亨利定律进行计算，二氧化碳对渗滤液 pH 值的作用可以用碳酸一级分解常数来估计。

3. LFG 的地下迁移

LFG 通过填埋场周边可渗透地质介质的横向水平迁移，可使 LFG 迁移到离填埋场较远的地方才释放进入大气，或通过树根造成的裂痕、人造或风化或侵蚀造成的洞穴、疏松层、旧通风道和公共线路组成的人造管道、地下公共管道以及地表径流造成的地表裂缝等途径，迁移和释放到环境，有时会进入建筑物。在未封衬的填埋场外 400m 仍发现甲烷和二氧化碳的浓度高达 40%。对于非均匀填埋场，这种横向迁移的范围随覆盖层物质的特征和周围土壤的特征而变化。如果对甲烷不加控制而任其释放，则它可以在填埋场附近的建筑物或者其他封闭空间中聚集（因为甲烷的密度比空气小）。

（二）影响 LFG 迁移和释放的因素

废物中有机物的生物降解不断产生气体，使垃圾内部压力增加并且通常会超过大气压。

一旦填埋场内部压力和大气压力相同时，将发生 LFG 迁移和排放。影响 LFG 迁移和排放的主要因素包括：

（1）覆盖和垫层材料　低渗透性的覆盖层可阻止气体向大气的排放，但如覆盖物渗透性低并且垃圾未垫封或垫层材料是可渗透性的，将主要产主横向迁移。

（2）地质条件　周围的地质条件会影响地下迁移，LFG 可以绕过非渗透性障碍进行迁移，例如黏土层，或通过疏松层或砂砾层进行迁移。

（3）水文条件　地下水位可以影响 LFG 迁移和排放，通常春天从地表径流或融雪释放的地下水会使地下水位上升，水位的上升和垃圾压力产生的影响，能够增加 LFG 地下迁移和排放。

（4）大气压　日大气压变化影响 LFG 迁移和排放，通常情况下，当大气压低时 LFG 排放和迁移将增加，由于这个原因，地下迁移取样器通常应在大气压最低的下午进行测量。

（三）LFG 运移模型

在正常情况下，产生在土壤中的气体要通过分子扩散的方式释放到大气圈中。就正在运行中的填埋场而言，其内部压力通常要高于大气压，LFG 将通过对流和扩散两种方式释放。影响 LFG 迁移的其他因素还包括气体吸附进入液体和固体组分中，通过化学反应和生物活动的产生和消耗等。下面的方程将这些因素联系在垂向一维的控制体积单元中。

$$\eta(1+R_d)\frac{\partial C_A}{\partial_t} = -v_z\frac{\partial C_A}{\partial z} + D_z\frac{\partial C_A}{\partial z^2} + G \tag{6-3-61}$$

式中　η——孔隙度；

　　　R_d——与吸附和相变有关的滞后因子；

　　　C_A——A 组分的浓度，g/cm^3；

　　　v_z——垂向对流速度，cm/s；

　　　D_z——有效扩散系数，cm^2/s；

　　　G——源汇项，用于产生源和消耗汇，g/cm^3；

　　　z——垂向距离，cm。

根据 Darcy 定律，垂向对流速度 v_z 可表示为

$$v_z = -\frac{k}{\mu}\frac{dp}{dz} \tag{6-3-62}$$

式中　k——介质渗透率，m^2；

　　　μ——气体的混合黏滞系数，$N\cdot s/m^2$；

　　　p——压力，N/m^2。

填埋场主要气体的典型对流速度在 $1\sim15cm/d$ 的量级。常用高速运算的计算机采用有限差或者有限元数值方法求解上述方程。假设方程中的吸附和源汇可以忽略，这样方程转化为稳定方程：

$$0 = -v_z\frac{dC_A}{dz} + D_z\frac{d^2C_A}{dz^2} \tag{6-3-63}$$

如果填埋场中不再有大量气体产生，则方程只剩下扩散项，积分可得下式

$$N_A = -D_z\frac{dC_A}{dz} \tag{6-3-64}$$

式中　N_A——气体通量，$g/(cm^2\cdot s)$。

有效扩散系数是分子扩散和土壤孔隙度的函数。对于 Lindane 气体有下面的经验公式

$$D_z = D\frac{(\eta_气)^{10/3}}{\eta_t^2} \tag{6-3-65}$$

式中　D_z——有效扩散系数，cm^2/s；

　　　D——扩散系数，cm^2/s；

　　　$\eta_气$——气体充填孔隙度，cm^3/cm^3；

　　　η_t——总孔隙度，cm^3/cm^3。

有效扩散系数的另一种计算公式是

$$D_z = D\eta_t\tau \tag{6-3-66}$$

式中　τ——弯曲因子，通常取 0.67。

（四）微量气体运移模型

为估算微量填埋场气体通过覆盖层的释放速率（如图 6-3-45 所示），可将式(6-3-59) 修改为：

$$N_i = -\frac{D\eta_t^{4/3}(C_{iatm} - C_{is}W_i)}{L} \tag{6-3-67}$$

式中　N_i——组分 i 的蒸气通量，$g/(cm^2 \cdot s)$；

　　　D——弥散系数，cm^2/s；

　　　η_t——土壤的总孔隙度，cm^3/cm^3；

　　C_{iatm}——组分 i 在填埋场覆盖层顶的浓度，g/cm^3；

　　　C_{is}——组分 i 的饱和蒸气浓度，g/cm^3；

　　　W_i——废物中微量组分 i 的实际比例的比例因子；

　　$C_{is}W_i$——组分 i 在填埋场覆盖层底的浓度，g/cm^3；

　　　L——填埋场覆盖层的厚度，cm。

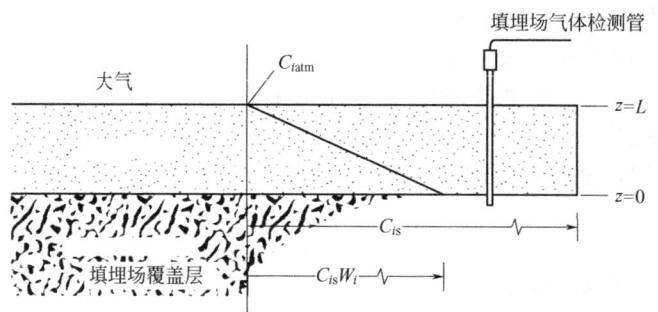

C_{is}—组分 i 饱和蒸气浓度；
W_i—组分 i 的质量分数

图 6-3-45　微量填埋场气体通过覆盖层运动定义

可以假设式(6-3-67) 中的 C_{iatm} 为零，因为微量组分在到达地表以后，由于风吹和向空气中扩散，使其浓度迅速降低。假设 C_{iatm} 为零的计算结果是保守的，因为增大 C_{iatm} 将使质量通量降低。假设 C_{iatm} 为零后，式(6-3-67) 简化为

$$N_i = \frac{D\eta_t^{4/3}(C_{is}W_i)}{L} \tag{6-3-68}$$

如果要进行野外测量，则要把气体探针从填埋场的顶部插入，探针头正好到达覆盖层的底部。既要测量组分的浓度，又要测量测量点的温度。获得实际野外测量资料后，就可以很容易计算气体的平均释放率。

四、填埋场气体的控制系统

LFG 控制系统的作用是减少填埋气体向大气的排放量和在地下的横向迁移，并回收利

用甲烷气体。控制有主动和被动之分。对于被动控制系统,填埋场中产生气体的压力是气体运动的动力。对于主动控制系统,采用抽真空的方法来控制气体的运动。对于填埋场主要气体和微量气体,被动控制是在主要气体大量产生时,为其提供高渗透性的通道,使气体沿设计的方向运动。例如,用砾石充填的导气沟可以引导气体到排气系统中燃烧掉。

在选择采用主动系统还是被动系统时,要考虑以下问题:

① 填埋场设计　从自然衰减型填埋场逸出气体的机会比从封闭型填埋场的大;

② 填埋场周围土壤类型　气体通过砂土比通过黏土更容易迁移;

③ 有用封闭空间(居室、仓库等)距填埋场的距离　填埋产气可以迁移150m以上,任何距填埋场300m以内的有用封闭空间,都应监测甲烷气体浓度;

④ 填埋场将来利用的可能性;

⑤ 废物类型　填埋城市垃圾的填埋场会产生大量气体,但危险废物填埋场产生的气体量要少得多,现代危险废物填埋场的气体主要是挥发产生的。

当主要气体的产生量变小时,被动控制系统就不再有效。控制挥发性有机物(VOC)需要同时使用主动控制设施和被动控制设施。

(一)LFG 收集器

LFG 收集器有三种类型:垂直井,水平沟和地表收集器。

1. 垂直抽气井

垂直抽气井是填埋场最普遍采用的 LFG 收集器,其典型构造如图 6-3-46 所示。通常用

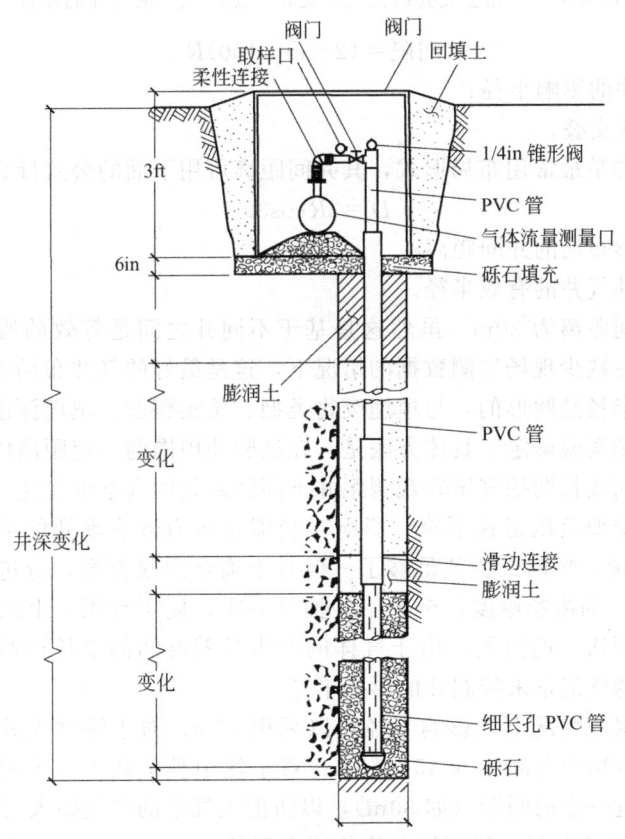

图 6-3-46　填埋场气体抽排井详图
(注:1ft=12in=0.3048m)

于已经封顶的填埋场或已完工的部分，也可以用于仍在运行的垃圾场。

（1）井深 为避免渗滤液污染地下水，井孔绝对不能穿透填埋场底部。井深一般不能超过填埋场深度的90%，具体井深应由现场条件确定，在美国环保局规定的设计标准中，井深为填埋场深度的75%，或低于填埋场内的液面高度。

对于用于能量回收的直立井，井深通常是深入到填埋场城市垃圾的80%深度，此时抽气井的影响半径会达到填埋场场底。

（2）井间距及影响半径 垂直抽气井的间距影响抽气效率，应根据抽气井的影响半径（R）按相互重叠原则设计，即其间隔要使其影响区相互交叠。如图6-3-47所示，抽气井建在边长为1.73R的等边三角形上，可以获得27%的交叠；抽气井建在边长为R的正六边形的角上，可以获得100%的交叠。正方形排列可以提供60%的交叠。因此，抽气井的间隔可以由下式给出：

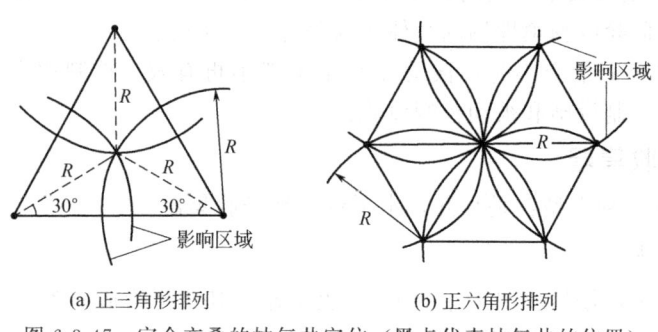

(a) 正三角形排列　　　　　(b) 正六角形排列

图6-3-47 完全交叠的抽气井定位（黑点代表抽气井的位置）

$$间隔=(2-O_1/100)R \tag{6-3-69}$$

式中　R——抽气井的影响半径；

O_1——要求的交叠。

等边三角形布局是最常用布局形式，其井间距离可用下面的公式计算：

$$D=2R\cos30° \tag{6-3-70}$$

式中　D——三角形布局的井间距离；

R——垂直抽气井的有效半径。

一般来讲，井间距离为30m。虽然这是基于不同井之间是等效的假设，并与实际情况中往往不相符，但在缺少现场实测数据的情况下，这是最好的气井布局方式。

抽气井的影响半径是圆形的，与填埋废物类型、压实程度、填埋深度和覆盖层类型等因素有关，应通过现场实验确定。具体方法是：在试验井周围的一定距离内，按一定的原则布置观测孔，通过短期或长期抽气试验观测距井不同距离处的真空度变化。离井最近的观测孔负压最高，随距离增加负压迅速下降，影响半径即是压力近乎零处的半径。对于旨在减少LFG迁移的抽气系统，短期试验就足够了。但对于确定回收方案，应进行长期试验。抽气井应穿过80%～90%的废物厚度，至少48h抽气一次，使所有探头上的压力能维持连续三天（每天至少观测两次）的监测。由于气体的产生量随时间的增长而减少，也使用非均布井，并通过调节井的气流量来控制井的影响半径。

在缺少试验数据的情况下，影响半径可以采用45m。对于深度大并有人工薄膜的混合覆盖层的填埋场，常用的井间距为45～60m；对于使用黏土和天然土壤作为覆盖层材料的填埋场，可以使用近一点的间距（如30m），以防把大气中的空气抽入气体回收系统中。

（3）井槽 正常情况下，开槽位置从井筒底部的1/3～2/3。18m深的井建议从底部的1/2～1/3开槽；如果井深12m，在底部的1/3开槽。深井可能要增加开槽宽度。通常井筒

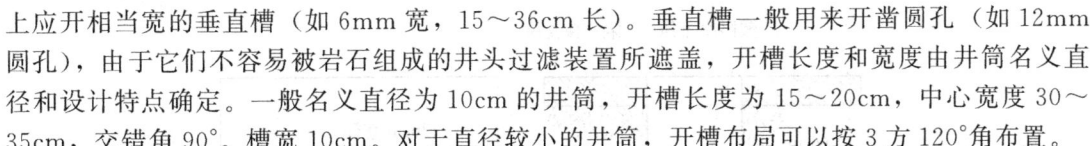

上应开相当宽的垂直槽（如 6mm 宽，15～36cm 长）。垂直槽一般用来开凿圆孔（如 12mm 圆孔），由于它们不容易被岩石组成的井头过滤装置所遮盖，开槽长度和宽度由井筒名义直径和设计特点确定。一般名义直径为 10cm 的井筒，开槽长度为 15～20cm，中心宽度 30～35cm，交错角 90°。槽宽 10cm。对于直径较小的井筒，开槽布局可以按 3 方 120°角布置。

（4）井头　井头通常安放在井筒的顶部（水平井和垂直井相同）并用来测量和控制 LFG 从抽气井的产出率。井头装有流量控制阀（监控真空压力、流量），LFG 组成的观测口和收集 LFG 的样品室。

井头既可以通过水泥或胶附着在井筒上，也可以用法兰与井筒连接，连接 PVC 弯管必须使用一种特殊的柔性 PVC 水泥，其他成分的弯管应该与不锈钢弯管夹连接在一起。为便于垂直安装的井头临时移动，可用硅氧树脂替代水泥作垂直井筒上的第一层衬套之间耦合黏着剂。

（5）井头流量控制　未在每口井安装头流量控制阀的主动收集系统，不能有效控制 LFG 流动或表面逸散，沿表面的不同点位常常会出现局部的地表空气渗入填埋场内，造成干扰。

① 井头真空控制　井头的真空压力与抽气速率直接相关，维持井头真空压力恒定足以控制抽气速率短期变化，但不能很好调整抽气率。

② LFG 组成控制　最大抽气速率可通过测定气井出口甲烷和氮气浓度来确定。抽出气体中的甲烷和氮气浓度可作为衡量抽气是否过量的指标，如果气井抽气过量，地表空气会渗入填埋场，使 LFG 中氮气增加、甲烷减少。这种方法实用、有效，但监测和收集系统较为麻烦。

③ 体积流量比控制　该方法要求使用流量计（总压管、孔板流量计、文丘里管等）实测每口井产气量和总产气量，并采用适宜的流量方程模拟核定，是确定单井 LFG 流量的最准确方法之一。

（6）井的过滤装置　在安装井筒之前，应在井孔底部铺一到两层水洗砾石，如果井槽总不能延伸到井筒底部，井筒底部应密封，并在其底部布设排水孔。安装完井筒之后，用水洗砾石对井进行回填，作为井的过滤装置。一般采用 2.5～4cm 的砾石进行回填，大直径的碎石会破坏井筒，更小的碎石在过滤装置中将小于总的空隙摩擦。过滤装置要小心安放，在回填期间要维持井筒的垂直状态，小心加入砾石，以免损坏井筒或使过滤装置与井筒偏心误差过大。

（7）井孔密封　井孔密封对井的性能有很大改善作用。井孔密封的方法有两种：孔下密封和表面附近密封。

孔下密封应用较为普遍，密封材料是硅氧树脂或硅氧树脂和膨润土的混合物（含有 10%～50% 硅氧树脂）。

表面附近密封是在填埋场表面或附近增加一密封层，保证气井性能，防止逃逸的 LFG 沿着井孔和覆盖材料的交界面扩散。近年为控制表面逸散和潜在空气干扰，越来越多采用柔性薄膜的表面附近密封，尽管填埋场表面有正常沉降，使用柔性薄膜材料和柔性橡皮套也能保证井孔的密封性。

（8）井筒伸缩连接　双筒式井的滑动式连接能够承受来自不同程度沉降、侧壁负荷和填埋场内环境温度升高等因素产生的巨大压力。在安装部位，地下连接有助于补偿沉降。对于延伸至或填埋场底部附近的井筒，特别需要伸缩连接。

2. 水平收集器

水平气体抽排沟（管）如图 6-3-48 所示，一般由带孔管道或不同直径管道相互连接而

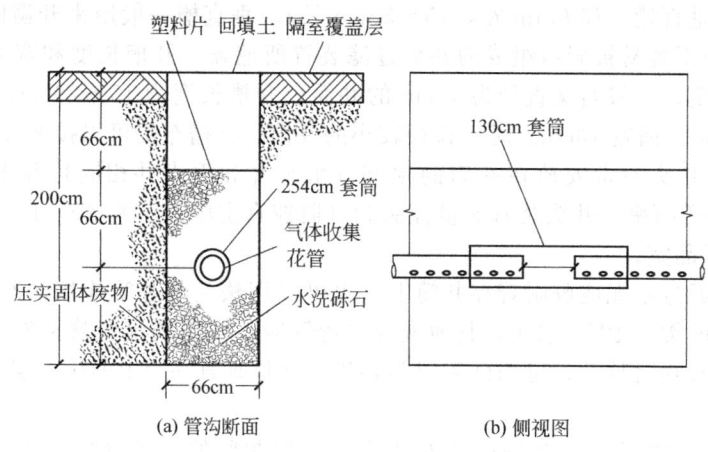

图 6-3-48 水平气体抽气沟详图

成，沟宽 0.6~0.9m，深 1.2m。名义直径为 10cm 和 15cm 或 15cm 和 20cm，长度为 1.2m 和 1.8m。沟壁一般要铺设无纺布，有时无纺布只放在沟顶。

这种水平收集器常用于仍在填埋阶段的垃圾场，有多种建造方法。通常，先在填埋场下层铺设一 LFG 收集管道系统，然后，在填埋 2~3 个废物单元层后再铺设一水平排气沟（管）井。做法是先在所填垃圾上开挖水平管沟，用砾石回填到一半高度后，放入穿孔开放式连接管道，再回填砾石并用垃圾填满。这种方法的优点是，即使填埋场出现不均匀沉降，水平抽排沟仍能发挥其功效。开凿水平沟时，如果预期到后期垃圾层的填埋，在设计沟位置时必须考虑填埋过程中如何保护水平沟和水平沟的实际最大承载力的影响。由于管道必然与道路发生交叉，因此安装时必须考虑动态和静态载荷、埋藏深度、管道密封的需要和方法，以及冷凝水的外排等。

水平井的水平和垂直方向间距随着填埋场设计、地形、覆盖层，以及现场其他具体因素而变。水平间距范围是 30~120m，垂直间距范围是 2.4~18m 或每 1、2 层垃圾的高度。

（二）填埋气体的被动控制

被动系统用于释放填埋场内的压力或阻断 LFG 的地表迁移，适合于废物填埋量不大、填埋深度浅、产气量较低的小型城市垃圾填埋场（<40000m³）和非城市垃圾型填埋场采用。被动控制系统包括被动排放井和管道、水泥墙和截流管道等，其典型结构见图 6-3-49 和图 6-3-50。

1. 压力释放孔/燃烧器

在填埋场最终覆盖层上安装达到城市垃圾体中的排气孔（见图 6-3-49），有时这些隔离通气口是用一根埋在底层中的穿孔管连接起来的（图 6-3-50），系统由一系列隔离通气口组成，每 7500m³ 废物设一个通气口可能就够了。如果在排出气体中甲烷有足够高的浓度，则可以把几个管道连接起来，并装上燃气系统。

2. 周边拦截沟渠

由砾石充填的沟渠和埋在砾石中的穿孔塑料管组成的周边拦截沟渠 [图 6-3-51(a)]，可有效阻截 LFG 的横向运动，并通过与穿孔管道连接的纵向管道收集 LFG 将它排到大气中。为有效收集气体并防止气体从边墙逸出填埋场之外，在沟渠外侧要铺设防渗衬层。

3. 周边屏障沟渠或泥浆墙

充填有相对渗透性较差的膨润土或黏土的阻截沟渠 [图 6-3-51(b)]，是 LFG 横向运动

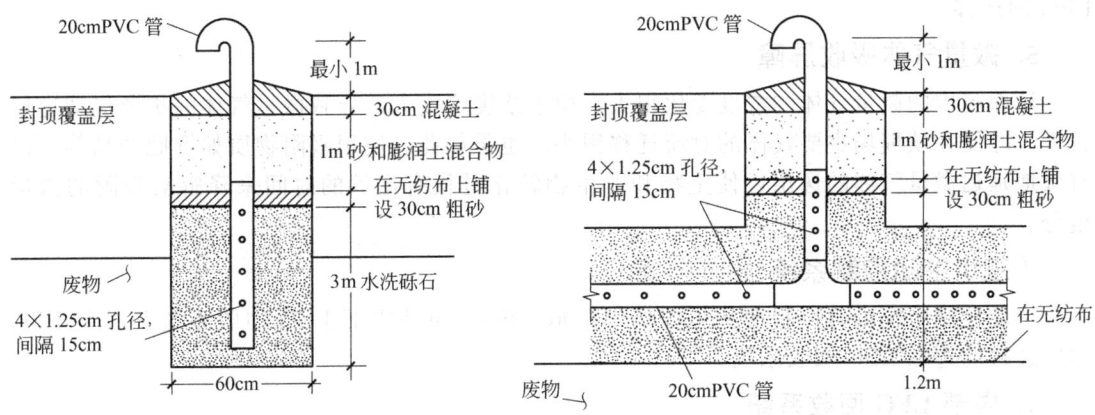

图 6-3-49 被动气体排气口典型详图　　图 6-3-50 连接水平穿孔管的被动排气系统典型详图

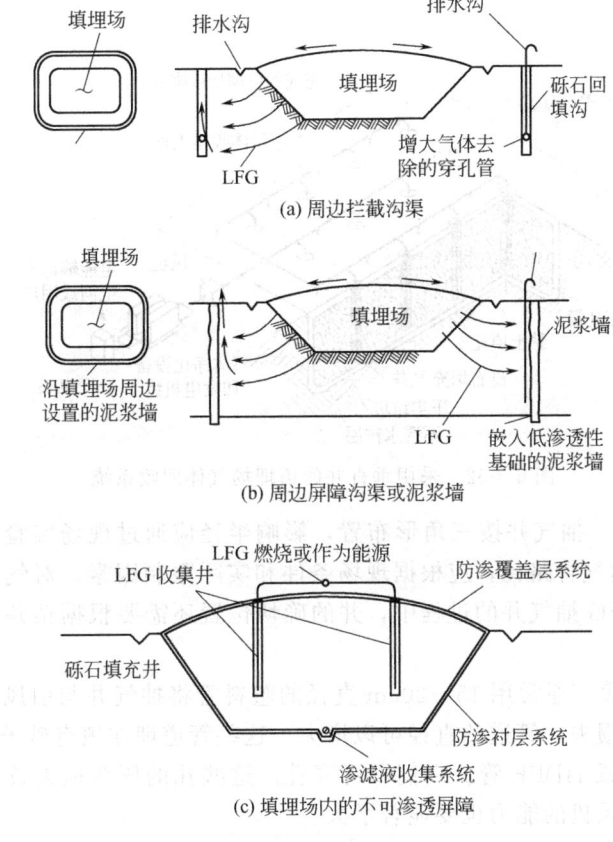

(a) 周边拦截沟渠

(b) 周边屏障沟渠或泥浆墙

(c) 填埋场内的不可渗透屏障

图 6-3-51 填埋场气体被动排气控制设施

的物理阻截屏障,有利于在屏障的内侧用气体抽排井或者砾石沟渠将 LFG 排出。但常用于地下水阻截的这种泥浆屏障在变干时容易开裂,故它对于控制 LFG 运动的长期效果如何还不确定。

4. 填埋场内的不可渗透屏障

现代填埋场所使用的防渗衬层,可用来控制 LFG 的向下运动 [图 6-3-51(c)]。但是,主要气体和微量气体仍会通过黏土衬层扩散迁移,只有使用带有人造薄膜的衬层才能限制

LFG 的迁移。

5. 微量气体吸收屏障

填埋场中的微量气体的浓度变化很大。由于浓度梯度大，导致微量气体的扩散流动通量较大，即使在填埋场主要气体的对流迁移很小时也是如此。使用吸附物质如堆肥产品等可以有效地延迟微量气体的逸出，使生物和非生物转化过程有足够的时间来降解被吸附的微量组分。

（三）主动控制系统

主动控制系统可有控制地从填埋场中抽取 LFG，包括内部 LFG 回收系统和控制 LFG 横向迁移的边缘 LFG 回收系统。

1. 内部 LFG 回收系统

内部 LFG 回收系统由用于抽排填埋场内的垂直深层抽气井、集气/输送管道、抽风机、冷凝液收集装置、气体净化设备及发电机组组成，布局见图 6-3-52，常用来回收 LFG，控制臭味和地表排放。

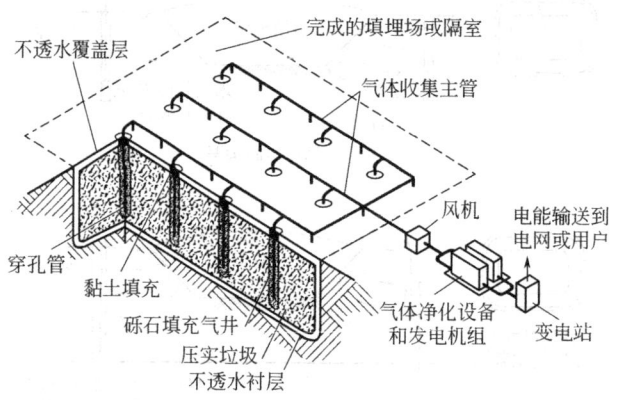

图 6-3-52　采用垂直井的填埋场气体回收系统

（1）抽气井布置　抽气井按三角形布置，影响半径应通过现场实验确定。但由于气井的布置会影响集气/输气管路径，应根据现场条件和实际限制因素，对气井布置进行适当调整。同时，在建设 LFG 抽气井的过程中，井的确切位置还需要根据钻井中遇到的情况适当进行调整。

（2）集气/输送管　通常用 15～20cm 直径的塑料管将抽气井与引风机连接起来。为减少因摩擦造成的压头损失，管道的直径可以增大。这些管道埋在填有砂子的管沟中（图 6-3-53）。集管使用 PVC 或 HDPE 管。它们不可穿孔。这些孔的压头损失较大，所以在抽气量没有很大提高时，引风机的能力也要显著增大。

（3）抽风机　抽风机应安在一个小棚屋里，其标高要略高于集管末端，便于冷凝液的下滴。抽风机的大小根据总负压头和要抽的气体体积来设计。对于大多数功率在 5 马力或以上的电机，需要有三相电源。如果现场没有三相电源，则系统应该设计成使引风机所需电机功率低于 5 马力。

（4）性能监测　一个主动系统安装之后，它的性能需要监测，看它是否如设计的那样工作。基于这一目的，每个抽气井中的压力和气体成分及场外气体探头，都要一天监测 2 次，监测 2～3 天。调整期之后监测 7 天。在调整期内，要调节抽气井里的阀门，使最远的井中达到设计压力。任何严重的集管泄漏/堵塞或者抽气井阀门的失灵及引风机的装配，都

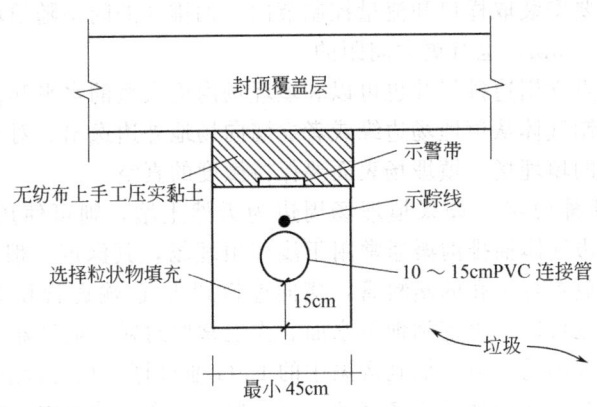

图 6-3-53　集气/输送管和地沟的典型详图

可以通过这一性能监测来检知。

2. 边缘 LFG 回收系统

边缘 LFG 回收系统由周边气体抽排井和沟渠组成，其功能是回收并控制 LFG 的横向地表迁移。由于边缘提取系统的 LFG 质量通常较低，其 LFG 有时与内部提取系统的 LFG 进行混合，如果没有充足的 LFG 数量或质量，在最小可接受温度下需要补充燃料以进行 LFG 燃烧。随填埋场年限增大，LFG 质量和数量随之减少，这越来越成为一个问题。

（1）周边抽气井　周边抽气井［图 6-3-54(a)］通常用于废物填埋深度至少大于 8m、与周边开发区相对较近的填埋场。方法是在填埋场内沿周边打一系列的直立井，并通过一公用集气/输送管将各抽排井连接到一个电力驱动的中心抽排站，中心抽排站通过抽真空（负压）的方法在公用集气/输送管和每个井中形成真空抽力。抽真空以后，在每一个井周围的城市垃圾中形成一个影响带，也叫影响半径，在此影响带内的气体被抽到井中。抽出的气体在中心抽排站进行处理，如在控制条件下烧掉。如果抽排的气体质量和产生量可观，则可以当作能源来使用。

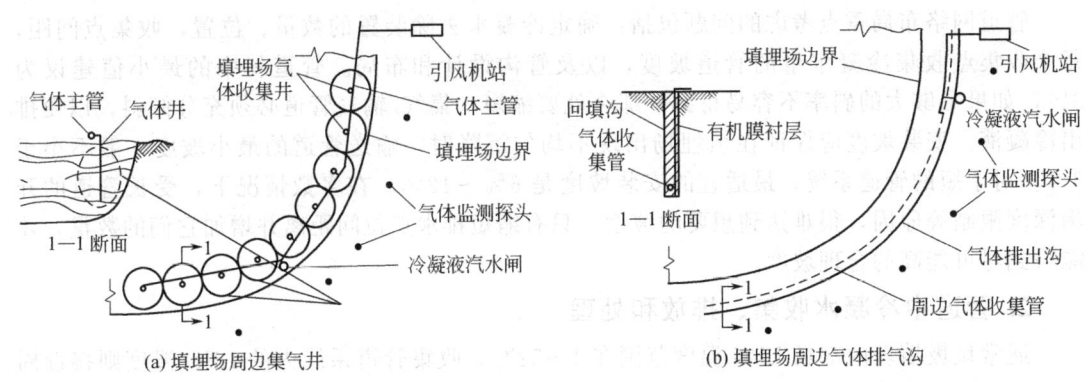

图 6-3-54　填埋场边缘气体主动收排设施

典型抽排井设计包括 10～15cm 的套管放在 45～90cm 的钻孔之中。套管的下 1/3 或者 1/2 打孔，并用砾石回填。套管的其余部分不打孔，使用天然土壤或者城市垃圾回填。井的间距要使井的影响半径相互重叠。不像水井，直立排气井的影响半径在所有方向上都呈圆形。有鉴于此，必须小心防止系统的相互"争抢"。过大抽排流量可能造成附近土壤中的空气进入填埋场城市垃圾中。为了防止空气入侵，每个井的气体流量必须加以小心控制。正是因为此原因，抽排井要安装取样口和流量控制节门。抽排井的间距随填埋场的深度和其他因素而变化，通常取 8~15m，也有更大间距的。

在大型填埋场，直立周边排气井也可以和填埋场内更大型的水平和直立排气井结合。直立周边排气井用于控制气体从填埋场边缘或者立墙向场地外边逸出。对于用周边井来控制气味从填埋场表面逸出的填埋场，填埋场表面要保持微度的真空。

（2）周边气体抽排沟渠　如果填埋场周边为天然土壤，则可使用周边气体抽排沟渠 [图 6-3-54(b)]。周边气体抽排沟渠通常用于浅埋填埋场，其深度一般小于 8m。沟中通常使用砾石回填，中间放置打了孔的塑料管，横向连接到集气/输送管和离心抽气机上。沟可以挖到城市垃圾中，也可以一直挖到地下水面。沟通常要封衬。抽气器的抽真空作用在每一沟渠及周围形成一定范围的真空。抽到沟渠中的 LFG 通过打了孔的管道进入集气/输送管和抽气机站，并最终在抽气站被处理或者烧掉。要在每一个沟渠管道中安装节门。

（3）周边注气井（空气屏障系统）　周边注空气井系统由一系列直立井组成，安装在填埋场边界外与要防止 LFG 入侵的设施之间的土壤中，通过形成空气屏障来阻止 LFG 进入。通常适用于深度大于 6m 的填埋场，同时又有设施需要防护的地方。

（四）LFG 集气/输送系统设计考虑

在设计 LFG 输送系统时，应该考虑抽气井的布置、管道分布和路径、冷凝液收集和处理、材料选择、管道规格（压力差）等。由于 LFG 收集系统中的冷凝水能引起管道振动，大量液体物质还会限制气流，增加压力差，阻碍系统改进、运行和控制，故冷凝液的收集、排放是 LFG 输送系统设计时考虑的重点问题。

整个收集系统必须要有收集并排放 LFG 冷凝水的装置，最佳设计应该是 LFG 收集管道中始终能自由排放并清除各种液体物质。

1. 收集管路系统的布置

为使 LFG 收集系统达到稳定运行状态，管道布置通常采用干路和支路的形式，干路互相联系或形成一个"闭合回路"。这种闭合回路和支路间的相互联系，可以得到一个较均匀真空分布和剩余真空分布，使系统运行更加容易、灵活。

管道网络布局重点考虑的问题包括：确定冷凝水去除装置的数量、位置，收集点间距，每个收集点收集冷凝水量的管道坡度，以及管沟设计和布局。管道斜率的最小值建议为 3%，如果足够大的斜率不容易得到，那么就要缩短。集气/输气管道必须充分倾斜，以便排出冷凝液。安装坡度应保证在填埋场出现不均匀沉降时，输送管道的最小坡度一般不小于 3%。对于短的管道系统，最适宜的安装坡度是 6%~12%。在多数情况下，受长管道的开沟深度限制等原因，很难达到想要的坡度。只有缩短排水点位间距离并增加它们的数量，才能得到尽可能高的合理坡度。

2. 管道中冷凝水收集、排放和处理

通常垃圾填埋内部场 LPG 温度范围在 1~52℃，收集管道系统内的 LFG 温度则接近周边环境温度。在输送过程中，LFG 会逐渐变凉而产生含有多种有机和无机化学物质、具有腐蚀性的 LFG 冷凝液。

为排出集气/输送管中的冷凝液，避免 LFG 在输送过程中产生的冷凝液聚积在 LFG 输送管道的较低位置处，截断通向井的真空，减弱系统运行，除允许管道直径稍大一点外，应将冷凝水收集排放装置安装在 LFG 收集管道的最低处，避免增大压差和产生振动。在寒冷结冰地区还要考虑防止收集到的冷凝水结冰，系统中要有防冻措施，保证冷凝水在结冰情况下也能被收集和贮存。

（1）LFG 冷凝液收集器　用于收集 LFG 中冷凝液的收集器包括分离器、冷凝管、泵站和贮存罐等四种类型。典型的冷凝液收集装置如图 6-3-55(a) 所示，冷凝液重新返回到填埋场。如果冷凝液不允许返回到填埋场，则可将冷凝液排入收集池中［图 6-3-55(b)］，每隔一段时间将冷凝液从收集池中抽出一次，送到处理厂进行处理或者在现场进行处理然后排入下水系统。

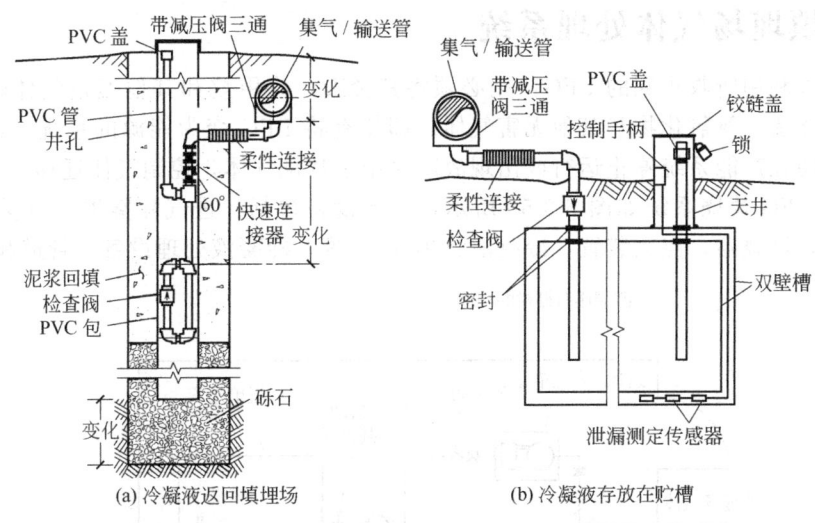

(a) 冷凝液返回填埋场　　　　(b) 冷凝液存放在贮槽

图 6-3-55　典型的冷凝液收集/排出装置

（2）LFG 冷凝液产生量估算　在抽气系统内的任何地方，饱和 LFG 中冷凝液的产生量与温度有关。在某一点上收集到的冷凝液总量与这段时间内通过该点的 LFG 体积有关，利用网络分析可以确定一段时间内整个 LFG 抽气系统将会收集到的冷凝液的量。应分别对夏季和冬季进行管网计算，确定分支或井口处 LFG 流量及其冷凝液产生量的极端最坏值和平均值。

（3）处理和处置　冷凝液的处理处置方法有：①回流到填埋场；②通过废油回收积累碳水化合物循环利用；③开启或关闭现场处理；④排入公共市政污水管网，或危险废物处理，贮存和处置设施等。

3. 管道规格和压差计算

管道规格确定是一个反复的过程，一般需要经过：估算单井最高流量，确定干路和支路管道的设计流量，用当量管道长度法计算阀门阻力，用标准公式计算管道压差，根据每个干路和支路的需要重复上述过程。

4. LFG 抽气系统管道材料

（1）LFG 输送管道材料　最常用的输送管道材料是 PVC 和 PE。PE 柔软，能承受沉降，使用寿命长，是 LFG 抽气系统理想的首选材料。PE 安装费用约是 PVC 的 3～5 倍，扩延系数是 PVC 的 4 倍。如果用作地上管道系统会因太阳辐射和 LFG 输送过程中升温等造成热胀现象，而在设计中充分考虑 PE 的热胀并完全补偿是非常困难的。

PVC 的热胀冷缩率、初始投资费用和维护费用较低，是地上集气/输送管道系统的理想材料。PVC 管在气候温暖地区应用广泛，工作性能良好；在寒冷气候条件下（低于 4℃）工作性能不大好；在露天下（紫外线损害）工作性能不好，容易变脆，但如涂上兼容漆，可延长其工作寿命。

管道安装时必须要留伸缩余地，允许材料热胀冷缩。管道固定要设计缓冲区和伸缩圈。

（2）其他材料 选择 LFG 抽气系统所使用的弹性材料（如塑料和橡胶）和金属材料时，必须考虑冷凝液、pH 值、有机酸、无机酸和碱、特殊的碳水化合物等对材料的影响，是否会产生金属腐蚀、弹性体变形和挤压破坏等问题。如果需要用金属，不锈钢是最佳选择，冷凝液对碳钢有强腐蚀性。

五、填埋场气体处理系统

如果难以利用所收集到的 LFG，则必须将其焚毁，将甲烷和其他痕量气体转变为二氧化碳、二氧化硫、氮氧化物和其他无害气体。即使有将 LFG 变为能源的系统，也常设置燃烧系统，以便在产能系统停止运行或出现故障时用于焚烧气体，控制气体迁移。

典型的 LFG 焚烧系统如图 6-3-56 所示，主要设备包括：进气除雾器，流量计，风机，自动调节阀，燃烧器，点火装置，冷凝液收集/贮存罐，冷凝液处理设备，管道和阀。

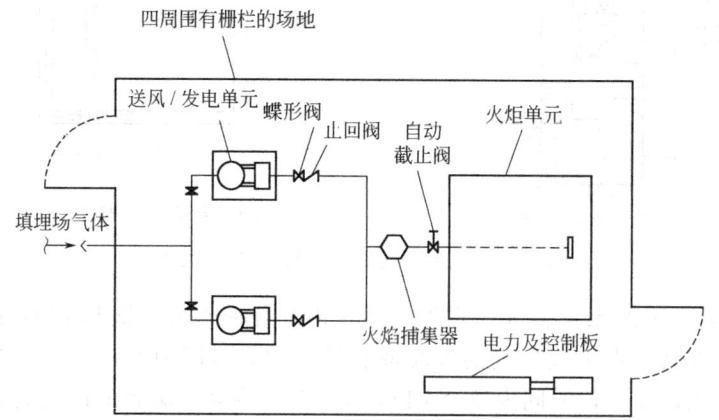

图 6-3-56 填埋场气体焚烧处理的风机/燃烧站布置

1. 燃烧器

虽然 LFG 一旦点燃就可燃烧，但要使其中的污染物完全焚毁，燃烧器还是重要的。燃烧器有蜡炬式燃烧器和封闭式地面燃烧器两种类型。蜡炬式燃烧器由带有高架燃烧器的垂直管组成，比封闭地面燃烧器的基建成本低，可临时竖装。设计时要避免出现断火。封闭式地面燃烧器通常为自然抽气型，能很好地降低燃烧过程的可视性，其效果取决于燃烧体的高度，因而需要多个燃烧器。LFG 的燃烧火焰加以屏蔽，避免狂风干扰或周围社区看到。如果安装多个燃烧装置，它们之间应有充足的间距，避免空气供应不足。通风口应设在避免火焰直接处于大风条件的位置。燃烧器的操作温度和气体停留时间应足够完全焚毁污染物质。对于大多数危险性空气污染物，需要有 815～900℃ 的操作温度和 0.3～0.5s 的停留时间。填埋产气管上还应装一个火焰防止装置，以防止火焰回到引风机里。

燃烧设施应使用不锈钢管道。在进气口的洗气器前通常安装一个自动调节阀用于调节气流。进气洗气器用于除去气体中的微粒和液滴，保护风机正常工作。

2. 风机

根据预期的最坏操作条件确定系统需要的总压力差（最大吸力容积与排放压力），选择引风机的形式及容量。离心式引风机是常用设备。为避免产气波动，可安装一个引风机、一个备用机，或多个单元。机械式密封容易出问题，在抽气侧的引风机密封可以是机械式或迷宫式的，但不应允许过多的空气进入引风机腔。如果引风机轴的密封类型不合适或效果不佳，LFG 会泄漏到空气中引起安全问题，并产生 LFG 的气味。

滑动翼片式变容压缩机通常用于更高的压力要求（$25\sim100\mathrm{lbf/in^2}$），如用于动力发电机。如维护得当，可以在湿润气体条件下良好运行，其经济/效果性能较好。

接触 LFG 的所有部分应通常套有一个特制层来保护内部结构免受腐蚀。设备的安装应防止液体积累。

自动制动阀安放在风机排放口和灭火器之间，将气流与火焰管分开，防止系统停车时下游泄漏。自动制动阀通常由一个气压或电子/液压马达驱动器控制。

灭火器由一个扑灭或制止火焰蔓延的部件构成，通常装有一个高温关闭器。如果在燃烧附近的上游管道中有回燃发生，这种关闭装置将启动，并关闭自动制动阀。

六、填埋场气体利用技术

从垃圾场回收的甲烷气体的利用与当地或周围地区对能源的需求及使用条件有关。

1. 填埋气体的能源回收系统

LFG 常被转换成能源。对于小的装机容量而言（$\leqslant5\mathrm{MW}$），常使用内燃发电机或者使用汽轮机。对于大的装机容量而言，常常使用蒸汽涡轮机。当使用内燃发电机时，要尽量除去 LFG 中的水分以防损坏柱头。如 LFG 含 H_2S，必须控制焚烧温度以防产生腐蚀。也可以先除去 LFG 中含有的 H_2S，然后再燃烧。

2. 气体净化和回收

LFG 中的二氧化碳和甲烷可通过物理、化学吸附方法和膜分离法加以分离，但只能吸附某些组分。而使用弱渗透薄膜分离法可从甲烷中分离出二氧化碳。

3. 就地使用

最简单的利用方法是用管道将回收的 LFG 从采集点输送到邻近的使用地。在输送给使用者前，LFG 必须经干燥和（或）过滤，去除冷凝液和粉尘，使之变为达一定清洁度的甲烷浓度为 $35\%\sim50\%$ 的气体。

4. 发电

用 LFG 发电常采用内燃机或汽轮机。

内燃机是可靠、高效的发电机械。但是，由于 LFG 中含有杂质，内燃机可能被腐蚀。含有氯化碳氢化合物的杂质可以在内燃机极端温度和压力范围内引起化学反应。而且，内燃机对于气体燃烧率的要求是相对不可变的，而气体的燃烧率会随 LFG 的质量不同而波动。内燃机的启动和停机容易，不仅适合于有间歇的定点电力需求，也适合于向电网送电。

汽轮机可以使用中等质量的气体发电，所需的气流速度比内燃机的快，一般适用于大的填埋场，要求运行相对稳定。所以它一般用于较大的填埋场。

5. 管道注气

如果找不到当地的使用者，管道输送是一种适宜的选择。若附近有输送中等质量 LFG 的管道，将气体处理，干燥并除去腐蚀杂质，加压到管道压力便可注入 LFG 的输送管道。中等质量的 LFG 甲烷浓度为 50%，具有明显的能源价值。为得到高质量的 LFG，需要回收气体中的二氯化碳并去除微量杂质，该处理过程较为困难，费用更贵。

第六节　填埋场衬层系统

防止填埋场气体和渗滤液对环境的污染是填埋场中最为重要的部分，对它们的周密考虑需要贯穿于填埋场从设计、施工、运行，直到封场和封场后管理的整个生命周期之中。

填埋场生态屏障系统是防止填埋场气体和渗滤液污染环境并防止地下水和地表水进入填埋场中而建设的填埋场设施。填埋场生态屏障技术基本上可分为基础防渗屏障、垂直防渗屏障和表面封场三种方法。本节着重介绍基础防渗屏障和垂直防渗屏障方法，表面封场则在本章另一节中专门讨论。

基础防渗屏障是在填埋场底部和周边设立衬层系统；垂直防渗屏障技术则是在填埋场的周边利用基础下方存在的不透水或弱透水层，在其中建设垂直防渗屏障墙（也叫防渗帷幕）。对于山谷型填埋场而言，截污坝也是垂直防渗屏障建筑。

一、防渗屏障系统的作用

基础防渗屏障和垂直防渗屏障的作用类似，主要作用如下。

① 尽量封闭渗滤液于填埋场之中，使其进入渗滤液收集系统，防止其渗透流出填埋场之外，造成对土壤和地下水的污染；

② 控制填埋场气体的迁移，使填埋场气体得到有控释放和收集，防止其侧向或者向下迁移到填埋场之外；

③ 控制地下水，防止其形成过高的上升压；防止地下水进入填埋场中，因为地下水进入填埋场将使渗滤液的产生量增加。

二、填埋场衬层系统的构成

填埋场基础防渗屏障主要通过在填埋场的底部和周边建立衬层系统来达到防渗屏障的目的。填埋场衬层系统通常包括渗滤液收排系统、防渗系统（层）和保护层、过滤层、地下水收排系统等。如果渗滤液收排系统中没有渗滤液收集管道等设施而仅为一层排水层时，又称为排水层。防渗系统有时也称为防渗层。

防渗系统的功能是通过在填埋场中铺设低渗透性材料来阻隔渗滤液于填埋场中，防止其迁移到填埋场之外的环境中；防渗层还可以阻隔地表水和地下水进入填埋场中。防渗层的主要材料有天然黏土矿物如改性黏土、膨润土，人工合成材料如柔性膜，天然与有机复合材料如钠基膨润土防水毯（GCL）、聚合物水泥混凝土（PCC）等。

必须对防渗层提供合适的保护。黏土等矿物质衬层容易受侵蚀，以及受到天气变化、干湿和渗滤液收集系统砾料对其上表面的刺穿等因素的影响。柔性膜容易被刺穿，同时，其他点状集中应力也会造成膜的破损，工程上一般采用土工布或黏土对其进行保护，对于个别安全要求较高的，可以考虑加设一层复合土工排水网垫。另外，必须对排水系统提供保护，过滤渗滤液中的悬浮物、其他固态和半固态物质，否则，这些物质将在排水层中累积，造成排水系统的堵塞，使排水系统效率降低或者完全失效。目前工程上一般使用有纺土工布或土工滤网。

三、衬层系统的选择

填埋场衬层系统的选择对于填埋场设计至关重要。选择填埋场衬层系统应考虑下面一些因素：环境标准和要求；场区地质、水文、工程地质条件；衬层系统材料来源；废物的性质及与衬层材料的兼容性；施工条件；经济可行性。

衬层系统的选择过程很复杂，为了设计建设适用的衬层系统必须进行大量研究。衬层系统的最初选择过程应包括环境风险评价。根据衬层系统的不同结构设计和填埋场场区条件如非饱和带岩性和地下水埋深等，运用风险分析方法确定填埋场释放物环境影响，从中选择合理的衬层系统。

对于渗滤液而言，需要确定其可接受的产生量，应考虑接收水体的敏感性、非饱和带的深度、稀释能力、渗滤液可能的组成、产生速率及在接收水体中的稀释等因素。

对于填埋场气体而言，填埋场所在地区的地质条件、水文地质条件、是否存在建筑物及建筑物的距离、填埋场设施、服务设施、植物、居民区等以及其他限制条件，都是确定填埋场气体释放和迁移时要考虑的因素。

如果填埋场场底低于地下水位，则衬层设计应考虑地下水渗入填埋场的可能性及对渗滤液产生量的影响；控制因地下水位上升而对衬层系统施加的上升压力以及地下水的长期影响。

一般而言，衬层系统不应只依靠单级别保护。在某些环境中，由于场区地层具有低渗透性，地质屏障系统本身提供了一定的保护，这时就可以降低对防渗屏障系统的要求，减少所需的额外保护。而在另一些环境中，衬层系统则必须包含多级别的保护。例如，在没有地下水的地方，单层压实黏土衬层可以了。而在渗滤液和填埋场气体必须进行控制的场地，则需要使用复合防渗系统，并加上合适的排水系统和土壤防护系统。

衬层系统的选择还将受到衬层材料来源的影响。从减少填埋场建设费用的角度考虑，衬层系统应尽量使用在场址区合理距离内可得到的自然材料。例如：在场址区及附近如果有黏土，应使用黏土作为衬层系统的防渗层与保护层；如果没有质量高的黏土，但有粉质黏土，则衬层可采用质量较好的膨润土来改性粉质黏土，使其达到防渗设计要求；如果没有足够的天然防渗材料，衬层可使用柔性膜或者天然与人工合成材料。

除了具备低渗透性，衬层系统还应具备坚固性、持久性、抗化学反应性、抗穿透和断裂性。这些性质通过衬层成分自身的内在强度、两种或更多成分的综合作用、物理硬度、保护层等来实现。

衬层系统的设计还要考虑施工方便。在铺设衬层时，衬层系统的每个单层不能危及其下一层。在填埋场作业过程中，废物入场和填埋方式都可能造成衬层系统的损坏。填埋场施工条件有时也将影响衬层系统的设计。例如，某些山谷型填埋场，由于场区坡度较大，施工机械很难进入，给黏土衬层的压实带来困难。

衬层材料的选择应与填埋废物具有相容性，废物的某些理化性质不能造成衬层的损坏，这就要求衬层具有化学抗性和相应的持久性。选择衬层系统时要充分考虑衬层材料和废物、渗滤液、气体成分的关系，尽量实现在可能温度条件下的完全兼容。某些特定填埋场具有加速填埋废物稳定化/固化的功能，对于这样的填埋场，兼容性尤为重要，废物的快速降解等稳定化/固化过程不应损害衬层材料的性能。

经济可行性是衬层系统选择中始终要考虑的基本因素。衬层系统应该在满足环境要求的条件下，选择更为经济的衬层系统。

四、衬层系统结构

根据填埋场渗滤液收排系统、防渗系统和保护层、过滤层、地下水收排系统的不同组合，形成不同的衬层系统结构，有单层衬层系统、复合衬层系统、双层衬层系统和多层衬层系统等[99]，如图 6-3-57 所示。

（一）单层衬层系统

单层衬层系统［见图 6-3-57(a)］有一个防渗层，其上是渗滤液收集系统和保护层。必要时其下有一个地下水收集系统和一个保护层。这种类型的衬层系统只能用在抗损性低的条

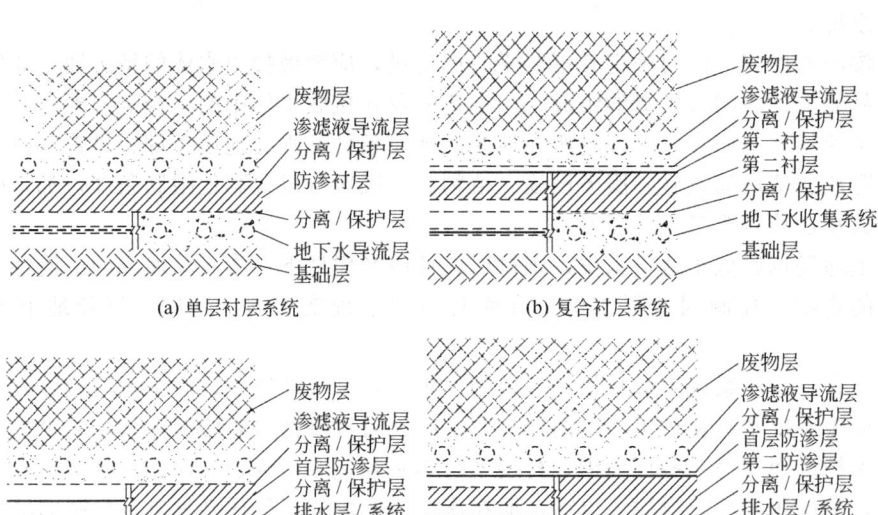

图 6-3-57　典型填埋场衬层系统

件下。某些场址的填埋场，填埋场场地低于地下水水位。对于这样的填埋场，只要地下水流入速率不致造成渗滤液量过多，只要地下水的上升压力不致破坏衬层系统，单层也同样适用。

（二）复合衬层系统

复合衬层系统［见图 6-3-57(b)］的防渗层是复合防渗层。所谓复合防渗层意指由两种防渗材料相贴而形成的防渗层。它们相互紧密地排列，提供综合效力。比较典型复合结构是，上层为柔性膜，其下为 GCL 或渗透性低的黏土矿物层。与单层衬层系统相似，复合防渗层的上方为渗滤液收集系统，下方为地下水收集系统。

复合衬层系统综合了物理、水力特点不同的两种材料的优点，因此具有很好的防渗效果。HDPE 的防渗能力很强，在不发生破损的情况下，渗滤液穿过 HDPE 防渗层的量非常小，而一旦复合衬层系统膜出现局部破损渗漏时，GCL 或黏土遇水膨胀，使膜与 GCL 或黏土表面紧密连接，具有一定的密封作用。

复合衬层的关键是使柔性膜紧密接触黏土矿物层，以保证柔性膜的缺陷都不会引起沿两者结合面的移动。

（三）双层衬层系统

双层衬层系统［见图 6-3-57(c)］包含两层防渗层，两层之间是排水层，以控制和收集防渗层之间的液体或气体。同样，衬层上方为渗滤液收集系统，下方可有地下水收集系统，膜下保护层可以是压实黏土或者是 GCL＋压实黏土。双层衬层系统有其独特的优点。透过上部防渗层的渗滤液或者气体受到下部防渗层的阻挡而在中间的排水层中得到控制和收集。

双层衬层系统的主要使用条件如下：

① 要求在安全设施特别严格的地区建设危险废物安全填埋场；

② 基础天然土层很差（$K > 10^{-5}$ cm/s）、地下水位又较高（距基础底＜2m）时宜用双

层衬层；

③ 建设混合型填埋场，即生活垃圾与危险废物共同处置的填埋场；

④ 土方工程费用很高，相比之下，HDPE 膜费用低于土方工程费用。

（四）多层衬层系统

多层衬层系统［见图 6-3-57(d)］是以上的一个综合。其原理与双层衬层系统类似，在两个防渗层之间设排水层，用于控制和收集从填埋场中渗出的液体，不同点在于，上部的防渗层采用的是复合防渗层。防渗层之上为渗滤液收集系统，下方为地下水收集系统。多层衬层系统综合了复合衬层系统和双层衬层系统优点，具有抗损坏能力强、坚固性好、防渗效果好等优点。但多层衬层系统往往造价也高。

图 6-3-58 和图 6-3-59 给出了填埋场基础衬层系统结构的两个典型示例；其中，图 6-3-58 为复合衬层系统，图 6-3-59 为双层衬层系统。

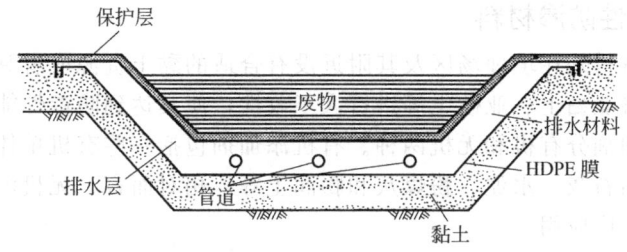

图 6-3-58　填埋场基础衬层系统的典型示例——复合衬层

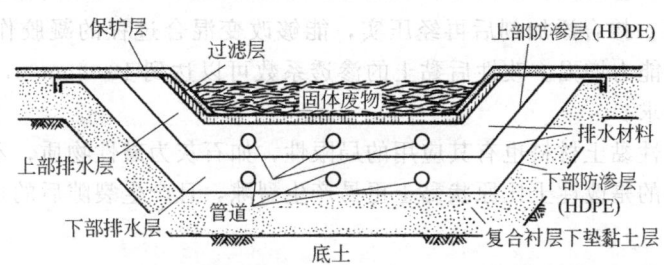

图 6-3-59　填埋场基础衬层系统的典型示例——双层衬层

五、填埋场防渗材料

任何材料都有一定的渗透性，填埋场所选用的防渗衬层材料通常可分为四类。

（1）无机天然防渗材料　主要有黏土、亚黏土、膨润土[100]等。在有条件的地区，黏土衬层较为经济，曾被认为是废物填埋场唯一的防渗衬层材料，至今仍在填埋场中被广泛采用。在实际工程中还广泛将该类材料加以改性后作防渗层材料，统称为黏土衬层。

（2）天然和有机复合防渗材料　主要指钠基膨润土防水毯（简写为 GCL）、聚合物水泥混凝土（PCC）防渗材料，沥青水泥混凝土也属该类材料。

（3）人工合成有机材料　主要是塑料卷材、橡胶、沥青涂层等。现广泛使用的是高密度聚乙烯（HDPE）防渗卷材。这类人工合成有机材料通常称为柔性膜。以柔性膜为防渗材料建设的衬层叫做柔性膜衬层（FML）。

（4）人工合成辅助材料　主要有土工布、土工排水网、土工滤网等。这类人工合成材料主要是对防渗系统起到辅助保护的作用。

（一）天然黏土材料

天然黏土单独作为防渗材料必须符合一定的标准。黏土的选择主要根据现场条件下所能达到的压实渗透系数来确定。在最佳湿度条件下，当被压制到 $90\%\sim95\%$ 的最大普氏（Proctor）干密度时，其渗透性很低（通常为 $10^{-7}\,cm/s$ 或者更小）的黏土，可以作为填埋场衬层材料。具有下列特性的黏土适宜做衬层材料：

① 液限（W_1）在 $25\%\sim30\%$ 之间；

② 塑限（W_p）在 $10\%\sim15\%$ 之间；

③ 0.074mm 或更小的粒度在 $40\%\sim50\%$ 之间；

④ 黏土成分含量（质量分数）在 $18\%\sim25\%$ 之间（黏土成分是粒径小于 0.002mm 的颗粒）。

⑤ 英国的标准要求黏土矿物含量 10% 以上。

（二）人工改性防渗材料

人工改性防渗材料是在填埋场区及其附近没有合适的黏土资源或者黏土的性能无法达到防渗要求情况下，将亚黏土、亚砂土等进行人工改性，使其达到防渗性能要求而成的防渗材料。人工改性的添加剂分有机和无机两种。有机添加剂包括一些有机单体如甲基脲等的聚合物；无机添加剂包括石灰、水泥、粉煤灰和膨润土等。相对而言，无机添加剂费用低、效果好，适合于在我国推广应用。

1. 黏土的石灰、水泥改性技术

在黏土中添加少量石灰、水泥可有效地改善黏土的性质，大大提高黏土的吸附能力、酸碱缓冲能力[101,102]。掺合添加剂后再经压实，能够改变混合过程的凝胶作用，使黏土的孔隙明显变小，抗渗能力增强。改性后黏土的渗透系数可以达到 $10^{-9}\,cm/s$，符合填埋场防渗材料对渗透性的要求。

应该指出，改性黏土材料也有其应用的局限性，如石灰为碱性物质，不一定适合所有种类的土壤。更重要的是改性土比原状黏土更易产生裂隙，且产生裂隙后的自愈合能力不如原状黏土。

2. 黏土的膨润土改性技术

顾名思义，黏土的膨润土改性技术意指在天然黏土中添加少量的膨润土矿物，来改善黏土的性质，使其达到防渗材料的要求。国内外研究成果和工程应用证明膨润土改性黏土在填埋场工程中有很大的发展前途。膨润土优于其他无机添加剂，主要在于它具有吸水膨胀和巨大的阳离子交换容量。一般膨润土吸水后，由于水的增多形成低渗透性的纤维，其体积膨胀可达 $10\sim30$ 倍。因此，在黏土中添加膨润土，不仅可以减少黏土的孔隙，使其渗透性降低，而且可以提高衬层吸附污染物的能力，同时，也使黏土衬层的力学强度大幅度提高。

膨润土基本上是绿土类黏土矿质，其中蒙脱石是最普通的黏土矿物，此外还有高岭石、伊利石等。膨润土的膨胀主要是由于水的增多且形成低渗透率的纤维。然而，如果孔隙液体改变，那么纤维及基层间距会缩短，而引起渗透率增加。孔隙液体对膨润土渗透率的影响可用特定的聚合物对膨润土进行处理而降低，必须研究渗滤液与改良膨润土的相容性。

膨润土的添加量视具体情况而定。因为改性黏土渗透性的降低和吸附能力的增强并不与膨润土添加量完全成正比，而是存在一个最优的添加比率，因此为了获得添加比率的最佳值，需要做出膨润土添加量和黏土渗透系数的试验曲线。膨润土的百分比可控制在 $3\%\sim15\%$，尽量使用与填埋场渗滤液成分相当的液体作为试验用液体，不可使用去离子水进行试验。在获得实验室结果的基础上，使用工程要求的混合设备完成现场试验，检查现场混合质量和渗透率是否达到要求。

（三）人工合成有机材料（柔性膜）

天然黏土和人工改性黏土是建筑填埋场防渗结构的理想材料[103]。但是，严格地讲，黏土只能延缓渗滤液的渗漏，而不能制止渗滤液的渗漏，除非黏土的渗透性极低且有较大的厚度。为了更为有效地密封渗滤液于填埋场中，现代填埋场尤其是危险废物填埋场经常使用人工合成有机材料（柔性膜）与钠基膨润土垫（简写为 GCL）或黏土结合作为填埋场的防渗材料。

柔性膜主要有以下几种：高密度聚乙烯（HDPE）、低密度聚乙烯（LDPE）、聚氯乙烯（PVC）、氯化聚乙烯（CPE）、氯磺聚乙烯（CSPE）、塑化聚烯烃（ELPO）、乙烯-丙烯橡胶（EPDM）、氯丁橡胶（CBR）、丁烯橡胶（PBR）、热塑性合成橡胶、氯醇橡胶。柔性膜防渗材料通常具有极低的渗透性，其渗透系数均可达到 10^{-11} cm/s。高密度聚乙烯的渗透系数达到 10^{-12} cm/s 甚至更低。几种主要柔性膜的性能列于表 6-3-25 中。部分柔性膜材料的物理特性列于表 6-3-26 中。其中，高密度聚乙烯是应用最为广泛的填埋场防渗柔性膜材料，具有如下特点：

① 防渗性能好，渗透系数 $K < 10^{-12}$ cm/s；
② 化学稳定性好，对大部分化学物质有抗腐蚀能力；
③ 机械强度较高；
④ 便于施工，已经开发了一系列配套的施工焊接方法，技术上比较成熟；
⑤ 性能价格比较合理；
⑥ 气候适应性较强，可在低温下良好工作。

高密度聚乙烯在填埋场建设中的用途包括：基础防渗；填埋场最终覆盖层防渗；各种水池及垃圾堆放场地的防渗；制成 HDPE 管材。

表 6-3-25　几种主要人工合成防渗膜的性能表

材料名称	适　用　性	缺　点	价格
高密度聚乙烯(HDPE)	良好防渗性能 对大部分化学品有抗腐蚀能力 具有良好的机械和焊接特性 可在低温下良好工作 可制成各种厚度，一般 0.5～3mm 不易老化	抗不均匀沉降能力较差 抗穿刺能力较差	中等
聚氯乙烯(PVC)	抗无机物腐蚀 良好的可塑性 高强度 易操作和焊接	易被许多有机物腐蚀 抗紫外线辐射差 气候适用性不强 易受微生物侵蚀	低
氯化聚乙烯(CPE)	良好的强度 易焊接 对紫外线和气候适用性强 可在低温下良好工作 抗渗透性好	抗有机物腐蚀能力差 焊接质量不强 易老化	中等
异丁烯橡胶(EDPM)	耐高温低温 抗紫外线辐射好 氧化性和极性溶剂略有影响 胀缩性强	对烃类化合物抵抗能力差 接缝难 强度不高	中等

续表

材料名称	适用性	缺点	价格
氯磺化聚乙烯(CSPE)	防渗性能好 抗化学腐蚀能力强 耐紫外线辐射及气候适应性强 抗细菌能力强 易焊接	易受油污染 强度较低	中等
乙烯-丙烯橡胶(EPDM)	防渗性能好 耐紫外线辐射 气候适应性强	强度较低 抗油和卤代溶剂腐蚀能力差 焊接质量不高	中等
氯丁橡胶(CBR)	防渗性能好 抗油腐蚀,耐老化 抗紫外线辐射强 耐磨损,不易穿孔	难焊接和修补	较高
热塑性合成橡胶	防渗性能好 拉伸强度高 耐油腐蚀 抗紫外线辐射 抗老化	焊接质量仍需提高	中等
氯醇橡胶	抗拉强度较高 热稳定性好 抗老化 不受烃类溶剂、燃料等 抗油类腐蚀能力强	难以现场焊接和修补	中等

表 6-3-26　部分柔性膜材料的物理特性

项　目	密度/(g/cm³)	热膨胀系数	抗拉强度/(kgf/cm²)
高密度聚乙烯	>0.939	1.25×10^{-5}	337.5
氯化聚乙烯	1.3~1.37	4×10^{-5}	126.6
聚氯乙烯	1.24~1.3	4×10^{-5}	154.7

（四）聚合物水泥混凝土（PCC）材料

聚合物水泥混凝土（PCC）是由水泥、聚合物胶结料与骨料结合而成的新型填埋场防渗材料。在水泥混凝土搅拌阶段，掺入聚合物分散体或者聚合物单体，然后经过浇铸和养护而成。

PCC 作为一种新型建筑材料，已有几十年的研究和应用历史。PCC 具有比较优良的抗渗和抗碳化性能。抗渗性比普通砂浆提高 2~3 个数量级，抗碳化性提高 3~6 倍。由于聚合物的网络与成膜作用，使 PCC 具有较为密实的微孔隙结构，因此，PCC 具有较高的耐磨性和耐久性。在力学性质方面，其抗压强度、抗折强度、伸缩性、耐磨性都可以通过配方改变加以改善，从而达到预期要求。我国对 PCC 作为填埋场防渗材料进行了系列研究，进行了较为深入的探讨。研究结果表明，PCC 在材料力学性能和抗渗性能等方面基本上具备了防渗材料的要求。所研制的 PCC 防渗材料其抗压强度达到 20MPa，渗透系数由普通水泥砂浆的 $10^{-6} \sim 10^{-8}$ cm/s，降低到 10^{-9} cm/s。根据我国的实际发展水平，有理由认为 PCC 是经济实用且又能满足防渗要求的填埋场防渗材料。

六、衬层系统设计

（一）衬层设计的步骤

（1）确定填埋场类型 一般垃圾废弃物采用自然衰减型填埋场，对某些特殊的废物及某些敏感的场区环境，需将填埋场封闭。

（2）确定场区地下水功能和保护等级 对能提取使用的地下水，只需保护地下水含水层；而对地表水、岩石或土壤含水地质构造中的补给水，则包括含水黏土沉积物和上层滞水（不抽取）的保护。

（3）确定衬层材料及衬层构造 衬层材料的渗透系数要求必须＜10^{-7}cm/s，且须与废物中产生的渗滤液相容。根据黏土材料有防止渗滤液泄漏和不易破坏的特点，可使用黏土衬层结构及黏土和合成膜的复合衬层结构。

（4）需在现场水文地质勘察的基础上，根据场址降雨量及场内渗滤液产生的情况，建立废弃物浸出液分配模型，以确定防渗层的有关设计参数。

（5）考虑衬层的施工及其对衬层的质量的影响。

（二）估算渗滤液渗漏量

达西定律是描绘流体在多孔介质中运动的基本定律，可以用于计算渗滤液通过防渗层系统的渗透流量。达西定律表示为

$$Q=AKJ=AK\frac{H}{D} \qquad (6\text{-}3\text{-}71)$$

式中　Q——穿过防渗层的渗滤液流量，m^3/d；

　　　A——面积，m^2；

　　　K——防渗层的渗透系数，m/d；

　　　J——水力梯度；

　　　H——渗滤液深度，m；

　　　D——防渗层的厚度，m。

达西定律表明，穿过防渗层的渗滤液流量与防渗层的渗透系数和渗滤液积水深度成正比，与防渗层的厚度成反比。因此，衬层的厚度和衬层材料的渗透系数是保证衬层防渗能力的主要设计指标。

（三）黏土衬层设计

1. 黏土衬层的厚度

黏土衬层的厚度越大，其防渗能力越强。但是，衬层厚度过大，不仅占据了大量有效填埋空间，而且将大幅度提高土建工程费用。因此，必须根据具体情况合理设计填埋场黏土衬层的厚度，达到既能满足防渗要求，又能降低建设费用的目的。黏土衬层厚度设计推荐值见表6-3-27。

黏土衬层可用来形成单层衬层系统或同其他材料混合形成复合、双层或多层衬层系统。对于单层压实黏土衬层系统而言，黏土的厚度不应小于2m。对于复合、双层或多层衬层系统，如果黏土材料供应不足，在允许的条件下，厚度可以适当减小，渗透性要求也可适当放松。但黏土衬层的厚度最好不低于0.75m，这是黏土层达到坚固性和持久性目的所要求的最小厚度。

2. 渗透性

度量黏土衬层渗透性的主要指标是渗透系数，用K表示。实际上渗透系数是度量流体

在介质中渗透能力的参数，因此，它既与介质性质有关，还与流体的性质有关，可以表示为

$$K = \frac{\rho g}{\mu} k = \frac{g}{\nu} k \tag{6-3-72}$$

式中　K——渗透系数，m/d；

　　　ρ——流体的密度，kg/m^3；

　　　g——重力加速度，m/d^2；

　　　μ——动力黏滞系数，$kg/(m \cdot d)$；

　　　ν——运动黏滞系数，m^2/d；

　　　k——介质渗透系数，m^2。

　　严格地说，不同成分的渗滤液在不同温度条件下在相同性质的黏土中的渗透能力是不同的。因此，渗滤液在黏土中的渗透系数要根据渗滤液实际成分，在填埋场可能的温度范围内，运用设计的黏土材料性质和厚度进行试验，才能加以确定。例如，对比实验显示，Cr^{6+} 在土壤中的渗透系数是纯水渗透系数的 4 倍。

　　实验室测定的黏土渗透系数通常是相对于水的渗透系数值。在实际应用这些数据进行衬层设计时，必须根据渗滤液的实际情况和场底条件进行修正。一般应运用实际渗滤液进行现场渗透实验以便更为准确地确定渗透系数值。

　　黏土衬层的渗透系数要求见表 6-3-27。

表 6-3-27　压实黏土衬层渗透系数与厚度设计推荐值

衬　层　结　构	渗透系数/(cm/s)	黏土层厚度/m
单层衬层:土	10^{-7}	>2
单层衬层:膜	10^{-5}	>0.75
复合衬层:土-膜	10^{-7}	>0.75
复合衬层:土-膜-GCL	10^{-5}	>0.3
双层衬层	10^{-7}	>0.5

表 6-3-28　土的最优含水率和最大干密度

土的种类	最优含水率/%	最大干密度/(g/cm³)
砂土	8~12	1.80~1.38
黏土	19~23	1.58~1.70
粉质黏土	12~15	1.85~1.95
粉土	16~22	1.61~1.80

3. 含水率与密实度

　　土壤要有一定的含水率和密实度，以达到渗透性低和强度高的目的。实验研究表明，当土壤含水率略高于土的最佳含水率时，通常可以获得最佳渗透性。在具体工程设计前，应该进行密度、湿度和渗透性的实验，建立三者之间的关系曲线，从而确定最优值。表 6-3-28 给出了最优含水率和最大干密度的数值范围，可供设计和施工时参考。

4. 土块大小与级配

　　土块的大小将影响土的渗透性质和施工质量。通常，土块越小，其中水分分布越均匀，压实效果越好。尤其当土壤含水率小于拟定的压实最佳含水率时，土块的大小将更为重要。

因此，在设计中一般推荐土块的最大尺寸为 2cm。如果现场土块尺寸太大，应首先进行机械破碎。

土壤颗粒的级配，同样影响着土壤的透水性。级配良好的土壤，其透率较小。土壤级配很重要，具有较低比例黏土成分但级配良好的材料仍可作衬层材料。一般而言，具有较高的黏土成分或较高的淤泥和黏土成分的材料具有低渗透性。具有高比例石块或过多大颗粒的材料一般不适于作衬层材料。为了确定黏土颗粒级配和黏土的性质，需要对黏土进行颗粒分析实验。

5. 塑性

黏土要形成有效的衬层或衬层组成部分，要具有一定的可塑性。但高度塑性的土壤容易收缩和干化断裂。一般液限指数（W_t）在 $25\% \sim 30\%$ 之间；塑限指数（W_p）在 $10\% \sim 15\%$ 之间。可以使用高塑性的土壤材料，但要避免其收缩。

6. 强度

黏土材料应具有足够的强度，不应在施工和填埋作业负荷作用下发生变形。

7. 与容纳废弃物的化学相容性

不同的废弃物其渗滤液对黏土渗透性的影响不同，其作用机理如下。

① 渗滤液中的化学物质改变了带负电荷的黏土颗粒的阳离子分布，双电层厚度与阳离子价数成反比及与其浓度的平方根成反比。因此，高价阳离子其浓度对土壤透水率的影响更大。

② 强酸或强碱性渗滤液可以溶解土壤成分。

③ 固态物质在土壤孔隙中沉淀或由于微生物的生长使土壤孔隙堵塞。

因此，在使用黏土作为防渗材料时，必须根据欲填废物的种类，进行化学相容性试验。化学不相容的废物不能在填埋场中填埋。如果必须填埋此类废物，则应考虑采取其他防渗措施或者在填埋前，进行固化等预处理。

8. 黏土衬层的坡度设计与排水层设计

推荐黏土衬层的设计坡度为 $2\% \sim 4\%$。

推荐衬层系统中的排水层厚度为 $30 \sim 120cm$，集水管最小直径为 15cm，管道间距为 $15 \sim 30m$。

（四）人工改性防渗材料的工程设计

人工改性黏土衬层的工程设计与天然黏土衬层的情况类似，可以参照天然黏土情况设计。

使用膨润土作为添加剂时要注意，膨润土中的可置换阳离子种类是一个重要的控制参数，直接影响混合后土的渗透性能。通常，膨胀性能越好的膨润土，其添加量越少。一般来讲，具有高膨胀性能的黏土矿物要比其他黏土矿物更易受化学物质的影响。例如，钠是高膨胀膨润土的主要阳离子，在钠型土与高钙盐溶液进行离子交换时，它很容易转变为钙型土，这一变化将严重降低膨润土的膨胀能力，并因此增大混合土的渗透性。

膨润土的混合比率随土壤条件而变化。一般在原土中掺入 $3\% \sim 8\%$ 的膨润土，即可将大部分土壤材料的渗透系数降低到设计标准。混合土衬层设计中，应确定：①原土与膨润土的最佳混合比率；②密度-含水率-渗透系数三者关系；③干燥膨润土的颗粒尺寸。

（五）黏土和人工改性土衬层的基础设计

填埋场地基基础的设计可参照执行《建筑地基基础设计规范》（GB 50007—2002）中有

关设计要求。设计中还应考虑并符合下述要求。

1. 限制不均匀沉降

不均匀沉降是一种局部结构应力现象，有可能造成衬层的破坏。为了防止沉降的形成，在设计过程中根据土壤特性，进行基础沉降的模拟试验分析。如果需要，可将上层 50～100cm 厚的土层挖出，适当压实后回填，保证其具有均匀性。一般来讲，只要地形平缓且场底土质不存在严重的不均匀性，出现基础不均匀沉降的可能性应该是很小的。

2. 基础防渗要求

基础防渗在填埋场防渗屏障系统中也起着重要作用。如果基础中有大的裂隙、砂透镜体或砂缝等可为渗滤液的渗透提供通路，易于造成地下水污染。同时，这些通道也为地下水渗入提供了路径。因此，为达到最佳运转效果和可能成为备用衬层，还需进行基础防渗以控制渗漏。解决基础渗漏可采取下面措施：

① 增大基础层厚度（如 3m 以上），降低其渗透性（如渗透系数小于 10^{-6} cm/s）；
② 降低作用于基础底部的水压力；
③ 增加基础的承载压力。

3. 控制地下水

填埋场防渗层下的基础层底标高应在地下水水位以上，场址条件不能满足时，应做长期降水工程。基础层底标高距地下水水位的距离要求，国内外尚有不同认识，推荐值如表 6-3-29。

表 6-3-29 基础层底标高距地下水水位距离推荐值 h

推荐值 h/m	基础性质[渗透系数 K/(cm/s)]
>2	黏土($\leqslant 10^{-7}$)
>2.5	黏土($10^{-7} < K \leqslant 10^{-6}$)
>3	黏土($< 10^{-5}$)

注：来源于《城市生活垃圾卫生填埋技术标准》（CJJ 17—88）。

4. 底部坡度设计

地基基础顶必须有大于 2% 纵横坡度，在最低部位修集液池，以便收集和排出填埋场场区。对于高密度聚乙烯卷材等柔性膜防渗层，其地基基础顶表层一般不得有直径大于 0.5cm 的颗粒物。为避免地基基础层内有植物生长，必要时需均匀施放化学除萎剂。

对于须做特殊地基、基础类型设计的地段如岩基、软基等情况，尚应视不同情况考虑处理，或按不同防渗衬层要求设计，如聚合物水泥混凝土（PCC）防渗层。

（六）HDPE 衬层设计

在基础防渗工程中，除特殊情况外，HDPE 防渗膜并不单独使用，因为它需要较好的基础铺垫，才能保证 HDPE 防渗膜稳定、安全而可靠地工作。

在衬层设计中，HDPE 防渗膜通常用于复合衬层系统、双层衬层系统和多层衬层系统的防渗层设计。

1. HDPE 膜的性能要求

对 HDPE 膜的性能要求包括原材料性能和成品膜性能两个方面，主要指标包括密度、熔流指数、炭黑含量、原料要求、膜厚度、膜抗穿能力、膜抗拉强度和渗透系数等。

（1）密度　密度反映材料的分子结构和结晶度，与材料的物理性能和强度、变形等有关。用于安全填埋场的 HDPE 防渗膜的密度为 $0.932\sim0.940\mathrm{g/cm^3}$，最佳值为 $0.95\mathrm{g/cm^3}$。我国自行生产（如齐鲁石化公司）的 HDPE 膜的密度可达到这一标准。

（2）熔流指数　熔流指数反映材料的流变特性。熔流指数低，材料脆，但刚性增强。反之，材料弹性则增强，刚性减弱。熔流指数的最佳值为 $0.22\mathrm{g/10min}$。一般熔流指数在 $0.05\sim0.3\mathrm{g/10min}$ 范围可满足要求。

（3）炭黑含量　炭黑含量反映了材料抗紫外线辐射的能力。一般炭黑添加量为 2%～3%。不含炭黑的 HDPE 膜不能用在露天填埋场的设计和施工中。

（4）原料要求　聚乙烯原材料必须是一级纯品，不含杂质。不能用废聚乙烯再生产品。

（5）膜厚度　选择 HDPE 膜的厚度，一般不以其抗渗能力为依据，因为 HDPE 膜的抗渗能力是有保证的。例如，渗滤液穿透 0.5mm 厚的 HDPE 膜大约需要 80 年。选择膜厚度应主要考虑：第一，膜的抗紫外线辐射能力。虽然用于安全填埋场工程的 HDPE 膜是加炭黑的，但紫外辐射仍然对膜的强度有很大影响。如果填埋场衬层从施工到运行自始至终膜不暴露，则可选择较薄的膜，否则应考虑选择较大厚度的膜。美国环保局提出不暴露 HDPE 膜的最小厚度为 0.75mm；如果暴露时间大于 30 天，则最小膜厚定为 1.0mm。第二，膜的抗穿透能力。第三，抗不均匀沉降能力。当然，膜厚度大，对后二者有利。但是，膜厚度增加将使膜的价钱成比例增加，所以必须综合考虑。从我国的实际情况看，推荐的膜厚度为 $0.5\sim2.5\mathrm{mm}$。

（6）膜抗穿能力　HDPE 膜的抗穿能力与其厚度有关。不同膜厚度有不同要求，用 FTMS 101-101 C 方法，膜厚 1.0mm 的 HDPE 膜不得低于 320N。HDPE 膜的抗穿能力是比较强的，但是仍然不能防止一些针状物或者由于生物作用对膜的穿透。由于填埋场施工条件比较复杂，存在膜穿透的条件，因此在施工中要特别注意。HDPE 膜的抗穿能力还有待进一步提高。

（7）膜抗拉强度　不同膜厚度对膜抗拉强度有不同要求。用 ASTMD 638 Ⅳ 类方法，膜厚 1.0mm 时其抗拉强度不得小于 20MPa。膜的抗拉强度是膜设计应用的基本条件之一。膜在填埋场条件下有时将处于受拉状态。造成这一状态的主要原因有：第一，边坡铺设和长时间运行过程中，上面的膜与下面的垫层可能产生滑动，当拉力超过设计安全系数时，膜可能破坏。第二，底部局部不均匀沉降将对膜产生拉力。试验结果显示，HDPE 膜的单向抗拉强度较大，可以在发生较大变形时不产生破裂。但其抗双轴向拉力的能力很低，因此，要尽量减少产生双轴拉力的可能性。

（8）渗透系数　HDPE 膜的渗透系数要小于 $10^{-12}\mathrm{cm/s}$。质量合格的 HDPE 防渗膜的抗渗能力很强，渗透系数比优质黏土低 4～5 个数量级，防渗性能能够达到这一指标要求。

2. HDPE 防渗层铺设设计要求

HDPE 膜的铺设设计要满足以下要求：

① 防渗膜的铺设必须平坦、无皱折；

② 膜的搭接必须考虑使其焊缝尽量减少；

③ 在斜坡上铺设防渗膜，其接缝应从上到下，不允许出现斜坡上有水平方向接缝，以避免斜坡上由于滑动力可能在焊缝处出现应力集中；

④ 基础底部的防渗膜应尽量避免埋设垂直穿孔的管道或其他构筑物；

⑤ 边坡必须锚固，推荐采用矩形槽覆土锚固法；

⑥ 边坡与底面交界处不能设焊缝，焊缝不在跨过交界处之内。

3. HDPE 复合衬层下垫层的设计

HDPE 防渗膜不能铺设在一般的天然地基上，必须铺设在平整、稳定的支撑层上，即在 HDPE 膜之下，必须提供一个科学的下垫层基础设计，目前一般是以钠基膨润土防水毯（GCL）或天然防渗材料为主的人工防渗层设计。

（1）基础最低层距地下水位的距离　填埋场基底距地下水高水位的距离设计推荐值如表 6-3-29 所示。我国东部和东南沿海的发达地区水网密布，地下水位较高。所以在这些地区选址，地下水位可允许距填埋基础 1m 以上。

（2）下垫层设计要求　下垫层为钠基膨润土防水毯（GCL）的，要求材料渗透系数不应大于 5.0×10^{-9} cm/s，规格不应小于 4800g/m²。

下垫层材料若采用黏土，那么黏土层厚度直接影响工程土方量，从而影响工程造价。根据深圳安全填埋场工程建设经验，填埋场的土建工程（包括基础防渗工程）中，土方工程费用约占土建工程费用的 2/3。黏土层厚度直接与土方工程有关。因此，从工程投资角度讲，在选址时，对地下水位要求严格一点，而适当放宽 HDPE 膜下垫层人工防渗层厚度的要求，在保证同样安全度的情况下，工程费用可降低。下垫黏土层的厚度推荐值见表 6-3-27，一般为 0.75~1.0m。

（3）基础承重设计要求　为了使基础能够均匀承重，场底下垫层的压实相对密度不得低于 93%，边坡不小于 90%，黏土下垫层的设计要求与黏土衬层的设计要求相同。

（4）对下垫层的特殊要求　①下垫层不能含有颗粒大于 0.5cm 直径的颗粒物，黏土层不能出现脱水、裂开；②为了杜绝下垫层植物生长，需均匀施放化学除萎剂；③如有预埋的管、渠、孔洞等，要严格按着黏土衬层要求施工，并使 HDPE 与下垫层衔接好。

4. 复合衬层（HDPE 膜＋黏土）的结构设计

（1）边坡压实黏土层厚度　边坡的防渗要比底层防渗更困难，因为边坡的施工压实难度更大；边坡下垫层与其上的 HDPE 膜之间易产生滑动，使下层或上层膜受到破坏。

（2）底层压实黏土层厚度　一般取 0.75~1.0m。

（3）排水层厚度　与排水层材料有关。如果使用砂或者砾石，其厚度通常 ≥30cm。

（4）排水层渗透系数 K 值　为了提高排水层的排水效率，要提高排水材料的渗透率，降低毛细管张力。推荐使用卵石或清洁砾石，其透水系数大，而毛细上升高度较小。

（5）边坡坡度　边坡坡度的设计应考虑地形条件、土层条件、填埋场容量、施工难易程度、工程造价等因素。边坡越陡，工程量越小，但施工越难，而且下垫层与上层 HDPE 膜的摩擦张力越大，容易产生上下层之间的破损。边坡坡度推荐值为 1∶3。我国深圳安全填埋场边坡设计坡度为 1∶2.5。

（6）底部坡度　底部坡度的设计要满足集水排水需要，同时也要考虑场地条件和施工难易条件。例如，当填埋单元较大时，底部坡度大将造成两端高差增大，开挖深度增加，低点距地下水面距离减小，堆填废物易滑动等问题；坡度太小又不利于渗滤液的集排。一般土建工程，2% 排水坡度就可以满足集水要求。在特殊情况下，也可以采用 3%~4% 的坡度。

5. HDPE 双衬层构造设计技术要求

（1）双衬层可由单层排水系统和双层排水系统构成。一般情况下设双层排水系统。

（2）双层排水系统的次级排水系统一般只在用于防渗层渗漏监测时使用。

（3）双衬层基本设计参数见表 6-3-30。

表 6-3-30　双衬层复合防渗系统设计参数

名　　称	厚度及坡度技术要求	土壤性质技术要求
黏土层(下垫层)边坡	75cm	$K\leqslant10^{-6}\sim10^{-7}$ cm/s
黏土层(下垫层)基础	75cm	$K\leqslant10^{-6}\sim10^{-7}$ cm/s
GCL(下垫层)	4800g/m²	$K\leqslant5.0\times10^{-9}$ cm/s
主排水层	30cm	
次级排水层(复合土工排水网)	6.3mm	
过滤层(有纺土工布)	200g/m²	
上层 HDPE 膜	1.5~2.0mm	
基底 HDPE 膜	1.0~1.5mm	
边坡	1:3	
底坡	2%~4%	

6. HDPE 膜的锚固设计

HDPE 膜应与下垫层构成一个整体，其外缘要拉出，在护道处加以锚固。锚固的目的，一是防止膜被拉出；二是防止撕裂破坏。

膜锚固的基础方法是在护道上开挖锚固槽，将膜置于槽中，然后用土填槽，并盖上覆土。通常的锚固方法有水平覆土锚固、"V"形槽覆土锚固、混凝土锚固和矩形覆土锚固等，见图 6-3-60。水平锚固方法［图6-3-60(a)］将膜拉到护道上，然后用土覆盖，这种方法通常不够牢固；"V"形槽锚固方法［图 6-3-60(b)］首先在护道一侧开挖一"V"字形的槽，然后将膜拉过护道并铺入槽中，填土覆盖，这种方法对开挖空间要求略大，混凝土锚固方法施工比较麻烦，目前使用较少；矩形锚固方法［图 6-3-60(c)］先在在护道一侧开挖一矩形的槽，然后将膜拉过护道并铺入槽中，填土覆盖。比较而言，矩形槽锚固方法安全性更好，应用

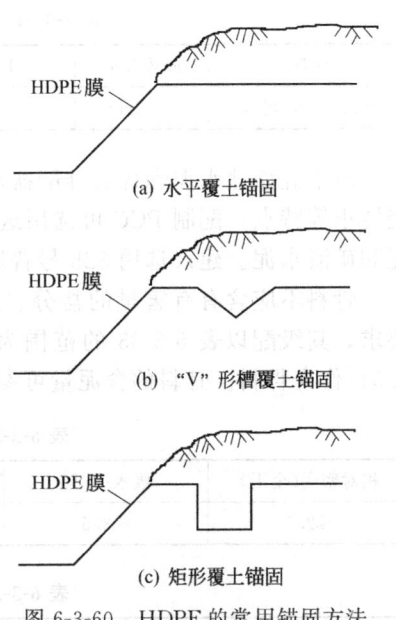

(a) 水平覆土锚固

(b) "V" 形槽覆土锚固

(c) 矩形覆土锚固

图 6-3-60　HDPE 的常用锚固方法

较多，对于特殊地形区域，也可以采用排水沟与锚固沟合并为一的锚固方式。为了保证安全，应通过膜的最大允许拉力计算，确定槽深、槽宽、水平覆盖距离及覆土厚度等参数。

7. 穿管和竖井的防渗设计

填埋场 HDPE 膜防渗系统内，常有竖管、横管或斜管穿出或穿入。在此情况下，穿管与 HDPE 膜的接口必须防止渗漏。穿管与边界连接有刚性防渗连接和弹性防渗连接两种。在设计中应注意以下几点。

（1）穿管与废物接触，可将管外用 HDPE 膜包裹，这样可以便于与防渗层连接处的密封连接；同时也减小管边界与废物的摩擦，减少穿管的受力。

（2）穿管与边界的刚性连接采用混凝土锚固块作为连接基座，但混凝土锚固应建在连接管后，管及膜固定在混凝土中。

（3）穿管与防渗膜边界的弹性连接，必须注意管子不能直接焊在 HDPE 防渗膜上，以防膜的损坏。

为了防止渗漏，填埋场中的有些竖井需要穿过排水层坐落于 HDPE 防渗膜之上，如渗

滤液提升竖井、检修竖井等。由于竖井直接坐落在 HDPE 防渗膜之上，容易造成膜的破坏，因此，在井底和 HDPE 膜之间必须设计有衬垫层。通常，竖井的底部专门设计一个被 HDPE 膜包裹的钢板衬垫，混凝土支座位于钢板衬垫上，其目的是既保护 HDPE 防渗膜，又增强了基础的弹性，使接触压强变得平缓，基础不易损坏。我国深圳安全填埋场就是这样设计和施工的。

（七）聚合物水泥混凝土（PCC）防渗设计

1. 材料与性质

PCC 防渗材料使用的材料有聚合物外加剂、水泥、砂等。其中聚合物外加剂对改善材料的性质，尤其是防渗性能至关重要。使用掺入 PCC 的聚合物外加剂要符合《混凝土外加剂标准》（JC 473-477—1992）。

聚合物推荐选用丙烯酸酯共聚乳液（简称丙乳），其主要性能指标见表 6-3-31。

表 6-3-31 丙烯酸酯共聚乳液的主要性能指标

外观	固体含量	pH 值	黏度/Pa·s	凝聚浓度/(g/L)	贮存	稳定性
乳白(微蓝)乳液	40%±1%	>2	12±0.5	>50	5~40℃	3 个月无凝聚物

由于硅酸盐水泥和普通硅酸盐水泥具有早期强度增长快、抗渗性能较好、干缩性小、徐变性小等特点，配制 PCC 可选用这两种水泥。从抗渗的角度考虑，一般不宜选用粉煤灰水泥和矿渣水泥。建议选用 525 号普通硅酸盐水泥。

骨料不应含有有害量的盐分、灰尘、土、有机不纯物等，应具有表 6-3-32 规定的质量要求，其级配以表 6-3-33 的范围为标准。推荐使用细砂或中细砂（细度模数 $d_m=1.6\sim2.5$）作为骨料。骨料的含泥量可参照有关建筑砂浆用砂的规定，做较严格的要求。

表 6-3-32 PCC 中使用的砂的质量要求

相对密度(全干)	吸水率/%	黏土块量/%	清洗实验损失重量/%	盐分/%
≤2.5	≤3.5	≤1.0	≤3.0	≤0.1

表 6-3-33 PCC 中用砂的质量标准级配

筛孔尺寸/mm	5	2.5	1.2	0.6	0.3	0.15
累计筛余/%	100	80~100	50~90	25~65	10~35	2~10

当聚灰比较大时，有时因砂的含水率大，而不能掺入规定量的聚合物外加剂，因此要尽可能使用含水率小的材料。骨料要在含水率不变的情况下贮藏，并防止杂物的混入。

拌合水必须干净，不能含有有害的盐分、硫黄、有机不纯物等。

PCC 在搅拌过程中会产生较大量的微气泡，如不消除，将影响材料的性能，尤其是防渗性能。因此，在搅拌过程中需要加入消泡剂，如甲基硅油水乳液型消泡剂。其技术指标如下。①外观：乳白色乳状液；②pH 值：7~8；③密度：$0.95\sim0.98g/m^3$；④含油量：$(32\pm1)\%$；⑤热稳定性：$(30\pm2)℃$；⑥放置稳定时间：3 个月。

2. PCC 防渗材料的性能要求

作为填埋场防渗材料，PCC 必须有与填埋场条件和要求相适应的力学性质和防渗性能。对聚合物水泥混凝土防渗材料的基本性能要求为：抗压强度>15MPa；渗透系数<10^{-8} cm/s。

3. 配合比设计顺序

聚合物水泥混凝土（PCC）材料的配合比设计按下面顺序进行：①决定 PCC 的种类及质量；②选择使用材料；③决定配合比条件；④计算试件配合比；⑤做试拌；⑥修正配合比；⑦决定配合比。

4. PCC 的配合比

为了得到符合上述性能要求的 PCC 防渗材料，作为例子，这里选择上面推荐的材料来设计 PCC 防渗材料的配合比。

水灰比一般以 30%～60% 范围为标准。根据用途在可操作的范围内尽量采用小的水灰比。要在施工中可能出现的气温条件下先进行试拌，决定 PCC 的配合比。

推荐如下的 PCC 材料配合比：①水灰比：依据砂浆标准稠度用水量而定；②聚灰比：4%，8%，12%；③灰砂比：1:3；④消泡剂 284P：聚合物用量的 1%。

5. PCC 防渗层设计厚度的确定

渗滤液穿过防渗层的时间可根据达西定律计算［见方程(6-3-71)］。由达西定律可知，渗滤液的穿透时间与防渗层厚度、渗透系数、孔隙度和渗滤液的集水深度有关。此外，污染物在防渗层中迁移还将受到吸附等滞留作用，使其迁移速度降低。防渗层厚度 D 可以表示为

$$D^2 = \frac{R_d n t}{KH} \tag{6-3-73}$$

式中　t——穿透时间；

　　　K——防渗层的渗透系数；

　　　H——渗滤液集水深度；

　　　R_d——污染物的滞留因子，$\geqslant 1$；

　　　n——防渗层的孔隙度。

PCC 防渗层的渗透系数取为 $K=10^{-9}\,\mathrm{cm/s}$，孔隙度取为 $n=0.08$。污染物滞留因子 $(R_d \geqslant 1)$ 与污染物性质有关，在计算中应取污染物滞留因子较小的数值。穿透时间 t 可取填埋场运行期和封场后管理期时间的和。已知上述参数，由上式可知，PCC 防渗层的厚度主要与渗滤液的集水深度有关。现代填埋场中都有渗滤液收集系统，场底设计有一定的坡度，便于渗滤液流向集水建筑，所以渗滤液的集水深度较小。在填埋场渗滤液导排系统正常工作条件下，在场底斜坡面上，PCC 防渗层厚度只需 3～5cm 便可满足填埋场的防渗要求。在渗滤液汇集位置，由于渗滤液水位增高，防渗层的厚度也应适当加厚。

6. PCC 防渗层的地基与基础（支持层）设计

基础板的设计在工程上可以按平板考虑，并且按平板设计出的板的设计参数用于填埋场底板是安全的。进行地基上板的分析必须建立某种理想化的地基计算模型。当前弹性地基的计算方法主要有基床系数法和弹性理论法，为了简化，可使用基床系数法。此外，在进行承重构件计算时，可不考虑 PCC 砂浆。PCC 防渗层的正常工作有赖于钢筋混凝土基础层的支持。PCC 防渗层与钢筋混凝土基础层能够共同工作。依据《钢筋混凝土结构设计规范》设计的填埋场基础能满足填埋场的安全性要求。在较好的工程地质条件下，使用 PCC 防渗层比 HDPE 更为经济合理。

7. 防渗墙的设计

PCC 防渗材料可以作为周边材料使用。为了降低材料消耗和工程造价，PCC 防渗墙的

设计应尽量避免挡土墙式的荷载出现。如果防渗墙的两侧均有回填，则墙的两壁受到量级相当的作用力，相互抵消，不易造成墙的破坏。在此条件下，防渗墙的厚度取防渗底板的厚度即可；钢筋配置依惯例。

七、衬层系统施工

（一）黏土衬层的施工

1. 基础准备

压实黏土衬层应与衬层基础良好地接合，并起到备用防渗层作用。必须保证所有可能降低防渗性能和强度的异物均去除，所有裂缝和坑洞被堵塞，压实处理后的地基表面密度应分布均匀。地基的设计和施工及验收可参照《建筑地基基础设计规范》（GB 50007—2002）和《地基与基础工程施工验收规范》（GB 50202—2002）。

2. 质量检查与控制

对黏土衬层材料必须严格检查并控制其质量。

（1）预先确定采集黏土资源的横向和纵向尺度，按规范进行挖坑和钻孔，对土质进行严格测试，测试项目包括塑限、液限、颗粒分布等土工指标。还应做实验室渗透系数测定和土样压实含水率与压实密度关系的测定，必要时增加单位土方取样量，以免不符要求的土壤混进来。

（2）存放过程中必须对黏土加盖防护，以防材料流失，以及水分大量蒸发干裂或由于降水等引起黏土含水量过大。

（3）黏土最大土块尺寸，一般要求直径不超过2cm，并去除有机物及其他杂质。

（4）不能用冻土做衬层材料。从压实的角度看，冻土难以施工，所需的压实力将随着湿度降低而增加，经常无法达到规定的渗透性和密度，所以在寒冷气候条件下如气温低于零点，一般不宜进行黏土衬层施工。

3. 控制黏土含水率

土壤含水率决定了土壤颗粒周围吸附的水膜厚度，从而决定了压实土壤的结构。施工中须严格控制土壤含水率。

（1）如采用集中破碎黏土的松土方式，可将水直接注入松土搅拌机内进行搅拌。如原土较干发生板结，可先在黏土上加一部分水，放置2~3天，使水分均匀渗入土壤中，然后再向搅拌机内加水。

（2）当原土初始含水率较低或掺加了膨润土等外加剂时，须放置更长时间，对土壤要加盖养护。

（3）黏土经运输、铺设后水分蒸发，应在压实前用喷水车或其他洒水装置适当喷水，补足水分。

4. 衬层的施工试验

衬层施工全面展开之前，须通过现场试验，确定合适的施工机械、压实方法、压实控制参数及其他处理措施。

（1）现场小规模试验可用于验证设计选定的施工机械是否能使衬层达到设计要求，其试验内容包括：

① 用选定机械进行压实试验，确定干密度—压实含水率—渗透系数三者关系，分析其是否与实验室结果相符，如有不符现象，应考虑改变施工方案；

② 经选定机械压实后的衬层，其渗透系数是否分布均匀，以便于在正式施工时采取对压实方法、压实次数、压实含水率及压实密度进行控制的方法，来保证具有均匀的渗透性分布；

③ 检验预先设计的碾压次数、压路机行驶速度、压路机种类及重量和其他各项性能参数是否合理；

④ 黏土的破碎方法及松土铺设厚度是否恰当；

⑤ 土壤养护时间是否足够。

（2）必须保证现场小试的各项施工操作完全能够在正式施工中达到。

（3）现场试验的区域宽度不应小于压路机宽度的 4 倍，长度则必须保证压路机能在相当距离内能以正常速度行驶。

（4）根据设计要求及现有的设备类型来选择压实机械。黏土衬层的压实应优先选择羊脚碾。实践表明，羊脚碾比较适合于含水率大于最佳湿度黏土的压实。羊脚碾的重量根据羊脚碾顶部最大压力和设备类型确定，可使用下面公式计算碾重

$$G = \sigma F n \tag{6-3-74}$$

式中　G——羊脚碾总重，kgf，1kgf=9.80665N；

　　　σ——羊角顶部允许接触压力，kgf/cm^2，对黏土而言，羊角顶部的最大接触压力为 30～60kgf/cm^2；

　　　F——一个羊角的顶部面积；

　　　n——一排羊角的数目。

人工改性黏土的压实宜选用振动压实机械。

（5）对黏土衬层的压实，采用分层压实的方法，一般压实层数大于 3 层，每铺层厚度为 20～30cm，压实次数取决于压实机械的压实力和衬层材料的性质。对羊脚碾每铺层可采用 8～16 次压实。每压实一层土后，取若干压实未扰动土，测试其压实效果。取土后空隙应填土压实，且下次测试选点不应与前次重合。

碾压试验中碾压参数的组合见表 6-3-34。

表 6-3-34　碾压试验中碾压参数的组合

碾压机械	凸块振动碾	羊角碾
机械参数	碾重或接触压力选择 1 种	碾重或接触压力选择 3 种
施工参数	1. 选择 3 种铺层厚度 2. 选择 3 种碾压次数 3. 选择 3 种含水率	1. 选择 3 种铺层厚度 2. 选择 3 种碾压次数 3. 选择 3 种含水率
复合试验参数	按最优参数进行	按最优参数进行
全部试验组数	10	13

（6）为不影响工期，现场未扰动土的渗透系数测定只能在小试中进行。

5. 压实方法和压实作用力

黏土衬层施工中，须选择合适的压实方法（设备）和压实的作用力及次数。

（1）工程施工中最常使用碾压法，常用机械有羊脚碾（压路机）、垫脚压路机、橡胶轮胎压路机和平滑滚筒压路机等。

（2）对黏土衬层的压实方法及每铺层的压实次数，可根据上述试验结果加以确定。另外，一般地为提高土层密实度，减小透水率，需施加较大压实作用力和足够次数，一般必须

保证有 5~20 个车程。

（3）衬层的施工过程中，一个铺层的最后表面须用一平滑的钢制滚筒压实，以保证压实的铺层表面平滑，减少干化，并有助于防止大雨径流引起的侵蚀。但是，在新的铺层铺设前，须用圆盘犁翻松表层土。

（4）衬层的摊铺方法随着填埋场的尺寸和填埋场的运转方式不同而变化。对于小型填埋场，经常是在填埋场中铺设整体的衬层铺层。对于大型填埋场和连续运转的填埋场，衬层是分块铺设的，在每一个衬层块铺设完毕后，用土工平整设备将其切口切成斜面或阶梯形状，使下一个衬层块同已铺好的衬层块紧密接合，消灭沿着接口穿过衬层的渗漏通路。

（5）边壁衬层的施工可分为下述两种情况。

① 当设计边壁斜率＜2.5%，采用平行铺层法，每层与底衬层一起压实，使边壁与底部衬层连续。

② 当设计边壁＞2.5%时，采用水平铺层法，先建造稍大坡度，然后再修整成所需坡度。

（6）在标准的压实机械无法进入的区域，应进行人工夯实。最后一层黏土应采用认可的无齿的钢轮碾压机。

（7）黏土衬层施工完毕后平整度应达到每平方米误差不大于 2cm。

（8）黏土应该压实到设计要求的密实度。一般情况下，黏土压实度达到≥93%；松散状态时的 22.5cm 厚黏土层压缩后形成 15cm 的压实土层。土壤防渗垫层要求压实至渗透系数小于 1×10^{-7} cm/s。

6. 铺设后的修正工作

衬层施工完成后，要对衬层进行平滑碾压，使降水和渗滤液能顺畅地流入渗滤液收集沟中。对完工的衬层进行勘测鉴定以保证其厚度、坡度和表面形状满足设计要求。在穿透衬层的设备（如渗漏检测系统管道周围的抗渗环）周围要检查其填实封闭的完整性。施工完的衬层如果其上的工程（如渗滤液收集系统）不能马上施工，则需要对其表面进行妥善的加盖防护，以免破坏衬层质量等意外情况的发生，以及不良因素的影响（如气候及人类、动物等活动的影响等）。

（二）人工改性防渗材料的施工技术

人工改性黏土衬层的施工技术与天然黏土衬层的情况类似，亦可以参照天然黏土情况施工。不过在施工中，还要注意下面问题。

① 对黏土进行改性时，因为添加剂的掺加量较少，施工中必须保证添加剂与原黏土彻底混合，这样才能达到较好的改性效果。添加剂的混合有两种方式，即播散混合和集中搅拌混合。播散混合在已铺设好的底土表面再铺设一层添加剂，然后用耕耙机械将土壤与添加剂打松混合均匀。此种方法一般只适用于极薄的单衬层一次性压实情况。集中搅拌混合用松土搅拌机等将黏土破碎、掺入添加剂、加水、搅拌等过程集中完成。操作时应先使添加剂与较干燥状态的黏土充分混合，然后加水再进一步搅拌，每次搅拌时间在 10min 以上。

② 含水率的控制对于改性黏土防渗层的施工至关重要。在同样的压实能量和压实密度下，压实含水率影响着压实改性土的渗透性。如果采用集中方式松土，则将水直接注入松土搅拌机内进行搅拌。也可先在黏土上加一部分水，放置一段时间，使水分均匀渗透黏土，以保证含水率的均匀分布。在这段时间应对黏土进行加盖养护，以防水分蒸发。

③ 经人工破碎、改性及控制含水率之后的黏土材料，可以先在现场进行试验，其后在保证质量的前提下可以用于填埋衬层施工。

（三）HDPE 防渗层施工

1. HDPE 膜焊接方法

焊接技术是 HDPE 防渗膜施工的关键技术。焊接剂必须与膜材料及配方完全一致，并有一整套焊接质量检验测试方法。膜焊接技术一般由膜生产单位提供，并且提供施工服务。HDPE 防渗膜的常用焊接方法有挤压平焊、挤压角焊、热楔焊、热空气焊和电阻焊等，见图 6-3-61。

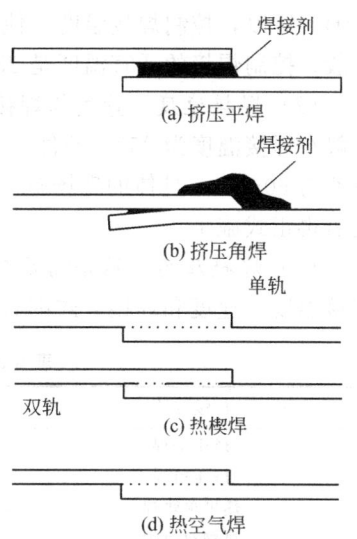

图 6-3-61　HDPE 膜的常用焊接方法

（1）挤压平焊　挤压平焊［图 6-3-61(a)］是从金属焊接方法中引用过来的。其方法是将类似金属焊条一样的带状塑料焊接剂加热呈熔融状态，挤入搭接铺好的两片 HDPE 薄膜中间，同时将引起两片 HDPE 膜搭接部分的表面也呈熔融状态。再加一定的压力，使上、下两片材料结合为一体。焊接机在熔融加压过程中，还带有使熔融物均匀混合的功能，使焊接部位融合均匀。目前已发展制造高速自动平面焊接机，用于填埋场底面大面积直缝焊接。此法焊接快速、均匀、易操作，速度、温度和压力都可以调节。不过此法不适宜于细微部位的焊接。

（2）挤压角焊　挤压角焊［图 6-3-61(b)］与挤压平焊类似，只是焊接位置不是在上、下两片中间，而是位于搭接部位的上方。上面搭接片需要切成斜面，便于焊控。这种挤压角焊接方法常用于难焊部位，如焊接排水槽底部、管道及管道与防渗膜衔接部位等。一般均用手工焊接。

（3）热楔焊　热楔焊［图 6-3-61(c)］以电加热方式将楔型材料的表面熔融，在焊接运动中压在两片 HDPE 膜中间。调节一定的温度、压力和运行速度，可使热楔形焊机自动运行。如果用两条热楔型焊接材料同时焊，可形成两条平行的焊缝。这是此焊接方法的一个特点。可以利用两条焊缝间的空槽进行加压通气，以检测焊接的连续性。该方法也不能用于焊接细微部位。

（4）热空气焊　热空气焊［图 6-3-61(d)］由加热器、鼓风机（小型）和温度控制器组成的小型焊接设备，其产生的热风吹入搭接的两个膜片之间，使两片的内表面熔融，再用焊接机的滚压装置在上、下两片同时加压，不需要焊接剂。显然，控制适宜的温度、压力和行速是十分重要的，热空气焊一般使用手莎热风机。

（5）电阻焊　电阻焊将包有 HDPE 材料的不锈钢电线放入搭接的 2 片 HDPE 膜之间，然后通电，电压 36V、电流 10~25A，在 60s 之内可将包线以及接触区域的表面熔融，形成焊缝。

上述几种焊接方法各有所长，其中，挤压平焊应用最广。实践表明，挤压平焊法具有较大的剪切强度和拉伸强度，焊接速度较快，焊缝均匀，温度、速度和压力易调节，易操作，可实现大面积快速自动焊接等优点。此法缺点是不适宜细微部位的焊接。挤压角焊可在焊接难度大的部位进行操作，缺点是在大面积焊接应用上，速度较慢，表面有突起。热楔焊尤其是双热楔双轨焊的最大优点是焊接强度高，且可使用非破坏性试验检查焊接质量，缺点也是不能应用于细微部位的焊接。

2. 焊接质量控制因素

在给定焊接材料和焊接方法的条件下，焊接质量主要与焊接温度、焊接速度和焊接压力三个因素有关。

（1）焊接温度　上述几种焊接方法都是靠在焊接表面升高温度，使焊接剂与焊接表面都达到熔融状态，从而使焊接材料结合为一体。温度过低，达不到 HDPE 材料等的熔融温度，就不能满足焊接要求；温度过高，焊接表面易氧化和老化，而且热膨胀会产生焊接膜的变形。所以，控制焊接温度，使 HDPE 等聚合物材料呈熔融状态就可以了，温度不要过高。一般，控制焊接的适宜温度是 250℃，见表 6-3-35。

（2）焊接速度　速度与焊接温度、天气条件、焊接方式以及焊接操作经验等关系密切，一般在焊接温度为 250℃ 条件下，挤压平焊和热楔焊的适宜焊速为 90m/h，挤压角焊的适宜焊速为 60m/h；具体的现场施工焊接速度应在现场条件下先进行试验和测试，确定适宜速度后再正式施工。

（3）焊接压力　这是需要在施工中灵活掌握的一个经验数据。焊接压力与焊接膜厚度、焊接温度、速度和焊接方式都有关，应通过试验和测试取得经验后再正式开始施工。

表 6-3-35　HDPE 膜焊接温度、压力和速度

焊接方法	温度/℃	速度/(m/h)
挤压平焊	250	90
挤压角焊	250	60
热楔单轨焊	250	90
热楔双轨焊	250	90

3. HDPE 防渗膜焊接施工准备和条件

对 HDPE 防渗膜实施焊接之前要做必要的准备和检查工作，同时要在适宜的环境下施工。

（1）材料入场与铺设　在材料进场之前，要按质量保证要求对膜材料进行质量检验，确保入场材料符合质量要求。材料入场之后，按设计要求将 HDPE 膜铺放好。

（2）搭接长度　应检查膜与膜之间的焊缝搭接情况，保证有 10cm 长的搭接。如果搭接长度不够，需用空气枪向膜下吹气，将膜抬起后移动膜。切不可在下垫层表面上移动膜，以防损坏。如果搭接长度过宽，应剪去多余部分。如果采用热楔双轨焊，则膜搭接宽度一般为（100±20）mm，具体宽度应由楔形物的宽度来决定。

（3）焊接部位　焊接前必须检查被焊的搭接的两片膜，保证无划伤、无污点、无妨碍焊接或施工质量的地方；膜的搭接焊接部分必须清洁、无水分；膜的下垫层也不能有水分，不能冰冻。

（4）焊接剂　焊接剂应与焊接膜材料相同。

（5）气候条件　焊接的环境温度范围为 0～40℃，超过 40℃ 或低于 0℃ 应停止焊接；遇雨天、雪天或大风天气，不允许在露天进行焊接操作。

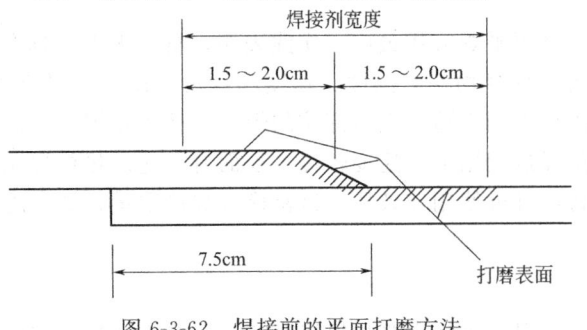

图 6-3-62　焊接前的平面打磨方法

4. 焊接过程的技术要求

（1）打磨　焊接前首先应在焊接表面进行打磨，如图 6-3-62 所示。打磨方向应与焊接面垂直，打磨厚度一般为膜厚的 5%～10%；挤压角焊打磨宽度一般为 3～4cm；挤压平焊和热

楔焊的打磨宽度为 5~8cm。打磨后，为避免打磨部位的迅速氧化，应在打磨后 10min 以内进行焊接。

（2）挤压角焊打磨角 挤压角焊的上膜片焊接端应打磨成 45°角。

（3）热变形检查 焊接过程中应检查膜片是否有热变形，尤其是下膜片；如有，则应及时降低焊接温度或提高焊接速度；尤其是当膜厚度大于 2mm 时，不允许有热变形出现。

（4）焊接厚度 对挤压角焊来说，焊接剂的厚度一般为膜厚的 1 倍，如图 6-3-63 所示；对挤压平焊来说，焊接剂宽度一般为 4~5cm。

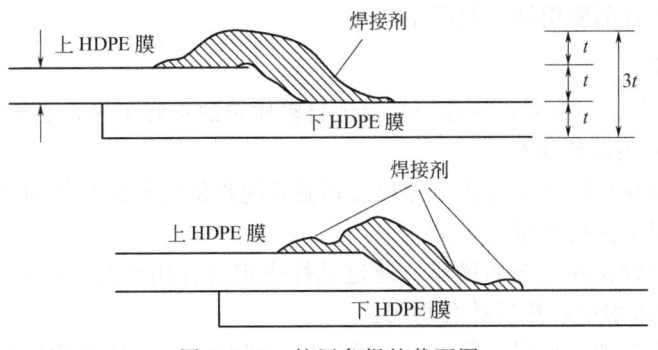

图 6-3-63 挤压角焊的截面图

（5）温度记录与控制 焊接施工时应记录焊接熔融温度、挤压管出口焊接剂温度、膜表面温度以及环境温度，以便及时调整焊接施工条件，并在焊接质量测试时，记录数据可供参考。

（6）焊接缝对接 如果一条焊缝在焊接中间停下来，则焊接剂应逐渐消失，不能突然截止；如果停很长时间以后再重新焊接，则需要在焊接衔接处进行打磨，之后再继续焊接。

（四）钠基膨润土防水毯（GCL）铺设

安装钠基膨润土防水毯（GCL），连接方式为自然搭接。其搭接宽度标准值为 250mm，允许偏差±50mm，并按照 1.0~1.5kgf/cm² 的标准，在搭接缝内均匀填撒膨润土。但风力超过 4 级，则不能撒膨润土。

GCL 在安装中要避免雨淋、水泡和刮、磨、戳、抖等机械损伤。安装中要备有防护材料，随时可以对成品进行妥善保护。

（五）聚合物水泥混凝土（PCC）施工技术

1. 原则

PCC 材料可以达到和满足危险废物安全填埋场防渗层技术要求的各项性能指标。但是，PCC 作为一种新型有机和无机复合材料，与其他防渗层如 HDPE、黏土等相比有较大差别。PCC 在施工中应注意以下原则：

① 施工人员要在施工前根据设计图纸，确定使用材料、施工方法、施工顺序、施工范围；

② 当工程规模大或施工条件复杂时，要在施工前制定施工规划书；

③ 在施工前要调查施工地点的情况，验证能否进行 PCC 施工；

④ 施工 PCC 要由经验丰富的人员或在实际施工前经过严格训练的人员进行；

⑤ 当完成工程的某一工序时，要按预定的方案进行检查，验证达到所要求的性能后再开始下一个工序。

2. 地基与基础层施工

地基与基础层施工按有关"钢筋混凝土地基与基础"施工的有关规定，还应注意以下有关事项。

① 当基底有凹凸不平错位时，要将其整平。

② 当基底有妨碍黏结的灰尘、涂料、锈等时，要在施工前清干净。

③ 当基底表面脆弱时，要清除干净，并采取适当的措施使之得到规定的黏结强度。

④ 在底层干燥的情况下，为了不使所抹的PCC中大量的水分被底层吸收，要湿润底层。

⑤ 板的接缝结合部要用沥青混凝土填好。

3. PCC拌合

聚合物水泥混凝土（PCC）的拌合是保证材料质量的重要工序，必须保质、保量完成。

① PCC原则上用机械拌合。

② 搅拌机：搅拌机使用重力式搅拌机或强制式搅拌机之类的分批搅拌机械。

③ 称量：原则上使用质量计量。

④ 掺入水泥聚合物外加剂的稀释：通过试拌决定拌合用水量；在拌合之前，将规定量的聚合物外加剂掺入水中，然后拌合均匀。

⑤ 干拌：干拌按砂、水泥的顺序投入搅拌机，进行干拌，拌合均匀为止。

⑥ 加入聚合物：干拌后，加入拌合水与聚合物外加剂的混合物进行拌合直到PCC的颜色均匀为止。

⑦ 拌合待用：拌合好的PCC在常温下原则上应45min内使用完毕，超过时间后不应再用。

4. PCC施工

PCC防渗层应分层铺设，每层的铺设厚度约7～10mm为宜，分3～4次完成。不要在PCC砂浆开始硬化后用镘刀抹；此外，还要避免抹得太多与反复抹。在不得已的情况下，在PCC上设缝时，要预先用适宜的接缝棒隔开。达到规定强度后，用填缝材料填好。

5. PCC养护

① 养护时间以7天为标准，原则上施工后1～3d为湿润养护。

② 养护过程中要保护好PCC，避免有害震动，冲击，温度急剧变化，风引起的急剧干燥。

③ 采取适当的措施，防止PCC粘有黏土、杂物等。

④ 冬季施工时，要保护好PCC以防止冻害。

6. 程管理注意事项

① 按照工程计划，有计划地安排人员、材料与工程进度。

② 要对施工现场及操作人员进行安全管理，注意使用聚合物外加剂时的通风。

③ 使用前与使用后都应将搅拌机等工具清洗干净。因为PCC与铁制品黏结很牢，应在PCC硬化前清洗干净。

④ 要定期检查PCC有无缺陷及污脏，对于不合格的地方要立即按管理人员的指示，进行适当的处理。

八、衬层系统施工质量控制检查

施工质量控制检查是施工质量保证的一个重要措施。其目的是在施工过程中提供满足设计要求的施工质量。建立严格的施工质量保证和施工质量控制体系对于达到优良的衬层性能是非常必要的。因此，施工质量控制贯穿于施工过程的每一步骤，包括基底、施工前、施工中以及施工后的整个过程。

（一）基础施工的质量控制

自然基底应具有与压实黏土衬层良好的接合和最小的不均匀沉降量，能起到备用防渗层的作用。

（1）在基础施工之前，要保证有足够的场址调查资料、熟悉场址的现场情况。

（2）为确保达到地基的设计标准，在基底施工过程中应进行以下质量控制：检测表土和坑道，确保所有软弱土、有机土或其他杂物被去除；检查黏土和石块表面情况，对石块缝隙、沙缝、黏土断面及凹陷部位进行处理；检查挖掘的深度和坡度，确保其满足设计要求；检查管道及沟槽凹陷处所进行的适当处置；采取必要的测试和检查，确保填埋场的质量。包括目测和仪器检测，目测是保证基础按设计要求进行施工的重要方法；仪器检测是保证填埋场基础的渗透系数、边坡坡度和基底坡度是否符合规定的必要手段。

（3）基础施工完成后的质量控制，包括滚压验证以确保地基土壤黏度均匀、压实符合质量要求。检验地基表层、坡度和地基边界范围。

（二）黏土和人工改性防渗材料衬层的施工质量控制

这里将重点讨论天然黏土衬层的施工质量控制问题。人工改性黏土衬层的施工质量控制问题可参考天然黏土情况。

衬层施工的质量控制包括施工前、施工过程中及施工后的质量保证。

1. 衬层施工前的质量保证

衬层施工前的质量保证包括对衬层材料性能的检验和衬层施工试验。

（1）材料检验　对所有衬层材料进行必要的检验，以保证符合设计标准。材料性能的检验起始于施工之前并贯穿于衬层施工的整个过程。首先要进行现场调查分析和现场测试；在此基础之上取样进行试验室测试，保证材料的性能在规定范围内。检验内容应包括：渗透性、土壤密度-含水率关系、土块的最大尺寸、颗粒分析、天然含水量和含水量极限和液限和塑性指数。

材料的施工质量检测方法及检测频率见表 6-3-36。

表 6-3-36　衬层材料的检测内容及频率

项　　目	测试内容	频率（Hz，三个样品）
采集土场黏土样品	颗粒分析	$1/500\text{m}^3$
	含水率	$1/500\text{m}^3$
	含水率-密度曲线	$1/2500\text{m}^3$ 及材料有变化区域
	渗透系数	$1/5000\text{m}^3$
	液限和塑性指数	$1/2500\text{m}^3$

（2）衬层施工试验　衬层施工试验是一项重要的施工质量控制活动，用于确定压实衬层的所用设备和方法是否能达到在实验室中确定的密度-含水率-渗透系数之间的关系，检查所用方法是否能将铺层接合在一起，确定达到规定渗透系数压实设备需要通过的次数（或压实作用力的大小）以及粉碎未压实大块黏土的混合设备的能力。实践表明，现场压实土壤衬层的渗透系数通常高于实验室测得的值。因此，建立现场渗透系数和实验室测得的渗透系数之间的关系是非常必要的。

为了使施工试验具有代表性，可使用如下方法：

① 使用相同的土壤、机械设备、压实方法及参数控制；

② 试验场地的大小应足够大，宽度应至少是所用设备宽度的 4 倍；

③ 试验场地周围应有一定的空间，保证机械设备能达到正常的运行速度；

④ 施工试验还应包括衬层的修补活动，用于全尺寸施工时衬层损坏时的修补；

⑤ 确定密度-含水量和湿度之间的关系，并密切注意施工条件的变化。

施工试验的记录是非常重要的，因为它记录了在全尺寸施工时将要使用的施工机械和程序。

2. 施工过程中的质量控制

全尺寸衬层施工时，应按设计要求，按照施工试验中确定的材料、设备和程序进行。应进行下列质量控制：

① 确保黏土材料中所有大石块、植物根茎、可降解有机物均已被剔除，破碎后土壤最大团块尺寸符合技术要求；含水率分布均匀。

② 确保每层松土铺设厚度均一。

③ 确保压实机械的性能符合要求，施工操作标准。

④ 确保在压实边缘、压路机调头地带、边壁的顶部和底部等不易操作部位的压实效果与中间平坦区域相同。

⑤ 当施工中因取样造成坑洞时，确保修补后的坑洞部位的压实效果与周围部位相同且衔接良好。

⑥ 确保分层施工时层与层之间的衔接良好。

⑦ 每压实一层后，应检查是否有裂隙存在，如有发现，则应将此区域土壤挖开检查，确定原因并进行处理，之后再行压实。

⑧ 当施工期间停工或施工完毕后，应保证衬层得到良好的保护。

⑨ 防止意外的情况发生，对因降雨、日晒等气候条件变化引起的施工质量的变化提出相应有效的预防、解决措施。

⑩ 由于施工中压实衬层效果是根据压实含水率和压实密度来判断的，因此在衬层施工的全过程中必须不断测试土壤的含水率和压实密度，取样数量必须足够，取样点分布均匀，以保证施工质量。在衬层角落、边坡等难施工部位应增加取样样点。衬层施工的检测内容和频率参见表 6-3-37。

表 6-3-37 衬层施工的检测内容及频率

项 目	测试内容	频率/Hz(三个样品)
施工中衬层样品的检测	未扰动土样渗透系数	1/1000m²(铺层)
	未扰动土样含水率	1/1000m²(铺层)
	含水率-密度曲线	1/5000m²，至少 1/铺层

⑪ 现场施工条件与施工试验条件有较大差别时，应就新的施工条件进行施工试验。

⑫ 在衬层施工期间，需配备对黏土压实工程施工有一定经验和知识的技术人员作为施工质量管理人员。施工质量管理人员必须有能力指导操作人员进行现场质量控制、测试和勘察，并最终为施工质量负责。为控制黏土施工项目质量，质量控制人员应在施工期间一直在现场，任何时候都不应让属于工程承包商的实验室进行为质量控制所做的测试工作。

⑬ 所有施工项目均必须有清晰准确的文件（资料）证明，提供施工详情，说明对原设计进行改动的情况和原因。必须标明各测试位置，并应绘图和附加清晰简洁的说明。

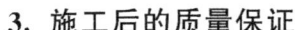

3. 施工后的质量保证

在施工完工时，施工质量控制人员应检查压实衬层表面是否被碾压光滑，应检查完工衬层的厚度、坡度、表面形状是否符合设计要求，在穿透衬层的物体周围（如渗滤液检测系统的竖管），应检测其是否密封。

作为最终质量保证的一部分，应对完工的衬层进行现场渗透试验。可采用在现场安装渗透仪的方法。如果填埋单元不大，可以使用现场注水试验的方法，即将衬层铺设完毕的填埋单元注入一定水位高度的水，监测水位下降情况和液面蒸发量，由此可以确定出衬层的渗漏量，并由此判断衬层是否符合设计和施工质量要求。

（三）HDPE 防渗膜施工质量检查

HDPE 防渗膜施工中，焊接质量检查是一个十分重要的内容，在施工中和施工后都需要进行焊接质量检查。主要有目测、非破坏性测试和破坏性测试三种检查方法。

1. 目测

目测是质量检查的第一关。非破坏试验和破坏试验都不能做到100%，而目测能顾及整个焊接现场及焊接质量。目测一般不需任何工具且花费低，凭经验和责任就能发现很多质量问题，同时为非破坏试验和破坏试验的采样起导向作用。

目测的主要内容包括：

（1）膜铺放前应目测检查膜下垫层的施工质量是否满足设计要求，如果发现有不满足设计要求的地方，一定要进行修补。达到设计要求之后方能铺放 HDPE 膜。

（2）对膜产品质量的目测主要是目测检查膜上是否有孔、打皱或者厚薄不均。必须是符合质量要求的膜才能入场铺设。

（3）焊接过程和焊接厚度的目测检查。

① 膜的铺设分块以及焊缝数目是否符合设计要求。特别是焊缝，应尽量减少焊缝数目，以达到整体完整的效果。

② 目测检查焊接机、焊接剂、焊接条件是否按施工要求备好。

③ 检查试焊的质量和效果，一直要使试焊达到满意的结果时才能正式焊接施工。

④ 检查焊接温度、速度和压力是否满足焊接质量要求。

⑤ 检查膜在焊缝搭接处的搭接宽度是否满足设计要求。

⑥ 检查打磨的质量是否符合要求。

⑦ 检查焊缝的焊接质量，内容包括：焊缝是直线，不能歪斜；焊缝高度要均匀一致，不要出现凸凹不平；如果是用热楔双轨焊接方法，则目测观察焊缝处的膜上沿缝应形成一条长长的正统波形曲线，这表明焊接是成功的。

⑧ 目视检查焊接拐角处、沟槽处的焊接质量。

2. 非破坏性测试

非破坏性测试的目的是检测焊缝连续性即焊接的黏结是否连续，看其是否出现短路现象，及时发现问题，及时进行修补。非破坏性测试不是检查焊接强度，而是检查焊接整体质量，它是 HDPE 膜焊接质量检验的一个必须步骤。非破坏性测试应在焊接施工过程中，而不是在焊接施工完成之后进行。要求对所有的焊缝100%地进行非破坏性测试。

比较常用的非破坏性测试方法为真空箱测试法、空气压力测试法和电火花测试法。其测试方法原理及测试步骤简述如下。

（1）真空箱测试法　如图 6-3-64（a）所示，真空箱测试法是将真空箱放置在喷涂有肥

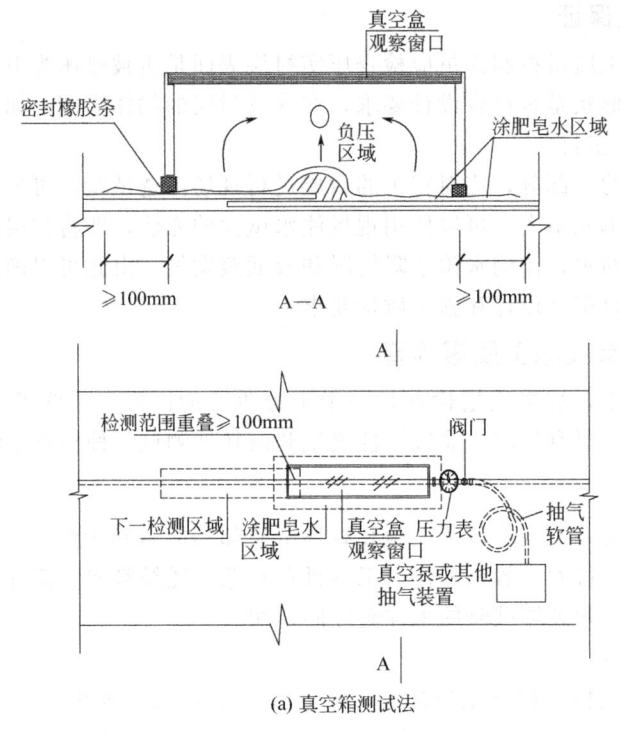

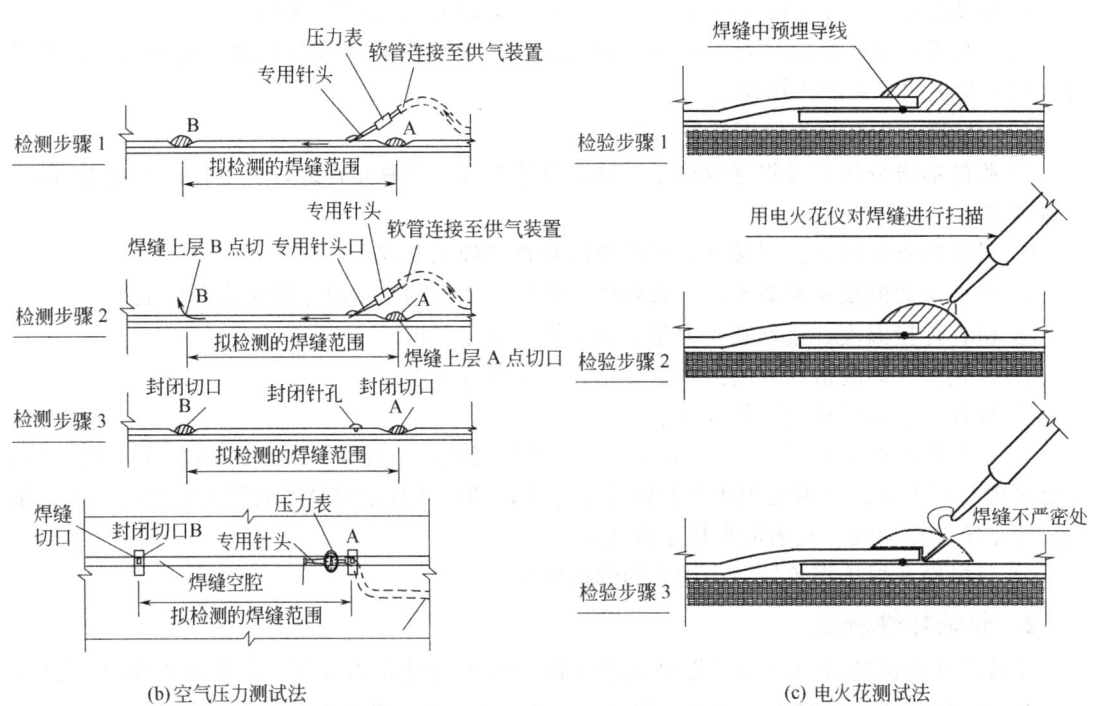

图 6-3-64　常用的非破坏性测试方法

皂液的焊缝部位上，停放 15s，通过观察孔观察焊缝上是否有肥皂泡出现。如出现，则说明黏结有问题，应进行修补。为了 100%检查焊缝，下一位置与前一个位置至少应重叠 8cm，重复上述测试过程。该法用于大面积挤压角焊或平焊挤压测试。

(2) 空气压力测试法 [图 6-3-64(b)]　空气压力测试法一般用于热楔双轨焊缝的检

查。先将焊缝的两端封焊，将空心针插入热楔双轨焊的中空部位。用空气压力泵使双轨空间产生 $1.7\sim2.1\mathrm{kgf/cm^2}$ 的压强，保持 $5\mathrm{min}$ 压力状态，观察空气泵上气压表的变化。如果压强变化在表 6-3-38 所列范围之内，说明焊缝黏结性符合要求。

表 6-3-38　热楔双轨焊空气压力测试参数

膜厚/mm	测试最小压强/$(\mathrm{kgf/cm^2})$	测试最大压强/$(\mathrm{kgf/cm^2})$	压力下降允许值/$(\mathrm{kgf/cm^2})$
0.75	1.7	2.1	0.2
1.0	1.7	2.1	0.2
1.5	1.9	2.1	0.2
2.0	1.9	2.1	0.2
2.5	2.1	2.1	0.2

（3）电火花测试法　电火花测试法主要是针对单焊缝的检漏，是利用 HDPE 土工膜为电的绝缘体的特点，当仪器扫描到有孔洞或有孔隙和地面连通的部位时，即产生明亮的电火花。这种检测方法主要应用于修补部位以及以上两种检测手段不能达到的部位。其测试步骤如图 6-3-64(c) 所示。有空隙或薄弱的焊缝处将出现明亮火花，火花束集中进入，以此判定不严。

3. 破坏性测试

破坏性测试的目的是检查焊缝的强度。它是目测和非破坏性测试所不能替代的，也是检查焊缝强度所必需的。

破坏性测试不能 100% 进行，只能采样进行：

① 采样频率为每 150m 长的焊缝，至少做一次破坏性测试；

② 每条焊缝至少做一次破坏性测试；

③ 每 2 个工作班至少做一次破坏性测试；

④ 在采样处取宽 2.5cm、长 30cm 的两样品，这两块的间隔 100cm，焊缝应位于样品中间。

破坏性测试的内容包括剪切拉伸测试和张力拉伸测试。测试方法可采用国标 GB 1040—79，也可采用美国 ASTM 638—91。两种方法的试验步骤及试验报告格式基本相同，只在细节上稍有差别。两种方法的比较见表 6-3-39。

表 6-3-39　中国 GB 与美国 ASTM 拉伸试验方法比较

标　准	试样厚度	设备	测量千分尺	结果单位	标准偏差
中国 GB 1040—79	≤10mm	任何拉伸 试验机均可用	无规定	$\mathrm{kgf/cm^2}$	$S=\sqrt{2(x-\bar{x})^2/(n-1)}$
美国 ASTM 638—91	≤14mm	装配十字头拉力机	最大误差 不超过 0.025mm	$\mathrm{lbf/in^2}$	$S=\sqrt{\dfrac{2x^2-n\bar{x}^2}{n-1}}$

4. HDPE 层渗漏原因及防止措施

膜渗漏的主要原因是物理因素和化学因素，其中物理因素是主要的。现将各类引起渗漏的原因和防止措施综合列于表 6-3-40。

表 6-3-40 HDPE 膜渗漏原因及防止措施

渗漏原因	状 态	防 止 措 施
基础尖状物	废物对基础的压力,迫使基础层的尖状物将 HDPE 膜穿孔	严把基础层施工质量关,清除基础层中的尖状物;基础层中施用除菱剂,防止植物生长,穿透 HDPE 膜
地基不均匀下陷	由于基础地质构造不稳定,或由于填埋废物的局部压力造成地基不均匀下陷	选址时必须弄清地质条件,不应将场址选在不稳定构造上;基础施工必须均匀夯实;废物填埋中防止堆放压力极度不均
焊缝部位或修补部位渗漏	焊接部位或破坏性测试部位在修补时没有达到质量保证要求,造成局部渗漏	焊接必须经过目测、非破坏性测试和破坏性测试检验;严格按质量控制程序进行不合格部位的修补
塑性变形	在填埋场底部持续承受压力的作用下,边坡、锚固沟、集水沟、拐角部位、易沉降部位和易折叠部位容易产生塑性变形	在容易产生塑性变形的部位应进行设计应力计算,其实际应力应比 HDPE 的屈服应力小,安全系数为 2
机械破损	机械在防渗膜上施工或填埋作业时,时膜局部产生破损	严格按照施工质量控制标准要求施工;焊接操作时应防止焊接机械造成膜的破损
冻结-冻裂	铺设防渗膜施工过程中,由于在低温下施工,造成 HDPE 材料变脆,容易产生裂纹	施工中应注意气温,尽量避免在低于 5℃ 的条件下施工
地下水上浮力	地下水位上升,上浮力使膜破损	选址时应充分考虑到地下水位上升所造成的成果,尽量避免在此种场地建设填埋场;填埋场基础排水管网系统设计合理、排水通畅
基础防渗膜外露	锚固沟、排水沟或填埋边封场过程中一部分基础防渗膜外露,由于光氧化作用使膜破损渗漏	HDPE 防渗膜生产时应加入 2%～3% 炭黑,防止紫外线照射引起衰变;防渗膜外露部分应覆盖 15～30cm 的土层,以阻挡紫外线辐射
化学腐蚀	危险废物或其产生的渗滤液 pH<3 或 pH>12,可能加速防渗材料的老化。但对 HDPE 而言,在此强酸、强碱条件下,材料性能仍然是稳定的	危险废物入场条件应按规定严格控制;应及时将渗滤液排出

九、污染物在衬层中的迁移预测

填埋场常见的衬层包括压实黏土衬层、复合衬层、双衬层等。不同结构的衬层中污染物的迁移应选用不同的预测模式。

(一)压实黏土衬层

填埋场压实黏土衬层中水分运动与污染物迁移模型如图 6-3-65 所示。一般情况下,压实黏土中渗滤液的渗透流速 v 可由下式确定:

$$v = k_c i = k_c \frac{h+d}{d} \qquad (6\text{-}3\text{-}75)$$

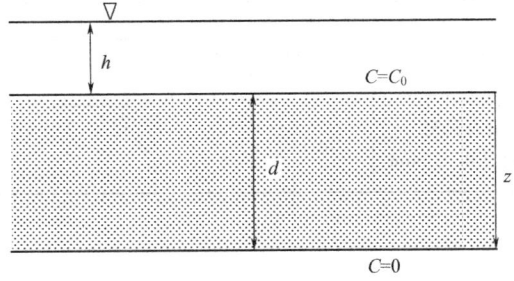

图 6-3-65 压实黏土衬层渗滤液与污染物泄漏模型

式中 k_c——压实黏土渗透系数,m/s,可通过试验测定,通常要求 $k_c \leqslant 10^{-9}\,\text{m/s}$;

i——水力梯度;

h——衬层上渗滤液积水厚度,m;

d——压实黏土层厚度,m。

渗滤液穿透压实黏土衬层的时间 t_c 为:

$$t_c = \frac{d}{v/\eta} = \frac{d^2\eta}{k_c(h+d)} \tag{6-3-76}$$

式中 η——压实黏土孔隙度，可通过试验测定，一般可取 0.42。

压实黏土衬层中污染物迁移可采用如下的数学模型进行预测：

$$R_d\frac{\partial C}{\partial t} = D_e\frac{\partial^2 C}{\partial z^2}$$

$$\begin{aligned} C = 0 & \quad z > 0, t = 0 \\ C = C_0 & \quad z = 0, t > 0 \\ C = 0 & \quad z = d, t > 0 \end{aligned} \tag{6-3-77}$$

式中 C——某种污染物在压实黏土层中的浓度，mg/L；

C_0——渗滤液中某种污染物浓度，mg/L；

z——污染物向下迁移的距离，m；

D_e——该种污染物在黏土层中的有效扩散系数，m^2/s；

R_d——该种污染物在黏土层中的滞留因子。

该定解问题的解析解为：

$$\frac{C}{C_0} = 1 - \frac{z}{d} - \frac{2}{\pi}\sum_{n=1}^{\infty}\frac{1}{n}\sin\left(\frac{n\pi z}{d}\right)\exp\left(\frac{-n^2\pi^2 D_e}{R_d d^2}t\right) \tag{6-3-78}$$

当时间较长时，t 时刻污染物扩散通过压实黏土层底部的质量 M_c（mg）为：

$$M_c = C_0\left(\frac{D_e t}{d} - \frac{R_d\eta d}{6}\right) \tag{6-3-79}$$

污染物穿透压实黏土层的时间 t_b（s）为：

$$t_b = \frac{R_d\eta d^2}{6D_e} \tag{6-3-80}$$

滞留因子 R_d 通常可用下式计算：

$$R_d = 1 + \frac{\rho_b}{\eta}K_d \tag{6-3-81}$$

式中 ρ_b——黏土堆积密度，g/m^3；

K_d——污染物在黏土中的吸附分配系数，m^3/g，可通过吸附等温线试验测定，一些
微量有机物的 K_d 值根据有关经验公式计算。

有效扩散系数 D_e 通常可用下式计算：

$$D_e = D_{aq}\eta^n \tag{6-3-82}$$

式中 n——经验常数，对黏土通常可取 2，对粉质黏土通常可取 2；

D_{aq}——污染物在水中的扩散系数，m^2/s，可通过下述经验公式计算：

$$D_{aq} = \frac{3.595\times10^{-7}T}{\mu m_s^{0.53}} \tag{6-3-83}$$

式中 T——温度，K；

μ——水的动力黏度，$kg/(m\cdot s)$；

m_s——污染物的分子量。

（二）复合衬层

渗滤液在土工膜＋压实黏土复合衬层中的泄漏途径主要为：首先通过土工膜破损部位泄
漏到下覆压实黏土层，然后在黏土层中较小的渗漏面积范围内向下迁移。

当下覆黏土层渗透系数小于 $10^{-8}m/s$ 或大于 $10^{-8}m/s$ 时，分别通过如下经验公式计算

通过一个小孔泄漏到压实黏土层中的渗滤液体积流量 q_v（m^3/s）：

$$q_v = 1.15a^{0.1}h^{0.9}k_c^{0.74} \qquad (6\text{-}3\text{-}84)$$

$$q_v = 3a^{0.75}h^{0.75}k_c^{0.5} \qquad (6\text{-}3\text{-}85)$$

式中　a——破损小孔面积，m^2；

　　　h——膜上积水厚度，m；

　　　k_c——膜下压实黏土层渗透系数，m/s。

污染物通过破损小孔后在黏土层/基础层中的迁移可以简化为在截面积为 A_e 的土柱中

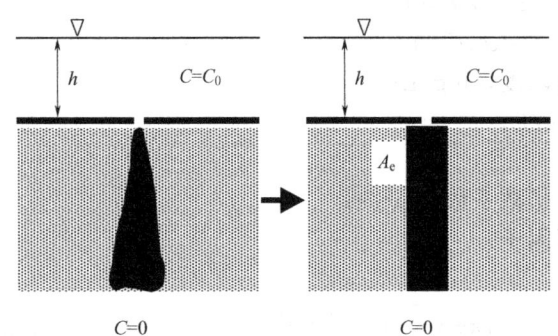

图 6-3-66　复合衬层渗滤液与污染物泄漏模型

的一维扩散迁移问题（见图 6-3-66），等效渗漏面积 A_e 由下式确定：

$$A_e = \frac{q_v}{k_c i} \qquad (6\text{-}3\text{-}86)$$

确定等效渗漏面积后，即可以利用式(6-3-84)～式(6-3-86)预测污染物在复合衬层中的迁移及浓度分布。预测中，一般考虑每公顷 50 个破损小孔，孔径 3mm。

（三）双衬层

危险废物填埋场一般采用双衬层结构。从保守角度出发，参照复合衬层方法预测。预测中，一般考虑每公顷 10 个破损小孔，孔径 3mm。

十、国内外填埋场衬层系统简介

我国固体废物填埋场建设尤其是城市垃圾卫生填埋场和危险废物填埋场的建设近十年发展很快，并形成了相应的技术和标准，同时国外尤其是发达国家填埋场工程的成功经验对于我们设计和建设填埋场同样也具有借鉴意义。这里将对我国和一些发达国家不同固体废物填埋场的衬层系统的结构特征和要求做简要介绍。

（一）不同类型固体废物填埋场防渗要求及衬层系统

世界上多数国家按填埋处置城市垃圾、危险废物以及惰性废物所要求的安全填埋时间不同，分别规定相应的防渗要求和衬层结构，但也有例外。

1. 日本

日本的填埋场分为隔离型、控制型和稳定型等 3 种基本类型，其相应的填埋场防渗系统要求如下。

（1）隔离型填埋场　隔离型填埋场用于处置重金属和有毒有机物含量高于限值的固体废物（主要为工业固体废物），填埋场有多个容器一样的大盒子组成，每个盒子的底部和四周都用混凝土封衬。底部和外边墙混凝土层的厚度要大于 0.15m，盒子之间的墙壁其混凝土的厚度要大于 0.1m。固体废物是在封闭的条件下（通常先进行固化）进入填埋场的，因此没有渗滤液产生，也不需要渗滤液导排系统。当盒子被填满后，在其上盖上 0.15m 厚的混凝土板进行密封。容器的内壁要进行防腐防渗处理。

（2）控制型填埋场　控制型填埋场类似于卫生填埋场，用于处置城市垃圾（在日本，60%的城市垃圾被焚烧）以及重金属和有毒有机物含量低于限值的工业和商业固体废物。对于此类填埋场，场底必须衬有不可渗透层，可使用黏土等材料，在其上面铺设渗滤液收排系

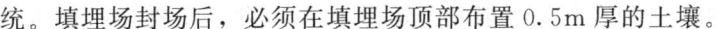

统。填埋场封场后，必须在填埋场顶部布置 0.5m 厚的土壤。

（3）稳定型填埋场　稳定型填埋场用于处置化学和生物惰性废物（如玻璃等），此类填埋场不需要防渗屏障系统。

2. 英国固体废物填埋场防渗屏障系统

英国的固体废物填埋场没有比较统一的防渗屏障系统，只是给出最低要求和通常的可选结构。

（1）最低要求　基础衬层系统，自上而下结构层为：①排水系统，无统一要求；②保护层，砂或者含黏土砂，厚度≥0.1m；③柔性膜，厚度≥2mm，不是必须的，与下伏矿物层紧密接触；④矿物层，厚度1m，分几层压实，$K \leqslant 10^{-7}$cm/s，建议使用天然黏土；⑤底土，低渗透性，地下水位必须总是低于衬层。

（2）可选结构　基础衬层系统，自上而下结构层为：①排水系统，无统一要求；②保护层，单位质量大的土工布；③柔性膜，厚度≥2mm；④保护层，单位质量大的土工布；⑤排水系统，用于控制和检测渗滤液渗漏；⑥保护层，单位质量大的土工布；⑦柔性膜，厚度≥2mm；⑧底土，低渗透性，地下水位必须总是低于衬层。

（二）危险废物安全填埋场衬层系统

1. 德国危险废物安全填埋场防渗系统

德国在危险废物填埋场衬层系统方面进行了深入的研究和广泛的实践。德国危险废物安全填埋场衬层系统的结构和要求可以总结如下。

填埋场基础衬层系统自上而下为：

（1）过滤层　在废物和衬层系统之间没有分隔层。

（2）排水系统　排水层：厚度≥0.3m，面状过滤，砾石粒径 16～32mm，$K \geqslant 10^{-3}$m/s，横向坡度 3%；排水管道：HDPE，直径≥0.3m，2/3 穿孔，位于排水层中间，纵向坡度 1%，距离≥30m，依据排水系统设计确定。

（3）保护层　土工布，大约 2000g/m²，目前倾向于使用 Geocomp 保护层。

（4）柔性膜　HDPE 膜，厚度≥2.5mm，要有许可。

（5）黏土层　厚度≥1.5m，分 6 层压实，$K \leqslant 5 \times 10^{-8}$cm/s。

（6）底土　厚度≥3m，$K \leqslant 5 \times 10^{-7}$m/s，距地下水面≥1m。

2. 美国危险废物安全填埋场防渗系统

美国环保局危险废物填埋场设计和建筑最低技术要求是国会在 1984 年危险固体废物修正案中提出的。国会要求所有新填埋场和地表蓄水池都具有双衬层防渗系统。为了响应国会的命令，美国环保局出版了系统设计的有关规定和导则。另外，还出版了建筑质量保证程序和最终覆盖的导则，至今这些要求和导则仍在使用。

在双衬层填埋场中，有两层衬层和两层渗滤液收排系统。初级渗滤液收排系统位于上衬层上面，而次渗滤液收集系统位于两衬层之间。上衬层是柔性膜衬层，下衬层是复合衬层系统，通常的复合衬层由 3ft 厚、渗透系数 K 不大于 1×10^{-7}cm/s 的压实黏土底衬层和上面的软膜衬层组成。填埋场部最小坡度为 2%，要求在初级渗滤液收集系统中有渗滤液收集池，渗滤液收集池中污水要及时排出。要求在次级渗滤液收集系统有一适当大小的渗漏监测池，每天监测渗漏液收集中的液位或进水流速，特别是要用该池子来监测顶部衬层的渗漏速率。渗漏监测池设计指标有两个标准：①渗漏监测灵敏度为 1gal/(英亩·d)；②渗漏监测时间为 24h。

双衬层填埋场要求：①LCRSs 必须在封场后能安全运行 30～50 年；②要有主 LCRSs 和次 LCRSs，主 LCRSs 只需覆盖单元底部（侧壁覆盖是随意的），而次 LCRSs 要覆盖底部和侧壁。

基础衬层系统自上而下结构层为：

（1）过滤层　单位质量小、相对高网格的土工布，或者使用多个粒级配比的土层作为过滤层，厚度 0.15m。

（2）初级排水系统　矿物排水层：厚度 0.3m，面状过滤，$K \geqslant 10^{-2}$ m/s，横向坡度 2%；排水管道：HDPE，直径 $\geqslant 0.15$m，穿孔，位于排水层中间，纵向坡度 2%，依据水力系统设计管道间距。

（3）保护层　单位质量大的土工布。

（4）上部柔性膜　HDPE 膜，厚度 1.5mm 或者 2mm。

（5）膨润土层　10mm 厚的膨润土层置于上下各一层的土工布之间，下置 1.5mm 的 HDPE 柔性膜防止膨润土渗入土工网格中。

（6）次级排水系统　土工网格，水流断面高度为 5～7.5mm，网眼大小 10mm，横向坡度 2%；排水管道置于排水沟中，放砾石到土工网格，排水管道的性质见上部排水系统。

（7）下部柔性膜　HDPE 膜，厚度 1.5mm 或者 2mm（应该使用适合于排水沟的柔性膜）。

（8）矿物层　厚度 $\geqslant 0.9$m（考虑排水沟建于其中），分 6 层压实，$K \leqslant 1 \times 10^{-9}$ m/s，与土工网格完全接触。

（9）底土　低渗透性（岩石，黏质土），保证地下水位总是低于衬层。

3. 我国危险废物安全填埋场防渗系统

我国有关技术法规要求填埋场防渗系统应以柔性结构为主，且柔性结构的防渗系统必须采用双人工衬层。其结构由下到上依次为：基础层、地下水排水层、压实的黏土衬层、高密度聚乙烯膜、膜上保护层、渗滤液次级集排水层、高密度聚乙烯膜、膜上保护层、渗滤液初级集排水层、土工布、危险废物。

《危险废物安全填埋处置工程建设技术要求》（环发［2004］75 号）要求地下水位应在不透水层 3m 以下。如果小于 3m，则必须提高防渗设计要求，实施人工措施后的地下水水位必须在压实黏土层底部 1m 以下；如果填埋场选址条件不能满足此要求时，可采用钢筋混凝土外壳与柔性人工衬层组合的刚性结构，以满足该要求。其结构由下到上依次为：钢筋混凝土底板、地下水排水层、膜下的复合膨润土保护层、高密度聚乙烯防渗膜、土工布、卵石层、土工布、危险废物。四周侧墙防渗系统结构由外向内依次为：钢筋混凝土墙、土工布、高密度聚乙烯防渗膜、土工布、危险废物。

对黏土衬层要求：

（1）黏土塑性指数应 >10%，粒径应在 0.075～4.74mm 之间，至少含有 20% 细粉，含砂砾量应 <10%，不应含有直径 >30mm 的土粒。

（2）若现场缺乏合格黏土，可添加 4%～5% 的膨润土。宜选用钙质膨润土或钠质膨润土，若选用钠质膨润土，应防止化学品和渗滤液的侵害。

（3）必须对黏土衬层进行压实，压实系数 $\geqslant 0.94$，压实后的厚度应 $\geqslant 0.5$m，且渗透系数 $\leqslant 1.0 \times 10^{-7}$ cm/s。

（4）在铺设黏土衬层时应设计一定坡度，利于渗滤液收集。

（5）在周边斜坡上可铺设平行于斜坡表面或水平的铺层，但平行铺层不应建在坡度大

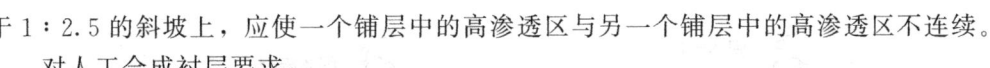

于 1∶2.5 的斜坡上，应使一个铺层中的高渗透区与另一个铺层中的高渗透区不连续。

对人工合成衬层要求：

（1）人工衬层材料应选择具有化学兼容性、耐久性、耐热性、高强度、低渗透率、易维护、无二次污染的材料。若采用高密度聚乙烯膜，其渗透系数必须 $\leqslant 1.0 \times 10^{-12} \mathrm{cm/s}$。

（2）柔性填埋场中，上层高密度聚乙烯膜厚度应 $\geqslant 2.0 \mathrm{mm}$；下层高密度聚乙烯膜厚度应 $\geqslant 1.0 \mathrm{mm}$。刚性填埋场底部以及侧面的高密度聚乙烯膜的厚度均应 $\geqslant 2.0 \mathrm{mm}$。

（三）城市垃圾卫生填埋场衬层系统

1. 德国

城市垃圾卫生填埋场衬层系统与危险废物填埋场衬层系统的结构相类似，但有以下不同：

① 对下伏土壤的要求降低；

② 黏土层的厚度仅为 50～75cm（分 2～3 层施工）；

③ 最终覆盖层系统中土层的渗透系数不大于 $5 \times 10^{-7} \mathrm{cm/s}$，可以使用再生循环材料制造的柔性膜，但要得到认证。

2. 美国垃圾卫生填埋场结构形式

美国是世界上建设填埋场最多的国家之一。实际上美国对填埋场防渗系统并没有统一的要求，不过美国国家环保局有一个最低限度的要求。各州可以制定自己的填埋场防渗屏障系统标准。一般来说，城市垃圾卫生填埋场防渗屏障系统与危险废物相比标准略低，但各州的要求不尽相同，人口较为密集的纽约州，城市垃圾卫生填埋场与危险废物使用相同的防渗系统标准，图 6-3-67 给出了了美国城市生活垃圾填埋场几种典型衬层结构设计。

图 6-3-67(a) 的设计从下而上包括：①压实黏土层，60cm；②40～80mm 厚的柔性膜，如 HDPE 等；③砂砾石层，30cm，其中安装渗滤液搜集管道系统，用于搜集渗滤液；④土工布，用于防止上伏土进入砂砾石层；⑤防护土层，60cm，起防护和屏障作用；⑥固体废物。其中，①和②构成复合防渗衬层，用于防止渗滤液下渗和填埋场气体逸出；柔性膜和黏土结合的衬层系统比使用其中一种单一防渗层的防护性能更好，水力有效性更高。

图 6-3-67(b) 所示的结构从下而上包括：①压实黏土层，60cm；②40mm 厚柔性膜；③土工网格；④土工布；⑤防护土层，60cm；⑥固体废物。其中，③和④共同作为排水层将渗滤液排向渗滤液搜集系统；由于土工网格排水层有堵塞的危险，因此设计中更倾向于使用砂砾石。土工网格的优点在于占用填埋场空间较小。

图 6-3-67(c) 为双层衬层系统，包含两层衬层系统，即第一衬层系统和第二衬层系统。其中第一衬层系统用于搜集渗滤液；第二衬层系统起到渗漏保护作用。从下而上包括：①压实黏土层，1m；②柔性膜；③土工网格；④土工布；⑤压实黏土层，1.5～60cm；⑥柔性膜；⑦土工网格；⑧土工布；⑨防护土层，60cm；⑩固体废物。

图 6-3-67(d) 所示的衬层结构与图 6-3-67(c) 类似，只是图 6-3-67(d) 中，砂砾石代替了图 6-3-67(c) 中的土工网格用作排水层来收集渗滤液。在双衬层系统中，渗漏监测系统安装在两个衬层系统之间。

图 6-3-67(e) 所示的设计亦为双衬层系统，从下而上包括：①压实黏土层，30cm；②砂层，15cm；③压实黏土层，60cm；④60 柔性膜；⑤砂层，60cm，渗滤液搜集管道直接安装在柔性膜之上；⑥固体废物。

图 6-3-67(f) 所示的双衬层系统，从下而上包括：①压实黏土层，60～120cm；②40～80 柔性膜；③砂层，30cm；④40～80 柔性膜；⑤砂砾石层，30cm，用于渗滤液搜集，可以

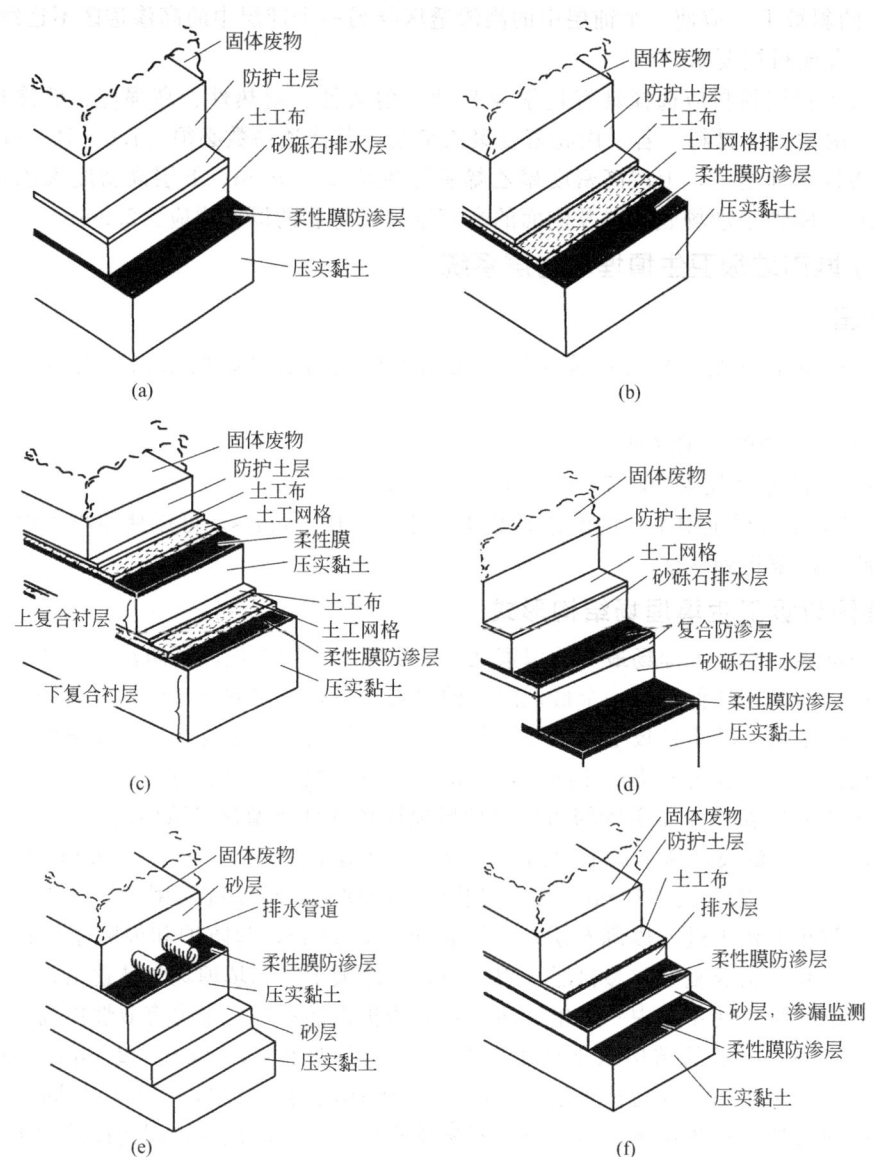

图 6-3-67 典型填埋场衬层设计

(a)，(b) 单层-复合衬层系统；(c)～(f) 双层衬层系统

安装渗滤液搜集管道；⑥土工布；⑦压实黏土层，60cm；⑧固体废物。

3. 我国垃圾卫生填埋场防渗系统

我国对城市垃圾卫生填埋场防渗衬层结构有明确的要求，图 6-3-68 给出了我国城市生活垃圾填埋场几种典型衬层结构设计。当天然基础层饱和渗透系数小于 1.0×10^{-7} cm/s，且场底及四壁衬层厚度不小于 2m 时，可采用天然黏土类防渗系统结构；位于地下水贫乏地区的防渗系统也可采用单层衬层防渗结构；在特殊地质及环境要求非常高的地区，应采用双层衬层防渗结构。人工合成衬层的防渗系统应采用复合衬层防渗结构。

单层衬层结构如图 6-3-68(a) 所示，从下到上为：①基础层，土压实度不应小于 93%；反滤层（可选择层），宜采用土工滤网，规格不宜小于 200g/m²；②地下水导流层（可选择层），宜采用卵（砾）石等石料，厚度不应小于 30cm，石料上应铺设非织造土工布，规格不

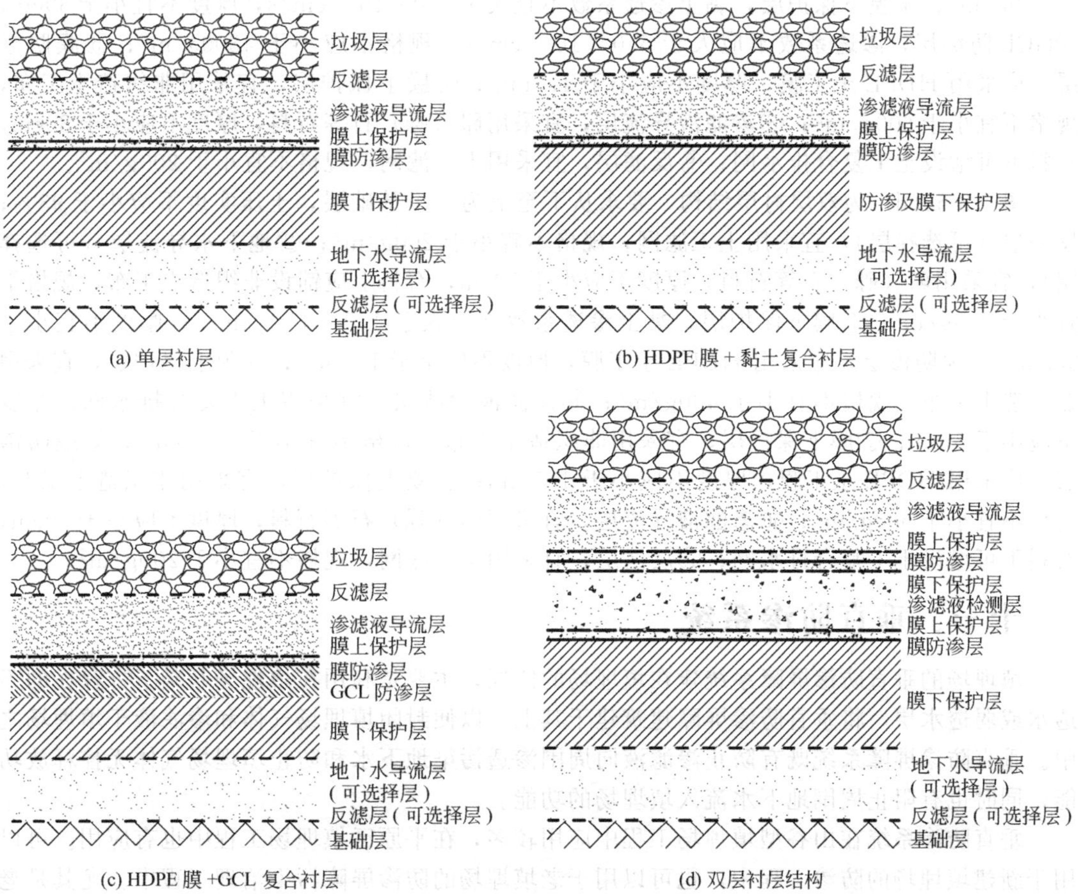

图 6-3-68　我国垃圾卫生填埋场库区底部衬层系统结构示意图

各子图标注如下：

(a) 单层衬层：垃圾层、反滤层、渗滤液导流层、膜上保护层、膜防渗层、膜下保护层、地下水导流层（可选择层）、反滤层（可选择层）、基础层

(b) HDPE 膜＋黏土复合衬层：垃圾层、反滤层、渗滤液导流层、膜上保护层、膜防渗层、防渗及膜下保护层、地下水导流层（可选择层）、反滤层（可选择层）、基础层

(c) HDPE 膜+GCL 复合衬层：垃圾层、反滤层、渗滤液导流层、膜上保护层、膜防渗层、GCL 防渗层、膜下保护层、地下水导流层（可选择层）、反滤层（可选择层）、基础层

(d) 双层衬层结构：垃圾层、反滤层、渗滤液导流层、膜上保护层、膜防渗层、膜下保护层、渗滤液检测层、膜上保护层、膜防渗层、膜下保护层、地下水导流层（可选择层）、反滤层（可选择层）、基础层

宜小于 $200g/m^2$；③膜下保护层，黏土渗透系数不应大于 $1.0\times10^{-5}cm/s$，厚度不宜小于 50cm；④膜防渗层，应采用 HDPE 土工膜，厚度不应小于 1.5mm；⑤膜上保护层，宜采用非织造土工布，规格不宜小于 $600g/m^2$；⑥渗滤液导流层，宜采用卵（砾）石等石料，厚度不应小于 30cm，石料下可增设土工复合排水网；⑦反滤层，宜采用土工滤网，规格不宜小于 $200g/m^2$。

图 6-3-68(b) 是 HDPE 膜＋黏土复合衬层结构，从下到上为：①基础层，土压实度不应小于 93%；②反滤层（可选择层），宜采用土工滤网，规格不宜小于 $200g/m^2$；③地下水导流层（可选择层）：宜采用卵（砾）石等石料，厚度不应小于 30cm，石料上应铺设非织造土工布，规格不宜小于 $200g/m^2$；④防渗及膜下保护层，黏土渗透系数不应大于 $1.0\times10^{-7}cm/s$，厚度不宜小于 75cm；⑤膜防渗层，应采用 HDPE 土工膜，厚度不应小于 1.5mm；⑥膜上保护层，宜采用非织造土工布，规格不宜小于 $600g/m^2$；⑦渗滤液导流层，宜采用卵（砾）等石料，厚度不应小于 30cm，石料下可增设土工复合排水网；⑧反滤层，宜采用土工滤网，规格不宜小于 $200g/m^2$。

图 6-3-68(c) 为 HDPE 土工膜＋GCL 复合衬层结构图，其结构与 (a) 类似，适用于难以获得黏土的地区。其结构设计从下到上为：①基础层，土压实度不应小于 93%；②反滤层（可选择层），宜采用土工滤网，规格不宜小于 $200g/m^2$；③地下水导流层（可选择层），宜采用卵（砾）石等石料，厚度不应小于 30cm，石料上应铺设非织造土工布，规格不宜小

于 $200g/m^2$；④膜下保护层，黏土渗透系数不宜大于 $1.0 \times 10^{-5}cm/s$，厚度不宜小于 $30cm$；⑤GCL 防渗层，渗透系数不应大于 $5.0 \times 10^{-9}cm/s$，规格不应小于 $4800g/m^2$；⑥膜防渗层，应采用 HDPE 土工膜，厚度不应小于 $1.5mm$；⑦膜上保护层，宜采用非织造土工布，规格不宜小于 $600g/m^2$；⑧渗滤液导流层，宜采用卵（砾）石等石料，厚度不应小于 $30cm$，石料下可增设土工复合排水网；⑨反滤层，宜采用土工滤网，规格不宜小于 $200g/m^2$。

图 6-3-68(d) 为双层衬层结构，要求从下至上为：①基础层，土压实度不应小于 93%；反滤层（可选择层），宜采用土工滤网，规格不宜小于 $200g/m^2$；②地下水导流层（可选择层），宜采用卵（砾）石等石料，厚度不应小于 $30cm$，石料上应铺设非织造土工布，规格不宜小于 $200g/m^2$；③膜下保护层，黏土渗透系数不应大于 $1.0 \times 10^{-5}cm/s$；厚度不宜小于 $30cm$；④膜防渗层，应采用 HDPE 土工膜，厚度不应小于 $1.5mm$；⑤膜上保护层，宜采用非织造土工布，规格不宜小于 $400g/m^2$；⑥渗滤液检测层，宜采用土工复合排水网，厚度不应小于 $5mm$；⑦膜下保护层，宜采用非织造土工布，规格不宜小于 $400g/m^2$；⑧膜防渗层，应采用 HDPE 土工膜，厚度不应小于 $1.5mm$；⑨膜上保护层，宜采用非织造土工布，规格不宜小于 $600g/m^2$；⑩渗滤液导流层，宜采用卵（砾）石等石料，厚度不应小于 $30cm$，石料下可增设土工复合排水网；⑪反滤层，宜采用土工滤网，规格不宜小于 $200g/m^2$。

十一、垂直防渗系统

填埋场的垂直防渗屏障系统建在填埋场的四周，主要是利用在填埋场基础下方存在的不透水或弱透水层，将垂直防渗屏障建筑建于其上，以便封闭填埋场气体和渗滤液于填埋场之中。垂直防渗屏障系统既有防止渗滤液向周围渗透污染地下水和防止填埋场气体无控释放功能，同时也有阻止周围地下水流入填埋场的功能。

垂直防渗系统在山谷型填埋场工程中应用较多，在平原区填埋场工程中也有应用。可以用于新建填埋场的防渗工程中，也可以用于老填埋场的防渗屏障污染治理工程中。尤其是老填埋场的污染治理工程，如果不准备清除填埋废物，那么基础防渗就是不可能的，在这种情况下，周边垂直防渗就显得特别重要了。

垂直防渗屏障系统包括打入法施工的密封墙、工程开挖法施工的密封墙和土层改性方法施工的防渗屏障墙等。

（一）打入法施工的防渗屏障墙

打入法施工的防渗屏障墙是利用打夯或液压动力将预制好的防渗屏障墙体构件打入土体。用这种方法施工的防渗屏障墙有板桩墙、窄壁墙和挤压防渗屏障墙。

1. 板桩墙

板桩墙的施工方法是将已预制好的板桩构件（由木板、钢板或者塑料板制成）垂直夯入基础中。常用的板桩是外包铁皮的木板桩，由 2～3 层板合并形成一个连续的墙体，板厚可在 4～12mm 之间，板桩长度视具体情况而定。使用钢板墙可以达到很高的密实性，目前应用较多。在夯入时，板桩间要用板桩锁连接，两板桩间要有重叠，间隙要保持闭合或进行防渗屏障，防止渗漏。板桩墙还要有耐腐蚀性。板桩墙比较适宜于在软性土层中施工，对于硬塑性土层则由于打夯困难而受到限制。

2. 窄壁墙

窄壁墙的施工方法首先是用向土体夯进或振动，将土层向周围土体排挤形成防渗屏障墙中央空间，把防渗屏障板放入已冲压好的空间，然后用注浆管充填缝隙形成防渗屏障墙体。各个墙片相互连接起来就形成了膜片类型的垂直防渗屏障墙体。

窄壁防渗屏障墙施工有梯段夯入法和振动冲压法。梯段夯入法先夯入厚的夯入件，最后分梯段夯入最薄的夯入件达到预计深度。夯入件可利用风动、爆破和液压方法以脉冲形式向土体打夯，脉冲数可达 40～60 次/min，用液压法可达 300 次/min。打夯结束后，把含有膨润土和水泥的浆液充入打好的槽内，硬化后就形成了防渗屏障墙体。

振动冲压法是在振动器的作用下把被夯的物体振动打入的方法，也称为单板振动法，振动频率为 800～1500 次/min。用振动器把板桩垂直打入土层里，直至进入填埋场基础下方的黏土层里，板桩以外的屏障要注浆充填。施工时还要求振动板之间的排列和连接闭合成一体。两板的间隙要保证闭合或封闭，不然会对墙的防渗屏障性有影响。板桩墙通常是耐腐蚀的。

3. 挤压和换层防渗屏障墙

利用挤压或开挖换层法施工防渗屏障墙可获得足够好的墙壁，施工方法可分为水泥构件成型墙和换层防渗屏障墙。

使用板桩作为夯入件，使用液压冲锤打入夯入件到所要求的深度，夯入件在土体中排出一个封闭的空间槽。一般将 5～6 个夯入件同时使用，形成一个循环。当第 3 和 4 个夯入件打入后，前两个打入件可起出，将打好的槽注浆充填（可用黏土、水泥混合液作防渗屏障材料），依次向前推进施工。

注浆材料可使用土状混凝土。土状混凝土是由骨料（砂和粒级为 0～8mm 的砾石）、水泥、膨润土和石灰粉加水混合而成。各成分配比要根据对防渗屏障墙体要求的渗透性、强度和可施工性等指标而定。防渗屏障墙体材料应满足制成防渗屏障墙体的渗透系数 10^{-7} cm/s，并能满足有抗腐蚀性、能用泵抽吸、具有流动性、便于充填等要求。例如，下面配比的土状混凝土可达到填埋场垂直防渗要求：水泥 70～100kg；石灰粉 200～230kg；膨润土 55kg；骨料 1080kg。

（二）工程开挖法制成的防渗屏障墙

工程开挖方法施工的防渗屏障墙是通过土方工程将土层挖出，然后在挖好的沟槽中建设防渗屏障墙。

1. 截槽墙

按传统截槽墙技术施工的防渗屏障墙，先将地表下的土层挖出构成槽，槽壁土压力靠灌入的浆液来支撑。槽挖成后浆液仍保存在槽内，待施工防渗屏障墙时由注浆材料把浆液挤出。用截槽墙法施工的防渗屏障墙，其开挖的土方中富含悬浮液，排出比较困难。如果在被污染的土层中挖槽，被挖出的土还要作为废物进行特殊处理。

截槽墙应按一定长度分段施工，每段长度要根据混凝土或膨润土的供应单元来确定。施工前应按墙体位置先挖出 1.5m 深的槽作为导墙使用，随后用挖土机继续向下开挖，墙的宽度要按铲斗宽度和成墙厚度来确定。用重型专用铲挖出的土槽，可注入浆液来支撑槽壁。注入的膨润土、水的混合液可以抵抗土、水的压力来保证墙壁的稳定性。通过对浆液的浓度和液限的调整，可避免液体向土体深部浸入和流失，但应控制浆液侵入到所规定的深度，并与土体结合起到一个稳定的支撑作用。

专用铲斗的挖掘机可对截槽墙连续施工作业。截槽墙片单元长度根据挖掘机张开的宽度确定为 5～6m，墙的净厚度为 0.4～1.0m 左右，正常土质条件下截槽可开挖深度达 50m。防渗屏障材料放入后，支撑液被防渗屏障材料挤压抬高而排出槽外，进入支撑液搅拌站。

在填埋场防渗屏障施工中，可应用如下防渗屏障材料配方：塑性材料（Ca、Na 膨润土，黏土）；骨料（砂、岩粉等）；水泥；水；添加材料（稳定剂，挥发剂等）。上述矿物防渗屏障材料有时还不能达到填埋场防渗要求，需要进一步的防渗屏障措施。常用的方法是使用复合防渗屏障系统，类似于基础衬层系统中的复合衬层系统，使用柔性膜如HDPE膜和矿物材料复合组成复合垂直防渗屏障系统。复合垂直防渗屏障系统具有下面的优点：

① 渗透性极低，对于危险废物，具有很好的防渗屏障效果；

② 通过减少过流量，可使长期稳定性增强；

③ 墙体具有较好的强度；

④ 由于柔性膜分布于整个墙体中，避免了墙体可能存在的缺陷；

⑤ 具有可监测性和可修复性；

⑥ 由于柔性膜材料可以相互连接，避免了墙体衔接可能出现的缝隙。

2. 对支撑浆液的要求

用截槽法对防渗屏障墙施工时，支撑浆液应满足以下要求。

① 膨润土水泥浆液应按一定标准配制，可参照水利工程防渗帷幕建设的有关规定进行。膨润土浆液性质被水泥添加剂变坏的程度应不显著，浆液必须具有一定的液限要求，它在土壁上能形成一个滤饼，承受静水支撑压力，在薄膜效应下，浆液不会或少量的浸入土层，避免浆液流失。

② 浆液应是稳定的，必须使水泥和矿物充填材料一直保持动荡状态。

③ 浆液必须保持一定的流动性，在挖方时能尽快从截槽墙铲斗中流出。

④ 水泥不应在挖方结束前凝固，否则就会出现事故，由污泥不断运动产生的水化作用会影响挖土机的作业。这种干扰会导致强度损失和渗透性增高。

3. 防渗屏障材料凝固的要求

对防渗屏障材料凝固的要求应满足以下几点：

① 压强相当于周围土层的强度；

② 外界因素对透水性的影响在一定值范围内，透水性不能对周围土壤性质和地下水的化学成分有不利的改变；

③ 墙体材料保持长期的塑性状态，承载变形后尽可能不产生裂缝；

④ 必须保证墙的腐蚀安全，防渗屏障墙体上的颗粒不能被渗流水溶解，已被侵蚀损坏之处不允许再扩大发展。

4. 链条开槽机

悬臂式链条开槽机是进行填埋场垂直防渗系统工程开挖的有效工具。其防渗施工步骤如下。

造槽施工：链条开槽机在工程需要的防渗线上进行垂直开槽，最大深度 12m，槽宽 0.2～0.25m。槽的宽度稳定、连续。

泥浆护壁：采用泥浆机供浆，浆液由黏土和工程碱调制而成，其质量比为水：黏土（最好为膨润土）：碱＝1:1:0.008。制成的泥浆相对密度为 1.1～1.2，浆液充满槽内。

防渗材料：根据防渗要求不同使用不同的防渗材料。通常使用天然黏土、柔性膜、改性黏土或者它们的组合，也可使用预制防渗板。

防渗材料的施工：将防渗材料向开好的槽内投放，并向柔性膜一侧投放黏土，直至槽沟沟口填满。

5. 液压铣槽机

液压铣槽机是近期开发的，进行垂直防渗系统开挖工程的新型、先进工具，该项垂直防渗技术是由北京高能时代技术股份有限公司开发研制，目前已在"紫金矿业金铜矿整改工程"中首次得到使用。

整体施工工艺如图 6-3-69 所示，施工工艺流程如下。

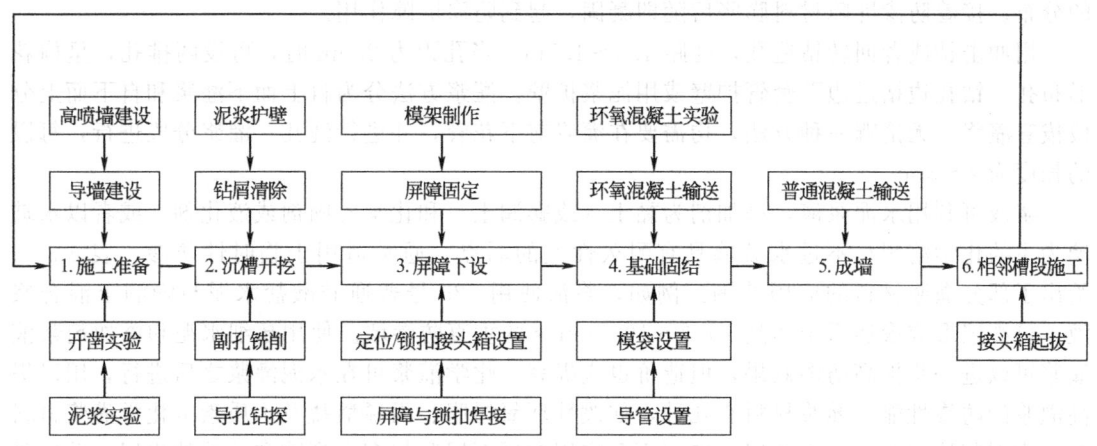

图 6-3-69　液压铣槽机开挖垂直防渗系统施工工艺

① 高喷墙采用全液压工程钻机配合高喷台车施工成墙。

② 防渗墙成槽开挖采用液压铣槽机和冲击反循环钻机联合施工的"两钻一铣"法。即导向孔由冲击反循环钻机钻凿成孔，两导向孔之间部分采用液压铣槽机铣削成槽。

③ 固壁泥浆采用天然钠基膨润土（SB）泥浆。泥浆采用高速搅拌机搅拌，在浆池中充分膨化后方可用于槽孔护壁。

④ 槽段清孔采用泵吸反循环法施工。

⑤ 高密度聚乙烯防渗膜（HDPE）预先固定在桁架上整体下入槽孔。膜间采用专用的HDPE 连接锁扣，用特种 ASTRO 焊接机热合焊接。

⑥ 墙体材料浇筑采用泥浆下直升导管法自下而上置换浇筑，由于环氧混凝土和自凝灰浆密度不大，需采用泵压法浇筑。自凝灰浆浇筑完成后向槽内投入 5～20mm 粒径的卵石作为粗骨料。

⑦ 采用"接头管法"进行槽段连接。

⑧ 采用普通混凝土灌入成墙。

（三）土层改性方法

土层改性方法是用充填、压密等方法使原土渗透性降低而形成防渗屏障墙。主要用充填方法和压密方法施工，使原状土的孔隙率缩小形成防渗屏障墙。

可以应用深层建筑领域使用的措施来缩小土层的渗透性，如防渗屏障墙、原状土就地混合防渗屏障墙、注浆墙、喷射墙和冻结墙等。在填埋场和污染场地治理方面的垂直防渗屏障措施中较适用的是原状土就地混合防渗屏障墙、注浆墙和喷射墙。

1. 原状土就地混合防渗屏障墙

美国大多应用原状土就地混合方法施工防渗屏障墙，并采用膨润土浆液护壁，保证吊铲切槽的连续施工，挖出的土与水泥或其他充填材料混合后重新回填到截槽中，施工使用1.5～3.0m 宽的截槽铲斗机。这种方法适用于较小的截槽深度，德国把这种方法应用在污染场地的封闭治理措施方面。

2. 注浆墙

注浆就是把防渗屏障材料用压力注入土层。用纯膨润土注浆施工防渗屏障层时，应在注入过程中保持尽可能小的黏度和凝固强度，使防渗屏障材料在被防渗屏障的土层中得到最好的分布。接着防渗屏障材料膨胀后随即凝固，起到防渗屏障作用。

用冲击钻或者回转钻造孔，孔距 1.0~1.5m。当孔距为 2.0m 时，可设两排孔，呈梅花形布孔。钻孔边钻进边下套管护壁或用泥浆护壁。灌浆方法分为自上而下灌浆和自下而上分段拔管灌浆。无论哪一种方法，均需要在灌浆前下花管，并进行洗孔。灌浆分段进行，每段的长度为 2~3m。

浆液可利用水泥浆液，添加剂为黏土（或膨润土）和化学凝固剂或液化剂，或者以水玻璃为主的化学溶剂，不过水玻璃具有耐久性差的弱点，通常适用于临时性防渗。表 6-3-41 给出了部分灌浆材料的应用范围。例如，浆液使用 525 号普通硅酸盐水泥与膨润土混合浆液，可灌浆形成渗透系统达到 10^{-6}~10^{-7}cm/s 的垂直防渗墙。使用超细水泥和添加剂浆液灌浆可以进一步提高防渗效果，但造价也应提高。化学灌浆可在水泥灌浆之后进行，用以提高灌浆的防渗性能。灌浆材料有几种，如改性环氧树脂、丙烯酸盐及木质素类化学灌浆材料等。水泥浆液中不能注入砂层，特别不要应用在砾石层和带有大裂隙和孔隙的岩层，砂质黏土层只能注入化学溶剂。

表 6-3-41　注浆材料的应用范围

注浆材料	混 合 成 分	应 用 范 围
浆液混合	水和水泥；水、水泥和添加剂；水、黏土和水泥	隧道和河谷坝防渗屏障喷浆；注浆混凝土，水下混凝土；砾石层注浆
乳剂混合	水、水玻璃和非水溶的固体物质；水、沥青、乳化剂和速凝剂	砂层和砾石层注浆；基础加固和加深；基础底部防渗屏障
溶剂混合	水、水玻璃和非水溶的固体物质；水、苯二酚、甲醛和催化剂	砂层注浆；基础加固和加深；基础底部防渗屏障

3. 喷射墙

高压旋、摆喷射注浆是通过高压发生装置，使液流获得巨大能量后，经过注浆管道从一定形状和孔径的喷嘴中以很高的速度喷射出来，形成了一股能量高度集中的液流，直接冲击土体，并使浆液与土搅拌混合，在土中凝固成为一个具有特殊结构的、渗透性很低、有一定固结强度的固结体。高压旋、摆喷射注浆可使防渗墙的渗透系数达 10^{-8}cm/s，固结强度达到 10~20MPa。

浆液使用膨润土、水泥、添加剂和水混合而成的浆液，如中科院研制的中化-798 灌浆材料等。这种浆液的喷射速度可达到 100~200m/s，以这种速度对土层进行喷浆而制成的喷射墙，相邻墙片可相互浸透达 10~15cm。用冲击钻或者回转钻造孔，孔距 1.0~1.5m。当孔距为 2.0m 时，可设两排孔，呈梅花形布孔。

部分垂直防渗技术和造价列于表 6-3-42 中。

表 6-3-42　部分垂直防渗技术和造价

方　法	性 能 指 标	单位造价/(元/m²)
普通水泥灌浆	425 号和 525 号普通硅酸盐水泥，1~1.5m 孔距，耐久性好	600~800
超细水泥灌浆	使用超细水泥，1~1.5m 孔距，防渗性能好，耐久性略差	1100~1300

续表

方　　法	性　能　指　标	单位造价/(元/m²)
高压旋摆喷射灌浆	1~1.5m孔距,渗透系数可达 10^{-8}cm/s,固结强度可达 $10~20$MPa	1800
化学灌浆	2m孔距,渗透系数可达 10^{-8}cm/s,强度高,耐久性较好	3000~3500
悬臂式开槽	槽宽 0.20~0.25m,最大深度 12m,使用泥浆护壁;使用 HDPE 和黏土防渗材料	500 +500×8%

第七节　填埋场封场系统

一、概述

填埋场封场指的是废物填埋作业完成之后、在它的顶部铺设的覆盖层。封场系统也称为最终覆盖层系统或者简称为盖层系统。固体废物填埋场的最终覆盖是填埋场运行的最后阶段,同时也是最关键的阶段[104]。通过封场系统以减少雨水等地表水入渗进入废物层中,是减少或防止渗滤液产生量的关键。而且,封场系统还有导气、绿化、填埋场土地利用等方面功能。封场系统的功能可以概括为以下几点:

① 减少雨水和融化雪水等渗入填埋场;
② 控制填埋场气体从填埋场上部的释放;
③ 抑制病原菌的繁殖;
④ 避免地表径流水的污染,避免危险废物的扩散;
⑤ 避免危险废物与人和动物的直接接触;
⑥ 提供一个可以进行景观美化的表面;
⑦ 便于填埋土地的再利用。

（一）封闭废物

填埋场封场系统为填埋废物提供覆盖保护,同时也是填埋场地土地利用和恢复的基础。取决于填埋废物的种类和未来土地使用计划,填埋场封场系统有多种变化,可以从简单的土壤覆盖到完全工程化的覆盖层,包括水、气控制系统和其他有关设施。直接使用土壤进行覆盖主要用于惰性废物的填埋场,而对于有生化反应或者为加速废物降解而设计的填埋场,则必须有完全工程化的填埋场最终覆盖层设计。使用哪种盖层应由设计目的和风险评价结果来确定。

（二）控制水分进入填埋场

控制水分进入填埋场是所有具有生化反应性质填埋场设计中的重要因素,无论是加速反应的填埋场还是希望在较长时间内进行反应控制的填埋场均是如此。无论填埋场使用什么样的密封系统,是天然密封还是使用衬层系统,只要其中填埋了废物,都应该有最终覆盖层,确保场地不接受不需要的水。对于加速废物降解的填埋场,研究表明,控制水分进入填埋场是实现这一目标的有效方法。

（三）填埋场气体释放和空气进入

如前所述,填埋场封场系统是控制填埋场气体的重要方法。盖层的作用是控制填埋场气体通过废物表层的无控释放,使其进入气体控制管道系统、抽排系统或者排气沟中。

（四）防止侵蚀

盖层的设计必须使其具有抵抗风化侵蚀的能力，同时具有自身的边坡稳定性。盖层的坡度取决于填埋场整体设计、风险评价结果和填埋场地的后续使用规划等。

（五）封场后土地利用

完整的填埋场设计包括了填埋场工程、填埋场封场地形设计和封场后土地利用规划。其中，地形设计对于填埋场土地恢复至关重要，因此，填埋场的设计者必须在填埋场盖层的技术设计中充分考虑封场地形和土地利用问题。填埋场的设计者要与填埋场的拥有者一起设计封场方案，同时要考虑土地规划要求和其他有关部门的意见。设计者应考虑那些特殊规定是必须的，以便与填埋场封场后的土地利用规划相协调，同时又不至于对盖层设计本身造成很大影响。

填埋场的设计者在进行盖层设计时应考虑什么样的车辆需要进出填埋场封场区。例如，为了进行设备维修，可能要有较大设备进入场区，而对于日常环境监测而言，可能小车辆就可以了。因此，进出封场区的道路应该尽量的少，占地面积尽量的小，同时不能造成盖层系统的破坏，尽量避免对土地利用规划的影响。

二、防渗材料

填埋场封场系统使用的防渗材料与衬层系统防渗材料具有一致性，包括无机天然防渗材料（如黏土）、天然和有机复合防渗材料和柔性膜（如 HDPE 膜）等，参阅本章第四节关于填埋场衬层材料部分。

三、封场系统结构设计

（一）基本结构

现代化填埋场的封场系统由多层组成，主要分为两部分，第一部分是土地恢复层，即为表层；第二部分是密封工程系统，由保护层、排水层（可选）、防渗层（包括底土层）和排气层组成，如图 6-3-70 所示。其中，排水层和排气层并不一定要有，应根据具体情况来确定。排水层只有当通过保护层入渗的水量（来自雨水、雪水、地表水、渗滤液回灌等）较多或者对防渗层的渗透压力较大时才是必要的。而排气层只有当填埋废物有降解产生较大量填埋场气体时才需要。各结构层的作用、材料和使用条件列于表 6-3-43 中。

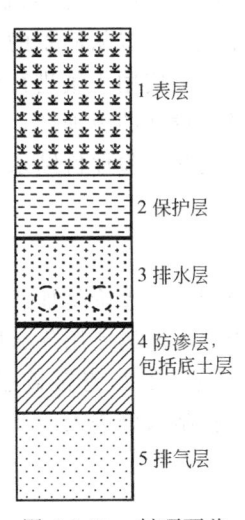

1 表层
2 保护层
3 排水层
4 防渗层，包括底土层
5 排气层

图 6-3-70 封顶覆盖
层系统结构层
示意

（二）封场系统设计考虑事项

填埋场封场系统的设计应考虑以下方面：

- 能够经受气候的极端变化，如冷-热，湿-干，冻结-解冻等；
- 能够经受天然风化力如水和风等的侵蚀；
- 所需材料的可行性；
- 车辆进出道路和人行道路的建设；
- 在填埋场作业中，可能要使用完工后的填埋单元，如堆放覆盖土或通过运输车辆等，如果需要如此，盖层的设计要使其具有这种能力；
- 地表水排水系统；
- 填埋场封场系统的寿命；

表 6-3-43　填埋场封场系统

性质	层	主要功能	常用材料	备 注
土地恢复层	1. 表层	取决于填埋场封场后的土地利用规划,能生长植物并保证植物根系不破坏下面的保护层和排水层,具有抗侵蚀等能力,可能需要地表排水管道等建筑	可生长植物的土壤以及其他天然土壤	需要有地表水控制层
密封工程系统	2. 保护层	防止上部植物根系以及挖洞动物对下层的破坏,保护防渗层不受干燥收缩、冻结解冻等的破坏,防止排水层的堵塞,维持稳定	天然土等	需要有保护层,保护层和表层有时可以合并使用一种材料,取决于封场后的土地利用规划
	3. 排水层	排泄入渗进来的地表水等,降低入渗水对下部防渗层的水压力,还可以有气体导排管道和渗滤液回管回收设施等	砂、砾石、土工网格、土工合成材料和土工布	此层并不是必需的,当通过保护层入渗的水量较多或者对防渗层的渗透压力较大时必须要排水层
	4. 防渗层	防止入渗水进入填埋废物中,防止填埋场气体逃离填埋场	压实黏土、柔性膜、人工改性防渗材料和复合材料等	需要有防渗层,通常要有保护层、柔性膜和土工布来保护防渗层,常用复合防渗层
	5. 排气层	控制填埋场气体,将其导入填埋气体收集设施进行处理或者利用	砂、土工网格和土工布	只有当废物产生较大量的填埋场气体时才是必需的

- 安装气体抽排井和收集管道系统;
- 安装渗滤液收排系统井孔和管道;
- 地形设计需要;
- 低渗透性,尽量减少填埋场气体的释放和降雨、地表水等的入渗;
- 分期建设和封场后土地利用规划的关系;
- 可能需要渗滤液循环;
- 有抵抗由于填埋场气体释放和废物压缩等原因造成的填埋场不均匀沉降的能力;
- 有稳定性,具有抗塌陷,抗断裂和边坡失稳,抗滑动,抗蠕动的能力;
- 土地恢复坡度的稳定性;
- 抵抗由于地震而引起变形的能力;
- 必须经得起由于填埋场气体作用而造成的对盖层物质的改变;
- 地表植被根系以及挖洞动物、蚯蚓、昆虫等的破坏。

填埋场封场系统可能要经受的生物、物理和化学作用如表 6-3-44 所列。

表 6-3-44　盖层要经受的生物、物理、化学作用

类型	作　用
生物	微生物分解 啮齿动物和挖掘动物的穿孔 植物根的穿透
物理	温度 紫外线作用 水力梯度 气压梯度 渗透梯度 机械力(力学方面的应力作用)
化学	填埋场气体 填埋场渗漏水 气体冷缩作用

（三）封场系统结构设计

封场系统的表层是土地恢复层，主要使用可生长植物的腐殖土以及其他土壤。表层的设计取决于填埋场封场后的土地利用规划，通常要能生长植物。表层土壤层的厚度要保证植物根系不造成下部密封工程系统的破坏，此外，在结冻区，表层土壤层的厚度必须保证防渗层位于霜冻带之下。表层的最小厚度不应小于50cm。在设计时，表层土壤层应具有一定的倾斜度，一般不小于5％。在表层之上可能还要有地表排水工程设施等。

在干旱区可以使用鹅卵石替代植被层，鹅卵石层的厚度为10～30cm。

由于盖层系统中的表层具有土地恢复功能，因此，填埋场盖层设计应与建筑师和土地利用专家共同协商，保证地形规划和填埋场需要相协调。例如：

• 确定填埋场分期规划，使其与已有的或者规划的土地使用模式相一致，保证土地分期恢复计划具有合适的规划边界。

• 有合适的土地恢复土壤堆放场，无论是外运进来的土壤还是来自现场的土壤，都要有土壤堆放场，以便于进行土壤处理、贮存和质量维护，供地形恢复使用。

• 在土地分期恢复过程中，同一期内的土地恢复应避免使用多种不同性质的土壤。

• 管道系统和环境监测系统的布置应充分考虑封场土地使用问题，尽量避免对土地恢复使用的干扰。

• 填埋场气体和渗滤液管理系统和环境监测系统的使用和维护需要修建进出填埋场道路，道路的设计应尽量避免与封场土地利用相左。

保护层的功能是防止上部植物根系以及挖洞动物对下层的破坏，保护防渗层不受干燥收缩、冻结解冻等的破坏，防止排水层的堵塞等。一般使用天然土壤或者砾石等材料作为保护层。保护层和表层有时可以合并使用一种材料，取决于封场后的土地利用规划。

排水层的功能是排泄通过保护层入渗进来的地表水等，降低入渗水对下部防渗层的水压力。密封系统中排水层并不是必须有的层，在有些情况下可以不设排水层。例如，当通过保护层入渗的水量（来自雨水、融化雪水、地表水、渗滤液回灌等）很小，对防渗层的渗透压力很小等。不过，现代化填埋场封场系统中一般都有排水层。用做排水的主要材料有砂、砾石、土工网格、土工合成材料等。排水层中还可以有排水管道系统等设施。排水层的最小透水率应为18^{-2}cm/s，倾斜度一般≥3％。

防渗层是封场系统中最为重要的部分。其主要功能是防止入渗水进入填埋废物中，防止填埋场气体逃离填埋场。封场系统防渗材料与基础衬层系统中的防渗材料一致，有压实黏土、柔性膜、人工改性防渗材料和复合材料等。尽管天然黏土是一种很好的防渗材料，但国外填埋场工程实践经验表明，单独使用黏土作为盖层防渗材料暴露出一些问题，例如，黏土在软的基础上不容易压实，压实的黏土在脱水干燥后容易破裂，冻结作用可以破坏黏土层，填埋场的不均匀沉降使黏土层断裂，黏土层被破坏后不容易修复，黏土对填埋场气体的防护能力较差等。因此，建议使用柔性膜（如HDPE膜）作为盖层的主要防渗材料。柔性膜与其下方的黏土层结合形成复合防渗结构。对于复合防渗层，柔性膜与其下的黏土层必须紧密结合形成一个综合密封整体，黏土层的厚度一般规定为60cm，要求分层铺设，铺设坡度≥2％。人工改性黏土（如膨润土改性黏土）也可以作为防渗层材料使用。防渗层的渗透系数要求是$K \leqslant 10^{-7}$cm/s。防渗层设计的详细要求可参阅本章第四节的有关内容。

底土层的功能是为上部的防渗层提供一个稳定平整的支撑。对于复合防渗系统而言，下垫黏土层可以起到底土层的作用。如果有排气层，则排气层也可以起到底土层的作用。在有些情况下，需要设计有专门的底土层。

排气层用于控制填埋场气体，将其导入填埋气体收集设施进行处理或者利用，避免高压气体对防渗层的点载荷作用。排气层并不是封场系统的必备结构层，只有当废物产生较大量的填埋场气体时才需要排气层，而且，如果填埋场已经安装了填埋场气体的收集系统，则也不需要顶部的排气层。排气层的典型材料是砂、砾石和土工网格等。其中还要铺设气体导排管道系统。

表层密封系统中的某些单层之间要求有隔层，这是为了保证它们长期具有完好的功能。隔层通常使用土工布。通常在保护层和排水层之间、排水层和防渗层之间、底土层和排气层之间、表层密封系统和固体废物之间都需要使用土工布进行隔离。防渗层之下的土工布，其性质不应受来自填埋场气体成分的影响，具有稳定性。土工布的使用除起到分隔层的作用外，还可起到保护层的作用。

典型的填埋场封场系统设计如图 6-3-71 所示。在图 6-3-71(a) 中，土工布用于防止土壤进入排水层中。如果表层土壤的质量不好，不能在其上种植植物，则必须外运土壤来，或者改造土壤使其能够适宜于种植植物。图 6-3-71(b) 使用了土工网格排水系统，而图 6-3-71(c) 则使用砂砾石来取代土工网格用于排水层。在图 6-3-71(d) 的结构中，使用了 2～3m 的土壤作为覆盖层，具有一定坡度来排泄地表径流之后，较厚的土壤层可以保持较大量的水分使其不向下部渗流。柔性膜防渗层用于限制填埋场气体的外释。

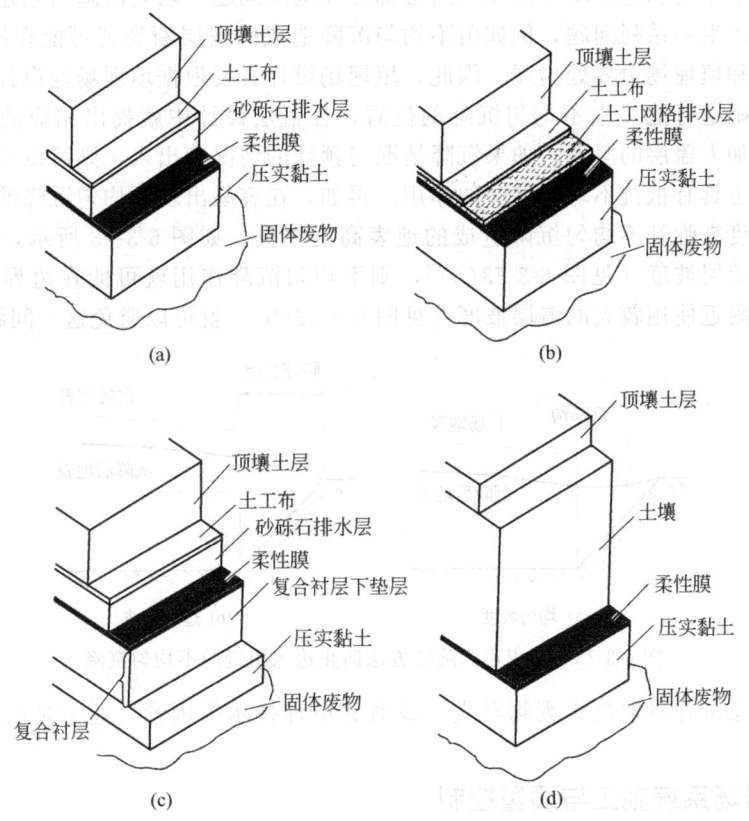

图 6-3-71　填埋场表面密封系统的典型结构

图 6-3-72 是美国国家环保局建议的危险废物安全填埋场封场系统结构，图中给出了各结构层的材料和厚度，可以供我们在危险废物填埋场设计中参考。

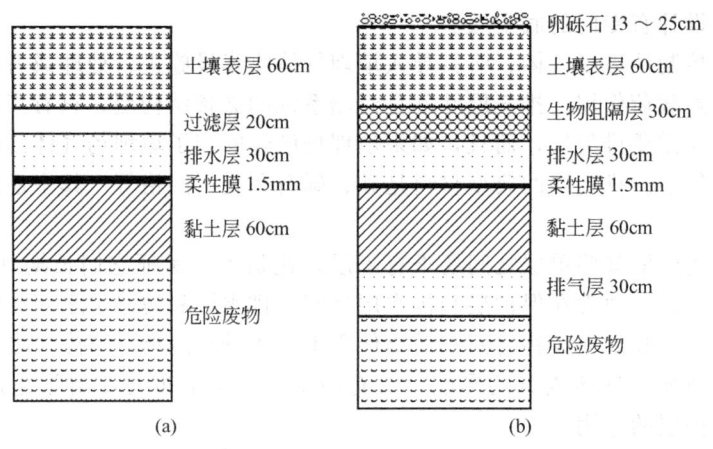

图 6-3-72 危险废物安全填埋场表面密封系统结构（美国）

（四）稳定与沉降

填埋场封场系统的稳定至关重要。因此，必要时必须进行盖层稳定性检验。对于坡度较陡的盖层，还要注意降雨造成的较大地表径流对盖层的侵蚀破坏，封场后尽快种植保护性植物如草坪等或者铺设盖层排水管道系统。

填埋场由于压实和生物降解的原因通常都存在沉降问题。均匀沉降问题还不大，主要是不均匀沉降将产生一系列问题，例如由不均匀沉降造成的盖层断裂就可能在废物相变边界、填埋单元边缘和填埋场边界处出现。因此，填埋场设计者要根据填埋场地设计、废物填埋情况等条件事先确定可能发生不均匀沉降的位置，在盖层设计中就提出相应的防范措施。例如，可以适当加大盖层的厚度，如果沉降情况与预计的情况有出入，则可以去高补低。加大盖层厚度本身也具有抵抗不均匀沉降的作用。再如，在容易出现不均匀沉降的位置采用不同的盖层设计坡度来弥补不均匀沉降造成的地表高度损失。如图 6-3-73 所示，如果在边界附近使用相同的盖层坡度［见图 6-3-73(a)］，则不均匀沉降作用就可能在边界附近形成沉降沟，而在边缘附近使用较大的盖层坡度［见图 6-3-73(b)］就可以避免这一问题。

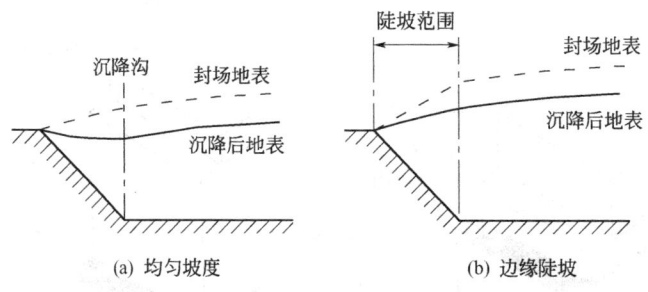

(a) 均匀坡度   (b) 边缘陡坡

图 6-3-73 使用边缘陡坡方法防止边缘附近的不均匀沉降

填埋场的总沉降量取决于废物种类、载荷和填埋技术等因素，通常是废物填埋高度的 $10\% \sim 20\%$。

（五）封场系统施工与质量控制

封场系统的施工与质量控制与衬层系统的情况类似，请参阅本章第六节和其他有关节的内容。

表层土壤包括了其他层所不需具备的一些性质，如养分和有机物的含量等。建造前的检查工作包括检查表层土壤的性质，使之符合设计要求，确保不含劣质的土壤。在建造表层土壤层时，应监测铺放过程的均匀性，观察铺设过程确保土壤不被压得过实，测量表层土壤层的厚度和倾斜度，对通气管或其他突出部位要加以细致检查，防止建造设备对它们的破坏。

四、国外填埋场封场系统简介

我国固体废物填埋场建设尤其是危险废物填埋场的建设经验还不多。国外尤其是发达国家填埋场工程的成功经验对于我们设计和建设填埋场具有借鉴意义。这里将介绍一些国家填埋场封场系统的结构特征和要求，供参考。

（一）德国危险废物安全填埋场封场系统

德国危险废物安全填埋场盖层系统自上而下叙述如下。

（1）表层　腐殖土，厚度≥1m。

（2）排水层　厚度≥0.3m，面状过滤，$K \geqslant 10^{-3}$m/s，坡度5%；排水管道使用HDPE材料，直径≥0.25m，穿孔，位于排水层中间，纵向，依据水力学设计确定间距。

（3）保护层　可以忽略，因顶部排水层只需有效粒径约1mm的砾石，保证$K \geqslant 10^{-3}$m/s即可。

（4）柔性膜　HDPE膜，厚度≥2.5mm；对于卫生填埋场，可使用再生材料生产的柔性膜。

（5）黏土矿物层　厚度≥0.5m，分2层压实，$K \leqslant 5 \times 10^{-8}$cm/s；对于垃圾卫生填埋场，$K \leqslant 5 \times 10^{-7}$cm/s。

（6）底土层　粗砂，厚度≥0.5m，同时用作排气层。

（7）排气层　厚度≥0.3m，钙质碳酸盐组分的质量分数≤10%。

（二）美国危险废物安全填埋场封场系统

美国危险废物安全填埋场盖层系统自上而下叙述如下。

（1）表层　腐殖土，厚度≥0.6m。

（2）保护层　使用天然土或者砾石，厚0.3m。

（3）过滤层　单位质量小、相对高网格的土工布，或者使用多个粒级配比的土层作为过滤层，厚度0.1m。

（4）排水层　砂、砾石，厚度≥0.3m，面状过滤，$K \geqslant 10^{-2}$cm/s，坡度3%～5%，也可使用土工网格作为排水层。

（5）柔性膜　厚度≥0.5mm，常使用低密度聚乙烯材料。

（6）黏土矿物层　厚度0.6m，分几层压实，$K \leqslant 5 \times 10^{-7}$cm/s。

（7）过滤层　单位质量小、相对低网格的土工布。

（8）底土层　砾石，厚度≥0.3m，同时用作排气层。

（三）丹麦城市垃圾卫生填埋场封场系统

丹麦王国城市固体废物卫生填埋场盖层系统的结构层自上而下叙述如下。

（1）表层　腐殖土，厚度≥1.7m（农用）。

（2）排水层　厚度≥0.3m，面状过滤，砾石或者砂；排水管道位于排水层中，间距≤20m。

（3）柔性膜　不是必需的，对厚度和材料无统一要求，可以使用黏土矿物取代柔性膜材料。

（4）黏土矿物层　厚度 0.5m，分 2 层压实，$K \leqslant 10^{-8} cm/s$。

（5）底土层　粗砂，厚度≥0.5m，同时用作排气层。

第八节　环境监测与评价

一、监测目的与监测项目

（一）监测目的

对填埋场进行监测的基本目的是：①检查填埋场是否按设计要求正常运行；②确保填埋场符合所有管理标准。

（二）监测项目

填埋场的监测项目包括：填埋场内渗滤液水位、排水系统内的水位、填埋场渗滤液通过底部衬层或基础的渗漏情况、场址周围地下水水质、填埋场及其周围土壤和大气中的气体浓度、渗滤液收集池中的渗滤液水位和水质，以及最终覆盖的稳定性。

在制订填埋场的监测计划时要确定：①使用的监测仪器和设备类型；②监测仪器的安装位置；③监测频率；④监测的化学成分种类。

二、填埋场监测

（一）渗滤液水位监测

封闭型填埋场内渗滤液的水位在靠近衬层顶角的地方最高，邻近收集管沟处最低，且水位的高低随时间变化。因此应该经常对填埋场内渗滤液水位进行监测，以便确定填埋场是否按设计要求运行。对于自然衰减型填埋场，其渗滤液水位则不一定要进行监测。

用于监测渗滤液水位的监测井有两种类型：水平式和垂直式，其典型设计分别见图 6-3-74 和图 6-3-75。垂直式水位井可在废物处置前、中或后期建造，如在废物处置前或处置中建造，则必须定期予以加高，且在填埋过程中损坏的概率很高，很难不受废物移动或沉降的影响。水平式水位井可在废物处置前一次建造，损坏的概率小，废物移动和沉降对其也无影响。

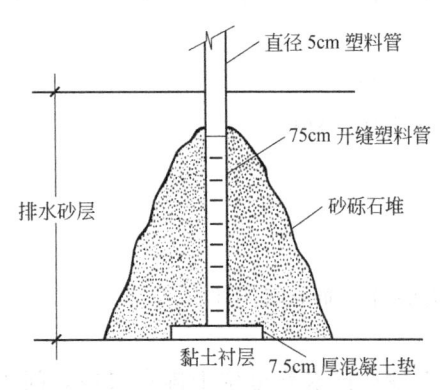

图 6-3-74　垂直渗滤液水位监测井典型设计

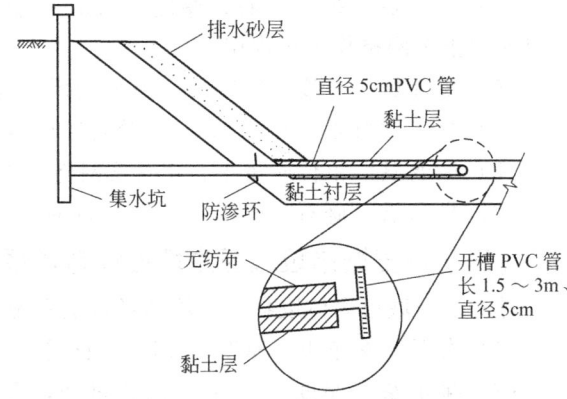

图 6-3-75　水平渗滤液水位监测井典型设计

通常在运转的前三四年内，每周对渗滤液水位进行一次监测，以后则可每月监测一次。

（二）地下水排水系统中水位监测

一般使用水平监测井来监测地下排水系统中的水位变化。这些监测井的设计与水平式渗滤液水位监测井相似。地下水排水系统中的水位随时间和地点而变，通常在填埋场开始运行的最初三四年内，要按月监测其水位变化，在摸清其季节性变化规律后，可仅在丰水期月份进行监测。

（三）渗漏液的监测

填埋场渗滤液是否发生渗漏，一般通过在衬层与含水层间的下包气带内设置数台测渗器来进行监测。早期渗漏警报有利于及时发现问题，以便及时采取补救措施，减少补救行动的费用。因此，设置渗漏监测仪被视为填埋场设计的一个组成部分。

测渗器的安装位置及其数量取决于填埋场的设计。一般来说，测渗器应设置在填埋场的边缘附近，以使传输管道长度最短。在自然衰减型填埋场中，测渗器能安装在几乎任何位置。但对封闭型的填埋场，一定要在可能产生最大和最小渗漏处放置测渗器。在填埋场底部衬层顶角处，渗滤液水位最高，预计将产生最大渗漏；而在渗滤液收集管沟底处，预计产生最小渗漏。

1. 直接渗漏监测仪

直接渗漏监测仪有两种类型：吸水式测渗器和盆式测渗器，均能直接收集渗漏的渗滤液。

（1）吸水式测渗器 典型的吸入式测渗器见图 6-3-76，但通常在同一钻孔内的几个深度上安装一系列测渗器。在填埋场施工和运行期间，为保护测渗器，应将其安装在底层最下层以下约 1m 的地方。

吸水式测渗器有三种不同操作方式：真空操作式，真空-压力操作式和带控制阀的真空-压力操作取样。可用于收集下包气带中的饱和或非饱和土壤水，但土壤含水率极低时也很难收集到。

（2）集水式测渗器 集水式测渗器又称为盆式测渗器，如图 6-3-77 所示，根据收集到的渗滤液能监测出渗漏速率和水质。

收集盆应足够大，以保证收集到渗滤液量满足水质检测对样品量的要求（通常为 2L）。

传输管通向竖管，从竖管用泵或人工方法定期抽取渗滤液。竖管容积应能容纳两次排水之间的渗漏液，竖管也应足够大，以便于经常清洗。

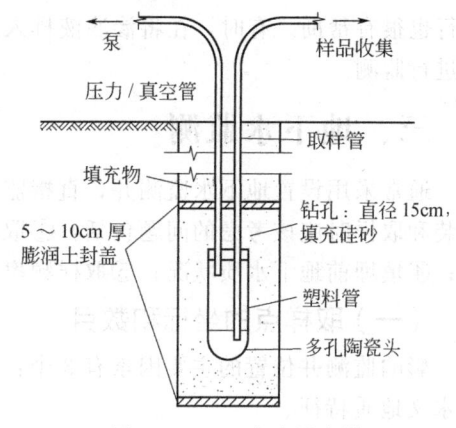

图 6-3-76 吸水式测渗器

竖管中的渗滤液水位在最初两年内应经常进行监测（间隔 15 天），只要水位达到传输管管道内底下 15cm，就必须排掉渗滤液。在至少连续两年内观察到的渗漏速率达到稳定后，才能减少集水井中水位监测频率和排水量，但传输管尚应周期性地进行清洗。

2. 间接渗漏监测仪

间接渗漏监测仪用于检测下包气带土层中水分含量或化学物浓度的变化。这种监测仪器在发生渗滤液渗漏的最初阶段能提供宝贵的信息，但当渗流达到稳态后，就不能再提供有价值的信息了。不过，对那些欲设计成为具有零渗漏或可忽视的渗漏填埋场来说（双衬层或衬以合成薄膜的填埋场），如果产生了严重的渗漏，使用这些监测仪仍将可以提供有价值的信

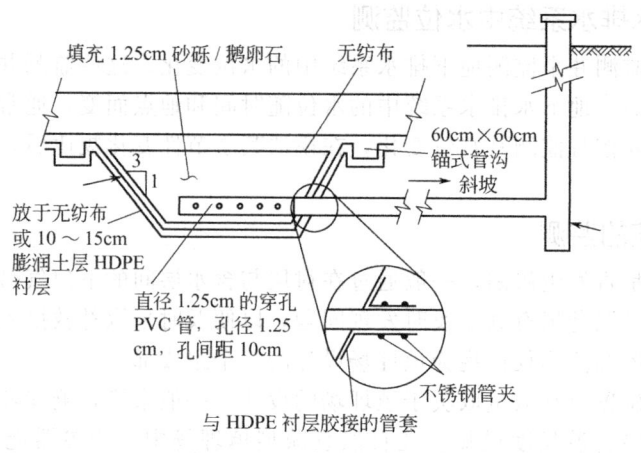

图 6-3-77 集水式测渗器

息。总的说来，间接渗漏监测仪不用作填埋场常规监测。

可用于检测土壤含水率变化的仪器有中子湿度计、γ 射线测湿计、电子阻抗线圈、热电偶与湿球温度表、土壤负压计和时间域反射计（TDR）。

用于检测土壤水含盐量变化的仪器有电探针和盐分传感器。

（四）渗滤液贮水池的监测

包括监测渗滤液贮水池水位和水质。应该逐日、逐周、逐月监测贮水池的水位和提取液体积以确保贮水池不溢流。渗滤液水质在填埋场运行期和封场后 2～5 年内，至少应监测一次。渗滤液的特性监测对分析地下水是否被污染和调整地下水监测项目是必需的，对处理厂运行也很有帮助。有时，在将渗滤液排入到处理厂进水点之前，每天对渗滤液的 BOD 和体积进行监测。

三、地下水监测

通常采用设置地下水监测井，直接监测填埋场地下水是否受到污染。在监测网的设计、安装和取样时应该考虑的问题包括：①取样点；②所需最小取样点数目；③监测井设计和安装；④填埋前地下水质状况；⑤取样频率；⑥样品的收集与保存。

（一）取样点的坐标和数目

影响监测井位置的主要因素有 3 个：①处置废物特性；②填埋场结构设计特性；③场址的水文地质特征。

填埋处置废物的特性决定所产生的渗滤液及将渗入含水层的污染物化学性质。污染物在地下的运动，部分取决于它在水中的溶解性，以及在场底土壤和含水层中的扩散性和与地质材料的反应性。不同的渗滤液成分，其流动性是不同的。密度小的、不相混溶的污染物容易漂流，而密度大的、混溶的污染物的迁移，则由其黏度和密度控制。不具反应性的物质（如氢化物、小分子量有机物）很容易流动，而重金属和大分子量的有机物最不易流动。因此，渗滤液成分及其迁移机理在设计监测网时应给予适当考虑。

在设计地下水监测网前，必须对填埋场址的水文地质特征和在发生污染时地下水污染带的大致形状有所了解，才可能合理设计地下水监测网。特别是在地下水水位以下的土壤存在广泛的分层现象、不同渗透率土壤的透镜体及断层之类的情况下更是如此。场址的水文地质特征可能是非均质或是均质的。在均质蓄水层中布置监测点比较简单，但在常见的非均质含水层中，如互层结构（或砂层与黏土/泥岩材料交替层）和砂质为主的地层中夹以黏土透镜体，则相对复杂。在这两种地层设计监测网时，虽然可以运用污染物迁移模型来确定非均质条件下可能出现的羽流外形，但实践中并不采用这种方法，而是把监测井安装在可能出现的迁移路径上。

互层型蓄水层：地下水流方向在浅层和深层地下含水层中可能不同，且在每一含水层中还可能存在不同的水平梯度和垂直梯度。在多数情况下，较上层的地层中可能存在垂直梯度。故了解水流方向和梯度（水平的和垂直的）是监测网设计成功的关键。图 6-3-78 是一个建在互层型蓄水层上的自然衰减型市政垃圾填埋场地下水监测网，在所有三个含水层中均采集背景水样，监测点也很好地分散在每一含水层中。对封闭式的填埋场而言，污染带外形将有所不同，因而其监测网也应做相应的调整。如果渗滤液存在较轻的不可混溶的化合物，则应在上层蓄水层的中水位附近多设置一些监测点。

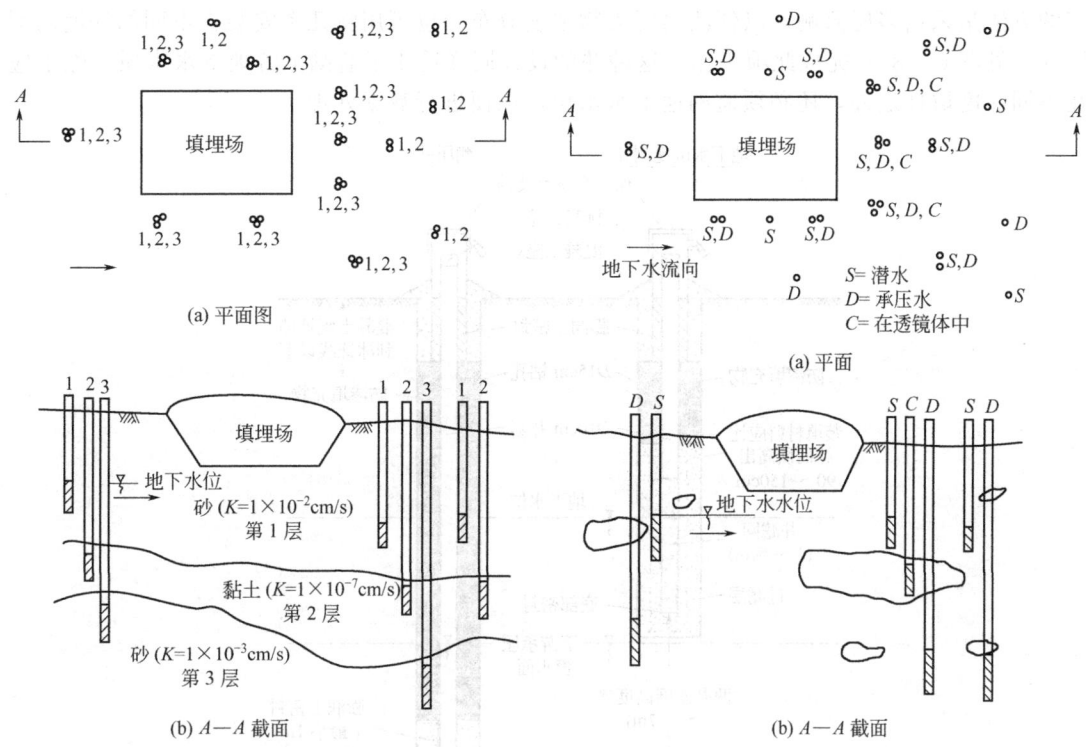

图 6-3-78　含有多层含水层的监测系统　　图 6-3-79　含有黏土透镜体的潜水层监测

带有黏土透镜体的蓄水层：对这类填埋场，黏土透镜体的大小是个重要的问题。有时，透镜体相当大并可能含有滞水。是否对滞水进行监测，取决于适用于填埋场的地下水的有关规定。如果在蓄水层中存在一个大的透镜体，就应对其进行监测。图 6-3-79 就是一个在这类蓄水层上建造的封闭式填埋场的地下水监测网，在两个不同深度对地下水背景值进行取样，但只有大的黏土透镜率才能被单独监测。

由此可见，需要一个三维的监测点排布来对填埋场地下水进行适当的监测。填埋场地基下土壤层的特性和场址的水文地质特征将影响羽流的形状，填埋场监测点的设计要与之相适应。在填埋场的地下水流的上游也要布置监测井，作为背景值使用。如果没有设置在离填埋场足够远的上游方向的地下水本底监测数据，那么下游监测井数据就不可能是完整的，有时几乎无法解释。应该指出的是，尽管渗滤液的密度比地下水的大，但渗滤液羽流并不总是沉到蓄水层的底部。羽流形态取决于众多因素，例如渗滤液进入蓄水层的速度、地下水流速、蓄水层的渗透率、填埋场下土壤层性质、渗滤液的密度、渗滤液成分的实际水动力弥散系数和蓄水层的厚度等。因此，从几个深层监测井所获得的数据，并不一定代表地下水被填埋场污染的最严重情况。进行羽流区监测井的三维布置对于确定由填埋场引起的地下水污染的程度是十分必要的。最困难的工作，是估测出羽流的几何形态。

（二）井的设计与取样频率

在应设置监测井时，本底井的设计与安装及地下水水质情况是关键的问题。

通常设置上游水井监测本底水质。为判断填埋场下游方向地下水水质的变化，需要有规则的监测频率。由于本底水水质是变化的，而且可能受填埋场上游方向存在的污染源的影响。如果不存在已知的污染源，那么只要一个监测点就足够了，但如已知在上游方向有污染源，为了判断本底水水质，就需要有几个监测点。通常使用一个长滤网井监测本底数据。更好的方法是采用多层监测，以便测出污染物浓度分布。也可用将几个安装在不同的深度的测压井（见图 6-3-80）完成此项工作。这种井的设计同样适用于监测下游地下水水质。除了应在不同深度取样之外，还必须监测地下水水位，以便进行数据处理。

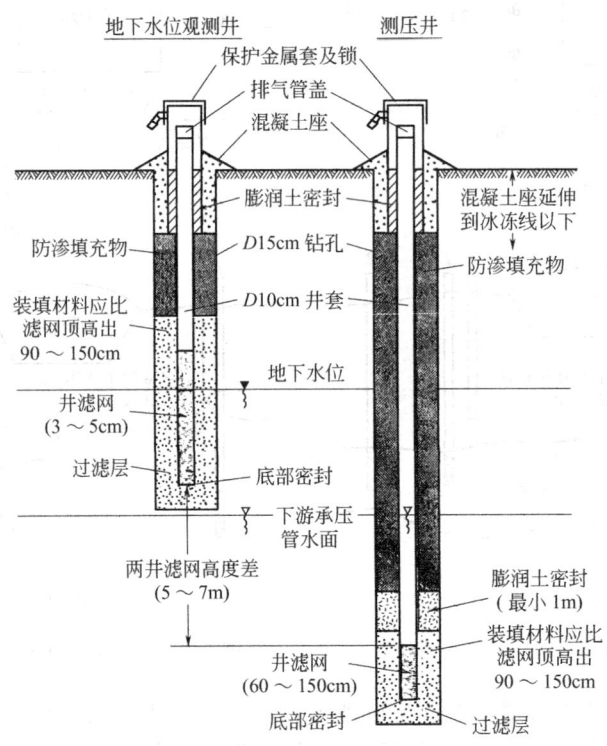

图 6-3-80　典型的水位观测井与测压井

所使用的井套材料与所要监测的化学成分有关。聚氯乙烯（PVC）管可用于监测无机物，涂有一层惰性化学物的金属管或不锈钢管则用于监测有机污染物。井的滤层衬料也应与渗滤液不反应。滤孔的尺寸取决于所处的地质介质岩性，一般采用 0.15mm 或 0.25mm 的孔隙，在粗糙的砂石或砂砾环境下则采用较大的滤孔尺寸（0.5mm）。滤孔面积大约占滤网表面积的 10％。不应用滤布缠绕在井的滤网周围。在滤网周围的材料称为滤层，合适尺寸的滤层可清除沉积物，并提高井的效率。所用的材料应该与被监测的化学成分不发生反应（例如干净的二氧化硅砂粒）。滤层的颗粒尺寸取决于井周围地质材质的颗粒大小。级配单一的介质（最可取的是单一尺寸的颗粒）或粗糙干净的砂粒或豌豆状砂砾是砂质环境中最常用的。干净的细砂被推荐用于粉砂土和黏土环境中。回填材料的物理特性应该在强度、不可渗透性、连续性和化学兼容性上保持均衡。膨润土、水泥和聚合物最常用于回填和封井，可用几种类型的打井钻孔仪器。钻井的方法应该最少量地在钻孔上采用无关材料并对地质构造造成最小的干扰。

安装以后，必须对井清理（或清洗）以去除在安装时积存在钻孔上的细小颗粒并恢复周围土壤的自然渗透率，最好的清理方法是使水快速流入流出井中流网的外部，以使细小颗粒活动并将其去除。通常用一台泵从井中抽水。可以用水斗或缆绳滑车清理滤网上的沉织物。井必须改造到水清净或用泵抽出的水在一定时间内电导率、pH 值和温度保持恒定为止。

必须在地面保护井。井的安装经过必须做些适当的记录。井安装记录中应该包括下面几项：井号、井位（标出场址格点）、安装日期、直径和井套类型、井套顶部的平均海拔高、井和滤网附近的地表层、井的长度和滤网材料、井底深度和井的类型（即水位井或测压井）。场址地下水质量（本底质量）应该通过现场井取样来定。如果没有管理机构明确规定，确定地下水本底水质可采用下面步骤：每月或每季节在所有井（包括本底井）中取样 8 次，监测在填埋处置废物之后地下水所要监测的所有的项目。

通常，地下水按一季节一次，半年一次或一年一次进行监测。这取决于废物的类型，填埋场的大小和设计、蓄水层材料等。在大多数情况下常常是一季节监测一次。对那些远离地下水源地的偏僻地方的小型填埋场，常常是一年监测一次。

地下水样的收集，保存和实验等对获得具有代表性的数据很重要。应该通过使用水斗或泵抽出四个井容积（井的内径×井中水柱的高度）的水来净化每个监测井的水位。在过滤样品之前，必须在现场测定水的必要参数（温度、电导率、pH 值、色度、气味和浊度）。收集的样品，根据不同监测项目必须用不同的化学物质进行固定。在每一个井取样完毕后必须清洗水斗、泵等，以避免发生交叉污染。地下水样实验应该在具有高质量保证措施和使用最低可能检测限的实验室内进行。

四、气体监测

需要对填埋场内及周围土壤中的气体浓度，以及填埋场上和填埋场周围的大气进行监测，以检验是否会有对填埋场工作人员和填埋场周围居民健康有害的有毒气体污染物存在。对于封闭型填埋场虽然气体通过土壤移动的可能性较低，但也应该进行常规的监测。

（一）地下气体监测

1. 采样点

监测地下气体的探测器管通常安装在填埋场周围，设置在垃圾边缘与距填埋场 300m 内的建筑物之间，可单独也可跨深度，以便采集各个深度样品。跨深度取样器安装的普遍标准是距垃圾边缘 30～150m，装置应该覆盖任何潜在的沟壑或 LFG 收集系统难以控制的无效区和任何特殊监测点和建筑物。在选择气体监测点时，应先摸清填埋场周围的地层结构，确定气体迁移的各种可能渠道。

2. 采样器

有两种采样器，即土壤气体探针和气体采样管。

（1）土壤气体探针　由一个易于钻入地下的镀锌管而组成，如图 6-3-81 所示是一台典型的土壤气体探针，可用于采集土壤中的挥发性有机化合物（VOC）样品。

（2）气体采样管　气体采样管与地下水井的设计相似，图 6-3-82 所示的短滤网或长滤

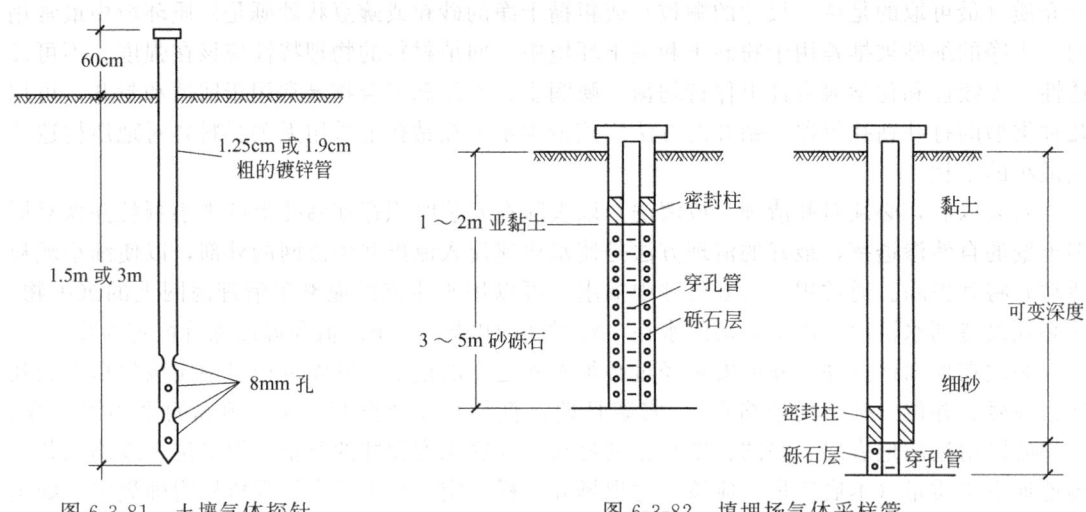

图 6-3-81　土壤气体探针　　　　　　　　图 6-3-82　填埋场气体采样管

网采样管都可用于监测气体，有时用一组三个短滤网探测管监测气体。采样管底部应该位于最高季节性地下水位以上。

3. 监测参数

主要监测甲烷浓度、气压和静止压力。这是由于大气压会影响取样器测量，大气压在下午最低并会直接导致甲烷浓度和静止压力最高值。有时还需测量氧气浓度，其他有害的大气污染物也可以列入监测目录中。

便携式测试仪器，如手提式气相色谱分析仪或甲烷测试仪可用于现场分析，或将气体样品收集在容器中或用炭吸附后送实验室进行检测。

实际监测频率取决于场址条件，可以是每天、每周或每月，建议大多数地区至少每月一次。"热点"取样器（5%以上）应该每日监测以便确定为减少迁移所做的努力的影响。由于气体的迁移是脉冲性的，其浓度变化大，实践中不可能做到在高浓度时采样，所以每季节或每日的监测都难以测定出真实的气体迁移状况，故在可能发生迁移的地区，在一个月内连续进行 7～10 天气体监测，每天两次（上午至下午，下午以后）。

（二）地表排放监测

气体采样装置可分为定时式、主动式等两种类型。真空瓶、气体注射器或由合成材料制成的空气收集袋常用来收集定时采集的样品。

监测填埋场气体地表排放的方法包括：瞬时监测、整体地表取样和自由流通空气 24h 取样。

（1）瞬时监测　使用便携式 FID 或有机蒸气（OVA），在 mg/L 基准上测量总有机化合物（像测量甲烷一样）。通常情况下，嵌入取样管道提取垃圾表面以上 8cm 处通风口的样品取样器或容器内部的气体输送线，气体在容器内部通过氢燃烧被电离。垃圾的地表裂缝、气体输送线缝隙和钻井/废物内表面界面通常是过度排放发生的地方。

（2）整体地表取样　在垃圾表面上大约 8cm 处放置取样器并将样品放入 10L 的取样容器以收集整体地表取样。样品是从整个垃圾填埋区地表收集来的。收集之后，将样品送往实验室并在 72h 内进行分析。

（3）自由空气流通取样　使用设备齐全的便携式取样单元，对自由流通空气样品进行 24h 的收集。收集之后，将样品送往实验室并在 72h 内进行分析。

五、最终覆盖层的稳定性监测

如果填埋场最终覆盖层坡度较大，则应对最终覆盖层的稳定性进行监测。过度的沉降，可能导致合成膜的剪切断裂。

（一）人工合成材料覆盖层的监测

将沉降套安装在合成覆盖层上，格点间隔30m，一个季节或半年监测一次，观察其沉降性。对很不稳定的填埋废物，如污泥，格点间距应小一些。

（二）黏土覆盖层的监测

通常用沉降标记石桩来监测黏土覆盖层的沉降。标记石桩放在侧面斜坡上，格点间距为30m或更小一些，一个季度或半年监测一次。由于斜坡的沉降通常是沿着一条圆弧线而发生的，故在监测侧面斜坡沉降时，至少要沿坡线建立三个标记石桩，通过监测这些标记石桩的水平运动和垂直运动，以判断覆盖层的稳定性。

第九节　危险废物的处置

一、概述

前面几节所述有关填埋场的前期准备、设计、运行和封场等方面的原则，均适用于危险废物的填埋。但是，危险废物处置需要有更严格的控制和管理措施，在危险废物填埋处置的各个阶段均应进行认真的考虑。

二、处置技术选择

现代危险废物填埋场多为全封闭型填埋场，可选择处置技术包括：共处置；单组分处置；多组分处置和预处理后再处置。

1. 共处置

所谓共处置，就是将难处置废物有意识地与生活垃圾或类同废物一起处置。主要目标是利用生活垃圾的特性来衰减难处置废物中一些具有污染性和潜在危害性的组分，使其达到环境可接受的程度。对准备进行共处置的难处置废物必须进行严格的评估，只有与生活垃圾相容的难处置废物，才能进行共处置，并要求在共处置实施过程中，对所有操作步骤进行严格管理，控制难处置废物的输入量，确保安全。

对于许多难处置的危险废物来说，其在填埋场理化条件和生物环境中详细行为迄今未能了解清楚，更不用提及与复杂混合物相关的详尽行为。为了防止污染物向周围环境的突发性释放，共处置填埋场必须排除导致发生不希望出现的反应条件发生。例如，接纳了含大量金属成分污泥应避免填埋入螯合试剂或酸性物质。

危险废物在城市垃圾填埋场共同处置现在许多国家已被禁止。我国城市垃圾卫生填埋标准也规定危险废物不能进入填埋场。

2. 单组分处置

采用填埋场处置物理、化学形态相同的废物称之为单组分处置。当然，废物经处置后无须保持其原来的物理形态。例如，生产无机化学品的工厂，经常在单组分填埋场大量处置本厂的废物（如磷酸生产产生的废石膏等）。

3. 多组分处置

多组分处置的目标是当处置混合废物时，应确保它们之间不能发生反应而产生更毒的废物，或更严重的污染，如产生高浓度有毒气体或蒸气。可分为下述三种类型。

（1）将被处置的各种混合废物转化成较为单一的无毒废物，一般用于化学性质相异而物理状态相似的废物处置，如各种污泥等。

（2）将难处置废物混在惰性工业固体废物中处置。这种共处置不发生反应。

（3）接受一系列废物，但各种废物在各自区域内进行填埋处置。这种共处置实际上与单组分处置无差别，只是规模大小不同而已。虽称为共处置，但这种操作应视作单组分处置。

4. 预处理后再处置

对于因其物理、化学性质而不适合于填埋处置的废物，在填埋处置前必须经过预处理，达到入场要求后方能进行填埋处置。预处理方法和工艺详见第四篇第九章。

三、负荷量和相容性

（一）废物间的化学相互作用

当两种或两种以上废物堆存到填埋场相同的位置时，场地操作人员应确保能起反应的废物浓度足够低，达到可一起安全处置条件。因而在处置场接纳废物前需要通知填埋操作人员所有废物成分。同时必须采取措施防止不相容废物的共处置，具体包括以下几个方面：①了解废物中各种组分的性质；②不相容废物必须分开处置；③接受液体废物的管道与沟渠应有明显标记；④严格监测废物的排放。

不相容废物的混合会引起下列现象：①大量放热，在一定条件下可能会引起火灾，甚至爆炸（如碱金属、金属粉末等）；②产生有毒气体（如砷、氰化氢、硫化氢等）；③产生易燃气体（如氢气、乙炔等）；④产生 NO_x、SO_2、CO_2、Cl_2 等气体；⑤含有重金属的毒性化合物的再溶解（如螯合物）。图 6-3-83 简要汇总了 12 类常见的危险废物之间的反应。根据经验，尽管已经成功地进行了几种废物的共处置，但是，三种或三种以上废物的相互之间产生的有害反应的文献资料还相当缺乏。如果缺乏经验，而有害反应又有可能发生，那么重要的一点是：首先应由训练有素的人员进行小规模的试验，以便在填埋处置前确定废物的相容性。

（二）废物与衬垫的相容性

衬垫材料的稳定性对填埋是极为重要的，近来已经发现某些废物对填埋场衬垫可能产生破坏作用。因此，保证填埋场衬垫材料和被处置废物的相容性是非常重要的。鉴于衬垫材料的不稳定性，特别是它的长期性能的不稳定性，必须采取某些预防措施，这对于难处置废物的控制来说是必要的。

1. 黏土与膨润土衬垫

根据有限的资料介绍，厚度不足 10m 的黏土层，不能用来填埋不相容的难处置废物。膨润土与多种化学物质相容，油类和有机溶剂对膨润土衬垫没有不良影响（除非 50％的高浓度）因此可用作衬层材料。它不像其他许多人造衬层那样，显然这类废物不会置于以膨润土为衬垫的填埋场。

2. 柔性膜

各种柔性膜可用来作为衬垫材料，虽然柔性膜对各种无机废物都相容，但有机化学物品

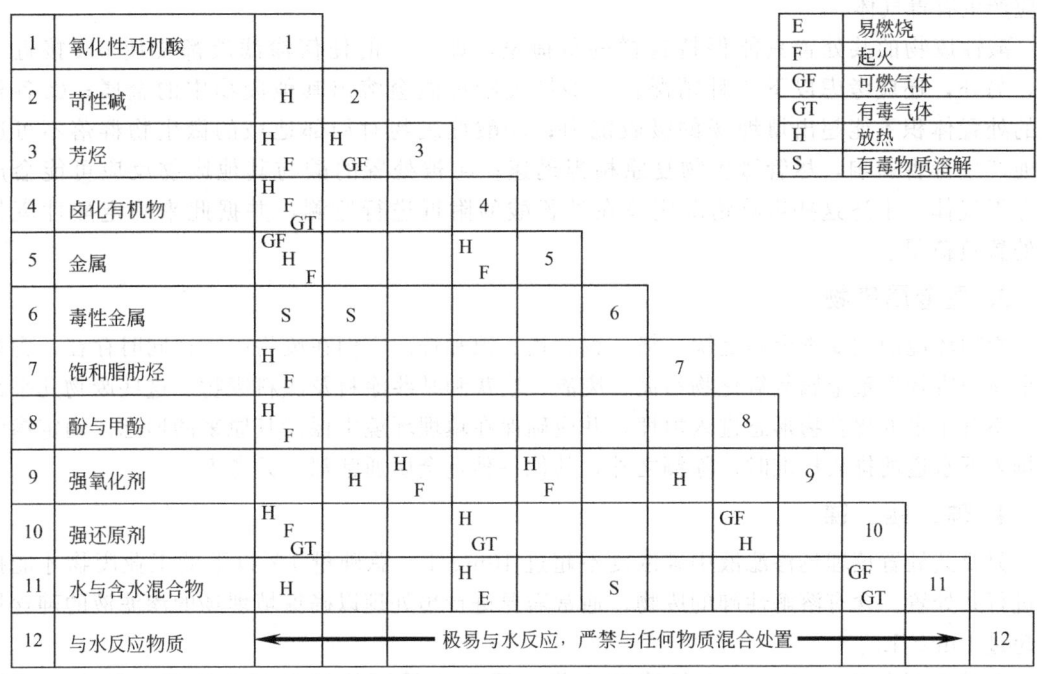

	1	2	3	4	5	6	7	8	9	10	11	12
1　氧化性无机酸	1											
2　苛性碱	H	2										
3　芳烃	H F	H GF	3									
4　卤化有机物	H F GT			4								
5　金属	GF H F			H F	5							
6　毒性金属	S	S				6						
7　饱和脂肪烃	H F						7					
8　酚与甲酚	H F							8				
9　强氧化剂		H	H F		H F			H	9			
10　强还原剂	H F GT				H GT				GF H	10		
11　水与含水混合物	H				H E		S			GF GT	11	
12　与水反应物质	← 极易与水反应，严禁与任何物质混合处置 →											12

E	易燃烧
F	起火
GF	可燃气体
GT	有毒气体
H	放热
S	有毒物质溶解

图 6-3-83　有代表性的有害废物相容性

可能对其产生不同程度的损害。因此，在柔性膜与废物相容性还未搞清时，准备接受有机化学品的填埋场是不能用柔性膜做衬垫的。

（三）负荷量

为使处置场中各类废物保持适当的比例，对堆存的废物数量必须加以限制和控制，共处置填埋场特别依赖于对所填埋的废物种类和数量做仔细的调整，这样就能使衰变过程保持正常进行。在共处置填埋场中，难处置废物同生活、商业废物填埋比例取决于生活或商业废物的降解能力。

许多共处置填埋场允许接纳各类废物，这些废物可能含有大量的污染成分，因此必须鉴定废物所含成分并要单独进行监测。由于分析过于烦琐而且技术尚不合理，因而没有必要确定各组分的负荷量。同样，要对所接收废物中的一些特殊成分做精确的计量也是不现实的。负荷量应考虑上述的不确定性。所有填埋场接收废物中都可能含有某些化学物品，因此，对它们必须仔细地进行估计、限制和监测。各个国家的废物组分和气象条件各异，因而下面提出的负荷量仅作参考。在一些特殊场合下，必须通过仔细监测来确定特殊废物负荷量。

1. 液态废物

总的来说，液态废物的体积（如填埋场渗滤液）限制了更多液体废物进入填埋场。因此，从管理角度出发，所有接收液态废物的填埋场，在整个运行期间必须进行含水量平衡计算：液态废物的负荷量受构成含水量平衡的其他因素所影响和控制，包括平均降雨量和其他吸水能力较强的废物的失效程度。对于封闭型填埋场，这些因素的影响更为显著。因此，最为重要的是应根据填埋场内液位监测结果来控制液体废物的负荷量。

2. 酸性废物

废浓酸腐蚀性极强，不应直接进行填埋。如果直接进行填埋，会引起火灾或者由于化学反应产生有毒气体。

酸性废物的共处置只能保持这样的负荷量，即产生的任何渗滤液都要使 pH 接近中性，另外，还应考虑以下 4 种情况：①酸性废物可能会溶出其他废物中的金属；②各种酸的处置体积不能超出填埋场的吸收能力；③酸性废物对局部地域的微生物群落不可避免地产生毒害影响，尽管微生物复原相当迅速；④被处置的酸与其他废物反应可能会产生存毒气体。上述这些影响情况应该在处置酸的附近进行监测，并据此来确定酸性废物的处置负荷量。

3. 重金属废物

影响环境的主要重金属是镉、铬、铜、铅、镍和锌。它们在废物中往往同时存在。含有重金属的废物有重金属氢氧化物污泥、废渣、废灰和某些涂料及颜料废物。这些废物几乎都是以不溶于水的化合物形态进入填埋，并应确保在填埋环境中保持其原来的形态。确定渗滤液排入下水道的排放标准时，除镉之外，其他各种重金属通常都一并考虑。

4. 砷、硒、锑

只要共处置填埋场渗滤液中砷浓度不超过 10mg/L。总砷量 1% 以下的工业废物才能接收进行共处置。含有溶解性砷的废物，通常需要进行预处理以确保填埋场的渗滤液的砷含量不超过 10mg/L。

总砷含量低于 0.5kg 的少量浓砷废物，通常无须预处理就可共处置。然而，必须立即用垃圾加以覆盖，厚度至少 2m。实际上垃圾应该与石灰混合（处置硫化砷时例外）。含砷废物在填埋的所有操作过程中，应避免初生态氢的产生，因其能导致砷化氢气体产生。

由于硒与锑化学行为与砷类似，故含硒与含锑废物可采取类似含砷废物的处置方式。但是，它们不能形成稳定的氢化物，故而不大可能有什么问题。尽管如此，硒与锑的负荷量仍然采用与砷同样的阈值。

5. 汞

填埋处置含汞废物的负荷量与汞存在的化学形态有关。虽然所有汞化合物均可能累积在细胞组织内，但毒性最大的是有机汞，尤其是烷基汞化合物。因此确定负荷量时，应考虑防止渗滤液中汞含量提高和释放汞蒸气的可能性。

含汞废物不能在没有渗滤液收排系统，或渗滤液横向流动不显著的填埋场内大量处置。当填埋处置无机汞或元素汞含量大于 20mg/kg 或有机汞含量大于 2mg/kg 的废物时，应设计专门处置区域，这些区域要求进行特殊复原处理并限制今后的用途。对于含有非特殊汞的废物，负荷量应不超过家庭生活废物含汞量 2mg/t 的 2 倍。含汞量超过 1kg 的固体废物要进行单独处理。

在填埋场内的可溶性汞在厌氧区域会转化为硫化汞沉淀出来，上述的初始负荷量可能未充分考虑该方面效应。浓度较高的非有机汞的含汞废物应该考虑回收。有机汞含量超过了 100mg/kg 的含汞废物不能直接进行填埋。

6. 含酚废物

苯酚、甲酚与二甲苯之类的酚类化合物，一定程度上溶于水。填埋场初始阶段，废物处置局限于生活垃圾和其他一般生物活性废物。此时应该建立监测网络，以保证共处置开始之前有足够深度的吸收性废物。这样，共处置工业废物的初始处置的影响状况就能进行监测，并可为填埋场合适的负荷量提供资料。

四、填埋场的作业要求

（一）单一废物处置

单组分废物填埋场一般占地达公顷级，在相当长时间内不能用作其他用途。但如果采用逐步复田的准则进行作业，即整个填埋区域以填埋单元方式进行废物处置，每个填埋单元复田之后土地即可安排他用。这样即使在填埋场作业期间，也能改善景观、减少对环境的影响。

（二）共处置

废物共处置的方法取决于废物本身性质和达到良好负荷量的要求。共处置的基本原则如下。

1. 液态废物共处置

国外曾经有过将液态废物送入填埋场与城市垃圾共处置的经验：任何液态废物进行共处置之前，必须通过水平衡计算来评价填埋场的接受能力。填埋密度为 $0.6 \sim 0.7 t/m^3$ 的生活垃圾之类的废物填埋区，可以用作液态废物的处置，以利于它们被吸收。经压实的废物对液体废物吸收性能比较低。液体废物在打包废物中处置极不可取，因为高密度打包限制了它对液体的吸收量，而且会造成缝隙液流。最好的方法是把液态废物置于至少已堆存了 $6 \sim 12$ 个月的熟化垃圾中。液态废物填埋处置可采用四种方法，即沟渠或蓄液塘；地下灌注；喷洒；地面灌溉。

但目前液态废物必须经过固化处理后方能进入危险废物填埋场。

2. 污泥的共处置

污泥和泥浆类废物可以像液态废物那样进行沟渠内处置，但很快就会发生堵塞孔隙现象。在已处置的废物堆上开挖污泥处置沟渠要比在工作面上开挖沟渠好，污泥处置后立即加以覆盖。考虑水量平衡前提下，污泥也能并入固体废物进行处置。污泥应堆置在工作面或开挖沟渠的底基部位，然后立即用固体废物覆盖。在这种情况下，应注意避免正在工作的运输工具陷入污泥。

3. 固体废物的共处置

填埋难处置的固体废物时，最好在专门处置区域内，采用薄层技术将这些废物沿工作面分散并立即覆盖。

不渗透性废物不适于大面积地层状处置，因为它可能会导致地下水水位上升和使渗滤液产生沟流，使土地填埋的衰减过程受到阻碍。

（三）难处置废物的处置

1. 尘状废物

对于细而轻的尘状废物，填埋操作应非常小心，否则会在填埋场内或边界之外产生严重的尘埃问题。处置这些废物时，应加以包装或者使其充分湿润，然后填在沟渠内并立即回填。沟渠周围地域应保持潮湿以防尘状物质干燥。现场作业人员应配备适宜的呼吸用保护器具。含有毒性物质而存在严重危害的尘状废物不能直接进行填埋，应预先进行处理，消除其危害性后再填埋。

2. 废石棉

所有纤维状与尘状石棉废物只有在用坚固塑料袋或类似包装进行袋装后才能填埋。包装袋必须坚固，在装包、运输和卸料过程中不会破损。目前处置办法主要是堆置在工作面底部或放置到已开挖好的沟渠内。废石棉包装袋不可到处乱丢，应仔细处置。松散石棉包装袋处置后，必须立即铺撒厚度至少 0.5m 的其他适当的废物。硬性黏结废石棉（如石棉水泥）上面铺盖废物厚度 0.2~0.25m 便可。此外，被处置石棉的顶端边界和表面距离当时的工作面表层或侧面不可少于 0.5m。石棉废物不应在填埋场顶层 2m 之内处置。

在填埋处置装有纤维状或尘状废石棉的包装袋的过程中，对发生破损意外事故应该有应急措施。尽量减少所有工作人员暴露在飞扬的石棉纤维之中。应急措施包括：①任何泄漏的废石棉应立即进行填埋；②任何泄漏物应用一定量的其他废物覆盖，避免石棉扬尘产生；③可能暴露在石棉气氛中的作业人员，应配备卫生安全部门核准的呼吸保护器具；④一旦操作人员被石棉沾污，应更换外衣，沾污的衣服用袋包装后再浸湿与处置；⑤一旦运输工具或其他设备被沾污，应该全面清洗，清洗液用适当的方式进行处置。

3. 恶臭性废物

处置动物集中养殖业和附属副产品加工业，以及某些化工制造业等产生的恶臭性工业废物的填埋场，必须有防止恶臭散发措施。最基本办法是：配备适宜的废物接收和处置作业设备，运送这些废物必须预先通知，选择在适宜的气候条件时接收和处置这类废物，用抑制恶臭的材料直接进行覆盖。

4. 桶装废物

填埋场不接收桶装废物是一项通用的原则。大量桶装废物填埋存在着稳定性问题。其原因有二：一是桶间缝隙不可能消除；二是桶上端有一定空间。最终废物桶会被腐蚀，内存废物就会泄漏出来。因此，装有不宜填埋废物的铁桶进行填埋会有相当大的风险。但是，如果环境特别允许以及合适的技术等原因，桶装废物填埋是最实用的一种方法。桶装废物填埋的总量应该严格控制。实际采用时应防止发生废物桶集中堆置在某一区域。一般只允许特殊类型固体废物装满的桶才可填埋。这类废物如某些蒸馏釜脚，它的软化点高于填埋场所遇的气温。

桶装废物通常都是复杂的而且难以鉴别。要求废物产生者对使用加盖开口的铁桶装存废物，并对每桶废物成分仔细详尽地做好标签，在填埋场的操作人员应对到达填埋场的所有废物桶进行检查，验证桶内组分与其标签是否一致。只有检查或分析认为所接收的废物是适宜填埋的或是填埋许可证所允许的，填埋场经营者才能接收所送来的桶装废物。

填埋的桶装废物并不总是进行适当的鉴别，尤其是工厂废物被全部清出的情况下更为难免。因此，废物处置承包业主在决定最佳处理方案之前，必须得到每桶废物的化学分析的结果。填埋处置最好要求废物组分与填埋环境能完全相容。但任何场合，填埋场经营者必须根据采样和分析结果确定是否适于填埋（必须在废物发生源采样）。

任何桶装废物取样之前，至少应设法弄清每个桶内废物成分范围。在桶开启和废物取样过程中，采纳的防护措施和配备的劳保用品应适合于防御最危险废物所致的危害性。桶内废物成分一旦被鉴别，该废物桶应做相应标记。

填埋场接收任何桶装废物，要求有规定的接收区域和贮存区域。接收区域的面积应适宜载货卡车安全作业和停放。贮存区域应配备保护设施，面积大小至少能容纳一天的处置量。实际上，所有废物桶的检查和取样均在废物桶未卸下载货卡车之前进行。一旦发现废物不适宜填埋就令载货卡车将废物返回废物产生者，令其到别处（如废物处理设施）做更适当的处置。只有经检查证实废物可以接收，废物桶才允许卸车。废物桶卸车应予监督，并使用适当操作器械以避免意外事故和桶装废物外泄。

所有桶装废物接收后，应立即处置，不容拖延。废物桶与处置工作面基底的间隔距离至少 0.5m，废物桶处置后立即用合适的废物或其他覆盖材料进行围封与覆盖。某些桶装废物（如固态农药废物）应该把废物倒出来，并尽可能广泛地分散，使其与填埋场内生物可降解的废物混合。

（四）作业程序

所有废物送达填埋场后应该进行检查，若符合接收要求就直接运到适合的处置区域。填埋场不使用液态废物接收池，而是由填埋场工作人员押运槽车直接至指定接收液态废物处置区域。装运难处置固体废物或污泥的车辆应直接抵达工作面或其他指定作业区。上述两种情况，都必须保证填埋场内的道路适应废物运输车流量。若在恶劣条件下（特别是在冬季），可能要把废物转移到场内运输卡车后再送到处置区域。

机械操作人员和地面调度人员应该明白装卸废物时的检查重要性，这样就可保证不许可接收的废物区分出来另作处置，难处置废物的填埋场绝不允许人体直接搬运废物。即使能够单独完成的工作也不允许单独操作。如果某土地填埋场操作人员是单独工作的，应该对所有人员按规定考核他们的技术素质。

接收难处置废物的填埋场引起的火灾，可能产生有毒有害烟雾和悬浮颗粒，因此，操作人员配备的防火器材中应附有防毒面具。如果产生浓烟，也应配戴防毒面具，即使填埋场车辆驾驶室装有空调设备也不例外。

1. 接纳废物分析

接收难处置废物的填埋场，对接纳废物的检查和分析是十分必要的。它可以验证废物产生者对于废物的说明是否属实，以保证执行废物处置许可证的要求、保障废物作业人员的健康和安全、证实所选用的处置方法的适用性。一般进行现场详尽分析不太必要。不过，对接纳的废物应该按规定进行监测和取样。如有必要，样品应送至中心试验室进行详细分析。

接收难处置废物的填埋场，需要配备的分析设备取决于所接纳废物的性质和数量。对于接收限定范围的难处置废物的小型填埋场，只需要配备基本分析设备。如需要详细的资料，可请外单位分析，废物的基本测试项目包括外观、气味、pH 值、易燃性和相对密度。接纳难处置废物填埋场设置的实验室分析设备列于表 6-3-45 中。

表 6-3-45 填埋场实验室设备

设 备	测试参数
(1)液态废物及污泥取样器械	
(2)pH 试纸或 pH 计	pH 值
(3)滴定设备	酸碱强度
(4)吸水纸与火柴	易燃性
(5)玻璃器皿	外观
(6)试剂滴瓶	反应性
(7)风箱与气体测定试管	挥发性、气体类型
(8)过滤设备	
(9)液体比重计	相对密度

2. 渗滤液监测

除了分析接纳的废物之外，还要分析填埋场的渗滤液。共处置土地填埋场的渗滤液应该定期监测，以保证衰减进程不超负荷和衰减作用如期进行。对于渗滤液进行场内处理或排入污水管的土地填埋场，监测的要求是保证排放水质保持在设施的设计参数之内，并且符合排放许可条件。

3. 急救设备

经常有这样的可能性、操作人员被刺激性或腐蚀性废物溅伤。由此应配备诸如洗眼瓶之类的器具。也有可能造成人体大面积沾污，因此，除了填埋场本部外，操作区附近也应有供急救用的淋浴或冲洗用水。大型的危险废物填埋场必须设有良好通信设施。使用无线电话提供快速现场通信则更好。

（五）人员培训

所有人员应该经过培训达到合乎健康与安全要求的标准，尤其在设备安全操作方面。他们必须了解填埋场工作计划和应实施的操作标准。由于被处置废物的性质与种类繁多，对所有工作人员连续检查有一定难度。因此，有必要要求所有工作人员接受特别高标准的培训。

（六）健康与安全

经营难处置废物填埋场的主要责任是对现场操作人员和运输人员的健康和安全的危险进行防护。另外还应考虑参观者和居住在附近的公众的安全。

填埋场存在的许多危险同其他职业领域所碰到的危险性都是一样普通的，问题在于对填埋场安全职责的认识以及对一般危险和操作中特有的危险的正确处理。后者包括：一是由于废物委托人没有真实而明确地申报委托废物的性质而造成的危险；二是不相容废物进行混合造成的危险。由于缺乏对废物准确组分进行了解往往加剧这种危险性。例如，废石膏与生活垃圾混合会产生硫化氢；含砷废物混于生活垃圾会产生砷。

填埋场操作人员大多数在任何天气条件下进行工作，由此每个成员均需要适宜的防风防雨工作衣。气候条件往往造成某些废物处理更为困难。例如，尘状废物处置在干燥和刮风的气候条件下应特别注意；大雨可能会增加散撒污泥的难度；炎热与静风天气，即使处置少量含溶剂废物也有害于人体健康。

通过工作实践，大多数危险性都可以降到最低限度。绝大多数场合，合适的处理设备和适用的防护工作服是两项必要的措施。防护工作服的种类要仔细选择，不仅要适合于工作进行而且要保障工作人员安全，并且要保证在恶劣操作条件下穿着舒适和实用。

第十节　固体废物填埋处置案例

一、深圳市危险废物填埋场

（一）工程来由

本危险废物安全填埋处置工程建设项目是 1994 年经由深圳市人民政府委托、以深圳市环保局为第一完成单位，在清华大学环境工程设计研究院和冶金部长沙冶金设计研究院协作下于 1995 年 3 月共同完成的，于同年 6 月通过工程验收，并于 1998 年 12 月通过国家环境保护总局主持召开的工程技术鉴定会的鉴定。由于本项工程在我国尚属首例，有关单位希望本实例对制定我国危险废物安全填埋场的设计和标准有所参考。

（二）场址选定与场地布置

1. 场区环境基本条件

本场位于深圳经济特区北部山区的石夹坑（本场被命名为红梅填埋场），占地面积约 16610m²。该处远离居民区，其北侧系标高为 245.8m 的高山，最近建筑物在其西南 400m，在西南、正南和东南方向 1600～3000m 的扇形地带、面积约 900m²，建有十多家企事业单位，有住户 505 家，共计人口约 5500 人。该区用水水源 70% 来自自来水，另外 30% 来自地下水。场址紧邻特区二线边界，距离前方 250m 为梅观公路，交通运输较为便利。

本地区有大面积燕山晚期花岗岩体，还发育有震旦系、中侏罗系及第四系地层，地质构造以断裂构造为主，其活动期在白垩纪晚期以前，随后逐渐减弱，现已基本不活动。本区非处于主干断裂通过地段，据国家地震局完成的《深圳市地震危险性分析和地震烈度》研究报告，确定本市的地震基本烈度为Ⅵ～Ⅶ度。鉴于本区岩体稳定，区内建筑物按地震烈度Ⅶ度设防。

2. 场区工程地质条件

本场区为一呈 "U" 字形的低山丘凹，开口朝南，走向近南北向，长约 600m，宽约 40～80m，大多已人工填埋泥土、废石块、其他固体废物等，厚约 5～15m。

区内地层自上而下发育有：①人工填土层　以回填土石为主，厚约 2～20m，内摩擦角为 25°，承载力标准值为 100kPa；②第四季沉积层　以砂质黏性土、粉质黏性土、粉土及砾质黏性土为主，厚度 7.5～31.8m，内摩擦角约 24°～32°，承载力标准值为 150～300kPa；③基岩　主要为混合花岗岩和混合岩，大致呈南北向分布，其单轴饱和抗压强度平均值为 5.4～83.2MPa，承载力标准值为 600～5000kPa。

3. 场区水文地质条件

本区属相对独立的水文地质单元，汇水面积约 0.14km²，地下水枯期径流模数为 280m³/(d·km²)，属贫水区。地下水类型为松散空隙水，其上层滞水及基岩裂隙水主要受大气降水补给，自北向南径流，而两侧山脊地下水则向丘凹沟谷排泄。由于场区内填土层和砾质土层的透水性强，需通过铺设人工防渗系统以控制和解决填埋物的渗漏问题。

4. 场地特点

选定的场地有以下优点：

（1）填埋场地容量较大　经测算其一期场容为 23000m³；二期为 100000m³，估计封场期、即可使用年限在 15 年以上，而且该场地还有扩建和发展余地。

（2）具有相对独立的水文地质单元条件　该场地与深圳市取水水源分属不同水系，除地处水源地南侧外，并有一定保护地带。填埋场的渗滤液最终不会影响市民用水水质。此外，该区汇水面积较小，雨季时的径流量通过城市下水道流入深圳河，对周围水环境无大的影响。

（3）场地人文条件较为理想　该场址远离居民住宅区，无文物古迹，不属于公园风景区或动物保护区。场区内由于开山采石，地貌破坏严重。而通过填埋场的最终封场处理，将起有修复地貌和恢复生态的积极作用。

（4）具备良好的地质、交通条件　该场址地质稳定性较好，地基基础为厚层状坚硬岩区，岩石力学性质适宜。另外，进出场区的外部道路，基本上可利用现有市政公路，交通方便。

场地的不足之处：其一是进场道路坡度较大，其次是场区内表土层渗透性较强；基岩起伏变化较大，覆盖层分布不均匀；缺少可用的优质黏土层等。这些缺点需要通过设计中的合理工程措施加以妥善解决。

5. 场地的平面布置

本危险废物填埋场的平面布置如图 6-3-84 中所示。

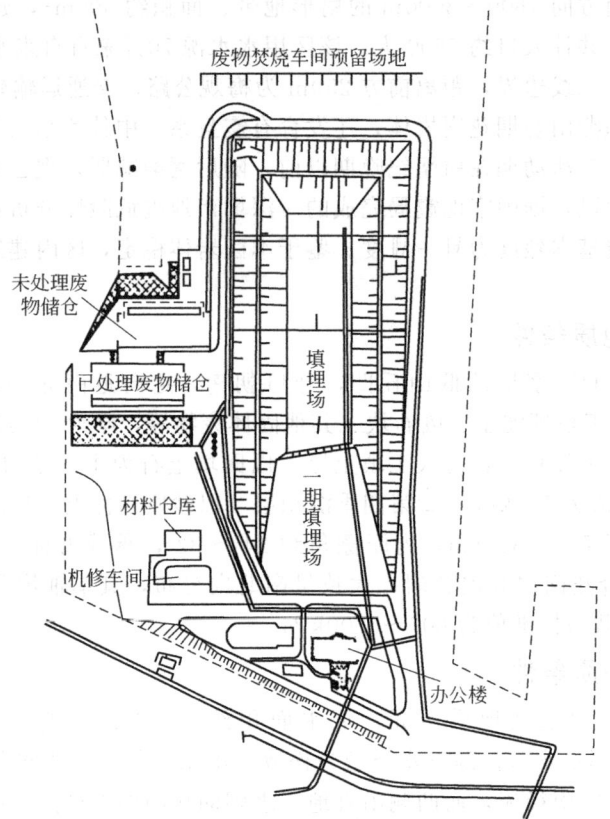

图 6-3-84 深圳市危险废物填埋场平面布置全图

（三）填埋场总体及主要辅助设施设计

1. 总容量设计

本工程预计处理处置的废物总容量为 22000m³，经稳定化处理后，最终需安全填埋的废物总量为 23000m³，因此，填埋场的有效容积即按此规模设计。

2. 场形及边坡设计

设计的安全填埋场占地面积约 4600m²，场地近似正方形。其底部面积为 2640m²，由北向南设 5％的底坡，以利于场内渗滤液收集（在基地南端的标高为 66m，北端为 69m）。此外，场地底面的东西两侧分别向中线设 2％的底坡。

在填埋场东西两侧的边坡系利用天然山坡修整而成的，坡度为 1∶2.5。其南侧边坡为回填土至标高为 75m 的平台所形成，其北端筑以高 3m、顶宽 2m 的堆土坝。所有边坡及坝的回填部分均应分层压实，当密实度达到 95％后，方可修整呈 1∶2.5 的边坡。

3. 防渗层设置

本场防渗层设计参照美国 EPA 最新技术规范，并结合现场实际，采用双防渗层系统。其中，上部为人工材料防渗层，下部为复合防渗层。后者能最大限度地防止渗滤液的渗出，从而可使其对周围环境的污染影响大为减少。而前者虽仅单层，但施工难度低，且能达到有效收集渗滤液的效果。

（1）复合材料防渗层 由黏土层上覆人工材料层共同组成。影响黏土层防渗性能的主要因素有塑性指数、粒径、密实度、黏土矿物学等，美国对黏土层渗透系数的最低要求为

$<1\times10^{-7}\,cm/s$。

根据对本场区土壤的取样分析结果，主要为含砂或含砾粉土，塑性指数一般为9，土壤中微粒成分较少，经压实后的渗透系数为 $10^{-3}\sim10^{-6}\,cm/s$，很难达到上项指标要求。若从场外调运优质黏土或将本地土壤过筛后再混以钠或钙基膨润土，虽可降低渗透系数，但所需费用过高，且施工难度过大。为此在设计中采用结合实际情况的提高黏土层土壤渗透系数为 $<10^{-5}\,cm/s$ 的措施，办法是将本地土质较好的粉土、用人工拣出碎石和杂物，并保持一定含水率，在按照工程要求铺施后分层压实，使密实度达到95%，以确保渗透系数符合前项规定。

（2）人工材料防渗层　依照《城市生活垃圾卫生填埋技术标准》（CJJ 17—88）对人工防渗材料的质量要求，通过调研和比对，选定高密度聚乙烯（HDPE）防渗膜为适用于危险废物安全填埋场防渗层的最佳材料。其主要优点是：渗透系数很小达到 $10^{-13}\,cm/s$、对大部分化学品有良好的抵抗力、强度高、焊接容易、耐低温、不易老化、使用寿命长等。表 6-3-46 中列举了其主要技术指标。

表 6-3-46　高密度聚乙烯防渗膜主要技术指标

性　能	测　试　方　法	指　　标		
厚度/mm		1.0	2.0	3.0
最小密度/(g/mL)	ASTM D1505	0.94	0.94	0.94
最大熔流指数/(g/10min)	ASTM D1238 E(190℃,2.16kg)	0.3	0.3	0.3
极限抗拉强度/(lb/in² 宽)		160	320	480
屈服抗拉强度/(lb/in² 宽)	ASTM D638 Ⅵ型	95	190	290
极限拉伸/%	Dumb-bell at 2r/min	700	700	700
屈服拉伸/%		13	13	13
初始撕裂抵抗力/N	ASTM D1004 Die C	30	55	80
低温脆化温度/℃	ASTM D46 method B	−80	−80	−80
环境应力断裂最小时数/min	ASTM D1204(212 ℉,1h)	1500	1500	1500
抗穿刺力/lb	ASTM D696	52	105	150
热线膨胀系数/[×10⁻⁴cm/(cm·℃)]		1.2	0.2	1.2

（3）防渗层结构　本场采用双防渗层结构，其布设情况如图 6-3-85 所示。下层为高密度聚乙烯防渗膜与厚50cm 的压实黏土层组合而成的复合防渗层；上层为高密度聚乙烯防渗膜。所用的这种膜材在满足抗撕拉和抗穿刺强度的基础上，还考虑经济条件和便于铺设及焊接。此外，在下层膜的上面和上层膜的两侧均铺设无纺土工布作为保护层，以防施工及使用期间对防渗膜造成破损。

4. 渗滤液的收排设施

本场底部的渗滤液收集包括位于底部第一防渗层内的排水和通过该防渗层的渗滤液，以及第二防渗层内的排水和通过此层的渗滤液，有关这两部分的产生量分别可根据计算得出。其收集和排出则可依照示于图 6-3-86 中的系统进行。

（1）第一渗滤液集排系统　该系统由疏水层加导水干管组成，在场底布设碎石层导水，然后在碎石层上铺设土工布，以防填

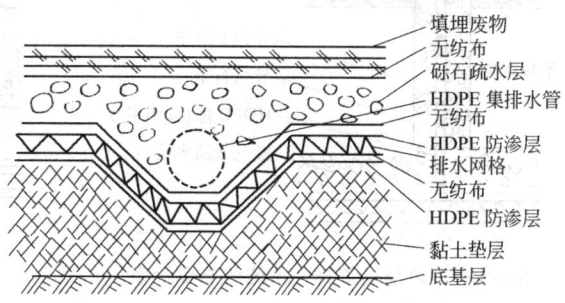

填埋废物
无纺布
砾石疏水层
HDPE 集排水管
无纺布
HDPE 防渗层
排水网格
无纺布
HDPE 防渗层
黏土垫层
底基层

图 6-3-85　填埋场双防渗层结构及铺设示意

埋的废物混入碎石之间影响水流通畅。在场四周之边坡处铺设砂层以利于疏水。此层所收集的排水（包括渗滤液），直接流向设于场内的收集井中。

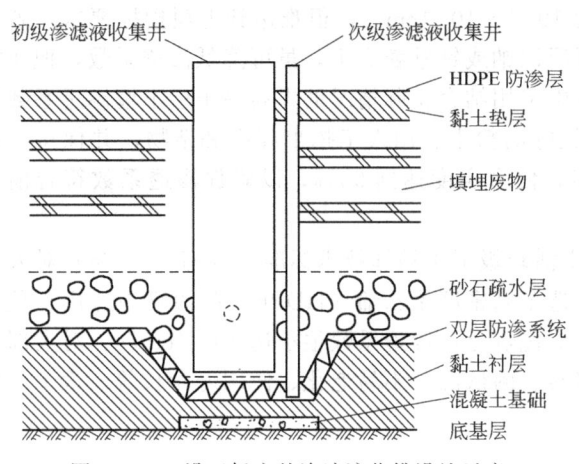

图 6-3-86 设于场底的渗滤液收排设施示意

（2）第二渗滤液收排系统 估计进入此层的液量较少，考虑采用排水网格作为疏水层，其优点在于既有一定的导水性，又不占用场地容积，而且便于施工。其布设的形式则是在已设在场内的初级渗滤液收集井侧加设次级井，此井之底端直接埋于双层防渗膜之间（参见图 6-3-86）。

5. 场内集排气设施

由于本场填埋的入场废物除含有少量挥发性有机物外，不存在可能产生大量填埋气体的生物降解性物质，也不存在通过相互化学作用产生气体物质的可能。因此，场内布设填埋废物的集排气系统只考虑用由简单的竖式导气石笼和顶端弯曲、下段周边带有多孔的排气管所组成的系统。整个系统的结构示于图 6-3-87 中。此竖管之材质为高密度聚乙烯料，其底端直接与渗滤液收集系统的碎石层相连，上端则与填埋废物封场后铺填的顶部粗砂集气层相接触。粗砂层厚约 30cm，其渗透系数＞0.01cm/s，具备良好的集排气性能。

6. 封场覆盖层的构造

本填埋场在完成危险废物填埋，并达到设计的填埋标高后，进行封场处理，以恢复场地的表面景观，减少大气和降水的入侵，降低渗滤液的产量，达到复垦和土地利用的良性循环。此覆盖层的布设依次由土工布层、粗砂导气层、黏土垫层、防渗膜、土工布层、砾石疏水层、土工布层、覆盖土层与植被层所共同组成。其构造如图 6-3-88 所示。

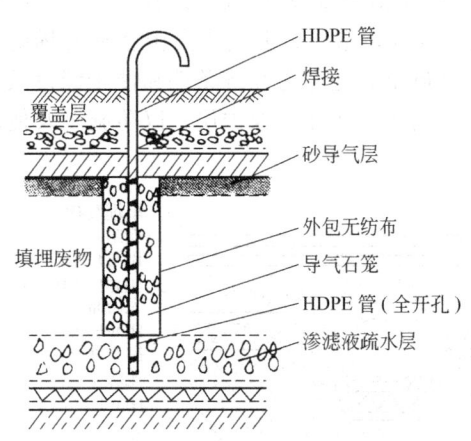

图 6-3-87 填埋场集排气系统的布设示意

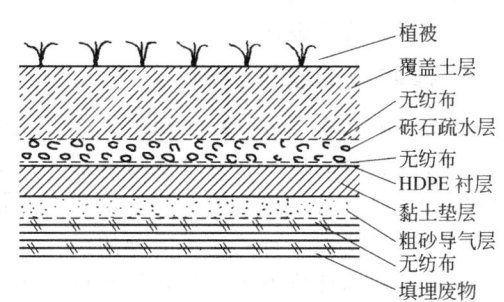

图 6-3-88 填埋场封场覆盖层构造示意

（四） 填埋场的工程施工

本填埋场的施工程序按以下工序进行，即：

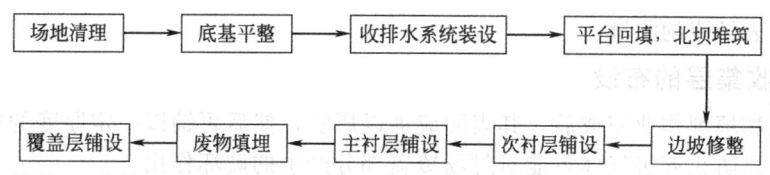

不同工序的施工质量要求如下所述。

1. 场基垫层

场底黏土层的施工要用羊角碾配合重型压路机分层多次压实，并及时监测其密实度和渗透率等指标，确保施工质量达到要求。

2. 防渗层铺设

防渗膜的焊接采用挤压热熔焊接法和楔形热熔合法进行，其焊接的接口形状如图 6-3-89 所示。使用专业设备，由富有焊接经验的施工人员负责操作。对所有焊缝分别采用加压或真空测试法检验其施工质量，并抽样鉴别其焊接强度。

3. 危险废物填埋作业

当场地的基础设施完工后，即可进行废物的填埋工序，其操作过程是：将经过预处理的待填埋废物用自卸车自临时堆场（在本场北面）沿指定路线运进场内，在指定位置卸车后，再用推土机将废物堆推开摊平，并以压路机分层压实，直到标准密实度（90%）。在此项工序的过程中需注意将不同级别的废物加以混合，然后作填埋处理。在场地的边坡处，应随着填埋高度的上升加铺砂层以免防渗膜受到浸蚀。而有些废物如含氟污泥等则需经过检查，再直接运往指定地点进行填埋。

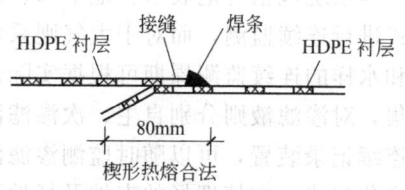

图 6-3-89　高密度聚乙烯防渗膜衬层材料的接口焊法示意

4. 封场临时覆盖作业

本工程一期的实际填埋废物压实容量约为 $18.5km^3$，为确保与二期工程的衔接并尽可能使其服务期限延长，将封场覆盖层的原设计改作临时覆盖处理，具体做法是：在已有的危险废物量全部入场填埋后，铺设 30cm 厚的压实黏土，并修整成由南向北倾斜的坡面，在此坡面之上再铺设一层厚 1.0mm 的防渗膜，以防降水的入浸。场内的地表径流则导入设在场底的箱涵，由此排出场外。在填埋场地的四周设以排水明沟，使场内地表水得以排出。本工序的工程结构断面如图 6-3-90 所示。

5. 封场后地表坡度

本场在封场后的地表坡度设计为：自北向南为 5%，由中间向东西两侧各为 2%。如此

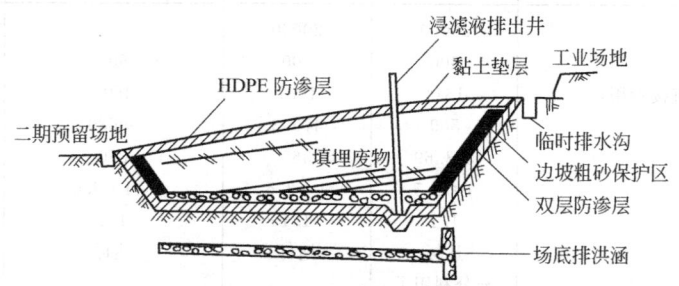

图 6-3-90　填埋场临时覆盖层施工剖面

可以有利于地表径流的收排。

6. 气体收集层的布设

在危险废物填埋作业完成后，其表面应加以压实，然后再铺以一定厚度的粗砂作为气体的收集层，赖以防止有害气体可能对封场覆盖部分产生的破坏作用。

7. 防渗覆盖层的铺设

此层由压实黏土层与人工防渗材料复合组成。前者的厚度为60cm，对其施工质量的要求与场底黏土层相同。而对于后者的材质要求则有所不同于场底的防渗膜，这里的人工防渗膜可以用稍薄的高密度聚乙烯防渗膜，也可以采用一般的线型低密度聚乙烯膜。本场所选用的是厚度为1.0mm的高密度聚乙烯防渗膜。

8. 地表水集排系统的施工

此系统由铺设在整个场顶防渗层上方的30cm厚碎石疏水层和场地东西两侧的排水管道所组成。场地表面渗入疏水层的降水沿坡度流出场外，并经排水管排走。

9. 覆盖土层及植被

此层应有足够厚度，在其上覆以有机营养土层，以供种植青草或小灌木。如有必要还应在覆盖层内设置生物屏障，防止掘土性动物侵入造成破坏。

（五）监测系统

本系统包括对地表水、地下水、渗滤液和大气的监测。其中的前三者采用定期取样分析方式进行连续监测，而对于大气则采用定期的取样分析方式。若未发现渗漏情况时，对液态物和水样的连续监测周期可根据实际情况适当调整。对地表水的取样分别自排洪沟和雨水管采集，对渗滤液则分别自主、次渗滤液收集系统取样，进行分析。在主、次收集井内设有水位连续记录装置，可以随时监测渗滤液的产生量，并可通过水位的连续观测、探明井内水位的变化规律。在填埋场的南端及场地下游的一定距离布设了两口监测井，而在其北端的一定距离还设置了两口背景值监测井，通过对各井中的地下水位观测和水质分析，并加以对比，可做出填埋场是否发生渗漏的判断。

（六）技术经济指标

根据本工程的建设特点，其技术经济指标只能与国外的同类工程进行对比，表6-3-47中列出有关的数据。

表 6-3-47　危险废物填埋场建设工程主要技术经济指标与国外类似者的对比表

项　　　目	深圳红梅填埋场		美国 Chemfix 公司废物处置指标	瑞士桑多斯库爆炸废物处置指标
	设计指标	实际指标		
危险废物总量/m³	20000	20000		25000
日处理量/(m³/d)	300	300	600	250
工程造价/×10⁴元(直接费用)	1844	1537	4500	17000
预处理费用/(元/m³)	509	475.3	≥680	6800
处置成本/(元/m³)	363.69	360	350	
场地边坡坡度	1:2.5	1:2.5	≤1:3.0	
增容系数	1.1	1.1	1.1	
处理效果	达标	达标	达标	无害
工程特点	充分利用了自然边坡			水洗工艺

二、盘锦生活垃圾卫生填埋场

（一）工程来由

2008年，盘锦市原有的垃圾处理设施由于环境污染问题，处于停用状态，急需新的处理设施对日常垃圾进行无害化处理。2009年初，盘锦市城市建设管理局组织有关部门建设盘锦市生活垃圾卫生填埋场工程，为了该项目能高效高质地完成，本项目采取BOT形式，并进行公开招商。受盘锦京环环保科技有限公司委托，北京环卫集团环境研究发展有限公司、中国城市建设研究院进行共同设计，2009年9月，工程完工并投入运行。

（二）场址与场地布置

1. 场址及建设内容

该项目建设厂址位于盘锦市西侧于岗子村以北，国堤南侧双台子河外滩地。距离市区边缘直线距离7km，运输距离20km，地势平坦开阔。场区境界总占地面积为34.7346hm²，属于典型的平原型填埋场。

填埋场建设可分为两个阶段，第一阶段设计总库容为368.9万立方米，总占地为26.5hm²（其中填埋库区21.7hm²）；第二阶段库容为123万立方米，总占地为8.22hm²。建设内容包括填埋区、场前区（渗滤液处理区、填埋气处理区、调节池、地磅房、加油站、堆土区等）、生活管理区（综合楼、浴室、食堂、机修车间等），以及填埋区和生活管理区的道路绿化、照明、暖通等附属设施。填埋场平面见图6-3-91。

2. 厂区地质特征

拟建场地由第四系全新统海陆交互相沉积物组成，根据其成因时代及工程地质性质，将勘探深度内所揭露的地层划分为4个工程地质层，从上至下详述如下：

耕土层①：主要由黏性土及植物根系组成。层底埋深0.40～0.60m，层厚0.40～0.60m。分布普遍。

粉质黏土层②：黄褐色，饱和，软可塑；中等强度，中高压塑性，含铁锰质结核。层底埋深0.40～1.40m，层厚1.00～1.80m，连续分布。

粉质黏土夹粉土层③：灰色，粉质黏土饱和，软可塑；粉土湿，中密。无摇震反应，干强度中等，韧性中等。局部为淤泥质土。该层土质不均。层底埋深2.20～4.40m，层厚3.80～5.40m，连续分布。

粉砂夹粉土层④：灰色，饱和，中密至密实，主要成分为石英、长石。该层局部夹多层薄层粉土，厚约5～15cm。该层层底埋深大于15.0m。本次勘探未揭露此层。该层分布连续。

3. 水文地质条件

该场地范围内普遍埋藏地下水，类型为第四系空隙潜水，主要是大气降水入渗补给，蒸发为主要排泄方式。水位随季节变化。

各土层渗透系数如下：

粉质黏土层②渗透系数经验值为$6 \times 10^{-6} \sim 1 \times 10^{-4}$cm/s；

粉质黏土夹粉土层③渗透系数经验值为$6 \times 10^{-6} \sim 1 \times 10^{-4}$cm/s；

粉砂夹粉土层④渗透系数经验值为$6 \times 10^{-4} \sim 6 \times 10^{-3}$cm/s。

4. 工程难点及措施

盘锦市生活垃圾卫生填埋场拟建场区位于双台子河外滩地，该地区由第四系全新统海陆

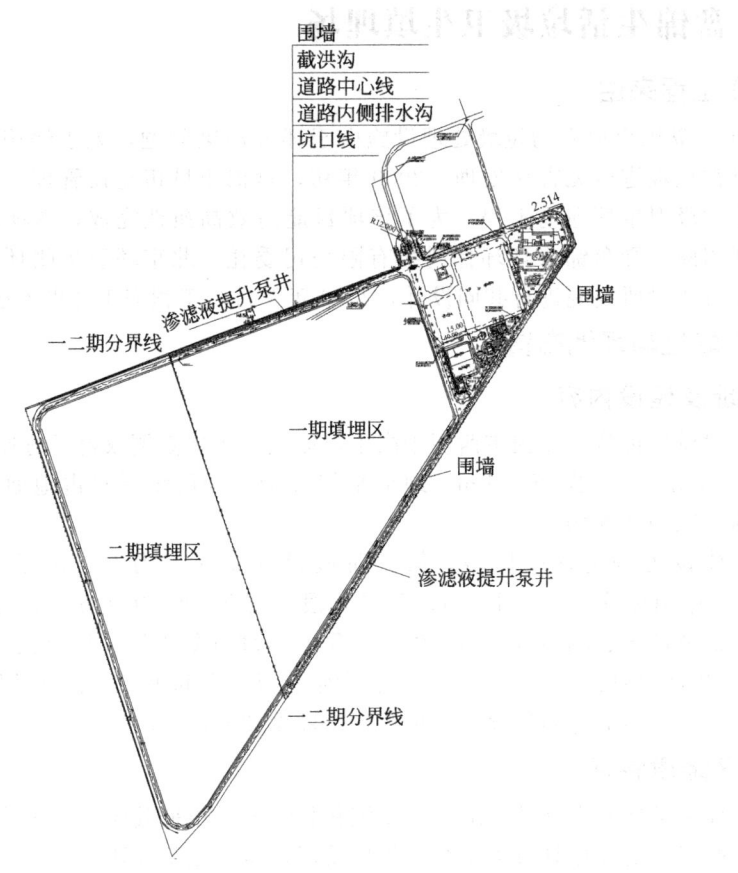

图 6-3-91　填埋场平面

交互相沉积物组成，地基承载力较低，允许抗压强度为 80～120kPa。该项目日处理规模为 600t/d，设计最高堆高 40 余米。由于填埋场规划用地大、填埋年限长、地基承载力较低，在设计和建设中存在很多问题，主要体现在以下三个方面。

（1）地下水水位较高、施工难度大　湿地区域地下水埋深较浅，填埋区土方开挖后，会造成局部积水，必须采取有效的降水措施，才能确保填埋场的顺利施工建设。如果施工阶段降水不当，地下水淤积易造成场底防渗材料上浮，甚至导致防渗材料破损及撕裂。

（2）地基承载力低，堆体沉降不均匀　填埋场的垃圾填埋工作是分区进行的，在使用初期只有部分填埋区被使用，其他的区域处于闲置状态。随着固体废物的增多，各个填埋区都会投入使用，只是不同填埋区固体废物的数量不同即填埋高度不同，必然会造成由固体废物重力产生的填埋场基底压力在不同区域、不同时间段存在较大的差异。场底的防渗膜直接承受填埋场的不均匀沉降，会导致防渗膜的拉伸变形，如果拉伸变形超出了防渗膜抵抗拉伸变形的能力，将导致防渗膜的撕裂，隔绝污染液的功能失效，垃圾渗滤液进入周围土体及地下水中。

（3）场底沉降量差异显著，渗滤液管线易反坡　为了使渗滤液能够有效地排放和收集，避免其在填埋场底部蓄积，填埋场底部要做成一系列的坡形阶地，致使重力水流始终流向最低点，如果填埋场场底产生不均匀沉降量显著，造成低洼点、坡度不足甚至坡度倒置，将会使渗滤液不能得到输送和处理，并逐渐渗出防渗膜，污染周围的土体和地下水。

依据盘锦市生活垃圾填埋场场址地形地貌，并借鉴国内已经建成的填埋场的成功经验，同时结合填埋作业工艺，依靠原始地形制定分区方案，通过合理分区，填埋作业面积尽可能小，减少了渗滤液产量；在设计时将地下水导排系统与施工降水相结合，解决施工时由于地下水位较高导致的浮膜问题；在渗滤液导排系统设计时结合地质沉降模拟。考虑不同区域的沉降量，场底纵向设计标高从位于场区中间的横向分区坝向外侧边坝形成的2%底面坡降，沉降后，渗滤液导流系统的水力坡度会降至1.0%，不会出现反坡的情况。场底横向设计坡度与沉降模拟量相结合，灵活调整，场底横向设计坡度范围1.0%～3.5%，沉降后，渗滤液导排管仍保持一定水力坡度，可以保证渗滤液从填埋区顺利导出。

（三）填埋场总体设计及辅助设施设计

1. 填埋场总体设计原则

（1）根据垃圾填埋工艺流程及管理等的需要，合理划分生活区、管理区、处理区及填埋区，各分区功能明确，布置合理。

（2）为节约工程投资，总体布置中要考虑工程分期分区建设，并应注意各期工程的结合。

（3）总体布置应考虑在填埋区域设置必要的绿化隔离带，同时要结合地形，采取必要的雨污分流措施，最大限度地减少水土流失，减少雨水进入填埋区，从而减少渗滤液产生量。

（4）填埋区布置既要考虑场地构建的合理性，又要考虑有利于收集渗滤液，有利于收集沼气。

（5）道路系统应结合生产、生活的需要进行分期、分区布置，不同使用性质的道路，采用不同的路面结构形式。

2. 填埋场总图设计

填埋场平面设计按照使用功能分区，以科学、合理、节约用地、满足使用要求为原则，根据自然条件、周边环境、地形及道路交通条件及使用要求进行设计。根据垃圾填埋工艺流程及管理等的需要，将整个填埋场划分为垃圾填埋区、场前区、生活管理区及其他。填埋区周边设置绿化隔离带，改善场区的整体景观。生活管理区单独设置，位于填埋区的东北方向，保证人流物流分开。场前区设置在填埋区的东侧。

3. 场底及边坡基础处理

施工时对库底进行修整，应清除表层的杂填土极有可能损伤HDPE土工膜的杂物，如石块、树根等，进行平整、压实，然后再进行防渗层的铺设。为便于渗滤液的收集，在库区中间设有渗滤液收集盲沟，库区横向坡度为2%～3%，坡向库区中间，在库底整平需回填土时，回填土应分层碾压密实，压实度≥93%。

施工时需对两侧边坡进行修整，两侧边坡坡度应缓于1∶2.0，施工时边坡的植被层应全部清除，如需回填土时应部分超填，回填土应分层碾压密实，压实度≥90%，待回填压实后再进行削坡。

4. 防渗系统设计

根据《生活垃圾卫生填埋技术规范》（CJJ 17—2004）的要求，本工程场底和边坡采用HDPE+GCL的复合防渗方案，在填埋区坑口处采用锚固沟固定。具体铺设方式（自下而上）如下：

① 压实基础层；

② 500mm 的黏土层；

③ 5000g/m² 的 GCL 衬垫（渗透系数小于 $1×10^{-9}$ cm/s）；

④ 2mm HDPE 膜；

⑤ 600g/m² 无纺土工布保护层；

⑥ 300mm 砾石导排层。

图 6-3-92 所示为防渗系统结构。

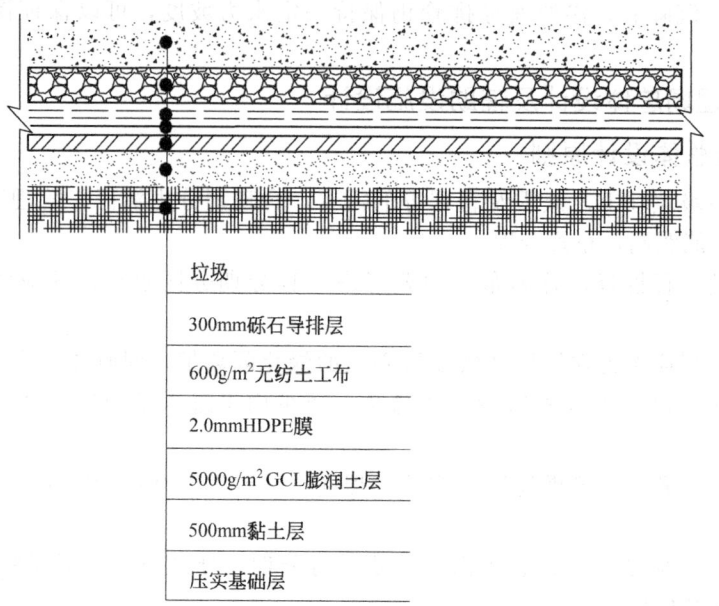

垃圾
300mm砾石导排层
600g/m²无纺土工布
2.0mmHDPE膜
5000g/m²GCL膨润土层
500mm黏土层
压实基础层

图 6-3-92 防渗系统结构

5. 渗滤液收集系统设计

填埋场渗滤液收集系统由渗滤液收集干渠和支渠组成，垃圾渗滤液通过导流层，收集到渗滤液干渠和支渠，排至集液池，由提升泵井提升后进入渗滤液调节池中。

渗滤液收集导流层设置于整个场底，厚度为 300mm，材料为 $\phi30\sim70$mm 砾石。大石在下，小石在上。盲沟按填埋区域设置，材料为 $\phi50\sim120$mm 级配卵石，支渠与干渠均为梯形断面。整个填埋场渗滤液收集层的最小设计坡度为 2%，并能够承受施工时的压力以及可能发生的沉降。

渗滤液通过砂砾导流层进入盲沟内，收集的渗滤液再经由导流管排至集液池。导流主管采用 $\phi250$mm HDPE 穿孔管，盲沟采用有纺土工布包裹，作为过滤层，规格为 150g/m²。支管采用 $\phi200$mm HDPE 穿孔管。图 6-3-93 为渗滤液盲沟断面图。

渗滤液由导排系统进入具有防渗功能的集液池，由潜污泵定期将其送入调节池。集液池根据渗滤液主管分区布设。每个集液池设置潜污泵两台，一用一备，此泵设置高低液位自动开停和报警装置。

6. 渗滤液处理系统设计

由于盘锦地区年蒸发量大于降雨量，垃圾渗滤液混合液浓度极高，从节能降耗的目的出发，宜采用能耗低，去除率高的厌氧工艺。根据目前北京、上海、广州、重庆等地建设的垃圾卫生填埋场和生活垃圾综合处理厂渗滤液处理设施的实际运行情况，并结合各方案的工艺特点对水质波动的适应性、总投资以及单位运行成本等方面进行分析，并考虑各方案的环境

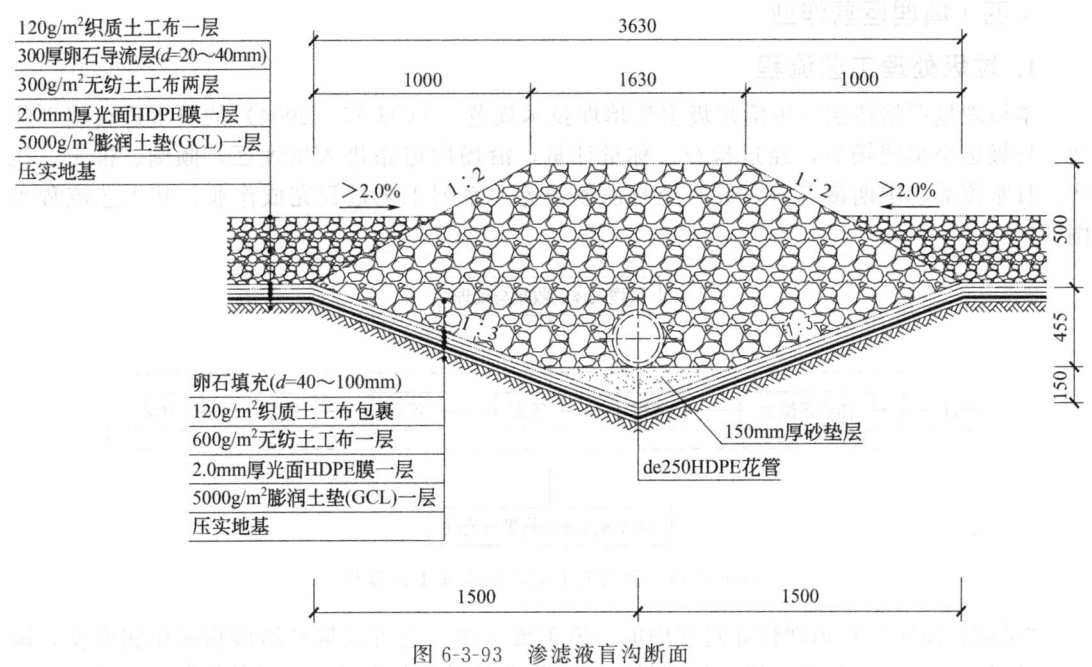

120g/m²织质土工布一层
300厚卵石导流层(d=20~40mm)
300g/m²无纺土工布两层
2.0mm厚光面HDPE膜一层
5000g/m²膨润土垫(GCL)一层
压实地基

卵石填充(d=40~100mm)
120g/m²织质土工布包裹
600g/m²无纺土工布一层
2.0mm厚光面HDPE膜一层
5000g/m²膨润土垫(GCL)一层
压实地基

150mm厚砂垫层
de250HDPE花管

图 6-3-93　渗滤液盲沟断面

效益、经济效益等综合因素，经过分析、比较后，设计采用厌氧（UASBF）＋膜生化反应器（MBR）＋纳滤（NF）＋反渗透（RO）工艺组合处理法。

7. 填埋气收集处理系统设计

填埋场内填埋气体导排系统采用主动导排，通过安装动力气体抽取设备，及时抽取收集场内的填埋气体，从而控制填埋气体的排放。

填埋气体主动导排一般由集气井（或水平集气沟）、滤管、集气管网、抽气设备组成。图 6-3-94 所示为填埋气主动导排及回收利用系统示意。

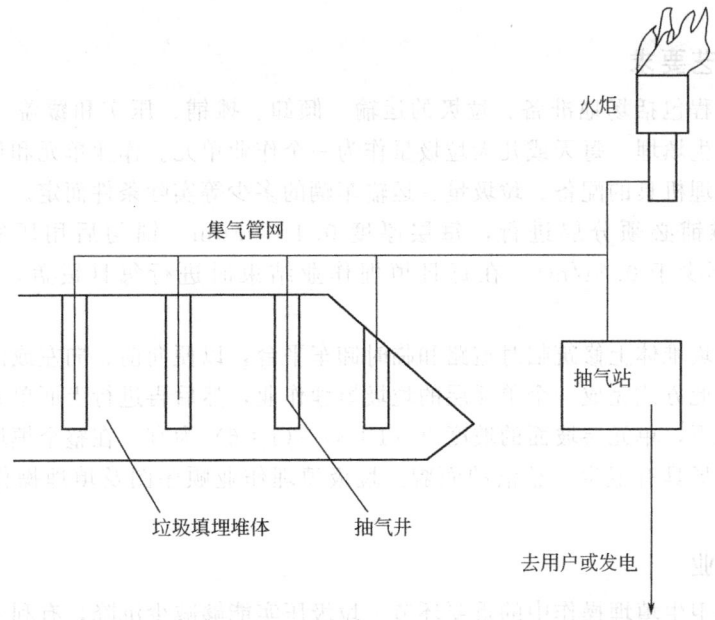

火炬

集气管网

抽气站

垃圾填埋堆体　抽气井

去用户或发电

图 6-3-94　填埋气主动导排及回收利用系统示意

（四）填埋运营作业

1. 垃圾处理工艺流程

本填埋场严格按照《生活垃圾卫生填埋技术规范》（CJJ 17—2004）的要求进行填埋作业。垃圾运至填埋场后，经过检查、称量计量，沿场内道路进入填埋区，倾倒、推平、压实、日常覆盖、中期覆盖后，最后经封顶覆盖等一系列工艺过程完成作业。其工艺流程见图 6-3-95。

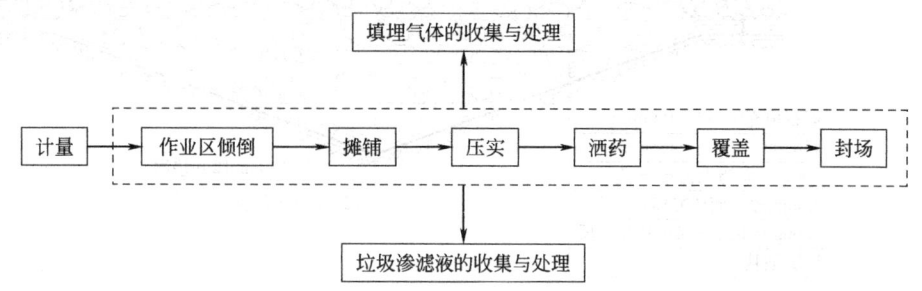

图 6-3-95　盘锦卫生填埋场作业工艺流程

"推铺、压实"是填埋作业过程中的一道重要工序。它可以提高填埋物的压实密度，减少填埋场的不均匀沉降量，增加填埋量，延长作业单元和整个填埋场的使用年限，减少填埋物的空隙率，减少渗滤液产生量和蚊蝇的孳生，有利于运输车辆进入作业区及土地资源的开发利用。推铺及压实作业可以由推土机或压实机单独完成，也可以由推土机推铺、压实机压实联合作业。

垃圾填埋以每日为一单元，单元内层层压实，垃圾填埋阶段的压实密度达到 $1t/m^3$。每单元层的表面覆盖 20cm 厚的自然土，设计填埋作业区域平面约为 $50m \times 50m$，具体操作面积大小应视垃圾量而调整。分区填埋结束时覆土厚度为 30cm 厚，最终面上覆土 50～80cm 厚。填埋边界以 1：3 的比例放坡。垃圾填埋面及台阶面均设置排水沟，将雨水及时引出场外。

2. 填埋工艺要求

填埋作业过程包括场地准备、垃圾的运输、倾卸、摊铺、压实和覆盖。进场垃圾按单元、分层进行卫生填埋。每天或几天垃圾量作为一个作业单元。作业单元和作业面的大小应按设计及现场填埋机具的配备、垃圾量、运输车辆的多少等实际条件而定。

生活垃圾摊铺必须分层进行，每层厚度 0.4～0.6m，铺匀后用压实机压实 3～5 次，压实密度不少于 $0.8t/m^3$。在每日填埋作业结束时进行每日覆盖，覆盖土厚度为 0.1～0.2m。

在形成的垃圾堆体上修筑临时道路和临时卸车平台，以便向前、向左或向右开展新单元的填埋作业。以此方式完成一个单元层的垃圾填埋作业，然后再进行上面单元层的垃圾填埋作业。一般情况下，单元层坡面的坡度以（1：3）～（1：6）为宜。在整个填埋过程中应该随时保持卫生填埋场具有卫生、整洁的面貌。垃圾填埋作业顺序图及填埋操作图参见图 6-3-96、图 6-3-97。

3. 压实作业

压实作业是卫生填埋操作中的重要环节。垃圾压实能够减少沉降，有利于堆体稳定；能够减少空隙和空穴的形成，从而减少虫害和蚊蝇的孳生；减少垃圾产生的扬尘和轻物质飞

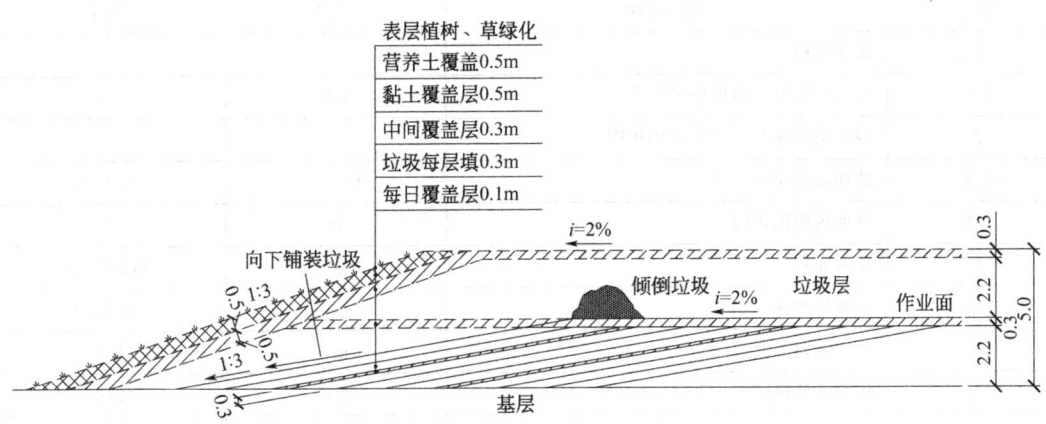

图 6-3-96　第一层垃圾填埋作业顺序示意（向下铺装）

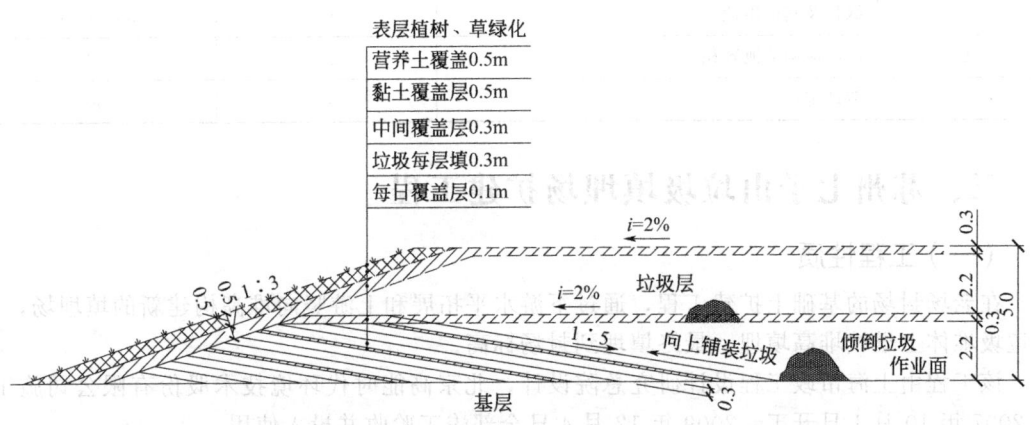

图 6-3-97　第二层以上垃圾填埋作业顺序示意（向上铺装）

散；能够有效延长卫生填埋场使用年限。垃圾层厚是填埋场压实作业过程中最为关键的因素。为了获得最佳的压实密度，垃圾摊铺层层厚一般以 0.4~0.6m 左右为宜，单元层层厚以 3~5m 为宜。

4. 覆盖作业

卫生填埋场的覆盖有三种：日覆盖、中间覆盖和最终覆盖。

日覆盖是指每天填埋工作结束后，应对垃圾压实表面进行临时覆盖。每日覆盖可以最大限度地减少垃圾暴露，减少气味挥发和垃圾碎片的飞扬，减少疾病通过媒介（如鸟类、昆虫、鼠类等）传播的风险，减少火灾风险以及改善道路交通和填埋场景观。中间覆盖是在卫生填埋场在完成一个区域较长时间段内不填埋垃圾情况下，为减少垃圾渗滤液的产生而采取的措施。

覆盖材料可根据工艺要求和当地的实际情况而定，一般采用渗透性差的黏土或其他人工合成材料。每日覆盖可根据卫生填埋工艺要求分别采用黏性土和砂质土，以加快垃圾的分解，其土层厚度为 0.1~0.2m。而对于中间覆盖，其目的是防止填埋气体的无序排放和雨水的渗入，其黏土层厚度为 0.2~0.3m。

（五）工程主要经济技术指标

工程主要经济技术指标如下。

序号	项目名称	单位	数量
1	处理规模		
1.1	生活垃圾卫生填埋处理规模	t/d	600
2	卫生填埋场总库容及使用年限		
2.1	填埋场总库容	$10^4 m^3$	652.09
2.2	填埋场使用年限	年	23
3	用地面积	m^2	344859.96
3.1	垃圾填埋场	m^2	276029
3.2	渗滤液调节池	m^2	1634
3.3	渗滤液处理区	m^2	2163
3.6	管理区	m^2	6744
3.7	场内道路	m^2	18011
3.8	绿化及其他用地	m^2	30398.96
4	渗滤液调节池容积	m^2	7000
5	劳动定员	人	60

三、苏州七子山垃圾填埋场扩建工程

(一)工程性质

在老场封场的基础上扩建工程,通过下游水平拓展和上游竖向堆高构建新的填埋场,在原垃圾堆体上继续堆高填埋,最终填埋到封场标高。

该工程由上海市政工程设计研究总院设计,北京高能时代环境技术股份有限公司施工。该 2007 年 10 月 1 日开工,2009 年 12 月 4 日全部竣工验收并投入使用。

(二)工程规模

扩建工程平均日处理规模约 1600t/d,设计总库容约 $800 \times 10^4 m^3$,服务年限约 16 年,最大堆体厚度 40.0m。

(三)工程建设及验收情况

苏州市七子山垃圾填埋场扩建工程水平防渗系统于 2007 年 10 月 1 日开工,2009 年 4 月 15 日竣工。工程建设的项目包括:堤顶道路、老调节池及老场坡面渗滤液导排工程;水平拓展库区基底及边坡防渗系统;老场堆体边坡及山体边坡防渗系统;东西侧转换井;老场填埋气导排工程;渗滤液调节池防渗系统。

渗滤液调节池浮动盖膜制作及安装工程于 2007 年 10 月 1 日开工,2007 年 11 月 20 日竣工。调节池防渗膜及浮动盖系统施工,调节池库容约 $7 \times 10^4 m^3$。

(四)位置及用地

位于苏州市西南郊七子山北坡 3 号及 4 号山坳,整个区域长约 1000m,宽约 100～600m,总占地面积约 $48.80 \times 10^4 m^2$。

(五)工艺设计与方案

1. 水平拓展库区防渗

水平拓展库区防渗系统采用复合防渗,复合防渗衬垫系统结构由上至下分别为反滤层、渗滤液收集层、膜上保护层、主防渗层、次防渗层、膜下保护层、地下水导排层、反滤层、基底层。库区场底与边坡防渗结构如图 6-3-98 所示。

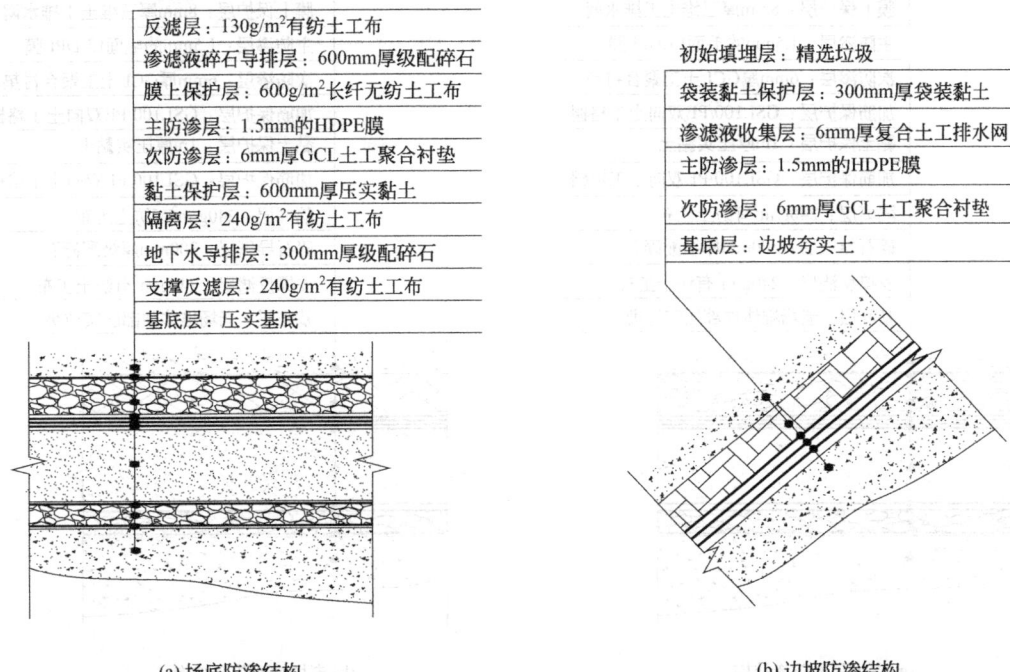

(a) 场底防渗结构　　　　　　　　　　　(b) 边坡防渗结构

图 6-3-98　场底与边坡防渗结构

竖向堆高库区防渗衬垫系统位于新场和老场之间，实际上兼作老场封场系统，其结构形式选择受老场垃圾堆体沉降的影响较大。竖向堆高库区防渗系统采用柔性膜（LLDPE 防渗膜）＋GCL＋黏土的复合防渗方式，并采用两层双向土工格栅作为加筋措施，以克服老场垃圾局部不均匀沉降的影响。竖向堆高库区防渗系统由上至下依次为反滤层、渗滤液收集层、膜上保护层、主防渗层、次防渗层、加筋保护层、黏土保护层、加筋保护层、隔离层、碎石导气层、支撑反滤层、基底层。老场垃圾堆体顶面防渗系统、坡面防渗系统结构见图 6-3-99。

2. 调节池防渗设计

根据拟建场区地形现状，调节池位于下游水平拓展库区北侧，紧邻渗滤液处理站，部分利用现状水塘低洼地构建而成，占地面积约 $1.31 \times 10^4 \text{m}^2$，新建调节池有效容积约 $7.0 \times 10^4 \text{m}^3$。

调节池南侧围堤结合拓展库区垃圾坝构建，其余部位采用挖填相结合的方式构建围堤，内外边坡比为 1∶2。池底标高 3.0m，池顶标高 15.0m，安全超高 0.5m，池顶宽 11m，靠垃圾坝一侧池顶宽 7m。设计水位为 14.5m，有效水深约 11.5m。

池底敷设 300mm 厚地下水碎石导排层，导排层内沿主脊线设置 de200HDPE 地下水收集干管，总长约 100m，地下水汇集到位于调节池北侧的集水坑后，经侧管井提升至库区地表水排放系统，以减轻调节池底部浮托力。

调节池设置渗滤液提升泵房一座，内设渗滤液提升泵 2 台（1 用 1 备），渗滤液提升泵将调节池中的渗滤液提升至渗滤液处理厂进行处理。

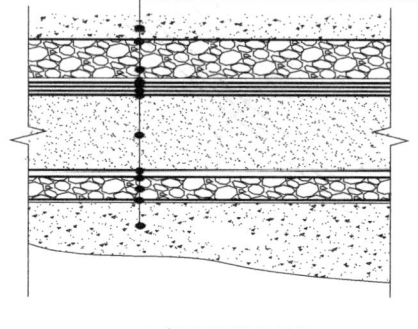

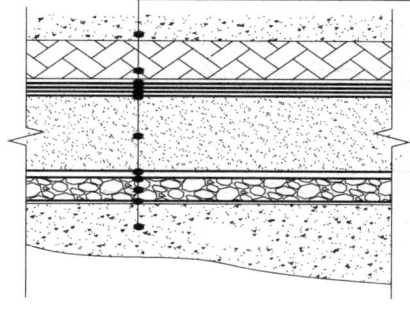

初始填埋层：精选垃圾	初始填埋层：精选垃圾
反滤层：130g/m² 有纺土工布	袋装黏土保护层：300mm厚袋装黏土
渗滤液碎石收集层：300mm厚级配碎石	膜上保护层：8mm厚三维土工排水网
膜上保护层：8mm厚三维土工排水网	主防渗层：1.5mm的毛面LLDPE膜
主防渗层：1.5mm的毛面LLDPE膜	次防渗层：6mm厚GCL土工聚合衬垫
次防渗层：6mm厚GCL土工聚合衬垫	加筋保护层：GSL100/PE双向土工格栅
加筋保护层：GSL100/PE双向土工格栅	黏土保护层：1m厚压实黏土
黏土保护层：1m厚压实黏土	加筋保护层：GSL100/PE双向土工格栅
加筋保护层：GSL100/PE双向土工格栅	隔离层：240g/m² 有纺土工布
隔离层：240g/m² 有纺土工布	碎石导气层：300mm厚级配碎石
碎石导气层：300mm厚级配碎石	支撑反滤层：240g/m² 有纺土工布
支撑反滤层：240g/m² 有纺土工布	基底层：老场堆体顶部压实垃圾
基底层：老场堆体顶部压实垃圾	

(a) 老场顶面防渗结构　　　　　　　　　(b) 老场坡面防渗结构

图 6-3-99　竖向堆高库区防渗系统

调节池防渗采用水平防渗方式，主防渗层为 1.5mmHDPE 膜，次防渗层为 GCL 衬垫，其下铺设地下水收集导排层及碎石盲沟，以避免地下水位过高对防渗系统造成破坏。

（1）池底防渗设计　池底防渗结构从上至下依次为：预制混凝土板保护层 80mm 厚预制混凝土板；主防渗层 1.5mm 的高密度聚乙烯土工膜（HDPE）；次防渗层 6mm 厚 GCL 土工聚合衬垫；黏土保护层 300mm 厚压实黏土；隔离层 130g/m² 有纺土工布；地下水导排层 300mm 厚级配碎石；支撑反滤层 130g/m² 有纺土工布；基底层为压实基底。

（2）池壁防渗设计　主防渗层 1.5mm 的毛面高密度聚乙烯土工膜（HDPE）；次防渗层 6mm 厚 GCL 土工聚合衬垫；基底层为池壁夯实土。

（3）防臭膜盖设计与方案　调节池膜盖技术是为了防止污水产生臭气进而污染周围环境的一种封闭的膜覆盖技术。该技术是以 2.0mm 厚 HDPE 土工膜为主要材料，膜下浮力垫与膜上 HDPE 配重管形成凹型雨水集水槽，抽水泵可对大量雨水进行及时的处理，抽离至外围截洪沟排出，有效实现雨污分流，浮力垫还可使浮动盖的主体膜和液面保持一定距离，以减少太阳辐射热引起的液体蒸发量，同时形成通顺的气体流动通道，有效地阻隔了臭气扩散，蚊蝇病害的传播，实现资源（沼气）的有效利用。膜盖设计安装如图 6-3-100 所示。

（六）工程难点分析

扩建工程的主要特点是在老场下游水平拓展的同时，对老场库区进行竖向堆高填埋，这是一个竖向扩容工程。由于老场存在渗滤液水位较高且导排不畅、垂直防渗标准较低、截洪沟失效、垃圾沉降较大等不利因素，扩建工程在新场垃圾荷载作用下存在以下难点

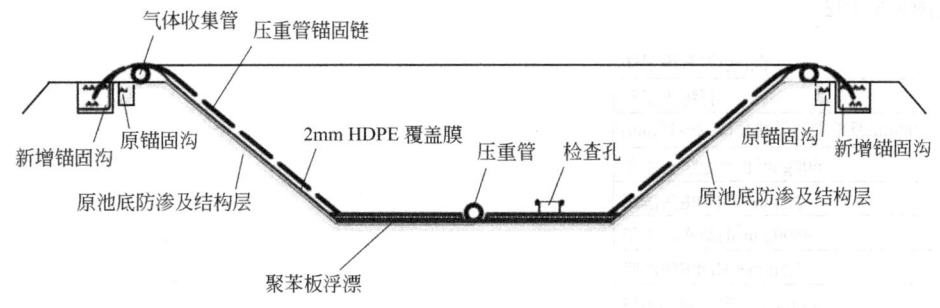

图 6-3-100　调节池膜盖设计安装图

问题：

垃圾堆体稳定问题；新场基底构建及新老场之间水平防渗系统的结构形式；老场渗滤液导排降水问题；垂直防渗改建加固问题；截洪沟改建问题。

（七）其他

苏州七子山垃圾填埋场扩建工程获得 2010 年度江苏省市政示范工程，见图 6-3-101。

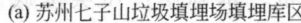

(a) 苏州七子山垃圾填埋场填埋库区　　　(b) 苏州七子山垃圾填埋场渗滤液调节池

图 6-3-101　苏州七子山垃圾填埋场扩建工程

四、紫金矿业金铜矿综合治理工程

（一）工程概况

紫金矿业金铜矿位于武夷山东列山地南端，属于同康沟小流域，汀江水系，雨量丰富，地下水位高。场地整体稳定，局部岩土层坡度较陡，稳定性较差。为控制矿区堆浸场污水污染周边水系，在进行水平防渗的同时修建垂直防渗墙加强防渗效果。

该工程由中国瑞林工程技术有限公司设计，北京高能时代环境技术股份有限公司施工。

（二）工程建设内容

上下游设置拦挡坝，并设置 6 台抗酸水泵排水。在场区设置地下水导排层，采用导排盲沟增强地下水导排。对防洪调节池库区、溶液池、堆浸场场底防渗，采用双层防渗结构，防止溶液渗漏。为防止可能的溶液渗漏和受污染地下水的向下迁移污染周边水域，设置三道垂直防渗墙进行阻断。工程总面积 110 万平方米。

（三）工艺技术方案

1. 水平防渗结构

（1）堆浸场防渗系统　采用双层防渗，双层防渗衬垫系统结构由上至下分别为：反滤层、浸出液导排层、膜上保护层、主防渗层、次防渗层、膜下保护层、地下水导排层、基底层。见图6-3-102。

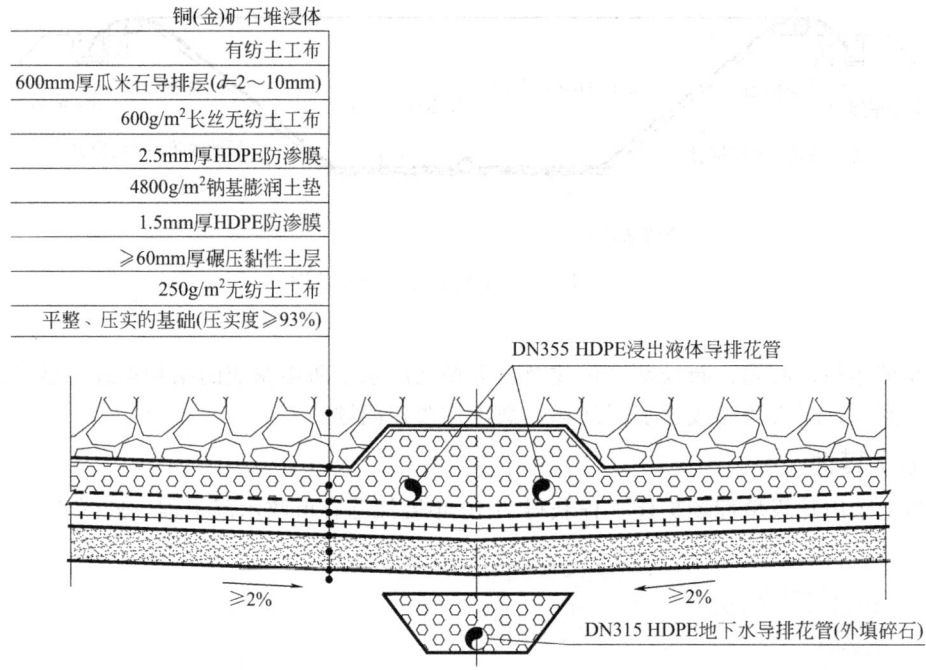

铜(金)矿石堆浸体
有纺土工布
600mm厚瓜米石导排层($d=2\sim10$mm)
600g/m² 长丝无纺土工布
2.5mm厚HDPE防渗膜
4800g/m² 钠基膨润土垫
1.5mm厚HDPE防渗膜
≥60mm厚碾压黏性土层
250g/m² 无纺土工布
平整、压实的基础(压实度≥93%)

DN355 HDPE浸出液体导排花管

DN315 HDPE地下水导排花管(外填碎石)

≥2%

图 6-3-102 堆浸场防渗系统

（2）**溶液池防渗系统** 溶液池采用双层防渗，防渗结构：主防渗层、次防渗层、膜下保护层、基础层。其中主防渗层：2.5mm 光面 HDPE 膜；次防渗层：GCL＋1.5mm 光面 HDPE 膜；膜下保护层：600g/m² 无纺土工布；基础层：压实基底。具体结构见图 6-3-103。

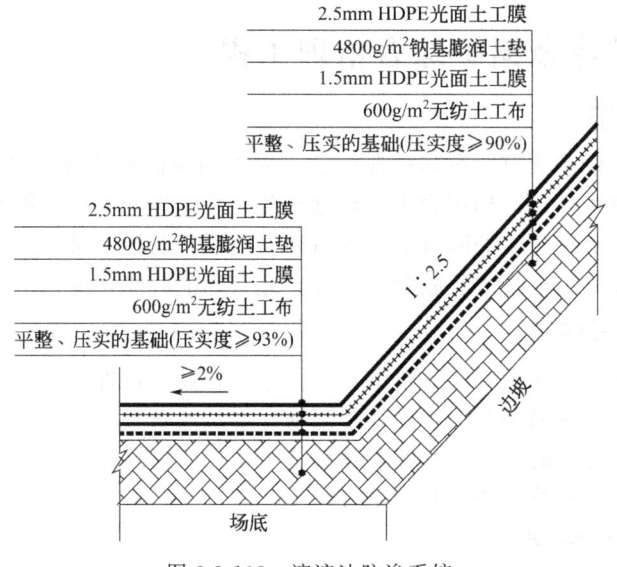

2.5mm HDPE光面土工膜
4800g/m² 钠基膨润土垫
1.5mm HDPE光面土工膜
600g/m² 无纺土工布
平整、压实的基础(压实度≥90%)

2.5mm HDPE光面土工膜
4800g/m² 钠基膨润土垫
1.5mm HDPE光面土工膜
600g/m² 无纺土工布
平整、压实的基础(压实度≥93%)

1：2.5

边坡

≥2%

场底

图 6-3-103 溶液池防渗系统

2. 垂直防渗墙

垂直防渗墙是在污染区域与外界水体的通道上设置地下垂直防渗墙，穿透地下水层抵达不透水层，将污染区域进行完全的隔离，阻隔可能的溶液渗漏与地下水渗漏，阻断污水迁移的地下通道，保证污染物不渗漏到周边水体造成污染。HDPE 膜地下垂直防渗墙总面积约 22000m²。

（四）工程难点

（1）堆浸场面积大，且堆浸堆体高、荷载大，对回填基础产生较大的沉降变形，在施工时预留抗沉降沟，增加余量，保证防渗系统安全可靠。

（2）地下垂直防渗墙施工的 HDPE 膜为柔性材料，需采用带有专用导向和定位装置的 HDPE 膜下设桁架方能将其垂直下入槽内。

（3）地下垂直防渗墙浇筑所用的环氧混凝土需进行专项试验研究，以确定其配合比、拌制及运输措施、浇筑方式等。

图 6-3-104 所示为福建紫金矿业金铜矿整改工程。

图 6-3-104　福建紫金矿业金铜矿整改工程

五、云南超拓钛业渣库

（一）工程概况

云南超拓钛业产生的废渣主要是钛白粉废渣和海绵钛废渣，年入库堆渣量为 $4.416 \times 10^4 \mathrm{m^3/a}$，其中钛白粉废渣 $2.54 \times 10^4 \mathrm{m^3/a}$，海绵钛废渣 $1.34 \times 10^4 \mathrm{m^3/a}$。钛白粉废渣为第 Ⅱ 类一般工业固体废物，海绵钛废渣未预处理前属危险固体废物。海绵钛工艺产生的渣氯盐含量高、易溶，进行石灰中和预处理，然后破碎成小块，与钛白粉渣在堆场内分区堆存。渣库位于山谷中，库区标高 1886～1940m，占地 131 亩，钛白粉渣堆有效库容 $49.78 \times 10^4 \mathrm{m^3}$，可服务 19.6 年，海绵钛堆渣池库容 $28.01 \times 10^4 \mathrm{m^3}$，可服务 14.93 年。

该工程由昆明有色冶金设计研究院设计，北京高能时代环境技术股份有限公司施工。

（二）建设项目

渣库为一个"Y"形天然沟谷，利用天然地形条件，顺沟谷修建。按渣库使用功能将其分为两个区，沟谷上游为堆渣区（渣池），下游为渗滤液收集区（集液池），两区之间由拦渣坝隔开。渣库全部设施沿地形由下至上包括：拦污坝、集液池、拦渣坝、钛白粉堆渣区、浆砌石隔墙、海绵钛堆渣区及周边截洪沟和弃渣道路。

（三）工艺技术方案

1. 拦污坝

拦污坝为不透水浆砌石坝，坝高9.0m，上、下游坝坡比1∶0.3、1∶0.7，坝顶宽度为2.0m。坝体内坡表面采用M10水泥砂浆抹面找平，上铺HDPE防渗膜，锚固于坝顶，并与集液池的防渗膜连接成整体。

2. 集液池防渗层结构

为防止废渣堆放后库底产生的不均匀沉降而破坏防渗层，在防渗层下中采取了地基加筋处理，增设一层土工格网，以提高地基承载力。池底、边坡都采用双层防渗结构，具体见图6-3-105。

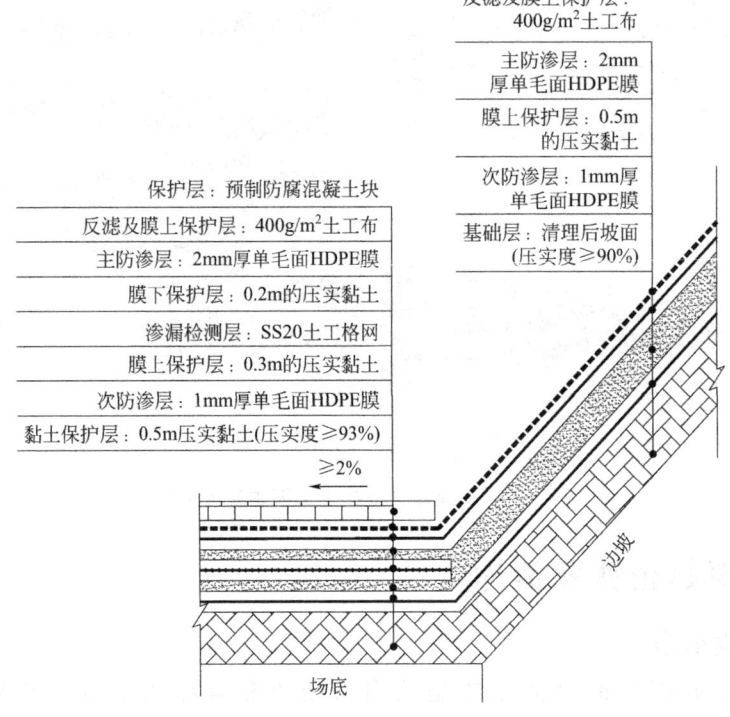

图6-3-105　集液池防渗层结构图

另外，在岸坡上沿1875.5m标高设置了一道锚固沟防止防渗膜下滑。

3. 拦渣坝

拦渣坝内外坡防渗结构：为避免防渗层被磨损破坏，浆砌石拦渣坝表面均需平整抹面。防渗结构见图6-3-106。

4. 堆渣区防渗

（1）钛白粉废渣堆渣区　为防止废渣堆放后库底产生的不均匀沉降而破坏防渗层，在

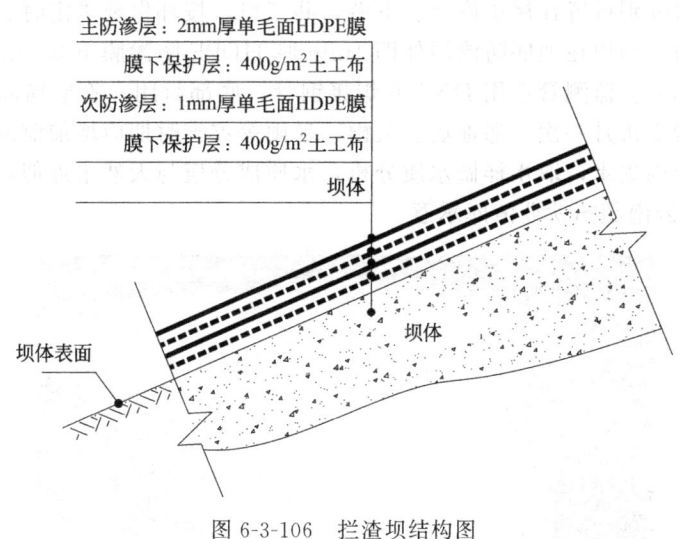

图 6-3-106　拦渣坝结构图

防渗层下采取了地基加筋处理，增设一层土工格栅，以提高地基承载力。为防止边坡膜下滑，在库区每升高 10.0m 设置一道防渗膜锚固沟，锚固沟将兼作排洪沟使用，断面尺寸除满足锚固要求外，还应增加相应频率洪峰通过时所需的过流面积。库区内防渗结构见图6-3-107。

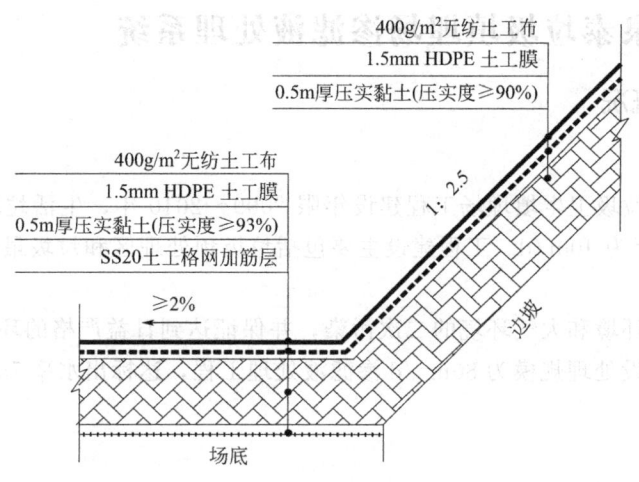

图 6-3-107　堆渣区防渗结构

坝体防渗：为避免防渗层被磨损破坏，拦污坝、拦渣坝表面均需平整抹面。由内至外铺设厚 1.5mm 的 HDPE 防渗膜、400g/m² 土工布。防渗膜锚固于坝顶，并与库底、岸坡的防渗膜粘接成整体。

（2）海绵钛堆渣区　按地形条件由下至上，由右至左开挖矩形渣池，每个约 1500m³，底部和四壁用混凝土整体浇灌，内壁敷设 HDPE 防渗膜，以防止水外渗或外水沿伸缩缝内渗。出露地面部分延伸框架作为分层封盖及弃渣进场道路的支撑。弃渣每堆满一个单元池即时封盖并在每层封盖板上预留数个通气孔。

（四）渗漏监测

堆场按《危险废物安全填埋处置工程建设技术要求》渣库应设置监测系统，地下水监测井沿地下水流方向分别设置在尾矿库上、下游，共三口，按环保要求定时、定点取样送检。

渣库渗漏监测管预埋在池底防渗层外即 1mm 厚 HDPE 防渗膜下 0.5m 压实黏土内，沿岸坡向上延伸出库外。监测管选用 DN200 焊接钢管，底部封闭，管壁局部穿孔外包裹土工布。监测频率应最少每月一次，遇地震、久雨、暴雨等灾害时期应增加监测密度。旱季管内应无水，雨季若管内集水，取水样做水质分析，水质成分应与天然水近似，说明防渗层未破坏。图 6-3-108 为云南超拓钛业渣库示意。

图 6-3-108　云南超拓钛业渣库

六、天津泉泰垃圾填埋场渗滤液处理系统

（一）项目概况

1. 项目背景

天津泉泰生活垃圾卫生填埋场工程建设年限 2009～2010 年，生活垃圾处理规模前 3 年为 200t/d，后 15 年为 400t/d。工程建设主要包括垃圾预处理区和垃圾最终填埋区，采用卫生填埋方式。

为防止周边水环境和大气环境的二次污染，并保证达到日益严格的环境污染控制排放指标的要求，配套建设处理规模为 80m³/d 渗滤液处理工程，达标出水率 75％以上，渗滤液处理区占地 500m²。

2. 项目规模

配套垃圾渗滤液处理量为日进水量 80m³/d，日产水率为 75％，日产净水量为 60m³/d。

3. 水质情况

（1）进水水质　垃圾渗滤液的产生量随季节、地域、生活水平、处理设施及处理设施管理水平、处理设施使用年限变化而变化，并差异很大。本垃圾填埋场渗滤液主要水质特点如下：①有机污染物浓度高，氨氮含量高；②季节性变化大，随填埋场使用年限变化。

水质主要污染物浓度及季节性变化趋势如图 6-3-109 所示。

（2）出水水质　出水水质达到《生活垃圾填埋污染物控制标准》（GB 16889—2008）表 2、天津市地方标准《污水综合排放标准》（DB 12/356—2008）二级排放标准、出水取其较严格者而定，具体出水指标见表 6-3-48 的出水指标限值和设计出水排放值。

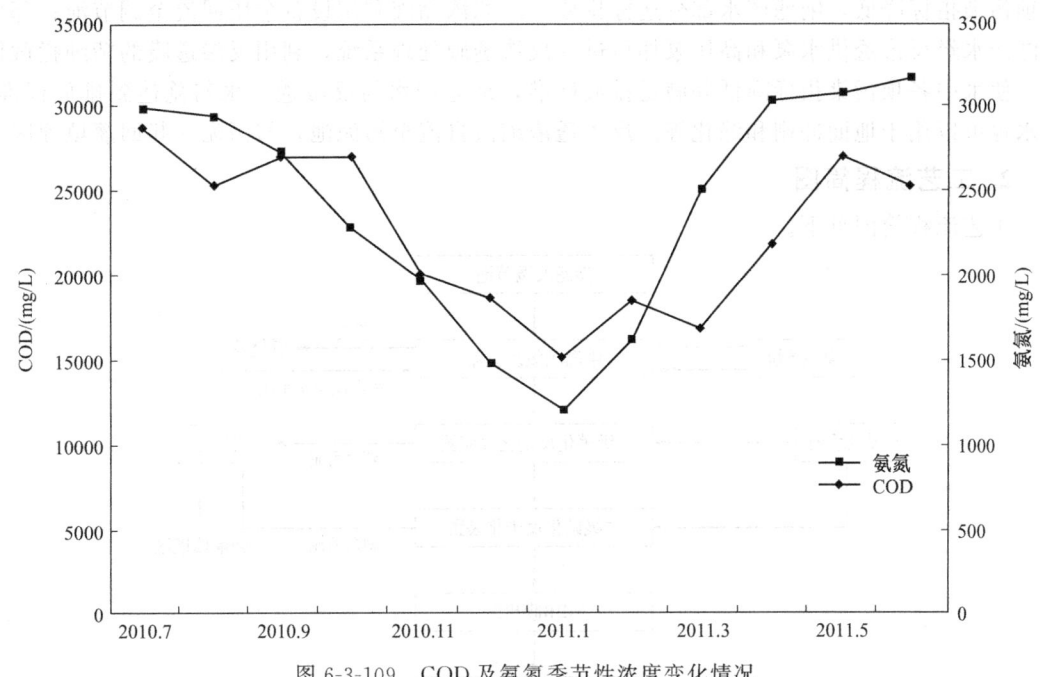

图 6-3-109 COD 及氨氮季节性浓度变化情况

表 6-3-48 水质标准对照表　　　　　　　　　　　　　　　　　单位：mg/L

序号	控制污染物	进水数值	GB 16889—2008 指标限值	DB 12/356—2008 指标限值	出水指标限值	系统出水排放值
1	SS	200～2000	30	20	20	≤20
2	BOD$_5$	300～18000	60	20	20	≤20
3	COD$_{Cr}$	3000～35000	100	60	60	≤60
4	NH$_3$-N	1000～3000	25	8	8	≤8
5	总氮	3500	40	40	40	≤40

（二）工艺流程

1. 工艺流程描述

该项目垃圾渗滤液处理主工艺流程采用"中温厌氧系统＋双级硝化反硝化低能耗浸没式膜生化反应器＋膜深度处理系统"。

渗滤液自储存或调节系统进入中温厌氧反应器内，经过酸化、产酸、产甲烷等复杂的生化过程，把渗滤液中大部分有机污染物去除，使 COD 得到充分降低，出水自流进入低能耗膜生物反应器（MBR）段，此阶段，在一级硝化反硝化系统中，由于一级反硝化池内搅拌器搅拌作用使厌氧反应器出水与 MBR 机组浓水充分混合，在低溶解氧状态下，经过反硝化作用脱除总氮，出水自流进入一级硝化反应池；硝化反应阶段内，在高溶解氧状态下，经过充分的硝化反应，水中氨氮转化为硝态氮，同时有机污染物浓度大幅降低；污水自流进入二级强化硝化反硝化系统，当渗滤液中碳源不足时，向二级强化反硝化段内投加外加碳源解决碳氮比失调问题，经过强化脱氮作用，大幅降低出水硝态氮；污水溢流进入浸没式 MBR 机组，MBR 清水经自吸泵抽吸作用进入中间水箱，MBR 浓水返回一级反硝化罐；MBR 产水经过纳滤供水泵和增压泵加压进入纳滤膜处理系统，利用纳滤膜组件对溶质的截留作用，使各项污染指标降低，纳滤产水部分达标排放，纳滤浓缩液利用设备余压回流至调节池；部分纳滤产水经反渗透供水泵和高压泵加压进入反渗透膜处理系统，利用反渗透膜的精细拦截作用，使水中各项污染指标降低并满足排放标准，纳滤产水与反渗透产水勾兑达到排放标准，出水也可以用于地面冲刷和绿化等。反渗透浓缩液自流至污泥池，与污泥一起回灌填埋区。

2. 工艺流程简图

工艺流程简图见下。

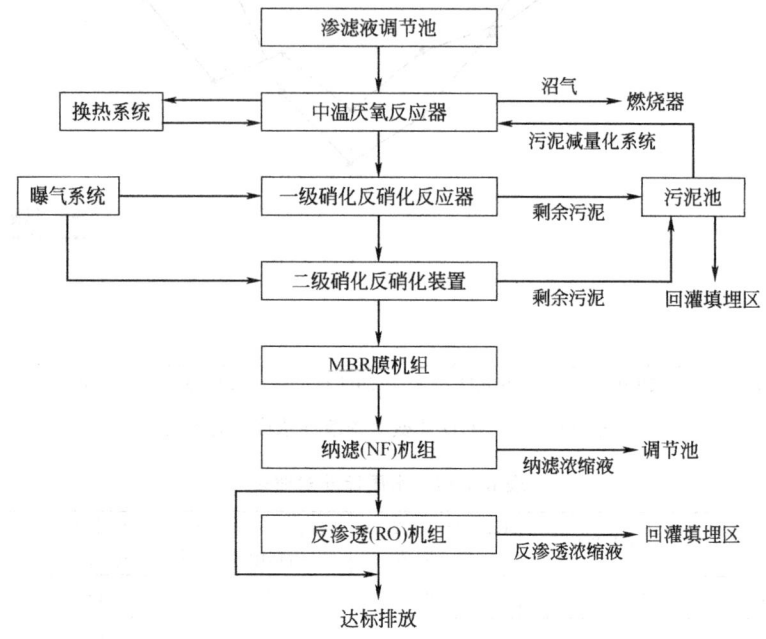

3. 各主要工艺段去除效果表

处理单元	项目	COD$_{Cr}$/(mg/L)	BOD/(mg/L)	NH$_3$-N/(mg/L)	SS/(mg/L)
厌氧反应器	进水	35000	20000	3000	1200
	出水	≤8000	≤3600	≤3000	<400
	去除率	77%	82%	—	>67%
一级硝化反硝化	进水	8000	3600	3000	<400
	出水	≤2500	≤400	≤35	368
	去除率	68.75%	88.9%	99%	8%
二级硝化反硝化 MBR	进水	2500	400	35	368
	出水	1500	72	17.5	5
	去除率	30%	82%	90%	>97%
膜处理系统	进水	1500	72	17.5	<5
	出水	60	20	8	20
	去除率	96%	75%	55%	—
排放要求		60	20	8	20

（三）主要工艺技术特点

① 中温厌氧生化反应，20%的运行费用，去除60%以上的有机污染物质，高浓度时可

达到85%的去除率。

② 运行稳定，对于浓度较高的填埋厂垃圾渗滤液处理，整套系统无论在夏季，还是冬季，各段对污染物去除分工明确，相互补充，保证了任何情况下系统处理效果稳定，各项指标在系统内削减，系统最终出水水质稳定达到设计标准，可回用。

③ 分体浸没式膜生化反应器（MBR）采用的是曝气抖动冲刷方式，能耗低、造价低，运行、维修、维护方便，简单，出水效果稳定。

④ 工艺各段既相对独立，又是一个有机整体，整套系统可做到全自动化控制、无人值守。

⑤ 厌氧、MBR系统为低污泥产生工艺，污泥减量化技术实现污泥减量化80%以上，在某种意义上真正实现了目前学术界正在研究的无污泥排放工艺，易于污水处理站运行。

⑥ 强有力的二次污染处理系统，包括沼气的除臭、全监控自动点燃系统，免去后顾之忧。

（四）运行费用分析

运行费用分析如下。

项目	用量	单价/元	吨水费用/元	备注
电	18.1	0.75	13.6	
药剂			3.53	
燃油	0.3	6.4	1.92	年平均
膜更换		15000	4.13	
日常维护费			0.3	更换水泵、风机易损等
人工费	3（人）	40000	4.17	人均工资4万元/年
合计	吨水运行/元		27.65	

（五）项目获奖情况及相关工程图片

该项目获得2010年度固废处理重点关注案例；2010年政府采购中关村自主创新产品首台（套）重大技术装备示范项目；2011年度重点示范项目等奖项。

图6-3-110所示为渗滤液处理相关工程图片。

膜处理机组

生化反应罐

图6-3-110 渗滤液处理相关工程图片

七、两阶段浸没燃烧蒸发工程案例

（一）项目概况

北京市北神树卫生填埋场 1996 年底建成，1997 年开始运行，占地面积 32.5hm²，设计使用寿命 13 年，设计处理规模为 980t/d，实际填埋量超过 1200t/d。填埋场位于国家级经济技术开发区北京亦庄经济技术开发区东区，地处北京东南部永定河冲积平原。1999 年在填埋堆体上铺设填埋气体收集井，2002 年底建成填埋气体主动收集系统。场地采用黏土和膨润土混合压实方式形成防渗层，防渗层上有导流层，场底渗滤液收集管道间隔 60m，渗滤液经收集管到调节池，最初设计采用回灌处理，初期达到了减少渗滤液水量和降低渗滤液水质的目的，运行一年后，便难以维持水量平衡。2003 年该填埋场对渗滤液处理设施进行改造，其目的是在解除渗滤液污染威胁、保证填埋作业正常运行的基础上，还可解决绿化、降尘等用水的问题。根据处理出水中一部分达标排放和另一部分可回用于绿化的要求，采用 MBR+NF&RO 工艺，膜浓缩液采用浸没燃烧蒸发工艺处理，由清华大学提出总体设计，于 2004 年 10 月建成并成功运行。2010 年由于填埋区扩建，该设备与其他设备一同转移。

（二）渗滤液水质、水量

RO 系统的净水回收率为 80%，其产生的浓缩渗滤液水量为 16m³/d。浓缩渗滤液的水质见表 6-3-49。

表 6-3-49　RO 系统浓缩渗滤液水质

项目	pH 值	COD /(mg/L)	BOD₅ /(mg/L)	NH₄⁺-N /(mg/L)	电导率 /(mS/cm)	TDS /(mg/L)
数值	6.6~7	11000~13400	<40	<15	35~39	37000~42000

需处理水量为来自 RO 系统的浓缩液 16m³/d，考虑到一定的保险和盈余量，设计时取处理能力为 1m³/h。

（三）主体设备

一级蒸发器为不锈钢材质，圆柱形，锥形底，柱体尺寸为 $\phi2.1m\times2.6m$，下部锥体高为 0.3m，有效容积约 4.1m³。设有填埋气体燃烧器 1 台，高压离心风机 2 台，1 用 1 备，风量 600m³/h，全压 7500Pa，功率 4kW。填埋气体来自抽吸加压管道，用量 60m³/h，压力 10000Pa。燃烧温度为 750~950℃。另设有引导一级蒸汽进入二级蒸发器燃烧室的高压离心风机 2 台，1 用 1 备，风量 1350m³/h，全压 7500Pa，功率 11kW。

二级蒸发器为不锈钢材质，圆柱形，锥形底，柱体尺寸为 $\phi2.4m\times2.7m$，下部锥体高为 1.9m，有效容积约 5.9m³。设有填埋气体燃烧器 1 台，高压离心风机 2 台，1 用 1 备，风量 1000m³/h，全压 7500Pa，功率 5.5kW。填埋气体来自抽吸加压管道，用量 90m³/h，压力 10000Pa。燃烧温度为 850~950℃。另设有引导二级蒸汽进入预热器的离心风机 2 台，1 用 1 备，风量 2500m³/h，全压 3500Pa，功率 5.5kW。

（四）运行效果

系统对 RO 浓缩液的浓缩倍数可达 5~10 倍。渗滤液中大部分小分子有机物在 MBR 系统中被微生物分解，少量残余的挥发性有机物在一级蒸发器挥发进入一级蒸汽，进而在二级蒸发器的燃烧室高温分解。其余难降解有机物因分子量较大而挥发性较差，保留在渗滤液浓缩液中。二级蒸发器设计了足够高的液滴重力分离空间，有效地抑制了蒸发器的雾沫夹带，保证了最终的蒸发分离效果。图 6-3-111 所示为浸没燃烧蒸发系统。

图 6-3-111　浸没燃烧蒸发系统

（五）主要技术经济指标

二阶段浸没燃烧蒸发工艺设计主要技术经济指标见表 6-3-50。表中原可能构成处理费用的主要部分燃气消耗使用的是填埋气体，其费用可略而不计，另一主要部分电耗由卫生填埋场利用填埋气体发的电供应，其成本约为 0.15 元/(kW·h)，因此本工程浸没燃烧蒸发系统的处理费用（不含人工费和折旧费等）相当低廉。

表 6-3-50　主要技术经济指标

指　　标	设计参数
处理能力/(m³/d)	24
LFG 消耗量/(m³/m³)	120～150
电耗/(kW·h/m³)	21.4
浓缩倍数	5～10
冷凝液水质	GB 16889—2008 二级排放标准
投资/万元	150
处理费用/(元/m³)	3.21
占地面积/m²	160

该工艺成功地对渗滤液中难降解有机物质进行了分离，处理效果稳定，出水水质达到了 GB 16889—2008 的二级排放标准要求。实现了蒸发焚烧与蒸发浓缩的协同作用，能量利用率高，大大降低了填埋气体消耗量，与国外同类技术相比，填埋气体用量节省了 1/2～2/3。

八、渗滤液资源化工程案例

（一）项目概况

北京安定生活垃圾卫生填埋场位于大兴区安定镇，分为新、老垃圾填埋区，老区从 1996 年 7 月开始运行到 2008 年 5 月，共处理垃圾 430 万吨；新区从 2008 年 5 月开始运行。该填埋场将新老区垃圾产生的渗滤液用东西两个调节池收集后分别经过"厌氧＋MBR＋NF＋RO"工艺处理。渗滤液处理工程规模为 340m³/d，渗滤液处理主工艺为 MBR。出水日产水量为 280m³/d，其中 48～60m³/d 用于生产腐殖酸类物质。

经 MBR 处理后的渗滤液进入腐殖酸类物质提取设备原液储罐，为防渗滤液中有残渣损伤膜材料，进水先经保安过滤器进行过滤，过滤器孔径为 5μm。经保安过滤器后，由高压泵升压后送入腐殖酸类物质提取设备，腐殖酸类物质设备设计操作压力为 0.6～1.4MPa，流量为 2.5m³/h。腐殖酸设备产生的浓液即腐殖酸类物质浓液，由管道送至产品池，透过液经管道回调节池。提取设备前设置 pH 计探头，用以监测进水 pH 值变化情况，若 pH 值超过 6.9 则启动加酸泵，用以调节进水 pH 值，以提高无机盐分、重金属去除效率并减轻膜表面形成的无机盐垢。

整套设备可选择自动或手动控制。配有两只膜系统,串联运行,透过液汇合后回到调节池,浓缩液在装置内循环。高压泵后的压力传感器和高压泵变频器联锁控制,保证膜前压力维持在合适的范围(0.6~1.4MPa)。腐殖酸类物质产品回到室内浓液箱之后进入室外产品池。

图 6-3-112 腐殖酸类物质提取示范工程

出于对装置的保护,遇到以下情况时系统将自动停机:

① 进料液水箱中水位过低,为保护进水泵,自动停机;

② 高压泵前压力过低,高压泵后压力过高,为保护高压泵和膜,自动停机;

③ 变频器过载,系统报警并自动停机;

④ 水温过高,系统报警并自动停机。

(二)运行效果

腐殖酸类物质提取示范工程(见图 6-3-112)采用的浓缩倍数对腐殖酸类物质的影响不显著。浓缩倍数在 2.1~6.7 范围变化时,几乎 100%的 HA 都被回收,FA 回收率保持在 80%以上。随着浓缩倍数的升高,HS 回收率略有下降。

经过浓缩后腐殖酸类物质浓度显著提高,浓度可达 4500mg TOC/L,约合质量浓度 13.5g/L。目前尚无生物质源腐殖酸类物质液态肥标准,相关液态肥的施用浓度约为 0.01%,因此,将本产品浓缩液稀释 100~200 倍后即可施用。

腐殖酸类物质浓缩分离设备配有两套膜组件,串联运行。操作压力为 1.3MPa 运行,操作温度 30℃。膜总污染阻力随运行时间延长而增加,增长趋势先快后慢。由于膜总污染阻力由浓差极化和膜污染阻力构成,而浓差极化层在超滤开始时即形成并持续发展,所以初始阻力变化大是由浓差极化层的形成导致的。随着运行时间的延长,浓差极化层以及凝胶层趋于稳定,而原料液中的各种有机物质以及无机沉淀都在缓慢不断地附着于膜表面,导致膜污染阻力持续增加。随着污染层的逐渐变厚,污染物质积累对阻力的影响也逐渐降低,阻力增长速度趋缓。

维持超滤膜在较高通量下工作对于节能降耗,提升产量具有重要意义。导致超滤膜污染的有可溶性物质和不可溶性物质,而可溶性物质又包括有机物和无机物。膜的清洗方法可分为物理清洗和化学清洗。对于卷式膜组件,最常见的物理清洗方法就是水力冲洗法。此方法无需设立新的管路系统,使用大流量的清水冲洗膜表面,带走膜表面沉积的污染物从而恢复膜通量。水力冲洗能直接去除浓差极化层对膜通量的影响。超滤膜长时间运行通量下降,物理清洗方法不能恢复时,应考虑化学清洗。

(三)技术经济分析

每天 40t 渗滤液经过腐殖酸类物质膜分离提取装置浓缩后得到浓缩液 8t(CF=5),腐殖酸类物质浓度提高到 13.5g/L。根据实际需要,提取出的腐殖酸类物质产品还可以采用浸没燃烧蒸发浓缩方法,进一步浓缩(可再浓缩 5~10 倍)、缩小体积、去除氨氮等其他挥发性杂质,同时起到杀菌的效果,有利于长期保存和长途运输。

针对腐殖酸类物质分离提取单元进行成本分析。工艺成本包括一次性建设投资以及长期运行成本投入。建设投资包括基础、厂房、预处理设备、分离提取设备以及产品加工等,共计120万元。运行费用包括水电费、药剂费、设备折旧费和维修费等,见表6-3-51。

表 6-3-51 渗滤液腐殖酸类物质分离提取工程运行费用 (40t/d)

运行成本	费用额度/(万元/年)	运行成本	费用额度/(万元/年)
水费	1.0	人工费	3.6
电费	12.0	设备日常维护	1.2
化学药剂	1.6	膜组件更换	10.0
设备折旧费	6.0	合计	35.4

该项目可生产腐殖酸类物质含量1%~1.5%的液肥8t/d。同时该工艺还具有隐性环境效益,即工艺在生产液肥的同时,可有效降低渗滤液污染负荷,并改善难生化处理渗滤液的可处理性,从而大大降低渗滤液处理成本,预计可降低处理费用40%以上。

九、填埋气制液化天然气工程案例

(一)项目概述

安定垃圾卫生填埋场位于大兴区安定镇境内,主要负责宣武区全区的生活垃圾处理。该场建于1996年,于当年12月份正式投入使用。设计填埋高度为40m,设计填埋容量326.5万立方米,设计日处理量为700t,设计使用年限为13年。安定垃圾卫生填埋场扩建工程于现况安定垃圾卫生填埋场南侧,总占地面积为27.66hm²,填埋区占地19.83hm²,绿化面积占地1.79hm²。工程设计总容积947万立方米,日处理生活垃圾1400t,预计使用年限为16年,属于1级2类生活垃圾卫生填埋场。

填埋气制液化天然气系统的建设单位为北京环境卫生工程集团有限公司,日处理生活垃圾填埋气16800m³,填埋气净化、液化系统占地约6028m²,该工程于2010年10月竣工。

(二)项目设计情况

1. 原料填埋气条件

表6-3-52所列为原料填埋气条件。

表 6-3-52 原料填埋气条件

项目	数值	项目	数值
氮气(N_2)	<8%	环境温度	-20~45℃
二氧化碳(CO_2)	20%~40%	现场环境	潮湿、充满灰尘
硫化氢(H_2S)	0.02%~0.1%	安装位置	室外、露天
甲烷(CH_4)	38%~60%	进气压力	常压 MPa
氧(O_2)	<2%	气量	700m³/h
其他硫化物	有		

注:表中气体含量为摩尔分数值。

2. 生产装置组成

① 填埋气高效收集系统。

② 填埋气预处理增压装置。

③ 脱硫脱氧 PC 脱碳装置。

④ PSA 脱碳及深脱水装置。

⑤ MRC 液化储运装置。

⑥ CNG 装置。

⑦ 安全放空装置。

填埋气收集利用系统见图 6-3-113，填埋气净化、液化系统平面布置见图 6-3-114。

填埋气收集系统　　　　　　　　　　　　填埋气净化、液化系统

图 6-3-113　填埋气收集利用系统

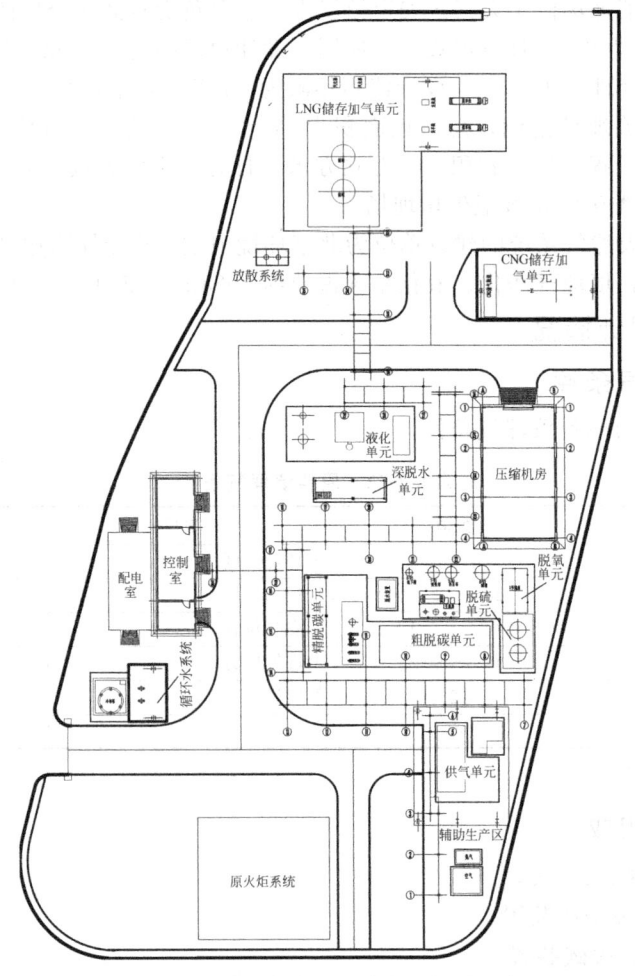

图 6-3-114　填埋气净化、液化系统平面布置

（三）技术方案

该案例采用填埋气制天然气产品技术，通过将产生于垃圾堆体内部的填埋气进行集中收集，然后对填埋气进行净化、提纯制取液化天然气。通过此项目，不仅可以减少向大气中排放甲烷等重要温室效应气体，而且，制得的天然气产品可以作为机动车燃料或民用燃料，是一项重要的节能减排措施。

首先对产生于安定填埋场二期填埋区的填埋气进行主动集中收集，采用"竖井集气＋水平导水"的填埋气高效收集工艺，包括抽气和排水两部分，其中，抽气采用集气竖井收集的方式，排水采用内部导排和表面收集相结合的方式。

（1）抽气 集气竖井埋入垃圾堆体内，并且随垃圾填埋高度的增加可以向上拉拔，集气竖井顶部有填埋气出口，出口与填埋气收集管道相连。垃圾堆体产生的填埋气首先进入集气竖井，然后依次通过竖井顶部的填埋气出口、填埋气收集管道进入填埋气净化提纯系统。

（2）排水 在垃圾堆积过程中，在垃圾堆体内每隔10m设置一层导水盲沟，导水盲沟通过连接渠与集气竖井相连通。以第一层盲沟为例，设置主盲沟两道，长度共计350m，每道主盲沟连接若干支盲沟，支盲沟间距30m。由此，高层导水盲沟汇集的水可以由石笼或集气竖井流到低层导水盲沟，进而通过填埋场底渗滤液导排系统排出垃圾堆体，从而实现了内部导排的排水方式；每层导水盲沟在距边坡一定距离时，该盲沟与表面收集主管相连，表面收集主管出边坡后，保持一定的坡度沿边坡向下与填埋堆体外部的渗滤液收集处理系统相连，由此，该层导水盲沟汇集的水通过表面收集主管直接流出垃圾堆体，进入渗滤液处理系

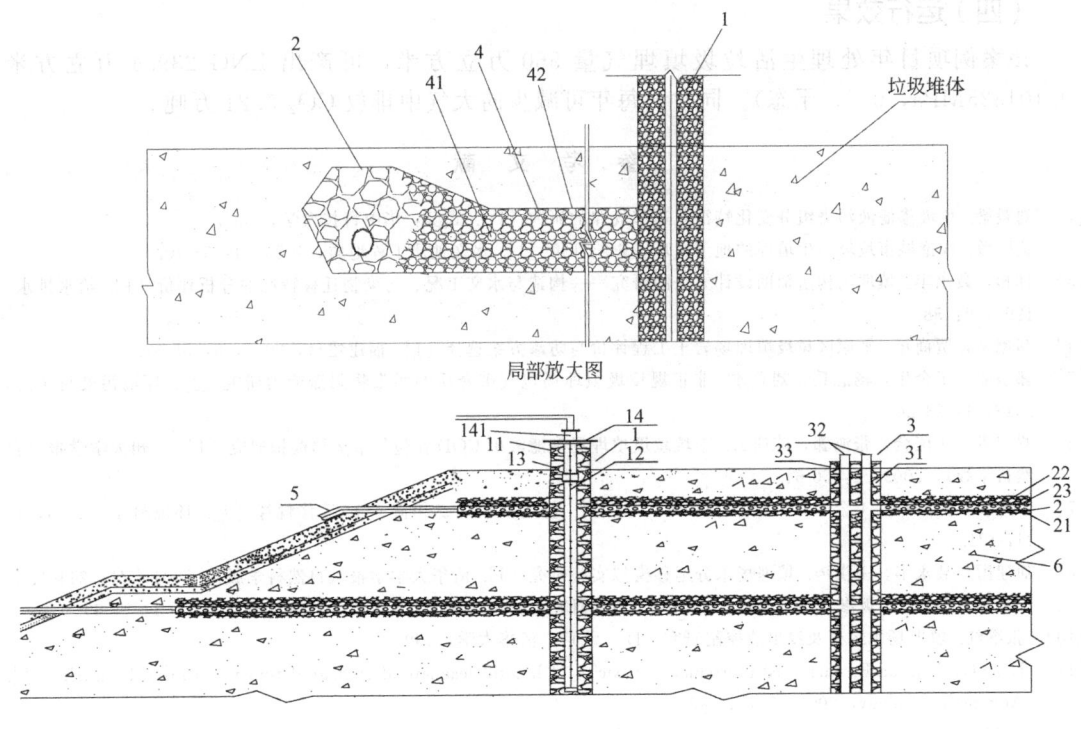

图 6-3-115 填埋气收集工艺示意

1—集气竖井；11—金属管；12—抽气管；13—卵石；14—密封盖；
141—填埋气出口；2—导水盲沟；21—导水管；22—卵石导排层；
23—过滤层；3—石笼；31—卵石；32—导水管；33—金属网；
4—连接渠；41—卵石；42—过滤层；5—表面收集主管；6—垃圾堆体；

统，从而实现了表面收集的导水方式。

经上述收集工艺，700m³/h 填埋气在引风机的作用下进入填埋气净化提纯制取液化天然气（LNG）系统。原料气温度 30～40℃、常压，首先经压缩机升压至 10atm、温度不高于 40℃，然后依次经过脱硫、脱氧、脱碳、深脱水、纯化等工艺设备对填埋气进行净化、提纯，净化气下一步进入液化冷箱，以混合冷剂为制冷工质，采用混合冷剂循环制冷工艺，净化气在液化冷箱内被换热冷却制得液化天然气（LNG），LNG 产品贮存于 LNG 专用低温储罐。

图 6-3-115 所示为填埋气收集工艺示意，图 6-3-116 所示为填埋气净化提纯制 LNG 总工艺流程。

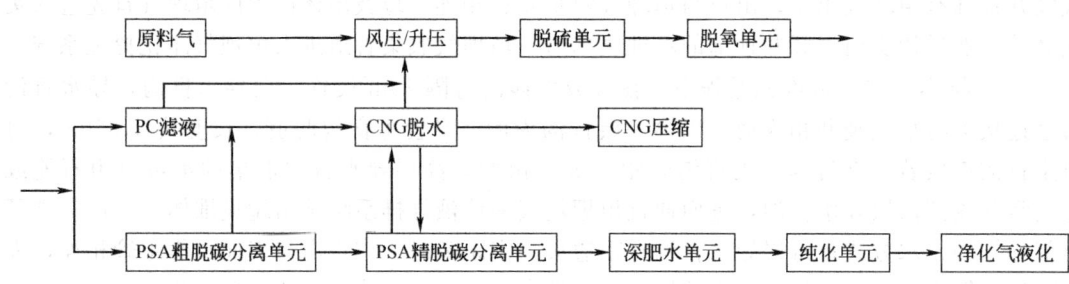

图 6-3-116 填埋气净化提纯制 LNG 总工艺流程

（四）运行效果

该案例项目年处理生活垃圾填埋气量 560 万立方米，可产出 LNG 239.4 万立方米（0.101325MPa，0℃，干态）。同时，每年可减少向大气中排放 CO_2 5.21 万吨。

参 考 文 献

[1] 刘毅梁. 垃圾渗滤液污染组分变化特征及迁移规律的研究 [D]. 武汉：华中科技大学，2006.
[2] 黄明敏. 浅论城市垃圾卫生填埋的地下水环境影响评价 [J]. 水文地质工程地质，1988，4：55-40.
[3] 林杉，聂永丰. 填埋场构造辅助设计方法的研究——构造与水文工况、污染物迁移特性的分析评价 [J]. 给水排水，1997，2：58.
[4] 邹艳琴，贾尚星. 平原区垃圾填埋场岩土工程评价与防渗方案选择 [J]. 福建建材，2007，5：55-57.
[5] 郭敏丽，王金生，杨志兵，刘立才. 非正规垃圾填埋场包气带介质的污染物阻滞能力研究 [J]. 环境污染与防治，2012，1：24-26.
[6] 罗定贵，张庆合，张鸿郭，陈迪云. 李坑垃圾填埋场渗滤液中 COD 在包气带运移模拟研究 [J]. 广州大学学报（自然科学版），2009，4：60-64.
[7] 于艳新，陈家军，王金生，云影，李书绅，王志明. 包气带水气二相流 CO_2 运移规律 [J]. 环境科学，2003，4：117-121.
[8] 刘建国，聂永丰，王洪涛. 填埋场水分运移模拟实验研究 [J]. 清华大学学报（自然科学版），2001，Z1：244-247.
[9] 王莹莹，秦侠. 垃圾渗滤液运移过程中相关模型的研究及应用现状 [J]. 安全与环境学报，2012，1：57-60.
[10] 张继红. 填埋场水运移及浸出液控制研究 [D]. 北京：清华大学，1994.
[11] Dvae G, Nilsson E. Increased reproductive toxicity of landfill leachate after degradation was caused by nitrite [J]. Aquatic Toxicology，2005，73：11-30.
[12] Robinson H, Knox K, Bone B. Leachate quality from landfiled MBT waste [J]. Waste Management，2005，25：383-391.
[13] 王宗平，陶涛，金儒霖. 垃圾填埋场渗滤液处理研究进展 [J]. 环境科学进展，1999，(7) 3：32-39.
[14] 陈长太，曾扬. 城市垃圾填埋场渗滤液水质特性及其处理 [J]. 环境保护，2001，9：19-21.
[15] Pohland F G. Leachate-recycle as a management option [J]. Journal of Environment Engineering，1980，106 (6)：1057-1069.

[16] 何厚波，徐迪民. 垃圾堆体高度对渗滤液回灌处理的影响. 中国给水排水，2003，19（1）：9-12.

[17] 沈耀良. 垃圾填埋场渗滤液处理技术研究进展. 苏州城建环保学院学报，2001，14（4）：6-15.

[18] 赵庆良，李湘中. 垃圾渗滤液中的氨氮对微生物活性的抑制作用［J］. 环境污染与防治，1998，20（6）：1-4.

[19] Bae J H，Bae J H，Kim S K，et al. Treatment of landfill leachates：ammonia removal via nitrification and denitrification and further COD reduction via fenton's Treatment followed by activated sludge. Water Science and Technology，1997，36（12）：341-348.

[20] Welander U，Henrysson T，Welander T. Nitrification of landfill leachate using suspended carrier biofilm process. Water Research，1997，31（9）：2351-2355.

[21] Yilmaz G，Ozturk I. Nutrient removal of ammonia rich effluents in a sequencing batch reactor. Water Sci. and Tech.，2003，48（11-12）：377-383.

[22] Welander U，Henrysson T，Welander T. Biological nitrogen removal from municipal landfill leachate in a pilot scale suspended carrier biofilm process. Water Res.，1998，32（5）：1564-1570.

[23] Kulikowska D，Klimiuk E. Removal of organics and nitrogen from municipal landfill leachate in two-stage SBR reactors.Polish J. Environ. Studies，2004，13（4）：389-396.

[24] 袁居新，陶涛，王宗开，等. 垃圾渗滤液处理中的高效脱氮现象. 中国给水排水，2002，18（3）：76-78.

[25] Morawe B，Ramteke D S，Vogelpohl A. Activated carbon column performance studies of biologically treated landfill leachate. Chemical Engineering and Processing，1995，34（3）：299-303.

[26] Lo I M C. Characteristics and treatment of leachates from domestic landfills. Environ. International. 1996，22（4）：433-442.

[27] 郑金伟，等. UASBF-SBR 工艺处理垃圾渗滤液. 中国给水排水，2003，19（4）：59-60.

[28] 任鹤云，李月中. MBR 法处理垃圾渗滤液工程实例. 给水排水，2004，30（10）：36-38.

[29] 赫里波维奇，等著. 植物生长调节剂氨基腐植酸盐的化学组成. 刘加龙译. 腐植酸，2004，4：37-40.

[30] 张兰英，韩静磊，安胜姬，冯育晖，张德安，赵常富. 垃圾渗滤液中有机污染物的污染及去除. 中国环境科学，1998，18（2）：184-188.

[31] J. Fetting，et al. Treatment of landfill leachate by preozonation and adsorption in activated carbon columns. Wat. Sci. Tech.，1996，34（9）：30-40.

[32] Pirbazari M. Stevens M. R.，Ravintran V. Activated Carbon Adsorption of PCBs from Hazardous Landfill Leachate. Division of Environmental Chemistry，American Chemical Society，Washington DC，1988，369-370.

[33] 蒋建国，陈嫣，邓舟，等. 沸石吸附法去除垃圾渗滤液中氨氮的研究. 给水排水，2003，29（3）：6-10.

[34] Sung Pill Cho，Sung Chang Hong，Suk-In Hong. Photocatalytic degradation of the landfill leachate containing refractory matters and nitrogen compounds. Applied Catalysis B：Environmental，2002，39：125-133.

[35] Zong-ping Wang，Zhe Zhang，Yue-juan Lin，et al. Landfill leachate treatment by a coagulation-photooxidation process. Journal of Hazardous Materials，2002，B95：153-159.

[36] 黄本生，王里奥，吕红. 用光催化氧化法处理垃圾渗滤液的实验研究. 环境污染治理技术与设备，2003，4（4）：22-26.

[37] 程洁红，李尔炀. 城市垃圾渗滤液的 Fenton 氧化法预处理试验. 城市环境与城市生态，2003，16（3）：26-28.

[38] 弓晓峰，樊华，孔新红. 紫外光氧化法深度处理垃圾渗滤液的研究. 环境保护，2003，（3）：15-17.

[39] Izzet Ozturk，Mahmut Altinbas，Ismail Koyuncu，et al. Advanced physico-chemical treatment experiences on young municipal landfill leachates. Waste Management，2003，23：441-446.

[40] Linde K.，Jonsson A. S，Wimmerstedt R. Treatment of 3 Types of Landfill Leachate with Reverse-Osmosis ［J］. Desalination，1995，101（1）：21-30.

[41] Thorneby L，Hogland W，Stenis J，et al. Design of a reverse osmosis plant for leachate treatment aiming for safe disposal ［J］. Waste Management & Research，2003，21（5）：424-435.

[42] Ushikoshi K，Kobayashi T，Uematsu K，et al. Leachate treatment by the reverse osmosis system ［J］. Desalination，2002，150（2）：121-129.

[43] 冯逸仙，杨世纯. 反渗透水处理工程 ［M］. 北京：中国电力出版社，2000.

[44] Birchler D R，Milke M W，Marks A L，et al. Landfill leachate treatment by evaporation ［J］. Journal of Environmental Engineering-ASCE. 1994，120（5）：1109-1131.

[45] Di Palma L，Ferrantelli P，Merli C，et al. Treatment of industrial landfill leachate by means of evaporation and reverse osmosis ［J］. Waste Management，2002，22（8）：951-955.

[46] Peter R K. At the forefront of evaporation technology. Paper Asia，1997，11：14-19.

[47] Eugene C. McGill. Landfill leachate，gas and condensate disposal system. USA Patent Number：5601040，1997.

[48] Purschwitz, Dennis E. 5 ways to treat your leachate. Waste Age, 1999, 30 (10): 68-77.

[49] Jeffrey M. Harris, Dennis E. Purschwitz, C. Douglas Goldsmith. Leachate treatment options for sanitary landfills. Intercontinental Landfill Research Symposium, Lulea University of Technology, Lulea, Sweden, December 11-13, 2000: 11-16.

[50] 丁惠华，杨友麒. 浸没燃烧蒸发器，北京：中国工业出版社，1963: 5, 38.

[51] Kobe K A, Conrad F H, Jackson E W. Evaporation by submerged combustion [J]. Industrial & Engineering Chemistry, 1933, 25 (9): 984-989.

[52] 丁惠华，杨友麒. 浸没燃烧蒸发器 [M]. 北京：中国工业出版社，1963.

[53] Weisman W I. Applications of submerged combustion in industrial waste treatment [A]. The 8th Purdue Industrial Waste Conference, Purdue University, USA, 1953: 363-367.

[54] Williams R, Walker R. Efficient heat transfer by submerged combustion [J]. Gas Engineering & Management, 1997, 37 (7): 32-33.

[55] N Swindin. Submerged flame combustion [J]. Transactions. -Institution of Chemical Engineers, 1927, 5: 110-136.

[56] C F. Hammond. The history and development of submerged combustion [J]. Journal of the Institute of Fuel, 1930, 3 (4): 303-325.

[57] K A Kobe, C W Hauge. Commercial burners for underwater fires [J]. Power, 1933, 77: 402-403.

[58] K A Kobe, F H Conrad, E W Jackson. Evaporation by submerged combustion (Ⅰ, Ⅱ) [J]. Industrial and Engineering Chemistry, 1933, 25 (9): 984-989.

[59] K A Kobe, C W Hauge, C J Carlson. Evaporation by submerged combustion (Ⅲ, Ⅳ, Ⅴ) [J]. Industrial and Engineering Chemistry, 1936, 28 (5): 589-594.

[60] N Swidin. Recent developments in submerged combustion [J]. Transactions of the Institution of Chemical Engineers, 1949, 27: 209-221.

[61] W I Weisman. Submerged combustion equipment [J]. Industrial and Engineering Chemistry, 1961, 53 (9): 708-712.

[62] R Marcal. Submerged combustion evaporation recent experience at the Barreiro works [A]. ISMA/IFA Technical Conference, International Fertilizer Industry Association, 1970: 3. 1-3. 23.

[63] 王宝贞，邵刚. 放射性废液蒸发器的设计与运行 [M]. 北京：原子能出版社，1976.

[64] R Williams, R Walker. Efficient heat transfer by submerged combustion [J]. Gas Engineering & Management, 1997, 37 (7): 32-33.

[65] Henry J. Moore. Water heater with submerged combustion chamber [P]. US 4660541, Apr. 28, 1987.

[66] L B Jason. Consider submerged combustion for hot water production [J]. Chemical Engineering Progress, 2002, 98 (3): 48-51.

[67] W I Weisman. Applications of submerged combustion in industrial waste treatment [A]. 8th Purdue Industrial Waste Conference, Purdue University, USA, 1953: 363-367.

[68] E M Burdick, C O Anderson, W E Duncan. Application of submerged combustion to processing of citrus waste products [J]. Chemical Engineering Progress, 1949, 45 (9): 539-544.

[69] Geza L. Kovacs. Promoted oxidation of aqueous ferrous chloride solution [P]. US 4248851, Feb. 3, 1981.

[70] Hackenberg C M, Andrade A L. Transient surface temperature of superheated bubbles [A]. Veziroglu TN. Particulate phenomena and multiphase transport [C]. Washington: Hemisphere Pub. Corp., 1988: 377-382.

[71] Lage P L C, Hackenberg C M. Simulation and design of direct contact evaporators [A]. Veziroglu TN. Multiphase transport and particulate phenomena [C]. New York: Hemisphere Pub. Corp., 1990: 577-592.

[72] Campos F B, Lage P L C. Simultaneous heat and mass transfer during the ascension of superheated bubbles [J]. International Journal of Heat and Mass Transfer, 2000, 43 (2): 179-189.

[73] Campos F B, Lage P L C. Heat and mass transfer modeling during the formation and ascension of superheated bubbles [J]. International Journal of Heat and Mass Transfer, 2000, 43 (16): 2883-2894.

[74] 许玉东，聂永丰，岳东北. 垃圾填埋场渗滤液的蒸发处理工艺 [J]. 环境污染治理技术与设备，2005，6 (1): 55-59.

[75] Bernard F. Duesel. Leachate evaporation system [P]. US 5342482, Aug. 30, 1994.

[76] John D. Young, Ernest A. Fischer. Method and apparatus for disposing of landfill produced pollutants [P]. US 4838184, Jun. 13, 1989.

[77] Tchobanoglous G, Theisen H, Vigil S. Integrated solid waste management: Engineering Principles and Management Issues. Mcgraw-Hill, Inc. 1993, 121-360.

[78] Farquhar G，Rovers F. Gas production during refuse decomposition. Water，Air and Soil Pollution，1973，2：493-495.

[79] Christensen T，Cossu R，et al. Sanitary landfilling：Process，Technology and Environmental Impact. London，UK：Academic Press. 1989，237-328.

[80] UNEP，OECD. Guidelines for national greenhouse gas inventories. Bracknell：IPCC，1995：150-189.

[81] 侯贵光. 垃圾填埋气体产气模型研究 [D]. 北京：北京师范大学，2003.

[82] 彭绪亚，吉方英，肖波，刘国涛. 垃圾填埋气的产生及其影响因素分析. 重庆建筑大学学报，1999，21 (6)：66-99.

[83] 杨军，黄涛，张西华. 有机垃圾填埋过程产甲烷量化模型研究. 环境科学研究，2007，20 (5)：81-85.

[84] 黎青松，郭祥信，梁顺文. LFG 控制利用工程基本参数的试验研究. 城市环境与城市生态，1999，12 (5)：11-13.

[85] Garder N，Manley B，Probert S. Assessing landfill gas production prospects from brief pumping trials at refuse infills. Applied Energy，1990，37：1-11.

[86] Piccot S，Watson J，Jones J. A global inventory of volatile organic compound emissions from anthropogenic sources. J. Geophys. Res.，1992，97：9897-9912.

[87] Olivier J，Bouwman A，Van der Maas C，et al. Emission database for global atmospheric research（EDGAR）：Version 2. 0. Stud. Environ. Sci.，1995，65：651-659.

[88] Klimont Z，Streets D，Gupta S，et al. Anthropogenic emissions of non-methane volatile organic compounds in China. Atmos. Environ.，2002，36：1309-1322.

[89] Umweltminsterium Baden-Württemberg. Konzeption zur minderung der VOC emissionen in Baden-Württemberg. Bericht der VOC landeskommission. Luftboden-abfall，Heft 21，Stuttgart，Germany. 1993.

[90] Varshney C，Padhy P. Emissions of total volatile organic compounds from anthropogenic sources in India. J. Ind. Ecol.，1998，2：93-105.

[91] Wei W，Wang S，Chatani S，et al. Emission and speciation of non-methane volatile organic compounds from anthropogenic sources in China. Atmos. Environ.，2008，42：4976-4988.

[92] Smet E，van Langenhove H，De Bo I. The emissions of volatile compounds during the aerobic and the combined anaerobic/aerobic composting of biowaste. Atmos. Environ.，1999，33：1295-1303.

[93] Thomas C，Barlaz M. Production of non-methane organic compounds during refuse decomposition in a laboratory-scale landfill. Waste Manage. Res.，1999，17：205-211.

[94] Komilis D，Ham R，Park J. Emission of volatile organic compounds during composting of municipal solid wastes. Water Res.，2004，38：1707-1714.

[95] 何品晶，曾阳，唐家富，等. 城市生活垃圾初期降解挥发性有机物释放特征. 同济大学学报（自然科学版），2010，38 (6)：854-869.

[96] Ran L，Zhao C，Geng F，et al. Ozone photochemical production in urban Shanghai，China：Analysis based on ground level observations. J. Geophys. Res.，2009，114.

[97] Knox K. The relationship between leachate and gas，Proceedings of Energy and Environment Conference，Published by ETSU，Harwell. 1990.

[98] Deipser A，Stegmann R. The origin and fate of volatile trace components in municipal solid waste landfills. Waste Manage. Res.，1994，12：129-139.

[99] 张益，陶华主编. 垃圾处理处置技术及工程实例. 北京：化学工业出版社，2002.

[100] 姚道坤，等. 中国膨润土矿床机器开发利用. 北京：地质出版社，1994.

[101] Broderick G，Daniel D. Stabilizing compacted clay against chemical attack. Journal of Geotechnical Engineering，1990，116 (10)：1549-1567.

[102] 赵晓霞，王宪恩. 石灰在填埋场防渗层中的改性研究. 环境科学与技术，2005，28 (5)：32-34.

[103] 史敬华，赵勇胜，洪梅. 垃圾填埋场防渗衬里粘性土的改性研究. 吉林大学学报：地球科学版，2003，33 (3)：355-359.

[104] 生活垃圾卫生填埋技术规范（CJJ17—2004）.

第四章
放射性固体废物的处置

第一节　概　　述

一、放射性固体废物的来源和分类

（一）废物来源

随着核工业和包括核能在内的核技术应用的发展，人类赖以生存的生态环境已面临日益受到放射性污染的严重局面。

所谓放射性乃是一种不稳定原子核（放射性物质）自发地发生衰变现象，与此同时放出带电粒子（α射线或β射线）和电磁波（γ射线）。这种发生放射性衰变的物质称作放射性核素，有天然和人工之分。天然存在的放射性核素（同位素）具有自发放出射线的特性，而人工放射性核素（同位素）虽同样具有衰变性质，但核素本身必须由人工通过核反应方能产生。

特定核素的每个原子发生自发衰变的概率，通常以半衰期 $\tau_{1/2}$（即核素原子减少一半所需的时间）表征，其在衰变期间所放出的射线种类和能量大小，均由该核素的原子核结构所决定。人们常以放射性活度来量度放射性的强弱，它的国际制单位为贝可勒尔，符号为 Bq，其物理量为 1 核衰变/秒（即 $1Bq=1s^{-1}$），曾使用的强度单位为居里（Ci），与前者的关系为：$1Ci=3.7\times10^{10}Bq$，或 $1Bq=2.7\times10^{-4}Ci$。单位质量放射性物质的活度称作比活度（A_m），用 Bq/kg 表示，单位体积物质的活度称作放射性浓度（A_v），用 Bq/m^3 或 Bq/L 表示。

环境中的放射性污染源，主要来自以下四种途径[1,2]。

（1）**核武器试验**　20 世纪 80 年代以前成百上千次进行的大气层核试验造成的环境污染面积覆盖全球，其中称作落下灰的沉降物主要是放射性核素锶 90（$\tau_{1/2}=28$ 年）和铯 137（$\tau_{1/2}=30$ 年）。随着核爆炸试验转入地下，大气层和地表所受的放射性污染已有所降低，但对核素的地下迁移仍需继续注意监控。

（2）**核设施事故**　历史上曾多次发生重大核事故，如 1986 年前苏联发生的切尔诺贝利核电站事故，举世震动，由于涉及区域有效地采取了应急举措，污染得到控制。核事故给人们的安全教育意义深刻。因此，一般核设施（特别是大型）在设计阶段的周密安全计划和生产运行期间的强化管理和检查是不容忽视的。

（3）**放射性三废泄出**　核工业各系统及核技术（包括核能）应用部门在操作或处理放射性物料过程中不可避免地均会产生具有放射性的气、液或固态废物（前二者大多最终也以固态存在）。所有这些释入环境的放射性物质是形成环境放射性污染（即所谓的核污染）的主要来源。

（4）城市放射性废物 位于都市区域的使用核技术单位（科研中心、学校、医院等）产生的"城市放射性废物"，其中气态和液态的较少，通常多以六种主要形式出现。即：①沾有放射性的金属、非金属物料及劳保用品；②受放射性污染的工具、设备；③散置的低放废液固化物；④以放射性同位素进行试验的动、植物尸体或植株；⑤超过使用期限的废放射源；⑥含放射性核素的有机闪烁液。尽管这些废物的比活度不高，但若管理不当，对人口密集的城市安全仍属潜在威胁。

（二）分类

由于放射性废物具有各种不同的来源，而不同来源的核废物，其组成、性质以及放射性水平差别较大，因而对它们的处理及处置措施也有较大的差异，为便于管理，需要科学地加以分类。

核废物分类的依据，除形态之外主要有：放射性比活度或放射性浓度，核素的半衰期及毒性。目前尚无被世界各国所普遍接受的放射性废物分类体系。我国参照国际上一般原则，制定了一种代号为 GB 9133 的放射性废物分类国家标准。其中固体废物分为超铀（即铀后，指原子序数高于 92 的任一元素，均由人工制成，且半衰期均很长）废物和非超铀废物两类，后者又按废物中所含核素半衰期长短分成四类，每一类再分别按其比活度分为三个等级，具体分类标准及数值如表 6-4-1 中所列。

表 6-4-1 我国放射性废物分类标准[3]

类别	级别	名称	放射性浓度 A_v/(Bq/m³)			
气载废物	I	低放射性废物	DAC*（公众）$<A_v\leqslant10^4$ DAC（公众）			
	II	中放射性废物	10^4 DAC（公众）$<A_v\leqslant10^8$ DAC（公众）			
	III	高放射性废物	10^8 DAC（公众）$<A_v$			

类别	级别	名称	放射性浓度 A_v/(Bq/L)			
液体废物	I	弱放射性废物	DIC**（公众）$<A_v\leqslant3.7\times10^2$			
	II	低放射性废物	$3.7\times10^2<A_v\leqslant3.7\times10^5$			
	III	中放射性废物	$3.7\times10^5<A_v\leqslant3.7\times10^9$			
	IV	高放射性废物	$3.7\times10^9<A_v$			

类别	级别	名称	半衰期分段及各段放射性比活度 A_m/(Bq/kg)			
			$\tau_{1/2}\leqslant60d$	$60d<\tau_{1/2}\leqslant5a$①	$5a<\tau_{1/2}\leqslant30a$②	$30a<\tau_{1/2}$
固体废物	I	低放射性废物	$7.4\times10^{4③}<A_m$ $\leqslant3.7\times10^7$	$7.4\times10^{4③}<A_m$ $\leqslant3.7\times10^6$	$7.4\times10^{4③}<A_m$ $\leqslant3.7\times10^6$	$7.4\times10^{4③}<A_m$ $\leqslant3.7\times10^6$
	II	中放射性废物	$3.7\times10^7<A_m$ $\leqslant3.7\times10^{11}$	$3.7\times10^6<A_m$ $\leqslant3.7\times10^{11}$	$3.7\times10^6<A_m$ $\leqslant3.7\times10^{10}$	$3.7\times10^6<A_m$ $\leqslant3.7\times10^9$
	III	高放射性废物	$3.7\times10^{11}<A_m$	$3.7\times10^{11}<A_m$	$3.7\times10^{10}<A_m$	$3.7\times10^9<A_m$
超铀废物			含有原子序数>92 的任一元素，$\tau_{1/2}$很长，$A_m>3.7\times10^6$			

① 包括放射性核素钴 60（$\tau_{1/2}$）=5.271a。

② 包括放射性核素铯 137（$\tau_{1/2}$）=30.17a。

③ 对仅含天然 α 辐射体的固体废物，下限值为 3.7×10^5 Bq/kg。

注：1. *DAC（公众），公众导出空气浓度（Civil Derived Air Concentration）=年摄入量限值/参考人一年内吸入的空气体积（即 1.0512×10^5 m³）。

2. **DIC（公众），公众导出摄入浓度（Civil Derived Intake Concentration）=年摄入量限值/参考人一年内食入的水量（即 8.03×10^2 kg）。

3. 年摄入量限值（Annual Limit of Intake，ALI），一年内某一种放射性核素的摄入量，其对参考人的照射达到职业性照射的年剂量当量限值。

应当注意的是铀矿山及铀水冶厂中产生的废矿石及尾矿，其比活度大都居于低放射性固体废物标准下限值，按说应不属放射性废物范围，但由于它们的数量一般均很大，且因暴露于空间并向大气中释放氡气造成对周围环境的放射性污染影响，按照我国有关规定，必须将其作为一种特殊废物加以妥善管理。具体要求是：凡含天然放射性核素比活度在 $(2\sim7)\times10^4$ Bq/kg 范围的废矿石和尾矿砂，应建坝存放，若比活度超过此上限值时应建库存放[4]。此外，凡属伴生放射性的矿山资源，如稀土矿和某些有色金属矿等，其中常含不容忽视量的天然放射性核素，在其开采及加工过程中产生的废矿渣及冶炼尾矿，也应参照有关规定加以建坝或建库处置。

二、放射性固体废物的产生、产量与特点

（一）产生

前已述及，绝大部分的放射性废物系来自核工业，而核工业的主体是在反应堆中"燃烧"的核燃料的生产、利用及回收。我国自 20 世纪 50 年代以来，发展了以铀为燃料的压水堆。随着核燃料的重复使用形成了示于图 6-4-1 中的核燃料循环的特点。

按照核燃料循环的组成，其循环大致可分为如下六个主要阶段。

（1）铀矿的开采和冶炼 有开采价值的铀矿至少需含有万分之五（质量比 0.05%）的 U_3O_8，低于此值的称作贫矿，虽也有开采，但产生的废矿石量占绝大部分，需要付出的价格也高。冶炼过程就是要把矿石中的极少部分的 U_3O_8 提取出来。

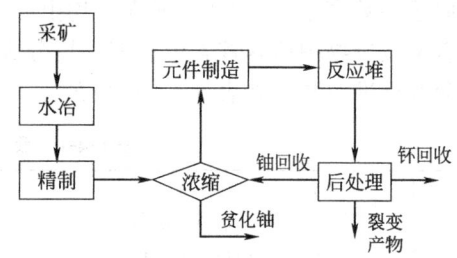

图 6-4-1 轻水型核反应堆核燃料循环

（2）精制（纯化和转型） 即将铀浓缩物去除所有的宏量杂质（包括硅、铁、硫、钍、钴、钒等），并减少所有吸收中子的元素（如镉、硼、锆和各种稀土等）至验收合格的痕量浓度。然后将纯化产物转换成 UF_4（绿盐），再还原成金属铀或铀氧化物，或制成 UF_6 作为下一工艺过程的原料。

（3）浓缩 通过人工方法，借助气体扩散工艺，提高 ^{235}U 在原材料中所占 0.72% 的比例，有时需高达 98%（质量分数）的浓度（民用堆一般采用含有 2%～3% 的浓缩燃料）。

（4）元件加工 金属燃料由 U-Mo 和 U-Zr 组成，要求性质各向同性，且能在高温下安全运行，一般将其烧结成棒状或制成小块或涂碳的小球，并用锆-4 合金或不锈钢薄片作包壳，最后组装成束状燃料组件，并仔细调整保持固定排列。

（5）电力生产 燃料元件应用于核反应堆中，构成核燃料循环的中心，其所在位置必须经过最严格的技术检查评定。

（6）后处理和废物处置 当封装的可裂变组装物料在反应堆中部分燃烧之后，将其从反应堆中取出置于乏燃料贮存池中冷却，待大部分放射性衰变后，运往后处理厂进行分离转换并回收，在这里产生出含有大量裂变产物等杂质的核废物，其量多，且比活度高，构成处理处置的重要部分。

在以上核燃料循环的各个阶段均有不同种类和数量的废物产生，表 6-4-2 列出核燃料循环中相当于压水堆核电站年发出 1GW（1×10^9 W）电力的核废物生成量。

放射性废物的处置是废物处理的最后工序，所有的处理过程均应为废物的处置创造条件。废物处理的全流程包括废物的分类收集、废液废气的净化浓集和固体废物的减容、贮

存、固化、包装、运输、处置等，如图 6-4-2 所示。

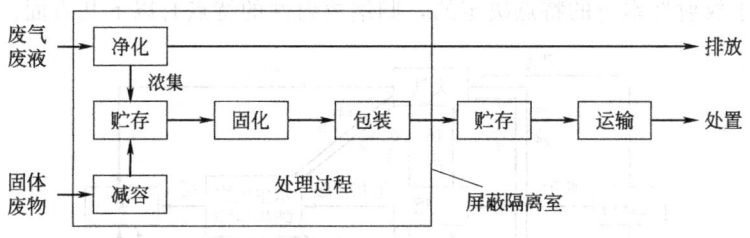

图 6-4-2 放射性废物处理流程系统示意

尽管放射性废物的来源、组成、放射性水平各有不同，但根据保护环境、减少和避免放射性污染的需要，对它们的治理过程基本上应遵循图 6-4-2 中的过程。所有核废物的最终出路则是将放射性废物固化体运输至尽量与自然界隔绝的处置场或处置库中存放。这种处置方式是放射性对环境造成污染的性质所决定的。

（二）产量

核燃料循环各阶段放射性废物的产生量无严格标准。不同国家、不同生产厂家所采取生产工艺、处理方法均有较大差异，表 6-4-2 列举的数据可供参考。

表 6-4-2 核燃料循环中废物的产生量 ［相当于压水堆核电站产生 1GW（e）/a］

过程	产生的废物种类和数量
采矿	$(2.55\sim4.65)\times10^6$ t 废石，$(5\times10^7\sim10^8)$ m^3 排水（$10^{-5}Ci/m^3$）
水冶	$(0.85\sim1.55)\times10^5$ t 尾矿（含 50～100CiTh，50tU）
转化（湿法）	$(1\sim2)\times10^3 m^3$ 低放射性废液［含 $(5\sim10)$ mCi^{226}Ra，$(2\sim4)$ mCi^{230}Th，$(60\sim150)$ mCiU］
浓缩（扩散法）	低放射性废液（含 U10kg，浓度 $10^{-7}Ci/m^3$），50t 低放射性固体废物
UO$_2$ 燃料制造	$20m^3$ 低射性放固体废物（含 U 约 200kg）
压水堆电站	洗衣房和去污废水：$3000m^3$ 树脂： $(10^2\sim10^3)Ci/m^3$；$3\sim8m^3$ 　　　　$4Ci/m^3$；$0.6m^3$ 　　　　$1Ci/m^3$；$10\sim30m^3$ 过滤器芯子：$(50\sim500)Ci/m^3$；$3\sim10m^3$ 　　　　$5Ci/m^3$；$0.1m^3$ 　　　　$3Ci/m^3$；$3m^3$ 滤渣和蒸残液：$(0.5\sim5)Ci/m^3$；$30m^3$ 控制棒等：$10Ci/m^3$；$0.5m^3$ 低放射性固体废物：$275m^3$
后处理 （PUREX）	高放射性废物：$175m^3$，浓缩后 $13m^3$；0.5×10^8Ci（一年后） 脱壳废物：$12m^3$（12t），0.7×10^6Ci（一年后） 中放射性废物：废液 $10\sim100Ci/m^3$；$30\sim2000m^3$， 　　　　有机废液 $0.5m^3$（10Ci） 　　　　固体废物（沸石等）$2m^3$ α-废物：废液 $80m^3$，浓缩后 $2m^3$； 　　　　可燃固体废物 $20m^3$（含 Pu 2kg） 低放射性废物：废液 $1300m^3$； 　　　　固体废物 $50m^3$

注：表中未给出废气的数量。

（三）污染特点

在自然环境中，放射性可通过不同途径进入人体造成放射性污染，典型的污染通路如图

6-4-3 所示。一旦出现这种情况，不仅对人身带来严重威胁，并将为公众和社会所强烈关注，这种后果是由于放射性本身的特点决定的，归纳放射性的特点有以下几方面。

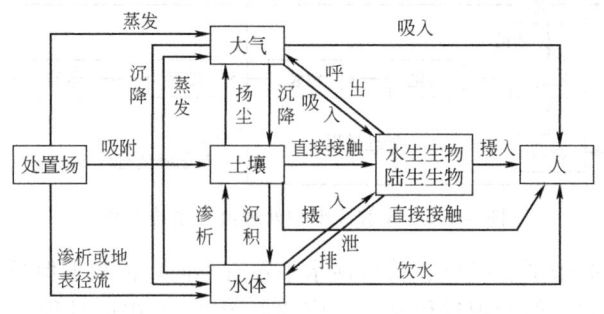

图 6-4-3　放射性进入人体的途径示意

（1）放射性具有电离性质，其污染通过不同射线（α、β、γ 等）所夹带的不同穿透能力而不为人们的感觉器官所觉察，只能依靠辐射探测仪器加以探明。因此，其污染效应是隐蔽和潜存的。

（2）放射性物质不能用化学的（通过化学药物）、物理的（通过温度、压力等外界条件）或生化的作用加以去除，只能靠其自然衰变而减弱，一般需减至千分之一（0.1%）即减少十个半衰期可达到无害化程度，由于不同核素半衰期长短的差异性，这一要求对中低放射性废物中常含有的核素 ^{137}Cs、^{90}Sr 来说需保存 300 年的时间，而对铀后核素如钚而言需保存成千上万年。

（3）放射性核素的毒性一般远超过化学毒物，由于其污染浓度低，而要求的净化系数高，这就增加了治理上的难度。以放射性浓度约为 10^7Bq/L 的中放射性废液为例，若污染的核素为 ^{137}Cs，则其中铯的浓度只有 10^{-7}mol/L。在如此低的浓度下，要求净化到可以排放的水平（净化系数＞10^7）无疑是十分困难的。

（4）放射性废物的种类复杂，在形态、核素半衰期、射线能量、毒性、比活度等方面均有极大的差异，因而无论是处理或是处置都是严格、复杂而且费用高昂的。

第二节　放射性的辐射性质、单位和防护

一、电离性质

放射性是指不稳定同位素（核素）在衰变时所放出的非肉眼能见的射线。这种射线乃是自原子核内以高速发射出来的带有正电荷的粒子流（α 射线）、电子流（β 射线）或电磁波（γ 射线）。它们均具有很大的能量（动能）。当任何物质受到射线照射时，则彼此相互作用。前者逐渐失去能量，而后者则接受了能量，对于带电离子而言，每单位路程上的能量损失（比能量损失）与受照物质内部的电子密度及带电粒子的电荷呈正比，而与带电粒子本身的速度之平方呈反比。简言之，带电粒子在受照物质中主要通过电离和激发而失去能量。

电离现象乃是在电离过程中，一个带电粒子和受照物质内部的电子相撞，并将其击出，使原子失去一个电子；这时的原子因失去电子而带正电，并和被击出的电子形成离子对。这种运动着的带电粒子的电离强度用比电离表示，其物理意义为带电粒子在受照物质中的路径上每厘米内所产生的离子对数。在同一物质中，电荷数愈大，速度愈小时，其比电离则愈

大。换言之，对于能量相同的粒子，电荷数和能量愈大，比电离也愈大，因此 α 粒子的比电离较 β 粒子的大得多。例如 α 粒子穿过 10^5Pa 压强的空气时，在每厘米路径上产生约 5 万～10 万个离子对，而 β 粒子只产生 0.3 万～3 万个离子对。

所谓诱发现象乃是带电粒子与受照物质相互作用时，将其一定的能量传给原子，使之从基态跃迁到激发态的过程，此时该原子被活化。

不带电的射线，即 γ 和 X 射线、光子束和电子流与受照物质相互作用时，不直接发生电离和激发现象，但由于其他一些作用将产生被称作次级带电粒子（如次级电子、反冲质子、正电子等）的带电粒子。这些次级辐射同样会产生电离和激发作用。在其过程中，带电粒子将能量传递给与之作用的物质而使物质的状态发生变化，若受照物质为生物体则会由于产生生物效应而造成损伤。

射线产生生物效应的程度取决于粒子沿其径迹损失能量的分布方式和单位物质（克）吸收的总能量。射线沿每单位长度径迹上的能量损失称作线能量转移（LET），表作 keV/μW。不同射线有不同的线能量转移，因而相同剂量的不同射线也有不同的生物效应。

二、核辐射量单位

为了度量射线的照射量、受照物质所吸收的射线能量即吸收剂量，以及表征生物体受射线照射的效应，国际上采用的单位如下。

1. 关于照射量（X）

为表示 X 射线或 γ 射线在单位质量元（dm）空气中释放出来的全部电子（负电子和正电子）被完全阻止于空气中所形成的电离电荷量（dQ），国际制以照射量作单位，用伦琴（符号为 R，简称伦）表示，量纲为库仑/千克（C/kg），即 $1R=2.58\times10^{-4}C/kg$。

2. 关于吸收剂量（D）

表示单位质量元（dm）被照射物质平均吸收的辐射能量（d$\bar{\varepsilon}$），国际制单位名称为戈瑞（Gy），量纲为焦耳/千克（J/kg），即 $1Gy=1J/kg$。

暂时专用单位为拉德（rad），$1rad=0.01J/kg$，即 1rad 为电离辐射（包括直接和间接）给予 1kg 物质 $10^{-2}J$ 的能量。

3. 关于剂量当量（H）

为衡量各种辐射所产生的生物效应，用剂量当量（H）表示。由于某一吸收剂量的生物效应与辐射的种类及照射条件有关，要推断其对受照生物体的某一器官或组织的效应，须将吸收剂量乘以某些系数，如

$$H=DQN$$

式中　D——吸收剂量；

Q——线质系数，乃是根据不同射线的线能量转移而指定的数值，例如：对于 X、γ、β 射线，$Q=1$；对于 α 射线，$Q=20$；对于慢中子，$Q=3$；对于快中子，$Q=10$；

N——其他修正系数，一般 $N=1$。

剂量当量表征生物体（人）吸收了辐射能量后可能产生的危害的大小，通常适用于限值附近或限值以下的范围，而不能用于大剂量的事故情况下的照射。

H 的国际制单位名称为希沃特（Sv），量纲为 J/kg，即 $1Sv=1J/kg$。剂量当量的其他单位名称为雷姆（rem），$1rem=0.01J/kg$。

4. 关于剂量率

在辐射防护中常要求限制单位时间内接受的剂量，如单位时间内的照射量，以照射量率 $\dot{X}=dD/dt$ 表示；单位时间内的吸收剂量以吸收剂量率 $\dot{D}=dD/dt$ 表示，单位为 Gy/h 或 rad/s；单位时间内的剂量当量率 $\dot{H}=dH/dt$，单位为 Sv/h 或 rem/s。

现将放射性活度及核辐射量单位换算汇总在表 6-4-3 中。

表 6-4-3　放射性活度及辐射量单位换算对照

项目	国际制单位	其他单位	换算关系	适用范围
放射性活度	贝可(Bq) $1Bq=1s^{-1}$	居里(Ci) $1Ci=3.7\times10^{10}s^{-1}$	$1Bq=2.703\times10^{-11}Ci$	各种放射性核素通用
照射量	库仑/千克（C/kg）	伦琴(R) $1R=2.58\times10^{-4}C/s$	$1C/kg=3.877\times10^{3}R$	只适用于 X 射线、γ 射线
吸收剂量	戈瑞(Gy) $1Gy=1J/kg$	拉德(rad) $1rad=0.01J/kg$	$1Gy=100rad$	各种辐射通用
剂量当量	希沃特(Sv) $1Sv=1J/kg$	雷姆(rem) $1rem=0.01J/kg$	$1Sv=100rem$	各种辐射通用（限于剂量限值附近及以下范围）

5. 关于集体剂量当量（S）

为评价照射所付出的人体危害代价，采用集体剂量当量，以下式表示：

$$S=\sum_i H_i P_i \text{（人·Sv 或人·rem）}$$

式中　H_i——受照群体某一组（i）内 P_i 名成员平均每人的全身或某一器官所受到的剂量当量 Sv 或 rem；

P_i——某一组（i）的人数，单位为人。

表 6-4-4 中列出我国核工业三十年来的环境辐射影响评价结果，该辐射影响是根据通过不同途径释入环境的放射性对核设施周围半径 80km 范围居民产生的集体有效剂量当量来表示的。

表 6-4-4　核燃料循环各系统年均集体剂量当量分布

系统	集体剂量当量/(人·Sv)	分布/%
铀矿冶	1.93×10^{1}	91.5
元件制造	1.09	5.2
同位素分离	5.26×10^{-2}	0.3
反应堆,后处理	6.47×10^{-1}	3.0
合计	2.10×10^{1}	100

注：摘自《中国核工业三十年辐射环境质量评价》。

6. 关于有效剂量当量（H_E）

为评价人体所受总的辐射损伤采用有效剂量当量（H_E）表示

$$H_E=\sum_i H_T W_T \text{（Sv 或 rem）}$$

式中　H_T——T 器官（或组织）接受的剂量当量，Sv 或 rem；

W_T——T 器官（或组织）的权重因子，表示相对危险度。

$$W_T=\frac{\text{T 器官（组织）接受 1Sv 的危险度}}{\text{全身均匀受照 1Sv 的总危险度}}$$

表 6-4-5 列出人体器官和组织的危险度和权重因子。

表 6-4-5　人体器官和组织的危险度和权重因子表

器官或组织	危险度/$(10^{-4}/Sv)$	权重因子 W_T
性腺	40	0.25
乳腺	25	0.15
红骨髓	20	0.12
肺	20	0.12
甲状腺	5	0.03
骨表面	5	0.03
其余组织	50	0.30
小计	165	1.00

　　H_E 反映人体各个器官或组织受照的剂量当量加权后的总和，由于包括内外以及局部照射的任何剂量当量能够相加，因此得出的结果可用同一剂量限值加以衡量。例如：若吸入某种不溶性放射性核素，人体受到不均匀照射，其中肺受到的剂量当量为 0.4rem/a(4mSv/a)，骨表面受到约为 0.2rem/a（2mSv/a），则查表 6-4-5 计算出的有效剂量当量为 H_E=0.4×0.12+0.2×0.03=0.054rem/a，即 0.54mSv/a。

三、核辐射防护

　　我国在核能开发利用的过程中，比较注意安全防护问题。不仅采取了严格的辐射防护措施，还参照国际先例在国内设置专门机构研究辐射防护理论与技术。核工业目前的事故年平均死亡率 [（0.08～0.68）×10^{-3}％] 和职业病年平均死亡率（0.002％～0.016％）均远低于一般工业（事故 0.06％；职业病 0.011％）。尽管如此，鉴于放射性电离辐射的危害作用，有关核辐射防护的规定和标准均须严格执行，以防止和减小其危害并保证职业人员和广大居民的安全。

（一）射线辐射对人体的损伤作用

　　射线的电离辐射作用于人体产生各种生物效应，统称为辐射损伤。当其出现在受照者本人身上时称作躯体效应；当出现在受照者后代身上时则称作遗传效应。

　　辐射损伤的作用过程极其复杂。一般认为这种辐射可使人体内的水分子电离形成自由基（·H，·OH）和过氧化氢（H_2O_2），造成细胞损伤而影响其正常功能，此即所谓间接作用。而直接作用则是使细胞中的染色体或其他重要成分（脱氧核糖核酸 DNA 和核糖核酸 RNA 等）断裂，并引发非正常细胞的出现。损伤的细胞若是体细胞，表现出躯体效应；若是生殖细胞，则表现为遗传效应。

　　放射性电离辐射过程的大致情况见图 6-4-4 所示。

　　辐射损伤又有随机效应和非随机效应之分，前者的发生无剂量阈值，其发生概率与受照剂量大小无关，例如遗传效应和躯体效应中的癌症。后者只在受照剂量超过某一阈值时方会发生，且其效应的严重程度随所受照剂量的大小而异，例如眼晶体损伤形成白内障、性细胞损伤引起生育力下降等。在事故情况下，当全身受到急性照射时可能表现的症状，列于表 6-4-6 中。

　　而小剂量受照的情况与全身急性照射很不相同，众多的资料表明，小剂量照射引起的躯体损伤是可以恢复的。这种康复作用主要依赖于机体自身。

　　国际辐射防护委员会（ICRP）建议，职业性照射一年内容许的最大剂量当量为 0.05Sv（5rem），对广大居民应减小至 1/10 即 5mSv（0.5rem），据研究认为在此剂量当量限值受照下，能够保障人身安全。

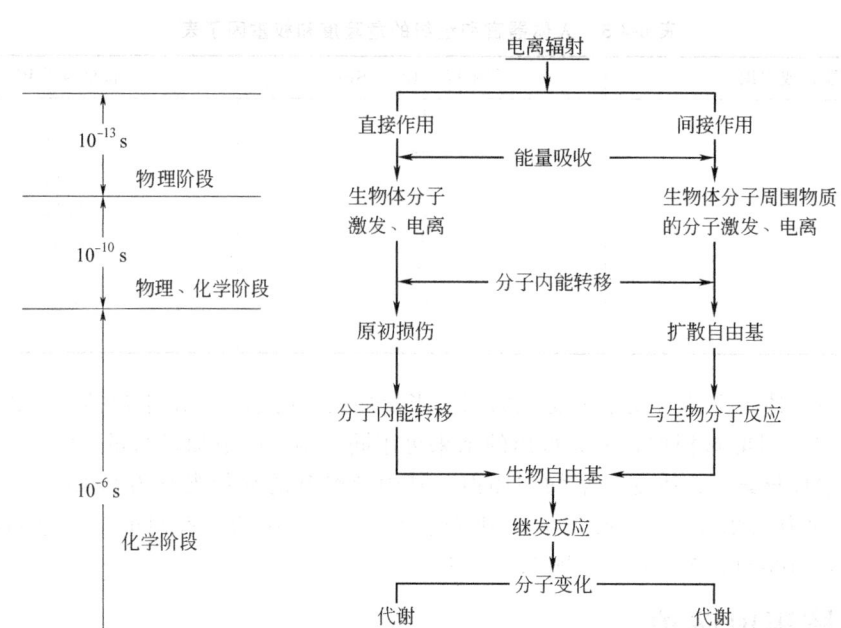

图 6-4-4 放射性电离辐射损伤过程示意

表 6-4-6 全身急性照射时可能出现的效应

受照剂量/Gy	临床症状
0~0.25	无可检出的临床症状,可能无迟发效应
0.5	血象有轻度暂时性变化(淋巴细胞和白细胞减少),无其他可检出的临床症状,可能有迟发效应,对个体不致发生严重效应
1	可产生恶心、疲劳
>1.25	有20%~25%的人可能出现呕吐,血象有显著变化,可能致轻度放射病
2	24h内出现恶心和呕吐,经约1周潜伏期后,毛发脱落,厌食、全身虚弱及其他症状(如喉炎、腹泻等)。若本人以往身体健康或无并发感染,短期可望康复
4(半致死剂量)	数小时内出现恶心、呕吐,潜伏期约1周。两周内可见毛发脱落,厌食,全身虚弱,体温增高。第三周出现紫斑、口腔及咽部感染。第四周出现苍白、鼻血、腹泻、迅速消瘦,50%个体可能致死,存活者半年内可康复
≥6(致死剂量)	1~2h内出现恶心,呕吐,腹泻,潜伏期短。第一周末口腔、咽喉发炎,体温增高,迅速消瘦。第二周出现死亡,死亡率可达100%

(二)辐射防护基本原则

核辐射防护的目的主要是:防止有害的非随机效应的发生,限制随机效应的发生率,使之达到可以接受的水平。此外还应消除不必要的照射源。

根据ICRP在剂量限制制度建议中提出的辐射防护三原则为辐射事业的正当化、防护水平的最优化和个人剂量当量限值。

(1) 辐射事业的正当化　进行任何伴随有辐射照射的行为时 (如建造核电站等),所得利益必须大于所付出的代价 (包括辐射损伤在内) 才能认为是正当的,否则,不应该采取该项行为。

(2) 防护水平的最优化　在考虑了经济和社会因素之后,任何必要的辐射剂量应当保持在可以合理做到的最低水平 (即 ALARA 原则),即为了降低集体剂量当量 (人・Sv 或人・rem) 所需要增加的防护费用,同所减少的损害相比必须是合算的。

(3) 个人剂量当量限值　在满足前两项条件下的剂量水平,对涉及的个人而言,不一定能保证其个人的防护要求。因此,还须满足本条所规定的额度,即个人所接受的剂量不得超过为其规定的剂量限值。

(三) 辐射防护标准

在我国《辐射防护规定》(GB 8703—88) 中,规定了有关剂量当量的限值,列在表 6-4-7 中。

表 6-4-7　我国有关剂量当量的限值[5]

分类	年有效剂量当量限值①	器官或组织年剂量当量限值
辐射工作人员②	<50mSv(5rem)	眼晶体
一次事件的事先计划特殊照射	<100mSv(10rem)	其他单个器官或组织
一生中的事先计划特殊照射	<250mSv(25rem)	
16~18 岁学生、学徒工、已知孕妇	<15mSv(1.5rem)	
公众成员③(含小于 16 周岁的学生、学徒工)	<1mSv(0.1rem)	皮肤和眼晶体

① 不包括医疗照射和天然本地照射。

② 已接受异常照射 [有效剂量当量>250mSv (25rem)] 的工作人员,育龄妇女未满 18 岁个人,不得接受事先计划的特殊照射。

③ 如按终生剂量平均不超过表内限值,则在某些年份里允许以每年 5mSv (0.5rem) 作为剂量限值。

在《城市放射性废物管理办法》中规定:含人工放射性核素比活度>2×10^4Bq/kg (5×10^{-7}Ci/kg),或含天然放射性核素,比活度>7.4×10^4Bq/kg (2×10^{-6}Ci/kg) 的污染物,应作为放射性废物看待,小于此水平的放射性污染物应妥善处置。

国际辐射防护委员会提出以有效剂量当量 $H_E < \sum H_T W_T < H_{限}$ 作为评价辐射危害的标准,并对随机效应与非随机效应加以区分,其详细限值列在表 6-4-8 中。

表 6-4-8　ICRP 评价辐射危害标准

分类	基本限值	
职业性个人	非随机效应:眼晶体　　0.3Sv(30rem)/a	
	其他组织　　0.5Sv(50rem)/a	
	随机效应:	
	年剂量当量限值:全身均匀　　50mSv(5rem)/a	
	不均匀　　$\sum H_T W_T \leqslant$50mSv(5rem)/a	
	次级限值:	
	外照射　年剂量当量指数　$H_i \leqslant$50mSv(5rem)/a	
	内照射　各种核素年摄入量 $I_j \leqslant$ 年限值 $I_{j限}$	
	内外混合	
公众中个人	非随机性效应:任何组织　　50mSv(5rem)/a	
	随机性效应:	
	年剂量当量限值　全身均匀 5mSv(0.5rem)/a	
	不均匀　$\sum H_T W_T \leqslant$5mSv(0.5rem)/a	

（四）辐射防护方法

人体受照方式，其一是位于空间辐射场所接受的外照射，如封闭源的 γ、β 射线或医疗透视时的 X 射线照射等；另一是摄入放射性物质对体内某些器官或组织所造成的内照射，如铀矿职工吸入氡及其子体，或患者饮入示踪剂金 198 或碘 131 等[6]。由于照射方式的不同，对其防护措施有所差异。

1. 外照射防护方法

（1）时间防护　人体受外照射所接受的总剂量为剂量率按时间的积分。因此，尽可能缩短受照时间最为简单有效。

（2）距离防护　在点源窄束下，空间辐射场中某点的剂量率与该点至源间距离的平方成反比关系。因此，离源愈远即可使所受剂量愈少。

（3）屏蔽防护　采用屏蔽的方式，即在源与人体之间加某种屏障体是积极的防护措施，有两种方法：一是对辐射源加以隔离，如将源盛于特制的屏蔽容器内（混凝土、铸铁、铅罐等）；另一是对受照者进行防护，如穿防护装、戴防护镜等。

2. 内照射防护方法

基本原则是隔断放射性物质进入人体的途径，或尽量减少摄入（吸入）量。常用方法如下所述。

（1）稀释、分散　如增加空气污染场所的通风换气量，加大低放射性废液的稀释倍数，加高排气烟囱高度等。

（2）包容、集中　如将放射源存放在铅室或专门容器内，在通风橱（手套箱、温室、热室等）内进行放射性操作，使操作空间与工作人员所处环境隔离。

第三节　放射性污染治理现状与技术改革

我国的原子能技术在其发展中，无论是自 20 世纪 50 年代兴起的核工业与随后形成的完整体系，以及自 80 年代开始建立运营的核电事业，历来重视放射性废物治理与环境保护工作，从矿山、水冶到反应性、后处理乃至科研及核电站等多个系统，均分别或相对集中地建立了必要的废物处理设施，对放射性废液、废气进行了严格的净化和排放控制，因而保障了生产的正常运行，保护了环境和公众安全。表 6-4-4 列举我国核工业 30 年来的环境辐射影响评价结果，表内数据列出整个核工业系统产生的集体剂量远低于许多其他人为活动（如煤矿开采等）对居民产生的剂量。整个核工业系统对半径 80km 范围内居民产生的平均照射水平小于天然本底照射的 0.01%，充分表明我国核工业过去的废物治理和环境保护工作是卓有成效的。

一、我国核废物的治理现状

尽管过去我国的核三废治理对环境保护和公众安全具有重要作用，但应该指出，由于历史上的种种原因，现在我国核工业尚未建成完整的放射性废物治理体系。各类核工业企业核三废治理主要集中于废气和中、低放射性废液的净化处理，以配合生产运行和环保需求。中、低放射性废液的净化方法主要是蒸发和离子交换，由此产生的大量浓集废液（包括高放射性废液）和固体废物现仍存放在贮罐或暂存库中，等待固化处理。而固化处理后的核废物还必须加以妥善的处置。在此之前，所有这些核废物始终是环境安全的潜在污染源。

20世纪70年代中期以后，我国陆续开展了水泥固化，沥青固化和塑料固化技术的开发工作，有关的工程装置已在重点单位建成并投入试运行，有待积累经验。另外还进行了中放射性废液的大体积水泥浇注和水泥压裂的技术开发，后两种处置形式是特殊的，对地域的要求十分严格。在低放射性固体废物处置方面，近年来已开始了浅地层埋藏处置的科研和场址勘察等前期准备。

至于核电站中低放射性固体废物处置场的兴建则是20世纪90年代我国核废物处置工作中的创举，有关本工程的实际情况详见本篇第四章的实例。

在核技术应用中产生的放射性废物，形式复杂，种类各异，其中主要为废辐射源钴60和铯137以及不同来源的杂项废物包括实验室废液，污染的实验器皿，动物尸体和临床诊断治疗中的病人排泄物、污染医疗器物等。这类废物的活度和数量均很小而核素的种类则较多，但多数半衰期较短的。尽管这些废物经过一段时间的存放所含放射性可衰减到无害化水平，但由于产生的来源分散，情况多样，管理上有许多不便之处。

以往我国对放射性废物的管理工作不够严密，曾发生丢失废辐射源的意外事件，甚至造成人身伤害和环境污染。随着有关制度的建立和这类废物管理的加强，我国环保部门除汇同主管部门、卫生部门等颁发《城市放射性废物管理办法》外，还按照"污染集中控制"原则决定在各省会建造城市放射性废物库，集中存放本省非核工业部门所产生的废辐射源和各类放射性废物，以防污染扩散和事故的发生。

另有一种污染面积范围较大，危害影响深远、治理不容忽视的放射性污染源是铀矿和伴生放射性的矿石的开采和冶炼加工中产生的多种带有天然放射性核素如铀、镭、钍等的废渣和尾矿，其量较多，比活度一般不大，目前都是露天堆放或建坝存积，事实表明这种处理终非妥善之策。

近年，国内有不少核设施已终止运行，等待退役，这是核工业面临的紧急新工作，过程复杂，包括设备解体，去污、厂房清理，场地安排以及退役中产生的废物处理处置等。一些复杂结构或污染严重的设施，其解体、去污均有许多特殊的困难，有待开发新技术如远距离控制爆破技术，高效去污等。在退役废物的治理中也有一些新问题如被沾污金属材料的回收使用、放射性废物与非放射性废物的区分等需研究解决。

如上所述，放射性污染是环境保护中不容忽视的一种重要污染源，我国核技术的发展已提上日程，随着改革开放的日益扩展，根据已积累的国内外防治放射性污染的有关经验，一方面既要重视其污染的危害性，另一方面还须采取有力的防治措施，消除各种隐患，开拓进取，放射性的污染是可以有效防治的。

二、有关的技术政策

放射性废物治理的目标是对废物进行有效的处理、处置，防止核素以不可接受量释入环境，使辐射工作人员和公众现在和将来可能受到的辐射损害在允许的限值以下和可合理达到的最低水平，从而保护人类及其环境的安全。

在国家科委发布的蓝皮书中，有关放射性废物处理的技术政策要点如下所述。

1. 要重视和加强放射性废气处理

核设施排出的放射性气溶胶和固体粒子，须经过滤处理，使其含量减至最小程度，符合排放标准。

2. 要改进和提高放射性废水处理水平

铀矿外排废水经回收铀后复用或净化达标排放；铀水冶厂废水适度处理后送尾矿库澄

清，其上清液应返回复用或做达标排放处理；所有核设施产生的放射性废液须强化处理，提高净化效能，减少二次废物产量，并降低净化费用。

放射性废水的排放要保持在可合理实施的最低水平。有关企业须根据治理设施建立和执行限值排放制度，实际的排放浓度必须低于制定的浓度限值。

3. 要妥善处置放射性固体废物

铀废矿石在弃置前，堆体四周进行覆土植被做无害化处理；尾砂坝初期用当地土、石填实，然后用尾砂堆筑，尾砂库须用泥土、草皮和石块覆盖，防止尘土飞扬。

核设施产生的固体废物须装桶送废物库做贮存处置，可燃性放射性废物经焚烧处理后，灰渣装桶或固化贮存中低放射性废液的浓缩物，经减容后做固化处理，在体积缩减并增加稳定度后装桶做浅层埋藏处置，少量的高放射性废物，在大量实验工作的基础上做深地质层处置。

此外，在防治技术上还要求：

① 提高设计质量，减少放射性三废的产生量。

② 加强科学管理，落实经济责任制，提高操作水平。

③ 扩大复用范围，降低废物排放量。

④ 积极推行主工艺生产的革新和改造工作，把三废消灭在生产工艺流程之中，减少废液的产生量和缩减其体积，或以固态替代液体物。

⑤ 强化废物处置的安全性，采用多重屏障法防止放射性核素的转移和迁出。

第四节　铀矿开采及冶炼固体废物的管理

一、铀矿山和水冶的环境污染

铀矿山开采是核燃料生产的为首过程，开采出来的铀矿石经过选矿，送到冶炼工厂（一般为水法冶金厂，采用火法的较少），铀以化学浓缩物的形式被提取成化合物，再送往精制厂做进一步加工，最后被制备成铀棒。水冶厂的位置多设在铀矿山附近以节省运输路程，二者产生的废物性质相近。我国的铀矿山分布在全国 15 个省市，30 多个地县境内，2/3 以上的铀矿山位于山区和潮湿多雨地区，近 1/3 位于丘陵和干旱区。

铀最早是作为镭的副产品加以回收的，世界上铀矿的大量开采和加工始于 20 世纪 40 年代铀核裂变的发现和被用于军事目的。

铀矿山的种类繁多，在自然界中，铀常与其他金属矿物如钍、钒、钼、铜、镍、铅、锆、锡等共生，在其他矿石如磷酸盐岩、硫化矿、煤中也有存在。因此，在其开采和加工过程中不仅产生含铀废物，同时在废物中还存有其他矿物质如砷、钒、铅、铜等，在某种意义上这些稀有金属具有回收利用价值。

铀矿的品位高低不等，单一铀矿石的工业最低品位是 0.05%，作为副产品从其他矿石中回收铀时，铀含量可低到 0.01%～0.03%，我国铀矿石的品位较低，属贫铀类，因此产出的废矿石量较高。

在铀矿石中含有天然放射性核素，这些天然铀的绝大部分为铀 238（占有量为 99.28%）。在铀矿石中还含有铀 238 衰变所产生的一系列放射性子体核素（表 6-4-9）；它们分别放出 α、β 和 γ 射线，其中的氡 226，钋 214 和钋 218 为 α 辐射体，易进入人体，对人的危害较大。在长半衰期核素中，镭 226 的危害最大，其次为铀 238 和铅 210。

表 6-4-9 铀镭系衰变的主要核素及其危害

名称	化学符号	形态	半衰期	辐射类型	危害人体器官
铀 I	$^{238}_{92}U$		$4.5 \times 10^9 a$	α	胃肠道
铀 X_1	$^{234}_{90}Th$		24.1d	β	胃肠道
铀 X_2	$^{233}_{91}Pa$		1.17min	β	
铀 II	$^{234}_{92}U$		$2.5 \times 10^5 a$	α,γ	胃肠道
钍	$^{230}_{90}Th$		$8.04 \times 10^4 a$	α,γ	骨
镭	$^{226}_{88}Ra$		1622a	α,γ	骨
氡	$^{222}_{86}Rn$	气	3.83d	α	肺
镭 A	$^{218}_{84}Po$	气溶胶	3.05min	α	
镭 B	$^{214}_{82}Pb$		26.8min	β,γ	
镭 C	$^{224}_{83}Bi$		19.7min	β,γ	
镭 C'	$^{214}_{84}Po$	气溶胶	$1.6 \times 10^{-4} s$	α	
镭 D	$^{210}_{82}Pb$		22a	β	肾
镭 E	$^{210}_{83}Bi$		510d	β	胃肠道
镭 F	$^{210}_{84}Po$		138d	α	脾
镭 G	$^{206}_{82}Pb$		稳定	—	

铀矿山和水冶产生的废物，尽管放射性水平较低，但排出量大，且分布面广，是核燃料生产过程中造成环境污染的重要方面。

二、铀矿山固体废物的产生、特征及危害

（一）固体废物的产生

铀矿石的开采方式因矿床埋深和技术经济等条件而分为地下式和露天式两种。前一种开采方法的主要工序有掘进、开采、运输、提升等，后者主要有穿孔、爆破、采装、运输等。

铀矿开采产生的固体废物量极大，主要为废矿石开采时挖掘出来的岩石和围岩；露天开采时剥离下来的覆盖岩层和表外矿石，以及分别在预选中拣出的不合格矿石。此外，为了利用低品位矿石或提高矿石品位，在矿山进行堆浸或洗泥等预处理作业时，也有矿渣或尾矿产生。各铀矿山的固体废物出产量差异较大。

我国铀矿开采过程中，由于矿层薄，矿量少，夹石多以及开采方式不同，采出的废石量，各矿山不尽相同：露天式开采的剥采比大，贫化率高，一般开采 1t 铀矿石需采出 $1 \sim 6t$，有时高达 $6 \sim 8t$ 废石；地下式采掘时根据矿体赋存条件和地下采掘比，每开采 1t 铀矿石，约需采出 $0.5 \sim 1.2t$ 废石。此外，为了减少废石远距离运输和处理量一般采用放射性选矿法，通过此法选出的废石率约为 $15\% \sim 30\%$，目前我国铀矿采掘出来的废石总量约为 $28 \times 10^6 t$，占地面积在 $2.5 \times 10^6 m^2$，由此可见，铀矿山的固体废物量是很大的。

（二）特征

铀矿固体废物的主要特征，除了量大且分布面广外，更为主要的是属于低比活度放射性物质，在矿石中含有天然放射性核素，半衰期长，衰变过程放射出 α、β、γ 射线和放射性气体。废石中含铀量平均 $(1 \sim 3) \times 10^{-4} g/g$ 岩石，比一般土壤中天然本底值高 $4 \sim 10$ 倍；含镭量为 $(1.8 \sim 54) \times 10^3 Bq/kg$，比一般土壤中天然本底值高 $1.5 \sim 25$ 倍；其表面 γ 辐射剂量率为 $(77 \sim 200) \times 10^{-3} Gy/h$，比一般地面土壤高 $3 \sim 15$ 倍；其表面氡析出率 $(7 \sim 200) \times 10^{-2} Bq/(m^2 \cdot s)$，比一般地面平均高 $5 \sim 70$ 倍，露天的废石受风吹、雨淋、冲刷等外界作用使所含有害物质游离于自然界构成对人体危害并造成环境污染，废石场为一个潜在的放射

性污染源[7]。

（三）危害

铀矿尘呈细散状颗粒，悬浮于空气之中，通过吸入而进入人体，其主要危害来自铀矿中所含有的游离二氧化硅颗粒，但固有的放射性危害也不容忽视。

放射性核素的衰变产物及子体常附着于尘粒，形成结合态，随其自矿石或废石裂隙扩散到大气中，从而增加矿尘对人体的危害作用，除吸入后对支气管上皮基底细胞层及肺组织诱发肺癌，产生吸附损害正常机能引起尘肺病外，还能刺激眼膜，引起角膜炎。

据报道日生产 1500t 矿石的铀矿山，每分钟排出的废气约 6000m³，在排风口附近铀浓度较高，经大气稀释扩散，可迅速下降，我国一般铀矿井排风量 30～40m³/s，相应排出的铀矿尘 50～100mg/s。在排风井附近的土壤和蔬菜中的放射性物质含量，如表 6-4-10所示。

表 6-4-10　铀矿排风口附近介质放射性物质含量

距离/m	介质	铀/(g/g 土)	镭/(Bq/kg 土)	总 α/(Bq/kg 土)
100	土壤	$(0.3～1.8)×10^{-2}$	$(1～6)×10^2$	$(1～4)×10^3$
	油菜	$(1～1.5)×10^{-4}$	$(0.35～1.2)×10^2$	$(0.24～3.7)×10^2$
500	土壤	$(0.1～1.5)×10^{-2}$	$(1～4)×10^2$	$(0.8～3)×10^3$
	油菜	$(0.5～1.4)×10^{-4}$	$(0.3～1)×10^2$	$(0.18～3.9)×10^2$

进入土壤中的铀、镭，通过农作物的根部吸收，可蓄积在根、茎、叶、皮、果实各部位，其转移系数各有不同。当土壤中含铀量增高，稻米中的含铀量也相应增高，但增加幅度有限。天然铀自土壤转移到稻米中的系数为 $(1～100)×10^{-4}$，而镭自土壤转移到植物中的系数为 $(1～600)×10^{-4}$。

天然铀对人体的危害主要为化学毒性，进入体内的铀量愈多，其化学毒性愈明显，甚至使人忽视了其放射性毒性的危害。进入体内的镭，主要蓄积在骨骼中，其占有量可达体内总量的 95%，镭的亲骨性，破坏造血功能，引起骨癌。人体内镭的生物半排期为 25 年，其对机体主要是造成辐射损伤。

三、铀尾矿的产生、特征及危害

（一）铀尾矿的产生

经过开采的铀矿石，采用湿法冶炼技术（水冶法）生产铀化学浓缩物（重铀酸铵或三碳酸铀酰铵）和核纯铀（二氧化铀）。铀矿石种类不一，矿物组分和化学成分复杂，加之矿石品位高低，采用的水冶流程各有差异，其基本工艺如图 6-4-5 所示。

根据矿石成分，加工工艺和使用化学药剂，所产生的废物有不同的成分和性质。

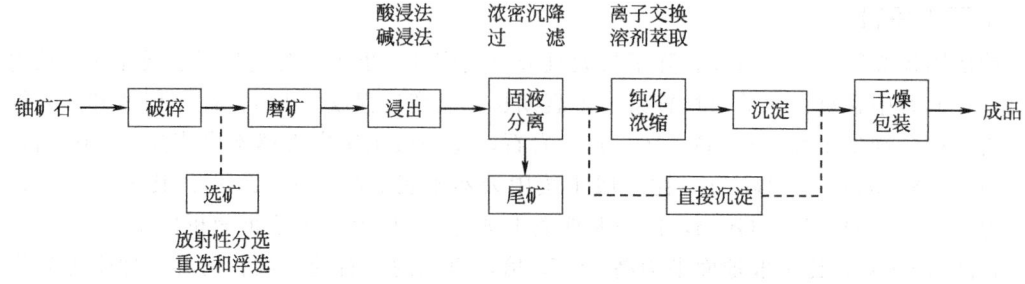

图 6-4-5　铀水冶工艺基本流程

铀水冶厂产生的固体废物主要为矿石经提取铀后的尾矿，此外，还有污染的设备、管道、过滤介质、包装材料、劳保用品等。其中尾矿的产生量大致与原矿石数量相等，所含化学成分也与原矿石不相上下，由于铀已被提出，尾矿中的残留铀一般不超过原矿石含量的10%，但原矿石中的铀系子体，除氢气及短寿命子体在矿石破碎，磨细、加热和搅拌等过程中释放而去外，其余绝大部分均残留在尾砂内。例如：尾砂中所含镭即占原矿石镭含量的95%～99.5%，尾矿中保留了原矿石总放射性的70%～80%。

在经过水冶过程排放的尾矿浆中含有粗砂、细泥和水。通常每处理 1t 铀矿石，大约排出 1.1～1.2t 包括废渣的尾矿，其中粒子小于 0.074mm 的尾泥约占总量的 2/3。尾泥的含铀量较粗砂高 3～6 倍，含镭量较粗砂高 5～20 倍。多年来，我国铀水冶厂排出的尾砂量约 30×10^6 t。若按平均堆放高度 4m 计算，约需占地 3.75×10^6 m^2。

尾矿中的含铀量为 $(0.8 \sim 2) \times 10^{-4}$ g/g 砂；含镭量为 $(2 \sim 12) \times 10^3$ Bq/kg 砂；总 α 比活度约 $(74 \sim 380) \times 10^3$ Bq/kg 砂，均较土壤中天然本底数值高 2～10 倍。尾矿的氡析出率在 0.5～3.3Bq/($m^2 \cdot s$)；尾矿库空气中的氡浓度在 $(22.4 \sim 185) \times 10^{-2}$ Bq/L，较天然本底高 3～15 倍，其表面 γ 辐射剂量率在 $(100 \sim 300) \times 10^{-8}$ Gy/h，较天然本底高 20 余倍，铀尾矿属低比活度放射性固体废物，是值得重视的环境污染源。

（二）特征及危害

铀矿尾矿通常与水冶厂排出的废液合并，经中和或不经中和，排入工厂附近的专用尾矿库贮置，在这里的液态物中的固体颗粒因重力作用沉于库底，水相或返回工厂复用，或自然蒸发，或渗入地下，或排入附近河流。当库身被沉积固体填满后则成为尾砂堆。

尾砂体积大，且含铀、镭等放射性物质，其中的微细砂泥受雨冲刷流失，在一定程度上，造成严重的环境污染。国内外，因尾矿坝损坏而引发的尾砂流失事件偶有发生，堆积在河流附近的尾砂进入水体后，由于镭的再溶解而使水中的放射性水平升高。尾矿堆受雨水或地面径流冲刷，淋洗而污染附近土壤及地下水源。

我国湖南某地铀水冶厂废液全部输往尾矿库贮存，其渗漏水对附近鱼塘、井水造成污染。根据采样测定，塘水含镭：$(0.7 \sim 2) \times 10^{-2}$ Bq/L；含铀：$(0.1 \sim 0.62) \times 10^{-5}$ g/L；总 α：$(8 \sim 16.7) \times 10^{-2}$ Bq/L。井水中含镭：$(0.7 \sim 1.5) \times 10^{-2}$ Bq/L；含铀：$(0.02 \sim 0.06) \times 10^{-5}$ g/L；总 α 比活度：$(6.6 \sim 21.8) \times 10^{-2}$ Bq/L。在库区周围种植的稻米中含镭 0.16～0.3Bq/kg；含铀 0.08～0.14Bq/kg；蔬菜中含镭 0.05～0.52Bq/kg；含铀 0.12～5.4Bq/kg。

尾砂造成的污染，特别要提到随意利用尾砂作建筑材料的问题。早年美国某镇曾以尾砂与水混合作为住宅、商店、机场等建筑物的敷面材料，结果造成了广泛的放射性污染，以致有相当数量的住宅由于辐射水平过高超过限值而不能居住，有一座小学长期门窗关闭，室内氡气超标 20 倍，同时对附近未受污染地区所做的调查，该镇的婴儿出生率较低而唇腭缺损率及先天变异死亡率较高，显然受有扩散的污染影响。

另外，在尾矿库上方空气中也有放射性测出。国内某库面空气取样的分析结果是：总 α 比活度 $(1.2 \sim 20) \times 10^{-6}$ Bq/L；含铀量 0.02μg/m^3；氡 222 子体潜能值 $(0.9 \sim 2) \times 10^{-4}$ μJ/L；γ 辐射剂量率约 200×10^{-8} Gy/h。在尾砂库外 250m 处空气中铀浓度 3.5×10^{-5} mg/m^3；总 α 比活度 3.4×10^{-6} Bg/L；在库外 500m 处空气中铀浓度 2×10^{-5} mg/m^3；总 α 比活度 0.1×10^{-6} Bq/L。这些数值均较对照点天然本底数值高约 1～5 倍，有的甚至高达十余倍，与美国矿业局所报道铀尾砂库上空氡平均浓度高于本底值的 9～25 倍在同一量级。

关于铀水冶厂废气污染环境而致的危害是很明显的。我国某铀水冶厂附近关键居民组因吸入氡、吸入铀 238＋铀 234 和食入氡或铅所致的内照射剂量分别占总剂量的 78％、12％和 10％。

四、铀矿石及水冶的辐射防护原则与措施

铀矿石的采、冶企业同属核工业的一部分，所有核设施的建设工程（包括新建、改建及扩建）以及正常生产或退役均有放射性辐射防护的严格要求以保证在安全的条件下运转。为此，必须实施辐射防护原则，采取积极的有效措施以防止非随机效应和限制随机效应的发生率，使从业人员及公众受照射剂量达到可接受的水平[8]。

（一）辐射防护原则

铀矿的开采与水冶作业，需要坚持的辐射防护原则如下。

（1）开展定期或不定期一定地区范围的天然放射性本底调查或现状辐射水平调查，并做出辐射环境质量评价。

（2）执行主体建设工程与辐射防护措施及放射性"三废"治理项目的同时设计，同时施工，同时验收与投产的三同时制度。

（3）尽可能选定近矿或就矿的建厂方案，避免铀矿石的长距离运输，减少沿途的放射性污染范围。

（4）严格三区原则布置工业场地，监测区和居住区应满足辐射防护监测距离和环境保护的要求。

（5）正确选择铀矿开采及冶炼技术，尽可能更新装备，注意在提高产量的同时减少氡的析出量。

（6）定期监测矿、厂有害因素，防止污染物质（放射性及非放射性）的扩散和积累，检测个人剂量，并做出评价。

（7）核设施的退役应进行妥善的处理与处置，保证达到无害化程度。

（二）辐射防护措施

根据铀矿开采及冶炼工艺，可采取的辐射防护措施如下。

1. 铀矿开采的辐射防护措施

（1）尽可能利用废矿石充填矿井采空区，减少露天堆存量。

（2）采用综合的防尘法降氡（包括通风、水帘、密闭、防护等）措施，减少空气中的有害物质含量。

（3）加强辐射防护的管理工作，配备一定数量的专业人员，督促并检查漏洞，进行及时的有效补救。

（4）注意运输车辆及管道的密实性，做到不撒漏，不扬尘，减少沿程污染。

（5）采用防护到人的措施注意监测与检查。

2. 铀水冶的辐射防护措施

（1）强调铀水冶企业的开放型放射性生产，应按三区原则进行总平面布置，并按当地最小频率的风向避开有害物质对居住区的影响。

（2）合理建设（包括尾矿库、尾矿输送、回水、排水）完整的铀尾矿设施，系统地避免和减少铀尾矿对环境的污染和辐射危害。

（3）在采用湿式作业时，应注意铀矿石含水率对氡析出的一定影响。

（4）完善和严格对铀尾矿的处理，采取有效措施防止和减少氡的析出，避免尾矿高堆

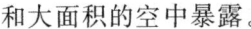

和大面积的空中暴露。

（5）减少风吹雨淋对尾砂的扩散转移作用，有效地对尾砂进行最终处置。

五、铀矿固体废物的管理

（一）含铀废石的治理

对于铀矿山的含铀废石，国外至今仍采取堆放弃置或作为回填矿井的充填材料。为了回收其中的铀，采用了堆浸和洗刷两种方法，将浸出液返回水冶厂进一步加工。

堆浸法最宜浸出粒度小于50mm的碎石，一般用2%～5%的硫酸溶液作浸出剂，此法适用于处理含硫化矿物的砂岩型铀矿废石，因其具有多孔性而无需细碎，同时此种矿物质在细菌作用下能产生酸分，可使自然浸出过程加快。堆浸的药剂也可利用铀水冶厂排出的废酸，如含有高铁和残余硫酸的萃余液等以及利用矿山排出的废矿坑水配制硫酸溶液作堆浸剂[9]。据报道，含铀为0.02%～0.05%U_3O_8的废石，堆浸后可回收其中50%～80%的铀。浸出液平均含铀1.2g/L，废石中余量降至0.012%～0.015%。

洗泥法适用于砂岩和砾岩型铀矿石，此种矿石的砂、砾含铀量均少，主要呈黏结状，包裹在外表面。经过废酸洗刷后，铀进入泥堆中，这时可将砂、砾作尾矿排弃，废酸液返回作浸矿剂，矿泥则送往水冶厂进一步处理。废石经洗刷过程，尾矿可减少至原来的50%～75%，含铀量为原来的10%～15%。

我国目前对铀矿废石的治理，尚无统一的标准和规定，根据多年的生产实际情况，有关主管对此提出如下三条基本思路。

（1）在铀矿山设计时，应全面规划，合理布局废石的堆弃作业，既考虑今后的回收利用，同时要选定安全可靠而又地点集中的场所，做出妥当安排。

（2）在铀矿开采时，应综合利用，化害为利，尽量将废石回填到井下采空区或回收其中的铀金属。

（3）在设计和生产的全过程，均应采取措施，尽量减少废矿石的产出率，并加强对采出废石的管理，防止对周围环境的污染。

关于铀废石的治理方法，各地均有其特殊性，归纳起来，有以下几种。

1. 设置永久性废石场

从长远考虑，在矿山开采的设计期间，同时应估计采掘出来的废石总量，确定并建立永久性废石场，以处置不够工业品位，或品位较低，包括表外矿的铀矿石等废石。废石场位置的选择既要安全，并要集中。若是建在山沟，其下方需筑以挡土墙或拦石坝，并修建防洪及排水沟渠，防止雨水的冲刷流失。若是设在平地，则其周围也应砌以挡土墙并挖设排水沟以控制其占地范围，减小污染面。

2. 回填井下采空区

我国铀矿山最常用的地下采矿方法为充填、崩落、留矿及空场法等，其中以充填法为主要方法。该法每采出1t铀矿石约需0.27m³（干式）或0.46m³（水砂）的充填料。对于采用其他各种方法的采场，在开采以后，也应尽量利用废石进行空场处理，以减少地面堆置的空间。

我国最早开采的某座大型铀矿山，矿床埋藏较深，矿石和围岩稳定，采用竖井开拓，上向水平分层干式充填采矿法，每年从地下采掘的大量废石，基本上全部作为矿山井下采空区充填料。

其具体做法是：利用已有的探矿和采矿天井与相关水平层的永久性充填井相贯通形成系统，再与地表的废石场联通。在充填井的外部，利用已采的采场作储料仓，通过电耙道和斜分支井与充填井沟通，如此构成完整的填充体系，纵剖面如图 6-4-6 所示。实践证明，此种处置铀废石的方法既利用了废料，又缩减了充填期，降低了采矿成本，并有利于环境保护。

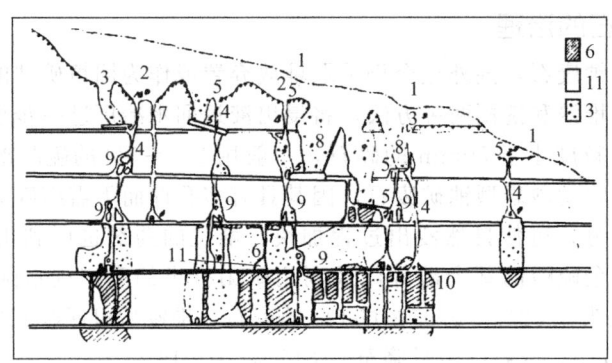

图 6-4-6　铀矿山废石填充系统

1—原地表线；2—采石场；3—充填料储料库；4—充填井；
5—耙运充填料的电耙道；6—浇灌站；7—河砂溜井；8—井下堆浸场；
9—检查井；10—残留矿柱及未采矿体；11—已填充区

3. 回收废石中铀金属

我国某中型铀矿采冶联合企业将矿石品位较低，水冶成本高，适宜于堆浸的铀矿石，采用地表堆浸法回收铀金属。

该堆浸场位于距采矿区近 1km 的公路旁，三面环山，在经场地平整，清除杂草后，沿自然山坡铺设防漏层，于其最低处设集液管，使浸出液沿此管自流流入贮槽，但低浓度浸出液则以泵返回或供另堆作浸出剂使用。此外，设有检漏系统以监测堆浸场底部的渗漏情况，在其靠山坡地段设排水沟，以防雨水流入浸场内部。

采用的浸出剂为浓度 10～100g/L 的硫酸，堆浸时间 120d，浸出液铀浓度在 1g/L 以上，具有明显的经济效益和环境效益。

4. 退役铀矿山废石的治理

当矿山资源枯竭，不再有新的矿石来源时，须对废石及时进行处置，处置方式可因地制宜。

若是露天开采剥离的废石场，可采取就地覆盖或将废石返送到露天坑内并覆土造田。前种方式简单易行，需费较省，适用于人口稀少，土地需求较低的地区。否则宜采用后一种方式。例如我国某首批建设的大型铀矿山，现已全面退役转民，该矿共采掘积存废石（包括矸石）近 3×10^6 t，堆石占地达 1×10^8 m²。为安全处置，经多种调研比较，认为采用直接植被和覆土植被法最为适用。

该矿对一处坐落在农田之中且距居民区最近、堆积量达 3.54×10^5 t，占地 1.1×10^4 m² 的废石场取样分析，其中矸石的硬度低，易风化成泥质，决定以直接植被法处置。首先将斜坡加以整理，并沿顶部沿锥体开挖坑槽，在其四周以成活率较高的草皮铺植，再在坑内点载窝草（外置区布设如图 6-4-7 所示）。经过治理后的勘察及监测，植被全部存活，表面封闭率近 100%，已完全改变矸石山的自然景观。

矸石山植被后的两年，空气中氡的浓度降低了 38%，接近当地本底水平，α 气溶胶降低

24%，矿区 300m 以内的公路 γ 辐射剂量降低 47.5%，粉尘含量降低 46%，周围鱼塘中的铀含量也有减少。

但需注意的新问题是淋浸雨水的汇集和处理；草本植物对核素的浓集与炊用以及处置区的禁止人畜进入，植被破坏等。

另一种处置废石的方法较适宜应用于建设在山沟的铀矿山，其法是在废石场的下方砌筑拦石坝，而在其上方和两侧设置排水沟以防洪水冲刷。

此外，应根据废石中放射性比强，在废石表面覆盖一层黄土或其他覆盖材料，并根据所种植作物或草类保持一定坡度。若植被灌木，坡度不得超过 25%。

（二）铀尾矿的治理

铀尾矿对环境的污染与有色金属、黑色金属选矿厂产生的尾矿污染相比较，其最大的特点：一是前者带有放射

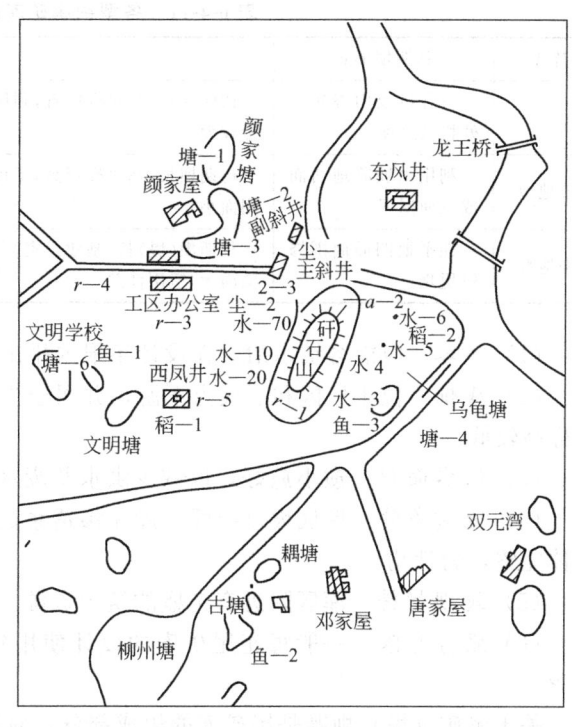

图 6-4-7 直接植被处置铀矸石及周围测点布设实例

性的危害，另一是产出量多于水冶前的原矿石量。我国的铀矿石经过水冶以后，尾砂多以矿浆状态排出，迄今产生的铀尾矿已达数千万吨。

铀尾矿的处理方法有湿式与干式两种，后者在含铀粉煤灰中提取铀，由于其工艺过程排出的干尾矿含水量过高，运输困难，我国已不采用。湿式尾矿处理一般由尾矿库（包括坝）、矿浆输出系统，尾矿水（处理）、回用及排放系统等组成。如图 6-4-8 所示。

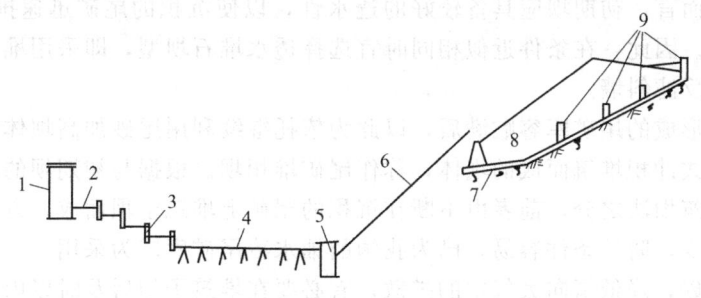

图 6-4-8 铀尾矿湿式处理系统流程
1—主厂房；2—尾矿自流槽；3—跌落井；4—高架自流槽；
5—油隔离泥浆泵站；6—尾矿输送管道；7—排洪管；8—尾矿堆积坝；9—排洪井

铀尾矿对环境和健康的危害，源于尾矿库内贮存的大量含放射性的尾砂及废水，除了输运系统的任何泄漏会造成污染外，尾矿库的渗溃、决、垮坝事件将带来不同程度的灾难性后果。因此铀尾矿管理的重点在于尾矿库的选址和尾矿坝的建设上。

尾矿库的类型有山谷、坡地和平地之分，各型的成坝及特点，如表 6-4-11 所列出。其工程量主要受地形及地貌制约，在库址选择时需综合考虑以下因素。

表 6-4-11 各型铀尾矿库的成坝及特点

库型	初期坝形式	主要特点
山谷型	在谷口或山谷狭窄处拦截筑坝	初期坝短,基建投资省,利用尾矿堆坝的工作量小,维护管理简单方便,暴雨洪水量较大
坡地型	利用山坡阶地两面或三面围坝	初期坝长,基建投资高,工程量大,维护管理复杂,安全度小,暴雨洪水量较小,适用面小
平地型	在平地四面周围修筑堤坝	初期坝(堤)长,基建投资高,工程量大,维护管理困难,暴雨洪水量小,对环境污染面大,适用性差

（1）库容　应能容纳水冶厂在设计年限内排出的全部尾砂,并留有适当余量。

（2）库址　位于厂区和居民点下游,并居于当地最小频率风向的上风侧,距厂区较近,且标高较低。

（3）汇水面积　愈小愈好,以减少洪水及废水排量。

（4）地质条件　库底坡度要缓;库床渗透系数要小,避开地震区影响,无断裂段存在,岩体完整,岩性均一。

（5）筑坝材料　库区附近有丰盛的筑坝资源。

（6）服务年限　一般每座尾矿库的设计使用年限不大于 20 年以减少放射性污染源的积累。

关于尾矿（堤）坝既是尾矿库的组成部分,对尾矿起有不可缺少的拦阻和保留作用,它的坝（堤）基的选择较库址尤显重要,更应全面考虑综合比较而后确定。

在铀尾矿库的工程等级和防洪标准方面,鉴于此类库一旦发生事故对环境的污染和危害较一般水库和冶金企业尾矿库的事故后果更严重,同时善后的处理和恢复也更困难,因此对它们的要求更为严格。根据目前的情况,我国铀矿冶尾矿库出现事故的概率要远远小于一般相同容量的水库和冶金尾矿库。

初期坝使用当地材料土或石建造,对坝型的选择与当地可供筑坝的材料性质和储量,以及气候、施工、投资造价等条件有关。当后期以尾矿堆筑坝体时,初期坝即作为整个坝的支撑棱体。从整体而言,初期坝应具备较好的透水性,以使沉积的尾矿迅速排水,加速固结,增加其力学强度。因此,在条件近似相同时宜选择透水堆石坝型,即采用堆石坝或堆石与卵石组合坝,并设反滤斜墙。

在初期坝所形成的尾矿库容贮满后,以此为依托继续利用尾砂加高坝体而使库容不断增大。按照这种方式冲积堆筑而成的坝体,称作尾矿堆积坝。根据与初期坝的相对位置,有上游、下游与中线筑坝法之分,前者由不断在沉积的尾矿上堆筑子坝而成,方法简便,占用劳力及耗用机械较少,防护条件容易,已为我国的铀水冶尾矿库广为采用。

为了稳定尾砂,降低氡向大气中的扩散,有必要在堆筑子坝后及时以山坡土或腐殖土覆盖外坡,并植以草皮或撒种草籽,以减轻力和降水的热带影响。实践证明:在尾矿上面覆土 0.5cm 可降低氡析出率 84.3%,减弱 γ 辐射强度 87.6%,在尾矿坝外坡覆土植草,可以有效地防止暴风雨对尾矿的袭击和搬运。

当初期坝为不透水的均质坝,又采用上游筑坝法堆筑后期坝体时,其浸润线常自初期坝顶以上逸出,造成初期坝体的全部饱和,甚至沼泽化,对其稳定性带来不利影响。为降低浸润线高度,增大坝体下游坡的干区范围,减少渗透水外溢,在建设期间应以控制浸润线勿使在下游坡出现为原则,通过坝体内适当位置布设的排渗盲沟、排渗管及排渗褥垫等疏水系统,使渗水有组织地流入集水泵房,提高其稳定性。

（三）铀尾矿的管理和退役处置

铀尾矿管理主要是防止铀尾矿设施发生一般性事故，包括跑、冒、滴、漏尾矿，并对全部设施进行必要的维护与修理，确保铀尾矿的排出、输送、堆存和尾矿库的防洪、排洪、回水等作业的正常运行，使对环境的污染降至最低程度。

在《尾矿设施管理条例》中，从技术规程上完善了铀尾矿设施的管理。

尾矿坝的溃垮为铀尾矿设施的灾难性事故，其产生的主要原因由于坝体失稳、渗透破坏、排洪构筑物故障或泄洪不畅引起洪水漫过坝顶所致。作为运营及管理单位则应按照设计要求，加强监测资料的记录、整理和分析，以查明出现异常现象的原因，及时采取防范对策。通常对尾矿库的监测项目主要有：①尾矿坝形态；②孔隙水层；③浸润线；④渗透流量等，通过取得的数据，可作为判断坝体的稳定性、滑坡的可能性及破坏趋势等的依据。

关于尾矿库的退役处理，目前属新课题。美国规定退役尾矿库处置分两步进行，即稳定化和覆盖。前者使之成为稳定的构型，防止塌垮造成流失，扩大污染范围，而后者在于防止风雨冲刷侵蚀及氡的释放并减弱 γ 辐射[10]。具体标准是：

（1）稳定期要求保持 1000 年，至少保持 200 年不维修，由于镭的半衰期长，要求坝的稳定时间越长越好。

（2）覆盖后尾矿氡的析出率平均应低于 $0.75Bq/(m^2 \cdot s)$。

（3）保护地下水中的放射性核素和非放射性有害物质浓度符合联邦政府规定。

近年来，我国开展铀尾矿库的退役处置研究，根据在尾矿库表面覆土的试验表明对氡析出率和 γ 辐射强度的降低有显著效果，所得出的结果如表 6-4-12 所列。

表 6-4-12 我国对铀尾矿覆土效果的试验结果

序号	测量位置	覆土厚度 /m	覆土面积 /m²	平均 ^{222}Rn 析出率 /[Bq/(m²·s)]	平均 γ 辐射吸收剂量率 /(10⁻²μGy/h)
1	黄土层			0.048	5.0
2	尾砂堆			1.922	90.0
3	尾砂堆上覆盖黄土	0.5	5	0.302	11.3
4	尾砂堆上覆盖黄土	1.0	3	0.255	8.6
5	尾砂堆上覆盖黄土	1.5	3	0.186	8.0

尾矿库退役处置工作量与库型及库区规模有重要关系，涉及的人力、物力及财力也是巨大的，从长远的环境保护与公众的保健来考虑，必将提上议事日程。

第五节 中低水平放射性废物地层处置

一、概述

由反应堆和后处理厂以及其他核科学研究单位、实验室产生的低水平放射性废物，包括受沾染的废弃设备、化学试剂和药品、杂碎物件、废树脂、过滤器芯、防护用品等。对这类放射性固体废物的处理，国际上通常采用焚烧（可燃部分，生成的灰烬体积可减小至原体积的 1/15），压缩（能压实者，一般可缩小至原体积的 1/3～1/7）或不作处理地与经蒸发处理后的中水平放射性废液残渣固化物一并当作中低水平放射性固体废物进行地下埋藏处置。

所谓地下埋藏是将上述的这类废物放置或贮存在土层的处置设施中，以待其中的放射性物质自然衰变而消失其毒性。根据废物中所含放射性比活度、核素半衰期、射线类型，或将其置于近地表层（坟堆式）或地下层（壕沟式）内（浅层处置）或置于地质结构层（深层处置），前者适用于处置中低水平的放射性固体废物，后者只应用于高放射性废物[11]。这种处置法虽然耗资颇多，但可较理想地减少和消除放射性对环境和人体健康的危害，因而是有核国家普遍采用的一种处置放射性固体废物的方法。

地层处置放射性固体废物的区域称作处置场。由处置单元、构筑物（辅助设施、办公室、值班室等）和场区所组成，处置单元直接与待处置的固体废物体相接触，单元规模、大小及个数根据需要处置的废物量决定。每个单元分别设置隔离墙，使其与邻近的单元隔开，单元间的隔离墙连同底板及顶盖沟由混凝土或钢筋混凝土制备，也可依据废物性质由砖或黏土砌筑，其主要功能是限制渗出液夹带放射性核素纵向和水平方向的逸出。

图 6-4-9 为地上坟堆式浅地层处置单元的剖面，示出覆盖层、处置单元、渗析液收集、垫层及地面排水等。置于处置单元内部的废物及其包装桶的存放时间在数百年，需要精心地建造和长期的维护和监控。图 6-4-10 为已完成和关闭（封场）的放射性固体废物处置单元的剖面，图中单元隔离层、地表排水系统、渗析液收集、监测井、覆盖层等均为满足环保要求的整个处置单元的组成部分。

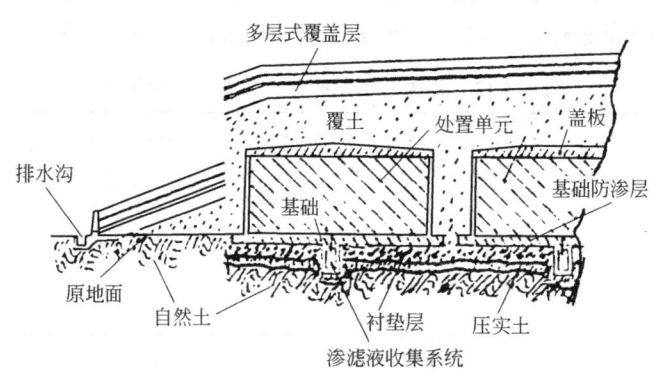

图 6-4-9 中低放射性固体废物处置单元剖面示意图

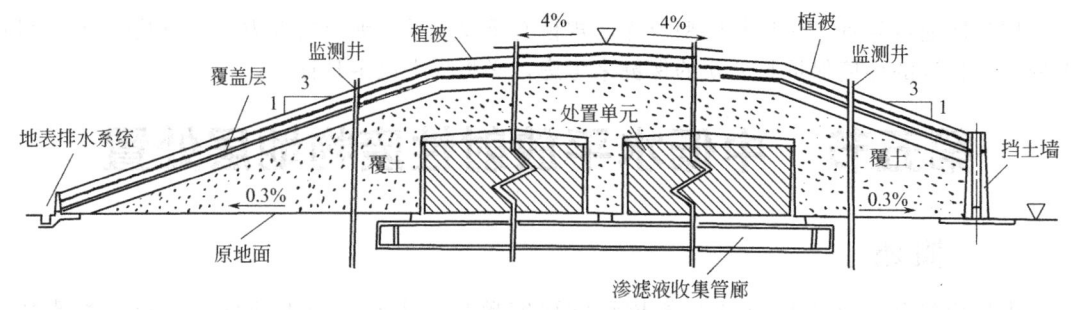

图 6-4-10 已完成和关闭的坟堆式放射性固体废物处置单元剖面

我国对产生的中低放射性固体废物按《低中水平放射性固体废物的浅地层处置规定》（GB 9132—88）执行，该规定涉及的浅地层乃指地表或地下一般在 50m 以内具有防护覆盖层，有或没有工程屏障的地层[12]。以此规定实施的我国第一座中低放射性固体废物处置场已着手建设，可望在近期投入运营。

在我国实施的上述标准中，强调指出：凡属新建、扩建或改建放射性废物处置场以及处置场的选择方案、确定场址，乃至它的设计、运行、关闭各过程的实施均须通过正当的审批程序。此外，对采用这种处置方式还提出两项基本要求：①在处置场范围内，应有效地防止放射性核素在相当长的一段时期（按 300～500 年考虑）以不可接受量向环境扩散；②在正常运行和事故情况下，以不同途径释出的放射性物质对公众中个人造成的年有效剂量当量不得大于 0.25mSv（25mrem）限值。

兴建处置场的首项工作是确定需要处置的废物种类及其物理化学性质，并充分估计产生的体积与数量。这些资料的提供，对场区的设计、管理以及确定所需规模和设备均是十分重要的。其次要选定合适的处置废物的场地，然后是设计、施工、运行、管理等。

二、场地选择

放射性废物土地处置的可行性，除直接与废物本身的类型、性质与数量有关外，尚与多种因素包括：技术（土壤和场地特性、地域条件等）、社会（公众的观念和可接受性）和经济（资金筹措及贷款方式等）以及废物产生地的距离、土地的使用现状及规划情况等有关，处置场地的设计和管理方案因场地性质和条件而异。

处置场地的选择与确定为一项连续的需要反复评价论证的工作。按其过程一般可分为三个相连贯的阶段，即：

（1）区域调查　本阶段需要广泛调查可供选定作处置场地的若干个一定范围的地域，对各自的稳定性、地震可能性、地质构造、工程地质、水文地质、气象条件和社会经济因素等分别做出倾向性的初步评价，以供选定参考。

（2）场地初选　本阶段旨在进一步通过现场踏勘和分析研究有关的技术、人文和社会资料，对初选的若干个可选场地进行评选，并确定 3～4 个候选场址。

（3）场地确定　在前两阶段工作的基础上，对 3～4 个候选场址进行详细研究和包括代价利益的分析比较，并通过一定的审批程序最终确定 1 个合适的最佳场址。

适合于处置放射性固体废物的场址的条件和需要取得的技术资料如表 6-4-13 中所列举的内容。

表 6-4-13　放射性固体废物浅地层处置场选址条件

序号	场地特性分项	要求条件	需要资料
1	场地地震及区域稳定性	(1)地震烈度低； (2)地区长期地质稳定	地区地震及地层构造,海啸及涌浪情况,地应力、地面抬升或沉降速率,地面侵蚀速率
2	场地地质构造及岩土特性	(1)地质构造简单,断裂及裂隙不太发育； (2)处置层岩性均匀,面积广,厚度大,渗透率低； (3)岩土具较高吸附和离子交换能力	岩土的矿物成分、胶体颗粒含量、天然湿度、酸碱度、孔隙率、渗透率、吸附能力和离子交换容量、力学性能等
3	工程地质	(1)状况稳定； (2)建造费用低； (3)能保证场地长期正常运行	避开崩塌、岩堆、滑坡区；山洪、泥石流区；岩溶发育或矿区采空区；活动沙丘区；尚未稳定的冲积扇及冲沟地区；高压缩性淤泥、泥炭及软土区

续表

序号	场地特性分项	要求条件	需要资料
4	水文地质	(1)地质条件较简单； (2)最高地下水位在处置场底板之上，不与地下水相连； (3)无洪水淹没可能； (4)对露天水源无污染影响	附近河流、水溪、湖泊的流量、水位、流速及洪水位；地下水补给源、径流及排泄点；地下水与地表水的水力联系；地区水资源利用状况；地下水类型及化学成分；水、岩土与核素间的物化反应、核素迁移途径及速度；地下水长期稳定性及影响因素，河流改道的可能性；土壤毛细上升高度
5	气象	(1)相互关联的同时观测气象要素，求出其频率分布； (2)判断产生长期环境条件有害影响的气象资料	气象要素包括风速、风向、大气稳定度、气温、湿度、降水量、蒸发量和雾等。有害气象资料包括龙卷风、台风、大风、沙暴、暴雨、降雪、冰冻和冰雹等
6	地形地貌	(1)有可利用的自然条件； (2)土地搬运量少； (3)有天然黏土层供衬里和覆盖使用	避开容易发生水污染的洼地和山谷
7	社会、经济及其他	(1)避开文物古迹和古生物化石区； (2)避开人口密集、公园和风景区； (3)搬迁人口少； (4)无不利于建场的其他因素	查明地区现有交通运输、供水、供电、土地使用与征购以及未来发展等状况

由于处置的固体废物中放射性物质的存在期长达数世纪，作为土地处置选定的场地首先需具备该地区固有的地质、水文以及土壤特性的充分说明，应强调指出该处置设施所在位置不仅不蕴含不稳定的水文地质条件，而且不致因人为因素（开挖河流、建造水库、修建机场或军事试验场，或发生危险品爆炸事件等）遭到破坏。此外还应估计地下水及污染物迁出的可能途径，具备实际的定期或不定期取样监测具体措施。为了确保土地处置的安全性，处置场地不应设在古迹遗址、公众游乐场、重要的农业区以及野生动植物保护区内，类似这样的一些问题都是必须在选址期间加以重点调查、分析和论证的。

三、入场废物条件

放射性固体废物的浅地层处置需要有严格的控制和管理措施，以确保其不致对人类健康和环境造成较大的危害。

在土地处置场的设计和运行中必须对入场的废物加以严格的限制，并进行必要的监督和制度管理，做出记录，以备查询。废物的入场条件应以表 6-4-14 中的规定为标准。

表 6-4-14　中低放射性废物浅地层处置场的入场标准

项目	入场条件
放射性特征[①]	1. 半衰期：$5a < \tau\frac{1}{2} \leqslant 30a$ 2. 比活度：$A_m \leqslant 3.7 \times 10^{10} Bq/kg$
废物性状	1. 固态物(游离液体体积＜废物体积1%)； 2. 具足够的化学、生物、热和辐射稳定性； 3. 比表面积小，弥散性低，核素浸出率低； 4. 不产生有毒气体，无腐烂物，无三致物，不含自燃或爆炸物
包装体(废物必须包装)	1. 具足够的机械强度； 2. 质量、体积、形状尺寸适宜装卸、运输操作，应符合放射性物质安全运输规定； 3. 表面剂量当量＜2mSv/h(200mrem/h)[距表面1m处的剂量当量＜0.1mSv/h(10mrem/h)]

① 凡属 1. 半衰期 $\tau\frac{1}{2} \leqslant 5a$（比活度不限）的废物；2. 在 300～500a 内比活度能降至非放射性固体废物水平的其他废物，也可考虑接收。

四、处置场设计

放射性废物浅地层处置场设计的指导思想必须把安全摆在第一位，除要保证在处置场的正常运行期间和发生事故情况下对操作人员和周围居民的安全性，还必须保证处置的放射性核素在可能返回人类生物圈的任何时候都不致超过允许水平。为了确保安全，重要的是不使或尽量减少放射性物质向外层的散逸或漏出，当作为屏障的岩土地层不能满足这一基本要求时，可以安排设置工程屏障以弥补场地自然条件的不足，增强其安全性。这种多重屏障的建立，乃是处置场设计的组成部分。

处置场的基本功能是接受合格包装的固体废物，并将其有序地安放到处置单元中去。处置单元的容量大小和个数应根据处置废物总量加以规划做出，并仔细进行布设。

（一）防水、排水与工程屏障

场区的防水与排水是设计过程需要重点考虑的问题。表 6-4-15 举出防止水进入处置场的方法和措施。

表 6-4-15　处置场防止水进入的方法和措施

序号	防水方法	工程措施
1	选定距地下水位较高的地区	必要时采用井点或其他方法降低地下水位
2	疏导地表径流	布设排水沟、拦洪渠等
3	防止雨水积聚	填平洼地，注意绿化，抽走积水
4	合理选用覆盖材料并加植被	采用多层覆盖层
5	及时封盖处置单元	加设盖板
6	加强场区管理与检查	布设地下水监测孔道

场区的排水设计，目的在于保证处置场的地面积水能畅通排出，除了需根据地形、地貌及场区建筑物布局设置排洪渠道、排水沟、排水管等系统外，凡属对有利于减少积水的举措如处置单元的回填、覆盖层结构、地表处理、植被、绿化等均需进行妥当的布置。

前文提到的工程屏障，即在废物与土地之间加设隔离层以阻挡二者的直接接触，可以防止地表水和地下水向处置单元的渗入，工程屏障由渗透性小的黏土、膨润土或混凝土等材料组成。其构成和厚度的设计，应由岩土的渗透性、吸附性、地表径流量和地下水位等场址特性决定。

（二）基本工程设施

在固体放射性废物处置场的设计中，基本工程设施包括土方工程与处置单元的衬垫处理。

1. 土方工程

土方工程包括平整土地、开挖单元基底、修筑边墙或围栏，以及借入覆盖土或搬运废岩石堆等。同时还为基建使用的有关材料准备堆放位置。所有这类作业需使用挖土、推土、压土、运土等机械完成。机械的类型和数量取决于土方工程的性质和工程量大小。

采用单元处置的埋藏法，其优点是可以减少雨水渗透和控制浸出液产生，各单元之间的隔墙需耗用大量材料与人工及机械。若使用混凝土材料时，则有大量的钢筋及砂、石、水泥等有待堆存、搬运及施工使用的搅拌和机械等的布设。

土方工程还需包括场区道路、安全带及防护林建设在内。

2. 衬垫层处理

处置单元衬层的作用在于防止渗析液流出污染周围的土壤和水体并阻止地下水的渗入，

从而控制渗析液生成。衬垫层的材料有人造及天然两类，前者为人工合成膜材，渗透性很低，但吸附性能很差；后者为淤泥、黏土之类的土层，具有较强吸附性能，但渗透性较高。通常由于土壤易于获得，多选用黏土作衬垫材料。

衬垫层应铺设在具有一定支撑力、能承受上部和下部压力变化的地基上，当废物堆压或地层上升时，不致遭到破坏。其占地面积应覆盖所有可能与废物或渗析液接触的处所。

放射性核素透过衬层的迁移速度与载体水的运移速度有关，衡量水的透过能力用渗透率表示，亦称水力系数，其单位为 cm/s，实际上可用以检验不同材料垫层所代表的相对迁移量。放射性固体废物浅地层处置场要求衬垫层的渗透率可参考危险废物填埋场的同样数值，以不大于 1×10^{-7} cm/s 为宜。实践证明在相同地质条件下，减少土壤的孔隙率可降低其渗透性，而压实是一种有效的提高土壤阻水性能的方法，且以机械压实更见成效。

若处置场当地取土不敷垫层使用时，可采取向附近地区借调或掺进其他如蒙脱土或膨润土等。这时所填加之量必须保证混合土壤的渗透率勿超过限值。

衬垫层功能的发挥状况可通过场地周围地下水质的监测结果加以确定。一旦出现污染，唯一的举措是尽可能减少处置场内的渗析液，及时以不透性材料对可疑地点进行覆盖或隔断，同时定期抽排。

关于处置场衬垫层设计的进一步说明详见上一章中的有关内容。

（三）场区基础设施

场区基础设施为处置场提供整体的正常运行条件，为保证其在工作期间有效安全地发挥全部功能，必须按全场的总体规划进行安排。

1. 出入口

须特别注意出入口与通道行驶路线的布置，应使车辆的进出方便，同时须注意沾污区与非沾污区的有效控制，在入口处布设遮拦和种植树木，并进行适当的美化，不仅可将场内作业与外间隔开，而且可增加精神文明的感受。

2. 废物接受站

对进出车辆进行控制和记录，需要配备的装置和设施有：①运输车辆和运输容器的检查装置（包括剂量率、表面沾污仪、货单验收清单）；②卸出废物包装体和验证装置；③辐射监测报警系统；④处理破损容器的设施；⑤运输设备的去污装置和去污废物的处理设施。根据运输车辆的多少，接受站可以单独设置，也可和行政办公室合在一起。

3. 办公及实验分析设施

场区内的建筑物面积、类型和数量取决于处置放射性废物总量和处置场使用年限以及环境因素等。一般应包括综合办公室、剂量安全分析实验室、仓库、值班室、车库等。所有这些建筑都应考虑以下因素：①满足有关规划、防火和安全的规定与要求；②提供电力、供水、卫生、电话等服务设施的便利条件；③符合场内管理、档案保存、记录检查、清洗维修以及文体保健等的要求。

4. 福利设施

处置场应为工作人员提供专门的福利设施包括食、宿、休息的生活用房、淋浴设备、急救设备、驾驶员和随车助手以及来访人员的招待住所等。根据清污分区制原则，这些建筑若场区占用面积不能满足安全要求时，应考虑建在场外的适当地段。

5. 其他设施

由于工作性质、需要配备工作人员更衣及人身去污、人身及环境监测、仪表及设备维修、设备去污、消防以及紧急医疗处理、安全警卫系统等。

6. 场区道路及围墙

由场区入口至处置单元的道路应注意修筑质量，并加强保养。首先需确定其长度与宽度，保证载重车辆的安全行驶，并应设立路标志牌。

场区范围一般应以围墙或利用大自然屏障作为防护带，限制人畜的任意进出，从而保障人身的健康和安全。

五、处置场运行

按照处置场的设计要求，运入场内的放射性固体废物均为包装在桶或箱内的包装体（例如：$\phi=0.61m$，$h=0.91m$，$V=0.2m^3$，总质量为 0.2t 的金属桶；$\phi=1.4m$，$h=1.3m$，$V=0.95m^3$，总质量为 5t 的混凝土桶等）。除非征得主管同意，处置场备有废物预处理的装置（包括减容及固化设施等），否则，散装的废物，场方是可以拒收的。

在包装废物运达处置场后，必须进行检查，以确认其包装是否符合要求；运输途中有无损坏；废物与卡片所填内容是否完全一致；沿途有无意外事情发生，并应将所有情况登录以供参考。然后应签发驶往处置单元文书，由工作人员负责操作搬运设备和器具如吊车、抓钩等将包装体按指定位置就位，做出记录。当布满一个处置单元后，用准备好的填料（具一定阻水性能的材料，如黏土、膨润土、砂浆等）将所有空隙填实抹平，再行封盖并覆土。

废物处置的运行应有档案记录，记载废物的入场日期和放置的确切位置，并详细写明处置废物的最基本特征，包括废物的产地、包装体的编号系列、所含主要放射性核素总活度和比活度、辐射水平、废物的体积和质量，以及在搬运操作时所出现的情况及处理措施等。所有的运行档案应妥加保管。为了有效地进行管理，在场区特别是在处置单元附近宜设立表明废物处置情况的标志。

场区内的环境应进行日常或不定期的监测，对监测结果进行分析与评价，并向有关主管报道有关辐射的安全状态，需要监测的项目及采用手段列于表 6-4-16 中。

表 6-4-16　处置场常规监测项目及装备

序号	监测项目	监测仪表、装置
1	表面沾污	α、β 表面污染测量仪
2	地下水样品	低本底 α、β 测量装置，多道 γ 监测仪
3	地表及一定深度的岩土样品	低本底 α、β 测量装置，多道 γ 监测仪
4	植物样品	低本底 α、β 测量装置，多道 γ 监测仪
5	空气样品	低本底 α、β 测量装置，多道 γ 监测仪
6	辐射水平	辐射仪、剂量计

此外，还需对处置单元顶部覆盖层的完整性进行定期检查，以确保其处于正常状态。

在出现异常情况如废物卡片不清晰、包装体破裂、废物散落、放射性物质非正常释放等，除应尽快确定污染地点、核素种类及水平、污染范围外，还须决定应采取的补救措施，若需启开包装体，或需打开处置单元顶盖时则应制定周密计划，并实施必要的防止污染扩散行动。

六、处置场关闭

放射性固体废物土地处置场的关闭与一般填埋场的封场差异之处在于：前者要求的安全

运行期在数世纪之久，这就增加了处置场管理、维护、监测及安全保障难度。

处置场在关闭之后的一定时期仍应继续进行场内的有效管理，以确保其符合辐射防护的要求，对周围环境无有害影响，并保证场地在此期间内不受到破坏。此一定时期包括三个阶段，即：

（1）封闭阶段　关闭后的初期应保持封闭状态，除非进行监护工作，方可进入场内。

（2）半封闭状态　在证实废物的危害性达到最小程度，且处置单元的覆盖层无损坏迹象时，可允许人畜的进入，但不得进行挖掘或钻探等作业。

（3）开放阶段　当场区达到规定的控制期，废物的放射性水平已降至无需辐射防护要求时，经过验证，全区可对外开放。

七、安全分析与评价

在放射性废物处置场的选址直至关闭的各个不同时期，需要对其所辖区域的环境做出安全分析与影响评价，以估计处置设施的功能所达到要求的程度。表 6-4-17 中列出需要在不同时期提出的文件及主要内容。

表 6-4-17　放射性废物处置场不同时期需提交文件及内容

序号	时期	提交文件	内容要点
1	选址阶段	1. 安全分析报告书 2. 环境影响报告书	1. 对有关各项规定的安全要求执行情况的说明； 2. 分析放射性核素可能向人类环境转移的数量和概率及进入人体的途径和速率； 3. 估算正常状态、自然和人为事件下公众所受个人和集体剂量当量，做出安全评价； 4. 预分析和评价在施工、运行和关闭后各阶段的环境影响
2	设计阶段	1. 安全分析 2. 环境保护设计	1. 实现基本要求的工程措施及其可靠程度分析； 2. 根据设计参数进一步论证上阶段的各项估计值； 3. 评价发生自然和人为事件对环境和人类可能造成的危害
3	运行阶段	环境质量报告书	1. 根据环境监测数据定期评价环境质量； 2. 分析和评价由于自然和人类事件出现异常情况对预期功能的影响
4	关闭阶段	按划分的不同阶段提交安全分析和评价书	

第六节　高放射性废物深地质处置

一、概述

高放射性废物（HLW）一般指乏燃料在后处理过程中产生的高放射性废液及其固化体，其中含有 99% 以上的裂变产物和超铀元素。未经过处理而在冷却后直接贮存的乏燃料有时也被视作高放射性废物。高放射性废物的比活度高，释热量强，且含有半衰期长，生物毒性大的多种核素，故其安全处置问题一直是人们所关注的焦点。

所谓高放射性废物的安全处置，实际上是指通过某种技术措施使其与人类生物圈长期隔离，或使其放射性降低到对生物无害的程度，因而一般又称之为安全最终处置[13]。自核工业开发的数十年来，人们对此设想了多种处置方案，主要有：

（1）宇宙处置　即用火箭或航天飞机将高放射性废物送入外层空间。其主要阻力是费用昂贵和发射风险与低轨道运载的失事风险问题，从当前的一般的经济承受能力和技术水平来看，实施太空处置是不现实的。

（2）冰川处置　即将封装的高放射性废物置于南极冰盖以下。该方案实际上从未被认真考虑过，而且也不为国际公约所允许。

（3）海洋处置　即将高放射性废物置于深海海床之沉积层中。其主要障碍是可能造成的海洋大范围的污染，且国际公约禁止向海洋倾倒放射性物质。

（4）岩石熔融处置　即将高放射性废液注入数千米深的硐室，利用衰变热熔化周围地质介质并使废物和熔融的岩石混合成一体。其主要缺陷是放射性废物长期释放的不可靠性和废物中核素一旦释出的不可收拾性。

（5）分离与嬗变（P-T）　其基本构思是将高放射性废物中的某一部分，如超铀元素分离出来，送入热中子反应堆或增值反应堆再循环，或用加速器加以摧毁。它的主要困难是技术复杂，具一定风险，分离锕系元素后仍有二次废物产生且费用较高，目前已有小规模试验。

（6）深地质处置　即将高放射性废物封入坚固耐久的容器内并置于深层地质建造中（巷道或竖孔），再以人为和天然多层屏障加以屏蔽使之与外界隔离。采用这种处置系统，有可能以目前的或不久将来可以达到的技术实现高放射性废物与生物圈的长期断绝。因此深地质处置是国际上公认的处置高放射性废物的合适方法，有关的研究工作已有较广泛的开展。

依据多重屏障原理设计的高放射性废物深地质处置概念模型如图6-4-11所示。该多重屏障体系由四部分组成：第一部分为废物体本身，将废物固化在一个易于操作且相对稳定的固化体中，从而提供了限制核素释放率的直接屏障；第二部分为包装容器，一般将固化体封装在一个金属容器中，有时还添加称作"外包装"的第二层包装，其主要作用是阻滞水的穿透及提供合适的防止受蚀条件；第三部分为充填于包装体与围岩之间的膨润土缓冲回填材料人工屏障层，其作用是均化围岩压力，延迟水的渗透并限制核素迁出等；第四部分为库区的围岩和周围地质环境，这是最后一道屏障层，具有十分重要的保证作用。

良好的工程设计可保障前三层屏障，使之适合于特定地质环境的技术要求，因而称之为"工程屏障"。最后一道屏障不受工程设计影响，称之为"天然屏障"，能否发挥其固有作用有待于处置库的选址决策，因此需要多址的评定工作。工程屏障和天然屏障共同构成了高放射性废物深地质处置库的多重屏障隔离体系。

但也有另一种情况，例如美国内华达州尤卡山（Yucca Mountain）被选定的高放射性废物处置库，这里所采用的处置系统与上面分析的有一定差异，在废物筒周围不设缓冲材料层，且不采用竖孔式，而是采用水平坑道式贮存，其原因一是基于所处置的废物将来可能回取以提出其中的可利用之物；另一更为重要的原因是选定的处置库位于巨厚包气带内（参见本篇第四章图6-4-24）。

实际上，由于高放射性废物中的放射性核素，即使在处置之后的一段长时间（数百上千甚至上万年）仍处于其半衰期之内的活动期，为了确保其严格的安全性要求，除了通过对处置库区的长期连续监测与控制之外，更重要的是：在能够实施高放射性废物的处置之前，把处置系统建设到尽可能高的可靠程度。

基于以上所述，本节将主要讨论高放射性废物深地质处置中两个关键技术，即库址选择

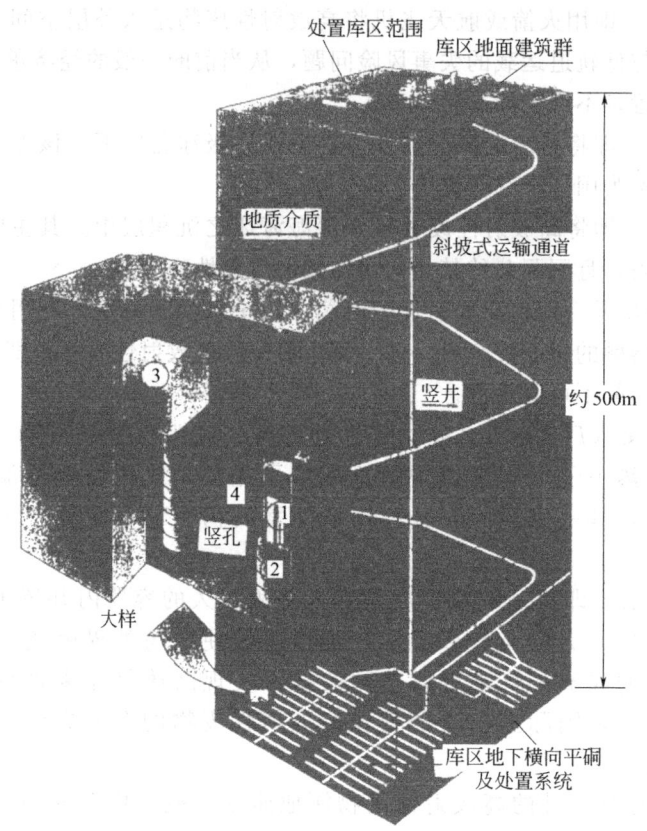

图 6-4-11　高放射性废物深地质处置库概念模型

1—废物固化体及其包装容器；2—缓冲材料层；3—回填材料层；4—围岩

与高放射性废物处置库的安全验证。此外，有关的其他一些问题虽同属重要，但目前国际或国内均处于研究之中，有待于日后的进展和不断的深化，这里不多涉及。

二、关于库址的选择

（一）选址步骤

选址的基本目标是选择适合于进行高放射性废物处置的库区位置，并证明以该址为基础的处置系统能够在预期的时间范围内可靠地保证放射性核素与周围环境之间的隔离。

选址过程包括四个阶段：①方案设计与规划阶段；②区域调查阶段；③场址特性评价阶段；④场址确认阶段。

在方案设计与规划阶段，其目标是确定选址工作进程的整体计划，并利用现有资料，做出可供区域调查的候选岩石类型和地质建造。

在区域调查阶段，这时的主要工作是在综合考虑上阶段所确定的众多选址因素基础上，圈定出适宜作为库址的地区。

在场址特性评价阶段，要求对某一个或若干个适宜的场址进行研究和调查，从不同角度，特别应从安全角度论证某个或几个作为库址的可行性。

在场址确认阶段，应对优选的库址进行详细调查。最终提出至少两处以供选择最优的高放射性废物处置库详细设计，包括安全分析与环境影响评价报告，以备有关主管审定批准。

（二）库址需具备条件

由于不同库址彼此间受多种因素影响而差别很大，根据一般要求，可列出表 6-4-18 中示出各种因素的原则要求及需要的资料。

表 6-4-18　高放射性废物处置库库址的总体要求[14]

序号	因素	原则要求	需要资料
1	地质条件	应有利于处置库的整体特征,其综合的几何、物理和化学特性应能在所需范围内阻滞放射性核素从处置库向环境中迁移	区域的和当地的岩石、沉积物和土壤的构造及地层资料及物理、化学、机械性质资料以及热学性质方面的资料
2	未来自然变化	在未来动力地质作用(气候变化、新构造活动、地震活动、火山作用)的影响下,围岩与整个处置系统的隔离能力不应达到不可接受的地步	(1)区域或当地的气候变化资料和该地区及更大范围的未来气候趋势资料; (2)局部和区域范围内的构造演化历史,构造格架资料以及历史地震资料; (3)新构造活动调查; (4)地质环境中存在的所有断层及其特性资料; (5)现场的区域应力场; (6)近代火山活动证据; (7)场址范围内可能发生地震的评价资料等
3	水文地质	应有助于限制地下水在处置库中的流动,并能在所要求的时间范围内保证废物的安全隔离	(1)当地和区域的水文地质特性评价,含水层与隔水层的详细资料; (2)当地和区域的地下水补、径、排关系; (3)处置介质的孔隙度分布,导水系数和水力梯度,地下水流速与流向等资料; (4)地下水及围岩的物理化学特征
4	地球化学	应有助于限制放射性核素由处置设施向周围环境的释放	(1)地质介质的矿物成分、岩石成分及其地球化学性质资料; (2)地下水化学性质和成分资料; (3)岩石的化学成分、放射化学成分和矿物成分; (4)矿物、岩石对重要放射性核素的各种离子形式的吸附能力; (5)核素在岩石单元中的有效扩散速率; (6)辐射热及衰变热对岩石及地下水化学性质和成分的影响; (7)有机物、胶体物质及微生物的作用等
5	人类活动及后果	选址应考虑库址所在地及其附近现有的和未来的人类活动。此类活动会影响处置系统隔离能力并导致不可接受的严重后果,这种活动的可能性应该减少到最低程度	(1)库址周围过去和现今的钻孔和采矿作业记录; (2)库址所在地区内有关能源、矿产和矿物资源的分布信息; (3)库址范围内地表水与地下水资源,现在或未来应用的评价资料; (4)现有和计划中地表水体的位置
6	建造与工程条件	库址的地表特征与地下特征应能满足地表设施与地下工程最优化设计方案的实施要求,并使所有坑道开挖都能符合有关矿山建设条例的要求	(1)围岩及其上覆岩石的详细地质水文地质资料; (2)库址及周围地区的地形资料; (3)滑坡区,可能活动的边坡,矿坑可能突水区的确定; (4)开凿工作中可能的不利条件; (5)区域的地震资料

续表

序号	因素	原则要求	需要资料
7	废物运输	库址位置应保证在向库址运输废物的途中公众所受的辐照和环境影响限于可接受的限度内	
8	环境保护	库址应选择在环境质量能得到充分保护,并在综合考虑技术、经济、社会和环境因素的条件下,不利影响能够减少到可以接受程度的地点	(1)国家公园,野生动植物保护区和历史文物区的位置; (2)现有地表水和地下水资源; (3)现有陆地植被和水生植被及野生动物
9	土地利用	应结合该地区未来发展和地区规划来考虑土地使用和土地所有权问题	(1)现有土地资源,用途及其管辖权资料; (2)该地区土地使用计划
10	社会影响	库址位置应选择在处置系统对社会产生的整体影响能够保持在可接受水平的地点	(1)人口组成,密度,分布及其动态趋势; (2)经济部门中的就业分布及其动态趋势; (3)社会服务与基础设施; (4)住房供求情况; (5)区域经济基础与发展前景; (6)当地居民对处置库的可接受程度

（三）地质介质的选取

地质介质的选取是库址选择中极为重要的环节，较理想的介质需具备以下条件：

① 水渗透率较小，岩石孔隙度较小；

② 节理、裂隙不发育；

③ 具有阻滞放射性核素迁移的地球化学、矿物学特征；

④ 具有良好的导热性能；

⑤ 具有良好的抗辐射性能；

⑥ 具有一定的机械强度；

⑦ 岩体有足够大的体积。

由于自然界岩石品种繁多，国际上考虑作为适宜处置高放射性废物的岩石也有多个选择，表 6-4-19 列出目前国际上认定的地质介质类型及主要特点。

表 6-4-19　国际上认定的地质介质类型及特征

地质介质类型	优点	缺点	选用的国家
花岗岩和片麻岩等结晶岩	结构强度大,耐侵蚀且在地壳中分布广	结晶岩中分布有许多断裂、节理和裂隙	瑞典、芬兰、加拿大、法国、日本、瑞士、俄罗斯、中国等
黏土岩	长期保持可塑性,地下水流速低,吸附能力强	结构强度低,处置库建造技术难度大	比利时、法国、意大利、日本、瑞士、俄罗斯
岩盐	较高的导热性,封闭性好且容易开掘,地下水少	溶解度高,地质稳定性差,吸附能力弱及卤水的腐蚀性,且为潜在的未来资源	德国、荷兰、法国、俄罗斯
凝灰岩	吸附性强,机械强度较大,导热性较好		日本、美国
玄武岩	结构强度大,吸附性较强,热稳定性好	柱状节理发育,气孔较多,成分均一,过于坚硬	美国

三、关于库址的安全验证

高放射性废物深地质处置的实施过程极其复杂，除要进行大量的室内实验，阐明机理，获取有关工程参数并进行一定范围的模拟研究之外，尚需进行必要的验证工作。

目前，国际上多个国家联合开展的地下实验室研究与天然类比研究即属此类验证工作，前者采取"室内实验—野外实验—实际处置"的技术路线，而后一种天然类比研究的目的在于为验证处置库的长期安全运行提供可靠依据。下面将目前有关验证工作的具体研究内容分述如下。

（一）地下实验室模拟研究

一些发达的有核国家已建立了地下实验室，所进行的研究项目包括：

① 设计用于研究因废物释热引起的岩石热-机械特性试验；

② 用于测定深部岩石中地下水流动状况的试验；

③ 放射性核素的迁移试验；

④ 岩石的岩土力学特性研究；

⑤ 坑道开凿技术及回填技术研究；

⑥ 高放射性废物固化体在模拟处置条件下的浸出行为研究；

⑦ 缓冲回填材料的性状实验等。

以上工作已有科学报告可供查询。

地下实验室可以在近期仅作研究验证使用，也可在将来作处置库使用。目前国际上均按已选定的处置介质建造地下实验室，以便直接指导未来的建库工作。由于建立地下实验室花费高昂，不少国家早期分别利用已有的矿井作适当拓展用作地下实验室，后来发现，已有矿井的地区实际上并非是没有扰动的，若作为地下实验室进行高放射性废物处置的研究工作不能切合实际，现已倾向于在未扰动地区新开竖井与坑道，这一段弯路是值得引以为戒的。表6-4-20列举国外若干地下实验室的建设情况。

表 6-4-20　国外高放射性废物处置地下实验室建设汇总

国家	场址	地质介质	深度/m	工程类型	工程时间	建设目的
瑞典	Stripa	花岗岩	360	废铁矿	1976—1992	研究用
	Äspö	花岗岩	460	新开坑道	1986—	验证用,可能用于处置高放射性废物
加拿大	Whiteshell	花岗岩	250	新开竖井坑道	1979—	验证研究用
德国	Gorleben	岩盐	800	新开竖井坑道	1979—	研究,验证,计划建低中高放射性废物综合处置库
	Hope	岩盐	324-724	废盐矿	1983—	研究,验证,可能处置
美国	WIPP	岩盐	650	新开竖井坑道	1983—	研究,验证,处置军工废物用
	Yucca	凝灰岩	425	新开竖井坑道	1980—	验证,研究,作处置库用
比利时	Mol	黏土	230	新开竖井坑道	1980—	研究,验证,可能处置实际废物
瑞士	Grimsel	花岗岩	450	新开坑道	1980—	研究,验证
日本	Tono	花岗岩	135	铀矿山	1986—	研究用

我国通过十余年的论证，已基本选定花岗岩作为处置介质，但建造地下实验室的设想迄今尚未能实现，国外的有关工作是良好的参考资料。

（二）天然物的类比研究

本项目是研究与高放射性废物深地质处置类似的天然存在物的现状，通过这些实物在漫长的历史年代变化可据以验证高放射性废物处置的长期安全性。显然，由于实验室和野外实验规模不可能逼近实际，研究的持续时间也不可能过长，因此用天然存在物进行类比借以说明问题具有极为重大的价值，这种研究方法被认为置信度是最高的。

此种类比研究包括天然铀、钍矿的类比研究及天然物的考古类比研究两类，前者如巴西的莫若德费若（Morro de Ferro）钍矿，后者如西非加蓬共和国奥克劳（Oklo）天然反应堆。研究的范围非常广泛，包括溶解度极限和核素的化学形态，核素随地下水迁移时的阻滞作用，氧化还原条件等。显然，天然类比研究是极为复杂的，它在目前研究中仅能提供一些定性的结果，要结合到实际安全评价模型中目前还极其困难，但至少可为安全评价的论证提供有说服力的实例。

四、有关的其他问题

（一）核辐射模型的建立与求解

图 6-4-12 示出了正常情况下放射性的典型释放模型，显然，核废物处置库封闭后，经过一定时间，地下水将回到处置库周围并穿过缓冲回填材料，渗入废物的外包装，再缓慢地与放射性核素接触，随后携带核素通过长而曲折的近场和远场，逐渐返回到人类生物圈。图中所称的近场乃是因处置库的存在而产生较大变化的区域，而远场则是未受干扰的天然地质系统。所建立的这个辐射释放模型对处置库安全分析是极其有用的。但要给出具体的数值模型并进行计算求其结果并进行判断则是复杂的过程。

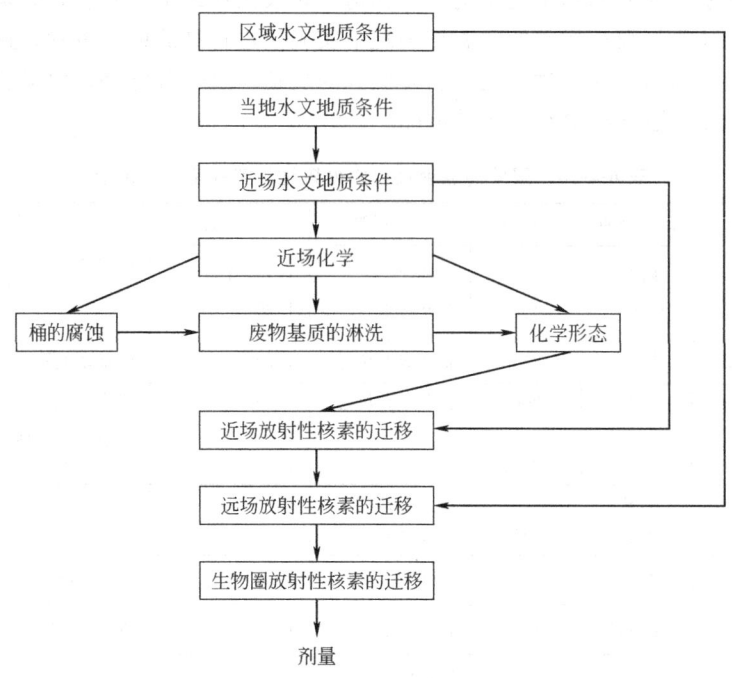

图 6-4-12 供安全分析用的典型正常释放模型（据 Nagra）

（二）深地质处置程序开发

在日本公布的《关于推进高放射性废物处理处置的研究开发》中，对高放射性废物采用地质处置，计划自 20 世纪 80 年代至 2020 年的 40 年间，所排定的进展是：建成硼硅酸盐玻璃工厂，处置库工程屏障现场试验，确定库址，试验性处置，实施正式处置业务等，当前由日本动燃团进行地质调查和处置系统研究，并由日本原子能研究所进行安全评价，其研究项目和开发程序如图 6-4-13 所示。

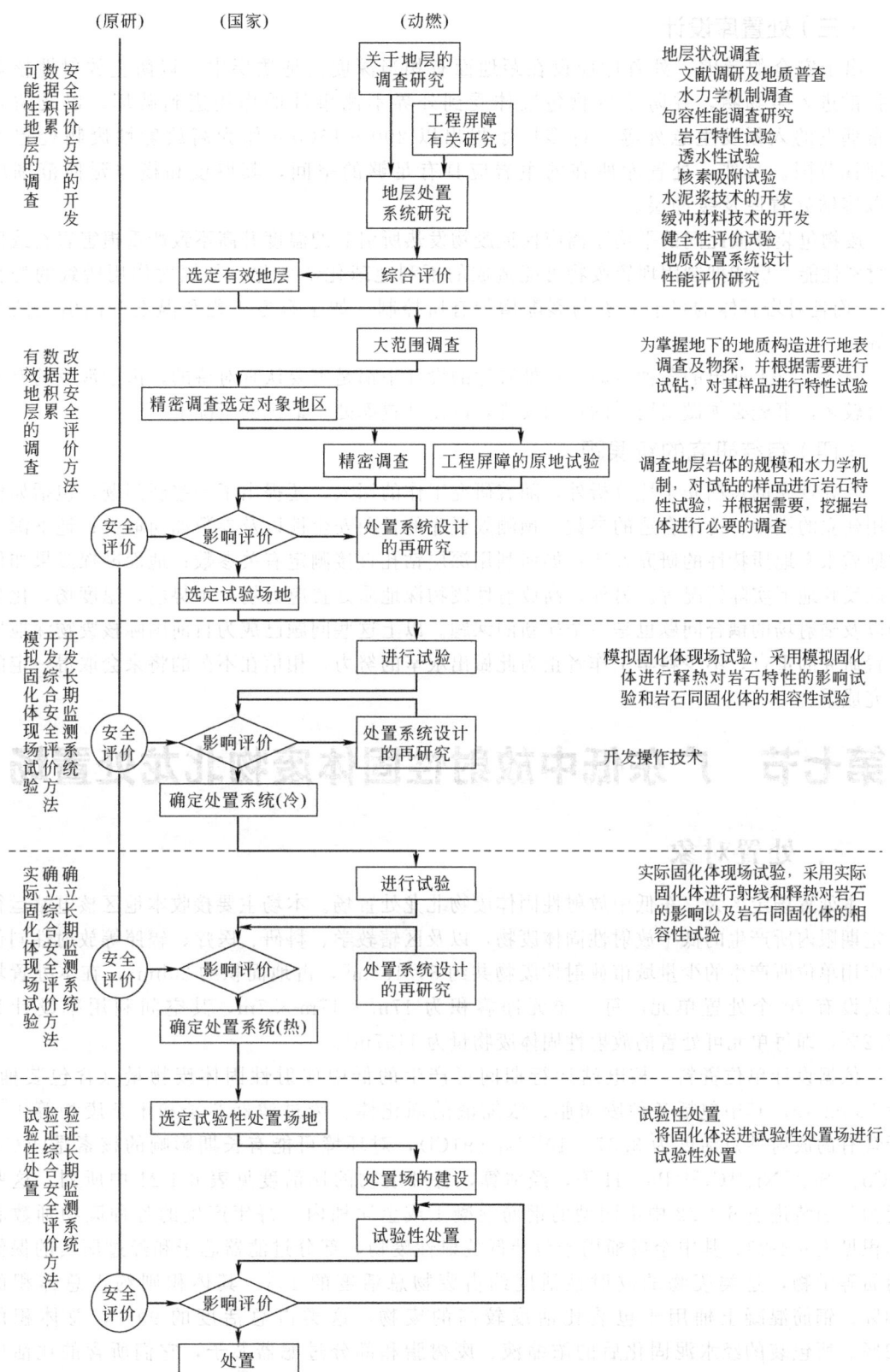

图 6-4-13　日本地质处置高放射性废物的研究项目和开发程序

（三）处置库设计

出于安全的考虑，处置库应设在距地面有相当深度的地质层中，以防止放射性核素的扩散进入生物圈，并防止废物包装体受到外界不测事件的作用遭到破坏，以及防止人畜偶发的入侵发生意外等。许多国家提出以 200～1500m 作为高放射性废物处置库的埋深范围。另外，处置库所在的主岩应具有足够的空间，其厚度和横向延伸范围应足以容纳处置库及缓冲层。

废物包装体彼此间的平均距离应保证废物发热所引起的温度升高不致严重损害岩石或回填材料性能。应能抑制因埋置废物可能造成的不利地球化学变化（如辐射作用所致的变化等）。而且对岩石体的可能断裂与裂隙增加有所控制（如土石方工程和温度升高引起的裂隙等）。

总之，以上列出的各种考虑，在处置库的设计中都是需要认真对待的，由于涉及的专业学科较多，事先必须做出周详的计划安排，以使处置库处于最优的工况下。

（四）有待研究的新课题

除处置库的长期安全性分析外，随着研究工作的深入，还提出了一些新问题，包括如何利用建立的模型、选用合适的参数、预测处置库的长期安全性以及参数如何取得；地下深层的地质水文地质特性的研究方法；如何利用深层钻孔直接测定有关参数；地面勘探成果如何正确反映地下实际情况等。另外，高放射性废物深地质处置应力场，水势场，温度场，化学场以及辐射场的耦合问题也是一个崭新的课题。以上这些问题已成为目前国际核废物深地质处置研究的重点，不少科学工作者正为此做出艰辛的努力，相信在不久的将来会取得一定的研究成果。

第七节　广东低中放射性固体废物北龙处置场

一、处置对象

本处置场定名为广东低中放射性固体废物北龙处置场。本场主要接收本地区核电站运行一定期限内所产生的低中放射性固体废物，以及区辖教学、科研、医疗、辐照等放射性同位素应用单位所产生的少量城市放射性废物共约 $8\times10^4 m^3$，占地面积约 20hm²。在本处置场内共设有 70 个处置单元，每一单元净容积为 17m×17m×7m，其空间利用率设计为 57.2％，即每单元可处置的放射性固体废物量为 1157m³。

依据设计单位资料：核电站运行期间可产生的低中放射性固体废物量（含包装桶）为 500m³/a，其中包括各种废树脂、浓缩液的固化体、废过滤器芯子和干杂废物等[15]。所含有的放射性总活度为 3.37×10^{12} Bq（91Ci），对环境可能有长期影响的核素是 ^{137} Cs、^{60} Co、^{90} Sr、^{63} Ni、^{14} C、^{239} Pu、^{3} H 等，经估算，各种废物的比活度见表 6-4-21 中所列。这些废物分别装进表 6-4-22 中不同型的钢筋混凝土或金属桶内。每年产生的各种废物桶数和体积见表 6-4-23。其中金属桶用于包装低放射性废物，部分过滤器芯子和经过压实的保健用品等干物，这类废物的放射性活度约占废物总活度的 1％，其体积则约占总体积的 28％。钢筋混凝土桶用于包装比活度较高的废物，这类占总活度的 99％，总体积的 72％。所包装的经水泥固化后的浓缩液、废树脂和部分过滤器芯子，它们所含的比活度均能满足《低、中水平放射性固体废物的近地表处置规定》（GB 9132—1996）各种核素限值要求（参见表 6-4-24）。

表 6-4-21 放射性固体废物暂存一年后的比活度

废物种类	树脂 A	树脂 B	树脂 C	树脂 D	浓缩液	过滤器芯子
体积活度	2.9×10^{13}	4.8×10^{12}	8.7×10^{11}	2.0×10^{12}	4.8×10^{12}	
水泥固化体比活度(Bq/kg)	4.6×10^{9}	7.5×10^{8}	1.4×10^{8}	3.8×10^{8}	9.0×10^{6}	7.4×10^{10}(Bq/个)

注：水泥固化体容重按 2000kg/m³ 计算。

表 6-4-22 放射性固体废物包装桶规格及容重

桶型	直径/m	高度/m	壁厚/m	容积/m³	总体积/m³	重量/t
A 型桶	1.4	1.3	0.15	0.95	2.0	5
B 型桶	1.4	1.3	0.3	0.35	2.0	5
C 型桶	1.4	1.3	0.4	0.14	2.0	5
D 型桶	1.1	1.2	0.15	0.50	1.2	3.5
金属桶	0.61	0.91		0.2	0.21	0.2

注：混凝土 A 型桶每桶装废树脂 305L 或浓缩液 340L；混凝土 B 型桶每桶装废树脂 131L 或浓缩液 130L；混凝土 C 型桶每桶装废树脂 44L；混凝土 D 型桶每桶装一个过滤器芯子；金属桶每桶装一个过滤器芯子或装入经过压缩的干杂废物。

表 6-4-23 2×1000MW（e）核电站年产放射性废物量

废物包装体种类	单桶体积/m³	数量/(桶/a)	总体积/(m³/a)
A、B、C 型桶	2	150	300
D 型桶	1.20	50	62
金属桶	0.12	658	138
共计		858	500

表 6-4-24 固体废物中主要放射性核素含量

核素	半衰期/a	平均产量/Bq	平均比活度/(Bq/kg)	在各类废物中的比活度范围/(Bq/kg)	国际限值/(Bq/kg) 1 栏	国际限值/(Bq/kg) 2 栏
^{137}Cs	30.2	7.0×10^{12}	9.7×10^{6}	$1.86 \times 10^{6} \sim 9.49 \times 10^{8}$	2.5×10^{7}	4×10^{11}
^{60}Co	5.27	2.05×10^{13}	2.8×10^{7}	$5.44 \times 10^{6} \sim 2.78 \times 10^{9}$	1.6×10^{10}	/
^{90}Sr	29.1	2.35×10^{9}	3.3×10^{3}	$6.24 \times 10^{2} \sim 3.19 \times 10^{5}$	9.2×10^{5}	4×10^{11}
^{63}Ni	96.0	6.2×10^{12}	8.6×10^{6}	$1.65 \times 10^{6} \sim 8.41 \times 10^{8}$	8×10^{7}	1.6×10^{10}
^{14}C	5.37×10^{3}	2.05×10^{11}	2.8×10^{5}	$5.44 \times 10^{4} \sim 2.78 \times 10^{7}$	1.8×10^{7}	1.8×10^{8}
^{239}Pu	2.41×10^{4}	2.23×10^{9}	3.0×10^{3}	$5.65 \times 10^{2} \sim 2.89 \times 10^{5}$	4×10^{5}	4×10^{6}
^{3}H	12.3	2.62×10^{10}	3.6×10^{4}	$1.0 \times 10^{4} \sim 7.44 \times 10^{4}$	9.2×10^{8}	/
合 计				3.37×10^{13}		

注：1. 表中 ^{63}Ni、^{14}C、和 ^{239}Pu 年产量按申报数字及规定方法估得出。即 0.01GBq 过滤器芯子；0.4GBq/蒸残液或污泥固化包装体。按设计每年产生 220 个过滤器芯子和 20m³（60 桶）蒸残液计算。

2. 计算比活度时，废物体积按年产量 500m³ 的混凝土包装桶部分（即 72%）考虑。

3. "/" 表示不作限制。

核电站每年待处置的废物共 500m³，这些废物在站内暂存两年后再运来本场，此时的总体积则为 1000m³。本场所设计的处置单元容积为 20.23m³，而待填埋的桶装废物总体积为 1157m³，因此核电站每两年所产生的废物可装满一个处置单元。本场的设计总容量为 8×10^{4}m³ 故运行年限可达 40 年。假定每年所产生的废物、其所含核素的活度均相同，并且不考虑放射性衰变，则预测本场在封场时所残存的核素和总活度如表 6-4-25 中所示出。

表 6-4-25 预测本处置场在封场期间的残存核素和总活度量

核素名	预测存在的总活度量/Bq
^{137}Cs	1.1×10^{15}
^{60}Co	3.3×10^{15}
^{90}Sr	3.7×10^{11}
^{63}Ni	9.6×10^{14}
^{14}C	3.3×10^{13}
^{239}Pu	3.4×10^{11}
^{3}H	4.2×10^{12}
合计	5.4×10^{15}

二、处置场规划和平面布置

1. 场地条件及工程概况

本处置场位于排牙山东侧,距核电站东北方向约 4~5km、有公路相连,其西南方向有水库,具体位置及附近地形如图 6-4-14 中所示。场用电力由位于岭下的本区变电所提供,以地下输电缆进入场内,用水则以水泵抽取水库蓄水、先送往容积为 600m³ 的蓄水池,再流经供水管直通各用户。本工程采用国际上通用地表浅埋技术,其主体部分为位于地下潜水面以上的钢筋混凝土构筑物处置单元,在各单元的内部设有存放废物桶的空穴,当装满放射性废物以后,覆以盖板,再铺设一定厚度的土层作为屏障。此构筑物的下面建有地下管廊、以之收排渗滤液或其他流入物。全部建筑除此之外还有:废物桶检测接受站、地下管廊出入口及渗析水箱房、通排风机房、汇水池、混凝土搅拌站、综合楼、供电房、停车库、值班及警卫室、场区围墙以及场外取水口、蓄水池等。本工程设计寿期按 300~500 年考虑,其安全性由工程和地质屏障联合保证。

2. 建设规划和总平面布置

本处置场属区域性,主要接收和处置本地区及邻近地区核电站产出的低中放射性废物。考虑到近期所产出的废物量有限,为使工程投资合理,将处置场划分为四区[参见图 6-4-15,规划(Ⅳ)区在场地东南方向,与正建(Ⅱ)区相邻,此图中未绘出],分别为:Ⅰ区(发展区,暂作混凝土搅拌站),Ⅱ区[在建(Ⅱ₁)区及待建(Ⅱ₂)区],Ⅲ区(管理区)和Ⅳ区(规划区)。其中一期工程主要在Ⅱ区,共分为 70 个处置单元,设计总容量稍大于 800m³,其中首期工程先在Ⅱ₁区建设 8 个处置单元(每个单元容积为 17m×17m×7m 共 2023m³),余下的 20 个单元仅完成场坪和地下管廊部分;在Ⅰ区及Ⅱ₂(待建区、计划在此区内建设 42 个处置单元)区内则进行场地开挖和平整,并完成雨水排除设施和降低水位的地下盲管埋设任务。凡与Ⅱ₂区处置工艺配套的设施包括供水、消防、通风、通信、剂量监测、供电、仪表控制以及管理区(Ⅲ区)内的建筑物等均在首期工程中进行施工。此外,同期还完成本区南侧紧连围墙、预留供填埋城市废物的场地,还有本场地的护坡、防洪堤、截流沟以及场外道路、桥梁等也一并在本期工程之内。

在Ⅱ₁区内布设了 4×7 共 28 个处置单元,首期工程先建其中的 4×2 共 8 个。为提高处置单元的耐久性和抗震性,在单元墙上不开门洞,而是在单元与单元之间修一条宽 3.6m 的通道以供运输车停靠。当第一行 4 个处置单元填满(大约需历时 8 年)后,将吊车及挡风仓房移至第二行上所建的通道上、以备继续进行装填作业。在本区 28 个处置单元完全填满(约需 56 年)后,所有运载装置均移往Ⅱ₂区,这时再在Ⅱ₁区的上面进行覆土等最终处理。

在Ⅱ区处置单元的内部建有纵向与横向、彼此相通连的地下管廊,其南端右侧布设管廊

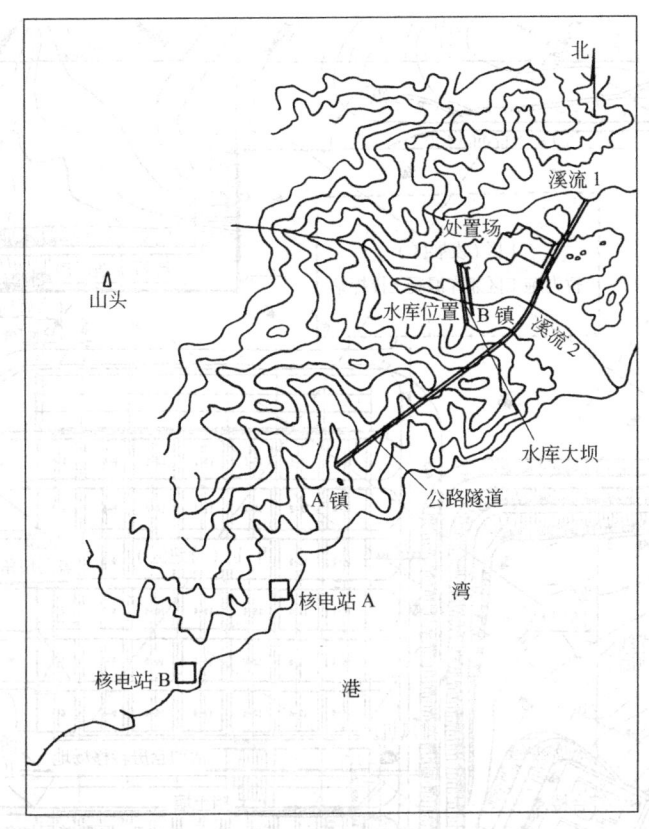

图 6-4-14　处置场区域位置图
比例：1：25000

进出口、渗析水箱房和送风机房，其左侧布设消防水池。在南向预留有供填埋城市低放射性废物的用地。在本区的四周设有缓冲区与外界相隔离，此区段之内的适当地点布有地下水监测井、空气采样点及标志牌。本区的入口处建有废物桶检测接收站，为方便检测与运输的需要、布设了三条车道。

在本场区的四周按地势布设排洪沟及排水管，以便及时排除雨水。此外，在处置单元构筑物的周边还设置了地下盲管，以隔断地下水可能对其产生的浸蚀作用。所有与本场建设有关的设施参见图 6-4-15 中所示。

3. 运行系统

根据运行的需要、全场共设置了 11 个运行系统，现将各系统及其功能分述如下。

(1) 工艺系统　备有控制接收和处置本场所承担的各有关单位所产生的低中放射性固体废物的装设，并保证在符合国家规定受照射剂量限值下的工作人员和公众安全。

(2) 渗析液收集、监测和排放系统　负责将通过地下管网所收集的处置单元的积水经过检测直接排放，或在装桶后送往放射性废水处理系统。

(3) 场区给排水系统　负责场区生活及消防用水。还收集并排出场区雨水和生活污水，以及通过盲沟降低地下水位的排水。

(4) 场区环境和地下水监测系统　负责采用不同监测手段、查明处置场内由可能因废物桶渗析对周围环境或地下水产生的影响。

(5) 辐射监测系统　负责通过对 γ 辐射场、废物桶、个人剂量、地面及空气的采样分

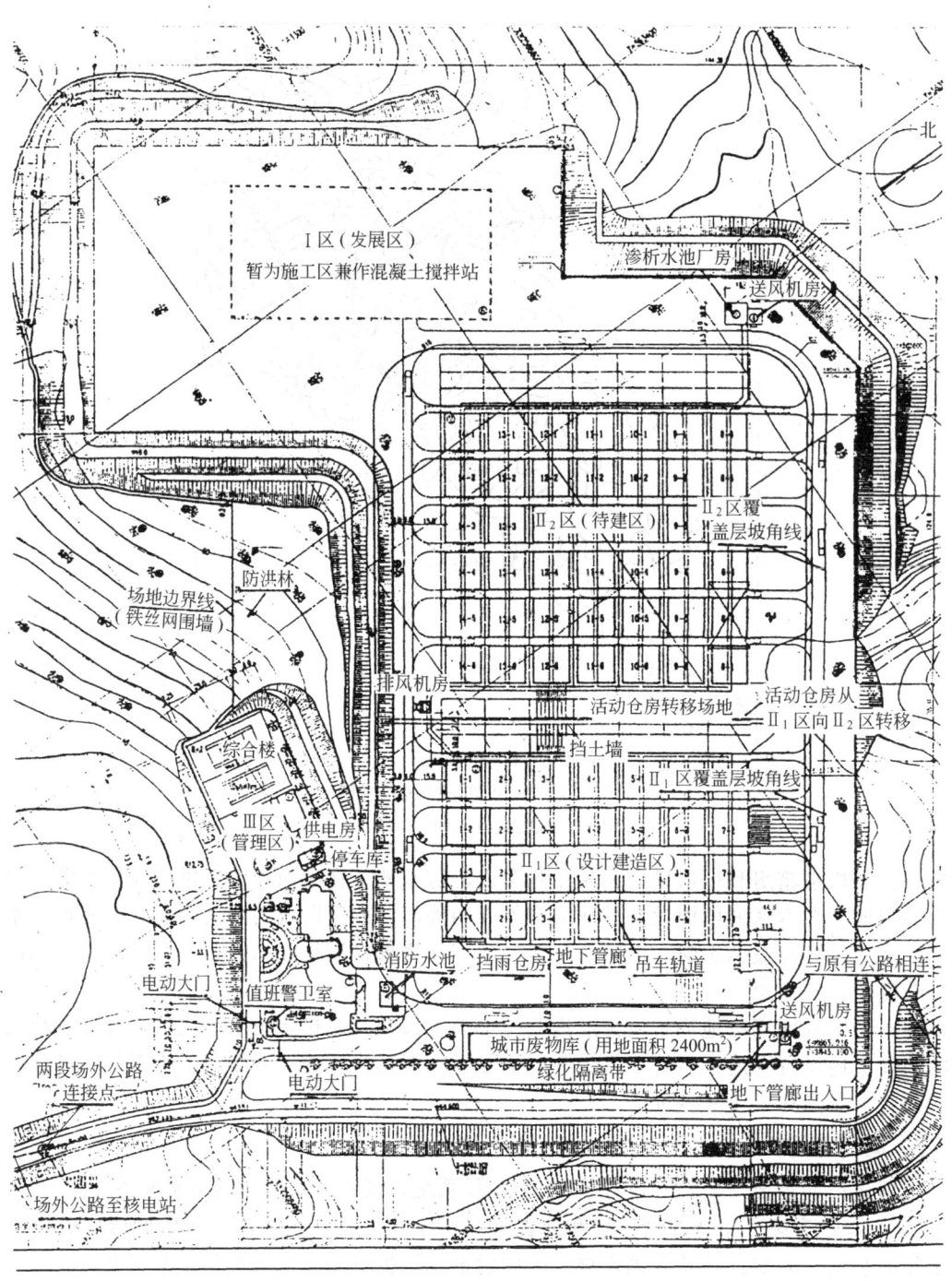

图 6-4-15 放射性固体废物最终处置场总平面布置图

析和监测，以免除工作人员和公众可能受到过量的辐射危害。

（6）消防和火灾警戒系统 为本场提供火灾及消防用水警报，并提供自动探测和联动控制，以及电源等装置。

（7）地下管廊通风系统 负责减少和防止地下管廊受到空气污染的危害。

（8）仪器和仪表系统 为各运行系统提供并配备所需用的液位、温度、警戒及自动控制仪表。

（9）供电系统　为全场提供正常及失电紧急情况下的设备供电电源。

（10）通信系统　为全场提供场内、场外话音传输及交换的便利条件。

（11）照明系统　为全场提供合适的照度，并为应急情况做必要的充分准备。

三、固体废物处置过程和处置单元

1. 处置作业的全过程

放射性固体废物处置的全过程分为四个阶段：①检测与接收阶段，当废物包装体（桶）由专用运输车送达本场入口站时，需经工作人员对其进行检测，若不符合接受标准，得责令返回原发出单位，凡符合标准的则再送至处置单元处；②安放就位阶段，由设在单元上方挡雨仓房内的龙门吊车完成废物桶吊运等工作；③回填及封顶阶段，在一个单元被废物桶装满、桶与桶之间的空隙处充满回填料后，再以预制的钢筋混凝土盖板铺于其上，并在板与单元顶端之间涂以防渗涂料；④覆盖及植被阶段，待Ⅱ₁区28个处置单元全部完成第二阶段作业后，再按设计要求进行覆盖和植被工作。

2. 处置单元的结构和设计要求

处置单元的内部净尺寸为长17m×宽17m×高7m，容积为2023m³。结构材料为C40钢筋混凝土，其壁厚为400mm，底板厚700mm，顶板厚500～1000mm，下垫层为有一定厚度的C10素混凝土。可承受的废物量为1157m³，其中A、B、C型混凝土桶共300个，容积为2m³/个，合计为600m³；D型混凝土桶132个，容积为1.24m³/个，合计为163.68m³；金属桶1875个，每桶（尺寸为$\phi=610mm×900mm$）容积为0.21m³。此三者总容积为1157.43m³，与净容积相比、容积的利用率为57.2%。此项工程的单元及布设情况可以Ⅱ₁区的建设布置为例，示于图6-4-16中。

本工程的首期，要求在Ⅱ₁区建造8个处置单元，为使放射性对工作人员、公众和环境的剂量影响减至最小，并便于处置作业的进行，在单元的设计中考虑了以下几个方面：①单元结构按级核设施抗震烈度七度设计；②各个单元的结构尺寸和强度足以满足辐射防护和材料耐久性的要求；③为了有效地控制结构的收缩影响和避免地基的不均匀沉降，各单元的底板均独立分别设置；④各单元之底部均有一定坡度，并在其中心埋设不锈钢管，使之与地下管廊中的排水管及渗析水管相连接；⑤在单元的内、外墙面涂刷防水涂料，以保证其长期的结构完整，并具备阻滞核素向外迁移的能力。除这些考虑外，为方便处置作业的进行，在单元的行、列之间设有车行通道，使车辆能与单元靠近。关于废物桶的安放，则采用分体式龙门吊车，为避免雨季起吊困难，还专门设计了移动式挡雨仓房。

四、废物桶的安放就位、埋设程序和使用机具

1. 废物桶的安置作业

本场采用载重量为10t的卡车作运输工具，每辆车每次载运2个混凝土桶或10个金属桶。当载重车进场门、经检测符合规定，允许将车辆驶往指定的处置单元之一侧停靠。废物桶的吊置就位，由布设在单元上方挡雨仓房内的龙门吊车按主控室既定指令完成，有关的信息在主控室存档。

在处置单元内，废物桶的置放采用混装式，按立体正方形排列、码三层，每层立放混凝土桶A、B、C型共100个、D型44个，三层共置432个，合成废物体积为763.7m³。三层

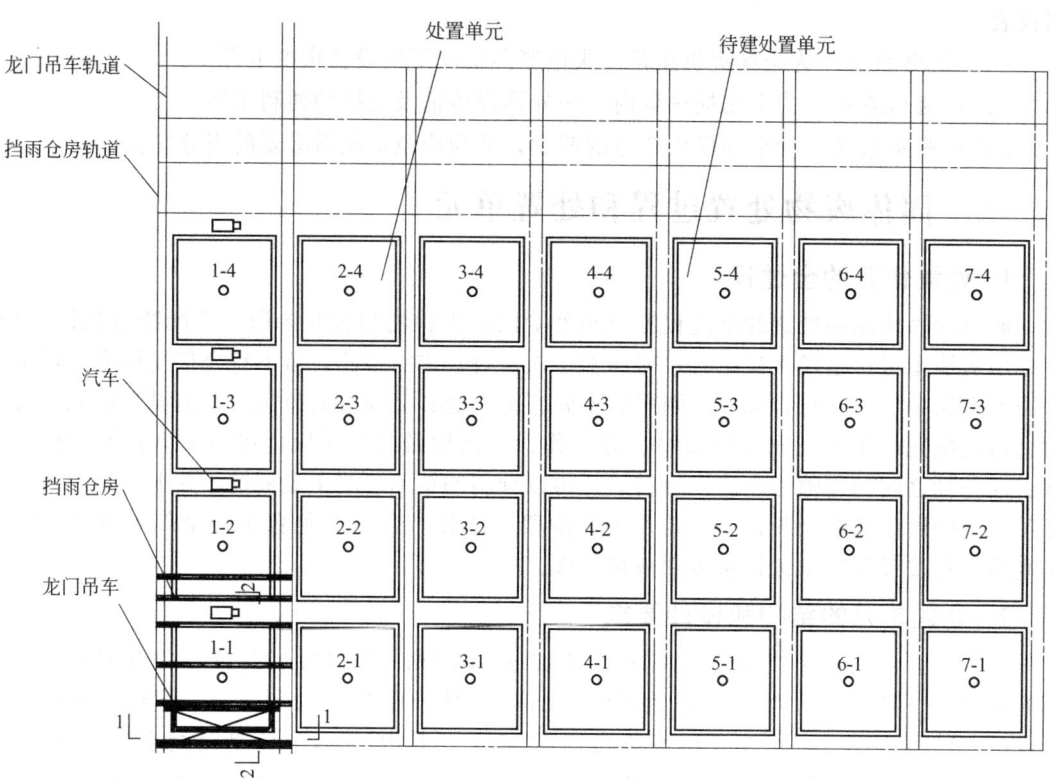

图 6-4-16 Ⅱ₁ 区的处置单元及布设情况图

注：1. 此为Ⅱ₁区平面布置，先建此区的 8 个处置单元。

　　2. 先按图中直线部分铺设轨道，其余 20 个处置单元的轨道线做好基础部分，暂不铺设。

码完后，用砂浆充填桶间空隙，再在其上浇注 80mm 厚水泥砂浆层并刮平。待凝固后，再按 25×25 矩阵、在砂浆层上码好三层金属桶，每层为 625 个、共 1875 个，各层之间分别在安置就位后，先用砂浆填塞桶隙，再浇以 60mm 厚水泥砂浆层，均需刮平并凝固，然后进行再一层的码设作业。

2. 埋置程序及使用机具

图 6-4-17 示出废物桶的吊装就位工艺流程。图 6-4-18 示出废物桶在处置单元中布设的位置及码设情况。

废物桶的安置是本场处置废物的关键工序，所选用的吊装机具和自控装置可以保证废物安放就位的准确性和安全可靠。表 6-4-26 中列出采用的主要处置设备，其中龙门吊车、挡雨仓房，以及各种吊具等的详细功能及特性可查找有关的说明书。

表 6-4-26　本场选用的主要吊装及其他有关机具

序号	设备名称	单位	数量	备注	
1	龙门吊车	部	1	吊运废物包装体	非标准件
2	挡雨仓房	套	1	为便于处置单元雨季作业	非标准件
3	混凝土 A、B、C 型废物桶吊具	台	1	与吊车配套抓取废物桶	自行设计
4	混凝土 D 型废物桶吊具	台	1	与吊车配套抓取废物桶	自行设计
5	200L 金属废物桶吊具	台	1	与吊车配套抓取金属桶	自行设计

续表

序号	设备名称	单位	数量		备注
6	砂浆刮平机	台	1	用于浇灌水泥的抹平作业	非标准件
7	10t 液压千斤顶	个	20	用于吊车和仓房的移动位置	标准件
8	混凝土砂浆搅拌泵车	部	1	用于浇灌水泥砂浆	标准件

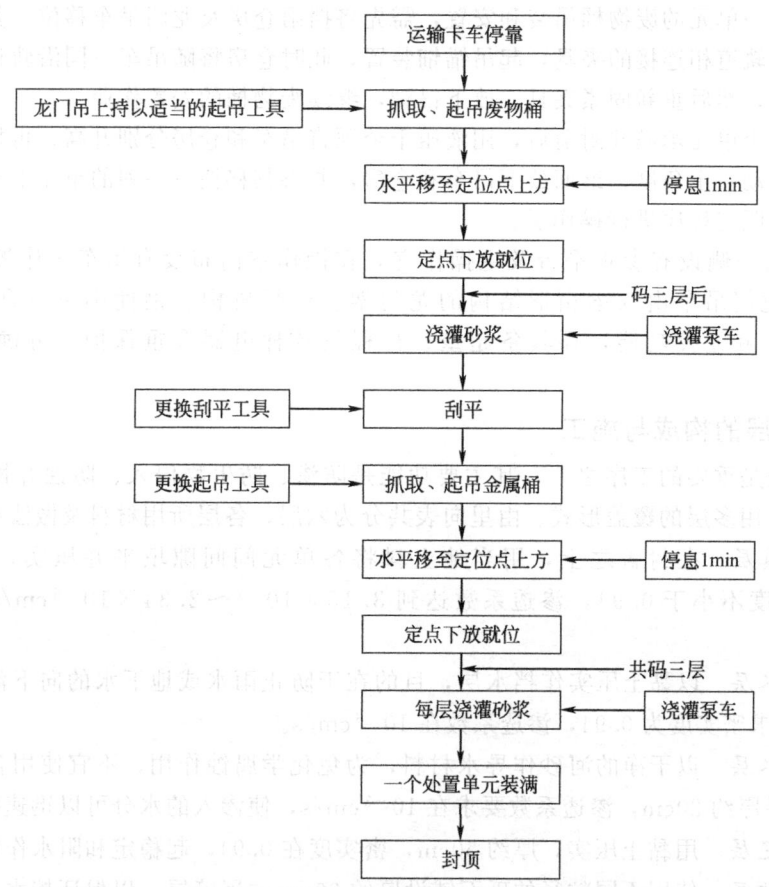

图 6-4-17　废物桶安置就位前后工序工艺流程

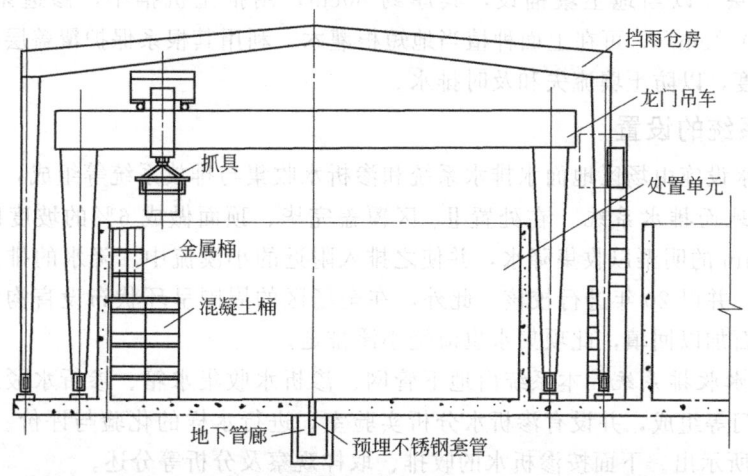

图 6-4-18　废物桶在处置单元中的码设及吊装情况

五、有关的其他几项工程

1. 封顶及下一处置单元作业的进行

在一个处置单元装满之后，立即进行封盖，以防外物和水进入单元内，封盖为现浇的钢筋混凝土结构。封盖完工后，在其外表涂以防水材料层。

为进行下一单元的废物桶吊装和安置，需先将挡雨仓房及龙门吊车移位。其过程是，松开仓房脚部与轨道相连接的夹具，起吊锚锚装置，此时仓房将随吊车一同沿轨道移至下一单元的相应位置，然后重新固紧夹具、放下锚锚，继续废物桶的安置作业。

当一列四个单元填满并封盖后，用液压千金顶将吊车和仓房分别升高，再把运行台车和底部的轨道转动一定角度，继而放下吊车和仓房，并将其移往下一列的单元上空，这一过程之后，就可按既定程序进行操作了。

在仓房的一侧设有参观平台及主操作室，在操作室内布设有吊车运作控制系统和操作观察窗。龙门吊车由双梁箱形结构的龙门架、运行机构、钢性小车及升降机构等组成，具有程控和遥控功能，还具备超重、行程及各种电器多重保护，可确保吊装时的安全。

2. 覆盖层的构成与施工

最后覆盖是重要的工序之一，其主要功能是防渗、防生物侵入、防蚀并恢复生态和植被。本工程采用多层的覆盖形式、由里向表共分为六层，各层所用材料及做法如下。

（1）回填层　在封盖之上，用当地土料将各单元间间隙填平并压实，要求厚度在 2m，其密实度不小于 0.94，渗透系数达到 $3.15 \times 10^{-7} \sim 2.34 \times 10^{-6}$ cm/s，以防核素的迁移。

（2）挡水层　以黏土压实作挡水层，目的在于防止雨水或地下水的向下渗析，此层厚约 1.2m，要求密实度为 0.94，渗透系数在 10^{-8} cm/s。

（3）导水层　以干净的河砂作导水材料，为免化学腐蚀作用，不宜使用含有氯离子的海砂。导水层厚约 20cm，渗透系数要求在 10^{-3} cm/s，使渗入的水分可以迅速排走。

（4）稳定层　用黏土压实，厚约 50cm，密实度在 0.94，起稳定和阻水作用。

（5）屏障层　使用不同粒径的砾石铺设厚约 30cm 的屏障层，以保证挡水层的完整。

（6）植被层　以当地土壤铺设，其厚约 80cm，用推土机推平，渗透系数在 $1.28 \times 10^{-6} \sim 4.8 \times 10^{-5}$ cm/s，可在上面种植当地短根灌木，利用其根系保护覆盖层完整。此外还设计适当的坡度，以防土壤流失和及时排水。

3. 排水系统的设置

本场的排水设施由场区地面水排水系统和渗析水收集与排放系统等组成，分述如下。

（1）场区地面排水系统　在处置 II_1 区覆盖完毕、顶面做成 6% 的坡度以后，四周设 800mm×800mm 的明渠以收集降水，并使之排入附近的小溪流中。降水的排出设计按重现期为三年考虑，并以 20 年进行校核。此外，在全场区的周围呈环状布设盲沟集水系统，并采用级配的碎石加以回填，此项集水也流经小溪排走。

（2）渗析水收排系统　本系统由地下管网、渗析水收集水箱、渗析水驳运水泵、取样装置及管道阀门等组成，并设有渗析水分析实验室，进行水样的化验与评价。其布设情况、如图 6-4-19 中所示出。下面按渗析水的收排、取样观察及分析等分述。

a. 单元底板上的处理　在处置单元的低板顶面由四周向中心设有 0.3% 的坡度，并在中

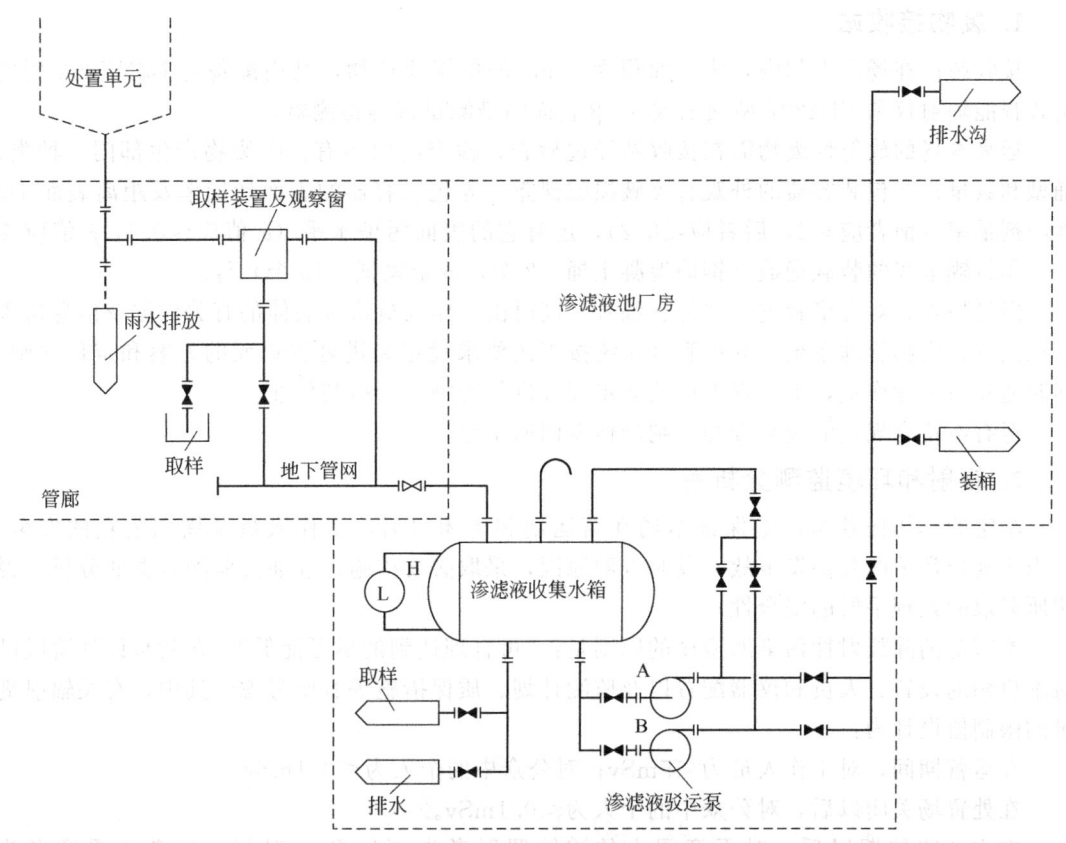

图 6-4-19　处置单元渗析水收排及监控系统布设图

心位置预埋有一段带过滤网的不锈钢短管，此穿过底板的地漏短管直接与管廊中的渗析水管相连，并通往管廊的出口处。单元内的渗析水受重力作用流入收集箱中。

　　b. 渗析水取样与观察装置　该装置为一个容积约 2L 的圆筒，其顶部设有透明的玻璃盖，下端设有取样阀和疏水阀，筒上引出两个接管嘴。在每个处置单元的渗析水管处各接一个这种装置，当有渗析水进入收集管网时，必先流进此筒，并在筒内积存，待筒中所积水位越过筒内上方放置的管嘴时，才能流到管网内。而巡视人员则可透过玻璃窗口检查该容器中是否有液体存在，如无，即表示单元运行正常；反之，则可打开此筒下的取样阀门接收一定量的水样，并通过测定其放射性比活度，判定单元内的情况。至于筒内的残留物，可以在开启疏水阀后流进渗析水管网内。

　　c. 地下管廊及渗析水箱厂房　在 Ⅱ₁ 区的南侧设有地下管廊出入口、在 Ⅱ₂ 区的北侧设有渗析水池厂房，管廊中的渗析水管路以 2％ 的坡度坡向收集水箱。此水箱厂房为半地下式，与地下管廊之出入口相通连，其最低处坐落着渗析水箱，为使渗析水便于排出，在此厂房内装设了两台驳运泵。

　　d. 渗析水分析室面积约 30m²。用于分析采集的渗析水样，以检验并评价工程屏障的工况。

六、辅助设施

　　本工程的主要辅助设施包括：废物接收站、辐射和环境监测分析室、设备去污和维修间以及其他建筑物四部分。

1. 废物接收站

接收站设在场南大门内,为一面积为 $49m^2$ 的单层建筑物,其内配备有 BZNF-2A 型便携式智能辐射仪和 FJ-2207 型便携式 α、β 表面污染测量仪等检测器。

运来本场的放射性废物需在接收站经过检查,检查的内容有:①废物产生部门、种类、桶型和数量;②包装容器的外观有无破损或裸露;③包装容器的表面计量率及距离表面 1m 处的剂量率(前者应≤2,后者应≤0.2),还有它的表面污染水平(α 值应≤0.4,β 值应≤4);④每辆卡车的装载桶数(钢筋混凝土桶≤2 个,或金属桶≤10 个)等。

经过检查、对合格者进行登记、编号,同时由工作人员将包装体的有关数据及信息送入主控制室、废物管理系统,并由管理系统按工艺要求设定装进处置单元的方案和定位法则,同时通知吊车操作室,由负责人员按既定规程进行废物桶的吊装作业。

遇有不符合规定的包装废物,则严格发回原单位。

2. 辐射和环境监测分析室

本室的具体任务是:①保证本场在营运期和关闭以后,工作人员及周围公众的安全;②当出现异常情况及偶发事故,及时查明原因,采取必要措施;③通过监测数据的分析,说明所采取的处理手段的安全性。

本室对消除放射性污染所遵循的原则是:"可合理达到的尽可能低",在初步设计阶段已对本机构的设置、人员和仪器配置以及监测计划、质保措施等有所考虑。其中,有关辐射剂量的限制值设计为:

在运营期间,对工作人员为<5mSv;对公众中的个人为<0.1mSv。

在处置场关闭以后,对公众中的个人为<0.1mSv。

在主动监护期以后,对无意闯入的连续照射者为<1mSv;对闯入的急性受照者为<5mSv。

本室的监测范围包括以下各项。

(1) γ 辐射场的连续监测 在初步设计中规定的监测点为值班警卫室、废物接收站、卫生通道更衣室、放射性实验室、处置单元、渗析水收集水箱厂房等。若所测点的剂量率超过限值,本室所设的控制仪表会自动报警,立即通知有关人员及时进行处理。

(2) 废物包装容器的检测 在检测站应对每个废物包装容器进行 γ 剂量率和表面污染的检测,作为是否接收的标准。

(3) 个人剂量监测 所有进入本场人员,在门卫处应先领取个人剂量计,并佩戴在胸前,在出场时则需交回,再经管理人员检验后,方可通过。若辐照剂量超过标准,此剂量计将自动发出报警信号,此时佩戴者应接受管理人员的负责处理。

(4) 个人体表污染监测 所有出场人员必须通过卫生通道,并接受表面污染检查,若超过卫生允许标准,需进行去污清洗,直至合格方可离去。

本室在不同地点配备不同的检测仪表,在表 6-4-27 中列出所需用的有关仪表及配置地点。

3. 设备去污和维修间

此去污维修间设在管理区(Ⅲ区)综合楼内,备有各项不同的清洗、去污装置和机具、仪器仪表维修等装置,可根据工作需要完成任务。

4. 其他辅助建筑

包括生活楼、行政管理楼、值班警卫室、供电房、车库、供水房、送排风机房等,分别按不同功能进行设计和建造,力求齐全、分散和方便,并尽量防止污染的扩散影响。

表 6-4-27　本场所配备的辐射监测仪表及配置地点

序号	仪表名称	型号	配置地点
1	多道 γ 监测仪	FJ-2024	其二次仪表布置在管理楼仪表盘上①
2	无线遥控 γ 监测仪	WRM91	其接收器和计算机可置于控制室②
3	便携式智能辐射仪	BZNF-2A	安放在废物接收站专用柜内
4	电子式个人剂量计	DMC100	连同读出装置均置于管理楼保健物理室
5	便携式 α、β 表面污染测量仪	FJ-2027	共两台，分置于接收站和卫生通道出入口
6	低本底 α、β 测量装置	BH1216	安放于控制区分析实验室内

　　① 多道检测仪的探测器分别布设在卫生通道、实验室、警卫值班室和废物接收站等处，通常这些地方的过往人员较多，或者由于工作需要。

　　② 此种监测仪可置放在控制室办公桌上，也可带到现场放在不大可能受到污染的地方。其配有剂量计（探测部件）的发送器可放在吊车操作室及其他工作人员工作地点，也可由每个操作人员随身配备携带。

第八节　高放射性废物地质处置库

一、引言

由于高放射性废物深地层（地质）处置的复杂性，国际上尽管对此进行了长达数年的研究，但时至今日，尚未有一座正式的高放射性废物地质处置库建成并投入运营。从此项工程的进展程序而言，走在前面的国家有美国和德国，前者已选定内华达州的尤卡山作为库址，后者确定把库区设在该国北部的高莱本。

限于缺少实际的资料，作为实例，本节只能就瑞典、比利时、美国等国所报道的一些有关技术情况作为典型案例并以概念设计的形式予以说明。

二、瑞典的高放射性废物地质处置库概念设计

这里选定花岗岩作为处置库的处置介质，其概念设计已在图 6-4-20 中示出。库位定在地面以下 500m，与地面相连的通道采用竖井结合斜坡坑道的形式。在处置地点凿通若干横向平硐，并按一定间隔在平硐内开凿有一定深度的竖孔，用来放置高放射性废物固化体，再向其四周及顶部用高压实膨润土填实。

所处置的废物量大约是：运行的早期为 400 个废物包，进入正常运营则为处置 4000 个废物包，另有其他长寿期的废物，其处置量估计在 24000m³。

位于处置库区地面的建筑群包括：办公楼、工作间、废物接收及检查站、材料存储室以及工作人员福利设施等，如图 6-4-20 所示。

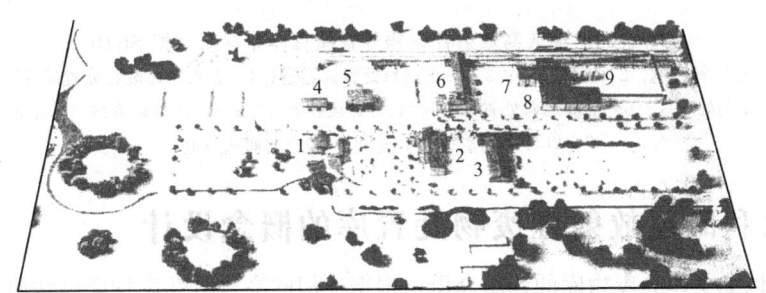

图 6-4-20　瑞典高放射性废物处置库地面建筑群总体布置图（据 SKB）

1—信息招待所；2—办公楼与车间；3—生活区及商店；4—后勤设施（供水、供热等）；

5—通风系统；6—废物接受站及检查室；7—加工间（膨润土压实等）；

8—贮砂库；9—缓冲及回填材料库

他们所设计的运输高放射性废物的线路如图 6-4-21 所示。计划是：

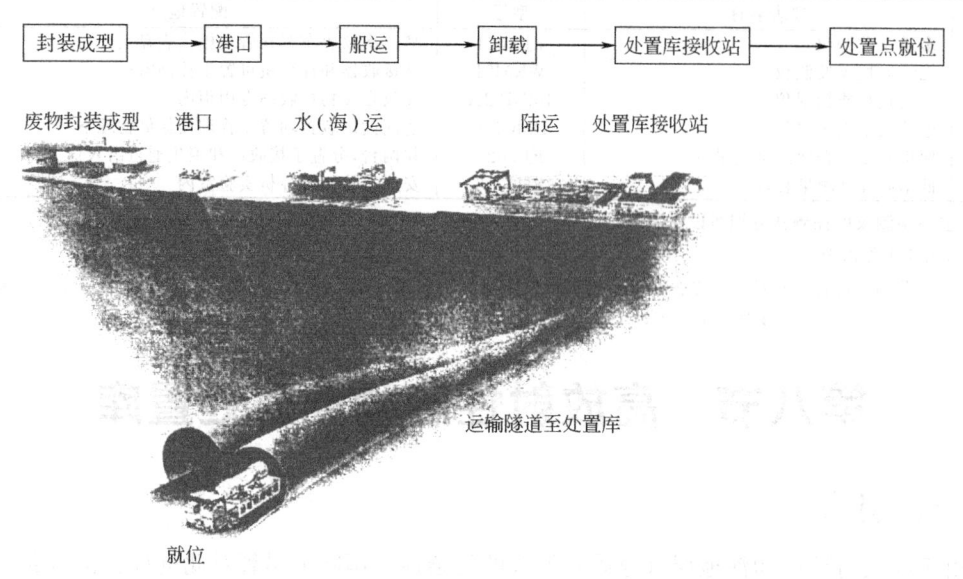

图 6-4-21　瑞典高放射性废物固化体运输路线示意图（据 SKB）

　　该处置库的总体部署包括地下处置区、地面建筑群、运输斜坡道等，其具体布置详见图 6-4-22 所示。

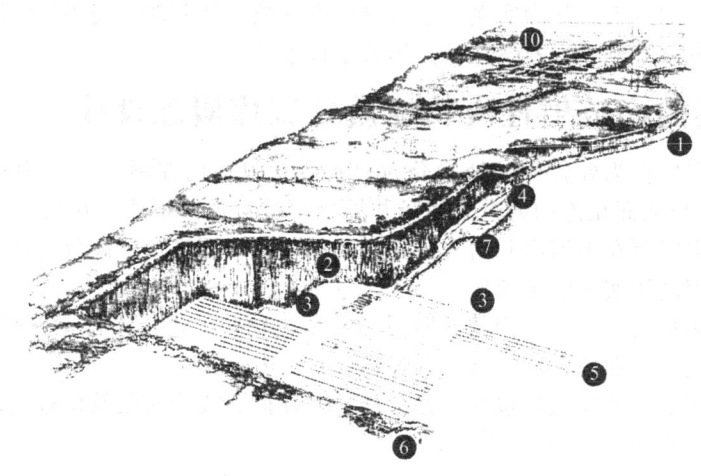

图 6-4-22　瑞典高放射性废物处置库总体布置图（据 SKB）

1—运输斜坡道；2—库区中心；3—去乏燃料处置区隧道；4—去长寿命废物处置区隧道；
5—早期处置区；6—常规运营处置区；7—长寿命废物处置区；8—活性研究区（未示出）；
9—红外监控系统（未示出）；10—地面建筑群

三、比利时高放射性废物处置库的概念设计

　　这里选定以黏土作为废物库的地质介质。根据他们的高放射性废物产出性质，采用一种定名为 SON681817L1C2A2Z1 型的硼硅酸盐玻璃作为高放射性废物的固化体材料，并预计其产生体积为 653m³，经过固化的包装桶总数达 4353 个。每桶包装体连同容器本身的特征如下：

　　外径 0.13m；总高 1.335m；桶壁厚 5mm；

　　材质 Z5CN2413 不锈钢；空容器重 75kg；净体积 0.15m³；

玻璃体高度 1.1m；总体积 0.18m³；

总活度 1.0×10^{14} Bq/桶（α辐射体），2.17×10^{16} Bq/桶（β、γ辐射体）。

他们计划将高放射性废物处置库的位置设在 MOL 附近的 SCK/CEN，并将废物埋于这里深度在 220m 的黏土层中。在这里设有两座竖井，由地表直达库底的主巷道，竖井之直径为 3.5m。主巷道有两条，其直径均为 4.5m，彼此相互平行，相距约 400m。图 6-4-23 为所设计的此库之主、副巷道平面布置。依据计算出来的废物固化体释热量大小，属高放射性废物（HLW）的固化体被置于内径为 3.5m 的副巷道中，此种副巷道有十条，其长均为 800m，彼此相隔了 125m。也可以将高放射性废物置进 BOOM 黏土内。属于中放射性废物（MLW）的固化体则处置在内径为 4.5m 的副巷道中，此种副巷道亦各长 800m，彼此相距 50m。

四、美国尤卡山高放射性废物处置库概念设计

该库位于美国西部内华达州 Nye 县境，其库区地质介质为凝灰岩，所处的地质剖面图如图 6-4-24 所示。他们把处置废物的地点设在地面以下 415m 的包气带层，这里的地下水位深达 600m。

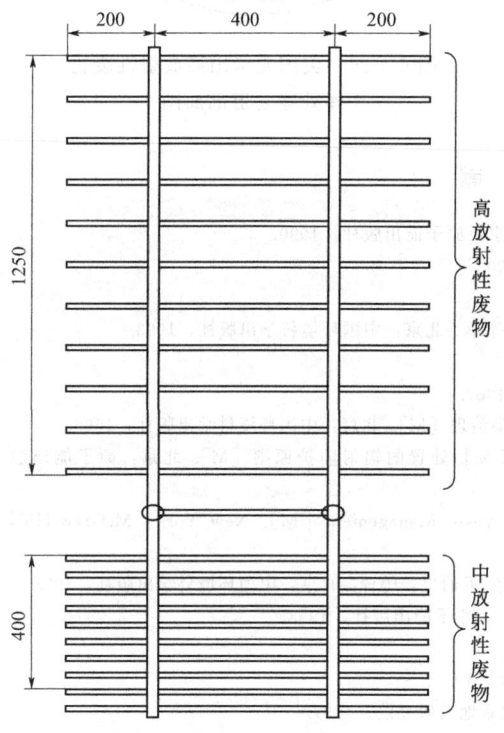

图 6-4-23 比利时高放射性废物处置库巷道
平面布置概念设计（单位：m）

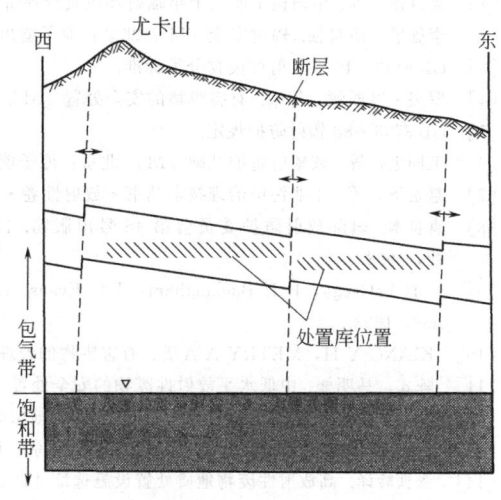

图 6-4-24 美国高放射性废物处置
库区地质剖面图

他们之所以选址在这里，是出于三方面的考虑：其一，利于回取，他们要求在处置以后的一百年内能确保将废物取出来；其二，利于释热，这是因为他们所处置的废物含有很高的热容量，需要一种便于散热的条件；其三，利于置放已确定的具有多种用途的圆筒形包装容器。

该处置库采用上下两层式结构，其上层为主巷道、下层为处置巷道，此二层之间则以斜坡道相连通（见图 6-4-25）。为利于释热，在处置的废物容器与巷道壁之间不再充塞缓冲回

填材料。设计的处置巷道的剖面如图 6-4-26 所示,其下方为水泥基座,在基座的中心位置布设有弧形垫板,圆筒形废物桶即横搁在此垫板之上。有关的部分设计数据包括:主巷道直径 7.62m、处置巷道直径 5.0m、废物容器外径 1.81m。该项规划的处置占地面积大约是 1000m²/t 废物。

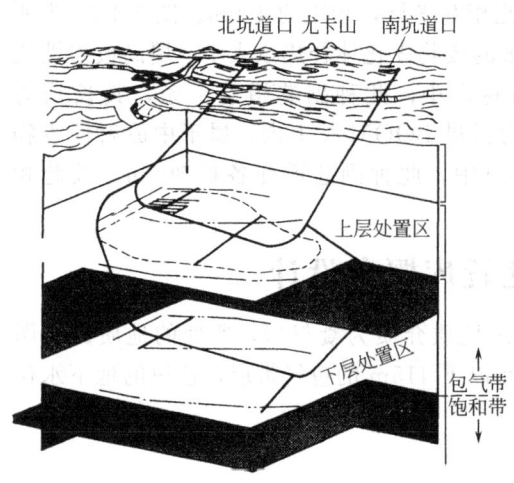

图 6-4-25　美国尤卡山高放射性废物库双层
巷道布设透视图

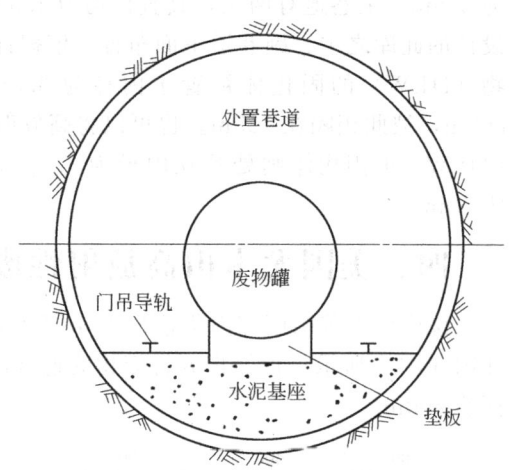

图 6-4-26　美国尤卡山高放射性废物
库处置巷道剖面图

参 考 文 献

[1] 潘自强,等. 中国核工业三十年辐射环境质量评价 [M]. 北京:原子能出版社,1990.
[2] 李德平,潘自强. 辐射安全 [M]. 北京:原子能出版社,1990.
[3] GB 9133　1995 放射性废物分类标准.
[4] 罗杰·巴斯顿,等编. 有害废物的安全处置 [M]. 马鸿昌,等译. 北京:中国环境科学出版社,1993.
[5] GB 8703—88 辐射防护规定.
[6] 王同生,等. 核辐射防护基础 [M]. 北京:原子能出版社,1982.
[7] 赵宏圣,等. 工业污染治理技术丛书·放射性卷·铀矿冶污染治理 [M]. 北京:中国环境科学出版社,1996.
[8] 袁良本. 国际放射防护委员会第 46 号出版物. 固体放射性废物处置的辐射防护原则 [M]. 北京:原子能出版社,1998.
[9] M D LaGrega, P L Buckingham, J C Evans. Hazardous Waste Management [M]. New York:McGraw-Hill, Inc.,1993.
[10] KIANG Y H, METRY A A 著. 有害废物的处理技术 [M]. 承伯兴,等译. 北京:中国环境科学出版社,1993.
[11] 陈式,马明燮. 中低水平放射性废物的安全处置 [M]. 北京:原子能出版社,1998.
[12] GB 9132—88 低中水平放射性固体废物的浅地层处置规定.
[13] 许兆义,等. 放射性废物地质处置 [M]. 北京:地震出版社,1994.
[14] 张铁岭译. 高放射性废物地质处置设施选址 [R]. 核工业北京地质研究院,1997.
[15] 中核清原环境技术工程有限责任公司. 广东低中放射性固体废物处置场环境影响报告书(申请建造阶段)(内部资料)[C]. 1997.

附录

附录1 城市生活垃圾采样和物理分析方法 （CJ/T 3039—95）

中华人民共和国建设部 1995-05-31 批准，1995-12-01 实施

1 主题内容与适用范围

本标准规定了城市生活垃圾样品的采集、制备和物理成分、物理性质的分析方法。

本标准适用于城市生活垃圾的常规调查。

未设镇建制的城市型工矿居民区，可以参照本方法执行。

2 引用标准

GB 213 煤的发热量测定方法

3 垃圾样品的采集

3.1 采样点的选择

3.1.1 环境调查

对垃圾产地的自然环境和社会环境进行调查建档。

3.1.2 采样点选择的原则是：该点垃圾具有代表性和稳定性。

3.1.3 根据市区人口、主要功能区类和调查目的，按表1和表2确定点位及点数。

表 1

序号	1			2		3			4			5		6
区别	居民区			事业区		商业区			清扫区			特殊区		混合区
类别	燃煤	半燃煤	无燃煤	办公	文教	商店（场）饭店	娱乐场所	交通站（场）	街道	园林	广场	医院	使、领馆	垃圾堆放处理场

表 2

市区人口/万人	50 以下	50~100	100~200	200 以上
最少采样点数/个	8	16	20	30

3.2 采样频率和时间

3.2.1 采样频率宜每月 2 次，在因环境而引起垃圾变化的时期，可调整部分月份的采

样频率或增加采样频率。

3.2.2 采样间隔时间应大于 10d。

3.2.3 采样应在无大风、雨、雪的条件下进行。

3.2.4 在同一市区每次各点的采样宜尽可能同时进行。

3.3 采样方法

3.3.1 设备和工具

采样车　　　　1T 双排座货车

密闭容器

磅　秤

工　具　　　锹、耙、锯、锤子、剪刀等

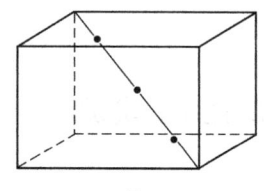

图 1　立体对角线布
点采样法

3.3.2 各类垃圾收集点的采样应在收集点收运垃圾前进行。

a. 在大于 3m³ 的设施（箱、坑）中采用立体对角线布点法（见图 1）在等距点（不少于 3 个）采等量垃圾，共 100～200kg。

b. 在小于 3m³ 的设施（箱、桶）中，每个设施采 20kg 以上，最少采 5 个，共 100～200kg。

3.3.3 混合垃圾点的采样

应采集当日收运到堆放处理场的垃圾车中的垃圾，在间隔的每辆车内或在其卸下的垃圾堆中采用立体对角线法在 3 个等距点采等量垃圾共 20kg 以上；最少采 5 车，总共 100～200kg。

3.3.4 采样的全过程要有详实记录。

3.4 样品制备

测定垃圾容重后将大块垃圾破碎至粒径小于 50mm 的小块，摊铺在水泥地面充分混合搅拌，再用四分法（见图 2）缩分 2（或 3）次至 25～50kg 样品，置于密闭容器运到分析场地。确实难全部破碎的可预先剔除，在其余部分破碎缩分后，按缩分比例，将剔除垃圾部分破碎加入样品中。

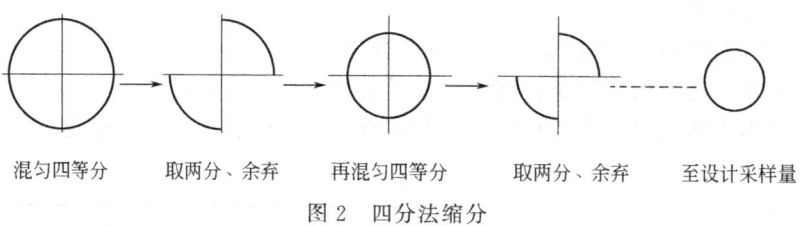

混匀四等分　　取两分、余弃　　再混匀四等分　　取两分、余弃　　至设计采样量

图 2　四分法缩分

3.5 样品保存

采样后应立即分析，否则必须将样品摊铺在室内避风阴凉干净的铺有防渗塑胶布的水泥地面，厚度不超过 50mm，并防止样品损失和其他物质的混入，保存期不超过 24h。

4　垃圾物理成分和物理性质的分析

4.1 垃圾容重的测定（在采样现场进行）

4.1.1 设备

磅秤

标准容器　有效高度 100cm，容积 100L 的硬质塑料圆桶。

4.1.2 步骤

a. 将 3.3 中 100～200kg 样品重复 2～4 次放满标准容器,稍加振动但不得压实。

b. 分别称量各次样品重量。

4.1.3 结果的表示

按式(1)计算容重:

$$d = \frac{1000}{m} \sum_{j=1}^{m} \frac{M_j}{V} \tag{1}$$

式中 d——容重,kg/m³;

m——重复测定次数;

j——重复测定序次;

M_j——每次样品重量,kg;

V——样品体积,L。

结果以 4 位有效数字表示。

4.2 垃圾物理成分的分析

4.2.1 设备

分选筛 孔径为 10mm 的网目。

磅秤

台秤

4.2.2 步骤

a. 称量样品总重。

b. 按表 3 粗分检按 3.4 条的 25～50kg 样品中各成分。

表 3

类别	有机物		无机物		可回收物						其他	混合
	动物	植物	灰土	砖瓦、陶瓷	纸类	塑料、橡胶	纺织物	玻璃	金属	木竹		

c. 将粗分检后剩余的样品充分过筛,筛上物细分检各成分,筛下物按其主要成分分类,确实分类困难的为混合类。

d. 分别称量各成分重量。

4.2.3 结果的表示

按式(2)、(3)计算各成分含量:

$$c_{i(湿)} = \frac{M_i}{M} \times 100 \tag{2}$$

$$c_{i(干)} = c_{i(湿)} \times \frac{100 - c_{i水}}{100 - c_水} \tag{3}$$

式中 $c_{i(湿)}$——湿基某成分含量,%;

M_i——某成分重量,kg;

M——样品总重量,kg;

$c_{i(干)}$——干基某成分含量,%;

$c_{i水}$——某成分含水率,%;

$c_水$——样品含水率,%。

结果以 4 位有效数字表示。

4.3 垃圾含水率的测定

4.3.1 设备

电热鼓风恒温干燥箱

天平　　　感量为 0.1g

干燥器　　干燥剂为变色硅胶

4.3.2 步骤

a. 将 4.2.2.d 各成分样品破碎至粒径小于 15mm 的细块，分别充分混合搅拌，用四分法缩分三次。确实难全部破碎的可预先剔除，在其余部分破碎缩分后，按缩分比例，将剔除成分部分破碎加入样品中。

b. 分别称取 4.2.2.d 中各成分的十分之一的重量，分成重复 2～3 次测定的试样。

c. 将试样置于干燥的搪瓷盘内，放于干燥箱，在 105℃±5℃ 的条件下烘 4～8h，取出放到干燥器中冷却 0.5h 后称重。

d. 重复烘 1～2h，冷却 0.5h 后再称重，直至恒重，使两次称量之差不超过试样量的千分之四。

4.3.3 结果的表示

按式（4）、式（5）计算含水率：

$$c_{i水} = \frac{1}{m} \sum_{j=1}^{m} \frac{M_{j湿} - M_{j干}}{M_{j湿}} \times 100 \tag{4}$$

$$c_{水} = \sum_{j=1}^{m} c_{i水} \times \frac{c_{i(湿)}}{100} \tag{5}$$

式中　$c_{i水}$——某成分含水率，%；

　　　$c_{水}$——样品含水率，%；

　　　$M_{j湿}$——每次某成分湿重，g；

　　　$M_{j干}$——每次某成分干重，g；

　　　n——各成分数；

　　　i——各成分序数。

结果以 4 位有效数字表示。

4.4 垃圾可燃物的测定

4.4.1 设备

马弗炉

小型万能粉碎机

标准筛　　　有孔径为 0.5mm 的网目

天平　　　　感量为 0.0001g

干燥器　　　干燥剂为变色硅胶

坩埚及坩埚钳

耐热石棉板

4.4.2 步骤

a. 将 4.3.2.b 中各成分的十分之一重量的干样集中充分混合搅拌，用四分法缩分 5 次。

b. 将缩分后的样品粉碎至粒径小于 0.5mm 的微粒，再次在 105℃±5℃ 的条件下烘干至恒重。

c. 每次称取试样 5g±0.1g（称准至 0.0002g），共 2～3 个重复试样分别摊平于预先烘干至恒重的坩埚中。

d. 将坩埚放入马弗炉中，在 30min 内将炉温缓慢升到 500℃，保持 30min；再将炉温升到 815℃±10℃，在此温度下灼烧 1h。

e. 停止灼烧后，将坩埚取出放在石棉板上，盖上盖，在空气中冷却 5min，然后将坩埚放入干燥器，冷却至室温即可称重。

f. 重复灼烧 20min，冷却至室温后称至恒重。

4.4.3 结果的表示

a. 按式（6）、式（7）计算可燃物及灰分含量：

$$c_{灰(干)} = \frac{1}{m}\sum_{j=1}^{m}\frac{M_{j灰}}{M_j} \times 100 \tag{6}$$

$$c_{可燃(干)} = 100 - c_{灰(干)} \tag{7}$$

式中 $c_{灰(干)}$——干基灰分含量，%；

$c_{可燃(干)}$——干基可燃物含量，%；

$M_{j灰}$——每次灰分重量，g；

M_j——每次试样重量，g。

结果以四位有效数字表示。

b. 按式（8）、式（9）换算三成分（可燃、灰、水）含量：

$$c_{可燃} = c_{可燃(干)} \times \frac{100 - c_{水}}{100} \tag{8}$$

$$c_{灰} = 100 - c_{可燃} - c_{水} \tag{9}$$

式中 $c_{可燃}$——三成分法的可燃物含量，%；

$c_{灰}$——三成分法的灰分含量，%。

结果以 4 位有效数字表示。

4.5 垃圾发热量的测定

4.5.1 仪器

氧弹式热量计

天平　　　　感量为 0.0001g。

4.5.2 试样的制备

根据情况选择下面一种方法。

a. 各成分样：将第 4.3.2 条 a 中缩分三次后的一半各成分样品烘干，（另一半做含水率和可燃物的测定）用四分法缩分 2 至 5 次后分别粉碎至粒径小于 0.5mm 的微粒，并在 105℃±5℃的条件下烘干至恒重。

b. 混合样：取 4.4.2.b 烘干试样约 10g。

4.5.3 试样的保存

试样应尽快测定，否则必须放在干燥器里的试样瓶中保存；试样保存期为 3 个月。保存期内试样如吸水，则要再次在 105℃±5℃的条件下烘干至恒重，才能测定。

4.5.4 步骤

按照 GB 213 和热量计有关的规程操作，各成分样分别测或只测混合样品；每个样重复测定 2～3 次取平均值。

4.5.5 结果的表示

a. 将各成分样的测定值按式（10）计算出（混合）样品发热量：

$$Q_{高(干)} = \sum_{i=1}^{n}\left[Q_{i高(干)} \times \frac{c_{i(干)}}{100}\right] \tag{10}$$

式中 $Q_{高(干)}$——样品干基高位发热量，kJ/kg；

$Q_{i高(干)}$——某成分干基高位发热量，kJ/kg。

b. 氧弹热量计直接测定并经式（10）计算出的发热量可近似作为干基高位发热量并按式（11）、式（12）换算成湿基低位发热量：

$$Q_{高(湿)}=Q_{高(干)}\times\frac{100-c_水}{100} \tag{11}$$

$$Q_{低(湿)}=Q_{高(湿)}-24.4\left[c_水+9H_{(干)}\times\frac{100-c_水}{100}\right] \tag{12}$$

式中　$Q_{高(湿)}$——湿基高位发热量，kJ/kg；

　　　$Q_{低(湿)}$——湿基低位发热量，kJ/kg；

　　　24.4——水的汽化热常数，kJ/kg；

　　　$H_{(干)}$——干基氢元素含量，%。

结果以 5 位有效数字表示。

注：在无法测定氢含量时，可查附录 A 表 A1 由各成分氢含量计算出试样氢含量后参与计算。

附录 A　垃圾发热量的计算（参考件）

A1　在无热量计的条件下可选用式（A1）进行近似计算。

$$Q_{高(湿)}=\sum_{i=1}^{n}\left[Q_{i高}\times\frac{c_{i(干)}}{100}\times\frac{100-c_{i水}}{100}\right] \tag{A1}$$

式中　$Q_{i高(干)}$——垃圾中某成分的干基高位发热量，查表 A1，kJ/kg。

表 A1

城市垃圾成分	干基高位发热量/(kJ/kg)	干基氢含量/%
塑料	32570	7.2
橡胶	23260	10.0
木、竹	18610	6.0
纺织物	17450	6.6
纸类	16600	6.0
灰土、砖陶	6980	3.0
厨房有机物	4650	6.4
铁金属	700	
玻璃	140	

附加说明：

本标准由建设部标准定额研究所提出。

本标准由建设部城镇环境卫生标准技术归口单位上海市环境卫生管理局归口。

本标准由北京市环境卫生科学研究所、杭州市环境卫生科学研究所、贵阳市环境卫生科学研究所和西安市环境卫生科学研究所负责起草。

本标准主要起草人王�、俞锡弟、苏昭辉。

本标准委托北京市环境卫生科学研究所负责解释。

附录 2　工业固体废物采样制样技术规范（HJ/T 20—1998）

国家环境保护局　1998-01-08 批准，1998-07-01 实施

1　范围

本规范规定了工业固体废物采样制样方案设计、采样技术、制样技术、样品保存和质量控制。

本规范适用于工业固体废物的特性鉴别、环境污染监测、综合利用及处置等所需样品的采集和制备。

本规范不适用于放射性指标监测的采样制样。

2　引用标准

下列标准所包含的条文，通过在本标准中引用而构成为本标准的条文。在标准出版时，所示版本均为有效：所有标准都会被修订。使用本标准的各方应探讨、使用下列标准最新版本的可能性。

GB 2007.1—87　散装矿产品取样、制样通则　手工取样方法

GB 2007.2—87　散装矿产品取样、制样通则　手工制样方法

GB 3723—83　工业用化学产品采样安全通则

GB 6679—86　固体化工产品采样通则

GB 6680—86　液体化工产品采样通则

GB 6678—86　化工产品采样总则

3　定义

3.1　工业固体废物：是指在工业、交通等生产活动中产生的固体废物。

3.2　批：进行特性鉴别、环境污染监测、综合利用及处置的一定质量的工业固体废物。

3.3　批量：构成一批工业固体废物的质量。

3.4　份样：用采样器一次操作从一批的一个点或一个部位按规定质量所采取的工业固体废物。

3.5　份样量：构成一个份样的工业固体废物的质量。

3.6　份样数：从一批中所采取的份样个数。

3.7　小样：由一批中的两个或两个以上的份样或逐个经过粉碎和缩分后组成的样品。

3.8　大样：由一批的全部份样或全部小样或将其逐个进行粉碎和缩分后组成的样品。

3.9　试样：按规定的制样方法从每个份样、小样或大样所制备的供特性鉴别、环境污染监测、综合利用及处置分析的样品。

3.10　最大粒度：筛余量约 5% 时的筛孔尺寸。

4　采样

4.1　方案设计（采样计划制定）

在工业固体废物采样前，应首先进行采样方案（采样计划）设计。方案内容包括采样目

的和要求、背景调查和现场踏勘、采样程序、安全措施、质量控制、采样记录和报告等。

4.1.1　采样目的

采样的基本目的是：从一批工业固体废物中采集具有代表性的样品，通过试验和分析，获得在允许误差范围内的数据。在设计采样方案时，应首先明确以下具体目的和要求：

——特性鉴别和分类；

——环境污染监测；

——综合利用或处置；

——污染环境事故调查分析和应急监测；

——科学研究；

——环境影响评价；

——法律调查、法律责任、仲裁等。

4.1.2　背景调查和现场踏勘

采样目的明确后，要调查以下影响采样方案制定的因素，并进行现场踏勘：

——工业固体废物的产生（处置）单位、产生时间、产生形式（间断还是连续）、贮存（处置）方式；

——工业固体废物的种类、形态、数量、特性（含物性和化性）；

——工业固体废物试验及分析的允许误差和要求；

——工业固体废物污染环境、监测分析的历史资料；

——工业固体废物产生或堆存或处置或综合利用现场踏勘，了解现场及周围环境。

4.1.3　采样程序

采样按以下步骤进行：

——确定批废物；

——选派采样人员；

——明确采样目的和要求；

——进行背景调查和现场踏勘；

——确定采样法；

——确定份样量；

——确定份样数；

——确定采样点；

——选择采样工具；

——制定安全措施；

——制定质量控制措施；

——采样；

——组成小样（或）大样。

4.1.4　采样记录和报告

采样时应记录工业固体废物的名称、来源、数量、性状、包装、贮存、处置、环境、编号、份样量、份样数、采样点、采样法、采样日期、采样人等。必要时，根据记录填写采样报告。

4.2　采样技术

4.2.1　采样法

4.2.1.1　简单随机采样法

一批废物，当对其了解很少，且采取的份样比较分散也不影响分析结果时，对这一批废物不做任何处理，不进行分类也不进行排队，而是按照其原来的状况从批废物中随机采取份样。

抽签法：先对所有采份样的部位进行编号，同时把号码写在纸片上（纸片上号码代表采份样的部位），掺合均匀后，从中随机抽取份样数的纸片，抽中号码的部位，就是采份样的部位，此法只宜在采份样的点不多时使用。

随机数字表法：先对所有采份样的部位进行编号，有多少部位就编多少号，最大编号是几位数，就使用随机数表的几栏（或几行），并把几栏（或几行）合在一起使用，从随机数字表的任意一栏、任意一行数字开始数，碰到小于或等于最大编号的数码就记下来（碰上已抽过的数就不要它），直到抽够份数为止。抽到的号码，就是采份样的部位。

4.2.1.2 系统采样法

一批按一定顺序排列的废物，按照规定的采样间隔，每隔一个间隔采取一个份样，组成小样或大样。

在一批废物以运送带、管道等形式连续排出的移动过程中，按一定的质量或时间间隔采份样，份样间的间隔可根据表1规定的份样数和实际批量按公式（1）计算：

$$T \leqslant \frac{Q}{n} \text{ 或 } T' \leqslant \frac{60Q}{G \cdot n} \tag{1}$$

式中 T——采样质量间隔，t；

Q——批量，t；

n——按公式（4）计算出的份样数或表1中规定的份样数；

G——每小时排出量，t/h；

T'——采样时间间隔，min。

表1 批量大小与最少份样数　　　　　固体：t；液体：1000L

批量大小	最少份样数	批量大小	最小份样数
<1	5	≥100	30
≥1	10	≥500	40
≥5	15	≥1000	50
≥30	20	≥5000	60
≥50	25	≥10000	80

采第一个份样时，不可在第一间隔的起点开始，可在第一间隔内随机确定。

在运送带上或落口处采份样，须截取废物流的全截面。

所采份样的粒度比例应符合采样间隔或采样部位的粒度比例，所得大样的粒度比例应与整批废物流的粒度分布大致相符。

4.2.1.3 分层采样法

根据对一批废物已有的认识，将其按照有关标志分若干层，然后在每层中随机采取份样。

一批废物分次排出或某生产工艺过程的废物间歇排出过程中，可分 n 层采样，根据每层的质量，按比例采取份样。同时，必须注意粒度比例，使每层所采份样的粒度比例与该层废物粒度分布大致相符。

第 i 层采样份数 n_i 按式（2）计算：

$$n_i = \frac{n \cdot Q_L}{Q} \tag{2}$$

式中 n_i——第 i 层应采份样数；

n——按公式（4）计算出的份样数或表 1 中规定的份样数；

Q_L——第 i 层废物质量，t；

Q——批量，t。

4.2.1.4 两段采样法

简单随机采样、系统采样、分层采样都是一次就直接从批废物中采取份样，称为单阶段采样。当一批废物由许多车、桶、箱、袋等容器盛装时，由于各容器件比较分散，所以要分阶段采样。首先从批废物总容器件数 N_0 中随机抽取 n_1 件容器，然后再从 n_1 件的每一件容器中采 n_2 个份样。

推荐当 $N_0 \leqslant 6$ 时，取 $n_1 = N_0$；当 $N_0 > 6$ 时，n_1 按式（3）计算：

$$n_1 \geqslant 3 \cdot \sqrt[3]{N_0}（小数进整数） \tag{3}$$

推荐第二阶段的采样数 $n_2 \geqslant 3$，即 n_1 件容器中的每个容器均随机采上、中、下最少 3 个份样。

4.2.1.5 权威采样法

由对被采批工业固体废物非常熟悉的个人来采取样品而置随机性于不顾。这种采样法，其有效性完全取决于采样者的知识。尽管权威采样有时也能获得有效的数据，但对大多数采样情况，建议不采用这种采样方法。

4.2.2 份样量

4.2.2.1 一般地说，样品量多一些，才有代表性。因此，份样量不能少于某一限度；但份样量达到一定限度之后，再增加重量也不能显著提高采样的准确度。份样量取决于废物的粒度上限，废物的粒度越大，均匀性越差，份样量就应越多，它大致与废物的最大粒度直径某次方成正比，与废物不均匀性程度成正比。份样量可按切乔特公式（4）计算：

$$Q \geqslant K \cdot d^a \tag{4}$$

式中 Q——份样量应采的最低重量，kg；

d——废物中最大粒度的直径，mm；

K——缩分系数，代表废物的不均匀程度，废物越不均匀，K 值越大，可用统计误差法由实验测定，有时也可由主管部门根据经验指定；

a——经验常数，随废物的均匀程度和易破碎程度而定。

对于一般情况，推荐 $K = 0.06$，$a = 1$。

4.2.2.2 对于液态批废物的份样量以不小于 100mL 的采样瓶（或采样器）所盛量为准。

4.2.3 份样数

4.2.3.1 公式法

当已知份样间的标准偏差和允许误差时，可按式（5）计算份样数。

$$n \geqslant \left(\frac{t \cdot s}{\Delta} \right)^2 \tag{5}$$

式中 n——必要份样数；

s——份样间的标准偏差；

Δ——采样允许误差；

t——选定置信水平下的概率度。

取 $n \to \infty$ 时的 t 值作为最初 t 值，以此算出 n 的初值。用对应于 n 初值的 t 值代入，不断迭代，直至算得的 n 值不变，此 n 值即为必要份样数。

4.2.3.2 查表法

当份样间标准偏差或允许误差未知时，可按表1经验确定份样数。

4.2.4 采样点

4.2.4.1 对于堆存、运输中的固态工业固体废物和大池（坑、塘）中的液体工业固体废物，可按对角线型、梅花型、棋盘型、蛇型等点分布确定采样点（采样位置）。

4.2.4.2 对于粉末状，小颗粒的工业固体废物，可按垂直方向、一定深度的部位确定采样点（采样位置）。

4.2.4.3 对于容器内的工业固体废物，可按上部（表面下相当于总体积的1/6深处）、中部（表面下相当于总体积的1/2深处）、下部（表面下相当于总体积的5/6深处）确定采样点（采样位置）。

4.2.4.4 根据采样方式（简单随机采样、分层采样、系统采样、两段采样等）确定采样点（采样位置）。

4.3 采样类型

4.3.1 固态废物采样

4.3.1.1 采样工具

a. 尖头钢锹；

b. 钢锤；

c. 采样探子（见 GB 6679—86 附录 A）；

d. 采样钻（见 GB 6679—86 附录 B）；

e. 气动和真空探针（见 GB 6679—86 附录 C）；

f. 取样铲（见 GB 2007.1—87 图 1 和表 1）；

g. 带盖盛样桶或内衬塑料薄膜的盛样袋。

4.3.1.2 件装采样

a. 按 4.2.1.4 确定份样数；

b. 按 4.2.2.1 确定份样量；

c. 按 4.2.1.1 确定采样法；

d. 按 4.2.4.3 确定采样点；

e. 选择合适的采样工具，按其操作要求采取份样；

f. 组成小样（即副样）或大样（见 GB 2007.1—87 图 2、图 3、图 4）。

4.3.1.3 散装采样

4.3.1.3.1 静止废物采样

a. 按 4.2.3 确定份样数；

b. 按 4.2.2.1 确定份样量；

c. 按 4.2 确定采样法；

d. 按 c 确定的采样法和 4.2.4 确定采样点；

e. 选择合适的采样工具，按其操作要求采取份样；

f. 组成小样（即副样）或大样（见 GB 2007.1—87 图 2、图 3、图 4）。

4.3.1.3.2 移动废物采样

a. 按 4.2.3 确定份样数；

b. 按 4.2.2.1 确定份样量；

c. 按 4.2.1.2 或 4.2.1.3 确定采样法；

d. 按 c 确定的采样法确定采样点；

e. 选择合适的采样工具，按其操作要求采取份样；

f. 组成小样（即副样）或大样（见 GB 2007.1—87 图 2、图 3、图 4）。

4.3.2 液态废物采样

4.3.2.1 采样工具

a. 采样勺（见 GB 6680—86 图 A1）；

b. 采样管（见 GB 6680—86 图 A2、图 A4、图 A5）；

c. 采样瓶、罐（见 GB 6680—86 图 A6、图 A7、图 A8、图 A9、图 A10、图 A11、图 A12）；

d. 搅拌器（见 GB 6680—图 A17）；

4.3.2.2 件装采样

a. 按 4.2.1.4 确定份样数和采样法；

b. 按 4.2.2.2 确定份样量；

c. 按 4.2.4.3 确定采样点；

d. 混匀：对于小容器（瓶、罐）用手摇晃混匀；对于中等容器（桶、听）用滚动、倒置或手工搅拌器混合对于大容器（贮罐、槽车、船舱）用机械搅拌器、喷射循环泵混匀；

e. 选择合适的采样工具，按其操作要求采取份样；

f. 对于多相液体不易混匀时，按 4.2.1.3 采样；

g. 组成小样（即副样）或大样（见 GB 2007.1—87 图 2、图 3、图 4）。

4.3.2.3 大池（坑、塘）采样

a. 按 4.2.3 确定份样数；

b. 按 4.2.2.2 确定份样量；

c. 按 4.2.1 确定采样法；

d. 按 c 确定的采样法和 4.2.4 确定采样点（取不同深度）；

e. 选择合适的采样工具，按其操作要求采取份样；

f. 组成小样（即副样）或大样（见 GB 2007.1—87 图 2、图 3、图 4）。

4.3.2.4 移动废物采样

a. 按 4.2.3 确定份样数；

b. 按 4.2.2.2 确定份样量；

c. 按 4.2.1.2 确定采样法及采样点；

d. 选择合适的采样工具，按其操作要求采取份样；

e. 组成小样（即副样）或大样（见 GB 2007.1—87 图 2、图 3、图 4）。

4.3.3 半固态废物采样

4.3.3.1 半固态废物采样，原则上按 4.3.1 固态废物采样或 4.3.2 液态废物采样规定进行。

4.3.3.2 对在常温下为固体，当受热时易变成流动的液体而不改变其化学性质的废物，最好在产生现场或加热使全部溶化后按 4.3.2 采取液态样品；也可劈开包装按 4.3.1 采取固态样品。

4.3.3.3 对黏稠的液体废物，有流动而又不易流动，所以最好在产生现场按 4.2.1.2 采样；当必须从最终容器中采样时，要选择合适的采样器按 4.3.2.2 采样。由于此种废物难于混匀，所以份样数建议取 4.2.3 确定的份样数的 $\frac{4}{3}$ 倍。

4.4 安全措施

工业固体废物采样安全措施参照《工业用化学产品采样安全通则》（GB 3723—83）。

4.5 质量控制

4.5.1 为保证在允许误差范围内获得工业固体废物的具有代表性的样品，应在采样的全过程进行质量控制。

4.5.2 在工业固体废物采样前，应设计详细的采样方案（采样计划）；在采样过程中，应认真按采样方案进行操作。

4.5.3 对采样人员应进行培训。工业固体废物采样是一项技术性很强的工作，应由受过专门培训、有经验的人员承担。采样人员应熟悉工业固体废物的性状、掌握采样技术、懂得安全操作的有关知识和处理方法。采样时，应由 2 人以上在场进行操作。

4.5.4 采样工具、设备所用材质不能和待采工业固体废物有任何反应，不能使待采工业固体废物污染、分层和损失。采样工具应干燥、清洁，便于使用、清洗、保养、检查和维修。任何采样装置（特别是自动采样器）在正式使用前均应做可行性试验。

4.5.5 采样过程中要防止待采工业固体废物受到污染和发生变质。与水、酸、碱有反应的工业固体废物，应在隔绝水、酸、碱的条件下采样（如反应十分缓慢，在采样精确度允许条件下，可以通过快速采样消除这一影响）；组成随温度变化的工业固体废物，应在其正常组成所要求的温度下采样。

4.5.6 盛样容器应满足以下要求：

——盛样容器材质与样品物质不起作用，没有渗透性；

——具有符合要求的盖、塞或阀门，使用前应洗净、干燥；

——对光敏性工业固体废物样品，盛样容器应是不透光的（使用深色材质容器或容器外罩深色外套）。

4.5.7 样品盛入容器后，在容器壁上应随即贴上标签。标签内容包括：

——样品名称及编号；

——工业固体废物批及批量；

——产生单位；

——采样部位；

——采样日期；

——采样人等。

4.5.8 样品运输过程中，应防止不同工业固体废物样品之间的交叉污染；盛样容器不可倒置、倒放，应防止破损、浸湿和污染；

4.5.9 填写好、保存好采样记录和采样报告。

4.5.10 采样全过程应由专人负责。

5 制样

5.1 方案设计（制样计划制定）

在工业固体废物制样前，应首先进行制样方案（制样计划）设计。方案内容包括制样目的和要求、制造程序、安全措施、质量控制、制样记录和报告。

5.1.1 制样目的

制样的目的是从采取的小样或大样中获取最佳量、具有代表性、能满足试验或分析要求的样品。在设计制样方案时，应首先明确以下具体目的和要求：

——特性鉴别试验；

——废物成分分析；

——样品量和粒度要求；

——其他目的和要求。

5.1.2　制样程序

制样按以下步骤进行；

——选派制样人员；

——确定小样或大样的量和最大粒度直径；

——明确制样的目的和要求；

——按 $Q \geqslant K \cdot d^a$ 确定制样操作和选择制样工具；

——制定安全检查；

——制定质量控制措施；

——制样；

——送检和保存。

5.1.3　制样记录和报告

制样时应记录工业固体废物的名称、数量、性状、包装、处置、贮存、环境、编号、送样日期、送样人、制样日期、制样法、制样人等，必要时，根据记录填写制样报告。

5.2　制样技术

5.2.1　制样工具

a. 颚式破碎机；

b. 圆盘粉碎机；

c. 玛瑙研磨机；

d. 药碾；

e. 玛瑙研钵或玻璃研钵；

f. 标准套筛；

g. 十字分样板；

h. 分样铲（见 GB 2007.2—87 图 2 及表 2）及挡板（见 GB 2007.2—87 图 4）；

i. 分样器；

j. 干燥箱；

k. 盛样容器。

5.2.2　固态废物制样

固态废物样品制备包括以下四个不同操作：

——粉碎：经破碎和研磨以减小样品的粒度；

——筛分：使样品保证 95％ 以上处于某一粒度范围；

——混合：使样品达到均匀；

——缩分：将样品缩分成两份或多份，以减少样品的质量。

以上四项操作进行一次，即组成制样的一个阶段。

5.2.2.1　样品的粉碎

用机械方法或人工方法破碎和研磨，使样品分阶段达到相应排料的最大粒度。

5.2.2.2　样品的筛分

根据粉碎阶段排料的最大粒度，选择相应的筛号，分阶段筛出一定粒度范围的样品。

5.2.2.3　样品的混合

用机械设备或人工转堆法，使过筛的一定粒度范围的样品充分混合，以达均匀分布。

5.2.2.4　样品的缩分

可以采用下列一个方法或几个方法并用。

    a. 份样缩分法：将样品置于平整、洁净的台面（地板革）上，充分混合后，根据厚度（见 GB 2007.2—87 表 2）铺成长方形平堆，划成等分的网络，缩分大样不少于 20 格，缩分小样不少于 12 格，缩分份样不少于 4 格（见 GB 2007.2—87 图 3）。将挡板垂直插至平堆底部，然后于距挡板约等于 C 处将分样铲垂直插至底部，水平移动直至分样铲开口端部接触挡板（见 GB2007.2—87 图 4），将分样铲和挡板同时提起，以防止样品从分样铲开口处流掉。从各格随机取等量一满铲，合并为缩分样品。

    b. 圆锥四分法：将样品置于洁净、平整的台面（地板革）上，堆成圆锥形，每铲自圆锥的顶尖落下，使均匀地沿锥尖散落，注意勿使圆锥中心错位，反复转堆至少三次，使充分混均，然后将圆锥顶端压平成圆饼，用十字分样板自上压下，分成四等分，任取对角的两等分，重复操作数次，直至该粒度对应的最小样品量。

    c. 二分器缩分法：有条件的实验室，可采用此法缩分。

    5.2.3　液态废物制样

    液体废物制样主要为混匀、缩分。

    5.2.3.1　样品的混匀

    对于盛小样或大样的小容器（瓶、罐）用手摇晃混匀；对于盛小样或大样的中等容器（桶、听）用滚动、倒置或手工搅拌器混匀；对于盛小样或大样的大容器（贮罐）用机械搅拌器、喷射循环泵混匀。

    5.2.3.2　样品的缩分

    样品混匀后，采用二分法，每次减量一半，直至试验分析用量的 10 倍为止。

    5.2.4　半固态废物制样

    5.2.4.1　半固态废物制样原则上按 5.2.2 和 5.2.3 规定进行。

    5.2.4.2　黏稠的不能缩分的污泥，要进行预干燥，至可制备状态时，进行粉碎、过筛、混合、缩分。

    5.2.4.3　对于有固体悬浮物的样品，要充分搅拌，摇动混匀后，再按需要制成试样。

    5.2.4.4　对于含油等难以混匀的液体，可用分液漏斗等分离，分别测定体积，分层制样分析。

    5.2.5　安全措施

    工业固体废物制样安全措施参照《工业用化学产品采样安全通则》（GB 3723—83）。

    5.2.6　质量控制

    5.2.6.1　为保证在允许误差范围内获得工业固体废物的具有代表性的样品，应在制样的全过程进行质量控制。

    5.2.6.2　在工业固体废物制样前，应设计详细的制样方案（制样计划）；在制样过程中，应认真按制样方案进行操作。

    5.2.6.3　对制样人员应进行培训，制样人员应熟悉工业固体废物的性状、掌握制样技术、懂得安全操作的有关知识和处理方法。制样时，应由两人以上在场进行操作。

    5.2.6.4　制样工具、设备所用材质不能和待制工业固体废物有任何反应、不破坏样品代表性、不改变样品组成；制样工具应干燥、清洁，便于使用、清洗、保养、检查和维修。

    5.2.6.5　制样过程中要防止待制工业固体废物受到交叉污染、发生变质和样品损失。组成随温度变化的工业固体废物，应在其正常组成所要求的温度下制样。

    5.2.6.6　盛样容器要求同 4.5.6。

    5.2.6.7　样品盛入容器后，在容器壁上应随即贴上标签。标签内容包括：

    ——样品名称及编号；

——工业固体废物批及批量；

——产生单位；

——送样日期；

——送样人；

——制样日期；

——制样人；

——样品保存期。

5.2.6.8 样品的保存和撤销应按规定期保存环境、保存时间及撤销办法操作。

5.2.6.9 填写好、保存好制样记录和制样报告。

5.2.6.10 制样全过程应设专人负责。

6 样品保存

6.1 每份样品保存量至少应为试验和分析需用量的 3 倍。

6.2 样品装入容器后应立即贴上样品标签。

6.3 对易挥发废物，采取无顶空存样，并取冷冻方式保存。

6.4 对光敏废物，样品应装入深色容器中并置丁避光处。

6.5 对温度敏感的废物，样品应保存在规定的温度之下。

6.6 对与水、酸、碱等易反应的废物，应在隔绝水、酸、碱等条件下贮存。

6.7 样品保存应防止受潮或受灰尘等污染。

6.8 样品保存期为 1 个月，易变质的不受此限制。

6.9 样品应在特定场所由专人保管。

6.10 撤销的样品不许随意丢弃，应送回原采样处或处置场所。

附加说明：

本标准由辽宁省环境保护科学研究所起草。

本标准主要起草人：王明杰、全淑和、高敏、辛晓牧。

附录 3 一般工业固体废物贮存、 处置场污染控制标准（ GB 18599—2001 ）

2001-12-28 发布，2002-07-01 实施

1 主题内容与适用范围

1.1 主题内容

本标准规定了一般工业固体废物贮存、处置场的选址、设计、运行管理、关闭与封场以及污染控制与监测等要求。

1.2 适用范围

本标准适用于新建、扩建、改建及已经建成投产的一般工业固体废物贮存、处置场的建设、运行和监督管理；不适用于危险废物和生活垃圾填埋场。

2 引用标准

下列标准所包含的条文，在本标准中引用而构成本标准的条文。与本标准同效。

危险废物鉴别标准 GB 5085.1～5085.2—1996

污水综合排放标准 GB 8978—1996

大气污染物综合排放标准 GB 16297—1996

地下水质量标准 GB/T 14848—93

工业固体废物采样制样技术规范 HJ/T 20—1996

固体废物浸出毒性浸出方法 GB 5086.1～5086.2—1997

固体废物浸出毒性测定方法 GB/T 15555.1～15555.12—1995

生活饮用水标准检验方法 GB 5750—85

环境保护图形标志—固体废物贮存（处置）场 GB 15562.2—1995

当上述标准被修订时，应使用其最新版本。

3 定义

本标准采用下列定义：

3.1 一般工业固体废物

系指未被列入《国家危险废物名录》或者根据国家规定的 GB 5085 鉴别标准和 GB 5086 及 GB/T 15555 鉴别方法判定不具有危险特性的工业固体废物。

3.2 第Ⅰ类一般工业固体废物

按照 GB 5086 规定方法进行浸出试验而获得的浸出液中，任何一种污染物的浓度均未超过 GB 8978 最高允许排放浓度，且 pH 值在 6～9 范围之内的一般工业固体废物。

3.3 第Ⅱ类一般工业固体废物

按照 GB 5086 规定方法进行浸出试验而获得的浸出液中，有一种或一种以上的污染物浓度超过 GB 8978 最高允许排放浓度，或者是 pH 值在 6～9 范围之外的一般工业固体废物。

3.4 贮存场

将一般工业固体废物置于符合本标准规定的非永久性的集中堆放场所。

3.5 处置场

将一般工业固体废物置于符合本标准规定的永久性的集中堆放场所。

3.6 渗滤液

一般工业固废物在贮存、处置过程中渗流出的液体。

3.7 渗透系数

水力坡降为 1 时，水穿过土壤、岩石或其他防渗材料的渗透速度，以 cm/s 计。

3.8 防渗工程

用天然或人工防渗材料构筑阻止贮存、处置场内外液体渗透的工程。

4 贮存、处置场的类型

贮存、处置场划分为Ⅰ和Ⅱ两个类型。

堆放第Ⅰ类一般工业固体废物的贮存、处置场为第一类，简称Ⅰ类场。

堆放第Ⅱ类一般工业固体废物的贮存、处置场为第二类，简称Ⅱ类场。

5 场址选择的环境保护要求

5.1 Ⅰ类场和Ⅱ类场的共同要求。

5.1.1 所选场址应符合当地城乡建设总体规划要求。

5.1.2 应选在工业区和居民集中区主导风向下风侧，厂界距居民集中区 500m 以外。

5.1.3 应选在满足承载力要求的地基上，以避免地基下沉的影响，特别是不均匀或局部下沉的影响。

5.1.4 应避开断层、断层破碎带、溶洞区，以及天然滑坡或泥石流影响区。

5.1.5 禁止选在江河、湖泊、水库最高水位线以下的滩地和洪泛区。

5.1.6 禁止选在自然保护区、风景名胜区和其他需要特别保护的区域。

5.2 Ⅰ类场的其他要求

应优先选用废弃的采矿坑、塌陷区。

5.3 Ⅱ类场的其他要求

5.3.1 应避开地下水主要补给区和饮用水源含水层。

5.3.2 应选在防渗性能好的地基上。天然基础层地表距地下水位的距离不得小于1.5m。

6 贮存、处置场设计的环境保护要求

6.1 Ⅰ类场和Ⅱ类场的共同要求

6.1.1 贮存、处置场的建设类型，必须与将要堆放的一般工业固体废物的类别相一致。

6.1.2 建设项目环境影响评价中应设置贮存、处置场专题评价；扩建、改建和超期服役的贮存、处置场，应重新履行环境影响评价手续。

6.1.3 贮存、处置场应采取防止粉尘污染的措施。

6.1.4 为防止雨水径流进入贮存、处置场内，避免渗滤液量增加和滑坡，贮存、处置场周边应设置导流渠。

6.1.5 应设计渗滤液集排水设施。

6.1.6 为防止一般工业固体废物和渗滤液的流失，应构筑堤、坝、挡土墙等设施。

6.1.7 为保障设施、设备正常运营，必要时应采取措施防止地基下沉，尤其是防止不均匀或局部下沉。

6.1.8 含硫量大于1.5%的煤矸石，必须采取措施防止自燃。

6.1.9 为加强监督管理，贮存、处置场应按 GB 15562.2 设置环境保护图形标志。

6.2 Ⅱ类场的其他要求

6.2.1 当天然基础层的渗透系数大于 1.0×10^{-7} cm/s 时，应采用天然或人工材料构筑防渗层，防渗层的厚度应相当于渗透系数 1.0×10^{-7} cm/s 和厚度 1.5m 的黏土层的防渗性能。

6.2.2 必要时应设计渗滤液处理设施，对渗滤液进行处理。

6.2.3 为监控渗滤液对地下水污染，贮存、处置场周边至少应设置三口地下水质监控井。一口沿地下水流向设在贮存、处置场上游，作为对照井；第二口沿地下水流向设在贮存、处置场下游，作为污染监视监测井；第三口设在最可能出现扩散影响的贮存、处置场周边，作为污染扩散监测井。

当地质和水文地质资料表明含水层埋藏较深，经论证认定地下水不会被污染时，可以不设置地下水质监控井。

7 贮存、处置场的运行管理环境保护要求

7.1 Ⅰ类场和Ⅱ类场的共同要求。

7.1.1 贮存、处置场的竣工，必须经原审批环境影响报告书（表）的环境保护行政主

管部门验收合格后，方可投入生产或使用。

7.1.2 一般工业固体废物贮存、处置场，禁止危险废物和生活垃圾混入。

7.1.3 贮存、处置场的渗滤液达到 GB 8978 标准后方可排放，大气污染物排放应满足 GB 16297 无组织排放要求。

7.1.4 贮存、处置场使用单位，应建立检查维护制度。定期检查维护堤、坝、挡土墙、导流渠等设施，发现有损坏可能或异常，应及时采取必要措施，以保障正常运行。

7.1.5 贮存、处置场的使用单位，应建立档案制度。应将入场的一般工业固体废物的种类和数量以及下列资料，详细记录在案，长期保存，供随时查阅。

a）各种设施和设备的检查维护资料；

b）地基下沉、坍塌、滑坡等的观测和处置资料；

c）渗滤液及其处理后的水污染物排放和大气污染物排放等的监测资料。

7.1.6 贮存、处置场的环境保护图形标志，应按 GB 15562.2 规定进行检查和维护。

7.2 Ⅰ类场的其他要求

禁止Ⅱ类一般工业固体废物混入。

7.3 Ⅱ类场的其他要求

7.3.1 应定期检查维护防渗工程，定期监测地下水水质，发现防渗功能下降，应及时采取必要措施。地下水水质按 GB/T 14848 规定评定。

7.3.2 应定期检查维护渗滤液集排水设施和渗滤液处理设施，定期监测渗滤液及其处理后的排放水水质，发现集排水设施不通畅或处理后的水质超过 GB 8978 或地方的污染物排放标准，须及时采取必要措施。

8 关闭与封场的环境保护要求

8.1 Ⅰ类场和Ⅱ类场的共同要求

8.1.1 当贮存、处置场服务期满或因故不再承担新的贮存、处置任务时，应分别予以关闭或封场。关闭或封场前，必须编制关闭或封场计划，报请所在地县级以上环境保护行政主管部门核准，并采取污染防止措施。

8.1.2 关闭或封场时，表面坡度一般不超过 33%。标高每升高 3~5m，须建造一个台阶。台阶应有不小于 1m 的宽度、2%~3% 的坡度和能经受暴雨冲刷的强度。

8.1.3 关闭或封场后，仍需继续维护管理，直到稳定为止。以防止覆土层下沉、开裂，致使渗滤液量增加，防止一般工业固体废物堆体失稳而造成滑坡等事故。

8.1.4 关闭或封场后，应设置标志物，注明关闭或封场时间，以及使用该土地时应注意的事项。

8.2 Ⅰ类场的其他要求

为利于恢复植被，关闭时表面一般应覆一层天然土壤，其厚度视固体废物的颗粒度大小和拟种植物种类确定。

8.3 Ⅱ类场的其他要求

8.3.1 为防止固体废物直接暴露和雨水渗入堆体内，封场时表面应覆土两层，第一层为阻隔层，覆 20~45cm 厚的黏土，并压实，防止雨水渗入固体废物堆体内；第二层为覆盖层，覆天然土壤，以利植物生长，其厚度视栽种植物种类而定。

8.3.2 封场后，渗滤液及其处理后的排放水的监测系统应继续维持正常运转，直至水质稳定为止。地下水监测系统应继续维持正常运转。

9 污染物控制与监测

9.1 污染控制项目

9.1.1 渗滤液及其处理后的排放水

应选择一般工业固体废物的特征组分作为控制项目。

9.1.2 地下水

贮存、处置场投入使用前，以 GB/T 14848 规定的项目为控制项目；使用过程中和关闭或封场后的控制项目，可选择所贮存、处置的固体废物的特征组分。

9.1.3 大气

贮存、处置场以颗粒物为控制项目，其中属于自燃性煤矸石的贮存、处置场，以颗粒物和二氧化硫为控制项目。

9.2 监测

9.2.1 渗滤液及其处理后的排放水

a）采样点

采样点设在排放口。

b）采样频率

每月一次。

c）测定方法

按 GB 8978 选配方法进行。

9.2.2 地下水

a）采样点

采样点设在地下水质监控井。

b）采样频率

贮存、处置场投入使用前，至少应监测一次本底水平；在运行过程中和封场后，每年按枯、平、丰水期进行，每期一次。

附录 4 生活垃圾填埋场污染控制标准
（GB 16889—2008）

2008-04-02 发布 2008-07-01 实施

1 适用范围

本标准规定了生活垃圾填埋场选址、设计与施工、填埋废物的入场条件、运行、封场、后期维护与管理的污染控制和监测等方面的要求。

本标准适用于生活垃圾填埋场建设、运行和封场后的维护与管理过程中的污染控制和监督管理。本标准的部分规定也适用于与生活垃圾填埋场配套建设的生活垃圾转运站的建设、运行。

本标准只适用于法律允许的污染物排放行为；新设立污染源的选址和特殊保护区域内现有污染源的管理，按照《中华人民共和国大气污染防治法》、《中华人民共和国水污染防治法》、《中华人民共和国海洋环境保护法》、《中华人民共和国固体废物污染环境防治法》、《中华人民共和国放射性污染防治法》、《中华人民共和国环境影响评价法》等法律、法规、规章的相关规定执行。

2 规范性引用文件

本标准内容引用了下列文件中的条款。凡是不注日期的引用文件，其有效版本适用于本标准。

GB 5750—1985 生活饮用水标准检验法

GB 7466—1987 水质 总铬的测定

GB 7467—1987 水质 六价铬的测定 二苯碳酰二肼分光光度法

GB 7468—1987 水质 总汞的测定 冷原子吸收分光光度法

GB 7469—1987 水质 总汞的测定 高锰酸钾-过硫酸钾消解法 双硫腙分光光度法

GB 7470—1987 水质 铅的测定 双硫腙分光光度法

GB 7471—1987 水质 镉的测定 双硫腙分光光度法

GB 7485—1987 水质 总砷的测定 二乙基二硫代氨基甲酸银分光光度法

GB 7488—1987 水质 五日生化需氧量（BOD_5）的测定 稀释与接种法

GB 11893—1989 水质 总磷的测定 钼酸铵分光光度法

GB 11901—1989 水质 悬浮物的测定 重量法

GB 11914—1989 水质 化学需氧量的测定 重铬酸盐法

GB 13486 便携式热催化甲烷检测报警仪

GB 14554 恶臭污染物排放标准

GB/T 14675 空气质量 恶臭的测定 三点式比较臭袋法

GB/T 14678 空气质量 硫化氢、甲硫醇、甲硫醚和二甲二硫的测定 气相色谱法

GB/T 14848 地下水质量标准

GB/T 15562.1 环境保护图形标志——排放口（源）

GB/T 50123 土工试验方法标准

HJ/T 38—1999 固定污染源排气中非甲烷总烃的测定 气相色谱法

HJ/T 195—2005 水质 氨氮的测定 气相分子吸收光谱法

HJ/T 199—2005 水质 总氮的测定 气相分子吸收光谱法

HJ/T 228 医疗废物化学消毒集中处理工程技术规范（试行）

HJ/T 229 医疗废物微波消毒集中处理工程技术规范（试行）

HJ/T 276 医疗废物高温蒸汽集中处理工程技术规范（试行）

HJ/T 300 固体废物 浸出毒性浸出方法 醋酸缓冲溶液法

HJ/T 341—2007 水质 汞的测定 冷原子荧光法（试行）

HJ/T 347—2007 水质 粪大肠菌群的测定 多管发酵法和滤膜法（试行）

CJ/T 234 垃圾填埋场用高密度聚乙烯土工膜

《医疗废物分类目录》（卫医发 [2003] 287 号）

《排污口规范化整治技术要求》（环监字 [1996] 470 号）

《污染源自动监控管理办法》（国家环境保护总局令第 28 号）

《环境监测管理办法》（国家环境保护总局令第 39 号）

3 术语和定义

下列术语和定义适用于本标准。

3.1 运行期

生活垃圾填埋场进行填埋作业的时期。

3.2 后期维护与管理期

3.3 防渗衬层

设置于生活垃圾填埋场底部及四周边坡的由天然材料和（或）人工合成材料组成的防止渗漏的垫层。

3.4 天然基础层

位于防渗衬层下部，由未经扰动的土壤等构成的基础层。

3.5 天然黏土防渗衬层

由经过处理的天然黏土机械压实形成的防渗衬层。

3.6 单层人工合成材料防渗衬层

由一层人工合成材料衬层与黏土（或具有同等以上隔水效力的其他材料）衬层组成的防渗衬层。

3.7 双层人工合成材料防渗衬层

由两层人工合成材料衬层与黏土（或具有同等以上隔水效力的其他材料）衬层组成的防渗衬层。

3.8 环境敏感点

指生活垃圾填埋场周围可能受污染物影响的住宅、学校、医院、行政办公区、商业区以及公共场所等地点。

3.9 场界

指法律文书（如土地使用证、房产证、租赁合同等）中确定的业主所拥有使用权（或所有权）的场地或建筑物边界。

3.10 现有生活垃圾填埋场

指本标准实施之日前，已建成投产或环境影响评价文件已通过审批的生活垃圾填埋场。

3.11 新建生活垃圾填埋场

指本标准实施之日起环境影响文件通过审批的新建、改建和扩建的生活垃圾填埋场。

4 选址要求

4.1 生活垃圾填埋场的选址应符合区域性环境规划、环境卫生设施建设规划和当地的城市规划。

4.2 生活垃圾填埋场场址不应选在城市工农业发展规划区、农业保护区、自然保护区、风景名胜区、文物（考古）保护区、生活饮用水水源保护区、供水远景规划区、矿产资源储备区、军事要地、国家保密地区和其他需要特别保护的区域内。

4.3 生活垃圾填埋场选址的标高应位于重现期不小于 50 年一遇的洪水位之上，并建设在长远规划中的水库等人工蓄水设施的淹没区和保护区之外。

拟建有可靠防洪设施的山谷型填埋场，并经过环境影响评价证明洪水对生活垃圾填埋场的环境风险在可接受范围内，前款规定的选址标准可以适当降低。

4.4 生活垃圾填埋场场址的选择应避开下列区域：破坏性地震及活动构造区；活动中的坍塌、滑坡和隆起地带；活动中的断裂带；石灰岩溶洞发育带；废弃矿区的活动塌陷区；活动沙丘区；海啸及涌浪影响区；湿地；尚未稳定的冲积扇及冲沟地区；泥炭以及其他可能危及填埋场安全的区域。

4.5 生活垃圾填埋场场址的位置及与周围人群的距离应依据环境影响评价结论确定，

并经地方环境保护行政主管部门批准。

在对生活垃圾填埋场场址进行环境影响评价时，应考虑生活垃圾填埋场产生的渗滤液、大气污染物（含恶臭物质）、滋养动物（蚊、蝇、鸟类等）等因素，根据其所在地区的环境功能区类别，综合评价其对周围环境、居住人群的身体健康、日常生活和生产活动的影响，确定生活垃圾填埋场与常住居民居住场所、地表水域、高速公路、交通主干道（国道或省道）、铁路、飞机场、军事基地等敏感对象之间合理的位置关系以及合理的防护距离。环境影响评价的结论可作为规划控制的依据。

5 设计、施工与验收要求

5.1 生活垃圾填埋场应包括下列主要设施：防渗衬层系统、渗滤液导排系统、渗滤液处理设施、雨污分流系统、地下水导排系统、地下水监测设施、填埋气体导排系统、覆盖和封场系统。

5.2 生活垃圾填埋场应建设围墙或栅栏等隔离设施，并在填埋区边界周围设置防飞扬设施、安全防护设施及防火隔离带。

5.3 生活垃圾填埋场应根据填埋区天然基础层的地质情况以及环境影响评价的结论，并经当地地方环境保护行政主管部门批准，选择天然黏土防渗衬层、单层人工合成材料防渗衬层或双层人工合成材料防渗衬层作为生活垃圾填埋场填埋区和其他渗滤液流经或储留设施的防渗衬层。填埋场黏土防渗衬层饱和渗透系数按照 GB/T 50123 中 13.3 节 "变水头渗透试验"的规定进行测定。

5.4 如果天然基础层饱和渗透系数小于 1.0×10^{-7} cm/s，且厚度不小于 2m，可采用天然黏土防渗衬层。采用天然黏土防渗衬层应满足以下基本条件：

(1) 压实后的黏土防渗衬层饱和渗透系数应小于 1.0×10^{-7} cm/s；

(2) 黏土防渗衬层的厚度应不小于 2m。

5.5 如果天然基础层饱和渗透系数小于 1.0×10^{-5} cm/s，且厚度不小于 2m，可采用单层人工合成材料防渗衬层。人工合成材料衬层下应具有厚度不小于 0.75m，且其被压实后的饱和渗透系数小于 1.0×10^{-7} cm/s 的天然黏土防渗衬层，或具有同等以上隔水效力的其他材料防渗衬层。

人工合成材料防渗衬层应采用满足 CJ/T 234 中规定技术要求的高密度聚乙烯或者其他具有同等效力的人工合成材料。

5.6 如果天然基础层饱和渗透系数不小于 1.0×10^{-5} cm/s，或者天然基础层厚度小于 2m，应采用双层人工合成材料防渗衬层。下层人工合成材料防衬层下应具有厚度不小于 0.75m，且其被压实后的饱和渗透系数小于 1.0×10^{-7} cm/s 的天然黏土衬层，或具有同等以上隔水效力的其他材料衬层；两层人工合成材料衬层之间应布设导水层及渗漏检测层。

人工合成材料的性能要求同第 5.5 条。

5.7 生活垃圾填埋场应设置防渗衬层渗漏检测系统，以保证在防渗衬层发生渗滤液渗漏时能及时发现并采取必要的污染控制措施。

5.8 生活垃圾填埋场应建设渗滤液导排系统，该导排系统应确保在填埋场的运行期内防渗衬层上的渗滤液深度不大于 30cm。

为检测渗滤液深度，生活垃圾填埋场内应设置渗滤液监测井。

5.9 生活垃圾填埋场应建设渗滤液处理设施，以在填埋场的运行期和后期维护与管理期内对渗滤液进行处理达标后排放。

5.10 生活垃圾填埋场渗滤液处理设施应设渗滤液调节池，并采取封闭等措施防止恶臭物质的排放。

5.11 生活垃圾填埋场应实行雨污分流并设置雨水集排水系统，以收集、排出汇水区内可能流向填埋区的雨水、上游雨水以及未填埋区域内未与生活垃圾接触的雨水。雨水集排水系统收集的雨水不得与渗滤液混排。

5.12 生活垃圾填埋场各个系统在设计时应保证能及时、有效地导排雨、污水。

5.13 生活垃圾填埋场填埋区基础层底部应与地下水年最高水位保持 1m 以上的距离。当生活垃圾填埋场填埋区基础层底部与地下水年最高水位距离不足 1m 时，应建设地下水导排系统。地下水导排系统应确保填埋场的运行期和后期维护与管理期内地下水水位维持在距离填埋场填埋区基础层底部 1m 以下。

5.14 生活垃圾填埋场应建设填埋气体导排系统，在填埋场的运行期和后期维护与管理期内将填埋层内的气体导出后利用、焚烧或达到 9.2.2 的要求后直接排放。

5.15 设计填埋量大于 250 万吨且垃圾填埋厚度超过 20m 生活垃圾填埋场，应建设甲烷利用设施或火炬燃烧设施处理含甲烷填埋气体。小于上述规模的生活垃圾填埋场，应采用能够有效减少甲烷产生和排放的填埋工艺或采用火炬燃烧设施处理含甲烷填埋气体。

5.16 生活垃圾填埋场周围应设置绿化隔离带，其宽度不小于 10m。

5.17 在生活垃圾填埋场施工前应编制施工质量保证书并作为环境监理和环境保护竣工验收的依据。施工过程中应严格按照施工质量保证书中的质量保证程序进行。

5.18 在进行天然黏土防渗衬层施工之前，应通过现场施工实验确定压实方法、压实设备、压实次数等因素，以确保可以达到设计要求。同时在施工过程中应进行现场施工检验，检验内容与频率应包括在施工设计书中。

5.19 在进行人工合成材料防渗衬层施工前，应对人工合成材料的各项性能指标进行质量测试；在需要进行焊接之前，应进行试验焊接。

5.20 在人工合成材料防渗衬层和渗滤液导排系统的铺设过程中与完成之后，应通过连续性和完整性检测检验施工效果，以确定人工合成材料防渗衬层没有破损、漏洞等。

5.21 填埋场人工合成材料防渗衬层铺设完成后，未填埋的部分应采取有效的工程措施防止人工合成材料防渗衬层在日光下直接暴露。

5.22 在生活垃圾填埋场的环境保护竣工验收中，应对已建成的防渗衬层系统的完整性、渗滤液导排系统、填埋气体导排系统和地下水导排系统等的有效性进行质量验收，同时验收场址选择、勘察、征地、设计、施工、运行管理制度、监测计划等全过程的技术和管理文件资料。

5.23 生活垃圾转运站应采取必要的封闭和负压措施防止恶臭污染的扩散。

5.24 生活垃圾转运站应设置具有恶臭污染控制功能及渗滤液收集、贮存设施。

6 填埋废物的入场要求

6.1 下列废物可以直接进入生活垃圾填埋场填埋处置：

（1）由环境卫生机构收集或者自行收集的混合生活垃圾，以及企事业单位产生的办公废物；

（2）生活垃圾焚烧炉渣（不包括焚烧飞灰）；

（3）生活垃圾堆肥处理产生的固态残余物；

（4）服装加工、食品加工以及其他城市生活服务行业产生的性质与生活垃圾相近的一般工业固体废物。

6.2 《医疗废物分类目录》中的感染性废物经过下列方式处理后，可以进入生活垃圾填埋场填埋处置。

（1）按照 HJ/T 228 要求进行破碎毁形和化学消毒处理，并满足消毒效果检验指标；

（2）按照 HJ/T 229 要求进行破碎毁形和微波消毒处理，并满足消毒效果检验指标；

（3）按照 HJ/T 276 要求进行破碎毁形和高温蒸汽处理，并满足处理效果检验指标；

（4）医疗废物焚烧处置后的残渣的入场标准按照第 6.3 条执行。

6.3 生活垃圾焚烧飞灰和医疗废物焚烧残渣（包括飞灰、底渣）经处理后满足下列条件，可以进入生活垃圾填埋场填埋处置。

（1）含水率小于 30%；

（2）二噁英含量低于 3μg TEQ/kg；

（3）按照 HJ/T 300 制备的浸出液中危害成分浓度低于表 1 规定的限值。

表 1 浸出液污染物浓度限值

序 号	污染物项目	浓度限值/(mg/L)	序 号	污染物项目	浓度限值/(mg/L)
1	汞	0.05	7	钡	25
2	铜	40	8	镍	0.5
3	锌	100	9	砷	0.3
4	铅	0.25	10	总铬	4.5
5	镉	0.15	11	六价铬	1.5
6	铍	0.02	12	硒	0.1

6.4 一般工业固体废物经处理后，按照 HJ/T 300 制备的浸出液中危害成分浓度低于表 1 规定的限值，可以进入生活垃圾填埋场填埋处置。

6.5 经处理后满足第 6.3 条要求的生活垃圾焚烧飞灰和医疗废物焚烧残渣（包括飞灰、底渣）和满足第 6.4 条要求的一般工业固体废物在生活垃圾填埋场中应单独分区填埋。

6.6 厌氧产沼等生物处理后的固态残余物、粪便经处理后的固态残余物和生活污水处理厂污泥经处理后含水率小于 60%，可以进入生活垃圾填埋场填埋处置。

6.7 处理后分别满足第 6.2、6.3、6.4 和 6.6 条要求的废物应由地方环境保护行政主管部门认可的监测部门检测、经地方环境保护行政主管部门批准后，方可进入生活垃圾填埋场。

6.8 下列废物不得在生活垃圾填埋场中填埋处置。

（1）除符合第 6.3 条规定的生活垃圾焚烧飞灰以外的危险废物；

（2）未经处理的餐饮废物；

（3）未经处理的粪便；

（4）禽畜养殖废物；

（5）电子废物及其处理处置残余物；

（6）除本填埋场产生的渗滤液之外的任何液态废物和废水。

国家环境保护标准另有规定的除外。

7 运行要求

7.1 填埋作业应分区、分单元进行，不运行作业面应及时覆盖。不得同时进行多作业面填埋作业或者不分区全场敞开式作业。中间覆盖应形成一定的坡度。每天填埋作业结束后，应对作业面进行覆盖；特殊气象条件下应加强对作业面的覆盖。

7.2 填埋作业应采取雨污分流措施，减少渗滤液的产生量。

7.3 生活垃圾填埋场运行期内，应控制堆体的坡度，确保填埋堆体的稳定性。

7.4 生活垃圾填埋场运行期内，应定期检测防渗衬层系统的完整性。当发现防渗衬层系统发生渗漏时，应及时采取补救措施。

7.5 生活垃圾填埋场运行期内，应定期检测渗滤液导排系统的有效性，保证正常运行。当衬层上的渗滤液深度大于 30cm 时，应及时采取有效疏导措施排除积存在填埋场内的渗滤液。

7.6 生活垃圾填埋场运行期内，应定期检测地下水水质。当发现地下水水质有被污染的迹象时，应及时查找原因，发现渗漏位置并采取补救措施，防止污染进一步扩散。

7.7 生活垃圾填埋场运行期内，应定期并根据场地和气象情况随时进行防蚊蝇、灭鼠和除臭工作。

7.8 生活垃圾填埋场运行期以及封场后期维护与管理期间，应建立运行情况记录制度，如实记载有关运行管理情况，主要包括生活垃圾处理、处置设备工艺控制参数，进入生活垃圾填埋场处置的非生活垃圾的来源、种类、数量、填埋位置，封场及后期维护与管理情况及环境监测数据等。运行情况记录簿应当按照国家有关档案管理等法律法规进行整理和保管。

8 封场及后期维护与管理要求

8.1 生活垃圾填埋场的封场系统应包括气体导排层、防渗层、雨水导排层、最终覆土层、植被层。

8.2 气体导排层应与导气竖管相连。导气竖管应高出最终覆土层上表面 100cm 以上。

8.3 封场系统应控制坡度，以保证填埋堆体稳定，防止雨水侵蚀。

8.4 封场系统的建设应与生态恢复相结合，并防止植物根系对封场土工膜的损害。

8.5 封场后进入后期维护与管理阶段的生活垃圾填埋场，应继续处理填埋场产生的渗滤液和填埋气，并定期进行监测，直到填埋场产生的渗滤液中水污染物浓度连续两年低于表 2、表 3 中的限值。

9 污染物排放控制要求

9.1 水污染物排放控制要求

9.1.1 生活垃圾填埋场应设置污水处理装置，生活垃圾渗滤液（含调节池废水）等污水经处理并符合本标准规定的污染物排放控制要求后，可直接排放。

9.1.2 现有和新建生活垃圾填埋场自 2008 年 7 月 1 日起执行表 2 规定的水污染物排放浓度限值。

表 2 现有和新建生活垃圾填埋场水污染物排放浓度限值

序号	控制污染物	排放浓度限值	污染物排放监控位置
1	色度(稀释倍数)	40	常规污水处理设施排放口
2	化学需氧量(COD_{Cr})/(mg/L)	100	常规污水处理设施排放口
3	生化需氧量(BOD_5)/(mg/L)	30	常规污水处理设施排放口
4	悬浮物/(mg/L)	30	常规污水处理设施排放口
5	总氮/(mg/L)	40	常规污水处理设施排放口
6	氨氮/(mg/L)	25	常规污水处理设施排放口

续表

序号	控制污染物	排放浓度限值	污染物排放监控位置
7	总磷/(mg/L)	3	常规污水处理设施排放口
8	粪大肠菌群数/(个/L)	10000	常规污水处理设施排放口
9	总汞/(mg/L)	0.001	常规污水处理设施排放口
10	总镉/(mg/L)	0.01	常规污水处理设施排放口
11	总铬/(mg/L)	0.1	常规污水处理设施排放口
12	六价铬/(mg/L)	0.05	常规污水处理设施排放口
13	总砷/(mg/L)	0.1	常规污水处理设施排放口
14	总铅/(mg/L)	0.1	常规污水处理设施排放口

9.1.3　2011年7月1日前，现有生活垃圾填埋场无法满足表2规定的水污染物排放浓度限值要求的，满足以下条件时可将生活垃圾渗滤液送往城市二级污水处理厂进行处理：

（1）生活垃圾渗滤液在填埋场经过处理后，总汞、总镉、总铬、六价铬、总砷、总铅等污染物浓度达到表2规定浓度限值；

（2）城市二级污水处理厂每日处理生活垃圾渗滤液总量不超过污水处理量的0.5%，并不超过城市二级污水处理厂额定的污水处理能力；

（3）生活垃圾渗滤液应均匀注入城市二级污水处理厂；

（4）不影响城市二级污水处理场的污水处理效果。

2011年7月1日起，现有全部生活垃圾填埋场应自行处理生活垃圾渗滤液并执行表2规定的水污染排放浓度限值。

9.1.4　根据环境保护工作的要求，在国土开发密度已经较高、环境承载能力开始减弱，或环境容量较小、生态环境脆弱，容易发生严重环境污染问题而需要采取特别保护措施的地区，应严格控制生活垃圾填埋场的污染物排放行为，在上述地区的现有和新建生活垃圾填埋场自2008年7月1日起执行表3规定的水污染物特别排放限值。

表3　现有和新建生活垃圾填埋场水污染物特别排放限值

序号	控制污染物	排放浓度限值	污染物排放监控位置
1	色度(稀释倍数)	30	常规污水处理设施排放口
2	化学需氧量(COD$_{Cr}$)/(mg/L)	60	常规污水处理设施排放口
3	生化需氧量(BOD$_5$)/(mg/L)	20	常规污水处理设施排放口
4	悬浮物/(mg/L)	30	常规污水处理设施排放口
5	总氮/(mg/L)	20	常规污水处理设施排放口
6	氨氮/(mg/L)	8	常规污水处理设施排放口
7	总磷/(mg/L)	1.5	常规污水处理设施排放口
8	粪大肠菌群数/(个/L)	1000	常规污水处理设施排放口
9	总汞/(mg/L)	0.001	常规污水处理设施排放口
10	总镉/(mg/L)	0.01	常规污水处理设施排放口
11	总铬/(mg/L)	0.1	常规污水处理设施排放口
12	六价铬/(mg/L)	0.05	常规污水处理设施排放口
13	总砷/(mg/L)	0.1	常规污水处理设施排放口
14	总铅/(mg/L)	0.1	常规污水处理设施排放口

9.2 甲烷排放控制要求

9.2.1 填埋工作面上 2m 以下高度范围内甲烷的体积百分比应不大于 0.1%。

9.2.2 生活垃圾填埋场应采取甲烷减排措施；当通过导气管道直接排放填埋气体时，导气管排放口的甲烷的体积百分比不大于 5%。

9.3 生活垃圾填埋场在运行中应采取必要的措施防止恶臭物质的扩散。在生活垃圾填埋场周围环境敏感点方位的场界的恶臭污染物浓度应符合 GB 14554 的规定。

9.4 生活垃圾转运站产生的渗滤液经收集后，可采用密闭运输送到城市污水处理厂处理、排入城市排水管道进入城市污水处理厂处理或者自行处理等方式。排入设置城市污水处理厂的排水管网的，应在转运站内对渗滤液进行处理，总汞、总镉、总铬、六价铬、总砷、总铅等污染物浓度限值达到表 2 规定浓度限值，其他水污染物排放控制要求由企业与城镇污水处理厂根据其污水处理能力商定或执行相关标准。排入环境水体或排入未设置污水处理厂的排水管网的，应在转运站内对渗滤液进行处理并达到表 2 规定的浓度限值。

10 环境和污染物监测要求

10.1 水污染物排放监测基本要求

10.1.1 生活垃圾填埋场的水污染物排放口须按照《排污口规范化整治技术要求》（试行）建设，设置符合 GB/T 15562.1 要求的污水排放口标志。

10.1.2 新建生活垃圾填埋场应按照《污染源自动监控管理办法》的规定，安装污染物排放自动监控设备，并与环保部门的监控中心联网，并保证设备正常运行。各地现有生活垃圾填埋场安装污染物排放自动监控设备的要求由省级环境保护行政主管部门规定。

10.1.3 对生活垃圾填埋场污染物排放情况进行监测的频次、采样时间等要求，按国家有关污染源监测技术规范的规定执行。

10.2 地下水水质监测基本要求

10.2.1 地下水水质监测井的布置

应根据场地水文地质条件，以及时反映地下水水质变化为原则，布设地下水监测系统。

（1）本底井，一眼，设在填埋场地下水流向上游 30～50m 处；

（2）排水井，一眼，设在填埋场地下水主管出口处；

（3）污染扩散井，两眼，分别设在垂直填埋场地下水走向的两侧各 30～50m 处；

（4）污染监视井，两眼，分别设在填埋场地下水流向下游 30m、50m 处。

大型填埋场可以在上述要求基础上适当增加监测井的数量。

10.2.2 在生活垃圾填埋场投入使用之前应监测地下水本底水平；在生活垃圾填埋场投入使用之时即对地下水进行持续监测，直至封场后填埋场产生的渗滤液中水污染物浓度连续两年低于表 2 中的限值时为止。

10.2.3 地下水监测指标为 pH、总硬度、溶解性总固体、高锰酸盐指数、氨氮、硝酸盐、亚硝酸盐、硫酸盐、氯化物、挥发性酚类、氰化物、砷、汞、六价铬、铅、氟、镉、铁、锰、铜、锌、粪大肠菌群，不同质量类型地下水的质量标准执行 GB/T 14848 中的规定。

10.2.4 生活垃圾填埋场管理机构对排水井的水质监测频率应不少于每周一次，对污染扩散井和污染监视井的水质监测频率应不少于每 2 周一次，对本底井的水质监测频率应不少于每个月。

10.2.5 地方环境保护行政主管部门应对地下水水质进行监督性监测，频率应不少于每 3 个月一次。

10.3 生活垃圾填埋场管理机构应每 6 个月进行一次防渗衬层完整性的监测。

10.4　甲烷监测基本要求

10.4.1　生活垃圾填埋场管理机构应每天进行一次填埋场区和填埋气体排放口的甲烷浓度监测。

10.4.2　地方环境保护行政主管部门应每3个月对填埋区和填埋气体排放口的甲烷浓度进行一次监督性监测。

10.4.3　对甲烷浓度的每日监测可采用符合 GB 13486 要求或者具有相同效果的便携式甲烷测定器进行测定。对甲烷浓度的监督性监测应按照 HJ/T 38 中甲烷的测定方法进行测定。

10.5　生活垃圾填埋场管理机构和地方环境保护行政主管部门均应对封场后的生活垃圾填埋场的污染物浓度进行测定。化学需氧量、生化需氧量、悬浮物、总氮、氨氮等指标每3个月测定一次，其他指标每年测定一次。

10.6　恶臭污染物监测基本要求

10.6.1　生活垃圾填埋场管理机构应根据具体情况适时进行场界恶臭污染物监测。

10.6.2　地方环境保护行政主管部门应每3个月对场界恶臭污染物进行一次监督性监测。

10.6.3　恶臭污染物监测应按照 GB/T 14675 和 GB/T 14678 规定的方法进行测定。

10.7　污染物浓度测定方法采用表4所列的方法标准，地下水质量检测方法采用 GB 5750 中的检测方法。

表4　污染物浓度测定方法标准

序号	污染物项目	方法标准名称	方法标准编号
1	色度(稀释倍数)	水质　色度的测定	GB 11903—1989
2	化学需氧量(COD_{Cr})	水质　化学需氧量的测定　重铬酸盐法	GB 11914—1989
3	生化需氧量(BOD_5)	水质　五日生化需氧量(BOD_5)的测定　稀释与接种法	GB 7488—1987
4	悬浮物	水质　悬浮物的测定　重量法	GB 11901—1989
5	总氮	水质　总氮的测定　气相分子吸收光谱法	HJ/T 199—2005
6	氨氮	水质　氨氮的测定　气相分子吸收光谱法	HJ/T 195—2005
7	总磷	水质　总磷的测定　钼酸铵分光光度法	GB 11893—1989
8	粪大肠菌群数	水质　粪大肠菌群的测定　多管发酵法和滤膜法(试行)	HJ/T 347—2007
9	总汞	水质　总汞的测定　冷原子吸收分光光度法	GB 7468—1987
		水质　总汞的测定　高锰酸钾-过硫酸钾消解法　双硫腙分光光度法	GB 7469—1987
		水质　汞的测定　冷原子荧光法(试行)	HJ/T 341—2007
10	总镉	水质　镉的测定　双硫腙分光光度法	GB 7471—1987
11	总铬	水质　总铬的测定	GB 7466—1987
12	六价铬	水质　六价铬的测定　二苯碳酰二肼分光光度法	GB 7467—1987
13	总砷	水质　总砷的测定　二乙基二硫代氨基甲酸银分光光度法	GB 7485—1987
14	总铅	水质　铅的测定　双硫腙分光光度法	GB 7470—1987
15	甲烷	固定污染源排气中非甲烷总烃的测定　气相色谱法	HJ/T 38—1999
16	恶臭	空气质量　恶臭的测定　三点式比较臭袋法	GB/T 14675
17	硫化氢、甲硫醇、甲硫醚和二甲二硫	空气质量　硫化氢、甲硫醇、甲硫醚和二甲二硫的测定　气相色谱法	GB/T 14678

10.8 生活垃圾填埋场应按照有关法律和《环境监测管理办法》的规定，对排污状况进行监测，并保存原始监测记录。

11 实施要求

11.1 本标准由县级以上人民政府环境保护行政主管部门负责监督实施。

11.2 在任何情况下，生活垃圾填埋场均应遵守本标准的污染物排放控制要求，采取必要措施保证污染防治设施正常运行。各级环保部门在对生活垃圾填埋场进行监督性检查时，可以现场即时采样，将监测的结果作为判定排污行为是否符合排放标准以及实施相关环境保护管理措施的依据。

11.3 对现有和新建生活垃圾填埋场执行水污染物特别排放限值的地域范围、时间，由国务院环境保护主管部门或省级人民政府规定。

附录5 危险废物填埋污染控制标准（GB 18598—2001）

2001-12-28-发布 2002-07-01 实施

1 主题内容与适用范围

1.1 主题内容

本标准规定了危险废物填埋的入场条件，填埋场的选址、设计、施工、运行、封场及监测的环境保护要求。

1.2 适用范围

本标准适用于危险废物填埋场的建设、运行及监督管理。

本标准不适用于放射性废物的处置。

2 引用标准

下列标准所含的条文，在本标准中被引用即构成本标准的条文，与本标准同效。

GB 5085.1   危险废物鉴别标准 腐蚀性鉴别
GB 5085.3   危险废物鉴别标准 浸出毒性鉴别
GB 5086.1~2   固体废物浸出毒性浸出方法
GB/T 15555.1~12   固体废物 浸出毒性测定方法
GB 16297   大气污染物综合排放标准
GB 12348   工业企业厂界噪声标准
GB 8978   污水综合排放标准
GB/T 4848   地下水水质标准
GB 15562.2   环境保护图形标志—固体废物贮存（处置）场

当上述标准被修订时，应使用最新版本。

3 定义

3.1 危险废物

列入国家危险废物名录或者根据国家规定的危险废物鉴别标准和鉴别方法认定具有危险

特性的废物。

3.2 填埋场

处置废物的一种陆地处置设施，它由若干个处置单元和构筑物组成，处置场有界限规定，主要包括废物预处理设施、废物填埋设施和渗滤液收集处理设施。

3.3 相容性

某种危险废物同其他危险废物或填埋场中其他物质接触时不产生气体、热量、有害物质，不会燃烧或爆炸，不发生其他可能对填埋场产生不利影响的反应和变化。

3.4 天然基础层

填埋场防渗层的天然土层。

3.5 防渗层

人工构筑的防止渗滤液进入地下水的隔水层。

3.6 双人工衬层

包括两层人工合成材料衬层的防渗层，其构成见附录 A 图 1。

3.7 复合衬层

包括一层人工合成材料衬层和一层天然材料衬层的防渗层，其构成见附录 A 图 2。

4 填埋场场址选择要求

4.1 填埋场场址的选择应符合国家及地方城乡建设总体规划要求，场址应处于一个相对稳定的区域，不会因自然或人为的因素而受到破坏。

4.2 填埋场场址的选择应进行环境影响评价，并经环境保护行政主管部门批准。

4.3 填埋场场址不应选在城市工农业发展规划区、农业保护区、自然保护区、风景名胜区、文物（考古）保护区、生活饮用水源保护区、供水远景规划区、矿产资源储备区和其他需要特别保护的区域内。

4.4 填埋场距飞机场、军事基地的距离应在 3000m 以上。

4.5 填埋场场界应位于居民区 800m 以外，并保证在当地气象条件下对附近居民区大气环境不产生影响。

4.6 填埋场场址必须位于百年一遇的洪水标高线以上，并在长远规划中的水库等人工蓄水设施淹没区和保护区之外。

4.7 填埋场场址距地表水域的距离不应小于 150m。

4.8 填埋场场址的地质条件应符合下列要求：

a. 能充分满足填埋场基础层的要求；

b. 现场或其附近有充足的黏土资源以满足构筑防渗层的需要；

c. 位于地下水饮用水水源地主要补给区范围之外，且下游无集中供水井；

d. 地下水位应在不透水层 3m 以下，否则，必须提高防渗设计标准并进行环境影响评价，取得主管部门同意；

e. 天然地层岩性相对均匀、渗透率低；

f. 地质构造相对简单、稳定，没有断层；

4.9 填埋场场址选择应避开下列区域：破坏性地震及活动构造区；海啸及涌浪影响区；湿地和低洼汇水处；地应力高度集中，地面抬升或沉降速率快的地区；石灰溶洞发育带；废弃矿区或塌陷区；崩塌、岩堆、滑坡区；山洪、泥石流地区；活动沙丘区；尚未稳定的冲积扇及冲沟地区；高压缩性淤泥、泥炭及软土区以及其他可能危及填埋场安全的区域。

4.10 填埋场场址必须有足够大的可使用面积以保证填埋场建成后具有 10 年或更长的使用期，在使用期内能充分接纳所产生的危险废物。

4.11 填埋场场址应选在交通方便、运输距离较短，建造和运行费用低，能保证填埋场正常运行的地区。

5 填埋物入场要求

5.1 下列废物可以直接入场填埋：

a. 根据 GB 5086 和 GB/T 15555.1～11 测得的废物浸出液中有一种或一种以上有害成分浓度超过 GB 5085.3 中的标准值并低于表 5-1 中的允许进入填埋区控制限值的废物；

b. 根据 GB 5086 和 GB/T 15555.12 测得的废物浸出液 pH 值在 7.0～12.0 之间的废物。

5.2 下列废物需经预处理后方能入场填埋：

a. 根据 GB 5086 和 GB/T 15555.1～11 测得废物浸出液中任何一种有害成分浓度超过表5-1 中允许进入填埋区的控制限值的废物；

b. 根据 GB 5086 和 GB/T 15555.12 测得的废物浸出液 pH 值在 7.0～12.0 之间的废物；

c. 本身具有反应性、易燃性的废物；

d. 含水率高于 85％的废物；

e. 液体废物。

5.3 下列废物禁止填埋：

a. 医疗废物；

b. 与衬层具有不相容性反应的废物。

表 5-1　危险废物允许进入填埋区的控制限值

序号	项目	稳定化控制限值/(mg/L)
1	有机汞	0.001
2	汞及其化合物(以总汞计)	0.25
3	铅(以总铅计)	5
4	镉(以总镉计)	0.50
5	总铬	12
6	六价铬	2.50
7	铜及其化合物(以总铜计)	75
8	锌及其化合物(以总锌计)	75
9	铍及其化合物(以总铍计)	0.20
10	钡及其化合物(以总钡计)	150
11	镍及其化合物(以总镍计)	15
12	砷及其化合物(以总砷计)	2.5
13	无机氟化物(不包括氟化钙)	100
14	氰化物(以 CN 计)	5

6 填埋场设计与施工的环境保护要求

6.1 填埋场应设预处理站，预处理站包括废物临时堆放、分捡破碎、减容减量处理、稳定化养护等设施。

6.2 填埋场应对不相容性废物设置不同的填埋区，每区之间应设有隔离设施。但对于面积过小，难以分区的填埋场，对不相容性废物可分类用容器盛放后填埋，容器材料应与所有可能接触的物质相容，且不被腐蚀。

6.3　填埋场所选用的材料应与所接触的废物相容，并考虑其抗腐蚀特性。

6.4　填埋场天然基础层的饱和渗透系数不应大于 1.0×10^{-5} cm/s，且其厚度不应小于2m。

6.5　填埋场应根据天然基础层的地质情况分别采用天然材料衬层、复合衬层或双人工衬层作为其防渗层。

6.5.1　如果天然基础层饱和渗透系数小于 1.0×10^{-7} cm/s，且厚度大于5m，可以选用天然材料衬层。天然材料衬层经机械压实后的饱和渗透系数不应大于 1.0×10^{-7} cm/s，厚度不应小于1m。

6.5.2　如果天然基础层饱和渗透系数小于 1.0×10^{-6} cm/s，可以选用复合衬层。复合衬层必须满足下列条件：

a. 天然材料衬层经机械压实后的饱和渗透系数不应大于 1.0×10^{-7} cm/s，厚度应满足表6-1所列指标，坡面天然材料衬层厚度应比表6-1所列指标大10%；

表 6-1　复合衬层下衬层厚度设计要求

基础层条件	下衬层厚度
渗透系数≤1.0×10^{-7}cm/s，厚度≥3m	厚度≥0.5m
渗透系数≤1.0×10^{-6}cm/s，厚度≥6m	厚度≥0.5m
渗透系数≤1.0×10^{-6}cm/s，厚度≥3m	厚度≥1.0m

b. 人工合成材料衬层可以采用高密度聚乙烯（HDPE），其渗透系数不大于 10^{-12} cm/s，厚度不小于1.5mm。HDPE材料必须是优质品，禁止使用再生产品。

6.5.3　如果天然基础层饱和渗透系数大于 1.0×10^{-6} cm/s，则必须选用双人工衬层。双人工合成衬层必须满足下列条件：

a. 天然材料衬层经机械压实后的渗透系数不大于 1.0×10^{-7} cm/s，厚度不小于0.5m；

b. 上人工合成衬层可以采用HDPE材料，厚度不小于2.0mm；

c. 下人工合成衬层可以采用HDPE材料，厚度不小于1.0mm；

衬层要求的其他指标同第6.5.2条。

6.6　填埋场必须设置渗滤液集排水系统、雨水集排水系统和集排气系统。各个系统在设计时采用的暴雨强度重现期不得低于50年。管网坡度不应小于2%；填埋场底部应以不小于2%的坡度坡向集排水管道。

6.7　采用天然材料衬层或复合衬层的填埋场应设渗滤液主集排水系统，它包括底部排水层、集排水管道和集水井；主集排水系统的集水井用于渗滤液的收集和排出。

6.8　采用双人工合成材料衬层的填埋场除设置渗滤液主集排水系统外，还应设置辅助集排水系统，它包括底部排水层、坡面排水层、集排水管道和集水井；辅助集排水系统的集水井主要用作上人工合成衬层的渗漏监测。

6.9　排水层的透水能力不应小于0.1cm/s。

6.10　填埋场应设置雨水集排水系统，以收集、排出汇水区内可能流向填埋区的雨水、上游雨水以及未填埋区域内未与废物接触的雨水。雨水集排水系统排出的雨水不得与渗滤液混排。

6.11　填埋场设置集排气系统以排出填埋废物中可能产生的气体。

6.12　填埋场必须设有渗滤液处理系统，以便处理集排水系统排出的渗滤液。

6.13　填埋场周围应设置绿化隔离带，其宽度不应小于10m。

6.14 填埋场施工前应编制施工质量保证书并获得环境保护主管部门的批准。施工中应严格按照施工质量保证书中的质量保证程序进行。

6.15 在进行天然材料衬层施工之前，要通过现场施工试验确定合适的施工机械、压实方法、压实控制参数及其他处理措施，以论证是否可以达到设计要求。同时在施工过程中要进行现场施工质量检验，检验内容与频率应包括在施工设计书中。

6.16 人工合成材料衬层在铺设时应满足下列条件：

a. 对人工合成材料应检查指标合格后才可铺设，铺设时必须平坦，无皱折；

b. 在保证质量条件下，焊缝尽量少；

c. 在坡面上铺设衬层，不得出现水平焊缝；

d. 底部衬层应避免埋设垂直穿孔的管道或其他构筑物；

e. 边坡必须锚固，锚固形式和设计必须满足人工合成材料的受力安全要求；

f. 边坡与底面交界处不得设角焊缝，角焊缝不得跨过交界处。

6.17 在人工合成材料衬层在铺设、焊接过程中和完成之后，必须通过目视，非破坏性和破坏性测试检验施工效果，并通过测试结果控制施工质量。

7 填埋场运行管理要求

7.1 在填埋场投入运行之前，要制订一个运行计划。此计划不但要满足常规运行，而且要提出应急措施，以便保证填埋场的有效利用和环境安全。

7.2 填埋场的运行应满足下列基本要求：

a. 入场的危险废物必须符合本标准对废物的入场要求；

b. 散状废物入场后要进行分层碾压，每层厚度视填埋容量和场地情况而定；

c. 填埋场运行中应进行每日覆盖，并视情况进行中间覆盖；

d. 应保证在不同季节气候条件下，填埋场进出口道路通畅；

e. 填埋工作面应尽可能小，使其得到及时覆盖；

f. 废物堆填表面要维护最小坡度，一般为1:3（垂直:水平）；

g. 通向填埋场的道路应设栏杆和大门加以控制；

h. 必须设有醒目的标志牌，指示正确的交通路线。标志牌应满足GB 15562.2的要求；

i. 每个工作日都应有填埋场运行情况的记录，应记录设备工艺控制参数，入场废物来源、种类、数量，废物填埋位置及环境监测数据等；

j. 运行机械的功能要适应废物压实的要求。为了防止发生机械故障等情况，必须有备用机械；

k. 危险废物安全填埋场的运行不能暴露在露天进行，必须有遮雨设备，以防止雨水与未进行最终覆盖的废物接触；

l. 填埋场运行管理人员，应参加环保管理部门的岗位培训，合格后上岗。

7.3 危险废物安全填埋场分区原则

7.3.1 可以使每个填埋区能在尽量短的时间内得到封闭。

7.3.2 使不相容的废物分区填埋。

7.3.3 分区的顺序应有利于废物运输和填埋。

7.4 填埋场管理单位应建立有关填埋场的全部档案，从废物特性、废物倾倒部位、场址选择、勘察、征地、设计、施工、运行管理、封场及封场管理、监测直至验收等全过程所形成的一切文件资料，必须按国家档案管理条例进行整理与保管，保证完整无缺。

8 填埋场污染控制要求

8.1 严禁将集排水系统收集的渗滤液直接排放，必须对其进行处理并达到 GB 8978《污水综合排放标准》中第一类污染物最高允许排放浓度的要求及第二类污染物最高允许排放浓度标准要求后方可排放。

8.2 危险废物填埋场废物渗滤液第二类污染物排放控制项目为：pH 值，悬浮物（SS），五日生化需氧量（BOD_5），化学需氧量（COD_{Cr}），氨氮（NH_3-N），磷酸盐（以 P 计）。

8.3 填埋场渗滤液不应对地下水造成污染。填埋场地下水污染评价指标及其限值按照 GB/T 14848 执行。

8.4 地下水监测因子应根据填埋废物特性由当地环境保护行政主管部门确定，必须具有代表性，能表示废物特性的参数。常规测定项目为：浊度，pH 值，可溶性固体，氯化物，硝酸盐（以 N 计），亚硝酸盐（以 N 计），氨氮，大肠杆菌总数。

8.5 填埋场排出的气体应按照 GB 16297 中无组织排放的规定执行。监测因子应根据填埋废物特性由当地环境保护行政主管部门确定，必须具有代表性，能表示废物特性的参数。

8.6 填埋场在作业期间，噪声控制应按照 GB 12348 的规定执行。

9 封场要求

9.1 当填埋场处置的废物数量达到填埋场设计容量时，应实行填埋封场。

9.2 填埋场的最终覆盖层应为多层结构，应包括下列部分：

a. 底层（兼作导气层）：厚度不应小于 20cm，倾斜度不小于 2%，由透气性好的颗粒物质组成；

b. 防渗层：天然材料防渗层厚度不应小于 50cm，渗透系数不大于 10^{-7} cm/s；若采用复合防渗层，人工合成材料层厚度不应小于 1.0mm，天然材料层厚度不应小于 30cm。其他设计要求同衬层相同；

c. 排水层及排水管网：排水层和排水系统的要求同底部渗滤液集排水系统相同，设计时采用的暴雨强度不应小于 50 年；

d. 保护层：保护层厚度不应小于 20cm，由粗砾性坚硬鹅卵石组成；

e. 植被恢复层：植被层厚度一般不应小于 60cm，其土质应有利于植物生长和场地恢复；同时植被层的坡度不应超过 33%。在坡度超过 10% 的地方，须建造水平台阶；坡度小于 20% 时，标高每升高 3m，建造一个台阶；坡度大于 20% 时，标高每升高 2m，建造一个台阶。台阶应有足够的宽度和坡度，要能经受暴雨的冲刷。

9.3 封场后应继续进行下列维护管理工作，并延续到封场后 30 年；

a. 维护最终覆盖层的完整性和有效性；

b. 维护和监测检漏系统；

c. 继续进行渗滤液的收集和处理；

d. 继续监测地下水水质的变化。

9.4 当发现场址或处置系统的设计有不可改正的错误，或发生严重事故及发生不可预见的自然灾害使得填埋场不能继续运行时，填埋场应实行非正常封场。非正常封场应预先作出相应补救计划，防止污染扩散。实施非正常封场必须得到环保部门的批准。

10 监测要求

10.1 对填埋场的监督性监测的项目和频率应按照有关环境监测技术规范进行，监测结果应定期报送当地环保部门，并接受当地环保部门的监督检查。

10.2 填埋场渗滤液

10.2.1 利用填埋场的每个集水井进行水位和水质监测。

10.2.2 采样频率应根据填埋物特性、覆盖层和降水等条件加以确定，应能充分反映填埋场渗滤液变化情况。渗滤液水质和水位监测频率至少为每月一次。

10.3 地下水

10.3.1 地下水监测井布设应满足下列要求：

a. 在填埋场上游应设置一眼监测井，以取得背景水源数值。在下游至少设置三眼井，组成三维监测点，以适应于下游地下水的羽流几何型流向；

b. 监测井应设在填埋场的实际最近距离上，并且位于地下水上下游相同水力坡度上；

c. 监测井深度应足以采取具有代表性的样品。

10.3.2 取样频率

10.3.2.1 填埋场运行的第一年，应每月至少取样一次；在正常情况下，取样频率为每季度至少一次。

10.3.2.2 发现地下水质出现变坏现象时，应加大取样频率，并根据实际情况增加监测项目，查出原因以便进行补救。

10.4 大气

10.4.1 采样点布设及采样方法按照 GB 16297 的规定执行。

10.4.2 污染源下风方向应为主要监测范围。

10.4.3 超标地区、人口密度大和距工业区近的地区加大采样点密度。

10.4.4 采样频率。填埋场运行期间，应每月取样一次，如出现异常，取样频率应适当增加。

11 标准监督实施

本标准由县以上地方人民政府环境保护行政主管部门负责监督实施。

附录 A

（标准的附录）

衬层系统示意图

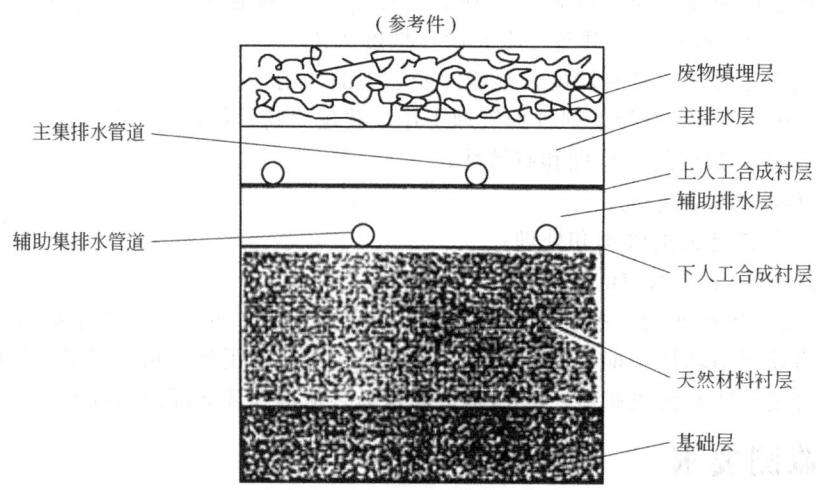

图1 双人工衬层示意图

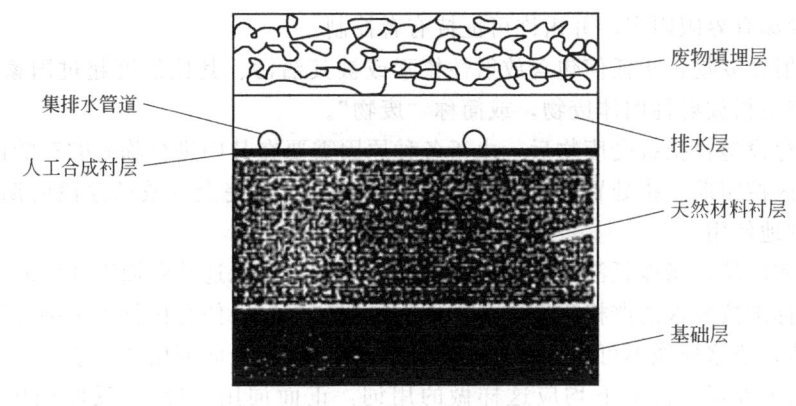

图 2　复合衬层示意图

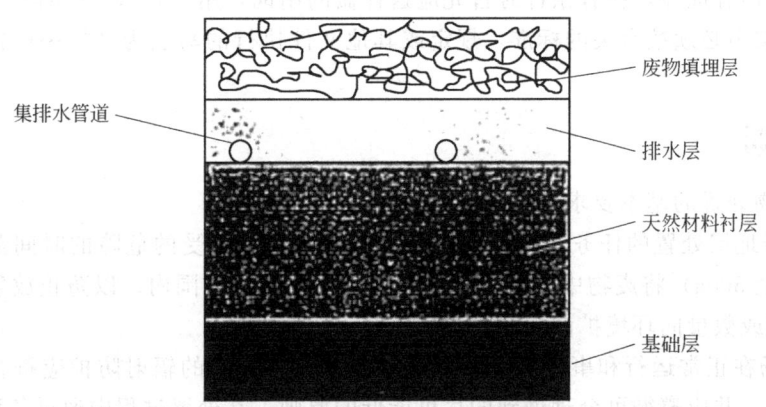

图 3　天然材料衬层示意图

附录 6　低中水平放射性固体废物的浅地层处置规定（GB 9132—88）

1　主题内容与适用范围

　　本标准对处置废物的性质和包装作出了规定，对浅地层埋藏处置场的选址、设计、运行、关闭、监督及安全评价提出了原则性的要求。在实施中可根据本标准的原则和要求，制订相应的实施细则。

　　本标准适用于一切地表或地下的，具有防护覆层的、有工程屏障或没有工程屏障的低中水平放射性固体废物（简称废物）浅埋处置。本标准未涉及废物在天然或人工洞穴内的处置。

2　术语

　　本标准中采用的术语及其含义如下：

　　2.1　浅地层处置：指地表或地下的、具有防护覆盖层的、有工程屏障或没有工程屏障的浅埋处置，深度一般在地面下 50m 以内。

2.2 处置场：指处置废物的一个陆地处置设施区，它由若干处置单元、构筑物和场区所组成。处置场有界限限定，并由许可证持有者控制。

2.3 放射性废物：指任何包含放射性核素或被其沾污、其比活度超过国家规定限值的废物。本规定系指放射性固体废物，或简称"废物"。

2.4 暂存设施：指接受废物后，由于各种原因需要在其中进行临时贮存的设施。

2.5 场区控制期：指处置场从投入运行直到场区可以完全开放的这段时期。此后，场区可不受限制地使用。

2.6 工程屏障：指能延滞或阻止放射性核素从处置单元迁移到周围环境的工程设施。

2.7 本标准按要求的严格程度，各类用词说明如下：以便在执行中区别对待：

表示严格，非这样做不可的用词：正面词用"必须"，反面词用"严禁"。

表示严格，在正常情况下均应这样做的用词：正面词用"应"，反面词用"不应"或"不得"。

表示允许稍有选择，在有条件时首先应这样做的用词，用"宜"，反面词用"不宜"。

2.8 条文中必须按有关的标准，规定或其他文件执行的写法为"按……执行"或"符合……要求"。

3 总则

3.1 废物处置的基本要求

a. 废物浅地层处置的任务是在废物可能对人类造成可接受的危险的时间范围内（一般应考虑 300a 至 500a）将废物中的放射性核素限制在处置场范围内，以防止放射性核素以不可接受的浓度或数量向环境扩散而危及人类安全。

b. 处置场在正常运行和事故情况下，对操作人员和公众的辐射防护应符合我国辐射防护规定的要求，并应遵循可合理做到的尽可能低的原则。在处置过程中通过各种途径向环境释放的放射性物质对公众中个人造成的有效剂量当量每年不超过 0.25mSv（25mrem）。

3.2 在选择场址时应综合考虑地质、水文、气象、社会和经济条件，进行代价利益分析。在选择方案、确定场址、设计、运行和关闭处置场时，应按国家规定进行安全分析和环境影响评价。

3.3 凡新建、扩建、改建放射性废物处置场时，必须在最终确定场址之前、处置场投入运行之前和处置场关闭之前分别履行审批手续。应先经所在省、市、自治区的主管部门同意，最后报国家环保部门审批。处置场运行单位必须获得国家颁发的相应许可证。处置场运行许可证的内容应包括：

a. 处置的废物数量和性质；

b. 处置的放射性核素的限量（包括总量和最大比活度）；

c. 场内和场外环境监测计划；

d. 对废物处置情况和环境监测结果的报送要求；

e. 事故应急计划及补救措施。国家环保部门有权对许可证的项目和内容进行必要的修改，并进行独立的检查。对不执行许可证内容的单位给予处罚，直至建议吊销其许可证。

3.4 处置场的关闭包括正常和非正常关闭。关闭后应进行有效的监督和维护。所需经费应包括在处置废物的收费中，实行专款专用，定期核实和调整。

3.5 处置场的外环境监测应由地方环保部门和处置场运行单位独立地实施。

4 场址选择

4.1 选址步骤

处置场的选址一般应包括区域调查、场址初选和场址确定三个步骤。

选址工作是一个连续的、反复的评价过程。在此过程中要不断排除不合适的场址，并对具有可能性的场址进行深入调查。在选出可使用的场址后，应作详细评价工作，以论证所作的结论是否确切和预计在建造处置场及处置废物时会对场址特性造成何种不利影响。

4.1.1 区域调查

区域调查的任务是确定若干个有可能建立处置场的区域，并对这些区域的稳定性、地震、地质构造、工程地质、水文地质、气象条件和社会经济因素进行初步评价。

4.1.2 场址初选

场址初选是在区域调查的基础上通过现场踏勘、勘察和资料的分析研究，确定 3～4 个候选场址。

4.1.3 场址确定

场址确定是对候选场址进行详细的研究和代价利益分析，以论证场址的适宜性，并向国家环保部门提出详细报告，最终批准确定 1 个场址。分析工作要求收集的资料主要有：

a. 废物的形式、性质和数量、处理费用及抗浸出性能；

b. 场址特性、工程设施的效果及费用；

c. 场址在地质、地球化学、水文地质、工程地质和生态方面的详细评价，以便估计放射性核素可能释放的途径和数量；

d. 确定选用的放射性影响分析方法或模式，并预测扩散到周围环境中的放射性核素的活度。

4.2 场址要求

4.2.1 场址地震及区域稳定性要求处置场应选择在地震烈度低及长期地质稳定的地区。应避开以下地区。

a. 破坏性地震及活动构造区；

b. 危及处置场安全的海啸及涌浪区；

c. 地应力高度集中、地面抬升或沉降速率快的地区；

d. 地面侵蚀速率高的地区。

4.2.2 场址地质构造及岩性要求

a. 场址应具有相对简单的地质构造，断裂及裂隙不太发育；

b. 处置层岩性均匀，面积广、厚度大、渗透率低；

c. 处置层的岩土应具有较高的吸附和离子交换能力。

4.2.3 场址的工程地质要求。

处置场应选择在工程地质状况稳定建造费用低和能保证正常运行的地区。应避免在以下地区建造处置场；

a. 崩塌、岩堆、滑坡区；

b. 山洪、泥石流区；

c. 岩溶发育或矿区采空区；

d. 活动沙丘区；

e. 尚未稳定的冲积扇及冲沟地区；

f. 高压缩性淤泥、泥炭及软土区。

4.2.4 场址的水文地质要求。

处置场一般应具备以下水文地质条件：

a. 水文地质条件较简单；

b. 最高地下水位距处置单元底板应有一定的距离；

c. 无影响地下水长期稳定的因素（如开挖河流，建造水库等）。

d. 处置场不应对露天水源有污染影响，场址边界与露天水源间的距离不宜少于500m；

e. 不会被洪水淹没的地区。

4.2.5 处置场宜选择在无矿藏资源或有资源但无开采价值的地区。若附近有开采价值的资源。则应对处置场和开采资源之间的相互影响进行评价。

4.2.6 场址应选择在土地贫瘠，对工业、农业以及旅游、文物、考古等使用价值不大的地区。

4.2.7 场址应选择在离城市有适当距离、人口密度低的地区。根据场址条件、事故释放情况等因素在场址周围要考虑一定范围的防护监测区。

4.2.8 场址应远离飞机场、军事试验场地和易燃易爆等危险品仓库。

4.3 选择场址过程中应收集的资料

4.3.1 岩土特性资料：

a. 岩土矿物成分；

b. 岩土中胶体颗粒含量；

c. 岩土天然湿度；

d. 岩土吸附能力和离子交换容量；

e. 岩土酸碱度；

f. 岩土孔隙率、有效孔隙率；

g. 岩土渗透率；

h. 岩土力学性能。

4.3.2 水文地质资料。

a. 处置场场址附近河流、水溪、湖泊的特性（流量、水位流速、洪水位）；

b. 地下水补给源、径流及排泄点，地下水与地表水的水力联系；

c. 该地区水资源的利用状况；

d. 地一下水类型及化学成分；

e. 水、岩土与核素之间的物理化学反应，核素迁移速度，迁移途径；

f. 地下水长期稳定性及其影响因素；

g. 河流改道的可能性；

h. 土壤毛细上升高度。

4.3.3 气象资料

a. 总的气候特征。

b. 风速、风向、大气稳定度、气温、湿度、降水量、蒸发量和雾等气象要素，这些气象要素应力求是同时观测的相互关联的。并应根据上述气象要素的数据资料求出其频率分布。

c. 对处置场安全可能产生有害影响的气象资料，如龙卷风、台风、大风、沙暴、暴雨、降雪、冰冻和冰雹等。并判断这些资料能够在多大程度上代表场址的长期环境条件。

4.3.4 表示场址附近详细地形特征和较大区域一般地形地貌特征的资料。

4.3.5 社会和经济方面资料

a. 处置场离废物来源的距离、废物的运输方式、运输系统的能力、修建或扩建运输系统的投资;

b. 场址周围目前和将来的土地使用情况,对征购土地、搬迁居民所花代价。

c. 场址供电供水条件;

d. 职工及家属生活福利设施投资,周围可利用条件;

e. 场址周围现在的人口分布和将来的发展趋势。由于社会发展、人类活动可能对场址产生的影响;

f. 场址附近居民、社会上公众以及地方政府对在该地建设处置场的态度;

g. 其他,如由于场址条件存在不利因素需采取工程措施要求的投资等。

5 废物

5.1 浅地层处置废物的范围

5.1.1 适合于浅地层处置的废物必须满足下列条件:

a. 半衰期大于 5a、小于或等于 30a,比活度不大于 $3.7×10^{10}$ Bq/kg (1Ci/kg) 的废物;

b. 半衰期小于或等于 50。任何比活度的废物;

c. 在 300～500a 内,比活度能降到非放射性固体废物水平的其他废物。

5.1.2 含有下列物质的废物不适合于浅地层处置:

a. 腐烂性物质

b. 生物的、致病的、传染性细菌或病毒的物质;

c. 自燃或易爆物质;

d. 燃点或闪点接近环境温度的有机易燃物质。

5.2 废物性质的要求

a. 废物应是固体形态,其中的游离液体积不得超过废物体积的 1%;

b. 废物应具有足够的化学、生物、热和辐射稳定性;

c. 比表面积小,弥散性低,且放射性核素的浸出率低。

d. 废物不得产生有毒气体。

5.3 废物包装的要求

a. 废物必须进行包装。包装体必须具有足够的机械强度,以满足运输、操作和处置的要求。所有包装体的重量、体积、形状和尺寸都应与装卸、运输和处置操作相适应,并应符合放射性物质安全运输的有关规定。

b. 包装体表面的剂量当量率应小于 2mSv/h (200mrem/h),在距表面 1m 远处的剂量当量率应小于 0.1mSv/h (10mrem/h),若超过此标准,操作和运输过程中应外加屏蔽容器。

6 处置场的设计

6.1 基本原则

6.1.1 处置场的设计必须保证在正常操作期间和事故情况下操作人员和周围居民的安全,必须保证可能返回人类生活环境的放射性核素在任何时候都不会超过允许水平。

6.1.2 处置场的地层是最重要的屏障,处置场的设计应通过设置工程屏障等措施来改善场址的屏障功能和弥补场址自然条件的不足,以确保其满足本标准 4.2 条的要求。

6.1.3 处置场的基本任务是接受废物并将其安放到处置单元中。根据需要,在既保证处置的安全性,又考虑到处置的经济性的前提下,处置场也可设置合理的减容设施。

6.1.4 处置场必须确保在规定的场区控制期内对废物实现有效的隔离，并应尽量减少在处置场关闭之后经常的维护。

6.2 防水与排水

6.2.1 处置场一般应设置工程屏障来防止地表水和地下水的渗入，以尽量减少废物与水的接触。

6.2.2 防水设计的重点应是防止地表水和雨水渗入处置单元。处置场的防水设计应由岩土的渗透性、吸附性、地面径流和地下水位等场址特性决定。

6.2.3 排水设计应保证处置场地面的积水能畅通排走和处置单元内的积水及时抽走。

6.2.4 除了防水与排水设计之外，处置场设计还应包括处置单元回填、覆盖层结构设计、地表处理、植被，以及在处置单元附近和场区的适当设置地下水的监测孔道等。

6.3 处置场设施

6.3.1 处置场的设计容量决定于要接受的废物总量。

各处置单元的设计则应按全场的总体规划来安排，其中特别要注意出入口与通道的布置，以及沾污区和非沾污区的控制。

6.3.2 废物接受区的设计应有：

a. 运输车辆和运输容器的检查装置（包括剂量率、表面沾污、货单的准确性等）；

b. 卸出废物桶（箱）并逐个验证的器具；

c. 辐射监测报警系统；

d. 处理破损容器的设施；

e. 运输设备的去污装置及去污废物的处理设施。

6.3.3 废物处置单元的设计可采用地上坟堆式、地下壕沟式，以及其他形式，以适应不同场址特性和不同类型废物的处置要求。

6.3.4 处置场应有暂存设施。暂存设施的设计应与各种运输容器和运输车辆相适应。

6.3.5 废物处置场应设有实验室，对水、土壤、空气和植物样品进行日常分析，以便对场内和周围环境作出安全评价。以便对场和周围环境作出安全评价。

6.3.6 废物处置场还应有其他设施，以便工作人员更衣及人身去污、人身及环境监测、仪表及设备的维修、设备去污以及消防及紧急医疗处理。还应有安全警卫系统、车库以及行政管理系统等。

7 处置场的运行

7.1 基本原则

7.1.1 处置场的运行应保证其操作人员所受辐照剂量低于国家标准，其他安全性也应符合国家规定。

7.1.2 废物的减容、固化等加工处理，原则上应在送到处置场之前完成，必要时也可在场内进行。

7.2 废物的接受与搬运

7.2.1 废物运到处置场后，必须进行检查，以确认废物包装体符合包装要求，在运输过程中无损坏，并与所填写的废物卡片内容完全相符，废物卡片的格式应由废物接收部门审定。废物卡片由废物产生单位填写并对其内容负责。

7.2.2 处置场应具备适用的搬运设备和器具，如吊车、叉车、遥控抓钩等；这些设备和器具应与处置操作及运输方式相适应。

7.3 废物处置运行

7.3.1 处置场运行单位必须遵守运行许可证中的规定，并按规定制订相应的运行操作规程。

7.3.2 废物的处置操作包括废物的搬运、废物的安放，以及处置单元的封闭。在整个处置操作过程中，均应保证操作人员和公众的安全。

7.3.3 废物的安放应有利于处置单元的封闭，并且不应对安全隔离造成不利影响（加积水、泄漏等）。

7.3.4 废物处置运行档案应包括废物处置的日期和位置，以及废物最基本的数据，即：废物桶或箱的系列号、产地、废物中的主要放射性核素、总活度和比活度、辐射水平、废物的体积和质量，以及处置操作发生的问题。处置场运行单位应负责妥善保管运行档案，其副本应按规定交有关部门保存。

7.3.5 应在废物处置场场区和处置单元附近的适当位置设立永久性标志，标明废物埋藏的位置和有关事项。

7.4 运行的监督

7.4.1 处置场运行单位应负责进行场内环境的日常监测，其中应包括：

a. 表面沾污的测量；

b. 地下水样品的分析测量；

c. 地表及一定深度岩土样品的分析测量；

d. 植物样品的分析测量；

e. 空气样品的分析测量；

f. 辐射监测；

g. 处置单元顶部覆盖层完整性的定期检查。

7.4.2 处置场的外环境监测计划应由地方环保部门和处置场运行单位独立地实施。

7.4.3 环境监测结果应定期地报告国家和地方环保部门。如发现不正常情况应立即如实上报。运行单位对监测结果应定期作出评价，并按规定上报。

7.5 异常情况

7.5.1 处置场应有应急措施和补救手段来处理非正常情况，如废物卡片不清楚、废物包装不合格或破裂、废物散落，以及发现放射性物质非正常的释放等，以阻止或尽量减小污染的扩散。

7.5.2 一旦发生可能引起污染的事故，处置场运行单位应尽快确定污染的地点、核素、水平、范围及其发生过程，以决定应采取的补救措施。如果事故严重到必须打开处置单元时，应事先制定周密的计划，并采取必要措施来限制污染的扩展（包括空气的污染、水的污染以及材料的污染）。

7.5.3 如果确有证据说明环境已被污染，运行单位应在国家和地方环保部门的监督下负责完成整个消除污染的行动，并追究污染原因。

8 处置场的关闭

8.1 关闭的条件

8.1.1 当已经达到运行许可证允许处置的废物数量或总放射性限值时，处置场应实行正常关闭。

8.1.2 当发现处置系统的设计或场址的选择有不可改正的错误，或发生严重事故，或发生不可预见的自然灾害使得处置场不再适合处置放射性废物时，处置场应实行非正常关闭。非正常关闭应预先作出相应的计划。实施非正常关闭必须得到国家环保部部门的批准。

8.2 关闭

8.2.1 处置场关闭之后在规定的场区控制期内仍应进行控制，以确保其符合辐射防护要求及对环境无不利影响，并保证在此期间不发生时处置场的侵扰。

8.2.2 处置场关闭之后一般经历三个阶段：

a. 封闭阶段。刚关闭的处置场应保持封闭状态，只有为了进行监督工作才能进入场内；

b. 半封闭阶段。当证明废物的危害已经很小时，而且废物的覆盖层完好，可以允许进入场区，但不允许进行挖掘或钻探等作业；

c. 开放阶段。在达到所规定的场区控制期后，废物的放射性已降到不需辐射防护的水平，经验证，场区方可完全开放。

8.2.3 国家和地方环保部门应与有关部门商定具体的机构来负责管理和执行处置场关闭后的任务。

8.2.4 处置场关闭后的维护、监测和应急措施所需费用，应在处理场运行前作出预算，并从处置废物的收费中按一定比例提取。为适应可能遇到的各种变化，应不定期地重新估算该项费用，并作必要的调整。

8.3 监督

处置场关闭后的监督，如环境监测、限制出入、设施维护、档案保存以及可能的应急行动等工作，应在国家和地方环保部门参与下进行。

9 安全评价

为了估计废物处置设施的功能，并与 8.1 条要求相比较，在选择方案、确定场址、设计、运行和关闭处置场时，必须进行安全分析和环境影响评价。

9.1 选择场址阶段的要求

在申报确定场址的审批文件中，必须包括安全分析报告书及环境影响报告书。报告书应包括以下主要内容：

a. 对国家有关标准和本标准所涉及的安全要求的贯彻情况、存在问题及采取措施；

b. 分析放射性核素可能由处置场转移到人类环境的数量和概率、进入人体的机理、途径和速率、初步地（在数据资料不足的情况下，可用偏安全的假设参数）估算处置场在正常状态、自然事件和人为事件下公众所受的个人剂量当量和集体剂量当量，并作出安全评价。

c. 预分析和评价处置场在施工、运行和关闭后各阶段时环境的影响，以及周围环境可能对处置场的影响。

9.2 设计阶段的要求

处置场初步设计阶段，应有安全分析和环境保护设计文件，其中应包括两方面主要内容：

a. 论述实现本标准要求所采取的工程措施及其可靠程度；

b. 对选址阶段的安全分析报告书和环境影响报告书内容进一步论证，根据设计参数估算运行阶段公众和操作人员所受剂量当量，以及处置场关闭后公众所受剂量当量，并考虑和评价当发生自然和人为事件时处置场对环境和人类可能造成的危害。

9.3 运行和关闭阶段的要求

处置场投入运行之前和处置场关闭之前均必须按国家规定履行审批手续。

处置场关闭后的"封闭"、"半封闭"和"开放"三个阶段的划分，应经过安全分析和评价，经国家环保部门审批后才能实行。

处置场运行阶段、处置场关闭后的封闭和半封闭阶段，应根据环境监测的数据，定期地对环境质量作出评价。由于人为或自然事件出现异常情况影响到处置场预期的功能时。应从时进行分析和评价，同时向国家和地方环保部门报告。

附录 7 危险废物焚烧污染控制标准（GB 18484—2001）

2001-11-12 发布   2002-01-01 实施

前　言

为贯彻《中华人民共和国环境保护法》和《中华人民共和国固体废物污染环境防治法》，加强对危险废物的污染控制，保护环境，保障人体健康，特制定本标准。

本标准从我国的实际情况出发，以集中连续型焚烧设施为基础，涵盖了危险废物焚烧全过程的污染控制；对具备热能回收条件的焚烧设施要考虑热能的综合利用。

本标准由国家环保总局污染控制司提出。

本标准由国家环保总局科技标准司归口。

本标准由中国环境监测总站和中国科技大学负责起草。

本标准内容（包括实施时间）等同于 1999 年 12 月 3 日国家环境保护总局发布的《危险废物焚烧污染控制标准》（GWKB 2—1999），自本标准实施之日起，代替 GWKB 2—1999。

本标准由国家环境保护总局负责解释。

1　范围

本标准从危险废物处理过程中环境污染防治的需要出发，规定了危险废物焚烧设施场所的选址原则、焚烧基本技术性能指标、焚烧排放大气污染物的最高允许排放限值、焚烧残余物的处置原则和相应的环境监测等。

本标准适用于除易爆和具有放射性以外的危险废物焚烧设施的设计、环境影响评价、竣工验收以及运行过程中的污染控制管理。

2　引用标准

以下标准所含条文，在本标准中被引用即构成本标准的条文，与本标准同效。

GHZB1—1999 地表水环境质量标准

GB 3095—1996 环境空气质量标准

GB/T 16157—1996 固定污染源排气中颗粒物测定与气态污染物采样方法

GB 15562.2—1995 环境保护图形标志 固体废物贮存（处置）场

GB 8978—1996 污水综合排放标准

GB 12349—90 工业企业厂界噪声标准

HJ/T 20—1998 工业固体废物采样制样技术规范

当上述标准被修订时，应使用其最新版本。

3　术语

3.1　危险废物

是指列入国家危险废物名录或者根据国家规定的危险废物鉴别标准和鉴别方法判定的具

有危险特性的废物。

3.2 焚烧

指焚化燃烧危险废物使之分解并无害化的过程。

3.3 焚烧炉

指焚烧危险废物的主体装置。

3.4 焚烧量

指焚烧炉每小时焚烧危险废物的重量。

3.5 焚烧残余物

指焚烧危险废物后排出的燃烧残渣、飞灰和经尾气净化装置产生的固态物质。

3.6 热灼减率

指焚烧残渣经灼热减少的质量占原焚烧残渣质量的百分数。其计算方法如下：

$$P = \frac{A-B}{A} \times 100\%$$

式中　P——热灼减率，%；

　　　A——干燥后原始焚烧残渣在室温下的质量，g；

　　　B——焚烧残渣经 600℃（+25℃）3h 灼热后冷却至室温的质量，g。

3.7 烟气停留时间

指燃烧所产生的烟气从最后的空气喷射口或燃烧器出口到换热面（如余热锅炉换热器）或烟道冷风引射口之间的停留时间。

3.8 焚烧炉温度

指焚烧炉燃烧室出口中心的温度。

3.9 燃烧效率（CE）

指烟道排出气体中二氧化碳浓度与二氧化碳和一氧化碳浓度之和的百分比。用以下公式表示：

$$CE = \frac{[CO_2]}{[CO_2]+[CO]} \times 100\%$$

式中　$[CO_2]$ 和 $[CO]$——分别为燃烧后排气中 CO_2 和 CO 的浓度。

3.10 焚毁去除率（DRE）

指某有机物质经焚烧后所减少的百分比。用以下公式表示：

$$DRE = \frac{W_i - W_0}{W_i} \times 100\%$$

式中　W_i——被焚烧物中某有机物质的质量；

　　　W_0——烟道排放气和焚烧残余物中与 W_i 相应的有机物质的质量之和。

3.11 二噁英类

多氯代二苯并-对-二噁英和多氯代二苯并呋喃的总称。

3.12 二噁英毒性当量（TEQ）

二噁英毒性当量因子（TEF）是二噁英毒性同类物与 2,3,7,8-四氯代二苯并-对-二噁英对 Ah 受体的亲和性能之比。二噁英毒性当量可以通过下式计算：

$$TEQ = \sum (二噁英毒性同类物浓度 \times TEF)$$

3.13 标准状态

指温度在 273.16K，压力在 101.325kPa 时的气体状态。本标准规定的各项污染物的排放限值，均指在标准状态下以 11%O_2（干空气）作为换算基准换算后的浓度。

4 技术要求

4.1 焚烧厂选址原则

4.1.1 各类焚烧厂不允许建设在 GHZB 1 中规定的地表水环境质量Ⅰ类、Ⅱ类功能区和 GB 3095 中规定的环境空气质量一类功能区，即自然保护区、风景名胜区和其他需要特殊保护地区。集中式危险废物焚烧厂不允许建设在人口密集的居住区、商业区和文化区。

4.1.2 各类焚烧厂不允许建设在居民区主导风向的上风向地区。

4.2 焚烧物的要求

除易爆和具有放射性以外的危险废物均可进行焚烧。

4.3 焚烧炉排气筒高度

4.3.1 焚烧炉排气筒高度见表 1

表 1 焚烧炉排气筒高度

焚烧量/(kg/h)	废物类型	排气筒最低允许高度/m
≤300	医院临床废物	20
	除医院临床废物以外的第 4.2 条规定的危险废物	25
300～2000	第 4.2 条规定的危险废物	35
2000～2500	第 4.2 条规定的危险废物	45
≥2500	第 4.2 条规定的危险废物	50

4.3.2 新建集中式危险废物焚烧厂焚烧炉排气筒周围半径 200m 内有建筑物时，排气筒高度必须高出最高建筑物 5m 以上。

4.3.3 对有几个排气源的焚烧厂应集中到一个排气筒排放或采用多筒集合式排放。

4.3.4 焚烧炉排气筒应按 GB/T 16157 的要求，设置永久采样孔，并安装用于采样和测量的设施。

4.4 焚烧炉的技术指标

4.4.1 焚烧炉的技术性能要求见表 2。

表 2 焚烧炉的技术性能指标

废物类型 \ 指标	焚烧炉温度/℃	烟气停留时间/s	燃烧效率/%	焚毁去除率/%	焚烧残渣的热灼减率/%
危险废物	≥1100	≥2.0	≥99.9	≥99.99	＜5
多氯联苯	≥1200	≥2.0	≥99.9	≥99.9999	＜5
医院临床废物	≥850	≥1.0	≥99.9	≥99.99	＜5

4.4.2 焚烧炉出口烟气中的氧气含量应为 6%～10%（干气）。

4.4.3 焚烧炉运行过程中要保证系统处于负压状态，避免有害气体逸出。

4.4.4 焚烧炉必须有尾气净化系统、报警系统和应急处理装置。

4.5 危险废物的贮存

4.5.1 危险废物的贮存场所必须有符合 GB 15562.2 的专用标志。

4.5.2 废物的贮存容器必须有明显标志，具有耐腐蚀、耐压、密封和不与所贮存的废物发生反应等特性。

4.5.3 贮存场所内禁止混放不相容危险废物。

4.5.4　贮存场所要有集排水和防渗漏设施。

4.5.5　贮存场所要远离焚烧设施并符合消防要求。

5　污染物（项目）控制限值

5.1　焚烧炉大气污染物排放限值

焚烧炉排气中任何一种有害物质浓度不得超过表3中所列的最高允许限值。

5.2　危险废物焚烧厂排放废水时，其水中污染物最高允许排放浓度按 GB 8978 执行。

5.3　焚烧残余物按危险废物进行安全处置。

5.4　危险废物焚烧厂噪声执行 GB 12349。

表3　危险废物焚烧炉大气污染物排放限值①

序号	污染物	不同焚烧容量时的最高允许排放浓度限值 /(mg/m³)		
		≤300 kg/h	300～2500 kg/h	≥2500 kg/h
1	烟气黑度	林格曼Ⅰ级		
2	烟尘	100	80	65
3	一氧化碳(CO)	100	80	80
4	二氧化硫(SO₂)	400	300	200
5	氟化氢(HF)	9.0	7.0	5.0
6	氯化氢(HCl)	100	70	60
7	氮氧化物(以 NO₂ 计)	500		
8	汞及其化合物(以 Hg 计)	0.1		
9	镉及其化合物(以 Cd 计)	0.1		
10	砷、镍及其化合物(以 As+Ni 计)②	1.0		
11	铅及其化合物(以 Pb 计)	1.0		
12	铬、锡、锑、铜、锰及其化合物 (以 Cr+Sn+Sb+Cu+Mn 计)③	4.0		
13	二噁英类	0.5ngTEQ/m³		

①　在测试计算过程中，以 11%O₂（干气）作为换算基准。换算公式为：

$$c = \frac{10}{21 - O_a} \times c_a$$

式中　c——标准状态下被测污染物经换算后的浓度（mg/m³）；

　　　O_a——排气中氧气的浓度（%）；

　　　c_a——标准状态下被测污染物的浓度（mg/m³）。

②　指砷和镍的总量。

③　指铬、锡、锑、铜和锰的总量。

6　监督监测

6.1　废气监测

6.1.1　焚烧炉排气筒中烟尘或气态污染物监测的采样点数目及采样点位置的设置，执行 GB/T 16157。

6.1.2　在焚烧设施于正常状态下运行 1h 后，开始以 1 次/h 的频次采集气样，每次采样时间不得低于 45min，连续采样三次，分别测定。以平均值作为判定值。

6.1.3　焚烧设施排放气体按污染源监测分析方法执行（见表4）。

表4　焚烧设施排放气体的分析方法

序号	污染物	分析方法	方法来源
1	烟气黑度	林格曼烟度法	GB/T 5468—91
2	烟尘	重量法	GB/T 16157—1996
3	一氧化碳（CO）	非分散红外吸收法	HJ/T 44—1999
4	二氧化硫（SO_2）	甲醛吸收副玫瑰苯胺分光光度法	①
5	氟化氢（HF）	滤膜·氟离子选择电极法	①
6	氯化氢（HCl）	硫氰酸汞分光光度法 硝酸银容量法	HJ/T 27—1999 ①
7	氮氧化物	盐酸萘乙二胺分光光度法	HJ/T 43—1999
8	汞	冷原子吸收分光光度法	①
9	镉	原子吸收分光光度法	①
10	铅	火焰原子吸收分光光度法	①
11	砷	二乙基二硫代氨基甲酸银分光光度法	①
12	铬	二苯碳酰二肼分光光度法	①
13	锡	原子吸收分光光度法	①
14	锑	5-Br-PADAP 分光光度法	①
15	铜	原子吸收分光光度法	①
16	锰	原子吸收分光光度法	①
17	镍	原子吸收分光光度法	①
18	二噁英类	色谱-质谱联用法	②

①《空气和废气监测分析方法》，中国环境科学出版社，北京，1990年。
②《固体废弃物试验分析评价手册》，中国环境科学出版社，北京，1992年，P332～359。

6.2　焚烧残渣热灼减率监测

6.2.1　样品的采集和制备方法执行 HJ/T 20。

6.2.2　焚烧残渣热灼减率的分析采用重量法。依据本标准"3.6"所列公式计算，取三次平均值作为判定值。

7　标准实施

（1）自2000年3月1日起，二噁英类污染物排放限值在北京市、上海市、广州市执行。2003年1月1日之日起在全国执行。

（2）本标准由县级以上人民政府环境保护行政主管部门负责监督与实施。

附录8　生活垃圾焚烧污染控制标准（GB 18485—2001）

2001-11-12 发布　　2002-01-01 实施

1　范围

本标准规定了生活垃圾焚烧厂选址原则、生活垃圾入厂要求、焚烧炉基本技术性能指标、焚烧厂污染物排放限值等要求。

本标准适用于生活垃圾焚烧设施的设计、环境影响评价、竣工验收以及运行过程中污染控制及监督管理。

2 引用标准

以下标准所含条文，在本标准中被引用而构成本标准条文，与本标准同效。

GB 5085.3—1996 危险废物鉴别标准—浸出毒性鉴别

GB 5086.1～5086.2—1997 固体废物 浸出毒性浸出方法

GB 5468—1991 锅炉烟尘测试方法

GB 8978—1996 污水综合排放标准

GB 12348—1990 工业企业厂界噪声标准

GB 14554—1993 恶臭污染物排放标准

GB/T 15555.1～15555.11—1995 固体废物 浸出毒性测定方法

GB/T 16157—1996 固定污染源排气中颗粒物测定与气态污染物采样方法

HJ/T 20—1998 工业固体废物采样制样技术规范

当上述标准被修订时，应使用其最新版本。

3 定义

3.1 危险废物

列入国家危险废物名录或者根据国家规定的危险废物鉴别标准和鉴别方法认定的具有危险性的废物。

3.2 焚烧炉

利用高温氧化作用处理生活垃圾的装置。

3.3 处理量

单位时间焚烧炉焚烧垃圾的质量。

3.4 烟气停留时间

燃烧气体从最后空气喷射口或燃烧器到换热面（如余热锅炉换热器等）或烟道冷风引射口之间的停留时间。

3.5 焚烧炉渣

生活垃圾焚烧后从炉床直接排出的残渣。

3.6 热灼减率

焚烧炉渣经灼热减少的质量占原焚烧炉渣质量的百分数，其计算方法如下：

$$P = \frac{A-B}{A} \times 100\%$$

式中 P——热灼减率，%；

A——干燥后的原始焚烧炉渣在室温下的质量，g；

B——焚烧炉渣经 600℃±25℃ 3h 灼热，然后冷却至室温后的质量，g。

3.7 二噁英类

多氯代二苯并-对-二噁英和多氯代二苯并呋喃的总称。

3.8 二噁英类毒性当量（TEQ）

二噁英类毒性当量因子（TEF）是二噁英类毒性同类物与 2,3,7,8-四氯代二苯并-对-二噁英对 Ah 受体的亲和性能之比。二噁英类毒性当量可以通过下式计算：

$$TEQ = \sum(二噁英毒性同类物浓度 \times TEF)$$

3.9 标准状态

烟气温度为 273.16K，压强为 101 325Pa 时的状态。

4 生活垃圾焚烧厂选址原则

生活垃圾焚烧厂选址应符合当地城乡建设总体规划和环境保护规划的规定，并符合当地的大气污染防治、水资源保护、自然保护的要求。

5 生活垃圾入厂要求

危险废物不得进入生活垃圾焚烧厂处理。

6 生活垃圾贮存技术要求

进入生活垃圾焚烧厂的垃圾应贮存于垃圾贮存仓内。

垃圾贮存仓应具有良好的防渗性能。贮存仓内部应处于负压状态，焚烧炉所需的一次风应从垃圾贮存仓抽取。垃圾贮存仓还必须附设水收集装置，收集沥滤液和其他污水。

7 焚烧炉技术要求

7.1 焚烧炉技术性能指标

焚烧炉技术性能要求见表1。

表 1 焚烧炉技术性能指标

项 目	烟气出口温度/℃	烟气停留时间/s	焚烧炉渣热灼减率/%	焚烧炉出口烟气中氧含量/%
指 标	≥850	≥2	≤5	6~12
	≥1000	≥1		

7.2 焚烧炉烟囱技术要求

7.2.1 焚烧炉烟囱高度要求

焚烧炉烟囱高度应按环境影响评价要求确定，但不能低于表2规定的高度。

表 2 焚烧炉烟囱高度要求

处理量/(t/d)	烟囱最低允许高度/m
<100	25
100~300	40
>300	60

注：在同一厂区内如同时有多台垃圾焚烧炉，则以各焚烧炉处理量总和作为评判依据。

7.2.2 焚烧炉烟囱周围半径 200m 距离内有建筑物时，烟囱应高出最高建筑物 3m 以上，不能达到该要求的烟囱，其大气污染物排放限值应按表3规定的限值严格 50% 执行。

7.2.3 由多台焚烧炉组成的生活垃圾焚烧厂，烟气应集中到一个烟囱排放或采用多筒集合式排放。

7.2.4 焚烧炉的烟囱或烟道应按 GB/T 16157 的要求，设置永久采样孔，并安装采样监测用平台。

7.3 生活垃圾焚烧炉除尘装置必须采用袋式除尘器。

8 生活垃圾焚烧厂污染排放限值

8.1 焚烧炉大气污染物排放限值

焚烧炉大气污染物排放限值见表3。

表3 焚烧炉大气污染物排放限值①

序 号	项 目	单 位	数值含义	限 值
1	烟尘	mg/m³	测定均值	80
2	烟气黑度	林格曼黑度,级	测定值②	1
3	一氧化碳	mg/m³	小时均值	150
4	氮氧化物	mg/m³	小时均值	400
5	二氧化硫	mg/m³	小时均值	260
6	氯化氢	mg/m³	小时均值	75
7	汞	mg/m³	测定均值	0.2
8	镉	mg/m³	测定均值	0.1
9	铅	mg/m³	测定均值	1.6
10	二噁英类	ng TEQ/m³	测定均值	1.0

① 本表规定的各项标准限值,均以标准状态下含11% O_2 的干烟气为参考值换算。

② 烟气最高黑度时间,在任何1h内累计不得超过5min。

8.2 生活垃圾焚烧厂恶臭厂界排放限值

氨、硫化氢、甲硫醇和臭气浓度厂界排放限值根据生活垃圾焚烧厂所在区域,分别按照GB 14554 表1相应级别的指标值执行。

8.3 生活垃圾焚烧厂工艺废水排放限值

生活垃圾焚烧厂工艺废水必须经废水处理系统处理,处理后的水应优先考虑循环再利用,必须排放时,废水中污染物最高允许排放浓度按 GB 8978 执行。

9 其他要求

9.1 焚烧残余物的处置要求

9.1.1 焚烧炉渣与除尘设备收集的焚烧飞灰应分别收集、贮存和运输。

9.1.2 焚烧炉渣按一般固体废物处理,焚烧飞灰应按危险废物处理。其他尾气净化装置排放的固体废物按 GB 5085.3 危险废物鉴别标准判断是否属于危险废物,如属于危险废物,则按危险废物处理。

9.2 生活垃圾焚烧厂噪声控制限值

生活垃圾焚烧厂噪声控制限值按 GB 12348 执行。

10 检测方法

10.1 监测工况要求

在对焚烧炉进行日常监督性监测时,采样期间的工况应与正常运行工况相同,生活垃圾焚烧厂的人员和实施监测的人员都不应任意改变运行工况。

10.2 焚烧炉性能检验

10.2.1 烟气停留时间根据焚烧炉设计书检验。

10.2.2 出口温度用热电偶在燃烧室出口中心处测量。

10.2.3 焚烧炉渣热灼减率的测定

按 HJ/T 20—1998 采样制样技术规范采样，依据本标准 3.7 所列公式计算，取平均值作为判定值。

10.2.4 氧气浓度测定按 GB/T 16157 中的有关规定执行。

10.3 烟尘和烟气监测

10.3.1 烟尘和烟气的采样方法

10.3.1.1 烟尘和烟气的采样点和采样方法按 GB/T 16157 中的有关规定执行。

10.3.1.2 本标准规定的小时均值是指以连续 1h 的采样获取的平均值，或在 1h 内，以等时间间隔至少采取 3 个样品计算的平均值。

注：本标准规定测定均值是指以等时间间隔至少采取 3 个样品计算的平均值。

10.3.2 监测方法

焚烧炉大气污染物监测方法见表 4。

表 4 焚烧炉大气污染物监测方法

序 号	项 目	监 测 方 法	方法来源
1	烟尘	重量法	GB/T 16157—1996
2	烟气黑度	林格曼烟度法	GB 5468—1991
3	一氧化碳	非色散红外吸收法	HJ/T 44—1999
4	氮氧化物	紫外分光光度法	HJ/T 42—1999
5	二氧化硫	甲醛吸收-副玫瑰苯胺分光光度法	①
6	氯化氢	硫氰酸汞分光光度法	HJ/T 27—1999
7	汞	冷原子吸收分光光度法	①
8	镉	原子吸收分光光度法	①
9	铅	原子吸收分光光度法	①
10	二噁英类	色谱-质谱联用法	②

① 暂时采用《空气和废气监测分析方法》(中国环境科学出版社，北京，1990 年)，待国家环境保护总局发布相应标准后，按标准执行。

② 暂时采用《固体废弃物试验分析评价手册》(中国环境科学出版社，北京，1992 年)，待国家环境保护总局发布相应标准后，按标准执行。

10.4 固体废物浸出毒性测定方法

其他尾气净化装置排放的固体废物按 GB 5086.1～GB 5086.2 做浸出试验，按 GB/T 15555.1～GB/T 15555.11 浸出毒性测定方法测定。

11 标准实施

11.1 自本标准实施之日起，二噁英类污染物排放限值在北京市、上海市、广州市、深圳市试行。2003 年 6 月 1 日之日起在全国执行。

11.2 本标准由县级以上人民政府环境保护行政主管部门负责监督实施。

附录 A （标准的附录）

二噁英同类物毒性当量因子表

PCDDs	TEF	PCDFs	TEF
2,3,7,8-TCDD	1.0	2,3,7,8-TCDF	0.1
1,2,3,7,8-P_5CDD	0.5	1,2,3,7,8-P_5CDF	0.05

续表

PCDDs	TEF	PCDFs	TEF
		$2,3,4,7,8-P_5CDF$	0.5
$2,3,7,8-$取代 H_6CDD	0.1	$2,3,7,8-$取代 H_6CDF	0.1
$1,2,3,4,6,7,8-H_7CDD$	0.01	$2,3,7,8-$取代 H_7CDF	0.01
OCDD	0.001	OCDF	0.001

注：PCDDs：多氯代二苯并-对-二噁英（Polychlorinated dibenzo-p-dioxins）；PCDFs：多氯代二苯并呋喃（Polychlorinated dibenzofurans）。

附录 9 生活垃圾填埋场环境监测技术要求（GB/T 18772—2002）

1 范围

本标准规定了生活垃圾填埋场环境监测的内容和方法。

本标准适用于生活垃圾填埋场；不适用于工业固体废弃物及危险废物填埋场。

2 引用标准

下列标准所包含的条文，通过在本标准中引用而构成为本标准的条文。本标准出版时，所示版本均为有效。所有标准都会被修订，使用本标准的各方应探讨使用下列标准最新版本的可能性。

GB/T 5750—1985 生活饮用水标准检验法

GB/T 6920—1986 水质 pH 值的测定 玻璃电极法

GB/T 7466—1987 水质 总铬的测定

GB/T 7468—1987 水质 总汞的测定 冷原子吸收分光光度法（eqv ISO 5666/1～3：1983）

GB/T 7470—1987 水质 铅的测定 双硫腙分光光度法

GB/T 7471—1987 水质 镉的测定 双硫腙分光光度法

GB/T 7477—1987 水质 钙和镁总量的测定 EDTA 滴定法（eqv ISO 6059：1984）

GB/T 7478—1987 水质 铵的测定 蒸馏和滴定法

GB/T 7480—1987 水质 硝酸盐氮的测定 酚二磺酸分光光度法

GB/T 7485—1987 水质 总砷的测定 二乙基二硫代氨基甲酸银分光光度法（neq ISO 6959：1982）

GB/T 7488—1987 水质 五日生化需氧量（BOD_5）的测定 稀释与接种法

GB/T 7490—1987 水质 挥发酚的测定 蒸馏后 4-氨基安替比林分光光度法（neq ISO 6439：1984）

GB/T 7493—1987 水质 亚硝酸盐氮的测定 分光光度法

GB/T 8970—1988 空气质量 二氧化硫的测定 四氯汞盐-盐酸副玫瑰苯胺比色法

GB/T 9801—1988 空气质量 一氧化碳的测定 非分散红外法

GB/T 10410.1—1989 人工煤气组分气相色谱分析法

GB/T 10410.2—1989 天然气常量组分气相色谱分析法

GB/T 10410.3—1989　液化石油气组分气相色谱分析法

GB/T 11891—1989　水质　凯氏氮的测定（neq ISO 5663：1984）

GB/T 11893—1989　水质　总磷的测定　钼酸铵分光光度法

GB/T 11894—1989　水质　总氮的测定　碱性过硫酸钾消解紫外分光光度法

GB/T 11899—1989　水质　硫酸盐的测定　重量法（neq ISO 9280：1990）

GB/T 11900—1989　水质　痕量砷的测定　硼氢化钾-硝酸银分光光度法

GB/T 11901—1989　水质　悬浮物的测定　重量法

GB/T 11903—1989　水质　色度的测定（neq ISO 7887：1985）

GB/T 11914—1989　水质　化学需氧量的测定　重铬酸盐法（eqv ISO 6060：1989）

GB/T 13200—1991　水质　浊度的测定（neq ISO 7027：1984）

GB/T 14678—1993　空气质量　硫化氢、甲硫醇、甲硫醚和二甲二硫的测定　气相色谱法

GB/T 14679—1993　空气质量　氨的测定　次氯酸钠-水杨酸分光光度法

GB/T 15262—1994　空气质量　二氧化硫的测定　甲醛吸收-副玫瑰苯胺分光光度法

GB/T 15432—1995　空气质量　总悬浮颗粒物测定　重量法

GB/T 15435—1995　空气质量　二氧化氮的测定　Saltzman 法

GB/T 16489—1996　水质　硫化物的测定　亚甲基蓝分光光度法（neq ISO 10530：1993）

CJ/T 3039—1995　城市生活垃圾采样和物理分析方法

3　定义

本标准采用下列定义。

3.1　环境监测　Environmental monitor

环境监测是指利用物理、化学、生物等方法，对环境中的各种污染物进行质量的分析测定。

3.2　渗滤液　leachate

填埋过程中垃圾分解产生的液体及渗入的地表水的混合液。

4　大气监测

4.1　采样点的布设

填埋作业区上风向布 1 点，下风向布 1 点，填埋作业区内按面积大小确定采样点数，填埋场大气监测点不应少于 4 点。

4.2　监测频率

每月监测 1 次。

4.3　采样方法

场区环境大气监测采样方法，应按《环境监测技术规范》执行。

4.4　监测项目及方法（见表 1）

表 1　监测项目及方法

序号	监测项目	执行标准
1	总悬浮物	GB/T 15432
2	甲烷气	GB/T 10410.2
3	硫化氢	CB/T 8970

续表

序号	监 测 项 目	执 行 标 准
4	氨	GB/T 14679
5	二氧化氮	GB/T 15435
6	一氧化碳	CB/T 9801
7	二氧化硫	GB/T 15262

5 填埋气体监测

5.1 采样点的布设

气体收集输导系统的排气口和甲烷气易于积聚的地点设置采样点。

5.2 监测频率

为掌握气体产生和积聚情况，应随机采样监测。

5.3 监测项目及方法（见表2）

表2 监测项目及方法

序号	监 测 项 目	执 行 标 准
1	二氧化碳	GB/T 10410.1
2	氧气	GB/T 10410.3
3	甲烷	GB/T 10410.2
4	硫化氢	GB/T 14678
5	氨	GB/T 14679
6	一氧化碳	GB/T 9801
7	二氧化硫	GB/T 15262

6 地下水监测

6.1 采样点的布设

地下水监测点一般不应少于5个监测井，其中包括本底井1个、污染扩散井2个、污染监视井2个，监测井的孔径不小于ϕ110mm。

6.1.1 本底井

宜设在场区外地下水轴线流向的上游30～50m以内。

6.1.2 污染扩散井

可设在场区地下水流向的两侧30～50m以内各设一个扩散井。

6.1.3 污染监视井

宜设在场区外，地下水主要通道的下游方向：30～50m，100～300m各设一眼井。

6.2 采样方法

用泵抽吸井水1～3次，清洗采样器，采样方法按照《环境监测技术规范》执行。

6.3 监测频率

根据各地的情况，按丰、平、枯水期每年不少于3次。

6.4 监测项目及方法（见表3）

表 3　监测项目及方法

序　号	监　测　项　目	执　行　标　准
1	pH	CB/T 6920
2	肉眼可见物①	—
3	浊度	GB/T 13200
4	臭、味①	—
5	色度	GB/T 11903
6	总悬浮物	GB/T 11901
7	化学需氧量	GB/T 11914
8	硫酸盐	GB/T 11899
9	硫化物	GB/T 16489
10	总硬度	GB/T 7477
11	挥发酚	GB/T 7490
12	总磷	GB/T 11893
13	总氮	GB/T 11894
14	铵	GB/T 7478
15	硝酸盐氮	GB/T 7480
16	亚硝酸盐氮	GB/T 7493
17	大肠菌群	GB/T 5750
18	细菌总数	GB/T 5750
19	铅	GB/T 7470
20	铬	GB/T 7466
21	镉	GB/T 7471
22	汞	GB/T 7468
23	砷	GB/T 11900

① 采用《水和废水监测分析方法》，中国环境科学出版社，1989 年。

7　填埋场外排水监测

7.1　采样点的布设

填埋场污水处理后，应在排出场外边界排水口处设排水取样点。

7.2　采样方法

用采样器提取渗滤液，弃去前 3 次渗滤液，用第 4 次渗滤液作为分析样品，采样量和固定方法，按《环境监测技术规范》执行。

7.3　监测频率

监测频率按污水处理方法确定监测次数，水处理后连续外排时宜每日监测一次，其他处理方式宜每旬监测一次。

7.4　监测项目及方法（见表 4）

表 4　监测项目及方法

序号	监测项目	执行标准
1	pH	GB/T 6920
2	总悬浮物	GB/T 11901
3	色度(稀释倍数法)	GB/T 11903
4	五日生化需氧量	GB/T 7488
5	化学需氧量	GB/T 11914
6	挥发酚	GB/T 7490
7	总氮	GB/T 11894
8	铵	GB/T 7478
9	硝酸盐氮	GB/T 7480
10	亚硝酸盐氮	GB/T 7493
11	大肠菌群	GB/T 5750
12	硫化物	GB/T 16489

8　渗滤液监测

8.1　采样点的布设

采样点应设在渗滤液收集井或调节池的进水口处。

8.2　采样方法

用采样器提取渗滤液，弃去前 3 次渗滤液，用第 4 次渗滤液作为分析样品，采样量和固定方法，应按《环境监测技术规范》执行。

8.3　监测频率

根据污水处理工艺设计的要求及降水情况，每月监测大于 1 次。

8.4　监测项目及监测方法（见表 5）

表 5　监测项目及监测方法

序号	监测项目	执行标准
1	pH	GB/T 6920
2	色度	GB/T 11903
3	总悬浮物	GB/T 11901
4	总磷	GB/T 11893
5	总氮	GB/T 11894
6	铵	GB/T 7478
7	挥发酚	GB/T 7490
8	硫酸盐	GB/T 11899
9	五日生化需氧量	GB/T 7488
10	化学需氧量	GB/T 11914
11	总硬度	GB/T 7477
12	细菌总数	GB/T 5750
13	大肠菌群	GB/T 5750

序号	监测项目	执行标准
14	铬	GB/T 7466
15	砷	GB/T 7485
16	汞	GB/T 7468
17	铅	GB/T 7470
18	镉	GB/T 7471

9 填埋物的物理性质监测

9.1 垃圾成分测定（见表6）

表6 垃圾成分测定

类别	有机物		无机物		可回收物						其他
	动物	植物	灰土	砖瓦陶瓷	纸类	塑料橡胶	纺织物	玻璃	金属	木竹	

9.2 垃圾容重测定

测定方法按照 CJ/T 3039 城市生活垃圾采样和物理分析方法中规定执行。

10 苍蝇密度监测

10.1 监测点的布设

填埋场内监测点总数不应少于 10 个，依据填埋作业区的特征确定位置，宜每隔 30m～50m 设一点，每个监测点上放置诱蝇笼诱取苍蝇。

10.2 监测方法

苍蝇密度监测应在晴天时进行。采样方法是日出时将装好诱饵的诱蝇笼放在采样点上诱蝇，日落时收笼，并用杀虫剂杀灭活蝇，计数，分类。

10.3 监测频率

根据气候特征，在苍蝇活跃季节每月测 2 次。

10.4 苍蝇密度测定

将采集的苍蝇以每笼计数，单位：只/（笼·日）。

附录 10   生活垃圾卫生填埋技术规范
（ CJJ 17—2004 ）

1 总则

1.0.1 依据《中华人民共和国固体废物污染环境防治法》，为贯彻国家有关城市生活垃圾处理的技术政策和法规，保证卫生填埋工程质量，做到技术可靠、经济合理、安全卫生、防止污染，填埋气体尽可能收集利用，制定本规范。

1.0.2 本规范适用于新建、改建、扩建的城市生活垃圾卫生填埋处理工程的选址、设计、施工、验收及作业管理。

1.0.3 生活垃圾卫生填埋处理工程应不断总结设计与运行经验，在汲取国内外先进技术及科研成果的基础上，经充分论证，可采用技术成熟、经济合理的新工艺、新技术、新材料和新设备，提高生活垃圾卫生填埋处理技术的水平。

1.0.4 生活垃圾卫生填埋处理工程除应符合本规范规定外，尚应符合国家现行有关强制性标准的规定。

2 术语

2.0.1 填埋库区 compartment
填埋场中用于填埋垃圾的区域。

2.0.2 垃圾坝 retaining wall
建在垃圾填埋库区汇水上下游或周边，由黏土、块石等建筑材料筑成，起到阻挡垃圾形成填埋场初始库容的堤坝。

2.0.3 人工合成衬里 artificial liners
利用人工合成材料铺设的防渗层衬里，如高密度聚乙烯土工膜等。采用一层人工合成衬里铺设的防渗系统为单层衬里；采用二层人工合成衬里铺设的防渗系统为双层衬里。

2.0.4 复合衬里 composite liners
采用两种或两种以上防渗材料复合铺设的防渗系统。

2.0.5 盲沟 leachate trench
位于填埋库区底部或填埋体中，采用高过滤性能材料导排渗滤液的暗渠（管）。

2.0.6 集液井（池）leachate collection well
在填埋场修筑的用于汇集渗滤液，并可自流或用提升泵将渗滤液排出的构筑物。

2.0.7 调节池 equalization basin
在污水处理系统前设置的具有均化、调蓄功能或兼有污水预处理功能的构筑物。

2.0.8 填埋气体 landfill gas
填埋体中有机垃圾分解产生的气体，主要成分为甲烷和二氧化碳。

2.0.9 填埋单元 landfill cell
按单位时间或单位作业区域划分的垃圾和覆盖材料组成的填埋体。

2.0.10 覆盖 cover
采用不同的材料铺设于垃圾层上的实施过程，根据覆盖的要求和作用的不同分为日覆盖、中间覆盖、最终覆盖。

2.0.11 填埋场封场 closure of landfill
填埋作业至设计终场标高或填埋场停止使用后，用不同功能材料进行覆盖的过程。

3 填埋物

3.0.1 填埋物应是下列生活垃圾：
1 居民生活垃圾；
2 商业垃圾；
3 集市贸易市场垃圾；
4 街道清扫垃圾；
5 公共场所垃圾；
6 机关、学校、厂矿等单位的生活垃圾。

3.0.2 填埋物中严禁混入危险废物和放射性废物。

3.0.3 填埋物应按重量吨位进行计量、统计与校核。

3.0.4 填埋物含水量、有机成分、外形尺寸应符合具体填埋工艺设计的要求。

4 填埋场选址

4.0.1 填埋场选址应先进行下列基础资料的收集：

1 城市总体规划，区域环境规划，城市环境卫生专业规划及相关规划；

2 土地利用价值及征地费用，场址周围人群居住情况与公众反应，填埋气体利用的可能性；

3 地形、地貌及相关地形图，土石料条件；

4 工程地质与水文地质；

5 洪泛周期（年）、降水量、蒸发量、夏季主导风向及风速、基本风压值；

6 道路、交通运输、给排水及供电条件；

7 拟填埋处理的垃圾量和性质，服务范围和垃圾收集运输情况；

8 城市污水处理现状及规划资料；

9 城市电力和燃气现状及规划资料。

4.0.2 填埋场不应设在下列地区：

1 地下水集中供水水源地及补给区；

2 洪泛区和泄洪道；

3 填埋库区与污水处理区边界距居民居住区或人畜供水点500m以内的地区；

4 填埋库区与污水处理区边界距河流和湖泊50m以内的地区；

5 填埋库区与污水处理区边界距民用机场3km以内的地区；

6 活动的坍塌地带，尚未开采的地下蕴矿区、灰岩坑及溶岩洞区；

7 珍贵动植物保护区和国家、地方自然保护区；

8 公园，风景、游览区，文物古迹区，考古学、历史学、生物学研究考察区；

9 军事要地、基地，军工基地和国家保密地区。

4.0.3 填埋场选址应符合现行国家标准《生活垃圾填埋污染控制标准》（GB 16889）和相关标准的规定，并应符合下列要求：

1 当地城市总体规划、区域环境规划及城市环境卫生专业规划等专业规划要求；

2 与当地的大气防护、水土资源保护、大自然保护及生态平衡要求相一致；

3 库容应保证填埋场使用年限在10年以上，特殊情况下不应低于8年；

4 交通方便，运距合理；

5 人口密度、土地利用价值及征地费用均较低；

6 位于地下水贫乏地区、环境保护目标区域的地下水流向下游地区及夏季主导风向下风向；

7 选址应由建设项目所在地的建设、规划、环保、环卫、国土资源、水利、卫生监督等有关部门和专业设计单位的有关专业技术人员参加。

4.0.4 填埋场选址应按下列顺序进行：

1 场址候选

在全面调查与分析的基础上，初定3个或3个以上候选场址。

2 场址预选

通过对候选场址进行踏勘，对场地的地形、地貌、植被、地质、水文、气象、供电、给排水、覆盖土源、交通运输及场址周围人群居住情况等进行对比分析，推荐2个或2个以上预选场址。

3 场址确定

对预选场址方案进行技术、经济、社会及环境比较，推荐拟定场址。对拟定场址进行地形测量、初步勘察和初步工艺方案设计，完成选址报告或可行性研究报告，通过审查确定场址。

5 填埋场总体布置

5.0.1 填埋库区的占地面积宜为总面积的 70%～90%，不得小于 60%。填埋场宜根据填埋场处理规模和建设条件做出分期和分区建设的安排和规划。

5.0.2 填埋场类型应根据场址地形分为山谷型、平原型、坡地型。总体布置应按填埋场类型，结合工艺要求、气象和地质条件等因素经过技术经济比较确定。总平面应工艺合理，按功能分区布置，便于施工和作业；竖向设计应结合原有地形，便于雨污水导排，并使土石方尽量平衡，减少外运或外购土石方。

5.0.3 填埋场总图中的主体设施布置内容应包括：计量设施，基础处理与防渗系统，地表水及地下水导排系统，场区道路，垃圾坝，渗滤液导流系统，渗滤液处理系统，填埋气体导排及处理系统，封场工程及监测设施等。

5.0.4 填埋场配套工程及辅助设施和设备应包括：进场道路，备料场，供配电，给排水设施，生活和管理设施，设备维修、消防和安全卫生设施，车辆冲洗、通信、监控等附属设施或设备。填埋场宜设置环境监测室、停车场，并宜设置应急设施（包括垃圾临时存放、紧急照明等设施）。

5.0.5 生活和管理设施宜集中布置并处于夏季主导风向的上风向，与填埋库区之间宜设绿化隔离带。生活、管理及其他附属建（构）筑物的组成及其面积，应根据填埋场的规模、工艺等条件确定。

5.0.6 场内道路应根据其功能要求分为永久性道路和临时性道路进行布局。永久性道路应按现行国家标准《厂矿道路设计规范》（GBJ 22）露天矿山道路三级或三级以上标准设计；临时性道路及作业平台宜采用中级或低级路面，并宜有防滑、防陷设施。场内道路应满足全天候使用。

5.0.7 填埋场地表水导排系统应考虑填埋分区的未作业区和已封场区的汇水直接排放，截洪沟、溢洪道、排水沟、导流渠、导流坝、垃圾坝等工程应满足雨污分流要求。填埋场防洪应符合表 5.0.7 的规定，并不得低于当地的防洪标准。

表 5.0.7 防洪要求

填埋场建设规模总容量 /(10⁴m³)	防洪标准(重现期：年)	
	设 计	校 核
＞500	50	100
200～500	20	50

5.0.8 填埋场供电宜按三级负荷设计，建有独立污水处理厂时应采用二级负荷。填埋场应有供水设施。

5.0.9 垃圾坝及垃圾填埋体应进行安全稳定性分析。填埋库区周围应设安全防护设施及 8m 宽度的防火隔离带，填埋作业区宜设防飞散设施。

5.0.10 填埋场永久性道路、辅助生产及生活管理和防火隔离带外均宜设置绿化带。填埋场封场覆盖后应进行生态恢复。

6 填埋场地基与防渗

6.0.1 填埋场必须进行防渗处理，防止对地下水和地表水的污染，同时还应防止地下水进入填埋区。

6.0.2 天然黏土类衬里及改性黏土类衬里的渗透系数不应大于 1.0×10^{-7} cm/s，且场底及四壁衬里厚度不应小于 2m。

6.0.3 在填埋库区底部及四壁铺设高密度聚乙烯（HDPE）土工膜作为防渗衬里时，膜厚度不应小于 1.5mm，并应符合填埋场防渗的材料性能和现行国家相关标准的要求。

6.0.4 人工防渗系统应符合下列要求：

1 人工合成衬里的防渗系统应采用复合衬里防渗系统，位于地下水贫乏地区的防渗系统也可采用单层衬里防渗系统，在特殊地质和环境要求非常高的地区，库区底部应采用双层衬里防渗系统。

2 复合衬里应按下列结构铺设：

(1) 库区底部复合衬里结构（图 6.0.4-1）。基础，地下水导流层，厚度应大于 30cm；膜下防渗保护层，黏土厚度应大于 100cm，渗透系数不应大于 1.0×10^{-7} cm/s；HDPE 土工膜；膜上保护层；渗滤液导流层，厚度应大于或等于 30cm；土工织物层。

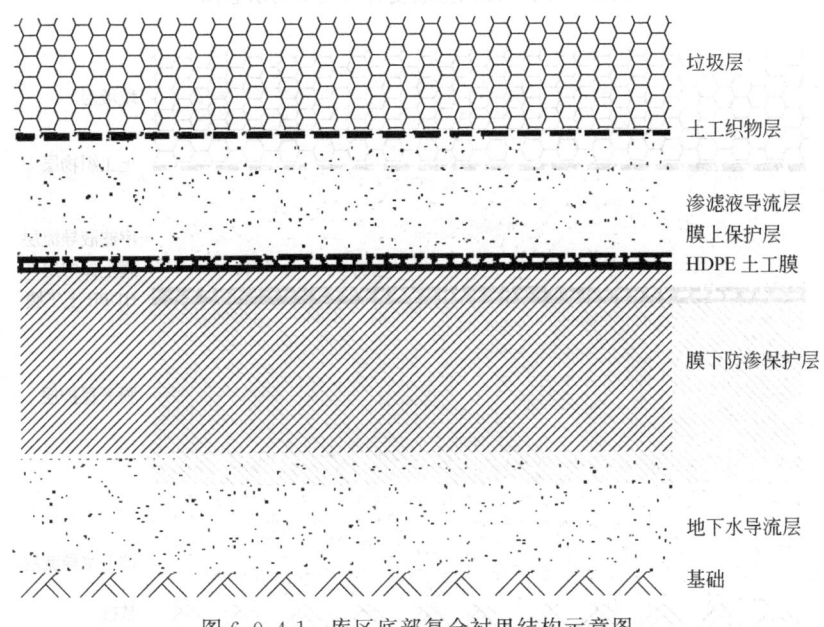

图 6.0.4-1 库区底部复合衬里结构示意图

(2) 库区边坡复合衬里结构（图 6.0.4-2）。基础，地下水导流层，厚度应大于 30cm；膜下防渗保护层，黏土厚度应大于 75cm，渗透系数不应大于 1.0×10^{-7} cm/s；HDPE 土工膜；膜上保护层；渗滤液导流与缓冲层。

3 单层衬里应按下列结构铺设：

(1) 库区底部单层衬里结构（图 6.0.4-3）。基础，地下水导流层，厚度应大于 30cm；膜下保护层，黏土厚度应大于 100cm，渗透系数不应大于 1.0×10^{-5} cm/s；HDPE 土工膜；膜上保护层；渗滤液导流层，厚度应大于 30cm；土工织物层。

(2) 库区边坡单层衬里结构（图 6.0.4-4）。基础，地下水导流层，厚度应大于 30cm；膜下保护层，黏土厚度应大于 75cm，渗透系数不应大于 1.0×10^{-5} cm/s；HDPE 土工膜；

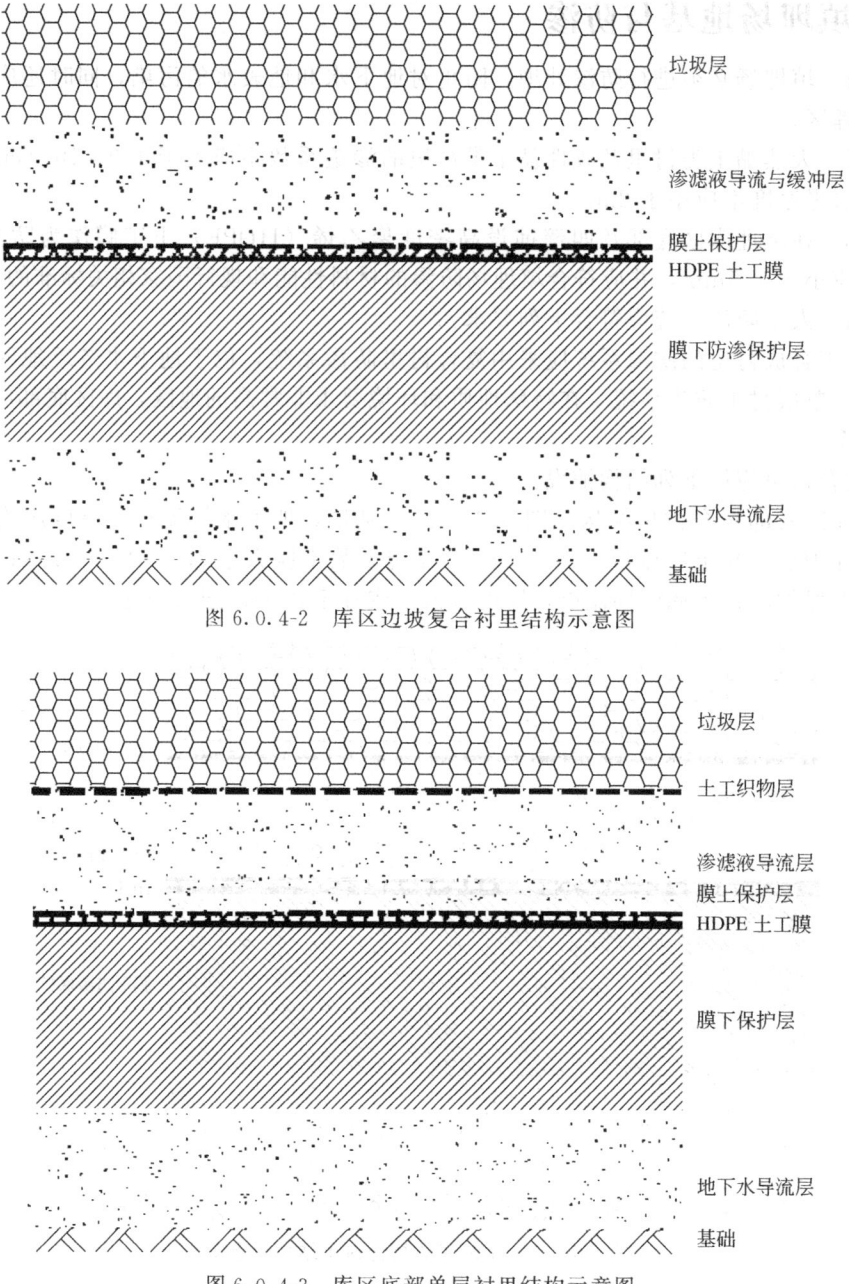

图 6.0.4-2 库区边坡复合衬里结构示意图

图 6.0.4-3 库区底部单层衬里结构示意图

膜上保护层;渗滤液导流与缓冲层。

    4 库区底部双层衬里应按下列结构铺设(图 6.0.4-5)。基础,地下水导流层,厚度应大于 30cm;膜下保护层,黏土厚度应大于 100cm,渗透系数不应大于 1.0×10^{-5} cm/s;HDPE 土工膜;膜上保护层;渗滤液导流(检测)层,厚度应大于 30cm;膜下保护层;HDPE 土工膜;膜上保护层;渗滤液导流层厚度应大于 30cm;土工织物层。

    5 特殊情况下可采用钠基膨润土垫替代膜下防渗保护层。

    6.0.5 人工防渗材料施工应符合下列要求:

    1 铺设 HDPE 土工膜应焊接牢固,达到强度和防渗漏要求,局部不应产生下沉拉断现

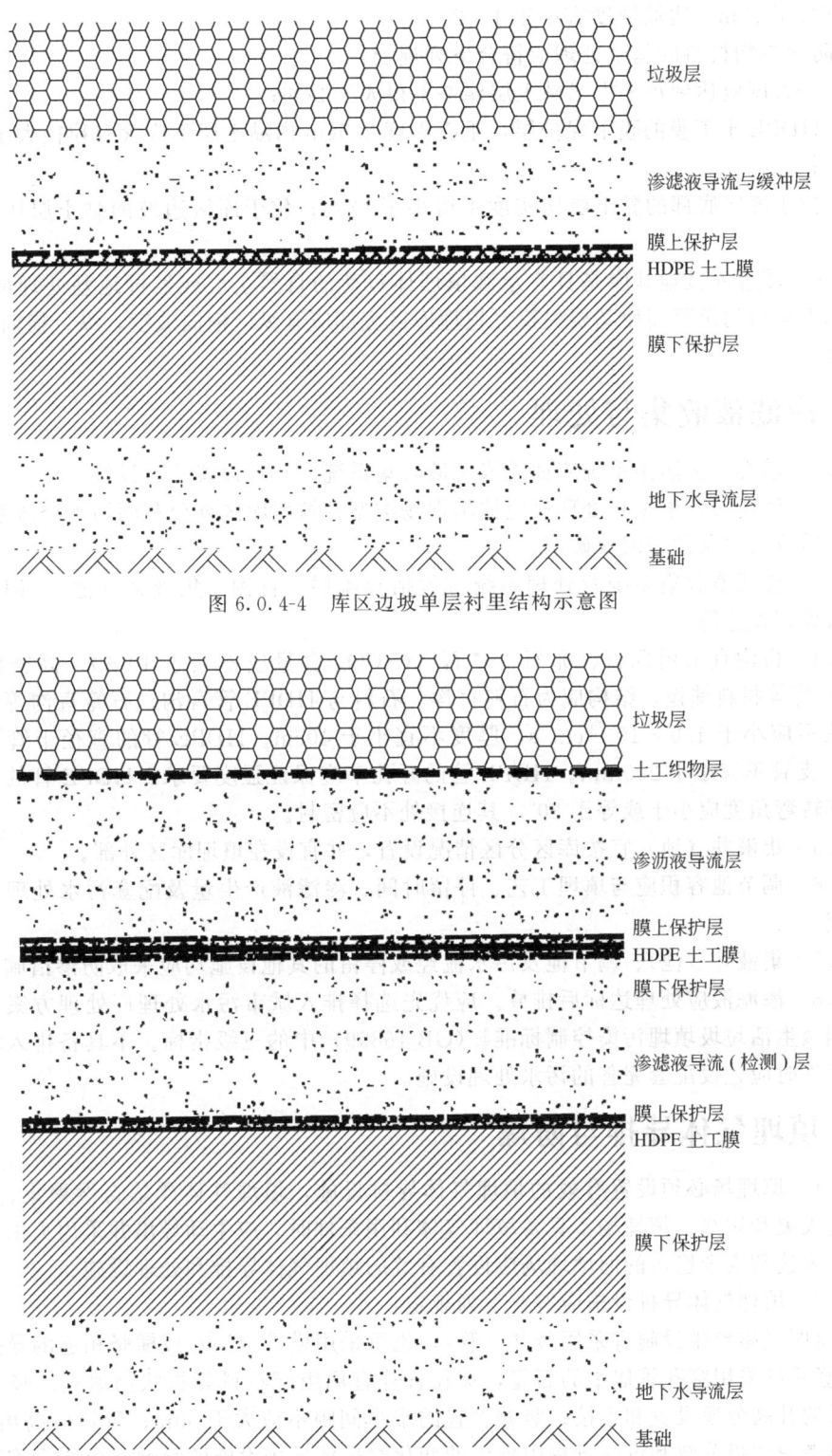

图 6.0.4-4　库区边坡单层衬里结构示意图

图 6.0.4-5　库区底部双层衬里结构示意图

象。土工膜的焊（粘）接处应通过试验检验。

2　在垂直高差较大的边坡铺设土工膜时，应设锚固平台，平台高差应结合实际地形确定，不宜大于10m。边坡坡度宜小于1:2。

3 防渗结构材料的基础处理应符合下列规定：

(1) 平整度应达到每平方米黏土层误差不得大于2cm；

(2) HDPE土工膜的膜下保护层，垂直深度2.5cm内黏土层不应含有粒径大于5mm的尖锐物料；

(3) 位于库区底部的黏土层压实度不得小于93%；位于库区边坡的黏土层压实度不得小于90%。

6.0.6 填埋库区地基应是具有承载填埋体负荷的自然土层或经过地基处理的平稳层，不应因填埋垃圾的沉降而使基层失稳。填埋库区底部应有纵、横向坡度，纵、横向坡度均宜不小于2%。

7 渗滤液收集与处理

7.0.1 填埋库区防渗系统应铺设渗滤液收集系统，并宜设置疏通设施。

7.0.2 渗滤液产生量和处理量应按填埋场类型、填埋库区划分和雨污水分流系统情况、填埋物性质及气象条件等因素确定。

7.0.3 渗滤液收集系统及处理系统应包括导流层、盲沟、集液井（池）、调节池、泵房、污水处理设施等。

7.0.4 盲沟宜采用砾石、卵石、碴石（$CaCO_3$含量应不大于10%）、高密度聚乙烯（HDPE）管等材料铺设，结构应为石料盲沟、石料与HDPE管盲沟、石笼盲沟等。石料的渗透系数不应小于1.0×10^{-3}cm/s，厚度不宜小于40cm。HDPE管的直径干管不应小于250mm，支管不应小于200mm。HDPE管的开孔率应保证强度要求。HDPE管的布置宜呈直线，其转弯角度应小于或等于20°，其连接处不应密封。

7.0.5 集液井（池）宜按库区分区情况设置，并宜设在填埋库区外部。

7.0.6 调节池容积应与填埋工艺、停留时间、渗滤液产生量及配套污水处理设施规模等相匹配。

7.0.7 集液井（池）、调节池及污水流经或停留的其他设施均应采取防渗措施。

7.0.8 渗滤液应处理达标后排放。应优先选择排入城市污水处理厂处理方案，排放标准应达到《生活垃圾填埋污染控制标准》（GB 16899）中的三级指标。不具备排入城市污水处理厂条件时应建设配套完善的污水处理设施。

8 填埋气体导排与防爆

8.0.1 填埋场必须设置有效的填埋气体导排设施，填埋气体严禁自然聚集、迁移等，防止引起火灾和爆炸。填埋场不具备填埋气体利用条件时，应主动导出并采用火炬法集中燃烧处理。未达到安全稳定的旧填埋场应设置有效的填埋气体导排和处理设施。

8.0.2 填埋气体导排设施应符合下列规定：

1 填埋气体导排设施宜采用竖井（管），也可采用横管（沟）或横竖相连的导排设施。

2 竖井可采用穿孔管居中的石笼，穿孔管外宜用级配石料等粒状物填充。竖井宜按填埋作业层的升高分段设置和连接；竖井设置的水平间距不应大于50m；管口应高出场地1m以上。应考虑垃圾分解和沉降过程中堆体的变化对气体导排设施的影响，严禁设施阻塞、断裂而失去导排功能。

3 填埋深度大于20m采用主动导气时，宜设置横管。

4 有条件进行填埋气体回收利用时，宜设置填埋气体利用设施。

8.0.3 填埋库区除应按生产的火灾危险性分类中戊类防火区采取防火措施外，还应在填埋场设消防贮水池，配备洒水车，储备干粉灭火剂和灭火沙土。应配置填埋气体监测及安全报警仪器。

8.0.4 填埋库区防火隔离带应符合本规范 5.0.9 条的要求。

8.0.5 填埋场达到稳定安全期前的填埋库区及防火隔离带范围内严禁设置封闭式建（构）筑物，严禁堆放易燃、易爆物品，严禁将火种带入填埋库区。

8.0.6 填埋场上方甲烷气体含量必须小于 5%；建（构）筑物内，甲烷气体含量严禁超过 1.25%。

8.0.7 进入填埋作业区的车辆、设备应保持良好的机械性能，应避免产生火花。

8.0.8 填埋场应防止填埋气体在局部聚集。填埋库区底部及边坡的土层 10m 深范围内的裂隙、溶洞及其他腔型结构均应予以充填密实。填埋体中不均匀沉降造成的裂隙应及时予以充填密实。

8.0.9 对填埋物中的可能造成腔型结构的大件垃圾应进行破碎。

9 填埋作业与管理

9.1 填埋作业准备

9.1.1 填埋场作业人员应经过技术培训和安全教育，熟悉填埋作业要求及填埋气体安全知识。运行管理人员应熟悉填埋作业工艺、技术指标及填埋气体的安全管理。

9.1.2 填埋作业规程应制定完备，并应制定填埋气体引起火灾和爆炸等意外事件的应急预案。

9.1.3 应根据地形制定分区分单元填埋作业计划，分区应采取有利于雨污分流的措施。

9.1.4 填埋作业分区的工程设施和满足作业的其他主体工程、配套工程及辅助设施，应按设计要求完成施工。

9.1.5 填埋作业应保证全天候运行，宜在填埋作业区设置雨季卸车平台，并应准备充足的垫层材料。

9.1.6 装载、挖掘、运输、摊铺、压实、覆盖等作业设备，应按填埋日处理规模和作业工艺设计要求配置。在大件垃圾较多的情况下，宜设置破碎设备。

9.2 填埋作业

9.2.1 填埋物进入填埋场必须进行检查和计量。垃圾运输车辆离开填埋场前宜冲洗轮胎和底盘。

9.2.2 填埋应采用单元、分层作业，填埋单元作业工序应为卸车、分层摊铺、压实，达到规定高度后应进行覆盖、再压实。

9.2.3 每层垃圾摊铺厚度应根据填埋作业设备的压实性能、压实次数及垃圾的可压缩性确定，厚度不宜超过 60cm，且宜从作业单元的边坡底部到顶部摊铺；垃圾压实密度应大于 600kg/m³。

9.2.4 每一单元的垃圾高度宜为 2~4m，最高不得超过 6m。单元作业宽度按填埋作业设备的宽度及高峰期同时进行作业的车辆数确定，最小宽度不宜小于 6m。单元的坡度不宜大于 1:3。

9.2.5 每一单元作业完成后，应进行覆盖，覆盖层厚度宜根据覆盖材料确定，土覆盖层厚度宜为 20~25cm；每一作业区完成阶段性高度后，暂时不在其上继续进行填埋时，应进行中间覆盖，覆盖层厚度宜根据覆盖材料确定，土覆盖层厚度宜大于 30cm。

9.2.6 填埋场填埋作业达到设计标高后，应及时进行封场和生态环境恢复。

9.3 填埋场管理

9.3.1 填埋场应按建设、运行、封场、跟踪监测、场地再利用等程序进行管理。

9.3.2 填埋场建设的有关文件资料，应按《中华人民共和国档案法》的规定进行整理与保管。

9.3.3 在日常运行中应记录进场垃圾运输车辆数量、垃圾量、渗滤液产生量、材料消耗等，记录积累的技术资料应完整，统一归档保管，填埋作业管理宜采用计算机网络管理。填埋场的计量应达到国家三级计量认证。

9.3.4 填埋场封场和场地再利用管理应符合本规范第 10 章的有关规定。

9.3.5 填埋场跟踪监测管理应符合本规范第 11 章的有关规定。

10 填埋场封场

10.0.1 填埋场封场设计应考虑地表水径流、排水防渗、填埋气体的收集、植被类型、填埋场的稳定性及土地利用等因素。

10.0.2 填埋场最终覆盖系统应符合下列规定：

1 黏土覆盖结构（图 10.0.2-1）：排气层应采用粗粒或多孔材料，厚度应大于或等于 30cm；防渗黏土层的渗透系数不应大于 1.0×10^{-7} cm/s，厚度应为 20～30cm；排水层宜采用粗粒或多孔材料，厚度应为 20～30cm，应与填埋库区四周的排水沟相连；植被层应采用营养土，厚度应根据种植植物的根系深浅确定，厚度不应小于 15cm。

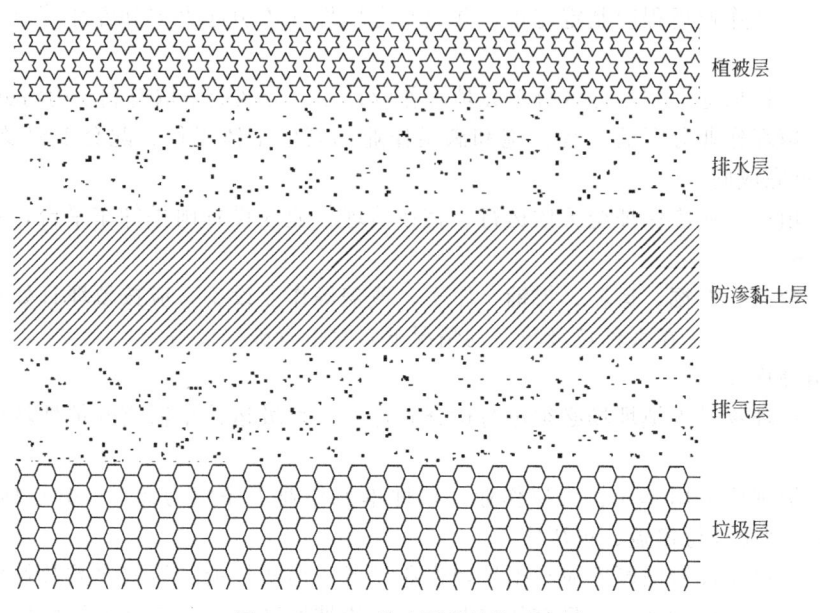

图 10.0.2-1 黏土覆盖结构示意图

2 人工材料覆盖结构（图 10.0.2-2）：排气层应采用粗粒或多孔材料，厚度大于 30cm；膜下保护层的黏土厚度宜为 20～30cm；HDPE 土工膜，厚度不应小于 1mm；膜上保护层、排水层宜采用粗粒或多孔材料，厚度宜为 20～30cm；植被层应采用营养土，厚度应根据种植植物的根系深浅确定。

10.0.3 填埋场封场顶面坡度不应小于 5%。边坡大于 10% 时宜采用多级台阶进行封场，台阶间边坡坡度不宜大于 1∶3，台阶宽度不宜小于 2m。

10.0.4 填埋场封场后应继续进行填埋气体、渗滤液处理及环境与安全监测等运行管

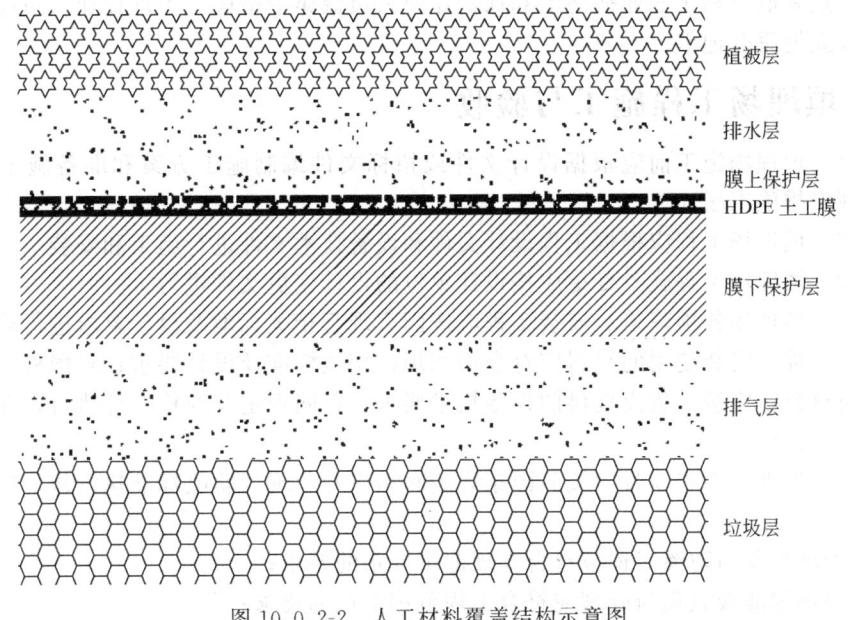

植被层

排水层

膜上保护层
HDPE 土工膜

膜下保护层

排气层

垃圾层

图 10.0.2-2　人工材料覆盖结构示意图

理，直至填埋堆体稳定。

10.0.5　填埋场封场后的土地使用必须符合下列规定：

1　填埋作业达到设计封场条件要求时，确需关闭的，必须经所在地县级以上地方人民政府环境保护、环境卫生行政主管部门鉴定、核准；

2　填埋堆体达到稳定安全期后方可进行土地使用，使用前必须做出场地鉴定和使用规划；

3　未经环卫、岩土、环保专业技术鉴定之前，填埋场地严禁作为永久性建（构）筑物用地。

11　环境保护与劳动卫生

11.0.1　填埋场环境影响评价及环境污染防治应符合下列规定：

1　填埋场工程建设项目在进行可行性研究的同时，必须对建设项目的环境影响做出评价；

2　填埋场工程建设项目的环境污染防治设施，必须与主体工程同时设计、同时施工、同时投产使用。

11.0.2　填埋场应设置地下水本底监测井、污染扩散监测井、污染监测井。填埋场应进行水、气、土壤及噪声的本底监测及作业监测，封场后应进行跟踪监测直至填埋体稳定。监测井和采样点的布设、监测项目、频率及分析方法应按现行国家标准《生活垃圾填埋污染控制标准》（GB 16889）和《生活垃圾填埋场环境监测技术要求》（GB/T18772）执行。

11.0.3　填埋场环境污染控制指标应符合现行国家标准《生活垃圾填埋污染控制标准》（GB 16889）的要求。

11.0.4　填埋场使用杀虫灭鼠药剂应避免二次污染。作业场所宜洒水降尘。

11.0.5　填埋场应设道路行车指示、安全标识、防火防爆及环境卫生设施设置标志。

11.0.6　填埋场的劳动卫生应按照《中华人民共和国职业病防治法》、《工业企业设计卫生标准》（GBZ 1）、《生产过程安全卫生要求总则》（GB 12801）的有关规定执行，并应结合填埋作业特点采取有利于职业病防治和保护作业人员健康的措施。填埋作业人员应每年体检一次，并建立健康登记卡。

12 填埋场工程施工与验收

12.0.1 填埋场施工前应根据设计文件或招标文件编制施工方案和准备施工设备及设施，并合理安排施工场地。

12.0.2 填埋场工程应根据工程设计文件和设备技术文件进行施工和安装。

12.0.3 填埋场工程施工变更应按设计单位的设计变更文件进行。

12.0.4 填埋场各项建筑、安装工程应按国家现行相关标准及设计要求进行施工。

12.0.5 施工安装使用的材料应符合国家现行相关标准及设计要求；对国外引进的专用填埋设备与材料，应按供货商提供的设备技术要求、合同规定及商检文件执行，并应符合国家现行标准的相应要求。

12.0.6 填埋场工程验收应按照国家规定和相应专业现行验收标准执行外，还应符合下列要求：

1 填埋场地基与防渗工程应符合本规范第 6 章的要求；

2 填埋场渗滤液收集与处理应符合本规范第 7 章的要求；

3 填埋场气体导排与防爆应符合本规范第 8 章的要求；

4 填埋场封场应符合本规范第 10 章的要求。

本规范用词说明

1 为便于在执行本规范条文时区别对待，对于要求严格程度不同的用词说明如下：

1）表示很严格，非这样做不可的：

正面词采用"必须"；反面词采用"严禁"。

2）表示严格，在正常情况下均应这样做的：

正面词采用"应"；反面词采用"不应"或"不得"。

3）表示允许稍有选择，在条件许可时首先应这样做的采用"宜"；

表示有选择，在一定条件下可以这样做的，采用"可"。

2 条文中指明应按其他有关标准执行的写法为"应符合……的规定（或要求）"或"应按……执行"。

附录 11 生活垃圾焚烧处理工程技术规范（CJJ 90—2009）

1 总则

1.0.1 为贯彻、落实科学发展观、《中华人民共和国固体废物污染环境防治法》和国家有关生活垃圾（以下简称"垃圾"）处理法规，实现生活垃圾处理的无害化、减量化、资源化目标，规范生活垃圾焚烧处理工程规划、设计、施工、验收和运行管理，制定本《生活垃圾焚烧处理工程技术规范》。

1.0.2 本规范适用于以焚烧方法处理生活垃圾的新建和改扩建工程。

1.0.3 垃圾焚烧工程规模的确定和工艺技术路线的选择，应根据城市社会经济发展、城市总体规划、环境卫生专业规划、垃圾产生量与特性、环境保护要求以及焚烧技术的适用性等方面合理确定。

1.0.4　垃圾焚烧工程建设，应采用先进、成熟、可靠的技术和设备，做到焚烧工艺技术先进、运行可靠、控制污染、安全卫生、节约用地、维修方便、经济合理、管理科学。垃圾焚烧产生的热能应充分加以利用。

1.0.5　垃圾焚烧工程建设，除应遵守本《规范》外，尚应符合国家现行的有关强制性标准的规定。

2　术语

2.0.1　垃圾焚烧炉（焚烧炉）waste incinerator
利用高温氧化方法处理垃圾的设备。

2.0.2　垃圾焚烧余热锅炉（余热锅炉）waste incineration boiler
利用垃圾燃烧释放的热能，将水或其他工质加热到一定温度和压力的换热设备。目前用于垃圾焚烧发电厂的余热锅炉多为中温中压蒸汽锅炉。

2.0.3　垃圾低位热值（低位热值）low heat value（LHV）
是指单位质量垃圾完全燃烧时，当燃烧产物回复到反应前垃圾所处温度、压力状态，并扣除其中水分汽化吸热后，放出的热量。

2.0.4　设计垃圾低位热值（设计低位热值）low heat value for design
在设计时，为确定焚烧炉的额定处理能力所采用的垃圾低位热值计算值。

2.0.5　最大连续蒸发量 maximum continuous rating（MCR）
余热锅炉在额定蒸汽压力、额定蒸汽温度、额定给水温度和使用设计燃料条件下长期连续运行时所能达到的最大蒸发量。

2.0.6　额定垃圾处理量 rated waste treatment capacity
在额定工况下，焚烧炉的垃圾焚烧量。

2.0.7　焚烧炉上限垃圾低位热值 upper limit LHV of waste
能够使焚烧炉正常运行的最大垃圾低位热值。

2.0.8　焚烧炉下限垃圾低位热值 lower limit LHV of waste for incinerator
能够使焚烧炉正常运行的最小垃圾低位热值。

2.0.9　焚烧炉上限垃圾处理量 upper limit waste treatment capacity for incinerator
确保垃圾焚烧处理各项要求的前提下，焚烧炉能够达到的最大垃圾处理量。

2.0.10　焚烧炉下限垃圾处理量 lower limit waste treatment capacity for incinerator
确保垃圾焚烧处理各项要求的前提下，焚烧炉能够正常运行的最小垃圾处理量。

2.0.11　炉膛 combustion chamber
垃圾焚烧炉中的燃烧空间。

2.0.12　二次燃烧室 reburning chamber
使燃烧气体进一步燃烬而设置的燃烧空间。即垃圾焚烧炉内自二次空气供入点所在的断面至余热锅炉第一通道入口断面的空间。

2.0.13　炉排热负荷 grate heat release rate
单位炉排面积、单位时间内的垃圾焚烧释热量。

2.0.14　炉排机械负荷 mass load of grate
单位炉排面积、单位时间内的垃圾焚烧量。

2.0.15　炉膛容积热负荷 combustion chamber volume heat release rate
单位炉膛容积、单位时间内的垃圾焚烧释热量。

2.0.16　连续焚烧方式 continuous incineration

通过送料器连续供料，将垃圾不断投入垃圾焚烧炉内进行焚烧的作业方式。

2.0.17　焚烧线 incineration line

为完成对垃圾的焚烧处理而配置的焚烧、热交换、烟气净化、排渣出渣、飞灰收集输送、自动控制等全部设备和设施的总称。

2.0.18　炉渣 slag

垃圾焚烧过程中，从排渣口排出的残渣。

2.0.19　锅炉灰 boiler ash

从余热锅炉下部排出的固态物质。

2.0.20　飞灰 fly ash

从烟气净化系统排出的固态物质。

2.0.21　漏渣 fall slag

从焚烧炉炉排间隙漏下的固态物质。

2.0.22　残渣 residua（ash and slag）

在垃圾焚烧过程中产生的炉渣、漏渣、锅炉灰和飞灰的总称。

2.0.23　飞灰稳定化 fly ash stabilify

使飞灰转化为非危险废物的处理过程。

2.0.24　余热锅炉热效率 thermal efficiency of waste incineration boiler

余热锅炉输出的热量与输入的总热量之比。

2.0.25　炉渣热灼减率 loss of ignition

焚烧垃圾产生的炉渣在（600±25）℃下保持 3h，经冷却至室温后减少的质量占在室温条件下干燥后的原始炉渣质量的百分比。

2.0.26　烟气净化系统 flue gas cleaning system

对烟气进行净化处理所采用的各种处理设施组成的系统。

2.0.27　二噁英类 dioxins

多氯代二苯并-对-二噁英（PCDDS）、多氯代二苯并呋喃（PCDFS）等化学物质的总称。

3　垃圾处理量与特性分析

3.1　垃圾处理量

3.1.1　垃圾处理量应按实际重量统计与核定。

3.1.2　垃圾处理量的计量和统计应按进厂量和入炉量分别进行。

3.2　垃圾特性分析

3.2.1　垃圾特性分析应包括下列内容：

（1）物理性质：物理组成、容重、粒度；

（2）工业分析：固定碳、灰分、挥发分、水分、灰熔点、低位热值；

（3）元素分析和有害物质含量。

3.2.2　垃圾物理组成分析应由下列项目构成：

（1）有机物：厨余、纸类、竹木、橡（胶）塑（料）、纺织物；

（2）无机物：玻璃、金属、砖瓦渣土；

（3）含水率；

（4）其他。

3.2.3　垃圾采样应具有代表性，特性分析结果应具有真实性。

3.2.4 垃圾采样和特性分析，应符合现行行业标准《城市生活垃圾采样和物理分析方法》(CJ/T 3039) 中的有关规定。

3.2.5 垃圾元素分析与测定，应符合下列要求：

(1) 垃圾元素分析至少包括：碳（C）、氢（H）、氧（O）、氮（N）、硫（S）、灰分、水分、氯（Cl）、氟（F）。

(2) 垃圾元素测定的样品粒度应小于 0.2mm。

3.2.6 垃圾元素分析可采用经典法或仪器法测定。采用经典法测定垃圾元素成分值时，可按煤的元素分析方法进行，并应符合现行国家标准中的有关规定；采用仪器法测定元素分析成分值时，应按各类仪器的使用要求确定样品量。

4 垃圾焚烧厂总体设计

4.1 垃圾焚烧厂规模

4.1.1 垃圾焚烧厂应包括：接收、储存与进料系统、焚烧系统、烟气净化系统、垃圾热能利用系统、灰渣处理系统、仪表及自动化控制系统、电气系统、消防、给排水及污水处理系统、物流输送及计量系统，以及启停炉辅助燃烧系统、压缩空气系统和化验、维修等其他辅助系统。

4.1.2 垃圾焚烧厂的处理规模应根据城市环境卫生专业规划或垃圾处理设施规划、该厂服务区范围的垃圾产生量预测、经济性、技术可行性和可靠性等因素确定。

4.1.3 焚烧线数量和单条焚烧线规模应根据焚烧厂处理规模、所选炉型的技术成熟度等因素确定，宜设置 2～4 条焚烧线。

4.1.4 垃圾焚烧厂的规模宜按下列规定分类：

(1) 特大类垃圾焚烧厂：全厂总焚烧能力 2000 t/d 以上；

(2) Ⅰ类垃圾焚烧厂：全厂总焚烧能力介于 1200～2000 t/d（含 1200 t/d）；

(3) Ⅱ类垃圾焚烧厂：全厂总焚烧能力介于 600～1200 t/d（含 600 t/d）；

(4) Ⅲ类垃圾焚烧厂：全厂总焚烧能力介于 150～600 t/d（含 150 t/d）。

4.2 厂址选择

4.2.1 厂址选择应符合城乡总体规划和环境卫生专业规划要求，并应通过环境影响评价的认定。

4.2.2 厂址选择应综合考虑垃圾焚烧厂的服务区域、服务区的垃圾转运能力、运输距离、预留发展等因素。

4.2.3 厂址应选择在生态资源、地面水系、机场、文化遗址、风景区等敏感目标少的区域。

4.2.4 厂址条件应符合下列要求：

(1) 厂址应满足工程建设的工程地质条件和水文地质条件，不应选在发震断层、滑坡、泥石流、沼泽、流砂及采矿陷落区等地区。

(2) 厂址不应受洪水、潮水或内涝的威胁；必须建在该地区时，应有可靠的防洪、排涝措施。其防洪标准应符合国家现行标准《防洪标准》(GB 50201) 的有关规定。

(3) 厂址与服务区之间应有良好的道路交通条件。

(4) 厂址选择时，应同时确定灰渣处理与处置的场所。

(5) 厂址应有满足生产、生活的供水水源和污水排放条件。

(6) 厂址附近应有必须的电力供应。对于利用垃圾焚烧热能发电的垃圾焚烧厂，其电能应易于接入地区电力网。

（7）对于利用垃圾焚烧热能供热的垃圾焚烧厂，厂址的选择应考虑热用户分布、供热管网的技术可行性和经济性等因素。

4.3 全厂总图设计

4.3.1 垃圾焚烧厂的全厂总图设计，应根据厂址所在地区的自然条件，结合生产、运输、环境保护、职业卫生与劳动安全、职工生活，以及电力、通信、热力、给水、排水、污水处理、防洪、排涝等设施环境，特别是垃圾热能利用条件，经多方案综合比较后确定。

4.3.2 焚烧厂的各项用地指标应符合现行《城市生活垃圾处理和给水与污水处理工程项目建设用地指标》的有关规定及当地土地、规划等行政主管部门的要求。

4.3.3 垃圾焚烧厂人流和物流的出、入口设置，应符合城市交通的有关要求，并应方便车辆的进出。人流、物流应分开，并应做到通畅。

4.3.4 垃圾焚烧厂应考虑必要的生活服务设施，并应考虑社会化服务的可能性，避免重复建设。

4.4 总平面布置

4.4.1 垃圾焚烧厂应以垃圾焚烧厂房为主体进行布置，其他各项设施应按垃圾处理流程及各组成部分的特点，结合地形、风向、用地条件，按功能分区合理布置，并应考虑厂区的立面和整体效果。

4.4.2 油库、油泵房的设置应符合现行国家标准《汽车加油加气站设计与施工规范》（GB 50156）中的有关规定。

4.4.3 燃气系统应符合现行国家标准《城镇燃气设计规范》（GB 50028）中的有关规定。

4.4.4 地磅房应设在垃圾焚烧厂内物流出入口处，并应有良好的通视条件，与出入口围墙的距离应大于一辆最长车的长度且宜为直通式。

4.4.5 总平面布置应有利于减少垃圾运输和处理过程中的恶臭、粉尘、噪声、污水等对周围环境的影响，防止各设施间的交叉污染。

4.4.6 厂区各种管线应合理布置、统筹安排，且应符合各专业管线技术规范的要求。

4.5 厂区道路

4.5.1 垃圾焚烧厂区道路的设置，应满足交通运输和消防的需求，并与厂区竖向设计、绿化及管线敷设相协调。

4.5.2 垃圾焚烧厂区主要道路的行车路面宽度不宜小于6m。垃圾焚烧厂房周围应设宽度不小于4m的环形消防车道，厂区道路路面宜采用水泥混凝土或沥青混凝土，道路的荷载等级应符合现行国家标准《厂矿道路设计规范》（GBJ 22）中的有关规定。

4.5.3 通向垃圾卸料平台的坡道按《公路工程技术标准》（JTG-B01）执行，为双向通行时，宽度不宜小于7m；单向通行时，宽度不宜小于4m。坡道中心圆曲线半径不宜小于15m，纵坡不应大于8%。圆曲线处道路的加宽应根据通行车型确定。

4.5.4 垃圾焚烧厂宜设置应急停车场，应急停车场可设在厂区物流出入口附近处。

4.6 绿化

4.6.1 垃圾焚烧厂的绿化布置，应符合全厂总图设计要求，合理安排绿化用地，并考虑厂区美化的要求。

4.6.2 厂区的绿地率应控制在30%以内。

4.6.3 厂区绿化应结合当地的自然条件，选择适宜的植物。

5 垃圾接收、储存与输送

5.1 一般规定

5.1.1 垃圾接收、储存与输送系统包括：垃圾称量设施、垃圾卸料平台、垃圾卸料门、垃圾池、垃圾抓斗起重机、除臭设施和渗滤液导排等垃圾池内的其他必要设施。

5.1.2 大件可燃垃圾较多时，可考虑在场内设置大件垃圾破碎设施。

5.2 垃圾接收

5.2.1 垃圾焚烧厂应设置汽车衡。设置汽车衡的数量应符合下列要求：

(1) 特大类垃圾焚烧厂应设置 3 台或以上；

(2) Ⅰ类、Ⅱ类垃圾焚烧厂设置 2～3 台；

(3) Ⅲ类垃圾焚烧厂设置 1～2 台；

5.2.2 垃圾称量系统应具有称重、记录、打印与数据处理、传输功能。

5.2.3 汽车衡规格按垃圾车最大满载重量的 1.3～1.7 倍配置，称量精度不小于贸易计量Ⅲ级。

5.2.4 垃圾卸料平台的设置，应符合下列规定：

(1) 卸料平台宽度应根据最大垃圾运输车的长度和车流密度确定，不宜小于 18m；

(2) 有必要的安全防护设施；

(3) 有充足的采光；

(4) 有地面冲洗、废水导排设施和卫生防护措施；

(5) 有交通指挥系统。

5.2.5 垃圾池卸料口处设置垃圾卸料门。垃圾卸料门的设置应符合下列要求：

(1) 满足耐腐蚀、强度好、寿命长、开关灵活的性能要求；

(2) 数量应以维持正常卸料作业和垃圾进厂高峰时段不堵车为原则，且不应少于 4 个；

(3) 宽度不应小于最大垃圾车宽加 1.2m，高度应满足顺利卸料作业的要求；

(4) 垃圾卸料门的开、闭应与垃圾抓斗起重机的作业相协调。

5.2.6 垃圾池卸料口处必须设置车挡、事故报警及其他安全设施。

5.3 垃圾储存与输送

5.3.1 垃圾池有效容积宜按 5～7 天额定垃圾焚烧量确定。垃圾池净宽度不应小于抓斗最大张角直径的 2.5 倍。

5.3.2 垃圾池应处于负压封闭状态，并应设照明、消防、事故排烟及停炉时的通风除臭装置。

5.3.3 与垃圾接触的垃圾池内壁和池底，应有防渗、防腐蚀措施，应平滑耐磨、抗冲击。垃圾池底宜有不小于 1% 的渗滤液导排坡度。

5.3.4 垃圾池应设置垃圾渗滤液收集设施。垃圾渗滤液收集、储存和输送设施应采取防渗、防腐措施，并应配备检修人员放毒设施。

5.3.5 垃圾抓斗起重机设置应符合下列要求

(1) 配置应满足作业要求，且不宜少于 2 台；

(2) 应有计量功能；

(3) 宜设置备用抓斗；

(4) 应有防止碰撞的措施。

5.3.6 垃圾抓斗起重机控制室应有换气措施，相对垃圾池的一面应有密闭、安全防护的观察窗，观察窗的设计应考虑防止反光、防结露及清洁措施。

6 焚烧系统

6.1 一般规定

6.1.1 垃圾焚烧系统应包括垃圾进料装置、焚烧装置、驱动装置、出渣装置、燃烧空气装置、辅助燃烧装置及其他辅助装置。

6.1.2 采用垃圾连续焚烧方式,焚烧线年可利用小时数不应小于8000。

6.1.3 焚烧系统各主要设备,应采用单元制配置方式。

6.1.4 应在对生活垃圾成分和热值的合理预测基础上确定焚烧炉设计垃圾低位热值以及保证正常运行的焚烧炉下限垃圾低位热值和焚烧炉上限垃圾低位热值。

6.1.5 焚烧系统设计应提供物料平衡图,物料平衡图应表示出下限工况、工况和上限工况下,焚烧线各组成系统输入、输出物质的量化关系。

6.1.6 焚烧系统设计应提供焚烧炉的燃烧图,燃烧图应能反映该炉正常工作区域、短期超负荷工作区域以及助燃工作区域,并标明各工作区域的参数。

6.1.7 垃圾焚烧系统设计服务期限不应低于20年。

6.2 垃圾焚烧炉

6.2.1 新建垃圾焚烧厂宜采用相同规格、型号的垃圾焚烧炉。

6.2.2 垃圾焚烧炉的设计和运行,应符合下列要求:

(1) 在设计垃圾低位热值与下限低位热值范围内,应保证垃圾设计处理能力,并应适应设计服务期限内垃圾特性变化的要求;

(2) 正常运行期间,炉内应处于负压燃烧状态

(3) 二次燃烧室内的烟气在不低于850℃的条件下滞留时间不小于2s;

(4) 垃圾在焚烧炉内应得到充分燃烧,燃烧后的炉渣热灼减率应控制在5%以内。

(5) 采用连续焚烧方式的垃圾焚烧炉可设置垃圾渗滤液喷入装置。

6.2.3 垃圾焚烧炉的进料装置,应符合下列要求:

(1) 进料口尺寸应按不小于垃圾抓斗最大张角的尺寸确定;

(2) 料斗应设有垃圾搭桥破解装置;

(3) 应设置垃圾料位监测或监视装置;

(4) 料槽下口尺寸应大于上口尺寸,高度应能维持炉内负压,料槽宜采取冷却措施。

6.2.4 垃圾焚烧炉进料斗平台沿垃圾池侧应设置防护设施。

6.3 余热锅炉

6.3.1 余热锅炉的额定出力应根据合理确定的额定垃圾处理量、设计垃圾低位热值和余热锅炉设计热效率等因素来确定。

6.3.2 余热锅炉热力参数应根据热能利用方式和利用设备要求及锅炉安全运行要求来确定。

6.3.3 对于采用汽轮机发电的焚烧厂,余热锅炉蒸汽参数不宜低于400℃ 4MPa,鼓励采用450℃,6MPa及以上的蒸汽参数。

6.3.4 对于配置余热锅炉的热能利用方式,应选用自然循环余热锅炉,并应充分考虑烟气对余热锅炉的高温和低温腐蚀。

6.3.5 余热锅炉对流受热面应设置有效的清灰设施。

6.4 燃烧空气系统与装置

6.4.1 垃圾焚烧炉的燃烧空气系统应由一次风和二次风系统及其他辅助系统组成。

6.4.2 一次空气应从垃圾池上方抽取;进风口处应设置过滤装置。

6.4.3　当焚烧炉进料口垃圾水分较大、低位热值较低时，应对一、二次风进行加热，加热温度应根据垃圾热值确定。

6.4.4　一、二次风管道设计应选择合理的管内空气流速，管道及其连接设备的布置应有利于减小管路阻力，系统应考虑空气过滤设施，管材的选择应考虑耐腐蚀、气密性和耐老化等因素。空气预热器后的热空气管道和管件应考虑热膨胀的影响和保温。

6.4.5　一、二次风机和炉墙风机的台数应根据垃圾焚烧炉的设计要求确定。一、二次风机和焚烧炉其他所配风机不应设就地备用风机。

6.4.6　垃圾焚烧炉出口的烟气含氧量应控制在6%～10%（体积分数）。

6.4.7　焚烧炉一、二次风风量应能够根据垃圾的燃烧工况进行调节。

6.4.8　一、二次风机的最大风量，应为最大计算风量的110%～120%，风压应考虑不小于20%的富裕量。

6.5　辅助燃烧系统

6.5.1　垃圾焚烧炉应配置点火燃烧器和辅助燃烧器，燃烧器应有良好的负荷调节性能和较高的燃烧效率，燃烧器的数量和安装位置可由焚烧炉设计确定。

6.5.2　燃料的储存、供应设施应配有防爆、防雷、防静电和消防设施。

6.5.3　采用油燃料时，储油罐的数量不宜少于二台。储油罐总有效容积，应根据全厂使用情况和运输情况综合确定，但不应小于最大一台垃圾焚烧炉冷启动点火用油量的1.5～2.0倍。

6.5.4　供油泵的设置，应有一台备用。

6.5.5　供油、回油管道应单独设置，并应在供、回油管道上设有计量装置和残油放尽装置。

6.5.6　采用气体燃料时，应有可靠的气源，燃气供应和燃烧系统的设计应满足国家相关技术和安全规范。

6.6　炉渣输送处理装置

6.6.1　炉渣处理系统应包括除渣冷却、输送、储存、除铁等设施。

6.6.2　垃圾焚烧过程产生的炉渣与飞灰应分别收集、输送、储存和处理。

6.6.3　炉渣处理系统的关键设备附近，应设必要的检修设施和场地。

6.6.4　炉渣储存、输送和处理工艺及设备的选择，应符合下列要求：
(1) 与垃圾焚烧炉衔接的除渣机，应有可靠的机械性能和保证炉内密封的措施；
(2) 炉渣输送设备的输送能力应与炉渣产生量相匹配；
(3) 炉渣储存设施的容量，宜按3～5d的储存量确定；
(4) 应对炉渣进行磁选，并及时清运；
(5) 炉渣宜进行综合利用。

6.6.5　漏渣应及时清理和处理。

7　烟气净化系统

7.1　一般规定

7.1.1　垃圾焚烧线必须配置烟气净化系统，并应采取单元制布置方式。

7.1.2　烟气排放指标限值应满足焚烧厂环境影响评价报告批复的要求。

7.1.3　烟气净化工艺流程的选择，应充分考虑垃圾特性和焚烧污染物产生量的变化及其物理、化学性质的影响，并应注意组合工艺间的相互匹配。

7.1.4　烟气净化系统应有防止飞灰阻塞的措施，材料和设备应有可靠的防腐蚀、防磨损性能。

7.2 酸性污染物的去除

7.2.1 酸性污染物包括氯化氢、氟化氢、硫氧化物、氮氧化物等，应选用适宜的处理工艺对其进行去除。

7.2.2 采用半干法工艺时，应符合下列要求：

(1) 逆流式和顺流式反应器内的烟气停留时间分别不宜低于 10s 和 20s；

(2) 反应器出口的烟气温度应保证在后续管路和设备中的烟气不结露；

(3) 中和剂的雾化细度应满足中和反应效率要求，并保证反应器内中和剂的水分完全蒸发；

(4) 应配备可靠的中和剂浆液制备、储存和供给系统。制浆用的粉料粒度和纯度应符合要求。浆液的浓度应根据烟气中酸性气体浓度和反应效率确定。

7.2.3 中和剂贮罐的容量宜按 4～7d 的用量设计，并应满足下列要求：

(1) 贮罐应设有中和剂的破拱装置和扬尘收集系统；

(2) 应有料位检测和计量装置。

7.2.4 中和剂浆液输送设施的设置，应符合下列要求：

(1) 中和剂浆液输送泵泵体应易拆卸清洗；泵入口端应设置过滤装置且该装置不得妨碍管路系统的正常工作；

(2) 中和剂浆液输送泵应不少于 2 台，并应有备用；

(3) 浆液输送管路中的阀门宜选择中和剂浆液不易沉积的直通式球阀、隔膜阀，不宜选择闸阀、截止阀；

(4) 管道应有坡敷设，在水平管段上不得出现两边不同坡向的管道最低点，也不得出现类似存水弯的管道段；

(5) 管道内中和剂浆液流速不应低于 1.0m/s；

(6) 中和剂浆液输送管道应设置便于定期清洗的管道和设备冲洗口；

(7) 采用半干法、湿法去除酸性污染物的反应器，应具有防止内壁积垢和积垢清理的装置或措施；

(8) 经常拆装和易堵的管段，应采用法兰连接；易堵、易磨的设备、部件宜设置旁通。

7.2.5 采用干法工艺时，应符合下列要求：

(1) 中和剂喷入口的上游，应设置烟气降温设施；

(2) 中和剂宜采用氢氧化钙，其品质和用量应满足系统安全稳定运行的要求；

(3) 应有准确的给料计量装置；

(4) 中和剂的喷嘴设计和喷入口位置确定应保证中和剂与烟气的充分混合。

7.2.6 采用湿法工艺时，应符合下列要求：

(1) 湿法脱酸设备应与除尘设备相互匹配，保证除尘效果满足要求。

(2) 湿法脱酸设备的设计应使烟气与碱液有足够的接触面积和接触时间。

(3) 湿法脱酸设备应具有防腐蚀和防磨损性能。

(4) 应具有有效避免处理后烟气在后续管路和设备中结露的措施。

(5) 应配备可靠的废水处理处置设施，防止废水的二次污染。

7.3 除尘

7.3.1 除尘设备的选择，应根据下列因素确定：

(1) 烟气特性：温度、流量和飞灰粒度分布；

(2) 除尘器的适用范围和分级效率；

（3）除尘器同其他净化设备的协同作用或反向作用的影响；

（4）维持除尘器内的温度高于烟气露点温度 20～30℃。

7.3.2　烟气净化系统必须设置袋式除尘器。

7.3.3　袋式除尘器宜采用脉冲喷吹清灰方式，并宜设置专用的压缩空气供应系统。

7.3.4　袋式除尘器的灰斗，应设有伴热措施。

7.3.5　袋式除尘器及其附属设施的设计应能保证焚烧系统启动、运行和停炉期间除尘器的安全运行。

7.4　二噁英类和重金属的去除

7.4.1　垃圾焚烧过程应采取下列控制二噁英的措施：

（1）垃圾应完全焚烧，焚烧工况应满足本标准第 6.2.2 条 3 的要求，并严格控制燃烧室内焚烧烟气的温度、停留时间与气流扰动工况；

（2）减少烟气在 200～400℃ 温度区的滞留时间；

（3）应设置吸附剂喷入装置，对烟气中的二噁英和重金属进行去除。

7.4.2　采用活性炭粉作为吸附剂时，应配置活性炭粉输送、计量、防堵塞和喷入装置，活性炭储仓应有防爆措施。

7.5　氮氧化物的去除

7.5.1　应优先考虑通过垃圾焚烧过程的燃烧控制，抑制氮氧化物的产生。

7.5.2　宜设置 SNCR（选择性非催化还原法）脱 NO_x 系统或预留该系统安装位置。

7.6　排烟系统设计

7.6.1　引风机计算风量应包括下列内容：

（1）在垃圾焚烧运行中，过剩空气条件下的湿烟气量；

（2）控制烟温用的补充空气量；

（3）烟气喷水降温时水蒸气增加量；

（4）烟气净化系统投入药剂或增湿引起的烟气量的附加量；

（5）引风机前漏入系统的空气量。

7.6.2　引风机风量宜按最大计算烟气量加 15％～30％ 的余量确定，引风机风压裕量宜为 10％～20％。

7.6.3　引风机应设调速装置，并优先采用变频调速装置。

7.6.4　烟囱设置应符合国家现行有关生活垃圾焚烧污染控制的规定。

7.6.5　烟气管道应符合下列要求：

（1）管道内的烟气流速宜按 10～20m/s 设计。

（2）应采取吸收热膨胀及防腐、保温措施，并保持管道的气密性。

（3）连接焚烧装置与烟气净化装置的烟气管道的低点，应有清除积灰的措施。

7.6.6　应对排放的烟气进行在线监测，在线监测点的布置应保证监测数据真实可靠。

7.6.7　在线监测设施应能监测以下指标：烟气流量、温度、压力、湿度、氧浓度、烟尘、HCl、SO_2、NO_x、CO 并宜监测 HF 和 CO_2。

7.6.8　烟气在线监测数据应传送至中央控制室，并能根据在线监测结果对烟气净化系统进行控制，宜在焚烧厂显著位置设置排烟主要污染物浓度显示屏。

7.7　飞灰收集、输送与处理系统

7.7.1　飞灰收集、输送与处理系统应包括飞灰收集、输送、储存、排料、受料、处理等设施。

7.7.2　飞灰收集、储存与处理系统各装置应保持密闭状态。

7.7.3　飞灰的生成量，应根据垃圾物理成分、烟气净化系统物料投入量和焚烧垃圾量核定。

7.7.4　烟气净化系统采用干法或半干法方式脱除酸性气体时，飞灰处理系统应采取机械除灰或气力除灰方式；采用湿法时，应将飞灰从污水中有效分离出来。

7.7.5　气力除灰系统应采取防止空气进入与防止灰分结块的措施。

7.7.6　收集飞灰用的储灰罐容量，按飞灰额定产生量计算、宜不少于 3 天飞灰额定产生量确定。储灰罐应设有料位指示、除尘、防止灰分板结的设施。并宜在排灰口附近设置增湿设施。

7.7.7　飞灰储存装置宜采取保温、加热措施。

7.7.8　飞灰应按危险废物处理，其处理方式可在以下两种方式中选择：

（1）去危险废物处理厂处理；

（2）在满足《生活垃圾填埋场污染控制标准》（GB 16889）规定的条件下，可按规定进入生活垃圾卫生填埋场处理。

7.7.9　飞灰收集和输送系统宜采用中央控制室控制方式，飞灰贮存、外运或厂内预处理系统宜采用现场控制方式。

8　垃圾热能利用系统

8.1　一般规定

8.1.1　焚烧垃圾产生的热能应加以有效利用。

8.1.2　垃圾热能利用方式应根据焚烧厂的规模、垃圾焚烧特点、周边用热条件及经济性综合比较确定。周边具有热用户的焚烧厂应优先采用热电联产的热能利用方式。

8.1.3　利用垃圾热能发电时，应符合可再生能源电力的并网技术标准。利用垃圾热能供热时，应符合供热热源和热力管网的技术标准。

8.2　利用垃圾热能发电及热电联产

8.2.1　汽轮发电机组型式的选用，应根据利用垃圾热能发电或热电联产的条件确定。汽轮发电机组的数量不宜大于 2 套；机组年运行时数应与垃圾焚烧炉相匹配。

8.2.2　当设置一套汽轮机组时，汽轮机旁路系统应按汽轮机组 100％额定进汽量设置；当设置二套机组时，汽轮机旁路系统宜按较大一套汽轮机组 120％额定进汽量设置。

8.2.3　垃圾焚烧余热锅炉给水温度应根据锅炉蒸汽参数确定。

8.2.4　当不设置高压加热器时，除氧器工作压力应根据垃圾焚烧余热锅炉给水温度确定。

8.2.5　汽轮发电机组的冷却方式，应结合当地水资源利用条件，并进行技术经济比较确定。对水资源贫乏的地区应采取空冷冷却方式。

8.2.6　焚烧发电厂的热力系统中：

（1）主蒸汽管道宜采用单母管制系统或分段单母管制系统。

（2）余热锅炉给水管道宜采用单母管制系统。

（3）其他设备与技术条件，应符合现行国家标准《小型火力发电厂设计规范》（GB 50049）中的有关规定。

8.3　利用垃圾热能供热

8.3.1　利用垃圾热能供热的，应有稳定、可靠的热用户。

8.3.2　利用垃圾热能供热的垃圾焚烧厂，其热力系统中的设备与技术条件，应符合现行国家标准《锅炉房设计规范》（GB 50041）中的有关规定。

9 电气系统

9.1 一般规定

9.1.1 垃圾焚烧处理工程中，电气系统的一、二次接线和运行方式应首先保证垃圾焚烧处理系统的正常运行。

9.1.2 当利用垃圾焚烧热能发电并网，并纳入电力部门管理时，电气系统应按照电力行业的规范、规程和规定设计。

9.1.3 垃圾焚烧厂附近有地区电力网时，生产的电力应接入地区电力网，其接入电压等级应根据垃圾焚烧厂的建设规模、汽轮发电机的单机容量及地区电力网的具体情况，在接入系统设计中，经技术经济比较后确定。有发电机电压直配线时，发电机额定电压应根据地区电力网的需要，采用 6.3kV 或 10.5kV。

9.1.4 需要由电力系统经主变压器倒送电，当电压不满足厂用电条件，经调压计算论证确有必要且技术经济比较合理时，主变压器可采用有载调压的方式。

9.1.5 发电机电压母线，宜采用单母线或单母线分段接线方式。

9.1.6 利用垃圾热能发电时，发电机和励磁系统选型，应分别符合现行国家标准《透平型同步电机技术要求》（GB/T 7064）和《同步电机励磁系统》（GB/T 7409.1～7409.3）中的有关规定。

9.1.7 高压配电装置、继电保护和安全自动装置、过电压保护、防雷和接地的技术要求，应分别符合现行国家标准《3～110kV 高压配电装置设计规范》（GB 50060）、《电力装置的继电保护和自动装置设计规范》（GB 50062）、《交流电气装置的过电压保护和绝缘配合》（DL/T 620）、《建筑物防雷设计规范》（GB 50057）和《交流电气装置的接地》（DL/T 621）中的有关规定。

9.1.8 垃圾焚烧厂的电气消防设计应符合国家标准《火力发电厂与变电所设计防火规范》（GB 50229）和《建筑设计防火规范》（GB 50016）中的有关规定。

9.2 电气主接线

9.2.1 利用垃圾热能发电时，电气主接线的设计应符合现行国家标准《小型火力发电厂设计规范》（GB 50049）的有关规定。

9.2.2 垃圾焚烧发电厂至少应有一条与电网连接的双向受、送电线路，当该线路故障时，应有能够保证安全停机和启动的内部电源或其他外部电源。

9.3 厂用电系统

9.3.1 垃圾焚烧厂厂用电接线设计应符合下列要求：

（1）高压厂用电压可采用 6kV 或 10kV。当利用余热发电时，高压厂用电压宜与发电机额定电压相同。

（2）高压厂用母线宜采用单母线接线，接于每段高压母线的垃圾焚烧炉的台数不宜大于四台。

（3）低压厂用母线应采用单母线接线。每条焚烧线宜由一段母线供电，并宜设置焚烧线公用段，每段母线宜由一台变压器供电。

（4）当全厂有两个及以上相对独立的、可互为备用的高压厂用电源时，不宜设专用高压厂用备用电源。当无发电机母线时，应从高压配电装置母线中电源可靠的低一级电压母线引接，并应保证在全厂停电情况下，能从电力系统取得足够电力。当技术经济合理时，专用备用电源也可从外部电网引接。

（5）按炉分段的低压厂用母线，其工作变压器应由对应的高压厂用母线段供电。

（6）当有发电机电压母线时，与发电机电气上直接连接的 6kV 回路中的单相接地故障电流大于 4A，或 10kV 回路中的单相接地故障电流大于 3A，且要求发电机带内部单相接地故障继续运行时，宜在厂用变压器的中性点经消弧线圈接地，也可在发电机的中性点经消弧线圈接地。

（7）发电机与主变压器为单元连接时，厂用分支上应装设断路器。

（8）接有Ⅰ类负荷的高压和低压厂用母线，应设置备用电源。备用电源采用专用备用方式时应装设自动投入装置。备用电源采用互为备用方式时，宜手动切换。接有Ⅱ类负荷的高压和低压厂用母线，备用电源宜采用手动切换方式。Ⅲ类用电负荷可不设备用电源。

（9）厂用备用变压器

A 厂区高压备用变压器的容量，应根据焚烧线的运行方式或要求确定。厂区低压备用变压器的容量，应与最大一台低压厂用工作变压器容量相同；

B 低压厂用工作变压器数量为八台及以上时，低压厂用备用变压器可设置两台；

C 当技术经济合理时，应优先采用设置专用厂用备用变压器的备用方式；

D 当采用互为备用的低压厂用变压器时，不应再设置专用的低压厂用备用变压器；

（10）厂用变压器接线组别的选择，应使厂用工作电源与备用电源之间相位一致，接线组别宜为 D，yn11 型，低压厂用变压器宜采用干式变压器。

（11）低压厂用电接地形式宜采用 TN-C-S 或 TN-S 系统，室外路灯配电系统的接地型式宜采用 TT 系统。

（12）高低压厂用电源的正常切换时宜采用手动并联切换。在确认切换的电源合上后，应尽快手动断开或自动连锁切除被解列的电源。在需要的情况下，高压厂用电源与备用电源的切换操作应设置同期闭锁。

（13）锅炉和汽轮发电机用的电动机、应分别连接到与其相应的高压和低压厂用母线上。互为备用的重要负荷，如凝结水泵，也可采用交叉供电的方式。对于工艺上有连锁要求的Ⅰ类电动机，应接于同一电源通道上。Ⅰ类公用负荷不应接在同一母线段上。

（14）发电厂应设置固定的交流低压检修供电网络，并应在各检修现场装设检修电源箱，检修电源箱应设置漏电保护。

9.3.2 直流系统设计应符合现行国家标准《电力工程直流系统设计技术规程》（GB/T 5044）中的有关规定。垃圾焚烧厂宜装设一组蓄电池。蓄电池组的电压宜采用 220V，接线方式宜采用单母线或单母线分段。

9.4 二次接线及电测量仪表装置

9.4.1 二次接线及电测量仪表装置设计应符合现行国家标准《火力发电厂、变电所二次接线设计技术规程》（DL/T 5136）、《电力装置的继电保护和自动装置设计规范》（GB 50062）、《电测量及电能计量装置设计技术规程》（DL/T 5137）及《电力装置的电气测量仪表装置设计规范》（GB 50063）中的有关规定。

9.4.2 电气网络的电气元件控制宜采用计算机监控系统。控制室的电气元件控制，宜采用与工艺自动化控制相同的控制水平及方式。

9.4.3 6kV 或 10kV 室内配电装置到各用户的线路和供辅助车间的厂用变压器，宜采用就地控制方式。

9.4.4 采用强电控制时，控制回路应设事故报警装置。断路器控制回路的监视，宜采用灯光或音响信号。

9.4.5 隔离开关与相应的断路器和接地刀闸应设联锁装置。

9.4.6 备用电源自动投入装置的接线原则：

（1）宜采用慢速自动切换，应保证工作电源断开后，方可投入备用电源。

（2）厂用母线保护动作及工作分支断路器过电流保护动作时，工作电源断路器由手动分闸（或 DCS 分闸）时，应闭锁备用电源自动投入装置。

（3）工作电源供电侧断路器跳闸时，应联动其负荷侧断路器跳闸。

（4）装设专门的低电压保护，当厂用工作母线电压降低至 0.25 倍额定电压以下，而备用电源电压在 0.7 倍额定电压以上时，应自动断开工作电源负荷侧断路器。

（5）应设有切除备用电源自投功能的选择开关。

（6）备用电源自动投入装置应保证只动作一次。

（7）当高压厂用电系统由 DCS 控制时，事故切换应采用专门的自动切换装置来完成。

9.4.7 电气测量仪表装置的设计，应符合现行国家标准《电力装置的电气测量仪表装置设计规范》（GB 50063）中的有关规定。

9.4.8 与电力网连接的双向受、送电线路的出口处应设置能满足电网要求的四象限关口电度表。

9.5 照明系统

9.5.1 照明设计应符合现行国家标准《建筑照明设计标准》（GB 50034）中的有关规定。

9.5.2 正常照明和事故照明应采用分开的供电系统，并宜采用下列供电方式：

（1）当低压厂用电系统的中性点为直接接地系统时，正常照明电源应由动力和照明网络共用的低压厂用变压器供电。事故照明宜由蓄电池组或与直流系统共用蓄电池组的交流不停电电源供电。

（2）垃圾焚烧厂房的主要出入口、通道、楼梯间以及远离垃圾焚烧主厂房的重要工作场所的事故照明，可采用自带蓄电池的应急灯。

（3）生产工房内安装高度低于 2.2m 的照明灯具及热力管沟、电缆通道内的照明灯具，宜采用 24V 电压供电。当采用 220V 供电时，应有防止触电的措施。

（4）手提灯电压不应大于 24V，在狭窄地点和接触良好金属接地面上工作时，手提灯电压不应大于 12V。

9.5.3 烟囱上装设的飞行标志障碍灯，应根据焚烧厂所在地航管部门要求确定。

9.5.4 锅炉钢平台应设置保证疏散用的应急照明，正常照明可采用装设在钢平台顶端的大功率气体放电灯。

9.5.5 照明灯具应采用发光效率较高的灯具，环境温度较高的场所宜采用耐高温的灯具。锅炉房、灰渣间的照明灯具，防护等级应不低于 IP54。渗滤液集中的场所应采用防爆设计，防爆设计应符合现行国家标准《爆炸和火灾危险环境电力装置设计规范》（GB 50058）、《爆炸性气体环境用电气设备》（GB 3836）及《可燃性粉尘环境用电气设备》（GB 12476）中的有关规定。另外，有化学腐蚀性物质的环境，还应考虑防腐设计。

9.6 电缆选择与敷设

9.6.1 电缆选择与敷设，应符合现行国家标准《电力工程电缆设计规范》（GB 50217）的有关规定。

9.6.2 垃圾焚烧厂房及辅助厂房电缆敷设，应采取有效的阻燃、防火封堵措施。易受外部着火影响的区段的电缆，应采取防火阻燃措施，并宜采用阻燃电缆。

9.6.3 同一路径中，全厂公用重要负荷回路的电缆应采取耐火分隔，或采取分别敷设在互相独立的电缆通道中的措施。

9.6.4 电缆夹层不应有热力管道和蒸汽管道进入。电缆建构筑物中，严禁有可燃气、油管穿越。

9.7 通信

9.7.1 厂区通信设备所需电源,宜与系统通信装置合用电源。

9.7.2 利用垃圾热能发电并与地区电力网联网时,是否装设为电力调度服务的专用通信设施,应与当地供电部门协调。

10 仪表与自动化控制

10.1 一般规定

10.1.1 垃圾焚烧厂的自动化控制,必须适用、可靠、先进,根据垃圾焚烧设施特点进行设计。应满足设施安全、经济运行和防止对环境二次污染的要求。

10.1.2 垃圾焚烧厂的自动化控制系统,应采用成熟的控制技术和可靠性高、性能价格比适宜的设备和元件。设计中采用的新产品、新技术,应在垃圾焚烧厂有成功运行的经验。积极采用经过审定的标准设计、典型设计、通用设计。

10.2 自动化水平

10.2.1 垃圾焚烧处理应有较高的自动化水平,宜尽量减少操作人员的现场操作,应能在少量就地操作和巡回检查配合下,由分散控制系统实现对垃圾焚烧线、垃圾热能利用及辅助系统的集中监视、分散控制及事故处理等。

10.2.2 焚烧线、汽轮发电机组、循环水系统等宜实行集中控制。辅助车间的工艺系统宜在该车间控制;对不影响整体控制系统的辅助装置,可设就地控制柜,但重要信息应送至主控系统。

10.2.3 焚烧线的重要环节及焚烧厂的重要场合,应设置工业电视监视系统。

10.2.4 应设置独立于主控系统的紧急停车系统。

10.2.5 在允许的经济与技术条件下,可建立管理信息系统(MIS)和厂级监控信息系统(SIS)系统,实现垃圾焚烧厂的资源整合与数据共享。

10.3 分散控制系统

10.3.1 垃圾焚烧厂的热力系统、发电机-变压器组、厂用电气设备及辅助系统,应以操作员站为监视控制中心,对全厂进行集中监视管理和分散控制。当设备供货商提供独立控制系统时,应与分散控制系统通信,实现集中监控。

10.3.2 分散控制系统的功能,应包括数据采集和处理功能、模拟量控制功能、顺序控制功能、保护与安全监控功能等。

10.3.3 分散控制系统应按分层分散的原则设计,即监控级、控制级、现场级。分散控制系统的控制级应有冗余配置的控制站且控制站内的中央处理器、通信总线、电源,应有冗余配置;监控层应具有互为热备的操作员站。

10.3.4 当分散控制系统发生全局性或重大故障时(例如控制系统电源消失、通信中断、全部操作员站失去功能、重要控制站失去控制和保护功能等),为确保机组紧急安全停机,应设置下列独立于主控系统的后备操作手段:

(1)垃圾焚烧炉-余热锅炉紧急跳闸

(2)汽轮机跳闸

(3)发电机——变压器组跳闸

(4)锅炉安全门

(5)汽包事故放水门

(6)汽轮机真空破坏门

（7）直流润滑油泵

（8）交流润滑油泵

（9）发电机灭磁开关

10.3.5 分散控制系统的响应时间应能满足设施安全运行和事故处理的要求。

10.4 检测与报警

10.4.1 垃圾焚烧厂的检测仪表和系统应满足全厂安全、经济运行的要求，并能准确地测量、显示工艺系统各设备的技术参数，应在全厂进行统一装设，避免重复设置。

10.4.2 垃圾焚烧厂的检测，应包括下列内容：

（1）工艺系统和主体设备在各种工况下安全、经济运行的参数；

（2）辅机的运行状态；

（3）电动、气动和液动执行机构的状态及调节阀的开度；

（4）仪表和控制用电源、气源、液动源及其他必要条件的供给状态和运行参数；

（5）必要的环境参数。

（6）主要电气系统和设备的参数和状态。

10.4.3 渗滤液池、燃气调压间或液化气瓶组间，应设置可燃气体检测报警装置，并与排风机连锁。

10.4.4 重要检测参数应选用双重化的现场检测仪表，应装设供运行人员现场检查和就地操作所必需的就地检测与显示仪表。

10.4.5 测量油、水、蒸汽等的一次仪表不应引入控制室。测量可燃气体参数的一次仪表严禁引入任何控制室。不宜使用对人体有危害的仪器和仪表设备，严禁使用含汞仪表。

10.4.6 对于水分、灰尘较大的烟风介质，以接触式检测其参数（如流量等）的仪表宜设置吹扫装置。

10.4.7 检测系统和模拟量控制系统的下列一次测量信号应有补偿：

（1）汽包水位应有汽包压力补偿；

（2）送风量应有送风温度补偿；

（3）主蒸汽流量应有主蒸汽压力、温度补偿。

10.4.8 垃圾焚烧厂的报警应包括下列内容：

（1）工艺系统主要工况参数偏离正常运行范围；

（2）保护动作和重要的联锁项目；

（3）电源，气源发生故障；

（4）监控系统故障；

（5）主要电气设备故障；

（6）辅助系统及主要辅助设备故障。

10.4.9 重要工艺参数报警的信号源，应直接引自一次仪表。对重要参数的报警可设光字牌报警装置。当设置常规报警系统时，其输入信号不应取自分散控制系统的输出。

10.4.10 分散控制系统功能范围内的全部报警项目应能在显示器上显示并打印输出，在机组启停过程中应抑制虚假报警信号。

10.5 保护和开关量控制

10.5.1 保护系统应有防误动、拒动措施，并应有必要的后备操作手段。保护系统电源中断或恢复不会发出误动作指令。

10.5.2 炉、机跳闸保护系统的逻辑控制器宜单独冗余配置；保护系统应有独立的输入/输出（I/O）通道，并有电隔离措施；冗余的 I/O 信号应通过不同的 I/O 模件引入；机组跳闸命令不应通过通信总线传送。

10.5.3 保护系统输出的操作指令应优先于其他任何指令，保护回路中不应设置供运行人员切、投保护的任何操作设备。

10.5.4 垃圾焚烧厂主体设备和工艺系统保护范围及内容，应符合现行国家标准《小型火力发电厂设计规范》（GB 50049）的有关规定。

10.5.5 各工艺系统、设备保护用的接点宜单独设置发讯元件（包括开关量仪表和变送器），不宜与报警等其他功能合用。重要保护的一次元件应多重化，直接用于停炉、停机保护的信号，宜按"三取二"方式选取。

10.5.6 当采用继电器系统或分散控制系统执行保护功能时，保护动作响应时间应满足设备安全运行和事故处理的要求。

10.5.7 主体设备和工艺系统的重要保护动作原因，应设事件顺序记录和事故追忆功能。

10.5.8 开关量控制的功能应满足机组的启动、停止及正常运行工况的控制要求，并能实现机组在事故和异常工况下的控制操作，保证机组安全。

10.5.9 需要经常进行有规律性操作的工艺系统宜采用顺序控制。控制顺序及方式由工艺特点及运行方式决定，应力求简单、实用、在满足工艺过程控制要求的情况下，应尽量考虑其通用性。

10.5.10 顺序控制系统应设有工作状态显示及故障报警信号。顺序控制在自动进行期间，发生任何故障或运行人员中断时，应使正在进行的程序中断，并使工艺系统处于安全状态。

10.5.11 经常运行并设有备用的水泵、油泵、风机或工艺要求根据参数控制的水泵、油泵、风机、电动门、电磁阀门，应设有联锁功能。

10.5.12 对于可控性较差，不具备顺序控制条件的设备，应由控制系统的软手操实现远方控制。

10.6 模拟量控制

10.6.1 模拟量控制的主要内容应根据垃圾焚烧厂的规模、各工艺系统设置情况、自动化水平的要求、主、辅设备的控制特点及机组的可控性等统一考虑、确定。模拟量控制系统设计时，应通过技术经济分析，积极采用经成功应用考验的各种优化控制算法和系统。

10.6.2 模拟量控制系统应能满足机组正常运行的控制要求并应考虑在机组事故及异常工况下与相关联锁保护协同控制的措施。

10.6.3 重要模拟量控制项目的变送器宜双重（或三重）化设置。

10.6.4 受控对象应设置手动/自动操作手段及相应的状态显示，并具备双向无扰动切换功能。

10.6.5 当系统发生故障时，控制系统（含执行机构）的设置应使工艺系统处于安全状态。

10.7 电源与气源

10.7.1 仪表和控制系统用的电源应通过不间断电源（UPS）供给。其电压等级不应大于220V，应引自互为备用的两路专用的独立电源并能互相自动切换。

热力配电箱应设两路380V/220V电源进线，分别引自厂用低压母线的不同段。在有事故保安电源的焚烧厂中，其中一路输入电源应引自厂用事故保安电源段。

10.7.2 不设在控制室内的控制盘应设盘外照明，有人值班时还应设盘外事故照明。柜式盘应设盘内检修照明。

10.7.3 采用气动仪表时，气源品质和压力应符合现行国家标准《工业自动化仪表用气源压力范围和质量》（GB 4830）中的有关规定。

10.7.4 仪表气源应有专用贮气罐。贮气罐容量应能维持 10～15min 的耗气量。仪表气源的耗气量应按总仪表额定耗气量的 2 倍估算。

10.8 控制室

10.8.1 垃圾焚烧厂的控制室应符合现行国家标准《小型火力发电厂设计规范》（GB 50049）的有关规定。

10.8.2 全厂宜设一个中央控制室及电子设备间，中央控制室宜布置在运转层或其他合适的位置上；中央控制室和电子设备间下面可设电缆夹层，它与主厂房相邻部分应封闭；在主厂房内可设一仪表检修间，它具有备品备件储存、仪表校验和简单维修的功能。

10.8.3 控制室内的设备布置应既紧凑、合理，又方便运行和检修。控制室内宜保持微正压，其通风和空气调节应符合相关规范的要求。

10.8.4 中央控制室、电子设备间、各单元控制室及电缆夹层内，应设消防报警和消防设施，严禁汽、水管道、热风道及油管道穿过。

10.9 电缆、管路和就地设备布置

10.9.1 垃圾焚烧厂电缆、管路和就地设备布置应符合现行国家标准《小型火力发电厂设计规范》（GB 50049）的有关规定。

10.9.2 仪表及控制系统用电缆宜敷设在电缆桥架内。桥架通道应避免遭受机械性外力、过热、腐蚀及易燃易爆物等的危害，并应根据防火要求实施阻隔。

10.9.3 电气设备外壳、不要求浮空的盘台、金属桥架、铠装电缆的铠装层等应设保护接地，保护接地应牢固可靠，不应串联接地，保护接地的电阻值应符合现行电气保护接地规定。各计算机系统内不同性质的接地，如电源地、逻辑地、机柜浮空后接地等应分别通过稳定可靠的总接地板（箱）接地，其接地网按计算机厂家的要求设计。

计算机信号电缆屏蔽层必须接地。

10.9.4 垃圾焚烧厂仪表与控制系统的防雷应符合国家标准《建筑物电子信息系统防雷技术规范》（GB 50343）中的有关规定。

10.9.5 现场布置的控制设备应根据需要采取必要的防护措施。

10.9.6 在危险场所装设的电气设备（含现场仪表和控制装置），应符合现行国家标准《爆炸和火灾危险环境电力装置设计规范》（GB 50058）的有关规定。

11 给水排水

11.1 给水

11.1.1 垃圾焚烧余热锅炉补给水的水质，可按现行国家有关锅炉给水标准中相应高一等级确定。

11.1.2 厂内给水工程设计应符合《室外给水设计规范》（GB 50013）和《建筑给排水设计规范》（GB 50015）的规定。

11.1.3 生活饮用水应符合《生活饮用水卫生标准》的水质要求，用水标准及定额应满足《建筑给水排水设计规范》（GB 50015）。

11.1.4 生活垃圾焚烧厂生活用水宜采用独立的供水系统。

11.2 循环冷却水系统

11.2.1 城市生活垃圾焚烧厂设备冷却水系统的设计应符合《工业循环冷却水设计规范》（GB/T 50102）和《工业循环冷却水处理设计规范》（GB 50050）等的规定。

11.2.2 生活垃圾焚烧厂循环冷却水水源宜采用自然水体或地下水，条件许可的可采用市政再生水，不宜采用市政给水，市政有专用工业给水系统的除外。

11.2.3 水源选择时应对水源地及其水质、水量进行详尽的勘察，水源为地表水时，应对水体的保证率在95%最小流量时的可取水量、对河道的影响进行充分的论证。

11.2.4 当采用地下水为水源时，应设备用水源井，备用井的数量宜为取水井数量的20%，但不得少于1口井。

11.2.5 水源水质无法满足11.2.1条要求时，应进行处理。

11.2.6 原水处理系统的工艺流程选择应根据原水水质、工艺生产要求与浓缩倍数率确定。

11.2.7 原水处理系统的过滤部分的处理能力宜包含循环水系统的旁流水量。

11.2.8 原水处理系统出水宜消毒，消毒剂的投加量应满足循环冷却水水质的要求。

11.2.9 循环冷却水补充水水质应根据设备冷却水水质要求确定。

11.2.10 设备冷却水水质

生活垃圾焚烧厂设备冷却水水质应符合表11.2.10的要求。

表 11.2.10 循环冷却水水质标准

序号	项目	标准值	备注
1	pH	6.5～9.5	
2	SS(mg/L)	≤20	
3	Ca^{2+}(mg/L)	30～200	
4	Fe^{2+}(mg/L)	≤0.5	
5	铁和锰(总铁量)(mg/L)	≤0.2～0.5	
6	Cl^-(mg/L)	≤1000	
7	SO_4^{2-}(mg/L)	≤1500	$SO_4^{2+}Cl^-$
8	硅酸(mg/L)	≤175	
	Mg^{2+} 与 SiO_2 的乘积(mg/L)	<15000	
9	石油类(mg/L)	≤5	
10	含盐量($\mu S/cm$)	≤1500	
11	总硬度(以碳酸钙计)(mg/L)	≤450	
12	总碱度(以碳酸钙计)(mg/L)	≤500	
13	氨氮(mg/L)	<1	
14	S^{2-}	≤0.02	
15	溶解氧	<4	
16	游离余氯	0.5～1	

11.3 排水及废水处理

11.3.1 厂内排水工程设计应符合《室外排水设计规范》（GB 50014）和《建筑给排水设计规范》（GB 50015）的规定。

11.3.2 生活垃圾焚烧厂室外排水系统应采用雨污分流制，在缺水或严重缺水地区，宜设置雨水利用系统。

11.3.3 雨水量设计重现期应符合现行国家标准《室外排水设计规范》（GB 50014）的

有关规定。

11.3.4　生活垃圾焚烧厂宜设置生产废水复用系统。

11.3.5　垃圾池应设垃圾渗滤液导排及输送系统，导排及输送系统应有防淤堵措施；渗滤液收集池应设强制排风系统，收集池内的电器设备应能防爆。

11.3.6　生活垃圾焚烧厂所产生的垃圾渗滤液在条件许可的情况下可回喷至焚烧炉焚烧；当不能回喷焚烧时，焚烧厂应设渗滤液处理系统。渗滤液储存间应设强制排风系统。

11.3.7　废水处理系统宜设置异味处理系统，其排出气体不应对周围环境产生危害和影响。

12　消防

12.1　一般规定

12.1.1　城市生活垃圾焚烧厂应设置室内、室外消防系统，系统设计应满足《建筑设计防火规范》（GB 50016）、《火力发电厂与变电站设计防火规范》（GB 50229）和《建筑灭火器配置设计规范》（GB 500140）的相关规定和要求。

12.1.2　油库及油泵房消防设施应满足《汽车加油加气站设计与施工规范》（GB 50156）。

焚烧炉进料口附近，宜设置水消防设施。

12.1.3　Ⅱ类及以上垃圾焚烧厂的消防给水系统宜采用独立的消防给水系统。

12.2　消防水炮

12.2.1　生活垃圾焚烧厂焚烧工房垃圾储存间及其相连接部分的消防设施宜采用固定式消防水炮灭火系统，其设置应满足《固定消防水炮灭火系统设计规范》（GB 50338）的要求，消防水炮应能够实现自动或远距离遥控操作。

12.2.2　垃圾池间固定消防水炮消防水量应经过计算确定，但设计消防水量不应小于60L/s，火灾延续时间不小于1小时。

12.2.3　消防水炮室内供水系统宜采用独立的供水管网，其管网应布置成环状。

12.2.4　消防水炮室内供水系统应有不少于2条进水管与室外环状管网连接，并应将室内管道连成环状。当管网的1条进水管发生事故时，其余的进水管应能供给全部的消防水量。

12.2.5　消防水炮给水系统室内配水管道宜采用内外壁热镀锌钢管，管道连接应采用沟槽式连接件或法兰。

12.2.6　消防水炮的布置要求系统动作时整个垃圾池间内的任意位置均能同时被2股充实水柱覆盖；充实水柱长度应通过计算确定；消防水炮的设置不应妨碍垃圾给料装置的运行；消防水炮设置场所应有设施维修通道及平台。

12.2.7　暴露于垃圾池间内的消防水炮及其他消防设施的电机应采用防爆型电机。

12.3　建筑防火

12.3.1　垃圾焚烧厂房的生产类别应属于丁类，建筑耐火等级不应低于二级。

12.3.2　垃圾焚烧炉采用轻柴油燃料启动点火及辅助燃料时，日用油箱间、油泵间应为丙类生产厂房，建筑耐火等级不应低于二级。布置在厂房内的上述房间，应设置防火墙与其他房间隔开。

12.3.3　垃圾焚烧炉采用气体燃料启动点火及辅助燃料时，燃气调压间应属于甲类生产厂房，其建筑耐火等级不应低于二级，并应符合现行国家标准《城镇燃气设计规范》（GB 50028）的有关规定。

12.3.4 垃圾焚烧厂房的防火分区面积,应按现行国家标准《建筑设计防火规范》(GB 50016)的有关规定进行划分。汽轮发电机间与焚烧间合并建设时,应采用防火墙分隔。

12.3.5 设置在垃圾焚烧厂房的中央控制室、电缆夹层和长度大于7m的配电装置室,应设两个安全出口。

12.3.6 垃圾焚烧厂房的疏散楼梯梯段净宽不应小于1.1m,疏散走道净宽不应小于1.4m,疏散门的净宽不应小于0.9m。

12.3.7 疏散用的门及配电装置室和电缆夹层的门,应向疏散方向开启;当门外为公共走道或其他房间时,应采用丙级防火门。配电装置室的中间门,应采用双向弹簧门。

12.3.8 垃圾焚烧厂房内部的装修设计,应符合现行国家标准《建筑内部装修设计防火规范》(GB 50222)的有关规定。

13 采暖通风与空调

13.1 一般规定

13.1.1 垃圾焚烧厂各建筑物冬、夏季负荷计算的室外计算参数,应符合现行国家标准《采暖通风与空气调节设计规范》(GB 50019)的有关规定。

13.1.2 设置采暖的各建筑物冬季采暖室内计算温度,应按下列规定确定:

(1) 焚烧间、烟气净化间、垃圾卸料平台5~10℃;

(2) 渗滤液泵间、灰浆泵间5~10℃;

(3) 中央控制室、垃圾抓斗起重机控制室、化验室、试验室16~18℃;

(4) 垃圾制样间、石灰浆制备间16℃。

其他建筑物冬季采暖室内计算温度,应符合现行国家标准《小型火力发电厂设计规范》(GB 50049)的有关规定。

13.1.3 当工艺无特殊要求时,车间内经常有人工作地点的夏季空气温度应符合表13.1.3的规定。

表 13.1.3 工作地点的夏季空气温度

夏季通风室外计算温度/℃	≤22	23	24	25	26	27	28	29~32	≥33
允许温差/℃	10	9	8	7	6	5	4	3	2
工作地点温度/℃	≤32	32						33~35	35

注:当受条件限制,在采用通风降温措施后仍不能达到本表要求时,可允许温差加大1~2℃。

13.1.4 采暖热源采用单台汽轮机抽汽时,应设有备用热源。

13.2 采暖

13.2.1 垃圾焚烧厂房的采暖热负荷,宜按维持室内温度+5℃计算,但不应计算设备散热量。

13.2.2 建筑物的采暖设计应符合现行国家标准《采暖通风与空气调节设计规范》(GB 50019)的有关规定。

13.2.3 建筑物的采暖散热器宜选用易清扫并具有防腐性能的产品。

13.3 通风

13.3.1 建筑物的通风设计应符合现行国家标准《小型火力发电厂设计规范》(GB 50049)的有关规定。

13.3.2 垃圾焚烧厂房的通风换气量按下列要求确定:

(1) 焚烧间应只计算排除余热量;

（2）汽机间应计算同时排除余热量和余湿量；

（3）确定焚烧厂房的通风余热，可不计算太阳辐射热。

13.3.3 垃圾池间宜设置事故与紧急排风装置，排风口应不少于 3 个，并应均匀布置，排风系统应配置除臭设施。

13.3.4 焚烧间、汽机间应优先利用自然通风。有条件时，宜设置屋面自然通风装置。

13.4 空调

13.4.1 建筑物的空调设计应符合现行国家标准《采暖通风与空气调节设计规范》（GB 50019）的有关规定。

13.4.2 中央控制室、垃圾抓斗起重机控制室宜设置空调装置。且垃圾抓斗起重机控制室与周围空间应维持一定正压差。

13.4.3 当其他建筑物机械通风不能满足工艺对室内温度、湿度要求时，该建筑物应设空调装置。

14 建筑与结构

14.1 建筑

14.1.1 垃圾焚烧厂的建筑风格、整体色调应与周围环境相协调。厂房的建筑造型应简洁大方，经济实用。厂房的平面布置和空间布局应满足工艺及配套设备的安装、拆换与维修的要求。

14.1.2 厂房应按分区原则进行设计，应组织好人流和物流线路使清洁区与垃圾作业区合理分隔，避免交叉；操作人员巡视检查路线应组织合理；竖向交通路线应简便顺畅、避免重复。

14.1.3 厂房的围护结构应满足基本热工性能和使用的要求。

14.1.4 垃圾焚烧厂房楼（地）面的设计，除满足工艺的使用要求外，应符合现行国家标准《建筑地面设计规范》（GB 50037）的有关规定。对腐蚀介质侵蚀的部位，应根据现行国家标准《工业建筑防腐蚀设计规范》（GB 50046），采取相应的防腐蚀措施。

14.1.5 垃圾焚烧厂房宜采用包括屋顶采光和侧面采光在内的混合采光，其他建筑物宜利用侧窗天然采光。厂房采光设计应符合现行国家标准《工业企业采光设计标准》（GB 50033）的有关规定。

14.1.6 垃圾焚烧厂房宜采用自然通风，窗户设置应避免排风短路，并有利于组织自然风。

14.1.7 严寒地区的建筑结构应采取防冻措施。

14.1.8 大面积屋盖系统宜采用钢结构，并应符合现行国家标准《屋面工程技术规范》（GB 50207）的有关规定。屋顶承重结构的结构层及保温（隔热）层，应采用非燃烧体材料；设保温层的屋面，应有防止结露与水汽渗透的措施；并应符合现行国家标准《建筑设计防火规范》（GB 50016—2006）的有关规定。

14.1.9 中央控制室和其他必须的控制室应设吊顶。

14.1.10 垃圾池内壁和池底的饰面材料应满足耐腐蚀、耐冲击负荷、防渗水等要求，外壁及池底应作防水处理。

14.1.11 垃圾池应采用密实坚固墙体材料。垃圾池间与其他房间的连通口及屋顶维护结构，应采取有效的密闭处理措施。

14.1.12 噪声较大的厂房应考虑采取吸声措施。

14.1.13 垃圾焚烧厂防雷设计应符合现行国家标准《建筑物防雷设计规范》（GB

50057）的要求。

14.2 结构

14.2.1 垃圾焚烧厂的结构应根据承载能力极限状态和正常使用极限状态的要求，按国家现行有关标准规定的作用（荷载）对结构的整体进行作用（荷载）效应分析，结构或构件按使用工况分别进行承载能力及稳定、疲劳、变形、抗裂及裂缝宽度计算和验算；处于地震区的结构，尚应进行结构构件抗震的承载力计算。

14.2.2 垃圾焚烧厂房框排架柱的允许变形值，应符合下列规定：

1 吊车梁顶面标高处，由一台最大吊车水平荷载标准值产生的计算横向变形值，不应大于 Ht/1250。

2 无吊车厂房柱顶高度大于或等于 30m 时，风荷载作用下柱顶位移不宜大于 $H/550$，地震作用下柱顶位移不宜大于 $H/500$；柱顶高度小于 30m 时，风荷载作用下柱顶位移不宜大于 $H/500$，地震作用下柱顶位移不宜大于 $H/450$。

14.2.3 垃圾焚烧厂房和垃圾热能利用厂房的钢筋混凝土或预应力钢筋混凝土结构构件的裂缝控制等级，应根据现行国家标准《混凝土结构设计规范》（GB 50009）中表 3.4.1 中规定的环境类别，并按表 3.3.4 中的规定选用。

14.2.4 柱顶高度大于 30m，且有重级工作制起重机厂房的钢筋混凝土框架结构，和框架—剪力墙结构中的框架部分，其抗震等级宜按照相应的抗震等级规定提高一级。

14.2.5 地基基础的设计，应按现行国家标准《建筑地基基础设计规范》（GB 50007）中的有关规定进行地基承载力和变形计算，必要时尚应进行稳定性计算。

14.2.6 垃圾焚烧厂的烟囱设计，应符合现行国家标准《烟囱设计规范》（GB 50051）的规定。

14.2.7 垃圾抓斗起重机和飞灰抓斗起重机的吊车梁应按重级工作制设计。

14.2.8 垃圾池应采用钢筋混凝土结构，并进行强度计算和抗裂度或裂缝宽度验算，在地下水位较高的地区应进行抗浮验算。

14.2.9 垃圾焚烧厂厂房应根据建筑物、构筑物的体型、长度、重量及地基的情况设置变形缝，变形缝的设置部位应避开垃圾池、渣池和垃圾焚烧炉体。垃圾池不宜设置变形缝，当平面长度大于相应规范的允许值时，应设置后浇带或采取其他有效措施以消除混凝土收缩变形的影响。

14.2.10 垃圾焚烧厂主厂房、垃圾焚烧锅炉基座、汽轮发电机组基座和烟囱，应设沉降观测点。

14.2.11 卸料平台的室外运输栈桥的主梁设计，应符合现行国家标准《公路钢筋混凝土及预应力混凝土桥涵设计规范》（JTGD 62）的有关规定。

14.2.12 楼地面均布活荷载取值应根据设备、安装、检修、使用的工艺要求确定，同时应满足现行国家标准《建筑结构荷载规范》（GB 50009）的有关规定。垃圾焚烧厂的一般性生产区域的活荷载也可按表 14.2.12 采用。

表 14.2.12 一般性生产区域的均布活荷载标准值

序号	名称	标准值/(kN/m²)
1	烟气净化区平台	8～10
2	垃圾焚烧锅炉楼面	8～12
3	垃圾焚烧锅炉地面	10
4	除氧器层楼面	4

续表

序号	名称	标准值/(kN/m²)
5	垃圾卸料平台	15～20
6	汽机间集中检修区域地面	15～20
7	汽机间其他地面	10
8	汽轮发电机检修区域楼板和汽机基础平台	10～15
9	汽轮发电机基础中间平台	4
10	中央控制室	4
11	10kV 及 10kV 以下开关室楼面	4～7
12	35kV 开关室楼面	8
13	110kV 开关室楼面	8～10
14	化验室	3

注：1. 表中未列的其他活荷载应按现行国家标准《建筑结构荷载规范》（GB 50009）的规定采用。

2. 表中不包括设备的集中荷载。

3. 当设备荷载按静荷载计算时，以安装和检修荷载为主的平台活荷载，对主梁、柱和基础可取折减系数 0.70～0.85，但折减后的活荷载标准值不应小于 4kN/m²，地基沉降计算时，该活荷载的准永久值系数可取 0。

4. 垃圾卸料平台的均布荷载值，只适用于初步设计估算。在施工图详细设计时，宜用实际的垃圾运输车辆的最大载荷，按照最不利分布和组合计算。

15 其他辅助设施

15.1 化验

15.1.1 垃圾焚烧厂应设置化验室，定期对垃圾热值、各类油品、蒸汽、水以及污水进行化验和分析。垃圾物理成分、残渣、补给水全分析等项目可通过协作解决。

15.1.2 化验室所用仪器的规格、数量及化验室的面积，应根据焚烧厂的运行参数、规模等条件确定。

15.2 维修及库房

15.2.1 维修间应具有全厂设备日常维护、保养与小修任务及工厂设施突发性故障时作为应急措施的功能。设备的大、中修宜通过社会化协作解决。

15.2.2 维修间应配备必须的金工设备、机械工具、搬运设备和备用品、消耗品。

15.2.3 金属、非金属材料库以及备品备件，应与油料、燃料库，化学品库房分开设置。危险品库房应有抗震、消防、换气等措施。

15.3 电气设备与自动化试验室

15.3.1 厂区不宜设变压器检修间，但应为变压器就地或附近检修提供必要条件。

15.3.2 电气试验室设计应满足电测量仪表、继电器、二次接线和继电保护回路的调试与电测量仪表、继电器等机件修理的要求。

15.3.3 自动化试验室的设备配置，应满足对工作仪表进行维修与调试的需要。

15.3.4 自动化试验室不应布置在震动大、多灰尘、高噪声、潮湿和强磁场干扰的地方。

16 环境保护与劳动卫生

16.1 一般规定

16.1.1 垃圾焚烧过程中产生的烟气、灰渣、恶臭、废水、噪声及其他污染物的防治与排放，应贯彻执行国家现行的环境保护法规和标准的有关规定。

16.1.2　垃圾焚烧厂建设应贯彻执行《中华人民共和国职业病防治法》，焚烧厂工作环境和条件应符合国家职业卫生标准的要求。

16.1.3　应根据污染源的特性和合理确定的污染物产生量制定垃圾焚烧厂的污染物治理措施。

16.2　环境保护

16.2.1　烟气污染物的种类应按表 16.2.1 分类。

表 16.2.1　烟气中污染物分类

类别	污染物名称	符号
尘	颗粒物	PM
酸性气体	氯化氢	HCl
	硫氧化物	SO_x
	氮氧化物	NO_x
	氟化氢	HF
	一氧化碳	CO
重金属	汞及其化合物	Hg 和 Hg^{++}
	铅及其化合物	Pb 和 Pb^{++}
	镉及其化合物	Cd 和 Cd^{++}
	其他重金属及其化合物	包括 Pb、Cu、Mg、Zn、Ca、Cr 等和非金属 As 及其化合物
有机类	二噁英	PCDDs(Dioxin)
	呋喃	PCDFs(Furan)
	多氯联苯	Co-PCB_5
	多环芳香烃、氯苯和氯酚等其他有机碳	TOC

16.2.2　对焚烧工艺过程应进行严格控制，抑制烟气中各种污染物的产生。对烟气必须采取有效处理措施，严格执行国家和地方的垃圾焚烧污染物控制标准。

16.2.3　垃圾焚烧厂的生活废水应经过处理后回用。回用水质应符合现行国家《生活杂用水水质标准》（CJ 25.1）中的有关规定。当废水需直接排入水体时，其水质应符合现行国家标准《污水综合排放标准》（GB 8978）的最高允许排放浓度标准值。

16.2.4　当地主管部门允许将垃圾渗滤液排入城市污水管网时，应按当地城市污水管网允许接纳的标准，对垃圾渗滤液进行预处理。

16.2.5　灰渣处理必须采取有效的防止二次污染的措施。

16.2.6　当炉渣具备利用条件时，应采取有效的再利用措施。

16.2.7　垃圾焚烧厂的噪声治理应符合现行国家标准《城市区域环境噪声标准》（GB 3096）和《工业企业厂界噪声标准》（GB 12348）的有关规定。对建筑物的直达声源噪声控制，应符合现行国家标准《工业企业噪声控制设计规范》（GBJ 87）的有关规定。

16.2.8　垃圾焚烧厂的噪声治理，首先应对噪声源采取必要的控制措施。厂区内各类地点的噪声宜采取以隔声为主，辅以消声、隔振、吸声综合治理措施。

16.2.9　垃圾焚烧厂恶臭污染物控制与防治，应符合现行国家标准《恶臭污染物排放标准》（GB 14554）的有关规定。

16.2.10　焚烧线运行期间，应采取有效控制和治理恶臭物质的措施。焚烧线停止运行期间，应有防止恶臭扩散到周围环境中的措施。

16.3　职业卫生与劳动安全

16.3.1　垃圾焚烧厂的劳动卫生，应符合现行国家标准《工业企业设计卫生标准》（TJ 36）的有关规定。

16.3.2　垃圾焚烧厂建设应采用有利于职业病防治和保护劳动者健康的措施。应在有关的设备醒目位置设置警示标识，并应有可靠的防护措施。在垃圾卸料平台等场所，宜采取喷药消毒、灭蚊蝇等防疫措施。

16.3.3　职业病防护设备、防护用品应确保处于正常工作状态，不得擅自拆除或停止使用。

16.3.4　垃圾焚烧厂建设应有职业病危害与控制效果可行性评价。

16.3.5　垃圾焚烧厂应采取劳动安全措施。

17　工程施工及验收

17.1　一般规定

17.1.1　建筑、安装工程应符合施工图设计文件、设备技术文件的要求。

17.1.2　施工安装使用的材料、预制构件、器件应符合相关的国家现行标准及设计要求，并取得供货商的合格证明文件。严禁使用不合格产品。

17.1.3　余热锅炉的安装单位，必须持有省级技术质量监督机构颁发的与锅炉级别安装类型相符的安装许可证。其他设备安装单位应有相应安装资质。

17.1.4　对工程的变更、修改应取得设计单位的设计变更文件后再进行施工。

17.1.5　在锅炉安装过程中发现受压部件存在影响安全使用的质量问题时，必须停止安装。

17.2　工程施工及验收

17.2.1　施工准备应符合下列要求：

（1）具有经审核批准的施工图设计文件和设备技术文件，并有施工图设计交底记录。

（2）施工用临时建筑、交通运输、电源、水源、气（汽）源、照明、消防设施、主要材料、机具、器具等应准备充分。

（3）施工单位应编制施工组织设计，并应通过评审。

（4）合理安排施工场地。

（5）设备安装前，除必须交叉安装的设备外，土建工程墙体、屋面、门窗、内部粉刷应基本完工，设备基础地坪、沟道应完工，混凝土强度应达到不低于设计强度的75%。用建筑结构作起吊或搬运设备承力点时，应核算结构承载力，以满足最大起吊或搬运的要求。

（6）应符合设备安装对环境条件的要求，否则应采取相应满足安装条件的措施。

17.2.2　设备材料的验收应包括下列内容：

（1）到货设备、材料应在监理单位监督下开箱验收并作记录：

① 箱号、箱数、包装情况；

② 设备或材料名称、型号、规格、数量；

③ 装箱清单、技术文件、专用工具；

④ 设备、材料时效期限；

⑤ 产品合格证书。

（2）检查的设备或材料符合供货合同规定的技术要求，应无短缺、损伤、变形、锈蚀。

（3）钢结构构件应有焊缝检查记录及预装检查记录。

17.2.3　设备、材料保管应根据其规格、性能、对环境要求、时效期限及其他要求分类存放。需要露天存放的物品应有防护措施。保管的物品不应使其变形、损坏、锈蚀、错乱和丢失。堆放物品的高度应以安全、方便调运为原则。

17.2.4 设备安装工程施工及验收应按我国现行的相关规范执行；对国外引进的专有设备，应按供货商提供的设备技术规范、合同规定及商检文件执行，并应符合我国现行国家或行业的工程施工及验收规范。其中：

（1）利用垃圾热能发电的垃圾焚烧炉、汽轮机机组设备，采用现行电力建设施工及验收技术规范。其他生活垃圾焚烧厂的垃圾焚烧炉应符合现行国家标准《工业锅炉安装工程施工及验收规范》（GB 50273）的有关规定。

（2）垃圾焚烧厂采用的输送、起重、破碎、泵类、风机、压缩机等通用设备应符合现行国家标准《机械设备安装工程施工及验收通用规范》（GB 50231）及相应各类设备安装工程施工及验收规范的有关规定。

（3）袋式除尘器的安装与验收应符合现行国家《袋式除尘器安装技术要求与验收规范》（JB/T 8471）的有关规定。

（4）采暖与卫生设备的安装与验收应符合现行国家标准《采暖与卫生工程施工及验收规范》（GBJ 242）的有关规定。

（5）通风与空调设备的安装与验收应符合现行国家标准《通风与空调工程施工及验收规范》（GB 50243）的有关规定。

（6）管道工程、绝热工程应分别符合现行国家标准《工业金属管道工程施工及验收规范》（GB 50235）、《工业设备及管道绝热工程施工及验收规范》（GBJ 126）的有关规定。

（7）仪表与自动化控制装置按供货商提供的安装、调试、验收规定执行，并应符合现行国家及行业有关规定。

（8）电气装置应符合现行国家有关电气装置安装工程施工及验收标准的有关规定。

17.3 竣工验收

17.3.1 焚烧线及其全部辅助系统与设备、设施试运行合格，具备运行条件时，应及时组织工程验收。

17.3.2 工程竣工验收前，严禁焚烧线投入使用。

17.3.3 工程验收应依据：主管部门的批准文件，批准的设计文件及设计修改、变更文件，设备供货合同及合同附件，设备技术说明书和技术文件，专项设备施工验收规范及其他文件。

17.3.4 竣工验收应具备下列条件：

（1）生产性建设工程和辅助性公用设施、消防、环保工程、职业卫生与劳动安全、环境绿化工程已经按照批准的设计文件建设完成，具备运行、使用条件和验收条件。未按期完成的，但不影响焚烧厂运行的少量土建工程、设备、仪器等，在落实具体解决方案和完成期限后，可办理竣工验收手续。

（2）焚烧线、烟气净化及配套垃圾热能利用设施已经安装配套，带负荷试运行合格。垃圾处理量、炉渣热灼减率、炉膛温度、垃圾焚烧余热炉热效率、蒸汽参数、烟气污染物排放指标、设备噪声级、原料消耗指标均达到设计规定。

引进的设备、技术，按合同规定完成负荷调试、设备考核。

（3）焚烧工艺装备、工器具、垃圾与原辅材料、配套件、协作条件及其他生产准备工作已适应焚烧运行要求。

（4）具备独立运行和使用条件的单项工程，可进行单项工程验收。

17.3.5 重要结构部位、隐蔽工程、地下管线，应按工程设计要求和验收规范，及时进行中间验收。未经中间验收，不得作覆盖工程和后续工程。

17.3.6 具备竣工验收条件，应在 3 个月内办理验收投产和移交固定资产手续；3 个月内办理竣工验收有困难，经验收主管部门批准，可适当延长期限。

17.3.7 初步验收前，施工单位应按国家有关规定整理好文件、技术资料，并向建设单位提出交工报告。建设单位收到报告后，应及时组织施工单位、调试单位、监理单位、设计单位、质量检验单位、主体设备供货商、环保单位、消防单位、劳动卫生单位和使用单位进行初步验收。

17.3.8 竣工验收前应完成下列准备工作：

（1）制定竣工验收工作计划；

（2）认真复查单项工程验收投入运行的文件；

（3）全面评定工程质量和设备安装、运转情况。对遗留问题提出处理意见；

（4）认真进行基本建设物资和财务清理工作，编制竣工决算，分析项目概预算执行情况，对遗留财务问题提出处理意见；

（5）整理审查全部竣工验收资料，包括：

① 开工报告，项目批复文件；

② 各单项工程、隐蔽工程、综合管线工程竣工图纸，工程变更记录；

③ 工程和设备技术文件及其他必须文件；

④ 基础检查记录，各设备、部件安装记录，设备缺损件清单及修复记录；

⑤ 仪表试验记录，安全阀调整试验记录；

⑥ 水压试验记录；

⑦ 烘炉、煮炉及严密性试验记录；

⑧ 试运行记录。

（6）妥善处理、移交厂外工程手续；

（7）编制竣工验收报告，并于竣工验收前一个月报请上级部门批准。

17.3.9 工程验收应按现行国家规定进行。

本规范用词说明

（1）为便于在执行本规范条文时区别对待，对要求严格程度不同的用词，说明如下：

① 表示很严格，非这样做不可的：

正面词采用"必须"，反面词采用"严禁"。

② 表示严格，在正常情况均应这样做的：

正面词采用"应"，反面词采用"不应'或'不得"。

③ 表示允许稍有选择，在条件许可时首先应这样做的：

正面词采用"宜"，反面词采用"不宜"。

表示有选择，在一定条件下可以这样做的，采用"可"。

（2）条文中指定应按其他有关标准的写法为"应符合……的有关规定（要求）"或"应按……执行"。

附录 12 城市生活垃圾好氧静态堆肥处理技术规程（ CJJ/T 52—93 ）

1 总则

1.0.1 为提高城市生活垃圾堆肥处理的技术水平，使其科学化、规范化，制定本规程。

1.0.2 本规程适用于城市生活垃圾好氧静态堆肥处理。

1.0.3 城市生活垃圾好氧静态堆肥处理除符合本规程外，尚应符合国家现行有关标准的规定。

2 术语

2.0.1 好氧静态堆肥 堆肥原料在有氧和处于静态条件下完成生物降解的全过程。

2.0.2 一次性发酵 堆肥原料在发酵设施中一次完成生物降解的全过程。

2.0.3 二次性发酵堆肥 原料先后在不同的发酵设施中完成生物降解的全过程。

2.0.4 初次发酵 二次发酵中的第一阶段发酵。

2.0.5 次级发酵 二次发酵中的第二阶段发酵。

2.0.6 堆层氧浓度 在堆肥设施中，堆肥物空隙内氧（O_2）含量的百分比。

2.0.7 耗氧速率 单位时间内发酵物对氧的消耗量。

2.0.8 发酵周期 堆肥原料腐熟并达到无害化卫生标准所需的时间。

2.0.9 初级堆肥堆 肥原料经初级发酵后，达到无害化卫生标准并初步稳定、腐熟的堆肥制品。

2.0.10 腐熟堆肥 堆肥原料经一次性发酵后或经二次性发酵后，达到无害化卫生标准，充分稳定、腐熟的堆肥制品。

2.0.11 专用堆肥 腐熟堆肥添加各种有机、无机的化肥，进一步加工成各种规格的堆肥制品。

3 堆肥原料

3.0.1 堆肥原料应是城市生活垃圾和其他可作为堆肥原料的垃圾。

3.0.2 进仓原料应符合下列要求。

3.0.2.1 含水率宜为 40%～60%。

3.0.2.2 有机物含量为 20%～60%。

3.0.2.3 碳氮比（C/N）为 20：1～30：1。

3.0.2.4 重金属含量指标应符合现行国家标准《城镇垃圾农用控制标准》的规定。

3.0.3 堆肥原料中严禁混入下列物质：

（1）有毒工业制品及其残弃物；

（2）有毒试剂和药品；

（3）有化学反应并产生有害物质的物品；

（4）有腐蚀性或放射性的物质；

（5）易燃、易爆等危险品；

（6）生物危险品和医院垃圾；

（7）其他严重污染环境的物质。

4 好氧静态堆肥工艺

4.1 堆肥工艺类型和流程

4.1.1 好氧堆肥工艺类型可分为一次性发酵和二次性发酵。

4.1.2 一次性发酵工艺应符合下列规定（工艺流程示意图见图 4.1.2）：

4.1.2.1 符合进仓原料要求的堆肥原料，可直接进入发酵设施发酵或经预处理去除粗大物和非堆肥物后进入发酵设施发酵。

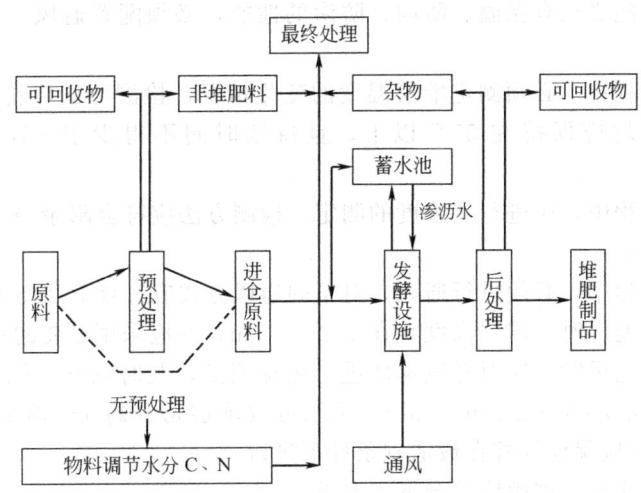

图 4.1.2 一次性发酵工艺流程示意图

4.1.2.2 进仓原料进入发酵设施发酵前，必须进行物料调节（水分，C/N）。

4.1.2.3 发酵完毕后的堆肥必须经后处理，达到合格的堆肥制品。

4.1.2.4 预处理和后处理过程中的分选物，其可回收物应作资源回收利用，其非堆肥物、杂物必须采用卫生填埋或其他无害化措施，进行最终处置。

4.1.3 二次性发酵工艺应符合下列规定（工艺流程示意图见图 4.1.3）

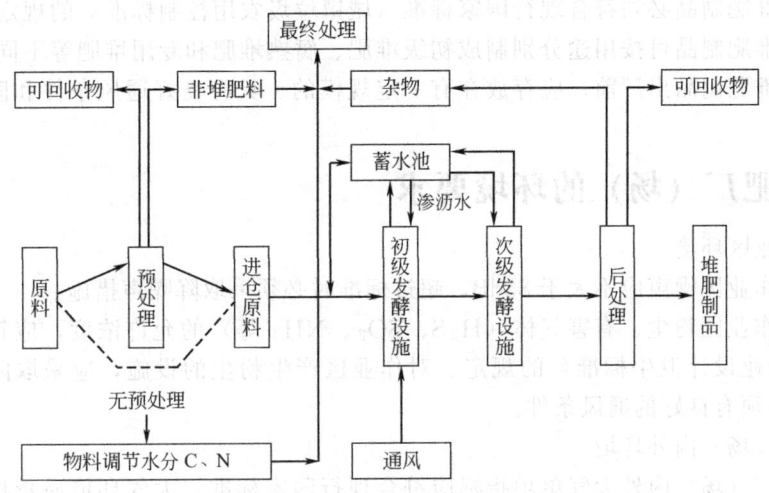

图 4.1.3 二次性发酵工艺流程示意图

4.1.3.1 符合进仓原料要求的堆肥原料，可直接进入初级发酵设施发酵或经预处理去除粗大物和非堆肥物后进入发酵设施发酵。

4.1.3.2 进仓原料进入发酵设施发酵前，必须进行物料调节（水分、C/N）。

4.1.3.3 次级发酵完毕后的堆肥必须经后处理，达到合格的堆肥制品。

4.1.3.4 预处理和后处理过程中的分选物，其可回收物应作资源回收利用，其非堆肥物、杂物必须采用卫生填埋或其他无害化措施，进行最终处置。

4.2 堆肥发酵周期和发酵条件

4.2.1 一次性发酵工艺的发酵周期不宜少于 30d，二次性发酵工艺的初级发酵和次级发酵周期均不宜少于 10d。

4.2.2 发酵设施必须有保温、防雨、防渗的性能，必须配置通风、排水和其他测试工艺参数的装置。

4.2.3 发酵过程中，必须测定堆层温度的变化情况，检测方法应符合附录 A 的规定。堆层各测试点温度均应保持在 55℃ 以上，且持续时间不得少于 5d，发酵温度不宜大于 75℃。

4.2.4 发酵过程中，应进行氧浓度的测定，检测方法应符合附录 A 的规定。各测试点的氧浓度必须大于 10%。

4.2.5 发酵过程中，必须进行通风，对不同通风方式应符合下列要求：

4.2.5.1 自然通风时，堆层高度宜在 1.2~1.5m，并应采用必要的强化措施。

4.2.5.2 机械通风时，应对耗氧速率进行跟踪测试，及时调整通风量，标准状态的风量宜为每立方米垃圾 0.05~0.20m³/min；风压可按堆层每升高 1m 增加 1000~1500Pa 选取。通风次数和时间应保证发酵在最适宜条件下进行。

4.2.6 发酵终止时，堆肥应符合下列要求：

4.2.6.1 含水率宜为 20%~35%。

4.2.6.2 碳氮比（C/N）不大于 20:1。

4.2.6.3 达到无害化卫生要求，必须符合现行国家标准《粪便无害化卫生标准》的规定。

4.2.6.4 耗氧速率趋于稳定。

4.3 堆肥制品

4.3.1 堆肥制品必须符合现行国家标准《城镇垃圾农用控制标准》的规定。

4.3.2 堆肥制品可按用途分别制成初级堆肥、腐熟堆肥和专用堆肥等不同品级。

4.3.3 堆肥制品出厂前，应存放在有一定规模的、具有良好通风条件和防止淋雨的设施内。

5 堆肥厂（场）的环境要求

5.1 作业区环境

5.1.1 作业区噪声应不大于 85dB，超过标准时必须采取降噪声措施。

5.1.2 作业区粉尘、有害气体（H_2S、SO_2、NH_3 等）的允许浓度，应符合现行国家标准《工业企业设计卫生标准》的规定。对作业区产生粉尘的设施，应采取防尘、除尘措施。作业区必须有良好的通风条件。

5.2 厂（场）内外环境

5.2.1 厂（场）内外大气单项指标应符合现行国家标准《大气环境质量标准》中三级标准的规定。

5.2.2 生活垃圾不宜在厂（场）区内外场地任意裸卸，进厂（场）垃圾卸料宜在进料内进行。厂（场）内场地散落垃圾必须每日清扫。

5.2.3 发酵设施应设有脱臭装置。厂（场）内、外大气臭级不得超过 3 级。

5.2.4 发酵设施必须有收集渗滤水的装置。渗滤水不应排放，而应在收集后和作业区冲洗污水一起进入补水蓄水池，作为物料调节用水。

5.2.5 厂（场）区内应采取灭蝇措施，并应设置蝇类密度监测点。

5.3 环境监测

5.3.1 作业区环境监测应符合下列要求：

5.3.1.1 作业区环境监测应每季度进行一次，内容应包括噪声、粉尘、有害气体

（H_2S、SO_2、NH_3）、细菌总数（空气）。

5.3.1.2 作业区噪声检测应符合现行国家标准《工业企业噪声测量规范》的规定。

5.3.1.3 作业区生产性粉尘浓度检测应符合现行国家标准《作业场所空气中粉尘测定方法》的规定。

5.3.2 堆肥厂（场）内、外环境质量监测应符合下列要求：

5.3.2.1 堆肥厂（场）内、外环境质量监测应每季度进行一次，内容包括，大气中单项指标（CO_2、NO_x、CO）；飘尘、总悬浮微粒、地面水水质、噪声、蝇类密度和臭级。

5.3.2.2 大气飘尘浓度检测应符合国家现行标准《大气飘尘浓度测定方法》的规定。

5.3.3 蝇类密度测定方法可采用捕蝇笼诱捕法，测定应在 6～11 月进行，每月 2～3 次。

5.3.4 臭级测定应符合现行国家标准《城市生活垃圾卫生填埋技术标准》的规定。测定应在 6～11 月进行，每月进行 2～3 次。

6 生产工艺检测

6.0.1 堆肥原料应至少每季度检测一次，检测方法应符合附录 A 的规定。检测内容应包括：垃圾来源、垃圾物质组成、含水率、总有机质、碳氮比（C/N）、重金属、pH 值和质量密度等。

6.0.2 发酵过程中各工艺参数的检测应每季度进行一次。检测内容应包括：含水率的变化、碳氮比（C/N）的变化、堆层温度的变化、堆层氧浓度和耗氧速率变化。发酵全过程中各工艺参数的变化应以日为单位进行跟踪检测。

6.0.3 堆肥制品的质量检测应每季度抽样检测 1～2 次，检测内容应符合现行国家标准《城镇垃圾农用控制标准》的规定。

附录 A 检测方法

A.0.1 堆肥原料和堆肥制品的采样

采样应用多点采样，再用四分法，即将样品混合堆成圆锥。按"十"字形将圆锥切成四份，取对角线的两份，为一次缩分，再将两份样品混合堆成圆锥，按"十"字形切成四份，取角线的两份，依此类推重复 4～5 次，缩分后的最终样品不得少于 100kg。

A.0.2 堆肥原料组成的测定。

将测定组成的试样称重，然后将试样平摊在干净的平面上，用 15mm 网目的分选筛分类。按表 A.0.2 组成，分别称重、记录、求出每一组成的质量百分数，填入表内。

$$组成(\%)=\frac{组成的质量(kg)}{试样的质量(kg)}\times100\% \qquad (A.0.2)$$

堆肥原料组成

日期	易腐垃圾/%		灰渣/%		废品/%				
	动物性	植物性	渣砾≥15mm	灰土<15mm	纸	布	塑料	金属	玻璃

A.0.3 堆肥原料含水率的测定

将最后一次缩分的试样分成三份约 500g，分别称重、记录，装入搪瓷方盘铺平，放入烘箱，在（105±5）℃的温度下，使水分蒸发。样品在烘箱内应干燥至恒重，使两次称重差值不超过试样重量的 4‰。

$$含水率(\%)=\frac{干燥前质量(g)-干燥后质量(g)}{干燥前质量(g)}\times 100\% \qquad (A.0.3)$$

求三个试样的含水率平均数，得出堆肥原料的平均含水率。

A.0.4 堆肥制品控制指标的测定，应符合现行国家标准《城镇垃圾农用控制标准》的规定。

A.0.5 堆肥制品无害化卫生指标的测定，应符合现行国家标准《粪类无害化卫生标准》的规定。

A.0.6 堆肥发酵过程中堆层温度的规定，应符合下列要求：

A.0.6.1 测定仪器可用金属套筒温度计或其他类型测温传感装置。

A.0.6.2 测定点分布应均匀，有代表性。高度应分上、中、下三层，上层和下层测试点均应设在离堆层表面或底部 0.6～1.0m 处；每个层次水平面测试点布置按发酵设施的几何形状，可分中心部位和边缘部位设置，边缘部位距边缘宜为 0.5m。

A.0.6.3 在发酵周期内，应每天 2～3 次测试堆层各测试点温度变化，记录并绘制温度曲线，直至发酵终止。

A.0.7 堆肥发酵过程中堆层氧浓度和耗氧速率的测定，应符合下列要求：

A.0.7.1 测定仪器可用气体氧测定仪。

A.0.7.2 测定点的位置和数目应与堆层温度测定点相一致。

A.0.7.3 可用金属空管插入需测定的位置，抽取堆层中的气体，直接输入气体氧测定仪，仪表上显示氧浓度百分值即代表堆层该位点的氧浓度。

A.0.7.4 耗氧速率可通过不同时间堆层氧浓度的下降来求得。具体步骤为：测定前应先向堆层通风，在堆层氧浓度达到最高值时（O_2 含量 20% 左右），记录该测定值。然后停止通风，间隔一定时间测氧浓度下降值，记录每次测试时间；以时间为横坐标，氧浓度为纵坐标，绘制曲线（同一测试点氧浓度的下降开始很快，呈直线下降，然后曲线趋平，渐近于稳定值）。取氧浓度、下降呈直线状的两次测试值，按下式计算，得到工程上适用的耗氧速率。

$$d_O=\frac{C_O^i-C_O^e}{t}$$

式中　d_O——耗氧速率，$1/min$；

　　　C_O^i——起始氧浓度，%；

　　　C_O^e——最终氧浓度，%；

　　　t——两测试值相隔的时间，min。

附录 B

本规程用词说明

B.0.1 为便于在执行本规程条文时区别对待，对于要求严格程度不同的用词说明如下：

(1) 表示很严格，非这样做不可的：

正面词采用"必须"；

反面词采用"严禁"。

(2) 表示严格，在正常情况下均应这样的：

正面词采用"应"；

反面词采用"不应"或"不得"。

（3）表示允许稍有选择，在条件许可时，首先应这样做的：

正面词采用"宜"或"可"；

反面词采用"不宜"。

B.0.2　条文中指明必须按其他有关标准执行的写法为"应按……执行"或"应符合……的要求（或规定）"。非必须按所指定的标准执行的写法为"可参照……的要求（或规定）"。

索 引